董石麟论文选集（上）

董石麟　等◎著

ZHEJIANG UNIVERSITY PRESS
浙江大学出版社

内容简介

本论文集汇集了董石麟院士四十多年来在各类空间结构体系创新、结构形态、理论分析、设计计算、节点构造、施工安装、模型试验与工程应用等多方面的科技成果,从一个侧面记录了我国空间结构从无到有、从小到大、从大国奔向强国的发展和应用的历程。文集共精选了150篇论文,分"空间结构总论"、"网架结构"、"网壳结构"、"索穹顶结构"、"弦支穹顶结构、张弦结构和斜拉结构"以及"空间结构节点"六个部分。

本论文集可供建筑空间结构工程设计、科研、施工和管理人员使用,也可作为高等院校土建类相关专业教师、高年级本科生和研究生的参考书。

图书在版编目(CIP)数据

董石麟论文选集 / 董石麟等著. —杭州:浙江大学
出版社,2021.12
ISBN 978-7-308-19823-3

Ⅰ.①董… Ⅱ.①董… Ⅲ.①空间结构—文集
Ⅳ.①TU399-53

中国版本图书馆 CIP 数据核字(2019)第 284846 号

董石麟论文选集

董石麟 等著

责任编辑	金佩雯 伍秀芳
责任校对	潘晶晶
封面设计	雷建军
出版发行	浙江大学出版社
	(杭州市天目山路148号 邮政编码310007)
	(网址:http://www.zjupress.com)
排 版	杭州青翊图文设计有限公司
印 刷	杭州宏雅印刷有限公司
开 本	889mm×1194mm 1/16
印 张	94
插 页	10
字 数	2666 千
版 印 次	2021 年 12 月第 1 版 2021 年 12 月第 1 次印刷
书 号	ISBN 978-7-308-19823-3
定 价	828.00 元(上、下册)

中国工程院院士、浙江大学教授　董石麟

成长历程

高中时期，浙江省立杭州高级中学，
1949 年于浙江杭州

大学本科时期，同济大学，1955 年于
上海

研究生时期，莫斯科建筑工程学院，
1958 年于莫斯科

高级工程师，中国建筑科学研究院，
1972 年于北京

教授，浙江大学，1986 年于浙江杭州

求学与工作

1956 年于北京俄语学院留苏预备部，二排左二为董石麟

1957 年于莫斯科建筑工程学院门口

1958 年研究生时期在苏联学习

研究生导师，苏联科学院通讯院士，筏·扎·符拉索夫教授

1959年于莫斯科大学罗蒙诺索夫像前

1959年暑假在黑海边

1985年从中国建筑科学研究院调到浙江大学，与院领导、专家合影，一排左四为董石麟

1988年于浙江大学向同学讲解空间结构模型

1990年11月北京体育建筑国际会议期间与天津大学刘锡良教授一起陪同英国诺辛教授与日本日置兴一郎教授参观工程

1993年9月于英国萨里大学参加第四届国际空间结构会议时与罗马尼亚专家合影

1993年9月在英国参加第四届国际空间结构会议期间参观伦敦东区轻轨车站

1993年于马里国家会议大厦工地

1993年12月从马里回国途径法国时参观巴黎新城国际贸易中心

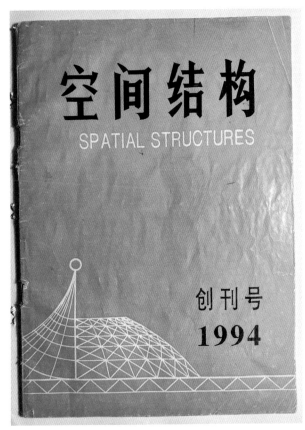

1994 年创办《空间结构》杂志，并担任主编

1997 年于浙江大学土木系资料室

2002 年在香港大学讲学期间与夫人周定中合影

2002 年在香港召开的国际钢结构会议期间与中外专家合影

热烈庆祝2006中国第四届建筑钢结构专家工作会议召开

2006年于青岛参加中国第四届建筑钢结构专家工作会议，一排左七为董石麟

2004年欢迎日本专家参加在浙江大学召开的第六届中日建筑结构技术交流会

2004 年 9 月在法国蒙彼利埃参加 IASS 国际空间结构会议后去意大利罗马参观建筑

2007 年 5 月于昆明参加空间结构创新和发展研讨会，一排左六为董石麟

2007年和天津大学刘锡良教授一起参观我国第一个大型开合式体育场——南通体育会展中心体育场

2009年在西安建筑科技大学参加全国钢结构会议后，去了向往多年的延安杨家岭

2009 年获浙江大学竺可桢奖，与校党委书记张曦、校长杨卫合影

2021 年获 2020 年度国家科学技术进步奖一等奖，与团队主要成员合影，左起为刘志伟、关富玲、周观根、邓华、周岱、罗尧治、董石麟、冯远、赵阳、陈务军、许贤、董城

家庭与生活

长子董学艺 1961 年生，次子董亮 1969 年生，1972 年四口之家合影

2001 年 12 月 10 日 70 岁生日时与次子董亮、儿媳徐馨在一起

2007年春暖花开时节，与夫人周定中在杭州西湖边

生命之树常青——祝董石麟院士八十八米寿寿诞快乐！

2020年12月10日与同事、学生、亲友在一起欢度米寿

个人简介

　　董石麟，男，1932年12月10日生，浙江杭州人。1951年浙江省立杭州高级中学毕业后，考入上海交通大学土木系，院系调整后，1955年本科毕业于同济大学结构系，同年在北京俄语学院留苏预备部学习一年。1956年公派至莫斯科建筑工程学院攻读研究生，师从苏联科学院通讯院士筏·扎·符拉索夫教授；1960年毕业，获原苏联技术科学副博士学位。1960年至1962年在江苏省建筑设计院任助理工程师。1962年至1985年在中国建筑科学研究院从事空间结构科研工作，任室主任、高级工程师，1979年在巴基斯坦中国援外专家组工作近半年。自1985年至今在浙江大学从事空间结构方向的教学、科研工作，曾任结构所所长、建筑工程学院院长等职务。1992年开始享受国务院颁发的政府特殊津贴，曾任第九届全国政协委员会委员、政协第十届浙江省委员会常务委员、浙江省政府参事室参事、北京市人民政府"2008"工程建设指挥部专家。现任浙江大学空间结构研究中心教授、中国土木工程学会常委、中国工程建设标准化协会空间结构专业委员会顾问、中国钢结构协会高级顾问、中国体育建筑专业委员会顾问、国际薄壳与空间结构协会（IASS）委员、国家特许一级注册结构工程师、《空间结构》杂志主编等职，并任上海交通大学、清华大学、同济大学等单位兼职教授。

　　近六十年来，董石麟教授长期从事薄壳结构、网架结构、网壳结构、张拉结构等空间结构的科研、教学和工程实践工作。建立了网架结构拟夹层板法的计算理论、方法和图表，创建计算蜂窝形三角锥网架的新方法——下弦内力法，提出了组合网壳结构拟三层壳的计算理论和方法，给出了组合网架结构的工程应用分析理论、计算方法，提出了轴力和弯矩共同作用下焊接空心球节点承载力计算方法和公式，发明了肋环、葵花和蜂窝序列多撑杆索穹顶结构体系，并给出了预应力态简捷计算方法。科研成果应用于国内外工程实践，成绩显著，如首都体育馆、巴基斯坦伊斯兰堡体育馆、国家大剧院、北京325米大气污染监测塔、广东南海大佛多层多跨网架骨架、马里国家会议大厦、2008年奥运会"水立方"游泳馆等。"现代空间结构体系创新、关键技术和工程实践""国家游泳中心（水立方）工程建造技术创新与实践"等4个项目获国家科技进步奖一、三等奖。2009年获得浙江大学教职工最高个人荣誉称号——竺可桢奖。2013年获得浙江省科学技术奖重大贡献奖。主要著作有《空间网格结构分析理论与计算方法》、《新型空间结构分析、设计与施工》等。培养和指导硕士研究生、博士研究生及博士后100余名。

　　1997年当选为中国工程院院士。

"中国工程院院士文集"总序

　　二〇一二年暮秋，中国工程院开始组织并陆续出版"中国工程院院士文集"丛书。"中国工程院院士文集"收录了院士的传略、学术论著、中外论文及其目录、讲话文稿与科普作品等。其中，既有早年初涉工程科技领域的学术论文，亦有成为学科领军人物后，学术观点日趋成熟的思想硕果。卷卷文集在手，众多院士数十载辛勤耕耘的学术人生跃然纸上，透过严谨的工程科技论文，院士笑谈宏论的生动形象历历在目。

　　中国工程院是中国工程科学技术界的最高荣誉性、咨询性学术机构，由院士组成，致力于促进工程科学技术事业的发展。作为工程科学技术方面的领军人物，院士们在各自的研究领域具有极高的学术造诣，为我国工程科技事业发展做出了重大的、创造性的成就和贡献。"中国工程院院士文集"既是院士们一生事业成果的凝练，也是他们高尚人格情操的写照。工程院出版史上能够留下这样丰富深刻的一笔，余有荣焉。

　　我向来以为，为中国工程院院士们组织出版"中国工程院院士文集"之意义，贵在"真善美"三字。他们脚踏实地，放眼未来，自朴实的工程技术升华至引领学术前沿的至高境界，此谓其"真"；他们热爱祖国，提携后进，具有坚定的理想信念和高尚的人格魅力，此谓其"善"；他们治学严谨，著作等身，求真务实，科学创新，此谓其"美"。"中国工程院院士文集"集真善美于一体，辩而不华，质而不俚，既有"居高声自远"之澹泊意蕴，又有"大济于苍生"之战略胸怀，斯人斯事，斯情斯志，令人阅后难忘。

　　读一本文集，犹如阅读一段院士的"攀登"高峰的人生。让我们翻开"中国工程院院士文集"，进入院士们的学术世界。愿后之览者，亦有感于斯文，体味院士们的学术历程。

徐匡迪

2012 年

序 一

1956年秋,国家派送我到苏联莫斯科建筑工程学院留学,师从苏联科学院通讯院士、国际著名薄壁空间结构专家筏·扎·符拉索夫教授攻读苏联技术科学副博士学位研究生。1960年回国后,无论是在江苏省建筑设计院、中国建筑科学研究院,还是在浙江大学,我一直从事空间结构学科的科研、教学工作。可以说,我与空间结构结下了不解之缘,这种缘分现已超过60年。在这漫长的岁月中,我和我团队的同事、学生共撰写了680篇学术论文(不包括内部的工作报告和研究报告),发表在国内外期刊和学术会议上。这些学术论文大多是在承担国家和地方的纵横向科技项目时完成的。其中纵向科技项目主要有:国家自然科学基金重点项目"空间网格结构的稳定性、极限承载力和其合理形体研究""新型空间结构的强度、稳定性和动力特性研究""新型张力空间结构基础理论与共性技术研究",国家自然科学基金面上项目"索-网格结构体系的合理形体、非线性与抗灾害分析研究""六杆四面体单元组成的新型可装配式球面网壳的理论与试验研究",建设部(现住建部)项目"网架平板组合结构的分析研究""多层大跨建筑组合网架楼层结构成套技术研究",教育部高等学校博士学科点专项科研基金项目"拉索与网格结构组合体系合理形体及非线性分析研究",浙江省科技厅项目"新型索穹顶的形体、理论分析和试验研究""六杆四面体网壳结构的理论分析与试验研究"等。横向科技项目和课题大多是结合国内外重大工程进行,科技成果直接用于工程实践为生产建设服务。合作过的重大工程项目有:首都体育馆、巴基斯坦伊斯兰堡体育馆、马里国家会议大厦、北京325米高大气污染监测塔、国家大剧院、杭州大剧院、北京奥运会国家游泳中心"水立方"、全运会济南奥体中心体育馆、杭州奥体博览中心体育场、上海世博会"世博轴"、重庆国际博览中心、天津西站、杭州东站、深圳北站、深圳机场航站楼、乐清市体育中心一场两馆、浙江大学紫金港校区体育馆、九寨沟国际会议中心大堂/展厅/温泉泳浴中心和台州电厂干煤棚等。

2017年恰逢浙江大学建校120周年、建筑工程学院建院90周年,组织上希望我出一本论文集,汇总一下多年来在空间结构领域取得的科技成果,献礼校庆和院庆。为此,从我和我团队撰写的680篇论文中,全面重点选取了150篇合编成这本论文选集。由于要重新编辑出版,工作量很大,来不及在2017年5月21日校庆、院庆日前完成任务,只能争取尽早出版问世。

本论文选集所选的150篇论文可归纳为六部分:空间结构综述,网架结构,网壳结构,索穹顶结构、弦支穹顶结构、张弦结构和斜拉结构,空间结构节点。下面分别对各部分主要内容做一简述。

第一部分,空间结构综述,共有10篇论文。主要阐述了中国空间结构近五六十年来发展应用的基本概况,存在的问题以及今后发展的方向。根据国内外空间结构发展的历程,提出了空间结构年代划分,并说明了古代、近代、现代空间结构的特点,列举了代表性工程实例。提出了按组成结构的基本单元,即板壳单元、梁单元、杆单元、索单元和膜单元来分类目前世界上已有的38种具体的空间结构,表明这种新的空间结构分类方法具有明显特性，即直观性、实用性、包容性和开放性。改革开放以来，我国的空间结构在体育场馆、展览中心、航站楼、影剧院、车站、大型商场、飞机库、工厂车间、煤棚与仓库等建筑中得到广泛应用和蓬勃发展，空间结构科技领域也有了丰硕的研究成果，空间结构多项世界之"最"都在我国，中国现已是空间结构大国，下一步的发展目标是成为空间结构强国，论文中也探讨了我国成为空间结构强国的发展方向和途径。

第二部分，网架结构，共有31篇论文。主要论述了空间网架结构的各种计算方法及其对比，阐述网架结构的精确计算方法——空间桁架位移法，并介绍了编制的国内广泛应用的软件、建设部注册登记推广的第一号网格结构计算程序——MSTCAD。提出了各类网架结构近似分析法——拟夹层板法的基本理论、计算方法和实用算表，给出了组合网架结构的实用计算方法和计算公式。提出了蜂窝形三角锥网架和抽空三角锥网架Ⅱ型的精确计算新方法——下弦内力法。研究了鸟巢形网架、环向折线形网架和圆形平面网架的构形、受力特性、简化计算方法和实用算表。提出了网架结构预应力简捷计算法、设计优化全过程和施工张拉全过程分析方法。研制了冲压板节点新型网架结构并在工程实例中应用。归纳了钢网格结构杆件截面的简捷设计法，对杆系结构非线性静、动力稳定问题做了研究。在工程设计、分析方面，主要项目有广东南海观音大佛雕像工程的多层多跨高耸网架、温州体育馆斜置四角锥网架、广东人民体育场局部三层网架挑篷，以及首次采用盆式搁置方案的天津宁河县体育馆预应力网架。

第三部分，网壳结构，共有44篇论文。提出了交叉拱系网状扁壳、网状球壳的连续化分析方法。用连续化方法推导了单、双层球面扁网壳非线性理论临界荷载的计算公式。运用拟壳法研究了多种组合网壳的静、动力特性和稳定性。提出了葵花型和环向折线形单层球面网壳、宝石群单层折面网壳等新型网壳结构，并给出了作为杆系模型的简化计算方法，论证了这些网壳节点不一定需要采用刚接，采用铰接也能求解。对折板网壳的几何非线性、动力特性和经济性做了分析研究。提出了由投影平面为四边形的六杆四面体单元组合而成的新型球面网壳、柱面网壳、扭网壳及双曲抛物面冷却塔网壳，系统研究了其构形、静力性能、稳定性能及装配化施工全过程，并进行了相应的模型试验研究和实践。对板锥网壳、叉筒网壳、巨型网格网壳、局部双层网壳、多波多跨柱面网壳等新型网壳的构形、静力性能和稳定性做了研究。进行了多点输入下空间结构的抗震分析，空间结构领域风振响应分析和主要贡献模态的识别，网壳结构考虑杆件失稳的整体稳定性分析，以及大跨球面网壳悬挑安装法和施工内力分析。提出了一种由三角形单元组成的原竹单层网壳的构形和试点实践。在重大工程设计、分析、咨询方面，主要工作有台州电厂干煤棚折线形网状筒壳的选形和结构分析，国家大剧院双层空腹网壳结构分析及方案改进，九寨沟甘海子国际会议度假中心温泉泳浴中心大跨椭球面钢拱结构的强度和稳定性分析，国家游泳中心"水立方"结构关键技术研究，上海世博会"世博轴"阳光谷钢结构稳定性分析，以及新型多面体空间刚架结构几何构成优化和建模方法研究等。

第四部分，索穹顶结构，共有30篇论文。主要阐述和探讨了索穹顶结构研究的新进展以及几何稳定性判定与分析方法，提出了求解各种索穹顶结构整体自应力模态的二次奇异值法。给出并应用整体可行预应力新概念，解决了多自应力模态下索穹顶结构几何稳定性判定和预应力优化问题。对一般具有外环桁架的肋环型索穹顶、不考虑与考虑自重的葵花型索穹顶，提出了初始预应力简捷计算法，推导了递推公式并给出了若干参数下的计算用表。提出了肋环人字型、鸟巢型、肋环四角锥撑杆型等多种新型索穹顶形式并研究了其结构构形和预应力态分析方法。研究了各类索穹顶结构的多种预应力张拉施工方法并进行了全过程模拟分析及模型试验。讨论了矩形平面索穹顶结构的受力性能及模型试验,刚性屋面索穹顶方案设计及支承结构水平刚度的影响,索穹顶与单层网壳组合结构的受力性能。用向量式有限元法分析了断索对索穹顶的影响,以及环形张拉整体结构的构形与应用等问题。索穹顶方面的最新研究成果是不采用上、下弦节点只设置一根垂直于水平面撑杆的"拉索海洋和压杆孤岛"传统张拉整体 Fuller 构想,创新性地提出了非 Fuller 构想的多撑杆型索穹顶、肋环序列索穹顶、葵花序列索穹顶、蜂窝序列索穹顶和鸟巢序列索穹顶,并对 10 多种新颖的索穹顶构形和在闭口、小开口、大开口情况下预应力态分析方法做了系统研究,为索穹顶的选型、设计和施工提供了新方案、新思路。

第五部分,弦支穹顶结构、张弦结构和斜拉结构,共有 28 篇论文。主要阐述和探讨了弦支穹顶结构的形态分析问题及其实用分析方法,弦支形式对受力性能的影响,弦支穹顶预应力分布的确定、静动力及稳定性分析,弦支穹顶的张拉理论分析及试验研究。提出了环向折线形单层球面网壳、矩形平面柱面网壳和叉筒网壳的弦支穹顶构形,并进行了受力特性研究和模型试验。在当时国内外跨度最大的直径为 122m 的济南奥体中心体育馆首次采用三环肋环型弦支穹顶结构,并做了多方案比较、优化、稳定性分析和试验研究。讨论了索杆结构的力学性能及其体系演变、内力和形状同步控制研究,大跨度环形平面肋环型索杆结构形体、可行预应力分布和模型试验,以及内气压对多种形式张弦气肋梁结构的受力影响,进行了斜拉网壳结构的非线性分析及索杆膜空间结构协同分析。在重大工程设计、分析和咨询方面,主要工作有广州国际会议展览中心展览大厅 126.6m 张弦立体桁架屋盖设计的结构特点分析,浙江乐清体育中心体育馆新型内外双重张弦网壳的结构设计计算和模型试验与月牙形平面体育场大跨度空间索桁结构的形态、静动力、稳定性分析,上海世博会"世博轴"张拉索膜结构的找形及静力风载分析,北京 325m 高大气污染监测塔五层斜拉索桅杆的非线性分析,北京华北电力调度通讯塔双曲抛物面拉索塔结构分析及计算程序编制,深圳游泳跳水馆斜拉主次桁架屋盖的结构分析及风振响应计算,以及浙江大学紫金港校区体育馆索-桅杆张力结构吊挂刚性网格结构的稳定性分析。

第六部分,空间结构节点,共有 7 篇论文。主要提出了轴力和双向弯矩共同作用下圆钢管和矩形钢管焊接球节点承载力实用分析方法和计算公式,其不仅供"水立方"游泳馆等工程设计采用,而且为相关规程修订提供了参考。对板式橡胶支座节点的设计与应用研究,已被《空间网格结构技术规程》(JGJ 7—2010)采纳。结合重庆国际展览中心 66 万 m² 铝合金格栅结构对板件环槽铆钉搭接连接节点进行了受剪性能分析和试验研究。结合上海世博会"世博轴"阳光谷单层网壳结构进行了新型节点的试验研究及有限元分析。对六杆四面体单元组成的装配式网壳结构,提出了法兰盘连接的新型节点并做了试验研究。

本论文选集是我和我团队的同事、学生、合作者的论文集,是团队的科技成果汇总,内容比较多,跨越历史比较长,每篇论文的作者和出处见论文首页下方注释。本论文选集便于从事空间结构教学、科研、设计和施工工作的相关人员使用参考,也可作为高校空间结构学科研究方向的师生的补充教材和参考书。与此同时,这本论文选集从一个侧面反映和见证了中国从空间结构研究寥寥无几发展成为空间结构大国,再从空间结构大国奔向空间结构强国的发展历程。

因篇幅有限,本论文选集仅从我和我团队撰写的 680 篇论文中选取 150 篇论文入编,广大读者如需另 530 篇论文,可根据"附录 2　董石麟院士论文目录"中的论文名,在网上查找、阅读或下载;又如需我的硕士生、博士生的毕业论文或博士后的出站报告,可根据"附录1 董石麟院士历届学生名录"中相应的论文名,向浙江大学或上海交通大学图书馆借阅。希望广大读者讨论、深化和优化本论文选集中的观点、提法和结论,提出宝贵意见,不当之处请批评指正。

在本论文选集出版之际,我首先要衷心感谢国家自然科学基金委、住建部、教育部以及浙江省科技厅、住建厅等部门长期以来对我国空间结构学科发展和科技项目的关心与支持。我要深深感谢我团队的同事、合作者和学生,他们在共同的科技工作中付出了辛勤劳动、做出了重要贡献。要感谢我的学生,我指导的硕士生、博士生及博士后,他们目前大多已成长为教授、总工程师、高级工程师。要感谢我团队的主力和各有关单位的科技骨干,他们是:浙江大学空间结构研究中心和结构工程研究所教师罗尧治教授、赵阳教授、高博青教授、邓华教授、袁行飞教授、楼文娟教授、姚谏教授、段元锋教授、许贤教授、肖南副教授、卓新副教授、苏亮副教授、沈雁彬副教授、姜涛副教授、刘宏创博士后,上海交通大学空间结构研究中心和钢结构研究室教师周岱教授、陈务军研究员、王春江副研究员,同济大学李元齐教授,贵州大学黄勇教授、肖建春教授,湖南大学贺拥军教授,上海海事大学郭佳民教授,上海师范大学张志宏教授,温州大学陈联盟教授,广州大学王星教授,河南大学杜文风教授,浙大城市学院邢丽教授,扬州大学孙旭峰教授,北京工商大学张丽梅教授,美国圣母大学彭张立教授,北京工业大学何艳丽副教授,深圳大学陈贤川副教授,东南大学朱明亮副教授,山东潍坊学院邢栋副教授,山东大学威海分院姚云龙副教授,浙江科技学院冯庆兴副教授,河北农业大学任小强副教授,北京市建筑设计研究院朱忠义总工程师、白光波高级工程师,上海建筑设计研究院滕起教授级高级工程师,浙江大学建筑设计研究院周家伟高级工程师、包红泽高级工程师、张明山高级工程师、郑晓清高级工程师,中国建筑西南设计院向新岸教授级高级工程师,浙江省建筑设计研究院陈东教授级高级工程师,中建科工有限公司顾磊教授级高级工程师,广州市重点公共建设项目管理办公室陈荣毅教授级高级工程师,广州市电力设计研究院王振华教授级高级工程师,精工钢构集团有限公司蔺军教授级高级工程师,浙江省建工集团有限公司尤可坚高级工程师,上海市建工集团有限公司梁昊庆高级工程师,中国建筑第八工程局田伟高级工程师,悉地国际设计集团上海公司余卫江高级工程师等。要感谢我工作单位的同事,他们是:中国建筑科学研究院结构所科技工作者张维嶽设计大师、蓝天教授、熊盈川研究员、施炳华研究员、宦荣芬研究员、王俊研究员、赵基达研究员、钱基宏研究员、樊晓红副研究员、姚卓智高级工程师和杨永革高级工程师,浙江大学空间结构研究中心教师严慧教授、关富玲教授,上海交通大学空间结构研究中心和钢结构研究室教师付功义教授、赵金城教授、龚景海研究员。要感谢合作单位的科技工作者,他们是:贵州大学马克俭院士,香港理工大学滕锦光院士,中国建筑总公司肖绪文院士,中国建筑总公司设计集团傅学怡设计大师,河北农业大学夏亨熹教授,同济大学钱若军教授,清华大学钱稼茹教授,华东建筑设计研究院汪大绥设计大师,中国建筑设计院范重设计大师,中国建筑西南设计院冯远设计大师,浙江大学建筑设计研究院董丹申总建筑师、干刚总工程师、肖志斌总工程师,浙江省电力设计院童建国总工程师,浙江省建工集团有限公司金睿总工程师,浙江东南网架集团有限公司郭明明董事长、周观根总工程师,精工钢构集团有限公司刘中华总工程师,江苏沪宁钢机股份有限公司高继领总工程师,原杭州大地网架有限公司王金花董事长。

在此,还要感谢浙江大学赵阳教授、邓华教授、袁行飞教授、苗峰博士后和朱谢联博士,与他们通过多次反复研讨,从680篇论文中全面重点选出了150篇,并根据编辑出版要求组织在读硕士、博士研究生丁超、刘青、涂源、汪儒灏、梁铭耀、陈敏超、金跃东、洪昊、陈璀、魏轩、诸德熙、孙桐海、张影、马烁等,将大部分原论文重新形成 Word 文件、绘制必要的图表并进行校对。论文选集附录 1 是董石麟院士历届学生名录,其中 2011 年前历届学生由邓华教授统计,2012 年后历届学生由陈伟刚博士后统计,陈伟刚博士后同时负责将学生名录汇总制表。附录 2 是董石麟院士论文目录,其中 2011 年前、2011—2013 年的论文分别由许贤教授、梁昊庆博士检索,2014—2021 年的论文由陈伟刚博士后检索,陈伟刚博士后同时负责将论文目录汇总制表,兹要一并表示感谢。

最后,要感谢浙江大学出版社的领导对本论文选集出版的关注和重视,金佩雯责任编辑、候鉴峰编辑为本论文选集的编辑排版、校对修改持续工作了近三年时间,非常细致和辛苦。

董石麟

浙江大学教授

中国工程院院士

2021 年 10 月

序 二

1991年夏,我从浙江大学土木系工民建专业毕业,获得了本校免试推荐攻读硕士研究生的机会,慕名进入空间结构研究室董石麟教授门下,从此除赴香港攻读博士学位的 4 年,一直在先生身边学习、工作,聆听先生的教诲,至今已 30 个年头。在恩师巨著《董石麟论文选集》即将完成编纂之际,先生嘱我为文集写一份序,我深感荣幸的同时,又诚惶诚恐,多次提笔却不知从何落笔。

记得进入师门不久后,董老师就为我选定了"组合网壳结构的稳定性分析"作为硕士论文研究课题,这是当时董老师主持的、由华东四高校(浙江大学、同济大学、东南大学、河海大学)联合承担的国家自然科学基金重点项目"新型空间结构的强度、稳定性和动力特性研究"的部分内容。组合网壳结构是由钢网壳与钢筋混凝土带肋壳组合而成、具有中国特色的一种新型空间结构形式,其工程应用当时在国内已经开始,但理论研究远滞后于工程实践,结构计算只能采用近似方法。在董老师的指导下,我在非线性空间梁元、三角形板壳元理论推导的基础上,完成了组合网壳几何非线性稳定分析的有限元专用程序的编制,填补了当时的空白。就在我硕士毕业留校工作后不久,山西某矿井洗煤厂一个直径为 34.1m 的球面组合网壳工程在施工过程中出现了球冠部分完全翻转的失稳破坏事故,该工程的设计负责人——煤炭工业部太原设计研究院的刘善维总工得知董老师团队正在进行相关研究,慕名前来寻求技术支持。董老师在详细了解了事故过程、破坏形式的基础上,让我利用自行编制的程序分析了该组合网壳的稳定承载力,给出了钢与混凝土形成共同工作后的组合网壳具有足够稳定承载力的结论,为事故处理及结构后续使用提供了重要依据。

作为一名刚完成硕士学业的空间结构领域入门者,有机会参与这一大型实际工程的事故分析,极大地激发了我对空间结构的兴趣和热情,也让我深深体会到导师确定的论文选题不仅涉及空间结构的学科前沿,还具有十分明确的工程应用前景。实际上,董老师迄今指导的逾百名硕士、博士研究生的论文选题无不具有同样的特点。从早期的组合网架结构、组合网壳结构、预应力网格结构、折板式网格结构,到各类新型索穹顶结构、弦支结构、张弦结构,再到近期的六杆四面体单元新型装配式网壳结构,它们都代表、引领了空间结构体系的发展方向,也为新型空间结构的工程实践提供了必要的技术储备。董老师的学生们经过这些涉及学术前沿的学位论文工作,既接受了严格的科研训练,也得到了很好的工程应用熏陶。

在长达 60 余年的空间结构学术生涯中,董老师承担的许多科研项目都是结合国内外重大工程进行的,他一直强调科技工作要为国家建设服务。在培养研究生的过程中,董老师总是尽可能为学生直接接触实际工程创造条件。在我研究生阶段的后期,以及刚留校任教的前几年,正是国内空间网格结构蓬勃发展的时期,短短两三年时间内,我在董老师的指导下完成了数十项网架网壳结构的设计工作。在工程设计中,董老师总会根据实际情况提出合理的结构方案并力求有所创新,如温州体育馆屋盖采用了斜置的正放四角锥网架结构,广东南海观音大佛骨架采用了多点支承的多层多跨高耸网架结构,台州电厂干煤棚采用了纵向带折线的折板型网壳结构,贵溪电厂干煤棚采用了抽空的局部三层微弯型网架结构,沪杭科技图书馆门厅采用了局部双层球面网壳结构,这些创新的结构形式当时在国内都是首次提出并成功应用于实际工程。特别令我印象深刻的是,当时网架结构分析设计软件还很不成熟,结构建模需要人工输入数据或自行编制简易小程序,工作量很大,因此在工程设计中最担心结构方案的反复调整。而董老师提出的结构方案,从结构形式到具体网格尺寸,总是被最终的计算分析结果证明是受力合理、经济指标优越的,很少出现需要调整方案返工的情况。在跟随董老师进行工程设计的过程中,作为学生,我对空间结构概念的体会与领悟不断加深,接受了很好的工程训练,这些经历令我终身受益。

2000年以后,董老师服务工程实践的途径从直接从事结构设计逐渐向结构分析、设计咨询、试验研究转变。广为世人关注的国家大剧院项目,法国工程师的设计方案采用了杆件肋环型布置的空腹网壳结构,董老师凭借丰富的实践经验提出了增设交叉支撑杆件以增加整体结构稳定性和抗扭刚度的优化改进方案,并带领团队通过仔细分析验证了改进方案的有效性和必要性。在结构方案审查会上,董老师作为专家组组长提出的这一方案获得了外方工程师的认可,并在最终设计中得到采纳。

随着2008北京奥运会、2010上海世博会等重大活动的举办,我国迎来了空间结构的又一个蓬勃发展期,董老师带领团队积极投身其中并发挥了重要作用。作为国家游泳中心"水立方"、上海世博会"世博轴"两个重大项目的结构设计顾问,董老师组织了以博士研究生为主体的浙大攻关小组,长期驻守北京、上海,与中建国际(深圳)设计顾问有限公司、华东建筑设计研究院的设计团队精诚合作,攻克了一个又一个技术难关,为工程的顺利实施做出了重要贡献。以"水立方"工程为例,澳大利亚工程师提出了多面体空间刚架这一全新的空间结构形式,董老师带领学生系统研究了该类新型结构的基本单元、几何构成、数学模型及嵌填式建模技术,利用自行编制的嵌填法程序仅需8分钟即可完成整体结构的精确建模。此外,"水立方"结构采用的焊接空心球节点除承受轴力外还承受相当大的弯矩,除连接常规圆钢管外还需连接方钢管、矩形钢管,对这些复杂条件下的焊接球节点,当时还没有相关研究,更缺少设计方法。董老师凭借其深厚的力学功底推导了相关理论公式,从理论上证明了空心球节点的轴力-弯矩相关关系与节点几何参数无关,为节点承载力的简化计算提供了理论依据。在此基础上,董老师带领学生进行了数十个节点的足尺试验和上千个节点的有限元分析,最终建立了复杂受力条件下焊接球节点的设计方法与实用计算公式,这些方法和公式不仅解决了"水立方"工程设计的燃眉之急,还被纳入了修订后的国家行业标准。

近年来,董老师还带领学生们完成了济南奥体中心体育馆弦支穹顶结构、深圳北站站台雨棚矩形环索弦支柱面网壳结构、天津西站双向变截面巨型网格单层圆柱面网壳结构、杭州东站斜柱支承双向桁架结构、重庆国际博览中心铝合金网格结构、乐清体育中心体育场月牙形非封闭环形平面索桁结构等一大批重大工程的结构模型与节点试验,不仅为工程的顺利实施提供了有力保障,还很好地锻炼了学生们的动手能力和工程实践能力。

1994年,董老师在时任浙大校长路甬祥先生的支持下,创办了我国唯一的一本空间结构专业学术杂志——《空间结构》并亲自担任主编。此后,让学生承担杂志的学术编辑工作也成为董老师培养学生的重要环节之一。杂志创刊之时正值我留校工作不久,董老师安排我跟随一名老编辑担任期刊的编辑工作,这让刚刚踏上科研道路、自身学术经历还很有限的我着实感到不小的压力。我一边虚心向老编辑学习,一边通过实践慢慢熟悉编辑业务,终于在较短的时间内初步胜任了这一工作。此后直到今天,除了在香港学习的4年,不管科研、教学、管理事务多么繁忙,我一直坚持担任杂志的责任编辑,2002年开始还担任了杂志的副主编。承担杂志编辑工作,不仅让我有机会接触国内学科发展的最新动向,也培养了我更为全面的学术能力。20多年来,先后有近30名董老师的博士生担任过《空间结构》的编辑工作,很多学生毕业后都十分怀念这段经历,表示这是他们博士生涯中令人难忘且受益良多的经历。

董老师在培养学生时还非常重视让学生参与国内外学术会议与学术交流。我在硕士在读期间就跟随老师参加了华东四高校国家自然科学基金项目学术交流会、第七届全国空间结构学术会议等学术活动,开阔了眼界,也结交了朋友。1996年5月,董老师又让我参加了在北京香山饭店举行的亚太地区壳体与空间结构学术会议(Asia-Pacific Conference on Shell and Spatial Structures)并宣读论文。就是在这次国际会议上,我结识了浙大土木系79级校友、香港理工大学的滕锦光博士(现香港理工大学校长、中国科学院院士)。几个月后,滕博士给我发来了赴香港理工大学攻读博士学位的邀请函。当时,留在空间结构研究室工作、担任董老师助手的只有我的两位师兄,他们的科研工作十分繁忙,杂志编辑工作我刚刚开始上手,而且我已经开始跟随董老师在职攻读博士学位,因此尽管自己很希望出去长长见识,但还是有点担心老师不同意。当我心怀忐忑去征求董老师的意见时,他没有半点犹豫,表示大力支持,说年轻人就应该出去接受不同环境、不同风格的培养锻炼,研究室、编辑部的工作可以重新安排人员来做。不仅如此,董老师还亲自跑到公证处为我赴香港攻读博士学位提供担保(当时香港尚未回归,尽管是对方提供全额奖学金,也必须由浙大因公派出,需要校内老师提供担保),让我大为感动。到香港攻读博士学位,让我拓宽了研究方向,开阔了国际化视野,对我的学术成长起到了十分重要的作用。

2013年,董老师在参加"浙江省科学技术奖重大贡献奖"答辩时曾动情地说:"我已从事空间结构的科研、教学、工程实践工作57年,今后我和我的团队将继续努力,奋发工作,为促进和实现中国从空间结构大国奔向空间结构强国的宏伟目标做出新的贡献!"8年来,董老师一直在践行自己的诺言。尽管已90岁高龄,在从求是村到浙大玉泉校区土木科技馆的路上仍然经常可以看到董老师骑着自行车的身影,董老师仍坚持每天到办公室上班,亲自指导博士研究生,亲自在一线从事科研工作。近几年,董老师又相继提出了六杆四面体单元网壳结构、多撑杆类肋环序列、葵花序列、蜂窝序列索穹顶结构等创新的空间结构体系,引起了学术界、工程界的高度关注,也令我们再次惊叹于先生深厚的学术功力和旺盛的学术生命力。先生对空间结构事业的满腔热情和不懈追求永远是学生学习的榜样。

《董石麟论文选集》从董老师历年来公开发表的近700篇论文中精选了150篇结集出版,系统反映了董老师长期以来在空间结构的理论研究与工程实践方面取得的重要成果,也在一定程度上见证了中国空间结构事业从无到有、从有到强的发展历程。作为学生,实在没有资格写序,谨遵师嘱写下以上文字,记录跟随老师学习、工作多年来的几个片段,表达对恩师巨著出版的热烈祝贺,感谢先生多年栽培之恩,衷心祝愿先生身体健康,寿比南山!

浙江大学教授、博士生导师
浙大城市学院副校长
2021年8月

目　录

第一部分　空间结构综述

第二部分　网架结构

第三部分　网壳结构

第四部分 索穹顶结构

第五部分　弦支穹顶结构、张弦结构和斜拉结构

第六部分 空间结构节点

附 录

5

第一部分

空间结构综述

1 北京亚运会体育场馆屋盖的结构形式与特点[*]

摘　要：本文简述了1990年在我国北京举办的亚运会新建体育场馆屋盖的结构类型和具体形式，并对有代表性的22幢体育场馆屋盖结构的特点和主要技术数据做了分析和综述。文中最后就若干结构技术问题进行了探讨。

关键词：北京亚运会；体育场馆；结构形式；结构特点；结构探讨

1　概述

1990年北京亚运会新建体育馆、体育场、练习馆及康乐中心等各项工程中，创造性地、丰富多彩地采用了多种类型的大、中跨度结构。根据有代表性的22幢新建体育场馆的分析统计，所采用的屋盖结构大致可分为六大类型，即：网架结构、网壳结构、悬索结构、组合空间结构、梭形桁架系结构、空间人字形拱结构等。其中有不少结构形式，在我国尚属首次应用，在世界上也属罕见。纵观这六类空间结构，造型新颖、形式各异、技术先进、效果良好，集中标志了我国当代大跨度体育建筑结构技术发展的新水平，为国家增添了光辉和荣誉。

2　网架结构

具有自重轻、用料省、刚度大、抗震性能好、技术成熟等特点的网架结构，在北京亚运会新建体育场馆中，据不完全的统计，共有15项工程得到了应用，详见表1。表中还分别列出了每项工程的结构形式、平面尺寸×高度、矢高、设计荷载、最大挠度、挠跨比、用钢量、单位跨度用钢量、施工安装方法等。

其中跨度最大的是由北京市建筑设计院设计的大学生体育馆，采用两向正交斜放变高度焊接空心球节点网架。平面尺寸为64m见方，四周悬挑6m。在中部13.5m见方范围内设有高度为5m的天窗架，实际上构成局部是三层的网架结构。四角设有八角形筒柱，作为主要的抗侧力结构。图1为大学生体育馆建成后的实物照片。

跨度最小的具有特色的是石景山练习馆，由机电部设计研究院设计，平面尺寸为长六边形20m×54m。它由两个并联的六边形平面的三向网架所组成，而六边形平面的网架，其四边为简支、两边为

---

* 本文刊登于：董石麟.北京亚运会体育场馆屋盖的结构形式与特点[C]//中国建筑学会.第十一届亚运会体育建筑设计、施工、管理经验研讨会，北京，1990：5－14.

图 1　大学生体育馆

自由,采光天窗架搁置在网架的自由边界上(图 2)。三向网架刚度较大,自由端可不设反梁,有利于施工和建筑处理。

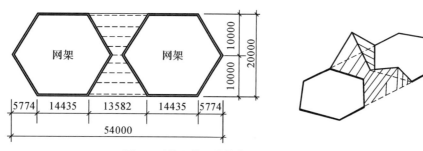

图 2　石景山练习馆结构平面及示意图

表 1　北京亚运会新建体育场馆屋盖结构一览表

结构类型	场馆名称	结构形式	平面尺寸×高度(矢高)/m	设计荷载/(kN·m⁻²)	最大挠度/cm	挠跨比	用钢量/(kg·m⁻²)	沿米用钢量/(kg·m⁻³)	施工安装方法	注
网架结构	大学生体育馆	两向正交斜放网架	64×64×(4~5.44)(2.56)	2.4	16	1/400	65	1.016	地面拼装整体吊装	悬挑6m
	地坛体育馆	三向网架	正六边形60×3.75(4.8)	1.83	8.2	1/634	45	0.866	满堂脚手高空散装	
	木樨园体育馆	正放四角锥网架	46.8×67.6×3.5	3.5			46	0.983	分段吊装滑移就位	
	海淀体育馆	正放四角锥网架	48×52×4	2.0	10	1/480	39.5	0.823	分三段吊装滑移就位	
	月坛体育馆	正放四角锥网架	59.4×66×3.8		15.6	1/380	48	0.808	地面拼装整体吊装	悬挑4.2~4.5m
	北京国际网球中心	斜放四角锥网架	60×60×(3~4.5)	2.0	11	1/545	55	0.917	分段吊装积累滑移	悬挑3m

续表

结构类型	场馆名称	结构形式	平面尺寸×高度（矢高）/m	设计荷载/(kN·m⁻²)	最大挠度/cm	挠跨比	用钢量/(kg·m⁻²)	沿米用钢量/(kg·m⁻³)	施工安装方法	注
网架结构	北郊体育场看台	正放四角锥网架	扇形						满堂脚手高空散装	
	丰台体育场看台	两向正交正放网架	扇形(17.2～35.2)×167.8	1.8	17.4		50		满堂脚手高空散装	
	丰台体育中心比赛馆	两向正交正放网架	蛋形平面54.6×76.7×4	3.5			55	1.007	满堂脚手高空散装	
	丰台体育中心训练馆	正放四角锥网架	圆形42.6×2.6	3.0			40	0.939	满堂脚手高空散装	
	康乐中心网球馆	三向网架	正六边形54.6×3	2.0					地面拼装整体吊装	
	亚运会餐厅	斜放四角锥网架	45×45×(3～4.5)	2.0	8.9	1/506	25	0.556	高空拼装积累滑移	
	北郊练习馆	斜放四角锥网架	34×40.8×3.3	1.8	5	1/680	32	0.941	分段吊装滑移就位	设有竖杆
	先农坛田径馆	正放四角锥网架	45×95×3.54	3.12	12.5	1/360	37.8	0.840	高空组装分段滑移	
	石景山练习馆	三向网架	长六边形20×54	1.2	5.9	1/339	28	1.400	地面拼装整体吊装	
网壳结构	北郊综合体育馆*	两块组合型双层柱面网壳	70×83.2×3.3(13.5)	2.4	5.7	1/1228	60	0.857	四支点三滑道积累滑移	
	北京体院体育馆	四块组合型双层扭网壳	52.2×52.2×2.9(3.5)	2.62	8	1/653	52	0.996	满堂脚手高空散装	悬挑3.5m
	石景山体育馆*	三块组合型双层扭网壳	正三角形99×1.5	2.6	3.9	1/1026	44.6	1.115	满堂脚手高空散装	计算跨度按40m计
悬索结构	朝阳体育馆*	正交索网结构	椭圆66×78		15.6	1/216				计算跨度按33m计
组合空间结构	北郊游泳馆	拉索、钢梁与立体桁架	78×117×2.2	2.03						
	北郊综合体育馆*	拉索与网壳组合结构	70×83.2×3.3(13.5)	2.4	5.7	1/1228	60	0.857	四支点三滑道积累滑移	计算跨度按40m计
	石景山体育馆*	三叉拱与网壳组合结构	正三角形99×1.5	2.6	3.9	1/1026	44.6	1.115	满堂脚手高空散装	
	朝阳体育馆*	索拱与索网组合结构	椭圆66×78		15.6	1/216				

续表

结构类型	场馆名称	结构形式	平面尺寸×高度(矢高)/m	设计荷载/(kN·m⁻²)	最大挠度/cm	挠跨比	用钢量/(kg·m⁻²)	沿米用钢量/(kg·m⁻³)	施工安装方法	注
梭形桁架系结构	首都速滑馆	平面梭形桁架与倒L形柱	椭圆 88×184×0～8						地面组装 分榀吊装	倒L形柱内伸8m
空间人字形拱结构	康乐中心戏水馆	空间人字形胶合木拱结构	正十二边形							

注:带 * 项目为从组合空间结构角度分类而重复标识的工程。

　　北郊体育场及丰台体育场看台挑篷,分别由北京市建筑设计院及北京市工业设计研究院设计,采用了扇形平面的网架结构。其中丰台体育场看台挑篷由五个单元的类似于两向正交正放网架组成,覆盖建筑面积达 4010m²,曲线边最大弧长为 167.8m,网架前柱悬挑 9.8～25.5m,前后柱跨 5.03～6.9m,后柱悬挑 2.6～2.8m,纵向柱距 7.11～8.11m,网架高 1.3～5.6m,最大矢高 6.32m。这种长悬臂的网架结构在国内仅在最近二三年来才开始兴建,施工安装方便,为今后体育场看台挑篷提供了一种新的较好的结构形式。图3为北郊体育场看台挑篷的实物照片。

图3　北郊体育场看台挑篷

　　就网架的平面图形而言,除常用的矩形平面外,还采用了正六边形平面(地坛体育馆与康乐中心网球馆)、圆形平面(丰台体育中心训练馆)、蛋形平面(丰台体育中心比赛馆)、扇形平面(北郊体育场及丰台体育场看台挑篷)、切角矩形平面(海淀体育馆及北京国际网球中心等)、不等边八边形平面(月坛体育馆)。

　　为满足排水坡度的要求,并可使网架弦杆截面在跨中与四周不致悬殊太大,因而变高度网架在不少工程中得到采用,如北京国际网球中心、大学生体育馆、亚运会餐厅等。

　　北京市建筑设计院设计的北郊练习馆采用了大网格布置的斜放四角锥网架,下弦网格 6.8m×6.8m,为网架平面尺寸 34m×40.8m 的 1/30,即网架在短向的格跨比为 1/5,在长向的格跨比为 1/6。大网格网架的杆件和节点数相对较少,可节省材料的耗用量与减少加工制作的工作量,这是有明显经济效益的。与此同时,为适当增加网架在上弦平面内的刚度,单元四角锥锥底增设十字交叉上弦杆,并相应地增设了竖杆,详见图4。这种异形的斜放四角锥网架在我国现行的《网架结构设计与施工规程》中是没有的,在国内尚属首次采用,在国外也未曾发现。

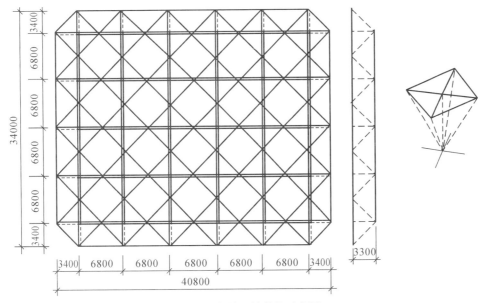

图 4 北郊练习馆结构示意图

值得一提的是由北京市建筑设计院设计的综合体育馆的门厅、休息廊道、柱子、大门构架也都采用了网架结构,见图5、图6,这在国内也是首次采用。此外,在北京亚运会体育场馆网架结构设计中,较多地采用了橡胶支座,使支座节点更接近于计算假定中的铰接节点,且在抗地震时有吸能消振作用。对网架屋面做法,大面积地采用了聚氨酯为夹心材料的复合板,使屋面板材的总重不到 0.2kN/m²,这可大大降低屋盖的设计荷载,减少材料的耗用量。

图 5 北郊体育馆门厅、廊道   图 6 北郊体育馆大门构架、斜拉索及塔筒

以上有关亚运会网架结构工程的特点,以及网架设计中所采用的新手法、新技术和新材料,使我国的网架结构技术向前发展了一步,并使之面目一新。

3 网壳结构

在网壳结构方面,主要是双层网壳结构在北京亚运会体育建筑中得到了应用和开发。

由北京市建筑设计院设计的北郊综合体育馆采用了两块组合型斜放四角锥双层柱面网壳,平面尺寸为 70m×83.2m,网壳高 3m,上弦网格 4.7m×4.7m,下弦网格 6.6m×6.6m。网壳截面呈人字形,曲率半径为 17.5m。屋脊处共设有 16 根斜拉钢丝索,使屋盖悬吊在高为 60m 的纵向预应力钢筋混凝土塔筒上。图 7 为北郊综合体育馆网壳结构平剖面示意图,图 6 及图 8 的左侧为该馆的实物照片。这种网壳结构很有特色,是空间结构与中国民族建筑形式相结合的范例。

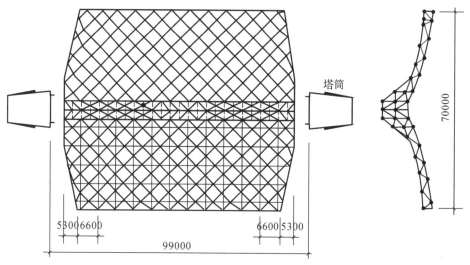

图 7 北郊综合体育馆网壳结构平剖面图

图 8 北郊综合体育馆及北郊游泳馆

石景山体育馆由机电部设计研究院与哈尔滨建工学院共同设计,采用了三块组合型三向桁架系双层扭网壳。整个屋盖平面呈三角形,边长达 99.7m,三块网壳为不等边长的菱形平面,直纹方向的网格边长为 2.94~4.69m,网壳高度 1.5m,网壳中部支承在三叉拱上,三叉拱由一对箱形截面的立体型钢桁架组成。箱形截面高 2.8m、宽 1.3~1.9m,并用系杆相连,构成中央采光带。三叉拱支承在呈斜框架形式的钢筋混凝土支座上。图9、图10为石景山体育馆网壳的平面图及建成后的实物照片。
这种三块组合型扭网壳结构,造型新颖、结构受力合理,在我国也是首次采用。

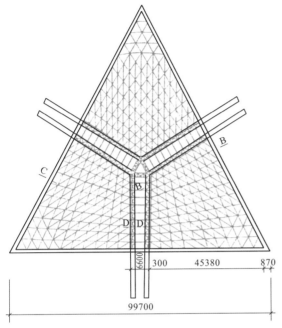

图 9 石景山体育馆网壳结构平面图

图 10 石景山体育馆

北京体院体育馆由清华大学建筑设计院、中国建筑科学研究院结构所共同设计,采用了四块组合型两向正交正放桁架系双层扭网壳,平面尺寸为 52.2m 见方,四周悬挑 3.5m,网格尺寸为 2.9m×2.9m,网壳高 2.9m。网壳的矢高仅为 3.5m,与跨度之比为 1/15,故实际上可看成一种微弯型的两向正交正放扭网架。网壳周边除柱子支承外,还在四角设置格构式落地斜撑,支座采用铰接,以承受水平地震力和竖向力。图11、图12为北京体院体育馆网壳结构示意图及实物照片。这种扭网壳,将屋盖结构与支承斜撑合成一体,抗震性能好,结构形式别致,在国内尚属首例。

上述三幢网壳结构工程的一些主要技术数据详见表1。双层网壳结构是平板型网架结构的发展,它克服了单层网壳刚度小、稳定性差的缺点,在网壳高度不大的情况下,也能建造大空间、大跨度建筑。北京亚运会三种形式双层网壳结构工程的建成,表明我国网壳结构技术步入了一个新阶段。

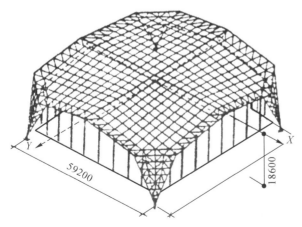

图 11 北京体院体育馆网壳结构示意图

图 12 北京体院体育馆

9

4 悬索结构

悬索结构在北京亚运会新建工程中也有所应用。平面为椭圆形 66m×78m 的朝阳体育馆由机电部设计研究院与哈尔滨建工学院共同设计,采用了鞍形单层正交索网结构,巧妙地将两片索网支承在中间两榀斜向索拱与周边两榀边拱上,成为自封闭的受力体系。索网网格为 3m×3m,主、副索截面均采用 6 束 φ15 高强钢绞线。中央索拱体系为主要承重结构,两条主悬索由 7 束 φ15 高强钢绞线组成。钢拱截面为等腰三角形(高 1.8m、底宽 1.2m)的立体格构式结构。索拱固定在三角形支承墙上。图 13、图 14 为朝阳体育馆的结构平剖面示意图及建成后的实物照片。

这类悬索结构的构思新颖、受力合理,丰富了体育建筑的造型。

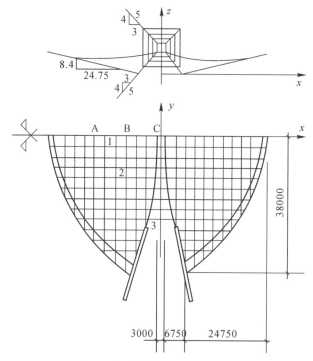

图 13　朝阳体育馆平剖面示意图

图 14　朝阳体育馆

5 组合空间结构

在这次亚运会体育建筑中采用了多种形式的组合空间结构,如前面提到的北郊综合体育馆为拉索与网壳组合结构,朝阳体育馆为索拱与索网组合结构,石景山体育馆为三叉拱与网壳组合结构。此外,北郊游泳馆为拉索、钢梁与立体桁架组合结构,其平面尺寸为78m×117m。纵向钢梁为1.8m×1.8m壁厚30mm的箱形截面的承重大梁,并通过24根斜拉钢丝索悬吊在两端一为60m、另一为70m高的塔筒上。钢梁两侧设置跨度为39m、宽为6.6m,高为2.2m,净距为6.6m的曲面形立体钢桁架。图15为北郊游泳馆平剖面示意图,图8的右侧为北郊游泳馆的实物照片。

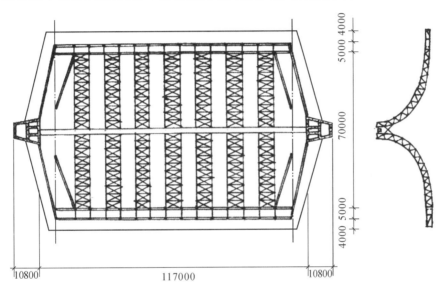

图15 北郊游泳馆平剖面示意图

上述四幢组合空间结构虽然形式各异,但它们具有一些共同的特点:(1)充分发挥了原有各类结构的固有特性和优势,如拉索、索网受拉,拱结构受压,尽量使结构构件主要承受直接应力,减少弯曲应力,以便最大限度地利用材料的强度;(2)合理增加结构传力的层次,减小原结构的跨度,以达到减小结构内力、增加结构刚度的目的。因此,在大跨度体育建筑中采用有特色的组合空间结构是值得推广和发展的。

6 棱形桁架系结构

椭圆平面88m×184m的首都速滑馆由北京市建筑设计院设计,采用了跨度为72m的棱形平面钢桁架系结构。桁架支承在悬臂为8m的倒L形钢筋混凝土柱子上,从而构成一幢覆盖建筑面积达14530m² 的体育馆。这也是当前我国覆盖建筑面积最大的体育馆。棱形桁架跨中的高度为8m,桁架间距为7.68m。在两端的半圆形平面处,则采用放射方向布置的半榀棱形平面桁架系。此外,在中轴线处设置一榀高度为8+5.5=13.5m的纵向平面桁架加强,把所有的整榀和半榀棱形桁架串连成整体,以便在外载作用下能共同工作。图16、图17为首都速滑馆结构平剖面图和棱形桁架及倒L形柱的实物照片。由于倒L形柱的悬臂作用,使得棱形桁架的内力、挠度分别可减少30%及50%,从而可节省钢材用量约20%,这种大跨度棱形桁架在我国尚属首次采用,在国际上也是罕见。

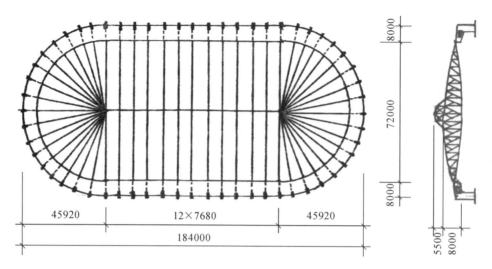

图 16　首都速滑馆平剖面图

图 17　首都速滑馆梭形桁架及倒 L 形柱

7　空间人字形拱结构

平面为正十二边形的康乐中心戏水馆采用了空间人字形胶合木拱结构，如图 18 所示。由于环向

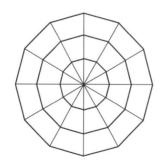
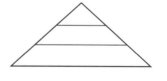

图 18　康乐中心戏水馆结构示意图

联系梁的存在,实际上这是一种肋环型多边形锥壳。空间人字形拱结构受力明确、构造简单,施工安装也比较方便,在我国还是首次使用。

8　若干结构技术问题的探讨

下面就体育建筑若干结构技术问题做一些探讨:

(1)亚运会新建体育建筑设计中的挠跨比,对于网架结构,除个别工程外,大多为 1/340～1/680,远小于《网架结构设计与施工规程》新版本规定的允许挠跨比 1/250。至于网壳结构设计中的挠跨比为 1/650～1/1230,约为网架挠跨比的 50%。这表明在通常情况下,网格结构(包括网架与网壳结构)设计中,挠度不起控制作用。

(2)由表 1 可知,亚运会各种跨度网格结构的用钢量虽然很不一致,差距较大,然而就单位跨度的用钢量来说,不论是网架结构,还是网壳结构,除个别情况外,大部分在 0.81～1.12kg/m³,加权平均数约为 1kg/m³,用钢指标良好。

(3)朝阳体育馆的正交索网结构对索网本身来说,其承重索的跨度为 33m,索拱的实际跨度也只有 57～59m。这样的跨度只能算中、小跨度的悬索结构。同时也表明,这种索网与索拱组合空间结构,尚有很大的潜力可以发挥。

(4)北郊游泳馆与首都速滑馆基本上是属于一类以平面结构为主的结构体系。然而在实际工程中纵向水平与垂直支撑的布置相当稠密。如对这些支撑布置适当集中、加强,使其成为纵向受力的结构体系,从而使整个屋盖结构成为双向都有明显作用的空间结构体系,此时,结构的刚度和承载能力还可进一步提高。

(5)国外目前流行的膜结构,特别是复合膜结构(例如 1986 年汉城(首尔)亚运会 120m 的体育馆和 90m 的击剑馆)具有自重很轻、覆盖跨度大的特点,作为大跨度体育建筑的屋盖结构是非常适宜的。但我国目前基本上还是空白,今后应组织力量进行研究并在工程中得到推广应用。

2 中国网壳结构的发展与应用*

摘　要：近十年来，中国的网壳结构获得了迅速的发展，应用范围日益扩大。网壳结构具有刚度大、自重轻、造型丰富美观、综合技术经济指标好的特点，是大跨度、大空间结构的主要结构形式之一。本文简述我国网壳结构发展的历史、各类网壳结构的应用情况，并就网壳结构的形式与分类、计算方法、设计与构造、施工安装方法诸问题做了综合阐述。最后提出了进一步推广应用网壳结构的若干建议和要研究探索的技术问题。

关键词：网壳结构；发展与应用；形式分类；计算方法；设计构造；施工安装

1　我国网壳结构发展概况

网壳结构是曲面形的网格结构，兼有杆系结构和薄壳结构的固有特性，受力合理，覆盖跨度大，是一种国内外颇受关注、有广阔发展前景的空间结构。网壳结构在解放初曾有所应用，当时主要是一类联方型的网状筒壳，材料为型钢或木材，跨度在 30m 左右，如扬州苏北农学院体育馆、南京展览中心（551 厂）、上海长宁电影院屋盖结构等。作为有影响的我国第一幢大跨度网壳结构是天津体育馆屋盖，采用带拉杆的联方型圆柱面网壳，平面尺寸为 52m×68m，矢高为 8.7m，用钢指标为 45kg/m²。该网壳 1956 年建成，1973 年因失火而重建。此后，截至 1992 年上半年，据不完全统计，我国已建成各类网壳近 80 幢，覆盖建筑面积约 70000m²，其中 80% 是近 10 年兴建的。如 1989 年建成的北京奥林匹克体育中心综合体育馆（图 1），平面尺寸为 70m×83.2m，采用人字形截面双层圆柱面斜拉网壳[1]，为目前国内跨度最大的网壳结构。同年建成的濮阳中原化肥尿素散装库（图 2），平面尺寸为 58m×135m，采用双层正放四角锥圆柱面网壳[2]，为国内覆盖建筑面积最大的网壳结构，也是第一个采用螺栓球节点的网状筒壳。1967 年建成的郑州体育馆（图 3），采用肋环形穹顶网壳，平面直径 64m，矢高 9.14m，为国内跨度最大的单层球面网壳。又如 1988 年建成的北京体院体育馆，采用带斜撑的四块组合型双层扭网壳，平面尺寸为 59.2m 见方，矢高 3.5m，挑檐 3.5m（图 4）[3]，为我国跨度最大的四块组合型扭网壳。再如 1990 年建成的石家庄新华集贸中心营业厅，采用两向正交正放双层双曲扁网壳，平面尺寸为 40m 见方，矢高 3.13m，挑檐 1.5m，为目前国内跨度最大的双曲扁网壳。值得指出的是 1984 年建成的汾西矿务局工程处食堂，采用了一种钢筋混凝土屋面板与钢网壳共同工作的组合双曲扁网壳（图 5），平面尺寸为 18m×24m，矢高为 3.5m。

---

　　* 本文刊登于：董石麟，姚谏.中国网壳结构的发展与应用[C]//中国土木工程学会.第六届空间结构学术会议论文集，广州，1992：9—22.

　　后又刊登于期刊：董石麟，姚谏.钢网壳结构在我国的发展与应用[J].钢结构，1994，(1)：21—31.

图 1　北京奥林匹克体育中心综合体育馆

图 2　中原化肥厂尿素散装库在施工

图 3　郑州体育馆

图 4　北京体院体育馆

图 5　汾西矿务局工程处食堂组合双曲扁网壳

2　网壳结构的形式与分类

我国已建成的网壳结构一般可分为以下各种类型和形式。

(1)按曲面的曲率半径分,有正高斯曲率网壳、零高斯曲率网壳和负高斯曲率网壳等三类(图 6)。

(2)按曲面的外形分,主要有球面网壳、双曲扁网壳、圆柱面网壳(包括其他曲线的柱面网壳)、扭网壳(包括双曲抛物面鞍形网壳、单块扭网壳、四块组合型扭网壳)等四类(图 6)。

(3)按网壳网格的划分来分,有以下两类。

对于球面网壳主要有 Schwedler 型、联方网格型、三向网格型、$K_n(n=6,8,10,\cdots)$型、肋环型和短程线型等(图 7)。

对于圆柱面网壳主要有联方网格型、单斜杆型(直角三角形网格)、三向型(等腰三角形或正三角形网格),如图8所示。

(4)按网壳的层数来分,有单层网壳和双层网壳,其中双层网壳通过腹杆把内外两层网壳杆件连接起来,因而可把双层网壳看作由共面与不共面的拱桁架系或大小相同与不同的角锥系(包括四角锥系、三角锥系和六角锥系)组成。

(5)按网壳的用材分,主要有木网壳、钢网壳、钢筋混凝土网壳以及钢网壳与钢筋混凝土屋面板共同工作的组合网壳等四类。

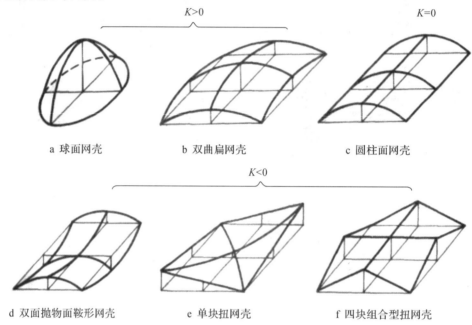

a 球面网壳   b 双曲扁网壳   c 圆柱面网壳

d 双面抛物面鞍形网壳   e 单块扭网壳   f 四块组合型扭网壳

图 6　网壳结构按曲面曲率、外形分类

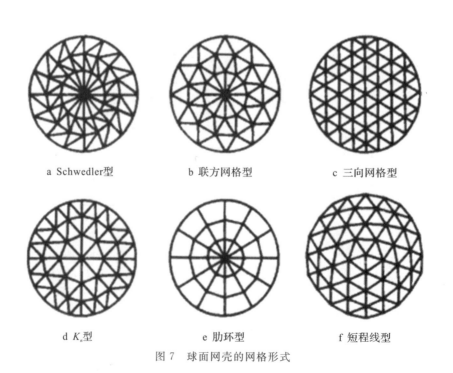

a Schwedler型   b 联方网格型   c 三向网格型

d K_n型   e 肋环型   f 短程线型

图 7　球面网壳的网格形式

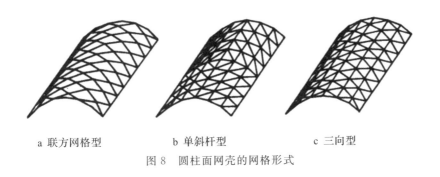

| a 联方网格型 | b 单斜杆型 | c 三向型 |

图 8　圆柱面网壳的网格形式

3　网壳结构工程实例

现将我国已建(包括在建)网壳结构工程实例,按曲面外形分类叙述如下。

(1)球面网壳工程实例,详见表 1。其中山西稷山选煤厂煤库穹顶,平面直径为 47.2m,采用了我国自己研制成功的嵌入式毂式节点单层球面网壳[4],用钢指标仅为 20.2kg/m²,是我国目前按空间结构计算方法设计建成的跨度最大的网状球壳。中国科技馆球幕影院穹顶,球径为 35m,是目前跨度最大近乎全球的(3/4 球)螺栓球节点双层网状球壳,网壳内层为短程线型网格,外层为外露呈六边形、五边形网格,结构形体新颖美观[5]。福州师专阶梯教室屋盖,平面直径为 24m,首次采用了局部双层的螺栓球节点 K6 型网状球壳,以提高单层螺栓球节点网壳的稳定性(图 9)[6]。济南动物园亚热带鸟馆顶盖,平面直径为 40m,采用倾斜 1/8 的三向网状扁球壳(图 10)[7]。某 3 万 m³ 的油罐顶盖,平面直径为 46m,采用工字钢截面杆件、板式节点的短程线型球面网壳[8],是当前跨度最大的油罐顶盖网壳。大连青少年宫球幕影院和天象馆穹顶,平面直径分别为 16.166m 和 9.84m,分别采用了 φ22 和 φ20 圆钢杆件的单层 K6-联方型球面网壳。球面网壳工程实例和型体研究的部分资料可见文献[9—12]。

表 1　球面网壳工程实例

序号	工程名称	单双层	网格形式	平面尺寸×厚度/m	矢高/m	用钢指标/(kg·m⁻²)	施工安装方法	建成年份
1	郑州体育馆	单	肋环型	D64	9.14			1967
2	大连青少年宫球幕影院	单	K6-联方型	D16.166	8.083	14.3(按曲面)	高空散装	1987
3	大连青少年宫天象馆	单	K6-联方型	D9.84	4.92		高空散装	1987
4	山西稷山选煤厂煤库	单	联方型	D47.2	14.598	20.2	高空散装	1989
5	山东杂技团排演厅	单	K8 型	D40	8.28	25	高空散装	1989
6	济南动物园亚热带鸟馆	单	三向型	D40	6	31.4	高空散装	1989
7	济南动物园雉鸡馆	单	三向型	D46	7		高空散装	1989
8	天津大港石油管理局物探公司舞厅	单	K6 型	D18	2.57	22.5	高空散装	1989
9	乌鲁木齐环球大酒店装饰球体	单	短程线型	全球 D8			高空散装	
10	济南明湖水上餐厅中厅	单	三向型	椭圆 12.5×25.6	2.5		高空散装	1989
11	某 3 万 m³ 内浮顶油罐顶盖	单	短程线型	D46	6.534	31	地面组装整体吊装	1989

续表

序号	工程名称	单双层	网格形式	平面尺寸×厚度/m	矢高/m	用钢指标/(kg·m⁻²)	施工安装方法	建成年份
12	大庆林源炼油厂多功能厅	单	K6型	D25.6	6.1		高空散装	1989
13	潍坊艺海大厦装饰穹顶	单	短程线型	D10.2	9.91	22.2(按曲面)	高空散装	1989
14	东莞雄狮大酒店太极厅	双	短程线型	D14.5×	8.61	10.9(按曲面)	无支架高空散装	1989
15	北京东城区少年宫天象厅	单	短程线型	D12	8	14(按曲面)	高空散装	1990
16	哈尔滨工贸大厦展厅	单	Schwedler型	D21.82	8.084		高空散装	1990
17	南戴河环球游乐宫	双	类正放四角锥	D20.5×	6.844	36.7	高空散装	1990
18	抚顺南输工程2万m³油罐	单	短程线型	2个D36.6	5.2	32.27	高空散装	1990
19	抚顺南输工程3万m³油罐	单	短程线型	2个D45.6	6.5	31.62	高空散装	1990
20	哈尔滨花园邮宾馆	单	K6型	D12.88	6.44	66.6	高空散装	1990
21	大同矿务局选煤厂浓缩池顶盖	单	短程线型	4个D30				
22	中国科技馆球幕影院	双	短程线型	D35×1.5	25.5		高空散装	1991
23	福州师专阶梯教室	局部双	K6型	D19.87×1.28	4.32	18.5(按曲面)	高空散装	1991
24	济南民航候机楼	单		2个D24	3.42	16	高空散装	1991
25	济南长途汽车站	双	K10-联方型	D45×	9			
26	河北辛集8606厂	单	K6型	D11	4.4	60.3	高空散装	1992
27	成都成华区政府大厅	双	K6型	D24.5×1.5	6.5		高空散装	1992

图9 福州师专阶梯教室局部双层网状球壳

图10 济南动物园亚热带鸟馆

(2)圆柱面网壳工程实例,详见表2。其中浙江横山钢铁厂材料库,平面尺寸为24m×60m,采用带有纵向边桁架的五波单层圆柱面网壳,是我国最早建成的按空间结构工作设计计算的圆柱面钢网壳(图11)[13]。乌鲁木齐机场飞机库,平面尺寸为51.5m×60m,采用钢筋混凝土联方型圆柱面网壳[14],是国内跨度最大的钢筋混凝土联方型柱面网壳结构。圆柱面网壳工程实例的部分资料可见文献[15,16]。

表 2 圆柱面网壳工程实例

序号	工程名称	单双层	网格形式	平面尺寸×厚度/m	矢高/m	用钢指标/(kg·m⁻²)	施工安装方法	建成年份
1	天津体育馆	双	联方型	52×68	8.7	45	满堂脚手高空拼装	1956 1973 重建
2	同济大学礼堂*	单	联方型	40×56	8~8.5	15.1（按曲面）	高空散装	1961
3	浙江横山钢铁厂材料库	单	单斜杆型	5 波 12×24	2.825	19	地面组装分条吊装	1966
4	陕西柳湾矿选矸楼	单	单斜杆型	12.7×14	1.8	7	地面组装分条吊装	1978
5	杭州钱江海岸实验室*	单	联方型	30×66	4.5	13.32	地面拼装整体提升	1980
6	浙江衢州体育馆*	单	联方型	35×48	5		高空散装	1980
7	乌鲁木齐机场飞机库*	单	联方型	51.5×60	10.3	16	高空分条散装	1981
8	北京奥林匹克体育中心综合体育馆	双	斜放四角锥	70×83.2×3.3	13.5	60	分条组装积累滑移	1988
9	大同矿务局燕子山矿煤仓	双	正放四角锥	40×105		60		1988
10	哈尔滨交易会展中心中厅	单	三向型	20.72×48.04	6		高空分条散装	1989
11	濮阳中原化肥厂尿素散装库	双	正放四角锥	58×135×2	24.5	40	高空分条散装	1989
12	北戴河食堂路农贸市场	单	三向型	两边波 17.4×75.2 中波 15×17.6	2.5	20	高空滑移	1990
13	天津儿童玩具大世界	双	正放四角锥	18×113.4×1 18×163.5×1	3	20.3	高空滑移	1992

注:带 * 的项目为钢筋混凝土网壳。

图 11　横山钢铁厂材料库施工中的圆柱面网壳

(3)扭网壳工程实例,详见表 3。其中徐州造纸厂制浆车间,平面尺寸为 12m×12.5m,采用单块复锥形双层扭网壳,是我国最早建成的扭网壳。益阳法院法庭,平面尺寸为 18m×24m,在我国首次采用了四块组合型单层扭网壳[17],为增加单层网壳的刚度,在网壳的屋脊与四周边设有下弦杆及相应的腹杆,以构成田字形布置的六榀立体桁架(图 12)。北京亚运会石景山体育馆,平面尺寸为 99.7m 的正三角形,采用三叉拱支撑的三块组合型双层三向扭网壳,造型新颖、挺拔,颇受欢迎(图 13)[18]。

表3　扭网壳工程实例

序号	工程名称	单双层	网格形式	平面尺寸×厚度/m	矢高/m	用钢指标/(kg·m⁻²)	施工安装方法	建成年份
1	徐州造纸厂制浆车间	双	复锥体系	单块 12×12.5×1.25	1.5	16.6	分块组装高空拼接	1982
2	益阳法院法庭	局部双	单斜杆型	四块 18×24	3	15	高空散装	1985
3	北京向阳化工厂苯酚贮运站	单	单斜杆型	6个四块 18×21	3.6		高空散装	1986
4	北京体院体育馆	双	两向正交正放	四块 53.2×53.2×2.9	3.5	5.2	高空散装	1988
5	北京石景山体育馆	双	三向型	三块△99.7×1.5	13.34	44.6	高空散装	1989
6	宜春地区医院候诊大厅	单	两向正交斜放	2个单块 18×18	3.675	17.7	高空散装	1991

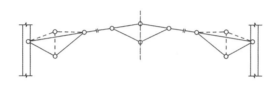

图 12　益阳法院法庭,周边及屋脊形成六榀立体桁架

图 13　石景山体育馆

（4）双曲扁网壳工程实例,详见表4。其中汾阳网架公司铸造车间,平面尺寸为18m×54m,采用三个18m见方单层三向双曲扁网壳,1984年建成,是我国首次建成的双曲扁网壳(图14)。该项网壳工程以及山西五阳、汾西煤矿系统建成的几个网壳工程,其钢筋混凝土屋面板与网壳节点和杆件之间设有连接件,混凝土灌缝后可使屋面板与钢网壳共同受力,实际上形成一种钢筋混凝土带肋薄壳与钢网壳协同工作的组合网壳结构,可提高网壳的刚度和极限承载力。浙江江山体育馆,平面尺寸为35m×45m,采用了装配式预应力混凝土单层双曲扁网壳,1989年建成,这在国内尚属首次(图15)[19]。

表4　双曲扁网壳工程实例

序号	工程名称	单双层	网格形式	平面尺寸×厚度/m	矢高/m	用钢指标/(kg·m⁻²)	施工安装方法	建成年份
1	汾阳网架公司铸造车间	单	三向型	3 波 18×18	3	13.8	地面组装整体吊装	1984
2	汾西矿务局工程处食堂	单	三向型	18×24	3.5	11.5	地面组装分条吊装	1985
3	五阳矿井选煤厂主厂房	单	三向型	21×28		18.8	地面组装分条吊装	1986
4	寨沟煤矿综合建筑楼	单	三向型	2 波 24×24	4.8	16	高空散装	1987
5	寨沟煤矿食堂	单	三向型	18×18			高空散装	1987
6	浙江江山体育馆*	单	三向型	36×45	6	23.03	高空散装	1989
7	石家庄新华集贸中心营业厅	双	两向正交正放	40×40×1.7	3.13	28	高空分块安装	1990
8	天津新港海员俱乐部	单	三向型	11.7×12	2.2	39.3	高空散装	1991
9	嘉兴绢纺厂体育馆*	单	三向型	35×45	6	22	高空散装	1992

注:带 * 的项目为钢筋混凝土网壳。

图 14 汾阳网架公司铸造车间双曲扁网壳　　图 15 江山体育馆预应力混凝土双曲扁网壳

(5)异形(平面、曲面)网壳工程实例,详见表5。其中深圳布吉集贸市场中厅采光屋盖,长椭圆平面为20m×40m,中部采用双层复锥形圆柱面(微弯)扁网壳,两端采用半圆平面的双层短程线型球面网壳。济南明湖贸易中心中厅,橄榄形平面为28m×52m,采用双层三角锥球面网壳,它由335个螺栓球节点、1374根钢管杆件组合而成(图16)[20]。青岛展览中心多功能厅,曲边三角形平面,跨度为28.392m,采用两向正交叠合式节点单层贝壳状网壳。徐州电视塔塔楼,选用直径为21mm的单层联方型全球网壳,并采用地面组装整体提升到99m设计标高就位的施工安装方法,这是我国首次在电视塔塔楼中采用全球网壳,取得了成功的经验,并为徐州市增添了一大景观。马里议会大厦,平面尺寸为35.4m×39.8m,采用纵剖面为非对称布置的圆弧线和折线组成的螺栓球节点双层柱面网壳,1992年在国内进行了试拼装,这是我国进入国际市场的第一个网壳结构。此外,正设计待施工的有平面为102m×82m的嘉兴发电厂干煤棚,采用局部可调节点的双层三心圆柱面网壳;平面为60m×65m的哈工大邵逸夫体育馆,采用两片单层、两片双层共四片组合型鞍形网壳;平面为八边形花瓣状60m×60m、挑檐7.4m的攀枝花体育馆,采用八支点预应力双层短程线型球面网壳[21];平面为切角月牙形32.5m×157.7m的长春市南岭体育馆挑篷,采用倾角为13°的双层圆柱面网壳。这些大跨度大型网壳结构的建成,将使我国空间网壳结构的科技水平登上一个新台阶。

图 16 济南明湖贸易中心中厅

表5　异形(平面、曲面)网壳工程实例

序号	工程名称	平面特点	曲面特点	单双层	网格形式	平面尺寸×厚度/m	矢高/m	用钢指标/(kg·m⁻²)	施工安装方法	建成年份
1	北京昆仑饭店四季厅	正六边形	6块圆柱面	单	三向型				高空散装	
2	广州南湖乐园太空漫游馆	大小半圆组成凸形平面	2个1/4球面	双	无环向上弦杆的类正放四角锥	大 D50×1.15 小 D36×0.75	19.23 15.65	45 (按曲面)		1987
3	济南明湖贸易中心中厅	橄榄形	球面	双	三角锥	28×52	7	24	高空散装	1989
4	徐州电视塔塔楼	圆形	整个球面	单	联方型	D21	21		地面组装整体提升	1990
5	深圳布吉集贸市场中庭	长椭圆形	两端球面中部圆柱面	双	短程线型复锥型	20×40			高空散装	1991
6	青岛展览中心多功能厅	曲边三角形	贝壳状曲面	单	两向正交正放	跨度28.392	13	28	高空散装	1992
7	马里议会大厦	矩形	圆弧线与折线柱面	双	斜放四角锥	35.4×39.8×3.5	10.3		高空散装	1992 国内试拼装
8	嘉兴发电厂干煤棚	矩形	三心圆柱面	双	正放四角锥	102×80×3	32.92	65		
9	哈工大邵逸夫体育馆	曲边矩形	四片鞍形曲面	二双二单	三向型	60×65		40		
10	攀枝花体育馆	花瓣八边形	球面	双	短程线型	60×60×2.2	8.9			
11	长春市南岭体育场挑篷	切角月牙形	圆柱面倾角13°	双	正放四角锥	32.5×157.7×3				

4　网壳结构的计算

　　网壳是由多根杆件连接而成的,其节点通常为刚性连接,能传递轴力和弯矩,因而网壳结构是比网架结构阶数更多的高次超静定结构,早年,将网壳结构等代成连续体,按平面的或空间的连续结构进行分析计算。近10年来,由于电子计算技术迅速发展和推广应用,大多采用离散化的有限元分析方法,并编制专用程序计算网壳结构。归纳起来,网壳结构的分析计算方法有以下几种:

　　(1)平面拱计算法。对于有拉杆或落地的网状筒壳,可在纵向切出单元宽度,按双铰拱或无铰拱计算;对于肋环形网状球壳及不计斜杆作用的 Schwedler 型网状球壳,在轴对称荷载作用下(可在环形如同切西瓜那样取出单元弧度,内有一根对称的径向杆件),按具有水平弹性支承的平面拱计算,弹性支承的刚度可由环向杆件的刚度及其所在位置确定[22-24]。

　　(2)有限元法,主要是空间梁元法,或称空间刚架位移法。对空间梁元的每个端结点要考虑三个线位移和三个角位移,相应的有三个集中力和三个弯(扭)矩,也就是说每个网壳节点有六个自由度。由空间梁元的刚度方程,可建立整个网壳的刚度方程,然后根据边界条件即可求解。空间梁元法是网壳结构的精确计算方法,它适用于任意形状、任意边界条件的网壳结构。

　　对于螺栓球节点和叠合式节点的单层网壳,文献[25,26]研讨了这类节点的刚性和特点,给出了单元的刚度矩阵。

对于双层网壳,可采用铰接杆元法,即空间桁架位移法计算。当然,有时也可根据上、下弦杆的刚度及双层网壳的厚度等代为梁元,按空间梁元法计算。

(3)拟壳法。这是一种连续化的分析方法,把离散的网壳结构比拟成连续壳体,由能量原理等方法可确定壳体的等代薄膜刚度和抗弯刚度,进而按各向异性壳体(大多情况下可等代为正交异性壳体或各向同性壳体)的基本理论来建立基本微分方程式求解。当求得壳体的内力后,再去回代返求网壳杆件的内力。因此,这是一种从离散等代为连续,再从连续回代到离散的分析方法,这种等代和回代的过程,自然要损失一些计算精度。我国学者对网壳结构的拟壳分析法做了大量的研究工作,取得了不少成果。对于球面网壳、双曲扁网壳、圆柱面网壳及四块组合型扭网壳的拟壳分析在文献[27—34]做了理论分析和试验研究。文献[35,36]研讨了扁网壳的动力分析。文献[37—39]研究和探讨了组合网壳的拟壳分析法。

此外,文献[40,41]采用了介于离散化与连续化之间的方法——样条综合离散法分析网壳与组合网壳。

网壳计算的一个特殊问题是稳定分析。自 60 年代罗马尼亚布加勒斯特的 93m 直径网状穹顶的失稳破坏倒塌后,国内外对大跨度单层网壳的稳定性研究得到了高度关注。当前我国大多数单层网状球壳的设计是由稳定性控制,而不是强度控制的,因而钢材实际承受的应力水平很低,仅 $30\sim40 \text{N/mm}^2$,这远未充分发挥钢材的强度优势。网壳稳定性是一个比较复杂的几何和材料非线性问题,对此同时还要考虑初始缺陷的影响,要合理选取稳定性安全系数。近 10 年来我国学者在网壳的稳定性方面做了大量的理论分析和试验研究,与静力计算一样也是采用连续化和离散化两条途径进行分析。文献[42—44]按拟壳研究了球面网壳、圆柱面网壳的临界荷载;而较多的文献如[45—54]则从梁-柱理论或有限元法的几何非线性基本方程出发,采用牛顿-拉夫逊法、位移控制法、荷载增量法、常刚度矩阵法、弧长法、广义增分法等多种方法,对球面网壳屈曲前后做了全过程跟踪分析,提出了有价值的论点和建议,取得了可喜的研究成果。文献[55,56]对鞍形网壳的稳定性进行了有意义的研究,指出了鞍形网壳和穹顶网壳屈曲后的性能差别,对于高跨比小于 1/10 的鞍形扁网壳,当在受拉方向布置斜杆时便无失稳问题。文献[53,57]研究了单层网壳的材料非线性问题。

5 网壳结构的节点构造

要使多根杆件组装而成的网壳结构能够整体工作,关键在于节点的连接构造。单层网壳的节点通常要求是刚接的,以便传递各杆传来的集中力和弯矩。双层网壳的节点常做成铰接,能传递各杆的轴力即可。我国常用的网壳节点大致有如下几种。

(1)板节点,适用于连接角钢、槽钢和工字钢截面的杆件。其中有十字形板节点、圆柱形板节点(用于某 3 万 m^3 内浮顶油罐顶盖单层网壳)、盒形板节点(用于潍坊艺海大厦装饰穹顶网壳)等,如图 17a、b、c 所示。

(2)焊接空心球节点,适用于钢管杆件的单、双层网壳结构(图 18a)。属于这一类节点体系的还有焊接空心鼓形节点(如图 18b 所示,曾用于汾阳网架公司铸造车间双曲扁网壳)和焊接空心半鼓半球节点(如图 18c 所示,曾用于益阳法院法庭四块组合型扭网壳)。后两种节点特别适宜于单层组合网壳结构,便于在施工时搁置钢筋混凝土带肋屋面板,如图 18b、c 所示。

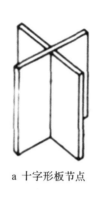  

a 十字形板节点　　　　　　b 圆柱形板节点　　　　　　c 盒形板节点

图 17　板节点

 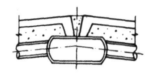 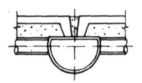

a 焊接空心球节点　　　　　b 焊接空心鼓节点　　　　c 焊接空心半球半鼓节点

图 18　各类焊接空心球节点

（3）螺栓球节点，适用于钢管杆件的双层网壳及小跨度的单层网状球壳[58]。

（4）嵌入式毂式节点，这是我国自己研制成功的、适用于单层球面网壳的节点，如用于山西稷山选煤厂煤库网壳屋盖，如图 19 所示。

（5）叠合式节点，适用于两向杆系组成的钢管杆件单层网壳，如图 20 所示，曾在青岛展览中心多功能厅网壳屋盖中应用。

（6）卡盘螺栓节点，适用于圆钢杆件组成的单层网壳，如图 21 所示，曾在大连青少年宫球幕影院和天象馆网壳穹顶中应用。

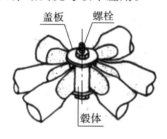 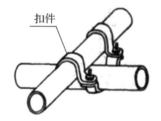 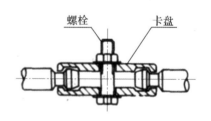

图 19　嵌入式毂式节点　　　图 20　叠合式节点　　　图 21　卡盘螺栓节点

6　网壳结构的施工安装方法

我国已建网壳结构工程的施工安装方法归纳起来有以下几种。

（1）高空散装法。一般需采用满堂脚手架作为安装和操作平台来组装网壳结构，该法散件多且在高空作业，要特别注意节点和杆件的空间定位及焊接节点的焊缝质量。

（2）高空分块安装法。一般采用少量支承架，把在地面上已组装好的小块网壳吊装到设计标高就位，然后与相邻的小块网壳连接成整体。石家庄新华集贸中心营业厅双曲扁网壳的施工安装便采用这一方法。

（3）高空滑移法。可在地面上组装成条状的网壳，吊装后在高空滑移就位并连成整体。也可在网壳一端高空组装一段网壳,滑移后让出该段网壳的组装平台,便可组装第二段网壳并与第一段网壳连成整体,再高空滑移一段距离,再组装一段网壳,如此重复,直至组装最后一段网壳,即完成整个网壳的安装工作。这种网壳的施工安装方法称为高空积累滑移法。北京奥林匹克体育中心综合体育馆的斜拉网壳便采用这种四支点三滑道高空积累滑移法[58]。

(4)整体吊装法。网壳在地面上组装,然后采用把杆或其他起重设备整体吊装就位。如汾阳网架公司铸造车间双曲扁网壳是采用这种安装方法施工的。

(5)整体提升法。网壳在地面上组装,然后采用升板机或其他提升设备把整个网壳提升到设计标高就位。杭州钱江海岸实验室钢筋混凝土联方型圆柱面网壳采用了这种安装方法,提升总重量600t(图22)。

图22　杭州钱江海岸实验室圆柱面网壳在提升

7　若干建议和要探索的技术问题

网壳结构在我国的发展和应用历史不长,但已显出有很强的活力,应用范围在不断扩大,是一类方兴未艾的空间结构。多年来,我国在网壳结构的合理选型、计算理论、稳定性分析、节点构造、制作安装、试制试验等方面已做了大量的工作,取得了一批成果,且具有我国自己的特色。但与国外相比,在结构跨度、加工工艺、施工安装方法等方面尚有差距。为使网壳结构在我国能得到进一步的发展和推广应用,赶超国际20世纪90年代的先进水平,兹提出如下若干建议和要探索的技术问题。

(1)进一步研究各类网壳稳定性的计算理论和方法、破坏机理和极限承载力,给出实用的临界荷载计算公式,合理选取稳定性安全系数。

(2)在推广应用一般的单、双层网壳结构的同时,应进一步开发和采用组合网壳、斜拉网壳、预应力网壳和局部双层网壳等多种新结构、新技术,以发挥和改善网壳的受力特性,增加刚度和稳定性,减少材料耗量,降低工程造价。

(3)研制受力合理、构造简单、制作安装方便,且能定型化、标准化生产的各类单层网壳的刚性节点和可调节点。

(4)进一步改进网壳制作加工工艺和设备,研究和开拓无脚手高空悬挑安装法、采用简易设备的整体安装法等网壳结构的施工方法。

(5)尽快组织力量编制网壳结构设计与施工规程,以便更好地指导网壳的设计与施工,进一步发展和推广应用网壳结构。

参考文献

[1] 崔振亚,张国庆.国家奥林匹克体育中心综合体育馆屋盖结构设计[J].建筑结构学报,1991,12(1):24—37.

[2] 丁芸孙,朱坊云,高维元,等.中原化肥厂58m×135m筒壳设计[C]//中国土木工程学会.第四届空间结构学术交流会论文集,成都,1988:128—131.

[3] 赵基达,蓝偶恩.网壳结构在大跨度体育建筑中的应用[C]//中国土木工程学会.第四届空间结构学术交流会论文集,成都,1988:137—142.

[4] 刘善维,石彦卿.秸山选煤厂52米直径单层球面网壳设计[C]//中国土木工程学会.第五届空间结构学术交流会论文集,兰州,1990:587—591.

[5] 朱坊云,张潮生.短程线穹顶网壳的实践[C]//中国土木工程学会.第四届空间结构学术交流会论文集,成都,1988:124—127.

[6] 董石麟,高博青.局部双层网状球壳及其工程应用[C]//中国土木工程学会.第六届空间结构学术会议论文集,广州,1992:759—765.

[7] 李树昌,袁海涛,陈翔,等.单层斜放球形扁钢网壳设计[J].建筑结构,1991,(1):2—6.

[8] 于文章,赖盛,苏必快.大型油罐顶盖网壳结构的设计与安装[C]//中国土木工程学会.第五届空间结构学术交流会论文集,兰州,1990:583—586.

[9] 徐玉平.潍坊艺海大厦球网壳设计[C]//中国土木工程学会.第五届空间结构学术交流会论文集,兰州,1990:571—574.

[10] 周广强,刘善维,高世正.短程线型单层球面网壳的分格与内力分析[C]//中国土木工程学会.第五届空间结构学术交流会论文集,兰州,1990:579—582.

[11] 丁宗良,肖炽.球面网壳网格划分方法研究[C]//中国土木工程学会.第四届空间结构学术交流会论文集,成都,1988:459—464.

[12] 肖炽,丁宗良,丁宏.球面网壳网格几何形态研究[M]//沈祖炎,董石麟,陈学潮.空间网格结构论文集.上海:同济大学出版社,1991:105—114.

[13] 蓝天,董石麟,夏敬谦,等.圆柱面网架钢结构的设计计算与试验[R].北京:中国建筑科学研究院结构所,1965.

[14] 李著民.钢筋混凝土柱面网壳的设计与施工[J].结构工程师,1987,(1):18—21.

[15] 胡纫茉,俞载道,冯之椿.同济大学学生饭厅的设计与施工[J].建筑学报,1962,(9):17—21.

[16] 益德清,盛承楷.预应力混凝土网状筒拱工程设计与施工[J].建筑结构学报,1983,4(1):73.

[17] 姚发坤.单层扭网壳屋盖的设计与施工[C]//中国土木工程学会.第三届空间结构学术交流会论文集,吉林,1986:227—234.

[18] 沈世钊,顾年生.亚运会石景山体育馆组合双曲抛物面网壳屋盖结构[J].建筑结构学报,1990,11(1):21—29.

[19] 庄皓,郑良知,何兆基,等.预应力变曲率网壳设计和计算[J].建筑结构学报,1991,12(6):75—78.

[20] 朱坊云,丁芸孙,孟祥武,等.几个曲面网壳工程分析与总结[C]//中国土木工程学会.第五届空间结构学术交流会论文集,兰州,1990:619—624.

[21] 尹思明,苟克成,董绍云.大跨度预应力钢网壳屋盖[C]//中国土木工程学会.第五届空间结构学术交流会论文集,兰州,1990:606—609.

[22] 刘开国.空间杆系穹顶结构的几个计算问题[J].工程力学,1984,1(1):51—64.

[23] 刘开国.空间杆系穹顶结构的能量变分解[C]//中国土木工程学.第四届空间结构学术交流会论文集,成都,1988:542－545.

[24] 沈小璞.在轴对称荷载作用下扁壳状空间杆系结构的简化计算[J].建筑结构,1990,(5):33－36.

[25] 石慧珍,胡学仁.螺栓球节点用为单层网壳时的计算方法[C]//中国土木工程学会.第四届空间结构学术交流会论文集(第二卷),成都,1988:481－484.

[26] 宋天明,胡学仁.叠合式节点网壳结构的计算方法[M]//沈祖炎,董石麟,陈学潮.空间网格结构论文集.上海:同济大学出版社,1991:101－104.

[27] 董石麟.网状球壳的连续化分析方法[J].建筑结构学报,1988,9(3):1－14.

[28] 刘锡良,高永辉.三向单层球形扁网壳结构计算与试验研究[C]//中国土木工程学会.第四届空间结构学术交流会论文集,成都,1988:455－458.

[29] 胡学仁.网壳结构的计算[J].建筑学报,1960,(7):27－30,36.

[30] 董石麟.交叉拱系网状扁壳的计算方法[J].土木工程学报,1985,18(3):1－17.

[31] 胡绍隆.钢筋混凝土棱柱形网架壳体的计算方法和应用[J].土木工程学报,1959,6(7):594－609.

[32] 郭大章.用拟壳法求解圆柱形网壳[J].北京工业大学学报,1984,10(1):83－90.

[33] 宋永乐,余扶健.四块组合型双曲抛物面扁扭网壳的内力分析[C]//中国土木工程学会.第三届空间结构学术交流会论文集(第二卷),吉林,1986:497－504.

[34] 刘锡良,李红雨.四块组合型单层双曲抛物面扁扭网壳静力分析及模型试验研究[C]//中国土木工程学会.第五届空间学术交流会论文集,兰州,1990:246－250.

[35] 俞加声,丁万尊.正三角形网格的圆柱扁网壳的动力分析[C]//中国土木工程学会.第五届空间结构学术交流会论文集,兰州,1990:296－299.

[36] 丁万尊,俞加声.球面扁网壳的动力特性[C]//中国土木工程学会.第五届空间结构学术交流会论文集,兰州,1990:292－295.

[37] 董石麟,詹联盟.网状扁壳与带肋扁壳组合结构的拟三层壳分析法[C]//中国土木工程学会.第四届空间结构学术交流会论文集,成都,1988:521－526.

[38] 陆莹,吴韬.钢管网壳及组合壳试验报告[C]//中国土木工程学会.第二届空间结构学术交流会论文集(第二卷),太原,1984:1－15.

[39] 詹联盟,董石麟.圆柱网壳和带肋圆柱壳组合结构的拟三层分析法[C]//中国土木工程学会.第五届空间结构学术交流会论文集,兰州,1990:234－239.

[40] 李军,罗恩.网壳结构分析的一种新方法——样条综合离散法[C]//中国土木工程学会.第五届空间结构学术交流会论文集,兰州,1990:305－310.

[41] 何逢康,姚发坤,廖锐.组合网壳的广义坐标分析法[C]//中国土木工程学会.第五届空间结构学术交流会论文集,兰州,1990:210－215.

[42] 胡学仁.穹顶网壳的稳定计算[C]//中国土木工程学会.第三届空间结构学术交流会论文集,吉林,1986:156－166.

[43] 余扶健.网格圆柱扁壳的稳定性[J].建筑结构学报,1988,9(4):37－44.

[44] 胡学仁,秦小龙,李丽莲,等.穹顶网壳的稳定性试验研究[C]//中国土木工程学会.第四届空间结构学术交流会论文集,成都,1988:465－470.

[45] 陈建飞,宋伯铨,童竞昱.单层网壳的非线性稳定分析[C]//中国土木工程学会.第四届空间结构学术交流会论文集,成都,1988:485－490.

[46] 秦小龙,胡学仁.网壳结构的几何非线性问题求解研究[C]//中国土木工程学会.第四届空间结构学术交流会论文集,成都,1988:491－496.

［47］钱若军,李亚玲.网壳结构非线性稳定分析研究［C］//中国土木工程学会.第五届空间结构学术交流会论文集,兰州,1990:265－270.

［48］邓可顺.大跨度空间网壳结构静力和稳定性的数值分析［C］//中国土木工程学会.第五届空间结构学术交流会论文集,兰州,1990:251－254.

［49］陈昕,沈世钊.单层穹顶网壳的荷载-位移全过程及缺陷分析［C］//中国土木工程学会.第五届空间结构学术交流会论文集,兰州,1990:271－276.

［50］鄢湛华,赵惠麟,宋启根.网壳设计中的新概念［J］.建筑结构,1991,(3):15－17.

［51］胡学仁.穹顶网壳的稳定理论和实验成果的若干回顾［C］//中国土木工程学会.网壳结构特殊问题研讨会论文集,1991.

［52］曹国中,赵惠麟.单层球形网壳的弹性屈曲分析及其试验研究［J］.南京工学院学报,1988,18(1):39－48.

［53］沈祖炎,胡学仁,卢钢.单层网壳的非线性分析［M］//沈祖炎,董石麟,陈学潮.空间网格结构论文集.上海:同济大学出版社,1991:31－38.

［54］胡继军,董石麟,钱海鸿,等.广义增分法在空间网壳非线性分析中的应用［C］//中国土木工程学会.第六届空间结构学术会议论文集,广州,1992:424－430.

［55］陈昕,沈世钊.单层鞍型网壳稳定性的参数分析［C］//中国土木工程学会.第五届空间结构学术交流会论文集,兰州,1990:277－281.

［56］陈昕,沈世钊.负高斯曲率单层网壳的刚度及整体稳定性研究［J］.哈尔滨建筑工程学院学报,1990,23(2):80－89.

［57］邹浩,黄友明.圆柱面网壳弹塑性分析及破坏机理的探讨［C］//中国土木工程学会.第一届空间结构学术交流会论文集(第二卷),福州,1982:103－116.

［58］张伟,路克宽.斜位双坡曲面钢网壳结构累积滑移施工［C］//中国土木工程学会.第五届空间结构学术交流会论文集,兰州,1990:687－690.

3 网壳结构的未来与展望[*]

摘 要: 本文回顾了国内外网壳结构的发展历史与现状,展示了我国网壳结构应用与发展的长处和不足。在此基础上,就结构跨度、结构形式、结构外形、结构计算、节点构造、制作与安装等方面探讨了网壳结构的未来与发展趋势,并提出了若干前沿研究课题和要解决的技术问题。

关键词: 网壳结构;历史和现状;未来和展望;研究课题

1 我国网壳结构的发展现状

网壳结构是大跨空间结构的一种主要结构形式,它具有两个鲜明的特点:1. 网壳结构是一种曲面型的网格结构;2. 网壳结构兼有杆系结构与薄壳结构的主要优点和特性。因此,网壳结构受力合理、覆盖跨度大、材料耗量低、杆件比较单一、施工安装方便,是有广阔发展前景的一类空间结构。

我国的网壳结构在五十年代开始就有所应用,当时主要是一种联方型的网状筒壳。作为最有代表性的是 1956 年建成的天津体育馆屋盖,采用带拉杆的联方型圆柱面网壳,平面尺寸 52m×68m,矢高 8.7m,用钢指标 45kg/m²。此后,特别是最近十年,网壳结构的应用范围逐步扩大,不仅用于体育馆、大礼堂、商场、俱乐部等一类公用建筑,而且还用于工业车间、散装仓库、飞机库、体育场挑篷、电视塔塔楼等工业建筑和特种建筑。目前,已建成的网壳,按曲面形式来分,除圆柱面网壳外,有非圆柱面的柱面网壳、球面网壳(包括其他形式的回转网壳)、双曲扁网壳、扭网壳(包括双曲抛物面鞍形网壳、单块扭网壳、三块、四块组合型扭网壳)等。截止 1993 年上半年,据不完全统计,我国已建成各类网壳结构约 120 幢,覆盖建筑面积达 12 万 m²。兹在下面列举一些有代表性的网壳工程实例。

(1)北京奥林匹克体育中心综合体育馆,采用人字形截面两块组合型圆柱面网壳,并在屋脊设有斜向拉索,平面尺寸 70m×83.2m,矢高 13.5m,见图 1,用钢指标 60kg/m²,1988 年建成。这是我国第一座覆盖建筑面积最大的斜拉网壳。

(2)吉林双阳水泥厂石灰石均化库,采用平面桁架系构成的肋环形球面网壳,平面直径 86m,矢高 21.1m,见图 2,用钢指标 49kg/m²,1992 年建成。这是国内跨度最大的球面网壳。

为迎接 1995 年世界乒乓球锦标赛,天津市将兴建一座直径 108m、矢高 15.4m、悬挑 13.5m 的施威德勒型双层球面网壳,设计用钢指标为 55kg/m²。该工程建成后,将使我国网壳结构跨度突破 100m 大关。

另外,北京琉璃河水泥厂和昌平水泥厂也正在建设直径 86m 同类型的穹顶;上海水泥厂拟采用直径 87m 施威德勒型单层球面网壳;安徽铜陵水泥厂直径为 97m 的穹顶也正在设计之中。看来,对水泥厂石灰石均化库等一类大跨度工业仓库,采用穹顶网壳是合适的。

———————————
[*] 本文刊登于:董石麟,姚谏.网壳结构的未来与展望[J].空间结构,1994,1(1):3—10.

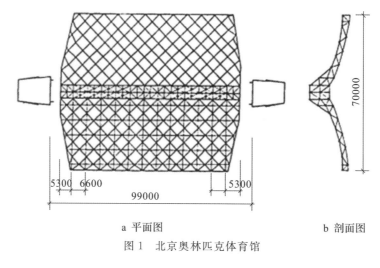

a 平面图   b 剖面图

图 1　北京奥林匹克体育馆

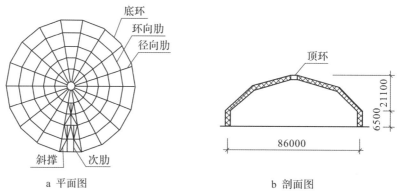

a 平面图   b 剖面图

图 2　双阳水泥厂石灰石均化库

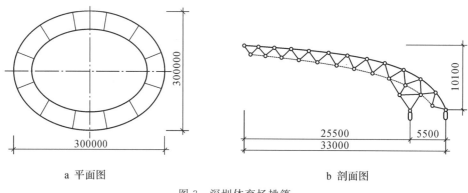

a 平面图   b 剖面图

图 3　深圳体育场挑篷

　　(3)南京金陵石化热电厂干煤棚,采用螺栓球节点双层圆柱面网壳,平面尺寸 75m(跨度)×60m,矢高 28.7m,1993 年建成。这是我国跨度最大的圆柱面网壳。嘉兴热电厂与台州热电厂干煤棚,也都将采用跨度分别为 102m 与 80m 的螺栓球节点双层柱面网壳。

　　(4)深圳体育场周围挑篷,采用变高度螺栓球节点双层正放四角锥网壳结构,椭圆环平面 240m×300m,挑篷宽度 31m。前后排支座间距 5.5m,悬挑 25.5m,矢高 10.1m,沿环向分成 12 段,见图 3,总覆盖建筑面积约为 20000m²,用钢指标仅 36kg/m²,1992 年建成。这是国内覆盖建筑面积最大的网壳结构。

(5)北京体院体育馆,采用带斜撑的四块组合型双层扭网壳,平面尺寸 52.2m 见方,挑檐 3.5m,矢高 3.5m,见图 4,用钢指标 52kg/m²,1988 年建成。这是我国跨度最大的四块组合型扭网壳。

(6)石家庄新华集贸中心营业厅,采用两向正交正放双层双曲扁网壳,平面尺寸 40m 见方,挑檐 1.5m,矢高 3.13m,用钢指标 28kg/m²,1990 年建成。这是目前国内跨度最大的双曲扁网壳。

(7)汾西矿务局工程处食堂,采用了一种钢筋混凝土屋面板与钢网壳共同工作的所谓组合双曲扁网壳,平面尺寸 18m×24m,矢高 3.5m,用钢指标 11.5kg/m²,1985 年建成。

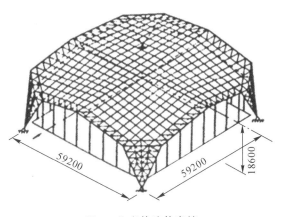

图 4 北京体院体育馆

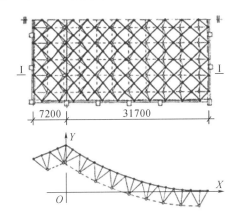

图 5 马里议会大厦

(8)徐州电视塔塔楼,选用直径 21m 的单层联方型螺栓球节点全球网壳,并采用地面组装整体提升到 99m 设计标高就位的施工安装方法。这是我国第一次在电视塔塔楼中采用全球网壳,取得了成功的经验,也为徐州市增添了一大景观。

(9)马里议会大厦,采用纵剖面不对称的人字形的螺栓球节点双层柱面网壳,平面尺寸 35.4m×39.8m,矢高 10.3m,见图 5,1992 年在国内进行试拼装,1993 年建成。这是我国经援项目进入国际市场的第一个网壳结构。综上所述,我国网壳结构的应用和发展取得了长足的进展。与此同时,在网壳结构的合理选型、计算理论、非线性稳定性分析、节点构造、制作安装等方面也做了大量的工作,取得了一批有影响的科技成果,且具有我国自己的特色。但与国外先进水平相比,在结构跨度、加工工艺、施工安装等方面尚有差距,应迎头赶上。

2 国外网壳结构的发展现状

国外最早的网壳可追溯到 1863 年在德国建造的一个由施威德勒设计的 30m 直径钢穹顶,作为贮气罐的顶盖之用。这种施威德勒形式的网状穹顶,至今仍作为球面网壳的一种主要形式。近一二十年来,国外的网壳结构发展迅速,尤其在日本、美国、加拿大、德国等国家显得更加突出。

日本自 1970 年至今的二十多年中,据不完全的统计,共建成了跨度 100m 左右到 140m 的大跨度网壳结构 10 幢。例如真驹内室内竞技场,圆形平面 D=103m,1970 年建成;秋田室内滑冰场,长椭圆平面 99m×169m,1972 年建成;名古屋国际展览馆,圆形平面 D=134m,1973 年建成;广岛竹原室内贮煤场,圆形平面 D=124m,1981 年建成;大阪多功能会堂,长椭圆平面 90m×125m,1983 年建成;神奈川秋叶台文体馆,矩形平面 72m×90m,1984 年建成;东京新国技馆,方形平面 82m×82m(空间折板形幕式网壳),1984 年建成;东京体育馆,1990 年建成;岛根出云室内竞技场,圆形平面 D=140m,1992 年建成;滋贺室内竞技馆,长椭圆平面 107m×162m,1992 年建成。这些大型工程说明,日本的网壳结构在国际上是高水平的,有影响的。

兹在下面再列举若干个国际上有代表性的网壳结构工程。

(1)美国新奥尔良超级穹顶体育馆,采用K12型(按12大块分割的Kiewitt网格型式)球面网壳,圆形平面$D=207m$,矢高83m,网壳厚2.2m,用钢指标126kg/m²,1976年建成,可容纳观众7.2万人。这是国际上跨度最大的网壳结构。

(2)日本筑波国际博览会展厅,采用2个三支点扇形平面的双层扭网壳,半径长68m,夹角55°,壳厚3m,1985年建成。该网壳由3300根杆件、800个节点连接而成。由于该网壳杆件长度很不一致,角度变化繁多,故采用计算机程序控制的高精度自动化加工设备。

(3)新加坡综合体育馆,采用两对曲线形的脊桁架和四块三角形网壳组成人字形剖面的屋盖。该馆平面为菱形200m×100m,支承在周边58根钢柱和两对内柱上,总覆盖建筑面积13750m²,用钢指标86kg/m²,1990年建成。该网壳采用地面和低空拼装,并设置三道绞线用千斤顶提升就位。在安装阶段,屋盖各部分之间及边柱上、下两端均为铰接,待施工完后再加以固定,见图6。这种由日本空间结构专家川口卫开发的所谓Pantadome施工法,曾在巴塞罗那奥运会主体育馆网壳穹顶(平面尺寸106m×128m)施工时采用。

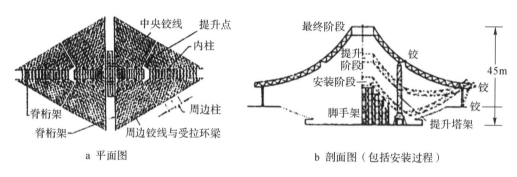

图6 新加坡综合体育馆

(4)瑞典斯德哥尔摩地球体育馆,采用接近全球形的双层正放四角锥球面网壳,球径110m,高度(矢高)85m,壳厚2.1m。该馆由德国MERO公司设计、制作、安装,1988年建成,沿曲面的用钢指标仅为30kg/m²。这是世界上最大的全球形网壳。

图7 斯德哥尔摩地球体育馆

（5）加拿大多伦多"天空穹顶"体育馆，建筑平面基本上为圆形，采用由两个可平移的圆柱面网壳、一个可旋转及一个固定不动的不足 1/4 的球面网壳共四部分组成，最大跨度有 200 多米，如图 8a 所示。当网壳需要开启时，通过平移或旋转装置设备，把三部分可动网壳使之重叠在不动网壳的上、下，此时 91% 的座位可以露天。图 8b 是一种仅把柱面网壳平移的半开启状态。这种开合式网壳结构，可使体育馆在任何气候条件下都能进行活动。

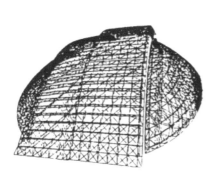

a 透视图　　　　　　　　　　　　　b 穹顶开启示意图

图 8　加拿大多伦多天空穹顶体育馆

（6）日本福冈开合式穹顶体育馆，建筑平面为圆形，直径 222m，采用由三块扇形平面可旋转的球面网壳组成，其立面图和剖面图如图 9a、b 所示。该体育馆 1993 年 3 月建成。通过旋转三块网壳，可使体育馆穹顶形成三种状态：全封闭状态、半开启状态（1/3 穹顶露天）、全开启状态（2/3 穹顶露天）。

以上这些工程实例表明，国外网壳结构在建筑形体、结构跨度、加工精度、安装方法、网壳的开启技术等方面有独到之处，是领先的，值得学习的，应为我所用。

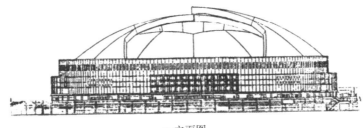

a 立面图

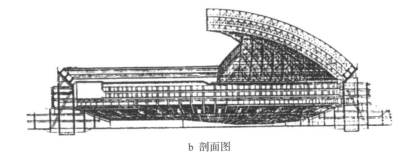

b 剖面图

图 9　日本福冈开合式穹顶体育馆

3 网壳结构的未来与发展趋势

国内外网壳结构的现状和迅速发展,表明了网壳结构是一类很有活力的、适应性很强的、方兴未艾的空间结构。展望未来,网壳结构的应用和发展前景是非常广阔的,网壳结构分支学科的前沿课题和生长点是多种多样的,它已向广大的结构科技工作者提出了新的挑战。机遇与挑战并存。广大的结构科技工作者应抓住机遇花大力气去探索、研究、开拓和开发各类常规的而又是面广量大的、新颖的、异形的、大跨度和超大跨度的网壳结构。兹从如下诸方面予以阐述。

(一)结构跨度

(1)对于圆形平面和椭圆形平面的球面网壳和椭球面网壳,其跨度可发展到 400～500m,甚至更大。日本已在研究 500～1000m 跨度的网壳,用以覆盖一个体育公园和人工控制气候的居民小区。

(2)对于矩形平面和其他平面的网壳,其跨度也可发展到 200～300m。

(二)结构形式

(1)一般形式的单、双层网壳将会得到更大范围的推广应用。对于中小跨度的常用球面网壳、圆柱面网壳、四块组合型扭网壳,应进行定型设计,生产标准产品,以便在建造常规的中小型体育馆、俱乐部、工业车间和仓库时,直接向厂方订货购买。

(2)发展、开拓和采用各种形式的局部单层网壳,以改善一般单层网壳的稳定性,充分发挥网壳结构的承载能力。同时,这也便于安装简便的螺栓球节点以及其他基本上属于铰接的节点体系在局部单层网壳中应用,以减少现场焊接工作量。

(3)开发三层与多层网壳、局部三层网壳,以满足网壳跨度增大的需要。与此同时,也可发挥短杆件、小网格、大网壳的优势,在大跨度网壳结构中仍能减小屋面覆盖结构的跨度。

(4)进一步研究和开发斜拉网壳结构,采用全方位空间的、而不是单边单向的斜拉索体系,以合理增加网壳的支承点,减小计算跨度,充分利用结构空间,丰富网壳结构的造型。

(5)研究和开发预应力网壳结构,通过采用局部预应力、周边预应力等多种预应力技术,减薄网壳结构的厚度,增加结构刚度,进一步降低材料的耗用量。

(6)探索和开发巨型网壳结构。巨型网壳的主要杆件可采用格构式组合杆件,也可采用大型宽翼缘的 H 型钢或钢板焊接成型的杆件。在巨型网壳的大网格内可布置一般的网壳或网架,从而形成大网壳中套小网壳的巨型网壳体系。

(7)发展、开拓、优化各种以网壳为主体的杂交结构体系,如网壳-拱体系、网壳-网架体系、网壳-悬索体系、网壳-薄膜体系、杆+索+膜协同工作的张拉整体体系(tensegrity systems)等。

(8)在需要铺设钢筋混凝土屋面板时,可充分利用屋面板的强度优势,采用钢网壳与屋面板组成的钢筋混凝土薄壳协同工作的组合网壳结构。

(9)研究与开发构造简单、造价低廉的开合式(平动式与转动式)网壳结构,以满足大型体育场、馆不受气候影响的比赛和活动的需要。

(三)结构外形

(1)力求做到结构外形与建筑造型的统一、协调,要求结构工程师与建筑师密切合作,进行结构学与建筑学的综合研究与开发,设计多种多样的、即受力合理又造型美观的网壳结构工程。

(2)通过仿生学的研究,根据大自然中贝类、果实、树叶等动植物的曲面形状和构造,创造出自然美的、新颖的网壳形体。

(3)通过结构形体优化、力密度法等方面的理论分析和试验研究,合理选取和确定适合于各种平面形状的网壳形体。

（四）结构计算

（1）编制网壳结构功能齐全的分析、计算和 CAD 系统软件（包括自动生成节点坐标和网壳杆件，进行各工况的结构分析与内力组合、结构的优化设计，各种计算结果的图形输出、绘制网壳施工图、杆件和节点的下料、加工图等），以满足推广应用和发展网壳结构的需要。

（2）研究各类网壳（包括球面网壳、柱面网壳、双曲面网壳、扭网壳）稳定性的计算理论和方法、破坏机理和极限承载力，给出实用的临界荷载计算公式，合理选取稳定性安全系数。

（3）研究和确定各类网壳的风载体型系数，为抗风计算提供依据。同时，应研究网壳结构在风载作用下的动力反应、动力稳定性及相应的构造措施。

（4）研究大跨度网壳结构在竖向与水平地震作用下（包括地震波在网壳各支承处有相位差时）的抗震分析、结构控制、消振方法与构造措施。

（五）节点构造

（1）研制与开发受力合理、构造简单、制作安装方便，且能定型化、标准化生产的新型节点体系。

（2）研制适用于单层网壳能承受弯矩（包括主平面内的弯矩，或双向弯矩与扭矩）的节点形式与构造。

（3）研制与开发网壳结构的可调节点体系，以减少节点类型和消除施工安装中的误差。

（六）制作与安装

（1）改进和更新网壳结构的加工工艺和设备，采用计算机程序控制的全自动化生产方法来加工制作节点与杆件，提高加工精度和生产效率，降低产品成本与工程造价。

（2）研究与开发无脚手架和少脚手架的高空悬挑安装法。

（3）研究与开发地面组装（包括设若干道绞线的地面分块组装）采用简易设备，整体提升或顶升的施工安装方法（包括就位后在铰线处再固定刚接的施工安装方法），以便大幅度地减少高空作业，加快施工周期和降低工程造价。

参考文献

［1］董石麟，姚谏.中国网壳结构的发展与应用［C］//中国土木工程学会.第六届空间结构学术会议论文集，广州，1992：9—22.

［2］蓝天.空间结构的十年——从中国看世界［C］//中国土木工程学会.第六届空间结构学术会议论文集，广州，1992：1—8.

［3］朱坊云，丁芸孙.复杂体型螺栓球结构的设计与施工［C］//中国土木工程学会.第六届空间结构学术会议论文集，广州，1992：770—778.

［4］PARKE G A R，HOWARD C M. Space Structures 4，Vol. 1，2［M］. London：Thomas Telford，1993.

［5］陈忠麟，毛卫雷，董石麟，等.马里会议大厦网壳屋盖结构［J］.浙江建筑，1993，10（4）：1—4.

4 我国空间钢结构发展中的新技术、新结构[*]

摘　要:本文阐述了我国空间钢结构——空间网格结构发展应用中的基本情况。文中重点评述了空间网格结构发展与开拓中一些新技术、新结构,诸如大跨度、大面积网格结构、组合网架、组合网壳、三层网架结构、局部双层(单层)网壳结构、预应力网格结构、斜拉网格结构、特种网格结构、新型节点、理论研究与应用研究等等,最后本文展望了 21 世纪的空间钢结构。

关键词:空间钢结构;空间网格结构;发展与应用;新技术;新结构

1　概述

空间钢结构——空间网格结构(网架与网壳)是一种空间杆系、梁系结构,具有受力合理、计算简便、刚度大、材料省、杆件单一、制作安装方便等优点,是当前我国大、中跨建筑中用的最为广泛的一类空间结构。

我国自 1964 年建成第一幢网架结构——上海师范学院球类房屋盖以来,截至 1997 年年底,据不完全统计,已建成各种网格结构 9000 幢(其中网壳结构约占 4% 为 360 幢),覆盖建筑面积约为 1000 万 m²,广泛应用于体育馆、展览厅、影剧院、候车厅、飞机库、工业车间、仓库、庭院小品等建筑中。目前,每年以建成 800 幢网格结构、覆盖建筑面积 80 万～100 万 m² 的速度在递增着。我国网格结构生产制造厂已超过 100 家,逐步形成了一个新兴的空间结构制造行业,进行规模生产。

2　大跨度、大面积网格结构

(一)网架结构　1967 年建成的首都体育馆,平面尺寸 99m×112.2m,至今仍为我国覆盖矩形平面屋盖中跨度最大的网架。1975 年建成的上海体育馆,平面为圆形,直径 110m,挑檐 7.5m,是当前我国跨度最大的网架结构。1996 年建成的首都机场四机位机库[1],平面尺寸 90m×(153+153)m,是我国目前建筑覆盖面积最大的单体网架结构。

近几年来网架结构在工业厂房屋盖中得到大面积的推广应用,其建筑覆盖面积约 300 万 m²,这在世界上是领先的,受到各国的重视。连片网架厂房的建筑覆盖面积,从 80 年代初建成的北京地毯厂为 4 万 m²,后来,天津大无缝钢管厂为 6 万 m²、长春第一汽车制造厂为 8 万 m²,直至 90 年代中期

---

　* 本文刊登于:董石麟,赵阳.周岱.我国空间钢结构发展中的新技术、新结构[J].土木工程学报,1998,31(6):3—14.

建成的云南玉溪卷烟厂达 12 万 m²。工业厂房网架中跨度最大的为 60m 的江南造船厂装焊车间厂房屋盖[2]。

（二）网壳结构 1994 年建成的天津新体育馆，平面为圆形，直径 108m，挑檐 13.5m，总直径达 135m，是我国圆形平面跨度最大的球面网壳。嘉兴电厂干煤棚跨度 103.5m，长度 80m，为我国矩形平面最大跨度的三心圆柱面网壳。1995 年建成的哈尔滨速滑馆，86.2m×191.2m 长椭圆平面，曾是我国覆盖面积最大的网壳结构。1998 年初建成的长春体育馆，平面为 120m×166m 对称蚌形，壳厚 2.8m，是当今我国跨度最大且覆盖面积最大的网壳结构[3]。我国长期来网壳结构跨度未突破百米大关的历史已成过去。

3 组合网架结构

组合网架结构是以钢筋混凝土上弦板代替钢上弦杆而形成的下部为钢结构与上部为钢筋混凝土结构的组合空间结构[4,5]。组合网架结构有下列特点：

(1)形成一种板系、梁系、杆系组合的空间结构；

(2)可充分发挥混凝土受压、钢材受拉两种不同材料的强度优势；

(3)使结构的承重和围护作用合二为一；

(4)组合网架的竖向刚度、水平刚度大，抗震性能好；

(5)与同等跨度的钢网架相比可节省用钢量 15%～25%；

(6)应设置共同工作、传力明确、制作方便的组合上弦节点；

(7)组合网架宜用于单跨结构，不致出现负弯矩；

(8)组合网架更适用于楼层结构，以达到跨度大、柱子少、自重轻、反力与地震作用小的目的。

我国已建成 40 幢组合网架结构，它用于屋盖结构，也用于多层和高层建筑的楼层结构，其形式之多、跨度之大、应用范围之广在世界上是领先的。1980 年在我国首次建成了平面为 21m×54m 的蜂窝型三角锥组合网架，用于徐州夹河煤矿大食堂屋盖；跨度最大的组合网架是 1987 年建成的 45.5m×58m 江西抚州地区体育馆屋盖；用于多层建筑中跨度最大的组合网架是 1987 年建成的 35m×35m 新乡百货大楼(加四层)楼层结构；用于高层建筑楼层结构组合网架的是平面 24m×27m 长沙纺织大厦(地下 2 层、地上 11 层、柱网 10m×12m 及 7m×12m)[6]。

4 组合网壳结构

组合网壳结构是由钢网壳与钢筋混凝土带肋壳两种不同材料与不同结构形式组合而成的新型空间结构[7]。组合网壳结构有下列特点：

(1)形成一种梁系、板壳系共同工作的组合空间结构；

(2)可发挥两种不同材料的强度优势，增加网壳的刚度和强度；

(3)围护结构与承重结构合二为一，预制带肋混凝土屋面板在连接灌缝形成整体后不仅起围护作用，而且起承重作用；

(4)组合网壳结构不会像单层网壳那样主要是由网壳稳定性控制设计，从而可大幅度提高网壳的极限承载力；

(5)特别要注意壳板未灌缝连接为整体时，仅作为外荷载作用在单层钢网壳上，要验算其强度、刚度和稳定性，必要时应增设临时支撑加强。

我国已建成 10 幢组合网壳结构,它用于民用建筑也用于工业厂房。早在 1984 年就建成 18m×24m 三向型双曲组合扁网壳,作为山西汾西矿务局工程处食堂屋盖。1993 年及 1994 年共建成四幢直径 34.1m 的肋环形组合球面网壳,用于山西潞安矿务局常村矿井洗煤厂倒圆锥台煤仓的顶盖。在施工拼装第 3 幢组合网壳时,未设置中心临时支撑(施工第 1、2 幢时是设置的),曾发生单层钢网壳翻面失稳的事故,这是应该吸取经验教训的[8]。

5 三层网架结构

三层网架是两层网架的开拓和发展,也是两层网架的有机组合[9-11],它具有下列特点:

(1)三层网架由上弦、中弦、下弦、上腹杆、下腹杆共五层构造组成,因而它的形体比两层网架可成倍增加;

(2)三层网架的类型有普通三层网架、微弯型三层网架(大曲率半径的三层网壳)、局部三层网架;

(3)内力分布匀称、峰值降低,可做到小材大用,对于杆件内力有一定限度的螺栓球节点网架也可在大跨度三层网架中应用;

(4)由于杆件较短、网格较小,便于制作、运输和安装,屋面铺设也较方便;

(5)刚度大、用材省,与同等跨度两层网架相比,可节省钢材用量 10%~20%;

(6)对网架的开口边、多点支承网架柱帽处以及网架跨中,可采用局部三层网架加强,以增加网架刚度,降低内力峰值;

(7)三层网架的中弦拉力很小,甚至接近零值,在选配杆件截面时应以压杆设计。

除局部三层网架外,目前共建成约 10 幢三层网架。我国于 1988 年首次建成的三层网架是长沙黄花机场机库屋盖[12],平面尺寸 48m×64m,网架高 5m,且开口边为四层网架,高 7.5m。首都机场四机位机库,采用斜放四角锥焊接球节点三层网架,两块网架的实际平面尺寸为 84m×150m,网架高 6m,也是我国跨度最大的三层网架。江西贵溪电厂干煤棚,采用两级抽空正放四角锥三层微弯型网架,平面尺寸 69m×96m,两对边支承、柱距 12m,纵向挑檐 4.5m,横向挑檐 6.88m,网架横向采用变高度 5.6~7.0m。

6 局部双层(单层)网壳结构

局部双层(单层)网壳可采用双层网壳抽空的办法,或采用单层网壳加劲加强的办法构成[13],它具有下列特点:

(1)将整个网壳区分成双层、单层网壳区和过渡区(只有上弦层和腹杆层构成,无下弦层)组合而成;网壳从双层区、过渡区到单层区的平面图形可为环状、块状、条状直到线状、点状等;

(2)可使网壳的设计不受单层网壳稳定性控制,因而可充分发挥网壳空间工作的强度和刚度的优势;

(3)可使整个网壳(或大部分网壳)设计成铰接,采用制作安装方便的螺栓球节点体系;

(4)计算方便,可采用铰接体系的空间桁架位移法分析;

(5)腹杆、下弦杆少,造型美观,经济效益明显。

我国至今共建成 8 幢局部双层(单层)网壳结构,其代表性的工程有:福州师专阶梯教室,采用 K6-5 型局部双层(单层)球面网壳,平面直径 19.89m;烟台塔山游乐竞技中心斗兽馆,采用 K6-11 型局部双层(单层)焊接半鼓半球节点球面网壳,平面直径 40m,1993 年建成,该工程利用单层网壳部位共设置了 18 个天窗,效果良好。

7　预应力网格结构

现代预应力技术与空间网格结构相结合而形成的预应力网格结构是一种新型的有广阔发展前景的空间结构[14]。施加预应力的方案一般有两种：一是在网架的下弦平面内或在下弦平面下布置预应力索，如图 1a 所示，也可在网壳的周边布置预应力索，如图 1b 所示，通过张拉预应力索建立与外载作用反向的挠度和内力；二是通过网格结构支座高差强行调整就位（通常为盆式搁置就位），使网格结构建立预加应力，如图 1c 所示。预应力网格结构有下列特点：

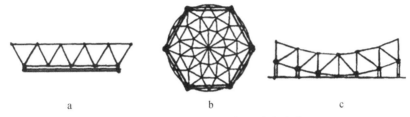

a   b   c

图 1　预应力网格结构施加预应力方案

（1）可采用高强度预应力拉索作为网格结构的主要受力杆件，以降低材料耗量；

（2）可采用多次分批施加预应力及加荷的原则（多阶段设计原则），使杆件反复受力，并在使用荷载下达到最佳内力状态；

（3）通过预应力技术，可提高整个结构的刚度，减小结构挠度；

（4）对于采用改变支座就位高差，调整结构内力的施加预应力方案，是一种最经济的预应力方法，几乎无需增加任何杆件和零部件材料。

我国已建的预应力网格结构工程约有 10 幢。1993 年建成的上海国际购物中心 7、8 层楼，采用在下弦平面下 20cm 处增设四束高强钢丝铸锚束的预应力正放四角锥组合网架，平面尺寸 27m×27m，截去一个腰长为 12m 的等腰三角形，选用预应力后节省钢材用量 32%[15]。1984 年建成的天津宁河县体育馆，采用盆式搁置就位施加预应力的正放四角锥网架，平面尺寸 42m×42m，角支座取相对高差 9cm，节省钢材 12%[16]。盆式搁置预应力网架还在重庆一中平面尺寸 37.8m×37.8m、四周带挑檐 5.4m 的体育馆以及重庆南开中学 66m×36.3m 长六边形体育馆中采用[17]。广东清远市体育馆，采用六支点预应力 6 块组合型三向扭网壳，平面尺寸为边长 46.82m 正六边形，对角柱跨度 89.0m，周边设 6 道预应力拉索，每索选用 4 索 9×7ϕ5，建立预应力值 1600kN[18]。四川攀枝花体育馆，采用 8 支点预应力短程线型球面网壳，平面尺寸 74.8m×74.8m 缺角八边形，对角柱跨度 64.9m，周边设 8 道预应力索，每索建立预应力值 700kN，比非预应力钢网壳可节省用钢量 25%[19]。1995 年建成的广东高要市体育馆（原灯光球场改建），采用 4 支点（边界中点）预应力 4 块组合型扭网壳，平面尺寸 54.9m×69.3m，支柱间设 4 道预应力索，每索建立预应力 1400kN。

8　斜拉网格结构

斜拉网格结构通常由塔柱、拉索、网格结构组合而成，是大中跨度建筑的一种形式新颖、协同工作的杂交空间结构体系[20-22]，有下列特点：

（1）可充分发挥钢拉索的高强度优势；

(2)可增加网格结构的支承点,减小结构挠度,降低杆件内力;

(3)通过张拉拉索,建立预加内力和反拱挠度,可部分抵消外载作用下的结构内力和挠度;

(4)在任意荷载工况下,不使拉索出现松弛,退出工作,为此必要时需对拉索施加预应力;

(5)拉索布设宜多方位布置,力忌平面布索和单方向布索;

(6)拉索的倾角不宜太小,一般为大于 25°,否则将导致弹性支承作用减弱、内力增大和连接节点构造上的困难;

(7)斜拉网格结构可扩大内部空间,造型新奇,是一种颇有景点特色的大跨度建筑。

我国目前已建成的斜拉网格结构有 10 幢。1993 年建成的浙江大学体育场主席台,采用 4 塔柱斜拉正放四角锥网架,平面尺寸 24m×40m,每柱 3 根斜拉索一根水平索共 14 根拉索。1993 年建成的新加坡港务局(PSA)仓库,采用 4 幢 A 型 6 塔柱平面为 120m×96m,2 幢 B 型 4 塔柱平面为 96m×70m 共 6 幢斜拉正放四角锥网架,每塔柱设有 4 根斜拉索[23]。北京亚运会综合体育馆,采用双塔柱两块组合型斜放四角锥人字形剖面的圆柱面网壳,平面尺寸 70m×83.2m,屋脊处对每塔柱设 8 根共 16 根平面单向拉索[24]。1995 年建成的山西太旧高速公路旧关收费站,采用独塔式斜拉左右两块正放四角锥圆柱面网壳,总平面尺寸 14m×64.178m,共设有全方位布索 28 根[25]。

9 特种网格结构

我国的网格结构除广泛用于工业与民用建筑的屋盖和楼层外,还用于形态新颖、功能各异的特种结构,兹分述如下:

(一)塑像骨架 如用于 1997 年建成的广东南海大佛的 12 支点多层多跨网架骨架,佛像结构高度 46m,最大平面尺寸为 30m×35m 曲多边形,网格尺寸 3m×3m,每层高度 2m,整个网架共由 1118 个支点(支座及一层为焊接球节点,其余为螺栓球节点)和 5218 根杆件组成,材料用量约 200t[26],这是世界第一个塑像网架骨架。

(二)标志结构 作为某一地区、某一城市的表征,如温州市地标,采用总高 40.8m,跨度 30m 的螺栓球节点网架结构[27]。

(三)各种用途的整个球面网壳结构 如 1991 年建成的北京中国科技馆球幕影院,采用直径 35m 短程线型双层球面网壳;1990 年建成的徐州电视塔塔楼,采用直径 21m 单层联方型全球网壳,并选用地面组装、整体提升到 99m 设计标高就位的施工安装方法[28];上海东方明珠电视塔,选取装饰用的单层联方型全球网壳;大连友谊广场中心采用直径为 25m、镶嵌镜面的水晶球网壳等。

(四)高耸塔架 除通常用于输电塔架外,合肥金斗城大型商场高层部分的第 17 层至 24 层采用螺栓球节点两向正交正放高层网架塔楼,1994 年建成,效果良好。大连电视塔塔身采用双层圆柱面正放四角锥网状塔筒结构。

(五)网架墙体 已用于张家港钢铁厂竖炉电炉炼钢及连铸车间侧墙(柱距 24m,个别 12m,檐口标高 38.4m)和山墙(两跨 27m+30m),用钢指标分别为 23.0kg/m² 及 26.2kg/m²,比传统墙壁骨架方案分别节省 9.0kg/m² 及 21.8kg/m²[29]。此外,还用于徐州通域集团空间结构制造厂新建 8000m² 网架车间的侧墙。

(六)网架桥梁 已用于贵阳大十字过街人行环形天桥。

(七)装饰网架 在亭、廊、天井、门厅等形态各异的采光或非采光屋盖结构中广泛采用,也在各种网架小品中采用。

10　新型节点

　　合理的节点形式和连接构造,是保证网格结构空间工作的关键。我国在网格结构中除广泛采用的焊接空心球节点、螺栓球节点和十字板节点外,近几年来,曾研制并已在实际工程中采用下列若干种新型节点。

　　(一)螺栓环节点[15]　　适用于高强螺栓连接的组合网架结构(见图2),在上海国际购物中心组合网架楼层结构、上海静安体育馆组合网架屋盖等10多项工程中采用。

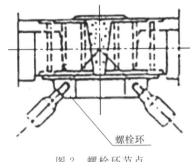

图 2　螺栓环节点

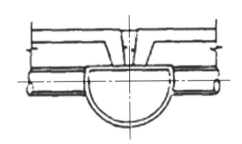

图 3　焊接空心半鼓半球节点

　　(二)焊接空心半鼓半球节点　　如图3所示,这种节点便于搁置钢筋混凝土带肋屋面板,已在益阳法院法庭四块组合型扭网壳及烟台塔山游乐竞技中心斗兽馆局部双层球面网壳等工程中采用。

　　(三)鼓形螺栓球节点　　与通常的螺栓球节点相比,省去套筒,高强螺栓是从鼓内拧入钢管,已用于开封体育俱乐部网架屋盖、攀枝花体育馆预应力网壳屋盖等工程。

　　(四)嵌入式毂节点　　是我国参照加拿大三极型节点研制开发成功的(见图4),已用于山西稷山选煤厂煤库单层球面网壳屋盖等工程[30]。

　　(五)冲压板节点　　这是我国自己研制成功的,并获得国家专利(冲压板节点四角锥单元网架结构体系,专利号2009338),适用于角钢、圆钢连接的轻型网架结构(见图5),已用于天津市饲料公司仓库、北京南苑机场材料库等网架工程。

　　(六)叠合式节点　　适用于两向杆系组成的钢管杆件轻型单层网壳(见图6),曾用于青岛展览中心多功能厅网壳屋盖[31]。

　　(七)相贯节点　　是一种钢管直接交汇的节点,已在南京禄口新机场和北京机场新建候机楼大厅网架屋盖中采用。

　　(八)方管节点　　已在长春体育馆方钢管网壳屋盖结构中采用[3]。

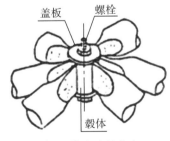

图 4　嵌入式毂节点

图 5　冲压板节点

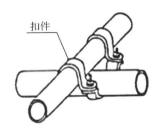

图 6　叠合式节点

11　理论研究和应用研究

在我国网格结构新技术、新结构蓬勃发展的同时，对网格结构的分析理论和计算方法也取得有理论意义和工程应用价值的研究成果，兹分述如下：

（1）对正交正放类网架（包括两向正交正放网架、正放四角锥网架、正放抽空四角锥网架）、两向正交斜放网架、斜放四角锥网架和三向类网架（包括三向网架、三角锥网架、抽空三角锥网架 I 型）分别建立了拟夹层板法的基本方程式[32-35]：

$$\left[k_d \frac{\partial^4}{\partial x^4} + \frac{1}{k_d} \frac{\partial^4}{\partial y^4} - \frac{D}{C} \frac{\partial^4}{\partial x^2 \partial y^2} \left(k_c \frac{\partial^2}{\partial x^2} + \frac{1}{k_c} \frac{\partial^2}{\partial y^2} \right) \right] \omega = \frac{q}{D} \tag{1}$$

$$\left[\frac{\partial^4}{\partial x^4} + 6 \frac{\partial^4}{\partial x^2 \partial y^2} + \frac{\partial^4}{\partial y^4} - \frac{D}{2C} \left(\frac{\partial^2}{\partial x^2} - \frac{\partial^2}{\partial y^2} \right)^2 \nabla^2 \right] \omega = \frac{q}{D/2} \tag{2}$$

$$\left[\left(\beta_2 \frac{\partial^4}{\partial x^4} - 2\beta_1 \frac{\partial^4}{\partial x^2 \partial y^2} + \beta_2 \frac{\partial^4}{\partial y^4} \right)^2 + \beta_2 \left(\beta_1 \frac{\partial^4}{\partial x^4} + \beta_3 \frac{\partial^4}{\partial x^2 \partial y^2} + \beta_1 \frac{\partial^4}{\partial y^4} \right) \nabla^2 \nabla^2 \right.$$
$$\left. + \frac{2\beta_2 D}{C} \left(\frac{\partial^4}{\partial x^3 \partial y} - \frac{\partial^4}{\partial x \partial y^3} \right)^2 \nabla^2 \right] \omega = \frac{q}{h^2} \tag{3}$$

$$\left[\left(1 - \frac{D}{3C} \nabla^2 \right) \nabla^2 \nabla^2 \right] \omega = \frac{q}{D} \tag{4}$$

式中 ω 是新的位移函数，当不计网架剪切变形时，即 $C = \infty$，方程式（1）～（4）便退化为一般拟板法的基本方程式。对于常用的周边简支网架，可求得基本方程（1）～（4）的解析解，便于编制计算用表，并由拟板内力回求网架内力的计算公式，直接得出网架杆件的内力。拟夹层板法已被编入国家行业标准《网架结构设计与施工规程》（JGJ 7—91）。

（2）对单层球面网壳、柱面网壳、扭网壳和组合扁网壳系统地进行了几何非线性稳定性的理论分析和试验研究，深入探讨了网壳的失稳机理和分析模型、跟踪策略、屈曲形态、位移全过程分析、初始缺陷的影响、设计临界荷载和安全系数等方向的问题[36-46]。通过大量的参数分析，分别回归并提出周边支承球面网壳和柱面网壳实际极限承载力的拟合公式（已考虑缺陷影响的折减系数 0.5）[47,48]：

$$q_{cr} = 1.09 \sqrt{BD}/R^2 \tag{5}$$

$$q_{cr} = 72.0 \frac{D_{11}}{R^3 (L/b)^3} + 1.95 \times 10^{-4} \frac{B_{22}}{R(L/b)} + 75.0 \frac{D_{22}}{(R+3f)b^2} \tag{6}$$

式中，B、D 为相应的折算薄膜刚度和折算抗弯刚度，应用式（5）、（6）时尚应选取适当的安全系数 $K = 2.5 \sim 3.0$。

（3）对组合网架的分析方法和受力特性进行了系统的研究，提出了将上弦板等代为 3 组或 4 组上弦平面杆系而可采用等代空间桁架位移法计算的分析方法、全套计算公式和具体步骤，并已编入国家行业标准《网架结构设计与施工规程》（JGJ 7—91）。

（4）对网格结构及组合网格结构的动力特性和地震响应做了有效的分析研究[49-59]。网架结构抗震计算的研究成果已被国家行业标准《网架结构设计与施工规程》所采纳；研究指出了网壳结构频谱的密集性和水平抗震计算的必要性。

（5）通过对蜂窝型三角锥网架机动分析的研究，论证了简支蜂窝型三角锥网架属静定结构，并创建了下弦内力法，可方便地由下列下弦 5 内力方程组及 5 挠度方程组分别求得网架下弦杆的内力 $\boldsymbol{N} = \{N_1 \ N_2 \cdots N_t\}^{\mathrm{T}}$ 和相应上弦节点的挠度 $\boldsymbol{W} = \{w_1 \ w_2 \cdots w_t\}^{\mathrm{T}[60,61]}$：

$$\boldsymbol{KN} = Q_n \boldsymbol{E} \tag{7}$$

$$\boldsymbol{KW} = Q_{wn} \boldsymbol{N} + Q_{ws} \boldsymbol{E} \tag{8}$$

式中 **K** 为每行小于 5 项非零项的稀疏矩阵。现已编制了矩形平面及六边形平面蜂窝型三角锥网架计算用表共 52 组,以供设计应用。

(6)网架结构(包括双层网壳)优化设计的满应力准则法已在工程实际中广泛应用,在目标函数中考虑网架节点、屋面(分钢筋混凝土屋面板重屋面及轻钢檩条轻屋面两种情况)与围护墙造价的网架最优网格与高度的分析研究,取得了有价值的研究成果[62-64],并被国家行业标准《网架结构设计与施工规程》(JGJ 7-91)所采纳。

(7)网格结构 CAD 技术发展和应用非常迅速,通过不断的研究开发和完善,根据国家行业标准《网架结构设计与施工规程》(JGJ 7-91),在我国已编制了适合广大设计人员使用,具有前处理、图形处理、设计施工图、制作加工图一体化的多种自主版本的空间网格结构计算机设计软件系统[65-71],这对加快网格结构设计周期,促进网格结构的推广应用起了很大作用。

12 展望 21 世纪的空间钢结构

空间钢结构——网格结构在我国的发展和应用仅有 30 多年的历史,但来势很猛,已显示出很强的生命力,应用前景十分广阔,仍是一类方兴未艾、独占鳌头的空间结构。展望 21 世纪的空间钢结构,应在以下重点研究领域和前沿课题展开工作,大力发展各类新型、大跨空间结构。

(1)总结经验,迎接挑战,根据需要在我国设计与施工跨度 150～200m,甚至更大跨度的空间网格结构。

(2)在取得已有成绩的基础上,进一步发展具有我国特色的组合网格结构、斜拉网格结构和预应力网格结构。

(3)积极研究和发展当前空间结构最热门的索-杆(梁)杂交结构体系和索穹顶。

(4)研究和推广应用开启网格结构和展开网格结构。

(5)研究跨度为 200～500m 超大型空间网格结构的实用形式和体系。

(6)改善现有空间网格结构的节点体系,开发和研制新型节点体系。

(7)研究大跨度和超大跨度空间网格结构抗风、抗震计算理论与方法及其结构控制技术,提供实用的设计计算方法和公式。

(8)结构工程师要联合建筑师,研究和开发造型和形体美观、具有时代风格、受力合理、施工方便可行的新颖空间钢结构体系。

参考文献

[1] 刘树屯,关忆卢.首都机场 306m×90m 飞机库屋盖设计与施工[J].建筑结构学报,1997,18(3): 47-57.

[2] 楼国山.网架在造船工业工程中的应用研究[J].建筑结构学报,1997,18(1):2-11.

[3] 何家炎,高维元.长春体育馆跨度 192×146m 方钢管网壳结构设计[J].建筑结构学报,1998, 19(1):66-70.

[4] 董石麟.组合网架的发展与应用——兼述结构形式、计算、构造及施工[J].建筑结构,1990,(6): 2-10.

[5] 董石麟,马克俭,严慧,等.组合网架结构与空腹网架结构[M].杭州:浙江大学出版社,1992.

[6] 姚发坤.网架楼盖在高层建筑中的应用[J].建筑结构,1989,(6):15-18.

[7] 董石麟,詹联盟.网状扁壳与带肋扁壳组合结构的拟三层壳分析法[J].建筑结构学报,1992,13(5):25—33.

[8] 刘善维,张树民,尹卫泽,等.一个球面组合网壳工程的事故剖析[J].空间结构,1995,1(4):39—45.

[9] 董石麟.正交正放类三层网架的结构形式及拟夹层板分析法[C]//中国土木工程学会.第五届空间结构学术交流会议论文集,兰州,1990:98—103.

[10] 尹德钰.三层网架结构论文集[G].太原:太原工业大学土木系,1993.

[11] 罗尧治,董石麟.三层网架的研究与应用[J].浙江大学学报(自然科学版),1997,(S).

[12] 薛建瑞,杜长青,高永辉,等.长沙黄花机场维修机库双层支座三层网架屋盖结构设计[C]//中国土木工程学会.第五届空间结构学术交流会论文集,兰州,1990:489—492.

[13] 董石麟,高博青.局部双层网状球壳及其工程应用[C]//中国土木工程学会.第六届空间结构学术会议论文集,广州,1992:759—765.

[14] 陆赐麟.预应力空间钢结构的现况和发展[J].空间结构,1995,1(1):1—14.

[15] 姚念亮,李良勇,姜国渔,等.螺栓环节点与预应力组合网架的设计研究及应用[J].空间结构,1994,1(1):39—46.

[16] 熊盈川,董石麟,杨永革,等.天津宁河县体育馆的设计与施工[J].建筑结构,1985,(6):19—23.

[17] 陈良春,支运芳,何培斌,等.盆式支承网架的合理应用[J].空间结构,1997,3(4):25—28.

[18] 马克俭,张鑫光,安竹石,等.大跨度组合式预应力扭网壳结构的设计、构造与力学特点[J].空间结构,1994,1(1):55—63.

[19] 尹思明,苟克成,董绍云.大跨度预应力钢网壳屋盖[C]//中国土木工程学会.第五届空间结构学术交流会论文集,兰州,1990:606—609.

[20] 董石麟,罗尧治.斜拉网架的简化计算[J].建筑结构,1993,(8):28—30.

[21] 唐曹明,严慧,董石麟.斜拉网架静力性能的研究[C]//中国土木工程学会.第六届空间结构学术会议论文集,广州,1992:283—289.

[22] 周岱,董石麟,邓华.斜拉网壳结构的动力性能和非线性地震响应分析[C]//中国土木工程学会.第八届空间结构学术会议论文集,开封,1997:208—214.

[23] 吴耀华,张勇,陈云波.新加坡港务局(PSA)仓库钢结构斜拉网架设计[C]//中国土木工程学会.第七届空间结构学术会议论文集,文登,1994:467—471.

[24] 崔振亚,张国庆.国家奥林匹克体育中心综合体育馆屋盖结构设计[J].建筑结构学报,1991,12(1):24—37.

[25] 张宗升,王昆旺,严慧,等.太旧高速公路旧关主线收费站斜拉网壳结构设计[J].空间结构,1997,3(2):40—45.

[26] 董石麟,高博青,赵阳.多层多跨高耸网架在广东南海大佛工程中的应用[C]//中国土木工程学会.第八届空间结构学术会议论文集,开封,1997:465—470.

[27] 刘锡良,龚景海,丁阳,等.温州地标设计简介[J].空间结构,1996,2(3):62—63.

[28] 刘锡霖.徐州电视塔塔楼网壳的制作与安装[C]//中国土木工程学会.第七届空间结构学术会议论文集,文登,1994:616—619.

[29] 邹浩,吴甘棠.竖向网架设计探讨[J].空间结构,1995,1(1):53—58.

[30] 刘善维,石彦卿.秸山选煤厂52m直径单层球面网壳设计[C]//中国土木工程学会.第五届空间结构学术交流会论文集,兰州,1990:587—591.

[31] 胡国治,李广仁,胡学仁,等.几种类型的叠合节点的探讨与分析[C]//中国土木工程学会.第六届空间结构学术会议论文集,广州,1992:893—896.

[32] 董石麟,夏亨熹.正交正放类网架结构的拟板(夹层板)分析法(上、下)[J].建筑结构学报,1982, 3(2):14－25,3(3):14－22.

[33] 董石麟,夏亨熹.两向正交斜放网架拟夹层板法的两类简支解答及其对比[J].土木工程学报, 1988,21(1):3－18.

[34] 董石麟,樊晓红.斜放四角锥网架的拟夹层板分析法[J].工程力学,1986,3(2):112－126.

[35] 董石麟,赵阳.三向类网架结构的拟夹层板分析法.建筑结构学报,1998,19(3):2－10.

[36] 胡学仁.穹顶网壳的稳定计算[C]//中国土木工程学会.空间结构论文选集(二).北京:中国建筑 工业出版,1997:156－166.

[37] 陈昕,沈世钊.网壳结构的几何非线性分析[J].土木工程学报,1990,23(3):47－57.

[38] 胡学仁.穹顶网壳的稳定理论和实验结果的若干问题[M]//沈祖炎,董石麟,陈学潮.空间网格结 构论文集.上海:同济大学出版社,1991.

[39] 钱若军,李亚玲.网壳结构非线性稳定分析研究[C]//中国土木工程学会.第五届空间结构学术 交流会论文集,兰州,1990:265－270.

[40] 陈昕,沈世钊.单层穹顶网壳的荷载-位移全过程及缺陷分析[J].哈尔滨建筑大学学报,1992, 13(3):11－18.

[41] 钱若军,沈祖炎,夏绍华.网壳结构失稳机理及分析模型的研究[C]//中国土木工程学会.第六届 空间结构学术会议论文集,广州,1992:418－423.

[42] 沈祖炎,罗永峰.网壳结构分析中节点大位移迭加及平衡路径跟踪技术的修正[J].空间结构, 1994,1(1):11－16.

[43] 王娜,陈昕,沈世钊.网壳结构弹塑性大位移全过程分析[J].土木工程学报,1993,26(2):19－28.

[44] 钱若军.网壳结构设计临界荷载和安全系数[C]//中国土木工程学会.第七届空间结构学术会议 论文集,文登,1994:326－334.

[45] 胡继军,董石麟,钱海鸿,等.广义增分法在空间网壳非线性分析中的应用[C]//中国土木工程学 会.第六届空间结构学术会议论文集,广州,1992:424－430.

[46] 赵阳,董石麟.组合双曲扁网壳结构的弹性大位移分析[C]//中国土木工程学会.第七届空间结 构学术会议论文集,文登,1994:300－304.

[47] 沈世钊,陈昕,林有军,等.单层球面网壳的稳定性[J].空间结构,1997,3(3):3－12.

[48] 沈世钊,陈昕,张峰,等.单层柱面网壳的稳定性(下)[J].空间结构,1998,4(3):53－55.

[49] 张毅刚,蓝倜恩.网架结构在竖向地震作用下的实用分析方法[J].建筑结构学报,1985,6(5): 2－15.

[50] 樊晓红,钱若军.网架结构在地震作用下抗震性能的研究[C]//中国土木工程学会.第六届空间 结构学术会议论文集,广州,1992:247－256.

[51] 曹资,张毅刚.单层球面网壳地震反应特征分析[C]//中国土木工程学会.第八届空间结构学术 会议论文集,开封,1997:195－201.

[52] 陈扬骥,张锦虹.双层圆柱面网壳的抗震性能研究[C]//中国土木工程学会.第八届空间结构学 术会议论文集,开封,1997:202－207.

[53] 赵伯友,张毅刚,曹资.双层圆柱面网壳的自振特性分析及实用公式[J].空间结构,1998,4(2): 3－10.

[54] 刘洪杰,朱继澄,肖炽.单层球面网壳地震反应分析研究[M]//董石麟,沈祖炎,严慧.新型空间结 构论文集.杭州:浙江大学出版社,1994:263－271.

[55] 丁万尊,赵庆云.正交正放类网架结构动力响应的拟夹层板分析法[J].建筑结构学报,1997,

18(1):18—26.

[56] 董石麟. 组合网架动力特性的拟夹层板法[J]. 工程力学,1993,(S):177—184.

[57] 林翔,董石麟. 组合网架动力特性的研究及电算程序的编制[C]//中国土木工程学会. 第六届空间结构学术会议论文集,广州,1992:389—395.

[58] 董石麟. 组合网状扁壳动力特性的拟三层壳分析法[C]//中国力学学会. 第三届全国结构工程学术会议论文集,太原,1994:129—134.

[59] 高博青,董石麟. 组合扭网壳结构的静动力特性分析[C]//中国土木工程学会. 第七届空间结构学术会议论文集,文登,1994:248—252.

[60] 董石麟,宦荣芬. 蜂窝形三角锥网架计算的新方法——下弦内力法[C]//中国土木工程学会. 第一届空间结构学术交流会论文集(第二卷),福州,1982:1—18.

[61] 董石麟. 六边形平面蜂窝形三角锥网架的机动分析、受力特性和计算用表[J]. 空间结构,1995,1(1):15—23.

[62] 蓝佃恩,俞建麟,钱若军. 网架结构最优设计的研究——网架的最优几何外形及选型[M]//中国土木工程学会. 空间结构论文选集. 北京:科学出版社,1985.

[63] 蓝佃恩,钱若军. 网架的最优网格与高度及其选型[J]. 建筑结构,1987,(3):2—7.

[64] 刘锡良,王军. 正放四角锥网格双层筒壳的优化研究[C]//中国土木工程学会. 第五届空间结构学术交流会论文集,兰州,1990:225—228.

[65] 钱若军,吴进,周坚,等. 网架结构 CAD 系统(AADS90)的研究开发[C]//中国土木工程学会. 第六届空间结构学术会议论文集,广州,1992:374—381.

[66] 罗尧治,董石麟. 空间网格结构微机设计 MSTCAD 的开发[J]. 空间结构,1995,1(3):53—59.

[67] 耿笑冰. 空间网架结构计算机辅助设计系统——STSCAD 在 WIN95 下的开发应用[C]//中国土木工程学会. 第八届空间结构学术会议论文集,开封,1997:50—55.

[68] 宋涛,钱基宏,洪涌,等. MSGS 系统的开发与进展[C]//中国土木工程学会. 第八届空间结构学术会议论文集,开封,1997:68—74.

[69] 龚景海,刘锡良,邱国志. TWCAD 系统在网架结构设计中的应用[C]//中国土木工程学会. 第八届空间结构学术会议论文集,开封,1997:75—79.

[70] 王娜,陈昕,范峰. 空间网格结构计算及辅助设计系统 STACAD 的研制与开发[C]//中国土木工程学会. 第七届空间结构学术会议论文集,文登,1994:176—179.

[71] 徐培征,宋声潘,张其林,等. 空间网壳网架结构微机 CAD 系统研究[C]//中国土木工程学会. 第七届空间结构学术会议论文集,文登,1994:162—169.

5 预应力大跨度空间钢结构的应用与展望[*]

摘　要：本文主要阐述了我国预应力大跨度空间钢结构应用与发展的基本情况。这些预应力空间钢结构包括有预应力网格结构、斜拉网格结构、索穹顶结构、张弦梁结构、弓式预应力钢结构等。最后，本文展望了新世纪的预应力空间钢结构。

关键词：预应力结构；大跨度结构；空间钢结构；空间网格结构；索穹顶结构；弓式预应力钢结构；应用与展望

1　引言

预应力大跨度空间钢结构是把现代预应力技术应用到例如网架、网壳等网格结构、索杆组成的张力结构、立体桁架结构等一类大跨度结构，从而形成一类新型的、杂交的预应力大跨度空间钢结构体系。这一类结构受力合理、刚度大、重量轻，制作安装也比较方便，在近十多年来得到开发与发展，并在大跨度、大柱网的公共与工业建筑中得到应用，且受到国内外科技界和工程界的关注和重视，其推广应用和发展前景是无比广阔的[1-3]。

采用预应力技术于大跨度空间钢结构具有如下的特色和优势：

（1）可以改变结构的受力状态，满足设计人员所要求的结构刚度、内力分布和位移控制。

（2）通过预应力技术可以构成新的结构体系和结构形态（形式），如索穹顶结构等。可以说，没有预应力技术，就没有索穹顶结构。

（3）预应力技术可以作为预制构件（单元杆件或组合构件）装配的手段，从而形成一种新型的结构，如弓式预应力钢结构。

（4）采用预应力技术后，或可组成一种杂交的空间结构，或可构成一种全新的空间结构，其结构的用钢指标比原结构或一般结构可大幅度降低，具有明显的技术经济效益。

预应力空间钢结构预应力的施加方法通常有两种：一种是在预应力索、杆上直接施加外力，从而可调整改善结构受力状态，致使内力重分布，或者形成一种新的具有一定内力状态的结构形式；另一种是通过调整已建空间结构支座高差，改变支承反力的大小，从而也可使结构内力重分布，达到预应力的目的。

预应力索、杆的材料通常可采用高强度的钢丝束、钢绞线，也可采用钢棒、钢筋。

---

　* 本文刊登于：董石麟.预应力大跨度空间钢结构的应用与展望[C]//天津大学.第一届全国现代结构工程学术报告会论文集，天津，2001：17－25.

　后又刊登于期刊：董石麟.预应力大跨度空间钢结构的应用与展望[J].空间结构，2001，7(4)：3－14.

2 预应力网格结构

现代预应力技术与空间网格结构(包括网架与网壳)相结合便可构成预应力网格结构。通常施加预应力的方案有两种:一种是在网架的下弦平面下设置预应力索,如图1a所示,也可在网壳的周边设置预应力索,如图1b所示,通过张拉预应力索建立与外载作用反向的内力和挠度;另一种是通过网格结构支座高差强行调整就位(通常为盆式搁置就位,在使用阶段达到支座最终反力趋向于均匀化),使网格结构建立预加应力,如图1c所示。

预应力网格结构有下列特点:

(1)可采用高强度预应力拉索作为网格结构的主要受力杆件,以降低材料耗量。

(2)可采用多次分批施加预应力及加荷的原则(多阶段设计原则),使杆件反复受力,并在使用荷载下达到最佳内力状态;预应力网架结构的简捷计算法及施工张拉全过程分析可参见文献[4]。

(3)通过预应力技术可提高整个网格结构的刚度,减小结构挠度。

(4)对于网壳结构可解决水平推力问题,适当配置支座滑动构造措施,利用预应力技术可形成无水平反力的自平衡结构体系。

(5)对于采用改变支座就位高差,调整结构内力分布的施加预应力方案,是一种最经济的预应力方法。此时,对网格结构无需增加任何杆件和零部件材料。

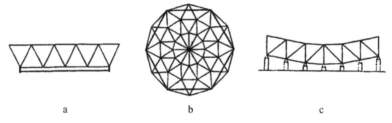

图1 预应力网格结构的预应力方案

我国已建的预应力网格结构工程有10多幢,积累了丰富的设计与施工经验,其中有代表性的工程项目详见表1。

表1 预应力网格结构工程实例[5-12]

序号	工程名称	网格结构形式	平面尺寸×厚度/m	预应力技术特征	用钢指标或省钢率	建成年份	设计单位
1	天津宁河体育馆	正放四角锥网架	42×42×3	盆式搁置就位,角支座与边界中支座相对高差9cm	28.5kg/m² 12%	1984	中国建研院结构所
2	重庆一中体育馆	斜放四角锥网架	37.8×37.8×2.34 四周悬挑5.4	盆式搁置就位,周边支座相对高差6.1cm	23.1kg/m² 9%	1993	重庆建筑大学
3	重庆南开体育馆	斜放四角锥网架	长六边形 33×66×2.2	盆式搁置就位,二对边及四斜边支座相对高差分别为2.8cm及7.3cm	19.8kg/m² 11%	1993	重庆建筑大学
4	上海国际购物中心楼层	正放四角锥组合网架	27×27,截去12m腰边一角	下弦平面下20cm处增设4束高强钢丝铸锚束	48kg/m² 32%	1993	上海建筑设计研究院
5	攀枝花市体育馆	三向短程线型双层球面网壳	74.8×74.8 缺角八边形,矢高8.89	八点支承,对角柱跨度64.9m,周边设8道预应力索,分二次建预应力值700kN	49kg/m²	1994	攀枝花建筑勘察设计院

续表

序号	工程名称	网格结构形式	平面尺寸×厚度/m	预应力技术特征	用钢指标或省钢率	建成年份	设计单位
6	广东清远市体育馆	六块组合型三向双层扭网壳	边长46.82 正六边形,矢高8.0	六点支承,对角柱跨度89m,周边设6道预应力索,每索建预应力值1600kN	44.3kg/m²	1995	贵州工大设计院、清远市设计院
7	广东高要市体育馆	四块组合型三向双层扭网壳	54.9×69.3	四点(每边中点)支承,支承间共设4道预应力索,每索建预应力值1400kN	38.5kg/m²	1995	贵州工大设计院
8	广东阳山县体育馆	双曲双层扁网壳	44×56	四角支承,周边共设置4道预应力索	43%	1996	贵州工大设计院
9	郑州碧波园	对角线局部三层(变高度)八面锥网壳	80×80(2.8~7.8)间等边八边形,矢高18.5	四对边端支座间沿边界共设4道预应力索,每索建预应力值700kN	43.5kg/m² 15%~20%	1996	云光建筑设计咨询开发中心
10	广东新兴县体育馆	四块组合型三向单双层混合扭网壳	54×76.06	四点(每边中点)支承,支承间共设4道预应力索	28.2kg/m² 43%	1997	贵州工大设计院
11	西昌铁路分局体育活动中心	矩形底球面网壳与外挑1至6m柱面网壳	59.7×42.7×1.25矢高6.15	沿纵边七点支承,沿横向设置4道预应力索,分3次施加预应力	28.5kg/m² 28%	1997	攀枝花建筑勘察设计院
12	江苏宿迁市文体馆	正放四角锥双层鞍形网壳	80×62.5×3椭圆平面	周边独立柱支承,在拱向沿下弦设11道预应力索		1999	江苏省建筑设计研究院

从表1所列预应力网格结构工程可以看出:建筑造型和结构形式丰富新颖,结构跨度有逐年增大的趋势,预应力技术高科技含量显著,可大幅度节省钢材耗量和工程造价。这表明预应力空间网格结构是一类方兴未艾,大有发展前途的空间结构体系。

3 斜拉网格结构

将斜拉桥技术及预应力技术综合应用到网格结构而形成一种形式新颖、协同工作的杂交空间结构体系,可称为斜拉网格结构,它也是一种内部空间宽广、造型新奇、颇有景点特色的大跨度建筑结构。对于斜拉网格结构,这些年来结合工程和课题做了深入的研究[13-16]。

斜拉网格结构有下列特点:

(1)通常由塔柱、拉索、网格结构三部分协调组合而成的杂交空间结构。

(2)可充分发挥钢拉索的高强度和施加预应力的优势,以降低钢材用量。

(3)可在网格结构区域内反向地面增加支承点,分割结构跨度,减小结构挠度,降低杆件内力峰值。

(4)通过张拉拉索,建立预加内力和反拱挠度,可部分抵消外载作用下的结构内力和挠度。

(5)在任意荷载工况下,不使拉索出现松弛,退出工作,为此通常需对拉索施加预应力。

(6)在承受向上、向下风荷载都很大且由风荷载控制设计时的斜拉网格结构,必要时尚应设置施加一定预应力的稳定索。

(7)拉索敷设宜多方位布置,切忌平面布索和单方向布索。

(8)拉索的倾角不宜太小,一般宜大于25°,否则将导致弹性支承作用减弱、内力过大和连接节点构造上的困难。

我国目前已设计和建成的斜拉网格结构十多幢,其中有代表性的工程项目详见表2。

表2 斜拉网格结构工程实例[17-21]

序号	工程名称	网格结构形式	平面尺寸×厚度/m	预应力技术特征	用钢指标或省钢率	建成年份	设计单位
1	北京亚运会综合体育馆	两块组合型人字剖面斜放四角锥柱面网壳	70×83.2	双塔柱,各柱向内至屋脊处设8根双索面单向拉索		1990	北京市建筑设计院
2	浙江大学体育场司令台	正放四角锥网架	24×40×1.2	四塔柱,每柱3根斜拉索及1根横向的水平索共14根拉索		1993	浙大空间结构研究中心
3	新加坡港务局(PSA)仓库A型	正放四角锥网架	4幢120×96	六塔柱,每柱4根斜拉索,每索由4φ48不锈钢棒组成	35.2kg/m²20%~30%	1993	中国冶建研究总院
4	新加坡港务局(PSA)仓库B型	正放四角锥网架	2幢96×70	四塔柱,每柱4根斜拉索,每索由4φ48不锈钢棒组成	20%~30%	1993	中国冶建研究总院
5	太旧高速公路旧关收费站	两块正放四角锥圆柱面网壳	14×64.718×1.5	独塔柱,共设有全方位布置斜拉索28根		1995	山西设计院、浙大空间结构研究中心
6	浙江黄龙体育中心体育场	两块正放四角锥圆柱面网壳	2块244×50×3月牙形平面	两塔柱共4肢,各肢至内环设9根斜拉索,在网壳上弦靠内环梁设置9根稳定索,锚固在外环梁	80kg/m²(不含环梁)	2000	浙江省设计院、中国建研院结构所
7	深圳市游泳跳水馆	梭形主立体桁架及两侧各四道次立体桁架	120×80	沿主桁架成对布置4根桅杆,每桅杆有4根斜拉索(钢棒),使次桁架至少增加一支点		2001	澳Cox建筑设计公司/深圳华森设计公司

从表2所列工程可以看出,浙江黄龙体育中心体育场为我国目前跨度较大的斜拉网壳,两塔柱间的距离达250m,每块月牙形网壳上弦面上巧妙地设置了9道稳定索以抵抗向上的风荷载,见图2。太旧高速公路旧关收费站为我国首次采用独塔式全方位布索的斜拉网壳。深圳市游泳跳水馆采用了由纵横向立体桁架系、4根桅杆及16根斜拉钢棒(其中4根又各再分为3根)组合的杂交空间结构,见图3。这些都表明我国的斜拉空间网格结构采用了较多的新技术,取得了长足的发展。

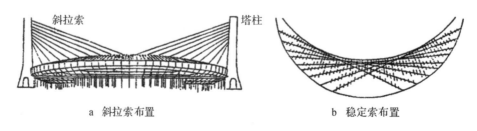

a 斜拉索布置　　　　　　　　　　b 稳定索布置

图2 浙江黄龙体育中心体育场挑篷结构示意图

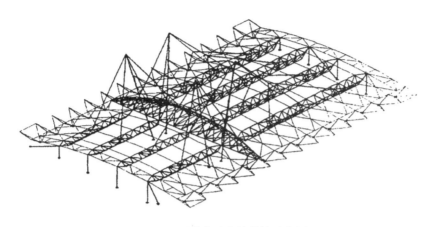

图 3 深圳游泳跳水馆结构示意图

4 索穹顶结构

由美国工程师盖格尔首次研究开发的索穹顶结构用于 1986 年韩国汉城亚运会体操馆（直径120m）和击剑馆（直径 90m）[22,23]。它由中心环、受压圈梁、脊索、谷索、斜拉索、环向拉索、立柱和扇形膜材所组成，见图 4。此后，美国工程师李维进一步开发了双曲抛物面张拉整体穹顶用于 1996 年美国亚特兰大奥运会主体育馆乔治亚穹顶（240m×193m 椭圆形平面）。它与通常的圆形平面索穹顶不同的有四点：一是适用于椭圆形平面，二是以两向斜交的上弦索网代替脊索与谷索，三是要增设中央桁架，四是以平面投影为菱形的膜材代替扇形膜材，见图 5。

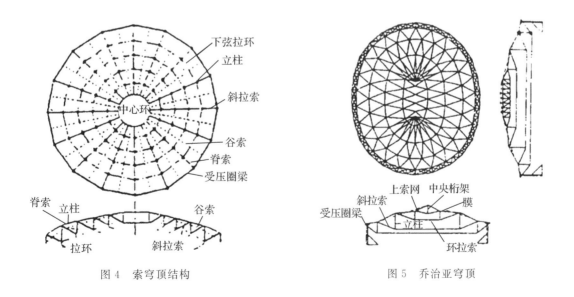

图 4 索穹顶结构   图 5 乔治亚穹顶

至今，包括双曲抛物面张拉整体穹顶在内的索穹顶结构连同台湾在内的世界各地已建成了 10 多幢，然而在我国大陆尚未建成一幢。在技术封锁和缺乏资料的情况下，对索穹顶的理论分析和试验研究方面已做了大量的工作，相信不久在我国大陆亦可建成自行设计与施工的这类新建筑。

5 张弦梁结构

张弦梁结构是最近几年发展起来的大跨度钢结构,它可用于屋盖结构,见图 6a,也可用于楼层结构,见图 6b,还可用于墙体结构(如玻璃幕墙的立柱)。

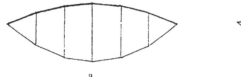 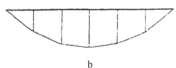

图 6 张弦梁结构

张弦梁结构具有如下一些特点:

(1)张弦梁由下弦索、上弦梁和竖腹杆组成,索为受拉、杆为受压的二力杆,上弦梁为压弯杆件。

(2)通过拉索的张拉力,使竖腹杆产生向上的分力,导致上弦梁产生与外荷载作用下相反的内力和变位,以形成整个张弦梁结构及提高结构刚度,通常情况下下弦索为一向下的圆弧线(实际上为折线多边形)。

(3)屋面应设置支撑体系以保证平面外的稳定性。

(4)宜采用多阶段设计,分析计算时应考虑几何非线性影响。

(5)在支座处宜采取必要的暂时的或永久的构造措施,在预应力及外荷载作用下(指自重等屋面荷载作用下)形成自平衡体系,不产生水平推力。

(6)上弦梁可改用立体桁架,此时张弦梁便成为带拉索的杆系张弦立体桁架,可使结构计算及构造得到简化。

(7)可从平面张弦梁结构发展到空间张弦梁结构,如两向正交正放张弦梁系结构等。

我国大跨度张弦梁结构刚开始采用。有代表性的工程有浦东国际机场航站楼屋盖[24],覆盖进厅(R_1)、办票厅(R_2)、商场(R_3)和登机廊(R_4)四个大空间,其支点的水平投影跨度分别为 49.3m、82.6m、44.4m 和 54.3m,张弦梁的间距为 9m,纵向总长度 R_1、R_2、R_3 为 402m,R_4 为 1374m。张弦梁的上弦由三根平行方管组成,中间主弦为 400×600 焊接方管,两侧副弦为 300×300 方管,由两个冷弯槽钢焊成,主副弦之间由短管相连。腹杆为圆钢管,上弦与腹杆均采用 Q345 国产低合金钢,下弦为国产高强冷拔镀锌钢丝束,外包高密度聚乙烯。结构的平、剖、侧面图详见图 7(这里只给出 R_2、R_4 两跨结构)。斜钢柱为双腹板工字柱,按 18m 轴线间距成对布置,由于与张弦梁不在同一平面,在柱端及张弦梁间设置一宽度为 1700mm、高度为 1300mm 的纵向空间桁架,上下弦及腹杆均为焊接方管。屋面的支撑体系和 R_2 斜柱间的支撑见图 7。为抵抗风吸力,在 R_2 上弦梁的中部灌注水泥砂装配重。为解决 R_4 整个结构系统横向不稳定状态和提高纵向刚度,采用群索设置方案,每 4 根为一组,每轴线处设两组,按空间倒四棱锥布索,每根索的上端锚固于两榀张弦梁之间的加强檩上,下端集中锚固于钢筋混凝土短柱上。下弦锚具及群索上下端锚具见图 8。上海浦东国际机场航站楼张弦梁结构是法国安特鲁的方案,但华东建筑设计院做了很大的改进和创新。第二个有代表性的工程是广州会展中心屋盖,采用了张弦立体桁架结构,跨度为 126.5m,间距 15m,其结构简图如图 9 所示。广州会展中心由日本佐藤株式会社综合设计事务所设计,国内配合合作单位是华南理工大学建筑设计研究院,该工程预计在 2002 年建成使用。

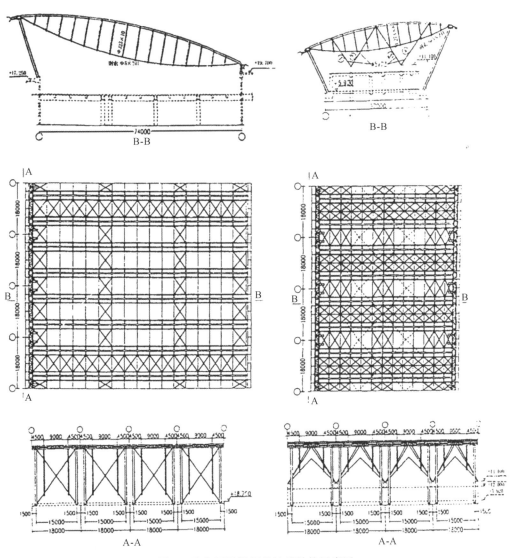

图 7　浦东国际机场航站楼结构示意图

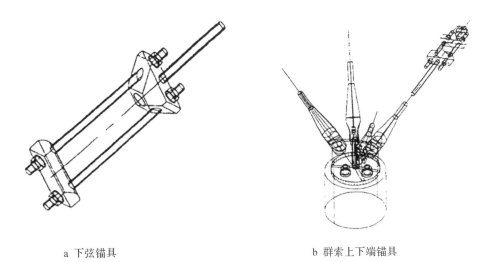

a　下弦锚具　　　　　　　　　b　群索上下端锚具

图 8　浦东国际机场张弦梁结构主要节点示意图

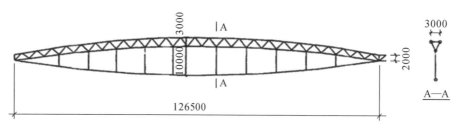

图 9　广州会展中心张弦立体桁架结构

6　弓式预应力钢结构

弓式预应力钢结构是我国科技人员研制、开发的一种矩形截面格构式空间拱结构,连同纵向支撑和系杆檩条,可构成圆柱面屋盖结构[25-27]。现已成为北京智维新弓式结构公司的专利产品,其结构特点如下:

(1)弓式预应力钢结构由两节间的预制拱片、水平系杆、起横膈作用的节点体及串段拉筋组成,两片拱片、上下水平系杆及两片节点体可构成一段矩形截面格构式空间桁架(图 10)。

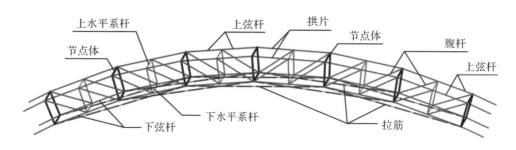

图 10　弓式预应力钢结构局部示意图

(2)拱片、节点体等均可工厂制造,在现场地面施工,逐段组装,空中成形弓式预应力格构式拱结构。

(3)串段拉筋一方面可作为安装用的连接筋,另一方面又可作为预加应力的拉筋。

(4)在弓式预应力格构式拱结构间加上上弦系杆(檩条)及纵向支撑(交叉拉筋),便可形成圆柱面局部双层网壳结构。

(5)要进行施工安装阶段的全过程分析,施工安装阶段可按两端简支逐步增长的曲拱计算(使用阶段通常按两端固定的无铰拱计算)。

(6)可由小(轻)型杆件且无需大型吊装设备,便可组装成大跨度空间结构,施工安装速度快。

(7)可适用于永久性建筑,也可适用于可装拆的临时性建筑。

(8)用钢量与同等跨度的柱面网壳结构相当,但水平推力减小,杆件均采用小型方钢管和圆钢筋,现场无焊接工作量,施工费用低廉,综合技术经济指标较好。

我国已建成的弓形预应力钢结构近 20 幢,其中有代表性的是:乌鲁木齐石化总厂游泳馆,跨度 80m,用钢指标 43.5kg/m²;北京国展中心八号馆,跨度 60m,用钢指标 31.7kg/m²;钓鱼台国宾馆网球馆,跨度 40m,用钢指标 32.5kg/m²;在东北还进行了 165m 跨度弓形预应力钢结构的试拼装。

7　展望

我国在二十世纪末期已研制、开发、采用各种形式的预应力空间钢结构约 80 幢,充分显示出这类结构的众多特点和优势,具有强大的生命力,是空间结构发展的一种新趋向。展望二十一世纪,预应力空间钢结构将会更加发挥其固有的特色和活力,获得更为广阔的应用和发展,在以下几方面是值得引起关注和重视的。

(1)我国目前预应力空间钢结构的最大跨度是正在兴建的广州国际会展中心 126.5m 跨的张弦立体桁架结构,国际上英国伦敦的千禧穹顶已达 325m(域内多点支承)。看来,今后 10 到 20 年内,跨度达到 200～300m 是会比较平常的,最大跨度可达到 400～500m。

(2)应进一步提高和完善在我国已有规模应用的预应力斜拉网格结构、张弦梁结构和弓式预应力钢结构。

(3)要集中力量并与承建单位一起研制、开发和推广索穹顶结构,特别要在最短期间内力争建成我国第一幢索穹顶,实现零的突破。

(4)要研究探索预应力空间钢结构的新材料(如膜材、粗钢棒等)、新结构、新节点、新工艺,在创新上下功夫。

(5)要研究解决预应力空间钢结构中尚未获得圆满解决的前沿课题:风振、抗震、结构控制、结构找形和优化,提供实用的分析设计计算方法及其相应的程序系统。

(6)考虑到预应力大跨度空间钢结构常用于体育场馆、航站楼、会展中心等一类公共性的窗口建筑,代表着一个国家和地区建筑技术水平。因此,结构工程师与建筑师必须密切合作,多种技术学科也必须交叉、配合,这样才能创建具有时代特征的、高科技含量的新颖空间结构。

参考文献

[1] 陆赐麟.预应力空间钢结构的现况和发展[J].空间结构,1995,1(1):1—13.

[2] 董石麟,赵阳,周岱.我国空间钢结构发展中的新技术、新结构[J].土木工程学报,1998,31(6):1—11.

[3] 陆赐麟.现代钢结构的发展与最新成就[C]//现代土木工程的新发展.南京:东南大学出版社,1998:157—166.

[4] 董石麟,邓华.预应力网架结构的简捷计算法及施工张拉全过程分析[J].建筑结构学报,2001,22(2):18—22.

[5] 熊盈川,董石麟,杨永革,等.天津宁河县体育馆的设计与施工[J].建筑结构,1985,(6):19—23.

[6] 陈良春,支连芳,何培斌,等.盆式支承网架的合理应用[J].空间结构,1997,3(1):25—28.

[7] 姚念亮,李良勇,姜国渔,等.螺栓环节点与预应力组合网架的设计研究及应用[J].空间结构,1994,1(1):39—46.

[8] 马克俭,张鑫光,安竹石,等.大跨度组合式预应力扭网壳结构的设计、构造与力学特点[J].空间结构,1994,1(1):55—63.

[9] 尹思明,胡瀛珊,苟克成,等.预应力钢网壳的某些静力性能研究[J].空间结构,1995,1(1):38—47.

[10] 朱坊云,孙建设,陈利华,等.郑州碧波园网架设计与施工[C]//中国土木工程学会.第八届空间结构学术会议论文集,开封,1997:439—443.

[11] 尹思明,胡瀛珊,刘旭,等.西昌铁路分局体育活动中心多次预应力钢网壳空间结构设计与研究[C]//中国土木工程学会.第八届空间结构学术会议论文集,开封,1997:564-569.

[12] 尹士公,樊德润,周友根.宿迁市文体馆双曲抛物面网壳结构设计[C]//中国土木工程学会.第九届空间结构学术会议论文集,萧山,2000:717-721.

[13] 董石麟,罗尧治.斜拉网架的简化计算[J].建筑结构,1993,(8):28-30.

[14] 唐曹明,严慧,董石麟.斜拉网架静力性能的研究[C]//中国土木工程学会.第六届空间结构学术会议论文集,广州,1992:283-289.

[15] 周岱,董石麟,邓华.斜拉网壳结构的动力特性和非线性地震响应分析[C]//中国土木工程学会.第八届空间结构学术会议论文集,开封,1997:208-214.

[16] 赵基达,宋涛,张维岳,等.浙江黄龙体育中心体育场挑篷结构设计分析[C]//中国土木工程学会.第八届空间结构学术会议论文集,开封,1997:139-144.

[17] 崔振亚,张国庆.国家奥林匹克中心综合体育馆屋盖结构设计[J].建筑结构学报,1991,12(1):24-37.

[18] 吴耀华,张勇,陈云波.新加坡港务局(PSA)仓库斜拉网架设计[C]//中国土木工程学会.第七届空间结构学术会议论文集,文登,1994:467-471.

[19] 张宋升,王昆旺,严慧,等.太旧高速公路旧关主线收费站斜拉网壳结构设计[J].空间结构,1997,3(2):40-45.

[20] 焦俭,宋涛,赵基达,等.浙江省黄龙体育中心主体育场挑篷斜拉网壳结构设计[C]//中国土木工程学会.第九届空间结构学术会议论文集,萧山,2000:753-759.

[21] 浙江大学空间结构研究中心.深圳市游泳跳水馆钢结构验算分析报告[R].杭州:浙江大学空间结构研究中心,2000.

[22] 蓝天.空间结构的十年——从中国看世界[C]//中国土木工程学会.第六届空间结构学术会议论文集,广州,1992:1-7.

[23] 刘锡良.现代空间结构的新发展[M]//吕志涛.现代土木工程的新发展.南京:东南大学出版社,1998:139-148.

[24] 汪大绥,张富林,高承勇,等.浦东国际机场(一期工程)航站楼钢结构研究与设计[C]//天津大学.第二届全国现代结构工程学术研讨会论文集,马鞍山,2002:45-52.

[25] 刘志伟,李建国.一种创造性的空间结构——弓式支架的研究与应用[C]//建筑钢结构应用技术论文集,1995:99-107.

[26] 吴金志,张毅刚,沈世钊.装配式预应力方钢管结构静力性能研究[C]//中国钢结构协会.面向21世纪的空间结构发展战略研讨会论文集,厦门,1999:198-205.

[27] 张鹏军,高维元,刘志伟.弓式支架结构的设计研究及其在北京国际展览中心工程中的应用[C]//中国土木工程学会.第九届空间结构学术会议论文集,萧山,2000:782-786.

6 论空间结构的形式和分类*

摘　要：当前空间结构的发展方兴未艾、极具活力,新的空间结构形式不断涌现,传统的空间结构分类方法有时难以适应新的发展要求。本文提出一种以空间结构组成的基本单元进行分类的新的空间结构分类方法。组成空间结构的基本单元可归纳为板壳单元、梁单元、杆单元、索单元和膜单元等五种。根据国内外已建的空间结构工程,总结了 33 种具体的空间结构形式,它们均可由某一种单元或某两种、三种单元构成。文中还结合近年来空间结构发展中出现的一些新结构,对新的分类方法做了说明与讨论。

关键词：空间结构；结构形式；分类；结构单元

1 引　言

空间结构是一种具有三维空间形体,且在荷载作用下具有三维受力特性的结构,具有受力合理、自重轻、造价低以及结构形式多样等特点。近 20 年来,我国的大跨度空间结构得到了迅速的发展,结构形式不断创新,并具有我国自己的特色。形态各异的空间结构在体育场馆、展览中心、航站楼、影剧院、车站、大型商场、飞机库、工厂车间、煤棚与仓库等建筑中得到了广泛的应用。

当前,空间结构的发展方兴未艾、极具活力,新的空间结构形式不断涌现。长期以来对空间结构的形式与分类并没有统一的标准。习惯上将空间结构分为薄壳结构、网架结构、网壳结构、悬索结构和膜结构等五大类,但这一分类难以涵盖近年来空间结构发展中出现的新结构,特别是目前发展势头强劲的各类杂交空间结构或组合空间结构。也有的文献[1]根据结构刚性差异将空间结构分为刚性空间结构、柔性空间结构和组合空间结构。但将所有由不同结构单元或不同材料组合而成的空间结构均列为杂交结构或组合结构(习惯上由不同单元构成的结构称杂交结构,不同材料构成的称组合结构)显得过于笼统。本文试图从一个新的角度,即空间结构的基本组成单元,对空间结构的形式与分类进行讨论。

本文首先对习惯上的五大空间结构与三大空间结构做简要说明,然后提出空间结构按其组成的基本单元进行分类的方法,并归纳了 33 种具体的空间结构形式,同时结合国内外近年来空间结构发展中出现的一些新结构,对新的分类方法做了说明与讨论。

＊　本文刊登于：董石麟,赵阳.论空间结构的形式和分类[J].土木工程学报,2004,37(1):7—12.

2 五大空间结构与三大空间结构

习惯上,通常将空间结构按形式分为五大类,即薄壳结构(包括折板结构)、网架结构、网壳结构、悬索结构和膜结构,称为五大空间结构,如图 1 所示。其中,膜结构可分为充气膜结构和支承膜结构(图 1),前者又可分为气囊式膜结构(囊中气压为 3~7 标准大气压,称高压体系)和气承式膜结构(膜内气压 1.003 标准大气压左右,称低压体系),后者又可分为刚性支承膜结构(支承在刚度较大的如拱、梁、桁架、网架等支承结构上,又称骨架式膜结构)和柔性支承膜结构(支承在脊索、谷索、边索、桅杆等柔度较大的支承结构上,又称张拉式膜结构)。

在五大空间结构的基础上,平板型的网架结构和曲面型的网壳结构可合并总称为网格结构(新的《土木工程名词》已正式推荐采用"空间构架"这一名词[2],相当于英文的 Space Frame,这里仍根据习惯称为网格结构);而悬索结构与膜结构也可合并总称为张拉结构。这样,所有的空间结构又可归纳为三大空间结构,即薄壳结构、网格结构和张拉结构,见图 1。

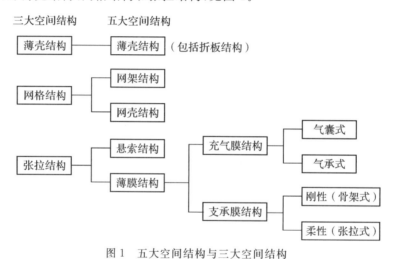

图 1　五大空间结构与三大空间结构

然而,以上分类方法难以涵盖近年来空间结构发展中出现的新结构,也难以充分反映新结构的结构构成及其特点。例如树状结构,构成简单明确,是典型的三维受力的空间结构,国外有些文献称之为直接传力结构,但显然不属于上述五大空间结构的任一类;又如张弦梁结构,由上弦刚性构件、下弦高强度拉索以及连接两者的撑杆组成,既可以理解成用刚性构件替换索桁架的上弦索而产生的结构体系,也可理解为用拉索替换普通桁架的受拉下弦杆而形成的结构体系,还可以理解为体外布索的预应力梁或桁架,而采用上述分类方法难以准确反映结构的构成及其特点。

3 按空间结构组成的基本单元分类

组成空间结构的基本单元可归纳为五种,即板壳单元、梁单元、杆单元、索单元和膜单元。从结构理论的观点看,一种单元或多种单元的集成便可构成各种具体形式的空间结构。根据国内外已建的空间结构工程,我们归纳出了 33 种具体的空间结构形式,列于图 2。这些空间结构中,既包含了传统的薄壳结构、悬索结构,也包含了体现空间结构领域新成果的新型结构形式,如索穹顶结构、张弦梁结构。不难发现,这 33 种具体的空间结构,都可以用图 2 所示的某一种单元或某两种、三种单元集合构成。

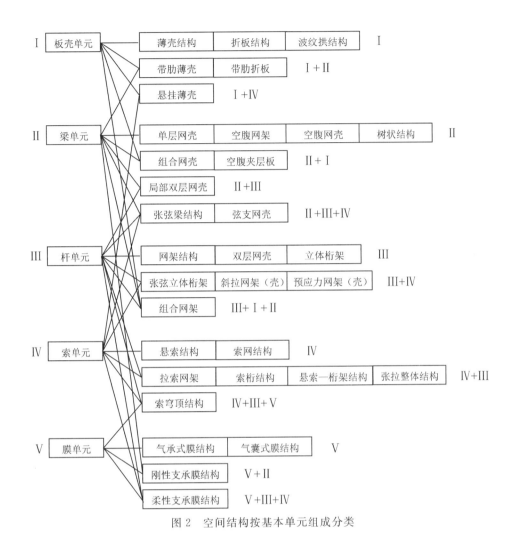

图 2 空间结构按基本单元组成分类

4 对空间结构按基本单元分类的说明与讨论

关于空间结构按基本单元分类,对照图 2 还可做如下诠释和阐述。

(1)图 2 所归纳的 33 种空间结构中,除支承膜结构外,没有包括边缘支承结构本身(如拱、横隔、环梁、边梁、立柱等)的基本结构单元。这样是为了使分类意义更加明确。如对于圆柱面薄壳,边梁往往是必要的结构构件,但从壳体本身看仍属于光面壳,边梁的作用显然不同于带肋薄壳中的加劲肋,因此若分类中包含考虑边梁的梁单元,反而容易造成分类的混乱。

(2)有些结构由相同的两种或三种单元所构成,在图 2 中以集成该结构的主要单元将其列入相应的位置。如带肋薄壳和组合网壳均由板壳单元和梁单元集成,带肋薄壳是在光面壳体的基础上设置加劲肋而形成,而组合网壳通常认为是在普通网壳的基础上考虑其上部屋面板的共同工作而形成,因此将带肋薄壳列入板壳单元为主的结构,组合网壳则列入梁单元为主的结构。

(3)随着计算机的广泛应用和现代计算技术的不断发展,空间结构的计算分析主要依靠计算机、采用有限单元法进行。对空间结构按其组成的基本单元进行分类,便于把结构的分类和结构分析的计算方法及分析程序结合起来。如对网架结构的精确分析,只要采用单一的杆单元的结构计算程序即可;而对由下弦杆、腹杆和混凝土带肋板组合而成的组合网架结构,则需要采用包含杆单元、板壳单元、梁单元三种单元的组合结构计算程序才能进行精确分析。余可类推。

(4)薄壳结构从其构成单元看包括光面壳和带肋壳。如北京火车站大厅、北京网球馆采用的光面的双曲扁壳结构,不同于无锡702所试验大厅的无脚手装配式带肋球面薄壳。前者只由一种板壳单元集成,而后者需由板壳单元和梁单元两种单元集成。

(5)新颁布的我国《网壳结构技术规程》[3]明确规定,单层网壳应采用刚接节点,双层网壳可采用铰接节点。也就是说,同是网壳结构,单层网壳应由梁单元集成,而双层网壳可由杆单元集成。因此,按空间结构组成的基本单元分类,单、双层网壳分属两种结构。而在双层网壳基础上抽空(或在单层网壳基础上加强)而形成的局部双层网壳,则需由梁、杆两种单元集成,必要时还应采用一端刚接、一端铰接的梁单元。

(6)空腹网壳是指不设斜腹杆的双层网壳结构,这类结构可由梁单元集成。椭圆形平面尺寸142m×212m的国家大剧院屋盖便是我国目前唯一的、也是跨度最大的空腹网壳结构。图3所示为该网壳结构具有12500个节点的计算模型图[4]。

(7)树状结构属于仿生结构的一种,是近年来有所采用的新结构。它实际上是一种多级分枝的立柱结构,柱干和枝干都可由梁单元集成。深圳市文化中心前大厅采用了粗枝、中枝、端枝三级分枝的树状结构;国外的一个代表性工程是德国一高速公路收费站采用二级分枝的树状结构(见图4)。

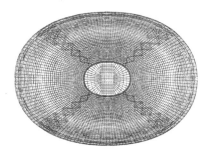 

图3　国家大剧院空腹网壳计算模型图　　　　　图4　二级分枝的树状结构

(8)张弦梁结构是近年发展起来的一种大跨度空间结构形式,其上弦为承受弯矩和压力的梁,下弦为高强度拉索,中间设撑杆。这是一种比较简单的预应力结构,却是由梁单元、杆单元及索单元三种单元集成的空间结构。上海浦东国际机场航站楼82.6m跨度的办票厅屋盖,采用了我国目前跨度最大的张弦梁结构。

若将上弦梁改为立体桁架,张弦梁结构便成为带拉索的杆系张弦立体桁架,可使结构计算及构造得到简化。从其组成单元看,张弦桁架可由杆和索两类单元集成。2002年建成的广州国际会议展览中心就采用了上弦为倒三角形断面钢管立体桁架的张弦桁架结构[5],跨度达126.6m(图5)。黑龙江国际会议展览体育中心主馆屋盖结构也采用了类似的张弦立体桁架,跨度达128m。

(9)将现代预应力技术引入空间网格结构便可构成预应力网格结构,对于网壳,通常的方法是在网壳的周边设置预应力索;而将斜拉桥技术及预应力技术综合应用到网格结构形成的杂交空间结构则为斜拉网格结构[6]。单层网壳结构在工程中十分常见,但实际工程中为避免应力过于集中,预应力网壳和斜拉网壳都采用了双层网壳,故在图2中它们分别并入了由杆单元和索单元构成的预应力网架(壳)和斜拉网架(壳)这两种空间结构中。

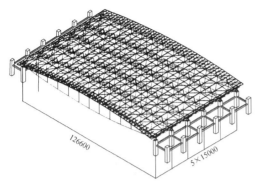

图 5 广州国际会议展览中心张弦立体桁架

图 6 深圳市民中心博物馆拉索网架

(10)拉索网架的上弦、下弦和斜杆均由预应力索或圆钢构成,只有竖杆采用铰接的劲性杆。通过预应力的施加,外荷载作用下的受力状态与预应力状态叠加后,网架中的大部分杆件处于受拉状态,杆件可按拉杆设计得比较纤细,结构显得十分轻巧。因此这是一种以索单元为主、必须通过施加预应力才能成形的网架结构。平面尺寸 30m×54m 的深圳市民中心博物馆采光顶[7],在我国率先采用了拉索网架(图 6)。该结构中,上下弦均为拉索,斜腹杆为圆钢拉条,只有竖腹杆为可考虑拉压的一般杆件。

(11)悬索-桁架结构和索桁结构是比较容易混淆的两种均由索、杆单元集成的空间结构。悬索-桁架结构实际上是一种横向加劲的单层悬索结构体系,在平行布置的单层悬索上设置与索方向垂直的横向桁架,并通过桁架两端强制支座向下变位的办法使悬索产生预应力并保持其稳定性(见图 7)。也有文献称之为横向加劲单曲悬索结构。长六边形平面尺寸 72m×53m 的安徽体育馆就采用了这种结构[8],1989 年建成。

而索桁结构实际上是一种双层悬索体系,它上、下弦均为索,其中下凹的称承重索,上凸的称稳定索,索间的撑杆是劲性杆或构成纵向桁架。承重索和稳定索可以位于同一竖向平面内,也可以交错布置。由于这类结构的外形和受力特点类似于承受横向荷载的传统平面桁架,因此也称索桁架[9]。1986 年建成的吉林滑冰馆在我国最早采用了这种索桁结构(图 8),平面尺寸 59m×77m,上、下弦索错开设置。索桁结构还可进一步拓展为大型环状的空间索桁结构体系[10],特别适用于大型体育场的挑篷结构。如韩国釜山体育场,其各榀沿径向布置的索桁架的外端支承在直径 228m 的圆形环梁上,并由 48 根 λ 形混凝土柱支承;索桁架的内端与 152m×180m 椭圆形平面的上、下内环索相连;从而形成中间大开口的环状结构。该体育场屋面采用膜材,1999 年建成,图 9a 所示为其外景。其中的单榀索桁架由上弦索、下弦索、垂直索和立柱(撑杆)组成,见图 9b。

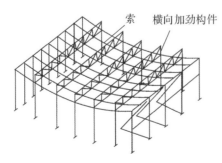

图 7 悬索-桁架屋盖结构体系示意图

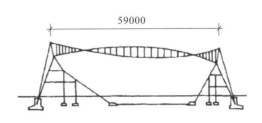

图 8 吉林滑冰馆索桁结构

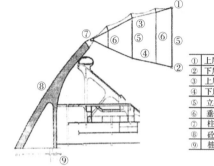

①	上层环向索
②	下层环向索
③	上层径向索
④	下层径向索
⑤	立柱
⑥	垂直索
⑦	柱
⑧	砼柱
⑨	桩基

a 外景   b 单榀索桁架示意图

图 9　韩国釜山体育场

(12)图 2 所列的 33 种空间结构又可分成五大类:第一类是由板壳单元或以板壳单元为主其他单元为辅集成的空间结构 3+3 共 6 种;第二类是由梁单元或以梁单元为主其他单元为辅集成的空间结构 4+5 共 9 种;第三类是由杆单元或以杆单元为主其他单元为辅集成的空间结构 3+4 共 7 种;第四类是由索单元或以索单元为主其他单元为辅集成的空间结构 2+5 共 7 种;第五类是由膜单元或以膜单元为主其他单元为辅集成的空间结构 2+2 共 4 种。这五类空间结构与图 1 所示的薄壳结构、网架结构、网壳结构、悬索结构和膜结构五大空间结构,在一定程度上有相关性和对应性。

(13)通过图 2 的连线可以知道,杆单元是五种单元中最活跃的单元。在所有 33 种空间结构中,16 种结构含有杆单元;其次是 14 种结构含有索单元,13 种结构含有梁单元;再其次是 9 种结构含有板壳单元,5 种含有膜单元。

(14)图 2 还给人们以启迪,图中可以增加新的连接线,补缺、伸长右侧的各个空位,可进一步发展、开拓、创造新的空间结构。

5　结语

本文提出了空间结构按其组成的基本单元进行分类的方法,为空间结构的分类提供了一条新的思路。根据国内外已建的空间结构工程,归纳了 33 种具体的空间结构形式,这些结构均可由板壳单元、梁单元、杆单元、索单元及膜单元五种单元中的某一种单元或某两种、三种单元构成。这一分类方法具有两个明显的特性。一是实用性,因为这一分类方法与结构分析的计算方法与计算机程序有机结合起来,在计算机应用日益广泛、空间结构分析主要依靠计算机完成的今天,这一特性无疑具有积极的意义。另一个特性是开放性,任何新的空间结构体系均可在这一分类的框架中找到适当的位置,同时该分类也启发人们去不断创新、开发出新的空间结构形式。

参考文献

[1] 肖炽,李维滨,马少华.空间结构设计和施工[M].南京:东南大学出版社,1999.

[2] 蓝天,刘枫.中国空间结构的二十年[C]//中国土木工程学会.第十届空间结构学术会议论文集,北京,2002:1—12.

[3] 中华人民共和国建设部.网壳结构技术规程:JGJ 61—2003[S].北京:中国建筑工业出版社,2003.

[4] 浙江大学空间结构研究中心.国家大剧院网壳结构分析计算初步报告[R].杭州:浙江大学空间结

构研究中心 2000.

[5] 陈荣毅,董石麟.广州国际会议展览中心展览大厅钢屋盖设计[J].空间结构,2002,8(3):29—34.

[6] 董石麟.预应力大跨度空间钢结构的应用与展望[J].空间结构,2001,7(4):3—14.

[7] 姚裕昌,冯若强,张桂先,等.玻璃采光顶在大跨度屋盖中应用的实践与探索[C]//中国土木工程学会.第十届空间结构学术会议论文集,北京,2002:788—796.

[8] 谢永铸,陈其祖.安徽省体育馆"索—桁架"组合结构屋盖设计与施工[J].建筑结构学报,1989,10(6):71—79.

[9] 沈世钊,徐崇宝,赵臣.悬索结构设计[M].北京:中国建筑工业出版社,1997.

[10] 冯庆兴,董石麟,邓华.大跨度环形空腹索桁结构体系[J].空间结构,2003,9(1):55—59.

7 大跨度空间结构的工程实践与学科发展*

摘　要：本文系统总结了近年来我国空间结构的工程实践与学科发展的进展、趋势及新的科学问题，主要内容包括：空间结构形体的优化、深化、改进与创新；空间结构节点的破坏机理、弹塑性分析与极限承载力；空间结构向超大跨度结构发展；从较重的屋盖结构体系向轻型的屋盖结构体系发展，从刚性结构体系向柔性结构体系发展；索穹顶结构的研究与开发；大型空间结构施工全过程模拟与施工方法创新；从固定屋盖结构向可开启结构发展；空间结构从单一的设计技术向制造信息化集成技术发展；空间结构理论研究发展；空间结构的健康监测和加固技术开发应用。最后提出了为进一步促进我国大跨度空间结构的应用发展而应当研究、深化和开发的学科课题。

关键词：空间结构；综述；工程实践；学科发展

1　引言

空间结构的技术水平是一个国家土木建筑业水平的重要衡量标准，也是一个国家综合国力的体现。因此世界各国对空间结构技术的发展一直给予高度的重视。自改革开放的 20 多年来，随着我国国民经济的高速发展和综合国力的提高，我国空间结构的技术水平也得到了长足的进步，正赶超国际先进水平。大跨度空间结构的社会需求和工程应用逐年增加，空间结构在各种大型体育场馆、剧院、会议展览中心、机场候机楼、各类工业厂房等建筑中得到了广泛的应用。特别是近几年，随着北京 2008 年申奥成功、上海申办 2010 世界博览会等国家重大社会经济活动的展开，我国将在近 10 年内建设一大批高标准、高规格的体育场馆、会议展览馆、机场航站楼等社会公共建筑，这将给我国空间结构的进一步发展带来良好的契机，同时也对我国空间结构技术水平提出了更高的要求。

当前，空间结构的发展方兴未艾、极具活力，新的空间结构形式不断涌现[1-3]。习惯上，通常将空间结构按形式分为五大类，即薄壳结构（包括折板结构）、网壳结构、网架结构、悬索结构和膜结构（包括充气膜结构和支承膜结构）。但这种分类方法难以涵盖近年来空间结构发展中出现的新结构，也难以充分反映新结构的结构成及其特点，如张弦梁（张弦立体桁架）结构、树状结构、各种形式的张拉整体结构等很难归属到哪一类。最近我们提出了空间结构按其组成的基本单元进行分类的方法[4]。组成空间结构的基本单元包括板壳单元、梁单元、杆单元、索单元和膜单元。从结构理论的观点看，一

---

*　本文刊登于：董石麟，罗尧治，赵阳.大跨度空间结构的工程实践与学科发展[C]//中国土木工程学会.第十一届空间结构学术会议论文集，南京，2005：1—11.

后又刊登于期刊：董石麟，罗尧治，赵阳.大跨度空间结构的工程实践与学科发展[J].空间结构，2005，11(4)：3—10，15.

种单元或多种单元的集成便可构成各种具体形式的空间结构。根据国内外已建的空间结构工程,可归纳出 33 种空间结构形式,见图 1。这些空间结构中,既包含了传统的薄壳结构、悬索结构,也包含了体现空间结构领域新成果的新型结构形式,如索穹顶结构、张弦梁结构。不难发现,这 33 种空间结构都可用图 1 所示的某一种单元或某两种、三种单元集合构成。这样的分类方法具有实用性、包容性和开放性,它与结构分析的计算方法与计算机程序有机结合起来,任何新的空间结构体系均可在这一分类的框架中找到适当的位置,同时该分类也启发人们去不断创新、开发出新的空间结构形式。

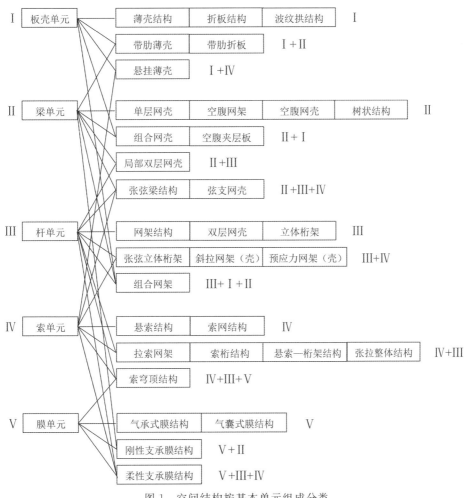

图 1　空间结构按基本单元组成分类

2　空间结构形体的优化、深化、改进和创新

空间结构的工程应用,首先要考虑结构形体的安全性、合理性和先进性。已经选定的结构形体也需要优化、深化、改进和创新。

组合网架是一种可充分发挥混凝土受压、钢材受拉的合理的组合结构[5]。我国在 20 世纪 80 年代初,与国际上同步开始研究和应用组合网架,至今已建成 50 余幢组合网架结构,并成功地用于屋盖和多层、高层建筑的楼层,成为世界上应用最多的国家,研究成果和实践经验纳入我国的网架结构设计和施工规程。

由索、杆、梁组成的预应力张弦梁结构是近年发展起来的一种大跨度空间结构形式,其上弦为承受弯矩和压力的梁,下弦为高强度拉索,中间设撑杆。若将上弦梁改为立体桁架,张弦梁结构便成为带拉索的杆系结构,即由索和杆组成的预应力张弦立体桁架结构,可使构造及结构分析得到简化。张弦梁及张弦桁架结构原是国外提出的新型结构方案,通过我国科技人员与工程技术人员的引进、消化和提高,已在工程中得到成功应用。上海浦东国际机场航站楼82.6m跨度的办票厅屋盖采用了我国目前跨度最大的张弦梁结构[6],广州国际会议展览中心则采用了上弦为倒三角形断面钢管立体桁架的张弦桁架结构[7],跨度达126.6m(图2)。黑龙江国际会议展览体育中心主馆屋盖结构也采用了类似的张弦立体桁架,跨度达128m。

国家大剧院146m×212m的屋盖采用了不设斜腹杆的双层网壳结构,可称为空腹网壳结构,图3所示为该网壳结构具有12500个节点的计算模型图。国外设计师提出的原设计方案中网壳杆件为肋环型布置,我们通过分析、优化,提出应增设交叉支撑杆件(见图3)以增加整体结构的稳定性和抗扭刚度,最终法国工程师接受了这个建议。

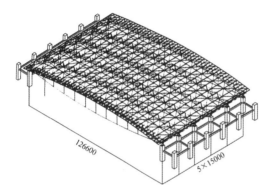

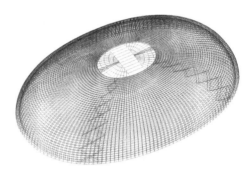

图2　广州国际会议展览中心张弦立体桁架　　　图3　国家大剧院空腹网壳计算模型图

2008年奥运会国家鸟巢体育场,瑞士和英国工程师联合提出的结构方案(图4a)也不尽合理,我们经分析研究,在多次评审和结构论证会议上提出了改进方案(图4b),改进方案在保持结构外形基本不变的前提下,可有效改善网架开孔长边的计算长度过长以及开孔短边处杆件过于密集、应力高度集中的问题。

a　原设计方案　　　　　　b　建议修改方案

图4　国家体育场鸟巢网架平面布置图

关于国家游泳中心水立方,澳大利亚 ARUP 公司的工程师创造性地提出了基于泡沫理论的多面体空间刚架结构[8],这是一种全新的仅由梁单元组成的第 34 种空间结构。其结构形体合理的一面是在结构内部只有三种节点和四种杆件长度,每个节点仅有四根杆件相交,与普通网架结构相比,交于节点的杆件数是最少的。我们提出了新型多面体空间刚架结构中的基本单元——类 Weaire-Phelan 多面体单元(图 5a)的概念,并通过图形解析和数学解析两种方法深入研究基本单元的几何构成[9],同时研究提出了整体结构几何构成的优化准则[10],从而为建立各种高效合理、同时充分满足建筑效果的多面体刚架结构提供了理论依据与可行方法。另一方面,多面体空间刚架结构的模型建立可以采用基于通用图形软件(如 AutoCAD、Microstation、3DMAX 等)的实体作图法和基于数学解析的嵌填式建模两种方法。由于作图法对微机配置要求很高、人机交互需耗费大量时间(外方工程师完成水立方建模需数天时间),对于大型结构甚至无法实现,我们提出了效率极高的嵌填式建模方法[11]。利用自行编制的嵌填法程序,在 CPU1.8G、内存 512M 的微机上仅用 8 分钟即可完成水立方的整体建模(图 5b)。

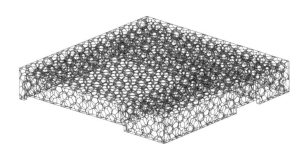

a 基本单元组合　　　　　　　　　　　　　　b 结构三维图

图 5　国家游泳中心水立方多面体空间刚架

3　空间结构节点的破坏机理、弹塑性分析和极限承载力

空间结构之所以能三维受力、空间作用,节点起着关键的作用。因此,节点形式、构造、静动力受力性能、制作工艺在空间结构学科中占有非常重要的地位。目前,常用的空间结构节点体系有螺栓球节点、焊接空心球节点、相贯节点(包括圆管和方管,空间 T 形、Y 形、K 形等)、形式各异的铸钢节点、构造轻巧的索膜结构张拉节点等。对各类新型节点的开发及其设计计算方法的研究一直是空间结构的研究重点,而即使对于使用广泛、研究比较成熟的节点,也会随着应用范围的扩展而遇到新的问题,需要更深入的研究。

如国内在空间网格结构中已得到多年广泛应用的焊接空心球节点,国内已进行了大量的理论分析和试验研究,我国规程也给出了设计计算公式。但水立方结构的几何构成决定了其绝大部分节点应保证刚性连接,其杆件除轴力外还承受相当大的弯矩,部分杆件弯矩产生的应力达总应力的80%以上,而目前对承受轴力与弯矩共同作用的焊接球节点的研究尚属空白。此外,水立方中的部分节点还需要连接方钢管及矩形钢管,对配合方钢管、矩形钢管的焊接空心球节点,即使对仅承受轴力作用的简单情形目前也无相关研究,更缺少可供实际工程设计采用的实用计算方法。为配合水立方工程的需要,我们对焊接空心球节点进行了系统研究以填补这方面的空白[12-14],通过有限元分析、试验研究和简化理论解三条途径,系统研究轴力、弯矩以及两者共同作用下的焊接空心球节点(分别配合圆钢管、方钢管和矩形钢管)的受力性能和破坏机理,最终建立可供实际工程直接采用的节点承载力实用计算方法。图 6 给出了部分试验和有限元分析结果。这些研究成果不仅可为

"水立方"结构节点的可靠设计提供有力保证,也丰富了空间结构节点的设计理论,为相关规范规程的修订提供依据。

图 6　轴力与弯矩共同作用下焊接球节点的试验研究与有限元分析

这方面尚有许多工作要做,我们认为,对一些典型的空间结构节点体系,应对其破坏机理、弹塑性分析和极限承载力、疲劳强度做深入系统的研究,提出实用计算方法和计算公式。

4　空间结构向超大跨度结构发展

近年来,已建或在建的超过百米跨度的建筑愈来愈多,各种形式的空间结构向超大跨度结构发展,如国家"鸟巢"体育场微弯型网架(340m×290m)、国家大剧院双层空腹网壳(212m×146m)、广州会展中心张弦立体桁架(126.6m)、广州新白云机场立体管桁结构(180m)、南京奥体中心体育场大拱(360m)、国家游泳中心"水立方"多面体空间刚架(177m)等。特别值得一提的是为迎接 2008 年奥运会而进行扩建的北京首都国际机场新航站楼(图 7a)[15],总长达 2500m,主体建筑包括 T3A 和 T3B 两座航站楼和一座地面交通中心。图 7b 所示为 T3A 结构平面图,平面呈"人"形,分为主体部分和东、西指廊三部分,结构长 950m(其中指廊部分长 412m,主体部分长 538m),宽 750m,屋顶结构采用微弯型抽空三角锥网架Ⅰ型。这些超大跨度工程往往是标志性工程,投资巨大、社会影响大,需要进行技术攻关、技术创新,如多维多点输入的抗震分析、温度应力对结构的影响、施工安装精度、地基不均匀沉降等。

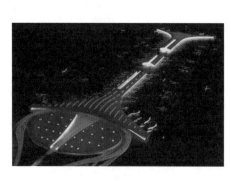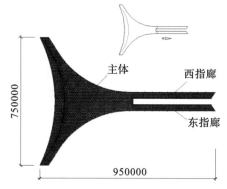

a　鸟瞰效果图　　　　　　　　　　　b T3A平面图

图 7　北京首都国际机场新航站楼

5 从较重的屋盖向轻型屋盖发展,从刚性结构体系向柔性结构体系发展

近 20 年来,空间结构技术水平发展迅速。由早期的薄壳结构、网架结构、网壳结构和悬索结构发展到各种组合结构(如组合网格结构)、杂交结构(如斜拉网格结构、预应力网格结构等)和以索膜等柔性材料为特征的新型预张力结构;由单一的结构形式发展到各种结构形式的合理组合;由早年较重的屋盖结构体系向更加轻型的屋盖结构体系发展;由传统的刚性结构发展到半刚性结构和柔性结构。

在空间结构研究领域,包括索杆张力结构等新型结构体系的研究开发和工程应用近年来一直是国际、国内空间结构界研究的重点,并应用在一些重要的国际盛会,这些新型结构体系包括:空间张弦梁结构、弦支网壳结构、空腹索桁结构(图 8a)、索杆全张力结构等。这些新型结构在国内的工程应用尚属凤毛麟角,有些尚属空白,但研究工作已经起步并取得了显著的成果,如文献[16—20]。图 8b 所示为一外径 5m、内径 3.8m×3.2m 带椭圆开孔的葵花型空腹索桁结构模型试验的照片。这些结构采用轻质高强的现代材料——拉索、膜和压杆,使结构自重大大减轻,三者的有机结合使它成为受力特性合理、结构效率极高的体系。而作为索和膜,它们是几乎没有自然刚度的,所以这类结构的几何形状和结构刚度必须由体系内部施加的预应力来提供,由此产生了全新的施工工艺。可以说这些新型结构体系集新材料、新技术、新工艺和高效率于一身,是先进建筑科学技术水平的反映。

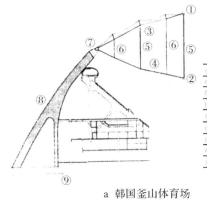

①	上层环向索
②	下层环向索
③	上层径向索
④	下层径向索
⑤	立柱
⑥	垂直索
⑦	柱
⑧	砼柱
⑨	桩基

a 韩国釜山体育场

b 模型试验

图 8 空腹索桁结构

6 索穹顶结构的研究与开发

索穹顶结构是根据 Fuller 的张拉整体结构思想开发的一种由索、杆、膜组合而成的新型预张力结构。作为一种受力合理、结构效率高的结构体系,它同时集新材料、新技术、新工艺和高效率于一身,被认为是代表当前空间结构发展最高水平的结构形式。上面提到的 33 种空间结构中,在我国唯一没有工程实践的便是索穹顶结构。目前世界上共已建成 10 多幢索穹顶,基本上都采用了美国的专利技术,如 1986 年汉城亚运会的体操馆和击剑馆(其中 120m 直径的体操馆用钢指标仅 13.5kg/m²)、1996 年亚特兰大奥运会主赛馆乔治亚穹顶(193m×240m,用钢指标也不足 30kg/m²),在我国台湾桃源县 1994 年也建成一幢直径 120m 的索穹顶表演场。由于索穹顶结构非常轻、柔,用钢指标优异,造型美观,一直受到国内外学术界和工程界的重视。我国高校和科研单位对索穹顶的结构体系和受力性能已做了多年的研究,如文献[21—24],主要包括结构体系的改良和创新、结构体系判定、自应力模态确

定、有限元分析、受力性能、施工过程分析以及试验研究等。

肋环型(Geiger 型)索穹顶和葵花型(Levy 型)索穹顶是国外索穹顶结构应用的两种形式。我们在综合考虑结构构造、几何拓扑和受力机理的基础上尝试性地提出了几种新型索穹顶结构形式[25]：Kiewitt 型索穹顶(图 9a)、肋环型和葵花型重叠式组合的混合 I 型索穹顶(图 9b)、Kiewitt 型和葵花型内外式组合的混合 II 型索穹顶(图 9c)和鸟巢型索穹顶(图 9d)。这些新型索穹顶形式的提出丰富了现有索穹顶结构的形式，使这一结构更具生命力。此外，我们还采用节点平衡理论精确推导了肋环型索穹顶和葵花型索穹顶的初始预应力分布的快速计算法，并编制了实用计算用表[26,27]。图 10 所示则为一 5m 直径的葵花型索穹顶结构模型试验的照片，对该模型分别进行了静力试验和施工张拉试验。经过多年研究，我们对索穹顶的初始态、预应力态和荷载态均有了比较深入的了解，可以说解密了美国的专利技术，原希望 2008 年奥运会能建成我国自己的大跨度索穹顶结构，以填补我国的空白，现在不可能了，只能寄希望于今后的体育场馆建设。

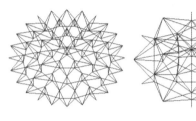 

| a Kiewitt型索穹顶 | b 混合I型索穹顶 | c 混合II型索穹顶 | d 鸟巢型索穹顶 |

图 9 索穹顶结构的新形式

图 10 葵花型索穹顶模型试验

7 大型空间结构施工全过程模拟与施工方法创新

大型空间结构建造过程中施工技术是至关重要的，合理的施工方案和科学分析才能保证结构的安全、经济。但是，每年因施工方法不当酿成事故的工程不少，因方案选择不合理造成巨大的浪费，因技术手段不足，大量工程没有建立在科学的分析基础上，不可避免地造成结构受力影响，产生严重隐患。

大型空间结构的建造过程的科学分析、模拟计算具有相当的难度，原因在于结构本身的复杂性、施工过程中因素众多又相互关联。因此，研制开发一套科学先进的大型空间结构施工技术及建造全过程计算机分析模拟系统，使大型空间结构的施工建造过程建立在科学定量分析、虚拟现实的基础上，以确保施工过程的工艺先进、安全可靠、经济合理。

另外，随着空间结构结构形式越来越多样化，跨度越来越大，空间结构的施工方法需要创新，施工技术需要得到发展。国内跨度最大的河南省鸭河口电厂储煤库柱面网壳的施工中采用"折叠展开式"计算机同步控制整体提升施工技术(图 11)[28,29]。这是一种全新的施工方法。基本思想是将网壳去掉部分杆件,使一个稳定的结构变成一个可以运动的机构,将网壳结构在地面折叠起来,最大限度地降低安装高度;然后将折叠的网壳提升到设计高度;最后补缺未安装的构件,机构又变成稳定的结构。整个施工过程是机构到结构的变化过程。这种新型施工方法相对于传统施工方法,优点是显而易见的。

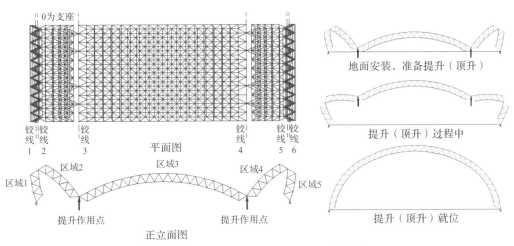

图 11 网壳结构"折叠展开式"施工新技术

8 从固定屋盖结构向可开启结构发展

传统的建筑物往往是固定的屋盖结构,但随着社会的物质生活水平不断提高的需求,空间结构在功能上提出更高的要求,可开启结构正在得到重视和应用[30]。可开启结构在国际上的一些大型工程中已有所应用,2008 年北京奥运会国家体育场原设计方案采用了可开启屋盖。目前国内正在施工中的大型可开启结构有:江苏南通体育中心体育场[31](图 12)、上海旗忠森林体育城网球中心(图 13)、杭州黄龙体育中心网球场。可开启结构是集结构、机械传动、控制于一体的复杂的系统工程。

图 12 南通体育中心体育场

图 13 上海旗忠森林体育城网球中心

9 从单一的设计技术向制造信息化集成技术发展

空间结构是一种特殊的工程产品,与机械、机电行业有着密切的关系。空间结构制作加工过程包括设计、翻样、材料采购、下料、加工等多个工序。据估计,全国与空间结构有关的加工制造企业超过300家。过去通过CAD技术的广泛应用,空间结构的设计手段有了很大进步。随着信息化技术和先进数控设备的应用,空间结构产品需要信息技术、设计技术、制造技术、管理技术的综合应用,提高生产效率和实现定制化策略,从而提高空间结构产品的创新能力和企业的技术和管理水平[32]。

10 空间结构理论研究发展

早期的研究更多地偏重于静力作用下的结构形状和分析方法,以及如拟板法、差分法等简化方法研究。之后,逐渐从静力拓展到动力,从线性到非线性,以及网壳结构的静动力稳定性[33-35]、索膜结构找形分析[36-38]、柔性结构的风振响应[39-41]等。上述关键理论问题得到了深入研究,取得了大量的研究成果,我国空间结构理论研究总体水平上进入国际先进行列。当前,通过国际空间结构学术交流和学习,关于机构理论、形态优化的研究也将成为今后空间结构理论领域中的重要方向。同时,随着空间结构体系和形式的不断创新,空间结构的理论将在深度和广度不断发展。

11 大跨度空间结构的健康检测和加固技术开发与应用

大跨度空间结构大多为关系国计民生的公共性建筑,同时也是标志性建筑。大量采用钢材、膜材、高强钢索等新型材料。环境的侵蚀、材料的老化、地基的不均匀沉降和复杂荷载、疲劳效应与突变效应等因素的耦合作用将不可避免地导致结构系统的损伤积累和抗力衰减,极端情况下引发灾难性的突发事件[42-44]。如湖南耒阳电厂大型储煤库空间结构使用5年后由于使用和环境腐蚀等原因发生倒塌事故(图14);深圳国际展览中心4号展厅网架屋盖使用3年后在暴雨中倒塌;韩国济州岛一体育场在2003年强台风中倒塌;2004年5月23日法国巴黎戴高乐机场刚建成的候机厅发生屋顶坍塌事故(图15),造成6人死亡。重大工程和标志性建筑的倒塌对整个社会的影响是极其沉重的,重大工程和城市安全是国家公共安全体系最重要的组成部分。

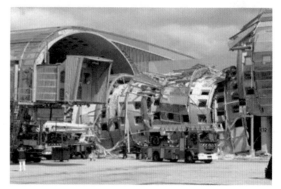

图14 湖南耒阳电厂储煤库倒塌事故　　　　图15 巴黎戴高乐机场候机厅屋顶坍塌事故

对大跨度空间结构工程施工全过程和使用运行情况进行现场实时健康监测,实现大型空间结构工程灾变现象的预测、预报,为提前采取防灾、减灾措施,避免或减小人民生命财产损失提供科学依据。根据国家对已建和在建重大工程的安全评估和加固技术的需求,研究安全性评估方法、制定大跨度工程的安全性评估指标或准则、提出整套加固技术措施、研制出能分析多种不利因素的计算机安全性评估软件系统等都是需要研究解决的课题[45]。

12 进一步的学科课题

综合以上分析,为进一步促进我国大跨度空间结构的应用发展,下列学科课题是应当研究、深化和开发的:

(1)空间结构的形体优化和创新;

(2)节点的破坏机理和极限承载力;

(3)空间结构静、动力稳定性;

(4)空间结构风致效应、风振系数和流固耦合问题;

(5)空间结构抗震和控制、多点输入的抗震分析;

(6)空间结构的机构理论、形态学研究;

(7)索穹顶结构的开发、研究,填补国内空白;

(8)大跨度开合式结构关键技术;

(9)大型空间结构施工力学、全过程模拟分析与施工技术的创新;

(10)空间结构产品制造信息化集成技术;

(11)空间结构检测、诊断、评估和加固;

(12)自主应用、发展、创新空间结构,走向世界。

参考文献

[1] 蓝天,刘枫.中国空间结构的20年[C]//中国土木工程学会.第十届空间结构学术会议论文集,北京,2002:1—12.

[2] 刘锡良,董石麟.20年来中国空间结构形式创新[C]//中国土木工程学会.第十届空间结构学术会议论文集,北京,2002:13—37.

[3] 沈世钊.中国空间结构理论研究20年进展[C]//中国土木工程学会.第十届空间结构学术会议论文集,北京,2002:38—52.

[4] 董石麟,赵阳.论空间结构的形式和分类[J].土木工程学报,2004,37(1):7—12.

[5] 董石麟,马克俭,严慧,等.组合网架结构与空腹网架结构[M].杭州:浙江大学出版社,1992.

[6] 汪大绥,张富林,高承勇,等.上海浦东国际机场(一期工程)航站楼钢结构研究与设计[J].建筑结构学报,1999,20(2):2—8.

[7] 陈荣毅,董石麟.广州国际会议展览中心展览大厅钢屋盖设计[J].空间结构,2002,8(3):29—34.

[8] 傅学怡,顾磊,邢民,等.奥运国家游泳中心结构设计简介[J].土木工程学报,2004,37(2):1—11.

[9] 余卫江,王武斌,顾磊,等.新型多面体空间刚架的基本单元研究[J].建筑结构学报,2005,26(6):1—6.

[10] 余卫江,赵阳,顾磊,等.新型多面体空间刚架的几何构成优化[J].建筑结构学报2005,26(6):

7－12.

[11] 陈贤川,赵阳,顾磊,等.新型多面体空间刚架结构的建模方法研究[J].浙江大学学报(工学版),2005,39(1):92－97.

[12] 董石麟,唐海军,赵阳,等.轴力和弯矩共同作用下焊接空心球节点承载力研究与实用计算方法[J].土木工程学报,2005,38(1):21－30.

[13] 浙江大学空间结构研究中心.方钢管焊接空心球节点的承载力研究与实用计算方法——技术报告[R].杭州:浙江大学空间结构研究中心,2004.

[14] 浙江大学空间结构研究中心.矩形钢管焊接空心球节点的承载力研究与实用计算方法——技术报告[R].杭州:浙江大学空间结构研究中心,2004.

[15] 柯长华,朱忠义.北京首都国际机场新航站楼及交通中心结构介绍[C]//《空间结构》杂志社.《空间结构》杂志创刊十周年编委会暨学术交流会论文集,呼和浩特,2004:22－27.

[16] 白正仙.张弦梁结构的理论分析与实验研究[D].天津:天津大学,1995.

[17] 张明山.弦支穹顶结构的理论研究[D].杭州:浙江大学,2004.

[18] 冯庆兴.大跨度环形空腹索桁结构体系的理论和实验研究[D].杭州:浙江大学,2003.

[19] 蔺军,冯庆兴,董石麟.大跨度环形平面肋环型空间索桁张力结构的模型实验研究[J].建筑结构学报,2005,26(2):34－39.

[20] 罗尧治.索杆张力结构数值分析理论研究[D].杭州:浙江大学,2000.

[21] 陈志华.张拉整体结构的理论分析与实验研究[D].天津:天津大学,1995.

[22] 唐建民.索穹顶体系的结构理论研究[D].上海:同济大学,2001.

[23] 袁行飞.索穹顶结构的理论分析和实验研究[D].杭州:浙江大学,2000.

[24] 詹伟东.葵花型索穹顶结构的理论分析和实验研究[D].杭州:浙江大学,2004.

[25] 袁行飞,董石麟.索穹顶结构的新形式及其初始预应力确定[J].工程力学,2005,22(2):22－26.

[26] 董石麟,袁行飞.肋环型索穹顶初始预应力分布的快速计算法[J].空间结构,2003,9(2):3－8.

[27] 董石麟,袁行飞.葵花型索穹顶初始预应力分布的快速计算法[J].建筑结构学报,2004,25(6):9－14.

[28] 罗尧治,胡宁,董石麟,等.网架结构"折叠展开式"计算机同步控制整体提升施工技术的工程应用[C]//中国土木工程学会.第十届空间结构学术会议论文集,北京,2002:678－685.

[29] 罗尧治,陈晓光,胡宁,等.网壳结构"折叠展开式"提升过程中动力响应分析[J].浙江大学学报,2003,37(6):639－645.

[30] 罗尧治,许贤,毛德灿.可开启屋盖结构[C]//天津大学.第四届全国现代结构工程学术研讨会论文集,宁波,2004:193－201.

[31] 陈以一,陈扬骥,刘魁,等.南通市体育场开闭式屋盖钢结构设计[C]//天津大学.第四届全国现代结构工程学术研讨会论文集,宁波,2004:84－90.

[32] 罗尧治,童若峰.网架产品制造信息集成系统[C]//中国土木工程学会.第十一届空间结构学术会议论文集,南京,2005:131－136.

[33] 沈世钊,陈昕.网壳结构稳定性[M].北京:科学出版社,1999.

[34] 董石麟,詹伟东.单双层球面扁网壳连续化方法非线性稳定理论临界荷载的确定[J].工程力学,2004,21(3):6－14.

[35] 沈世钊,支旭东.球面网壳结构在强震下的失效机理[J].土木工程学报,2005,38(1):11－20.

[36] 张其林,张莉.膜结构形状确定的三类问题及其求解[J].建筑结构学报,2000,21(5):33－40.

[37] 王志明,宋启根.张力膜结构的找形分析[J].工程力学,2002,19(1):53－56.

[38] 孙炳楠,倪志军,余雷,等.膜结构找形分析的综合设计策略[J].空间结构,2004,10(4):27—30.

[39] 向阳,沈世钊,李君.薄膜结构的非线性风振响应分析[J].建筑结构学报,1999,20(6):38—46.

[40] 武岳,沈世钊.膜结构风振分析的数值风洞方法[J].空间结构,2003,9(2):38—43.

[41] 胡宁.索杆膜空间结构协同分析理论及风振响应研究[D].杭州:浙江大学,2003.

[42] 尹德钰,肖炽.20 年来中国空间结构的施工与质量问题[C]//中国土木工程学会.第十届空间结构学术会议论文集,北京,2002:53—63.

[43] 严慧,刘中华.质量、事故、教训[C]//中国土木工程学会.第十届空间结构学术会议论文集,北京,2002:857—863.

[44] 罗尧治,吴玄成.干煤棚网壳结构的缺陷分析[J].工业建筑,2005,35(5):88—91.

[45] 罗尧治,翟振峰.光纤传感技术在网架结构健康检测中应用[J].空间结构,2005,11(4):59—63.

8 空间结构的发展历史、创新、形式分类与实践应用*

摘　要：阐述了空间结构的发展历史，根据各个时期空间结构的发展特点、形式类型和科技水平可区分为古代空间结构、近代空间结构和现代空间结构，说明了促进空间结构发展创新的因素。文中提出并论述了刚性空间结构、柔性空间结构和刚柔性组合空间结构三大类空间结构的组成及其分类方法。文中将国内外现有工程应用的 38 种形式的空间结构按单元组成来分类，并说明采用空间结构按单元组成分类总图来表示是可取的、清晰明了的。

关键词：空间结构；发展历史；创新；形式分类；古代空间结构；近代空间结构；现代空间结构；刚性空间结构；柔性空间结构；刚柔性组合空间结构；单元组成分类；实践应用

1　引言

大跨度空间结构具有受力合理、自重轻、造价低、结构形体和品种多样，是建筑科学技术水平的集中表现，因此各国科技工作者都十分关注和重视大跨度空间结构的发展历程、科技进步、结构创新、形式分类与实践应用。

本文以穹顶屋盖结构为主线，列举了 20 个工程，时间跨度长达二千多年。根据发展历程、形式类型、结构特性、技术水平，可把空间结构区分为古代空间结构、近代空间结构和现代空间结构。近百年来，特别是最近二三十年，空间结构发展异常迅速，本文论述了促进空间结构发展和创新的主要因素。以组成或集成空间结构基本构件（亦即板壳单元、梁单元、杆单元、索单元、膜单元）为出发点，提出并论述了刚性空间结构、柔性空间结构和刚柔性组合空间结构的组成及其分类方法。现有国内外的空间结构已发展到 38 种具体的结构形式，按单元组成分类，在原先分类的基础上[1]，可进一步以一总图来表示，并做了详细说明。

2　空间结构的发展历史

谈到空间结构的发展历史，就要追溯到公元前 14 年建成的罗马万神殿，是一幢由砖、石、浮石、火山灰砌成的拱式结构，圆形结构，直径 43.5m，净高 43.5m，顶部厚度 120cm，半球根部支承在 620cm

---

*　本文刊登于：董石麟.空间结构的发展历史、创新、形式分类与实践应用[J].空间结构，2009,15(3):22—43.

厚的墙体上,穹顶的平均厚度370cm(见图1)。我国用砖石砌成代表工程是建于明洪武十四年(公元1381年)南京无梁殿,平面尺寸38m×54m,净高22m(见图2)。以穹顶屋盖结构为主轴线,在表1中列出各类代表性工程共20例[2-8],时间跨度从公元前14年到2009年共二千多年。从中可以看出,各种类型的空间结构只在近百年来有所发展,特别是近二三十年来,开拓和创新的速度更趋频繁。剖析一下表1所述的以圆形平面为主的穹顶屋盖结构,可得出如下的一些认识。

a 全景图

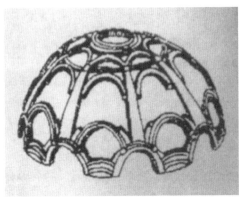
b 骨架示意图

图1 罗马万神殿

a 殿前

b 殿宇

图2 南京无梁殿

表1 若干有代表性的穹顶屋盖结构

序号	工程名称	结构形式	建筑材料	平面尺寸/m	厚度/cm	自重/(kg·m⁻²)	年份
1	罗马万神殿	拱式穹顶	砖石、火山灰	D43.5	平均370	7400	BC14
2	南京无梁殿	柱面拱券结构	砖、石	38×54	—	—	1381
3	德国耶拿玻璃厂	半球面薄壳	钢筋砼	D40	—	—	1925
4	德国蔡司天文馆	半球单层网壳	生铁	D15	—	—	1924
5	美国瑞雷竞技馆	鞍形索网结构	钢	近似D91.5	—	—	1953
6	罗马小体育馆	带肋薄壳	钢筋砼	D59.2	折算6	150	1957
7	北京火车站	双曲扁壳	钢筋砼	35×35	8	200	1959

序号	工程名称	结构形式	建筑材料	平面尺寸/m	厚度/cm	自重/(kg·m⁻²)	年份
8	北京工人体育馆	车辐式双层悬索	钢材	D94	—	—	1961
9	郑州体育馆	肋环型单层网壳	钢材	D64	—	50	1967
10	上海文化广场	三向网架	钢材	扇形 96×38	—	45	1970
11	美国庞提亚克体育馆	气承式膜结构	PTFE 膜材	椭圆 168×220	—	—	1975
12	汉城亚运会综合馆	索穹顶	钢材、PTFE	D120	—	13.5	1986
13	日本东京后乐园	气承式膜结构	PTFE 膜材	椭圆 180×180	—	—	1988
14	卡尔加里冰球馆	索网悬挂薄壳	钢、砼板	椭圆 135×129	—	—	1988
15	多伦多天空穹顶	开合双层网壳	钢材	D208	—	—	1989
16	天津体育馆	双层网壳	钢材	D108	—	55	1994
17	亚特兰大奥运会主赛馆	索穹顶	钢材、PTFE	椭圆 192×240	—	25	1995
18	上海体操馆	单层网壳	铝合金	D68	—	12	1997
19	北京奥运会体育馆	双向张弦桁架	钢材	114×144	—	90	2008
20	全运会济南体育馆	弦支单层网壳	钢材	D122.2	—	80	2009

（1）以砖、石等建筑材料筑成的拱式穹顶，充分利用拱券合理传力的原理，有连环拱、交叉拱、拱上拱、大拱套小拱。自罗马万神殿建成以后，如 1612 年建成的罗马圣彼得教堂和建于约 300 年前的伦敦圣保罗大教堂，其跨度均比罗马万神殿小，但是装修更庄重、屋顶更高。因此，以砖、石等筑成的拱式穹顶，长期来基本上没有更进一步的发展和创新。

（2）自 1925 年在德国耶拿玻璃厂建成历史上第一幢直径 40m 的钢筋混凝土薄壳结构以后，到 20 世纪五六十年代，世界各国的薄壳结构发展到了高潮。罗马奥运会小体育馆的平面直径 59.2m 的带肋薄壳（图 3）以及北京火车站 35m×35m 的双曲扁壳（图 4）是当时特别推荐的。一般来说，40～50m 跨度的钢筋混凝土薄壳穹顶，其混凝土的折算厚度约为 8～10cm，是罗马万神殿平均厚度的 1/50～1/40；结构自重约为 200～250kg/m²，是罗马万神殿平均自重的 1/50～1/30。苏联和我国还编制出版颁发了钢筋混凝土薄壳结构设计行业规程，以便广大设计人员推广薄壳结构的应用。

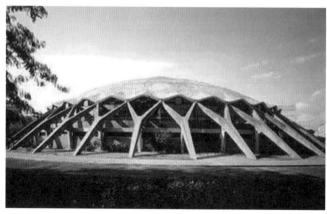

图 3　罗马小体育馆

a 全景　　　　　　　　　　　　　b 薄壳大厅在施工

图 4 北京火车站

（3）生铁、普通钢、高强钢、铝合金等建筑材料的生产和工程应用，研究开发了网架网壳等格构式空间结构。1924 年建成了世界上第一个直径为 15m 的半球形单层网壳，采用生铁材料，用于德国蔡司天文馆（图 5）。由于网格结构刚度大、用材省、性能好，便于工厂制作现场装配，至 20 世纪六七十年代网格结构有了蓬勃的发展。当时，有代表性的工程如 1970 年建成的日本大阪博览会展馆六柱支承 108m×292m 网架，1968 年建成的首都体育馆 99m×112.2m 网架（图 6），1973 年建成的名古屋国际展览馆 134m 直径圆形平面网壳，1967 年建成的郑州体育馆 64m 直径圆形平面助环型单层网壳。60m 左右跨度网格结构自重约为 40～50kg/m²，是同等跨度薄壳结构自重的 1/5～1/4。1997 年从美国引进建成了铝合金的上海体操馆，68m 直径的圆形平面单层网壳，自重仅 12kg/m²，是相应跨度钢网壳自重的 1/5～1/4。

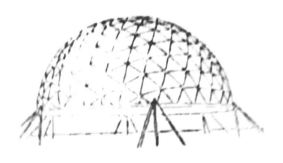

图 5 德国蔡司天文馆　　　　　　　　　　　　图 6 首都体育馆

（4）悬索结构要追溯到我国在公元前 285 年建成跨越四川岷江的灌县竹索桥——安澜桥和 1703 年建成跨越大渡河的铁链桥——泸定桥。但在房屋建筑上的应用要首推于 1953 年建成的美国北卡罗来纳州瑞雷竞技馆，近似圆形平面直径 91.5m 的鞍形索网结构（图 7）。此后，在 20 世纪六七十年代我国建成了当时著名的三大悬索结构：1961 年建成跨度 94m 双层车辐式圆形平面的北京工人体育馆（图 8），1967 年建成跨度 60m×80m 鞍形索网式椭圆平面的浙江人民体育馆，1979 年建成跨度 61m 双层车辐式（索与内孔相切）圆形平面的成都城北体育馆。悬索结构自重小、屋盖轻，施工也比较方便成熟，无需大型的机具设备，是有推广应用前景的空间结构。1988 年在加拿大卡尔加里建成当时跨度最大的悬索结构冰球馆，是一幢 135.3m×129.4m 椭圆平面鞍形索网悬挂薄壳（图 9）。

图7 美国瑞雷竞技馆

图8 北京工人体育馆

a 全景

b 屋面板安装

图9 加拿大卡尔加里冰球馆

（5）20世纪七八十年代气承式充气膜结构发展到一个高潮，在美国、加拿大和日本共建成了超百米跨度的十余幢大型体育场馆。其中有代表性的是美国在1975年建成的168m×220m长椭圆平面庞提亚克体育馆（图10）和日本在1988年建成的180m×180m方椭圆平面东京后乐园棒球馆（图11）。由于气承式膜结构要不时地耗能充气，以及庞提亚克体育馆曾发生垮塌事故，20世纪90年代后已基本不再兴建气承式充气膜结构。

图10 美国庞提亚克体育馆

图11 日本东京后乐园

（6）为1986年汉城亚运会的召开，当年建成了120m跨度圆形平面的索穹顶综合馆（图12），用钢指标13.5kg/m²；为1996年亚特兰大奥运会召开，1995年建成了192m×240m椭圆平面的索穹顶主赛馆（图13），用钢指标25kg/m²。这两幢索穹顶的建成使空间结构的科技水平达到了一个崭新的高峰，结构体系新颖、高效，其用钢指标仅约为跨度 L 的 $12L/100$（跨度 L 以 m 计，用钢指标以 kg/m² 计，例如100m跨度的索穹顶，其用钢指标约为12kg/m²）。索穹顶在中国大陆尚属空白，国外的技术一直保密，然而浙江大学、同济大学、建研院等高校、科研单位已进行了10余年的研究和试验工作，对索穹顶的受力特性和分析计算已有比较完整的认识。

图 12　汉城亚运会综合馆　　　　　　　　图 13　亚特兰大奥运会主赛馆

(7)自上海浦东国际机场候机大厅建成 82.6m 跨度张弦梁结构以来,我国各类索承结构如雨后春笋般地获得迅速发展,独树一帜。2008 年建成的 114m×144m 北京奥运会国家体育馆是世界上最大跨度的双向张弦桁架结构(图 14,用钢指标 90kg/m²),2009 年建成的跨度 122.2m 圆形平面济南全运会体育馆是世界上最大跨度的弦支单层网壳(图 15,用钢指标 80kg/m²)。把张拉整体结构、索杆张拉结构的概念引入到网架与网壳结构中是对传统的网格结构的一种改革和创新。

图 14　奥运会国家体育馆　　　　　　　　图 15　全运会济南体育馆

综上所述,可以把空间结构发展历史分为:(1)20 世纪初叶(1925 年前后)以前为古代空间结构,其主要标志性结构为拱券式穹顶;(2)20 世纪初叶以后为近代空间结构,其主要标志性结构为薄壳结构、网格结构和一般悬索结构;(3)20 世纪末叶(1975 年前后)以后为现代空间结构,其主要标志性结构为索膜结构、索杆张力结构、索穹顶结构等,如图 16 空间结构年代划分图表示。这里需要说明的是:(1)1975 年不是近代空间结构终止的年份,近代空间结构的那些主要标志结构在 1975 年后还在应用、发展和创新,特别是在引入新技术、新概念后,还可以与现代空间结构媲美,或者说,可转入现代空间结构的行列;(2)从 1925 年到 1975 年的 50 年间,是近代空间结构独占鳌头的黄金年代。

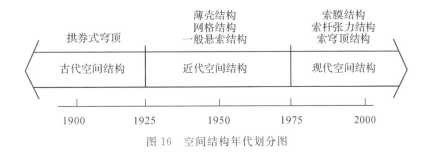

图 16　空间结构年代划分图

3 促进空间结构迅速发展的因素

人类社会的生产、物质和精神生活水平的提高与发展,就需要开阔的空间和场所,如体育场馆、影剧院、会展中心、航站楼、工业厂房车间、仓库等,三维受力、材料节省、造价低廉的大跨度空间结构正是人们所期望的最佳选择。但真正意义上空间结构的发展尚不足百年的历史,促使空间结构发展的因素可认为有下列几方面:

(1)建筑材料的革命和创新促进了空间结构的向前发展。以受压和受弯为主的刚性建筑材料应用和发展的趋势大致为:石、砖、火山灰砌块、木材、素混凝土、生铁、胶合木、钢筋混凝土、钢材、合金钢、铝合金等。以受张拉为主的柔性建筑材料应用和发展的趋势大致为:对于索材是麻绳、竹索、铁链、尼龙索、高强钢丝绳、高强钢绞线、FRP索等;对于膜材是皮革、帆布、塑料布、PVC(聚氯乙烯)、PTFE(聚四氟乙烯)、ETFE(乙烯-四氟乙烯)等。建筑材料的发展方向是轻质高强,空间结构的发展走向是轻型高效。没有钢筋混凝土,便没有薄壳结构;没有高强钢索和PTFE便没有现代的索膜结构。

(2)施工新技术特别是预应力技术的引入推动了空间结构的创新。空间结构的高空悬挑逐步安装法,地面组装、整体提升或顶升法,折叠展开施工法等都可以省去满堂红脚手架,仅利用小型机具设备拼装施工大跨度空间结构,降低工程成本和造价。采用预应力技术可提高结构的刚度和稳定性,可改善和调节结构的内力分布和变位控制,还可在施工过程中作为连接装配的手段。一项我国的专利技术:预应力装配弓式结构,就是利用逐段伸展预应力装配法来建筑大跨度弓式结构的(见图17)。

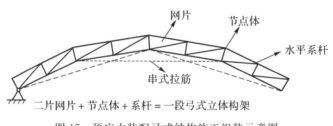

二片网片＋节点体＋系杆＝一段弓式立体构架

图17　预应力装配弓式结构施工组装示意图

(3)日臻完善的分析理论和计算机的应用解决了大跨、复杂空间结构设计计算问题。空间结构的强度、稳定性、抗震、抗风、几何非线性、材料非线性、温度应力、徐变收缩等分析理论问题现都已逐步完善,采用专用软件和大型计算机可求得包括上下部结构协同工作在内的多工况下满足工程精度的计算结果,克服早期靠微分方程解析解不能解决的难关,为空间结构的广泛应用创造了重要条件。

(4)设计理念和构思的解放和更新,创建了受力合理、形态各异的新型空间结构。在空间结构设计中要学习和应用仿生学。衡量空间结构工程的标准,除安全、适用、经济、美观八字方针外,尚应增加技术先进、符合国情(地域文化)二条。不能片面理解评定标准,不能设计"新奇特"空间结构。设计队伍中建筑、结构、设备等工种要密切配合,中外合作设计团队要做到协同工作、优势互补、均是国民待遇。由于设计很重要,设计是龙头,要特别强调空间结构的健康发展,设计健康的空间结构。

4 刚性空间结构的组成、分类与实践应用

空间结构是由基本单元组成或集合而成,基本单元(也是基本构件)有刚性基本单元:板壳单元、梁单元和杆单元;也有柔性基本单元:索单元和膜单元。可以说,由刚性基本单元组成的空间结构可称为刚性空间结构。因此,刚性空间结构的组成与分类见表2,并分别做如下说明。

表 2　刚性空间结构的组成与分类

分类号	组成单元	组成单元种数	现有结构形式数
1	板壳	1	3
2	梁	1	5
3	杆	1	3
4	板壳(为主)+梁	2	3
5	梁(为主)+板壳	2	2
6	杆(为主)+梁	2	1
7	杆(为主)+板壳+梁	3	1
			$\sum = 18$

4.1　仅由一种板壳单元组成的刚性空间结构,现在有三种具体结构形式

4.1.1　薄壳结构

通常指光面的、但可包括等厚度和变厚度的钢筋混凝土薄壳结构。根据其几何外形又可分为旋转壳、球面壳、柱面壳、双曲扁壳、鞍形壳、扭壳和劈锥壳等。典型工程如当时我国跨度最大的球面薄壳结构是60m直径圆形平面的新疆某机械厂金工车间。

4.1.2　折板结构

用于工业厂房和车站站台较多的是一种比较简单的V形折板,非预应力的可做到27m跨度,预应力的可做到36m跨度。我国曾编制一本V形折板结构设计规程。图18为唐山某工厂厂房V形折板结构。折板结构的截面还可采用多折线的,此外也可采用多面体空间折板结构。

4.1.3　波形拱壳结构

波形拱壳结构的特点使截面的抗弯刚度可大幅度增加,提高整个结构的刚度和稳定性。有钢筋混凝土波形拱壳结构,如1960年建成的罗马奥运会大体育馆,为球面波形拱壳结构,跨度100m。也有薄钢板的柱面波形拱壳结构,如北京大旺食品有限公司车间(图19)。

图 18　唐山某工厂厂房 V 形折板结构

图 19　北京大旺食品有限公司车间

4.2　仅由一种梁单元组成的刚性空间结构，现有五种具体结构形式

4.2.1　单层网壳

工程中应用最多的是单层钢网壳，其几何外形类同于薄壳结构的几何外形。网格形式对于球面网壳有肋环形、肋环斜杆型、三向网格型和短程线型等；对于柱面网壳有联方网格型、纵横斜杆型、三向网格型和米字网格型等。目前世界上最大跨度的单层网壳是 1996 年建成的日本名古屋体育馆，圆形平面 $D=187.2m$（图 20）。我国在 2004 年建成了当时跨度最大的九寨沟甘海子国际会议度假中心温泉泳浴中心玻璃顶屋盖，椭圆平面 65m×150m（图 21）。在 1989 年我国还建成一幢钢筋混凝土的双曲扁网壳，平面尺寸 36m×45m，用于浙江江山体育馆。

图 20　日本名古屋体育馆　　　　　图 21　九寨沟甘海子国际会议度假中心温泉泳浴中心

4.2.2　空腹网架

通常是由钢筋混凝土的平面空腹桁架发展而来，主要有两向空腹网架和三向空腹网架，可用于屋盖结构也用于楼层结构。在我国的贵州省用得较多。图 22 为深圳宝安中学综合体育馆。

图 22　深圳宝安中学综合体育馆

4.2.3　空腹网壳

这是一种曲面型的空腹网架，用钢材制作的较多。典型的也是世界上跨度最大的空腹网壳是椭圆平面 142m×212m 的国家大剧院椭球屋盖，矢高 46m，采用由 144 榀径向空腹拱拼装而成。通过分析计算，设计方接受了我们的建议，在对角方向设置四道大型交叉上、下弦杆，以提高抗扭能力和结构的整体稳定性（见图 23）。

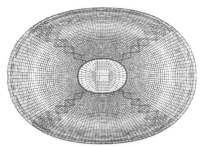

a 计算模型

b 施工中

图 23 国家大剧院

4.2.4 树状结构

这是近年来采用的一种新结构,它实际上是一种多级分枝的立柱结构,柱杆和枝杆都可由梁单元集成。深圳文化中心前厅采用粗枝、中枝、端枝三级分枝的树状结构(图 24)。德国一高级公路收费站是采用二级分枝的树状结构(图 25),中国台湾高铁台南等车站大厅也采用了树状结构。

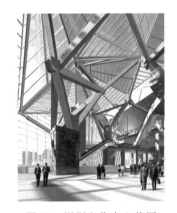

图 24 深圳文化中心前厅

图 25 德国一高级公路收费站

4.2.5 多面体空间刚架结构

这是一种全新的结构体系,由多面体几何的棱边及多面体与切割面的交线构成空间结构的骨架(图 26)。这种结构内部每个节点有四根杆件相交,适宜于用在以最少的节点数和杆件数去填充一定

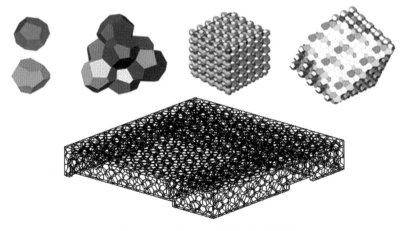

图 26 多面体空间刚架结构成形图

85

厚度的平板或三维体结构。由于每个杆件是空间梁单元,而且必须是空间梁单元,致使仍能承载和传递各方向外力作用。2008年奥运会国家游泳中心"水立方"采用了这种多面体空间刚架结构,也是世界上的首例(图27),平面尺寸177m×177m,高30m[9]。

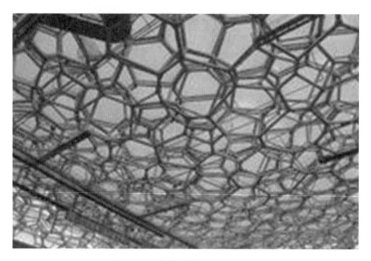

图27　国家游泳中心"水立方"

4.3　仅由一种杆单元组成的刚性空间结构,现有三种具体结构形式

4.3.1　网架结构

这是最典型的铰接杆系空间结构,设计、计算、制作、安装都比较方便,造价也比较低廉,我国到处都有推广应用,在20世纪末早已成为网架大国。1965年建成的99m×112.2m首都体育馆(图28)以及90年代建成的90m×(153m×2)首都四机位机库都是著名的工程实例。网架结构的跨度一般不宜太大,否则是不经济的。2008年奥运会国家体育场"鸟巢"(图29),其主结构也是网架结构,只是它由一组平面桁架系旋转360°而成的微弯型平板网架,可称鸟巢形网架(图30)。由图30可见,圆形平面的鸟巢形网架,可仅由一榀平面框架集合组成,结构构造、分析计算均变得非常简便[10]。

图28　首都体育馆网架在高空散装

图29　国家体育场"鸟巢"

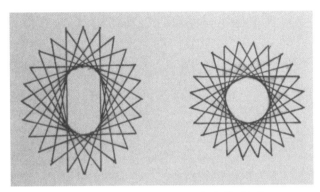

图 30　椭圆平面与圆形平面的鸟巢形网架

4.3.2　立体桁架

这是一种在宽度方向有一定空间作用的单向桁架,通常桁架截面采用三角形,上弦用两根、下弦用一根。我国在 20 世纪 60 年代就建成跨度 54m 的广西南宁体育馆。近年在机场航站楼,如成都双流机场、深圳宝安机场二期、济南遥墙机场等,较多地选用了拱形大跨度立体桁架结构(图 31)。图 32 是九寨沟甘海子国际会议度假中心大堂,采用落地门架式的立体桁架。

图 31　成都双流机场航站楼

图 32　九寨沟甘海子国际会议度假中心大堂

4.3.3　双层网壳

这是一种曲面型平板网架,可由铰接杆系集成。我国大跨度空间结构首次超百米跨度的工程便是 1994 年建成的天津新体育馆 108m 跨度双层网壳(图 33)。台州电厂干煤棚采用了平面尺寸 80.144m×82.5m 纵向带折的双层柱面网壳(图 34)。

图 33　天津新体育馆

图 34　台州电厂干煤棚

4.4 由板壳单元(为主)和梁单元组成的刚性空间结构,现有三种具体结构形式

4.4.1 带肋薄壳

在光面薄壳下增加肋,或在装配式薄壳结构的预制小壳板的边框上加肋,便于吊装运输,最终均可构成壳板折算厚度增加不多而抗弯刚度大幅增加的带肋薄壳。罗马奥运会小体育馆是个著名的工程实例(图35)。我国在20世纪60年代建成的54m跨度无锡702所试验大厅也是个成功的例子,采用了无脚手高空悬挑拼装预制小壳板的施工方法(图36)。

图35　罗马小体育馆内景　　　　　　图36　无锡702所试验大厅

4.4.2 带肋折板

与带肋薄壳类似,在光面折板的基础上增设纵肋或横肋可构成带肋折板。徐州一盐库便采用了一种拱式的V型带肋折板结构,混凝土灌缝处形成一拱肋(图37)。

图37　徐州盐库　　　　　　图38　巴黎国家工业与技术中心陈列大厅

4.4.3 双层薄壳

上下两层薄壳之间加肋,便可构成抗弯刚度甚大的双层薄壳结构,适宜用在大跨度和超大跨度空间结构。在1959年建成的法国巴黎国家工业与技术中心陈列大厅,便采用了三角形平面,边长为218m,矢高为48m的双层薄壳结构,单层壳的厚度17~24cm,壳体总厚度为1.9~2.7m。至今这仍是世界上最大跨度的薄壳结构(图38)。

4.5 由梁单元(为主)和板壳单元组成的刚性空间结构,现有二种具体结构形式

4.5.1 空腹夹层板

空腹夹层板通常是在钢筋混凝土空腹网架上搁置预制小板,灌缝形成整体后便构成空腹夹层板结构,可用作屋盖,也可用作楼层。典型的工程是贵州大学邵逸夫学术活动中心屋盖(图39)。

图 39　贵州大学邵逸夫学术活动中心屋盖

图 40　汾西矿务局工程处食堂

4.5.2　组合网壳

通常是在单层钢网壳的上面,搁置预制钢筋混凝土小板(也可带小边肋的),灌缝形成整体后便构成钢网壳与钢筋混凝土(带肋)薄壳共同工作的组合网壳。我国在 20 世纪 80 年代就开始采用组合网壳,代表性的工程有:其一为 1984 年建成的汾西矿务局工程处食堂(图 40),18m×24m 的组合双曲扁壳,用钢指标仅 11.5kg/m²;其二为 1994 年建成的山西潞安矿务局常村煤矿洗煤厂,有 4 个圆形平面34.1m 跨度肋环型组合球面网壳(图 41)。施工安装时要特别关注屋面板与钢网壳尚未形成整体共同工作时,应验算单层钢网壳的稳定性,否则须采取相应措施,如增加临时支撑等方法。

图 41　山西潞安矿务局常村煤矿洗煤厂

图 42　广西桂平体育馆

4.6　由杆单元(为主)和梁单元组成的刚性空间结构,现只有一种具体结构形式——局部双层网壳

对于跨度较大的双层球面壳和双曲扁壳,其中部往往以壳体的薄膜内力为主,便可采用单层网壳,从而形成局部双层局部单层的网壳结构,习惯简称局部双层网壳。广西桂平体育馆便是一个典型实例(图 42)。利用立体桁架来分割单层网壳也可构成分块明显的局部双层网壳。又由于网壳开天窗采光通风的需要,可采用点式单层网壳布置的局部双层网壳,其形式接近于抽空双层网壳,但总体仍呈现双层网壳的受力特性。1992 年建成的圆形平面 40m 跨度烟台塔山游乐场斗兽馆,便采用这种点式开窗的局部双层网壳。

4.7　由杆单元(为主)和板壳单元、梁单元三种单元组成的刚性空间结构,现只有一种具体结构形式——组合网架

在一般钢网架中撤去上弦杆,搁置带肋的钢筋混凝土预制小板,待灌缝形成整体后便构成上部为钢筋混凝土结构、下部为钢结构的组合网架。我国在 1980 年与国际同步率先自行设计建造平面尺寸

21m×54m的徐州夹河煤矿食堂组合网架结构。至今已建成近六十幢组合网架结构,是世界上组合网架用得最多的国家,不但用于屋盖还用于楼层。如1988年建成的新乡百货大楼加层扩建工程,平面尺寸为35m×35m,是我国首次在多层大跨建筑中采用组合网架楼层及屋盖结构(共四层),见图43。

图43 新乡百货大楼

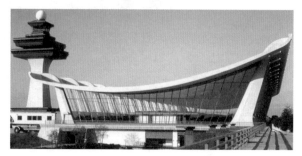

图44 华盛顿杜勒斯机场候机楼

综上所述,刚性空间结构共分7小类,有18种具体结构形式。

5 柔性空间结构的组成、分类与实践应用

与第4节的论述相对应,由柔性基本单元组成的空间结构可称为柔性空间结构。在讨论具体的空间结构形式,除支承膜结构外,没有包括边缘支承结构本身(如拱、横隔、环梁、立柱)的基本结构单元,则柔性空间结构的组成与分类见表3,并做如下说明。

表3 柔性空间结构的组成与分类

分类号	组成单元	组成单元种数	现有结构形式数
1	索	1	2
2	膜	1	2
3	膜(为主)+索	2	1
			$\sum=5$

5.1 仅由一种索单元组成的柔性空间结构,现有两种具体结构形式

5.1.1 悬索结构

这里主要是指矩形平面单向单层悬索结构以及圆形平面辐射式单层悬索结构和双向单层悬索结构。这种单层索系都是承重索,没有稳定索,因此要保持单层悬索结构的稳定性要通过屋面板的共同工作来保证的。1957年建成的51.5m×195.2m美国华盛顿杜勒斯机场候机楼(图44),便是单向单层悬索结构。

5.1.2 索网结构

索网结构的外形通常是构成一个负高斯曲率的曲面(鞍型曲面),向下凹的索系为承重索,向上凸的索系为稳定索,两向索系的曲率相反,因此可以建立适当的预应力,成为自平衡结构体系,以保证这种索网结构在预应力态和荷载态情况下具有足够的刚度和稳定性。1967年建成的60m×80m浙江人民体育馆(图45)就采用这种索网结构,用钢指标仅17.3kg/m²。

图 45 浙江人民体育馆

图 46 1970 年大阪世界博览会日本富士馆

5.2 仅由一种膜单元组成的柔性空间结构,现有两种具体结构形式

5.2.1 气囊式膜结构

这是由充气的气囊构件(如拱、梁、柱、枕)连接起来的结构体系,由于气囊中的气压可高达 3～7 标准大气压,故又称高压体系充气结构。世界上著名的气囊式膜结构是 1970 年大阪世界博览会日本富士馆(图 46),50m 直径的圆形平面,由 13 根直径为 4m、高为 72m 的拱形气囊构成,气囊间由环形水平带箍紧,底部固定在钢筋混凝土环梁上。

5.2.2 气承式膜结构

这种气承式膜结构可见图 10、图 11 所示的两个国际上典型的工程。由于膜内仅为 0.3‰ 大气压,故又称为低压体系充气结构。我国曾于二十世纪八十年代在上海展览馆北侧建成一个 28m×36m 的气承式膜结构,作临时展馆用。此后与国际上相似,因诸多原因基本不再建气承式充气膜结构。

5.3 由膜单元(为主)和索单元组成的柔性空间结构,现只有一种具体结构形式——柔性支承膜结构

又称索系支承式膜结构,支承在脊索、谷索、边索、吊索(有时包括飞柱)、撑杆等主要是柔性索系上。因此,柔性支承膜结构的膜材与支承索系的共同工作非常明显,设计计算时必须考虑索膜协同作用。代表性的如 1985 年建成的沙特阿拉伯哈吉航空港(图 47),它由 210 个单元膜结构(45m×45m)组成,建筑覆盖面积达 420000m²。又如外径为 288m 的沙特阿拉伯利雅德体育场(图 48),它由 24 个锥体膜结构组成。为 2010 年上海世博会兴建的世博轴长廊,平面尺寸 97m×840m,除 6 个阳光谷外

图 47 沙特阿拉伯哈吉航空港

由一个连续的柔性支承膜结构组成(图49),形体新颖、壮观。这里需要说明的是,柔性支承膜结构,有时也和刚性支承膜结构混合使用。

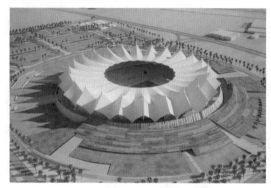

图 48 沙特阿拉伯利雅德体育场

图 49 上海世博会世博轴

综上所述,柔性空间结构共分 3 小类,有 5 种具体结构形式。

6 刚柔性组合空间结构的组成、分类与实践应用

由刚性基本单元和柔性基本单元组成(也可称杂交构成)的空间结构可称为刚柔性组合空间结构,它可充分发挥刚性与柔性建筑材料不同的特点和优势,构成合理的结构形式。因此,刚柔性组合空间结构是今后、特别是现代空间结构发展的一个重要趋向。由于刚柔性组合空间结构至少为一种刚性单元与一种柔性单元的组合,并根据现有的结构形式,刚柔性组合空间结构的组成与分类可见表 4,兹分别说明如下。

表 4 刚柔性空间结构的组成与分类

分类号	组成单元	组成单元种数	现有结构形式数
1	板壳(为主)+索	2	1
2	杆(为主)+索	2	4
3	梁(为主)+杆+索	3	3
4	梁(为主)+索+膜	3	1
5	索(为主)+杆	2	4
6	索(为主)+杆+膜	3	1
7	膜(为主)+梁	2	1
			$\sum=15$

6.1 由板壳单元(为主)和索单元组成的刚柔性组合空间结构,现只有一种具体结构形式——悬挂薄壳

单向单层悬索在挂混凝土屋面小板的同时另加适量超载,灌缝形成整体后,再把超载卸去,即可构成预应力悬挂薄壳结构。对鞍形索网结构,在挂板、灌缝后可对承重索施加预应力,也可构成悬挂薄壳结构,如加拿大加尔加里冰球馆,见图 9。

6.2 由杆单元(为主)与索单元组成的刚柔性组合空间结构,现有四种具体结构形式

6.2.1 预应力网架(壳)

通常在网架下弦的下方、双层网壳的周边设置裸露的预应力索,以改善结构的内力分布,降低内

力峰值,提高结构刚度,可节省用钢量。1994年建成的六边形平面对角线长93.6m清远体育馆采用六块组合型双层扭网壳,在相邻六支座处采用了六道预应力索(图50)。1995年建成的缺角八边形74.8m×74.8m攀枝花体育馆,采用双层球面网壳,在相邻八支座处设置八榀平面桁架,其下弦选用了预应力索(图51)。采用预应力网架(壳)比非预应力网架(壳)可节省钢材用量约25%。

图50　清远体育馆模型

图51　攀枝花体育馆模型

6.2.2　斜拉网架(壳)

在网架、双层网壳的上弦之上,设置多道斜拉索,相当于在结构顶部增加了支点,减小结构的跨度,提高刚度。而且斜拉索尚可施加预应力,改善结构内力分布,节省钢材耗量。20世纪八九十年代斜拉网架(壳)在我国已开始获得推广应用。代表性的工程有:1993年建成的新加坡港务局仓库采用4幢120m×96m六塔柱、2幢96m×70m四塔柱斜拉网架(图52)。1995年建成的山西太旧高速公路旧关收费站采用14m×65m独塔式斜拉双层网壳(图53)。2000年建成的杭州黄龙体育馆中心体育场,采用月牙形50m×244m双塔柱斜拉双层网壳(图54)。

图52　新加坡港务局仓库

图53　山西太旧高速公路旧关收费站

图54　杭州黄龙体育中心体育场

6.2.3 张弦立体桁架

以立体桁架替代张弦梁的上弦梁便构成张弦立体桁架。2002年建成的广州国际会议展览中心，便采用了跨度为126.6m张弦立体桁架(图55)。2008年建成的奥运会国家体育馆采用114m×144m双向正交的张弦桁架(平面桁架)结构(图14)。

6.2.4 预应力装配弓式结构

预应力装配弓式结构的结构示意图和施工组装图见图17，早年这种弓式结构曾用于小型机库。1994年建成了45m跨度的北京钓鱼台国宾馆室内网球场弓形屋盖，其中段在纵向可开启(图56)。2005年建成了北京温都水城72m跨度嬉水乐园，局部屋盖也可开启。这种预应力装配弓式结构特别适用于可装拆的临时性仓库建筑和舞台建筑，曾建成跨度达130m构筑物，施工安装方便。

图55　广州国际会议展览中心　　　　　　图56　钓鱼台国宾馆室内网球场

6.3　由梁单元(为主)和杆单元、索单元组成的刚柔性组合空间结构，现有三种具体结构形式

6.3.1 张弦梁结构

张弦梁结构(beam string structure，BSS)早年从日本引进，后在我国推广应用且发展甚快。我国采用大跨度的张弦梁要首推上海浦东国际机场航站楼，有四跨，其中最大跨度是82.6m的办票大厅，纵向间距为9m(图57)。由于张弦梁本身是一种自平衡的平面结构体系，除竖向反力外，可做到不对支座产生水平推力，从而可减轻下部支承结构负担。但应关注的是张弦梁平面外的稳定性问题，须采用侧向支撑体系或其他措施予以保证。

图57　上海浦东国际机场航站楼办票大厅　　　　图58　聚会穹顶

6.3.2 弦支网壳

弦支网壳(suspend dome)通常是由上层单层网壳、下层若干圈环索、斜索通过竖杆连接构成，是一种自平衡的空间结构体系。弦支网壳具有单层网壳和索穹顶两种结构体系的优点。日本最早在1993年建成35m跨的弦支光球穹顶，此后在1997年又建成聚会穹顶(图58)。我国早期的弦支网壳

要首推应用于2001年建成的35.4m跨度的天津港保税区商务中心的大堂。而今已广泛应用,建筑平面不仅有圆形的,而且有椭圆的、多边形的、矩形的。2009年建成的122.2m跨全运会济南体育馆,是当今世界上最大跨度的弦支网壳结构(图15)。

6.3.3 索穹顶-网壳

这是我国自己提出的一种新的空间结构体系,由索穹顶的索杆体系与单层网壳组合而成(图59),施工时无需满堂红脚手架,可在自平衡的索杆体系上安装单层网壳,并与索杆体系连成整体协同工作。当前索穹顶-网壳尚无工程实例,在文献[11]中研究、提出闭口与开口的十多种索穹顶-网壳的结构构造方案,并进行了5m直径的实物模型试验(图60)。索穹顶-网壳的一个重要特点是可以采用刚性屋面体系,避免索穹顶仅由膜材构成的柔性屋面体系带来的不足。2009年全运会济南体育馆评审时,索穹顶-网壳曾是一个遴选的方案(图61),后因种种原因未被采用,而选用了国内已有成熟设计与施工经验的弦支穹顶结构。

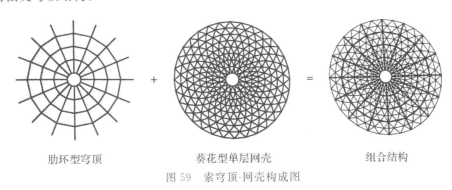

| 肋环型穹顶 | 葵花型单层网壳 | 组合结构 |

图59 索穹顶-网壳构成图

图60 索穹顶-网壳试验模型图

图61 全运会济南体育馆索穹顶-网壳方案

6.4 由梁单元(为主)和索单元、膜单元组成的刚柔性组合空间结构,现只有一种具体结构形式——张弦气肋梁

张弦气肋梁(tension＋air＋integrity＝tensairity)是张弦梁结构中的竖杆用充气肋来替代而构成的空间结构体系。2004年在法国南部城市蒙特皮肋尔(Montpellier)召开的IASS国际空间结构学术大会上首次对张弦气肋梁有所报道[12]。2007年已建成张弦气肋梁结构试点工程,应用于瑞士蒙特立克斯车站汽车库(图62)。在法国的一桥梁工程,也采用了这种张弦气肋梁结构(图63)。由于张弦气肋梁是一种全新的空间结构体系,在我国尚无工程实例,其结构理论、分析方法、构造措施和应用前景是值得进一步研究和探讨的。

a   b

图 62　瑞士蒙特立克斯车站汽车库张弦气肋梁及其与支承结构连接构造

图 63　张弦气肋梁应用于桥梁(法国)

6.5　由索单元(为主)和杆单元组成的刚柔性组合空间结构,现有四种具体结构形式

6.5.1　张拉整体结构

　　张拉整体结构(tensegrity 来源于 tensile 和 integrity 的结合)是 20 世纪 50 年代建筑师富勒(R. B. Fuller)提出的一种结构体系,这种结构体系的大部分单元是连续的张拉索,而零星单元是受压杆,犹如张力海洋中的孤岛。张拉整体结构的重要特性是预应力成形和提供刚度。初期的张拉整体结构曾用于如 Snelson 的研究模型(图 64)与华盛顿 Hirshhorn 博物馆的雕塑(图 65)。真正用于工程实际要归结于 1986 年第一个索穹顶的建成。

图 64　Snelson 研究模型　　　　　　图 65　华盛顿 Hirshhorn 博物馆的雕塑

6.5.2 悬索-桁架结构

这通常是一种单向单层的悬索结构,通过垂直于索跨度方向设置平面桁架系,强制将桁架两端施加拉力锚固在支承结构上,使悬索向下变位并产生预拉力,与桁架内力共同构成一自平衡体系,保证整体结构的刚度和稳定性。安徽省体育馆是我国有代表性的最早建成的悬索-桁架结构之一(图66)。

a 悬索-桁架结构　　　　　　　　　　b 实物图

图66　安徽省体育馆

6.5.3 索桁结构

将双层索(向下凹的称为承重索,向上凸的称为稳定索)布置成如图67的多种形式,索间设置受压撑杆(受拉时一般设置拉索),当承重索(或稳定索)施加预应力后,便可构成自平衡的有预应力的索桁结构。为改善索桁结构平面外的刚度,承重索和稳定索可错位(半格)设置,1986年建成59m跨度的吉林冰球馆,采用了上下索错位布置的索桁结构(图68)。

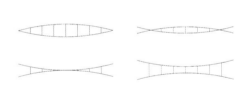

图67　索桁结构的形式

图68　吉林冰球馆

除矩形平面外,索桁结构还可推广应用于环形平面大型体育场建筑。世界著名的有为1998英联邦运动会而兴建的吉隆坡室外体育场,225.6m×286m椭圆平面,雨篷宽66.5m;为2002年世界杯而兴建的韩国釜山体育场,152m×180m椭圆平面,环形索桁结构支承在48根λ形混凝土柱上,形成直径为228m环形屋盖(图69)。我国在广东佛山也已建成支承在周围环形桁架上的世纪莲体育场(图70)。

图69　釜山体育馆

图70　佛山世纪莲体育馆

6.5.4 拉索网架

将一般网架的上下弦改用柔性拉索,受拉的斜腹杆也改用柔性拉索,只是受压的竖腹杆仍用劲性型钢,此时便构成所谓拉索网架。要使这种拉索网架成形、承载,必须先在上下弦索施加适当的预应力。深圳市民中心采光顶在我国成功地首次采用平面尺寸 36m×45m 的拉索网架(图71)。

图71 深圳市民中心采光顶

6.6 由索单元(为主)和杆单元、膜单元组成的刚柔性组合空间结构,现只有一种具体结构形式——索穹顶结构

1986年建成的汉城亚运会120m跨度综合馆索穹顶,由美国工程师盖格尔(Geiger)创建,是一种肋环型索穹顶。1995年李维(Levy)提出了葵花型索穹顶,可改善肋环型索穹顶辐射向平面桁架系平面外的刚度,应用于同年建成的 192m×240m 椭圆平面亚特兰大奥运会主赛馆。我国尚未建成索穹顶结构,然而研究并提出了 Kiewitt 型、混合 I 型(肋环型和葵花型重叠式组合)、混合 II(Kiewitt 型和葵花型内外式组合)、鸟巢型等多种形式的索穹顶。同时对肋环型、葵花型索穹顶提出了初始预应力分布的快速计算法,对一般索穹顶提出求解整体自应力模态的二次奇异值法,为索穹顶预应力设计提供了创新的分析方法。

6.7 由膜单元(为主)和梁单元组成的刚柔性组合空间结构,现只有一种具体结构形式——刚性支承膜结构

又称骨架支承式膜结构,支承在梁(包括实体梁和桁架式梁)、拱(包括实体拱和桁架式拱)等支承结构上。因此,刚性支承膜结构的膜材,主要是覆盖作用,与支承结构的共同工作并不非常明显。代表性的工程有香港大球场(图72)、浙江大学紫金港校区风雨操场(图73)。

图72 香港大球场

图73 浙江大学紫金港校区风雨操场

综上所述,刚柔性组合空间结构共分 7 小类,有 15 种具体结构形式。空间结构刚柔性的程度,基本可由组成结构的刚柔性单元的多少来确定。

7　空间结构按单元组成分类总图

由前面三节讨论可知,空间结构的具体形式甚多,真是丰富多彩;但也可说是五花八门,名目繁多。然而可以梳理一下,用一张空间结构按单元组成分类总图(图 74)来汇总说明,便可一清二楚。

由图 74 可知,板壳单元、梁单元、杆单元、索单元、膜单元分别用罗马数字 Ⅰ、Ⅱ、Ⅲ、Ⅳ、Ⅴ 标注,前三种单元为刚性单元用上、下实线框表示,后两种单元为柔性单元用上、下虚线框表示。例如组合网架是由杆单元(为主)和板壳单元、梁单元三种刚性单元组成,图中用三条实线连接线,及Ⅲ+Ⅰ+Ⅱ标志,且用上、下实线框框住组合网架,表明是一种刚性空间结构。又例如索穹顶结构是由索单元(为主)和杆单元、膜单元两种柔性单元、一种刚性单元组成,图中用两条虚线、一条实线连接线及Ⅳ+Ⅲ+Ⅴ标志,且用上、下半虚线框、半实线框框住索穹顶结构,表明是一种刚柔性组合空间结构。图 74 中任一具体形式的空间结构,都可采用类似的方法来了解其属性。

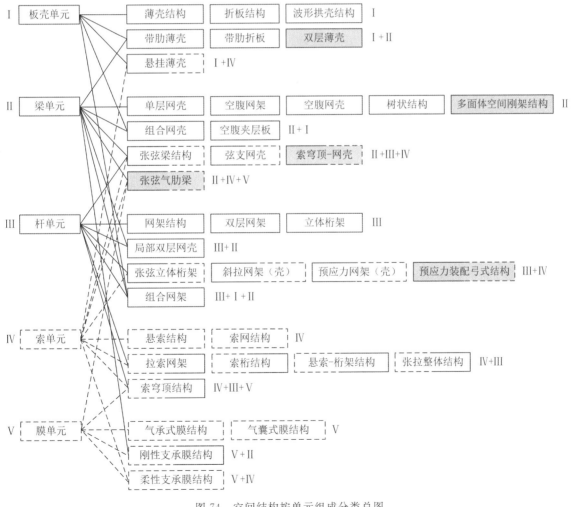

图 74　空间结构按单元组成分类总图

对图 74 尚可明确若干特性,做如下说明。

(1)各种具体形式的空间结构可归属为刚性空间结构、柔性空间结构、刚柔性组合空间结构三大类,进而还可划分为 17 小类空间结构(即刚性空间结构分 7 小类＋柔性空间结构分 3 小类＋刚柔性组合空间结构分 7 小类),其组成及同一小类的结构名称在总图中明显标出。

(2)各种具体形式的空间结构又可分成五大类(见图 74 的五个矩阵块),这与传统方法分为五大类空间结构(即薄壳结构、网壳结构、网架结构、悬索结构和膜结构)在一定程度上有相关性和对应性。

(3)现有 38 种具体形式的空间结构可区分为:

由板壳单元或以板壳单元为主的空间结构——3＋4＝7 种;

由梁单元或以梁单元为主的空间结构——5＋6＝11 种;

由杆单元或以杆单元为主的空间结构——3＋6＝9 种;

由索单元或以索单元为主的空间结构——2＋5＝7 种;

由膜单元或以膜单元为主的空间结构——2＋2＝4 种。

(4)38 种具体形式的空间结构中,17 种结构含有杆单元,17 种结构含有索单元,17 种结构含梁单元,因此,杆单元、索单元和梁单元是五种单元中很活跃的单元;10 种结构含板壳单元,6 种结构含膜单元。

(5)空间结构按基本单元分类总图具有以下特点:

1)直观性——各种具体形式空间结构的组成清楚,特色明显;

2)实用性——与结构分析的计算方法与计算机程序有机结合起来;

3)包容性——现有各种具体形式的空间结构都已包络在内;

4)开放性——今后任何新的空间结构体系均可在这一分类的框架中找到适当的位置就位,同时启发人们去不断创新、开发出新的空间结构。

(6)图 74 中暗色矩形框中多面体空间刚架结构、索穹顶-网架、张弦气肋梁是近五年来创新的空间结构;双层薄壳、预应力装配弓式结构是细化补充的空间结构。因此,空间结构的具体形式从 2004 年的 33 种[1]增至现在的 38 种,今后还会增加。

8 结语

通过本文的讨论与分析,可得出如下结论:

(1)纵观二千年空间结构的发展历史、结构特性和科技水平,可把空间结构分为古代空间结构、近代空间结构和现代空间结构。

(2)建筑材料的革命,施工新技术和预应力技术的引入,日臻完善的分析理论和计算机的应用以及设计理念和构思的更新是促进空间结构不断发展和创新的四大因素。

(3)提出和论述了刚性空间结构、柔性空间结构和刚柔性组合空间结构三大类空间结构的组成、特征和分类方法。

(4)对国内外现有 38 种具体形式的空间结构,要用比 2004 年提出的更为完善和充实的空间结构按单元组成分类总图来归纳和汇总,这具有鲜明的直观性、实用性、包容性和开放性。

(5)中国已是空间结构大国,多项空间结构世界之最在中国(如空间结构工程项目之多、覆盖建筑面积之大、世界首次建成之多、多种具体形式空间结构跨度之大、首次提出分析方法之多、加工制作安装企业之多等),在不久的将来,完全有信心也有能力成为空间结构强国。

参考文献

［1］董石麟,赵阳.论空间结构的形式和分类［J］.土木工程学报,2004,37(1):7—12.

［2］董石麟,马克俭,严慧,等.组合网架结构与空腹网架结构［M］.杭州:浙江大学出版社,1992.

［3］董石麟,姚谦.网壳结构的未来与展望［J］.空间结构,1994,1(1):3—10.

［4］董石麟.我国大跨度空间结构的发展与展望［J］.空间结构,2000,6(2):3—13.

［5］梅季魁,刘德明,姚亚雄.大跨建筑结构构思与构造选型［M］.北京:中国建筑工业出版社,2002.

［6］浙江大学建筑工程学院,浙江大学建筑设计研究院.空间结构［M］.北京:中国计划出版社,2003.

［7］张毅刚,薛素铎,杨庆山,等.大跨空间结构［M］.北京:机械工业出版社,2005.

［8］董石麟,罗尧治,赵阳.新型空间结构分析、设计与施工［M］.北京:人民交通出版社,2006.

［9］傅学怡,顾磊,赵阳,等.国家游泳中心水立方结构设计［M］.北京:中国建筑工业出版社,2009.

［10］董石麟,陈兴刚.鸟巢形网架的构形、受力特性和简化计算法［J］.建筑结构,2003,33(10):8—10.

［11］王振华.索穹顶与单层网壳组合的新型空间结构理论分析与试验研究［D］.杭州:浙江大学,2009.

［12］LUCHSINGER R H,PEDRETTI A,STEINGRUBER P,et al. Light weight structures with tensairity［C］// Shell and Spatial Structures from Models to Realization,Montepellier,France,2004:80—81.

［13］PEDRETTI M,LUCHSINGER R H. Tensairity patent:a pneumatic tensile roof［J］.Stablbau,2007,76(5):314—319.

［14］董石麟,袁行飞.肋环型索穹顶初始预应力分布快速计算法［J］.空间结构,2003,9(2):3—8.

［15］董石麟,袁行飞.葵花型索穹顶初始预应力分布的简捷计算法［J］.建筑结构学报,2004,25(6):9—14.

［16］袁行飞,董石麟.索穹顶结构的新形式及其初始预应力确定［J］.工程力学,2005,22(2):22—26.

9 中国空间结构的发展与展望[*]

摘　要:论文阐述了我国空间结构的发展概况,结构类型和形式繁多且不断创新,需要采用按单元组成的方法来分类空间结构。21世纪后,我国空间结构的发展又进入一个崭新阶段,应用范围和领域不断扩大,除在体育场馆、航站楼等大跨度公共建筑中大量采用外,在新建大型铁路客站、无站台柱雨篷、桥梁结构工程和高层建筑结构中也获得创新应用。空间结构工程的国际合作方面,应以积极态度对待国外建筑方案屡屡中标我国空间结构工程的现象。由于多项空间结构之"最"在中国,表明中国已是空间结构大国,现正是加快迈向空间结构强国的最佳时机。展望中国的空间结构,提出了应着力关注和研究的问题。

关键词:空间结构;发展与展望;形式与分类;刚性空间结构;柔性空间结构;刚柔性组合空间结构;应用范围

1　前言

我国的空间结构在20世纪50年代末较多地采用薄壳结构(典型实例是北京火车站大厅,见图1)、悬索结构(典型实例是北京工人体育馆,见图2),60年代中采用网架结构(典型实例是首都体育馆,见图3),80年代中较多地采用网壳结构(典型实例是北京体院体育馆,见图4),直到21世纪,这些比较传统的近代空间结构,除薄壳结构外,均获得了长期蓬勃的发展,工程项目遍布全国城镇各地。到20世纪90年代后开始采用索膜结构(典型实例是上海八万人体育场,见图5)、张弦梁结构(典型实例是上海浦东国际机场航站楼,见图6)、弦支穹顶(典型实例是天津保税区商务中心大堂,见图7)等一些轻质高效的现代空间结构。由此可见,我国空间结构的发展历史并不长,大致是50年,但发展速度快、应用范围广、形式种类多且不断有所创新。因此,按传统的五大类空间结构分类方法已不能全面、确切、包络地表达清楚现有38种具体形式的空间结构,本文认为需要采用按单元组成方法来分类空间结构。

图1　北京火车站大厅在施工

图2　北京工人体育馆

＊　本文刊登于:董石麟.中国空间结构的发展与展望[J].建筑结构学报,2010,31(6):38—51.

图3　首都体育馆网架在高空散装

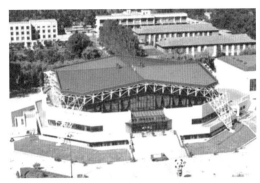

图4　北京体院体育馆

图5　上海八万人体育场

图6　上海浦东国际机场航站楼

图7　天津保税区商务中心大堂

进入21世纪,我国空间结构的发展又进入了一个崭新阶段,一个重要的特点是应用范围不断扩大、结构跨度骤增,除在体育场馆、航站楼与飞机库、影剧院、展览馆等大跨度公共建筑中大量采用外,在新建大、中型铁路客站候车大厅、无站台柱雨篷、桥梁结构工程和高层建筑结构中也获得了创新应用,并且具有我国自己的特色。

随着我国空间结构的快速发展,近年来我国一些标志性公共建筑空间结构工程屡屡被国外建筑事务所的建筑方案中标,引起了我国科技界和工程界的极大关注,议论纷纷。本文认为应采取积极的态度对待这一问题,并进行了若干讨论,提出了一些观点。

长期以来,我国空间结构的设计、科研、施工队伍庞大,多方关注,工程应用面广量大,成绩斐然,从而导致多项空间结构之"最"产生在中国,这充分表明中国已是名副其实的空间结构大国。现应抓住机遇,加快促进由空间结构大国向空间结构强国发展。文中提出了达到空间结构强国应着力进行有关的科技工作,并要取得创新的成就。

2 空间结构按单元组成分类

近年来,我国空间结构蓬勃发展,建筑造型新颖、形式和种类繁多而独特,按传统的空间结构形式和分类方法,即把空间结构区分为薄壳结构、网架结构、网壳结构、悬索结构和膜结构共五类空间结构的分类方法(图8)已很难囊括和包络现有各种形式的空间结构。采用按板壳单元、梁单元、杆单元、索单元和膜单元共五种单元组成来分类各种形式的空间结构可避免传统分类方法的局限性,具有鲜明的开拓性,如图9所示[1,2]。

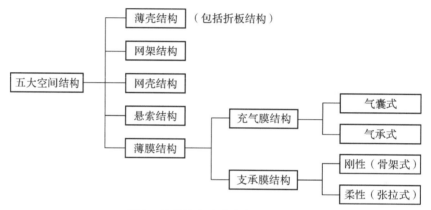

图 8　按传统方法分类的空间结构

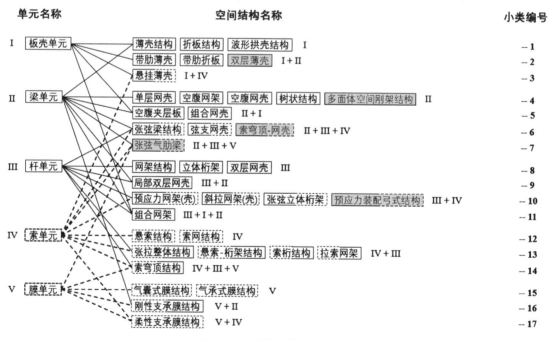

图 9　空间结构按单元组成分类

空间结构按单元组成分类方法具有如下一些特性:

(1)国内外现有 38 种具体形式的空间结构可以区分为:由板壳单元和以板壳单元为主组成的空间结构为 3+4=7 种,由梁单元和以梁单元为主组成的空间结构为 5+6=11 种,由杆单元和以杆单元为主组成的空间结构为 3＋6＝9 种,由索单元和以索单元为主组成的空间结构为 2＋5＝7 种,由膜单元和以膜单元为主组成的空间结构为 2＋2＝4 种。

(2)由于板壳单元、梁单元和杆单元可认为是刚性单元,索单元和膜单元可认为是柔性单元,因此各种具体形式的空间结构又可归属为由刚性单元组成的刚性空间结构、由柔性单元组成的柔性空间结构和由刚、柔性单元杂交组合而成的刚柔性组合空间结构三大类空间结构。进而还可划分为 7 小类刚性空间结构(见图 9 中用实线框框住的结构名称,小类编号为 1、2、4、5、8、9、11)、3 小类柔性空间结构(见图 9 中虚线框框住的结构名称,小类编号为 12、15、17)和 7 小类刚柔性组合空间结构(见图 9 中用半实线半虚线框框住的结构名称,小类编号为 3、6、7、10、13、14、16)共计 17 小类空间结构。例如图 9 中第 11 小类的组合网架是由杆单元(为主)和板壳单元、梁单元三种刚性单元组成,图 9 中用三条实线连接线及Ⅲ＋Ⅰ＋Ⅱ标志,且用实线框框住组合网架,表明是一种刚性空间结构。又例如图 9 中第 14 小类的索穹顶结构是由索单元(为主)和膜单元、杆单元两种柔性单元、一种刚性单元组成,图中用两条虚线、一条实线连接线及Ⅳ＋Ⅲ＋Ⅴ标志,且用半虚线、半实线框框住索穹顶结构,表明是一种刚柔性组合空间结构。图 9 中任何一种具体形式的空间结构,均可采用类同的方法来明确其属性。

(3)空间结构按基本单元组成分类具有鲜明的直观性、实用性、包容性和开放性四大特点,它不仅可确知各种形式空间结构的组成,而且可初步框定利用哪些计算方法和程序进行结构分析;它不仅可包络当前所有各种形式的空间结构,而且也可包容、囊括今后开发和创造的新型空间结构。

(4)需特别提一下图 9 中暗色矩形框表示的下面三种空间结构是近 5 年来首次提出的新形式:

1)图 9 中第 4 小类的多面体空间刚架结构,是仅由一种梁单元组成的刚性空间结构,2008 年奥运会国家游泳中心"水立方"采用了这种结构形式。多面体空间刚架结构成形图见图 10[3]。

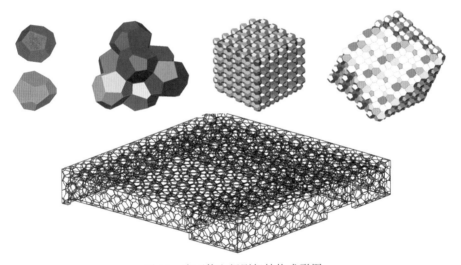

图 10　多面体空间刚架结构成形图

2)图 9 中第 6 小类的索穹顶-网壳,是由梁单元(为主)和杆单元、索单元组成的刚柔性组合空间结构,也是我国自己提出的一种索穹顶索杆体系与单层网壳组合的新型空间结构[4,5],曾是 2009 年全运会济南体育馆的一个遴选方案,见图 11。索穹顶-网壳的结构构成图见图 12,它的一个重要特点是可以采用刚性屋面体系,避免一般索穹顶结构仅由膜材构成的柔性屋面体系带来的不足和困难。

图 11　全运会济南体育馆一方案

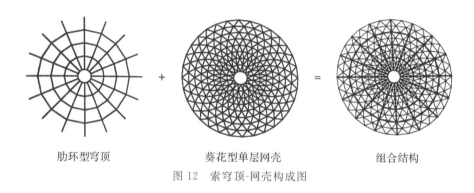

肋环型穹顶　　　　　　　葵花型单层网壳　　　　　　　组合结构

图 12　索穹顶-网壳构成图

3)图 9 中第 7 小类的张弦气肋梁(tension+air+integrity=tensairity),是由梁单元(为主)和索单元、膜单元组成的刚柔性组合空间结构,可认为是张弦梁结构中的竖杆用充气肋来替代而构成的一种空间结构。2007 年在瑞士蒙特立克斯车站汽车库屋盖,试点采用了这种张弦气肋梁结构[6](图 13)。

图 13　瑞士蒙特立克斯车站汽车库张弦气肋梁及其与支承结构的连接构造

此外,图 9 中第 2 小类的双层薄壳、第 10 小类的预应力装配弓式结构是细化补充的空间结构。因此,空间结构的具体形式从 2004 年的 33 种[1]增至当前的 38 种,今后还会不断发展增加。

3　创新空间结构应用范围

近年来随着我国经济的迅速发展,空间结构在传统的大跨度公共建筑中(如体育场馆、航站楼与机库、影剧院、展览馆等），其应用范围不断扩大，且结构形式有所拓展和创新，结构跨度达 300m 左右，凸显了我国空间结构发展的新阶段。与此同时，不少空间结构工程和项目成为国家和城市的标志性建筑，被评为大跨度优秀工程和建筑结构优秀设计项目。兹分别做如下说明。

近五六年来建成有代表性的体育场屋盖结构工程见表 1[2,7−9]。表 1 给出体育场的结构形式与图 9 相对应的有：斜拉网格结构、立体桁架结构、网架结构、单层网壳结构、局部双层网壳结构、索膜结构等。其中佛山世纪莲体育场采用了敷设膜材的圆环形平面索桁结构，跨度达 310m，这种结构形式在我国尚属首例，见图 14。

表 1　具有代表性的体育场屋盖结构工程

序号	工程名称	结构形式	平面形状及尺寸×厚度/m	矢高/m	用钢指标/(kg·m⁻²)	建成年份
1	新疆体育场	斜拉网格结构：径向主、次平面桁架＋内、外环立体桁架＋环向支撑＋前、后、下斜拉索	外圆直径 260，内椭圆孔 133.7×181.6，最大悬挑前端 50，后端 14	—	—	2005
2	南通奥体中心体育场	立体桁架与单层网壳结构：主、副、斜立体桁架＋单层网壳	拱脚处椭圆 262×265，椭榄形开合网壳 120×202	55.4（拱高）	—	2005
3	天津奥体中心体育场	桁架结构：V 型布置平面桁架拱＋内、上、下环向平面桁架＋环向支撑、檩条	露珠形 370×471×(2.0~4.5)，内椭圆孔 131×195	53（最高处）	—	2005
4	佛山世纪莲体育场	索膜结构：环形平面折板形索桁结构＋膜＋周边支承平面桁架	外圆直径 310，内孔直径 125	20		2006
5	奥运会"鸟巢"体育场	网架结构：旋转型平面桁架体系组成微弯网架＋24 根立体桁架柱	外椭圆 297.3×332.3×11.0，内椭圆孔 127.5×185.3	—	420（沿曲面）	2008
6	全运会济南体育场	立体桁架结构：64 榀径向变厚度菱形截面折板型三层立体桁架（最大悬挑 53）＋6 榀环向次桁架＋主结构延伸的折板型二层立体桁架墙面结构	两片梳形平面 88×360		80（沿曲面）	2008
7	深圳大运中心体育场	单层网壳结构：空间折板型单层网壳＋三道环梁	外椭圆 267×281，内椭圆孔 130.4×179.6		160（沿曲面）	2009
8	杭州奥体中心体育场（方案）	局部双层网壳结构：花瓣型局部单双层网壳＋28 根二级分叉树状支柱	外椭圆 300×330×3.8，内椭圆孔 152×202		95（沿曲面）	

图 14　佛山世纪莲体育场

全运会济南体育场采用了菱形截面折板型三层立体桁架,结构与建筑的配合较好,与济南的市貌三面荷花四面柳的柳叶非常相称。看台顶部设有带斜杆的柱子,上部结构与下部结构协同工作,屋盖悬挑跨度减缩至53m,结构剖面示意图见图15。

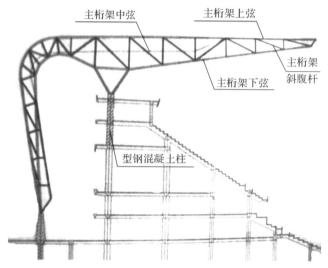

图15　全运会济南体育场结构剖面示意图

深圳大运中心体育场采用了空间折板型单层网壳结构,造型别致、壮观,见图16。

杭州奥体中心体育场是继奥运会"鸟巢"体育场后规模相当的体育场之一,外形如一盛开的花瓣,其中一方案采用局部双层网壳结构,28片主花瓣处选用双层网壳,其余部位用单层网壳。看台处设有28根二级分叉的树状支柱,以增加结构的支承点,有效减少网壳的跨度,见图17。

图16　深圳大运中心体育场效果图

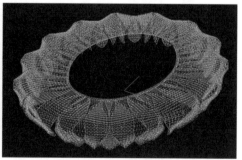

图17　杭州奥体中心体育场方案效果图及模型图

表1给出了其中4个体育场工程用钢指标,可见差异非常显著,说明体育场屋盖的结构选型极其重要。一般网架结构的合理适用跨度有一定的范围。体育场看台上是否设置支承柱,对减少屋盖结构跨度,降低用钢指标有明显的作用。

2005年以来建成有代表性的体育馆屋盖结构工程见表2[8-10],这些体育馆的跨度都接近百米或超过百米,其用钢指标不大于100kg/m²,说明结构体系选得比较合理。其中奥运会国家体育馆采用施加预应力技术的双向正交张弦桁架结构,平面尺寸达114m×144m,用钢量只有90kg/m²,是一种轻质高效的大跨度空间结构,见图18。全运会济南体育馆选用了三圈肋环形布置的弦支球面单层网壳结构,跨度达122m,这是当前世界上最大跨度弦支穹顶,建筑外形像一朵含苞欲放的荷花,是一幢标志性体育建筑,见图19。

表2 具有代表性的体育馆屋盖结构工程

序号	工程名称	结构形式	平面尺寸×厚度/m	矢高/m	用钢指标/(kg·m⁻²)	建成年份
1	绵阳九州体育馆	立体桁架结构:两榀三角形截面立体桁架中拱+两榀梯形截面立体桁架边拱+横向立体桁架、平面弧形桁架	平头枣形 105×165	33.7	92.0	2005
2	浙江财经学院体育中心	梭形立体桁架结构:三角形截面立体桁架拱(间距7.5m)+后张预应力低松弛钢绞线地梁	73(分区变化至66.4、61.6、39)×166.6×(3~0)	22.2	73.6	2005
3	佛山体育中心游泳馆	索膜结构:钢管交叉拱+双层膜+谷索等	88.8×210.0	13.828	—	2006
4	北京体大网球重竞技馆	圆柱面双层网壳结构	45.8×105.2×1.8	6.7	—	2006
5	奥运会老山自行车馆	球面双层网壳结构	D149.536×2.8	14.69	约100.0	2006
6	奥运会"水立方"游泳中心	多面体空间刚架结构	177×177×7.211	31.0(总高)	100.0(包括墙体)	2007
7	奥运会国家体育馆	双向张弦桁架结构	114×144	—	90.0	2007
8	济南全运会体育馆	三圈肋环形弦支球面单层网壳结构	D122	12	85.0	2008

图18 奥运会国家体育馆

图19 济南全运会体育馆

近几年建成的有代表性的航站楼与飞机库屋盖结构工程见表3[8,9]。其中首都机场T3航站楼采用了正三角形柱网36m×41.569m布置的微弯型抽空三角锥网架结构,建筑平面为一工字型,长度达2900m,最大翼宽790m,总覆盖建筑面积约35万 m²,用钢指标仅50kg/m²,图20是航站楼在施工安装中。上海浦东机场T2航站楼采用了三跨连续的张弦梁(拱)结构,巧妙地设置了空间双层Y型支承柱,既可增加张弦梁(拱)支承点,减小梁(拱)的有效跨度,又可降低张弦梁(拱)的纵向间距,起到托架的作用,见图21。至于飞机库屋盖结构,在我国采用的以三层网架居多,表3中的厦门太古飞机工程维修中心在横向采用了高低跨三层网架;2008年建成的首都机场A380维修机库,覆盖建筑平面为115.0m×(176.3×2)m,为当前我国最大的飞机库。

表3 具有代表性的航站楼与飞机库屋盖结构工程

序号	工程名称	结构形式	平面尺寸×厚度/m	矢高/m	用钢指标/(kg·m⁻²)	建成年份
1	首都机场T3航站楼	网架结构: 微弯型抽空三角锥网架,柱网36m×41.569m	工字型平面,长2900×最大翼宽790,总覆盖建筑面积35万 m²	—	50	2005
2	青岛流亭机场航站楼	立体桁架与单层网壳结构: V形布置三角形截面立体桁架+两向正交正放单层网壳	两块扇形平面72×180	—	—	2006
3	厦门太古飞机工程维修中心	网架结构: 高低跨变厚度三层网架(门梁处八层)	77.5×(92.6+77.8)×(4.0~6.3)	门梁标高41.2		2006
4	上海浦东机场T2航站楼	张弦梁(拱)结构: 三跨连续张弦梁(拱)结构(间距9m)+空间双层Y形支承柱(间距18m)	(46+89+46)×414			2006
5	首都机场A380维修机库	三层网架结构: 门梁处四层网架	115×(176.3×2)			2008

图20 首都机场T3航站楼在施工中

图21 浦东机场T2航站楼内景

2005年以来建成有代表性的影剧院屋盖结构工程见表4[8-11]。其中最有影响的和跨度最大的是国家大剧院,采用了由144榀径向平面空腹拱及环向上、下弦钢管构成的椭球面空腹网壳结构,平面尺寸为椭圆 142m×212m,空腹拱的上、下弦杆及腹杆为 60mm×200mm 的实体杆件。图 22 为国家大剧院在施工中及结构计算模型,共有 12000 个节点。

表 4 具有代表性的影剧院屋盖结构工程

序号	工程名称	结构形式	平面尺寸×厚度/m	矢高/m	用钢指标/(kg·m⁻²)	建成年份
1	杭州大剧院	立体与平面桁架结构:170m跨三角形截面屋脊立体桁架拱+后屋盖68榀平面桁架拱系+前屋盖22榀鱼腹式桁架	月牙形 35×170×2	拱高46.4	—	2005
2	深圳保利剧院	立体桁架与单层网壳结构:东区为横向五榀、纵向四榀三角形截面立体桁架拱+屋面支撑,西区为单层网壳	似椭圆 80×150×2.8	拱高35	—	2006
3	国家大剧院	空腹网壳结构:144榀平面空腹拱+环向上、下弦杆构成	椭圆 142×212×(3～2)	—	137(沿曲面)	2007
4	广州歌剧院	单层网壳结构:落地式空间折板形单层网壳(由64片三角形或四边形三向网片组成)	不规则带凹角的多边形 128.5×135.9	43	175(沿曲面,不含铸钢节点重)	2009
5	上海世博会演艺中心	网架结构:中段两向正交正放及两端肋环形正交平面桁架系网架	长椭圆 111×136	—	—	2009

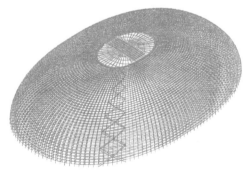

图 22 国家大剧院在施工中及结构计算模型

　　具有代表性的展览馆与会展中心屋盖结构工程见表 5[8,9]。值得说明的是 2009 年刚建成的上海世博会世博轴,实际上它是一幢平面尺寸为 97m×840m 廊道的顶盖,采用了由 23 片膜材组装的多跨连续张拉索膜结构与 6 个喇叭型单层三向网壳(称为阳光谷)组合的杂交空间结构。世博轴的鸟瞰图见图 23;索膜结构的杆件有中桅杆、外桅杆、膜片、脊索、谷索、边索、水平索、加强索、吊索、背索等,见图 24;阳光谷采用矩形钢管杆件,非共面的相贯节点,节点试验在浙江大学结构实验室进行,见图 25;建成后的阳光谷见图 26。

表5　有代表性的展览馆与会展中心屋盖结构工程

序号	工程名称	结构形式	平面尺寸×厚度/m	矢高/m	用钢指标/(kg·m^{-2})	建成年份
1	首都博物馆新馆	平面桁架与网架结构：平面主桁架(间距8m)＋平面次桁架＋局部网架	56×144×(2～3)三面外挑12,北面正面外挑21	—	55.2	2005
2	苏州国际博览中心标准展厅	立体桁架结构：变高度倒梯形截面立体桁架,间距27m(双钢管并联K形下弦节点)	90×108,不规则挑檐最大为27,共7个展厅	—	171	2005
3	全国农展馆改扩建工程	张弦立体桁架结构：张弦三角形截面立体桁架,跨度77m,挑檐7m,间距12m	91×144	6.4	—	2005
4	上海世博会世博轴	索膜结构与单层网壳结构：多跨连续张拉索膜结构＋6个喇叭形单层三向网壳	97×840	—	—	2009
5	上海世博会中国馆	立体桁架结构：两向正交正放重叠悬挑型矩形截面立体桁架系结构	140×140	—	—	2010

图23　世博轴鸟瞰图

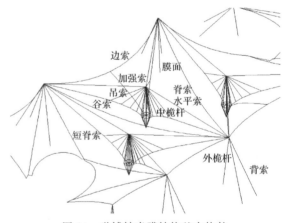

图24　世博轴索膜结构基本构件

图25　阳光谷节点试验

图26　世博轴阳光谷

随着铁路的提速和高速铁路与城际铁路的快速发展,一大批大跨度、大柱网的大型铁路客站建筑在国内大量兴建。大型铁道客站是集铁路、城市轨道交通、公交、出租车、社会车等多种交通方式于一体的综合交通枢纽,地上建筑与地下建筑结合、房屋建筑与桥梁建筑合一,结构复杂,结构层数多,上部形态各异的大跨度空间结构要与下部结构有机结合,协同工作,这也是大型客站建设设计与施工中要特别关注的科技问题。

　　近五六年来,我国已建成和正在建设有代表性的火车站主站房屋盖结构工程见表6[8,12,13],其结构形式有梁系结构、立体桁架结构、拱结构、张弦梁(拱)结构、单层与多层网壳结构、张弦网壳结构、网架结构以及各种组合的空间结构,跨度大、结构形体新颖,为所在城市建设的新地标。例如2006年建成的上海南站主站房,直径为294m的圆形建筑平面,巧妙地采用了梁系屋盖结构,结构主体由18根二级分叉Y型大梁、中段梁的下弦杆(弦支钢棒)、中心环、18根内柱、36根外柱组成,Y型大梁间还采用4道环索、4圈水平交叉索加强,见图27。又如2009年底建成通车的新武汉站主站房,平面尺寸188m×260m,采用拱与网壳组合的空间结构屋盖,结构主体由间距为65m的三跨(36m+116m+36m)大拱、拱上V型支撑、变厚度双层网壳组成,见图28.再如新天津西站主站房屋盖,平面尺寸114m×400m,采用了变高度变宽度矩形截面钢管两向斜交斜放单层柱面网壳结构,两端自由悬挑跨度为16m,见图29。图30为在浙江大学进行的网壳结构1/20模型试验。

表6　具有代表性的火车站主站房屋盖结构工程

序号	工程名称	结构形式	平面尺寸×厚度/m	矢高/m	用钢指标/(kg·m⁻²)	建成年份
1	上海南站	梁系结构: 18根二级分叉Y形大梁+中间梁的下弦杆(钢棒)+4道环索、4圈交叉索	扁圆锥形D294,内压环D26,内柱(18根)D150,外柱(36根)D226	—	—	2006
2	北京南站	梁与立体桁架系结构: 实腹梁(中跨67.5m)+矩形截面立体桁架(边跨40.5m、悬挑19m)共17榀,间距20.6m	椭圆190×350×2.0(中跨)×3.0(两侧)	总高40	—	2008
3	新武汉站	拱与网壳结构: 三跨大拱+变厚度双层网壳+拱上V型支撑,大拱间距65m	(36+116+36)×(4×65)	59	—	2009
4	新广州站	张弦梁(拱)与张弦网壳结构: 张弦双肢梁(拱)(跨度68~100m,间距16m)+张弦两向斜交单层网壳采光带(跨度34~58.4m)	222×468,内部柱网32×68	—	—	2010
5	新天津西站	单层网壳结构: 变高度变宽度矩形截面钢管两向斜交单层柱面网壳	114×400	37	—	—
6	成都东站	平面与立体桁架结构: 顺轨向150m跨平面桁架与42m+46m+42m三跨立体桁架间隔布置,悬挑27m,间距21.5m	(27+150+27)×380×(4~6.5)	—	—	—

续表

序号	工程名称	结构形式	平面尺寸×厚度 /m	矢高 /m	用钢指标 /(kg·m⁻²)	建成年份
7	西安北站	网架结构：11个单元四面坡网架,顺轨向42m+66.5m+42m三跨,横轨向跨度43m(局部47m)+四角锥斜撑柱	150.5×480	—	—	—
8	杭州东站	立体桁架结构：两向正交立体桁架结构,顺轨向最大跨度118m,横轨向跨度43~68m	285×516×(3.5~4.4)	—	—	—

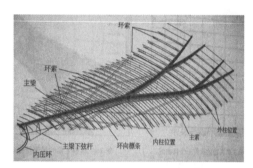

图27 上海南站结构示意图(1/18)

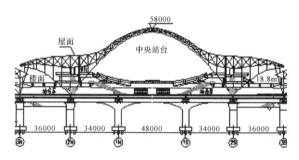

图28 新武汉站结构剖面图

图29 新天津西站内景

图30 新天津西站1/20模型试验

　　为方便旅客,体现以人为本的新理念,新建火车站站台大都采用无站台柱雨篷,雨篷横向跨度要求不小于21.5m,支承柱可设在两股铁道的中间。因此,形态各异的大、中、小跨度空间结构都可适用于站台雨篷屋盖结构。表7给出有代表性的火车站无站台柱雨篷结构工程[12-15]。北京南站雨篷采用了很有特色的悬垂工字梁结构,结构主体主要是最大跨度(顺轨向)达66m的悬垂工字梁系,为抵抗风吸力,设反向斜拉索,支承在间距(横轨向)41.2m的A字型柱上(见图31)。天津站雨篷选用了张弦梁(拱)结构,这是一种跨度(横轨向)为39.5~48.5m的五跨张弦双肢梁(拱)结构,上弦双肢梁(拱)间设竖、斜腹杆,构成平面桁架,下弦为单索,撑杆为V字型,张弦梁(拱)支承在带四角锥斜杆的独立柱上,顺轨向柱距18~24m(见图32)。深圳北站雨篷采用一种新型的弦支柱面网壳,这是一种单元尺寸为14m×21.5m多跨多波连续的单环弦支圆柱面单层网壳结构,支承在四角锥柱帽斜杆的上端,柱网尺寸为顺轨向28m,横轨向43m,图33为其横轨向及顺轨向结构局部剖面图。在浙江大学进行了9

个单元弦支圆柱面网壳组合的缩尺比为 1/8 的模型试验研究,见图 34。

表 7　具有代表性的火车站无站台柱雨篷结构工程

序号	工程名称	结构形式	平面尺寸×厚度 /m	矢高 /m	用钢指标 /(kg·m⁻²)	建成年份
1	北京北站雨篷	张弦立体桁架结构: 倒三角形截面,间距 20m,最大跨度 107m	118×680			2007
2	北京南站雨篷	悬垂工字梁结构: 设反向斜拉索,顺轨向最大跨度 66m,支承 A 型柱,间距 41.2m	两块月牙形平面 126.6×322.6			2008
3	天津站雨篷	张弦梁(拱)结构: 张弦双肢梁(拱)结构共 5 跨,上弦双肢梁(拱)构成平面桁架＋V 型撑杆＋四角锥柱帽斜杆柱	横轨向(48.5＋2×41 ＋42＋39.5), 顺轨向柱距(18～24)	3.0 总高 4.5		2008
4	新武汉站雨篷	双层网壳结构: 变厚度双层网壳＋拱与拱上 V 型支撑,顺轨向柱距 36m,横轨向跨度 64.5m 共四跨	两块曲边四边形平面 144×258			2009
5	新广州站雨篷	张弦梁(拱)结构: 张弦双肢梁(拱)结构,横轨向跨度 50～68m,间距 16m＋Y 型支承柱,间距 32m	顺轨向柱距 32×横轨向柱距(50～58), 总覆盖面积 14 万 m²			2010
6	深圳北站雨篷	弦支网壳结构: 多跨多波单环弦支圆柱面网壳＋四角锥柱帽斜杆支承	顺轨向柱距 28×横轨向柱距 43,总覆盖面积 6.8 万 m²			2010
7	青岛站雨篷	单层网壳结构: 三跨(44＋39×2)柱面单层网壳,顺轨向柱距 29～39.7m	(44＋39×2)×472			

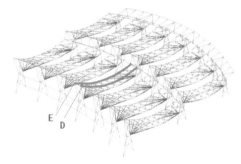

图 31　北京南站无站台柱雨篷结构

图 32　天津站雨篷结构-张弦双肢梁(拱)

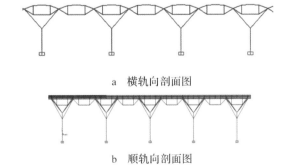

a　横轨向剖面图

b　顺轨向剖面图

图 33　深圳北站无站台柱雨篷结构局部剖面图

图 34　深圳北站站台雨篷 1/8 模型试验

此外,由于地形、功能和美学的要求,在大跨度桥梁工程中,近年来也不时采用大跨空间结构[16,17],如建设中跨越邕江的南宁大桥,主桥跨度 300m,采用了曲线梁非对称外倾拱桥,结构主体由桥面曲线钢箱梁、两条非对称倾斜的钢箱拱、镀锌钢丝索倾斜吊杆、平衡吊杆及拱的水平力而布置在钢筋梁内的系杆以及锚固系杆用的拱间平台共五部分组成,见图 35。天津海河大沽桥主桥跨度 106m,采用了大、小拱倾斜的下承式拱桥(图 36)。常州京杭运河龙城大桥则选用了由拱门式桥塔、悬索桥(113.8m)、斜拉桥(72.2m)组合的具有空间结构特性且颇有创意的桥梁结构新形式(图 37)。

图 35　跨越邕江的南宁大桥

图 36　天津海河大沽桥

图 37　常州京杭运河龙城大桥

在高层建筑中如香港的中国银行大楼,采用巨型(立体)桁架参与外筒体的工作,是典型的空间结构理念在高层建筑结构中的应用。近年来多种网格布置的柱面网壳直接作为高层建筑的外筒体结构已有较多应用[17,18]。中建国际设计顾问有限公司改进设计的多哈外交部大楼,便是采用两向斜交斜放的圆柱面钢筋混凝土筒壳,作为 44 层钢筋混凝土结构的外筒体,见图 38。正在兴建的 358m 天津中钢国际广场则采用三向矩形柱面网壳(板)作为外筒体,见图 39。

4　空间结构工程的国际合作

近些年来,我国一大批标志性的大型公共建筑空间结构工程被国外建筑设计公司中标(表 8 为不完全统计工程[19])。这一现象曾引起国内科技界和工程界极大关注,议论纷纷,褒贬不一,现在似乎冷静下来了。总的看来,应以积极的态度来对待被国外建筑公司中标的大型公共建筑空间结构工程。

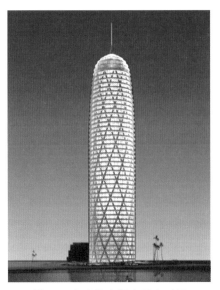

图 38　多哈外交部大楼立面图

图 39　天津中钢国际广场

表 8　国外中标的大型公共建筑空间结构工程

项目	中标单位	国内合作单位
国家大剧院	保罗·安德鲁(法国)	北京市建筑设计研究院
鸟巢体育场	赫尔佐格-德梅隆(瑞士)	中国建筑设计研究院
水立方游泳馆	PTW(澳大利亚)	中建国际设计顾问有限公司
首都国际机场 T3 航站楼	诺曼福斯特(英国)	北京市建筑设计研究院
杭州大剧院	卡洛斯(加拿大)	杭州市建筑设计研究院
上海浦东机场航站楼	保罗·安德鲁(法国)	华东建筑设计研究院
深圳会展中心	佐藤(日本)	广州市建筑设计研究院
深圳大运会体育中心	GMP(德国)	深圳市建筑设计研究院、东北建筑设计研究院
浙江大学体育馆	考克斯(澳大利亚)	浙大建筑设计研究院、浙大空间结构研究中心
深圳机场 T3 航站楼	福克萨斯(意大利)	北京市建筑设计研究院
深圳南山体育中心	佐藤(日本)	北京市建筑设计研究院
广州歌剧院	Zaha Hadid 事务所(英国)	广州珠江外贸建筑设计院、华南理工大学
上海铁路南站	AREP 建筑公司(法国)	华东建筑设计研究院
新天津西站	GMP(德国)	铁道部第三勘察设计院
上海世博会世博轴	SBA(德国)	华东建筑设计研究院

(1)我国加入 WTO 以后,国外建筑企业进入中国市场,允许并欢迎他们来竞标我国大型公共建筑工程,这是我国改革开放政策的具体体现,不闭关自守的大国风范。

(2)国外有不少优秀的建筑和结构大师及其建筑方案,在建筑设计理念、结构选型、建筑与结构的配合等方面思想活跃、不保守、有所创意和创新,值得学习,要看到国内有差距。

(3)国外中标的大型公共建筑空间结构工程,其建筑和结构的优化和深化设计、工程的加工、制作和施工安装都是我国科技人员和广大建筑工人花了大量的精力和加倍努力工作完成的,现大都已成为国家和城市的标志性建筑,特别是奥运会的"鸟巢"和"水立方",其意义更是凸显。因此,这些国外中标、现已建成的大型公共建筑,即使在某些建筑和结构方面有不足之处,应总结经验,有待今后改进,现不宜对这些工程进行不恰当的挑剔和贬低。

(4)国内某些建设单位,包括相应的决策部门确也存在一种严重的"崇洋风",对外形怪异、结构不合理的畸形建筑,缺乏衡量标准和判别能力,与真正的新技术新结构混为一谈,致使国外建筑事务所一些低水平的建筑方案也屡屡中标。因此需要强调自主创新、规范招投标工作是非常重要的,应关注如下事项:

①制定科学的评标标准。一直以来我国对土建工程评优而提倡的八字方针,即安全、适用、经济、美观仍是非常有效的,进入 21 世纪,在中国建造大型公建工程,还应加上技术先进、结合中国国情(即要有地域文化)。根据这六条评标标准,进行科学综合定量评价,保证相对最优的建筑方案中标,同时在招投标过程中,要加强政府和社会的监管力度,确保招投标工作真正做到"公开、公正、公平和诚信"的准则。

②组建评标专家委员会应严格评标专家资格认定,实行动态管理,严格执行回避制度。专家组成人员要合理,中外专家比例合理,专家专业(建筑、结构、设备、施工)比例合理,官员不能太多,确保评标专家依据评标办法和标准独立负责地进行评标。

③国际招标中尚应关注中外设计单位设计收费合理,应同样执行平等的国民待遇。此外,还要对国外设计事务所进行严格的资质审查,防止非本单位挂靠、临时招聘国内人员凑数等虚假现象。

5 多项空间结构之"最"在中国

我国的空间结构经过近半个世纪的发展,特别是 21 世纪后,随着我国钢产量的年年攀升,以钢材为主要建筑材料的空间结构也更是日新月异地得到迅猛的发展,而且在中国创造了多项空间结构之"最"。

(1)空间网格结构(网架与网壳)是一种受力合理、刚度大、材料省、制作安装方便、应用广泛的各类大、中、小跨度的空间结构。据不完全统计,近几年我国每年建成约 1800 幢网格结构、覆盖建筑面积 300 万 m^2,耗钢量 15 万 t,早已成为名副其实的"网架大国"。

(2)我国有近百家相当规模的空间结构(钢结构、膜结构)制造厂,已形成一个新兴的空间结构制造行业,其中有 30 多家特级钢结构制造厂(每年制造超过 5 万吨钢结构的企业为特级企业)和约 10 家一级膜结构生产公司,形成规模生产,且部分出口国外。这样多的空间结构制造厂在国外是没有的,我国是全球之最。著名的企业如绍兴精工钢结构(集团)股份有限公司、浙江东南网架股份有限公司、中建钢构有限公司、浙江大地钢结构有限公司、江苏沪宁钢机股份有限公司、上海宝冶建设有限公司、上海冠达尔钢结构有限公司、徐州飞虹网架集团有限公司、北京纽曼蒂莱蒙膜建筑技术有限公司、深圳欣望角膜结构公司等,为我国大跨度空间结构的发展和推广应用做出了积极的贡献。

(3)在中国有跨度最大的空间结构,如 142m×212m 的空腹双层椭球面网壳用于国家大剧院,114m×144m 的双向张弦桁架用于奥运会国家体育馆,跨度 122.2m 弦支穹顶用于济南全运会体育馆,椭圆形平面 297.3m×332.3m 网架结构用于奥运会"鸟巢"体育场。

(4)国内外首次在中国采用的新型空间结构也很多,如多面体空间刚架结构用于奥运会"水立方"游泳馆(2007 年建成),多层多跨网架雕像骨架用于广东南海大佛(1997 年建成,见图 40),组合网架用于江苏徐州夹河煤矿大食堂(1980 年建成,见图 41,与国际同步),预应力装配弓式结构用于北京钓鱼台国宾馆室内网球场(1994 年建成,有国家发明专利)。

图 40 广东南海大佛雕像骨架

图 41 徐州夹河煤矿大食堂

（5）在世界上单体覆盖建筑面积最大的微弯网架如首都机场 T3A 航站楼，其覆盖建筑面积 18 万 m²，连同 T3B、T3C 可达 35 万 m²；我国是世界上建成组合网架幢数最多的国家（共 60 幢，而世界各国的总和也不足 30 幢）。

（6）我国已编制和颁发了多本空间结构（如薄壳结构、折板结构、升板结构、网架结构、网壳结构、索结构、膜结构、预应力结构等）国家和地方的规范、规程、标准，可指导各类空间结构的设计和施工，确保工程质量。

（7）此外，我国高等院校和科研机构中有正在攻读空间结构学科的硕、博士研究生和博士后，其保守的估计数达到 2500 名，每年发表了大量的学术论文。这支空间结构科技队伍的后备力量是不可估量的、世界上少有的。

综上所述，中国不仅仅是世界网架大国，而且已是空间结构大国，现正是机遇，是步入从空间结构大国向强国迈进的年代。

6 展望

展望中国的空间结构，为促进中国从空间结构大国向空间结构强国发展，应着力关注和研究如下问题：

（1）在空间结构的推广应用和研发方面，必须着力坚持四个创新的原则，即原始创新、集成创新、引进消化、吸收、再创新和自主创新的原则。

（2）要着力研究、开发技术先进、制造方便、轻质高效和具有鲜明特色的空间结构体系和节点体系，并形成品牌专利，进行批量生产。

（3）要着力倡导和推行空间结构的工厂化、自动化、精细化、装配化、CAM 和 CAD 一体化的加工制作，力求做到每幢空间结构工程都是优质产品。

（4）要着力攻克空间结构的流固耦合、静动力稳定、抗风抗震、结构的弹塑性和全寿命性能等方面的分析理论和计算方法方面的难题或有争论、待深化的科研课题。

（5）要着力进行空间结构的国际学术交流和合作，要着力把我国空间结构的设计与施工队伍进入国际市场，特别是欧美市场。

致谢：本文撰写时涉及空间结构工程近 60 项，对有关单位和个人提供的宝贵资料在此一并致谢！

参考文献

[1] 董石麟,赵阳.论空间结构的形式和分类[J].土木工程学报,2004,37(1):7-12.

[2] 董石麟.空间结构的发展历史、创新、形式分类与实践应用[J].空间结构,2009,15(3):22-43.

[3] 傅学怡,顾磊,赵阳.国家游泳中心水立方结构设计[M].北京:中国建筑工业出版社,2009.

[4] 王振华.索穹顶与单层网壳组合的新型空间结构理论分析与试验研究[D].杭州:浙江大学,2009.

[5] 董石麟,王振华,袁行飞.一种由索穹顶与单层网壳组合的空间结构及其受力性能研究[J].建筑结构学报,2010,31(3):1-8.

[6] PEDRETTI M,LUCHSINGER R H. Tensairity Patent:a pneumatic tensile roof[J]. Stablbau,2007,76(5):314-319.

[7] 傅学怡,杨想兵,高颖,等.济南奥林匹克体育中心结构设计概述[C]//天津大学.第九届全国现代结构工程学术研讨会论文集,济南,2008:1-10.

[8] 《建筑结构优秀设计图集》编委会.建筑结构优秀设计图集8[M].北京:中国建筑工业出版社,2008.

[9] 中国钢结构协会空间结构分会.大跨空间结构优秀工程汇编——第五届空间结构优秀工程奖获奖工程[A].2009.

[10] 董石麟,袁行飞,郭佳民,等.济南奥体中心体育馆弦支穹顶结构分析与试验研究[C]//天津大学.第九届全国现代结构工程学术研讨会论文集,济南,2008:11-16.

[11] 黄泰赟,蔡健.广州歌剧院空间异型大跨度钢结构设计[J].建筑结构学报,2010,31(3):89-96.

[12] 郑健.空间结构在大型铁路客站中的应用[J].空间结构,2009,15(3):52-65.

[13] 2009中国铁路客站技术国际交流会会议交流论文(设计篇)[G].北京:铁道部工程技术鉴定中心,2009.

[14] 董城.京津城际铁路天津站结构设计[C]//天津大学.第九届全国现代结构工程学术研讨会论文集,济南,2008:174-176.

[15] 罗尧治,张彦,余佳良,等.北京北站张弦桁架结构工程[C]//中国土木工程学会.第十二届空间结构学术会议论文集,北京,2008:627-631.

[16] 范立础,杨澄宇.空间结构在桥梁工程中的应用[J].空间结构,2009,15(3):44-51.

[17] 刘锡良.简述天津市近年来兴建的十座工程结构体系[C]//天津大学.第九届全国现代结构工程学术研讨会论文集,济南,2008:177-186.

[18] 傅学怡.空间结构理念在高层建筑中的应用与发展[J].空间结构,2009,15(3):85-96.

[19] 董石麟,袁行飞,赵阳.规范招投标和建筑设计方案,促进我国大跨度空间结构从大国向强国发展[J].钢结构,2009,(S):1-8.

10 现代大跨空间结构在中国的应用发展、问题与展望[*]

摘　要：三十多年来,我国大跨度空间结构得到了迅速发展,结构类型和形式繁多,且不断创新。根据发展历史将空间结构划分为古代空间结构、近代空间结构和现代空间结构,讨论了现代空间结构按单元组成进行分类的方法。阐述了近代空间结构中最常用的网架和网壳结构在当前体育建筑、高铁站房、航站楼和展览中心等公共建筑中的应用发展和创新,重点阐述了各种现代刚性空间结构、现代刚柔性组合空间结构和现代柔性空间结构在中国的应用发展和创新。通过各个方面的空间结构之"最"在中国的讨论,表明中国已是空间结构大国,但不是强国,尚有不少差距和问题需要研究和解决。文章最后提出了中国要成为空间强国必须达到"三要"和"六项标准"。

关键词：现代大跨度空间结构;刚性空间结构;柔性空间结构;刚柔性组合空间结构;应用发展;问题与展望

1 引言

现代大跨度空间结构起始于 20 世纪 70 年代中期。中国土木工程学会空间结构委员会已成立 32 周年,今年是中国钢结构协会 30 年华诞。30 多年来,中国的空间结构,特别是现代空间结构蓬勃发展,全世界现有 38 种空间结构,在中国都进行了比较深入的研究,除个别外都应用于工程实践。其中一些新的空间结构是中国首创或在中国首次建成,令世界刮目相看。

根据发展历史将空间结构划分为古代空间结构、近代空间结构和现代空间结构,讨论了空间结构按单元组成进行分类的方法。阐述了近代空间结构中最常用的网架和网壳结构在当前体育建筑、高铁站房、航站楼和展览中心等公共建筑中的应用发展和创新,重点阐述了 30 多年来我国现代大跨空间结构的体系发展与创新,包括组合网架与组合网壳、空腹网架与空腹网壳、多面体空间刚架、局部双层网壳等刚性空间结构,张弦梁与张弦桁架、弦支网壳、索桁结构、索穹顶结构等刚柔性组合空间结构,以及充气膜结构、柔性支承膜结构等柔性空间结构。通过讨论空间结构之"最"在中国,如首次采用的空间结构新形式,最大跨度、最大覆盖面积的空间结构,空间结构的工程数、企业数及研究生数等中国处于世界前列,充分表明中国已是空间结构世界大国,下一步的展望和期待是要从大国勇往直前地奔向强国。文中列举了从大国向强国发展要解决的问题,并提出了要成为空间强国必须达到"三

*　本文刊登于:董石麟,袁行飞,赵阳.现代大跨空间结构在中国的应用发展、问题与展望[C]// 中国钢结构协会.2014 中国钢结构行业大会论文集,南京,2014.

要",即一要创新,二要有各方英才,三要精密加工和安装,走空间结构产品工业化、标准化、现场装配化的道路,并要用六项标准来衡量和评定空间结构工程。

2　古代、近代、现代空间结构的年代划分

空间结构的发展历史可分成三个阶段,即古代空间结构、近代空间结构和现代空间结构[1-7],分割的时间节点大致为1925年、1975年前后(图1)。这是基于1925年在德国耶拿玻璃厂建成历史上第一幢40m直径的钢筋混凝土薄壳结构,1924年在德国蔡司天文馆建成世界上首个直径为15m的半球形单层钢(生铁)网壳以及1975年在美国庞蒂亚克建成很有代表性的巨型首例168m×220m气承式充气膜结构体育馆。空间结构按年代划分图见图1。

古代空间结构主要是拱券式穹顶结构,典型的工程可追溯到公元前14年在罗马建成的万神殿,跨度43.5m,矢高43.5m(图2),材料为浮石、火山灰,平均厚度3.7m,顶部厚度1.2m,构成半个球体支承在6.2m厚墙体上。又如1381年(明洪武十四年)建成的南京无梁殿,是一柱面拱券结构,平面尺寸38m×54m,净高22m(图3),材料为砖石。

近代空间结构主要是钢筋混凝土薄壳结构、网架网壳结构和一般悬索结构。从图1可以说明:(1)从1925年到1975年的50年间是近代空间结构独占鳌头的黄金年代;(2)1975年不是近代空间结构终止的年代,那些生命力强的网架网壳结构在1975年后还在和现代空间结构一起继续应用、发展和创新。

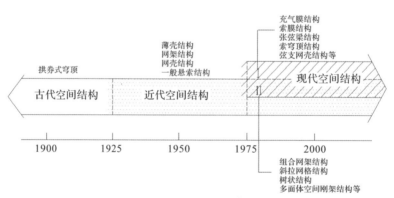

图1　空间结构年代划分图

图2　罗马万神殿

a　殿前　　　　　　　　　　　　　b　殿宇

图 3　南京无梁殿

现代大跨空间结构大致是在 20 世纪七八十年代左右,基于采用轻质高强的膜材、钢索、钢棒,应用新技术而发展起来的轻盈、高效的结构体系,诸如气承式充气膜结构、索膜结构、索桁结构、张弦梁结构、弦支网壳结构、索穹顶结构等,这是现代空间结构第一部分。现代空间结构的第二部分是近代空间结构,如薄壳结构、网架结构、网壳结构、一般悬索结构等,大致从 20 世纪七八十年代起,通过采用多种结构形式和建筑材料的组合而协同工作、预应力技术、结构概念和形体的创新,从而提出并得到工程实践应用的新颖空间结构体系,诸如组合网架结构、斜拉网架(壳)结构、预应力网架(壳)结构、局部双层网壳结构、树状结构、多面体空间刚架结构等。因此,现代空间结构由图 1 中的 Ⅰ、Ⅱ(图中用斜线表示)两部分结构体系组成。

3　空间结构的分类

近年来,国内外空间结构蓬勃发展,建筑选型新颖、形式和种类繁多,按传统的空间结构形式和分类方法,即把空间结构划分为薄壳结构、网架结构、网壳结构、悬索结构、薄膜结构共五类空间结构的分类方法已很难包络和反映现有各种形式的空间结构。

据统计,国内外现有各种形式的空间结构共 38 种,它们都有具体的名称,并在工程实践中获得应用。如采用组成空间结构的基本构件或基本单元即板壳单元、梁单元、杆单元、索单元和膜单元来分类,如图 4 所示[1,8,9],就可避免传统分类方法的局限性,而且具有鲜明的直观性、实用性、包容性和开放性。因此,空间结构按基本单元组成分类,不仅可确知各种形式空间结构的组成,而且可初步框定利用哪些计算方法和程序进行结构分析;它不仅可包络当前所有各种形式的空间结构,而且也可包容、囊括今后开发和创造的新型空间结构。

图 4 还表明,由于板壳单元、梁单元和杆单元可认为是刚性单元,索单元和膜单元可认为是柔性单元,因而各种具体形式的空间结构又可归属为由刚性单元组成的刚性空间结构(图 4 中用上、下实线框框住的结构名称,计 7 小类共 17 种刚性空间结构)、由柔性单元组成的柔性空间结构(图 4 中用上、下虚线框框住的结构名称,计 3 小类共 5 种柔性空间结构)和由刚、柔性单元杂交组合而成的刚柔性组合空间结构(图 4 中用上、下半实线半虚线框框住的结构名称,计 7 小类共 16 种刚柔性组合空间结构)共三大类空间结构。

由 20 世纪七八十年代发展起来的现代空间结构(由图 1 的 Ⅰ、Ⅱ 两部分组成),其鲜明的特点是轻盈、高效、创新和实用,可划分为现代刚性空间结构(共 5 种)、现代柔性空间结构(共 2 种)和现代刚柔性组合空间结构(共 10 种)共三大类 17 种空间结构,详见图 4 暗色矩形框中所表示的空间结构。

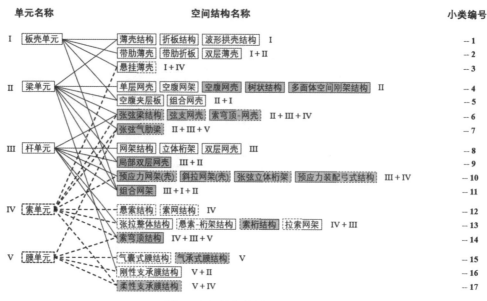

图 4　空间结构按单元组成分类

4　近代空间结构中的网架网壳结构尚在继续应用发展与创新

如前所述,近代空间结构的主要标志性结构形式,特别是空间网格结构(包括网架结构、网壳结构),到目前还在应用、发展和创新。可以说,网架结构和网壳结构是三十多年来我国发展最快、应用最为广泛的空间结构形式[10,11]。限于篇幅,这里仅简单介绍几个近年建成的具有较大影响的代表性工程。

4.1　在体育建筑的应用发展与创新

国家体育场"鸟巢"(图 5)的屋盖主体结构实际上是两向不规则斜交的平面桁架系组成的约 340m×290m 椭圆平面网架结构,网架外形呈微弯型双曲面,每榀桁架与椭圆形内环相切或接近相切,可称其为鸟巢形网架(图 6)。由图 6 可见,圆形平面的鸟巢形网架,可仅由一榀平面桁架集合组成,结构构造、分析计算均变得非常简便[12]。

图 5　国家体育场"鸟巢"

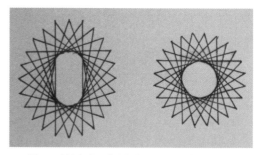

图 6　椭圆平面与圆形平面的鸟巢形网架

2012 年上海新建成东方体育中心游泳馆(图 7),跨度 120m,采用立体桁架拱柱结构,为国际游泳比赛创造条件。2012 年北京建成了直径 150m、中间开设 60m×70m 开启屋盖的国家网球中心新馆(图 8),

采用二层和三层网格结构,为美网、法网、温网、澳网之后国际第五大网球比赛中网建立了基地[13]。

图 7　上海东方体育中心

图 8　国家网球中心新馆

4.2　在高铁铁路站房的应用发展与创新

天津新西客站主站房屋盖[14],平面尺寸 114m×400m,采用了巨型网格的两向斜交斜放(联方网格)单层柱面网壳结构(图 9),杆件为双向变截面(变高度、变宽度)矩形截面钢管,顶部杆件的截面尺寸为高 1m、宽 2m,支座处杆件则为高 3m、宽 0.8m。图 10 为在浙江大学进行的该网壳结构 1/20 模型试验。

图 9　天津新西客站巨型网格单层柱面网壳

图 10　天津新西客站屋盖网壳结构模型试验

2013 年 7 月 1 号建成通车的杭州东站主站房(图 11),平面尺寸 275m×515m,采用纵横桁架、网架与局部单层扁网壳结构[15],支承在格构式斜柱和变截面椭圆钢管斜柱上,站内保留了四条磁悬浮,共设有 34 条股道,这是全国最多的,杭州东站是沪杭、宁杭、杭甬、杭长、杭黄五条高铁的枢纽站,号称亚洲最大的枢纽站。苏州站主站房呈工字形[16],平面尺寸 198m×352.2m,采用双向布置的空间菱形桁架结构,桁架宽 11m,高 8m,结构造型独特,且很规则(图 12)。2012 年建成的南京南站主站房,平面尺寸 158m×410m,柱网最大跨度为 72m,屋盖结构形式比较单一,整个屋盖支承在 16 组 V 形柱子上,为群柱支承的网架结构。杭州东站、南京南站、苏州站、上海虹桥铁路枢纽等一些后建的高铁车站基本上都采用结构比较简单的桁架、平面桁架和网架,加工安装方便,建筑空间利用率高,这比之前早建成的北京南站、天津西站采用桁架拱、网壳、张弦组合的空间结构在经济效益和建筑空间利用率方面要好得多。

图 11　杭州东站主站房

图 12　苏州站主站房

4.3　在航站楼和飞机库的应用发展与创新

2005 年建成的首都机场 T3 航站楼采用了正三角形柱网 36.000m×41.569m 布置的微弯型抽空三角锥网架结构,建筑平面为一工字型,长度达 2900m,最大翼宽 790m,总覆盖建筑面积达 35 万 m²,用钢指标仅 50kg/m²,图 13 是航站楼在施工安装中的图片。

2012 年建成的昆明新机场航站楼呈大字型平面,南北长 850m,东西宽 1120m,航站楼核心区(A)宽 324m,屋盖采用曲面型网架结构[17],支承在七条钢彩带(多跨连续 2～3 根箱型拱交织而成)结构和悬臂钢柱上(图 14)。整个航站楼核心区采用 1118 个大型橡胶支座和 108 个阻尼器装置,这样大数量的隔震装置在国内应用尚属首次。

图 13　首都机场 T3 航站楼网架结构

图 14　昆明新机场航站楼

2013 年建成的深圳机场 T3 航站楼为飞鱼形状(图 15),屋顶为自由曲面,长 1128m,宽 640m,大厅长 324m,宽 636m,屋盖由两向斜交网架和平面桁架组成,柱网 36m×36m,六块主指廊、次指廊、交叉指廊屋盖采用立体桁架拱和双层网壳[18]。

2008 年建成的首都机场 A380 飞机维修机库(图 16),覆盖建筑平面为 115m×(176.3×2)m,采用三层网架结构(门梁处为四层网架),是当前我国最大的飞机维修库。

图 15　深圳机场 T3 航站楼

图 16　首都机场 A380 机库三层网架

4.4 在博览(展览)会议中心的应用发展与创新

上海世博会世博轴工程中的阳光谷(图 17)采用"自由形状"构形技术,具有"喇叭口"形的独特建筑造型,其结构体系为由三角形网格组成的单层网壳结构[19,20]。6 个阳光谷上端开口的长轴长度 60~90m,下端开口的长轴长度 16~21m,悬挑长度 21~40m,高 42m。阳光谷杆件除顶圈为实心矩形杆件,其余均为焊接矩形钢管,节点形式为等截面矩形钢管直接相贯连接的非共面相贯节点,节点试验在浙江大学进行(图 18)[21]。

图 17 世博轴阳光谷自由曲面单层网壳结构

图 18 阳光谷节点试验

2012 年建成的重庆国际博览中心建筑面积为 66 万 m²,全部采用跨度为 72m 的立体管桁架结构单层建筑群,是当前我国最大面积的展览建筑[22,23](图 19)。

(a) 效果图

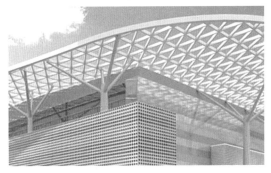

(b) 铝合金格栅梁结构

图 19 重庆国际博览中心

2012 年建成的大连国际会议中心是地下一层、地上五层的多层建筑,采用了多支撑筒体、大悬挑大跨度的复杂结构体系,其中屋盖、外围墙体都采用了空间钢网格结构。我国设计施工的卢旺达基加利会展中心(图 20),直径 57m,采用三向螺旋式上升网格单层球面网壳,节点采用法兰盘连接,网壳因遮阳、设置管线及铺设玻璃幕墙需要设有内外马道[24]。在上海虹桥商务中心西侧将建中国国家会展中心,屋盖采用倒三角桁架和网架结构,平面由四个叶片组成,建筑面积 120 万 m²,用钢量 8 万 t,现正在设计和建设中(图 21)。

图 20　卢旺达基加利会展中心

图 21　中国国家会展中心

以上表明,近代空间结构中的网架网壳结构应用非常广泛,发展潜力很大,应引起进一步的关注和充分发挥这类成熟和有经验的空间结构的作用。

5　现代刚性空间结构的应用发展与创新

伴随着网架结构、网壳结构的蓬勃发展,通过不同结构形式或不同建筑材料的组合、预应力等新技术的引入以及结构概念和形体的创新,出现了一些新的刚性空间结构体系并得到工程实践应用,如组合网架与组合网壳结构、空腹网架、空腹夹层板与空腹网壳结构、多面体空间刚架结构、局部双层网壳结构、折板型网格结构等。下面分别做简单讨论。

5.1　组合网架与组合网壳结构

组合网架结构是在 20 世纪 80 年代初国内和国外几乎同时发展起来的新结构[25]。在一般钢网架结构中撤去上弦杆,搁置带肋的钢筋混凝土预制小板,待灌缝形成整体后便构成上部为钢筋混凝土结构、下部为钢结构的组合网架结构,是杆元、梁元、板壳元三种单元组合的刚性空间结构,也是两种材料的组合结构。组合网架结构的结构承载和围护功能合二为一,它适合做屋盖结构,也适合做楼层结构。我国在 1980 年与国际同步率先自行设计了建筑平面 21m×54m 的徐州夹河煤矿食堂组合网架(图 22),至今已建成近 60 幢组合网架结构,也是世界上组合网架用得最多的国家。江西抚州体育馆平面尺寸 45.5m×58m,是目前跨度最大的组合网架。1988 年建成的新乡百货大楼加层扩建工程,平面尺寸为 35m×35m,是我国首次在多层大跨建筑中采用组合网架楼层及屋盖结构(共 4 层),见图 23。长沙纺织大厦,平面尺寸 24m×27m,采用柱网为 10m×12m、7m×12m 的高层(11 层)建筑组合网架楼层及屋盖结构。上海国际购物中心的六、七层楼层采用平面尺寸为 27m×27m 预应力组合网架。

图 22　徐州夹河煤矿食堂组合网架

图 23　新乡百货大楼组合网架

组合网壳结构也是在20世纪80年代发展起来的新结构。通常是在单层钢网壳的上面搁置预制钢筋混凝土小板(也可带小边肋的),灌缝形成整体后便构成钢网壳与钢筋混凝土(带肋)薄壳共同工作的组合网壳。1984年建成的汾西矿务局工程处食堂就采用了平面尺寸18m×24m的组合双曲扁壳(图24),用钢指标仅11.5kg/m²。1994年建成的山西潞安矿务局常村煤矿洗煤厂,有4个圆形平面34.1m跨度肋环型组合球面网壳(图25)。施工安装过程中屋面板与钢网壳尚未形成整体共同工作时,应验算单层钢网壳的稳定性,否则须采取相应措施,如增加临时支撑等方法。

图24　汾西矿务局工程处食堂组合网壳　　　　图25　潞安矿务局常村煤矿洗煤厂组合网壳

5.2　空腹网架、空腹夹层板与空腹网壳结构

空腹网架结构[25]通常是由钢筋混凝土的平面空腹桁架发展而来,主要有两向空腹网架和三向空腹网架(因构造复杂很少采用三向),也可认为由两向平面桁架系组成的网架去除斜腹杆而构成,可用于屋盖结构也用于楼层结构,在我国的贵州省用得较多。图26为深圳宝安中学综合体育馆采用的斜交斜放空腹网架结构,平面尺寸27m×36m。在钢筋混凝土空腹网架上搁置预制小板,灌缝形成整体后便构成空腹夹层板结构,可用作屋盖,也可用作楼层,典型的工程是贵州大学邵逸夫学术活动中心屋盖(图27)。

图26　深圳宝安中学综合体育馆空腹网架　　　图27　贵州大学邵逸夫学术活动中心空腹夹层板

空腹网壳是一种曲面型的空腹网架,用钢材制作的较多。典型的也是世界上跨度最大的空腹网壳是椭圆平面142m×212m的国家大剧院椭球屋盖,矢高46m,采用由144榀径向空腹拱拼装而成。通过分析计算,设计方接受了我们的建议,在对角方向设置四道大型交叉上、下弦杆,以提高抗扭能力和结构的整体稳定性(图28)。

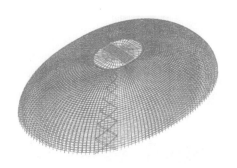

图 28 国家大剧院空腹网壳计算模型及施工图片

5.3 多面体空间刚架结构

多面体空间刚架结构[26]是一种全新的结构体系,由 12 面体、14 面体组成的无穷个多面体与切割面(屋盖上下表面与墙体内外表面)的相交线及屋盖与墙体内多面体的棱边,共同构成空间结构的骨架(图 29)。这种结构内部每个节点仅有 4 根杆件相交,适宜于用在以最少的节点数和杆件数去填充一定厚度的厚板或三维体结构。多面体空间刚架结构的每个杆件是空间梁单元,而且必须是空间梁单元,以保证能承载和传递各方向的外力作用。

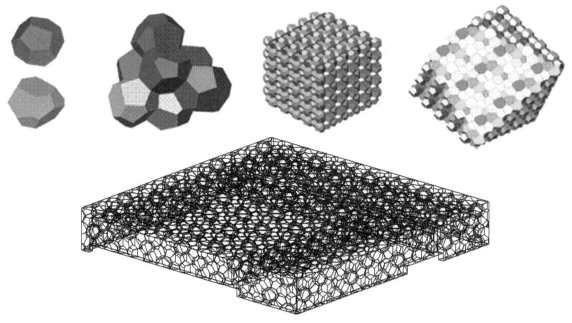

图 29 多面体空间刚架结构成形图

2008 年北京奥运会国家游泳中心"水立方"采用了这种多面体空间刚架结构,也是世界上的首例(图 30),平面尺寸 177m×177m,高 30m。表面杆件采用矩形钢管,并选用半鼓半球焊接空心球节点相连接,便于铺设充气枕,内部杆件采用圆钢管,选用焊接空心球节点,便于连接构造。国家游泳中心"水立方"被国际桥梁与结构工程协会授予 2010 年度世界上唯一的杰出结构大奖。综合科技项目"国家游泳中心(水立方)工程建造技术创新与实践"获 2011 年国家科技进步奖一等奖。

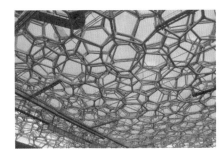

图 30 国家游泳中心"水立方"

5.4 局部双层网壳结构

这是一种双层网壳与单层网壳的组合结构,也是杆单元和梁单元两种单元组合的刚性空间结构。网壳结构中以薄膜内力为主的受力部位可采用单层网壳,以弯曲内力为主的受力部位可采用双层网壳。如建筑上需要设置天窗和通风口也可采用点式单层网壳布置的双层网壳。利用立体桁架来分区并加强单层网壳可构成分块明显的局部双层网壳。1992 年建成的圆形平面 40m 跨度烟台塔山游乐场斗兽场,便采用点式开窗的局部双层网壳(见图 31)。广西桂平体育馆,采用结构中部为单层网壳的局部双层网壳结构(图 32)。杭州奥体中心花瓣体育场一方案,花瓣部分采用双层网壳,花瓣之间采用单层网壳(图 33)。

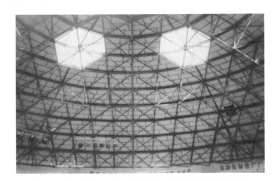

图 31 烟台塔山游乐场斗兽馆局部双层网壳　　　图 32 广西桂平体育馆局部双层网壳

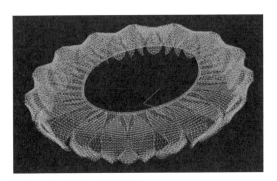

图 33 杭州奥体中心体育场一方案的效果图及计算模型

5.5 折板型网格结构

折板型网格结构由平板网架单元按一定规律组合而成,可构造出形式丰富、建筑造型多样的结构形式。这类结构综合了折板、网架和壳体的优点,受力性能良好,施工制作方便。杭州陈经纶体校网球场,正方形平面,边长36.0m,采用了由8片三角形平面的正放四角锥网架组成的折板型结构,角部四斜腿支承。浙江台州电厂及温州电厂干煤棚工程,均采用了纵向带折的折板型圆柱面网壳,结构沿纵向分为5个整波段,两端各延伸1/4波段,纵向折线坡度1:5。全运会济南奥体中心体育场(图34)采用了折板型悬挑空间桁架结构体系[27],由64榀径向主桁架和9榀环向次桁架组成,结构与建筑的配合较好,与济南的市貌三面荷花四面柳的柳叶非常相称,看台顶部设有带斜杆的短柱,上部结构与下部结构协同工作,屋盖悬挑跨度减缩至53m,结构剖面图见图34。深圳大运中心体育场、体育馆、游泳馆均采用了空间折板型单层网壳结构,造型别致、壮观,如图35所示为体育场外景。

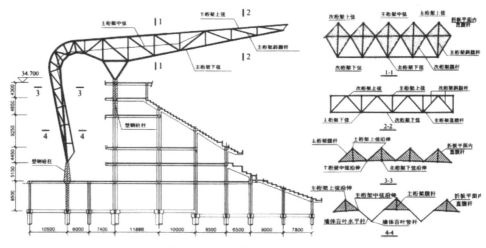

图34 济南奥体中心体育场折板型悬挑结构

图35 深圳大运中心体育场折板型单层网壳结构

6 现代刚柔性组合空间结构的应用发展与创新

随着高强度钢索(钢棒)材料及预应力技术的引入,张弦及弦支结构、预应力及斜拉网格结构、索桁结构、索穹顶结构等现代刚柔性组合空间结构成为近年来空间结构发展的主流,其主要特点为轻盈、高效。

6.1 张弦梁结构与张弦(立体)桁架结构

张弦梁结构是由下弦索、上弦梁、竖杆三种单元组成的刚柔性组合空间结构,20 世纪 90 年代由日本引进,当时称为 BSS(beam string structure)体系。张弦梁通过张拉下弦索成形,并可构成自平衡体系。由于本身为平面结构,要采用屋面支撑体系保证其平面外的稳定性。设计与施工宜采用多阶段张拉及受荷方式,以利用材料的反复受力性能。如在双向都采用张弦梁结构,便由平面结构真正转变为空间结构。我国采用大跨度的张弦梁结构要首推 1999 年建成的上海浦东国际机场航站楼,其中最大跨度是 82.6m 的办票大厅,纵向间距为 9m(图 36)。2006 年建成的浦东机场 T2 航站楼采用平面尺寸为(48+89+46)m×414m 的三跨连续张弦梁(拱)结构(图 37),间距为 9m,巧妙地设置了空间双层 Y 型支承柱,柱间距 18m,既可增加张弦梁(拱)支承点,减小梁(拱)的有效跨度,又可降低张弦梁(拱)的纵向间距,起到托架的作用。浙江大学紫金港校区图书馆大厅,采用了双向正交的张弦梁结构。天津火车站改建的无站台柱雨篷采用五跨(48.5m×2+41m+42m+39.5m)张弦双肢梁结构。

图 36　上海浦东机场 T1 航站楼张弦梁结构

图 37　上海浦东机场 T2 航站楼张弦梁结构

以(立体)桁架替代张弦梁结构中的上弦梁便构成了张弦(立体)桁架结构,这是一种杆、索单元组成的刚柔组合空间结构。桁架可设计成平面桁架或立体桁架,但都要设置屋面支撑体系以保证张弦(立体)桁架的平面外稳定性。代表性的工程有:2002 年建成的广州国际会议展览中心采用跨度为 126.6m 张弦立体桁架(见图 38);2007 年建成北京北站站台雨篷,采用最大跨度 107m,间距 20m 的张弦立体桁架,覆盖建筑面积近 7 万 m²;2008 年建成的奥运会国家体育馆采用 114m×144m 双向正交的张弦桁架(平面桁架)结构(见图 39),用钢指标 90kg/m²,这也是当前世界上跨度最大的双向张弦桁架结构。

图 38　广州国际会议展览中心张弦立体桁架

图 39　国家体育馆双向张弦桁架

　　如前所述,张弦梁为平面结构,空间整体性较差,且靠近端部的撑杆使用效率较高,但靠近中部撑杆的使用效率较低,梁支座弯矩较大。2010 年建成的山西体育中心三馆工程(由自行车馆、体育馆、游泳跳水馆及其连接平台组成)采用了一种新型的多重张弦结构体系[28]。该结构体系由上部单层双向网格梁和下部多重结构(包括主索、次索、竖向撑杆以及斜拉钢棒)组成,主索锚固在两侧竖向构件顶部,次索通过两侧斜索与主索第 1 道竖向撑杆顶部相连,主索和次索的竖向撑杆交错布置,如图 40 所示。与张弦梁体系相比,多重张弦结构具有更好的空间作用效应,改善了传统张弦梁的受力特性,具有较好的空间整体性和稳定性。

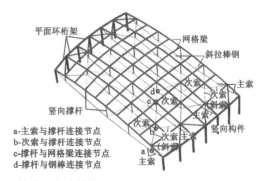

图 40　山西体育中心三馆多重张弦结构

　　浙江省乐清市已建成规模较大的一场两馆体育建筑(图 41),其中体育馆和游泳馆采用具有外环桁架的内外双重张弦网壳结构体系,外张弦穿越网壳,压缩了整个屋盖结构高度,其中体育馆平面为 128m×148m 的椭圆平面。

图 41　乐清体育中心一场两馆

6.2 弦支网壳结构

弦支网壳结构是由弦支体系的斜索与环索、竖杆及单层网壳的空间梁三种单元组成的刚柔性组合空间结构,具有单层网壳和索穹顶两种结构体系的优点[29]。通过施加预应力可提高结构刚度,是一种自平衡空间结构,可不产生或减少结构的水平推力。日本最早在1993年建成35m跨的弦支光球穹顶,我国早期的弦支网壳要首推2001年建成的35.4m跨度的天津港保税区商务中心大堂(图42)。而今弦支穹顶在国内的应用已十分广泛,建筑平面以圆形居多,也有椭圆形、多边形和矩形平面。代表性工程有2007年建成的椭圆平面80m×120m的常州体育馆,2008年建成的圆形平面跨度93m的北工大体育馆,2009年建成的圆形平面跨度122m的济南奥体中心体育馆(图43),这也是当前世界上跨度最大的弦支网壳[30]。2010建成的深圳火车北站无站台柱雨篷采用了矩形平面28m×43m柱网双向多跨连续的弦支结构(图44),覆盖建筑面积为6.8万 m²,为国内外首创的四边形环索矩形平面弦支圆柱面网壳结构。在浙江大学进行了9个单元弦支圆柱面网壳组合的缩尺比为1/8的模型试验研究,见图45。

图42 天津港保税区商务中心大堂

图43 济南奥体中心体育馆弦支穹顶结构

图44 深圳北站站台雨篷四边形环索弦支柱面网壳结构

图45 深圳北站站台雨篷1/8模型试验

6.3 预应力网格结构

把预应力技术应用到空间网格结构(网架、网壳)中,构成杆、索两种单元组成的刚柔性组合空间结构。通常在网架下弦的下方、双层网壳的周边设置预应力索,以改善结构的内力分布、降低内力峰值、提高结构刚度、节省材料耗量。根据国内经验,采用预应力网架(壳)比非预应力网架(壳)可节省钢材用量约25%。1994年建成的六边形平面对角线长93.6m广东清远体育馆,采用六块组合型双层扭网壳,在相邻6支座处采用了6道预应力索(图46)。1995年建成的间等边八边形74.8m×74.8m攀枝花体育馆,采用双层球面网壳,在相邻8支座处设置8榀平面桁架,其下弦选用了预应力索(图47)。上海国际购物中心的六、七层楼层为缺角27m×27m的组合网架,在网架下弦节点的下方20cm处,设置4道45°方向预应力索,围成一斜放矩形环向索加强。广东高安露天球场新加屋盖,采用平面为54.9m×69.3m

四块组合型扭网壳,通过周边中点支承节点处设置4道预应力索,围成一平行四边形环向索加强。

图 46　广东清远体育馆预应力扭网壳模型

图 47　攀枝花体育馆预应力网壳模型

6.4　斜拉网格结构

　　斜拉网格结构是在网架或双层网壳的上弦之上设置多道斜拉索,相当于在结构顶部增加了支点,减小结构的跨度,从而提高结构刚度。而且斜拉索尚可施加预应力,改善结构内力分布,节省钢材耗量。20世纪八九十年代斜拉网架(壳)在我国开始获得推广应用。代表性的工程有:1993年建成的新加坡港务局仓库采用4幢120m×96m六塔柱、2幢96m×72m四塔柱斜拉网架,1995年建成的山西太旧高速公路旧关收费站采用14m×65m独塔式斜拉双层网壳,2000年建成的杭州黄龙体育中心体育场采用月牙形50m×244m双塔柱斜拉双层网壳(图48)。2005年建成的新疆体育场采用了由径向主次平面桁架、内外环立体桁架、环向支撑以及多重斜拉索(前拉、后拉、下拉)组成的斜拉网格结构(图49)。2012年建成的浙江大学紫金港校区文体中心则采用了斜拉索网悬吊单层网壳结构(图50),是一种新颖的空间杂交结构体系。

图 48　杭州黄龙体育中心体育场斜拉网壳

图 49　新疆体育场斜拉网格结构

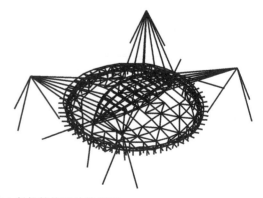

图 50　浙江大学紫金港校区文体中心斜拉结构及计算模型

6.5　索桁结构

将平面双层索(向下凹的称为承重索,向上凸的称为稳定索)布置成普通桁架的形式,索间设置受压撑杆(受拉时一般设置成拉索),当承重索(或稳定索)施加预应力后,便可构成自平衡的有预应力的索桁结构。为改善索桁结构平面外的刚度,承重索和稳定索可错位设置(其水平投影线错开半格间距),1986年建成的跨度59m的吉林冰球馆,即采用了上下索错位布置的索桁结构(图51)[31]。索桁结构除可用于矩形平面建筑外,也适用于圆形平面和环形平面的大跨度体育场馆等公共建筑。2006年建成的佛山世纪莲体育场,采用了环形平面折板形索桁结构,外圆直径310m,内孔直径125m,周边支承在环形桁架上(图52)。2010年建成的深圳大运会宝安体育场,采用230m×237m椭圆环平面的索桁结构[32],最大悬挑54m,外周边设箱型环梁,内孔边设管型飞柱,屋面为支承在小拱上的膜结构(图53)。2013年建成的浙江乐清体育中心体育场(图54),采用了229m×221m月牙形非封闭环形平面索桁结构,图55所示为该结构的计算模型图及模型试验情况。

图51　吉林冰球馆索桁结构模型

图52　佛山世纪莲体育场

图53　深圳宝安体育场

图54　乐清体育中心体育场

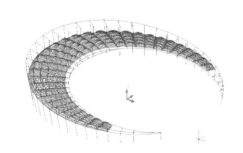

图55　乐清体育场计算模型和模型试验

6.6 索穹顶结构

索穹顶是由索单元为主、杆单元和膜单元三种单元组成的偏柔性的刚柔组合空间结构。这也是一种周边支承在受压环梁上的张拉整体结构,完全体现了富勒关于"压力的孤岛存在于拉力的海洋"的构想,是当前空间结构发展的一大高峰,具有极高的结构效率。1986 年建成的汉城亚运会体操馆(直径 120m)和击剑馆(直径 90m)索穹顶,由美国工程师盖格尔(Geiger)创建,是一种肋环型索穹顶。1995 年李维(Levy)提出了葵花型索穹顶,可改善肋环型索穹顶辐射向平面桁架系的平面外刚度,应用于同年建成的亚特兰大奥运会主赛馆——椭圆平面 192m×240m 的乔治亚穹顶。

我国对索穹顶结构已进行了较多的研究,先后研究提出了 Kiewitt 型、混合 I 型(肋环型和葵花型重叠式组合)、混合 II 型(Kiewitt 型和葵花型内外式组合)、鸟巢型等多种形式的新型索穹顶[33],同时对肋环型、葵花型索穹顶提出初始预应力分布的快速计算法,对一般索穹顶提出求解整体自应力模态的二次奇异值法,为索穹顶预应力设计提供了创新的分析方法[34-36]。索穹顶在我国的工程应用刚刚开始,跨度还比较小。2009 年在浙江金华晟元集团标准厂房中庭采用肋环型索穹顶(图56),椭圆形平面 20m×18m,矢高 2.25m,采用几何法施工[37],这是我国首例索穹顶结构。同年建成的无锡新区科技交流中心采用了 3 环、10 榀的 Geiger 型索穹顶结构(图57),圆形平面,直径 24m,采用刚性屋面,檩条搁置在压杆顶端、内拉环和外压环上,采用无支架提升牵引施工技术[38]。2010 年建成的鄂尔多斯市伊金霍洛旗体育馆肋环型索穹顶(图58),圆形平面,跨度 71.2m,矢高 5.5m,设 20 道径向索、2 道环索[39]。

图 56　浙江金华晟元集团标准厂房中庭索穹顶

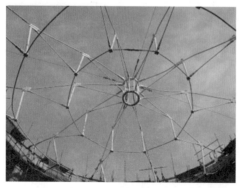

图 57　无锡新区科技交流中心索穹顶　　　　图 58　伊金霍洛旗体育馆索穹顶

由索穹顶与单层网壳组合而成的索穹顶-网壳结构是我国自己提出的一种新的空间结构体系，也是杆、索、梁三种单元构成的刚柔性组合空间结构[40]。施工时无需满堂脚手架，可在自平衡的索杆体系上安装单层网壳，并与索杆体系连成整体协同工作。当前索穹顶-网壳尚无工程实例，但已研究、提出了闭口与开口的十多种索穹顶-网壳的结构构造方案，并进行了5m直径的实物模型试验（图59）[41]。索穹顶-网壳结构的一个重要特点是可以采用刚性屋面体系，避免索穹顶仅由膜材构成的柔性屋面体系带来的不足。2009年全运会济南体育馆评审时，索穹顶-网壳结构曾是一个遴选的结构方案（图60）。

图59　索穹顶-网壳试验模型

图60　济南体育馆索穹顶-网壳结构方案

7　现代柔性空间结构的应用发展与创新

7.1　气承式充气膜结构

充气膜结构分为两类：气囊式与气承式（膜面高斯曲率半径 $K>0$）。这里是指后者，充气压力不大，仅是标准大气压的1.003倍，人们可在气承式充气膜结构内活动。膜材（织物基层＋涂层）主要有PVC（聚氯乙烯）、PTFE（聚四氟乙烯），用于充气枕的膜材是不含织物层的，类似于无纺布，如ETFE（乙烯-四氟乙烯）。美国、加拿大和日本在20世纪七八十年代共建成十多幢超百米跨度的大型气承式充气膜结构体育馆，如前面提到的美国庞蒂亚克体育馆和1988年在日本建成的180m×180m方椭圆形平面东京后乐园棒球馆。我国气承式膜结构的应用并不多。20世纪70年代在上海展览馆北侧建成一幢平面28m×36m的气承式充气膜结构临时展厅。2010年在内蒙古响沙湾建成椭圆形平面95m×105m气承式充气膜结构沙雕展览馆（图61）。国家游泳中心"水立方"（图30）的外围护结构（包括

图61　内蒙古响沙湾沙雕展览馆气承式膜结构

屋盖的上下表面和墙体的内外表面)采用了 ETFE 气枕[27]，整个建筑共有 3615 个形状、大小、矢高不同各异的气枕，其中屋盖表面气枕有 9 种不同的多边形形状，墙体表面则有 16 种不同形状，ETFE 气枕的总覆盖面积达 10.4 万 m²，是目前世界上规模最大的 ETFE 气枕围护结构。

7.2　柔性支承膜结构

支承式膜结构分为两类，刚性支承式和柔性支承式(膜面高斯曲率半径 $K \leqslant 0$)，后者的支承杆件往往都是索。柔性支承膜结构也称张拉膜结构，是索单元和膜单元两种单元组合而成的柔性空间结构。这类膜结构与支承索系的共同工作非常明显，设计计算时必须考虑索膜的协同工作。实际工程中柔性支承膜结构与梁(拱)支承的刚性支承膜结构也常混合选用。

建于 1997 年底的长沙世界之窗五洲大剧院屋盖由 5 个跨度不等、高度不等的双伞状膜单元组成，最大跨度 86m，是我国第一个主要依靠自己的技术力量设计建造的大型膜结构工程。建于 2001年的威海体育中心体育场轮廓尺寸 209m×236m，内环尺寸 143m×205m，由 32 个锥状悬挑柔性支承膜结构单体组成(图 62)。特别值得一提的是 2009 年建成的上海世博会世博轴工程[42]，其顶棚由 6个独立的"阳光谷"钢结构和多跨连续的柔性支承膜结构组成，其中膜结构总长度 840m，横向最大跨度 97m，总面积 65000m²，为当前世界上最大的张拉索膜结构。膜结构的支承体系包括有脊索、谷索、边索、吊索、水平索、加劲索、背索等，同时还有 19 根中桅杆、31 根外桅杆和 18 个在"阳光谷"上的支承点(图 63)。

图 62　威海体育中心体育场张拉膜结构

8　空间结构之最在中国

8.1　在中国首次采用的空间结构新形式

2013 年建成的浙江乐清体育馆采用椭圆平面(128m×148m)内外双重张弦网壳结构(图 64)。2013 年建成的浙江乐清体育场采用月牙形平面(229m×221m)环形索桁结构，在中部 9 榀采用交叉索桁，致使设计内力为 2400t 的环索在中部分为两层(图 54)[43]。2012 年建成的深圳北站无站台柱雨篷采用矩形平面 14m×21.5m，多波多跨弦支(一层)柱面网壳，支承在有柱帽斜杆的 28m×43m 柱网上，总覆盖面积为 68000m²(图 44)。2012 年建成的重庆国际博览中心采用双向多跨(跨距 20～30m不等)等边直角三角形三向网格的工字铝合金格栅梁结构，覆盖面积 66 万 m²(图 19)。2012 年建成的太原体育中心三馆结构采用主次双重张弦梁结构，最大跨度 81m，间距 9m(见图 65)。2010 年建成的

a 工程照片

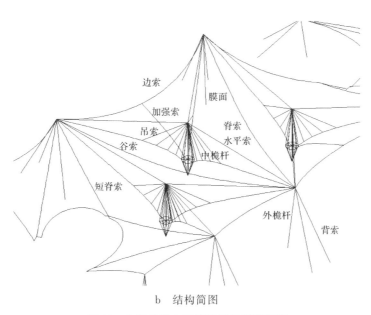

b 结构简图

图 63 上海世博会世博轴张拉索膜结构

大连体育馆采用椭圆形平面(116m×145m)弦支(三层)肋环型立体桁架(图 66)[44]。2008 年建成的北京奥运鸟巢体育场采用椭圆形平面 290m×340m,由平面桁架系与内环相切布置的两向交叉(鸟巢微弯型)网架,支承在 24 根立体桁架柱上,墙面和屋面的平均用钢指标为 420kg/m²(图 5)。2007 年建成的北京奥运会水立方游泳馆采用由 14 面体、12 面体棱边及与多面体切割线组成的多面体空间刚架结构,墙面和屋面的平均用钢指标为 100kg/m²(图 29,图 30)。1980 年与世界上(罗马尼亚)同步建

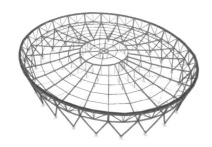

图 64 浙江乐清体育馆

成首座组合网架,平面尺寸为 21m×54m 的江苏徐州夹河煤矿食堂屋盖(图 22)。1997 年建成的雕塑骨架——广东南海大佛骨架采用多层多跨网架结构,高 46m,用钢量约 200t(图 67)。1999 年在北京建成的钓鱼台国宾馆网球馆首次采用 45m 跨预应力装配弓式结构(图 68),这种轻便的网壳结构现已建成跨度达 130m 的临时舞台顶盖。

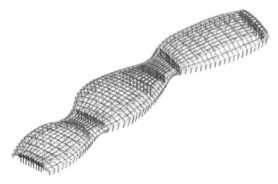
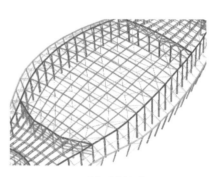

a 三馆钢结构屋面   b 双重张弦梁局部

图 65 太原三馆

图 66 大连体育馆

a 施工中   b 钢结构骨架模型

图 67 广东南海大佛

142

图 68　北京钓鱼台国宾馆网球馆

8.2　在中国采用的跨度最大的空间结构

2008 年在山东济南建成了奥体中心体育馆,采用当前跨度最大的直径 122m 的弦支网壳结构(图 43),用钢指标约 90kg/m²。

2007 年在北京建成的国家体育馆采用跨度最大的 114m×144m 双向张弦桁架结构(图 39)。

2004 年建成的国家大剧院采用椭圆平面 146m×212m 空腹网壳结构(见图 28),至今尚未见到超过这个跨度的空腹网壳建成。

为召开 2011 年世界大学生运动会,深圳建成了跨度最大的折板型单层网壳的一场两馆的体育建筑,包括椭圆平面 267m×281m、内孔 130.4m×179.6m 的体育场(图 35),圆形平面直径 144m 的体育馆,矩形平面 227m×82m 的游泳馆。

8.3　在中国采用的覆盖面积最大的空间结构

首都机场 T3A 航站楼屋盖(图 13)采用单体微弯,覆盖面积 18 万 m² 的三向抽空三角锥微弯网架,整个屋盖面积 T3A、B、C 约 35 万 m²,支承在三向 36m 柱网上,用钢指标约 50kg/m²。

水立方游泳馆屋盖和墙体内外表面共敷设 ETFE 气枕 10 万 m²,这样大面积的充气枕也是世界上首例(图 30)。

上海世博会世博轴索膜结构(图 63)总长度约 840m,最大跨度约 97m,总面积约 64000m²,是单体覆盖面积最大的张拉索膜结构。

8.4　在中国采用的工程数最多的空间结构

我国已建成世界上数量最多的组合网架结构,共 60 多幢,世界上其他国家的组合网架总数还不到 30 幢。

我国自 1964 年建成第一幢网架结构——上海师范学院球类房屋盖以来,建成的网架、网壳结构工程数已无法统计,绝对数是世界上最多。

8.5　在中国其他方面空间结构之最

首次提出了按五种结构单元(板壳单元、梁单元、杆单元、索单元、膜单元)对空间结构形式进行分类,把当前国内外现有的 38 种空间结构划分为五大矩形块,这种分类方法具有直观性、实用性、包容性和开放性四项特性。根据结构形式的发展和创新,可以不受限制地区分过去、现在和将来的所有各种形式的空间结构。

浙大、哈工大、北工大、贵州大学、兰工大空间结构研究中心及同济、天大、清华等空间结构研究所、钢结构研究所等在读空间结构硕士生、博士生和博士后人数据不完全统计约在 2000 人,如包括历届研究生和博士后,总共有 5000~6000 人,这样多的空间结构年轻研究队伍和新生力量在当前世界上是领先的。

中国的空间结构企业,包括网架网壳的钢结构厂、膜结构厂、索结构厂,仅在浙江省就有一百多家,全国共有数千家,其中特级和一级企业共有 100 多家,如中建钢构、东南、精工、杭萧、大地、沪宁、飞虹、上海宝冶、北京纽曼蒂、深圳欣望角、巨力、坚朗等等,他们为建设国内外的空间结构做出了重大贡献,这么多的空间结构制造厂在世界上也是独一无二的。

我国有薄壳结构、网架结构、网壳结构、网格结构、升板结构、膜结构、索结构、预应力结构等多本空间结构设计规程、规范,指导空间结构的设计与施工,促进了空间结构的发展,这也是世界上所没有的。

9 中国空间结构发展中的问题

9.1 我国很大一部分标志性公共建筑采用国外设计方案

近年来国内建筑领域日趋严重的"崇洋风",致使国外建筑师方案屡屡中标,表 1 所示为近年来我国采用国外设计方案的部分标志性建筑。虽然有一些建筑与结构具有较高水平,但也有相当数量的外形怪异,结构极不合理的畸形建筑。其实标志性公共建筑有些可以国际招投标,走开放的道路,有些可以国内招标。

表 1　国外中标项目列表

项目	中标单位	国内合作单位
国家大剧院	保罗·安德鲁(法国)	北京市建筑设计研究院
鸟巢体育场	赫尔佐格-德梅隆(瑞士)	中国建筑设计研究院
水立方游泳馆	PTW(澳大利亚)	中建国际设计顾问有限公司
首都机场 T3 航站楼	诺曼·福斯特(英国)	北京市建筑设计研究院
杭州大剧院	卡洛斯(加拿大)	杭州市建筑设计研究院
浦东机场航站楼	保罗·安德鲁(法国)	华东建筑设计研究院
深圳会展中心	佐藤(日本)	广州市建筑设计研究院
深圳大运会体育中心	GMP(德国)	深圳建筑设计研究院、东北建筑设计研究院
浙江大学体育馆	考克斯(澳大利亚)	浙大建筑设计研究院、浙大空间结构研究中心
深圳机场 T3 航站楼	福克萨斯(意大利)	北京市建筑设计研究院
深圳南山体育中心	佐藤(日本)	北京市建筑设计研究院
广州歌剧院	Zaha Hadid 事务所(英国)	广州珠江外贸建筑设计院、华南理工大学
新武汉火车站	法铁公司(法国)	铁道部第四勘察设计院
上海铁路南站	AREP 建筑公司(法国)	华东建筑设计研究院
新天津西站	GMP(德国)	铁道部第三勘察设计院
上海世博会世博轴	SBA(德国)	华东建筑设计研究院

9.2 评标专家委员会成员组成不够合理

应建立健全的评标专家管理制度,严格评标专家资格认定;严格实行回避制度,项目主管部门和行政监督部门的工作人员,不得作为评标专家和评标委员会成员参与评标,专家与各投标人不应有利益关系。专家组成员组成需合理,官员不能太多,建筑专家不能过多,要有结构、设备、施工等方面专家。

9.3 中外设计单位设计费相差太多

中外设计单位设计费都应国民待遇,不能有太大差别。一般国外中标的设计费为造价的 6%,而我国设计单位中标的设计费仅为造价的 3%,差别太大是不合理的。

9.4 大型公共建筑空间结构缺乏严格的审查制度

大型公共建筑空间结构缺乏严格的审查制度,由主管部门或甲方或设计单位一般地选择和确定一些专家来会审一下是不够的,往往提不出或不敢提出与原方案有根本差别的意见。有关领导要重视组成强有力的审查单位和审查制度,特别是不合理的结构必须要改进或一票否决制,如大型体育场设计,超过一定的跨度就不应做网架结构,节点设计采用 90t 重的铸钢节点应重新研究,像这些问题必须引起重视。

9.5 大型空间结构承包制度不合理

我国大型空间结构制造厂还不能独立承包大型空间结构工程,根据习惯做法要与土建行业牵头承包,甚至层层分包,影响空间结构企业的发展和利益,同时也由于多级承包,不易保证工程的质量。

9.6 设计单位委托网架厂设计

目前还有不少设计单位,特别是较小的设计单位遇到一般网架网壳的设计,便自己不设计而委托网架厂(特别是小网架厂)来设计,这是不合理的,会影响空间结构的设计水平和工程质量,此风不能长久下去。大小设计单位均应培养空间结构的设计人才,一般小的空间结构制造厂设计能力非常有限,应以提高空间结构加工制作的技术水平为主要任务。有关部门应严格控制设计营业执照的发放。

9.7 空间结构分析理论和技术难题

空间结构中分析理论和技术难题如抗风、抗震、动力稳定、流固耦合、设计施工一体化技术还影响空间结构计算、分析、设计、施工水平的进一步提高,还需要组织力量做深入研究,先可通过总结现有成果和实践经验等提出半经验半理论的实用分析计算方法,然后再通过完备理论研究和分析来进一步提高对空间结构的全面认识。

10 中国空间结构的展望——从大国奔向强国

中国空间结构的展望,下一步的目标就要集中力量、产学研相结合,从大国奔向强国。要成为空间结构强国须达到"三要"、"六项标准"。

10.1 三要:要创新、要有各方英才、要精密加工制作与安装

一要创新,特别是第一类创新——自主创新。在空间结构的形体、设计、材料、加工制作、安装等

方面要创新,要有标志性的我们中国自己的代表性空间结构工程。2008年北京奥运会的鸟巢体育场和水立方游泳馆在奥运期间和当前对北京的影响较大,但因是国外的方案,算不了自主创新的工程。自主创新要做到原始创新,从无到有,充气膜结构的出现可谓是原始创新,从空间结构形体、工作原理、设计方法、结构材料、加工制作、施工安装和以往的结构完全不同,是一全新的空间结构体系。创新也可以是集成创新,即第二类创新。弦支网壳、索膜结构等张力结构可谓是集成创新。索结构、支承膜结构、网壳结构、预应力技术等应该可以说是一些成熟的结构和技术,把它们集中应用在预应力结构,这是空间结构的集成创新。创新还可以是从国外引进先进技术,通过我们自己的科技力量,进一步消化、吸收、再创新。我国从日本引进了张弦梁结构和技术,通过消化吸收,发展了多重张弦梁结构(太原三馆)、内外双重张弦网壳结构(浙江乐清体育馆),这是第三种创新。第二种和第三种创新有时很难严格区分和界定。

二要有各方英才。在空间结构的理论研究、科学试验、设计计算、加工制作、安装、管理等各个部门,都要有精通业务、具有团队精神和国际视野的院士、大师、教授、专家、高级技师、熟练工人,从而组成一支庞大的梯队和团队。我们还需要有国际影响、世界公认的一批空间结构大师、专家,这方面应迎头赶上。

三要精密加工制作和安装空间结构,设计加工一体化的计算软件。要自己有高精度的数控加工机床,要有全站仪、激光仪等遥控高空定位先进设备,要有施工全过程监测和健康监测的仪器设备,要在工厂做到工业化、标准化加工制作空间结构零部件,在现场装配化施工,现场不采用或尽量少采用高空焊接工序,大量焊接工序在工厂内完成,以提高工程质量,创优质精品空间结构。

10.2　六项标准

对空间结构工程的评定、招投标、设计、施工都应采用以下六项标准:

(1)安全。安全是第一,没有安全,其他一切都无从谈起,安全也体现了以人为本,没有安全感的工程设计必须采取相关措施加强或甚至推倒重来。

(2)适用。空间结构工程必须满足既定的功能要求,服务于人民的工作生活需要。

(3)经济。空间结构工程要做到经济,省材省工,造价低廉合理。

(4)美观。早年提出在结构安全、适用、经济的前提下尽量做到美观,那时是为解决有和无的问题以及经济困难的问题。在当前经济情况好转时,美观的这条标准可适当提高一些,以满足人们文化、生活水平日益增长的要求,但不能搞新奇特,这是刺激眼球,浪费钱财,不是真正的美观。

(5)技术先进。现在已是21世纪,科技文化在不断发展,不能用老技术、落后的技术来设计空间结构,而必须采用当前最先进的技术来设计、加工、安装现代空间结构工程,反映我国建筑科技水平。

(6)国情民情。空间结构工程必须适合和满足所在国、所在地区当地人民的生活文化、风土人情、自然环境的要求,成为当地人民所喜爱的、百看不厌、常用不旧的空间结构崭新产品。

致谢:本文撰写时涉及空间结构工程70余项,对有关单位和个人提供的宝贵资料在此一并致谢!

参考文献

[1] 董石麟.空间结构的发展历史、创新、形式分类与实际应用[J].空间结构,2009,15(3):22—43.

[2] 董石麟.中国空间结构的发展与展望[J].建筑结构学报,2010,31(6):38—51.

[3] 董石麟.空间结构发展现状及前言发展方向研究[M]//中国工程院土木、水利与建筑学部.土木学科发展现状与前言发展方向研究.北京:人民交通出版社,2012:14—118.

[4] 董石麟,罗尧治,赵阳.新型空间结构分析,设计与施工[M].北京:人民交通出版社,2006.

[5] 刘锡良.现代空间结构[M].天津:天津大学出版社,2003.

[6] 斋藤公男.空间结构的发展与展望——空间结构设计的过去·现在·未来[M].季小莲,徐华泽,译.北京:中国建筑工业出版社,2006.

[7] 梅季魁,刘德明,姚亚雄.大跨建筑结构构思与构造选型[M].北京:中国建筑工业出版社,2002.

[8] 董石麟,赵阳.论空间结构的形式和分类[J].土木工程学报,2004,37(1):7—12.

[9] 董石麟,赵阳.论索单元构成的柔性空间结构与刚柔组合空间结构[C]//中国土木工程学会.第十三届空间结构学术会议论文集,深圳,2010:1—8.

[10] 董石麟,袁行飞,赵阳.规范招投标和建筑设计方案,促进我国大跨度空间结构从大国向强国发展[J].钢结构,2009,(S):1—8.

[11] 刘锡良,董石麟.20年来中国空间结构形式创新[C]//中国土木工程学会.第十届空间结构学术会议论文集,北京,2002:13—37.

[12] 董石麟,陈兴刚.鸟巢形网架的构形、受力特性和简化计算法[J].建筑结构,2003,33(10):8—10.

[13] 范重,彭翼,范学伟,等.国家网球中心新馆设计[C]//中国土木工程学会.第十三届空间结构学术会议论文集,深圳,2010:646—652.

[14] 董城.京津城际铁路天津站结构设计[J].工业建筑,2009,39(S):174—176.

[15] 浙江大学空间结构研究中心.杭州火车东站站房工程钢结构模型试验报告[R].杭州:浙江大学,2012.

[16] 范重,彭翼,赵长军.苏州火车站大跨度屋盖结构设计[C]//中国土木工程学会.第十三届空间结构学术会议论文集,深圳,2010:653—660.

[17] 朱忠义,束伟农,卜龙瑰,等.昆明新机场大空旷结构隔震性能研究[C]//中国土木工程学会.第十三届空间结构学术会议论文集,深圳,2010:567—575.

[18] 柯长华,朱忠义,秦凯,等.深圳宝安国际机场T3航站楼钢结构设计[C]//中国土木工程学会.第十三届空间结构学术会议论文集,深圳,2010:576—584.

[19] 崔家春,杨联萍,李承铭.上海世博轴阳光谷结构设计与分析[C]//中国土木工程学会.第十三届空间结构学术会议论文集,深圳,2010:661—666.

[20] 赵阳,田伟,苏亮,等.世博轴阳光谷钢结构稳定性分析[J].建筑结构学报,2010,31(5):27—33.

[21] 陈敏,邢栋,赵阳,等.世博轴阳光谷钢结构节点试验研究及有限元分析[J].建筑结构学报,2010,31(5):34—41.

[22] 周忠发,秦凯,朱忠义,等.重庆国际博览中心展馆区屋盖结构设计[C]//中国土木工程学会.第十四届空间结构学术会议论文集,福州,2012:787—794.

[23] 浙江大学空间结构研究中心.重庆国际博览中心铝合金格栅结构试验研究报告[R].杭州:浙江大学,2012.

[24] 裴永忠,林涛,汤红军,等.卢旺达基加利会展中心大跨单层网壳结构设计[C]//中国土木工程学会.第十四届空间结构学术会议论文集,福州,2012:702—707.

[25] 董石麟,马克俭,严慧,等.组合网架结构与空腹网架结构[M].杭州:浙江大学出版社,1992.

[26] 傅学怡,顾磊,赵阳,等.国家游泳中心水立方结构设计[M].北京:中国建筑工业出版社,2009.

[27] 傅学怡,杨想兵,高颖,等.济南奥体中心体育场结构设计[J].空间结构,2009,15(1):11—19.

[28] 傅学怡,杨想兵,高颖.多重弦支网格梁结构在山西体育中心三馆钢屋盖中的应用[J].建筑结构学报,2012,33(5):1—8.

[29] 陈志华.弦支穹顶结构[M].北京:科学出版社,2010.

[30] 董石麟,袁行飞,郭佳民,等.济南奥体中心体育馆弦支穹顶结构分析与试验研究[J].工业建筑,

2009,39(增刊):11—16.

[31] 沈世钊,徐崇宝,赵臣.悬索结构设计[M].北京:中国建筑工业出版社,1997.

[32] 郭彦林,田广宇,王昆,等.宝安体育场车辐式屋盖结构整体模型施工张拉试验[J].建筑结构学报,2011,32(3):1—10.

[33] 董石麟,袁行飞.索穹顶结构体系若干研究新发展[J].浙江大学学报(工学版),2008,25(4):134—139.

[34] 董石麟,袁行飞.肋环型索穹顶初始预应力分布的快速计算法[J].空间结构,2003,9(2):3—8.

[35] 董石麟,袁行飞.葵花型索穹顶初始预应力分布的简捷计算方法[J].建筑结构学报,2004,25(6):9—14.

[36] 袁行飞,董石麟.索穹顶结构的新形式及其初始预应力确定[J].工程力学,2005,22(2):22—26.

[37] 张成,吴慧,高博青,等.肋环型索穹顶结构的几何法施工及工程应用[J].深圳大学学报(理工版),2012,29(3):195—200.

[38] 罗斌,郭正兴,高峰.索穹顶无支架提升牵引施工技术及全过程分析[J].建筑结构学报,2012,33(5):16—22.

[39] 张国军,葛家琪,王树,等.内蒙古伊旗全民健身体育中心索穹顶结构体系设计研究[J].建筑结构学报,2012,33(4):12—22.

[40] 董石麟,王振华,袁行飞.一种由索穹顶与单层网壳组合的空间结构及其受力性能研究[J].建筑结构学报,2010,31(3):1—8.

[41] 王振华.索穹顶与单层网壳组合的新型空间结构的理论分析与试验研究[D].杭州:浙江大学,2009.

[42] 汪大绥,张伟育,方卫,等.世博轴大跨度索膜结构设计与研究[J].建筑结构学报,2010,31(5):1—12.

[43] 浙江大学空间结构研究中心.乐清体育中心一场两馆工程新型大跨度屋盖结构模型试验研究报告[R].杭州:浙江大学,2011.

[44] 王化杰,范峰,钱宏亮,等.巨型网格弦支穹顶预应力施工模拟分析与断索研究[J].建筑结构学报,2010,31(S1):247—253.

第二部分
网架结构

11 网架结构的基本理论和分析方法[*]

11 网架结构的基本理论和分析方法[*]

摘　要：本文阐述了网架结构一般静动力分析计算时的基本假定和计算模型。文中把网架结构分析研究的科技成果，归纳为 4 种计算模型、5 种分析方法和 10 种有专门名称的具体计算方法，并做了简要的说明。与此同时对各种计算方法的特点、适用范围和计算误差分别做了比较。

关键词：网架结构；静动力分析；基本假定；计算模型；具体计算方法

1　基本假定和计算模型

网架是一种空间杆系结构，杆件之间的连接可假定为铰接，忽略节点刚度的影响，不计次应力对杆件内力所引起的变化。模型试验和工程实践都已表明，对空间网架结构构件的铰接假定是完全许可的，所带来的误差可忽略不计，现已为国内外分析计算平板形网架结构时普遍采用。由于一般网架均属于平板形的，受荷后网架在板平面内的水平位移都小于网架的挠度，而挠度远小于网架的厚度，是属于小挠度范畴内的。也就是说，不必考虑因大变位、大挠度所引起的结构几何非线性性质。此外，网架结构的材料都按处于弹性受力状态而非进入弹塑性状态和塑性状态计算，亦即不考虑材料的非线性性质（当研究网架的极限承载能力时要涉及此因素）。因此，对网架结构的一般静动力计算，其基本假定可归纳为：

（1）节点为铰接，杆件只承受轴向力；

（2）按小挠度理论计算；

（3）按弹性方法分析。

网架的计算模型大致可分为 4 种：

（1）铰接杆系计算模型。这种计算模型直接根据上述基本假定就可得到，未引入其他任何假定，把网架看成为铰接杆件的集合。根据每根杆件的工作状态，可集合得出整个网架的工作状态，所以每根铰接杆件可作为网架计算的基本单元。为方便起见，称这种铰接杆系计算模型为计算模型 A（见图 1a）。

（2）桁架系计算模型。这种计算模型也没有引入新的假定，只是根据网架组成的规律，把网架作为桁架系的集合，分析时可把一段桁架作为基本单元。由于桁架系有平面桁架系和空间桁架系之分，故桁架系计算模型也可分为平面桁架系计算模型和空间桁架系计算模型，前者称为计算模型 B_1，后者

　＊　本文刊登于：董石麟.网架结构的基本理论和分析方法［M］//董石麟，罗尧治，赵阳，等.新型空间结构分析、设计与施工.北京：人民交通出版社，2006：20—24.兹局部做了编排.

称为计算模型 B_2（见图 1b）。

（3）梁系计算模型。这种计算模型除基本假定外，还要通过折算的方法把网架等代为梁系，然后以梁段作为计算分析的基本单元。显然，计算分析后要有个回代的过程，所以这种梁系的计算模型没有上面所述的计算模型 A、B 那样精确、直观。为方便起见，这种梁系计算模型简称为计算模型 C（见图 1c）。

（4）平板计算模型。这种计算模型也与梁系计算模型相类似，要有一个把网架折算等代为平板的过程，计算后也要有一个回代过程。平板有单层普通版与夹层板之分，故平板计算模型也可分为普通平板计算模型与夹层平板计算模型。前者称计算模型 D_1，后者称计算模型 D_2（见图 1d）。

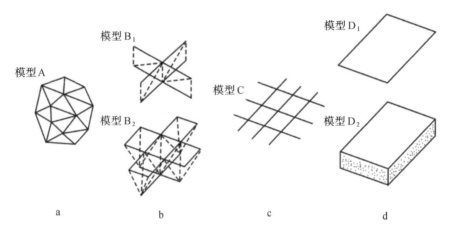

模型 A—铰接杆系计算模型；模型 B_1—平面桁架系计算模型；模型 B_2—空间桁架系计算模型；
模型 C—梁系计算模型；模型 D_1—普通平板计算模型；模型 D_2—夹层平板计算模型

图 1 网架结构的计算模型

上述 4 种计算模型 A、B、C、D 中，前两种是离散型的计算模型，比较符合网架本身离散构造的特点，如果不再引入新的假定，采用合适的分析方法，就有可能求得网架结构的精确解答。后两者是连续化的计算模型，在分析计算中，必然要增加从离散折算成连续，再从连续回代到离散这样两个过程，而这种折算和回代过程通常会影响结构计算的精度。所以采用连续化的计算模型，一般只能求得网架结构的近似解。但是，连续化的计算模型往往比较单一，不复杂，分析计算方便，或可直接利用现有的解答；虽然所求得的解答为近似解，只要计算结果能满足工程所需的精度要求，这种连续化的计算模型仍是可取的。

网架的计算模型之间，在一定的条件下是可互相沟通的。如引入一些假定，平面桁架系的计算模型 B_1 可转化为梁系的计算模型 C；梁系的计算模型 C 也可转化为普通平板计算模型 D_1。

描述网架离散型计算模型的数学表达式是离散的代数方程，而描述连续化计算模型的数学表达式是微分方程。微分方程又可以通过离散的方法转化为代数方程，所以描述网架计算模型的代数方程与微分方程之间有时是互相沟通的。

2 网架结构计算方法概述及其分类

有了网架的计算模型，下一步就需要寻找合适的分析方法来反映和描述网架的内力和变位状态，并求得这些内力和变位。网架结构的分析方法大致有 5 类：

（1）有限元法（分析方法Ⅰ）。包括铰接杆元法、梁元法等。

（2）力法（分析方法Ⅱ）。

（3）差分法（分析方法Ⅲ）。这里所指的差分法有两种含义，一种为微分方程的差分解法；另一种含义的实质是，根据节点和杆件的间距（类似差分的步长），给出网架的内力平衡方程和变位协调方程，其组成形式与差分方程类同，故把这种分析方法也归纳在差分法中。为区别差分法的这两种含义，前者称差分法（1），后者称差分法（2）。

（4）微分方程解析解法（分析方法Ⅳ）。

（5）微分方程近似解法（分析方法Ⅴ）。如变分法、加权残数法等，但不包括微分方程的差分解法。

通常情况下，连续化的计算模型采用微分方程的解析解法，在不易求得解析解时，可采用差分法（1）、变分法等。离散型的计算模型采用有限元法、差分（2）进行分析。由于计算模型在某些条件下的互通性，往往可用一种分析方法去分析几种计算模型；同样，一种计算模型也可采用几种分析方法去分析。

由上述 4 种计算模型及 5 种分析方法，使其一一对应结合，可形成网架结构的现有各种具体计算方法，即空间桁架位移法、交叉梁系梁元法、交叉梁系力法、交叉梁系差分法、混合法、网板法、假想弯矩法、下弦内力法、拟板法及拟夹层板法共 10 种具体计算方法，如图 2 及其图中实线连接线所示。由图 2 可以知道，空间桁架位移法是计算模型 A 与分析方法Ⅰ的结合，交叉梁系差分法是计算模型 C 与分析方法Ⅲ（1）的结合，拟夹层板法是计算模型 D_2 与分析方法Ⅳ的结合，如此等等。同是计算模型 B_2 及分析方法Ⅲ（2），因网架形式不同，可构成网板法、假想弯矩法及下弦内力法。此外，由于差分方程与微分方程的互通性，微分方程的解析解法和近似解法的互补性，对于假想弯矩法还可用分析方法Ⅳ、Ⅴ去求解，如此等等，如图 2 中与假想弯矩法相连的虚线所示。图 2 还给人们以启示，增加连接线及中间一列的长方框，可发展和探索计算网架结构的新方法、新途径。

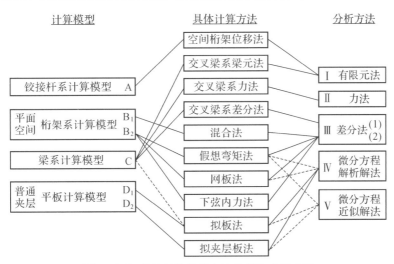

图 2　网架结构具体计算方法及其形成示意图

下面对网架结构的 10 种具体计算方法做一简要说明。

（1）空间桁架位移法。这是一种铰接杆系结构的有限元分析法，以网架节点的三个线位移为未知数，采用适合电子计算机运算的矩阵表达式来分析计算网架结构。空间桁架位移法是目前网架分析中的精确方法，国内外绝大多数网架电算专用程序都是采用这种方法编制的，其主要计算工作，甚至包括划分网格、节点生成、截面设计及网架制图等辅助性工作都可由电子计算机来完成。该法的适用范围不受网架类型、平面形状、支承条件和刚度变化的影响，而其计算精度也是现在所有计算方法中最高的,并常以此法作为各种简化计算方法计算精度比较的基础。

(2)交叉梁系梁元法。这是适用于平面桁架系组成网架的一种计算方法。它把单元网片等代为梁元,以交叉梁系节点的挠度和转角为未知量,用有限元来分析计算。该法可考虑网架剪切变形(即梁元的剪切变形)和刚度变化的影响,是网架简化计算方法中计算精度较高的一种。计算工作也要通过编制程序由电子计算机来完成,但要求解的代数方程数约为空间桁架位移法的一半。

(3)交叉梁系力法。该法主要适用于由两向平面桁架系组成网架的一种计算方法。它把桁架系等代为梁系,在交叉点处认为设有竖向连杆相连。切开连杆并以赘余力代替,使交叉梁系成为两个方向的静定梁系,根据交叉点竖向挠度相等的条件,即可按一般结构力学的力法来计算。交叉梁系力法一般不考虑网架的剪切变形,未知数约为空间桁架位移法的1/6,计算比较方便。

(4)交叉梁系差分法。该法可用于由平面桁架系组成的网架计算。我国在20世纪六七十年代没有大量采用专用程序电算网架之前,工程设计遇到这类网架的计算,都普遍采用这种简化为梁系的差分分析法。此法在计算中以交叉梁系节点的挠度为未知数,不考虑网架的剪切变形,所以未知数的数量较小,约为空间桁架位移法的1/6,交叉梁系梁元法的1/3。我国曾采用此法编制了一些计算图表,查用方便。

(5)混合法。这是直接以交叉平面桁架系为计算模型的差分分析法,适用于平面桁架系组成的网架计算。该法以平面桁架系的节点挠度、桁架弯矩及竖杆内力为未知数,未知数的数量约为空间桁架位移法的1/2~2/3。分析时可考虑网架的剪切变形和变刚度的影响,因此可求得与空间桁架位移法计算结果相同的精确解。如果不考虑网架的剪切变形和变刚度的影响,该法的基本方程便退化为交叉梁系差分法的基本方程,故可认为混合法是交叉梁系差分法的一个发展。

(6)假想弯矩法。这是以交叉空间桁架系为计算模型的差分分析法,适用于斜放四角锥网架及棋盘形四角锥网架的计算。分析时假定两个方向的空间桁架在交接处的假想弯矩相等,从而使基本方程可简化为二阶的差分方程,计算非常方便。我国在网架结构发展初期已建成的不少中、小跨度的斜放四角锥网架,都曾采用此法计算,并编有供计算用的假想弯矩系数表,便于手算查用。但该法的基本假定过于粗糙,其计算精度是网架简化计算法中最差的一种,建议只在网架估算时采用。

(7)网板法。这也是一种以空间桁架系为计算模型的差分分析法,适用于正放四角锥网架计算。分析时以网架某一方向的上、下弦杆内力及上弦节点挠度为未知数,基本方程为四阶的差分方程。当考虑剪切变形和变刚度影响时,可求得较精确的计算结果。

(8)下弦内力法。这是20世纪80年代初由我国学者提出的用来计算蜂窝形三角锥网架的差分分析法。一般情况下,由于蜂窝形三角锥网架的下弦杆、腹杆以及支座竖向反力是静定的,周边简支时上弦杆也是静定的,从而可以建立以下弦杆内力为未知数的基本方程式,无需根据协调方程可直接求得网架内力。因此,这种以离散型的空间桁架系计算模型为依据的下弦内力法是求解蜂窝形三角锥网架的一种精确解法。对于周边简支网架已编制有计算图表可直接查用,计算方便。

(9)拟板法。该法是把网架结构等代为一块正交异性或各向同性的普通平板,按经典的平板理论求解,可适用于由平面桁架系组成的网架及大部分由角锥体组成的网架计算。拟板法一般未考虑网架剪切变形及变刚度的影响,对周边简支等一些常遇边界条件的网架,可求得基本微分方程的解析解,或利用现有的平板计算图表来计算。网架杆件的最终内力,要通过等效关系由拟板的弯矩和剪力回代求得。

(10)拟夹层板法。该法是把网架结构等代为一块由上下表层与夹心层组成的夹层板,以1个挠度、2个转角共3个广义位移为未知函数,采用非经典的板弯曲理论来求解。拟夹层板法考虑了网架剪切变形,是一般拟板法的一个发展,可提高网架计算的精度。拟夹层板法的适用范围及网架杆件最终内力计算,与拟板法基本相同。

3 网架结构各种计算方法的比较

网架结构的 10 种计算方法各有特点,其适用范围、误差也各不相同,有的要编程序进行电算,有的可查表采用手算,各种方法的比较详见表 2。表中误差一栏是指网架最大内力和挠度采取某一种计算方法所得结果,与采用精确的空间桁架位移法所得结果相比而言。表中有 * 号的 4 种计算方法是比较常用的,并已为我国的行业标准《网架结构设计与施工规程》采纳、推荐。

表 2 网架结构各种计算方法的比较

计算方法	特点	适用范围	误差/%	备注
* 空间桁架位移法	1. 为铰接杆系的有限元法; 2. 最精确的网架计算方法	各类网架	0 精确解	编制专用 程序电算
交叉梁系梁元法	1. 为等代梁系的有限元法; 2. 考虑了剪切变形和刚度变化	平面桁架系组成的网架	约 5	编制专用 程序电算
交叉梁系力法	1. 为等代梁系的柔度法; 2. 一般不计剪切变形和刚度变化	两向平面桁架系组成的网架	10～20	编制图表 查表手算
* 交叉梁系差分法	1. 为等代梁系的差分解法; 2. 一般不计剪切变形和刚度变化	平面桁架系组成的网架	10～20	编制图表 查表手算
混合法	1. 为平面桁架系的差分解法; 2. 可考虑剪切变形和刚度变化	平面桁架系组成的网架	10～20	编制专用 程序电算
* 假想弯矩法	1. 简化为静定空间桁架系的差分解法; 2. 一般不计剪切变形和刚度变化;	斜放四角锥网架及棋盘形四角锥网架	15～30	编制图表 查表手算
网板法	1. 为空间桁架系的差分解法; 2. 一般不计剪切变形和刚度变化	正放四角锥网架	10～20	编制图表 查表手算
下弦内力法	1. 为空间桁架系的差分解法; 2. 可考虑剪切变形和刚度变化; 3. 当网架为简支时可求得精确解	蜂窝形三角锥网架	0～5	编制图表 查表手算
拟板法	1. 为等代普通平板的经典解法; 2. 一般不计剪切变形的影响	正交正放类网架、两向正交斜放网架及三向类网架	10～20	编制图表 查表手算
* 拟夹层板法	1. 为等代夹层板的非经典解法; 2. 可考虑剪切变形和刚度变化的影响	正交正放类网架、两向正交斜放网架、斜放四角锥网架及三向类网架	5～10	编制图表 查表手算

4 结语

综上所述,本文可做如下结论:

(1)对网架结构的计算模型和现有计算方法做了归纳和说明。

(2)根据网架形式、挠度要求、当地条件和设计阶段,设计人员可自行确定采用哪种计算方法计算网架。

(3)需用空间桁架位移法进行电算与采用具有足够精度又有图表可查的简化计算法进行手算,两者可互为补充,相互校对。

12 网架结构的有限元法——空间桁架位移法[*]

摘　要：空间桁架位移法是铰接杆系结构的有限元法，也是网架结构弹性分析的精确解法。以网架节点位移为未知函数建立单元刚度方程，由节点的平衡条件，可建立网架结构的基本方程，即结构的总刚度方程。根据边界条件，对总刚度方程做必要的修正，求解后可求得节点位移，进而可计算杆件内力。因此网架结构空间桁架位移法，实质上就是结构力学中的位移法。

关键词：网架结构；位移法；有限元法；空间桁架；总刚度方程

1　概述

网架结构杆件多、节点多，是一种高次超静定的空间杆系结构，在电子计算技术没有引入结构分析以前，要精确计算网架结构是非常困难的。即使采用了现代计算技术，分析网架结构也还得采用一些计算假定，忽略次要因素的影响，以使计算工作得到简化。

采用空间桁架位移法分析网架结构做了如下的基本假定：

（1）节点为铰接，杆件只能承受轴力，忽略节点刚度的影响；

（2）网架位移远小于网架厚度，按小挠度理论进行计算；

（3）材料符合虎克定律，按弹性方法分析；

（4）网架只作用有节点荷载，如在杆件上作用有外荷载时要等效地转化为节点荷载。

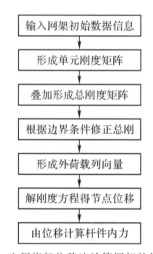

图1　空间桁架位移法计算网架的粗框图

空间桁架位移法采用铰接杆系计算模型，以节点位移为未知函数，通过单元分析，建立杆端力和杆端位移关系，形成单元刚度矩阵。由节点的平衡条件，可建立基本方程即总刚度方程，形成总刚度矩阵。根据边界条件对基本方程进行修正，求解后可得节点位移，进而可计算得出杆件内力。因此，网架结构的空间桁架位移法，实质上就是结构力学中的位移法。

空间桁架位移法计算步骤的粗框图如图1所示。

图1流程（图中方框文字）：
输入网架初始数据信息 → 形成单元刚度矩阵 → 叠加形成总刚度矩阵 → 根据边界条件修正总刚 → 形成外荷载列向量 → 解刚度方程得节点位移 → 由位移计算杆件内力

---

　*　本文刊登于：董石麟.网架结构的有限元法——空间桁架位移法［M］//董石麟，罗尧治，赵阳，等.新型空间结构分析、设计与施工.北京：人民交通出版社，2006：24—30.兹局部做了编排.

2   网架结构的单元分析

从网架结构中取出任一杆件 ij，其轴线与局部坐标系 $\overline{oxyz}$ 的 $\overline{x}$ 轴重合，如图 2 所示。

由虎克定律可得杆端力 $\overline{\boldsymbol{C}}_{ij} = \{\overline{\boldsymbol{C}}_{ij}^i \quad \overline{\boldsymbol{C}}_{ij}^j\}^{\mathrm{T}} = \{\overline{X}_{ij} \quad \overline{Y}_{ij} \quad \overline{Z}_{ij} \quad \overline{X}_{ji} \quad \overline{Y}_{ji} \quad \overline{Z}_{ji}\}^{\mathrm{T}}$ 与杆端位移 $\overline{\boldsymbol{U}}_{ij} = \{\overline{\boldsymbol{U}}_i$ $\overline{\boldsymbol{U}}_j\}^{\mathrm{T}} = \{\overline{u}_i \quad \overline{v}_i \quad \overline{w}_i \quad \overline{u}_j \quad \overline{v}_j \quad \overline{w}_j\}^{\mathrm{T}}$ 的关系式（杆端力与杆端位移的正向如图 2 所示）：

$$
\begin{Bmatrix} \overline{X}_{ij} \\ \overline{Y}_{ij} \\ \overline{Z}_{ij} \\ \overline{X}_{ji} \\ \overline{Y}_{ji} \\ \overline{Z}_{ji} \end{Bmatrix} = \frac{E_{ij}A_{ij}}{l_{ij}} \begin{bmatrix} 1 & 0 & 0 & -1 & 0 & 0 \\ 0 & 0 & 0 & 0 & 0 & 0 \\ 0 & 0 & 0 & 0 & 0 & 0 \\ -1 & 0 & 0 & 1 & 0 & 0 \\ 0 & 0 & 0 & 0 & 0 & 0 \\ 0 & 0 & 0 & 0 & 0 & 0 \end{bmatrix} \begin{Bmatrix} \overline{u}_i \\ \overline{v}_i \\ \overline{w}_i \\ \overline{u}_j \\ \overline{v}_j \\ \overline{w}_j \end{Bmatrix} \tag{1}
$$

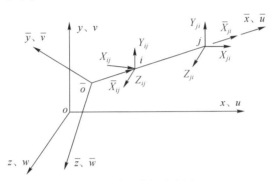

图 2   单元分析示意图

式中，E_{ij}、A_{ij}、l_{ij} 分别为杆件的弹性模量、截面积和长度。

式（1）表明杆件只有轴向力 $\overline{X}_{ij} = -\overline{X}_{ji}$，而横向力是不存在的，即 $\overline{Y}_{ij} = \overline{Z}_{ij} = \overline{Y}_{ji} = \overline{Z}_{ji} = 0$。式（1）还可简写为

$$
\begin{Bmatrix} \overline{\boldsymbol{C}}_{ij}^i \\ \overline{\boldsymbol{C}}_{ij}^j \end{Bmatrix} = \begin{bmatrix} \overline{\boldsymbol{k}}_{ii} & \overline{\boldsymbol{k}}_{ij} \\ \overline{\boldsymbol{k}}_{ji} & \overline{\boldsymbol{k}}_{jj} \end{bmatrix} \begin{Bmatrix} \overline{\boldsymbol{U}}_i \\ \overline{\boldsymbol{U}}_j \end{Bmatrix} \text{ 即 } \overline{\boldsymbol{C}}_{ij} = \overline{\boldsymbol{K}}_{ij} \overline{\boldsymbol{U}}_{ij} \tag{2}
$$

式中，$\overline{\boldsymbol{k}}_{ij}$ 为杆件在局部坐标系下的刚度矩阵，而各 $\overline{\boldsymbol{k}}$ 的表达式为

$$
\overline{\boldsymbol{k}}_{ii} = -\overline{\boldsymbol{k}}_{ij} = -\overline{\boldsymbol{k}}_{ji} = \overline{\boldsymbol{k}}_{jj} = \frac{E_{ij}A_{ij}}{l_{ij}} \begin{bmatrix} 1 & 0 & 0 \\ 0 & 0 & 0 \\ 0 & 0 & 0 \end{bmatrix} \tag{3}
$$

设结构的总体坐标系为 $oxyz$，见图 2。整体坐标系下杆端力 $\boldsymbol{C}_{ij} = \{\boldsymbol{C}_{ij}^i \quad \boldsymbol{C}_{ij}^j\}^{\mathrm{T}} = \{X_{ij} \quad Y_{ij} \quad Z_{ij} \quad X_{ji} \quad Y_{ji} \quad Z_{ji}\}^{\mathrm{T}}$ 和杆端位移 $\boldsymbol{U}_{ij} = \{\boldsymbol{U}_i \quad \boldsymbol{U}_j\}^{\mathrm{T}} = \{u_i \quad v_i \quad w_i \quad u_j \quad v_j \quad w_j\}^{\mathrm{T}}$ 与局部坐标系下的 $\overline{\boldsymbol{C}}_{ij}$ 和 $\overline{\boldsymbol{U}}_{ij}$ 可分别建立下列关系式：

$$
\overline{\boldsymbol{C}}_{ij}^i = \boldsymbol{T}_{ij} \boldsymbol{C}_{ij}, \qquad \overline{\boldsymbol{U}}_{ij}^i = \boldsymbol{T}_{ij} \boldsymbol{U}_{ij} \tag{4}
$$

式中，$\boldsymbol{T}_{ij}$ 为坐标变换矩阵

$$T_{ij}=\begin{bmatrix}\boldsymbol{T}&0\\0&\boldsymbol{T}\end{bmatrix}=\begin{bmatrix}\cos\alpha_1&\cos\beta_1&\cos\gamma_1&&&\\\cos\alpha_2&\cos\beta_2&\cos\gamma_2&&0&\\\cos\alpha_3&\cos\beta_3&\cos\gamma_3&&&\\&&&\cos\alpha_1&\cos\beta_1&\cos\gamma_1\\&0&&\cos\alpha_2&\cos\beta_2&\cos\gamma_2\\&&&\cos\alpha_3&\cos\beta_3&\cos\gamma_3\end{bmatrix} \tag{5}$$

而

$\cos\alpha_1$、$\cos\beta_1$、$\cos\gamma_1$ 为 $\bar{x}$ 轴与总体坐标系 x、y、z 轴之间的方向余弦;

$\cos\alpha_2$、$\cos\beta_2$、$\cos\gamma_2$ 为 $\bar{y}$ 轴与总体坐标系 x、y、z 轴之间的方向余弦;

$\cos\alpha_3$、$\cos\beta_3$、$\cos\gamma_3$ 为 $\bar{z}$ 轴与总体坐标系 x、y、z 轴之间的方向余弦。

将式(4)代入式(2)可得

$$\boldsymbol{T}_{ij}\boldsymbol{C}_{ij}=\bar{\boldsymbol{K}}_{ij}\boldsymbol{T}_{ij}\boldsymbol{U}_{ij}$$

前乘 $\boldsymbol{T}_{ij}^{\mathrm{T}}$ 后为

$$\boldsymbol{T}_{ij}^{\mathrm{T}}\boldsymbol{T}_{ij}\boldsymbol{C}_{ij}=\boldsymbol{T}_{ij}^{\mathrm{T}}\bar{\boldsymbol{K}}_{ij}\boldsymbol{T}_{ij}\boldsymbol{U}_{ij}$$

因 $\boldsymbol{T}_{ij}^{\mathrm{T}}\boldsymbol{T}_{ij}$ 的乘积为单位矩阵,最后上式可简化为

$$\boldsymbol{C}_{ij}=\boldsymbol{K}_{ij}\boldsymbol{U}_{ij}\text{ 或 }\begin{Bmatrix}\boldsymbol{C}_{ij}^i\\\boldsymbol{C}_{ij}^j\end{Bmatrix}=\begin{bmatrix}\boldsymbol{k}_{ii}&\boldsymbol{k}_{ij}\\\boldsymbol{k}_{ji}&\boldsymbol{k}_{jj}\end{bmatrix}\begin{Bmatrix}\boldsymbol{U}_i\\\boldsymbol{U}_j\end{Bmatrix} \tag{6}$$

式中

$$\boldsymbol{K}_{ij}=\boldsymbol{T}_{ij}^{\mathrm{T}}\bar{\boldsymbol{K}}_{ij}\boldsymbol{T}_{ij}=\begin{bmatrix}\boldsymbol{T}^{\mathrm{T}}&0\\0&\boldsymbol{T}^{\mathrm{T}}\end{bmatrix}\begin{bmatrix}\bar{\boldsymbol{k}}_{ii}&\bar{\boldsymbol{k}}_{ij}\\\bar{\boldsymbol{k}}_{ji}&\bar{\boldsymbol{k}}_{jj}\end{bmatrix}\begin{bmatrix}\boldsymbol{T}&0\\0&\boldsymbol{T}\end{bmatrix}=\begin{bmatrix}\boldsymbol{k}_{ii}&\boldsymbol{k}_{ij}\\\boldsymbol{k}_{ji}&\boldsymbol{k}_{jj}\end{bmatrix} \tag{7}$$

这里 $\boldsymbol{K}_{ij}$ 为杆件 ij 在总体坐标系下的刚度矩阵,而各 $\boldsymbol{k}$ 可表达为

$$\bar{\boldsymbol{k}}_{ii}=-\bar{\boldsymbol{k}}_{ij}=-\bar{\boldsymbol{k}}_{ji}=\bar{\boldsymbol{k}}_{jj}=\frac{E_{ij}A_{ij}}{l_{ij}}\boldsymbol{T}^{\mathrm{T}}\begin{bmatrix}1&0&0\\0&0&0\\0&0&0\end{bmatrix}\boldsymbol{T}=\frac{E_{ij}A_{ij}}{l_{ij}}\begin{bmatrix}\cos^2\alpha_1&\cos\alpha_1\cos\beta_1&\cos\alpha_1\cos\gamma_1\\\cos\alpha_1\cos\beta_1&\cos^2\beta_1&\cos\beta_1\cos\gamma_1\\\cos\alpha_1\cos\gamma_1&\cos\beta_1\cos\gamma_1&\cos^2\gamma_1\end{bmatrix} \tag{8}$$

3 网架结构基本方程的建立

从网架结构中取出任一节点 i,与该节点相交的杆件有 ij、ik、$\cdots$、im,作用在节点上的外荷载为 $\boldsymbol{P}_i$,如图 3 所示。由式(6)可知,交于 i 节点各杆端力的表达式为

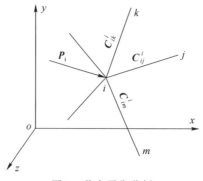

图 3 节点平衡分析

$$C_{ij}^i = k_{ii}^j U_i + k_{ij} U_j$$

$$C_{ik}^i = k_{ii}^k U_i + k_{ik} U_k$$

$$\vdots$$

$$C_{im}^i = k_{ii}^m U_i + k_{im} U_m$$

i 节点的平衡方程便可得出为

$$P_i = C_{ij}^i + C_{ik}^i + \cdots + C_{im}^i = (\sum_{n_i} k_{ii}^{ni}) U_i + k_{ij} U_j + k_{ik} U_k + \cdots + k_{im} U_m \qquad (9)$$

对网架的每一节点都可建立类似的平衡方程,经合并后可得

$$
\begin{bmatrix}
\sum_{n_1} k_{11}^{n1} & k_{12} & k_{13} & \cdot & \cdot & & & & & \\
 & \sum_{n_2} k_{22}^{n2} & k_{23} & \cdot & \cdot & & & & & \\
 & & \cdot & & & & & & & \\
 & & & \cdot & & & & & & \\
 & & & & \cdot & & & & & \\
 & & & & & \sum_{n_i} k_{ii}^{ni} & k_{ij} & k_{ik} & \cdot & \cdot \\
对 & & & & & & \cdot & & & \\
 称 & & & & & & & \cdot & & \\
 & & & & & & & & \cdot & \\
 & & & & & & & & & \sum_{n_m} k_{mn}^{mn}
\end{bmatrix}
\begin{Bmatrix}
U_1 \\ U_2 \\ \cdot \\ \cdot \\ \cdot \\ U_i \\ U_j \\ U_k \\ \cdot \\ \cdot \\ U_m
\end{Bmatrix}
=
\begin{Bmatrix}
P_1 \\ P_2 \\ \cdot \\ \cdot \\ \cdot \\ P_i \\ P_j \\ P_k \\ \cdot \\ \cdot \\ P_m
\end{Bmatrix}
\qquad (10)
$$

或简写为

$$KU = P \qquad (11)$$

式中,

$$U = \{U_1 \quad U_2 \quad \cdots \quad U_i \quad \cdots\}^\mathsf{T}, \qquad U_i = \{u_i \quad v_i \quad w_i\}^\mathsf{T}$$

$$P = \{P_1 \quad P_2 \quad \cdots \quad P_i \quad \cdots\}^\mathsf{T}, \qquad P_i = \{P_{xi} \quad P_{yi} \quad P_{zi}\}^\mathsf{T}$$

式(11)即为网架结构的总刚度方程,K 为总刚度矩阵,且有如下一些特性:

(1)主对角元素均为 n_i 项叠加而成 $\sum_{n_i} k_{ii}^{ni}$,n_i 为关于 i 节点的杆件数;

(2)矩阵的元素具有对称性,即 $k_{ij} = k_{ji}$;

(3)矩阵的元素具有稀疏性,每个方程中的非零元素只有 $n_i + 1$ 项,而且这些非零元素均密集在主对角线附近。

以上这些特性有利于计算机紧凑存贮、节省内存、方便求解。

4　边界条件处理

网架结构要根据边界条件,先对总刚度矩阵 K 修正到 K',再当满足 $|K'| \neq 0$,即满足结构为几何不变体系的条件,才可求解总刚度方程。如 $|K'| = 0$,表明结构属几何可变体系,即瞬变体系,自然不能求得计算结果。

网架结构通常的边界条件可分为两类:

（1）刚性支承。它有以下三种情况

1）$u=v=w=0$，不动球铰支座；

2）$u=w=0$ 或 $v=w=0$，不动圆柱铰支座；

3）$w=0$，（水平方向）可动球铰支座。

此时，修正总刚度矩阵 K 的办法有两种：一是划去相应的行和列，二是把相应的主元素改为一个大数，如 $1×10^{16}$，这可达到某一相应支座位移为零的目的。但在计算机上实现这一目的时，采用第二种办法比较方便。

（2）弹性支承。当支承结构比较复杂，而且必须要考虑支承结构的弹性作用时，可根据支承点的协调条件，把网架与支承结构作为一个整体结构进行分析。此时，计算工作量显然是很繁重的。当支承结构比较简单，如为独立柱时，可把支承结构换算为在支承点处的等效弹簧，并求出弹簧的刚度，按弹簧支承下的网架结构进行分析。

对于斜边界的边界条件，从力学的观点来说同样可按上述办法处理。但具体计算时在斜边界处若仍采用总体坐标系，不仅不方便，而且会导致异常的计算结果。为此，需要通过坐标变换，使斜边界支承点处坐标系的方向与支承反力方向相同。

设斜边界与支承反力方向相一致的坐标系 $o'x'y'z'$，如图 4 所示。对斜边界支承点有关的杆件 ij，在总体坐标系下的单元刚度方程为

$$C_{ij} = K_{ij}U_{ij}$$

当转到与斜边界相应坐标系 $o'x'y'z'$ 时，单元刚度方程为

$$C'_{ij} = K'_{ij}U'_{ij} \tag{12}$$

按第 2 节相同的方法可求得

$$K'_{ij} = T_{Aij}^{\mathrm{T}}K_{ij}T_{Aij} \tag{13}$$

其中 T_{Aij} 为变换矩阵，它有三种情况：

（1）当 ij 杆正好位于斜边界上，此时 T_{Aij} 的表达式为

$$T_{Aij} = \begin{bmatrix} T_A & 0 \\ 0 & T_A \end{bmatrix} \tag{14a}$$

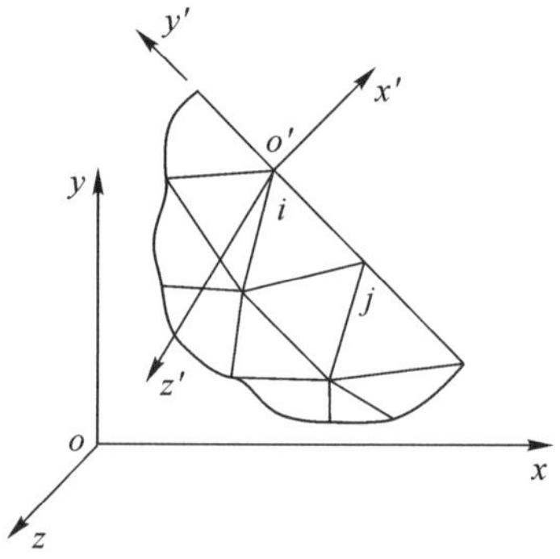

（2）当 ij 杆的 i 端坐落在斜边界上，则有

$$T_{Aij} = \begin{bmatrix} T_A & 0 \\ 0 & E \end{bmatrix} \tag{14b}$$

（3）当 ij 杆的 j 端坐落在斜边界上，则有

$$T_{Aij} = \begin{bmatrix} E & 0 \\ 0 & T_A \end{bmatrix} \tag{14c}$$

图 4　斜边界条件

式（14）中 T_A 表示坐标变换矩阵，E 为单位对角矩阵，它们分别表示为

$$T_A = \begin{bmatrix} \cos\alpha'_1 & \cos\beta'_1 & \cos\gamma'_1 \\ \cos\alpha'_2 & \cos\beta'_2 & \cos\gamma'_2 \\ \cos\alpha'_3 & \cos\beta'_3 & \cos\gamma'_3 \end{bmatrix}, \qquad E = \begin{bmatrix} 1 & 0 & 0 \\ 0 & 1 & 0 \\ 0 & 0 & 1 \end{bmatrix} \tag{15}$$

而　$\cos\alpha'_1$、$\cos\beta'_1$、$\cos\gamma'_1$ 为 x 轴与斜边界坐标系 x'、y'、z' 轴之间的方向余弦；

$\cos\alpha'_2$、$\cos\beta'_2$、$\cos\gamma'_2$ 为 y 轴与斜边界坐标系 x'、y'、z' 轴之间的方向余弦；

$\cos\alpha'_3$、$\cos\beta'_3$、$\cos\gamma'_3$ 为 z 轴与斜边界坐标系 x'、y'、z' 轴之间的方向余弦。

这样，总刚度矩阵 K 可转换为在斜边界处按坐标系 $o'x'y'z'$ 列出的总刚度矩阵 K_s，斜边界的未知位移 u、v、w 也转换为 u'、v'、w'，此时，便可根据与坐标系相应的边界条件对 K_s 修正为 K'_s，且当 $|K'_s| \neq 0$ 时，即可求解总刚度方程。

5 对称条件利用

如网架结构(包括边界条件),在对称荷载作用下,对称面 oyz 内的反对称位移为零($u=0$)。当对称面通过上、下弦杆中点时(图 5a),该中点以节点对待,并需在 x、y、z 轴三个方向分别设置三个连杆予以约束,其中 y、z 轴两个方向连杆的作用,是一种处理手法,保证结构成为几何不变体系,对计算网架内力毫无影响。当对称面通过交叉斜杆交点时,该节点除在 x 方向给予约束外,为保证体系的几何不变性,在 y 轴方向也要给予约束,如图 5a 所示。当对称面通过人字斜杆交点时,该节点也要在 x、y 轴两个方向给予约束,如图 5b 所示。当对称面通过竖杆轴线时,只要在 x 轴方向给予约束,如图 5c 所示。但应注意,竖杆的截面积取原截面积的 $1/2$。如竖杆在双轴对称面处,即为中心竖杆时,计算时取原截面积的 $1/4$。

对称的网架结构在反对称荷载作用下,对称面 oyz 内的对称位移为零,即 $v=0$、$w=0$。当对称面通过上、下弦杆中点、交叉斜杆交点、人字斜杆交点以及竖杆轴线时,需要设置连杆予以约束的节点和方向,分别见图 6a、b、c。

由此,利用对称条件只要计算 $1/2$、$1/4$ 甚至 $1/8$ 网架便可以了。

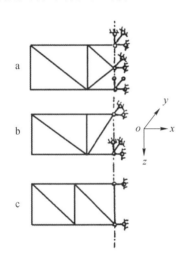

图 5 对称荷载时对称面内的条件

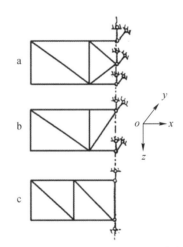

图 6 反对称荷载时对称面内的条件

6 温度作用计算

如网架结构的某一区域或某一杆件温度发生变化,网架结构便将产生温度内力和位移。设 ij 杆温度变化为 t_{ij}(升温为正,降温为负),材料的线膨胀系数为 a_{ij},则该杆的初应变 ε_{ij}^0 为

$$\varepsilon_{ij}^0 = a_{ij} t_{ij}$$

设杆的固端力在局部坐标系 $\overline{oxyz}$ 及总体坐标系 $oxyz$ 下的表达式分别为(图 7)

$$\overline{\boldsymbol{C}}_{ij}^0 = \{\overline{X}_{ij}^0 \quad \overline{Y}_{ij}^0 \quad \overline{Z}_{ij}^0 \quad \overline{X}_{ji}^0 \quad \overline{Y}_{ji}^0 \quad \overline{Z}_{ji}^0\}^{\mathrm{T}} = E_{ij}A_{ij}\{1 \quad 0 \quad 0 \quad -1 \quad 0 \quad 0\}^{\mathrm{T}}\varepsilon_{ij}^0$$

$$\boldsymbol{C}_{ij}^0 = \{X_{ij}^0 \quad Y_{ij}^0 \quad Z_{ij}^0 \quad X_{ji}^0 \quad Y_{ji}^0 \quad Z_{ji}^0\}^{\mathrm{T}} = \{\boldsymbol{C}_{ij}^{0i} \quad \boldsymbol{C}_{ij}^{0j}\}^{\mathrm{T}} = \{\boldsymbol{b}_{ij}^i \quad \boldsymbol{b}_{ij}^j\}^{\mathrm{T}}\varepsilon_{ij}^0 \tag{16}$$

式中 $\boldsymbol{b}_{ij}^i = -\boldsymbol{b}_{ij}^j = E_{ij}A_{ij}\{\cos\alpha_1 \quad \cos\beta_1 \quad \cos\gamma_1\}^{\mathrm{T}}$。

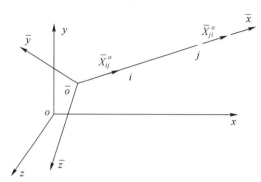

图 7 温度作用时的固端力

实际上,杆端有位移,在总体坐标系下最终的杆端力由下式表示

$$\left\{\begin{matrix}\boldsymbol{C}_{ij}^i\\\boldsymbol{C}_{ij}^j\end{matrix}\right\}=\begin{bmatrix}\boldsymbol{k}_{ii}&\boldsymbol{k}_{ij}\\\boldsymbol{k}_{ji}&\boldsymbol{k}_{jj}\end{bmatrix}\left\{\begin{matrix}\boldsymbol{U}_i\\\boldsymbol{U}_j\end{matrix}\right\}+\left\{\begin{matrix}\boldsymbol{b}_{ij}^i\\\boldsymbol{b}_{ij}^i\end{matrix}\right\}\varepsilon_{ij}^0 \tag{18}$$

此时,与第 3 节相类似,对节点 i 建立平衡方程可得出

$$\begin{aligned}\boldsymbol{P}_i&=\boldsymbol{C}_{ij}^i+\boldsymbol{C}_{ik}^i+\cdots+\boldsymbol{C}_{im}^i\\&=(\sum_{n_i}\boldsymbol{k}_{ii}^{ni})\boldsymbol{U}_i+\boldsymbol{k}_{ij}\boldsymbol{U}_j+\boldsymbol{k}_{ik}\boldsymbol{U}_k+\cdots+\boldsymbol{k}_{im}\boldsymbol{U}_{im}+\boldsymbol{b}_{ij}^i\varepsilon_{ij}^0+\boldsymbol{b}_{ik}^i\varepsilon_{ik}^0+\cdots+\boldsymbol{b}_{im}^i\varepsilon_{im}^0\end{aligned} \tag{19}$$

令

$$\boldsymbol{b}_{ij}^i\varepsilon_{ij}^0+\boldsymbol{b}_{ik}^i\varepsilon_{ik}^0+\cdots+\boldsymbol{b}_{im}^i\varepsilon_{im}^0=\boldsymbol{P}_i^0 \tag{20}$$

集合每个节点的平衡方程,即得网架的总刚度方程

$$\boldsymbol{KU}=\boldsymbol{P}-\boldsymbol{P}^0 \tag{21}$$

式中 $\boldsymbol{P}^0=\{\boldsymbol{P}_1^0 \quad \boldsymbol{P}_2^0 \quad \cdots \quad \boldsymbol{P}_i^0 \quad \cdots\}^{\mathrm{T}}$,这表明在计算网架温度应力时,总刚度方程的右端只需要增加一温度项 $-\boldsymbol{P}^0$ 即可。

7 杆件内力计算

求解总刚度方程后,便求得网架各节点的位移,从而可由下列公式计算网架任一杆件的内力

$$\bar{\boldsymbol{X}}_{ji}=-\bar{\boldsymbol{X}}_{ij}=\frac{E_{ij}A_{ij}}{l_{ij}}\begin{bmatrix}\cos\alpha_1&\cos\beta_1&\cos\gamma_1\end{bmatrix}\left\{\begin{matrix}u_j-u_i\\v_j-v_i\\w_j-w_i\end{matrix}\right\} \tag{22}$$

对于与斜边界有关的杆件,先得由下式求出总体坐标系下的位移

$$\boldsymbol{U}_{ij}=\boldsymbol{T}_{Aij}\boldsymbol{U}'_{ij} \tag{23}$$

然后再由式(22)计算杆件内力。

当有温度作用时,网架杆件内力计算公式为

$$\bar{\boldsymbol{X}}_{ji}=-\bar{\boldsymbol{X}}_{ij}=\frac{E_{ij}A_{ij}}{l_{ij}}\begin{bmatrix}\cos\alpha_1&\cos\beta_1&\cos\gamma_1\end{bmatrix}\left\{\begin{matrix}u_j-u_i\\v_j-v_i\\w_j-w_i\end{matrix}\right\}-E_{ij}A_{ij}\varepsilon_{ij}^0 \tag{24}$$

8 结论

综上所述,可以把网架结构精确分析方法——空间桁架位移法做如下结论:

(1)网架结构空间桁架位移法(即铰接杆系结构有限元法)的基本方程为 $\boldsymbol{KU}=\boldsymbol{P}$,其实质便是结构力学中位移法的准则方程式,从力学的观点来说是平衡方程,从数学的观点来说是线代数方程。

(2)网架结构的总刚度矩阵 $\boldsymbol{K}$ 是由铰接杆件的单元刚度通过坐标变换,然后对号入座叠加而成。

(3)网架结构基本方程(即总刚度方程)要根据边界条件对总刚度矩阵 $\boldsymbol{K}$ 修正为 $\boldsymbol{K}'$,并要求 $\boldsymbol{K}'$ 的行列式不等于零时才能求解。

(4)空间桁架位移法是网架结构的精确解法,它可分析计算任意形式、任意边界条件(包括刚性支承、弹性支承、斜边界)、任意外载作用(包括温度作用、支座沉降、预加应力)的网架结构。

13 空间网格结构实用微机软件 MSTCAD[*]

摘　要：MSTCAD 系统是面向用户、方便易学的实用软件，能在微机上解决大型复杂网格结构的分析设计。本文介绍了 MSTCAD 软件的友好用户界面和独立开发的具有显示、编辑、修改功能的汉化图形处理系统，以及运用该软件出色地完成空间网格结构工程设计的实践和感受。

关键词：空间网格结构；微机软件；工程设计；MSTCAD

1　实用意义的微机应用软件

个人计算机（personal computer）已应用到各行各业，进入千家万户，质优价廉的微机 386、486 亦已开始普及，一些高性能处理器如 Pietium、Rise、Cyrix Mi 等不断面世，速度从 33MHz 可提高到 140MHz 甚至更高，内存从 8MKB、16MKB 或更高，目前基于 Pietium 66MHz 微处理器的电脑系统价格仅 1500 美元。容量和速度在实际应用中将不再是障碍。

众所周知，建筑行业软件在微机上的应用已形成比较完整的系统，如我们所知的 PKCAD、TBSACAD、PMCAD、ABD、House 等都深受工程设计人员的喜爱。

目前微机上大量的应用软件均基于 DOS 操作系统，一般情况下只能利用 640KB 内存空间，对于高次超静定的空间网格结构，即使刚度方程采用波前法或一维分块压缩处理，其求解往往出现速度太慢或内存不够，致使无法在微机上解算大型网格结构。

MSTCAD 软件基于 DOS、Unix、Windows 等操作系统，采用虚拟内存管理，突破 640KB 内存限制，可以充分利用内外存空间。同时，采用全局数据流优化操作，使运行速度提高数倍。MSTCAD 系统曾对浙江纸箱总厂 2.5 万 m² 网架结构进行整体分析，并考虑柱的共同作用，整个网架 21620 根杆件，5880 个节点，在普通微机 486/33 上运行迭代一次 CPU 时间仅需 20min，可见任何大型网格结构的图形处理、设计分析、多方案比较都能在微机上完成。

2　图形处理系统的开发

微机与工作站相比，较大的缺陷是工作站上往往带有图形支撑系统，而微机上没有，这对在微机

　＊　本文刊登于：罗尧治,董石麟.空间网格结构实用微机软件 MSTCAD[C]//中国土木工程学会.第七届空间结构学术会议论文集,文登,1994:153－156.

上开发应用软件带来很大的麻烦。AutoCAD 是我们较熟悉的图形通用软件包,许多应用软件常用它做图形显示、进行二次开发。但是 AutoCAD 软件本身容量很大,大多数功能对我们没有用,要在其上做二次开发,容量和速度会有很大限制。

对于专业性很强、容量和速度要求很高的空间网格结构应用软件,依靠软件开发者提供的十几种网架形式难以包含现代实际工程中遇到的多样、复杂形式的网格结构。

MSTCAD 软件独立开发了具有大量常规图形功能和专业图形功能的图形处理系统。该系统专业性强,具有针对性,使用者可在屏幕直接进行图形编辑、修改。

MSTCAD 图形处理系统主要菜单命令见表 1。

表 1　MSTCAD 系统主要菜单命令

显示	平面、立面、剖面、弦层、腹层、层 ON/OFF、3D 显示、透视
放缩	窗口放大、平移、恢复、旋转、重画
编辑	复制、镜像、块设置、颜色设置、画线、画圆、写字、标注尺寸、对称性、形成新图、剪切、拼接、替换
修改	坐标:轴线定位、起坡、极坐标、曲面、移动、旋转、增删节点、增删杆件、加层、加柱帽、加预应力索 荷载:均布荷载、集中荷载、线荷载、吊车荷载、预应力、温度应力 约束:简支约束、取消约束、斜边界、弹性约束
文件操作	存入文件、提取文件、退出
结果显示	杆件配置、球节点配置、内力、位移、支座反力、杆件(节点)自动/人工调整
图纸	排版、施工图、材料表、节点详图、支座详图、说明、加工图表
接口	鼠标器、绘图仪、打印机、AutoCAD 接口文件

为了使用者的直观易懂,图形处理系统所有菜单和提示均实现汉化,中文汉字显示通过特殊处理,不必进入中文 CCDOS。可直接在西文 DOS 下工作,并且所占内存空间小,显示速度快。

MSTCAD 图形处理系统可与鼠标器、绘图仪、打印机接口,也提供 AutoCAD 图形接口文件。

3　用户与软件的友好界面

界面(user interface)是 CAD 系统的重要标志,它直接影响到软件的推广价值。空间网格结构应用软件发展大致经历了以下几个阶段:

第一阶段开发的程序无前后处理,用户先进行节点杆件编号,节点坐标、节点荷载、约束信息、杆件信息、综合信息等须严格按照程序使用手册指定的符号(代号)对号入座,建立数据文件,程序读数据文件,经有限元分析后,手工整理结果,手工绘图。对于大型结构分析其困难可想而知。

第二阶段(数据文件+图形显示),仍须输入大量数据,但对于几种规则网架可自动成形,程序可进行图形显示,检查输入数据的正确性,但不能进行图形编辑。

第三阶段(数据文件+人机交互+图形显示),输入数据文件和人机交互相结合,大大减少数据输入工作量,可以进行图形的显示,也能进行适当的修改,但输入中有许多约定,对于遇到复杂的网格结构也会无能为力。

第四阶段(人机交互+中文菜单+图形处理),具有良好的用户界面,及弹出式、下拉式中文菜单,使用者易学易用,图形不仅有显示功能,而且能进行编辑、修改,能绘制施工图、翻样图等,计算规模和速度大大提高。

MSTCAD用户无须预先建立数据文件,基本上不需要使用手册,只要有客户提供的技术参数,就可直接上机操作。软件随时提供当前功能、出错信息和其他信息。软件采用大量的中文菜单命令,按性质归类,各菜单是平等的,亦即任何时候可进入任一菜单,无先后顺序,这样用户不易出错。图1是计算机屏幕划区示意图。

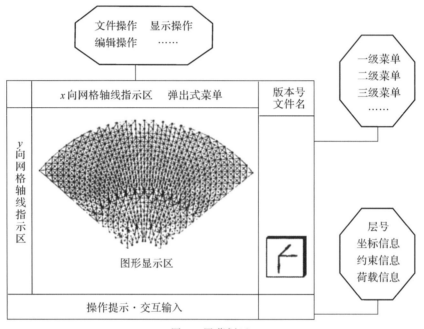

图 1　屏幕划区

MSTCAD系统基本上做到"随心所欲"地作图,而不必顾及节点、杆件编号等操作,及节点须加在轴线上等限制;可以让设计人员任意选择剖面,并在剖面状态下进行编辑、修改;可以随意地由双层网架生成(局部)三(多)层网架。

MSTCAD系统的分析结果做到直观的图形输出,可根据用户的要求输出平面布置图、杆件配置图、球节点配置图、内力图、应力图、支座反力图、挠度图及加工图表等。

MSTCAD还提供许多命令参数,供用户视实际情况选择。例如:

(1)荷载输入中,范围选择可以是点、线、面;荷载方向可以是平面投影(见图2a)、沿曲面竖向(见图2b)、沿曲面法向(见图2c)。

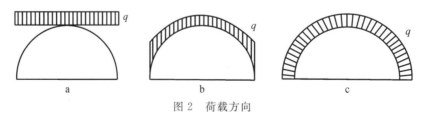

图 2　荷载方向

(2)在弹性支座处理上,提供三种输入方式,即三个方向的弹性刚度值、单段柱(见图3a)、双段柱(见图3b)。

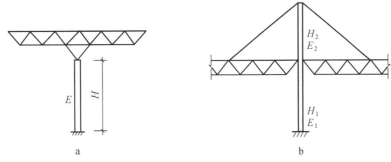

图 3 弹性支座处理

（3）起坡方式有：单面坡、双面坡、四面坡、局部起坡，并且按起坡后投影长度和杆件布置变化分图 4 三种情况。

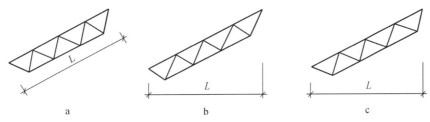

图 4 起坡后投影长度和杆件布置变化图

4 工程实践与体会

MSTCAD 经过了 5 年多时间的研制与开发，在实际工程设计中发挥了巨大作用，完成了上百项网架工程，其中不乏许多复杂、大型的网架（壳）结构，典型的有深圳国际机场候机大厅的交叉桁架大梁与四角锥网架组成的结构、广东省人民体育场挑篷局部三层网架、浙江涤纶厂三层网架、山东烟台斗兽馆局部双层网壳、长春南岭体育场挑篷马鞍形网壳、上海大众汽车厂大面积网架屋盖、安徽合肥金斗城塔架、深圳青少年宫斜拉网架等。

MSTCAD 从最底层开发独立图形系统，在实践中得到了不断完善和提高，开发者虽然花的精力很大，但使软件更符合用户的意图，更具专业性，主要有以下几点感受：

（1）设计周期短、效益高，特别在多方案的设计比较中充分发挥作用；

（2）计算规模大、速度快，对于大型网架能运用自如，适应在我国微机普及面广的实情；

（3）图形操作简单、易懂、功能多，可以直接在屏幕上作图，对任意复杂网格结构都能处理；

（4）图纸质量明显提高，内容完整；

（5）系统开发不依赖硬件，独立性、移植性强；

（6）预应力网架、斜拉网架、高耸塔架等空间结构都能分析；

（7）能与 AutoCAD 接口；

（8）系统的独立开发，为进一步完善提高打好了基础。

14 正交正放类网架结构的拟板(夹层板)分析法[*]

摘　要：本文把正交正放类平板型网架结构假设为构造上正交异性的夹层板,采用考虑剪切变形的具有三个广义位移的平板弯曲理论来分析。文中给出了这类网架结构拟板的基本方程式、弯曲刚度和剪切刚度的表达式以及由拟板内力换算成网架构件内力的一般计算公式。对于常用的周边简支网架,求得了基本方程式的级数形式的解析解,并编制了内力、位移计算用表。与此同时,还分析了考虑网架剪切变形、两向不等刚度和变刚度的影响,给出了简化计算的近似公式。文中附有计算例题。本文的研究成果已被我国《网架结构设计与施工规定》JGJ 7—80 采用。

关键词：网架结构;正交正放类;拟夹层板;分析法;剪切变形;正交异性

正交正放类平板型网架结构,是指两个方向互相垂直,且分别与网架矩形平面边界轴线平行的上弦杆和下弦杆,以及连接上、下弦杆的腹杆(斜杆和竖杆)所组成的铰接空间桁架结构。由于上、下弦杆和腹杆的空间位置和连接方式的不同,这类网架的主要形式有三种:两向正交正放网架、正放四角锥网架和正放抽空四角锥网架(见表4～表6的示意图)。如按网架的组成成分来分,前者是由平面桁架系组成,采用空间桁架位移法精确求解[1,2],由于庞大的未知数,通常都得依赖于大、中型电子计算机才能进行计算。对于两向正交正放网架,也可近似作为交叉梁系用差分法来求解;对于正放四角锥网架,可以上弦杆内力和节点挠度为未知数,采用所谓网板法计算[3,4]。这些近似计算方法的未知数比空间桁架位移法的要少好几倍,但组成线性方程组后,仍要采用电算才能求得结果。同时,这些近似计算方法,一般不易反映网架结构剪切变形和刚度变化的影响,这对计算结果会带来较大的误差。

本文把网架结构连续化为由三层不同性质材料组成的夹层板,采用可以考虑网架剪切变形的、具有三个广义位移的平板弯曲理论来分析[5-7]。由于所研究的这一类网架结构,其上、下弦分别组成矩形或方形网格且与矩形平面的边界平行,因而,连续化后的拟板是正交异性的;所求得的基本微分方程式的阶数虽较高,是六阶的,但组成比较简单。如矩形平面的网架,周边简支,或两对边简支、另两对边为一般任意边界条件时,可以求得基本方程的解析解,并便于编制内力、位移计算用表。因此,采用本文的分析方法,网架结构的计算可以不用电子计算机运算,而由查用拟板的内力、位移系数表,再根据换算公式直接求得网架的杆件内力和节点挠度。通过算例表明,所述方法的计算结果,与精确的空间桁架位移法的电算结果基本吻合。

　＊　本文刊登于:董石麟,夏亨熹.正交正放类网架结构的拟板(夹层板)分析法(上)、(下)[J].建筑结构学报,1982,3(2):14—25;3(3):14—22.

1 基本方程式的建立和刚度表达式

把所研究的正交正放类网架结构的上、下弦分别假定为不计厚度的上表层和下表层,它们只能承受层内的平面力而不能承受横向剪力,把腹杆折算成厚度为网架高度 h 的夹心层,它只能承受横向剪力而不能承受平面力(如图 1 所示)。即上、下表层只有层内的平面刚度而忽略其横向剪切刚度;夹心层只有横向剪切刚度而忽略其平面刚度。

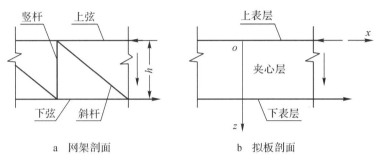

a 网架剖面　　　　　b 拟板剖面

图 1　计算图式模拟

由于两个方向上、下弦杆截面的任意性,一般情况下折算成的拟板便无结构对称面,即中面。因此,在建立基本方程式时,可选取上表层作为计算参考面。具有三个广义位移 w、ψ_x、ψ_y 的夹层板的弯曲理论,假定垂直板面的直线段在变形后仍为直线段,但不一定垂直板面了,而在 xz、yz 平面内分别转了一个角度 ψ_x、ψ_y[6](简称转角,以从 x、y 轴经 90°到 z 轴的转向为正),则对于拟板的计算参考面 oxy 来说有下列几何关系:

$$\boldsymbol{\chi}=\left\{\begin{matrix}\chi_x & \chi_y\end{matrix}\right\}^{\mathrm{T}}=\left\{\begin{matrix}-\dfrac{\partial \psi_x}{\partial x} & -\dfrac{\partial \psi_y}{\partial y}\end{matrix}\right\}^{\mathrm{T}} \tag{1}$$

$$\boldsymbol{\gamma}=\left\{\begin{matrix}\gamma_x & \gamma_y\end{matrix}\right\}^{\mathrm{T}}=\left\{\begin{matrix}\dfrac{\partial w}{\partial x}-\psi_x & \dfrac{\partial w}{\partial y}-\psi_y\end{matrix}\right\}^{\mathrm{T}} \tag{2}$$

式中 $\boldsymbol{\chi}$ 是广义应变,有似于板经典理论中中面挠曲后的曲率,因本文不涉及扭曲率 χ_{xy},故把它省略了;$\boldsymbol{\gamma}$ 是横向剪切应变即剪切角。如果不考虑板的横向剪切应变,则由式(1)、(2)可得 $\psi_x=\dfrac{\partial w}{\partial x}$、$\psi_y=\dfrac{\partial w}{\partial x}$,$\chi_x=-\dfrac{\partial^2 w}{\partial x^2}$,$\chi_y=-\dfrac{\partial^2 w}{\partial y^2}$,这便退化为板经典理论中转角和曲率的一般表达式了。

根据上面提到的直线段的假设,上表层应变 $\boldsymbol{\varepsilon}$ 和下表层应变 $\boldsymbol{\varepsilon}^b$ 还可建立关系式:

$$\boldsymbol{\varepsilon}^b=\boldsymbol{\varepsilon}+h\boldsymbol{\chi}$$

式中
$$\boldsymbol{\varepsilon}=\left\{\begin{matrix}\varepsilon_x & \varepsilon_y\end{matrix}\right\}^{\mathrm{T}} \tag{3}$$
$$\boldsymbol{\varepsilon}^b=\left\{\begin{matrix}\varepsilon_x^b & \varepsilon_y^b\end{matrix}\right\}^{\mathrm{T}}$$

同样,因不涉及剪应变而把 ε_{xy} 省略了。

上、下表层的物理方程可表达为

$$\boldsymbol{N}^a=\boldsymbol{B}^a\boldsymbol{\varepsilon} \tag{4}$$

$$\boldsymbol{N}^b=\boldsymbol{B}^b\boldsymbol{\varepsilon}^b \tag{5}$$

式中 　　　　　$\boldsymbol{N}^a=\left\{\begin{matrix}N_x^a & N_y^a\end{matrix}\right\}^{\mathrm{T}}, \qquad \boldsymbol{N}^b=\left\{\begin{matrix}N_x^b & N_y^b\end{matrix}\right\}^{\mathrm{T}}$

由于上、下弦杆只能承受轴向力,故对正交正放类网架结构,拟板的内力阵 $\boldsymbol{N}^a$、$\boldsymbol{N}^b$ 中不存在剪力 N_{xy}^a、N_{xy}^b。$\boldsymbol{B}^a$、$\boldsymbol{B}^b$ 为拟板上、下表层的平面刚度矩阵,显然应有($B_{12}=B_{16}=B_{26}=B_{66}=0$,$B_{11}=B_x$,$B_{22}=B_y$)

$$\boldsymbol{B}^a = \begin{bmatrix} B_x^a & 0 \\ 0 & B_y^a \end{bmatrix} \tag{6}$$

$$\boldsymbol{B}^b = \begin{bmatrix} B_x^b & 0 \\ 0 & B_y^b \end{bmatrix} \tag{7}$$

式(6)、(7)中的刚度系数 B_x^a、B_y^a、B_x^b、B_y^b 可根据上、下弦杆的截面积 A_{ax}、A_{ay}、A_{bx}、A_{by} 和间距 s、网架材料的弹性模量 E,由表1的表达式确定。

夹心层的物理方程为:

$$\boldsymbol{Q} = \boldsymbol{C}\boldsymbol{\gamma} \tag{8}$$

式中 $\boldsymbol{Q} = \{Q_x \; Q_y\}^T$ 为夹心层的横剪力,也是拟板的横剪力;$\boldsymbol{C}$ 为夹心层的剪切刚度矩阵。对于所讨论的网架,应有($C_{12}=0$ * 、$C_{11}=C_x$、$C_{22}=C_y$)

$$\boldsymbol{C} = \begin{bmatrix} C_x & 0 \\ 0 & C_y \end{bmatrix} \tag{9}$$

其中 C_x、C_y 可根据腹杆的设置方式和截面积确定。

现以正交正放网架为例,在 x 方向取出一单元平面桁架,当在一对单位横向力作用下,二相邻下弦节点的竖向位移 Δ_{11},可由下列表达式求得(见图2)

$$\Delta_{11} = \delta_d + \frac{\delta_c}{\sin\beta} = s\left(\frac{\tan\beta}{EA_d} + \frac{1}{EA_{cx}\sin^2\beta\cos\beta}\right) \tag{10}$$

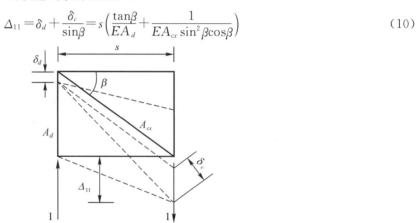

图 2　剪切刚度计算示意图

对于一块大小为 s 见方的正交异性夹心层,在相应的一对横向力作用下,其相对竖向位移

$$\overline{\Delta}_{11} = \frac{s}{C_x s} = \frac{1}{C_x} \tag{11}$$

由 $\Delta_{11} = \overline{\Delta}_{11}$ 即可求得

$$C_x = \frac{EA_{cx}A_d\sin^2\beta\cos\beta}{(A_{cx}\sin^3\beta + A_d)s} \tag{12}$$

同理可求得另一方向的剪切刚度 C_y(见表1)。

对于没有竖杆的正放四角锥网架,其剪切刚度只要在式(10)、(12)中令 $\delta_d=0$,即 $A_d=\infty$,并以斜杆的间距 $s/\sqrt{2}$ 代替 s,斜杆的截面积 A_c 代替 A_{cx},再通过转轴后求得(见表1)。对于正放抽空四角锥网架,当网格数无限增加时其斜杆的总数正好是相应正放四角锥网架斜杆总数的3/4。显然,从能量观点来看,这二种网架的剪切刚度之比,也必然等于3/4(见表1)。

---

* 对正放四角锥网架、正放抽空四角锥网架 $C_{12}=0$;对两向正交正放网架近似取 C_{12} 为零。

表 1 拟板的刚度表达式

刚度	形式		
	两向正交正放网架	正放四角锥网架	正放抽空四角锥网架
上表层平面刚度	$B_x^a = \dfrac{EA_{ax}}{s}, B_y^a = \dfrac{EA_{ay}}{s}$		
下表层平面刚度	$B_x^b = \dfrac{EA_{bx}}{s}, B_y^b = \dfrac{EA_{by}}{s}$		$B_x^b = \dfrac{EA_{bx}}{2s}, B_y^b = \dfrac{EA_{by}}{2s}$
弯曲刚度	$D_x = \dfrac{B_x^a B_x^b}{B_x^a + B_x^b} h^2, D_y = \dfrac{B_y^a B_y^b}{B_y^a + B_y^b} h^2$		
剪切刚度	$C_x = \dfrac{EA_{cx} A_d \sin^2\beta\cos\beta}{(A_{cx}\sin^3\beta + A_d)s}$ $C_y = \dfrac{EA_{cy} A_d \sin^2\beta\cos\beta}{(A_{cy}\sin^3\beta + A_d)s}$	$C_x = C_y = \dfrac{\sqrt{2}\,EA_c \sin^2\beta\cos\beta}{s}$	$C_x = C_y = \dfrac{3\sqrt{2}\,EA_c \sin^2\beta\cos\beta}{4s}$

注:如两向正交正放网架的 $s_x \neq s_y$,$\beta_x \neq \beta_y$ 时,则 s、β 应具有相应的脚标 x、y。

有了几何方程和物理方程后,下面来建立对计算参考面的平衡方程。上、下表层的平面内力 N^a、N^b 对计算参考面来说,可合成为整块板的平面内力 N 和弯矩 M:

$$\left.\begin{array}{l} N = N^a + N^b = \{ N_x \quad N_y \}^{\mathrm{T}} \\ M = hN^b = \{ M_x \quad M_y \}^{\mathrm{T}} \end{array}\right\} \tag{13}$$

将式(3)~(5)代入后可得

$$\left.\begin{array}{l} N = B\varepsilon + hB^b\chi \\ M = hB^b\varepsilon + h^2 B^b\chi \end{array}\right\} \tag{14}$$

或者以 N 和 χ 来表示 ε 和 M:

$$\left.\begin{array}{l} \varepsilon = B^{-1}N - hB^{-1}B^b\chi \\ M = hB^b B^{-1}N + h^2(B^b - B^b B^{-1}B^b)\chi \end{array}\right\} \tag{15}$$

式中 $B = B^a + B^b$,B^{-1} 为 B 的逆矩阵。

由于没有平面剪力和扭矩,拟板的五个平衡方程式甚为简单,它们是

$$\left.\begin{array}{l} \dfrac{\partial N_x}{\partial x} + X = 0 \\[2mm] \dfrac{\partial N_y}{\partial y} + Y = 0 \\[2mm] \dfrac{\partial M_x}{\partial x} - Q_x - m_x = 0 \\[2mm] \dfrac{\partial M_y}{\partial y} - Q_y - m_y = 0 \\[2mm] \dfrac{\partial Q_x}{\partial x} + \dfrac{\partial Q_y}{\partial y} + q = 0 \end{array}\right\} \tag{16}$$

式中 X、Y、m_x、m_y、q 为相应的广义荷载函数。如只讨论前四个广义荷载函数为零的情况,则 N_x、N_y 或为常数,或分别只为 y 及 x 的函数 $N_x^0(y)$ 及 $N_y^0(x)$,研究网架的稳定性问题,便是这种情况。本文仅考虑平板型网架在竖向荷载作用下的弯曲问题,可令 $N_x^0(y) = N_y^0(x) = 0$,即 $N = 0$,则式(15)、(3)可简化为

$$\left.\begin{aligned} \boldsymbol{\varepsilon} &= -h\boldsymbol{B}^{-1}\boldsymbol{B}^b\boldsymbol{\chi} \\ \boldsymbol{M} &= h^2(\boldsymbol{B}^b - \boldsymbol{B}^b\boldsymbol{B}^{-1}\boldsymbol{B}^b)\boldsymbol{\chi} = \boldsymbol{D}\boldsymbol{\chi} \end{aligned}\right\} \tag{15'}$$

$$\boldsymbol{\varepsilon}^b = -h(\boldsymbol{B}^{-1}\boldsymbol{B}^b - \boldsymbol{E})\boldsymbol{\chi} \tag{3'}$$

而由式(4)、(5)、(13)可得到

$$\boldsymbol{N}^b = -\boldsymbol{N}^a = \frac{\boldsymbol{M}}{h} \tag{13'}$$

式(15′)中

$$\boldsymbol{D} = h^2(\boldsymbol{B}^b - \boldsymbol{B}^b\boldsymbol{B}^{-1}\boldsymbol{B}^b) = h^2 \begin{bmatrix} \dfrac{B_x^a B_x^b}{B_x^a + B_x^b} & 0 \\ 0 & \dfrac{B_y^a B_y^b}{B_y^a + B_y^b} \end{bmatrix} = \begin{bmatrix} D_x & 0 \\ 0 & D_y \end{bmatrix} \tag{17}$$

D_x、D_y 则分别是在两个主轴方向对网架上、下弦截面积重心来说的拟板弯曲刚度(表1)。式(3′)中 $\boldsymbol{E}$ 为单位矩阵。

此时,距计算参考面 z 处的应变 $\boldsymbol{\varepsilon}^z$ 为

$$\boldsymbol{\varepsilon}^z = \boldsymbol{\varepsilon} + z\boldsymbol{\chi} = (-h\boldsymbol{B}^{-1}\boldsymbol{B}^b + z\boldsymbol{E})\boldsymbol{\chi} \tag{18}$$

一般情况下,$\boldsymbol{\varepsilon}^z \neq 0$。只有当对角矩阵 $\boldsymbol{B}^{-1}\boldsymbol{B}^b$ 中的系数相等时,即 $\dfrac{B_x^b}{B_x^a + B_x^b} = \dfrac{B_y^b}{B_y^a + B_y^b}$,也就是说上、下表层在两个方向的平面刚度成比例时,才有可能使 $\boldsymbol{\varepsilon}^z = 0$。这便是中面,所在处为 $z = \dfrac{B_x^b}{B_x^a + B_x^b}h$。由于本文选取了上表层为计算参考面,故有否中面已无关紧要。

现在将式(8)及(15′)的第二式代入平衡方程式(16)的后三式,并注意到用三个广义位移表示应变 $\boldsymbol{\chi}$、$\boldsymbol{\gamma}$ 的式(1)、(2),经整理后可得

$$\left.\begin{aligned} \left(D_x\frac{\partial^2}{\partial x^2} - C_x\right)\psi_x + C_x\frac{\partial w}{\partial x} &= 0 \\ \left(D_y\frac{\partial^2}{\partial y^2} - C_y\right)\psi_y + C_y\frac{\partial w}{\partial y} &= 0 \\ C_x\frac{\partial \psi_x}{\partial x} + C_y\frac{\partial \psi_y}{\partial y} - \left(C_x\frac{\partial^2}{\partial x^2} + C_y\frac{\partial^2}{\partial y^2}\right)w &= q \end{aligned}\right\} \tag{19}$$

因此,正交正放类网架结构的拟夹层板分析法归结为寻求 3 个广义位移 w、ψ_x、ψ_y 和 4 个广义内力 M_x、M_y、Q_x、Q_y,它们要满足 3 个平衡方程(19)和 4 个内力应变关系式(8)、(15′)的第 2 式。

如令

$$\left.\begin{aligned} C &= \sqrt{C_x C_y} & D &= \sqrt{D_x D_y} \\ k_c &= \sqrt{\frac{C_x}{C_y}} & k_d &= \sqrt{\frac{D_x}{D_y}} \end{aligned}\right\} \tag{20}$$

并引进一个新的位移函数 ω,它与 w、ψ_x、ψ_y 之间存在下列关系式:

$$\left.\begin{aligned} \psi_x &= \frac{\partial}{\partial x}\left(1 - \frac{k_c}{k_d}\frac{D}{C}\frac{\partial^2}{\partial y^2}\right)\omega \\ \psi_y &= \frac{\partial}{\partial y}\left(1 - \frac{k_d}{k_c}\frac{D}{C}\frac{\partial^2}{\partial x^2}\right)\omega \\ w &= \left(1 - \frac{k_d}{k_c}\frac{D}{C}\frac{\partial^2}{\partial x^2}\right)\left(1 - \frac{k_c}{k_d}\frac{D}{C}\frac{\partial^2}{\partial y^2}\right)\omega \end{aligned}\right\} \tag{21}$$

则平衡方程(19)的第一、二两式可得到满足,第三式转化为

$$\left[k_d\frac{\partial^4}{\partial x^4}+\frac{1}{k_d}\frac{\partial^4}{\partial y^4}-\frac{D}{C}\frac{\partial^4}{\partial x^2\partial y^2}(k_c\frac{\partial^2}{\partial x^2}+\frac{1}{k_c}\frac{\partial^2}{\partial y^2})\right]\omega=\frac{q}{D} \tag{22}$$

这便是正交正放类网架结构考虑剪切变形的拟夹层板的基本方程式,它是一个六阶的偏微分方程,当不计剪切变形时,即 $C=\infty$,则式(21)、(22)退化为经典平板理论中熟知的关系式和方程式:

$$\omega=w,\qquad \psi_x=\frac{\partial w}{\partial x},\qquad \psi_y=\frac{\partial w}{\partial y} \tag{23}$$

$$\left(D_x\frac{\partial^4}{\partial x^4}+D_y\frac{\partial^4}{\partial y^4}\right)w=q \tag{24}$$

2　矩形平面周边简支网架基本方程式的求解

对于矩形平面周边简支网架(图 3),其边界条件是 *

$$\left.\begin{array}{l}x=\pm\dfrac{a}{2}:\qquad w=0,\qquad \dfrac{\partial\psi_x}{\partial x}=0,\qquad \psi_y=0\\[2mm]y=\pm\dfrac{b}{2}:\qquad w=0,\qquad \dfrac{\partial\psi_y}{\partial y}=0,\qquad \psi_x=0\end{array}\right\} \tag{25}$$

即对位移函数 ω 来说的边界条件是(第三个边界条件也可得到满足)

$$\left.\begin{array}{l}x=\pm\dfrac{a}{2}:\qquad \omega=0,\qquad \dfrac{\partial^2\omega}{\partial x^2}=0\\[2mm]y=\pm\dfrac{b}{2}:\qquad \omega=0,\qquad \dfrac{\partial^2\omega}{\partial y^2}=0\end{array}\right\} \tag{26}$$

因此,周边简支网架可采用重三角级数求解。在均布荷载 q 作用下,将 q 和 ω 展成下列级数:

$$q=\sum_{m=1,3,\cdots}\sum_{n=1,3,\cdots}\frac{16q}{mn\pi^2}(-1)^{\frac{m+n-2}{2}}\cos\frac{m\pi x}{a}\cos\frac{n\pi y}{b} \tag{27}$$

$$\omega=\sum_{m=1,3,\cdots}\sum_{n=1,3,\cdots}A_{mn}\cos\frac{m\pi x}{a}\cos\frac{n\pi y}{b} \tag{28}$$

代入基本方程(22)后可确定系数 A_{mn}:

$$A_{mn}=(-1)^{\frac{m+n-2}{2}}\frac{16qa^4}{\pi^6D\Delta_{mn}} \tag{29}$$

其中

$$\Delta_{mn}=mn\left[(k_d+p^2\lambda^2n^2k_c)m^4+\left(\frac{1}{k_d}+\frac{p^2m^2}{k_c}\right)\lambda^4n^4\right] \tag{30}$$

$$p=\frac{\pi}{a}\sqrt{\frac{D}{C}} \tag{31}$$

$$\lambda=\frac{a}{b}$$

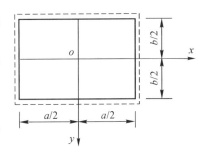

图 3　简支网架平面图

p 为表示网架剪切变形的一个无量纲参数;当不考虑剪切变形时,即 $C\to\infty$,则 $p\to0$。λ 为边长比。

将式(29)代入式(28),再由式(21)、(15′)、(8)可得位移函数 ω、3 个广义位移和 4 个内力的表达式:

---

　* 对正文正放类网架来说,拟板的折算抗扭刚度为零,扭矩也就为零值,因而这种矩形平面周边简支网架,仍可取通常的,即第一类简支边界条件。

$$\omega=\frac{16qa^4}{\pi^6 D}\sum_{m=1,3,\cdots}\sum_{n=1,3,\cdots}(-1)^{\frac{m+n-2}{2}}\frac{1}{\Delta_{mn}}\cos\frac{m\pi x}{a}\cos\frac{n\pi y}{b}$$

$$w=\frac{16qa^4}{\pi^6 D}\sum_{m=1,3,\cdots}\sum_{n=1,3,\cdots}(-1)^{\frac{m+n-2}{2}}\frac{\left(1+p^2 m^2\frac{k_d}{k_c}\right)\left(1+p^2\lambda^2 n^2\frac{k_c}{k_d}\right)}{\Delta_{mn}}\cos\frac{m\pi x}{a}\cos\frac{n\pi y}{b}$$

$$\psi_x=\frac{16qa^3}{\pi^5 D}\sum_{m=1,3,\cdots}\sum_{n=1,3,\cdots}(-1)^{\frac{m+n-2}{2}}\frac{\left(1+p^2\lambda^2 n^2\frac{k_c}{k_d}\right)m}{\Delta_{mn}}\sin\frac{m\pi x}{a}\cos\frac{n\pi y}{b}$$

$$\psi_y=\frac{16qa^3}{\pi^5 D}\sum_{m=1,3,\cdots}\sum_{n=1,3,\cdots}(-1)^{\frac{m+n-2}{2}}\frac{\left(1+p^2 m^2\frac{k_d}{k_c}\right)\lambda n}{\Delta_{mn}}\cos\frac{m\pi x}{a}\sin\frac{n\pi y}{b}$$

$$M_x=\frac{16qa^2}{\pi^4 D}\sum_{m=1,3,\cdots}\sum_{n=1,3,\cdots}(-1)^{\frac{m+n-2}{2}}\frac{(k_d+p^2\lambda^2 n^2 k_c)m^2}{\Delta_{mn}}\cos\frac{m\pi x}{a}\cos\frac{n\pi y}{b}$$

$$M_y=\frac{16qa^2}{\pi^4 D}\sum_{m=1,3,\cdots}\sum_{n=1,3,\cdots}(-1)^{\frac{m+n-2}{2}}\frac{\left(\frac{1}{k_d}+\frac{p^2 m^2}{k_c}\right)\lambda^2 n^2}{\Delta_{mn}}\cos\frac{m\pi x}{a}\cos\frac{n\pi y}{b}$$

$$Q_x=-\frac{16qa}{\pi^3 D}\sum_{m=1,3,\cdots}\sum_{n=1,3,\cdots}(-1)^{\frac{m+n-2}{2}}\frac{(k_d+p^2\lambda^2 n^2 k_c)m^3}{\Delta_{mn}}\sin\frac{m\pi x}{a}\cos\frac{n\pi y}{b}$$

$$Q_y=-\frac{16qa}{\pi^3 D}\sum_{m=1,3,\cdots}\sum_{n=1,3,\cdots}(-1)^{\frac{m+n-2}{2}}\frac{\left(\frac{1}{k_d}+\frac{p^2 m^2}{k_c}\right)\lambda^3 n^3}{\Delta_{mn}}\cos\frac{m\pi x}{a}\sin\frac{n\pi y}{b}$$

$$\tag{32}$$

基本方程式(22)也可采用单三角级数求解。对于周边简支网架来说,单三角级数解收敛性较好,但表达式比较累赘,反而增加了计算工作的复杂性,故这里从略了。

3 网架剪切变形、不等刚度和变刚度的影响及其近似计算方法

仍以四边简支网架为例来分析。表达式(2.8)中包括了4个参数:λ、$k_d^2=D_x/D_y$、$k_c^2=C_x/C_y$ 和 p,即使对正放四角锥和正放抽空四角锥网架来说 $C_x/C_y=1$,也还有3个参数。因此,如要编制图表,篇幅相当可观。曾对常遇的参数范围 $\lambda=1.0\sim1.4$,$D_x/D_y=1.0\sim0.6$、$p=0.0\sim0.5$,间隔均取 0.1,共电算了 $5\times5\times6=150$ 种不同参数的网架结构。计算结果说明,在所取参数范围内,对网架内力和位移影响最大的是参数 λ,其次是 D_x/D_y 和 p。能否只根据参数 λ 来编制计算用表,而其他参数对网架内力的影响采用近似的方法来计算,是本节所要研究讨论的问题。

先以 $\lambda=1.0$ 为例,当 $D_x/D_y=1.0\sim0.6$,$p=0$ 及 $D_x/D_y=1.0$、$p=0.0\sim0.5$ 时($C_x/C_y=1.0$),拟板的最大挠度(跨中挠度)和内力(跨中弯矩 M_x,M_y,边界中点的剪力 Q_x,Q_y)与 $D_x/D_y=1.0$、$p=0$ 时相应的最大挠度和内力之比值 η 详见表 2,可见 η 值实际上是一个挠度或内力的修正系数。表 2 中精确值是指在表达式(24)中取 100 项级数所算得的结果;近似值是指仅取一项级数所算得的结果,即可由下列计算公式求得

$$\left.\begin{array}{l}\eta_w=\dfrac{\alpha\beta(1+\lambda^4)}{\alpha+\beta\lambda^4}\\[2mm]\eta_{M_x}=\eta_{Q_x}=\dfrac{\alpha(1+\lambda^4)}{\alpha+\beta\lambda^4}\\[2mm]\eta_{M_y}=\eta_{Q_y}=\dfrac{\beta(1+\lambda^4)}{\alpha+\beta\lambda^4}\end{array}\right\}\tag{33}$$

其中

$$\left.\begin{array}{l} \alpha = k_d + k_c \lambda^2 p^2 = \sqrt{\dfrac{D_x}{D_y}} + \sqrt{\dfrac{C_x}{C_y}} \lambda^2 p^2 \\[4mm] \beta = \dfrac{1}{k_d} + \dfrac{p^2}{k_c} = \sqrt{\dfrac{D_y}{D_x}} + \sqrt{\dfrac{C_y}{C_x}} p^2 \end{array}\right\} \tag{34}$$

表 2   λ＝1.0 时不等刚度、剪切变形所致的挠度、内力修正系数

D_x/D_y	p	η_w			η_{M_x}			η_{M_y}			η_{Q_x}			η_{Q_y}		
		精	近	近/精	精	近	近/精	精	近	近/精	精	近	近/精	精	近	近/精
1.0		1.000	1.000	1.000	1.000	1.000	1.000	1.000	1.000	1.000	1.000	1.000	1.000	1.000	1.000	1.000
0.9		0.999	0.999	1.000	0.944	0.947	1.003	1.056	1.053	0.997	0.962	0.947	0.985	1.038	1.053	1.014
0.8	0.0	0.994	0.994	1.000	0.882	0.889	1.007	1.117	1.111	0.995	0.920	0.889	0.966	1.080	1.111	1.029
0.7		0.984	0.984	1.000	0.813	0.824	1.013	1.186	1.176	0.992	0.872	0.824	0.944	1.127	1.176	1.044
0.6		0.967	0.968	1.001	0.735	0.750	1.020	1.263	1.250	0.990	0.819	0.750	0.916	1.180	1.250	1.060
	0.1	1.009	1.010	1.001	0.999	1.000	1.001	0.999	1.000	1.001	1.000	1.000	1.000	1.000	1.000	1.000
	0.2	1.036	1.040	1.004	0.998	1.000	1.002	0.998	1.000	1.002	0.999	1.000	1.001	0.999	1.000	1.001
1.0	0.3	1.081	1.090	1.008	0.996	1.000	1.004	0.996	1.000	1.004	0.998	1.000	1.002	0.998	1.000	1.002
	0.4	1.144	1.160	1.014	0.993	1.000	1.007	0.993	1.000	1.007	0.995	1.000	1.005	0.995	1.000	1.005
	0.5	1.225	1.250	1.020	0.990	1.000	1.010	0.990	1.000	1.010	0.993	1.000	1.007	0.993	1.000	1.007

注:精—精确解,近—近似解。

从表 2 可以看出,近似值的误差一般都不超过 5%,个别的虽大于 5%,但也不超过 10%。其次,当不等刚度 $D_x/D_y=0.6$ 与等刚度 $D_x/D_y=1.0$ 时相比,长向的最大弯矩减少了 26.5% 而短向的最大弯矩增加了 26.3%;跨中最大挠度减少 3.3%。考虑剪切变形当 $p=0.5$ 与不考虑剪切变形即 $p=0.0$ 时相比,跨中最大挠度增加了 22.5%;但对内力的影响不太明显。

当 $\lambda=1.4$ 时,修正系数 η 详见表 3。此时,近似值的误差比 $\lambda=1.0$ 时要稍大一些。但在一般情况下,不等刚度和剪切变形的影响是同时存在的。网架结构的 p 值一般为 $0.3\sim0.4$,当 $D_x/D_y=0.6$ 时,则综合后的近似解的最大误差约为 10%(见表 3 最后两行的 η_{Q_x} 值)

表 3   λ＝1.4 时不等刚度、剪切变形所致的挠度、内力修正系数

D_x/D_y	p	η_w			η_{M_x}			η_{M_y}			η_{Q_x}			η_{Q_y}		
		精	近	近/精	精	近	近/精	精	近	近/精	精	近	近/精	精	近	近/精
1.0		1.000	1.000	1.000	1.000	1.000	1.000	1.000	1.000	1.000	1.000	1.000	1.000	1.000	1.000	1.000
0.9		0.967	0.969	1.002	0.906	0.919	1.014	1.020	1.021	1.001	0.957	0.919	0.960	1.016	1.021	1.005
0.8	0.0	0.930	0.993	1.068	0.809	0.834	1.031	1.041	1.043	1.002	0.912	0.834	0.915	1.032	1.043	1.010
0.7		0.887	0.892	1.006	0.707	0.746	1.055	1.062	1.066	1.004	0.865	0.746	0.863	1.049	1.066	1.016
0.6		0.837	0.844	1.008	0.602	0.654	1.086	1.083	1.090	1.006	0.815	0.654	0.803	1.066	1.090	1.023
	0.1	1.016	1.018	1.002	1.009	1.008	0.999	0.997	0.998	1.001	1.003	1.008	1.005	0.998	0.998	1.000
	0.2	1.064	1.070	1.006	1.035	1.029	0.994	0.988	0.992	1.004	1.011	1.029	1.018	0.992	0.992	1.000
1.0	0.3	1.143	1.157	1.012	1.073	1.062	0.990	0.974	0.984	1.010	1.023	1.062	1.038	0.982	0.984	1.002
	0.4	1.253	1.279	1.021	1.119	1.102	0.985	0.958	0.973	1.016	1.038	1.102	1.062	0.970	0.973	1.003
	0.5	1.393	1.433	1.029	1.169	1.147	0.981	0.942	0.962	1.021	1.054	1.147	1.088	0.957	0.962	1.005
0.6	0.3	1.116	1.147	1.028	0.764	0.791	1.035	1.034	1.054	1.020	0.867	0.791	0.912	1.030	1.024	0.994
	0.4	0.996	1.016	1.020	0.700	0.736	1.051	1.053	1.069	1.015	0.845	0.736	0.871	1.044	1.069	1.022

注:精—精确解,近—近似解。

因此,当 $\lambda=1.0\sim1.4$、$D_x/D_y=1.0\sim0.6$、$p=0.0\sim0.5$ 时,如要考虑两向不等刚度和剪切变形对网架挠度、内力的影响,从工程应用的角度来看,可采用近似方法计算。这个近似方法的计算公式,只要在表达式(32)中令 $k_d=k_c=1$、$p=0$,且分别乘以由式(33)所表示的相应的修正系数 η 即可得到。这样,计算用表只需要按参数 λ 编制就可以了,使用起来也很方便。在本文的附录中给出了当 $\lambda=1.0、1.1、1.2、1.3、1.4$ 共5种拟板的内力、挠度系数表,以备查用。顺便指出,当竖向荷载正好仅是级数表达式(27)的首项时,则不论 k_d、k_c、p 为何值,这种近似计算结果便和精确计算完全吻合。

当网架结构的各类杆件是变截面时,一般可近似地分别取其算术平均截面,按两向不等刚度考虑即可。下面的计算实例表明,这样处理除网架挠度的误差稍大一些外,从工程要求来看,其内力已有足够的精度。

为考虑变刚度的影响而改进网架挠度的计算精度,下面提出一个近似的修正方法。假定四边简支拟板的刚度变化在平面图上认为是任意变阶形的(图4),某一环形区域 i 内的刚度 D_{xi}、D_{yi} 为常数。如不考虑剪切变形的影响,区域 i 内拟板的基本方程式为

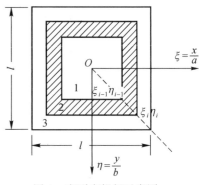

$$\left(D_{xi}\frac{\partial^4}{\partial x^4}+D_{yi}\frac{\partial^4}{\partial y^4}\right)w=q \qquad (i=1,2,\cdots,n) \tag{35}$$

将荷载 q 和挠度 w 均展为重三角级数:

$$\left. \begin{array}{l} q=\dfrac{16q}{\pi^2}\displaystyle\sum_{m=1,3\cdots}\sum_{n=1,3\cdots}(-1)^{\frac{m+n-2}{2}}\dfrac{1}{mn}\cos m\pi\xi\cos n\pi\eta \\[4mm] w=\displaystyle\sum_{m=1,3\cdots}\sum_{n=1,3\cdots}W_{mn}(-1)^{\frac{m+n-2}{2}}\cos m\pi\xi\cos n\pi\eta \end{array} \right\} \tag{36}$$

图4 变刚度拟板示意图

系数 W_{mn} 可采用伽辽金变分法求得。

如取一级近似解,则 W_{11} 可由下式求得

$$W_{11}=\frac{ab\displaystyle\iint_{\Omega}\frac{16q}{\pi}\cos^2\pi\xi\cos^2\pi\eta\mathrm{d}\xi\mathrm{d}\eta}{ab\displaystyle\sum_{i=1}^{n}\iint_{\Omega_i}\left(\frac{\pi}{a}\right)^4(D_{xi}+\lambda^4 D_{yi})\cos^2\pi\xi\cos^2\pi\eta\mathrm{d}\xi\mathrm{d}\eta} \tag{37}$$

式中 Ω 表示全区域,Ω_i 表示 i 区域。注意到 $\eta_i=\xi_i$,则积分后可得

$$W_{11}=\frac{16pa^4}{\pi^4}\frac{1}{\displaystyle\sum_{i=1}^{n}(D_{xi}+\lambda^4 D_{yi})[(2\pi\xi_i+\sin2\pi\xi_i)^2-(2\pi\xi_{i-1}+\sin2\pi\xi_{i-1})^2]} \tag{37'}$$

如果全区域按平均刚度 D_x、D_y 计,则 W_{11} 便退化为 W_{11}^0:

$$W_{11}^0=\frac{16qa^4}{\pi^6(D_x+\lambda^4 D_y)} \tag{38}$$

因此,和前面所述的近似分析法一样,当考虑变刚度影响时,其挠度值的一级近似计算可按不考虑变刚度时精确计算挠度值,再乘以下列修正系数 γ:

$$\gamma=\frac{W_{11}}{W_{11}^0}=\frac{\pi^2(D_x+\lambda^4 D_y)}{\displaystyle\sum_{i=1}^{n}(D_{xi}+\lambda^4 D_{yi})[(2\pi\xi_i+\sin2\pi\xi_i)^2-(2\pi\xi_{i-1}+\sin2\pi\xi_{i-1})^2]} \tag{39}$$

一般情况下,可将网架平面图形划分成三个区域,且令 $\xi_1=\eta_1=\dfrac{1}{4}$、$\xi_2=\eta_2=\dfrac{3}{8}$、$\xi_3=\eta_3=\dfrac{1}{2}$(如图4左部所示),则式(39)的具体表达式为

$$\gamma=\frac{D_x+\lambda^4 D_y}{0.670(D_{x1}+\lambda^4 D_{y1})+0.281(D_{x2}+\lambda^4 D_{y2})+0.049(D_{x3}+\lambda^4 D_{y3})} \tag{40}$$

式中 D_{x1}、D_{y1}、D_{x2}、D_{y2}、D_{x3}、D_{y3} 分别为区域1、2、3中的平均刚度。

矩形平面周边简支网架挠度的最终修正系数应把 γ 值合并到式(33)的第一式中去,即得

$$\eta_w = \frac{\alpha\beta(1+\lambda^4)}{\alpha+\beta\lambda^4}\gamma \qquad (33')$$

4　由拟板内力求网架杆件内力的计算公式

求得拟板的内力 M_x、M_y 和 Q_x、Q_y 后,可根据单位宽度内内力相等的原则,导出网架各类杆件内力的计算公式,详见表4～6。表中 h 为网架高度,β 为斜杆倾角,角标 A、B、C、$\cdots$ 表示取 A、B、C、$\cdots$ 点处的拟板内力;网架的各类杆件截面积不等时可分别取其截面积的算术平均值。

表 4　两向正交正放网架杆件内力计算公式

项目		示意图

项目		部位	
		内部区域	简支边界
杆件内力	上弦	$N_1 = -sM_x^A/h$ $N_2 = -sM_y^A/h$	$N_1' = 0$ $N_2' = 0$
	下弦	$N_3 = sM_x^B/h$ $N_4 = sM_y^C/h$	
	斜杆	$N_5 = -sQ_x^B/\sin\beta$ $N_6 = -sQ_y^C/\sin\beta$	$N_5' = -sQ_x^D/\sin\beta$ $N_6' = -sQ_y^E/\sin\beta$
	竖杆	$N_7 = s(Q_x^A + Q_y^A)$	

表 5　正放四角锥网架杆件内力计算公式

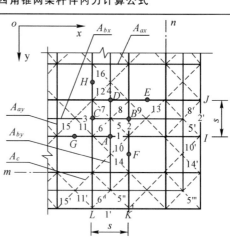

项目		部位	
		内部区域	简支边界
杆件内力	上弦	$N_1 = -sM_x^A/h$ $N_2 = -sM_y^B/h$	$N'_1 = 0$ $N'_2 = 0$
	下弦	$N_3 = sM_x^C/h$ $N_4 = sM_y^D/h$	
	斜杆	$N_5 = -s(Q_x^B + Q_y^A)/2\sin\beta$ $N_6 = -s(-Q_x^C + Q_y^A)/2\sin\beta$ $N_7 = s(-Q_x^C + Q_y^D)/2\sin\beta$ $N_8 = s(-Q_x^B + Q_y^D)/2\sin\beta$	$N'_5 = N'_8 = -sQ_x^E/2\sin\beta$ $N''_5 = N''_6 = -sQ_x^F/2\sin\beta$ $N'''_5 = 0$

表 6　正放抽空四角锥网架杆件内力计算公式

项目		部位	
		内部区域	简支边界
杆件内力	上弦	$N_1 = -sM_x^A/h$ $N_2 = -sM_y^B/h$	N'_1、N'_2 由节点平衡条件求得
	下弦	$N_3 = 2sM_x^C/h$ $N_4 = 2sM_y^D/h$	

续表

项目		部位	
		内部区域	简支边界
杆件内力	斜杆	$N_5=-s(Q_x^B+Q_y^A)/\sin\beta$ $N_6=-s(-Q_x^C+Q_y^A)/\sin\beta$ $N_7=s(-Q_x^C+Q_y^D)/\sin\beta$ $N_8=s(-Q_x^B+Q_y^D)/\sin\beta$ $N_9=-N_{13}=sQ_x^E/\sin\beta$ $N_{10}=-N_{14}=sQ_y^F/\sin\beta$ $N_{11}=-N_{15}=sQ_x^G/\sin\beta$ $N_{12}=-N_{16}=sQ_y^H/\sin\beta$	$N_5'=-sQ_x^I/\sin\beta$ $N_8'=-sQ_x^J/\sin\beta$ $N_5''=-sQ_x^K/\sin\beta$ $N_6''=-sQ_y^L/\sin\beta$ $N_{10}'=-N_{14}'=0$ $N_{11}'=-N_{15}'=0$ $N_5'''=0$

备注:如 m、n 轴为边界时,边界上弦内力由节点平衡条件求得,边界斜杆内力计算公式与内部斜杆的相同。

5　算例

例 1　设一正放四角锥网架,周边简支,平面尺寸 45m×45m,网架高 3m,网格间距 3m,共选用四种杆件,其截面积为 21.67cm²、15.47cm²、9.00cm²、5.80cm²,上下弦、斜杆的平均截面积分别为 $A_a=$ 17.17cm²、$A_b=13.08$cm²、$A_c=7.90$cm²,荷载 $q=0.2$t/m²,材料的弹性模量 $E=2.1\times10^6$kg/cm²,1/8 的网架平面图如图 5 所示。

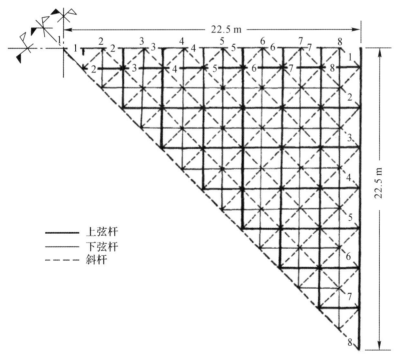

图 5　例 1 网架平面图

计算了两种情况。第一种情况按等刚度计,此时由 $\lambda=1$,并算得 $D=4.69\times10^9$kg·cm、$C=3.02$ ×10⁴kg/cm、$p=0.275$、$\alpha=\beta=1.076$、$\gamma=1.0$、$\eta_{M_x}=\eta_{Q_x}=\eta_{M_y}=\eta_{Q_y}=1.0$、$\eta_w=1.076$ 后,查附表 1a 及根据表 5 的杆件内力的计算公式,最终可求得网架主要轴线上的挠度和内力值,详见表 7。表中精确

值是按空间桁架位移法电算得出;带括号的斜杆内力值表示考虑了边界上弦节点所管辖的竖向荷载直接传至支座,因而可使每根支座斜杆减少内力 0.28t 之后的修正值。

第二种情况按变刚度计,此时除 D、C、p、α、β、η_{M_x}、η_{Q_x}、η_{M_y}、η_{Q_y} 值同第一种情况外,可求得 $D = 6.69 \times 10^9 \, kg \cdot cm$、$D_2 = 5.23 \times 10^9 \, kg \cdot cm$、$D_3 = 3.06 \times 10^9 \, kg \cdot cm$、$\gamma = 0.784$、$\eta_w = 0.844$,相应的挠度和内力值见表 8。表中需说明的同表 7。

表7　例1网架等刚度时计算结果比较

挠度、内力		1	2	3	4	5	6	7	8
下弦节点挠度 /cm	本文值	15.5	15.1	14.2	12.6	10.5	7.9	4.9	1.7
	精确值	15.2	14.9	14.0	12.5	10.4	7.8	4.9	1.7
上弦杆内力 /t	本文值	−31.4	−30.5	−29.1	−26.8	−23.2	−18.4	−12.3	−4.3
	精确值	−30.9	−30.4	−29.3	−26.6	−23.1	−18.3	−12.1	−4.3
下弦杆内力 /t	本文值	31.1	30.2	28.2	25.3	21.2	15.6	8.6	
	精确值	30.6	29.7	27.9	25.0	20.9	15.6	8.6	
斜杆内力 /t	本文值	5.84 (5.56)	5.68 (5.40)	5.20 (4.92)	4.81 (4.53)	4.08 (3.80)	3.17 (2.89)	1.94 (1.66)	0 (−0.28)
	精确值	5.25	5.04	4.65	4.09	3.37	2.47	1.40	0.09

表8　例1网架变刚度时计算结果比较

挠度、内力		1	2	3	4	5	6	7	8
下弦节点挠度 /cm	本文值	12.1	11.9	11.1	9.9	8.2	6.2	3.9	1.3
	精确值	11.9	11.7	11.0	9.8	8.3	6.3	4.0	1.4
上弦杆内力 /t	本文值	−31.4	−30.5	−29.1	−26.8	−23.2	−18.4	−12.3	−4.3
	精确值	−32.5	−32.0	−30.6	−28.1	−24.6	−19.4	−12.7	−4.6
下弦杆内力 /t	本文值	31.1	30.2	28.2	25.3	21.2	15.6	8.6	
	精确值	32.4	31.5	29.5	26.4	22.2	16.9	9.1	
斜杆内力 /t	本文值	5.84 (5.56)	5.68 (5.40)	5.20 (4.92)	4.81 (4.53)	4.08 (3.80)	3.17 (2.89)	1.94 (1.66)	0 (−0.28)
	精确值	5.57	5.57	5.43	4.18	3.41	1.86	0.75	−0.38

从这个例题可以看出,对于平面为正方形的网架,不论按等刚度或变刚度考虑,本文的计算结果和精确计算结果相比都很接近,各类杆件最大内力的误差为 5% 左右,跨中最大挠度的误差仅是 2%。计算工作也非常简便,由于修正系数 η_{M_x}、η_{Q_x}、η_{M_y}、η_{Q_y} 都为 1,网架杆件内力查表计算时无需进行修正。修正系数 $\eta_w \neq 1$,当按等刚度计时应要考虑剪切变形,η_w 总是大于 1;当按变刚度计时,η_w 一般是小于 1。后者主要是反映变刚度的影响,且小于 1 的乘数 γ 在起作用,不计这个乘数便有 20% 左右的误差。

例2　设一正放抽空四角锥网架,周边简支,平面尺寸 27m×21m,网架高 3m,上弦网格间距 3m,杆件截面共选用六种,分别为:17.03cm²、13.82cm²、9.92cm²、7.64cm²、5.68cm²、3.85cm²,荷载 $q = 0.2t/m^2$,材料的弹性模量 $E = 2.1 \times 10^6 \, kg/cm^2$,1/4 的网架平面图如图 6 所示。

第一种情况按等刚度考虑时,可算得:$A_a = 7.64 cm^2$、$A_b = 8.04 cm^2$、$A_c = 4.07 cm^2$、$D = 7.38 \times 10^8 \, kg \cdot cm$、$C = 1.03 \times 10^4 \, kg/cm$、$p = 0.31$、$\alpha = 1.159$、$\beta = 1.096$、$\gamma = 1.0$、$\eta_{M_x} = \eta_{Q_x} = 1.04$、$\eta_{M_y} = \eta_{Q_y} =$

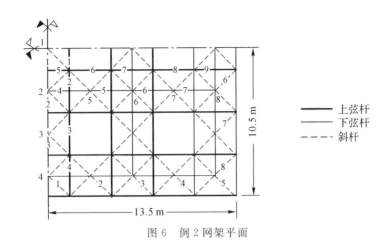

图 6　例 2 网架平面

0.985、$\eta_w = 1.141$。主要轴线上的挠度和内力的计算结果,由 $\lambda = 1.286$ 按线性插入法查附表 1b、1c 及根据表 6 的公式求得,详见表 9。表中精确值是按空间桁架位移法电算得出。如考虑边界上弦点荷载可直接传给支座,斜杆内力值应予修正,详见表 9 中带括号的一行计算结果,即按本文计算后每根非零的支座斜杆应扣除内力 0.66t。

表 9　例 2 网架等刚度时计算结果比较

挠度、内力		1	2	3	4	5	6	7	8	9
下弦节点挠度 /cm	本文值	7.28	6.58	4.59	1.66	6.28	5.27	3.42	1.21	
	精确值	7.20	6.53	4.60	1.67	6.20	5.18	3.52	1.26	
上弦杆内力 /t	本文值	−14.3	−13.6	−10.4	−4.2	−8.6	−8.4	−7.7	−6.4	−3.6
	精确值	−14.2	−12.9	−9.6	−3.7	−8.8	−9.6	−7.7	−6.3	−2.2
下弦杆内力 /t	本文值	29.1	23.3	16.2	16.6	15.9	13.9	10.5		
	精确值	27.6	23.2	14.0	15.4	14.6	12.7	8.1		
斜杆内力 /t	本文值	8.69 (8.03)	0 (0)	6.71 (6.05)	0 (0)	0 (0)	5.77 (5.11)	0 (0)	2.79 (2.13)	
	精确值	6.82	−0.31	4.85	−0.87	0.74	4.35	0.85	2.17	

第二种情况是考虑网架变刚度的影响,此时可算得:$A_{ax} = 6.74 \text{cm}^2$、$A_{ay} = 8.56 \text{cm}^2$、$A_{bx} = 7.27 \text{cm}^2$、$A_{by} = 8.83 \text{cm}^2$、$A_{cx} = A_{cy} = 4.07 \text{cm}^2$、$D_x = 6.61 \times 10^8 \text{kg} \cdot \text{cm}$、$D_y = 8.16 \times 10^8 \text{kg} \cdot \text{cm}$、$D = 7.34 \times 10^8 \text{kg} \cdot \text{cm}$、$C_x = C_y = C = 1.03 \times 10^4 \text{kg/cm}$、$D_{x1} = 8.87 \times 10^8 \text{kg} \cdot \text{cm}$、$D_{x2} = 7.36 \times 10^8 \text{kg} \cdot \text{cm}$、$D_{x3} = 3.71 \times 10^8 \text{kg} \cdot \text{cm}$、$D_{y1} = 12.41 \times 10^8 \text{kg} \cdot \text{cm}$、$D_{y2} = 7.90 \times 10^8 \text{kg} \cdot \text{cm}$、$D_{y3} = 5.65 \times 10^8 \text{kg} \cdot \text{cm}$、$p = 0.31$、$\alpha = 1.061$、$\beta = 1.210$、$\gamma = 0.766$、$\eta_{M_x} = \eta_{Q_x} = 0.907$、$\eta_{M_y} = \eta_{Q_y} = 1.034$、$\eta_w = 0.84$。相应的挠度和内力的计算结果详见表 10。

第二个例题的边长已接近 1.3,下弦网格很稀疏,仅 3 格×4 格,但从表 9、10 可以看出,本文计算结果和精确计算结果相比还是比较接近的,各类杆件的最大内力的误差一般仍为 5% 左右,只是等刚度时斜杆最大内力的误差超过了 10%,是属于偏安全的;跨中最大挠度的误差也只有 1%~2%。

表 10　例 2 网架变刚度时计算结果比较

挠度、内力		1	2	3	4	5	6	7	8	9
下弦节点挠度 /cm	本文值	5.36	4.85	3.38	1.22	4.62	3.88	2.52	0.89	
	精确值	5.38	4.93	3.59	1.35	4.72	4.03	2.85	1.06	
上弦杆内力 /t	本文值	−15.0	−14.3	−10.9	−4.4	−7.5	−7.3	−6.7	−5.6	−3.1
	精确值	−15.9	−14.5	−10.7	−4.2	−7.4	−8.5	−6.9	−6.0	−2.3
下弦杆内力 /t	本文值	30.5	24.5	17.0	14.5	13.8	12.2	9.2		
	精确值	31.5	26.5	16.2	12.6	12.4	11.6	7.9		
斜杆内力 /t	本文值	8.64 (7.98)	0 (0)	6.67 (6.01)	0 (0)	0 (0)	5.04 (4.38)	0 (0)	2.43 (1.77)	
	精确值	7.87	−0.29	4.80	−0.92	0.54	4.49	0.91	1.81	

6　结论

综上分析研究,可得到如下几点初步结论:

(1)平板型网架结构可采用连续化的分析途径,按考虑剪切变形的三个广义位移的构造上正交异性或各向同性的夹层板理论来计算。本文给出了正交正放类网架结构的拟夹层板的基本方程式,并求得了周边简支时的解析解。

(2)当网架周边简支、平面尺寸的边长比 $\lambda \leqslant 1.4$、两向的抗弯刚度比 $\geqslant 0.6$、表示网架剪切变形的参数 $p \leqslant 0.5$,为进一步简化计算,可近似采用求解基本方程式 $\left(\dfrac{\partial^4}{\partial x^4}+\dfrac{\partial^4}{\partial y^4}\right)w=\dfrac{q}{D}$ 及根据内力、挠度修正系数 η_{M_x}、η_{Q_x}、η_{M_y}、η_{Q_y}、η_w 来计算网架的杆件内力和挠度。此时,计算用表可大为减缩,并便于编制和查用。

(3)采用本文的计算方法和精确的空间桁架位移法相比,网架各类杆件最大内力的误差一般为 $5\% \sim 10\%$ 左右、最大挠度的误差仅为 5%。因此,这就有可能使网架结构的计算不一定都要采用电子计算机才能进行,而采用简单查表手算的办法,也能得到具有工程要求精度的计算结果。

附录

矩形平面周边简支正交正放类网架拟板法的挠度、内力系数表

(1)挠度、内力表达式为

$$w=\frac{qa^4}{D}\overline{w}\cdot 10^{-2},\ M_x=qa^2\overline{M}_x\cdot 10^{-1},\ M_y=qa^2\overline{M}_y\cdot 10^{-1},\ Q_x=qa\overline{Q}_x,\ Q_y=qa\overline{Q}_y$$

(2)无量纲挠度、内力系数 $\overline{w}$、$\overline{M}_x$、$\overline{M}_y$、$\overline{Q}_x$、$\overline{Q}_y$,以网架平面的边长比 $\lambda=\dfrac{\text{长边 }a}{\text{短边 }b}$ 由附表 1a～1e 查得(坐标原点取在矩形平面的中点,采用精确的重三角级数解,级数共取了 900 项,边界线上的 Q_x、Q_y 值的收敛性还稍嫌不够,根据总体的竖向平衡条件做了修正)。现仅给出附表 1a,表 1b～1e 见原文。

附表 1a　λ＝1.0

挠度内力	y/b	x/a										
		0.00	0.05	0.10	0.15	0.20	0.25	0.30	0.35	0.40	0.45	0.50
$\overline{w}$	0.00	0.820	0.811	0.782	0.735	0.669	0.588	0.491	0.381	0.260	0.132	0.000
	0.05	0.811	0.801	0.773	0.726	0.662	0.581	0.485	0.376	0.257	0.131	0.000
	0.10	0.782	0.773	0.746	0.701	0.638	0.561	0.468	0.363	0.248	0.126	0.000
	0.15	0.735	0.726	0.701	0.658	0.600	0.527	0.440	0.342	0.234	0.119	0.000
	0.20	0.669	0.662	0.658	0.600	0.547	0.481	0.402	0.312	0.214	0.109	0.000
	0.25	0.588	0.581	0.600	0.527	0.481	0.423	0.354	0.275	0.188	0.096	0.000
	0.30	0.491	0.485	0.527	0.440	0.402	0.354	0.296	0.230	0.158	0.080	0.000
	0.35	0.381	0.376	0.440	0.342	0.312	0.275	0.230	0.179	0.123	0.063	0.000
	0.40	0.260	0.257	0.342	0.234	0.214	0.188	0.158	0.123	0.084	0.043	0.000
	0.45	0.132	0.131	0.234	0.119	0.109	0.096	0.080	0.063	0.043	0.022	0.000
	0.50	0.000	0.000	0.119	0.000	0.000	0.000	0.000	0.000	0.000	0.000	0.000
$\overline{M}_x$	0.00	0.772	0.765	0.746	0.714	0.667	0.604	0.524	0.425	0.306	0.165	0.000
	0.05	0.762	0.756	0.737	0.705	0.659	0.597	0.518	0.421	0.303	0.163	0.000
	0.10	0.731	0.728	0.710	0.680	0.636	0.577	0.502	0.408	0.294	0.159	0.000
	0.15	0.637	0.682	0.666	0.638	0.598	0.544	0.474	0.387	0.280	0.152	0.000
	0.20	0.624	0.619	0.605	0.581	0.546	0.498	0.436	0.357	0.260	0.141	0.000
	0.25	0.545	0.541	0.529	0.509	0.479	0.439	0.386	0.319	0.233	0.128	0.000
	0.30	0.453	0.449	0.440	0.424	0.400	0.368	0.326	0.271	0.201	0.111	0.000
	0.35	0.349	0.347	0.340	0.328	0.311	0.287	0.256	0.215	0.161	0.091	0.000
	0.40	0.238	0.236	0.231	0.224	0.212	0.196	0.176	0.149	0.114	0.067	0.000
	0.45	0.120	0.120	0.117	0.113	0.108	0.100	0.090	0.077	0.060	0.037	0.000
	0.50	0.000	0.000	0.000	0.000	0.000	0.000	0.000	0.000	0.000	0.000	0.000
$\overline{M}_y$	0.00	0.772	0.762	0.734	0.687	0.624	0.545	0.453	0.349	0.238	0.120	0.000
	0.05	0.765	0.756	0.728	0.682	0.619	0.541	0.449	0.347	0.236	0.120	0.000
	0.10	0.746	0.737	0.710	0.666	0.605	0.529	0.440	0.340	0.231	0.117	0.000
	0.15	0.714	0.705	0.680	0.638	0.581	0.509	0.424	0.328	0.224	0.113	0.000
	0.20	0.667	0.659	0.636	0.598	0.546	0.479	0.400	0.311	0.212	0.108	0.000
	0.25	0.604	0.597	0.577	0.544	0.498	0.439	0.368	0.287	0.196	0.100	0.000
	0.30	0.524	0.518	0.502	0.474	0.436	0.386	0.326	0.256	0.176	0.090	0.000
	0.35	0.425	0.421	0.408	0.387	0.357	0.319	0.271	0.215	0.149	0.077	0.000
	0.40	0.306	0.303	0.294	0.280	0.260	0.233	0.201	0.161	0.114	0.060	0.000
	0.45	0.165	0.163	0.159	0.152	0.141	0.128	0.111	0.091	0.067	0.037	0.000
	0.50	0.000	0.000	0.000	0.000	0.000	0.000	0.000	0.000	0.000	0.000	0.000

续表

挠度内力	y/b	x/a										
		0.00	0.05	0.10	0.15	0.20	0.25	0.30	0.35	0.40	0.45	0.50
$\bar{Q}_x$	0.00	0.000	−0.025	−0.051	−0.079	−0.109	−0.112	−0.178	−0.218	−0.260	−0.305	−0.355
	0.05	0.000	−0.025	−0.050	−0.078	−0.107	−0.140	−0.176	−0.215	−0.257	−0.303	−0.352
	0.10	0.000	−0.023	−0.048	−0.074	−0.102	−0.134	−0.169	−0.207	−0.249	−0.294	−0.344
	0.15	0.000	−0.021	−0.043	−0.067	−0.094	−0.123	−0.157	−0.194	−0.235	−0.279	−0.329
	0.20	0.000	−0.019	−0.038	−0.059	−0.082	−0.109	−0.140	−0.175	−0.215	−0.259	−0.308
	0.25	0.000	−0.016	−0.032	−0.049	−0.069	−0.092	−0.120	−0.152	−0.190	−0.233	−0.282
	0.30	0.000	0.012	0.025	−0.039	−0.055	−0.074	−0.096	−0.124	−0.159	−0.200	−0.248
	0.35	0.000	−0.009	−0.019	−0.029	−0.041	−0.055	−0.071	−0.093	−0.122	−0.160	−0.207
	0.40	0.000	−0.006	−0.013	−0.019	−0.027	−0.036	−0.046	−0.061	−0.081	−0.112	−0.158
	0.45	0.000	−0.003	−0.006	−0.010	−0.013	−0.018	−0.023	−0.029	−0.039	−0.056	−0.095
	0.50	0.000	0.000	0.000	0.000	0.000	0.000	0.000	0.000	0.000	0.000	0.000
$\bar{Q}_y$	0.00	0.000	0.000	0.000	0.000	0.000	0.000	0.000	0.000	0.000	0.000	0.000
	0.05	−0.025	−0.025	−0.023	−0.021	−0.019	−0.016	−0.012	−0.009	−0.000	−0.003	0.000
	0.10	−0.051	−0.050	−0.048	−0.043	−0.038	−0.032	−0.025	−0.019	−0.013	−0.006	0.000
	0.15	−0.079	−0.078	−0.074	−0.067	−0.059	−0.049	−0.039	−0.029	−0.019	−0.010	0.000
	0.20	−0.109	−0.107	−0.102	−0.094	−0.082	−0.069	−0.055	−0.041	−0.027	−0.013	0.000
	0.25	−0.142	−0.110	−0.134	−0.123	−0.109	−0.092	−0.074	−0.055	−0.036	−0.018	0.000
	0.30	−0.178	−0.176	−0.169	−0.157	−0.140	−0.120	−0.096	−0.071	−0.046	−0.023	0.000
	0.35	−0.218	−0.215	−0.207	−0.191	−0.175	−0.152	−0.124	−0.093	−0.061	−0.029	0.000
	0.40	−0.260	−0.257	−0.249	−0.235	−0.215	−0.190	−0.159	−0.122	−0.081	−0.039	0.000
	0.45	−0.305	−0.303	−0.294	−0.279	−0.259	−0.233	−0.200	−0.160	−0.112	−0.056	0.000
	0.50	−0.355	−0.352	−0.344	−0.329	−0.308	−0.282	−0.248	−0.207	−0.158	−0.095	0.000

参考文献

[1] 樗木武.ストリックス構造解析法[M].1972.

[2] 梅村魁,铃木悦郎,北村弘.立体トラスのデザイン[M].1968.

[3] 北村弘,山田瑞夫.不静定立体トラス平板の差分法による解法(その1)、(その2)[C]//日本建筑学会.日本建筑学会论文报告集,第96、97号.1964:13—27.

[4] 北村弘,山田瑞夫.不静定立体トラス平板の差分法による解法(その3)、(その4)、(その5)[C]//日本建筑学会.日本建筑学会论文报告集,第107、108、109号.1965:23—41.

[5] REISSNER E. On bending of elastic plates[J]. Quarterly of Applied Mathematics,1947,5(1):55—68.

[6] 中国科学院北京力学研究室板壳组.夹层板的弯曲、稳定和振动[M].北京:科学出版社,1977.

[7] 胡海昌.弹性力学的变分原理及其应用[M].北京:科学出版社,1981.

15 两向正交斜放网架拟夹层板法的两类简支解答及其对比*

摘 要: 本文采用拟夹层板法来分析计算两向正交斜放网架,给出了这种网架连续化后的六阶基本偏微分方程式。对于第一类和第二类简支边界条件的矩形平面网架,分别求得了基本方程式的解析解。其中第二类简支网架的解答,是以第一类简支网架的重三角级数解为特解,叠加两组互相交叉的单三角级数解为齐次解,再采用边界配点法求得。文中对两类简支网架的内力和挠度做了对比,说明两者差异较大,在靠近边界和角部处更是明显。与此同时,文中还研讨了网架剪切变形对内力和挠度的影响。通过算例说明,按本文方法的计算结果与精确的空间桁架位移法的计算结果比较吻合,能满足工程计算精度的要求。为便于设计中应用,编制了与实际情况比较符合的第二类简支网架的内力和挠度计算图表。

关键词: 两向正交斜放网架;拟夹层板法;两类简支解答;对比分析;内力和挠度计算用表

1 概述

两向正交斜放网架,具有刚度大、施工制作方便等优点,已被广泛采用为各类民用与工业建筑的大、中、小跨度屋盖结构。目前,这种网架结构的分析计算方法有三种:

(1)空间桁架位移法。一般都需编制程序由计算机进行计算,它可适用于任意平面形状和各种边界条件的网架,通常被认为是铰接网架结构的精确解法。但该法只能通过具体计算后才可知道结果,事先无法了解网架内力和挠度的大小、特点和分布规律。

(2)交叉桁架系差分法。它需根据网架平面形状、网格数量的多少,实质上是建立交叉等代梁系的差分方程后再进行电算。我国已编制了一些计算用表可供使用[1]。但该法一般不易考虑网架剪切变形的影响,从而导致网架的内力和挠度与精确解有较大的误差。

(3)拟板法。这是一种连续化途径的分析方法,分有普通的拟板法和拟夹层板法两种。普通的拟板法是把两向正交斜放网架等代为一块正交异性实体板来分析计算,基本微分方程式是四阶的,可求得矩形平面网架第一类简支边界条件的解析解[2],并可编制与网格数量多少无关的计算图表,查表计算也比较方便。但普通的拟板法不能考虑网架剪切变形对内力和挠度的影响,无法提高计算精度,也不能求得比较符合实际情况的第二类简支网架的解答。拟夹层板法的计算模型能反映网架的实际工作情况[3-6],可考虑网架的剪切变形。在文献[3,4]中用位移法建立网架结构拟夹层板的一般性基本

---

* 本文刊登于:董石麟,夏亨熹.两向正交斜放网架拟夹层板法的两类简支解答及其对比[C]//中国土木工程学会.第三届空间结构学术交流会论文集(第二卷),吉林,1986:461—472.

后刊登于期刊:董石麟,夏亨熹.两向正交斜放网架拟夹层板法的两类简支解答及其对比[J].土木工程学报,1988,21(1):1—16.

偏微分方程式时,曾涉及这种两向正交斜放网架,但未具体解算和分析讨论。

　　本文在考虑网架剪切变形的作用下,引人一个新的广义变位函数 ω,建立了以 ω 来描述两向正交斜放网架工作状态的六阶基本偏微分方程式。根据矩形平面网架的第一类和第二类简支边界条件,求得了基本方程式的解析解。其中第一类简支网架的解,可采用重三角级数来表达。对于边界上既无弯矩又无扭矩的第二类简支网架,则以第一类简支网架的解作为特解,以满足微分方程式和部分边界条件的两组互相交叉的单三角级数解为齐次解,然后采用边界配点法和根据配点方程式,求得满足边界条件的第二类简支网架的解答。与第一类简支网架相比,由于边界约束的放松,第二简支网架的跨中挠度和弯矩明显增加。边界附近和角部的弯矩与剪力,两者差异更大,甚至改变内力的方向,其中网架剪力还具有边界效应的衰减特性。与此同时,文中还研讨了网架剪切变形对挠度和内力的影响,表明两向正交斜放网架对剪切变形的敏感性是甚于两向正交正放网架、斜放四角锥网架。算例说明,按本文方法的计算结果与精确的空间桁架位移法的计算结果比较吻合,其挠度和内力的误差为 $5\%\sim10\%$,能满足工程计算精度的要求。最后,本文还根据矩形平面的边长比 λ 与反映剪切变形的参数 p,编制了常用的第二类简支网架的挠度和内力计算图表共 18 组,以便工程设计中具体计算或初步估算时应用。

2　基本方程式的建立

　　两向正交斜放网架拟夹层板法的计算模型如图 1 所示,设 x、y 轴与网架矩形平面的边界线平行,x'、y' 轴与两向桁架系的轴线平行,并以上弦层即上表层为计算参考平面。可以由拟夹层板的几何关系、物理方程和平衡方程来推导基本方程式。然而,也可应用正交正放类网架所求得的基本方程式[5],通过坐标变换直接得出两向正交斜放网架拟夹层板的基本偏微分方程式:

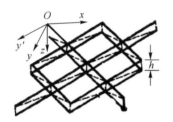　　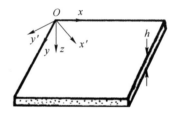

a　两向正交斜放网架　　　　　　　b　等代的夹层板

图 1　网架的计算模型

$$\left(\frac{\partial^4}{\partial x^4}+6\frac{\partial^4}{\partial x^2\partial y^2}+\frac{\partial^4}{\partial y^4}-\frac{D}{2C}\Omega^2\Omega^2\nabla^2\right)\omega=\frac{q}{D/2} \tag{1}$$

$$\Omega^2=\frac{\partial^2}{\partial x^2}-\frac{\partial^2}{\partial y^2},\qquad \nabla^2=\frac{\partial^2}{\partial x^2}+\frac{\partial^2}{\partial y^2}$$

其中,ω 为一个新的广义变位函数,它与夹层板的三个广义变位 ψ_x、ψ_y、w 具有下列微分关系式:

$$\psi_x=\left(1-\frac{D}{2C}\Omega^2\right)\frac{\partial}{\partial x}\omega,\qquad \psi_y=\left(1+\frac{D}{2C}\Omega^2\right)\frac{\partial}{\partial y}\omega$$

$$w=\left(1-\frac{D}{C}\nabla^2+\frac{D^2}{4C^2}\Omega^2\Omega^2\right)\omega \tag{2}$$

式中,D、C 为夹层板的等代抗弯刚度、抗剪刚度,可由网架材料的弹性模量 E,上下弦杆、斜杆、竖杆的截面积 A_a、A_b、A_c、A_d,网格间距 s,斜杆倾角 β 和网架高度 h 按下式确定:

$$D=\frac{EA_aA_bh^2}{(A_a+A_b)s}, \qquad C=\frac{EA_cA_d\sin^2\beta\cos\beta}{(A_c\sin^2\beta+A_d)s} \tag{3}$$

在 $Oxyz$ 坐标系下拟夹层板的物理方程为

$$\begin{Bmatrix} M_x \\ M_y \\ M_{xy} \end{Bmatrix}=\frac{D}{2}\begin{bmatrix} 1 & 1 & 0 \\ 1 & 1 & 0 \\ 0 & 0 & 1 \end{bmatrix}\begin{Bmatrix} -\dfrac{\partial\psi_x}{\partial x} \\[2mm] -\dfrac{\partial\psi_y}{\partial y} \\[2mm] -\dfrac{\partial\psi_x}{\partial y}-\dfrac{\partial\psi_y}{\partial x} \end{Bmatrix}$$

$$\begin{Bmatrix} Q_x \\ Q_y \end{Bmatrix}=C\begin{bmatrix} 1 & 0 \\ 0 & 1 \end{bmatrix}\begin{Bmatrix} \dfrac{\partial w}{\partial x}-\psi_x \\[2mm] \dfrac{\partial w}{\partial y}-\psi_y \end{Bmatrix} \tag{4}$$

如用函数 ω 来表达，则有

$$\begin{aligned} M_x=M_y&=-\frac{D}{2}\left(\nabla^2-\frac{D}{2C}\Omega^2\Omega^2\right)\omega \\[2mm] M_{xy}&=-D\frac{\partial^2}{\partial x\partial y}\omega \\[2mm] Q_x&=-\frac{D}{2}\left(\frac{\partial^2}{\partial x^2}+3\frac{\partial^2}{\partial y^2}-\frac{D}{2C}\Omega^2\Omega^2\right)\frac{\partial}{\partial x}\omega \\[2mm] Q_y&=-\frac{D}{2}\left(\frac{\partial^2}{\partial y^2}+3\frac{\partial^2}{\partial x^2}-\frac{D}{2C}\Omega^2\Omega^2\right)\frac{\partial}{\partial y}\omega \end{aligned} \tag{4$'$}$$

在 $Ox'y'z'$ 坐标下的内力可由下列关系式用 $Oxyz$ 坐标系下的内力来表达：

$$\begin{aligned} M'_x=M_x+M_{xy} & \qquad Q'_x=\frac{\sqrt{2}}{2}(Q_x+Q_y) \\[2mm] M'_y=M_x-M_{xy} & \qquad Q'_y=\frac{\sqrt{2}}{2}(-Q_x+Q_y) \\[2mm] M'_{xy}=0 & \end{aligned} \tag{5}$$

若不考虑网架的剪切变形，即 $C\to\infty$ 时，则 $w=\omega$，式(2)、(4$'$)可得到相应简化，基本方程式(1)便退化为

$$\left(\frac{\partial^4}{\partial x^4}+6\frac{\partial^4}{\partial x^2\partial y^2}+\frac{\partial^4}{\partial y^4}\right)\omega=\frac{q}{D/2} \tag{6}$$

3   第一类简支网架的解答

对于矩形平面的第一类简支网架(见图 2)，其边界条件是

$$x=\pm\frac{a}{2}: \qquad w=0, \qquad M_x=0, \qquad \psi_y=0$$

$$y=\pm\frac{b}{2}: \qquad w=0, \qquad M_y=0, \qquad \psi_x=0$$

由式(2)、(4$'$)可知，对变位函数 ω 来说，其边界条件为

$$\omega=\nabla^2\omega=\Omega^2\Omega^2\omega=0 \tag{7}$$

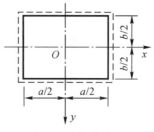

图 2　网架平面图

因此,对第一类简支网架,基本方程式(1)可采用重三角级数求解。在均布荷载 q 作用下,网架的变位和内力的表达式可一并求得为(上角标"0"表示第一类简支网架)

$$
\omega^0 = \frac{8qa^4}{\pi^6 D} \sum_{m=1,3,\cdots} \sum_{n=1,3,\cdots} (-1)^{\frac{m+n-2}{2}} \frac{1}{\Delta_{mn}} \cos\lambda_m\xi\cos\mu_n\eta
$$

$$
w^0 = \frac{8qa^4}{\pi^6 D} \sum_{m=1,3,\cdots} \sum_{n=1,3,\cdots} (-1)^{\frac{m+n-2}{2}} \frac{1}{\Delta_{mn}} \left[1 + p^2(m^2 + \lambda^2 n^2) + \frac{p^4}{4}(m^2 - \lambda^2 n^2)^2\right] \cos\lambda_m\xi\cos\mu_n\eta
$$

$$
\psi_x^0 = -\frac{8qa^3}{\pi^5 D} \sum_{m=1,3,\cdots} \sum_{n=1,3,\cdots} (-1)^{\frac{m+n-2}{2}} \frac{1}{\Delta_{mn}} \left[1 + \frac{p^2}{2}(m^2 - \lambda^2 n^2)\right] \sin\lambda_m\xi\cos\mu_n\eta
$$

$$
\psi_y^0 = -\frac{8qa^3}{\pi^5 D} \sum_{m=1,3,\cdots} \sum_{n=1,3,\cdots} (-1)^{\frac{m+n-2}{2}} \frac{\lambda n}{\Delta_{mn}} \left[1 + \frac{p^2}{2}(\lambda^2 n^2 - m^2)\right] \cos\lambda_m\xi\sin\mu_n\eta
$$

$$
M_x^0 = M_y^0 = \frac{16qa^2}{\pi^4} \sum_{m=1,3,\cdots} \sum_{n=1,3,\cdots} (-1)^{\frac{m+n-2}{2}} \frac{1}{\Delta_{mn}} \left[m^2 + \lambda^2 n^2 + \frac{p^2}{2}(m^2 - \lambda^2 n^2)^2\right] \cos\lambda_m\xi\cos\mu_n\eta
$$

$$
M_{xy}^0 = -\frac{16qa^2}{\pi^4} \sum_{m=1,3,\cdots} \sum_{n=1,3,\cdots} (-1)^{\frac{m+n-2}{2}} \frac{2\lambda mn}{\Delta_{mn}} \sin\lambda_m\xi\sin\mu_n\eta
$$

$$
Q_x^0 = -\frac{16qa}{\pi^3} \sum_{m=1,3,\cdots} \sum_{n=1,3,\cdots} (-1)^{\frac{m+n-2}{2}} \frac{m}{\Delta_{mn}} \left[m^2 + 3\lambda^2 n^2 + \frac{p^2}{2}(m^2 - \lambda^2 n^2)^2\right] \sin\lambda_m\xi\cos\mu_n\eta
$$

$$
Q_y^0 = -\frac{16qa}{\pi^3} \sum_{m=1,3,\cdots} \sum_{n=1,3,\cdots} (-1)^{\frac{m+n-2}{2}} \frac{\lambda n}{\Delta_{mn}} \left[3m^2 + \lambda^2 n^2 + \frac{p^2}{2}(m^2 - \lambda^2 n^2)^2\right] \cos\lambda_m\xi\sin\mu_n\eta
$$

$$(8)$$

其中,

$$
\Delta_{mn} = mn\left[m^4 + 6m^2\lambda^2 n^2 + \lambda^4 n^4 + \frac{p^2}{2}(m^2 + \lambda^2 n^2)(m^2 - \lambda^2 n^2)^2\right]
$$

$$
\lambda_m = m\pi, \qquad \mu_n = n\pi, \qquad \xi = x/a, \qquad \eta = y/b
$$

$$
p = \frac{a}{\pi}\sqrt{\frac{D}{C}}, \qquad \lambda = \frac{a}{b}
$$

$$(9)$$

p 为表示网架剪切变形的一个无量纲参数,λ 为边长比。当不考虑剪切变形时,即 $C \to \infty$,则 $p \to 0$,式(8)可相应得到简化。

4　第二类简支网架的解答

对于第二类简支网架,其边界条件是

$$
x = \pm\frac{a}{2}: \qquad w = 0, \qquad M_x = 0, \qquad M_{xy} = 0
$$

$$
y = \pm\frac{b}{2}: \qquad w = 0, \qquad M_y = 0, \qquad M_{xy} = 0
$$

对变位函数 ω 来说,则其边界条件可转化为

$$\left(1-\frac{D}{2C}\nabla^2\right)\omega=0, \qquad \left(1-\frac{D^2}{4C^2}\Omega^2\Omega^2\right)\omega=0, \qquad \frac{\partial^2}{\partial x^2}\omega=0 \tag{10}$$

设基本方程式(1)的解由三部分所组成:

$$\omega=\omega^0+\omega^\lambda+\omega^\mu \tag{11}$$

其中,ω^0 为特解,即取第一类简支边界条件时的解;ω^λ、ω^μ 为分别都满足齐次方程(1)和部分边界条件的两个相互交叉对应的齐次解。

下面先来求 ω^λ。令:$x=a\xi=b\,\bar{\xi}$、$y=b\eta=a\,\bar{\eta}$,则式(1)的齐次方程可化为下列无量纲形式:

$$\left(\frac{\partial^4}{\partial\xi^4}+6\frac{\partial^4}{\partial\xi^2\partial\bar{\eta}^2}+\frac{\partial^4}{\partial\bar{\eta}^4}-\frac{D}{2Ca^2}\Omega_{\bar{\xi}\bar{\eta}}^2\Omega_{\bar{\xi}\bar{\eta}}^2\nabla_{\bar{\xi}\bar{\eta}}^2\right)\omega^\lambda=0 \tag{12}$$

$$\Omega_{\bar{\xi}\bar{\eta}}^2=\frac{\partial^2}{\partial\xi^2}-\frac{\partial^2}{\partial\bar{\eta}^2}, \qquad \nabla_{\bar{\xi}\bar{\eta}}^2=\frac{\partial^2}{\partial\xi^2}+\frac{\partial^2}{\partial\bar{\eta}^2}$$

取 ω^λ 为单三角级数形式的解(A_m 为待定常数):

$$\omega^\lambda=\frac{8qa^4}{\pi^6 D}\sum_{m=1,3\cdots}(-1)^{\frac{m-1}{2}}A_m\omega_m(\bar{\eta})\cos\lambda_m\xi$$

那么 $\omega_m(\bar{\eta})$ 便为下列六阶常微分方程式的齐次解:

$$\omega_m^{\mathrm{VI}}(\bar{\eta})+\left(\lambda_m^2-\frac{2\pi^2}{p^2}\right)\omega_m^{\mathrm{IV}}(\bar{\eta})+\lambda_m^2\left(-\lambda_m^2+\frac{12\pi^2}{p^2}\right)\omega_m^{\mathrm{II}}(\bar{\eta})+\lambda_m^4\left(-\lambda_m^2-\frac{2\pi^2}{p^2}\right)\omega(\bar{\eta})=0 \tag{13}$$

设 $\omega_m(\bar{\eta})=e^{\lambda_m\beta_m\bar{\eta}}$,则 β_m 为下列特征方程式的根:

$$(\beta_m^2)^3+b_m(\beta_m^2)^2+c_m(\beta_m^2)+d_m=0 \tag{14}$$

其中, $\qquad b_m=1-\frac{2}{m^2 p^2}, \qquad c_m=-1+\frac{12}{m^2 p^2}, \qquad d_m=-1-\frac{2}{m^2 p^2}$

再设 $\qquad 2q_m=\frac{2}{27}b_m^3-\frac{1}{3}b_m c_m+d_m=\frac{16}{27}\left(-1-\frac{12}{m^2 p^2}+\frac{15}{m^4 p^4}-\frac{1}{m^6 p^6}\right)$

$$3p_m=c_m-\frac{1}{3}b_m^2=\frac{4}{3}\left(-1+\frac{10}{m^2 p^2}-\frac{1}{m^4 p^4}\right)$$

$$k_m=q_m^2+p_m^3,\delta_m=\pm\sqrt{|p_m|}\text{(取 }\delta_m\text{ 的符号与 }q_m\text{ 同号)}$$

则特征方程式(14)的根如表1所示,从而可求得齐次解 ω^λ 为

$$\begin{aligned}\omega^\lambda=&\frac{8qa^4}{\pi^6 D}\sum_{m=1,3,\cdots}(-1)^{\frac{m-1}{2}}A_m\big[B_m\psi_{m1}(\bar{\eta})+C_m\psi_{m2}(\bar{\eta})+D_m\psi_{m3}(\bar{\eta})\\&+E_m\psi_{m4}(\bar{\eta})+F_m\phi_{m5}(\bar{\eta})+G_m\phi_{m6}(\bar{\eta})\big]\cos\lambda_m\xi \qquad (k_m>0)\\\omega^\lambda=&\frac{8qa^4}{\pi^6 D}\sum_{m=1,3,\cdots}(-1)^{\frac{m-1}{2}}A_m\big[B_m\phi_{m1}(\bar{\eta})+C_m\phi_{m2}(\bar{\eta})+D_m\phi_{m3}(\bar{\eta})\\&+E_m\phi_{m4}(\bar{\eta})+F_m\phi_{m5}(\bar{\eta})+G_m\phi_{m6}(\bar{\eta})\big]\cos\lambda_m\xi \qquad (k_m<0)\end{aligned} \right\} \tag{15}$$

其中,函数 $\psi_{mi}(\bar{\eta})(i=1\sim4)$、$\phi_{mi}(\bar{\eta})(i=1\sim6)$ 的具体表达式见表1,$B_m\sim G_m$ 为待定常数。

表 1 齐次方程式的求解函数

	$k_m > 0$		$k_m < 0$
	$p_m > 0$	$p_m < 0$	$p_m < 0$

特征方程式的根:

$k_m>0$ 情况:

$(\beta_m)_{1,2,3,4} = \pm s_m \pm it_m$

$(\beta_m)_{5,6} = \pm v_m \,(\text{或} \pm iv_m)$

$k_m<0$ 情况:

$(\beta_m)_{1,2} = \pm s_m \,(\text{或} \pm is_m)$

$(\beta_m)_{3,4} = \pm t_m \,(\text{或} \pm it_m)$

$(\beta_m)_{5,6} = \pm v_m \,(\text{或} \pm iv_m)$

$p_m>0$ 列:

$$s_m = \frac{1}{\sqrt{2}}\sqrt{f_m + \sqrt{f_m^2 + 3\delta_m^2\,\mathrm{ch}^2\frac{\theta_w}{3}}}$$

$$t_m = \frac{1}{\sqrt{2}}\sqrt{-f_m + \sqrt{f_m^2 + 3\delta_m^2\,\mathrm{ch}^2\frac{\theta_w}{3}}}$$

$$v_m = \sqrt{\left|-2\delta_m\,\mathrm{sh}\frac{\theta_m}{3} - \frac{b_m}{3}\right|}$$

$$f_m = \delta_m\,\mathrm{sh}\frac{\theta_m}{3} - \frac{b_m}{3}$$

$$\mathrm{sh}\theta_m = \frac{q_m}{\delta_m^3}$$

$p_m<0$ ($k_m>0$) 列:

$$s_m = \frac{1}{\sqrt{2}}\sqrt{f_m + \sqrt{f_m^2 + 3\delta_m^2\,\mathrm{sh}^2\frac{\theta_m}{3}}}$$

$$t_m = \frac{1}{\sqrt{2}}\sqrt{-f_m + \sqrt{f_m^2 + 3\delta_m^2\,\mathrm{sh}^2\frac{\theta_m}{3}}}$$

$$v_m = \sqrt{\left|-2\delta_m\,\mathrm{ch}\frac{\theta_m}{3} - \frac{b_m}{3}\right|}$$

$$f_m = \delta_m\,\mathrm{ch}\frac{\theta_m}{3} - \frac{b_m}{3}$$

$$\mathrm{ch}\theta_m = \frac{q_m}{\delta_m^3}$$

$k_m<0$ 列:

$$s_m = \sqrt{\left|2\delta_m\cos\left(\frac{\pi}{3}-\frac{\theta_m}{3}\right) - \frac{b_m}{3}\right|}$$

$$t_m = \sqrt{\left|2\delta_m\cos\left(\frac{\pi}{3}-\frac{\theta_m}{3}\right) - \frac{b_m}{3}\right|}$$

$$v_m = \sqrt{\left|-2\delta_m\cos\frac{\theta_m}{3} - \frac{b_m}{3}\right|}$$

$$\cos\theta_m = \frac{q_m}{\delta_m^3}$$

求解函数:

$k_m>0$ 情况:

$\psi_{m1}(\bar{\eta}) = \mathrm{ch}\lambda_m s_m \bar{\eta}\,\sin\lambda_m t_m\bar{\eta}$

$\psi_{m2}(\bar{\eta}) = \mathrm{ch}\lambda_m s_m \bar{\eta}\,\cos\lambda_m t_m\bar{\eta}$

$\psi_{m3}(\bar{\eta}) = \mathrm{sh}\lambda_m s_m \bar{\eta}\,\cos\lambda_m t_m\bar{\eta}$

$\psi_{m4}(\bar{\eta}) = \mathrm{sh}\lambda_m s_m \bar{\eta}\,\sin\lambda_m t_m\bar{\eta}$

$\phi_{m5}(\bar{\eta}) = \mathrm{sh}\lambda_m v_m \bar{\eta}\,(\text{或}\,\sin\lambda_m v_m\bar{\eta})$

$\phi_{m6}(\bar{\eta}) = \mathrm{ch}\lambda_m v_m \bar{\eta}\,(\text{或}\,\cos\lambda_m v_m\bar{\eta})$

$k_m<0$ 情况:

$\phi_{m1}(\bar{\eta}) = \mathrm{sh}\lambda_m s_m \bar{\eta}\,(\text{或}\,\sin\lambda_m s_m\bar{\eta})$

$\phi_{m2}(\bar{\eta}) = \mathrm{ch}\lambda_m s_m \bar{\eta}\,(\text{或}\,\cos\lambda_m s_m\bar{\eta})$

$\phi_{m3}(\bar{\eta}) = \mathrm{sh}\lambda_m t_m \bar{\eta}\,(\text{或}\,\sin\lambda_m t_m\bar{\eta})$

$\phi_{m4}(\bar{\eta}) = \mathrm{ch}\lambda_m t_m \bar{\eta}\,(\text{或}\,\cos\lambda_m t_m\bar{\eta})$

$\phi_{m5}(\bar{\eta}) = \mathrm{sh}\lambda_m v_m \bar{\eta}\,(\text{或}\,\sin\lambda_m v_m\bar{\eta})$

$\phi_{m6}(\bar{\eta}) = \mathrm{ch}\lambda_m v_m \bar{\eta}\,(\text{或}\,\cos\lambda_m v_m\bar{\eta})$

注:(或…)适用于 β_m 为虚根的情况。此时,特征根 s_m、t_m、v_m 根号内绝对值中的数值为负数。

在均布荷载作用下,利用对称性条件,解 ω^λ 还可简化为

$$\omega^\lambda = \frac{8qa^4}{\pi^6 D}\sum_{m=1,3\cdots}(-1)^{\frac{m-1}{2}}A_m\left[C_m\psi_{m2}(\bar{\eta}) + E_m\psi_{m4}(\bar{\eta}) + G_m\phi_{m6}(\bar{\eta})\right]\cos\lambda_m\xi \quad (k_m>0)$$

$$\omega^\lambda = \frac{8qa^4}{\pi^6 D}\sum_{m=1,3\cdots}(-1)^{\frac{m-1}{2}}A_m\left[C_m\phi_{m2}(\bar{\eta}) + E_m\phi_{m4}(\bar{\eta}) + G_m\phi_{m6}(\bar{\eta})\right]\cos\lambda_m\xi \quad (k_m<0)$$

$$(16)$$

待定常数 C_m、E_m、G_m 在 $y = \frac{b}{2} = a\bar{\eta}$ —即 $\bar{\eta} = \frac{1}{2\lambda}$ 时,由下列条件确定:

$$\left(1 - \frac{D}{2Ca^2}\nabla_{\xi\eta}^2\right)\left[\omega_m(\bar{\eta})\cos\lambda_m\xi\right] = 0$$

$$\left(1 - \frac{D^2}{4C^2 a^4}\Omega_{\xi\eta}^2\Omega_{\xi\eta}^2\right)\left[\omega_m(\bar{\eta})\cos\lambda_m\xi\right] = 0$$

$$\frac{\partial^2}{\partial\xi\partial\eta}\left[\omega_m(\bar{\eta})\cos\lambda_m\xi\right] = -\lambda_m^2\sin\lambda_m\xi$$

$$(17)$$

比较式(17)、(10)可知,此时,除第三个边界条件外,第一、二两个边界条件可得到满足。对式(17)做具体运算后,便可得出确定待定常数 C_m、E_m、G_m 的线性代数方程组,兹以矩阵形式表示:

$$\begin{bmatrix} a_{m11} & a_{m12} & a_{m13} \\ a_{m21} & a_{m22} & a_{m23} \\ a_{m31} & a_{m32} & a_{m33} \end{bmatrix}\begin{Bmatrix} C_m \\ E_m \\ G_m \end{Bmatrix} = \begin{Bmatrix} 0 \\ 0 \\ 1 \end{Bmatrix} \quad (18)$$

其中,系数 a_{mij} 为(i、$j = 1$、2、3)

$$a_{m11} = \psi_{m2}\left(\frac{1}{2\lambda}\right) + \frac{m^2 p^2}{2}\left[(1 - s_m^2 + t_m^2)\psi_{m2}\left(\frac{1}{2\lambda}\right) + 2s_m t_m \psi_{m4}\left(\frac{1}{2\lambda}\right)\right]$$

$$a_{m12} = \psi_{m4}\left(\frac{1}{2\lambda}\right) + \frac{m^2 p^2}{2}\left[(1 - s_m^2 + t_m^2)\psi_{m4}\left(\frac{1}{2\lambda}\right) + 2s_m t_m \psi_{m2}\left(\frac{1}{2\lambda}\right)\right]$$

$$a_{m13} = \left[1 + \frac{m^2 p^2}{2}(1 - v_m^2)\right]\phi_{m6}\left(\frac{1}{2\lambda}\right)$$

$$a_{m21} = \psi_{m2}\left(\frac{1}{2\lambda}\right) - \frac{m^4 p^4}{4}\left[(1 + 2s_m^2 - 2t_m^2 + s_m^4 - 6s_m^2 t_m^2 + t_m^4)\psi_{m2}\left(\frac{1}{2\lambda}\right)\right.$$
$$\left. - 4s_m t_m(1 + s_m^2 - t_m^2)\psi_{m4}\left(\frac{1}{2\lambda}\right)\right]$$

$$a_{m22} = \psi_{m4}\left(\frac{1}{2\lambda}\right) - \frac{m^4 p^4}{4}\left[(1 + 2s_m^2 - 2t_m^2 + s_m^4 - 6s_m^2 t_m^2 + t_m^4)\psi_{m4}\left(\frac{1}{2\lambda}\right)\right. \qquad (k_m > 0) \qquad (19a)$$
$$\left. + 4s_m t_m(1 + s_m^2 - t_m^2)\psi_{m2}\left(\frac{1}{2\lambda}\right)\right]$$

$$a_{m23} = \left[1 - \frac{m^2 p^2}{2}(1 + v_m^2)^2\right]\phi_{m6}\left(\frac{1}{2\lambda}\right)$$

$$a_{m31} = s_m \psi_{m3}\left(\frac{1}{2\lambda}\right) - t_m \psi_{m1}\left(\frac{1}{2\lambda}\right)$$

$$a_{m32} = s_m \psi_{m1}\left(\frac{1}{2\lambda}\right) + t_m \psi_{m3}\left(\frac{1}{2\lambda}\right)$$

$$a_{m33} = v_m \phi_{m5}\left(\frac{1}{2\lambda}\right)$$

$$a_{m11} = \left[1 + \frac{m^2 p^2}{2}(1 - s_m^2)\right]\phi_{m2}\left(\frac{1}{2\lambda}\right)$$

$$a_{m12} = \left[1 + \frac{m^2 p^2}{2}(1 - t_m^2)\right]\phi_{m4}\left(\frac{1}{2\lambda}\right)$$

$$a_{m13} = \left[1 + \frac{m^2 p^2}{2}(1 - v_m^2)\right]\phi_{m6}\left(\frac{1}{2\lambda}\right)$$

$$a_{m21} = \left[1 - \frac{m^4 p^4}{4}(1 + s_m^2)^2\right]\phi_{m2}\left(\frac{1}{2\lambda}\right), \qquad a_{m31} = s_m \phi_{m1}\left(\frac{1}{2\lambda}\right) \qquad (k_m < 0) \qquad (19b)$$

$$a_{m22} = \left[1 - \frac{m^4 p^4}{4}(1 + t_m^2)^2\right]\phi_{m4}\left(\frac{1}{2\lambda}\right), \qquad a_{m32} = t_m \phi_{m3}\left(\frac{1}{2\lambda}\right)$$

$$a_{m23} = \left[1 - \frac{m^4 p^4}{4}(1 + v_m^2)^2\right]\phi_{m6}\left(\frac{1}{2\lambda}\right), \qquad a_{m33} = v_m \phi_{m5}\left(\frac{1}{2\lambda}\right)$$

当 β_m 为虚根时，ϕ_m 为三角函数，则式(19)及以后的各算式中，凡遇到与函数 ϕ_m 有关的系数中，应以 $-s_m$、$-t_m$、$-v_m$、$-s_m^2$、$-t_m^2$、$-v_m^2$ 分别代替 s_m、t_m、v_m、s_m^2、t_m^2、v_m^2。

现在来求 ω^μ，它应满足下列无量纲的齐次方程式

$$\left(\frac{\partial^4}{\partial \bar{\xi}^4} + 6\frac{\partial^4}{\partial \bar{\xi}^2 \partial \eta^2} + \frac{\partial^4}{\partial \eta^4} - \frac{D}{2Cb^2}\Omega_{\bar{\xi}\eta}^2 \Omega_{\bar{\xi}\eta}^2 \nabla_{\bar{\xi}\eta}^2\right)\omega^\mu = 0$$

$$\Omega_{\bar{\xi}\eta}^2 = \frac{\partial^2}{\partial \bar{\xi}^2} - \frac{\partial^2}{\partial \eta^2}, \qquad \nabla_{\bar{\xi}\eta}^2 = \frac{\partial^2}{\partial \bar{\xi}^2} + \frac{\partial^2}{\partial \eta^2} \qquad (20)$$

由此可知，求 ω^μ 的过程与求 ω^λ 时完全相同，式(13)~(19)及表 1 全可应用，只要在这些表达式和表格中，以 $\bar{\xi}$、η、μ_n、λ_n、$\frac{\lambda}{2}$ 分别替换 $\bar{\eta}$、ξ、λ_m、μ_m、$\frac{1}{2\lambda}$，以角标 n、μ 分别替换角标 m、λ 即可。因此，在均布荷载时可得

$$\omega^\mu = \frac{8qa^4}{\pi^6 D} \sum_{n=1,3\cdots} (-1)^{\frac{n-1}{2}} A_n [C_n \psi_{n2}(\bar\xi) + E_n \psi_{n4}(\bar\xi) + G_n \phi_{n6}(\bar\xi)] \cos\mu_n\eta \qquad (k_n>0)$$

$$\omega^\mu = \frac{8qa^4}{\pi^6 D} \sum_{n=1,3\cdots} (-1)^{\frac{n-1}{2}} A_n [C_n \phi_{n2}(\bar\xi) + E_n \phi_{n4}(\bar\xi) + G_n \phi_{n6}(\bar\xi)] \cos\mu_n\eta \qquad (k_n<0)$$

$$(21)$$

现已明显,由式(8)的第一式、式(16)、(21)表达的 ω^0、ω^λ、ω^μ 都满足微分方程式(1)及第二类简支网架的第一、二两个边界条件,那么便可根据第三个边界条件 $\frac{\partial^2\omega}{\partial x\partial y}=0$,采用边界配点法由下列配点方程式来确定待定常数 A_m 及 A_n(以 $k_m>0$、$k_n>0$ 为例):

$$\sum_{m=1,3,\cdots} (-1)^{\frac{m-1}{2}} 2m^2 A_m \{[s_m\psi_{m3}(\bar\eta_j) - t_m\psi_{m1}(\bar\eta_j)]C_m + [s_m\psi_{m1}(\bar\eta_j) + t_m\psi_{m3}(\bar\eta_j)]E_m$$
$$+ v_m\phi_{m5}(\bar\eta_j)G_m\} \sin\lambda_m\xi_j + \sum_{n=1,3,\cdots} (-1)^{\frac{n-1}{2}} 2\lambda^2 n^2 A_n \{[s_n\psi_{n3}(\bar\xi_j) - t_n\psi_{n1}(\bar\xi_j)]C_n$$
$$+ [s_n\psi_{n1}(\bar\xi_j) + t_n\psi_{n3}(\bar\xi_j)]E_n + v_n\phi_{n5}(\bar\xi_j)G_n\} \sin\mu_n\eta_j$$
$$= \sum_{m=1,3,\cdots} \sum_{n=1,3,\cdots} (-1)^{\frac{m+n-2}{2}} \frac{2\lambda mn}{\Delta_{mn}} \sin\lambda_m\xi_j \sin\mu_n\eta_j \qquad (22)$$
$$j=1,2,\cdots,\frac{m+n+2}{2}$$

其中,$(\xi_j、\eta_j)$ 为所选取的边界配点坐标,配点数 j 与单三角级数所取的项数有关。等式右端的重三角级数因收敛程度比单三角级数慢,故等式两端的 m、n 可以是不同的。当 $k_m<0$[或 $k_n<0$]时,则式(22)中常数 C_m、E_m 前的函数值应分别改换为:$s_m\phi_{m1}(\bar\eta_j)$、$t_m\phi_{m3}(\bar\eta_j)$[或常数 C_m、E_m 前的函数值应分别改换为 $s_n\phi_{n1}(\bar\xi_j)$、$t_n\phi_{n3}(\bar\xi_j)$]。

至此,$\omega=\omega^0+\omega^\lambda+\omega^\mu$ 已全部具体求得,则可由式(2)、(4)得到主要变位和内力的表达式为

$$\omega = \omega^0 + \omega^\lambda + \omega^\mu$$
$$M_x = M_y = M_x^0 + M_x^\lambda + M_x^\mu$$
$$M_{xy} = M_{xy}^0 + M_{xy}^\lambda + M_{xy}^\mu$$
$$Q_x = Q_x^0 + Q_x^\lambda + Q_x^\mu$$
$$Q_y = Q_y^0 + Q_y^\lambda + Q_y^\mu$$

$$(23)$$

其中,特解部分见式(8),第一组齐次解为

$$w^\lambda = \frac{8qa^4}{\pi^6 D} \sum_{m=1,3\cdots} (-1)^{\frac{m-1}{2}} A_m \big(\{ \psi_{m2}(\bar\eta) + m^2 p^2 [(1-s_m^2+t_m^2)\psi_{m2}(\bar\eta) + 2s_m t_m \psi_{m4}(\bar\eta)]$$

$$+ \frac{m^4 p^4}{4} [(1+2s_m^2-2t_m^2+s_m^4-6s_m^2 t_m^2+t_m^4)\psi_{m2}(\bar\eta) - 4s_m t_m(1+s_m^2-t_m^2)\psi_{m4}(\bar\eta)]\}$$

$$\times C_m + \{\psi_{m4}(\bar\eta) + m^2 p^2 [(1-s_m^2+t_m^2)\times\psi_{m4}(\bar\eta) - 2s_m t_m \psi_{m2}(\bar\eta)]$$

$$+ \frac{m^4 p^4}{4}[(1+2s_m^2-2t_m^2+s_m^4-6s_m^2 t_m^2+t_m^4)\psi_{m4}(\bar\eta) + 4s_m t_m(1+s_m^2-t_m^2)\psi_{m2}(\bar\eta)]\}$$

$$\times E_m + \Big\{ \Big[1+m^2 p^2 \times(1-v_m^2) + \frac{m^4 p^4}{4}(1+v_m^2)^2\Big]\phi_{m6}(\bar\eta)\Big\} G_m\big)\cos\lambda_m\xi$$

$$M_x^\lambda = M_y^\lambda = \frac{16qa^2}{\pi^4} \sum_{m=1,3\cdots} (-1)^{\frac{m-1}{2}} A_m \big(\{(1-s_m^2+t_m^2)\psi_{m2}(\bar\eta) + 2s_m t_m$$

$$\times \psi_{m4}(\bar\eta) + \frac{m^2 p^2}{2}[(1+2s_m^2-2t_m^2+s_m^4-6s_m^2 t_m^2+t_m^4)\psi_{m2}(\bar\eta) - 4s_m t_m$$

$$\times (1+s_m^2-t_m^2)\psi_{m4}(\bar\eta)]\}C_m + \{(1-s_m^2+t_m^2)\psi_{m4}(\bar\eta) - 2s_m t_m \psi_{m2}(\bar\eta)$$

$$+ \frac{m^2 p^2}{2}[(1+2s_m^2-2t_m^2+s_m^4-6s_m^2 t_m^2+t_m^4)\psi_{m4}(\bar\eta) + 4s_m t_m(1+s_m^2$$

$$-t_m^2)\psi_{m2}(\bar\eta)]\}E_m + \Big\{\Big[1-v_m^2+\frac{m^2 p^2}{2}(1+v_m^2)^2\Big]\phi_{m6}(\bar\eta)\Big\}G_m\big)\cos\lambda_m\xi$$

$$M_{xy}^\lambda = \frac{16qa^2}{\pi^4} \sum_{m=1,3,\cdots} (-1)^{\frac{m-1}{2}} 2m^2 A_m \{[s_m\psi_{m3}(\bar\eta) - t_m\psi_{m1}(\bar\eta)]C_m$$

$$+ [s_m\psi_{m1}(\bar\eta) + t_m\psi_{m3}(\bar\eta)]E_m + v_m\phi_{m5}(\bar\eta)G_m\}\sin\lambda_m\xi$$

$$(k_m > 0) \quad (24a)$$

$$Q_x^\lambda = -\frac{16qa}{\pi^3} \sum_{m=1,3,\cdots} (-1)^{\frac{m-1}{2}} m^3 A_m \big(\{(1-3s_m^2+3t_m^2)\psi_{m2}(\bar\eta)$$

$$+ 6s_m t_m \psi_{m4}(\bar\eta) + \frac{m^2 p^2}{2}[(1+2s_m^2-2t_m^2+s_m^4-6s_m^2 t_m^2+t_m^4)\psi_{m2}(\bar\eta)$$

$$- 4s_m t_m(1+s_m^2-t_m^2)\psi_{m4}(\bar\eta)]\}C_m + \{(1-3s_m^2+3t_m^2)\psi_{m4}(\bar\eta)$$

$$- 6s_m t_m \psi_{m2}(\bar\eta) + \frac{m^2 p^2}{2}[(1+2s_m^2-2t_m^2+s_m^4-6s_m^2 t_m^2+t_m^4)\psi_{m4}(\bar\eta)$$

$$+ 4s_m t_m(1+s_m^2-t_m^2)\psi_{m2}(\bar\eta)]\}E_m + \Big\{\Big[1-3v_m^2+\frac{m^2 p^2}{2}(1+v_m^2)^2\Big]$$

$$\times \phi_{m6}(\bar\eta)\Big\}G_m\big)\sin\lambda_m\xi$$

$$Q_y^\lambda = -\frac{16qa}{\pi^3} \sum_{m=1,3,\cdots} (-1)^{\frac{m-1}{2}} m^3 A_m \big(\{(3s_m-s_m^3+3s_m t_m^2)\psi_{m3}(\bar\eta)$$

$$- (3t_m-3s_m^2 t_m+t_m^3)\psi_{m1}(\bar\eta) + \frac{m^2 p^2}{2}[(2s_m+2s_m^3-6s_m t_m^2+s_m^5$$

$$- 10s_m^3 t_m^2+5s_m t_m^4)\psi_{m3}(\bar\eta) - (t_m+6s_m^2 t_m-2t_m^3+5s_m^4 t_m-10s_m^2 t_m^3$$

$$+ t_m^5)\psi_{m1}(\bar\eta)]\}C_m + \{(3s_m-s_m^3+3s_m t_m^2)\psi_{m1}(\bar\eta) + (3t_m-3s_m^2 t_m+t_m^3)$$

$$\times \psi_{m3}(\bar\eta) + \frac{m^2 p^2}{2}[(s_m^2+2s_m^3-6s_m t_m^2+s_m^5-10s_m^3 t_m^2+5s_m t_m^4)\psi_{m1}(\bar\eta)$$

$$+ (t_m+6s_m^2 t_m-2t_m^3+5s_m^4 t_m-10s_m^2 t_m^3+t_m^5)\psi_{m3}(\bar\eta)]\}E_m$$

$$+ \Big\{\Big[3v_m-v_m^3+\frac{m^2 p^2}{2}(v_m+2v_m^3+v_m^5)\Big]\phi_{m5}(\bar\eta)\Big\}G_m\big)\cos\lambda_m\xi$$

$$w^\lambda = \frac{8qa^4}{\pi^6 D} \sum_{m=1,3,\cdots} (-1)^{\frac{m-1}{2}} A_m \Bigg(\Bigg\{ \Big[1 + m^2 p^2 (1-s_m^2) + \frac{m^4 p^4}{4}$$
$$\times (1+s_m^2)^2 \Big] \phi_{m2}(\bar{\eta}) \Bigg\} C_m + \Bigg\{ \Big[1 + m^2 p^2 (1-t_m^2) + \frac{m^4 p^4}{4}$$
$$\times (1+t_m^2)^2 \Big] \phi_{m4}(\bar{\eta}) \Bigg\} E_m + \Bigg\{ \Big[1 + m^2 p^2 (1-v_m^2) + \frac{m^4 p^4}{4}$$
$$\times (1+v_m^2)^2 \Big] \phi_{m6}(\bar{\eta}) \Bigg\} G_m \Bigg) \cos\lambda_m \xi$$

$$M_x^\lambda = M_y^\lambda = \frac{16qa^2}{\pi^4} \sum_{m=1,3,\cdots} (-1)^{\frac{m-1}{2}} m^2 A_m \Bigg(\Bigg\{ \Big[1 - s_m^2 + \frac{m^2 p^2}{2}$$
$$\times (1+s_m^2)^2 \Big] \phi_{m2}(\bar{\eta}) \Bigg\} C_m + \Bigg\{ \Big[1 - t_m^2 + \frac{m^2 p^2}{2} (1+t_m^2)^2 \Big] \phi_{m4}(\bar{\eta}) \Bigg\} E_m$$
$$+ \Bigg\{ \Big[1 - v_m^2 + \frac{m^2 p^2}{2} (1+v_m^2)^2 \Big] \phi_{m6}(\bar{\eta}) \Bigg\} G_m \Bigg) \cos\lambda_m \xi$$

$$M_{xy}^\lambda = \frac{16qa^2}{\pi^4} \sum_{m=1,3,\cdots} (-1)^{\frac{m-1}{2}} 2m^2 A_m \{ s_m \phi_{m1}(\bar{\eta}) C_m + t_m \phi_{m3}(\bar{\eta}) E_m$$
$$+ v_m \phi_{m5}(\bar{\eta}) G_m \} \sin\lambda_m \xi$$

$$Q_x^\lambda = -\frac{16qa}{\pi^3} \sum_{m=1,3,\cdots} (-1)^{\frac{m-1}{2}} m^3 A_m \Bigg(\Bigg\{ \Big[1 - 3s_m^2 + \frac{m^2 p^2}{2} (1+s_m^2)^2 \Big]$$
$$\times \phi_{m2}(\bar{\eta}) \Bigg\} C_m + \Bigg\{ \Big[1 - 3t_m^2 + \frac{m^2 p^2}{2} (1+t_m^2)^2 \Big] \phi_{m4}(\bar{\eta}) \Bigg\} E_m$$
$$+ \Bigg\{ \Big[1 - 3v_m^2 + \frac{m^2 p^2}{2} (1+v_m^2)^2 \Big] \phi_{m6}(\bar{\eta}) \Bigg\} G_m \Bigg) \sin\lambda_m \xi$$

$$Q_y^\lambda = -\frac{16qa}{\pi^3} \sum_{m=1,3,\cdots} (-1)^{\frac{m-1}{2}} m^3 A_m \Bigg(\Bigg\{ \Big[3s_m^2 - s_m^3 + \frac{m^2 p^2}{2} (s_m + 2s_m^3 + s_m^5) \Big]$$
$$\times \phi_{m1}(\bar{\eta}) \Bigg\} C_m + \Bigg\{ \Big[3t_m^2 - t_m^3 + \frac{m^2 p^2}{2} (t_m + 2t_m^3 + t_m^5)^2 \Big] \phi_{m3}(\bar{\eta}) \Bigg\} E_m$$
$$+ \Bigg\{ \Big[3v_m - v_m^3 + \frac{m^2 p^2}{2} (v_m + 2v_m^3 + v_m^5) \Big] \phi_{m5}(\bar{\eta}) \Bigg\} G_m \Bigg) \cos\lambda_m \xi$$

$$(k_m < 0) \qquad (24\text{b})$$

在式(24)中以 $\bar{\xi}$、η、μ_n、λ_n 分别替换 $\bar{\eta}$、ξ、λ_m、μ_m，以角标 y、x、n、μ 分别替换角标 x、y、m、λ，便可得到第二组齐次解 ω^μ、$M_x^\mu = M_y^\mu$、M_{xy}^μ、Q_y^μ、Q_x^μ 的表达式。

5　两类简支解答的对比及剪切变形的影响

两类简支网架的内力和变位的表达式(8)、(23)、(24)中，都包括有两个参数：λ、p。曾对常遇的参数范围 $\lambda = 1.0 \sim 1.5$、$p = 0.1 \sim 0.5$，间隔均取 0.1，共电算了 $6 \times 5 = 30$ 种不同参数的网架结构。其中第二类简支网架的边界配点数 j 取值为 10，即取：$(\xi_i, \eta_i) = \left(\frac{1}{2}, \frac{1}{20}\right)$、$\left(\frac{1}{2}, \frac{3}{20}\right)$、$\left(\frac{1}{2}, \frac{5}{20}\right)$、$\left(\frac{1}{2}, \frac{7}{20}\right)$、$\left(\frac{1}{2}, \frac{9}{20}\right)$、$\left(\frac{1}{2}, \frac{1}{2}\right)$、$\left(\frac{3}{20}, \frac{1}{2}\right)$、$\left(\frac{5}{20}, \frac{1}{2}\right)$、$\left(\frac{7}{20}, \frac{1}{2}\right)$、$\left(\frac{9}{20}, \frac{1}{2}\right)$。

兹以 $\lambda = 1.0$、$p = 0.3$ 为例，拟夹层板在跨中轴线处的挠度 $\overline{w}$、对角线处沿 x' 轴的弯矩 $\overline{M}'_x$、$\overline{M}'_y$ 和剪力 $\overline{Q}'_x$ 详见图 3（—表示无量纲值，见附录说明）。图中虚线表示第一类简支网架，实线表示第二类简支网架。由此可见,两种边界条件的计算结果相差较大。由于边界约束的放松,第二类简支网架的跨中挠度和弯矩比第一类简支网架的有明显增加。边界附近及角隅处的弯矩和剪力,两者差别更大;特别是剪力,还会改变内力的方向,具有边界效应的衰减特性。对比其他参数的两类简支网架,也可得到类似的结果。

图 3 中还各以五条实线表示不同 p 值时第二类简支网架挠度和内力的变化规律,其图形的差异较大,相似性也差,这表明两向正交斜放网架对剪切变形的敏感性是甚于正交正放类网架和斜放四角锥网架[5,6]。如比较两类简支网架的计算结果,剪切变形对第一类简支网架的影响也不如对第二类简支网架的来得大。

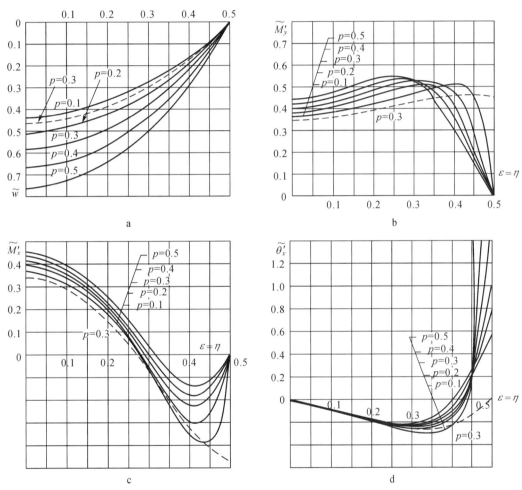

图 3　方形平面拟夹层板的无量纲内力和挠度

6　网架杆件内力的计算公式及计算用表

求得拟夹层板在 $Oxyz$ 坐标系下的内力 $M_x=M_y$、M_{xy}、Q_x、Q_y 后,进而由式(5)可求得在 $Ox'y'z'$ 坐标系下的内力 M'_x、M'_y、Q'_x、Q'_y,则可根据单位宽度内内力相等的原则导出网架上弦、下弦、斜杆及竖杆内力的计算公式(图 4):

$$
\left.
\begin{aligned}
N_1 &= -s(M'_x)^A/h \\
N_2 &= -s(M'_y)^A/h \\
N_3 &= s(M'_x)^B/h \\
N_4 &= s(M'_y)^C/h \\
N_5 &= -s(Q'_x)^{AB}/\sin\beta \\
&= [(M'_x)^A - (M'_x)^B]/\sin\beta \\
N_6 &= -s(Q'_x)^{AC}/\sin\beta \\
&= [(M'_y)^A - (M'_y)^C]/\sin\beta \\
N_7 &= s[(Q'_x)^{AB} + (Q'_y)^{AC}] \\
&= -(M'_x)^A - (M'_y)^A + (M'_x)^B + (M'_x)^C
\end{aligned}
\right\}
\tag{25}
$$

其中,角标 A、B、C、…表示取 A、B、C、…点处的拟夹层板的内力;角标 AB、AC 表示取 AB、AC 区间内的平均内力。

反映网架剪切变形的参数 p 通常在 $0.2\sim0.4$ 范围内,常遇的边长比 $\lambda=1.0\sim1.5$。为此,根据这些参数 p 和 λ,间隔取 0.1,编制了网架的挠度、内力计算用表共 18 组,以便工程设计中应用(见附录)。为节省篇幅,每组表中未给出 Q'_x、Q'_y 的数表,它们可按 M'_x、M'_y 的数表,由一阶差分求得。

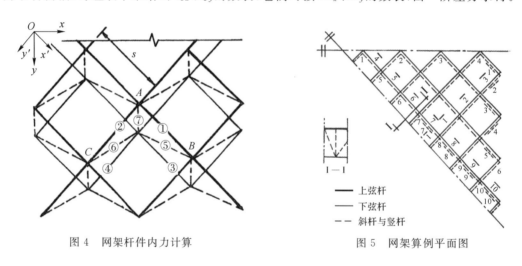

图 4 网架杆件内力计算   图 5 网架算例平面图

7 算例

设有一两向正交斜放网架,周边为第二类简支支承,平面尺寸 $35\text{m}\times35\text{m}$、$h=3\text{m}$、$\delta=3.535\text{m}$、$q=2.5\text{kPa}$、$E=210\text{GPa}$,杆件的平均截面积 $A_a=17.03\text{cm}^2$、$A_b=10.66\text{cm}^2$、$A_c=11.88\text{cm}^2$、$A_d=11.80\text{cm}^2$,$\frac{1}{8}$ 的网架平面图如图 5 所示。根据已知数据可算得 $D=243.4\text{MN}\cdot\text{m}$、$C=16.09\text{MN/m}$、$p=0.305\approx0.3$。由附表 1b 的系数及计算公式(25),可求得网架主要轴线上的挠度及杆件内力,详见表 2。表中精确值是按空间桁架位移法电算得出。

从这个算例可以看出,最大内力的上弦杆发生在 $\frac{1}{4}$ 网架平面的中部(1 号上弦杆),最大内力的斜杆发生在边界的 4 分点附近(4 号斜杆)。本文计算结果与精确计算结果是很接近的,跨中最大挠度及各类杆件最大内力的误差仅为 $2\%\sim5\%$。

表 2　网架算例计算结果比较

挠度、内力		1	2	3	4	5	6	7	8	9	10
节点挠度 /cm	本文值	15.0	13.1	9.1	3.5	14.0	12.7	9.8	6.9	4.0	1.5
	精确值	15.3	13.5	9.7	3.7	14.4	12.6	10.2	7.2	4.1	1.5
上弦杆内力 /kN	本文值	−300	−256	−159	−230	−208	−166	−98	−16	67	106
	精确值	−313	−269	−158	−239	−217	−172	−104	−20	65	111
斜杆内力 /kN	本文值	130	195	56	241	−28	230	100	101	48	−130
	精确值	130	193	87	262	−33	246	104	105	56	−136

8　结语

综合以上分析研究,可得下面几点结论。

(1)两向正交斜放网架采用拟夹层板的六阶基本偏微分方程式来描述它的受力特性是正确的。它能考虑网架的剪切变形,每个边界可提供三个边界条件去反映网架的实际支承情况。

(2)对于矩形平面的第二类简支网架,可联合重三角级数法、单三角级数法及边界配点法共三种方法去求得满足边界条件的最后解答,它与第一类简支网架的解答相比,有明显的差异。

(3)剪切变形对第二类简支的两向正交斜放网架有不可忽略的作用。因此,不论在挠度计算还是在内力计算中都应考虑网架剪切变形的影响。具体设计计算时,可先假定 $p=0.3$,当配完杆件截面积算得真实的 p 值后,再进行修正计算结果。

(4)采用本文的计算方法和精确的空间桁架位移法相比,网架挠度和各类杆件最大内力的误差为 $5\%\sim10\%$,能满足工程计算精度的要求。根据附录中计算用表,具体计算网架就很方便,特别是在多方案设计比较中,欲知网架内力和挠度的估算值及其分布规律,采用本文方法和计算用表,更可快速地得到所需要的结果。

附录

矩形平面第二类简支两向正交斜放网架拟夹层板法的挠度、内力系数表

(1)拟夹层板的挠度、内力表表达式为

$$w=\frac{qa^4}{D}\overline{w}\cdot10^{-2},\qquad M'_x=qa^2\,\overline{M}_x\cdot10^{-1},\qquad M'_y=qa^2\,\overline{M}_y\cdot10^{-1}$$

(2)无量纲挠度、内力系数 $\overline{w}$、$\overline{M}'_x$、$\overline{M}'_y$ 由附表 1b 查得(因限于篇幅在此仅给出一组附表 1b)。

附表 1b　λ＝1.0、p＝0.3

内力或挠度	y/b	\multicolumn{11}{c}{x/a}
		0.00	0.05	0.10	0.15	0.20	0.25	0.30	0.35	0.40	0.45	0.50
$\overline{w}$	0.00	0.579	0.573	0.556	0.527	0.487	0.435	0.371	0.295	0.206	0.107	0.000
	0.05	0.573	0.567	0.550	0.522	0.482	0.431	0.367	0.292	0.204	0.106	0.000
	0.10	0.556	0.550	0.534	0.506	0.468	0.418	0.356	0.283	0.198	0.103	0.000
	0.15	0.527	0.522	0.506	0.480	0.443	0.396	0.338	0.268	0.188	0.098	0.000
	0.20	0.487	0.482	0.468	0.443	0.410	0.366	0.312	0.248	0.174	0.091	0.000
	0.25	0.435	0.431	0.418	0.396	0.366	0.326	0.278	00.221	0.155	0.081	0.000
	0.30	0.371	0.367	0.356	0.338	0.312	0.278	0.237	0.188	0.132	0.069	0.000
	0.35	0.295	0.292	0.283	0.268	0.248	0.221	0.188	0.149	0.104	0.054	0.000
	0.40	0.206	0.204	0.198	0.188	0.174	0.155	0.132	0.104	0.073	0.038	0.000
	0.45	0.107	0.106	0.103	0.098	0.091	0.081	0.069	0.054	0.038	0.020	0.000
	0.50	0.000	0.000	0.000	0.000	0.000	0.000	0.000	0.000	0.000	0.000	0.000
$\overline{M}'_x$	0.00	0.410	0.409	0.403	0.395	0.383	0.367	0.343	0.310	0.256	0.164	0.000
	0.05	0.409	0.398	0.384	0.366	0.345	0.321	0.292	0.255	0.204	0.127	0.000
	0.10	0.403	0.384	0.360	0.334	0.304	0.271	0.236	0.196	0.148	0.088	0.000
	0.15	0.395	0.366	0.334	0.297	0.258	0.217	0.175	0.134	0.090	0.046	0.000
	0.20	0.383	0.345	0.304	0.258	0.209	0.159	0.109	0.065	0.028	0.003	0.000
	0.25	0.367	0.321	0.271	0.217	0.159	0.099	0.040	−0.009	−0.040	−0.041	0.000
	0.30	0.343	0.292	0.236	0.175	0.109	0.040	−0.028	−0.085	−0.116	−0.094	0.000
	0.35	0.310	0.255	0.198	0.134	0.065	−0.009	−0.085	−0.153	−0.189	−0.155	0.000
	0.40	0.256	0.204	0.148	0.090	0.028	−0.040	−0.116	−0.189	−0.235	−0.203	0.000
	0.45	0.164	0.127	0.088	0.046	0.003	−0.041	−0.094	−0.155	−0.203	−0.183	0.000
	0.50	0.000	0.000	0.000	0.000	0.000	0.000	0.000	0.000	0.000	0.000	0.000
$\overline{M}'_y$	0.00	0.410	0.409	0.403	0.395	0.383	0.367	0.343	0.310	0.256	0.164	0.000
	0.05	0.409	0.416	0.420	0.420	0.417	0.408	0.392	0.362	0.305	0.200	0.000
	0.10	0.403	0.420	0.432	0.441	0.446	0.446	0.436	0.410	0.352	0.234	0.000
	0.15	0.395	0.420	0.441	0.459	0.472	0.479	0.475	0.454	0.395	0.267	0.000
	0.20	0.383	0.417	0.446	0.472	0.492	0.506	0.508	0.491	0.433	0.296	0.000
	0.25	0.367	0.408	0.446	0.479	0.506	0.526	0.534	0.521	0.464	0.320	0.000
	0.30	0.343	0.392	0.436	0.475	0.508	0.534	0.546	0.535	0.479	0.330	0.000
	0.35	0.310	0.362	0.410	0.454	0.491	0.521	0.535	0.526	0.469	0.318	0.000
	0.40	0.256	0.305	0.352	0.395	0.433	0.464	0.479	0.469	0.410	0.274	0.000
	0.45	0.164	0.200	0.234	0.267	0.296	0.320	0.330	0.318	0.274	0.185	0.000
	0.50	0.000	0.000	0.000	0.000	0.000	0.000	0.000	0.000	0.000	0.000	0.000

参考文献

［1］刘锡良,刘毅轩.平板网架设计［M］.北京:中国建筑工业出版社,1979.

［2］MAKOWSKI Z S. Analysis,design and construction of double-layer grids［M］. London:Applied Science Publishers,1981.

［3］HEKI K. On the effective rigidities of lattice plates［J］. Recent Research of Structural Mechanics,1968: 31－46.

［4］HEKI K. The effect of shear deformation on double layer lattice plates and shells［C］//2nd International Conference on Space Structures,Guildford,England,1975:189－198.

［5］董石麟,夏亨熹.正交正放类网架结构的拟板(夹层板)分析法(上)、(下)［J］.建筑结构学报,1982, 3(2):14－25,3(3):14－22.

［6］董石麟,樊晓红.斜放四角锥网架的拟夹层板分析法［J］.工程力学,1986,3(2):112－126.

16 斜放四角锥网架的拟夹层板分析法[*]

摘　要:本文把斜放四角锥网架连续化为构造上的夹层板来分析。在拟夹层板的计算模型中,既考虑了板的横向剪切变形,又考虑了板的弯曲变形与平面变形的耦合作用,从而较好地反映了这种网架的受力状态。文中给出了斜放四角锥网架拟夹层板的基本方程式,它可归纳为对于一个广义位移函数 ω 的十阶偏微分方程式,并给出了拟板内力换算成网架杆件内力的一般计算公式。对于常用的周边简支网架,求得了基本方程式的解析解,并根据某些主要参数编制了内力、位移计算用表。此外,指出了所谓假想弯矩法,是本文方法的一个退化了的特例。

关键词:斜放四角锥;网架结构;夹层板;分析法;剪切变形;平面应力

1　概述

斜放四角锥网架是由倒置的四角锥体连接而成,使下弦杆构成与矩形平面边界相平行的正方形网格,而上弦杆构成与边界相交成 45° 的正方形网格(见图 1),这种网架的上弦杆较短,下弦杆较长,其长度比为 $1/\sqrt{2}$,这是符合上弦杆受压宜短、下弦杆受拉宜长的要求的。

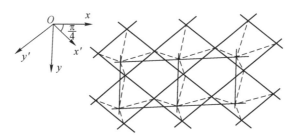

图 1　斜放四角锥网架示意

斜放四角锥网架的计算方法主要有两种。一是采用空间桁架位移法,编制通用程序电算。二是采用所谓假想弯矩法简化计算[1]或借助于已编有的计算用表手算[2]。但这种假想弯矩法由于忽略的因素较多,基本方程式过于粗糙、简单,不能比较准确地反映网架受力、变形的特点,故计算结果的误差较大。此外,文献[3]研究了按泰勒级数展开法求解这种斜放四角锥网架。文献[4]给出了网架连续化求解的位移法基本方程式,并认为这种方法主要用于估算网架的内力和位移。

本文把斜放四角锥网架连续化为夹层板来分析计算。在夹层板的计算模型中,既考虑板的弯曲

　　* 本文刊登于:董石麟,樊晓红.斜放四角锥网架的拟夹层板分析法[J].工程力学,1986,3(2):112—126.

问题,又考虑板的平面应力问题;既考虑夹层板上、下表层主刚度的方向不同,大小不等的特点,即结构无对称中面,又考虑夹心层的剪切变形。文中采用混合法推导了基本方程式,并对四边简支网架求得了解析解。在此基础上还对网架上弦杆内力,提出了较为简便精确的递推计算方法。通过算例表明,本文分析方法的计算结果,同精确的空间桁架位移法的计算结果比较吻合,而计算工作几乎与假想弯矩法那样简单、方便。

2 混合法基本方程的建立

把斜放四角锥网架的上、下弦杆等效为夹层板的上、下表层,并可承受沿原杆件方向的轴向力,表层的厚度可忽略不计,故认为上、下表层不能承受横向剪力。把斜杆等效为夹层板的夹心层,其厚度即为网架高度 h,夹心层只能承受横向剪力,而不能承受轴向力(见图2)。

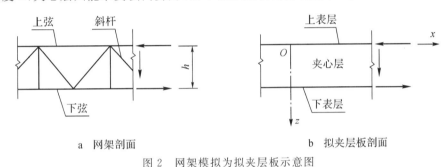

a 网架剖面　　　　　　　　　　b 拟夹层板剖面

图 2 网架模拟为拟夹层板示意图

设 Oxy 轴、$ox'y'$ 轴分别与上、下弦杆平行(图1),并以上表层为计算参考平面,则对坐标系 $Oxyz$ 而言,拟夹层板有下列几何关系式:

$$
\left.
\begin{aligned}
&\boldsymbol{\varepsilon} = \{\varepsilon_x \quad \varepsilon_y \quad \varepsilon_{xy}\}^{\mathrm{T}} \\
&\boldsymbol{\varepsilon}^b = \{\varepsilon_x^b \quad \varepsilon_y^b \quad \varepsilon_{xy}^b\}^{\mathrm{T}} = \boldsymbol{\varepsilon} + h\boldsymbol{\chi} \\
&\boldsymbol{\chi} = \{\chi_x \quad \chi_y \quad \chi_{xy}\}^{\mathrm{T}} = \left\{-\frac{\partial \psi_x}{\partial x} \quad -\frac{\partial \psi_y}{\partial y} \quad -\left(\frac{\partial \psi_y}{\partial x} + \frac{\partial \psi_x}{\partial y}\right)\right\}^{\mathrm{T}} \\
&\boldsymbol{\gamma} = \{\gamma_x \quad \gamma_y\}^{\mathrm{T}} = \left\{\frac{\partial w}{\partial x} - \psi_x \quad \frac{\partial w}{\partial y} - \psi_y\right\}^{\mathrm{T}}
\end{aligned}
\right\}
\tag{1}
$$

式中,$\boldsymbol{\varepsilon}$、$\boldsymbol{\varepsilon}^b$ 为上、下表层的平面应变,$\boldsymbol{\chi}$、$\boldsymbol{\gamma}$ 为夹层板的弯曲应变、横向剪切应变,w、ψ_x、ψ_y 为三个广义位移,即夹层板的挠度及两个方向的转角。

考虑到上表层应变与内力的转轴关系

$$
\left.
\begin{aligned}
&\boldsymbol{\varepsilon}' = \{\varepsilon_x' \quad \varepsilon_y' \quad \varepsilon_{xy}'\}^{\mathrm{T}} = \boldsymbol{A}\boldsymbol{\varepsilon} \\
&\boldsymbol{N}^a = \{N_x^a \quad N_y^a \quad N_{xy}^a\}^{\mathrm{T}} = \boldsymbol{A}^{\mathrm{T}}\boldsymbol{N}^{a\prime}
\end{aligned}
\right\}
\tag{2}
$$

式中,$\boldsymbol{A}$ 为变换矩阵

$$
\boldsymbol{A} = \begin{bmatrix} \dfrac{1}{2} & \dfrac{1}{2} & \dfrac{1}{2} \\[2mm] \dfrac{1}{2} & \dfrac{1}{2} & -\dfrac{1}{2} \\[2mm] -1 & 1 & 0 \end{bmatrix}
$$

则上、下表层以及整块拟夹层板的物理方程为

$$\left.\begin{aligned}
&\boldsymbol{N}^a = \boldsymbol{A}^{\mathrm{T}} \boldsymbol{B}^{a\prime} \boldsymbol{A} \boldsymbol{\varepsilon} = \boldsymbol{B}^a \boldsymbol{\varepsilon} \quad \text{或} \quad \boldsymbol{N}^{a\prime} = \boldsymbol{B}^{a\prime} \boldsymbol{\varepsilon}^{\prime} \\
&\boldsymbol{N}^b = \{ N^b_x \quad N^b_y \quad N^b_{xy} \}^{\mathrm{T}} = \boldsymbol{B}^b \boldsymbol{\varepsilon}^b \\
&\boldsymbol{N} = \boldsymbol{N}^a + \boldsymbol{N}^b = \{ N_x \quad N_y \quad N_{xy} \}^{\mathrm{T}} = \boldsymbol{B}^a \boldsymbol{\varepsilon} + \boldsymbol{B}^b \boldsymbol{\varepsilon}^b = \boldsymbol{B} \boldsymbol{\varepsilon} + h \boldsymbol{B}^b \boldsymbol{\chi} \\
&\boldsymbol{M} = \{ M_x \quad M_y \quad M_{xy} \}^{\mathrm{T}} = h \boldsymbol{N}^a = h \boldsymbol{B}^b \boldsymbol{\varepsilon} + h^2 \boldsymbol{B}^b \boldsymbol{\chi} \\
&\boldsymbol{Q} = \{ Q_x \quad Q_y \}^{\mathrm{T}} = \boldsymbol{C} \boldsymbol{\gamma}
\end{aligned}\right\} \tag{3}$$

式（2）、（3）中 $\boldsymbol{N}^a$、$\boldsymbol{N}^{a\prime}$ 为两种坐标系下的上表层内力，$\boldsymbol{N}^b$ 为下表层内力，$\boldsymbol{N}$、$\boldsymbol{M}$、$\boldsymbol{Q}$ 为夹层板的平面内力、弯矩及横剪力。$\boldsymbol{B}^{a\prime}$、$\boldsymbol{B}^a$、$\boldsymbol{B}^b$、$\boldsymbol{B}$、$\boldsymbol{C}$ 为相应的刚度矩阵，它们分别是

$$\boldsymbol{B}^{a\prime} = B^a \begin{bmatrix} 1 & 0 & 0 \\ 0 & 1 & 0 \\ 0 & 0 & 0 \end{bmatrix}, \qquad \boldsymbol{B}^a = \frac{B^a}{2} \begin{bmatrix} 1 & 0 & 0 \\ 0 & 1 & 0 \\ 0 & 0 & 1 \end{bmatrix}$$

$$\boldsymbol{B}^b = B^b \begin{bmatrix} 1 & 0 & 0 \\ 0 & 1 & 0 \\ 0 & 0 & 0 \end{bmatrix}, \qquad \boldsymbol{B} = \boldsymbol{B}^a + \boldsymbol{B}^b = B^b \begin{bmatrix} 1 + \dfrac{\mu}{2} & \dfrac{\mu}{2} & 0 \\ \dfrac{\mu}{2} & 1 + \dfrac{\mu}{2} & 0 \\ 0 & 0 & \dfrac{\mu}{2} \end{bmatrix} \tag{4}$$

$$\boldsymbol{C} = C \begin{bmatrix} 1 & 0 \\ 0 & 1 \end{bmatrix}, \qquad \mu = \frac{B^a}{B^b}$$

式（4）中的刚度可采用虚功法求得[5]

$$B^a = \frac{EA_a}{s_a}, \qquad B^b = \frac{EA_b}{s_b}, \qquad C = \frac{EA_c \sin^2 \beta \cos \beta}{s_b} \tag{5}$$

式中，E 为网架的弹性模量，A_a、A_b、A_c 为上弦、下弦、斜杆的截面积，β 为斜杆对水平面的倾角，s_a、s_b 为上、下弦的间距。对斜放四角锥网架有 $s_a/s_b = \sqrt{2}$，从而可得 $\mu = \sqrt{2} A_a/A_b = \sqrt{2} \nu$。

为以后运算方便起见，由式（3）的第三、四两式，可用 $\boldsymbol{N}$ 及 $\boldsymbol{\chi}$ 来表达 $\boldsymbol{\varepsilon}$ 及 $\boldsymbol{M}$：

$$\left.\begin{aligned}
&\boldsymbol{\varepsilon} = \boldsymbol{B}^{-1} \boldsymbol{N} - h \boldsymbol{B}^{-1} \boldsymbol{B}^b \boldsymbol{\chi} \\
&\boldsymbol{M} = h \boldsymbol{B}^b \boldsymbol{B}^{-1} \boldsymbol{N} + h^2 (\boldsymbol{B}^b - \boldsymbol{B}^b \boldsymbol{B}^{-1} \boldsymbol{B}^b) \boldsymbol{\chi}
\end{aligned}\right\} \tag{6}$$

式中 $\boldsymbol{B}^{-1}$ 为 $\boldsymbol{B}$ 的逆矩阵，即拟夹层板的薄膜柔度矩阵

$$\boldsymbol{\delta} = \boldsymbol{B}^{-1} = \frac{1}{B^b} \begin{bmatrix} k_1 & -k_2 & 0 \\ -k_2 & k_1 & 0 \\ 0 & 0 & k_3 \end{bmatrix}, \qquad \left.\begin{aligned} k_1 &= \frac{2 + \mu}{2(1 + \mu)} \\ k_2 &= \frac{\mu}{2(1 + \mu)} \\ k_3 &= \frac{2}{\mu} \end{aligned}\right\} \tag{7}$$

由式（6）可知，板的平面应变 $\boldsymbol{\varepsilon}$ 中，含有板的弯曲应变的项 $-h \boldsymbol{B}^{-1} \boldsymbol{B}^b \boldsymbol{\chi}$；板的弯曲内力 $\boldsymbol{M}$ 中，含有板的平面内力的项 $h \boldsymbol{B}^b \boldsymbol{B}^{-1} \boldsymbol{N}$。因此，这是一个板的平面问题与弯曲问题不可分离的耦合作用问题。兹引进板的耦合矩阵 $\boldsymbol{K}$ 及抗弯刚度矩阵 $\boldsymbol{D}$

$$\boldsymbol{K} = h \boldsymbol{B}^{-1} \boldsymbol{B}^b = \boldsymbol{K}^{\mathrm{T}} = h \begin{bmatrix} k_1 & -k_2 & 0 \\ -k_2 & k_1 & 0 \\ 0 & 0 & 0 \end{bmatrix}$$

$$\boldsymbol{D} = h^2 (\boldsymbol{B}^b - \boldsymbol{B}^b \boldsymbol{B}^{-1} \boldsymbol{B}^b) = 2 k_2 D \begin{bmatrix} 1 & 1 & 0 \\ 1 & 1 & 0 \\ 0 & 0 & 0 \end{bmatrix}, \qquad D = \frac{h^2 B^b}{2} \tag{8}$$

则式(6)可简化为

$$\left.\begin{array}{l}\boldsymbol{\varepsilon}=\boldsymbol{\delta N}-\boldsymbol{K\chi}\\\boldsymbol{M}=\boldsymbol{KN}+\boldsymbol{D\chi}\end{array}\right\}\tag{6'}$$

在只有竖向均布荷载 q 作用下,拟夹层板的平衡方程式为

$$\left.\begin{array}{l}\dfrac{\partial N_x}{\partial x}+\dfrac{\partial N_{xy}}{\partial y}=0\\[2mm]\dfrac{\partial N_y}{\partial y}+\dfrac{\partial N_{xy}}{\partial x}=0\\[2mm]\dfrac{\partial M_x}{\partial x}+\dfrac{\partial M_{xy}}{\partial y}-Q_x=0\\[2mm]\dfrac{\partial M_x}{\partial y}+\dfrac{\partial M_{xy}}{\partial x}-Q_y=0\\[2mm]\dfrac{\partial Q_x}{\partial x}+\dfrac{\partial Q_{xy}}{\partial y}+q=0\end{array}\right\}\tag{9}$$

而连续性方程为

$$\dfrac{\partial^2\varepsilon_y}{\partial x^2}+\dfrac{\partial^2\varepsilon_x}{\partial y^2}-\dfrac{\partial^2\varepsilon_{xy}}{\partial x\partial y}=0\tag{10}$$

若引入应力函数 φ,使得

$$N_x=\dfrac{\partial^2\varphi}{\partial y^2}\quad N_y=\dfrac{\partial^2\varphi}{\partial x^2}\quad N_{xy}=-\dfrac{\partial^2\varphi}{\partial x\partial y}\tag{11}$$

则式(6′)可展开为

$$\left.\begin{array}{l}\varepsilon_x=\dfrac{1}{B^b}\left(k_1\dfrac{\partial^2\varphi}{\partial y^2}-k_2\dfrac{\partial^2\varphi}{\partial x^2}\right)+h\left(k_1\dfrac{\partial\psi_x}{\partial x}-k_2\dfrac{\partial\psi_y}{\partial y}\right)\\[3mm]\varepsilon_y=\dfrac{1}{B^b}\left(-k_2\dfrac{\partial^2\varphi}{\partial y^2}+k_1\dfrac{\partial^2\varphi}{\partial x^2}\right)+h\left(-k_2\dfrac{\partial\psi_x}{\partial x}+k_1\dfrac{\partial\psi_y}{\partial y}\right)\\[3mm]\varepsilon_{xy}=-\dfrac{k_3\partial^2\varphi}{B^b\partial x\partial y}\\[3mm]M_x=h\left(k_1\dfrac{\partial^2\varphi}{\partial y^2}-k_2\dfrac{\partial^2\varphi}{\partial x^2}\right)-2k_2D\left(\dfrac{\partial\psi_x}{\partial x}+\dfrac{\partial\psi_y}{\partial y}\right)\\[3mm]M_y=h\left(-k_2\dfrac{\partial^2\varphi}{\partial y^2}+k_1\dfrac{\partial^2\varphi}{\partial x^2}\right)-2k_2D\left(\dfrac{\partial\psi_x}{\partial x}+\dfrac{\partial\psi_y}{\partial y}\right)\\[3mm]M_{xy}=0\end{array}\right\}\tag{12}$$

此时,平衡方程式(9)的前两式已得到满足,式(10)及式(9)的后三式经代入整理后可表达为

$$\begin{bmatrix}L_{11}&L_{12}&L_{13}&0\\L_{21}&L_{22}&L_{23}&L_{24}\\L_{31}&L_{32}&L_{33}&L_{34}\\0&L_{42}&L_{43}&L_{44}\end{bmatrix}\begin{Bmatrix}\varphi\\\psi_x\\\psi_y\\w\end{Bmatrix}=\begin{Bmatrix}0\\0\\0\\-q\end{Bmatrix}\tag{13}$$

式中,各微分算子为

$$L_{11}=\frac{1}{B^b}\left(k_1\frac{\partial^4}{\partial y^4}+k_3\frac{\partial^4}{\partial x^2\partial y^2}+k_1\frac{\partial^4}{\partial y^4}\right)$$

$$L_{22}=-D\frac{\partial^2}{\partial x^2}+C$$

$$L_{33}=-D\frac{\partial^2}{\partial y^2}+C$$

$$L_{12}=L_{21}=h\left(-k_2\frac{\partial^3}{\partial x^3}+k_1\frac{\partial^3}{\partial x\partial y^2}\right)$$

$$L_{13}=L_{31}=h\left(k_1\frac{\partial^3}{\partial x^2\partial y}-k_2\frac{\partial^3}{\partial y^3}\right)$$

$$L_{23}=L_{32}=-D\frac{\partial^2}{\partial x\partial y}$$

$$L_{24}=L_{42}=-C\frac{\partial}{\partial x}$$

$$L_{34}=L_{43}=-C\frac{\partial}{\partial y}$$

$$L_{44}=C\left(\frac{\partial^2}{\partial x^2}+\frac{\partial^2}{\partial y^2}\right)=C\,\nabla^2$$

(14)

式(13)便是按混合法推求的斜放四角锥网架拟夹层板的基本方程式,其未知函数为应力函数 φ 及三个广义位移 ψ_x、ψ_y、w。

3　基本方程的单一化及其特例

若引进一个新的位移函数 ω,它与 φ、ψ_x、ψ_y、w 之间存在下列关系式

$$\varphi=h\left(k_2\frac{\partial^4}{\partial x^4}-2k_1\frac{\partial^4}{\partial x^2\partial y^2}+k_2\frac{\partial^4}{\partial y^4}\right)\omega$$

$$\psi_x=\left[\frac{1}{B^b}\left(k_1\frac{\partial^4}{\partial x^4}+k_3\frac{\partial^4}{\partial x^2\partial y^2}+k_1\frac{\partial^4}{\partial y^4}\right)\frac{\partial}{\partial x}+\frac{h^2}{C}\left(k_1\frac{\partial^3}{\partial x^2\partial y}-k_2\frac{\partial^3}{\partial y^3}\right)\left(\frac{\partial^4}{\partial x\partial y^3}-\frac{\partial^4}{\partial x^3\partial y}\right)\right]\omega$$

$$\psi_y=\left[\frac{1}{B^b}\left(k_1\frac{\partial^4}{\partial x^4}+k_3\frac{\partial^4}{\partial x^2\partial y^2}+k_1\frac{\partial^4}{\partial y^4}\right)\frac{\partial}{\partial y}+\frac{h^2}{C}\left(-k_2\frac{\partial^3}{\partial x^3}+k_1\frac{\partial^3}{\partial x\partial y^2}\right)\left(\frac{\partial^4}{\partial x^3\partial y}-\frac{\partial^4}{\partial x\partial y^3}\right)\right]\omega$$

$$w=\left\{\frac{1}{B^b}\left(k_1\frac{\partial^4}{\partial x^4}+k_3\frac{\partial^4}{\partial x^2\partial y^2}+k_1\frac{\partial^4}{\partial y^4}\right)\left(1-\frac{2k_2D}{C}\nabla^2\right)-\frac{h^2}{C}\left[\left(-k_2\frac{\partial^3}{\partial x^3}+k_1\frac{\partial^3}{\partial x\partial y^2}\right)^2\right.\right.$$

$$\left.\left.+\left(k_1\frac{\partial^3}{\partial x^2\partial y}-k_2\frac{\partial^3}{\partial y^3}\right)^2\right]-\frac{2k_2Dh^2}{C^2}\left(\frac{\partial^4}{\partial x^3\partial y}-\frac{\partial^4}{\partial x\partial y^3}\right)^2\right\}\omega$$

(15)

则式(13)的前三式可得到满足,第四式转化为

$$\left\{\left(k_2\frac{\partial^4}{\partial x^4}-2k_1\frac{\partial^4}{\partial x^2\partial y^2}+k_2\frac{\partial^4}{\partial y^4}\right)^2+k_2\left(k_1\frac{\partial^4}{\partial x^4}+k_3\frac{\partial^4}{\partial x^2\partial y^2}+k_1\frac{\partial^4}{\partial y^4}\right)\nabla^2\nabla^2\right.$$

$$\left.+\frac{2k_2D}{C}\left(\frac{\partial^4}{\partial x^3\partial y}-\frac{\partial^4}{\partial x\partial y^3}\right)^2\nabla^2\right\}\omega=\frac{q}{h^2}$$

(16)

这就是所研究的斜放四角锥网架仅以一个新的位移函数 ω 来表示的拟夹层板的基本方程式。它是一个十阶的偏微分方程式,微分方程的阶数虽较高,但只有对 x、y 的偶数阶偏导数,方程式的形式还比较简单。

当不计网架剪切变形时,即 $C=\infty$,则式(15)的后三式及式(16)便退化为

$$\psi_x=\frac{\partial w}{\partial x},\qquad\psi_y=\frac{\partial w}{\partial y},\qquad w=\frac{1}{B^b}\left(k_1\frac{\partial^4}{\partial x^4}+k_3\frac{\partial^4}{\partial x^2\partial y^2}+k_1\frac{\partial^4}{\partial y^4}\right)\omega$$

(17)

$$\left[\left(k_2\frac{\partial^4}{\partial x^4}-2k_1\frac{\partial^4}{\partial x^2\partial y^2}+k_2\frac{\partial^4}{\partial y^4}\right)^2+k_2\left(k_1\frac{\partial^4}{\partial x^4}+k_3\frac{\partial^4}{\partial x^2\partial y^2}+k_1\frac{\partial^4}{\partial y^4}\right)\nabla^2\nabla^2\right]\omega=\frac{q}{h^2} \tag{18}$$

当不计网架剪切变形及平面内力时,即 $C=\infty$ 及 $\varphi=0$,式(15)的第一、四两式应理解为

$$\left(k_2\frac{\partial^4}{\partial x^4}-2k_1\frac{\partial^4}{\partial x^2\partial y^2}+k_2\frac{\partial^4}{\partial y^4}\right)\omega=\frac{\varphi}{h}=0$$

$$\left(k_1\frac{\partial^4}{\partial x^4}+k_3\frac{\partial^4}{\partial x^2\partial y^2}+k_1\frac{\partial^4}{\partial y^4}\right)\omega=B^b w$$

则基本方程式(16)可进一步退化为

$$2k_2D\nabla^2\nabla^2 w=q \tag{19}$$

而式(12)的弯矩表达式也相应退化为

$$M_x=M_y=M=-2k_2D\nabla^2 w,\qquad M_{xy}=0 \tag{20}$$

将式(20)的第一式代入式(19)后即得

$$\nabla^2 M=-q \tag{21}$$

式(21)、(19)便是所谓假想弯矩法计算网架内力和挠度的基本方程式。可见,采用假想弯矩法计算网架而导致产生较大误差的主要原因,就在于未能考虑这种斜放四角锥网架还存在有相当于夹层板的平面内力。

4　矩形平面周边简支网架基本方程式的求解

对于矩形平面周边简支网架(即指周边支承在刚性边框上的第一类简支网架),其边界条件是(见图3)

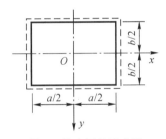

图 3　简支网架示意图

$$x=\pm\frac{a}{2}:\qquad N_x=0,\quad \varepsilon_y=0,\quad w=0,\quad M_x=0,\quad \psi_y=0$$

$$y=\pm\frac{b}{2}:\qquad N_y=0,\quad \varepsilon_x=0,\quad w=0,\quad M_y=0,\quad \psi_x=0$$

亦即

$$x=\pm\frac{a}{2}:\qquad \varphi=0,\quad \frac{\partial^2\varphi}{\partial x^2}=0,\quad w=0,\quad \frac{\partial\psi_x}{\partial x}=0,\quad \psi_y=0$$

$$y=\pm\frac{b}{2}:\qquad \varphi=0,\quad \frac{\partial^2\varphi}{\partial y^2}=0,\quad w=0,\quad \frac{\partial\psi_y}{\partial y}=0,\quad \psi_x=0$$

对位移函数 ω 的边界条件(五个边界条件均可得到满足)为

$$\omega=\nabla^2\omega=\nabla^2\nabla^2\omega=\nabla^2\nabla^2\nabla^2\omega=0$$

因此,对这类简支网架,基本方程式(16)可采用重三角级数法求解。

不难求得在均布荷载 q 作用下最终的位移、内力表达式为

$$\omega = \frac{16qa^8}{\pi^{10}h^2} \sum_{m=1,3,\cdots} \sum_{n=1,3,\cdots} (-1)^{\frac{m+n-2}{2}} \frac{1}{\Delta_{mn}} \cos\frac{m\pi x}{a} \cos\frac{n\pi y}{b}$$

$$\varphi = \frac{16qa^4}{\pi^6 h} \sum_{m=1,3,\cdots} \sum_{n=1,3,\cdots} (-1)^{\frac{m+n-2}{2}} \frac{\Delta_{mn}^\varphi}{\Delta_{mn}} \cos\frac{m\pi x}{a} \cos\frac{n\pi y}{b}$$

$$\psi_x = \frac{8qa^3}{\pi^5 D} \sum_{m=1,3,\cdots} \sum_{n=1,3,\cdots} (-1)^{\frac{m+n-2}{2}} \frac{\Delta_{mn}^{\psi x}}{\Delta_{mn}} \sin\frac{m\pi x}{a} \cos\frac{n\pi y}{b}$$

$$\psi_y = \frac{8qa^3}{\pi^5 D} \sum_{m=1,3,\cdots} \sum_{n=1,3,\cdots} (-1)^{\frac{m+n-2}{2}} \frac{\Delta_{mn}^{\psi y}}{\Delta_{mn}} \cos\frac{m\pi x}{a} \sin\frac{n\pi y}{b}$$

$$w = \frac{8qa^4}{\pi^6 D} \sum_{m=1,3,\cdots} \sum_{n=1,3,\cdots} (-1)^{\frac{m+n-2}{2}} \frac{\Delta_{mn}^w}{\Delta_{mn}} \cos\frac{m\pi x}{a} \cos\frac{n\pi y}{b}$$

$$M_x = \frac{16qa^2}{\pi^4} \sum_{m=1,3,\cdots} \sum_{n=1,3,\cdots} (-1)^{\frac{m+n-2}{2}} \frac{1}{\Delta_{mn}} \left[(k_2 m^2 - k_1\lambda^2 n^2)\Delta_{mn}^\varphi - k_2(m\Delta_{mn}^{\psi x} + \lambda n\Delta_{mn}^{\psi y}) \right] \cos\frac{m\pi x}{a} \cos\frac{n\pi y}{b}$$

$$M_y = \frac{16qa^2}{\pi^4} \sum_{m=1,3,\cdots} \sum_{n=1,3,\cdots} (-1)^{\frac{m+n-2}{2}} \frac{1}{\Delta_{mn}} \left[(-k_1 m^2 + k_2\lambda^2 n^2)\Delta_{mn}^\varphi - k_2(m\Delta_{mn}^{\psi x} + \lambda n\Delta_{mn}^{\psi y}) \right] \cos\frac{m\pi x}{a} \cos\frac{n\pi y}{b}$$

$$Q_x = -\frac{16qa}{\pi^3} \sum_{m=1,3,\cdots} \sum_{n=1,3,\cdots} (-1)^{\frac{m+n-2}{2}} \frac{m}{\Delta_{mn}} \left[(k_2 m^2 - k_1\lambda^2 n^2)\Delta_{mn}^\varphi - k_2(m\Delta_{mn}^{\psi x} + \lambda n\Delta_{mn}^{\psi y}) \right] \sin\frac{m\pi x}{a} \cos\frac{n\pi y}{b}$$

$$Q_y = -\frac{16qa}{\pi^3} \sum_{m=1,3,\cdots} \sum_{n=1,3,\cdots} (-1)^{\frac{m+n-2}{2}} \frac{\lambda n}{\Delta_{mn}} \left[(-k_1 m^2 + k_2\lambda^2 n^2)\Delta_{mn}^\varphi - k_2(m\Delta_{mn}^{\psi x} + \lambda n\Delta_{mn}^{\psi y}) \right] \cos\frac{m\pi x}{a} \sin\frac{n\pi y}{b}$$

$$N_x^{a\,'} = -\frac{16qa^4}{\pi^4 h} \sum_{m=1,3,\cdots} \sum_{n=1,3,\cdots} (-1)^{\frac{m+n-2}{2}} \frac{1}{\Delta_{mn}} \left\{ k_2 \left[(m^2 + \lambda^2 n^2)\Delta_{mn}^\varphi - (m\Delta_{mn}^{\psi x} + \lambda n\Delta_{mn}^{\psi y}) \right] \cos\frac{m\pi x}{a} \right.$$
$$\left. \cos\frac{n\pi y}{b} + m\lambda n\Delta_{mn}^\varphi \sin\frac{m\pi x}{a} \sin\frac{n\pi y}{b} \right\}$$

$$N_y^{a\,'} = -\frac{16qa^4}{\pi^4 h} \sum_{m=1,3,\cdots} \sum_{n=1,3,\cdots} (-1)^{\frac{m+n-2}{2}} \frac{1}{\Delta_{mn}} \left\{ k_2 \left[(m^2 + \lambda^2 n^2)\Delta_{mn}^\varphi - (m\Delta_{mn}^{\psi x} + \lambda n\Delta_{mn}^{\psi y}) \right] \cos\frac{m\pi x}{a} \right.$$
$$\left. \cos\frac{n\pi y}{b} - m\lambda n\Delta_{mn}^\varphi \sin\frac{m\pi x}{a} \sin\frac{n\pi y}{b} \right\}$$

$$(22)$$

式中，

$$\Delta_{mn} = mn \left[(k_2 m^4 - 2k_1 m^2\lambda^2 n^2 + k_2\lambda^4 n^4)^2 + k_2(k_1 m^4 + k_3 m^2\lambda^2 n^2 + k_1\lambda^4 n^4)(m^2 + \lambda^2 n^2)^2 \right.$$
$$\left. + 2k_2 p^2 m^2\lambda^2 n^2 (m^2 - \lambda^2 n^2)^2 (m^2 + \lambda^2 n^2) \right]$$

$$\Delta_{mn}^\varphi = k_2 m^4 - 2k_1 m^2\lambda^2 n^2 + k_2\lambda^4 n^4$$

$$\Delta_{mn}^{\psi x} = -(k_1 m^4 + k_3 m^2\lambda^2 n^2 + k_1\lambda^4 n^4)m - 2p^2 m\lambda^2 n^2 (k_1 m^2 - k_2\lambda^2 n^2)(m^2 - \lambda^2 n^2)$$

$$\Delta_{mn}^{\psi y} = -(k_1 m^4 + k_3 m^2\lambda^2 n^2 + k_1\lambda^4 n^4)m - 2p^2 m^2\lambda n (k_2 m^2 - k_1\lambda^2 n^2)(m^2 - \lambda^2 n^2)$$

$$\Delta_{mn}^w = (k_1 m^4 + k_3 m^2\lambda^2 n^2 + k_1\lambda^4 n^4)[1 + 2k_2 p^2 (m^2 + \lambda^2 n^2)] + 2p^2 [(k_2 m^2 - k_1\lambda^2 n^2)^2 m^2 +$$
$$(-k_1 m^2 + k_2\lambda^2 n^2)^2\lambda^2 n^2] + 4k_2 p^4 m^2\lambda^2 n^2 (m^2 - \lambda^2 n^2)^2$$

$$(23)$$

而

$$p = \frac{\pi}{a}\sqrt{\frac{D}{C}}, \qquad \lambda = \frac{a}{b} \tag{24}$$

式中，p 表示网架剪切变形的一个无量纲参数，λ 为边长比。

当不考虑网架剪切变形以及既不考虑网架剪切变形又不考虑网架平面内力的两种特殊情况，其内力和位移的表达式可由式(22)得出，兹不一一列举了。

5　网架剪切变形、上下弦刚度比的影响

仍以四边简支网架来分析,表达式(22)中主要包含三个参数:λ、$\nu=A_a/A_b$、p。曾对常遇的参数范围:$\lambda=1.0\sim1.5$、$\nu=1.0\sim1.5$、$p=0.0\sim0.5$,间隔均取 0.1,共电算了 $6\times6\times6=216$ 种不同参数的网架结构,计算分析结果表明有两个特点:①对网架内力和位移影响最大的参数 λ,其次是 p 和 ν。②固定参数 λ,变化 p、ν 时,对挠度有较大的影响,而对内力的影响极小;而且挠度和内力的变化很有规律,其图形有相似性。因此,从工程应用的角度来看,如要考虑剪切变形、上下弦刚度比对网架内力、挠度的影响,只要在表达式(22)中令 $p=0$、$\nu=1.0$,并分别乘以相应的修正系数 η 便可,修正系数可取当 $p\neq0$、$\nu\neq1.0$ 时跨中(或角点、1/4 网架平面的中点)的内力、挠度值与当 $p=0$、$\nu=1.0$ 时相应的内力、挠度值之比或由此求得的某一比值。这样一来,计算用表只要按参数 λ 编制即可,数表篇幅可大大压缩。

在本文附录中给出了当 $\lambda=1.0$、1.1、1.2、1.3、1.4、1.5 共六组内力、挠度系数表及修正系数表,以便查用。修正系数 η_w、η_{Mx}、η_{My} 可按附表直接查得。上表层沿 x' 轴方向内力的修正系数,对受压部分可取跨中处的 $\eta_{N'_x}^{a'}|_o$,受拉部分可取角点处的 $\eta_{N'_x}^{a'}|_s$。上表层沿 y' 轴方向的内力全是受压的,其修正系数 $\eta_{N'_y}^{a'}$ 可由下列近似公式求得

$$\left.\begin{array}{l}\eta_{N'_y}^{a'}=\left(1-\dfrac{x'}{\dfrac{\sqrt{2}}{8}(a+b)}\right)\eta_{N'_y}^{a'}|_o+\dfrac{x'}{\dfrac{\sqrt{2}}{8}(a+b)}\eta_{N'_y}^{a'}|_c\qquad 当\ x'\leqslant\dfrac{\sqrt{2}}{8}(a+b)\\[6mm]\eta_{N'_y}^{a'}=\left(\dfrac{x'}{\dfrac{\sqrt{2}}{8}(a+b)}-1\right)\eta_{N'_y}^{a'}|_s+\left(2-\dfrac{x'}{\dfrac{\sqrt{2}}{8}(a+b)}\right)\eta_{N'_y}^{a'}|_c\qquad 当\ x'\geqslant\dfrac{\sqrt{2}}{8}(a+b)\end{array}\right\}\tag{25}$$

式中,$\eta_{N'_y}^{a'}|_c$ 为网架 1/4 平面中点处内力 $N_y^{a'}$ 的修正系数,亦可由附表查得。

6　网架杆件内力的计算公式

求得拟夹层板的内力 M_x、M_y、$N_x^{a'}$、$N_y^{a'}$ 后,可根据单位宽度的内力相等的原则,导出网架各类杆件内力的计算公式,详见表 1。表中 h 为网架高度,β 为斜杆倾角,角标 A、B、C、… 表示取 A、B、C、… 点处的拟夹层板的内力。

表 1　斜放四角锥网架杆件内力计算公式

示意图

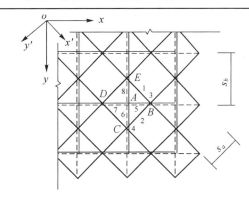

续表

	上弦	$N_1 = s_a [(N_x^{a'})^B + (N_x^{a'})^E]/2$
		$N_2 = s_a [(N_y^{a'})^B + (N_y^{a'})^C]/2]$
计算公式	下弦	$N_3 = s_b M_x^B / h$
		$N_4 = s_b M_y^C / h$
	斜杆	$N_5 = 2(M_x^A - M_x^B)/\sin\beta$
		$N_6 = 2(M_y^A - M_y^C)/\sin\beta$
		$N_7 = -2(M_x^D - M_x^A)/\sin\beta$
		$N_8 = -2(M_y^E - M_y^A)/\sin\beta$

7　计算网架上弦杆内力的另一途径

兹以网架的全部上弦杆为隔离体,便形成一个上弦平面内的平面桁架。斜杆内力在上弦节点处的水平分力及支座水平反力,可作为该平面桁架的已知外力及反力,并构成一组自平衡力系,进而来分析平面桁架,计算上弦杆内力。由于作用在上弦节点处的斜杆内力的水平分力及支座水平反力,还可唯一地分解为沿 x'、y' 轴的分力,因此,上弦杆内力可分别由两组上弦杆系中心受压(拉)的平衡条件直接求得。兹在网架中取出任一上弦杆轴线,节点 i 处沿该上弦杆轴线方向的水平作用力为 T_i(图4),则上弦杆内力计算的递推公式可表达为

$$N_{i,i+1} = N_{i-1,i} - T_i \text{ 或 } N_{i+1,i} = N_{i+2,i+1} - T_{i+1} \quad (i = 0,1,\cdots,n-1) \tag{26}$$

式中,$N_{-1,0}$、$N_{n+1,n}$ 应理解为沿上弦杆轴线两端的支座水平反力:

$$N_{-1,0} = R_0, \qquad N_{n+1,n} = R_n$$

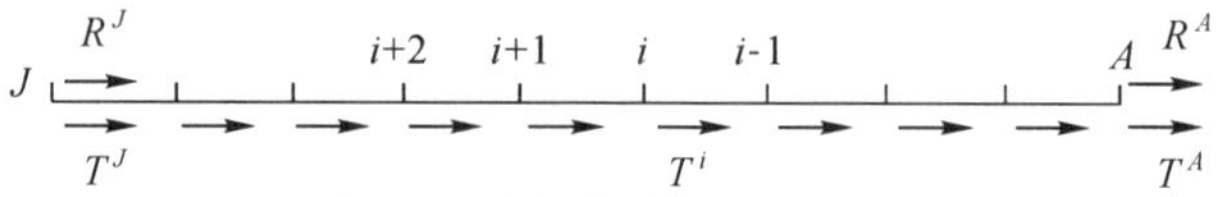

图4　上弦杆轴线内力分析图

如果某轴线的上弦杆满足对称条件,式(26)中取任一式计算都得到相同的结果。一般情况下,上弦杆内力应取由式(26)计算结果的平均值

$$\overline{N}_{i,i+1} = \frac{N_{i,i+1} + N_{i+1,i}}{2} \tag{27}$$

如果说,按上节表1计算公式所求得的上弦杆内力值,沿某一上弦轴线可连成一条比较平坦的折线(图5中的虚线),则按递推公式所求的结果,可连成一条以上述平坦折线为基线的起伏波动的折线(图5中的实线)。在1/4网架平面内,这种内力起伏波动的特性,对对角线即 y' 轴方向的一组上弦杆系更为明显。这是因为 Oxz 和 Oyz 平面内斜杆的水平力在 y' 轴方向的分力实际上是反方向的,亦即在递推公式(26)中,等式右边最后一项实际上是正负相间的,从而导致内力起伏波动的特性。空间桁架位移法的精确电算结果表明,这种特性确实存在。

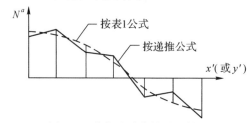

图5　两种方法计算结果比较图

8　算例

设一周边简支斜放四角锥网架，平面尺寸 $35\text{m} \times 35\text{m}$，$h = 2.5\text{m}$，$s_b = 5\text{m}$，$A_a = 16.4\text{cm}^2$，$A_b = 14.05\text{cm}^2$，$A_c = 8.65\text{cm}^2$，$q = 0.252\text{t/m}^2$，$E = 2.1 \times 10^6 \text{kg/cm}^2$，1/8 的网架平面图如图 6 所示。根据已知数据可算得 $D = 1.844 \times 10^9 \text{kg/cm}$、$C = 1.284 \times 10^4 \text{kg/cm}$、$p = 0.340$，由 $\lambda = 1.0$、$\nu = 1.167$ 查附表 1a 得 $\eta_w = 1.124$，η_{Mx}、η_{My}、η_{Nx}'、$\eta_{Ny}' = 1.0$。网架主要轴线上的挠度及杆件内力值详见表 2。表中精确值是按空间桁架位移法电算得出，带☆号的一行是指上弦杆内力按不考虑内力起伏波动特性的表 1 中的计算公式求得。

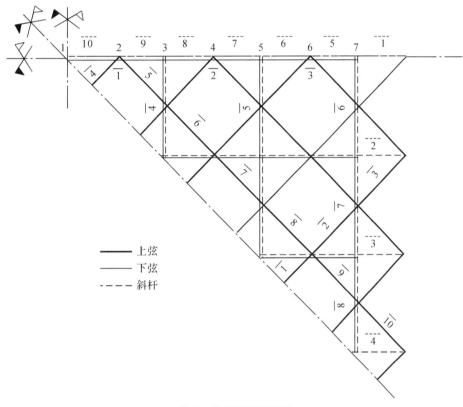

图 6　算例网架平面图

表 2　网架计算结果比较

挠度、内力	计算值	1	2	3	4	5	6	7	8	9	10
节点挠度 /cm	本文值	12.6	12.3	11.5	10.1	8.1	5.7	3.0	—	—	—
	精确值	12.7	12.5	11.6	10.3	8.3	6.0	3.1			
上弦内力 /t	本文值	−24.4	−15.2	−16.3	−14.3	−12.0	−9.9	−3.3	1.3	10.5	13.8
	精确值	−23.9	−15.0	−16.3	−14.3	−12.0	−10.0	−3.6	0.9	9.8	12.9
	☆	−20.4	−18.2	−11.8	−13.6	−12.5	−10.0	−5.1	1.9	8.5	14.3

续表

挠度、内力	计算值	1	2	3	4	5	6	7	8	9	10
下弦内力 /t	本文值	45.4	38.8	24.5	41.9	30.5	11.3	10.1	7.0	—	—
	精确值	45.7	19.1	24.7	42.2	31.1	12.0	10.8	7.6		
斜杆内力 /t	本文值	19.0	17.8	13.7	6.0	−15.5	11.6	−8.8	5.9	−3.4	1.2
	精确值	19.3	18.0	13.8	5.4	−15.6	11.1	−9.3	4.9	−4.5	0.0

从这个例题可以看出,本文计算结果与精确计算结果是很接近的,跨中最大挠度及各类杆件最大内力的误差仅为2%左右。其次,说明上弦内力按递推公式(26)计算与实际受力情况比较符合,具有内力起伏波动的特点。此外,上弦杆的最大内力是在1/4网架平面的中部,而不是在网架跨中,这种内力分布规律是假想弯矩法反映不了的。

9　结论

综上分析研究,可得到下面几点结论。

(1)平板型斜放四角锥网架可采用连续化的计算模型,按考虑剪切变形、无对称中面的夹层板理论来计算。本文推导了这种网架结构的拟夹层板的混合法基本方程式,它可归纳为一个十阶但仅有偶数阶导数的偏微分方程式。

(2)对于矩形平面的周边简支网架,求得了基本方程式的解析解及内力和位移计算公式。对常遇的网架参数 $\lambda \leqslant 1.5$、$\nu \leqslant 1.5$、$p \leqslant 0.5$ 时,可采用 $\nu = 1.0$、$p = 0$ 时基本方程式的解及计算公式,并乘以相应的内力、挠度修正系数来计算网架的内力和挠度。

(3)在已知斜杆内力及边界水平反力的情况下,上弦内力可根据两组上弦杆系轴向受拉(压)的平衡条件,由非常简便的递推公式直接求得,这样的计算结果还能充分反映斜放四角锥网架上弦内力具有起伏波动的特性。

(4)20世纪六七十年代国内外计算斜放四角锥网架大量采用的所谓假想弯矩法,是本文的一种特殊情况;其计算精度较差的主要原因,是在于未能考虑这种网架还存在着相当于拟夹层板的平面内力问题以及平面内力和弯曲内力的耦合作用问题。

(5)采用本文的计算方法和精确的空间桁架位移法相比,网架挠度及各类杆件最大内力误差一般为5%左右,查表计算亦很方便。特别是在网架结构多方案设计中,欲知网架内力和挠度的估算值及其分布规律,采用本文方法和计算用表,更可快速地得到所需的结果。

参考文献

[1] 加藤勉,高梨晃一,对马义幸,等.四角锥によって構成それる立体キラス解析(第1,2报)[C]//日本建筑学会.日本建筑学会论文报告集,第84,85号.1963.

[2] 刘锡良,刘毅轩.平板网架设计[M].北京:中国建筑工业出版社,1979.

[3] RENTON J D. The formal derivation of simple analogies for space frames[C]//IASS Symposium of Tension Structures and Space Frames,1972:639−650.

[4] 置兴一郎,坂寿二.立体キラス平板の解析(その1,版の有効剛性と方程式)[C]//日本建筑学会.日本建筑学会论文报告集,第 157 号.1969.

[5] 董石麟,夏亨熹.正交正放类网架结构的拟板(夹层板)分析法(上)、(下)[J].建筑结构学报,1982,3(2):14—25,3(3):14—22.

附录

矩形平面周边简支斜放四角锥网架的挠度、内力系数表

(1)拟夹层板的挠度、内力表达式为

$$w=\frac{qa^4}{D}\overline{w}\cdot10^{-2},\ M_x=qa^2\ \overline{M_x}\cdot10^{-1},\ M_y=qa^2\ \overline{M_y}\cdot10^{-1}\ N_x^{a\prime}=\frac{qa^2}{h}\overline{N}_x^{a\prime}\cdot10^{-1},$$

$$N_y^{a\prime}=\frac{qa^2}{h}\overline{N}_y^{a\prime}\cdot10^{-1}$$

(2)无量纲挠度、内力系数 $\overline{w}$、$\overline{M_x}$、$\overline{M_y}$、$\overline{N}_x^{a\prime}$、$\overline{N}_y^{a\prime}$由附表 1a～1f 查得(本文因篇幅有限仅给出附表 1a,附表 1b～1f 可查中国建筑科学研究院建筑科学研究报告,1984)。

(3)当 $p\neq0$,$\nu\neq1.0$ 时,拟夹层板的挠度和内力值应乘以相应的修正系数 η_w、η_{Mx}、η_{My}、$\eta_{N_x^{a\prime}}$、$\eta_{N_y^{a\prime}}$,由文中第 5 节说明和公式(25)以及附表 1a～1f 查表计算求得。

附表 1a

内力挠度	y/b	x/a						修正系数	ν	p			
		0.0	0.1	0.2	0.3	0.4	0.5			0.0	0.1	0.3	0.5
$\overline{w}$	0.0	0.547	0.523	0.451	0.334	0.334	0.000						
	0.1	0.523	0.500	0.431	0.319	0.319	0.000		1.0	1.000	1.014	1.123	1.341
	0.2	0.451	0.431	0.372	0.276	0.276	0.000		1.1	0.977	0.991	1.100	1.317
	0.3	0.334	0.319	0.276	0.205	0.205	0.000	η_w	1.3	0.942	0.935	1.064	1.282
	0.4	0.179	0.171	0.148	0.110	0.123	0.000		1.5	0.916	0.930	1.038	1.256
	0.5	0.000	0.000	0.000	0.000	0.000	0.000						
$\overline{M_x}$	0.0	0.749	0.724	0.646	0.508	0.298	0.000						
	0.1	0.721	0.697	0.623	0.491	0.288	0.000		1.0	1.000	1.000	0.998	0.996
	0.2	0.634	0.613	0.549	0.435	0.258	0.000		1.1	1.002	1.002	1.000	0.997
	0.3	0.479	0.465	0.421	0.338	0.205	0.000	η_{Mx}	1.3	1.005	1.005	1.003	0.999
	0.4	0.259	0.253	0.232	0.193	0.123	0.000		1.5	1.008	1.007	1.005	1.001
	0.5	0.000	0.000	0.000	0.000	0.000	0.000						
$\overline{M_y}$	0.0	0.749	0.721	0.634	0.479	0.259	0.000						
	0.1	0.724	0.697	0.613	0.405	0.253	0.000		1.0	1.000	1.000	0.998	0.996
	0.2	0.646	0.623	0.549	0.421	0.232	0.000		1.1	1.002	1.002	1.000	0.997
	0.3	0.508	0.491	0.435	0.338	0.193	0.000	η_{My}	1.3	1.005	1.005	1.003	0.999
	0.4	0.298	0.288	0.258	0.205	0.123	0.000		1.5	1.008	1.007	1.005	1.001
	0.5	0.000	0.000	0.000	0.000	0.000	0.000						

续表

内力挠度	y/b	x/a						修正系数	ν	p			
		0.0	0.1	0.2	0.3	0.4	0.5			0.0	0.1	0.3	0.5
$\overline{N_x^a}'$	0.0	−0.312	−0.311	−0.300	−0.262	−0.171	0.000	$\eta_{N'_x}^a\mid_o$ $\eta_{N'_y}^a\mid_o$	1.0	1.000	1.000	1.002	1.005
	0.1	−0.311	−0.263	−0.212	−0.248	−0.046	0.126		1.1	0.997	0.997	0.999	1.003
	0.2	−0.300	−0.212	−0.124	−0.035	0.073	0.237		1.3	0.992	0.992	0.995	1.000
	0.3	−0.262	−0.148	−0.035	0.073	0.181	0.324		1.5	0.988	0.988	0.991	0.997
	0.4	−0.171	−0.046	0.073	0.181	0.276	0.377						
	0.5	0.000	0.126	0.237	0.324	0.377	0.394	$\eta_{N'_x}^a\mid_s$ $\eta_{N'_y}^a\mid_s$	1.0	1.000	1.001	1.007	1.017
									1.1	0.995	0.996	1.003	1.014
									1.3	0.987	0.988	0.997	1.009
$\overline{N_y^a}'$	0.0	−0.312	−0.311	−0.300	−0.262	−0.171	0.000		1.5	0.981	0.982	0.992	1.005
	0.1	−0.311	−0.353	−0.380	−0.368	−0.291	−0.120						
	0.2	−0.300	−0.380	−0.437	−0.449	−0.389	−0.237	$\eta_{N'_y}^a\mid_c$	1.0	1.000	0.999	0.995	0.089
	0.3	−0.262	−0.368	−0.449	−0.484	−0.450	−0.324		1.1	1.002	1.002	0.997	0.991
	0.4	−0.171	−0.291	−0.389	−0.450	−0.454	−0.377		1.3	1.006	1.006	1.000	0.993
	0.5	0.000	−0.126	−0.237	−0.324	−0.377	−0.394		1.5	1.009	1.009	1.003	0.995

注：由于这种网架无扭矩，弯矩的导数（可用差分法求得）便是横剪力，故本表中没有给出横剪力 Q_x、Q_y 系数表。

17 三向类网架结构的拟夹层板分析法[*]

摘　要：本文提出采用能考虑网架剪切变形的拟夹层板法来分析计算三向类网架结构，推导建立了反映这类网架受力特性的六阶基本偏微分方程式，指出了三向类网架等代拟夹层板的固有特征和具有的物理常数，求得了周边简支网架重级数形式的解析解，给出了由拟板内力换算网架各类杆件内力的计算公式。本文方法便于快速得出网架挠度和内力的计算结果和分布规律，也可作为精确的空间桁架位移法的校核手段和补充。

关键词：三向类网架；拟夹层板法；剪切变形；连续化解

1　概述

工程中常遇的三向网架、三角锥网架、抽空三角锥网架Ⅰ型等一类三向类网架结构，如图 1 所示，具有刚度大、抗震性能好、平面布置灵活、造型美观等特点，特别适宜于大跨度和超大跨度建筑屋盖结构采用。这类网架结构通常采用空间桁架位移法编制通用程序由计算机进行计算，并被认为是一种铰接网架结构的精确解法，但该法只能通过具体计算后才可知道结果，事先无法了解网架内力和挠度的大小、特点和分布规律。平面桁架系组成的三向网架还可用交叉梁系差分法和一般拟板法计算，且有一些计算用表可供使用，但因不能考虑网架剪切变形的影响，从而导致网架内力和挠度的计算结果与精确解有较大的误差。

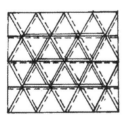 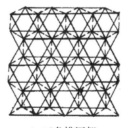 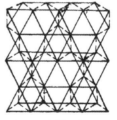

　　　a　三向网架　　　　　　b　三角锥网架　　　　c　抽空三角锥网架Ⅰ型

图 1　三向类网架

本文采用连续化途径，在考虑网架结构剪切变形的影响下，详细推导建立了三向类网架对于一个新的位移函数 ω 的六阶基本偏微分方程式。论证了这种三向类网架的等代拟夹层板是一种各向同性体，具有等代厚度、等代泊松比、等代抗弯刚度和剪切刚度等 4 个物理常数。对于周边简支网架求得了重级数形式的解析解，并证明了除挠度外，拟夹层板的弯矩、剪力和转角与相应的不考虑剪切变形

---

* 本文刊登于：董石麟，赵阳.三向类网架结构的拟夹层板分析法[J].建筑结构学报，1998，19(3)：2—10.

的普通平板的解是完全相同的,可以直接沿用已有的计算结果。文中还给出了由拟板内力计算网架各类杆件内力的计算公式,以便根据计算用表快速得出网架内力及其分布规律。本文的分析方法一般能满足工程要求的计算精度,当进行网架初步设计和多方案比较时,该法有独特的优越性和适用性。

2 基本方程式的建立

把三向类网架的上、下弦等代为夹层板的上、下表层,并可承受沿原杆件方向的轴向力,表层的厚度可忽略不计,故认为上、下表层不能承受横向力。把腹杆等代为夹层板的夹心层,其厚度即为网架高度 h,夹心层只能承受横向剪力,而不能承受轴向力(见图2)。这种拟夹层板的计算模型与分析正交正放类网架结构[1]、斜放四角锥网架结构[2]时的计算模型是相似的。这里可引入三向类网架上、下弦杆系、腹杆系在原杆系方向的等代厚度: $\delta_i^a = \delta_1^a = \delta_2^a = \delta_3^a = \delta^a$、$\delta_i^b = \delta_1^b = \delta_2^b = \delta_3^b = \delta^b$、$\delta_i^c = \delta_1^c = \delta_2^c = \delta_3^c = \delta^c$,根据三种不同的三向类网架, δ^a、δ^b、δ^c 可表达为如表1所示,其中 A_a、A_b、A_c、A_d 分别为上弦、下弦、斜腹杆、竖杆的截面积(不等时取算术平均值), β 为斜腹杆与水平面的夹角, S 为上弦杆长度。

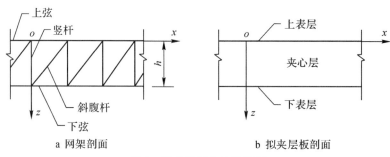

图 2　拟夹层板的计算模型

表 1　三向类网架上、下弦杆系及腹杆系在原杆系方向的等代厚度

等代厚度	三向网架	三角锥网架	抽空三角锥网架Ⅰ型
δ^a	$\dfrac{2A_a}{\sqrt{3}S}$	$\dfrac{2A_a}{\sqrt{3}S}$	$\dfrac{2A_a}{\sqrt{3}S}$
δ^b	$\dfrac{2A_b}{\sqrt{3}S}$	$\dfrac{2A_b}{\sqrt{3}S}$	$\dfrac{2A_b}{\sqrt{3}S}$
δ^c	$\dfrac{2A_cA_d\sin^2\beta\cos\beta}{\sqrt{3}(A_c\sin^3\beta + A_d)S}$	$\dfrac{A_c\sin^2\beta\cos\beta}{2S}$	$\dfrac{3A_c\sin^2\beta\cos\beta}{8S}$

常遇的网架结构可等代为正交异性的拟夹层板,则可由下列计算公式[3](式中 a_i 为相应杆系与 ox 轴的夹角)

$$
\left.
\begin{aligned}
&B_{11} = \sum_i E\delta_i\cos^4 a_i, \qquad B_{22} = \sum_i E\delta_i\sin^4 a_i \\
&B_{12} = B_{21} = B_{33} = \sum_i E\delta_i\cos^2 a_i\sin^2 a_i, \qquad B_{13} = B_{31} = B_{23} = B_{32} = 0 \\
&C_{11} = E\delta_i^c\cos^2 a_i, \qquad C_{22} = E\delta_i^c\sin^2 a_i, \qquad C_{12} = C_{21} = 0
\end{aligned}
\right\} \quad (1)
$$

求得三向类网架上、下表层的等代薄膜刚度系数和夹心层(即夹层板)的等代剪切刚度系数:

$$B_{11}^a = B_{22}^a = 3B_{12}^a = 3B_{21}^a = 3B_{33}^a = \frac{9}{8}B^a = \frac{9}{8}E\delta^a$$

$$B_{11}^b = B_{22}^b = 3B_{12}^b = 3B_{21}^b = 3B_{33}^a = \frac{9}{8}B^b = \frac{9}{8}E\delta^b \tag{2}$$

$$C_{11} = C_{22} = C = \frac{3}{2}E\delta^c$$

由式(2)可知，三向类网架正好等代为一种各向同性体，其等代泊松比为 1/3。

下面采用拟夹层板的挠度 w 和转角 ψ_x、ψ_y 共三个广义位移来建立基本方程式。如计算参考面与上表层重合(图 2)，拟夹层板的几何关系式为

$$\boldsymbol{\varepsilon} = \{\varepsilon_x \quad \varepsilon_y \quad \varepsilon_{xy}\}^T$$

$$\boldsymbol{\varepsilon}^b = \{\varepsilon_x^b \quad \varepsilon_y^b \quad \varepsilon_{xy}^b\}^T = \boldsymbol{\varepsilon} + h\boldsymbol{\chi}$$

$$\boldsymbol{\chi} = \{\chi_x \quad \chi_y \quad \chi_{xy}\}^T = \left\{ -\frac{\partial \psi_x}{\partial x} \quad -\frac{\partial \psi_y}{\partial y} \quad -\left(\frac{\partial \psi_x}{\partial x} + \frac{\partial \psi_y}{\partial y}\right) \right\}^T \tag{3}$$

$$\boldsymbol{\gamma} = \{\gamma_x \quad \gamma_y\}^T = \left\{ \frac{\partial w}{\partial x} - \psi_x \quad \frac{\partial w}{\partial y} - \psi_y \right\}^T$$

$$\boldsymbol{\varepsilon}^z = \boldsymbol{\varepsilon} + z\boldsymbol{\chi}$$

式中 $\boldsymbol{\varepsilon}$、$\boldsymbol{\varepsilon}^b$ 为上、下表层的平面应变，$\boldsymbol{\chi}$、$\boldsymbol{\gamma}$ 为夹层板的弯曲应变及横向剪切应变，$\boldsymbol{\varepsilon}^z$ 为距上表层 z 处的平面应变。

拟夹层板的物理方程为

$$\boldsymbol{N}^a = \{N_x^a \quad N_y^a \quad N_{xy}^a\}^T = \boldsymbol{B}^a\boldsymbol{\varepsilon}$$

$$\boldsymbol{N}^b = \{N_x^b \quad N_y^b \quad N_{xy}^b\}^T = \boldsymbol{B}^b\boldsymbol{\varepsilon}^b = \boldsymbol{B}^b(\boldsymbol{\varepsilon} + h\boldsymbol{\chi})$$

$$\boldsymbol{N} = \{N_x \quad N_y \quad N_{xy}\}^T = \boldsymbol{N}^a + \boldsymbol{N}^b = \boldsymbol{B}\boldsymbol{\varepsilon} + h\boldsymbol{B}^b\boldsymbol{\chi} \tag{4}$$

$$\boldsymbol{M} = \{M_x \quad M_y \quad M_{xy}\}^T = h\boldsymbol{N}^b = h\boldsymbol{B}^b\boldsymbol{\varepsilon} + h^2\boldsymbol{B}^b\boldsymbol{\chi}$$

$$\boldsymbol{Q} = \{Q_x \quad Q_y\}^T = \boldsymbol{C}\boldsymbol{\gamma}$$

式中 $\boldsymbol{N}^a$、$\boldsymbol{N}^b$ 为上、下表层的平面内力，$\boldsymbol{N}$、$\boldsymbol{M}$、$\boldsymbol{Q}$ 为拟夹层板整体的平面内力、弯矩及剪力。

由式(4)的第 3、4 式可解得以 $\boldsymbol{N}$、$\boldsymbol{\chi}$ 来表达 $\boldsymbol{\varepsilon}$、$\boldsymbol{M}$

$$\boldsymbol{\varepsilon} = \boldsymbol{b}\boldsymbol{N} - \boldsymbol{K}\boldsymbol{\chi}$$

$$\boldsymbol{M} = \boldsymbol{K}^T\boldsymbol{N} + \boldsymbol{D}\boldsymbol{\chi} \tag{5}$$

式(4)、(5)中 $\boldsymbol{B}$、$\boldsymbol{b}$、$\boldsymbol{K}$、$\boldsymbol{D}$ 分别为拟夹层板的薄膜刚度矩阵、薄膜柔度矩阵、耦合矩阵、抗弯刚度矩阵，其表达式均可由式(2)的 $B^a = E\delta^a$、$B^b = E\delta^b$ 来表示。

$$\boldsymbol{B} = \boldsymbol{B}^a + \boldsymbol{B}^b = \frac{9}{8}(B^a + B^b) \begin{bmatrix} 1 & \frac{1}{3} & 0 \\ \frac{1}{3} & 1 & 0 \\ 0 & 0 & \frac{1}{3} \end{bmatrix}$$

$$\boldsymbol{b} = \boldsymbol{B}^{-1} = \frac{1}{B^a + B^b} \begin{bmatrix} 1 & -\frac{1}{3} & 0 \\ -\frac{1}{3} & 1 & 0 \\ 0 & 0 & \frac{8}{3} \end{bmatrix}$$

$$\boldsymbol{K} = \boldsymbol{K}^{\mathrm{T}} = h\boldsymbol{B}^{-1}\boldsymbol{B}^b = h\frac{B^b}{B^a + B^b} \begin{bmatrix} 1 & 0 & 0 \\ 0 & 1 & 0 \\ 0 & 0 & 1 \end{bmatrix} \qquad (6)$$

$$\boldsymbol{D} = h^2(\boldsymbol{B}^b - \boldsymbol{B}^b\boldsymbol{B}^{-1}\boldsymbol{B}^b) = D \begin{bmatrix} 1 & \frac{1}{3} & 0 \\ \frac{1}{3} & 1 & 0 \\ 0 & 0 & \frac{1}{3} \end{bmatrix}$$

$$D = \frac{9}{8}\frac{B^a B^b}{B^a + B^b}h^2$$

此时,距参考面 z 处的平面应变 $\boldsymbol{\varepsilon}^z$,可表示为

$$\boldsymbol{\varepsilon}^z = \boldsymbol{\varepsilon} + z\boldsymbol{\chi} = \boldsymbol{b}\boldsymbol{N} + \left(z - h\frac{B^b}{B^a + B^b}\right)\boldsymbol{\chi} \qquad (7)$$

由于 $\boldsymbol{K}$ 为对角矩阵,若选取 $z = h\dfrac{B^b}{B^a + B^b}$ 时,进而可得 $\boldsymbol{\varepsilon}^z = \boldsymbol{b}\boldsymbol{N}$。这表明 z 处的平面应变 $\boldsymbol{\varepsilon}^z$ 仅与平面内力 $\boldsymbol{N}$ 有关,与弯曲应变 $\boldsymbol{\chi}$ 无关,即与弯曲内力无关。也就是说,在这种情况下,三向类网架拟夹层板的平面问题与弯曲问题是分离的,其物理方程对所讨论的 z 平面来说是分离的,且可分别表达为

$$\left. \begin{array}{l} \boldsymbol{\varepsilon}^z = \boldsymbol{b}\boldsymbol{N} \\ \boldsymbol{M}^z = \boldsymbol{M} - z\boldsymbol{N} = \boldsymbol{D}\boldsymbol{\chi} \end{array} \right\} \qquad (8)$$

式中,$\boldsymbol{M}^z$ 表示以 z 平面为计算参考面时拟夹层板的弯曲内力。

网架结构一般仅作用有竖向荷载而无水平荷载,这时便可得到 $\boldsymbol{N} = 0$(且 $N^b = -N^a = M/h$),$\boldsymbol{\varepsilon}^z = 0$,因此 z 平面也就是拟夹层板的中面。这时,以上表层为参考面的方程(5)也就可简化为

$$\left. \begin{array}{l} \boldsymbol{\varepsilon} = -\boldsymbol{K}\boldsymbol{\chi} \\ \boldsymbol{M} = \boldsymbol{M}^z = \boldsymbol{D}\boldsymbol{\chi} \end{array} \right\} \qquad (9)$$

在竖向均布荷载 q 作用下,拟夹层板的平衡方程为

$$\left. \begin{array}{l} \dfrac{\partial M_x}{\partial x} + \dfrac{\partial M_{xy}}{\partial y} - Q_x = 0 \\[2mm] \dfrac{\partial M_y}{\partial y} + \dfrac{\partial M_{xy}}{\partial x} - Q_y = 0 \\[2mm] \dfrac{\partial Q_x}{\partial x} + \dfrac{\partial Q_y}{\partial y} + q = 0 \end{array} \right\} \qquad (10)$$

上式中依次代入式(9)的第 2 式、式(4)的第 5 式及式(3)的后两式,便可得到以广义变位 w、ψ_x、ψ_y 表示的三个平衡方程式

$$\begin{bmatrix} \dfrac{D}{C}\left(\dfrac{\partial^2}{\partial x^2}+\dfrac{1}{3}\dfrac{\partial^2}{\partial y^2}\right)-1 & \dfrac{2}{3}\dfrac{D}{C}\dfrac{\partial^2}{\partial x\partial y} & \dfrac{\partial}{\partial x} \\[2mm] \text{对称} & \dfrac{D}{C}\left(\dfrac{\partial^2}{\partial y^2}+\dfrac{1}{3}\dfrac{\partial^2}{\partial x^2}\right)-1 & \dfrac{\partial}{\partial y} \\[2mm] & & -\nabla^2 \end{bmatrix}\begin{Bmatrix} w \\ \psi_x \\ \psi_y \end{Bmatrix}=\begin{Bmatrix} 0 \\ 0 \\ \dfrac{q}{C} \end{Bmatrix} \tag{11}$$

如果再引入一个新的位移函数 ω,使得 ω 与 ψ_x、ψ_y、w 之间具有下列关系式

$$\left.\begin{aligned} \psi_x &= \left(1-\frac{D}{3C}\nabla^2\right)\frac{\partial}{\partial x}\omega \\[2mm] \psi_y &= \left(1-\frac{D}{3C}\nabla^2\right)\frac{\partial}{\partial y}\omega \\[2mm] w &= \left(1-\frac{D}{3C}\nabla^2\right)\left(1-\frac{D}{C}\nabla^2\right)\omega \end{aligned}\right\} \tag{12}$$

则式(11)的前两式恒可得到满足,而第 3 式转化为

$$\left(1-\frac{D}{3C}\nabla^2\right)\nabla^2\nabla^2\omega=\frac{q}{D} \tag{13}$$

这便是三向类网架考虑剪切变形的拟夹层板法的基本微分方程式,是六阶的。当不计剪切变形时,即 $C=\infty$,则式(12)、(13)便退化为经典平板理论中熟知的关系式和方程式

$$w=\omega, \qquad \psi_x=\frac{\partial w}{\partial x}, \qquad \psi_y=\frac{\partial w}{\partial y} \tag{14}$$

$$\nabla^2\nabla^2 w=\frac{q}{D} \tag{15}$$

3   矩形平面周边简支网架基本方程式的求解

对于矩形平面周边简支网架,其边界条件是(图3)

$$\left.\begin{aligned} x=\pm\frac{a}{2}: & \quad w=0, \quad \frac{\partial\psi_x}{\partial x}=0, \quad \psi_y=0 \\[2mm] y=\pm\frac{b}{2}: & \quad w=0, \quad \frac{\partial\psi_y}{\partial y}=0, \quad \psi_x=0 \end{aligned}\right\} \tag{16}$$

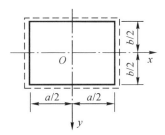

图 3   简支网架平面图

对位移函数 ω 的边界条件为

$$x = \pm \frac{a}{2}: \qquad \left(1 - \frac{D}{3C}\nabla^2\right)\left(1 - \frac{D}{C}\nabla^2\right)\omega = 0,$$

$$\left(1 - \frac{D}{3C}\nabla^2\right)\frac{\partial^2\omega}{\partial x^2} = 0, \qquad \left(1 - \frac{D}{3C}\nabla^2\right)\frac{\partial^2\omega}{\partial y^2} = 0 \tag{17a}$$

$$y = \pm \frac{a}{2}: \qquad \left(1 - \frac{D}{3C}\nabla^2\right)\left(1 - \frac{D}{C}\nabla^2\right)\omega = 0,$$

$$\left(1 - \frac{D}{3C}\nabla^2\right)\frac{\partial^2\omega}{\partial x^2} = 0, \qquad \left(1 - \frac{D}{3C}\nabla^2\right)\frac{\partial^2\omega}{\partial y^2} = 0 \tag{17b}$$

亦即可合成为

$$\omega\big|_s = \nabla^2\omega\big|_s = \nabla^2\nabla^2\omega\big|_s = 0 \tag{18}$$

如再设

$$\left(1 - \frac{D}{3C}\nabla^2\right)\omega = w^0 \tag{19}$$

则有

$$\psi_x = \frac{\partial w^0}{\partial x}, \qquad \psi_y = \frac{\partial w^0}{\partial y}, \qquad w = \left(1 - \frac{D}{C}\nabla^2\right)w^0 \tag{20}$$

而基本微分方程式简化为

$$\nabla^2\nabla^2 w^0 = \frac{q}{D} \tag{21}$$

此时对 w^0 的边界条件为

$$w^0\big|_s = 0, \qquad \nabla^2 w^0\big|_s = 0 \tag{22}$$

由此可见,满足基本微分方程式(21)及边界条件(22)的解 w^0,即可套用经典平板理论简支板的解答:

$$q = \frac{16q}{\pi^2}\sum_{m=1,3,\cdots}\sum_{n=1,3,\cdots}(-1)^{\frac{m+n-2}{2}}\frac{1}{mn}\cos\frac{m\pi x}{a}\cos\frac{n\pi y}{b}$$

$$w^0 = \frac{16qa^4}{\pi^6 D}\sum_{m=1,3,\cdots}\sum_{n=1,3,\cdots}(-1)^{\frac{m+n-2}{2}}\frac{1}{mn(m^2+\lambda^2 n^2)^2}\cos\frac{m\pi x}{a}\cos\frac{n\pi y}{b}$$

$$\psi_x = -\frac{16qa^3}{\pi^5 D}\sum_{m=1,3,\cdots}\sum_{n=1,3,\cdots}(-1)^{\frac{m+n-2}{2}}\frac{m}{mn(m^2+\lambda^2 n^2)^2}\sin\frac{m\pi x}{a}\cos\frac{n\pi y}{b}$$

$$\psi_y = -\frac{16qa^3}{\pi^5 D}\sum_{m=1,3,\cdots}\sum_{n=1,3,\cdots}(-1)^{\frac{m+n-2}{2}}\frac{\lambda n}{mn(m^2+\lambda^2 n^2)^2}\cos\frac{m\pi x}{a}\sin\frac{n\pi y}{b}$$

$$M_x = \frac{16qa^2}{\pi^4}\sum_{m=1,3,\cdots}\sum_{n=1,3,\cdots}(-1)^{\frac{m+n-2}{2}}\frac{m^2+\frac{1}{3}\lambda^2 n^2}{mn(m^2+\lambda^2 n^2)^2}\cos\frac{m\pi x}{a}\cos\frac{n\pi y}{b}$$

$$M_y = \frac{16qa^2}{\pi^4}\sum_{m=1,3,\cdots}\sum_{n=1,3,\cdots}(-1)^{\frac{m+n-2}{2}}\frac{\frac{1}{3}m^2+\lambda^2 n^2}{mn(m^2+\lambda^2 n^2)^2}\cos\frac{m\pi x}{a}\cos\frac{n\pi y}{b}$$

$$M_{xy} = -\frac{16qa^2}{\pi^4}\sum_{m=1,3,\cdots}\sum_{n=1,3,\cdots}(-1)^{\frac{m+n-2}{2}}\frac{\frac{1}{3}m\lambda n}{mn(m^2+\lambda^2 n^2)^2}\sin\frac{m\pi x}{a}\sin\frac{n\pi y}{b}$$

$$Q_x = -\frac{16qa}{\pi^3}\sum_{m=1,3,\cdots}\sum_{n=1,3,\cdots}(-1)^{\frac{m+n-2}{2}}\frac{m^3+\frac{2}{3}m\lambda^2 n^2}{mn(m^2+\lambda^2 n^2)^2}\sin\frac{m\pi x}{a}\cos\frac{n\pi y}{b}$$

$$Q_y = -\frac{16qa}{\pi^3}\sum_{m=1,3,\cdots}\sum_{n=1,3,\cdots}(-1)^{\frac{m+n-2}{2}}\frac{\frac{2}{3}m^2\lambda n+\lambda^3 n^3}{mn(m^2+\lambda^2 n^2)^2}\cos\frac{m\pi x}{a}\sin\frac{n\pi y}{b} \tag{23}$$

然后，由式(19)在满足边界条件$\omega|_s=0$时的解，以及由式(20)的第3式，可求得拟夹层板的ω及w

$$\omega=\frac{16qa^4}{\pi^6 D}\sum_{m=1,3\cdots}\sum_{n=1,3\cdots}(-1)^{\frac{m+n-2}{2}}\frac{1}{mn(m^2+\lambda^2 n^2)^2\left[1+\frac{1}{3}p^2(m^2+\lambda^2 n^2)\right]}\cos\frac{m\pi x}{a}\cos\frac{n\pi y}{b}\quad(24a)$$

$$w=\frac{16qa^4}{\pi^6 D}\sum_{m=1,3\cdots}\sum_{n=1,3\cdots}(-1)^{\frac{m+n-2}{2}}\frac{1+p^2(m^2+\lambda^2 n^2)}{mn(m^2+\lambda^2 n^2)^2}\cos\frac{m\pi x}{a}\cos\frac{n\pi y}{b}\quad(24b)$$

式(23)、(24)中

$$\lambda=\frac{a}{b},\qquad p=\frac{\pi}{a}\sqrt{\frac{D}{C}}\quad(25)$$

λ为边长比，p为表示网架剪切变形的一个无量纲参数。当不考虑剪切变形时，即$C=\infty$，则$p=0$，此时$\omega=w^0=w$。一般情况下，ω、w^0、w三者都是不等的。因此，w^0可理解为不计剪切变形时的挠度。

由式(23)、(24)，可根据不同的参数λ和p，编制拟夹层板的内力和变位的计算用表以便查用，此处从略。

4　网架杆件内力的计算公式

求得拟夹层板的内力后，可根据单位宽度内内力相等的原则，给出三向类网架各类杆件内力的计算公式。

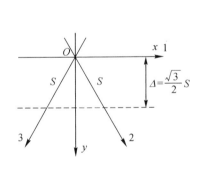

图4　三向类网架坐标系图

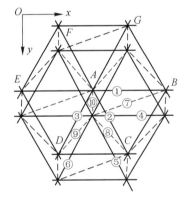

图5　三向网架杆件位置简图

兹以三向网架为例来说明之。作为桁架系的弯矩$M_i(i=1,2,3)$可用拟夹层板弯矩M_x、M_y、M_{xy}来表示(图4)

$$\begin{Bmatrix}M_1\\M_2\\M_3\end{Bmatrix}=\Delta\begin{bmatrix}1&-\frac{1}{3}&0\\[2mm]0&\frac{2}{3}&\frac{2}{\sqrt{3}}\\[2mm]0&\frac{2}{3}&-\frac{2}{\sqrt{3}}\end{bmatrix}\begin{Bmatrix}M_x\\M_y\\M_{xy}\end{Bmatrix}\quad(26)$$

而剪力$Q_i(i=1,2,3)$可用弯矩M_i的导数即一阶差分表达

$$Q_i=\frac{\partial M_i}{\partial x_i}=\frac{M_i^n-M_i^{n-1}}{S}\quad(i=1,2,3)\quad(27)$$

从而不难导出三向网架各类杆件内力的计算公式都可用拟夹层板的弯矩来表示(图5)

$$N_1 = -\frac{\Delta}{h}\left(M_x^A - \frac{1}{3}M_y^A\right), \qquad N_4 = \frac{\Delta}{h}\left(M_x^B - \frac{1}{3}M_y^B\right)$$

$$N_2 = -\frac{2\Delta}{h}\left(\frac{1}{3}M_x^A + \frac{1}{\sqrt{3}}M_{xy}^A\right), \qquad N_5 = \frac{2\Delta}{h}\left(\frac{1}{3}M_y^C + \frac{1}{\sqrt{3}}M_{xy}^C\right)$$

$$N_3 = -\frac{2\Delta}{h}\left(\frac{1}{3}M_x^A - \frac{1}{\sqrt{3}}M_{xy}^A\right), \qquad N_6 = \frac{2\Delta}{h}\left(\frac{1}{3}M_y^D - \frac{1}{\sqrt{3}}M_{xy}^D\right)$$

$$N_7 = -\frac{M_1^B - M_1^A}{S\sin\beta} = -\frac{\sqrt{3}}{2\sin\beta}\left[(M_x^B - M_x^A) - \frac{1}{3}(M_x^B - M_{xy}^A)\right]$$

$$N_8 = -\frac{M_2^C - M_2^A}{S\sin\beta} = -\frac{1}{\sin\beta}\left[\frac{1}{\sqrt{3}}(M_y^C - M_y^A) + (M_{xy}^C - M_{xy}^A)\right]$$

$$N_9 = -\frac{M_3^D - M_3^A}{S\sin\beta} = -\frac{1}{\sin\beta}\left[\frac{1}{\sqrt{3}}(M_y^D - M_y^A) - (M_{xy}^D - M_{xy}^A)\right]$$

$$N_{10} = -(N_7 + N_8 + N_9)\sin\beta$$

$$(28)$$

式中,角标 A、B、C、…表示取上弦节点 A、B、C、…处的拟夹层板内力。

对三角锥网架及抽空三角锥网架 I 型也可给出类似的杆件内力计算公式,兹从略之。

5　结语

(1)三向类网架在每个方向的杆系刚度相同时,可等代为一块各向同性的拟夹层板,并具有 4 个物理常数:等代厚度 $\delta = \delta^a + \delta^b$、等代抗弯刚度 $D = \frac{9}{8}\frac{E\delta^a\delta^b}{\delta^a + \delta^b}h^2$、等代泊松比 $\nu = \frac{1}{3}$、等代横向剪切刚度 $C = \frac{3}{2}E\delta^c$,而且存在一个中面,拟夹层板的平面问题和弯曲问题不是耦合的,可分别求解。

(2)三向类网架拟夹层板作为弯曲问题的基本微分方程式是六阶的,每个边界应给出三个边界条件才能求解。当不计剪切变形时,即 $C = \infty$,则基本方程式退化为经典平板理论的四阶微分方程式。

(3)对于周边简支的三向类网架,除挠度 w 外,拟夹层板的转角和内力与不考虑剪切变形时相应经典平板的解是完全相同的。

(4)根据本文方法和解答可很方便地按参数 λ、p 编制拟夹层板的挠度、弯矩计算用表,再由网架杆件内力计算公式,可不依赖于计算机,也能快速得到三向类网架内力和挠度的计算结果及其分布规律。

参考文献

[1] 董石麟,夏亨熹.正交正放类网架结构的拟板(夹层板)分析法(上)、(下)[J].建筑结构学报,1982,3(2):14—25,3(3):14—22.

[2] 董石麟,樊晓红.斜放四角锥网架的拟夹层板分析法[J].工程力学,1986,3(2):112—126.

[3] 董石麟,马克俭,严慧.组合网架结构与空腹网架结构[M].杭州:浙江大学出版社,1992.

18 正交正放类三层网架的结构形式及拟夹层板分析法*

摘 要：本文对正交正放类三层网架的上、中、下弦与上、下腹杆间的连接方法、网格变化规律与受力特性进行了系统的分析和研究，提出了该类网架可供工程选用的十种具体结构形式。文中采用连续化的途径，建立了由三层薄膜层和两层夹心层共为五层构造组成的拟夹层板法的基本方程式，进而求得了周边简支矩形平面网架的解析解及各层的内力计算公式。与此同时，讨论了网架总体的最大刚度、中弦的最佳设置位置、上下弦截面的合理选配等优化设计中的若干问题。本文的计算方法特别适宜于三层网架的多方案设计及快速得出网架内力和挠度的估算值及其分布规律。

关键词：正放正交；三层网架；结构形式；拟夹层板分析法

1 概述

三层网架具有刚度大、小材大用、覆盖跨度大、内力分布匀称、制作运输安装方便等特点，近20多年来已在美国、西德、瑞士、伊朗、荷兰等国获得应用与发展。世界上第一个三层网架是1969年建成的美国科罗拉多州丹佛市库利根展览大厅屋盖，平面尺寸为4个52m×73m（即208m×73m），采用四支柱正放四角锥三层网架，网格3m，高4.3m。目前跨度最大的三层网架是瑞士苏黎世克洛滕大型喷气机机库，平面尺寸为125m×128m，采用四支柱两向正交斜放三层网架，网格9m，高11.65m。我国于1977年曾在北京建成24m见方的全塑料装配式球节点三层网架，作为临时展厅用。最近建成的长沙黄花机场机库，采用了平面尺寸为48m×64m、三边支承一边开口的斜放四角锥三层网架，网架高为5m，开口边为四层网架，高7.5m。浙江涤纶厂一车间，采用了45m×72m斜放四角锥三层网架。江西贵溪电厂干煤棚，采用一种新型微弯型圆柱面变高度正放抽空四角锥三层网架，平面尺寸82m×102m，两对边带柱帽点支承，网架最大高度6m。

三层网架是两层网架的开拓和发展，也是两层网架的有机组合。英国瑟雷大学对三层网架的形式、受力性能和技术经济效果进行了系统分析和试验研究[1,2]。在文献[3,4]中也做了有益的研究工作。

本文根据正交正放类三层网架组成的方式和特点，提出了可供工程采用的10种具体结构形式。三层网架的计算，一般均采用空间桁架位移法电算，迄今尚未看到有其他精确和简化的计算方法。本文把三层网架假定为连续化的3层薄膜层、2层夹心层共5层构造的拟夹层板，采用非经典的平板理

---

* 本文刊登于：董石麟. 正交正放类三层网架的结构形式及拟夹层板分析法[C]//中国土木工程学会. 第五届空间结构学术交流会论文集，兰州，1990：98—103.

论来分析。经研究表明,就正交正放类三层网架拟夹层板法的基本微分方程式而言,与正交正放类两层网架的完全相同,因此现有的两层网架拟夹层板法的一些解答与计算用表可直接应用。文中还研究讨论了三层网架优化设计的若干问题,如网架总体的最大刚度、中弦层的位置和作用、上下弦层刚度的合理选配、上下腹杆截面积的分配确定等。

2   正交正放类三层网架的结构形式

对上弦、中弦、下弦均为正交正放铺设的三层网架,根据中、下弦是否抽空和腹杆设置的方向不同(指腹杆的水平投影轴线属正交正放或正交斜放),至少可组成 10 种不同结构形式的三层网架,即两向正交正放三层网架、上部两向正交正放下部正放四角锥三层网架、上部两向正交正放下部正放抽空四角锥三层网架、上部正放四角锥下部两向正交正放三层网架、正放四角锥三层网架、上部正放四角锥下部正放抽空四角锥三层网架、正放抽空四角锥三层网架、上部正放抽空四角锥下部大网格两向正交正放三层网架、上部正放抽空四角锥下部大网格正放四角锥三层网架以及上部正放抽空四角锥下部大网格正放抽空四角锥三层网架。这些三层网架可采用两项标志来区别:1)上弦、上腹杆(的水平投影轴线)、中弦、下腹杆(的水平投影轴线)、下弦是正放还是斜放;2)各层杆件所形成的网格边长的大小(其中正放抽空四角锥网架的腹杆的水平投影轴线所形成大小相间的网格,这里是指小网格的边长),详见表 1。显然,第 1 种三层网架是由平面桁架系组成;第 2、3 种三层网架的上部由平面桁架系组成,下部由四角锥单元体组成;第 4、8 种三层网架的上部由四角锥单元体组成,下部由平面桁架系组成;第 5、6、7、9、10 种三层网架都由四角锥单元体组成。由此可见,三层网架的形式比两层网架的形式要丰富得多,也便于根据不同的要求选用。图 1 给出四种有代表性的三层网架的平剖面示意图。

表 1   正交正放类三层网架的结构形式及其标志

序号	三层网架的名称		上弦	上腹杆	中弦	下腹杆	下弦
1	两向正交正放		正 Δ	正 Δ	正 Δ	正 Δ	正 Δ
2	上两向正交正放	下正放四角锥	正 Δ	正 Δ	正 Δ	斜 $\Delta/\sqrt{2}$	正 Δ
3	上两向正交正放	下正放抽空四角锥	正 Δ	正 Δ	正 Δ	斜 $\Delta/\sqrt{2}$	正 2Δ
4	上正放四角锥	下两向正交正放	正 Δ	斜 $\Delta/\sqrt{2}$	正 Δ	正 Δ	正 Δ
5	正放四角锥		正 Δ	斜 $\Delta/\sqrt{2}$	正 Δ	斜 $\Delta/\sqrt{2}$	正 Δ
6	上正放四角锥	下正放抽空四角锥	正 Δ	斜 $\Delta/\sqrt{2}$	正 Δ	斜 $\Delta/\sqrt{2}$	正 Δ
7	正放抽空四角锥		正 Δ	斜 $\Delta/\sqrt{2}$	正 2Δ	斜 $\Delta/\sqrt{2}$	正 Δ
8	上正放抽空四角锥	下两向正交正放	正 Δ	斜 $\Delta/\sqrt{2}$	正 2Δ	正 2Δ	正 2Δ
9	上正放抽空四角锥	下正放四角锥	正 Δ	斜 $\Delta/\sqrt{2}$	正 2Δ	斜 $\Delta/\sqrt{2}$	正 2Δ
10	上正放抽空四角锥	下正放抽空四角锥	正 Δ	斜 $\Delta/\sqrt{2}$	正 2Δ	斜 $\Delta/\sqrt{2}$	正 4Δ

注:正—正交正放;斜—正交斜放;Δ—上弦网格边长。

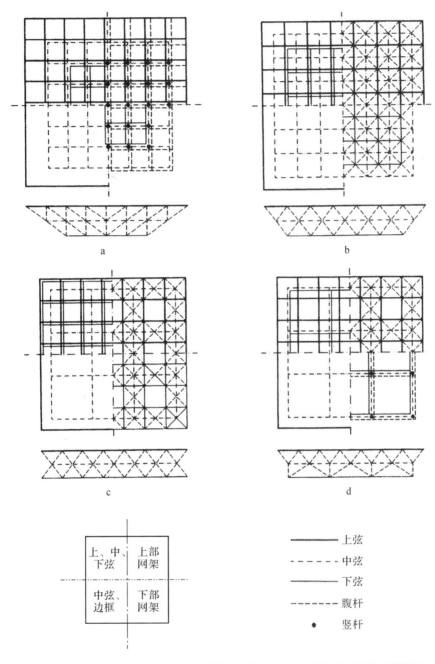

a 两向正交正放三层网架；b 正放四角锥三层网架；c 正放抽空四角锥三层网架；
d 上部正放抽空四角锥下部大网格两向正交正放三层网架

图 1 三层网架平剖面示意图

3 三层网架拟夹层板分析法的基本假定与一般关系式

三层网架连续化为拟夹层板分析的计算模型如图 2 所示。基本假定为：1）网格布置相当稠密；2）把网架的上、中、下弦等代为夹层板的上表层、中间层、下表层，是一类可忽略厚度的薄膜层，只能承受原沿上、中、下弦杆方向的层内轴力，不能承受横向剪力；3）把上、下腹杆折算为夹层板的上、下夹心层,能承受横向剪力,但不能承受轴向力,上、下夹心层的厚度即分别为上、下弦至中弦的距离;4)由于一般不存在中面,为方便起见,取中间层作为计算参考面;5)这种具有 5 层构造的拟夹层板,其计算面的直法线在变形后仍为一直线,但不垂直于挠曲后的计算面,而在 xz、yz 平面内分别转了一个角度 ψ_x、ψ_y。

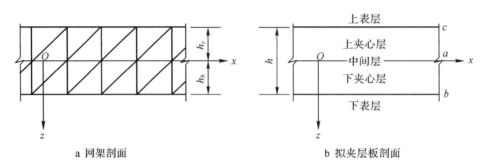

a 网架剖面　　　　　　　　　　　　　　　　b 拟夹层板剖面

图 2　三层网架的计算模型

对于常遇见的三层网架,可等代为一种正交异性的拟夹层板,因而上表面、中间层、下表层的薄膜刚度矩阵 $\boldsymbol{B}^c$、$\boldsymbol{B}^a$、$\boldsymbol{B}^b$,上、下夹心层的剪切刚度矩阵 $\boldsymbol{C}^c$、$\boldsymbol{C}^b$,以及整块夹层板的薄膜刚度矩阵 $\boldsymbol{B}$ 及剪切刚度矩阵 $\boldsymbol{C}$ 可表达为

$$\boldsymbol{B}^c=\begin{bmatrix} B_{11}^c & B_{12}^c & 0 \\ B_{21}^c & B_{22}^c & 0 \\ 0 & 0 & B_{33}^c \end{bmatrix}, \quad \boldsymbol{B}^a=\begin{bmatrix} B_{11}^a & B_{12}^a & 0 \\ B_{21}^a & B_{22}^a & 0 \\ 0 & 0 & B_{33}^a \end{bmatrix}, \quad \boldsymbol{B}^b=\begin{bmatrix} B_{11}^b & B_{12}^b & 0 \\ B_{21}^b & B_{22}^b & 0 \\ 0 & 0 & B_{33}^b \end{bmatrix}$$

$$\boldsymbol{C}^c=\begin{bmatrix} C_{11}^c & 0 \\ 0 & C_{22}^c \end{bmatrix}, \quad \boldsymbol{C}^b=\begin{bmatrix} C_{11}^b & 0 \\ 0 & C_{22}^b \end{bmatrix}, \quad \boldsymbol{B}=\boldsymbol{B}^a+\boldsymbol{B}^b+\boldsymbol{B}^c, \quad \boldsymbol{C}=\boldsymbol{C}^c+\boldsymbol{C}^b \tag{1}$$

式(1)中各刚度系数可采用虚功法等求得[5,6]

$$B_{11}^b=\sum_i E\delta_i^b\cos^4\alpha_i^b, \quad B_{22}^b=\sum_i E\delta_i^b\sin^4\alpha_i^b, \quad B_{12}^b=B_{21}^b=B_{33}^b=\sum_i E\delta_i^b\cos^2\alpha_i^b\sin^2\alpha_i^b$$

$$C_{11}^b=\sum_i Ed_i^b\cos^2\alpha_i^b, \quad C_{22}^b=\sum_i Ed_i^b\sin^2\alpha_i^b \tag{2}$$

$$\delta_i^b=\frac{A_{bi}}{\overline{\Delta}_{bi}}, \quad d_i^b=\xi_d\frac{F_{bi}}{\overline{\Delta}_{fbi}}\sin^2\beta_i^b\cos\beta_i^b\left(\text{或}\frac{F_{bi}F'_{bi}\sin^2\beta_i^b\cos\beta_i^b}{\overline{\Delta}_{fbi}(F_{bi}\sin^3\beta_i^b+F'_{bi})}\right) \tag{3}$$

式(2)、(3)中 E 为网架材料的弹性模量,δ_i^b、d_i^b 为第 i 组下弦系、下腹杆系在 i 方向的折算厚度,$\overline{\Delta}_{bi}$、$\overline{\Delta}_{fbi}$ 为相应杆系的间距,A_{bi}、F_{bi} 为下弦、下斜腹杆的截面积,α_i^b 为相应杆系与 Ox 轴的夹角(对于下斜腹杆是指其水平投影轴线与 Ox 轴的夹角),β_i^b 为下斜腹杆与水平面的夹角,F'_{bi} 为下竖腹杆的截面积,ξ_d 为腹杆抽空时的折减系数,如正放四角锥网架取 $\xi_d=1$,正放抽空四角锥网架取 $\xi_d=3/4$。对有下竖腹杆的网架,d_i^b 应取式(3)中第 2 式的第 2 个表达式。在式(2)、式(3)中以角标 a、c 代替角标 b 即可得到 B_{ij}^a、B_{ij}^c、C_{ij}^c、δ_i^a、δ_i^c、d_i^c。

兹采用三个广义位移 w、ψ_x、ψ_y 来描述夹层板的变形状态,则一般性的几何关系为

$$\boldsymbol{\varepsilon}=\{\varepsilon_x \ \ \varepsilon_y \ \ \varepsilon_{xy}\}^T, \quad \boldsymbol{\varepsilon}^b=\{\varepsilon_x^b \ \ \varepsilon_y^b \ \ \varepsilon_{xy}^b\}^T=\boldsymbol{\varepsilon}+h_b\boldsymbol{\chi}, \quad \boldsymbol{\varepsilon}^c=\{\varepsilon_x^c \ \ \varepsilon_y^c \ \ \varepsilon_{xy}^c\}^T=\boldsymbol{\varepsilon}+h_c\boldsymbol{\chi}$$

$$\boldsymbol{\chi}=\{\chi_x \ \ \chi_y \ \ \chi_{xy}\}^T=\left\{-\frac{\partial\psi_x}{\partial x} \ \ -\frac{\partial\psi_y}{\partial y} \ \ -\left(\frac{\partial\psi_y}{\partial x}+\frac{\partial\psi_x}{\partial y}\right)\right\}^T \tag{4}$$

$$\boldsymbol{\gamma}=\{\gamma_x \ \ \gamma_y\}^T=\left\{\frac{\partial w}{\partial x}-\psi_x \ \ \frac{\partial w}{\partial y}-\psi_y\right\}^T$$

式中：$\pmb{\varepsilon}=\pmb{\varepsilon}^a$、$\pmb{\varepsilon}^b$、$\pmb{\varepsilon}^c$ 为中间层、下表层、上表层的平面应变，$\pmb{\chi}$、$\pmb{\gamma}$ 为夹层板的弯曲及横向剪切应变，h_b、h_c 为上、下弦至中弦的距离，网架的高度为 $h=h_b+h_c$。

物理方程为

$$
\left.\begin{aligned}
&\pmb{N}^a=\{\,N_x^a \quad N_y^a \quad N_{xy}^a\,\}^{\mathrm{T}}=\pmb{B}^a\pmb{\varepsilon} \\
&\pmb{N}^b=\{\,N_x^b \quad N_y^b \quad N_{xy}^b\,\}^{\mathrm{T}}=\pmb{B}^b\pmb{\varepsilon}^b=\pmb{B}^c(\pmb{\varepsilon}+h_b\pmb{\chi}) \\
&\pmb{N}^c=\{\,N_x^c \quad N_y^c \quad N_{xy}^c\,\}^{\mathrm{T}}=\pmb{B}^c\pmb{\varepsilon}^c=\pmb{B}^c(\pmb{\varepsilon}-h_c\pmb{\chi}) \\
&\pmb{M}^b=\{\,M_x^b \quad M_y^b \quad M_{xy}^b\,\}^{\mathrm{T}}=h_b\pmb{N}^b=h_b\pmb{B}^b(\pmb{\varepsilon}+h_b\pmb{\chi}) \\
&\pmb{M}^c=\{\,M_x^c \quad M_y^c \quad M_{xy}^c\,\}^{\mathrm{T}}=-h_c\pmb{N}^c=-h_c\pmb{B}^c(\pmb{\varepsilon}-h_c\pmb{\chi}) \\
&\pmb{Q}^b=\{\,Q_x^b \quad Q_y^b\,\}^{\mathrm{T}}=\pmb{C}^b\pmb{\gamma} \\
&\pmb{Q}^c=\{\,Q_x^c \quad Q_y^c\,\}^{\mathrm{T}}=\pmb{C}^c\pmb{\gamma} \\
&\pmb{N}=\{\,N_x \quad N_y \quad N_{xy}\,\}^{\mathrm{T}}=\pmb{N}^a+\pmb{N}^b+\pmb{N}^c=\pmb{B}\pmb{\varepsilon}+(h_b\pmb{B}^b-h_c\pmb{B}^c)\pmb{\chi} \\
&\pmb{M}=\{\,M_x \quad M_y \quad M_{xy}\,\}^{\mathrm{T}}=\pmb{M}^b+\pmb{M}^c=(h_b\pmb{B}^b-h_c\pmb{B}^c)\pmb{\varepsilon}+(h_b^2\pmb{B}^b+h_c^2\pmb{B}^c)\pmb{\chi} \\
&\pmb{Q}=\{\,Q_x \quad Q_y\,\}^{\mathrm{T}}=\pmb{Q}^b+\pmb{Q}^c=\pmb{C}\pmb{\gamma}
\end{aligned}\right\} \tag{5}
$$

式(5)中 $\pmb{N}^a$、$\pmb{N}^b$、$\pmb{N}^c$ 为中间层、下表层、上表层的内力，$\pmb{M}^b$、$\pmb{M}^c$ 为下表层、上表层的内力对计算面的弯矩，$\pmb{Q}^b$、$\pmb{Q}^c$ 为下、上夹心层的横向剪力，$\pmb{N}$、$\pmb{M}$、$\pmb{Q}$ 为整块夹层板的轴力、弯矩及横向剪力。由式(5)的第8、第9两式可解得以 $\pmb{N}$、$\pmb{\chi}$ 来表示的 $\pmb{\varepsilon}$、$\pmb{M}$：

$$\pmb{\varepsilon}=b\pmb{N}-\pmb{K}\pmb{\chi}, \qquad \pmb{M}=\pmb{K}^{\mathrm{T}}\pmb{N}+\pmb{D}\pmb{\chi} \tag{6}$$

其中，b、$\pmb{K}=\pmb{K}^{\mathrm{T}}$、$\pmb{D}$ 为夹层板的薄膜柔度矩阵、耦合矩阵、抗弯刚度矩阵，其具体表达式为

$$
\left.\begin{aligned}
&b=\pmb{B}^{-1}=\begin{bmatrix} b_{11} & b_{12} & 0 \\ b_{21} & b_{22} & 0 \\ 0 & 0 & b_{33} \end{bmatrix}, \qquad \pmb{K}=\pmb{B}^{-1}(h_b\pmb{B}^b-h_c\pmb{B}^c)=\pmb{K}^{\mathrm{T}}=\begin{bmatrix} K_{11} & K_{12} & 0 \\ K_{21} & K_{22} & 0 \\ 0 & 0 & K_{33} \end{bmatrix} \\
&\pmb{D}=(h_b^2\pmb{B}^b+h_c^2\pmb{B}^c)-(h_b\pmb{B}^b-h_c\pmb{B}^c)\pmb{B}^{-1}(h_b\pmb{B}^b-h_c\pmb{B}^c)=\begin{bmatrix} D_{11} & D_{12} & 0 \\ D_{21} & D_{22} & 0 \\ 0 & 0 & D_{33} \end{bmatrix}
\end{aligned}\right\} \tag{7}
$$

式中，$b_{ij}=b_{ji}$、$K_{ij}=K_{ji}$、$D_{ij}=D_{ji}$ 为相应的矩阵系数。

4 正交正放类三层网架拟夹层板基本方程式的建立和内力挠度计算公式

对于正交正放类三层网架，则式(1)、式(7)中的下列物理常数为零：

$$B_{12}^a=B_{21}^a=B_{33}^a=B_{12}^b=B_{21}^b=B_{33}^b=B_{12}^c=B_{21}^c=B_{33}^c=B_{12}=B_{21}=B_{33}=0$$

$$b_{12}=b_{21}=b_{33}=K_{12}=K_{21}=K_{33}=D_{12}=D_{21}=D_{33}=0$$

从而 $N_{xy}^a=N_{xy}^b=N_{xy}=M_{xy}^b=M_{xy}^c=M_{xy}=0$，即各薄膜层不存在平面剪力，整块夹层块也不存在剪力及扭矩。

在没有水平荷载作用下，由夹层板平面问题的基本方程式 $\partial N_x/\partial x=0$，$\partial N_y/\partial y=0$ 可求得 $N_x=N_y=N=0$，因而式(6)可简化为

$$\pmb{\varepsilon}=-\pmb{K}\pmb{\chi}, \qquad \pmb{M}=\pmb{D}\pmb{\chi} \tag{8}$$

其中

225

$$\boldsymbol{K}=\begin{bmatrix} K_{11} & 0 \\ 0 & K_{22} \end{bmatrix}, \qquad \boldsymbol{D}=\begin{bmatrix} D_{11} & 0 \\ 0 & D_{22} \end{bmatrix}$$

$$K_{11}=\frac{h_b B_{11}^b - h_c B_{11}^c}{B_{11}^a + B_{11}^b + B_{11}^c}, \qquad D_{11}=\frac{h_b^2 B_{11}^a B_{11}^b + h_c^2 B_{11}^a B_{11}^c + h^2 B_{11}^b B_{11}^c}{B_{11}^a + B_{11}^b + B_{11}^c}$$

$$K_{22}=\frac{h_b B_{22}^b - h_c B_{22}^c}{B_{22}^a + B_{22}^b + B_{22}^c}, \qquad D_{22}=\frac{h_b^2 B_{22}^a B_{22}^b + h_c^2 B_{22}^a B_{22}^c + h^2 B_{22}^b B_{22}^c}{B_{22}^a + B_{22}^b + B_{22}^c}$$

$$\tag{9}$$

这种夹层板在竖向荷载 q 作用下的三个平衡方程为

$$\frac{\partial M_x}{\partial x}-Q_x=0, \qquad \frac{\partial M_y}{\partial y}-Q_y=0, \qquad \frac{\partial Q_x}{\partial x}+\frac{\partial Q_y}{\partial y}+q=0 \tag{10}$$

依次用式(8)的第 2 式、式(5)的第 10 式及几何关系式(4)代入并经整理后可得

$$\left(D_{11}\frac{\partial^2}{\partial x^2}-C_{11}\right)\psi_x - C_{11}\frac{\partial w}{\partial x}=0$$

$$\left(D_{22}\frac{\partial^2}{\partial y^2}-C_{22}\right)\psi_y - C_{22}\frac{\partial w}{\partial y}=0$$

$$C_{11}\frac{\partial}{\partial x}\psi_x + C_{22}\frac{\partial}{\partial y}\psi_y - \left(C_{11}\frac{\partial^2}{\partial s^2}+C_{22}\frac{\partial^2}{\partial y^2}\right)w=q$$

$$\tag{10$'$}$$

引入新的位移函数 ω，使得 w 与 ψ_x、ψ_y 之间具有下列关系式：

$$\psi_x=\frac{\partial}{\partial x}(1-\frac{k_c}{k_d}\frac{D}{C}\frac{\partial^2}{\partial y^2})\omega$$

$$\psi_y=\frac{\partial}{\partial y}(1-\frac{k_d}{k_c}\frac{D}{C}\frac{\partial^2}{\partial x^2})\omega$$

$$w=(1-\frac{k_d}{k_c}\frac{D}{C}\frac{\partial^2}{\partial x^2})(1-\frac{k_c}{k_d}\frac{D}{C}\frac{\partial^2}{\partial y^2})\omega$$

$$\tag{11}$$

$$C=\sqrt{C_{11}C_{22}}, \qquad D=\sqrt{D_{11}D_{22}}, \qquad k_c=\sqrt{C_{11}/C_{22}}, \qquad k_d=\sqrt{D_{11}/D_{22}} \tag{12}$$

则式(10$'$)的第 1、第 2 式可得到满足，第 3 式转化为

$$\left[k_d\frac{\partial^4}{\partial x^4}+\frac{1}{k_d}\frac{\partial^4}{\partial y^4}-\frac{D}{C}\frac{\partial^4}{\partial x^2\partial y^2}\left(k_c\frac{\partial^2}{\partial x^2}+\frac{1}{k_c}\frac{\partial^2}{\partial y^2}\right)\right]\omega=\frac{q}{D} \tag{13}$$

式(13)与正交正放类两层网架的基本方程式完全相同，对于矩形平面周边简支网架，基本方程式的解及主要位移，内力的表达式为(坐标原点取在网架平面的中心)

$$\omega=\frac{16qa^4}{\pi^6 D}\sum_{m=1,3\cdots}\sum_{n=1,3\cdots}(-1)^{\frac{m+n-2}{2}}\frac{1}{\Delta_{mn}}\cos\frac{m\pi x}{a}\cos\frac{n\pi y}{b}$$

$$w=\frac{16qa^4}{\pi^6 D}\sum_{m=1,3\cdots}\sum_{n=1,3\cdots}(-1)^{\frac{m+n-2}{2}}\frac{\left(1+p^2 m^2\frac{k_d}{k_c}\right)\left(1+p^2\lambda^2 n^2\frac{k_c}{k_d}\right)}{\Delta_{mn}}\cos\frac{m\pi x}{a}\cos\frac{n\pi y}{b}$$

$$M_x=\frac{16qa^2}{\pi^4}\sum_{m=1,3\cdots}\sum_{n=1,3\cdots}(-1)^{\frac{m+n-2}{2}}\frac{(k_d+p^2\lambda^2 n^2 k_c)}{\Delta_{mn}}\cos\frac{m\pi x}{a}\cos\frac{n\pi y}{b}$$

$$M_y=\frac{16qa^2}{\pi^4}\sum_{m=1,3\cdots}\sum_{n=1,3\cdots}(-1)^{\frac{m+n-2}{2}}\frac{\left(\frac{1}{k_d}+\frac{p^2 m^2}{k_c}\right)\lambda^2 n^2}{\Delta_{mn}}\cos\frac{m\pi x}{a}\cos\frac{n\pi y}{b}$$

$$Q_x=-\frac{16qa}{\pi^3}\sum_{m=1,3\cdots}\sum_{n=1,3\cdots}(-1)^{\frac{m+n-2}{2}}\frac{(k_d+p^2\lambda^2 n^2 k_c)m^3}{\Delta_{mn}}\sin\frac{m\pi x}{a}\cos\frac{n\pi y}{b}$$

$$Q_y=-\frac{16qa}{\pi^3}\sum_{m=1,3\cdots}\sum_{n=1,3\cdots}(-1)^{\frac{m+n-2}{2}}\frac{\left(\frac{1}{k_d}+\frac{p^2 m^2}{k_c}\right)\lambda^3 n^3}{\Delta_{mn}}\cos\frac{m\pi x}{a}\sin\frac{n\pi y}{b}$$

$$\tag{14}$$

其中

$$\Delta_{mn}=mn\left[(k_d+p^2\lambda^2 n^2 k_c)m^4+\left(\frac{1}{k_d}+\frac{p^2 m^2}{k_c}\right)\lambda^4 n^4\right]\tag{15}$$

$$p=\frac{\pi}{a}\sqrt{\frac{D}{C}},\qquad\lambda=\frac{a}{b}\tag{16}$$

p 为表示三层网架剪切变形的一个无量纲参数,当不考虑剪切变形时,即 $C=\infty$,则 $p=0$;λ 为边长比。在文献[5]中,已编有 w、M_x、M_y、Q_x、Q_y 的常用计算用表,可直接查用。

各薄膜层的内力计算公式可由式(5)、式(8)得出

$$N_x^a=\frac{-h_b B_{11}^a B_{11}^b+h_c B_{11}^a B_{11}^c}{h_b^2 B_{11}^a B_{11}^b+h_c^2 B_{11}^a B_{11}^c+h^2 B_{11}^b B_{11}^c}M_x,\qquad N_y^a=\frac{-h_b B_{22}^a B_{22}^b+h_c B_{22}^a B_{22}^c}{h_b^2 B_{22}^a B_{22}^b+h_c^2 B_{22}^a B_{22}^c+h^2 B_{22}^b B_{22}^c}M_y$$

$$N_x^b=\frac{h_b B_{11}^a B_{11}^b+h B_{11}^b B_{11}^c}{h_b^2 B_{11}^a B_{11}^b+h_c^2 B_{11}^a B_{11}^c+h^2 B_{11}^b B_{11}^c}M_x,\qquad N_y^b=\frac{h_b B_{22}^a B_{22}^b+h B_{22}^b B_{22}^c}{h_b^2 B_{22}^a B_{22}^b+h_c^2 B_{22}^a B_{22}^c+h^2 B_{22}^b B_{22}^c}M_y$$

$$N_x^c=\frac{-h_c B_{22}^a B_{11}^c-h B_{11}^b B_{11}^c}{h_b^2 B_{11}^a B_{11}^b+h_c^2 B_{11}^a B_{11}^c+h^2 B_{11}^b B_{11}^c}M_x,\qquad N_y^c=\frac{-h_c B_{22}^a B_{22}^c-h B_{22}^b B_{22}^c}{h_b^2 B_{22}^a B_{22}^b+h_c^2 B_{22}^a B_{22}^c+h^2 B_{22}^b B_{22}^c}M_y$$

$$\tag{17}$$

上、下夹心层的横向剪力由图 3 所示的平衡条件求得

$$Q_x^c=-h_c\tau_x^c=-h_c\frac{\partial N_x^c}{\partial x}=\frac{\partial M_x^c}{\partial x}=\frac{h_c^2 B_{11}^a B_{11}^c+h h_c B_{11}^b B_{11}^c}{h_b^2 B_{11}^a B_{11}^b+h_c^2 B_{11}^a B_{11}^c+h^2 B_{11}^b B_{11}^c}Q_x$$

$$Q_x^b=h_b\tau_x^b=h_b\frac{\partial N_x^b}{\partial x}=\frac{\partial M_x^b}{\partial x}=\frac{h_b^2 B_{11}^a B_{11}^b+h h_b B_{11}^b B_{11}^c}{h_b^2 B_{11}^a B_{11}^b+h_c^2 B_{11}^a B_{11}^c+h^2 B_{11}^b B_{11}^c}Q_x$$

$$Q_y^c=-h_c\tau_y^c=-h_c\frac{\partial N_y^c}{\partial y}=\frac{\partial M_y^c}{\partial y}=\frac{h_c^2 B_{22}^a B_{22}^c+h h_c B_{22}^b B_{22}^c}{h_b^2 B_{22}^a B_{22}^b+h_c^2 B_{22}^a B_{22}^c+h^2 B_{22}^b B_{22}^c}Q_y$$

$$Q_y^b=h_b\tau_y^b=h_b\frac{\partial N_y^b}{\partial y}=\frac{\partial M_y^b}{\partial y}=\frac{h_b^2 B_{22}^a B_{22}^b+h h_c B_{22}^b B_{22}^c}{h_b^2 B_{22}^a B_{22}^b+h_c^2 B_{22}^a B_{22}^c+h^2 B_{22}^b B_{22}^c}Q_y$$

$$\tag{18}$$

这里没有用式(5)的第 6、第 7 两式去求得横向剪力是考虑了如下因素:(1)便于在不计剪切变形时也能采用表层的平衡条件和层间的内力关系求得横向剪力,这是必须满足的;(2)剪切变形对网架的挠度影响较大,而对内力影响甚小[5],因而在建立基本方程时是以整块夹层板的剪力为依据的,未计及

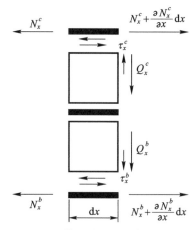

图 3 横向剪力计算示意图

上、下夹心层剪切变形的差异和横向剪力的分配问题。这是一个近似,否则要采用更复杂的夹层板理论才能计算。

有了各层的内力 N^a、N^b、N^c、Q^b、Q^c,便可以根据单位宽度内力等效原则求得网架各类杆件的内力。

5 网架优化设计若干问题

首先讨论当网架总高度 h 已知时,中弦的最佳位置问题。此时认为上表层、中间层、下表层的薄膜刚度已定,h_b、h_c 的合理分配应使三层网架拟夹层板的抗弯刚度 D 最大。由 $\partial D_{11}/\partial h_b=0$,$\partial D_{22}/\partial h_b=0$,可求得

$$h_b B^b_{11}-h_c B^c_{11}=0, \qquad h_b B^b_{22}-h_c B^c_{22}=0 \tag{19}$$

亦即上、下表层的薄膜刚度对计算平面的静力矩相等。由式(19)前后两式确定的 h_b、h_c 值是相同的,因上、下表层的刚度通常满足下列条件:$B^b_{11}/B^c_{11}=B^b_{22}/B^c_{22}$,从而可得:

$$\left.\begin{array}{llll}
D_{11}=\dfrac{B^b_{11}B^c_{11}}{B^b_{11}+B^c_{11}}h^2, & D_{22}=\dfrac{B^b_{22}B^c_{22}}{B^b_{22}+B^c_{22}}h^2, & K_{11}=K_{22}=0 \\[3mm]
N^a_x=N^a_y=0, & N^b_x=-N^c_x=\dfrac{M_x}{h}, & N^b_y=-N^c_y=\dfrac{M_y}{h} \\[3mm]
Q^b_x=\dfrac{B^c_{11}}{B^b_{11}+B^c_{11}}Q_x, & Q^c_x=\dfrac{B^b_{11}}{B^b_{11}+B^c_{11}}Q_x, & Q^b_y=\dfrac{B^c_{22}}{B^b_{22}+B^c_{22}}Q_y, & Q^c_y=\dfrac{B^b_{22}}{B^b_{22}+B^c_{22}}Q_x
\end{array}\right\} \tag{20}$$

可见,这时中间薄膜层的平面内力为零,即为中面,中弦可按构造要求确定截面面积;上、下表层及上、下夹心层的内力计算公式得到很大的简化。

其次讨论上、下弦为满应力时的设计问题。由于上弦受压,设计时有压杆稳定问题。设上弦压杆的稳定性折减系数为 φ(不同杆件截面积时取加权平均值),则在三层网架的抗弯刚度为最大,且上、下弦为满应力时应满足下列条件

$$B^b_{11}=\varphi B^c_{11}, \qquad B^b_{22}=\varphi B^c_{22} \tag{21}$$

此时

$$D_{11}=\dfrac{B^b_{11}}{1+\varphi}h^2, \qquad D_{22}=\dfrac{B^b_{22}}{1+\varphi}h^2, \qquad h_c=\dfrac{\varphi}{1+\varphi}h\leqslant\dfrac{1}{2}h, \qquad h_b=\dfrac{\varphi}{1+\varphi}h\geqslant\dfrac{1}{2}h \tag{22}$$

$$Q_x^b = \frac{1}{1+\varphi}Q_x, \qquad Q_x^c = \frac{\varphi}{1+\varphi}Q_x, \qquad Q_y^b = \frac{1}{1+\varphi}Q_y, \qquad Q_y^c = \frac{\varphi}{1+\varphi}Q_y \tag{23}$$

这表明中弦应设置在几何中面的上方,上夹心层的横向剪力要小于下夹心层的横向剪力。

至于网架腹杆截面积的选配,可由式(2)、(3)、(23)来计算确定。特别是当 $\varphi=1$ 时,即 $Q_x^b = Q_x^c = Q_x/2$,$Q_y^b = Q_y^c = Q_y/2$,则以正放四角锥三层网架为例,上、下腹杆的截面积可设计得相等,这也有利于减少腹杆的规格种类。此时,拟夹层板上、下夹心层的剪切刚度也是相等的,上、下夹心层的横向剪力由式(23)或由式(5)的第 6、第 7 两式计算都可得到相同的结果。

6　结语

(1)正交正放类三层网架,根据上、下腹杆设置的方位不同及上、下弦网格抽空与否,至少可构成 10 种不同的结构形式,这比正交正放类两层网架仅有 3 种结构形式可成倍增加。

(2)三层网架可采用连续化的途径,按 3 层薄膜层和 2 层夹心层共为 5 层构造的拟夹层板法来分析。对于正交正放类三层网架,其基本方程式是一个新位移函数 ω 的六阶偏微分方程式,就形式而言与正交正放类两层网架的基本方程式完全相同;对矩形平面的周边简支三层网架,可方便地求得重三角级数的解析解及各层的内力计算公式。

(3)文中基本方程和计算公式中,若令 $C = C_{11} = C_{22} = \infty$,即 $p=0$,便可得出不考虑网架剪切变形的基本方程和计算公式;三层网架剪切变形对挠度、内力的影响与两层网架的基本相同。

(4)正交正放类三层网架的优化设计中,宜选取上、下弦的刚度对中弦平面的静力矩相等,即 $h_b B^b = h_c B^c$。此时网架具有最大的抗弯刚度,中弦层的内力为零,中弦基本上可按构造要求选配截面。进而当选取 $h_b/h_c = B^c/B^b = \varphi$($\varphi$ 为上弦压杆的稳定性折减系数)时,可使网架的主要杆件即上、下弦成为满应力受力状态(在主要荷载状况下)。

(5)本文的计算方法简便易行,已编有计算用表可查用,特别有利于进行多方案设计及快速得出网架挠度和内力的估值及其分布规律。

参考文献

[1] BUNNI U K,DISNEY P,MAKOWSKI Z S. Multi-layer space frames[M]. London:Constrado,
1981.

[2] MAKOWSKI Z S. The application of grid truss, space frame and curved space structures in
architecture[C]//Proceedings of 1st International Conference on Lightweight Structures in
Architecture,1986.

[3] SOARE M V,TOADER I H. Contributions to the analysis of triple-layer grids[C]//Proceedings
of the 3rd Conference on Steel Structures,Timisoara,1982.

[4] 尹德钰. 三层及多层网架的应用和研究[J]. 太原工业大学学报,1989,20(1):105−112.

[5] 董石麟,夏亨熹. 正交正放类网架结构的拟板(夹层板)分析法(上)、(下)[J]. 建筑结构学报,1982,
3(2):14−25,3(3):14−22.

[6] 董石麟. 交叉拱系网状扁壳的计算方法[J]. 土木工程学报,1985,18(3):3−19.

19 组合网架结构的拟夹层板分析法[*]

提 要：本文提出了采用连续化的拟夹层板法来分析计算组合网架结构，即网架-平板组合结构。文中给出了这种组合网架拟夹层板的基本方程式，它归纳为对于一个广义函数 ω 的十阶偏微分方程式，并求得了周边简支组合网架的解析解。文中研究了网架横向剪切变形的影响，讨论了平板中带有正交正放肋、正交斜放肋及不带肋时对组合网架内力和挠度的变化。本文的分析方法可编制计算用表，便于直接得知这种比较复杂的组合网架内力和挠度的大小及其分布规律。

关键词：组合网架结构；拟夹层板；分析法；十阶偏微分方程式；解析解

1 概述

由钢筋混凝土平板或带肋平板代替钢上弦的组合网架结构，或称网架-平板组合结构，可充分发挥两种不同材料的强度优势，且具有受力合理、刚度大、既承重又围护的特点。近七八年来，在我国已相继建成了近 20 幢组合网架，早先用于屋盖结构，最近又用于高层和多层建筑的大柱网大跨度楼层结构，收到了明显的社会与经济效果。

这种组合网架结构以往大多按离散型计算模型，采用有限元法进行分析计算。其中方法之一是采用杆元、梁元、板壳元组合结构有限元；方法之二是通过能量原理把组合网架的平板等代为平面杆系，直接采用铰接杆元法，即空间桁架位移法[1]。

本文系统地研究了按连续化的计算模型，采用拟夹层板法来分析计算一般形式的组合网架结构。与采用拟夹层板法分析一般网架相类似[2,3]。该法的基本概念是，将平板或带肋平板视为夹层板的上表层。将腹杆和下弦等代为夹层板的夹心层和下表层，选取三个广义位移 w, φ_x, φ_y 为未知函数，然后按非经典的小挠度平板理论来建立基本方程式，并求其满足边界条件的解答。文中探讨了组合网架剪切变形、肋的设置形式对内力和挠度的影响。

2 计算模型及等代刚度计算

组合网架连续化的计算模型如图 1 所示。这里做了如下的基本假定：①认为网格布置及带肋平板肋的设置相当稠密；②把平板或带肋板看成夹层板的上表层，上表层的位置与平板有效截面形心轴

---

　　[*]　本文刊登于：董石麟，高博青.组合网架结构的拟夹层板分析法[C]//中国土木工程学会.第四届空间结构学术交流会论文集（第二卷），成都，1988：413—418，651.

重合或基本重合,忽略肋与板的偏心影响,上表层只能承受面内轴力;③把下弦作为夹层板的下表层,也只能承受沿下弦杆方向的面内轴力;④把腹杆折算为夹层板的夹心层,能承受横向剪力,但不能承受轴向力,夹心层的高度即为上、下表层的距离;⑤取上表层作为计算参考平面。

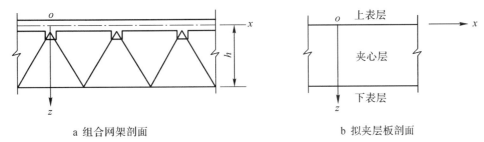

图1　组合网架的计算模型

对于常遇的组合网架,一般可折算成一种正交异性的拟夹层板。因此,上、下表层的薄膜刚度矩阵 $\boldsymbol{B}^a$、$\boldsymbol{B}^b$,夹层板的薄膜刚度矩阵 $\boldsymbol{B}$ 及剪切刚度矩阵 $\boldsymbol{C}$ 可表达为

$$\boldsymbol{B}^a = \boldsymbol{B}^{a(1)} + \boldsymbol{B}^{a(2)} \qquad \boldsymbol{B} = \boldsymbol{B}^a + \boldsymbol{B}^b \qquad \boldsymbol{C} = \boldsymbol{C}^c \tag{1}$$

其中,$\boldsymbol{B}^{a(1)}$ 为带肋板中板的薄膜刚度矩阵,$\boldsymbol{B}^{a(2)}$ 为肋的折算薄膜刚度矩阵。式(1)中各刚度可采用虚功法等求得[2,4]。

3　基本方程式的建立

下面采用拟夹层板的三个广义位移 w、ψ_x、ψ_y 来建立基本方程式。拟夹层板的几何关系为

$$
\left.
\begin{aligned}
\boldsymbol{\varepsilon} &= \{\varepsilon_x \quad \varepsilon_y \quad \varepsilon_{xy}\}^{\mathrm{T}}, \quad \boldsymbol{\varepsilon}^b = \{\varepsilon_x^b \quad \varepsilon_y^b \quad \varepsilon_{xy}^b\}^{\mathrm{T}} = \boldsymbol{\varepsilon} + h\boldsymbol{\chi} \\
\boldsymbol{\chi} &= \{\chi_x \quad \chi_y \quad \chi_{xy}\}^{\mathrm{T}} = \left\{ -\frac{\partial \psi_x}{\partial x} \quad -\frac{\partial \psi_y}{\partial y} \quad -\left(\frac{\partial \psi_y}{\partial x} + \frac{\partial \psi_x}{\partial y}\right) \right\}^{\mathrm{T}} \\
\boldsymbol{\gamma} &= \{\gamma_x \ \gamma_y\}^{\mathrm{T}} = \left\{ \frac{\partial w}{\partial x} - \psi_x \quad \frac{\partial w}{\partial y} - \psi_y \right\}^{\mathrm{T}}
\end{aligned}
\right\}
\tag{2}
$$

式中,$\boldsymbol{\varepsilon}$、$\boldsymbol{\varepsilon}^b$ 为上下表层的平面应变。$\boldsymbol{\chi}$、$\boldsymbol{\gamma}$ 为夹层板的弯曲应变及横向剪切应变。物理方程为

$$
\left.
\begin{aligned}
\boldsymbol{N}^a &= \{N_x^a \quad N_y^a \quad N_{xy}^a\}^{\mathrm{T}} = \boldsymbol{B}^a \boldsymbol{\varepsilon} \\
\boldsymbol{N}^b &= \{N_x^b \quad N_y^b \quad N_{xy}^b\}^{\mathrm{T}} = \boldsymbol{B}^b (\boldsymbol{\varepsilon} + h\boldsymbol{\chi}) \\
\boldsymbol{N} &= \{N_x \quad N_y \quad N_{xy}\}^{\mathrm{T}} = \boldsymbol{N}^a + \boldsymbol{N}^b = \boldsymbol{B}\boldsymbol{\varepsilon} + h\boldsymbol{B}^b \boldsymbol{\chi} \\
\boldsymbol{M} &= \{M_x \quad M_y \quad M_{xy}\}^{\mathrm{T}} = h\boldsymbol{N}^b = h\boldsymbol{B}^b \boldsymbol{\varepsilon} + h^2 \boldsymbol{B}^b \boldsymbol{\chi} \\
\boldsymbol{Q} &= \{Q_x \quad Q_y\}^{\mathrm{T}} = \boldsymbol{C}\boldsymbol{\gamma}
\end{aligned}
\right\}
\tag{3}
$$

式(3)中 $\boldsymbol{N}^a$、$\boldsymbol{N}^b$ 为上下表层的内力,$\boldsymbol{N}$、$\boldsymbol{M}$、$\boldsymbol{Q}$ 为夹层板的轴力、弯矩及横剪力。由式(3)的第3、4式可解得以 $\boldsymbol{N}$、$\boldsymbol{\chi}$ 来表达 $\boldsymbol{\varepsilon}$、$\boldsymbol{M}$

$$\boldsymbol{\varepsilon} = \boldsymbol{b}\boldsymbol{N} - \boldsymbol{K}\boldsymbol{\chi}, \qquad \boldsymbol{M} = \boldsymbol{K}^{\mathrm{T}}\boldsymbol{N} + \boldsymbol{D}\boldsymbol{\chi} \tag{4}$$

其中,$\boldsymbol{b}$、$\boldsymbol{K}$、$\boldsymbol{D}$ 分别为夹层板的薄膜柔度矩阵、耦合矩阵、抗弯刚度矩阵,其表达式为

$$
\left.
\begin{aligned}
\boldsymbol{b} &= \boldsymbol{B}^{-1}, \qquad \boldsymbol{K} = h\boldsymbol{B}^{-1}\boldsymbol{B}^b = \boldsymbol{K}^{\mathrm{T}} \\
\boldsymbol{D} &= h^2 (\boldsymbol{B}^b - \boldsymbol{B}^b \boldsymbol{B}^{-1} \boldsymbol{B}^b)
\end{aligned}
\right\}
\tag{5}
$$

在竖向均布荷载 q 作用下,拟夹层板的平衡方程及连续方程分别为

$$\frac{\partial N_x}{\partial x}+\frac{\partial N_{xy}}{\partial y}=0, \qquad \frac{\partial N_y}{\partial y}+\frac{\partial N_{xy}}{\partial x}=0$$

$$\frac{\partial M_x}{\partial x}+\frac{\partial M_{xy}}{\partial y}=Q_x, \qquad \frac{\partial M_y}{\partial y}+\frac{\partial M_{xy}}{\partial x}=Q_y, \qquad \frac{\partial Q_x}{\partial x}+\frac{\partial Q_y}{\partial y}+q=0 \tag{6}$$

$$\frac{\partial^2 \varepsilon_y}{\partial x^2}+\frac{\partial^2 \varepsilon_x}{\partial y^2}-\frac{\partial^2 \varepsilon_{xy}}{\partial x \partial y}=0 \tag{7}$$

若引入应力函数 φ，使得

$$N_x=\frac{\partial^2 \varphi}{\partial y^2}, \qquad N_y=\frac{\partial^2 \varphi}{\partial x^2}, \qquad N_{xy}=-\frac{\partial^2 \varphi}{\partial x \partial y} \tag{8}$$

此时，平衡方程式（6）的前两式已能满足，连续性方程（7）及式（6）的后三个平衡方程式，在把式（8）、（2）、（5）、（4）代入后可表达为

$$\begin{bmatrix} L_{11} & L_{12} & L_{13} & 0 \\ L_{21} & L_{22} & L_{23} & L_{24} \\ L_{31} & L_{32} & L_{33} & L_{34} \\ 0 & L_{42} & L_{43} & L_{44} \end{bmatrix} \begin{Bmatrix} \varphi \\ \psi_x \\ \psi_y \\ w \end{Bmatrix} = \begin{Bmatrix} 0 \\ 0 \\ 0 \\ -q \end{Bmatrix} \tag{9}$$

其中各微分算子为

$$L_{11}=b_{22}\frac{\partial^4}{\partial x^4}+(2b_{12}+b_{33})\frac{\partial^4}{\partial x^2 \partial y^2}+b_{11}\frac{\partial^4}{\partial y^4}, \qquad L_{22}=-D_{11}\frac{\partial^2}{\partial x^2}-D_{33}\frac{\partial^2}{\partial y^2}+C_{11}$$

$$L_{33}=-D_{33}\frac{\partial^2}{\partial x^2}-D_{22}\frac{\partial^2}{\partial y^2}+C_{22}, \qquad L_{44}=C_{11}\frac{\partial^2}{\partial x^2}+C_{22}\frac{\partial^2}{\partial y^2}$$

$$L_{12}=L_{21}=K_{12}\frac{\partial^3}{\partial x^3}+(K_{11}-K_{33})\frac{\partial^3}{\partial x \partial y^2}, \qquad L_{34}=L_{43}=-C_{22}\frac{\partial}{\partial y} \tag{10}$$

$$L_{13}=L_{31}=(K_{22}-K_{33})\frac{\partial^3}{\partial x^2 \partial y}+K_{12}\frac{\partial^3}{\partial y^3}$$

$$L_{23}=L_{32}=-(D_{12}+D_{33})\frac{\partial^2}{\partial x \partial y}, \qquad L_{24}=L_{42}=-C_{11}\frac{\partial}{\partial x}$$

式（9）便是按混合法求解组合网架拟夹层板的基本方程组，其未知函数为 φ、ψ_x、ψ_y、w。

如果再引入一个新的位移函数 ω，使得以 ω 表示的 φ、ψ_x、ψ_y、w 满足式（9）的前三式（令 $C_{11}C_{22}=C^2$），则式（9）的第 4 式转化为

$$\begin{aligned} &\left\{ \left[b_{22}\frac{\partial^4}{\partial x^4}+(2b_{12}+b_{33})\frac{\partial^4}{\partial x^2 \partial y^2}+b_{11}\frac{\partial^4}{\partial y^4} \right]\left[D_{11}\frac{\partial^4}{\partial x^4}+2(D_{12}+2D_{33})\frac{\partial^4}{\partial x^2 y^2} \right. \right. \\ &\left. +D_{22}\frac{\partial^4}{\partial y^4}-\left(\frac{D_{11}D_{33}}{C^2}\frac{\partial^4}{\partial x^4}+\frac{D_{11}D_{22}-D_{12}^2-2D_{12}D_{33}}{C^2}\frac{\partial^4}{\partial x^2 \partial y^2} \right. \right. \\ &\left. +\frac{D_{22}D_{33}}{C^2}\frac{\partial^4}{\partial y^4} \right)\left(C_{11}\frac{\partial^2}{\partial x^2}+C_{22}\frac{\partial^2}{\partial y^2} \right) \bigg]+\left[K_{12}\frac{\partial^3}{\partial x^3}+(K_{11}-K_{33})\frac{\partial^3}{\partial x \partial y^2} \right]^2 \\ &\left[\frac{\partial^2}{\partial x^2}-\frac{D_{33}}{C_{22}}\frac{\partial^4}{\partial x^4}-\left(\frac{D_{22}}{C_{22}}+\frac{D_{33}}{C_{11}} \right)\frac{\partial^4}{\partial x^2 \partial y^2}-\frac{D_{22}}{C_{22}}\frac{\partial^4}{\partial y^4} \right] \\ &+\left[(K_{22}-K_{33})\frac{\partial^3}{\partial x^2 \partial y}+K_{12}\frac{\partial^3}{\partial y^3} \right]^2\left[\frac{\partial^2}{\partial y^2}-\frac{D_{11}}{C_{22}}\frac{\partial^4}{\partial x^4}-\left(\frac{D_{11}}{C_{11}}+\frac{D_{33}}{C_{22}} \right)\frac{\partial^4}{\partial x^2 \partial y^2} \right. \\ &\left. -\frac{D_{33}}{C_{11}}\frac{\partial^4}{\partial y^4} \right]+2\left[K_{12}\frac{\partial^3}{\partial x^3}+(K_{11}-K_{33})\cdot \frac{\partial^3}{\partial x \partial y^2} \right]\left[(K_{22}-K_{33})\frac{\partial^3}{\partial x^2 \partial y} \right. \\ &\left. +K_{12}\frac{\partial^3}{\partial y^3} \right]\left[1+\frac{D_{12}+D_{33}}{C^2}\left(C_{11}\frac{\partial^2}{\partial x^2}+C_{22}\frac{\partial^2}{\partial y^2} \right) \right]\frac{\partial^2}{\partial x \partial y} \bigg\}\omega=q \end{aligned} \tag{11}$$

这就是组合网架连续化后，以一个新的位移函数 ω 来表示的十阶偏微分方程式。

如不计网架的剪切变形,即 C、C_{11}、$C_{22}=\infty$,则式(11)便退化为

$$\left\{\left[b_{22}\frac{\partial^4}{\partial x^4}+(2b_{12}+b_{33})\frac{\partial^4}{\partial x^2\partial y^2}+b_{11}\frac{\partial^4}{\partial y^4}\right]\left[D_{11}\frac{\partial^4}{\partial x^4}+2(D_{12}+2D_{33})\frac{\partial^4}{\partial x^2\partial y^2}\right.\right.$$
$$\left.+D_{22}\frac{\partial^4}{\partial y^4}\right]+\left[K_{12}\frac{\partial^4}{\partial x^4}+(K_{11}+K_{12}-2K_{33})\frac{\partial^4}{\partial x^2\partial y^2}+K_{12}\frac{\partial^4}{\partial y^4}\right]^2\bigg\}\omega=q \tag{12}$$

4　矩形平面周边简支组合网架基本方程式的求解

对于矩形平面周边简支组合网架,如设 n 为边界的外法线,s 为切线,则其边界条件是

$$N_n=\varepsilon_s=w_n=M_n=\varphi_s=0 \tag{13}$$

对位移函数 ω 的边界条件是(5 个边界条件均可得到满足)

$$\omega=\nabla^2\omega=\nabla^2\nabla^2\omega=\nabla^2\nabla^2\nabla^2\omega=0 \tag{14}$$

因此,在均布荷载 q 作用下,可求得下列重三角级数解:

$$\omega=\frac{16qa^8}{\pi^{10}h^2}\sum_{m=1,3\cdots}\sum_{n=1,3\cdots}(-1)^{\frac{m+n-2}{2}}\frac{1}{\Delta_{mn}}\cos\frac{m\pi x}{a}\cos\frac{n\pi y}{b} \tag{15}$$

$$\Delta_{mn}=mn\left\{\frac{1}{2}\left[\bar{b}_{22}m^4+(2\,\bar{b}_{12}+\bar{b}_{33})m^2\lambda^2n^2+\bar{b}_{11}\lambda^4n^4\right]\left[\bar{D}_{11}m^4+2(\bar{D}_{12}+\right.\right.$$
$$2\,\bar{D}_{33})m^2\lambda^2n^2+\bar{D}_{22}\lambda^4n^4+p^2(\bar{D}_{11}\bar{D}_{33}m^4+(\bar{D}_{11}\bar{D}_{22}-\bar{D}_{12}^2-2\,\bar{D}_{12}\bar{D}_{33})$$
$$m^2\lambda^2n^2+\bar{D}_{22}\bar{D}_{33}\lambda^4n^4)\left(\frac{m^2}{\bar{C}_{22}}+\frac{\lambda^2n^2}{\bar{C}_{11}}\right)\right]+m^2[\bar{K}_{12}m^2+(\bar{K}_{11}-\bar{K}_{33})\lambda^2n^2]^2$$
$$\left[m^2+p^2\left(\frac{\bar{D}_{33}}{\bar{C}_{22}}m^4+\left(\frac{\bar{D}_{22}}{\bar{C}_{22}}+\frac{\bar{D}_{33}}{\bar{C}_{11}}\right)m^2\lambda^2n^2+\frac{\bar{D}_{22}}{\bar{C}_{11}}\lambda^4n^4\right)\right]+\lambda^2n^2[(\bar{K}_{22}$$
$$-\bar{K}_{33})m^2+\bar{K}_{12}\lambda^2n^2]^2\left[\lambda^2n^2+p^2\left(\frac{\bar{D}_{11}}{\bar{C}_{22}}m^4+\left(\frac{\bar{D}_{11}}{\bar{C}_{11}}+\frac{\bar{D}_{33}}{\bar{C}_{22}}\right)m^2\lambda^2n^2+\right.\right.$$
$$\left.\frac{\bar{D}_{33}}{\bar{C}_{11}}\lambda^4n^4\right)\right]+2m^2\lambda^2n^2[\bar{K}_{12}m^2+(\bar{K}_{11}-\bar{K}_{33})\lambda^2n^2]\cdot[(\bar{K}_{22}-\bar{K}_{33})m^2+$$
$$\bar{K}_{12}\lambda^2n^2]\left[1-p^2(\bar{D}_{12}+\bar{D}_{33})\cdot\left(\frac{1}{\bar{C}_{22}}m^2+\frac{1}{\bar{C}_{11}}\lambda^2n^2\right)\right]\bigg\} \tag{16}$$

式中,p 表示组合网架剪切变形的无量纲参数,$\bar{b}_{ij}$、$\bar{K}_{ij}$、$\bar{D}_{ij}$、$\bar{C}_{ij}$ 为无量纲矩阵系数,λ 为边长比,其表达式分别为

$$\left.\begin{array}{c}p=\frac{\pi}{a}\sqrt{\frac{D}{C}},\qquad\bar{b}_{ij}=B^b b_{ij},\qquad\bar{K}_{ij}=\frac{K_{ij}}{h},\qquad\bar{D}_{ij}=\frac{D_{ij}}{D},\qquad\bar{C}_{ij}=\frac{C_{ij}}{C}\\[2mm]D=\frac{B^b h^2}{2},\qquad B^b=E\delta^b,\qquad\lambda=\frac{a}{b}\end{array}\right\} \tag{17}$$

显然,当 $C\rightarrow0$,即 $p=0$,则可得到不计剪切变形时的解。

此后,可求得组合网架拟夹层板所需的内力与位移 M_x、M_y、M_{xy}、Q_x、Q_y、$N_x^{a(1)}$、$N_y^{a(1)}$、$N_{xy}^{a(1)}$、$N_x^{a(2)}$、$N_y^{a(2)}$、$N_{xy}^{a(2)}$、w、ψ_x、ψ_y 的表达式,这里不一一列出了。同时可根据单位宽度上内力等效的原则,计算确定下弦、腹杆、带肋板中的板及肋的内力。

5 带肋板的形式对内力、挠度的影响

对于下弦为正交正放类的组合网架（包括两向正交正放、正放四角锥、正放抽空四角锥、斜放四角锥、星形四角锥等各种组合网架），其带肋平板可设置正交正放肋或正交斜放肋，或两者皆有。兹以正方形平面的这类组合网架为例，设正交正放肋、正交斜放肋、下弦的折算厚度为 δ^a、$\delta^{a\prime}$、δ^b，并令 $E^a t = 2E^a\delta^a = 2E^a\delta^{a\prime} = E\delta^b$，这表示带肋板中正交正放肋、正交斜放肋的材料用量与板本身的材料用量相同，令平板材料的泊松系数为零，且不考虑网架的剪切变形，按本文方法计算了四种情况：①平板带正交斜放肋，②平板带正交正放肋，③平板不带肋，④只有正交斜放肋而没有板。沿对角线方向无量纲挠度 $\overline{W}$ 和内力 $\overline{M}_x$、$\overline{N}_x^a$、$\overline{N}_{xy}^a$ 的计算结果分别如图 2 所示（真正的挠度和内力为：$w = qa^4\overline{W}/100D$，$M_x = qa^2\overline{M}_x/10$，$N_x^a = qa^2\overline{N}_x^a/10h$，$N_{xy}^a = qa^2\overline{N}_{xy}^a/10h$）。

由图 2 的分析比较可知：①从挠度的大小可说明各种形式的带肋板对组合网架整体刚度的贡献，其中正交斜放肋的作用要大于正交正放肋的作用，板的作用又大于肋的作用；②各种情况下的带肋板对组合网架弯矩的影响甚微，亦即对下弦和腹杆的内力影响甚微；③正交正放肋使上表层的正应力增加、剪应力减少，正交斜放肋使上表层的正应力减少、剪应力增加。

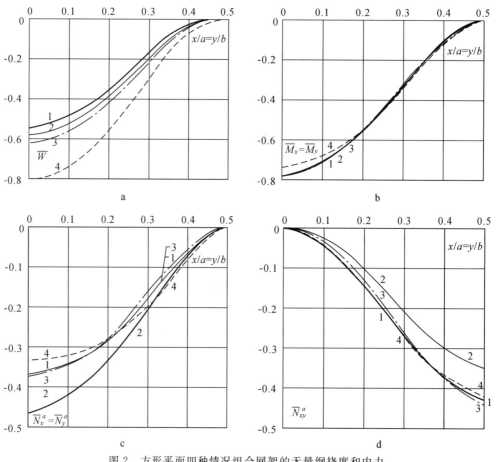

图 2　方形平面四种情况组合网架的无量纲挠度和内力

6　结语

（1）作为组合网架面层的带肋平板可认为是一种连续结构,故采用连续化的拟夹层板法来分析计算组合网架比之于分析计算一般网架更能符合实际情况。

（2）组合网架拟夹层板的基本方程采用混合法的表达式如本文式（4）所示,并可合并成一个对于新的位移函数 ω 的十阶偏微分方程式,求解时每个边界应提供 5 个边界条件,对于矩形平面的简支组合网架,可求得重三角级数形式的解析解。

（3）文中基本方程和计算公式中,令 $C=\infty$、即 $p=0$,便退化为不考虑网架剪切变形时的基本方程和计算公式,组合网架剪切变形的影响与同类型一般网架的相同。

（4）带肋平板中肋的布置形式对组合网架整体刚度及上表层的内力有较大的影响,但对下弦及腹杆内力的影响甚微。

（5）按本文的连续化分析方法,便于编制组合网架的挠度、内力计算用表,可供工程设计应用,特别方便的是可快速得知组合网架挠度和内力的估算值及其分布规律。

（6）组合网架中带肋板的最终内力,除按本文方法求得平面内力外,尚应根据板的连接构造,按多支点双向多跨连续板或四支点单跨板计算带肋板肋中和板中的局部弯曲内力。

参考文献

［1］董石麟,杨永革.网架-平板组合结构的简化计算法（上）、（下）［J］.建筑结构学报,1985,6(4):10—20,6(5):29—35.

［2］董石麟,夏亨熹.正交正放类网架结构的拟板（夹层板）分析法（上）、（下）［J］.建筑结构学报,1982,3(2):14—25,3(3):14—22.

［3］董石麟,樊晓红.斜放四角锥网架的拟夹层板分析法［J］.工程力学,1986,3(2):112—126.

［4］董石麟.交叉拱系网状扁壳的计算方法［J］.土木工程学报,1985,18(3):1—17.

20 组合网架动力特性的拟夹层板分析法[*]

提　要：本文按连续化的途径，采用拟夹层板法探讨了组合网架结构的动力特性。文中给出考虑横向剪切变形组合网架固有频率的计算公式。计算表明，在计算确定固有频率时，组合网架剪切变形的影响不可忽略。

关键词：组合网架；拟夹层板法；动力特性；固有频率；剪切变形

1　概述

组合网架是一种钢结构与钢筋混凝土结构组合的空间结构。它以钢筋混凝土带肋平板代替一般钢网架的上弦杆。以钢和钢筋混凝土的组合节点代替钢上弦节点，形成一种下部是钢结构与上部是混凝土结构组合的新型空间结构，也是一种杆系、梁系、板系共同工作的空间结构体系。这种组合网架具有结构刚度大、受力性能好、结构的承重和围护功能合二为一，可充分发挥钢材和混凝土两种不同材料的强度优势等优点。

我国自 1980 年首次建成江苏徐州夹河煤矿大、小两食堂的组合网架屋盖结构以来，截止 1992 年底共建成 20 多幢组合网架结构[1]。其中用于楼层结构的有 10 幢，如 34m×34m 的新乡百货大楼加层扩建工程、上海国际购物中心七至九层 27m×27m 缺角五边形平面的高层楼层结构工程等。以往，对组合网架主要是注重于静力分析，对于动力问题还很少研究，已不能适应工程建设的需要。分析计算组合网架的动力特性，大多可采用组合结构的有限元法。本文试图按连续化途径，采用拟夹层板法来探讨组合网架的动力特性，以期求得显式来简捷计算确定组合网架的固有频率。

2　基本假定和计算模型

组合网架拟夹层板法的计算模型如图 1 所示，其基本假定为：

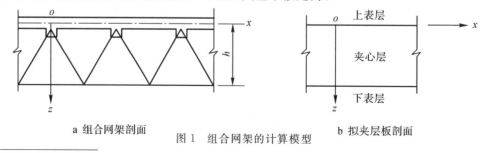

a 组合网架剖面　　　图 1　组合网架的计算模型　　b 拟夹层板剖面

*　本文刊登于：董石麟.组合网架动力特性的拟夹层板分析法[C]//中国力学学会.第二届结构工程学术会议论文集.长沙，1993：177—184.

（1）带肋上弦板的肋以及下弦杆的设置相当稠密，一般要求组合网架在短跨方向的网格数要大于或等于 5。

（2）把上弦板假定为夹层板的上表层，其位置与平板有效截面形心轴重合或基本重合，忽略肋与板的偏心影响；上表层只能承受层内轴力，即平面内力，不能承受横向剪力，上表层的厚度可忽略不计。

（3）把下弦作为夹层板的下表层，只能承受沿下弦杆方向的层内轴力，不能承受横向剪力，下表层的厚度亦可忽略不计。

（4）把腹杆折算为夹层板的夹心层，能承受横向剪力，但不能承受轴向力，夹心层的高度即为上、下表层的距离。

（5）由于一般不存在中面，取上表层作为计算参考平面。

（6）这种具有三层构造的拟夹层板，其直法线在变形后仍为一直线，但不垂直于挠曲后的计算面，而在 xz、yz 平面内分别转了一个角度 ψ_x、ψ_y。

（7）假设组合网架在固有振动时，其水平位移的振幅要比竖向的挠度振幅小得多，因而可忽略水平位移所产生的惯性力。

3 固有振动基本方程的建立

根据上节的基本假定，可采用具有三个广义位移 w、ψ_x、ψ_y 和应力函数 φ 的非经典的平板理论，即能考虑横向剪切变形的夹层板理论，按静力问题类似的方法[2]，来建立组合网架拟夹层板法固有振动的基本方程

$$
\begin{bmatrix}
L_{11} & L_{12} & L_{13} & 0 \\
L_{21} & L_{22} & L_{23} & L_{24} \\
L_{31} & L_{32} & L_{33} & L_{34} \\
0 & L_{42} & L_{43} & L_{44}
\end{bmatrix}
\begin{Bmatrix}
\varphi \\ \psi_x \\ \psi_y \\ w
\end{Bmatrix}
=
\begin{Bmatrix}
0 \\ 0 \\ 0 \\ -\rho\omega^2 w
\end{Bmatrix}
\tag{1}
$$

式（1）的第 1 式为连续性方程，第 2～4 式为平衡方程；ρ 为组合网架单位面积的质量；ω 为固有振动频率；$L_{ij} = L_{ji}$ 为微分算子，其表达式为

$$
\begin{aligned}
L_{11} &= b_{22}\frac{\partial^4}{\partial x^4} + (2b_{12} + b_{33})\frac{\partial^4}{\partial x^2 \partial y^2} + b_{11}\frac{\partial^4}{\partial y^4} \\
L_{22} &= -D_{11}\frac{\partial^2}{\partial x^2} - D_{33}\frac{\partial^2}{\partial y^2} + C_{11} \\
L_{33} &= -D_{33}\frac{\partial^2}{\partial x^2} - D_{22}\frac{\partial^2}{\partial y^2} + C_{22} \\
L_{44} &= C_{11}\frac{\partial^2}{\partial x^2} + C_{22}\frac{\partial^2}{\partial y^2} \\
L_{12} = L_{21} &= K_{12}\frac{\partial^3}{\partial x^3} + (K_{11} - K_{33})\frac{\partial^3}{\partial x \partial y^2} \\
L_{13} = L_{31} &= (K_{22} - K_{33})\frac{\partial^3}{\partial x^2 \partial y} + K_{12}\frac{\partial^3}{\partial y^3} \\
L_{23} = L_{32} &= -(D_{12} + D_{33})\frac{\partial^2}{\partial x \partial y} \\
L_{24} = L_{42} &= -C_{11}\frac{\partial}{\partial x} \\
L_{34} = L_{43} &= -C_{22}\frac{\partial}{\partial y}
\end{aligned}
\tag{2}
$$

其中，$b_{ij}=b_{ji}$、$K_{ij}=K_{ji}$、$D_{ij}=D_{ji}$、$C_{ij}=C_{ji}$ 分别为组合网壳薄膜柔度矩阵、耦合矩阵、抗弯刚度矩阵、横向剪切刚度矩阵相应的矩阵系数，它们都可根据组合网架的形体、杆件的截面及材料的特性折算确定[2]。通常情况下，这种拟夹层板是正交异性的。

如果再引入一个新的位移函数 f，使得 f 与 φ、ψ_x、ψ_y、w 之间具有下列关系式（令 $C_{11}C_{22}=C^2$）

$$\varphi=L_\varphi f,\qquad \psi_x=L_{\psi x}f,\qquad \psi_y=L_{\psi y}f,\qquad w=L_w f \tag{3}$$

其中微分算子 $L_\varphi,L_{\psi x},L_{\psi y},L_w$ 分别表达为

$$
\begin{aligned}
L_\varphi=&\left[K_{12}\frac{\partial^3}{\partial x^3}+(K_{11}-K_{33})\frac{\partial^3}{\partial x\partial y^2}\right]\left[\frac{D_{33}}{C_{22}}\frac{\partial^3}{\partial x^3}-\left(\frac{D_{12}+D_{33}}{C_{11}}-\frac{D_{22}}{C_{22}}\right)\right.\\
&\left.\frac{\partial^3}{\partial x\partial y^2}-\frac{\partial}{\partial x}\right]+\left[(K_{22}-K_{33})\frac{\partial^3}{\partial x^2\partial y}+K_{12}\frac{\partial^3}{\partial y^3}\right]\\
&\cdot\left[-\left(\frac{D_{12}+D_{33}}{C_{22}}-\frac{D_{11}}{C_{11}}\right)\frac{\partial^3}{\partial x\partial y^2}+\frac{D_{33}}{C_{11}}\frac{\partial^3}{\partial y^3}-\frac{\partial}{\partial y}\right]\\[6pt]
L_{\psi x}=&\left[b_{22}\frac{\partial^4}{\partial x^4}+(2b_{12}+b_{33})\frac{\partial^4}{\partial x^2\partial y^2}+b_{11}\frac{\partial^4}{\partial y^4}\right]\left[-\frac{D_{33}}{C_{22}}\frac{\partial^3}{\partial x^3}\right.\\
&\left.+\left(\frac{D_{12}+D_{33}}{C_{11}}-\frac{D_{22}}{C_{22}}\right)\cdot\frac{\partial^3}{\partial x\partial y^2}+\frac{\partial}{\partial x}\right]+\frac{1}{C_{11}}\left[(K_{22}-K_{33})\right.\\
&\left.\cdot\frac{\partial^3}{\partial x^2\partial y}+K_{12}\frac{\partial^3}{\partial y^3}\right]\left[K_{12}\frac{\partial^3}{\partial x^3}+(K_{11}-K_{33})\frac{\partial^3}{\partial x\partial y^2}\right]\frac{\partial}{\partial y}\\
&-\frac{1}{C_{22}}\left[(K_{22}-K_{33})\frac{\partial^3}{\partial x^2\partial y}+K_{12}\frac{\partial^3}{\partial y^3}\right]^2\frac{\partial}{\partial x}\\[6pt]
L_{\psi y}=&\left[b_{22}\frac{\partial^4}{\partial x^4}+(2b_{12}+b_{33})\frac{\partial^4}{\partial x^2\partial y^2}+b_{11}\frac{\partial^4}{\partial y^4}\right]\left[\left(\frac{D_{12}+D_{33}}{C_{22}}-\frac{D_{11}}{C_{11}}\right)\right.\\
&\left.\cdot\frac{\partial^3}{\partial x^2\partial y}-\frac{D_{33}}{C_{11}}\frac{\partial^3}{\partial y^3}+\frac{\partial}{\partial y}\right]+\frac{1}{C_{22}}\left[(K_{22}-K_{33})\frac{\partial^3}{\partial x^2\partial y}+K_{12}\frac{\partial^3}{\partial y^3}\right]\\
&\left[K_{12}\frac{\partial^3}{\partial x^3}+(K_{11}-K_{33})\frac{\partial^3}{\partial x\partial y^2}\right]\frac{\partial}{\partial x}\\
&-\frac{1}{C_{11}}\left[K_{12}\frac{\partial^3}{\partial x^3}+(K_{11}-K_{33})\frac{\partial^3}{\partial x\partial y^2}\right]^2\frac{\partial}{\partial y}\\[6pt]
L_w=&\left[b_{22}\frac{\partial^4}{\partial x^4}+(2b_{12}+b_{33})\frac{\partial^4}{\partial x^2\partial y^2}+b_{11}\frac{\partial^4}{\partial y^4}\right]\left[\left(\frac{D_{11}D_{33}}{C^2}\frac{\partial^4}{\partial x^4}\right.\right.\\
&+\frac{D_{11}D_{22}-D_{12}^2-2D_{12}D_{33}}{C^2}\frac{\partial^4}{\partial x^2\partial y^2}+\frac{D_{22}D_{33}}{C^2}\frac{\partial^4}{\partial y^4}\\
&\left.-\frac{1}{C_{22}}\left(D_{33}\frac{\partial^2}{\partial x^2}+D_{22}\frac{\partial^2}{\partial y^2}\right)+\frac{1}{C_{11}}\left(D_{11}\frac{\partial^2}{\partial x^2}+D_{33}\frac{\partial^2}{\partial y^2}\right)+1\right]\\
&+\frac{1}{C_{11}}\left[K_{12}\frac{\partial^3}{\partial x^3}+(K_{11}-K_{33})\frac{\partial^3}{\partial x\partial y^2}\right]^2\left(\frac{D_{33}}{C_{22}}\frac{\partial^2}{\partial x^2}+\frac{D_{22}}{C_{22}}\frac{\partial^2}{\partial y^2}-1\right)\\
&+\frac{1}{C_{22}}\left[(K_{22}-K_{33})\frac{\partial^3}{\partial x^2\partial y}+K_{12}\frac{\partial^3}{\partial y^3}\right]^2\left(\frac{D_{11}}{C_{11}}\frac{\partial^2}{\partial x^2}+\frac{D_{33}}{C_{11}}\frac{\partial^2}{\partial y^2}-1\right)\\
&-2\left[K_{12}\frac{\partial^3}{\partial x^3}+(K_{11}-K_{33})\cdot\frac{\partial^3}{\partial x\partial y^2}\right]\\
&\left[(K_{22}-K_{33})\frac{\partial^3}{\partial x^2\partial y}+K_{12}\frac{\partial^3}{\partial y^3}\right]\frac{D_{12}+D_{33}}{C^2}\frac{\partial^2}{\partial x\partial y}
\end{aligned}
\tag{4}
$$

则式(1)的前 3 式可得到满足,而第 4 式转化为

$$Lf = \rho \omega^2 L_w f \tag{5}$$

其中微分算符 L 的表达式为

$$
\begin{aligned}
L = & \left[b_{22} \frac{\partial^4}{\partial x^4} + (2b_{12} + b_{33}) \frac{\partial^4}{\partial x^2 \partial y^2} + b_{11} \frac{\partial^4}{\partial y^4} \right] \left[D_{11} \frac{\partial^4}{\partial x^4} + 2(D_{12} + 2D_{33}) \frac{\partial^4}{\partial x^2 \partial y^2} + \right. \\
& D_{22} \frac{\partial^4}{\partial y^4} - \left(\frac{D_{11} D_{33}}{C^2} \frac{\partial^4}{\partial x^4} + \frac{D_{11} D_{22} - D_{12}^2 - 2D_{12} D_{33}}{C^2} \frac{\partial^4}{\partial x^2 \partial y^2} + \frac{D_{22} D_{33}}{C^2} \frac{\partial^4}{\partial y^4} \right) \\
& \cdot \left(C_{11} \frac{\partial^2}{\partial x^2} + C_{22} \frac{\partial^2}{\partial y^2} \right) \right] + \left[K_{12} \frac{\partial^3}{\partial x^3} + (K_{11} - K_{33}) \frac{\partial^3}{\partial x \partial y^2} \right]^2 \left[\frac{\partial^2}{\partial x^2} - \frac{D_{33}}{C_{22}} \frac{\partial^4}{\partial x^4} \right. \\
& \left. - \left(\frac{D_{22}}{C_{22}} + \frac{D_{33}}{C_{11}} \right) \frac{\partial^4}{\partial x^2 \partial y^2} - \frac{D_{22}}{C_{11}} \frac{\partial^4}{\partial y^4} \right] + \left[(K_{22} - K_{33}) \frac{\partial^3}{\partial x^2 \partial y} + K_{12} \frac{\partial^3}{\partial y^3} \right]^2 \\
& \cdot \left[\frac{\partial^2}{\partial y^2} - \frac{D_{11}}{C_{22}} \frac{\partial^4}{\partial x^4} - \left(\frac{D_{11}}{C_{11}} + \frac{D_{33}}{C_{22}} \right) \frac{\partial^4}{\partial x^2 \partial y^2} - \frac{D_{33}}{C_{11}} \frac{\partial^4}{\partial y^4} \right] + 2 \left[K_{12} \frac{\partial^3}{\partial x^3} \right. \\
& \left. + (K_{11} - K_{33}) \frac{\partial^3}{\partial x \partial y^2} \right] \left[(K_{22} - K_{33}) \frac{\partial^3}{\partial x^2 \partial y} + K_{12} \frac{\partial^3}{\partial y^3} \right] \\
& \cdot \left[1 + \frac{D_{12} + D_{33}}{C^2} \left(C_{11} \frac{\partial^2}{\partial x^2} + C_{22} \frac{\partial^2}{\partial y^2} \right) \right] \frac{\partial^2}{\partial x \partial y}
\end{aligned} \tag{6}
$$

式(5)便是组合网架连续化为拟夹层板后,以一个新的位移函数 f 表示固有振动的十阶偏微分方程式。

如不计组合网架的剪切变形,即 C、C_{11}、$C_{22} = \infty$,则式(4)、(6)的微分算符便退化为

$$
\left.
\begin{aligned}
L_\varphi = & \left[K_{12} \frac{\partial^4}{\partial x^4} + (K_{11} + K_{22} - 2K_{33}) \frac{\partial^4}{\partial x^2 \partial y^2} + K_{12} \frac{\partial^4}{\partial y^4} \right] \\
L_{\psi x} = & \frac{\partial}{\partial x} L_w \\
L_{\psi y} = & \frac{\partial}{\partial y} L_w \\
L_w = & \left[b_{22} \frac{\partial^4}{\partial x^4} + (2b_{12} + b_{33}) \frac{\partial^4}{\partial x^2 \partial y^2} + b_{11} \frac{\partial^4}{\partial y^4} \right] \\
L = & \left[b_{22} \frac{\partial^4}{\partial x^4} + (2b_{12} + b_{33}) \frac{\partial^4}{\partial x^2 \partial y^2} + b_{11} \frac{\partial^4}{\partial y^4} \right] \left[D_{11} \frac{\partial^4}{\partial x^4} + 2(D_{12} \right. \\
& \left. + 2D_{33}) \frac{\partial^4}{\partial x^2 \partial y^2} + D_{22} \frac{\partial^4}{\partial y^4} \right] + \left[K_{12} \frac{\partial^4}{\partial y^4} + (K_{11} + K_{22} - 2K_{33}) \right. \\
& \left. \times \frac{\partial^4}{\partial x^2 \partial y^2} + K_{12} \frac{\partial^4}{\partial y^4} \right]^2
\end{aligned}
\right\} \tag{7}
$$

可见,此时挠度的偏导数便是相应的转角,固有振动基本微分方程式仍由式(5)表示,但微分方程的阶数降了两阶,为八阶;方程式的形式也比较简单。

4　矩形平面周边简支组合网架的固有频率

对于矩形平面周边简支组合网架,其拟夹层板的边界条件为

$$
\left.
\begin{aligned}
x = 0 \text{、} a: \quad & \varphi = 0, \quad \frac{\partial^2 \varphi}{\partial x^2} = 0, \quad w = 0, \quad \frac{\partial \psi_x}{\partial x} = 0, \quad \psi_y = 0 \\
y = 0 \text{、} b: \quad & \varphi = 0, \quad \frac{\partial^2 \varphi}{\partial y^2} = 0, \quad w = 0, \quad \frac{\partial \psi_y}{\partial y} = 0, \quad \psi_x = 0
\end{aligned}
\right\} \tag{8}
$$

对位移函数 f 的边界条件是(5 个边界条件均可得到满足)

$$f = \nabla^2 f = \nabla^2 \nabla^2 f = \nabla^2 \nabla^2 \nabla^2 f = 0 \left.\right\}$$
$$\nabla^2 = \frac{\partial^2}{\partial x^2} + \frac{\partial^2}{\partial y^2} \tag{9}$$

因此,周边简支的组合网架可设

$$f = A_{mn} \sin\frac{m\pi x}{a} \sin\frac{n\pi y}{b} \tag{10}$$

将此式代入基本方程式(5),并进行简化和无量纲化后可得

$$\Delta_{mn} = \frac{\rho\omega^2 a^4}{D\pi^4}\Delta_{mn}^w \tag{11}$$

即固有频率的计算公式为

$$\omega = \frac{\pi^2}{a^2}\sqrt{\frac{D}{\rho}\frac{\Delta_{mn}}{\Delta_{mn}^w}} \tag{12}$$

其中,Δ_{mn}、Δ_{mn}^w 的具体表达式分别为

$$
\begin{aligned}
\Delta_{mn} =& [\tilde{b}_{22}m^4 + (2\tilde{b}_{12} + \tilde{b}_{33})m^2\lambda^4 n^4][\widetilde{D}_{11}m^4 + 2(\widetilde{D}_{12} + 2\widetilde{D}_{33})m^2\lambda^2 n^2\\
&+ \widetilde{D}_{22}\lambda^4 n^4 + p^2(\widetilde{D}_{11}\widetilde{D}_{33}m^4 + (\widetilde{D}_{11}\widetilde{D}_{22} - \widetilde{D}_{12}^2 - 2\widetilde{D}_{12}\widetilde{D}_{33})m^2\lambda^2 n^2\\
&+ \widetilde{D}_{22}\widetilde{D}_{33}\lambda^4 n^4)(\frac{m^2}{\widetilde{C}_{22}} + \frac{\lambda^2 n^2}{\widetilde{C}_{11}})] + 2m^2[\widetilde{K}_{12}m^2 + (\widetilde{K}_{11} - \widetilde{K}_{33})\lambda^2 n^2]^2\\
&[m^2 + p^2(\frac{\widetilde{D}_{33}}{\widetilde{C}_{22}}m^4 + (\frac{\widetilde{D}_{22}}{\widetilde{C}_{22}} + \frac{\widetilde{D}_{33}}{\widetilde{C}_{11}})m^2\lambda^2 n^2 + \frac{\widetilde{D}_{22}}{\widetilde{C}_{11}}\lambda^4 n^4)] + 2\lambda^2 n^2\\
&\cdot [(\widetilde{K}_{22} - \widetilde{K}_{33})m^2 + \widetilde{K}_{12}\lambda^2 n^2]^2[\lambda^2 n^2 + p^2(\frac{\widetilde{D}_{11}}{\widetilde{C}_{22}}m^4 + (\frac{\widetilde{D}_{11}}{\widetilde{C}_{11}} + \frac{\widetilde{D}_{33}}{\widetilde{C}_{22}})m^2\lambda^2 n^2\\
&+ \frac{\widetilde{D}_{33}}{\widetilde{C}_{11}}\lambda^4 n^4)] + 4m^2\lambda^2 n^2[\widetilde{K}_{12}m^2 + (\widetilde{K}_{11} - \widetilde{K}_{33})\lambda^2 n^2] \cdot [(\widetilde{K}_{22} - \widetilde{K}_{33})m^2\\
&+ \widetilde{K}_{12}\lambda^2 n^2][1 - p^2(\widetilde{D}_{12} + \widetilde{D}_{33}) \cdot (\frac{1}{\widetilde{C}_{22}}m^2 + \frac{1}{\widetilde{C}_{11}}\lambda^2 n^2)]\\[6pt]
\Delta_{mn}^w =& [\tilde{b}_{22}m^4 + (2\tilde{b}_{12} + \tilde{b}_{33})m^2\lambda^2 n^2 + \tilde{b}_{11}\lambda^4 n^4]\{1 + p^2[(\frac{\widetilde{D}_{11}}{\widetilde{C}_{11}} + \frac{\widetilde{D}_{33}}{\widetilde{C}_{22}})m^2\\
&+ (\frac{\widetilde{D}_{22}}{\widetilde{C}_{22}} + \frac{\widetilde{D}_{33}}{\widetilde{C}_{11}})\lambda^2 n^2] + p^4[\widetilde{D}_{11}\widetilde{D}_{33}m^4 + (\widetilde{D}_{11}\widetilde{D}_{22} - \widetilde{D}_{12}^2 - 2\widetilde{D}_{12}\widetilde{D}_{33})m^2\lambda^2 n^2\\
&+ \widetilde{D}_{22}\widetilde{D}_{33}\lambda^4 n^4]\} + 2p^2 m^2[\widetilde{K}_{12}m^2 + (\widetilde{K}_{11} - \widetilde{K}_{33})\lambda^2 n^2]^2[1 + p^2(\widetilde{D}_{33}m^2\\
&+ \widetilde{D}_{22}\lambda^2 n^2)] + 2p^2\lambda^2 n^2[(\widetilde{K}_{22} - \widetilde{K}_{33})m^2 + \widetilde{K}_{12}\lambda^2 n^2]^2[1 + p^2(\widetilde{D}_{11}m^2 + \widetilde{D}_{33}\lambda^2 n^2)]\\
&+ 4p^4 m^2\lambda^2 n^2[\widetilde{K}_{12}m^2 + (\widetilde{K}_{11} - \widetilde{K}_{33})\lambda^2 n^2][(\widetilde{K}_{22} - \widetilde{K}_{33})m^2 + \widetilde{K}_{12}\lambda^2 n^2](\widetilde{D}_{12} + \widetilde{D}_{33})
\end{aligned}
\left.\right\} \tag{13}
$$

式中 p 表示组合网架剪切变形的无量纲参数,$\tilde{b}_{ij}$、$\widetilde{K}_{ij}$、$\widetilde{D}_{ij}$、$\widetilde{C}_{ij}$ 为无量纲矩阵系数,λ 为边长比,其表达式分别为

$$
\begin{aligned}
&p = \frac{\pi}{a}\sqrt{\frac{D}{C}}\\
&\tilde{b}_{ij} = B^b b_{ij}, \quad \widetilde{K}_{ij} = \frac{K_{ij}}{h}, \quad \widetilde{D}_{ij} = \frac{D_{ij}}{D}, \quad \widetilde{C}_{ij} = \frac{C_{ij}}{C}\\
&D = \frac{B^b h^2}{2}, \quad B^b = E\delta^b, \quad \lambda = \frac{a}{b}
\end{aligned}
\left.\right\} \tag{14}
$$

其中,E 为钢材的弹性模量,δ^b 为下表层的当量折算厚度,可取两方向下弦杆折算厚度的平均值;B^b、D 为相应的下表层的薄膜刚度及组合网架的抗弯刚度;h 为网架的高度。

如不考虑网架的剪切变形,即 C、C_{11}、$C_{22} = \infty$,则 $p = 0$,计算固有频率的计算公式(12) 不变,但确定 Δ_{mn}、Δ_{mn}^w 的表达式(13) 便可大为简化如下式所示

$$\left.\begin{aligned}\Delta_{mn} &= [\tilde{b}_{22} m^4 + (2\tilde{b}_{12} + \tilde{b}_{33})m^2\lambda^4 n^4][\widetilde{D}_{11} m^4 + 2(\widetilde{D}_{12} + 2\widetilde{D}_{33})m^2\lambda^2 n^2 \\ &\quad + \widetilde{D}_{22}\lambda^4 n^4] + 2[\widetilde{K}_{12} m^4 + (\widetilde{K}_{11} + \widetilde{K}_{22} - 2\widetilde{K}_{33})m^2\lambda^2 n^2 + \widetilde{K}_{12}\lambda^4 n^4]^2 \\ \Delta_{mn}^w &= \tilde{b}_{22} m^4 + (2\tilde{b}_{12} + \tilde{b}_{33})m^2\lambda^2 n^2 + \tilde{b}_{11}\lambda^4 n^4\end{aligned}\right\} \tag{15}$$

5 算例与分析

设一平面尺寸 $34\text{m} \times 34\text{m}$ 的斜放四角锥组合网架,周边简支,网架高度 2.5m,下弦网格为 4.25m $\times$ 4.25m,上弦预制板尺寸为 3m $\times$ 3m,板厚 4cm;安装灌缝后形成正交肋宽 21cm,间距 2.125m,斜交肋宽 21cm,间距 3m,肋高均为 16cm(不计板厚);下弦板和腹杆采用 2∠160×16,2∠160×10,2∠110×10,2∠125×10,2∠75×16 五种截面的角钢,下弦杆的平均截面积 $\overline{A}^e = 45\text{cm}^2$;钢材的弹性模量 $E = 2.1 \times 10^4 \text{kN/cm}^2$,混凝土的弹性模量 $E^a = 2.85 \times 10^3 \text{kN/cm}^2$,泊松系数 $\upsilon = 1/6$;结构自重(包括 4cm 现浇层及吊顶,但不包括活荷载)为 580kg/m^2,试计算该组合网架的固有频率。

由以上原始资料根据文献[2]及式(14)可得出主要的参数和刚度为 $D = 1.313 \times 10^8 \text{kN/cm}$,$C = 0.84 \times 10^3 \text{kN/cm}$,$p = 0.635$,$\tilde{b}_{11} = \tilde{b}_{22} = 0.196$,$\tilde{b}_{12} = -0.032$,$\tilde{b}_{33} = 0.647$,$\widetilde{K}_{11} = \widetilde{K}_{22} = 0.196$,$\widetilde{K}_{12} = -0.032$,$\widetilde{D}_{11} = \widetilde{D}_{22} = 1.61$,$\widetilde{D}_{12} = 0.06$,$\widetilde{C}_{11} = \widetilde{C}_{22} = 1$,$\lambda = 1$。最后,由计算公式(12)、(13)、(14)可求得考虑与不考虑剪切变形影响的组合网架前六阶固有频率,见表 1 所示。

表 1 算例的固有频率

p	ω_{11}	$\omega_{12} = \omega_{21}$	ω_{22}	$\omega_{13} = \omega_{31}$	$\omega_{23} = \omega_{32}$	ω_{33}
0.365	3.45	7.66	11.09	13.98	15.95	19.72
0	3.82	10.74	15.27	23.40	26.11	34.35
前者 / 后者	1.107	1.402	1.377	1.674	1.637	1.742

注:按式(12)的计算结果已除以 2π,因为频率的单位为 Hz。

该算例的工程背景为新乡百货大楼组合网架楼层结构,但实际工程的平面截去四个角,截角的腰边长 6.375m。实测的固有频率为 3.50Hz,稍大于正方形平面不截角的组合网架的计算基频 3.45Hz,这是符合实际情况的。

表 1 的计算结果表明,组合网架的固有频率要考虑剪切变形的影响,而且剪切变形对高频的影响更为敏感,致使高频频率有较大幅度的降低。正是这个原因,组合网架的频谱比较密集,而不像一般普通实体平板那样,其频谱比较稀疏。

6 结语

(1)组合网架的固有频率可采用拟夹层板法来分析计算,对于矩形平面周边简支组合网架,本文给出固有频率的计算公式,手算、电算都非常方便。

（2）横向剪切变形对组合网架固有频率的影响较大，因而在确定组合网架固有频率时，特别是高频时，必须考虑横向剪切变形特性的参数 p 的影响（通常情况下 p 的变化范围为 $0.2\sim0.4$）。

（3）与类同的实体平板相比，组合网架的频谱比较密集。

参考文献

[1] 董石麟.组合网架的发展与应用——兼述结构形式、计算、节点构造与施工安装[J].建筑结构，1990,(6):2—10.

[2] 董石麟,马克俭,严慧,等.组合网架结构与空腹网架结构[M].杭州:浙江大学出版社,1992.

21 网架-平板组合结构的简化计算法*

提　要： 本文研究并提出了网架-平板组合结构的简化分析方法。这种分析方法是将组合结构的平板部分，根据各种不同形式的网架折算为四组或三组平面交叉杆系，从而使这种比较复杂的组合结构转化为一个等代空间铰接杆系结构，由一般空间桁架位移法直接进行计算。文中详细地讨论了两向正交类网架、两向斜交类网架、三向类网架及蜂窝形三角锥网架等各种网架-平板组合结构的具体计算方法，并给出了相应的等代杆系刚度和板中内力的计算公式，并附有算例。

关键词： 网架-平板组合结构；简化计算法；等代空间铰接杆系结构；空间桁架位移法

1　概述

网架-平板组合结构是以钢筋混凝土面板（通常为带肋的平板）作为结构的上表层，以钢杆件作为下弦和腹杆的板系与杆系共同工作的空间结构。这种结构的一个明显特点是承重结构和围护结构合二成一，可充分发挥两种不同材料的强度，具有结构刚度大、材料用量省的优点。网架-平板组合结构可用作为屋盖，也可作为楼盖，是平板型网架结构发展的一个方面，近年来引起了国内外的关注。在我国徐州、上海、天津等地，已建成或正在兴建一些试点工程，收到了良好的效果。

可以认为，分析计算网架-平板组合结构可采取三条途径：

（1）采用板元、梁元、杆元等组合结构的有限元法来分析。把这种组合结构的带肋平板，离散成能承受轴力、面力和弯矩的梁元和板元，把腹杆和下弦仍作为只能承受轴力的杆元，然后采用矩阵位移法编制通用程序上机电算。此时，对包括上弦节点在内的带肋平板的部分节点，要考虑三个线变位和三个角变位，对下弦节点仍可考虑三个线变位，未知变位总数比一般平板型网架的要多得多，刚度矩阵也比较复杂。计算这种组合结构必须采用大型计算机，目前还未见到适合于网架-平板组合结构特点的专门程序可直接应用。

（2）采用拟夹层板法来分析。把腹杆和下弦杆折算成夹层板的夹心层和下表层[1]，把带肋板作为上表层，使这种组合结构等代为一整块连续化的夹层板。进而采用解析法或其他方法求解夹层板的微分方程，计算组合结构的内力和变位。但考虑到网架形式和带肋板形式的多样性，使夹层板的微分方程变得比较复杂，对求解和编制计算图表带来不少困难，故目前可应用的现有成果还很少。

（3）采用空间桁架位移法来分析。这和第二种连续化的计算途径正好相反，是选用一种比较简化的离散化的计算模型来分析。把带肋平板等代为平面铰接杆系，这种组合结构仍可作为一个空间桁

---

　*　本文刊登于：董石麟，杨永革.网架-平板组合结构的简化计算法（上）、（下）[J].建筑结构学报，1985，6（4）：10－20；6（5）：29－35.

架看待,可用空间桁架的通用程序来进行电算。对于正方形带肋预制板的正放四角锥网架-平板组合结构,在文献[2]中进行了模型试验,并做过简化计算。

本文根据网架-平板组合结构不同的布置形式,研究了将这种组合结构的带肋平板,等代为多组平面杆系的一般性方法,从而来具体计算两向正交类网架、两向斜交类网架、三向类网架及蜂窝形三角锥网架等各种形式的网架-平板组合结构。同时,详细地讨论了如何根据等代平面杆系的内力,转化为组合结构中平板的内力,分析了平板材料泊松系数对内力计算的影响及其修正方法。

2 两向正交类网架-平板组合结构的简化计算

两向正交正放网架、正放四角锥网架、正放抽空四角锥网架及棋盘形四角锥网架等四种网架结构属于两向正交类网架。两向正交类网架-平板组合结构的面板,可由预制的矩形平面带肋板装配而成。预制板除边肋外,也可设置交叉斜肋,如图1a所示。分析时,可把带肋板的平板部分折算成四组平面交叉杆系,如图1b所示。其中第一组杆系与 x 轴平行,第二组杆系与 y 轴平行,第三、四组杆系分别与 x 轴相交成 θ、$-\theta$ 角。图1b中各组杆系的交点 O 以节点看待,此处正好有腹杆相连接;仅是由三、四组杆系的交点 O' 不以节点看待。作用在板面的荷载可以按等效的节点集中荷载来代替。同时,考虑到肋高、板厚远较网架-平板组合结构的高度要小,因而从总体来说可忽略肋轴线对平板中面偏心矩的微小影响,将等代杆系与肋组合成等代上弦杆,与腹杆和下弦构成一铰接空间杆系,按空间桁架位移法计算。

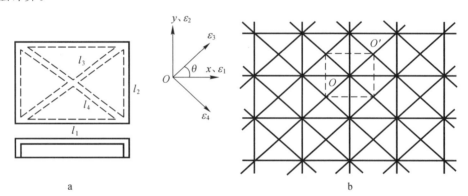

图 1 两向正交类网架的带肋平板与等代平面杆系

先确定等代平面杆系的刚度。在图1b中取出一虚线所示的单元体,设平板在 O 点的应变为 $\boldsymbol{\varepsilon} = \{\varepsilon_x \quad \varepsilon_y \quad \varepsilon_{xy}\}^T$,过 O 点在四根等代杆件方向的应变 $\varepsilon_i (i=1、2、3、4)$ 可用下式表示

$$\begin{Bmatrix} \varepsilon_1 \\ \varepsilon_2 \\ \varepsilon_3 \\ \varepsilon_4 \end{Bmatrix} = \begin{bmatrix} 1 & 0 & 0 \\ 0 & 1 & 0 \\ \cos^2\theta & \sin^2\theta & \cos\theta\sin\theta \\ \cos^2\theta & \sin^2\theta & -\cos\theta\sin\theta \end{bmatrix} \begin{Bmatrix} \varepsilon_x \\ \varepsilon_y \\ \varepsilon_{xy} \end{Bmatrix} \tag{1}$$

设等代杆系的线刚度为 K_i

$$K_i = \frac{EA_i}{l_i} \qquad (i=1、2、3、4) \tag{2}$$

式中,A_i,l_i 为等代杆系的截面积和长度,E 为平板材料的弹性模量。为计算方便起见,一般可取 $K_4 = K_3$,$A_4 = A_3$,再考虑到 $l_2 = l_1\tan\theta$、$l_4 = l_3 = l_1/\cos\theta$ 以及式(1),则单元体内四根等代杆件的应变能可表达为

$$\overline{U} = \frac{1}{2} \sum_{i=1}^{4} \varepsilon_i^2 K_i l_i^2 \tag{3}$$

$$= \frac{1}{2} \{ (K_1 + 2K_3 \cos^2\theta)\varepsilon_x^2 + (K_2 + 2K_3 \sin^2\theta)\tan^2\theta\varepsilon_y^2 + 4K_3 \sin^2\theta\varepsilon_x\varepsilon_y + 2K_3 \sin^2\theta\varepsilon_{xy}^2 \} l_1^2$$

面积为 $l_1^2\tan\theta$、厚度为 δ 的矩形平面实体平板的应变能可用下式表示[3]

$$U = \frac{1}{2} \left\{ \frac{E\delta}{1-\nu^2}(\varepsilon_x^2 + \varepsilon_y^2) + \frac{2\nu E\delta}{1-\nu^2}\varepsilon_x\varepsilon_y + \frac{E\delta}{2(1+\nu)}\varepsilon_{xy}^2 \right\} l_1^2 \tan\theta \tag{4}$$

式中 ν 为平板材料的泊松系数。

令两者的应变能相等 $\overline{U} = U$，则应满足下列条件

$$\left. \begin{aligned} 4K_3 \sin^2\theta &= \frac{2\nu E\delta}{1-\nu^2}\tan\theta \\ 2K_3 \sin^2\theta &= \frac{E\delta}{2(1+\nu)}\tan\theta \\ K_1 + 2K_3 \cos^2\theta &= \frac{E\delta}{1-\nu^2}\tan\theta \\ K_2 + 2K_3 \sin^2\theta &= \frac{E\delta}{1-\nu^2}\cot\theta \end{aligned} \right\} \tag{5}$$

求解上式可得

$$\nu = \frac{1}{3} \tag{6}$$

$$K_i = E\delta\beta_i \quad (i=1、2、3、4) \tag{7}$$

其中系数 β_i 为

$$\left. \begin{aligned} \beta_1 &= \frac{3}{8}(3\tan\theta - \cot\theta) \\ \beta_2 &= \frac{3}{8}(3\cot\theta - \tan\theta) \\ \beta_3 &= \beta_4 = \frac{3}{8\sin2\theta} \end{aligned} \right\} \tag{8}$$

这就表明，只要平板材料的泊松系数为 1/3 时，可以采用四组平面交叉杆系来等代一个等厚度的平板，而各组杆系的截面积由式(2)、(7)求得

$$A_i = \beta_i \delta l_i \quad (i=1、2、3、4) \tag{9}$$

一般情况下，θ 角的变化范围为 $\frac{\pi}{6} \leqslant \theta \leqslant \frac{\pi}{3}$，则系数 β_i 的变化规律如图 2 所示。

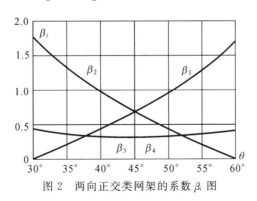

图 2　两向正交类网架的系数 β_i 图

得到了平板的等代平面杆系的刚度或截面积后，便可按空间桁架位移法来分析这种组合结构，求

得等代上弦杆的内力；然后再按刚度或截面积之比来分配确定肋中和平板等代杆系中的内力。

下面再来讨论由等代平面杆系的内力如何返回计算平板的内力。设等代平面杆系的内力为 N_1、N_2、N_3、N_4，平板内力为 $\boldsymbol{N} = \{N_x\ N_y\ N_{xy}\}^{\mathrm{T}}$，则以应变表示内力的物理方程分别为

$$\begin{Bmatrix} N_1 \\ N_2 \\ N_3 \\ N_4 \end{Bmatrix} = E \begin{Bmatrix} A_1\varepsilon_1 \\ A_2\varepsilon_2 \\ A_3\varepsilon_3 \\ A_4\varepsilon_4 \end{Bmatrix} \tag{10}$$

$$\boldsymbol{N} = \begin{Bmatrix} N_x \\ N_y \\ N_{xy} \end{Bmatrix} = E\delta \begin{bmatrix} \dfrac{1}{1-\nu^2} & \dfrac{\nu}{1-\nu^2} & 0 \\ \dfrac{\nu}{1-\nu^2} & \dfrac{1}{1-\nu^2} & 0 \\ 0 & 0 & \dfrac{1}{2(1+\nu)} \end{bmatrix} \begin{Bmatrix} \varepsilon_x \\ \varepsilon_y \\ \varepsilon_{xy} \end{Bmatrix} = E\delta\widetilde{\boldsymbol{B}}\boldsymbol{\varepsilon} \tag{11}$$

式中，$\widetilde{\boldsymbol{B}}$ 为平板的无量纲刚度矩阵，当 $\nu = \dfrac{1}{3}$ 时，则取值为

$$\widetilde{\boldsymbol{B}} = \frac{3}{8}\begin{bmatrix} 3 & 1 & 0 \\ 1 & 3 & 0 \\ 0 & 0 & 1 \end{bmatrix} \tag{12}$$

式（10）中有四个应变 $\varepsilon_i(i = 1、2、3、4)$，其中只可能三个应变是独立的，因而以 ε_i 来表示 $\boldsymbol{\varepsilon} = \{\varepsilon_x\ \varepsilon_y\ \varepsilon_{xy}\}^{\mathrm{T}}$ 时，便有四种表达式，如

$$\boldsymbol{\varepsilon} = \boldsymbol{A}_{(123)}^{-1}\boldsymbol{\varepsilon}_{(123)} = \boldsymbol{A}_{(124)}^{-1}\boldsymbol{\varepsilon}_{(124)} = \boldsymbol{A}_{(134)}^{-1}\boldsymbol{\varepsilon}_{(134)} = \boldsymbol{A}_{(234)}^{-1}\boldsymbol{\varepsilon}_{(234)} \tag{13}$$

其中

$$\left.\begin{aligned} \boldsymbol{\varepsilon}_{(123)} = \{\varepsilon_1\ \varepsilon_2\ \varepsilon_3\}^{\mathrm{T}}, \qquad \boldsymbol{\varepsilon}_{(124)} = \{\varepsilon_1\ \varepsilon_2\ \varepsilon_4\}^{\mathrm{T}} \\ \boldsymbol{\varepsilon}_{(134)} = \{\varepsilon_1\ \varepsilon_3\ \varepsilon_4\}^{\mathrm{T}}, \qquad \boldsymbol{\varepsilon}_{(234)} = \{\varepsilon_2\ \varepsilon_3\ \varepsilon_4\}^{\mathrm{T}} \end{aligned}\right\} \tag{14}$$

逆矩阵 $\boldsymbol{A}^{-1}$ 由式（15）求得

$$\left.\begin{aligned} \boldsymbol{A}_{(123)}^{-1} &= \begin{bmatrix} 1 & 0 & 0 \\ 0 & 1 & 0 \\ -\cot\theta & -\tan\theta & \dfrac{2}{\sin 2\theta} \end{bmatrix}; & \boldsymbol{A}_{(124)}^{-1} &= \begin{bmatrix} 1 & 0 & 0 \\ 0 & 1 & 0 \\ \cot\theta & \tan\theta & -\dfrac{2}{\sin 2\theta} \end{bmatrix} \\[2em] \boldsymbol{A}_{(134)}^{-1} &= \begin{bmatrix} 1 & 0 & 0 \\ -\cot^2\theta & \dfrac{1}{2\sin^2\theta} & \dfrac{1}{2\sin^2\theta} \\ 0 & \dfrac{\sin 2\theta}{4} & -\dfrac{\sin 2\theta}{4} \end{bmatrix}; & \boldsymbol{A}_{(234)}^{-1} &= \begin{bmatrix} -\tan^2\theta & \dfrac{1}{2\cos^2\theta} & \dfrac{1}{2\cos^2\theta} \\ 1 & 0 & 0 \\ 0 & \dfrac{\sin 2\theta}{2} & -\dfrac{\sin 2\theta}{4} \end{bmatrix} \end{aligned}\right\} \tag{15}$$

将式（13）、（10）、（12）、（9）依次代入式（11）可知道，以 $N_i(i = 1、2、3、4)$ 来表示 $\boldsymbol{N}$ 也有四种表达式，即

$$\boldsymbol{N} = \begin{Bmatrix} N_x \\ N_y \\ N_{xy} \end{Bmatrix} = \boldsymbol{T}_{(123)} \begin{Bmatrix} \dfrac{N_1}{\beta_1 l_1} \\ \dfrac{N_2}{\beta_2 l_2} \\ \dfrac{N_3}{\beta_3 l_3} \end{Bmatrix} = \boldsymbol{T}_{(124)} \begin{Bmatrix} \dfrac{N_1}{\beta_1 l_1} \\ \dfrac{N_2}{\beta_2 l_2} \\ \dfrac{N_4}{\beta_4 l_4} \end{Bmatrix} = \boldsymbol{T}_{(134)} \begin{Bmatrix} \dfrac{N_1}{\beta_1 l_1} \\ \dfrac{N_3}{\beta_3 l_3} \\ \dfrac{N_4}{\beta_4 l_4} \end{Bmatrix} = \boldsymbol{T}_{(234)} \begin{Bmatrix} \dfrac{N_2}{\beta_2 l_2} \\ \dfrac{N_3}{\beta_3 l_3} \\ \dfrac{N_4}{\beta_4 l_4} \end{Bmatrix} \tag{16}$$

其中 $\boldsymbol{T}$ 可称为内力变换矩阵，分别表示为

$$\boldsymbol{T}_{(123)} = \widetilde{\boldsymbol{B}}\boldsymbol{A}_{(123)}^{-1} = \frac{3}{8}\begin{bmatrix} 3 & 1 & 0 \\ 1 & 3 & 0 \\ -\cot\theta & -\tan\theta & \dfrac{2}{\sin2\theta} \end{bmatrix}$$

$$\boldsymbol{T}_{(124)} = \widetilde{\boldsymbol{B}}\boldsymbol{A}_{(124)}^{-1} = \frac{3}{8}\begin{bmatrix} 3 & 1 & 0 \\ 1 & 3 & 0 \\ \cot\theta & \tan\theta & -\dfrac{2}{\sin2\theta} \end{bmatrix}$$

$$\boldsymbol{T}_{(134)} = \widetilde{\boldsymbol{B}}\boldsymbol{A}_{(134)}^{-1} = \frac{3}{8}\begin{bmatrix} 3-\cot^2\theta & \dfrac{1}{2\sin^2\theta} & \dfrac{1}{2\sin^2\theta} \\ 1-3\cot^2\theta & \dfrac{3}{2\sin^2\theta} & \dfrac{3}{2\sin^2\theta} \\ 0 & \dfrac{\sin2\theta}{4} & -\dfrac{\sin2\theta}{4} \end{bmatrix}$$

$$\boldsymbol{T}_{(234)} = \widetilde{\boldsymbol{B}}\boldsymbol{A}_{(234)}^{-1} = \frac{3}{8}\begin{bmatrix} 1-3\tan^2\theta & \dfrac{3}{2\cos^2\theta} & \dfrac{3}{2\cos^2\theta} \\ 3-\tan^2\theta & \dfrac{1}{2\cos^2\theta} & \dfrac{1}{2\cos^2\theta} \\ 0 & \dfrac{\sin2\theta}{4} & -\dfrac{\sin2\theta}{4} \end{bmatrix}$$

(17)

如图3所示,如要求得某列节点右侧与 y 轴平行的轴线 $I_{x+}-I_{x+}$ 处的平板内力,则应采用式(16)的第三种表达式来计算,式中 N_1、N_3、N_4 取轴线 I_x-I_x 右侧各杆的内力值。若要求得轴线 $I_{x-}-I_{x-}$ 处的平板内力,也用式(16)的第三种表达式来计算,但式中 N_1、N_3、N_4 应取 I_x-I_x 左侧各杆的内力值。显然,此轴线两侧的平板内力计算结果是不会相等的,因为该列节点上作用有外荷载,有腹杆内力在板平面内的分力。同理,轴线 $I_{y+}-I_{y+}$、$I_{y-}-I_{y-}$ 处的平板内力,应采用式(16)的第四种表达式来计算,式中 N_2、N_3、N_4 应分别取 I_y-I_y 上、下侧各杆的内力值,计算结果也是不会相等的。

有时需要计算在正交正放上弦杆中点附近的平板内力,这可采用如下办法。

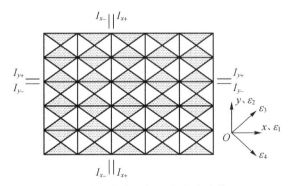

图3 两向正交类网架平板内力计算用图

由图3,三、四两组平面交叉杆系可把平板剖分为一系列菱形单元(靠近边界处为半个菱形单元,即三角形单元),其中标有小黑点的单元中有一根 x 轴方向的等代杆,空白单元中有一根 y 轴方向的等代杆,两类单元呈棋盘状布置。这样,小黑点单元与空白单元内的平板内力,可分别由式(16)的第三、四种表达式计算。对于内部的菱形单元,计算时 N_3、N_4 应取两对边杆件内力的平均值。对于靠近边界的三角形单元,N_1 或 N_2 应取相应杆件内力值的两倍。这是因为在等代杆系结构分析中,平板的等代边界杆件的截面积,比相应的内部杆件的截面积要减少一半所致。由此可见,任一单元内的平板内力是常内力状态,单元之间的内力是间断的,这与平板的平面有限元法的计算结果有类似性。然而,这里是用单一的铰接杆元法求得,这样简化了这种网架-平板组合结构的计算工作。

至于平板在任意截面处的内力 $\{N_a\ S_a\}^{\mathrm{T}}$,则在求得 $\{N_x\ N_y\ N_{xy}\}^{\mathrm{T}}$ 后,可按材料力学方法由下式计算

$$
\begin{Bmatrix} N_a \\ S_a \end{Bmatrix} = \begin{bmatrix} \cos^2\alpha & \sin^2\alpha & \sin2\alpha \\ \dfrac{\sin2\alpha}{2} & -\dfrac{\sin2\alpha}{2} & \sin^2\alpha - \cos^2\alpha \end{bmatrix} \begin{Bmatrix} N_x \\ N_y \\ N_{xy} \end{Bmatrix}
\tag{18}
$$

式中 a 为任意截面的法线与 x 轴的交角。

此外,实际上外荷载不是作用在节点上,而是作用在板面上的,所以在设计时还应根据板的连接构造情况,按多支点多跨连续板或四支点单跨板计算带肋板的局部弯曲内力。

下面讨论一个特例,若上弦是正方形网格,预制面板也可做成正方形的带肋板,则计算可进一步简化。此时 $\theta = \pi/4$,可得

$$
\left.
\begin{aligned}
&\beta_1 = \beta_2 = \frac{3}{4}, \qquad \beta_3 = \beta_4 = \frac{3}{8}, \qquad l_1 = l_2, \qquad l_3 = l_4 = \sqrt{2}\,l_1 \\
&A_1 = A_2 = \frac{3}{4}\delta l_1, \qquad A_3 = A_4 = \frac{3}{4\sqrt{2}}\delta l_1
\end{aligned}
\right\}
\tag{19}
$$

式(19)表明,x、y 轴方向等代杆系的截面积,并不等于相应杆系间距内的全部板截面积 δl_1,而是等于 $\frac{3}{4}\delta l_1$,打了一个折扣。另两组交叉等代杆系的截面积,也有相同的性质。平板内力与等代杆系内力转换关系的四种表达式(16)也可简化成

$$
\begin{aligned}
\begin{Bmatrix} N_x \\ N_y \\ N_{xy} \end{Bmatrix}
&= \frac{1}{2l_1}\begin{bmatrix} 3 & 1 & 0 \\ 1 & 3 & 0 \\ -1 & -1 & 2 \end{bmatrix}\begin{Bmatrix} N_1 \\ N_2 \\ \sqrt{2}\,N_3 \end{Bmatrix}
= \frac{1}{2l_1}\begin{bmatrix} 3 & 1 & 0 \\ 1 & 3 & 0 \\ 1 & 1 & -2 \end{bmatrix}\begin{Bmatrix} N_1 \\ N_2 \\ \sqrt{2}\,N_4 \end{Bmatrix} \\
&= \frac{1}{2l_1}\begin{bmatrix} 2 & 1 & 1 \\ -2 & 3 & 3 \\ 0 & \frac{1}{4} & -\frac{1}{4} \end{bmatrix}\begin{Bmatrix} N_1 \\ \sqrt{2}\,N_3 \\ \sqrt{2}\,N_4 \end{Bmatrix}
= \frac{1}{2l_1}\begin{bmatrix} -2 & 3 & 3 \\ 2 & 1 & 1 \\ 0 & \frac{1}{4} & -\frac{1}{4} \end{bmatrix}\begin{Bmatrix} N_2 \\ \sqrt{2}\,N_3 \\ \sqrt{2}\,N_4 \end{Bmatrix}
\end{aligned}
\tag{20}
$$

设厚度为 δ 边长为 l_1 的一块方板,边界上分别作用有均布线荷载 p_x、p_y(见图4a),试按本文分析方法计算平板的内力和变位。

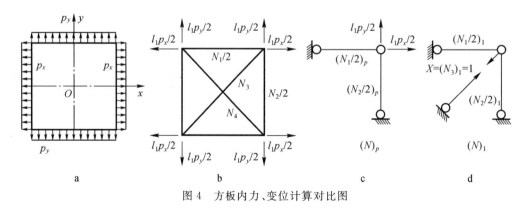

图4 方板内力、变位计算对比图

等代计算模型可取一简单的平面桁架,如图 4b 所示。四根边杆的截面积应取 $\left(\dfrac{A_1}{2}\right)=\left(\dfrac{A_2}{2}\right)=\dfrac{3}{8}\delta l_1$,其内力分别以 $\left(\dfrac{N_1}{2}\right)$、$\left(\dfrac{N_2}{2}\right)$ 表示;交叉杆的截面积为 $A_3=A_4=\dfrac{3}{4\sqrt{2}}\delta l_1$,其内力为 $X=N_3=N_4$。

因双轴对称性,分析时取平面桁架即可,并可采用熟知的力法求解。由图 4c、4d 可知

$$\left(\frac{N_1}{2}\right)_p=\frac{l_1 p_x}{2},\qquad \left(\frac{N_2}{2}\right)_p=\frac{l_1 p_y}{2},\qquad \left(\frac{N_1}{2}\right)_1=\left(\frac{N_2}{2}\right)_1=-\frac{\sqrt{2}}{2}$$

$$\delta_{11}=\sum_i\frac{(N_i)_1^2 l_i}{EA_i}=\frac{8}{3E\delta}$$

$$\Delta_{1p}=\sum_i\frac{(N_i)_1(N_i)_p l_i}{EA_i}=-\frac{\sqrt{2}l_1}{3E\delta}(p_x+p_y)$$

因而求得

$$X=N_3=N_4=-\frac{\Delta_{1p}}{\delta_{11}}=\frac{\sqrt{2}}{8}l_1(p_x+p_y)$$

$$\left(\frac{N_1}{2}\right)=X\left(\frac{N_1}{2}\right)_1+\left(\frac{N_1}{2}\right)_p=\frac{l_1}{8}(3p_x-p_y)$$

$$\left(\frac{N_2}{2}\right)=X\left(\frac{N_2}{2}\right)_1+\left(\frac{N_2}{2}\right)_p=\frac{l_1}{8}(3p_y-p_x)$$

桁架在 x、y 轴方向的总伸长 Δ_x、Δ_y 分别为:

$$\Delta_x=\frac{\left(\dfrac{N_1}{2}\right)l_1}{E\left(\dfrac{A_1}{2}\right)}=\frac{l_1}{E\delta}\left(p_x-\frac{p_y}{3}\right),\qquad \Delta_y=\frac{\left(\dfrac{N_2}{2}\right)l_1}{E\left(\dfrac{A_2}{2}\right)}=\frac{l_1}{E\delta}\left(p_y-\frac{p_x}{3}\right) \tag{21a}$$

根据桁架的内力,则可由式(20)第一式或其他各式返回求得平板的内力

$$\left\{\begin{array}{c}N_x\\N_y\\N_{xy}\end{array}\right\}=\frac{1}{2l_1}\begin{bmatrix}3&1&0\\1&3&0\\-1&-1&2\end{bmatrix}\left\{\begin{array}{c}\dfrac{l_1}{4}(3p_x-p_y)\\[4pt]\dfrac{l_1}{4}(3p_y-p_x)\\[4pt]\dfrac{l_1}{4}(p_x+p_y)\end{array}\right\}=\left\{\begin{array}{c}p_x\\p_y\\0\end{array}\right\}$$

即板内各处两个轴向内力分别为 p_x、p_y,剪力为零,这明显是正确的。至于平板的应变,当 $\nu=\dfrac{1}{3}$ 时,由式(11)可得

$$\left\{\begin{array}{c}\varepsilon_x\\\varepsilon_y\\\varepsilon_{xy}\end{array}\right\}=\frac{1}{E\delta}\begin{bmatrix}1&-\dfrac{1}{3}&0\\[6pt]-\dfrac{1}{3}&1&0\\[6pt]0&0&\dfrac{8}{3}\end{bmatrix}\left\{\begin{array}{c}N_x\\N_y\\N_{xy}\end{array}\right\}=\frac{1}{E\delta}\left\{\begin{array}{c}p_x-\dfrac{p_y}{3}\\[4pt]p_y-\dfrac{p_x}{3}\\[4pt]0\end{array}\right\}$$

从而平板在 x、y 两轴方向的总伸长为

$$\Delta_x=\int_{-\frac{l_1}{2}}^{\frac{l_1}{2}}\varepsilon_x\,\mathrm{d}x=\frac{l_1}{E\delta}\left(p_x-\frac{p_y}{3}\right),\qquad \Delta_y=\int_{-\frac{l_1}{2}}^{\frac{l_1}{2}}\varepsilon_y\,\mathrm{d}y=\frac{l_1}{E\delta}\left(p_y-\frac{p_x}{3}\right) \tag{21b}$$

这与根据桁架求得由式(21a)所表示的结果完全相等。

因此,从这个简例可以说明:当材料的泊松系数为 $\dfrac{1}{3}$ 时,用等代平面杆系的计算模型来简化分析

平板的平面问题是可行的。

3　$v \neq \dfrac{1}{3}$ 时的刚度修正系数

当组合结构中平板材料的泊松系数 ν 不等于 $\dfrac{1}{3}$ 时，可引入一个刚度修正系数，仍按上述方法进行简化计算。

设平板材料的弹性模量为 E_0，泊松系数为 ν_0。由材料力学可知，任意一组平面内力可通过转轴变换求其主内力 N_{I}、N_{II}。在主内力状态下，单位板面积内的余应变能密度为

$$V_0 = \frac{1}{2E_0\delta}(N_{\mathrm{I}}^2 - 2\nu_0 N_{\mathrm{I}} N_{\mathrm{II}} + N_{\mathrm{II}}^2) = \frac{N_{\mathrm{I}}^2}{2E_0\delta}(1 + \gamma^2 - 2\nu_0 \gamma), \qquad \gamma = \frac{N_{\mathrm{II}}}{N_{\mathrm{I}}} \tag{22}$$

如平板材料的弹性模量为 E，泊松系数为 $\dfrac{1}{3}$ 时，在相同的主内力状态下，则其余应变能密度为

$$V = \frac{N_{\mathrm{I}}^2}{2E\delta}\left(1 + \gamma^2 - \frac{2}{3}\gamma\right) \tag{23}$$

使两者的余应变能相等，便有

$$E = \frac{1 + \gamma^2 - \dfrac{2}{3}\gamma}{1 + \gamma^2 - 2\nu_0 \gamma} E_0 = \eta E_0 \tag{24}$$

式中

$$\eta = \frac{1 + \gamma^2 - \dfrac{2}{3}\gamma}{1 + \gamma^2 - 2\nu_0 \gamma} \tag{25}$$

η 为弹性模量的修正系数，亦即刚度修正系数。

实际上，η 值也可乘在式(9)的右端，即得

$$A_i = \eta \beta_i \delta l_i \qquad (i = 1、2、3、4) \tag{9'}$$

这表明当 $\nu_0 \neq \dfrac{1}{3}$ 时，可将等代杆系的截面积乘刚度修正系数，而弹性模量仍取平板的实际弹性模量 E_0。

当平板的主内力比为 $1 \sim -1$、泊松系数为 $0.15 \sim \dfrac{1}{3}$ 时，η 值的变化规律见表1。网架-平板组合结构的平板大多是受压的，且主内力比绝大部分为 $1.0 \sim 0.4$。如取混凝土平板的泊松系数为 $1/6$，则 η 值的变化范围为 $0.800 \sim 0.870$，具体计算时可取其加权平均值，或近似取 $\eta = 0.825$。

表1　刚度修正系数 η

ν_0	$\nu = N_{\mathrm{II}}/N_{\mathrm{I}}$										
	1.0	0.8	0.6	0.4	0.2	0.0	−0.2	−0.4	−0.6	−0.8	−1.0
0.10	0.784	0.790	0.814	0.859	0.925	1.000	1.067	1.115	1.143	1.156	1.159
1/6	0.800	0.806	0.828	0.870	0.932	1.000	1.060	1.103	1.128	1.140	1.143
0.20	0.833	0.838	0.857	0.893	0.944	1.000	1.047	1.081	1.100	1.109	1.111
0.25	0.889	0.892	0.906	0.931	0.965	1.000	1.029	1.049	1.060	1.065	1.066
0.30	0.952	0.954	0.960	0.971	0.989	1.000	1.011	1.019	1.023	1.025	1.026
1/3	1.000	1.000	1.000	1.000	1.000	1.000	1.000	1.000	1.000	1.000	1.000

4　两向斜交类网架-平板组合结构的简化计算

两向正交斜放网架、两向斜交斜放网架、斜放四角锥网架、星形四角锥网架等四种网架结构属于两向斜交类网架。两向斜交类网架-平板组合结构的面板,可由预制的菱形平面的带肋板装配而成。预制板除边肋外,可设置一条对角线肋或十字形肋,如图5a所示。分析时,也可把带肋板的平板部分折算成四组平面交叉杆系,如图5b所示。各组杆系的交点 O 以节点对待,此处正好有腹杆相连接;仅由 x、y 轴方向两组杆系的交点 O',则不以节点对待。

先确定等代平面杆系的刚度。在图5b中取出一虚线所示的单元体,内有8根杆件,每组杆系各占2根。与第2节分析相似,该单元内所有杆件的应变能为(令 $K_4 = K_3$、$A_4 = A_3$、$l_2 = l_1 \tan\theta$、$l_3 = l_1 = l_1/2\cos\theta$)

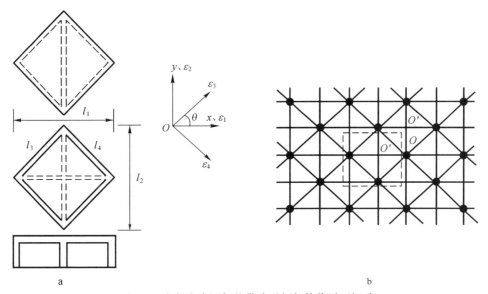

图 5　两向斜交类网架的带肋平板与等代平面杆系

$$\overline{U} = \frac{1}{2}\sum_{i=1}^{4} 2\varepsilon_i^2 K_i l_i^2 \tag{26}$$

$$= \frac{1}{2}\{(2K_1 + K_3\cos^2\theta)\varepsilon_x^2 + (2K_2 + K_3\sin^2\theta)\tan^2\theta\varepsilon_y^2 + 2K_3\sin^2\theta\varepsilon_x\varepsilon_y + 2K_3\sin^2\theta\varepsilon_{xy}^2\}l_1^2$$

相应实体板的应变能仍由式(4)来表示。如令两者的应变能相等,则应满足下列条件:

$$\left.\begin{array}{l}2K_3\sin^2\theta = \dfrac{2\nu E\delta}{1-\nu^2}\tan\theta \\[2mm] K_3\sin^2\theta = \dfrac{E\delta}{2(1+\nu)}\tan\theta \\[2mm] 2K_1 + K_3\cos^2\theta = \dfrac{E\delta}{1-\nu^2}\tan\theta \\[2mm] 2K_2 + K_3\sin^2\theta = \dfrac{E\delta}{1-\nu^2}\cot\theta\end{array}\right\} \tag{27}$$

求解上式,仍可得

$$\nu = \frac{1}{3} \tag{6}$$

$$K_i = E\delta\beta_i \qquad (i=1、2、3、4) \tag{7}$$

但系数 β_i 应为

$$\left.\begin{array}{l} \beta_1 = \dfrac{3}{16}(3\tan\theta - \cot\theta) \\[2mm] \beta_2 = \dfrac{3}{16}(3\cot\theta - \tan\theta) \\[2mm] \beta_3 = \beta_4 = \dfrac{3}{4\sin2\theta} \end{array}\right\} \tag{28}$$

θ 角的变化范围一般为 $\dfrac{\pi}{6} \leqslant \theta \leqslant \dfrac{\pi}{3}$，则系数 β_i 的变化规律如图 6 所示。

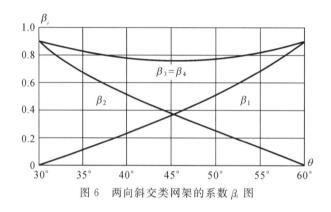

图 6　两向斜交类网架的系数 β_i 图

比较一下式(28)、图 6 和式(8)、图 2 可知，前者的 β_1、β_2 是后者的 $\dfrac{1}{2}$，而前者的 β_3、β_4 是后者的 2 倍。这是由于平面交叉杆系组成形式和杆件长度表示方法不同所引起的。至于各组等代杆系的截面积，仍可由式(9)计算确定，以等代杆系内力 $N_i(i=1、2、3、4)$ 来表示平板内力 $\boldsymbol{N} = \{N_x \ N_y \ N_{xy}\}^{\mathrm{T}}$ 的表达式(16)、(17)，这里也同样适用，只是 β_i 值要按式(28)来确定。

如要计算斜向上弦杆中点附近的平板内力，可先把平板由 x、y 轴方向的两组正交杆系剖分为一系列矩形单元，其中标有小黑点的单元中有一根第三组等代杆系的杆件，空白单元中有一根第四组等代杆系的杆件，两类单元呈棋盘状布置(图 7)。然后，小黑点单元与空白单元内的平板内力可分别由式(16)的第一、二表达式计算确定。运算时 N_1、N_2 应取单元两对边杆件内力的平均值；对边界单元的边界杆件，N_1 或 N_2 应取相应杆件内力值的两倍。虽然，任一单元内的平板内力的计算结果也是常数，这是与通常的平面问题按离散型模型计算所具有共同特性。

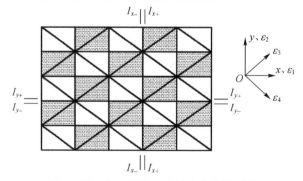

图 7　两向斜交类网架平板内力计算用图

求得了单元内的平板内力,沿轴线 $I_{x+}-I_{x+}$、$I_{x-}-I_{x-}$、$I_{y+}-I_{y+}$、$I_{y-}-I_{y-}$(图7)板内力的变化规律也就得出。平板在任意截面处的内力$\{N_a \ S_a\}^\top$,可由式(18)计算。

如 $\theta=\dfrac{\pi}{4}$,则可得到简化:

$$\left.\begin{aligned}&\beta_1=\beta_2=\frac{3}{8}, \qquad \beta_3=\beta_4=\frac{3}{4}, \qquad l_2=l_1, \qquad l_3=l_4=\frac{l_1}{\sqrt{2}}\\&A_1=A_2=\frac{3}{8}\delta l_1, \qquad A_3=A_4=\frac{3}{4\sqrt{2}}\delta l_1\end{aligned}\right\} \tag{29}$$

而内力转换关系式可由式(16)得出

$$\begin{aligned}\begin{Bmatrix}N_x\\N_y\\N_{xy}\end{Bmatrix}&=\frac{1}{l_1}\begin{bmatrix}3&1&0\\1&3&0\\-1&-1&2\end{bmatrix}\begin{Bmatrix}N_1\\N_2\\\dfrac{N_3}{\sqrt{2}}\end{Bmatrix}=\frac{1}{l_1}\begin{bmatrix}3&1&0\\1&3&0\\0&0&-2\end{bmatrix}\begin{Bmatrix}N_1\\N_2\\\dfrac{N_4}{\sqrt{2}}\end{Bmatrix}\\[2em]&=\frac{1}{l_1}\begin{bmatrix}2&1&1\\-2&3&3\\0&\dfrac{1}{4}&-\dfrac{1}{4}\end{bmatrix}\begin{Bmatrix}N_1\\\dfrac{N_3}{\sqrt{2}}\\\dfrac{N_4}{\sqrt{2}}\end{Bmatrix}=\frac{1}{l_1}\begin{bmatrix}-2&3&3\\2&1&1\\0&\dfrac{1}{4}&-\dfrac{1}{4}\end{bmatrix}\begin{Bmatrix}N_2\\\dfrac{N_3}{\sqrt{2}}\\\dfrac{N_4}{\sqrt{2}}\end{Bmatrix}\end{aligned} \tag{30}$$

当 $\nu\neq\dfrac{1}{3}$ 时,也同样应考虑刚度修正系数 η,以下各节也是如此。

5 三向类网架-平板组合结构的简化计算

三角锥网架、抽空三角锥网架及六角锥网架均属上弦是三向的且组成正三角形网格的三向类网架。三向类网架-平板组合结构的面板,可由预制的正三角形平面的带肋板装配而成(图8a)。分析时可把带肋板的平板部分,折算成三组平面交叉杆系(图8b),并可取出图8b中虚线所示的矩形单元,按上述类似方法确定等代杆系的刚度。但不难发现,这里完全可以应用上节分析中所得到的结果。

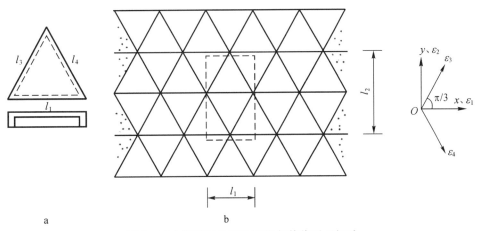

图 8　三向类网架的带肋平板与等代平面杆系

在式(28)中令 $\theta = \dfrac{\pi}{3}$，又由于 $l_4 = l_3 = l_1 = l$、$l_2 = \sqrt{3}\,l$ 及根据式(9)，即可得

$$\left.\begin{array}{l} \beta_1 = \beta_3 = \beta_4 = \dfrac{\sqrt{3}}{2}, \qquad \beta_2 = 0 \\[2mm] A_1 = A_3 = A_4 = \dfrac{\sqrt{3}}{2}\delta l, \qquad A_2 = 0 \end{array}\right\} \tag{31a}$$

这也就是上节所讨论的以四组平面交叉杆系来等代一等厚度的平板，便退化为三组平面交叉杆系，而且各组杆系的截面积是相等的。三组平面交叉杆系所形成的网格，正好与三向类网架的上弦完全重合。因此，可通过计算一般三向类网架，进而来分析计算三向类网架-平板组合结构。

设 N_1、N_3、N_4 为分配给等代平面杆系的内力(不包括肋中的内力)，则平板的内力可根据式(16)、(17)的第三式，并注意到式(31a)，合成下式计算

$$\left\{\begin{array}{c} N_x \\ N_y \\ N_{xy} \end{array}\right\} = \dfrac{2}{\sqrt{3}\,l} \left[\begin{array}{ccc} 1 & \dfrac{1}{4} & \dfrac{1}{4} \\[2mm] 0 & \dfrac{3}{4} & \dfrac{3}{4} \\[2mm] 0 & \dfrac{3\sqrt{3}}{64} & -\dfrac{3\sqrt{3}}{64} \end{array}\right] \left\{\begin{array}{c} N_1 \\ N_3 \\ N_4 \end{array}\right\} \tag{32a}$$

这样可以认为，在被三组平面杆系所剖分的任一等边三角形平板单元内，其内力属常内力分布状态。按式(32a)计算时，N_1、N_3、N_4 正好取三角形单元边界处三根杆件的内力值。平板的左右两端，被剖分为等腰三角形单元(图 8b 中以小黑点表示的单元)，单元内也属常内力分布状态，按式(32a)计算时，N_1 取等腰三角形垂高处的杆件内力值，N_3、N_4 取两腰边处的杆件内力值。如要求得某一等代杆件轴线处的平板内力，则可取两邻近单元的板内力的平均值。

在任意截面处的平板内力 N_a、S_a，可由式(18)求得。特别是当 $a = 0$、$\dfrac{\pi}{3}$、$-\dfrac{\pi}{3}$ 时，即截面法线与相应的三组平面杆系的轴线平行时，将式(32a)代入后，式(18)可表达为

$$\left.\begin{array}{c} \left\{\begin{array}{c} N_{(0)} \\ N_{\left(\frac{\pi}{3}\right)} \\ N_{\left(-\frac{\pi}{3}\right)} \end{array}\right\} = \dfrac{2}{\sqrt{3}\,l} \left[\begin{array}{ccc} 1 & \dfrac{1}{4} & \dfrac{1}{4} \\[2mm] \dfrac{1}{4} & \dfrac{89}{128} & \dfrac{71}{128} \\[2mm] \dfrac{1}{4} & \dfrac{71}{128} & \dfrac{89}{128} \end{array}\right] \left\{\begin{array}{c} N_1 \\ N_3 \\ N_4 \end{array}\right\} \\[10mm] \left\{\begin{array}{c} S_{(0)} \\ S_{\left(\frac{\pi}{3}\right)} \\ S_{\left(-\frac{\pi}{3}\right)} \end{array}\right\} = \dfrac{1}{l} \left[\begin{array}{ccc} 0 & -\dfrac{3}{32} & \dfrac{3}{32} \\[2mm] \dfrac{1}{2} & -\dfrac{13}{64} & -\dfrac{19}{64} \\[2mm] -\dfrac{1}{2} & \dfrac{19}{64} & \dfrac{13}{64} \end{array}\right] \left\{\begin{array}{c} N_1 \\ N_3 \\ N_4 \end{array}\right\} \end{array}\right\} \tag{33a}$$

若三组平面交叉杆系布置成如图 9 所示，此时，$l_4 = l_3 = l_2 = l$、$l_1 = \sqrt{3}\,l$、$\theta = \dfrac{\pi}{6}$，则由式(28)、(9)可得

$$\left.\begin{array}{l} \beta_2 = \beta_3 = \beta_4 = \dfrac{\sqrt{3}}{2}, \qquad \beta_1 = 0 \\[2mm] A_2 = A_3 = A_4 = \dfrac{\sqrt{3}}{2}\delta l, \qquad A_1 = 0 \end{array}\right\} \tag{31b}$$

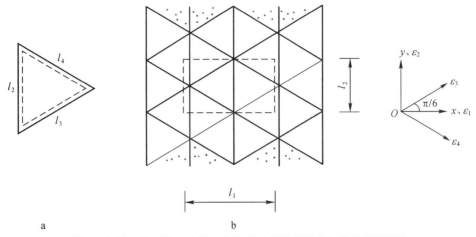

图 9　与图 8 布置转 $\pi/2$ 的三向类网架的带肋平板与等代平面杆系

通过类似的分析可知,平板内力以等代杆系内力 N_2、N_3、N_4 表示的计算公式为

$$\begin{Bmatrix} N_x \\ N_y \\ N_{xy} \end{Bmatrix} = \frac{2}{\sqrt{3}\,l} \begin{bmatrix} 0 & \dfrac{3}{4} & \dfrac{3}{4} \\ 1 & \dfrac{1}{4} & \dfrac{1}{4} \\ 0 & \dfrac{3\sqrt{3}}{64} & -\dfrac{3\sqrt{3}}{64} \end{bmatrix} \begin{Bmatrix} N_2 \\ N_3 \\ N_4 \end{Bmatrix} \tag{32b}$$

$$\begin{Bmatrix} N_{\left(\frac{\pi}{2}\right)} \\ N_{\left(\frac{\pi}{6}\right)} \\ N_{\left(-\frac{\pi}{6}\right)} \end{Bmatrix} = \frac{2}{\sqrt{3}\,l} \begin{bmatrix} 1 & \dfrac{1}{4} & \dfrac{1}{4} \\ \dfrac{1}{4} & 1 & \dfrac{1}{4} \\ \dfrac{1}{4} & \dfrac{1}{4} & 1 \end{bmatrix} \begin{Bmatrix} N_2 \\ N_3 \\ N_4 \end{Bmatrix} \tag{33b}$$

$$\begin{Bmatrix} S_{\left(\frac{\pi}{2}\right)} \\ S_{\left(\frac{\pi}{6}\right)} \\ S_{\left(-\frac{\pi}{6}\right)} \end{Bmatrix} = \frac{1}{2l} \begin{bmatrix} 0 & -1 & 1 \\ 1 & 0 & -1 \\ -1 & 1 & 0 \end{bmatrix} \begin{Bmatrix} N_2 \\ N_3 \\ N_4 \end{Bmatrix}$$

6　蜂窝形三角锥网架-平板组合结构的简化计算

蜂窝形三角锥网架是网架结构中节点数和杆件数相对来说最少的一种,它的下弦形成正六角形网格,而上弦形成正六角形和正三角形相间的网格。这种蜂窝形三角锥网格-平板组合结构的面板,可由预制的正六角形和正三角形的带肋板组装而成(图 10a)。分析时,可以把带肋板的平板部分,折算成如上节所讨论的三组平面交叉杆系,并可直接套用上节的计算公式。但更为方便的途径是把平板折算成如图 10b 所示的三组平面交叉杆系,形成与蜂窝形三角锥网架上弦相重合的正六角形和正三角形相间的网格。

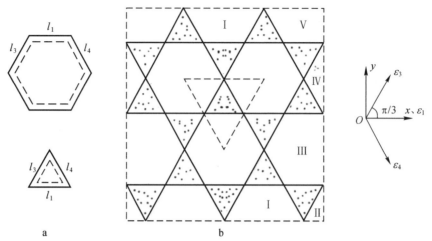

图 10　蜂窝形组合网架的带肋平板及等代平面杆系

这样，在图 10b 中取出虚线所示的单元体，内有三根等代杆件，且杆长 $l_1=l_3=l_4=l$，计及式（1）后，则三杆的应变能为 $\left(K_4=K_3、\theta=\dfrac{\pi}{3}\right)$

$$\bar{U}=\frac{1}{2}\sum_{i=1,3,4}\varepsilon_i^2 K_i l_i^2$$

$$=\frac{1}{2}\Big[(K_1+\frac{1}{3}K_3)\varepsilon_x^2+\frac{9}{8}K_3\varepsilon_y^2+\frac{3}{4}K_3\varepsilon_x\varepsilon_y+\frac{3}{8}K_3\varepsilon_{xy}^2\Big]l^2 \tag{34}$$

相应的实体板的应变能为

$$U=\frac{\sqrt{3}}{2}\frac{E\delta}{1-\nu^2}(\varepsilon_x^2+\varepsilon_y^2)+\frac{2\nu E\delta}{1-\nu^2}\varepsilon_x\varepsilon_y+\frac{E\delta}{2(1+\nu)}\varepsilon_{xy}^2 l^2 \tag{35}$$

使两者的应变能相等，必须满足下列条件

$$\left.\begin{array}{l}\nu=\dfrac{1}{3}\\[2mm]K_1=K_3=K_4=K=\sqrt{3}\,E\delta\end{array}\right\} \tag{36}$$

从而可知系数 β_i 和截面积 $A_i(i=1、3、4)$ 为

$$\left.\begin{array}{l}\beta_1=\beta_3=\beta_4=\beta=\sqrt{3}\\[2mm]A_1=A_3=A_4=A=\sqrt{3}\,\delta l\end{array}\right\} \tag{37a}$$

求得等代杆系的内力后，可由式（16）、（17）的第三式得出下列公式来返回计算平板的内力

$$\left\{\begin{array}{c}N_x\\N_y\\N_{xy}\end{array}\right\}=\frac{1}{\sqrt{3}\,l}\begin{bmatrix}1 & -\dfrac{1}{4} & \dfrac{1}{4}\\[2mm]0 & \dfrac{3}{4} & \dfrac{3}{4}\\[2mm]0 & \dfrac{3\sqrt{3}}{64} & -\dfrac{3\sqrt{3}}{64}\end{bmatrix}\left\{\begin{array}{c}N_1\\N_3\\N_4\end{array}\right\} \tag{38a}$$

和上节一样，被三组平面杆系所剖分的正三角形板单元内，可认为是常内力状态。按式（38a）计算板内力时，N_1、N_3、N_4 正好取三角形边界处三根杆件的内力值。被剖分的正六角形板单元内，也属常内力状态，只是按式（38a）计算板内力时，N_1、N_3、N_4 应分别取六角形边界处两根相应对边杆件的平均内力值。对于平板周边的零星单元，有如图 10b 所示的 I、II、III、IV、V 五种单元形式，计算板内力时，N_i 取单元边界处的杆件内力值（如 I 单元的 N_1、N_3、N_4，II 单元的 N_3，III 单元的 N_3、N_4，IV 单元

的 N_3、N_4，V 单元的 N_1、N_4），或取两对边杆件内力的平均值（如 Ⅲ 单元的 N_1），或取相邻两个正三角形板单元边界处相应杆件内力的平均值（如 Ⅳ 单元的 N_1，V 单元的 N_3）。显然，这些零星板单元内的内力也属常内力状态。至于在等代杆件轴线处的平板内力，可取两相邻单元板内力的平均值。平板任意截面上的内力 N_a、S_a，在当 $a=0$、$\dfrac{\pi}{3}$、$-\dfrac{\pi}{3}$ 时，可由下列公式计算：

$$
\begin{Bmatrix} N_{(0)} \\ N_{\left(\frac{\pi}{3}\right)} \\ N_{\left(-\frac{\pi}{3}\right)} \end{Bmatrix} = \frac{1}{\sqrt{3}\,l} \begin{bmatrix} 1 & \dfrac{1}{4} & \dfrac{1}{4} \\ \dfrac{1}{4} & \dfrac{89}{128} & \dfrac{71}{128} \\ \dfrac{1}{4} & \dfrac{71}{128} & \dfrac{89}{128} \end{bmatrix} \begin{Bmatrix} N_1 \\ N_3 \\ N_4 \end{Bmatrix}
$$

$$
\begin{Bmatrix} S_{(0)} \\ S_{\left(\frac{\pi}{3}\right)} \\ S_{\left(-\frac{\pi}{3}\right)} \end{Bmatrix} = \frac{1}{4l} \begin{bmatrix} 0 & -\dfrac{3}{16} & \dfrac{3}{16} \\ 1 & -\dfrac{13}{32} & -\dfrac{19}{32} \\ -1 & \dfrac{19}{32} & \dfrac{13}{32} \end{bmatrix} \begin{Bmatrix} N_1 \\ N_3 \\ N_4 \end{Bmatrix}
$$

(39a)

比较一下前节的式（32a）、（33a）与本节的式（38a）、（39a）可知，如两者的杆件长度和等代杆件内力相等，则后者的平板内力正好是前者的一半。显然，因为三向类网架的上弦杆比蜂窝形三角锥网架的上弦杆增加了一倍，亦即上弦杆间距离减少了一半，在等代杆件内力相等的条件下，后者平板内力自然要比前者的减少一半。

假若网格布置转一个 90°，如图 11 所示，则相应的表达式和计算公式为（注意到 $l_2=l_3=l_4=l$，$\theta=\dfrac{\pi}{6}$）

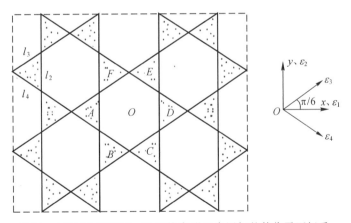

图 11　与图 10 布置转 $\pi/2$ 的蜂窝形组合网架的等代平面杆系

$$
\left.\begin{aligned}
\beta_2 = \beta_3 = \beta_4 = \beta = \sqrt{3}\,, \qquad \beta_1 = 0 \\
A_2 = A_3 = A_4 = A = \sqrt{3}\,\delta l\,, \qquad A_1 = 0
\end{aligned}\right\}
$$

(37b)

$$
\begin{Bmatrix} N_x \\ N_y \\ N_{xy} \end{Bmatrix} = \frac{1}{\sqrt{3}\,l} \begin{bmatrix} 0 & \dfrac{3}{4} & \dfrac{3}{4} \\ 1 & \dfrac{1}{4} & \dfrac{1}{4} \\ 0 & \dfrac{3\sqrt{3}}{64} & -\dfrac{3\sqrt{3}}{64} \end{bmatrix} \begin{Bmatrix} N_2 \\ N_3 \\ N_4 \end{Bmatrix}
$$

(38b)

$$\left\{\begin{array}{c} N_{\left(\frac{\pi}{2}\right)} \\ N_{\left(\frac{\pi}{6}\right)} \\ N_{\left(-\frac{\pi}{6}\right)} \end{array}\right\} = \frac{1}{\sqrt{3}\,l} \begin{bmatrix} 1 & \frac{1}{4} & \frac{1}{4} \\ \frac{1}{4} & \frac{89}{128} & \frac{71}{128} \\ \frac{1}{4} & \frac{71}{128} & \frac{89}{128} \end{bmatrix} \left\{\begin{array}{c} N_2 \\ N_3 \\ N_4 \end{array}\right\}$$

$$\left\{\begin{array}{c} S_{\left(\frac{\pi}{2}\right)} \\ S_{\left(\frac{\pi}{6}\right)} \\ S_{\left(-\frac{\pi}{6}\right)} \end{array}\right\} = \frac{1}{4l} \begin{bmatrix} 0 & -\frac{3}{16} & \frac{3}{16} \\ 1 & \frac{13}{32} & \frac{19}{32} \\ -1 & -\frac{19}{32} & -\frac{13}{32} \end{bmatrix} \left\{\begin{array}{c} N_2 \\ N_3 \\ N_4 \end{array}\right\}$$

(39b)

在文献[4]中曾论证了周边简支的蜂窝形三角锥网架属于静定结构,并且还证明了在这种静定的网架结构中,属于同一个三角锥的三根上弦的内力是相等的。因此,对于周边简支的蜂窝形三角锥网架-平板组合结构,如预制板的厚度相等,肋的大小相等,则由本文简化分析方法可知,在等代平面杆系中,属于同一三角锥的三根等代杆件的内力也必然是相等的。如设三角锥 A 的三根等代杆件的内力为 $(N)_A = (N_2)_A = (N_3)_A = N_A$,则三角形板单元 A 内(见图11)的平板内力可由式(38a)或(38b)求得

$$(N_x)_A = (N_y)_A = \frac{\sqrt{3}}{2l} N_A, \qquad (N_{xy})_A = 0 \tag{40a}$$

同理,三角形板单元 B、$\cdots$、F 内(见图11)的平板内力分别为

$$\left.\begin{array}{c} (N_x)_B = (N_y)_B = \dfrac{\sqrt{3}}{2l} N_B, \qquad (N_{xy})_B = 0 \\ \vdots \\ \vdots \\ (N_x)_F = (N_y)_F = \dfrac{\sqrt{3}}{2l} N_F, \qquad (N_{xy})_F = 0 \end{array}\right\} \tag{40b}$$

于是,六角形板单元 O 内(见图11)的平板内力为

$$(N_x)_O = (N_y)_O = \frac{\sqrt{3}}{12l} \sum_{I=A,B,\cdots,F} N_I, \qquad (N_{xy})_O = 0 \tag{40c}$$

由此可见,周边简支蜂窝形三角锥网架-平板组合结构中,平板内无剪力,两个方向的轴力是相等的,即 $N_x = N_y$,其分布规律同周边简支蜂窝形三角锥网架上弦杆内力的分布规律。由于板内主轴力之比到处等于1,等代杆系的刚度修正系数 η 可取表1的第1列数值。如混凝土平板材料的泊松系数为 $1/6$,则 η 取 0.8。

通过本节所述可知,对这种由板系、杆系组成的比较复杂的蜂窝形三角锥网架-平板组合结构,采用本文的简化分析方法来计算是很方便的。

7 算例

例1 设有一周边简支 5×5 蜂窝形三角锥网架-平板组合结构,平面尺寸 $22\times20.786\text{m}$,网架高 $h=1.5\text{m}$,上弦长 $l=2.0\text{m}$,均布荷载 $q=0.2\text{t/m}$,钢腹杆、下弦杆的截面积分别为 5.47cm^2、11.12cm^2,钢材的弹性模量为 $2.1\times10^6\,\text{kg/cm}^2$,混凝土平板厚 $\delta=3\text{cm}$,肋高(不包括板厚)为 13cm,肋宽为 16cm,混凝土的弹性模量为 $2.85\times10^5\,\text{kg/cm}^2$,泊松系数为 $1/6$,试计算平板内力及跨中挠度。

根据已知数据由式(37a)求得平板等代平面杆系的截面积 $A = \eta\sqrt{3}\,\delta l = 0.8 \times \sqrt{3} \times 3 \times 200 = 831.4\,\text{cm}^2$、肋的截面积 $A_l = 208\,\text{cm}^2$,等代网架上弦杆的总截面积为 $A + A_l = 1039.4\,\text{cm}^2$,或按刚度相等换算成钢材截面积为 $141.1\,\text{cm}^2$。至此,可按文献[4]的计算用表或按空间桁架位移法电算得出等代网架的内力和挠度。跨中上弦节点 24 处有最大挠度 $w_{24} = 3.25\,\text{cm}$,约为相应全钢网架挠度[4]的 67.1%。由等代网架上弦杆的内力,可按刚度比求得分配给肋的内力(见图12,取 1/4 结构平面图,因同一三角形的三根肋的内力是相等的,以三角形内带括号的数值表示,单位为 t)及平板等代杆系的内力。然后再由平板等代杆系的内力按式(40)、(38a)得出平板的内力 $N_{xy} = 0$、$N_x = N_y$(详见图12中各三角形、六角形单元及边界处零星单元内不带括号的数值、单位 kN/m)。

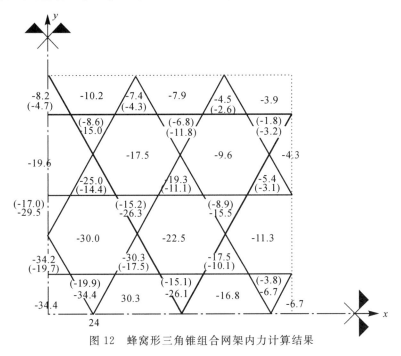

图12　蜂窝形三角锥组合网架内力计算结果

例2　设有星形四角锥体组成的周边简支两向正交正放网架-平板组合结构。这种新形式的组合结构可采用下述拼装方法成型:先正放铺设预制的星形四角锥体,连接下弦节点;然后扣上预制的钢筋混凝土平板,焊接灌缝后即可(如图13所示)。可见,钢腹杆、下弦杆以及钢筋混凝土平板的边肋构成两

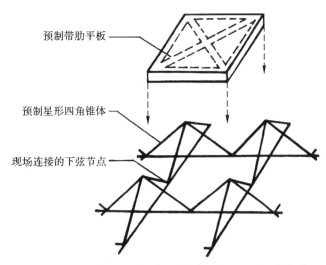

图13　星形四角锥组合网架的带肋平板及星形四角锥体

259

向正交正放平面桁架系组成的网架。设平面尺寸为 $24\text{m}\times24\text{m}$，高 $h=1.8\text{m}$，荷载 $q=0.27\text{t/m}^2$，钢腹杆、下弦杆的截面积分别为 6.67cm^2、8.27cm^2，钢材的弹性模量为 $2.1\times10^6\text{kg/cm}^2$，预制板的边长 $l=2.4\text{m}$、板厚 $\delta=3\text{cm}$，灌缝后形成的正交正放肋高（不包括板厚）为 13cm、宽为 17cm，斜放肋高（不包括板厚）为 7cm、宽为 6cm，混凝土的弹性模量为 $3.0\times10^5\text{kg/cm}^2$、泊松系数为 $1/6$，试计算组合结构的挠度及板中内力。

由已知数据，按式（9′）可算得平板等代四组平面杆系的截面积为 $A_1=A_2=0.825\times\dfrac{3}{4}\delta l=446\text{cm}^2$、$A_3=A_4=0.825\times\dfrac{3}{4\sqrt2}\delta l=315\text{cm}^2$，正交正放肋的截面积为 $A_{1l}=A_{2l}=221\text{cm}^2$，斜放肋的截面积为 $A_{3l}=A_{4l}=42\text{cm}^2$。因而等代网架正交正放上弦杆的总截面积为 $A_1+A_{1l}=667\text{cm}^2$（边界上弦杆为 $A_1/2+A_{1l}=444\text{cm}^2$），斜放上弦杆的总截面积为 $A_3+A_{3l}=357\text{cm}^2$。至此，可采用空间桁架位移法电算求得等代网架的挠度和内力。跨中上弦节点的最大挠度 $w_{\max}=3.77\text{cm}$，仅为结构跨度的 $1/648$，表明组合结构的刚度较大。分配给肋中的内力表示在图 14 中的 $1/4$ 网架平面图的左上角部位。由分配给等代平面杆系的内力按式（20）计算平板的内力，表示在图 14 中右下角部位，每一个菱形单元内为常内力。可见，板中内力不仅有轴向力，而且有剪力，这是比较符合实际情况的；如果将平板粗略地仅折算成两向正交正放上弦杆系，那就得不到板平面内应存在的剪力值。

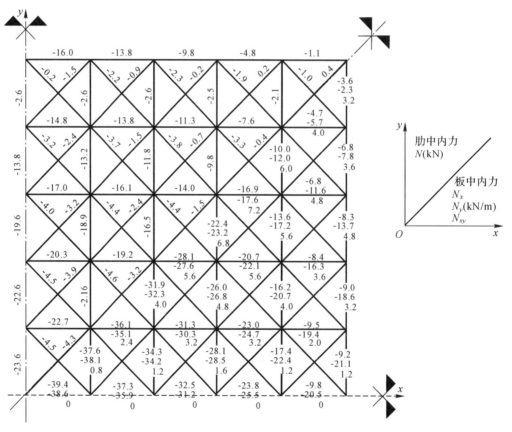

图 14　星形四角锥组合网架内力计算结果

8　结语

综上所述,可得到下面几点结论:

(1)网架-平板组合结构的简化分析法,可将平板按能量原理折算成平面交叉杆系,从而形成一种等代网架,采用空间桁架位移法来计算,进而再由等代平面交叉杆系的内力返回求得平板中的内力。因此,这种简化计算方法的实质,是一种从连续体转化为离散体,再由离散体返回到连续体的分析途径。

(2)平板的等代平面交叉杆系,根据网架上弦杆设置方式的不同,在一般情况下由三组或四组杆系组成;但不得为两组杆系组成,否则就不能反映平板内作为平面问题应存在剪切刚度和剪应力(周边简支的蜂窝形三角锥网架-平板组合结构中板内无剪力是一种特殊情况)。

(3)当平板材料的泊松系数为 1/3 时,本文的简化分析方法是相当精确的;当泊松系数不为 1/3 时,则在计算平板等代杆系的截面积时,应乘以刚度修正系数 η。

(4)如平板带肋,可将肋直接作为等代上弦杆系的组成部分。

(5)这种组合结构中平板的最终内力,除了采用本文方法所求得的平面内力外,尚应按一般的平板弯曲理论,求得在外荷载作用下的局部弯曲内力。

参考文献

[1] 董石麟,夏亨熹.正交正放类网架结构的拟板(夹层板)分析法(上)、(下)[J].建筑结构学报,1982,3(2):14-25,3(3):14-22.

[2] 洪肖秋.一种空间组合板架的设计与研究[C]//中国土木工程学会.第一届空间结构学术交流会论文集(第二卷),福州,1982:175-184.

[3] 徐芝纶.弹性力学[M].北京:人民教育出版社,1982.

[4] 董石麟,宦荣芬.蜂窝形三角锥网架计算的新方法——下弦内力法[C]//中国土木工程学会.第一届空间结构学术交流会论文集(第二卷),福州,1982:133-150.

22 蜂窝形三角锥网架计算的新方法
——下弦内力法[*]

摘 要:本文对蜂窝形三角锥网架的计算理论,提出了一种新的分析方法——下弦内力法,建立了以网架下弦杆内力为未知量的基本方程式。文中对比了简支、周边法向可动铰支、不动铰支网架的受力特点,研究了支座沉降、温度变化对内力的影响,给出了网架各类杆件内力的计算公式,推出了这种蜂窝形三角锥网架在一般情况下是半静定半超静定结构。与此同时,对矩形平面网架,在垂直均布荷载作用下,按网架长、宽方向不同的网格数,编制了内力和挠度计算用表共46组,以供工程设计中应用。采用本文方法及图表来计算蜂窝形三角锥网架,不仅运算工作十分简便,易于掌握,而且所求得的网架内力和反力是精确解,与空间桁架位移法的电算结果完全相同。文中附有算例。

关键词:蜂窝形三角锥网架;计算方法;下弦内力法;计算图表

1 引言

蜂窝形三角锥网架是由倒置的三角锥锥底的角点连接而成,使它的下弦平面形成正六角形网格,而上弦平面形成正三角形与六角形相间的网格。交汇于上弦节点的杆件为6根,是4根上弦杆、2根腹杆;交汇于下弦节点的杆件也为6根,是下弦杆、腹杆各3根。相对来说,这种网架的杆件数和节点数,是常见12种网架形式[1]中最少的一种。同时,上弦杆的长度较短,为下弦杆长度的$\sqrt{3}/2$,这是符合网架上弦通常受压宜短、下弦受拉宜长的要求的。

日本最早建成了蜂窝形三角锥网架,并于1971年在京都召开的国际空间结构会议上做过介绍[2]。在英国曾对这种网架进行过模型试验研究[3]。最近几年,在我国大同、唐山、徐州等地也曾采用这种网架作为会议室、车间、食堂的屋顶,使用效果良好。在文献[4]中对这种网架的几何不变性问题进行了研究。以往,国内外都采用空间桁架位移法,并用电子计算机来分析计算蜂窝形三角锥网架。除此以外,尚未见过其他任何精确的或近似的计算方法可应用。鉴于这是一种近十年来才问世的较新形式的网架结构,它的受力特性、内力和挠度的分布规律,是研究得很不够的。

本文提出了计算蜂窝形三角锥网架的一种新方法——下弦内力法,建立了以下弦杆内力为未知量的基本方程式和求解挠度的方程式。分析研究了简支、周边法向可动较支、不动铰支网架的受力特点,讨论了支座沉降、温度变化对网架内力的影响,给出了网架杆件内力的一般计算公式。同时,在垂

---

* 本文刊登于:董石麟,宦荣芬.蜂窝形三角锥网架计算的新方法——下弦内力法[C]//中国土木工程学会.第一届空间结构学术交流会论文集(第二卷),福州,1982:133-150.

直均布荷载作用下,对矩形平面的网架,按网架参数不同,编制了共 46 组内力和挠度计算图表,可供计算时应用,而且所求得的网架内力和反力是精确解。这样,可不用电子计算机也能精确计算这种蜂窝形三角锥网架。文中附有计算例题。

2 基本方程式的建立

设蜂窝形三角锥网架的上弦节点为 1、2、3、$\cdots$,下弦节点为 A、B、C、$\cdots$;上弦杆内力用 N_{12}、N_{23}、N_{31}、N_{14}、$\cdots$表示,腹杆内力用 N_{1A}、N_{2A}、N_{3A}、N_{1B}、$\cdots$表示,对应于上弦节点 1、2、3、4、$\cdots$的下弦内力用 N_1、N_2、N_3、N_4、$\cdots$表示(图 1)。作用在网架上、下弦节点的垂直荷载分别为 P_a、P_b。如由一般下弦节点 A 的平衡条件

$$\left.\begin{array}{r} (N_{2A}\cos\varphi + N_2)\cos 30° = (N_{3A}\cos\varphi + N_3)\cos 30° \\ N_{1A}\cos\varphi + N_1 = [(N_{2A}+N_{3A})\cos\varphi + N_2 + N_3]\sin 30° \\ (N_{1A} + N_{2A} + N_{3A})\sin\varphi = P_b \end{array}\right\} \qquad (1)$$

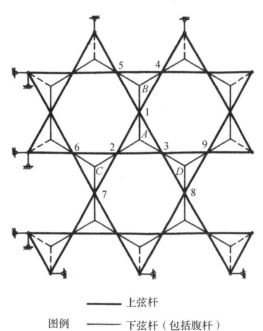

图例　　——— 上弦杆
　　　　——— 下弦杆(包括腹杆)
　　　　----- 腹杆

图 1　网架平面及节点编号示意图

可求得腹杆内力用下弦杆内力表示的表达式

$$\left.\begin{array}{r} N_{1A} = \dfrac{1}{3\cos\varphi}(-2N_1 + N_2 + N_3 + P_b\cot\varphi) \\[2mm] N_{2A} = \dfrac{1}{3\cos\varphi}(-2N_2 + N_3 + N_1 + P_b\cot\varphi) \\[2mm] N_{3A} = \dfrac{1}{3\cos\varphi}(-2N_3 + N_1 + N_2 + P_b\cot\varphi) \end{array}\right\} \qquad (2a)$$

由节点 B 的平衡条件,同理可得(图 1)

$$N_{1B}=\frac{1}{3\cos\varphi}(-2N_1+N_4+N_5+P_b\cot\varphi)$$

$$N_{4B}=\frac{1}{3\cos\varphi}(-2N_4+N_5+N_1+P_b\cot\varphi)$$ (2b)

$$N_{5B}=\frac{1}{3\cos\varphi}(-2N_5+N_1+N_4+P_b\cot\varphi)$$

式(1)、(2)中的内力均以拉力为正,φ 表示腹杆和水平面的倾角。

上弦节点 1 垂直力的平衡条件为

$$(N_{1A}+N_{1B})\sin\varphi+P_a=0$$ (3)

将式(2a)、(2b)的第一式代入上式可得

$$4N_1-N_2-N_3-N_4-N_5=Q_n$$ (4a)

其中,

$$Q_n=(3P_a+2P_b)\cot\varphi$$ (5)

由上弦节点 2、3 垂直力的平衡条件,同理可得(见图1)

$$4N_2-N_1-N_3-N_6-N_7=Q_n$$ (4b)

$$4N_3-N_1-N_2-N_8-N_9=Q_n$$ (4c)

因此,对于一般网架内部的上弦节点,式(4)可用下列图式表示:

$$N_i=Q_n$$ (6)

如果某些上弦节点坐落在边界上,此时便无相应的下弦杆,因而对靠近边界及角部的上弦节点,其垂直力的平衡方程则为

$$N_i=Q_n$$ (7)

综合式(6)、(7),便得一线代方程组,它可用矩阵形式来表示

$$KN = Q_n I \tag{8}$$

求解后可得

$$N = Q_n K^{-1} I \tag{9}$$

式(8)、(9)中 K 为系数矩阵,K^{-1} 为其逆矩阵,I 为单位矩阵,N 为下弦杆内力矩阵:

$$N = \{ N_1 、N_2 、N_3 、\cdots 、N_I 、\cdots \}^{\mathrm{T}}$$

　　式(8)就是蜂窝形三角锥网架以下弦杆内力为未知量的基本方程式,其形式类似于差分方程式。由于对网架内部的每个上弦节点,对应有一根下弦杆,可建立一个垂直力的平衡方程,因而下弦杆内力数与式(8)的方程式数完全相等,无需借助于任何变形协调条件,便可直接由基本方程式(8)求得下弦杆内力。

3　网架内力计算公式

　　根据上节分析可知,蜂窝形三角锥网架的下弦杆内力由解式(8)求得,从而由式(2)可方便地求得腹杆内力,由支座腹杆的垂直分力即得支座的垂直反力。这就表明,这种蜂窝形三角锥网架,不管网架周边支承的边界条件如何,不管其整体是否属于超静定结构,但对于下弦杆和腹杆内力以及支座垂直反力来说,可在求得网架变位之前,完全由静力条件求得。也就是说,下弦杆和腹杆内力以及支座垂直反力是属于局部静定的。

　　下面来分析计算上弦杆的内力。

　　本节先讨论这样一种支承条件的网架:矩形平面一边的支座节点是三向约束的,即为不动铰支座;一邻边的支座节点是垂直向、水平法向约束的,即为切向可动铰支座;另一邻边的支座节点是垂直的、水平切向约束的,即为法向可动铰支座;第四边的支座节点仅是垂直向约束的,即为可动铰支座(见图2)。由上节的网架结构机动分析可知,如图2所示支承条件的网架,能满足几何不变性的必要条件和充分条件。鉴于腹杆内力已经求得,就可把它当作已知外力看待,于是,把所有上弦杆可看作一个在上弦平面内的平面桁架来求其内力。

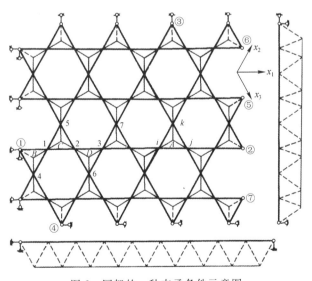

图 2　网架的一种支承条件示意图

　　以任一腹杆 iA 为例,可将其水平分力 $N_{iA}\cos\varphi$ 分解为 i 节点两个上弦杆方向的分力 $(N_{iA})_1$ 及 $(N_{iA})_2$(见图2):

$$(N_{iA})_1 = (N_{iA})_2 = \frac{1}{\sqrt{3}} N_{iA} \cos\varphi] \tag{10}$$

所有腹杆的水平分力都按上述办法分解后,在图 2 中取出沿轴线①－②(与 x_1 轴线平行)的上弦杆,作用在各节点处沿该轴线的腹杆水平分力有 $(N_{①B})_1$、$(N_{1B})_1$、$(N_{1C})_1$、$(N_{2C})_1$ $(N_{2D})_1$、$(N_{3D})_1$、…,如图 3 所示,由式(10)、(2)可知(对照图 2)

$$\left.\begin{aligned}
(N_{①B})_1 &= \frac{1}{3\sqrt{3}}(N_1 + N_4 + P_b\cot\varphi) \\[4pt]
(N_{1B})_1 &= \frac{1}{3\sqrt{3}}(-2N_1 + N_4 + P_b\cot\varphi) \\[4pt]
(N_{1C})_1 &= \frac{1}{3\sqrt{3}}(-2N_1 + N_2 + N_5 + P_b\cot\varphi) \\[4pt]
(N_{2C})_1 &= \frac{1}{3\sqrt{3}}(-2N_2 + N_1 + N_5 + P_b\cot\varphi) \\[4pt]
(N_{2D})_1 &= \frac{1}{3\sqrt{3}}(-2N_2 + N_3 + N_6 + P_b\cot\varphi) \\[4pt]
(N_{3D})_1 &= \frac{1}{3\sqrt{3}}(-2N_3 + N_2 + N_6 + P_b\cot\varphi)
\end{aligned}\right\} \tag{11}$$

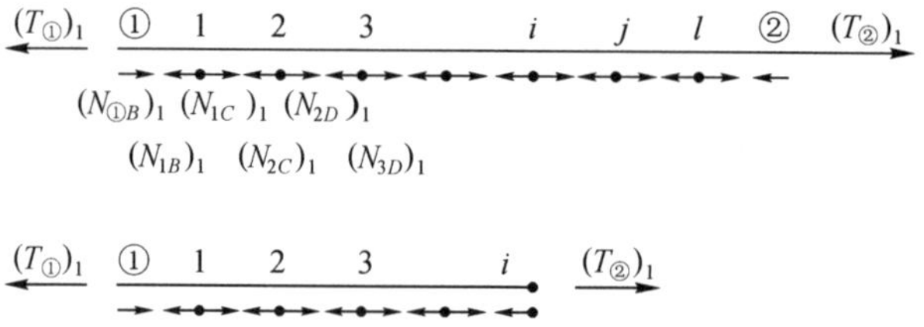

……

图 3　①－②轴线上弦杆隔离体

暂且假定每个支座节点都有水平反力,它们也总可分解为沿支座节点两个上弦杆方向的水平反力,则①－②轴线上弦杆两端分别有支座水平反力 $(T_①)_1$、$(T_②)_1$。如在各节点中心处切开,该处沿轴线①－②的相互作用力便可由轴向力的平衡条件求得,注意到式(11)则有(见图 3)

$$\left.\begin{aligned}
(T_1)_1 &= (T_①)_1 - (N_{①B})_1 + (N_{1B})_1 = (T_①)_1 - \frac{N_1}{\sqrt{3}} \\[4pt]
(T_2)_1 &= (T_①)_1 - (N_{①B})_1 - (N_{1C})_1 + (N_{1B})_1 + (N_{2C})_1 = (T_①)_1 - \frac{N_2}{\sqrt{3}} \\[4pt]
(T_3)_1 &= (T_①)_1 - (N_{①B})_1 - (N_{1C})_1 - (N_{2D})_1 + (N_{1B})_1 + (N_{2C})_1 + (N_{3D})_1 = (T_①)_1 - \frac{N_3}{\sqrt{3}} \\[4pt]
\cdots\cdots \\[4pt]
(T_i)_1 &= (T_①)_1 - \frac{N_i}{\sqrt{3}} \\[4pt]
(T_j)_1 &= (T_①)_1 - \frac{N_j}{\sqrt{3}} \\[4pt]
(T_l)_1 &= (T_①)_1 - \frac{N_l}{\sqrt{3}} \\[4pt]
(T_②)_1 &= (T_①)_1
\end{aligned}\right\} \tag{12}$$

由于节点②为可动铰支座,无水平反力,显然$(T_②)_1 = (T_①)_1 = 0$,因而式(12)可简化为

$$(T_i)_1 = -\frac{N_i}{\sqrt{3}} \qquad i = 1, 2, \cdots, j, l \qquad (12')$$

取出沿轴线②—③、③—④、④—①的上弦杆,按同样办法分析后,可得出与式(12)的最后一式类似的等式$(T_②)_3 = (T_③)_3$,$(T_③)_2 = (T_④)_2$,$(T_④)_3 = (T_①)_3$。

由于$(T_②)_3 = 0$ 必然有$(T_③)_3 = 0$。支座③只可能有法向水平反力,既然其 x_3 方向的分力为零,该支座的法向水平反力必为零,在 x_2 方向的分力$(T_③)_2 = 0$,则有$(T_④)_2 = 0$。支座④只可能有切向水平反力,既然其 x_2 方向的分力为零,该支座的切向水平分力必为零,在 x_3 方向的分力$(T_④)_3 = 0$,则$(T_①)_3 = 0$。因此,支座节点①、②、③、④都无水平反力。

从可动铰支座边另三个节点⑤、⑥、⑦出发(见图2),重复上述分析步骤,可证明所有支座的水平反力都为零。此时,这些支座水平连杆仅是为了使网架成为几何不变体系而设置。这同单跨简支平面桁架一样,在竖向荷载作用下,桁架一端的一根水平支座连杆,只是起到成为几何不变体系的作用,而其水平反力为零。因此,如图 2 所示支承条件的网架,可称为简支网架。但对于空间工作的简支网架来说,这些水平支座连杆的设置方式可有多种多样,除上面所讨论的支承条件(用图 4a 的简图所示)外,如图 4b、4c、4d 所示的支承条件,在竖向荷载作用下,其水平反力也为零[①]。这实际上同不考虑水平方向几何可变性时图 4e 所示的支承条件是相当的。

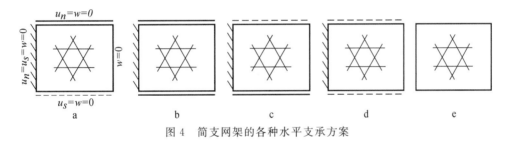

图 4　简支网架的各种水平支承方案

下面再从图 2 中经过节点 i 取出沿另一轴线(与 x_2 轴平行)的上弦杆,按式(12)那样分析计算可得

$$(T_i)_2 = -\frac{N_i}{\sqrt{3}} = (T_i)_1 \qquad (13a)$$

同理可得出

$$(T_j)_1 = -\frac{N_j}{\sqrt{3}} = (T_j)_3 \qquad (13b)$$

$$(T_k)_3 = -\frac{N_k}{\sqrt{3}} = (T_k)_2 \qquad (13c)$$

现在取出属于三角锥单元 A 的三根上弦杆作为隔离体,在上弦水平面内对节点 i、j、k 的作用力有$(T_i)_1$、$(T_i)_2$、$(T_j)_1$、$(T_j)_3$、$(T_k)_2$、$(T_k)_3$,以及三根腹杆的水平分力 $N_{iA}\cos\varphi$、$N_{jA}\cos\varphi$、$N_{kA}\cos\varphi$ (图5),这些力均可用下弦杆内力来表示。由平面力系的平衡条件,便可求得上弦杆的内力计算公式为

$$N_{ij} = N_{jk} = N_{ki} = -\frac{1}{3\sqrt{3}}(N_i + N_j + N_k + P_b\cot\varphi) \qquad (14)$$

① 注:应当说明,其水平变位是各不相同的。

由此可知,任一三角锥单元的三根上弦杆内力是相等的,且可用邻近的三根下弦杆内力来表示。这样,如图4一类支承条件的简支网架,便属于全静定结构。

如令

$$\overline{N}_{ijk} = \frac{1}{3}(N_i + N_j + N_k) \tag{15}$$

则式(14)还可简化为

$$N_{ij} = N_{jk} = N_{ki} = -\frac{1}{\sqrt{3}}\left(\overline{N}_{ijk} + \frac{P_b}{3}\cot\varphi\right) \tag{14'}$$

腹杆内力的计算公式(2a)、(2b)也可进一步规格化为(见图6)

$$\left.\begin{aligned}
N_{iA} &= \frac{1}{\cos\varphi}\left(\overline{N}_{ijk} - N_i + \frac{P_b}{3}\cot\varphi\right) \\
N_{jA} &= \frac{1}{\cos\varphi}\left(\overline{N}_{ijk} - N_j + \frac{P_b}{3}\cot\varphi\right) \\
N_{kA} &= \frac{1}{\cos\varphi}\left(\overline{N}_{ijk} - N_k + \frac{P_b}{3}\cot\varphi\right)
\end{aligned}\right\} \tag{2'}$$

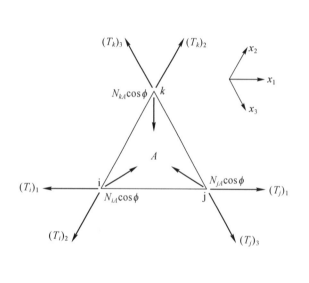

图 5　上弦杆内力分析示意

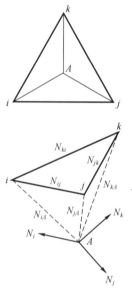

图 6　杆件内力的一般表示方法

对于周边法向可动铰支或不动铰支网架,便成为半静定半超静定结构。此时,式(14')只能表示上弦杆的部分内力,而最终内力需要在考虑变形协调条件后才能求得。

4　周边法向可动铰支网架计算方法

如网架周边均为法向可动铰支座(见图7),即为周边切向支承网架,其边界条件及示意图可见图8a。但这种水平支承杆的布置方式是不满足网架几何不变性的充分条件的。为此,要使网架保持几何不变性,应在每个支座节点或仅在图7左侧的各支座节点增设一个法向水平弹簧,弹簧的刚度 k_n 接近于零而不等于零(这在实际工程中常可做到),则弹簧的水平反力也接近于零,对求解网架内力无影响。

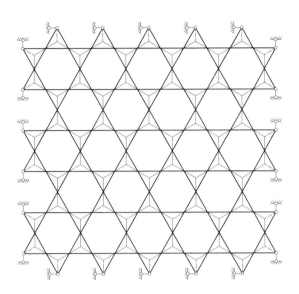

图 7　周边法向可动铰支网架

为求得网架上弦杆内力及切向支承的水平反力,下面来研究具有双轴对称的网架,此时只要分析 1/4 网架即可。兹以 5×5 蜂窝形三角锥网架为例,1/4 的上弦杆所组成的平面网架及其支承条件如图 8b 所示。由上节分析可知,沿某一轴线的上弦杆,可作为一根通长的上弦杆看待,除边界节点外,内部上弦节点可不以节点论。由此可见,图 8b 的上弦杆回路①－⑨便形成一个独立的一次超静定平面桁架。设上弦杆⑤－⑥的赘余力 $T_{⑤-⑥}$ 为 X_1,由各支座节点的平衡条件可得

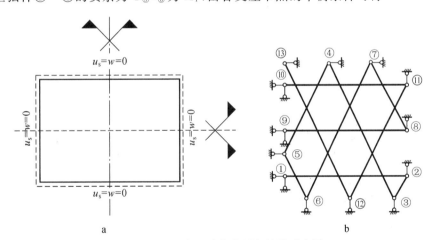

图 8　周边法向可动铰支网架计算示意图

$$2T_{①②}=-T_{②③}=-T_{③④}=T_{④⑤}=T_{⑤⑥}=T_{⑥⑦}=-T_{⑦⑧}=2T_{⑧⑨}=X_1 \tag{16}$$

则可由力法求得

$$X_1=-\frac{\Delta_1^0}{\delta_{11}} \tag{17}$$

其中

$$\Delta_1^0=\frac{1}{2}\delta_{①②}^0-\delta_{②③}^0-\delta_{③④}^0+\delta_{④⑤}^0+\delta_{⑤⑥}^0+\delta_{⑥⑦}^0-\delta_{⑦⑧}^0+\frac{1}{2}\delta_{⑧⑨}^0 \tag{18}$$

$$\delta_{11}=\frac{1}{4}\delta_{①②}+\delta_{②③}+\delta_{③④}+\delta_{④⑤}+\delta_{⑤⑥}+\delta_{⑥⑦}+\delta_{⑦⑧}+\frac{1}{4}\delta_{⑧⑨} \tag{19}$$

而

$$\delta^0_{(i)(i+1)} = \sum \left(\frac{N^0_a l_a}{EF_a} \right)_{(i)-(i+1)} \tag{20}$$

$$\delta_{(i)(i+1)} = \sum \left(\frac{l_a}{EF_a} \right)_{(i)-(i+1)} \tag{21}$$

式(20)中的 N^0_a 即为静定时的上弦杆内力,可由式(14′)求得。

上弦杆回路⑩－⑬构成另一个独立的、但为静定的平面桁架,无赘余力,因此

$$T_{⑩⑪} = T_{⑪⑫} = T_{⑫⑬} = 0 \tag{22}$$

上弦杆的最终内力即为静定内力 N^0_a 再加上由式(16)、(22)表达的超静定内力,然后,由支座节点的平衡条件,可求得支座切向水平反力。

5 周边不动铰支网架的计算方法

如每个支座的三个方向都有约束,即为周边不动铰支网架,其边界条件及其示意图可见图9a,此时,网架几何不变性的必要和充分条件都能满足。和上节一样,下面也以 5×5 蜂窝形三角锥网架为例来说明,1/4 上弦组成的平面桁架及其支承条件见图9b,这是七次超静定结构。设赘余力为 $X_i (i=1,2,\cdots,7)$,则

$$\left. \begin{array}{ll} T_{①②} = X_1 & T_{⑧⑨} = X_5 \\ T_{②③} = T_{③④} = X_2 & T_{⑩⑪} = X_6 \\ T_{④⑤} = T_{⑤⑥} = T_{⑥⑦} = X_3 & T_{⑪⑫} = T_{⑫⑬} = X_7 \\ T_{⑦⑧} = X_4 & \end{array} \right\} \tag{23}$$

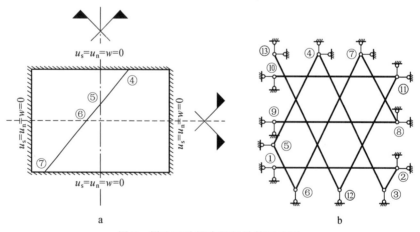

图9 周边不动铰支网架计算示意图

而 X_i 都可用下列公式独立求得

$$X_i = -\frac{\Delta^0_i}{\delta_{ii}} \qquad (i=1,2\cdots,7) \tag{24}$$

式中

$$
\left.
\begin{aligned}
\Delta_1^0 &= \delta_{①②}^0 & \delta_{11} &= \delta_{①②} \\
\Delta_2^0 &= \delta_{②③}^0 + \delta_{③④}^0 & \delta_{22} &= \delta_{②③} + \delta_{③④} \\
\Delta_3^0 &= \delta_{④⑤}^0 + \delta_{⑤⑥}^0 + \delta_{⑥⑦}^0 & \delta_{33} &= \delta_{④⑤} + \delta_{⑤⑥} + \delta_{⑥⑦} \\
\Delta_4^0 &= \delta_{⑦⑧}^0 & \delta_{44} &= \delta_{⑦⑧} \\
\Delta_5^0 &= \delta_{⑧⑨}^0 & \delta_{55} &= \delta_{⑧⑨} \\
\Delta_6^0 &= \delta_{⑨⑩}^0 & \delta_{66} &= \delta_{⑨⑩} \\
\Delta_7^0 &= \delta_{⑪⑫}^0 + \delta_{⑫⑬}^0 & \delta_{77} &= \delta_{⑪⑫} + \delta_{⑫⑬}
\end{aligned}
\right\} \tag{25}
$$

$\delta_{(i)(i+1)}^0$、$\delta_{(i)(i+1)}$ 仍由式(20)、(21)确定。上弦杆最终内力由静定内力 N_a^0 与由式(23)确定的相应的超静定内力叠加求得。实际上,对周边不动铰支网架,也可按整个上弦平面桁架来考虑,对每一上弦杆轴线,需求一个赘余力。如图 9a 中的上弦杆轴线④—⑤—⑥—⑦,相应于图 9b 中的上弦杆回路④—⑤—⑥—⑦,两者是完全沟通的,要计算的赘余力是式(24)中的 X_3。

6　挠度计算

下面来计算网架的挠度。仍以图 1 为例,取出两个相邻的单元三角锥,并在上弦节点 1 加四个向下的单位力,节点 2、3、4、5 各加一个向上的单位力,构成四对自平衡的力矩(图 10)。则可由节点的平衡条件,求得各杆件的虚内力:

$$
\left.
\begin{aligned}
\overline{N}_{12} &= \overline{N}_{23} = \overline{N}_{31} = \overline{N}_{14} = \overline{N}_{45} = \overline{N}_{51} = -\frac{1}{\sqrt{3}}\cot\varphi \\
\overline{N}_1 &= 3\cot\varphi \\
\overline{N}_{1A} &= \overline{N}_{1B} = -\frac{2}{\sin\varphi} \\
\overline{N}_{2A} &= \overline{N}_{3A} = \overline{N}_{4B} = \overline{N}_{5B} = \frac{1}{\sin\varphi}
\end{aligned}
\right\} \tag{26}
$$

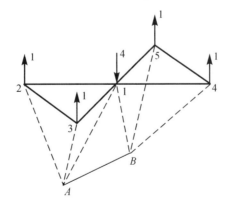

图 10　挠度计算用的割离体

根据虚功原理可知

$$4w_1 - w_2 - w_3 - w_4 - w_5 = \sum_i \left(\frac{N\bar{N}l}{EA} \right)_i$$

$$= -\frac{l_a \cot\varphi}{\sqrt{3}\,EA_n} (N_{12} + N_{23} + N_{31} + N_{14} + N_{45} + N_{51}) + \frac{3l_a \cot\varphi}{EA_b} N_1 \tag{27}$$

$$+ \frac{l_c}{EA_c \sin\varphi} (-2N_{1A} - 2N_{1B} + N_{2A} + N_{3A} + N_{4B} + N_{5B})$$

式中 w_1、w_2、w_3、$\cdots$ 为网架上弦节点的挠度，l_a、l_b、l_c 与 A_a、A_b、A_c 分别为上弦、下弦、腹杆的长度与截面积。兹先讨论网架支座仅有垂直反力的简支情况，将式(2)、(14)代入上式，利用等式(4a)并注意到杆件长度间的关系式

$$\left.\begin{array}{l} l_b = \dfrac{2l_a}{\sqrt{3}} \\[2mm] l_c = \dfrac{l_a}{\sqrt{3}\cos\varphi} \end{array}\right\} \tag{28}$$

稍加整理后可得

$$4w_1 - w_2 - w_3 - w_4 - w_5 = Q_{un} N_1 + Q_{uc} \tag{29a}$$

其中

$$\left.\begin{array}{l} Q_{un} = \dfrac{2\sqrt{3}\,l_a \cot\varphi}{E} \left(\dfrac{1}{\sqrt{3}\,A_a} + \dfrac{1}{A_b} \right) \\[3mm] Q_{uc} = \dfrac{l_a \cot^2\varphi}{\sqrt{3}\,E} \left(\dfrac{3P_a + 2P_b}{A_c \cos^3\varphi} - \dfrac{\sqrt{3}\,P_a}{A_a} \right) \end{array}\right\} \tag{30}$$

同理可得(图1)

$$4w_2 - w_1 - w_3 - w_6 - w_7 = Q_{un} N_2 + Q_{uc} \tag{29b}$$

$$4w_3 - w_1 - w_2 - w_6 - w_9 = Q_{un} N_3 + Q_{uc} \tag{29c}$$

因此，对于网架内部的一般上弦节点，式(29)也可用下列图式来表示：

边界上的节点挠度为零，对于靠近边界与角部的上弦节点，式(29)的图式表示法为

$$w_i = \qquad\qquad Q_{wn}N_i + Q_{wc}$$

$$w_i = \qquad\qquad Q_{wn}N_i + Q_{wc} \qquad\qquad (32)$$

$$w_i = \qquad\qquad Q_{wn}N_i + Q_{wc}$$

综合式(31)、(32),可得一组求解挠度的方程式,兹用下列矩阵形式来表示:

$$KW = Q_{wn}N + Q_{wc}I \tag{33}$$

解后,并注意到式(9)即得

$$W = Q_{wn}K^{-1}N + Q_{wc}K^{-1}I = Q_{wn}Q_nK^{-1}K^{-1}I + Q_{wc}K^{-1}I \tag{34}$$

式中,K 为系数矩阵,即为式(9)中的系数矩阵,W 为上弦节点的挠度矩阵

$$W = \{w_1 \quad w_2 \quad w_3 \quad \cdots \quad w_i \quad \cdots\}^{\mathrm{T}}$$

式(33)、(34)阐明,网架挠度由两项组成。第一项是由上、下弦杆的变形而引起的挠度,它在求得下弦杆内力 N 后,再解一次系数矩阵相同、仅自由项不同的方程组即可求得。这一项挠度在一般情况下约占总挠度的80%。第二项挠度与下弦杆内力无关,它可套用求解基本方程式(8)的结果得到,只要以 Q_{wc} 替换 Q_n 就可以了。第二项挠度主要是由于腹杆变形,也就是所谓平板型网架的剪切变形[6]所引起的;其次是由于一部分荷载作用在上弦节点,使上弦杆产生附加变形所致。当腹杆的刚度为无穷大且网架仅作用有下弦节点荷载时,即 $Q_{wc}=0$,则式(34)的具体表达式可简化为

$$W = \frac{4l_a p_b \cot^2\varphi}{E}\left(\frac{1}{A_a} + \frac{\sqrt{3}}{A_b}\right)K^{-1}K^{-1}I \tag{35}$$

如网架各类杆件为变截面时,式(30)、(35)中可近似采用算术平均截面积 $\overline{A}_a$、$\overline{A}_b$、$\overline{A}_c$。当网架周边为法向可动铰支或不动铰支时,也可按上述方法求得上弦节点的挠度,只要在式(27)的上弦杆内力中,增加如式(16)、(23)所示的超静定部分的内力即可。此时,求解挠度的方程式(33)的右端,尚应增加一项与赘余水平力有关的自由项。

7 支座沉降、温度变化对网架内力的影响

在第1节已证明,支座垂直反力可由静力条件求得,是静定的。因此,所讨论的周边支承蜂窝形三角锥网架,在小挠度理论范围内,任何一个支座有沉降,都不产生内力。这是其他形式网架所少有的特性。如网架采用整体提升或顶升法施工时,利用这个特性,可大大放宽同步差异的限值。

温度变化对网架内力的影响也很明确。首先,下弦杆和腹杆不产生温度应力,因为这些杆件是局部静定的。其次,对周边简支网架,上弦杆也不产生温度应力。对周边法向可动铰支及不动铰支网架,上弦杆的温度应力计算也很简便,只要在赘余力计算时增加一温度项就可以了,即式(20)应改为

$$\delta^0_{(i)(i+1)} = \sum\left(\frac{N_a^0 l_a}{EA_a} + \alpha\Delta t l_a\right)_{(i)-(i+1)} \tag{36}$$

式中,α 为材料的线胀系数,Δt 为温度增量,升温为正、降温为负。

8　矩形平面简支网架的内力、挠度计算用表

设网架本身的平面布置如图 7 所示,有两个对称平面,在横向有 m 个(单数或双数)蜂窝,在斜向有 n 个(仅为单数)蜂窝,则矩形平面的边长比 λ 必满足下列关系式:

$$\lambda = \frac{a}{b} = \frac{2m+1}{\sqrt{3}(n+1)} \tag{37}$$

设网架简支(周边法向可动铰支及不动铰支时也可利用简支时的计算用表计算),作用在网架上、下弦平面的竖向均布荷载为 q_a、q_b,网架高度为 h,则有下列关系式:

$$\left. \begin{array}{l} P_a = \dfrac{2}{\sqrt{3}} l_a^2 q_a \\[2mm] P_b = \sqrt{3}\, l_a^2 q_b \\[2mm] \cot\varphi = \dfrac{l_a}{\sqrt{3}\, h} \end{array} \right\} \tag{38}$$

因对称关系,只要分析计算 1/4 网架即可。具体求解方程式(8)、(33)后,并注意到式(5)、(30)、(38),网架下弦杆内力及上弦节点挠度可用下式表示:

$$\left. \begin{array}{l} N_i = \dfrac{2l_a^3}{h}(q_a + q_b)\widetilde{N}_i \\[3mm] W_i = \dfrac{4l_a^5}{Eh^2}\left(\dfrac{1}{\sqrt{3}A_a} + \dfrac{1}{A_b}\right)(q_a + q_b)\widetilde{W}_{mi} + \dfrac{2l_a^5}{3Eh^2}\left(\dfrac{q_a + q_b}{A_c\cos^3\varphi} - \dfrac{q_a}{\sqrt{3}A_a}\right)\widetilde{W}_{ci} \\[3mm] \widetilde{W}_{ci} = \widetilde{N}_i \qquad (i = 1, 2, 3, \cdots) \end{array} \right\} \tag{39}$$

式中,$\widetilde{N}_i$、$\widetilde{W}_{mi}$、$\widetilde{W}_{ci}$ 为无量纲内力、挠度系数,由计算用表查得。

在附录中给出了当 $m = 3, 4, \cdots, 10$,$n = 3, 5, \cdots, 13$ 时的共 46 组计算用表,以便实际应用。节点编号见表中的简图。为节省篇幅,仅列出跨中最大的挠度系数。

分析一下计算用表的系数,有两个明显的特点:①网架下弦杆都是受拉的;②即使边长比 λ 在大于 2.0 或小于 0.5 时,网架跨中与长边平行的下弦杆或上弦杆的内力,仍与另两个方向下弦杆或上弦杆的内力相接近。这说明蜂窝形三角锥网架受力匀称,空间工作的性能良好。

9　算　例

设有一 5×5 蜂窝形三角锥网架,平面尺寸 22m×20.786m,$h = 1.5$m,$q_a = 2$kN/m²,$q_b = 0$,A_a、A_b、A_c 分别为 9.31、11.12、5.47cm²,试计算简支时的网架内力与挠度,并计算周边法向可动铰支及不动铰支时的网架内力。

由附录的附表 1c 可查得所需的内力、挠度系数。网架简支时的计算结果详见图 11。所算得的内力和挠度值为精确解,与空间桁架位移法由通用程序的电算结果完全相同。网架最大的挠度在上弦节点 24(图 11),计有 4.84cm,其中由网架剪切变形所产生的占 14.4%。

网架周边法向可动铰支时,沿某轴线的上弦杆内力比简支时增加的数值,见图 11 右上角相应分数中的分子所示;网架周边不动铰支时,上弦杆内力要增加的数值如相应的分母所示。这些数值也是精确解。有了本文的计算用表,计算工作是很方便的。

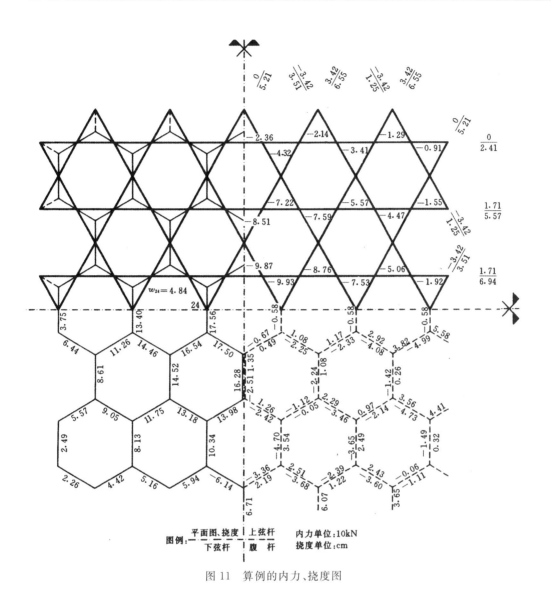

图 11 算例的内力、挠度图

10 结论

综上所述,可得到下面几点结论。

(1)本文所提出的下弦内力法,是计算蜂窝形三角锥网架内力的简便而精确的分析方法,基本方程式是以下弦内力为未知量的一线代方程组,其形式类似于差分方程式。在解出下弦内力后,网架其他内力及支座反力可很方便地由本文给出的分析方法和计算公式求得。

(2)所讨论的蜂窝形三角锥网架,不论周边支承情况如何,下弦杆、腹杆的内力以及支座垂直反力,均可由静力条件求得。因此,这种网架是局部静定的。

(3)对周边简支网架,上弦杆内力也可用静力条件求得,此时网架是全静定的。对周边法向可动铰支及不动铰支网架,下弦杆内力只要根据网架水平变位的协调条件求得。此时网架是半静定半超静定结构,超静定的次数可能较多,如 i 次,但均可分解为 i 个一元一次方程式求解,计算工作十分简便。

（4）网架挠度可根据虚功原理来计算,所求得的挠度计算公式中,既考虑了上、下弦的轴向变形,又考虑了腹杆的轴向变形——平板型网架的剪切变形,从本文方法也可求得挠度的精确解。

（5）对所讨论的蜂窝形三角锥网架及支承情况来说,支座沉降不产生内力。温度变化时,简支网架不产生温度应力;周边法向可动铰支及不动铰支网架,仅上弦杆才有温度应力,计算也甚方便。

（6）对常遇的矩形平面网架,在竖向均布荷载作用下,本文以蜂窝数不同共编制了46组网架内力和挠度计算用表,以供工程设计中应用。

当蜂窝形三角锥网架具有边界上弦杆时的计算方法,以及正六边形平面时网架内力和挠度计算用表,另行介绍。

参考文献

［1］中华人民共和国建设部. 网架结构设计与施工规定:JGJ 7－80［S］. 北京:中国建筑工业出版社,1981.

［2］MAKOWSKI Z S. Recent trends and developments in prefabricated space structures［C］// Proceedings of IASS Pacific Symposium on Tension Structures and Space Frames,Tokyo and Kyoto,Japan,1971.

［3］CLARK D J,MAKOWSKI Z S. Analysis of a novel type of prefabricated double-layer grid roof structure［C］//IASS International Symposium on Prefabricated Shells,Haifa,Israel,1973.

［4］吴健生,刘锡良,刘作仁,等. 蜂窝形三角锥平板网架几何不变性及内力分析的研究［J］. 建筑结构学报,1982,3(6):20－29.

［5］Уманский A A. Статика и кинематика ферма［M］. Масква,1957.

［6］董石麟,夏亨熹. 正交正放类网架结构的拟板(夹层板)分析法［R］. 中国建筑科学研究院研究报告0103 号. 北京:中国建筑科学研究院,1981.

附录

矩形平面简支网架的内力、挠度计算用表*

附表 1c

$m \times n$	$\dfrac{a}{b}$	内力、挠度	s	t									
				1	2	3	4	5	6	7	8	9	10
5×3	1.5877	$\widetilde{N}_i$	0	0.935	1.744	2.010	2.265	2.329	0.994	3.032	3.721	2.043	3.271
			1	4.102	4.537	4.754	2.907	4.570	5.003				
		$\widetilde{W}_{ni}$	1						19.51				
5×5	$\dfrac{1}{1.0585}$	$\widetilde{N}_i$	0	1.060	2.072	2.417	2.786	2.878	1.168	3.810	4.849	2.612	4.242
			1	5.509	6.179	6.552	4.038	6.806	7.628	3.019	5.279	6.780	7.755
			2	8.204	1.760	6.279	8.229						
		$\widetilde{W}_{ni}$	2				52.06						

注：$i=10s+t$。

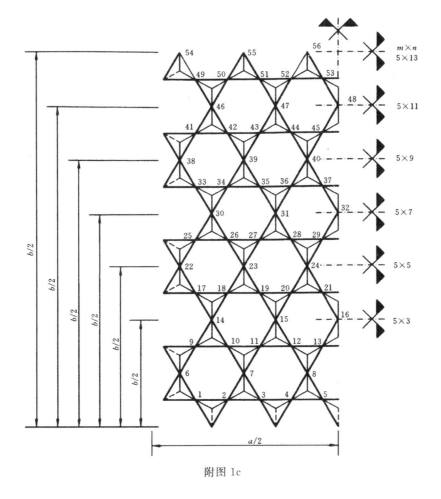

附图 1c

---

*　因篇幅有限，仅给出附表 1c 的 2 组图表，其他从略。

23 六边形平面蜂窝形三角锥网架的机动分析、受力特性和计算用表*

摘　要: 本文对六边形平面蜂窝形三角锥网架的机动分析、受力特性、内力和挠度的分布规律、边界条件的影响等问题做了系统和深入的研究。对于周边支承的网架,采用下弦内力法编制了内力、挠度计算用表,以供工程设计计算时直接应用。文中附有工程算例。

关键词: 蜂窝形三角锥网架;六边形平面;机动分析;受力特性;内力挠度计算

1　概述

蜂窝形三角锥网架在下弦平面形成正六角形网格,而在上弦平面形成正三角形与正六角形相间的网格。交汇于上弦节点的杆件为6根,即4根上弦杆和2根腹杆;交汇于下弦节点的杆件也为6根,即3根下弦杆和3根腹杆。相对来说,这种网架的杆件数和节点数是常见13种网架结构形式中最少的一种,具有明显的技术经济优势和结构特性,特别适宜于正六边形覆盖平面时采用。近年来,秦皇岛建工疗养院食堂、福州中级人民法院审判大厅等多项工程中相继都采用了正六边形平面的蜂窝形三角锥网架,使用效果良好。

本文对六边形平面蜂窝形三角锥网架的几何不变性分析的必要条件与充分条件、结构的受力特性、内力与挠度的分布规律、设置周边上弦杆的影响等问题做了系统和深入的研究,并在此基础上,采用下弦内力法编制了快速实用计算图表,以供工程设计中直接应用。

2　网架结构的机动分析

如图1所示的正六边形平面蜂窝形三角锥网架,周边的上弦支承节点均有竖向约束,上弦支承节点的水平约束为:两邻边固定,两对边分别为切向约束和法向约束,另两邻边为自由,如图1所示。

网架结构几何不变性的必要条件为整个结构体系的自由度$W \leqslant 0$。兹把W分解成W_A、W_B两部分,前者表示结构体系在上弦平面内的自由度,亦即仅由上弦组成的平面桁架在上弦平面内的自由度;后者表示除上弦平面内自由度以外的整个结构体系的自由度。因此,与W_A相关的是由上弦平面桁架及水平支承杆所组成的平面结构;而与W_B相关的是网架的下弦杆、腹杆和竖向支承杆。这样,几何不变性的必要条件可写成

＊　本文刊登于:董石麟.六边形平面蜂窝形三角锥网架的机动分析、受力特性和计算用表[C]//中国土木工程学会.第七届空间结构学术交流会论文集,文登,1994:111－118.

后刊登于期刊:董石麟.六边形平面蜂窝形三角锥网架的机动分析、受力特性和计算用表[J].空间结构,1995,1(1):15－23.

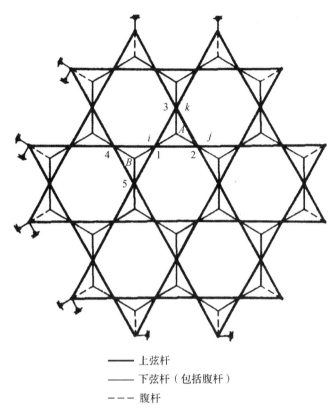

——— 上弦杆

——— 下弦杆（包括腹杆）

--- 腹杆

图 1　网架平面及支承约束示意图

$$W = W_A + W_B \leqslant 0 \tag{1}$$

且

$$W_A \leqslant 0, W_B \leqslant 0 \tag{2}$$

现设：

J_0——网架内部上弦节点数，亦即下弦杆数；

J_s——网架边界上弦节点数，亦即竖向支承杆数；

M——下弦节点数，亦即三角锥数；

H——网架边界的水平支承杆

则由结构力学中几何不变性判别法则可求得

$$W = 3(J_0 + J_s + M) - (6M + J_s + H) = 2J_0 + 2J_s - 3M - H \leqslant 0 \tag{3}$$

$$W_A = 2(J_0 + J_s) - 3M - H \leqslant 0 \tag{4}$$

$$W_B = (J_0 + J_s + 3M) - 3M - J_0 - J_s \equiv 0 \tag{5}$$

从而可知

$$W = W_A \leqslant 0 \tag{6}$$

式(5)表明，与 W_B 相关的部分结构是静定的，也就是说，网架的下弦杆和腹杆内力以及竖向支承反力可由静力学的方法求得。式(6)阐明这样一条原理，只要上弦平面桁架（包括水平支承杆）在上弦水平面内几何不变性的必要条件得到满足，则整个网架几何不变性的必要条件也就得到满足。或者说，如要研讨整个蜂窝形三角锥网架几何不变性的必要条件，只要研讨其上弦平面桁架在上弦平面内几何不变性的必要条件即可，这使问题大大得到简化。

不计水平支承杆的上弦平面桁架就其整体来说在上弦平面内有三个自由度。因此，如

$$W+H-3=2(J_0+J_s)-3M-3\leqslant0 \tag{7}$$

则表明整个网架结构(包括竖向支承杆)内部已满足几何不变性的必要条件,这种网架结构体系称为自约体系。如果

$$W+H-3=2(J_0+J_s)-3M-3>0 \tag{8}$$

则表明网架的几何不变性的必要条件是要依靠水平支承杆来保证的,此时,称为它约体系。

现以图1所示的蜂窝形三角锥网架为例做一说明,$J_0=30$,$J_s=12$,$M=24$,$H=24$,由式(3)或式(4)可求得$W=W_A=0$,这表明上弦平面桁架也是静定的,从而可知整个网架是静定的。但由式(8)可知$W+H-3=9>0$,表明这是一种它约体系。

网架结构几何不变性的充分条件可由组成空间铰接杆系结构的一种最基本的方法来判定是否得到满足。

对于图1所示的蜂窝形三角锥网架,可以先来讨论上弦平面桁架是否满足几何不变性的充分条件。由平面问题几何不变性的母体(如地球)出发,采用不共轴线的两根连杆及三个铰依次发展扩大这个母体而组成一个平面桁架,可以证明图1所示的上弦平面桁架是完全满足几何不变性的充分条件的。然后来讨论上弦平面桁架各上弦节点侧平面的竖向变位能否满足几何不变性的充分条件。由于蜂窝形三角锥网架是由满足几何不变性充要条件的单个三角锥体连接而成,因此,只要上弦节点侧上弦平面的竖向变位能满足几何不变性的充分条件,则下弦节点,即三角锥的锥顶节点也自然能满足几何不变性的充分条件。再在图1中取出一对三角锥体,如图2所示,锥顶的连接线即为下弦杆$\overline{AB}$,它与腹杆$\overline{1A}$、$\overline{1B}$组成一个最简单且垂直于上弦平面的三角形平面桁架,且是一个几何不变体系。这表明下弦杆$\overline{AB}$起到了限制上弦节点1不能自由产生竖向变位的作用。网架的每个内部上弦节点都对应有一根下弦杆,因而内部上弦节点的竖向变位都受到了限制。所讨论的网架边界上弦节点都有竖向约束,则如图1所示的蜂窝形三角锥网架必能满足几何不变性的充分条件。

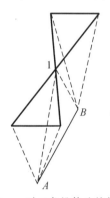

图2　一对三角锥体连接简图

3　周边简支网架的受力特性与内力、挠度计算用表

六边形平面蜂窝形三角锥网架水平支承杆的设置方案除图1及图3a外,还可以有多种方案,如图3b、c、d所示,它们都可满足几何不变性的必要条件和充分条件。进一步可以证明,在竖向荷载作用下,如图3a、b、c、d所示支承条件的网架,其水平支承杆的反力为零[1]。也就是说,这些水平支承杆只是起到保证结构体系几何不变性的作用,而在竖向荷载作用下其水平反力是不存在的。这实际上同不考虑网架水平方向几何不变性如图3e所示的支承条件是完全相当的。

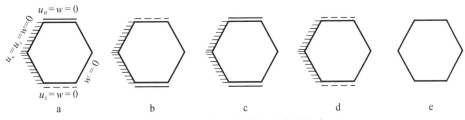

图 3 简支网架的各种水平支承方案

据此可以认为,图 3 所示各种水平支承方案的网架,可统称为简支网架,而且都是静定的,在竖向荷载作用下,其网架内力、支承的竖向反力和网架挠度完全相等(应当指出,其水平变位是各不相同的)。

对于简支网架,可采用下弦内力法[1]来求得网架的内力和挠度。兹在下面做一简要阐述。

如图 1 所示简支网架,设上弦节点为 1、2、3、$\cdots$,下弦节点为 A、B、C、$\cdots$,上弦杆内力用 N_{12}、N_{23}、N_{31}、$\cdots$表示,腹杆内力用 N_{1A}、N_{2A}、N_{3A}、N_{1B}、$\cdots$表示,对应于上弦节点 1、2、3、$\cdots$的下弦杆用 N_1、N_2、N_3、$\cdots$表示,网架高度为 h,腹杆倾角为 φ,上、下弦杆长度分别为 l_a、l_b,上、下弦的均布竖向荷载分别为 q_a、q_b。

由上弦节点 1 竖向力的平衡条件可推导求得五下弦内力方程式

$$4N_1 - N_2 - N_3 - N_4 - N_5 = Q_n \tag{9}$$

$$Q_n = \frac{2l_a^3}{h}(q_a + q_b) \tag{10}$$

对于网架内部每一上弦节点建立类似的方程式(对于边界上弦节点无相应的下弦杆,也无需建立类似的方程式),并集合后得一五下弦内力方程组,可用矩阵形式来表达

$$\boldsymbol{KN} = Q_n\boldsymbol{I} \tag{11}$$

求解后可得

$$\boldsymbol{N} = Q_n\boldsymbol{K}^{-1}\boldsymbol{I} \tag{12}$$

式中,$\boldsymbol{K}$ 为系数矩阵,$\boldsymbol{K}^{-1}$ 为其逆矩阵,$\boldsymbol{I}$ 为单位列阵,$\boldsymbol{N}$ 为下弦内力列矩 $\boldsymbol{N} = \{N_1, N_2, \cdots, N_i, \cdots\}^{\mathrm{T}}$。

腹杆内力由节点 A 的三个静力平衡条件,可解得用下弦内力表达的计算公式(见图 1)

$$\left.\begin{array}{l} N_{iA} = \dfrac{1}{\cos\varphi}\left(\overline{N}_{ijk} - N_i + \dfrac{1}{\sqrt{3}}l_a^2 q_b\right) \\[2mm] N_{jA} = \dfrac{1}{\cos\varphi}\left(\overline{N}_{ijk} - N_j + \dfrac{1}{\sqrt{3}}l_a^2 q_b\right) \\[2mm] N_{kA} = \dfrac{1}{\cos\varphi}\left(\overline{N}_{ijk} - N_k + \dfrac{1}{\sqrt{3}}l_a^2 q_b\right) \end{array}\right\} \tag{13}$$

而上弦杆内力可割离上弦平面桁架,由静力条件求得

$$N_{ij} = N_{jk} = N_{ki} = -\frac{1}{\sqrt{3}}\left(\overline{N}_{ijk} + \frac{1}{\sqrt{3}}l_a^2 q_b\right) \tag{14}$$

式(13)、(14)中 $\overline{N}_{ijk}$ 为相应三根下弦内力的平均值

$$\overline{N}_{ijk} = \frac{1}{3}(N_i + N_j + N_k) \tag{15}$$

由虚功原理可求得挠度方程组,其矩阵形式的表达式为[1]

$$\boldsymbol{KW} = Q_{wn}\boldsymbol{N} + Q_{wr}\boldsymbol{I} \tag{16}$$

求解后,并注意到式(12)可得

$$W = Q_{un}K^{-1}N + Q_{ur}K^{-1}I = Q_{un}Q_nK^{-1}K^{-1}I + Q_{ur}K^{-1}I \qquad (17)$$

式中 W 为上弦节点挠度列阵 $W = \{w_1, w_2, \cdots, w_i, \cdots\}^{\mathrm{T}}$，$Q_{un}$、$Q_{ur}$ 的表达式为

$$\left.\begin{array}{l} Q_{un} = \dfrac{2l_a^2}{Eh}\left(\dfrac{1}{\sqrt{3}\,F_a} + \dfrac{1}{F_b}\right) \\[3mm] Q_{ur} = \dfrac{2l_a^2}{3Eh}\left(\dfrac{q_a + q_b}{F_c\cos^2\varphi} + \dfrac{q_a}{\sqrt{3}\,F_a}\right) \end{array}\right\} \qquad (18)$$

上式中 F_a, F_b, F_c 分别为上弦、下弦、腹杆的截面积,可近似取其算术平均值,E 为材料的弹性模量。

设六边形平面蜂窝形三角锥网架每边有 m 个蜂窝,共有六个对称平面,分析时只要计算 1/12 网架即可,如图 4 所示(这里 $m = 3、4、5、6、7、8$ 都合并在一张图上表示)。具体解算后,网架下弦内力及上弦节点挠度可用下式表示:

$$\left.\begin{array}{l} N_i = Q_n\widetilde{N}_i \\[2mm] w_i = Q_{un}Q_n\widetilde{W}_{ni} + Q_{ur}\widetilde{W}_{ci} \\[2mm] \widetilde{W}_{ci} = \widetilde{N}_i \end{array}\right\} \qquad (19)$$

其中无量纲系数 $\widetilde{N}_i$ 及 $\widetilde{W}_{ni}$ 详见表 1。

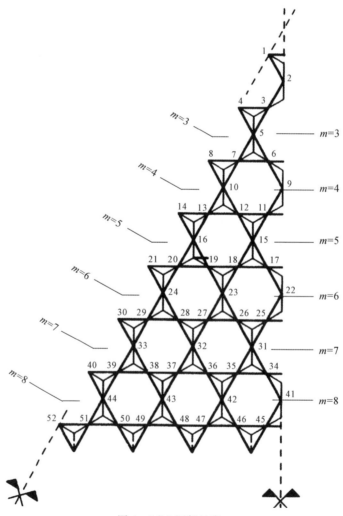

图 4 1/12 网架示意

表 1 六边形平面周边简支蜂窝形三角锥网架内力、挠度计算用表

m	内力挠度	s	t									
			1	2	3	4	5	6	7	8	9	10
3	$\widetilde{N}_i$		7.701	6.571	5.571	5.071	4.071	2.429	2.214	1.357		
	$\widetilde{W}_m$		38.67									
4	$\widetilde{N}_i$		12.75	12.25	11.25	10.75	9.75	8.20	7.80	6.85	6.05	5.40
		1	3.40	3.15	2.80	1.65						
	$\widetilde{W}_m$		124.0									
5	$\widetilde{N}_i$		20.04	19.54	18.54	18.04	17.04	15.52	15.06	14.09	13.46	12.61
		1	10.90	10.50	9.77	8.42	7.73	6.57	4.31	4.20	3.77	3.31
		2	1.91									
	$\widetilde{W}_m$		304.4									
6	$\widetilde{N}_i$		28.95	28.45	27.45	26.95	25.95	24.44	23.96	22.97	22.41	21.48
		1	19.88	19.43	18.57	17.14	16.80	15.21	13.59	13.29	12.57	11.56
		2	9.85	9.67	9.22	7.63	5.26	5.10	4.91	4.33	3.77	2.14
	$\widetilde{W}_m$		633.1									
7	$\widetilde{N}_i$		39.48	38.98	37.98	37.48	36.48	34.98	34.49	33.49	32.96	32.00
		1	30.44	29.97	29.04	27.58	27.40	25.62	24.28	23.90	23.05	21.81
		2	19.96	20.55	19.86	17.61	16.32	16.02	15.48	14.47	13.21	11.15
		3	11.40	10.58	8.60	6.16	6.09	5.81	5.56	4.84	4.20	2.35
	$\widetilde{W}_m$		1174									
8	$\widetilde{N}_i$		51.63	51.13	50.13	49.63	48.63	47.12	46.63	45.63	45.11	44.14
		1	42.60	42.12	41.16	39.69	39.58	37.71	36.51	36.08	35.17	33.82
		2	31.91	32.87	32.06	29.50	28.74	28.35	27.63	26.42	24.84	22.60
		3	23.99	22.70	19.85	19.04	18.81	18.25	17.51	16.24	14.74	12.37
		4	13.32	12.97	11.84	9.50	7.10	6.98	6.85	6.46	6.15	5.31
		5	4.59	2.55								
	$\widetilde{W}_m$		2006									

注:$i = 10s + t$。

由本节所述并分析一下计算系数表可知:①网架下弦都是受拉的,最大拉力出现在跨中,靠近周边处拉力较小,内力变化规律平稳;②网架上弦都是受压的,同一三角锥的三根上弦杆的内力相等,上弦杆的内力变化规律同下弦杆的变化规律;③网架挠度最大值也在跨中(表中仅给出最大挠度值),挠度的变化规律较光滑平稳,至边界上弦节点处的挠度为零;④由挠度的表达式(17)、(18)可知,网架挠度由两项组成,第一项是由上、下弦杆的变形而引起的挠度,约占总挠度的85%以上;第二项主要是由腹杆变形也就是所谓平板型网架的剪切变形所引起的挠度[2],约占总挠度的不足15%。

4 网架周边设置上弦杆时的计算方法

当网架设置沿边界的上弦杆时,在周边竖向支承且仅在竖向荷载作用下(网架周边也需适当布置

刚度接近于零的法向水平弹性支承杆,以使网架成为几何不变体系,但这些水平弹性支承杆的反力接近于零,可忽略不计,这在实际工程中是可实施的),网架下弦杆和腹杆内力以及竖向支承反力仍是静定的,此时,上弦杆的内力是超静定的,则可按一般结构力学中的力法,利用本文的计算用表方便地求得上弦杆超静定部分的内力。

兹以 $m=3$ 的六边形平面蜂窝形三角锥网架为例。设边界上弦杆的未知内力为 X_1,利用对称条件,仍只要计算 1/12 网架即可。此时 1/12 上弦平面桁架为一基本的静定体系,且可分解为两榀简单的平面桁架(见图 5 所示),即上弦平面桁架 I,由边节点 $1'\to1\to2\to10\to8\to6'$ 的上弦杆系组成;上弦平面桁架 II,由边节点 $3'\to4\to9$ 的上弦杆系组成(其中上弦节点 3、5、6、7 均可不以节点看待)。

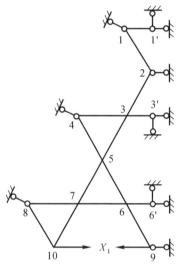

图 5 计算超静定上弦内力示意

在赘余力 X_1 作用下,上弦平面桁架 I、II 各杆内力可分别表达为

$$\left.\begin{aligned}T_{①'①}=T_{①②}=T_{②⑩}=-T_{⑩⑤}=-T_{⑤⑥}=-X_1\\T_{③'④}=T_{④⑨}=0\end{aligned}\right\} \tag{20}$$

可见上弦平面桁架 II 不产生超静定内力、只有原有的静定内力。

由力法的准则方程式可求得赘余力 X_1

$$X_1=-\Delta_1^0/\delta_{11} \tag{21}$$

而 δ_{11}、Δ_1^0 只包括上弦平面桁架 I 产生的变位,由表 1 的计算系数不难求得(设边界上弦杆的截面积为 F_a')为

$$\left.\begin{aligned}\delta_{11}=\frac{l_a}{EF_a}(9+2\mu),\qquad \mu=\frac{F_a}{F_a'}\\\Delta_1^0=\frac{l_a}{\sqrt3EF_a}(19.164+\frac{\nu}{3})Q_n,\qquad \nu=\frac{q_b}{q_a+q_b}\end{aligned}\right\} \tag{22}$$

将上式代入式(21)后得

$$X_1=-\frac{1}{\sqrt3}(\frac{19.164+\nu/3}{9+2\mu})Q_n \tag{23}$$

当 $F_a'=0$,即 $\mu\to\infty$ 时,可得 $X_1=0$,则退化为无边界上弦的周边简支网架。当 $F_a'\to\infty$ 即 $\mu=0$ 时,可得 $X_1=-(2.129+\nu/27)Q_n/\sqrt3$,则为周边切向约束的法向可动铰支网架,支承的切向水平反力可方便地求得。

上弦杆的最终内力即为静定内力 N_a^0,以及由式(20)表达的超静定内力叠加求得。

当 $m＝4$、5、6、7、8 时带有边界上弦杆的六边形平面蜂窝形三角锥网架,可按类似的办法计算,兹不在这里一一举例了。

5 算例

本算例的工程背景为福州中级人民法院审判大厅网架屋盖,六边形平面的对角线长 28m,$l_a＝$ 2.333m,$l_b＝2.694$m、$h＝1.905$m、蜂窝数 $m＝3$,选用五种管材 $\phi48\times3.5$、$\phi60\times3.5$、$\phi75.5\times3.75$、$\phi88.5\times4$、$\phi76\times6.5$,其截面积分别为 4.89cm²、6.21cm²、8.45cm²、10.62cm²、14.19cm²,上、下弦及腹杆的平均截面积为 $F_a＝8.93$cm²、$F_b＝8.48$cm²、$F_c＝6.23$cm²,$q_a＝2$kN/m²、$q_b＝0$、$E＝2.1\times10^4$kN/cm²,试计算周边简支时的网架内力与挠度,并计算当设置边界上弦杆时的网架内力。

由表 1 的系数,可求得简支网架的计算结果,详见图 6,所得的内力值为精确解,与空间桁架位移法的电算结果完全相同。网架最大挠度在跨中上弦节点 1 为 $w_1＝5.83$cm(因计算时为简化计各类杆件选用了平均截面,导致挠度计算结果偏大,实际上要考虑网架变刚度的影响而应乘以挠度修正系数 η_w[2],在通常情况下,对于蜂窝形三角锥网架可近似取 $\eta_w＝0.8$,则 w_1 修正为 4.66cm,与精确解 4.62cm 比较接近),其中由网架剪切变形所产生的挠度占 12.3%。

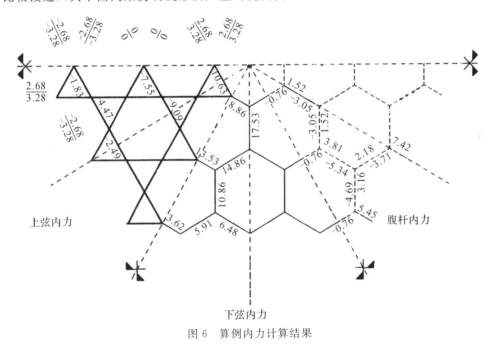

图 6　算例内力计算结果

沿边界设置上弦杆时,边界上弦杆的内力以及沿某轴线内部上弦杆内力比无边界上弦杆时要增加的内力值,见图 6 左上角相应分数中的分子所示(计算时以 $F_a'＝F_a$)。如当 F_a' 为无限大时,即周边为法向可动铰支时,则上弦杆要增加的内力值见图 6 中相应的分母所示。可见,边界上弦杆的作用,使跨中上弦杆的最大内力有所降低,靠近边界处局部出现受拉的上弦杆,同一三角锥体的三根上弦杆的内力就不再相等了。

6 结语

综上所述,可得到下面几点结论。

(1)对于不设周边上弦杆的六边形平面蜂窝形三角锥网架,当每个边界上弦节点设有竖向支承杆,并按图3所示多种方案设置水平支承杆时,几何不变性的必要条件和充分条件均可得到满足。

(2)周边不设上弦杆的简支网架,在竖向荷载作用下,所有水平支承杆的反力均为零,这些水平支承杆仅起到保证网架结构成为几何不变体系的作用。

(3)不设周边上弦杆的简支网架属静定结构,网架下弦杆内力可由五下弦内力方程组直接求解得出,上弦杆与腹杆内力可由以下弦内力表达的规格化计算公式(14)、(13)求得。

(4)对于设有周边上弦杆的六边形平面蜂窝形三角锥网架,通常情况下属局部超静定结构。网架的下弦杆和腹杆内力以及竖向支承反力仍可由静力条件求得;网架上弦杆内力是超静定的,超静定部分内力可采用力法准则方程求解得出。

(5)本文对六边形平面周边简支蜂窝形三角锥网架,在竖向荷载作用下,按照不同的蜂窝数共编制了6组内力和挠度计算用表,以供工程设计中直接应用。

参考文献

[1] 董石麟,宦荣芬.蜂窝形三角锥网架计算的新方法——下弦内力法[C]//中国土木工程学会.第一届空间结构学术交流会论文集(第二卷),福州,1982:133－150.

[2] 董石麟,夏亨熹.正交正放类网架结构的拟板(夹层板)分析法(上)、(下)[J].建筑结构学报,1982, 3(2):14－25,3(3):14－22.

[3] 南健.正六边形蜂窝形三角锥网架设计[J].建筑结构,1989,(3):13－16.

24 抽空三角锥网架Ⅱ型的简捷分析法与计算用表*

摘　要：本文研究讨论了一种几何构造比较简单的抽空三角锥网架,其上弦组成为三角形网格,而下弦组成为六角形网格(可称为抽空三角锥网架Ⅱ型),文中论证了这种网架是属于半静定半超静定结构,并提出了一种简捷的计算方法。下弦和斜杆内力以及竖向支承反力是静定的,可由本文推导的下弦三内力方程组直接求得,上弦内力是超静定的,可通过求解仅以上弦组成的平面桁架来确定。对于间等边六边形平面的网架,周边简支及周边法向可动铰支,在竖向均布荷载作用下,编制了内力和变位计算用表10组,以供工程设计中应用。采用本文的分析方法与计算用表,不仅可使网架计算做到快速简便,易于掌握,而且其计算结果能满足工程精度的要求。

关键词：抽空三角锥网架Ⅱ型;半静定半超静定;简捷分析法;下弦三内力方程组;计算用表

1　问题的提出

通常所指的抽空三角锥网架,正如文献[1]中所推荐的,其下弦组成为六角形与三角形相间的网格,可称为抽空三角锥网架Ⅰ型,如图1a所示(下简称网架Ⅰ型)。除此之外,有一种比较新型的、构造简单的抽空三角锥网架,其下弦组成为六角形网格,可称为抽空三角锥网架Ⅱ型,如图1b所示(下简称为网架Ⅱ型)。

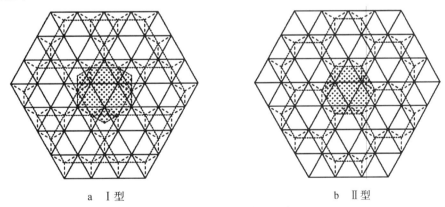

a　Ⅰ型　　　　　　　　　　　　b　Ⅱ型

图1　两种抽空三角锥网架

＊　本文刊登于:董石麟,樊晓红.抽空三角锥网架Ⅱ型的简捷分析法与计算用表[C]//中国土木工程学会.第二届空间结构学术交流会论文集(第一卷),太原,1984:151－166.

试比较一下这两种抽空三角锥网架下弦杆、斜杆和下弦节点的抽空率,可在网架中部取出一个如图 1 小圆点表示的六角形单元,与三角锥网架的相应单元相比而求得,则网架 Ⅰ 型的抽空率要小于网架 Ⅱ 型的抽空率,其比值为 3∶4(由斜杆或下弦节点抽空率对比求得),详见表 1。如比较相交于节点的杆件数,则网架 Ⅰ 型的要大于网架 Ⅱ 型的,见图 1 及表 1。因此,当上弦杆长度和网格布置相同时,抽空三角锥网架 Ⅱ 型的节点数和杆件数必然是小于网架 Ⅰ 型的节点数和杆件数。此外,网架 Ⅱ 型的节点种类少,下弦网格布置单一,施工制作也比较方便。这些就是我们在此要研究和推荐抽空三角锥网架 Ⅱ 型的原因。这种网架可采用空间桁架位移法由电子计算机来计算。然而,正由于下弦网格布置简单,我们找到了一种简化的分析法,且便于编制实用计算图表,可采用查表法直接计算抽空三角锥网架 Ⅱ 型。下面来详细研讨这个问题。

表 1　两种抽空三角锥网架的比较

网架型号	抽空率			交于节点的杆件数	
	下弦杆	斜杆	下弦节点	上弦节点	下弦节点
Ⅰ 型	50%	25%	25%	9 或 8 根	7 根
Ⅱ 型	66.70%	33.30%	33.30%	8 根	6 根

2　网架的几何不变性分析

众所周知,要使铰接空间网架结构成为几何不变体系,就必须满足机动分析的必要条件和充分条件。必要条件的数学表达式为结构体系的自由度 $W \leqslant 0$。对于所讨论的抽空三角锥网架 Ⅱ 型,可以把 W 分成两部分 W_A、W_B

$$W = W_A + W_B \leqslant 0 \tag{1}$$

而且要分别满足下列必要条件

$$W_A \leqslant 0, \qquad W_B \leqslant 0 \tag{2}$$

式中,W_A 表示结构体系在上弦平面内的自由度,亦即仅由上弦组成的平面桁架在上弦平面内的自由度;W_B 表示除上弦平面内自由度以外的整个结构体系的自由度。因此,与 W_A 相关的是由上弦平面桁架以及水平支承杆所组成的平面结构,与 W_B 相关的是网架的下弦杆、斜杆和竖向支承杆。

兹以间等边六边形平面的抽空三角锥网架 Ⅱ 型为例来说明之。网架上弦组成三角形网格的平面桁架,它在自身水平内显然是个自约的几何不变体系。因此,只要有 3 根或 3 根以上的不交于一点的水平支承杆,则体系几何不变性的必要条件 $W_A \leqslant 0$ 总是可以得到满足的。

设网架的上弦节点数为 I,其中内部上弦节点数为 J,边界上弦节点数为 $I-J$。又设网架是由 K 个三角锥单元体组成,亦即下弦节点数为 K,斜杆数为 $3K$。如下弦杆数为 M,并假定边界上弦节点均设有竖向支承杆,则 W_B 的具体表达式为

$$W_B = (I + 3K) - [M + 3K + (I-J)] = J - M \leqslant 0 \tag{3}$$

亦即

$$M \geqslant J \tag{4}$$

这说明如果下弦杆数等于或大于内部上弦节点数,必要条件 $W_B \leqslant 0$ 一定满足。此时,连同条件 $W_A \leqslant 0$,整个网架的几何不变性的必要条件也就满足了。

现在来讨论网架几何不变性的充要条件。上弦平面桁架若有 3 根或 3 根以上不交于一点的水平支承杆,如图 2a 所示,又若对于图 2b,每个周边上弦节点,均设有沿边界切向的水平支承杆,那么这个平面

桁架在自身水平面内的几何不变性的充分条件可得到满足。但作为空间问题,还不能说明上弦节点在竖向的几何不变性的充分条件也得到满足。一般情况下,每个边界上弦节点都设有竖向支承杆,则边界上弦节点就不能机动变位了。鉴于由 6 根杆件组成的三角锥体是空间结构最基本的几何不变体系,那么作为下弦节点的三角锥体的锥顶,相对于作为上弦杆件锥底是不能机动变位的。也就是说,如果内部上弦节点能满足几何不变性的充分条件,下弦节点几何不变性的充分条件也自动得到满足。

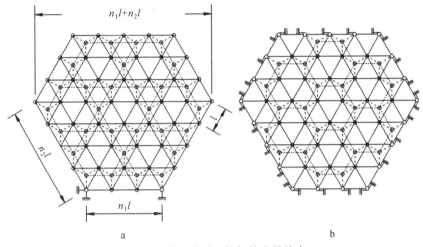

图 2　网架上弦平面桁架的边界约束

现在从图 3a 所示的网架中,取出任意两个并联的三角锥体①—1、2、3 和②—1、4、5,见图 3b,两个锥顶间有一根下弦杆①②相连接,斜杆①1,②1 及下弦杆①②便组成一个最简单的几何不变的三角形平面桁架,因而上弦节点 1 在平面①②1 内是不能机动变位的。由于平面①②1 不是与水平面平行的,而是相交的,既然上弦节点 1 在水平面内及在平面①②1 都不能机动变位,因而上弦节点 1 在竖向也就不能机动变位了。这就是说,两个并联三角锥体的下弦杆,在网架几何不变性分析中,便限制了两个三角锥体相连的那个上弦节点在竖向的机动变位。依此类推:如图 3a 所示的抽空三角锥网架 II

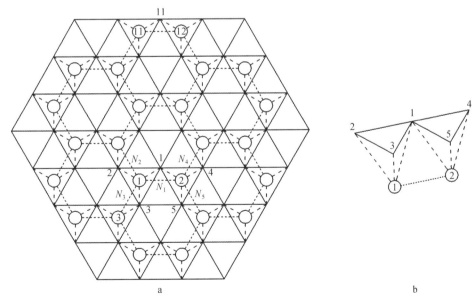

图 3　网架机动分析说明

型,若对每个内部上弦节点都设有一根相应的下弦杆①,此时 $M=J$,则内部上弦节点在竖向都不能机动变位,整个网架的几何不变性的充分条件也得到满足。

综上分析可总结一下,对于上承式的抽空三角锥网架Ⅱ型,只要每个周边上弦节点都设有竖向支承杆,并在边界上共设置不少于三根且不交于一点的水平支承杆,则整个网架是几何不变的。由于 $M=J,W_B=0$,与 W_B 相关的部分结构是静定的,即下弦和斜杆内力以及竖向支承反力可以由静力平衡条件求得。这说明所研究的抽空三角锥网架Ⅱ型是属于半静定半超静定结构。

3 下弦三内力方程

设网架上弦节点以 1、2、3、…表示,下弦节点以①、②、③、…表示,斜杆内力以 $N_{1①}$、$N_{2①}$、$N_{1②}$、…表示,相应于上弦节点 1、2、3、…的下弦杆内力用 N_1、N_2、N_3、…表示,如图 3a 所示。作用在上、下弦节点上的竖向荷载分别为 P_a、P_b,则对于任意下弦节点①可建立三个静力平衡方程:

$$\left.\begin{aligned}\frac{\sqrt{3}}{2}(N_{1①}-N_{2①})\cos\varphi&=\frac{1}{2}(N_2+N_3)-N_1\\\frac{1}{2}\big[(N_{1①}+N_{2①})-N_{3①}\big]\cos\varphi&=\frac{\sqrt{3}}{2}(N_3-N_2)\\(N_{1①}+N_{2①}+N_{3①})\sin\varphi&=P_b\end{aligned}\right\}\quad(5)$$

式中,φ 为斜杆倾角,式(5)表示同一个锥体的三根斜杆内力与锥顶相交的三根下弦内力之间的关系式,求解后可用下弦内力来表示斜杆内力:

$$\left.\begin{aligned}N_{1①}&=\frac{1}{\sqrt{3}\cos\varphi}\Big(N_3-N_1+\frac{P_b}{\sqrt{3}}\cot\varphi\Big)\\N_{2①}&=\frac{1}{\sqrt{3}\cos\varphi}\Big(N_1-N_2+\frac{P_b}{\sqrt{3}}\cot\varphi\Big)\\N_{3①}&=\frac{1}{\sqrt{3}\cos\varphi}\Big(N_2-N_3+\frac{P_b}{\sqrt{3}}\cot\varphi\Big)\end{aligned}\right\}\quad(6a)$$

同理,由下弦节点②的平衡条件可得

$$\left.\begin{aligned}N_{1②}&=\frac{1}{\sqrt{3}\cos\varphi}\Big(N_5-N_1+\frac{P_b}{\sqrt{3}}\cot\varphi\Big)\\N_{4②}&=\frac{1}{\sqrt{3}\cos\varphi}\Big(N_1-N_4+\frac{P_b}{\sqrt{3}}\cot\varphi\Big)\\N_{5②}&=\frac{1}{\sqrt{3}\cos\varphi}\Big(N_4-N_5+\frac{P_b}{\sqrt{3}}\cot\varphi\Big)\end{aligned}\right\}\quad(6b)$$

由上弦节点 1 竖向力的平衡条件:

$$(N_{1①}+N_{1②})\sin\varphi+P_a=0\quad(7)$$

把式(6a)、(6b)的第一式代入上式并经整理后可得

$$2N_1-N_3-N_5=\frac{3P_a+2P_b}{\sqrt{3}}\cot\varphi\quad(8)$$

式(8)便是抽空三角锥网架Ⅱ型的下弦内力方程式。在一定条件下,某些网架的下弦内力之间是可以

---

① 对于已经坐落在边界上的上弦节点,如图 3a 中节点 11,可以不必设置相应的下弦杆,如图 3a 中下弦杆⑪⑫。

建立方程式的,如蜂窝形三角锥网架的下弦五内力方程式[2]。但到目前为止,没有发现比式(8)再简单了,它仅涉及同一个六角形网格中三根相邻的下弦内力。但应注意,这三根下弦的相应上弦节点,必须位于两个相邻的六角形网格内,即三个相应上弦节点正好是一个上弦三角形网格的三个顶点。如果把下弦三内力方程式写成下列形式(见图3a):

$$2N_1 - N_2 - N_4 = \frac{3P_a + 2P_b}{\sqrt{3}} \cot \varphi \tag{8a}$$

此时,相应的三个上弦节点分别位于三个六角形网格内,即这三个上弦节点在同一上弦轴线上。这样的下弦三内力方程式是无力学意义的,不必建立,否则将会导致错误的结果。

下弦三内力方程(8)的形式与二阶差分方程很相似,为方便起见可用下列图式来表示:

$$\overset{2}{\underset{-1 \qquad -1}{\diagup\diagdown}} \quad N_i = Q \tag{9}$$

式中,

$$Q = \frac{3P_a + 2P_b}{\sqrt{3}} \cot \varphi \tag{10}$$

如果其中一个相应的上弦节点正好坐落在边界上,此时,在平面图上与边界线相交的相应下弦杆是没有的,则考虑边界条件后的式(9)应表示为

$$\overset{2}{\underset{0 \qquad -1}{\diagup\diagdown}} \quad N_i = Q \tag{11}$$

显然,对于每个内部上弦节点,都可建立一个相应的下弦三内力方程式,合并后便构成下弦三内力方程组,可用下列矩阵形式表示

$$\boldsymbol{KN} = \boldsymbol{QI} \tag{12}$$

式中,$\boldsymbol{K}$ 为系数矩阵,由于内部上弦节点数 J 和下弦杆数 M 相等,$\boldsymbol{K}$ 必是个方阵,$\boldsymbol{N}$ 为下弦内力列阵

$$\boldsymbol{N} = \{ N_1 \quad N_2 \quad N_3 \cdots N_i \cdots \}^{\mathrm{T}}$$

$\boldsymbol{I}$ 为单位列阵。求解式(12)后,可得出网架下弦内力值

$$\boldsymbol{N} = Q\boldsymbol{K}^{-1}\boldsymbol{I} \tag{13}$$

式中,$\boldsymbol{K}^{-1}$ 为 $\boldsymbol{K}$ 的逆矩阵。

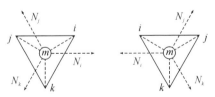

图 4   斜杆内力统一计算公式用的杆件位置

斜杆内力计算公式(6a)、(6b)如考虑到图 4 后,可合并成一个统一的计算公式

$$\left. \begin{aligned} N_{i(m)} &= \frac{1}{\sqrt{3}\cos\varphi}\left(N_k - N_i + \frac{P_b}{\sqrt{3}}\cot\varphi\right) \\ N_{j(m)} &= \frac{1}{\sqrt{3}\cos\varphi}\left(N_i - N_j + \frac{P_b}{\sqrt{3}}\cot\varphi\right) \\ N_{k(m)} &= \frac{1}{\sqrt{3}\cos\varphi}\left(N_j - N_k + \frac{P_b}{\sqrt{3}}\cot\varphi\right) \end{aligned} \right\} \tag{14}$$

因此,如知下弦内力后,斜杆内力便可由式(14)求得。然后,根据边界处斜杆内力可求得竖向支承反力。

由此可见,如需求得抽空三角锥网架Ⅱ型的部分静定内力和反力,即下弦和斜杆内力以及竖向支承反力,关键是在于建立和求解下弦三内力方程组。

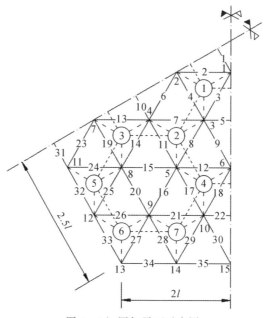

图 5 1/6 网架平面示意图

兹以两邻边为 $n_1 l$ 和 $n_2 l$,对角线长为 $n_1 l + n_2 l$(见图 2a)的间等边六边形平面的抽空三角锥网架Ⅱ型为例做一说明。设 $n_1 = 4$,$n_2 = 5$,只有上弦节点荷载 P_a,因有三个竖向对称平面,故只要计算 1/6 网架就可以了(见图 5)。此时,未知下弦内力数为 10,下弦三内力方程组的具体形式为

$$\begin{bmatrix} 2 & 0 & -2 & 0 & 0 & 0 & 0 & 0 & 0 & 0 \\ -2 & 2 & 0 & 0 & 0 & 0 & 0 & 0 & 0 & 0 \\ 0 & -1 & 2 & -1 & 0 & 0 & 0 & 0 & 0 & 0 \\ 0 & 0 & 0 & 2 & -1 & 0 & 0 & -1 & 0 & 0 \\ 0 & 0 & -1 & 0 & 2 & -1 & 0 & 0 & 0 & 0 \\ 0 & 0 & 0 & 0 & 0 & 2 & 0 & 0 & 0 & -2 \\ 0 & 0 & 0 & -2 & 0 & 0 & 2 & 0 & 0 & 0 \\ 0 & 0 & 0 & 0 & 0 & -1 & 2 & 0 & 0 & 0 \\ 0 & 0 & 0 & 0 & 0 & 0 & 0 & 0 & 2 & 0 \\ 0 & 0 & 0 & 0 & -1 & 0 & 0 & 0 & -1 & 2 \end{bmatrix} \begin{Bmatrix} N_1 \\ N_2 \\ N_3 \\ N_4 \\ N_5 \\ N_6 \\ N_7 \\ N_8 \\ N_9 \\ N_{10} \end{Bmatrix} = \sqrt{3} P_a \cot \varphi \begin{Bmatrix} 1 \\ 1 \\ 1 \\ 1 \\ 1 \\ 1 \\ 1 \\ 1 \\ 1 \\ 1 \end{Bmatrix}$$

求解后得

$$\{N_1 \ N_2 \ N_3 \ N_4 \ N_5 \ N_6 \ N_7 \ N_8 \ N_9 \ N_{10}\}^T = \{8.0 \ 8.5 \ 7.5 \ 5.5 \ 6.5 \ 4.5 \ 6.0 \ 3.5 \ 0.5 \ 4.0\}^T \sqrt{3} P_a \cot \varphi$$

可见下弦内力均是受拉的,跨中内力较大,靠近边界处内力较小。

在 1/6 网架内有 7 个三角锥单元,共有 21 根斜杆,其内力可由式(14)求得,这里从略,边界上弦节点 15 处无竖向反力,因该处无斜杆;边界上弦节点 11、12、13、14 处的竖向反力由下式求得

$$R_{11} = N_{11⑤}\sin\varphi = \frac{1}{\sqrt{3}\cos\phi}(0)\sin\varphi = 0$$

$$R_{12} = (N_{12⑤} + N_{12⑥})\sin\varphi = \frac{1}{\sqrt{3}\cos\varphi}(N_8 + N_9)\sin\varphi = 4P_a$$

$$R_{13} = N_{13⑥}\sin\varphi = \frac{1}{\sqrt{3}\cos\varphi}(0)\sin\varphi = 0$$

$$R_{14} = N_{14⑦}\sin\varphi = \frac{1}{\sqrt{3}\cos\varphi}(N_{10})\sin\varphi = 4P_a$$

其竖向反力之和为 $\sum\limits_{i=11}^{14} R_i = 8P_a$，这与 1/6 网架内部上弦节点荷载之和 $\left(6 + 4 \times \dfrac{1}{2}\right)P_a = 8P_a$ 正好相等，说明计算是正确的。

4　上弦内力计算

　　网架的上弦内力，可以通过分析上弦平面桁架求得。一般情况下，这是一个高次超静定结构，由平面桁架位移法来计算比较方便。如果没有单独作用的水平外荷载的话，作用在这个平面桁架上的力系，仅是由上节求得的斜杆内力的水平分力，而这些水平分力可由下弦内力 N 来表示，最终还是由上、下弦节点的竖向荷载 P_a、P_b 来表示。

　　平面桁架位移法的基本方程式为

$$\boldsymbol{K}_u \boldsymbol{U} = \boldsymbol{P} \tag{15}$$

式中 $\boldsymbol{K}_u$ 为平面刚度矩阵，它根据上弦杆的单元刚度按照一定的法则叠加而成，$\boldsymbol{U}$、$\boldsymbol{P}$ 为平面桁架的节点位移列阵和荷载列阵：

$$\boldsymbol{U} = \{U_1 \quad U_2 \quad \cdots \quad U_i \quad \cdots\}^T$$
$$\boldsymbol{U}_i = \{u_i \quad v_i\}^T$$
$$\boldsymbol{P} = \{P_1 \quad P_2 \quad \cdots \quad P_i \quad \cdots\}^T$$
$$\boldsymbol{P}_i = \{P_{xi} \quad P_{yi}\}^T$$

这里 P_{xi}、P_{yi} 为 i 节点两根斜杆的水平分力在 x、y 轴方向的分量之和。

　　根据网架结构的边界条件，如图 6 所示，可确定上弦平面桁架的边界条件，在求解式(15)后可得上弦节点的水平变位 $\boldsymbol{U}$，然后可由下式求得任一上弦杆的内力 N_{ij}

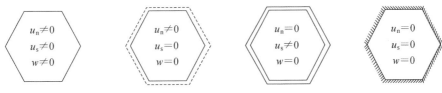

a　周边可动铰支　　b　周边法向可动铰支　　c　周边切向可动铰支　　d　周边不动铰支

图 6　网架周边四种铰支情况示意图

$$N_{ij} = \frac{EF_{aij}}{l}(\bar{u}_j - \bar{u}_i) = \frac{EF_{aij}}{l}\begin{bmatrix}\cos\alpha & \cos\beta\end{bmatrix}\begin{Bmatrix}u_j - u_i \\ v_j - v_i\end{Bmatrix} \tag{16}$$

式中，F_{aij} 为上弦杆 ij 的截面积，l 为杆长，E 为材料的弹性模量，$\bar{u}_i$、$\bar{u}_j$ 为该上弦杆两端节点沿杆件轴线方向的变位，$\cos\alpha$、$\cos\beta$ 为方向余弦。

　　工程实践中的网架边界条件以周边简支、周边法向可动铰支者为多，如图 6a、b 所示。这里所说的周边简支是指支在竖向荷载作用下,网架无水平反力,但为了保证网架的几何不变性,应设置如图2a所示的三根水平支承杆。因此,这种周边简支的边界条件,从分析计算的角度来看与周边可动铰支的边界条件是等价的,所不同的只是相差一个刚体水平变位。

此外,如果在结构分析中采用一些手法,周边法向可动铰支可作为周边可动铰支的一种特殊情况来考虑。设网架周边上弦杆的截面积为 F_{as},内部上弦杆的截面积为 F_a,其比值为 λ

$$\lambda = \frac{F_{as}}{F_a} \tag{17}$$

若按周边简支,即周边可动铰支条件求解时,同时令 λ 为相当大,如等于 10^5,则其计算结果从工程精度要求来看,与周边法向可动铰支时的计算结果是相同的。此时,边界上弦节点两侧的上弦内力之差,即相当于周边法向可动铰支时,沿边界切向水平支承杆的反力(以指向网架角点为正)。此外,如取不同的 λ 值,可看出内部上弦杆及周边上弦杆的内力变化规律。

仍以上节所举的 $4l+5l$ 间等边六边形平面抽空三角锥网架Ⅱ型为例做一说明(图5)。当 λ 自 0.01 至 10^5 变化时,通过求解平面桁架后,网架跨中上弦内力 N_{a1} 以及边界两邻边中部上弦内力 N_{a31}、N_{a35} 的变化规律,可见图7所示,图中给出的是无量纲内力值 $\widetilde{N}_{aj}$,实际内力应乘以 $P_a \cot\varphi$。图7表明,当 $\lambda \leqslant 0.05$ 及 $\lambda \geqslant 100$ 时,上弦内力的变化已不明显。当 $\lambda=10^5$ 时的周边简支边界条件的解答,即是周边法向可动铰支边界条件时的解答。此外,周边法向可动铰支时跨中上弦的内力约为周边简支时的 75% 左右。

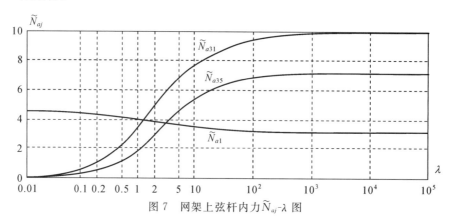

图7 网架上弦杆内力 $\widetilde{N}_{aj}$-λ 图

5 网架的变位计算

工程上所需要的网架变位是挠度和边界处的水平变位,其中挠度是主要的,现分述如下。

网架挠度可采用结构力学中的虚位移原理求得

$$w = \sum_j \frac{N_{aj} \bar{N}_{aj} l_a}{EF_{aj}} + \sum_i \frac{N_i \bar{N}_i l_b}{EF_{bi}} + \sum_k \frac{N_{ck} \bar{N}_{ck} l_c}{EF_{ck}} \tag{18}$$

式中,N_{aj}、N_i、N_{ck} 和 $\bar{N}_{aj}$、$\bar{N}_i$、$\bar{N}_{ck}$ 分别为外荷载和需求节点挠度处单位竖向荷载作用下上弦、下弦、斜杆的内力,F_{aj}、F_{bi}、F_{ck} 和 $l_a=l$、$l_b=l$、l_c 为相应各类杆件的截面积和长度。对于这种抽空三角锥网架Ⅱ型,式(18)的后面两项在求得下弦和斜杆的静定内力后就可得出,第一项则要在计算超静定的上弦内力后才能求得。网架边界上弦节点的水平变位由解方程式(15)得出。

现仍以图5所示的周边简支网架为例来说明。一般只需计算网架跨中上弦节点1的挠度即可,因网架有三个对称面,故在分析 1/6 网架时,式(18)中 $\bar{N}_{aj}$、$\bar{N}_i$、$\bar{N}_{ck}$ 应看作是在上弦节点1处作用2个单位竖向荷载时所求得的杆件内力值,同时应注意与对称面相交的上、下弦杆的长度取 $l/2$。当网架各类杆件的截面积为常数时,算得上弦节点 1 的挠度为

$$\lambda=1: \qquad w_1=\frac{P_a}{E}\left(50.04\frac{l}{A_a}\cot^2\varphi+169.1\frac{l}{A_b}\cot^2\varphi+16.3\frac{l_c}{A_c\sin^2\varphi}\right)$$

$$\lambda=10^5(\text{即周边法向可动铰支}): w_1=\frac{P_a}{E}\left(35.63\frac{l}{A_a}\cot^2\varphi+169.1\frac{l}{A_b}\cot^2\varphi+16.3\frac{l_c}{A_c\sin^2\varphi}\right)$$

$$\lambda=0.01: \qquad w_1=\frac{P_a}{E}\left(60.20\frac{l}{A_a}\cot^2\varphi+169.1\frac{l}{A_b}\cot^2\varphi+16.3\frac{l_c}{A_c\sin^2\varphi}\right)$$

这说明当 λ 变化时,对上式第二、三项无影响,这是显而易见;对第一项的影响仅限制在一定的范围内,即上限约为 $60\dfrac{P_a l}{EA_a}\cot^2\varphi$,下限为 $35.63\dfrac{P_a l}{EA_a}\cot^2\varphi$。

边界上弦节点 11、15 内法向水平变位的计算结果为

$$\lambda=1: \qquad U_{n11}=5.03\frac{P_a l}{EA_a}, \qquad U_{n15}=10.65\frac{P_a l}{EA_a}$$

$$\lambda=10^5: \qquad U_{n11}=3.47\frac{P_a l}{EA_a}, \qquad U_{n15}=8.26\frac{P_a l}{EA_a}$$

$$\lambda=0.01: \qquad U_{n11}=8.23\frac{P_a l}{EA_a}, \qquad U_{n15}=12.43\frac{P_a l}{EA_a}$$

这表明上弦节点的水平变位只取决于上弦杆的刚度,而与下弦杆、斜杆的刚度是无关的。

6 间等边六边形平面网架的内力和变位计算用表的编制及应用

根据本文方法,可把抽空三角锥网架 II 型的结构分析划分为两阶段进行:先计算静定部分的内力和反力;再计算超静定的内力和反力及结构的变位。当网架的平面图形及网格数确定后,在均布竖向荷载作用下,任一下弦杆和斜杆内力及竖向支承反力,便可求得一个表达式来精确计算。如果网架各类杆件的截面积为常数时,任一上弦杆内力和水平支承反力以及网架的变位也可用一个表达式来精确计算。因此,这就可能根据网架的某些参数,编制一套内力和变位计算用表,设计计算时,无需上机电算,只要查用已通过电子计算机编成的计算图表就可以了。

本文对 $n_1 l+n_2 l$ 间等边六边形平面的周边简支及周边法向可动铰支网架,根据参数 n_1、n_2 的不同组合,编制了内力和变位计算用表共 10 组。编制计算用表时,考虑了下列关系式

$$P_a=\frac{\sqrt3}{2}l^2 q_a, \qquad P_b=\frac{3\sqrt3}{4}l^2 q_b, \qquad \cot\varphi=\frac{l}{\sqrt3}h \tag{19}$$

式中 q_a、q_b 为作用在网架上、下弦平面的竖向均布荷载,h 为网架高度。

利用对称条件,只要分析 1/6 网架即可。具体求解方程式(12)、(15),并由式(14)、(16)、(18)、(19),网架的上、下弦杆内力 N_{aj}、N_i,斜杆内力 N_{ck},支承的竖向反力 R_i 和沿边界的切向水平反力 H_i,上弦节点挠度 w_i 以及边界上弦节点的内法向水平变位 U_{ni} 可分别表达为

$$N_{aj} = \frac{l^3}{2h}(q_a \widetilde{N}_{aaj} + q_b \widetilde{N}_{abj})$$

$$N_i = \frac{\sqrt{3}\,l^3}{2h}(q_a + q_b)\widetilde{N}_i$$

$$N_{ck} = \frac{\sqrt{3}\,l^2 l_c}{2h}[q_a \widetilde{N}_{ck} + q_b(0.5 + \widetilde{N}_{ck})]$$

$$R_i = \frac{\sqrt{3}\,l^2}{2}[q_a \widetilde{R}_i + q_b(0.5 + \widetilde{R}_i)]$$

$$H_i = \frac{l^3}{2h}(q_a \widetilde{H}_{ai} + q_b \widetilde{H}_{bi})$$

$$w_i = \frac{1}{Eh^3}\Big[\frac{l^5}{2\sqrt{3}\,A_a}(q_a \widetilde{w}_{aai} + q_b \widetilde{w}_{abi}) + \frac{\sqrt{3}\,l^5}{2A_b}(q_a + q_b)\widetilde{w}_{bi} + \frac{\sqrt{3}\,l^2 l_c}{2A_c}(q_a + q_b)\widetilde{w}_{ci}\Big]$$

$$U_{ni} = \frac{\sqrt{3}\,l^3}{2EA_a}(q_a \tilde{u}_{nai} + q_b \tilde{u}_{nbi})$$

$$(i,j,k = 1,2,3,\cdots)$$

(20)

式中，$\widetilde{N}_i$、$\widetilde{N}_{ck}$、$\widetilde{R}_i$、$\widetilde{w}_{bi}$、$\widetilde{w}_{ci}$、$\widetilde{N}_{aaj}$、$\widetilde{N}_{abj}$、$\widetilde{H}_{ai}$、$\widetilde{H}_{bi}$、$\tilde{u}_{nai}$、$\tilde{u}_{nbi}$、$\widetilde{w}_{aai}$、$\widetilde{w}_{abi}$ 为无量纲内力、反力和变位系数，由附录中的计算用表查得。第一个脚标如为 a、b、c 时，表示与上弦杆、下弦杆和斜杆有关，第一或第二个脚标仅为 a、b 时，表示与上、下弦平面的均布荷载有关，脚标 i 表示上弦节点号或相应的下弦杆号，j 表示上弦杆号，k 表示斜杆号，详见附录中的附图。1/6 网架内第 m 个三角锥单元体中，三根斜杆号按附图左上角所示的次序表示，即 $k = 3m-2$、$3m-1$、$3m$。

周边法向可动铰支时，沿边界的上弦杆内力都应为零值，附表中未列出。这一栏中用括号所表示的数值，是指相当于周边简支且 $\lambda = 10^5$ 时边界上弦杆的无量纲内力值，可作对比之用。如果网架的各类杆件截面积不等，计算时可近似取截面积的加权平均值。

7 算例

设有一对角线长为 $4l + 5l$ 的间等边六边形平面抽空三角锥网架 II 型，l 为 3m，对角线长 27m，$h = 1.8$m，$q_a = 0.2$t/m²，$q_b = 0$，$E = 2.1 \times 10^6$ kg/cm²，F_a、F_b、F_c，分别 7.26、14.24、5.47cm²。试计算周边简支和周边法向可动铰支时网架的内力、反力和变位。

由式(20)及附表 2 的系数，可很方便地求得所需的计算结果，详见图 8。图 8 的右侧给出下弦、斜杆内力及竖向支承反力，对此两种边界条件时得出同一计算结果。图 8 的左侧给出其他内力和反力及网架的变位，其中不带括号者为周边简支时的计算结果，带括号者为周边法向可动铰支时的计算结果。图 8 的计算结果是精确解，与采用空间桁架位移法的电算结果完全相同。

8 结语

(1)抽空三角锥网架 II 型构造简单，抽空率大，节点数和杆件数相对较少，上、下弦各组成单一网格，上弦网格密致，便于铺设屋面板，下弦网格稀疏，有利于节省材料用量。从这些意义上来说，抽空三角锥网架 II 型集中了抽空三角锥网架 I 型、蜂窝形三角锥网架、六角锥网架[3]等三种网架结构的优点。

(2)对于上承式的抽空三角锥网架 II 型而言，当周边各上弦节点均设有竖向支承杆，并布置有不

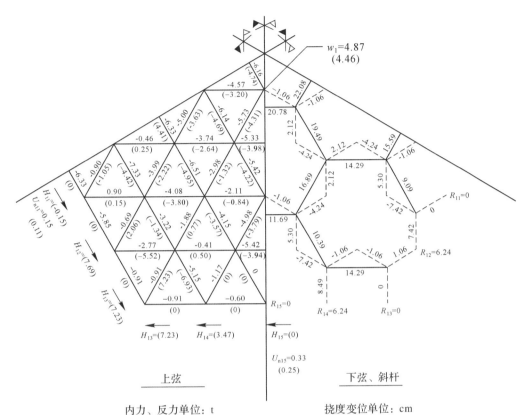

内力、反力单位：t　　　　　　　　挠度变位单位：cm

图 8　算例网架内力、支反力、挠度、变位图

少于三根且不交于一点的水平支承杆时，则网架几何不变性的必要条件和充分条件都可得到满足。设计时，在靠近网架周边处，无需增设任何杆件。

（3）本文所讨论的抽空三角锥网架 II 型是一种半静定半超静定结构。属于静定部分的下弦和斜杆内力及竖向支承反力，求解下弦三内力方程组及计算公式（14）求得；属于超静定部分的上弦内力和水平支承反力及网架变位，由分析上弦平面桁架及挠度计算公式（18）求得。

（4）这种网架所具有的半静定和半超静定的特点，可根据最少的参数，为编制网架内力和变位计算用表提供了有利条件。本文对间等边六边形平面的抽空三角锥网架 II 型，周边简支或周边法向可动铰支，在竖向均布荷载作用下，共编制了 10 组内力、变位计算用表。其中下弦、斜杆内力及竖向支承反力是精确解；如网架各类杆件截面积相等时，上弦内力、水平支承反力及网架的挠度和变位也是精确解。

（5）在小挠度理论范围内，当支座有沉降时，对所讨论的上承式抽空三角锥网架 II 型，不产生内力；温度变化时，仅上弦杆才有温度应力，计算也甚方便。

参考文献

［1］中华人民共和国建设部. 网架结构设计与施工规定：JGJ 7－80［S］. 北京：中国建筑工业出版社，1981.

［2］董石麟，宦荣芬. 蜂窝形三角锥网架计算的新方法——下弦内力法［C］//中国土木工程学会. 第一届空间结构学术交流会论文集（第二卷），福州，1982：133－150.

［3］董石麟，胡绍隆，等. 平板型空间网架结构计算方法及试验研究［R］. 建筑科学研究院结构所研究报告建结 22 号. 北京：中国建筑科学研究院，1966.

附录

间等边六边形平面网架的内力、变位计算用表*

（1）网架的内力、反力、挠度、变位表达式见文中式(20)，其中无量纲内力、反力、挠度、变位值由附表1～10查得。

（2）各类杆件号及上弦节点号见附图。

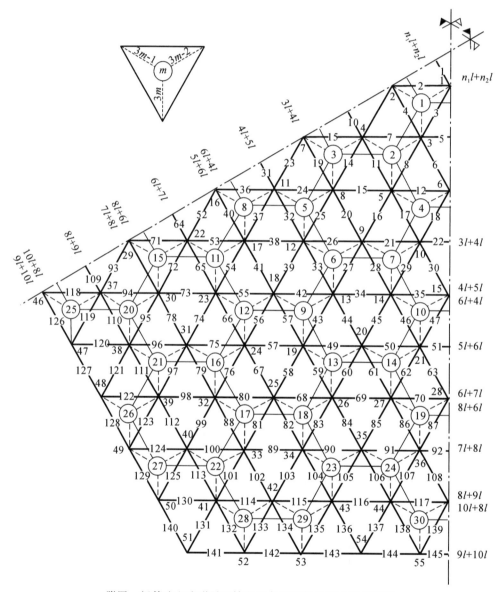

附图　间等边六边形平面抽空三角锥网架Ⅱ型 1/6 平面图

---

*　注：因本文篇幅有限，仅给出附表 2 一组计算用表，其他从略。

（3）网架角点的沿边界切向水平反力及内法向水平变位在附表中有双值，其中右下角的数值指对 n_1l 边界而言，左上角的数值指对 n_2l 边界而言。

（4）i、j、$k=10s+t$。

附表 2　$n_1=4,n_2=5$

边界条件	q_a / q_b	内力变位	s	1	2	3	4	5	6	7	8	9	10
不限 不限	不限 不限	N_i		8.000	8.500	7.500	5.500	6.500	4.500	6.000	3.500	0.500	4.000
				−0.500	−0.500	1.000	−2.000	1.000	1.000	−2.000	−4.500	2.500	−0.500
		N_{ck}	1	−2.000	2.500	−3.500	0.000	3.500	−0.500	0.500	0.000	−3.500	−0.500
			2	4.000									
		R_i	1	0.000	4.000	0.000	4.000	0.000					
		w_{hi}		56.35									
		w_{ci}		16.30									
周边简支	q_a	N_{aaj}		−4.106	−3.045	−3.817	−4.093	−3.553	−3.334	−2.494	−1.989	−3.611	−4.218
			1	−4.343	1.407	−0.309	−2.632	−2.718	−1.255	−2.767	−3.322	−4.887	−2.149
			2	−0.270	−3.615	−0.598	−0.598	−0.463	−1.847	0.609	−3.436	−1.182	0.000
			3	−3.301	−3.899	−0.609	−0.609	−1.736					
		u_{nai}	1	5.030	7.74	6.26/8.47	13.10	10.65					
		w_{aai}		50.04									
	q_b	N_{abj}		−4.093	−3.334	−4.093	−4.359	−3.561	−3.334	−2.787	−2.269	−3.585	−4.203
			1	−4.613	−1.694	−0.599	−2.924	−2.712	−1.251	−3.033	−3.585	−5.187	−2.165
			2	−0.528	−3.561	−0.599	0.310	−0.750	−2.137	0.358	−3.775	−1.422	0.000
			3	−3.340	−4.227	−0.935	−0.647	−1.823					
		u_{nbi}	1	5.69	8.53	6.80/9.32	13.90	11.26					
		w_{abi}		52.67									
周边法向可动铰支	q_a	N_{aaj}		−3.161	−2.132	−2.872	−3.127	−2.651	−2.421	−1.758	−0.878	−2.812	−2.939
			1	−3.300	−0.562	0.190	−1.483	−2.530	0.513	−2.381	−2.524	−2.945	−0.894
			2	0.333	−2.625	−0.099	0.099	1.374	−3.683	4.818	−4.622	0.003	0.000
			3	(−9.846)	(−9.944)	(−4.818)	(−4.818)	(−7.130)					
		H_{ai}	1	−0.099	5.126	4.818/4.818	2.312	0.000					
		u_{nai}	1	3.466	5.384	0.0/0.0	9.769	8.257					
		w_{aai}		35.53									
	q_b	N_{abj}		−3.067	−2.352	−3.067	−3.305	−2.590	−2.352	−2.008	−1.050	−2.724	−2.803
			1	−3.482	−0.767	−0.089	−1.673	−2.515	0.698	−2.633	−2.724	−3.096	−0.781
			2	0.160	−2.472	−0.089	−0.200	1.208	−4.094	4.953	−5.036	−0.160	0.000
			3	(−10.40)	(−10.78)	(−5.53)	(−5.24)	(−7.68)					
		H_{bi}	1	−0.378	−5.249	5.53/5.241	2.438	0.000					
		u_{nbi}	1	4.02	5.97	0.0/0.0	10.29	8.68					
		w_{abi}		37.10									

注：表中第 3 列中的字母符号均省去了“$\sim$”，例如 N_i 代表 $\widetilde{N}_i$。

25 圆形平面类四角锥网架的形式、分类及分析计算*

提 要:本文提出和研究了一种适合于圆形平面的类四角锥网架,它由一系列的四角锥单元体所组成,同一环向的各四角锥体是相同的,但同一经向的各四角锥体是不同的,可认为这是一种极坐标系下的斜放四角锥网架。根据有无再分式网格,这种网架可分成两大类。在轴对称荷载作用下,无再分式网格的圆形平面类四角锥网架是部分静定的,以致计算可得到简化,本文详细给出网架内力和跨中挠度的计算公式。本文提出的网架形式,已在工程中得到应用,它还可以在平面为圆环形、扇形的屋盖和楼层中采用。

关键词:圆形平面;类四角锥网架;形式;分类;分析计算

1 圆形平面类四角锥网架的形式和分类

平面为圆形的网架结构,以往大多选用三向网架和三角锥单元体所组成的网架,如上海体育馆及塘沽车站网架屋盖。这种三向类网架的网格形式,对正六角形平面来说,可使整个平面的网格布置整齐规则,与边界也比较协调。但对圆形平面来说,在周边六个弓形平面范围内,网格大小不等,杆件长度不一,给制作安装带来麻烦,造型也不美观。因此,提供一种网格布置既要有规律,又要与周边协调的、适合于圆形平面的网架形式,一直是结构工程师和建筑师所关心的。

本文提出一种适合于覆盖圆形平面的类四角锥网架结构。这种网架的下弦节点即是同心圆系与直径系的交点,下弦构成肋环形网格;上弦节点坐落在被同心圆系和直径系所分割的弧线段及直线段的中点上,上弦构成联方形网格。因此,这是一种由环向相同,经向不同的四角锥单元体组成的网架结构,但每个角锥体不是正四角锥体,其经向斜杆长度与环向斜杆长度不等,外侧上弦长度与内侧上弦长度不等。为区别于一般由正四角锥单元体所组成的网架,故称为类四角锥网架(图1)。

根据是否设置再分式网格,圆形平面的类四角锥网架可分为两大类。第一类是无再分式网格的类四角锥网架,如图1所示。图1a是一种最基本的网架形式,其中中部一圈的上弦、镜像下弦和斜杆均与圆形平面的中心轴线相交,并需设置中心竖杆。图1b是一种下弦不通过中心轴线的网格设置方案,无需设置中心竖杆及中心下弦节点。图1c是一种上、下弦和斜杆都不通过中心轴线的网格设置方案,中心上、下弦节点都不存在,相当于网架中部是开孔的,但在孔边要增设一圈上弦,以使网架成为几何不变体系。

* 本文刊登于:董石麟,周志隆.圆形平面类四角锥网架的形式、分类及分析计算[C]//中国土木工程学会.第四届空间结构学术交流会论文集,成都,1988:347—352.

a   b   c

—上弦 —下弦（包括邻近的斜杆） …斜杆

图 1 无再分式网格的类四角锥网架

第二类是有再分式网格的类四角锥网架,如图 2 所示。这类网架的网格比较匀称,网架中部的杆件不会过于密集,以利于制作和安装。例如图 2a、2b 所示的两种网架,从某一圈(图 2 中的第三圈)开始,环向下弦网格数比前一圈的网格数增加一倍,相应的上弦网格形式也有所突变,即由菱形网格转化一圈五角形网格及一圈三角形与菱形相间的网格。这是一级再分式网格的网架,如网架的覆盖面积较大,可设置二级、三级再分式网格。如同图 1b、图 1c 所示两种网架相似,在图 2a 中未设置通过中心轴线的下弦,而在图 2b 中网架中部是开孔的。

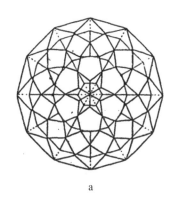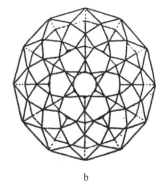

a   b

—上弦 —下弦（包括邻近的斜杆） …斜杆

图 2 有再分式网格的类四角锥网架

2 周边简支网架的内力计算

圆形平面类四角锥网架有 $n/2^k$ 个对称面,其中 n 为最外圈的环向网格数,k 为再分式网格及级数。当周边简支时,在轴对称的均布荷载作用下,一般只要计算 $2^k/2n$ 网架即可。对于无再分式网格的第一类网架,即 $k=0$,此时仅需计算 $1/2n$ 网架,通常可采用空间桁架位移法电算。然后可以证明,无再分式网格的圆形平面类四角锥网架是部分静定的,这就可使计算得到简化,下面便对这类网架的内力和挠度计算进行分析、探讨。

兹以图 1a 表示的网架为例,取出 $1/n$ 网架平面图,如图 3 所示。设网架有 m 圈环向下弦,径向下弦长度为 l,即直径 $D=(2m+1)l$,网架高为 h。根据网架总体及上弦节点 B_i 竖向力的平衡条件,不难推求径向斜杆及环向斜杆的内力计算公式(有关网架内力及几何尺寸的符号见图 3):

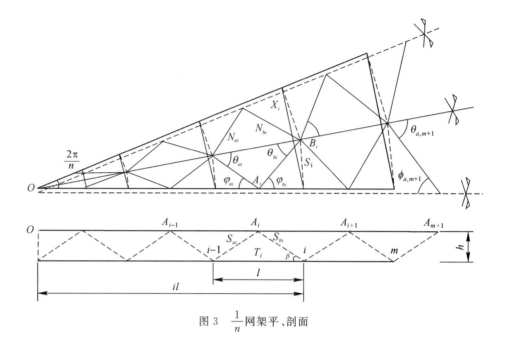

图 3 $\frac{1}{n}$ 网架平、剖面

$$S_{ai}=\left[\left(i-\frac{3}{4}\right)^2 q'+\left(i-\frac{1}{2}\right)^2 q''\right]\frac{\pi l^2}{n\sin\beta} \qquad (i=1,2,\cdots,m+1)$$

$$S_{bi}=-\left[\left(i-\frac{1}{4}\right)^2 q'+\left(i-\frac{1}{2}\right)^2 q''\right]\frac{\pi l^2}{n\sin\beta} \qquad (i=1,2,\cdots,m)$$

$$S_i=-\frac{i\pi l^2 q'}{2n\sin\beta_i}$$

（1）

式中，q'、q'' 为作用在网架上、下弦平面上的均布荷载，β、β_i 为径向、环向斜杆与水平面的夹角。式(1)表明这种网架的斜杆内力，以及支座的竖向反力（即支座斜杆内力的竖向分力）是静定的。

然后取出所有上弦作为隔离体，构成一个平面桁架，把所有斜杆内力的水平分力认为是作用在上弦节点上的已知水平力，则由上弦节点 A_i、B_i 经向水平力的平衡条件，可求得上弦内力的递推计算公式（暂且假定网架无周边上弦）

$$N_{a,m+1}=-\frac{1}{\cos\varphi_{a,m+1}}\left[\left(m+\frac{1}{4}\right)^2 q'+\left(m+\frac{1}{2}\right)^2 q''\right]\frac{\pi l^3}{4nh}$$

$$N_{a1}=2\left[N_{b1}\cos\varphi_{b1}-\left(\frac{5}{4}q'+q''\right)\frac{\pi l^3}{8nh}\right]$$

$$N_{bi}=\frac{1}{\cos\theta_{bi}}\left(N_{a,i+1}\cos\theta_{a,i+1}+\frac{i^2\pi l^3 q'}{nh}\sin^2\frac{\pi}{2n}\right) \qquad (i=1,2,\cdots,m)$$

$$N_{ai}=\frac{1}{\cos\varphi_{ai}}\left\{N_{bi}\cos\varphi_{bi}-\left[\left(i^2-i+\frac{5}{16}\right)q'+\left(i-\frac{1}{2}\right)^2 q''\right]\frac{\pi l^3}{2nh}\right\} \quad (i=2,\cdots,m)$$

（2）

式中 φ_{ai}、θ_{ai}、φ_{bi}、θ_{bi} 可根据几何关系由下式确定

$$\varphi_{ai}=\sin^{-1}\frac{2(i-1)\sin\frac{\pi}{n}}{\sqrt{1+16(i-1)\left(i-\frac{1}{2}\right)\sin^2\frac{\pi}{2n}}}, \qquad \theta_{ai}=\sin^{-1}\frac{2\left(i-\frac{1}{2}\right)\sin\frac{\pi}{n}}{\sqrt{1+16(i-1)\left(i-\frac{1}{2}\right)\sin^2\frac{\pi}{2n}}}$$

$$(i=1,2,\cdots,m+1)$$

（3）

$$\varphi_{bi} = \sin^{-1} \frac{2i\sin\frac{\pi}{n}}{\sqrt{1+16i\left(i-\frac{1}{2}\right)\sin^2\frac{\pi}{2n}}}, \qquad \theta_{bi} = \sin^{-1} \frac{2\left(i-\frac{1}{2}\right)\sin\frac{\pi}{n}}{\sqrt{1+16i\left(i-\frac{1}{2}\right)\sin^2\frac{\pi}{2n}}}$$

$$(i=1,2,\cdots,m)$$

可见，上弦内力也是静定的。如果设有周边上弦，则需解一次超静定平面桁架，计算也比较简单。

下弦内力可由解一个下弦平面内的蜘网式的平面桁架求得。$\frac{1}{n}$ 下弦平面桁架如图 4 所示，作为 i 节点的已知水平力即是交于 i 节点所有斜杆内力的经向水平分力 H_i

$$H_i = \left\{ \left[\left(i^2 + 2i^2\sin^2\frac{\pi}{2n} + \frac{1}{16} \right)q' + \left(i^2 + \frac{1}{4} \right)q'' \right] \frac{\pi l^3}{nh} \right\} \quad (i=1,2,\cdots,m) \tag{4}$$

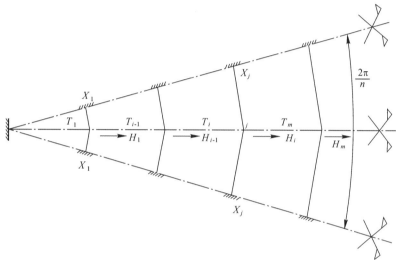

图 4 下弦平面桁架计算图式

显然，这是 m 次超静定平面桁架，取环向下弦内力为赘余力 $X_j(j=1,2,\cdots,m)$，则 X_j 可由下列力法准则方程式求得[1]

$$\begin{pmatrix} \delta_{11} & \cdots & \delta_{1i} & \cdots & \delta_{1m} \\ \ddots & & \vdots & & \vdots \\ 对 & & \delta_{ji} & \cdots & \delta_{jm} \\ & & & & \vdots \\ 称 & & & & \delta_{mm} \end{pmatrix} \begin{pmatrix} X_1 \\ \vdots \\ X_j \\ \vdots \\ X_m \end{pmatrix} + \begin{pmatrix} \Delta_1 \\ \vdots \\ \Delta_j \\ \vdots \\ \Delta_m \end{pmatrix} = 0 \tag{5}$$

式中（当下弦截面 $A_i = A_{xj} = A$ 时），

$$\begin{aligned} \delta_{jk} &= \sum_i \frac{(\overline{T}_i)_i(\overline{T}_i)_k l_i}{EA_i} = \frac{4jl}{EA}\sin^2\frac{\pi}{2n} \quad (k>j) \\ \delta_{jj} &= \sum_i \frac{(\overline{T}_i)_j^2 l_i}{EA_i} + \frac{l_{xj}}{EA_{xj}} = \frac{4jl}{EA}\sin^2\frac{\pi}{2n}\left(1+\cot\frac{\pi}{2n}\right) \\ \Delta_j &= \sum_j \frac{T_i^0(\overline{T}_i)_j l_i}{EA_i} = \frac{l}{EA}\sum_j T_i^0(\overline{T}_i)_j \end{aligned} \right\} \tag{6}$$

T_i^0、$(\overline{T}_i)_j$ 为基本体系分别在 $\sum H_i$、$X_j=1$ 作用下径向下弦内力

$$T_i^0 = \sum_{i=1}^{i} H_i \quad (i=1,2,\cdots,m), \qquad (\overline{T}_i)_j = \begin{cases} -2\sin\frac{\pi}{2n} & (i=1,2,\cdots,j) \\ 0 & (i=j+1,\cdots,m) \end{cases} \tag{7}$$

径向下弦的最终内力为

$$T_i = T_i^0 + \sum_{j=1}^m (\overline{T}_i)_j X_j \tag{8}$$

对于图 1b、1c 所示两种网架,可采用类似的方法求得内力计算公式,与图 1a 网架所不同的只是下弦内力由 $m-1$ 次超静定平面桁架解得,这里不一一详细说明了。

3 网架挠度计算

仍以图 1a 所示的网架为例,通常只要计算跨中上弦节点的挠度 w_o',它可采用虚功原理求得

$$w_o' = n \sum_I \left(\frac{N \hat{N} l}{EA} \right)_1 \tag{9}$$

式中 I 包括 $\frac{1}{n}$ 网架内的所有杆件,N 指外荷载作用下的杆件内力,由式(1)、(2)、(5)、(8)计算;$\hat{N}$ 指中心上弦节点在单位力 $\hat{P}_o' = 1$ 作用下的杆件内力,其表达式为

$$\left. \begin{array}{ll} \hat{S}_{ai} = -\hat{S}_{bi} = \dfrac{l}{n \sin \beta}, & \hat{S}_i = 0, \qquad \hat{N}_{a1} = 2\left(\hat{N}_{b1} \cos \varphi_{b1} - \dfrac{1}{2nh} \right) \\[2mm] \hat{N}_{a,m+1} = -\dfrac{l}{4nh \cos \varphi_{a,m+1}}, & \hat{N}_{bi} = \dfrac{\cos \theta_{a,i+1}}{\cos \theta_{bi}} \hat{N}_{a,i+1} \\[2mm] \hat{N}_{ai} = \dfrac{1}{\cos \varphi_{ai}} \left(\hat{N}_{bi} \cos \varphi_{bi} - \dfrac{l}{2nh} \right) \end{array} \right\} \tag{10}$$

下弦内力 $\hat{T}_i$、$\hat{X}_i$ 的表达式仍可应用式(5)~(8),只是在计算过程中应以 $\hat{H}_i = l/nh$ 替代式(4)即可。

4 算例

设有一直径为 18m 的周边简支网架,如图 5 所示,$n=8$、$l=3\text{m}$、$h=1.8\text{m}$、$q'=0.25\text{t/m}^2$。采用一种杆件 $\phi 76 \times 3.5$、$A=7.97\text{cm}^2$、$E=2.1 \times 10^4 \text{kN/cm}^2$。按本文方法算的计算结果见表 1,与空间桁架位移法的计算结果相同。表中带括号者表示有周边上弦时的计算值,这表明仅对挠度与上弦内力有影响,且有卸荷作用,但对下弦及斜杆内力毫无影响。

图 5 算例网架平面图

表 1 算例结果

内力挠度		1	2	3	4
上弦节点挠度 w'/cm		1.6 (1.5)			
上弦内力 /kN	N_{ai}		−21 (−20)	−46 (−43)	−48 (−31)
	N_{bi}	−40 (−39)	−21 (−20)	−12 (−6)	0 (−26)
下弦内力 /kN	T_i		50	57	
	X_i	71	57	57	
斜杆内力 /kN	S_{ai}		6	35	87
	S_{bi}		−18	−58	
	S_i	−3	−9	−21	

5　结语

(1)圆形平面类四角锥网架实质上可认为是极坐标系下的斜放四角锥网架,除圆形平面外,这种网架还可用于圆环形、扇形平面的屋盖及楼层结构。

(2)根据有无设置再分式网格,圆形平面类四角锥网架可分为两大类。再分网格的作用可使网架中部的网格不至于过于密集,也可调整网架杆件内力的分布。

(3)周边简支无再分式网格的圆形平面类四角锥网架是部分静定的,斜杆内力及支座竖向反力可由静力平衡条件求得。无周边上弦时,上弦内力也是静定的。下弦内力可由求解一个非常简单的平面桁架得出。同时,上、下弦内力是分别根据各自的平面桁架求得,互不干扰,互不影响。本文给出了各类杆件内力的具体计算公式。

(4)按本文的分析方法和计算公式,根据网架的对称平面数 n、环向下弦的圈数 i 共两个主要参数,类似于蜂窝形三角锥网架[2],可编制网架内力、挠度计算用表供工程设计应用(计算用表另见),查表计算非常方便。对于有再分式网格的网架,该计算用表也可作为内力、挠度估算时参用。

参考文献

[1] 龙驭球,包世华.结构力学[M].北京:人民出版社,1982.
[2] 董石麟,宦荣芬.蜂窝形三角锥网架计算的新方法——下弦内力法[C]//中国土木工程学会.第一届空间结构学术交流会论文集(第二卷),福州,1982:133-150.

26 鸟巢形网架的构形、受力特性和简化计算方法[*]

提　要：鸟巢形国家体育场是 2008 年北京奥运会的中标方案，其屋盖主体结构实际上是由两向不规则斜交的平面桁架系组成的椭圆平面网架结构，每榀桁架与内环相切或接近相切，不妨称其为鸟巢形网架。通过研究和分析圆形平面的鸟巢形网架，其结构构形可简化成由统一的一类平面桁架系组成。对于周边简支的圆形鸟巢形网架，提出了简化计算法和相应的计算公式，可以方便地计算网架各杆件的内力和节点挠度。对于特定参数的鸟巢形网架，还给出了内力计算用表，以利工程应用。

关键词：鸟巢形；网架；构形；平面桁架；受力特性；简化计算方法

1　引言

由瑞士赫尔佐格-德梅隆建筑事务所与中国建筑设计研究院联合体提出的鸟巢形国家体育场是 2008 年北京奥运会的中标方案，其屋盖主体结构实际上是由两向不规则斜交的平面桁架系组成的约为 340m×290m 的椭圆平面网架结构，网架外形呈微弯形双曲抛物面，周边支承在不等高的 24 根立体桁架柱上，每榀桁架与约为 140m×70m 长椭圆内环相切或接近相切，如图 1 所示，不妨称其为鸟巢形网架。通过研究圆形平面鸟巢形网架的结构构形，不难发现，这种鸟巢形网架可由统一长度、统一规格的一类平面桁架系组成，比椭圆形平面的鸟巢形网架要简洁得多。对于周边简支的鸟巢形网架，提出了简化计算方法和相应的计算公式，可以方便、快捷地计算网架各杆件的内力和节点挠度。对于特定参数的鸟巢形网架，还给出了内力计算用表，可直接得知网架各类杆件的内力大小和变化规律。提出的计算方法、计算公式和内力计算用表是精确解，为揭示该类鸟巢形网架结构的受力特性和进一步优化设计提供了依据，并有利于工程应用。

2　圆形平面鸟巢形网架的构形与特点

如图 2 所示的圆形平面鸟巢形网架可用鸟巢 BN(Bird's Nest)n-m 形网架表示，其中 n 为内外环的正多边形的边数，亦即周边的支承点数，m 为其中任一榀平面桁架弦的长度所对应外环的边数。因此，图 2 所示可称为 $BN_{20\text{-}7}$ 形网架。除此以外还不难发现，BN n-m 形网架是由 n 榀统一长度、统一规格的平面桁架系组成，桁架系交点(即上、下弦节点或竖杆)的类型为 m 种。如图 2a 所示的鸟巢形网

---

[*]　本文刊登于：董石麟，陈兴刚.鸟巢形网架的构形、受力特性和简化计算方法[J].建筑结构，2003，33(10)：8—10，29.

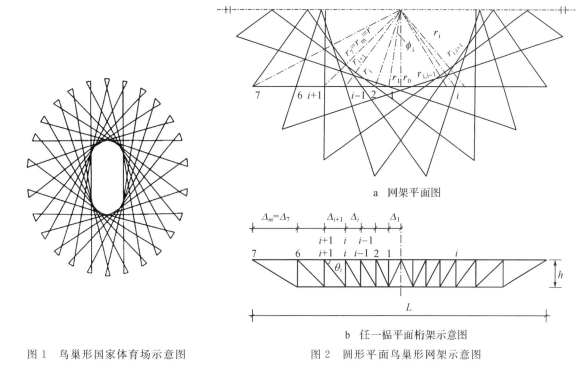

a 网架平面图

b 任一榀平面桁架示意图

图 1 鸟巢形国家体育场示意图　　　　图 2 圆形平面鸟巢形网架示意图

架是由 20 榀同长度、同规格的桁架系（如图 2b 所示）组成,桁架系交点的类型为图 2a 中的交点 1,2, 3,4,5,6,7 共七种。整个网架结构共有通过中心轴的 n 个对称平面,两相邻对称面之间的夹角为 $\phi= \pi/n$。每一个桁架系的交点必坐落在某一个对称平面内,从而作用在上、下弦节点(不计桁架跨中与人字斜杆相交的上弦节点)的荷载也必然平均分配给两相交的平面桁架,荷载分配系数为 0.5。每一竖杆是两相交桁架的公共竖杆,分给相交桁架竖杆截面的分配系数也必然为 0.5。由此可见,在中心轴对称荷载(包括均布荷载和内环集中荷载等)的作用下,当边界条件也是轴对称时,对于 BN n-m 型网架,只要分析研究组成网架的任一榀平面桁架即可。

3　鸟巢形网架内力计算

由上所述可知,对于周边简支的 BN n-m 形网架,组成网架的任一榀平面桁架也是简支的。此时可将任一平面桁架,乃至整个网架都假定为静定结构,杆件之间用铰连接,进而可用一般结构力学方法求解。取出任一半榀平面桁架,其计算简图如图 3a 所示。由图 2 的几何关系,该网架的外环(外接圆)半径为 r,内环(内切圆)半径为 r_0,桁架跨度为 L,则对 BN n-m 形网架,其 r、r_0、L 之间的关系式为

$$\begin{cases} r_0 = r\cos\left(\dfrac{m\pi}{n}\right) \\ L = 2r\sin\left(\dfrac{m\pi}{n}\right) \end{cases} \tag{1}$$

桁架节间 Δ_i 可由下式表示:

$$\Delta_i = r\cos\dfrac{m\pi}{n}\left[\tan\dfrac{i\pi}{n} - \tan\dfrac{(i-1)\pi}{n}\right] \quad (i=1,2,\cdots,m) \tag{2}$$

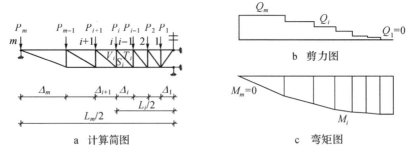

图 3 均匀荷载时平面桁架计算简图及剪力、弯矩示意

为导荷方便起见,引入桁架节间中点至圆心的距离 $r_{i,i+1}$,$r_{i,i-1}$(见图 2a),可用下式表示:

$$
\left.
\begin{aligned}
r_{i,i+1} &= \frac{r_0}{\cos\left[\arctan\dfrac{\tan i\pi/n + \tan(i+1)\pi/n}{2}\right]} \quad (i=1,2,\cdots,m-1) \\[2mm]
r_{i,i-1} &= \frac{r_0}{\cos\left[\arctan\dfrac{\tan i\pi/n + \tan(i-1)\pi/n}{2}\right]} \quad (i=2,3\cdots,m)
\end{aligned}
\right\}
\tag{3}
$$

(1)均布荷载时网架内力计算

当网架上作用均布荷载时,则每榀桁架的等效节点荷载(见图 3a)可表示为

$$
\left.
\begin{aligned}
P_1 &= \left[\frac{\pi r_{1,2}^2}{2n} - \frac{r_0^2 \tan(\pi/n)}{2}\right]q \\[2mm]
P_i &= \frac{\pi}{2n}(r_{i,i+1}^2 - r_{i,i-1}^2)q \quad (i=2,3,\cdots,m-1) \\[2mm]
P_m &= \left[\frac{r^2 \sin(2\pi/n)}{4} - \frac{\pi r_{m,m-1}^2}{2n}\right]q
\end{aligned}
\right\}
\tag{4}
$$

桁架的剪力 Q_i 和弯矩 M_i 不难求得(见图 3)

$$
\left.
\begin{aligned}
&Q_i = \sum_{j=1}^{i-1} P_j \quad (i=2,3,\cdots,m) \qquad Q_1=0 \\[2mm]
&M_i = Q_m \frac{L_m - L_i}{2} - P_{m-1}\frac{L_{m-1}-L_i}{2} - \cdots - P_{i+1}\frac{L_{i+1}-L_i}{2} \quad (i=2,3,\cdots,m-1) \\[2mm]
&L_i = 2r_0 \tan(i\pi/n) \quad (i=1,2,\cdots,m)
\end{aligned}
\right\}
\tag{5}
$$

设网架高度为 h,θ_i 为斜杆的倾角,由此可求得桁架各类杆件,即上、下弦杆,斜杆,竖杆的内力计算公式为

$$
\left.
\begin{aligned}
&-T_{i+1}=B_i=M_i/h \quad (i=1,2,\cdots,m-1) \qquad -T_1=B_1 \\[2mm]
&S_i = Q_i/\sin\theta_i \quad (i=1,2,\cdots,m) \\[2mm]
&V_i = -Q_{i+1} \quad (i=1,2,\cdots,m-1)
\end{aligned}
\right\}
\tag{6}
$$

网架支座的反力 $R=2(Q_m+P_m)$,竖杆的最终内力为 $2V_i$,跨中人字斜杆的内力为零。

(2)内环集中荷载时网架内力计算

当网架内环作用集中上弦节点荷载 $2P_1$ 时,则对每榀桁架来说,相当于跨中两侧上弦节点 1 处作用有一对集中荷载 P_1,见图 4a 半榀平面桁架。可求得桁架的剪力和弯矩(见图 4)

$$Q_i = P_1 \quad (i=2,3,\cdots,m) \qquad Q_1 = 0$$
$$M_i = P_i \frac{L_m - L_i}{2} \quad (i=1,2,\cdots,m) \tag{7}$$

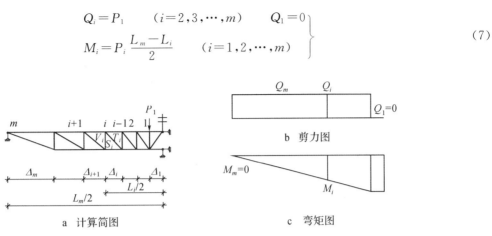

b　剪力图

a　计算简图

c　弯矩图

图 4　跨中集中荷载时平面桁架计算简图及剪力、弯矩示意

桁架每类杆件的内力(亦即网架内力)仍可由式(6)求得,支座反力 $R=2P_1$。

4　内力计算用表的编制

由式(5)~(7)可知,对于常用特定参数 n,m 的 BN n-m 形网架,可以方便地编制内力计算用表,以利工程应用和揭示网架杆件内力的大小和变化规律。

在表 1~3 中,给出了 BN 16-5,BN 16-6,BN 20-6,BN 20-7,BN 20-8,BN 24-7,BN 24-8,BN 24-9共 8 套网架计算用表,表中还分别给出相应桁架节间 Δ_i,以及在均布荷载 q 作用时的桁架等效节点荷载 P_i。图 5~7 分别给出了 BN 16-m 形、BN 20-m 形、BN 24-m 形网架示意图。

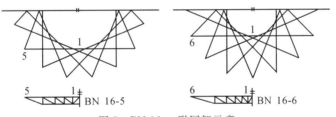

图 5　BN 16-m 形网架示意

表 1　BN 16-m 形网架内力计算用表

m	工况	内力	i					
			6	5	4	3	2	1
5		$10\Delta_i/r$	—	2.757	1.842	1.411	1.196	1.105
	q	$10^2 P_i/r^2 q$	—	1.812	2.610	1.220	0.603	0.245
		$10^2 Q_i/r^2 q$	—	4.678	2.068	0.848	0.245	0.000
		$10^2 M_i/r^3 q$	—	0.000	1.289	1.670	1.790	1.819
	P_1	Q_i/P_1	—	1.000	1.000	1.000	1.000	0.000
		M_i/P_1	—	0.000	41.34	69.00	90.15	108.1
		$10\Delta_i/r$	3.507	1.900	1.270	0.973	0.825	0.762

m	工况	内力	i					
			6	5	4	3	2	1
6	q	$10^2 P_i/r^2 q$	2.627	3.253	1.240	0.580	0.286	0.117
		$10^2 Q_i/r^2 q$	5.476	2.223	0.982	0.403	0.117	0.000
		$10^2 M_i/r^3 q$	0.000	1.920	2.343	2.467	2.507	2.516
	P_1	Q_i/P_1	1.000	1.000	1.000	1.000	1.000	0.000
		M_i/P_1	0.000	52.61	100.1	100.1	114.7	127.1

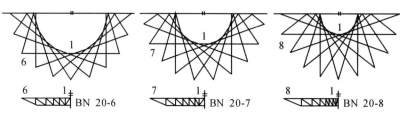

图 6　BN 20-m 形网架示意

表 2　BN 20-m 形网架内力计算用表

m	工况	内力	i							
			8	7	6	5	4	3	2	1
6		$10\Delta_i/r$	—	—	2.210	1.607	1.275	1.085	0.098	0.093
	q	$10^2 P_i/r^2 q$	—	—	1.179	1.807	0.985	0.564	0.314	0.136
		$10^2 Q_i/r^2 q$	—	—	3.804	1.998	1.013	0.450	0.136	0.000
		$10^2 M_i/r^3 q$	—	—	0.000	0.841	1.162	1.291	1.340	1.353
	P_1	Q_i/P_1	—	—	1.000	1.000	1.000	1.000	1.000	0.000
		M_i/P_1	—	—	0.000	33.15	57.25	76.38	92.66	107.3
7		$10\Delta_i/r$	—	2.658	1.708	1.241	0.985	0.838	0.756	0.720
	q	$10^2 P_i/r^2 q$	—	1.592	2.223	1.078	0.588	0.337	0.187	0.081
		$10^2 Q_i/r^2 q$	—	4.495	2.271	1.193	0.605	0.268	0.081	0.000
		$10^2 M_i/r^3 q$	—	0.000	1.195	1.582	1.731	1.791	1.813	1.819
	P_1	Q_i/P_1	—	1.000	1.000	1.000	1.000	1.000	1.000	0.000
		M_i/P_1	—	0.000	39.88	65.60	84.12	98.90	111.5	122.8
8		$10\Delta_i/r$	3.440	1.811	1.164	0.846	0.671	0.571	0.515	0.490
	q	$10^2 P_i/r^2 q$	2.207	2.669	1.032	0.501	0.273	0.156	0.087	0.038
		$10^2 Q_i/r^2 q$	4.756	2.086	1.054	0.554	0.281	0.125	0.038	0.000
		$10^2 M_i/r^3 q$	0.000	1.636	2.013	2.137	2.183	2.202	2.209	2.211
	P_1	Q_i/P_1	1.000	1.000	1.000	1.000	1.000	1.000	1.000	0.000
		M_i/P_1	0.000	51.60	78.77	96.22	108.9	119.0	127.5	135.3

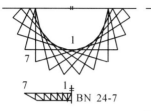
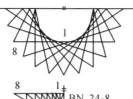
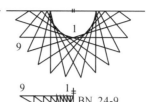

图 7　BN 24-m 形网架示意图

表 3　BN 24-m 形网架内力计算用表

m	工况内力		i								
	工况 / 内力		9	8	7	6	5	4	3	2	1
7		$10\Delta_i/r$	—	—	1.844	1.416	1.156	0.993	0.890	0.830	0.802
	q	$10^2 P_i/r^2 q$	—	—	0.827	1.321	0.797	0.500	0.314	0.185	0.083
		$10^2 Q_i/r^2 q$	—	—	3.200	1.879	1.082	0.582	0.269	0.083	0.000
		$10^2 M_i/r^3 q$	—	—	0.000	0.059	0.856	0.981	1.039	1.063	1.070
	P_1	Q_i/P_1	—	—	1.000	1.000	1.000	1.000	1.000	1.000	0.000
		M_i/P_1	—	—	0.000	27.66	48.90	66.24	81.14	94.50	106.9
8		$10\Delta_i/r$	—	2.142	1.515	1.163	0.950	0.816	0.732	0.682	0.659
	q	$10^2 P_i/r^2 q$	—	1.064	1.596	0.892	0.538	0.337	0.212	0.125	0.056
		$10^2 Q_i/r^2 q$	—	3.756	2.160	1.268	0.730	0.393	0.181	0.056	0.000
		$10^2 M_i/r^3 q$	—	0.000	0.840	1.132	1.279	1.348	1.381	1.394	1.398
	P_1	Q_i/P_1	—	1.000	1.000	1.000	1.000	1.000	1.000	1.000	0.000
		M_i/P_1	—	0.000	32.13	54.85	72.30	86.55	98.79	109.8	120.0
9		$10\Delta_i/r$	2.607	1.640	1.160	0.891	0.727	0.625	0.560	0.522	0.504
	q	$10^2 P_i/r^2 q$	1.390	1.909	0.936	0.523	0.315	0.198	0.124	0.073	0.033
		$10^2 Q_i/r^2 q$	4.111	2.202	1.266	0.744	0.428	0.230	0.106	0.033	0.000
		$10^2 M_i/r^3 q$	0.000	1.072	1.433	1.580	1.646	1.677	1.692	1.700	1.700
	P_1	Q_i/P_1	1.000	1.000	1.000	1.000	1.000	1.000	1.000	1.000	0.000
		M_i/P_1	0.000	39.10	63.70	81.11	94.47	105.4	114.7	123.1	131.0

5　网架挠度计算

BN n-m 形网架的挠度,也只需取出一榀平面桁架来计算便可。如要计算跨中上弦节点 1 的挠度,可按结构力学方法由下式求得:

$$w_1 = \sum_j \frac{N_j \overline{N}_j l}{E_j A_j} \qquad (8)$$

式中,N_j 为半榀桁架中某杆件在外荷载作用下的内力,参数 l_j、E_j、A_j 分别为相应杆件的长度、弹性模量和截面积,$\overline{N}_j$ 为平面桁架在跨中一对单位集中力 $P_1=1$ 作用下的杆件内力,仍可由式(7)、(6)并利用表 1~3 求得。使用式(8)计算网架挠度时值得提醒的是:①$\sum_j$ 求和号指半榀桁架的所有杆件;②跨中下弦杆取杆长的一半;③竖杆截面取真实截面的一半。

若欲确定网架其余各上弦节点(2,3,4,…)的挠度可用类似方法计算,在此不再赘述。

6 计算例题

对一圆形平面的 BN 24-7 形网架进行了设计计算,圆半径为 150m,均布荷载(包括自重在内)设计值为 7.2kN/m²,网架高度为 11m,上下弦杆件采用方钢管 $1500×1500×40$,截面积为 0.236m²,斜杆、竖杆采用方钢管 $700×700×25$,截面积为 0.0675m²。表 4 给出了按本文方法计算得出的网架内力 T_i, B_i, S_i, V_i,括号内为将鸟巢形网架作为空间杆系结构,采用 ANSYS 程序计算的结果。跨中节点 1 的挠度按本文方法为 708mm,按 ANSYS 为 704mm。从中可以看出,两者的计算结果完全一致。

表 4 算例网架杆件内力计算对比表

i	7	6	5	4	3	2	1
T_i /kN	−13 034 (−13 046)	−18 909 (−18 924)	−21 672 (−21 688)	−22 949 (−22 965)	−23 476 (−23 492)	−23 628 (−23 644)	−23 628 (−23 644)
B_i /kN	—	−13 034 (−13 046)	18 909 (18 924)	21 672 (21 688)	22 949 (22 965)	23 476 (23 492)	23 628 (23 644)
S_i /kN	14 027 (14 038)	6 616 (6 619)	3 272 (3 273)	1 587 (1 587)	683 (683)	203 (203)	0 (0)
V_i /kN	—	−5 183 (−5 183)	−3 043 (−3 043)	−1 753 (−1 753)	−943 (−943)	−434 (−434)	−134 (−134)

注:竖杆的最终内力要乘以 2。

7 结语

通过本文的研究可得到如下结论。

(1)圆形平面的鸟巢形网架可由同一跨度、同一规格的平面桁架系组成。

(2)对于周边简支的鸟巢形网架,组成网架的任一平面桁架乃至整个网架是静定的,在轴对称荷载作用下,只要分析计算任一平面桁架的内力和挠度,便可知道整个网架的内力和挠度及其分布规律。

(3)文中提供的计算方法、计算公式,适用于 $n, m(m < n/2)$ 为任意整数的简支 BN n-m 形网架。

(4)对常用的周边为 16,20,24 点支承的 BN n-m 形简支网架,编制了在均布荷载和内环集中荷载两种工况下网架杆件内力计算用表共 8 套,以便应用。

(5)提供的分析方法、计算公式和内力计算用表是精确解,即使手头暂时没有网架计算软件和计算机,也能比较方便地设计计算 BN n-m 形网架结构,特别是在初步设计时,可以快速用手算得知 BN n-m 形网架的内力大小及其分布规律。

参考文献

[1] 龙驭球,包世华.结构力学教程[M].北京:高等教育出版社,1988.

[2] 中华人民共和国建设部.网架结构设计与施工规程:JGJ 7－91[S].北京:中国建筑工业出版社,1991.

27 环向折线形圆形平面网架的受力特性、简捷分析法与实用算表*

摘　要: 环向折线形圆形平面网架是矩形平面单向折线形网架在圆形、圆环形建筑平面中的推广应用。通过结构构形研究和机动分析,论证了环向折线形圆形平面网架的基本结构体系是一种静定的空间桁架结构,提出了在轴对称荷载下基本结构体系的简化计算模型及其简捷分析法,推导求得了网架杆件内力的递推计算公式。为考虑与下部支承结构的协同工作,给出了弹性支承时的分析方法。对基本结构体系增设若干道环向杆件,可形成环向折线形圆形平面网架的加强结构体系,可提高结构的刚度、改善受力特性,根据相应的简化计算模型也可方便求得网架的杆件内力和节点位移。为方便工程设计应用,在常用轴对称荷载作用下,选取若干结构参数编制了环向折线形圆形平面网架基本结构体系的杆件内力实用算表。文中附有算例两则。

关键词: 圆形平面网架;环向折线形;简化计算模型;简捷分析法;弹性支承;实用算表

1　引言

环向折线形圆形平面(包括圆环形平面)网架可认为是矩形平面单向折线形网架[1]的一种拓展,可用于多种支承形式的屋盖和楼层结构中。由于省去了网架结构大部分环向上、下弦杆,材料用量降低,结构杆件类型和数量减少,加工制作方便,技术经济指标优越。这种网架的结构构形与建筑造型可协调配合,韵律感强,建筑师乐于在工程中采用。

本文通过对环向折线形圆形平面网架的基本结构体系进行结构构形研究和机动分析,论证了这是一种满足结构几何不变性要求的静定空间桁架结构。在轴对称荷载下,提出了简化计算模型,建立基本方程,可直接求解得出网架杆件内力的递推计算公式,进而根据若干结构参数,直接编制网架杆件内力的实用算表,以方便应用。研究了网架与下部支承结构协同工作时的分析计算方法。为提高结构刚度、调整内力分布,在基本结构体系的基础上,增设若干道环向杆件,形成环向折线形圆形平面网架的加强结构体系,并相应给出简化计算模型和简捷分析法。文中列举了两个算例,以说明这种环向折线形圆形平面网架的内力和位移的特性及分布规律。

---

*　本文刊登于:董石麟,白光波,郑晓清.环向折线形圆形平面网架的受力特性、简捷分析法与实用算表[J].空间结构,2013,19(2):3—16,50.

2 网架基本结构体系和机动分析

环向折线形圆形平面网架的基本结构体系与环向折线形单层球面网壳基本结构体系的几何外形和结构构形[2,3]都有较大的差别。如图 1 所示,它可由一对折面绕垂直于圆形平面的中心轴旋转得到,通过中心轴共有 n 个对称面(n 取偶数)。径向上弦杆分布在其中 $n/2$ 个对称面中,上弦节点编号为 1、3、5、$\cdots$、m(m 取单数),另外 $n/2$ 个对称面内包含了所有的径向下弦杆,下弦节点编号为 2、4、6、$\cdots$、$m-1$。上、下弦节点由腹杆连接,可形成 $2n$ 个折面。此外,在圆形平面的中央可设一圆形孔洞,圆孔边缘的上弦节点和下弦节点分别通过环杆相连。网架通过最外圈上弦节点可径向简支于正 n 边形的角点,各支座节点仅约束环向和竖向自由度,释放径向自由度。

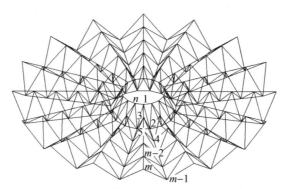

图 1 环向折线形圆形平面网架基本结构体系

该环向折线形圆形平面网架基本结构体系节点数 $J=mn$,径向上弦杆数为 $(m-1)n/2$,径向下弦杆数为 $(m-3)n/2$,腹杆数为 $2(m-1)n$,环杆数为 $2n$,杆件总数 $C=(m-1)n/2+(m-3)n/2+2(m-1)n+2n=(3m-2)n$,径向可动铰支座(即径向简支支座)约束链杆总数 $C_0=2n$。根据杆系结构判定的 Maxwell 准则,对该网架基本结构体系有

$$D=3J-C-C_0=3mn-(3m-2)n-2n\equiv0 \tag{1}$$

满足空间杆系结构几何不变性的基本条件,属于静定结构,因此可进一步简化计算。

3 网架基本结构体系的简捷分析法

由于该网架基本结构体系的对称性,在轴对称荷载的作用下,可以通过简捷分析法来探索结构的受力性能。如图 2 所示,取相邻上、下弦杆件之间的所有杆件和节点为隔离体,环杆取原长的一半,得到基本结构体系的简化计算模型。因在轴对称荷载作用下,节点在垂直于结构对称面方向的位移为零,所以对 m 个节点各设置一个沿对称面法线方向的约束链杆;对环杆中点增设不动铰支座,此时的环杆可视为水平约束链杆。

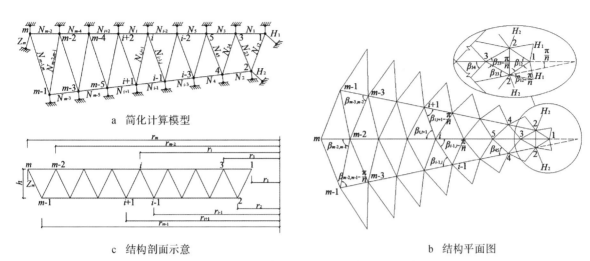

a　简化计算模型

c　结构剖面示意

b　结构平面图

图 2　网架基本结构体系简捷分析法计算模型示意图

简化计算模型的节点数 $J=m$，上弦杆数为 $(m-1)/2$，下弦杆数为 $(m-3)/2$，腹杆数为 $m-1$，杆件总数 $C=(m-1)/2+(m-3)/2+m-1=2m-3$，总的约束链杆数（包括各节点处沿对称面法线方向的约束链杆、环杆约束链杆和径向简支座约束）$C_0=m+3$，则根据 Maxwell 判别准则，有

$$D=3J-C-C_0=3m-(2m-3)-(m+3)\equiv 0 \tag{2}$$

同样满足了空间杆系结构几何不变性的基本条件，属于静定结构。

简化计算模型共有 $2m-3$ 个未知杆件内力，2 个未知环杆（水平链杆）内力，1 个径向简支座未知竖向反力。由于基本结构体系的对称性，包括径向简支座环向约束在内的沿对称面法线方向的约束链杆内力可不计入未知内力。因此简化计算模型的未知内力数 $M=2m-3+2+1=2m$。

对于简化计算模型的 m 个节点，可沿其所在对称面内的水平和竖直方向建立总数为 $2m$ 个平衡方程，与未知内力数相等，可以进行求解。

设径向上弦杆内力为 N_1、N_3、N_5、$\cdots$、N_{m-2}，径向下弦杆内力为 N_2、N_4、N_6、$\cdots$、N_{m-3}，腹杆内力为 N_{12}、N_{23}、N_{34}、$\cdots$、$N_{m-1,m}$，节点 i 处的环杆内力为 H_i（基本结构体系仅有 H_1 和 H_2），支座反力为 Z_m。设作用在节点 i 的竖向荷载为 G_i，则每个节点的平衡方程如下。

节点 1：

$$\left.\begin{aligned} &N_1+2N_{12}\cos\phi_{12}\cos\beta_{12}-2H_1\sin\frac{\pi}{n}=0 \\ &-2N_{12}\sin\phi_{12}=G_1 \end{aligned}\right\} \tag{3}$$

节点 2：

$$\left.\begin{aligned} &N_2-2N_{12}\cos\phi_{12}\cos\left(\beta_{12}-\frac{\pi}{n}\right)+2N_{23}\cos\phi_{23}\cos\beta_{23}-2H_2\sin\frac{\pi}{n}=0 \\ &2N_{12}\sin\phi_{12}+2N_{23}\sin\phi_{23}=G_2 \end{aligned}\right\} \tag{4}$$

节点 3：

$$\left.\begin{aligned} &N_3-N_1-2N_{23}\cos\phi_{23}\cos\left(\beta_{23}-\frac{\pi}{n}\right)+2N_{34}\cos\phi_{34}\cos\beta_{34}=0 \\ &-2N_{23}\sin\phi_{23}-2N_{34}\sin\phi_{34}=G_3 \end{aligned}\right\} \tag{5}$$

节点 i：

$$\left.\begin{aligned} &N_i-N_{i-2}-2N_{i-1,i}\cos\phi_{i-1,i}\cos\left(\beta_{i-1,i}-\frac{\pi}{n}\right)+2N_{i,i+1}\cos\phi_{i,i+1}\cos\beta_{i,i+1}=0 \\ &2N_{i-1,i}\sin\phi_{i-1,i}+2N_{i,i+1}\sin\phi_{i,i+1}=(-1)^i G_i \end{aligned}\right\}(i=3,4,\cdots,m-2) \tag{6}$$

节点 $m-2$：

$$N_{m-2}-N_{m-4}-2N_{m-3,m-2}\cos\phi_{m-3,m-2}\cos\left(\beta_{m-3,m-2}-\frac{\pi}{n}\right)+2N_{m-2,m-1}\cos\phi_{m-2,m-1}\cos\beta_{m-2,m-1}=0 \left.\right\} \tag{7}$$
$$-2N_{m-3,m-2}\sin\phi_{m-3,m-2}-2N_{m-2,m-1}\sin\phi_{m-2,m-1}=G_{m-2}$$

节点 $m-1$：

$$-N_{m-3}-2N_{m-2,m-1}\cos\phi_{m-2,m-1}\cos\left(\beta_{m-2,m-1}-\frac{\pi}{n}\right)+2N_{m-1,m}\cos\phi_{m-1,m}\cos\beta_{m-1,m}=0 \left.\right\} \tag{8}$$
$$2N_{m-2,m-1}\sin\phi_{m-2,m-1}+2N_{m-1,m}\sin\phi_{m-1,m}=G_{m-1}$$

节点 m：

$$-N_{m-2}-2N_{m-1,m}\cos\phi_{m-1,m}\cos\left(\beta_{m-1,m}-\frac{\pi}{n}\right)=0 \left.\right\} \tag{9}$$
$$-2N_{m-1,m}\sin\phi_{m-1,m}+Z_m=G_m$$

式（3）～（9）中，参数 $\phi_{i,i+1}$ 表示连接节点 i 和 $i+1$ 的腹杆与水平面的夹角，$\beta_{i,i+1}$ 表示连接节点 i 和 $i+1$ 的腹杆和节点 i 所处对称面两者在水平面上投影间的夹角。用 r_i 表示节点 i 到基本结构体系中心轴的距离，h 表示网架厚度，则 $\phi_{i,i+1}$ 和 $\beta_{i,i+1}$ 表达式分别为

$$\phi_{i,i+1}=\arctan\frac{h}{\sqrt{\left(r_{i+1}\cos\frac{\pi}{n}-r_i\right)^2+\left(r_{i+1}\sin\frac{\pi}{n}\right)^2}}=\arctan\frac{\xi_h}{\sqrt{\left(\xi_{i+1}\cos\frac{\pi}{n}-\xi_i\right)^2+\left(\xi_{i+1}\sin\frac{\pi}{n}\right)^2}}$$
$$\tag{10}$$

$$\beta_{i,i+1}=\arctan\frac{r_{i+1}\sin\frac{\pi}{n}}{r_{i+1}\cos\frac{\pi}{n}-r_i}=\arctan\frac{\xi_{i+1}\sin\frac{\pi}{n}}{\xi_{i+1}\cos\frac{\pi}{n}-\xi_i} \tag{11}$$

式中，$\xi_h=\dfrac{h}{r_m}$，$\xi_i=\dfrac{r_i}{r_m}$。

由式（3）～（9）可解得各未知内力，其中腹杆内力表达式为

$$N_{i,i+1}=(-1)^i\frac{\sum\limits_{k=1}^{i}G_k}{2\sin\phi_{i,i+1}}\qquad(i=1,2,\cdots,m-1) \tag{12}$$

支座反力表达式为

$$Z_m=\sum_{k=1}^{m}G_k \tag{13}$$

径向上、下弦杆及环杆内力表达式为

$$N_{m-2}=-\sum_{k=1}^{m-1}G_k\cot\phi_{m-1,m}\cos\left(\beta_{m-1,m}-\frac{\pi}{n}\right) \tag{14}$$

$$N_{m-3}=\sum_{k=1}^{m-2}G_k\cot\phi_{m-2,m-1}\cos\left(\beta_{m-2,m-1}-\frac{\pi}{n}\right)+\sum_{k=1}^{m-1}G_k\cot\phi_{m-1,m}\cos\beta_{m-1,m} \tag{15}$$

$$N_{i-2}=N_i+(-1)^i\left[\sum_{k=1}^{i-1}G_k\cot\phi_{i-1,i}\cos\left(\beta_{i-1,i}-\frac{\pi}{n}\right)+\sum_{k=1}^{i}G_k\cot\phi_{i,i+1}\cos\beta_{i,i+1}\right]\qquad(i=m-2,m-3,\cdots,4,3)$$
$$\tag{16}$$

$$H_2=\frac{1}{2\sin\frac{\pi}{n}}\left\{N_2+\left[G_1\cot\phi_{12}\cos\left(\beta_{12}-\frac{\pi}{n}\right)+\sum_{k=1}^{2}G_k\cot\phi_{23}\cos\beta_{23}\right]\right\} \tag{17}$$

$$H_1=\frac{1}{2\sin\frac{\pi}{n}}\left(N_1-G_1\cot\phi_{12}\cos\beta_{12}\right) \tag{18}$$

位于网架中央圆孔边缘的上弦节点 1 竖向位移可由式(19)求得

$$w_1 = \sum_k \frac{N_k n_k l_k}{EA_k} \tag{19}$$

式中，N_k 为简化计算模型在荷载 G 作用下，通过式(12)～(18)求得的各杆件内力；n_k 为在节点 1 处作用单位力 $G_1=1$，其他节点荷载 $G_i=0(i=2,3,\cdots,m)$ 时各杆件的内力；E 为材料的弹性模量；l_k、A_k 为相应杆件的长度和截面面积，对于径向上、下弦杆、腹杆和环杆，l_k 的表达式分别为

$$l_i = r_{i+2} - r_i = r_m(\xi_{i+2} - \xi_i) \qquad (i=1,2,\cdots,m-2) \tag{20}$$

$$l_{i,i+1} = \sqrt{h^2 + \left(r_{i+1}\cos\frac{\pi}{n} - r_i\right)^2 + \left(r_{i+1}\sin\frac{\pi}{n}\right)^2} = r_m\sqrt{\xi_h^2 + \left(\xi_{i+1}\cos\frac{\pi}{n} - \xi_i\right)^2 + \left(\xi_{i+1}\sin\frac{\pi}{n}\right)^2} \quad (i=1,2,\cdots,m-1) \tag{21}$$

$$l_{i,i} = 2r_i\sin\frac{\pi}{n} = 2r_m\xi_i\sin\frac{\pi}{n} \qquad (i=1,2) \tag{22}$$

在式(19)中，上、下弦杆采用全截面计算；斜杆项和环杆项应计入简化计算模型上弦杆另外一侧的斜杆和环杆数，即乘以 2；支座竖向链杆的截面积取无穷大。其他节点的竖向位移 w_i 可用类似方法求得。

4　水平向弹性边界条件下的内力计算

若网架外边界处设有水平环杆，且考虑下部结构对网架的约束作用，则可认为网架支座处属于水平向的弹性边界(下部结构对网架的竖向支承刚度一般取无穷大)，弹性支座水平反力 R_m 如图 3 所示。水平约束的刚度可以表示为

$$K_m = K'_m + K''_m = K'_m + \frac{2EA_m\sin(\pi/n)}{r_m} \tag{23}$$

式中 K'_m 为下部整体结构对网架支座提供的水平刚度；$K''_m = 2EA_m\sin(\pi/n)/r_m$ 为支座处水平环杆的折算刚度，可以通过支座节点 m 沿径向的位移与环杆伸长量的关系得到。

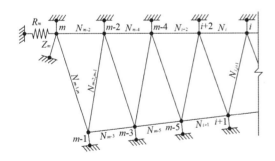

图 3　网架弹性边界示意

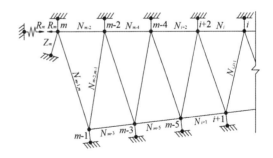

图 4　弹性边界条件下简化计算模型基本结构体系

此时可以将简化计算模型视为一次超静定结构，将支座水平反力作为多余未知力，如图 4 所示。多余未知力 R_m 的值可以通过式(24)求得

$$R_m = -\frac{\Delta_m}{\delta_{mm}} \tag{24}$$

式中，δ_{mm} 和 Δ_m 分别表示简化计算模型的基本结构在弹性边界断口处沿 R_m 方向单位力和荷载 G 作用下节点 m 沿 R_m 方向的相对位移，其表达式分别为 $\delta_{mm} = \sum_k \frac{n_{km}^2 l_k}{EA_k} + \frac{1}{K_m}$，$\Delta_m = \sum_k \frac{N_k n_{km} l_k}{EA_k}$，其中 n_{km} 为多

余未知力 $R_m=1$ 时各杆件的内力,其余参数意义与式(19)中相同。计算时上、下弦杆采用全截面计算,腹杆项和环杆项应计入简化计算模型上弦杆另外一侧的腹杆和环杆数,即乘以 2,支座竖向链杆的截面积取无穷大。

可以看出,对于该简化计算模型,当在上弦节点 m 施加沿 R_m 方向单位力时,只有上弦杆和上弦杆所处平面内的环杆有内力,且内力值

$$n_{m-2}=n_{m-4}=\cdots=n_1=2n_{H_1}\sin(\pi/n)=1 \tag{25}$$

而腹杆、下弦杆和下弦杆所处平面内的环杆内力值均为 0,从而可大大简化计算。

求得支座水平反力 R_m 后,可以得到网架作用在下部结构的水平力和支座节点 m 处环杆的内力:

$$R'_m=\frac{K'_m}{K'_m+\dfrac{2E_mA_m\sin(\pi/n)}{r_m}}R_m \tag{26}$$

$$H_m=\frac{\dfrac{E_mA_m}{r_m}}{K'_m+\dfrac{2E_mA_m\sin(\pi/n)}{r_m}}R_m \tag{27}$$

网架其他杆件的内力可由 $\overline{N}_k=N_k+R_mn_{km}$ 求得。

5 网架加强结构体系的简捷分析法

为改善环向折线形圆形平面网架基本结构体系的受力性能,可在网架下弦节点间设置若干道环向杆件(为维持整体建筑效果,同时可便于设置径向排水沟,通常不在上弦节点间增设环向杆件)。增设环杆后的网架构成了加强结构体系(实际上,第 4 节中弹性边界条件下的结构体系相对于支座节点径向简支的基本结构体系也是一种加强结构体系),可作为超静定结构来考虑。兹以在下弦节点 4、6、8 处增设环杆的情况为例,且考虑水平向弹性边界条件,其简化计算模型如图 5 所示,这是一个 4 次超静定结构。

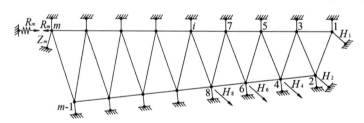

图 5 加强结构体系简化计算模型

将增设的环杆内力 H_4、H_6、H_8 和支座水平反力 R_m 作为多余未知力,则可通过下式求得[4]

$$\boldsymbol{H}=-\boldsymbol{K}_h^{-1}\boldsymbol{\Delta} \tag{28}$$

式中 $\boldsymbol{H}=[H_4\ H_6\ H_8\ R_m]^{\mathrm{T}}$,$\boldsymbol{\Delta}=[\Delta_4\ \Delta_6\ \Delta_8\ \Delta_m]^{\mathrm{T}}$,$\boldsymbol{K}_h^{-1}=\begin{bmatrix}\delta_{44}&\delta_{46}&\delta_{48}&\delta_{4m}\\\delta_{64}&\delta_{66}&\delta_{68}&\delta_{6m}\\\delta_{84}&\delta_{86}&\delta_{88}&\delta_{8m}\\\delta_{m4}&\delta_{m6}&\delta_{m8}&\delta_{mn}\end{bmatrix}$。其中 $\Delta_p=\sum_k\dfrac{N_kn_{kp}l_k}{EA_k}$,

$\delta_{pq}=\delta_{qp}=\sum_k\dfrac{n_{kp}n_{kq}l_k}{EA_k}+\dfrac{l_p}{EA_p}$ $(p,q=4,6,8,m)$,$\dfrac{l_p}{EA_p}$ 项只在 $\delta_{pq}\big|_{p=q\neq m}=\delta_{pp}$ 时才计入,当 $p=q=m$ 时,则

$\delta_{mn}=\sum_k\dfrac{n_{km}^2l_k}{EA_k}+\dfrac{1}{K_m}$。$n_{kp}$ 表示简化计算模型基本结构体系在多余未知力 $H_p=1$ 或 $R_m=1$ 时各杆件的

内力，Δ_p 表示在外荷载 G 作用下基本结构体系各节点沿相应多余未知力方向的相对位移，其余参数的意义与式(19)相同。计算时上、下弦杆采用全截面计算，腹杆项和环杆项应计入简化计算模型上弦杆另外一侧的腹杆和环杆数，即乘以 2，支座竖向链杆的截面积取无穷大。

值得注意的是，对于该简化计算模型，当在下弦节点施加沿环杆方向单位力时，只有部分下弦杆及下弦杆所在平面内的环杆有内力。以本节中的加强结构体系简化计算模型为例，当 $H_8 = 1$ 时，有

$$2n_{H_2,8}\sin\frac{\pi}{n} = n_{2,8} = n_{4,8} = n_{6,8} = -2H_8\sin\frac{\pi}{n} = -2\sin\frac{\pi}{n} \tag{29}$$

其他杆件内力均为 0。利用这一规律，可以非常简便地求出在下弦节点施加沿环杆方向的单位力时的各杆件内力。

加强结构体系最终的内力和支座反力可通过式(30)求得

$$\overline{\boldsymbol{N}}_k = \boldsymbol{N}_k + \boldsymbol{H}^{\mathrm{T}}\boldsymbol{n}_k \tag{30}$$

式中，$\boldsymbol{n}_k = \begin{bmatrix} n_{k4} & n_{k6} & n_{k8} & n_{km} \end{bmatrix}^{\mathrm{T}}$。若要计算加强结构体系节点 1 处的竖向位移或其他节点的位移，仍可通过式(19)求得，只需将式中的 $\boldsymbol{N}_k$ 用 $\overline{\boldsymbol{N}}_k$ 替代即可。

6 环向折线形圆形平面网架实用算表

6.1 结构基本参数

为方便设计人员快速准确地确定环向折线形圆形平面网架的杆件内力和节点位移，通过第 3 节中的简捷分析法对不同参数下的基本结构体系进行求解，并利用计算结果编制相应的实用算表。

本文中，取网架的径向上、下弦杆为等长，即 $l_i = l\,(i = 1,2,\cdots,m-2)$，且 $r_2 = (r_1 + r_3)/2$。以 n_l 表示网架中央圆孔的半径与弦杆长度的比值，即 $n_l = r_1/l$，则弦杆长度 l 与网架半径 r_m 的关系可通过式(31)求得

$$r_m = r_1 + \frac{m-1}{2}l = \left(n_l + \frac{m-1}{2}\right)l \tag{31}$$

令 $\xi_1 = 1\big/\left(n_l + \dfrac{m-1}{2}\right)$，则 $l = \xi_1 r_m$。同时，节点 i 到基本结构体系中心轴的距离可表示为 $r_i = r_1 +$
$(i-1)\dfrac{l}{2} = \left[\left(n_l + \dfrac{i-1}{2}\right)\Big/\left(n_l + \dfrac{m-1}{2}\right)\right]r_m = \xi_i r_m$。为简便起见，此处取 $n_1 = 1$，则 $\xi_l = \dfrac{2}{m+1}$，$\xi_i = \dfrac{i+1}{m+1}$。可以看出，当网架半径和简化计算模型中节点数 m 确定后，即可确定 ξ_l 和 ξ_i 的值，进而得到弦杆长度 l 和节点 i 到基本结构体系中心轴的距离 r_l。

此外，通过 $h = \xi_h r_m$ 可知，网架厚度可由 ξ_h 和 r_m 表示；由式(21)、(22)可知，网架中腹杆和环杆的长度可通过 ξ_h、ξ_i、r_m 和 n 的值确定。

综合以上讨论，选取 r_m、m、n 和 ξ_h 的值作为结构的基本参数。

6.2 荷载分析

(1)网架(不包括圆孔)承受竖向均布荷载

设网架(不包括圆孔)受到竖向均布荷载 q 作用。以半径等于 r_i 的圆周为轴线、宽度为 $l/2$ 的圆环上的均布荷载将被平均分配到位于该圆环轴线的 n 个节点上，从而将均布荷载转换为节点荷载 G_i，如图 6 所示。

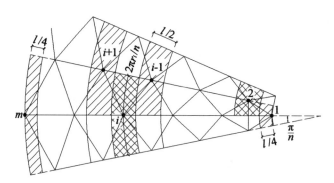

图 6　均布荷载与节点荷载转换关系示意

转换后的节点荷载可通过式(32)～(34)求得

$$G_1 = \frac{\pi}{n}\left[\left(r_1 + \frac{l}{4}\right)^2 - r_1^2\right]q = \frac{\pi}{n}\left(\frac{r_1 l}{2} + \frac{l^2}{16}\right)q = \left(\frac{\xi_1 \xi_l}{2} + \frac{\xi_l^2}{16}\right)\frac{\pi r_m^2}{n}q \tag{32}$$

$$G_i = \frac{2\pi r_i \times \dfrac{l}{2}}{n}q = \frac{\pi r_i l}{n}q = \xi_i \xi_l \frac{\pi r_m^2}{n}q \quad (i = 2,3,\cdots,m-1) \tag{33}$$

$$G_m = \frac{\pi}{n}\left[r_m^2 - \left(r_m - \frac{l}{4}\right)^2\right]q = \frac{\pi}{n}\left(\frac{r_m l}{2} - \frac{l^2}{16}\right)q = \left(\frac{\xi_m \xi_l}{2} - \frac{\xi_l^2}{16}\right)\frac{\pi r_m^2}{n}q \tag{34}$$

同时,从式(32)～(34)可以得到

$$\sum_{k=1}^{i} G_k = \left[\left(\xi_i + \frac{\xi_l}{4}\right)^2 - \xi_1^2\right]\frac{\pi r_m^2}{n}q \quad (i = 2,3,\cdots,m-1) \tag{35}$$

$$\sum_{k=1}^{m} G_k = (1 - \xi_1^2)\frac{\pi r_m^2}{n}q \tag{36}$$

(2)网架上弦平面内环杆承受竖向均布线荷载

处于网架上弦平面的内环杆受到竖向均布线荷载 p 作用时,只需将线荷载转换为上弦平面的内环节点荷载即可。此时

$$G_1 = \frac{2\pi r_1}{n}p = \xi_1 \frac{2\pi r_m}{n}p \tag{37}$$

其他节点荷载值均为 0,且有

$$\sum_{k=1}^{i} G_k = \xi_1 \frac{2\pi r_m}{n}p \quad (i = 2,3,\cdots,m) \tag{38}$$

(3)网架中央圆孔承受竖向均布荷载

网架中央圆孔承受竖向均布荷载 q 时,可将其转换为上弦平面的内环节点荷载,此时

$$G_1 = \frac{\pi r_1^2}{n}q = \xi_1^2 \frac{\pi r_m^2}{n}q \tag{39}$$

其他节点荷载值均为 0,且有

$$\sum_{k=1}^{i} G_k = \xi_1^2 \frac{\pi r_m^2}{n}q \quad (i = 2,3,\cdots,m) \tag{40}$$

(4)包括中央圆孔在内的网架整体承受竖向均布荷载

对于网架整体承受竖向均布荷载 q 作用的情况,只需将(1)和(3)中得到的转换节点荷载进行叠加即可,此时

$$G_1 = \left(\frac{\xi_1 \xi_l}{2} + \frac{\xi_l^2}{16}\right)\frac{\pi r_m^2}{n}q + \xi_1^2 \frac{\pi r_m^2}{n}q = \left(\xi_1 + \frac{\xi_l}{4}\right)^2 \frac{\pi r_m^2}{n}q \tag{41}$$

其他节点的荷载与式(33)、(34)相同。同时可以得到

$$\sum_{k=1}^{i}G_k=\left(\xi_i+\frac{\xi_l}{4}\right)^2\frac{\pi r_m^2}{n}q \qquad (i=2,3,\cdots,m-1) \tag{42}$$

$$\sum_{k=1}^{m}G_k=\frac{\pi r_m^2}{n}q \tag{43}$$

(5)上弦平面内环节点承受竖向单位力

上弦平面内环节点承受竖向单位力时,$G_1=1$,其余节点荷载均为 0,此时对于 $i=2,3,\cdots,m$,均有 $\sum_{k=1}^{i}G_k=1$。

6.3　实用算表

兹选取参数 $m=7,9,11,n=8,10,12,16,\xi_h=1/5,1/6,1/7$。表 1～3 给出了网架(包括中央圆孔)在均布荷载 q 作用下的杆件内力系数 η_k;表 4～6 给出了网架上弦平面内环节点承受竖向单位力时的杆件内力值 η_k;表 7～9 给出网架腹杆和环杆的长度系数 μ_k,其表达式为 $\mu_k=l_k/l$,其中 $l=2r_m/(m+1)$ 为网壳上、下弦杆的长度。

表 1　均布荷载下网架基本结构体系杆件内力系数($m=7$)

η_k	$n=8$			$n=10$			$n=12$			$n=16$		
	$\xi_h=1/5$	$\xi_h=1/6$	$\xi_h=1/7$	$\xi_h=1/5$	$\xi_h=1/6$	$\xi_h=1/7$	$\xi_h=1/5$	$\xi_h=1/6$	$\xi_h=1/7$	$\xi_h=1/5$	$\xi_h=1/6$	$\xi_h=1/7$
η_{H1}	−0.2873	−0.3448	−0.4022	−0.2775	−0.3330	−0.3885	−0.2722	−0.3267	−0.3811	−0.2670	−0.3204	−0.3738
η_{H2}	0.2267	0.2720	0.3173	0.2389	0.2867	0.3344	0.2455	0.2946	0.3437	0.2520	0.3024	0.3528
η_{N1}	−0.2140	−0.2568	−0.2996	−0.1663	−0.1996	−0.2328	−0.1363	−0.1636	−0.1909	−0.1006	−0.1207	−0.1408
η_{N2}	0.1543	0.1851	0.2160	0.1313	0.1576	0.1838	0.1130	0.1356	0.1582	0.0875	0.1050	0.1224
η_{N3}	−0.1803	−0.2164	−0.2525	−0.1376	−0.1652	−0.1927	−0.1117	−0.1340	−0.1564	−0.0815	−0.0978	−0.1141
η_{N4}	0.1020	0.1224	0.1428	0.0868	0.1042	0.1215	0.0747	0.0897	0.1046	0.0578	0.0694	0.0809
η_{N5}	−0.1053	−0.1263	−0.1474	−0.0738	−0.0885	−0.1033	−0.0567	−0.0680	−0.0794	−0.0390	−0.0467	−0.0545
$\eta_{N1.2}$	−0.0081	−0.0088	−0.0096	−0.0062	−0.0067	−0.0073	−0.0051	−0.0054	−0.0059	−0.0037	−0.0040	−0.0043
$\eta_{N2.3}$	0.0174	0.0193	0.0213	0.0130	0.0143	0.0156	0.0104	0.0113	0.0123	0.0075	0.0081	0.0087
$\eta_{N3.4}$	−0.0318	−0.0358	−0.0400	−0.0232	−0.0258	−0.0286	−0.0183	−0.0201	−0.0221	−0.0129	−0.0140	−0.0152
$\eta_{N4.5}$	0.0526	0.0600	0.0678	0.0376	0.0424	0.0473	0.0291	0.0324	0.0359	0.0200	0.0220	0.0240
$\eta_{N5.6}$	−0.0814	−0.0937	−0.1065	−0.0571	−0.0650	−0.0732	−0.0436	−0.0490	−0.0547	−0.0293	−0.0324	−0.0357
$\eta_{N6.7}$	0.1194	0.1385	0.1582	0.0826	0.0947	0.1073	0.0622	0.0705	0.0793	0.0410	0.0457	0.0507
η_{Z7}	0.1250	0.1250	0.1250	0.1000	0.1000	0.1000	0.0833	0.0833	0.0833	0.0625	0.0625	0.0625

注:$N_i=\eta_{Ni}\pi r_m^2 q$,$N_{i,i+1}=\eta_{Ni,i+1}\pi r_m^2 q$,$H_i=\eta_{Hi}\pi r_m^2 q$,$Z_m=\eta_{Zm}\pi r_m^2 q$,表 2、表 3 相应表达式相同。

表2　均布荷载下网架基本结构体系杆件内力系数($m=9$)

η_k	$n=8$			$n=10$			$n=12$			$n=16$		
	$\xi_h=1/5$	$\xi_h=1/6$	$\xi_h=1/7$	$\xi_h=1/5$	$\xi_h=1/6$	$\xi_h=1/7$	$\xi_h=1/5$	$\xi_h=1/6$	$\xi_h=1/7$	$\xi_h=1/5$	$\xi_h=1/6$	$\xi_h=1/7$
η_{H1}	−0.2899	−0.3478	−0.4058	−0.2800	−0.3360	−0.3919	−0.2746	−0.3296	−0.3845	−0.2693	−0.3232	−0.3771
η_{H2}	0.2286	0.2743	0.3200	0.2409	0.2891	0.3373	0.2476	0.2971	0.3466	0.2542	0.3050	0.3558
η_{N1}	−0.2188	−0.2626	−0.3064	−0.1704	−0.2044	−0.2385	−0.1398	−0.1678	−0.1957	−0.1033	−0.1239	−0.1446
η_{N2}	0.1651	0.1981	0.2312	0.1405	0.1686	0.1968	0.1210	0.1452	0.1694	0.0936	0.1123	0.1311
η_{N3}	−0.2016	−0.2419	−0.2822	−0.1557	−0.1868	−0.2180	−0.1272	−0.1526	−0.1781	−0.0935	−0.1122	−0.1309
η_{N4}	0.1383	0.1660	0.1937	0.1178	0.1413	0.1649	0.1014	0.1216	0.1419	0.0784	0.0941	0.1098
η_{N5}	−0.1632	−0.1958	−0.2284	−0.1230	−0.1476	−0.1722	−0.0990	−0.1188	−0.1387	−0.0717	−0.0860	−0.1004
η_{N6}	0.0861	0.1033	0.1206	0.0733	0.0880	0.1026	0.0631	0.0757	0.0883	0.0488	0.0586	0.0684
η_{N7}	−0.0950	−0.1141	−0.1331	−0.0650	−0.0780	−0.0910	−0.0491	−0.0590	−0.0688	−0.0331	−0.0397	−0.0463
$\eta_{N1.2}$	−0.0047	−0.0051	−0.0054	−0.0037	−0.0039	−0.0042	−0.0030	−0.0032	−0.0034	−0.0022	−0.0023	−0.0025
$\eta_{N2.3}$	0.0100	0.0109	0.0118	0.0076	0.0082	0.0088	0.0062	0.0066	0.0070	0.0045	0.0047	0.0050
$\eta_{N3.4}$	−0.0179	−0.0198	−0.0219	−0.0134	−0.0145	−0.0158	−0.0106	−0.0115	−0.0124	−0.0076	−0.0081	−0.0086
$\eta_{N4.5}$	0.0292	0.0328	0.0365	0.0213	0.0235	0.0259	0.0167	0.0182	0.0199	0.0117	0.0126	0.0136
$\eta_{N5.6}$	−0.0446	−0.0505	−0.0568	−0.0319	−0.0356	−0.0395	−0.0247	−0.0272	−0.0299	−0.0170	−0.0184	−0.0199
$\eta_{N6.7}$	0.0646	0.0740	0.0837	0.0455	0.0513	0.0575	0.0348	0.0388	0.0430	0.0235	0.0257	0.0280
$\eta_{N7.8}$	−0.0902	−0.1040	−0.1183	−0.0627	−0.0713	−0.0803	−0.0474	−0.0532	−0.0594	−0.0315	−0.0347	−0.0381
$\eta_{N8.9}$	0.1220	0.1415	0.1616	0.0838	0.0961	0.1087	0.0627	0.0710	0.0797	0.0410	0.0455	0.0503
η_{Z9}	0.1250	0.1250	0.1250	0.1000	0.1000	0.1000	0.0833	0.0833	0.0833	0.0625	0.0625	0.0625

表3　均布荷载下网架基本结构体系杆件内力系数($m=11$)

η_k	$n=8$			$n=10$			$n=12$			$n=16$		
	$\xi_h=1/5$	$\xi_h=1/6$	$\xi_h=1/7$	$\xi_h=1/5$	$\xi_h=1/6$	$\xi_h=1/7$	$\xi_h=1/5$	$\xi_h=1/6$	$\xi_h=1/7$	$\xi_h=1/5$	$\xi_h=1/6$	$\xi_h=1/7$
η_{H1}	−0.2911	−0.3493	−0.4075	−0.2811	−0.3373	−0.3935	−0.2757	−0.3309	−0.3860	−0.2704	−0.3245	−0.3786
η_{H2}	0.2294	0.2753	0.3212	0.2419	0.2902	0.3386	0.2485	0.2983	0.3480	0.2552	0.3062	0.3572
η_{N1}	−0.2210	−0.2652	−0.3094	−0.1722	−0.2066	−0.2411	−0.1414	−0.1697	−0.1979	−0.1044	−0.1253	−0.1462
η_{N2}	0.1699	0.2039	0.2379	0.1446	0.1736	0.2025	0.1245	0.1494	0.1743	0.0963	0.1156	0.1349
η_{N3}	−0.2110	−0.2532	−0.2955	−0.1637	−0.1964	−0.2292	−0.1341	−0.1609	−0.1877	−0.0988	−0.1186	−0.1383
η_{N4}	0.1544	0.1853	0.2162	0.1314	0.1577	0.1840	0.1131	0.1358	0.1584	0.0876	0.1051	0.1226
η_{N5}	−0.1888	−0.2266	−0.2643	−0.1448	−0.1737	−0.2027	−0.1178	−0.1413	−0.1649	−0.0862	−0.1034	−0.1207
η_{N6}	0.1242	0.1491	0.1739	0.1057	0.1269	0.1480	0.0910	0.1092	0.1274	0.0704	0.0845	0.0986
η_{N7}	−0.1494	−0.1793	−0.2091	−0.1112	−0.1335	−0.1557	−0.0889	−0.1067	−0.1245	−0.0638	−0.0766	−0.0894
η_{N8}	0.0744	0.0892	0.1041	0.0633	0.0760	0.0886	0.0545	0.0654	0.0763	0.0422	0.0506	0.0590
η_{N9}	−0.0879	−0.1055	−0.1230	−0.0589	−0.0706	−0.0824	−0.0438	−0.0526	−0.0614	−0.0290	−0.0348	−0.0406
$\eta_{N1.2}$	−0.0031	−0.0033	−0.0035	−0.0025	−0.0026	−0.0027	−0.0020	−0.0021	−0.0022	−0.0015	−0.0016	−0.0016
$\eta_{N2.3}$	0.0065	0.0069	0.0074	0.0050	0.0053	0.0056	0.0041	0.0043	0.0045	0.0030	0.0031	0.0033
$\eta_{N3.4}$	−0.0115	−0.0125	−0.0135	−0.0087	−0.0093	−0.0100	−0.0070	−0.0074	−0.0079	−0.0050	−0.0053	−0.0056
$\eta_{N4.5}$	0.0184	0.0203	0.0223	0.0136	0.0148	0.0161	0.0108	0.0116	0.0125	0.0077	0.0081	0.0086
$\eta_{N5.6}$	−0.0277	−0.0309	−0.0344	−0.0202	−0.0221	−0.0243	−0.0158	−0.0171	−0.0186	−0.0111	−0.0118	−0.0126
$\eta_{N6.7}$	0.0398	0.0449	0.0503	0.0285	0.0316	0.0350	0.0221	0.0242	0.0264	0.0152	0.0163	0.0176
$\eta_{N7.8}$	−0.0550	−0.0626	−0.0706	−0.0388	−0.0435	−0.0485	−0.0298	−0.0329	−0.0363	−0.0202	−0.0218	−0.0237
$\eta_{N8.9}$	0.0738	0.0847	0.0960	0.0515	0.0582	0.0653	0.0391	0.0436	0.0483	0.0261	0.0285	0.0311
$\eta_{N9.10}$	−0.0967	−0.1116	−0.1270	−0.0668	−0.0760	−0.0856	−0.0502	−0.0564	−0.0629	−0.0330	−0.0363	−0.0399
$\eta_{N10.11}$	0.1239	0.1438	0.1642	0.0849	0.0972	0.1100	0.0633	0.0716	0.0803	0.0411	0.0455	0.0503
η_{Z11}	0.1250	0.1250	0.1250	0.1000	0.1000	0.1000	0.0833	0.0833	0.0833	0.0625	0.0625	0.0625

表 4　内环节点作用单位荷载时网架基本结构体系杆件内力($m=7$)

n_k	$n=8$			$n=10$			$n=12$			$n=16$		
	$\xi_h=1/5$	$\xi_h=1/6$	$\xi_h=1/7$	$\xi_h=1/5$	$\xi_h=1/6$	$\xi_h=1/7$	$\xi_h=1/5$	$\xi_h=1/6$	$\xi_h=1/7$	$\xi_h=1/5$	$\xi_h=1/6$	$\xi_h=1/7$
n_{H1}	-4.900	-5.880	-6.859	-6.068	-7.281	-8.495	-7.244	-8.693	-10.142	-9.611	-11.533	-13.455
n_{H2}	4.527	5.432	6.337	5.771	6.925	8.079	6.998	8.397	9.797	9.426	11.312	13.197
n_1	-3.268	-3.921	-4.575	-3.217	-3.860	-4.503	-3.189	-3.827	-4.464	-3.161	-3.793	-4.425
n_2	2.310	2.772	3.234	2.378	2.853	3.329	2.415	2.898	3.381	2.452	2.942	3.433
n_3	-2.113	-2.535	-2.958	-2.028	-2.434	-2.839	-1.981	-2.378	-2.774	-1.935	-2.322	-2.709
n_4	1.155	1.386	1.617	1.189	1.427	1.664	1.207	1.449	1.690	1.226	1.471	1.716
n_5	-0.958	-1.150	-1.341	-0.839	-1.007	-1.175	-0.774	-0.929	-1.084	-0.709	-0.851	-0.993
$n_{1.2}$	-0.661	-0.720	-0.785	-0.636	-0.688	-0.744	-0.623	-0.669	-0.721	-0.608	-0.650	-0.697
$n_{2.3}$	0.725	0.805	0.889	0.680	0.746	0.816	0.654	0.711	0.773	0.627	0.675	0.728
$n_{3.4}$	-0.803	-0.905	-1.012	-0.734	-0.816	-0.903	-0.693	-0.763	-0.838	-0.650	-0.706	-0.767
$n_{4.5}$	0.891	1.016	1.147	0.797	0.896	1.002	0.740	0.823	0.913	0.678	0.743	0.814
$n_{5.6}$	-0.986	-1.136	-1.290	-0.866	-0.984	-1.108	-0.792	-0.891	-0.995	-0.711	-0.786	-0.866
$n_{6.7}$	1.086	1.261	1.440	0.940	1.078	1.221	0.849	0.963	1.083	0.747	0.833	0.924
n_{Z7}	1.000	1.000	1.000	1.000	1.000	1.000	1.000	1.000	1.000	1.000	1.000	1.000

表 5　内环节点作用单位荷载时网架基本结构体系杆件内力($m=9$)

n_k	$n=8$			$n=10$			$n=12$			$n=16$		
	$\xi_h=1/5$	$\xi_h=1/6$	$\xi_h=1/7$	$\xi_h=1/5$	$\xi_h=1/6$	$\xi_h=1/7$	$\xi_h=1/5$	$\xi_h=1/6$	$\xi_h=1/7$	$\xi_h=1/5$	$\xi_h=1/6$	$\xi_h=1/7$
n_{H1}	-5.226	-6.272	-7.317	-6.472	-7.767	-9.061	-7.727	-9.273	-10.818	-10.252	-12.302	-14.352
n_{H2}	4.828	5.794	6.760	6.155	7.386	8.618	7.464	8.957	10.450	10.055	12.066	14.077
n_1	-3.614	-4.337	-5.060	-3.573	-4.288	-5.003	-3.551	-4.261	-4.972	-3.529	-4.235	-4.940
n_2	2.772	3.326	3.880	2.853	3.424	3.994	2.898	3.477	4.057	2.942	3.531	4.119
n_3	-2.690	-3.228	-3.766	-2.622	-3.147	-3.671	-2.585	-3.102	-3.619	-2.548	-3.058	-3.567
n_4	1.848	2.217	2.587	1.902	2.283	2.663	1.932	2.318	2.705	1.962	2.354	2.746
n_5	-1.766	-2.120	-2.473	-1.671	-2.006	-2.340	-1.619	-1.943	-2.267	-1.567	-1.881	-2.194
n_6	0.924	1.109	1.293	0.951	1.141	1.331	0.966	1.159	1.352	0.981	1.177	1.373
n_7	-0.843	-1.011	-1.180	-0.720	-0.864	-1.008	-0.653	-0.784	-0.915	-0.586	-0.704	-0.821
$n_{1.2}$	-0.608	-0.650	-0.696	-0.591	-0.627	-0.667	-0.581	-0.614	-0.650	-0.572	-0.601	-0.633
$n_{2.3}$	0.653	0.710	0.772	0.621	0.668	0.719	0.603	0.643	0.688	0.584	0.618	0.655
$n_{3.4}$	-0.709	-0.784	-0.863	-0.659	-0.718	-0.783	-0.631	-0.680	-0.734	-0.600	-0.640	-0.683
$n_{4.5}$	0.773	0.867	0.965	0.704	0.777	0.856	0.664	0.724	0.789	0.620	0.666	0.717
$n_{5.6}$	-0.844	-0.957	-1.075	-0.755	-0.843	-0.936	-0.701	-0.773	-0.850	-0.643	-0.697	-0.755
$n_{6.7}$	0.919	1.052	1.190	0.809	0.913	1.022	0.742	0.827	0.917	0.669	0.731	0.798
$n_{7.8}$	-0.999	-1.152	-1.310	-0.868	-0.987	-1.112	-0.787	-0.884	-0.987	-0.697	-0.767	-0.843
$n_{8.9}$	1.081	1.254	1.432	0.929	1.064	1.205	0.834	0.944	1.060	0.727	0.807	0.892
n_{Z9}	1.000	1.000	1.000	1.000	1.000	1.000	1.000	1.000	1.000	1.000	1.000	1.000

表 6　内环节点作用单位荷载时网架基本结构体系杆件内力 $(m=11)$

n_k	$n=8$			$n=10$			$n=12$			$n=16$		
	$\xi_h=1/5$	$\xi_h=1/6$	$\xi_h=1/7$	$\xi_h=1/5$	$\xi_h=1/6$	$\xi_h=1/7$	$\xi_h=1/5$	$\xi_h=1/6$	$\xi_h=1/7$	$\xi_h=1/5$	$\xi_h=1/6$	$\xi_h=1/7$
n_{H1}	−5.444	−6.533	−7.622	−6.742	−8.090	−9.439	−8.049	−9.659	−11.269	−10.679	−12.815	−14.950
n_{H2}	5.030	6.036	7.041	6.412	7.694	8.977	7.775	9.330	10.885	10.474	12.568	14.663
n_1	−3.845	−4.614	−5.383	−3.811	−4.573	−5.336	−3.793	−4.551	−5.310	−3.774	−4.529	−5.284
n_2	3.080	3.696	4.311	3.170	3.804	4.438	3.220	3.864	4.508	3.269	3.923	4.577
n_3	−3.075	−3.690	−4.305	−3.019	−3.622	−4.226	−2.988	−3.585	−4.183	−2.957	−3.548	−4.139
n_4	2.310	2.772	3.234	2.378	2.853	3.329	2.415	2.898	3.381	2.452	2.942	3.433
n_5	−2.305	−2.766	−3.227	−2.226	−2.671	−3.117	−2.183	−2.619	−3.056	−2.139	−2.567	−2.995
n_6	1.540	1.848	2.156	1.585	1.902	2.219	1.610	1.932	2.254	1.635	1.962	2.288
n_7	−1.535	−1.843	−2.150	−1.434	−1.720	−2.007	−1.378	−1.653	−1.929	−1.322	−1.586	−1.851
n_8	0.770	0.924	1.078	0.793	0.951	1.110	0.805	0.966	1.127	0.817	0.981	1.144
n_9	−0.766	−0.919	−1.072	−0.641	−0.769	−0.897	−0.573	−0.687	−0.802	−0.505	−0.606	−0.707
$n_{1,2}$	−0.577	−0.608	−0.642	−0.565	−0.591	−0.621	−0.558	−0.581	−0.608	−0.551	−0.572	−0.596
$n_{2,3}$	0.610	0.653	0.700	0.587	0.621	0.660	0.573	0.603	0.636	0.560	0.584	0.612
$n_{3,4}$	−0.652	−0.709	−0.771	−0.615	−0.659	−0.708	−0.594	−0.631	−0.672	−0.572	−0.600	−0.633
$n_{4,5}$	0.701	0.773	0.851	0.649	0.704	0.765	0.618	0.664	0.713	0.586	0.620	0.658
$n_{5,6}$	−0.756	−0.844	−0.938	−0.687	−0.755	−0.828	−0.646	−0.701	−0.761	−0.603	−0.643	−0.687
$n_{6,7}$	0.815	0.919	1.030	0.729	0.809	0.895	0.678	0.742	0.812	0.622	0.669	0.720
$n_{7,8}$	−0.877	−0.999	−1.126	−0.774	−0.868	−0.967	−0.712	−0.787	−0.867	−0.643	−0.697	−0.755
$n_{8,9}$	0.942	1.081	1.225	0.822	0.929	1.041	0.748	0.834	0.926	0.666	0.727	0.793
$n_{9,10}$	−1.010	−1.166	−1.327	−0.872	−0.993	−1.119	−0.787	−0.884	−0.986	−0.691	−0.759	−0.833
$n_{10,11}$	1.080	1.252	1.430	0.924	1.058	1.198	0.827	0.935	1.049	0.717	0.793	0.876
n_{Z11}	1.000	1.000	1.000	1.000	1.000	1.000	1.000	1.000	1.000	1.000	1.000	1.000

表 7　网架结构杆件长度系数 $(m=7)$

μ_k	$n=8$			$n=10$			$n=12$			$n=16$		
	$\xi_h=1/5$	$\xi_h=1/6$	$\xi_h=1/7$	$\xi_h=1/5$	$\xi_h=1/6$	$\xi_h=1/7$	$\xi_h=1/5$	$\xi_h=1/6$	$\xi_h=1/7$	$\xi_h=1/5$	$\xi_h=1/6$	$\xi_h=1/7$
$\mu_{1,2}$	1.058	0.961	0.897	1.018	0.917	0.851	0.996	0.893	0.824	0.973	0.867	0.796
$\mu_{2,3}$	1.160	1.073	1.016	1.088	0.994	0.933	1.046	0.948	0.884	1.003	0.900	0.832
$\mu_{3,4}$	1.285	1.207	1.157	1.174	1.088	1.032	1.109	1.017	0.958	1.040	0.942	0.877
$\mu_{4,5}$	1.425	1.355	1.311	1.274	1.195	1.145	1.184	1.098	1.043	1.085	0.991	0.930
$\mu_{5,6}$	1.578	1.514	1.475	1.385	1.312	1.267	1.267	1.187	1.137	1.137	1.048	0.990
$\mu_{6,7}$	1.738	1.681	1.646	1.503	1.437	1.395	1.358	1.284	1.237	1.195	1.110	1.056
μ_{H1}	0.765	0.765	0.765	0.618	0.618	0.618	0.518	0.518	0.518	0.390	0.390	0.390
μ_{H2}	1.148	1.148	1.148	0.927	0.927	0.927	0.776	0.776	0.776	0.585	0.585	0.585
μ_{H4}	1.913	1.913	1.913	1.545	1.545	1.545	1.294	1.294	1.294	0.975	0.975	0.975
μ_{H6}	2.679	2.679	2.679	2.163	2.163	2.163	1.812	1.812	1.812	1.366	1.366	1.366
μ_{H7}	3.061	3.061	3.061	2.472	2.472	2.472	2.071	2.071	2.071	1.561	1.561	1.561

注：$l_k=\mu_k l$，表8、表9相应表达式相同。

表 8　网架结构杆件长度系数($m=9$)

μ_k	$n=8$			$n=10$			$n=12$			$n=16$		
	$\xi_h=1/5$	$\xi_h=1/6$	$\xi_h=1/7$	$\xi_h=1/5$	$\xi_h=1/6$	$\xi_h=1/7$	$\xi_h=1/5$	$\xi_h=1/6$	$\xi_h=1/7$	$\xi_h=1/5$	$\xi_h=1/6$	$\xi_h=1/7$
$\mu_{1,2}$	1.216	1.083	0.994	1.182	1.045	0.952	1.163	1.023	0.929	1.144	1.001	0.904
$\mu_{2,3}$	1.306	1.184	1.103	1.242	1.113	1.027	1.206	1.072	0.982	1.168	1.029	0.936
$\mu_{3,4}$	1.418	1.306	1.233	1.319	1.197	1.118	1.261	1.134	1.049	1.201	1.066	0.976
$\mu_{4,5}$	1.547	1.444	1.379	1.409	1.296	1.222	1.327	1.206	1.128	1.240	1.110	1.024
$\mu_{5,6}$	1.688	1.595	1.536	1.509	1.404	1.337	1.402	1.288	1.215	1.286	1.161	1.079
$\mu_{6,7}$	1.839	1.754	1.700	1.619	1.521	1.460	1.485	1.378	1.309	1.337	1.218	1.139
$\mu_{7,8}$	1.998	1.920	1.871	1.736	1.645	1.588	1.574	1.473	1.410	1.393	1.279	1.205
$\mu_{8,9}$	2.162	2.090	2.046	1.858	1.774	1.721	1.668	1.574	1.514	1.454	1.345	1.275
μ_{H1}	0.765	0.765	0.765	0.618	0.618	0.618	0.518	0.518	0.518	0.390	0.390	0.390
μ_{H2}	1.148	1.148	1.148	0.927	0.927	0.927	0.776	0.776	0.776	0.585	0.585	0.585
μ_{H4}	1.913	1.913	1.913	1.545	1.545	1.545	1.294	1.294	1.294	0.975	0.975	0.975
μ_{H6}	2.679	2.679	2.679	2.163	2.163	2.163	1.812	1.812	1.812	1.366	1.366	1.366
μ_{H8}	3.444	3.444	3.444	2.781	2.781	2.781	2.329	2.329	2.329	1.756	1.756	1.756
μ_{H9}	3.827	3.827	3.827	3.090	3.090	3.090	2.588	2.588	2.588	1.951	1.951	1.951

表 9　网架结构杆件长度系数($m=11$)

μ_k	$n=8$			$n=10$			$n=12$			$n=16$		
	$\xi_h=1/5$	$\xi_h=1/6$	$\xi_h=1/7$	$\xi_h=1/5$	$\xi_h=1/6$	$\xi_h=1/7$	$\xi_h=1/5$	$\xi_h=1/6$	$\xi_h=1/7$	$\xi_h=1/5$	$\xi_h=1/6$	$\xi_h=1/7$
$\mu_{1,2}$	1.385	1.216	1.101	1.355	1.182	1.064	1.339	1.163	1.043	1.322	1.144	1.021
$\mu_{2,3}$	1.465	1.306	1.201	1.408	1.242	1.131	1.376	1.206	1.090	1.344	1.168	1.049
$\mu_{3,4}$	1.566	1.418	1.321	1.476	1.319	1.214	1.425	1.261	1.151	1.372	1.201	1.085
$\mu_{4,5}$	1.683	1.547	1.458	1.557	1.409	1.311	1.484	1.327	1.223	1.406	1.240	1.128
$\mu_{5,6}$	1.813	1.688	1.607	1.649	1.509	1.419	1.551	1.402	1.304	1.447	1.286	1.178
$\mu_{6,7}$	1.955	1.839	1.765	1.749	1.619	1.535	1.626	1.485	1.392	1.493	1.337	1.234
$\mu_{7,8}$	2.105	1.998	1.930	1.858	1.736	1.657	1.708	1.574	1.487	1.543	1.393	1.295
$\mu_{8,9}$	2.262	2.162	2.100	1.973	1.858	1.785	1.795	1.668	1.587	1.598	1.454	1.360
$\mu_{9,10}$	2.424	2.332	2.274	2.093	1.985	1.917	1.888	1.768	1.691	1.657	1.519	1.429
$\mu_{10,11}$	2.591	2.505	2.451	2.218	2.117	2.053	1.985	1.871	1.798	1.720	1.587	1.501
μ_{H1}	0.765	0.765	0.765	0.618	0.618	0.618	0.518	0.518	0.518	0.390	0.390	0.390
μ_{H2}	1.148	1.148	1.148	0.927	0.927	0.927	0.776	0.776	0.776	0.585	0.585	0.585
μ_{H4}	1.913	1.913	1.913	1.545	1.545	1.545	1.294	1.294	1.294	0.975	0.975	0.975
μ_{H6}	2.679	2.679	2.679	2.163	2.163	2.163	1.812	1.812	1.812	1.366	1.366	1.366
μ_{H8}	3.444	3.444	3.444	2.781	2.781	2.781	2.329	2.329	2.329	1.756	1.756	1.756
μ_{H10}	4.210	4.210	4.210	3.399	3.399	3.399	2.847	2.847	2.847	2.146	2.146	2.146
μ_{H11}	4.592	4.592	4.592	3.708	3.708	3.708	3.106	3.106	3.106	2.341	2.341	2.341

7 算例分析

7.1 算例一

以一环向折线形圆形平面网架作为算例,分析该网架基本结构体系和加强结构体系的受力性能。参数取 $m=11$、$n=16$、$r_m=24\text{m}$、$\xi_h=1/6$,见算例网架剖面简图(图7)。上、下弦平面内内圈环杆采用 $\phi146\times14$ 圆钢管,截面积 $A=5.8057\times10^{-3}\text{m}^2$,其余杆件均采用 $\phi127\times6$ 圆钢管,截面积 $A=2.2808\times10^{-3}\text{m}^2$,钢材弹性模量 $E=2.06\times10^{11}\text{N/m}^2$。在均布荷载 $q=2\text{kN/m}^2$ 作用下,利用本文的简捷分析法和实用算表,计算网架基本结构体系的杆件内力和节点位移。网架各节点位移见表10,其中竖向位移以垂直向下为正,水平位移以网架圆心指向支座方向为正。网架各杆件的内力及支座反力如表11 第一列数据所示。

为改善结构受力特性,在上述基本结构体系基础上,于下弦节点处增设若干道环杆,形成环向折线形圆形平面网架加强结构体系。本算例中,在下弦节点 4、6、10 及上弦支座节点 11 分别增设一道环杆,环杆的截面与径向上、下弦杆件相同,均采用 $\phi127\times6$ 圆钢管,参数和荷载与基本结构体系相同,计算结果如表11 所示。表11 还提供了分别在节点 4、6,节点 4、11,节点 10、11,节点 4、10、11 同时增设环杆时的计算结果。

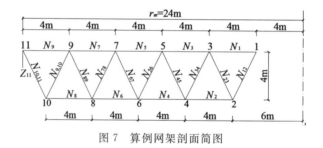

图 7 算例网架剖面简图

表 10 算例网架各节点位移

节点编号	竖向/mm	水平/mm
1	131.66	−3.93
2	126.86	5.56
3	120.04	−7.79
4	111.38	9.12
5	100.68	−11.44
6	88.24	12.36
7	73.81	−14.63
8	57.82	14.96
9	39.96	−16.99
10	20.83	16.52
11	0.00	−18.06

表 11　不同位置处增设环杆的网架加强结构体系杆件内力、支座反力与孔边挠度计算结果（$m=11$、$n=16$、$\xi_h=1/6$）

计算结果	基本结构体系	加强结构体系							
		4	6	10	11	4,6	4,11	10,11	4,10,11
N_1/kN	−453.6	−453.6	−453.6	−453.6	−354.4	−453.6	−354.4	−354.4	−354.4
N_3/kN	−429.1	−429.1	−429.1	−429.1	−329.9	−429.1	−329.9	−329.9	−329.9
N_5/kN	−374.3	−374.3	−374.3	−374.3	−275.1	−374.3	−275.1	−275.1	−275.1
N_7/kN	−277.3	−277.3	−277.3	−277.3	−178.0	−277.3	−178.0	−178.0	−178.0
N_9/kN	−125.8	−125.8	−125.8	−125.8	−26.6	−125.8	−26.6	−26.6	−26.6
N_2/kN	418.4	298.3	302.1	319.4	418.4	228.1	298.3	319.4	236.0
N_4/kN	380.3	380.3	264.0	281.3	380.3	282.6	380.3	281.3	293.5
N_6/kN	305.9	305.9	305.9	206.9	305.9	305.9	305.9	206.9	219.1
N_8/kN	183.1	183.1	183.1	84.2	183.1	183.1	183.1	84.2	96.4
$N_{1,2}$/kN	−5.6	−5.6	−5.6	−5.6	−5.6	−5.6	−5.6	−5.6	−5.6
$N_{2,3}$/kN	11.2	11.2	11.2	11.2	11.2	11.2	11.2	11.2	11.2
$N_{3,4}$/kN	−19.1	−19.1	−19.1	−19.1	−19.1	−19.1	−19.1	−19.1	−19.1
$N_{4,5}$/kN	29.5	29.5	29.5	29.5	29.5	29.5	29.5	29.5	29.5
$N_{5,6}$/kN	−42.7	−42.7	−42.7	−42.7	−42.7	−42.7	−42.7	−42.7	−42.7
$N_{6,7}$/kN	59.1	59.1	59.1	59.1	59.1	59.1	59.1	59.1	59.1
$N_{7,8}$/kN	−79.1	−79.1	−79.1	−79.1	−79.1	−79.1	−79.1	−79.1	−79.1
$N_{8,9}$/kN	103.1	103.1	103.1	103.1	103.1	103.1	103.1	103.1	103.1
$N_{9,10}$/kN	−131.5	−131.5	−131.5	−131.5	−131.5	−131.5	−131.5	−131.5	−131.5
$N_{10,11}$/kN	164.8	164.8	164.8	164.8	164.8	164.8	164.8	164.8	164.8
H_1/kN	−1174.4	−1174.4	−1174.4	−1174.4	−920.2	−1174.4	−920.2	−920.2	−920.2
H_2/kN	1108.2	800.3	810.1	854.5	1108.2	620.4	800.3	854.5	640.6
H_4/kN	—	307.9	—	—	—	237.5	307.9	—	245.4
H_6/kN	—	—	298.1	—	—	—	—	250.4	—
H_{10}/kN	—	—	—	253.7	—	—	—	253.7	222.3
H_{11}/kN	—	—	—	—	−254.3	—	−254.3	−254.3	−254.3
Z_{11}/kN	226.2	226.2	226.2	226.2	226.2	226.2	226.2	226.2	226.2
w_1/mm	131.66	120.07	117.53	117.15	116.57	110.85	104.98	102.06	94.62

由以上结果分析可知以下几点。

（1）在均布荷载作用下，网架上弦（环）杆受压，下弦（环）杆受拉；腹杆拉、压相间。上弦杆和下弦杆的内力由圆心向支座逐渐减小，腹杆内力由圆心向支座逐渐增大。网架内力最大值出现在上弦平面内环杆；与弦杆和环杆相比，腹杆内力相对较小。

（2）在均布荷载作用下，网架节点的竖向位移值由圆心向支座逐渐减小，最大竖向位移出现在圆孔边缘节点;水平位移值由圆心向支座逐渐增大,最大水平位移出现在支座节点,下弦节点与上弦节点水平位移方向相反。

(3)在下弦节点增设环杆后,仅部分下弦杆和处于下弦平面内的环杆内力值会减小,而其余杆件的内力没有变化。在表11的加强结构体系中,与基本结构体系的内力和挠度相比产生变化的数据用方框标出。与网架基本结构体系相比,网架加强结构体系的刚度有了较大的提高,其中在上弦支座节点11处增设环杆对结构的位移影响最大,在下弦节点增设的环杆中,以节点10处对结构位移影响最大。从内力优化、构造要求等方面综合考虑,在节点10、11处增设环杆是较为理想的方案。

7.2 算例二

对于7.1中的算例,在网架基本结构体系的上弦支座节点11处增设环杆时,对刚度的提高最为明显。由第4节可知,在上弦支座节点增设的环杆可视为水平向弹性支座的一部分,当不考虑下部结构对网架支座节点水平向的约束,即取 $K'_m=0$ 时,由式(23)有 $K_m=K''_m=\dfrac{2EA_m\sin(\pi/n)}{r_m}$,此时水平向弹性支座的刚度与增设支座环杆的截面积成正比。

当支座环杆截面积变化时,亦即支座水平向弹性刚度变化时,网架部分内力与位移的计算结果见表12。表中 $A_m=0(K_m=0)$ 时,相当于网架基本结构体系周边支承在径向可动的简支支座上;当 $A_m\to\infty(K_m\to\infty)$ 时,相当于支承在不动铰支座上。图8~10给出了对应支座环杆不同截面积 A_m 的网架节点竖向、水平位移和上、下弦杆件内力的分布图,图11表示支座环杆截面积 A_m 与 H_1、H_m 的关系。

表 12 支座环杆采用不同规格圆钢管(亦即不同水平弹性刚度支承)时网架部分内力和位移计算结果

杆件规格	A_m/cm^2	$K_m/(\text{kN}\cdot\text{mm}^{-1})$	w_1/mm	Δ_m/mm	H_1/kN	H_m/kN
—	0.00	0.00	131.66	−18.06	−1174.4	—
$\phi127\times6$	22.81	7.64	116.57	−12.99	−920.2	−254.3
$\phi146\times14$	58.06	19.44	104.87	−9.06	−723.2	−451.3
$\phi299\times14$	125.35	41.98	95.00	−5.74	−556.9	−617.5
—	250.00	83.73	88.10	−3.42	−440.7	−733.8
—	700.00	234.43	82.06	−1.39	−339.0	−835.5
—	∞	∞	77.93	0.00	−269.3	−905.1

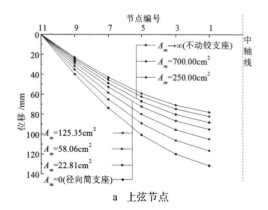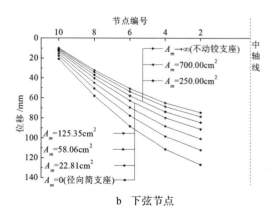

a 上弦节点　　　　b 下弦节点

图 8 支座环杆不同截面积时网架节点竖向位移分布

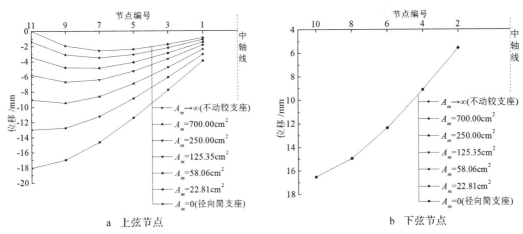

a 上弦节点　　　　　　　　　　b 下弦节点

图 9　支座环杆不同截面积时网架节点水平位移分布

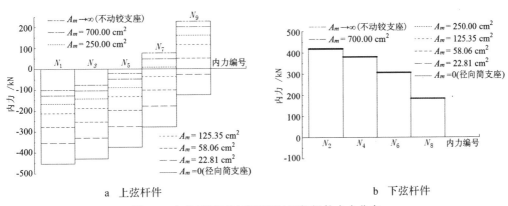

a 上弦杆件　　　　　　　　　　b 下弦杆件

图 10　支座环杆不同截面积时网架杆件内力分布

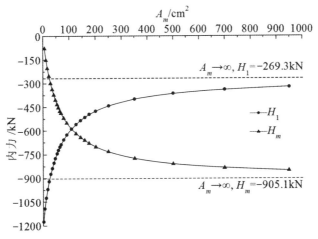

图 11　支座环杆截面积与环杆内力 H_1、H_m 关系图

由以上计算结果可知以下几点。

(1)在算例网架的支座节点增设环杆可以有效地提高网架的刚度,刚度的提高程度随着环杆截面积的增大而增大。

(2)随着增设支座环杆截面的增大,网架节点的竖向和横向位移值均逐渐接近支座节点为不动铰支座($A_m \to \infty$)时的位移值,其中下弦节点的水平位移值不受上弦节点弹性支座刚度的影响。由式(25)可知,支座水平反力仅对网架上弦杆内力值产生影响,与下弦杆内力值无关;同理,若在下弦节点施加水平力,亦仅对网架下弦杆内力有影响,与上弦杆内力值无关。

(3)网架上弦杆件内力值 N_1、N_3、N_5 均随着增设支座环杆截面增大而逐渐减小,且杆件一直处于受压状态;随着增设支座环杆截面的增大,N_9、N_7 先后由受压转变为受拉,且拉力值随着增设支座环杆截面的增大而增大。所有上弦杆的内力值逐渐趋近于支座节点为不动铰支座($A_m \to \infty$)时的内力值,然而下弦杆的内力值不受弹性支座刚度的影响。

(4)随着增设支座环杆截面增大,最内圈环杆内力值 H_1 逐渐减小,增设支座环杆的内力值 H_m 逐渐增大。当 A_m 较小时,H_1 和 H_m 变化较快,A_m 较大时变化较缓,且两者均趋近于支座节点为不动铰支座($A_m \to \infty$)时的内力计算结果。

8 结论

(1)环向折线形圆形平面网架是矩形平面单向折线形网架在圆形、圆环形建筑平面中的应用,由于省去网架大部分环向上、下弦杆,结构杆件类型和数量大幅减少,技术经济指标良好,结构构形与建筑造型可以密切配合,这在大、中跨度刚性空间结构中有推广应用前景。

(2)通过机动分析,论证了环向折线形圆形平面网架基本结构体系是满足几何不变性要求的静定空间桁架结构,从而可根据静定和超静定的铰接杆系结构理论,寻求恰当的分析计算方法,去剖析和深刻了解这种特殊形体空间网架结构的受力特性。

(3)对轴对称荷载作用下环向折线形圆形平面网架基本结构体系,提出了简化计算模型和相应的简捷分析法,推导了网架杆件内力的递推计算公式,并根据若干结构参数编制了网架杆件内力的计算用表,可方便地求得网架杆件内力和节点位移。

(4)当考虑网架与下部支承结构协同工作时,文中给出了周边水平向弹性支承环向折线形圆形平面网架的计算方法,并分析了弹性刚度与网架内力和位移的变化规律。

(5)为改善网架的受力特性,对基本结构体系增设若干道环向杆件可形成环向折线形圆形平面网架加强结构体系,给出了相应的简化计算模型和简捷分析法,同样也可方便求得网架的内力和位移,并探讨了加强结构体系的优化方案。

(6)本文研究旨在揭示环向折线形圆形平面网架基本结构体系和加强结构体系的构形规律、简化计算模型、简捷分析法和结构受力特性。需要说明的是,本文的简捷分析法也是精确解法,其计算结果与通常采用的杆系有限元法的计算结果完全相同。

参考文献

[1] 中华人民共和国住房和城乡建设部.空间网格结构技术规程:JGJ 7－2010[S].北京:中国建筑工业出版社,2010.

[2] 董石麟,郑晓清.环向折线形单层球面网壳及其结构静力简化计算方法[J].建筑结构学报,2012,33(5):62－70.

[3] 郑晓清,董石麟,白光波,等.环向折线形单层球面网壳结构的试验研究[J].空间结构,2012,18(4):3－12.

[4] 龙驭球,包世华.结构力学[M].北京:高等教育出版社,2001.

28 大跨度跳层空腹网架结构的简化分析方法[*]

摘　要：本文以考虑剪切变形的交叉梁系柔度法和多层框架在竖向荷载下的分层法为基础提出了跳层空腹网架的简化分析方法。该方法通过将两向正交平面空腹桁架等代为两向正交实腹梁，经求解柔度方程后，可回代成平面空腹桁架求算杆件的内力。本文详细地推导了跨越层柱子对等代实腹梁作用的端弯矩，同时求算出了考虑跨越层柱子影响时等代实腹梁的柔度系数，建立了柔度方程。提出了回代过程中跨越层柱子对等代实腹梁作用端弯矩在求杆件内力时的处理方法，给出了简化计算方法的具体步骤，并编制了相应的计算机程序。通过算例分析可知该简化分析方法具有较高的计算精度，可满足工程结构设计的要求。

关键词：跳层结构；空腹网架；简化计算；交叉梁系柔度法；分层法

1　引言

　　空腹网架结构是我国学者 1986 年提出并发展的空间平板网架结构[1]，它可以认为是平面空腹桁架系沿两向或三向交叉布置而成。从空腹网架的提出到 1995 年止，我国已相继建成该类结构 20 多个[2]。由于这类网架结构的适应性好，造型美观，使用功能强，经济指标好，防火防锈性能好，施工方便，且能就地取材等诸多优点，在我国得到了一定的发展。

　　空腹网架结构的进一步发展有两方面。一方面将网架的高度减小即发展成为空腹夹层板结构体系[3,4]，该体系具有板的一些受力特点。另一方面就是随着空腹网架跨度的增加，增加网架层的高度，使其具有一定的空间而作为单独的一建筑层使用，这可归纳为本文研究的跳层空腹网架结构体系。该结构体系在使用功能上具有大空间和小空间相间的特点。

　　跳层大跨度空腹网架是由空腹网架结构发展而来的，因该结构属于空间刚架结构，其精确的分析方法是有限单元法。但对于单层周边简支连接空腹网架的简化分析方法目前大多采用以考虑剪切变形的交叉梁系为基础的近似分析方法，文献[5]对这一方法做了较为详细的介绍。文献[5]还提供了对周边固结连接空腹网架以考虑剪切变形的交叉梁系为基础的近似分析方法，该方法先按周边简支的空腹网架以交叉梁系柔度法求出竖向荷载在各节点的分配力，再以平面框架求出柱子对空腹网架的端弯矩，反向作用该端弯矩于简支平面空腹桁架上下弦边节点求得各杆的内力。该方法因在求算节点分配力时未能考虑柱子的影响，计算上存在一定的误差[6]。目前，各种通用的结构设计软件一般均未输出梁的轴向内力，因而工程设计人员对跳层空腹网架结构的设计存在一定困难。寻求一种简化的分析方法对于深入理解跳层空腹网架结构的受力特性、推广该新型结构的工程应用具有现实意义。

---

　　[*]　本文刊登于：肖南，董石麟.大跨度跳层空腹网架结构的简化分析方法[J].建筑结构学报，2002，23（2）：61－69.

本文以考虑剪切变形的交叉梁系柔度法和多层框架在竖向荷载下的分层法为基础提出了跳层空腹网架的简化分析方法。

2 简化分析计算的基本思路和假定

跳层空腹网架在竖向荷载作用下呈现双向弯曲,网架的主要内力是双向平面空腹桁架的平面内内力,空腹桁架平面外内力和扭矩较小,因此求出竖向荷载在网架两个方向的分配力是内力计算的关键。

2.1 基本思路

将网架两个方向的平面空腹桁架通过刚度等代化为两个方向正交的实腹梁,实腹梁与周边支承柱子形成正交实腹梁框架,两向等代实腹梁在交叉点的竖向挠度相等,该竖向挠度应该考虑等代实腹梁的弯曲变形和剪切变形,因此可以建立以分配力为未知量的线性方程组,求解该线性方程组可得竖向荷载的两向分配力,之后再将等代实腹梁回代成平面空腹桁架求算出平面空腹桁架的杆件内力。周边支承柱子对两向正交等代实腹梁的影响是在实腹梁的两端存在跨越层柱子的总弯矩。该总弯矩是由支承网架之跨越层柱子端弯矩和端剪力的合成。而跨越层柱子的端弯矩和端剪力可由多层框架在竖向荷载下忽略侧移,仅考虑两相邻楼层荷载的弯矩分配法求得。

2.2 基本假定

在简化分析过程中,根据跳层空腹网架的受力特性,忽略一些次要的影响因素做如下基本假定:

(1)将网架两个方向的平面空腹桁架等代为两个方向的实腹梁,等代实腹梁的高度等于空腹桁架的高度 h。如图 1 所示。

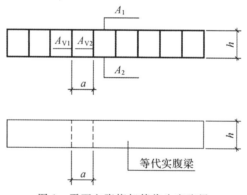

图 1 平面空腹桁架等代为实腹梁

(2)等代实腹梁考虑弯曲刚度 EI 和剪切刚度 C,但忽略其扭转刚度 GI_p。分别取平面空腹桁架的一节间 a 和实腹梁的一段 a,根据单位弯矩下该两段的转角相等可以求出等代实腹梁的抗弯惯性矩 $I=\dfrac{A_1 A_2}{A_1+A_2}h^2$,当上下弦杆的截面积相等,即 $A_1=A_2=A$ 时,$I=\dfrac{1}{2}Ah^2$。同样的方法,根据相同段两端作用有一对单位剪力,剪切角相等,可以求出等代实腹梁的抗剪刚度 $C=\dfrac{48i_{v1}i_{v2}i_1}{a(i_{v1}i_1+i_{v2}i_1+2i_{v1}i_{v2})}$,当相邻竖腹杆的截面积相等,即 $i_{v1}=i_{v2}=i_v$ 时,$C=\dfrac{24i_v i_1}{a(i_v+i_1)}$,其中的 i_1、i_{v1}、i_{v2} 分别为上下弦杆(上下弦杆截面积相等)和竖腹杆 1、竖腹杆 2 的弯曲线刚度。

（3）假定空腹网架的节点均为刚性连接，将均布荷载 $q(\mathrm{kN/m^2})$ 简化为网架的节点荷载 $P_k=qab(\mathrm{kN})$。

（4）假定等代交叉实腹梁在交叉点以刚性链杆连接，则竖向荷载在两个方向上的分配力 P_k^x、P_k^y 之和等于 P_k。

（5）忽略跳层空腹网架在竖向荷载作用下的水平侧移，并假定竖向荷载仅对其作用层网架的内力和支承其作用层网架的上下跨越层柱子的内力有影响，忽略竖向荷载对其他网架层的内力影响。

3　竖向荷载作用下跨越层柱子对网架的总弯矩计算

将网架两个方向的平面空腹桁架通过刚度等代为两向实腹梁之后，实腹梁与跨越层柱子形成实腹梁框架，跨越层柱子的端弯矩和端剪力合成为作用在实腹梁两端的总弯矩 M，如图 2 所示。

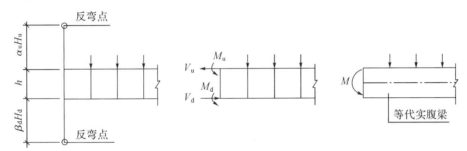

图 2　跨越层柱子的端弯矩和端剪力合成为实腹梁两端的总弯矩 M

在图 2 中，

$$M=\frac{V_\mathrm{u}^2+V_\mathrm{d}^2}{V_\mathrm{u}+V_\mathrm{d}}h+M_\mathrm{u}+M_\mathrm{d} \tag{1}$$

其中，$M_\mathrm{u}=\alpha_\mathrm{u}H_\mathrm{u}V_\mathrm{u}$，$M_\mathrm{d}=\beta_\mathrm{d}H_\mathrm{d}V_\mathrm{d}$。求出跨越层柱子反弯点的位置和反弯点处的剪力，即确定 α、β 和 V_u、V_d 是求算总弯矩 M 的关键。为此取中间一段跨越层柱子如图 3 所示。

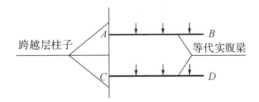

图 3　计算跨越层柱子的端弯矩简图

根据前述基本假定，跨越层柱子 AC 的端弯矩仅由上、下等代实腹梁 AB、CD 上外荷载的分配作用力产生。设柱子 AC 在节点 A、C 端部的弯矩分配系数分别为 μ_A、μ_C，实腹梁上的分配力在节点 A、C 上的固端约束力矩分别为 M_A、M_C，则根据弯矩分配法从 A 端先分配再向 C 端传递，经过相互间两次的弯矩分配和传递可得：

$$M_{AC}=\mu_A M_A-0.5\mu_A\mu_C M_C+0.25\mu_A^2\mu_C M_A-0.125\mu_A^2\mu_C^2 M_C+0.0625\mu_A^3\mu_C^2 M_A$$

略去 M_{AC} 式中右边的第四、五项，则

$$M_{AC}=\mu_A M_A-0.5\mu_A\mu_C M_C+0.25\mu_A^2\mu_C M_A \tag{2a}$$

C 端弯矩为

$$M_{CA}=\mu_C M_C-0.5\mu_A\mu_C M_A+0.25\mu_A\mu_C^2 M_C \tag{3a}$$

同样从 C 端先分配弯矩再向 A 端传递,在略去分配系数的高次项后也可得到(2a)、(3a)两式,于是有

$$\frac{m_{AC}}{m_{CA}} = \frac{4\mu_A m_A - 2\mu_A \mu_C m_C + \mu_A^2 \mu_C m_A}{4\mu_C m_C - 2\mu_A \mu_C m_A + \mu_A \mu_C^2 m_C}$$

所以 $\beta = \dfrac{\dfrac{m_{AC}}{m_{CA}}}{1 + \dfrac{m_{AC}}{m_{CA}}}$,$\alpha = 1 - \beta$,如图 4 所示。

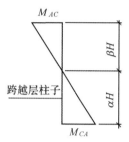

图 4 计算跨越层柱子反弯点简图

反弯点处的剪力 $V = \dfrac{m_{AC}}{\beta H} = \dfrac{m_{CA}}{\alpha H} = \dfrac{m_{AC} + m_{CA}}{H}$

一般情况 $\mu_A = \mu_C = \mu$,则

$$M_{AC} = \mu M_A - 0.5\mu^2 M_C + 0.25\mu^3 M_A \tag{2b}$$

$$M_{CA} = \mu M_C - 0.5\mu^2 M_A + 0.25\mu^3 M_C \tag{3b}$$

$$\frac{M_{AC}}{M_{CA}} = \frac{4M_A - 2\mu M_C + \mu^2 M_A}{4M_C - 2\mu M_A + \mu^2 M_C}$$

可以认为 $\dfrac{M_C}{M_A} = \dfrac{q_C}{q_A} = \eta$,此处 q_A、q_C 分别为网架 AB 层和网架 CD 层所受的楼面竖向荷载值(kN/m^2)。则有

$$M_{AC} = \mu M_A (1 - 0.5\mu\eta + 0.25\mu^2) = \mu \frac{M_C}{\eta}(1 - 0.5\mu\eta + 0.25\mu^2) \tag{2c}$$

$$M_{CA} = \mu M_A (\eta - 0.5\mu + 0.25\mu^2 \eta) = \mu M_C \left(1 - 0.5\frac{\mu}{\eta} + 0.25\mu^2\right) \tag{3c}$$

$$V = \frac{\mu(1+\eta)(1 - 0.5\mu + 0.25\mu^2)}{H} M_A = \frac{\mu(1+\eta)(1 - 0.5\mu + 0.25\mu^2)}{\eta H} M_C \tag{4}$$

设某一等代实腹梁的固端约束力矩为 M',则有

$$V_u = \frac{\mu(1+\eta_u)(1 - 0.5\mu + 0.25\mu^2)}{\eta_u H_u} M' \tag{5a}$$

$$V_d = \frac{\mu(1+\eta_d)(1 - 0.5\mu + 0.25\mu^2)}{H_d} M' \tag{6a}$$

$$M_u = \mu \left(1 - 0.5\frac{\mu}{\eta_u} + 0.25\mu^2\right) M' \tag{7a}$$

$$M_d = \mu(1 - 0.5\mu\eta_d + 0.25\mu^2) M' \tag{8a}$$

$$M = \mu \left[(1 - 0.5\mu + 0.25\mu^2)h \frac{(1+\eta_u)^2 H_d^2 + (1+\eta_d)^2 H_u^2 \eta_u^2}{(1+\eta_u)H_d^2 H_u \eta_u + (1+\eta_d)H_u^2 H_d \eta_d^2} + 2 - 0.5\mu\left(\frac{1}{\eta_u} + \eta_d\right) + 0.5\mu^2 \right] M' \tag{9a}$$

令

$$\xi_{\mathrm{u}}^{v}=\frac{\mu(1+\eta_{\mathrm{u}})(1-0.5\mu+0.25\mu^{2})}{\eta_{\mathrm{u}}H_{\mathrm{u}}} \tag{10a}$$

$$\xi_{\mathrm{d}}^{v}=\frac{\mu(1+\eta_{\mathrm{d}})(1-0.5\mu+0.25\mu^{2})}{H_{\mathrm{d}}} \tag{11a}$$

$$\xi_{\mathrm{u}}^{m}=\mu\left(1-0.5\frac{\mu}{\eta_{\mathrm{u}}}+0.25\mu^{2}\right) \tag{12a}$$

$$\xi_{\mathrm{d}}^{m}=\mu(1-0.5\mu\eta_{\mathrm{d}}+0.25\mu^{2}) \tag{13a}$$

$$\xi=\mu\left[(1-0.5\mu+0.25\mu^{2})h\frac{(1+\eta_{\mathrm{u}})^{2}H_{\mathrm{d}}^{2}+(1+\eta_{\mathrm{d}})^{2}H_{\mathrm{u}}^{2}\eta_{\mathrm{u}}^{2}}{(1+\eta_{\mathrm{u}})H_{\mathrm{d}}^{2}H_{\mathrm{u}}\eta_{\mathrm{u}}+(1+\eta_{\mathrm{d}})H_{\mathrm{u}}^{2}H_{\mathrm{d}}\eta_{\mathrm{u}}^{2}}+2-0.5\mu\left(\frac{1}{\eta_{\mathrm{u}}}+\eta_{\mathrm{d}}\right)+0.5\mu^{2}\right] \tag{14a}$$

则有

$$V_{\mathrm{u}}=\xi_{\mathrm{u}}^{v}M' \tag{5b}$$

$$V_{\mathrm{d}}=\xi_{\mathrm{d}}^{v}M' \tag{6b}$$

$$M_{\mathrm{u}}=\xi_{\mathrm{u}}^{m}M' \tag{7b}$$

$$M_{\mathrm{d}}=\xi_{\mathrm{d}}^{m}M' \tag{8b}$$

$$M=\xi M' \tag{9b}$$

在上面式(5a)～(14a)中，h、H_{u}、H_{d} 分别表示计算网架的高度、计算网架上面跨越层和下面跨越层柱子的高度，η_{u} 表示计算网架楼面竖向荷载与其上一层网架楼面竖向荷载之比，η_{d} 表示计算网架下一层网架楼面竖向荷载与计算网架楼面竖向荷载之比。

同样对于底层网架有

$$\xi_{\mathrm{u}}^{v}=\frac{\mu}{4\eta_{\mathrm{u}}H_{\mathrm{u}}}(1+\eta_{\mathrm{u}})(4-2\mu+\mu^{2}) \tag{10b}$$

$$\xi_{\mathrm{d}}^{v}=\frac{1.5\mu}{H_{\mathrm{d}}} \tag{11b}$$

$$\xi_{\mathrm{u}}^{m}=\frac{\mu}{4}\left(4-2\frac{\mu}{\eta_{\mathrm{u}}}+\mu^{2}\right) \tag{12b}$$

$$\xi_{\mathrm{d}}^{m}=\mu \tag{13b}$$

$$\xi=\frac{\mu}{4}\left[\frac{(1+\eta_{\mathrm{u}})^{2}(4-2\mu+\mu^{2})^{2}H_{\mathrm{d}}^{2}+36\eta_{\mathrm{u}}^{2}H_{\mathrm{u}}^{2}}{(1+\eta_{\mathrm{u}})(4-2\mu+\mu^{2})\eta_{\mathrm{u}}H_{\mathrm{u}}H_{\mathrm{d}}^{2}+6\eta_{\mathrm{u}}^{2}H_{\mathrm{d}}H_{\mathrm{u}}^{2}}\times h+8-2\frac{\mu}{\eta_{\mathrm{u}}}+\mu^{2}\right] \tag{14b}$$

对于顶层网架有

顶层跨越层柱子

$$\mu_{C}=\mu=\frac{i_{\mathrm{c}}}{2i_{\mathrm{c}}+i_{\mathrm{b}}} \tag{15}$$

$$\mu_{A}=\frac{i_{\mathrm{c}}}{i_{\mathrm{c}}+i_{\mathrm{b}}}=\frac{\mu_{C}}{1-\mu_{C}}=\frac{\mu}{1-\mu} \tag{16}$$

其中，i_{c}、i_{b} 分别为跨越层柱子和等代实腹梁的弯曲线刚度。

$$\xi_{\mathrm{u}}^{v}=0 \tag{10c}$$

$$\xi_{\mathrm{d}}^{v}=\frac{\mu}{H_{\mathrm{d}}}\left[\frac{1}{1-\mu}\left(1-\frac{1}{2}\mu\right)\left(1-\frac{1}{2}\mu\eta_{\mathrm{d}}\right)+\frac{\mu^{2}}{4(1-\mu)^{2}}+\eta_{\mathrm{d}}\right] \tag{11c}$$

$$\xi_{\mathrm{u}}^{m}=0 \tag{12c}$$

$$\xi_{\mathrm{d}}^{m}=\mu\left[\frac{1}{1-\mu}\left(1-\frac{1}{2}\mu\eta_{\mathrm{d}}\right)+\frac{\mu^{2}}{4(1-\mu)^{2}}\right] \tag{13c}$$

$$\xi=\xi_{\mathrm{d}}^{v}h+\xi_{\mathrm{d}}^{m} \tag{14c}$$

特别地，当 $\eta_{\mathrm{u}}=\eta_{\mathrm{d}}=1$、$H_{\mathrm{u}}=H_{\mathrm{d}}=H$，则此时中间层网架：

$$\xi_{\mathrm{u}}^{v}=\xi_{\mathrm{d}}^{v}=\frac{\mu(4-2\mu+\mu^{2})}{2H}, \qquad \xi_{\mathrm{u}}^{m}=\xi_{\mathrm{d}}^{m}=\frac{1}{4}\mu(4-2\mu+\mu^{2}), \qquad \xi=\frac{1}{2}\mu(4-2\mu+\mu^{2})\left(1+\frac{h}{H}\right)$$

底层网架：
$$\eta_u = 1$$

$$\xi_u^v = \frac{\mu(4-2\mu+\mu^2)}{2H}, \qquad \xi_d^v = \frac{1.5\mu}{H}, \qquad \xi_u^m = \frac{1}{4}\mu(4-2\mu+\mu^2), \qquad \xi_d^m = \mu$$

$$\xi = \frac{1}{4}\mu\left[\frac{(4-2\mu+\mu^2)^2+9}{(7-2\mu+\mu^2)}\times\frac{2h}{H}+8-2\mu+\mu^2\right]$$

顶层网架：

$$\xi_u^v = 0, \qquad \xi_d^v = \frac{\mu}{H}\left[\frac{1}{1-\mu}\left(1-\frac{1}{2}\mu\right)^2+\frac{\mu^2}{4(1-\mu)^2}+1\right], \qquad \xi_u^m = 0$$

$$\xi_d^m = \mu\left[\frac{1}{1-\mu}\left(1-\frac{1}{2}\mu\right)+\frac{\mu^2}{4(1-\mu)^2}\right], \qquad \xi = \xi_d^v h + \xi_d^m$$

4 竖向荷载下网架柔度方程的建立

在求出跨越层柱子对网架作用的总弯矩 M（实际上为节点分配力的函数）后，跳层空腹网架的计算就可以化为单层空腹网架在竖向荷载和端弯矩作用下的计算，为了求出竖向荷载在两个方向的分配力，需建立网架在节点处的柔度方程。空腹网架节点的整体编号和两个方向的局部编号如图 5 所示。中间节点的整体编号用 $k=1,2,\cdots,s$ 表示；x 方向的局部编号用 $i=1,2,\cdots,m$ 表示；y 方向的局部编号用 $j=1,2,\cdots,n$ 表示；$s = m \times n$。

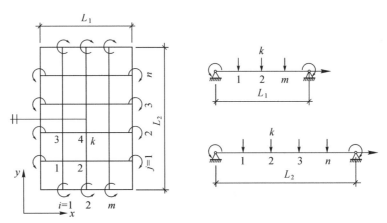

图 5 空腹网架中间节点整体编号和两向的局部编号

根据前面的基本假定，等代实腹梁在交叉点以刚性链杆连接，因而有

$$W_k^x = W_k^y = W_k \tag{17}$$

$$W_k^x = \sum_{i=1}^{m} P_{[m\times\text{Int}(\frac{k-1}{m})+i]}^x \delta_{[k-m\times\text{Int}(\frac{k-1}{m})]i}^x \tag{18a}$$

$$W_k^y = \sum_{j=1}^{n} P_{[k-m\times\text{Int}(\frac{k-1}{m})+(j-1)m]}^y \delta_{[\text{Int}(\frac{k-1}{m})+1]j}^y \tag{18b}$$

因为

$$P_{[k-m\times\text{Int}(\frac{k-1}{m})+(j-1)m]}^y = P_{[k-m\times\text{Int}(\frac{k-1}{m})+(j-1)m]} - P_{[k-m\times\text{Int}(\frac{k-1}{m})+(j-1)m]}^x \tag{19}$$

所以

$$W_k^y = \sum_{j=1}^{n} P_{[k-m\times\text{Int}(\frac{k-1}{m})+(j-1)m]} \delta_{[\text{Int}(\frac{k-1}{m})+1]j}^y - \sum_{j=1}^{n} P_{[k-m\times\text{Int}(\frac{k-1}{m})+(j-1)m]}^x \delta_{[\text{Int}(\frac{k-1}{m})+1]j}^y$$

$$\sum_{i=1}^{m} P_{[m\times\text{Int}(\frac{k-1}{m})+i]}^x \delta_{[k-m\times\text{Int}(\frac{k-1}{m})]i}^x + \sum_{j=1}^{n} P_{[k-m\times\text{Int}(\frac{k-1}{m})+(j-1)m]}^x \delta_{[\text{Int}(\frac{k-1}{m})+1]j}^y = \sum_{j=1}^{n} P_{[k-m\times\text{Int}(\frac{k-1}{m})+(j-1)m]} \delta_{[\text{Int}(\frac{k-1}{m})+1]j}^y \tag{20}$$

式中：

$P^x_{[m \times \mathrm{Int}(\frac{k-1}{m})+i]}$、$P^x_{[k-m \times \mathrm{Int}(\frac{k-1}{m})+(j-1)m]}$ 表示竖向荷载在下标号分别为 $\left[m \times \mathrm{Int}\left(\dfrac{k-1}{m}\right)+i\right]$ 和

$\left[k-m \times \mathrm{Int}\left(\dfrac{k-1}{m}\right)+(j-1)m\right]$ 的 x 方向节点分配力；

$\delta^x_{[k-m \times \mathrm{Int}(\frac{k-1}{m})]i}$ 表示 x 方向等代实腹梁 i 上有单位力时 $\left[k-m \times \mathrm{Int}\left(\dfrac{k-1}{m}\right)\right]$ 处的竖向挠度；

$\delta^y_{[\mathrm{Int}(\frac{k-1}{m})+1]j}$ 表示 y 方向等代实腹梁 j 上有单位力时 $\left[\mathrm{Int}\left(\dfrac{k-1}{m}\right)+1\right]$ 处的竖向挠度。

式（20）写成矩阵形式为

$$[\Delta]_{s \times s}\{P^x\}_{s \times 1} = \{C\}_{s \times 1} \tag{21}$$

其中，$[\Delta]_{s \times s}$ 为柔度系数矩阵，其元素为 δ^x_{ki} 和 δ^y_{kj} 的代数关系式；$\{P^x\}_{s \times 1}$ 为竖向节点荷载分配到 x 方向等代实腹梁各节点上的荷载列阵，其元素为 $P^x_k (k=1,2,\cdots,s)$；$\{C\}_{s \times 1}$ 为常数项列阵，其元素为 $\sum\limits_{j=1}^{n} P_k \delta^y_{kj}$。

因为等代实腹梁考虑了弯曲变形和剪切变形的影响，所以 δ^x_{ki} 应该是两项柔度系数之和，即

$$\delta^x_{ki} = \delta^{mx}_{ki} + \delta^{ux}_{ki} \tag{22}$$

上式 δ^{mx}_{ki}、δ^{ux}_{ki} 可用结构力学求位移的方法推导出，图 6 为求柔度系数的计算简图，在图中

$$\xi M'_1 = \xi \alpha (1-\alpha)^2 PL \qquad \xi M'_2 = \xi \alpha^2 (1-\alpha) PL$$

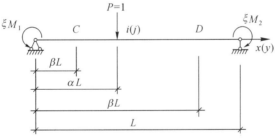

图 6　柔度系数计算简图

当 $\beta < \alpha$ 时（即 $k = C$ 点）

$$\delta^{mx}_{ki} = \frac{L^3}{EI}\left[\frac{1}{3}R_\alpha R_\beta \beta^3 + \xi^2 \alpha \beta^2 (1-\alpha)^2 (1-\beta)^2 - \frac{1}{2}R_\alpha \xi \beta^3 (1-\beta)^2 - \frac{1}{2}R_\beta \xi \alpha \beta^2 (1-\alpha)^2\right]$$

$$+ \frac{L^3}{EI}\left\{\frac{1}{3}R_\alpha (R_\beta - 1)(\alpha^3 - \beta^3) - \xi \alpha (1-\alpha)^2 \gamma_\beta (\alpha - \beta) + \frac{1}{2}\left[R_\alpha \gamma_\beta - (R_\beta - 1)\xi \alpha (1-\alpha)^2\right](\alpha^2 - \beta^2)\right\}$$

$$+ \frac{L^3}{EI}\left\{\frac{1}{3}(R_\alpha - 1)(R_\beta - 1)(1-\alpha^3) + \gamma_\alpha \gamma_\beta (1-\alpha) + \frac{1}{2}(1-\alpha^2)\left[(R_\alpha - 1)\gamma_\beta + (R_\beta - 1)\gamma_\alpha\right]\right\} \tag{23a}$$

$$\delta^{ux}_{ki} = \frac{L}{C}\left[(1-\alpha)(1-R_\beta) + R_\alpha (\beta - 1 + R_\beta)\right] \tag{24a}$$

当 $\beta \geqslant \alpha$ 时（即 $k = D$ 点）

$$\delta^{mx}_{ki} = \frac{L^3}{EI}\left[\frac{1}{3}R_\alpha R_\beta \alpha^3 + \xi^2 \beta \alpha^2 (1-\beta)^2 (1-\alpha)^2 - \frac{1}{2}R_\beta \xi \alpha^3 (1-\alpha)^2 - \frac{1}{2}R_\alpha \xi \beta \alpha^2 (1-\beta)^2\right]$$

$$+ \frac{L^3}{EI}\left\{\frac{1}{3}R_\beta (R_\alpha - 1)(\beta^3 - \alpha^3) - \xi \beta (1-\beta)^2 \gamma_\alpha (\beta - \alpha) + \frac{1}{2}\left[R_\beta \gamma_\alpha - (R_\alpha - 1)\xi \beta (1-\beta)^2\right](\beta^2 - \alpha^2)\right\}$$

$$+ \frac{L^3}{EI}\left\{\frac{1}{3}(R_\alpha - 1)(R_\beta - 1)(1-\beta^3) + \gamma_\alpha \gamma_\beta (1-\beta) + \frac{1}{2}(1-\beta^2)\left[(R_\beta - 1)\gamma_\alpha + (R_\alpha - 1)\gamma_\beta\right]\right\} \tag{23b}$$

$$\delta_{ki}^{vx} = \frac{L}{C} \left[(1-\beta)(1-R_a) + R_\beta(\alpha - 1 + R_a) \right] \tag{24b}$$

其中：

$$R_a = (1-\alpha)(\xi\alpha - 2\xi\alpha^2 + 1), \qquad R_\beta = (1-\beta)(\xi\beta - 2\xi\beta^2 + 1)$$

$$\gamma_a = \alpha - \xi\alpha(1-\alpha)^2, \qquad \gamma_\beta = \beta - \xi\beta(1-\beta)^2$$

同理可以得出 y 方向的柔度系数 δ_{kj}^{my}、δ_{kj}^{vy}。通过求解式(21)线性方程组可以得出竖向荷载在各节点 x 方向的竖向分配力 P_k^x，再由式(19)可得 y 方向的竖向分配力 P_k^y，由式(18a)或(18b)可以求出网架各节点的竖向挠度值。

5 网架杆件内力的计算

采用上一节的方法求算出竖向荷载在网架节点两个方向的分配力 P_i^x、P_j^y 之后，就可以求出等代实腹梁两端的固端约束力矩 M_1^x、M_2^x 和 M_1^y、M_2^y：

$$M_1^x = \sum_{i=1}^m \alpha_i(1-\alpha_i)^2 P_i^x L_x, \qquad M_2^x = \sum_{i=1}^m \alpha_i^2(1-\alpha_i) P_i^x L_x \tag{25a}$$

$$M_1^y = \sum_{j=1}^n \alpha_j(1-\alpha_j)^2 P_j^y L_y, \qquad M_2^y = \sum_{j=1}^n \alpha_j^2(1-\alpha_j) P_j^y L_y \tag{25b}$$

将式(25a)、(25b)代入式(5b)、(6b)、(7b)、(8b)、(9b)就可求出各层网架两向的 V_{1u}、V_{1d}、M_{1u}、M_{1d}、M_1 和 V_{2u}、V_{2d}、M_{2u}、M_{2d}、M_2。在这些力、力矩和节点分配力的作用下，将等代实腹梁回代成平面空腹桁架就可计算出网架两个方向杆件的内力，计算简图如图7所示。

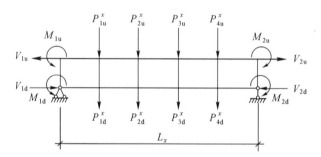

图 7 网架杆件内力计算简图

作用在平面空腹桁架上下弦节点的竖向分配力 P_{iu}^x、P_{id}^x（P_{ju}^y、P_{jd}^y）可由 P_i^x（P_j^y）根据上下弦楼面的竖向荷载的比例再分配得到：

$$P_{iu}^x = \frac{q_u}{q_u + q_d} P_i^x \tag{26}$$

$$P_{id}^x = P_i^x - P_{iu}^x \tag{27}$$

$$P_{ju}^y = \frac{q_u}{q_u + q_d} P_j^y \tag{28}$$

$$P_{jd}^y = P_j^y - P_{ju}^y \tag{29}$$

其中，q_u、q_d 分别为作用在网架上下弦的楼面竖向荷载（kN/m^2）。

图7所示的平面空腹桁架实质上是平面框架体系，其常用的方法是平面框架有限单元法，即结构矩阵位移法。

网架竖腹杆的轴向力应为其所在两个方向平面空腹桁架竖腹杆轴向力的叠加。

因为计算节点的分配力时等代实腹梁两端的支承点在该实腹梁的中性轴上,回代成平面空腹桁架之后两端的支承点在两端的下弦边节点上,所以图 7 算得的上下弦轴向力要与端弯矩产生的上下弦的轴向拉、压力叠加,才是最终的轴向力。x 向的端弯矩 M_1^x 产生的上下弦轴向力分别为 N_{1u}^x、N_{1d}^x。

根据平截面假定等代实腹梁中性轴到上、下弦中心的距离分别为 $\dfrac{hV_{1u}^x}{V_{1u}^x+V_{1d}^x}$ 和 $\dfrac{hV_{1d}^x}{V_{1u}^x+V_{1d}^x}$,所以有:

$$N_{1u}^x=\frac{M_1^x V_{1u}^x (V_{1u}^x+V_{1d}^x)}{h(V_{1u}^{x2}+V_{1d}^{x2})} \tag{30}$$

$$N_{1d}^x=\frac{M_1^x V_{1d}^x (V_{1u}^x+V_{1d}^x)}{h(V_{1u}^{x2}+V_{1d}^{x2})} \tag{31}$$

同样可以求出 x 向的端弯矩 M_2^x 产生的上下弦轴向力分别为 N_{2u}^x、N_{2d}^x 及 y 向的端弯矩 M_1^y、M_2^y 产生的上下弦轴向力分别为 N_{1u}^y、N_{1d}^y、N_{2u}^y、N_{2d}^y。

6 简化计算的步骤

根据前述的方法,跳层空腹网架在竖向荷载下的简化计算可以按照以下步骤进行:

(1)求算各节点的节点荷载 $P_k=qab(\text{kN})$,$q=q_u+q_d(\text{kN/m}^2)$。

(2)计算等代实腹梁的抗弯刚度 EI 和抗剪刚度 C:

$$EI=\frac{A_1 A_2}{A_1+A_2}h^2 E,\text{当 }A_1=A_2=A\text{ 时},EI=\frac{1}{2}EAh^2$$

$$C=\frac{48 i_{v1} i_{v2} i_1}{a(i_{v1} i_1+i_{v2} i_1+2i_{v1} i_{v2})},\text{当 }i_{v1}=i_{v2}=i_v\text{ 时},C=\frac{24 i_v i_1}{a(i_v+i_1)}$$

(3)根据式(15)计算跨越层柱子的杆端弯矩分配系数 μ,并由式(14a)、(14b)、(14c)计算各层网架两向的 ξ。

(4)由式(22)、(23a)、(24a)、(23b)、(24b)计算柔度系数,并由式(20)等号的左边组合成柔度系数矩阵 $\{\Delta\}_{s\times s}$。

(5)由式(20)等号的右边计算出常数项列阵 $\{C\}_{s\times 1}$。

(6)求解线性方程组式(21)得 P_i^x,由式(19)得出 P_j^y。

(7)由式(18a)或(18b)求得各节点的竖向挠度值。

(8)由式(25a)和(25b)计算出两个方向每榀平面空腹桁架的固端约束力矩。

(9)由式(5b)、(6b)、(7b)、(8b)、(9b)就可求出各层网架两向的 V_{1u}、V_{1d}、M_{1u}、M_{1d}、M_1 和 V_{2u}、V_{2d}、M_{2u}、M_{2d}、M_2。

(10)由式(26)~(29)计算出两个方向每榀平面空腹桁架的 P_{iu}^x、P_{id}^x(P_{ju}^y、P_{jd}^y)。

(11)由图 7 的计算简图算出网架的杆件内力并叠加式(30)、(31)的上下弦轴向力。

本文根据上述计算步骤和相应的计算公式编制了简化计算的计算机程序。

7 算例两则及误差分析

为了验证上述简化计算方法的正确性,本小节以图 8 所示的三层、二层空腹网架两个算例为例,用简化计算方法和有限元方法分别计算并进行结果的比较。在图 8 中,网架的平面尺寸为 21.6m×25.2m,网架的高度为 3m,跨越层柱子高度为 6m。网架 x、y 方向上下弦杆均采用 0.25m×0.36m,中间竖腹杆采用 0.25m×0.50m 相交的十字形截面,除四个角柱采用 0.70m×0.70m 截面以外,其余柱子均采用 0.45m×0.70m 的截面。截面特性如表 1 所示。顶层网架上弦屋面的均布荷载为 7.5kN/m²,下弦楼面的均布荷载为 5.5kN/m²;其余网架上弦楼面的均布荷载为 6.5kN/m²,下弦楼面的均布荷载为 4.5kN/m²。

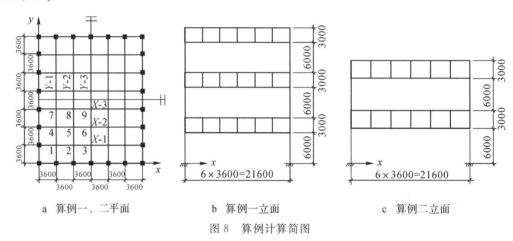

a 算例一、二平面　　　　b 算例一立面　　　　c 算例二立面

图 8　算例计算简图

表 1　算例杆件截面特性

杆件	截面尺寸/m	截面面积/m²	I_y/m⁴	I_x/m⁴
上、下弦	0.25×0.36	0.09	$9.72×10^{-4}$	$4.69×10^{-4}$
竖腹杆	0.25×0.50 十字形	0.1875	$2.93×10^{-3}$	$2.93×10^{-3}$
角柱	0.70×0.70	0.49	0.02	0.02
边柱	0.45×0.70	0.315	$1.29×10^{-2}$	$5.32×10^{-3}$

通过分析计算,两种方法算得的网架竖向挠度比较见表 2。因为结构对称,所以取图 8 中 1/4 结构的节点。从表 2 中可知,简化计算所得的网架最大挠度为精确方法的 91%,说明计算误差为 9%。简化算法最大挠度偏小的原因之一是该方法未曾考虑跨越层柱子的轴向变形的影响,同时跨越层柱子的端弯矩和端剪力也是近似的。节点 1 挠度偏大的原因是实际结构在该点有一定的扭矩且精确算法考虑了抗扭刚度,而简化计算未曾考虑抗扭刚度。

对于两种算法的内力取图 8 中的 X-3 榀上下弦的轴向力和端弯矩进行比较,算例一底层、中间层和顶层的内力见表 3、表 4,算例二底层和顶层的内力见比较表 5、表 6。比较表 3~表 6 可以知道,简化计算内力的变化趋势与精确计算相同,桁架平面内弯矩简化计算和精确计算的误差不超过 5%,上下弦轴向力最大值(往往是控制内力)简化计算比精确计算大 9% 左右,这种误差在工程上一般是允许的,并且从某种意义上来说对工程结构的设计是有利的。

综合挠度与内力的比较可知,本文所述的简化计算方法对工程结构的设计是可行的。简化方法算得的最大挠度偏小和上下弦杆轴向力偏大的主要原因是跨越层柱子的端弯矩和端剪力没有那么大,实际情况该端弯矩还要继续分配和向远端传递。

表 2 简化算法与精确算法竖向挠度比较

节点编号		算例一			算例二	
		底层网架节点挠度/mm	中间层网架节点挠度/mm	顶层网架节点挠度/mm	底层网架节点挠度/mm	顶层网架节点挠度/mm
1	简化算法	13.03	13.01	15.63	13.02	15.63
	精确算法	11.77	11.92	14.99	11.60	14.50
2	简化算法	19.61	19.58	23.56	19.60	23.56
	精确算法	18.92	19.03	23.86	19.00	23.70
3	简化算法	21.65	21.61	26.01	21.63	26.01
	精确算法	21.11	21.21	26.59	22.20	27.70
4	简化算法	19.97	19.94	23.99	19.95	23.99
	精确算法	19.27	19.39	24.29	18.70	23.30
5	简化算法	30.91	30.86	37.15	30.88	37.14
	精确算法	32.02	31.98	39.84	31.70	39.20
6	简化算法	34.38	34.33	41.33	34.35	41.33
	精确算法	36.08	35.99	44.81	37.60	46.50
7	简化算法	23.03	23.00	27.68	23.01	27.68
	精确算法	22.52	22.63	28.34	20.80	26.20
8	简化算法	36.04	35.98	43.33	36.01	43.33
	精确算法	37.93	37.83	47.08	35.70	44.20
9	简化算法	40.23	40.16	48.37	40.19	48.37
	精确算法	42.93	42.76	53.17	42.60	52.60

表 3 算例一简化算法与精确算法 X-3 榀各层上下弦轴向力比较

跨度/m	底层下弦轴向力/kN		底层上弦轴向力/kN		中间层下弦轴向力/kN		中间层上弦轴向力/kN		顶层下弦轴向力/kN		顶层上弦轴向力/kN	
	精确算法	简化算法	精确算法	简化算法	精确算法	简化算法	精确算法	简化算法	精确算法	简化算法	精确算法	简化算法
0	−18.14	−4.84	41.58	32.52	−58.59	−20.00	68.46	30.71	22.45	34.41	−103.93	−146.80
3.6	−18.14	−4.84	41.58	32.52	−58.59	−20.00	68.46	30.71	22.45	34.41	−103.93	−146.80
3.6	199.48	210.85	−176.09	−183.17	158.21	195.67	−148.35	−184.97	280.4	290.35	−361.72	−402.74
7.2	199.48	210.85	−176.09	−183.17	158.21	195.67	−148.35	−184.97	280.4	290.35	−361.72	−402.74
7.2	306.64	317.49	−283.27	−289.81	265.06	302.29	−255.21	−291.59	407.34	416.80	−488.59	−529.19
10.8	306.64	317.49	−283.27	−289.81	265.06	302.29	−255.21	−291.59	407.34	416.80	−488.59	−529.19

注:数据前的负号表示杆件受压。

表 4　算例一简化算法与精确算法 *X-3* 槽各层上下弦平面内弯矩比较

跨度 /m	底层下弦弯矩 /(kN·m)		底层上弦弯矩 /(kN·m)		中间层下弦弯矩 /(kN·m)		中间层上弦弯矩 /(kN·m)		顶层下弦弯矩 /(kN·m)		顶层上弦弯矩 /(kN·m)	
	精确算法	简化算法	精确算法	简化算法	精确算法	简化算法	精确算法	简化算法	精确算法	简化算法	精确算法	简化算法
0	−242.74	−237.28	−244.49	−236.49	−242.93	−237.06	−243.52	−236.63	−299.81	−286.31	−272.50	−273.39
3.6	214.20	211.33	213.79	210.84	212.93	211.23	212.49	210.88	260.07	253.58	249.15	248.31
3.6	−114.73	−112.37	−114.87	−112.53	−114.59	−112.39	−114.74	−112.50	−133.44	−132.07	−137.11	−133.85
7.2	132.77	131.59	132.82	131.65	132.06	131.55	132.12	131.59	157.33	156.06	158.76	156.75
7.2	−29.32	−28.36	−29.30	−28.33	−29.48	−28.37	−29.46	−28.35	−34.34	−33.40	−33.84	−33.16
10.8	48.41	48.73	48.41	48.72	48.02	48.70	48.01	48.69	58.26	58.19	58.01	58.07

注:数据为负值表示杆端上部受拉,正值表示杆端下部受拉。

表 5　算例二简化算法与精确算法 *X-3* 槽各层上下弦轴向力比较

跨度/m	底层下弦轴向力 /kN		底层上弦轴向力 /kN		顶层下弦轴向力 /kN		顶层上弦轴向力 /kN	
	精确算法	简化算法	精确算法	简化算法	精确算法	简化算法	精确算法	简化算法
0	−23.342	−1.143	58.50	39.17	20.98	34.41	−103.63	−146.80
3.6	−23.342	−1.143	58.50	39.17	20.98	34.41	−103.63	−146.80
3.6	194.29	214.55	−159.20	−176.52	279.51	290.35	−362.02	−402.74
7.2	194.29	214.55	−159.20	−176.52	279.51	290.35	−362.02	−402.74
7.2	301.43	321.20	−266.37	−283.17	406.66	416.80	−489.08	−529.19
10.8	301.43	321.20	−266.37	−283.17	406.66	416.80	−489.08	−529.19

注:数据前的负号表示杆件受压。

表 6　算例二简化算法与精确算法 *X-3* 槽各层上下弦平面内弯矩比较

跨度 /m	底层下弦弯矩 /(kN·m)		底层上弦弯矩 /(kN·m)		顶层下弦弯矩 /(kN·m)		顶层上弦弯矩 /(kN·m)	
	精确算法	简化算法	精确算法	简化算法	精确算法	简化算法	精确算法	简化算法
0	−241.42	−237.33	−246.36	−236.45	−300.74	−286.31	−273.17	−273.39
3.6	213.30	211.34	214.55	210.82	260.82	253.58	249.79	248.31
3.6	−115.07	−112.37	−114.65	−112.54	−133.65	−132.07	−137.35	−133.85
7.2	132.78	131.58	132.62	131.65	157.60	156.06	159.04	156.75
7.2	−29.35	−28.36	−29.40	−28.34	−34.37	−33.40	−33.87	−33.16
10.8	48.30	48.72	48.32	48.71	58.32	58.19	58.07	58.07

注:数据为负值表示杆端上部受拉,正值表示杆端下部受拉。

8 小结

本文以考虑剪切变形的交叉梁系柔度法和多层框架在竖向荷载下的分层法为基础提出了跳层空腹网架的简化分析方法。该方法通过将两向正交平面空腹桁架等代为两向正交实腹梁,经求解柔度方程后,可回代成平面空腹桁架求算杆件的内力。

本文详细地推导了跨越层柱子对等代实腹梁作用的端弯矩,同时求算出了考虑跨越层柱子影响的等代实腹梁之柔度系数,建立了柔度方程。提出了回代过程中跨越层柱子对等代实腹梁作用端弯矩在求杆件内力时的处理方法,给出了简化计算方法的具体步骤,并编制了相应的计算机程序。通过算例分析可知,采用该简化分析方法计算,网架最大挠度的计算误差为 9%,网架最大轴向力的计算误差为 9%,网架最大弯矩的计算误差为 5%。

本文提出的跳层空腹网架简化分析方法考虑了跨越层柱子对网架竖向分配荷载的影响,力学概念明确,对文献[5]所述方法做了较大的改进。

采用本文所述的简化分析方法对于大型跳层空腹网架无需整体分析即可得出任何一层空腹网架的竖向位移和杆件内力,对于多、高层跳层空腹网架可方便地得知某一层网架的位移和内力,便于工程设计的校核,且计算精度较高,能满足工程结构设计的要求。

参考文献

[1] 马克俭,韦明辉,李彬,等.装配整体式钢筋混凝土空腹网架结构的设计与研究[J].贵州工学院学报,1987,(1):7—23.

[2] 马克俭,黄勇,肖建春,等.钢筋混凝土网架与空腹夹层板空间结构的研究与应用综述[J].空间结构,1995,1(3):28—36,41.

[3] 黄勇.多层与高层结构大柱网空腹夹层板楼盖体系的研究[D].贵阳:贵州工业大学,1995.

[4] 马克俭,张华刚,黄勇,等.大跨度钢筋混凝土空腹夹层板柱结构的研究与应用[J].建筑结构学报,2000,21(6):16—23.

[5] 董石麟,马克俭,严慧,等.组合网架结构与空腹网架结构[M].杭州:浙江大学出版社,1992.

[6] 肖南.多层钢筋混凝土空腹网架结构的理论分析及试验研究[D].杭州:浙江大学,1994.

29 预应力网架结构的简捷计算法及施工张拉全过程分析[*]

摘　要：本文引入初内力的概念，提出并建立初内力准则方程式来简化分析计算预应力网架结构。这种简捷计算法在分析各种预应力工况时，只要一次性建立、分解和应用网架的总刚度矩阵，无须重复多次建立和分解总刚度矩阵，使计算工作量大为简化。当单根杆件施加预应力、多根杆件施加预应力、同一杆件各股分别施加预应力以及分级分批施加预应力时，采用本文提出的方法可方便求得各工况下预加应力全过程的网架内力和变位及其变化规律，并可一次性地完成预应力施加工作。文中附有多个算例，计算结果表明，本文提出的简捷计算法是正确、可靠和有效的。

关键词：网架结构；预应力；简捷计算法；初内力；初内力准则方程式

1　概述

现代预应力技术与大跨度空间网架结构相结合而构成的预应力网架结构———一种现代的杂交空间结构，可起到提高整个结构的刚度、减小结构挠度、改善内力分布及降低应力峰值的作用，从而可节省材料耗量，具有明显的技术经济效果，故是一种有广阔应用和发展前景的大跨度空间结构体系[1]。

本文以有限元计算模型为基础，引入初内力的概念，并以此为未知数，提出并建立初内力准则方程，求解后再应用线性叠加原理来简捷计算预应力网架结构。这种简捷计算法在各种预应力工况下只要一次性建立、分解和应用网架的总刚度矩阵，无须重复多次建立和分解总刚度矩阵，因而可使计算工作量成倍地甚至几十倍地大幅度减少。当分阶段分步施加预应力、同一索各股分别施加预应力、后批索施加预应力对前批索内力的影响，以及预应力值一次到位的实施方法和操作程序等，都可以采用本文方法分析计算，并可得知预应力施工张拉全过程网架结构内力（包括预应力拉索内力）和变位及其变化规律，同时还可调整、优化和合理确定预应力施工张拉程序。文中附有多个算例，分析计算结果表明本文提出的预应力网架结构的简捷计算法是正确、可靠、方便和高效的。

2　单根杆件施加预应力时的简捷计算

按有限元铰接杆系计算模型，网架结构的基本方程式可表达为

---

*　本文刊登于：董石麟，邓华.预应力网架结构的简捷计算法及施工张拉全过程分析[C]//中国土木工程学会.第九届空间结构学术交流会议论文集.萧山，2000：410-417.

后刊登于期刊：董石麟，邓华.预应力网架结构的简捷计算法及施工张拉全过程分析[J].建筑结构学报，2001，22(2)：18-22.

$$K_0 U = P_0 \tag{1}$$

式中 U 为网架节点变位向量，K_0 为根据边界条件修正后的网架总刚度矩阵，P_0 为节点力向量。求解式(1)可得网架的节点变位 U 及由下列物理方程得出杆件内力 N_0，其中 i 杆的内力为 N_{0i}

$$N = k \Delta = k A U \tag{2}$$

式中，k 为杆单元刚度矩阵，Δ 为杆件伸长量向量，A 为几何矩阵。

当任一 i 杆施加预应力，可对 i 杆作用一单位初内力，即该杆的固端力 $X_i = 1$(图 1a)。

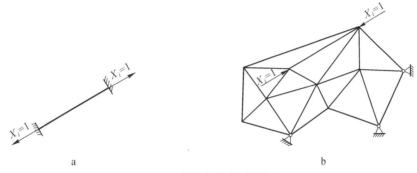

图 1　单位初内力示意图

将固端力反作用在 i 杆的两端节点上(图 1b)，组成自平衡的节点力向量 P_i，则求解下列方程式

$$K_0 U = P_i \tag{3}$$

并由式(2)可求得单位初内力 $X_i = 1$ 作用下网架各杆件内力 n_i 和各节点变位 U_i

$$\left. \begin{array}{ll} \boldsymbol{n}_i = \{ n_{1i} & n_{2i} & \cdots & n_{ii} & \cdots n_{ji} \}^T & (j = 1, 2, \cdots, i, \cdots, j) \\ \boldsymbol{U}_i = \{ U_{1i} & U_{2i} & \cdots & U_{ii} & \cdots U_{mi} \}^T & (m = 1, 2, \cdots, m) \end{array} \right\} \tag{4}$$

至于 i 杆的内力尚应加上固端力 $X_i = 1$ 而为 $(1 + n_{ii})$。

设 i 杆最终施加预应力值为 N_i(包括 N_{0i})，这必满足下列条件

$$(1 + n_{ii}) X_i + N_{0i} = N_i \tag{5}$$

上式即为初内力准则方程，求解后可确定 X_i

$$X_i = \frac{N_i - N_{0i}}{1 + n_{ii}} \tag{6}$$

除 i 杆外网架各杆的最终内力和各节点的最终变位分别为

$$\left. \begin{array}{ll} N_j = n_{ji} X_i + N_{0j} & (j = 1, \cdots, j, j \neq i) \\ \boldsymbol{U} = \boldsymbol{U}_i X_i + \boldsymbol{U}_0 & \end{array} \right\} \tag{7}$$

由此可见，这里预应力计算所采用的基本方程式为式(6)、(7)，其结构总刚度矩阵 K_0 都是不变的，因而在分析计算中无须另外建立和分解总刚度矩阵，使计算工作量得到简化。

如果 $n_{ii} = -1$，$n_{ji} = 0 (j \neq i)$，则 $X_i \rightarrow \infty$，这说明 i 杆是网架结构的必需杆，非赘余杆，对该杆施加预应力是无意义的；预应力杆必须是赘余杆，预应力结构也必定是超静定结构。

下面举一简例说明。如图 2a 所示平面六杆结构，各杆长度如图所示，杆件的刚度 EA 均相等，在外荷载作用下，由式(1)、(2)可求得各杆内力为

$N_{01} = 0.7030 P_0$，　$N_{02} = -0.3262 P_0$，　$N_{03} = N_{04} = -1.0291 P_0$，　$N_{05} = N_{06} = -0.2175 P_0$

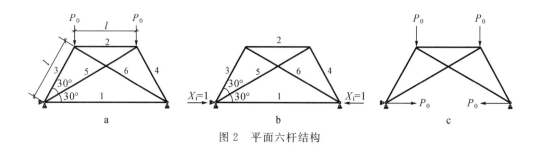

图 2　平面六杆结构

在单位初内力为 $X_i = 1$ 作用下(图 2b),由式(3)、(2)可求得各杆内力为

$$n_{11} = -0.8913, \quad n_{21} = 0.2175, \quad n_{31} = n_{41} = 0.1087, \quad n_{51} = n_{61} = -0.1884$$

设下弦杆为预应力杆,令其预加内力至 $N_1 = P_0$,则由式(6)可求得初内力

$$X_1 = -\frac{N_1 - N_{01}}{1 + n_{01}} = 2.7321 P_0$$

因此,1 杆施加预应力后,由式(7)可求得各杆的最终内力为

$$N_2 = 0.2679 P_0, \quad N_3 = N_4 = -0.7321 P_0, \quad N_5 = N_6 = -0.7321 P_0$$

这与下弦杆预应力作为外荷载,由图 2c 所示的平面五杆结构所求得的杆件内力是完全相同的。

3　多根杆件施加预应力时的简捷计算

当 $i = 1, 2, \cdots, i$ 共 i 根杆件都需施加预应力时,按上节所述同样的办法,在单位初内力 $X_i = 1$ 作用下,由式(3)、(2)可分别求得网架各杆的内力和节点变位(此时无须重建网架的总刚度矩阵):

$$\left.\begin{aligned}
\boldsymbol{n}_1 &= \{n_{11} \quad n_{21} \quad \cdots \quad n_{i1} \quad \cdots \quad n_{j1}\}^{\mathrm{T}} \\
\boldsymbol{n}_2 &= \{n_{12} \quad n_{22} \quad \cdots \quad n_{i2} \quad \cdots \quad n_{j2}\}^{\mathrm{T}} \\
&\cdots\cdots \\
\boldsymbol{n}_i &= \{n_{1i} \quad n_{2i} \quad \cdots \quad n_{ii} \quad \cdots \quad n_{ji}\}^{\mathrm{T}} \\
\boldsymbol{U}_1 &= \{U_{11} \quad U_{21} \quad U_{31} \quad \cdots \quad U_{m1}\}^{\mathrm{T}} \\
\boldsymbol{U}_2 &= \{U_{12} \quad U_{22} \quad U_{32} \quad \cdots \quad U_{m2}\}^{\mathrm{T}} \\
&\cdots\cdots \\
\boldsymbol{U}_i &= \{U_{1i} \quad U_{2i} \quad U_{3i} \quad \cdots \quad U_m\}^{\mathrm{T}} \\
&(m = 1, 2, \cdots, m)
\end{aligned}\right\} \tag{9}$$

式中,共有 i 根杆件内力尚应加上固端力 $X_i = 1$ 而变为 $(1 + n_{ii})$。

当 i 根杆件由原来荷载作用下的内力值 N_{0i} 最终施加到预应力值为 N_i 时,这必须满足以下条件:

$$\left.\begin{aligned}
(1 + n_{11})X_1 + n_{12}X_2 + n_{13}X_3 + \cdots + n_{1i}X_i + N_{01} &= N_1 \\
n_{21}X_1 + (1 + n_{22})X_2 + n_{23}X_3 + \cdots + n_{2i}X_i + N_{02} &= N_2 \\
&\cdots\cdots \\
n_{i1}X_1 + n_{i2}X_2 + n_{i3}X_3 + \cdots + (1 + n_{ii})X_i + N_{0i} &= N_i
\end{aligned}\right\} \tag{10}$$

上式即为多根杆件预应力时初内力准则方程式,可简写为

$$[\underset{i}{\boldsymbol{I}} + \underset{i}{\boldsymbol{n}}]\underset{i}{\boldsymbol{X}} = \underset{i}{\boldsymbol{N}} - \underset{i}{\boldsymbol{N}_0} \tag{11}$$

式中,$\underset{i}{\boldsymbol{I}}$ 为 i 阶单位对角矩阵,$\underset{i}{\boldsymbol{n}}$ 为 $i \times i$ 阶内力系数矩阵,$\underset{i}{\boldsymbol{X}}$ 为 i 阶未知初内力向量,$\underset{i}{\boldsymbol{N}_0}$ 为外荷载 $\boldsymbol{P}_0$ 作用下网架的 i 阶杆件内力向量。

由式(11)可解得

$$\mathop{\boldsymbol{X}}_i = \left[\mathop{\boldsymbol{I}}_i + \mathop{\boldsymbol{n}}_i\right]^{-1}(\mathop{\boldsymbol{N}}_i - \mathop{\boldsymbol{N}}_{0i}) \qquad (12)$$

网架其余各杆的最终内力和各节点得变位可表达为

$$N_j = \sum_{i=1}^{i} n_{ji} X_i + N_{0j} \qquad (i=1,2,\cdots,i;j=i+1,i+2,\cdots) \Bigg\}$$

$$\boldsymbol{U} = \sum_{i=1}^{i} \boldsymbol{U}_i X_i + \boldsymbol{U}_0 \qquad (i=1,2,\cdots,i) \Bigg\} \qquad (13)$$

兹举一简例说明之。设图 3 所示网格数为 4×5 的正放四角锥网架,网格边长 3m,网架高 1m,上弦周边简支,其中各周边中部共有六个支座节点为周边切向约束以保证结构几何不变性和承担结构的水平荷载。所有杆件均采用钢管 $\phi 75 \times 3.75$,弹性模量 $E=210 \times 10^6 \, \mathrm{kN/m^2}$,网架作用竖向均布荷载 $q=1.5 \, \mathrm{kN/m^2}$。试计算当 1,2,3 杆施加预应力至 $N_i = 1.5 N_{0i} (i=1,2,3)$ 时,图 3 中所示各杆内力和节点变位并作预加应力全过程分析。

根据题意及式(10)可得初内力准则方程为

$$(1+n_{11})X_1 + n_{12}X_2 + n_{13}X_3 + N_{01} = 1.5N_{01} \Big\}$$

$$n_{21}X_1 + (1+n_{22})X_2 + n_{23}X_3 + N_{02} = 1.5N_{02} \Big\} \qquad (14)$$

$$n_{31}X_1 + n_{32}X_2 + (1+n_{33})X_3 + N_{03} = 1.5N_{03} \Big\}$$

由结构的对称性,必有 $X_2 = X_3$,故上式可简化为

$$(1+n_{11})X_1 + (n_{12}+n_{13})X_2 = 0.5N_{01} \Big\}$$

$$n_{21}X_1 + (1+n_{22}+n_{23})X_2 = 0.5N_{02} \Big\} \qquad (15)$$

求解后可得(n_{ji}、N_{0i}见表 1)

$$X_1 = 58.2 \mathrm{kN}, \quad X_2 = X_3 = 53.9 \mathrm{kN}$$

网架杆件内力和节点挠度(包括预应力施工全过程各步的内力和挠度)计算结果详见表 1、表 2。表中第一步计算结果表示 1 杆有初内力 $X_1 = 58.2 \mathrm{kN}$ 时,即网架从外荷载态进入到外荷载+第一步预应力态时的各杆内力和节点挠度应达到的数值,此时 1 杆应施加到控制内力 84.4kN,表 1 中方括号内数值为控制内力。

表中第二步计算结果表示 1 杆有初内力 $X_1 = 58.2 \mathrm{kN}$、2 杆有初内力 $X_2 = 53.9 \mathrm{kN}$ 时,即网架进入到外荷载+第二步预应力态时各杆内力和节点挠度应达到的数值;此时 2 杆应

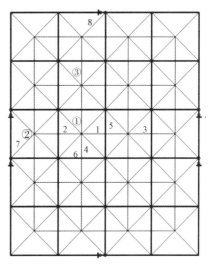

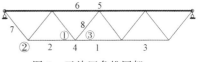

图 3　正放四角锥网架

施加到控制内力 72.7kN。表中第三步也是最终的计算结果表示 1、2、3 杆均分别有初内力 X_1、X_2、X_3 时,即网架进入到外荷载+最终预应力态时各杆内力和节点挠度应达到的数值;此时 3 杆应施加到控制内力 75.0kN,且 1、2、3 均自动达到预定的预加内力值。应当指出,初内力 X_1、X_2、X_3 的引入次序可先可后,此时,各步的计算结果也不相同,各杆的控制内力也有变化,但最终预应力态的计算结果完全相同。

由此可见,采用本文的计算方法,不仅可把预应力网架结构的计算大为简化,而且可正确无误地按各个控制内力一次性完成全部预应力的施加工作。这是采用一般矩阵位移法无法完成的,因在一般矩阵位移法中不能引入初内力,也不能求得控制内力。

表 1 内力、施工全过程内力计算结果及比较

杆号 j	$i=1$ n_{j1}	$i=2$ n_{j2}	$i=3$ n_{j3}	(0) N_{0j} /kN	(1) $n_{j1}X_1$ /kN	(2) $n_{j2}X_2$ /kN	(3) $n_{j3}X_3$ /kN	(0)+(1) 第一步 本文	*	(0)+(1)+(2) 第二步 本文	*	(0)+(1)+(2)+(3) 第三步 本文	*
1	−0.676	0.129	0.129	65.6	18.8	7.0	7.0	[84.4]	84.4	91.4	91.4	98.4	98.4
2	0.129	−0.719	0.043	50.0	7.6	15.1	2..3	57.6	57.6	[72.7]	72.7	75.0	75.0
3	0.129	0.043	−0.719	50.0	7.6	2..3	15.1	57.6	57.6	59.9	59.9	[75.0]	75.0
4	−0.026	−0.022	−0.009	38.2	−1.5	−1.2	−0.5	36.7	36.7	35.5	35.5	35.0	35.0
5	0.195	0.005	0.005	−41.0	11.3	0.2	0.2	−29.7	−29.7	−29.4	−29.4	−29.2	−29.2
6	−0.028	−0.024	−0.011	−55.7	−1.6	−1.3	−0.6	−57.4	−57.4	−58.7	−58.7	−59.3	−59.3
7	0.051	0.110	0.017	19.6	2.9	5.9	0.9	22.5	22.5	28.4	28.4	29.3	29.3
8	0.004	−0.011	0.004	12.5	0.3	−0.6	−0.3	12.8	12.8	12.2	12.2	11.9	11.9

注：表中(1)、(2)、(3)列 $n_{ji}X_i$ 当 $j=i$ 时应改为 $(1+n_{ii})X_i$；* 表示常规矩阵位移法计算结果。

表 2 网架挠度（施工全过程挠度）计算结果与比较

节点 m	$i=1$ w_{m1}	$i=2$ w_{m2}	$i=3$ w_{m3}	(0) w_{0m} /mm	(1) $w_{m1}X_1$ /mm	(2) $w_{m2}X_2$ /mm	(3) $w_{m3}X_3$ /mm	(0)+(1) 第一步 本文	*	(0)+(1)+(2) 第二步 本文	*	(0)+(1)+(2)+(3) 第三步 本文	*
1	−1.142	−1.041	−0.389	11.37	−0.67	−0.56	−0.21	10.70	10.70	10.14	10.14	9.93	9.93
2	−0.282	−0.756	−0.105	4.77	−0.16	−0.41	−0.06	4.61	4.61	4.20	4.20	4.14	4.14
3	−0.801	−0.695	−0.395	9.38	−0.47	−0.37	−0.20	8.91	8.91	8.54	8.54	8.34	8.34

注：表中 w_{mi} 的单位为 10^{-2} mm/kN；* 表示常规矩阵位移法计算结果。

如初内力 X_i 按 $i=1,2,\cdots,i$ 依次作用，则由这个算例和式(10)可知，各预应力杆的控制内力 $N_i(i=1,2,\cdots,i)$ 由下式确定

$$\left.\begin{aligned}
N_1 &= N_{01}+(1+n_{11})X_1 \\
N_2 &= N_{02}+n_{21}X_1+(1+n_{22})X_2 \\
&\cdots\cdots \\
N_i &= N_{0i}+n_{i1}X_1+n_{i2}X_2+\cdots+(1+n_{ii})X_i
\end{aligned}\right\} \tag{16}$$

即可简写为

$$N_i = N_{0i}+X_i+\sum_{k=1}^{v}n_{ik}x_k \quad (i=1,2,\cdots,i) \tag{17}$$

此外，后张杆件预加内力时对先张杆件预加内力的影响，在表 1 中也可明显反映。如在第二步当 2 杆的内力加至 72.7kN 时，1 杆的内力由 84.4kN 调整到 91.4kN，余可类推。表 1、表 2 中带 * 号各列的计算结果表示各预应力杆达到相应已知内力值时（作为外荷载对待），按常规矩阵位移法求解[2]，这与本文的计算结果相同，表明本文的简化计算是正确、可靠的。至于分阶段加荷及施加预应力时，只要重复本节算例的各过程再进行叠加便可达到目的。此时，总刚度矩阵 $\mathbf{K}_0$ 和系数矩阵 n 仍可重复应用，只是由于各阶段 $\mathbf{N}_i-\mathbf{N}_0$ 的不同（见式 12）而求得各阶段不同的初内力值 $\mathbf{X}_i$。

4　同一索各股分别施加预应力时的简化计算

工程中经常遇到一根预应力索由 s 股组成,各股分别施加预应力,它们之间将相互产生影响,给该索的总内力和各股的内力控制和调整带来很大的困难。然而可看到,采用本文的分析方法,这个难题便可迎刃而解。

把 s 股组成的一根预应力索以 s 根预应力索来看待,这些索的两端节点都重合在一起。此时,结构的赘余力数比原结构的增加了 $(s-1)$ 个。然后,采用第 3 节所述的分析方法可进行各预应力工况的计算。

兹举一简例说明之。仍选用第 2 节的算例,结构的几何尺寸及杆件刚度均不变,只是下弦索分别为两根,以 1 杆和 7 杆表示,且 $(EA)_1=(EA)_7=0.5EA$,如图 4a 所示。在外荷载 P_0 作用下,由式(1)、(2)可求得各杆内力见表 3。在单位力 $X_1=1$(或 $X_7=1$)作用下(图 4b),由式(3)、(2)可求得各杆内力见表 3。两根下弦杆的预加内力至 $N_1=N_7=0.5P_0$ 时,则初内力准则方程式由式(10)可表达为

$$(1+n_{11})X_1+n_{17}X_7+N_{01}=0.5P_0$$
$$n_{71}X_1+(1+n_{77})X_2+N_{07}=0.5P_0$$

将 n_{ij}、N_{0i} 代入上式可解得为

$$X_1=X_7=1.366P_0$$

结构内力,包括施工全过程内力计算结果详见表 3,其中第一步预应力时,1 杆的控制内力为 $1.109P_0$;第二步预应力时,7 杆的控制内力为 $0.500P_0$;此时 1 杆也调整到 $0.500P_0$,可一次性完成预应力施加过程。

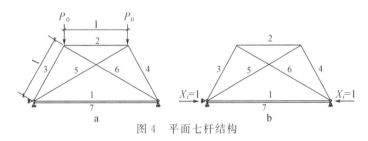

图 4　平面七杆结构

表 3　平面七杆结构内力(施工全过程内力)计算结果

杆号 j	$i=1$ n_{j1}	$i=7$ n_{j7}	(0) N_{0j} (P_0)	(1) $n_{j1}X_1$ (P_0)	(2) $n_{j7}X_7$ (P_0)	(0)+(1) 第一步 (P_0)	(0)+(1)+(2) 第二步 (P_0)
1	-0.446	-0.446	0.352	0.757	-0.609	[1.109]	0.500
7	-0.446	-0.446	0.352	-0.609	0.757	-0.257	[0.500]
2	0.218	0.218	-0.326	0.298	0.298	-0.028	0.270
3,4	0.109	0.109	-1.029	0.149	0.149	-0.880	-0.731
5,6	-0.094	-0.094	-0.218	-0.128	-0.128	-0.346	-0.474

注:表中(1)、(2)列 $n_{ji}X_i$ 当 $j=i$ 时应改为 $(1+n_{ii})X_i$。

这里有一个问题值得引起注意,当第一步 1 杆(第一股索)由荷载态 $0.352P_0$ 张拉到 $1.109P_0$ 时,7 杆(第二股索)则由 $0.352P_0$ 卸荷到 $-0.257P_0$(表示受压)。这表明第二股索早已松弛,是不允许的。为了说明问题,兹以预应力施加全过程示意图(图 5)中张拉路线 ABCK 来表示,图中粗实线表示

加载索的走向,斜率为正值,索内力增加,细实线表示相应非加载索的走向,斜率为负值,索内力减小,B、K 为索内力控制点,带箭头的细虚线表示要换索张拉。由于第一步 1 杆的张拉值过大,亦即 BC 的幅值过大,导致 7 杆卸载值过大,C 点的纵坐标为负值。如采用张拉路线 $AB_1C_1D_1E_1F_1G_1H_1I_1K$ 施加预应力,B_1、F_1、K 为第一股索的内力控制点,D_1、H_1 为第二股索的内力控制点,如图 5 所示,此时各股索都不会松弛,索内力的变化幅值较小。但由于有 4 条细虚线,故要分 4+1=5 步施加预应力。若采用张拉路线 $AB_2C_2D_2E_2K$ 施加预应力,B_2、K 为第一股索的内力控制点,D_2 为第二股索的内力控制点,如图 5 所示。此时不仅股索都不会松弛,而且只要分 3 步(有两条细虚线)施加预应力,索内力的变化幅值不大。这是一种较优的预应力施加过程。又如采用捷径的张拉路线 AK,这表示采用无穷多步施加预应力,但每步的张拉增值很小,接近于零,实际上便是两股索同时同步张拉。

由此可见,同一根索各股施加预应力的实施方案是多种多样的,如用张拉路线来表示,形式很多,但其包络图即为图 5 的平行四边形 $ABCK$。

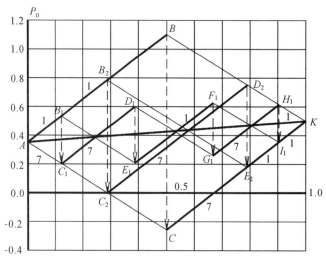

图 5 预应力施加全过程示意

5 结语

通过本文的研究分析,可得到如下结论。

(1)本文提出的预应力网架结构的简捷计算法,其实质是对预应力杆引入初内力的概念,在基于矩阵位移法的基础上,建立并求解初内力准则方程(11),方程式的右端为各预应力杆达到的预应力值与未预应力时在外荷载作用下该杆内力之差。

(2)本文简捷计算法中所涉及的网架矩阵位移法的基本方程式在正常荷载及单位初内力作用下,只需一次建立、分解和应用网架结构的总刚度矩阵,无须在各种预应力工况下,分别重新建立和分解结构总刚度矩阵,从而使计算工作量大幅度减少。

(3)本文提出的简捷计算法可适合于单根杆件施加预应力、多根杆件施加预应力、同根索各股分别施加预应力以及分级分批施加预应力等各种预应力工况。

(4)本文方法可进行网架结构预加内力的全过程分析,可确定预加内力过程中各预应力杆的内力控制值,选择最优的预应力施加方案,并可正确无误地一次性完成预应力施加全过程。

(5)采用本文方法尚可判别网架结构的必需杆和赘余杆。必需杆是静定的,对必需杆施加预应力是无效的,预应力务必施加在赘余杆上,预应力网架也必定是超静定结构。

（6）本文列举多个算例，并通过多种计算方法进行验证和校核，表明本文所提出的预应力网架结构简捷计算法是正确、可靠、方便和有效的。

（7）本文方法可推广应用到预应力网壳结构以及可简化为线性分析的预应力索桁、索拱等结构体系。

参考文献

［1］董石麟,赵阳.周岱.我国空间钢结构发展中的新技术、新结构［J］.土木工程学报,1998,31(6)：3－14.

［2］邓华,董石麟.拉索预应力空间网格结构全过程设计的分析方法［J］.建筑结构学报,1999,20(4)：42－47.

30 拉索预应力空间网格结构全过程设计的分析方法*

摘　要: 本文将拉索预应力空间网格结构中产生预应力的本质归纳为拉索的初始缺陷长度,并从初始缺陷长度的角度出发,提出了拉索预应力空间网格结构的计算分析方法。证明了该方法与将拉索张力作为外力分析方法的一致性。特别对该结构施工阶段的力学问题做了详细的分析,提出了初始缺陷不变的特点,解决由于拉索分级分批张拉所造成的预应力损失量计算的关键问题。通过文中的两个算例,验证了以上方法的正确性和有效性。

关键词: 拉索;预应力;空间网格结构;分析方法

1 引言

拉索预应力空间网格结构是近几年在国内迅速发展的新型空间结构体系[1]。在空间网格结构中通过张拉拉索引入预应力后,能够有效地提高结构承载力,控制结构变形,降低工程造价。有关拉索预应力空间网格结构的研究工作较少,已建工程的分析设计一般参照预应力平面桁架结构和空间网格结构相关的理论[2-4]。本文在阐述该结构预应力产生本质的基础上,着重讨论拉索预应力空间网格结构的全过程设计的分析方法。

关于拉索预应力结构中预应力产生的本质问题,由于传统的分析方法是将拉索的预张力作为外力参与结构分析,从而导致设计人员普遍认为结构中预应力是外加荷载产生的错误概念。这种分析方法一般不考虑拉索和结构的变位协调,忽略拉索的刚度。应该指出的是,造成结构预应力的真正原因是拉索的初始缺陷长度(lack of fit),即拉索的几何长度和实际长度的差值。对拉索施加预应力的过程实际上是将具有初始缺陷长度的拉索通过张拉设备强迫就位的过程。预应力产生的本质不是外力,而是初变位。

理论上已经证明[1],多次预应力比单次预应力更为有效。同时,由于施工工艺和施工设备的限制,在拉索预应力结构的施工过程中,往往会出现诸如分级分批张拉预应力损失量计算等复杂力学问题。因此,拉索预应力结构的设计不仅要分析结构在使用阶段的受力特性,而且要考虑结构在施工阶段的力学问题。应该注意的是,拉索预应力空间网格结构施工阶段的受力分析可能较使用阶段更为重要。因此,对拉索预应力空间网格结构进行全过程设计是非常必要的。

本文从拉索初始缺陷长度的概念出发,提出了拉索预应力空间网格结构计算分析方法,证明了该方法与将拉索张力作为外力的传统分析方法的一致性。分析拉索预应力空间网格结构施工阶段主要的力学问题,提出基于拉索初始缺陷长度分析该结构分级分批张拉力学问题的有效计算方法。

＊　本文刊登于:邓华,董石麟.拉索预应力空间网格结构全过程设计的分析方法[J].建筑结构学报,1999,20(4):42—47.

2　基于初始缺陷长度的分析方法

如引言所述,对拉索预应力空间网格结构施加预应力的本质实际上是克服拉索初始缺陷长度而强迫就位的过程。因此,该预应力结构的矩阵力学模型为

$$\begin{aligned} \text{平衡方程} \quad & \boldsymbol{N}^{\mathrm{T}}\boldsymbol{F} = \boldsymbol{P}_0 \\ \text{物理方程} \quad & \boldsymbol{F} = \boldsymbol{K}_e(\boldsymbol{\Delta} - \boldsymbol{D}) \\ \text{几何方程} \quad & \boldsymbol{\Delta} = \boldsymbol{N}\boldsymbol{\delta} \end{aligned} \tag{1}$$

其中,$\boldsymbol{N}$ 为几何矩阵;$\boldsymbol{N}^{\mathrm{T}}$ 为 $\boldsymbol{N}$ 转置,即平衡矩阵;$\boldsymbol{P}_0$ 为节点力向量;$\boldsymbol{F}$ 为杆件内力向量;$\boldsymbol{\Delta}$ 为杆件伸长长度;$\boldsymbol{D}$ 为缺陷长度;$\boldsymbol{\delta}$ 为节点变位;$\boldsymbol{K}_e$ 为单元刚度矩阵。

根据式(1),可以推导出拉索预应力空间网格结构的刚度法的表达式:

$$\boldsymbol{K}\boldsymbol{\delta} = \boldsymbol{P}_0 + \boldsymbol{N}^{\mathrm{T}}\boldsymbol{K}_e\boldsymbol{D} = \boldsymbol{P}_0 + \boldsymbol{P}_1 \tag{2}$$

其中,$\boldsymbol{K} = \boldsymbol{N}^{\mathrm{T}}\boldsymbol{K}_e\boldsymbol{N}$ 为整体坐标系的总刚。

如果已知缺陷长度 $\boldsymbol{D}$,则由式(2)就可以将 $\boldsymbol{P}_1 = \boldsymbol{N}^{\mathrm{T}}\boldsymbol{K}_e\boldsymbol{D}$ 并入右端节点力向量 $\boldsymbol{P}_0$,通过一般的刚度求解方法就可以完成整个结构的受力分析。但在通常的设计工作时,每根拉索的缺陷长度是未知的,而给定的是结构在使用阶段时的索张力 $\boldsymbol{F}^t$。因此,利用式(2)进行结构分析时,还应该进行适当的变化。对于缺陷长度向量 $\boldsymbol{D}$,应该包含两个子向量:$\boldsymbol{D}^t$ 为拉索元的缺陷长度,$\boldsymbol{D}^b = 0$ 为杆元的缺陷长度。设整个结构中拉索单元数为 m,杆单元数为 n,则求解步骤如下:

(1)求解方程 $\boldsymbol{K}\boldsymbol{\delta} = \boldsymbol{P}_0$,可得出在 $\boldsymbol{P}_0$ 作用下拉索的内力 $\boldsymbol{F}_0^t$ 和杆件内力 $\boldsymbol{F}_0^b$,则由于缺陷长度而产生的拉索的内力 $\boldsymbol{F}_1^t = \boldsymbol{F}^t - \boldsymbol{F}_0^t$。

(2)分别对第 $i(i=1,2,\cdots,m)$ 根拉索设定一单位缺陷长度,即 $d_i^t = -1$,其余缺陷长度为 0。求解方程 $\boldsymbol{K}\boldsymbol{\delta} = \boldsymbol{P}_1 = \boldsymbol{N}^{\mathrm{T}}\boldsymbol{K}_e\boldsymbol{D}$。然后可得出当第 i 根拉索存在 $d_i^t = -1$ 时,第 j 根拉索的内力 $\boldsymbol{F}_{ij}^t(j=1,2,\cdots,m)$。

(3)求解方程 $\boldsymbol{G}\boldsymbol{D}^t = \boldsymbol{F}_1^t$,其中

$$\boldsymbol{G} = \left\{ \begin{matrix} F_{11}^t & F_{21}^t & \cdots & F_{m1}^t \\ F_{12}^t & F_{22}^t & \cdots & F_{m2}^t \\ \cdots & \cdots & \cdots & \cdots \\ F_{1m}^t & F_{2m}^t & \cdots & F_{mm}^t \end{matrix} \right\}$$

便可求得拉索的缺陷长度 $\boldsymbol{D}^t$。

(4)将拉索的缺陷长度 $\boldsymbol{D}^t$ 回代式(2),可以求得节点变位 $\boldsymbol{\delta}$;再根据式(1)可求得杆单元的内力 $\boldsymbol{F}^b$。

利用刚度方法求解拉索预应力空间网格结构时,只要对右端荷载项进行修改,便可以利用通用的结构分析程序进行分析。当拉索较多时,对应每根拉索都要进行一次结构重分析。但是,在每次求解式(2)时,方程左端总刚矩阵 $\boldsymbol{K}$ 是不变的。因此,只需对 $\boldsymbol{K}$ 进行一次三角分解,而将右端变化的向量作为不同的荷载工况,这样多次结构重分析便可一次完成。当结构中包含梁单元或其他单元类型时,仍然可以用上面的方法来进行结构分析。

3　与将拉索张力作为外力分析方法的一致性

将结构中杆件和拉索分开,下面将推导杆件力、拉索张力与外荷载之间的关系。对于式(2),可写作为

$$[\boldsymbol{N}^{\mathrm{T}}(\boldsymbol{K}_{eb}+\boldsymbol{K}_{et})\boldsymbol{N}]\boldsymbol{\delta}=\boldsymbol{P}_0+\boldsymbol{N}^{\mathrm{T}}(\boldsymbol{K}_{eb}+\boldsymbol{K}_{et})\boldsymbol{D} \tag{3}$$

其中,$\boldsymbol{K}_{eb}$ 为所有杆件的单元刚度矩阵;$\boldsymbol{K}_{tb}$ 为所有拉索的单元刚度矩阵。对于杆单元 $\boldsymbol{D}^b=0$,于是 $\boldsymbol{N}^{\mathrm{T}}\boldsymbol{K}_{eb}\boldsymbol{D}=0$,展开式(3),得

$$\boldsymbol{N}^{\mathrm{T}}\boldsymbol{K}_{eb}\boldsymbol{\delta}+\boldsymbol{N}^{\mathrm{T}}\boldsymbol{K}_{et}\boldsymbol{N}\boldsymbol{\delta}=\boldsymbol{P}_0+\boldsymbol{N}^{\mathrm{T}}\boldsymbol{K}_{et}\boldsymbol{D} \tag{4}$$

合并得

$$\boldsymbol{N}^{\mathrm{T}}\boldsymbol{K}_{eb}\boldsymbol{N}\boldsymbol{\delta}=\boldsymbol{P}_0+\boldsymbol{N}^{\mathrm{T}}\boldsymbol{K}_{et}(\boldsymbol{D}-\boldsymbol{N}\boldsymbol{\delta}) \tag{5}$$

将式(1)的第三式代入式(5)得

$$\boldsymbol{K}_b\boldsymbol{\delta}=\boldsymbol{P}_0+\boldsymbol{N}^{\mathrm{T}}\boldsymbol{K}_{et}(\boldsymbol{D}-\boldsymbol{\Delta}) \tag{6}$$

其中,$\boldsymbol{K}_b$ 为所有杆单元组成的结构的总刚度矩阵。

再将式(1)引入得

$$\boldsymbol{K}_b\boldsymbol{\delta}=\boldsymbol{P}_0-\boldsymbol{N}^{\mathrm{T}}\boldsymbol{F}_t=\boldsymbol{P}_0+\boldsymbol{P}_t \tag{7}$$

其中,$\boldsymbol{P}_t$ 即为将拉索张力作为外力施加到结构上的节点力向量。

可以看出,式(7)就是将拉索张力作为外力分析方法的表达式。同时也说明了,基于拉索初始缺陷分析方法和将拉索张力作为外力的分析方法是一致的。

4 结构施工阶段力学问题的分析方法

按照设计要求将预应力建立起来,是拉索预应力空间网格结构施工阶段的关键问题。与普通结构设计不同,由于施工设备和施工工艺等客观因素的限制,在施工阶段通常会遇到下面几个问题:(1)在结构中有多根拉索时,如果不能保证同时张拉,就会有张拉顺序的问题。因此要考虑后批张拉索对前批张拉索张力值的影响。(2)在每一根拉索中,可能存在多束索。有的束先张拉,有的束后张拉,因此要考虑后批张拉束对前批张拉束张力值的影响。(3)拉索在一定的使用寿命以后,需要更换。这实际是某几根索(束)退出工作,更换索(束)张拉替换的重复过程。在进行施工阶段的分析时,可以归纳以上三点为下面两个力学问题:

(1)一批索退出工作后的分析方法

一批索退出工作,也就是结构的刚度发生了变化。因此结构的总刚应该扣除退出工作索的刚度。其计算方法如下式:

$$(\boldsymbol{K}-\boldsymbol{K}_s)\boldsymbol{\delta}=\boldsymbol{P}_0+\boldsymbol{N}^{\mathrm{T}}(\boldsymbol{K}-\boldsymbol{K}_{es})\boldsymbol{D} \tag{8}$$

其中,$\boldsymbol{K}_s=\boldsymbol{N}^{\mathrm{T}}\boldsymbol{K}_{es}\boldsymbol{N}$ 为退出工作索整体坐标系下的刚度矩阵;$\boldsymbol{K}_{es}$ 为退出工作索局部坐标系下的刚度矩阵。求解式(8),便可求得结构在该情况下的受力状态。

(2)后批张拉索(束)对前批张拉索(束)张力的影响

当前批张拉索张拉到设计张力时,由于后批张拉索的张拉,会使前批张拉索的张力发生改变,使得其实际张力偏离设计张力。因此,在对前批张拉索进行张拉时,应该将后批张拉索的影响考虑进去。下面分别从两个角度来讨论后批张拉索对前批张拉索张力改变值的计算方法。

1)从拉索张力变化的角度分析

应该注意的是,在对每一批索进行张拉时,整个结构的刚度是不同的,只有承受张力的索的刚度才能计入结构的总刚中,未张拉的索不应考虑。由于结构的刚度随着后张拉索不断地参与工作而不断改变,外荷载向量 $\boldsymbol{P}_0$ 所产生的结构内力也在不断地变化。因此,后批张拉索对前批张拉索的张力改变包括以下两个因素:结构刚度变化所引起的内力重分布和后张拉索的缺陷长度。具体计算时,采用由后至前的"倒推算法"。设定结构分 m 次张拉,在第 j 次张拉时,由于内力重分布所引起第 $i(i<j)$

批张拉索的张力改变值的计算方法如下：

首先，分别计算

$$K_i \boldsymbol{\delta}_i = \boldsymbol{P}_0$$
$$K_j \boldsymbol{\delta}_j = \boldsymbol{P}_0 \tag{9}$$

其中，K_i，K_j 为第 i，j 批索张拉时的结构总刚度矩阵。

然后，引用式（1）就可分别求得对应第 i 批张拉索的内力 F_0^i 和 F_0^j，因此由于内力重分布而产生的拉索张力改变值为 $\Delta \bar{F}_{ij}^t = F_0^j - F_0^i$。可以看出，内力重分布随着张拉批次的进行而不断改变，但最终决定第 i 批拉索张力改变值的是拉索张拉完毕后的内力分布。

由于后张拉索的缺陷长度所引起前批张拉索的张力的改变值可由下式计算：

$$K_j \boldsymbol{\delta} = \boldsymbol{N}^T K_{ej} \boldsymbol{D}_j \tag{10}$$

其中，K_{ej} 为第 j 批张拉索在局部坐标系下的单元刚度矩阵；$\boldsymbol{D}_j$ 为第 j 批张拉索的缺陷长度。然后根据第 2 节所述的求解步骤来计算结构内力。第 i 批已张拉索的内力就是第 j 批索对第 i 批索的张力改变量 $\Delta \tilde{F}_{ij}^t$。当该阶段拉索张拉完毕后，第 i 批张拉索的张力改变量为

$$\Delta F_i^t = \sum_{k=i+1}^m \Delta \tilde{F}_{ik}^t + \Delta \bar{F}_{im}^t \tag{11}$$

在对第 i 批索进行张拉时，应该考虑所有待张拉索对其张力改变的影响。因此，第 i 批索的实际张力为

$$F_i^{tn} = F_i^t + \Delta F_{ij}^t \tag{12}$$

其中，F_i^t 为设计张力。

2）从初始缺陷的角度分析

前面讨论了从拉索张力这个角度来分析后批张拉索对前批张拉索的影响。可以看到，这个分析过程是相当复杂的。如果从拉索缺陷长度的角度出发就会发现，任何批次张拉时，张拉索的缺陷长度就是使用阶段的缺陷长度，其值始终是不会变化的。并且每一根索在使用阶段的缺陷长度已根据设计张力，由第 2 节的步骤求得。因此，在分析第 i 批拉索的张拉力时，直接将已知的第 i 批拉索的缺陷长度 $\boldsymbol{D}_i$ 代入下式：

$$K_i \boldsymbol{\delta}_i = \boldsymbol{P}_0 + \boldsymbol{N}^T K_{ei} \boldsymbol{D}_i \tag{13}$$

利用第 2 节的求解步骤便可求得第 i 批拉索的张力。这样也回避了如前所述的各批次拉索相互影响的复杂分析过程。在后面的算例中可以清楚地看到该方法与前面所述方法的一致性。

5 算例

（1）算例一

如图 1 所示的平面桁架，杆 1 和杆 4 的面积 $A_1 = A_4 = 500\text{mm}^2$，弹性模量 $E_1 = E_4 = 200\text{kN/mm}^2$；索 2 和索 3 的面积 $A_2 = A_3 = 250\text{mm}^2$，弹性模量 $E_2 = E_3 = 160\text{kN/mm}^2$。外荷载 $P_0 = 100\text{kN}$，拉索的设计张力值为 $F^{t2} = F^{t3} = 40\text{kN}$。施工时，先张拉索 2，再张拉索 3。由第 2 节的步骤求解：

① 仅考虑外荷载作用。当 $P_0 = 100\text{kN}$ 时，$F_0^{b1} = F_0^{b4} = 33.2\text{kN}$，$F_0^{t2} = F_0^{t3} = 26.55\text{kN}$。则由于拉索的缺陷长度 d_2^t，d_3^t 产生的预应力值为 $F_1^{t2} = F_1^{t3} = 40 - 26.55 = 13.45\text{kN}$。

② 当 $d_2^t = d_3^t = -1\text{mm}$ 时，$P_1 = \boldsymbol{N}^T K D = (E_2 A_2 d_2 + E_3 A_3 d_3)/l = -40\text{kN}$；则仅 P_1 作用下，$F_1^{t2} = F_1^{t3} = 9.4\text{kN}$。

③ $d_2^t = d_3^t = -13.45/9.4 = -1.43\text{mm}$；$P_1 = -57.2\text{kN}$。

④ 求解式（2），可以得 $F^{b1} = F^{b4} = 14.2\text{kN}$。

在施工时,拉索 3 对拉索 2 的张力改变值为:由于内力重分布的改变值由式(9)可得 $\Delta \overline{F}_{12}^{t2} = F_0^2 - F_0^1 = -9.58\text{kN}$;由于拉索 3 缺陷长度的改变值由式(10)可得 $\Delta \widetilde{F}_{12}^{t2} = -4.88\text{kN}$;则在张拉拉索 2 时,其实际拉力 $F_1^{t2'} = F^{t2} - \Delta \widetilde{F}_{12}^{t2} - \Delta \overline{F}_{12}^{t2} = 54.46\text{kN}$。在已知 $F_1^{t2'}$ 的条件下,根据式(4),可以计算相应的拉索 2 的缺陷长度 $d_2^{t'} = -1.43\text{mm}$。可以看到 $d_2^{t'} = d_2^t$,这便验证了初始缺陷不变的原则。也就是说,可以将 d_2^t 的值代入式(11),就可直接求得第一次张拉时,拉索 2 的实际张力。

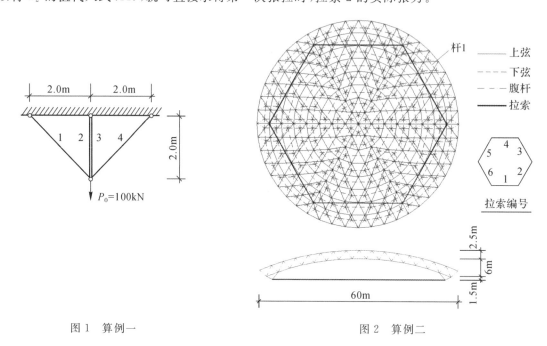

图 1   算例一   图 2   算例二

(2)算例二

图 2 为 KIEWITT 6×8 双层蜂窝网壳,跨度 60m,矢高 6m,网壳高度 2.5m,桁外布索。上弦节点荷载 $P_0 = 25\text{kN}$。所有杆截面为 $\phi180 \times 8$,$A = 4322.8 \times 10^{-6}\,\text{m}^2$,$E = 2.06 \times 10^8\,\text{kN/m}^2$;拉索截面均为 4 束 9×7φ5 的钢绞线,$A = 4948 \times 10^{-6}\,\text{m}^2$,拉索的弹性模 $E = 1.85 \times 10^8\,\text{kN/m}^2$。拉索设计张力值为 650kN。施工分两批张拉,先张拉 1、3、5 索,再张拉 2、4、6 索。

1)使用阶段结构受力计算

①仅考虑结构在外荷载 P_0 的作用。通过结构分析并考虑结构对称性,可得六根拉索张力均为 $F_0^{ti} = 297.2\text{kN}(i = 1, 2, \cdots, 6)$,则由于拉索缺陷长度引起的拉索张力值 $F_1^{ti} = F^{ti} - F_0^{ti} = 352.8\text{kN}(i = 1, 2, \cdots, 6)$。

②由于结构对称性可设所有拉索产生单位缺陷长度 $d_1^t = -10\text{mm}(i = 1, 2, \cdots, 6)$,$P_1 = N^T KD = 350.53\text{kN}$,作用在每根拉索的节点上,方向沿拉索轴线朝拉索中心。再进行结构分析,得拉索张力 $F_1^{ti} = 219.83\text{kN}$。

③拉索的设计缺陷长度 $d_i^t = 352.8/219.83 = 16.05\text{mm}$。

④将设计缺陷长度 d_i^t 代入式(2),再进行结构整体分析。

2)施工阶段结构拉索张力计算

①张拉 1、3、5 索时,将拉索的设计缺陷长度 $d_i^t(i = 1, 2, \cdots, 6)$ 代入式(13),进行结构分析,可得张拉索的实际张力值为 618kN。此时 2、4、6 索未参加工作,故其不参与结构分析。

②张拉 2、4、6 索时,同上可得,2、4、6 索的实际张力值为 650kN,即为设计张力。

3)与将拉索张力作为外力进行结构分析的比较

将拉索张力作为外力施加到结构,进行结构分析,然后与前面的分析进行比较,发现两者计算结果完全一致。

6　结论

(1)拉索预应力空间网格结构中,尽管预应力总是以拉索张力的形式表现出来,但是产生预应力的根源是拉索的初始缺陷长度。因此,在预应力结构的分析计算中,应该基于初始缺陷长度而建立相应的计算分析方法。将拉索张力作为外力施加到结构上的分析方法在理论上证明是正确的,但该方法并没有反映拉索预应力的真正的本质。

(2)结构的设计不仅在于使用阶段,施工阶段的设计也非常重要。造成拉索预应力空间网格结构全过程设计的主要原因是结构工况变化的特殊性。结构工况的变化不仅体现在每一设计阶段荷载工况的不同,更重要的是结构受力体系由于拉索的不断参与工作而改变。对于设计者来说,应该对这种结构的分析方法有清晰的理解。

(3)重视施工阶段的力学分析。本文分别从拉索张力和缺陷长度两个角度出发,讨论了拉索预应力空间网格结构在施工阶段的力学问题。可以看出,利用初始缺陷不变的性质,对求解分级分批张拉的力学问题是非常有效的。

参考文献

[1] 陆赐麟.预应力空间钢结构的现状和发展[J].空间结构,1995,1(1):1—14.
[2] AYYUB B M,IBRAHIM A,SCHELLING D. Posttensioned trusses:analysis and design[J]. Journal of Structural Engineering,ASCE,1990,116(6):1491—1506.
[3] 肖炽,马少华,王伟成.空间结构设计与施工[M].南京:东南大学出版社,1993.
[4] 钟善桐.预应力钢结构[M].哈尔滨:哈尔滨工业大学出版社,1986.
[5] 马克俭,张鑫光,安竹石,等.大跨度组合式预应力扭网壳的设计构造与力学特点[J].空间结构, 1994,1(1):55—63.
[6] 邓华.拉索预应力空间网格结构的理论研究和优化设计[D].杭州:浙江大学,1997.

31　预应力空间网架结构一次张拉计算法*

摘　要：反复张拉、反复调整预应力杆的内力是目前工程上常用的施工方法，该方法十分麻烦且费时费钱。为此提出了预应力空间网架结构一次张拉计算法，将逐次增加预应力杆的预应力值作为未知数，通过结构力学方法，建立预应力准则方程式并求解之。然后计算每次预应力时各预应力杆的控制值、后张预应力对先张预应力杆的影响值，以及网架结构杆件内力和节点变位，直至最后一次预应力时，得到各预应力杆的最终设计内力值及网架结构的内力和变位。采用本文方法对文中算例的计算结果说明，预应力杆的内力值在预应力张拉全过程中无须调整，可一次性完成预应力施加的操作过程。

关键词：网架结构；预应力；一次张拉计算法

1　引言

预应力空间网架结构是将现代预应力技术应用到空间网架结构中去，从而形成一种新型的索与网架杂交的索-杆空间结构体系，如一般的预应力网架（双层网壳）结构、斜拉网架（双层网壳）结构、张弦立体桁架结构、弓式预应力钢结构等[1]。这些预应力空间索-杆结构可提高结构的总体刚度，减小结构挠度，改善内力和变位的分布，从而可降低材料耗量，获得明显的技术经济效果，是一种有发展前途和推广应用价值的大跨度空间结构体系。

预应力网架结构的计算、设计，必须考虑预应力施工张拉全过程分析，使分析计算增加了复杂性和难度。通常情况下，在预应力施加和操作时，常要对已有的预应力杆进行多次反复调整，这不仅增加预应力施工的工作量，而且常带有一定程度的无序操作，一般很难建立预应力各阶段严格的控制内力和变位。

所谓预应力网架结构的一次张拉法是在所有预应力杆达到设计预应力时，张拉全过程中按各次预应力的控制值进行施工操作，在施工张拉全过程中无需对预应力杆的内力进行调整。预应力空间网架结构一次张拉计算法是指通过理论研究直接确定各次预应力控制值的计算方法。本文通过对预应力网架结构的施工张拉全过程分析研究，提出了预应力网架结构一次张拉计算法，可以正确地求得各次预应力时预应力杆的张拉控制值，明确计算预应力全过程各预应力杆的内力、网架结构的内力和变位及其变化规律，而且无需进行预应力的调整，一次性完成预应力全过程的操作工作。本文附有若干算例，分析计算结果表明，这种预应力网架结构一次张拉计算法是正确、可靠、方便和高效的。

---

　　* 本文刊登于：董石麟，卓新，周亚刚.预应力空间网架结构一次张拉计算法[J].浙江大学学报（工学版），2003，37（6）：629－633，651.

2 预应力准则方程式的建立和求解

假如网架结构的预应力杆是逐次增加并施加预应力的,设对第 i 根预应力杆施加预应力 $X_i = 1$ $(i = 1, 2, 3, \cdots, m)$ 时,如图1所示,可组成自平衡节点力向量 P_i,则求解下列方程式:

$$K_i U = P_i \tag{1}$$

式中,K_i 为该次预应力状态下不包括 i 杆但包括 $1, 2, \cdots, i-1$ 杆,根据边界条件修正后的网架总刚度矩阵,并由下式可求得网架各杆件(包括预应力杆)内力 n_i 和各节点变位 u_i:

$$N = kD = kAU \tag{2}$$

式中,k 为杆单元刚度矩阵;D 为杆件伸长量向量;A 为几何矩阵。

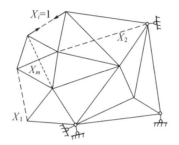

图1 单位预应力示意

$$
\left.
\begin{aligned}
\boldsymbol{n_1} &= \{ 1 \quad n_{21} \quad n_{31} \quad \cdots \quad n_{i1} \quad \cdots \quad n_{m1} \quad \cdots \quad n_{j1} \}^{\mathrm{T}} \\
\boldsymbol{n_2} &= \{ n_{12} \quad 1 \quad n_{32} \quad \cdots \quad n_{i2} \quad \cdots \quad n_{m2} \quad \cdots \quad n_{j2} \}^{\mathrm{T}} \\
\boldsymbol{n_3} &= \{ n_{13} \quad n_{23} \quad 1 \quad \cdots \quad n_{i3} \quad \cdots \quad n_{m3} \quad \cdots \quad n_{j3} \}^{\mathrm{T}} \\
&\qquad\qquad\qquad\qquad \cdots \\
\boldsymbol{n_i} &= \{ n_{1i} \quad n_{2i} \quad n_{3i} \quad \cdots \quad 1 \quad \cdots \quad n_{mi} \quad \cdots \quad n_{ji} \}^{\mathrm{T}} \\
&\qquad\qquad\qquad\qquad \cdots \\
\boldsymbol{n_m} &= \{ n_{1m} \quad n_{2m} \quad n_{3m} \quad \cdots \quad n_{im} \quad \cdots \quad 1 \quad \cdots \quad n_{jm} \}^{\mathrm{T}}
\end{aligned}
\right\} \tag{3}
$$

$$(j = m+1, m+2, \cdots)$$

$$
\left.
\begin{aligned}
\boldsymbol{u_1} &= \{ u_{11} \quad u_{21} \quad u_{31} \quad \cdots \quad u_{n1} \}^{\mathrm{T}} \\
\boldsymbol{u_2} &= \{ u_{12} \quad u_{22} \quad u_{32} \quad \cdots \quad u_{n2} \}^{\mathrm{T}} \\
\boldsymbol{u_3} &= \{ u_{13} \quad u_{23} \quad u_{33} \quad \cdots \quad u_{n3} \}^{\mathrm{T}} \\
&\qquad\qquad\qquad \cdots \\
\boldsymbol{u_i} &= \{ u_{1i} \quad u_{2i} \quad u_{3i} \quad \cdots \quad u_{ni} \}^{\mathrm{T}} \\
&\qquad\qquad\qquad \cdots \\
\boldsymbol{u_m} &= \{ u_{1m} \quad u_{2m} \quad u_{3m} \quad \cdots \quad u_{nm} \}^{\mathrm{T}}
\end{aligned}
\right\} \tag{4}
$$

$$(n = 1, 2, \cdots)$$

这里要说明的是

$$
\left.
\begin{aligned}
n_{si} &\neq n_{is} \quad (i = 1, 2, \cdots, m; s = 1, 2, \cdots, m) \\
n_{si} &= 0 \quad (s > i) \\
n_{si} &= 1 \quad (s = i)
\end{aligned}
\right\} \tag{5}
$$

这是因为各次预应力状态的 K_i 是不同的,第 i 次预应力时,$s(s > i)$ 杆尚未加上。

设第 i 杆最终要达到设计预应力值 N_i,必须满足下列条件:

$$
\left.
\begin{aligned}
X_1 + n_{12}X_2 + n_{13}X_3 + \cdots + n_{1i}X_i + \cdots + n_{1m}X_m &= N_1 \\
X_2 + n_{23}X_3 + \cdots + n_{2i}X_i + \cdots + n_{2m}X_m &= N_2 \\
X_3 + \cdots + n_{3i}X_i + \cdots + n_{3m}X_m &= N_3 \\
\cdots \\
X_i + \cdots + n_{im}X_m &= N_i \\
\cdots \\
X_m &= N_m
\end{aligned}
\right\}
\tag{6}
$$

式(6)是上三角方程式即为预应力准则方程式,可方便地采用递推法依次求得各次预应力施加值 $X_m,\cdots,X_i,\cdots,X_3,X_2,X_1$。

3 预应力全过程内力变位计算

已知各次预应力值 X_i 后,可由下列公式求预应力全过程中第 i 次预应力时各预应力杆的内力 N_{si} 及网架其余各杆件的内力 N_{ji}。

$$
\left.
\begin{aligned}
N_{si} &= \sum_1^i n_{si}X_i & (s=1,2,\cdots,m) \\
N_{ji} &= \sum_1^i n_{ji}X_i + N_{j0} & (j=m+1,m+2,\cdots)
\end{aligned}
\right\}
\tag{7}
$$

这里 N_{si}、N_{ji} 第一个下脚标 s、j 为杆号,第二个下脚标 i 为预应力序次号。由于 $(s=i)$ 恒有式(5),显然有

$$
\left.
\begin{aligned}
N_{si} &= X_1 & (s=i) \\
N_{si} &= 0 & (s>i)
\end{aligned}
\right\}
\tag{8}
$$

因此,只有在 $s<i$ 时,当次预应力对先前的预应力杆有影响,式(7)第一式的叠加才有意义。式(7)第二式中 N_{j0} 表示外荷载作用下,施加预应力前网架各杆的内力。

网架各节点的变位在预应力全过程中的计算表达式为

$$
U_{ni} = \sum_{i=1}^i u_{ni}X_i + U_{n0} \qquad (n=1,2,\cdots;i=1,2,\cdots,m)
\tag{9}
$$

式中,U_{n0} 表示外荷载作用下,施加预应力前网架各节点的变位。

4 算例与计算分析

设图2所示为有一对称轴门框式正放四角锥网架,高 18.09m,宽 27m,网格尺寸 3m×3m,网架厚 2m,与基础连接为不动铰支座,杆件截面分别采用 $\phi216.3\times7$ 和 $\phi114.3\times6$ 两种型式的钢管,弹性模量 $E=210\times10^6\,\mathrm{kN/m^2}$,荷载情况仅考虑结构自重与预应力影响。在门框内角处设六道预应力杆 1、2、3、4、5、6,并依次施加预应力,试计算分析当最后一次预应力均达到设计预应力 300kN 时,对图3所示网架的杆件内力及节点挠度作预应力全过程分析计算。网架结构的非预应力杆编号与节点编号见图2及图3。

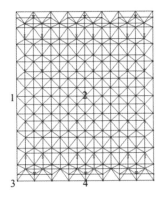

a 平面图及节点编号

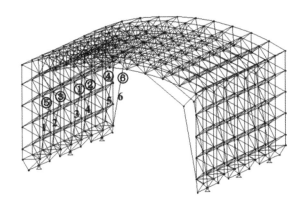

b 网架结构中预应力杆编号

图 2 网架结构的杆件布置与编号

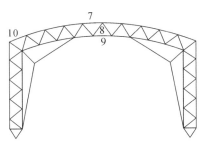

图 3 网架结构立面图及杆件编号

算例的计算结果详见表 1、表 2，表中分别给出内力系数 n_{si} 及挠度系数 w_{mi}，并由方程式(6)可求得

$$X_1 = 324.36 \text{kN}, \qquad X_2 = 311.00 \text{kN}, \qquad X_3 = 325.97 \text{kN},$$
$$X_4 = 321.86 \text{kN}, \qquad X_5 = 325.74 \text{kN}, \qquad X_6 = 300.00 \text{kN}.$$

表 3 和表 4 的后六列表示各次预应力时，网架杆件内力(包括预应力杆)和节点挠度的变化规律，其中带括号的内力即为各次预应力的施加值，第六次预应力可使各预应力杆都达到设计预应力值。

表 1 工况 1 预应力全过程杆件内力系数计算结果

$s(j)$	$n_{si}(n_{ji})$					
	$i=1$	$i=2$	$i=3$	$i=4$	$i=5$	$i=6$
1	1	-0.0829	-0.0288	-0.0101	0.016	0.0295
2	0	1	-0.0334	-0.0191	0.0054	0.0144
3	0	0	1	-0.0481	-0.0207	-0.0126
4	0	0	0	1	-0.0381	-0.0315
5	0	0	0	0	1	-0.0858
6	0	0	0	0	0	1
7	-0.3864	-0.2128	-0.0087	0.0213	0.0245	0.0152
8	0.0212	0.0117	0.0005	-0.0012	-0.0013	-0.0008
9	0.6275	0.2772	0.0951	0.033	-0.0588	-0.1107
10	0.0049	0.0778	0.0533	0.0213	-0.0257	-0.0512

表 2　工况 1 预应力全过程杆件内力计算结果

$s(j)$	N_{s0} (N_{j0})	N_{si} (N_{ji})					
		$i=1$	$i=2$	$i=3$	$i=4$	$i=5$	$i=6$
1	0	[324.36]	298.57	289.19	285.93	291.15	300
2	0	0	[311.00]	300.1	293.94	295.69	300
3	0	0	0	[325.97]	310.5	303.77	300
4	0	0	0	0	[321.86]	309.44	300
5	0	0	0	0	0	[325.74]	300
6	0	0	0	0	0	0	[300.00]
7	−24.52	−125.32	−191.51	−194.35	−187.5	−179.53	−174.97
8	−0.28	6.88	10.52	10.67	10.29	9.86	9.61
9	31.75	203.54	289.76	320.76	331.38	312.22	279.02
10	14.84	1.6	25.79	43.16	50.03	41.65	26.29

表 3　工况 1 预应力全过程节点挠度系数计算结果

n	w_{ni}					
	$i=1$	$i=2$	$i=3$	$i=4$	$i=5$	$i=6$
1	−0.0575	−0.0314	−0.0089	−0.0019	0.0081	0.013
2	−0.0093	−0.0107	−0.018	−0.0174	−0.0106	−0.0079
3	−0.0027	−0.0013	−0.0002	−0.0003	0.0005	0.0003
4	−0.0002	−0.0003	−0.001	−0.0009	−0.0003	−0.0001

表 4　工况 1 预应力全过程节点挠度计算结果

n	W_{n0}	W_{ni}					
		$i=1$	$i=2$	$i=3$	$i=4$	$i=5$	$i=6$
1	−4.25	−18.65	−28.43	−31.32	−31.93	−29.28	−25.37
2	−4.38	−3.02	−6.35	−12.21	−17.82	−21.26	−23.64
3	−0.55	−0.87	−1.28	−1.34	−1.43	−1.26	−1.17
4	−0.53	−0.05	−0.14	−0.46	−0.76	−0.85	−0.88

若预应力杆的加载次序改变,如调整为按①、②、③、④、⑤、⑥次序见图 2b 加载,相应的内力系数 n_{si} 及挠度系数 w_{ni} 见表 5、表 7。此时可得

$$X_① = 347.70\text{kN}, \qquad X_② = 331.61\text{kN}, \qquad X_③ = 318.66\text{kN},$$
$$X_④ = 320.84\text{kN}, \qquad X_⑤ = 291.10\text{kN}, \qquad X_⑥ = 300.00\text{kN}.$$

网架预应力全过程的内力和挠度的变化规律详见表 6、表 8。显然,这和表 2 和表 4 的变化规律是不同的。但由最后一列数值可知,同一预应力杆件的设计预应力值或网架杆件最终内力以及同一节点的最终挠度是完全相同的。

表 5 工况 2 预应力全过程杆件内力系数计算结果

$s(j)$	原杆号	$n_{si}(n_{ji})$					
		$i=①$	$i=②$	$i=③$	$i=④$	$i=⑤$	$i=⑥$
①	3	1	-0.0485	-0.0379	-0.0209	-0.0311	-0.0126
②	4	0	1	-0.0206	-0.0381	-0.0117	-0.0315
③	2	0	0	1	0.0067	-0.0863	0.0144
④	5	0	0	0	1	0.0169	-0.0858
⑤	1	0	0	0	0	1	0.0297
⑥	6	0	0	0	0	0	1
7	7	-0.0284	0.0127	-0.2436	0.0303	-0.364	0.0152
8	8	0.0016	-0.0007	0.0134	-0.0017	0.02	-0.0008
9	9	0.1247	0.0455	0.3229	-0.0684	0.5935	-0.1107
10	10	0.0562	0.0228	0.0754	-0.0256	-0.0043	-0.0512

表 6 工况 2 预应力全过程杆件内力计算结果

$s(j)$	N_{s0} (N_{j0})	$N_{si}(N_{ji})$					
		$i=①$	$i=②$	$i=③$	$i=④$	$i=⑤$	$i=⑥$
①	0	$[347.70]$	331.62	319.54	312.82	303.77	300
②	0	0	$[331.61]$	325.05	312.83	309.44	300
③	0	0	0	$[318.66]$	320.82	295.7	300
④	0	0	0	0	$[320.84]$	325.75	300
⑤	0	0	0	0	0	$[291.10]$	300
⑥	0	0	0	0	0	0	$[300.00]$
7	-24.52	-9.87	-5.66	-83.29	-73.57	-179.54	-174.98
8	-0.28	0.54	0.31	4.57	4.04	9.86	9.61
9	31.75	43.36	58.46	161.35	139.42	312.2	279
10	14.84	19.54	27.1	51.12	42.89	41.65	26.29

表 7 工况 2 预应力全过程节点挠度系数计算结果

n	w_{ni}					
	$i=①$	$i=②$	$i=③$	$i=④$	$i=⑤$	$i=⑥$
1	-0.0118	-0.0032	-0.0356	0.009	-0.0538	0.013
2	-0.0186	-0.0177	-0.0104	-0.0104	-0.0077	-0.0079
3	-0.0003	-0.0003	-0.0016	0.0006	-0.0025	0.0003
4	-0.001	-0.001	-0.0002	-0.0002	-0.0001	-0.0001

表 8 工况 2 预应力全过程节点挠度计算结果

n	W_{n0}	W_{ni}					
		$i=①$	$i=②$	$i=③$	$i=④$	$i=⑤$	$i=⑥$
1	−4.25	−4.09	−5.14	−16.5	−13.61	−29.27	−25.36
2	−4.38	−6.48	−12.36	−15.67	−19.02	−21.26	−23.64
3	−0.55	−0.12	−0.22	−0.71	−0.53	−1.26	−1.17
4	−0.53	−0.35	−0.67	−0.74	−0.82	−0.85	−0.88

本文算例计算结果与文献[2]计算结果完全相同。

5 结语

（1）本文提出预应力空间网架结构一次张拉计算法，将逐次增加的预应力杆的预应力值作为未知数，可建立预应力准则方程式求解。

（2）由于网架结构总刚度矩阵随逐次增加的预应力杆而变化，因而预应力准则方程式中的内力系数矩阵呈非对称性，$n_{si} \neq n_{is}$，而且有 $n_{si}(s>i)=0$，$n_{si}(s=i)=1$，准则方程可简化为上三角方程式，可采用递推法求解。

（3）采用本文方法可直接计算确定各次预应力的控制值，后张预应力对先张预应力杆的影响值，以及预应力全过程网架结构的杆件内力和节点变位及其变化规律，一次性完成预应力施加工作，无需对预应力杆的内力进行调整。

（4）本文附有两个算例，为了达到最终设计预应力值，可采用多种预应力加载次序，并为选择最优预应力施加方案提供了依据。同时也表明，本文的预应力空间网架结构一次张拉计算法是正确、方便和有效的。

（5）预应力网架结构一次张拉计算法可推广应用到预应力双层网壳结构，以及可简化为线性分析的预应力索桁、索拱等各种预应力结构体系。

（6）本文所指预应力杆的内力包括施工张拉过程中的控制内力，未包括预应力杆锚夹具的应力损失值，具体工程设计中应根据有关规程规范或现场实测资料给予修正。

参考文献

[1] 董石麟. 我国预应力大跨度空间钢结构的应用和发展[J]. 空间结构，2001，7(4)：3－14.

[2] 卓新，董石麟. 张力松弛法及其在预应力空间结构中的应用[C]//天津大学. 第二届全国现代结构工程学术研讨会论文集，马鞍山，2002：31－35.

32 钢网架和钢网壳结构中杆件截面的简捷设计方法[*]

摘　要：本文给出了钢网架和钢网壳结构中轴心受压杆件、拉弯和压弯杆件截面设计的简捷方法，与通常采用的逐次逼近法相比，可避免反复试算，大大减少计算工作量，提高设计效率。在工程实际中应用该方法，极为方便。

关键词：钢网架；钢网壳；杆件截面；简捷设计

1　引言

钢网架和钢网壳，是目前应用最广的两种空间结构，但其组成杆件的截面设计，除了轴心受拉杆件可由强度要求和长细比要求算得所需的截面积和回转半径直接选定截面尺寸外，轴心受压杆件、拉弯和压弯杆件常常需凭经验或假定长细比试选截面，然后进行稳定、强度等各项验算，当验算不符合设计要求时，需修正试选的截面，因而其合适截面的选定常不能一次完成。本文对轴心受压杆件的截面设计，采用假定长细比试选截面的方法，制成了简单的 2 张表格供查用，使杆件的合适长细比可一次确定；对拉弯和压弯杆件的截面设计，采用等效轴心受拉和受压荷载法，按轴心受力杆件设计拉弯杆件和压弯杆件的截面，可避免反复试算。按本文方法初选的杆件截面，一般即为合适截面，不必反复修正，故称其为简捷设计法。

2　轴心受压杆件截面设计

荷载只通过节点传递的钢网架和双(多)层钢网壳结构的杆件，一般按轴心受力设计其截面。对轴心受压杆件，其截面常由整体稳定性控制，即需满足[1]

$$\frac{N}{\varphi A} \leqslant f \tag{1}$$

由于在截面设计以前式(1)中的稳定系数 φ 和毛截面面积 A 为未知量，因此需预先假定杆件的长细比 λ 得到 φ，才能由式(1)求得所需的 A，然后选用截面和进行各项验算。

对每一种形式的截面，均可找出其截面积 A 与回转半径 i 之间的近似关系[2,3]。今以钢网架和钢网壳结构选用最多的圆管截面为例说明如下。截面积为(参阅表 1 中序号 1 图所示)

$$A = \pi dt \left(1 - \frac{t}{d}\right) \tag{a}$$

---

*　本文刊登于：姚谏，董石麟.钢网架和钢网壳结构中杆件截面的简捷设计法[J].空间结构,1997,3(1):3-14.

截面对任一形心轴的回转半径为

$$i = \sqrt{\frac{I}{A}} = \frac{1}{4}\sqrt{d^2 + (d-2t)^2} \tag{b}$$

按 YB 242−63 和 YB 231−70[4]，圆钢管截面的外径与壁厚之比 $d/t \geqslant 8$，故可取

$$i \approx \frac{\sqrt{2}}{4} d \left(1 - \frac{t}{d}\right) \tag{c}$$

式(c)与式(b)的最大误差仅 1%，可略去不计。

由式(a)和式(c)，可得

$$A = \frac{8\pi}{d/t - 1} \cdot i^2 = \frac{25}{d/t - 1} \cdot i^2 \tag{d}$$

对其他截面，同样可按上述近似原理找出其截面积 A 与回转半径 i 之间的关系：

$$A = \alpha \cdot i^2 \tag{2}$$

式中，α 为一随杆件的截面形式、尺寸和失稳方向而变化的无量纲参数。表 1 给出了钢网架和钢网壳结构中轴心受压杆件常用截面的参数 α 近似值。虽然表 1 给出的 α 值是在假定截面尺寸下推导而求得的，但在实际选用杆件截面时，此特定的 α 值可用于一般情况而不致影响设计结果。

表 1　参数 α 值

序号	截面形式	弯曲失稳对应主轴	α	说明
1		任意形心轴	$\dfrac{25}{\dfrac{d}{t}-1}$	圆钢管：外径×壁厚＝$d \times t$；当径厚比 $d/t = 20 \sim 30$ 时，可近似取 $\alpha = 1.0$
2		y 或 z	$\dfrac{24}{\dfrac{h}{t}-1}$	方钢管：边长(高或宽)×壁厚＝$h \times t$；当高(宽)厚比 $h/t = 20 \sim 30$ 时，可近似取 $\alpha = 1.0$
3		y	3.6	等边角钢，设每边的宽(高)厚比为 12
		z	1.6	
4		v	4.2	
5		y	2.5	不等边角钢长边相连，设长边的高厚比为 12
		z	3.6	
6		y	8.2	不等边角钢短边相连，设长边的宽厚比为 12
		z	1.0	
7		y	[10 及以下：3.0 [12.6～22：1.2 [25 及以上：0.8	两个热轧普通槽钢组成的箱型截面(按 GB 707−65)计算
		z	2.0	
8		y	Q[8 及以下：2.5 Q[10～18：1.0 Q[20 及以上：0.6	两个热轧轻型槽钢组成的箱型截面(按 YB 164−63)计算
		z	Q[8 及以下：2.2 Q[10～18：1.6 Q[20 及以上：1.3	

利用上述式(1)和式(2),并引进长细比表达式

$$\lambda = \frac{l_0}{i} \tag{3}$$

可导得下述关系

$$\frac{\lambda^2}{\varphi} \leqslant \alpha \cdot \frac{l_0^2 f}{N} \tag{4}$$

设计轴心受压杆件时,轴心压力设计值 N、钢材的抗压强度设计值 f 和杆件的计算长度 l_0 均为已知值,由表1查得参数 α 的近似值后,式(4)不等号右边就为定值。因长细比 λ 和稳定系数 φ 之间有确定的关系[1],故由式(4)即可求得杆件的合适长细比而不必盲目假设。为了便于设计人员确定轴心受压杆件的合适长细比之用,已由式(4)按设计规范[1]编制了表2。

轴心受压杆件的合适长细比确定后,按式(1)和式(3)可计算得到所需的截面积 A 和回转半径 i,据此即可直接查型钢规格及截面特性表(下面简称型钢表)选用截面。

表 2　轴心受压杆件的合适长细比(假定值)

$\frac{\alpha l_0^2 f}{N} \times 10^{-3}$	Q235 钢(3 号钢)			Q345 钢(16Mn 钢)		
	a 类截面	b 类截面	c 类截面	a 类截面	b 类截面	c 类截面
0.1	10	10	10	10	10	10
0.5	22	22	22	22	22	22
1.0	31	31	30	31	30	29
1.5	38	37	36	37	36	35
2.0	43	42	41	43	41	40
3.0	52	51	49	51	49	47
4.0	60	57	55	58	55	52
5.0	66	63	60	63	60	57
7.0	75	72	68	72	68	64
10	86	82	77	81	77	73
14	96	92	87	90	86	81
18	104	100	94	96	93	88
22	111	106	100	102	98	94
26	116	112	106	107	103	99
30	121	117	111	111	108	104
40	131	127	122	120	117	113
50	139	135	130	127	124	121
60	146	142	138	133	130	127
70	152	148	144	139	136	133
80	158	154	150	144	141	138
100	167	163	160	152	149	147
130	179	175	172	163	160	157
160	189	185	182	172	169	167
190	197	193	190	179	176	174
220	205	201	198	186	183	181

算例 1：某周边简支、两向正交正放网架中的轴心受压上弦杆，承受的轴心压力设计值 $N = 331.8\text{kN}$，杆件几何长度 $l = 2.35\text{m}$。节点为焊接空心球节点。试设计该上弦杆的热轧无缝圆钢管截面，钢材为 Q235BF 钢。

解：Q235 钢的抗压强度设计值 $f = 215\text{N/mm}^2$。上弦杆的计算长度[5] $l_0 = 0.9 \times 2.35 = 2.115\text{m}$。热轧无缝圆钢管截面轴心受压杆件对任意形心轴失稳时均属 a 类截面[1]。

由表 1 中序号 1，取圆钢管截面的参数 $\alpha \approx 1.0$，得

$$\frac{\alpha l_0^2 f}{N} \times 10^{-3} = \frac{1.0 \times (2.115 \times 10^3)^2 \times 215}{331.8 \times 10^3} \times 10^{-3} = 2.9$$

据此，查表 2 得合适的长细比 $\lambda = 51$。

由 $\lambda = 51$ 查设计规范[1]中表格，得稳定系数 $\varphi = 0.913$

需要截面积 $A \geqslant \dfrac{N}{\varphi f} = \dfrac{331.8 \times 10^3}{0.913 \times 215} \times 10^{-2} = 16.90\text{cm}^2$

需要回转半径 $i \geqslant \dfrac{l_0}{\lambda} = \dfrac{2.115 \times 10^2}{51} = 4.15\text{cm}$

由型钢表[4]选得最小截面为 $\phi 121 \times 5$，供给：$A = 18.22\text{cm}^2$，$i = 4.11\text{cm}$。

验算：

$$\lambda = \frac{l_0}{i} = \frac{2.115 \times 10^2}{4.11} = 51.5 < [\lambda] = 180，满足长细比要求。$$

由 $\lambda = 51.5$ 查得 $\varphi = 0.9115$

$\dfrac{N}{\varphi A} = \dfrac{331.8 \times 10^3}{0.9115 \times 18.22 \times 10^2} = 199.8\text{ N/mm}^2 < f = 215\text{ N/mm}^2$，满足整体稳定性要求。

$\dfrac{d}{t} = \dfrac{121}{5} = 24.2 < 100\left(\dfrac{235}{f_y}\right) = 100$，满足局部稳定性要求。

截面无削弱，因而不必验算强度。

所选截面适用。

算例 2：同算例 1，但上弦杆截面改为采用由双角钢组成的 T 形截面，节点改为焊接钢板节点，节点板厚 10mm，其他不变。

解：计算长度[5] $l_{0y} = l_{0z} = l = 2.35\text{m}$（参阅表 1 中图示）。因上弦杆的两方向计算长度相等，拟选用不等边双角钢长边相连的 T 形截面。双角钢组成的 T 形截面杆件对 y 轴和 z 轴失稳时均属 b 类截面[1]。

由表 1 中序号 5 查得：$\alpha_y = 2.5$，$\alpha_z = 3.6$

$$\frac{\alpha_y l_{0y}^2 f}{N} \times 10^{-3} = \frac{2.5 \times (2.35 \times 10^3)^2 \times 215}{331.8 \times 10^3} \times 10^{-3} = 8.9$$

$$\frac{\alpha_z l_{0z}^2 f}{N} \times 10^{-3} = \frac{3.6 \times (2.35 \times 10^3)^2 \times 215}{331.8 \times 10^3} \times 10^{-3} = 12.9（控制）$$

据此，查表 2 得合适的控制长细比 $\lambda = \lambda_z = 89$。

由 $\lambda = 89$ 查设计规范[1]中表格得 $\varphi = 0.628$

需要截面积 $A \geqslant \dfrac{N}{\varphi f} = \dfrac{331.8 \times 10^3}{0.628 \times 215} \times 10^{-2} = 24.57\text{cm}^2$

需要回转半径 $i_y \geqslant \dfrac{l_{0y}}{\lambda} = \dfrac{2.35 \times 10^2}{89} = 2.64\text{cm}$，$i_z \geqslant \dfrac{l_{0z}}{\lambda} = \dfrac{2.35 \times 10^2}{89} = 2.64\text{cm}$

由型钢表选得最小截面为 $2\angle 100 \times 80 \times 7$（长边相连），供给：$A = 24.60\text{cm}^2 > 24.57\text{cm}^2$，$i_y =$

$3.16\text{cm} > 2.64\text{cm}, i_z = 3.47\text{cm} > 2.64\text{cm}$。全部满足要求,验算从略。所选截面适用。

由算例 1 和算例 2 的设计结果,显而易见,采用圆钢管截面较采用双角钢 T 形截面可节省杆件用钢量。

3 拉弯杆件截面设计

单层钢网壳结构的节点多为刚性连接,其组成杆件的截面常需按拉弯或压弯的受力状态进行设计。对同时承受轴心拉力和弯矩作用的拉弯杆件,其截面应满足强度和长细比要求,即应满足[1]:

$$\frac{N}{A_n} \pm \frac{M_y}{\gamma_y W_{ny}} \pm \frac{M_z}{\gamma_z W_{nz}} \leqslant f \tag{5}$$

$$\lambda = \frac{l_0}{i} \leqslant [\lambda] \tag{6}$$

由式(5),可得

$$N \pm \frac{M_y}{\gamma_y} \frac{A_n}{W_{ny}} \pm \frac{M_z}{\gamma_z} \frac{A_n}{W_{nz}} \leqslant A_n f \triangleq \widetilde{N} \tag{e}$$

式中,γ_y 和 γ_z 为截面塑性发展系数,应按设计规范[1]中的规定采用,对非直接承受动力荷载的圆管截面,$\gamma_y = \gamma_z = \gamma = 1.15$;$\widetilde{N}$ 为由杆件强度要求得到的等效轴心受拉荷载。

对每一种常用的截面,均可找出其截面积 A 与截面抵抗矩 W 之间的近似关系。今仍以表 1 中序号 1 所示的圆管截面为例:

$$\frac{A}{W} = \frac{\frac{\pi}{4}[d^2 - (d-2t)^2]}{\frac{\pi}{32d}[d^4 - (d-2t)^4]} = \frac{4}{d} \frac{1}{1 - 2\frac{t}{d} + 2\left(\frac{t}{d}\right)^2} \tag{f}$$

实际设计中,常用 $d/t = 20 \sim 30$,代入上式得

$$A \approx \frac{4.33}{d} \cdot W \tag{g}$$

对其他截面,可按上述同样的近似处理方法,找出其 A 与 W 之间的关系

$$A = k \cdot W \tag{7}$$

式中,k 为一随杆件的截面形式、尺寸和弯曲对应主轴及纤维而变化的有量纲参数。表 3 给出了单层网壳结构中杆件常用截面的参数 k 以及回转半径 i 的近似值,供拉弯和压弯杆件截面设计时用。

近似取 $\dfrac{A_n}{W_n} \approx \dfrac{A}{W} = k$,代入式(e),得

$$\widetilde{N} = N \pm k_y \frac{M_y}{\gamma_y} \pm k_z \frac{M_z}{\gamma_z} \tag{8}$$

对常用的圆钢管拉弯杆件,强度公式(5)应改写为

$$\begin{cases} \dfrac{N}{A_n} + \dfrac{M_y}{\gamma_y W_{ny}} \leqslant f & \text{(9a)} \\[3mm] \dfrac{N}{A_n} + \dfrac{M_z}{\gamma_z W_{nz}} \leqslant f & \text{(9b)} \end{cases}$$

式(8)应改写为

$$\widetilde{N} = N + k \frac{M_{\max}}{\gamma} = N + \frac{4.33}{d} \frac{M_{\max}}{\gamma} \tag{10}$$

表 3　参数 k 和回转半径 i 的近似值

序号	截面形式	弯曲失稳对应主轴	k	i	说明
1	y ⊙ y (圆形 z 轴)	任意形心轴	$4.33/d$	$0.34d$	圆钢管:外径×壁厚$=d×t$;设径厚比 $d/t=20\sim30$
2	y □ y (方形 z 轴)	y 或 z	$3.2/h$	$0.39h$	方钢管:边长(高或宽)×壁厚$=h×t$;设高(宽)厚比 $h/t=20\sim30$
3	y ⊥ y	y	$k_{1y}=3.0/h$ $k_{2y}=7.5/h$	$0.30h$	等边角钢,设每边的宽(高)厚比为 12
4	y ⊥ y	y	$k_{1y}=3.3/h$ $k_{2y}=6.5/h$	$0.32h$	不等边角钢长边相连,设长边的高厚比为 12
5	y ⊥ y	y	$k_{1y}=3.1/h$ $k_{2y}=9.5/h$	$0.28h$	不等边角钢短边相连,设长边的宽厚比为 12
6	y ▭ y ($h×b$)	y	$3.4/h$	$0.38h$	两个热轧普通槽钢组成的箱型截面(按 GB 707—65)计算
		z	$0.10+2.5/h$	$0.39b$	
7		y	$3.2/h$	$0.40h$	两个热轧轻型槽钢组成的箱型截面(按 YB 164—63)计算
		z	$0.065+3.0/h$	$0.39b$	

注:①k 的近似值表达式中,d 和 h 的单位均为 cm。

②序号 3、4、5 示出角钢 T 形截面不宜用作双向压弯杆件和弯矩绕对称轴 z 轴作用的单向压弯杆件。

式中 M_{max} 为 M_y 与 M_z 两者中的较大值。当非直接承受动力荷载时,$\gamma=1.15$,代入式(10)得

$$\widetilde{N}=N+3.8\frac{M_{max}}{d} \tag{11}$$

式中圆钢管外径 d 可试取为 $l_0/80\sim l_0/100$。

求得等效轴心受拉荷载 $\widetilde{N}$ 后,即可按轴心受拉杆件一样试选拉弯杆件的截面。

算例 3: 某周边简支、矢跨比为 1/8 的联方型单层球面网壳中纬向杆,几何长度 $l=3.14$m,承受的内力设计值为:轴心拉力 $N=57.5$kN,杆端弯矩 $M_y=10.4$kN·cm 和 -5.07kN·cm,$M_z=-14.8$kN·cm 和 16.4kN·cm。静力外荷载作用在网壳节点上,节点为焊接空心球节点。试设计该拉弯杆件的圆钢管截面,钢材为 Q235BF 钢。

解: Q235 钢 $f=215$ N/mm^2。

杆件计算长度(近似按压弯杆件取用[6])

$$l_{0y}=1.6l=1.6×3.14=5.024\text{m},\ l_{0z}=0.9l=0.9×3.14=2.826\text{m}$$

试取圆钢管外径为 $d=51$mm$(≈l_{0y}/100)$

等效轴心受拉荷载　$\widetilde{N}=N+3.8\dfrac{M_{max}}{d}=57.5+3.8×\dfrac{14.8×10}{51}=68.5$kN

按轴心受拉计算需要的净截面面积　$A_n\geqslant\dfrac{\widetilde{N}}{f}=\dfrac{68.5×10^3}{215}×10^{-2}=3.19$cm^2

按长细比要求需要的回转半径　$i=i_y \geqslant \dfrac{l_{0y}}{[\lambda]}=\dfrac{5.024\times10^2}{300}=1.67\text{cm}$

由型钢表选得最小截面为 $\phi53\times2$,供给:$A=3.20\text{cm}^2$,$W=3.94\text{cm}^3$,$i=1.80\text{cm}$。

验算:

$$\frac{N}{A_n}+\frac{M_y}{\gamma_y W_{ny}}=\frac{57.5\times10^3}{3.20\times10^2}+\frac{10.4\times10^4}{1.15\times3.94\times10^3}=179.7+23.0=202.7\text{ N/mm}^2<f=215\text{ N/mm}^2$$

$$\frac{N}{A_n}+\frac{M_z}{\gamma_z W_{nz}}=\frac{57.5\times10^3}{3.20\times10^2}+\frac{14.8\times10^4}{1.15\times3.94\times10^3}=179.7+32.7=212.4\text{ N/mm}^2<f=215\text{ N/mm}^2$$

满足强度要求。

$$\lambda_{\max}=\frac{l_{0\max}}{i}=\frac{5.024\times10^2}{1.80}=279<[\lambda]=300$$

满足长细比要求。所选截面适用。

4　压弯杆件截面设计

同时承受轴心压力和弯矩作用的压弯杆件,其截面尺寸通常由整体稳定性控制。钢网壳结构中的压弯杆件为双向压弯受力,一般采用双轴对称截面(如表 3 中序号 1、2、6、7 所示截面),其整体稳定性应按下列公式计算。

在弯矩 M_y 作用平面内

$$\frac{N}{\varphi_y A}+\frac{\beta_{my}M_y}{\gamma_y W_{1y}\left(1-0.8\dfrac{N}{N_{Ey}}\right)}+\frac{\beta_{tz}M_z}{\varphi_{bz}W_{1z}}\leqslant f \tag{12}$$

在弯矩 M_z 作用平面内

$$\frac{N}{\varphi_z A}+\frac{\beta_{mz}M_z}{\gamma_z W_{1z}\left(1-0.8\dfrac{N}{N_{Ez}}\right)}+\frac{\beta_{ty}M_y}{\varphi_{by}W_{1y}}\leqslant f \tag{13}$$

式(12)和(13)是用于计算弯矩作用在两个主平面内的双轴对称实腹式工字形和箱形截面压弯杆件整体稳定性的[1],在将它们用于计算圆钢管截面双向压弯杆件的整体稳定性时,是近似的,但偏于安全一边。

由式(12)可得

$$N+\beta_{my}M_y\frac{\varphi_y}{\gamma_y\left(1-0.8\dfrac{N}{N_{Ey}}\right)}\frac{A}{W_{1y}}+\beta_{tz}M_z\frac{\varphi_y}{\varphi_{bz}}\frac{A}{W_{1z}}\leqslant\varphi_y Af\triangleq\widetilde{N}_y \tag{h}$$

将 $\beta_{my}=\beta_{tz}=1.0$[1]、$W_{1y}=W_y$,$W_{1z}=W_z$ 和闭口截面的 $\varphi_b=1.4$[7]代入式(h),得

$$\widetilde{N}_y=N+M_y\frac{\varphi_y}{\gamma_y\left(1-0.8\dfrac{N}{N_{Ey}}\right)}\frac{A}{W_y}+M_z\frac{\varphi_y}{1.4}\frac{A}{W_z} \tag{i}$$

取 $\dfrac{\varphi_y}{\gamma_y\left(1-0.8\dfrac{N}{N_{Ey}}\right)}\approx0.7$、$\dfrac{\varphi_y}{1.4}\approx0.5$、$\dfrac{A}{W_y}=k_y$ 和 $\dfrac{A}{W_z}=k_z$,式(i)可改写为

$$\widetilde{N}_y=N+0.7k_yM_y+0.5k_zM_z \tag{14}$$

式中,$\widetilde{N}_y$ 为按弯矩 M_y 作用平面内整体稳定性条件求得的等效轴心受压荷载;参数 k_y 和 k_z 按表 3 取值,其中 d 和 h 可试取为 $l_{0y}/25\sim l_{0y}/35$,不合适时应作调整(一般调整一次即可)。

同样,可将式(13)改写为

$$N+\beta_{mz}M_z\frac{\varphi_z}{\gamma_z\left(1-0.8\dfrac{N}{N_{Ez}}\right)}\frac{A}{W_z}+\beta_{ty}M_y\frac{\varphi_z}{1.4}\frac{A}{W_y}\leqslant\varphi_zAf\triangleq\widetilde{N}_y \qquad (j)$$

取$\dfrac{\varphi_z}{\gamma_z\left(1-0.8\dfrac{N}{N_{Ez}}\right)}\approx0.7$、$\dfrac{\varphi_z}{1.4}\approx0.5$、$\dfrac{A}{W_z}=k_z$ 和 $\dfrac{A}{W_y}=k_y$,然后得

$$\widetilde{N}_z=N+0.7k_z\beta_{mz}M_z+0.5k_y\beta_{ty}M_y \qquad (15)$$

式中,$\widetilde{N}_z$ 为按弯矩 M_z 作用平面内整体稳定性条件求得的等效轴心受压荷载。

对常用的圆钢管截面杆件,$k_y=k_z=\dfrac{4.33}{d}$,分别代入式(14)和式(15),可得

$$\widetilde{N}_y=N+\frac{3}{d}(M_y+0.7M_z) \qquad (16)$$

$$\widetilde{N}_z=N+\frac{3}{d}(\beta_{mz}M_z+0.7\beta_{ty}M_y) \qquad (17)$$

求得等效轴心受压荷载 $\widetilde{N}_y$ 和 $\widetilde{N}_z$ 后,即可按轴心受压杆件一样试选压弯杆件的截面。

算例4:某周边简支、矢跨比 1/8 的施威特勒型单层球面网壳中纬向杆,几何长度 $l=2.398\text{m}$,承受的内力设计值为:轴心压力 $N=88.1\text{kN}$,杆端弯矩 $M_y=-181.8\text{kN}\cdot\text{cm}$ 和 $160.8\text{kN}\cdot\text{cm}$,$M_z=87.7\text{kN}\cdot\text{cm}$ 和 $-82.3\text{kN}\cdot\text{cm}$。静力外荷载作用在网壳节点上,节点为焊接空心球节点。试设计该拉弯杆件的圆钢管截面,钢材为 Q235BF 钢。

解:Q235 钢 $f=215\text{ N/mm}^2$。计算长度[6] $l_{0y}=1.6l=3.837\text{m}$,$l_{0z}=0.9l=2.158\text{m}$。焊接圆钢管截面杆件对任意形心轴失稳时均属 b 类截面[1],等效弯矩系数分别为[1]

$$\beta_{my}=1.0;\beta_{ty}=0.65-0.35\times\frac{160.8}{181.8}=0.34<0.4,\text{取 }\beta_{ty}=0.4$$

$$\beta_{mz}=0.65-0.35\times\frac{82.3}{87.7}=0.32<0.4,\text{取 }\beta_{mz}=0.4;\beta_{tz}=1.0$$

1. 试选截面

由表 1 中序号 1,取参数 $\alpha\approx1.0$。

(1)试取截面外径 d

设 $d=152\text{mm}(\approx l_{0y}/25)$。等效轴心受压荷载

$$\widetilde{N}_y=N+\frac{3}{d}(M_y+0.7M_z)=88.1+\frac{3}{152}(181.8+0.7\times87.7)\times10=88.1+48.0=136.1\text{kN}$$

$$\frac{\alpha_yl_{0y}^2f}{\widetilde{N}_y}\times10^{-3}=\frac{1.0\times(3.837\times10^3)^2\times215}{136.1\times10^3}\times10^{-3}=23.3$$

据此查表 2,得合适长细比 $\lambda_y=108$。

由表 3,$i=0.34d$,得截面外径 d 的近似值

$$d=\frac{i}{0.34}=\frac{1}{0.34}\frac{l_{0y}}{\lambda_y}=\frac{1}{0.34}\times\frac{3.837\times10^3}{108}=104.5\text{mm}$$

与假设的 $d=152\text{mm}$ 相差较大,改取 $d=108\text{mm}$。

(2)求合适长细比

$$\widetilde{N}_y=N+\frac{3}{d}(M_y+0.7M_z)=88.1+\frac{3}{108}(181.8+0.7\times87.7)\times10=155.7\text{kN}$$

$$\widetilde{N}_z=N+\frac{3}{d}(\beta_{mz}M_z+0.7\beta_{ty}M_y)=88.1+\frac{3}{108}(0.4\times87.7+0.7\times0.4\times181.8)\times10=112.0\text{kN}$$

$$\frac{\alpha_yl_{0y}^2f}{\widetilde{N}_y}\times10^{-3}=\frac{1.0\times(3.837\times10^3)^2\times215}{155.7\times10^3}\times10^{-3}=20.3(\text{控制})$$

$$\frac{\alpha_z l_{0z}^2 f}{\widetilde{N}_z} \times 10^{-3} = \frac{1.0 \times (2.158 \times 10^3)^2 \times 215}{112.0 \times 10^3} \times 10^{-3} = 8.9$$

查表 2,得合适的控制长细比 $\lambda = \lambda_y = 103$。

(3)按轴心受压试选截面

由 $\lambda = 103$ 查得[1] $\varphi = 0.536$,需要(对 y 轴失稳):

截面积 $A \geqslant \dfrac{\widetilde{N}_y}{\varphi f} = \dfrac{155.7 \times 10^3}{0.536 \times 215} \times 10^{-2} = 13.51 \text{cm}^2$

回转半径 $i \geqslant \dfrac{l_{0y}}{\lambda} = \dfrac{3.837 \times 10^2}{103} = 3.73 \text{cm}$

截面外径 $d \approx \dfrac{i}{0.34} = \dfrac{3.73 \times 10^2}{0.34} = 110 \text{mm}$

据此,由型钢表选得最小截面为 $\phi 114 \times 4$,供给:$A = 13.82 \text{cm}^2$,$W = 36.73 \text{cm}^3$,$i = 3.89 \text{cm}$。

2. 截面验算

(1)长细比

$$\lambda_y = \frac{l_{0y}}{i} = \frac{3.837 \times 10^2}{3.89} = 98.6 < [\lambda] = 150$$

$$\lambda_z = \frac{l_{0z}}{i} = \frac{2.158 \times 10^2}{3.89} = 55.5 < [\lambda] = 150$$

满足要求。

(2)弯矩 M_y 作用平面内的整体稳定性

由 $\lambda_y = 98.6$,得稳定系数[1] $\varphi_y = 0.564$

欧拉临界力 $N_{Ey} = \dfrac{\pi^2 EA}{\lambda_y^2} = \dfrac{\pi^2 \times 206 \times 10^3 \times 13.82 \times 10^2}{98.6^2} \times 10^{-3} = 289 \text{kN}$

$$\frac{N}{\varphi_y A} + \frac{\beta_{my} M_y}{\gamma_y W_{1y} \left(1 - 0.8 \dfrac{N}{N_{Ey}}\right)} + \frac{\beta_{tz} M_z}{\varphi_{bz} W_{1z}} = \frac{88.1 \times 10^3}{0.564 \times 13.82 \times 10^2} + \frac{1.0 \times 181.8 \times 10^4}{1.15 \times 36.73 \times 10^3 \times \left(1 - 0.8 \times \dfrac{88.1}{289}\right)}$$

$$+ \frac{1.0 \times 87.7 \times 10^4}{1.4 \times 36.73 \times 10^3} = 113.0 + 56.9 + 17.1 = 187.0 \text{ N/mm}^2 < f = 215 \text{ N/mm}^2$$

满足要求。

(3)弯矩 M_z 作用平面内的整体稳定性

由 $\lambda_z = 55.5$,得稳定系数[1] $\varphi_z = 0.833$

欧拉临界力 $N_{Ez} = \dfrac{\pi^2 EA}{\lambda_z^2} = \dfrac{\pi^2 \times 206 \times 10^3 \times 13.82 \times 10^2}{55.5^2} \times 10^{-3} = 912 \text{kN}$

$$\frac{N}{\varphi_z A} + \frac{\beta_{mz} M_z}{\gamma_z W_{1z} \left(1 - 0.8 \dfrac{N}{N_{Ez}}\right)} + \frac{\beta_{ty} M_y}{\varphi_{by} W_{1y}} = \frac{88.1 \times 10^3}{0.833 \times 13.82 \times 10^2} + \frac{0.4 \times 87.7 \times 10^4}{1.15 \times 36.73 \times 10^3 \times \left(1 - 0.8 \times \dfrac{88.1}{912}\right)}$$

$$+ \frac{0.4 \times 181.8 \times 10^4}{1.4 \times 36.73 \times 10^3} = 76.5 + 9.0 + 14.1 = 99.6 \text{ N/mm}^2 < f = 215 \text{ N/mm}^2$$

满足要求。

强度和局部稳定性满足要求,验算从略,所选截面适用。

5 结语

本文给出的钢网架和钢网壳结构中杆件截面简捷设计方法,概念明确,只需很少的公式和表格,计算简单,在实际设计中应用极为方便。按该方法初选的杆件截面,一般即为合适截面,因而可大大减少计算工作量,提高设计效率。

参考文献

[1] 中华人民共和国冶金工业部.钢结构设计规范:TJ 17—74[S].北京:中国计划出版社,1989.

[2] 陈绍蕃.钢结构设计原理[M].北京:科学出版社,1987.

[3] 夏志斌,姚谏.钢结构设计例题集[M].北京:中国建筑工业出版社,1994.

[4] 罗邦富,魏明钟,沈祖炎,等.钢结构设计手册[M].北京:中国建筑工业出版社,1989.

[5] 中华人民共和国建设部.网架结构设计与施工规程:JGJ 7—91[S].北京:中国建筑工业出版社,1991.

[6] 尹德钰,刘善维,钱若军.网壳结构设计[M].北京:中国建筑工业出版社,1996.

[7] 中华人民共和国国家计划委员会.冷弯薄壁型钢结构技术规程:GBJ 18—1987[S].北京:中国计划出版社,1989.

33 杆系结构非线性稳定分析的一种新方法*

摘　要：本文提出了相对刚度参数及其衍生参数的概念，它们可以揭示和反映杆系结构全过程跟踪分析中结构刚度的变化规律。根据这两个参数的特性，文中提出了确定自动荷载增量参数的新方法，较好地解决了稳定分析中全过程跟踪技术中的疑难问题。文中通过实例来说明相对刚度参数的确定和应用，表明本文分析方法是正确的和有效的。

关键词：杆系结构；非线性稳定性；自动加载策略；相对刚度参数

1　前言

随着科学技术的发展，对结构提出了高强度低重量的要求，这样结构将经常工作于非线性区域中，对结构进行非线性稳定分析是不可避免的。近年来，国内外众多学者对结构非线性稳定进行了研究并提出了各种理论和方法。理想的解决方法应能跟踪结构失稳的全部过程，包括硬化和软化阶段、荷载和位移极值点，以及可能的分支路径。对结构失稳全过程曲线的研究可以使我们了解到结构的缺陷敏感性。

非线性静力稳定全过程跟踪分析一般采用增量迭代技术，由于修正牛顿拉斐逊法简单可靠，现已得到普遍应用。除此之外，全过程跟踪分析还包括三个方面的内容：增量步内的迭代策略、自动加载策略和初始荷载增量的符号确定方法。在迭代策略中，弧长类方法应用最广泛，不断有文献对此类方法做专门研究[1]；最小残余位移法[2]简单易行可靠性高，也是一种常用的方法。对于荷载增量的控制和初始荷载增量符号的确定则有各种不同的方法。选用不同的迭代策略、自动加载策略和初始荷载增量的符号确定方法进行组合对比分析，可以找到一种最佳的计算方法[3]。

本文着重对非线性全过程跟踪技术中自动加载策略和初始荷载增量符号的确定方法及其所面临的问题进行了总结，然后提出了"相对刚度参数"概念来改进初始荷载增量参数的确定方法。从算例来看，本文提出的改进方法获得了良好的效果。

2　非线性全过程跟踪技术中的自动加载策略

2.1　初始荷载增量的确定

在增量迭代法中，为了使各增量步中迭代步数大致相同从而避免迭代不收敛或增量步太小影响计算效率，必须根据上一步收敛后的一些信息进行分析以自动确定下一增量步的初始荷载增量。目

---

　　*　本文刊登于：陈东，董石麟．杆系结构非线性稳定分析的一种新方法[J]．工程力学，2000，17(6)：14—19．

前经常采用的方法主要有以下几种。

（1）直接根据上一步荷载增量确定[4]

公式为

$$\Delta_i^0 = \Delta\lambda_{i-1}^0 \left(\frac{I_d}{I_{i-1}}\right)^\gamma \tag{1}$$

其中，$\Delta\lambda_i^0$ 和 $\Delta\lambda_{i-1}^0$ 分别为当前增量步和上一增量步的初始荷载增量参数；I_d 为预定的迭代次数，一般可取 4~6；I_{i-1} 为上一增量步的迭代次数；系数 γ 可取 0.5~1.0。

（2）按上一增量步的弧长来确定[3]

公式为

$$\Delta l_i = \Delta l_{i-1}(I_{i-1}/I_d)^\lambda \tag{2}$$

其中，Δl_i 和 Δl_{i-1} 分别为当前增量步和上一增量步的弧长，λ 取为 0.5 或 0.25。再根据柱面弧长法的约束方程可得本次增量步的初始荷载增量参数：

$$\Delta\lambda_i^0 = \frac{\Delta l_i}{\sqrt{\{u\}_i^{\mathrm{T}}\{u\}_i}} \tag{3}$$

其中，$\{u\}_i$ 为参考荷载向量所产生的切线位移向量。

文献[5]还采用了当前刚度参数增量 $\Delta S_{p,i}$ 和外部控制因子 β 对式（2）进行修正

$$\Delta l_i = \Delta l_{i-1}\beta \frac{\Delta \overline{S}_p}{|\Delta S_{p,i}|}\sqrt{\frac{I_d}{I_{i-1}}} \tag{4}$$

其中，$\Delta \overline{S}_p$ 为预定的当前刚度参数增量，一般取 0.05~0.1；β 取 0.5~1.0。当非线性程度大时取小值，反之取大值，一般取 0.8。

（3）根据当前刚度参数 S_p 确定

当前刚度参数反映结构的刚度变化。当结构软化时，刚度逐渐降低，S_p 也随之逐渐减小；反之，S_p 逐渐增大。利用当前刚度参数的这一特性来确定初始荷载增量可以使增量步尽可能的大，从而减少增量步数，提高计算效率。

Bergan 等[6]提出的确定方法

$$\Delta\lambda_i^0 = \Delta\lambda_{i-1}^0 \left|\frac{\Delta \overline{S}_p}{\Delta S_{p,i}}\right| \tag{5}$$

Chan[2]提出的确定方法

$$\Delta\lambda_i^0 = \Delta\lambda_{i-1}^0 |S_p|^\gamma \tag{6}$$

其中，γ 根据结构的非线性程度取值，一般取 1 左右。

2.2 初始增量荷载符号的确定

用式（1）~（6）可以确定初始荷载增量的大小，还需正确确定初始荷载增量的符号。如果初始荷载增量的符号错误，将导致出现返回（Trace-back）或摆动（Oscillating）现象，从而不能得到正确结果。正确地确定初始增量荷载的符号才能保证结构在出现跳回（Snap-back）或跳跃（Snap-through）现象时，仍能跟踪到正确的路径。

目前常用的符号判断方法有以下几种。

（1）根据当前切线刚度矩阵的行列式的符号进行判断[4]

公式为

$$\mathrm{sign}(\Delta\lambda_i^0) = \mathrm{sign}(|K_i|) \tag{7}$$

当切线刚度矩阵正定时，其行列式为正，结构处于加载阶段，初始荷载增量取正号；反之，初始荷

载增量取负号。切线刚度矩阵的行列式计算方便,这种判断方法应用最为广泛,并且在迄今为止的大多数问题中取得了良好效果。但行列式为负只是切线刚度矩阵负定的必要条件而非充分条件,采用切线刚度矩阵行列式判断结构处于加载或卸载阶段并非总是正确的[7]。另外,当所求解问题较大时,行列式的值将很大,会带来数值计算上的麻烦。

(2)根据当前刚度参数 S_p 的符号进行判断[6]

公式为

$$\text{sign}(\Delta \lambda_i^0) = \text{sign}(S_p) \tag{8}$$

或文献[9]提出的公式:

$$\Delta \lambda_i^0 = \begin{cases} \text{sign}(S_p) \left| \Delta \lambda_i^0 \right| & (S_p \neq 0) \\ -\text{sign}(\Delta \lambda_i^0) \left| \Delta \lambda_i^0 \right| & (S_p = 0) \end{cases} \tag{9}$$

当前刚度参数的物理概念明确,变化确定,计算也比较方便,对大多数问题有好的效果。但是当所跟踪的路径出现位移极值点时,S_p 趋于无穷大,给数值计算带来麻烦;在越过位移极值点后 S_p 将不正确地改变符号。为了解决这个问题,文献[10]根据 S_p 的值和位移极值点出现次数进行修正:

$$\Delta \lambda_i^0 = \begin{cases} (-1)^n \text{sign}(S_p) \left| \Delta \lambda_i^0 \right| & (S_p \neq 0) \\ -\text{sign}(\Delta \lambda_i^0) \left| \Delta \lambda_i^0 \right| & (S_p = 0) \end{cases} \tag{10}$$

其中,n 为当前步以前出现位移极值点的个数。

这种方法需要判断当前增量步以前出现位移极值点的次数,程序实现也是比较复杂的。

(3)根据公式 $\{u_s\}_{i-1}^T \{u\}_i$ 的符号进行判断[3]

公式为

$$\text{sign}(\Delta \lambda_i^0) = \text{sign}(\{u_s\}_{i-1}^T \{u\}_i) \tag{11}$$

上式中,$\{u_s\}_{i-1}$ 为上一增量步的总的增量位移向量。$\{u_s\}_{i-1}^T \{u\}_i$ 的符号代表 $\{u_s\}_{i-1}$ 与 $\{u\}_i$ 之间夹角的方向。上式的几何意义为当前增量步的初始增量位移向量应与上一增量步的总的增量位移向量成锐角。文献[8]通过假设 $\text{sign}(\Delta \lambda_i^0) = \text{sign}(\lambda)$,从柱面弧长法的初始荷载增量公式出发,在理论上推导了这个公式。上述判断方法计算简单,迄今为止未发现失效的例子。

3 相对刚度参数

从上述的各种方法可见,当前刚度参数物理几何意义明确,应用广泛。针对当前刚度参数的缺点,本文提出了"相对刚度参数"的概念对其加以改进。

相对刚度参数定义为

$$R_{k,i} = \frac{\{u_s\}_{i-1}^T \{u\}_{i-1}}{\{u_s\}_{i-1}^T \{u\}_i} \tag{12}$$

在第一个增量步中令 $R_{k,i}$ 为1。相对刚度参数 $R_{k,i}$ 反映当前增量步相对上一增量步结构刚度的变化。在单自由度系统中,$R_{k,i}$ 相当于当前状态的刚度与上一增量步刚度的比值。$R_{k,i}$ 计算简便,在出现位移极值点时,$R_{k,i}$ 的值不会太大。因此可将 $R_{k,i}$ 用于确定初始增量荷载的大小。

将 $R_{k,i}$ 从第一个增量步开始进行逐步乘积,得到参数 R_k

$$R_{k,i} = \prod_i R_{k,i} = \prod_i \frac{\{u_s\}_{i-1}^T \{u\}_{i-1}}{\{u_s\}_{i-1}^T \{u\}_i} \tag{13}$$

R_k 与当前刚度参数 S_p 类似,反映了当前状态相对初始状态结构刚度的变化。但 R_k 的符号与式 $\{u_s\}_{i-1}^T \{u\}$ 的符号相同,给出了路径正确的方向,从而避免了在位移极值点处 S_p 将产生的问题。

根据 $R_{k,i}$ 和 R_k 的以上特性,可以按以下方法确定初始增量荷载参数。

首先确定当前增量步的弧长

$$\Delta l_i = |R_{k,i}| \sqrt{\frac{I_d}{I_{i-1}}} \Delta l_{i-1} \tag{14}$$

得到 Δl_i 后,再由式(3)计算 $\Delta \lambda_i^0$,其符号由 R_k 确定

$$\text{sign}(\Delta \lambda_i^0) = \text{sign}(R_k) \tag{15}$$

也可直接用 R_k 和第一步的增量荷载参数直接确定初始增量荷载参数

$$\Delta \lambda_i^0 = \Delta \lambda_1^0 (R_k)^\gamma \tag{16}$$

其中,γ 用于调整荷载增量的大小,可取 1 左右。

4 中心点集中荷载作用下的二铰扁拱稳定分析

该结构如图 1 所示。在分析中采用有限元梁单元,并且考虑大位移的影响。拱的两端各均匀划分为 12 个单元。计算采用修正牛顿拉斐逊法(MNR),迭代策略采用最小残余位移法,结合式(14)、(15)进行跟踪分析。

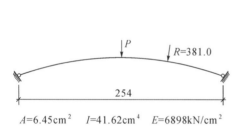

$A=6.45\text{cm}^2$ $I=41.62\text{cm}^4$ $E=6898\text{kN/cm}^2$

图 1 中心点集中荷载作用下的二铰扁拱

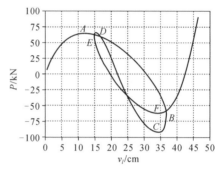

图 2 中心点荷载-竖向位移曲线

二铰扁拱具有很强的非线性,图 2 中仅给出了其基本路径。可以看到在整个路径中有 4 个荷载极值点(A、C、D、F)和 2 个位移极值点(B、E)。结构出现了跳跃现象,并且有剧烈的跳回现象发生。利用本文所提出的分析方法可以顺利地完成复杂的全过程跟踪分析,所得结果与文献[11]基本吻合,表明本文所采用方法的正确性并具有较强的非线性跟踪能力。

图 3 为全过程跟踪分析中各个参数随荷载增量步的变化曲线。从图 3a 可看出,当前刚度参数 S_p 在位移极值点 B、E 处趋于无穷大;在越过点 B、E 后 S_p 的符号变为正号,但此时仍处于卸载阶段,荷载增量不应改变符号。

从图 3b 可看出,参数 R_k 可以正确地改变符号,在位移极值点处 R_k 的值也不会趋于无穷大;在靠近荷载极值点时 R_k 逐渐减小,在接近位移极值点时 R_k 逐渐增大,但这些变化都比较平缓,因此用式(16)确定的初始荷载增量参数可以保证有效而正确地跟踪到全过程路径。R_k 的值也反映了结构刚度的变化,当 R_k 接近 0 时,表明结构刚度减小,反之,表明结构刚度增大。

从图 3c 可看出,相对刚度参数 $R_{k,i}$ 在荷载极值点处改变符号并且值有较大的变化,但最大值也不超过 8,其余时刻其值均在 1 左右,在软化阶段略小于 1,硬化阶段略大于 1。通过式(14)可以使每个阶段增量步的弧长基本一致,而在不同的阶段,弧长或逐步增加或逐步减小,但变化不大,从而保证增量迭代过程高效顺利地进行下去。采用这种方法时,由于 $R_{k,i}$ 在荷载极值点处有较大变化,得到的弧长可能太大而造成迭代不能收敛,因此应配合适当的方法,在迭代不收敛时能自动减小弧长重新进行计算。

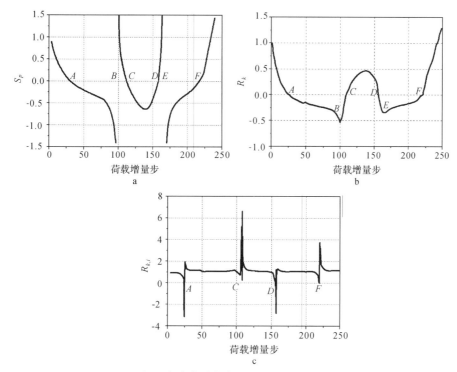

图 3 各参数随荷载增量步的变化曲线

计算结果表明,最小残余位移法结合式(14)、(3)、(15),或结合式(16)可以取得较好的效果。最小残余位移法收敛快,稳定性好,计算量小,再结合本文提出的两种方法可望获得较强的跟踪能力和较好的跟踪效率。

5 结论

本文提出的两个参数 R_k 和 $R_{k,i}$ 可以很好地反映结构刚度的变化,并且避免了当前刚度参数的缺陷。根据这两个参数提出的确定初始荷载参数大小和符号的方法计算简单,与最小残余位移法、柱面弧长法或其他改进的弧长法结合可以提高收敛效率,减小计算量。R_k 和 $R_{k,i}$ 也可用于对分支点的判断中,这是下一步的研究课题。

参考文献

[1] FAFARD M,MASSICOTTE B. Geometrical interpretation of the arc-length method [J]. Computers & Structures,1993,46(4):603—615.

[2] CHAN S L. Geometric and material nonlinear analysis of beam-columns and frames using the minimum residual displacement method[J]. International Journal for Numerical Methods in Engineering,1988,26(12):2657—2669.

[3] BELLINIP X,CHULYA A. An improved automatic incremental algorithm for the efficient solution of nonlinear finite element equations[J]. Computers & Structures,1987,26(1—2):99—110.

[4] CRISFIELDM A. A fast incremental/iterative solution procedure that handles "snap-through"

［J］. Computers ＆ Structures,1981,13(1－3):55－62.

［5］ 沈祖炎,罗永峰.网壳结构分析中节点大位移迭加平衡路径跟踪技术的修正［J］.空间结构,1994,
1(1):11－16,73.

［6］ BERGANP G,HORRIGMOE G,KRAKELAND B,et al. Solution techniques for non-linear finite
element problems［J］. International Journal for Numerical Methods in Engineering,1978,12
(11):1677－1696.

［7］ MEEK J L,LOGANATHAN S. Large displacement analysis of space-frame structures［J］.
Computer Methods in Applied Mechanics and Engineering,1989,72(1):57－75.

［8］ FENG Y T,PERIC D,OWEND R J. A new criterion for determination of initial loading
parameter in arc-length methods［J］. Computers ＆ Structures,1996,58(3):479－485.

［9］ RIKS E. An incremental approach to the solution of snapping and buckling problems［J］.
International Journal of Solids and Structures,1979,15(7):529－551.

［10］ 李元齐,沈祖炎.弧长类方法使用中若干问题的探讨和改进［J］.计算力学学报,1998,15(4):
414－422.

［11］ CHRESCIELEWSKI J,SCHMIOT R. A solution control method for nonlinear finite element
post-buckling analysis of structures［C］// Post-Buckling of Elastic Structures:Proceeding of
the Euromech Colloquium,Mátrafüred,Hungary,1985.

34 含可动机构的杆系结构非线性力法分析[*]

摘　要：推导了基于矩阵奇异值分解的小变形条件下杆系结构的力法分析(LFM)过程，并采用杆件内力修正的方法，提出了考虑大位移的几何非线性力法分析(NFM)方法思想和步骤。该方法有效地解决了结构中同时存在刚体位移、弹性位移的结构分析问题。本文的方法适合计算机编程，适用于结构的强度计算、机构分析和形态分析。文中讨论了力法与位移法的优缺点。最后，给出了若干算例，表明本文提出的方法是正确的、有效的。

关键词：力法分析；非线性力法分析；奇异值分解；零空间基

1　引言

对于大多数结构分析，以位移为未知量的有限元分析方法非常有效，应用相当广泛。而结构的力法分析方法一直未得到重视。这固然是由于力法不便于矩阵运算，所需计算机空间大，计算量大。但是，力法分析也有它的优越性：力学概念比较明确，对结构平衡矩阵的分解可以反映结构的本质特性，如静动定体系性质、机构模态等[1]。

国外学者探索采用力法求解结构问题，Robinson、Kaneko、Pellegrino 等[2-6]对此做过论述，这些文献侧重于介绍如何应用计算机进行力法分析，研究的对象是线性的、稳定的结构体系。Pellegrino[7]采用力法对动不定和静不定体系结构进行了小变形线弹性分析。

对于几何稳定的结构体系，即静定或超静定结构，往往直接采用有限元位移法分析，也可以直接从平衡方程出发，利用一般的高斯消元法即可求解。但是以下几种情况，用一般的有限元方法分析有一定困难：①几何不稳定结构(或称机构)；②瞬变体系结构。

上述情况下，结构所形成的刚度矩阵是奇异的，平衡矩阵不再是正方阵。本文将通过矩阵奇异值分解，利用平衡矩阵的零空间基底及正交性质解决这一矛盾。

本文还从力法基本思想出发，提出了非线性力法分析步骤。这一方法不仅适合计算机编程，而且对于不同体系的结构求解更加有效，特别适用于结构的机构分析和形态分析。

2　平衡方程求解

对于杆系结构，建立平衡方程和位移-应变协调方程：

$$[A]\{t\} = \{q\} \tag{1}$$

---

[*]　本文刊登于：罗尧治，董石麟.含可动机构的杆系结构非线性力法分析[J].固体力学学报，2002，23(3)：288-294.

$$[B]\{d\}=\{e\} \tag{2}$$

式中：$[A]$、$[B]$ 为平衡矩阵和协调矩阵，$\{t\}$ 为结构单元的轴力矢量，$\{q\}$ 为节点荷载矢量，$\{d\}$ 为节点的位移矢量，$\{e\}$ 为单元伸长矢量。

因 $[B]=[A]^{\mathrm{T}[8]}$，则

$$[A]^{\mathrm{T}}\{d\}=\{e\} \tag{3}$$

对于线弹性材料，有

$$\{e\}=\{e^0\}+[F]\{t\} \tag{4}$$

式中：$\{e^0\}$ 为初始单元伸长矢量，$[F]$ 为柔度矩阵。

从理论上，式(1)、(2)、(4)可以求解任意杆系结构的静力问题。对于静定或超静定结构在荷载作用下，平衡方程的解是唯一的，对平衡方程的求解只要采用高斯消元法，很容易求得结果。但是，对于动不定体系或静不定体系的结构[1,9]，平衡方程中的系数矩阵 $[A]$（即平衡矩阵）不是方阵，故直接用高斯消元法无法求得平衡方程的解。

在这里，采用奇异值分解方法，利用零空间基底及正交性质，求解平衡方程。

首先，对 $[A]_{nr\times nc}$ 进行奇异值分解[10]：

$$[A]=[U]\begin{bmatrix} S & 0 \\ 0 & 0 \end{bmatrix}[V]^{\mathrm{T}} \tag{5}$$

其中，$[S]=\mathrm{diag}\{S_{11},S_{22},\cdots,S_{rr}\}$，$S_{ii}$ 为奇异值，$[U]=\{U_r,U_{nr-r}\}$ 和 $[V]=\{V_r,V_{nc-r}\}$ 为正交矩阵，r 为 $[A]$ 的秩。$[V_{nc-r}]$ 即为 $s=nc-r$ 个独立自应力模态，$[U_{nr-r}]$ 即 $m=nr-r$ 个机构位移模态。$[V_{nc-r}]$ 和 $[U_{nr-r}]$ 有以下性质：

$$[A][V_{nc-r}]=0 \tag{6}$$

$$[A]^{\mathrm{T}}[U_{nr-r}]=0 \tag{7}$$

由式(1)、(6)得 $\{t\}$ 的表达式为

$$\{t\}=\{t'\}+[V]_{nc-r}\{\alpha\} \tag{8}$$

由式(1)、(7)得 $\{d\}$ 的表达式为

$$\{d\}=\{d'\}+[U]_{nr-r}\{\beta\} \tag{9}$$

$\{t'\}$ 和 $\{d'\}$ 分别为方程(1)和(2)的特解：

$$\{t'\}=[V]_r[S]_r^{-1}[U]_r^{\mathrm{T}}\{q\} \tag{10}$$

$$\{d'\}=[U]_r[S]_r^{-1}[V]_r^{\mathrm{T}}\{e\} \tag{11}$$

式(8)中 $\{\alpha\}$ 的确定。

$$\{e\}=\{e^0\}+[F]\{t\}=\{e^0\}+[F](\{t'\}+[V]_{nc-r}\{\alpha\}) \tag{12}$$

因 s 组独立自应力模态与单元伸长具有正交关系，即结构内部发生无穷小机构位移时，结构自应力状态不变，单元的长度也将保持不变。则有

$$[V]_{nc-r}^{\mathrm{T}}\{e\}=0 \tag{13}$$

将式(12)代入式(13)：

$$[V]_{nc-r}^{\mathrm{T}}(\{e^0\}+[F](\{t'\}+[V]_{nc-r}\{\alpha\}))=0$$
$$[V]_{nc-r}^{\mathrm{T}}(\{e^0\}+[F]\{t\})+[V]_{nc-r}^{\mathrm{T}}[F][V]_{nc-r}\{\alpha\}=0 \tag{14}$$
$$[V]_{nc-r}^{\mathrm{T}}[F][V]_{nc-r}\{\alpha\}=-[V]_{nc-r}^{\mathrm{T}}(\{e^0\}+[F]\{t\})$$

由式(14)可以求得 $\{\alpha\}$。

式(9)中 $\{\beta\}$ 的确定。

根据虚功原理：

$$\{q\}^{\mathrm{T}}\{d\}=\{t\}^{\mathrm{T}}\{\delta e\} \tag{15}$$

设结构产生无穷小位移 $\eta[U_{m-r}]$ (η 为一任意小量),相应的荷载为 $\{q\}+\eta[G]$。因为几何力并不产生单元应变,所以,在无穷小机构位移的情形下,根据虚功原理:

$$(\{q\}+[G]\eta)^{\mathrm{T}}\{d\}=\{t\}^{\mathrm{T}}\{\delta e\} \qquad (16)$$

比较式(15)和式(16),则有

$$[G]^{\mathrm{T}}\{d\}=\{0\} \qquad (17)$$

将式(9)代入式(17),得

$$[G]^{\mathrm{T}}(\{d'\}+[U]_{m-r}\{\beta\})=0$$
$$[G]^{\mathrm{T}}[U]_{m-r}\{\beta\}=-[G]^{\mathrm{T}}\{d'\} \qquad (18)$$

从式(18)中可以求得 $\{\beta\}$。

关于几何力矩阵计算参考文献[7]。

3 非线性力法分析思想和步骤

在非线性意义下,式(1)和(2)中的平衡矩阵 $[A]$ 和协调矩阵 $[B]$ 应与节点位移 $\{d\}$ 有关。方程(1)、(3)应写为

$$[A^i(d)]\{\delta t^i\}=\{\delta q^i\} \qquad (19)$$

或

$$[A^i(d)]\{\delta t^i\}=\{q^i\}-[A^{i-1}(d)]\{t^{i-1}\} \qquad (20)$$

式(20)的右端项又称残余力项。

非线性力法求解基本思想:在 i 时刻,建立平衡方程,求得基于 $i-1$ 时刻位移状态的单元内力,由协调方程求出 i 时刻的节点位移。再利用 i 时刻的节点变位,对单元内力重新计算,求得 i 时刻的单元内力。

方程(20)可采用修正牛顿-拉普逊法(mN-R)求解,具体分析步骤如下:

(1)计算并形成 $[A^1]$、$\{q^1\}$,$[A^1]$ 和 $\{q^1\}$ 分别为以结构起始位置生成的平衡矩阵和节点荷载矩阵;

(2)对 $[A^1]$ 进行奇异值分解;

(3)按本文第 2 节方法,求解方程:

$$[A^1]\{t^1\}=\{q^1\}$$
$$[A^1]\{d^1\}=\{t^1\}$$

得到 $\{t^1\}$ 和 $\{d^1\}$;

(4)对 $\{t^1\}$ 进行修正;

在 $\{d^1\}$ 的位形态时的单元内力,可以采用以下两种方法计算:

(a)假定变形后的杆长为线弹性,且轴向应变为常量,则单元 ij 的轴向力 t_{ij} 为

$$t_{ij}=EA\left(\frac{l_{ij}}{l_{ij}^0}-1\right)+EAe_{ij}^0 \qquad (21)$$

式中:

E—单元弹性模量;

A—单元截面积;

e_{ij}^0—初始单元应变;

$l_{ij}=\sqrt{x_{ij}^2+y_{ij}^2+z_{ij}^2}$;

$l_{ij}^0=\sqrt{(x_{ij}+dx_{ij})^2+(y_{ij}+dy_{ij})^2+(z_{ij}+dz_{ij})^2}$;

$$x_{ij} = x_j - x_i, \quad y_{ij} = y_j - y_i, \quad z_{ij} = z_j - z_i;$$

$$dx_{ij} = dx_j - dy_i, \quad dy_{ij} = dy_j - dy_i, \quad dz_{ij} = dz_j - dz_i \text{。}$$

当采用式(21)进行内力修正时,所有参量均应以结构当前位形为参考系。

(b)以结构初始位形为参考系,可以推导单元内力与节点位移的关系[10,11]:

$$t_{ij} = \frac{EA}{L_{ij}^2}\left[x_{xj} + y_{ij}dy_{ij} + z_{ij}dz_{ij} + 0.5(dx_{ij}dx_{ij} + dy_{ij}dy_{ij} + dz_{ij}dz_{ij})\right] + EAe_{ij}^0 \quad (22)$$

(5)考虑结构位移$\{d^1\}$时,重新形成平衡矩阵$[A^2]$,并进行奇异值分解;

(6)计算不平衡力:

$$\{\Delta q\} = \{q\} - [A^2]\{t^1\} \quad (23)$$

(7)奇异值分解法求解方程:

$$[A^2]\{\Delta t\} = \{\Delta q\} \quad (24)$$

$$[A^2]^{\mathrm{T}}\{\Delta d\} = \{\Delta e\} \quad (25)$$

求得$\{\Delta d\}$;

(8)计算$\{d^2\} = \{d_1\} + \{\Delta d\}$;

(9)计算$\{t^2\}$;

(10)重复步骤(5)~(9)。

在迭代过程中可以采用残余位移或残余力控制的收敛准则:

$$\frac{\{\Delta d\}^{\mathrm{T}}\{\Delta d\}}{\{d\}^{\mathrm{T}}\{d\}} \leqslant \varepsilon_E \quad \text{或} \quad \frac{\{\Delta q\}^{\mathrm{T}}\{\Delta q\}}{\{q\}^{\mathrm{T}}\{q\}} \leqslant \varepsilon_E \quad (26)$$

式中ε_E为收敛精度。

4 算例

算例 1。 如图 1 所示,铰接杆件组成的杆系结构,杆件采用 $\phi 30 \times 2.0$,$E = 2.06 \times 10^5 \, \mathrm{N/mm^2}$。其几何满足 Maxwell 准则,但采用一般有限元得不到解。由体系分析可知 $s=1, m=1$,即存在一个机构位移模态:

$$\{d^{m-1}\} = [-1.0, -1.0, 0.25, 1.0, -1.0, -0.25, 1.0, 1.0, 0.25, -1.0, 1.0, -0.25]$$

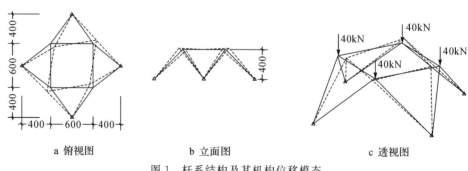

a 俯视图   b 立面图   c 透视图

图 1 杆系结构及其机构位移模态

图 1 中,虚线表示为机构位移模态。采用本文力法线性分析可以计算结构的杆件内力和节点位移,见图 2。

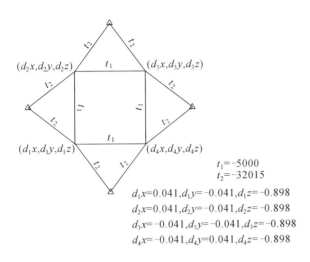

$t_1 = -5000$
$t_2 = -32015$
$d_1x = 0.041, d_1y = -0.041, d_1z = -0.898$
$d_2x = 0.041, d_2y = -0.041, d_2z = -0.898$
$d_3x = -0.041, d_3y = -0.041, d_3z = -0.898$
$d_4x = -0.041, d_4y = 0.041, d_4z = -0.898$

图 2   杆件内力和节点位移

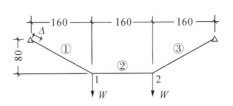

图 3   三段悬索结构分析模型

算例 2。如图 3 所示，由三根索段组成的体系，在节点处各自悬挂着质量为 W 的物体，当左端支点处将索缩短 $\Delta = 10\text{mm}$、20mm、30mm，分析结构的最后的形状。

为了仅考察单元缩短引起的结构外形改变，分析时将悬挂质量 W 取得很小，可以忽略由此引起的弹性变形。表 1、表 2 分别给出考虑非线性与不考虑非线性的计算结果。从结构分析可知，线性结果和非线性结果当 Δ 较小时比较接近，但随着 Δ 的增大，二者的结果差距也愈来愈大。文献[7]只讨论了 $\Delta = 10\text{mm}$ 时按线性计算与实验值的比较，此时线性计算结果、非线性计算结果与实验值误差都较小。另外，因忽略索的弹性变形，所以索②和索③的长度应保持不变，而索①长度只要减去 Δ 便是，按本文非线性力法分析结果与理论值完全吻合。

表 1   节点位移值比较

索①缩短量	节点位移 /mm	LFM 计算结果 /mm	NFM 计算结果 /mm	实验值[7] /mm	LFM 与 NFM 计算比较/%
$\Delta = 10\text{mm}$	d_{1x}	-5.160	-5.021	-5.0	2.77
	d_{1y}	12.040	12.889	12.5	6.59
	d_{2x}	-5.160	-5.033	-5.5	2.52
	d_{2y}	10.320	10.977	11.0	5.99
$\Delta = 20\text{mm}$	d_{1x}	-10.320	-9.887	—	4.38
	d_{1y}	24.081	27.936	—	13.80
	d_{2x}	-10.320	-9.933	—	3.90
	d_{2y}	20.641	24.117	—	14.41
$\Delta = 30\text{mm}$	d_{1x}	-15.480	-14.971	—	3.40
	d_{1y}	36.121	46.334	—	22.04
	d_{2x}	-15.480	-15.007	—	3.15
	d_{2y}	30.961	42.950	—	27.91

表 2　索的长度结果比较

索①缩短量		LFM 计算结果/mm	NFM 计算结果/mm	理论值/mm
$\Delta=10$mm	索 1	169.10	168.89	168.89
	索 2	160.01	160.00	160.00
	索 3	179.26	178.89	178.89
$\Delta=20$mm	索 1	159.78	158.89	158.89
	索 2	160.04	160.00	160.00
	索 3	180.37	178.89	178.89
$\Delta=30$mm	索 1	151.03	148.89	148.89
	索 2	160.08	160.00	160.00
	索 3	182.20	178.89	178.89

算例 3。如图 4 所示，$q=311.38$N，$EA=564.92$N，$L=5080$mm，初始应力 $t_0=4448.2$N。由体系分析可知：$s=1$，$m=1$，存在一阶机构位移的瞬变体系。

根据本文非线性力法计算方法，结果为：$\Delta=166.423$mm，$t=4754$N。与文献[12]的结果 $\Delta=166.54$mm 和文献[13]的结果 $\Delta=166.45$mm 非常接近。

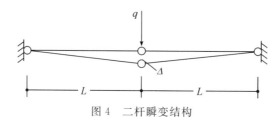

图 4　二杆瞬变结构

5　力法分析的优缺点及适用性

本文采用的基于力法的非线性分析方法能够有效地分析包括动不定、静不定体系在内的各种结构形式，解决了结构含机构位移，同时机构位移和弹性位移耦合的结构受力或形态分析问题。不仅如此，这种方法也能反映初应变、初应力的影响。

虽然本文的方法较有限元位移法具有更广的适用性，但是从算法上来说，力法所建立的平衡方程中，平衡矩阵是不对称的满阵，和位移法建立的刚度矩阵为对称、稀疏阵相比，计算机计算能力要求更高。而且矩阵的奇异值分解所需的计算量比刚度矩阵的三角分解大得多。因此，力法分析方法主要用在机构分析和形态分析，而结构荷载态分析应尽量采用有限元位移法。除非当结构存在较多的内部机构模态，结构处于严重的病态，用有限元位移法无法得到解时，可考虑采用基于奇异值分解的力法。

6　结语

(1)本文首先详细推导了力法线性分析公式，利用矩阵的奇异值分解及其正交性质，得到了单元内力和节点位移的表达式，解决了结构分析中同时存在机构位移和弹性位移的算法。

（2）力法线性分析的基础上，利用轴力修正的方法，提出基于力法思想的结构非线性分析，给出了详细步骤。

（3）指出力法分析方法适用于各种体系的结构分析，但主要用于机构分析和形态分析。

（4）不同算例验证表明本文提出的分析理论及其算法是正确的。

（5）利用非线性力法思想，提出了用于稳定性分析的非线性全过程跟踪算法。由于采用了奇异值分解，荷载-位移曲线在极值点附近不会发生奇异，因而对于动不定体系或静不定体系结构的稳定性，可以运用非线性力法思想来跟踪分析。有关内容将在另篇文中介绍。

参考文献

［1］PELLEGRINO S，CALLADINE C R. Matrix analysis of statically and kinematically indeterminate frameworks［J］. International Journal of Solids and Structures，1986，22（4）：409－428.

［2］KANEKO I. On computation procedures for the force method［J］. Numerical Methods in Engineering，1982，18（10）：1469－1495.

［3］PELLEGRINO S，VAN H T. Solution of equilibrium equations in the force method：a compact band scheme for underdetermined linear systems［J］. Computers & Structures，1990，37（5）：743－751.

［4］PELLEGRINO S，KWAN A S K，VAN H T F. Reduction of equilibrium，compatibility and flexbility matrices in the force method［J］. International Journal of Numerical Methods in Engineering，1992，35（6）：1219－1236.

［5］HAGGENMACHER G W，ROBINSON J. Optimization of redundancy selection in the finite element force method［J］. AIAA Journal，1970，8（8）：1429－1433.

［6］PELLEGRINO S. Analysis of prestressed mechanisms［J］. International Journal of Solids and Structures，1990，26（12）：1329－1350.

［7］CALLANDINE C R. Buckminster Fuller's "tensegrity" structures and Clerk Maxwell's rules for the construction of stiff frames［J］. International Journal of Solids and Structures，1978，14（2）：161－172.

［8］罗尧治.索杆张力结构的数值分析理论研究［D］.杭州：浙江大学，2000.

［9］蒋正新，施国梁.矩阵理论及其应用［M］.北京：北京航空学院出版社，1988.

［10］王成，邵敏.有限元法基本原理和数值方法［M］.北京：清华大学出版社，1997.

［11］LEVY R，SPOLLER W R. Analysis of geometrically nonlinear structures［M］. London：Chapman & Hall，1995.

［12］KWAN A S K. A new approach to geometric nonlinearity of cable structures［J］. Computers & Structures，1998，67（4）：243－252.

35 一种判定杆系结构动力稳定的新方法
——应力变化率法[*]

摘　要：针对结构动力失稳的判定问题，提出了一种适用于杆系结构动力稳定分析的应力变化率法。该方法根据结构发生动力失稳时，应力变化率的突变特征，得到应力变化率突然跳跃到一个相对很大值时，结构发生动力失稳，即应力变化率准则。将应力变化率准则应用于歌德斯克穹顶网壳、三杆空间桁架、平面桁架、大型单层网壳等几种杆系结构的动力稳定分析。结果表明，应力变化率准则可以有效判定结构的动力失稳，同位移准则进行比较可知，位移准则在判定结构的整体失稳方面较为明显，而应力变化率准则在判定结构的局部失稳方面更为有效和直观。

关键词：杆系结构；动力稳定；应力变化率准则；位移准则

1　引言

19 世纪末，俄罗斯学者李亚普诺夫在庞加莱(Poincare)关于天体力学的理论的启发下，明确地给出了动力稳定的定义，并提出了动力稳定分析的两种方法：直接法和间接法。至 19 世纪五六十年代，结构动力稳定性问题已成为固体力学领域十分活跃的研究课题[1]，鲍洛金[2]和国内外许多学者都进行了广泛的研究，探讨了各种弹性构件在周期荷载作用下结构的动力失稳问题[3,4]。文献[5]研究了结构在冲击荷载作用下的动力失稳问题。文献[6]应用李亚普诺夫的一次近似理论，证明了可根据刚度矩阵的正负判定结构动力稳定。文献[7]讨论了各种参数对动力稳定的影响，提出了估算网壳结构动力稳定临界力的简化计算公式。文献[8]根据结构动力失稳时能量进入混沌状态，提出以稳定度为指标来判定结构的动力稳定状态。

2　判定准则

结构动力稳定性研究中的首要问题是建立和运用什么样的动力稳定性判别准则。国内外学者对结构的动力稳定性问题进行了陆续的研究后，提出了一些判别准则[9-11]。这些准则主要是根据可直接量测得到的显式物理量(如结构的位移)和无法直接量测得到的隐式物理量(如能量、刚度等)的变化特征而提出的，如图 1 所示。

---

　　* 本文刊登于：杜文风,高博青,董石麟,谢忠良.一种判定杆系结构动力稳定的新方法——应力变化率法[J].浙江大学学报(工学版),2006,40(3):506－510.

对于自由度较少的简单系统,能量准则理论依据较强,精度较高,这在固体力学领域比较常用。对于多自由度复杂系统,不但单元众多,而且存在一个具有一定幅度的荷载区域,在这个区域内,结构刚度矩阵的正定或负定是不断变化的,难以找到稳定的分界点。因此从工程实用的角度[12],根据结构的显式物理量来判别多自由度复杂结构的动力稳定性显得更有意义,尤其是随着计算机应用技术的发展和有限元方法在结构计算中应用的不断深化,利用有限元计算的结果来判定动力稳定性已成为一种必然趋势,而根据显式物理量来判别结构动力稳定性和有限元方法的结合更加紧密。

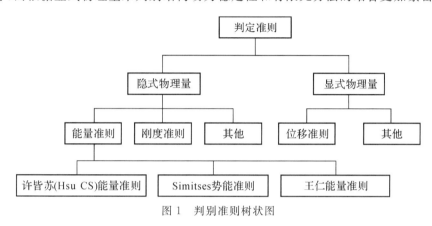

图 1 判别准则树状图

3 应力变化率准则提出的依据

定义结构时程中某一时刻 t 的总应变能为 Π,可以得到表达式:

$$\Pi = \int_v \mu \, \mathrm{d}v \tag{1}$$

式中:μ 为应变能密度,$\mu = \dfrac{1}{2} \sigma_{ij} \varepsilon_{ij}$。

结构处于弹性阶段时,$\sigma_{ij} = C_{ij} \varepsilon_{ij}$,$C_{ij}$ 为弹性模量矩阵。对总应变能求微分,得到

$$\mathrm{d}\Pi = \frac{1}{C_{ij}} \int_v \sigma_{ij} \, \mathrm{d}\sigma_{ij} \, \mathrm{d}v \tag{2}$$

杆系结构应用有限元方法划分单元后,总应变能可写成

$$\mathrm{d}\Pi = \sum_1^m \frac{1}{C_{ij}} \int_v \{\sigma\} \mathrm{d}\{\sigma\} \mathrm{d}v \tag{3}$$

当结构发生动力失稳时,总应变能发生突变,总应变能的时间微分,即总应变能随时间的变化率 $\mathrm{d}\Pi$ 会突然跳跃到一个相对很大值,而应力向量 $\{\sigma\}$ 是一个有界向量,故必然是由于应力变化率 $\mathrm{d}\{\sigma\}$ 突然跳跃到一个相对很大值才能取得。因此,可得到判定杆系结构动力失稳的应力变化率准则:应力变化率突然跳跃到一个相对很大值时,结构发生动力失稳。

4 结构动力稳定分析

4.1 歌德斯克穹顶网壳

分析如图 2 所示的歌德斯克穹顶网壳在阶跃荷载下的动力稳定性,图 2a 为平面图,图 2b 为立面

图。各参量取值:弹性模量 $E=3.03\times10^9\,\mathrm{N/m^2}$,泊松比 $\nu=0.3$,杆截面面积 $A=0.000317\mathrm{m^2}$,密度 $\rho=50\mathrm{g/cm^3}$。荷载施加方式:在结构中心 1 点处施加竖向阶跃荷载 P,荷载步每增加一步(每步时间设为 0.2s),荷载增加 10N。

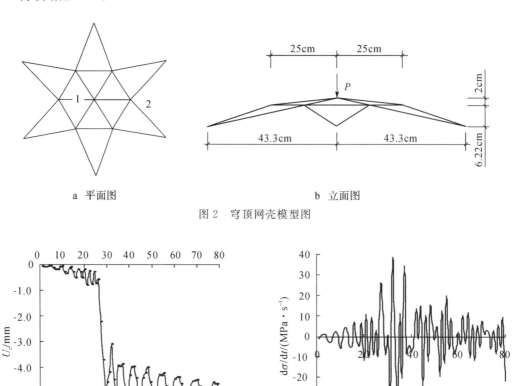

a 平面图　　　　　　　　　　　b 立面图

图 2　穹顶网壳模型图

图 3　1 节点荷载-位移曲线　　　　　　　　　　图 4　1～2 杆荷载-应力变化率曲线

由图 3 的荷载-位移曲线可知,1 节点位移在第 27 个荷载步,即施加荷载为 270N,时间第 5.4s 时出现了跳跃,按照前述位移准则,结构在此时发生了动力失稳。节点位移跳跃到新的位置后,又重新振动。

图 4 给出了 1～2 杆荷载-应力变化率曲线,在第 27 个荷载步,即施加荷载为 270N,时间第 5.4s 时应力变化率突然跳跃到一个相对很大值,结构发生动力失稳。随着荷载的增加,结构又在新的位置重新振动。从位移值和应力变化率值可以得到,结构在新位置的振动比较缓慢,这是由于网壳已处于高度非线性状态,导致结构刚度远比初始刚度小所致。从本算例网壳的整体失稳可看出,荷载-位移曲线和荷载-应力变化率曲线都可以判定结构的动力失稳,但位移曲线较为直观。

4.2　三杆空间桁架

分析图 5 所示三杆空间桁架的动力稳定性。各参量数值:弹性模量 $E=5\times10^8\,\mathrm{N/m^2}$,泊松比 $\nu=0.3$,密度 $\rho=7800\mathrm{kg/m^3}$,1～2、1～3 杆截面面积 $A_1=0.0001\mathrm{m^2}$,1～4 杆 $A_2=A_1/4$。杆长均为 1m,2、3、4 点三向铰接。在结构中心 1 点处加竖向阶跃荷载,荷载步每增加一步(每步时间设为 0.2s),荷载增加 10N。

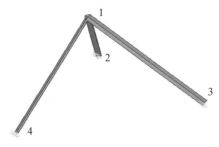

图 5　三杆桁架模型图

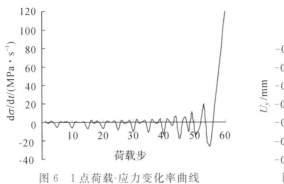

图6　1点荷载-应力变化率曲线　　　　图7　1～4杆荷载-位移曲线

由图7的荷载-应力变化率曲线可知,当荷载加到第55个荷载步,荷载550N,时间11s时,由于1～4杆截面面积较小,1～4杆单元的应力变化率突然跳跃到一个相对很大值,发生动力失稳。图6是1点的荷载-位移曲线,虽然位移也在时间11s时有较大增长,但动力失稳现象不够明显。

4.3　平面桁架

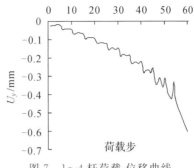

图8　平面桁架模型图

分析图8所示平面桁架的动力稳定性。各参量数值:弹性模量 $E=3\times10^8 \text{N/m}^2$,泊松比 $\nu=0.3$,密度 $\rho=7800\text{kg/m}^3$,杆截面面积 $A_1=0.0001\text{m}^2$,6～8杆截面面积 $A_2=A_1/8$,杆长1m。桁架高1m,左端上下弦铰接。在结构9点处施加竖向阶跃荷载,荷载步每增加一步(每步时间设为0.2s),荷载增加10N。

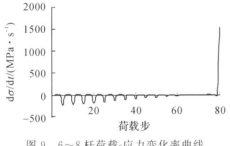

图9　6～8杆荷载-应力变化率曲线　　　　图10　8点荷载-位移曲线

由图9的荷载-应力变化率曲线可知,当荷载加到第78个荷载步,荷载780N,时间15.6s时,由于6～8杆截面面积较小,单元的应力变化率突然跳跃到一个相对很大值时,发生动力失稳。但根据图10的荷载-位移曲线,动力失稳现象很不明显。可见,判定由于单根杆件引起的失稳,应用应力变化率准则就显得更加有效和直观。

4.4　大型单层网壳

分析图11所示凯威特型单层网壳的动力稳定性。结构跨度80m,矢高16m,扇形数6,环数6。各参量数值:弹性模量 $E=2.06\times10^{11}\text{N/m}^2$,泊松比 $\nu=0.3$,密度 $\rho=7800\text{kg/m}^3$,所有杆件均为钢管 $\phi219\times10$,分析时采用beam4梁元,周边三向约束。荷载采用阶跃荷载,第一荷载步初始荷载2kN,以后每个荷载步增加2kN。

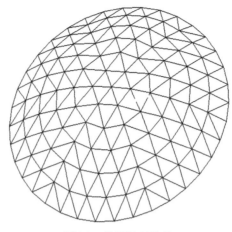

图 11 单层网壳模型

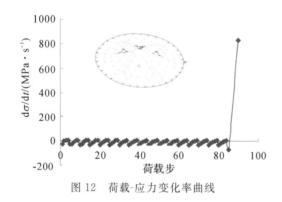

图 12 荷载-应力变化率曲线

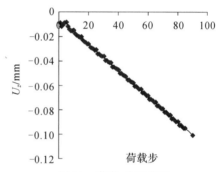

图 13 荷载-位移曲线

由图 12 的荷载-应力变化率曲线可知,在第 86 个荷载步时,单元的应力变化率突然跳跃到一个相对很大值时,发生动力失稳,图 12 中小图为失稳时的变形图。从图 13 荷载-位移曲线看出,动力失稳现象虽也有表征,但不明显。应力变化率曲线所选的杆件是与最大位移节点相连的单元。

位移和应力是最常用的结构基本响应变量。在失稳的两种形式中,整体失稳是几乎整个结构都出现偏离平衡位置而发生很大几何变位的一种失稳现象,应用位移准则来判别就会非常有效和直观。而局部失稳是指只有局部结构出现偏离平衡位置发生很大几何变位的失稳现象,应用本文的应力变化率准则就显得更加有效和直观。

5 结论

(1)根据结构的位移和应力等显式物理量的变化特征来判别结构的动力稳定性非常有意义。

(2)荷载-位移曲线、荷载-应力变化率曲线二者都能体现结构的运动过程和解释动力失稳的现象。但应力变化率的值本身已经包含了时间信息,只分析应力变化率的值不必看其曲线的走势就可以有效判定结构的动力失稳,位移曲线必须从整个曲线的变化趋势中读取信息,而位移的变化趋势反映的正是变化率的问题。

(3)结构发生整体失稳时,主要是由于刚度的改变使位移发生较大变动,而单元应力可能变化不够明显,所以位移准则显得更加明显和直观。结构发生局部失稳时,某个单元的应力变动较大,但可能对整体结构位移影响不大,因此此时应力变化率准则更加有意义。

参考文献

[1] BLANDFORD G E. Review of progressive failure analyses for truss structures[J]. Journal of Structural Engineering, ASCE, 1997, 123(2):122−129.

[2] KIM S D, KANG M M, KWUN J J, et al. Dynamical instability of shell like shallow truss considering damping[J]. Computers & Structures, 1997, 64(1):481−489.

[3] LEVITAS J, SINGER J, WELLER T. Global dynamic stability of a shallow arch by poincare like simple cell mapping[J]. International Journal of Nonlinear Mechanics, 1997, 32(2):441−424.

[4] SIMMITSES J. Instability of dynamical loaded structure[J]. Applied Mechanics Reviews, 1987, 40(10):403−408.

[5] KOUNADIS N, GANTES C, SIMITESES G. Nonlinear dynamic buckling of multi-DOF structural dissipative systems under impact loading[J]. International Journal of Impact Engineering, 1997, 19(1):63−80.

[6] 沈祖炎,叶继红.运动稳定性理论在结构动力分析中的应用[J].工程力学,1997,14(3):21−28.

[7] 王策,沈世钊.球面网壳阶跃荷载作用动力稳定性[J].建筑结构学报,2001,22(1):62−68.

[8] 张其林,PEIL U.任意激励下弹性结构的动力稳定分析[J].土木工程学报,1998,31(1):26−32.

[9] BUDIANSKY B. Dynamic buckling of elastic structures: criteria and estimates[J]. Dynamic Stability of Structures, 1967:83−106.

[10] RIVKA F, JACOB A. The Lyapunov exponents as a quantitative criterion for the dynamic buckling of composite plates[J]. International Journal of Solids and Structures, 2002, 39(1):467−481.

[11] BANANT Z P. Structural stability[J]. International Journal of Solids and Structures, 2000, 37(1):55−67.

[12] 高博青,鲍科峰,夏锋林,等.新型体育场挑篷结构的性能及工程应用研究[J].浙江大学学报(工学版),2004,38(8):989−994.

36　面向对象有限元方法及其 C＋＋实现[*]

摘　要：系统归纳了面向对象有限元的基本理论和实现方法，比较了传统有限元实现方法与现代面向对象有限元方法的共同点及不同点。通过针对空间结构分析软件的基于统一建模语言（UML）系统设计和运用 C＋＋语言实现面向对象有限元的程序框架，表明了面向对象有限元方法的先进性和基于 C＋＋语言实现的可行性。

关键词：面向对象有限元方法；统一建模语言；软件工程；C＋＋语言；类；对象

从严格意义上讲，软件工程中的面向对象方法是一门方法学。面向对象方法就是尽可能模拟人类习惯的思维方式，使开发软件的方法和过程尽可能接近人类认识世界、解决问题的方法和过程。它的出现克服了传统软件设计方法的缺点，提高了软件系统的稳定性、可修改性和重用性。对象之间除了互相传递属性消息之外，不再有其他联系，一切局限于对象的属性信息和实现方法都被"封装"在对象类的定义之中。对象按"类""子类"的概念构成一种层次关系。上一层对象所具有的一些属性和方法根据需要可以被下一层对象所继承（除非在下一层对象中相应的属性做了重新描述），从而避免了数据的冗余。

本文将软件工程中的统一建模语言（unified modeling language，UML）作为规范的建模手段，对于面向对象有限元方法（object oriented finite element method，OOFEM）中类/对象的识别、类/对象的静态关系的确定、类/对象属性和方法的确定等方面做了详细的描述。在 OOFEM 的对象关系研究中应用对象分层设计原则，分别从整体和局部出发，使用类图建立了针对空间结构分析系统的 OOFEM 的类/对象的框架关系模型。

1　面向对象的软件工程方法与 UML

面向对象方法是 20 世纪 80 年代针对当时的软件危机提出的。面向对象分析强调直接针对问题中客观存在的各项事物设立面向对象的分析模型，用对象的属性和方法分别描述事物的静态属性特征和动态行为特征，而不考虑与具体实现有关的因素，从而使面向对象的分析独立于具体的实现。在面向对象分析和设计完成以后，一个实用的面向对象模型系统已经建立起来，然后选用一种面向对象的编程语言将该模型系统中的每个部分编程实现，这就是面向对象的软件工程方法。

在软件工程领域，特别是在面向对象软件工程领域，其中最重要的、具有划时代意义的成果之一就是 UML 的出现。UML 是标准的建模语言，而不是标准的开发过程。尽管 UML 的应用必然以系

　＊　本文刊登于：王春江，钱若军，董石麟，赵金城.面向对象有限元方法及其 C＋＋实现[J].上海交通大学学报，2004，38(6)：956－960.

统的开发过程为背景,但针对不同的应用领域,需要采取不同的开发过程。在 UML 的描述方法中最常用的有类图和顺序图,本文就以此为工具,通过应用面向对象有限元方法来设计和实现空间结构分析系统[1]。

在类/对象识别完以后就要确定类/对象的属性和方法,其中,类/对象之间关系的确定尤其重要。类/对象之间的关系主要有两种:继承关系和关联关系。在 OOFEM 中继承关系非常多,如单元的继承关系,如图 1 所示。

图 1　单元继承关系图

关联关系是指类之间通过某种方式发生联系,最主要的有聚合关系和委托关系。聚合关系是指一个聚合类由其他若干个被聚合类组成,这些被聚合类作为聚合类的属性存在。在 OOFEM 中,单元、节点、约束以及它们的管理类和有限元域类之间就构成了一个明显的聚合关系,如图 2 所示。

委托关系是指两个类本无任何联系,一个类通过一定的方式委托另一个类执行部分工作。在 OOFEM 中,有限元分析器类负责将有限元过程进行抽象和整理,形成结构的刚度矩阵和荷载向量,此时的平衡方程已经是纯数学意义上的方程,然后由数学域类中的方程求解器解出结构平衡方程的位移未知量,如图 3 所示。

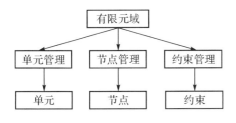

图 2　聚合关系示意图

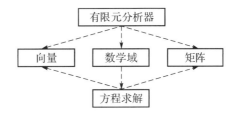

图 3　委托关系示意图

2　OOFEM 中各个类及相互关系[2-7]

2.1　单元与单元管理类

单元类的功能是计算一切与单元相关的内容。主要功能有:单元自身的初始化;实现单元内节点标号与节点对象指针的关联,使单元能获取节点的数据;根据单元的状态设置节点的自由度信息;实现单元类与本构模型类的关联;实现单元类与单元特性类的关联;计算单元刚度矩阵、单元质量矩阵和阻尼矩阵;计算单元内力和等效节点力;将单元荷载转化到节点上去;计算单元编号的最大差值等。单元管理类的主要功能有:初始化所有单元;添加或者删除单元对象;计算结构整体刚度矩阵、结构质量矩阵、结构阻尼矩阵;计算结构整体刚度矩阵的带宽;返回所包含的单元对象的数目等。单元与单元管理类的类关系如图 4 所示。

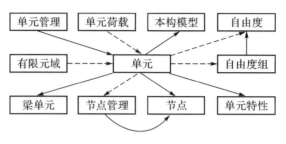

图 4 单元关系示意图

2.2 节点与节点管理类

节点类的主要功能有：自身初始化；实现与自由度组类的关联，以存取节点坐标和自由度数；提供存取节点位移的方法；实现对节点力的处理等。节点管理类的主要功能有：初始化所有节点对象；添加或者删除节点对象；依据节点编号返回与编号相对应的节点对象指针；形成荷载列向量；返回所包含的节点对象的数目等。节点与节点管理类的类关系如图 5 所示。

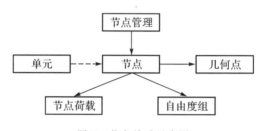

图 5 节点关系示意图

2.3 自由度、自由度组和自由度组管理类

自由度类的功能有：自身初始化；设置某一自由度；设置或者返回自由度定位信息等。自由度组类的功能有：自身初始化；添加或者删除自由度对象；返回所包含的自由度对象的数目；设置或者返回自由度组定位信息等。自由度组管理类的功能有：自身初始化；添加或者删除自由度组对象；返回所包含的自由度组对象的数目；设置或者返回自由度组定位信息等。

2.4 约束与约束管理类

约束类的功能有：自身初始化；由自身存贮的节点/自由度组编号实现与自由度组对象的关联；根据约束情况设置自由度组对象内容；根据约束情况从自由度组对象获得约束定位信息；约束总体刚度矩阵等。约束管理类的功能有：添加或删除约束对象；初始化所有约束对象；返回所包含的约束对象的数目等。约束与约束管理类的类关系如图 6 所示。

图 6 约束与约束管理类关系示意图

2.5   荷载、荷载工况和荷载工况管理类

荷载、荷载工况和荷载工况管理类是 OOFEM 分析中一组比较复杂的类。比较特别的是,荷载类只是一个基类,有研究价值的是其派生类:单元荷载类和节点荷载类,如图 7 所示。

单元荷载类的功能有:自身初始化;由自身存贮的单元编号实现与单元对象的关联;将荷载数值交给单元对象,并由单元对象负责将荷载转化到节点对象上等。节点荷载类的功能有:自身初始化;由自身存贮的节点编号实现与节点对象的关联;设置节点荷载等。荷载工况类的功能有:添加或者删除荷载对象;初始化所有荷载对象;提供接口,实现对所有荷载的处理;形成当前工况的荷载列向量等。荷载工况管理类的功能有:添加或者删除荷载工况对象;提供接口,实现对所有荷载工况的处理以及工况组合的处理;形成荷载矩阵等。荷载与荷载管理类的类关系如图 8 所示。

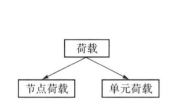

图 7   荷载类的继承关系示意图

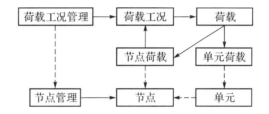

图 8   荷载、荷载工况、荷载工况管理类的关系示意图

2.6   本构模型类和单元特性类

本构模型类的功能有:自身初始化;返回单元的材料常数,如弹性模量、泊松比等;对当前单元的应力状态是否进入塑性做出判断;返回单元当前应力、应变状态的本构模型参数等。单元特性类的功能有:自身初始化;返回与单元特性相关的常数,如单元厚度、截面积、惯性矩等。本构模型类与单元特性类的类关系如图 9 所示。

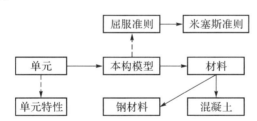

图 9   单元、本构模型、单元特性类的关系示意图

2.7   有限元域类、有限元分析器类和有限元分析器管理类

与有限元域类直接相关的是各个管理类,如单元管理类。由于关联关系是可以传递的,而且管理类和被管理类之间的聚合关系也是一种关联关系,因此有限元域类可以关联本领域内的所有类。

有限元域类的功能有:自身初始化;构造一个分析区域,确定单元、节点、约束等的数目;初始化各个管理对象,并向管理对象添加被管理的内容;更新各个管理对象;实现与有限元分析器对象的接口,以便有限元分析器对象调用域内的各个对象等。有限元分析器类是一个基类,也是一个抽象类,是整个有限元分析的主要控制部分。所有外界提出的要求,如结构的静力或动力分析,都是由有限元分析器类及其派生类来完成。对外界来说,工程专用领域内的所有类都是封闭的。外界所能看到的只是有限元分析器类的派生类的对外接口。有限元分析器类的功能有:自身初始化;对外任务接口;形成

总体刚度、质量、阻尼矩阵;约束结构平衡方程左端项;形成结构平衡方程右端项;判断求解过程是否收敛等。有限元分析器管理类的功能有:初始化所有被管理对象;添加或者删除有限元分析器类;对外任务接口;根据任务确定合适的分析器去完成任务等。有限元分析器类的类关系如图 10 所示。

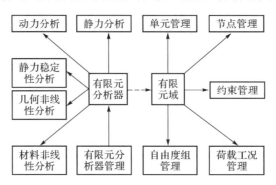

图 10　有限元分析器等类关系示意图

2.8　数学域与矩阵、向量、方程组求解等类

数学域类及其相关类的类关系如图 11 所示。

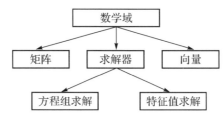

图 11　数学域类以及相关类示意图

有限元是一种数值方法,因而 OOFEM 内的各种类和工程通用领域内的类,特别是与数值运算有关的数学域类发生联系的,是一种很自然的情况。数学域类的功能有:自身初始化;初始化域内对象,尤其是各个管理对象;对外任务接口等。

3　有限元程序的面向对象编程

对于 OOFEM 中的类/对象相互之间的静、动态关系,本文采用了 C++语言和 Visual C++6.0 编程平台来实现。下面列出根据上述面向对象有限元方法设计的单元类的 C++定义的源代码部分。

```
class Element    //单元的抽象基类
{
public:
    FeaElement();                            //构造函数
    FeaElement(int id,CString elementName);  //构造函数
    virtual ～FeaElement();                  //析构函数

    // ///单元类方法
```

```
    virtual int initialize(void)＝0；                        //自身初始化
    virtual void getNodePointer(void)＝0；                   //单元内节点标号与节点对象指针的关联
    virtual void setNodeDof(void)；                          //单元的状态设置节点的自由度信息
    virtual void getConstitutiveModel(void)＝0；             //计算中取得材料系数和应力-应变关系
    virtual void getPropriety(void)＝0；                     //计算中取得单元特性参数
    virtual Matrix getTangentStiff()＝0；                    //计算单元切线刚度矩阵
    virtual Matrix getMass()＝0；                            //计算单元质量矩阵
    virtual Matrix getDamp()＝0；                            //计算单元阻尼矩阵
    virtual void computeInnerForce(void)＝0                  //计算单元内力和等效节点力
    virtual void setLoad2Node(void)＝0                       //将单元荷载转化到节点上去
    virtual int getNumberDof(void)＝0                        //返回单元自由度数目
    virtual int getBandWidth()                              //计算单元编号的最大差值
    virtual Vector getStress (void)＝0                       //计算并返回单元当前应力
    virtual void setLoad2Node(void)＝0                       //将单元荷载转化到节点上去
    virtual double getEquivalentStress(void)＝0             //计算并返回单元等效应力
    virtual void output(void)＝0                             //输出单元信息到制定设备
    // 单元类属性
protected：
    ConstitutiveModel  ＊   cm；                             //指向本构模型对象的指针
    DofGroup  ＊   dg；                                      //指向自由度组对象的指针
    Dof  ＊   dof；                                          //指向自由度对象的指针
    ElementPropriety ＊ ep；                                 //指向单元特性对象的指针
    CTypedPtrList＜CPtrList，Node ＊＞   NodeList；            //存储节点对象指针的链表
    Matrix K；                                              //存贮单元刚度的矩阵对象
    Matrix M；                                              //存贮单元质量的矩阵对象
    Matrix C；                                              //存贮单元阻尼的矩阵对象
    CString    Name；                                       //单元名称
    int    ElmNum；                                         //单元编号
}；
```

在 OOFEM 中组装总刚的 C＋＋源代码如下：
```
void FeaDomain：：formGlobalStiffMatrix()               //形成总刚矩阵
{  POSITION pos＝m_ElmList．getHeadPos()；
    Element ＊ pElm；
    Matrix ke；
    while( pos！＝NULL)
{  pElm＝m_ElmList．getNext(pos)；
    ke＝pElm－＞getTangentStiff()；                      //形成单元刚度矩阵
    globalK＝globalK＋ke；                              //形成结构总刚度矩阵
}
    return；
}．
```

4　结语

面向对象方法应用于有限元编程在可扩充、可重用和可维护方面大大提高了有限元程序的生命力,这正是 OOFEM 的魅力所在。本文将软件工程中的 UML 作为规范的建模手段,对 OOFEM 中类/对象的识别、类/对象的静态关系的确定、类/对象属性和方法的确定做了详细的描述。在对 OOFEM 的对象关系研究中应用对象分层设计原则,为规范类/对象之间的关系提供了依据。同时分别从整体和局部出发,使用 UML 中的类图建立了 OOFEM 的类/对象基本类和框架的关系模型,最后通过 C++语言实现了该面向对象有限元系统的基本框架。

参考文献

[1] MACKIE R I. Object oriented programming of the finite element method[J]. International Journal for Numerical Methods in Engineering,1992,35(2):425—436.

[2] ARCHER G C,FENVES G,THEWALT C. A new object-oriented finite element analysis program architecture[J]. Computers & Structures,1999,70(1):63—75.

[3] BESSON J,FORERCH R. Large scale object-oriented finite element code design[J]. Computer Methods in Applied Mechanics and Engineering,1997,142(1—2):165—187.

[4] BETTIG B P,HAN R P S. An object-oriented framework for interactive numerical analysis in a graphical user interface environment [J]. International Journal for Numerical Methods in Engineering,1996,39(17):2945—2971.

[5] DUBOIS-PELERIN Y,ZIMMERMANN T. Object-oriented finite element programming:III. An efficient implementation in C++[J]. Computer Methods in Applied Mechanics and Engineering,1996,108(s1—2):165—183.

[6] DUBOIS-PELERIN Y,PEGON P. Objected-oriented programming in nonlinear finite element analysis[J]. Computers & Structures,1998,67(4):225—241.

[7] KONG X A,CHEN D P. An object-oriented design of FEM programs[J]. Computers & Structures,1995,57(1):157—166.

37 多层多跨高耸网架在广东南海大佛工程中的应用[*]

多层多跨高耸网架在广东南海大佛工程中的应用[*]

摘　要:广东南海观音大佛结构工程高度为 46m,总高度达 61.9m,采用了多层多跨高耸网架结构。本文阐述了有关该网架工程的选型和结构布置、结构的静力性能、动力特性的简化计算方法、设计构造、制作与安装等问题。该工程的建成,表明在国内外首次将网架结构成功地用于大型佛像结构工程,也为网架结构应用于复杂结构体形工程开拓了一条有效的途径。

关键词:南海观音;网架结构;结构性能;设计施工

1　工程概况

南海观音大佛建于广东南海西樵山山顶上,海拔高度 280 余米,常年暴露在室外。佛像上部结构高度为 46m,底座为四层钢筋混凝土框架结构,高度为 15m,结构总高度达 61.9m。佛像在四层钢筋混凝土框架顶层上建造,多层多跨高耸网架的底层平面轮廓尺寸约为 29m×29m,其余各层随佛像体形的变化逐渐缩小,其中最小部位颈部的尺寸约为 3m×3m,内部设置一台检修电梯,佛像的外轮廓尺寸通过摄像技术得到,竖向每隔 500mm 给出一断面,佛像结构按此尺寸进行设计。因此,该工程的外形尺寸十分复杂,同时工程工期紧,从设计到佛像结构建成只能花一年多时间,给该工程的建造带来了很大难度。

2　结构的选型

佛像结构尚有采用钢筋混凝土结构和钢结构两种选择。由于外形复杂,采用钢筋混凝土结构会给施工安装带来十分麻烦的问题,而且其自重大,施工周期长,上部结构不能与下部四层框架同时制作施工。若用钢结构,上述问题基本上均能得到解决。在钢结构的连接选择上,我们采用螺栓节点连接方式,这样可避免大量的高空焊接作业,同时又易保证质量,而采用螺栓连接的结构中,网架结构的应用最为普遍。网架结构形式很多,在众多的结构形式中,我们选择了两向正交正放多层桁架体系,这有以下几点优点:1)结构内部杆件布置比较规则,佛像结构节点位置调整方便;2)网格内部空间较大,有利于电梯井道的设置;3)有利于佛像的手臂及金瓶结构的形成;4)便于处理佛像中几何突变部位的节点和杆件(如佛像颈部等处)。与此同时,佛像四周为封闭的桁架系,每隔三层设置平面支撑体系,以提高网架平面内的刚度并使结构保持几何不变。两向正交正放多层桁架体系在底层通过 12 个

---

　*　本文刊登于:董石麟,高博青,赵阳.多层多跨高耸网架在广东南海大佛工程中的应用[C]//中国土木工程学会.第八届空间结构学术会议论文集,开封,1997:465—470.

柱帽杆系及其支座节点与下部框架的 12 根直径为 1000mm 的钢筋混凝土柱连接。佛像的平面网格尺寸约为 3m×3m，每层高度为 2m，整个网架共有 1118 个节点，5218 根杆件，在网架外廓连接龙骨与铜皮，最后形成佛像。佛像底层平面杆件布置及正面图，如图 1、2 所示。

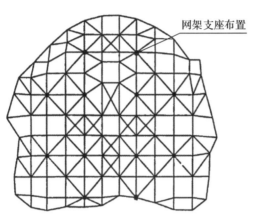

图 1　佛像底层平面杆件布置图

图 2　佛像正面图

3　结构的静力特性

对结构受力分析，分别考虑如下荷载：

由计算机自动形成的结构自重，佛像外表皮骨架和铜皮 0.35kN/m²，每两层网架设置的马道及检修荷载 0.20kN/m²，以及支承在 45m 高度处电梯荷载 110kN。基本风压取 0.80kN/m²，结构高度系数取 2.80，风振系数取 1.34，体形系数：迎风面 0.8，背风面 0.5。荷载组合工况考虑为：

①：自重＋佛像外表皮骨架和铜皮＋马道和检修荷载＋电梯荷载；②：①＋左面风；③：①＋右面风；④：①＋前面风；⑤：①＋背面风。

网架的 12 个支座为三向约束，经分析，该网架结构具有如下主要受力特性。

(1)从计算结果分析看，本网架结构以第④种荷载组合工况为最不利荷载工况，此时，靠背面支座竖向压力达 4190kN，靠正面支座竖向拉力 970kN；以第⑤种荷载工况进行计算时，则靠背面支座竖向拉力为 1660kN，而靠正面支座的最大压力为 1840kN。

(2)从整个结构看，佛像在风荷载作用下，呈悬臂受力状态，支座附近杆件内力最大。杆件的最大压力为 2380kN，最大拉力为 870kN；佛手和金瓶与佛像体连接部位内力较大，相对于佛像体来说，佛手和金瓶是一悬臂构件。

(3)由于佛像外部体型变化复杂，常有局部区域杆件内力较大，如颈部处，由于颈部相对于背部和头部都比较小，此部位内力有所增大。

(4)在最不利的荷载工况④时，佛像顶端的最大水平变位 16.2cm，为佛像结构高度的 1/280，已具有足够的刚度。

4　高耸网架佛像的动力特性简化计算及有限元计算

将高耸多层空间网架佛像，在 oxz 平面(或 oyz 平面)内先合并为一竖向阶梯状的平面桁架(见图 3a)，

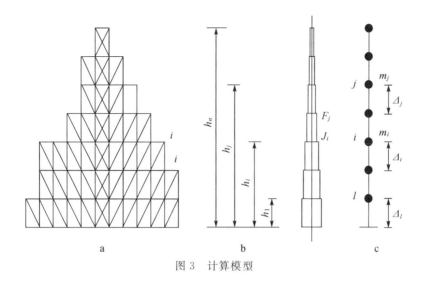

图 3　计算模型

再等代为一变刚度的悬臂柱(见图 3b),此时可按多质点系(见图 3c)进行动力分析,结构的质量 M 表示一系列作用在节点处(原各水平桁架部位)的集中质量,则忽略阻尼影响的动力基本方程为

$$MU'' + KU = P(t) \tag{1}$$

设网架作 $U = U_0 \sin\omega t$ 的简谐振动,由式(1)可以得到求解结构自振频率 ω 的方程为($P(t) = 0$):

$$|M\omega^2 - K| = 0 \tag{2}$$

为求其最低频率,可不采用刚度矩阵 K,而采用柔度矩阵 δ:

$$\delta = K^{-1} \tag{3}$$

并令

$$\lambda = \frac{1}{\omega^2} \tag{4}$$

则求解特征值 λ 的方程可转化为:

$$|\delta M - \lambda E| = 0 \tag{5}$$

即

$$
\begin{vmatrix}
m_1\delta_{11} - \lambda & m_2\delta_{12} & \cdot & m_i\delta_{1i} & \cdot & m_j\delta_{1j} & \cdot & \cdot \\
 & m_2\delta_{22} - \lambda & \cdot & m_i\delta_{2i} & \cdot & m_j\delta_{2j} & \cdot & \cdot \\
 & & \cdot & \cdot & \cdot & \cdot & \cdot & \cdot \\
 & & & m_i\delta_{ii} - \lambda & \cdot & m_j\delta_{ij} & \cdot & \cdot \\
 & & & & \cdot & \cdot & \cdot & \cdot \\
 & 对 & & & & m_j\delta_{jj} - \lambda & \cdot & \cdot \\
 & & 称 & & & & \cdot & \cdot \\
 & & & & & & & \cdot
\end{vmatrix} = 0 \tag{6}
$$

式中各柔度系数可采用结构力学方法求得

$$\delta_{ij} = \sum_{m=1}^{m=i} \left\{ \frac{\Delta_m}{EJ_m} \left[h_i h_j - \frac{1}{2}(h_i + h_j)(h_m + h_{m-1}) + \frac{1}{3}(h_m^2 + h_m \cdot h_{m-1} + h_{m-1}^2) \right] + \frac{\Delta_m}{EF_m} \right\}$$

$$j \geq i, \qquad i, j = 1, 2, \cdots, n \tag{7}$$

而等代悬臂柱的惯性矩 J_i 和截面积 F_i(用来计算横向剪切变形的等代截面积)可分别由下式得出:

$$J_i = \sum_{p=1}^{p} A_{ip} x_p^2 - \frac{(\sum_{p=1}^{p} A_{ip} x_p)^2}{\sum_{p=1}^{p} A_{ip}} \qquad (8)$$

$$F_i = \sum_{s=1}^{s} \frac{E(A_{ci})_s (A_{di})_s \sin^2 \phi_{is} \cos \phi_{is}}{(A_{ci})_s \sin^3 \phi_{is} + (A_{di})_s} \cos^2 \theta_{s'} + \sum_{s'=1}^{s'} \frac{E(A_{ci})_{s'} (A_{di})_{s'} \sin^2 \phi_{is'} \cos \phi_{is'}}{(A_{ci})_{s'} \sin^3 \phi_{is'} + (A_{di})_{s'}} \cos^2 \theta_{s'} \qquad (9)$$

式中(图 4)，A_{ip} 为合成平面桁架第 i 层第 p 根竖杆的截面积；$(A_{ci})_s$ 为第 i 层第 s 根斜杆的截面积（当网片中设交叉斜杆时，其截面积应乘以 2）；$(A_{di})_s$ 为第 i 层第 s 根横杆的截面积；ϕ_{is} 为斜杆与竖向轴线的夹角。原网架 i 层的某些网片不与 oxz 平面平行，而与 oxz 平面形成两面角 $\theta_{s'} \neq 0$ 时，式（9）的第二项表示这些网片的杆件对 F_i 的贡献，其中 $(A_{ci})_{s'}$、$(A_{di})_{s'}$ 表示相应的斜杆和横杆的面积，$\phi_{is'}$ 为相应斜杆与竖向轴线的夹角。

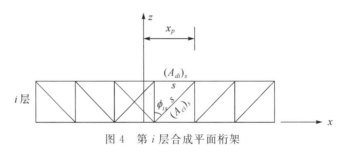

图 4　第 i 层合成平面桁架

底层柱帽处柱帽斜杆较多，等代悬臂柱惯性矩 J_1 计算时应考虑柱帽斜杆的贡献，此时可采用等代柱帽竖杆的截面积 $\overline{A}$ 代替原柱帽竖杆的截面积 A 来计算：

$$\overline{A} = A + \sum_n A_{cn} \cos^4 \phi_n \qquad (10)$$

式中，A_{cn} 为第 n 根柱帽斜杆的截面积，ϕ_n 为第 n 根柱帽斜杆与竖向轴线的夹角。

佛像网架在 oyz 平面内的动力特性分析，只要把网架塔架在 oyz 平面内先合并为一平面桁架，然后按上述完全类同的方法计算即可。

本工程计算中，将佛像分为 22 段，分别计算每段的质量及所对应的柔度系数，随后采用迭代法计算得结构的前几阶频率。

如采用杆系有限元法计算结构的动力特性，仍可采用求解自振频率 ω 的方程式（2），此时 M 为结构的总质量矩阵，K 为结构的总刚度矩阵，分别由各杆件单元质量矩阵和单元刚度矩阵集成。

表 1 给出了用这两种计算模式对佛像进行自振频率计算的结果。从表中可见，结构的频谱密集，简化计算具有一定的精度，可以对这种复杂型体的结构进行自振频率的估算。

表 1　佛像圆频率计算结果

计算模式	1	2	3	4	5	6	7	8	9	10
有限元法	11.93	12.21	21.27	22.48	22.70	25.13	27.33	29.10	32.18	39.24
简化计算	10.5	11.6	—	—	—	—	—	—	—	—

5　网架的设计与节点构造

本工程在设计构造中遇到了几个具体问题，我们采取了如下技术措施：

（1）由于佛像底部杆件内力很大，无法采用螺栓球节点，故支座节点和第一层网架采用焊接球节点。支座节点为加劲半球和圆柱体组成的焊接半椭球体，球径 650mm，壁厚 30mm，第一层为 550×20 焊接球。

（2）支座底板通过 4 个直径为 72mm 的精制大螺栓连接，用双螺帽，大螺栓埋入钢筋混凝土柱中以承受支座拉力；支座板与预埋板四周围焊，以承受水平剪力。

（3）由于佛像形体复杂，周边杆件布置困难，杆件间角度较小，有的节点杆件数多达 14 根，在这些杆件相碰处，为了既满足杆件受力要求，又不增加螺栓球直径，采用了过渡锥头的连接方法。具体的方法是过渡锥头采用 45 号钢精加工而成，在工厂内与螺栓球焊接成整体，并用三块加劲板加强，这种处理方法，经工程实践表明能满足设计要求。

（4）采用了正交正放桁架，给电梯的牵引点设置带来了困难，为使外荷载作用网架节点上，我们采用了螺栓球四周焊加劲肋和盖板的办法加以解决。

（5）佛像的龙骨和铜皮与网架的连接，采用网架侧面加小立柱和盖板，在盖板上设置 4 个安装螺栓，与龙骨架连接的方法，见图 5。

6　网架的制作和施工

本大佛网架工程共有 1118 个节点，5218 根杆件，10 种不同规格的钢管，杆件种类繁多，共计有 4000 多种，同时佛像形体复杂，故在制作佛像铜皮的武汉、天津两地进行了网架试拼装和表皮的预安装。0～30m 佛像在武汉试拼装，支座和底层由焊接球临时改为螺栓球，由于网架有 30m 高，在安装时，对网架整体做了临时固定措施，以防不测（见图 6）。30～46m 佛像在天津试拼装。在拼装过程中，由于网架每层高度为 2m，发现仍有佛像四周的部分杆件与龙骨相碰，或铜皮穿过网架杆件，对此，采取两条途径给予解决：①当碰到网架的主要受力杆件时，龙骨架避让网架杆件，以保证网架结构的安全性；②当铜皮穿过网架杆件时，网架的此杆件截断，形成一新节点，此新节点往佛像内部缩进，同时此节点须有不在同一平面内的 3 根杆件相连。在两地试拼装完毕以后，将网架运至广东南海，进行实地安装。此时，首先对 12 个支座的标高和水平位置进行调整以满足设计要求，对所有焊缝进行了超声波检测，待所有杆件安装完毕后，对杆件螺栓拧紧程度，个别杆件有否弯曲，焊缝的高度，结构的变形等进行了仔细的检测，进行拾遗补漏，工程已于 1997 年 5 月份顺利安装完毕。

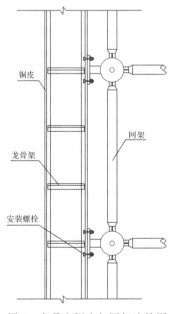

图 5　龙骨和铜皮与网架连接图

图 6　佛像试拼装图

7 结语

通过设计制作施工佛像网架工程,可以得出以下几点结论。

(1)本佛像结构工程是在国内外首次采用了网架结构,较好地实现了网架结构在复杂体型中的应用,拓宽了网架结构的应用范围,成功地实施了复杂体型结构的快速、精确、安全和轻质高强的建造,取得了显著的社会效益和经济效益。

(2)佛像结构的内力和变形由风荷载控制,在风荷载和自重荷载作用下,结构主要呈悬臂柱受力状态。

(3)在正交正放桁架系网架中,在网架上需加外荷载,可采用加劲肋加盖板的构造措施,使网架只承受节点荷载;对网架杆件间的小角度连接,可采用过渡锥头螺栓球节点。

(4)对佛像这种复杂形体的网架结构,宜进行试拼装,有利于保证工程质量和进度。

参考文献

[1] 中华人民共和国建设部. 网架结构设计与施工规定:JGJ 7－80[S]. 北京:中国建筑工业出版社,1981.

[2] 中华人民共和国冶金工业部. 钢结构设计规范:GB 17－88[S]. 北京:中国计划出版社,1989.

[3] 中华人民共和国建设部. 钢结构工程施工及验收规范:GB 50205－95[S]. 北京:中国计划出版社,1995.

38 温州体育馆斜置四角锥网架结构的设计与施工[*]

摘　要:温州市体育馆是目前浙江省最大的体育馆之一,屋盖网架则是网架结构在温州地区的首次应用。该网架平面尺寸78m×78m,采用了一种新颖的斜置四角锥网架结构形式,由普通正放四角锥网架旋转45°而得。节点则采用螺栓球与焊接球混合使用的节点形式。本文介绍了该网架的结构特点、计算分析、设计构造、施工安装、经济指标等方面的问题。

关键词:网架结构;斜置四角锥;设计构造

1　工程概况

温州体育馆是目前浙江省最大的体育馆之一,也是温州体育中心(包括体育馆、体育场、游泳馆)中最早建成的工程。温州体育馆屋盖网架是网架结构在温州地区的首次应用。

温州体育馆底层为综合娱乐用房,二层为体育馆。总建筑面积23166m²。体育馆平面为正方形,拥有固定座位4600余席,另有活动座位360席。比赛观众大厅形状为间等边八边形。工程采用现浇钢筋混凝土框架结构,屋面则采用网架结构。图1为体育馆的内外景。

图1　温州市体育馆内外景

---

*　本文刊登于:董石麟,赵阳,林胜华,何雪莲,徐国金,沈文龙.温州体育馆斜置四角锥网架结构的设计与施工[C]//中国土木工程学会.第八届空间结构学术会议论文集,开封,1997:395-399.

后刊登于期刊:董石麟,赵阳,林胜华,何雪莲,徐国金,沈文龙.温州体育馆斜置四角锥网架的设计与施工[J].空间结构,2000,6(3):40-44.

2　网架结构的选型

网架平面为正方形,平面尺寸 78m×78m。相应于比赛观众大厅的平面形状,网架的支承条件也是间等边八边形,柱距 6m,下弦支承,四边各悬挑 6m。上弦均布荷载 1.2kN/m²,下弦 0.3kN/m²。本工程采用了一种新颖的斜置四角锥结构形式,由普通正放四角锥网架旋转 45°而得。网格尺寸4.243m×4.243m,网格对角线(即柱距)长 6m,从而使网格布置非常简单。网架高 4.2m。图 2 为该网架的平剖面图。采用这种结构形式,一方面是为了满足建筑师希望采用斜放网格(特别是下弦网格)的要求;另一方面,更易于根据下部支承结构的平面形状进行网格布置,除了周边的少量杆件,上弦、下弦、腹杆均分别具有相同的几何长度。同时,下面的计算分析将表明这种形式比相应的正放四角锥网架具有更好的经济技术指标。

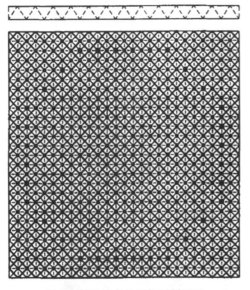

图 2　斜置四角锥网架平剖面图

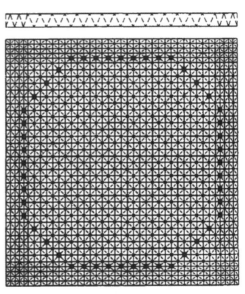

图 3　正放四角锥网架平剖面图

3　网架结构的分析与设计

为分析这种斜置四角锥网架的技术经济效果,我们把斜置四角锥网架与通常采用的正放四角锥网架进行了比较分析。为使两者更具可比性,正放四角锥网架采用相近的网格尺寸和相同的网架高度,其平剖面图见图 3。

从表 1 给出的两种网架的一些主要指标的比较可见,斜置四角锥网架具有更好的技术经济指标,上、下弦杆最大内力下降 30% 以上,跨中及角部挠度均有所减小,用钢量节省 20% 左右。主要原因我们分析有以下两方面:①斜置四角锥与正放四角锥网架均可视为由两个方向的立体桁架交叉而成,而斜置四角锥网架中两个方向上立体桁架的节间数有多有少、跨度有长有短,高度则是一样的,因此各榀桁架刚度各异,从而形成更好的空间受力体系,这点与平面桁架系网格中的两向正交斜放网架有相似之处;②本工程的支承形状为间等边八边形,从结构的传力路径来看,斜置四角锥网架沿两对角线方向传力,因此,角部处较大的悬臂部分的存在将对减小跨中弯矩起到更为有效的卸荷作用,这里角部的悬臂长度约为跨中长度(八边形中两斜对边间距离)的 1/3,这一比例与多点支承网架中的最宜悬臂长度相一致。而在正放四角锥网架中,两边的悬臂长度仅为跨中长度的1/11,对减小跨中弯矩与挠度所起的作用较小。

表1 斜置四角锥网架与正放四角锥网架的比较

	斜置四角锥网架	正放四角锥网架
用钢量指标/(kg·m⁻²)	26.14	31.94
上弦杆最大压力/kN	−293.29	−443.28
下弦杆最大拉力/kN	265.60	433.59
跨中最大挠度/cm	14.851	16.225
角部最大反向挠度/cm	3.869	4.127
节点数	733	925
杆件数	2868	3528

从上面的分析可以看出,合理传力路径的设计是大跨空间结构设计中的一个重要方面,根据结构及支承体系的平面形状设计合理的荷载传递路线、确定合适的网架结构形式将收到良好的技术经济效果。

在上面的方案分析中,我们选用的杆件截面为常用的 $\phi60\times3.5\sim\phi180\times8$ 共8种,而在实际工程中根据建筑师的要求,杆件配置尽量均匀,特别是下弦杆件尽可能一致,因此上弦最小截面为 $\phi89\times4.0$,腹杆为 $\phi76\times3.75$,而下弦则采用了 $\phi140\times4.0$ 与 $\phi159\times5.0$ 两种截面的杆件。本工程的实际用钢量为 32.76kg/m^2。

4 节点与构造

本工程采用了螺栓球节点与焊接球节点混合使用的节点形式,上弦节点采用螺栓球,下弦节点为焊接球。这样一方面可发挥焊接球节点整齐美观的优点,由于所有下弦节点球采用统一规格D400×14,杆件也基本一致,因此获得了良好的视觉效果,满足建筑设计的要求;另一方面可大大减少现场高空焊接的工作量,保证了工程的工期,特别是由于取消了上弦焊接球而使现场焊接没有仰焊只有俯焊,更易于保证焊接质量。实践证明,在同一网架工程中同时采用两种形式节点的尝试是可行的、成功的。

根据建筑设计,本工程采用四柱支承的网架结构。对于这样的大跨度网架,四点支承无疑将使用钢量大大增加,采用斜放类网格也不尽合理,给设计与施工都带来更大的难度。经过反复比较,最终决定利用体育馆结构主体的混凝土框架作为支承结构,即采用八边形的下弦支承。同时,通过"假柱帽"的设置来满足建筑上四柱支承的要求,图4所示即为"假柱帽"。具体处理方法为:在每个柱帽所对应的四个下弦节点上沿柱帽杆件的轴线方向预先焊上一根短钢管,其管径小于柱帽构件,然后把柱帽杆件套在短钢管外并与柱帽球焊接,柱帽杆件与短钢管、下弦球均不焊接,且保持一定的间隙。这样,既固定了柱帽杆件的位置,又能满足网架本身的变形要求。工程实践表明,这样的处理有利于网格布置,节省了用钢量,也达到了建筑效果。

网架支座节点采用板式橡胶支座,以减小温度应力的影响,图5为支座节点图。

图 4 "假柱帽"的设置

图 5 支座节点

网架屋面排水坡由小立柱找坡形成,由于跨度较大,部分小立柱较高。为保证小立柱体系本身的稳定性,规定当小立柱高≥60cm 时,小立柱间加设交叉支承杆,支撑杆采用等边角钢∠45×3。

5 网架的施工安装

本工程为上、下弦节点分别采用螺栓球和焊接球的首次尝试,而且跨度大,工期紧,为检验加工制作的精度,寻求合理的安装方法,确保现场安装顺利,网架出厂前局部进行了试拼装。通过试装,摸索出一种"小单元拼装法":即首先组装下弦球及下弦杆件,由于上弦是螺栓球节点,四根腹杆与上弦节点可先装在一起,形成一个四角锥的小拼装单元,然后将拼装单元上翻,定位后将腹杆与下弦节点焊接,并安装上弦杆。这样,可进一步减小现场高空作业的工作量。图 6 为现场安装时工人在组装四角锥小拼接单元。

网架在现场采用满堂脚手高空散装法进行安装。对大跨结构而言,合理的拼装顺序将有效地减少焊接变形和安装应力。本工程的拼装程序为(图 7):①从跨中沿对角线方向向两对角安装第一榀网架;②以该榀网架为中心向两侧分别组装;③装至一半时改为 T 字形拼装,即从已装网架两边的中点分别向另两对角装出一条网架梁,支承在混凝土梁上;④以该网架梁为基础,由两组人员分别向两边对称安装支座以内部分;⑤最后安装支座以外即悬挑部分。这种由中心向四周逐步发展扩大的安装方法,可以有效地减小网架安装的累积误差,减少安装应力。

为了减少网架跨中挠度,本网架在安装时下弦跨中起拱 5cm,工程竣工后实测跨中最大挠度仅3.8cm,表明起拱是有效的。

图 6 网架安装中的小拼装单元

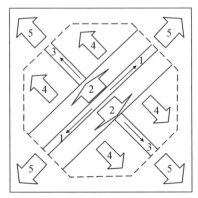

图 7 网架拼装程序示意

由于安装前进行了充分的准备工作,确定了合理的安装方法、程序及工艺,整个网架工程仅用40天就全部安装完毕,经验收评为优良工程并获"钱江杯"。本网架工程由浙江大学空间结构研究室设计,杭州大地网架制造有限公司制作安装。

6　结语

(1)根据结构及支承体系的平面形状设计合理的荷载传递路线、确定合适的网架结构形状是大跨空间结构设计中的一个重要方面。本文提出并得到实践的斜置四角锥网架在实际工程中收到良好的技术经济效果,可望得到进一步的应用。

(2)在同一网架工程中同时混合使用螺栓球、焊接球两种形式的节点可发挥它们各自的优点,是可行、合理的。

(3)结合具体工程特点,采用合理的拼装顺序将有效地减小安装的累积误差,减小安装应力。

(4)对于上弦螺栓球、下弦焊接球节点的网架结构的安装,本文所采用的"小单元拼装法"是有效的。

参考文献

[1] 中华人民共和国建设部.网架结构设计与施工规定:JGJ 7-80[S].北京:中国建筑工业出版社,1981.

[2] 网架结构设计与施工规程编制组.网架结构设计与施工——规程应用指南[M].北京:中国建筑工业出版社,1995.

39 广东人民体育场局部三层网架挑篷的设计与施工*

摘　要：广东人民体育场为 435m 长的环形挑篷屋盖，采用了少支柱的局部三层网架结构。本文阐述了有关该网架的选型和方案确定、内力挠度分布规律、设计构造、制作与安装、技术经济指标等诸问题。这种少支柱的局部三层网架方案为旧体育场看台的改造、加建挑篷提供了一条简易可行的途径。

关键词：广东人民体育场；挑篷；三层网架；设计与施工

1　工程概况和技术要求

作为 1991 年第一届世界女子足球赛主赛场之一的广东人民体育场位于广州市中心，其平面呈长椭圆形，长轴为 215m，短轴为 140m，总面积约 25000m²。体育场看台为早年建成的钢筋混凝土框架结构，宽度 16.5m，环向平均长为 558m，整圈的建筑面积为 9200m²，可容纳观众 25000 人。在主席台处，已建有 12m×50m 的钢筋混凝土结构挑篷。为适应这次世界大赛的需要，对看台拟加建挑篷，其覆盖建筑面积 7000m²（见图 1）。

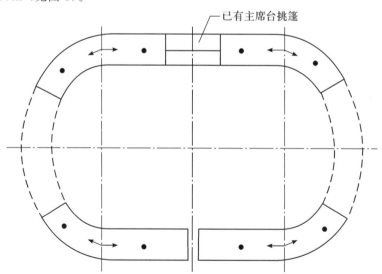

图 1　广东人民体育场平面图及加建挑篷范围图

*　本文刊登于：董石麟，罗尧治，周观根，施永夫.广东人民体育场局部三层网架挑篷的设计与施工[C]//中国土木工程学会.第六届空间结构学术交流会论文集，广州，1992：727－733.

由于这是一项旧体育场看台改造和加建挑篷屋盖工程,在结构选型上应满足如下技术要求。

(1)地处闹区,不能扩大建筑面积,也不能在看台外围增设立柱,只能在原看台平面范围内加建挑篷屋盖。

(2)原看台框架上基本上不能再增加负载。

(3)尽量少立柱子,以减少影响观众视线,同时在施工期间,看台框架下的商店、招待所及办公室要继续营业和使用。

这些是旧体育场改造扩建中带有一定普遍性的技术要求。

2 网架结构方案的确定

针对本工程的特点和技术要求,曾提出两个主要的结构方案:一是斜拉网架方案,一是局部三层网架方案(见图 2a、2b)。

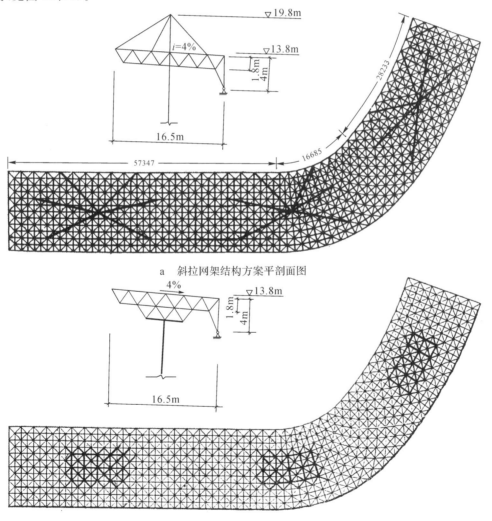

a 斜拉网架结构方案平剖面图

b 局部三层网架结构方案平剖面图

图 2 广东人民体育场网架结构方案

两个方案的共同之处有:

(1)把拟建的网架挑篷对称地划分为四块(不计主席台挑篷接长部分),每块网架最大纵向(环向)

长度不超过 120m，这基本满足钢结构设置伸缩缝的要求。

（2）都采用正放四角锥网架形式，网格尺寸、网架高度以及网架外周边处的杆件布置形式和支承条件均相同。

（3）每块网架均采用三支柱支承与外周边支承相结合的支承方式。三支柱布置在网架平面的纵向（环向）中轴线处。在竖向荷载作用下，通过分析计算，两方案均主要由三支柱来承担总反力，在水平风载作用下，70％的水平反力仍由三支柱承担。

两个方案的不同之处有以下几点：

（1）斜拉网架方案通过设在柱顶与网架连接的 18 根拉索来增加网架的刚度及降低柱周围杆件内力，而局部三层网架则通过设在柱顶的大型板块式柱帽来达到这一目的。

（2）斜拉网架的部分节点构造复杂，网架的制作与安装相对较难，而局部三层网架的节点比较单一，构造简单，网架的制作与安装相对较易。

（3）从观众的视线效果来说，斜拉网架方案稍优于局部三层网架方案.

经分析计算，斜拉网架的用钢指标比局部三层网架的要降低 10％，但从工程造价来说，两者不相上下。最后，根据广州市规划局从街道景观效果考虑，选用了局部三层网架方案。建成后的广东人民体育场网架挑篷见图 3，网架背侧面的杆件布置见图 4。

图 3　广东人民体育场网架挑篷全貌　　　　图 4　网架背侧面杆件布置图

3　挑篷网架的受力特性和内力挠度分布规律

作用在网架上的荷载有屋面荷载（采用轻质铝板）$0.3kN/m^3$、活荷载 $0.5kN/m^2$、风荷载 $0.3kN/m^2$（基本风压 $0.5kN/m^2$，动力系数 1.3）以及网架自重。荷载组合工况考虑为：

①自重＋屋面荷载＋活荷载；

②自重＋屋面荷载＋正面风（压力）；

③自重＋屋面荷载＋背面风（压力）；

④自重＋屋面荷载＋正面风（吸力）；

⑤自重＋屋面荷载＋背面风（吸力）。

考虑网架与支柱的共同作用，外周边支座按切向约束的简支支承计。

经分析，该体育场的局部三层挑篷网架具有如下主要受力特性：

（1）从计算结果分析看，本挑篷网架以自重＋屋面荷载＋风荷载（压力）为最不利荷载工况。

（2）由于支柱柱帽的存在，跨中挠度大为减小。从图 5a 节点挠度分布图看，显然檐口处的节点挠度大于中轴线处节点挠度，两挠度曲线较为相似，并且类似于带悬臂的连续梁的挠曲线。

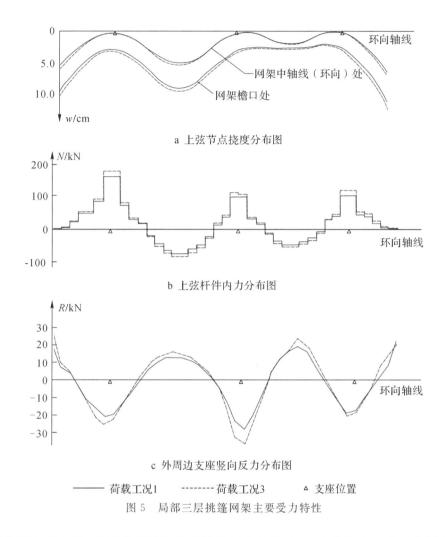

a 上弦节点挠度分布图

b 上弦杆件内力分布图

c 外周边支座竖向反力分布图

——— 荷载工况1　-------- 荷载工况3　△ 支座位置

图5　局部三层挑篷网架主要受力特性

（3）由于柱子布置匀称，并且考虑了柱的弹性作用和外周边、支座的切向约束，因此网架水平侧移和转动位移较小，约为竖向挠度的1/10。但是，如果柱子布置不匀称，且当计算时不考虑柱的弹性约束和外周边支座的切向约束作用，则网架的水平侧移和转动位移将会增大。

（4）杆件内力（图5b）有拉有压，跨中纵向（环向）上弦受压，支柱附近上弦出现拉力峰值。在局部三层位置，中层弦杆内力较小，腹杆受较大压力。由于柱帽的存在，柱子附近杆件内力较不设柱帽时明显减小。

（5）网架两端悬臂部位及相应柱间位置的外周边支座受正压力，而相应柱位置的外周边支座受拉力，正压力和反拉力的总和大致相等（图5c），所以三个支柱基本上承担了网架的外荷载和自重。

4　网架设计与节点构造

本工程采用螺栓球节点网架，设计与节点构造中遇到的几个具体问题，采取了相应的技术措施。

（1）杆件夹角小角度时处理方法。网架外周边支座节点处，腹杆和腹杆之间夹角小于30°。按照常规需增大螺栓球径，这将增加钢材用量，提高造价。为了既满足杆件受力要求，又不增大螺栓球径，采用了过渡锥头的连接方法（见图6）。具体做法是过渡锥头采用45号钢精加工而成，在厂内与螺栓球焊接成整体,并用三块加劲板加强。曾对这种节点在实验室进行拉、压试验,结果表明能满足设计要求。过渡锥头的设计要与网架杆件等强,并尽量只在受压杆件中采用。

(2)网架杆件与格构式塔柱杆件相碰时的处理方法。原体育场四角有四座供照明用的格构式塔柱,其杆件不可避免地要与网架杆件相碰。本工程采取切断网架杆件,用连接框接头的连接办法解决。设计中要求连接框与网架杆件等强(见图7)。

(3)网架支座节点。三根支承柱采用壁厚为12mm、直径为600mm的钢管混凝土柱,柱顶设有圆形的加劲盖板,网架支座与管柱的连接见图8。网架外周边支承在看台框架端部新设置的纵向(环向)圈梁上,采用一般的平板支座。

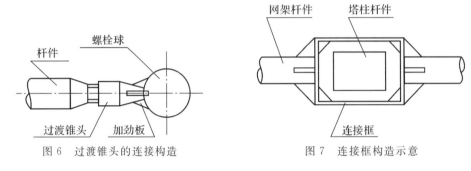

图 6   过渡锥头的连接构造   图 7   连接框构造示意

图 8   柱顶支座及其杆件连接情况

5   网架的制作与施工

由于本工程长椭圆平面系三心圆组成,网架自身起坡,因而拐弯部位网架杆件的几何长度种类繁多,螺栓球上螺栓孔的角度变化多端。为此,为检验加工制作的精度,网架产品出厂前对拐弯部位局部三层网架进行了试拼装。

网架在现场采用满堂脚手高空散装法拼装。拼装程序分4步进行(见图9):第1步从中柱出发向两边柱拼装,形成一条柱上网架带;第2步拼装柱上的网架带至外周边支承之间的网架杆件;第3步组装纵向(环向)两端悬臂部分的杆件;第4步拼装内悬臂部分网架的所有杆件。这种从中心向四周逐步伸展扩大的安装方法,一方面能使网架安装的误差最小,减少安装应力,另一方面使网架尽早形成与网架使用状态相一致的支承受力状态。拼装每一区域网架时,先安装下弦球和下弦杆,初步拧紧下弦杆高强螺栓后,调整各下弦节点位置与标高,再拧紧高强螺栓,然后安装腹杆、上弦球与上弦杆,拧紧上弦节点的高强螺栓。待整块网架安装好后,再全面进行检查。

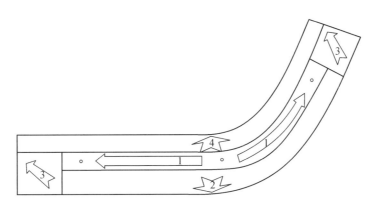

图 9　每块网架的安装程序

6　网架的经济技术指标

该网架挑篷的用钢量为 22kg/m²（其中上弦杆 5.16kg/m²，下弦杆 4.64kg/m²，腹杆 4.30kg/m²，大块柱帽杆件 3.10kg/m²，节点 4.80kg/m²），为国内同类网架挑篷中较低的指标. 网架在现场拼装共耗去 1120 个工日（安装队人员 28 人，用 40 天时间）.

7　结语

（1）本文提出并得到实践的少柱支承与外周边支承相结合的局部三层网架，是旧体育场改造、加建挑篷工程中一种简易、经济、行之有效的结构方案.

（2）这种结构形式在外荷载作用下，极大部分的支承反力由支承柱承担，外周边支承反力很小，对原看台框架结构一般无需进行加固.

（3）网架杆件交角为小角度时所采用的过渡锥头螺栓球节点及杆件切断后所采用的连接框接头受力合理、构造简单.

（4）几何形体复杂的网架结构宜进行试拼装. 本工程在施工安装中采取从中柱出发，先形成柱上网架带的拼装程序是合理可取的.

本工程在方案讨论中，浙江大学严慧教授、广州城市建设学院姚发坤高级工程师、广州市冶金设计所冯浩霖工程师提出了宝贵意见，特在此表示衷心感谢.

40 天津宁河县体育馆的设计与施工[*]

1 前言

从五十年代起,预应力钢结构的先进性就获得了广泛承认。其先进思想表现有二:一是能按设计者的要求,调整结构的应力状态;二是采用高强钢材,以取得较大的经济效果。本工程是按前一种思想,其实质归结于在结构内部建立一种自应力状态,这种自应力本身是一组与荷载无关而相互平衡的力系,它能提高结构的承载能力[1]。为此,只要在结构内部建立一种与自重和荷载作用下所产生的最大内力反号的力系就能达到目的。目前,在钢结构中建立预加应力的方法可分两大类:一是用人工直接张拉或使构件弯曲,二是利用支座升降、超载或制作和安装过程中,使整个结构产生内力重分布。

采用预应力的合理性和使用哪种方法适宜,取决于技术经济分析。一般来说,务必使结构产生预应力后而节约的材料的价值大于为建立预应力时所有的消耗。为此,我们利用支座升降来调整平板网架结构的内力,使其成为一种预应力结构,中部桁架的最大内力降低,边区桁架的内力升高,使同部位构件的内力相等,从而统一构件、减少节点类型、节省材料。

我们曾做过较详细的理论和实验研究[1-3]。现将天津宁河体育馆预应力平板网架屋盖的工程实践做一介绍,敬请批评和指正。

2 工程概况与方案选择

天津宁河县的县址现在芦台镇,芦台距 1976 年唐山地震时的震中甚近,曾遭毁灭性的破坏。近几年进行了全面重建,现已成为初具规模的新型城镇,县里为发展文体事业,拨出专款兴建县体育馆。该馆是按多功能要求设计的,除可进行体育训练和比赛外,尚可进行文艺活动和放映电影等。固定座位有 1200 多个,主体工程的建筑面积为 $1849m^2$($43m \times 43m$)(见图 1)。由于资金紧缺,因此,设计中尽可能考虑结构简明、技术先进、安全实用,在确保质量的前提下,节省投资。为此,我们进行了多种不同结构形式的方案比较:

(1)Γ 型钢筋混凝土柱支承钢三铰拱结构,拱净跨为 35m;

(2)带肋的钢筋混凝土板代替上弦钢构件的板架结构;

(3)预应力正放四角锥全钢网架结构。

经比较后,决定采用第三种方案,即采用钢筋混凝土柱承重,屋盖为周边支承的预应力正放四角

---

[*] 本文刊登于:熊盈川,董石麟,杨永革,吴鄂初.天津宁河县体育馆的设计与施工(盆式搁置预加应力平板网架结构)[J].建筑结构,1985,15(6):21-25.

锥网架结构,其平面尺寸为 42×42m。网格尺寸和网架高度均为 3m,下弦标高为 10.5m,采用空心球节点的预应力钢管网架,钢筋混凝土屋面板,8 度抗震设防,设计荷载 320kg/m²,选用钢材 A₃(实际上球为 A₃,管为 20# 钢)。按设计网架耗钢 52.6t,约为 28.5kg/m²(由于管材不易找到,以大代小,实际消耗 58.5t,约 31.6kg/m²)。共用杆件 1564 根,空心钢球 421 个。网架采用整体地面拼装,两向各留一边跨不焊,待整体吊装后,在空中拼接两边跨,然后空中移动就位。吊装工具为四根独脚拔杆,人工手推绞磨,最后通过对支座高度的调整使网架内力重分布以达到预应力状态。既可简化计算,更重要的是统一节点和构件,使跨中最大内力减少 16% 左右,节省钢材约 12%,拼接和吊装均十分方便,节约投资,在技术上是个新的尝试。网架已于 1984 年 5 月 1 日吊装成功(见图 1)。

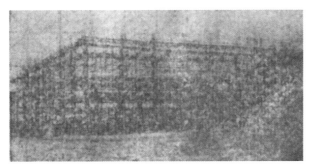

图 1　网架结构照片

3　设计与计算

3.1　计算

本网架平面尺寸为正方形,从理论上讲、经按最优支承反应调整后,每榀桁架的内力均相等,且可按静定结构来计算,上、下弦杆的内力为手算所得,腹杆的内力为两向桁架相应腹杆叠加之值。然后选定截面,进行电算校核,采用按矩阵位移法的 LSG-2 程序,计算结果表明,"手算"与"电算"中无论上弦、下弦还是腹杆,内力均很一致(见表 1),证明手算的可靠性和精度是在实际工程允许范围之内,截面一次就确定了。

表 1　手算与电算杆件最大内力比较表

杆件	手算结果/t	电算结果/t	误差/%
上弦	−35.28	−36.68	3.8
下弦	35.25	35.41	0.4
腹杆	−12.34	−12.35	0.4

图 2a 为按单跨空间桁架计算的结果,图 2b 为网架结构在荷载和反力共同作用下,由电算得出的结果,每杆上、下部的数值分别为预应力和一般网架的内力值。可见,经合理支座反力调整后,同部位杆件的内力趋于一致,且与按单跨桁架计算所得的内力值相差甚微。预应力网架腹杆的内力为 $S = S_x + S_y$。

图 2c 为支座反力调整值,预应力网架的支座反力均为 10.08t。

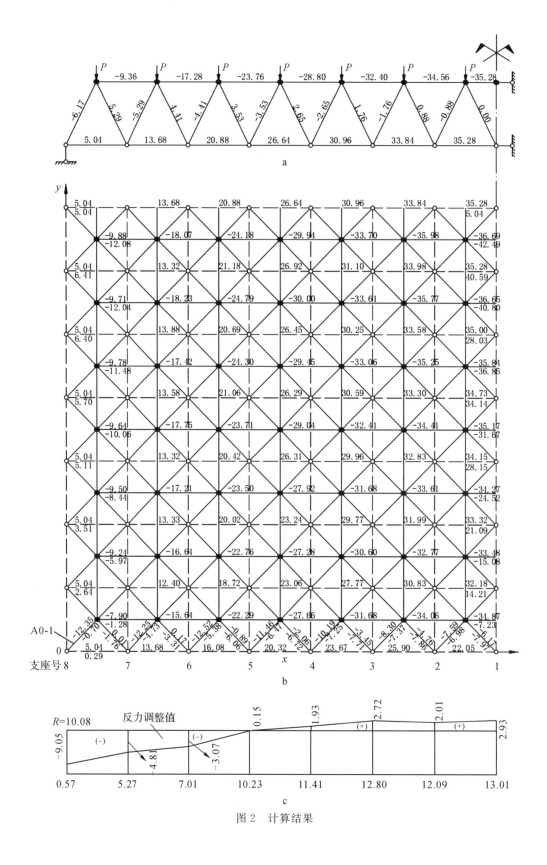

图 2   计算结果

3.2 杆件设计

由于本网架两向同部位弦杆的内力相等,故在截面选择时,同部位杆件可选同一种规格,这不仅统一了构件和节点,且方便了制作和拼装,以及增加了网架自身的美观,这是与一般网架不同的重要特点。

网架选用 6 种规格的钢管,杆件品种少,有利货源的采购和焊接拼装的方便。众所周知,压杆的截面选择需考虑纵向稳定,而受拉构件由于焊接检验条件的限制,焊缝强度需折减,因此实际上拉杆的截面选择取决于焊缝的长度。杆件下料全部用机床,开剖口,按对接焊缝考虑。

4 支座的设计

网架支座节点的设计,是网架内力调整的关键之一,按最优支座反应我们计算了三种支座节点相对高差之值,如表 2 所示。

表 2　三种支座节点相对高差之值　　　　　　　　　　　　　　　　　　　　　　（单位:cm）

方案号	支座号							
	1	2	3	4	5	6	7	8
一	0.00	0.10	0.70	1.6	3.0	4.8	6.8	9.0
二	0.00	0.10	0.65	1.5	2.8	4.4	6.0	8.0
三	0.00	0.10	0.60	1.4	2.5	3.9	5.5	7.0

注:从中点向角点逐次升高值图 2b。

表 3　网架内力值比较

杆件	一般网架内力/t	预应力网架					
		方案一内力/t	误差/%	方案二内力/t	误差/%	方案三内力/t	误差/%
上弦	−42.49	−36.68	15.8	−36.77	15.6	−37.34	13.7
下弦	40.65	35.41	14.8	35.74	13.7	36.11	12.6

上述方案是按不同支承反力考虑的,方案一为按各支承反力相等;方案三为考虑四角支承反力只为其他各支承的一半,方案二约为方案一、三的平均值。考虑此三种不同方案,主要是为了探求既省材料又方便施工的方案。原决定采用方案一,后来因主材来源关系,采用了较大的截面,所以在施工中以达到方案三所确定的支座调整值为准。确定各支座高差后,就必须处理好支座的节点构造,关键在于如何使构造简单,传力明确,符合计算假定。经调整后,各支座均受压,故可采用一般中跨网架结构单面弧形压力支座节点,外加一调整垫块。

一般支座构造为钢球＋支座板＋弧形垫块组成,并置于预埋钢板上用螺栓固定。本工程设计的支座是在一般支座构造的基础上,增加了调整垫块。为了便利试验的需要和施工方便又增加了一调整底板(见图 3)。

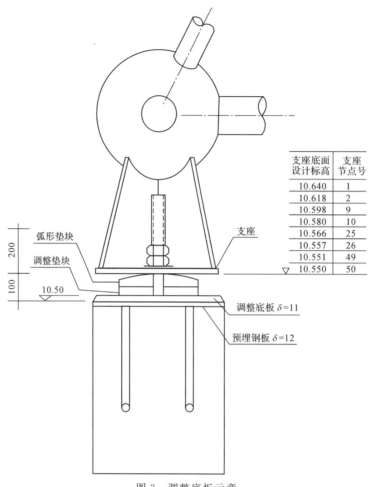

支座底面 设计标高	支座 节点号
10.640	1
10.618	2
10.598	9
10.580	10
10.566	25
10.557	26
10.551	49
▽ 10.550	50

图3 调整底板示意

调整垫块的作用:

(1)消除预埋钢板的标高误差;

(2)根据支座设计标高,确定每个支座的调整高度。各个支座按设计的标高就位后就能达到"预加应力"的目的。

调整底板的作用:一般情况下的做法是在梁柱顶面预埋钢板的同时,预埋固定螺栓。但由于预埋钢板的误差、网架制作的误差,以及网架在吊装过程中的变形,这就很难保证网架在就位时支座准确地对准每个预埋螺栓,而在空中改制,会增加不少困难和不安全因素。使用调整底板,不先预埋螺栓,而是将它焊在调整底板上。在安装过程中,与支座同时安好吊装,就位后调整底板与预埋钢板焊牢即可。此外,在安装时,支座、弧形垫块、调整垫块和调整底板一起同时安好固定,简化了安装过程。当支座与垫块间出现空隙时,可利用螺栓来调整。

5 施工与吊装就位

网架的施工与吊装就位由山西省汾阳建筑金属结构公司承担。

5.1　拼装

采用通常地面拼装的办法:①场地平整;②按下弦位置拼装支座;③将制作好的单元在支座上组装,先下弦后上弦。由于受已建柱和圈梁的限制,两向各有一榀边跨处的桁架不能在地面组装,待起吊后,就位前在空中拼接。整个过程与一般网架无异。拼装时无起拱。

5.2　吊装

采用 4 根钢管独脚拔杆,16 个吊点,人推绞磨起吊。拔杆安置于 1/4 片网架重心处。拔杆位置处抽去 1 根腹杆,就位后补上,起吊高度为 12.5m,拔杆高度为 20m。这个方法有以下优点:

(1)不受地形和位置的限制。有的场地大型吊车是无法进场的;

(2)起吊速度快。从起吊到网架达预定高度,共花 75min,包括中间休息片刻,比顶升、提升等办法快得多;

(3)提升过程平稳,同步容易控制,人推绞磨,设备简单,指挥方便。绞磨有自锁装置,安全可靠;

(4)吊装费用低,本网架吊装费仅五千元左右,如用大型履带吊,连进出场费都不够,从而降低了造价,这对网架的应用推广有重要意义;

(5)设备简单,对于经常转战全国各地的专业化施工队来说,装备的搬迁方便。

6　网架就位及支座调试

网架的"预应力"施加过程是本设计的关键,如何就位调试成了施工过程中重点探讨的问题。调整支座的高度和方法,施工前初步研讨了多种方案后,决定采用在多个支座处,按需要调整的高度,用调整垫块垫好,然后将拼装焊好的网架直接安放在每边呈抛物线高度的支座上,即水平拼装,盆式搁置。

事前,曾认为调整后支座的高度是呈抛物线分布的,四角高,边榀跨中低,而网架在自重情况下,由于自身刚度大,就位后中间几个支座会悬空,并造成局部支座处的杆件内力过大;施工单位则认为中间支座悬空,由于网架刚度大,即使施以外力,也无法就位。根据计算结果,认为每边的中间 7 个支座会悬空,并按此情况,在自重作用下,进行了电算,经仔细分析电算结果,认为虽然会出现这种情况,但不会发生危害网架之事。为了要测定预加应力的大小,最后决定,对中间悬空的几点支座,用支座上的螺栓或手动葫芦迫使网架支座节点就位,此时这几个支座就会出现拉力,其值就是预应力值,整个网架就呈现预应力效果。当屋面板安置后,这些支座中出现的拉力就会消失,各支座均受压,实际步骤如下:

(1)检测支座在梁柱上的预埋钢板的实际标高;

(2)根据实测数据,求出支座相对水平标高的改正值,加上不同支座的调整高度值,为调整垫块的实际需要厚度,并在现场制作;

(3)将支座、弧形垫块、调整垫块及调整底板用调整底板上的螺栓固定在一起,置于网架支座就位处;

(4)将吊起的网架就位;

(5)测量就位后各支座上球的实际标高。因为放置网架后,网架制作及支座的误差,就位后不一定是理想情况,应用水准仪量测;

(6)根据测量结果,分析数据,用千斤顶或手拉葫芦等工具把支座按理想抛物线尽可能加以调整;

本工程实测后,主要对个别角支座进行了 6～10mm 的顶升,对跨中一些悬空支座进行了下压。有的因两相邻支座误差而造成有空隙时,根据情况,可用钢片垫上。

(7)再次测量支座球的标高,并测定网架在自重情况下的垂度。

至此,网架安装完毕。在安装过程中我们对每一步骤均测试了几根典型杆件的应力和对称轴上下弦各节点的垂度。杆件的应力是借助电阻应变片来量测,垂度是采用水平仪来测定。四角处的各杆(图 2)的结果如表 4 所示。

表 4　杆件内力实测值与理论值的比较

杆件	实测值/t	理论值/t	误差/%
上弦杆 AO-1	-3.60	-3.40	5.6
下弦 AD-1	-4.96	-5.17	4.2

从表中可见四角的关键杆的内力与实测相差不大。在一般网架中四角处的腹杆 AD-1 的内力为 -0.7t。

所测得垂度基本符合规律和要求。

7　经验与不足

通过理论分析及首次在大跨度网架结构中实施,证明预应力网架有下述优点:

(1)利用垫块来调整各支座的相对高差,构造简单,施工方便,只需水平拼装,盆式搁置,无需张拉,不用考虑张拉幅度,也不会产生预应力损失,一次就能达到建立预应力的目的,施工安装过程与一般网架无大差异,并不增加额外的投资;

(2)使最大内力降低,节省了材料,降低消耗;

(3)节点和杆件的规格统一,类型少,制作、运输方便;

(4)计算简便,且能达到优化设计的效果;

(5)由于杆件和节点统一,组成规律,无需吊顶,整个大厅充分反映了现代技术的新结构体系,较明显和本质地体现了建筑和结构两者间的和谐统一与内在联系,美观效果较好。

通过这次实践,摸索了经验,也发现了一些问题:

(1)上述支座方案中尚可进一步简化,如取消支座螺栓和调整底板。既然支座相对高度经调整后,各支座反力均受压,且压力趋于一致,因此对压力支座就不一定采用支座螺栓,我们主要是为了在未安装屋面板前,就使网架建立预应力,以便测定;

(2)当采用板架结构时,因板架太重,且整体吊装时不易错开柱子的位置,宜采用提升或顶升法安装;

(3)本工程是全钢网架,采用了整体吊装,一次放下。这样,首先是四角支承,若沿周边逐次安放屋面板,各支座就会逐个支承上,施工简便,无需预先迫使中部悬空支承下降;

(4)本工程的屋面板是安放在上弦节点调坡的立柱上。当取消立柱时,为了屋盖有利于排水和增加刚度,可将网架按平面方程 $z=f(x/a+y/b)$ 起拱($i=1\%\sim3\%$),$l_x=2a$,$l_y=2b$,当各支承圈梁做成水平时,各支承点的高度应为边梁起拱高度和调整所需高度之和来确定其相对高差,同样可用垫块来调整。

参考文献

［1］熊盈川,马克俭,熊国举,等.正交交叉网架结构的最优支承反应[J].贵州工业大学学报(自然科学版),1983,(4):5－15.

［2］熊盈川.利用支座升降调整正交交叉结构的内力[J].建筑结构学报,1984,5(3):59－67.

［3］熊盈川.平板网架结构优化设计的实用方法[J].建筑结构,1984,(6):6－10.

［4］中华人民共和国建设部.网架结构设计与施工规定:JGJ 7－80[S].北京:中国建筑工业出版社,1981.

41 冲压板节点新型网架的研究试制与工程实例*

摘　要:冲压板节点是我们最近研制的一种新型网架节点。本文就冲压板节点的制作成型、节点构造以及工程实例等方面予以阐述。众所周知,网架结构在我国已被广泛采用,并已取得明显的技术经济效益。但目前我国所采用的网架节点多为空心焊接球和螺栓球节点,相应的网架杆件则需资源紧俏的钢管。因此,工程造价较高,一般小型工程采用网架结构难以显示其优点。为适应我国目前钢材供应情况,近几年来我们研制了冲压板节点,该节点是由13块平面图形组成的一种空间折板体,它适用于拼接正放四角锥网架、正放抽空四角锥网架和斜放四角锥网架。网架杆件可采用角钢、槽钢或圆钢。对这种冲压板节点现已通过实例试验应用于实际工程中。实践证明,采用冲压板节点的网架具有制作安装方便、适用于小跨度网架、经济技术效果好等优点。

关键词:冲压板节点;新型网架;研究试制;工程实例;制作安装方便

1　冲压板节点的研制与试验

网架结构是一种空间屋盖体系,由上弦杆、下弦杆、腹杆组成的几何体,杆件交点即为网架节点。网架节点有各种各样的形式。目前,我国已建成的网架结构工程一般采用焊接空心球节点、螺栓球节点、焊接板节点,杆件类型一般为钢管和角钢。

焊接板节点类网架一般采用角钢杆件,它是从平面桁架节点发展起来的,钢板、角钢材料容易解决,价格比较便宜,但由于板节点焊接工作量大,连接杆件方向性的适应能力较差,逐渐被焊接空心球节点和螺栓球节点所取代。尤其是近几年来,我国建成的网架结构绝大多数采用焊接空心球和螺栓球节点。但是,也有不少一般工程由于钢管供应紧张或因工程造价较高在方案选择阶段就放弃了网架方案,或者虽按网架结构设计而施工时改变为其他结构方案。如果能研制出更多类型的适合我国材料生产供应情况的网架节点,那将对我国空间结构的推广和发展起推动作用。1984年我们参照美国单杆(unistrut)网架体系,研制出了一种适合联接角钢、圆钢杆件的冲压板节点网架结构。冲压板节点为一空间折板,它由13块小平板组成,具有4个对称面,如图1所示。

冲压板节点的制作加工是将钢板利用剪板机切割成工艺制作要求的形状,放入加热炉内加热至适宜温度后移至特质模具内进行机械冲压成型,如图2所示。

---

　　* 本文刊登于:董石麟,李怀印,杨永德,等.冲压板节点新型网架的研究试制与工程实例[C]//中国土木工程学会.第三届空间结构学术交流会论文集(第二卷),吉林,1986:651—658.

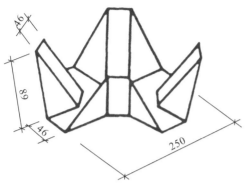

图 1　冲压板节点示意图(板厚 6mm)　　　　图 2　模具冲压成型

冲压板节点各部位尺寸及角度大小按网架的高度和网格尺寸确定,根据网架高度、荷载、网格尺寸可设计出系列产品。这种冲压板节点可适用于正放四角锥网架、正放抽空四角锥网架和斜放四角锥网架。上弦杆、腹杆均为角钢,下弦杆为圆钢。下弦节点构造如图 3 所示。上弦杆为开口向上的单角钢,杆端切成如图 4 的形状焊接在节点板的上平面上,腹杆开口向上,焊接在节点板的斜平面上。下弦杆为圆钢,焊接在节点板的内平面上。上、下弦节点平、剖面图如图 5、图 6 所示。

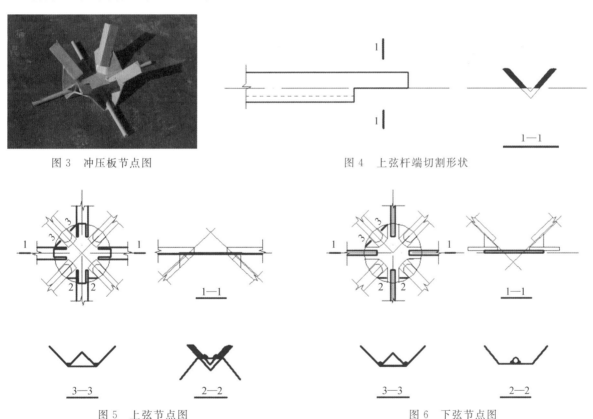

图 3　冲压板节点图　　　　　　　　　图 4　上弦杆端切割形状

图 5　上弦节点图　　　　　　　　　　图 6　下弦节点图

由图 7 可看出,冲压板节点网架上弦节点存在偏心。上弦杆件形心线通过冲压板节点上平面,与腹杆形心线交点的偏心距为 e_1。为消除上弦节点偏心距的影响,我们采用了网架上弦与屋面混凝土槽板共同工作的方案,如图 8。其构造作法是将上弦杆单角钢槽内每间隔 300 焊一ϕ6 短钢筋头,屋面混凝土槽板安装后在缝内配置通长 ϕ6 钢筋,用 300♯细石混凝土灌缝并捣实养护,形成一体。将混凝土槽板肋截面换算为钢截面并求出与网架上弦角钢共同形心线,通过调节混凝土槽板肋高或肋宽使其形心线通过腹杆形心线交点。从而可消除上弦节点的偏心影响。

　　冲压板节点应用于工程之前进行了两组单向节点试验。第一组为下弦节点,杆件为ϕ16 圆钢(受拉);第二组为上弦节点,杆件为∠50×5(受压)。试验实测数据如表 1 所示。

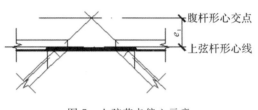 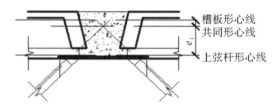

图 7　上弦节点偏心示意　　　　　　　　　　图 8　消除节点偏心做法

表 1　节点试验实测数据表

	第一组(杆件受拉)			第二组(杆件受压)		
节点形式						
试件编号	GJ-1	GJ-2	GJ-3	GBA-1	GBA-2	GBA-3
破坏荷载/t	16.56	11.15	12.1	12.83	10.4	12.45
破坏部位	钢筋拉断	钢筋拉断	钢筋拉断	杆件失稳	杆件失稳	杆件失稳
平均值/t	12.97			11.89		

　　由表 1 试验值得知,第一组试件圆钢杆件受拉,均为钢筋拉断,破坏荷载平均值为 12.97t。第二组试件角钢杆件受压,均为杆件失稳,破坏荷载平均值为 11.89t。其安全系数均远大于现行规范规定值。冲压板节点本身是一种空间受力节点,受力情况比较复杂,由于对该节点没有进行更多的受力试验,还难于由此得出节点承载能力的计算方法和节点各部位的应力分布规律。今后随着工程的采用和对节点的应力分析,将逐渐使冲压板节点系列化,并给出承载能力计算公式。在冲压板节点试验中,节点本身没有明显变化,可以保证工程安全可靠。

2　冲压板节点网架测试

　　天津市某饲料加工厂磨粉车间采用了冲压板节点正放四角锥网架。如图 9 所示。
　　由于这种节点系第一次应用于工程中,为安全可靠,对其中网架 A 进行了荷载试验和现场实例。网架 A 上弦最大杆件为∠63×5,腹杆为∠40×3,下弦为ϕ18,网架高度 1.21m。网架测点位置如图 10 所示。其中 W_1～W_8 为网架挠度测点,①～⑪为网架杆件应变测点。网架支承在 370×370 砖砌支柱上,利用红砖作为荷载,通过加荷支架将荷载传至网架上弦节点上。网架结构设计荷载为 200kg/m²,试验分 3 级荷载,第 1 级加 1/3 设计荷载;第 2 级加 2/3 设计荷载;第 3 级加到 1.1 倍设计荷载,每级加荷后读表、记录。所测杆件内力值与计算结果比较见表 2。所测节点挠度值与计算结果比较见表 3。现场试验是在夜间进行的,外界条件良好,试验结果表明,网架挠度和杆件内力的实测值与计算结果比较相近。节点、杆件工作正常,说明冲压板节点正放四角锥网架用于工程中是安全可靠的。

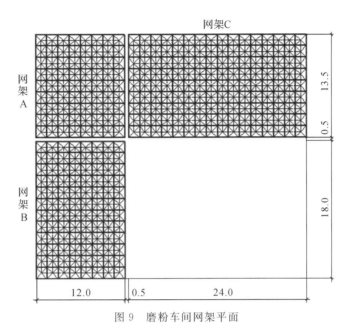

图 9 磨粉车间网架平面

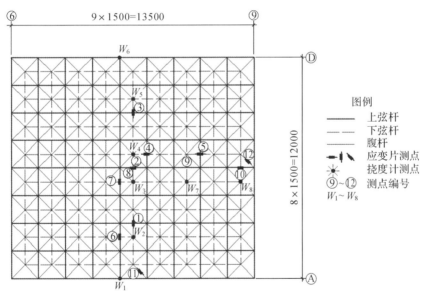

图 10 网架测点布置图

表 2 网架杆件实测内力值与计算结果比较表

杆件编号	1	2	3	4	5	6	7	8	9	10	11
实测值/t	2.568	3.548	2.775	2.543	2.292	−1.974	−2.578	−2.173	−1.383	−0.954	0.583
计算值/t	2.51	3.02	2.51	3.51	1.20	−2.93	−3.30	−2.12	−1.61	−0.56	0.86
误差/%	+2.3	+11.7	+10.5	+0.9	+91	−32.6	−21.9	+2.5	−14.1	+70.0	−27.5

　　屋面结构采用空间网架与其他结构形式相比,即可节约材料又可获得较好的空间效果。我们结合实际工程对冲压板节点网架的耗钢量进行了分析,见表 4。

表3　网架节点实测挠度值与计算结果比较表

节点编号	W_1	W_2	W_3	W_4	W_5	W_6	W_7	W_8
实测值/cm	0.00		1.521	1.521	1.110	0.000	0.993	0.312
计算值/cm	0.00	0.8	1.40	1.40	0.80	0.0	1.10	0.30
误差/%	0		+8.6	+8.6	+38.8	0	−9.8	+4

表4　工程实例耗钢量分析表

网架 编号	网架平面 尺寸/m	网格尺寸 /m	屋面荷载 /(kg·m⁻²)	耗钢量 /(kg·m⁻²)	构件耗钢比值/%			
					上弦	下弦	腹杆	节点
网架 A	12×13.5	1.5×1.5	200	12.55	21.55	15.26	39.7	23.49
网架 B	12×18	1.5×1.5	200	12.58	22.89	14.70	39.28	23.13
网架 C	13.5×24	1.5×1.5	200	12.87	25.20	15.80	36.80	22.20

众所周知,跨度为12m的建筑物,屋面如若采用薄腹梁、大型屋面板系统,仅12m薄腹梁配筋用钢量就需9kg/m²。若采用冲压板节点正放四角锥网架平面尺寸为1∶2时耗钢量为12kg/m²左右,因此小跨度冲压板节点网架的经济指标是较好的。

3　结语

综上所述,可得到如下一些初步结语:

(1)冲压板节点的加工成型极为方便,在特制的模具内冲压成型时间约10s,一台冲压机每小时可冲压成型30~50个。一个冲压板节点成型后,自然冷却,不需再进行任何加工即为成品,废品率低,下脚料少,价格低廉。

(2)板节点采用热冲压成型,尺寸准确。弯折部分拉薄约5%~10%,由于该节点为空间多向折板,空间刚度好。对于上弦节点当上弦角钢和腹杆角钢焊接后,还可增加节点刚度。如下弦杆在下弦节点处设计为连续杆件,则下弦节点基本成为连接件。因此,通过大批试验和分析计算后还可合理减小节点尺寸和板厚,从而降低节点用料。

(3)冲压板节点适用于小跨度轻型网架。由于网架的上弦杆、腹杆均可采用单角钢,下弦杆为圆钢,材料货源充足,符合我国国情,用于小型公共建筑和工业辅助性建筑显得非常轻巧,用料省,可获得较好的空间效果和经济技术效果。

(4)冲压板节点网架拼装方便,施工速度快,焊缝均为平焊,焊缝质量容易保证,累积误差可以消除,网架平面尺寸容易保证,一般施工技术水平即可确保拼装质量。

(5)冲压板节点网架屋面排水起坡容易解决。上弦杆与屋面混凝土槽板可通过锚筋和浇灌混凝土缝共同工作,形成良好的网架-平板组合结构,并可消除上弦节点偏心。

天津市津南铆焊三厂乔云通等参加了冲压板节点的试制。

第三部分

网壳结构

42 交叉拱系网状扁壳的计算方法[*]

摘　要:本文对各种交叉拱系组成的网状扁壳进行了分析研究,给出了网状扁壳的位移法及混合法的一般方程式和等代刚度的计算公式。对两组、三组、四组及多组拱系所构成的各种网格形式的网状扁壳,分别做了详细的讨论。指出了加肋扁壳是网状扁壳的一个推广。

关键词:交叉拱系;网状扁壳;计算方法;位移法;混合法;加肋扁壳

1　概述

　　网壳结构是平板型网架结构的一种发展,它具有空间工作、受力合理、重量轻、刚度大的明显特点,是大跨结构的最佳形式之一,多年来引起了国内外的关注。对于网格布置比较稠密的网状薄壳,可当作连续体来考虑,利用壳体结构的已有解答或通过一般壳体的分析方法进行计算。文献[1,2]曾研究了菱形网格的圆柱面扁壳的计算方法;文献[3—7]讨论了正三角形、等腰三角形网格的网状扁壳;文献[8]探索了直角三角形网格的圆柱面扁壳的近似分析法。

　　本文研究了单层的交叉拱系网状扁壳以及由平面桁架拱系组成的双层网状扁壳,按其网格形式来分,有三角形、等腰三角形、正三角形、直角三角形、矩形、菱形以及直角三角形与菱形相间的网格等;按曲面形式来分,有球面、圆柱面、双曲抛物面等。如图1所示,在圆形、矩形、方形、多边形及菱形平面上,可覆盖由交叉拱系组成的网状的球面扁壳、圆柱面壳、双曲扁壳、鞍形扁壳、扭壳等。又如图2所示,同是圆柱面网壳,可由四组、三组、两组拱系组合而成。对所有这些网状扁壳,本文从分析交叉拱系着手,导出了网状扁壳的位移法及混合法的一般基本方程式和等代刚度的计算公式。此外,还讨论了带肋扁壳的情况。文献中所研究的几种网状扁壳均为本文的特例。

2　网状扁壳位移法的一般方程式

　　所讨论的网状扁壳可认为是由几组交叉平面拱系所组成(图3)。拱系的每一榀拱能抵抗包括扭矩在内的拱平面内外的各种外荷载,则扁拱系中第 i 组拱的物理方程、平衡方程和几何关系为

$$N_i = EF_i \varepsilon_i, \qquad M_i = EJ_i \chi_i \qquad (1a)$$

$$\frac{\partial Q_i}{\partial x_i} + k_i N_i + g_i = 0, \qquad \frac{\partial M_i}{\partial x_i} - Q_i = 0 \qquad (1b)$$

---

[*]　本文刊登于:董石麟.交叉拱系网状扁壳的计算方法[J].土木工程学报,1985,18(3):1—17.

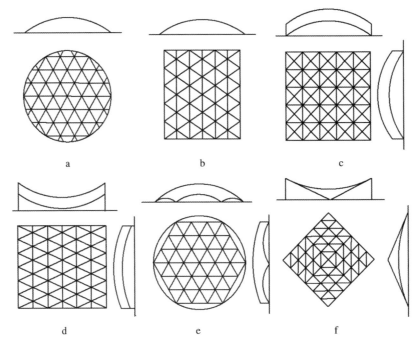

图 1　各种平面图形及曲面形状的网状扁壳

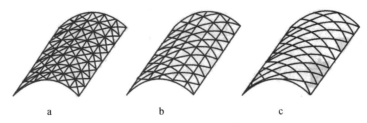

图 2　三种圆柱面网壳

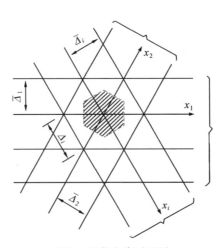

图 3　网状扁壳平面图

$$\varepsilon_i = \frac{\partial u_i}{\partial x_i} - k_i w, \qquad \chi_i = -\frac{\partial^2 w}{\partial x_i^2} \tag{1c}$$

$$H_i = GJ_{pi}\omega_i \tag{2a}$$

$$\frac{\partial H_i}{\partial x_i} - m_i = 0 \tag{2b}$$

$$\omega_i = -\frac{\partial^2 w}{\partial x_i \partial \bar{x}_i} \qquad (i=1,2,\cdots) \tag{2c}$$

式中,u_i、w 为拱的变位;ε_i、χ_i、ω_i 为轴向应变、弯曲应变及扭转应变;N_i、M_i、Q_i、H_i 为轴力、弯矩、切力及扭矩;k_i 为拱的曲率;$\bar{x}_i$ 轴与 x_i 轴正交;g_i、m_i 为折算线荷载及线扭矩;EF_i、EJ_i、GJ_{pi} 为拱的抗压、抗弯、抗扭刚度。内力与变位的正向如图 4 所示。对于由平面桁架拱系组成的双层网状扁壳,在忽略横向剪切变形时[9,10],拱截面的特性 F_i、J_i、J_{pi} 可由上、下弦杆截面积 A_{ai}、A_{bi} 及桁架高度 h 确定:

$$F_i = A_{ai} + A_{bi}, \qquad J_i = \frac{A_{ai}A_{bi}}{A_{ai}+A_{bi}}h^2, \qquad J_{pi}=0 \tag{3}$$

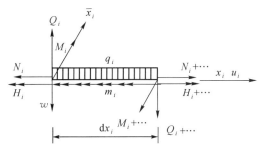

图 4　拱的内力和变位

式(1)表示在拱平面内的关系式,式(2)表示沿拱轴线扭转的关系式,当消去内力与应变后,可分别合并为

$$EJ_i\frac{\partial^4 w}{\partial x_i^4} + EF_i k_i^2 w - EF_i k_i \frac{\partial u_i}{\partial x_i} = q_i \tag{4}$$

$$-GJ_{pi}\frac{\partial^3 w}{\partial x_i^2 \partial \bar{x}_i} = m_i \tag{5}$$

当网状扁壳受有分布荷载 X、Y、q 时,对于任一单元割离体(图 3 中阴影部分)可建立 3 个平衡方程式

$$\left.\begin{array}{l}
\sum\limits_i \Delta_i \dfrac{\partial N_i}{\partial x_i}\cos\alpha_i + AX = 0 \\[2mm]
\sum\limits_i \Delta_i \dfrac{\partial N_i}{\partial x_i}\sin\alpha_i + AY = 0 \\[2mm]
\sum\limits_i \Delta_i\left(q_i - \dfrac{\partial m_i}{\partial \bar{x}_i}\right) = Aq
\end{array}\right\} \tag{6}$$

式中,A 为单元割离体的面积,亦即拱系的节点所管辖的平面积,Δ_i 为其在 x_i 轴方向的长度,α_i 为 x_i 轴与水平轴 x 的夹角。如设 $\overline{\Delta}_i$ 为拱间距,则恒有等式

$$\Delta_i \overline{\Delta}_i = A \tag{7}$$

拱系与网状扁壳的水平变位及曲率存在下列简单关系式(图 5):

$$u_i = u_x\cos\alpha_i + u_y\sin\alpha_i \tag{8}$$

$$k_i = k_x\cos^2\alpha_i + 2t\cos\alpha_i\sin\alpha_i + k_y\sin^2\alpha_i \tag{9}$$

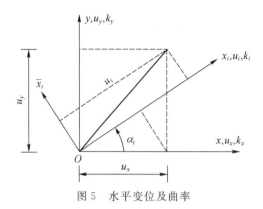

图5　水平变位及曲率

将式(4)、(5)及(1a)、(1c)中的第一式代入式(6)，并注意到(7)、(8)、(9)三式及下列微分关系式

$$\frac{\partial}{\partial x_i}=\cos\alpha_i\frac{\partial}{\partial x}+\sin\alpha_i\frac{\partial}{\partial y}$$

$$\frac{\partial}{\partial \overline{x}_i}=-\sin\alpha_i\frac{\partial}{\partial x}+\cos\alpha_i\frac{\partial}{\partial y}$$

经整理后，便得到以变位 u_x、u_y、w 表示的网状扁壳的一般方程式

$$\left.\begin{array}{l}L_{11}u_x+L_{12}u_y+L_{13}w+X=0\\L_{21}u_x+L_{22}u_y+L_{23}w+Y=0\\L_{31}u_x+L_{32}u_y+L_{33}w=q\end{array}\right\} \tag{10}$$

式中，各算符 L_{mn} 分别为

$$L_{11}=\sum_i E\delta_i\cos^2\alpha_i\left(\cos^2\alpha_i\frac{\partial^2}{\partial x^2}+2\cos\alpha_i\sin\alpha_i\frac{\partial^2}{\partial x\partial y}+\sin^2\alpha_i\frac{\partial^2}{\partial y^2}\right)$$

$$L_{12}=L_{21}=\sum_i E\delta_i\cos\alpha_i\sin\alpha_i\left(\cos^2\alpha_i\frac{\partial^2}{\partial x^2}+2\cos\alpha_i\sin\alpha_i\frac{\partial^2}{\partial x\partial y}+\sin^2\alpha_i\frac{\partial^2}{\partial y^2}\right)$$

$$L_{13}=L_{31}=-\sum_i E\delta_i\cos\alpha_i(k_x\cos^2\alpha_i+2t\cos\alpha_i\sin\alpha_i+k_y\sin^2\alpha_i)\left(\cos\alpha_i\frac{\partial}{\partial x}+\sin\alpha_i\frac{\partial}{\partial y}\right)$$

$$L_{22}=\sum_i E\delta_i\sin^2\alpha_i\left(\cos^2\alpha_i\frac{\partial^2}{\partial x^2}+2\cos\alpha_i\sin\alpha_i\frac{\partial^2}{\partial x\partial y}+\sin^2\alpha_i\frac{\partial^2}{\partial y^2}\right)$$

$$L_{23}=L_{32}=-\sum_i E\delta_i\sin\alpha_i(k_x\cos^2\alpha_i+2t\cos\alpha_i\sin\alpha_i+k_y\sin^2\alpha_i)\left(\cos\alpha_i\frac{\partial}{\partial x}+\sin\alpha_i\frac{\partial}{\partial y}\right)$$

$$L_{33}=\sum_i D_i\left(\cos^4\alpha_i\frac{\partial^4}{\partial x^4}+4\cos^3\alpha_i\sin\alpha_i\frac{\partial^4}{\partial x^3\partial y}+6\cos^2\alpha_i\sin^2\alpha_i\frac{\partial^4}{\partial x^2\partial y^2}+4\cos\alpha_i\sin^3\alpha_i\frac{\partial^4}{\partial x\partial y^3}\right.$$

$$\left.\sin^4\alpha_i\frac{\partial^4}{\partial y^4}\right)+\sum_i K_i\left[\cos^2\alpha_i\sin^2\alpha_i\frac{\partial^4}{\partial x_i^4}+2(\cos\alpha_i\sin^3\alpha_i-\cos^3\alpha_i\sin\alpha_i)\frac{\partial^4}{\partial x^3\partial y}\right.$$

$$+(\cos^4\alpha_i-4\cos^2\alpha_i\sin^2\alpha_i+\sin^4\alpha_i)\frac{\partial^4}{\partial x^2\partial y^2}+2(\cos^3\alpha_i\sin\alpha_i-\cos\alpha_i\sin^3\alpha_i)\frac{\partial^4}{\partial x\partial y^3}$$

$$\left.+\cos^2\alpha_i\sin^2\alpha_i\frac{\partial^4}{\partial y^4}\right]+\sum_i E\delta_i(k_x\cos^2\alpha_i+2t\cos\alpha_i\sin\alpha_i+k_y\sin^2\alpha_i)^2$$

$$\left.\right\} \tag{11}$$

$E\delta_i$、D_i、K_i 表示 i 方向拱系在其单位宽度上的折算抗压、抗弯、抗扭刚度：

$$E\delta_i=\frac{EF_i}{\Delta_i};\qquad D_i=\frac{EJ_i}{\Delta_i};\qquad K_i=\frac{GJ_{pi}}{\Delta_i} \tag{12}$$

计算时,还需要以变位来表示网状扁壳的内力。设有任一截面,其法线 x_n 和 x 轴的夹角为 α_n,则网状扁壳的轴力 T_n、剪力 S_n、弯矩 M_n、扭矩 H_n、横切力 Q_n 及综合横切力 Q_n^* 可用拱系的内力表示如下(图 6):

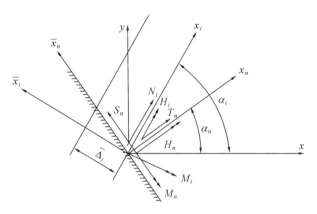

图 6　内力关系图

$$\left.\begin{aligned}
T_n &= \sum_i \frac{N_i}{\overline{\Delta}_i}\cos^2(\alpha_i - \alpha_n)\\[2mm]
S_n &= \sum_i \frac{N_i}{\overline{\Delta}_i}\cos(\alpha_i - \alpha_n)\sin(\alpha_i - \alpha_n)
\end{aligned}\right\} \tag{13}$$

$$\left.\begin{aligned}
M_n &= \sum_i \left[\frac{M_i}{\overline{\Delta}_i}\cos^2(\alpha_i - \alpha_n) - \frac{H_i}{\overline{\Delta}_i}\cos(\alpha_i - \alpha_n)\sin(\alpha_i - \alpha_n)\right]\\[2mm]
H_n &= \sum_i \left[\frac{M_i}{\overline{\Delta}_i}\cos(\alpha_i - \alpha_n)\sin(\alpha_i - \alpha_n) - \frac{H_i}{\overline{\Delta}_i}\cos^2(\alpha_i - \alpha_n)\right]
\end{aligned}\right\} \tag{14}$$

$$\left.\begin{aligned}
Q_n &= \sum_i \frac{Q_i + \dfrac{\partial H_i}{\partial \overline{x}_i}}{\overline{\Delta}_i}\cos(\alpha_i - \alpha_n)\\[3mm]
Q_n^* &= Q_n + \frac{\partial M_s}{\partial \overline{x}_n}
\end{aligned}\right\} \tag{15}$$

将式(1a)、(2a)、(1c)、(2c)依次代入,并应用式(8)、(9),便可用变位 u_x、u_y、w 来表示上述各式,当截面法线 x_n 与 x、y 轴平行时,则有

$$\left.\begin{aligned}
T_x &= \sum_i E\delta_i\cos^2\alpha_i\left[\cos\alpha_i\left(\cos\alpha_i\frac{\partial}{\partial x}+\sin\alpha_i\frac{\partial}{\partial y}\right)u_x+\sin\alpha_i\left(\cos\alpha_i\frac{\partial}{\partial x}+\sin\alpha_i\frac{\partial}{\partial y}\right)u_y\right.\\
&\quad\left.-(k_x\cos^2\alpha_i+2t\cos\alpha_i\sin\alpha_i+k_y\sin^2\alpha_i)w\right]\\[2mm]
T_y &= \sum_i E\delta_i\sin^2\alpha_i\left[\cos\alpha_i\left(\cos\alpha_i\frac{\partial}{\partial x}+\sin\alpha_i\frac{\partial}{\partial y}\right)u_x+\sin\alpha_i\left(\cos\alpha_i\frac{\partial}{\partial x}+\sin\alpha_i\frac{\partial}{\partial y}\right)u_y\right.\\
&\quad\left.-(k_x\cos^2\alpha_i+2t\cos\alpha_i\sin\alpha_i+k_y\sin^2\alpha_i)w\right]\\[2mm]
S_{xy} &= \sum_i E\delta_i\cos\alpha_i\sin\alpha_i\left[\cos\alpha_i\left(\cos\alpha_i\frac{\partial}{\partial x}+\sin\alpha_i\frac{\partial}{\partial y}\right)u_x+\sin\alpha_i\left(\cos\alpha_i\frac{\partial}{\partial x}+\sin\alpha_i\frac{\partial}{\partial y}\right)u_y\right.\\
&\quad\left.-(k_x\cos^2\alpha_i+2t\cos\alpha_i\sin\alpha_i+k_y\sin^2\alpha_i)w\right]\\[2mm]
S_{yx} &= S_{xy}
\end{aligned}\right\} \tag{16}$$

$$M_x = -\sum_i \left[\cos^2\alpha_i \left(D_i\cos^2\alpha_i + K_i\sin^2\alpha_i\right)\frac{\partial^2 w}{\partial x^2} + \cos^2\alpha_i\sin^2\alpha_i\left(D_i - K_i\right)\frac{\partial^2 w}{\partial y^2} \right.$$
$$\left. + \cos\alpha_i\sin\alpha_i\left(2D_i\cos^2\alpha_i - K_i\sin^2\alpha_i\right)\frac{\partial^2 w}{\partial x\partial y} \right]$$

$$M_y = -\sum_i \left[\cos^2\alpha_i\sin^2\alpha_i\left(D_i - K_i\right)\frac{\partial^2 w}{\partial x^2} + \sin^2\alpha_i\left(D_i\sin^2\alpha_i + K_i\cos^2\alpha_i\right)\frac{\partial^2 w}{\partial y^2} \right.$$
$$\left. + \cos\alpha_i\sin\alpha_i\left(2D_i\sin^2\alpha_i + K_i\cos^2\alpha_i\right)\frac{\partial^2 w}{\partial x\partial y} \right]$$

$$H_{xy} = -\sum_i \left[\cos^3\alpha_i\sin\alpha_i\left(D_i - K_i\right)\frac{\partial^2 w}{\partial x^2} + \cos\alpha_i\sin\alpha_i\left(D_i\sin^2\alpha_i + K_i\cos^2\alpha_i\right)\frac{\partial^2 w}{\partial y^2} \right.$$
$$\left. + \cos^2\alpha_i\left(2D_i\sin^2\alpha_i + K_i\cos^2\alpha_i\right)\frac{\partial^2 w}{\partial x\partial y} \right]$$

$$H_{yx} = -\sum_i \left[\cos\alpha_i\sin\alpha_i\left(D_i\cos^2\alpha_i + K_i\sin^2\alpha_i\right)\frac{\partial^2 w}{\partial x^2} + \cos\alpha_i\sin^3\alpha_i\left(D_i - K_i\right)\frac{\partial^2 w}{\partial y^2} \right.$$
$$\left. + \sin^2\alpha_i\left(2D_i\cos^2\alpha_i - K_i\sin^2\alpha_i\right)\frac{\partial^2 w}{\partial x\partial y} \right]$$

(17)

$$Q_x = -\sum_i \left\{ \cos^2\alpha_i\left(D_i\cos^2\alpha_i + K_i\sin^2\alpha_i\right)\frac{\partial^3 w}{\partial x^3} + \cos\alpha_i\sin\alpha_i\left[3D_i\cos^2\alpha_i + K_i\left(\sin^2\alpha_i \right.\right.\right.$$
$$\left.\left. - 2\cos^2\alpha_i\right)\right]\frac{\partial^3 w}{\partial x^2\partial y} + \cos^2\alpha_i\left[3D_i\sin^2\alpha_i + K_i\left(\cos^2\alpha_i - 2\sin^2\alpha_i\right)\right]\frac{\partial^3 w}{\partial x\partial y^2}$$
$$\left. + \cos\alpha_i\sin\alpha_i\left(D_i\sin^2\alpha_i + K_i\cos^2\alpha_i\right)\frac{\partial^3 w}{\partial y^3} \right\}$$

$$Q_y = -\sum_i \left\{ \cos\alpha_i\sin\alpha_i\left(D_i\cos^2\alpha_i + K_i\sin^2\alpha_i\right)\frac{\partial^3 w}{\partial x^3} + \sin^2\alpha_i\left[3D_i\cos^2\alpha_i \right.\right.$$
$$\left. + K_i\left(\sin^2\alpha_i - 2\cos^2\alpha_i\right)\right]\frac{\partial^3 w}{\partial x^2\partial y} + \cos\alpha_i\sin\alpha_i\left[3D_i\sin^2\alpha_i + K_i\left(\cos^2\alpha_i \right.\right.$$
$$\left.\left. - 2\sin^2\alpha_i\right)\right]\frac{\partial^3 w}{\partial x\partial y^2} + \sin^2\alpha_i\left(D_i\sin^2\alpha_i + K_i\cos^2\alpha_i\right)\frac{\partial^3 w}{\partial y^3} \right\}$$

$$Q_x^* = -\sum_i \left\{ \cos^2\alpha_i\left(D_i\cos^2\alpha_i + K_i\sin^2\alpha_i\right)\frac{\partial^3 w}{\partial x^3} + \cos\alpha_i\sin\alpha_i\left[4D_i\cos^2\alpha_i \right.\right.$$
$$\left. + K_i\left(\sin^2\alpha_i - 3\cos^2\alpha_i\right)\right]\frac{\partial^3 w}{\partial x^2\partial y} + \cos^2\alpha_i\left[5D_i\sin^2\alpha_i + K_i\left(2\cos^2\alpha_i \right.\right.$$
$$\left.\left. - 3\sin^2\alpha_i\right)\right]\frac{\partial^3 w}{\partial x\partial y^2} + \cos\alpha_i\sin\alpha_i\left(2D_i\sin^2\alpha_i + 2K_i\cos^2\alpha_i\right)\frac{\partial^3 w}{\partial y^3} \right\}$$

$$Q_y^* = -\sum_i \left\{ \cos\alpha_i\sin\alpha_i\left(2D_i\cos^2\alpha_i + 2K_i\sin^2\alpha_i\right)\frac{\partial^3 w}{\partial x^3} + \sin^2\alpha_i\left[5D_i\cos^2\alpha_i \right.\right.$$
$$\left. + K_i\left(2\sin^2\alpha_i - 3\cos^2\alpha_i\right)\right]\frac{\partial^3 w}{\partial x^2\partial y} + \cos\alpha_i\sin\alpha_i\left[4D_i\sin^2\alpha_i + K_i\left(\cos^2\alpha_i \right.\right.$$
$$\left.\left. - 3\sin^2\alpha_i\right)\right]\frac{\partial^3 w}{\partial x\partial y^2} + \sin^2\alpha_i\left(D_i\sin^2\alpha_i + K_i\cos^2\alpha_i\right)\frac{\partial^3 w}{\partial y^3} \right\}$$

(18)

　　由基本方程式(10)、内力表达式(13)、(14)、(15)或(16)、(17)、(18)，根据边界条件，原则上已能求解各种网格形式的网状扁壳了。解出变位 u_x、u_y、w 后，可由式(16)、(17)、(18)计算网壳的内力，也可由式(1)、(2)计算组成网壳的基本杆件即扁拱的内力。

3 比较网状扁壳与各向异性扁壳

不难看出，如引进一些网状扁壳的物理常数，即折算薄膜刚度和弯曲刚度

$$
\left.
\begin{aligned}
B_{11} &= \sum_i E\delta_i \cos^4 \alpha_i \\
B_{22} &= \sum_i E\delta_i \sin^4 \alpha_i \\
B_{12} = B_{21} &= \sum_i E\delta_i \cos^2 \alpha_i \sin^2 \alpha_i \\
B_{33} &= \sum_i E\delta_i \cos^2 \alpha_i \sin^2 \alpha_i \\
B_{13} = B_{31} &= \sum_i E\delta_i \cos^3 \alpha_i \sin\alpha_i \\
B_{23} = B_{32} &= \sum_i E\delta_i \cos\alpha_i \sin^3 \alpha_i
\end{aligned}
\right\}
\tag{19}
$$

$$
\left.
\begin{aligned}
D_{11} &= \sum_i \left[D_i \cos^4 \alpha_i + K_i \cos^2 \alpha_i \sin^2 \alpha_i \right] \\
D_{22} &= \sum_i \left[D_i \sin^4 \alpha_i + K_i \cos^2 \alpha_i \sin^2 \alpha_i \right] \\
D_{12} = D_{21} &= \sum_i \left[(D_i - K_i) \cos^2 \alpha_i \sin^2 \alpha_i \right] \\
D_{33}^{(1)} &= \sum_i \left[D_i \cos^2 \alpha_i \sin^2 \alpha_i + \frac{K_i}{2} \cos^2 \alpha_i \left(\cos^2 \alpha_i - \sin^2 \alpha_i \right) \right] \\
D_{33}^{(2)} &= \sum_i \left[D_i \cos^2 \alpha_i \sin^2 \alpha_i + \frac{K_i}{2} \sin^2 \alpha_i \left(\sin^2 \alpha_i - \cos^2 \alpha_i \right) \right] \\
D_{33} = \frac{D_{33}^{(1)} + D_{33}^{(2)}}{2} &= \sum_i \left[D_i \cos^2 \alpha_i \sin^2 \alpha_i + \frac{K_i}{4} \left(\cos^2 \alpha_i - \sin^2 \alpha_i \right)^2 \right] \\
D_{31}^{(1)} &= \sum_i \left[(D_i - K_i) \cos^3 \alpha_i \sin\alpha_i \right] \\
D_{31}^{(2)} &= \sum_i \left[D_i \cos^3 \alpha_i \sin\alpha_i + K_i \cos\alpha_i \sin^3 \alpha_i \right] \\
D_{13} = D_{31} = \frac{D_{31}^{(1)} + D_{31}^{(2)}}{2} &= \sum_i \left[D_i \cos^3 \alpha_i \sin\alpha_i + \frac{K_i}{2} \cos\alpha_i \sin\alpha_i \left(\sin^2 \alpha_i - \cos^2 \alpha_i \right) \right] \\
D_{32}^{(1)} &= \sum_i \left[D_i \cos\alpha_i \sin^3 \alpha_i + K_i \cos^3 \alpha_i \sin\alpha_i \right] \\
D_{32}^{(2)} &= \sum_i \left[(D_i - K_i) \cos\alpha_i \sin^3 \alpha_i \right] \\
D_{23} = D_{32} = \frac{D_{32}^{(1)} + D_{32}^{(2)}}{2} &= \sum_i \left[D_i \cos\alpha_i \sin^3 \alpha_i + \frac{K_i}{2} \cos\alpha_i \sin\alpha_i \left(\cos^2 \alpha_i - \sin^2 \alpha_i \right) \right]
\end{aligned}
\right\}
\tag{20}
$$

则可使内力表达式(16)、(17)、(18)简化为

$$
\left.
\begin{aligned}
T_x &= B_{11}\varepsilon_x + B_{12}\varepsilon_y + B_{13}\gamma \\
T_y &= B_{21}\varepsilon_x + B_{22}\varepsilon_y + B_{23}\gamma \\
S_{xy} = S_{yx} = S &= B_{31}\varepsilon_x + B_{32}\varepsilon_y + B_{33}\gamma
\end{aligned}
\right\}
\tag{21}
$$

$$
\left.
\begin{aligned}
M_x &= D_{11}\chi_x + D_{12}\chi_y + D_{13}\tau \\
M_y &= D_{21}\chi_x + D_{22}\chi_y + D_{23}\tau \\
H_{xy} &= D_{31}^{(1)}\chi_x + D_{32}^{(1)}\chi_y + D_{33}^{(1)}\tau \\
H_{yx} &= D_{31}^{(2)}\chi_x + D_{32}^{(2)}\chi_y + D_{33}^{(2)}\tau
\end{aligned}
\right\}
\tag{22}
$$

$$Q_x = D_{11}\frac{\partial \chi_x}{\partial x} + (2D_{13} + D_{31}^{(2)})\frac{\partial \chi_x}{\partial y} + (D_{12} + 2D_{33}^{(2)})\frac{\partial \chi_y}{\partial x} + D_{33}^{(2)}\frac{\partial \chi_y}{\partial y}$$

$$Q_y = D_{31}^{(1)}\frac{\partial \chi_x}{\partial x} + (2D_{33}^{(1)} + D_{21})\frac{\partial \chi_x}{\partial y} + (2D_{23} + D_{32}^{(1)})\frac{\partial \chi_y}{\partial x} + D_{22}\frac{\partial \chi_y}{\partial y}$$

$$Q_x^* = D_{11}\frac{\partial \chi_x}{\partial x} + 4D_{13}\frac{\partial \chi_x}{\partial y} + (D_{12} + 4D_{33})\frac{\partial \chi_y}{\partial x} + 2D_{32}\frac{\partial \chi_y}{\partial y}$$

$$Q_y^* = 2D_{31}\frac{\partial \chi_x}{\partial x} + (D_{21} + 4D_{33})\frac{\partial \chi_x}{\partial y} + 4D_{23}\frac{\partial \chi_y}{\partial x} + D_{22}\frac{\partial \chi_y}{\partial y}$$

(23)

式中
$$\varepsilon_x = \frac{\partial u_x}{\partial x} - k_x w, \qquad \varepsilon_y = \frac{\partial u_y}{\partial y} - k_y w, \qquad \gamma = \frac{\partial u_y}{\partial x} + \frac{\partial u_x}{\partial y} - 2tw \qquad (24)$$

$$\chi_x = -\frac{\partial^2 w}{\partial x^2}, \qquad \chi_x = -\frac{\partial^2 w}{\partial y^2}, \qquad \tau = -2\frac{\partial^2 w}{\partial x \partial y} \qquad (25)$$

算式(11)也可简化为

$$L_{11} = B_{11}\frac{\partial^2}{\partial x^2} + 2B_{13}\frac{\partial^2}{\partial x \partial y} + B_{33}\frac{\partial^2}{\partial y^2}$$

$$L_{12} = L_{21} = B_{13}\frac{\partial^2}{\partial x^2} + (B_{12} + B_{33})\frac{\partial^2}{\partial x \partial y} + B_{23}\frac{\partial^2}{\partial y^2}$$

$$L_{13} = L_{31} = -(k_x B_{11} + k_y B_{12} + 2t B_{13})\frac{\partial}{\partial x} - (k_x B_{13} + k_y B_{23} + 2t B_{33})\frac{\partial}{\partial y}$$

$$L_{22} = B_{33}\frac{\partial^2}{\partial x^2} + 2B_{23}\frac{\partial^2}{\partial x \partial y} + B_{22}\frac{\partial^2}{\partial y^2}$$

(26)

$$L_{23} = L_{32} = -(k_x B_{13} + k_y B_{23} + 2t B_{33})\frac{\partial}{\partial x} - (k_x B_{12} + k_y B_{22} + 2t B_{23})\frac{\partial}{\partial y}$$

$$L_{33} = D_{11}\frac{\partial^4}{\partial x^4} + 4D_{13}\frac{\partial^4}{\partial x^3 \partial y} + 2(D_{12} + 2D_{33})\frac{\partial^4}{\partial x^2 \partial y^2} + 4D_{23}\frac{\partial^4}{\partial x \partial y^3} + D_{22}\frac{\partial^4}{\partial y^4}$$

$$+ (k_x^2 B_{11} + 2k_x k_y B_{12} + k_y^2 B_{22} + 4k_x t B_{13} + 4k_y t B_{23} + 4t^2 B_{33})$$

由此可见,当扭曲率 t 为零时,网状扁壳的基本方程式(10)从形式上来说和材料上各向异性双曲扁壳的基本方程式相似[11],但因网状扁壳的 $D_{13} \neq D_{31}^{(1)} \neq D_{31}^{(2)}$, $D_{23} \neq D_{32}^{(1)} \neq D_{32}^{(2)}$, $D_{33} \neq D_{33}^{(1)} \neq D_{33}^{(2)}$,而导致某些内力($H_{xy}$、$H_{yx}$、$Q_x$、$Q_y$)的表达式与材料上各向异性双曲扁壳的内力表达式不同。

4 网状扁壳混合法的一般方程式

网状扁壳的一般方程式亦可采用混合法来表示。将式(1a)、(4)、(5)、(1c)代入式(6),并应用式(7)、(8)、(9)、(16)、(20)、(22),可表达为

$$\frac{\partial T_x}{\partial x} + \frac{\partial S}{\partial y} + X = 0$$

$$\frac{\partial S}{\partial x} + \frac{\partial T_y}{\partial y} + Y = 0$$

(27)

$$D_{11}\frac{\partial^4 w}{\partial x^4} + 4D_{13}\frac{\partial^4 w}{\partial x^3 \partial y} + 2(D_{12} + 2D_{33})\frac{\partial^4 w}{\partial x^2 \partial y^2} + 4D_{23}\frac{\partial^4 w}{\partial x \partial y^3}$$

$$+ D_{22}\frac{\partial^4 w}{\partial y^4} - k_x T_x - k_y T_y - 2tS = q$$

引入应力函数 φ 及切向荷载函数 Ω,使得

$$T_x = \frac{\partial^2 \varphi}{\partial y^2} + \Omega, \qquad T_y = \frac{\partial^2 \varphi}{\partial x^2} + \Omega, \qquad S_x = -\frac{\partial^2 \Phi}{\partial x \partial y} \tag{28}$$

$$X = -\frac{\partial \Omega}{\partial x}, \qquad Y = -\frac{\partial \Omega}{\partial y} \tag{29}$$

则由式(27)得出混合法的平衡方程,而协调方程可由式(24)消去 u_x、u_y,并代人式(21)、(28)后得出。经整理后一并归纳为

$$\left. \begin{array}{l} L_B \varphi + \nabla_K^2 w = -\nabla_B^2 \Omega \\ L_D w - \nabla_K^2 \varphi = q + (k_x + k_y) \Omega \end{array} \right\} \tag{30}$$

其中

$$\left. \begin{array}{l} L_B = b_{22} \dfrac{\partial^4}{\partial x^4} - 2b_{23} \dfrac{\partial^4}{\partial x^3 \partial y} + (2b_{12} + b_{33}) \dfrac{\partial^4}{\partial x^2 \partial y^2} - 2b_{13} \dfrac{\partial^4}{\partial x \partial y^3} + b_{11} \dfrac{\partial^4}{\partial y^4} \\[3mm] L_D = D_{11} \dfrac{\partial^4}{\partial x^4} + 4D_{13} \dfrac{\partial^4}{\partial x^3 \partial y} + 2(D_{12} + 2D_{33}) \dfrac{\partial^4}{\partial x^2 \partial y^2} + 4D_{23} \dfrac{\partial^4}{\partial x \partial y^3} + D_{22} \dfrac{\partial^4}{\partial y^4} \\[3mm] \nabla_K^2 = k_y \dfrac{\partial^2}{\partial x^2} - 2t \dfrac{\partial^2}{\partial x \partial y} + k_x \dfrac{\partial^2}{\partial y^2} \\[3mm] \nabla_B^2 = (b_{12} + b_{22}) \dfrac{\partial^2}{\partial x^2} - (b_{13} + b_{23}) \dfrac{\partial^2}{\partial x \partial y} + (b_{11} + b_{12}) \dfrac{\partial^2}{\partial y^2} \end{array} \right\} \tag{31}$$

网状扁壳的折算薄膜柔度 b_{mn},可由折算薄膜刚度 B_{mn} 按下式求得

$$b_{mn} = \frac{C_{mn}}{\Delta} \qquad (m、n = 1, 2, 3) \tag{32}$$

其中

$$\Delta = \begin{vmatrix} B_{11} & B_{12} & B_{13} \\ B_{21} & B_{22} & B_{23} \\ B_{31} & B_{32} & B_{33} \end{vmatrix} \tag{33}$$

而 C_{mn} 为行列式 Δ 的各代数余子式。

5 四组拱系组成的网状扁壳

四组拱系组成的网状扁壳有图 7 所示的三种网格形式:第一种是由"X"字形分割而成的三角形网格;第二种是由"米"字形分割而成的直角三角形网格;第三种是形成直角三角形与菱形相组合的网格。对于前两种网状扁壳,O 为四组拱系的交点,O' 可不当作拱系交点看待,以 O 点为中心的单元隔离体如图中虚线所示(图 7a、b)。对于图 7c 所示的网状扁壳,四组拱系应看作在单元隔离体内相交。

设 $E\delta_1 = \dfrac{EF_1}{\Delta_1}$、$E\delta_2 = \dfrac{EF_2}{\Delta_2}$、$E\delta = E\delta_3 = E\delta_4 = \dfrac{EF}{\Delta}$,$D_1 = \dfrac{EJ_1}{\Delta_1}$,$D_2 = \dfrac{EJ_2}{\Delta_2}$,$D = D_3 = D_4 = \dfrac{EJ}{\Delta}$,$K_1 = \dfrac{GJ_{p1}}{\Delta_1}$、$K_2 = \dfrac{GJ_{p2}}{\Delta_2}$、$K = K_3 = K_4 = \dfrac{GJ_p}{\Delta}$ 分别为 $x_1 = x$、$x_2 = y$、x_3 及 x_4 方向拱系在单位宽度上的抗压、抗弯、抗扭刚度,且令 $\alpha_3 = -\alpha_4 = \alpha$,此时,由式(19)、(20)、(32)可求得

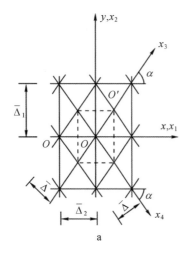

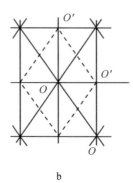

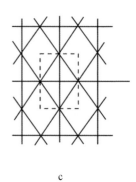

$$a \qquad\qquad b \qquad\qquad c$$

图 7　四组拱系网状扁壳

$$B_{11}=E(\delta_1+2\delta\cos^4\alpha),\qquad b_{11}=\frac{\delta_2+2\delta\sin^4\alpha}{E[\delta_1\delta_2+2\delta(\delta_1\sin^4\alpha+\delta_2\cos^4\alpha)]}$$

$$B_{22}=E(\delta_2+2\delta\sin^4\alpha),\qquad b_{22}=\frac{\delta_1+2\delta\cos^4\alpha}{E[\delta_1\delta_2+2\delta(\delta_1\sin^4\alpha+\delta_2\cos^4\alpha)]}$$

$$B_{12}=B_{21}=2E\delta\cos^2\alpha\sin^2\alpha,\qquad b_{12}=b_{21}=\frac{-2\delta\cos^2\alpha\sin^2\alpha}{E[\delta_1\delta_2+2\delta(\delta_1\sin^4\alpha+\delta_2\cos^4\alpha)]}$$

$$B_{33}=2E\delta\cos^2\alpha\sin^2\alpha,\qquad b_{33}=\frac{1}{2E\delta\cos^2\alpha\sin^2\alpha}$$

$$B_{13}=B_{31}=B_{23}=B_{32}=0,\qquad b_{13}=b_{31}=b_{23}=b_{32}=0$$

$$\left.\vphantom{\begin{array}{c}a\\a\\a\\a\\a\\a\end{array}}\right\}\quad(34)$$

$$D_{11}=D_1+2D\cos^4\alpha+2K\cos^2\alpha\sin^2\alpha$$

$$D_{22}=D_2+2D\sin^4\alpha+2K\cos^2\alpha\sin^2\alpha$$

$$D_{12}=D_{21}=2(D-K)\cos^2\alpha\sin^2\alpha$$

$$D_{33}^{(1)}=2D\cos^2\alpha\sin^2\alpha+\frac{K_1}{2}+K\cos^2\alpha(\cos^2\alpha-\sin^2\alpha)$$

$$D_{33}^{(2)}=2D\cos^2\alpha\sin^2\alpha+\frac{K_2}{2}+K\sin^2\alpha(\sin^2\alpha-\cos^2\alpha)$$

$$D_{33}=2D\cos^2\alpha\sin^2\alpha+\frac{K_1+K_2}{4}+\frac{K}{2}(\cos^2\alpha_i-\sin^2\alpha_i)^2$$

$$D_{13}=D_{31}^{(1)}=D_{31}^{(2)}=D_{31}=D_{23}=D_{32}^{(1)}=D_{32}^{(2)}=D_{32}=0$$

$$\left.\vphantom{\begin{array}{c}a\\a\\a\\a\\a\\a\\a\end{array}}\right\}\quad(35)$$

这相当于一个正交异性扁壳。但因 $D_{33}^{(1)}\neq D_{33}^{(2)}\neq D_{33}$，应注意 H_{xy}、H_{yx}、Q_x、Q_y 的表达式与材料上正交异性扁壳的表达式有些差异。

如果 $\alpha=\dfrac{\pi}{4}$，$\delta_1=\delta_2=\delta$，$D_1=D_2=D$，$K_1=K_2=K$，则式(34)、(35)还可进一步简化

$$
\left.
\begin{aligned}
B_{11} &= B_{22} = \frac{9}{8} E\bar{\delta} = \frac{E\bar{\delta}}{(1-\nu_T^2)}, & b_{11} &= b_{22} = \frac{1}{E\bar{\delta}} \\[2mm]
B_{12} &= B_{21} = \frac{3}{8} E\bar{\delta} = \frac{\nu_T E\bar{\delta}}{(1-\nu_T^2)}, & b_{12} &= b_{21} = -\frac{1}{3E\bar{\delta}} = -\frac{\nu_T}{E\bar{\delta}} \\[2mm]
B_{33} &= \frac{3}{8} E\bar{\delta} = \frac{E\bar{\delta}}{2(1+\nu_T)}, & b_{33} &= \frac{8}{3E\bar{\delta}} = \frac{2(1+\nu_T)}{E\bar{\delta}} \\[2mm]
B_{13} &= B_{31} = B_{23} = B_{32} = 0, & b_{13} &= b_{31} = b_{23} = b_{32} = 0
\end{aligned}
\right\} \tag{36}
$$

$$
\left.
\begin{aligned}
D_{11} &= D_{22} = \bar{D} \\
D_{12} &= D_{21} = \nu_M \bar{D} \\
D_{33}^{(1)} &= D_{33}^{(2)} = D_{33} = \frac{1-\nu_M}{2} \bar{D} \\
D_{13} &= D_{31}^{(1)} = D_{31}^{(2)} = D_{31} = D_{23} = D_{32}^{(1)} = D_{32}^{(2)} = D_{32} = 0
\end{aligned}
\right\} \tag{37}
$$

其中 $\bar{\delta}$、$\bar{D}$、ν_T、ν_M 表达为

$$
\bar{\delta} = \frac{4}{3}\delta, \quad \bar{D} = \frac{1}{2}(3D+K), \quad \nu_T = \frac{1}{3}, \quad \nu_M = \frac{D-K}{3D+K} \tag{38}
$$

这相当于一个各向同性扁壳，$\bar{\delta}$ 为折算厚度，$\bar{D}$ 为折算抗弯刚度，ν_T、ν_M 分别为板壳的平面应力问题及弯曲问题的泊松比。此时，网状扁壳位移法及混合法的基本方程式可简化为

$$
\left.
\begin{aligned}
&\frac{9}{8} E\bar{\delta} \left\{ \left(\frac{\partial^2}{\partial x^2} + \frac{1}{3} \frac{\partial^2}{\partial y^2} \right) u_x + \frac{2}{3} \frac{\partial^2 u_y}{\partial x \partial y} - \left[\left(k_x + \frac{1}{3} k_y \right) \frac{\partial}{\partial x} + \frac{2}{3} t \frac{\partial}{\partial y} \right] w \right\} + X = 0 \\[2mm]
&\frac{9}{8} E\bar{\delta} \left\{ \frac{2}{3} \frac{\partial^2 u_x}{\partial x \partial y} + \left(\frac{1}{3} \frac{\partial^2}{\partial x^2} + \frac{\partial^2}{\partial y^2} \right) u_y - \left[\frac{2}{3} t \frac{\partial}{\partial x} + \left(\frac{1}{3} k_x + k_y \right) \frac{\partial}{\partial y} \right] w \right\} + Y = 0 \\[2mm]
&\frac{9}{8} E\bar{\delta} \left\{ -\left[\left(k_x + \frac{1}{3} k_y \right) \frac{\partial}{\partial x} + \frac{2}{3} t \frac{\partial}{\partial y} \right] u_x - \left[\frac{2}{3} t \frac{\partial}{\partial x} + \left(\frac{1}{3} k_x + k_y \right) \frac{\partial}{\partial y} \right] u_y \right\} \\[2mm]
&\quad + \left\{ \bar{D} \nabla^2 \nabla^2 + \frac{9}{8} E\bar{\delta} \left(k_x^2 + \frac{2}{3} k_x k_y + k_y^2 + \frac{4}{3} t^2 \right) \right\} w = q
\end{aligned}
\right\} \tag{39}
$$

$$
\left.
\begin{aligned}
&\frac{1}{E\bar{\delta}} \nabla^2 \nabla^2 \varphi + \nabla_K^2 w = -\frac{2}{3E\bar{\delta}} \nabla^2 \Omega \\[2mm]
&\bar{D} \nabla^2 \nabla^2 w - \nabla_K^2 \varphi = q + (k_x + k_y) \Omega
\end{aligned}
\right\} \tag{40}
$$

6　三组拱系组成的网状扁壳

这里分下面两种情况来讨论。

(1)第一种是讨论拱系所构成的网格为图 8 所示的等腰三角形时，单元隔离体应取图中虚线所示。取 $x_1 = x$、x_3、x_4 分别为三组拱系的轴线，且令 $\alpha_3 = -\alpha_4 = \alpha$，则由式(19)、(20)、(32)可得出网壳的物理常数为

$$
\left.
\begin{aligned}
B_{11} &= E(\delta_1 + 2\delta\cos^4\alpha), & b_{11} &= \frac{1}{E\delta_1} \\[2mm]
B_{22} &= 2E\delta\sin^4\alpha, & b_{22} &= \frac{1}{E\delta_1}\cot^4\alpha + \frac{1}{2E\delta}\csc^4\alpha \\[2mm]
B_{12} &= B_{21} = 2E\delta\cos^2\alpha\sin^2\alpha, & b_{12} &= b_{21} = -\frac{1}{E\delta_1}\cot^2\alpha \\[2mm]
B_{33} &= 2E\delta\cos^2\alpha\sin^2\alpha, & b_{33} &= \frac{1}{2E\delta}\sec^2\alpha\csc^2\alpha \\[2mm]
B_{13} &= B_{31} = B_{23} = B_{32} = 0, & b_{13} &= b_{31} = b_{23} = b_{32} = 0
\end{aligned}
\right\} \tag{41}
$$

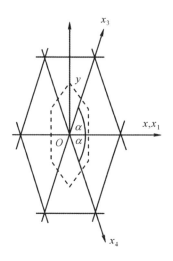

图 8　三组拱系等腰三角形网格的网状扁壳

$$
\left.
\begin{aligned}
D_{11} &= D_1 + 2D\cos^4\alpha + 2K\cos^2\alpha\sin^2\alpha \\
D_{22} &= D_2 + 2D\sin^4\alpha + 2K\cos^2\alpha\sin^2\alpha \\
D_{12} &= D_{21} = 2(D-K)\cos^2\alpha\sin^2\alpha \\
D_{33}^{(1)} &= 2D\cos^2\alpha\sin^2\alpha + \frac{K_1}{2} + K\cos^2\alpha(\cos^2\alpha - \sin^2\alpha) \\
D_{33}^{(2)} &= 2D\cos^2\alpha\sin^2\alpha + K\sin^2\alpha(\sin^2\alpha - \cos^2\alpha) \\
D_{33} &= 2D\cos^2\alpha\sin^2\alpha + \frac{K_1}{4} + \frac{K}{2}(\cos^2\alpha_i - \sin^2\alpha_i)^2 \\
D_{13} &= D_{31}^{(1)} = D_{31}^{(2)} = D_{31} = D_{23} = D_{32}^{(1)} = D_{32}^{(2)} = D_{32} = 0
\end{aligned}
\right\}
\qquad (42)
$$

这也相当于一个正交异性扁壳。

如令 $\alpha = \dfrac{\pi}{3}$，$\delta_1 = \delta$，$D_1 = D$，$K_1 = K$，则图 8 为正三角形。此时，这种网状扁壳正好可折算为一个各向同性扁壳；物理常数及网壳的基本方程式仍可由式（36）、（37）、（39）、（40）表示，只是式（38）的表达式应改为：

$$
\bar{\delta} = \delta, \qquad \bar{D} = \frac{3}{8}(3D+K), \qquad \nu_T = \frac{1}{3}, \qquad \nu_M = \frac{D-K}{3D+K} \qquad (43)
$$

将式（43）代入（40），且令 $\Omega = 0$，便得文献[3]研究正三角形网格网状扁壳混合法的基本方程式。

（2）第二种情况是讨论拱系所构成的网格为图 9a、b 所示的直角三角形时，单元隔离体应取图中虚线所示。图 9a 的三组拱系的轴线为 $x_1 = x$、$x_2 = y$、x_3；图 9b 的三组拱系的轴线为 x_1、x_2、x_4。令 $\alpha_3 = -\alpha_4 = \alpha$，则网壳的物理常数为

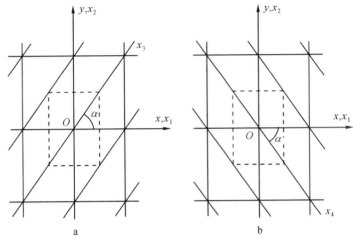

图 9　三组拱系直角三角形网格的网状扁壳

$$
\left.
\begin{aligned}
&B_{11}=E(\delta_1+\delta\cos^4\alpha), &&b_{11}=\frac{1}{E\delta_1}\\[2mm]
&B_{22}=E(\delta_2+\delta\sin^4\alpha), &&b_{22}=\frac{1}{E\delta_2}\\[2mm]
&B_{12}=B_{21}=E\delta\cos^2\alpha\sin^2\alpha, &&b_{12}=b_{21}=0\\[2mm]
&B_{33}=E\delta\cos^2\alpha\sin^2\alpha, &&b_{33}=\frac{1}{E\delta_1}\cot^2\alpha+\frac{1}{E\delta_2}\tan^2\alpha+\frac{1}{E\delta}\sec^2\alpha\csc^2\alpha\\[2mm]
&B_{13}=B_{31}=\pm E\delta\cos^3\alpha\sin\alpha, &&b_{13}=b_{31}=\mp\frac{1}{E\delta_1}\cot\alpha\\[2mm]
&B_{23}=B_{32}=\pm E\delta\cos\alpha\sin^3\alpha, &&b_{23}=b_{32}=\mp\frac{1}{E\delta_2}\tan\alpha
\end{aligned}
\right\} \quad (44)
$$

$$
\left.
\begin{aligned}
&D_{11}=D_1+D\cos^4\alpha+K\cos^2\alpha\sin^2\alpha\\[1mm]
&D_{22}=D_2+D\sin^4\alpha+2\cos^2\alpha\sin^2\alpha\\[1mm]
&D_{12}=D_{21}=(D-K)\cos^2\alpha\sin^2\alpha\\[1mm]
&D_{33}^{(1)}=D\cos^2\alpha\sin^2\alpha+\frac{K_1}{2}+\frac{K}{2}\cos^2\alpha(\cos^2\alpha-\sin^2\alpha)\\[1mm]
&D_{33}^{(2)}=D\cos^2\alpha\sin^2\alpha+\frac{K_2}{2}+\frac{K}{2}\sin^2\alpha(\sin^2\alpha-\cos^2\alpha)\\[1mm]
&D_{33}=D\cos^2\alpha\sin^2\alpha+\frac{K_1+K_2}{4}+\frac{K}{4}(\cos^2\alpha-\sin^2\alpha)^2\\[1mm]
&D_{31}^{(1)}=\pm(D-K)\cos^3\alpha\sin\alpha\\[1mm]
&D_{31}^{(2)}=\pm(D\cos^3\alpha\sin\alpha+K\cos\alpha\sin^3\alpha)\\[1mm]
&D_{13}=D_{31}=\pm\left[D\cos^3\alpha\sin\alpha+\frac{K}{2}\cos\alpha\sin\alpha(\sin^2\alpha-\cos^2\alpha)\right]\\[1mm]
&D_{32}^{(1)}=\pm(D\cos\alpha\sin^3\alpha+K\cos^3\alpha\sin\alpha)\\[1mm]
&D_{32}^{(2)}=\pm(D-K)\cos\alpha\sin^3\alpha\\[1mm]
&D_{23}=D_{32}=\pm\left[D\cos\alpha\sin^3\alpha+\frac{K}{2}\cos\alpha\sin\alpha(\cos^2\alpha-\sin^2\alpha)\right]
\end{aligned}
\right\} \quad (45)
$$

式中"±"或"∓"号的含义为：上面的"+"或"−"适用于图 9a，下面的适用于图 9b。

7 两组拱系组成的网状扁壳

这里也分两种情况来讨论。

（1）当拱系正交构成矩形网格时（图 10a），取拱系轴线平行于 $x_1=x$、$x_2=y$ 轴，则网壳的物理常数为

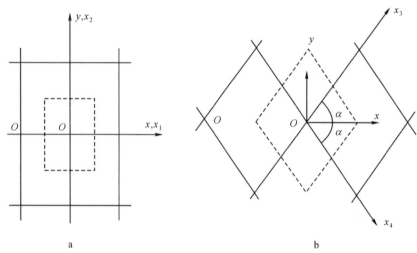

图 10 两组拱系网状扁壳

$$B_{11}=E\delta_1,\qquad\qquad b_{11}=\frac{1}{E\delta_1}$$

$$B_{22}=E\delta_2,\qquad\qquad b_{22}=\frac{1}{E\delta_2}$$

$$B_{12}=B_{21}=0,\qquad\qquad b_{12}=b_{21}=0 \tag{46}$$

$$B_{33}=0,\qquad\qquad b_{33}=\infty$$

$$B_{13}=B_{31}=B_{23}=B_{32}=0,\qquad b_{13}=b_{31}=b_{23}=b_{32}=0$$

$$D_{11}=D_1$$

$$D_{22}=D_2$$

$$D_{12}=D_{21}=0$$

$$D_{33}^{(1)}=\frac{K_1}{2}$$

$$D_{33}^{(2)}=\frac{K_2}{2} \tag{47}$$

$$D_{33}=\frac{K_1+K_2}{4}$$

$$D_{13}=D_{31}^{(1)}=D_{31}^{(2)}=D_{31}=D_{23}=D_{32}^{(1)}=D_{32}^{(2)}=D_{32}=0$$

（2）当拱系斜交构成菱形网格时（图 10b），取拱系轴线平行于 x_3、x_4 轴。令 $\alpha_3=-\alpha_4=\alpha$，则网壳的物理常数为

$$\left.\begin{aligned}
&B_{11}=2E\delta\cos^4\alpha, && b_{11}=\infty \\
&B_{22}=2E\delta\sin^4\alpha, && b_{22}=\infty \\
&B_{12}=B_{21}=2E\delta\cos^2\alpha\sin^2\alpha, && b_{12}=b_{21}=-\infty \\
&B_{33}=2E\delta\cos^2\alpha\sin^2\alpha, && b_{33}=\frac{1}{2E\delta}\sec^2\alpha\csc^2\alpha \\
&B_{13}=B_{31}=B_{23}=B_{32}=0, && b_{13}=b_{31}=b_{23}=b_{32}=0
\end{aligned}\right\} \quad (48)$$

$$\left.\begin{aligned}
&D_{11}=2D\cos^4\alpha+2K\cos^2\alpha\sin^2\alpha \\
&D_{22}=2D\sin^4\alpha+2K\cos^2\alpha\sin^2\alpha \\
&D_{12}=D_{21}=2(D-K)\cos^2\alpha\sin^2\alpha \\
&D_{33}^{(1)}=2D\cos^2\alpha\sin^2\alpha+K\cos^2\alpha(\cos^2\alpha-\sin^2\alpha) \\
&D_{33}^{(2)}=2D\cos^2\alpha\sin^2\alpha+K\sin^2\alpha(\sin^2\alpha-\cos^2\alpha) \\
&D_{33}=2D\cos^2\alpha\sin^2\alpha+\frac{K}{2}(\cos^2\alpha_i-\sin^2\alpha_i)^2 \\
&D_{13}=D_{31}^{(1)}=D_{31}^{(2)}=D_{31}=D_{23}=D_{32}^{(1)}=D_{32}^{(2)}=D_{32}=0
\end{aligned}\right\} \quad (49)$$

式(46)、(48)中某些折算薄膜柔度为无限值,这表明两组拱系组成的网状扁壳,在空间三维问题中应当计入拱平面外的抗弯刚度,否则便成为一几何可变体系,不能求得解答。本文为了推广网状扁壳应用到加肋扁壳及网格梁的弯曲问题,故仍将各折算刚度等物理常数一并列出。

8 n 组拱系组成的网状扁壳

下面讨论 n 组拱系组成的网状扁壳,其相邻拱系间的夹角相等,拱系在单位宽度上的刚度也相等 $(E\delta_i=E\delta,K_i=K,D_i=D,i=1,2,3,\cdots,n)$。设 $\alpha_i=i\dfrac{\pi}{n}(i=1,2,3,\cdots,n)$(图11),由初等函数求和公式可以证明下列等式成立[12]:

$$\left.\begin{aligned}
&\sum_{i=1}^{n}\cos^4 i\left(\frac{\pi}{n}\right)=\sum_{i=1}^{n}\sin^4 i\left(\frac{\pi}{n}\right)=\frac{3\pi}{8} && (n\geqslant 3) \\
&\sum_{i=1}^{n}\cos^2 i\left(\frac{\pi}{n}\right)\sin^2 i\left(\frac{\pi}{n}\right)=\frac{n}{8} && (n\geqslant 3) \\
&\sum_{i=1}^{n}\cos^3 i\left(\frac{\pi}{n}\right)\sin i\left(\frac{\pi}{n}\right)=\sum_{i=1}^{n}\cos i\left(\frac{\pi}{n}\right)\sin^3 i\left(\frac{\pi}{n}\right)=0 && (n\geqslant 3)
\end{aligned}\right\} \quad (50)$$

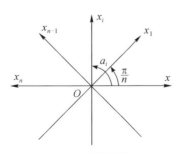

图 11　多组拱系轴线

则由式(19)、(20)、(32)求得的网状扁壳物理常数,仍可用式(36)、(37)来表示。这也表明这是相当于一个各向同性扁壳,基本方程式依然可采用式(39)或(40),但 $\bar{\delta}$、$\overline{D}$、ν_T、ν_M 的表达式应为

$$\bar{\delta}=\frac{n}{3}\delta, \qquad \bar{D}=\frac{n}{8}(3D+K), \qquad \nu_T=\frac{1}{3}, \qquad \nu_M=\frac{D-K}{3D+K} \quad (n\geqslant 3) \tag{51}$$

由此可以得出结论,所讨论的 n 组拱系组成的网状扁壳,不论 n 为 $n\geqslant 3$ 的任意整数时,都可折算成一个各向同性扁壳,其刚度表达式及折算的泊松系数完全相同,只是折算厚度 $\bar{\delta}$ 和刚度 $\bar{D}$ 与拱系组数 n 成正比。前面所讨论的当 $n=3,4$ 时的式(38)、(43)便是两个特例。当 $n=5,6,\cdots$ 时,如同叠层层铺纤维那样,网壳的每个节点一般已不可能有 $2n$ 根杆件相交,但折算成等代连续扁壳的方法仍是一样的。

9 加肋扁壳——网状扁壳的一个推广

对称于中面设置的各种加肋扁壳,可将加肋部分(不计或近似计入与壳板相交部分的微小截面积,如图 12 中阴影部分所示),看作一个网状扁壳,并叠加一个光面扁壳来分析。此时,加肋扁壳的一般方程式仍可表达为式(10)和(30),只是在计算刚度 B_{mn}、D_{mn} 时,须在式(19)、(20)中加上光面壳的刚度 B_{mn}^0、D_{mn}^0。如光面壳的材料为正交异性,则有

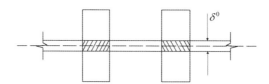

图 12 加肋扁壳截面图

$$\left. \begin{aligned} B_{11}^0 &= \frac{E_1 \delta^0}{1-\nu_1 \nu_2} \\[4pt] B_{22}^0 &= \frac{E_2 \delta^0}{1-\nu_1 \nu_2} \\[4pt] B_{12}^0 &= B_{21}^0 = \frac{\nu_1 E_2 \delta^0}{1-\nu_1 \nu_2} = \frac{\nu_2 E_1 \delta^0}{1-\nu_1 \nu_2} \\[4pt] B_{33}^0 &= G\delta^0 \\[4pt] B_{13}^0 &= B_{31}^0 = B_{23}^0 = B_{32}^0 = 0 \end{aligned} \right\} \tag{52}$$

$$\left. \begin{aligned} D_{11}^0 &= \frac{E_1 (\delta^0)^3}{12(1-\nu_1 \nu_2)} \\[4pt] D_{22}^0 &= \frac{E_2 (\delta^0)^3}{12(1-\nu_1 \nu_2)} \\[4pt] D_{12}^0 &= D_{21}^0 = \frac{\nu_1 E_2 (\delta^0)^3}{12(1-\nu_1 \nu_2)} = \frac{\nu_2 E_1 (\delta^0)^3}{12(1-\nu_1 \nu_2)} \\[4pt] D_{33}^{0(1)} &= D_{33}^{0(2)} = D_{33}^0 = \frac{G(\delta^0)^3}{12} \\[4pt] D_{31}^{0(1)} &= D_{31}^{0(2)} = D_{31}^0 = D_{13}^0 = D_{31}^0 = D_{32}^{0(1)} = D_{32}^{0(2)} = D_{23}^0 = D_{32}^0 = 0 \end{aligned} \right\} \tag{53}$$

式中,δ^0 为光面壳的厚度,E_1、E_2、G 为材料的弹性模量及剪切模量,ν_1、ν_2 为材料的泊松系数。

10 结语

综上所述,可得出下列几点主要结论。

(1)网状扁壳可认为是由几组交叉扁拱系组合而成,并可由扁拱系的基本方程出发,推导网状扁壳连续化的位移法及混合法的一般方程式(10)及(30)。

(2)工程中常遇到的各种网状扁壳,其中绝大多数可折算成具有特性 $D_{33}^{(1)} \neq D_{33}^{(2)} \neq D_{33}$ 的正交异性扁壳。对 n 组交叉拱系组成的网状扁壳,如各组拱系在单位宽度上的刚度相等,相邻拱系间的夹角也相等,则可折算成各向同性扁壳;此时,应以四个完全独立的物理常数 $\bar{\delta}$、$\bar{D}$、ν_T、ν_M 来代替相当于材料上各向同性的光面扁壳的厚度、抗弯刚度及泊松系数。

(3)对于可折算成各向同性光面壳的网状扁壳,设计时可利用光面扁壳的已有解答,但要根据网壳的折算泊松系数 $\nu_T = \frac{1}{3}$, $\nu_M = \frac{D-K}{3D+K}$ 编制计算用表,采用查表法来求得网壳的变位和内力,进而可计算组成网壳的各杆件的内力。对于可折算成正交异性光面壳的网状扁壳,如为矩形平面圆柱面网壳,可采用单三角级数法来求解基本方程式;如为矩形平面周边简支双曲网状扁壳,可采用重三角级数法或薄膜理论加边界效应法来求解基本方程式,进而可求得网壳的内力和变位。

(4)对称于中面的加肋扁壳,可认为是网状扁壳的一个推广,其基本方程式仍可采用式(10)及(30),从而可将光面、网状、加肋扁壳统一看待。

(5)圆柱面、球面及双曲抛物面的网状扁壳和加肋扁壳,网格梁及加肋板的平面问题和弯曲问题均为本文的特例,其基本方程式都可从式(10)及(30)得到。

参考文献

[1] ПШЕНИЧНОВ Г И. К расчёту сетчатых цилиндрических пологих оболочек[M]. Инженерный сборник,1958.

[2] ПШЕНИЧНОВ Г И. 网状柱形扁壳的静力计算[M]. 何广乾,译. 壳体结构文汇第四册. 北京:中国工业出版社,1965.

[3] 胡学仁. 网壳结构的计算[J]. 建筑学报,1960,(7):29—32,38.

[4] 松下富士雄. 铁骨シエルの研究[C]//日本建筑学会. 日本建筑学会论文报告集,第 57 号,1957.

[5] WRIGHT D T. Membrane forces and buckling in reticulated shells[J]. Journal of the Structural Division,1965,91(1):173—202.

[6] 尾崎昌丸. 立体トテス曲面板の应力解析(立体トテス曲面板の理论的解析その2)[C]//日本建筑学会. 日本建筑学会论文报告集,第 70 号,1962.

[7] 尾崎昌丸. 立体トテス曲面板の理论的解析(その4:曲面板理论との比较)[C]//日本建筑学会. 日本建筑学会论文报告集,第 112 号,1965.

[8] 蓝天,董石麟,夏敬谦. 圆柱形网架结构的设计计算与试验研究[R]. 北京:建研院结构所,1965.

[9] 董石麟,夏亨熹. 正交正放类网架结构的拟板(夹层板)分析法(上、下)[J]. 建筑结构学报,1982,3(2):14—25,3(3):14—22.

[10] 中华人民共和国建设部. 网架结构设计与施工规定:JGJ 7—80[S]. 北京:中国建筑工业出版社,1981.

[11] АМБАРЦИМЯН С А. Теория анизотропных оболочек[M]. Госиздат,ФМЛ,1961.

43 网状球壳的连续化分析方法[*]

摘　要：本文对四向杆系、三向杆系、两向杆系组成的各种网状球壳，探讨了基于连续化计算模型的拟壳分析法，给出了网壳等代薄膜刚度和抗弯刚度的表达式，建立了轴对称网状球壳拟壳法的一般性基本方程式，并采用薄膜理论加边界效应的分析方法进行计算。文中给出了如何由壳体内力反算各种网状球壳杆件内力的计算公式，文末附有算例。计算表明，这种连续化的拟壳分析法比较方便，手算电算均可。此外，本文还就常用网状球壳的形式和分类做了讨论。

关键词：网状球壳；连续化；分析方法；拟壳法；薄膜理论；边界效应

1　概述

平面为圆形的网状球壳，是一种受力性能好、覆盖跨度大的空间杆系结构，近年来在体育馆、展览馆、会议厅等屋盖结构中得到广泛采用，发展迅速，受到国内外的关注。

根据网格布置和形式的不同，网状球壳可分为两大类。

第一类是由经向杆系、纬向杆系和斜向杆系所组成的四向、三向、两向网状球壳，其主要形式有：四向Ⅰ型网壳、三向Ⅰ型网壳、四向Ⅱ型网壳、三向Ⅱ型网壳、两向斜交网壳和两向正交网壳（见图1）。这类网状球壳的特点是同纬度的斜向杆、纬向杆的长度是相等的，被纬向杆分割的经向杆的长度一般也是相等或近似相等的，网格类型少，规律性非常明显。同时，这类网壳的轴对称性能好，结构分析时可按连续化的旋转壳来考虑。但另一方面，由于过分依赖经纬线来划分网格，致使这类网壳的网格大小不很匀称，中部网格密集，四周网格稀疏。在国外，对于具有经向杆系组成的四向Ⅰ型、Ⅱ型网壳、三向Ⅰ型网壳，统称为施威特勒型网壳（1863年Schwedler在柏林的一个贮气罐工程中首先采用这种形式的穹顶而得名）。对于不具有经向杆系组成的三向Ⅱ型网壳、两向斜交网壳可称为联方型网壳。两向正交网壳也可称为肋环型网壳。

第二类是由三角形网格组合而成的各种形式的三向类网状球壳（不包括第一类的三向Ⅰ型、Ⅱ型网壳）。这类网壳是为改善第一类网壳中网格大小不匀称性而发展起来的，其主要形式有：三向K_6型网壳、三向K_n型网壳、三向$K_6 \sim$Ⅱ型网壳、三向$K_n \sim$Ⅱ型网壳、平面为正三角形网格的三向网壳和短程线型网壳（见图2）。三向K_n型网壳（$n=6$、8、10、12、…）又称凯威特型网壳，是美国人Kiewitt提

---

* 本文刊登于：董石麟.网状球壳的连续化分析方法[C]//中国土木工程学会.第三届空间结构学术交流会论文集，吉林，1986：143−155.

后刊登于期刊：董石麟.网状球壳的连续化分析方法[J].建筑结构学报，1988，9(3)：1−14.

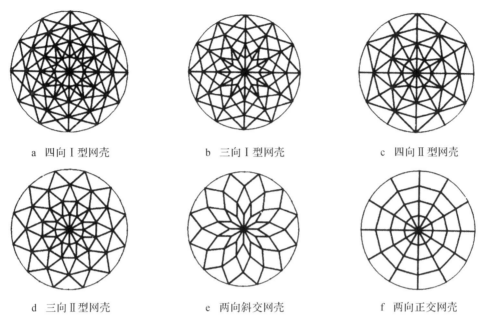

a 四向Ⅰ型网壳　　　　　b 三向Ⅰ型网壳　　　　　c 四向Ⅱ型网壳

d 三向Ⅱ型网壳　　　　　e 两向斜交网壳　　　　　f 两向正交网壳

图1 经向杆系、纬向杆系和斜向杆系组成的网状球壳

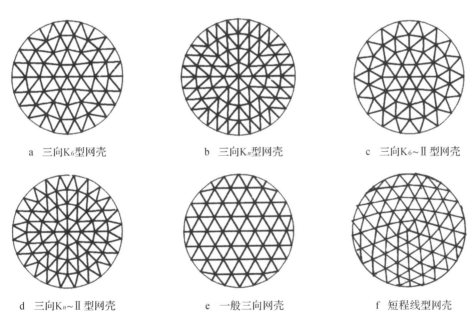

a 三向K_6型网壳　　　　b 三向K_n型网壳　　　　c 三向$K_6 \sim$Ⅱ型网壳

d 三向$K_n \sim$Ⅱ型网壳　　　e 一般三向网壳　　　　f 短程线型网壳

图2 三角形网格组成的各种形式的三向类网状球壳

出的。这种网壳是由 n 根通长的经向杆先把球面划分为 n 个扇形曲面，然后在每个扇形曲面内再由纬向杆系和斜向杆系划分为大小比较匀称的三角形网格，而且每圈都以 $2n$ 个网格数从内圈向外圈递增的。因此，网壳有 n 个对称面，除 n 根经向杆轴线处外，都是由三向杆系组成的，故称为三向 K_n 型网壳。当前，世界上最大的平面直径为 213m 的新奥尔良超级穹顶，便是这种三向 K_{12} 型网壳。若网壳中部采用三向 K_n 型网格，周围采用三向Ⅱ型网格，可称为三向 $K_n \sim$Ⅱ型网壳。从三向 K_n 型网格转变为三向Ⅱ型网格要有一个过渡，如图 2c、2d 的第三圈网格所示。1984 年沙特阿拉伯麦加附近的

红海之滨,在一个直径20m的游泳池屋顶上,首次采用了这种三向 $K_6 \sim \text{II}$ 型网状球壳。平面为正三角形网格的三向网壳,大多用在扁壳屋盖。20世纪50年代Fuller教授提出的短程线型网壳,基本上也是一种三向网壳,在铝结构和应力蒙皮结构中用得较多。

不考虑斜杆作用的施威特勒型网壳及两向正交网壳可按静定结构的近似方法或按弹性支承的连续杆的计算模型采用力法或位移法进行计算[1-3]。国外学者Benjamin、Lederer、Makowski等研究了以薄膜理论为基础的拟壳法来分析网状球壳[4]。在文献[5]中研讨了肋环型的钢筋混凝土无脚手装配式球壳。近年来由于电子计算机的发展和应用,可精确地采用空间梁单元法来分析计算网状球壳。但因每个节点有6个未知位移,计算工作量较大,需用大型机才能进行计算。

本文对多种形式的四向、三向和两向网状球壳,探讨了按有矩理论的连续化分析方法,给出了统一的基本微分方程式。在忽略高阶小项的条件下,其基本方程式中的齐次解,可用衰减振动型的函数来表示,而特解可采用无矩理论的薄膜内力及考虑网壳等代刚度后的薄膜位移来表示。当网状球壳的边界条件为简支、固定、弹性支承时,以及跨中开孔、荷载突变与刚度突变时,文中分别做了详细讨论。

2 网状球壳的等代刚度

假定网格相当稠密,则第一类网状球壳沿某圈纬向杆展开投影后便形成如图3所示的网格体系,经向杆系与纬向杆系相互垂直正交,斜向杆系与纬向杆系的夹角为 α。设经向杆、纬向杆和斜向杆的截面积、惯性矩和间距分别为 A_ϕ、A_θ、A_c、J_ϕ、J_θ、J_c 和 Δ_ϕ、Δ_θ、Δ_c,并设

$$
\left.
\begin{aligned}
E\delta_\phi &= \frac{EA_\phi}{\Delta_\theta}, & E\delta_\theta &= \frac{EA_\theta}{\Delta_\phi}, & E\delta_c &= \frac{EA_c}{\Delta_c} \\
D_\phi &= \frac{EJ_\phi}{\Delta_\theta}, & D_\theta &= \frac{EA_\theta}{\Delta_\phi}, & D_c &= \frac{EA_c}{\Delta_c}
\end{aligned}
\right\}
\tag{1}
$$

式中,δ_ϕ、δ_θ、δ_c、D_ϕ、D_θ、D_c 表示相应杆系在自身方向的等代厚度与抗弯刚度,E 为材料的弹性模量。现以四组杆系组成的网状球壳为例(图1a、1c,图3a、3c),如同分析直角坐标系下的网状扁壳[6],作为网壳整体连续化后的等代薄膜刚度与抗弯刚度可表达为

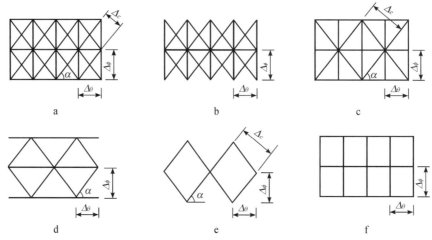

图3 第一类网状球壳的网格体系

$$B_{\phi\phi}=E(\delta_\phi+2\delta_c\sin^4\alpha), \qquad D_{\phi\phi}=D_\phi+2D_c\sin^4\alpha$$
$$B_{\theta\theta}=E(\delta_\theta+2\delta_c\cos^4\alpha), \qquad D_{\theta\theta}=D_\theta+2D_c\cos^4\alpha \qquad\qquad (2)$$
$$B_{\phi\theta}=B_{\theta\phi}=B_{kk}=2E\delta_c\cos^2\alpha\sin^2\alpha, \qquad D_{\phi\theta}=D_{\theta\phi}=D_{kk}=2D_c\cos^2\alpha\sin^2\alpha$$

这里假定杆系的抗扭刚度很小，忽略不计。由此可见，这类网状球壳可认为是正交异性的。式（1）中斜向杆系的间距 Δ_c 可用 Δ_θ 或 Δ_ϕ 来表示，对于四向 Ⅰ 型和 Ⅱ 型网壳分别为

$$\Delta_c=\Delta_\theta\sin\alpha=\Delta_\phi\cos\alpha, \qquad \Delta_c=2\Delta_\theta\sin\alpha=2\Delta_\phi\cos\alpha$$

在式（2）中，令相应的 $\delta_\phi=D_\phi=0$ 或 $\delta_\theta=D_\theta=0$ 或 $\delta_c=D_c=0$，则可得到三向 Ⅰ 型网壳、三向 Ⅱ 型网壳、两向斜交网壳、两向正交网壳的等代刚度。

对于第二类网壳中的三向 K_n 型网壳，在某纬度处 $1/n$ 网格的展开投影图如图 4 所示。此时斜杆的倾角 α_{cj} 不会相等，如把经向杆以倾角 $\alpha_{c0}=\pi/2$ 的斜杆计，则网壳的等代刚度可近似表达为

$$B_{\phi\phi}=\frac{2}{m+1}\sum_0^m E\delta_{cj}\sin^4\alpha_{cj}, \qquad D_{\phi\phi}=\frac{2}{m+1}\sum_0^m D_{cj}\sin^4\alpha_{cj}$$
$$B_{\theta\theta}=E\left(\delta_\theta+\frac{2}{m+1}\sum_0^m E\delta_{cj}\cos^4\alpha_{cj}\right), \qquad D_{\theta\theta}=D_\theta+\frac{2}{m+1}\sum_0^m D_{cj}\sin^4\alpha_{cj}$$
$$B_{\phi\theta}=B_{\theta\phi}=B_{kk}=\frac{2}{m+1}\sum_0^m E\delta_{cj}\cos^2\alpha_{cj}\sin^2\alpha_{cj} \qquad\qquad (3)$$
$$D_{\phi\theta}=D_{\theta\phi}=D_{kk}=\frac{2}{m+1}\sum_0^m D_{cj}\cos^2\alpha_{cj}\sin^2\alpha_{cj}$$

式中，

$$E\delta_{cj}=\frac{EA_{cj}}{2\Delta_\theta\sin\alpha_{cj}}, \qquad D_{cj}=\frac{EJ_{cj}}{2\Delta_\theta\sin\alpha_{cj}} \qquad\qquad (4)$$

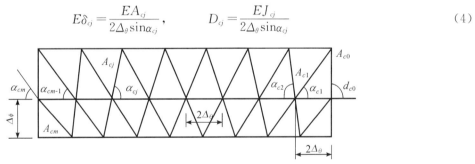

图 4 三向 K_n 型网壳的网格体系

对于平面为正三角形网格的三向网壳，可按扁网壳计，是一种各向同性体，其等代泊桑系数为 $1/3$，等代刚度的表达式为

$$B_{\phi\phi}=B_{\theta\theta}=3B_{\phi\theta}=3B_{kk}=\frac{9}{8}E\delta$$
$$D_{\phi\phi}=D_{\theta\theta}=3D_{\phi\theta}=3D_{kk}=\frac{9}{8}D \qquad\qquad (5)$$
$$E\delta=\frac{2EA}{\sqrt{3}\,l}, \qquad D=\frac{2EJ}{\sqrt{3}\,l}$$

式中，l 为杆长。

对于短程线型网壳，其等代刚度也可按式（5）近似计算。

3　基本方程式的建立

网状球壳等代为正交异性球壳后，便可按一般壳体理论来建立基本方程式，所不同的是等代刚度

不是常量,而是随 ϕ 角而变。设内力和位移的正向为图5所示方向,则球壳的几何方程、物理方程及平衡方程(暂先假定外荷载为零)为

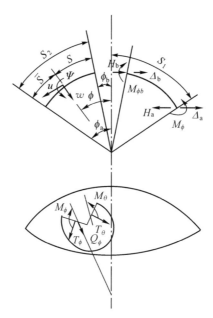

图5 球壳内力、位移正向示意

$$\begin{aligned}
\varepsilon_\phi &= \frac{1}{R}\left(\frac{\mathrm{d}u}{\mathrm{d}\phi}-w\right), \qquad \chi_\phi = -\frac{1}{R}\frac{\mathrm{d}\psi}{\mathrm{d}\phi} \\
\varepsilon_\theta &= \frac{1}{R}(u\cot\phi-w), \qquad \chi_\theta = -\frac{\cot\theta}{R}\psi \\
\psi &= \frac{1}{R}\left(u+\frac{\mathrm{d}w}{\mathrm{d}\phi}\right)
\end{aligned}\right\} \tag{6}$$

$$\left.\begin{aligned}
T_\phi &= B_{\phi\phi}\varepsilon_\phi+B_{\phi\theta}\varepsilon_\theta, \quad M_\phi = D_{\phi\phi}\chi_\phi+D_{\phi\theta}\chi_\theta \\
T_\theta &= B_{\phi\theta}\varepsilon_\phi+B_{\theta\theta}\varepsilon_\theta, \quad M_\theta = D_{\phi\theta}\chi_\phi+D_{\theta\theta}\chi_\theta
\end{aligned}\right\} \tag{7}$$

$$\left.\begin{aligned}
\frac{\mathrm{d}}{\mathrm{d}\phi}(T_\phi\sin\phi)-T_\theta\cos\phi-Q_\phi\sin\phi &= 0 \\
\frac{\mathrm{d}}{\mathrm{d}\phi}(Q_\phi\sin\phi)+T_\phi+T_\theta &= 0 \\
\frac{\mathrm{d}}{\mathrm{d}\phi}(M_\phi\sin\phi)-M_\theta\cos\phi-Q_\phi R\sin\phi &= 0
\end{aligned}\right\} \tag{8}$$

根据球壳整体的平衡条件

$$2\pi R\sin\phi(T_\phi\sin\phi+Q_\phi\cos\phi)=0 \tag{9}$$

及由式(8)的第二式解得 T_ϕ、T_θ 与 Q_ϕ 的下列关系式:

$$T_\phi = -Q_\phi\cot\phi, \qquad T_\theta = -\frac{\mathrm{d}Q_\phi}{\mathrm{d}\phi} \tag{10}$$

将式(7)、式(6)依次代入式(8)第三式可得下列基本方程式

$$\frac{\mathrm{d}^2\psi}{\mathrm{d}\phi^2}+\left(\frac{1}{D_{\phi\phi}}\frac{\mathrm{d}D_{\phi\phi}}{\mathrm{d}\phi}+\cot\phi\right)\frac{\mathrm{d}\psi}{\mathrm{d}\phi}-\left[\frac{D_{\theta\theta}}{D_{\phi\phi}}\cot^2\phi+\frac{D_{\phi\theta}}{D_{\phi\phi}}-\frac{\cot\phi}{D_{\phi\phi}}\frac{\mathrm{d}D_{\phi\theta}}{\mathrm{d}\phi}\right]\psi = -\frac{R^2 Q_\phi}{D_{\phi\phi}} \tag{11}$$

另一个由 Q_ϕ 和 ψ 表示的协调方程式可由式(6)、(7)、(10)消去 u、w、ε_ϕ、ε_θ、T_ϕ、T_θ 而得下式

$$\frac{\mathrm{d}^2 Q_\phi}{\mathrm{d}\phi^2} + \left[\frac{B_{\phi\phi} B_{\theta\theta} - B_{\phi\theta}^2}{B_{\phi\phi}} \frac{\mathrm{d}}{\mathrm{d}\phi} \left(\frac{B_{\phi\phi}}{B_{\phi\phi} B_{\theta\theta} - B_{\phi\theta}^2} + \cot\phi \right) \right] \frac{\mathrm{d}Q_\phi}{\mathrm{d}\phi}$$

$$-\left[\frac{B_{\theta\theta}}{B_{\phi\phi}} \cot^2\phi - \frac{B_{\phi\theta}}{B_{\phi\phi}} + \frac{B_{\phi\phi} B_{\theta\theta} - B_{\phi\theta}^2}{B_{\phi\phi}} \cot\phi \frac{\mathrm{d}}{\mathrm{d}\phi} \left(\frac{B_{\phi\theta}}{B_{\phi\phi} B_{\theta\theta} - B_{\phi\theta}^2} \right) \right] Q_\phi = \frac{B_{\phi\phi} B_{\theta\theta} - B_{\phi\theta}^2}{B_{\phi\phi}} \psi \tag{12}$$

式(11)、式(12)即网状球壳连续化求解的基本齐次方程式。当 $B_{\phi\phi} = B_{\theta\theta} = \dfrac{E\delta}{1-\nu^2}$、$B_{\phi\theta} = \dfrac{\nu E\delta}{1-\nu^2}$、$D_{\phi\phi}$ $= D_{\theta\theta} = D = \dfrac{E\delta^3}{12(1-\nu^2)}$ 及 $D_{\phi\theta} = \dfrac{\nu E\delta^3}{12(1-\nu^2)}$ 时,则式(11)、(12)便退化为各向同性变厚度光面壳的如下经典方程式[7]

$$\left. \begin{aligned} &\frac{\mathrm{d}^2\psi}{\mathrm{d}\phi^2} + \left(\frac{3}{\delta} \frac{\mathrm{d}\delta}{\mathrm{d}\phi} + \cot\phi \right) \frac{\mathrm{d}\psi}{\mathrm{d}\phi} - \left(\cot^2\phi + \nu - \frac{3\nu}{\delta} \cot\phi \frac{\mathrm{d}\delta}{\mathrm{d}\phi} \right) \psi = -\frac{R^2 Q_\phi}{D} \\ &\frac{\mathrm{d}^2 Q_\phi}{\mathrm{d}\phi^2} + \left(-\frac{1}{\delta} \frac{\mathrm{d}\delta}{\mathrm{d}\phi} + \cot\phi \right) \frac{\mathrm{d}Q_\phi}{\mathrm{d}\phi} - \left(\cot^2\phi - \nu - \frac{\nu}{\delta} \cot\phi \frac{\mathrm{d}\delta}{\mathrm{d}\phi} \right) Q_\phi = E\delta\psi \end{aligned} \right\} \tag{13}$$

4 基本方程式的求解和内力、位移计算公式

要精确求解基本方程式(11)、(12)是比较困难的,故本文采用近似解法。将网壳结构等代为连续体后,通常都属于薄壳范畴,式 $\dfrac{\mathrm{d}^2 Q_\phi}{\mathrm{d}\phi^2} \gg \dfrac{\mathrm{d}Q_\phi}{\mathrm{d}\phi} \gg Q_\phi$、$\dfrac{\mathrm{d}^2\psi}{\mathrm{d}\phi^2} \gg \dfrac{\mathrm{d}\psi}{\mathrm{d}\phi} \gg \psi$ 成立,则在式(11)、(12)中略去微小量后可得

$$\frac{\mathrm{d}^2\psi}{\mathrm{d}\phi^2} \approx -\frac{R^2 Q_\phi}{D_{\phi\phi}}, \qquad \frac{\mathrm{d}^2 Q_\phi}{\mathrm{d}\phi^2} \approx E\delta_{\theta\theta}\psi \tag{14}$$

$$E\delta_{\theta\theta} = \frac{B_{\phi\phi} B_{\theta\theta} - B_{\phi\theta}^2}{B_{\phi\phi}} \tag{15}$$

式中,$\delta_{\theta\theta}$ 为网状球壳在纬向的等代厚度。将式(14)中两式合并,并用 $s = R\phi$ 代入后可得

$$\frac{\mathrm{d}^4 Q_\phi}{\mathrm{d}s^4} + \frac{4}{C^4} Q_\phi = 0 \tag{16}$$

$$C = \sqrt{2R \sqrt{\frac{D_{\phi\phi}}{E\delta_{\theta\theta}}}} \tag{17}$$

式(16)的解为

$$Q_\phi = \bar{A}_1 \bar{\eta}_1 + \bar{A}_2 \bar{\eta}_2 + A_1 \eta_1 + A_2 \eta_2 \tag{18}$$

$$\bar{\eta}_1 = \mathrm{e}^{-\frac{\bar{s}}{C}} \cos\frac{\bar{s}}{C}, \qquad \bar{\eta}_2 = \mathrm{e}^{-\frac{\bar{s}}{C}} \sin\frac{\bar{s}}{C}, \qquad \eta_1 = \mathrm{e}^{-\frac{s}{C}} \cos\frac{s}{C}, \qquad \eta_2 = \mathrm{e}^{-\frac{s}{C}} \sin\frac{s}{C} \tag{19}$$

弧长 s、$\bar{s}$ 分别自壳体的上、下端算起,待定常数 $\bar{A}_1$、$\bar{A}_2$、A_1、A_2 可由边界条件和连接条件来确定。至此,便可由下列关系式:

$$\bar{\eta}_3 = \bar{\eta}_1 + \bar{\eta}_2, \qquad \bar{\eta}_4 = \bar{\eta}_1 - \bar{\eta}_2, \qquad \eta_3 = \eta_1 + \eta_2, \qquad \eta_4 = \eta_1 - \eta_2, \qquad \mathrm{d}\bar{s} = -\mathrm{d}s$$

并根据式(6)、(7)、(10),求得各内力、位移的表达式:

$$
\left.
\begin{aligned}
Q_\phi &= \overline{A}_1\overline{\eta}_1 + \overline{A}_2\overline{\eta}_2 + A_1\eta_1 + A_2\eta_2 \\
T_\phi &= -\cot\phi(\overline{A}_1\overline{\eta}_1 + \overline{A}_2\overline{\eta}_2 + A_1\eta_1 + A_2\eta_2) + T_\phi^* \\
T_\theta &= -\frac{R}{C}(\overline{A}_1\overline{\eta}_3 - \overline{A}_2\overline{\eta}_4 - A_1\eta_3 + A_2\eta_4) + T_\theta^* \\
H &= Q_\phi\sin\phi - T_\phi\cos\phi = \frac{1}{\sin\phi}(\overline{A}_1\overline{\eta}_1 + \overline{A}_2\overline{\eta}_2 + A_1\eta_1 + A_2\eta_2) - T_\phi^*\cos\phi \\
M_\phi &= \frac{C}{2}(\overline{A}_1\overline{\eta}_4 + \overline{A}_2\overline{\eta}_3 - A_1\eta_4 - A_2\eta_3) + \frac{C^2 D_{\theta\theta}\cot\phi}{2RD_{\phi\phi}} \\
&\quad \times(-\overline{A}_1\overline{\eta}_2 + \overline{A}_2\overline{\eta}_1 - A_1\eta_2 + A_2\eta_1) \\
M_\theta &= \frac{C}{2}\frac{D_{\theta\theta}}{D_{\phi\phi}}(\overline{A}_1\overline{\eta}_4 + \overline{A}_2\overline{\eta}_3 - A_1\eta_4 - A_2\eta_3) + \frac{C^2 D_{\theta\theta}\cot\phi}{2RD_{\phi\phi}} \\
&\quad \times(-\overline{A}_1\overline{\eta}_2 + \overline{A}_2\overline{\eta}_1 - A_1\eta_2 + A_2\eta_1) \\
\psi &= \frac{C^2}{2D_{\phi\phi}}(\overline{A}_1\overline{\eta}_2 - \overline{A}_2\overline{\eta}_1 + A_1\eta_2 - A_2\eta_1) + \psi^* \\
\Delta &= \frac{R^2\sin^2\phi}{E\delta_{\theta\theta}C}\Big[(-\overline{A}_1\overline{\eta}_3 + \overline{A}_2\overline{\eta}_4 + A_1\eta_3 - A_2\eta_4) + \frac{CB_{\theta\theta}\cot\phi}{RB_{\phi\phi}} \\
&\quad \times(\overline{A}_1\overline{\eta}_1 + \overline{A}_2\overline{\eta}_2 + A_1\eta_1 + A_2\eta_2) + \Delta^*\Big] \\
w &= \frac{C}{E\delta_{\theta\theta}}\Big[\frac{R^2}{C^2}(\overline{A}_1\overline{\eta}_3 - \overline{A}_2\overline{\eta}_4 - A_1\eta_3 + A_2\eta_4) + \frac{R\cot\phi}{C} \\
&\quad \times(\overline{A}_1\overline{\eta}_1 + \overline{A}_2\overline{\eta}_2 + A_1\eta_1 + A_2\eta_2) + \frac{B_{\theta\theta}}{2B_{\phi\phi}} \\
&\quad \times(-\overline{A}_1\overline{\eta}_4 - \overline{A}_2\overline{\eta}_3 + A_1\eta_4 + A_2\eta_3)\Big] + \overline{A}_3\cos\phi + w^*
\end{aligned}
\right\}
\tag{20}
$$

在求得以上各式时,网壳的等代刚度近似按常量计。

式(20)中,w 由 $\Delta = u\cos\phi - w\sin\phi$、$\psi = \dfrac{1}{R}\left(u + \dfrac{\mathrm{d}w}{\mathrm{d}\phi}\right)$ 消去 u 可得

$$
\frac{\mathrm{d}w}{\mathrm{d}\phi} + w\tan\phi = R\psi - \frac{\Delta}{\cos\phi}
\tag{21}
$$

再积分后求得。待定常数 $\overline{A}_3$ 可由 w 的边界条件确定。式(20)中 T_ϕ^*、T_θ^*、ψ^*、Δ^* 及 w^* 为特解,此特解可采用无矩理论的薄膜内力和位移。

5 薄膜内力和薄膜位移

开口球壳在自重 g、均布荷载 q 及环线荷载 p 作用下(见图6),薄膜内力的计算公式为[8]

$$
\left.
\begin{aligned}
T_\phi^* &= -gR\frac{\cos\phi_b - \cos\phi}{\sin^2\phi} - \frac{qR}{2}\left(1 - \frac{\sin^2\phi_b}{\sin^2\phi}\right) - p\frac{\sin\phi_b}{\sin^2\phi} \\
T_\theta^* &= gR\left(\frac{\cos\phi_b - \cos\phi}{\sin^2\phi} - \cos\phi\right) + \frac{qR}{2}\left(1 - \frac{\sin^2\phi_b}{\sin^2\phi} - 2\cos^2\phi\right) + p\frac{\sin\phi_b}{\sin^2\phi}
\end{aligned}
\right\}
\tag{22}
$$

上式当 $\phi_b = 0$ 时,除环线荷载外,即为闭口壳的计算公式。

薄膜位移要考虑等代薄膜刚度的影响,在忽略等代刚度沿径向的变化率时,由式(6)、(7)、(21)可求得

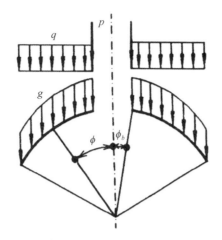

图 6   球壳的荷载

$$\psi^* = \frac{1}{B_{\phi\phi}B_{\theta\theta}-B_{\phi\theta}^2}\left\{\left[(B_{\theta\theta}+B_{\phi\theta})T_\phi^* -(B_{\phi\phi}+B_{\phi\theta})T_\theta^*\right]\cot\phi+B_{\phi\theta}\frac{\mathrm{d}T_\phi^*}{\mathrm{d}\phi}-B_{\phi\phi}\frac{\mathrm{d}T_\phi^*}{\mathrm{d}\phi}\right\}$$

$$\Delta^* = \frac{B_{\phi\phi}T_\phi^* -B_{\phi\theta}T_\theta^*}{B_{\phi\phi}B_{\theta\theta}-B_{\phi\theta}^2}R\sin\phi \tag{23}$$

$$w^* = \cos\phi\int\left(R\psi^* -\frac{\Delta^*}{\cos\phi}\right)\frac{\mathrm{d}\phi}{\cos\phi}$$

6   边界条件和连接条件

根据网壳的实际情况,现将常遇的边界条件和连接条件分述如下。

(1)网壳下端,即 $\phi=\phi_a$、$\bar{s}=0$、$s=s_1$ 或 s_2,s_1 和 s_2 分别为闭口壳和开口壳的经线弧长,其边界条件可分为:

①简支边:$\Delta_a=0,M_{\phi a}=0$;

②固支边:$\Delta_a=0,\psi_a=0$;

③弹性支承(有圈梁时):$\Delta_a=\Delta_a^F,\psi_a=\psi_a^F$。

其中 Δ_a^F、ψ_a^F 为圈梁在与网壳交接处的水平位移和转角(见图 7),其表达式为

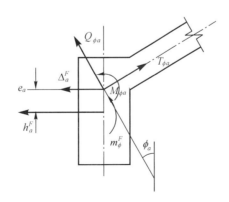

图 7   网壳下端弹性支承

$$\Delta_a^F = \frac{R^2 \sin^2 \phi_a}{EF_a}(Q_{\phi a}\sin\phi_a - T_{\phi a}\cos\phi_a + h_a^F) + e_a\psi_a^F \left.\begin{matrix}\\\\\\\end{matrix}\right\}$$

$$\psi_a^F = \frac{R^2 \sin^2 \phi_a}{EJ_a}\left[M_{\phi a} + (Q_{\phi a}\sin\phi_a - T_{\phi a}\cos\phi_a)e_a + m_a^F\right]$$

(24)

式中, h_a^F 和 m_a^F 为单独作用在圈梁形心轴处的水平线荷载和线扭矩, EF_a 和 EJ_a 为圈梁的刚度, e_a 为偏心距。实际工程中一般都设置圈梁,故在下面详细分析一下。把式(20)代入式(24),并经整理后,此两个边界条件方程式可用表1的矩阵形式来表示。表1中 $K_1 \sim K_4$ 为函数 $\eta_1 \sim \eta_4$ 在该边界处的值,系数 $\overline{m}$、$\overline{n}$ 见表2。

表1 弹性支承边界条件方程式的矩阵形式

ϕ		$\overline{A}_1$	$\overline{A}_2$	A_1	A_2	右端自由项				
						Δ^*	ψ^*	T_ϕ^*	h^F	m^F
ϕ_a	I_a	$1+\overline{m}_{11}$	$-(1+\overline{m}_{12})$	$-K_3 + \overline{m}_{11}K_1 + \overline{m}_{12}K_2$	$K_4 + \overline{m}_{11}K_2 - \overline{m}_{12}K_1$	$\overline{n}_{1\Delta}$	$\overline{n}_{1\psi}$	$\overline{n}_{1T}$	$\overline{n}_{1h}$	0
	II_b	$1+\overline{m}_{12}$	$1+\overline{m}_{22}$	$-K_4 + \overline{m}_{12}K_1 - \overline{m}_{22}K_2$	$-K_3 + \overline{m}_{12}K_2 + \overline{m}_{22}K_1$	0	$\overline{n}_{2\psi}$	$\overline{n}_{2T}$	0	$\overline{n}_{2m}$
ϕ_b	I_a	$-\overline{K}_3 + m_{11}\overline{K}_1 + m_{12}\overline{K}_2$	$\overline{K}_4 + m_{11}\overline{K}_2 - m_{12}\overline{K}_1$	$1+m_{11}$	$-(1+m_{12})$	$n_{1\Delta}$	$n_{1\psi}$	n_{1T}	n_{1h}	0
	II_b	$-\overline{K}_4 + m_{12}\overline{K}_1 - m_{22}\overline{K}_2$	$-\overline{K}_3 + m_{12}\overline{K}_2 + m_{22}\overline{K}_1$	$1+m_{12}$	$1+m_{22}$	0	$n_{2\psi}$	n_{2T}	0	n_{2m}

表2 系数 $\overline{m}$、$\overline{n}$、m、n

下端系数	表达式	上端系数	圈梁竖放	圈梁斜放
$\overline{m}_{11}$	$\dfrac{C_a(\delta_{\theta\theta})_a}{F_a} - \dfrac{C_a}{R}\left(\dfrac{B_{\phi\theta}}{B_{\phi\phi}}\right)_a\cot\phi_a$	m_{11}	$\dfrac{C_b(\delta_{\theta\theta})_b}{F_b} + \dfrac{C_b}{R}\left(\dfrac{B_{\phi\theta}}{B_{\phi\phi}}\right)_b\cot\phi_b$	$\dfrac{C_b(\delta_{\theta\theta})_b}{F_b} + \dfrac{C_b}{R}\left(\dfrac{B_{\phi\theta}}{B_{\phi\phi}}\right)_b\cot\phi_b$
$\overline{m}_{12}$	$\dfrac{2e_a}{C_a\sin\phi_a}$	m_{12}	$-\dfrac{2e_b}{C_b\sin\phi_b}$	$-\dfrac{2e_b}{C_b}\cot\phi_b$
$\overline{m}_{22}$	$\dfrac{C_aEJ_a}{(D_{\phi\phi})_aR^2\sin^2\phi_a} + \dfrac{C_a}{R}\left(\dfrac{D_{\phi\theta}}{D_{\phi\phi}}\right)_a\cot\phi_a$	m_{22}	$\dfrac{C_bEJ_b}{(D_{\phi\phi})_bR^2\sin^2\phi_b} - \dfrac{C_b}{R}\left(\dfrac{D_{\phi\theta}}{D_{\phi\phi}}\right)_b\cot\phi_b$	$\dfrac{C_bEJ_{b0}}{(D_{\phi\phi})_bR^2\sin^2\phi_b} - \dfrac{C_b}{R}\left(\dfrac{D_{\phi\theta}}{D_{\phi\phi}}\right)_b\cot\phi_b$
$\overline{n}_{1\Delta}$	$\dfrac{C_aE(\delta_{\theta\theta})_a}{R^2\sin^2\phi_a}$	$n_{1\Delta}$	$-\dfrac{C_bE(\delta_{\theta\theta})_b}{R^2\sin^2\phi_b}$	$-\dfrac{C_bE(\delta_{\theta\theta})_b}{R^2\sin^2\phi_b}$
$\overline{n}_{1\psi}$	$-e_a\overline{n}_{1\Delta}$	$n_{1\psi}$	$-e_b\overline{n}_{1\Delta}$	$-e_b\overline{n}_{1\Delta}\cos\phi_b$
$\overline{n}_{1T}$	$\dfrac{C_a(\delta_{\theta\theta})_a}{2F_a}\sin2\phi_a$	n_{1T}	$\dfrac{C_b(\delta_{\theta\theta})_b}{2F_b}\sin2\phi_b$	$\dfrac{C_b(\delta_{\theta\theta})_b}{2F_b}\sin2\phi_b$
$\overline{n}_{1h}$	$-\dfrac{\overline{n}_{1T}}{\cos\phi_a}$	n_{1h}	$\dfrac{\overline{n}_{1T}}{\cos\phi_b}$	$\dfrac{\overline{n}_{1T}}{\cos\phi_b}$
$\overline{n}_{2\psi}$	$\dfrac{2EJ_a}{C_aR^2\sin^2\phi_a}$	$n_{2\psi}$	$\dfrac{2EJ_b}{C_bR^2\sin^2\phi_b}$	$\dfrac{2EJ_{b0}}{C_bR^2\sin^2\phi_b}$
$\overline{n}_{2T}$	$\dfrac{2e_a\cos\phi_a}{C_a}$	n_{2T}	$-\dfrac{2e_b\cos\phi_b}{C_b}$	$-\dfrac{2e_b}{C_b}$
$\overline{n}_{2m}$	$-\dfrac{2}{C_a}$	n_{2m}	$-\dfrac{2}{C_b}$	$-\dfrac{2}{C_b}$

（2）网壳上端，即 $\phi=\phi_b$、$\bar{s}=s_2$、$s=0$ 处，其边界条件为

①自由边：$H_b=0$，$M_{\phi b}=0$；

②弹性支承：$\Delta_b=\Delta_b^F$，$\psi_b=\psi_b^F$。

式中，Δ_b^F、ψ_b^F 为内圈梁在与网壳交接处的水平位移和转角。由图 8a、图 8b 可知，对竖放和斜放的内圈梁，其 Δ_b^F、ψ_b^F 分别为

$$
\left.
\begin{aligned}
\Delta_b^F &= \frac{R^2\sin^2\phi_b}{EF_b}(T_{\phi b}\cos\phi_b - Q_{\phi b}\sin\phi_b + h_b^F) + e_b\psi_b^F \\
\psi_b^F &= \frac{R^2\sin^2\phi_b}{EJ_b}\left[-M_{\phi b} + (T_{\phi b}\cos\phi_b - Q_{\phi b}\sin\phi_b)e_b + m_b^F\right]
\end{aligned}
\right\}
\tag{25a}
$$

$$
\left.
\begin{aligned}
\Delta_b^F &= \frac{R^2\sin^2\phi_b}{EF_b}(T_{\phi b}\cos\phi_b - Q_{\phi b}\sin\phi_b + h_b^F) + e_b\psi_b^F\cos\phi_b \\
\psi_b^F &= \frac{R^2\sin^2\phi_b}{EJ_b}(-M_{\phi b} + e_b T_{\phi b} + m_b^F)
\end{aligned}
\right\}
\tag{25b}
$$

式中，h_b^F 和 m_b^F 为单独作用在内圈梁形心轴处的水平线荷载和线扭矩，EF_b 和 EJ_b 为内圈梁的刚度，e_b 为偏心矩，J_{b0} 为圈梁斜放时的等效惯性矩，它和主惯性矩 J_{bx}、J_{by} 有如下关系式：

$$
\frac{1}{J_{b0}} = \frac{\cos^2\phi_b}{J_{bx}} + \frac{\sin^2\phi_b}{J_{by}}
\tag{26}
$$

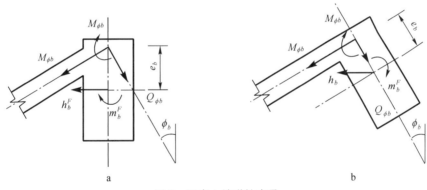

图 8　网壳上端弹性支承

　　同理，内圈弹性支承时边界条件的展开式详见表 1 后两行方程式，$\overline{K}_1 \sim \overline{K}_4$ 为函数 $\overline{\eta}_1 \sim \overline{\eta}_4$ 在该边界处的值，系数 m、n 见表 2。

　　如果网状球壳的最大 C 值小于 $s_1/3$ 或 $s_2/3$，以及对于无限大网壳，则壳中具有明显的边界效应特性，求解时可不计远端的影响。此时，表 1 中带有 K_i、$\overline{K}_i (i=1\sim4)$ 的各项可略去不计，待定常数 $\overline{A}_1$、$\overline{A}_2$、A_1、A_2 便可分别由下式确定。

$$
\left.
\begin{aligned}
\overline{A}_1 &= \frac{\overline{N}_1(1+\overline{m}_{22}) + \overline{N}_2(1+\overline{m}_{12})}{(1+\overline{m}_{11})(1+\overline{m}_{22}) + (1+\overline{m}_{12})^2} \\[4pt]
\overline{A}_2 &= \frac{-\overline{N}_1(1+\overline{m}_{12}) + \overline{N}_2(1+\overline{m}_{11})}{(1+\overline{m}_{11})(1+\overline{m}_{22}) + (1+\overline{m}_{12})^2} \\[4pt]
A_1 &= \frac{N_1(1+m_{22}) + N_2(1+m_{12})}{(1+m_{11})(1+m_{22}) + (1+m_{12})^2} \\[4pt]
A_2 &= \frac{-N_1(1+m_{12}) + N_2(1+m_{11})}{(1+m_{11})(1+m_{22}) + (1+m_{12})^2}
\end{aligned}
\right\}
\tag{27}
$$

式中 $\overline{N}_1$、$\overline{N}_2$、N_1、N_2 为表 1 中"右端自由项"的相应项乘积之和。如果需求网壳的法向位移 w，可在壳体下端补充下列边界条件以确定待定常数 $\overline{A}_3$：

$$w_a = -\Delta_a \sin\phi_a \tag{28}$$

（3）壳段 i 与壳段 $i+1$ 的连接条件。当有刚度突变或荷载突变时，可把整个球壳分为若干个壳段来分析，各壳段的待定常数 A_i 可由壳段间的连接条件确定。由图 9 可知，i 与 $i+1$ 壳段的连接条件为（对 i 壳段下端的内力和位移省去脚标 a，$i+1$ 壳段上端的内力和位移省去脚标 b，并应注意到 $\phi_{ia} = \phi_{i+1,b} = \phi_i$）：

$$\Delta_{i+1} = \Delta_i, \qquad \psi_{i+1} = \psi_i, \qquad H_{i+1} = H_i + h_i, \qquad M_{\phi i+1} = M_{\phi i} + m_i \tag{29}$$

将式（20）代入上式后，上述连接条件可用表 3 来表示，表中 $K_{1i} \sim K_{4i}$ 为壳段 i 的函数 $\eta_{1i} \sim \eta_{4i}$ 在连接处之值，$\overline{K}_{1,i+1} \sim \overline{K}_{4,i+1}$ 为壳段 $i+1$ 的函数 $\overline{\eta}_{1,i+1} \sim \overline{\eta}_{4,i+1}$ 在连接处之值。

当壳段的 $3C_i$ 和 $3C_{i+1}$ 分别小于壳段的弧长 s_i 和 s_{i+1} 时，或将壳段按无限长处理时，则在求解时可不计远端影响。此时，表 3 中带有 K、$\overline{K}$ 的各项可略去不计，从而待定常数 $\overline{A}_{1,i}$、$\overline{A}_{2,i}$、$A_{1,i+1}$、$A_{2,i+1}$ 可由节点 i 的四个连续条件直接求得。

如需要计算网壳的法向位移 w，在节点 i 还可补充下列连接条件以确定待定常数 $\overline{A}_{3,i}$：

$$w_i = w_{i+1} \tag{30}$$

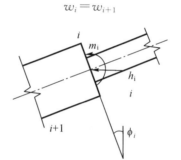

图 9　网壳的连接条件

表 3　网壳的连接条件方程式

序号	$i+1$ 壳段				i 壳段	
	$\overline{A}_{1,i+1}$	$\overline{A}_{2,i+1}$	$A_{1,i+1}$	$A_{2,i+1}$	$\overline{A}_{1,i}$	$\overline{A}_{2,i}$
1	$-\overline{K}_{3,i+1} + \mu_{i+1}\overline{K}_{1,i+1}$	$-\overline{K}_{4,i+1} + \mu_{i+1}\overline{K}_{2,i+1}$	$1+\mu_{i+1}$	-1	$\dfrac{C_{i+1}(\delta_{\theta\theta})_{i+1}}{C_i(\delta_{\theta\theta})_i}(1-\mu_i)$	$-\dfrac{C_{i+1}(\delta_{\theta\theta})_{i+1}}{C_i(\delta_{\theta\theta})_i}$
2	$\overline{K}_{2,i+1}$	$-\overline{K}_{1,i+1}$	0	-1	0	$\dfrac{C_i^2(D_{\phi\phi})_{i+1}}{C_{i+1}^2(D_{\phi\phi})_i}$
3	$\overline{K}_{1,i+1}$	$\overline{K}_{2,i+1}$	1	0	-1	0
4	$-\overline{K}_{4,i+1} + \nu_{i+1}\overline{K}_{2,i+1}$	$-\overline{K}_{3,i+1} - \nu_{i+1}\overline{K}_{1,i+1}$	1	$1-\nu_{i+1}$	1	$1+\nu_i$

序号	i 壳段		右端自由项
	$A_{1,i}$	$A_{2,i}$	
1	$-\dfrac{C_{i+1}(\delta_{\theta\theta})_{i+1}}{C_i(\delta_{\theta\theta})_i}(K_{3i} - \mu_i K_{1i})$	$-\dfrac{C_{i+1}(\delta_{\theta\theta})_{i+1}}{C_i(\delta_{\theta\theta})_i}(K_{4i} - \mu_i K_{2i})$	$\dfrac{C_{i+1}E(\delta_{\theta\theta})_{i+1}}{R^2 \sin\phi_i}(\Delta_i^* - \Delta_{i+1}^*)$
2	$-\dfrac{C_i^2(D_{\phi\phi})_{i+1}}{C_{i+1}^2(D_{\phi\phi})_i}K_{2i}$	$\dfrac{C_i^2(D_{\phi\phi})_{i+1}}{C_{i+1}^2(D_{\phi\phi})_i}K_{1i}$	$\dfrac{2(D_{\phi\phi})_{i+1}}{C_{i+1}^2}(\psi_i^* - \psi_{i+1}^*)$
3	$-K_{1i}$	$-K_{2i}$	$\dfrac{\sin 2\phi_i}{2}(T_{\phi,i+1}^* - T_{\phi,i}^*) + h_i \sin\phi_i$
4	$-K_{4i} - \nu_i K_{2i}$	$-K_{3i} + \nu_i K_{1i}$	$\dfrac{2m_i}{C_{i+1}}$

注：表中 $\mu_i = \dfrac{C_i}{R}\left(\dfrac{B_{\phi\theta}}{B_{\theta\theta}}\right)_i \cot\phi_i$，$\nu_i = \dfrac{C_i}{R}\left(\dfrac{D_{\phi\theta}}{D_{\theta\theta}}\right)_i \cot\phi_i$.

7 由壳体内力返回计算网壳杆件内力

当求得壳体的内力和应变后,可由壳体的物理方程(7)以及下列应变关系式(轴对称问题中 $\varepsilon_{\phi\theta}=0$、$\chi_{\phi\theta}=0$)

$$\varepsilon_a=\varepsilon_\theta\cos^2\alpha+\varepsilon_\phi\sin^2\alpha,\qquad \chi_a=\chi_\theta\cos^2\alpha+\chi_\phi\sin^2\alpha \tag{31}$$

得出四向Ⅰ型、Ⅱ型网壳经向杆、纬向杆及斜向杆的内力计算公式:

$$
\left.
\begin{aligned}
N_\phi^e &=EA_\phi\varepsilon_\phi=EA_\phi\frac{B_{\theta\theta}T_\phi-B_{\phi\theta}T_\theta}{B_{\phi\phi}B_{\theta\theta}-B_{\phi\theta}^2}, & N_\theta^e &=EA_\theta\varepsilon_\theta=EA_\theta\frac{B_{\phi\phi}T_\theta-B_{\phi\theta}T_\phi}{B_{\phi\phi}B_{\theta\theta}-B_{\phi\theta}^2}\\[2mm]
N_c^e &=EA_c\varepsilon_a=EA_c\left(\frac{B_{\phi\phi}T_\theta-B_{\phi\theta}T_\phi}{B_{\phi\phi}B_{\theta\theta}-B_{\phi\theta}^2}\cos^2\alpha+\frac{B_{\theta\theta}T_\phi-B_{\phi\theta}T_\theta}{B_{\phi\phi}B_{\theta\theta}-B_{\phi\theta}^2}\sin^2\alpha\right)\\[2mm]
M_\phi^e &=EJ_\phi\chi_\phi=EJ_\phi\frac{D_{\theta\theta}M_\phi-D_{\phi\theta}M_\theta}{D_{\phi\phi}D_{\theta\theta}-D_{\phi\theta}^2}, & M_\theta^e &=EJ_\theta\chi_\theta=EJ_\theta\frac{D_{\phi\phi}M_\theta-D_{\phi\theta}M_\phi}{D_{\phi\phi}D_{\theta\theta}-D_{\phi\theta}^2}\\[2mm]
M_c^e &=EJ_c\chi_a=EJ_c\left(\frac{D_{\phi\phi}M_\theta-D_{\phi\theta}M_\phi}{D_{\phi\phi}D_{\theta\theta}-D_{\phi\theta}^2}\cos^2\alpha+\frac{D_{\theta\theta}M_\phi-D_{\phi\theta}M_\theta}{D_{\phi\phi}D_{\theta\theta}-D_{\phi\theta}^2}\sin^2\alpha\right)
\end{aligned}
\right\} \tag{32}
$$

对于三向Ⅰ型、Ⅱ型网壳的杆件内力也可按上式计算,但更为方便的办法是由单元隔离体的静力平衡条件(见图10),分别由下列公式计算:

$$
\left.
\begin{aligned}
N_c^e &=\frac{\Delta_\phi}{2\cos\alpha}T_\theta\\[1mm]
N_\phi^e &=\Delta_\theta T_\phi-\Delta_\phi T_\theta\tan\alpha\\[1mm]
M_c^e &=\frac{\Delta_\phi}{2\cos\alpha}M_\theta\\[1mm]
M_\phi^e &=\Delta_\theta M_\phi-\Delta_\phi M_\theta\tan\alpha
\end{aligned}
\right\} \tag{33a}
$$

$$
\left.
\begin{aligned}
N_c^e &=\frac{\Delta_\theta}{\sin\alpha}T_\phi\\[1mm]
N_\theta^e &=\Delta_\phi T_\theta-\Delta_\theta T_\phi\tan\alpha\\[1mm]
M_c^e &=\frac{\Delta_\theta}{\sin\alpha}M_\phi\\[1mm]
M_\theta^e &=\Delta_\phi M_\theta-\Delta_\theta M_\phi\tan\alpha
\end{aligned}
\right\} \tag{33b}
$$

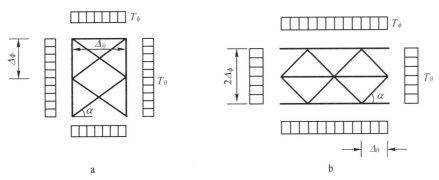

图 10　三向Ⅰ型、Ⅱ型网壳

对于两向正交网壳有下列简单计算公式。

$$N_\phi^e=\Delta_\theta T_\phi,\qquad N_\theta^e=\Delta_\phi T_\theta,\qquad M_\phi^e=\Delta_\theta M_\phi,\qquad M_\theta^e=\Delta_\phi M_\theta \tag{34}$$

对于两向斜交网壳,由于 $B_{\phi\phi}B_{\theta\theta}-B_{\phi\theta}^2=D_{\phi\phi}D_{\theta\theta}-D_{\phi\theta}^2=0$,从而无法求得杆件内力。这说明对于两向斜交网状球壳需要考虑斜向杆系在出平面外的抗弯刚度[9],或适当增设纬向杆系后才能求得解答。

对于三向 K_n 型网壳的纬向杆件内力可按式(32)计算,但包括经向杆在内的各斜向杆的内力应按下列公式计算(见图4):

$$N_{cj}^e=EA_{cj}\left(\frac{B_{\phi\phi}T_\theta-B_{\phi\theta}T_\phi}{B_{\phi\phi}B_{\theta\theta}-B_{\phi\theta}^2}\cos^2\alpha_{cj}+\frac{B_{\theta\theta}T_\phi-B_{\phi\theta}T_\theta}{B_{\phi\phi}B_{\theta\theta}-B_{\phi\theta}^2}\sin^2\alpha_{cj}\right)$$
$$M_{cj}^e=EJ_{cj}\left(\frac{D_{\phi\phi}M_\theta-D_{\phi\theta}M_\phi}{D_{\phi\phi}D_{\theta\theta}-D_{\phi\theta}^2}\cos^2\alpha_{cj}+\frac{D_{\theta\theta}M_\phi-D_{\phi\theta}M_\theta}{D_{\phi\phi}D_{\theta\theta}-D_{\phi\theta}^2}\sin^2\alpha_{cj}\right)$$

(35)

对于平面为正三角形网格的三向网壳,其任一杆件的内力也可按式(35)计算。此时,式中脚标 c 可删去,α 可理解为三向网壳中任一杆件轴线与 T_θ 方向的交角。式(35)还可用来近似计算短程线型网状球壳的杆件内力。

如果壳体的内力变化较大,则杆件内力计算时应取相应区段内的加权平均值,如

$$T_{\theta i}=\frac{2}{\phi_{i+1}-\phi_{i-1}}\int_{\frac{\phi_{i-1}+\phi_i}{2}}^{\frac{\phi_i+\phi_{i+1}}{2}}T_\theta\mathrm{d}\phi,\qquad T_{\theta.i\sim i+1}=\frac{1}{\phi_{i+1}-\phi_i}\int_{\phi_i}^{\phi_i+\phi_{i+1}}T_\theta\mathrm{d}\phi$$

(36)

对其他内力 T_ϕ、M_ϕ、M_θ、Q_ϕ 也有类似的表达式,这里从略。式(36)的第一种表达用于 i 节点处的纬向杆内力计算,第二种表达式用于 i 与 $i+1$ 节点间的经向和斜向杆的内力计算。

8 计算例题

设一直径为 64m 圆形平面的四向 I 型网状球壳,高跨比 1/7,球壳沿经向等分为 9 段,沿纬向分为 36 等分,1/36 网壳平面图如图 11a 所示。设计荷载 $g=2.5\mathrm{kN/m^2}$、$A_\phi=61.2\mathrm{cm^2}$、$J_\phi=8950\mathrm{cm^4}$

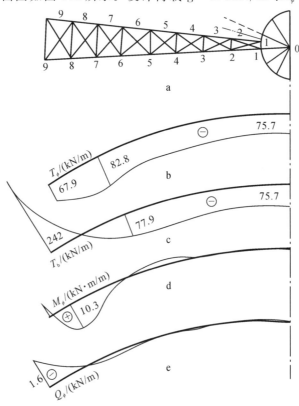

图 11 算例结果

（30a 工字钢）、$A_\theta = 46.6\text{cm}^2$、$J_\theta = 4134\text{cm}^4$（2∠120×10 组成 I 形截面）、$A_c = 7.55\text{cm}^2$、$J_c = 29.8\text{cm}^4$（∠65×6）、$F_a = 86.1\text{cm}^2$、$J_a = 21720\text{cm}^4$（40a 工字钢）、$e_a = 0$，试计算网壳的内力。假定纬向杆两端铰接、斜向杆不参与工作，故可按两向正交网壳计算。按本文计算的壳体内力 T_ϕ、T_θ、M_ϕ、M_θ 如图 11b～图 11e 所示。圈梁的拉力为 1670kN，弯矩为 25kN·m（因经向杆最下端有负弯矩）。反算网壳杆件内力为：经向杆最大内力在第 8 段 $(N_\phi^e)_8 = -393\text{kN}$、$(M_\phi^e)_8 = 37\text{kN·m}$；纬向杆最大轴压力在第 6 圈 $(N_\phi^e)_6 = -289\text{kN}$。

9　结语

综上所述，可得到以下几点结论。

（1）本文对网状球壳的形式和分类做了讨论。常用的网状球壳可归纳为以经向杆系、纬向杆系和斜向杆系组成的网状球壳，以及由三角形网格组成的各种形式的三向类网状球壳共两大类。

（2）网状球壳在结构性质上可按正交异性壳分析，并可采用薄膜理论加边界效应的方法来求得壳体的内力和位移。文中讨论了在各种支承条件和连接条件下的网壳计算问题。

（3）本文给出了各种网状球壳等代刚度的计算公式，并给出了由壳体内力来反求网壳杆件内力的计算方法。

（4）本文所讨论的连续化分析方法适用于各种常用形式的四向、三向和两向杆系组成的网状球壳的计算，杆件两端可为刚接，也可为铰接。本文的分析方法计算简便，可以手算，也可电算。

参考文献

[1] SHIH T S. Analysis of ribbed domes with polygonal rings[J]. Journal of the Structural Division，1956，82(6)：1－40.

[2] 俞忽. 结构静力学[M]. 北京：人民铁道出版社，1955.

[3] 刘开国. 空间杆系穹顶的几个计算问题[J]. 工程力学，1984，1(1)：51－64.

[4] MAKOWSKI D S. Analysis，design and construction of braced domes[M]. London：Granada，1984.

[5] 张维岳，董石麟，胡绍隆. 无脚手装配式球壳[R]. 中国建筑科学研究院科研报告第 6503 号. 北京：中国建筑科学研究院，1965.

[6] 董石麟. 交叉拱系网状扁壳的计算方法[J]. 土木工程学报，1985，18(3)：3－19.

[7] TIMOSHENKO S，WOINOSKY-KRIEGER S. Theory of plates and shells[M]. McGraw-Hill，1959.

[8] 中华人民共和国建筑工程部. 钢筋混凝土薄壳顶盖及楼盖结构设计计算规程：BJG 16－65[S]. 北京：中国工业出版社，1965.

[9] ПШЕНИЧНОВ Г И. 网状柱形扁壳的静力计算[M]. 何广乾，译. 壳体结构文汇第四册. 北京：中国工业出版社，1965.

44 单、双层球面扁网壳连续化方法非线性稳定理论临界荷载的确定[*]

摘 要:连续化方法是研究网壳结构稳定问题的一种重要途径,目前用连续化理论分析球面扁网壳的稳定问题还存在欠缺和不足。运用经典的壳体理论,将单层和双层球面扁网壳等代为实体薄壳并建立非线性稳定理论混合法基本方程,再用李兹法求出球面扁网壳上下临界荷载计算公式。通过参数分析,首次从1000多个算例中得出了正三角形网格单层和双层常用球面扁网壳临界荷载系数的精确解。与国内外现有文献的计算公式相比,结果更为完善和正确。即便在有限元技术日益成熟的今天,用连续化方法计算的网壳结构临界荷载仍然对工程设计有重要指导作用,也是有限元方法分析网壳稳定性的对比和补充。

关键词:单、双层球面扁网壳;非线性稳定理论;连续化方法;上下临界荷载;临界载荷系数

1 引言

稳定性分析计算是网壳结构(尤其是单层网壳结构)设计中的关键问题。1963年罗马尼亚布加勒斯特一个直径为93.5m的单层穹顶网壳因一场大雪而失稳坍塌,这一事故的发生引起了各国工程师的关注和重视。近10年来,随着我国经济和建设的迅猛发展,网壳结构因其受力合理、用料经济和造型美观新颖而受到建筑师的青睐,工程应用日益增多,且跨度越来越大,厚度越来越薄。然而网壳结构朝着跨度大、厚度薄和重量轻方向发展的同时,其稳定性问题也逐渐显露出来,成为迫切需要解决的热点问题。

网壳结构稳定分析的主要目的是确定网壳结构的临界荷载。理论和实验表明,通过线性分析方法估算的网壳结构临界荷载和结构实际的临界荷载之间有着很大的误差。网壳在整体失稳和局部失稳前,主要是处于薄膜应力状态和薄膜变位状态,一旦发生失稳,失稳部位的网壳由原来的弹性变位转变为极大的几何变位,由主要是薄膜应力状态转变为弯曲应力状态。因此,网壳的稳定性分析必须考虑几何大变位即几何非线性的影响。

网壳稳定性分析的计算模型可分为连续化的等代薄壳模型和离散型的有限元模型。连续化的等代薄壳模型的基本原理是把由杆件组成的网格式壳体等代成连续的光面实体薄壳。在没有大量采用计算机计算以前,网壳的稳定性分析主要采用等代薄壳模型,并借用实体薄壳结构稳定性分析的经典方法和研究成果。即使是现代计算机技术已发展到大量应用的今天,采用连续化的等代薄壳计算模

---

 * 本文刊登于:董石麟,詹伟东.单、双层球面扁网壳连续化方法非线性稳定理论临界荷载的确定[J].工程力学,2004,21(3):6—14,65.

型从宏观上来分析网壳的稳定性,计算确定网壳结构的临界荷载仍然具有实用意义。目前国内外有 Wright[1],Burchert[2],del Pozo[3],半谷、坪井[4],胡学仁[5,6]和沈世钊[7,8]等提出了球面网壳稳定性近似计算公式。本文将单层和双层球面扁网壳等代为实体薄壳,用能量法求出球面扁网壳上下临界荷载计算公式,并通过参数分析,首次从1000多个算例中得出了正三角形网格单层和双层常用球面扁网壳临界荷载系数的精确解。同时将本文的计算公式与国内外现有文献的计算公式做了对比。

2　球面扁网壳非线性稳定理论基本方程

连续化的等代薄壳模型分析球面扁网壳的稳定性必须引用经典实体薄壳的理论和研究成果。根据经典实体薄壳线性稳定理论[9,10],受均布压力 q 的扁球壳线性稳定理论混合法基本方程为

$$\left.\begin{array}{r}\dfrac{1}{Eh}\nabla^4\varphi+\dfrac{1}{R}\nabla^2 w=0\\[2mm]D\,\nabla^4 w-\nabla^2\varphi=q\end{array}\right\} \tag{1}$$

式中,D,Eh 分别是壳体抗弯和抗压刚度;w,φ 分别是壳体的挠度函数和应力函数;R 为扁球壳中面的半径。

在非线性理论中,扁球壳的薄膜应变应考虑几何非线性的影响,即几何方程中应包括非线性项,故有

$$\left.\begin{array}{l}\varepsilon_x=\dfrac{\partial u}{\partial x}-\dfrac{w}{R}+\dfrac{1}{2}\left(\dfrac{\partial w}{\partial x}\right)^2\\[2mm]\varepsilon_y=\dfrac{\partial v}{\partial y}-\dfrac{w}{R}+\dfrac{1}{2}\left(\dfrac{\partial w}{\partial y}\right)^2\\[2mm]\gamma=\dfrac{\partial u}{\partial y}+\dfrac{\partial v}{\partial x}+\dfrac{\partial w}{\partial x}\dfrac{\partial w}{\partial y}\end{array}\right\} \tag{2}$$

式中,ε_x,ε_y,γ 分别是壳体面内的正应变和剪应变;u,v,w 分别为扁球壳的线位移。将式(2)代入扁球壳小变形协调方程并根据应力应变关系可得扁球壳大挠度协调方程

$$\dfrac{1}{Eh}\left[\dfrac{\partial^2\sigma_x}{\partial y^2}-2\dfrac{\partial^2\tau}{\partial x\partial y}+\dfrac{\partial^2\sigma_y}{\partial x^2}-\mu\left(\dfrac{\partial^2\sigma_x}{\partial y^2}+2\dfrac{\partial^2\tau}{\partial x\partial y}+\dfrac{\partial^2\sigma_y}{\partial x^2}\right)\right]=-\dfrac{1}{2}L(w,w)-\nabla^2 w \tag{3}$$

同理,在扁球壳小挠度竖向力平衡方程中增加考虑由于大弯曲应变(曲率改变)而产生的竖向力,可得扁球壳大挠度平衡方程为

$$D\,\nabla^2\nabla^2 w=\sigma_x\left(k_x+\dfrac{\partial^2 w}{\partial x^2}\right)+\sigma_y\left(k_y+\dfrac{\partial^2 w}{\partial y^2}\right)+2\tau\dfrac{\partial^2 w}{\partial x\partial y}+q \tag{4}$$

将 $\sigma_x=\dfrac{\partial^2\varphi}{\partial y^2}$,$\sigma_y=\dfrac{\partial^2\varphi}{\partial x^2}$,$\tau=-\dfrac{\partial^2\varphi}{\partial x\partial y}$ 代入(3)、(4)两式可得扁球壳非线性稳定理论混合法基本方程为

$$\left.\begin{array}{r}\dfrac{1}{Eh}\nabla^4\varphi+\dfrac{1}{2}L(w,w)+\dfrac{1}{R}\nabla^2 w=0\\[2mm]D\,\nabla^4 w-L(w,\varphi)-\dfrac{1}{R}\nabla^2\varphi=q\end{array}\right\} \tag{5}$$

式中,

$$\left.\begin{array}{l}L(w,w)=2\left[\dfrac{\partial^2 w}{\partial x^2}\dfrac{\partial^2 w}{\partial y^2}-\left(\dfrac{\partial^2 w}{\partial x\partial y}\right)^2\right]\\[2mm]L(w,\varphi)=\dfrac{\partial^2 w}{\partial x^2}\dfrac{\partial^2\varphi}{\partial y^2}-2\dfrac{\partial^2 w}{\partial x\partial y}\dfrac{\partial^2\varphi}{\partial x\partial y}+\dfrac{\partial^2 w}{\partial y^2}\dfrac{\partial^2\varphi}{\partial x^2}\end{array}\right\} \tag{6}$$

球面扁网壳是由若干组平面扁拱系交叉组成的球面网壳结构,根据网壳等代为实体薄壳理论[11],

由 n 组平面扁拱系组成的球面扁网壳可等代为一个各向同性的实体扁球壳,其非线性稳定理论混合法基本方程可以写为

$$\left.\begin{array}{l} \dfrac{1}{E\overline{\delta}}\nabla^4\varphi+\dfrac{1}{2}L(w,w)+\dfrac{1}{R}\nabla^2 w=0 \\[3mm] \overline{D}\,\nabla^4 w-L(w,\varphi)-\dfrac{1}{R}\nabla^2\varphi=q \end{array}\right\} \tag{7}$$

并具有四个物理常数

$$\overline{\delta}=\frac{n}{3}\delta,\qquad \overline{D}=\frac{n}{8}(3D+K),\qquad \nu_N=\frac{1}{3},\qquad \nu_M=\frac{D-K}{3D+K} \tag{8}$$

式中,$\overline{\delta}$ 为薄膜意义上的等代厚度;n 为组成扁网壳的拱系的数目($n\geqslant 3$);$\overline{D}$ 为等代抗弯刚度;ν_N,ν_M 为薄壳平面应力问题及弯曲问题的泊松比;D,K 分别为网格单位宽度上的折算抗弯和抗扭刚度。

3 球面扁网壳非线性稳定理论基本方程求解

对于轴对称的球面扁网壳,为了便于计算,其非线性稳定性问题可以转化为一维问题,因此有下列极坐标关系式

$$\nabla^2=\frac{1}{r}\frac{\mathrm{d}}{\mathrm{d}r}\left(r\frac{\mathrm{d}}{\mathrm{d}r}\right)=\frac{\mathrm{d}^2}{\mathrm{d}r^2}+\frac{1}{r}\frac{\mathrm{d}}{\mathrm{d}r} \tag{9}$$

$$N_r=\frac{1}{r}\frac{\mathrm{d}\varphi}{\mathrm{d}r},\qquad N_\theta=\frac{\mathrm{d}^2\varphi}{\mathrm{d}r^2},\qquad N_{r\theta}=0 \tag{10}$$

$$\chi_r=-\frac{\mathrm{d}^2 w}{\mathrm{d}r^2},\qquad \chi_\theta=-\frac{1}{r}\frac{\mathrm{d}w}{\mathrm{d}r},\qquad \chi_{r\theta}=0 \tag{11}$$

于是,球面扁网壳非线性稳定理论混合法基本方程(7)式可转化为

$$\left.\begin{array}{l} \dfrac{1}{E\overline{\delta}}\dfrac{1}{r}\dfrac{\mathrm{d}}{\mathrm{d}r}\left[r\dfrac{\mathrm{d}}{\mathrm{d}r}(\nabla^2\varphi)\right]+\dfrac{1}{r}\dfrac{\mathrm{d}w}{\mathrm{d}r}\dfrac{\mathrm{d}^2 w}{\mathrm{d}r^2}+\dfrac{1}{Rr}\dfrac{\mathrm{d}}{\mathrm{d}r}\left(r\dfrac{\mathrm{d}w}{\mathrm{d}r}\right)=0 \\[3mm] \overline{D}\,\dfrac{1}{r}\dfrac{\mathrm{d}}{\mathrm{d}r}\left[r\dfrac{\mathrm{d}}{\mathrm{d}r}(\nabla^2 w)\right]-\dfrac{1}{r}\dfrac{\mathrm{d}\varphi}{\mathrm{d}r}\left(\dfrac{1}{R}+\dfrac{\mathrm{d}^2 w}{\mathrm{d}r^2}\right)-\dfrac{\mathrm{d}^2\varphi}{\mathrm{d}r^2}\left(\dfrac{1}{R}+\dfrac{1}{r}\dfrac{\mathrm{d}w}{\mathrm{d}r}\right)=q \end{array}\right\} \tag{12}$$

球面扁网壳的上下临界荷载可采用李兹法来求解。假定网壳失稳后形成的是轴对称的弯曲凹面,见图 1,其法向挠度 w 可用下式表示:

$$w=f(1-r^2/c^2)^2 \tag{13}$$

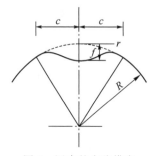

图 1 网壳的失稳模态

式中,f 为失稳区域的最大挠度值;c 为失稳区域的半径。

由式(12)的第 1 式积分可求得

$$\frac{\mathrm{d}}{\mathrm{d}r}(\nabla^2 \varphi) = -E\,\overline{\delta}\left[\frac{1}{2r}\left(\frac{\mathrm{d}w}{\mathrm{d}r}\right)^2 + \frac{1}{R}\frac{\mathrm{d}w}{\mathrm{d}r}\right] \tag{14}$$

再将 w 的表达式代入上式并由下列边界条件

$$\left.\begin{array}{ll} r=0, & \dfrac{\mathrm{d}\varphi}{\mathrm{d}r}=0 \\[2mm] r=c, & \varepsilon_\theta = \dfrac{\mathrm{d}^2\varphi}{\mathrm{d}r^2} - \dfrac{\nu_N}{r}\dfrac{\mathrm{d}\varphi}{\mathrm{d}r}=0 \end{array}\right\} \tag{15}$$

积分可求得

$$\nabla^2\varphi = \frac{E\,\overline{\delta}f^2}{3c^2}\left(\frac{5-3\mu}{1-\mu} - \frac{12r^2}{c^2} + \frac{12r^4}{c^4} - \frac{4r^6}{c^6}\right) - \frac{E\,\overline{\delta}f}{3R}\left[\frac{2(2-\mu)}{1-\mu} - 6\frac{r^2}{c^2} + 3\frac{r^4}{c^4}\right] - \frac{qR}{h} \tag{16}$$

$$\frac{\mathrm{d}\varphi}{\mathrm{d}r} = \frac{E\,\overline{\delta}f^2}{6c}\left(\frac{5-3\mu}{1-\mu}\frac{r}{c} - 6\frac{r^3}{c^3} + 4\frac{r^5}{c^5} - \frac{r^7}{c^7}\right) - \frac{E\,\overline{\delta}fc}{6R}\left[\frac{2(2-\mu)}{1-\mu}\frac{r}{c} - 3\frac{r^3}{c^3} + \frac{r^5}{c^5}\right] - \frac{qR}{2h}r \tag{17}$$

均布荷载 q 作用下网壳失稳时的总势能 Π 由三部分组成：壳体的薄膜应变能 U_N，壳体弯曲应变能 U_M 及荷载 q 的外力功 W。总势能的表达式为

$$\Pi = U_N + U_M - W \tag{18}$$

其中薄膜应变能 U_N 可表达为

$$U_N = \frac{1}{2}\int_0^c (N_r\varepsilon_r + N_\theta\varepsilon_\theta)2\pi r\mathrm{d}r = \frac{\pi}{E\,\overline{\delta}}\int_0^c\left[(\nabla^2\varphi)^2 - 2(1+\nu_N)\frac{1}{r}\frac{\mathrm{d}\varphi}{\mathrm{d}r}\frac{\mathrm{d}^2\varphi}{\mathrm{d}r^2}\right]r\mathrm{d}r \tag{19}$$

由式(17)可得 $\dfrac{\mathrm{d}^2\varphi}{\mathrm{d}r^2}$，同时将式(16)和(17)代入上式可求得

$$U_N = \frac{E\,\overline{\delta}(23-9\nu_N)\pi f^4}{126(1-\nu_N)c^2} - \frac{E\,\overline{\delta}(3-\nu_N)\pi f^3}{9(1-\nu_N)R} + \frac{E\,\overline{\delta}(7-2\nu_N)\pi c^2 f^2}{45(1-\nu_N)R^2} - \frac{\pi}{3}Rfq + \frac{\pi}{3}c^2 fq + \frac{(1-\nu_N)\pi R^2 c^2}{4E\,\overline{\delta}}q^2 \tag{20}$$

弯曲应变能 U_M 可表达为

$$U_M = \frac{\overline{D}}{2}\int_0^c (M_r\chi_r + M_\theta\chi_\theta)2\pi r\mathrm{d}r = \overline{D}\pi\int_0^c\left[(\nabla^2 w)^2 - 2(1-\nu_M)\frac{1}{r}\frac{\mathrm{d}w}{\mathrm{d}r}\frac{\mathrm{d}^2 w}{\mathrm{d}r^2}\right]r\mathrm{d}r \tag{21}$$

将 w 的表达式(13)代入上式进行积分(上式等号右边第 2 项的积分为零)可以得到弯曲应变能的具体表达式为

$$U_M = \frac{32\pi}{3}\overline{D}\left(\frac{f}{c}\right)^2 = \frac{8\pi E\,\overline{\delta}_M^3}{9(1-\nu_M^2)}\left(\frac{f}{c}\right)^2 \tag{22}$$

均布荷载 q 所做的外力功应包括对失稳前的薄膜变位 w_0 和失稳后的弯曲变位 w 所做的功。壳体在失稳前处于薄膜应变状态，由失稳前的应力和应变的关系式

$$\varepsilon_0 = \frac{1}{E\,\overline{\delta}}(N_{r_0} - \nu_N N_{\theta_0}) \tag{23}$$

及应变和位移的关系式

$$\varepsilon_0 = -\frac{w_0}{R} \tag{24}$$

可得

$$w_0 = -R\varepsilon_0 = \frac{-R}{E\,\overline{\delta}}(N_{r_0} - \nu_N N_{\theta_0}) = \frac{qR^2}{2E\,\overline{\delta}}(1-\nu_N) \tag{25}$$

因此外力功可以表达为

$$W = \int_0^c q(w_0 + w)2\pi r\mathrm{d}r = \frac{\pi}{3}c^2 fq + \frac{(1-\nu_N)\pi}{2E\overline{\delta}}c^2 R^2 q^2 \tag{26}$$

引入无量纲参数及无量纲总势能

$$k=\frac{c^2}{R\,\overline{\delta}}, \qquad \xi=\frac{f}{\overline{\delta}}, \qquad \widetilde{q}=\frac{qR^2}{2E\,\overline{\delta}^2}, \qquad \widetilde{\Pi}=\frac{3R}{2\pi E\,\overline{\delta}^4}\Pi \tag{27}$$

再引入网壳在弯曲意义上的等代厚度 $\overline{\delta}_M$ 与其薄膜意义上的等代厚度 $\overline{\delta}$ 之比值 α

$$\overline{\delta}_M=\sqrt[3]{\frac{12\overline{D}(1-\nu_M^2)}{E}}, \qquad \alpha=\frac{\overline{\delta}_M}{\overline{\delta}} \tag{28}$$

于是无量纲总势能可表达为

$$\widetilde{\Pi}=\frac{23-9\nu_N}{84(1-\nu_N)}\frac{\xi^4}{k}-\frac{(3-\nu_N)\xi^3}{6(1-\nu_N)}+\frac{(7-2\nu_N)k\xi^2}{30(1-\nu_N)}+\frac{4\alpha^3}{3(1-\nu_M^2)}\frac{\xi^2}{k}-\xi^2\widetilde{q}-\frac{3(1-\nu_N)}{2}k\widetilde{q}^2 \tag{29}$$

根据势能驻值原理,可得

$$\left.\begin{aligned}\frac{\partial\widetilde{\Pi}}{\partial\xi}=0: && \frac{23-9\nu_N}{21(1-\nu_N)}\frac{\xi^3}{k}-\frac{3-\nu_N}{2(1-\nu_N)}\xi^2-2\xi\widetilde{q}+\frac{7-2\nu_N}{15(1-\nu_N)}k\xi+\frac{8\alpha^3}{3(1-\nu_M^2)}\frac{\xi}{k}=0\\[2mm]\frac{\partial\widetilde{\Pi}}{\partial k}=0: && -\frac{23-9\nu_N}{84(1-\nu_N)}\frac{\xi^4}{k^2}+\frac{7-2\nu_N}{30(1-\nu_N)}\xi^2-\frac{4\alpha^3}{3(1-\nu_M^2)}\frac{\xi^2}{k^2}-\frac{3(1-\nu_N)}{2}\widetilde{q}^2=0\end{aligned}\right\} \tag{30}$$

上式亦分别可写为

$$\left.\begin{aligned}\widetilde{q}&=\frac{23-9\nu_N}{42(1-\nu_N)}\frac{\xi^2}{k}-\frac{3-\nu_N}{2(1-\nu_N)}\xi+\frac{7-2\nu_N}{30(1-\nu_N)}k+\frac{4\alpha^3}{3(1-\nu_M^2)k}\\[2mm]\widetilde{q}&=\left[-\frac{23-9\nu_N}{84(1-\nu_N)}\frac{\xi^2}{k^2}+\frac{7-2\nu_N}{30(1-\nu_N)}-\frac{4\alpha^3}{3(1-\nu_M^2)k^2}\right]^{\frac{1}{2}}\times\xi\left[\frac{2}{3(1-\nu_N)}\right]^{\frac{1}{2}}\end{aligned}\right\} \tag{31}$$

上式即为能量驻值原理得到的球面扁网壳的无量纲化的临界荷载计算公式。

4 球面扁网壳非线性稳定理论临界荷载确定

4.1 上临界荷载

对于小挠度问题,可认为 $\xi\approx0$,由(31)式的第1式可得出无量纲球面扁网壳非线性稳定理论的上临界荷载为

$$\widetilde{q}_{cr}^{upp}=\frac{7-2\nu_N}{30(1-\nu_N)}k+\frac{4\alpha^3}{3(1-\nu_M^2)k} \tag{32}$$

最小的上临界荷载可按下式求得

$$d\widetilde{q}_{cr}^{upp}/dk=0 \tag{33}$$

而根据文献[9]可知线性稳定理论球面扁网壳的临界荷载为

$$q_{cr}^{lin}=\frac{4}{R^2}\sqrt{E\,\overline{\delta}\,\overline{D}}=\frac{2}{\sqrt{3(1-\nu_M^2)}}\frac{E}{R^2}\overline{\delta}^{\frac{1}{2}}\overline{\delta}_M^{\frac{3}{2}} \tag{34}$$

于是由(27)式中的第3项可得

$$q_{cr}^{upp}=\frac{4\sqrt{E\,\overline{\delta}\,\overline{D}}}{R^2}\sqrt{\frac{24(7-2\nu_N)}{45(1-\nu_N)}}=q_{cr}^{lin}\sqrt{\frac{24(7-2\nu_N)}{45(1-\nu_N)}} \tag{35}$$

即当 $\nu_N=1/3$ 时有

$$q_{cr}^{upp}=2.251q_{cr}^{lin} \tag{36}$$

上式表明球面扁网壳非线性稳定理论上临界荷载是线性稳定理论临界荷载的2.251倍。因此,这个解没有意义,需要求非线性稳定理论下临界荷载。

4.2 下临界荷载

兹令

$$\left. \begin{array}{l} \beta_1 = \dfrac{23-9\nu_N}{84(1-\nu_N)}, \qquad \beta_2 = \dfrac{3-\nu_N}{4(1-\nu_N)}, \qquad \beta_3 = \dfrac{7-2\nu_N}{30(1-\nu_N)} \\[3mm] \beta_4 = \dfrac{4}{3(1-\nu_M^2)}, \qquad \beta_5 = \dfrac{2}{3(1-\nu_N)} \end{array} \right\} \tag{37}$$

由式（31）上下两式相等可得出一个方程

$$\left[\left(\beta_3\beta_5 - \frac{\beta_1\beta_5}{k^2}\alpha^3 \right) - \frac{\beta_1\beta_5}{k^2}\xi^2 \right]^{\frac{1}{2}} + \left(\beta_2 - \frac{2\beta_1}{k}\xi \right)\xi - \left(\beta_3 k + \frac{\beta_4}{k}\alpha^3 \right) = 0 \tag{38}$$

上式为球面扁网壳大挠度失稳时的平衡方程,它与网壳的泊松系数 ν_N, ν_M,网壳弯曲意义上的等代厚度 $\bar{\delta}_M$ 与其薄膜意义上等代厚度 $\bar{\delta}$ 之比值 α,网壳的失稳区域参数 k 以及网壳失稳时的最大凹陷深度参数 ξ 的大小有关。由式（31）中的任一式如第 1 式可求得无量纲下临界荷载为

$$\bar{q}_{cr}^{low} = \frac{2\beta_1}{k}\xi^2 - \beta_2\xi + \beta_3 k + \frac{\beta_4}{k}\alpha^3 \tag{39}$$

再根据式（27）中的第 3 式可求得下临界荷载为

$$\begin{aligned} q_{cr}^{low} &= \frac{2E\bar{\delta}^2}{R^2}\bar{q}_{cr}^{low} \\ &= \frac{2E\bar{\delta}^2}{R^2}\left(\frac{2\beta_1}{k}\xi^2 - \beta_2\xi + \beta_3 k + \frac{\beta_4}{k}\alpha^3 \right) \end{aligned} \tag{40}$$

为对比线性理论的临界荷载,并注意到式（27）,非线性理论的下临界荷载可以改写成

$$q_{cr}^{low} = \frac{4\sqrt{3(1-\nu_M^2)E\bar{\delta}\bar{D}}}{R^2} \times \left[\left(\frac{2\beta_1}{k}\xi^2 - \beta_2\xi + \beta_3 k \right)\frac{1}{\sqrt{\alpha^3}} + \frac{\beta_4}{k}\sqrt{\alpha^3} \right] \tag{41}$$

令临界荷载系数 η 为球面扁网壳非线性稳定理论下临界荷载与线性稳定理论临界荷载之比

$$q_{cr}^{low} = \eta q_{cr}^{lin} \tag{42}$$

于是由式（34）、（41）和（42）可以得到由 $n(n\geqslant 3)$ 组平面扁拱系组成的球面扁网壳的非线性稳定理论临界荷载系数的精确解表达式为

$$\eta = \sqrt{3(1-\nu_M^2)}\left[\left(\frac{2\beta_1}{k}\xi^2 - \beta_2\xi + \beta_3 k \right)\frac{1}{\sqrt{\alpha^3}} + \frac{\beta_4}{k}\sqrt{\alpha^3} \right] \tag{43}$$

由式（41）和（43）可知球面扁网壳的非线性稳定理论临界荷载及其系数与 α, k 和 ξ 有关,且这三个参数必须满足方程（38）式。三个参数中 k 和 ξ 是跟球面扁网壳的失稳模态相关的两个参数,因此对一个确定的球面扁网壳, α 为已知,通过变化 k 或 ξ 可以得到一系列的临界荷载值,这些临界荷载中的最小值即为该球面扁网壳失稳时的临界荷载。于是不同的球面扁网壳有不同的 α 值,这样就可以确定所有工程实用范围内球面扁网壳失稳时的临界荷载。下面就对正三角形网格单层和双层球面扁网壳做参数分析。

5 正三角形网格单层球面扁网壳下临界荷载的计算

对于正三角形网格单层球面扁网壳,有

$$\nu = 0.3, \qquad GJ_P = \frac{1}{1.3} EJ, \qquad \nu_N = \frac{1}{3}, \qquad \nu_M = \frac{D-K}{3D+K} = \frac{3}{49} \Bigg\}$$

$$\beta_1 = 0.3571, \qquad \beta_2 = 1, \qquad \beta_3 = 0.3167, \qquad \beta_4 = 1.3383, \qquad \beta_5 = 1 \Bigg\} \qquad (44)^*$$

由式(34)、(43)、(38)及(44)可求得

$$q_{cr}^{lin} = \frac{2}{\sqrt{3(1-\nu_M^2)}} \frac{E}{R^2} \bar{\delta}^{\frac{1}{2}} \bar{\delta}_M^{\frac{3}{2}} = 1.1569 \frac{E}{R^2} \bar{\delta}^{\frac{1}{2}} \bar{\delta}_M^{\frac{3}{2}} \qquad (45)$$

$$\eta = \sqrt{3(1-\nu_M^2)} \left[\left(\frac{0.7142}{k} \xi^2 - \xi + 0.3167k \right) \times \frac{1}{\sqrt{\alpha^3}} + \frac{1.3383}{k} \sqrt{\alpha^3} \right] \qquad (46)$$

$$\left[\left(0.3167 - \frac{1.3383\alpha^3}{k^2} \right) - \frac{0.3571}{k^2} \xi^2 \right]^{\frac{1}{2}} \xi + \left(1 - \frac{0.7142}{k} \xi \right) \xi - \left(0.3167k + \frac{1.3383\alpha^3}{k} \right) = 0 \qquad (47)$$

对于已知的网壳,$\nu_N, \nu_M, \alpha, \beta_i (i=1\sim5)$已知,对一定的参数 k,由式(47)可求得相应的 ξ 值[12],再将 k 和 ξ 值代入式(46)可以求得临界荷载系数 η 值,因此可以对不同尺寸的单层球面扁网壳,在可能的工程实用范围内,取基本参数 α 值的变化范围为 $10\sim100$ 且每间隔 10 取一个值,共 10 个值做参数分析。k 值在 $0 \leqslant \eta \leqslant 1.0$ 所有范围内取值。运用上述式(47)和(46)可以求得一系列的 ξ 和 η 值(见表1),并可绘制一系列曲线(见图2)。

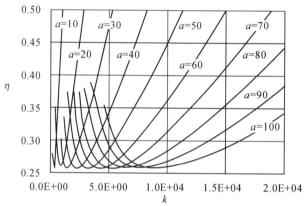

图2 正三角形网格单层球面扁网壳临界荷载系数 η 与 k 随 α 变化的关系曲线

从表1和图2的数据和曲线可以看出,表1中的右上角空白为 α, k 对应的方程式(47)无解;左下角空白为 α, k 对应的由方程式(46)所得的临界荷载系数 η 值都大于1.0,这表明非线性稳定理论下临界荷载比线性临界荷载值还要大,这是无意义的。图2中对 10 种不同的 α 作 η-k 关系曲线都可以得到一类上凹的曲线,其极小值都非常接近。因此,对表1中每个 α 对应的最小 η 值取平均值可求得 η 均值为 0.258,这样正三角形单层球面扁网壳的非线性稳定理论临界荷载可以直接表示为

$$q_{cr(单层)}^{low} = 0.258 q_{cr(单层)}^{lin} \qquad (48)$$

---

* 文献[5]中式(18c)中泊松比正确的应该为 0.3,它用了 1/3,因此得到 ν_M 为 1/15,而不是 3/49。

表 1 正三角形网格单层球面扁网壳临界荷载系数 η 值的计算结果数据表

k	$\alpha=10$		$\alpha=20$		$\alpha=30$		$\alpha=40$		$\alpha=50$		$\alpha=60$		$\alpha=70$		$\alpha=80$		$\alpha=90$		$\alpha=100$	
	ξ	η	ξ	η	ξ	η	ξ	η	ξ	η	ξ	η	ξ	η	ξ	η	ξ	η	ξ	η
100	66.9	0.553																		
200	177.9	0.281																		
300	275.7	0.258	215.0	0.498																
400	371.6	0.272	332.5	0.355																
600	561.6	0.332	537.2	0.274	457.9	0.441														
900	845.2	0.449	829.3	0.259	783.6	0.304	675.5	0.457												
1200	1128.3	0.576	1116.4	0.278	1083.4	0.266	1013.8	0.337	869.1	0.489										
1500	1411.1	0.706	1401.7	0.309	1375.6	0.258	1322.5	0.290	1225.8	0.373	1032.1	0.531								
2000	1882.2	0.928	1875.2	0.372	1855.8	0.269	1817.3	0.262	1750.8	0.298	1642.4	0.368	1456.0	0.484						
2500			2347.6	0.442	2332.2	0.293	2301.8	0.259	2250.3	0.269	2169.8	0.307	2047.4	0.370	1852.8	0.468				
3000			2819.5	0.516	2806.7	0.324	2781.5	0.267	2739.3	0.259	2674.4	0.278	2579.2	0.318	2441.3	0.377	2232.4	0.464		
3500			3291.1	0.592	3280.1	0.359	3258.7	0.281	3222.8	0.259	3168.2	0.264	3089.4	0.289	2978.9	0.329	2824.2	0.386	2597.2	0.467
4500			4233.7	0.746	4225.2	0.435	4208.6	0.319	4181.0	0.272	4139.3	0.258	4080.0	0.263	3999.0	0.282	3890.8	0.311	3747.5	0.353
5000			4704.9	0.824	4697.2	0.475	4682.3	0.341	4657.5	0.284	4620.2	0.261	4567.3	0.259	4495.5	0.270	4400.5	0.292	4276.7	0.323
6000			5647.0	0.982	5640.7	0.556	5628.2	0.389	5607.7	0.311	5576.7	0.274	5533.2	0.259	5474.5	0.259	5397.6	0.270	5299.0	0.288
7000					6583.6	0.639	6572.9	0.439	6555.3	0.342	6528.9	0.292	6491.9	0.267	6442.0	0.258	6377.2	0.260	6294.8	0.270
8000					7526.2	0.724	7516.9	0.491	7501.5	0.375	7478.5	0.313	7446.1	0.280	7402.8	0.263	7346.7	0.258	7275.6	0.261
9000					8468.5	0.809	8460.3	0.543	8446.6	0.410	8426.2	0.337	8397.5	0.295	8359.2	0.271	8309.6	0.260	8247.1	0.258
14000							13173.5	0.817	13164.7	0.598	13151.6	0.471	13133.3	0.391	13108.9	0.339	13077.5	0.305	13038.1	0.282
20000									18819.8	0.834	18810.7	0.645	18797.9	0.524	18780.9	0.442	18759.0	0.385	18731.6	0.344
27000											25407.7	0.855	25398.2	0.688	25385.6	0.573	25369.4	0.490	25349.2	0.430
31000											29176.2	0.977	29168.0	0.783	29157.0	0.649	29142.9	0.553	29125.3	0.482
40000													37647.6	0.999	37639.1	0.824	37628.2	0.698	37614.5	0.604
50000																	47051.7	0.862	47040.8	0.742
60000																			56463.7	0.882

（表中空白区域标注：无解；左下区域标注：$\eta>1.0$）

6 正三角形网格双层球面扁网壳下临界荷载的计算

对于正三角形网格双层球面扁网壳,有

$$\left.\begin{array}{llll} GJ_P=0, & \nu_N=\nu_M=\dfrac{1}{3}, & \beta_1=0.3571, \\[2mm] \beta_2=1, & \beta_3=0.3167, & \beta_4=1.5, & \beta_5=1 \end{array}\right\} \tag{49}$$

由式(34)、(43)及(49)可求得

$$q_{\mathrm{cr}}^{\mathrm{lin}}=\frac{2}{\sqrt{3(1-\nu_M^2)}}\frac{E}{R^2}\bar{\delta}^{\frac{1}{2}}\bar{\delta}_M^{\frac{3}{2}}=1.2247\frac{E}{R^2}\bar{\delta}^{\frac{1}{2}}\bar{\delta}_M^{\frac{3}{2}} \tag{50}$$

$$\eta=\sqrt{3(1-\nu_M^2)}\left[\left(\frac{0.7142}{k}\xi^2-\xi+0.3167k\right)\times\frac{1}{\sqrt{\alpha^3}}+\frac{1.5}{k}\sqrt{\alpha^3}\right] \tag{51}$$

且 α,k,ξ 必须满足下列方程式

$$\left[\left(0.3167-\frac{1.5\alpha^3}{k^2}\right)-\frac{0.3571}{k^2}\xi^2\right]^{\frac{1}{2}}\xi+\left(1-\frac{0.7142}{k}\xi\right)\xi-\left(0.3167k+\frac{1.5\alpha^3}{k}\right)=0 \tag{52}$$

由于双层球面扁网壳的厚度比单层网壳大,其弯曲意义上的等代厚度比薄膜意义上的等代厚度增加得更快,即 α 值也要增大,因此在可能的工程实用范围内,取基本参数值 α 的变化范围为 $50\sim500$ 且每间隔 50 取一个值,共 10 个值做参数分析。根据上述正三角形网格单层球面扁网壳采用的方法,由式(52)和(51)同样也可得到一系列数据和曲线,具体见表 2 和图 3。

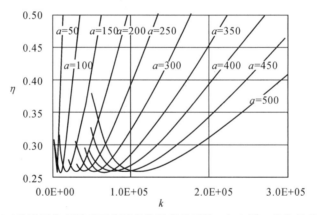

图 3 正三角形网格双层球面扁网壳临界荷载系数 η 与 k 随 α 变化的关系曲线

表 2 的数据和图 3 的曲线显示,正三角形网格双层球面扁网壳在参数 α,k 的变化范围内也可得到与正三角形网格单层球面扁网壳相类似的数据和曲线,因此,用相同的方法可得到正三角形网格双层球面扁网壳的临界荷载系数 η 值为 0.259,即

$$q_{\mathrm{cr}(双层)}^{\mathrm{low}}=0.259q_{\mathrm{cr}(双层)}^{\mathrm{lin}} \tag{53}$$

以上式(48)和式(53)分别为本文得出的正三角形网格单层和双层球面扁网壳临界荷载的计算公式,而文献[6]中曾推荐了正三角形网格球面扁网壳临界荷载计算公式为(但尚未见到该公式的详细推导过程)

$$q_{\mathrm{cr}}^{\mathrm{low}}=\frac{1}{R^2}\sqrt{E\bar{\delta}\bar{D}} \quad （单层和双层不加区分）$$

与此公式相应的临界荷载系数 η 值均为 0.250。

表 2　正三角形网格双层球面扁网壳临界荷载系数 η 的计算结果数据表

k	α=50 ξ	α=50 η	α=100 ξ	α=100 η	α=150 ξ	α=150 η	α=200 ξ	α=200 η	α=250 ξ	α=250 η	α=300 ξ	α=300 η	α=350 ξ	α=350 η	α=400 ξ	α=400 η	α=450 ξ	α=450 η	α=500 ξ	α=500 η
2000	1733.7	0.309																		
4000	3695.2	0.261	3111.1	0.423																
6000	5602.5	0.301	5254.1	0.297	3846.4	0.585			无											
10000	9388.0	0.426	9187.1	0.258	8604.0	0.317	7137.4	0.501							解					
20000	18818.3	0.790	18719.4	0.331	18446.9	0.331	17898.4	0.274	16927.6	0.335	15221.8	0.444								
30000			28173.4	0.447	27993.7	0.295	27639.0	0.259	27038.8	0.268	26101.6	0.304	24681.9	0.366						
40000			37608.4	0.573	37474.2	0.351	37210.7	0.277	36770.4	0.258	36098.4	0.267	35126.0	0.294	33754.4	0.338	31810.7	0.401	28860.8	0.492
50000			47035.9	0.703	46928.7	0.414	46718.8	0.308	46369.9	0.267	45842.2	0.258	45090.0	0.267	44057.1	0.291	42666.6	0.326	40798.1	0.374
60000			56459.6	0.835	56370.4	0.480	56195.9	0.344	55906.6	0.285	55471.0	0.262	54854.6	0.259	54017.5	0.269	52911.4	0.290	51472.2	0.320
70000			65881.2	0.968	65804.7	0.549	65655.4	0.384	65408.2	0.308	65036.9	0.272	64513.5	0.259	63807.2	0.260	62882.2	0.271	61695.6	0.290
90000					84661.3	0.690	84545.3	0.470	84353.7	0.362	84066.6	0.304	83663.6	0.274	83123.0	0.261	82421.2	0.258	81531.8	0.264
110000					103509.1	0.834	103414.3	0.559	103257.7	0.421	103023.5	0.344	102695.4	0.300	102256.5	0.274	101689.0	0.262	100973.6	0.258
150000							141122.8	0.743	141008.2	0.547	140836.9	0.434	140597.4	0.363	140277.8	0.318	139865.9	0.290	139349.1	0.272
200000							188233.9	0.978	188147.9	0.711	188019.7	0.554	187840.5	0.454	187601.6	0.387	187294.3	0.342	186909.5	0.310
250000									235264.2	0.878	235161.6	0.679	235018.4	0.550	234827.6	0.463	234582.3	0.401	234275.5	0.357
300000											282283.2	0.805	282163.9	0.649	282005.1	0.541	281800.9	0.465	281545.7	0.409
400000			η>1.0										376406.5	0.850	376287.4	0.703	376134.5	0.598	375943.4	0.519
500000															470521.6	0.869	470399.3	0.735	470246.6	0.634
600000																	564502.5	0.873	564629.7	0.752
700000																			658731.6	0.870

7　本文计算结果和现有文献结果比较

国内外一些学者提出了正三角形网格单层球面扁网壳下临界荷载的近似计算公式(表3第1行),经换算可在表中得出相应的 η 值(表3第2行),本文的计算结果见表3中最后一列。目前国内外学者有关正三角形网格双层球面扁网壳下临界荷载的文献不多,国内学者胡学仁[6]提出双层球面扁网壳下临界荷载的计算公式为

$$q_{cr}^{low} = 0.306 \frac{E}{R^2} \bar{\delta}^{\frac{1}{2}} \bar{\delta}_M^{\frac{3}{2}} \tag{54}$$

表3　单双层球面扁网壳下临界荷载的近似计算公式及 η 值

网壳	计算公式	赖特 (Wright)	布彻特 (Buchert)	泊佐 (del Pozo)	胡学仁	坪井,半谷	本文
单层	$q_{cr}^{low} / \frac{E}{R^2} \bar{\delta}^{\frac{1}{2}} \bar{\delta}_M^{\frac{3}{2}}$	0.377	0.365	0.247	0.290	0.294	0.298
	$\eta = q_{cr}^{low} / q_{cr}^{lin}$	0.326	0.315	0.214	0.250	0.254	0.258
双层	$q_{cr}^{low} / \frac{E}{R^2} \bar{\delta}^{\frac{1}{2}} \bar{\delta}_M^{\frac{3}{2}}$				0.306		0.317
	$\eta = q_{cr}^{low} / q_{cr}^{lin}$				0.250		0.259

本文得到正三角形网格双层球面扁网壳的临界荷载系数 η 值为0.259,于是有下列关系式:

$$q_{cr}^{low} = \eta q_{cr}^{lin} = (0.259 \times 1.2247) \frac{E}{R^2} \bar{\delta}^{\frac{1}{2}} \bar{\delta}_M^{\frac{3}{2}} = 0.317 \frac{E}{R^2} \bar{\delta}^{\frac{1}{2}} \bar{\delta}_M^{\frac{3}{2}} \tag{55}$$

因此,本文在连续化等代薄壳模型的基础上,采用非线性稳定理论及李兹法得出了正三角形网格单层和双层球面扁网壳的临界荷载的理论计算结果。

8　结论

综上所述可以得出下列几个结论。

(1) $n(n \geqslant 3)$ 组平面扁拱系组成的球面扁网壳的非线性稳定性问题可以采用网壳等代为实体薄壳的原理按连续化模型来分析计算,其概念清晰,计算也不太复杂。

(2)文中得出了正三角形网格单层和双层球面扁网壳的非线性稳定性问题上下临界荷载的理论计算公式。通过参数分析,绘制了不同 α 值时临界荷载系数 η 随 k 变化的曲线,得到了单层和双层球面扁网壳的非线性稳定性问题临界荷载系数的精确解。与现有文献的结果相比,本文的计算结果更为完善和正确。

(3)在具体工程设计中,采用本文公式计算临界荷载时尚应考虑网壳的工作条件、荷载的不确定性、材料的弹塑性和材质的不均匀性等因素的影响。

参考文献

[1] WRIGHT D T. Membrane forces and buckling in reticulated shells[J]. Journal of the Structural Division,1965,91(1):173－202.

[2] BUCHERT K P. Shell and shell-like structures[M]// JOHNSTON B G. Guide to stability design criteria for metal structures,1976.

[3] POZO F F,POZO V F. Buckling of ribbed spherical shells[C]//Proceedings of IASS Congress. 1979.

[4] 半谷裕彦.ミエルの屈座[M].1983.

[5] 胡学仁.网壳结构的力学模型[C]//中国土木工程学会.第二届空间结构学术交流会论文集(第一卷),太原,1984:319—330.

[6] 胡学仁.穹顶网壳的稳定计算[C]//中国土木工程学会.第三届空间结构学术交流会论文集(第二卷),吉林,1986:525—536.

[7] 沈世钊,陈昕.网壳结构稳定性[M].北京:科学出版社,1999.

[8] 沈世钊.网壳结构的稳定性[J].土木工程学报,1999,32(6):11—25.

[9] 符拉索夫.壳体的一般理论[M].北京:高等教育出版社,1960.

[10] 黎绍敏.稳定理论[M].北京:人民交通出版社,1989.

[11] 董石麟,钱若军.空间网格结构分析理论与计算方法[M].北京:中国建筑工业出版社,2000.

[12] 张志涌,刘瑞桢,杨祖樱.掌握和精通 MATLAB[M].北京:北京航空航天大学出版社,1997.

45 带肋扁壳的拟双层壳分析法*

摘　要:本文把带肋扁壳的肋看作为一层网壳,且连续化为下层壳,并与带肋壳的壳板即上层壳组成协同工作的拟双层壳计算模型,进而可按弹性小挠度薄壳理论分析计算带肋扁壳。文中推导建立了一般情况下带肋扁壳混合法的基本方程式。这种构造上的拟双层壳一般不存在中面,因而壳体的薄膜内力、弯矩与薄膜应变、弯曲应变是耦合的,存在一个耦合矩阵,它可充分反映肋与壳板偏心矩 e 的影响。对于两向正交正放与三向带肋扁壳文中做了详细的讨论,并说明了在一定条件下,基本方程式可简化为一个构造上正交异性甚至各向同性单层扁壳的基本方程式,以方便计算和工程应用。文中附有算例两则。

关键词:带肋扁壳;双层壳;拟壳法;分析计算

1　概述

带肋薄壳在建筑结构、航空结构及船舶结构中有广泛的应用。肋的设置对提高薄壳结构的强度、刚度和稳定性有着非常显著的作用。因此,对于大、中跨度的薄壳结构,加肋不仅仅是结构本身需要采取的加强措施,而且可带来明显的技术经济效益,增添结构造型的美观性。

带肋薄壳结构,一般可采用离散的空间梁单元、板壳单元构成的组合结构有限元法进行分析计算,也可采用折算成一种当量的薄壳结构按连续化途径来计算。这两种分析计算方法常常相辅相成,互为补充,相互校核,两者不可偏废。

对于加密布置的带肋薄壳,可根据 T 形截面的特性,分别求得薄膜与弯曲意义上的折算厚度,仍按一般薄壳结构连续化的计算方法,来分析两向正交布置的带肋扁壳、带肋球面壳[1-3]。在文献[4,5]中比较全面地考虑肋与壳板的偏心影响,给出了两向正交布置的带肋圆柱面壳强度和稳定问题的基本微分方程式及其求解方法。但对于两向非正交布置的以及三向、多向布置的带肋壳的连续化分析计算方法尚需进一步探索研究。

实际上,带肋薄壳的肋,可看作为一层网壳结构。网壳结构可按连续化方法分析计算[6,7]。因此,带肋薄壳可看作由上层为光面壳、下层为网壳所组成且协同工作的拟双层壳计算模型,也可按连续化方法进行分析计算。本文推导建立了最一般情况下带肋扁壳混合法基本微分方程式,分别详细讨论了两向正交正放带肋扁壳、三向带肋扁壳基本方程式的具体形式及其求解方法。此外,探讨了反映肋偏心作用的耦合矩阵 K 的影响及其在工程应用中可做简化计算的范围。

---

　*　本文刊登于:董石麟,周岱.带肋扁壳的拟双层壳分析法[J].空间结构,1996,2(2):1—9.

2 计算模型与基本假定

带肋扁壳拟双层壳分析方法的计算模型如图 1 所示，基本假定为

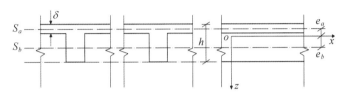

图 1 带肋扁壳的计算模型

①肋的布置相当稠密；

②将带肋壳的薄壳部分作为上层壳，壳厚不变仍为 δ，中面为 S_a；

③将肋作为一层网壳，且连续化为下层壳，其中面 S_b 与肋的形心轴重合；

④上、下层壳之间能共同工作，传递层间剪力；

⑤取任一计算参考面，它与上、下层中面 S_a、S_b 的距离分别为 e_a、e_b。

对工程中常遇的带肋扁壳，肋的布置在连续化后是正交异性的。因此，上、下层壳的薄膜刚度矩阵 $\boldsymbol{B}^a$、$\boldsymbol{B}^b$ 及抗弯刚度矩阵 $\boldsymbol{D}^a$、$\boldsymbol{D}^b$ 分别为

$$\boldsymbol{B}^a = \begin{bmatrix} B_{11}^a & B_{12}^a & 0 \\ B_{21}^a & B_{22}^a & 0 \\ 0 & 0 & B_{33}^a \end{bmatrix}, \boldsymbol{D}^a = \begin{bmatrix} D_{11}^a & D_{12}^a & 0 \\ D_{21}^a & D_{22}^a & 0 \\ 0 & 0 & D_{33}^a \end{bmatrix} \tag{1}$$

经变换角标后可得 $\boldsymbol{B}^b$、$\boldsymbol{D}^b$，式(1)中各矩阵系数可求得为[6]

$$
\left.\begin{aligned}
& B_{11}^a = B_{22}^a = \frac{B_{12}^a}{\nu} = \frac{B_{21}^a}{\nu} = \frac{2B_{33}^a}{1-\nu} = \frac{E\delta}{1-\nu^2} \\
& D_{11}^a = D_{22}^a = \frac{D_{12}^a}{\nu} = \frac{D_{21}^a}{\nu} = \frac{2D_{33}^a}{1-\nu} = \frac{E\delta^3}{12(1-\nu^2)} \\
& B_{11}^b = \sum_i E\delta_i^b \cos^4 \alpha_i^b \quad B_{22}^b = \sum_i E\delta_i^b \sin^4 \alpha_i^b \\
& B_{12}^b = B_{21}^b = B_{33}^b = \sum_i E\delta_i^b \cos^2 \alpha_i^b \sin^2 \alpha_i^b \\
& D_{11}^b = \sum_i (D_i^b \cos^4 \alpha_i^b + K_i^b \cos^2 \alpha_i^b \sin^2 \alpha_i^b) \\
& D_{22}^b = \sum_i (D_i^b \sin^4 \alpha_i^b + K_i^b \cos^2 \alpha_i^b \sin^2 \alpha_i^b) \\
& D_{12}^b = D_{21}^b = \sum_i (D_i^b - K_i^b) \cos^2 \alpha_i^b \sin^2 \alpha_i^b \\
& D_{33}^b = \sum_i \left[D_i^b \cos^2 \alpha_i^b \sin^2 \alpha_i^b + \frac{K_i^b}{4} (\cos^2 \alpha_i^b - \sin^2 \alpha_i^b)^2 \right] \\
& D_{33}^{b(1)} = \sum_i \left[D_i^b \cos^2 \alpha_i^b \sin^2 \alpha_i^b + \frac{K_i^b}{2} \cos^2 \alpha_i^b (\cos^2 \alpha_i^b - \sin^2 \alpha_i^b) \right] \\
& D_{33}^{b(2)} = \sum_i \left[D_i^b \cos^2 \alpha_i^b \sin^2 \alpha_i^b + \frac{K_i^b}{2} \sin^2 \alpha_i^b (\sin^2 \alpha_i^b - \cos^2 \alpha_i^b) \right]
\end{aligned}\right\} \tag{2}
$$

式中，

$$E\delta_i^b = \frac{EA_i^b}{\Delta_i}, D_i^b = \frac{EJ_i^b}{\Delta_i}, K_i^b = \frac{GJ_{pi}^b}{\Delta_i} \tag{3}$$

式(2)、(3)中 E、G 为带肋壳材料的弹性模量、剪切模量；ν 为泊松系数；δ 为壳厚；$E\delta_i^b$、D_i^b、K_i^b 表示

间距为 $\overline{\Delta}_i$ 的 i 方向肋系在其单位宽度上的折算抗压、抗弯、抗扭刚度；A_i^b、J_i^b、J_{pi}^b 为 i 方向肋系的截面积、惯性矩、极惯性矩；α_i^b 为 i 方向肋系的轴线与 x 轴的夹角。

3   带肋扁壳基本方程式的建立

兹采用小挠度弹性薄壳理论来推导带肋扁壳拟双层壳的基本方程式。如图 1 所示，拟双层壳以及上、下层壳的几何关系分别为

$$
\left.
\begin{aligned}
\boldsymbol{\varepsilon} &= \{\varepsilon_x \quad \varepsilon_y \quad \varepsilon_{xy}\}^{\mathrm{T}} = \left\{\frac{\partial u_x}{\partial x} - k_x w \quad \frac{\partial u_y}{\partial y} - k_y w \quad \frac{\partial u_y}{\partial x} + \frac{\partial u_x}{\partial y} - 2k_{xy}w\right\}^{\mathrm{T}} \\
\boldsymbol{\chi} &= \{\chi_x \quad \chi_y \quad \chi_{xy}\}^{\mathrm{T}} = \left\{-\frac{\partial^2 w}{\partial x^2} \quad -\frac{\partial^2 w}{\partial y^2} \quad -2\frac{\partial^2 w}{\partial x \partial y}\right\}^{\mathrm{T}} \\
\boldsymbol{\varepsilon}^a &= \boldsymbol{\varepsilon} - e_a\boldsymbol{\chi}, \qquad \boldsymbol{\varepsilon}^b = \boldsymbol{\varepsilon} + e_b\boldsymbol{\chi}
\end{aligned}
\right\}
\tag{4}
$$

式中，$\boldsymbol{\varepsilon}$、$\boldsymbol{\chi}$ 为拟双层壳对计算曲面而言的薄膜应变和弯曲应变，$\boldsymbol{\varepsilon}^a$、$\boldsymbol{\varepsilon}^b$ 为上、下层壳的薄膜应变，u_x、u_y、w 为拟双层壳的变位，k_x、k_y、k_{xy} 为曲率。

物理方程为

$$
\left.
\begin{aligned}
\boldsymbol{N}^a &= \boldsymbol{B}^a\boldsymbol{\varepsilon}^a = \boldsymbol{B}^a(\boldsymbol{\varepsilon}^a + e_a\boldsymbol{\chi}), \qquad \boldsymbol{M}^a = \boldsymbol{D}^a\boldsymbol{\chi} \\
\boldsymbol{N}^b &= \boldsymbol{B}^b\boldsymbol{\varepsilon}^b = \boldsymbol{B}^b(\boldsymbol{\varepsilon}^b + e_b\boldsymbol{\chi}), \qquad \boldsymbol{M}^b = \boldsymbol{D}^b\boldsymbol{\chi} \\
\boldsymbol{N} &= \boldsymbol{N}^a + \boldsymbol{N}^b = \boldsymbol{B}\boldsymbol{\varepsilon} + (-e_a\boldsymbol{B}^a + e_b\boldsymbol{B}^b)\boldsymbol{\chi} \\
\boldsymbol{M} &= \boldsymbol{M}^a + \boldsymbol{M}^b - e_a\boldsymbol{N}^a + e_b\boldsymbol{N}^b = (-e_a\boldsymbol{B}^a + e_b\boldsymbol{B}^b)\boldsymbol{\varepsilon} + (\boldsymbol{D}^a + \boldsymbol{D}^b + e_a^2\boldsymbol{B}^a + e_b^2\boldsymbol{B}^b)\boldsymbol{\chi}
\end{aligned}
\right\}
\tag{5}
$$

式中，$\boldsymbol{N}^a$、$\boldsymbol{N}^b$ 和 $\boldsymbol{M}^a$、$\boldsymbol{M}^b$ 分别为上、下层壳的薄膜内力和弯矩，$\boldsymbol{N}$、$\boldsymbol{M}$ 为拟双层壳整体的薄膜内力和弯矩。由式(5)的后两式可解得以 $\boldsymbol{N}$、$\boldsymbol{\chi}$ 来表示 $\boldsymbol{\varepsilon}$ 及 $\boldsymbol{M}$：

$$
\boldsymbol{\varepsilon} = b\boldsymbol{N} - \boldsymbol{K}\boldsymbol{\chi}, \qquad \boldsymbol{M} = \boldsymbol{K}^{\mathrm{T}}\boldsymbol{N} + \boldsymbol{D}\boldsymbol{\chi}
\tag{6}
$$

式中，b、$\boldsymbol{K}$、$\boldsymbol{D}$ 分别为拟双层壳的薄膜柔度矩阵、耦合矩阵、抗弯刚度矩阵，其表达式为

$$
\left.
\begin{aligned}
\boldsymbol{b} &= \boldsymbol{B}^{-1} = (\boldsymbol{B}^a + \boldsymbol{B}^b)^{-1} = \begin{bmatrix} b_{11} & b_{12} & 0 \\ b_{21} & b_{22} & 0 \\ 0 & 0 & b_{33} \end{bmatrix} \\
\boldsymbol{K} &= \boldsymbol{K}^{\mathrm{T}} = \boldsymbol{B}^{-1}(-e_a\boldsymbol{B}^a + e_b\boldsymbol{B}^b) = \begin{bmatrix} K_{11} & K_{12} & 0 \\ K_{21} & K_{22} & 0 \\ 0 & 0 & K_{33} \end{bmatrix} \\
\boldsymbol{D}^a &= \boldsymbol{D}^a + \boldsymbol{D}^b + e_a^2\boldsymbol{B}^a + e_b^2\boldsymbol{B}^b \\
&\quad - (-e_a\boldsymbol{B}^a + e_b\boldsymbol{B}^b)\boldsymbol{B}^{-1}(-e_a\boldsymbol{B}^a + e_b\boldsymbol{B}^b) = \begin{bmatrix} D_{11} & D_{12} & 0 \\ D_{21} & D_{22} & 0 \\ 0 & 0 & D_{33} \end{bmatrix}
\end{aligned}
\right\}
\tag{7}
$$

式中，$b_{ij} = b_{ji}$、$K_{ij} = K_{ji}$、$D_{ij} = D_{ji}$ 为相应的矩阵系数。

在竖向均布荷载 q 作用下，带肋扁壳的平衡方程为

$$
\left.
\begin{aligned}
\frac{\partial N_x}{\partial x} + \frac{\partial N_{xy}}{\partial y} &= 0, \qquad \frac{\partial N_y}{\partial y} + \frac{\partial N_{xy}}{\partial x} = 0 \\
\frac{\partial M_x}{\partial x} + \frac{\partial M_{xy}^{(2)}}{\partial y} - Q_x &= 0, \qquad \frac{\partial M_y}{\partial y} + \frac{\partial M_{xy}^{(1)}}{\partial x} - Q_y = 0 \\
\frac{\partial Q_x}{\partial x} + \frac{\partial Q_y}{\partial y} + k_x N_x + k_y N_y + 2k_{xy}N_{xy} + q &= 0
\end{aligned}
\right\}
\tag{8}
$$

而变形连续性方程为[8]

$$\frac{\partial^2 \varepsilon_y}{\partial x^2} + \frac{\partial^2 \varepsilon_x}{\partial y^2} - \frac{\partial^2 \varepsilon_{xy}}{\partial x \partial y} + k_x \frac{\partial^2 w}{\partial y^2} + k_y \frac{\partial^2 w}{\partial x^2} - 2k_{xy} \frac{\partial^2 w}{\partial x \partial y} = 0 \tag{9}$$

如果引入应力函数 φ，使得

$$N_x = \frac{\partial^2 \varphi}{\partial y^2}, \qquad N_y = \frac{\partial^2 \varphi}{\partial x^2}, \qquad N_{xy} = -\frac{\partial^2 \varphi}{\partial x \partial y} \tag{10}$$

由式(4)、(7)、(10)，可使式(6)的展开式表达为

$$\left.\begin{array}{l} \varepsilon_x = b_{11} \dfrac{\partial^2 \varphi}{\partial y^2} + b_{12} \dfrac{\partial^2 \varphi}{\partial x^2} + K_{11} \dfrac{\partial^2 w}{\partial x^2} + K_{12} \dfrac{\partial^2 w}{\partial y^2} \\[2mm] \varepsilon_y = b_{12} \dfrac{\partial^2 \varphi}{\partial y^2} + b_{22} \dfrac{\partial^2 \varphi}{\partial x^2} + K_{12} \dfrac{\partial^2 w}{\partial x^2} + K_{22} \dfrac{\partial^2 w}{\partial y^2} \\[2mm] \varepsilon_{xy} = -b_{33} \dfrac{\partial^2 \varphi}{\partial x \partial y} + 2K_{33} \dfrac{\partial^2 w}{\partial x \partial y} \\[2mm] M_x = K_{11} \dfrac{\partial^2 \varphi}{\partial y^2} + K_{12} \dfrac{\partial^2 \varphi}{\partial x^2} - D_{11} \dfrac{\partial^2 w}{\partial x^2} - D_{12} \dfrac{\partial^2 w}{\partial y^2} \\[2mm] M_y = K_{12} \dfrac{\partial^2 \varphi}{\partial y^2} + K_{22} \dfrac{\partial^2 \varphi}{\partial x^2} - D_{12} \dfrac{\partial^2 w}{\partial x^2} - D_{22} \dfrac{\partial^2 w}{\partial y^2} \\[2mm] M_{xy} = -K_{33} \dfrac{\partial^2 \varphi}{\partial x \partial y} - 2D_{33} \dfrac{\partial^2 w}{\partial x \partial y} = \dfrac{1}{2}(M_{xy}^{(1)} + M_{xy}^{(2)}) \\[2mm] M_{xy}^{(1)} = -K_{33} \dfrac{\partial^2 \varphi}{\partial x \partial y} - 2D_{33}^{(1)} \dfrac{\partial^2 w}{\partial x \partial y} \\[2mm] M_{xy}^{(2)} = -K_{33} \dfrac{\partial^2 \varphi}{\partial x \partial y} - 2D_{33}^{(2)} \dfrac{\partial^2 w}{\partial x \partial y} \end{array}\right\} \tag{11}$$

此时，平衡方程式(8)的前两式可得到满足。连续性方程(9)及平衡方程(8)的第 5 式，在将式(8)的第 3、4 式及式(11)代入后可表达为

$$L_b \varphi + (L_K + \nabla_K^2) w = 0, \qquad L_D w - (L_K + \nabla_K^2) \varphi = q \tag{12}$$

式中，L_b、L_K、L_D、∇_K^2 为微分算子，其表达式为

$$\left.\begin{array}{l} L_b = b_{22} \dfrac{\partial^4}{\partial x^4} + (2b_{12} + b_{33}) \dfrac{\partial^4}{\partial x^2 \partial y^2} + b_{11} \dfrac{\partial^4}{\partial y^4} \\[2mm] L_K = K_{12}\left(\dfrac{\partial^4}{\partial x^4} + \dfrac{\partial^4}{\partial y^4}\right) + (K_{11} + K_{22} - 2K_{33}) \dfrac{\partial^4}{\partial x^2 \partial y^2} \\[2mm] L_D = D_{11} \dfrac{\partial^4}{\partial x^4} + 2(2D_{12} + D_{33}) \dfrac{\partial^4}{\partial x^2 \partial y^2} + D_{22} \dfrac{\partial^4}{\partial y^4} \\[2mm] \nabla_K^2 = k_y \dfrac{\partial^2}{\partial x^2} - 2k_{xy} \dfrac{\partial^2}{\partial x \partial y} + k_x \dfrac{\partial^2}{\partial y^2} \end{array}\right\} \tag{13}$$

式(12)便是最一般情况下正交异性带肋扁壳按拟双层壳计算模型而推导求得的混合法基本方程式。

若再引入一个新的位移函数 F，使得

$$\varphi = -(L_K + \nabla_K^2) F, \qquad w = L_b F \tag{14}$$

则基本方程式(12)可合并为一个八阶的基本偏微分方程式：

$$[L_D L_b + (L_K + \nabla_K^2)^2] F = q \tag{15}$$

4 两向正交正放带肋扁壳

对于常用的钢筋混凝土两向正交正放带肋扁壳，可假定材料的泊松系数 $\nu = 0$，肋的抗扭刚度

$K_i^b = 0$。此时可使带肋壳拟双层壳计算模型的物理常数简化为

$$B_{11} = E\delta_{1N}, \qquad B_{22} = E\delta_{2N}, \qquad B_{33} = \frac{E\delta}{2}, \qquad B_{12} = B_{21} = 0 \left.\right\}$$
$$b_{11} = \frac{1}{E\delta_{1N}}, \qquad b_{22} = \frac{1}{E\delta_{2N}}, \qquad b_{33} = \frac{2}{E\delta}, \qquad b_{12} = b_{21} = 0 \left.\right\} \qquad (16)$$
$$D_{11} = \frac{E\delta_{1M}^3}{12}, \qquad D_{22} = \frac{E\delta_{2M}^3}{12}, \qquad D_{33} = \frac{E\delta^3}{12}, \qquad D_{12} = D_{21} = 0 \left.\right\}$$

式中,δ_{1N}、δ_{2N} 和 δ_{1M}、δ_{2M} 为带肋壳在两个方向分别按 T 形截面面积和惯性矩折算的厚度,其表达式为(见图 2)

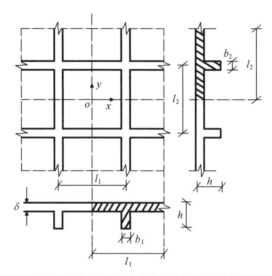

图 2　两向正交正放带肋扁壳的截面特性

$$\delta_{1N} = \delta + (h-\delta)\frac{b_2}{l_2}, \qquad \delta_{2N} = \delta + (h-\delta)\frac{b_1}{l_1} \left.\right\}$$
$$\delta_{1M} = \sqrt[3]{\frac{12I_1}{l_2}}, \qquad\qquad \delta_{2M} = \sqrt[3]{\frac{12I_2}{l_1}} \left.\right\} \qquad (17)$$

式中,

$$I_1 = \frac{1}{3}\left[(l_2-b_2)\delta^3 + b_1 h^3\right] - \frac{1}{4}\frac{\left[(l_2-b_2)\delta^2 + b_2 h^2\right]^2}{(l_2-b_2)\delta + b_2 h} \left.\right\}$$
$$I_2 = \frac{1}{3}\left[(l_1-b_1)\delta^3 + b_2 h^3\right] - \frac{1}{4}\frac{\left[(l_1-b_1)\delta^2 + b_1 h^2\right]^2}{(l_1-b_1)\delta + b_1 h} \left.\right\} \qquad (18)$$

T 形截面形心至板中面 S_a 的偏心距分别为

$$e_{1a} = \frac{1}{2}\frac{(h-\delta)b_2 h}{l_2\delta + (h-\delta)b_2}, \qquad e_{2a} = \frac{1}{2}\frac{(h-\delta)b_1 h}{l_1\delta + (h-\delta)b_1} \qquad (19)$$

一般情况下 $e_{1a} \neq e_{2a}$,故拟双层壳的计算参考面可取在距壳板中面 $e_a = (e_{1a}+e_{2a})/2$ 处。此时耦合矩阵系数 K_{ij} 可求得为

$$K_{11} = -K_{22} = \frac{e_{1a}-e_{2a}}{2}, \qquad K_{33} = \frac{e_{1a}+e_{2a}}{2} = e_a, \qquad K_{12} = K_{21} = 0 \qquad (20)$$

如 $e_{1a} = e_{2a} = e_a$ 时,则上式便可简化如下

$$K_{11} = K_{22} = K_{12} = K_{21} = 0, \qquad K_{33} = e_a \qquad (20')$$

不管 e_{1a}、e_{2a} 是否相等,只要计算面取在 e_a 处,基本方程式(12)均可简化为

$$\left[\frac{1}{E\delta_{2N}}\frac{\partial^4}{\partial x^4}+\frac{2}{E\delta}\frac{\partial^4}{\partial x^2\partial y^2}+\frac{1}{E\delta_{1N}}\frac{\partial^4}{\partial y^4}\right]\varphi+\left[\left(k_y+e_a\frac{\partial^2}{\partial y^2}\right)\frac{\partial^2}{\partial x^2}-2k_{xy}\frac{\partial^2}{\partial x\partial y}+\left(k_x+e_a\frac{\partial^2}{\partial x^2}\right)\frac{\partial^2}{\partial y^2}\right]w=0$$

$$\left.\left[\frac{E\delta_{1M}^3}{12}\frac{\partial^4}{\partial x^4}+\frac{E\delta^3}{6}\frac{\partial^4}{\partial x^2\partial y^2}+\frac{E\delta_{2M}^3}{12}\frac{\partial^4}{\partial y^4}\right]w-\left[\left(k_y+e_a\frac{\partial^2}{\partial y^2}\right)\frac{\partial^2}{\partial x^2}-2k_{xy}\frac{\partial^2}{\partial x\partial y}+\left(k_x+e_a\frac{\partial^2}{\partial x^2}\right)\frac{\partial^2}{\partial y^2}\right]\varphi=q\right\}\tag{21}$$

对于端边矢高为 f_a、f_b 的常曲率矩形平面 $a\times b$ 周边简支带肋扁壳,则可采用重三角级数解法来计算。兹取重级数解第一项来比较,由于

$$k_x=8f_a/a^2,\qquad k_y=8f_b/b^2\tag{22}$$

因此有

$$\left.\begin{aligned}k_x+e_a\frac{\partial^2}{\partial x^2}&=\frac{8f_a}{a^2}-\frac{\pi^2e_a}{a^2}=\frac{8}{a^2}\left(f_a-\frac{\pi^2}{8}e_a\right)\\k_y+e_a\frac{\partial^2}{\partial y^2}&=\frac{8f_b}{b^2}-\frac{\pi^2e_a}{b^2}=\frac{8}{b^2}\left(f_b-\frac{\pi^2}{8}e_a\right)\end{aligned}\right\}\tag{23}$$

通常情况下 $f_a\gg e_a$,$f_b\gg e_a$,故可忽略 e_a 的影响,即可不计微分算子 L_K 项的影响,式(21)还可进一步简化为

$$\left[\frac{1}{E\delta_{2N}}\frac{\partial^4}{\partial x^4}+\frac{2}{E\delta}\frac{\partial^4}{\partial x^2\partial y^2}+\frac{1}{E\delta_{1N}}\frac{\partial^4}{\partial y^4}\right]\varphi+\left[k_y\frac{\partial^2}{\partial x^2}-2k_{xy}\frac{\partial^2}{\partial x\partial y}+k_x\frac{\partial^2}{\partial y^2}\right]w=0$$

$$\left.\left[\frac{E\delta_{1M}^3}{12}\frac{\partial^4}{\partial x^4}+\frac{E\delta^3}{6}\frac{\partial^4}{\partial x^2\partial y^2}+\frac{E\delta_{2M}^3}{12}\frac{\partial^4}{\partial y^4}\right]w-\left[k_y\frac{\partial^2}{\partial x^2}-2k_{xy}\frac{\partial^2}{\partial x\partial y}+k_x\frac{\partial^2}{\partial y^2}\right]\varphi=q\right\}\tag{24}$$

对于带肋微弯扁壳,f_a/e_{1a}、$f_b/e_{2a}=0\sim10$,则 L_K 项不能忽略,基本微分方程式应采用式(21),求解后薄膜应变与弯曲内力的计算公式应取用

$$\left.\begin{aligned}\varepsilon_x&=\frac{1}{E\delta_{1N}}\frac{\partial^2\varphi}{\partial y^2}+\frac{e_{1a}-e_{2a}}{2}\frac{\partial^2w}{\partial x^2}\\\varepsilon_y&=\frac{1}{E\delta_{2N}}\frac{\partial^2\varphi}{\partial x^2}+\frac{e_{2a}-e_{1a}}{2}\frac{\partial^2w}{\partial x\partial y}\\\varepsilon_{xy}&=-\frac{2}{E\delta}\frac{\partial^2\varphi}{\partial x\partial y}-(e_{1a}+e_{2a})\frac{\partial^2w}{\partial x\partial y}\\M_x&=\frac{e_{1a}-e_{2a}}{2}\frac{\partial^2\varphi}{\partial y^2}-\frac{E\delta_{1M}^3}{12}\frac{\partial^2w}{\partial x^2}\\M_y&=\frac{e_{2a}-e_{1a}}{2}\frac{\partial^2\varphi}{\partial x^2}-\frac{E\delta_{2M}^3}{12}\frac{\partial^2w}{\partial y^2}\\M_{xy}&=\frac{e_{1a}+e_{2a}}{2}\frac{\partial^2\varphi}{\partial x\partial y}-\frac{E\delta^3}{12}\frac{\partial^2w}{\partial x\partial y}\end{aligned}\right\}\tag{25}$$

5　三向带肋扁壳

对于三向(正三角形网格)带肋扁壳,当 $D_i^b=D^b$、$K_i^b=K^b$、$\delta_i^b=\delta^b(i=1,2,3)$,则连续化后的下层壳是各向同性的,且具有下列四个物理常数:

$$\bar{\delta}^b=\delta^b,\qquad\bar{D}^b=\frac{3}{8}(3D^b+K^b),\qquad\nu_N^b=\frac{1}{3},\qquad\nu_M^b=\frac{D^b-K^b}{3D^b-K^b}\tag{26}$$

式中,$\bar{\delta}^b$、$\bar{D}^b$ 分别为当量的构造上各向同性下层壳的厚度、抗弯刚度,而 ν_N^b、ν_M^b 为相应的薄膜变形及弯曲变形意义上的泊松系数。此时,下层壳的薄膜刚度系数与抗弯刚度系数可表达为

$$B_{11}^b = B_{22}^b = \frac{B_{12}^b}{\nu_N^b} = \frac{B_{21}^b}{\nu_N^b} = \frac{2B_{33}^b}{1-\nu_\mu \mu_N^b} = \frac{E\overline{\delta}^b}{[1-(\nu_N^b)^2]}$$

$$D_{11}^b = D_{22}^b = \frac{D_{12}^b}{\nu_M^b} = \frac{D_{21}^b}{\nu_M^b} = \frac{2D_{33}^b}{1-\nu_M^b} = \frac{\overline{D}^b}{12[1-(\nu_M^b)^2]} \tag{27}$$

由此可见,三向带肋扁壳可认为是由光面的各向同性的上层壳与构造上各向同性的下层壳协同组合而成。求解的基本方程式要采用式(12),矩阵 $\boldsymbol{b}$、$\boldsymbol{K}$、$\boldsymbol{D}$ 中各系数由式(7)、(1)、(2)、(3)、(26)、(27)具体求得。显然,可以证明,各矩阵中只有三个不相等的系数:$b_{11}=b_{22}$、$b_{12}=b_{21}$、b_{33}、$K_{11}=K_{22}$、$K_{12}=K_{21}$、K_{33}、$D_{11}=D_{22}$、$D_{12}=D_{21}$、D_{33},这表明三向带肋扁壳是一种广义的构造上各向同性的壳体结构。

如果上层光面壳的泊松系数近似取 $\nu=1/3$,则三向带肋扁壳的薄膜刚度矩阵 $\boldsymbol{B}$ 为

$$\boldsymbol{B} = \boldsymbol{B}^a + \boldsymbol{B}^b = \frac{9}{8}E(\delta+\overline{\delta}^b)\widetilde{\boldsymbol{B}}, \qquad \widetilde{\boldsymbol{B}} = \begin{bmatrix} 1 & 1/3 & 0 \\ 1/3 & 1 & 0 \\ 0 & 0 & 1/3 \end{bmatrix} \tag{28}$$

式中,$\widetilde{\boldsymbol{B}}$ 为无量纲薄膜刚度矩阵。此时,可选取满足下列条件的计算参考曲面(即 T 形截面形心轴处):

$$e_a = e_b\overline{\delta}_b/\delta \tag{29}$$

使得

$$\boldsymbol{K} = \boldsymbol{K}^{\mathrm{T}} = \boldsymbol{B}^{-1}\widetilde{\boldsymbol{B}}\left[\frac{9}{8}E(e_a\delta - e_b\overline{\delta}^b)\right] = 0 \tag{30}$$

再当忽略肋的抗扭刚度 $\boldsymbol{K}^b=0$,即得 $\overline{D}^b=\frac{9}{8}D^b$,$\nu_N^b=\nu_M^b=\nu^b=1/3$,则三向带肋扁壳可折算成一个当量的各向同性扁壳,其四个物理常数 $\overline{\delta}$、$\overline{D}$、ν_N、ν_M 分别为

$$\overline{\delta} = \delta + \overline{\delta}^b = \delta_N$$

$$\overline{D} = D^a + \overline{D}^b + \frac{9}{8}E(e_a^2\delta + e_b^2\overline{\delta}^b) = \frac{9}{8}\frac{E\delta_M^3}{12}$$

$$\nu_N = \nu_M = \nu = 1/3 \tag{31}$$

式中,δ_N 为带肋壳按 T 形截面面积的折算厚度,而 δ_M 为按 T 形截面惯性矩的折算厚度,可按式(17)、(18)算得。

在上述特定条件下,三向带肋扁壳的基本方程式(12)便可退化为

$$\frac{1}{E\overline{\delta}}\nabla^2\nabla^2\varphi + \nabla_K^2 w = 0, \qquad \overline{D}\,\nabla^2\nabla^2 w - \nabla_K^2\varphi = q \tag{32}$$

6 算例与讨论

例1 设有一 24m 见方平面周边简支两向正交正放带肋扁壳,扁壳端部矢高 $f=2.4$m,肋间距为 2m,如图 3a 所示。壳板厚 $\delta=5$cm,肋的截面积(不包括壳板厚)16cm×15cm,如图 3c 所示。混凝土的弹性模量 $E=2.85\times10^3$kN/cm^2,泊松系数近似取零,设计荷载为 2.6kN/m^2。试计算该带肋扁壳的主要特性及在跨中的内力和变位。

当忽略肋的抗扭刚度,由第 4 节所述可求得主要参数为 $\delta_{1N}=\delta_{2N}=6.2$cm,$\delta_{1M}=\delta_{2M}=11.59$cm,$k_1=k_2=k=(1/3000cm)$,$e_a=1.985$cm,$e_b=8.065$cm,$D=E\delta_M^3/12=369.8$kN·cm,由算式 $C=0.76\times\sqrt{(\delta_M/k)\sqrt{\delta_M/\delta_N}}$,求得表示带肋扁壳特征长度为 1.657m,则 $a/C=14.48>9$。这表明该带肋扁壳可

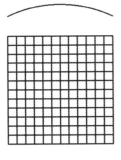

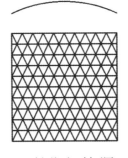

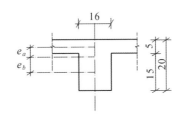

a 例1的平、剖面图 b 例2的平、剖面图 c 壳板与肋的截面

图 3 算例带肋扁壳

采用薄膜理论及边界效应的方法计算,于是可查表[3]求得扁壳跨中的挠度和薄膜内力,然后按刚度分配得出上、下层壳的薄膜内力,再根据文献[9]中的返回计算公式求得肋中的轴力,详见表1所示。至于跨中弯矩因很小,可忽略不计。

例 2 在例 1 中改变肋的布置为三角形网格,底边长 2.4m,两腰边长 2.332m(见图 3b),近似按正三角形计算。混凝土的泊松系数取 1/3,其他情况和条件同例 1。

此时,带肋扁壳可折算成一个当量的各向同性扁壳,$D=E\delta_M^3/12(1-\nu^2)$ 算得为 416.0kN · cm,带肋扁壳特征长度由式 $C=0.76\sqrt{(\delta_M/k)}\sqrt{\delta_M/\delta_N(1-\nu^2)}$ 算得为 1.706m,其他计算结果见表 1。表中还给出了无肋时光面扁壳在相同条件下的计算结果。

由表 1 可知,带肋扁壳各种含义的折算厚度、扁壳的特征长度和受力性能同光面扁壳相比有较大的差别;两种不同布置形式的带肋扁壳之间,特别是分配给肋中的内力有明显的差异。

表 1 算例扁壳的主要参数、跨中挠度和内力

参数、挠度、内力	壳别		
	两向正交正放带肋扁壳	三向带肋扁壳	光面扁壳
薄膜拉伸意义上等代厚度 δ_N/cm	6.2	6.2	5.0
薄膜剪切意义上等代厚度 δ_T/cm	5.0	6.2	5.0
抗弯意义上等代厚度 δ_M/cm	11.59	11.59	5.0
抗扭意义上等代厚度 δ_H/cm	5.0	11.59	5.0
扁壳的特征长度 C/cm	1.657	1.706	0.931
跨中挠度 w/cm	≈0.133	0.133	0.164
等代扁壳跨中内力 $N_x=N_y$/(kN · m^{-1})	−39.0	−39.0	−39.0
壳板的跨中内力 $N_x^a=N_y^a$/(kN · m^{-1})	−31.45	−31.45	−39.0
跨中肋的轴力 N^b/kN	−15.10	−8.72	

7 结语

通过本文的研究讨论,可得到下列几点结论。

(1)采用双层壳的计算模型,按连续化的拟壳法来解算带肋扁壳是一种行之有效且简单方便的分析方法,这种计算模型可充分反映和描述肋系的各种布置形式以及肋系与壳板之间偏心受力的影响。

(2)本文推导给出了带肋扁壳混合法的基本方程式,它与光面扁壳的基本方程式有较大的差别。

一般情况下带肋扁壳不存在中面,薄膜内力、弯矩与薄膜应变、弯曲应变是耦合的,存在一个耦合矩阵。对于矩形平面周边简支具有正交异性性质的带肋扁壳,可求得重三角级数形式的解析解。

(3)对于两向正交正放钢筋混凝土带肋扁壳(非微弯带肋扁壳),可忽略耦合矩阵及其系数的影响,使基本方程式及内力与应变的表达式得到简化。

(4)对于三向带肋扁壳,当带肋壳材料的泊松系数为 1/3 且忽略肋的抗扭刚度时,可折算成一个当量的各向同性扁壳,并可采用三个物理常数 $\overline{\delta}$、$\overline{D}$、$\nu_N = \nu_M = \nu = 1/3$ 来确定该扁壳的特性。

(5)如材料用量相等,带肋扁壳的强度、刚度与极限承载力比光面壳有明显的增加。

(6)一般网状扁壳的拟壳分析法、带肋板与交叉梁系拟板分析法分别为本文分析方法的三种特殊情况。

(7)本文的研究成果已被新修订的中华人民共和国行业标准《钢筋混凝土薄壳结构设计规程》所采纳。

参考文献

[1] 董石麟,杨嘉镕.装配整体式带肋双曲扁壳的计算、研讨和设计实例[C]//江苏省土木建筑学会.江苏省土木建筑学会年会论文集,1962.

[2] 张维岳,董石麟,胡绍隆.无脚手装配式球壳[R].建筑科学研究院科研报告 6503 号.北京:中国建筑科学院,1965.

[3] 中华人民共和国建筑工程部.钢筋混凝土薄壳顶盖及楼盖结构设计计算规程:BJG 16－65[S].北京:中国工业出版社,1965.

[4] ТЕРЕБУШКО О И. К расчёту на устойчивость и проектирование цилипдрических подкрепленных оболочек[M]. Расчёт Пространственных Конструкций Вып,Ⅶ,1962.

[5] 中国科学院力学研究所固体力学研究室板壳组.加筋圆柱曲板与圆柱壳[M].北京:科学出版社,1983.

[6] 董石麟.交叉拱系网状扁壳的计算方法[J].土木工程学报,1985,18(3):3－19.

[7] 董石麟.网状球壳的连续化分析方法[J].建筑结构学报,1988,9(3):1－14.

[8] 符拉索夫.壳体的一般理论(中译本)[M].北京:人民教育出版社,1964.

[9] 董石麟,马克俭,严慧,等.组合网架结构与空腹网架结构[M].杭州:浙江大学出版社,1992.

46 网状扁壳与带肋扁壳组合结构的拟三层壳分析法[*]

摘　要:本文对网状扁壳与带肋扁壳共同工作的组合结构(可简称组合网状扁壳),采用连续化的拟三层壳计算模型,按弹性小挠度薄壳理论进行分析计算,推导建立了混合法的基本方程式。由于这种构造上的拟三层壳在一般情况下不存在中面,因而壳体的薄膜内力、弯矩与薄膜应变、弯曲应变是耦合的,存在一个耦合矩阵,使得基本方程式比单层光面的符氏[3]扁壳方程要复杂得多。对于周边简支的组合网状扁壳可求得基本方程式的解析解。文中对三向、四向组合网状扁壳进行了详细讨论,并指出了在特定条件下,可退化为一个当量的各向同性单层扁壳。对于一般网状扁壳的拟壳分析法及带肋扁壳的拟壳分析法分别属于本文的两种特殊情况。文中附有计算例题。

关键词:网状扁壳;带肋扁壳;组合结构;连续化;拟三层壳分析法

1　概述

由钢网壳与钢筋砼带肋壳两种不同材料、不同结构形式构成的组合网壳结构,可大大提高钢网壳的强度、刚度和稳定性。近年来,在我国山西、湖南等地,已相继建成数幢网状扁壳与带肋扁壳的组合结构,作为工业与民用建筑承重屋盖。组合网壳结构的工程应用是我国网壳结构发展与开拓的一个重要方面,具有我国自己的特色,受到了国内外工程界与科技界的关注。

这种组合网壳结构,一般可采用空间梁单元、板壳单元构成的组合结构有限元法进行分析计算,须借用大型计算机才能解题,计算工作量较大。在文献[1]中曾进行了圆柱面组合网壳的试验研究,并获得按等效的单层匀质壳的计算方法。

本文通过分析研究,提出采用连续化的拟三层壳分析方法来计算这种复杂的组合网壳结构。该法的基本思想是:把这种组合网壳结构等效为一个能共同工作的三层薄壳,考虑各层壳位置的不同及其偏心的影响,然后按弹性小挠度薄壳理论建立基本方程式,求其满足边界条件的解析解或近似解。

2　计算模型与基本假定

这种网状扁壳与带肋扁壳组合结构的计算模型如图 1 所示。基本假定为:①网壳的网格及带肋

---

　*　本文刊登于:董石麟,詹联盟.网状扁壳与带肋扁壳组合结构的拟三层壳分析法[C]//中国土木工程学会.第四届空间结构学术交流会论文集,成都,1988:521—526.

　　后刊登于期刊:董石麟,詹联盟.网状扁壳与带肋扁壳组合结构的拟三层壳分析法[J].建筑结构学报,1992,13(5):25—33.

壳的肋布置相当稠密；②将带肋壳的薄壳部分作为上层壳，壳厚不变，其中面为 S_a；③具有网格状布置的肋连续化为中层壳，其中面 S_b 与肋的形心轴重合；④将网壳连续化为下层壳，其中面 S_c 与网壳杆件的轴线重合；⑤由于节点和其他连接件的作用，认为壳层之间能传递剪力，共同工作；⑥取任一计算参考曲面（一般可取通过支承轴线的曲面为参考曲面），它与各层壳中面的距离分别为 e_a、e_b、e_c（见图1）。

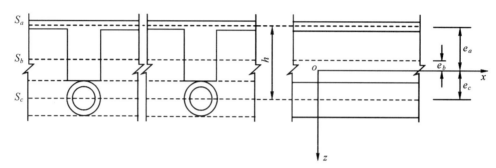

图 1　组合网壳的计算模型

通常情况下，网壳和肋的布置在连续化后是正交异性的。因此，上、中、下层壳的薄膜刚度矩阵 $\boldsymbol{B}^a$、$\boldsymbol{B}^b$、$\boldsymbol{B}^c$ 及抗弯刚度矩阵 $\boldsymbol{D}^a$、$\boldsymbol{D}^b$、$\boldsymbol{D}^c$ 分别为（变换角标后即可得 $\boldsymbol{B}^b$、$\boldsymbol{B}^c$、$\boldsymbol{D}^b$、$\boldsymbol{D}^c$）

$$\boldsymbol{B}^a = \begin{bmatrix} B_{11}^a & B_{12}^a & 0 \\ B_{21}^a & B_{22}^a & 0 \\ 0 & 0 & B_{33}^a \end{bmatrix}, \qquad \boldsymbol{D}^a = \begin{bmatrix} D_{11}^a & D_{12}^a & 0 \\ D_{21}^a & D_{22}^a & 0 \\ 0 & 0 & D_{33}^a \end{bmatrix} \tag{1}$$

式(1)中各矩阵系数可参考文献[2]求得。

3　建立组合网状扁壳的基本方程式

下面采用小挠度弹性薄壳理论来推导组合网状扁壳的基本方程式。如图1所示，组合网壳及各层壳的几何关系为

$$\left. \begin{array}{l} \boldsymbol{\varepsilon} = \{\varepsilon_x \quad \varepsilon_y \quad \varepsilon_{xy}\}^{\mathrm{T}} = \left\{ \dfrac{\partial u_x}{\partial x} - k_x w \quad \dfrac{\partial u_y}{\partial y} - k_y w \quad \dfrac{\partial u_y}{\partial x} + \dfrac{\partial u_x}{\partial y} - 2k_{xy} w \right\}^{\mathrm{T}} \\[3mm] \boldsymbol{\chi} = \{\chi_x \quad \chi_y \quad \chi_{xy}\}^{\mathrm{T}} = \left\{ -\dfrac{\partial^2 w}{\partial x^2} \quad -\dfrac{\partial^2 w}{\partial y^2} \quad -2\dfrac{\partial^2 w}{\partial x \partial y} \right\}^{\mathrm{T}} \\[3mm] \boldsymbol{\varepsilon}^a = \boldsymbol{\varepsilon} - e_a \boldsymbol{\chi}, \qquad \boldsymbol{\varepsilon}^b = \boldsymbol{\varepsilon} - e_b \boldsymbol{\chi}, \qquad \boldsymbol{\varepsilon}^c = \boldsymbol{\varepsilon} + e_c \boldsymbol{\chi} \end{array} \right\} \tag{2}$$

式中，$\boldsymbol{\varepsilon}$、$\boldsymbol{\chi}$ 为组合网壳对计算曲面而言的平面应变和弯曲应变，$\boldsymbol{\varepsilon}^a$、$\boldsymbol{\varepsilon}^b$、$\boldsymbol{\varepsilon}^c$ 为各层壳的平面应变，u_x、u_y、w 为组合网壳的变位，k_x、k_y、k_{xy} 为曲率。

物理方程为

$$\left. \begin{array}{ll} \boldsymbol{N}^a = \boldsymbol{B}^a \boldsymbol{\varepsilon}^a = \boldsymbol{B}^a (\boldsymbol{\varepsilon}^a - e_a \boldsymbol{\chi}), & \boldsymbol{M}^a = \boldsymbol{D}^a \boldsymbol{\chi} \\[2mm] \boldsymbol{N}^b = \boldsymbol{B}^b \boldsymbol{\varepsilon}^b = \boldsymbol{B}^b (\boldsymbol{\varepsilon}^b - e_b \boldsymbol{\chi}), & \boldsymbol{M}^b = \boldsymbol{D}^b \boldsymbol{\chi} \\[2mm] \boldsymbol{N}^c = \boldsymbol{B}^c \boldsymbol{\varepsilon}^c = \boldsymbol{B}^c (\boldsymbol{\varepsilon}^c + e_c \boldsymbol{\chi}), & \boldsymbol{M}^c = \boldsymbol{D}^c \boldsymbol{\chi} \\[2mm] \boldsymbol{N} = \boldsymbol{N}^a + \boldsymbol{N}^b + \boldsymbol{N}^c = \boldsymbol{B}\boldsymbol{\varepsilon} + (-e_a \boldsymbol{B}^a - e_b \boldsymbol{B}^b + e_c \boldsymbol{B}^c)\boldsymbol{\chi} \\[2mm] \boldsymbol{M} = \boldsymbol{M}^a + \boldsymbol{M}^b + \boldsymbol{M}^c - e_a \boldsymbol{N}^a - e_b \boldsymbol{N}^b + e_c \boldsymbol{N}^c \\[2mm] \qquad = (-e_a \boldsymbol{B}^a - e_b \boldsymbol{B}^b + e_c \boldsymbol{B}^c)\boldsymbol{\varepsilon} + (\boldsymbol{D}^a + \boldsymbol{D}^b + \boldsymbol{D}^c + e_a^2 \boldsymbol{B}^a + e_b^2 \boldsymbol{B}^b + e_c^2 \boldsymbol{B}^c)\boldsymbol{\chi} \end{array} \right\} \tag{3}$$

式中，N^a、N^b、N^c 和 M^a、M^b、M^c 分别为上、中、下层壳的薄膜力和弯矩，N 和 M 为组合网壳的薄膜内力和弯矩。由式（3）的后两式可解得以 N，χ 来表示的 ε 及 M：

$$\varepsilon = bN - K\chi, \qquad M = K^T N + D\chi \tag{4}$$

式中，b、K、D 分别为组合网壳的薄膜柔度矩阵、耦合矩阵、抗弯刚度矩阵，其表达式为

$$\left.\begin{aligned}
&b = B^{-1} = (B^a + B^b + B^c)^{-1} \\
&K = K^T = B^{-1}(-e_a B^a - e_b B^b + e_c B^c) \\
&D = D^a + D^b + D^c + e_a^2 B^a + e_b^2 B^b + e_c^2 B^c \\
&\qquad - (-e_a B^a - e_b B^b + e_c B^c)B^{-1}(-e_a B^a - e_b B^b + e_c B^c)
\end{aligned}\right\} \tag{5}$$

在竖向均布荷载 q 作用下，组合网状扁壳的平衡方程为

$$\left.\begin{aligned}
&\frac{\partial N_x}{\partial x} + \frac{\partial N_{xy}}{\partial y} = 0, \qquad && \frac{\partial N_y}{\partial y} + \frac{\partial N_{xy}}{\partial x} = 0 \\
&\frac{\partial M_x}{\partial x} + \frac{\partial M_{xy}^{(2)}}{\partial y} - Q_x = 0, \qquad && \frac{\partial M_y}{\partial y} + \frac{\partial M_{xy}^{(1)}}{\partial x} - Q_y = 0 \\
&\frac{\partial Q_x}{\partial x} + \frac{\partial Q_y}{\partial y} + k_x N_x + k_y N_y + 2k_{xy}N_{xy} + q = 0
\end{aligned}\right\} \tag{6}$$

而变形连续性方程为[3]

$$\frac{\partial^2 \varepsilon_y}{\partial x^2} + \frac{\partial^2 \varepsilon_x}{\partial y^2} - \frac{\partial^2 \varepsilon_{xy}}{\partial x \partial y} + k_x \frac{\partial^2 w}{\partial y^2} + k_y \frac{\partial^2 w}{\partial x^2} - 2k_{xy}\frac{\partial^2 w}{\partial x \partial y} = 0 \tag{7}$$

引入应力函数 φ，使得

$$N_x = \frac{\partial^2 \varphi}{\partial y^2}, \qquad N_y = \frac{\partial^2 \varphi}{\partial x^2}, \qquad N_{xy} = -\frac{\partial^2 \varphi}{\partial x \partial y} \tag{8}$$

此时，平衡方程式（6）的前两式可得到满足。连续性方程（7）及平衡方程（6）的第 5 式，再把式（6）的第 3、4 式及式（4）代入后可表达为

$$L_b \varphi + (L_K + \nabla_K^2)w = 0, \qquad L_D w - (L_K + \nabla_K^2)\varphi = q \tag{9}$$

式中，各微分算子为

$$\left.\begin{aligned}
&L_b = b_{22}\frac{\partial^4}{\partial x^4} + (2b_{12} + b_{33})\frac{\partial^4}{\partial x^2 \partial y^2} + b_{11}\frac{\partial^4}{\partial y^4} \\
&L_K = K_{12}\left(\frac{\partial^4}{\partial x^4} + \frac{\partial^4}{\partial y^4}\right) + (K_{11} + K_{22} - 2K_{33})\frac{\partial^4}{\partial x^2 \partial y^2} \\
&L_D = D_{11}\frac{\partial^4}{\partial x^4} + 2(2D_{12} + D_{33})\frac{\partial^4}{\partial x^2 \partial y^2} + D_{22}\frac{\partial^4}{\partial y^4} \\
&\nabla_K^2 = k_y \frac{\partial^2}{\partial x^2} - 2k_{xy}\frac{\partial^2}{\partial x \partial y} + k_x \frac{\partial^2}{\partial y^2}
\end{aligned}\right\} \tag{10}$$

式（9）便是组合网状扁壳混合法的基本方程式，其中，b_{ij}、K_{ij}、D_{ij} 分别为矩阵 b、K、D 的元素。如果再引入一个新的位移函数 ω，使得

$$\varphi = -(L_K + \nabla_K^2)\omega, \qquad w = L_b \omega \tag{11}$$

则基本方程式（9）可合并为

$$[L_D L_b + (L_K + \nabla_K^2)^2]\omega = q \tag{12}$$

4 矩形平面周边简支不等常曲率组合网状扁壳的求解

对于矩形平面周边简支不等常曲率（$k_x \neq k_y$、$k_{xy} = 0$）组合网状扁壳，如设 n 为边界的外法线，s 为

切线,则其边界条件为(见图 2):

$$N_n = \varepsilon_x = w = M_n = 0 \tag{13}$$

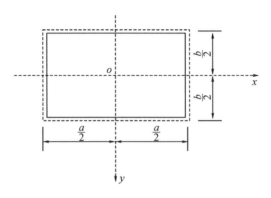

图 2 简支组合网壳平面图

对于函数 φ、w、ω 的相应边界条件是

$$
\left.
\begin{aligned}
\varphi &= \nabla^2 \varphi = w = \nabla^2 w = 0 \\
\omega &= \nabla^2 \omega = \nabla^2 \nabla^2 \omega = \nabla^2 \nabla^2 \nabla^2 \omega = 0
\end{aligned}
\right\} \tag{14}
$$

从而在均布荷载 q 作用下,可求得下列重三角级数解:

$$
\left.
\begin{aligned}
\omega &= \frac{16qa^8}{\pi^{10}h^2} \sum_{m=1,3,\cdots} \sum_{n=1,3,\cdots} (-1)^{\frac{m+n-2}{2}} \frac{1}{\Delta_{mn}} \cos\frac{m\pi x}{a} \cos\frac{n\pi y}{b} \\
\varphi &= \frac{16qa^4}{\pi^6 h} \sum_{m=1,3,\cdots} \sum_{n=1,3,\cdots} (-1)^{\frac{m+n-2}{2}} \frac{\Delta_{mn}^{\varphi}}{\Delta_{mn}} \cos\frac{m\pi x}{a} \cos\frac{n\pi y}{b} \\
w &= \frac{16qa^4}{\pi^6 D} \sum_{m=1,3,\cdots} \sum_{n=1,3,\cdots} (-1)^{\frac{m+n-2}{2}} \frac{\Delta_{mn}^{w}}{\Delta_{mn}} \cos\frac{m\pi x}{a} \cos\frac{n\pi y}{b}
\end{aligned}
\right\} \tag{15}
$$

式中

$$
\left.
\begin{aligned}
\Delta_{mn}^d &= \overline{D}_{11} m^4 + 2(\overline{D}_{12} + 2\overline{D}_{33}) m^2\lambda^2 n^2 + \overline{D}_{22}\lambda^4 n^4 \\
\Delta_{mn}^{\varphi} &= \left[-\overline{K}_{12}(m^4 + \lambda^4 n^4) - (\overline{K}_{11} + \overline{K}_{22} - 2\overline{K}_{33}) m^2\lambda^2 n^2 + \mu^2(\bar{k}_y m^2 + \bar{k}_x\lambda^2 n^2) \right] \\
\Delta_{mn}^w &= \bar{b}_{22} m^4 + (2\bar{b}_{12} + \bar{b}_{33}) m^2\lambda^2 n^2 + \bar{b}_{11}\lambda^4 n^4 \\
\Delta_{mn} &= mn(\Delta_{mn}^d \Delta_{mn}^w + \Delta_{mn}^{\varphi 2})
\end{aligned}
\right\} \tag{16}
$$

式(16)中 $\bar{b}_{ij}$、$\overline{K}_{ij}$、$\overline{D}_{ij}$ 为无量纲矩阵系数,μ 为与曲率 $k = \sqrt{k_x k_y}$ 有关的无量纲参数,$\bar{k}_x$、$\bar{k}_y$ 为无量纲曲率,λ 为边长比,其表达式分别为

$$
\left.
\begin{aligned}
\bar{b}_{ij} &= B^c b_{ij}, & \overline{K}_{ij} &= \frac{K_{ij}}{h}, & \overline{D}_{ij} &= \frac{D_{ij}}{D}, & \mu &= \frac{a}{\pi}\sqrt{\frac{k}{h}}, & \lambda &= \frac{a}{b} \\
B^c &= E^c \delta^c, & D &= h^2 B^c, & \bar{k}_x &= \sqrt{\frac{k_x}{k_y}}, & \bar{k}_y &= \sqrt{\frac{k_y}{k_x}}
\end{aligned}
\right\} \tag{17}
$$

最后,可由式(6)、(4)、(3)求得组合网状扁壳的内力 N_x、N_y、N_{xy}、M_x、M_y、$M_{xy}^{(1)}$、$M_{xy}^{(2)}$、Q_x、Q_y 以及各层壳的内力 N_x^a、N_y^a、N_{xy}^a、M_x^a、M_y^a、M_{xy}^a、N_x^b、N_y^b、N_{xy}^b、M_x^b、M_y^b、M_{xy}^b、$M_{xy}^{b(1)}$、$M_{xy}^{b(2)}$、N_x^c、N_y^c、N_{xy}^c、M_x^c、M_y^c、M_{xy}^c、$M_{xy}^{c(1)}$、$M_{xy}^{c(2)}$,这里不一一列出其表达式了。同时可根据单位宽度上内力等效的原则,计算网壳杆件、带肋壳的壳体及肋中的内力。

5　三向、四向组合网状扁壳

下面来讨论网壳及肋的网格布置为三向(正三角形网格)、四向(相邻杆系交角为 $\frac{\pi}{4}$ 的米字形及斜田字形网格)[3] 时的组合网状扁壳。令 $D_i^c=D^c$、$K_i^c=K^c$、$\delta_i^c=\delta^c$，$D_i^b=D^b$、$K_i^b=K^b$、$\delta_i^b=\delta^b$ ($i=1,2,3$ 或 $i=1,2,3,4$)，则连续化后的中、下层壳是各向同性的，各具有下列四个物理常数

$$\left.\begin{array}{llll} \bar{\delta}^b=\dfrac{n}{3}\delta_b, & \overline{D}^b=\dfrac{n}{8}(3D^b+K^b), & \nu_N^b=\dfrac{1}{3}, & \nu_M^b=\dfrac{D^b-K^b}{3D^b+K^b} \\[3mm] \bar{\delta}^c=\dfrac{n}{3}\delta_c, & \overline{D}^c=\dfrac{n}{8}(3D^c+K^c), & \nu_N^c=\dfrac{1}{3}, & \nu_M^c=\dfrac{D^c-K^c}{3D^c+K^c} \end{array}\right\} \tag{18}$$

式中，n 当三向网壳时取 3、四向网壳时取 4，$\bar{\delta}^b$、$\bar{\delta}^c$、$\overline{D}^b$、$\overline{D}^c$ 分别为当量的各向同性扁壳的厚度、抗弯刚度，而 ν_N^b、ν_N^c、ν_M^b、ν_M^c 为相应的薄膜变形及弯曲变形意义上的泊松系数。

如果上层的泊松系数取 $\nu=\dfrac{1}{3}$，则组合网壳的薄膜刚度矩阵为

$$\boldsymbol{B}=\boldsymbol{B}^a+\boldsymbol{B}^b+\boldsymbol{B}^c=\frac{9}{8(E^at+E^b\bar{\delta}^b+E^c\bar{\delta}^c)}\widetilde{\boldsymbol{B}}, \qquad \widetilde{\boldsymbol{B}}=\begin{bmatrix} 1 & \dfrac{1}{3} & 0 \\[2mm] \dfrac{1}{3} & 1 & 0 \\[2mm] 0 & 0 & \dfrac{1}{3} \end{bmatrix} \tag{19}$$

式中，$\widetilde{\boldsymbol{B}}$ 为无量纲薄膜刚度矩阵。同时，可选取满足下列条件的计算参考曲面

$$e_c=(e_aE^at+e_bE^b\bar{\delta}^b)/E^c\bar{\delta}^c \tag{20}$$

使得

$$\boldsymbol{K}=\boldsymbol{K}^{\mathrm{T}}=\boldsymbol{B}^{-1}\widetilde{\boldsymbol{B}}(-e_aE^at-e_bE^b\bar{\delta}^b+e_cE^c\bar{\delta}^c)=\boldsymbol{0} \tag{20}$$

此时，组合网状扁壳可折算成一个当量的各向同性扁壳，其四个物理常数为

$$\left.\begin{array}{l} E\bar{\delta}=E^at+E^b\bar{\delta}^b+E^c\bar{\delta}^c \\[2mm] \overline{D}=D^a+\overline{D}^b+\overline{D}^c+\dfrac{9}{8}(e_a^2E^at+e_b^2E^b\bar{\delta}^b+e_c^2E^c\bar{\delta}^c) \\[2mm] \nu_N=\dfrac{1}{3} \\[2mm] \nu_M=\left\{\nu_M^b\overline{D}^b+\nu_M^c\overline{D}^c+\dfrac{1}{3}\left[D^a+\dfrac{9}{8}(e_a^2E^at+e_b^2E^b\bar{\delta}^b+e_c^2E^c\bar{\delta}^c)\right]\right\}\dfrac{1}{\overline{D}} \end{array}\right\} \tag{22}$$

而基本方程式(9)则退化为

$$\left.\begin{array}{l} \dfrac{1}{E\bar{\delta}}\nabla^2\nabla^2\varphi+\nabla_K^2w=0 \\[2mm] \overline{D}\,\nabla^2\nabla^2w-\nabla_K^2\varphi=q \end{array}\right\} \tag{23}$$

6　结语

(1)采用三层壳的计算模型，按连续化的拟壳法来解算组合网状扁壳是一种有效而简便的分析方法，这种计算模型充分反映网壳杆件、带肋壳的肋和壳板之间的偏心受力影响。

(2)本文给出了组合网状扁壳混合法的基本方程式，它与单层扁壳的基本方程式有较大的差异。

一般情况下组合网状扁壳不存在中面,薄膜内力、弯矩与薄膜应变、弯曲应变是耦合的。对于矩形平面的周边简支组合网状扁壳,可求得重三角级数形式的解析解。

(3)对于常遇的三向、四向组合网状扁壳,当带肋壳材料的泊松系数为1/3时,可折算成一个当量的各向同性扁壳,并应采用四个常数 $\bar{\delta}$、$\bar{D}$、ν_N、ν_M 来确定该壳的物理特性。

(4)一般网状扁壳的拟壳分析法及带肋壳的拟壳分析法分别为本文分析方法的两种特殊情况。

参考文献

[1] 陆莹,吴韬. 钢管网壳及组合壳试验报告[C]//中国土木工程学会. 第二届空间结构学术交流会论文集(第2卷),太原,1984:9—23.

[2] 董石麟. 交叉拱系网状扁壳的计算方法[J]. 土木工程学报,1985,18(3):3—19.

[3] 符拉索夫. 壳体的一般理论(中译本)[M]. 北京:人民教育出版社,1964.

47 组合网状扁壳动力特性的拟三层壳分析法[*]

摘　要：本文采用连续化的拟三层壳分析方法，来探讨组合网状扁壳结构的动力特性。文中给出这种一般不存在中面的组合网状扁壳在矩形平面周边简支时固有频率的计算公式．对于常遇的三向、四向组合网状扁壳，指出在一定条件下，其固有频率与一个当量的各向同性扁壳的固有频率是完全相当的。文中附有算例，并对组合网状扁壳、相应的单层钢网壳的固有频率，做了对比分析。此外，文中还讨论了网壳曲率对固有频率的影响。

关键词：组合网状扁壳；拟三层壳分析法；动力特性；固有频率

1　概述

组合网状扁壳是一种由钢网状扁壳与钢筋混凝土带肋扁壳两种不同材料、不同结构形式组合而成的空间结构，它可大大改善一般单层钢网壳的受力特性，提高其强度和稳定性。在工程实践中，当采用钢筋混凝土屋面板作为钢网状扁壳的覆盖层时，如在节点处采取适当的连接构造措施，这种共同工作的组合网状扁壳即可构成。它既可作为承重结构，又可作为围护结构。近年来，在我国太原、福州等地，已建成数幢组合网状扁壳结构，技术经济效益明显，有发展应用的前景。

以往，对组合网状扁壳主要仅注重于静力分析，对动力问题还很少研究。组合网状扁壳的动力特性，一般可采用板壳元和空间梁元组合结构的有限元法来分析。本文试图按连续化的途径，采用拟三层壳的基本微分方程式来探讨组合网状扁壳的动力特性，以期求得比较简明的计算公式来确定组合网状扁壳的固有频率。

2　基本假定和计算模型

组合网状扁壳的计算模型如图 1 所示，其基本假定为：

①网壳的网格和带肋壳肋的布置相当稠密，一般要求组合网状扁壳在短跨方向的网格数（包括肋形成的网格数）要大于或等于 5；

②将带肋壳的薄壳部分作为上层壳，其中面为 S_a；

③具有网格状布置的肋连续化为中层壳，其中面为 S_b，且与肋的形心轴重合；

---

　*　本文刊登于：董石麟．组合网状扁壳动力特性的拟三层壳分析法[C]//中国力学学会．第三届全国结构工程交流会论文集，太原，1994：129－134．

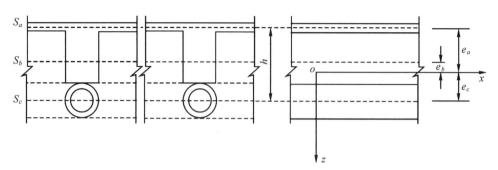

图1 组合网壳的计算模型

④将网壳连续化为下层壳,其中面为S_c,且与网壳杆件的轴线重合;

⑤由于节点和其他连接件的作用,认为壳层之间能传递剪力,可共同工作;

⑥可任取一计算参考面(一般取通过支承轴的曲面为参考面),它与各层壳中面的距离分别为e_a、e_b、e_c;

⑦假设组合网状扁壳在固有振动时,其水平位移的振幅要比竖向挠度的振幅小得多,因而可忽略水平位移所产生的惯性力。

3　固有振动基本方程的建立

根据上节的基本假定和计算模型,可按静力问题类似的分析方法[1],来建立组合网状扁壳固有振动拟三层壳混合法的基本方程式

$$\left.\begin{array}{l} L_b\varphi+(L_K+\nabla_K^2)w=0 \\ L_Dw-(L_K+\nabla_K^2)\varphi=\rho\omega^2w \end{array}\right\} \tag{1}$$

式(1)中第一式为协调方程,第二式为平衡方程,w、φ为挠度和应力函数,ρ为组合网状扁壳单位面积的质量,ω为固有振动,L_b,L_D、L_K、∇_K^2为微分算子,其表达式为

$$\left.\begin{array}{l} L_b=b_{22}\dfrac{\partial^4}{\partial x^4}+(2b_{12}+b_{33})\dfrac{\partial^4}{\partial x^2\partial y^2}+b_{11}\dfrac{\partial^4}{\partial y^4} \\[2mm] L_K=D_{11}\left(\dfrac{\partial^4}{\partial x^4}+\dfrac{\partial^4}{\partial y^4}\right)+(K_{11}+K_{22}-K_{33})\dfrac{\partial^4}{\partial x^2\partial y^2} \\[2mm] L_D=D_{11}\dfrac{\partial^4}{\partial x^4}+2(D_{12}+2D_{33})\dfrac{\partial^4}{\partial x^2\partial y^2}+D_{22}\dfrac{\partial^4}{\partial y^4} \\[2mm] \nabla_K^2=k_y\dfrac{\partial^2}{\partial x^2}-2k_{xy}\dfrac{\partial^2}{\partial x\partial y}+k_x\dfrac{\partial^2}{\partial y^2} \end{array}\right\} \tag{2}$$

其中,$b_{ij}=b_{ji}$,$D_{ij}=D_{ji}$,$K_{ij}=K_{ji}$,分别为组合网状扁壳薄膜柔度矩阵、抗弯刚度矩阵、耦合矩阵相应的矩阵系数,它们都可根据组合网壳的形体、杆件截面和材料性质折算确定[1]。k_x,k_{xy},k_y为扁壳的曲率。

如果引入一个新的位移函数f,使得

$$\left.\begin{array}{l} \varphi=-(L_K+\nabla_K^2)f \\ w=L_bf \end{array}\right\} \tag{3}$$

此时,基本方程式(1)可合并为

$$[L_DL_b+(L_K+\nabla_K^2)^2]f=\rho\omega^2L_bf \tag{4}$$

这便是组合网状扁壳固有振动的八阶基本微分方程式。

4 矩形平面周边简支不等常曲率组合网状扁壳的固有频率

对于矩形平面周边简支不等常曲率($k_x \neq k_y$、$k_{xy}=0$)组合网状扁壳的边界条件为

$$
\left.
\begin{array}{lllll}
x=0 \text{、} a: & \varphi=0, & \dfrac{\partial^2 \varphi}{\partial x^2}=0, & w=0, & \dfrac{\partial^2 w}{\partial x^2}=0 \\[3mm]
y=0 \text{、} b: & \varphi=0, & \dfrac{\partial^2 \varphi}{\partial y^2}=0, & w=0, & \dfrac{\partial^2 w}{\partial y^2}=0
\end{array}
\right\}
\tag{5}
$$

对于位移函数 f 的边界条件是

$$
\left.
\begin{array}{l}
f=\nabla^2 f=\nabla^2 \nabla^2 f=\nabla^2 \nabla^2 \nabla^2 f=0 \\[2mm]
\nabla^2=\dfrac{\partial^2}{\partial x^2}+\dfrac{\partial^2}{\partial y^2}
\end{array}
\right\}
\tag{6}
$$

因而可设

$$
f=A_{mn}\sin\frac{m\pi x}{a}\sin\frac{n\pi y}{b}
\tag{7}
$$

将此式代入基本方程式(4),并进行简化和无量纲化后得

$$
\Delta_{mn}=\frac{\rho\omega^2 a^4}{D\pi^4}\Delta_{mn}^b
\tag{8}
$$

亦即固有频率的计算公式为

$$
\omega=\frac{\pi^2}{a^2}\sqrt{\frac{D}{\rho}\frac{\Delta_{mn}}{\Delta_{mn}^b}}
\tag{9}
$$

式(9)中 Δ_{mn}、Δ_{mn}^b 的具体表达式分别为

$$
\left.
\begin{array}{l}
\Delta_{mn}=\left[\widetilde{D}_{11}m^4+2(\widetilde{D}_{12}+2\widetilde{D}_{33})m^2\lambda^2 n^2+\widetilde{D}_{22}\lambda^4 n^4\right]\left[\tilde{b}_{22}m^4+(2\tilde{b}_{12}+\tilde{b}_{33})m^2\lambda^2 n^2+\tilde{b}_{11}\lambda^4 n^4\right] \\[2mm]
\qquad +\left[\widetilde{K}_{12}(m^4+\lambda^4 n^4)+(\widetilde{K}_{11}+\widetilde{K}_{22}-2\widetilde{K}_{33})m^2\lambda^2 n^2-\mu^2(\tilde{k}_y m^2+\tilde{k}_x\lambda^2 n^2)\right]^2 \\[2mm]
\Delta_{mn}^b=\tilde{b}_{22}m^4+(2\tilde{b}_{12}+\tilde{b}_{33})m^2\lambda^2 n^2+\tilde{b}_{11}\lambda^4 n^4
\end{array}
\right\}
\tag{10}
$$

式(8)~(10)中,$\tilde{b}_{ij}$、$\widetilde{K}_{ij}$、$\widetilde{D}_{ij}$ 为无量纲矩阵系数,$\tilde{k}_x$、$\tilde{k}_y$ 为无量纲曲率,μ 为与曲率 $k=\sqrt{k_x k_y}$ 有关的无量纲参数,λ 为边长比,其表达式分别为

$$
\left.
\begin{array}{lllll}
\tilde{b}_{ij}=B^c b_{ij}, & \widetilde{K}_{ij}=\dfrac{K_{ij}}{h}, & \widetilde{D}_{ij}=\dfrac{D_{ij}}{D}, & \mu=\dfrac{a}{\pi}\sqrt{\dfrac{k}{h}} \\[3mm]
\tilde{k}_x=\sqrt{\dfrac{k_x}{k_y}}, & \tilde{k}_y=\sqrt{\dfrac{k_y}{k_x}}, & B^c=E^c\delta^c, & D=h^2 B^c, & \lambda=\dfrac{a}{b}
\end{array}
\right\}
\tag{11}
$$

其中,E^c 为钢网壳材料的弹性模量,δ^c 为钢网壳杆系的折算厚度,可取钢网壳两个方向(三向网壳时取三个方向,四向网壳时取四个方向)杆系折算厚度的平均值,B^c 为钢网壳的薄膜刚度。D 为组合网壳一种名义上的抗弯刚度,h 为钢网壳的中面 S_c 至带肋壳薄壳部分中面 S_a 的距离。

可见,一般情况下组合网状扁壳固有频率的计算公式(9)甚为简捷,手算、电算都较方便。

5 三向、四向组合网状扁壳的固有频率

当网壳及肋的网格布置为三向(正三角形网格)、四向(相邻杆系交角为 $\pi/4$ 的米字形或斜田字形网格)时,且令各向杆系的刚度相同,即 $D_i^c=D^c$、$K_i^c=K^c$、$\delta_i^c=\delta^c$、$D_i^b=D^b$、$K_i^b=K^b$、$\delta_i^b=\delta^b$($i=1,2,3$ 或 $i=1,2,3,4$),同时假定上层壳的泊松系数 μ^a 为 1/3,则这种三向、四向组合网状扁壳可折算成一个当

量的各向同性扁壳,并具有薄膜刚度 $E\bar{\delta}$、抗弯刚度 $\overline{D}$、相应的薄膜变形的泊松系数 ν_N 和弯曲变形的泊松系数 ν_M 共四个物理常数,它们分别可表达为[1]

$$\left.\begin{aligned} E\bar{\delta} &= E^a t + E^b\bar{\delta}^b + E^c\bar{\delta}^c \\ \overline{D} &= D^a + \overline{D}^b + \overline{D}^c + \frac{9}{8}(e_a^2 E^a t + e_b^2 E^b\bar{\delta}^b + e_c^2 E^c\bar{\delta}^c) \\ \nu_N &= \frac{1}{3} \\ \nu_M &= \left\{ \nu_M^b\overline{D}^b + \nu_M^c\overline{D}^c + \frac{1}{3}\left[D^a + \frac{9}{8}(e_a^2 E^a t + e_b^2 E^b\bar{\delta}^b + e_c^2 E^c\bar{\delta}^c) \right] \right\}\frac{1}{\overline{D}} \end{aligned}\right\} \tag{12}$$

而 $\bar{\delta}^b$、$\overline{D}^b$、ν_N^b、ν_M^b 和 $\bar{\delta}^c$、$\overline{D}^c$、ν_N^c、ν_M^c 分别为各向同性中、下层壳的四个物理常数

$$\left.\begin{aligned} \bar{\delta}^b &= \frac{n}{3}\delta^b, & \overline{D}^b &= \frac{n}{8}(3D^b + K^b), & \nu_N^b &= \frac{1}{3}, & \nu_M^b &= \frac{D^b - K^b}{3D^b + K^b} \\ \bar{\delta}^c &= \frac{n}{3}\delta^c, & \overline{D}^c &= \frac{n}{8}(3D^c + K^c), & \nu_N^c &= \frac{1}{3}, & \nu_M^c &= \frac{D^c - K^c}{3D^c + K^c} \end{aligned}\right\} \tag{13}$$

其中,当为三向网壳时 n 取 3、四向网壳时取 4。计算参考面可选取满足下列条件确定:

$$e_c = (e_a E^a t + e_b E^b\bar{\delta}^b)/E^c\bar{\delta}^c \tag{14}$$

此时,固有振动基本微分方程式(4)可退化为

$$\left[\frac{\overline{D}}{E\bar{\delta}}\nabla^2\nabla^2\nabla^2\nabla^2 + \nabla_K^2\nabla_K^2 \right]f = \rho\omega^2\frac{1}{E\bar{\delta}}\nabla^2\nabla^2 f \tag{15}$$

对于周边简支不等常曲率组合网状扁壳的固有振动频率的计算公式仍为

$$\omega = \frac{\pi^2}{a^2}\sqrt[4]{\frac{\overline{D}\Delta_{mn}}{\rho\ \Delta_{mn}^b}} \tag{16}$$

其中,Δ_{mn}、Δ_{mn}^b 可简化为

$$\Delta_{mn} = (m^2 + \lambda^2 n^2)^4 + \mu^2(\tilde{k}_y m^2 + \tilde{k}_x\lambda^2 n^2)^2$$
$$\Delta_{mn}^b = (m^2 + \lambda^2 n^2)^2$$
$$\mu = \frac{a}{\pi}\sqrt[4]{\frac{E\bar{\delta}k^2}{\overline{D}}} \tag{17}$$

特别是当等曲率时,$k_x = k_y = k$,$\tilde{k}_x = \tilde{k}_y = 1$,则固有振动频率的计算公式可合并成下列简式来表达:

$$\omega = \frac{\pi^2}{a^2}\sqrt{\frac{\overline{D}}{\rho}\left[(m^2 + \lambda^2 n^2)^2 + \frac{a^4}{\pi^4}\frac{E\bar{\delta}k^2}{\overline{D}}\right]} \tag{18}$$

6 算例与讨论

设一平面为 24m×24m 周边简支组合网状双曲扁壳,端部矢高 $f=2.4$m,网壳及肋的网格布置如图 2a 所示。网格平面投影为三角形,底边长 2.4m,两腰边长 2.332m,网壳杆件采用 $\phi114\times5$,壳板厚 $t=3$cm,肋的截面积(不包括壳板厚)12cm×13cm,如图 2b 所示。钢材与砼的弹性模量分别为 $E^c = 2.1\times10^4$kN/cm^2,$E^a = E^b = 2.85\times10^3$kN/m^2。砼的泊松系数近似取 1/3,结构自重为 260kg/m^2,试计算周边简支组合网状扁壳及相应的钢网状扁壳的固有频率。

由以上原始资料,求得主要参数和刚度(计算时,网格平面投影近似按正三角形计,该组合网状扁壳可折算成一个当量的各向同性扁壳,肋和网壳杆件的抗扭刚度忽略不计):$\bar{\delta}^b = 0.75$cm、$\bar{\delta}^c = 0.082$cm、$E^a t = 8.55\times10^3$kN/cm、$E^b\bar{\delta}^b = 2.14\times10^3$kN/cm、$E^c\bar{\delta}^c = 1.72\times10^3$kN/cm、$E\bar{\delta} = E^c\bar{\delta} = 12.41\times10^3$kN/cm、$k = 1/3000$cm、$e_a = 4.2$cm、$e_b = -3.8$cm、$e_c = 16$cm、$\nu = \nu_N^b = \nu_N^c = \nu_N = \nu_M^b = \nu_M^c = \nu_M =$

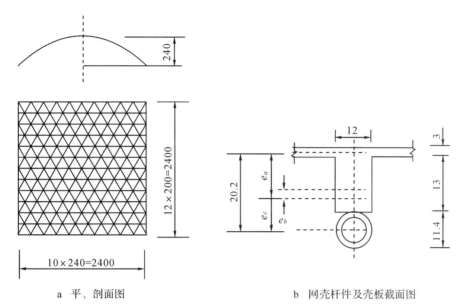

a 平、剖面图　　　　　　　b 网壳杆件及壳板截面图

图 2　算例组合网状扁壳

$1/3$、$\bar{D}^a = 7.21 \times 10^3 \, \text{kN} \cdot \text{cm}$、$\bar{D}^b = 33.9 \times 10^3 \, \text{kN} \cdot \text{cm}$、$\bar{D}^c = 13.8 \times 10^3 \, \text{kN} \cdot \text{cm}$、$\bar{D} = 754.7 \times 10^3 \, \text{kN} \cdot \text{cm}$、$\lambda = 1.0$。最后,由计算公式(18)可直接求得组合网状扁壳前 6 阶固有频率,见表 1 第 1 行的数值所示,表 1 的第 2 行至第 7 行数值表示当 f 减小即曲率减小时固有频率的变化规律。相应的单层钢网壳的固有频率列于表 2。

表 1　算例组合网状扁壳的固有频率

f/m	k/m^{-1}	ω_{11}	$\omega_{12} = \omega_{21}$	ω_{22}	$\omega_{13} = \omega_{31}$	$\omega_{23} = \omega_{32}$	ω_{33}
2.4	1/30	11.6	11.8	12.2	12.5	13.1	14.3
1.6	1/45	6.71	8.07	8.57	9.01	9.80	11.4
1.2	1/60	5.87	6.24	6.88	7.42	8.37	10.2
0.8	1/90	3.92	4.51	5.36	6.04	7.17	9.21
0.4	1/180	2.14	3.02	4.19	5.03	6.34	8.58
0.2	1/360	1.34	2.51	3.84	4.74	6.11	8.41
0.1	1/720	1.04	2.37	3.75	4.67	6.06	8.37

注:按式(18)的计算结果已除以 2π,因而频率的单位为 Hz。

表 2　算例单层钢网状扁壳的固有频率

f/m	k/m^{-1}	ω_{11}	$\omega_{12} = \omega_{21}$	ω_{22}	$\omega_{13} = \omega_{31}$	$\omega_{23} = \omega_{32}$	ω_{33}
2.4	1/30	4.32	4.33	4.34	4.36	4.39	4.46
1.6	1/45	2.82	2.89	2.92	2.94	2.99	3.09
1.2	1/60	2.16	2.18	2.22	2.25	2.31	2.46
0.8	1/90	1.44	1.47	1.52	1.57	1.65	1.83
0.4	1/180	0.73	0.78	0.88	0.95	1.09	1.34
0.2	1/360	0.38	0.48	0.62	0.72	0.89	1.19
0.1	1/720	0.22	0.36	0.54	0.65	0.84	1.15

比较表1、表2的计算结果表明,壳板对组合网状扁壳的固有频率起着非常重要的作用。对协同工作的组合网壳,其固有频率比单层钢网壳的固有频率要成倍地增加。从表1、表2中数据还可看出,不论是组合网状扁壳,还是单层钢网状扁壳,一般情况下其频谱都比较密集,但随扁壳曲率的减小,其频谱的密集度也随之减弱。值得一提的是当曲率减小时,这两种网壳的固有频率也都将减小,而且低频比高频时更加显著。

7 结语

(1)组合网状扁壳的固有频率可采用拟三层壳分析法来计算确定。对于矩形平面周边简支不等常曲率组合网状扁壳,本文给出固有频率的计算公式,工程中应用计算非常方便。

(2)对于常遇的三向、四向组合网状扁壳,当带肋壳材料的泊松系数为1/3时,固有频率的计算公式退化为一个当量的各向同性扁壳的固有频率,这个当量的各向同性扁壳具有四个物理常数 $E\bar{\delta}$、$\bar{D}$、ν_N、ν_M。

(3)考虑协同工作的组合网状扁壳,其固有频率比相应的单层钢网壳的固有频率将会成倍地增加。

(4)组合网状扁壳的频谱比较密集。但随曲率的减小,其固有频率与频谱的密集度也随之减小。

参考文献

[1] 董石麟,詹联盟.网状扁壳与带肋扁壳组合结构的拟三层壳分析法[J].建筑结构学报,1992,13(5):25—33.

[2] 董石麟.组合网架动力特性的拟夹层板分析法[C]//中国力学学会.第二届结构工程学术会议论文集,长沙,1993:177—184.

[3] 符拉索夫.壳体的一般理论(中译本)[M].北京:人民教育出版社,1964.

48 组合网壳结构的几何非线性稳定分析[*]

摘　要：本文采用组合结构有限元法进行组合网壳结构的几何非线性稳定分析，推导了全拉格朗日坐标系下，几何非线性分析中一般空间梁元及满足离散 Kirchhoff 假定三角形板壳元的有限元公式，采用广义增量法对结构变形进行全过程跟踪分析，并编制了相应的计算程序。通过对若干考题及组合网壳算例的计算分析，验证了本文理论与程序的正确可靠，得到了一些有价值的结论。

关键词：组合网壳；几何非线性；稳定分析

1　概述

组合网壳结构是由钢网壳和钢筋混凝土带肋壳两种不同材料、不同结构形式组合而成的，是在普通网壳的基础上发展起来的一种新型空间结构形式。目前，组合网壳的分析方法主要有基于连续化拟三层壳理论的拟三层壳分析法和采用由空间梁元、板壳元构成的组合结构有限元法。但无论哪种方法，都只限于分析组合网壳的静力特性，还没有文献较系统地对其动力特性及整体稳定性进行研究。在一些实际工程设计中，对组合网壳的整体稳定性是近似按规程 BJG 16－65 中带肋壳体的稳定公式计算的。可以说，目前对组合网壳的几何非线性稳定分析，尤其是荷载-位移全过程分析还是一个空白。

失稳破坏是壳体结构的主要破坏方式，同时，大跨度壳体结构受力后结构的变位较大，几何非线性的影响非常明显。组合网壳较之普通的网壳结构，由于带肋壳体与钢网壳的共同工作，无论强度、刚度还是稳定性都有很大提高，但它同样跨度大、厚度薄，仍然具有较高的几何非线性，同样会存在结构的整体稳定问题。对于组合网壳的设计，一旦采用有限元法严格地考虑共同作用计算，稳定问题将显得更为突出。因此，对组合网壳进行考虑几何非线性影响的整体稳定分析是十分必要，也是有现实意义的。

本文采用组合结构有限元法对组合网壳进行几何非线性稳定分析，分别选取基于有限元理论的一般非线性空间梁元以及满足离散 Kirchhoff 假定的三角板壳元作为单元模式，并采用新颖的广义增量法对结构变形进行全过程跟踪。本文还编制了相应的组合网壳几何非线性稳定分析有限元程序，为这一新型复杂结构的非线性分析摸索了一条有效的途径。

---

　　[*]　本文刊登于：赵阳,董石麟.组合网壳结构的几何非线性稳定分析[J].空间结构,1994,1(2):17－25.

2 单元的切线刚度矩阵

本文采用组合结构有限元法进行组合网壳的几何非线性稳定分析,把组合网壳的板壳部分离散成若干板壳元,肋及钢管离散成若干空间偏心梁元。本文选取基于有限元理论的一般非线性空间梁元以及满足离散 Kirchhoff 假定的非线性三角形板壳元进行分析,推导了在全拉格朗日(T. L.)坐标下,几何非线性分析中两种单元的所有有限元列式。

2.1 空间梁单元

在 Kirchhoff 假定前提下的等截面梁单元 ij 如图 1 所示。考虑梁单元非线性变形时轴向变形与弯曲变形的相互耦合性,设单元应变为

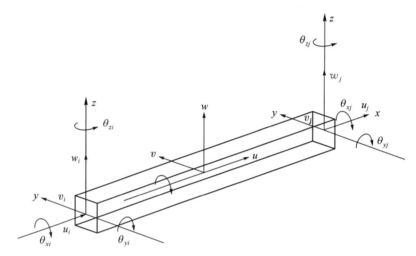

图 1 空间梁单元

$$\{\varepsilon\} = \{\varepsilon_x \quad \chi_z \quad \chi_y \quad \chi_x\}^{\mathrm{T}} = \{\varepsilon_L\} + \{\varepsilon_{NL}\} \tag{1}$$

式中,线性应变为
$$\{\varepsilon_L\} = \left\{\frac{\partial u}{\partial x} \quad \frac{\partial^2 v}{\partial x^2} \quad \frac{\partial^2 w}{\partial x^2} \quad \frac{\partial \theta_x}{\partial x}\right\}^{\mathrm{T}}$$

非线性应变为
$$\{\varepsilon_{NL}\} = \left\{\frac{1}{2}\left(\frac{\partial v}{\partial x}\right)^2 + \frac{1}{2}\left(\frac{\partial w}{\partial x}\right)^2 \quad 0 \quad 0 \quad 0\right\}^{\mathrm{T}}$$

增量几何方程可写为
$$\mathrm{d}\{\varepsilon\} = [B]\mathrm{d}\{q\} = ([B_e] + [B_l])\mathrm{d}\{q\} \tag{2}$$

由虚功原理可得增量形式的单元平衡方程
$$\mathrm{d}\{\phi\} = \int_l \mathrm{d}\{B\}^{\mathrm{T}}\{\sigma\}\mathrm{d}x + \int_l \{B\}^{\mathrm{T}}\mathrm{d}\{\sigma\}\mathrm{d}x \tag{3}$$

令
$$\int_l \mathrm{d}\{B\}^{\mathrm{T}}\{\sigma\}\mathrm{d}x = [k_g]\mathrm{d}\{q\}$$

$$\int_l \{B\}^{\mathrm{T}}\mathrm{d}\{\sigma\}\mathrm{d}x = ([k_e] + [k_l])\mathrm{d}\{q\}$$

则
$$\mathrm{d}\{\phi\} = [K_t]\mathrm{d}\{q\} = ([k_e] + [k_l] + [k_g])\mathrm{d}\{q\} \tag{4}$$

$[K_t]$ 就是当前位移上单元的切线刚度矩阵。其中 $[k_e]$ 即通常的小变形线性刚度阵,$[k_l]$ 反映了由

大变形而产生的单元本身刚度矩阵的改变,称初位移阵或大位移阵,$[k_g]$ 则取决于当前的应力水平,反映了轴力对弯曲的影响,称为初应力阵或几何刚度阵。$[k_e]$、$[k_l]$、$[k_g]$ 经积分均可得其显式表达式。

2.2　三角形板壳元

三角形单元如图 2 所示,点 1、2 和 3 为单元的三个顶点,点 4、5 和 6 为各边的中点。

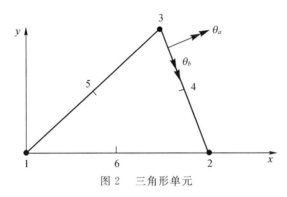

图 2　三角形单元

三角形板壳元为平面应力元与弯曲板元的叠加,研究板壳结构的几何非线性必须考虑薄膜力的作用。对平面问题可采用普通的三角形常应力单元。按板弯曲的经典理论,若严格要求单元内各点满足 Kirchhoff 直法线假定,则相邻单元之间往往产生转角不协调问题。对于薄板,可以采取部分放弃直法线的做法,即采用满足离散 Kirchhoff 假定的三角形弯曲板单元。对于图 2 所示的三角形单元,每个顶点赋以 3 个位移参数:

$$w, \qquad \psi_x = \frac{\partial w}{\partial x}, \qquad \psi_y = \frac{\partial w}{\partial y} \tag{5}$$

令 θ_x、θ_y 为法线在 xy 及 yz 平面内的转角,则满足 Kirchhoff 直法线假定可得

$$\psi_x = \frac{\partial w}{\partial x} = -\theta_y, \qquad \psi_y = \frac{\partial w}{\partial y} = \theta_x \tag{6}$$

且仅在 6 个点(3 个顶点、3 个中点)上满足,故称满足离散 Kirchhoff 假定。

对于大变形问题,单元应变可写成

$$\{\varepsilon\} = \begin{Bmatrix} \varepsilon_e^p \\ \varepsilon_e^b \end{Bmatrix} + \begin{Bmatrix} \varepsilon_l^p \\ 0 \end{Bmatrix} \tag{7}$$

式中,$\{\varepsilon_e^p\}$、$\{\varepsilon_e^b\}$ 分别为线性条件的平面应变和弯曲应变,ε_l^p 为非线性应变。

单元几何阵 $[\bar{B}]$ 可写为

$$[\bar{B}] = [B_e] + [B_l] = \begin{bmatrix} B_e^p & 0 \\ 0 & B_e^b \end{bmatrix} + \begin{bmatrix} 0 & B_l^b \\ 0 & 0 \end{bmatrix} = \begin{bmatrix} B_e^p & B_l^b \\ 0 & B_e^b \end{bmatrix} \tag{8}$$

单元刚度阵为

$$[\bar{K}] = \int_A [\bar{B}]^{\mathrm{T}} [D] [\bar{B}] \mathrm{d}A \tag{9}$$

把式(8)代入式(9)可得

$$[\bar{K}] = [K_e] + [K_l] \tag{10}$$

式中,线性小变形阵 $[K_e] = [K_e^p] + [K_e^b]$,而 $[K_e^p]$、$[K_e^b]$ 分别为平面应力问题及弯曲问题的单元刚度阵;$[K_l]$ 为大位移阵。

非线性应变 $\{\varepsilon_l^p\}$ 还可以写成

$$\{\varepsilon_l^p\} = \frac{1}{2}[A]\{\theta\} \tag{11}$$

式中，
$$\{\theta\} = [G]\{U_b\} \tag{12}$$

考虑积分
$$\int_A \mathrm{d}[B_l]^\mathrm{T}\{\sigma\}\mathrm{d}A = [K_g]\mathrm{d}\{U_b\} \tag{13}$$

可得
$$[K_g] = \begin{bmatrix} 0 & 0 \\ 0 & [K_g^b] \end{bmatrix} \tag{14}$$

式中，
$$[K_g^b] = \int_A [G]^\mathrm{T} \begin{bmatrix} N_x & N_{xy} \\ N_{xy} & N_y \end{bmatrix} [G]\mathrm{d}A \tag{15}$$

这就是板单元的几何刚度阵。式中 N_x、N_y、N_{xy} 为平面薄膜内力。

从而可得单元切线刚度矩阵为
$$[K_t] = [K_e] + [K_l] + [K_g] \tag{16}$$

3 组合结构非线性平衡方程的建立与求解

对于组合结构，无论其位移（或应变）的大小，总必须满足内外广义力的平衡条件，ψ 表示内外力矢量的总和，则由虚功原理可写出下式

$$\mathrm{d}\{q\}^\mathrm{T}\{\psi\} = \int \mathrm{d}\{\varepsilon\}^\mathrm{T}\{\sigma\}\mathrm{d}\upsilon - \mathrm{d}\{q\}^\mathrm{T}\{F\} = 0 \tag{17}$$

利用应变的增量形式写成位移和应变的关系
$$\mathrm{d}\{\varepsilon\} = [\bar{B}]\mathrm{d}\{q\} \tag{18}$$

式中，$[\bar{B}] = [B_E] + [B_L(\{q\})]$，这里 $[B_E]$ 相应于线性小变形分析，只有 $[B_L]$ 取决于 $\{q\}$，是由非线性变形引起的。把式（18）代入式（17）即得非线性问题的一般平衡方程式为

$$\{\psi(\{q\})\} = \int [\bar{B}]^\mathrm{T}\{\sigma\}\mathrm{d}\upsilon - \{F\} = 0 \tag{19}$$

应该指出，上式中的积分是对组合结构中各种不同类型的单元逐个进行的，按有限元的通常方式把对于节点平衡的贡献相加。显然，组合结构中的节点往往连接着几种不同类型的单元，不同类型单元所假设的位移函数不同，其应力应变关系也不同，它们都按各自的方式和内容对节点的平衡做出自己的贡献。

为求解式（19），需找到 $\mathrm{d}\{q\}$ 与 $\mathrm{d}\{\psi\}$ 之间的关系，对式（19）取 $\{\psi\}$ 的微分：

$$\mathrm{d}\{\psi\} = \int [\bar{B}]^\mathrm{T}\{\sigma\}\mathrm{d}\upsilon + \int [\bar{B}]^\mathrm{T}\mathrm{d}\{\sigma\}\mathrm{d}\upsilon \tag{20}$$

进一步利用式（18）可得

$$\mathrm{d}\{\psi\} = \int \mathrm{d}[\bar{B}_L]^\mathrm{T}\{\sigma\}\mathrm{d}\upsilon + [\bar{K}]\mathrm{d}\{q\} \tag{21}$$

式中，

$$[\bar{K}] = \int [\bar{B}]^\mathrm{T}[D][\bar{B}]\mathrm{d}\upsilon = [K_E] + [K_L] \tag{22}$$

这里，$[K_E]$ 表示通常的小位移线性刚度阵，即

$$[K_E] = \int [B_E]^\mathrm{T}[D][B_E]\mathrm{d}\upsilon \tag{23}$$

而 $[K_L]$ 是大位移阵，它包含了节点位移 $\{q\}$ 的线性项及二次项

$$[K_L] = \int ([B_E]^\mathrm{T}[D][B_L] + [B_L]^\mathrm{T}[D][B_L] + [B_L]^T[D][B_E])\mathrm{d}\upsilon \tag{24}$$

式(20) 右端第一项一般可写成

$$\int \mathrm{d}[\overline{B}]^{\mathrm{T}}\{\sigma\}\mathrm{d}\upsilon = [K_G]\mathrm{d}\{q\} \tag{25}$$

$[K_G]$ 即几何刚度阵。

显然,这里的 $[K_E]$、$[K_L]$、$[K_G]$ 分别是由不同类型所有单元的单元线性刚度阵 $[K_e]$、大位移 $[K_l]$、几何刚度阵 $[K_g]$ 按通常方式集成的组合结构线性刚度阵、大位移阵及几何刚度阵。于是式(20) 可写成

$$\mathrm{d}\{\psi\} = ([K_E]+[K_L]+[K_G])\mathrm{d}\{q\} = [K_T]\mathrm{d}\{q\} \tag{26}$$

这就是组合结构非线性问题的增量平衡方程,式中 $[K_G]$ 即组合结构总的切线刚度阵。

设荷载模式为 $\{f\}$,荷载增量参数为 λ,则有

$$\mathrm{d}\{\psi\} = \{f\}\lambda \tag{27}$$

并记 $\{d\} = \mathrm{d}\{q\}$,则式(26) 可以写成

$$[K_T]\{d\} = \{f\}\lambda \tag{28}$$

在不包含临界点的平衡路径的解中,切线刚度阵 $[K_T]$ 的行列式值不为零,其逆存在,故用普通的荷载增量法即可求解:

$$\{d\} = [K_T]^{-1}\{f\}\lambda \tag{29}$$

当平衡路径上存在临界点时,切线刚度矩阵出现奇异,荷载增量法无法使用。根据广义逆阵理论可知,任何形式的一般矩阵 $\boldsymbol{A}$ 都存在唯一的 Moore-Penrose 广义逆矩阵 $\boldsymbol{A}$。取广义参数矢量 $\{\alpha\}$ 为增量参数矢量,其中的各矢量元素 $\alpha_1, \alpha_2, \cdots$ 为广义增量参数,则

$$d_i = d_i(\alpha) \qquad i = 1, 2, \cdots, n$$
$$\lambda = \lambda(\alpha) \tag{30}$$

同时,将式(28) 改写成一般齐次方程组的形式

$$[K_T \mid -f]\begin{Bmatrix} d_i \\ \lambda \end{Bmatrix} = \{0\} \tag{31}$$

记

$$\begin{Bmatrix} d_i \\ \lambda \end{Bmatrix} = \{u\}$$

则式(31) 的解为

$$\{u\} = [\boldsymbol{I}-\boldsymbol{A}^+\boldsymbol{A}]\{\alpha\} \tag{32}$$

式中,$\boldsymbol{A} = [K_T \mid -f]$ 是 $n\times(n+1)$ 的长方矩阵,$\boldsymbol{A}^+$ 是 $\boldsymbol{A}$ 的 Moore-Penrose 广义逆矩阵,$\{\alpha\}$ 为任意矢量。

把 $[\boldsymbol{I}-\boldsymbol{A}^+\boldsymbol{A}]$ 取为列矢量标记:

$$[\boldsymbol{I}-\boldsymbol{A}^+\boldsymbol{A}] = [a_1, a_2, \cdots, a_{n+1}] \tag{33}$$

若 $a_1, a_2, \cdots, a_p$ 为线性无关的独立列矢量,则

$$\{u\} = \{a_1\}\alpha_1 + \{a_2\}\alpha_2 + \cdots + \{a_p\}\alpha_p \tag{34}$$

根据摄动法有关理论,当结构处于平衡路径上的一般点(非临界点)及极限点时,$\mathrm{rank}[\boldsymbol{A}] = n$,而当结构处于分歧点(二分岔)时,$\mathrm{rank}[\boldsymbol{A}] = n-1$。因而,当计算点为非临界点和极限点时,$p = \mathrm{rank}[\boldsymbol{I}-\boldsymbol{A}^+\boldsymbol{A}] = (n+1)-n = 1$,从而式(34) 为

$$\{u\} = \{a_1\}\alpha \tag{35}$$

而计算点为分歧点时 $p = \mathrm{rank}[\boldsymbol{I}-\boldsymbol{A}^+\boldsymbol{A}] = (n+1)-(n-1) = 2$,从而式(34) 为

$$\{u\} = \{a_1\}\alpha_1 + \{a_2\}\alpha_2 \tag{36}$$

从以上分析可看出,在广义增量法中,对于临界点及非临界点解的形式是一样的,特别是对于极

限点的处理,与一般点没有任何差别,甚至在计算程序上也无需做任何改变,这就给分析计算带来了极大的方便。

本文仅考虑极限屈曲的情况,故只取式(35)。在式中,α_1是任意参数,它既无荷载属性,也无位移属性,故称为广义增量变量。至此,对结构非线性平衡路径的跟踪便归结为求矩阵$[\boldsymbol{I}-\boldsymbol{A}^+\boldsymbol{A}]$的独立列向量$\{a_1\}$。

4 程序的编制与考核

根据上述理论,本文编制了组合网壳结构几何非线性稳定分析程序。第 2 节中的单元切线刚度阵均相对于局部坐标系,故组集总刚前还须进行坐标变换,由于本文采用 T. L. 坐标系,所以,单元局部坐标系始终固定在结构变形前的位置,它与结构整体坐标系之间的转换关系可始终保持不变。同时,空间梁单元中应计入偏心的影响,本义采用主从结点法考虑了偏心的影响。

本文程序的主要功能是研究组合网壳结构的几何非线性全过程受力性能,能自动跟踪屈曲后结构的荷载响应,当然也可方便地进行一般空间梁系结构及板壳结构的几何非线性分析。为验证本文理论及程序的正确可靠,对大量算例进行了分析验算,下面介绍其中两例。

算例一 Williams 双杆体系

图 3 所示为一个由两根梁组成的平面刚架,它具有较高的几何非线性。Williams[6]首先从理论和实验上进行了研究,Wood 和 Zienkiewicz[7]用有限元法对结构进行了分析,后来 Papadrakakis[8]又用"梁柱理论"推导了它的非线性平衡方程,并通过向量迭代法求解。从图 3 的荷载-位移曲线可以看出,本文计算结果与文献结果吻合很好。

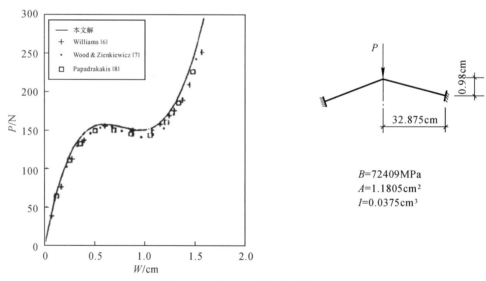

图 3 双杆体系的荷载-位移曲线

算例二 简支球扁壳

考虑中心受集中荷载、四周铰支的双曲球扁壳。利用对称性,取壳的 1/4 进行分析,采用 3×3 网格。由图 4 可以看出,本文求得的荷载-位移响应曲线与他人结果符合良好。其中,Horrigmoe 和 Bergenl[9]采用了 5×5 网格的三角形单元,Leicester[10]给出的是级数解。

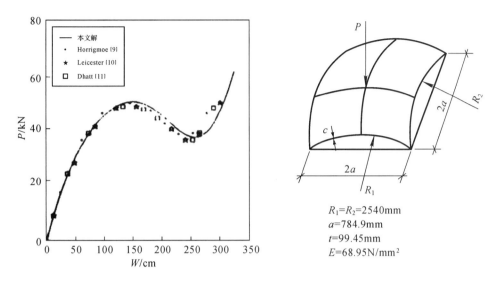

$R_1=R_2=2540mm$
$a=784.9mm$
$t=99.45mm$
$E=68.95N/mm^2$

图 4 简支球扁壳的荷载-位移曲线

5 球面组合网壳的几何非线性分析

本文以图 5 所示的一简单球面组合网壳（K6-2 型）为例进行分析。网壳跨度为 8m。网壳杆件采用 $\phi 40\times 2$,壳板厚 $t=1cm$,肋截面积（不包括板厚）5cm×5cm。钢材与砼的弹性模量分别为 2.1×10^4、$2.6\times 10^3 kN/cm^2$,砼泊松比取 1/6. 网壳顶点作用一集中荷载 P。利用本文程序顺利完成了该结构的荷载-位移全过程分析计算。

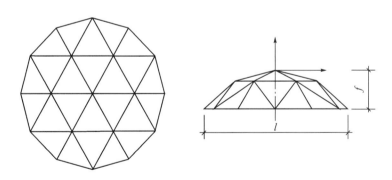

图 5 K6-2 型组合网壳算例

图 6 给出了矢高 $f=1.6m$ 时组合网壳顶点的荷载-位移响应曲线,作为组合网壳结构的两个特例,图中还给出了带肋实体壳（即不考虑钢网壳影响）以及普通网壳（即不考虑带肋屋面板影响）的荷载-位移曲线。可以看出,考虑了带肋屋面板的共同工作后,组合网壳的承载能力得到了很大的提高,整体稳定性得到了明显的改善。因此,在组合网壳的设计中,考虑带肋屋面板的共同作用是非常必要的。图 6 中还给出了不考虑钢网壳的偏心影响时组合网壳的荷载-位移曲线,可见偏心的影响也是相当明显的。同时还可发现,对于不考虑钢管偏心影响的组合壳,可以近似看成是钢网壳与带肋壳体的简单叠加,尤其是在线性阶段及非线性程度不太高的阶段。

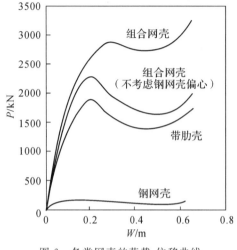

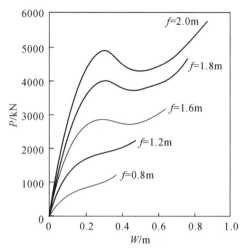

图6　各类网壳的荷载-位移曲线　　　　图7　不同矢高组合球面壳的荷载-位移曲线

图7所示为不同矢高组合网壳的荷载-位移全过程曲线,矢高分别取为2.0m、1.8m、1.6m、1.2m、0.8m,其余条件均如图5所示。从图7可以看出,随着矢高的增加,球面组合网壳的刚度和稳定性得到了明显的提高。而当网壳矢高减小到一定程度时,整个结构趋向于一块微弯的组合梁板结构,在竖向荷载的作用下,结构本身不再出现明显的失稳现象。反映在图7的 $f=1.2m$ 和0.8m时的荷载-位移曲线中,曲线不再出现下降段。

6　结语

通过本文的分析研究,可得出以下几点结论。

(1)采用组合结构有限元法研究组合网壳结构的非线性稳定问题是一条行之有效的途径。本文采用的非线性空间梁元及满足离散Kirchhoff假定的非线性三角形板壳元具有良好的精度。

(2)广义增量法是解决结构非线性屈曲问题的一种有效方法。采用广义增量法能自动跟踪结构变形的失稳全过程,且具有方法自然、程序简单、算法稳定、计算精度高等优点。

(3)考虑带肋屋面板的共同工作后,组合网壳的刚度和整体稳定性大大提高。在组合网壳的设计中,考虑带肋壳的共同作用是十分必要的。

(4)组合网壳结构的分析中,应该考虑偏心的影响。对于不考虑钢网壳偏心影响的组合网壳,可以近似认为是钢网壳与带肋壳的简单叠加。

(5)随着矢高的增加,球面组合网壳的稳定性明显提高。当矢高降低到一定程度,整个结构便转化为一块微弯的组合梁板结构,在竖向荷载作用下不再存在失稳问题。

参考文献

[1] 董石麟,詹联盟.网状扁壳与带肋扁壳组合结构的拟三层壳分析法[J].建筑结构学报,1992,13(5):25—33.

[2] 朱菊芬,周承芳,吕和祥.一般杆系结构的非线性数值分析[J].应用数学和力学,1987,8(12):65—75.

[3] STRICKLIN J A,HAISLER W E,TRSDALE P R,et al. A rapid converging triangular plate

element[J]. AIAA Journal,1969,7(1):180—181.

[4] 葛增杰. 板壳结构几何非线性有限元分析中一个有效的单元[J]. 大连理工大学学报,1991,31(6):639—646.

[5] HAIGAI Y. Application of the generalized inverse to the geometrically nonlinear problem[J]. Solid Mechanics Archives,1981,6(1):129—165.

[6] WILLIAMS F W. An approach to the non-linear behaviour of the members of a rigid jointed plane framework with finite deflections[J]. The Quarterly Journal of Mechanics and Applied Mathematics,1964,17(4):451—469.

[7] WOOD R D,ZIENKIEWICZ O C. Geometrically nonlinear finite element analysis of beams, frames,arches and axisymmetric shells[J]. Computers & Structures,1977,7(6):725—735.

[8] PAPADRAKAKIS M. Post-buckling analysis of spatial structures by vector iteration methods [J]. Computers & Structures,1981,14(5—6):393—402.

[9] HORRIGMOE G,BERGAN P G. Nonlinear analysis of free-form shells by flat finite elements [J]. Computer Methods in Applied Mechanics & Engineering,1978,16(1):11—35.

[10] LEICESTER R H. Finite deformations of shallow shells[J]. Journal of the Engineering Mechanics Division,1968,94(6):1409—1414.

[11] DHATT G S. Theories of folded structure[C]//IASS Symposium for Folded Plates and Prismatic Structures,Vienna,Austria,1970.

49 葵花形开孔单层球面网壳的机动分析、简化杆系模型和计算方法[*]

摘 要: 通过机动分析,论证了葵花形(指葵花形三向网格型)开孔单层球面网壳是能满足结构几何不变性基本要求的静定空间桁架结构。提出了简化杆系计算模型及其基本方程,精确求得网壳内力的递推计算公式和简便的位移计算公式。给出网壳支承在圈梁且需考虑与下部结构协同工作时的计算方法。在多种荷载工况和不同网壳矢跨比时做了参数分析和对比。本文的简化分析方法可方便地揭示网壳受力特性和主要内力、位移的变化规律,可为该类网壳结构的初步设计与多方案比较时采用。

关键词: 单层球面网壳;葵花形;空间桁架结构;机动分析;简化杆系计算模型;内力递推计算公式;初步设计;多方案比较

1 引言

葵花形(指葵花形三向网格型)开孔单层球面网壳由三角形网格组成,杆件布置规律,受力合理,加工制作方便,可用于屋盖结构,也可用于挑篷结构,是工程界乐于采用的一种空间网壳结构[1,2]。通过构形研究和机动分析,论证了葵花形开孔单层球面网壳是一种能满足结构几何不变性基本要求的空间桁架结构,在一定的条件下是静定的。文中提出了简化杆系计算模型及其基本方程,可求得这种网壳结构的内力递推计算公式和简便的位移计算公式,且是个精确解。当周边设置圈梁且与下部结构协同工作时,本文也给出了分析方法和计算途径。本文中附有算例,并做了参数分析和对比。

本文的分析研究类似于采用薄膜理论计算薄壳结构[3],揭示了葵花形开孔单层球面网壳结构的基本受力特性和内力、位移的变化规律。所提出的简化计算方法和内力、位移计算公式,有利于工程设计中采用。

2 结构的几何形体和机动分析

设一圆形平面葵花形单层球面网壳,周边支承在内接正 n 边形的角点上。中间开有正 n 边形的内孔,悬臂端节点与支承节点在同一经线上。通过中心轴共有常为双数的 n 个对称面,其中通过支承节点

---

    * 本文刊登于:董石麟,郑晓清. 葵花形开孔单层球面网壳的机动分析、简化杆系模型和计算方法[J]. 空间结构,2010,16(4):14−21,54.

的对称面为 $n/2$ 个,可称为主对称面,网壳节点编号为 $1、3、5、\cdots、m$(单数)。不通过支承节点的对称面也为 $n/2$ 个,可称为次对称面,网壳节点编号为 $2、4、6、\cdots、m-1$(双数),如图1所示。由此可知,这种葵花形开孔单层球面网壳共有节点数 J 为

$$J = mn \tag{1}$$

网壳只有环杆和斜杆两种,环杆数为 $(m-1)n$,斜杆数为 $2(m-1)n$,杆件总数 C 为

$$C = (m-1)n + 2(m-1)n = 3(m-1)n \tag{2}$$

周边空间铰支座约束连杆数 C_0 为

$$C_0 = 3n \tag{3}$$

采用空间杆系结构理论机构分析判别式判定[4]

$$D = 3J - C - C_0 = 3mn - 3(m-1)n - 3n \equiv 0 \tag{4}$$

这说明这种轴对称葵花形开孔单层球面网壳结构体系满足空间杆系结构几何不变性的基本条件,而且是静定的;并可认为是一类特定的空间桁架结构,节点可铰接,杆件是二力杆,能极大地简化结构的分析计算工作。

可以采用字母 "S_{mn}" 来表示葵花形开孔单层球面网壳的构型,如当 $m=9,n=16$ 时,该网壳的节点数 144,环杆数 128,斜杆数 256,总杆件数 384,网壳透视图如图1所示。

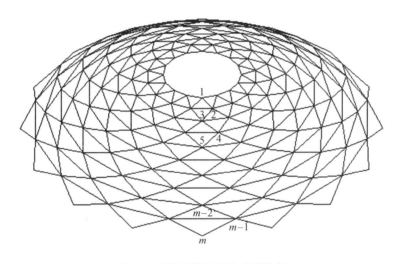

图 1 葵花形单层开孔球面网壳

3 简化杆系计算模型及基本方程式的建立

兹以 S_{mn} 形网壳为例,因结构的对称性,取任一主对称面与其相邻的次对称面之间的所有杆件和节点为隔离体(如图2a所示,环杆的长度取原长的 $1/2$)。在对称荷载作用下,垂直对称面的结构水平位移应为零,对原 m 个节点应各自增设一根水平法向约束连杆,水平环杆中点增设不动铰支座(见图2a)。此时,水平环杆可看作水平约束连杆,此简化隔离体结构共有节点数为 $J = m$,斜杆数亦即总杆件数为 $C = (m-1)$,包括水平法向约束连杆、环杆水平约束连杆和铰支座约束连杆在内的总约束连杆数为 $C_0 = 2(m-1)+3$,则判别式(4)D 的计算结果为

$$D = 3J - C - C_0 = 3m - (m-1) - [2(m-1)+3] \equiv 0 \tag{5}$$

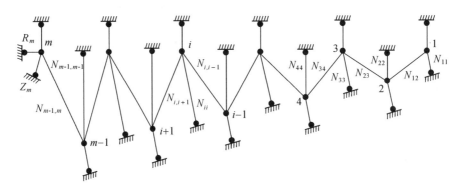

a 简化杆系计算模型

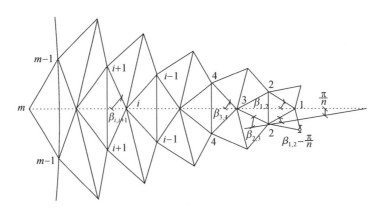

b 结构平面图形

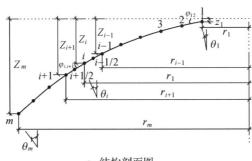

c 结构剖面图

图 2 简化杆系计算模型分析示意图

这表明此隔离体结构也满足结构几何不变性的基本条件,而且是一个非常简单的静定空间桁架。桁架共有 $(m-1)$ 个未知斜杆内力,$(m-1)$ 个未知环杆内力,铰支座未知支座反力数为2(边界铰支的环向反力为零,可不计入,其他在对称面增设水平约束连杆的内力因对称性可不以未知内力计)。因此可知简化桁架的未知杆件内力和反力的总数 M 为

$$M = (m-1) + (m-1) + 2 = 2m \tag{6}$$

简化桁架模型的节点数为 m,共可建立 $2m$ 个节点平衡方程(每个节点只计对称面内水平向、竖向节点平衡方程而不计垂直于对称面水平法向的节点平衡方程),正好可求得 $M = 2m$ 个未知内力和反力。

设环杆内力为 N_{11}、N_{22}、N_{33}、N_{44}、$\cdots$、$N_{m-1,m-1}$，斜杆内力为 N_{12}、N_{23}、N_{34}、N_{45}、$\cdots$、$N_{m-1,m}$，铰支座反力为 R_m 和 Z_m。在节点竖向荷载作用下，节点 1 在主对称面内水平向和竖向的节点平衡方程为（见图 2a、2b）

$$2N_{12}\cos\varphi_{12}\cos\beta_{12} - 2N_{11}\sin\frac{\pi}{n} = 0$$

$$-2N_{12}\sin\varphi_{12} = G_1 \tag{7}$$

节点 2 的平衡方程为

$$-2N_{12}\cos\varphi_{12}\cos\left(\beta_{12} - \frac{\pi}{n}\right) + 2N_{23}\cos\varphi_{23}\cos\beta_{23} - 2N_{22}\sin\frac{\pi}{n} = 0$$

$$2N_{12}\sin\varphi_{12} - 2N_{23}\sin\varphi_{23} = G_2 \tag{8}$$

节点 3 的平衡方程为

$$-2N_{23}\cos\varphi_{23}\cos\left(\beta_{23} - \frac{\pi}{n}\right) + 2N_{34}\cos\varphi_{34}\cos\beta_{34} - 2N_{33}\sin\frac{\pi}{n} = 0$$

$$2N_{23}\sin\varphi_{23} - 2N_{34}\sin\varphi_{34} = G_3 \tag{9}$$

节点 4 的平衡方程为

$$-2N_{34}\cos\varphi_{34}\cos\left(\beta_{34} - \frac{\pi}{n}\right) + 2N_{45}\cos\varphi_{45}\cos\beta_{45} - 2N_{44}\sin\frac{\pi}{n} = 0$$

$$2N_{34}\sin\varphi_{34} - 2N_{45}\sin\varphi_{45} = G_4 \tag{10}$$

节点 i 的平衡方程为

$$-2N_{i-1,i}\cos\varphi_{i-1,i}\cos\left(\beta_{i-1,i} - \frac{\pi}{n}\right) + 2N_{i,i+1}\cos\varphi_{i,i+1}\cos\beta_{i,i+1} - 2N_{i,i}\sin\frac{\pi}{n} = 0$$

$$2N_{i-1,i}\sin\varphi_{i-1,i} - 2N_{i,i+1}\sin\varphi_{i,i+1} = G_i \tag{11}$$

节点 $m-1$ 的平衡方程为（m 为单数）

$$-2N_{m-2,m-1}\cos\varphi_{m-2,m-1}\cos\left(\beta_{m-2,m-1} - \frac{\pi}{n}\right) + 2N_{m-1,m}\cos\varphi_{m-1,m}\cos\beta_{m-1,m} - 2N_{m-1,m-1}\sin\frac{\pi}{n} = 0$$

$$2N_{m-2,m-1}\sin\varphi_{m-2,m-1} - 2N_{m-1,m}\sin\varphi_{m-1,m} = G_{m-1} \tag{12}$$

支座节点 m 的平衡方程为

$$-2N_{m-1,m}\cos\varphi_{m-1,m}\cos\left(\beta_{m-1,m} - \frac{\pi}{n}\right) - R_m = 0$$

$$N_{m-1,m}\sin\varphi_{m-1,m} + Z_m = G_m \tag{13}$$

式中，杆件的倾角 $\varphi_{i,i+1}$、$\beta_{i,i+1}$ 以及杆件的长度 l_{ii}、$l_{i,i+1}$ 可表示为（如采用圆柱坐标系 z_i，r_i，见图 2c）

$$\varphi_{i,i+1} = \arctan\frac{z_{i+1} - z_i}{\sqrt{\left(r_{i+1}\cos\frac{\pi}{n} - r_i\right)^2 + \left(r_{i+1}\sin\frac{\pi}{n}\right)^2}}$$

$$\beta_{i,i+1} = \arccos\frac{r_{i+1}\cos\frac{\pi}{n} - r_i}{\sqrt{\left(r_{i+1}\cos\frac{\pi}{n} - r_i\right)^2 + \left(r_{i+1}\sin\frac{\pi}{n}\right)^2}} \tag{14}$$

$$l_{ii} = 2r_i\sin\frac{\pi}{n}$$

$$l_{i,i+1} = \sqrt{\left(r_{i+1}\cos\frac{\pi}{n} - r_i\right)^2 + \left(r_{i+1}\sin\frac{\pi}{n}\right)^2 + (z_{i+1} - z_i)^2}$$

最后,共 $M = 2m$ 个方程式可用矩阵表达式(15)来表示

$$
\begin{bmatrix}
-2\sin\dfrac{\pi}{n} & 2C_{1,2}C_{\beta 1,2} \\
& 2S_{1,2} \\
& -2C_{1,2}C'_{\beta 1,2} & -2\sin\dfrac{\pi}{n} & 2C_{2,3}C_{\beta 2,3} \\
& -2S_{1,2} & & 2S_{2,3} & \cdot \\
& & \cdot & & \cdot \\
& & & \cdot & -2C_{i-1,i}C'_{\beta i-1,i} & -2\sin\dfrac{\pi}{n} & 2C_{i,i+1}C_{\beta i,i+1} \\
& & & & -2S_{i-1,i} & & 2S_{i,i+1} & \cdot \\
& & & & & \cdot & & \cdot \\
& & & & & & 2C_{m-2,m-1}C'_{\beta m-2,m-1} & -2\sin\dfrac{\pi}{n} & 2C_{m-1,m}C_{\beta m-1,m} \\
& & & & & & -2S_{m-2,m-1} & & 2S_{m-1,m} \\
& & & & & & & -2C_{m-1,m}C'_{\beta m-1,m} & -1 \\
& & & & & & & -S_{m-1,m} & & -1
\end{bmatrix}
$$

$$
\begin{Bmatrix}
N_{11} \\ N_{12} \\ N_{22} \\ N_{23} \\ \cdot \\ \cdot \\ \cdot \\ N_{i-1,i} \\ N_{ii} \\ N_{i,i+1} \\ \cdot \\ \cdot \\ N_{m-2,m-1} \\ N_{m-1,m-1} \\ N_{m-1,m} \\ R_m \\ Z_m
\end{Bmatrix}
=
\begin{Bmatrix}
0 \\ G_1 \\ 0 \\ G_2 \\ \\ \\ \\ \\ 0 \\ G_i \\ \\ \\ \\ 0 \\ G_{m-1} \\ 0 \\ G_m
\end{Bmatrix}
\qquad (15)
$$

式(15)中 S、C 表示如下三角函数:

$$
\begin{aligned}
S_{i-1,i} &= \sin\varphi_{i-1,i}, & C_{i-1,i} &= \cos\varphi_{i-1,i} \\
C_{\beta i-1,i} &= \cos\beta_{i-1,i}, & C'_{\beta i-1,i} &= \cos\left(\beta_{i-1,i} - \frac{\pi}{n}\right)
\end{aligned}
\qquad (16)
$$

式(15)可简化为

$$
KN = G \qquad (17)
$$

求解式(17),即可得到网壳的内力和反力。

4 网壳杆件内力的递推计算公式及位移计算

鉴于基本方程式(17)的系数矩阵 K 为稀疏小带宽的对角式矩阵,由基本方程式的解可得出杆件内力和反力的递推计算公式:

$$N_{11} = \frac{-1}{2\sin\dfrac{\pi}{n}}\cot\varphi_{12}\cos\beta_{12}G_1$$

$$N_{12} = \frac{-1}{2\sin\varphi_{12}}G_1$$

$$N_{22} = \frac{1}{2\sin\dfrac{\pi}{n}}\left[\cot\varphi_{12}\cos\left(\beta_{12}-\frac{\pi}{n}\right)G_1 - \cot\varphi_{23}\cos\beta_{23}(G_1+G_2)\right]$$

$$N_{23} = \frac{-1}{2\sin\varphi_{23}}(G_1+G_2)$$

$$N_{33} = \frac{1}{2\sin\dfrac{\pi}{n}}\left[\cot\varphi_{23}\cos\left(\beta_{23}-\frac{\pi}{n}\right)(G_1+G_2) - \cot\varphi_{34}\cos\beta_{34}(G_1+G_2+G_3)\right]$$

$$N_{34} = \frac{-1}{2\sin\varphi_{34}}(G_1+G_2+G_3)$$

$$N_{44} = \frac{1}{2\sin\dfrac{\pi}{n}}\left[\cot\varphi_{34}\cos\left(\beta_{34}-\frac{\pi}{n}\right)(G_1+G_2+G_3) - \cot\varphi_{45}\cos\beta_{45}(G_1+G_2+G_3+G_4)\right]$$

$$N_{45} = \frac{-1}{2\sin\varphi_{45}}(G_1+G_2+G_3+G_4)$$

$$N_{ii} = \frac{1}{2\sin\dfrac{\pi}{n}}\left[\cot\varphi_{i-1,i}\cos\left(\beta_{i-1,i}-\frac{\pi}{n}\right)\sum_1^{i-1}G_i - \cot\varphi_{i,i+1}\cos\beta_{i,i+1}\sum_1^{i}G_i\right]$$

$$N_{i,i+1} = \frac{-1}{2\sin\varphi_{i,i+1}}\sum_1^{i}G_i$$

$$N_{m-1,m-1} = \frac{1}{2\sin\dfrac{\pi}{n}}\left[\cot\varphi_{m-2,m-1}\cos\left(\beta_{m-2,m-1}-\frac{\pi}{n}\right)\sum_1^{i-2}G_i - \cot\varphi_{m-1,m}\cos\beta_{m-1,m}\sum_1^{m-1}G_i\right]$$

$$N_{m-1,m} = \frac{1}{2\sin\varphi_{m-1,m}}\sum_1^{m-1}G_i$$

$$R_m = \cot\varphi_{m-1,m}\cos\left(\beta_{m-1,m}-\frac{\pi}{n}\right)\sum_1^{m-1}G_i$$

$$Z_m = \sum_1^{m}G_i$$

(18)

若要计算葵花形开孔单层球面网壳悬臂端节点 1 处的竖向位移 w_1,则可由下列计算公式求得:

$$w_1 = \sum_k \frac{N_k n_k l_k}{EA_k} \tag{19}$$

式中,N_k 即为简化杆系计算模型在外荷载 G 作用下基本方程式(17)的解(18),n_k 为在节点 1 处作用单位力时仍可采用基本方程式(17)的解(18),其中只要令 $G_1=1$ 外,其他各 $G_i=0(i=2,\cdots,m)$。式(19)中 l_k,A_k 为相应杆件的长度和截面面积,E 为材料的弹性模量。具体计算时 $\sum_k \dfrac{N_k n_k l_k}{EA_k}$ 中有关斜杆项应计入主对称面另一侧的杆件数,即要加倍乘以 2,支座连杆的截面积可取无穷大。

对于其他节点竖向位移 w_i 和各节点的水平位移 Δ_i,均可采用类似方法计算。需要说明的是,对于各节点的水平位移 Δ_i,由于环杆的内力已求得,通过环杆的伸长与相应环杆处网壳的水平位移 Δ_i 的关系可得出:

$$\Delta_i = \frac{N_{ii} r_i}{E A_{ii}} \tag{20}$$

由上式来计算网壳节点的水平位移非常方便。

5 弹性支承圈梁的内力、位移计算

设网壳支座处有一圈梁,网壳对圈梁的水平和竖向作用力为 R_m、Z_m,且有偏心距 e_m,圈梁的形心处设有水平和竖向弹簧 K_{mr},K_{mz}(K_{mz} 一般取为无穷大)以表示下部结构的刚度(见图3)。此时圈梁环向拉力 N_m 和弯矩 M_m 可由节点平衡条件建立下列关系式:

$$\left. \begin{aligned} 2 N_m \sin \frac{\pi}{n} = R_m - K_{mr} \Delta_m^0 \\ 2 M_m \sin \frac{\pi}{n} = e_m R_m \end{aligned} \right\} \tag{21}$$

式中 Δ_m^0 为圈梁形心处的水平位移,可用下式表示:

$$\Delta_m^0 = \frac{N_m r_m}{E_m A_m} \tag{22}$$

其中 $E_m A_m$ 为圈梁的轴向刚度,由式(21)(22)可求得 Δ_m^0、N_m 用 R_m 来表示:

$$\left. \begin{aligned} \Delta_m^0 = \frac{r_m R_m}{2 E_m A_m \sin \dfrac{\pi}{n} + K_{mr} r_m} \\ N_m = \frac{R_m}{2 \sin \dfrac{\pi}{n} + \dfrac{K_{mr} r_m}{E_m A_m}} \end{aligned} \right\} \tag{23}$$

作用在下部结构的水平力 R'_m 为

$$R'_m = K_{mr} \Delta_m^0 = \frac{K_{mr} r_m R_m}{2 E_m A_m \sin \dfrac{\pi}{n} + K_{mr} r_m} \tag{24}$$

由于偏心 e_m 的影响,圈梁与网壳交接处的水平位移 Δ_m 由 Δ_m^0、Δ_m^e 两部分叠加组成:

$$\Delta_m = \Delta_m^0 + \Delta_m^e = \frac{r_m R_m}{2 E_m A_m \sin \dfrac{\pi}{n} + K_{mr} r_m} + \frac{e_m M_m}{E_m I_m} = \frac{r_m R_m}{2 \sin \dfrac{\pi}{n}} \left(\frac{1}{E_m A_m + \dfrac{K_{mr} r_m}{2 \sin \dfrac{\pi}{n}}} + \frac{e_m^2}{E_m I_m} \right) \tag{25}$$

式中,$E_m I_m$ 为圈梁的抗弯刚度。如果 $e_m = 0$,Δ_m 可只由圈梁的环向拉力直接求得,且与刚度 $E_m A_m$、K_{mr} 有关;再当 A_m 为无穷大,即 $\Delta_m = 0$,此时相当于网壳支承在不动铰支座上。

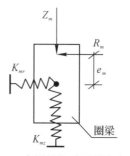

图 3 有圈梁的球面网壳支座

6　算例与参数分析

若已知网壳的几何尺寸 r_1、r_m、z_m、$R = \dfrac{r_m^2 + z_m^2}{2z_m}$、$\theta_1 = \arcsin\dfrac{r_1}{R}$ 和 $\theta_m = \arcsin\dfrac{r_m}{R}$，葵花沿经向弧长是等分的，即可由下式求得节点的坐标：

$$\left.\begin{aligned} r_i &= R\sin\theta_i = R\sin\left[\theta_i + (i-1)\frac{\theta_m - \theta_1}{m-1}\right] \\ z_i &= R - \sqrt{R^2 - r_i^2} \end{aligned}\right\} \tag{26}$$

为计算节点荷载，需要确定节点 i 所辖的曲面面积 S_i 及其水平投影面积 F_i：

$$\left.\begin{aligned} S_1 &= \frac{2\pi R}{n}(z_{1+\frac{1}{2}} - z_1), & F_1 &= \frac{\pi}{n}(r_{1+\frac{1}{2}}^2 - r_1^2) \\ S_i &= \frac{2\pi R}{n}(z_{i+\frac{1}{2}} - z_{i-\frac{1}{2}}), & F_i &= \frac{\pi}{n}(r_{i+\frac{1}{2}}^2 - r_{i-\frac{1}{2}}^2) \\ S_m &= \frac{2\pi R}{n}(z_m - z_{m-\frac{1}{2}}), & F_m &= \frac{\pi}{n}(r_m^2 - r_{m-\frac{1}{2}}^2) \end{aligned}\right\} \tag{27}$$

其中相应的坐标为(见图 2c)

$$\left.\begin{aligned} r_{i+\frac{1}{2}} &= R\sin\theta_{i+\frac{1}{2}} = R\sin\left[\theta_1 + \left(i - \frac{1}{2}\right)\frac{\theta_m - \theta_1}{m-1}\right] \\ r_{i-\frac{1}{2}} &= R\sin\theta_{i-\frac{1}{2}} = R\sin\left[\theta_1 + \left(i - \frac{3}{2}\right)\frac{\theta_m - \theta_1}{m-1}\right] \\ z_{i+\frac{1}{2}} &= R - \sqrt{R^2 - r_{i+\frac{1}{2}}^2} \\ z_{i-\frac{1}{2}} &= R - \sqrt{R^2 - r_{i-\frac{1}{2}}^2} \end{aligned}\right\} \tag{28}$$

设葵花形球面网壳 S_{mn} 的 $m = 11$，$n = 16$，$r_m = 25\text{m}$，$z_m/2r_m = 1/5$，钢管杆件用 $\phi180 \times 12$，截面面积为 6333mm^2，弹性模量为 $2.06 \times 10^5\text{MPa}$，在不动铰支座时，分别在沿曲面自重 $g = 2.0\text{kN/m}^2$，水平荷载 $q = 2.0\text{kN/m}^2$，沿内孔线荷载 $p = \dfrac{\pi r_1^2 q}{2\pi r_1} = \dfrac{r_1}{2}q$(开孔顶盖的水平荷载折算而成) 作用下计算网壳各杆件内力、支座反力及节点竖向和水平向位移。

节点坐标和节点荷载可由式(27)、(28)求得，见表 1。按式(18)可直接求出网壳的内力和反力，见表 2 和图 4。表 2 中还对参数 $z_m/2r_m = 1/3, 1/7$ 时给出相应的计算结果，以资比较。如按空间铰接杆系结构通用程序所得计算结果与本文相同，验证了本文简化计算方法也能得到精确解。

表 1　算例网壳的节点坐标和节点荷载

i	1	2	3	4	5	6	7	8	9	10	11
r_i/m	5.00	7.23	9.42	11.58	13.70	15.76	17.76	19.69	21.55	23.32	25.00
z_i/m	0.35	0.73	1.25	1.90	2.69	3.60	4.65	5.81	7.10	8.50	10.00
G_{ig}/kN	4.93	12.81	16.70	20.53	24.27	27.93	31.47	34.90	38.19	41.33	21.79
G_{iq}/kN	4.87	12.54	16.12	19.44	22.46	25.14	27.42	29.29	30.69	31.63	16.01
G_{ip}/kN	9.81	0.00	0.00	0.00	0.00	0.00	0.00	0.00	0.00	0.00	0.00

表 2　算例网壳的内力和反力　　　　　　　　　　　　　　　　（单位：kN）

内力和反力	矢跨比 1/5			矢跨比 1/3			矢跨比 1/7		
	g	q	p	g	q	p	g	q	p
$N_{1,1}$	−69.17	−68.34	−137.75	−60.15	−58.80	−99.06	−86.06	−85.46	−182.13
$N_{1,2}$	−16.47	−16.28	−32.81	−14.02	−13.71	−23.09	−20.64	−20.50	−43.68
$N_{2,2}$	−99.72	−97.43	55.50	−83.65	−79.70	41.96	−125.61	−123.99	72.19
$N_{2,3}$	−47.49	−46.62	−26.28	−39.81	−38.37	−17.77	−59.80	−59.18	−35.42
$N_{3,3}$	−56.66	−53.51	38.79	−44.67	−39.04	27.63	−72.88	−70.67	51.41
$N_{3,4}$	−80.21	−78.10	−22.86	−66.91	−63.25	−15.15	−101.19	−99.70	−31.01
$N_{4,4}$	−15.52	−11.82	30.85	−6.85	−0.36	21.31	−22.69	−20.07	41.28
$N_{4,5}$	−116.76	−112.53	−20.85	−97.27	−89.70	−13.67	−147.42	−144.46	−28.38
$N_{5,5}$	28.81	32.35	26.45	34.62	40.11	17.97	31.14	33.72	35.60
$N_{5,6}$	−158.02	−150.44	−19.57	−131.53	−117.72	−12.76	−199.62	−194.40	−26.70
$N_{6,6}$	78.04	80.21	23.76	81.06	82.53	16.01	90.77	92.58	32.08
$N_{6,7}$	−204.34	−191.78	−18.71	−169.88	−146.75	−12.16	−258.31	−249.58	−25.60
$N_{7,7}$	132.80	131.85	22.00	132.79	125.98	14.76	157.10	157.03	29.76
$N_{7,8}$	−255.85	−236.22	−18.11	−212.24	−175.96	−11.76	−323.74	−310.11	−24.75
$N_{8,8}$	193.27	186.88	20.79	189.72	169.11	13.92	230.46	227.06	28.15
$N_{8,9}$	−312.53	−283.27	−17.67	−258.41	−204.39	−11.47	−395.97	−375.65	−24.17
$N_{9,9}$	259.45	244.67	19.92	251.59	210.41	13.34	311.01	302.37	26.99
$N_{9,10}$	−374.26	−332.30	−17.35	−308.11	−231.05	−11.27	−474.99	−445.80	−23.72
$N_{10,10}$	331.22	304.45	19.27	318.06	248.40	12.94	398.71	382.52	26.12
$N_{10,11}$	−440.90	−382.64	−17.10	−360.98	−254.97	−11.12	−560.75	−520.09	−23.38
R_{11}	−358.17	−310.84	−13.89	−211.95	−149.71	−6.53	−494.05	−458.23	−20.60
Z_{11}	−253.04	−219.60	−9.81	−318.56	−225.00	−9.81	−235.31	−218.25	−9.81
N_{11}	917.96	796.65	35.60	543.21	383.68	16.73	1266.22	1174.4	52.80

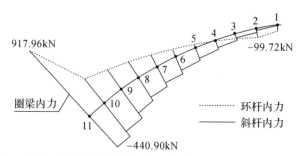

图 4　恒载 g 作用下带圈梁算例网壳的杆件内力图（矢跨比 1/5）

网壳各节点的竖向位移、水平向位移由式（19）、（20）求得，见表 3 和图 5。

表 3　算例网壳的节点位移　　　　　　　　　　　　　　　　（单位:mm）

内力和反力	矢跨比 1/5			矢跨比 1/3			矢跨比 1/7		
	g	q	p	g	q	p	g	q	p
w_1	37.90	35.10	8.51	23.54	19.50	4.35	62.79	60.27	14.97
w_2	39.60	36.74	3.31	24.59	20.48	1.55	65.60	63.04	6.00
w_3	38.76	35.85	2.95	24.00	19.83	1.39	64.27	61.67	5.33
w_4	37.17	34.23	2.55	22.93	18.72	1.20	61.72	59.09	4.60
w_5	34.67	31.75	2.14	21.30	17.13	1.01	57.67	55.05	3.87
w_6	31.09	28.26	1.73	19.04	15.03	0.82	51.81	49.26	3.11
w_7	26.23	23.61	1.30	16.06	12.39	0.63	43.74	41.37	2.34
w_8	19.83	17.63	0.87	12.25	9.19	0.44	33.04	31.03	1.54
w_9	11.66	10.15	0.42	7.54	5.44	0.24	19.22	17.83	0.72
w_{10}	1.45	1.01	−0.04	1.83	1.17	0.04	1.77	1.36	−0.14
Δ_1	−0.27	−0.26	−0.53	−0.23	−0.23	−0.38	−0.33	−0.33	−0.70
Δ_2	−0.55	−0.54	0.31	−0.49	−0.46	0.24	−0.69	−0.68	0.39
Δ_3	−0.41	−0.39	0.28	−0.35	−0.30	0.21	−0.52	−0.50	0.36
Δ_4	−0.14	−0.10	0.27	−0.07	0.00	0.21	−0.20	−0.17	0.36
Δ_5	0.30	0.34	0.28	0.39	0.46	0.21	0.32	0.35	0.36
Δ_6	0.94	0.97	0.29	1.06	1.08	0.21	1.07	1.09	0.38
Δ_7	1.81	1.79	0.30	1.94	1.84	0.22	2.10	2.09	0.40
Δ_8	2.92	2.82	0.31	3.03	2.70	0.22	3.42	3.37	0.42
Δ_9	4.28	4.04	0.33	4.33	3.62	0.23	5.08	4.93	0.44
Δ_{10}	5.92	5.44	0.34	5.81	4.54	0.24	7.08	6.80	0.46
Δ_{11}	3.43	2.98	0.13	2.03	1.43	0.06	4.74	4.39	0.20

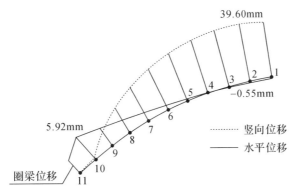

图 5　恒载 g 作用下带圈梁算例网壳的节点位移(矢跨比 1/5)

表 2、3 的最后一行数据表示在不考虑下部结构刚度,且 $e_m=0$ 时弹性圈梁的内力 N_{11} 和水平位移 Δ_{11}(设圈梁的轴向刚度为网壳杆件轴向刚度的 2 倍)。

从算例的计算结果可以看出以下几点:

(1) 网壳的内力和位移与矢跨比密切相关,矢跨比增大,结构刚度增大,内力便减小,位移也减小。

（2）在沿曲面均布荷载和沿水平面均布荷载作用下，网壳斜杆内力在靠近内孔处小，周边处大，是一种递增趋势；网壳环杆内力在上部约 1/3 范围内为压力且最大压力是 N_{22}，不是 N_{11}，环杆内力在网壳下部约 2/3 范围内为拉力，最大拉力靠近支座处 $N_{10,10}$，圈梁内力相对于环杆最大拉力会成倍增加，如图 4 所示；竖向位移呈悬臂梁位移趋势，但最大值不是 w_1，而是 w_2，如图 5 所示；水平位移与相应环杆拉力 N_{ii} 和 r_i 的乘积成正比，由于圈梁的存在网壳支座处存在一定的水平位移。

（3）在开孔边线荷载作用下，网壳斜杆压内力在开孔处为最大，然后沿半径方向逐渐衰减到 $40\% \sim 50\%$，网壳环杆内力在开孔处 N_{11} 为压力，绝对值也最大，N_{22} 变为拉力，绝对值降幅至 40% 左右，然后沿半径方向再度逐渐衰减。网壳竖向位移在开孔处最大，沿半径方向逐渐衰减至零值；水平位移按环杆内力变化趋势而变化。

7　结语

（1）通过结构的机动分析可以证明葵花形开孔单层球面网壳满足空间杆系结构几何不变性的基本条件，可认为这是一种单层曲面形的空间桁架结构，而且是一种静定结构。

（2）对葵花形开孔单层球面网壳结构在轴对称荷载作用下提出了简化杆系计算模型，建立了基本方程式，求得了网壳杆件内力的递推计算公式并给出网壳节点位移的计算方法。

（3）当网壳支承在圈梁上并需考虑与下部结构协同工作时，本文也给出了相应的计算方法。

（4）算例中对三种矢跨比的葵花形开孔单层球面在沿曲面和水平面均布荷载、开孔边线荷载作用下，给出了详细的内力和位移的计算结果，揭示出这种网壳的受力特性和内力、位移的变化规律。

（5）本文给出的简化杆系结构模型的解是精确解，对于铰接体系葵花形开孔单层球面网壳内力和位移的简化计算，可供该类网壳初步设计和多方案比较时采用。与薄壳结构薄膜解类同，对于小跨度网壳结构本文方法可参用。

参考文献

[1] 董石麟，罗尧治，赵阳，等.新型空间结构分析、设计与施工[M].北京：人民交通出版社，2006.

[2] 中华人民共和国住房和城乡建设部.空间网格结构技术规程：JGJ 7－2010[S].北京：中国建筑工业出版社，2010.

[3] 刘鸿文.板壳理论[M].杭州：浙江大学出版社，1987.

[4] 龙驭球，包世华.结构力学[M].北京：高等教育出版社，2001.

50 宝石群单层折面网壳构形研究和简化杆系计算模型*

摘　要:深圳大运会体育馆、体育场的主体结构是由三角形网格组成,其外形如宝石群,为单层折面空间网壳结构。通过构形研究和机动分析,论证了宝石群单层折面网壳是一种满足几何不变性基本要求的静定空间桁架结构。通过研究圆形平面的宝石群单层折面网壳,提出了简化杆系计算模型及其计算方法,可精确求得网壳的内力和位移。在基本结构体系基础上,增设若干道环向杆件,改善宝石群单层折面网壳的受力特性。研究了宝石群单层折面网壳结构形体组成规律、受力特性、结构的简化计算方法和增加环杆的结构优化设计原则,有利于工程的初步设计和多方案结构分析比较。

关键词:单层折面网壳结构;空间桁架结构构形;机动分析;简化杆系模型;计算方法

1　引言

由德国 GMP 建筑事务所与东北建筑设计研究院、深圳市建筑设计研究院合作并分别提出的深圳大运会体育馆、体育场设计方案,其主体结构是由三角形网格组成,外形如宝石群,为单层折面形空间网壳结构,其建筑造型新颖、结构挺拔有力,是结构与建筑协调配合的一种新型的刚性空间结构。为了解该结构的受力特性,国内学者利用空间梁单元建模并对其进行了有限元分析,通过缩尺模型试验验证了理论分析的正确性[1-4]。

本文通过对这种结构基本体系的构形研究和机动分析,论证了宝石群单层折面网壳的几何不变性。研究了圆形平面宝石群单层折面网壳的构形,提出了简化杆系计算模型及其基本方程。为改善宝石群单层折面网壳的受力特性和降低内力峰值,在基本结构体系的基础上考虑增设若干道环向杆件,并通过算例进行了对比分析。

2　结构构形和机动分析

假设网壳结构周边支承在内接正 n 边形的角点上,中间开设正 n 边形内孔。通过中心轴有 $2n$ 个对称面,其中有 n 个主经向对称面,在每个主经向对称面内包括支承节点与悬臂端节点在内共有 $\left(\dfrac{m}{2}+1\right)$ 个节点,$\dfrac{m}{2}$ 根主经向杆件;另有 n 个次经向对称面,在每个次经向对称面内有 $\left(\dfrac{m}{2}-1\right)$ 个节

---

* 本文刊登于:董石麟,邢栋.宝石群单层折面网壳构形研究和简化杆系计算模型[J].建筑结构学报,2011,32(5):78-84.

点、$\left(\dfrac{m}{2}-2\right)$ 根次经向杆件(见图1)。其中,m 为结构主、次经向对称面内节点数。如设该结构的节点类型数 J',则 J' 与 m 相等,即:

$$J' = m \qquad m \geqslant 6 \qquad (m \text{ 为双数}) \tag{1}$$

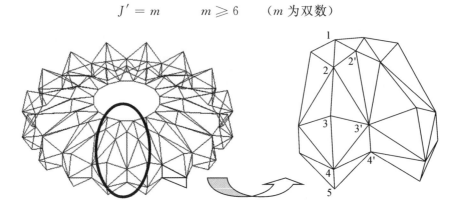

a 整体结构　　　　　　　　b 基本单元

图 1　宝石群单层折面网壳的构形($m = 8, n = 16$)

由于单层网壳结构均由三角形网格连接组合而成,则主经向对称面节点与相邻一个次经向对称面节点的连接线数,即网壳相邻主、次经向对称面之间斜杆数为 $(m-1)$,亦即斜杆类型数为 $2(m-1)$(主经向对称面两侧的相应斜杆虽对称,但杆件方向不同,严格地说斜杆类型数应加倍)。若再计入一类内孔水平环杆,则包括主经向杆、次经向杆、斜杆和内环杆在内的杆件类型数 C' 为

$$C' = \frac{m}{2} + \left(\frac{m}{2} - 2\right) + 2(m-1) + 1 = 3(m-1) \tag{2}$$

对于圆形平面单层折面网壳结构,总节点数 J 和总杆件数 C 可由式(3)表示(网壳外形环向波数与 n 相同,也是支座节点数):

$$J = J'n = mn \tag{3a}$$

$$C = C'n = 3(m-1)n \tag{3b}$$

周边空间铰支座约束连杆数为 $C_0 = 3n$。则利用空间杆系结构理论机构分析的判别式判定得

$$D = 3J - C - C_0 = 3mn - 3(m-1)n - 3n \equiv 0 \tag{4}$$

这表明这种轴对称宝石群单层折面网壳的基本结构体系满足空间杆系结构几何不变性的基本条件,且静定,采用字母 $B_{m,n}$ 表示宝石群单层折面网壳的构形。因此,该结构属于一类空间桁架结构,节点铰接,杆件均为二力杆,这可有效简化结构的分析计算工作。

以深圳大运会体育馆结构构形 $B_{m,n}$ 型($m = 8, n = 16$)为例,则该单层折面网壳有节点类型数8,总节点数128,杆件类型数21,总杆件数 $C = 336$。这里还要说明的是,根据上述设定的构形思路,$B_{8,16}$ 单层折面网壳由于主经向对称平面内的节点数比次经向平面内的节点数要多2个,其支座节点(图1节点5)为三棱锥的顶点,开孔处悬臂节点(图1节点1)、次经向对称面内首尾节点(图1节点2'、4')均为五棱锥的顶点,主经向对称面中部某一节点(图1节点3)为四棱锥的顶点,而相应次经向对称面内相对应的节点(图1节点3')为八棱锥的顶点,其他一般节点均为六棱锥的顶点。

设有 $m = 6, n = 8$ 的 $B_{6,8}$ 单层折面网壳,其结构形体如图2所示,该网壳的节点类型数为 $m = 6$,总节点数为48,杆件类型数为15,总杆件数为120。

平面为椭圆的深圳大运会体育场构形(图3)与体育馆相似,可用 $B_{m,n}$ 型表示($m = 8, n = 20$)。因结构只有两个对称面,故节点类型数和杆件类型数增速很大,但节点总数和杆件总数仍可按计算式(3)分别求得为160、420。

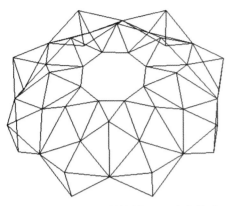

图 2　$B_{6,8}$ 型宝石群单层折面网壳的构形

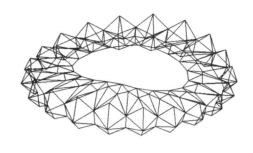

图 3　$B_{m,n}^*$ 型深圳大运会体育场的构形

3　结构简化杆系模型及计算方法

以圆形平面宝石群单层折面网壳 $B_{m,n}$ 型为例,因结构的对称性,取主经向对称面及其相邻次经向对称面之间的所有杆件为隔离体(当 $m=8$ 时如图 4 所示,图中 r_i、h_i、$r_{i'}$、$h_{i'}$ 处箭头方向表示柱坐标系的正向)。在对称荷载作用下,垂直对称面的结构位移应为零,两个对称面内共有 $J=m=8$ 个节点要各自增设一个法向连杆,水平环杆中点增设不动铰支座,此隔离体结构共有节点数 J 为

$$J=J'=m \quad (m=8) \tag{5}$$

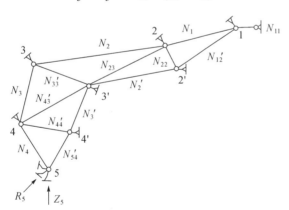

a　简化杆系计算模型

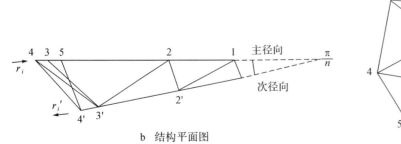

b　结构平面图

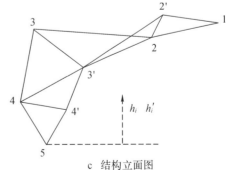

c　结构立面图

图 4　$B_{m,n}$ 型单层折面网壳结构分析简图($m=8$)

不计水平环杆杆件数,则总杆件数 C 为

$$C = \frac{m}{2} + \left(\frac{m}{2} - 2\right) + (m - 1) = 2m - 3 \tag{6}$$

由式(6)可知,当 $m = 8$ 时,$C = 13$。

支座约束连杆数 C_0(水平环杆相当于一支座连杆)为

$$C_0 = m + 2 + 1 = m + 3 \tag{7}$$

即当 $m = 8$ 时,$C_0 = 11$。

此时,判别式(4)中 D 的计算结果为

$$D = 3J - C - C_0 = 3m - (2m - 3) - (m + 3) \equiv 0 \tag{8}$$

式(8)中,$m = 8$,$D = 24 - 13 - 11 = 0$。

上述分析表明此隔离体结构计算模型满足几何不变性的基本条件,结构也是一个静定空间桁架。此时,桁架共有 $C = 2m - 3$ 个未知杆件内力,支座未知反力数为3(边界铰支座只计竖向和水平经向2个未知反力,环向反力为零,内孔环向杆以1个未知水平反力计,其他增设的水平支承连杆内力因对称性可不以未知内力计)。从而可知简化体系模型的未知杆件内力和反力总数 M 为

$$M = (2m - 3) + 3 = 2m \tag{9}$$

即 $m = 8$,$M = 16$。

计算模型节点数为 m,可建立 $2m$ 个节点平衡方程(每个节点只计及对称面内水平向、竖向节点平衡方程而不计垂直于对称面水平方向的节点平衡方程),可求得 $M = 2m$ 个未知内力和反力。

设主经向杆的内力为 N_1、N_2、N_3、N_4,次经向杆的内力为 $N_{2'}$、$N_{3'}$,斜杆内力为 $N_{12'}$、$N_{22'}$、$N_{23'}$、$N_{33'}$、$N_{43'}$、$N_{44'}$、$N_{54'}$,内孔水平环杆内力为 N_{11},铰支座反力为 R_5、Z_5(图4)。仍以 $B_{m,n}$ 型($m = 8$,$n = 16$)为例,节点在竖向荷载作用下,图5a 节点1在主经向对称面内水平向和竖向节点平衡方程为

$$N_1\cos\phi_1 + 2N_{12'}\cos\phi_{12'}\cos\beta_{12'} - 2N_{11}\sin\frac{\pi}{n} = 0 \tag{10a}$$

$$-N_1(-\sin\phi_1) + 2N_{12'}\sin\phi_{12'} = G_1 \tag{10b}$$

图5b 节点3的平衡方程为

$$N_3\cos\phi_3 - N_2\cos\phi_2 - 2N_{33'}\cos\phi_{33'}(-\cos\beta_{33'}) = 0 \tag{11a}$$

$$-N_3(-\sin\phi_3) - N_2\sin\phi_2 - 2N_{33'}(-\sin\phi_{33'}) = G_3 \tag{11b}$$

图5c 节点3′的平衡方程为

$$N_{3'}\cos\phi_{3'} - N_{2'}\cos\phi_{2'} - 2N_{23'}\cos\phi_{23'}\cos(\beta_{23} - \frac{\pi}{n}) + 2N_{33'}\cos\phi_{33'}\left(-\cos(\beta_{33} - \frac{\pi}{n})\right) +$$

$$2N_{43'}\cos\phi_{43'}\left(-\cos(\beta_{43} - \frac{\pi}{n})\right) = 0 \tag{12a}$$

$$-N_{3'}(-\sin\phi_{3'}) + N_{2'}(-\sin\phi_{2'}) + 2N_{23'}(-\sin\phi_{23'}) + 2N_{33'}(-\sin\phi_{33'}) - 2N_{43'}\sin\phi_{43'} = G_{3'} \tag{12b}$$

图5d 铰支座节点5的平衡方程为

$$N_4\cos\phi_4 - 2N_{54'}\cos\phi_{54'}(-\cos\beta_{54'}) - R_5 = 0 \tag{13a}$$

$$N_4(-\sin\phi_4) + 2N_{54'}\sin\phi_{54'} + Z_5 = 0 \tag{13b}$$

式中(r_i、h_i、$r_{i'}$、$h_{i'}$ 采用圆柱坐标):

$$\phi_i = \arctan\frac{h_{i+1} - h_i}{|r_{i+1} - r_i|} \tag{14a}$$

$$\phi_{i'} = \arctan\frac{h_{(i+1)'} - h_{i'}}{|r_{(i+1)'} - r_{i'}|} \tag{14b}$$

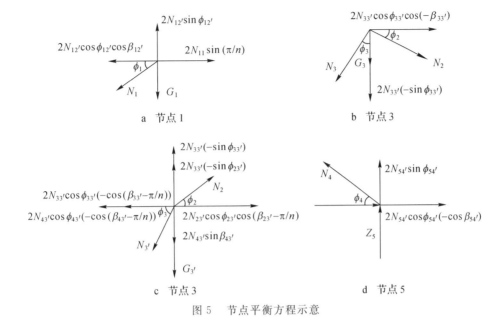

图 5   节点平衡方程示意

$$\phi_{ij'} = \arctan \frac{h_{j'} - h_i}{\sqrt{\left(r_{j'} \cos \frac{\pi}{n} - r_i\right)^2 + \left(r_{j'} \sin \frac{\pi}{n}\right)^2}} \tag{14c}$$

$$\beta_{ij'} = \arccos \frac{r_{j'} \cos \frac{\pi}{n} - r_i}{\sqrt{\left(r_{j'} \cos \frac{\pi}{n} - r_i\right)^2 + \left(r_{j'} \sin \frac{\pi}{n}\right)^2}} \tag{14d}$$

再把节点 2、4、2′、4′ 的节点平衡方程列出,最后 $M = 2m$,共 16 个方程式可用式(15)表示:

$$\tag{15}$$

其中三角函数简写为

$$c_i = \cos\phi_i, \quad c_{i'} = \cos\phi_{i'}, \quad c_{ij'} = \cos\phi_{ij'}, \quad c_{\beta_{ij'}} = \cos\beta_{ij'}$$

$$s_i = \sin\phi_i, \quad s_{i'} = \sin\phi_{i'}, \quad s_{ij'} = \sin\phi_{ij'}, \quad c'_{\beta_{ij'}} = \cos\left(\beta_{ij'} - \frac{\pi}{n}\right) \tag{16}$$

进而可以把简化杆系计算模型的基本方程用矩阵形式表示为

$$\boldsymbol{KN} = \boldsymbol{G} \tag{17}$$

式中，系数矩阵 $\boldsymbol{K}$ 是稀疏型，$\boldsymbol{N}$ 为简化杆系模型内力及支反力向量，$\boldsymbol{G}$ 为外荷载向量，具体形式如式（15）所示，求解式（17）即可得到相应网壳的内力和反力。

网壳内孔悬臂端节点 1 处的竖向位移 w_1，可由式（18）求得：

$$w_1 = \sum_k \frac{N_k n_k l_k}{EA_k} \tag{18}$$

式中，l_k、A_k 为相应杆件的长度和截面积，E 为材料的弹性模量（具体计算时，$\sum_k \dfrac{N_k n_k l_k}{EA_k}$ 中有关斜杆项应计入对称面另一侧的斜杆数，故要加倍乘以 2，支座连杆的截面积可取无穷大）。k 为简化杆系计算模型中的任一杆件，N_k 即为简化杆系计算模型在外荷载 G 作用下基本方程式（17）的解，n_k 为在节点 1 处作用竖向单位力时下列基本方程式（19）的解。

$$\boldsymbol{Kn} = \boldsymbol{f} \tag{19}$$

其中外荷载向量 $\boldsymbol{f}$ 为（对于 $B_{8,16}$ 型网壳）

$$\boldsymbol{f} = \begin{bmatrix} 0 & 1 & 0 & 0 & 0 & 0 & 0 & 0 & 0 & 0 & 0 & 0 & 0 & 0 & 0 & 0 & 0 & 0 & 0 \end{bmatrix}^{\mathrm{T}} \tag{20}$$

对于其他节点的竖向位移和各节点水平位移均可采用类似方法计算。

4　增设环向杆件结构计算模型

为改善宝石群单层折面网壳的受力性能、降低杆件内力峰值，在网壳基本结构体系的基础上增设若干道环向杆件，如图 1b 所示的节点 2、3′、4′增设环向杆（在节点 2′、3、4 处会破坏宝石群的建筑效果，故不宜设置环向杆）。此时，简化杆系计算模型如图 6 所示，这是一个超静定的空间杆系结构，超静定的环向杆件内力可由式（21）求得

$$\boldsymbol{H} = -\boldsymbol{K}_h^{-1}\boldsymbol{\Delta} \tag{21}$$

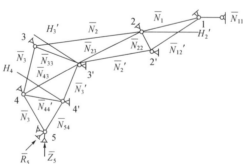

图 6　具有多道环杆时的简化计算模型

以 $B_{8,16}$ 型网壳为例，则有

$$\boldsymbol{H} = \begin{bmatrix} H_2 & H_{3'} & H_{4'} \end{bmatrix}^{\mathrm{T}} \tag{22a}$$

$$\boldsymbol{\Delta} = \begin{bmatrix} \Delta_2 & \Delta_{3'} & \Delta_{4'} \end{bmatrix}^{\mathrm{T}} \tag{22b}$$

$$\boldsymbol{K}_h = \begin{bmatrix} \delta_{22} & \delta_{23'} & \delta_{24'} \\ \delta_{3'2} & \delta_{3'3'} & \delta_{3'4'} \\ \delta_{4'2} & \delta_{4'3'} & \delta_{4'4'} \end{bmatrix} \tag{22c}$$

$$\Delta_p = \sum_k \frac{N_k n_{kp} l_k}{EA_k} \qquad (p = 2, 3', 4') \tag{22d}$$

$$\delta_{pq} = \delta_{qp} = \sum_k \frac{n_{kp} n_{kq} l_k}{EA_k} + \frac{l_p}{EA_p} \qquad (p, q = 2, 3', 4') \tag{22e}$$

式(22)中，k 为简化计算模型中任一杆件，N_k 为网壳杆系计算模型在外荷载作用下的杆件内力，n_{kp} 为基本体系在赘余力 $H_p = 1$ 作用下杆件内力，仍可由方程(19)求得。对于 $B_{8.16}$ 型网壳，当 $p = 2, 3', 4'$ 时，f 分别为

$$\boldsymbol{f}\big|_{p=2} = \begin{bmatrix} 0 & 0 & 0 & 0 & 2\sin\frac{\pi}{n} & 0 & 0 & 0 & 0 & 0 & 0 & 0 & 0 & 0 & 0 & 0 \end{bmatrix}^{\mathrm{T}} \tag{23a}$$

$$\boldsymbol{f}\big|_{p=3'} = \begin{bmatrix} 0 & 0 & 0 & 0 & 0 & 0 & 0 & 2\sin\frac{\pi}{n} & 0 & 0 & 0 & 0 & 0 & 0 & 0 & 0 \end{bmatrix}^{\mathrm{T}} \tag{23b}$$

$$\boldsymbol{f}\big|_{p=4'} = \begin{bmatrix} 0 & 0 & 0 & 0 & 0 & 0 & 0 & 0 & 0 & 0 & 0 & 0 & 2\sin\frac{\pi}{n} & 0 & 0 & 0 \end{bmatrix}^{\mathrm{T}} \tag{23c}$$

式(22)计算时 $\sum_k \dfrac{N_k n_{kp} l_k}{EA_k}$、$\sum_k \dfrac{n_{kp} n_{kq} l_k}{EA_k}$ 中有关斜杆项，应计入主经向对称面另一侧的斜杆数，故需加倍；式(22e)的最后一项 $\dfrac{l_p}{EA_p}$，仅当 $\delta_{pq}\big|_{q=p} = \delta_{pp}$ 时才计入，l_p、A_p 为环向杆件的长度和截面面积。

有环向杆件的宝石群单层折面网壳基本体系的最终内力 $\overline{N}_k$ 由式(24)计算：

$$\overline{N}_k = N_k + H_2 n_{k2} + H_{3'} n_{k3'} + H_{4'} n_{k4'} \qquad (\text{对 } B_{8.16} \text{ 型网壳}, p = 2, 3', 4') \tag{24}$$

若求节点 1 处竖向位移 w_1，仍可用式(18)计算，只需把算式中的 N_k 用 $\overline{N}_k$ 替代即可。

5　算例计算

设一宝石群单层折面网壳，其外形与几何尺寸与深圳大运会体育馆基本相同，节点的坐标如表 1 所示(圆柱坐标系)。

表 1　算例节点坐标

节点坐标	1	2	3	4	5	2'	3'	4'
h_i/m	32.0	27.9	30.5	11.3	0.0	33.9	20.3	9.0
r_i/m	25.0	42.9	75.5	79.0	72.0	41.0	68.0	68.0

设基本结构体系杆件均采用 $\phi 700 \times 25$，截面积 $A_k = 530.1\,\mathrm{cm}^2$。弹性模量 E 取 $2.06 \times 10^5\,\mathrm{MPa}$，在 i 节点处荷载 $G_i = 1070\,\mathrm{kN}$ 作用下，根据本文提出的计算方法利用 Matlab 编程求解得结构基本体系(方案 1)杆件内力和节点的竖向位移如表 2 第一列数值所示。

假定环杆截面取 $\phi 850 \times 30$，在节点 2、3'、4' 分别设置一道环杆时的计算结果见表 2 方案 2(2 节点处设环杆)、方案 3(3' 节点处设环杆)、方案 4(4' 节点处设环杆)的数值，在节点(2,3')、(2,4')、(3',4') 分别设置两道环杆时的计算结果见表 2 方案 5(2、3' 节点处设环杆)、方案 6(2、4' 节点处设环杆)、方案 7(3'、4' 节点处设环杆)的数值。在节点 2、3'、4' 都设置环杆时的计算结果见表 2 方案 8 的数值。利用 ANSYS 软件计算所得到结果与表 2 的结果相同，表明本文的简化杆系计算模型的解是精确解。

由表2可知:①基本体系(方案1)的主经向杆大部分受拉,但增设环杆后,主经向根部处受力较小的杆件内力不仅减小,甚至变为压杆;②结构基本体系杆件内力峰值、支座水平反力和端节点竖向位移 w_1 均较大,当设置各种单独式或组合式环向杆的共7种方案时,支座水平反力可降幅15%~65%,节点竖向位移 w_1 降幅25%~55%,75%以上的杆件内力都有较大幅度的降低;③加两道环杆时比加一道环杆有一定的优越性,加三道环杆时并不比加两道环杆更好;④经综合比较,节点 $3'$ 加一道环杆的方案3是首选方案。

表 2　算例计算结果

内力和位移	方案								杆长/m
	1	2	3	4	5	6	7	8	
N_1/kN	−2530	−4659	−4598	−3429	−4931	−4742	−4700	−4953	18.35
N_2/kN	11122	8601	4879	8408	5094	7475	4573	4776	32.70
N_3/kN	9110	6841	3491	6668	3684	5828	3216	3398	19.52
N_4/kN	2682	1419	−447	−2061	−339	−1255	−1987	−1739	13.29
$N_{2'}$/kN	5740	657	801	3593	7	459	559	−45	30.21
$N_{3'}$/kN	−9384	−8236	−6540	−6108	−6638	−6451	−5565	−5745	11.30
$N_{12'}$/kN	2300	175	236	1403	−96	93	135	−118	17.29
$N_{22'}$/kN	−3592	−1214	−1282	−2588	−910	−1122	−1168	−885	10.34
$N_{23'}$/kN	−9162	−5276	−5950	−7766	−5252	−5278	−5792	−5255	28.27
$N_{33'}$/kN	−10141	−7882	−4546	−7709	−4738	−6873	−4272	−4453	18.89
$N_{43'}$/kN	−5522	−4310	−2519	−6499	−2622	−5191	−3307	−3306	20.22
$N_{44'}$/kN	2722	2423	1982	5777	2007	4395	3330	3208	18.23
$N_{54'}$/kN	−9146	−8142	−6659	−5375	−6744	−6016	−5434	−5631	16.90
N_{11}/kN	4046	−10852	−10428	−2245	−12756	−11431	−11137	−12909	9.75
X_5/kN	7016	5858	3945	2289	4055	3056	2365	2619	—
Z_5/kN	7500	7500	7500	7500	7500	7500	7500	7500	—
H_2/kN	—	12477	—	—	3893	9677	—	3089	16.73
$H_{3'}$/kN	—	—	12612	—	10590	—	10983	9551	26.53
$H_{4'}$/kN	—	—	—	11135	—	6942	4564	4082	26.53
w_1/m	0.911	0.588	0.439	0.698	0.414	0.527	0.412	0.395	—

6　结论

(1)对宝石群单层折面网壳的主结构的构形做了系统研究,通过机动分析可证明基本结构体系满足空间杆系结构几何不变性的基本条件,表明这种宝石群单层折面网壳主结构基本体系是一空间桁架结构,且是静定的。

(2)对圆形平面轴对称的宝石群单层折面网壳提出了简化杆系计算模型,建立了基本方程,在轴对称荷载作用下可方便求得基本结构体系的内力和位移,且是精确解。

（3）为改善宝石群单层折面网壳的受力性能、提高结构刚度，可在基本结构体系的基础上增设若干道环向杆件，文中相应地给出设有多道环向杆件宝石群单层折面网壳结构内力和位移的简化计算方法。

（4）研究分析表明，本文提出的简化计算方法可方便地求解不设置环杆与设置环杆的单层折面网壳的内力和位移，并可阐明这类空间结构的受力特性的规律，特别有利于结构的初步设计及多方案分析比较，选择合理、优化的结构布置方案。

参考文献

[1] 隋庆海,史德博,申豫斌,等.深圳大运中心体育馆钢屋盖结构的优化设计[J].建筑钢结构进展,2010,12(2):37—43.

[2] 郭彦林,窦超.单层折面空间网格结构性能研究及设计[J].建筑结构学报,2010,31(4):19—30.

[3] 吴京,隋庆海,周臻.深圳大运中心体育馆整体钢屋盖模型试验研究[J].建筑结构学报,2010,31(4):31—37.

[4] 郭彦林,窦超,王永海,等.深圳大运会体育中心体育场整体模型承载力试验研究[J].建筑结构学报,2010,31(4):1—9.

51 环向折线形单层球面网壳及其结构静力简化计算方法[*]

摘　要：环向折线形单层球面网壳是单向折线形网架结构在曲面结构构形中的拓展，兼有双层网壳和单层网壳受力特性。通过结构构形研究和机动分析，提出了在轴对称条件下基本结构体系的简化杆系计算模型及其分析方法。为改善结构的受力特性，在基本结构体系的基础上，增设若干道环向杆件，形成环向折线形单层球面网壳的加强结构体系。通过算例分析，对比研究了在不同荷载工况下和厚跨比对结构体系受力性能的影响。研究结果表明：环向折线形单层球面网壳的基本结构体系是一种静定空间桁架结构；揭示了环向折线形单层球面网壳基本结构体系的组成规律、受力特性，给出了加强结构体系的合理加强方案；所提出的简化计算方法，可精确求解网壳的内力和位移。

关键词：单层球面网壳；环向折线形；基本结构体系；杆系计算模型；简化分析方法

1　引言

现行的《空间网格结构技术规程》(JGJ 7－2010)[1]指出，单层网壳是刚接杆件体系，节点为刚性连接，双层网壳是铰接杆件体系，节点铰接。因此，工程实践中杆单元和铰接节点在单层网壳中的应用受到了限制。

环向折线形单层球面网壳有如罗马奥林匹克大体育馆波形拱穹顶(内景)[2]与1988年汉城奥运会综合体育馆肋环形索穹顶(外景)[3,4]，线条流畅，韵律感强，结构与建筑完美协调。这种结构是单向折线形平板网架[4]在曲面结构构形中的拓展，其外形由三角形网格组成，兼有双层网壳和单层网壳的受力特性，结构构件类型少，加工制作方便，可用于闭口穹顶结构，也可用于开孔屋盖和悬挑结构。

本文针对环向折线形单层球面网壳基本结构体系，通过结构构形研究和机动分析，判定其能否满足结构几何不变性要求，然后给出相应简化杆系计算模型，建立基本方程，求解结构内力和位移。为改善环向折线形单层球面网壳的受力特性、调整内力分布、降低内力峰值，在基本结构体系的基础上增设若干道环向杆件，形成一种加强结构体系，并给出简化计算方法。对环向折线形单层球面网壳结构进行参数分析。本文研究旨在揭示环向折线形单层球面网壳基本结构体系的组成规律和受力特性。

---

[*]　本文刊登于：董石麟，郑晓清.环向折线形单层球面网壳及其结构静力简化计算方法[J].建筑结构学报，2012，33(5)：62－70.

2   基本结构体系和机动分析

设一圆形平面环向折线形单层球面网壳基本结构体系,周边铰支在内接正 n 边形的角点,悬臂端节点与支座节点在同一经线上。网壳主要由经向的上、下弦杆和斜(腹)杆组成(图1),通过中心轴共有 n 个对称面,其中 $n/2$ 个对称面内有上弦杆,上弦节点编号为 1、3、5、…、m(单数),另 $n/2$ 个对称面内有下弦杆,下弦节点编号为 2、4、6、…、$(m-1)$(双数)。上、下节点间设有斜杆,所形成的折面是微弯形折面,开孔边设有一圈内环杆。这种环向折线形单层球面网壳基本结构体系共有节点数 $J=mn$,上弦杆数为 $(m-1)n/2$,下弦杆数为 $(m-3)n/2$,斜杆数为 $(m-1)n$,内环杆数为 n,杆件总数为 $C=\dfrac{(m-1)n}{2}+\dfrac{(m-3)n}{2}+(m-1)n+n=3(m-1)n$,不动铰支座约束连杆总数为 $C_0=3n$。采用空间杆系结构机构分析判别式判定[5],其表达式为

$$D=3J-C-C_0=3mn-3(m-1)n-3n\equiv0 \tag{1}$$

由式(1)可知,轴对称环向折线形单层球面网壳基本结构体系满足空间杆系结构几何不变性的基本条件,而且是静定的,可以认为这是一种特定的空间桁架结构,节点铰接,杆件是二力杆,因此,可有效简化计算。

用字母"$U_{m,n}$"表征环向折线形单层球面网壳的构形,如当 $m=11$、$n=16$ 时,则该网壳的基本结构体系的节点数 176,上弦杆数 80,下弦杆数 64,斜杆数 160,内环杆数 16,杆件总数 480,网壳的透视图如图1所示。

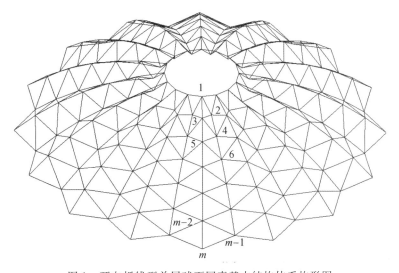

图1   环向折线型单层球面网壳基本结构体系构形图

3   基本结构体系的简化计算方法

仍以 $U_{m,n}$ 型网壳为例说明该结构体系的计算方法。因结构的对称性,取相邻经向上、下弦杆内所有杆件和节点为隔离体(如图2a,内环杆长度取原长的1/2)。在轴对称荷载作用下,垂直对称面结构水平位移为零,则对 m 个节点每个增设 1 根水平法向约束连杆,内环杆中点增设不动铰支座(图2a)。此时,内环杆可看作水平约束连杆,此隔离体结构共有节点数 $J=m$,上弦杆数为 $\dfrac{m-1}{2}$,下弦杆数为

$\dfrac{m-3}{2}$，斜杆数为 $m-1$，杆件总数 $C=2m-3$，包括水平法向约束连杆、内环杆水平约束连杆和铰支座约束连杆在内的总约束连杆数 $C_0=m+3$，则判别式（1）的计算结果为

$$D=3J-C-C_0=3m-(2m-3)-(m+3)\equiv0 \tag{2}$$

由式（2）可见，此隔离体能满足结构几何不变性的基本条件，而且是一个静定空间桁架。该桁架共有 $2m-3$ 个未知杆件内力，1 个内环杆未知内力，2 个铰支座未知支座反力（边界铰支座环向反力为零，可不计入，其他在对称面增设的水平约束连杆的内力因对称性可不以未知内力计），因此，简化桁架的未知杆件内力和支座反力总数 M 为

$$M=(2m-3)+1+2=2m \tag{3}$$

该桁架的节点数为 m，共可建立 $2m$ 个节点平衡方程（每个节点只计入对称面内水平向、竖向节点平衡方程），可求得 $M=2m$ 个未知内力和反力。

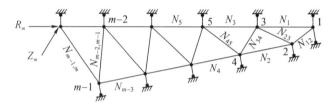

a 简化计算模型

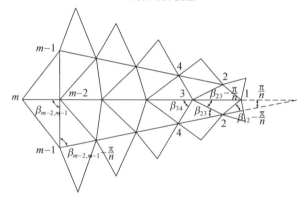

b 结构平面图

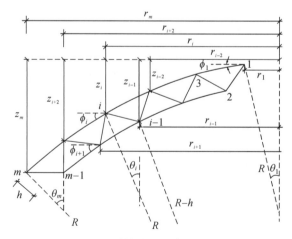

c 结构剖面示意

图 2 基本结构体系简化计算模型示意

528

设上弦杆内力为 N_1、N_3、N_5、$\cdots$、N_{m-2}，下弦杆内力为 N_2、N_4、N_6、$\cdots$、N_{m-3}，斜杆内力为 N_{12}、N_{23}，N_{34}，N_{45}、$\cdots$、$N_{m-2,m-1}$、$N_{m-1,m}$，节点 i 处的环杆内力为 H_i（对于基本结构体系仅有内圈环杆，其环杆内力表示为 H_1），铰支座反力为 R_m 和 Z_m。在节点竖向荷载作用下，节点 1 在上弦杆所在对称面内水平向和竖向节点平衡方程为（图 2a、b）

$$\left.\begin{array}{l} N_1\cos\phi_1 + 2N_{12}\cos\phi_{12}\cos\beta_{12} - 2H_1\sin\dfrac{\pi}{n} = 0 \\ -N_1\sin\phi_1 - 2N_{12}\sin\phi_{12} = G_1 \end{array}\right\} \tag{4}$$

节点 2 在下弦杆所在对称平面内的平衡方程为

$$\left.\begin{array}{l} N_2\cos\phi_2 - 2N_{12}\cos\phi_{12}\cos\left(\beta_{12} - \dfrac{\pi}{n}\right) + 2N_{23}\cos\phi_{23}\cos\beta_{23} = 0 \\ -N_2\sin\phi_2 + 2N_{12}\sin\phi_{12} - 2N_{23}\sin\phi_{23} = G_2 \end{array}\right\} \tag{5}$$

节点 3 的平衡方程为

$$\left.\begin{array}{l} N_3\cos\phi_3 - N_1\cos\phi_1 - 2N_{23}\cos\phi_{23}\cos\left(\beta_{23} - \dfrac{\pi}{n}\right) + 2N_{34}\cos\phi_{34}\cos\beta_{34} = 0 \\ -N_3\sin\phi_3 + N_1\sin\phi_1 + 2N_{23}\sin\phi_{23} - 2N_{34}\sin\phi_{34} = G_3 \end{array}\right\} \tag{6}$$

节点 4 的平衡方程为

$$\left.\begin{array}{l} N_4\cos\phi_4 - N_2\cos\phi_2 - 2N_{34}\cos\phi_{34}\cos\left(\beta_{34} - \dfrac{\pi}{n}\right) + 2N_{45}\cos\phi_{45}\cos\beta_{45} = 0 \\ -N_4\sin\phi_4 + N_2\sin\phi_2 + 2N_{34}\sin\phi_{34} - 2N_{45}\sin\phi_{45} = G_4 \end{array}\right\} \tag{7}$$

上弦节点 $m-2$ 的平衡方程为

$$\left.\begin{array}{l} N_{m-2}\cos\phi_{m-2} - N_{m-4}\cos\phi_{m-4} - 2N_{m-3,m-2}\cos\phi_{m-3,m-2}\cos\left(\beta_{m-3,m-2} - \dfrac{\pi}{n}\right) + 2N_{m-2,m-1}\cos\phi_{m-2,m-1}\cos\beta_{m-2,m-1} = 0 \\ -N_{m-2}\sin\phi_{m-2} + N_{m-4}\sin\phi_{m-4} + 2N_{m-3,m-2}\sin\phi_{m-3,m-2} - 2N_{m-2,m-1}\sin\phi_{m-2,m-1} = G_{m-2} \end{array}\right\} \tag{8}$$

下弦节点 $m-1$ 的平衡方程为

$$\left.\begin{array}{l} N_{m-1}\cos\phi_{m-1} - N_{m-3}\cos\phi_{m-3} - 2N_{m-2,m-1}\cos\phi_{m-2,m-1}\cos\left(\beta_{m-2,m-1} - \dfrac{\pi}{n}\right) + 2N_{m-1,m}\cos\phi_{m-1,m}\cos\beta_{m-1,m} = 0 \\ -N_{m-1}\sin\phi_{m-1} + N_{m-3}\sin\phi_{m-3} + 2N_{m-2,m-1}\sin\phi_{m-2,m-1} - 2N_{m-1,m}\sin\phi_{m-1,m} = G_{m-1} \end{array}\right\} \tag{9}$$

支座节点 m 的平衡方程为

$$\left.\begin{array}{l} -N_{m-2}\cos\phi_{m-2} - 2N_{m-1,m}\cos\phi_{m-1,m}\cos\left(\beta_{m-1,m} - \dfrac{\pi}{n}\right) - R_m = 0 \\ N_{m-2}\sin\phi_{m-2} - 2N_{m-1,m}\sin\phi_{m-1,m} + Z_m = G_m \end{array}\right\} \tag{10}$$

在式（4）～（10）中，上、下弦杆的倾角 ϕ_i 和长度 L_i 表达为

$$\left.\begin{array}{l} \phi_i = \arctan\dfrac{z_{i+2} - z_i}{r_{i+2} - r_i} \\ L_i = \sqrt{(z_{i+2} - z_i)^2 + (r_{i+2} - r_i)^2} \end{array}\right\} \tag{11}$$

斜杆倾角 $\phi_{i,i+1}$、折面夹角 $\beta_{i,i+1}$ 和长度 $L_{i,i+1}$ 表达式为

$$\phi_{i,i+1}=\arctan\frac{z_{i+1}-z_i}{\sqrt{\left(r_{i+1}\cos\dfrac{\pi}{n}-r_i\right)^2+\left(r_{i+1}\sin\dfrac{\pi}{n}\right)^2}}$$

$$\beta_{i,i+1}=\arctan\frac{r_{i+1}\sin\dfrac{\pi}{n}}{r_{i+1}\cos\dfrac{\pi}{n}-r_i}$$

$$L_{i,i+1}=\sqrt{(z_{i+1}-z_i)^2+\left(r_{i+1}\cos\frac{\pi}{n}-r_i\right)^2+\left(r_{i+1}\sin\frac{\pi}{n}\right)^2}$$

$$(12)$$

若 $m=11$，则共有 22 个平衡方程式，其矩阵表达式为

$$KN=G \tag{13}$$

其中，

$$N=\begin{bmatrix}N_1 & N_3 & N_5 & N_7 & N_9 & N_2 & N_4 & N_6 & N_8 & N_{12} & N_{23} & N_{34} & N_{45} & N_{56} & N_{67} & N_{78} & N_{89} & N_{9,10} & N_{10,11} & H_1 & R_{11} & Z_{11}\end{bmatrix}^{\mathrm{T}} \tag{14}$$

$$G=\begin{bmatrix}0 & G_1 & 0 & G_2 & 0 & G_3 & 0 & G_4 & 0 & G_5 & 0 & G_6 & 0 & G_7 & 0 & G_8 & 0 & G_9 & 0 & G_{10} & 0 & G_{11}\end{bmatrix}^{\mathrm{T}} \tag{15}$$

$$(16)$$

式(16)中 S、C 的三角函数式为

$$S_{i-1,i}=\sin\phi_{i-1,i}, \qquad C_{i-1,i}=\cos\phi_{i-1,i}$$

$$C_{\beta_{i-1,i}}=\cos\beta_{i-1,i}, \qquad C'_{\beta_{i-1,i}}=\cos\left(\beta_{i-1,i}-\frac{\pi}{n}\right) \tag{17}$$

求解式(13)，可得网壳内力和反力。

网壳悬臂端节点 1 处的竖向位移 w_1 可由式(18)求得：

$$w_1=\sum_k\frac{N_k n_k L_k}{EA_k} \tag{18}$$

式中，N_k 为计算模型在荷载 G 作用下式(13)的解；n_k 为在节点 1 处作用单位力 $G_1=1$，其他各节点荷载 $G_i=0(i=2,\cdots,m)$ 时式(13)的解，L_k、A_k 为相应杆件的长度和截面面积；E 为材料的弹性模量。

在式(16)中，上、下弦采用全截面计算，$\sum_k\dfrac{N_k n_k L_k}{EA_k}$ 中有关斜杆项应计入简化计算模型上弦杆另一侧的斜杆数，即乘以 2，支座连杆的截面积可取无穷大。对于其他节点的竖向位移 w_i，可用类似方法求得。节点 i 的水平位移可由式(19)求得：

$$\Delta_i = \sum_k \frac{N_k n_{ki} L_k}{EA_k} \tag{19}$$

式中，n_{ki} 为仅节点 i 处作用单位水平力 $H_i = 1$ 时式(13)的解，则式(15)修改为(以 $m=11, i=5$ 为例)

$$G = \{0\ 0\ 0\ 0\ 0\ 0\ 0\ 0\ 1\ 0\ 0\ 0\ 0\ 0\ 0\ 0\ 0\ 0\ 0\ 0\ 0\ 0\}^T \tag{20}$$

4　加强结构体系的简化计算方法

为改善 $U_{m,n}$ 型环向折线形单层球面网壳基本结构体系的受力性能，可在网壳下弦节点处增设若干道环向杆件(上弦节点处不宜增设环向杆件以保持结构外表面的形状)。仍以 $m=11, n=16$ 的 $U_{m,n}$ 型网壳为例，若在节点 2、4、8、10 处设环向杆件，则构成了加强结构体系，其简化计算模型如图 3 所示(如去除环向杆件，与基本结构体系的简化计算模型相同)，这是一个四次超静定的空间桁架结构，超静定的环向杆件内力 H 方程式为[5,6]：

$$H = -K_h^{-1} \Delta \tag{21}$$

式中，

$$H = \{H_2\quad H_4\quad H_8\quad H_{10}\}^T$$

$$\Delta = \{\Delta_2\quad \Delta_4\quad \Delta_8\quad \Delta_{10}\}^T$$

$$K_h = \begin{bmatrix} \delta_{22} & \delta_{24} & \delta_{28} & \delta_{2,10} \\ \delta_{42} & \delta_{44} & \delta_{48} & \delta_{4,10} \\ \delta_{82} & \delta_{84} & \delta_{88} & \delta_{8,10} \\ \delta_{10,2} & \delta_{10,4} & \delta_{10,8} & \delta_{10,10} \end{bmatrix}$$

$$\Delta_p = \sum_k \frac{N_k n_{kp} L_k}{EA_k} \qquad (p,q=2,4,8,10)$$

$$\delta_{pq} = \delta_{qp} = \sum \frac{n_{kp} n_{kq} L_k}{EA_k} + \frac{L_p}{EA_p} \qquad (p,q=2,4,8,10) \tag{22}$$

$\sum \dfrac{N_k n_{kp} L_k}{EA_k}$、$\sum \dfrac{n_{kp} n_{kq} L_k}{EA_k}$ 求和时有关斜杆项应计入简化计算模型上弦杆另一侧的斜杆数，即乘以 2，$\dfrac{L_p}{EA_p}$ 项只在 $\delta_{pq}|_{q=p} = \delta_{pp}$ 时才计入，L_p，A_p 为环杆的长度和截面面积，N_k 为简化计算模型在荷载作用下的杆件内力，n_{kp} 为基本体系在赘余力 $H_p = 1$ 作用下杆件内力，仍可由解基本方程(13)求得。当 $p=2$、4、8、10 时，G 分别为

$$G|_{p=2} = \left\{0\ 0\ 2\sin\frac{\pi}{n}\ 0\ 0\ 0\ 0\ 0\ 0\ 0\ 0\ 0\ 0\ 0\ 0\ 0\ 0\ 0\ 0\ 0\ 0\ 0\right\}^T$$

$$G|_{p=4} = \left\{0\ 0\ 0\ 0\ 0\ 0\ 0\ 2\sin\frac{\pi}{n}\ 0\ 0\ 0\ 0\ 0\ 0\ 0\ 0\ 0\ 0\ 0\ 0\ 0\ 0\right\}^T$$

$$G|_{p=8} = \left\{0\ 0\ 0\ 0\ 0\ 0\ 0\ 0\ 0\ 0\ 0\ 2\sin\frac{\pi}{n}\ 0\ 0\ 0\ 0\ 0\ 0\ 0\right\}^T$$

$$G|_{p=10} = \left\{0\ 0\ 0\ 0\ 0\ 0\ 0\ 0\ 0\ 0\ 0\ 0\ 0\ 0\ 0\ 0\ 0\ 2\sin\frac{\pi}{n}\ 0\ 0\ 0\right\}^T \tag{23}$$

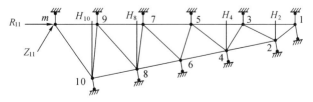

图 3　加强结构体系简化计算模型示意

网壳加强结构体系最终的内力和反力 $\overline{N}_k$ 由式(24)计算：

$$\overline{N}_k = N_k + \boldsymbol{H}^{\mathrm{T}} n_{kp} = N_k + H_2 n_{k2} + H_4 n_{k4} + H_8 n_{k8} + H_{10} n_{k,10} \tag{24}$$

对 $U_{11,16}$ 型网壳，$p=2,4,8,10$。如要计算加强结构体系节点 1 处的竖向位移 w_1，仍可由式(18)求和得出，只需将算式中的 N_k 用 $\overline{N}_k$ 替代即可。

5　参数分析

5.1　结构基本参数

若已知网壳的几何尺寸 r_1、r_m、z_m、$R=\dfrac{r_m^2+z_m^2}{2z_m}$、$\theta_1=\arcsin\dfrac{r_1}{R}$、$\theta_m=\arcsin\dfrac{r_m}{R}$、$\Delta\theta=\dfrac{\theta_m-\theta_1}{m-1}$ 和 h，上、下弦沿弧长等分，可由式(24)、(25)分别求得上、下弦节点的坐标。

$$\left.\begin{array}{l} r_i=R\sin[\theta_1+(i-1)\Delta\theta] \\ z_i=R\{1-\cos[\theta_1+(i-1)\Delta\theta]\} \end{array}\right\} \qquad (i=1,3,5,\cdots,m-2) \tag{25}$$

$$\left.\begin{array}{l} r_i=(R-h)\sin[\theta_1+(i-1)\Delta\theta] \\ z_i=(R-h)\{1-\cos[\theta_1+(i-1)\Delta\theta]\}+h \end{array}\right\} \qquad (i=2,4,6,\cdots,m-1) \tag{26}$$

为计算节点荷载，首先应确定各空间三角形网格的面积 $F_{i,i+1,i+2}$ 及其水平投影面积 $\overline{F}_{i,i+1,i+2}$，可分别由海伦公式[7]求得

$$\left.\begin{array}{l} F_{i,i+1,i+2}=\sqrt{L(L-L_i)(L-L_{i,i+1})(L-L_{i+1,i+2})} \\ L=\dfrac{L_i+L_{i,i+1}+L_{i+1,i+2}}{2} \end{array}\right\} \tag{27}$$

$$\left.\begin{array}{l} \overline{F}_{i,i+1,i+2}=\sqrt{\overline{L}(\overline{L}-\overline{L}_i)(\overline{L}-\overline{L}_{i,i+1})(\overline{L}-\overline{L}_{i+1,i+2})} \\ \overline{L}=\dfrac{\overline{L}_i+\overline{L}_{i,i+1}+\overline{L}_{i+1,i+2}}{2} \end{array}\right\} \tag{28}$$

式中，$\overline{L}_i=L_i\cos\phi_i$；$\overline{L}_{i,i+1}=L_{i,i+1}\cos\phi_{i,i+1}$；$\overline{L}_{i+1,i+2}=\overline{L}_{i+1,i+2}\cos\phi_{i+1,i+2}$。

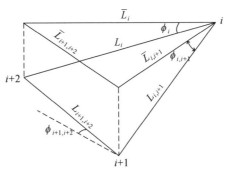

图 4　空间三角形的面积及水平投影面积

三角形网格内总竖向面荷载由每个角点各分担 1/3，可根据与节点 i 所辖三角形网格数求得节点 i 沿曲面和沿水平面的节点荷载 G_{ig} 和 G_{iq}。

设环向折线形单层球面网壳 $U_{m,n}$ 的 $m=11$、$n=16$、$z_m/2r_m=1/5$ 和 $h/2r_m=1/30$，钢管杆件用 $\phi180\times12$，截面面积为 $6333\mathrm{mm}^2$，弹性模量为 $2.06\times10^5\mathrm{MPa}$。当不动铰支座时，分别在沿曲面重力荷载 $g=2.0\mathrm{kN/m}^2$，水平荷载 $q=2.0\mathrm{kN/m}^2$，沿内孔线荷载 $p=\dfrac{\pi r_1^2 q}{2\pi r_1}=\dfrac{r_1}{2}q$（由开孔顶盖的全部水平荷

载折算而得)作用下,计算网壳各杆件内力、支座反力及节点的竖向、水平位移。

5.2 计算结果分析

节点坐标和节点荷载可由式(24)、(25)并利用式(26)、(27)求得,见表 1。

表 1 算例网壳的节点坐标和节点荷载

i	1	2	3	4	5	6	7	8	9	10	11
r_i/m	5.00	6.89	9.42	11.05	13.70	15.03	17.76	18.78	21.55	22.25	25.00
z_i/m	0.35	2.36	1.25	3.48	2.69	5.11	4.65	7.21	7.10	9.77	10.00
G_{ig}/kN	10.02	17.18	21.68	24.33	27.40	30.12	33.40	35.97	39.27	27.01	14.21
G_{iq}/kN	6.55	11.64	15.20	18.33	21.18	23.71	25.86	27.62	28.94	19.69	9.99
G_{ip}/kN	9.81	0.00	0.00	0.00	0.00	0.00	0.00	0.00	0.00	0.00	0.00

求解式(13)可直接求得网壳的内力和反力,结果见表 2、图 5。作为对比分析,表 2 还给出了厚跨比 $h/2r_m$ 为 1/40、1/50 时的计算结果。

表 2 算例网壳内力及反力

内力及反力	$h/2r_m=1/30$			$h/2r_m=1/40$			$h/2r_m=1/50$		
	g	q	p	g	q	p	g	q	p
N_1/kN	−342.92	−254.48	−13.35	−369.17	−296.36	−8.56	−432.58	−360.20	−1.42
N_3/kN	−440.58	−332.31	−1.74	−512.94	−414.81	8.54	−649.44	−541.06	23.36
N_5/kN	−503.80	−384.03	2.36	−609.70	−493.29	15.11	−804.79	−666.61	34.35
N_7/kN	−505.65	−383.81	−1.63	−603.44	−483.88	9.30	−791.41	−648.25	26.58
N_9/kN	−427.88	−319.45	−13.86	−451.04	−357.92	−9.91	−517.15	−421.07	−3.59
N_2/kN	95.16	74.00	−14.59	134.32	109.73	−20.25	192.51	160.73	−27.37
N_4/kN	169.26	135.04	−22.47	251.86	206.54	−32.05	379.07	314.62	−45.21
N_6/kN	190.47	151.87	−23.02	297.10	240.56	−33.73	467.33	381.83	−49.59
N_8/kN	131.14	102.99	−15.55	214.54	170.02	−23.23	351.54	281.52	−35.18
N_{12}/kN	43.30	32.79	−5.31	56.34	45.60	−7.06	77.37	64.54	−9.46
N_{23}/kN	−23.35	−18.94	4.78	−30.64	−25.46	6.03	−42.41	−35.47	7.62
N_{34}/kN	51.19	40.86	−4.17	75.18	61.82	−6.42	114.94	95.71	−10.04
N_{45}/kN	−8.15	−7.92	1.77	−10.55	−8.82	1.90	−14.57	−11.05	2.07
N_{56}/kN	44.28	35.05	−1.91	72.39	58.18	−3.98	122.14	99.22	−7.89
N_{67}/kN	23.57	18.66	−2.03	39.09	33.54	−3.71	64.70	56.69	−6.38
N_{78}/kN	15.07	10.24	2.07	28.80	20.79	1.66	57.48	43.47	0.05
N_{89}/kN	71.45	57.17	−6.47	119.25	97.83	−10.59	200.33	165.83	−17.52
$N_{9,10}/kN$	−40.26	−33.14	7.96	−68.33	−55.52	11.04	−111.67	−91.04	15.41
$N_{10,11}/kN$	104.06	80.94	−10.70	178.25	140.25	−16.65	304.64	242.52	−26.73
H_1/kN	−730.91	−540.40	−49.51	−737.02	−590.42	−45.32	−809.06	−673.26	−37.49
R_{11}/kN	−204.61	−148.92	−23.25	−149.10	−119.63	−25.91	−76.54	−68.12	−30.87
Z_{11}/kN	280.72	208.69	9.81	267.23	211.38	9.81	261.07	213.01	9.81

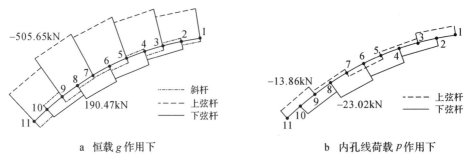

a 恒载 g 作用下　　　　b 内孔线荷载 p 作用下

图 5　算例网壳厚跨比 1/30 杆件内力

网壳各节点的竖向位移、水平向位移可利用式(18)、(19)求得,见表3及图6。

表 3　算例网壳的节点位移

节点位移	$h/2r_m=1/30$			$h/2r_m=1/40$			$h/2r_m=1/50$		
	g	q	p	g	q	p	g	q	p
w_1/mm	3.56	2.35	1.23	−12.47	−10.06	2.06	−49.38	−40.43	4.48
w_2/mm	10.61	7.74	1.01	3.50	2.23	1.37	−15.26	−12.30	2.55
w_3/mm	15.41	11.49	0.62	15.05	11.21	0.54	10.52	8.91	0.65
w_4/mm	21.27	16.00	0.41	29.62	22.47	−0.13	44.24	36.68	−1.32
w_5/mm	21.36	16.18	0.11	31.36	23.95	−0.57	49.52	40.92	−2.06
w_6/mm	26.09	19.81	−0.04	44.43	34.06	−1.16	82.87	68.29	−3.98
w_7/mm	20.17	15.35	−0.13	33.15	25.45	−0.97	59.06	48.54	−2.94
w_8/mm	23.18	17.66	−0.22	42.54	32.68	−1.36	85.58	70.18	−4.42
w_9/mm	12.19	9.27	−0.13	20.77	15.93	−0.66	38.32	31.33	−1.95
w_{10}/mm	11.96	9.09	−0.10	21.27	16.29	−0.64	42.39	34.58	−2.11
Δ_1/mm	2.80	2.07	0.19	3.01	2.23	0.17	3.08	2.56	0.15
Δ_2/mm	9.48	7.20	−0.04	14.89	11.38	−0.36	24.43	20.17	−1.08
Δ_3/mm	6.42	4.83	0.11	9.99	7.59	−0.1	16.79	13.87	−0.62
Δ_4/mm	12.03	9.17	−0.15	21.43	16.45	−0.69	39.77	32.79	−2.03
Δ_5/mm	10.03	7.62	−0.05	17.45	13.38	−0.51	32.31	26.64	−1.62
Δ_6/mm	13.39	10.24	−0.25	26.55	20.44	−1.00	54.16	44.55	−2.96
Δ_7/mm	11.39	8.70	−0.18	20.75	15.97	−0.76	40.00	32.88	−2.18
Δ_8/mm	11.03	8.45	−0.26	24.34	18.75	−0.98	53.88	44.14	−3.01
Δ_9/mm	8.31	6.35	−0.17	15.32	11.79	−0.60	29.85	24.42	−1.65
Δ_{10}/mm	2.20	1.69	−0.11	7.73	5.93	−0.36	20.49	16.65	−1.15

5.3　环向折线形单层球面网壳加强结构体系

为改善结构的受力特性,在4.1所述的基本结构体系基础上,增设若干道环向杆件,形成环向折线形单层球面网壳的加强结构体系。假定环向杆件截面为 $\phi180\times12$,在节点2、4、8、10分别设置1道环杆,当 $h_m/2r_m=1/30$,在自重荷载 $g=2.0\mathrm{kN/m^2}$ 作用下的计算结果见表4。表4中还包括在节点2、4,节点2、10和节点2、4、10同时增设环向杆件时的计算结果。

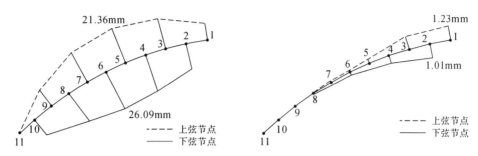

a 恒载 g 作用下　　　　　　　　　　b 内孔线荷载 p 作用下

图 6　算例网壳厚跨比 1/30 节点竖向位移

表 4　算例网壳加强结构体系计算结果

内力和位移	基本结构体系	加强结构体系						
		2	4	8	10	2、4	2、10	2、4、10
N_1/kN	−342.92	−103.21	−161.91	−277.43	−341.01	−86.72	−104.72	−87.81
N_3/kN	−440.58	−227.60	−164.92	−340.91	−437.74	−139.54	−228.43	−140.92
N_5/kN	−503.80	−336.14	−286.76	−357.33	−499.82	−266.81	−335.82	−267.21
N_7/kN	−505.65	−405.78	−376.33	−305.82	−500.21	−364.53	−404.11	−363.83
N_9/kN	−427.88	−419.10	−416.66	−410.55	−421.22	−415.51	−415.92	−413.52
N_2/kN	95.16	−147.22	21.54	68.64	94.43	−94.10	−145.21	−93.20
N_4/kN	169.26	−45.45	−108.73	100.71	167.44	−134.31	−44.22	−132.61
N_6/kN	190.47	23.20	−26.21	67.92	187.21	−46.12	23.24	−45.43
N_8/kN	131.14	35.41	7.20	−60.53	126.43	−4.22	34.05	−4.71
N_{12}/kN	43.30	7.83	16.51	33.62	43.01	5.40	8.11	5.63
N_{23}/kN	−23.35	−45.02	0.86	−14.65	−23.11	−20.72	−44.73	−20.71
N_{34}/kN	51.19	47.44	−1.43	32.22	50.72	15.43	47.22	15.52
N_{45}/kN	−8.15	−38.42	−47.32	5.41	−7.81	−51.02	−37.93	−50.55
N_{56}/kN	44.28	51.01	53.01	13.64	43.51	53.83	50.65	53.51
N_{67}/kN	23.57	−18.52	−30.92	39.92	24.04	−35.92	−17.91	−35.32
N_{78}/kN	15.07	39.63	46.82	−27.63	14.03	49.71	38.70	49.12
N_{89}/kN	71.45	16.02	−0.43	−39.61	71.82	−7.03	16.73	−6.33
$N_{9.10}/\mathrm{kN}$	−40.26	8.72	23.22	57.82	−41.63	29.03	7.63	28.12
$N_{10.11}/\mathrm{kN}$	104.06	38.20	18.84	−27.71	54.22	11.04	13.51	−4.42
H_1/kN	−730.91	−235.60	−356.92	−595.62	−727.03	−201.43	−238.82	−203.82
R_{11}/kN	−204.61	−275.74	−296.73	−347.11	−258.44	−305.03	−302.41	−321.92
Z_{11}/kN	280.72	280.62	280.61	280.62	280.61	280.61	280.62	280.61
H_2/kN	—	−561.33	—	—	—	−329.23	−555.62	−327.81
H_4/kN	—	—	−456.33	—	—	−297.31	—	−294.63
H_8/kN	—	—	—	−332.81	—	—	—	—
H_{10}/kN	—	—	—	—	−96.73	—	−49.21	−31.21
w_1/mm	8.63	4.49	6.39	7.10	4.00	5.92	4.70	6.04

由以上结果分析可知以下几点。

(1)网壳基本结构体系的内力和位移随厚跨比减小,结构刚度减小,内力与位移随之增大。

(2)在沿曲面均布荷载和沿水平面均布荷载作用下,网壳上弦杆受压,下弦杆受拉,最大内力出现在悬臂中部而不是支座和开孔处。斜杆内力基本是拉压相间,在悬臂中部有一区域全都受拉,但数值较小,所有斜杆中支座斜杆呈最大的拉力。竖向最大位移发生在悬臂中部。

(3)在内环线荷载作用下,网壳上弦在靠近支座及开孔处均受压,悬臂中部出现拉力,网壳下弦均受压;斜杆内力基本是压拉相间。竖向最大位移出现在悬臂端,并向根部呈减小趋势,但出现了向上的竖向位移(在厚跨比为 1/50 时,其向上竖向位移值与悬臂端竖向位移大小相当)。

(4)对网壳加强结构体系共给出了 7 个方案,其中在节点 2 处增设环杆,对网壳内力和位移分布影响最大;从内力优化、用钢指标、构造要求等方面综合考虑,选取在节点 2、10 处增设环杆是一种理想的方案。

6 结论

(1)环向折线形单层球面网壳是单向折线形网架结构在曲面结构构形中的一种推广,兼有双层网壳和单层网壳的受力特性和构造优点,是建筑与结构能协调配合的大跨度刚性空间结构新形式。

(2)通过机动分析,论证了环向折线形单层球面网壳基本结构体系满足空间杆系结构几何不变性的基本条件,表明这是一种单层曲面外形的空间桁架结构,而且是一种静定空间结构。

(3)针对轴对称荷载作用下环向折线形单层球面网壳的基本结构体系,提出了简化杆系计算模型及分析方法,建立了基本方程式,可方便地求得网壳杆件内力和节点位移。

(4)为改善网壳的受力特性、调整内力、位移分布,在基本结构体系基础上,增设若干道环向杆件,形成环向折线形单层球面网壳的加强结构体系,相应给出简化计算分析方法。

参考文献

[1] 中华人民共和国住房和城乡建设部. 空间网格结构技术规程:JGJ 7—2010[S]. 北京:中国建筑工业出版社,2010.

[2] 斋藤公男. 空间结构的发展与展望——空间结构设计的过去·现在·未来[M]. 季小莲,徐华泽,译. 北京:中国建筑工业出版社,2006.

[3] 董石麟,罗尧治,赵阳,等. 新型空间结构分析、设计与施工[M]. 北京:人民交通出版社,2006.

[4] GEIGER D H,STEFANIUK A,CHEN D. The design and construction of two cable domes for the Korean Olympics[C]// Proceedings of IASS Symposium on Shells,Membranes and Space Frames,Vol. 2,Osaka,Japan,1986:265—272.

[5] 董石麟,邢栋. 宝石群单层折面网壳构型研究和简化杆系计算模型[J]. 建筑结构学报,2011,32(5):78—84.

[6] 龙驭球,包世华. 结构力学[M]. 北京:高等教育出版社,2001.

[7] 徐立治. 现代数学手册[M]. 武汉:华中科技大学出版社,2000.

52 节点刚、铰接对环向折线形单层球面网壳静力和稳定性能的影响[*]

摘　要:环向折线形单层球面网壳是一种新型的具有双层网架和单层网壳特点的空间桁架体系,节点可采用铰接,结构分析简捷,加工制作方便,建筑造型优美,有推广应用前景。本文专门研究了当节点采用刚接和铰接时,对这种环向折线形单层球面网壳静力和稳定性能的影响,可进一步了解这种单层网壳结构的受力特性,并得出一些对工程设计有重要参考价值的结论。

关键词:单层球面网壳;环向折线形;刚接节点;铰接节点;半刚接半铰接节点;静力特性;稳定性能;结构影响

1　引言

作者曾提出了一种新型的环向折线形单层球面网壳结构^[1](见图1),并可用字母"$U_{m,n}$"来表征其构形,它具有双层网架和单层网壳的特点,论证了这种环向折线形单层球面网壳是满足结构几何不变性基本要求的静定空间桁架,节点可采用铰接,并给出了一种简化计算方法。

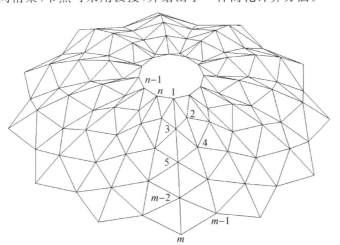

图 1　环向折线形单层球面网壳结构构形图"$U_{m,n}$"

＊　本文刊登于:董石麟,郑晓清.节点刚、铰接对环向折线形单层球面网壳静力和稳定性能的影响[C]//中国土木工程学会.第十四届空间结构学术会议论文集,福州,2012:161−172.

后刊登于期刊:董石麟,郑晓清.节点刚、铰接对环向折线形单层球面网壳静力和稳定性能的分析研究[J].建筑钢结构进展,2013,15(6):1−11,41.

现行《空间网格结构技术规程》3.1.8条强制性条文规定指出[2]：单层网壳应采用刚接节点，也就是说单层网壳为刚接杆件体系，分析计算时杆件必须采用梁单元，而不能采用铰接杆件体系的杆单元。因此，本文对这种特殊形体的环向折线形单层球面网壳结构，当节点采用刚接和铰接时对结构静力和稳定性能的影响做一分析对比，以便了解该类单层网壳结构的受力特性，并得出对工程设计有重要参考价值的结论，以利于在合适的工程中推广应用。

2 四种节点形式与杆件特性的网壳结构

根据网壳杆件的连接构造，节点特性可区分为三种：刚接、铰接和半刚接半铰接。针对环向折线形单层球面网壳，认为可选用四种具体节点形式和杆件特性的网壳结构来分析对比：①全刚接节点网壳结构，即上、下弦杆和腹杆均采用梁单元，可称计算模型 A；②全半刚接半铰接节点网壳结构（上、下弦杆连接为刚接，腹杆铰接在弦杆上），即上、下弦杆采用梁单元，腹杆采用杆单元，可称计算模型 B；③上弦节点为全半刚接半铰接节点，下弦节点为全铰接节点网壳结构（上弦杆连接为刚接，腹杆上端铰接在上弦杆上），即上弦杆采用梁单元，下弦杆和腹杆采用杆单元，可称计算模型 C；④全铰接节点网壳结构，即上、下弦杆和腹杆均采用杆单元，可称计算模型 D，见图 2（图中网壳外周边可认为支承在不动铰支座上，开孔边宜设一圈下弦环杆加强）。

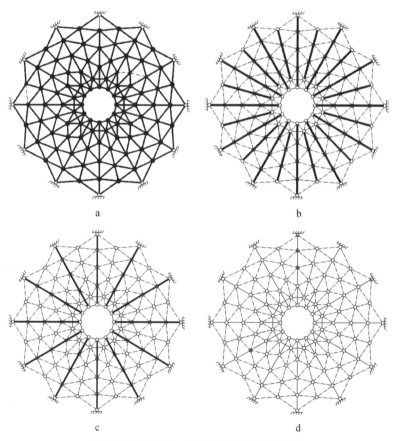

图 2　四种节点形式与杆件特性的网壳结构

图 2 中开孔边不设一圈下弦环杆加强时，可称为环向折线形单层球面网壳基本结构体系，通过机动分析，可证明这是一静定空间桁架，在轴对称荷载作用下可采用简化计算方法分析[1]。当开孔边设

一圈下弦环杆加强时,可称为环向折线形单层球面网壳(最简单的,也是最有效的)加强结构体系,在轴对称荷载作用下,可采用一次超静定的简化计算方法分析[1]。

下面对四种节点形式与杆件特性,即四种计算模型 A、B、C、D 的环向折线形单层球面网壳基本结构体系和加强结构体系,在竖向荷载作用下做了受力特性计算,获得了网壳静力和稳定性的基本规律和相互间的差异,论证了这种特殊形式的单层网壳结构可采用多种节点构造形式,不一定必须采用完全的刚接节点。

3 静力特性分析

设一环向折线形单层球面网壳 "$U_{m,n}$" 的 $m=13$、$n=16$、$r_1=8m$、$2r_m=80m$、$z_m/2r_m=1/6$ 和 $h/2r_m=1/40$,则计算网壳节点坐标可见表1。钢管杆件用 $\phi273\times18$,截面面积为 $14430mm^2$,弹性模量为 2.06×10^5MPa,荷载取值:$0.5kN/m^2$ 恒载、$0.5kN/m^2$ 活载和约 $0.75kN/m^2$ 结构自重。结构分析时采用不动铰支座。

表 1　算例网壳的节点坐标

节点编号	1	2	3	4	5	6	7	8	9	10	11	12	13
r_i/m	8.00	10.55	13.73	16.07	19.36	21.46	24.85	26.69	30.14	31.72	35.20	36.51	40.00
z_i/m	0.48	2.87	1.43	4.03	2.87	5.67	4.80	7.77	7.20	10.31	10.05	13.29	13.33

在 1.2(恒载+结构自重)+1.4 活载作用下,求得结构的内力、支座反力及节点的竖向、水平向位移见表2和表3。表中数值为基本结构体系的计算结果,而括号中数值为加强结构体系的计算结果,荷载中还考虑了内孔部分荷载等效作用在孔边的集中荷载。表中上下弦杆、腹杆、环杆及其所在位置可见图3。

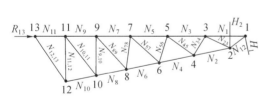
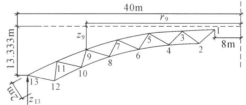

a　结构平面示意　　　　　　　　　　b　结构剖面示意

图 3　算例网壳几何尺寸及节点、杆件内力编号图

表 2　算例网壳的内力和反力

内力反力	计算模型 A	计算模型 B	计算模型 C	计算模型 D
N_1/kN	−704（−267）	−1007（−284）	−1009（−282）	−1011（−281）
N_3/kN	−850（−492）	−1248（−578）	−1254（−576）	−1259（−576）
N_5/kN	−990（−721）	−1441（−856）	−1450（−859）	−1455（−860）
N_7/kN	−1100（−923）	−1525（−1080）	−1534（−1083）	−1540（−1085）
N_9/kN	−1156（−1074）	−1435（−1190）	−1452（−1200）	−1458（−1203）

续表

内力反力	计算模型 A	计算模型 B	计算模型 C	计算模型 D
N_{11}/kN	−1156 (−1165)	−1167 (−1173)	−1167 (−1173)	−1170 (−1175)
N_2/kN	163 (−411)	230 (−517)	232 (−519)	237 (−521)
N_4/kN	252 (−227)	447 (−254)	453 (−255)	457 (−254)
N_6/kN	284 (−78)	583 (−30)	591 (−28)	598 (−26)
N_8/kN	255 (17)	579 (109)	590 (114)	596 (116)
N_{10}/kN	155 (37)	381 (116)	391 (121)	396 (125)
N_{12}/kN	34 (−7)	101 (5)	101 (5)	103 (5)
N_{23}/kN	−96 (−113)	−62 (−111)	−63 (−111)	−65 (−111)
N_{34}/kN	−5 (46)	130 (114)	132 (114)	132 (115)
N_{45}/kN	−110 (−127)	−46 (−110)	−46 (−112)	−46 (−113)
N_{56}/kN	−23 (51)	132 (136)	134 (138)	135 (138)
N_{67}/kN	−99 (−123)	9 (−89)	9 (−89)	8 (−89)
N_{78}/kN	−36 (49)	94 (134)	94 (134)	94 (135)
N_{89}/kN	−57 (−93)	111 (−25)	107 (−29)	108 (−29)
$N_{9,10}$/kN	−50 (36)	−14 (83)	−8 (89)	−8 (90)
$N_{10,11}$/kN	16 (−35)	239 (63)	251 (70)	252 (70)
$N_{11,12}$/kN	−43 (33)	−165 (1)	−176 (−6)	−179 (−8)
$N_{12,13}$/kN	151 (63)	368 (152)	369 (152)	373 (155)
H_1/kN	−1662 (−693)	−2238 (−700)	−2241 (−697)	−2242 (−695)
H_2/kN	— (−1395)	— (−1709)	— (−1714)	— (−1717)
R_{13}/kN	800 (897)	588 (813)	587 (814)	586 (813)
Z_{13}/kN	688 (693)	688 (693)	688 (694)	688 (694)

表3 算例网壳的节点位移

位移	计算模型 A	计算模型 B	计算模型 C	计算模型 D
w_1/mm	7.79 (10.30)	1.98 (7.98)	1.71 (7.85)	1.53 (7.77)
w_3/mm	25.40 (16.42)	30.95 (16.50)	30.96 (16.44)	30.98 (16.39)
w_5/mm	36.25 (21.98)	49.92 (24.56)	50.18 (24.59)	50.32 (24.60)
w_7/mm	39.02 (24.42)	56.19 (28.67)	56.58 (28.77)	56.80 (28.82)
w_9/mm	33.21 (21.90)	48.60 (26.24)	49.03 (26.41)	49.24 (26.48)
w_{11}/mm	19.56 (13.59)	28.41 (16.27)	28.67 (16.38)	28.82 (16.45)
w_2/mm	18.55 (14.00)	19.36 (12.93)	19.23 (12.83)	19.15 (12.76)
w_4/mm	35.02 (21.04)	47.07 (22.86)	47.24 (22.84)	47.34 (22.82)
w_6/mm	44.99 (26.95)	65.05 (31.53)	65.45 (31.62)	65.68 (31.65)

续表

位移	计算模型 A	计算模型 B	计算模型 C	计算模型 D
w_8/mm	46.47 (29.14)	69.47 (35.45)	70.00 (35.61)	70.29 (35.69)
w_{10}/mm	37.72 (25.08)	56.89 (30.95)	57.50 (31.22)	57.76 (31.32)
w_{12}/mm	18.24 (13.02)	26.38 (15.62)	26.54 (15.68)	26.67 (15.74)
Δ_1/mm	$-4.39\ (-1.83)$	$-5.91\ (-1.85)$	$-5.92\ (-1.84)$	$-5.92\ (-1.84)$
Δ_3/mm	$-8.68\ (-3.36)$	$-12.66\ (-3.81)$	$-12.72\ (-3.81)$	$-12.76\ (-3.81)$
Δ_5/mm	$-13.15\ (-5.77)$	$-20.00\ (-7.02)$	$-20.14\ (-7.04)$	$-20.22\ (-7.05)$
Δ_7/mm	$-16.14\ (-8.09)$	$-25.14\ (-10.21)$	$-25.34\ (-10.26)$	$-25.46\ (-10.29)$
Δ_9/mm	$-15.83\ (-8.90)$	$-24.92\ (-11.39)$	$-25.16\ (-11.47)$	$-25.28\ (-11.51)$
Δ_{11}/mm	$-10.69\ (-6.59)$	$-16.72\ (-8.40)$	$-16.90\ (-8.47)$	$-16.99\ (-8.52)$
Δ_2/mm	$-13.24\ (-4.86)$	$-20.26\ (-5.95)$	$-20.40\ (-5.98)$	$-20.48\ (-5.99)$
Δ_4/mm	$-16.40\ (-7.13)$	$-25.66\ (-9.03)$	$-25.86\ (-9.06)$	$-25.97\ (-9.08)$
Δ_6/mm	$-18.93\ (-9.37)$	$-30.25\ (-12.15)$	$-30.51\ (-12.23)$	$-30.65\ (-12.27)$
Δ_8/mm	$-18.95\ (-10.40)$	$-30.85\ (-13.79)$	$-31.14\ (-13.89)$	$-31.30\ (-13.94)$
Δ_{10}/mm	$-13.99\ (-8.31)$	$-23.27\ (-11.29)$	$-23.57\ (-11.43)$	$-23.70\ (-11.48)$
Δ_{12}/mm	$-1.53\ (-0.72)$	$-3.46\ (-1.50)$	$-3.47\ (-1.50)$	$-3.51\ (-1.52)$

为考察网壳杆件按梁单元计算时,上、下弦杆与环杆的轴向应力 σ_N 与相应弯曲应力 σ_{MZ} 的对比关系参见表4,表中不带括号与带括号中的数值分别表示基本结构体系和加强结构体系解得的计算结果(腹杆内力很小,未进行比较)。

表 4   算例网壳杆件轴向应力 σ_N 与弯曲应力 σ_{MZ}

杆件编号	计算模型 A		计算模型 B		计算模型 C	
	σ_N/MPa	σ_{MZ}/MPa	σ_N/MPa	σ_{MZ}/MPa	σ_N/MPa	σ_{MZ}/MPa
N_1	$-48.9(-18.5)$	$-8.0(-1.5)$	$-69.5(-19.2)$	$-5.4(-0.7)$	$-69.6(-19.6)$	$-5.4(-0.7)$
N_3	$-59.0(-34.1)$	$-6.4(-1.4)$	$-86.5(-40.0)$	$-10.1(-1.2)$	$-87.0(-40.0)$	$-10.2(-1.2)$
N_5	$-68.7(-50.0)$	$-7.8(-3.7)$	$-100.1(-59.5)$	$-11.7(-4.9)$	$-100.8(-59.6)$	$-11.8(-4.9)$
N_7	$-76.4(-64.1)$	$-8.0(-5.1)$	$-106.0(-75.0)$	$-12.9(-6.4)$	$-106.6(-75.1)$	$-13.1(-6.4)$
N_9	$-80.3(-74.5)$	$-7.7(-6.1)$	$-99.6(-82.5)$	$-12.2(-8.2)$	$-100.7(-83.3)$	$-12.4(-8.2)$
N_{11}	$-80.3(-80.8)$	$-4.8(-4.8)$	$-80.5(-81.0)$	$-6.3(-4.8)$	$-80.5(-81.4)$	$-6.3(-4.8)$
N_2	$11.3(-28.5)$	$3.2(-1.3)$	$16.4(-35.5)$	$5.2(-0.3)$	$16.1(-36.0)$	$0.0(0.0)$
N_4	$17.5(-15.8)$	$6.7(-2.2)$	$31.7(-17.0)$	$12.0(-2.9)$	$31.4(-17.7)$	$0.0(0.0)$
N_6	$19.7(-5.4)$	$8.5(-4.4)$	$41.3(-1.3)$	$13.6(-5.8)$	$41.0(-1.9)$	$0.0(0.0)$
N_8	$17.7(1.2)$	$12.1(8.1)$	$40.9(8.2)$	$21.8(12.2)$	$40.9(7.9)$	$0.0(0.0)$
N_{10}	$10.8(2.6)$	$8.7(7.0)$	$26.9(8.5)$	$15.0(9.6)$	$27.1(8.4)$	$0.0(0.0)$
H_1	$-115.3(-48.1)$	$-14.9(-5.0)$	$-155.2(-48.6)$	$0.0(0.0)$	$-155.4(-48.3)$	$0.0(0.0)$
H_2	$-(-96.8)$	$-(-3.0)$	$-(-118.5)$	$-(0.0)$	$-(-118.9)$	$-(0.0)$

由以上计算结果可知：

（1）网壳上弦杆基本受压，最大受压杆出现在网壳中部偏下一些约在 N_7 或 N_9 处，下弦杆基本受拉，最大值不到受压杆绝对值的 40%。基本结构体系全刚接节点计算模型 A 内力较小，其他节点的计算模型 B、C、D 内力非常接近，相对差异甚至不到 5%，最大内力比计算模型 A 的内力增大到 1.4 倍左右。加强结构体系各模型的上弦杆内力有较大幅度下调，但总体来说加强结构体系各计算模型 A、B、C、D 的最大内力比基本结构体系的内力可相应降幅 30% 左右。

（2）网壳腹杆内力较小，从悬臂端到铰支座具有内力大小交叉，拉压交叉趋势。

（3）网壳的竖向位移、水平位移最大值分别发生在节点 8、7 处。计算模型 B、C、D 的位移仍非常接近，相对差异不足 5%。基本结构体系计算模型 B、C、D 的最大位移比计算模型 A 增大约 1.4 倍。网壳加强结构体系各计算模型 A、B、C、D 的最大位移比网壳基本结构体系的位移可相应降幅约 40%。

（4）当采用梁元计算时，不论是基本结构体系还是加强结构体系，从表 4 计算模型 A、B、C 中可知，最大轴力的上、下弦杆中由弯矩产生的应力 σ_{MZ} 均小于由轴力产生应力 σ_N 的 15%。

4 稳定性能分析

4.1 特征值屈曲

仍以前一节直径 80m 的环向折线形单层球面网壳为例，取 1.0(恒载＋结构自重)＋1.0 活载作为荷载工况，基本结构体系由节点构造而确定的计算模型 A、B、C、D 的特征值屈曲计算结果见表 5 和表 6。

表 5　算例网壳基本结构体系计算模型 A 的特征值及屈曲模态

模态种类	阶数	特征值	模态轴测图	模态平面图
1(环向)	1,2	9.44	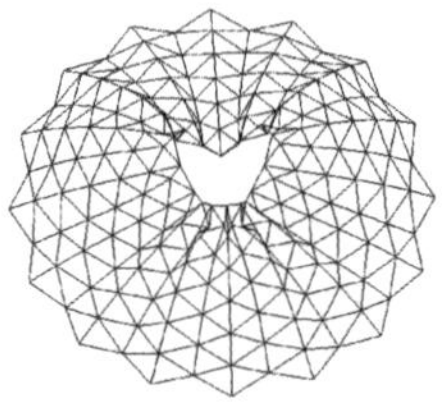	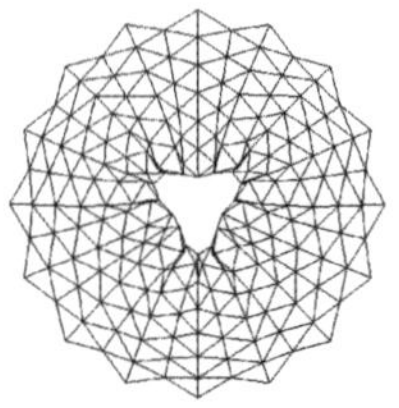
2(竖环向)	3,4	10.78	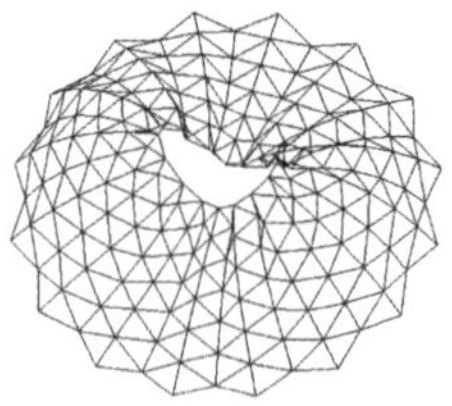	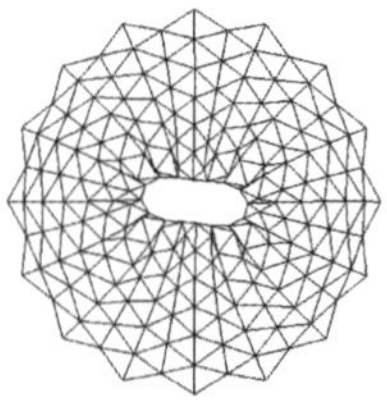
3(环向)	5,6	15.62	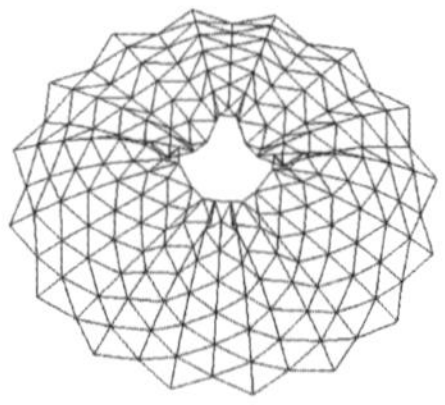	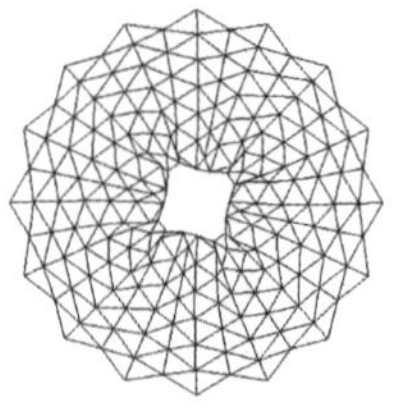

续表

模态种类	阶数	特征值	模态轴测图	模态平面图
4(环向)	7,8	25.46		
5(环向)	9,10	39.62		
6(竖向)	14	83.04		
7(竖向)	15,16	85.47		

表6　算例网壳基本结构体系计算模型 B、C、D 的特征值及屈曲模态

模态种类	阶数	特征值			模态轴测图	模态平面图
		B	C	D		
1(环向)	1,2	0.015	0.003	0.002		
2(竖向)	3,4	0.025	0.004	0.003		

模态种类	阶数	特征值 B	C	D	模态轴测图	模态平面图
3(环向)	5,6	0.042	0.032	0.031		
4(环向)	7,8	0.100	0.044	0.040		
5(竖环向)	12,13	4.17	4.12	4.11		
6(竖向)	14	72.59	72.17	72.66		

环向折线形单层球面网壳加强结构体系计算模型 A、B、C、D 的特征值屈曲计算结果见表7和表8。

表 7   算例网壳加强结构体系计算模型 A 的特征值及屈曲模态

模态种类	阶数	特征值	模态轴测图	模态平面图
1(竖环向)	1,2	39.44		
2(环向)	3,4	68.47		

续表

模态种类	阶数	特征值	模态轴测图	模态平面图
3（环向）	5,6	82.32		
4（竖向）	7	88.70		
5（环竖向）	8,9	89.31		
6（环竖向）	10,11	94.28		

表 8　算例网壳加强结构体系计算模型 B、C、D 的特征值及屈曲模态

模态种类	阶数	特征值			模态轴测图	模态平面图
		B	C	D		
1（环向）	1	19.52	18.28	18.25		
2（竖环向）	2,3	24.85	24.72	24.72		

模态种类	阶数	特征值			模态轴测图	模态平面图
		B	C	D		
3（环向）	4,5	25.72	25.17	25.16		
4（环向）	6,7	35.48	35.22	35.25		
5（环竖向）	8,9	44.35	44.17	44.25		
6（环向）	10,11	46.82	46.70	46.80		

由以上特征值计算结果可知以下几点。

（1）环向折线形单层球面网壳基本结构体系计算模型 A 的低阶屈曲模态以环向挤压屈曲模态为主，最低阶特征值为 9.44，竖向屈曲模态要在第 14 阶、第 15、16 阶才出现。

（2）环向折线形单层球面网壳基本结构体系计算模型 B、C、D 的各阶屈曲模态非常接近，且以环向为主，竖向屈曲模态到第 14 阶才出现，且各阶屈曲模态与计算模型 A 也不完全一致。然而前八阶特征值接近零值，说明这种基本结构体系的环向刚度太差。

（3）环向折线形单层球面网壳加强结构体系计算模型 A 的低阶屈曲模态以环向屈曲模态为主，最低的特征值为 39.44，已达基本结构体系计算模型 A 的 4 倍，竖向屈曲模态在第 7 阶才出现。

（4）环向折线形单层球面网壳加强结构体系计算模型 B、C、D 的各阶屈曲模态和特征值非常接近，相对差异不超过 5%，且以环向为主，最低的特征值为 19.52～18.25，约为相应计算模型 A 的 50%。

4.2 几何非线性屈曲

计算网壳算例同前,环向折线形单层球面网壳基本结构体系计算模型 A 几何非线性屈曲分析的计算结果见表 9,分析时考虑了一致缺陷模态。缺陷大小取跨度的 1/300。

表 9 算例网壳基本结构体系计算模型 A 的非线性屈曲模态及稳定系数

模态种类	缺陷阶数	稳定系数	缺陷模态	非线性屈曲模态
1(环向)	1,2	8.85		
2(竖环向)	3,4	8.20		

基本结构体系计算模型 B、C、D 不能得出几何非线性屈曲分析计算结果。加强结构体系计算模型 A、B、C、D 几何非线性屈曲分析的计算结果详见表 10 和表 11。

表 10 算例网壳加强结构体系计算模型 A 的非线性屈曲模态及稳定系数

模态种类	缺陷阶数	稳定系数	缺陷模态	非线性屈曲模态
1(竖环向)	1,2	37.27		
2(环竖向)	3,4	42.62		

表 11 算例网壳加强结构体系计算模型 B、C、D 的非线性屈曲模态及稳定系数

模态种类	阶数	稳定系数			缺陷模态	非线性屈曲模态
		B	C	D		
1（环向）	1	30.91	30.81	30.65		
2（竖环向）	2,3	19.50	19.12	18.29		
3（环竖向）	10,11	19.53	19.10	18.70		

由以上非线性屈曲分析计算结果可知以下两点。

（1）环向折线形单层球面网壳基本结构体系计算模型 A 非线性屈曲的最低稳定系数为 8.20，相应于 3,4 阶缺陷模态，为特征值屈曲时最低值 9.43（为 1,2 阶失稳模态）的 86.6%，对计算模型 B、C、D 得不出非线性屈曲的计算结果。

（2）环向折线形单层球面网壳加强结构体系计算模型 A 非线性屈曲最低稳定系数为 37.27，为特征值屈曲时最低值 39.44 的 94.4%，计算模型 B、C、D 的计算结果也比较接近，相对差异不足 5%，相应于 2,3 阶缺陷模态最低的稳定系数分别为 19.50、19.12、18.29，与特征值屈曲时一阶失稳模态的最低值 19.52、18.28、18.25 大致相当，这可能是一种巧合。

5 结论

（1）根据节点形式和杆件特性，环向折线形单层球面网壳可采用：①全刚接节点网壳结构，②全半刚接半铰接节点网壳结构，③上弦节点为全半刚接半铰接节点、下弦节点为全铰接节点网壳结构，④全铰接节点网壳结构共四种具体的结构形式，并可分别采用计算模型 A、B、C、D 表示。

（2）通过静力和稳定性分析，计算模型 B、C、D 的内力、位移、特征值和非线性屈曲分析表明，它们之间的计算结果非常接近，最大值相对差异不足 5%。因此，对比分析时只要考虑计算模型 B（或 C、或 D）即可。

（3）环向折线形单层球面网壳可分为基本结构体系和加强结构体系（在网壳内环增设一圈最简

便,但也是最有效的下弦环向杆件)两类。由于基本结构体系 B、C 和 D 内环处的水平环向刚度较差,网壳的屈曲特征值求得为接近于零值,更不能求得几何非线性屈曲分析的稳定系数。

(4)环向折线形单层球面网壳加强结构体系的计算模型 A 与相应的基本结构体系计算模型 A 相比,其最大的结构内力可降幅 15% 左右,结构刚度增加较大,最大结构变位可降幅 40% 左右,然而最低阶特征值屈曲(环向屈曲模态)增幅显著达四倍之多。考虑 1/300 一致缺陷模态的最低阶非线性屈曲的稳定系数也增大至 4.2 倍。

(5)环向折线形单层球面网壳加强结构体系的计算模型 B、C、D 最低阶特征值和非线性屈曲稳定系数为相应计算模型 A 的 50% 左右。

(6)环向折线形单层球面网壳不论是基本结构体系还是加强结构体系,当采用梁元计算时,最大轴力的上、下弦杆中由弯矩产生的应力 σ_{MZ} 均小于由轴力产生的应力 σ_N 的 15%。

(7)环向折线形单层球面网壳设计选型时,在满足安全可靠的前提下,根据跨度大小、节点构造、施工便捷、经济指标可选取加强结构体系的全刚接节点网壳结构,全半刚接半铰接节点网壳结构,上弦节点为全半刚接半铰接节点、下弦节点为全铰接节点网壳,全铰接节点网壳以及基本结构体系的全刚接节点网壳结构等多种具体结构形式。

参考文献

[1] 董石麟,郑晓清.环向折线形单层球面网壳及其结构静力简化计算方法[J].建筑结构学报,2012,33(5):60—65.

[2] 中华人民共和国住房和城乡建设部.空间网格结构技术规程:JGJ 7—2010[S].北京:中国建筑工业出版社,2010.

53 折板网壳的几何非线性和经济性分析 *

摘 要：折板网壳是一种新型的网格结构,本文介绍了几种适用于矩形平面形状的折板网壳,并将这种结构与平板网架在强度、刚度、稳定性和经济性方面做了比较分析,结果表明该种结构具有良好的受力性能和经济指标。此外,本文还分析了这种结构的几何非线性性能。

关键词：网壳；折板；受力性能；经济指标；几何非线性

1 引言

折板网壳结构(见图1)是近年发展起来的一种新型网格结构,它综合了钢筋混凝土折板、网架结构和壳体的各自优点,如网架结构安装方便,但受力性能没有壳体受力性能好,而网壳结构屋面构造复杂,尤其是不可展曲面,屋面板铺设困难,易造成漏水。折板网壳克服了网架和网壳的缺点,其组成单元是平板网架,制作安装和平板网架一样方便,同时又具有壳体的受力特性,并且这种结构自然形成脊线和谷线,具有排水方便、造型丰富等优点,因此是一种具有潜力的新型结构。目前国内外已有一些工程采用了这种结构形式,例如日本读卖陆上海豚馆、日本北海道真驹室内滑冰场[1]、杭州陈经纶体育学校网球场、浙江温州及台州电厂干煤棚工程[2]等。

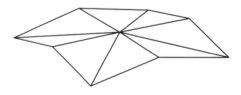

图1 折板网壳的透视图

2 折板网壳结构的形式

按组成网壳结构的基本单元来分,适合于折板网壳的有平面桁架体系和四角锥体系。图2是正放四角锥形式的折板网壳,这种网壳形式节点汇交杆件较多,可以按一定规律抽去一些锥体形成正放抽空四角锥折板网壳,如图3所示。正放抽空四角锥折板网壳杆件数目较少、构造简单、经济效果更好。

图4是由四角锥组成的立体桁架形成的折板网壳。它由四个周边四角锥立体桁架、两条脊线四

* 本文刊登于：朱忠义,董石麟,高博青.折板网壳的几何非线性和经济性分析[J].建筑结构学报,2000,21(5):54—58.

角锥立体桁架、两条谷线四角锥立体桁架以及其他的立体桁架和一些支撑杆件组成。这种折板网壳传力简洁、受力合理、竖向刚度也较大,下弦仅布置很少的杆件,整个结构给人以简洁、明快的感觉。

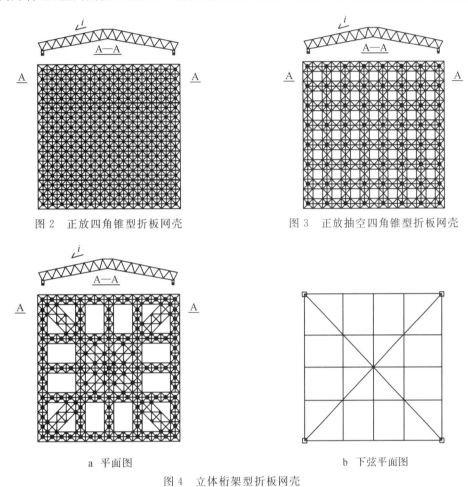

图2　正放四角锥型折板网壳　　　　　图3　正放抽空四角锥型折板网壳

　　　　a　平面图　　　　　　　　　　　　b　下弦平面图

图4　立体桁架型折板网壳

　　图5是由大网格的正交斜放桁架系组成的折板网壳。这种桁架系的间距可达5~9m,沿谷线设置主桁架,其余榀桁架平行于主桁架,在四周设置边桁架和脊线处设置两榀桁架,这样结构的整体性较好,传力也简洁可靠。

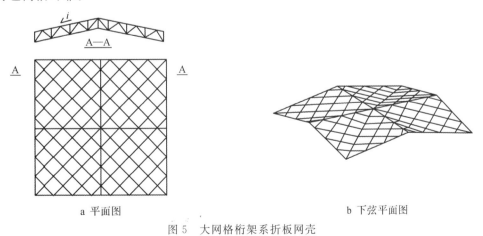

　　　　a　平面图　　　　　　　　　　　　b　下弦平面图

图5　大网格桁架系折板网壳

另外,可以把折板单元进行各种组合,形成矩形、多边形的建筑平面。

3 平板网架与折板网壳的力学性能和经济性比较

为了说明平板网架与折板网壳在强度、刚度、稳定性和经济性方面的区别,本文分析了与图2有相同尺寸和网格布置的平板网架和图2、图3、图4的折板网壳,分别命名为PB、ZB1、ZB2和ZB3。网壳平面尺寸45m×45m,每边划分15个网格,网壳厚度2.8m,其中折板网壳的折线坡度$i=20\%$,采用下弦四个角点支承,固定铰支座。上弦恒荷载0.4kN/m²,活荷载0.5kN/m²。为了比较的合理性,对这两种结构形式均采用满应力优化设计来配置杆件。计算结果列于表1。

表1 平板网架与折板网壳的比较

折板网壳	节点数量	杆件数量	用钢量	杆件最大拉力	杆件最大压力	最大挠度
PB	481	1800	48.7t	443kN	−908kN	216mm
ZB1	481	1800	41.7t	330kN	−708kN	144mm
ZB2	432	1408	36.1t	323kN	−610kN	171mm
ZB3	381	1298	34.2t	143kN	−915kN	82mm

从表中可以看出折板网壳比平板网架的用钢量大大减小,减小范围在$14\%\sim30\%$之间,而且结构刚度有明显的提高,特别是立体桁架型折板网壳,由于其受力合理、传力直接,结构竖向刚度提高达2.6倍,而用钢量仅为平板网架的70%。

折板网壳的支座水平推力较大,本文所分析的这三种折板网壳的水平推力分别为918.4kN、823.2kN和1134.6kN。通常可设置斜柱,或在支座间设置预应力拉索来平衡水平推力。

此外,本文还采用几何非线性空间杆单元[3]分析了上述四种结构形式的几何非线性稳定性,其结构中心上弦点的荷载-位移曲线见图6。

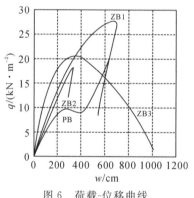

图6 荷载-位移曲线

从图6中可以看出,各种折板网壳的极限荷载均比平板网架的极限荷载提高了一倍以上,并且折板网壳与平板网架失稳后形态不同,平板网架发生跳跃失稳后,荷载稍微降低,便恢复承载力,并且承载力持续提高,类似于平板承载力的非线性强化过程。而折板网壳则具有壳体的性质,跳跃失稳后便丧失承载力,类似于一种脆性破坏。

理论上,平板网架和折板网壳均会发生失稳破坏,但结构在达到极限荷载以前早已进入塑性,而发生强度破坏。因此,这种结构不是由稳定控制,而是由强度控制。

4 折板网壳结构的几何非线性参数分析

本文取图 2 的正放四角锥型折板网壳和图 4 的立体桁架型折板网壳,来研究网壳厚度和折线坡度 i 对其几何非线性的影响。结构平面尺寸为 45m×45m,采用下弦四角点支承,固定铰支座,上弦作用均布荷载,杆件采用满应力优化分析的结果。

4.1 厚度 H 的影响

折线坡度 i 为 20％不变,网壳厚度 H 依次取 0.4m、0.8m、1.2m、1.6m、2.0m、2.4m、2.8m,分析两种网格形式的结构稳定性,图 7 和图 8 是两种网格形式的结构中心上弦点的荷载-位移关系曲线。

从图中可以看出,结构的极限荷载随网壳厚度的增加近似按线性关系提高,但是在正常使用荷载和网壳厚度下不会发生失稳破坏,结构仍为强度控制。

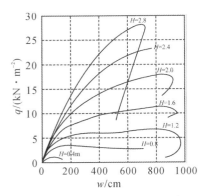

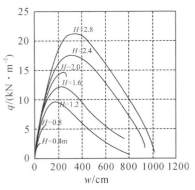

图 7 不同厚度四角锥型折板网壳的
荷载-位移曲线

图 8 不同厚度立体桁架型折板网壳的
荷载-位移曲线

4.2 折线坡度 i 的影响

网壳厚度 H 为 2.8m 不变,折线坡度 i 依次取 10％、15％、20％、25％,分析两种网格形式的结构稳定性,图 9 和图 10 是两种网格形式的结构中心上弦点的荷载-位移关系曲线。

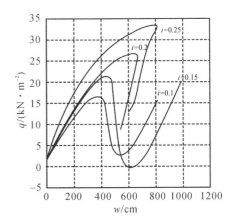

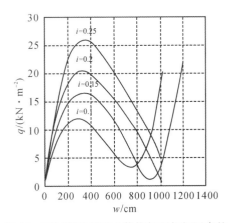

图 9 不同折线坡度四角锥型折板网壳的
荷载-位移曲线

图 10 不同折线坡度立体桁架型折板网壳的
荷载-位移曲线

从图中可以看出,结构的极限荷载随折线坡度的增加近似按线性关系提高,并且折线坡度越小,结构的上极限荷载与下极限荷载越接近,也越接近平板网架的性质。在正常使用荷载下,结构不会发生失稳破坏,结构仍为强度控制。

5 结论

通过以上分析,可得出以下结论。

(1)折板网壳结构形式丰富,抽空型折板网壳特别是立体桁架型折板网壳下弦杆少,形式简洁明快。

(2)折板网壳在强度、刚度和稳定性方面均优于平板网架。

(3)折板网壳的用钢量省,经济指标优。

(4)折板网壳的承载力随网壳厚度、折线坡度的增加而提高,但在正常使用条件下结构不会发生失稳破坏,而是由强度控制。

(6)折板网壳的支座水平推力较大,可以通过设置斜柱,或在支座间设置预应力拉索来平衡水平推力。

参考文献

[1] 尹德钰,刘善维,钱若军.网壳结构设计[M].北京:中国建筑工业出版社,1996.
[2] 高博青,董石麟.台州电厂干煤棚工程[J].建筑结构学报,1998,19(1):71-72,65.
[3] 刘大卫,董石麟.大型柱面网壳的非线性稳定分析[J].空间结构,1995,1(3):14-22.

54 　折板式网壳结构的动力性能分析*

摘　要：折板式网壳结构是一种优良的空间结构,其静力性能和经济性均优于普通网架,而且建筑造型优美,形式丰富。本文采用振型分解反应谱法和时程分析法,对折板式网壳结构的动内力做了研究,计算分析了结构厚度、坡度等参数对动内力的影响。通过计算表明,折板式网壳的动内力仅为相应网壳的二分之一,动内力的分布规律也有别于一般网架。除个别杆件外,折板式网壳杆件的动静内力之比约为10%。此外,采用反应谱法和时程法两者计算结果基本一致。本文计算结果可供工程设计时参考。

关键词：折板式网壳；动力性能；参数分析

1　概述

折板式网壳结构兼有平板网架和网壳的优点,具有结构形式丰富[1],受力性能优良,在正常几何尺寸下不存在稳定问题,而且技术经济指标优越等特点[2]。关于这种结构的形体、静力、稳定性已有了较深入的研究,但对其动力性能未见探讨。本文研究了折板式网壳结构的动力性能,分别采用振型分解反应谱法和时程分析法进行了动内力计算,找出其动内力分布规律,并与平板网架的动内力做了比较。此外,文中还对结构厚度、坡度的影响做了参数分析,得到了该种结构静动内力比的变化规律,可为设计折板式网壳结构提供参考依据。

2　折板式网壳结构动内力分布规律

折板式网壳结构不仅形式丰富,而且其构成也有各种形式。它可由平面桁架系、空间桁架系、三角锥体系、四角锥体系等组成。本文以常用的正放四角锥体系为例进行动内力分析。如图1所示折板式网壳,其平面尺寸 $45\text{m} \times 45\text{m}$,网壳厚度 $h = 2.0\text{m}$,坡度 $i = 20\%$,采用四边简支、切向约束,静、活载折算成均布质量 1.0kN/m^2。首先对该结构进行静力满应力优化设计,计算得到各杆件内力并选配杆件型号,随后采用振型分解反应谱法进行动内力计算。采用基本动力参数为：8度,远震,Ⅲ类场地土。图2~图5给出了具有相同平面尺寸、结构高度和网格数的平板网架及折板式网壳结构的静、动内力及比值。由于结构对称,图中只给出1/4上下弦杆件内力。从计算结果

---

*　本文刊登于：高博青,董石麟.折板式网壳结构的动力性能分析[J].建筑结构学报,2002,23(1):53—57.

可以看到,折板式网壳结构的静内力要比与之对应的平板网架静内力小50％左右,表明其静力性能优越。网架的动静内力比最大值(除个别静内力较小者)约为10％,且结构中部值最大,周边支承处最小,呈圆锥状分布;而折板式网壳结构的静动内力之比与网架相近,上弦平行于边界的杆件动内力呈双波分布,最大动内力出现在脊谷线之间的杆件上,而垂直于边界上的杆件动内力,越靠近谷线,其值越大;下弦平行于边界的杆件动内力靠近脊线和谷线处较大,但其值较上弦杆件动内力较小,最大、最小动内力分布规律正好与上弦杆动内力相反,而垂直于边界上的杆件,其动内力变化规律与上弦杆件动内力基本一致。值得指出的是,下弦谷线杆件动内力越靠近支座越大,这与一般网架结构有较大区别(见图9)。折板式网壳结构的支座动反力和支座腹杆动内力,均比相应网架的支座动反力和支座腹杆动内力小。

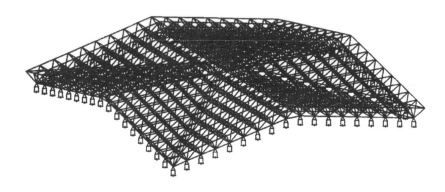

图1 四边简支折板式网壳

图2 折板网壳及平板网架上弦杆件动内力图
(括号内为平板网架内力)

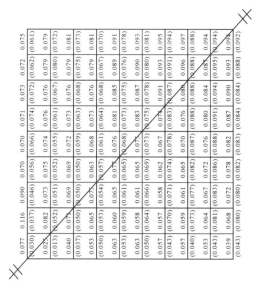

图3 折板网壳及平板网架上弦杆件动静比值图
(括号内为平板网架动静比)

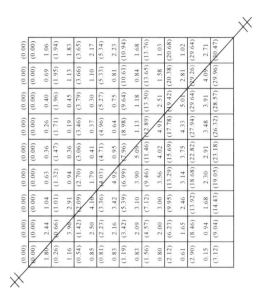

图 4　折板网壳及平板网架下弦杆件动内力图
（括号内为平板网架内力）

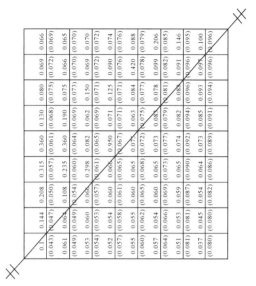

图 5　折板网壳及平板网架下弦杆件动静比值图
（括号内为平板网架动静比）

3　折板式网壳结构动内力参数影响分析

本文以上节算例来研究网壳厚度和折线坡度对其动内力分布的影响。计算动内力之前,杆件均采用满应力优化分析结果。

3.1　厚度 H 的影响

折线坡度 i 为 20% 不变,网壳厚度 H 依次为 1.0m、1.5m、2.0m、2.5m,分析其动内力变化规律。图6～图9为折板式网壳上下弦脊谷线杆件随结构厚度变化时的动内力变化规律。从图中可以看出,上弦脊谷线杆件动内力随结构厚度增加而减小,而结构动内力分布形状呈双峰马鞍型。对于下弦脊谷线杆件动内力,下弦脊线杆件动内力随结构厚度增大而增大,但动内力值不大,下弦谷线杆件动内力随结构厚度增加而减小,其值约为下弦谷线杆件的 10 倍。因此,结构应有适当的厚度,这有利于抗震。如本结构取 2.0～2.5m 结构厚度是合适的。图中 L_0 为脊线和谷线的总长(折板式网壳中心到边缘或四角的距离), L 指脊线或谷线杆件到折板式网壳中心的距离。

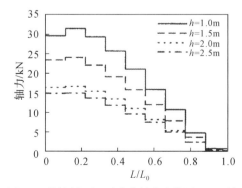

图 6　不同厚度时上弦脊线轴力变化图($i=20\%$)

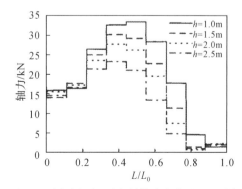

图 7　不同厚度时上弦谷线轴力变化图($i=20\%$)

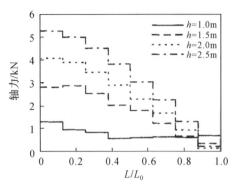 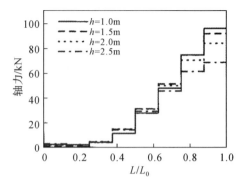

图 8　不同厚度时下弦脊线轴力变化图($i=20\%$)　　图 9　不同厚度时下弦谷线轴力变化图($i=20\%$)

3.2　折线坡度 i 的影响

网壳厚度 H 为 2.0m 不变,折线坡度 i 分别为 0、10%、20%、30%、40%,分析结构的动内力变化规律。图 10～图 13 给出了上下弦脊谷线杆件内力变化。

一般情况下,动内力随坡度的增加而减小,尤其脊线上的杆件,其变化更为明显。如折线坡度为 20% 的折板式网壳,其上弦脊线杆件动内力仅为坡度为 0(平板网架)的 50% 左右。因此,具有一定坡度的折板式网壳其抗震性能优于一般平板网架。

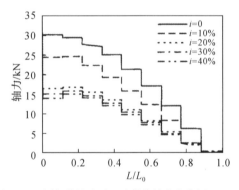 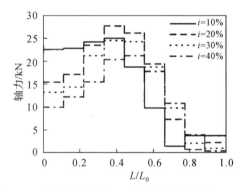

图 10　不同折线坡度时上弦脊线轴力变化图($h=2$m)　　图 11　不同折线坡度时上弦谷线轴力变化图($h=2$m)

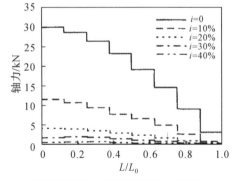 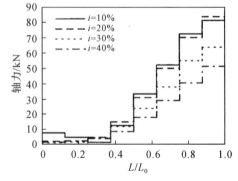

图 12　不同折线坡度时下弦脊线轴力变化图($h=2$m)　　图 13　不同折线坡度时下弦谷线轴力变化图($h=2$m)

4 反应谱法与时程分析法结构动内力比较

本节以一六边形带脊线折板式网壳为例进行比较,该结构边长为 20m,采用正交正放平面桁架体系,下弦周边支承,网壳厚度 1.2m,锥顶高 2.0m,结构承受 1.0kN/m² 均布荷载。图 14 为 1/6 结构上下弦、腹杆平面及部分杆件。对该结构分别按 8 度设防,Ⅲ类场地土,远震进行三维反应谱分析和按 8 度设防,持续时间为 10s,常遇地震下最大加速度峰值为 70gal 进行三维时程响应分析。表 1 及图 15 为图 14 对应杆件动内力值。由表 1 及图 15 可见,两种分析方法得到的各种杆件内力变化情况基本相同。就总体而言,反应谱法得到的动内力值要大于时程法所得结果。

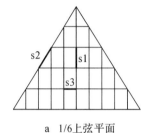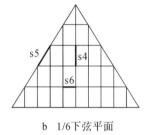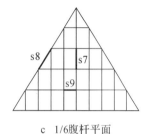

| a 1/6上弦平面 | b 1/6下弦平面 | c 1/6腹杆平面 |

图 14 部分杆件示意

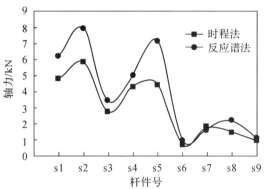

图 15 反应谱法和时程法计算结果的比较

表 1 部分杆件反应谱法和时程法计算结果的比较 （单位:kN）

杆件号	s1	s2	s3	s4	s5	s6	s7	s8	s9
反应谱法	6.26	7.87	3.36	4.98	7.16	0.88	1.70	2.23	1.15
时程法	4.76	5.78	2.70	4.26	4.32	0.60	1.82	1.46	1.00

5 结论

本文通过对折板式网壳结构动内力的计算分析,可得到如下结论。

(1)折板式网壳的动内力普遍比相应的平板网架为小,其最大动内力为相应平板网架动内力的 50%。

（2）折板式网壳结构的动内力分布有别于相应的平板网架。平板网架动内力呈锥形分布，而折板式网壳结构平行于边界的杆件动内力呈波形分布，垂直于边界的杆件动内力呈柱面状分布。

（3）除个别静内力较小的杆件之外，折板式网壳结构的静动内力之比最大值约为 10%。

（4）采用反应谱法及时程分析法，所得结果基本一致。

参考文献

［1］杨晔，高博青，董石麟．折板式网壳结构的体系及工程应用［C］//中国土木工程学会．第九届空间结构学术会议论文集，杭州，2000：246—250．

［2］朱忠义，董石麟，高博青．折板网壳的几何非线性和经济性分析［J］．建筑结构学报，2000，21（5）：54—58．

［3］尹德钰，刘善维，钱若军．网壳结构设计［M］．北京：中国建筑工业出版社，1996．

55 六杆四面体单元组成的新型球面网壳及其静力性能*

摘　要：提出了一种新型球面网壳，它由投影为四边形平面的六杆四面体单元集合组成，网壳的成形构造简单，便于工业化预制生产和装配化施工。这种杆件数和节点数相对较少、网格抽空的球面网壳，也能发挥双层网壳的作用。文中给出并讨论了新型球面网壳的基本结构体系和加强结构体系。为提高结构的刚度和稳定性，网壳的上、下弦节点可采用刚接节点、半刚接半铰接节点和铰接节点，可形成四种节点布置方式和杆件特性，即四种不同计算模型的球面网壳。本文进行了竖向荷载作用下的受力特性分析，获得了基本与加强结构体系、四种节点布置方式的网壳内力、位移的基本规律和相互差异，为工程设计和结构选型提供了依据。

关键词：六杆四面体单元；球面网壳；基本结构体系；加强结构体系；刚接节点；半刚接半铰接节点；铰接节点；静力性能；结构选型

1　引言

网壳结构是工程应用最广的空间结构形式之一，具有良好的适应能力和优越的技术经济指标。近年来，一些新型单层折线形网壳被提出并得到了系统的研究[1-4]。这些新型网壳的共同特点是兼具单层和双层网壳的受力特性，且在采用半刚性甚至铰接节点时依然具有良好的力学性能[5]，从而可以突破现行《空间网格结构技术规程》(JGJ 7—2010)关于单层网壳应采用刚接节点的强制规定的限制。这一方面可以创造丰富的技术和经济效益，另一方面也为更多的新型网壳结构体系创新提供了方向和参考。另外，随着我国建筑产业的不断发展，工业化成为建筑产业优化升级的必然方向，从国内外的经验来看，开发适合工业化生产、装配化建造的建筑结构体系是推动建筑工业化的首要任务和必要前提。

本文提出了一种由平面投影为四边形的六杆四面体单元组成、可装配的新型球面网壳结构，其成形构造简单，便于工业化预制生产和装配化施工。文中给出了这种网壳的基本结构体系和加强结构体系，并针对每种结构体系形成了四种节点刚、铰接布置方式和相应的杆件特性，从而得到多种计算模型。通过对竖向荷载作用下的各计算模型进行计算分析，获得了基本与加强结构体系、四种节点布置方式的网壳内力、位移的基本规律和相互差异，可为工程设计和结构选型提供参考。

＊　本文刊登于：董石麟，白光波，郑晓清. 六杆四面体单元组成的新型球面网壳及其静力性能[J].空间结构,2014,20(4):3—14,28.

2　六杆四面体单元及其组成的新型球面网壳

本文所研讨的六杆四面体单元如图 1 所示,它由 1 根上弦杆、1 根下弦杆和 4 根腹杆组成,其平面投影为一四边形。如节点铰接,这个六杆四面体单元可很方便地被证明是个几何不变单元。所研讨的六杆四面体单元不同于由 3 根弦杆和 3 根腹杆组成的三角锥单元(见图 2),后者也是个六杆四面体,但其平面投影为三角形。

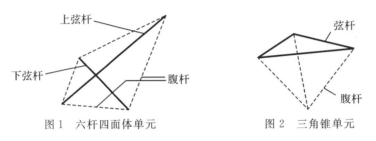

图 1　六杆四面体单元　　　　　图 2　三角锥单元

由这种六杆四面体单元所组成的新型球面网壳如图 3 所示,可见它由 $p \times q$ 个六杆四面体单元沿环向(q 个)、径向(p 个)排列集合而成[6],且可用 T_{pq} 表示球面网壳的构形。它不像三角锥、四角锥网壳那样,除了由相应的三角锥和四角锥单元群组成外,还要增添一系列上(或下)弦杆才能形成球面网壳[7,8]。因此,六杆四面体单元组成的新型球面网壳,结构成形构造简单,又能发挥双层网壳的作用,整个球面网壳可由 p 组、每组 q 个相同单元组成,便于工厂化预制生产、装配化施工。由图 3 网壳的外形还可看出,它是一个双向折线形的球面网壳:俯视为环向折线形球面网壳,脊线是径向上弦杆,谷线是下弦节点的径向连接线;仰视为径向折线形球面网壳,脊线是环向下弦杆,谷线是上弦节点的环向连接线,这大大丰富了建筑造型的美化和多样化。此外,由图 3 网壳的单元布设,还在径向和环向形成了一系列的空间四边形空格,空格总数为 $(p-1)q$。

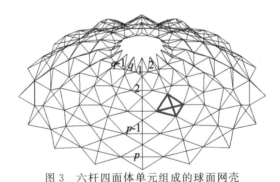

图 3　六杆四面体单元组成的球面网壳

3　球面网壳的基本结构体系、加强结构体系和多种刚、铰接节点布置方式的结构体系

如图 3 所示,网壳 T_{pq} 为所研讨球面网壳的基本结构体系,可用平面图 4a 表示,也可称无内环杆的基本结构体系。此体系整个球面网壳的单元数 $E=pq$;上弦节点数为 $(p+1)q=E+q$,下弦节点数为 $pq=E$,总节点数 $J=(2p+1)q=2E+q$;上、下弦杆数均为 $pq=E$,腹杆数为 $4pq=4E$,总杆件数为 $C=6pq=6E$。设网壳外圈边界节点为不动铰支座,则约束链杆总数 $C_0=3q$。根据空间杆系结构

Maxwell 判别准则[9]，可确定

$$D = 3J - C - C_0 = 3(2E + q) - 6E - 3q \equiv 0 \qquad (1)$$

因此，无内环杆的基本结构体系满足空间杆系几何不变的必要条件，且为静定结构。但通过基于奇异值分解的平衡矩阵理论分析[10]，它是个动不定体系[11]。

由于构造上的一般要求，这类球面网壳的开孔周边需要收口、不宜开敞，故应设置内环杆，则构成有内环杆的基本结构体系，见图 4b。此时，球面网壳有内环杆的基本结构体系是一种静不定、动不定体系。

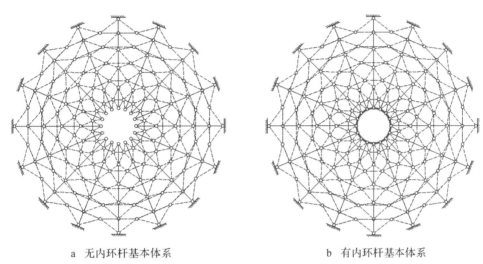

a　无内环杆基本体系　　　　　　　b　有内环杆基本体系

图 4　网壳的基本结构体系

为增加结构的刚度和稳定性，可在网壳的空间四边形空格处设置一上弦杆或下弦杆。这一方面可提高结构的刚度，另一方面由于四边形空格此时已转化为两个三角形网格，可抑制相邻六杆四面体单元的相对运动，致使球面网壳成为静不定、动定体系。对于所研讨的 T_{pq} 网壳有内环杆的基本结构体系，通常在对称均匀布置的 n 道（$n = 3$、4 或 6 等，应与 q 协调）径向四边形空格处设一环向上弦杆或径向下弦杆，从而形成两种球面网壳加强结构体系，即环向上弦加强体系和径向下弦加强体系，如图 5 所示（图中 $q = 16$，$n = 4$）。

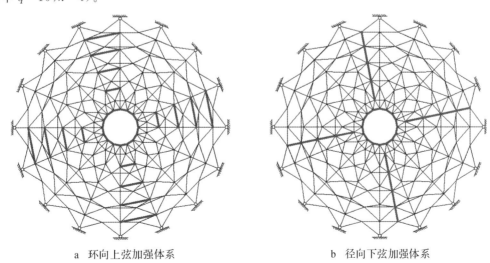

a　环向上弦加强体系　　　　　　　b　径向下弦加强体系

图 5　网壳的加强结构体系

以上讨论的是杆系结构。为进一步提高网壳的刚度和稳定性,可改变节点的构造和受力特性。根据网壳杆件的节点连接构造,节点可分为三种:刚接节点、铰接节点和半刚接半铰接节点。针对六杆四面体单元组成的球面网壳,可选用四种具体节点布置方式和杆件特性来分析研讨:①全刚接网壳,即上、下弦杆和腹杆均采用梁单元,可称计算模型 A;②全半刚接半铰接网壳(上、下弦连接为刚接,腹杆铰接在弦杆上),即上、下弦杆采用梁单元,腹杆采用杆单元,可称计算模型 B;③上弦节点为半刚接半铰接节点,下弦节点为铰接节点网壳(上弦杆连接为刚接,腹杆上端铰接在上弦杆上),即上弦杆采用梁单元,下弦杆和腹杆均采用杆单元,可称为计算模型 C;④全铰接节点网壳,即上、下弦杆和腹杆均采用杆单元,可称计算模型 D,详见图 6。图中杆件布置以有内环杆的基本结构体系为准,网壳外周边可认为支承在不动铰支座上,内环杆以上弦计;对于两类加强结构体系,加强杆件在计算模型 A 中采用梁单元,在其余计算模型中均采用杆单元。

a 全刚接网壳 b 全半刚接半铰接网壳

c 上弦半刚接半铰接、下弦铰接网壳 d 全铰接网壳

图 6　不同节点布置方式的球面网壳

4　不同节点布置方式的网壳基本结构体系静力分析

取一网壳 T_{pq} 有内环杆的基本结构体系,令 $p=5$、$q=16$,即沿球面径向和环向分别布置 5 个和 16 个基本单元。网壳跨度为 50m,矢跨比和厚跨比分别采用 1/4 和 1/30。网壳顶部开孔,开孔直径与跨度的比值为 1/6,最外圈节点固定在不动铰支座上。上弦杆件采用 $\phi159\times12$ 圆钢管,其余杆件均采用 $\phi114\times$

10 圆钢管,截面面积分别为 55.42cm² 和 32.67cm²,弹性模量取为 2.06×10⁸kN/m²。简单起见,荷载取满跨均布荷载(含开孔部位)2.0kN/m²。一个扇区内的结构几何尺寸、节点及内力编号如图 7 所示。

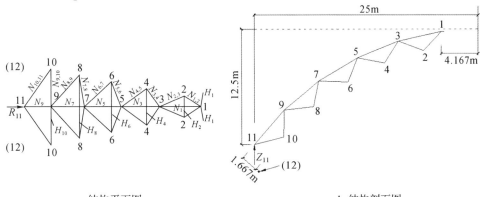

a 结构平面图　　　　　　　　　　b 结构剖面图

图 7　球面网壳的几何尺寸、节点和内力编号

　　按照所给条件,对有内环杆基本结构体系进行线性静力计算。表 1～表 3 给出了对应于图 6 中 4 种节点布置方式的计算结果,其中表 1 为杆件内力和支座反力值,表 2 为各计算模型节点的竖向(w)、水平(Δ)和总(u)位移值,表 3 为各模型的轴向应力(σ_N)和弯曲应力(σ_M)。

表 1　有内环杆基本结构体系的杆件内力和支座反力　　　　　　　　　　(单位:kN)

杆件编号	A 全刚接	B 全半刚半铰	C 上弦半刚半铰	D 全铰接
N_1	−130.7	−131.7	−131.7	−131.7
N_3	−166.4	−167.2	−167.2	−167.1
N_5	−208.0	−208.6	−208.6	−208.5
N_7	−252.2	−253.0	−253.0	−253.4
N_9	−275.2	−275.6	−275.5	−275.5
H_1	−291.9	−293.1	−293.1	−293.2
H_2	−71.2	−70.4	−70.4	−70.0
H_4	−74.8	−75.6	−75.6	−75.5
H_6	−57.6	−58.7	−58.7	−60.0
H_8	−8.7	−8.7	−8.7	−7.5
H_{10}	−17.2	−17.4	−17.4	−17.1
$N_{1.2}$	11.0	11.3	11.3	11.2
$N_{2.3}$	−8.0	−7.4	−7.4	−7.4
$N_{3.4}$	15.6	16.2	16.2	16.2
$N_{4.5}$	−9.0	−8.6	−8.6	−8.5
$N_{5.6}$	19.0	19.5	19.5	19.5
$N_{6.7}$	−6.5	−6.3	−6.3	−6.7
$N_{7.8}$	23.9	24.4	24.4	24.4
$N_{8.9}$	9.2	9.7	9.7	10.2
$N_{9.10}$	16.4	16.7	16.7	16.7
$N_{10.11}$	−1.8	−1.3	−1.4	−1.2
R_{11}	184.3	184.0	184.0	−183.7
Z_{11}	216.4	216.4	216.4	216.4

表 2　有内环杆基本结构体系的节点位移　　　　　　　　　　　　　　　　　　（单位：mm）

节点编号	A 全刚接			B 全半刚半铰			C 上弦半刚半铰			D 全铰接		
	w_i	Δ_i	u_i	w_i	Δ_i	u_i	w_i	Δ_i	u_i	w_i	Δ_i	u_i
1	−10.50	−1.07	10.55	−10.55	−1.07	10.60	−10.55	−1.07	10.60	−10.55	−1.07	10.60
3	−8.57	−1.23	8.66	−8.58	−1.23	8.67	−8.58	−1.23	8.67	−8.58	−1.23	8.67
5	−7.04	−1.41	7.18	−7.06	−1.42	7.20	−7.06	−1.42	7.20	−7.04	−1.41	7.18
7	−4.84	−1.17	4.98	−4.87	−1.19	5.01	−4.87	−1.18	5.01	−4.92	−1.21	5.07
9	−1.30	0.33	1.34	−1.30	0.34	1.34	−1.30	0.34	1.34	−1.26	0.37	1.31
2	−10.25	−0.66	10.27	−10.29	−0.65	10.31	−10.29	−0.65	10.31	−10.29	−0.66	10.31
4	−8.86	−1.20	8.94	−8.89	−1.21	8.97	−8.89	−1.21	8.97	−8.88	−1.20	8.96
6	−7.44	−1.28	7.55	−7.47	−1.31	7.58	−7.47	−1.31	7.58	−7.49	−1.36	7.61
8	−4.99	−0.24	5.00	−5.03	−0.24	5.04	−5.03	−0.24	5.04	−5.11	−0.28	5.12
10	−1.71	−0.57	1.80	−1.71	−0.58	1.81	−1.71	−0.57	1.80	−1.74	−0.59	1.84

注：竖向位移值以竖直向上为正，水平位移以由结构中心指向支座的方向为正。

表 3　有内环杆基本结构体系的轴向应力和弯曲应力　　　　　　　　　　　　（单位：MPa）

杆件编号	A 全刚接		B 全半刚半铰		C 上弦半刚半铰		D 全铰接
	σ_N	σ_M	σ_N	σ_M	σ_N	σ_M	σ_N
N_1	−23.58	2.17	−23.76	0.72	−23.76	0.72	−23.76
N_3	−30.03	1.23	−30.17	0.72	−30.17	0.72	−30.15
N_5	−37.54	2.78	−37.64	2.66	−37.64	2.66	−37.61
N_7	−45.52	3.81	−45.65	3.81	−45.65	3.81	−45.72
N_9	−49.66	4.68	−49.72	3.81	−49.72	3.81	−49.71
H_1	−52.67	0.87	−52.88	1.42	−52.88	1.42	−52.91
H_2	−21.78	0.71	−21.55	0.00	−21.55	—	−21.42
H_4	−22.90	0.20	−23.14	0.00	−23.14	—	−23.10
H_6	−17.63	0.24	−17.96	0.00	−17.96	—	−18.36
H_8	−2.66	0.42	−2.66	0.00	−2.66	—	−2.31
H_{10}	−5.26	0.02	−5.33	0.00	−5.33	—	−5.24
$N_{1,2}$	3.36	4.15	3.45	—	3.45	—	3.44
$N_{2,3}$	−2.43	4.97	−2.28	—	−2.28	—	−2.25
$N_{3,4}$	4.79	5.98	4.95	—	4.95	—	4.94
$N_{4,5}$	−2.75	6.16	−2.62	—	−2.62	—	−2.61
$N_{5,6}$	5.83	4.79	5.96	—	5.96	—	5.96
$N_{6,7}$	−1.98	5.26	−1.92	—	−1.92	—	−2.05
$N_{7,8}$	7.31	4.27	7.46	—	7.46	—	7.48
$N_{8,9}$	2.81	6.14	2.98	—	2.98	—	3.12
$N_{9,10}$	5.00	5.13	5.11	—	5.11	—	5.13
$N_{10,11}$	−0.54	3.95	−0.41	—	−0.41	—	−0.37

注：弯矩选用每根杆件两端的组合弯矩中的较大值。

从以上计算结果可以看到：

（1）由于全铰接网壳（计算模型 D）是一个静不定、动不定的结构体系，其刚度矩阵奇异，因此无法通过有限元进行计算；对于本算例中采用的满跨对称荷载，可以采用力法（基于平衡矩阵奇异值分解）对其进行求解，结果如表 1～表 3 的最后一列数据所示。

（2）网壳的上弦径向杆受压，压力从内到外呈现逐渐增大的趋势，最大压力值出现在与支座相连的杆件；下弦环杆同样都为受压，压力值没有明显变化规律，最大压力约为上弦杆所受最大压力绝对值的 27%；腹杆内力在靠近开孔的部位表现为拉、压相间的变化规律，且所受内力较小，最大值不超过上弦杆所受内力最大值的 10%；整个结构的内力最大值出现在内环杆（H_1）。总体来看，四个计算模型的内力值和支座反力基本一致。

（3）四个计算模型的位移值也大致相同，网壳的竖向位移、水平位移和总位移最大值分别位于节点 1、节点 5 和节点 1 处。在各计算模型中，上弦和下弦节点的竖向位移值分别从内到外逐渐减小；上弦节点的水平径向位移值呈现了先增大后减小的趋势，而下弦节点的水平径向位移值遵从先增大再减小再增大的变化规律；总位移的变化规律大致相同于竖向位移。

（4）在计算模型中引入梁元时，各杆件的弯曲应力均维持在较低的水平。对于轴力较大的上弦杆，弯曲应力占轴向应力的比重不超过 10%。综合来看，弯矩的影响非常小。

（5）对于上弦和下弦杆之间均采用刚接节点的计算模型 B，所有下弦环杆中的弯矩均为零，这表明在当前荷载作用下，下弦节点是否刚接对结构的内力分布没有影响。从表 1～表 3 中也可以看出，B、C 两个模型的内力和位移值都完全一致。

5 不同节点布置方式的网壳加强结构体系静力分析

对图 5 中所示的两类加强体系，计算其在第 4 节中荷载作用下的静力响应。由于此时结构的对称轴由 16 个减少为 4 个，因此在满跨均布荷载作用下，其相邻两个扇区（处于同一条经线上的基本单元所覆盖的区域）中的杆件内力和节点位移不再相等。根据结构在添加加强杆件后的对称性，可知图 8 中的两个扇区①、②中的结果可以反映整个结构的受力状态。除图中标示出编号的杆件，其余杆件的编号均参考图 7 中所示的节点编号确定，如扇区①中对应图 7a 中杆件 N_1 的编号为 $N_{1\text{-}1,3\text{-}1}$，扇区②中对应杆件 H_2 的编号为 $H_{2\text{-}2,2\text{-}3}$，对应杆件 $N_{3,5}$ 的编号为 $N_{3\text{-}2,5\text{-}2}$，依此类推。计算结果见表 4～表 6，表 5 仅给出了各节点的竖向位移和总位移，由于腹杆的内力较小，因此在表 6 中仅给出了弦杆和环杆的轴向应力 σ_N 和弯曲应力 σ_M。

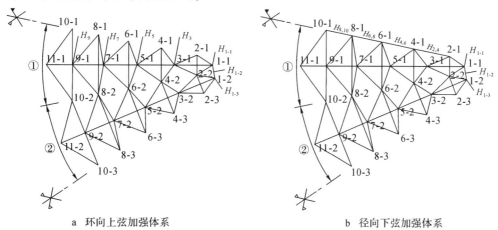

a 环向上弦加强体系   b 径向下弦加强体系

图 8 加强体系的节点和内力编号

表 4　两类加强体系的杆件内力和支座反力　　　　　　　　　　　　　　　　（单位：kN）

杆件编号	A 全刚接		B 全半刚半铰		C 上弦半刚半铰		D 全铰接	
	上弦加强	下弦加强	上弦加强	下弦加强	上弦加强	下弦加强	上弦加强	下弦加强
$N_{1\text{-}1,3\text{-}1}$	−130.6	−108.5	−131.6	−110.7	−131.7	−130.0	−131.7	−131.7
$N_{3\text{-}1,5\text{-}1}$	−165.0	−127.6	−166.4	−130.4	−167.2	−161.0	−167.1	−167.1
$N_{5\text{-}1,7\text{-}1}$	−206.8	−167.3	−208.0	−170.7	−208.5	−203.6	−208.5	−208.5
$N_{7\text{-}1,9\text{-}1}$	−251.7	−224.7	−252.7	−227.3	−253.0	−249.7	−253.4	−253.4
$N_{9\text{-}1,11\text{-}1}$	−274.8	−275.0	−275.3	−274.7	−275.6	−275.8	−275.5	−275.5
$H_{2\text{-}1,2\text{-}2}$	−71.6	−97.6	−70.7	−95.4	−70.4	−71.7	−70.0	−70.0
$H_{4\text{-}1,4\text{-}2}$	−73.7	−82.9	−74.9	−83.1	−75.6	−74.6	−75.5	−75.5
$H_{6\text{-}1,6\text{-}2}$	−56.6	−60.7	−58.3	−62.9	−58.6	−60.9	−60.0	−60.0
$H_{8\text{-}1,8\text{-}2}$	−9.0	−14.2	−8.8	−11.5	−8.7	−10.2	−7.5	−7.5
$H_{10\text{-}1,10\text{-}2}$	−17.3	−12.9	−17.5	−13.0	−17.5	−16.8	−17.1	−17.1
$N_{1\text{-}2,3\text{-}2}$	−130.6	−112.1	−131.6	−114.3	−131.6	−129.6	−131.7	−131.7
$N_{3\text{-}2,5\text{-}2}$	−167.7	−155.5	−168.0	−157.4	−167.2	−167.6	−167.1	−167.1
$N_{5\text{-}2,7\text{-}2}$	−209.2	−199.6	−209.2	−200.9	−208.6	−207.0	−208.5	−208.5
$N_{7\text{-}2,9\text{-}2}$	−252.8	−243.9	−253.2	−246.5	−253.0	−251.2	−253.4	−253.4
$N_{9\text{-}2,11\text{-}2}$	−275.6	−268.6	−275.8	−270.4	−275.5	−274.3	−275.5	−275.5
$H_{2\text{-}2,2\text{-}3}$	−70.5	−93.4	−70.0	−91.4	−70.4	−69.6	−70.0	−70.0
$H_{4\text{-}2,4\text{-}3}$	−75.6	−89.1	−76.1	−89.8	−75.6	−80.6	−75.5	−75.5
$H_{6\text{-}2,6\text{-}3}$	−58.3	−66.6	−58.9	−66.0	−58.7	−59.1	−60.0	−60.0
$H_{8\text{-}2,8\text{-}3}$	−8.4	−11.7	−8.5	−11.7	−8.6	−9.0	−7.5	−7.5
$H_{10\text{-}2,10\text{-}3}$	−17.0	−16.5	−17.4	−17.1	−17.4	−17.4	−17.1	−17.1
$N_{1\text{-}1,2\text{-}1}$	11.1	−7.6	11.3	−6.1	11.3	10.1	11.2	11.2
$N_{2\text{-}1,3\text{-}1}$	−7.8	5.9	−7.3	5.7	−7.4	−6.6	−7.4	−7.4
$N_{3\text{-}1,4\text{-}1}$	15.8	0.6	16.2	1.8	16.2	13.3	16.2	16.2
$N_{4\text{-}1,5\text{-}1}$	−8.5	−6.6	−8.3	−6.3	−8.6	−6.6	−8.5	−8.5
$N_{5\text{-}1,6\text{-}1}$	19.2	10.9	19.5	12.0	19.5	17.6	19.5	19.5
$N_{6\text{-}1,7\text{-}1}$	−5.9	−18.0	−6.1	−18.3	−6.3	−7.6	−6.7	−6.7
$N_{7\text{-}1,8\text{-}1}$	23.9	28.9	24.4	30.1	24.4	24.7	24.4	24.4
$N_{8\text{-}1,9\text{-}1}$	9.0	−20.6	9.7	−17.6	9.7	5.7	10.2	10.2
$N_{9\text{-}1,10\text{-}1}$	16.3	42.8	16.7	40.6	16.7	20.5	16.7	16.7
$N_{10\text{-}1,11\text{-}1}$	−1.9	−38.6	−1.4	−33.9	−1.4	−6.6	−1.2	−1.2
$N_{1\text{-}1,2\text{-}2}$	10.8	22.2	11.2	21.6	11.3	11.8	11.2	11.2
$N_{2\text{-}2,3\text{-}1}$	−7.1	−13.7	−7.0	−13.1	−7.4	−5.8	−7.4	−7.4
$N_{3\text{-}1,4\text{-}2}$	14.3	13.5	15.4	13.8	16.1	14.6	16.2	16.2
$N_{4\text{-}2,5\text{-}1}$	−9.6	−15.4	−9.0	−15.4	−8.5	−12.0	−8.5	−8.5
$N_{5\text{-}1,6\text{-}2}$	18.8	−12.7	19.5	−10.8	19.5	−7.4	19.5	19.5
$N_{6\text{-}2,7\text{-}1}$	−7.6	18.3	−6.8	19.0	−6.4	21.7	−6.7	−6.7

续表

杆件编号	A 全刚接		B 全半刚半铰		C 上弦半刚半铰		D 全铰接	
	上弦加强	下弦加强	上弦加强	下弦加强	上弦加强	下弦加强	上弦加强	下弦加强
$N_{7-1,8-2}$	24.3	24.9	24.6	24.0	24.4	24.7	24.4	24.4
$N_{8-2,9-1}$	9.1	7.6	9.7	8.2	9.7	9.7	10.2	10.2
$N_{9-1,10-2}$	16.4	17.1	16.7	17.3	16.7	16.6	16.7	16.7
$N_{10-2,11-1}$	−1.6	−2.6	−1.3	−2.6	−1.3	−1.4	−1.2	−1.2
$N_{1-2,2-2}$	11.0	3.3	11.3	4.0	11.3	10.8	11.2	11.2
$N_{2-2,3-2}$	−9.1	−12.0	−8.2	−11.9	−7.5	−9.1	−7.4	−7.4
$N_{3-2,4-2}$	16.7	17.8	16.8	18.4	16.2	18.0	16.2	16.2
$N_{4-2,5-2}$	−8.7	−9.7	−8.3	−9.2	−8.6	−6.1	−8.5	−8.5
$N_{5-2,6-2}$	19.0	18.6	19.3	18.9	19.5	17.3	19.5	19.5
$N_{6-2,7-2}$	−5.7	−5.8	−5.9	−7.0	−6.2	−6.0	−6.7	−6.7
$N_{7-2,8-2}$	23.3	22.0	24.1	24.0	24.3	24.0	24.4	24.4
$N_{8-2,9-2}$	9.2	7.3	9.8	8.4	9.7	9.0	10.2	10.2
$N_{9-2,10-2}$	16.3	16.6	16.7	16.8	16.7	16.9	16.7	16.7
$N_{10-2,11-2}$	−1.9	1.8	−1.4	2.3	−1.4	−1.0	−1.2	−1.2
$N_{1-2,2-3}$	11.0	13.0	11.3	13.3	11.3	11.2	11.2	11.2
$N_{2-3,3-2}$	−7.7	−11.3	−7.3	−10.2	−7.4	−7.3	−7.4	−7.4
$N_{3-2,4-3}$	15.8	16.9	16.3	17.5	16.2	16.4	16.2	16.2
$N_{4-3,5-2}$	−9.0	−11.6	−8.6	−10.9	−8.6	−9.8	−8.5	−8.5
$N_{5-2,6-3}$	19.2	19.7	19.5	20.1	19.5	19.5	19.5	19.5
$N_{6-3,7-2}$	−6.5	−8.6	−6.3	−7.8	−6.3	−6.4	−6.7	−6.7
$N_{7-2,8-3}$	23.9	23.9	24.4	24.5	24.4	24.4	24.4	24.4
$N_{8-3,9-2}$	9.3	7.9	9.8	8.7	9.7	9.6	10.2	10.2
$N_{9-2,10-3}$	16.3	16.3	16.7	16.8	16.7	16.7	16.7	16.7
$N_{10-3,11-2}$	−1.7	−1.5	−1.3	−1.2	−1.3	−1.4	−1.2	−1.2
H_{1-1}	−291.8	−241.4	−293.0	−245.6	−293.0	−288.2	−293.2	−293.2
H_{1-2}	−291.8	−253.5	−293.0	−256.9	−293.1	−289.9	−293.2	−293.2
H_{1-3}	−291.8	−257.6	−293.0	−260.8	−293.0	−289.6	−293.2	−293.2
$H_3(N_{2,4})$	−0.8	(−59.8)	−0.4	(−56.0)	−0.1	(−3.5)	0.0	(0.0)
$H_5(N_{4,6})$	−1.0	(−88.2)	−0.4	(−82.8)	0.0	(−9.8)	0.0	(0.0)
$H_7(N_{6,8})$	−0.9	(−88.6)	−0.4	(−82.1)	−0.1	(−11.7)	0.0	(0.0)
$H_9(N_{8,10})$	0.2	(−58.5)	0.1	(−52.3)	0.1	(−8.3)	0.0	(0.0)
R_{11-1}	184.0	208.4	183.8	205.0	184.0	187.4	183.7	183.7
Z_{11-1}	216.1	222.0	216.2	220.9	216.4	217.4	216.4	216.4
R_{11-2}	184.6	177.6	184.2	178.3	184.0	182.9	183.7	183.7
Z_{11-2}	216.7	210.8	216.6	211.9	216.4	215.4	216.4	216.4

表 5　两类加强体系的节点竖向位移和总位移　　　　　　　　　　　　　　　（单位：mm）

节点编号	A 全刚接		B 全半刚半铰		C 上弦半刚半铰		D 全铰接	
	上弦加强	下弦加强	上弦加强	下弦加强	上弦加强	下弦加强	上弦加强	下弦加强
w_{1-1}/u_{1-1}	−10.49/10.54	−8.53/8.58	−10.54/10.59	−8.69/8.74	−10.55/10.60	−10.26/10.31	−10.55/10.60	−10.55/10.61
w_{3-1}/u_{3-1}	−8.49/8.58	−7.37/7.52	−8.50/8.59	−7.32/7.59	−8.56/8.65	−7.65/12.00	−8.57/8.66	−8.58/14.24
w_{5-1}/u_{5-1}	−6.98/7.12	−6.24/6.55	−7.04/7.19	−6.42/7.10	−7.08/7.22	−7.29/16.11	−7.05/7.20	−7.06/17.03
w_{7-1}/u_{7-1}	−4.82/4.96	−4.62/4.88	−4.87/5.02	−4.75/5.32	−4.87/5.01	−5.00/13.11	−4.92/5.07	−4.92/13.96
w_{9-1}/u_{9-1}	−1.33/1.36	−1.58/1.61	−1.31/1.35	−1.45/1.46	−1.30/1.35	−1.35/5.67	−1.26/1.32	−1.26/6.10
w_{1-2}/u_{1-2}	−10.51/10.57	−8.64/8.69	−10.56/10.61	−8.83/8.88	−10.55/10.61	−10.44/10.50	−10.55/10.60	−10.55/10.61
w_{3-2}/u_{3-2}	−8.65/8.74	−7.94/8.05	−8.66/8.75	−8.15/8.28	−8.61/8.70	−9.21/11.92	−8.57/8.66	−8.58/14.24
w_{5-2}/u_{5-2}	−7.09/7.24	−7.14/7.38	−7.07/7.21	−7.09/7.59	−7.04/7.19	−6.73/16.12	−7.05/7.20	−7.06/17.03
w_{7-2}/u_{7-2}	−4.86/5.00	−4.99/5.24	−4.88/5.02	−4.96/5.50	−4.88/5.02	−4.75/13.14	−4.92/5.07	−4.92/13.96
w_{9-2}/u_{9-2}	−1.28/1.33	−1.35/1.38	−1.29/1.33	−1.40/1.41	−1.29/1.34	−1.30/5.69	−1.26/1.32	−1.26/6.10
w_{2-1}/u_{2-1}	−10.12/10.14	−8.17/8.19	−10.16/10.18	−8.02/8.02	−10.19/10.21	−6.44/7.01	−10.20/10.22	−6.30/7.04
w_{4-1}/u_{4-1}	−8.45/8.51	−6.05/6.06	−8.49/8.56	−4.96/4.97	−8.54/8.60	6.42/9.22	−8.54/8.60	8.20/11.11
w_{6-1}/u_{6-1}	−6.93/7.01	−4.26/4.27	−7.00/7.08	−2.45/2.59	−7.01/7.09	16.12/19.65	−7.01/7.09	18.24/22.03
w_{8-1}/u_{8-1}	−4.71/4.72	−3.58/3.61	−4.75/4.76	−1.95/2.01	−4.74/4.75	15.78/19.18	−4.77/4.77	17.54/21.18
w_{10-1}/u_{10-1}	−1.83/1.93	−2.75/2.76	−1.83/1.93	−1.95/1.95	−1.82/1.92	7.42/7.90	−1.80/1.90	8.30/8.80
w_{2-2}/u_{2-2}	−10.31/10.33	−8.94/9.01	−10.34/10.37	−9.26/9.34	−10.37/10.39	−13.04/13.49	−10.37/10.40	−14.29/14.96
w_{4-2}/u_{4-2}	−9.10/9.19	−9.25/9.47	−9.15/9.25	−10.43/10.80	−9.21/9.31	−23.03/25.01	−9.22/9.31	−25.96/27.79
w_{6-2}/u_{6-2}	−7.81/7.96	−9.03/9.34	−7.92/8.06	−11.24/11.79	−7.95/8.10	−31.48/34.49	−7.95/8.11	−33.21/36.46
w_{8-2}/u_{8-2}	−5.25/5.26	−6.14/6.14	−5.31/5.31	−7.93/7.99	−5.31/5.31	−26.08/28.50	−5.34/5.34	−27.65/30.26
w_{10-2}/u_{10-2}	−1.64/1.73	−1.50/1.59	−1.61/1.70	−2.01/2.13	−1.60/1.69	−10.97/11.62	−1.55/1.63	−11.65/12.34
w_{2-3}/u_{2-3}	−10.28/10.30	−8.73/8.77	−10.31/10.33	−8.82/8.85	−10.24/10.26	−7.90/8.04	−10.20/10.22	−6.30/7.04
w_{4-3}/u_{4-3}	−8.80/8.87	−7.75/7.83	−8.75/8.81	−6.86/6.86	−8.58/8.64	4.58/9.15	−8.54/8.60	8.20/11.11
w_{6-3}/u_{6-3}	−7.16/7.24	−6.15/6.19	−7.05/7.13	−3.86/3.89	−6.97/7.05	17.11/20.69	−7.01/7.09	18.24/22.03
w_{8-3}/u_{8-3}	−4.75/4.76	−4.13/4.15	−4.74/4.75	−2.34/2.35	−4.75/4.76	16.24/19.61	−4.77/4.77	17.54/21.18
w_{10-3}/u_{10-3}	−1.73/1.82	−2.00/2.11	−1.78/1.88	−1.59/1.68	−1.81/1.91	7.54/8.00	−1.80/1.90	8.30/8.80

注：竖向位移值以竖直向上为正。

表 6　两类加强体系的轴向应力和弯曲应力　　　　　　　　　　　　　　　（单位：MPa）

杆件编号	A 全刚接				B 全半刚半铰				C 上弦半刚半铰			
	上弦加强		下弦加强		上弦加强		下弦加强		上弦加强		下弦加强	
	σ_N	σ_M	σ_N	σ_M	σ_N	σ_M	σ_N	σ_M	σ_N	σ_M	σ_N	σ_M
$N_{1-1,3-1}$	−23.57	2.30	−19.58	2.92	−23.75	0.98	−19.98	3.40	−23.76	0.91	−23.46	17.80
$N_{3-1,5-1}$	−29.77	1.37	−23.03	0.77	−30.02	0.98	−23.52	1.29	−30.17	0.91	−29.06	7.87
$N_{5-1,7-1}$	−37.32	2.70	−30.19	2.56	−37.53	2.63	−30.80	3.18	−37.63	2.61	−36.73	4.44
$N_{7-1,9-1}$	−45.42	3.72	−40.55	3.67	−45.60	3.78	−41.01	4.05	−45.65	3.80	−45.05	4.50
$N_{9-1,11-1}$	−49.58	4.57	−49.63	4.11	−49.68	3.78	−49.57	4.06	−49.73	3.80	−49.77	4.52
$H_{2-1,2-2}$	−21.91	2.30	−29.89	8.56	−21.62	2.13	−29.21	14.49	−21.55	—	−21.95	—
$H_{4-1,4-2}$	−22.55	2.36	−25.38	12.27	−22.92	2.39	−25.42	21.20	−23.14	—	−22.85	—

续表

| 杆件编号 | A 全刚接 | | | | B 全半刚半铰 | | | | C 上弦半刚半铰 | | | |
| | 上弦加强 | | 下弦加强 | | 上弦加强 | | 下弦加强 | | 上弦加强 | | 下弦加强 | |
	σ_N	σ_M	σ_N	σ_M	σ_N	σ_M	σ_N	σ_M	σ_N	σ_M	σ_N	σ_M
$H_{6\text{-}1,6\text{-}2}$	−17.33	2.06	−18.59	9.98	−17.83	1.93	−19.25	17.73	−17.93	—	−18.64	—
$H_{8\text{-}1,8\text{-}2}$	−2.76	1.21	−4.35	4.13	−2.71	0.67	−3.53	7.03	−2.68	—	−3.11	—
$H_{10\text{-}1,10\text{-}2}$	−5.31	0.19	−3.96	1.20	−5.35	0.18	−3.98	0.52	−5.34	—	−5.15	—
$N_{1\text{-}2,3\text{-}2}$	−23.56	2.11	−20.23	1.76	−23.75	0.54	−20.62	0.88	−23.75	0.62	−23.39	12.16
$N_{3\text{-}2,5\text{-}2}$	−30.27	1.11	−28.07	1.50	−30.32	0.54	−28.41	1.44	−30.18	0.62	−30.25	8.06
$N_{5\text{-}2,7\text{-}2}$	−37.75	2.87	−36.01	3.05	−37.75	2.73	−36.24	3.11	−37.65	2.74	−37.36	8.14
$N_{7\text{-}2,9\text{-}2}$	−45.61	3.92	−44.00	4.13	−45.70	3.87	−44.48	4.15	−45.64	3.86	−45.32	4.44
$N_{9\text{-}2,11\text{-}2}$	−49.73	4.79	−48.46	4.93	−49.76	3.87	−48.79	4.16	−49.72	3.86	−49.49	4.45
$H_{2\text{-}2,2\text{-}3}$	−21.57	2.03	−28.59	6.75	−21.43	1.63	−27.98	12.29	−21.54	—	−21.31	—
$H_{4\text{-}2,4\text{-}3}$	−23.14	2.10	−27.28	9.62	−23.30	2.24	−27.50	19.82	−23.14	—	−24.68	—
$H_{6\text{-}2,6\text{-}3}$	−17.83	1.89	−20.38	8.13	−18.04	1.91	−20.19	17.17	−17.98	—	−18.09	—
$H_{8\text{-}2,8\text{-}3}$	−2.58	1.12	−3.59	3.35	−2.62	0.66	−3.57	6.91	−2.65	—	−2.76	—
$H_{10\text{-}2,10\text{-}3}$	−5.21	0.11	−5.06	0.58	−5.31	0.17	−5.24	0.44	−5.33	—	−5.34	—
$H_{1\text{-}1}$	−52.66	0.69	−43.55	1.53	−52.87	1.37	−44.32	1.06	−52.88	1.46	−52.01	8.98
$H_{1\text{-}2}$	−52.65	1.07	−45.75	2.25	−52.87	1.30	−46.36	2.30	−52.88	1.38	−52.31	8.79
$H_{1\text{-}3}$	−52.65	0.93	−46.48	0.97	−52.87	1.56	−47.05	1.99	−52.88	1.49	−52.26	6.78
$H_3(N_{2,4})$	−0.23	0.58	(−18.32)	(0.85)	−0.13	—	(−17.14)	—	−0.02	—	(−1.07)	—
$H_5(N_{4,6})$	−0.30	0.60	(−27.00)	(0.38)	−0.14	—	(−25.33)	—	0.01	—	(−3.00)	—
$H_7(N_{6,8})$	−0.28	0.19	(−27.13)	(3.22)	−0.12	—	(−25.12)	—	−0.03	—	(−3.59)	—
$H_9(N_{8,10})$	0.07	0.18	(−17.91)	(1.06)	0.03	—	(−16.02)	—	0.03	—	(−2.55)	—

由表 4～表 6 所示的计算结果可以看到以下几点。

(1)对全铰接网壳(计算模型 D),两类加强体系的加强杆件全部为零杆,此时结构的内力分布与基本结构体系完全一致,说明从内力角度而言,加强杆仅起到使结构由动不定体系变为动定体系的作用。对于其他计算模型的上弦加强体系,加强杆件的内力(H_3,H_5,H_7,H_9)均为非常小的值,因此加强杆件对整个结构的内力分布影响不大,在表 4 中的数据表现为计算模型 A、B、C 的上弦加强体系相邻扇区内的杆件内力值仅有微弱差别,且与基本结构体系对应的计算模型结果基本一致。对于下弦加强体系,加强杆件的内力($N_{2,4},N_{4,6},N_{6,8},N_{8,10}$)要明显大于上弦加强体系的结果,因此其对于整个结构内力分布的影响要大于上弦加强体系。在表 4 中,下弦加强体系计算模型 A、B、C 中相邻扇区的内力值存在一定的差异,且对于内力值较大的内环杆和上弦径向杆,大多数内力值较基本结构体系有所降低,因此可以认为下弦加强杆件对结构的内力分布有一定的改善作用。

(2)对于全铰接网壳(计算模型 D),两类加强体系处于相邻扇区的上弦节点竖向位移值完全相同,且均与基本结构体系的计算结果一致。相邻扇区对应位置处的下弦节点竖向位移值存在较大的差异,呈现一大一小的变化规律。总的来看,下弦加强体系的这种差异要明显大于上弦加强体系,这是由于这种差异可以认为是由相邻扇区单元间的相对位移造成的,而上弦加强体系对结构环向刚度的加强效果更为显著,能在一定程度上抑制这种相对位移的发生。

(3)在计算模型中引入梁单元后,加强杆件方能对整个结构的竖向刚度起到一定的改善作用。与基本结构体系(表 2)相比,A、B、C 三个计算模型对应的两类加强体系的节点竖向位移值(表 5)均出现了不同程度的下降。总体而言,下弦加强体系的下降幅度更大,因此可以认为下弦加强杆件对整体结构竖向刚度的改善效果更为显著。此时相邻扇区对应位置处节点的竖向位移值按一大一小变化的现象仍然存在,但由于刚接节点对结构环向刚度有一定的提升效果,对相邻扇区单元间的相对运动有抑制作用,因此下弦节点间的位移值差异不及计算模型 D 明显。具体而言,相邻扇区对应位置处节点位移值的差异由小到大顺序为模型 A<模型 B<模型 C<模型 D。

(4)对上弦加强体系计算模型 A、B、C,加强上弦杆的内力接近零值,①、②扇区相应的杆件内力和上弦节点位移接近相同,且与基本结构体系计算模型 A、B、C 计算结果相比也仅有微小变化。扇区①、②相应下弦节点位移与基本体系的差异为±10%左右,其平均值与基本体系大致相当。对下弦加强体系计算模型 A、B,最大加强下弦杆的内力已接近临近上弦杆内力约 40%,①、②扇区的相应杆件内力变化稍大,但最大杆件内力的相互差异不超过 15%,其平均值相对基本结构体系降低约 15%。①、②扇区相应上弦节点竖向位移相互差异不超过 15%,其平均值相对基本结构体系降低约 15%,相应下弦节点的竖向位移与基本体系的差异较大,但不改变竖向位移的方向。

(5)对于上弦加强体系,A、B、C 三个计算模型中,各梁单元杆件的弯曲应力均维持在较低的水平,对于轴力较大的上弦杆和内环杆,弯曲应力占轴向应力的比重均不超过 10%。而对于下弦加强体系,模型 A 和模型 B 的上弦杆弯曲应力同样处于较低水平,弯曲应力不超过轴向应力的 11%,但其下弦环杆的弯曲应力相对上弦加强体系和基本结构体系产生了显著的增大,计算模型 A 中弯曲应力占轴向应力的最大比例达到了 48.3%($H_{4-1,4-2}$),模型 B 的这一比例达到了 83.4%($H_{4-1,4-2}$)。下弦加强体系的计算模型 C 中,最内侧上弦杆和内环杆的弯曲应力值相对计算模型 A、B 有非常明显的增大,占轴向应力的比重达到了 75.9%($N_{1-1,3-1}$),这主要是由于相邻扇区之间存在较大的相对运动趋势,在内环杆和与内环杆相连的上弦杆中产生了较大的球壳上表面内的弯矩。

6 结语

(1)本文提出了由六杆四面体单元集合组成的新型球面网壳。这种网壳结构成形简单,网格抽空,与通常的三角锥、四角锥球面网壳相比,杆件数与节点数相对较少,同样能起到双层网壳的作用。网壳(单元)可在工厂工业化预制生产,现场走装配化施工的道路。

(2)文中给出并研讨了六杆四面体单元组成球面网壳的基本结构体系和加强结构体系。无内环杆的基本结构体系是静定动不定的,有内环杆的基本结构体系是静不定动不定的,在局部空网格中有规律地设置环向上弦杆或径向下弦杆的两种加强结构体系是静不定动定的。

(3)根据节点构造和杆件特性,可形成 A 全刚接、B 全半刚接半铰接、C 上弦半刚接半铰接而下弦铰接、D 全铰接共四种节点布置方式和相应计算模型的六杆四面体球面网壳。本文对四种计算模型球面网壳的基本和加强体系均做了算例分析和说明,以便依据跨度大小、刚度和稳定性要求、制作安装条件、综合技术经济指标等来合理选用。

(4)在均布竖向荷载作用下,从网壳有内环杆基本结构体系分析结果可知:径向上弦杆全部受压,最大值发生在与支座交接的上弦杆;环向下弦杆也全部受压,最大压力值为上弦最大压力值的 30%左右;腹杆基本呈现拉压相间的变化规律,最大值不超过上弦杆最大内力值的 10%;四个计算模型的内力值和支座反力基本一致,梁元的弯曲应力占轴向应力的比重不超过 10%。网壳的竖向和水平位移都是向下和向内的,总位移最大值在开口边,沿网壳径向至支座逐渐减小。四个计算模型的位移值都甚为接近。

(5)在均布竖向荷载作用下,从网壳加强结构体系分析结果可知:对两种加强结构体系计算模型 D,加强上弦杆或下弦杆的内力均为零,其他各杆内力均相同,且与基本结构体系的内力计算结果相等。这说明加强杆起到了结构体系从动不定到动定的作用,不调整内力的分布。但由于加强杆的内力为零,加强杆两端沿该杆方向的相对位移为零,这一约束条件导致加强体系的位移与基本体系的位移不完全相等。研究表明,加强体系上弦节点的竖向位移和基本体系相同。鉴于有节点水平环向位移,故总位移与基本体系并不一致。上弦加强体系①、②扇区中的相应下弦节点竖向位移与基本体系的差异为±10%左右,其平均值与基本体系大致相当;但下弦加强体系的差异很大,不少下弦节点的竖向位移方向会变为向上。

(6)能维持上表面折面外形、构造也比较简便的下弦加强体系计算模型C,最大加强下弦杆的内力仅占最大上弦杆内力约5%,①、②扇区的相应杆件内力与基本体系的差异为±5%,其平均值与基本体系的非常接近。①、②扇区相应上弦节点竖向位移与基本体系差异为±10%,其平均值与基本体系大致相当,但下弦节点的竖向位移与基本体系的差异较大,部分下弦节点竖向位移方向会变为向上。

(7)本文所提出的六杆四面体单元组成的球面网壳基本体系是一种俯视为环向折线形、仰视为径向折线形的双向折线形球面网壳,结构美与建筑美可协调配合,建筑师乐于采用。

参考文献

[1] 董石麟,邢栋.宝石群单层折面网壳构形研究和简化杆系计算模型[J].建筑结构学报,2011,32(5):78−84.

[2] 邢栋,董石麟,朱明亮,等.一种单层铰接折面网壳结构的试验研究[J].空间结构,2011,17(2):3−12.

[3] 董石麟,郑晓清.环向折线形单层球面网壳及其结构静力简化计算方法[J].建筑结构学报,2012,33(5):62−70.

[4] 郑晓清,董石麟,白光波,等.环向折线形单层球面网壳结构的试验研究[J].空间结构,2012,18(4):3−12.

[5] 董石麟,郑晓清.节点刚、铰接时环向折线形单层球面网壳静力和稳定性能的分析研究[J].建筑钢结构进展,2013,15(6):1−11,41.

[6] 董石麟,郑晓清,白光波.一种由四边形平面六杆四面体单元连接组合的球面网壳:中国ZL201210079062.7[P].2014-07-23.

[7] 中华人民共和国住房和城乡建设部.空间网格结构技术规程:JGJ 7−2010[S].北京:中国建筑工业出版社,2010.

[8] 董石麟,罗尧治,赵阳,等.新型空间结构分析、设计与施工[M].北京:人民交通出版社,2006.

[9] 龙驭球,包世华.结构力学[M].北京:高等教育出版社,2001:318−331.

[10] PELLEGRINO S,CALLADINE C R.Matrix analysis of statically and kinematically indeterminate frameworks[J].International Journal of Solids and Structures,1986,22(4):409−428.

[11] 白光波,董石麟,郑晓清.六杆四面体单元组成的新型球面网壳机动分析[J].空间结构,2014,20(4):15−28.

56 六杆四面体单元组成的新型球面网壳机动分析[*]

摘　要：对平面投影为四边形的六杆四面体单元组成的新型球面网壳全铰接基本结构体系进行了系统的机动分析。若采用传统的 Maxwell 准则分析，该网壳的基本结构体系被认为是一个静定结构。而基于平衡矩阵理论进行分析时，可以发现该网壳的基本结构体系是一个静不定、动不定体系。利用平衡矩阵的物理意义和矩阵的初等变换，证明了新型网壳基本结构体系的机构位移模态数与沿圆形平面径向布置的六杆四面体单元数是相等的。在此基础上给出了新型网壳加强结构体系的形成依据，并提出两种适于工程应用的结构体系加强方式。

关键词：六杆四面体单元；球面网壳；平衡矩阵；机构位移模态；基本结构体系；加强结构体系

1　引言

由平面投影为四边形的六杆四面体单元组成的球面网壳[1]是一种成形构造简单、便于工业化预制生产和装配化施工的新型网壳结构体系。这种新型网壳的基本结构体系由一系列沿环向和径向布置的六杆四面体基本单元组成，为简便起见，可以用 T_{pq} 表示该球面网壳结构的构形，p 和 q 分别表示沿圆形平面径向和环向分布的基本单元个数，如图 1 所示。文献[1]通过在这种新型网壳基本结构体系的不同部位增设加强杆，形成了多种加强结构体系，还通过采用不同的节点构造和杆件特性，给出多种刚、铰接节点布置方式的结构体系，并对所有结构体系在满跨均布荷载作用下的静力性能进行了系统分析。本文分别采用 Maxwell 准则和平衡矩阵理论对该球面网壳的全铰接基本结构体系进行机动分析。基于平衡矩阵的物理意义和矩阵的初等变换，得到了基本结构体系机构位移模态数与基本单元个数的关系，并在此基础上给出了加强结构体系的形成依据。

2　基于 Maxwell 准则的机动分析

对于图 1 所示的基本结构体系，整个网壳的基本单元数 $E=pq$；节点数 $J=(2p+1)q$，其中上弦节点数为 $(p+1)q$，下弦节点数为 pq；杆件数 $C=6pq$，其中上弦杆数和下弦杆数均为 pq，腹杆数为 $4pq$。在体系最外圈节点处设置不动铰支座，则约束链杆总数为 $C_0=3q$。根据空间杆系结构判定的 Maxwell 准则[2]，有

---

[*]　本文刊登于：白光波，董石麟，郑晓清.六杆四面体单元组成的新型球面网壳机动分析[J].空间结构，2014，20（4）：15－28.

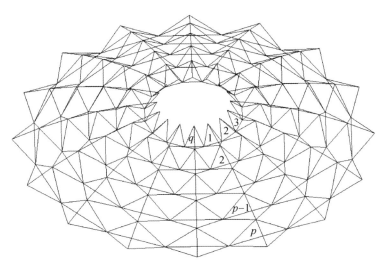

图1 六杆四面体单元组成的球面网壳（T_{pq}）

$$D = 3J - C - C_0 = 3(2p+1)q - 6pq - 3q \equiv 0 \qquad (1)$$

因此，无论 p 与 q 取何值，该基本结构体系均满足空间杆系几何不变的基本条件，属于静定结构。

3 基于平衡矩阵理论的机动分析

Maxwell 准则只提供了判断体系是否几何不变的必要条件，平衡矩阵理论通过挖掘体系平衡矩阵所蕴含的丰富的静动特性，形成了一套相对准确和完备的可动性判别准则[3-5]。以基本单元沿环向和径向分布的个数 q（q 为双数）和 p 为基本参数，采用平衡矩阵理论和矩阵的初等变换[6]对网壳基本结构体系进行机动分析。

3.1 $p=1$ 时基本结构体系的机动分析

当 $p=1$ 时，基本单元沿环向形成一圈闭合圆环，不动铰支座设置在外侧节点处，如图2所示。因为 q 为双数，根据结构的对称性，可以将图2中的 T_{1q} 基本结构体系等效成图3所示的结构（为简便起见，以下将图3中的结构称为 T_{1q} 的等效结构）。除节点1和 $q+1$ 的 Y 向自由度被约束外，等效结构的其他部分均与原结构的对应位置保持一致。

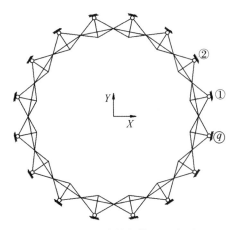

图2 T_{1q} 基本结构体系示意图

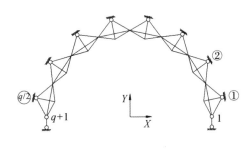

图3 T_{1q} 基本结构体系的等效结构

组集等效结构的平衡矩阵$^1\overline{\boldsymbol{A}}_{q/2}$,并通过适当的行互换和列互换,将平衡矩阵变换为下面的形式:

$$
^1\overline{\boldsymbol{A}}_{q/2} \xrightarrow[\text{列互换}]{\text{行互换}}
\begin{array}{c}
\overline{\boldsymbol{J}}_1 \\
\boldsymbol{J}_2 \\
\boldsymbol{J}_3 \\
\boldsymbol{J}_4 \\
\boldsymbol{J}_5 \\
\vdots \\
\boldsymbol{J}_{2i-1} \\
\boldsymbol{J}_{2i} \\
\boldsymbol{J}_{2i+1} \\
\vdots \\
\boldsymbol{J}_{q-1} \\
\boldsymbol{J}_q \\
\overline{\boldsymbol{J}}_{q+1}
\end{array}
\begin{matrix}
\boldsymbol{E}_1 & \boldsymbol{E}_2 & \boldsymbol{E}_3 & \cdots & \boldsymbol{E}_{i-1} & \boldsymbol{E}_i & \boldsymbol{E}_{i+1} & \cdots & \boldsymbol{E}_{q/2-1} & \boldsymbol{E}_{q/2} \\
\end{matrix}
$$

其中,$\boldsymbol{E}_i(i=1,2,\cdots,q/2)$表示属于第$i$个基本单元的杆件(6根)所对应的列的集合,$\boldsymbol{J}_j(j=2,3,\cdots,q)$表示第$j$个节点的自由度(3个)所对应的行的集合,因此$^1\overline{\boldsymbol{A}}_{q/2}$的子矩阵$^p\boldsymbol{A}_i^j$表示第$j$个节点对应的行中与第$i$个基本单元相关的列($j=2i-1,2i,2i+1$;左上标$p$表示基本单元的圈数,此处$p=1$),维数为$3\times6$。当$j=2i-1$或$2i+1$时,节点$j$为相邻两个基本单元共用,当$j=2i$时,节点$j$为第$i$个基本单元所独有,如图4所示。$\overline{\boldsymbol{J}}_1$和$\overline{\boldsymbol{J}}_{q+1}$分别包含了节点1和节点$q+1$的$X$向、$Z$向自由度所对应的行,因此矩阵$^1\overline{\boldsymbol{A}}_1^1$和$^1\overline{\boldsymbol{A}}_{q/2}^{q+1}$的维数均为$2\times6$。

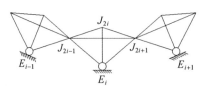

图4 $^1\overline{\boldsymbol{A}}_{q/2}$中单元和节点编号示意图

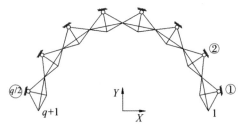

图5 释放端部节点Y向自由度的等效结构

矩阵$^1\overline{\boldsymbol{A}}_{q/2}$的维数为$(3q+1)\times3q$。可以证明,等效结构的机构位移模态数$m=1$,证明过程如下。

若将图3中等效结构的节点1和$q+1$的Y向自由度释放,则可形成图5所示的$q/2$个六杆四面体单元相连的结构,该结构的平衡矩阵可以通过式(3)的形式来表达

$$
{}^1\boldsymbol{A}_{q/2} \xrightarrow[\text{列互换}]{\text{行互换}}
\begin{array}{c}
\begin{array}{ccccccccc}
\boldsymbol{E}_1 & \boldsymbol{E}_2 & \boldsymbol{E}_3 & \cdots & \boldsymbol{E}_{i-1} & \boldsymbol{E}_i & \boldsymbol{E}_{i+1} & \cdots\ \boldsymbol{E}_{q/2-1} & \boldsymbol{E}_{q/2}
\end{array}\\[2pt]
\begin{array}{c}
\boldsymbol{J}_1\\ \boldsymbol{J}_2\\ \boldsymbol{J}_3\\ \boldsymbol{J}_4\\ \boldsymbol{J}_5\\ \vdots\\ \boldsymbol{J}_{2i-1}\\ \boldsymbol{J}_{2i}\\ \boldsymbol{J}_{2i+1}\\ \vdots\\ \boldsymbol{J}_{q-1}\\ \boldsymbol{J}_q\\ \boldsymbol{J}_{q+1}
\end{array}
\left[
\begin{array}{ccccccccc}
{}^1\boldsymbol{A}_1^1 & & & & & & & &\\
{}^1\boldsymbol{A}_1^2 & & & & & & & &\\
{}^1\boldsymbol{A}_1^3 & {}^1\boldsymbol{A}_2^3 & & & & & & &\\
& {}^1\boldsymbol{A}_2^4 & & & & & & &\\
& {}^1\boldsymbol{A}_2^5 & {}^1\boldsymbol{A}_3^5 & & & & & &\\
& \vdots & \ddots & \vdots & & & & &\\
& & & {}^1\boldsymbol{A}_{i-1}^{2i-1} & {}^1\boldsymbol{A}_i^{2i-1} & & & &\\
& & & & {}^1\boldsymbol{A}_i^{2i} & & & &\\
& & & & {}^1\boldsymbol{A}_i^{2i+1} & {}^1\boldsymbol{A}_{i+1}^{2i+1} & & &\\
& & & & & \vdots & \ddots & \vdots &\\
& & & & & & {}^1\boldsymbol{A}_{q/2-1}^{q-1} & {}^1\boldsymbol{A}_{q/2}^{q-1} &\\
& & & & & & & {}^1\boldsymbol{A}_{q/2}^q &\\
& & & & & & & {}^1\boldsymbol{A}_{q/2}^{q+1} &
\end{array}
\right]
\end{array}
\tag{3}
$$

上式中各子矩阵的含义与式(2)相同。可以证明，${}^1\boldsymbol{A}_{q/2}$ 为 $(3q+3)\times 3q$ 的列满秩矩阵，即 $r({}^1\boldsymbol{A}_{q/2})=6\times q/2=3q$（证明过程见附录）。而根据平衡矩阵的物理意义，${}^1\overline{\boldsymbol{A}}_{q/2}$ 的 5×6 子矩阵 $\begin{bmatrix}{}^1\overline{\boldsymbol{A}}_1^1\\{}^1\boldsymbol{A}_1^2\end{bmatrix}$ 和 $\begin{bmatrix}{}^1\boldsymbol{A}_{q/2}^q\\{}^1\overline{\boldsymbol{A}}_{q/2}^{q+1}\end{bmatrix}$ 可以视为图6a中结构的平衡矩阵，${}^1\boldsymbol{A}_{q/2}$ 的 6×6 子矩阵 $\begin{bmatrix}{}^1\boldsymbol{A}_1^1\\{}^1\boldsymbol{A}_1^2\end{bmatrix}$ 和 $\begin{bmatrix}{}^1\boldsymbol{A}_{q/2}^q\\{}^1\boldsymbol{A}_{q/2}^{q+1}\end{bmatrix}$ 则可以视为图6b中结构的平衡矩阵，且满足

$$
\begin{bmatrix}{}^1\boldsymbol{A}_1^1\\{}^1\boldsymbol{A}_1^2\end{bmatrix}=\begin{bmatrix}{}^1\boldsymbol{A}_1^{1Y}\\{}^1\overline{\boldsymbol{A}}_1^1\\{}^1\boldsymbol{A}_1^2\end{bmatrix},\qquad
\begin{bmatrix}{}^1\boldsymbol{A}_{q/2}^q\\{}^1\boldsymbol{A}_{q/2}^{q+1}\end{bmatrix}=\begin{bmatrix}{}^1\boldsymbol{A}_{q/2}^q\\{}^1\overline{\boldsymbol{A}}_{q/2}^{q+1}\\{}^1\boldsymbol{A}_{q/2}^{(q+1)Y}\end{bmatrix}
\tag{4}
$$

其中，向量 ${}^1\boldsymbol{A}_1^{1Y}$ 和 ${}^1\boldsymbol{A}_{q/2}^{(q+1)Y}$ 分别对应节点1和节点 $q+1$ 的 Y 向自由度。

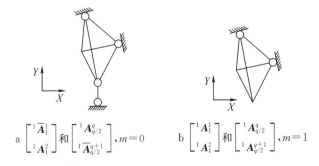

$$
\text{a}\ \begin{bmatrix}{}^1\overline{\boldsymbol{A}}_1^1\\{}^1\boldsymbol{A}_1^2\end{bmatrix}\text{和}\begin{bmatrix}{}^1\boldsymbol{A}_{q/2}^q\\{}^1\overline{\boldsymbol{A}}_{q/2}^{q+1}\end{bmatrix},m=0 \qquad\qquad
\text{b}\ \begin{bmatrix}{}^1\boldsymbol{A}_1^1\\{}^1\boldsymbol{A}_1^2\end{bmatrix}\text{和}\begin{bmatrix}{}^1\boldsymbol{A}_{q/2}^q\\{}^1\boldsymbol{A}_{q/2}^{q+1}\end{bmatrix},m=1
$$

图6 以 ${}^1\overline{\boldsymbol{A}}_{q/2}$ 和 ${}^1\boldsymbol{A}_{q/2}$ 的子矩阵为平衡矩阵的结构示意图

对于图6中的两类结构，可以通过平衡矩阵的奇异值分解非常容易地得到它们的机构位移模态数 m，并已在图6中标明。根据上述子矩阵的维度，可以得到它们的秩分别为

$$
r\left(\begin{bmatrix}{}^1\overline{\boldsymbol{A}}_1^1\\{}^1\boldsymbol{A}_1^2\end{bmatrix}\right)=r\left(\begin{bmatrix}{}^1\boldsymbol{A}_{q/2}^q\\{}^1\overline{\boldsymbol{A}}_{q/2}^{q+1}\end{bmatrix}\right)=5-0=5,\qquad
r\left(\begin{bmatrix}{}^1\boldsymbol{A}_1^1\\{}^1\boldsymbol{A}_1^2\end{bmatrix}\right)=r\left(\begin{bmatrix}{}^1\boldsymbol{A}_{q/2}^q\\{}^1\boldsymbol{A}_{q/2}^{q+1}\end{bmatrix}\right)=6-1=5
\tag{5}
$$

整理后可以得到

$$r\left(\begin{bmatrix}{}^1\overline{\boldsymbol{A}}_1^1\\{}^1\boldsymbol{A}_1^2\end{bmatrix}\right)=r\left(\begin{bmatrix}{}^1\boldsymbol{A}_1^1\\{}^1\boldsymbol{A}_1^2\end{bmatrix}\right)=\begin{bmatrix}{}^1\boldsymbol{A}_1^{1Y}\\{}^1\overline{\boldsymbol{A}}_1^1\\{}^1\boldsymbol{A}_1^2\end{bmatrix}=5,\qquad r\left(\begin{bmatrix}{}^1\boldsymbol{A}_{q/2}^q\\{}^1\overline{\boldsymbol{A}}_{q/2}^{q+1}\end{bmatrix}\right)=r\left(\begin{bmatrix}{}^1\boldsymbol{A}_{q/2}^q\\{}^1\boldsymbol{A}_{q/2}^{q+1}\end{bmatrix}\right)=\begin{bmatrix}{}^1\boldsymbol{A}_{q/2}^q\\{}^1\overline{\boldsymbol{A}}_{q/2}^{q+1}\\{}^1\boldsymbol{A}_{q/2}^{(q+1)Y}\end{bmatrix}=5 \qquad(6)$$

因此${}^1\boldsymbol{A}_1^{1Y}$和${}^1\boldsymbol{A}_{q/2}^{(q+1)Y}$可分别经$\begin{bmatrix}{}^1\overline{\boldsymbol{A}}_1^1&{}^1\boldsymbol{A}_1^2\end{bmatrix}$和$\begin{bmatrix}{}^1\boldsymbol{A}_{q/2}^q\\{}^1\overline{\boldsymbol{A}}_{q/2}^{q+1}\end{bmatrix}$的行向量线性表示。基于此,可对${}^1\boldsymbol{A}_{q/2}$进行初等行变换:

$$
{}^1\boldsymbol{A}_{q/2}=\begin{bmatrix}
{}^1\boldsymbol{A}_1^1\\
{}^1\boldsymbol{A}_1^2\\
{}^1\boldsymbol{A}_1^3 & {}^1\boldsymbol{A}_2^3\\
& {}^1\boldsymbol{A}_2^4\\
& {}^1\boldsymbol{A}_2^5 & {}^1\boldsymbol{A}_3^5\\
& \vdots & \ddots & \vdots\\
& & & {}^1\boldsymbol{A}_{i-1}^{2i-1} & {}^1\boldsymbol{A}_i^{2i-1}\\
& & & & {}^1\boldsymbol{A}_i^{2i}\\
& & & & {}^1\boldsymbol{A}_i^{2i+1} & {}^1\boldsymbol{A}_{i+1}^{2i+1}\\
& & & & & \vdots & \ddots & \vdots\\
& & & & & & & {}^1\boldsymbol{A}_{q/2-1}^{q-1} & {}^1\boldsymbol{A}_{q/2}^{q-1}\\
& & & & & & & & {}^1\boldsymbol{A}_{q/2}^q\\
& & & & & & & & {}^1\boldsymbol{A}_{q/2}^{q+1}
\end{bmatrix}
$$

$$
\xrightarrow{\text{初等行变换}}\begin{bmatrix}
\boldsymbol{\theta}\\
{}^1\overline{\boldsymbol{A}}_1^1\\
{}^1\boldsymbol{A}_1^2\\
{}^1\boldsymbol{A}_1^3 & {}^1\boldsymbol{A}_2^3\\
& {}^1\boldsymbol{A}_2^4\\
& {}^1\boldsymbol{A}_2^5 & {}^1\boldsymbol{A}_3^5\\
& \vdots & \ddots & \vdots\\
& & & {}^1\boldsymbol{A}_{i-1}^{2i-1} & {}^1\boldsymbol{A}_i^{2i-1}\\
& & & & {}^1\boldsymbol{A}_i^{2i}\\
& & & & {}^1\boldsymbol{A}_i^{2i+1} & {}^1\boldsymbol{A}_{i+1}^{2i+1}\\
& & & & & \vdots & \ddots & \vdots\\
& & & & & & & {}^1\boldsymbol{A}_{q/2-1}^{q-1} & {}^1\boldsymbol{A}_{q/2}^{q-1}\\
& & & & & & & & {}^1\boldsymbol{A}_{q/2}^q\\
& & & & & & & & {}^1\overline{\boldsymbol{A}}_{q/2}^{q+1}\\
& & & & & & & & \boldsymbol{\theta}
\end{bmatrix}=\begin{bmatrix}\boldsymbol{\theta}\\{}^1\overline{\boldsymbol{A}}_{q/2}\\\boldsymbol{\theta}\end{bmatrix}\qquad(7)
$$

由于初等行变换并不改变矩阵的秩,因此$r({}^1\overline{\boldsymbol{A}}_{q/2})=r({}^1\boldsymbol{A}_{q/2})=3q$,于是等效结构的机构位移模态数为$m=3q+1-3q=1$,并由此得知$T_{1q}$基本结构体系的机构位移模态数为1(与$q$的取值无关)。因为图2所示的$T_{1q}$基本结构体系的平衡矩阵${}^1\boldsymbol{A}$维数为$6q\times6q$,因此有$r({}^1\boldsymbol{A})=6q-1$,进而可以得到体系的自应力模态数$s=6q-(6q-1)=1$,这表明$T_{1q}$是一个静不定、动不定体系,而不是第2节分析得出的静定、动定体系。

以 $T_{1,16}$ 为例,通过对其平衡矩阵进行奇异值分解,可以得到其唯一的机构位移模态,如图 7 所示(图中实线部分)。

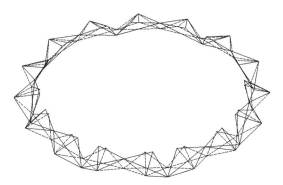

图 7　$T_{1,16}$ 基本结构体系的机构位移模态

3.2　$T_{pq}(p{\geqslant}2)$ 基本结构体系的机动分析

当 $p{\geqslant}2$ 时,可以证明 T_{pq} 基本结构体系的机构位移模态数 m 与 p 的值是相等的,证明过程如下。

对于图 1 中 T_{pq} 基本结构体系的平衡矩阵 ^{p}A,通过一系列行互换和列互换,可以将其变换为下面的形式:

$$
^{p}A \xrightarrow[\text{列互换}]{\text{行互换}}
\begin{array}{c}
\\ J_0 \\ J_1 \\ J_{1,2} \\ J_2 \\ J_{2,3} \\ \vdots \\ J_{i-1,i} \\ J_i \\ J_{i,i+1} \\ J_{i+1} \\ \vdots \\ J_{p-1,p} \\ J_p
\end{array}
\begin{bmatrix}
^{p}A_1^0 & & & & & & & \\
^{p}A_1^1 & & & & & & & \\
^{p}A_1^{1,2} & ^{p}A_2^{1,2} & & & & & & \\
 & ^{p}A_2^2 & & & & & & \\
 & ^{p}A_2^{2,3} & ^{p}A_3^{2,3} & & & & & \\
 & \vdots & \ddots & \vdots & & & & \\
 & & & ^{p}A_{i-1}^{i-1,i} & ^{p}A_i^{i-1,i} & & & \\
 & & & & ^{p}A_i^i & & & \\
 & & & & ^{p}A_i^{i,i+1} & ^{p}A_{i+1}^{i,i+1} & & \\
 & & & & & ^{p}A_{i+1}^{i+1} & & \\
 & & & & & \vdots & \ddots & \vdots \\
 & & & & & & ^{p}A_{p-1}^{p-1,p} & ^{p}A_p^{p-1,p} \\
 & & & & & & & ^{p}A_p^p
\end{bmatrix}
\quad (8)
$$

（列标题：Q_1　Q_2　Q_3　$\cdots$　Q_{i-1}　Q_i　Q_{i+1}　$\cdots$　Q_{p-1}　Q_p）

其中 $Q_i(i=1,2,\cdots,p)$ 表示属于第 i 圈基本单元的杆件(6q 根)对应的列的集合,$J_i(i=1,2,\cdots,p)$ 表示第 i 圈基本单元独有的节点(即下弦节点)的自由度(3q 个)对应的行的集合,$J_{i-1,i}(i=2,3,\cdots,p)$ 表示第 $i-1$ 圈与第 i 圈基本单元共用节点的自由度(3q 个)对应的行的集合,J_0 则表示最内圈上弦节点的自由度(3q 个)对应的行的集合。^{p}A 的子矩阵 $^{p}A_1^0$、$^{p}A_i^i(i=1,2,\cdots,p)$ 和 $^{p}A_j^{i-1,i}(i=2,3,\cdots,p;j=i-1,i)$ 的维数均为 $3q{\times}6q$,^{p}A 的维数为 $6pq{\times}6pq$。

根据平衡矩阵的物理意义,可以知道:

(1)^{p}A 的子矩阵 $^{p}A_i^{i-1,i}$、$^{p}A_i^{i,i+1}$ 和 $^{p}A_i^i$ 可分别视为图 8a、b、c 中实线所示结构的平衡矩阵。通过观察可以发现,这三个结构均不可动,故其机构位移模态数均为零,即 $r(^{p}A_i^{i-1,i})=r(^{p}A_i^{i,i+1})=r(^{p}A_i^i)=3q$。

（2）$^p\boldsymbol{A}$ 的子矩阵 $\boldsymbol{A}_{sub}^1 = \begin{bmatrix} \boldsymbol{A}_i^{i-1,i} \\ ^p\boldsymbol{A}_i^i \end{bmatrix}$ 可以看作图 8d 所示结构的平衡矩阵,其维度为 $6q \times 6q$。容易看出,该结构与图 2 所示的 T_{1q} 基本结构体系是完全等价的,因此由 3.1 节可知该结构的机构位移模态数 $m=1$,故 $r(\boldsymbol{A}_{sub}^1)=6q-1$。

（3）$^p\boldsymbol{A}$ 的子矩阵 $\boldsymbol{A}_{sub}^2 = \begin{bmatrix} ^p\boldsymbol{A}_{i-1}^{i-1,i} & ^p\boldsymbol{A}_i^{i-1,i} \\ & ^p\boldsymbol{A}_i^i \end{bmatrix}$ 可视为图 8e 中粗实线所示结构的平衡矩阵,维度为 $6q \times$ $12q$。不难发现,该结构与图 8c 所示的结构是等价的,因此其亦为一不可动结构,机构位移模态数为零,即 $r(\boldsymbol{A}_{sub}^2)=6q$。

（4）$^p\boldsymbol{A}$ 的子矩阵 $\boldsymbol{A}_{sub}^3 = \begin{bmatrix} ^p\boldsymbol{A}_{i-1}^{i-1} & \\ ^p\boldsymbol{A}_{i-1}^{i-1,i} & ^p\boldsymbol{A}_i^{i-1,i} \\ & ^p\boldsymbol{A}_i^i \end{bmatrix}$ 表示图 8f 中粗实线所示结构的平衡矩阵,维度为 $9q \times$ $12q$。可以证明,该体系具有一阶机构位移模态,故 $r(\boldsymbol{A}_{sub}^3)=9q-1$。

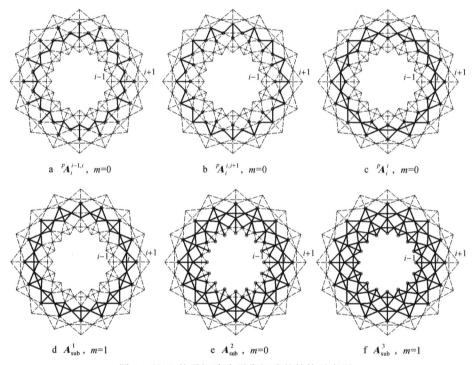

a $^p\boldsymbol{A}_i^{i-1,i}$, $m=0$ b $^p\boldsymbol{A}_i^{i,i+1}$, $m=0$ c $^p\boldsymbol{A}_i^i$, $m=0$

d $\boldsymbol{A}_{sub}^1$, $m=1$ e $\boldsymbol{A}_{sub}^2$, $m=0$ f $\boldsymbol{A}_{sub}^3$, $m=1$

图 8 以 $^p\boldsymbol{A}$ 的子矩阵为平衡矩阵的结构示意图

由上述条件（1）和（2）,$r(^p\boldsymbol{A}_i^{i-1,i})=r(^p\boldsymbol{A}_i^i)=3q$,而 $r\left(\begin{bmatrix} ^p\boldsymbol{A}_i^{i-1,i} \\ ^p\boldsymbol{A}_i^i \end{bmatrix}\right)=6q-1$,容易证明,$^p\boldsymbol{A}_i^{i-1,i}$ 中必存在一个行向量,其可由矩阵 $\begin{bmatrix} ^p\boldsymbol{A}_i^{i-1,i} \\ ^p\boldsymbol{A}_i^i \end{bmatrix}$ 中除了该行向量之外的行向量线性表示。于是通过初等行变换,可将 $\begin{bmatrix} ^p\boldsymbol{A}_i^{i-1,i} \\ ^p\boldsymbol{A}_i^i \end{bmatrix}$ 变换为下面的形式

$$\begin{bmatrix} ^p\boldsymbol{A}_i^{i-1,i} \\ ^p\boldsymbol{A}_i^i \end{bmatrix} \xrightarrow{\text{初等行变换}} \begin{bmatrix} \boldsymbol{\theta} \\ ^p\hat{\boldsymbol{A}}_i^{i-1,i} \\ ^p\boldsymbol{A}_i^i \end{bmatrix} \tag{9}$$

其中，$^p\hat{\boldsymbol{A}}_i^{i-1,i}$ 为 $(3q-1)\times 6q$ 的行满秩矩阵，$\boldsymbol{\theta}$ 为零向量，矩阵 $\begin{bmatrix} ^p\hat{\boldsymbol{A}}_i^{i-1,i} \\ ^p\boldsymbol{A}_i^i \end{bmatrix}$ 为 $(6q-1)\times 6q$ 的行满秩矩阵。

对矩阵 $\begin{bmatrix} ^p\boldsymbol{A}_{i-1}^{i-1,i} & ^p\boldsymbol{A}_i^{i-1,i} \\ & ^p\boldsymbol{A}_i^i \end{bmatrix}$ 实施与式(9)中相同的初等行变换，可以得到

$$
\begin{bmatrix} ^p\boldsymbol{A}_{i-1}^{i-1,i} & ^p\boldsymbol{A}_i^{i-1,i} \\ & ^p\boldsymbol{A}_i^i \end{bmatrix} \xrightarrow{\text{初等行变换}} \begin{bmatrix} ^p\overline{\boldsymbol{A}}_{i-1}^{i-1,i} & \boldsymbol{\theta} \\ ^p\hat{\boldsymbol{A}}_{i-1}^{i-1,i} & ^p\hat{\boldsymbol{A}}_i^{i-1,i} \\ & ^p\boldsymbol{A}_i^i \end{bmatrix} \tag{10}
$$

根据上述条件(3)，$\begin{bmatrix} ^p\boldsymbol{A}_{i-1}^{i-1,i} & ^p\boldsymbol{A}_i^{i-1,i} \\ & ^p\boldsymbol{A}_i^i \end{bmatrix}$ 为 $6q\times 12q$ 的行满秩矩阵，于是有向量 $^p\overline{\boldsymbol{A}}_{i-1}^{i-1,i}\neq\boldsymbol{\theta}$，且

$$
r\left(\begin{bmatrix} ^p\hat{\boldsymbol{A}}_{i-1}^{i-1,i} & ^p\hat{\boldsymbol{A}}_i^{i-1,i} \\ & ^p\boldsymbol{A}_i^i \end{bmatrix}\right)=6q-1。
$$

同样地，对矩阵 $\begin{bmatrix} ^p\boldsymbol{A}_{i-1}^{i-1} & \\ ^p\boldsymbol{A}_{i-1}^{i-1,i} & ^p\boldsymbol{A}_i^{i-1,i} \\ & ^p\boldsymbol{A}_i^i \end{bmatrix}$ 的后 $6q$ 行实施式(9)中的初等行变换，有

$$
\begin{bmatrix} ^p\boldsymbol{A}_{i-1}^{i-1} & \\ ^p\boldsymbol{A}_{i-1}^{i-1,i} & ^p\boldsymbol{A}_i^{i-1,i} \\ & ^p\boldsymbol{A}_i^i \end{bmatrix} \xrightarrow{\text{初等行变换}} \begin{bmatrix} ^p\boldsymbol{A}_{i-1}^{i-1} & \\ ^p\overline{\boldsymbol{A}}_{i-1}^{i-1,i} & \boldsymbol{\theta} \\ ^p\hat{\boldsymbol{A}}_{i-1}^{i-1,i} & ^p\hat{\boldsymbol{A}}_i^{i-1,i} \\ & ^p\boldsymbol{A}_i^i \end{bmatrix} \tag{11}
$$

由式(11)和上述条件(4)，$r\left(\begin{bmatrix} ^p\boldsymbol{A}_{i-1}^{i-1} & \\ ^p\overline{\boldsymbol{A}}_{i-1}^{i-1,i} & \boldsymbol{\theta} \\ ^p\hat{\boldsymbol{A}}_{i-1}^{i-1,i} & ^p\hat{\boldsymbol{A}}_i^{i-1,i} \\ & ^p\boldsymbol{A}_i^i \end{bmatrix}\right)=r\left(\begin{bmatrix} ^p\boldsymbol{A}_{i-1}^{i-1} & \\ ^p\boldsymbol{A}_{i-1}^{i-1,i} & ^p\boldsymbol{A}_i^{i-1,i} \\ & ^p\boldsymbol{A}_i^i \end{bmatrix}\right)=9q-1<9q$，于是可以

知道矩阵 $\begin{bmatrix} ^p\boldsymbol{A}_{i-1}^{i-1} & \\ ^p\overline{\boldsymbol{A}}_{i-1}^{i-1,i} & \boldsymbol{\theta} \\ ^p\hat{\boldsymbol{A}}_{i-1}^{i-1,i} & ^p\hat{\boldsymbol{A}}_i^{i-1,i} \\ & ^p\boldsymbol{A}_i^i \end{bmatrix}$ 的行向量是线性相关的，且向量组的秩为 $9q-1$。以 $\boldsymbol{AA}_i(i=1,2,\cdots,9q)$

表示该矩阵的第 i 个行向量，则存在一组不全为零的数 $\alpha_i(i=1,2,\cdots,9q)$，使得

$$
\sum_{i=1}^{9q}\alpha_i\boldsymbol{AA}_i=\boldsymbol{\theta} \tag{12}
$$

以 $\boldsymbol{BB}_i(i=1,2,\cdots,9q)$ 表示矩阵 $\begin{bmatrix} 0 \\ \boldsymbol{\theta} \\ ^p\hat{\boldsymbol{A}}_i^{i-1,i} \\ ^p\boldsymbol{A}_i^i \end{bmatrix}$ 第 i 个行向量，则由式(12)可以得到

$$
\sum_{i=1}^{9q}\alpha_i\boldsymbol{BB}_i=\boldsymbol{\theta} \tag{13}
$$

由于当 $1\leqslant i\leqslant 3q+1$ 时，$\boldsymbol{BB}_i=\boldsymbol{\theta}$，故式(13)可以写成

$$\sum_{i=3q+2}^{9q} \alpha_i \boldsymbol{BB}_i = \boldsymbol{\theta} \tag{14}$$

由于矩阵 $\begin{bmatrix} {}^p\hat{\boldsymbol{A}}_i^{i-1,i} \\ {}^p\boldsymbol{A}_i^i \end{bmatrix}$ 行满秩，其行向量 $\boldsymbol{BB}_i(i=3q+2,3q+3,\cdots,9q)$ 线性无关，因此由式（14）可以

得到 $\alpha_{3q+2}=\alpha_{3q+3}=\cdots=\alpha_{9q}=0$，进而可以将式（12）写成 $\sum_{i=1}^{3q+1}\alpha_i\boldsymbol{AA}_i=\boldsymbol{\theta}$。以 $\boldsymbol{CC}_i(i=1,2,\cdots,9q)$ 表示矩阵

$\begin{bmatrix} {}^p\boldsymbol{A}_{i-1}^{i-1} \\ {}^p\overline{\boldsymbol{A}}_{i-1}^{i-1,i} \\ {}^p\hat{\boldsymbol{A}}_{i-1}^{i-1,i} \\ 0 \end{bmatrix}$ 第 i 个行向量，则有 $\sum_{i=1}^{3q+1}\alpha_i\boldsymbol{CC}_i=\boldsymbol{\theta}$（$\alpha_i$ 不全为零），即矩阵 $\begin{bmatrix} {}^p\boldsymbol{A}_{i-1}^{i-1} \\ {}^p\overline{\boldsymbol{A}}_{i-1}^{i-1,i} \end{bmatrix}$ 的行向量线性相关。因为

${}^p\overline{\boldsymbol{A}}_{i-1}^{i-1,i}$ 为非零向量，且由前述条件（1）知道 ${}^p\boldsymbol{A}_{i-1}^{i-1}$ 为行满秩矩阵，故而 ${}^p\overline{\boldsymbol{A}}_{i-1}^{i-1,i}$ 必可经 ${}^p\boldsymbol{A}_{i-1}^{i-1}$ 的行向量线性表示。利用这一点，可以在式（11）的基础上继续进行变换，有

$$\begin{bmatrix} {}^p\boldsymbol{A}_{i-1}^{i-1} & \\ {}^p\boldsymbol{A}_{i-1}^{i-1,i} & {}^p\boldsymbol{A}_i^{i-1,i} \\ & {}^p\boldsymbol{A}_i^i \end{bmatrix} \xrightarrow{\text{初等行变换}} \begin{bmatrix} {}^p\boldsymbol{A}_{i-1}^{i-1} & \\ {}^p\overline{\boldsymbol{A}}_{i-1}^{i-1,i} & \boldsymbol{\theta} \\ {}^p\hat{\boldsymbol{A}}_{i-1}^{i-1,i} & {}^p\hat{\boldsymbol{A}}_i^{i-1,i} \\ & {}^p\boldsymbol{A}_i^i \end{bmatrix} \xrightarrow{\text{初等行变换}} \begin{bmatrix} {}^p\boldsymbol{A}_{i-1}^{i-1} & \\ \boldsymbol{\theta} & \boldsymbol{\theta} \\ {}^p\hat{\boldsymbol{A}}_{i-1}^{i-1,i} & {}^p\hat{\boldsymbol{A}}_i^{i-1,i} \\ & {}^p\boldsymbol{A}_i^i \end{bmatrix} \tag{15}$$

对于 ${}^p\boldsymbol{A}$ 左上角的子矩阵 $\begin{bmatrix} {}^p\boldsymbol{A}_1^0 \\ {}^p\boldsymbol{A}_1^1 \end{bmatrix}$，由平衡矩阵的物理意义可知，其可视为图 2 所示的 T_{1q} 基本结构体系的平衡矩阵，由 3.1 节可知其秩为 $6q-1$，因此可有

$$\begin{bmatrix} {}^p\boldsymbol{A}_1^0 \\ {}^p\boldsymbol{A}_1^1 \end{bmatrix} \xrightarrow{\text{初等行变换}} \begin{bmatrix} \boldsymbol{\theta} \\ {}^p\hat{\boldsymbol{A}}_1^0 \\ {}^p\boldsymbol{A}_1^1 \end{bmatrix} \tag{16}$$

其中 $\begin{bmatrix} {}^p\hat{\boldsymbol{A}}_1^0 \\ {}^p\boldsymbol{A}_1^1 \end{bmatrix}$ 为 $(6q-1)\times 6q$ 的行满秩矩阵。

基于式（15）和式（16），可以将式（8）中 T_{pq} 的平衡矩阵通过初等行变换转化为下面的形式

$$ {}^p\boldsymbol{A} = \begin{bmatrix} {}^p\boldsymbol{A}_1^0 & & & & & & & \\ {}^p\boldsymbol{A}_1^1 & & & & & & & \\ {}^p\boldsymbol{A}_1^{1,2} & {}^p\boldsymbol{A}_2^{1,2} & & & & & & \\ & {}^p\boldsymbol{A}_2^2 & & & & & & \\ & {}^p\boldsymbol{A}_2^{2,3} & {}^p\boldsymbol{A}_3^{2,3} & & & & & \\ & \vdots & \ddots & \vdots & & & & \\ & & & {}^p\boldsymbol{A}_{i-1}^{i-1,i} & {}^p\boldsymbol{A}_i^{i-1,i} & & & \\ & & & & {}^p\boldsymbol{A}_i^i & & & \\ & & & & {}^p\boldsymbol{A}_i^{i,i+1} & {}^p\boldsymbol{A}_{i+1}^{i,i+1} & & \\ & & & & & {}^p\boldsymbol{A}_{i+1}^{i+1} & & \\ & & & & & \vdots & \ddots & \vdots \\ & & & & & & {}^p\boldsymbol{A}_{p-1}^{p-1,p} & {}^p\boldsymbol{A}_p^{p-1,p} \\ & & & & & & & {}^p\boldsymbol{A}_p^p \end{bmatrix} $$

$$
\xrightarrow[\text{行变换}]{\text{初等}}
\begin{bmatrix}
\boldsymbol{\theta} & & & & & & & \\
{}^{p}\widehat{\boldsymbol{A}}_{1}^{0} & & & & & & & \\
{}^{p}\boldsymbol{A}_{1}^{1} & & & & & & & \\
\boldsymbol{\theta} & \boldsymbol{\theta} & & & & & & \\
{}^{p}\widehat{\boldsymbol{A}}_{1}^{1,2} & {}^{p}\widehat{\boldsymbol{A}}_{2}^{1,2} & & & & & & \\
& {}^{p}\boldsymbol{A}_{2}^{2} & & & & & & \\
& \boldsymbol{\theta} & \boldsymbol{\theta} & & & & & \\
& {}^{p}\widehat{\boldsymbol{A}}_{2}^{2,3} & {}^{p}\widehat{\boldsymbol{A}}_{3}^{2,3} & & & & & \\
& & \vdots & \ddots & \vdots & & & \\
& & & \boldsymbol{\theta} & \boldsymbol{\theta} & & & \\
& & & {}^{p}\widehat{\boldsymbol{A}}_{i-1}^{i-1,i} & {}^{p}\widehat{\boldsymbol{A}}_{i}^{i-1,i} & & & \\
& & & & {}^{p}\boldsymbol{A}_{i}^{i} & & & \\
& & & & \boldsymbol{\theta} & \boldsymbol{\theta} & & \\
& & & & {}^{p}\widehat{\boldsymbol{A}}_{i}^{i,i+1} & {}^{p}\widehat{\boldsymbol{A}}_{i+1}^{i,i+1} & & \\
& & & & & {}^{p}\boldsymbol{A}_{i+1}^{i+1} & & \\
& & & & & \vdots & \ddots & \vdots \\
& & & & & & \boldsymbol{\theta} & \boldsymbol{\theta} \\
& & & & & & {}^{p}\widehat{\boldsymbol{A}}_{p-1}^{p-1,p} & {}^{p}\widehat{\boldsymbol{A}}_{p}^{p-1,p} \\
& & & & & & & {}^{p}\boldsymbol{A}_{p}^{p}
\end{bmatrix}
\tag{17}
$$

不难看出,行变换后的平衡矩阵由 p 个 $(6q-1)\times 6pq$ 的子矩阵($\begin{bmatrix} {}^{p}\widehat{\boldsymbol{A}}_{1}^{0} & 0 \\ {}^{p}\boldsymbol{A}_{1}^{1} & 0 \end{bmatrix}$ 和 $\begin{bmatrix} 0 & {}^{p}\widehat{\boldsymbol{A}}_{i-1}^{i-1,i} & {}^{p}\widehat{\boldsymbol{A}}_{i}^{i-1,i} & 0 \\ 0 & 0 & {}^{p}\boldsymbol{A}_{i}^{i} & 0 \end{bmatrix}$,
$i=2,3,\cdots,p$)和间隔出现的零向量组成。容易证明,这些子矩阵均为行满秩,且行向量为线性无关。由此可以知道矩阵 ${}^{p}\boldsymbol{A}$ 的秩为 $p(6q-1)$,并进而得到 T_{pq} 基本结构体系的机构位移模态数和自应力模态数分别为

$$
m=6pq-p(6q-1)=p, \qquad s=6pq-p(6q-1)=p \tag{18}
$$

这表明 $T_{pq}(p\geqslant 2)$ 基本结构体系同 T_{1q} 一样,是一个静不定、动不定体系。

以 $T_{3,16}$ 基本结构体系为例,组集其平衡矩阵并进行奇异值分解,可以得到三个机构位移模态,如图 9 所示(图中实线部分)。可以看出,图中所示各阶位移模态分别对应属于不同圈的六杆四面体单元的运动。

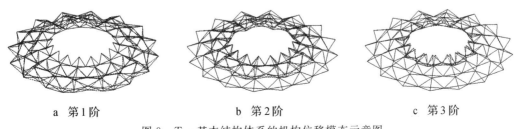

a 第1阶   b 第2阶   c 第3阶

图 9 $T_{3,16}$ 基本结构体系的机构位移模态示意图

4 加强结构体系的形成

4.1 T_{1q}加强结构体系的形成

图 7 中 $T_{1,16}$ 基本结构体系的机构位移模态主要体现为相邻基本单元之间的相对运动,图 10 给出了该模态中各节点的水平和竖向运动方向。由图 10 可以看出,若要抑制该机构位移模态,关键在于约束相邻六杆四面体基本单元的圆环内侧上弦节点(如图中的节点 $2i$ 和 $2i+2$)之间的相对运动,因此可以考虑在这两个节点之间增设一根加强杆件,如图 11 所示。

图 10 $T_{1,16}$ 基本结构体系的机构位移
模态节点运动方向

○ 位移方向竖直向上
● 位移方向竖直向下

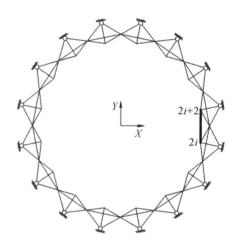

图 11 T_{1q} 加强结构体系示意图

图 2 所示的 T_{1q} 基本结构体系的平衡矩阵 ${}^1\!A$ 维数为 $6q×6q$,由于其机构位移模态数为 1,因此矩阵的秩为 $6q-1$,从而可知矩阵 ${}^1\!A$ 的列向量线性相关,且向量组的秩为 $6q-1$。而在节点 $2i$ 和 $2i+2$ 之间增设的加强杆件可以通过在平衡矩阵 ${}^1\!A$ 中插入一个列向量来反映,该列向量中的非零元素仅分布在节点 $2i$ 和 $2i+2$ 所对应的行内,从而形成 T_{1q} 加强结构体系的平衡矩阵 ${}^1_s\!A$,其维数为 $6q×(6q+1)$,如式(19)所示。

$$
{}^1_s\!A = \begin{array}{r} \\ J_{2i-1} \\ J_{2i} \\ J_{2i+1} \\ J_{2i+2} \\ J_{2i+3} \\ \\ \end{array}
\begin{array}{ccccc} \cdots & E_i & S & E_{i+1} & \cdots \\ \left[\begin{array}{ccccc} \ddots & \vdots & \vdots & \vdots & \iddots \\ \cdots & {}^1\!A_i^{2i-1} & & & \cdots \\ \cdots & {}^1\!A_i^{2i} & {}^1_s\!A^{2i} & & \cdots \\ \cdots & {}^1\!A_i^{2i+1} & & {}^1\!A_{i+1}^{2i+1} & \cdots \\ \cdots & & {}^1_s\!A^{2i+2} & {}^1\!A_{i+1}^{2i+2} & \cdots \\ \cdots & & & {}^1\!A_{i+1}^{2i+3} & \cdots \\ \iddots & \vdots & \vdots & \vdots & \ddots \end{array}\right] \end{array}
\tag{19}
$$

根据平衡矩阵的物理意义,${}^1_s\!A$ 的子矩阵 $A_{\text{sub}}^4 = \begin{bmatrix} {}^1\!A_i^{2i-1} & & \\ {}^1\!A_i^{2i} & {}^1_s\!A^{2i} & \\ {}^1\!A_i^{2i+1} & & {}^1\!A_{i+1}^{2i+1} \\ & {}^1_s\!A^{2i+2} & {}^1\!A_{i+1}^{2i+2} \\ & & {}^1\!A_{i+1}^{2i+3} \end{bmatrix}$ 可以视为图 12 所示结构

的平衡矩阵。对于该结构,可以通过平衡矩阵的奇异值分解得到其机构位移模态数为 2,由于 $\boldsymbol{A}_{\mathrm{sub}}^{4}$ 的维度为 15×13,因此其秩为 $r(\boldsymbol{A}_{\mathrm{sub}}^{4}) = 15 - 2 = 13$,与列数相等,即 $\boldsymbol{A}_{\mathrm{sub}}^{4}$ 的列向量线性无关。由于 ${}_{s}^{1}\boldsymbol{A}$ 的其他列向量在节点 $2i$ 和 $2i+2$ 对应位置处的元素均为 0,故加强杆所对应的列(即式(19)中的 S 列)必然不能经由 ${}_{s}^{1}\boldsymbol{A}$ 中除自身之外的列线性表示。由此可知 ${}_{s}^{1}\boldsymbol{A}$ 的列向量组成的向量组的秩为 $6q-1+1 = 6q$,进而有 $r({}_{s}^{1}\boldsymbol{A}) = 6q$,与 ${}_{s}^{1}\boldsymbol{A}$ 的行数相等,因而图 11 所示 T_{1q} 加强结构体系的机构位移模态数等于 0,为动定体系,即增设的加强杆起到了抑制机构位移模态出现的作用。

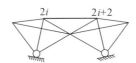

图 12 以 $\boldsymbol{A}_{\mathrm{sub}}^{4}$ 为平衡矩阵的结构示意图,$m=2$

4.2 T_{pq} 加强结构体系的形成

由 4.1 节可以知道,在 T_{1q} 基本结构体系的任意相邻两上弦节点间增设一根加强杆件,即可形成动定的 T_{1q} 加强结构体系。按照这一思路,可以得到 T_{pq} 加强结构体系的生成方式。现仍以 $T_{3.16}$ 为例,图 13 给出了图 9 三种机构位移模态中各节点的水平和竖向运动方向。

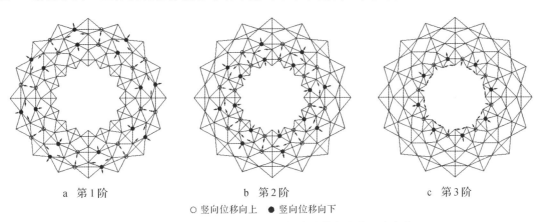

a 第1阶   b 第2阶   c 第3阶

○ 竖向位移向上 ● 竖向位移向下

图 13 $T_{3.16}$ 基本结构体系的机构位移模态节点运动方向

由图 13a 看到,第 1 阶机构位移模态中仅包含了六杆四面体单元组成的第 3 圈和第 2 圈(依图 1 中的编号方式,圈数编号由圆形平面的外部向内部递减)圆环内部分节点的相对运动,抑制该阶机构位移模态出现的关键在于对节点间的相对运动进行约束。由图 13a 还可以看出,节点间能产生相对运动的直接原因是六杆四面体基本单元围成的平面投影为四边形的网格(图 14)。通过在四边形网格的对角线方向布置加强杆,可以将四边形网格转变为两个三角形网格,从而抑制节点的相对运动。根据加强杆布置的方向不同,可以得到两种加强方式,如图 15 所示。

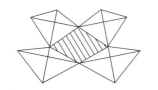

图 14 六杆四面体基本单元围成
的平面投影为四边形的网格

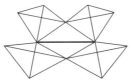

a 上弦(环向)加强

b 下弦(径向)加强

图 15 T_{pq} 加强杆的两种布置方式

分别按照图 15 所示的两种方式,在第 3 圈和第 2 圈基本单元之间形成的一系列四边形网格中任选一个布置一根加强杆。采用类似 4.1 节中的分析方法,可以证明两种方式均能成功抑制图 13a 所示的第 1 阶机构位移模态的出现。接着在第 2 圈和第 1 圈基本单元之间采用图 15 中两种方式之一布设一根加强杆,则图 13b 中的第 2 阶机构位移模态也不再出现。由于此时的第 2、3 圈基本单元已成为动定体系,因此第 1 圈基本单元的边界条件与图 2 所示的 T_{1q} 是等价的(事实上图 13c 的第 3 阶机构位移模态即与图 10 所示的 $T_{1,16}$ 机构位移模态完全一致),所以可以采用图 11 中的加强方式来抑制第 3 阶机构位移模态的出现。三根加强杆布置完毕后,即形成动定的 $T_{3,16}$ 加强结构体系,如图 16 所示。图中的三根加强杆各司其职,分别负责消除基本结构体系的某一阶机构位移模态,缺一不可。依此类推,对于 T_{pq} 基本结构体系,需要对其添加 p 根加强杆方能形成动定的加强结构体系。

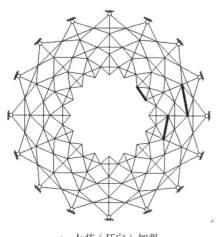
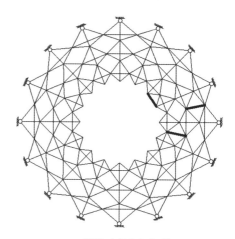

a　上弦(环向)加强　　　　　　　　　　b　下弦(径向)加强

图 16　两类 $T_{3,16}$ 加强结构体系

值得一提的是,每根加强杆只能抑制与其所在圈相关的机构位移模态,因此 T_{pq} 加强结构体系中的 p 根加强杆必须分属不同圈的基本单元,即每圈基本单元至少有一根加强杆,否则体系仍有可能存在机构位移模态。如图 17a 中将两根加强杆均布置在了第 2 圈和第 3 圈基本单元形成的四边形网格内,通过对平衡矩阵进行奇异值分解,便发现其依然存在一阶机构位移模态(图 17b)。该机构位移模态与图 13b 是完全一致的,这表明由于第 2 圈和第 1 圈基本单元形成的四边形网格中没有布置加强杆,导致第 2 阶机构位移模态没有受到抑制。

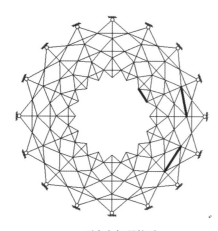
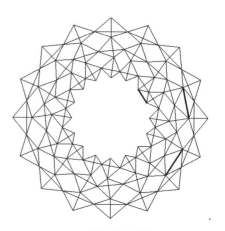

a　不完全加强体系　　　　　　　　　　b　机构位移模态

图 17　一种 $T_{3,16}$ 不完全加强体系及其机构位移模态

在实际工程应用中,考虑到构造上的一般要求,通常需在内环节点间设置整圈的封口环杆,同时其他位置的加强杆也宜多道、对称布置。这一方面可以使结构保持较好的对称性,同时也由此形成了多次超静定结构,有助于提高结构的安全性。图18以 $T_{3,16}$ 为例,给出了两类适宜工程应用的加强杆布置思路,其中图18b所示的下弦(径向)加强体系由于对建筑的外形影响较小,通常具有更强的适应性。

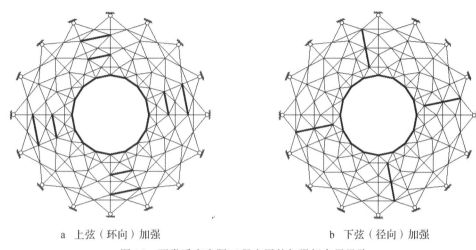

a　上弦(环向)加强　　　　　　　　　　b　下弦(径向)加强

图18　两类适宜实际工程应用的加强杆布置思路

5　结论

(1)本文对由平面投影为四边形的六杆四面体基本单元组成球面网壳(T_{pq})的全铰接基本结构体系进行了系统的机动分析。采用传统的 Maxwell 准则分析,基本结构体系是一个静定、动定结构;而基于平衡矩阵理论进行分析时,发现 T_{pq} 基本结构体系是一个静不定、动不定体系。

(2)对于由偶数个六杆四面体基本单元形成的单圈圆环状结构体系(即 $p=1$),利用结构的对称性和平衡矩阵的物理意义,并通过对平衡矩阵进行一系列初等变换,证明了其机构位移模态数恒为1。而对于 $p \geqslant 2$ 的 T_{pq} 基本结构体系,采用类似的思路证明了其机构位移模态数为 p。

(3)通过分析节点在基本结构体系机构位移模态中的运动方式,提出抑制结构体系机构位移模态出现的方法。利用平衡矩阵的物理意义,证明了对六杆四面体基本单元形成的每圈圆环添加一根径向或环向加强杆件,亦即只需对 T_{pq} 基本结构体系共添加不少于 p 根加强杆并保证每圈基本单元至少拥有一根加强杆,就能使基本结构体系转化为动定的加强结构体系。

(4)考虑到实际工程中的构造要求和使结构保持对称、提高安全性的需求,通常可以在体系的内圈节点间设置封口环杆,并采取多道、对称布置加强杆的方式。文中给出了两种适宜实际工程应用的加强杆布置思路。

附录:式(3)中 $^1A_{q/2}$ 的秩 $r(^1A_{q/2})=3q$ 的证明

可以采用数学归纳法证明。

对于 $^1\boldsymbol{A}_{q/2}$ 的子矩阵 $\boldsymbol{A}_{\mathrm{sub}}^5=\begin{bmatrix}{}^1\boldsymbol{A}_i^{2i-1}\\{}^1\boldsymbol{A}_i^{2i}\\{}^1\boldsymbol{A}_i^{2i+1}&{}^1\boldsymbol{A}_{i+1}^{2i+1}\\&{}^1\boldsymbol{A}_{i+1}^{2i+2}\\&{}^1\boldsymbol{A}_{i+1}^{2i+3}\end{bmatrix}$ 和 $\boldsymbol{A}_{\mathrm{sub}}^6=\begin{bmatrix}{}^1\boldsymbol{A}_i^{2i}\\{}^1\boldsymbol{A}_i^{2i+1}&{}^1\boldsymbol{A}_{i+1}^{2i+1}\\&{}^1\boldsymbol{A}_{i+1}^{2i+2}\\&{}^1\boldsymbol{A}_{i+1}^{2i+3}\end{bmatrix}$ $(i=1,2,\cdots,q/2)$，可以分别

将其视为图 A1 中两个结构的平衡矩阵。通过平衡矩阵的奇异值分解可以很容易知道这两个结构分别有 3 个和 1 个机构位移模态。因此有 $r(\boldsymbol{A}_{\mathrm{sub}}^5)=15-3=12$，与其列数相等，故 $\boldsymbol{A}_{\mathrm{sub}}^5$ 为列满秩矩阵；而 $r(\boldsymbol{A}_{\mathrm{sub}}^6)=12-1=11$，故 $\boldsymbol{A}_{\mathrm{sub}}^6$ 的列向量线性相关。

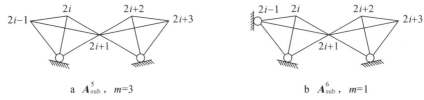

a $\boldsymbol{A}_{\mathrm{sub}}^5$，$m=3$ b $\boldsymbol{A}_{\mathrm{sub}}^6$，$m=1$

图 A1 以 $^1\boldsymbol{A}_{q/2}$ 的子矩阵为平衡矩阵的结构示意

假设 $^1\boldsymbol{A}_{q/2}$ 的前 $6i(1\leqslant i\leqslant p/2-1)$ 个列向量组成的子矩阵

$$^1\boldsymbol{A}_i=\begin{bmatrix}{}^1\boldsymbol{A}_1^1\\{}^1\boldsymbol{A}_1^2\\{}^1\boldsymbol{A}_1^3&{}^1\boldsymbol{A}_2^3\\\vdots&\ddots&\vdots\\&&{}^1\boldsymbol{A}_{i-1}^{2i-1}&{}^1\boldsymbol{A}_i^{2i-1}\\&&&{}^1\boldsymbol{A}_i^{2i}\\&&&{}^1\boldsymbol{A}_i^{2i+1}\\&&&0\\&&&\vdots\end{bmatrix}\tag{A1}$$

是列满秩的，即 $^1\boldsymbol{A}_i$ 的列向量线性无关。$^1\boldsymbol{A}_{q/2}$ 的前 $6(i+1)(1\leqslant i\leqslant p/2-1)$ 个列向量组成的子矩阵为

$$^1\boldsymbol{A}_{i+1}=\begin{bmatrix}{}^1\boldsymbol{A}_1^1\\{}^1\boldsymbol{A}_1^2\\{}^1\boldsymbol{A}_1^3&{}^1\boldsymbol{A}_2^3\\\vdots&\ddots&\vdots\\&&{}^1\boldsymbol{A}_{i-1}^{2i-1}&{}^1\boldsymbol{A}_i^{2i-1}\\&&&{}^1\boldsymbol{A}_i^{2i}\\&&&{}^1\boldsymbol{A}_i^{2i+1}&{}^1\boldsymbol{A}_{i+1}^{2i+1}\\&&&&{}^1\boldsymbol{A}_{i+1}^{2i+2}\\&&&&{}^1\boldsymbol{A}_{i+1}^{2i+3}\\&&&&0\\&&&&\vdots\end{bmatrix}\tag{A2}$$

下面将证明，若 $^1\boldsymbol{A}_i$ 列满秩，则 $^1\boldsymbol{A}_{i+1}$ 也是列满秩的。

由于 $r\left(\begin{bmatrix}{}^1\boldsymbol{A}_i^{2i-1}\\{}^1\boldsymbol{A}_i^{2i}\\{}^1\boldsymbol{A}_i^{2i+1}&{}^1\boldsymbol{A}_{i+1}^{2i+1}\\&{}^1\boldsymbol{A}_{i+1}^{2i+2}\\&{}^1\boldsymbol{A}_{i+1}^{2i+3}\end{bmatrix}\right)=12,r\left(\begin{bmatrix}{}^1\boldsymbol{A}_i^{2i}\\{}^1\boldsymbol{A}_i^{2i+1}&{}^1\boldsymbol{A}_{i+1}^{2i+1}\\&{}^1\boldsymbol{A}_{i+1}^{2i+2}\\&{}^1\boldsymbol{A}_{i+1}^{2i+3}\end{bmatrix}\right)=11$ ，因此可以将 ${}^1\boldsymbol{A}_{i+1}$ 通过初等列变换转

化为

$$
{}^1\boldsymbol{A}_{i+1}\xrightarrow{\text{初等列变换}}{}^1\boldsymbol{A}'_{i+1}=\begin{bmatrix}{}^1\boldsymbol{A}_1^1\\{}^1\boldsymbol{A}_1^2\\{}^1\boldsymbol{A}_1^3&{}^1\boldsymbol{A}_2^3\\&\vdots&\ddots&\vdots\\&&&{}^1\boldsymbol{A}_{i-1}^{2i-1}&{}^1\overline{\boldsymbol{A}}_i^{2i-1}&{}^1\hat{\boldsymbol{A}}_i^{2i-1}\\&&&&\boldsymbol{\theta}&{}^1\hat{\boldsymbol{A}}_i^{2i}\\&&&&\boldsymbol{\theta}&{}^1\hat{\boldsymbol{A}}_i^{2i+1}&{}^1\boldsymbol{A}_{i+1}^{2i+1}\\&&&&&&{}^1\boldsymbol{A}_{i+1}^{2i+2}\\&&&&&&{}^1\boldsymbol{A}_{i+1}^{2i+3}\\&&&&&&0\\&&&&&&\vdots\end{bmatrix}
\tag{A3}
$$

其中 $\begin{bmatrix}\boldsymbol{\theta}\\{}^1\overline{\boldsymbol{A}}_i^{2i-1}\\\boldsymbol{\theta}\end{bmatrix}$ 为非零向量，子矩阵 $\begin{bmatrix}{}^1\hat{\boldsymbol{A}}_i^{2i}\\{}^1\hat{\boldsymbol{A}}_i^{2i+1}&{}^1\boldsymbol{A}_{i+1}^{2i+1}\\&{}^1\boldsymbol{A}_{i+1}^{2i+2}\\&{}^1\boldsymbol{A}_{i+1}^{2i+3}\end{bmatrix}$ 为列满秩矩阵，即列向量线性无关。

以 $\boldsymbol{DD}_j$ 表示 ${}^1\boldsymbol{A}'_{i+1}$ 的第 j 个列向量，现假设 ${}^1\boldsymbol{A}_{i+1}$ 不是列满秩矩阵，即 ${}^1\boldsymbol{A}'_{i+1}$ 的列向量线性相关，则存在一组不全为零的数 $\beta_j(j=1,2,\cdots,6(i+1))$ ，使得

$$
\sum_{j=1}^{6(i+1)}\beta_j\boldsymbol{DD}_j=\boldsymbol{\theta}
\tag{A4}
$$

由于当 $1\leqslant j\leqslant 6i-5$ 时， $\boldsymbol{DD}_j$ 的第 $6i-2$ 个及下面的元素均为 0 ，以 $\boldsymbol{EE}_k(k=1,2,\cdots,11)$ 表示子矩阵

$\begin{bmatrix}{}^1\hat{\boldsymbol{A}}_i^{2i}\\{}^1\hat{\boldsymbol{A}}_i^{2i+1}&{}^1\boldsymbol{A}_{i+1}^{2i+1}\\&{}^1\boldsymbol{A}_{i+1}^{2i+2}\\&{}^1\boldsymbol{A}_{i+1}^{2i+3}\end{bmatrix}$ 的第 k 个列向量，则由式（A4）可得

$$
\sum_{k=1}^{11}\beta_{6i-5+k}\boldsymbol{EE}_k=\boldsymbol{\theta}
\tag{A5}
$$

而如前所述， $\boldsymbol{EE}_k(k=1,2,\cdots,11)$ 是线性无关的，因此由式（A5）可以知道 $\beta_{6i-4}=\beta_{6i-3}=\cdots=\beta_{6i+6}=0$ ，从而有

$$
\sum_{j=1}^{6i-5}\beta_j\boldsymbol{DD}_j=\boldsymbol{\theta}
\tag{A6}
$$

即矩阵 ${}^1\boldsymbol{A}'_{i+1}$ 的前 $6i-5$ 列是线性相关的，那么 ${}^1\boldsymbol{A}'_{i+1}$ 的前 $6i$ 列必然也线性相关，亦即矩阵 ${}^1\boldsymbol{A}_i$ 的列线性相关。这显然与 ${}^1\boldsymbol{A}_i$ 列满秩矛盾，由此 ${}^1\boldsymbol{A}_{i+1}$ 不是列满秩矩阵的假设不成立，从而可知 ${}^1\boldsymbol{A}_{i+1}$ 列满秩。

重复上述过程,由已知的 $^1\boldsymbol{A}_2 = \begin{bmatrix} ^1\boldsymbol{A}_1^1 \\ ^1\boldsymbol{A}_1^2 \\ ^1\boldsymbol{A}_1^3 & ^1\boldsymbol{A}_2^3 \\ & ^1\boldsymbol{A}_2^4 \\ & ^1\boldsymbol{A}_2^5 \end{bmatrix}$ 是列满秩出发,可以逐步证明至$^1\boldsymbol{A}_{q/2}$为列满秩矩阵,从

而最终得到 $r(^1\boldsymbol{A}_{q/2}) = 3q$,得证。

参考文献

[1] 董石麟,白光波,郑晓清.六杆四面体单元组成的新型球面网壳及其静力性能[J].空间结构,2014,20(4):3—14,28.

[2] 龙驭球,包世华.结构力学[M].北京:高等教育出版社,2001.

[3] PELLEGRINO S, CALLADINE C R. Matrix analysis of statically and kinematically indeterminate frameworks[J]. International Journal of Solids and Structures,1986,22(4):409—428.

[4] PELLEGRINO S. Structural computations with the singular value decomposition of the equilibrium matrix[J]. International Journal of Solids and Structures,1993,30(21):3025—3035.

[5] 罗尧治,陆金钰.杆系结构可动性判定准则[J].工程力学,2006,23(11):70—74.

[6] 陈维新.线性代数[M].2版.北京:科学出版社,2007.

57 六杆四面体单元组成的新型球面网壳的稳定性能分析[*]

摘 要:对平面投影为四边形的六杆四面体单元组成的新型球面网壳进行了稳定性能分析,包括特征值屈曲分析和考虑初始缺陷的双重非线性分析。分析工作主要由两个方面展开,一是对球面网壳的基本结构体系和两种加强结构体系的四种采用不同刚、铰接节点布置方式的计算模型进行稳定性能对比,二是对采用同一种刚、铰接节点布置方式的不同结构体系的稳定性能进行比较。由此得到了刚、铰接节点布置方式对网壳结构稳定性的影响,以及加强杆件对不同计算模型稳定性能提高效果的差异。根据对比分析的结果,结合实际工程经济、技术指标的要求,提出了这类新型球面网壳宜优先选用的结构和节点体系。

关键词:六杆四面体单元;球面网壳;基本结构体系;加强结构体系;特征值屈曲分析;非线性分析

1 引言

由平面投影为四边形的六杆四面体单元组成的球面网壳[1,2]是一种成形构造简单、便于工业化预制生产和装配化施工的新型网壳结构体系。文献[3]通过系统的机动分析,发现该类网壳的全铰接基本结构体系是一种静不定、动不定体系,并在此基础上给出了通过增设加强杆件来构成动定的网壳加强结构体系的方法和理论依据。除此以外,还可以通过在网壳中引入刚接或半刚接半铰接节点来使结构转变为动定体系。基于该思路,文献[2]提出了采用不同刚、铰接节点布置方式的多种计算模型,并对网壳基本结构体系和两种加强结构体系不同计算模型的静力性能进行了全面的对比分析。

本文以文献[2]中的算例为基础,对由平面投影为四边形的六杆四面体单元组成的球面网壳进行了稳定性能计算分析,包括特征值屈曲分析和考虑初始结构缺陷的几何、材料双重非线性分析。通过分别在每一种结构体系(基本结构体系和上弦、下弦加强结构体系)的不同计算模型之间和采用同一种刚、铰接节点布置方式时不同结构体系之间进行对比,得到了刚、铰接节点布置方式和是否有加强杆件、加强杆件的位置对网壳结构稳定性能的影响,为实际工程中结构和节点体系的选用提供建议和参考。

---

[*] 本文刊登于:白光波,董石麟,郑晓清.六杆四面体单元组成的新型球面网壳的稳定性能分析[J].空间结构,2014,20(4):29—38.

2 分析模型

本文采用的计算模型基本沿用了文献[2]静力分析模型的各项参数。六杆四面体单元沿圆形平面径向和环向布置的个数分别为 5 个和 16 个,网壳跨度为 50m,矢跨比、厚跨比和顶部开孔的孔跨比分别为 1/4、1/30 和 1/6。上弦杆件(包括径向杆和内圈环杆)采用 $\phi159\times12$ 圆钢管,其余杆件为 $\phi114\times10$ 圆钢管。材料选用 Q235 钢材,弹性模量取为 $2.06\times10^8 kN/m^2$,非线性分析中采用理想弹塑性模型,屈服强度为 215MPa,遵从 von Mises 屈服准则,本构关系曲线如图 1 所示。荷载为 $2.0kN/m^2$ 的满跨均布荷载(含开孔部位)。

根据是否含有加强杆件和加强杆件的布置方式,可以将本文的分析对象分为基本结构体系、上弦加强结构体系和下弦加强结构体系[2],如图 2 所示。同时,不同刚、铰接节点的布置方案又可以使每种结构体系形成 A、B、C、D 四种计算模型,各模型中具体的节点布置情况可以参阅文献[2],图 3 以基本结构体系为例,给出了四种计算模型的示意图。两种加强结构体系的节点布置方式与之相同,加强杆除

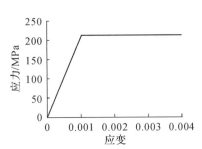

图 1 非线性计算采用的 Q235 钢材本构关系曲线

了在模型 A 中采用梁单元(两端刚接)外,在其余模型中均采用杆单元(两端铰接)。所有计算模型的最外圈节点均固定在不动铰支座上。

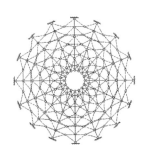 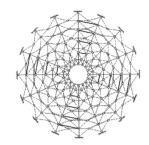 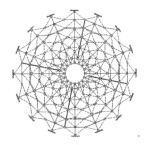

a 基本结构体系　　　　　b 上弦加强结构体系　　　　　c 下弦加强结构体系

图 2 六杆四面体单元组成的球面网壳的三种结构体系

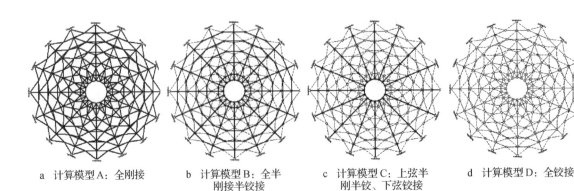

a 计算模型A:全刚接　　b 计算模型B:全半　　　c 计算模型C:上弦半　　d 计算模型D:全铰接
　　　　　　　　　　　　　刚接半铰接　　　　　刚半铰、下弦铰接

图 3 采用不同刚、铰接节点布置方式的四种计算模型

3　不同刚、铰接节点布置方式的基本结构体系特征值屈曲分析

　　为考察不同刚、铰接节点布置方式对新型球面网壳稳定性的影响,首先对网壳基本结构体系的四种计算模型进行特征值屈曲分析。计算主要采用通用有限元软件 ANSYS 进行,其中梁单元采用 BEAM188 单元,每根杆件划分为 5 段,杆单元采用 LINK180 单元,每根杆件划分为 1 段。需要注意的是,计算模型 D 为动不定体系[3],其刚度矩阵奇异,无法采用有限元方法计算。为了解决这个问题,首先组集模型 D 的线刚度矩阵 $\boldsymbol{K}_0$,然后采用基于平衡矩阵奇异值分解的计算方法[4]得到模型 D 在本文满跨均布荷载作用下的内力[2],进而得到其几何刚度矩阵 $\boldsymbol{K}_G$。令 $|\boldsymbol{K}_0+\lambda\boldsymbol{K}_G|=0$,即可直接求得其特征值 λ_i 和相应的特征向量 $\boldsymbol{\beta}_i$(即线性屈曲模态)。表 1 给出了各计算模型的前 5 类线性屈曲模态及相应的阶数和特征值。

表 1　基本结构体系各计算模型的前 5 类线性屈曲模态及特征值

模态编号	线性屈曲模态及特征值			
	计算模型 A	计算模型 B	计算模型 C	计算模型 D
I	1、2 阶,3.757	1、2 阶,1.972	1 阶,0.113	1 阶,0.000
II	3、4 阶,6.916	3、4 阶,3.766	2 阶,1.360	2 阶,0.000
III	5、6 阶,7.103	5 阶,3.886	3、4 阶,1.862	3 阶,0.000
IV	7、8 阶,7.130	6、7 阶,4.167	5 阶,2.390	4 阶,0.000
V	9、10 阶,7.230	8、9 阶,4.326	6、7 阶,2.596	5、6 阶,0.00059

由表1可以看出：

(1)总的来看,网壳基本结构体系模型 A 到 D 的第 1 阶特征值逐渐减小,表明其稳定性能递减。

(2)对于全部节点为刚接的计算模型 A,其前 10 阶线性屈曲模态均为成对出现。其中第 1、2 阶为竖向变形和环向变形耦合的屈曲模态(模态Ⅰ),结构整体变形呈马鞍形;第 3、4 阶为部分六杆四面体单元环向挤压变形为主的屈曲模态(模态Ⅱ)。从第 5 阶开始,屈曲模态以局部杆件屈曲为主,其中又以上弦径向弦杆的屈曲最为显著,这主要由于结构全部采用刚接节点,整体刚度较大,而上弦径向杆在满跨均布荷载作用下的内力最大,因此其最先屈曲。

(3)计算模型 B 的前 4 阶线性屈曲模态与计算模型 A 基本一致,5 阶以后高阶模态中仍然存在局部杆件的屈曲,但此时屈曲的杆件以下弦环向杆为主,这主要是由于腹杆与下弦杆的连接由刚接改为铰接后,对下弦环向杆两端的约束作用减弱,导致下弦环向杆提前进入屈曲状态。

(4)模型 C 的低阶线性屈曲模态与 A 和 B 有较大的区别,模态Ⅰ、Ⅱ均为基本单元沿环向挤压导致的变形,其平面图如图4所示,第 1 阶特征值仅为 0.113。模态Ⅲ为与模型 A 和 B 的模态Ⅰ一致的马鞍形屈曲模态,后续模态又变为只包含环向变形。这表明在腹杆和下弦环向杆均采用杆单元时,基本结构体系的环向刚度有非常明显的下降。

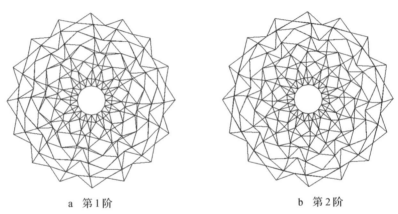

a 第1阶   b 第2阶

图4　计算模型 C 前 2 阶线性屈曲模态俯视图

(5)全铰接的模型 D 表现出了非常差的稳定性,其前 4 阶特征值均为 0。由文献[3]可以知道,算例中基本结构体系的全铰接模型 D 是一个机构位移模态数为 4 的动不定体系。易知模型 D 平衡矩阵 $\boldsymbol{A}$ 的维数为 480×496,则 $r(\boldsymbol{A})=480-4=476$,从而协调矩阵 $\boldsymbol{B}$ 的秩 $r(\boldsymbol{B})=r(\boldsymbol{A}^\mathrm{T})=r(\boldsymbol{A})=476$。线刚度矩阵 $\boldsymbol{K}_0$ 满足[5]

$$\boldsymbol{K}_0=\boldsymbol{B}^\mathrm{T}\boldsymbol{M}\boldsymbol{B} \tag{1}$$

其中,$\boldsymbol{M}$ 是结构的弹性矩阵,为满秩的对角矩阵,对角线上的元素 $\boldsymbol{M}(i,i)=E_iA_i/l_i>0$,$E_i$、$A_i$ 和 l_i 分别为第 i 根杆件的弹性模量、截面积和长度。因此 $\boldsymbol{M}$ 可以写成 $\boldsymbol{M}=\boldsymbol{M}'\boldsymbol{M}'=(\boldsymbol{M}')^\mathrm{T}\boldsymbol{M}'$,$\boldsymbol{M}'$ 同样为满秩的对角矩阵且 $\boldsymbol{M}'(i,i)=\sqrt{E_iA_i/l_i}$,将其代入式(1),有

$$\boldsymbol{K}_0=\boldsymbol{B}^\mathrm{T}(\boldsymbol{M}')^\mathrm{T}\boldsymbol{M}'\boldsymbol{B}=(\boldsymbol{M}'\boldsymbol{B})^\mathrm{T}\boldsymbol{M}'\boldsymbol{B} \tag{2}$$

因为 $\boldsymbol{M}'$ 满秩,故 $r(\boldsymbol{M}'\boldsymbol{B})=r(\boldsymbol{B})$。容易证明,$r((\boldsymbol{M}'\boldsymbol{B})^\mathrm{T}\boldsymbol{M}'\boldsymbol{B})=r(\boldsymbol{M}'\boldsymbol{B})$,于是可知

$$r(\boldsymbol{K}_0)=r(\boldsymbol{M}'\boldsymbol{B})=r(\boldsymbol{B})=476 \tag{3}$$

由于 $\boldsymbol{K}_0$ 为 480×480 的方阵,以 $\boldsymbol{K}_G$ 表示结构此时的几何刚度矩阵,则对于方程

$$(\boldsymbol{K}_0+\lambda\boldsymbol{K}_G)\boldsymbol{d}=0 \tag{4}$$

当特征值 $\lambda=0$ 时,方程 $\boldsymbol{K}_0\boldsymbol{d}=0$ 必然有 4 个线性无关的非零解[6],亦即表1中计算模型 D 的 4 个特征值为 0 的线性屈曲模态。依此类推,对于径向布置的六杆四面体基本单元数为 p 的内圈封口基本结

构体系,其计算模型 D 的前 $p-1$ 阶特征值必然为 $0^{[3]}$,因此不具备承担荷载的能力。

4 两类加强结构体系的特征值屈曲分析

文献[2,3]中均提出了两种网壳加强结构体系,即上弦加强结构体系和下弦加强结构体系。从分析结果来看,两种加强方式在改善网壳结构机动性上的作用是完全相同的,均使网壳的全铰接计算模型由动不定的基本结构体系转化为了动定体系[3]。而在静力性能方面,两种加强方式对体系内力和位移分布有着不同程度的影响,总的来看,下弦加强方式的影响要大于上弦加强[2]。为考察两种加强方式对网壳稳定性能的影响,对不同加强方式下四种计算模型进行特征值屈曲分析。各计算模型的前 5 类线性屈曲模态及相应的阶数和特征值如表 2 和表 3 所示。

表 2　上弦加强结构体系各计算模型的前 5 类线性屈曲模态及特征值

模态编号	线性屈曲模态及特征值			
	计算模型 A	计算模型 B	计算模型 C	计算模型 D
I	1 阶,3.822	1 阶,1.970	1 阶,1.862	1 阶,0.00036
II	2 阶,4.993	2 阶,2.735	2 阶,2.327	2 阶,0.00059
III	3 阶,7.234	3、4 阶,4.092	3、4 阶,3.497	3 阶,0.010
IV	4、5 阶,7.242	5 阶,4.324	5 阶,3.879	4、5 阶,0.020
V	6 阶,7.273	6 阶,4.431	6 阶,3.889	6 阶,0.022

表 3   下弦加强结构体系各计算模型的前 5 类线性屈曲模态及特征值

模态编号	线性屈曲模态及特征值			
	计算模型 A	计算模型 B	计算模型 C	计算模型 D
I	1 阶,3.909	1 阶,2.035	1 阶,1.618	1 阶,0.00017
II	2 阶,7.240	2 阶,4.340	2 阶,1.872	2 阶,0.00059
III	3、4 阶,7.314	3 阶,4.3415	3 阶,3.576	3 阶,0.010
IV	5 阶,7.413	4 阶,4.3422	4、5 阶,3.579	4、5 阶,0.021
V	6 阶,7.542	5 阶,4.368	6 阶,3.883	6 阶,0.022

由表 2、表 3 可以看到:

(1)对于两类加强结构体系,计算模型 A 到 D 的第 1 阶特征值逐个减小,表明四种计算模型的稳定性依然保持了逐渐下降的规律。

(2)分别引入两种加强方式后,计算模型 A 的第 1 阶特征值与基本结构体系相比没有发生大的变化,上弦和下弦加强结构体系相对基本结构体系分别上升了 1.7% 和 4.0%,且屈曲模态基本一致,均为竖向变形和环向变形耦合的马鞍形模态(表 1~表 3 中计算模型 A 的模态 I),这表明加强杆件在该模态的变形方向上发挥的作用很小。然而基本结构体系以环向挤压变形为主的模态Ⅱ在两类加强结构体系的前5个屈曲模态中不再出现,除上弦加强结构体系的模态Ⅱ为与模态Ⅰ相似的马鞍形模态外,两类加强结构体系计算模型A的其余低阶模态均以局部杆件的屈曲为主。由此可以认为,加强杆对计算模型A的环向刚度有一定的改善作用。

(3)对于网壳结构的计算模型B,引入两种加强方式后,第1阶特征值和相应的屈曲模态Ⅰ与基本结构体系相比未发生明显的变化,这与计算模型A的情形较为相似,说明加强杆在模态Ⅰ中结构的变形方向没有明显的加强作用。上弦加强体系的模态Ⅱ为与模态Ⅰ相似的马鞍形模态,之后的模态以六杆四面体单元沿环向的位移为主;而下弦加强体系的模态Ⅱ～Ⅳ均为第3圈下弦环向杆的屈曲。值得注意的是,上弦加强体系模型B的第1阶特征值(1.970)相比基本结构体系(1.972)略有下降,这表明在结构中增加杆件并不一定能带来最小特征值的增加。

(4)从第2节的分析已经知道,由于基本结构体系计算模型C的环向刚度相较模型A和B下降明显,直接导致其稳定性能大幅降低。而本节的计算结果表明,两类加强结构体系模型C的第1阶特征值由基本结构体系的0.113分别大幅上升到了1.862和1.618。通过对比表1~表3中模型C的屈曲模态可以发现,上弦加强结构体系的模态Ⅰ、Ⅱ均为马鞍形,类似基本结构体系前2阶的环向屈曲模态在上弦加强结构体系的低阶模态中不再出现;下弦加强结构体系的模态Ⅰ虽然是与基本结构体系相同的环向模态,但其特征值已有了大幅提升。这说明两种加强方式对模型C环向刚度的提升效果非常明显,网壳结构稳定性能有很大的改善。

(5)计算模型D在分别引入两种加强方式后的稳定性能仍然非常差,最小特征值低于0.001,且低阶屈曲模态以六杆四面体单元沿环向的位移为主,直到模态Ⅴ才出现含有竖向变形的马鞍形屈曲模态。这表明加强后的全铰接体系环向刚度依旧很差,基本不具备承担荷载的能力。

从特征值分析的结果来看,两种加强方式对网壳结构计算模型A、B和D的稳定性能提高不大,有时甚至会出现最小特征值下降的情况;但对计算模型C的稳定性能有非常明显的提升作用,这种提升主要是通过改善结构的环向刚度来实现的,其中上弦加强对结构环向刚度的改善效果更为明显。

5　考虑初始缺陷的双重非线性分析

特征值分析的结果为六杆四面体单元组成的球面网壳各计算模型和加强方式之间的稳定性能差异提供了初步的参考,但由于在计算过程中忽略了非线性效应的影响,因此得到的极限承载力(即最小特征值)往往偏高。为了使计算结果尽可能接近球面网壳的实际承载力,本节考虑几何和材料非线性,并对结构引入不同分布形式的初始缺陷,对各计算模型进行非线性分析计算。由第3、4节的计算结果来看,基本结构体系和两种加强结构体系的计算模型D均不具备承担实际荷载的能力,因此本节的非线性分析仅针对A、B、C三个模型。

为考察不同缺陷分布形式对网壳结构极限承载力的影响,除了按《空间网格结构技术规程》(JGJ 7－2010)规定的一致缺陷模态法,即将第1阶线性屈曲模态作为缺陷分布引入结构进行计算外,本节还将第3、4节中得到的各计算模型其余4种屈曲模态作为缺陷分布形式引入结构进行分析计算,并与一致缺陷模态法得到的极限承载力进行对比,缺陷幅值统一取为跨度的1/300。由于上述线性屈曲模态中同时包含了节点位移和杆件弯曲,为了便于对影响网壳结构稳定性的因素进行概念更清晰的考量,本节中提到的缺陷模态仅考虑网壳节点位置的偏差(即结构缺陷),而杆件初弯曲对网壳结构稳定性能的影响[7,8]在此暂不考虑。

表4给出了基本结构体系和两种加强结构体系的A、B、C三个计算模型分别引入表1~表3中的

表 4　不同缺陷分布形式下各计算模型的非线性稳定系数

缺陷分布	基本结构体系			上弦加强结构体系			下弦加强结构体系		
	模型 A	模型 B	模型 C	模型 A	模型 B	模型 C	模型 A	模型 B	模型 C
模态 Ⅰ	2.130	1.145	0.452	2.147	1.141	1.054	2.213	1.184	2.935
模态 Ⅱ	2.905	1.649	0.783	2.507	1.416	1.196	3.102	2.349	1.020
模态 Ⅲ	3.030	1.854	0.470	3.065	1.732	1.509	3.132	1.720	1.197
模态 Ⅳ	2.959	1.777	0.802	3.069	1.682	1.219	3.256	2.110	1.460
模态 Ⅴ	2.862	1.631	0.561	2.926	1.645	1.440	3.384	1.692	1.259

线性屈曲模态作为缺陷分布时,同时考虑几何非线性和材料非线性的稳定系数。

　　由表 4 结果可以看出,对于大多数计算模型,采用一致缺陷模态法得到的稳定系数是本文所考虑的各种缺陷分布中的最小值,但下弦加强结构体系计算模型 C 的最小非线性稳定系数对应的缺陷分布却为线性屈曲模态Ⅱ,而不是模态Ⅰ(以模态Ⅰ为缺陷分布时的非线性稳定系数要高于其对应的特征值,这种现象在以往研究中也曾出现[9],其原因有待进一步研究)。查看表 3 计算模型 C 的线性屈曲模态Ⅱ可以发现,其变形为马鞍形,将其作为缺陷分布时的非线性屈曲变形如图 5 所示(为便于观察,将位移放大了 3 倍),可以发现,结构变形与缺陷分布形式基本一致。通过观察其他计算模型的非线性屈曲变形,可以进一步发现,除基本结构体系计算模型 C 外,其他计算模型的最小非线性稳定系数对应的缺陷分布也同样是马鞍形,且非线性屈曲时的变形与图 5 所示一致。因此对于除基本结构体系计算模型 C 以外的所有计算模型,马鞍形的缺陷分布形式是最不利的。

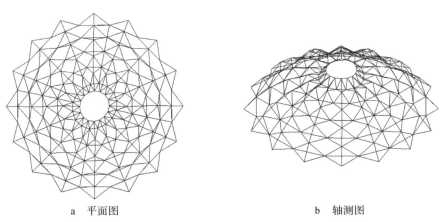

a　平面图　　　　　　　　　　　　　　　　b　轴测图

图 5　下弦加强体系计算模型 C 的缺陷分布模态Ⅱ对应的非线性屈曲变形

　　对于基本结构体系的计算模型 C,由表 1 可以看到,其线性屈曲模态Ⅲ为马鞍形,表 4 中以该模态为缺陷分布时的稳定系数等于 0.470,稍大于以模态Ⅰ为缺陷分布时的结果(0.452)。图 6 给出了分别以模态Ⅰ和模态Ⅲ为缺陷分布时该模型的非线性屈曲变形,可以发现两者有一个共同的特点,即整体结构都以沿环向的挤压变形为主。由第 3 节的讨论可知,基本结构体系计算模型 C 的环向刚度较弱,最低阶线性屈曲模态正是这种沿环向的挤压变形。较弱的环向刚度导致在非线性计算中即便引入其他形式的缺陷分布,结构在加载时仍然倾向首先产生环向变形。这种条件下,引入以环向变形为主的缺陷分布(模态Ⅰ),能"引导"结构更早地进入非线性屈曲的变形路径,因此以线性屈曲模态Ⅰ作为缺陷分布时的非线性稳定系数是最低的。但也可以发现,该系数和以线性屈曲模态Ⅲ作为缺陷分

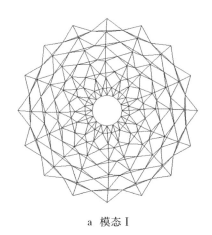
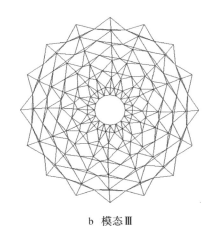

a　模态Ⅰ　　　　　　　　　　　　　　　　　　b　模态Ⅲ

图 6　基本结构体系计算模型 C 引入线性屈曲模态Ⅰ和Ⅲ作为缺陷分布时的非线性屈曲变形

布时的非线性稳定系数相差并不多,后者仅高出 4％,因此仍然可以大致认为,马鞍形的缺陷分布形式对基本结构体系计算模型 C 是最不利的。

　　由上面的讨论已经知道,对于本节研究的所有计算模型,均可以将马鞍形线性屈曲模态作为最不利的缺陷分布形式。表 5 给出了各计算模型在引入这种缺陷分布时的非线性稳定系数与该线性屈曲模态对应特征值的比值。可以看到,除了基本结构体系的计算模型 C,其余 8 个模型的这一比值均在 0.54～0.58 之间,由此可以认为,对于本文中的算例,由几何和材料非线性引起的网壳结构稳定性折减系数(相对特征值屈曲分析)基本处于这一区间,未来可以通过系统的大量算例分析获得适用范围更广的统计意义上的非线性折减系数。由于基本结构体系计算模型 C 的非线性屈曲变形以六杆四面体单元沿环向的位移为主,而不是缺陷分布的马鞍形模态,因此其稳定性能非线性折减系数与其他模型有较大差异,此处仅为 0.25。

表 5　缺陷分布形式为马鞍形时的非线性稳定系数与对应线性特征值的比值

结构体系类型	模型 A	模型 B	模型 C
基本结构体系	0.57	0.58	0.25
上弦加强结构体系	0.56	0.58	0.57
下弦加强结构体系	0.57	0.58	0.54

　　表 6 给出了表 4 中两种加强结构体系各计算模型的最小非线性稳定系数相对基本结构体系的提高比例。总的来看,计算模型 A 和 B 中引入加强杆对整体稳定性能的提升非常有限,下弦加强的效果稍好一些,但提高程度不超过 4％;而对于模型 C,结构在引入加强杆之后的稳定系数有了大幅提升,两种加强结构体系的非线性稳定系数约为基本结构体系的 2.3 倍。这种对不同计算模型稳定性能增强效果的差异与第 4 节中特征值分析得到的规律基本一致。

表 6　加强结构体系最小非线性稳定系数相对基本结构体系的提高比例

结构体系类型	模型 A	模型 B	模型 C
上弦加强结构体系	0.80％	−0.37％	133.12％
下弦加强结构体系	3.89％	3.37％	125.47％

6 结论

（1）本文通过具体算例,对由平面投影为四边形的六杆四面体单元组成的新型球面网壳进行了稳定性分析,主要工作包括特征值屈曲分析及考虑初始缺陷的双重非线性分析。根据是否含有加强杆件和加强杆件的位置,本文研究对象包括球面网壳的基本结构体系、上弦加强结构体系和下弦加强结构体系;根据刚、铰接节点布置方式的不同,又可以使每个结构体系形成四种计算模型。本文的分析由两个方面的对比展开,一方面是每个体系的四种计算模型之间的稳定性能对比,另一方面是针对同一种刚、铰接节点布置方式,不同结构体系之间的比较。

（2）从特征值屈曲的分析结果来看,三种结构体系均呈现了由全刚接模型到全铰接模型稳定性逐渐下降的规律;针对除全铰接模型(模型 D)之外三个计算模型的非线性分析得到了类似的规律。

（3）特征值屈曲分析和非线性分析的结果都表明,是否引入加强杆件、采用哪种加强方式对全刚接计算模型 A 和全半刚接半铰接计算模型 B 的稳定性能影响很小,因此可以认为,对计算模型 A 和 B 采取加强措施的意义不大。

对于计算模型 C(上弦半刚半铰、下弦铰接),上弦和下弦加强结构体系的最小特征值分别是基本结构体系的 16.47 倍和 14.32 倍,非线性分析中两种加强结构体系的最小稳定系数也分别较基本结构体系提高了 133.12% 和 125.47%,这说明引入加强杆件对计算模型 C 稳定性能的提高效果非常显著。

由于三种结构体系的全铰接计算模型 D 的特征值都非常小,其中基本结构体系的前 $p-1$ 阶(对本文算例为前 4 阶)特征值更是可以证明均等于 0,因此对于本文研究的球面网壳,全铰接结构体系均不具有实用价值。

（4）对于本文算例,最不利的缺陷分布形式为马鞍形的线性屈曲模态,将其引入结构后得到的非线性稳定系数基本为各种缺陷分布形式中的最小值。此外,除基本结构体系的全铰接计算模型 C,其他模型在稳定性分析中考虑几何和材料非线性影响的折减系数在 0.54 和 0.58 之间,前者由于非线性屈曲变形与其他模型有很大差别,折减系数差异较大。

（5）由于在结构中采用全刚接节点往往会对整个工程的经济、技术指标产生不利影响,因此本文的全刚接计算模型 A 应慎重采用,结合本文及文献[2,3]的讨论,实际工程中对所研究的新型球面网壳可优先选用基本结构体系的计算模型 B 和两种加强结构体系的计算模型 C 所对应的节点布置方式。

参考文献

[1] 董石麟,郑晓清,白光波.一种由四边形平面六杆四面体单元连接组合的球面网壳:中国 ZL201210079062.7[P].2014-07-23.

[2] 董石麟,白光波,郑晓清.六杆四面体单元组成的新型球面网壳及其静力性能[J].空间结构,2014, 20(4):3—14,28.

[3] 白光波,董石麟,郑晓清.六杆四面体单元组成的新型球面网壳机动分析[J].空间结构,2014, 20(4):15—28.

[4] PELLEGRINO S. Structural computations with the singular value decomposition of the equilibrium matrix[J]. International Journal of Solids and Structures,1993,30(21):3025—3035.

［5］DENG H，KWAN A S K. Unified classification of stability of pin-jointed bar assemblies［J］. International Journal of Solids and Structures，2005，42(15)：4393－4413.

［6］陈维新.线性代数［M］.2 版.北京:科学出版社,2007.

［7］范峰,严佳川,曹正罡.考虑杆件失稳影响的网壳结构稳定性研究［J］.土木工程学报,2012,45(5)：8－17.

［8］田伟,赵阳,董石麟.考虑杆件失稳的网壳结构稳定分析方法［J］.工程力学,2012,29(10)：149－156.

［9］董石麟,郑晓清.节点刚铰接时环向折线形单层球面网壳静力和稳定性能的分析研究［J］.建筑钢结构进展,2013,15(6):1－11.

58 六杆四面体单元组成球面网壳的节点构造及装配化施工全过程分析*

摘　要: 平面投影为四边形的六杆四面体单元是一种几何不变体系,由此集合组成的球面网壳构造简单,杆件数和节点数相对较少,且能起到双层网壳的作用。本文着重研究了半刚接半铰接球面网壳的节点构造,上、下弦采用梁单元,选用带法兰盘的焊接空心球连接;腹杆采用杆单元,选用耳板连接。为便于在工厂工业化加工制作六杆四面体单元,以及在现场高空悬臂安装网壳结构,提出了一种能重复使用的工具式A型拼装架及安装工序。与此同时,详细给出了在网壳自重作用下,与安装工序对应的装配化施工全过程内力分析,文中并附有算例说明。

关键词: 六杆四面体单元;半刚接半铰接球面网壳;节点构造;A型拼装架;装配化施工全过程分析

1　引言

六杆四面体单元组成的球面网壳构造简单,杆件数和节点数相对较少,造型丰富,能起到双层网壳的作用[1]。通过对这种新型网壳结构的静力、几何不变性和线性与非线性稳定性进行分析[2-4],可知其结构性能良好,在工程中有推广应用的前景。网壳的六杆四面体基本单元可在工厂预制加工批量生产,规格少,可叠合堆放运输,在施工现场走装配化的途径,做到工地工程量尽量减少,且无现场焊接。这不仅有利于保证钢结构的工程质量,也为环保工程、绿色建筑提供了重要的技术支撑。

本文对上、下弦采用梁单元、腹杆采用杆单元的可称为上、下弦节点均为半刚接半铰接的球面网壳(见图1),从工程应用的角度出发,研究和提出了节点和六杆四面体单元的结构构造,研制一种能重复应用的简易A型拼装架,并采用高空悬臂的装配方法,无需其他任何脚手架来安装网壳结构。给出了这种网状球壳的装配化施工工序。文中还试制了一个10m跨度的大型实物结构模型,验证了节点构造和装配化施工的可行性。在网壳结构自重作用下,提出了施工安装全过程内力分析方法,并与常规的采用满堂红脚手架落架(即不考虑施工过程)时的内力计算结果做了对比。

---

* 本文刊登于:董石麟,白光波,陈伟刚,郑晓清.六杆四面体单元组成球面网壳的节点构造及装配化施工全过程分析[J].空间结构,2015,21(2):3—10.

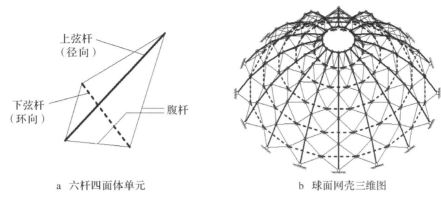

a　六杆四面体单元　　　　　　　　b　球面网壳三维图

图1　六杆四面体单元组成的半刚接半铰接球面网壳

2　节点和单元的连接构造

对所研讨的半刚接半铰接球面网壳,由于要求上、下弦为梁单元,腹杆可采用杆单元,又便于工业化生产、装配化施工,梁元之间可采用带法兰盘的焊接空心球连接[5,6]。预制梁的两端在工厂连接有半个焊接空心球(见图2),在现场通过法兰盘间的高强螺栓可形成梁间的刚性连接构造。腹杆两端与焊接空心球节点通过耳板连接,可看作与弦杆是铰接的。为验证这种连接构造的可行性,试制了一个10m跨度的大型实物结构模型,其加工、安装遵循装配的思路。工业化预制生产的六杆四面体单元如图3所示,且可叠合堆放(见图4),通过平板车运输到工地现场。

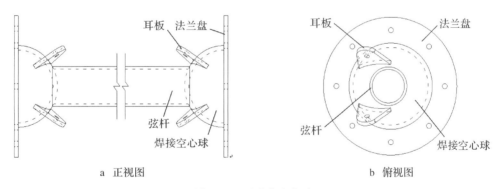

a　正视图　　　　　　　　　　　　b　俯视图

图2　上、下弦节点构造

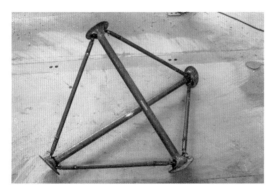

图3　六杆四面体单元实物图　　　　　　图4　单元的叠合堆放

3 安装辅助工具

根据球面网壳的构形特点,可以采用由外到内逐圈安装六杆四面体单元的施工方案。在这种方案下,网壳是随着六杆四面体单元的安装而逐圈扩大形成的。施工过程中,可借助一定的辅助工具,将已经完成安装的部分结构作为支点,为新安装单元提供临时支承,待一圈单元安装完毕后即可将工具拆除。最后一圈基本单元安装完成后,在最内圈节点之间安装内环杆。该方案全程无需脚手架,所有安装工序都在高空完成,安装每个六杆四面体单元的过程类似于桥梁施工中的悬臂拼装法,因此可称为高空悬臂无脚手施工安装方案。为了实现采用这种方案安装所研讨的球面网壳,需要在安装过程中使用一些辅助工具。

3.1 可伸缩临时加强内环杆

为了向新安装单元的临时支承体系(即 3.2 节将要介绍的工具式 A 型拼装架)提供搁置点,在安装每圈六杆四面体单元之前,需首先在已安装结构的内环节点之间架设一圈临时内环杆,如图 5 中的粗线所示。临时内环杆除了能为 A 型拼装架提供搁置点,还能对已安装完成的结构起到一定的加强作用。临时内环杆通过端部可灵活调整角度的连接件两两相连,并同时固定在已安装完成的结构上,如图 6 所示。

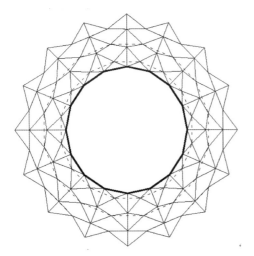

图 5 临时加强内环杆架设位置示意图

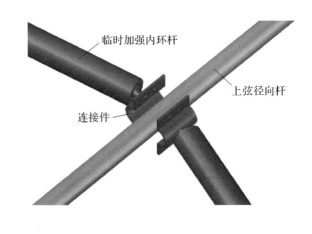

图 6 临时加强内环杆与已安装完成结构的连接

为提高安装辅助工具的利用率,尽量减少安装过程中所需的工具数量,在每圈六杆四面体单元安装完成后,可即刻拆除 A 型拼装架和临时内环杆,并转供安装下一圈基本单元使用。根据球面网壳的构形特征,从外到内安装基本单元时所需的临时内环杆长度是逐渐减小的(如图 7 中 $l_{i+2} > l_i > l_{i-2}$),这就要求临时内环杆应采用可调节长度的设计,以便适应在结构不同位置安装使用的需求。为此,可将临时内环杆设计为具有正反螺纹的螺杆和一系列具有内外螺纹套筒的组合,如图 8 所示。

此外,为简化施工过程中的操作步骤,每套 A 型拼装架在拆除后可直接转移到下一工作位置,这就需要在新的位置提前架设搁置 A 型拼装架的临时内环杆。由于 A 型拼装架直接搁置于临时内环杆上,因此在移除 A 型拼装架前,当前一圈临时内环杆是无法拆卸的;同时,由于每根临时内环杆两端均连接有 A 型拼装架,因此需要将相邻两套 A 型拼装架全部移除,方能拆卸它们共用的一根临时内

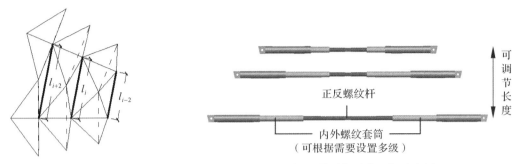

图 7　临时加强内环杆安装在不同位置示意图　　　　图 8　临时加强内环杆示意图

环杆。综合来看,除了图 5 所示的一整圈临时加强内环杆,还需额外准备至少 3 根杆件,在拆除前两套 A 型拼装架之前,先行架设到刚刚完成安装的基本单元之间,以便为后者提供搁置点。在移除前两套 A 型拼装架后,即可拆卸原来位置共用的一根临时内环杆并安装至下一圈基本单元之间。随后即可依次拆除所有的 A 型拼装架和临时内环杆并安装至新的工作位置。

3.2　A 型拼装架

为了向新安装的六杆四面体单元提供可靠的临时支承,提出了一种简易的可多次重复利用的工具式 A 型拼装架,如图 9 所示。该拼装架采用一对灵活的扣件来固定,扣件的一边与网壳的可伸缩临时加强内环杆相连,另一边可搁置 A 型拼装架底部的水平轴。准备状态下 A 型拼装架可卧放在已形成网壳的上弦梁上,工作状态下 A 型拼装架可绕此水平轴转动而竖起来(见图 10)。A 型拼装架的顶端设置一根悬吊六杆四面体单元的前拉索和两根与已形成网壳最近下弦节点相连的背拉索,同时应设置一根可升降的螺杆,以便微幅调整正在拼装的六杆四面体单元的标高。

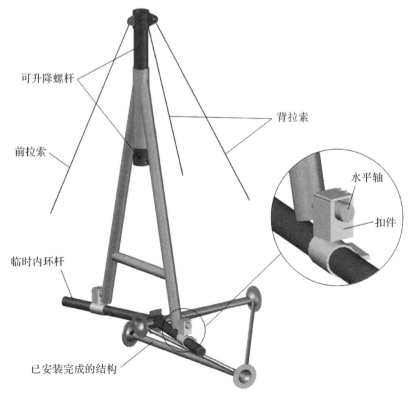

图 9　工具式 A 型拼装架

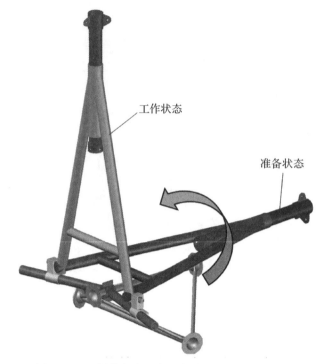

图 10　A 型拼装架由准备状态转入工作状态示意图

工作状态下,A 型拼装架的侧立面轴线可与水平面垂直(见图 11a),也可通过球面网壳的球心与水平面成一定的夹角 ϕ(见图 11b)。采用后者方案可使拼装过程中的前拉索接近于定长。

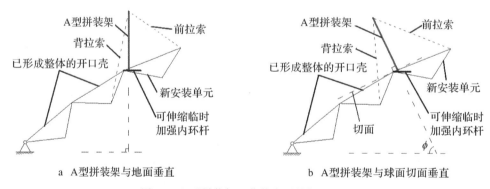

a　A型拼装架与地面垂直　　　　　b　A型拼装架与球面切面垂直

图 11　A 型拼装架工作状态下的侧立面图

4　网壳高空安装工序

安装一圈六杆四面体单元的工序流程示意图见图 12。采用 A 型拼装架安装 10m 跨度六杆四面体单元组成的实物球面网壳见图 13。因实物模型较小,移动一次 A 型拼装架可安装 2～3 圈六杆四面体单元。

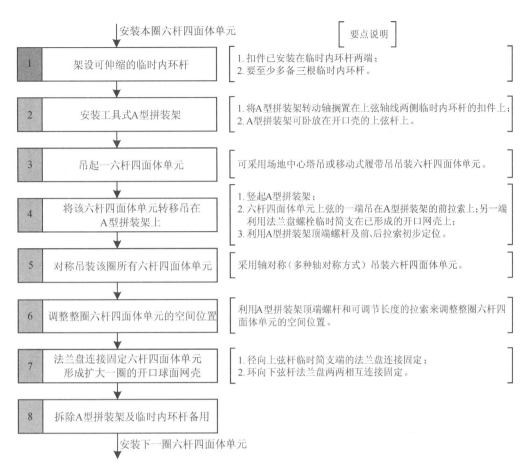

图 12　六杆四面体单元安装工序流程

图 13　采用 A 型拼装架安装实物球面网壳

5　装配化施工全过程内力分析

由于采用高空悬臂安装法,网壳结构是逐圈扩大形成的,网壳结构的自重也就逐圈传递到已形成整体但不断扩大的球面网壳。

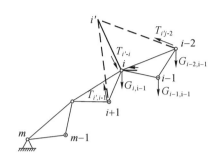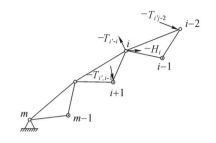

a 安装(*i*−1)圈六杆四面体单元   b 拆除A型拼装架

图 14 网壳装配化施工内力分析示意图

当 A 型拼装架竖在 i 节点($i=3,5,\cdots,m$),安装($i-1$)圈六杆四面体单元时(图 14a),在等效的单元自重节点荷载 $G_{i,j}$:

$$G_{i,i-1}=\frac{1}{2}l_{i,i-2}g_{i,i-2}+l_{i,i-1}g_{i,i-1} \tag{1}$$

$$G_{i-1,i-1}=\frac{1}{2}(l_{i,i-1}g_{i,i-1}+l_{i-1,i-1}g_{i-1,i-1}+l_{i-1,i-2}g_{i-1,i-2}) \tag{2}$$

$$G_{i-2,i-1}=l_{i-1,i-2}g_{i-1,i-2}+\frac{1}{2}l_{i,i-2}g_{i,i-2} \tag{3}$$

作用下(其中 $l_{i,j}$ 和 $g_{i,j}$ 为相应杆件的长度和线自重),可按铰接体系求得包括临时内环杆在内的 A 型拼装架的内力 H_i、$T_{i',i}$、$T_{i',i+1}$、$T_{i',i-2}$ 以及($i-1$)圈六杆四面体的内力 $N_{i,i-2}$、$N_{i,i-1}$、H_{i-1}、$N_{i-1,i-2}$,以及已形成的上下弦按梁元计的 $m\sim i$ 段开口网壳的各杆件的内力和支座反力。

然后,($i-1$)圈相邻六杆四面体单元的下弦杆两两刚接,上弦杆与 $m\sim i$ 段开口网壳刚接,拆除 A 型拼装架(图 14b),在 $-H_i$、$-T_{i',i}$、$-T_{i',i+1}$、$-T_{i',i-2}$ 作用下,可求得新形成的 $m\sim(i-2)$ 段开口网壳的内力和支座反力。将前后两过程的相应内力和支座反力叠加,即得在($i-1$)圈六杆四面体单元自重作用下,$m\sim(i-2)$ 段开口网壳中的内力和支座反力。

采用类似方法,当 $i=m,m-2,\cdots,5,3$,可求得拼装过程 $m\sim(m-2)$、$m\sim(m-4)$、$\cdots$、$(m\sim5)$、$(m\sim3)$、$(m\sim1)$ 对应的各段开口网壳(共$(m-1)/2$个不同几何尺寸的开口网壳)的内力和支座反力,叠加后即得最后一个开口壳(即整个网壳结构)在自重作用下的内力和支座反力。显然,这与利用满堂红脚手架拼装整个网壳时,落架后所得网壳自重产生的内力和支座反力是完全不同的(竖向反力除外)。

6 算例说明

设有一跨度为 50m,矢跨比和厚跨比分别采用 1/4 和 1/30 的开孔球面网壳,孔径与跨度之比为 1/6,网壳沿球面径向和环向分别布置 5 个和 16 个六杆四面体单元,最外圈节点为不动铰支座。上弦径向杆和内环杆采用 $\phi203\times14$ 圆钢管,下弦环向杆采用 $\phi180\times5$ 圆钢管,腹杆采用 $\phi114\times5$ 圆钢管,截面积分别为 83.13cm² 、27.49cm² 和 17.12cm²,弹性模量取 $2.06\times10^{11}\,\mathrm{N/m^2}$。1/16 网壳结构几何尺寸、节点及内力编号如图 15 所示。拼装架 i',i 的长度为 1.8m,此时前拉索的长度 $i',i-2$ 的长度恒为 5.4m。A 型拼装架在工作状态下的侧立面图采用图 11b 的方案。

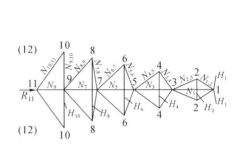

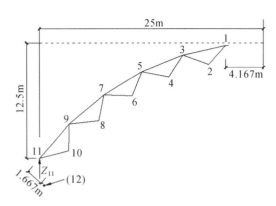

| a 结构平面图 | b 结构剖面图 |

图 15　网壳几何尺寸及节点和内力编号

采用上节所述网壳装配化施工全过程分析方法,可求得各圈六杆四面体单元的等效节点荷载 $G_{i,j}$,以及包括临时内环杆在内的安装架内力 $T_{i,j}$、H_i($i \neq 1$),见表 1。表 2 给出了各拼装、拆架过程中已形成动态开口球面网壳的内力和总内力,以及采用满堂红脚手架在落架后得到的整个网壳的内力(不考虑施工过程,一次性施加全部自重荷载,见表 2 的最后一列数据)。比较表 2 最后两列数据,可见采用两种方法所得到的内力计算结果有非常大的差异,水平支座反力相差也较大;当然,竖向支座反力是相同的。由此可知,对于以结构自重为主的六杆四面体组成的球面网壳(例如采用膜材或其他轻质材料作为屋面时),有必要进行装配化施工全过程内力分析。

表 1　网壳自重及装配化施工拼装架的内力　　　　　　　　　　　　　　　　（单位:kN）

荷载与内力	安装架位置									
	$11'$-11		$9'$-9		$7'$-7		$5'$-5		$3'$-3	
等效节点荷载	$G_{11,10}$	2.30	$G_{9,8}$	2.23	$G_{7,6}$	2.16	$G_{5,4}$	2.08	$G_{3,2}$	2.01
	$G_{10,10}$	3.23	$G_{8,8}$	2.81	$G_{6,6}$	2.34	$G_{4,4}$	1.84	$G_{2,2}$	1.36
	$G_{9,10}$	2.27	$G_{7,8}$	2.19	$G_{5,6}$	2.12	$G_{3,4}$	2.04	$G_{1,2}$	1.99
拼装架内力	$T_{11',11}$	−5.80	$T_{9',9}$	−16.47	$T_{7',7}$	−21.89	$T_{5',5}$	−16.21	$T_{3',3}$	−7.15
	$T_{11',9}$	2.69	$T_{9',7}$	7.72	$T_{7',5}$	10.50	$T_{5',3}$	8.03	$T_{3',1}$	3.67
	$T_{11',12}$	3.94	$T_{9',10}$	10.63	$T_{7',8}$	13.21	$T_{5',6}$	9.04	$T_{3',4}$	3.67
	—	—	H_9	8.19	H_7	−17.54	H_5	−45.57	H_3	−56.77

注:1. 计算过程中可不计拼装架重量。

　　2. 安装架位于 $11'$-11 处时,应根据现场条件选择背拉索锚固点 12 的位置。本算例中为简便计,令锚固点 12 与下弦节点处于同一球面,按下弦节点坐标的定位方式确定其位置(见图 15)。

表 2　网壳在自重作用下施工全过程内力分析计算结果　　　　　　　　　　（单位：kN）

内力编号	安装架位置															满堂架落架
	11'-11			9'-9			7'-7			5'-5			3'-3			
	装	拆	Σ_{11}	装	拆	$\Sigma_{11,9}$	装	拆	$\Sigma_{11\sim7}$	装	拆	$\Sigma_{11\sim5}$	装	拆	$\Sigma_{11\sim3}$	
R_{11}	-14.16	-7.69	-21.84	-8.44	4.83	-25.45	-4.58	1.56	-28.46	-4.72	0.25	-32.94	-4.53	-0.86	-38.32	-27.90
Z_{11}	12.60	-4.79	7.81	7.24	0.00	15.04	6.61	0.00	21.65	5.97	0.00	27.62	5.36	1.04	34.02	34.02
N_9	-3.53	3.57	0.04	-8.76	-6.02	-14.73	-9.84	0.29	-24.28	-8.05	-0.06	-32.38	-7.26	-1.41	-41.05	-42.37
H_{10}	-29.67	-8.92	-38.58	10.01	3.48	-25.10	3.58	1.44	-20.07	0.86	0.44	-18.77	0.47	0.13	-18.18	-2.27
$N_{9,10}$	-0.84	-1.23	-2.07	-13.63	15.50	-0.21	0.49	0.20	0.49	0.12	0.06	0.66	0.07	0.02	0.75	2.94
$N_{10,11}$	-13.89	-4.56	-18.45	-2.23	9.13	-11.55	1.83	0.74	-8.98	0.44	0.22	-8.32	0.24	0.06	-8.01	0.13
N_7				-9.74	7.13	-2.60	-10.16	-6.76	-19.52	-10.61	-0.59	-30.73	-8.74	-1.74	-41.21	-37.88
H_8				-27.17	3.03	-24.14	21.76	-4.35	-6.73	5.99	1.26	0.52	3.49	0.78	4.79	-1.05
$N_{7,8}$				1.12	0.15	1.28	-16.54	17.42	2.16	0.31	0.06	2.53	0.18	0.04	2.75	2.45
$N_{8,9}$				-9.88	1.25	-8.63	0.67	6.52	-1.44	2.48	0.52	1.56	1.44	0.32	3.33	0.91
N_5							-13.13	9.68	-3.45	-11.01	-7.65	-22.10	-10.92	-1.96	-34.98	-33.26
H_6							-16.23	-17.52	-33.76	17.64	1.63	-14.49	6.09	0.67	-7.73	-3.56
$N_{5,6}$							1.96	0.20	2.16	-11.57	11.36	1.94	-0.07	-0.01	1.87	1.82
$N_{6,7}$							-4.02	-5.61	-9.63	0.55	5.62	-3.46	1.95	0.21	-1.29	0.04
N_3										-9.37	4.13	-5.24	-12.88	-2.52	-20.63	-28.77
H_4										6.73	-49.82	-43.09	13.46	-5.92	-35.54	-6.23
$N_{3,4}$										0.81	2.64	3.45	-5.05	4.65	3.05	1.50
$N_{4,5}$										2.53	-11.94	-9.41	1.40	0.41	-7.60	-0.58
N_1													-2.81	-14.37	-17.18	-24.06
H_2													17.56	-14.05	3.51	-10.11
$N_{1,2}$													-0.71	1.14	0.44	1.55
$N_{2,3}$													3.73	-2.47	1.26	-1.13
H_1													—	-41.61	-41.61	-55.22

注：拆除拼装架 3'-3 之前，要在节点 1 处安装永久内环杆，故在计算拆除拼装架 3'-3 时应计入内环杆自重 $l_{1,1}g_{1,1}$，并可求得内环杆内力 H_1。

7　结语

（1）对于六杆四面体单元组成的半刚接半铰接球面网壳，上、下弦可采用梁单元，选用带法兰盘的焊接空心球连接，腹杆采用杆单元，选用耳板连接。文中给出了节点和六杆四面体单元的具体构造。

（2）为便于现场高空悬臂无脚手安装球面网壳，提出了一种构造简单、能重复使用的工具式 A 型拼装架及相应的网壳安装工序流程。

（3）在网壳结构自重作用下，当采用悬臂无脚手安装球面网壳时，随安装过程逐步形成动态变化的开口球面网壳结构，因此应进行施工全过程内力分析。文中给出了全过程内力分析的具体计算步骤。

（4）文中算例说明了悬臂安装与满堂红脚手架落架安装的网壳结构在结构自重下的结构内力及支座反力相差甚远，应在网壳设计与施工时特别给予关注。

（5）文中还试制了一个 10m 跨度的大型实物结构模型，验证了网壳节点和六杆四面体单元构造的可行性，同时也验证了采用 A 型拼装架进行网壳装配化施工的可行性。

参考文献

[1] 董石麟,郑晓清,白光波. 一种由四边形平面六杆四面体单元连接组合的球面网壳:中国 ZL201210079062.7[P]. 2014-07-23.

[2] 董石麟,白光波,郑晓清. 六杆四面体单元组成的新型球面网壳及其静力性能[J]. 空间结构,2014, 20(4):3—14,28.

[3] 白光波,董石麟,郑晓清. 六杆四面体单元组成的新型球面网壳机动分析[J]. 空间结构,2014, 20(4):15—28.

[4] 白光波,董石麟,郑晓清. 六杆四面体单元组成的新型球面网壳的稳定性能分析[J]. 空间结构, 2014,20(4):29—38.

[5] 中华人民共和国住房和城乡建设部. 空间网格结构技术规程:JGJ 7—2010[S]. 北京:中国建筑工业出版社,2010.

[6] 中华人民共和国建设部. 高耸结构设计规范:GB 50135—2006[S]. 北京:中国计划出版社,2007.

59 六杆四面体单元组成的球面网壳结构装配化施工的实践研究*

摘　要:六杆四面体单元组成的球面网壳是一种适应建筑工业化需求的新型空间结构体系。基于一个10m跨度的大型实物模型,对这种新型网壳结构进行了装配化施工的实践研究。模型的六杆四面体单元全部预先加工完成,再按照拟定的施工方案,以其为基本单位进行安装,并对安装过程中出现的问题进行了总结和分析。模型安装完成后,利用全站仪测得所有节点坐标,并利用测得坐标重建有限元模型,通过与设计模型的静力计算结果进行比较,从理论角度分析了安装误差对结构静力特性的影响。本文工作能为这种新型球面网壳的工程实践提供一定的指导。

关键词:球面网壳;六杆四面体单元;实物模型;装配化施工;精度控制

1　引言

平面投影为四边形的六杆四面体单元是一种几何不变体系,由其连接集合而成的球面网壳[1](见图1)具有简洁明快的拓扑关系,造型兼具建筑美和结构美,且适于工业化预制生产和装配化施工,与当前我国发展建筑工业化过程中对新型结构体系的需求相契合。文献[2—4]从结构构形、静力特性、几何不变性和稳定性等方面对该球面网壳进行了深入的分析研究,明确了其在应用于工程实践时可采用的加强措施及刚、铰接节点布置方案。这些工作对这种新型球面网壳结构的力学性能进行了系统总结,为它的推广应用奠定了理论基础。

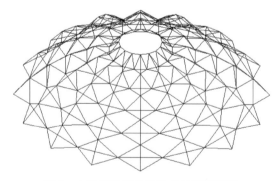

图1　六杆四面体单元组成的球面网壳

*　本文刊登于:白光波,董石麟,丁超,梁昊庆,郑晓清.六杆四面体单元组成的球面网壳结构装配化施工的实践研究[J].空间结构,2015,21(2):11—19,39.

在上述理论分析的基础上,文献[5]从实践角度出发,针对这种结构体系提出了一种可行的节点构造方案,并对装配化施工安装方案进行了详细探讨。本文基于所提出的节点构造和施工安装方案,设计、制作了一个10m跨度的大型实物模型,从模型构件的加工、六杆四面体基本单元的运输和堆放以及施工安装各个步骤对球面网壳的工业化生产和装配化施工进行了实践,分析、总结了实践中存在的问题。模型安装完成后,利用全站仪对模型的安装精度进行了测量,基于测得的节点坐标重建了有限元模型,并从理论上考察了安装误差对结构静力特性的影响。

2 模型设计

2.1 几何参数

考虑到试验场地等条件,确定模型跨度为10m。设定网壳模型的矢高、厚度和中心开孔的孔径与跨度的比值分别为1/5、1/40和1/5。沿径向和环向布置的六杆四面体基本单元个数分别为5和12。模型的平面和立面尺寸如图2所示。

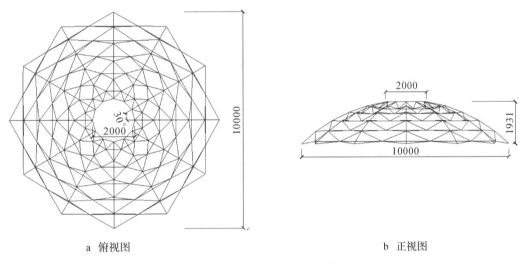

a 俯视图   b 正视图

图 2   试验模型基本几何参数

2.2 材料与构件尺寸

为便于加工,模型杆件采用两种规格。上弦径向杆、下弦环向杆和内环杆均采用$\phi 45 \times 3$圆钢管,腹杆采用$\phi 25 \times 2$圆钢管,截面积分别为395.8mm²和144.5mm²。材料统一选用20号钢材。

2.3 节点构造

试验模型的节点刚性布置采用文献[2]中计算模型B对应的方案,即上弦径向杆、下弦环向杆和内环杆之间为刚性连接,腹杆与相邻杆件为铰接。这种方案下的所有节点均为半刚接半铰接,文献[5]提出了一种满足该要求的节点构造方案。在该构造方案中,刚性连接通过采用螺栓固定杆件端部带半个焊接球的法兰盘来实现,而利用焊接在半球上的耳板,可以将腹杆铰接在节点上。网壳模型除内环节点和支座节点外的所有节点均采用这种构造,如图3所示。

内环节点采用图4所示的构造,其中上弦径向杆直接焊接于焊接球上,内环杆通过法兰盘与焊接球相连,腹杆采用耳板连接。由此可以实现内环杆和上弦径向杆之间的刚性连接,以及腹杆与节点之

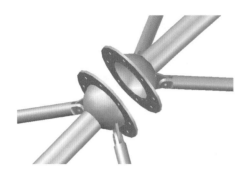

a 节点构造示意

b 安装完成后的节点

图 3 试验模型节点构造

图 4 内环节点

图 5 支座节点

间的铰接。支座节点的构造见图 5,上弦径向杆和腹杆均焊接于一焊接空心球上,焊接空心球通过加劲板与支座底板相连,在忽略支座加劲板和底板之间的抗弯刚度时,可以将其视为不动铰支座。

对于本试验模型,考虑到不同位置节点处汇交的杆件角度不一致,可以将节点划分为 11 种规格。对每种节点均进行了精细化的三维实体建模,根据各杆件真实的尺寸、空间位置和相对关系确定构造的具体形式,并对不同节点的相关尺寸进行合理归并,从而可以降低原材料采购成本和模型加工难度。

2.4 支承结构

在试验模型的理论分析中,边界条件设置为不动铰支座。为了使实际情况满足这一条件,模型采用"环梁+立柱"的支承方案。环梁为 H250×250×20×20 的焊接 H 型钢,相邻环梁采用翼缘和腹板之间的连接板通过高强螺栓进行连接,以保证整体性。每根环梁中点处的上翼缘与支座节点相连(见图 5),下翼缘与立柱相连(图 6)。立柱为 ϕ159×10 的圆钢管。由于环梁已保证了较强的整体性和刚度,因此在保证环梁本身与立柱连接刚度的前提下,柱脚直接放置在地面即可。整体支承结构如图 7 所示。

图 6 环梁与立柱的连接

图 7 模型支承结构

3 试验模型装配化施工安装

3.1 总体思路

顾名思义,本文所研究的结构体系是由一系列模块化的六杆四面体单元组成。根据结构的对称性,可以将组成该结构体系的基本单元划分为 5 种规格、每种规格 12 个的六杆四面体和 12 根内环杆。

采用 2.3 节介绍的节点构造,将四根腹杆的两端分别利用螺栓连接于一根上弦径向杆和一根下弦环向杆两端的耳板上,即可形成一个六杆四面体基本单元,如图 8 所示。在安装整体结构之前,将所有六杆四面体单元拼装完毕并运输至实验室内。为节省空间,可将同一规格的六杆四面体单元叠合后再进行运输和堆放(见图 9)。之后利用法兰盘上的螺栓逐圈连接固定六杆四面体单元,对整体结构进行装配化施工安装。具体拼装过程可参阅文献[5]。

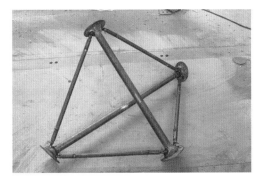

图 8 六杆四面体基本单元   图 9 叠合堆放状态下的六杆四面体单元

3.2 安装辅助工具

采用文献[5]中的施工方案时,为保证施工过程中结构的稳定性,在形成最终的完整结构前,需在已安装结构的最内环节点之间增设临时加强内环杆(见图 10);同时应在临时内环杆上架设 A 型拼装架,通过拼装架顶端的拉索吊装新安装的六杆四面体单元(见图 11)。需要说明的是,文献[5]中的 A 型拼装架是通过一对独立的扣件与临时加强内环杆相连的,由于试验模型各部件(包括临时加强内环杆和 A 型拼装架)的尺寸较小,为降低 A 型拼装架的加工难度以及简化安装工序,此处将扣件直接焊接于柱脚,再通过 U 形螺栓固定于临时内环杆上,如图 12 所示。

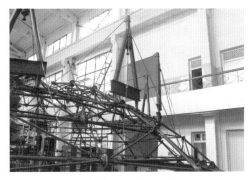

图 10 临时加强内环杆   图 11 A 型拼装架

图12　A型拼装架与临时加强内环杆的连接

3.3　安装过程

由于试验模型的尺寸较小,在利用文献[5]中的拼装工序进行安装时,A型拼装架处于一个位置可吊装多圈六杆四面体单元。为了简化安装步骤,模型安装过程中仅在第四圈基本单元安装完成后移动了一次A型拼装架。限于篇幅,图13仅给出了模型安装的几个步骤。

a　安装第1圈基本单元

b　第2圈基本单元安装完成后安装临时加强杆

c　安装第5圈基本单元

d　安装完成

图13　试验模型的部分安装步骤

在安装过程中,已安装完成部分的最内圈节点空间位置的准确程度直接关系到后续步骤能否顺利进行。在拼装每圈六杆四面体单元时,均使用Leica TCRA1201+全站仪对新安装单元的内圈节点坐标(即法兰盘中心点坐标)进行测量,并通过调整A型拼装架顶部套筒高度和前拉索长度将内圈节点尽量调整至设计位置,以便为下一圈要安装的六杆四面体单元提供较为准确的初始条件。

应该认识到,即便采用上述控制措施,结构模型的安装过程仍然会产生一定的误差。总的来看,误差可能主要来自于以下三个方面:

（1）由于本次试验对六杆四面体基本单元的加工精度控制缺乏经验，因此加工完成后的基本单元与设计形状存在微小的差距；同时，腹杆端部和节点耳板上的螺栓孔孔径相对螺栓尺寸留出了一定的富余量，这导致六杆四面体单元的形状可以在一个微小幅度内变化。这些因素会对装配化施工过程中的精度控制造成一定的困难。

（2）该结构的现场安装全部通过紧固法兰盘上的螺栓来进行，而螺栓与孔壁之间在设计时通常留有一定的富余量，这虽然能为结构的安装提供调整空间，但也可能由此导致在安装时产生误差，且误差在安装一圈六杆四面体单元的过程中会发生累积。

（3）在利用法兰盘连接每圈最后一个基本单元和第一个基本单元时，若（1）和（2）中的误差叠加后超过了该法兰盘上螺栓孔孔径富余量提供的调整空间，就需要对这两个基本单元进行强行就位，这会导致已安装结构的节点位置发生偏移，且在结构内部产生初内力。

为了检验试验模型的安装精度，有必要对安装完成后的模型节点坐标进行测量。

4   模型安装精度测量与分析

4.1   安装精度测量

在整个模型安装完毕后，利用全站仪测得了所有节点的三维坐标。通过将实测值与节点的设计坐标进行对比，评估模型的安装误差。

普通上弦和下弦节点的坐标测点布置在法兰盘圆面任一条直径的两端，利用 Leica TCRA1201＋全站仪的无棱镜测距功能测量两个测点的坐标并取平均值，即得到该节点（法兰盘圆心）的坐标，如图 14 所示。内环节点为空心球，通过测量该球体一个大圆上的两点坐标，可由几何关系换算出球心坐标（见图 15）。对于支座节点，直接在焊接球上布置测点存在一定的困难，因此通过测量节点底板四个角点的坐标，取平均值后再根据支座各个构件的设计尺寸计算节点中心坐标（见图 16）。

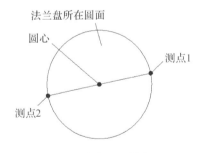

a 测点布置示意图

b 测点布置实物图

图 14   法兰盘节点坐标测点布置

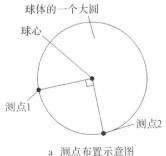

a 测点布置示意图

b 测点布置实物图

图 15   内环球节点坐标测点布置

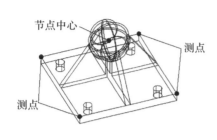

a 测点布置示意图

b 测点布置实物图

图 16 支座节点坐标测点布置

在节点坐标的测量过程中,坐标系可任意选定,只需在整个过程中使用一个统一的临时坐标系即可(通过全站仪的自由设站功能实现)。为了与设计坐标进行对比,在全部节点坐标测量完成后需进行坐标系转换。转换得到的新坐标系应按照下列原则确定:

(1)由 12 个支座节点确定的十二边形的形心确定新坐标系原点的水平位置;新坐标系原点的 z 坐标应满足与 12 个支座节点 z 坐标差值的平方和最小的条件,可以证明,满足此条件的坐标即为 12 个支座节点 z 坐标的算术平均值;

(2)以平行于节点 11-1 和 11-7 连线的直线为 x 轴,正方向由节点 11-7 指向 11-1;

(3)x 轴逆时针转动 $90°$ 形成 y 轴,并根据右手定则确定 z 轴的方向。

转换后的坐标系示意图见图 17。节点编号见图 18,其中 $n=1,2,\cdots,12$,沿逆时针方向增加,图中位置 $n=1$。实测结果和相应的设计坐标见表 1。

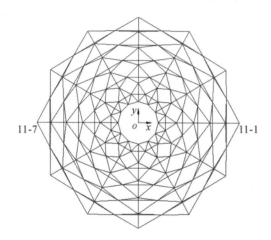

图 17 坐标系示意图

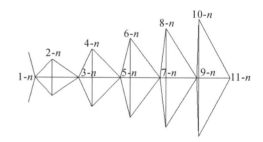

图 18 节点编号图

表 1 试验模型节点坐标设计值与实测值

节点编号	设计坐标/m			实测坐标/m			节点编号	设计坐标/m			实测坐标/m		
	x	y	z	x	y	z		x	y	z	x	y	z
1-1	1.000	0.000	1.931	1.000	0.011	1.944	2-1	1.348	0.361	1.610	1.341	0.370	1.628
1-2	0.866	0.500	1.931	0.861	0.512	1.948	2-2	0.986	0.986	1.610	0.976	0.992	1.625
1-3	0.500	0.866	1.931	0.492	0.869	1.947	2-3	0.361	1.348	1.610	0.344	1.344	1.634
1-4	0.000	1.000	1.931	−0.009	1.002	1.952	2-4	−0.361	1.348	1.610	−0.379	1.346	1.629
1-5	−0.500	0.866	1.931	−0.506	0.858	1.952	2-5	−0.986	0.986	1.610	−1.010	0.986	1.634
1-6	−0.866	0.500	1.931	−0.875	0.487	1.941	2-6	−1.348	0.361	1.610	−1.359	0.353	1.620

节点编号	设计坐标/m			实测坐标/m			节点编号	设计坐标/m			实测坐标/m		
	x	y	z	x	y	z		x	y	z	x	y	z
1-7	−1.000	0.000	1.931	−0.994	−0.008	1.950	2-7	−1.348	−0.361	1.610	−1.329	−0.371	1.616
1-8	−0.866	−0.500	1.931	−0.851	−0.506	1.950	2-8	−0.986	−0.986	1.610	−0.965	−0.997	1.632
1-9	−0.500	−0.866	1.931	−0.482	−0.868	1.952	2-9	−0.361	−1.348	1.610	−0.335	−1.361	1.619
1-10	0.000	−1.000	1.931	0.016	−0.998	1.950	2-10	0.361	−1.348	1.610	0.388	−1.347	1.621
1-11	0.500	−0.866	1.931	0.516	−0.868	1.953	2-11	0.986	−0.986	1.610	1.006	−0.979	1.638
1-12	0.866	−0.500	1.931	0.880	−0.494	1.950	2-12	1.348	−0.361	1.610	1.363	−0.352	1.625
3-1	1.884	0.000	1.751	1.885	0.036	1.764	4-1	2.160	0.579	1.383	2.162	0.580	1.389
3-2	1.632	0.942	1.751	1.632	0.953	1.782	4-2	1.581	1.581	1.383	1.586	1.587	1.393
3-3	0.942	1.632	1.751	0.925	1.642	1.762	4-3	0.579	2.160	1.383	0.581	2.170	1.392
3-4	0.000	1.884	1.751	−0.011	1.887	1.765	4-4	−0.579	2.160	1.383	−0.582	2.155	1.394
3-5	−0.942	1.632	1.751	−0.943	1.634	1.771	4-5	−1.581	1.581	1.383	−1.591	1.592	1.396
3-6	−1.632	0.942	1.751	−1.641	0.934	1.765	4-6	−2.160	0.579	1.383	−2.153	0.571	1.384
3-7	−1.884	0.000	1.751	−1.877	−0.011	1.753	4-7	−2.160	−0.579	1.383	−2.135	−0.592	1.385
3-8	−1.632	−0.942	1.751	−1.621	−0.943	1.766	4-8	−1.581	−1.581	1.383	−1.573	−1.604	1.400
3-9	−0.942	−1.632	1.751	−0.914	−1.645	1.781	4-9	−0.579	−2.160	1.383	−0.561	−2.170	1.393
3-10	0.000	−1.884	1.751	0.018	−1.881	1.757	4-10	0.579	−2.160	1.383	0.599	−2.173	1.388
3-11	0.942	−1.632	1.751	0.966	−1.635	1.777	4-11	1.581	−1.581	1.383	1.610	−1.595	1.387
3-12	1.632	−0.942	1.751	1.640	−0.947	1.762	4-12	2.160	−0.579	1.383	2.168	−0.581	1.399
5-1	2.739	0.000	1.463	2.736	0.028	1.466	6-1	2.939	0.788	1.054	2.949	0.803	1.059
5-2	2.372	1.370	1.463	2.366	1.381	1.473	6-2	2.152	2.152	1.054	2.139	2.151	1.052
5-3	1.370	2.372	1.463	1.356	2.378	1.458	6-3	0.788	2.939	1.054	0.786	2.962	1.051
5-4	0.000	2.739	1.463	−0.011	2.742	1.470	6-4	−0.788	2.939	1.054	−0.791	2.939	1.051
5-5	−1.370	2.372	1.463	−1.362	2.371	1.465	6-5	−2.152	2.152	1.054	−2.152	2.145	1.056
5-6	−2.372	1.370	1.463	−2.382	1.360	1.472	6-6	−2.939	0.788	1.054	−2.951	0.790	1.052
5-7	−2.739	0.000	1.463	−2.734	−0.011	1.465	6-7	−2.939	−0.788	1.054	−2.911	−0.790	1.011
5-8	−2.372	−1.370	1.463	−2.361	−1.365	1.462	6-8	−2.152	−2.152	1.054	−2.127	−2.157	1.084
5-9	−1.370	−2.372	1.463	−1.335	−2.388	1.482	6-9	−0.788	−2.939	1.054	−0.768	−2.962	1.044
5-10	0.000	−2.739	1.463	0.013	−2.735	1.461	6-10	0.788	−2.939	1.054	0.809	−2.946	1.069
5-11	1.370	−2.372	1.463	1.392	−2.382	1.493	6-11	2.152	−2.152	1.054	2.161	−2.138	1.079
5-12	2.372	−1.370	1.463	2.374	−1.361	1.451	6-12	2.939	−0.788	1.054	2.946	−0.773	1.047
7-1	3.552	0.000	1.070	3.554	0.019	1.077	8-1	3.673	0.984	0.627	3.683	0.989	0.636
7-2	3.076	1.776	1.070	3.072	1.794	1.082	8-2	2.689	2.689	0.627	2.691	2.691	0.621
7-3	1.776	3.076	1.070	1.773	3.082	1.076	8-3	0.984	3.673	0.627	0.995	3.687	0.625
7-4	0.000	3.552	1.070	−0.006	3.555	1.080	8-4	−0.984	3.673	0.627	−0.976	3.660	0.611
7-5	−1.776	3.076	1.070	−1.768	3.078	1.073	8-5	−2.689	2.689	0.627	−2.688	2.684	0.619
7-6	−3.076	1.776	1.070	−3.083	1.773	1.071	8-6	−3.673	0.984	0.627	−3.672	0.978	0.616
7-7	−3.552	0.000	1.070	−3.542	−0.004	1.063	8-7	−3.673	−0.984	0.627	−3.656	−0.995	0.607
7-8	−3.076	−1.776	1.070	−3.064	−1.774	1.067	8-8	−2.689	−2.689	0.627	−2.675	−2.699	0.653
7-9	−1.776	−3.076	1.070	−1.749	−3.088	1.085	8-9	−0.984	−3.673	0.627	−0.975	−3.685	0.595
7-10	0.000	−3.552	1.070	0.009	−3.543	1.058	8-10	0.984	−3.673	0.627	0.996	−3.672	0.641
7-11	1.776	−3.076	1.070	1.802	−3.081	1.097	8-11	2.689	−2.689	0.627	2.698	−2.684	0.633
7-12	3.076	−1.776	1.070	3.079	−1.766	1.060	8-12	3.673	−0.984	0.627	3.683	−0.979	0.599

续表

节点编号	设计坐标/m			实测坐标/m			节点编号	设计坐标/m			实测坐标/m		
	x	y	z	x	y	z		x	y	z	x	y	z
9-1	4.309	0.000	0.580	4.313	0.007	0.587	10-1	4.349	1.165	0.110	4.364	1.176	0.115
9-2	3.732	2.155	0.580	3.724	2.169	0.585	10-2	3.184	3.184	0.110	3.182	3.189	0.098
9-3	2.155	3.732	0.580	2.149	3.737	0.583	10-3	1.165	4.349	0.110	1.163	4.358	0.086
9-4	0.000	4.309	0.580	−0.003	4.309	0.581	10-4	−1.165	4.349	0.110	−1.167	4.359	0.082
9-5	−2.155	3.732	0.580	−2.154	3.735	0.582	10-5	−3.184	3.184	0.110	−3.183	3.176	0.101
9-6	−3.732	2.155	0.580	−3.734	2.161	0.581	10-6	−4.349	1.165	0.110	−4.373	1.170	0.106
9-7	−4.309	0.000	0.580	−4.308	−0.003	0.583	10-7	−4.349	−1.165	0.110	−4.352	−1.166	0.101
9-8	−3.732	−2.155	0.580	−3.718	−2.160	0.578	10-8	−3.184	−3.184	0.110	−3.154	−3.171	0.086
9-9	−2.155	−3.732	0.580	−2.134	−3.735	0.585	10-9	−1.165	−4.349	0.110	−1.146	−4.359	0.066
9-10	0.000	−4.309	0.580	0.012	−4.308	0.577	10-10	1.165	−4.349	0.110	1.187	−4.363	0.104
9-11	2.155	−3.732	0.580	2.174	−3.726	0.587	10-11	3.184	−3.184	0.110	3.201	−3.181	0.101
9-12	3.732	−2.155	0.580	3.738	−2.144	0.577	10-12	4.349	−1.165	0.110	4.360	−1.155	0.079
11-1	5.000	0.000	0.000	5.002	0.000	0.000	11-7	−5.000	0.000	0.000	−5.002	0.000	0.001
11-2	4.330	2.500	0.000	4.324	2.498	0.003	11-8	−4.330	−2.500	0.000	−4.326	−2.498	0.001
11-3	2.500	4.330	0.000	2.495	4.335	0.003	11-9	−2.500	−4.330	0.000	−2.489	−4.332	0.001
11-4	0.000	5.000	0.000	−0.004	4.999	−0.002	11-10	0.000	−5.000	0.000	0.014	−5.005	−0.002
11-5	−2.500	4.330	0.000	−2.505	4.330	−0.001	11-11	2.500	−4.330	0.000	2.502	−4.330	0.000
11-6	−4.330	2.500	0.000	−4.330	2.499	0.000	11-12	4.330	−2.500	0.000	4.335	−2.488	−0.002

总的来看，试验模型节点坐标的实测值与设计值是较为接近的。但少数节点存在较大的差异，以偏差最为严重的节点 3-9、6-7、10-9 为例，实际位置与理论位置的距离达 4～5cm，相当于跨度的 1/250～1/200，超过了《空间网格结构技术规程》(JGJ 7—2010)建议在网壳结构非线性稳定分析中取用的缺陷幅值（跨度/300）。为了给后续的静力加载测试提供相对准确、可靠的理论参考值，有必要将安装误差引入到理论模型中，考察其对结构受力性能的影响。

4.2 安装误差对结构受力性能的影响

4.1 节中对实测节点坐标与设计坐标的比较使试验模型的加工和安装误差得到了比较直观的反映。为了考察安装误差对模型受力特性的影响，利用实测节点坐标重新建立有限元模型，对比实际模型和设计模型在 1.5kN/m^2 水平均布荷载作用下的内力和位移分布。

在给出计算结果之前，首先需要明确杆件的编号规则。杆件编号由杆件种类（上弦径向杆 R、下弦环向杆 C 和腹杆 W）和所在六杆四面体单元的编号组成。以图 17 中 x 轴正方向经过的一列六杆四面体单元为起点，将单元依次编号为 p-q，其中 $p=1,2,\cdots,5$，由原点向外增加；$q=1,2,\cdots,12$，沿逆时针方向增加。举例说明，属于沿径向第 3 个、环向第 5 个六杆四面体单元的上弦径向杆和下弦环向杆可分别用 R3-5 和 C3-5 表示，四根腹杆依次为 W3-5-i（$i=1,2,3,4$，以面对 x 轴正方向时上弦径向杆右侧靠近圆心的一根为 $i=1$，沿逆时针方向增加）。内环杆编号为 IC-j，以图 17 中 x 轴上方第一根内环杆为 $j=1$，沿逆时针方向增加。

图 19 给出了两个计算模型 x 轴方向上弦杆（即 R5-7～R1-7 和 R1-1～R5-1）轴力和竖向弯矩的分布规律，以及内环节点（1-1～1-12）的竖向位移分布。可以看到，两个计算模型轴力的大小和分布规律差别不大，表明轴力对结构缺陷并不敏感；然而，相对设计模型，实际模型的弯矩和节点位移都表现出了较为明显的差异，不仅不再对称分布，而且在大小上也存在较为悬殊的情况，如实际模型杆件 R1-7

的弯矩为－9.10N・m,而设计模型仅有 0.02N・m,且方向相反,节点 1-5 的竖向位移相对设计模型下降达 20%,等等。总的来看,结构模型的内力和位移对缺陷较为敏感,这主要是由节点位置的偏差在结构内部产生附加弯矩引起的。

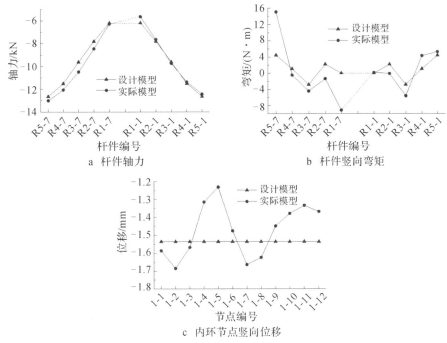

图 19　设计模型与实际模型计算结果对比

5　结论

本文基于一个 10m 跨度的大型实物模型,从实践角度对六杆四面体单元组成的球面网壳进行了装配化施工研究。研究主要从模型构件的加工、六杆四面体基本单元的运输和堆放以及施工安装各个步骤展开,并对模型的安装误差进行了测试和分析。基于本文的工作,可以得到以下结论。

(1)根据网壳结构的几何构形,可以将其划分为一系列六杆四面体单元和少量独立的内环杆。按照本文提供的节点构造,可以预先对六杆四面体单元进行加工和拼装,叠放运输到现场以后再进行装配化施工。由于这种方案的焊接工作全部在车间内完成,现场仅需紧固法兰节点上的螺栓,因此具有相当高的效率,且在采取有效的精度控制措施条件下能对施工质量提供更可靠的保证。

(2)实践表明,要保证装配化施工的顺利进行,应从螺栓孔径、节点和构件尺寸、基本单元形状、支座位置(边界条件)和施工过程中的节点坐标等层面对结构的构件加工和施工安装精度进行全面、高标准的控制。同时,条件允许时还应开展施工全过程分析,根据分析结果对构件的加工尺寸和施工过程中的定位标准进行调整,并开发配套的调校技术,在安装过程中严格执行每一步的精度控制标准。实际上,这不仅是为了实现该结构体系而提出的要求,同时也反映了国内外在建筑工业化过程中积累的普遍经验[6],也就是说,建筑工业化绝不仅仅包括节点构造、施工步骤等方面的改变,而是必须对建筑的整个生产、建造技术进行全面优化和革新。

(3)通过对模型安装完成后的节点坐标进行测量,发现实际模型相对设计模型存在一定的误差,误差最大值约为模型跨度的 1/250。利用实测节点坐标重新建立有限元模型并进行计算后发现,杆件轴力对结构缺陷的敏感程度不高,但弯矩和节点位移会因为考虑安装误差而与设计模型的计算结果产生较大的差别。从理论计算的角度来看,结构模型的内力和位移对结构节点位置的偏差较为敏感。

　　致谢:本文工作得到了浙江东南网架股份有限公司和浙江大学土木水利工程试验中心赏星云老师的大力支持,在此特别表示感谢!

参考文献

[1] 董石麟,郑晓清,白光波.一种由四边形平面六杆四面体单元连接组合的球面网壳:中国 ZL201210079062.7[P].2014-07-23.

[2] 董石麟,白光波,郑晓清.六杆四面体单元组成的新型球面网壳及其静力性能[J].空间结构,2014, 20(4):3-14,28.

[3] 白光波,董石麟,郑晓清.六杆四面体单元组成的新型球面网壳机动分析[J].空间结构,2014, 20(4):15-28.

[4] 白光波,董石麟,郑晓清.六杆四面体单元组成的新型球面网壳的稳定性能分析[J].空间结构, 2014,20(4):29-38.

[5] 董石麟,白光波,陈伟刚,等.六杆四面体单元组成球面网壳的节点构造及装配化施工全过程分析 [J].空间结构,2015,21(2):3-10.

[6] CHILTON J. Space grid structures[M]. Massachusetts:Architectural Press,1999.

60 新型六杆四面体柱面网壳的构形、静力和稳定性分析[*]

摘　要:提出一种新型的基于投影平面为四边形的六杆四面体单元组成的柱面网壳(简称六杆四面体柱面网壳)。研讨这种网壳结构的构形,该构形构造简单,节点和杆件数相对较少,网格抽空率高,具有单层和双层网壳的主要优点。对于上、下弦杆为梁元,腹杆为杆元,可称为上、下弦节点均为半刚接半铰接的六杆四面体柱面网壳做了静力和线性与非线性稳定性分析,结果表明结构的整体刚度好,内力分布合理,线性特征值屈曲分析和考虑几何缺陷的双非线性稳定性分析都能获得较好的性能,结构的技术经济指标和用钢指标良好。由于柱面网壳可采用统一几何轴线尺寸的六杆四面体单元体集成,有利于标准化设计、工业化生产和装配化施工,符合绿色建筑结构推广应用的要求。

关键词:六杆四面体单元;六杆四面体柱面网壳;半刚接半铰接柱面网壳;结构构形;静力分析;特征值屈曲分析;双非线性分析

1　引言

平面投影为四边形的六杆四面体单元是一种空间结构甚为简单的、基本的几何不变体,由这些单元组成的球面网壳在文献[1-9]中已做了系统的研究。而柱面网壳作为空间结构中的主要结构形式之一,被广泛采用[10]。本文拟将六杆四面体单元应用于柱面网壳,探索讨论六杆四面体柱面网壳,对这种新型柱面网壳的结构形体、静力特性、线性和非线性稳定性做深入的研究。研究结果表明,这种柱面网壳构造简单,杆件和节点数量少,网格的抽空率大,具有双层网壳刚度大、稳定性能好的特点,在矩形平面的单跨柱面网壳、单向和双向多跨连续的柱面网壳等结构工程中有推广应用的前景。由于柱面网壳可由几何尺寸完全相等的投影平面为正菱形的六杆四面体单元体系集成,因此可以做到标准化设计、工业化生产和装配化施工,有利于绿色建筑结构的推广应用。

2　结构构形

六杆四面体单元如图1a所示,它由1根上弦杆、1根下弦杆和4根腹杆组成。由这些基本单元组

---

* 本文刊登于:董石麟,苗峰,陈伟刚,周观根,滕起,董晟昊.新型六杆四面体柱面网壳的构形、静力和稳定性分析[J].浙江大学学报(工学版),2017,51(3):508-513.

成的六杆四面体柱面网壳由图 1b 表示。基本单元之间的连接采用上、下弦杆之间刚接，腹杆与弦杆之间铰接，即半刚接半铰接的构造形式。为便于装配，弦杆之间刚性连接通过法兰盘对接、螺栓固定的形式，具体可采用图 1c 的形式。六杆四面体柱面网壳的平面图和三维图由图 2 所示。

若跨向有 $1,2,\cdots,p-1,p$ 个六杆四面体单元，纵向有 $1,2,\cdots,q-1,q$ 个六杆四面体单元，则整个柱面网壳共有 $M=pq$ 个六杆四面体单元集成，而且网格的抽空率 $\eta=1/2$。这种六杆四面体柱面网壳可用 Z_{pq} 表示。网壳周边一般需设置横向和纵向边缘构件。

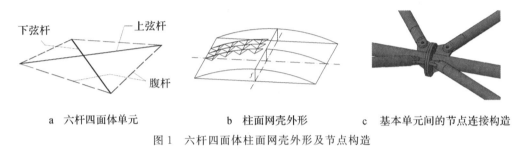

图 1   六杆四面体柱面网壳外形及节点构造

a 六杆四面体单元   b 柱面网壳外形   c 基本单元间的节点连接构造

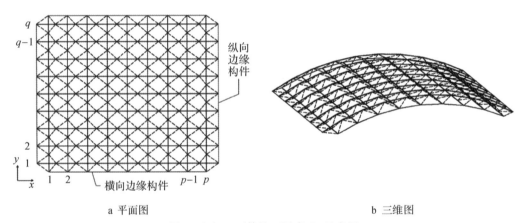

a 平面图   b 三维图

图 2   六杆四面体柱面网壳 Z_{pq} 示意图

3   静力分析

设有六杆四面体柱面网壳 Z_{pq}，$p=9$，$q=6$，平面尺寸 45m×30m，矢跨比 1/5，矢高 $f=9$m，厚度 $h=1.5$m。采用上、下弦杆刚接，为梁单元，腹杆与上、下弦铰接，为杆单元，因而构成一种上、下弦节点均为半刚接半铰接的六杆四面体柱面网壳。上、下弦杆（包括按杆元计的边缘杆）及腹杆分别选用 Q345 的圆钢管 φ325×12、φ159×6、φ114×4，纵边按不动铰支座计，另两端跨边自由，在均布荷载 2kN/m² 作用下，对其内力和变位做详细分析，分析软件使用 MSTCAD。因柱面网壳有双轴对称性，只要分析 1/4 网壳即可。网壳单元和节点编号如图 3 所示。六杆四面体单元 ij 的上、下弦杆及腹杆轴向内力分别用 N_{ij}、H_{ij} 及 S_{ija}、S_{ijb}、S_{ijc}、S_{ijd} 表示，见图 4。上弦杆内力的计算结果见表 1，其中弯矩 M_{ij} 已由上弦杆自身坐标系平面内外弯矩 M_{yij}、M_{zij} 组合后求得，见图 5a，且取杆件 ij 两端弯矩的最大值。上弦杆 ij 相应的轴向应力和弯曲应力分别用 σ_{Nij}、σ_{Mij} 表示。下弦杆相应的内力和应力按上弦杆类似方法，求得其计算结果见图 5b 及表 2，腹杆的内力见表 3，节点变位见表 4，支座反力及边缘杆件内力见表 5。

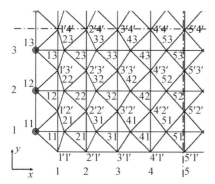

图3　六杆四面体柱面网壳单元及节点编号

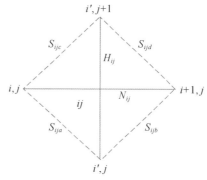

图4　六杆四面体单元的轴向内力标识图

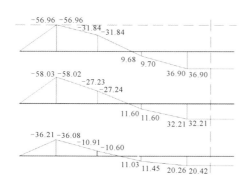

a　上弦杆弯矩

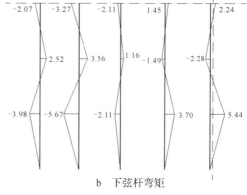

b　下弦杆弯矩

图5　均布荷载作用下的弦杆弯矩图(单位:kN·m)

表1　均布荷载作用下的上弦杆内力

四面体编号 ij	N_{ij} /kN	σ_{Nij} /MPa	M_{ij} /(kN·m)	σ_{Mij} /MPa
11	−469.1	−39.8	−36.21	−40.7
21	−373.0	−31.6	−36.08	−40.5
31	−314.9	−26.7	−11.03	−12.4
41	−281.3	−23.8	20.26	22.7
51	−269.7	−22.9	20.42	22.9
12	−250.1	−21.2	−58.03	−65.2
22	−262.3	−22.2	−58.02	−65.2
32	−311.5	−26.4	−27.24	−30.6
42	−375.2	−31.8	32.21	36.2
52	−403.8	−34.2	32.21	36.2
13	−346.3	−29.3	−56.96	−64.0
23	−344.7	−29.2	−56.96	−64.0
33	−336.7	−28.5	−31.84	−35.8
43	−333.3	−28.2	36.90	41.4
53	−333.0	−28.2	36.90	41.4

表2　均布荷载作用下的下弦杆内力

四面体编号 ij	H_{ij} /kN	σ_{Nij} /MPa	M_{ij} /(kN·m)	σ_{Mij} /MPa
11	2.8	1.0	−3.98	−37.5
12	30.5	10.6	2.52	23.7
13	26.0	9.0	−2.07	−19.4
21	5.6	1.9	−5.67	−53.3
22	58.6	20.3	3.56	33.5
23	45.9	15.9	−3.27	−30.7
31	−9.9	−3.4	−2.11	−19.8
32	−0.9	−0.3	1.16	10.9
33	−5.2	−1.8	−1.24	−11.7
41	−31.3	−10.9	3.70	34.8
42	−86.3	−29.9	−1.49	−14.0
43	−87.0	−30.2	1.45	13.6
51	−40.8	−14.1	5.44	51.2
52	−124.9	−43.3	−2.28	−21.4
53	−126.0	−43.7	2.24	21.1

表3 均布荷载作用下的腹杆内力

四面体编号 ij	S_{ija} /kN	S_{ijb} /kN	S_{ijc} /kN	S_{ijd} /kN
11	−60.3	55.9	−16.0	55.8
21	−1.6	−7.3	−10.3	83.6
31	49.1	−33.4	−42.2	81.9
41	61.4	−11.7	−51.7	40.0
51	32.4	32.4	−17.6	−17.6
12	27.0	−31.1	−6.4	15.2
22	34.2	−45.0	−8.7	21.1
32	69.7	−44.4	1.0	25.8
42	81.0	−5.5	10.2	25.9
52	49.2	49.2	19.0	19.0
13	13.4	2.5	5.4	12.2
23	23.4	9.2	11.8	19.1
33	23.2	10.5	13.7	18.9
43	23.2	14.0	15.0	17.7
53	19.9	19.9	16.4	16.4

表4 均布荷载作用下的节点变位

节点编号 ij	Δ_z/mm	Δ_y/mm	Δ_x/mm	Δ/mm
11	0.0	0.0	0.0	0.0
21	−10.7	−14.6	−10.0	20.7
31	−3.1	−10.1	−6.7	12.5
41	14.6	4.9	−1.2	15.5
51	27.4	16.3	0.3	31.9
12	0.0	0.0	0.0	0.0
22	−24.8	1.4	−20.7	32.3
32	−14.4	0.2	−15.5	21.1
42	21.6	0.7	−3.6	21.9
52	50.5	2.4	0.5	50.6
13	0.0	0.0	0.0	0.0
23	−25.6	−2.5	−21.5	33.5
33	−15.9	−1.7	−17.1	23.4
43	22.3	0.4	−4.4	22.8
53	54.9	2.0	0.4	54.9
5′1′	4.4	2.5	0.0	5.0
5′4′	60.0	0.0	0.0	60.0

表5 均布荷载作用下的支座反力及拱向和纵向边缘杆件内力

支座编号	支座反力/kN	杆件编号	杆件内力/kN
R_{x11}	427.3	$N_{1'1',2'1'}$	−76.8
R_{y11}	−24.6	$N_{2'1',3'1'}$	−67
R_{z11}	308.8	$N_{3'1',4'1'}$	−5.1
R_{x12}	186	$N_{4'1',5'1'}$	48.3
R_{y12}	−20.3	$H_{11,12}$	0
R_{z12}	152.2	$H_{12,13}$	0
R_{x12}	262.2	$H_{13,14}$	0
R_{y13}	−5.6		
R_{z13}	212.9		

由表1~表5及图5的数据分析可知：

(1)上弦杆全部受压,压力变化不大,从最小值 $N_{12}=-250.1$kN 到最大值 $N_{11}=-469.1$kN 波动,两边榀拱上弦杆内力从边缘到跨中是递减的,两次边榀拱从边缘到跨中的变化是递增的,而两中榀拱的上弦杆内力也是递减变化,但变化数值甚微。

(2)下弦杆内力在靠近纵向边界2列下弦杆是受拉的,最大拉力为 $H_{22}=58.6$kN,而跨中5列下弦杆是受压的,即 55% 下弦杆是受压的,最大压力在网壳中心 $H_{55}=-126\text{kN}$,下弦杆内力最大值,按绝对值计,约为上弦杆内力的 1/4。

(3)上、下弦杆都承受一定的弯曲内力,上弦杆最大弯矩 -58.03kN·m,最大弯曲应力 -65.2MPa,下弦杆最大弯矩 -5.69kN·m,最大弯曲应力 -53.3MPa。杆件截面应力为弯曲应力与轴向应力之和,在静力荷载作用下,约为强度设计值的 37%,尚有较大富余。

(4)腹杆内力沿拱方向大都为拉压相间,最大的腹杆压内力在网壳的角部,为 $S_{11a}=-60.3\text{kN}$,最大的腹杆拉内力在边榀拱靠近支座的六杆四面体,$S_{21d}=83.6\text{kN}$,腹杆内力的最大值按绝对值计约为上弦杆内力的 1/6。

(5)法向支座水平反力分布是不均匀的,最大值在角部为 $R_{x11}=427.3\text{kN}$,竖向支座反力也有类似情况,最大值为 $R_{z11}=308.8\text{kN}$,各支座有小量切向支座反力。自由边杆件内力靠支座处为压力、跨中为拉力。

(6)网壳的竖向变位和综合变位(由 x、y、z 向变位综合得出)沿跨度方向有明显的三波段变化,跨中最大竖向变位为 $\Delta_{z5'4'}=\Delta_{5'4'}=60.0\text{mm}$,约为跨度的 1/750,中间两榀拱靠支座的上弦节点有最大的向上变位 $\Delta_{z23}=25.6\text{mm}$,自由边跨中有小量的向内水平变位 $\Delta_{y5'1'}=2.45\text{mm}$。

4   稳定性分析

仍以前一节的实例尺寸及钢管截面大小为依据,对结构在全跨荷载及半、全跨组合荷载作用下的稳定性进行研究,分析软件使用 ANSYS。全跨荷载大小为前述实例采用的 2.0kN/m^2;半、全跨组合荷载采用恒荷载 $g=1.5\text{kN/m}^2$,活荷载 $q=0.5\text{kN/m}^2$,$q/g=1/3$,即半跨一侧荷载为 2.0kN/m^2,另一半跨荷载为 $g=1.5\text{kN/m}^2$。在全跨荷载作用下,前 10 阶屈曲模态如图 6 所示,主要表现为纵横向的多波整体弯曲模态,第 1、5 阶为纵横向轴对称模态;第 4、6、8 阶为纵横向轴反对称模态;第 2、10 阶为纵向轴对称、横向轴反对称模态;第 3、7、9 阶为纵向轴反对称、横向轴对称模态。六杆四面体单元表现为整体翻转,本身是几何不变的,前 10 阶线性特征值屈曲荷载系数比较密集,第 1 阶荷载系数为5.964,后 9 阶的荷载系数是逐步递增的,第 10 阶的荷载系数为 9.084,约为 1 阶的 1.52 倍。在半、全跨组合荷载作用下的线性特征值屈曲荷载系数相比全跨荷载作用下时有所降低,结构在全跨及半、全跨组合荷载作用下的前 10 阶线性特征值屈曲荷载系数详见表 6。

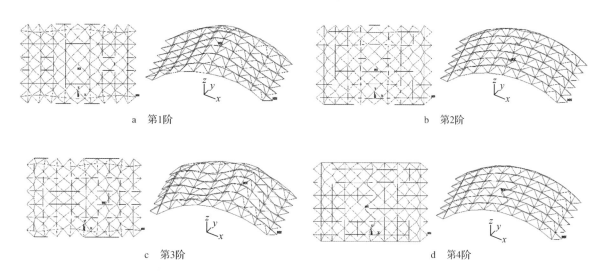

a   第1阶   b   第2阶

c   第3阶   d   第4阶

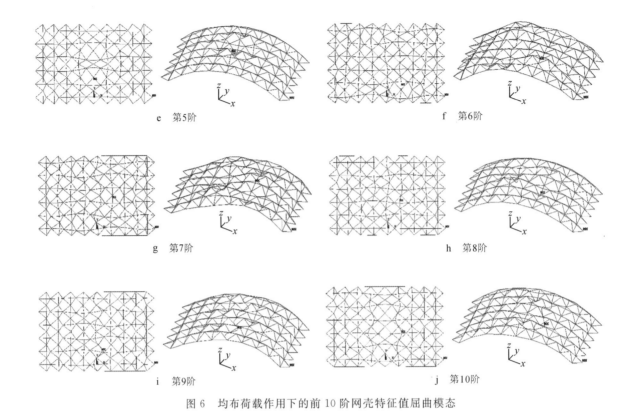

图 6 均布荷载作用下的前 10 阶网壳特征值屈曲模态

表 6 前 10 阶线性特征值屈曲荷载系数

模态	1 阶	2 阶	3 阶	4 阶	5 阶	6 阶	7 阶	8 阶	9 阶	10 阶
全跨屈曲荷载系数	5.964	6.397	6.582	6.693	7.644	8.127	8.574	8.781	9.037	9.084
半跨屈曲荷载系数	4.778	5.341	5.455	5.585	5.781	5.968	6.194	6.658	6.860	7.085

　　网壳结构要进行几何与材料双重非线性屈曲分析,并考虑跨度 1/300 一致缺陷的影响[11]。在相应不同缺陷形式下,算例网壳非线性稳定荷载系数详见表 7。在全跨荷载作用下,缺陷分布为 1 阶屈曲模态时,双非线性屈曲荷载系数为 3.776,相当于 1 阶线性特征值屈曲荷载系数的 0.633 倍,后 9 阶的荷载系数均比 1 阶荷载系数小,在 0.651~0.715 倍范围内变化,最小的荷载系数为 2.457,相应于第 8 阶缺陷分布模态,此时结构失稳由跨中单元下弦杆受压屈曲引起。前 5 阶全跨非线性稳定荷载系数与柱面网壳跨中节点 $5'4'$ 竖向变位 $\Delta_{z5'4'}$ 的变化规律由图 7 表示,其他阶的规律大致相同,荷载系数到达极限后,具有比较平稳的下降段。在半、全跨组合荷载作用下,非线性稳定系数最低为对应引入第 8 阶初始缺陷,为 2.047,同样满足《空间网格结构技术规程》[10] 的要求,结构具有良好的稳定性能。

表 7 前 10 阶非线性稳定系数

缺陷分布模态	1 阶	2 阶	3 阶	4 阶	5 阶	6 阶	7 阶	8 阶	9 阶	10 阶
全跨荷载系数	3.776	2.582	2.477	2.640	2.573	2.588	2.509	2.457	2.699	2.558
半跨荷载系数	2.715	2.150	2.150	2.080	2.133	2.254	2.105	2.047	2.254	2.090

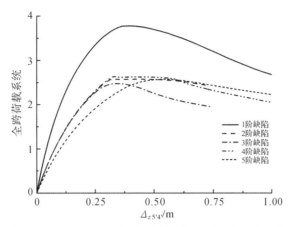

图 7　全跨荷载系数-网壳跨中节点 5'4'竖向位移曲线

5　结论

（1）本文提出了一种六杆四面体单元组成的新型圆柱面网壳。六杆四面体单元轴线尺寸，对整个网壳来说可做到单一规格，有利于网壳的标准化设计、工业化生产和装配化施工。

（2）对两纵边为不动铰支、两拱边为自由的半刚接半铰接柱面网壳做了静力分析，拱向上弦杆全部受压，而纵向下弦杆沿跨度方向是拉-压-拉三波变化，跨中最大压力约为上弦杆最大压力的 1/4；上下弦杆都承受弯曲内力，杆件截面应力为弯曲应力与轴向应力之和，在静力荷载作用下，杆件截面应力约为强度设计值的 37%，腹杆的内力变化基本是拉压相间的，腹杆的最大内力按绝对值计约为最大上弦杆内力的 1/6。

（3）六杆四面体柱面网壳跨中节点有最大的竖向变位和综合变位 60.0mm，为跨度的 1/750，表明有足够的结构刚度。

（4）算例网壳在全跨荷载作用下首阶特征值屈曲荷载系数 5.964，2～10 阶特征值屈曲荷载系数为首阶的 1.07～1.52 倍；在考虑 1/300 跨度一致缺陷下，双非线性稳定分析的最小荷载系数出现在第 8 阶，其值为 2.457，是首阶非线性屈曲荷载系数的 0.651 倍。在半、全跨组合荷载作用下，结构也满足规程的要求。六杆四面体柱面网壳结构具有良好的稳定性能。

（5）跨度为 45m 的算例柱面网壳在不计节点用钢量时，用钢指标约为 33.2kg/m²，且可进一步优化，其技术经济指标优越，有推广应用的前景。

参考文献

［1］董石麟，郑晓清，白光波. 一种由四边形平面六杆四面体单元连接组合的球面网壳：中国 ZL201210079062.7［P］. 2014-07-23.

［2］DONG S L，BAI G B，ZHENG X Q，et al. A spherical lattice shell composed of six-bar tetrahedral units：configuration，structural behavior，and prefabricated construction［J］. Advances in Structural Engineering，2016，19（7）：1130－1141.

［3］DONG S L，BAI G B，ZHENG X Q，et al. A spherical lattice shell composed of six-bar tetrahedral units：configuration，construction and structural behavior［C］//Proceedings of the

11th Asia-Pacific Conference on Shell and Spatial Structures,Xi'an,China,2015:9－15.

［4］董石麟,白光波,郑晓清.六杆四面体单元组成的新型球面网壳及其静力性能[J].空间结构,2014,20(4):3－14,28.

［5］白光波,董石麟,郑晓清.六杆四面体单元组成的新型球面网壳机动分析[J].空间结构,2014,20(4):15－28.

［6］白光波,董石麟,郑晓清.六杆四面体单元组成的新型球面网壳的稳定性能分析[J].空间结构,2014,20(4):29－38.

［7］董石麟,白光波,陈伟刚,等.六杆四面体单元组成球面网壳的节点构造及装配化施工全过程分析[J].空间结构,2015,21(2):3－10.

［8］白光波,董石麟,丁超,等.六杆四面体单元组成的球面网壳结构装配化施工的实践研究[J].空间结构,2015,21(2):11－19.

［9］董石麟,白光波,陈伟刚,等.六杆四面体单元组成的球面网壳结构静力特性模型试验研究[J].空间结构,2015,21(2):20－28.

［10］董石麟,罗尧治,赵阳,等.新型空间结构分析、设计与施工[M].北京:人民交通出版社,2006.

［11］中华人民共和国住房和城乡建设部.空间网格结构技术规程:JGJ 7－2010[S].北京:中国建筑工业出版社,2010.

61 新型六杆四面体扭网壳的构形、静力和稳定性能分析研究*

摘　要：提出了一种基于投影平面为四边形的六杆四面体单元组成的新型扭网壳（简称六杆四面体扭网壳），研讨了六杆四面体扭网壳结构的构形，它构造简单，节点和杆件数相对较少，网格抽空率高，兼有单层和双层网壳的优点。针对上、下弦节点为半刚接半铰接六杆四面体单块扭网壳做了静力和线性与非线性稳定性分析，结果表明上弦杆全部受压，下弦杆全部受拉，腹杆除周边一、二圈局部杆件受压外大部分也都受拉，各类杆件内力变化幅度很小，有利于杆件截面选配，提高材料的利用效率。结构的整体刚度好，结构的双非线性稳定系数对比于相应特征值屈曲系数降幅很小，用钢指标优越。这类网壳结构在两种网格抽空方式的单块扭网壳、三种形式的四块组合型扭网壳和一种两块组合型扭网壳中有推广应用的前景。

关键词：六杆四面体单元；六杆四面体扭网壳；半刚接半铰接单块扭网壳；结构构形；静力分析；稳定性能；用钢指标

1 引言

全螺栓连接的装配式钢结构建筑具有快速施工、节约劳动力、绿色环保等优点，是我国建筑产业升级调整的重要方向。目前国内外装配式结构体系的应用与研究主要集中在多高层建筑方面[1-3]，大跨度空间结构的装配化体系研究较少，主要集中在螺栓连接的新型节点研发上。德国 Mero 公司针对不同网格形式研发了 KK、NK、ZK 等不同形式的节点，并成功应用于众多实际工程中[4]。德国 Novum 公司针对自由曲面的网壳结构研发了一系列装配式节点，并在上海世博会阿联酋馆中使用[5]。Charles 提出了一种高精度板式节点（UNISTRUT 体系），可用于正向交叉的立体桁架结构中[6]。尹晨光[7] 提出一种螺栓连接的新型复式球节点。李浪等[8] 提出一种可装配的组合型多面体网壳结构。但是这些对网壳装配化的研究均局限于零散杆件与节点的现场拼装，未做到模块化施工。传统的模块化轻型屋面结构主要有四角锥或三角锥单元构成的 Space Deck 体系和 PYRAMITEC 体系[9]，但这两种体系一般仅适用于双层平板网架中且需要添加额外的弦杆以保证结构几何不变。Kubik 等[10] 提出一种盒式空间刚架体系，由一系列平面投影为 X、T 和 L 形的刚架单元组成空腹网壳结构。

文献[11-16]提出一种六杆四面体单元组成的新型装配式球面网壳体系，这种结构体系具有良好的受力性能，并可做到模块化加工及拼装。本文在此基础上将六杆四面体单元装配化体系应用于

---

* 本文刊登于：董石麟，丁超，郑晓清，陈伟刚. 新型六杆四面体扭网壳的构形、静力和稳定性能分析研究[J]. 同济大学学报（自然科学版），2018，46（1）：14-19，29.

扭网壳中,对其进行结构形体、静力和线性与非线性稳定性分析。研究表明这种扭网壳结构受力性能良好,具有单层网壳构造简单、杆件和节点数量少和双层网壳刚度大、稳定性好的特点,在单块扭网壳、四块组合型扭网壳、两块组合型扭网壳结构工程中有推广应用的前景。对于单元为正方形平面的六杆四面体扭网壳更能做到标准化设计、工业化生产和装配化施工。

2 结构形体

平面投影为四边形的六杆四面体单元是一种几何不变体系,由 1 根上弦杆、1 根下弦杆和 4 根腹杆组成,如图 1a 所示。由这些单元组成的六杆四面体单块扭网壳的外形如平面为正方形时可用图 1b 表示。通常的单块及多块组合型扭网壳在大中跨度空间结构应用比较广泛[17−19]。六杆四面体单块扭网壳的平面图和三维图由图 2 所示。这种网壳结构通常是对称的,在 45° 和 135° 两个方向上有两条对角对称轴线,若半条对称轴上有 $1,2,\cdots,p-1,p$ 个六杆四面体单元,则整个单块扭网壳共有 M 个六杆四面体单元,可用式(1)表示:

$$M = 2p^2 - 2p + 1 \tag{1}$$

网格抽空率 η 为

$$\eta = \frac{1}{2} - \frac{1}{8p^2 - 8p + 2} \tag{2}$$

为简化起见,此时六杆四面体单块扭网壳可用 T_p 表示。如单元体与空网格的位置互换,可构成平面图和三维图由图 3a 和 3b 表示的六杆四面体扭网壳,可用 T_p' 表示,相应的单元数 M' 和网格抽空率 η' 可分别由式(1′)、式(2′)表达:

$$M = 2p^2 - 2p \tag{1'}$$

$$\eta = \frac{1}{2} + \frac{1}{8p^2 - 8p + 2} \tag{2'}$$

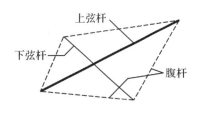

a 六杆四面体单元

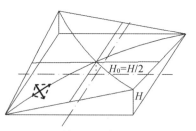

b 单块扭网壳外形

图 1 六杆四面体单块扭网壳

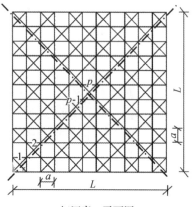

a 扭网壳 T_p 平面图

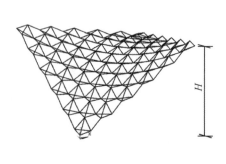

b 扭网壳 T_p 三维图

图 2 六杆四面体单块扭网壳 T_p

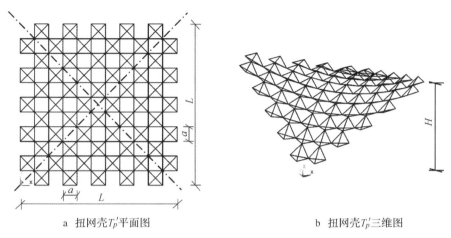

a 扭网壳T_p'平面图　　　　　　　　　　b 扭网壳T_p'三维图

图 3　六杆四面体单块扭网壳 T_p'

由此可见,六杆四面体单元扭网壳的抽空率比较大,当 p 为足够数时,T_p、T_p' 抽空率几乎相等,为 50%,这是显见的。此外,由于六杆四面体单元的投影都为 $a\times a$ 的正方形平面,加工制作时可采用四角点竖向能调整的模具进行批量开发,有利于标准化设计、工业化生产和装配化施工六杆四面体扭网壳结构。

通过单块扭网壳的组合,六杆四面体扭网壳还可应用于四块组合型扭网壳 A 型、B 型、C 型和两块组合型扭网壳,如图 4 所示。

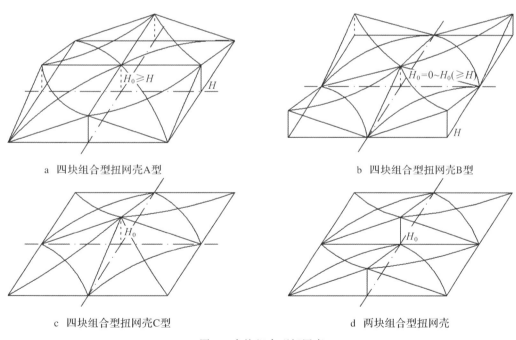

a 四块组合型扭网壳A型　　　　　　　　b 四块组合型扭网壳B型

c 四块组合型扭网壳C型　　　　　　　　d 两块组合型扭网壳

图 4　多块组合型扭网壳

3　静力分析

兹采用上、下弦杆刚接,为梁单元,腹杆与上、下弦杆铰接,为杆单元,从而构成上、下弦节点均为半刚接半铰接的六杆四面体单块扭网壳。取扭网壳 T_p 平面尺寸 $55\text{m} \times 55\text{m}$，厚度为 2m，网格参数 $p=6$，六杆四面体单元总数 $M=61$，每个单元的平面投影为 $5\text{m} \times 5\text{m}$ 的正方形。上、下弦及腹杆分别选用 Q345 圆钢管 $\phi299 \times 16$、$\phi203 \times 16$ 及 $\phi114 \times 4$。采用通用有限元软件 ANSYS 进行静力分析，对所有梁（即弦杆）采用 BEAM188 单元进行模拟，每根梁分为 5 段，对所有杆（即腹杆）采用 LINK180 单元。假定网壳周边为不动铰支座，在均布荷载 200kg/m^2（即每个节点的集中荷载为 $2\text{kN/m}^2 \times (5\text{m})^2 = 50\text{kN}$）作用下，对其内力与变位做详细分析。

因单块扭网壳 T_p 具有双轴对称性，故 1/4 网壳单元及节点编号可按图 5 所示。六杆四面体单元 ij 的上、下弦杆及腹杆轴向内力分别用 N_{ij}、H_{ij} 及 S_{ija}、S_{ijb}、S_{ijc}、S_{ijd} 表示，见图 6。

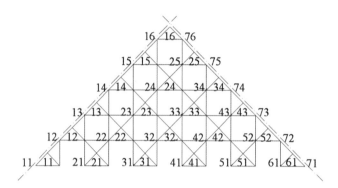

图 5　网壳单元及节点编号

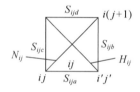

图 6　六杆四面体单元 ij 的轴向内力

上弦杆内力的计算结果见表 1，其中弯曲内力 M_{ij} 为单元 ij 上弦杆的最大弯矩，已由上弦杆自身坐标系平面内外弯曲内力 M_{yij}、M_{zij} 组合后求得，相应的轴向应力和弯曲应力分别用 σ_{Nij} 和 σ_{Mij} 表示。下弦杆相应的内力计算结果见表 2，其中弯曲内力 $M_{i'j'}$ 为单元 ij 下弦杆的最大弯矩；腹杆内力见表 3；节点变位见表 4；弦杆弯矩变化见图 7。

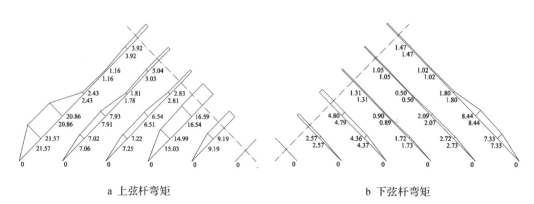

a　上弦杆弯矩　　　　　　　　　　　　　b　下弦杆弯矩

图 7　弦杆弯矩图（单位：kN·m）

表 1 上弦杆内力

四面体编号 ij	N_{ij}/kN	σ_{Nij}/MPa	$M_{ij}/(\text{kN}\cdot\text{m})$	σ_{Mij}/MPa	$\left\lvert\dfrac{\sigma_{Mij}}{\sigma_{Nij}}\right\rvert/\%$
11	−484.3	−34.05	21.57	9.11	26.74
12	−565.2	−39.73	21.57	9.11	22.92
13	−547.6	−38.51	20.86	8.81	22.87
14	−535.5	−37.64	2.43	1.03	2.73
15	−525.9	−36.97	3.92	1.65	4.48
16	−522.7	−36.74	3.92	1.65	4.50
21	−587.8	−41.32	7.06	2.98	7.21
22	−559.7	−39.35	7.91	3.34	8.49
23	−538.7	−37.87	7.93	3.35	8.84
24	−528.9	−37.18	3.03	1.28	3.44
25	−525.7	−36.96	3.04	1.28	3.47
31	−527.7	−37.09	7.25	3.06	8.25
32	−520.7	−36.60	7.22	3.05	8.33
33	−512.9	−36.06	6.54	2.76	7.66
34	−510.2	−35.87	2.83	1.19	3.33
41	−545.2	−38.33	15.03	6.34	16.55
42	−533.0	−37.47	16.54	6.98	18.63
43	−522.8	−36.75	16.59	7.00	19.06
51	−409.5	−28.79	9.19	3.88	13.47
52	−393.7	−27.67	9.19	3.88	14.02
61	0	0	0	0	—

表 2 下弦杆内力

四面体编号 ij	H_{ij}/kN	σ_{Hij}/MPa	$M_{i'j'}/(\text{kN}\cdot\text{m})$	$\sigma_{Mi'j'}/\text{MPa}$	$\left\lvert\dfrac{\sigma_{Mi'j'}}{\sigma_{Hij}}\right\rvert/\%$
11	0	0	0	0	—
12	245.7	26.14	2.57	6.30	24.11
13	342.1	36.40	4.8	11.77	32.34
14	350.7	37.31	1.31	3.21	8.61
15	355.8	37.65	1.05	2.58	6.84
16	354.9	37.75	1.47	3.61	9.55
21	264.1	28.09	2.57	6.30	22.44
22	352.9	37.54	4.79	11.75	31.29
23	352.0	37.45	1.31	3.21	8.58
24	358.3	38.12	1.05	2.58	6.76
25	356.5	37.93	1.47	3.61	9.50

续表

四面体编号 ij	H_{ij}/kN	σ_{Hij}/MPa	$M_{i'j'}$/(kN·m)	$\sigma_{Mi'j'}$/MPa	$\left\|\dfrac{\sigma_{Mi'j'}}{\sigma_{Hij}}\right\|$/%
31	370.0	39.37	4.37	10.72	27.22
32	357.9	38.08	1.72	4.22	11.08
33	366.1	38.95	2.09	5.13	13.16
34	365.1	38.84	1.8	4.41	11.37
41	365.9	38.93	1.73	4.24	10.90
42	380.7	40.51	2.72	6.67	16.47
43	369.8	39.35	8.44	20.70	52.60
51	407.7	43.37	2.73	6.70	15.44
52	388.1	41.29	8.44	20.70	50.13
61	319.8	34.03	7.33	17.98	52.82

表3 腹杆内力

四面体编号 ij	S_{ija}/kN	S_{ijb}/kN	S_{ijc}/kN	S_{ijd}/kN
11	0	−44.1	0	−44.1
12	28.3	10.5	28.3	10.5
13	13.4	4.3	13.4	4.3
14	5.7	6.7	5.7	6.7
15	6.2	6.3	6.2	6.3
16	6.2	6.2	6.2	6.2
21	0	−0.1	−3.2	20.6
22	10.6	11.9	−2.9	9.6
23	6.0	6.2	6.8	7.3
24	6.1	6.5	5.9	6.6
25	6.1	6.1	6.7	6.7
31	0	−1.1	4.1	2.9
32	6.1	5.4	6.3	7.8
33	9.0	4.4	5.9	5.7
34	5.3	5.3	5.2	5.2
41	0	0.1	7.8	9.3
42	2.1	15.9	1.3	8.4
43	4.5	4.5	10.3	10.3
51	0	12.2	9.8	−7.9
52	−15.7	−15.7	3.4	3.4
61	0	0	45.9	45.9

表4 节点变位

节点编号 ij	Δ_X/mm	Δ_Y/mm	Δ_Z/mm	Δ/mm
11	0	0	0	0
12	−0.93	−0.93	0.36	1.36
13	4.51	4.51	21.07	22.01
14	3.86	3.86	22.65	23.30
15	1.78	1.78	15.44	15.64
16	0.44	0.44	9.79	9.81
21	0	0	0	0
22	−1.99	6.20	10.37	12.24
23	1.51	4.10	17.67	18.20
24	2.77	0.44	16.09	16.33
25	2.63	−1.75	12.74	13.13
31	0	0	0	0
32	−1.71	2.87	6.58	7.38
33	2.24	−0.13	15.34	15.50
34	4.04	−3.18	18.38	19.09
41	0	0	0	0
42	−1.66	1.98	7.03	7.49
43	5.30	−4.42	21.98	23.04
51	0	0	0	0
52	−1.13	1.79	12.91	13.08
61	0	0	0	0
71	0	0	0	0
72	−0.87	0.87	0.49	1.32
73	5.21	−5.21	23.37	24.50
74	3.60	−3.60	21.01	21.62
75	1.83	−1.83	15.99	16.20
76	0.45	−0.45	10.09	10.11

由表1～表4的数据分析可知:

(1)上弦杆全部受压,压力变化幅度不大,除零杆外从最小值 $N_{52}=-393.7kN$ 到最大值 $N_{21}=-587.8kN$ 波动。

(2)下弦杆全部受拉,拉力的变化幅度也很小,从最小值 $H_{12}=245.7kN$ 到最大值 $H_{51}=407.7kN$ 波动。以绝对值而言,下弦内力最大值约为上弦内力最大值的70%。

(3)上、下弦杆都承受一定的弯曲内力,最大弯矩出现在两条斜对角线上靠支座附近,弯曲应力与相应轴向应力之比最大为52.8%,除近支座弦杆外一般不超过20%,表明上、下弦杆大部分以轴力为主。

(4)在凸向对角对称轴线靠支座处的两腹杆出现最大的压内力 $S_{11b}=S_{11d}=-44.1kN$,在凹向对角对称轴线靠支座处的两腹杆出现最大的拉内力 $S_{61c}=S_{61d}=45.9kN$ 。从总体上来说,除靠近边界一、二圈六杆四面体单元中有局部的受压腹杆外,大多数腹杆都是受拉的,且最大的拉力值小于上弦杆最大压力绝对值的10%。

(5)网壳的竖向变位和综合变位(通过 X、Y、Z 向变位综合后得出)均是向下的,最大值都发生在对角线方向1/4处,约为24mm,为跨度的1/2300,跨中变位仅为10mm左右,表明网壳的刚度很好。

4　稳定性分析

仍以第2节的算例尺寸及钢管截面大小为依据,先进行线性特征值屈曲分析。前5阶的屈曲模态如图8所示,主要表现为弯扭耦合模态,第1阶屈曲模态主要呈中心轴环向扭转,第2、5阶屈曲模态关于两条对角线方向呈现明显的对称性,第3阶屈曲模态仅关于凹向对角线对称。六杆四面体单元表现为整体翻转,本身是几何不变的。前20阶线性特征值屈曲的荷载系数见表5。

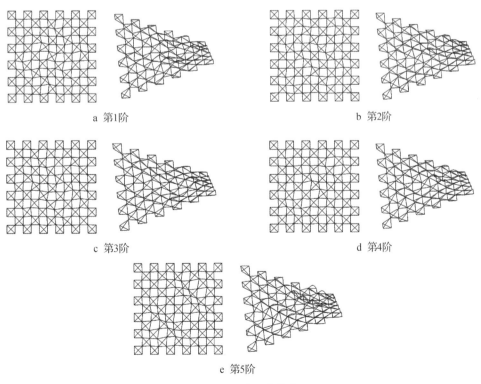

a　第1阶　　　　　　　　　　b　第2阶

c　第3阶　　　　　　　　　　d　第4阶

e　第5阶

图8　前5阶屈曲模态

表 5　前 20 阶线性特征值屈曲荷载系数

模态	1 阶	2 阶	3 阶	4 阶	5 阶	6 阶	7 阶	8 阶	9 阶	10 阶
荷载系数	5.87	6.07	6.12	6.23	7.07	7.29	7.62	7.74	8.11	8.49
模态	11 阶	12 阶	13 阶	14 阶	15 阶	16 阶	17 阶	18 阶	19 阶	20 阶
荷载系数	8.62	8.63	9.10	9.19	9.57	9.65	9.85	9.95	9.96	10.00

根据《空间网格结构技术规程》[15]要求,对网壳结构要进行双重非线性分析,且要考虑 1/300 一致缺陷的影响。将第 1 阶线性屈曲模态作为缺陷分布引入结构后的计算结果见图 9。同时,为考察不同缺陷分布形式下结构的极限承载力,本文计算得到的其余 19 种屈曲模态也分别作为缺陷分布引入结构中进行分析,计算结果见表 6。从图 9 中可以看到,不计入材料非线性时,体系没有荷载下降段;计入双非线性后,荷载系数在 5.8 时出现下降段;在考虑缺陷影响后,荷载系数在 5.4 时出现下降段,此时为相应第 1 阶线性特征值屈曲荷载系数的 92%。在分别引入按照第 2～20 阶屈曲模态分布的初始缺陷后,结构稳定荷载系数与第 1 阶相比略有变化,最小值出现在引入第 5 阶屈曲模态后,其大小为 4.99。

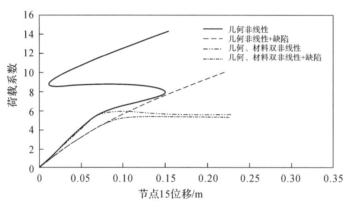

图 9　非线性荷载系数-位移曲线(节点 15)

表 6　不同缺陷分布形式下的非线性稳定系数

缺陷分布模态	1 阶	2 阶	3 阶	4 阶	5 阶	6 阶	7 阶	8 阶	9 阶	10 阶
荷载系数	5.40	5.36	5.40	5.10	4.99	5.53	5.51	5.03	5.52	5.34
缺陷分布模态	11 阶	12 阶	13 阶	14 阶	15 阶	16 阶	17 阶	18 阶	19 阶	20 阶
荷载系数	5.37	5.12	5.41	5.22	5.57	5.32	5.64	5.77	5.34	5.80

5　结语

(1)本文提出了一类基于平面为正方形的六杆四面体单元组成的扭网壳,包括两种网格抽空形式的单块扭网壳,三种外形的四块组合型扭网壳和一种两块组合型扭网壳。这类扭网壳构造简单,抽空率高,节点和杆件相对较少,具有双层网壳和单层网壳的综合优点,突破了传统网壳需现场大量焊接的困难,有利于网壳的标准化设计、工业化生产和装配化施工。

(2)对周边不动铰支的单块半刚接半铰接扭网壳做了静力分析,不计零杆的上弦杆全部受压,相应的下弦杆全部受拉;上、下弦轴力的变化幅度很小,最大的幅值不超过平均轴力的±25%,有利于杆件截面的选配,提高材料的使用效率;上、下弦杆都承受弯曲内力,但弯曲应力与相应轴向应力之比除近支座杆件外一般不大;腹杆在凸向、凹向对角线靠铰支座处分别产生最大的压、拉内力,但绝对值均小于最大上弦杆内力的10%;大部分腹杆内力都是受拉的,且拉力值很小。

(3)六杆四面体单块扭网壳节点竖向变位和综合变位的最大值产生在1/4对角线处,约为24mm,为跨度的1/2300,表明结构刚度很好。

(4)算例扭网壳首阶特征值屈曲的荷载系数为5.87,后19阶特征值屈曲的荷载系数为首阶的1.03～1.70倍;在考虑1/300跨度一致缺陷并进行双非线性分析后,最小荷载系数没有出现在首阶屈曲模态,而是出现在第5阶,其荷载系数为4.99,为首阶特征值屈曲荷载系数的85%,说明这种扭网壳的稳定性能很好。

(5)跨度55m的算例单块扭网壳不计算节点用钢量时的用钢指标仅为32kg/m²,且设计应力和稳定性能分析结果表明结构尚有优化空间,其技术经济效率明显。

(6)由于该装配式扭网壳体系尚属首次提出,需对其可行性及理论计算结果进行试验验证。后续将对一平面投影尺寸为5.4m×5.4m的扭网壳模型进行试验研究,对六杆四面体单元的加工、运输、拼装及整体结构全跨、半跨荷载下的受力性能做完整的模拟,以更好地体现结构的整个加工制作及施工流程,并对理论计算结果进行验证,从而更好地在实际工程中推广应用。

参考文献

[1] 刘学春,徐阿新,张爱林. 模块化装配式斜支撑节点钢框架结构整体稳定性能研究[J]. 北京工业大学学报,2015,31(5):3－8.

[2] HU F X, SHI G, BAI Y, et al. Seismic performance of prefabricated steel beam-to-column connections[J]. Journal of Constructional Steel Research,2014,102:204－216.

[3] ZHANG A L, ZHANG Y X. Cyclic behavior of a prefabricated self-centering beam-column connection with a bolted web friction device[J]. Engineering Structures,2016,111:185－198.

[4] CAGLAYAN O, YUKSEL E. Experimental and finite element investigations on the collapse of a Mero space truss roof structure—a case study[J]. Engineering Failure Analysis,2008,15(5):458－470.

[5] 黄永强,包联进,姜文伟,等. 世博会阿联酋馆结构设计与研究[J]. 建筑结构学报,2010,31(5):142－147.

[6] MAKOWSKI Z S. Development of jointing systems for modular prefabricated steel space structures[C]//Proceedings of the International Symposium for Light Structures in Civil Engineering,Warsaw,Poland,2002:17－40.

[7] 尹晨光. 空间钢结构新型复式球节点性能分析与实验研究[D]. 南京:东南大学,2016.

[8] 李浪,王明洋,周丰峻,等. 组合多面体空间网壳结构拓扑分析[J]. 建筑结构学报,2016,37(S1):114－130.

[9] HWANG K J. Advanced investigations of grid spatial structures considering various connection systems[D]. Stuttgart:University of Stuttgart,2010.

[10] KUBIK M L, KUBIK L A. An introduction to the CUBIC space frame[J]. International Journal of Space Structures,1991,6(1):41－46.

[11] 董石麟,郑晓清,白光波. 一种由四边形平面六杆四面体单元连接组合的球面网壳:中国

ZL201210079062.7[P].2014-07-23.

[12] 董石麟,白光波,郑晓清.六杆四面体单元组成的新型球面网壳及其静力性能[J].空间结构,2014,20(4):3—14,28.

[13] 白光波,董石麟,郑晓清.六杆四面体单元组成的新型球面网壳机动分析[J].空间结构,2014,20(4):15—28.

[14] 白光波,董石麟,郑晓清.六杆四面体单元组成的新型球面网壳的稳定性能分析[J].空间结构,2014,20(4):29—38.

[15] 董石麟,白光波,陈伟刚,等.六杆四面体单元组成球面网壳的节点构造及装配化施工全过程分析[J].空间结构,2015,21(2):1—8.

[16] DONG S L,BAI G B,ZHENG X Q,et al. A spherical lattice shell composed of six-bar tetrahedral units:configuration,structural behavior,and prefabricated construction[J]. Advances in Structural Engineering,2016,19(7):1130—1141.

[17] 赵壁荣,朱思荣,冯远.德阳市体育馆网壳屋盖设计[J].建筑结构,1996,7(1):21—26.

[18] 蓝佩恩,赵基达.北京体育学院体育馆双曲抛物面网壳屋盖结构[J].土木工程学报,1992,25(6):10—16.

[19] 曹正罡,孙瑛,范峰,等.单层双曲椭圆抛物面网壳弹塑性稳定性能[J].建筑结构学报,2009,30(2):70—76.

[20] 中华人民共和国住房和城乡建设部.空间网格结构技术规程:JGJ 7—2010[S].北京:中国建筑工业出版社,2010.

62　六杆四面体双曲面冷却塔网壳的构形、静力与稳定性能*

摘　要：提出由投影面为四边形的六杆四面体所集合组成的双曲面网壳，可以用作大型钢结构冷却塔的主体结构。探讨该网壳形式的构形，它构造简单，兼具单层网壳与双层网壳的特性。总结了正交正放与正交斜放 2 种基本布置形式，对正交正放的双曲面冷却塔网壳进行了静力、线性与非线性稳定分析。结果显示，该网壳内力分布合理，上、下弦杆及顶部环杆在受力上起到不同的作用，分工明确；线性与非线性稳定性能良好，且结构对于缺陷不敏感；网壳有较好的经济指标，容易实现工业化生产与装配化施工。

关键词：六杆四面体单元；双曲面网壳；钢结构冷却塔；结构构形；静力分析；稳定性能

六杆四面体[1]是一种形似斜三角锥的空间结构基本单元，其水平投影为四边形，具有几何不变性，可以集合组成多种不同类型的网壳，并容易实现工业化生产和装配化施工。其中，针对由六杆四面体组成的球面网壳、柱面网壳和扭壳网壳已做了系统的研究，并论证了其可行性[2-6]。在此基础上，本文提出一种六杆四面体单元组成的双曲面网壳，可以将该双曲面网壳用作大型钢结构冷却塔的主体结构。冷却塔作为广泛应用于电力、化工等行业的特种结构，主要功能是将工业生产中产生的大量废热排入大气，以维持系统的正常运行。长期的实践表明，双曲线型的冷却塔具有良好的受力性能和热力学性能，在大型冷却塔中的应用最为广泛。以往我国的大型冷却塔主要采用钢筋混凝土薄壳结构的形式，具有丰富的工程经验，但在建设及使用过程中暴露了一些问题，比如在内陆一些地区混凝土材料不易获得、施工周期长、资源消耗大、无法回收利用等，钢结构冷却塔能够解决这些问题。国外在 20 世纪 70 年代实现了大型钢结构冷却塔的工程应用[7]，我国对大型钢结构冷却塔的研究与实践仍处于起步阶段，取得了一定成果[8-10]。六杆四面体单元组成的双曲面网壳是一种可应用在钢结构冷却塔上的优秀结构形式，本文对该结构形式的构形、静力性能、线性与非线性稳定性能进行深入的研究。研究表明，这种网壳构造简单、受力明确、静力及稳定性能良好，有工程推广的价值。

1　结构构形

如图 1 所示，六杆四面体单元由 2 根弦杆和 4 根腹杆组成，在其构成双曲面网壳的过程中有正交正放和正交斜放 2 种基本布置形式。正交正放时（见图 2），两向弦杆分别沿着竖直经向和水平环向设

---

*　本文刊登于：朱谢联，董石麟. 六杆四面体双曲面冷却塔网壳的构形、静力与稳定性能[J]. 浙江大学学报（工学版），2019，53(10)：1907−1915.

置。可将同方向弦杆统一布置在筒体的外围或内侧,为了方便起见,将外围杆件称作上弦杆,内侧杆件称作下弦杆。正交斜放时(见图3),弦杆沿斜向布置,若正好布置在双曲面的直母线上,则弦杆连成一直线。此时,上下弦杆都起到了筒体抗扭的作用,但由于分别在外围与内侧,与旋转轴距离不同,会导致抗扭刚度的不对称。本文分析的六杆四面体双曲面网壳采用正交正放的形式,考虑竖直弦杆为上弦杆而水平弦杆为下弦杆的情况。该网壳兼具单层网壳与双层网壳的特性,由于结构是双层的,双层网壳的特性更显著一些。双曲面网壳和六杆四面体组成的球面网壳具有相似的拓扑关系,研究表明,单元之间铰接的六杆四面体球面网壳为动不定体系[11],为了保证稳定性,分析的双曲面冷却塔网壳节点采用全刚接。

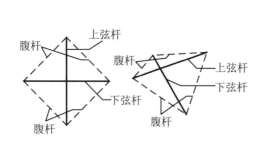

图 1　六杆四面体单元

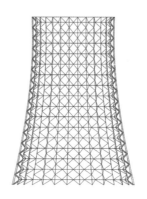

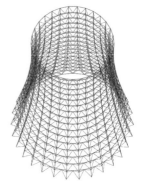

图 2　正交正放型

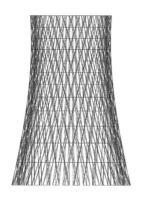

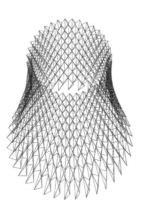

图 3　正交斜放型

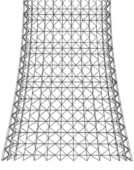

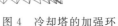

图 4　冷却塔的加强环

　　若环向有 m 个单元,经向有 n 个单元,则网壳共有 $m \times n$ 个单元组成,可以称该网壳为 T_{mn}。网壳底部刚接于支座,顶部则需增设一圈环杆,将上弦节点相连。此为六杆四面体双曲面网壳的基本体系。

　　为了增加结构的刚度与稳定性,可以增设一部分弦杆,以构成该网壳的多层加强环(见图4)。通常做法是在竖直方向相隔若干六杆四面体单元增设一圈环向杆件。原先网壳的上、下弦杆几何上为正交关系,增设环杆后具有了相同方向的上、下弦杆,形成一圈环桁架,可以增加钢结构冷却塔的刚度,减小结构的形变。

2　静力性能

2.1　模型与荷载

双曲线的基本方程为

$$\frac{x^2}{a^2} - \frac{y^2}{b^2} = 1 \tag{1}$$

需要 2 个参数就可以获得 1 条双曲线;由底面和顶面的高度坐标 z_b、z_t,能够获得双曲面母线的上、下边界。由此可知,共需要 4 个参数就可以确定双曲面网壳的基本形状。如图 5 所示,通过底面直径 d_0、喉部直径 d_1、总高度 h_0、喉部高度 h_1 来确定一个双曲面,以上参数与 a、b、z_b、z_t 之间的转换关系为

$$\left.\begin{array}{l} z_b = -h_1 \\ z_t = h_0 - h_1 \\ a = \dfrac{d_1}{2} \\ b = \dfrac{h_1}{\sqrt{\dfrac{d_0^2}{d_1^2} - 1}} \end{array}\right\}. \tag{2}$$

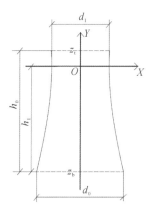

图 5　双曲面形状

设有一六杆四面体双曲面网壳 T_{mn},$m = 30$,$n = 16$,$d_0 = 120\text{m}$,$d_1 = 80\text{m}$,$h_0 = 160\text{m}$,$h_1 = 140\text{m}$。六杆四面体网格沿经向与环向均匀分布,高度为 10m,宽度为该高度壳体圆形截面 12° 的圆弧。双曲面的喉部以上有 2 层六杆四面体单元,喉部以下有 14 层。仅设有顶部环杆,没有其余加强环。网壳厚度随着高度变化,其与该高度的截面直径之比始终保持为 0.05。上下弦杆、腹杆和顶部环杆都采用 Q345 的圆钢管,其中上下弦杆及顶部环杆截面采用 $\phi 700 \times 20$,腹杆截面采用 $\phi 450 \times 15$。所有杆件之间的连接皆为刚接,故杆件为梁单元,结构底部约束按照固定支座计。

风荷载是冷却塔结构的控制荷载,对于冷却塔的结构设计起关键作用。《工业循环水冷却规范》[12] 给出作用于双曲线型冷却塔外表面的风荷载标准:

$$\omega_{(Z,\theta)} = \beta C_g C_p(\theta) \mu_z \omega_0 \tag{3}$$

式中:β 为风振系数,考虑 B 类地面粗糙度,取为 1.9;C_g 为塔间干扰系数,取为 1;μ_z 为风压高度变化系数,按照荷载规范 B 类地面粗糙度取值;ω_0 为基本风压,取为 0.5kN/m²;$C_p(\theta)$ 为双曲线型冷却塔的风压分布系数:

$$C_p(\theta) = \sum_{k=0}^{m} \alpha_k \cos k\theta \tag{4}$$

其中 θ 为冷却塔表面法线方向与迎风方向的夹角。$C_p(\theta)$ 以傅里叶级数的方式列出,通常取前 8 项,系数见表 1。

表 1　平均风压分布系数的曲线系数

α_0	α_1	α_2	α_3	α_4	α_5	α_6	α_7
-0.4426	0.2451	0.6752	0.5356	0.0615	-0.1384	0.0014	0.0650

风荷载按照每个上弦节点管辖的区域以集中力的方式施加到网壳上,以来风方向为 0° 方向,平均风压系数与上弦节点位置在圆周上所处的角度有关,取值如图 6 所示。

考虑沿塔身内表面均匀分布的风吸力,标准值按下式计算:

$$\omega_i = C_{pi} \mu_H \beta C_g \omega_0 \tag{5}$$

式中:C_{pi} 为内吸力系数,取为 -0.5;μ_H 为塔顶标高处的风压变化系数。

结构的自重放大至 1.2 倍,以考虑节点和围护结构引起的重力荷载。温度作用考虑 $\pm 50℃$ 的升温和降温。使用 ANSYS 软件的 BEAM188 单元对网壳进行建模,分别对结构进行风荷载、自重与温度单工况作用下的静力分析,以考察网壳的受力性能。

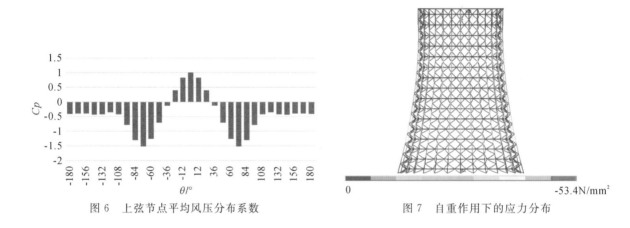

图 6　上弦节点平均风压分布系数　　　　　　图 7　自重作用下的应力分布

2.2　自重作用和温度作用

图 7 为冷却塔结构在自重作用下的应力图。可以看出,自重主要引起了竖直杆件的轴向压力,对水平杆件和腹杆的影响较小。自重引起的应力从顶部向底部递增,在支座处达到最大应力 53.4N/mm^2。自重引起的变形表现为结构整体的下沉,最大位移为 0.020m,出现在冷却塔的顶部。

图 8 为冷却塔结构在 $+50℃$ 温度作用下的应力图。可以看出,升温引起的变形使六杆四面体单元外扩,支座对变形的约束导致结构底部水平杆件受轴压力作用,竖直杆件受到较大的弯矩作用。最大应力为 97.0N/mm^2,出现在 1 层竖直杆件支座处的内侧。最大位移为 0.090m,由结构在升温下的外扩和上升共同引起,出现在冷却塔的顶部。

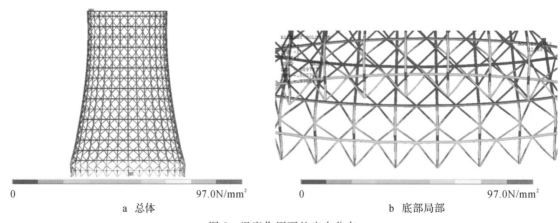

a　总体　　　　　　　　　　　　　　　　b　底部局部

图 8　温度作用下的应力分布

2.3　风荷载作用

图 9 为冷却塔结构在风荷载(包括内吸力)下的应力图(迎风面方向)。可以看出,风荷载引起的应力分布与变位要比自重与温度荷载引起的复杂许多。在受风压力的方向,冷却塔底部竖直杆件出现了较大的拉应力;在受风吸力的方向,则出现了较大的压应力,整个冷却塔的水平杆件均有内力分布。为了显示该冷却塔结构的受力特点,对该结构在风荷载单独作用下的静力性能进行分析。

首先分析竖直杆件(上弦杆)的内力分布特点。图 10 给出了 1 层竖直杆件的最大应力分布情况,其分布规律与图 6 中的平均风压分布系数基本一致。图中,σ 为应力。在受风压力的方向($-36°\sim$ $36°$),底层杆件竖直受拉力作用,在受风拉力方向($-108°\sim-54°$ 与 $54°\sim108°$),底层竖直杆件受压力作用。冷却塔迎风面背面(角度小于 $-108°$ 与大于 $108°$ 区域)底层竖直杆件受力方向与平均风压分布系数相反的原因是平均风压系数中未包含内吸力的影响,均匀分布的内吸力使得所有底层杆件均有一个受拉的趋势。

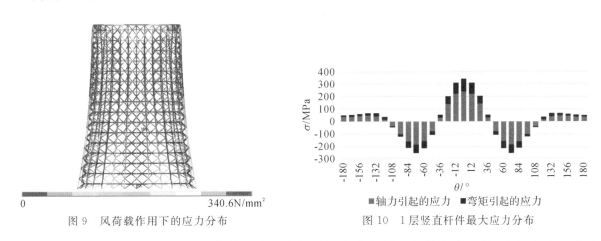

图 9　风荷载作用下的应力分布　　　　　图 10　1 层竖直杆件最大应力分布

$0°$ 与 $72°$ 方向分别为六杆四面体单元中上弦杆受拉应力与压应力最大的区域,在竖直方向上上弦杆内力的变化规律相似,以 $0°$ 方向为例,图 11 为迎风方向 $0°$ 处竖直杆件(上弦杆)的轴力 N、弯矩 M 和最大应力分布示意图。图中,T 为层数。可以看出,受拉的竖直杆件表现出如下变化规律:1)大部分竖直杆件的受力以轴力为主,只有边缘区域的竖直杆件(15 层、16 层与 1 层)受到了较大的弯矩作用;2)喉部以下(15 层以下)的竖直杆件的轴力为同方向,$0°$ 处的竖直杆件均受拉力作用($72°$ 处的竖直杆件均受压力作用),并且轴力随着层数降低不断增大,最终在支座处杆件达到最大应力(340.6N/mm^2)。

1 层的竖直杆件收到弯矩作用主要是由于支座的约束,15、16 层的竖直杆件因为顶层环杆导致的刚度增加而产生协同变形,受较大的弯矩作用。以 15 层为例,图 12 给出了 15 层竖直杆件随环向变化的弯矩示意图。可以看出,受风压力和风吸力较大的部位($0°$ 和 $72°$ 区域)竖直杆件的协同变形较大,故弯矩较大。

分析水平杆件(下弦杆)的内力分布特点,图 13 是迎风方向($0°$)的水平杆件(下弦杆)在竖直方向上的弯矩、轴力和最大应力分布图。可以看出:1)大部分水平杆件受力以弯矩作用为主,只有顶层附近受到较大的轴力作用;2)12 层以下的水平杆件弯矩随着层数的降低而不断减小,喉部附近与顶层的水平杆件弯矩较大;3)大部分水平杆件所受轴力为压力,16 层的水平杆件所受轴力出现了变号,受较大的拉力作用。

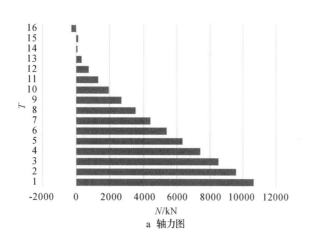

a 轴力图

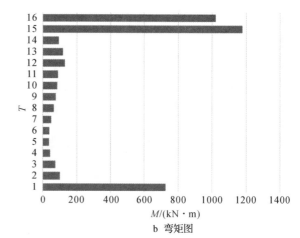

b 弯矩图

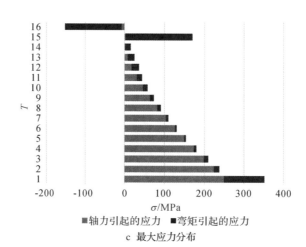

■轴力引起的应力　■弯矩引起的应力

c 最大应力分布

图 11　0°方向竖直杆件内力分布

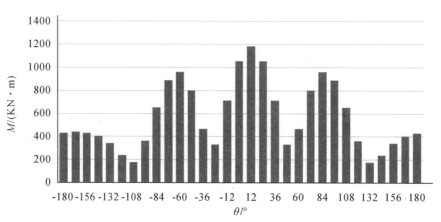

图 12　15 层竖直杆件弯矩图

水平杆件在顶层附近受较大的轴力作用以及 16 层水平杆件的轴力出现变号,是因为顶部环杆改变了该区域的内力分布。图 14、图 15 给出了 16 层水平杆件(下弦杆)与顶部环杆的最大应力分布,轴力分布基本成反号关系,此时 16 层的水平杆件与顶部环杆协同作用形成了一榀环桁架,分别受拉与受压,抵御冷却塔顶部水平方向的变形。

　　该网壳结构中腹杆内力较小,主要起到联结上、下弦杆的作用,使上、下弦杆能够协同工作,保持了网壳的几何不变和稳定性。

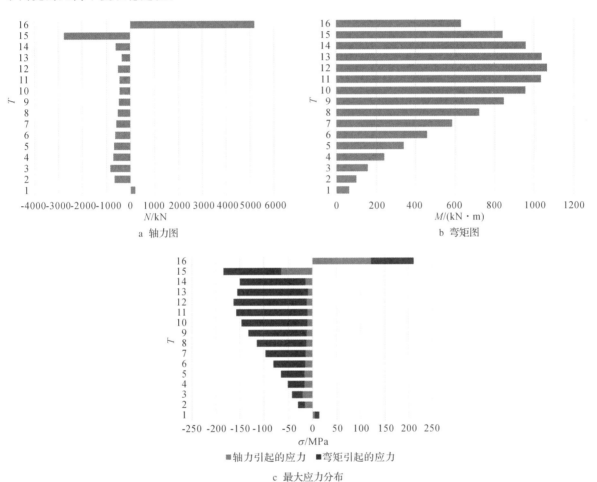

a 轴力图　　　　　　　　　　b 弯矩图

c 最大应力分布

图 13　0°方向水平杆件内力分布

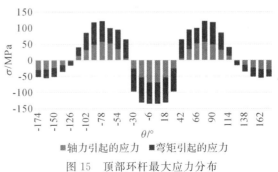

图 14　16 层水平杆件最大应力分布　　　　　图 15　顶部环杆最大应力分布

图 16 给出了冷却塔结构的变形图,主要变形模式为迎风方向内凹,迎风方向两侧约 45° 至 90° 范围内在风吸力的作用下外凸,背风面的变形则较小。图 17 为网壳 0°～180° 方向竖直剖面变形图。可以看出,网壳下半部分位移较小,变形主要集中在双曲面的喉部;整个结构的最大位移出现在迎风面 0° 方向 12、13 层之间的上弦节点,位移为 0.567m。

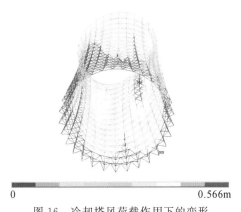

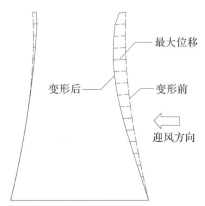

图 16　冷却塔风荷载作用下的变形　　　　　图 17　冷却塔 0°～180° 方向竖直剖面变形

2.4　小结

风荷载是冷却塔的控制荷载,在单工况作用下,风荷载引起的内力与变形都比自重与温度作用大很多。受风荷载作用时,冷却塔结构的受力和变形主要集中在迎风面。在风力的作用下,冷却塔迎风面中心受风压力部分内凹,中心两侧受风吸力部分外凸,而在背风面结构的位移和内力均较小。在协同工作的过程中,竖直杆件和水平杆件表现出不同的功能和受力特点,竖直杆件的主要作用是把风荷载向下传递到地面,内力以轴力为主,在结构的上半部分受力较大;水平杆件的主要作用是抵御冷却塔环向的变形,内力以弯矩为主,在结构的上半部分受力较大。顶层环杆对附近区域的内力分布有较大影响,使得竖直杆件受弯矩作用,水平杆件受轴力作用。结构的较大应力出现在迎风面顶层和底层由弯矩和轴力共同作用的杆件上。在单工况作用下,网壳所有杆件的最大应力均满足设计要求。自重在支座处竖直杆件产生的是压应力,故考虑自重将有利于风荷载作用时的受力,"风荷载＋温度"的组合则可能产生受力更不利的情况。

3　稳定性能

3.1　特征值屈曲分析

沿用静力计算时所用的模型与荷载,对该冷却塔结构进行特征值屈曲分析,考虑工况为"自重＋风荷载＋内吸力"。表 2 给出了该结构前 20 阶模态的特征值。

表 2　前 20 阶线性屈曲模态特征值

模态阶数	1	2	3	4	5	6	7	8	9	10
特征值	7.216	7.217	7.311	7.312	7.758	7.760	8.120	8.121	9.200	9.212
模态阶数	11	12	13	14	15	16	17	18	19	20
特征值	9.339	9.342	9.491	9.499	9.772	9.785	10.132	10.140	10.287	10.302

第 1 阶屈曲模态特征值为 7.216,其模态如图 18 所示,为网壳迎风面两侧底部受压部分的局部失稳;观察其余 19 阶屈曲模态后发现,均为相同区域的局部失稳,未出现整体失稳的情况。

对比相同条件下四角锥网壳的第一阶屈曲模态(见图 19),可以看出它们的屈曲模态是相似的,均为受压区域的局部失稳,但六杆四面体网壳的失稳区域更大一些。

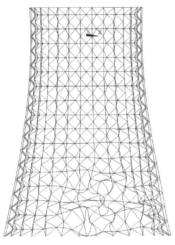
图 18　第一阶特征值屈曲模态

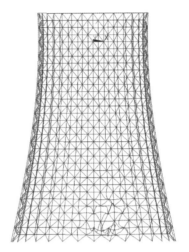
图 19　四角锥网壳的屈曲模态

3.2　极限承载力分析

考虑材料非线性与几何非线性,对六杆四面体双曲面网壳进行极限承载力分析。考虑工况与特征值屈曲分析相同,"自重+风荷载+内吸力"。材料非线性的计算采用理想弹塑性模型,材料本构关系如图 20 所示。图中,ε 为应变。

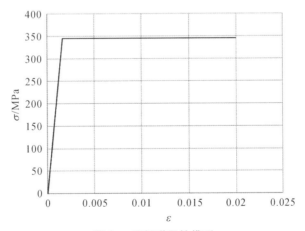
图 20　理想弹塑性模型

考虑结构的几何缺陷,包括杆件初弯曲和安装缺陷。杆件的初弯曲形式按半个正弦波考虑,根据《钢结构设计规范》[13]的建议,幅值取杆长的 1/500。安装缺陷考虑局部安装缺陷和整体安装缺陷两种情况,局部安装缺陷采用特征值屈曲分析中的首阶屈曲模态作为缺陷形式,整体安装缺陷采用静力分析中结构在风荷载下的变形作为缺陷形式,按照《空间网格结构技术规程》[14]的要求,2 种情况的缺陷幅值均取网壳底部直径的 1/300(为 0.4m)。

图 21 为结构未考虑缺陷时候的荷载-位移曲线。图中，Δ 为位移，α 为荷载系数。位移采用的是静力分析中风荷载作用下位移最大节点(12、13 层之间的上弦节点)的水平位移，结构的极限荷载系数为 2.27。在荷载较小的情况下，结构刚度保持不变，非线性不明显，当荷载上升至约 1.5 倍时，荷载位移曲线的斜率开始变小，说明有杆件屈服，刚度受到削弱。之后荷载可以继续增加，同时节点位移迅速增大，但曲线并没有出现下降段，当选取点位移达到 3.97m 时，塑性区域扩大，计算停止。图 22 给出此时的应力图。可以看出，0°受压区以及两侧 72°受拉区的底部竖直杆件和中上部水平杆件大量进入了全截面屈服，整个结构的受力与变形模式与风荷载下的弹性阶段计算是一致的，没有出现特征值屈曲分析中的局部失稳，说明结构的稳定性能良好。

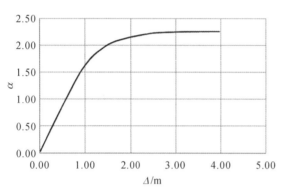

图 21 考虑双重非线性的荷载-位移曲线

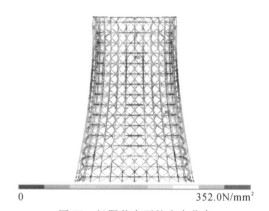

图 22 极限状态下的应力分布

考察结构在几何缺陷下的极限承载力，考虑"整体缺陷＋杆件初弯曲"时极限荷载系数为 2.25，考虑"局部缺陷＋杆件初弯曲"时极限荷载系数为 2.26，与无缺陷时比变化均较小，说明结构对缺陷不敏感。

4 结论

(1)提出由六杆四面体单元组成的双曲面网壳，可以作为钢结构冷却塔的主体结构。总结了正交正放与正交斜放 2 种单元布置形式，提出在正交正放网壳上布置环向弦杆的加强方式。该网壳兼具单层网壳和双层网壳的特性，构造简单、形式美观，容易实现工业化生产和装配化施工。

(2)分析该结构在控制荷载(风荷载)作用下的受力变形特点，其迎风面变形较大，背风面变形较小。网壳在迎风面中心受风压力区域内凹，在迎风面两侧受风吸力区域外凸，结构的最大位移产生在迎风方向喉部附近的上弦节点。

(3)揭示了上、下弦杆(竖直杆件与水平杆件)的协同工作机理和受力特点，竖直杆件的主要作用是把风荷载向下传递到地面，在网壳的下半部分受力较大；水平杆件的主要作用是抵御冷却塔环向的变形，在网壳的上半部分受力较大，为结构的进一步优化提供参考。

(4)顶部环杆改变了周围区域的内力分布，和相邻的下弦杆(水平杆件)具有反号的轴力，表明顶部环杆与相邻下弦杆形成桁架共同工作，抵御网壳的环向变形。这说明了增设环向弦杆的有效性，可以对该网壳加强环的作用进行进一步研究。

(5)对网壳进行风荷载作用下的线性与非线性稳定性分析，特征值屈曲分析中，结构的首阶特征值为 7.216，前 20 阶特征值对应的模态均为网壳底部的局部失稳；极限状态下结构的受力特点与弹性阶段相似,在不考虑缺陷的情况下,结构的极限荷载系数为 2.27,考虑"整体缺陷+杆件初弯曲"和"局部缺陷+杆件初弯曲"时极限荷载系数分别为 2.25 与 2.26,说明结构对缺陷不敏感,具有良好的稳定性能。

(6)综合来看,该网壳构造简单、受力明确、静力及稳定性能良好,未来拟进一步对该网壳进行动力性能的分析,明确风振响应特点,开展缩尺模型的静载试验研究,验证理论计算的正确性、实践装配施工的可行性,确认该网壳在工程推广中的价值。

参考文献

[1] 董石麟,郑晓清,白光波.一种由四边形平面六杆四面体单元连接组合的球面网壳:中国 ZL201210079062.7[P].2014-07-23.

[2] 董石麟,白光波,郑晓清.六杆四面体单元组成的新型球面网壳及其静力性能[J].空间结构,2014, 20(4):3-14,28.

[3] 白光波,董石麟,郑晓清.六杆四面体单元组成的新型球面网壳的稳定性能分析[J].空间结构, 2014,20(4):29-38.

[4] DONG S L,BAI G B,ZHENG X Q,et al. A spherical lattice shell composed of six-bar tetrahedral units:configuration, structural behavior, and prefabricated construction [J]. Advances in Structural Engineering,2016,19(7):1130-1141.

[5] 董石麟,苗峰,陈伟刚,等.新型六杆四面体柱面网壳的构形、静力和稳定性分析[J].浙江大学学报 (工学版),2017,51(3):508-513,561.

[6] 董石麟,丁超.新型六杆四面体扭网壳的构形、静力和稳定性能[J].同济大学学报(自然科学版), 2018,46(1):15-19,29.

[7] KOLLAR L. Large reticulated steel cooling towers [J]. Engineering Structures,1985,7(4):263-267.

[8] 杜新喜,闫琰,林士凯,等.大型双曲面冷却塔的钢结构选型与计算分析[J].武汉大学学报(工学版),2015,48(S):85-89.

[9] 陈建斌,郭彦林,薛海君,等.新型空冷钢塔结构体系研究[J].工业建筑,2012,42(11):131-135.

[10] 白光波,朱忠义,董石麟.带支撑三角形网格构成的钢结构冷却塔及其受力性能[J].空间结构, 2017,23(4):3-11.

[11] 白光波,董石麟,郑晓清.六杆四面体单元组成的新型球面网壳机动分析[J].空间结构,2014, 20(4):15-28.

[12] 中华人民共和国住房和城乡建设部.工业循环水冷却设计规范:GB/T 50102-2014[S].北京:中国计划出版社,2015.

[13] 中华人民共和国建设部.钢结构设计规范:GB 50017-2003[S].北京:中国计划出版社,2003.

[14] 中华人民共和国住房和城乡建设部.空间网格结构技术规程:JGJ 7-2010[S].北京:中国建筑工业出版社,2010.

63 一种新型空间结构——板锥网壳结构的应用与发展*

摘　要：板锥网壳结构是一种半连续化、半格构化的新型空间结构，它是在板锥单元系和常规网壳结构的基础上组合形成的一种新型结构形式，具有良好的技术经济效果和建筑视觉效果，在国外得到了广泛的应用，值得我国借鉴和应用。

关键词：新型空间结构；板锥网壳结构；应用发展

1　概述

所谓板锥网壳结构就是用板片组成锥体单元，按网壳结构的曲面形状将锥体单元通过底边拼接成整体，各锥顶再用杆件（上弦或下弦）有规律地相互连接，即可形成板锥网壳结构。板片可以采用薄铝板、塑料板、胶合板以及钢丝网水泥板等各种轻质板材，锥体单元可为三角锥单元、四角锥单元或六角锥单元，可以正放、斜放，也可以倒放。板锥单元实际上是一种最简单的应力蒙皮结构，整个板锥网壳结构的设想很大程度上是建立在飞机机翼设计原理的基础上的。

板锥网壳结构不仅具有网壳结构生产系列化、工业化的优点，而且扩大了一些能工业化生产的板材在结构中的应用范围。在结构受力性能方面，组成板锥网壳结构的板片，主要承受平面内力作用，弯曲内力处于次要因素，由于各板片侧向互为支撑，可以增强各板片的侧向稳定性。因此，这种结构形式具有较好的受力性能和较大的整体刚度，能充分发挥材料的效用。板锥网壳结构可以集承重、围护、装饰于一体，从而大大降低了结构的自重和用钢量。形状统一的板锥单元易于制作和运输，统一的连接构件和连接模式，便于整体结构的安装和施工，从而可以降低结构的整体造价。此外，板锥网壳结构巧妙地融建筑与结构于一体，形体美观、大方，并可做到结构暴露，具有鲜明的建筑视觉效果。特别是板锥网状穹顶，类似钻石，外观富丽堂皇，内视柔软纤巧，具有别具一格的建筑风采（参见图1～3）。

由于板锥网壳结构具有以上的诸多优点，在国外已广泛用于展览大会、会议厅以及体育馆等建筑中，但在国内还是空白，系统研究、工程试点和推广应用这种结构是有理论和现实意义的。

2　发展历程

网壳结构早在19世纪就已经出现并得到一定的发展。第二次世界大战以后，特别是近40多年来，网壳结构再一次得到重视和飞速发展，各种新的网壳结构形式纷纷涌现。1954年，非凡的建筑大

---

*　本文刊登于：董石麟，王星. 一种新型空间结构——板锥网壳结构的应用与发展[J]. 空间结构，1997，3(2)：55－59.

师富勒(Fuller)发明了短程线穹顶,从而使得建筑师们再次注意到这一非常有效的结构形式。而里查德(D. Richter)利用富勒的短程线分割,得到了一种完全不同的短程线穹顶,它将杆件和板片合成一个统一的结构单元,这实际上是板锥网壳结构的一种形式。里查德的基本单元是一个钻石形铝板件并带有一根横撑于表面的铝撑杆。每一板件为三维三角形构成的四面体。凯撒(Kaiser)铝公司采用这种结构形式建造了大量的穹顶用于覆盖学校、银行、会议厅等建筑。第一座凯撒铝穹顶于 1957 年 1 月建造在美国檀香山(Honolulu)的夏威夷村(Hawaiian Village),而在建筑界引人注目的凯撒铝穹顶是 1959 年建在苏联莫斯科的索科尔尼基(Sokolniki)公园内的美国技术展览馆。凯撒铝公司希望在全美建造几千个这种结构,设想很多市立会议厅会采用这种结构覆盖,但这个设想最终没有实现,其总数没有超过百座。后来里查德离开了凯撒公司并于 1964 年在加利福尼亚建立了自己的公司——顿科(Temcor)铝质短程线穹顶公司。该公司于七八十年代的十年内在原有的基础上生产了不少大跨度的穹顶结构,其中不乏板锥网架结构。最突出的例子是 1973 年建于纽约埃尔迈拉(Elmina)学院的三个短程线组合穹顶体育场群体以及 1979 年建成的巴林麦纳麦 62.8m 的国家排球中心短程线穹顶。

60 年代,随着塑料板和玻璃纤维板制造业的发展,国外开始了将这些板材用于建筑结构中的研究工作。特别是美国、英国和荷兰在这方面做了较多的工作。60 年代初,英国萨里(Surry)大学率先成立了以马科夫斯基(Z. S. Makowski)为首的专门研究机构——结构塑料研究室(Structural Plastics Research Unit),研究如何将这些板材应用到空间结构之中。如建于邻近伦敦的米尔山(Mill Hill)上的一个游泳池,采用的是玻璃纤维加强聚酯 GRP(Glass-Reinforced Polyester)板片构成的板锥网状筒壳。在美国也建造了一些塑料板锥筒壳,如德克萨斯州一家工厂采用的就是这种跨度 23.4m 的筒壳,它是由结构塑料公司建造的。在荷兰,应用塑料板材建造的塑料板片空间结构、柱壳类和穹顶类结构跨度已达 40m 以上。如荷兰工程师 J·Llthotf·Zr 应用 GRP 板材建成了跨度 48m 的某化工仓库半球形的板锥穹顶屋盖。但玻璃纤维加强聚酯空间结构的发展,因 1973 年石油危机之后的财政原因而停滞,聚酯(一种石油副产品)价格的急剧增长阻碍了这种材料在三维结构中的应用。如今这方面的研究工作已寥寥无几了。

3　工程实例

下面介绍几个典型的板锥网壳结构实例。

第一座板锥网壳结构为 1957 年 1 月建造在美国檀香山夏威夷村的凯撒铝穹顶(见图 1)。这一结构高 15.1m,底面直径为 44.2m,它是一座拥有 1800~2000 座位的现代会议厅。该结构为一正放三角锥板锥网壳结构,能承受 4786N/m² 的荷载。穹顶的所有部件由加利福尼亚的凯撒铝加工车间预制,运到夏威夷后在工地装配。这一穹顶共有 10 种不同尺寸的 575 块单元,为便于安装,每种尺码涂以一种颜色。该结构采用一台高 29.3m 的手动金属桅杆进行安装,桅杆安装在穹顶中心。该桅杆中心上层网壳部分于地面用螺栓联接在一起,然后升高到离基面足够高度以使另一圈板件单元得以安装。这是一种逆作法施工安装方法。最后,用一种特殊的堵漏材料——聚硫橡胶(Thiokol)堵塞穹顶的缝隙使之防水。

1959 年建在苏联莫斯科的美国技术展览馆(见图 2),其直径为 61m,应用了 14 种规格、1100 块钻石形单元组成。穹顶重达 52t,用一根位于中心、高为 39.6m 的临时性桅杆进行了安装,时间只花了两个星期。防火措施为在穹顶内表面喷涂一层厚度为 3.27cm 的蛭石层。

图 3 所示的是顿科铝公司于 1973 年建造的纽约埃尔迈拉学院的三个短程线组合穹顶体育场群

体。它由三个大小相同的六边形铝穹顶连接而成。而每一穹顶的净跨为71m,矢高为19m,建筑覆盖面积为3530m²。它们是迄今为止建成的最大的板锥短程线穹顶网壳,并认为是这一结构形式的实用尺寸的极限,该结构的细部构造如图5所示。

采用玻璃纤维加强聚酯板片建造的板锥网壳结构的一个典型工程为建于伦敦附近米尔山上的游泳池(见图4),该结构为一正放六角锥板锥网状柱壳,长14.4m,跨度7.5m,透光率为80%。塑料板锥单元通过底边用螺栓连接,顶部再用铝管连接,形成一个三向网格体系。

图1 1957年建在美国檀香山夏威夷村
的凯撒铝穹顶会议厅

图2 1959年建在苏联莫斯科的美国技术展览馆

图3 1973年建在纽约埃尔迈拉学院的三个
短程线组合穹顶体育场群体

图4 伦敦附近米尔山一游泳池采用玻璃纤维
加强聚酯板的板锥网壳结构

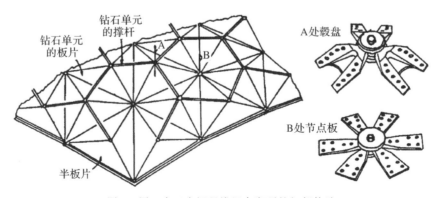

图5 图3中三个短程线组合穹顶的细部构造

4　结论

本文系统回顾了板锥网壳结构的发展历程,并扼要介绍了板锥网壳结构的特点及几个典型实例。从中可以看出,板锥网壳结构是一种能适合中国国情的新型空间结构,有必要在国内进行开发研究和推广应用。寻求轻质、高强、便宜的板材是这种结构得到广泛应用首先需要解决的问题。另外,有一种较为精确的分析计算方法,也是这种结构付诸应用的前提条件。同时连接构造问题、音响问题以及防漏防火等问题也需要很好的解决。可以相信,在不久的将来,随着这些问题的妥善解决,板锥网壳结构这种具有强大生命力的新型空间结构将会在中华大地得到发展。

参考文献

[1] 尹德钰,刘善维,钱若军. 网壳结构设计[M]. 北京:中国建筑工业出版社,1996.

[2] Z. S. 马柯夫斯基. 穹顶网壳分析、设计和施工[M]. 赵惠麟,译. 南京:江苏科学技术出版社,1992.

[3] MAKOWSKI Z S. Space structures—a review of the developments within the last decade[C]//PARKE G A R,HOWARDS C M. Space Structures 4. London:Thomas Telford,1993:283−292.

[4] MAKOWSKI Z S. Stressed skin space grids[J]. Architectural Design,1961,7(4).

[5] DAVIES R M. Plastics in building construction[M]. Blackie & Son Ltd,1965.

[6] MAKOWSKI Z S. Space structures in plastics[J]. Plastics,1963,28:57.

[7] SUBRAMANIAN N. Principle of space structure[M]. Wheele & Co. Ltd,1983.

[8] GILKIE R C. A comparison between the theoretical and experimental analysis of a stressed skin system of construction in plastics and aluminium[J]. Space Structures,1967.

[9] ROBAK D. The use of structural plastics pyramids in double-layer space grids[J]. Space Structures,1967.

[10] 肖志斌. 板片空间结构的理论分析与试验研究[D]. 杭州:浙江大学,1994.

64　叉筒网壳的建筑造型、结构形式与支承方式 [*]

摘　要：圆柱面交贯是曲面造型的常用和有效手段，它利用圆柱面这种一般用来覆盖方形、长方形平面的单曲曲面，构造出以多边形为边界的空间，从而达到球面、椭球面等双曲曲面的空间效果。叉筒单元可方便地进行组合，能够创造出变换无穷的建筑造型。本文讨论了叉筒网壳的建筑造型方法和空间特点、结构布置形式、结构支承方式等方面的内容。

关键词：叉筒网壳；建筑造型；结构形式；支承方式

1　引言

网壳结构是一种曲面壳体形式的空间结构。它用杆系结构实现各种空间曲面的建筑造型，因其合理的结构特性、大跨度、对各式各样的建筑形体的灵活适应性、杆件及节点布置的韵律与节奏、体型或巨大或轻盈、或刚劲或飘逸、建筑造型与结构受力及经济指标综合效应好等一系列优点，已被国内外广泛地应用在体育建筑、文化建筑、纪念性建筑、交通建筑以及其他各类现代建筑之中。

创造生动流畅、丰富多样的曲面造型，同时营造出优美适宜、经济合理的内部使用和观赏空间以及赏心悦目、自然融洽的环境效果，是建筑师和结构工程师对网壳结构一致的追求。基本的曲面形式有圆柱面、球面、锥面、双曲抛物面、椭圆抛物面和劈锥曲面等，它们常常在建筑中被直接采用。更为丰富、新颖的曲面体系的成形方式，大多是以基本曲面为母体进行分割和组合，从而适应建筑、空间和功能的不同要求。圆柱面筒壳，由于其表面是一个方向为圆弧弯曲而另一个方向为直线的单曲率曲面，容易成形和建造，历来就是非常流行的基本曲面。一组圆柱面相交而形成叉筒网壳，是曲面造型的常见和有效的形式，不同的交叉方式可产生变换无穷的生动有力、富于表现的空间造型。圆柱面相交的脊线或谷线以及特殊的边界条件等使叉筒网壳具有独特的传力路径和结构性能。本文对叉筒网壳的建筑造型、结构形式及支承方式进行研究。

2　叉筒曲面的建筑造型和空间特点

2.1　叉筒曲面

抛开结构受力的不同，仅从曲面造型和建筑空间组合的角度来看，古罗马时期的十字拱（cross

---

[*]　本文刊登于：顾磊，董石麟. 叉筒网壳的建筑造型、结构形式与支承方式[J]. 空间结构，1999，5(3)：3—11.

vault)便是人们早已熟知的叉筒曲面之一。起先的砖砌筒形拱顶,必须有两道平行的厚墙来承担拱顶的重力和较大的水平推力,墙上开窗困难,空间封闭。后来在意大利的北部出现了两个筒拱90°相交的十字拱,将重力和水平推力集中于四角,封闭的空间被敞开,拱顶的造型也随之丰富了(见图1)。这也为空间的组合提供了条件。罗马卡瑞卡拉浴场,将三个十字交叉拱顶连接,组合的形式扩大了建筑空间。十字拱的两圆柱面相交形成谷线,边界为圆拱;叉筒曲面的另一种形式是圆柱面相交形成脊线,边界为水平直线,结果是一个回廊式穹顶。作为意大利文艺复兴建筑史的开端的佛罗伦萨圣玛丽大教堂穹顶,便是平面为八角形的由四个圆柱面相贯而形成八条脊线的尖穹顶(见图2)。

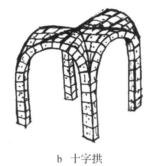

a 砖拱顶 b 十字拱

图1 砖拱顶与十字拱 图2 圣玛丽大教堂穹顶

如果说,十字拱和回廊式穹顶是在砖砌拱结构厚重雄伟的基调上追求外部体形的变化和内部空间的开阔,那么在现代壳体结构中采用叉筒形式,则体现出轻盈、通透、动感、刚劲的美感。谷线式和脊线式的叉筒壳体(钢筋混凝土薄壳或钢网壳),已应用在一些现代建筑之中。南非开普敦好望中心(The Good Hope Center)由两个相交圆柱壳形成坐落在方形基底上的交叉筒壳,四角支承在四个支墩上;美国圣路易斯航空站由三个相同的叉筒单元组成,每个单元还切割成八角形的覆盖平面,建筑造型统一而丰富;法国Grenoble的奥林匹克冰上运动场采用大小两个圆柱壳交叉,由一个门式框架把大小壳连在一起;英国伦敦第三国际机场丝丹斯戴德航空港,是平面为18m×18m的脊线式叉筒网壳单元排列组合而成,组合体规模宏大。

2.2 叉筒曲面的基本形式

按相交形式分,叉筒曲面有两种基本形式:谷线式叉筒曲面和脊线式叉筒曲面(见图3)。由于谷线式叉筒曲面的边缘是开敞的圆拱,单元间可连续光滑拼接,曲面仅在谷线上有转折,空间组合流畅自然。脊线式叉筒曲面的边缘是水平的,则单元相接产生水平谷线,象伞式单元组合,单元的空间排列非常明确。谷线式叉筒曲面可直接落地,在敞开的边缘布置门窗满足建筑功能需要,而脊线式

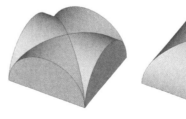
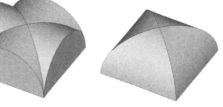

a 谷线式叉筒曲面 b 脊线式叉筒曲面

图3 叉筒曲面的基本形式

叉筒曲面一般用作屋顶,有时也可落地,在曲面上嵌入门窗。

相同或不同的圆柱面以变化的个数和交贯角度可产生非常多的叉筒曲面形式,基本叉筒曲面单元再进行组合,则可创造变化无穷的建筑造型。

2.3 叉筒曲面的造型方法

（1）交贯方法

谷线式和脊线式，都能适应多边形建筑平面。相同的两个筒壳 90°正交为一个正方形平面，三个 120°相贯为正三角形平面，三个 60°相贯为正六边形平面，四个 45°相贯为正八边形平面，五个 72°相贯为正五边形平面（见图 4）。

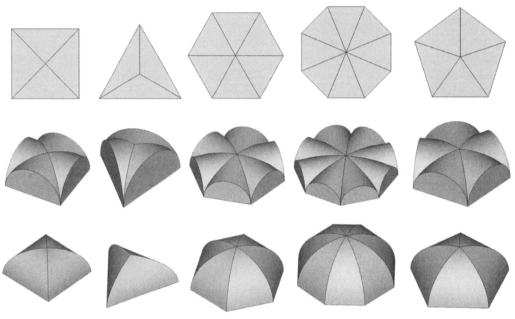

图 4　正多边形叉筒

矢高相同、跨度分别为长方形的长边和短边的两个筒壳 90°相交，可覆盖一个长方形平面（见图 5a）；在一个长的筒壳长边上连续叉上较小的筒壳，可改变长筒壳的边界形式（见图 5b）；若各筒壳与水平面成一个角度相贯，可形成锥形或凹形叉筒曲面（见图 6）。

a

b

图 5　长方形平面叉筒曲面

图 6　锥形与凹形叉筒曲面

（2）单元的组合

相同的叉筒单元能非常方便地进行组合，以适应简单的圆柱面和球面很难满足的各种各样的建筑平面和柱网的要求，如多边形、L 形、折线形、十字形平面以及三角形、六边形柱网等，不同的单元有机地组合还可产生更加丰富的造型（见图 7）。

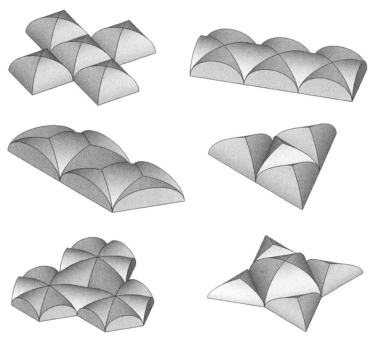

图 7   叉筒曲面单元的组合

（3）边界的延伸

将叉筒单元或单元组合体的边界进行处理，可由延伸出的部分产生新的建筑空间效果，或改变结构的边界条件。边界的延伸有向上悬挑和向下支承两种形式，延伸的曲面可由内部曲面光滑外伸而成，也可采用不同的曲面拼接（见图 8）。

图 8   叉筒曲面边界的延伸

2.4   叉筒空间的特点和美学特征

叉筒不仅是一种非常有效的造型方式，而且可营造出许多意想不到的室内外建筑空间，在空间组织、联系、过渡等方面极具潜力。它利用圆柱面这种一般仅用以覆盖方形、长方形平面的单曲曲面，构造出以多边形为边界的空间，从而达到球面、椭球面等双曲曲面的空间效果。叉筒曲面独特的脊线或谷线使连续光滑的壳体出现变化，其覆盖的建筑空间也随之产生跳跃和转折，不再单调。不同的交贯方法以及方便的单元组合，更使空间有无穷无尽的变化，或连续，或突变，或开阔，或闭合，室内向室外过渡也很容易处理。若作为小品建筑，多变的形状和组合，不仅能创造一块实际的空间，还能衍生出更富魅力的虚空间和戏剧性的效果。

叉筒曲面由简单的圆柱面按一定的形式相贯组合,既创造出新颖多样的空间造型,又不失规律性,变化中体现次序,从而唤起人们的美感和想象力。建筑不同于雕塑,仅遵循形式美的规律是不够的,有"理"的建筑才是美的,这个"理"是指真实地体现使用功能和人精神上的要求、结构受力合理、体系稳定、经济和便于建造。圆柱面相交形成的谷线或脊线非常刚劲,叉筒由于其形状加强了结构的强度和稳定性能,还能体现出结构的力流方向和支承形式,刚劲与轻巧相融合,透露出建筑的结构美。叉筒由相同的单元组成,可分块施工,便于经济地建造,它还为可开启结构提供了发展的可能性。叉筒网壳用单曲的可展曲面组合而成,屋面板的加工安装比双曲不可展的球面方便得多,谷线或脊线是屋面有组织排水的天然分区线,谷线更是巧妙地成为布置天沟的最佳位置。

3 叉筒网壳的结构形式

叉筒网壳有单层网壳、在边缘或相交处设加劲肋的单层网壳、双层网壳、交叉脊线或谷线附近为双层其他部分为单层的局部双层网壳等结构形式。叉筒网壳的组成单元是圆柱面,然而整个叉筒有一个中心,多边形的平面使其又具有类似球面网壳的几何特征,因此在杆件布置上须综合柱面网壳和球面网壳的网格划分方法。圆柱面的相贯线是空间曲线,网格划分前需先确定相贯线,方法如下。

设两圆柱面的方程为

$$z_1 = f_1(x, y), \qquad z_2 = f_2(x, y) \tag{1}$$

则相贯线在 xoy 面上投影线的方程为

$$f(x, y) = f_1(x, y) - f_2(x, y) = 0 \tag{2}$$

将投影线上一点 (x_i, y_i) 代入任一圆柱面方程便得空间相贯线相应点的坐标 (x_i, y_i, z_i)。容易看出:两相同圆柱面相交,相贯线在 xoy 面上投影线是直线,相贯线是经过该直线垂直于 xoy 面的平面内的椭圆线;大小两圆柱面 90°正交,相贯线的投影线为 xoy 面上的双曲线。

相贯线确定以后,便可进行网壳的网格划分和杆件布置。

3.1 单层叉筒网壳的结构形式

根据圆柱面单元杆件的布置方式,有联方型、单斜杆型、双斜杆型、三向网格型,如图 9 所示。其中三向网格的布置方式与凯威特型球壳比较相似,是一种综合了柱面网壳与球面网壳特点的形式。

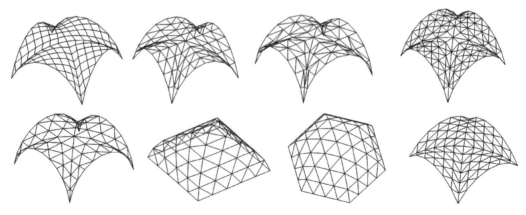

图 9 单层叉筒网壳

3.2 单层加劲肋叉筒网壳的结构形式

在单层叉筒网壳的相交线或边缘加肋,可加强网壳的刚度、提高结构的稳定性能,如图 10 所示。加肋方式有平面桁架式加肋和立体桁架式加肋。

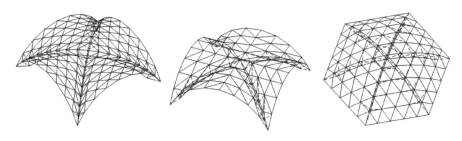

图 10 谷线或脊线布置双层的局部双层叉筒网壳

3.3 双层叉筒网壳的结构形式

交叉桁架系叉筒网壳有两向正交正放、两向正交斜放、三向网格等,角锥系叉筒网壳有三角锥、正放四角锥、斜放四角锥以及他们的抽空型式等,如图 11 所示。

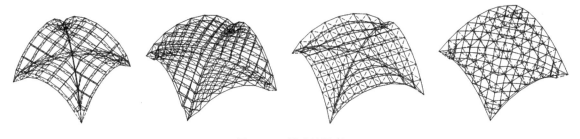

图 11 双层叉筒网壳

3.4 局部双层叉筒网壳的结构形式

在交叉线附近区域布置双层,中间部分布置为单层,或将双层网壳进行大幅度抽空,便形成了局部双层叉筒网壳(见图 12)。

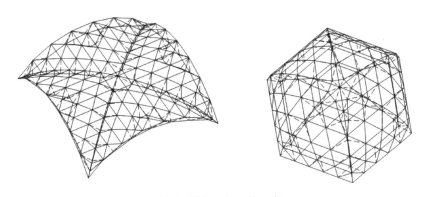

图 12 局部双层叉筒网壳

661

4 叉筒网壳的支承形式

结构的支承体系直接关系到结构的建筑造型和受力性能,是结构安全传递荷载的关键所在,特别在大跨结构的设计、分析和施工中尤为重要。

脊线型叉筒网壳因其边界为一闭合的平面,可方便地布置周边支承或多点支承,下部支承结构宜设置环梁或环板形成一圈封闭的箍。为解决网壳对支承结构的水平推力,可沿边界或在边界附近布置预应力拉索(见图13a)。

谷线式叉筒网壳,根据其开敞的边界以交叉谷线的端点为最低点的特征,最适合采用多点支承,网壳直接落地(见图13b),或者依边界的圆弧形状,设置平面桁架或立体桁架,既充当类似于薄壳结构端部的横隔,又作为网壳的支承结构(见图13c);当网壳较扁,仅作屋面时,则可另设锥形落地柱(见图13d)。谷线式叉筒网壳同样可在点支座间设置拉索来处理水平推力(见图13b),在网壳落地的情况下,这样设置的拉索可掩盖在地下,但当网壳支座不落地时,拉索从半空中穿过,将会破坏建筑空间,这时,采用图14所示的辐射状拉索将能有效地协调建筑空间与结构布置之间的矛盾。

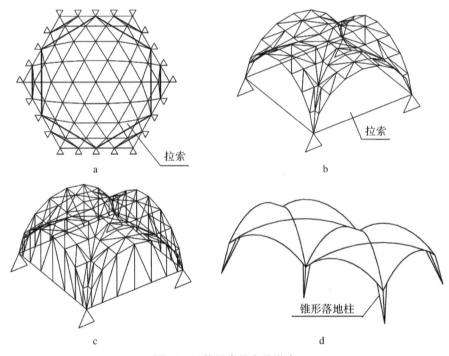

图13　叉筒网壳的支承形式

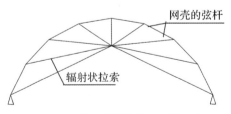

图14　设有辐射状拉索的叉筒网壳

参考文献

［1］ ZANNOS A. Form and structure in architecture［M］. New York：Van Nostrand Reinhold Company Inc. ，1987.

［2］ GHEORGHIU A，DRAGOMIR V. Geometry of structure forms［M］. London：Applied Science Publishers Ltd，1978.

［3］ 萨瓦多里·郝勒. 建筑结构概念［M］. 刘嘉昌译. 台北：台隆书店出版，1972.

［4］ 西格尔. 现代建筑的结构与造型［M］. 成莹犀译. 北京：中国建筑工业出版社，1981.

［5］ 舒勒尔. 现代建筑结构——建筑师与结构工程师用［M］. 高伯杨，苗若愚，赵勇，等译. 北京：中国建筑工业出版社，1990.

［6］ 彭一刚. 建筑空间组合论［M］. 北京：中国建筑工业出版社，1983.

［7］ 陈志华. 外国建筑史（19 世纪末叶以前）［M］. 2 版. 北京：中国建筑工业出版社，1997.

［8］ 尹德钰，刘善维，钱若军. 网壳结构设计［M］. 北京：中国建筑工业出版社，1996.

［9］ 清华大学土建设计研究院. 建筑结构型式概论［M］. 北京：清华大学出版社，1982.

65 多种开洞剪力墙壁式框架分析法及其刚域的确定[*]

提　要：本文就目前广泛采用的壁式框架分析法中刚域长度取值不合理的问题，进行了较为系统的分析研究。通过对三层和八层、开有各种大小孔洞的78种剪力墙的计算分析，论证了开洞剪力墙简化为壁式框架计算时，刚域削弱系数β与其洞口特征参数的密切关系。提出了可供工程计算应用的刚域削弱系数的计算公式和图表。

关键词：开洞剪力墙；壁式框架；分析法；刚域确定

1　前言

壁式框架法以其杆系模式大大简化了本属于平面应力问题的开洞剪力墙的计算，是计算剪力墙的最为简便的方法之一，深受设计单位欢迎。在一般工程设计中，无论孔洞多大，剪力墙均简化为壁式框架进行空间协同分析。壁式框架法中，刚域取值大小对剪力墙的内力、位移有不可忽视的影响[1]。但就目前来说，刚域取值问题尚研究得不够全面，文献[2]中也明确提出了这一点。1963年武藤清用有机玻璃模型试验研究了框架节点受纯弯时的刚域长度[3]。文献[4—7]用模型试验或弹性理论探索了连梁的刚域取值。我国对刚域取值问题研究得较少，只做过一些验证性的试验和粗略的研究[1,8—10]。到目前为止对刚域取值的研究大多局限于模拟节点区，还没有采用整榀剪力墙进行研究过。对影响刚域取值的因素也考虑得不够全面，并且理论计算和试验数量都很有限，未能给出适合于各种开洞剪力墙简化计算的刚域取值公式或图表。

我国钢筋混凝土高层建筑结构设计与施工规定(JZ 102—79)和该规程的85年修改稿中均引用日本武藤清[3]的试验结果，即刚域长度按下式取值(见图1)：

$$\left.\begin{aligned}d_{l1}&=a_1-\beta h_l\\d_{l2}&=a_2-\beta h_l\\d_{z1}&=c_1-\beta b_z\\d_{z2}&=c_2-\beta b_z\end{aligned}\right\}\tag{1}$$

式中，β——刚域削弱系数，取$\beta=0.25$。

为了工程计算的方便，按式(1)确定刚域长度是恰当的，但式中刚域削弱系数β统一取值为0.25，没有考虑洞口特征的影响，不适合于确

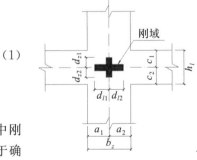

图1　框架节点

---

*　本文刊登于：楼文娟，董石麟.多种开洞剪力墙壁式框架分析法及其刚域的确定[J].土木工程学报，1989，22(3)：76—83.

定各种大小开洞剪力墙的刚域长度,这是不合理的和过于粗略的。因此,本文着重探讨 β 的取值问题。

本文采用平面问题的九节点等参有限元法,以抗侧力结构的顶点水平位移等效为准则,对三层和八层开有各种大小孔洞的 78 种剪力墙进行分析计算,确定了刚域削弱系数。经逐步回归分析和忽略次要因素的统计分析,提出了能满足工程实用要求的刚域削弱系数 β 的计算公式和图表。

2　确定刚域的方法

当有限元法的位移函数满足收敛准则,单元网格划分得足够细密时,实践证明它是一种可以达到和光弹性试验相同精度的有效方法。现有限元法已成为分析连续体的有效手段,它的计算结果也常被用作检验标准。因此,可以用有限元法的计算结果作为对比依据,以求得刚域削弱系数。文中采用了精度较高的 9 节点等参元,并以抗侧力结构的顶点水平侧移等效为确定刚域削弱系数 β 的准则。即:某开洞剪力墙在水平荷载作用下,通过有限元计算求得顶点水平位移为 δ_1,同时在某一刚域取值 $\beta = \lambda$ 时,按壁式框架法计算求得顶点水平位移为 δ_2,若 $\delta_1 = \delta_2$,则此刚域削弱系数 λ 就是该剪力墙简化为壁式框架法计算时所应取的刚域削弱系数。

为了简化计算,在确定刚域削弱系数时做下列假定:

(1)剪力墙连梁反弯点位于连梁中点;

(2)连梁的轴向变形对刚域削弱系数取值的影响忽略不计;

(3)不计荷载作用形式对刚域削弱系数取值的影响。

根据以上假定,采用沿连梁中点切开的半跨剪力墙作为计算模型,荷载形式取各楼层处作用一单位水平集中荷载,如图 2 所示。

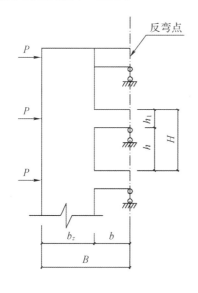
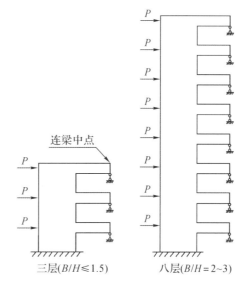

图 2　计算模型　　　　　　图 3　不同的 B/H 采用不同的计算模型

在高层建筑中,一般剪力墙的层数 $n \geq 8$,剪力墙的高跨比也较大,尤其是内横墙,高跨比在 4 以上。若按实际剪力墙的层数进行有限元分析,计算工作量非常大,并且也没有必要。一般来说,节点刚域的大小主要与同该节点相连及相邻的梁柱几何特征有关,因而取层数较少的矮剪力墙进行分析,所求得的刚域削弱系数 β 往往也适合于多层或高层剪力墙。作者通过对不同宽度的剪力墙,分别以不同层数进行计算比较后,认为对于剪力墙宽度(若为多肢墙时,则是指某列洞宽及其两侧墙肢宽度之和)为层高的三倍以内时,可以取三层计算,所得的刚域削弱系数适用于多层和高层剪力墙的简化计算;而当其宽度超过层高的三倍时,则取八层计算较为合适,如图3所示。

武藤清、P. Bhatt 等人对刚域的研究只考虑了梁柱截面的高度比(b_z/h_l)以及连梁的高跨比(h_l/b)。其实刚域的取值应与剪力墙的开洞面积、孔洞形状、墙肢与连梁的线刚比以及连梁的高跨比等一系列洞口特征有关。下列三个参数恰好能全面反映洞口特征,故本文称之为洞口特征参数。

洞口特征参数分别为(见图2):$\xi=b/B$,$\eta=h/H$,$\zeta=B/H$。根据工程中常用的尺寸,ξ、η、ζ 的变化范围分别取 0.1~0.7,0.3~0.85,1.0~2.0。本文分别以 0.1,0.2,0.5 为步长共计算了 78 种不同 ξ、η、ζ 的剪力墙的刚域削弱系数。

3　刚域削弱系数 β 的计算公式和图表

按照上述方法计算所得的 78 种开洞剪力墙的刚域削弱系数见表1~表3。从表中数值可以看出,β 与 ξ、η、ζ 密切相关,尤其是参数 η 对 β 取值影响较大。在大多数情况下,β 与高层设计规定中的取值 0.25 有较大出入,只有当 $\eta=0.75$ 左右时,β 才接近 0.25。

刚域削弱系数 β 与三个参数有关。若在计算剪力墙时,直接应用表1~表3来确定 β 值,必须三重插值,这是十分不方便的。从实用的角度出发,将表中系数用下列两种统计方法进行处理,可得到实用的回归公式和计算图表。

表1　$\zeta=1.0$ 时的刚域削弱系数

ξ	η			
	0.3	0.5	0.7	0.85
0.1	0.260*	0.183*	0.151	0.246
0.3	0.192*	0.150	0.180	0.301
0.4	0.120	0.150	0.196	0.308
0.5	0.101	0.136	0.190	0.302
0.6	0.092	0.139	0.204	0.287
0.7	0.099	0.148	0.208	0.227

注:带 * 的项目为整体墙的刚域削弱系数。

表2　$\zeta=1.5$ 时的刚域削弱系数

ξ	η					
	0.3	0.4	0.5	0.6	0.7	0.8
0.3	0.155	0.150	0.154	0.159	0.204	0.252
0.4	0.148	0.152	0.163	0.181	0.216	0.260
0.5	0.150	0.158	0.173	0.196	0.220	0.264
0.6	0.142	0.155	0.175	0.200	0.225	0.262
0.7	0.128	0.149	0.170	0.196	0.228	0.262

表 3 $\zeta = 2.0$ 时的刚域削弱系数

ξ	η			
	0.3	0.5	0.7	0.85
0.1	0.145*	0.179	0.210	0.260
0.3	0.156	0.186	0.250	0.303
0.4	0.157	0.190	0.260	0.325
0.5	0.160	0.190	0.260	0.334
0.6	0.161	0.195	0.248	0.320
0.7	0.151	0.193	0.242	0.310

（1）回归分析法

图 4～图 6 表明了 β 随 η、ζ 的增加而单调非线性增加；随 ξ 的变化规律则比较复杂，不能从图中直观地确定拟合曲线的函数。因此，本文应用逐步回归分析方法，事先给出 31 个函数，包括 ξ、η、ζ 的线性项至全四次项，通过逐步回归选出最优函数[11]。对表中除整体墙以外的 74 种开洞剪力墙的刚域削弱系数进行回归分析，得如下回归公式：

$$\beta = 0.088 + 0.036\zeta + 0.064\xi^2\eta^2 + 0.282\eta^4 \tag{2}$$

其复相关系数 $R = 0.963$

剩余标准差 $S_y = 0.016$

偏回归平方和 $F_1 = 51.8$， $F_2 = 4.9$， $F_3 = 433.2$

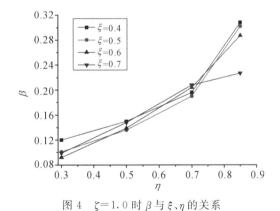

图 4 $\zeta = 1.0$ 时 β 与 ξ、η 的关系

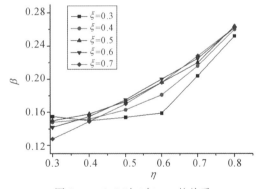

图 5 $\zeta = 1.5$ 时 β 与 ξ、η 的关系

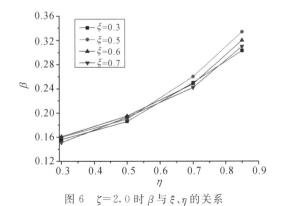

图 6 $\zeta = 2.0$ 时 β 与 ξ、η 的关系

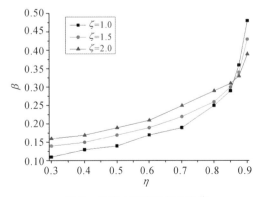

图 7   忽略 ξ 影响后的 β 取值

（2）忽略次要因素 ξ 的分析统计法

从表 1~表 3 可见,参数 ξ 对刚域削弱系数 β 的取值影响不大,可以忽略。为了消除 ξ 的影响,分别将表 1~表 3 中同一列的刚域削弱系数取算术平均值(与回归分析法中相同,属于整体样的 4 个 β 值未参与平均),可得到表 4。为了工程实际应用,按表 4 中的 β 值绘制了图 7,根据图 7,将表 4 扩展为表 5。

在用壁式框架法简化计算剪力墙时,除开孔很小的整体墙外,刚域削弱系数 β 可用公式(2)求得,或从图 7、表 5 直接查得,二者基本一致。对于整体墙,则可从表 1~表 3 查得。

表 4   忽略 ξ 影响后的 β 值

ζ	η						
	0.3	0.4	0.5	0.6	0.7	0.8	0.85
1.0	0.11		0.14		0.19		0.29
1.5	0.14	0.15	0.17	0.19	0.22	0.26	
2.0	0.16		0.19		0.25		0.31

表 5   刚域削弱系数取值用表

ζ	η								
	0.3	0.4	0.5	0.6	0.7	0.8	0.85	0.875	0.90
1.0	0.11	0.13	0.14	0.17	0.19	0.25	0.29	0.36	0.48
1.5	0.14	0.15	0.17	0.19	0.22	0.26	0.30	0.34	0.43
2.0	0.16	0.17	0.19	0.21	0.25	0.29	0.31	0.33	0.39

4   两个算例

算例 1 是一个洞口高度较小的剪力墙,其开洞面积仅占墙体总面积的 9%,是属于小开口整体墙。算例 2 则是一个洞口高度较大的剪力墙,相当于墙上开了窗洞,其开洞面积占墙体总面积的 25%。按我国钢筋混凝土高层建筑结构设计与施工规定(JZ 102−79),该墙已属于壁式框架。其他参数见表 6 及图 8、图 9。

表 6   算例中的有关参数

编号	ξ	η	ζ	β(按本文方法取值)
算例 1	0.3	0.3	2.0	0.16
算例 2	0.5	0.5	1.0	0.15

图 8、图 9 反映了 β 按高层设计与施工规程取 0.25 时,其计算结果与有限元计算值相比有较大出入。算例 1、算例 2 其顶层侧移相对误差分别为 16.3% 和 6.1%,各层平均相对误差为 21.7% 和 10.4%。而 β 按本文提供的图表或公式取值时,则计算结果和有限元计算值十分接近。尤其是算例 2,二者计算结果基本一致(在图 9 中已不能反映其差异,故二者的位移曲线重合)。由此可见,无论是开洞较小的小开口整体墙还是开洞较大的墙(如已属壁式框架范围的),按壁式框架法进行空间协同

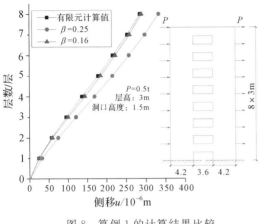

图8 算例1的计算结果比较

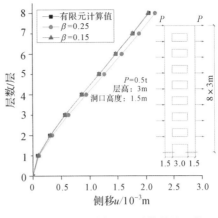

图9 算例2的计算结果比较

工作分析均是可行的。但刚域削弱系数应根据其洞口特征进行修正。本文所提供的β值可以参考应用。

比较算例1和算例2可以看出,壁式框架法用于开洞较小的剪力墙时,若刚域削弱系数取值不当,会引起较大的误差。而对于开洞较大的墙,β取值的大小对位移的影响不是很敏感。

5 结论

通过以上分析计算可得出以下几点结论:

(1)刚域削弱系数β与洞口特征参数η、ζ密切相关,除开孔很小的整体剪力墙外,β随η、ζ单调增加,尤其是η对β的取值影响较大,也就是连梁截面的高度对β值的变化较敏感,而洞口特征参数ξ对β的影响较小,可以忽略。

(2)刚域削弱系数β的变动范围较大,当连梁截面高度较小时,即η接近0.9时,β值可达0.5左右;当连梁较高时,β则仅为0.1左右。高层设计规定中取β为0.25,仅在η为0.75左右时是恰当的,在大多数情况下均有较大出入。当η较小时,β取0.25偏大;而$\eta>0.85$时,β取0.25偏小。

(3)本文分别通过逐步回归分析和忽略次要因素的统计分析,提出了可供实用的刚域削弱系数β的计算公式和图表。本文给出的各种洞口特征的刚域削弱系数可以为今后修改规程时提供参考。

参考文献

[1] 上海市民用建筑设计院. 剪力墙与框架刚臂长度的研究[R]. 1978.

[2] 中国建筑科学研究院. 高层建筑剪力墙研究报告集[R]. 1978.

[3] 武藤清. 耐震设计(第一卷)[M]. 1963.

[4] MICHAEL D. The effect of local wall deformation on the elastic interaction of cross walls coupled by beam[J]. Tall Buildings, 1967: 253—272.

[5] BHATT P. Effect of beam-shear wall junction deformation on the flexibility of the connecting beams[J]. Building Science, 1973, 8(2): 149—151.

[6] 松井源吾, 坪井善隆. 壁式构造の解法の基础の研究(その1)[C]//日本建筑学会. 日本建筑学会论文报告集, 1976.

［7］松井源吾,坪井善隆.壁式構造の解法の基礎の研究(その2)［C］//日本建築学会.日本建築学会論文報告集.1977.

［8］郭念杜.壁式框架方法中连梁刚域长度的确定［D］.广州:华南理工大学,1982.

［9］蒋先川,陆效武.关于框架梁支座弯矩取值问题的研究［J］.电力设计土建动态,1985,(9、10).

［10］夏晓东.钢筋混凝土框架节点刚性域的实验研究［D］.武汉:武汉水利电力学院,1985.

［11］茆诗松.回归分析及其试验设计［M］.上海:华东师范大学出版社,1981.

66 圆柱面组合杆系巨型网格结构的优化与适宜跨度分析*

摘　要：对圆柱面杆系巨型网格结构，文中就其子结构的布置、组合杆的计算、结构整体优化计算方法等进行了分析；通过是否考虑两者协同承载、有无主体结构上弦杆的对比分析，综合考虑构造因素，就子结构的布置提出了两种比较优越的巨型网格结构形式，并对巨型结构形式与普通双层网壳就用钢量方面进行了对比分析，提出了各结构形式的适宜跨度范围。

关键词：巨型网格结构；优化分析；适宜跨度

1　前言

双层圆柱面网壳结构是大跨度空间结构中应用比较广泛的一种结构形式[1]。然而随着跨度的进一步增大，双层圆柱面网壳结构会出现一些不可避免的问题，文献[2]分析表明，增加层数以突破内力的限制来增加结构跨度是不可行的。因此，适用于更大跨度的巨型网格结构应运而生[3,5]。本文主要针对圆柱面杆系巨型网格结构，就其子结构的布置、组合杆的计算、结构整体优化计算方法等方面进行了分析，通过是否考虑两者协同承载、有无主体结构上弦杆的对比分析，综合考虑构造因素，就子结构的布置提出了两种比较优越的巨型网格结构形式，并对几种巨型结构形式与普通双层网壳就用钢量方面进行了对比分析，提出了巨型网格结构的适宜跨度范围。

2　结构形式

图 1 即为圆柱面杆系巨型网格结构，其主体结构为大网格的双层圆柱面网壳，网格尺寸为 10～30m，大网格内布置普通网架子结构（为表现清楚起见，图中子结构未全画出）。由于网格尺寸大，用普通钢管必然会出现长细比过大的问题，本文提出采用图 1c 所示的格构式组合杆解决了这个问题。格构式组合杆有三角形、四边形两种截面形式，其弦杆采用连续杆，且各分肢相等，横杆、腹杆以相贯节点形式与分肢弦杆相连，腹杆可采用单斜杆或双斜杆的形式。为了便于连接，组合杆端部作成棱锥形式，通过大尺寸的球节点焊接相接。

由于杆系巨型网格结构的主体结构上弦组合杆为二力杆，故大网格内的子结构一般为双层网架，

---

*　本文刊登于：贺拥军，董石麟.圆柱面组合杆系巨型网格结构的优化与适宜跨度分析[J].土木工程学报，2002，35(2)：108－110.

以四角点支承的形式支承于主体结构的大节点上。根据相邻子结构之间的关系,子结构有以下两种布置方式。独立布置方式如图 2a 所示,各子结构之间没有联系,独立地以四角点支承于主体结构大节点上;铰连布置如图 2b 所示,相邻子结构之间在邻边处不设各自的边,而是共用上弦边界及节点,但各自的下弦与腹杆相互独立,这样,公共边类似于子结构之间的一条铰线。

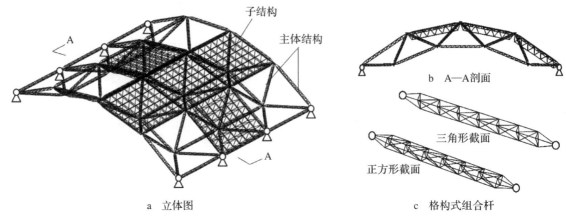

图 1   圆柱面组合杆系巨型网格结构

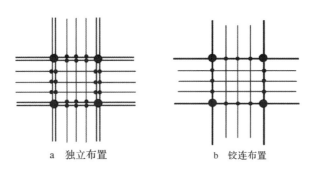

图 2   子结构布置方式示意图

3   结构优化分析方法

3.1   组合杆的计算

对于组合杆的稳定计算,可按 b 类截面和换算长细比进行计算。在进行巨型网格结构整体计算时,为简化计算,将组合杆等效为实体构件,等效的原则是实体杆的承载力和轴向刚度均与组合杆相同,由此可得组合杆等效截面与内部各杆轴向力计算公式。经有限元方法分析对比,按上述等效方法计算的组合杆内力和轴向变形与有限元解非常接近。

3.2   结构优化计算

对普通圆钢管杆系结构可采用满应力法进行杆件截面优化,以达到结构重量最轻的目的。对于组合杆系结构,由于组合杆不为一般实体杆,预先没有确切的截面与长细比,不能按一般满应力法求解,本文提出一种虚拟满应力法可求得组合杆的优化截面。其基本思路为:先假设一系列的虚拟杆件,它们有确定的截面积,并给压杆假设一个长细比,对于给定大网格尺寸的巨型网格结构,将假设的杆件作为被选杆件输入,采用满应力法以结构重量最轻为目标进行优化计算,得到巨型结构的各虚拟杆件的内力;然后根据假定的长细比和虚拟杆内力及稳定系数选得组合杆内各杆截面;最后再根据前述等效方法进行结构整体计算,求得组合杆轴力后验算组合杆内各杆截面。通过大量计算,证明用虚拟满应力法进行组合杆系巨型结构的截面优化是非常有效的。

进行整体结构优化计算时,若不考虑协同工作,两级结构各自单独设计,子结构用满应力法选择截面,主体结构用虚拟满应力法计算主体结构杆件的优化内力分布,然后根据各杆内力设计每一根组合杆。若考虑两者的协同工作,截面选择采用满应力法与虚拟满应力法相结合进行迭代优化计算,子结构杆件根据满应力法在提供的实际截面中选择,主体结构组合杆用虚拟满应力法在虚拟的杆件截面系列中进行选择,计算终了得到的子结构杆件为最终选择杆件,而主体结构杆件根据整体计算得到的虚拟内力单独进行组合杆的设计即可。

4　算例分析

根据上述计算方法,本文编制了巨型网格结构优化计算程序[4,5],可进行主体结构与子结构协同工作的整体优化计算,也可对各级结构单独进行优化计算。

本文对跨度为80m、结构形式如图1所示的巨型网格结构进行了优化分析,计算中以结构最轻为目标进行截面选优。

优化计算得到的结构用钢量与挠度如表1所示。结果表明,主体结构单独承载时,主体结构拱向上弦杆件大,子结构杆件较小,为常规网架杆件截面;协同工作时子结构用钢量增加而主体结构用钢量相应减少,而且子结构独立布置时,结构总的用钢量与挠度均有所增大,子结构铰连布置时,总用钢量与挠度均减少,协作效果显著。故只有当子结构相互铰连布置时,才考虑二者的协同工作。

表 1　两者协同承载与主体结构单独承载优化结果对比

参数		子结构单独布置、两者协同承载（a）	子结构铰连布置、两者协同承载（b）	主体结构单独承载
用钢量/(kg·m⁻²)	主体结构	8.10	7.50	10.50
	子结构	24.32	22.54	20.60
	合计	32.42	30.04	31.10
挠度/cm		7.42	6.44	7.05

若取消主体结构上弦杆,考虑两者协同承载时的优化计算结果如表2所示。结果发现,取消主体结构上弦杆后,无论子结构怎样布置,结构的总用钢量均有所减少,但挠度略有增大。可见,取消主体结构上弦杆使子结构与主体结构的腹杆与下弦杆协同工作是一种完全可行的结构布置形式。从便于结构构造处理来看,子结构铰连布置更为合理。

由前面的分析可知,双层圆柱面巨型网格结构采用两种形式比较合适:1)子结构独立布置在主体结构大节点上,不考虑两者的协同工作,记为巨型网壳1;2)子结构铰连布置,主体结构不设上弦杆,考虑两者的协同工作,记为巨型网壳2。这里对不同跨度的圆柱面网壳采用这两种巨型结构进行了优化计算并与普通网壳形式进行对比,结构上表层承受1kN/m²的均布竖向载荷,两纵边固定铰支,巨型结构的固定铰支点为主体结构两纵边上弦大节点。图3描述了不同结构的用钢量随跨度的变化关系。

表 2　有无主体结构上弦杆情况的优化结果对比

子结构布置方式	独立布置		铰连布置	
有无主体结构上弦杆	无	有	无	有
结构用钢量 /(kg · m^{-2})	30.56	32.42	28.92	30.04
挠度/cm	8.16	7.42	7.61	6.44

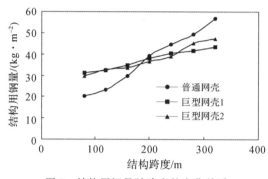

图 3　结构用钢量随跨度的变化关系

可以看出,三种形式的结构用钢量均随跨度的增大而增大,其中普通网壳结构的增长速度最快。在结构跨度小于 200m 时,普通网壳结构的用钢量小于巨型结构的用钢量,而跨度大于 200m 后,普通网壳的用钢量变得迅速大于巨型结构的用钢量;跨度达到 280m 以上后,巨型网壳 2 的用钢量比巨型网壳 1 的大。因此,从经济角度考虑,在跨度小于 200m 时,应采用普通网壳结构;跨度大于 200m 而小于 280m 时,应采用子结构铰连布置、主体结构不设上弦杆的巨型网格结构,考虑两者的协同工作;跨度大于 280m 时,应采用子结构独立布置的巨型网格结构,不考虑两者的协同承载。

5　结论

本文的研究表明,在超大跨度的结构采用巨型网格结构是经济可行的,并建议在结构跨度大于 200m 时,采用巨型结构是比较合理的。

参考文献

[1] GHEORGHIU A,DRAGOMIR V. Geometry of structure forms[M]. London:Applied Science Publishers Ltd,1978.

[2] 李燕云,王斌兵.超大跨度筒壳的理论研究[J].空间结构,1998,4(2):36—40.

[3] 贺拥军,董石麟.巨型网格结构的形体分析与力学模型[C]//中国土木工程学会.第九届空间结构学术会议论文集,萧山,2000:81—86.

[4] 贺拥军,董石麟.空间网格结构计算中图形输入信息数据的新的实现方法[J].图学学报,2000,21(1):41—46.

[5] 贺拥军.巨型网格结构的形体、静力及稳定性研究[D].杭州:浙江大学,2001.

67 多波多跨柱面网壳结构受力特性及简化分析方法*

摘 要：工程实践中可以把单波单跨的柱面网壳作为一个结构单体，在横向和纵向扩展形成单波多跨、多波单跨以及多波多跨的整体矩形平面屋盖系统。通过研究位于多波多跨柱面网壳4个不同区域的网壳单体，发现相同区域内的单体受力性能非常接近。并且依据不同区域网壳单体的约束情况建立相应的简化模型，通过分析比较简化模型和整体模型中相应单体的受力特性，可以得到二者的受力性能也比较接近。同时应用简化的单体模型考虑网壳杆件的截面选择和张弦柱面网壳中预应力设计的问题，也都能得到比较好的效果。

关键词：柱面网壳；简化模型；截面选择；预应力；受力特性

1 引言

对于单层柱面网壳的研究已经非常成熟[1,2]，近年来，随着预应力技术的发展，在柱面网壳下部布置预应力索杆的新型结构形式不断涌现[3,4]，扩展了单层柱面网壳的应用和研究范围。文献[5]提出的张弦柱面网壳正是综合了单层柱面网壳和张弦梁[6]的优势，改善了柱面网壳的受力性能和整体稳定性，并且克服了张弦梁的平面外稳定问题。

在工程实践中，以单波单跨的柱面网壳作为一个结构单体，可以在横向和纵向扩展形成单波多跨、多波单跨以及多波多跨整体矩形平面屋盖系统。文中主要研究多波多跨整体网壳中网壳单体的受力特性，并在研究单层网壳的基础上，进一步对多波多跨的张弦柱面网壳做一些简化分析和研究。选取单层网壳为单向斜杆正交正放网格，下部张弦形式选择与支承面错位的平面张弦形式[5]，见图1。

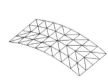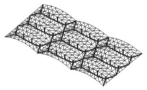

　　a 单波单跨单层网壳　　　b 多波单跨单层网壳　　　c 单波单跨张弦网壳　　　d 多波单跨张弦网壳

图1　网壳单体与结构整体示意

*　本文刊登于：刘传佳，董石麟.多波多跨柱面网壳结构受力特性及简化分析方法[J].建筑结构，2012，42(9)：103−106，136.

2　多波多跨单层柱面网壳的受力特性分析

先不在网壳下部布置索杆,仅分析上部单层网壳的受力特性。依据网壳单体受到的其他部分的约束情况,可以将多波多跨整体模型分为 4 个不同区域的单体,见图 2a。区域 I 内的网壳单体在 1 条横向边界上和 1 条纵向边界上受到其他部分的约束;区域 II 内的网壳单体在 1 条横向边界和 2 条纵向边界上受到其他部分的约束;区域 III 内的网壳单体在 2 条横向边界和 1 条纵向边界上受到其他部分的约束;区域 IV 内的网壳单体在 2 条横向边界和 2 条纵向边界上都受到其他部分的约束。

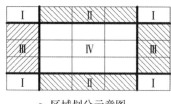 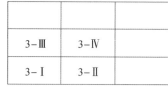 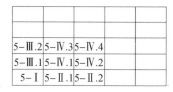

图 2　整体模型中网壳单体区域划分及位置示意

通过建立 3 波 3 跨和 5 波 5 跨两个整体模型,研究 m 波 n 跨 $(m,n>1)$ 整体模型中不同区域网壳单体的受力性能。对应于整体结构的 4 个区域,并依据整体结构的对称性,选取 3 波 3 跨模型中 4 个结构单体 3-I,3-II,3-III,3-IV 和 5 波 5 跨模型中九个结构单体 5-I,5-II.1,5-II.2,5-III.1,5-III.2,5-IV.1,5-IV.2,5-IV.3,5-IV.4 进行分析,见图 2b、图 2c。

网壳单体平面尺寸为 43m×21.5m,矢高为 4.3m(即矢跨比为 1/10),杆件统一采用 $\phi325\times10$ 的圆管,弹性模量为 2.06×10^{11} N/m^2,密度为 7850kg/m^3,模型作用竖向均布荷载 200kg/m^2(包括自重),采用四角三向不动铰支座。计算模型及节点和杆件的位置如图 3 所示。

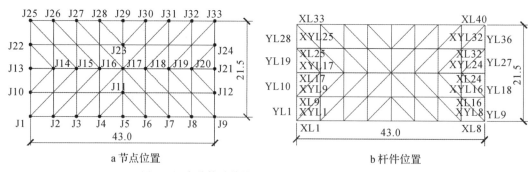

图 3　网壳单体计算模型以及节点和杆件位置示意

提取各个网壳单体最大竖向位移和杆件最大轴力进行分析比较,可以发现,处于同一区域内的网壳单体的最大竖向位移非常接近,而且出现在位置相同的节点上;同一区域的杆件最大轴力也十分接近,也出现在位置相同的杆件上,见表 1。

表 1　网壳单体的最大竖向位移与最大轴向内力比较

网壳单体	最大竖向位移/mm	最大轴向内力/kN	网壳单体	最大竖向位移/mm	最大轴向内力/kN
3-Ⅰ	−102.2(J13)	−1124.7(XL40)	5-Ⅲ.2	−67.4(J13)	−1131.0(XL40)
5-Ⅰ	−101.7(J13)	−1126.1(XL40)	3-Ⅳ	−50.9(J29)	−1129.9(XL33)
3-Ⅱ	−50.9(J29)	−1129.9(XL33)	5-Ⅳ.1	−52.5(J29)	−1132.6(XL33)
5-Ⅱ.1	−51.5(J29)	−1130.2(XL33)	5-Ⅳ.2	−52.7(J29)	−1131.8(XL33)
5-Ⅱ.2	−51.6(J29)	−1129.8(XL33)	5-Ⅳ.3	−52.5(J29)	−1132.6(XL33)
3-Ⅲ	−60.2(J13)	−1124.7(XL40)	5-Ⅳ.4	−52.7(J29)	−1131.8(XL33)
5-Ⅲ.1	−63.3(J13)	−1131.0(XL40)	—	—	—

注:括号中的内容表示相应节点或杆件的位置,表2、表3同。

　　同时提取各个单体网壳纵向跨中的节点竖向位移,分析各自变形趋势可以发现,相同区域内的网壳单体的变形趋势非常接近,见图4。由此可见,同一区域内的网壳单体的受力性能比较接近,可以通过分析其中一个单体来考察整个区域的受力性能。

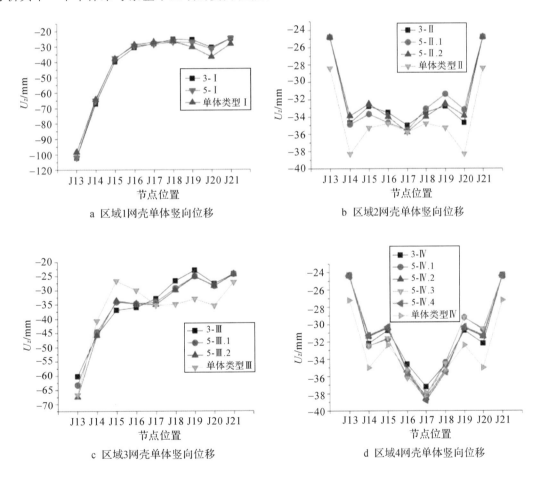

a　区域1网壳单体竖向位移　　　　　　b　区域2网壳单体竖向位移

c　区域3网壳单体竖向位移　　　　　　d　区域4网壳单体竖向位移

图 4　不同网壳单体纵向跨中节点竖向位移比较

3 多波多跨单层网壳简化分析

通过前面的分析可以发现整体模型中相同区域内的网壳单体的受力性能非常接近,但不同区域内单体受力性能却存在较大差异,这主要是由于不同单体所受到的约束情况不同。对于整体网壳其他部分对网壳单体的约束,采用简化的方式加以考虑,把网壳单体在横向边界节点上受到的约束简化成纵向的线位移约束和横向的角位移约束,而在纵向边界节点上受到的约束简化成横向的线位移约束和纵向的角位移约束。通过这种简化,对应于整体模型中不同区域的网壳单体,建立边界约束条件不同的4个单波单跨网壳模型:单体类型Ⅰ、单体类型Ⅱ、单体类型Ⅲ和单体类型Ⅳ,见图5。

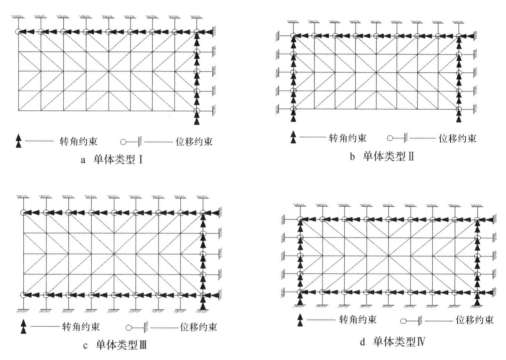

a 单体类型Ⅰ

b 单体类型Ⅱ

c 单体类型Ⅲ

d 单体类型Ⅳ

▲——转角约束   ○—▮——位移约束

图5 4种简化单体模型

对这4个模型进行计算,并选取5波5跨整体模型中不同区域的网壳单体5-Ⅰ,5-Ⅱ.2,5-Ⅲ.2,5-Ⅳ.4同其进行比较。比较单体类型Ⅰ与网壳单体5-Ⅰ的计算结果,由图4a可以看到,两者竖向位移值比较接近,变化趋势基本一致,最大的位移差值出现在J20,为5.2mm(17%),此处简化模型的位移较大。由图6可以看到,两者的杆件轴力也基本接近,最大轴力差值出现在XL33,为200kN(20%)左右,此处5-Ⅰ模型中的轴力较大。其他轴力相差较大的位置主要出现在施加约束的1条纵边和1条横边附近。

比较单体类型Ⅱ与网壳单体5-Ⅱ的计算结果,由图4b可以看到,两者竖向位移值也比较接近,变化趋势基本一致,最大位移差出现在J14和J20,为4.4mm(13%),此处简化模型的位移较大。由图7可以看到,两者的杆件轴力也基本接近,最大轴力差值出现在XL33和XL40,为193kN(17%)左右,此处5-Ⅱ.2模型的轴力较大。其他轴力相差较大的位置主要出现在施加约束的2条纵边和1条横边附近。

比较单体类型Ⅲ与网壳单体5-Ⅲ.2的计算结果,由图4c可以看到,两者竖向位移值仍然比较接近,最大位移差出现在J19,为7.8mm(31%),此处简化模型的位移较大。虽然最大位移差较大,但整

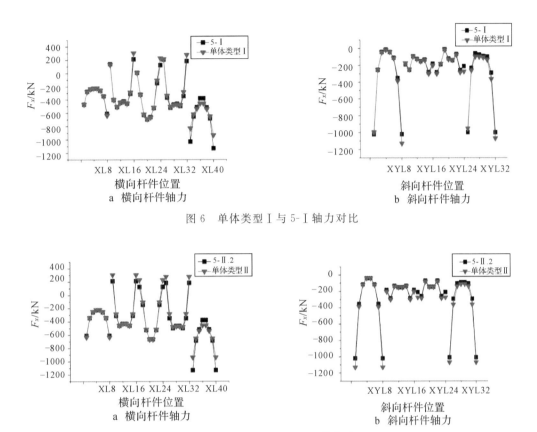

图 6　单体类型Ⅰ与 5-Ⅰ轴力对比

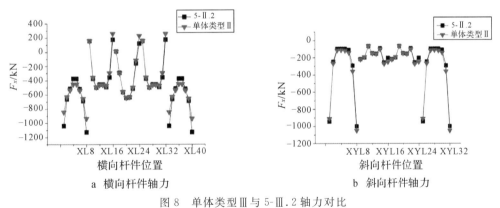

图 7　单体类型Ⅱ与 5-Ⅱ.2 轴力对比

个跨中的位移变化趋势基本一致。由图 8 可以看到,两者的杆件轴力也基本接近,最大轴力差值出现在 XL8 和 XL40,为 197kN(17％)左右,此处 5-Ⅲ.2 的轴力较大。其他轴力相差较大的位置主要出现在施加约束的 2 条横向边和 1 条纵向边界附近。

图 8　单体类型Ⅲ与 5-Ⅲ.2 轴力对比

比较单体类型Ⅳ与网壳单体 5-Ⅳ.4 的计算结果,由图 4d 可以看到,两者竖向位移值比较接近,变化趋势基本一致,最大位移差出现在 J14 和 J20,为 3.7mm(12％),此处简化模型的位移较大。由图 9 可以看到,两者的杆件轴力也基本接近,最大轴力差值出现在 XL1,XL8,XL33 和 XL40,为 196kN(17％)左右,此处 5-Ⅳ.4 的轴力较大。其他轴力相差较大的位置主要出现在施加约束的两条横边和两条纵边附近。

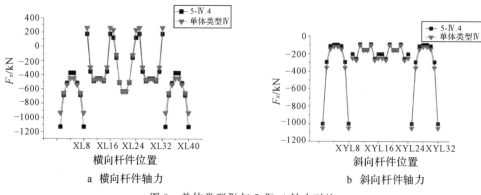

a 横向杆件轴力　　　　　　　b 斜向杆件轴力

图9　单体类型Ⅳ与5-Ⅳ.4轴力对比

经过分析可以发现,简化模型与整体模型中相应的单体网壳计算结果比较接近,少数结果相差较大的位置出现在施加约束的边界杆件及节点附近。一般情况下,对位移而言,简化模型的值相对较大,按简化模型计算相对保守;对轴力而言,整体模型中网壳单体的值相对较大,对于简化模型的计算结果需要一定程度的放大。但总的来说,两者的计算结果对比相差一般不超过20%,因此可以用简化模型来近似地分析整体网壳不同区域单体的受力特性。

4　单层网壳杆件截面初选

由以上分析可以看到,多波多跨模型中不同区域的网壳单体同相应的简化模型受力性能接近,因此可以用简化模型来进行不同区域的网壳单体的杆件截面初选。由于初选截面需要考虑应力、变形和稳定等多方面的因素,为简化起见,在不同区域的单体网壳内采用相同截面的杆件。对4个简化模型进行截面优化,在满应力原则下控制结构的自重最小,经过计算并结合实际钢管尺寸选择单体类型Ⅰ杆件为 $\phi 299 \times 10$ 的圆管,单体类型Ⅱ杆件为 $\phi 194 \times 10$ 的圆管,单体类型Ⅲ杆件为 $\phi 273 \times 10$ 的圆管,单体类型Ⅳ杆件为 $\phi 194 \times 10$ 的圆管。在整体模型中的不同区域选择与其相应的简化模型相同的杆件截面,对于处于不同区域共同边界上的杆件选择尺寸较大的截面进行计算。仍然选择5波5跨整体模型中不同区域的网壳单体 5-Ⅰ,5-Ⅱ.2,5-Ⅲ.2,5-Ⅳ.4同简化模型计算结果进行比较,提取最大竖向位移及最大内力值,见表2。

表2　网壳单体同简化模型的最大竖向位移与最大轴向内力比较

网壳单体	最大竖向位移/mm	最大轴拉力/kN	最大轴压力/kN	最大拉应力/MPa	最大压应力/MPa
5-Ⅰ	−124.9(J13)	249.4(YL32)	−1108.4(XL40)	214.9(YL4)	−242.0(YL4)
单体类型Ⅰ	−121.9(J13)	313.4(XL8)	−1138.3(XYL8)	240.2(YL4)	−269.3(YL4)
5-Ⅱ.2	−121.1(J29)	285.0(YL8)	−1140.9(XYL32)	202.3(YL8)	−348.9(XL33)
单体类型Ⅱ	−117.3(J29)	383.8(XL25)	−1234.5(XYL32)	225.4(YL8)	−293.5(XL33)
5-Ⅲ.2	−109.6(J13)	273.3(YL8)	−1086.8(XL40)	228.8(YL1)	−250.1(YL1)
单体类型Ⅲ	−111.4(J13)	294.7(XL8)	−1090.7(XYL32)	236.4(YL1)	−258.1(YL1)
5-Ⅳ.4	−124.9(J29)	296.0(YL29)	−1114.3(XYL32)	204.5(YL5)	−352.3(XL1)
单体类型Ⅳ	−122.6(J29)	357.5(XL25)	−1204.4(XYL32)	227.5(YL5)	−295.3(XL1)

由计算结果可以看出,简化模型的最大位移值、最大应力值及相应位置同整体模型基本一致,最大轴力位置虽然不同,但相差也不超过 20%,通过进一步分析可发现二者内力分布也基本满足一致。因此只要保证简化模型同网壳单体截面一致,其受力性能基本一致,可采用简化模型来初选不同区域网壳单体的杆件截面。

5 张弦柱面网壳预应力设计

由前面的分析可以考虑在简化网壳模型下部布置预应力索杆,对不同区域的网壳单体进行预应力设计,从而为多波多跨整体张弦柱面网壳的设计提供依据。

对于多波多跨张弦柱面网壳,由于约束条件不同,不同区域内的预应力应采用不同的水平。采用控制网壳中点竖向位移为零的原则控制预应力水平的大小,对于 5 波 5 跨柱面网壳及 4 个简化模型,下部张弦形式布置如图 1 所示。上部网壳统一采用 $\phi 325 \times 10$ 的圆管,下部撑杆截面面积采用 $50.26 \mathrm{cm}^2$,弹性模量为 $2.06 \times 10^{11} \mathrm{N/m}^2$,密度为 $7850 \mathrm{kg/m}^3$;下部索的弹性模量为 $1.9 \times 10^{11} \mathrm{N/m}^2$,密度为 $6550 \mathrm{kg/m}^3$。

先由简化模型计算出不同网壳单体所需的预应力大小(由初应变表示),然后代入整体模型中进行验证,比较 5-Ⅰ,5-Ⅱ.2,5-Ⅲ.2,5-Ⅳ.4 同单体类型Ⅰ,Ⅱ,Ⅲ,Ⅳ的受力特性,见表 3。分析可以发现,在控制网壳中点位移为零时,四种简化模型对应的预应力水平比较接近,而且此时,4 个区域中的网壳受力性能比较接近。虽然简化模型同整体模型相应单体网壳的最大位移和最大轴力没有完全对应,但总的趋势仍然比较一致。

表 3 张弦柱面网壳单体同简化模型受力特性比较

网壳单体	初始应变	中点(J17)竖向位移/mm	水平拉索应力/MPa	最大竖向位移/mm	最大轴拉力/kN	最大轴压力/kN	最大拉应力/MPa	最大压应力/MPa
5-Ⅰ	0.0643	2.7595	1410.5	−39.7(J30)	765.5 (XL20)	−610.0 (XL34)	329.7 (XL20)	−202.5 (XL18)
单体类型Ⅰ	0.0643	0.0031	1411.7	−39.8(J30)	769.3 (XL20)	−602.3 (XL40)	329.3 (XL20)	−203.4 (XL18)
5-Ⅱ.2	0.0622	3.2154	1362.3	−33.1(J29)	705.9 (XL21)	−609.4 (XL34)	316.8 (XL20)	−185.3 (XL15)
单体类型Ⅱ	0.0622	0.0333	1364.6	−29.0(J29)	706.1 (XL21)	−616.1 (XL33)	316.8 (XL20)	−186.6 (XL15)
5-Ⅲ.2	0.0674	3.6662	1478.3	−43.4(J30)	839.1 (XL20)	−608.9 (XL34)	347.9 (XL20)	−203.8 (XL22)
单体类型Ⅲ	0.0674	0.0003	1479.6	−43.6(J30)	844.5 (XL20)	−596.0 (XL39)	347.5 (XL20)	−205.6 (XL18)
5-Ⅳ.4	0.0649	4.1980	1422.9	−35.1(J29)	771.1 (XL21)	−607.5 (XL34)	333.0 (XL20)	−195.2 (XL14)
单体类型Ⅳ	0.0649	0.0188	1425.3	−31.6(J29)	774.8 (XL21)	−601.4 (XL33)	332.6 (XL20)	−194.2 (XL14)

6 结论

(1)依据网壳单体受到的其他部分的约束情况,可以将多波多跨整体模型分为 4 个不同区域,每个区域中的网壳单体受力性能非常接近。

（2）对于整体网壳其他部分对网壳单体的约束,本文采用简化的方式加以考虑,建立起与整体模型 4 个区域相对应的 4 个简化模型。通过比较分析,发现简化模型与整体模型中的网壳单体受力性能基本一致,可以通过简化模型对整体模型做初步分析及设计。

（3）可根据简化的单体模型选择恰当的截面,为多波多跨模型的截面初选提供依据。

（4）可根据简化的单体模型确定恰当的预应力水平,为多波多跨张弦柱面网壳的预应力初步设计提供指导。

参考文献

［1］沈世钊,陈昕,张峰,等.单层柱面网壳的稳定性(上)[J].空间结构,1998,4(2):17—28.

［2］薛素铎,曹资,王健宁.单层柱面网壳弹塑性地震反应特征[J].地震工程与工程震动,2002,22(1):56—60.

［3］董石麟,庞礴,袁行飞.弦支柱面网壳的形体及受力特性研究[C]//第三届结构工程新进展国际论坛论文集.北京:中国建筑工业出版社,2009.

［4］王秀丽,徐英雷,张宪江.新型拉索-单层柱面网壳结构性能初探[J].工业建筑,2007,37(S):367—373.

［5］董石麟,刘传佳,袁行飞.张弦柱面网壳的形体及受力特性研究[C]//首届全国建筑索结构技术交流会论文集,2010:13—21.

［6］白正仙,刘锡良,李义生.新型空间结构形式——张弦梁结构[J].空间结构,2001,7(2):33—38.

68 空间结构中的最优形态与形态控制概述[*]

提　要:空间结构的最优形态根据环境和使用目标不同可有各种形状。控制形态自身使其适应环境,叫作"可控形态结构"。

关键词:空间结构;形态控制;形态阻抗;优化设计

1　形态阻抗

抵抗外载荷的能力叫作结构的"形态阻抗"。在空间结构中的壳体、单层与多层框架结构、张力结构、杂交结构、立体平板结构等在外载作用下传递三维应力。有着应力传播的最优化问题是等应力问题,图 1 为等强度 Dome 的外形。

图 1　等强度 Dome

为了公式化形态阻抗,由下式表示:

$$阻抗能力 = F(形态) \tag{1}$$

用 R 表示阻抗能力,用 χ 表示形态,上式写为

$$R = F(\chi) \tag{2}$$

所谓阻抗能力也可以认为是对"什么"产生"怎样"的阻抗能力

$$R = F(\chi, f) \tag{3}$$

其中一例为刚度矩阵 $\boldsymbol{K}$,位移 $\boldsymbol{d}$,载荷 $\boldsymbol{f}$ 的关系

$$\boldsymbol{f} = \boldsymbol{K}\boldsymbol{d} \tag{4}$$

由于 $\boldsymbol{K}$ 取决于形态,$\boldsymbol{K} = \boldsymbol{K}(\chi)$,若考虑最大刚度问题

$$\boldsymbol{d} = \boldsymbol{K}^{-1}(\chi)\boldsymbol{f} \tag{5}$$

与式(3)相比,R 由 $\boldsymbol{d}$ 置换,此时阻抗能力的内容变为位移。

---

*　本文刊登于:关富玲,董石麟,陈务军,陈向阳,裘红妹.空间结构中的最优形态与形态控制概述[C]// 中国土木工程学会.第八届空间结构学术会议论文集,开封,1997:305－310.

2 阻抗能力的评价

式(5)中"怎样"的问题变成最大刚度。在一维情况下，$d=K^{-1}(\chi)f$，对于给定的 f 最大刚度问题成为：[求 K 最大时的 χ]或[求 d 最小时的 χ]。

当 n 维时用矢量表示。评价矢量时用内积表示。由矢量内积的定义：

$$\|a\| \geqslant 0, \qquad \|a\|=0 \rightarrow a=0$$
$$\|\alpha a\|=|\alpha|\|a\|, \qquad \|a+b\| \leqslant \|a\|+\|b\| \tag{6}$$

由矩阵的定义：

$$\|A\| \geqslant 0, \|A\|=0 \rightarrow A=0, \qquad \|\alpha A\|=|\alpha|\|A\|$$
$$\|A+B\| \leqslant \|A\|+\|B\|, \qquad \|AB\| \leqslant \|A\|\|B\| \tag{7}$$

满足式(6)的矢量内积，有以下几种

$$\|a\|_1 = \sum_{n=1}^{N}|a_n| \qquad\qquad \text{绝对值内积} \tag{8}$$

$$\|a\|_2 = \left(\sum_{n=1}^{N}|a_n|^2\right)^{\frac{1}{2}} \qquad \text{均方根内积} \tag{9}$$

$$\|a\|_m = \max(|a_n|) \qquad\qquad \text{最大值内积} \tag{10}$$

A 为 (M,N) 型矩阵时

$$\|A\|_M = \max(M,N).\max(|a_{MN}|) \qquad \text{全体内积} \tag{11}$$

$$\|A\|_R = \max\left(\sum_{n=1}^{N}|a_{Mn}|\right) \qquad \text{行内积} \tag{12}$$

$$\|A\|_C = \max\left(\sum_{m=1}^{M}|a_{mN}|\right) \qquad \text{列内积} \tag{13}$$

$$\|A\|_E = \left(\sum_{m=1}^{M}\sum_{n=1}^{N}|a_{mn}|^2\right)^{\frac{1}{2}} \qquad \text{均方根内积} \tag{14}$$

$$\|A\|_S = \mu\max(A) \qquad\qquad \text{特征值内积} \tag{15}$$

上式中 $\mu\max(A)$ 为 A 的最大特征值。对任意矩阵下式均成立

$$\|A\|_R \leqslant \|A\|_M, \qquad \|A\|_C \leqslant \|A\|_M, \qquad \|A\|_S \leqslant \|A\|_E \leqslant \|A\|_M \tag{16}$$

矩阵内积运算比矢量内积运算困难，为此利用乘法的性质，把矩阵内积换成矢量内积。对于式(14)的均方根内积

$$\|Aa\|_E \leqslant \|A\|_E\|a\|_E \tag{17}$$

由于 $\|Aa\|_E$，$\|a\|_E$ 均为矢量内积，式(14)的均方根内积就变成 $\|Aa\|_2$，$\|a\|_2$

$$\|Aa\|_2 \leqslant \|A\|_E\|a\|_2 \tag{18}$$

在对 $\|A\|_E$ 进行最大化时，用下式为好

$$\|Aa\|_2/\|A\|_E\|a\|_2 \leqslant \|A\|_E \tag{19}$$

在评价[K 的最大]和[d 的最小]时，使用什么样的内积呢？从两方面考虑：①从工程的角度上判断；②计算效率。

由此可见，"最大刚度问题"的面就宽了，对应于各种内积都可求形态，内积的特征也就可以由形状表现出来了。

壳体以面内应力为主，弯曲应力为二次应力，式(3)的 R 作为壳体上的应力

$$\{\sigma_M\}+\{\sigma_B\}=F(\chi,f) \tag{20}$$

其中 $\{\sigma_M\}$，$\{\sigma_B\}$ 各自为膜应力和弯曲应力。壳仅为膜应力状态时 $\|\sigma_B\|=0$，此时对于指定的 f(例如自重)，就变成求 $\|\sigma_B\|=0$ 的条件下的 χ。该问题可公式化为以下两种情况：①基于壳弯曲理论(设 χ 变

化,使$\|\boldsymbol{\sigma}_B\| \to 0$);②基于壳的膜理论(设$\|\boldsymbol{\sigma}_B\|=0$,求$\chi$)。

抛物线拱和悬链线(catenary)拱的形态解析属于情况①,等张力曲面的形态解析属于情况②。

$\|\boldsymbol{\sigma}_B\|=0$的壳形态是一个最优形态。但是$\|\boldsymbol{\sigma}_B\|=0$时,可能$\{\sigma_M\}$非常大。在此,为形态设计的多样化,以$\{\sigma_M\}\leqslant\sigma_0$为条件,求$\chi$,或指定约束条件$\{\sigma_M\}=\{\sigma_{M1},\sigma_{M2},\cdots\sigma_{Mn}\}^{\mathrm{T}}$,如悬链线在定点$\sigma_B=0$。

3 最优形态

以前述"阻抗能力"为目标的形态解析为例,评价方法有多种:

①确保对地震、风等外部环境有阻抗能力;

②满足机能上的要求,如保型设计(homologous);

③作为人工结构与环境同化。

满足上述设定目标的形态即为最优形态。但初始所定的目标可能会有变化,如一天中气温的变化,当初的形态就要主动地变化,这就是智能型自适应结构,为了达到这一目的就产生了形态控制结构。

作为形态控制的具体例:"每天中大跨屋顶由于温度应力产生变形,为了保持变形在某一数值之下,让形态怎样变化好呢?"

4 约束条件

在优化设计理论中,以χ为设计变量,对设计变量有约束作用的目标函数和附带条件,往往具有某种物理意义,叫作"举动制约条件"。

附带约束条件的最小化解析法中,以变分法的Lagrange乘子法为中心。在形态为未知数时又可叫逆变分法,其基础方程式可用Bott-Duffin广义逆矩阵求解。与Lagrange乘子法类似的还有Penalty法。

全势能函数及约束条件可写成下式:

$$\prod=\prod(\boldsymbol{d}) \qquad \boldsymbol{C}(\boldsymbol{d})=\boldsymbol{0} \tag{21}$$

此时,最小化函数为

①Lagrange乘子法

$$\prod_L=\prod(\boldsymbol{d})+\boldsymbol{\lambda}^{\mathrm{T}}\boldsymbol{C}(\boldsymbol{d}) \tag{22}$$

②Penalty法

$$\prod_P=\prod(\boldsymbol{d})+\frac{\alpha}{2}\boldsymbol{C}^{\mathrm{T}}(\boldsymbol{d})\boldsymbol{C}(\boldsymbol{d}) \tag{23}$$

Lagrange乘子法有未知数$\boldsymbol{d}$与$\boldsymbol{\lambda}$。Penalty法中只有$\boldsymbol{d}$,但α须取很大值。Lagrange乘子法的基础方程为

$$\frac{\partial \prod_L}{\partial \boldsymbol{d}}=\frac{\partial \prod}{\partial \boldsymbol{d}}+\boldsymbol{\lambda}^{\mathrm{T}}\frac{\partial \prod}{\partial \boldsymbol{d}}=0 \tag{24}$$

$$\frac{\partial \prod_L}{\partial \boldsymbol{d}}=C(\boldsymbol{d})=0 \tag{25}$$

Penalty法的基础方程为

$$\frac{\partial \prod_P}{\partial \boldsymbol{d}}=\frac{\partial \prod}{\partial \boldsymbol{d}}+\alpha\boldsymbol{C}^{\mathrm{T}}\frac{\partial \boldsymbol{C}}{\partial \boldsymbol{d}}=0 \tag{26}$$

α 取很大值时意味着：

$$C^{\mathrm{T}}\frac{\partial C}{\partial d}=-\frac{1}{\alpha}\frac{\partial\prod}{\partial d} \tag{27}$$

式中，$\dfrac{\partial C}{\partial d}\neq 0$ 时 $\alpha\to\infty$，$C\to 0$ 即 α 取最大值就与式（25）相对应了。在 Penalty 法中只有一个未知量 d

$$\prod=\frac{1}{2}d^{\mathrm{T}}Kd-f^{\mathrm{T}}d \tag{28}$$

$$C(d)=Ad-g=0 \tag{29}$$

此时，式（24）对应的基础方程为

$$Kd-f+A^{\mathrm{T}}\lambda=0 \tag{30}$$

令

$$r=A^{\mathrm{T}}\lambda \tag{31}$$

则式（30）可写成

$$Kd+r=f \tag{32}$$

为了消去有式（29）的约束条件 g，使用 Moore-Penrose 广义逆矩阵 A^{+}，d 变换成 U，得

$$U=d-A^{+}g \tag{33}$$

由上式求 d，把式（32）代入式（29）得

$$KU+r=h \tag{34}$$

$$AU=0 \tag{35}$$

式中，

$$h=f-KA^{+}g \tag{36}$$

其中 U 与 r 正交，可以证明

$$U^{\mathrm{T}}r=U^{\mathrm{T}}A^{\mathrm{T}}\lambda=(AU)^{T}\lambda=0 \tag{37}$$

该性质在 Bott-Duffin 逆矩阵中有用。

5 作为逆问题的形态解析

在已知 χ 与 f 时求 R 为顺问题（应力解析和响应问题），在指定 f 与 R 时求 χ 为逆问题。逆问题与顺问题的关系如图 2。

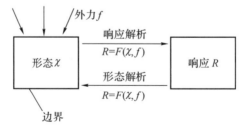

图 2 顺问题与逆问题的关系

逆问题主要讨论如下问题：

①解的存在条件；

②解的个数；

③不稳定性。

$$Ad=\overline{f} \tag{38}$$

此处,$A=A(n):(M,N)$型矩阵;$\bar{f}$:被指定矢量。

式(38)解存在条件为:

$$\left[I_M-A(x)A^+(x)\right]\bar{f}=0 \tag{39}$$

x 在定义域中变动时满足上式的 X_s 存在时,有解。式(39)与 d 无关。式(38)的解为:

$$d_s=A^+\bar{f}+\left[I_N-A^+A\right]\alpha \tag{40}$$

α 为任意矢量。

直观地说,适应桁架对于 Homologous 变形有解,不适应桁架无解。即适应桁架可成为适应结构,不适应桁架不能成为适应结构。

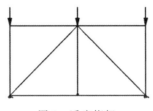
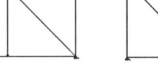

图 3　适应桁架　　　　　　图 4　不适应桁架

6　形态控制

当式(3)随时间变化时:

$$R(t)=F(\chi(t),f(t)) \tag{41}$$

若要得到满足约束条件的解须加随时间变化的控制器。

7　结语

空间结构的最优形态控制不仅是一个理论问题,更重要的在于有着广泛的用途,我国在这方面的研究尚少。文中概略介绍了形态最优控制的一些基本概念、理论、方法、优化目标等。今后尚可做进一步的理论研究与应用工作。

参考文献

[1] 半谷裕彦,关富玲.ホモロカ变形を制约条件とうす立体トラス构造の形态解析[C]//日本建筑学会构造系论文报告集第 405 号,1989:97－102.

[2] 半谷裕彦,关富玲.Bott-Duffin 逆行列による变位制限を持つ构造物の解析[C]//日本建筑学会构造系论文报告集第 396 号,1989:82－96.

[3] KAWAGUCHI K I,HANGAI Y. Analytical procedure for stabilizing paths and stability of kinematically indeterminate frameworks[C]//形态解析上最适合设计讲演予稿集,1992:59－64.

69 局部双层叉筒网壳几何非线性稳定分析[*]

摘　要：本文讨论了局部双层叉筒网壳的结构形式，利用 ANSYS 通用有限元分析程序进行几何建模，对其进行几何非线性稳定性分析，并与边桁架支撑的单层叉筒网壳进行比较，讨论了支座约束形式对网壳稳定性的影响。根据分析结果，得出了一些有应用价值的结论。

关键词：局部双层叉筒网壳；几何非线性；稳定分析

1　引言

叉筒网壳是近年来被逐渐广泛应用的一种新型网壳结构。它是由柱面网壳按一定形式相贯组合而成，柱面之间不同的交叉方式及相贯角度可以组合成各种新颖的建筑造型，相贯线形成的交叉拱使叉筒网壳具有合理的受力特点和结构性能[1,2]。

叉筒网壳有单层、双层及局部双层等形式。文献[1]对单层叉筒网壳进行了静力及几何非线性稳定分析，指出主肋杆件在网壳受力中承担主要作用。本文则对此种形式网壳在其主肋杆件周围布置为双层，其余范围布置为单层的局部双层网壳结构进行非线性稳定分析，并得出有参考意义的结论。

2　结构形式及计算模型

本文所研究的局部双层叉筒网壳是由两个曲率半径分别为 R_1 及 R_2 的柱面网壳正交而成。当建筑平面为矩形平面时，$R_1 \neq R_2$；当建筑平面为正方形时，$R_1 = R_2$。两个柱面交线形成两个交叉拱，是网壳的主要受力结构，并将整个网壳划分为四片支撑在两个交叉拱上的柱面网壳。双层杆件沿主肋方向布置为斜放四角锥（图 1）。

网壳结构一般抽象为理想刚接或理想铰接的杆系结构体系，按刚架或桁架进行线性或非线性分析。本文在进行分析时，单层网壳部分采用空间梁单元模型，双层部分采用空间杆单元模型，对于梁单元和杆单元之间的一端刚接一端铰接的节点，进行三个线位移方向的自由度耦合，并利用弧长法对结构进行平衡路径的跟踪。

---

    * 本文刊登于：任小强，陈务军，付功义，董石麟. 局部双层叉筒网壳几何非线性稳定分析[C]//天津大学. 第二届现代结构工程学术研讨会论文集，马鞍山，2002：341－345.

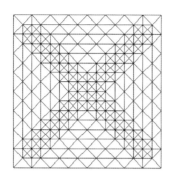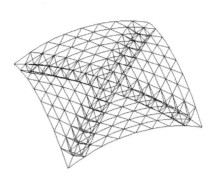

图 1　局部双层叉筒网壳

3　算例分析

　　算例结构形式如图 2 所示。该结构为 24 单元六角星型穹顶,穹顶中心点处受集中荷载作用,边界条件为固定铰支承。本文利用 ANSYS 程序对以下四种情况进行分析:①结构完全刚接;②顶点刚接其余铰接;③顶点铰接其余刚接;④结构完全铰接。从 ANSYS 分析结果来看(图 3~图 6),本文计算结果与文献[2]符合。

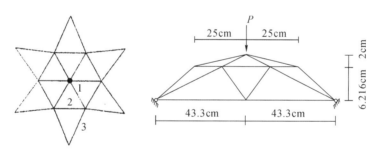

$E=3.03\times10^{5}\,\mathrm{N/cm^{2}}$　　　　$G=1.096\times10^{5}\,\mathrm{N/cm^{2}}$

$A=2.98\,\mathrm{cm^{2}}$　　$I_{1}=0.824\,\mathrm{cm^{4}}$　　$I_{2}=2.26\,\mathrm{cm^{4}}$　　$I_{3}=0.255\,\mathrm{cm^{4}}$

图 2　24 单元六角星型穹顶

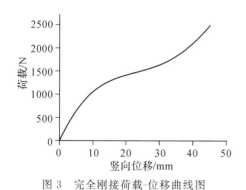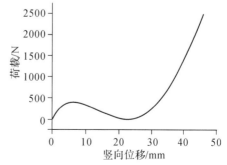

图 3　完全刚接荷载-位移曲线图　　　　图 4　顶点刚接其余铰接荷载-位移曲线

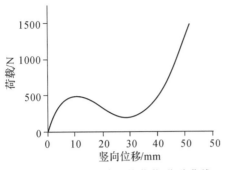

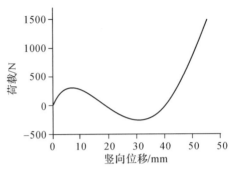

图 5　顶点铰接其余刚接荷载-位移曲线　　　　图 6　完全铰接荷载-位移曲线

4　几何非线性稳定分析

分析模型如下:平面尺寸为 $20m \times 20m$,矢跨比为 0.207(即圆柱面外边缘弧所对圆心角为 $90°$),网壳厚度 $1.3m$,网壳杆件采用文献[1]优化配置以后的圆钢管 $\phi 70 \times 3$。网壳上弦各节点作用竖向均布集中荷载,周边铰支承,采用三向网格划分形式。

利用 ANSYS 有限元程序对此网壳结构进行几何非线性分析,得到如图 7 所示网壳中心点处的荷载-位移曲线。从图中可看出,局部双层叉筒网壳发生屈曲前有较大位移,最大竖向位移为 $0.26m$,与跨度之比为 $1/77$,已远远超过结构设计的容许限度。临界荷载为 $11.72kN$,网壳失稳比较突然,网壳荷载下降趋势明显,挠度也随之下降,然后结构发生跳跃失稳。图 8 为结构最外圈节点位移曲线,在失稳前,节点竖向位移相对中心点处位移很小,失稳后挠度有一减小过程,然后迅速增大。网壳边缘节点最先屈曲,随后向中心点处扩展,直至连接单层与双层的节点处。分析其原因,主要是由于主肋与双层网壳共同作用阻止了网壳失稳趋势的扩展。

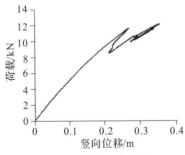

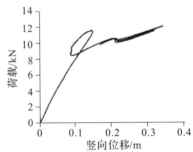

图 7　中心点荷载-位移曲线　　　　图 8　最外圈节点荷载-位移曲线

5　网壳形式影响分析

文献[1]所分析网壳结构实际上是一种采用边桁架支撑的单层叉筒网壳(图 9)。文献[1]指出单层叉筒网壳采用边桁架支撑后,网壳形式更加美观,受力比不采用边桁架支撑时更为合理。本文与此种网壳形式进行了比较分析。

结构参数同图 7 分析模型一致。在分析边桁架时采用空间杆单元,其余为空间梁单元。图 10 为边桁架支撑的单层叉筒网壳中心点处的荷载-位移曲线。从图中可以看出,采用边桁架支撑的单层叉筒网壳的临界荷载为 $6.88kN$,而局部双层叉筒网壳临界荷载值为 $11.27kN$。二者的最大竖向位移均已超过网壳结构设计的容许限度。

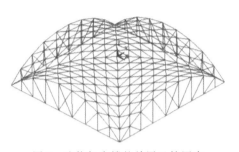

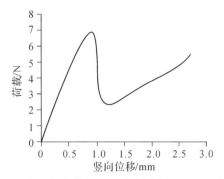

图 9　边桁架支撑的单层叉筒网壳　　　　图 10　边桁架支撑的单层叉筒网壳荷载-位移曲线

6　支座约束影响

本文考虑三种约束:铰支承约束、固定支承约束、弹性支承约束。其中弹性支承为支座约束点水平方向取弹簧刚度为500kN/m。结构参数同图7所分析模型参数一致。在上述三种支承形式下,分析局部双层叉筒网壳的非线性稳定性能。

图 11 为当支座节点为固定支承情况下,网壳中心点处的荷载-位移曲线,与图7相对照,不难发现,上述两种曲线近乎相似,可见固定支承与铰支承对网壳的失稳影响差别不大。图 12 为弹性支承约束下中心点处的荷载-位移曲线,此时临界荷载为5.2kN,最大挠度为0.68m,分别比铰支承约束下的临界荷载降低44%,而挠度则增大2.6倍。在屈曲前,二者皆可近似为线弹性,屈曲后二者的荷载变化差异较大。在弹性约束条件下,相对于铰支承约束情况,网壳的荷载-位移趋势变化平缓。

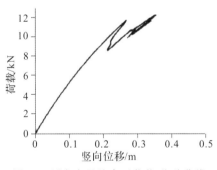

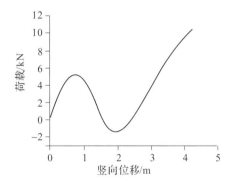

图 11　固定支承约束下荷载-位移曲线　　　图 12　弹性支承约束下荷载-位移曲线

7　结语

叉筒网壳具有结构简单,受力合理,外形美观等优点,对其进行非线性稳定分析十分必要。本文利用 ANSYS 程序分析了局部双层叉筒网壳的非线性稳定问题,得出以下结论。

(1)局部双层叉筒网壳的主肋和局部双层杆件对控制网壳的失稳发挥作用显著,失稳模态发生在网壳边缘处,表现为局部失稳。

(2)采用边桁架支撑的单层叉筒网壳稳定性能良好,在一定的建筑要求下可替代局部双层叉筒网壳。

(3)在支座铰支承和固定支承约束条件下,局部双层叉筒网壳具有良好的稳定性能。弹性支座约束时,网壳的临界承载力降低,且变形增大。

参考文献

[1] 任小强.边桁架支撑的单层柱面正交异型网壳内力及非线性稳定分析[D].保定:河北农业大学,2001.

[2] 顾磊,董石麟.叉筒网壳的建筑造型、结构形式与支承方式[J].空间结构,1999,5(3):3—11.

[3] 陈东,董石麟.局部双层柱面网壳的几何非线性稳定研究[J].空间结构,1999,5(3):33—39.

[4] 陈务军,董石麟,付功义,等.凯威特型局部双层网壳结构特性分析[J].空间结构,2001,7(1):25—33.

[5] 陈务军,付功义,龚景海,等.带肋局部双层球面网壳稳定性分析[J].空间结构,2001,7(3):33—40.

[6] 沈世钊,陈昕.网壳结构稳定性[M].北京:科学出版社,1999.

70 群论在具有多种对称性网壳的非线性分析中的应用 *

摘 要:用非线性有限元法来分析对称荷载作用下的具有多种对称性的网壳结构。针对结构多种对称性特点,采用群论方法,将初始位移和修正位移增量在对称群的不可约表示的基底上分解,得到总普通刚度矩阵和总切线刚度矩阵的有规律的约当标准形,便可把总普通刚度矩阵和总切线刚度矩阵分成一系列子问题来求解。用该方法分析具有多种对称性网壳结构,通用性好,计算工作量少,程序的前处理非常简单,并可有效地利用计算机资源。论文最后给出了一个八块组合式网壳的非线性分析算例。

关键词:群论;对称性;网壳;非线性分析

1 对称荷载作用下具有多种对称性网壳结构的非线性有限元群论分析模型

1.1 采用的非线性单元及求解方法

这里采用修正的 Newton-Raphson 法求解非线性方程组,结构杆件为铰接杆。几何非线性杆单元在局部坐标系下的切线刚度矩阵 K_T^e(这里只计及普通刚度和几何刚度)为

$$K_T^e = K_{T0}^e + K_{T\sigma}^e \tag{1}$$

式中,

$$K_{T0}^e = \frac{EA}{l} \begin{bmatrix} 1 & 0 & 0 & -1 & 0 & 0 \\ 0 & 0 & 0 & 0 & 0 & 0 \\ 0 & 0 & 0 & 0 & 0 & 0 \\ -1 & 0 & 0 & 1 & 0 & 0 \\ 0 & 0 & 0 & 0 & 0 & 0 \\ 0 & 0 & 0 & 0 & 0 & 0 \end{bmatrix} \tag{2}$$

---

 * 本文刊登于:肖建春,马克俭,董石麟,黄勇,田子东.群论在具有多种对称性网壳的非线性分析中的应用[C]//中国土木工程学会.第八届空间结构学术会议论文集,开封,1997:127-132.

$$\boldsymbol{K}_{T\sigma}^{e} = \frac{N}{l} \begin{bmatrix} 0 & 0 & 0 & 0 & 0 & 0 \\ 0 & 1 & 0 & 0 & -1 & 0 \\ 0 & 0 & 1 & 0 & 0 & -1 \\ 0 & 0 & 0 & 0 & 0 & 0 \\ 0 & -1 & 0 & 0 & 1 & 0 \\ 0 & 0 & -1 & 0 & 0 & 1 \end{bmatrix} \tag{3}$$

这里给出的分析方法对于两端刚接的几何非线性梁元同样适用。

1.2 非线性有限元群论分析的特点

常见的网壳结构,几乎都具有某种对称性。这就自然地联想到,可以利用对称性来简化问题。如果结构的杆件数目很多,为了充分利用计算机的资源,采用这种方法就更有必要。

由于结构具有诸如镜射、旋转、平移等多种对称性,采用普通的对称分析方法,有很大的局限性,因而程序的通用性不强。

如果借助于群论这个数学工具来分析,问题就变得简单。应用这种方法编制的程序通用性好,计算工作量少,程序的前处理非常简单,并能有效利用计算机资源。普通的对称分析方法都可在这里得到理论上的证明。

该方法只需计算一个基本域的普通刚度矩阵 $\boldsymbol{K}_{T0G}(E)$ 和切线刚度矩阵 $\boldsymbol{K}_{TG}(E)$,应用群论分析,便可得到整个结构相对于初始组合位移 $\boldsymbol{U}_{C0}$ 的总普通刚度矩阵 $\boldsymbol{K}_{T0}$ 和相对于组合修正位移增量 $^i\Delta\boldsymbol{U}_C$ 的总切线刚度矩阵 $\boldsymbol{K}_T$,得到的总普通刚度矩阵和总切线刚度矩阵是有规律的约当标准形。因而可把总普通刚度矩阵和总切线刚度矩阵分成一系列子问题来求解。这样做,解方程组的规模就小多了,计算所需时间相应地缩短了。

由于非线性分析要多次求解方程组,采用这种方法的好处就愈明显。

1.3 非线性有限元群论分析模型的建立

根据结构的对称性特点,找出结构的对称群 G,将结构划分成 g 个对称域。定义其中的一块为基本域,在群元素的作用下,就将基本域变换到相应的对称域中去。

基本域的大部分节点,在每个对称域中相同位置上可找到与其对应的节点,只有少部分节点,在群元素作用下,会出现重叠。前一种情况,群变换时不存在什么问题;后一种情况,如果采用相同的处理方法,那么结构上同一个节点变换后会出现节点位移不协调的现象,因而必须采用某种手段予以解决。这里采用拉格朗日参数法,将基本域单元中重叠 k 次的普通刚度和切线刚度除以 k,再进行群变换就可解决这一问题。

2 结构的总变形能的约化

为分析方便,不妨规定结构的总体位移 U_G 按下列方式排列

$$\begin{aligned}
\boldsymbol{U}_G = \{ & u_1^1, u_2^1, \cdots, u_g^1, v_1^1, v_2^1, \cdots, v_g^1, w_1^1, w_2^1, \cdots, w_g^1, \\
& u_1^2, u_2^2, \cdots, u_g^2, v_1^2, v_2^2, \cdots, v_g^2, w_1^2, w_2^2, \cdots, w_g^2, \\
& \cdots \\
& u_1^r, u_2^r, \cdots, u_g^r, v_1^r, v_2^r, \cdots, v_g^r, w_1^r, w_2^r, \cdots, w_g^r \}^{\top} \\
= & \boldsymbol{U}_{G0} + \sum_i {}^i\Delta\boldsymbol{U}_G
\end{aligned} \tag{4}$$

其中，u_j^i 表示对称域 j 中相对于基本域第 i 号节点的 x,y,z 方向的位移；U_{G0} 为初始位移；${}^i\Delta U_G$ 为第 i 次计算所得的修正位移增量，r 为基本域的总节点数。为表达清楚起见，这里只列出了修正位移增量及切线刚度矩阵的变换式。

总切线刚度矩阵 K_{TG} 为

$$K_{TG} = K_{TG}(E) + K_{TG}(A) + K_{TG}(B) + K_{TG}(C) + \cdots \qquad (5)$$
$$= \sum_{A \in G} K_{TG}(A)$$

这里为分析方便，扩充矩阵 $K_{TG}(A)$ 的维数与 K_{TG} 相等，$K_{TG}(A)$ 可由群元素 A 作用于基本域 E 的切线刚度矩阵 $K_{TG}(E)$ 得到，即

$$K_{TG}(A) = [T(A)]^H K_{TG}(E)[T(A)] \qquad \forall A \in G \qquad (6)$$

$[T(A)]$ 为群变换 A 的线性表示，它是一个正则表示的矩阵。即

$$[T(A)] = \begin{bmatrix} T(A) & & & & \\ & T(A) & & 0 & \\ & & T(A) & & \\ & 0 & & \ddots & \\ & & & & T(A) \end{bmatrix} \qquad (7)$$

$[T(A)]$ 的对角线上共有 $3r$ 个 $T(A)$，$T(A)$ 为 $g \times g$ 的矩阵。于是有

$$K_{TG} = \sum_{A \in G} [T(A)]^H K_{TG}(E)[T(A)] \qquad (8)$$

现应用群论的正交定理，对上式进行简化。将修正位移增量 ${}^i\Delta U_G$ 进行组合，以约化矩阵 $[T(A)]$，使 $[T(A)]$ 成为一个幺矩阵。这相当于进行一次基变换（图1）。

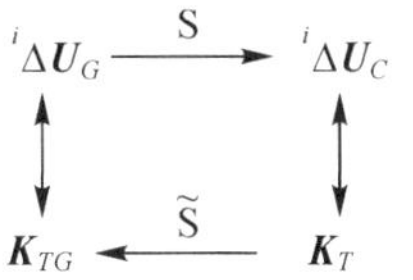

$$
\begin{array}{ccc}
{}^i\Delta U_G & \xrightarrow{\ S\ } & {}^i\Delta U_C \\
\updownarrow & & \updownarrow \\
K_{TG} & \xleftarrow{\ \tilde{S}\ } & K_T
\end{array}
$$

图 1 基变换及总切线刚度矩阵的变换

新基底 ${}^i\Delta U_C$ 与原基底 ${}^i\Delta U_G$ 的转换关系为

$$ {}^i\Delta U_C = [S]{}^i\Delta U_G \qquad (9) $$

其中

$$[S] = \begin{bmatrix} S_1 & & & & \\ & S_2 & & & \\ & & S_3 & & \\ & & & \ddots & \\ & & & & S_r \end{bmatrix} \qquad (10)$$

对角线上共有 $3r$ 个 $S_{3\times3}$ 矩阵，S 为 $g \times g$ 的矩阵。S 的计算式由下式给出

$$S = \sum_{A \in G} \{ T^\dagger(A) T(A) \}^{1/2} \qquad (11)$$

其中 $T^\dagger(A)$ 为 $T(A)$ 的伴随矩阵。对于常见的点群，S 是一个厄密矩阵，具有很多特性，在有关的参考书上可方便地找到。

原基下的 $T(A)$ 与新基下的 $\tilde{T}(A)$ 关系式为

$$T(A) = S^{-1} \tilde{T}(A) S \qquad (12)$$

约化后的变换阵 $[\tilde{T}(A)]$ 形式为

$$[\widetilde{T}(A)] = \begin{bmatrix} \widetilde{\boldsymbol{T}}_1(A) & & & \\ & \widetilde{\boldsymbol{T}}_2(A) & & 0 \\ & & \widetilde{\boldsymbol{T}}_3(A) & \\ & 0 & & \ddots \\ & & & & \widetilde{\boldsymbol{T}}_r(A) \end{bmatrix} \quad (13)$$

其对角线上共有 $3r$ 个 $\underset{3\times3}{\widetilde{\boldsymbol{T}}(A)}$,$\widetilde{\boldsymbol{T}}(A)$ 为 $g\times g$ 的矩阵,其形式如下

$$[\widetilde{T}(A)] = \begin{bmatrix} \widetilde{\boldsymbol{T}}^{(1)}(A) & & & & \\ & \widetilde{\boldsymbol{T}}^{(2)}(A) & & & 0 \\ & & \ddots & & \\ & & & \widetilde{\boldsymbol{T}}^{(a)}(A) & \\ & 0 & & & \ddots \\ & & & & & \widetilde{\boldsymbol{T}}^{(n)}(A) \end{bmatrix} \quad (14)$$

这个幺阵是一个酉阵,n 为群 G 类的个数。对应于修正组合位移增量 ΔU_G 的总切线刚度矩阵 $\boldsymbol{K}_T$ 为

$$\boldsymbol{K}_T = \sum_{A\in G} [\widetilde{T}(A)]^{\mathrm{H}} [S] \boldsymbol{K}_{TG}(E) [S]^{-1} [\widetilde{T}(A)] \quad (15)$$
$$= \sum_{A\in G} [\widetilde{T}(A)]^{\mathrm{H}} \boldsymbol{K}_T^S(E) [\widetilde{T}(A)]$$

式中

$$\boldsymbol{K}_T^S(E) = [S] \boldsymbol{K}_{TG}(E) [S]^{-1} \quad (16)$$

对式(15)再进行一次编排,得到有规律的约当标准形矩阵 $\boldsymbol{K}_T^0$。只有对应于相同的不可约表示,且其基底号相同,$\boldsymbol{K}_{Tij}^0$ 才有可能不为 0。因而可以把总切线刚度矩阵 $\boldsymbol{K}_T^0$ 分成一序列子问题来求解。

其子问题的个数与对称群 G 的类数 c、不可约表示 $\widetilde{\boldsymbol{T}}^{(a)}$ 的维数 1_a 有关,为 $\sum_{a=1}^{c} 1_a$。

由于与结构对称性质有关的数据,如 S 矩阵、不可约表示 $\widetilde{\boldsymbol{T}}(A)$ 等,可以预先编好,需要用的时候就调出来。尽管运行中增加了若干步骤,但总的来说优点要突出得多,还是十分划算。

3 算例

图 2 为八块组合式双层网壳,图上已标注几何尺寸,$E = 206\times10^3\,\mathrm{N/mm^2}$,$A = 615.44\,\mathrm{mm^2}$。上弦层承受均布荷载 $0.6\,\mathrm{kN/m^2}$ 时的计算结果见表 1。

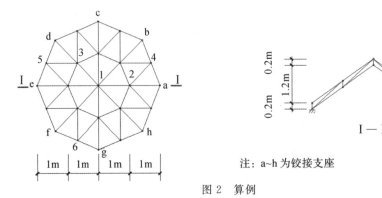

注:a~h 为铰接支座

图 2 算例

分析方法	下弦节点号					
	1	2	3	4	5	6
本方法	-0.347	-0.227	-0.226	-0.126	-0.125	-0.126
常规非线性元法	-0.345	-0.225	-0.227	-0.126	-0.126	-0.124
线性有限元法	-0.322	-0.210	-0.213	-0.117	-0.115	-0.118

表 1 计算位移值　　　　　　　　　　　　　　　　　　　　（单位:mm）

计算结果与用常规的非线性有限元分析的结果相同。

参考文献

［1］钟万勰,何穷.数值计算方法[M].北京:中国建筑工业出版社,1991.

［2］J. P. 艾立阿特,P. G. 道伯尔.物理学中的对称性[M].北京:科学出版社,1986.

［3］钟万勰,裴春航.部分对称结构的分析理论[J].力学学报,1981,13(4):387—398.

［4］BOERNER H. Representations of groups[M]. Amsterdam:North-Holland,1963.

71 网壳结构考虑杆件失稳过程的整体稳定分析[*]

摘　要：通过引入杆件初始缺陷的方法对杆件失稳过程及其对网壳结构整体稳定性能的影响进行分析。首先研究杆件的单元划分数量和缺陷幅值对杆件稳定承载力的影响，提出合理的缺陷幅值。进而计算分析了世博轴阳光谷网壳结构杆件失稳过程中的内力变化及对结构整体稳定性能的影响。分析表明，结构非对称、杆件截面有强弱轴的网壳结构易引起杆件失稳，网壳结构整体稳定分析中可通过对杆件施加初始缺陷有效地考虑杆件失稳对整体稳定性能的影响；对整体失稳之前存在杆件失稳的网壳结构，有必要引入杆件初始缺陷考虑杆件连续失稳的影响。最后提出了网壳结构稳定分析的合理计算流程。

关键词：网壳结构；网壳节点缺陷；杆件初始缺陷；杆件失稳；整体稳定

1　引言

网壳结构在我国得到广泛应用，其结构受力特性是承受薄膜内力，杆件以受压为主，因此稳定问题不可避免地成为网壳结构设计中的关键问题。从 20 世纪 80 年代开始国内外针对网壳结构的稳定性能进行了包括初始缺陷形式[1,2]、非线性分析[3,4]及实用计算方法等方面的大量研究。

目前的网壳结构设计是对杆件的承载力和结构的整体稳定性各自进行校核，即先用线性方法分析结构内力并进行杆件的截面承载力设计，再通过非线性分析验算结构的整体稳定性，在整体稳定分析过程中并不考虑杆件的失稳问题。《空间网格结构技术规程》(JGJ 7－2010)[5]所要求的网壳稳定分析中仅考虑节点位置偏差导致的网壳节点缺陷，认为在承载力设计阶段所有杆件均已经过计算，保证了稳定性，因此整体稳定分析阶段杆件失稳对网壳整体稳定（包括壳面局部失稳）的影响有限。基于上述方法，只能保证杆件在设计荷载条件下不失稳，而结构的整体稳定承载力远大于设计荷载，就无法保证在稳定分析阶段杆件不失稳。所以，若将不考虑杆件失稳的整体稳定承载力作为结构稳定分析阶段的承载力，可能是偏不安全的。另一方面，以 2010 年上海世博会世博轴阳光谷结构为代表的自由曲面网壳结构大量涌现，此类网壳结构有两个特点：一是结构曲面形式往往是非对称的，采用自由曲面的形式；二是此类网壳为追求外形的美观，往往采用矩形钢管，矩形钢管由于有强弱轴之差别，极易出现绕弱轴的失稳问题，如世博轴阳光谷采用的部分杆件截面尺寸为 80mm×350mm×10mm×40mm 的方钢管截面，其强弱轴刚度的巨大差异导致这类杆件极易出现绕弱轴失稳的问题。文献[6]的试验结果也表明，对由承受很高轴向压力的较细杆件组成的穹顶网壳，杆件屈曲是网壳稳定的控制因素。因此在网壳的稳定计算中有必要考虑杆件失稳的影响。而目前广泛采用的网壳结构

---

　　[*]　本文刊登于：田伟，董石麟，干钢. 网壳结构考虑杆件失稳过程的整体稳定分析[J]. 建筑结构学报，2014，35(6)：115－122.

形式,普遍采用圆钢管,没有强弱轴之分,且由于网壳结构布置对称性良好,一旦出现杆件失稳,对称位置的杆件也会失稳,导致结构出现整体失稳,杆件失稳与整体失稳基本同时出现,因而无须专门进行杆件失稳分析。

文献[7]通过杀死屈曲杆件的方法研究杆件失稳对网壳整体稳定性的影响,但该方法完全不考虑杆件的屈曲后性能,计算结果偏于保守。国外学者通过在杆件中部建立塑性铰来模拟单根杆件的失稳及屈曲后性能,并以此为基本单元建立网壳结构分析模型[8-11]。国内学者也提出了基于杆件中部塑性铰的杆件力学模型,可在结构整体稳定分析中较为准确地考虑单杆失稳的影响[12]。由于塑性铰模型需要编制专门程序实现,没有成熟的软件可以应用,因此应用十分不便。

文献[13]采用施加杆件初始缺陷的方法来研究稳定问题,其目的是为了研究杆件几何缺陷对结构整体稳定承载力的影响,因此初始缺陷幅值采用《钢结构设计规范》(GB 50017—2003)中推荐的杆件长度的1/1000和1/500[14]进行分析。本文尝试通过对杆件施加初始缺陷的方法研究杆件失稳对网壳结构整体稳定性能的影响,引入杆件初始缺陷的目的是通过杆件初始缺陷"引导"杆件失稳,考察杆件失稳对整体稳定性的影响,这里的初始缺陷是综合考虑了各种不利因素。本文采用以《钢结构设计规范》中轴心受压构件稳定公式为基础,与有限元分析值比较确定初始缺陷幅值的方法来确定初始缺陷的幅值。首先建立引入杆件初始缺陷的单杆模型,分析确定杆件的合理单元划分数量和缺陷幅值;然后建立具有杆件初始缺陷的阳光谷结构模型,详细分析杆件连续失稳的发展过程,杆件在失稳过程中的内力变化及其对网壳整体稳定性能的影响;通过算例分析网壳节点缺陷和杆件失稳对网壳结构稳定性的影响,旨在获得整体失稳前存在杆件失稳的网壳结构的稳定承载力,进而提出网壳结构稳定分析的合理流程。

2 施加杆件初始缺陷的单杆模型

采用大型通用有限元分析软件 ANSYS 进行分析。网壳杆件采用考虑弹塑性的 BEAM188 单元模拟,该单元基于 Timoshenko 梁单元理论,为二节点一维梁单元,考虑剪切变形的影响,在非线性分析中能考虑大变形、大应变效应。

先以截面 $\phi114\times5$、长 3.5m 的钢管杆件为例进行有限元分析,分析中同时考虑几何非线性和材料非线性。材料采用理想弹塑性模型,屈服强度取 345MPa,采用 von Mises 屈服准则。约束条件为两端铰接,荷载为轴向压力。应该说明,实际网壳结构中节点的连接情况是介于刚接和铰接之间,此处采用铰接计算是基于安全的考虑。

由于 BEAM188 单元采用线性假设,杆件选择合适的单元划分数量就很重要,同时单元划分还起到引入初始几何缺陷的作用,图 1 所示为 8 单元单杆有限元分析模型。杆件初始缺陷采用半波正弦曲线的形式:$y = \dfrac{L_0}{350}\sin\left(\dfrac{x}{L_0}\pi\right)$[15](缺陷幅值取 $L_0/350$,L_0 为杆件长度)。在轴向压力作用下单元数量为 4、6、8、10、12 个的杆件的荷载-位移曲线如图 2 所示,可见随着单元数量的增加,杆件的荷载-竖向位移曲线越来越接近,当单元数量超过 8 个时,荷载-竖向位移曲线基本重叠在一起。在实际设计中,杆件划分的单元越多也意味着结构计算量也越大,因此从实用角度来看,对杆件采用 6~8 个单元的划分较为合理。

杆件在不同缺陷幅值条件下的荷载-竖向位移曲线如图 3 所示,可见缺陷幅值越大,杆件的稳定承载力越低。

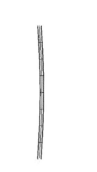

图 1　8 单元单杆有限元分析模型

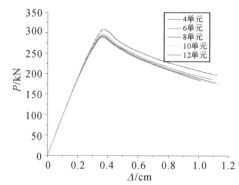

图 2　不同单元划分下单杆的荷载-竖向位移曲线

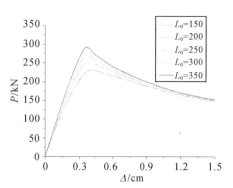

图 3　不同缺陷幅值下单杆的荷载-竖向位移曲线

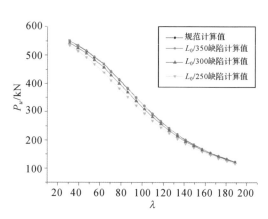

图 4　不同条件下杆件的稳定承载力($\phi 114 \times 5$)

下面考虑杆件缺陷的合理幅值问题。将不同缺陷幅值下杆件的稳定承载力与根据《钢结构设计规范》(GB 50017—2003)[14]的压杆稳定公式计算得到的稳定承载力进行比较可以较为合理地确定缺陷幅值。在实际工程中杆件截面类型和杆件长度均会有所变化,在确定杆件缺陷幅值时需综合考虑这两者的影响,因此以杆件长细比 λ 为参数分析杆件缺陷幅值的合理取值。杆件截面为 $\phi 114 \times 5$,杆件长度从 1.0m 开始,以 0.25m 为间隔递增到 6.0m,所有杆件按规范[14]计算的稳定承载力和杆件在 $L_0/250$、$L_0/300$、$L_0/350$ 三种不同的缺陷幅值条件下的稳定承载力有限元分析值如图 4 所示。可见随着 λ 的变化,规范计算值和不同缺陷幅值条件下的有限元分析值均为非线性变化,且两者线形比较接近。当缺陷幅值为 $L_0/350$ 时,在不同的 λ 下均比较接近,在少数 λ 下,杆件稳定承载力的有限元分析值略大于规范计算值。

调整杆件截面为 $\phi 219 \times 8$,不同条件下的稳定承载力如图 5 所示,当杆件缺陷为 $L_0/350$ 时,稳定承载力的有限元分析值与规范计算值吻合较好,在少数 λ 下,杆件稳定承载力的有限元分析值略大于规范计算值。调整杆件截面为矩形钢管 120mm×40mm×5mm×5mm,沿弱轴施加杆件初始缺陷,不同情况下杆件的稳定承载力如图 6 所示,在长细比小于 150 的情况下,$L_0/350$ 杆件初始缺陷的稳定承载力有限元分析值比规范计算值略高 2%～3%;在长细比大于 150 的情况下,$L_0/350$ 杆件缺陷的有限元分析值又低于规范计算值约 2%～3%。总体来说,稳定承载力的规范计算值与 $L_0/350$ 杆件初始缺陷的计算值吻合良好。

不同长细比条件下的算例表明,当杆件初始缺陷取 $L_0/300$ 时,杆件稳定承载力的有限元分析值略小于规范计算值,这是偏保守的取值。因此在实际应用中,可采用统一的 $L_0/300$ 的杆件初始缺陷。

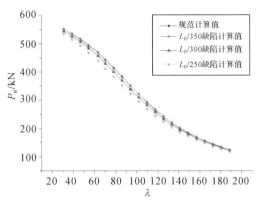

图 5　截面为 $\phi219\times8$ 的杆件的稳定承载力

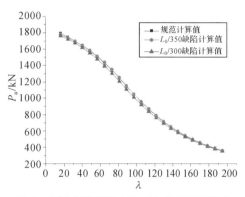

图 6　矩形钢管杆件在不同 λ 的稳定承载力

且大量算例表明,杆件缺陷的方向性对结构稳定承载力影响较小,可以忽略,因此可不考虑杆件初始缺陷的方向性。

应该指出,本文引入一定幅值的初始弯曲(以半波正弦曲线形式分布)作为杆件初始缺陷,在形式上与一般意义上的杆件初弯曲有些类似,但物理意义完全不同。一般意义上的初弯曲来源于杆件的制作偏差,其最大初弯曲通常取 $L_0/1000$(同时考虑残余应力的影响时取 $L_0/500$),如文献[6]中采用的缺陷幅值,这类杆件缺陷在网壳杆件的承载力和稳定性计算中考虑,对网壳结构整体稳定性的影响有限[6]。而本文引入杆件初始缺陷的目的是为了在结构的整体稳定分析中有效地跟踪到杆件失稳的情况,其幅值是通过比较有限元分析和规范公式求得的杆件稳定承载力来确定的,是综合了影响杆件稳定承载力的多种因素,相对于一般认为的缺陷幅值是偏大的。

3　杆件连续失稳的过程分析及其对结构整体稳定性能的影响

以 2010 世博会世博轴阳光谷钢结构为例进行杆件失稳过程及其对整体稳定性能影响的分析。阳光谷结构采用矩形钢管,沿弱轴极易出现失稳,因此有必要对这种类型结构进行考虑杆件连续失稳的稳定分析。阳光谷钢结构单元数量众多,对单根杆件进行 6～8 单元的划分会导致单元数量极其庞大,不便于计算分析,因此本节将文献[7]的 6 号阳光谷结构的曲面外形缩小,利用自编程序对其进行网格划分和优化,得到的结构如图 7 所示。阳光谷结构高度为 18.45m,上下开口为椭圆形,上开口的长、短轴分别为 40.45m 和 31.41m,下开口的长、短轴分别为 8.00m 和 5.27m。结构杆件数量为 702 根,长度从 1.5～4.0m 不等。整个结构的杆件统一采用截面尺寸为 80mm×180mm×20mm×20mm 矩形钢管。对底部的 12 个节点采用铰接约束。

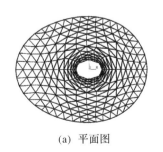

(a) 平面图　　　　　　　　　　　　(b) 立面图

图 7　阳光谷结构

钢结构质量密度取 $78.5 \mathrm{kN/m^3}$,活荷载取 $1 \mathrm{kN/m^2}$,材料的本构关系采用理想弹塑性模型,屈服准则采用 von Mises 屈服准则,材料为 Q345 钢材,杆件模型采用 6 个单元的划分。阳光谷结构杆件长度在 $1.5 \sim 4\mathrm{m}$ 范围内,杆件初始缺陷幅值取 $L_0/300$。

对阳光谷结构施加杆件初始缺陷考虑杆件失稳,计算得到结构的整体稳定承载力为 $8.12 \mathrm{kN/m^2}$,位于结构顶部边缘的竖向位移最大点的荷载-竖向位移曲线如图 8 所示。可以明显看到,在荷载接近 $7.80 \mathrm{kN/m^2}$ 时,荷载-竖向位移曲线有一个明显的转折,意味着结构的刚度发生变化,通过后面的分析可知,这表明结构中存在若干杆件失稳。

为了解整个过程中杆件的失稳情况,对阳光谷结构中每根杆件的内力进行跟踪,确定每根失稳杆件失稳时的荷载值,如表 1 所示。需要说明的是,这里对杆件失稳的判断有两个条件:首先杆件的轴力必须大于规范按两端铰接计算的单杆稳定承载力,且小于按两端固接计算的单杆稳定承载力;其次杆件的荷载-轴力曲线在达到最大值后必须出现下降段。给出上述判断条件的原因是由于在实际的结构中,两端的约束情况无法定量确定,是介于铰接和固接之间,因此杆件的轴力会出现大于按铰接计算的单杆稳定承载力的情况。下面将详细分析阳光谷钢结构中单根杆件失稳的发展过程。在下面的荷载-轴力图中,轴力负号表示杆件受压。

表 1 失稳杆件及失稳时荷载与内力

杆件失稳顺序	失稳杆件编号	失稳荷载/(kN·m⁻²)	最大轴力/MN	铰接单杆承载力/MN	固接单杆承载力/MN
1	456	7.50	−2.694	−2.195	−2.760
2	443	7.55	−2.710	−2.201	−2.766
3	412	7.66	−2.353	−2.123	−2.741
4	536	7.83	−2.742	−2.322	−2.803
5	537	7.85	−2.604	−2.590	−2.893
6	463	7.87	−2.757	−2.324	−2.802
7	462	7.88	−2.604	−2.590	−2.893

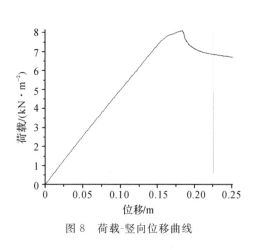

图 8 荷载-竖向位移曲线

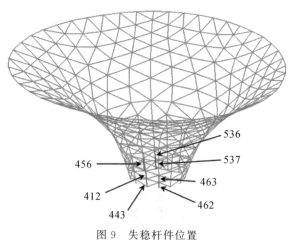

图 9 失稳杆件位置

荷载增加到 $7.50 \mathrm{kN/m^2}$ 时,第 1 根失稳杆件出现在阳光谷底部,如图 9 所示,杆件编号为 456。底部竖向杆件失稳以后,仍能继续承载,结构并没有发生整体失稳。失稳杆件 456 的荷载-轴力关系如图 10 所示,开始加载后,轴力随荷载的增加而线性增长,在荷载达到 $7.50 \mathrm{kN/m^2}$ 之后,杆件轴压力达到最大值 2.694MN,大于按铰接计算的单杆稳定承载力 2.195MN,小于按固接计算的单杆稳定承载力 2.760MN。此后,虽然荷载继续增加,杆件轴力却开始减小,因此,认为杆件 456 发生失稳,但杆件在失稳之后仍能承载,没有丧失承载能力。结构在杆件 456 失稳之后产生内力重分布,改变了传力路径,由周围杆件分担了杆件 456 的荷载。当荷载增加到 8.12kN/m² 后,结构整体失稳,杆件的轴力迅速减小。

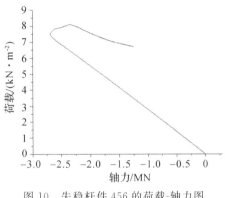

图 10　失稳杆件 456 的荷载-轴力图

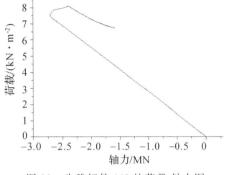

图 11　失稳杆件 443 的荷载-轴力图

在荷载增加到 7.55kN/m² 时,杆件 443 发生失稳,失稳杆件位置如图 9 所示。杆件 443 的荷载-轴力关系如图 11 所示,在荷载达到 7.55kN/m² 时,杆件轴压力达到最大值 2.710MN,大于按铰接计算的单杆稳定承载力 2.201MN,小于按固接计算的单杆稳定承载力 2.766MN。此后,虽然荷载继续增加,杆件轴力却开始减小,可认为杆件 443 发生失稳。2 根杆件失稳后,结构改变了传力路径,仍继续承载。

在荷载增加到 7.66kN/m² 时,杆件 412 发生失稳,失稳杆件位置如图 9 所示。杆件 412 的荷载-轴力关系如图 12 所示,在荷载达到 7.66kN/m² 时,杆件轴压力达到最大值 2.353MN,大于按铰接计算的单杆稳定承载力 2.123MN,小于按固接计算的单杆稳定承载力 2.741MN。此后,虽然荷载继续增加,杆件轴力却开始减小,可认为杆件 412 发生失稳。3 根杆件失稳后,结构仍继续承载。

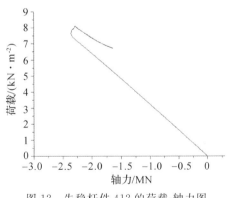

图 12　失稳杆件 412 的荷载-轴力图

图 13　失稳杆件 536 的荷载-轴力图

荷载继续增加到 7.83kN/m² 时,杆件 536 发生失稳,失稳杆件位置如图 9 所示。杆件 536 的荷载-轴力关系如图 13 所示,荷载增加到 7.83kN/m² 时,杆件 536 轴压力达到最大值 2.742MN,大于按铰接计算的单杆稳定承载力 2.322MN,小于按固接计算的单杆稳定承载力 2.803MN。此后,随着荷载的增加,杆件轴力却开始减小,可认为杆件 536 发生失稳。4 根杆件失稳后,结构仍继续承载。

荷载继续增加到 7.85kN/m² 时,又有一根杆件 537 发生失稳,失稳杆件位置如图 9 所示。杆件 537 的荷载-轴力关系如图 14 所示,杆件 537 轴压力在荷载增加到 7.85kN/m² 时达到最大值 2.604MN,大于按铰接计算的单杆稳定承载力 2.590MN,小于按固接计算的单杆稳定承载力 2.893MN。此后,随着荷载的增加,杆件轴力却开始减小,可认为杆件 537 发生失稳。5 根杆件失稳后,结构仍继续承载。

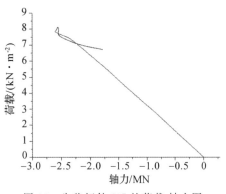

图 14　失稳杆件 537 的荷载-轴力图

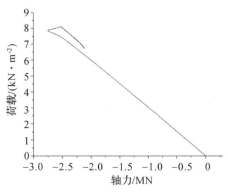

图 15　失稳杆件 463 的荷载-轴力图

荷载继续增加到 7.87kN/m² 时,杆件 463 发生失稳,失稳杆件位置如图 9 所示。杆件 463 的荷载-轴力关系如图 15 所示,杆件 463 轴压力在荷载增加到 7.87kN/m² 时达到最大值 2.757MN,大于按铰接计算的单杆稳定承载力 2.324MN,小于按固接计算的单杆稳定承载力 2.802MN。6 根杆件失稳后,结构仍可继续承载。

荷载继续增加到 7.88kN/m² 时,杆件 462 发生失稳,失稳杆件位置如图 9 所示,杆件 462 的荷载-轴力关系如图 16 所示,此时杆件 462 轴压力达到最大值 2.604MN,大于按铰接计算的单杆稳定承载力 2.590MN,小于按固接计算的单杆稳定承载力 2.893MN。7 根杆件失稳后,结构仍继续承载。

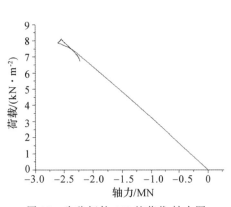

图 16　失稳杆件 462 的荷载-轴力图

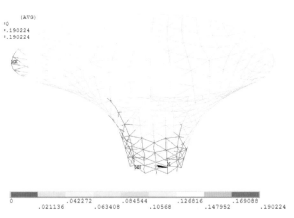

图 17　阳光谷结构达到稳定承载力时的位移形态

荷载继续增加到 8.12kN/m² 时,阳光谷结构达到稳定承载力,此时结构位移形态如图 17 所示,位移单位为 m。最大位移为 0.190m,发生在悬挑最大部位。从力的传递来看,下部结构杆件承担的荷载最大,因此所有的失稳杆件均发生在下部结构。虽然有杆件失稳,但下部结构的变形与上部悬挑部分相比,仍比较小。

将所有 7 根杆件的荷载-轴力曲线给于同一图中,如图 18 所示,可以明显看到,随着荷载的增加,杆件轴力基本呈线性增长,直至达到最大值后逐根失稳,杆件轴力开始下降,但结构未整体失稳,此时结构发生内力重分布,失稳杆件周围的杆件分担了失稳杆件丧失的承载能力,结构仍能继续承载,因此荷载仍处于增长阶段,当荷载达到 8.12kN/m² 时,结构整体失稳,结构内力也随着荷载的下降而减小。

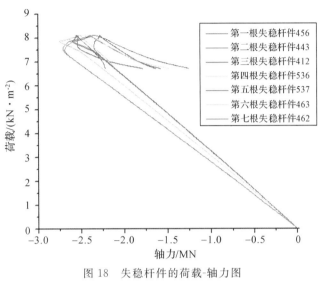

图 18 失稳杆件的荷载-轴力图

4 不同缺陷条件下阳光谷结构的稳定

对阳光谷结构施加节点初始缺陷,参考文献[12],缺陷幅值取 10cm,对无缺陷结构、仅施加网壳节点缺陷、仅施加杆件初始缺陷、同时施加网壳节点和杆件初始缺陷的结构进行稳定分析,杆件均划分为 6 个单元,不同缺陷条件下结构的荷载-竖向位移曲线如图 19 所示。结构在无缺陷的情况下,稳定承载力为 8.68kN/m²;仅施加网壳节点缺陷情况下,稳定承载力为 8.34kN/m²;仅施加杆件缺陷条件下,稳定承载力为 8.12kN/m²;同时施加杆件和网壳节点缺陷情况下,稳定承载力为 7.76kN/m²。可以看到,在出现杆件失稳的情况下,杆件失稳影响比网壳节点缺陷影响更大,因此在对出现杆件失稳的结构进行稳定分析时考虑杆件失稳是有必要的。

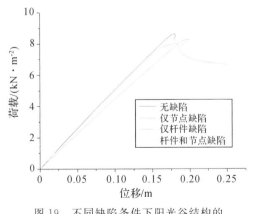

图 19 不同缺陷条件下阳光谷结构的
荷载-位移曲线

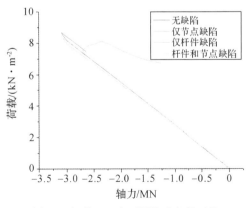

图 20 杆件 456 在不同缺陷条件下的
荷载-轴力图

705

为进一步了解施加杆件初始缺陷对杆件内力的影响,观察上节中失稳杆件在无缺陷、仅网壳节点缺陷、仅杆件初始缺陷和同时施加杆件初始缺陷和网壳节点缺陷的不同条件下的荷载-轴力变化情况。

杆件 456 在不同缺陷条件下的荷载-轴力曲线如图 20 所示。在无缺陷情况下,杆件轴压力最大值为 3.088MN,在仅网壳节点缺陷情况下,杆件轴压力最大值为 3.059MN,两者均大于按两端固接计算的单杆稳定承载力 2.760MN,且杆件轴力达到最大值时荷载也达到最大值,此后轴力出现下降主要是由荷载下降引起,并不是出现杆件失稳现象。在仅施加杆件初始缺陷情况下,杆件轴压力最大值为 2.694MN,在同时施加杆件和网壳节点缺陷情况下,杆件轴压力最大值为 2.689MN,两者均大于按两端铰接计算的单杆稳定承载力 2.195MN,小于按两端固接计算的单杆稳定承载力 2.760MN,且在达到杆件轴力最大值之后,杆件轴力开始减小,而此时荷载仍继续增加,可以认为杆件 456 发生失稳。由此可以明显看到,施加杆件缺陷能有效"引导"杆件发生失稳,从而考察杆件连续失稳对结构整体承载力的影响。

在网壳结构整体失稳前不出现杆件失稳的情况下,网壳节点缺陷的影响是主要的,目前仅考虑网壳节点缺陷的分析方法仍然适用;但在整体失稳前出现杆件失稳的情况下,有必要引入杆件初始缺陷考虑杆件失稳对整体稳定承载力的影响,因此提出如图 21 所示的网壳结构稳定分析计算流程。首先对网壳结构按目前仅施加网壳节点缺陷的方式进行非线性分析,此时每根杆件可只划分为一个单元,同时考察加载过程中的杆件内力。若杆件最大轴向压力小于按钢结构规范方法求得的压杆稳定承载力,则认为不存在杆件失稳现象,仅考虑网壳节点缺陷求得的结果即为网壳结构的稳定承载力;反之则认为存在杆件失稳,需要在施加网壳节点缺陷的同时施加杆件初始缺陷来考虑杆件失稳的影响。

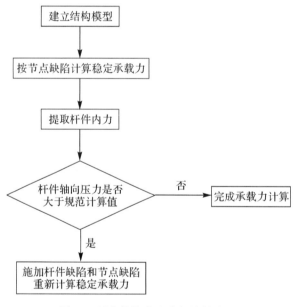

图 21　网壳结构稳定分析计算流程

5　结论

(1)网壳结构整体稳定分析中,通过引入杆件初始缺陷的方法可以有效地考虑杆件失稳的影响。将杆件划分为 6～8 个单元可方便地引入杆件初始缺陷。对不同长细比的杆件稳定承载力分析表明,具有 $L_0/300$ 杆件缺陷的杆件稳定承载力的有限元分析值与规范计算值比较接近。

（2）对阳光谷结构杆件失稳发展过程的分析表明，个别杆件的失稳并不会立刻引起结构整体失稳。

（3）对整体失稳前不出现杆件失稳的网壳结构，目前仅考虑网壳节点缺陷的分析方法是适用的；但对结构整体失稳前存在杆件失稳的网壳，有必要引入杆件缺陷考虑杆件失稳过程对整体稳定承载力的影响。

（4）网壳结构稳定分析的合理计算流程为：首先对网壳结构进行仅考虑网壳节点缺陷的非线性分析，同时考察加载过程中的杆件内力以判断结构整体失稳前是否出现杆件失稳。若无杆件失稳，则仅考虑网壳节点缺陷的稳定承载力即为网壳结构的整体稳定承载力；若存在杆件失稳，则须引入杆件初始缺陷考虑杆件连续失稳对整体稳定承载力的影响。

参考文献

［1］唐敢，尹凌峰，马军．单层网壳结构稳定性分析的改进随机缺陷法［J］．空间结构，2004，10（4）：44—47．

［2］BULENDA T，KNIPPERS J. Stability of grid shells［J］. Computers & Structures，2001，79（12）：1161—1174．

［3］沈世钊，陈昕．网壳结构稳定性［M］．北京：科学出版社，1999：32—38．

［4］曹正罡，范峰，沈世钊．单层球面网壳的弹塑性稳定性［J］．土木工程学报，2006，39（10）：6—10．

［5］中华人民共和国住房和城乡建设部．空间网格结构技术规程：JGJ 7—2010［S］．北京：中国建筑工业出版社，2010．

［6］KANI I M，MCCONNEL R E. Collapse of shallow lattice domes［J］. Journal of Structural Engineering，ASCE，1987，113（8）：1806—1819．

［7］赵阳，田伟，苏亮，等．世博轴阳光谷钢结构稳定性分析［J］．建筑结构学报，2010，31（5）：27—33．

［8］LIEW J Y，PUNNIYAKOTTY N M，SHANMUGAM N E. Advanced analysis and design of spatial structures［J］. Journal of Constructional Steel Research，1997，42（1）：21—48．

［9］LIEW J Y，CHEN W F，CHEN H. Advanced inelastic analysis of frame structures［J］. Journal of Constructional Steel Research，2000，55（3）：245—265．

［10］LIEW J Y，TANG L K. Advanced plastic hinge analysis for the design of tubular space frames［J］. Engineering Structures，2000，22（7）：769—783．

［11］LIEW J Y，CHEN H，SHANMUGAM N E，et al. Improved nonlinear plastic hinge analysis of space frame structures［J］. Engineering Structures，2000，22（10）：1324—1338．

［12］苏慈．大跨度刚性空间钢结构极限承载力研究［D］．上海：同济大学，2006．

［13］范峰，严佳川，曹正罡．考虑杆件初弯曲的单层球面网壳稳定性能［J］．东南大学学报，2009，39（S2）：158—164．

［14］中华人民共和国建设部．钢结构设计规范：GB 50017—2003［S］．北京：中国计划出版社，2003．

［15］顾强，江洪燕，高晓莹．卷焊圆管、方管轴压杆的脆性屈曲［J］．建筑结构学报，2005，26（4）：76—80．

72 周围双层中部单层球面网壳的稳定性分析[*]

摘　要：介绍了一类特殊的局部双层网壳形式——周围双层中部单层球面网壳的构成、特点与形式。主要以凯威特型球壳为研究对象，分析了单层区域大小对网壳稳定行为特征的影响，单层区自身稳定特性，开洞双层屈曲特征，不同解析模型球壳屈曲荷载的变化规律，以及支承刚度对屈曲载荷的影响。

关键词：局部双层球面网壳；稳定分析；凯威特型球面网壳；支承刚度

1　前言

双层网壳跨越能力大，其设计由强度控制，经济指标高，但建筑效果差。相反，单层网壳跨越能力较小，其设计由稳定控制，杆件实际应力仅为材料设计强度的 $1/6 \sim 1/10$，但形式简洁、美观，经济指标低。为充分利用球壳中部以薄膜内力为主的特点，中部采用单层网壳，支座边缘存在边界效应，受力比较复杂、变化大，采用双层，于是提出一种新型网壳——周围双层中部单层球面网壳。各种优化与应用是双层网壳研究的重点，稳定与极限承载力是单层网壳研究的重点，在过去的 20 年内国内外在这两方面都取得了许多成果[1-6]。近年来，出现了不少局部双层网壳的工程应用，但对这种体系的研究甚少[4,7-10]。本文将系统研究周围双层中部单层球面网壳的构成、稳定性以及解析模型影响等。

2　网壳构成、形式与特点

网壳的边缘为双层，中间部分为单层。单层区域可采用各种单层网壳形式，如肋环型、联方型、施威德肋型、凯威特型、短程线形、三向型。双层区域可采用各种双层体系，包括平面桁架系、四角锥和三角锥体系。单层和双层可根据建筑、结构、经济性进行合理组合。同时，也可基于常规双层网壳，将中间部分的下弦杆和腹杆抽去形成体系一致的局部双层网壳。图 1 为凯威特型局部双层网壳，图 2 为中间单层周围双层的球壳体系[7]。

---

*　本文刊登于：陈务军，董石麟，付功义.周围双层中部单层球面网壳的稳定性分析[J].上海交通大学学报，2002,36(3)：436-440.

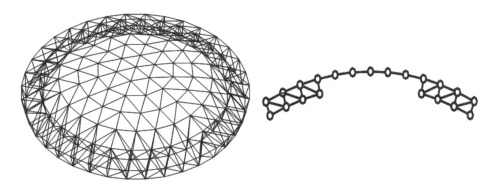

图 1　凯威特型局部双层网壳透视图和剖面图

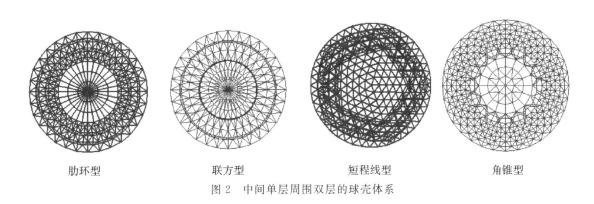

肋环型　　　　　　联方型　　　　　　短程线型　　　　　　角锥型

图 2　中间单层周围双层的球壳体系

3　稳定特性与单层区域大小的影响分析

分析的基本假设为:杆件为等截面直杆,材料为弹性,仅考虑几何非线性,荷载作用于节点。以 K6-6 双层网壳为基础,跨度 30m,矢高 3m,网壳厚度 1.5m,上弦各节点作用均布载荷,周边简支,杆件 $\phi 75 \times 3.5$ 可满足常规 0.5kPa 恒载＋0.5kPa 活载的满应力优化设计需求。由下弦顶点开始逐渐抽去下弦与腹杆,形成单层区域逐渐扩大的局部双层网壳系列(见图 1)。在此,假设单层区域节点刚接,双层区域铰接。两端刚接的单元为普通梁单元,两端铰接的单元为杆单元,过渡区域为一端铰接一端刚接的梁单元,其刚度矩阵由缩聚得到[7-9]。分析方法采用 U.L 列式、动坐标迭代[7,10]。

F_0 为完全双层网壳,F_7 为完全单层网壳,$F_1 \sim F_6$ 表示由双层网壳的下弦顶点向边缘逐步抽去所形成的局部双层网壳系列,表 1 给出了网壳 $F_0 \sim F_7$ 的屈曲荷载。由表可看出,$F_0 \sim F_3$ 屈曲荷载高,$F_4 \sim F_7$ 屈曲荷载低,总体逐渐降低。图 3a 为 F_7 铰接时屈曲荷载与节点最大挠度曲线,图 3b 为刚接,铰接时跳跃现象明显,卸载幅度大,而刚接卸载幅度小、变形能力大。如图 4a,两者屈曲过程类似,在边缘第 2 圈主肋节点最先屈曲,铰接时屈曲区域较小,刚接时屈曲区域大,沿主肋扩展快,范围大。图 3c 为 F_0 屈曲荷载与主肋节点挠度曲线,屈曲荷载高,挠度大,无跳跃现象。$F_1 \sim F_3$ 单层区域小,双层区域大,结构整体表现出双层的受力特征,由强度控制设计,但单层区节点出现局部失稳,相应的屈曲荷载分别为 16.9kN、28.3kN 和 65.6kN。图 3d 和 3e 为 F_1 顶点局部屈曲和整体屈曲荷载与主肋节点挠度曲线,局部失稳荷载很低,网壳可继续承载至整体屈曲。图 3f 和 3g 表明,F_2 的顶点存在局部屈曲和结构的整体屈曲过程,图 3h 和 3i 揭示网壳 F_3 的顶点、第 1 圈节点存在局部失稳和整体失稳,整体屈曲荷载仍较高。局部失稳时屈曲荷载低,单层区域越小,局部失稳的屈曲荷载越低,这与失稳的区域与屈曲模态有关。网壳 F_1 整体失稳的后屈曲点与前屈曲点之间无明显卸载现象,屈曲模态与完全双层形式 F_0 几乎一致,如图 3c 和 3e,而 F_2 和 F_3 整体则存在卸载过程,如图 3g 和 3i 所示。$F_4 \sim F_6$ 单层区域较大,临界荷载低,结构由稳定控制设计,它们的屈曲特性与过程相似。在单层与双层过渡区域主肋处第一刚接节点开始失稳,然后沿主肋向顶点扩展,同时沿环向周围扩展,最后导致整个结构屈曲,如图 4b 和 4c 所示。由表 1 可知,屈曲荷载随单层区域的扩大而逐渐降低,而完全单层的略高一点。

表 1 网壳屈曲荷载

屈曲荷载	网壳							
	F_0	F_1	F_2	F_3	F_4	F_5	F_6	F_7
P/kN	545.6	548.6	557.4	527.5	33.3	26.1	23.9	25.3

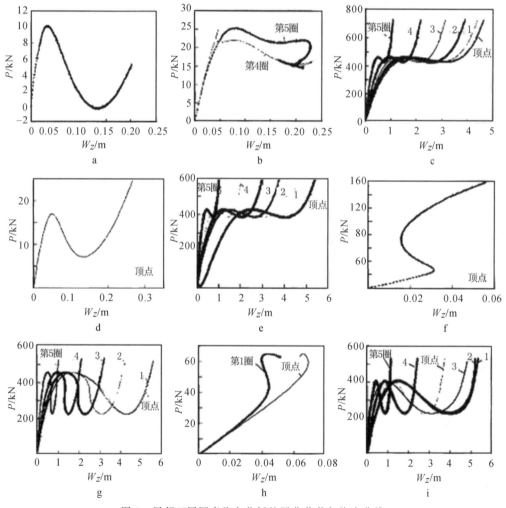

图 3 局部双层网壳稳定分析的屈曲荷载与挠度曲线

由表 1 可知,$F_1 \sim F_3$ 所发生的局部屈曲位于单层区域,且屈曲荷载呈现逐渐增加趋势。随着 $F_1 \sim F_3$ 单层区域逐渐增大,双层逐渐减小,单层区域的曲率半径一致,但矢高、矢跨比不相同。仅保留 $F_2 \sim F_7$ 的单层形成 6 个单层壳 K6-1～K6-6,周边简支,荷载同上。图 5 给出了 K6-1～K6-6 的屈曲荷载。由图可知,K6-2 的屈曲荷载最高,K6-1 最低,K6-3～K6-6 随跨度增加逐渐降低。K6-1～

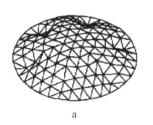 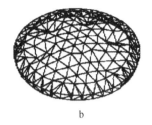 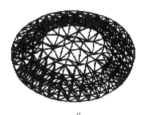

a b c

图 4 局部双层网壳屈曲变形

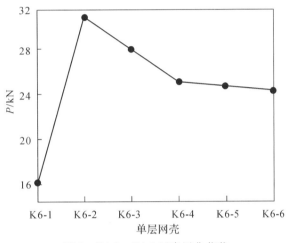

图 5 K6-1～K6-6 网壳屈曲荷载

K6-2 为顶点先屈曲,而 K6-3～K6-6 则为主肋离边缘的第 2 节点先屈曲,类似图 4a。屈曲荷载比相应局部双层网壳的局部失稳屈曲荷载低。

由 F_1～F_3 表明,单层不仅决定局部屈曲失稳,且对整体失稳也有影响。$F_{1.1}$～$F_{3.1}$ 为 F_1～F_3 去掉单层形成的中部开洞双层网壳,图 6 为对应网壳的屈曲荷载与挠度曲线。由图可见:$F_{1.1}$ 呈明显的跳跃失稳,屈曲荷载为 439.7kN,比 F_1 的整体屈曲荷载低(见图 6a);$F_{2.1}$ 位移大,无弱化阶段,在 400kN 左右荷载变化小,曲线平缓(见图 6b);$F_{3.1}$ 的开洞大,屈曲过程与 $F_{2.1}$ 相似,但结构强化快,曲线相对平缓的荷载值略低(见图 6c)。$F_{1.1}$～$F_{3.1}$ 的屈曲荷载比 F_1～F_3 低,可见单层对双层的约束作用大于上部荷载的影响。$F_{1.1}$～$F_{3.1}$ 屈曲特征与 F_1～F_3 的整体失稳过程有较大的区别,开洞越小,跳跃现象极值点存在越明显,承载力和变形小。开洞较大时,结构屈曲过程无荷载下降和开始进入相对平缓段的荷载较低。

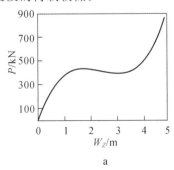 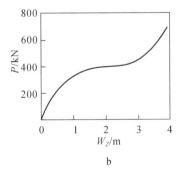 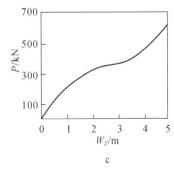

a b c

图 6 $F_{1.1}$～$F_{3.1}$ 屈曲荷载与挠度曲线

4 解析模型的影响分析

在前面的分析中,假设单层节点刚接双层节点铰接,而实际构造复杂。因此,假设存在 4 种构造解析模型:节点全铰接,单层刚接双层铰接,上弦刚接下弦铰接,节点全刚接。表 2 为 $F_3 \sim F_7$ 5 种模型的屈曲荷载。

表 2 解析模型结果比较

网壳	P/kN			
	全铰接	单层刚接双层铰接	上弦层刚接下弦层铰接	全刚接
F_3	31.3/509.7	65.6/527.5	138.3/512.0	143.0/758.1
F_4	13.3	33.3	39.7	40.0
F_5	11.7	26.1	32.1	32.4
F_6	11.3	23.9	29.1	29.2
F_7	10.1	—	—	24.8

由表 2 可知,全铰接时屈曲荷载最低,全刚接时最高。F_3 以双层为主,全刚接时屈曲荷载较大,结构呈整体失稳,单层出现局部失稳。表中 F_3 行中的第 1 个数值为局部屈曲荷载,第 2 个数值为整体屈曲荷载。$F_4 \sim F_6$ 以单层为主,刚接时屈曲荷载虽有提高,但荷载值仍很低,由稳定控制设计。同一网壳各种解析模型的屈曲形态基本一致,但屈曲范围的大小、荷载水平、屈曲发展过程差异较大。F_7 单层铰接的屈曲荷载低,刚接时高 1 倍多,屈曲模态仍相似,见图 4a。因此,分析模型与工程实际构造尽量使之吻合十分必要。

5 支座刚度的影响分析

网壳常支承在柱顶或圈梁,边界可简单处理为固定铰支座,但由于柱弹性变形,其刚度将影响网壳的屈曲荷载。图 7 为 K6-4 和 K6-6 单层网壳在不同支承刚度下的屈曲荷载。K6-4 分析参数为:跨度 20m,矢高 2m,矢跨比 1/10,管径 $\phi75\times3.5$。K6-6 分析参数为:跨度 30m,矢高 3m,矢跨比、管径与

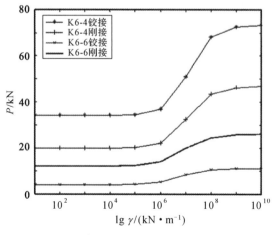

图 7 支承刚度对屈曲荷载的影响

K6-4 相同。图 7 横坐标为支承刚度对数值,纵坐标为屈曲荷载。由图可见:无论铰接或刚接,屈曲荷载与刚度呈现一致的规律,在 10^1 到 10^6 之间,屈曲荷载对支承刚度不敏感;按固定铰支座计算结果偏高,其偏高幅度与结构整体刚度有关,如 K6-6 铰接偏高约 64%,刚接约 54%;K6-4 铰接约 55%,刚接约 57%。

根据常规设计,取柱截面为 500mm×500mm,C30 砼,按 $3EI/H^3$ 计算柱的刚度,则柱高在 $1\sim20$m 时的刚度在 10^1 到 10^6 之间。很显然,在常见柱刚度范围内,刚度值对屈曲荷载影响极小。同时,分析了支承刚度对双层网壳的影响,屈曲荷载相差在 5% 以内,可以忽略影响按固定铰支座处理。由此可推知,对以稳定控制的局部双层网壳,宜考虑支承刚度对屈曲荷载的影响,而以双层为主由强度控制设计的球壳,支承刚度的影响可不予考虑。

6　结语

周围双层中部单层球面网壳结合了单层的简洁形式、双层承载力大的优点,结构形式丰富、美观,受力性能好。以双层为主的结构仍由强度控制设计,但在单层区域的局部失稳现象值得注意。对单层为主的网壳,以稳定控制设计,其稳定性态与单层类似。单层区域大小可根据实际情况、建筑要求合理分析确定和设计。4 种分析模型显示,全刚接、上弦刚接下弦铰接、单层刚接双层铰接、全铰接网壳的屈曲荷载逐渐降低,应根据具体构造确定合理的分析模型。局部屈曲荷载比相应单层的屈曲荷载高,但开洞双层网壳的屈曲荷载则比相应的局部双层网壳低。支承刚度对网壳的屈曲荷载有较大的影响,但在常用支承刚度范围内,刚度值大小对屈曲荷载并不敏感。

参考文献

[1] MAKOWSKI Z S. Analysis design and construction of braced domes[M]. London and New York:Granada Publishing Ltd,Nicolls Publishing Co,1984.

[2] GIONCU V. Special issue on stability of space structures[J]. International Journal of Space Structures,1992,7(4):243—368.

[3] 董石麟,沈祖炎,严慧.新型空间结构论文集[M].杭州:浙江大学出版社,1994.

[4] 尹德珏,刘善维,钱若军.网壳结构设计[M].北京:中国建筑工业出版社,1996.

[5] 沈世钊,陈昕.网壳结构稳定性[M].北京:科学出版社,1999.

[6] 董石麟,钱若军.空间网格结构分析理论与计算方法[M].北京:中国建筑工业出版社,2000.

[7] 陈务军.局部双层网壳的体系与稳定性能研究[R].博士后研究工作报告.上海:上海交通大学空间结构研究中心,2000.

[8] 夏开全,董石麟.局部双层网壳结构的几何非线性分析[J].空间结构,1999,5(2):29—37.

[9] 夏开全,董石麟.刚接与铰接混合连接杆系结构的几何非线性分析[J].计算力学学报,2001,18(1):103—107.

[10] 陈务军,董石麟,付功义,等.非线性分析广义增量法算法研究[J].工程力学,2001,18(3):28—33.

73 单层球面网壳跳跃失稳的运动特性[*]

摘　要：本文从运动学的角度，基于非线性运动平衡方程，对单层球面网壳结构发生跳跃失稳时的运动特性进行了研究。在结构达到临界失稳状态的前后分别采用基于静力的几何非线性分析方法和基于动力响应的几何非线性分析方法，描述结构的实际行为特性。对网壳结构失稳时的加速度、速度与位移等结构响应的研究，揭示了失稳的运动本质，为结构稳定性分析、失稳机制和结构失稳的传播特性的研究提供了另一条途径。

关键词：球面网壳；非线性稳定性；运动特性

1　引言

单层球面网壳结构几何上为正高斯曲率网壳，具有刚性而不可展开的几何形状，是一种几何软化结构，其节点失稳将引起局部曲面的反转，伴以强烈的运动特性。因此，由网壳结构节点引起的局部失稳多为跳跃失稳，具有很大的危险性。这种失稳往往由于理想壳的几何初始缺陷或杆件的失稳所引起。由于跳跃失稳实际上是一个运动过程，局部失稳可能会逐渐扩展传播而形成大范围的整体失稳[1,2]。

失稳传播的研究 20 世纪 70 年代始于并主要限于对海底管道屈曲传播的研究[3,4]。失稳的传播是 1970 年美国 Buttle Columnbus 实验室在模型实验中首次发现的。而对网壳结构失稳传播的研究却起步较晚。Gioncu 和 Lenza 等学者对铰接单层柱面网壳的失稳传播有一定研究[5,6]。失稳运动特性的研究能揭示失稳的运动本质，对正确认识失稳的机制以及失稳的传播有着重要的意义。

以往的失稳分析，往往是基于静力的失稳分析。当结构达到临界失稳状态时，其后临界状态的跟踪分析采取卸载方式。这样所得到的后临界分析是一种人为的假设，与失稳的实际情况不符。事实上，结构处于临界状态时，微小的外力扰动将导致结构的不稳定平衡，经历一个运动过程而达到新的稳定平衡状态。本文从临界点处开始采用动力响应分析方法[7]描述结构的不稳定平衡过程，以揭示结构失稳的本质。首先根据 D'Alembert 原理建立结构的几何非线性增量有限元运动平衡方程，然后采用 Newmark-β 隐式积分法[8]求解该方程，得到结构的后临界状态的运动响应，以研究球面网壳是否存在跳跃失稳的传播特性。

---

*　本文刊登于：夏开全，姚卫星，董石麟. 单层球面网壳跳跃失稳的运动特性[J]. 工程力学，2002，19(1)：9—13.

2　非线性增量有限元运动平衡方程的建立

考虑几何非线性的有限元结构动力分析的基本方程为

$$([K_e]+[K_g])\{\delta\}+[C]\{\dot\delta\}+[M]\{\ddot\delta\}=\{F(t)\} \tag{1}$$

式中，$[K_e]$ 为结构的弹性刚度矩阵，$[K_g]$ 为结构的几何刚度矩阵，$[C]$ 为结构的阻尼矩阵，$[M]$ 为结构的质量矩阵，$\{F(t)\}$ 为随时间变化的等效节点载荷，$\{\delta\}$ 为位移矢量，$\{\dot\delta\}$ 为速度矢量，$\{\ddot\delta\}$ 为加速度矢量。

和结构的弹性刚度矩阵一样，结构的阻尼矩阵和质量矩阵分别由单元的阻尼矩阵和质量矩阵组集而成，组集的方法与结构弹性刚度矩阵的组集方法完全相同。在本文中，忽略阻尼的影响，质量矩阵采用一致质量矩阵，可由下式推导得

$$[m]=\int_V N^{\mathrm T}\rho N\,\mathrm dv \tag{2}$$

式中，N 为插值函数。

平面杆单元的质量矩阵为

$$[m]=\frac{\rho Al}{6}\begin{bmatrix}2 & 0 & 1 & 0\\0 & 2 & 0 & 1\\1 & 0 & 2 & 0\\0 & 1 & 0 & 2\end{bmatrix} \tag{3}$$

空间杆单元的质量矩阵为

$$[m]=\frac{\rho AL}{6}\begin{bmatrix}2 & 0 & 0 & 1 & 0 & 0\\0 & 2 & 0 & 0 & 1 & 0\\0 & 0 & 2 & 0 & 0 & 1\\1 & 0 & 0 & 2 & 0 & 0\\0 & 1 & 0 & 0 & 2 & 0\\0 & 0 & 1 & 0 & 0 & 2\end{bmatrix} \tag{4}$$

平面梁单元的质量矩阵为

$$[m]=\frac{\rho Al}{420}\begin{bmatrix}140 & & & & & \\0 & 156 & & & & \\0 & 22l & 4l^2 & & & \\70 & 0 & 0 & 140 & & \\0 & 54 & 131l & 0 & 156 & \\0 & -13l & -3l^2 & 0 & -22l & 4l^2\end{bmatrix} \tag{5}$$

空间梁单元的质量矩阵为

$$[m]=\rho aL\begin{bmatrix}
\frac{1}{3} & & & & & & & & & & & \\
0 & \frac{13}{35}+\frac{6J_z}{5Al^2} & & & & & & & & & & \\
0 & 0 & \frac{13}{35}+\frac{6J_y}{5Al^2} & & & & & & & & & \\
0 & 0 & 0 & \frac{J_x}{3A} & & & & & & & & \\
0 & 0 & \frac{-11l}{210}-\frac{J_y}{10Al} & 0 & \frac{l^2}{105}+\frac{2J_y}{15A} & & & & & & & \\
0 & \frac{11l}{210}+\frac{J_z}{10Al} & 0 & 0 & 0 & \frac{l^2}{105}+\frac{2J_z}{15A} & & & & & & \\
\frac{1}{6} & 0 & 0 & 0 & 0 & 0 & \frac{1}{3} & & & & & \\
0 & \frac{9}{70}-\frac{6J_z}{5Al^2} & 0 & 0 & 0 & \frac{13l}{420}-\frac{J_z}{10Al} & 0 & \frac{13}{35}+\frac{6J_z}{5Al^2} & & & & \\
0 & 0 & \frac{9}{70}-\frac{6J_y}{5Al^2} & 0 & \frac{-13l}{420}+\frac{J_y}{10Al} & 0 & 0 & 0 & \frac{13}{35}+\frac{6J_y}{5Al^2} & & & \\
0 & 0 & 0 & \frac{J_x}{3A} & 0 & 0 & 0 & 0 & 0 & \frac{J_x}{3A} & & \\
0 & 0 & \frac{13l}{420}-\frac{J_y}{10Al} & 0 & \frac{-l^2}{140}-\frac{J_y}{30A} & 0 & 0 & 0 & \frac{11l}{210}+\frac{J_y}{10Al} & 0 & \frac{l^2}{105}+\frac{2J_y}{15A} & \\
0 & \frac{-13l}{420}+\frac{J_z}{10Al} & 0 & 0 & 0 & \frac{-l^2}{140}-\frac{J_z}{30A} & 0 & \frac{-11l}{210}-\frac{J_z}{10Al} & 0 & 0 & \frac{l^2}{105}+\frac{2J_z}{15A}
\end{bmatrix} \tag{6}$$

3 非线性运动平衡方程的求解

结构的非线性运动平衡方程式(1)可表达为

$$\boldsymbol{\Phi}(\boldsymbol{\delta})=\boldsymbol{P}-\boldsymbol{M}\ddot{\boldsymbol{\delta}}-\boldsymbol{F}=0 \tag{7}$$

式中,$\boldsymbol{P}$ 为等效节点荷载,$\boldsymbol{F}$ 为等效节点力,$\boldsymbol{\Phi}(\boldsymbol{\delta})$ 为不平衡力。

采用 Newmark-β 法和 Newton-Raphson 法求解(7)式。Newmark-β 法为平均加速度法,在 $\beta=0.25,\gamma=0.5$ 时为无条件稳定计算方法。

给定初始位移$\{\delta_0\}$和初始速度$\{\dot{\delta}_0\}$,可以计算初始加速度$\{\ddot{\delta}_0\}$

$$\{\ddot{\boldsymbol{\delta}}_0\}=\boldsymbol{M}^{-1}[\boldsymbol{P}(0)-\boldsymbol{F}(\boldsymbol{\delta}_0)] \tag{8}$$

任意 t 时刻的位移δ_t、速度$\dot{\delta}_t$和加速度$\ddot{\delta}_t$可按以下迭代步骤求得。

假设 t 时刻的位移δ_t、速度$\dot{\delta}_t$和加速度$\ddot{\delta}_t$为已知,则 $t+\Delta t$ 时刻的加速度、速度和位移可表示为

$$\ddot{\delta}_{t+\Delta t}=\ddot{\delta}_t \tag{9}$$

$$\dot{\delta}_{t+\Delta t}=\dot{\delta}_t+\Delta t(1-\gamma)\ddot{\delta}_t+\Delta t\gamma\ddot{\delta}_{t+\Delta t} \tag{10}$$

$$\delta_{t+\Delta t}=\delta_t+\Delta t\dot{\delta}_t+\Delta t^2\left(\frac{1}{2}-\beta\right)\ddot{\delta}_t+\Delta t^2\beta\ddot{\delta}_{t+\Delta t} \tag{11}$$

如果不满足收敛条件,可以根据第 j 迭代步的位移值求得残余位移

$$\Delta\delta_{t+\Delta t}^{j+1}=\left[\frac{1}{\Delta t^2\beta}M+K(\delta_{t+\Delta t}^j)\right]^{-1}\Phi(\delta_{t+\Delta t}^j) \tag{12}$$

下一迭代步的位移、速度和加速度可修正为

$$\delta_{t+\Delta t}^{j+1}=\delta_{t+\Delta t}^j+\Delta\delta_{t+\Delta t}^{j+1} \tag{13}$$

$$\dot{\delta}_{t+\Delta t}^{j+1}=\dot{\delta}_{t+\Delta t}^j+\frac{\gamma}{\Delta t\beta}\Delta\delta_{t+\Delta t}^{j+1} \tag{14}$$

$$\ddot{\delta}_{t+\Delta t}^{j+1}=\ddot{\delta}_{t+\Delta t}^j+\frac{1}{\Delta t^2\beta}\Delta\delta_{t+\Delta t}^{j+1} \tag{15}$$

由(9)~(15)式完成每一时间步的迭代过程。

收敛条件采用能量准则,即

$$\frac{P(t+\Delta t)\Delta\delta_{t+\Delta t}^{j}}{P(t+\Delta t)\Delta\delta_{t+\Delta t}^{1}}\leqslant\varepsilon \qquad (16)$$

式中,ε 为给定的迭代精度值。

4　算例

图 1 为一空间 24 杆桁架体系。中心节点受一集中力作用,边界为固定铰支。材料常数 $E=3030\mathrm{MPa}$,$A=3.17\mathrm{cm}^2$,质量密度为 $\rho=0.05\mathrm{kg/cm}^3$,时间步增量为 $\Delta t=0.25\mathrm{s}$。计算结果如图 2~图 6 所示。

图 2 为结构顶点竖向载荷-位移曲线,位移值达到 0.6998cm 时结构产生跳跃失稳,以后即使在载荷不增加的情况下,位移值也不断增加。图 3 为结构顶点竖向加速度随时间的变化情况,开始时加速度不断增大,最大速度达到 3.5cm/s,然后逐步衰减,最后产生简谐振动。图 4 为结构竖向速度随时间的变化情况。图 5 为位移随时间的变化曲线,位移最后收敛于 4.3cm。图 6 是与静力全过程分析结果的比较,可见二者是一致的,而本文的方法更真实地反映了结构失稳的本质。

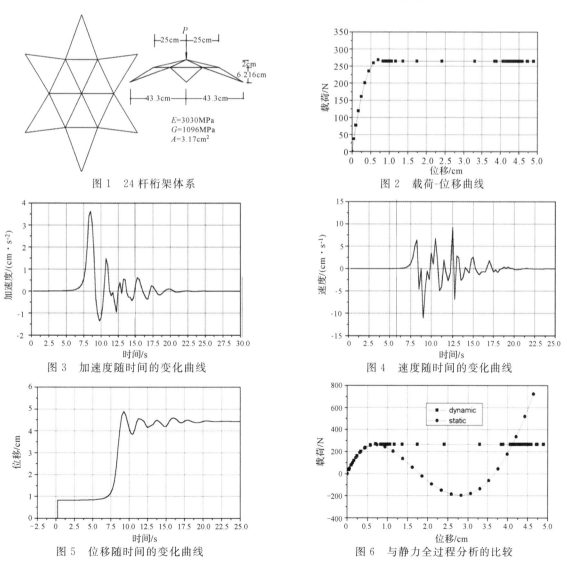

图 1　24 杆桁架体系

图 2　载荷-位移曲线

图 3　加速度随时间的变化曲线

图 4　速度随时间的变化曲线

图 5　位移随时间的变化曲线

图 6　与静力全过程分析的比较

5 单层球面网壳跳跃失稳的运动特性

图 7 为一 K6-4 型 Kiewitt 单层穹顶网壳。跨度 $L=30\mathrm{m}$,矢跨比 $\alpha=0.1$,中心节点受集中力作用,边界为固定铰支座,材料为 16Mn 钢,$E=206\mathrm{GPa}$,$G=79\mathrm{GPa}$。选用 $\phi90\times3$ 的钢管,$A=8.2\mathrm{cm}^2$,$I_y=I_z=77.63\mathrm{cm}^4$。

图 8～图 11 为完全铰接情况的运动特性计算结果。由图可知,结构顶点位移收敛于 35cm,最大速度达 13.66cm/s,最大加速度达 11.92cm/s^2。

图 12～图 15 为完全刚接情况的运动特性计算结果。结构顶点位移收敛于 28.1cm,最大速度达 22.08cm/s,最大加速度达 87.15cm/s^2。

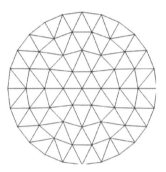

图 7 K6-4 型 Kiewitt 球面网壳

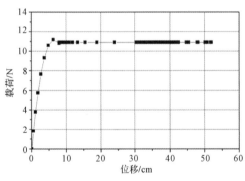

图 8 完全铰接载荷-位移曲线

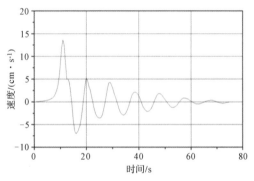

图 9 铰接情况速度随时间的变化曲线

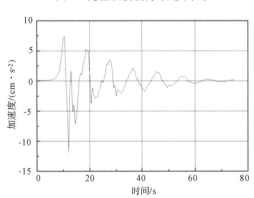

图 10 铰接情况加速度随时间的变化曲线

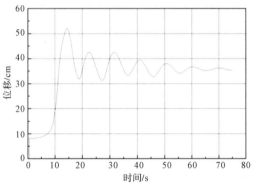

图 11 铰接情况位移随时间的变化曲线

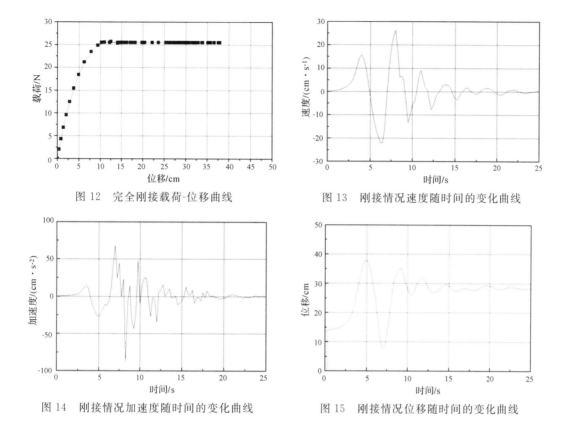

图 12　完全刚接载荷-位移曲线　　　　　图 13　刚接情况速度随时间的变化曲线

图 14　刚接情况加速度随时间的变化曲线　　图 15　刚接情况位移随时间的变化曲线

6　结论

本文对球面网壳跳跃失稳的运动特性进行了研究。从运动学的角度,基于非线性运动平衡方程,对完全铰接与完全刚接的球面网壳结构发生跳跃失稳时的加速度、速度与位移等结构响应的研究,揭示了失稳的运动本质,为结构失稳机制的研究和稳定性分析提供了另一条途径。对作为本文算例的单层球面网壳的研究未发现球面网壳跳跃失稳的传播,这是因为结构在失稳时所释放的能量为其周围支承结构所吸收,而未能由失稳源传播开去。失稳的传播特性更可能地存在于柱面网壳中,沿柱面网壳较弱的纵向进行传播。

关于单层网壳失稳的传播特性的研究应包括失稳传播发生的条件及其诱发机制、传播的形式、传播的速度以及防止失稳传播的措施等方面的研究。因此,失稳的传播及其危害还应进一步深入地展开研究。

参考文献

［1］GIONCU V. Buckling of reticulated shells:state-of-the-art［J］. International Journal of Space Structures,1995,10(1):1—46.

［2］GIONCU V,BALUT N. Instability behavior of single layer reticulated shells［J］. International Journal of Space Structures,1992,7(4):243—253.

［3］CROLL J G A. Analysis of buckle propagation in marine pipelines［J］. Journal of Constructional Steel Research,1985,5(2):103—122.

[4] PALMER A C,MARTINE J H. Buckling propagation in submarine pipelines[J]. Nature,1975, 254(1):46—48.

[5] GIONCU V,LENZA P. Propagation of local buckling in reticulated shells[C]// PARKE G A R, HOWARDS C M. Space Structures 4. London:Thomas Telford,1993:147—155.

[6] LENZA P. Instability of single layer doubly curved vaults[J]. International Journal of Space Structures,1992,7(4):253—264.

[7] PAZ M. Structural dynamics theory and computation[M]. New York:Van Norstrand Reinhold, 1991.

[8] ARGYRIS J,MLEJNEK H P. Dynamics of structures[M]. Amsterdam:North-Holland,1991.

74 竖向多点输入下两种典型空间结构的抗震分析*

摘　要：以两种典型空间结构为研究对象，考察了竖向地震作用下结构的地震反应以及竖向多点输入对结构地震反应的影响。分析表明，竖向地震一致输入在门式桁架结构和周边支承网壳结构中将产生较大的内力，因此竖向地震作用在这两类结构的抗震设计中是必须考虑的。竖向多点输入对门式桁架结构地震反应的影响很小，这种影响在结构抗震设计中可以忽略；对周边支承网壳结构来说，竖向多点输入使得网壳结构的地震内力降低，同时由于拟静力作用在支承结构中产生的内力较小，多点输入对支承结构的地震内力影响也很小。

关键词：大跨空间结构；多点输入；抗震分析；竖向地震动；行波效应

1　引言

不同于一般建筑，竖向地震作用在体育场馆、飞机库等大跨空间结构中产生较大的地震内力。因此设计大跨空间结构时，竖向地震作用将是重要的分析荷载之一，我国建筑抗震设计规范也特别规定了大跨空间结构中竖向地震作用的简化计算方法。

随着工程经验的积累和设计理论的完善，空间结构的跨度在不断地增加，跨度的增加对大跨空间结构的抗震性能研究提出了新的课题，其中之一就是较完善的结构抗震分析方法与相对简单的一致地震输入假定之间的矛盾。因此，如何考虑多点输入对大跨空间结构的地震反应影响也成为当前空间结构研究领域中的重要课题之一[1]。近几年来，国内外学者对空间结构的多点输入问题进行了一些开创性研究。丁阳，王波[2]计算分析了行波效应对大跨空间网格结构的地震反应影响；加藤史郎，苏亮等[3,4]在研究中考察了局部场地效应对大跨空间结构的地震反应影响；梁嘉庆，叶继红[5]以大跨网格结构的跨度影响为着眼点，对多点输入的作用进行了讨论。以上研究均指出，在大跨空间结构的抗震设计中考虑多点输入影响是必要的。

然而，对空间结构的工程实践来说，除了指出考虑多点输入影响的必要性外，更重要的是提出考虑多点输入的具体工程建议和适合工程人员应用的设计方法，而这仍是当前该领域中需要进一步深入和解决的研究课题。同时，以往的研究大多关注于水平地震的多点输入问题，有关竖向地震多点输入的研究则相对开展较少。基于以上研究背景和工程实际，本文选取两种典型的大跨空间结构为研究对象，考察了竖向地震作用下结构的地震反应，同时深入分析了竖向地震的行波效应对结构地震反应的影响。在此基础上，为这两种空间结构考虑竖向地震的多点输入影响提出了抗震设计的具体建议。

＊　本文刊登于：苏亮，董石麟.竖向多点输入下两种典型空间结构的抗震分析[J].工程力学，2007，24（2）：85－90.

2 两种典型大跨空间结构

2.1 结构分析模型

本文所选取两种大跨空间结构的分析模型如图 1 所示。图 1a 所示门式桁架结构的跨度 $S=$ 62m；屋架上下弦杆间距及柱内外竖杆间距 $d_1=d_2=2$m。图 1b 所示模型由上部单层网壳结构和下部结构组成：上部结构为 K8-10 凯威特型单层球面网壳，网壳的跨度和高度分别为 100m 和 18.2m；下部结构由 40 根周边均匀分布的钢管柱和柱顶圈梁组成，柱高度为 5m。网壳各构件之间以及柱与基础的连接均假定刚接。

选择这两种空间结构作为研究对象是因为：①这两种空间结构形式经常被应用于如飞机库（图 1a）、干煤棚（图 1a）、体育场馆（图 1b）以及大型展厅（图 1b）等实际工程的建设中；②以往的研究表明[6,7]，水平向的多点地震输入对这两种空间结构的影响是不同的，因此在考虑竖向地震的多点输入时这两种结构形式也应分别进行研究。

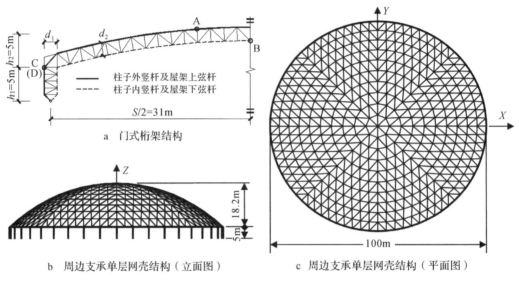

图 1 结构分析模型

2.2 结构动力特性

表 1 列出了两种空间结构的动力特性。表中结果表明，桁架结构第一自振周期要大于网壳结构的第一自振周期，同时桁架结构的自振周期分布较为分散而网壳结构的周期分布则相当集中。需要说明的是，由于网壳结构是轴对称结构，结构的有些振型是成对出现的：如结构的第一振型和第二振型的变形模式和周期是完全相同的，只是其中一个振型的主要变形发生在 X 方向，而另一个振型的主要变形则在 Y 方向。表 1 同时列出了考虑竖向地震作用时广义质量归一化后振型的参与系数，其中网壳结构只列出了振型参与系数较大的前几阶振型。可以看出，门式桁架结构在垂直地震动的作用下主要是前几阶振型参与振动；而网壳结构由于自振周期分布相对集中，参与振动的振型相对较多。

表 1　结构动力特性

门式桁架结构			周边支承网壳结构		
自振周期	主振方向	β_i	自振周期	主振方向	β_i
$T_1 = 0.761\mathrm{s}$	水平	0.0	$T_1 = T_2 = 0.383\mathrm{s}$	水平	0.0
$T_2 = 0.654\mathrm{s}$	竖向	177.8	$T_3 = T_4 = 0.342\mathrm{s}$	竖向	0.0
$T_3 = 0.279\mathrm{s}$	水平	0.0	$T_{18} = 0.312\mathrm{s}$	竖向	90.5
$T_4 = 0.205\mathrm{s}$	竖向	93.5	$T_{22} = 0.302\mathrm{s}$	竖向	229.0
$T_6 = 0.105\mathrm{s}$	竖向	36.6	$T_{33} = 0.279\mathrm{s}$	竖向	-105.0

注:表中 T_i 表示结构的第 i 阶自振周期; β_i 为各阶振型的参与系数。

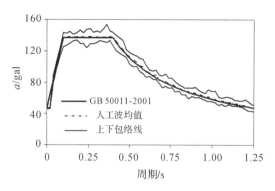

图 2　地震波的加速度反应谱(阻尼比＝0.02)

3　分析方法和输入地震动

　　本文采用当前应用较多的时程分析法对结构进行分析,计算均由作者自行编制的有限元分析程序 DYNA-SPACE 完成,程序中数值积分方法采用 Newmark β 法, β 的取值为 0.25。限于篇幅,这里不再一一罗列多点输入的有限元方程式[8]。

　　由于目前竖向地震动的部分相干效应还未有较为成熟的计算分析模型,本文将只就竖向地震的行波效应影响展开具体研究。同时结合工程实际,视波速 V_a 取无穷大、2000m/s、1000m/s 等三种情况,其中视波速无穷大时即为地震波的一致输入。

　　时程分析法的局限性在于分析所得到的结构反应在一定程度上依赖于输入地震波的特性,若选择不同性质的输入地震波,结果可能差别很大[1]。为克服以上局限性,本文采用了 20 条具有不同位相特性的人工地震波对结构进行分别计算和统计分析,从而使本文的结论更具有普遍性。人工地震波是拟合我国建筑抗震设计规范 GB 50011—2001[9] 所推荐的地震加速度反应谱模拟而成的,各条人工地震波的位相特性由计算机随机产生。计算标准反应谱时,抗震设防烈度为 8 度,特征周期为 0.4s (Ⅱ类场地),阻尼比为 0.02,竖向地震影响系数则取为 0.137。GB 50011—2001 所推荐加速度反应谱曲线、人工地震波的反应谱均值曲线以及反应谱值的包络线如图 2 所示。图中所示结果可知,人工地震波反应谱的均值曲线与标准反应谱基本一致,而包络线与标准反应谱曲线之间的误差也在 10% 左右。

4　一致竖向地震输入下结构地震反应

　　图 4 和图 5 分别示意了门式桁架与网壳结构在一致竖向地震输入与恒载两种工况作用下的结构反应,所示杆件的具体位置详见图 1a 及图 3。需要指出的是,本文中的结构地震反应均为 20 条人工地震波作用下结构最大地震反应的均值。限于篇幅这里不再示意结构最大地震反应的包络线。

　　比较图 4 中两种荷载工况下轴力的分布结果可以看出,竖向地震作用在门式桁架结构中产生的地震内力约为恒载作用下结构内力的 6%～10%,这个结果说明 GB 50011—2001 中规定竖向地震作用的标准值 8 度可取该结构重力荷载代表值的 10% 对本文的门式桁架结构来说是合理的。

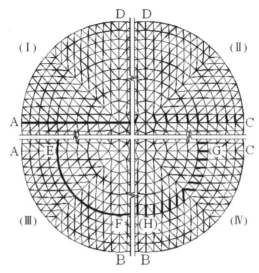

（Ⅰ）/（Ⅱ）脊线杆/与其相连的环线杆　（Ⅲ）/（Ⅳ）中间环线杆/与其相连的其他杆

图 3　网壳结构内力分析杆件位置示意图

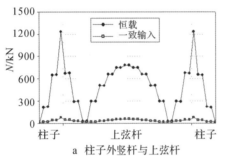

a　柱子外竖杆与上弦杆

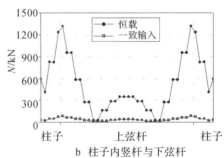

b　柱子内竖杆与下弦杆

图 4　一致地震输入和恒载下门式桁架轴力分布

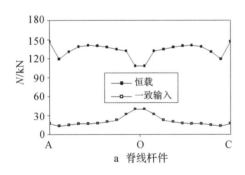

a　脊线杆件

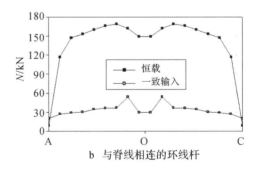

b　与脊线相连的环线杆

图 5　一致地震输入和恒载作用下网壳轴力分布

　　由于跨度的增加以及结构形式的不同,有别于图 4 的结果,在竖向地震作用下网壳结构的脊线杆件以及与脊线相连环线杆件的地震内力约为恒载作用下的 20％～40％(图 5)。这表明,对跨度较大的空间结构来说,GB 50011－2001 中所规定的竖向地震作用简化算法会低估结构的地震内力,在实际的抗震设计中应进行单独分析计算。

5　多点输入下门式桁架结构地震反应

文献[6]的研究表明,水平行波效应的不一致输入将激起门式桁架结构中附加对称振型的较大振动,从而使得结构的地震反应不仅在分布上有所改变,其最大值也将相应增加,而这种增加在结构的抗震设计中是必须考虑的。文献[6]因此也提出了基于随机振动理论上的平均反应谱法来计算多点输入对结构地震反应的影响。

图 6 则示意了考虑竖向行波效应时门式桁架结构的最大轴力分布图。图示结果表明,竖向地震行波效应的考虑使得门式桁架结构的地震反应有略微减小的趋势,但内力变化很小,这种变化在实际工程设计中是完全可以忽略不计的。显然,水平地震的行波效应对门式桁架结构反应的影响与竖向地震行波效应的影响是不同的。这是因为,竖向行波效应的不一致输入虽然也将激起门式桁架结构中附加反对称振型的振动,但不同于水平行波效应,附加反对称振型的振动产生的地震内力很小,在实际工程设计中该内力的影响是可忽略的。

图 7 进一步比较了 $V_a = 1000\text{m/s}$ 时平均反应谱法和时程分析法的计算结果。平均反应谱法取结构的前 6 阶振型进行振型组合。比较表明,时程分析法所得到的结构反应与平均反应谱法近似计算得到的结果基本一致,这再次证实了平均反应谱法的有效性,同时从另一角度证实了以上关于竖向地震行波效应对门式桁架结构地震反应影响的结论。

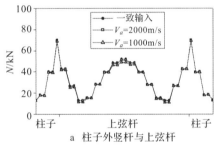
a　柱子外竖杆与上弦杆

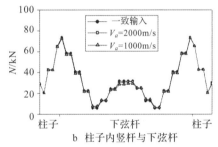
b　柱子内竖杆与下弦杆

图 6　考虑行波效应时门式桁架结构的轴力分布

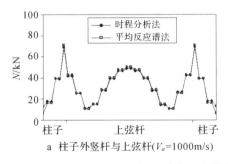
a　柱子外竖杆与上弦杆($V_a = 1000\text{m/s}$)

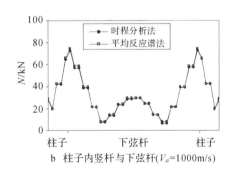
b　柱子内竖杆与下弦杆($V_a = 1000\text{m/s}$)

图 7　平均反应谱法与时程分析法的比较

6　多点输入下周边支承网壳结构地震反应

图 8 为考虑行波效应时竖向地震作用下上部网壳结构最大轴力反应的分布图。图 8a～c 表明,行波效应的考虑对网壳结构脊线和环线杆件的地震反应是有利的,即行波效应的考虑使得脊线和环线杆件的地震轴力降低,而且随着地震波视波速的减小,轴力的降低程度就越大。

以往在对一层刚性楼板结构进行水平地震多点输入研究时表明[10]，由于刚性楼板和下部支承结构之间的相互约束作用，多点输入的考虑使刚性楼板在产生扭转效应的同时也减小了水平向的振动效应。本节的结果同样可以看出，由于下部支承结构对不一致输入的约束作用，多点输入的考虑也减小了上部结构垂直向的振动效应，从而降低了网壳脊线和环线杆件的地震轴力。由多点输入所产生的扭转效应则表现为网壳结构中小部分斜杆轴力的增加(图8d)。但实际工程中，恒载及一致竖向地震作用下这些斜杆的内力均较小，结构所选截面往往具有较大的安全储备，由多点输入的扭转效应引起的斜杆轴力增加并不会导致整个结构的不安全。由此可见，对周边支承网壳结构来说，竖向地震的行波效应对网壳结构反应的影响在实际设计中也是可以不考虑的。

文献[7]的研究表明，水平地震行波效应的拟静力分量将在下部支承结构中产生较大的结构内力，如$V_a=1000\text{m/s}$时，拟静力分量产生的圈梁弯矩以及柱剪力最大可为一致水平地震输入的2倍，因此多点输入的考虑将使得下部支承结构的地震内力有很明显的增大。图9则考察了竖向地震行波效应对网壳下部支承结构的地震影响，其中图9a及图9b分别为柱顶圈梁弯矩和柱轴力的比较图。图9同时也示意了$V_a=1000\text{m/s}$时竖向地震行波效应的拟静力分量在网壳下部支承结构中所产生的内力。比较一致输入下结构内力的分布，竖向地震行波效应的拟静力分量在下部结构中所产生的内力较小，如柱顶圈梁弯矩是一致输入的$1/4\sim1/2$倍，而柱轴力则只有一致输入的10%左右。因此不同于水平行波效应的影响，图9所示结果表明竖向地震的行波效应对网壳下部支承结构的地震内力影响很小。

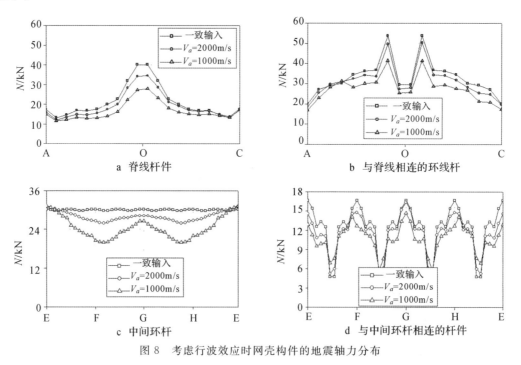

图8 考虑行波效应时网壳构件的地震轴力分布

7 结论

本文以门式桁架结构和周边支承单层球面网壳结构为研究对象，考察了竖向地震的行波效应对结构反应的影响，通过比较分析后得出以下结论：

（1）对跨度较大的空间结构来说，如本文所分析的单层网壳结构，我国建筑抗震设计规范

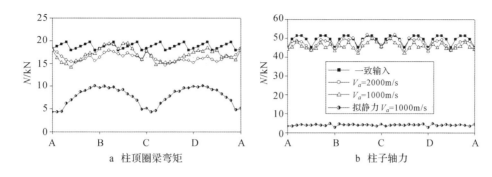

图 9 考虑行波效应时支承结构的地震内力分布

GB 50011—2001 中所规定的简化算法会低估竖向地震的荷载作用,在设计中应进行单独分析计算。

(2)比较于一致输入,竖向地震的行波效应对门式桁架结构地震反应的影响很小,在实际工程设计中这种影响可以忽略不计。

(3)由于下部结构对多点输入的约束作用,竖向地震行波效应的考虑将降低网壳脊线和环线杆件的地震内力。同时多点输入所引起的扭转效应将导致小部分斜杆内力的增加,但实际工程中,网壳结构的这些斜杆所选截面往往具有较大的安全储备,斜杆轴力的增加并不会导致整个结构的不安全。

(4)由于拟静力作用在下部支承结构中产生的内力较小,竖向地震行波效应对网壳的下部支承结构的地震内力影响很小。

参考文献

[1] 苏亮,董石麟.多点输入下结构地震反应的研究现状与对空间结构的见解[J].空间结构,2006,12(1):6—11.

[2] 丁阳,王波.大跨度空间网格结构在地震行波作用下的响应[J].地震工程与工程振动,2002,22(5):71—76.

[3] KATO S,SU L. Effects of surface motion difference at footings on the earthquake responses of large-span gable structures[J]. Steel Construction Engineering,JSSC,2002,9(36):113—128.

[4] KATO S,NAKAZAWA S,SU L. Effects of wave passage and local site on seismic responses of a large-span reticular dome structure[J]. Steel Construction Engineering,JSSC,2003,10(37):91—106.

[5] 梁嘉庆,叶继红.结构跨度对非一致输入下大跨度空间网格结构地震响应的影响[J].空间结构,2004,10(3):13—18.

[6] SU L,DONG S L,KATO S. A new average response spectrum method for linear response analysis of structures to spatial earthquake ground motions[J]. Engineering Structures,2006,28(13):1835—1842.

[7] 苏亮,董石麟.水平行波效应下周边支承大跨度单层球面网壳的地震反应[J].空间结构,2006,12(3):24—30.

[8] CLOUGH R W,PENZIEN J. Dynamics of structures[M]. New York:McGraw-Hill Inc,1993.

[9] 中华人民共和国住房和城乡建设部.建筑抗震设计规范:GB 50011—2001[S].北京:中国建筑工业出版社,2005.

[10] HAO H,DUAN X N. Multiple excitation effects on response of symmetric buildings[J]. Engineering Structures,1996,18(9):732—740.

75 空间网格结构频域风振响应分析模态补偿法*

摘　要：大跨空间网格结构是频率密集性结构，按照模态分析法，尽管考虑多阶振型的影响有时也难以包含所有的主要贡献模态。从数值分析中可以发现，大跨空间网格结构风振分析中往往存在着一些高阶振型，它对风振响应的贡献比较大，但由于其频率高往往很容易被忽略。本文根据模态对系统应变能的贡献，提出了一种有效的选取主要贡献模态的方法，为了克服包含所有主要贡献模态的困难，本文提出了一种简单的方法来补偿由于高阶模态遗漏而产生的误差，并通过一个网壳的算例对所提出方法的有效性进行了验证。

关键词：空间网格结构；风振响应；频域；模态补偿

1　论文背景

随着现代建筑美学的发展和使用功能的要求，现在的结构物跨度越来越大，屋面材料越来越轻，这些结构对风振的敏感性也越来越大。而我国现在仍是采用高耸或高层结构的荷载规范，只取结构的第一阶频率计算风振系数，按此方法进行大跨空间网格结构的风振分析显然是很不合理的。因此对这种结构提出一种实用而且科学的风振响应分析方法就成了亟待解决的课题。新编的《网壳结构技术规程》中就着重提出了这一问题。本文在此背景下，进行大跨空间网格结构的风振响应分析。

现有的风振响应分析有时域法、频域法以及随机振动离散法[1]。时域法不能给出具有一定可靠度的统计结果，另外其样本数量和样本长度也很难确定；对于自由度数庞大的空间网格结构，随机振动离散法的计算量，现有的微机很难对付。因此，频域法是大跨空间网格结构风振响应实用计算的首选方法。大跨空间网格结构具有频率密集性，按照现在通常的方法，如果只考虑前几阶或者十几阶振型来进行大跨空间网格结构的风振响应分析，往往很难得到准确结果，这就需要考虑多阶振型的影响。但对于大型的空间网格结构，究竟该考虑多少阶振型，就很难有一个系统且准确的选取方法。采用常规的频域分析方法，往往取前 10～20 阶振型，甚至是前 30～40 阶振型[2]，但不能说明这就包含了所有的主要贡献模态。因为对于大型大跨空间网格结构来说，有时高阶频率的振型模态对其风振响应的贡献也占有很主要的地位。从大量的数值分析中发现，大跨空间网格结构风振分析中往往存在着一些高阶振型，它对风振响应的贡献比较大，但其频率却比较高。

本文根据不同模态对整个结构在脉动风作用下应变能的贡献多少来定义模态对结构风振响应的贡献，并提出了一种方法来补偿这种易于忽略、但对风振响应贡献却很重要的高阶模态，即另外找寻一个模态来补偿，本文称为补偿模态，即 B 模态。

---

*　本文刊登于：何艳丽，董石麟，龚景海.空间网格结构频域风振响应分析模态补偿法[J].工程力学，2002,19(4):1－6.

2　模态对结构系统应变能的贡献

本文假定脉动风是零均值的高斯过程,大跨空间网格结构在风荷载作用下的运动方程为

$$[M]\{\ddot{x}\}+[C]\{\dot{x}\}+[K]\{x\}=\{\bar{P}\}+\{p(t)\} \tag{1}$$

式中,$[M]$,$[C]$,$[K]$分别为结构的质量阵,阻尼阵和刚度阵,$[K]$取平均风荷载作用下结构的线性化刚度矩阵;$\{\ddot{x}\}$,$\{\dot{x}\}$,$\{x\}$分别为结构节点的加速度、速度和位移矢量;$\{\bar{P}\}$为平均风荷载向量;$\{p(t)\}$为脉动风荷载向量。

在工程上,通常将一定保证率的设计脉动风速下的系统均方响应作为系统脉动响应设计值。则结构的风振响应可表示为

$$\{x\}=\{\bar{x}\}+\{x_\sigma\} \tag{2}$$

$$\{x_\sigma\}=\mu \cdot \mathrm{sign}(\bar{x}) \cdot \{\sigma_x\} \tag{3}$$

其中,$\{x\}$为风荷载下结构总的位移响应向量;$\{\bar{x}\}$为平均风荷载下结构的位移响应向量,可以很容易通过求解静力方程得出;$\{x_\sigma\}$为结构在脉动风下的位移响应;μ为峰值保证因子;$\{\sigma_x\}$为脉动风荷载下位移的均方响应向量;sign 表示取其变量的正负符号。

脉动风作用下结构的风致动力响应,由背景响应和共振响应组成。背景响应又称为拟静力响应,可以当作静力作用,而共振响应又与背景响应成正比,Davenport 根据大量的实测和时程计算模拟计算得到这个结论[3,4]。

因此,结构风致动力位移响应的标准偏差可表示成

$$\{\sigma_x\}=\{\sigma_x\}_{\mathrm{back}}+\{\sigma_x\}_{\mathrm{reso}}=\sum_{i=1}^{n}\xi_i \cdot \{\sigma_i\}_{\mathrm{back}} \tag{4}$$

其中,$\{\sigma_x\}_{\mathrm{back}}$为背景响应;$\{\sigma_x\}_{\mathrm{reso}}$为共振响应;$n$为自由度数;$\{\sigma_i\}_{\mathrm{back}}$,$\xi_i$分别为第 i 阶振型的背景响应和共振放大系数。

令

$$\sum_{i=1}^{n}\xi_i \cdot \{\sigma_i\}_{\mathrm{back}}=\xi \cdot \{\sigma_x\}_{\mathrm{back}}$$

则

$$\{\sigma_x\}=\xi \cdot \{\sigma_x\}_{\mathrm{back}} \tag{5}$$

可得

$$\{x_\sigma\}=\xi \cdot \mu \cdot \mathrm{sign}(\bar{x}) \cdot \{\sigma_x\}_{\mathrm{back}}=\xi \cdot \{x_\sigma\}_{\mathrm{back}} \tag{6}$$

当采用模态分析法,振型分解以后,则脉动风下结构的均方响应可由所选模态来表示:

$$\{x_\sigma\}^*=[\phi]\{q\}=\sum_{j=1}^{m}\{\phi_j\}\{\bar{q}_j\} \tag{7}$$

$$\{\bar{q}_j\}=\frac{\{\phi_j\}^{\mathrm{T}}[M]\{x_\sigma\}}{\{\phi_j\}^{\mathrm{T}}[M]\{\phi_j\}} \tag{8}$$

式中,m 为选用的截断模态数;$[\phi]$为模态矩阵;$\{x_\sigma\}^*$为用所选模态表示的脉动风下结构的位移响应。

如果所选模态合理,即包含了所有主要贡献模态,则由所选模态表示的$\{x_\sigma\}^*$与$\{x_\sigma\}$的结果就应该很接近。但用两个向量进行比较不太直观,因此下面改用向量$\{x_\sigma\}^*$与$\{x_\sigma\}$产生的应变能来判断,其表达式为

$$\bar{E}^*=\frac{1}{2}\{x_\sigma\}^{*\mathrm{T}}[K]\{x_\sigma\}^* \tag{9}$$

$$\bar{E}=\frac{1}{2}\{x_\sigma\}^{\mathrm{T}}[K]\{x_\sigma\} \tag{10}$$

如果 $\bar{E}^*$ 与 $\bar{E}$ 的值很接近,那么说明结构分析所选的模态是合适的,即包含了所有主要贡献模态;如果 $\bar{E}^*$ 比 $\bar{E}$ 小很多,那么有些贡献比较大的高阶模态可能就被遗漏了。

另外,需要说明的是,这里结构的总响应等于背景响应乘以常数项 x,因此,只要计算出结构的背景响应,用下式判别是等价的

$$\bar{E}_{\text{back}}^* = \frac{1}{2}\{x_\sigma\}_{\text{back}}^{*\text{T}}[K]\{x_\sigma\}_{\text{back}}^* \tag{11}$$

$$\bar{E}_{\text{back}} = \frac{1}{2}\{x_\sigma\}_{\text{back}}^{\text{T}}[K]\{x_\sigma\}_{\text{back}} \tag{12}$$

这里,

$$\{x_\sigma\}_{\text{back}}^* = \sum_{j=1}^{m}\{\phi_j\}\{\bar{q}_j\}_{\text{back}} \tag{13}$$

$$\{\bar{q}_j\}_{\text{back}} = \frac{\{\phi_j\}^{\text{T}}[M]\{x_\sigma\}}{\{\phi_j\}^{\text{T}}[M]\{\phi_j\}_{\text{back}}} \tag{14}$$

3 背景响应计算及补偿 B 模态

对一个结构,首先按照常规的模态分析方法,确定几阶或者几十阶截断模态,再计算结构的背景响应,通过式(11)和(12)判别所选模态是否合理,如果 $\bar{E}^*$ 与 $\bar{E}$ 差别很大,那么就说明所取的一系列模态中未包含所有主要贡献模态,需要进行模态补偿,因此就需要求解补偿 B 模态。

3.1 背景响应计算

由于风的卓越周期远远大于结构的自振周期,所以背景响应可以看作拟静力荷载,但同时要考虑风荷载的随机性和空间相关性的影响。这样,背景响应可以按照随机静力有限元理论进行计算。

拟静力风荷载作用下,结构的平衡方程为

$$[K]\{x_\sigma\}_{\text{back}} = \{P\} \tag{15}$$

式中,$\{x_\sigma\}_{\text{back}}$ 为拟静力风荷载作用下结构的位移响应向量;$\{P\}$ 为拟静力风荷载向量,相当于水平脉动风荷载,可表示为

$$\{P\} = [D']V_{10}\{v\} \tag{16}$$

其中,$[D']$ 是对角阵,其元素 $d_i' = \rho A_i\mu_{si}\sqrt{\mu_{zi}}$。其中,$A$ 为节点负荷面积;μ_s 为风压体型系数;μ_z 为风压高度变化系数;ρ 为空气密度;V_{10} 为基本风速。$\{v\}$ 为作用于结构上的拟静力随机风速向量,可用任一随机向量表示:

$$\{v\} = \{I_0\}\sigma_v \tag{17}$$

$\{I_0\}$ 为与脉动风荷载具有相同相关性的随机单位列向量,即

$$E(I_0) = [1 \quad 1 \quad \cdots \quad 1 \quad 1]^{\text{T}} \tag{18}$$

$$E(I_0 \cdot I_0^{\text{T}}) = [R_c] \tag{19}$$

式中,$[R_c]$ 为脉动风荷载相关系数组成的相关矩阵[5];$\sigma_v = \sqrt{\int_0^\infty S_{vf}(n)\mathrm{d}n} = \sqrt{6k_r}V_{10}$ 为脉动风速的根方差;k_r 为表面阻力系数。

将式(16)代入式(15),等号两边转置相乘,得

$$[K][R_{xx}][K]^{\text{T}} = 6KV_{10}^4[D'][R_c][D']^{\text{T}} \tag{20}$$

式(20)可以改写为

$$[R_{xx}] = 6KV_{10}^4[K]^{-1}[D'][R_c]([K]^{-1}[D'])^{\text{T}} \tag{21}$$

结构背景响应的标准偏差$\{\sigma_x\}_{\text{back}}$,取位移协方差对角线元素的平方根

$$\{\sigma_x\}_{\text{back}} = \sqrt{\text{diag}[R_{xx}]} \tag{22}$$

因此,在脉动风荷载下结构的背景位移响应为

$$\{x_\sigma\}_{\text{back}} = \mu \cdot \text{sign}(\bar{x}) \cdot \sqrt{\text{diag}[R_{xx}]} \tag{23}$$

3.2　补偿 B 模态的生成

对于求解补偿 B 模态来说,常数系数 ξ 对其没有影响。如果需要求解补偿 B 模态时,只要求出了背景响应,那么补偿 B 模态就可以表示为

$$\{u_x{}'\} = \frac{1}{\sqrt{\{x'\}^{\text{T}}[M]\{x'\}}}\{x'\} \tag{24}$$

$$\begin{aligned}\{x'\} &= \{x_\sigma\}_{\text{back}} - \sum_{j=1}^{n}\{\phi_j\}\{\bar{q}_j\}_{\text{back}} \\ &= \{x_\sigma\}_{\text{back}} - \sum_{j=1}^{n}\{\phi_j\}\frac{\{\phi_j\}^{\text{T}}[M]\{x_\sigma\}_{\text{back}}}{\{\phi_j\}^{\text{T}}[M]\{\phi_j\}}\end{aligned} \tag{25}$$

此振型相对应的频率为

$$f'_x = \frac{1}{2\pi}\sqrt{\frac{\{u'_x\}^{\text{T}}[K]\{u'_x\}}{\{u'_x\}^{\text{T}}[M]\{u'_x\}}} \tag{26}$$

4　模态分析方法

求解出补偿 B 模态以后,再在频域内对大跨空间网格结构进行风振响应分析,除了考虑前 m 阶截断振型以外,还必须包含补偿 B 模态,并考虑各模态之间的互相关贡献。

振型分解之后,结构在脉动风作用下的运动方程可以化为关于广义坐标 q 的独立振动方程的组合:

$$\{\ddot{q}\} + 2\xi[\Omega]\{\dot{q}\} + [\Omega]^2\{q\} = \{f\} \tag{27}$$

式中,$\{f\} = [\phi]^{\text{T}}\{p\}$ 为广义动荷载向量。$\{f\}$ 的功率谱函数为:

$$\begin{aligned}[S_f] &= [\phi]^{\text{T}}[S_p][\phi] \\ &= [\phi]^{\text{T}}[D][R_c][D][\phi] \cdot S_{vf}(\omega) \\ &= [G] \cdot S_{vf}(\omega)\end{aligned} \tag{28}$$

式中,$[\phi]$ 为模态矩阵;$[D]$ 是对角矩阵,其对角元素为 $d_{ii} = A_i\mu_{si}\mu_{zi}\mu_f\mu_r w_0/\mu$,其中 μ_f 为脉动增大系数[4]。

在独立模态空间下,振动方程(27)的稳态频响函数是个对角矩阵。

$$[H] = \text{diag}[H_j(\omega)] \tag{29}$$

$$H_j(\omega) = \frac{1}{\omega_j^2 - \omega^2 + 2\xi\omega_j\omega \cdot i} \qquad (j = 1, 2, \cdots, m) \tag{30}$$

因此,系统输入与输出的关系式为

$$\{q\} = [H]\{f\} \tag{31}$$

则广义位移响应的谱密度矩阵为

$$[S_q] = [H][S_f][\bar{H}] = [H][G][\bar{H}] \cdot S_{vf}(\omega) \tag{32}$$

式中,$[\bar{H}]$ 为 $[H]$ 的共轭矩阵。

通过对自谱密度在频域内的积分可得到相应随机过程的方差:

$$[\sigma_q^2] = \int_0^\infty [S_q]\mathrm{d}\omega = [G] .* [\lambda] \tag{33}$$

$$[\lambda] = \int_{-\infty}^{\infty} \begin{bmatrix} H_1\,\overline{H}_1 & H_1\,\overline{H}_2 & \cdots & H_1\,\overline{H}_m \\ H_2\,\overline{H}_1 & H_2\,\overline{H}_2 & \cdots & H_2\,\overline{H}_m \\ \vdots & \vdots & \ddots & \vdots \\ H_m\,\overline{H}_1 & H_m\,\overline{H}_2 & \cdots & H_m\,\overline{H}_m \end{bmatrix}^R S_{vf}(\omega)\mathrm{d}\omega \tag{34}$$

式中,符号 $.*$ 表示矩阵的相应元素相乘而不是矩阵相乘;$[\sigma_q^2]$ 为模态广义位移协方差矩阵;$[\lambda]$ 反映了风速谱的脉动传递效应,与结构的固有频率及风速谱有关;R 表示取复数的实部。

实坐标下结构位移协方差矩阵 $[\sigma_x^2]$ 为

$$[\sigma_x^2] = [\phi][\sigma_q^2][\phi]^{\mathrm{T}} \tag{35}$$

那么,结构位移响应的均方值为

$$\{\sigma_x\} = \sqrt{\mathrm{diag}([\sigma_x^2])} \tag{36}$$

均方响应反映了随机过程偏离均值的程度,结构在总风荷载下的设计位移可表示为

$$\{x\} = \{\overline{x}\} + \mu \cdot \{\sigma_x\} \cdot \mathrm{sign}(\{\overline{x}\}) \tag{37}$$

5 算例分析

一 K6-8 型单层球面网壳,跨度为 50m,矢高 6m,杆件均为 $\phi133\times8$ 的钢管,屋面均布恒载为 $0.4\mathrm{kN/m^2}$。约束为竖向和切向两个方向简支,法向放松,支座高度为 20m。基本风压为 $0.5\mathrm{kN/m^2}$,B 类地貌(风载体型系数参照规范提供的公式计算)。结构的阻尼比取 0.02。网壳平面及立面图示于图 1 中。

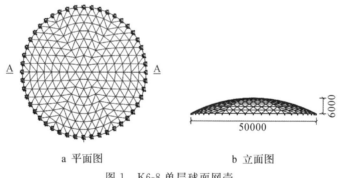

a 平面图   b 立面图

图 1 K6-8 单层球面网壳

对此网壳结构进行了前 200 阶模态分析,从图 2 中可以看出此网壳结构的频率相当密集,只是到了 170 阶频率以后,频率才比较稀疏。前 200 阶模态对系统贡献的能量示于图 3 中,其中第 169 阶模态贡献的能量最大,其次为第 14 阶模态。

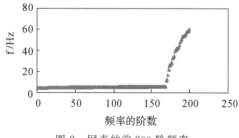

图 2 网壳的前 200 阶频率

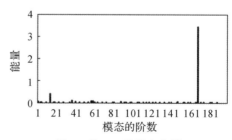

图 3 前 200 阶模态能量

此网壳结构 A-A 径向节点在静风荷载下的位移响应示于图 4 中。首先,本文采用随机振动离散法对此结构进行了脉动风振响应分析,A-A 径向节点的位移响应示于图 5 中。

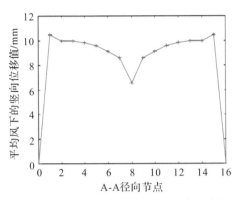

图 4   平均风作用下 A-A 线节点的位移响应

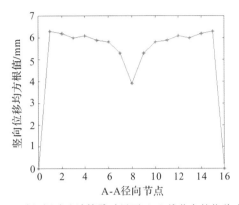

图 5   随机振动法计算脉动风下 A-A 线节点的位移响应

然后按照常规的振型分解法,本文对此结构分别取前 20、50 阶振型进行了风振响应分析,其计算结果分别列于图 6a 和图 6b 中。

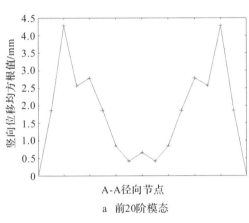

a   前20阶模态

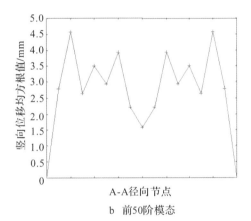

b   前50阶模态

图 6   脉动风下 A-A 径向节点的位移响应

很显然,从图 6 可以看出,当只取前 20 阶模态或者是前 50 阶模态时,其脉动风振响应是偏小的。但当采用本文前面提出的模态能量补偿方法,分别对前 20 阶和前 50 阶截断模态之后的能量进行补偿以后,再对此网壳结构进行风振响应分析,其位移响应结果分别示于图 7a 和图 7b 中。

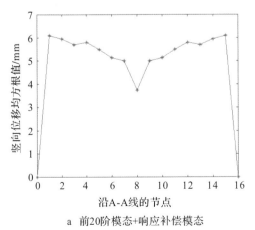

a   前20阶模态+响应补偿模态

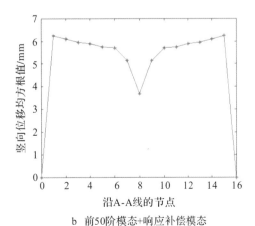

b   前50阶模态+响应补偿模态

图 7   模态能量补偿后脉动风下 A-A 径向节点的位移响应

另外,采用模态补偿法(MCM)与随机振动离散法(RVM)计算结果的对比及误差分析列于表1中。

表 1　随机振动离散法与模态补偿法计算位移比较

方法	1	2	3	4	5	6	7	8
RVM	6.1	5.9	5.8	5.85	5.7	5.5	5.3	4.3
MCM20	5.65	5.7	6.05	6.0	5.5	5.2	4.9	3.95
MCM50	6.05	5.9	5.75	5.8	5.6	5.3	5.2	4.1
误差/%	7.4	3.5	5.3	3.4	1.8	1.9	8.2	10

从图7a和图7b的计算结果以及表1的误差分析可以看出,当对结构被截断的模态的能量进行补偿以后,尽管开始取的模态数很少,但其计算结果与图4所示的随机振动离散法的结果比较,是比较精确的,三种算法的最大误差不超过10%,满足工程要求。但计算的效率,频域内的模态分析法比随机振动离散法高很多,对此算例采用同样的计算机分析,模态分析法只需10分钟左右,而随机振动离散法的计算时间为6小时左右。

6　结束语

大跨空间网格结构具有频率密集性,高阶频率的振型模态对其风振响应的贡献有时占有很主要的地位。为了克服模态选取的困难,本文根据模态对系统应变能的贡献,建立了一种大跨空间结构风振响应分析的模态补偿方法。通过对一网壳结构算例的分析,验证了本文提出的方法是合理的。

另外,本文的计算结果表明,结构的背景响应反映了脉动风荷载响应的重要特性,如果取背景位移响应作为脉动风下结构的第一贡献模态(相当于高耸结构的第一阶模态),可用与高耸结构类似的方法,为下一步确定大跨空间网格结构的风振系数提供理论依据。

参考文献

[1] TAN D Y, YANG Q S, ZHAO C. Discrete analysis method for random vibration of structures subjected to spatially correlated filtered white noises[J]. Computer & Structures, 1992, 43(6): 1051－1056.

[2] 胡继军. 网壳风振及控制研究[D]. 上海:上海交通大学, 2000.

[3] 马星. 桅杆结构风振理论及风效应系数研究[D]. 上海:同济大学, 1999.

[4] 张相庭. 结构风压与风振计算[M]. 上海:同济大学出版社, 1985.

[5] KOLOUSE V, PIRNER M, FISCHER O, et al. Wind effects on civil engineering structures[J]. Canadian Journal of Civil Engineering, 1984, 11(4): 1025－1026.

76 大跨空间网格结构风振响应主要贡献模态的识别及选取[*]

摘 要: 首先简单介绍静荷载参与比例的概念和基于虚拟激励法的风振响应分析原理。考虑脉动风荷载的空间相关性,推导出脉动风作用下系统背景响应总应变能的计算公式,以及模态对背景响应总应变能的贡献,从而定义了各阶模态的模态贡献系数及模态组合的累积模态贡献系数计算公式,其中模态贡献系数可以准确地识别出所有能被脉动风激振的模态,而累积模态贡献系数可以作为模态组合合理性判别的量化标准。然后介绍了一种简单的补偿模态构造方法,并提出了模态组合的选取方法和步骤。算例分析验证了模态贡献系数和累积模态贡献系数的有效性,以及低阶主要贡献模态和高阶主要贡献模态的重要性,进而指出目前通过比较前若干阶模态的相对误差或仅考虑补偿模态的模态组合选取方法并不合理。合理的模态组合应包含绝大部分主要贡献模态,以满足累积模态贡献系数大于0.9的要求。

关键词: 空间网格结构;风振响应;模态贡献系数;主要贡献模态

1 引言

当前大跨空间网格结构的发展十分迅速,并呈现跨度越来越大、屋面材料越来越轻的趋势,对风的敏感性显得日益突出。由于脉动风速谱为频域函数,并且结构需要满足正常使用极限状态要求,在风荷载作用下变形不能太大,结构基本上处于线弹性工作状态,因此在风振响应分析中采用频域法是很自然的选择,也是适宜的。

大跨空间网格结构的自振频率非常密集,在采用频域法进行风振响应分析时,必须考虑多阶模态的影响,这已成为众多学者的共识[1-5]。目前工程分析中习惯上取前 10~20 阶或前 30~40 阶模态进行计算[2];或采用相对合理的做法,即比较不同模态数的计算结果,当相对误差在容许范围内时即认为已经收敛到准确解。但事实上,这些措施并不能保证所选取的模态组合中已经包含了所有起主要贡献的模态。文献[1,3]通过数值分析发现大跨结构存在一些高阶模态,它们对风振响应贡献较大,但由于其模态阶次高而往往被忽略,文献[3]称之为"X-模态"。为了补偿由于遗漏高阶主要贡献模态而造成的误差,文献[1,3]均采取了构造补偿模态的方法,文献[1]的补偿模态基于脉动风的背景响应,文献[3]则基于平均风位移(文中称为"准 X-模态"),显然后者更便于应用。

文献[1,3]指出了高阶主要贡献模态的存在以及补偿模态的构造方法,并用算例验证了补偿模态

* 本文刊登于:陈贤川,赵阳,董石麟.大跨空间网格结构风振响应主要贡献模态的识别及选取[J].建筑结构学报,2006,27(1):9—15.

的有效性,但对各阶模态的贡献并没有给出定量描述,因此引入补偿模态时应考虑前多少阶模态仍存在随意性,文献[6]则认为只取补偿模态即可。事实上脉动风荷载的一个重要特点是具有空间相关性,它可以激起结构的某些低阶模态,同时低阶模态的共振响应较大,因此随意舍弃低阶模态并不合适。

文献[4]根据模态振型参与系数的大小选取模态组合,忽略了模态的频率因素,显然不十分恰当。文献[1,3]试图基于系统应变能来判断各模态的贡献,但由于脉动风作用下系统的总应变能不可能求得,因而无法给出定量描述。对于具有固定空间分布$\{F\}$的动力荷载,文献[7]给出的静荷载参与比例(static load participation ratio,SLPR)定义了模态对系统在$\{F\}$作用下应变能的贡献,可用于衡量所选取模态组合的合理性。对于随机脉动风激励,虚拟激励法[8]可将其等效为简谐激励,从而可以引入静荷载参与比例的概念,求得在脉动风作用下模态对系统应变能的贡献。文献[9]已推导了基于虚拟激励法理论的空间网格结构风振响应计算公式,公式中自动包含了激励之间的非完全相关性、振型之间耦合项的贡献,因此具有很高的计算效率。

本文首先简要介绍静荷载参与比例的概念和虚拟激励法基本原理,在此基础上,考虑脉动风荷载的空间相关性,推导脉动风作用下系统背景响应总应变能的计算公式,以及模态对背景响应总应变能的贡献,进而定义各阶模态的模态贡献系数及模态组合的累积模态贡献系数计算公式。其中模态贡献系数可以用于主要贡献模态的识别,而累积模态贡献系数可以判断所选取的模态组合的合理性。最后进行算例验证和分析。

2 静荷载参与比例

经有限元离散后,结构系统运动方程可表示为

$$[M]\{\ddot{u}(t)\}+[C]\{\dot{u}(t)\}+[K]\{u(t)\}=\{f(t)\} \tag{1}$$

式中,$[K]$、$[C]$、$[M]$分别为刚度矩阵、阻尼矩阵和质量矩阵。将右端荷载向量写成如下形式

$$\{f(t)\}=\{F(s)\}g(t) \tag{2}$$

式中,s、t分别表示空间、时间变量,即荷载向量按一定空间分布而随时间变化。在应用振型叠加法求解式(1)时,为了判断所选取的模态组合是否足以反映系统的真实响应,将式(2)中$\{F\}$视为静力荷载向量,定义静荷载参与比例为[7]

$$r_s=\sum_{i=1}^{m}\frac{\dfrac{p_i^2}{\omega_i^2}}{\{F\}^{\mathrm{T}}[K]^{-1}\{F\}} \tag{3}$$

式中,m为模态组合的模态数;$p_i=\{\phi_i\}^{\mathrm{T}}\{F\}$;$\omega_i$、$\{\phi_i\}$分别为第$i$阶模态的圆频率和振型。

第i阶模态对静力荷载$\{F\}$作用下系统响应的贡献为

$$r_{si}=\frac{\dfrac{p_i^2}{\omega_i^2}}{\{F\}^{\mathrm{T}}[K]^{-1}\{F\}} \tag{4}$$

对于式(2)所示的具有固定空间分布的动荷载,文献[7]指出,当r_s大于0.9时所选取的m阶模态组合是合理的。事实上,式(3)、(4)中的分母即为$\{f(t)\}$作用下系统背景响应的总应变能,r_{si}和r_s分别表示模态和模态组合对背景响应总应变能的贡献。显然,低阶模态共振响应和背景响应的比值要大于高阶模态,当静荷载参与比例r_s大于0.9时,所忽略的高阶模态对系统总应变能的贡献肯定小于0.1。因此对于具有固定空间分布的动荷载,r_s能有效地判断所选取模态组合的合理性。

利用r_s判断模态选取合理性的实质就是所选取的模态组合应足以反映系统的背景响应。脉动风

是一种空间相关的随机荷载,并不具有固定的空间分布,因此无法应用 r_s 来判断所选取模态组合的合理性。文献[3]指出所选取模态组合应足以反映系统在平均风作用下的位移,据此推论,用平均风荷载 $\{\overline{F}\}$ 代替式(3)、(4)中的 $\{F\}$,所得的计算公式应能判别模态和模态组合对系统背景响应的贡献。但事实上该指标没有考虑脉动风的空间相关性,在实际应用中仍有相当的局限,详见算例 1 的讨论。

3 虚拟激励法风振响应分析

在脉动风作用下,任意节点 j 所受的脉动风荷载为

$$f_j(t)=\mu_{sj}A_j\rho\,\overline{V}_jv_j(t)=2\,\overline{F}_j\frac{v_j(t)}{\overline{V}_j} \tag{5}$$

式中,μ_{sj} 为节点 j 处的风载体型系数,A_j 为节点 j 处的等效迎风面积,ρ 为空气密度,$\overline{V}_j$、$v_j(t)$ 分别为节点 j 处的平均风速和脉动风速,$\overline{F}_j$ 为节点 j 所受的平均风荷载。式(5)还可表示为如下的向量形式

$$\begin{Bmatrix}f_{jx}(t)\\f_{jy}(t)\\f_{jz}(t)\end{Bmatrix}=\frac{2}{\overline{V}_j}\begin{Bmatrix}\overline{F}_{jx}\\\overline{F}_{jy}\\\overline{F}_{jz}\end{Bmatrix}v_j(t)=\{B_j\}v_j(t) \tag{6}$$

将式(6)对所有节点进行集成,得

$$\{f(t)\}=[B]\{v(t)\} \tag{7}$$

因此,考虑空间相关性的脉动风荷载互谱矩阵为

$$[S_f(\omega)]=[B][S_v(\omega)][B]^{\mathrm{T}} \tag{8}$$

其中的 $[S_v(\omega)]$ 为非负定 Hermite 阵,对其进行 Choleskey 分解

$$[S_v(\omega)]=[L][L]^{\mathrm{T}} \tag{9}$$

式中,$[L]$ 为 $n\times r$ 下三角矩阵,n 为节点数,r 为 $[S_v(\omega)]$ 的秩。将式(9)代入式(8),可得

$$[S_f(\omega)]=[B][L]([B][L])^{\mathrm{T}}=[P][P]^{\mathrm{T}} \tag{10}$$

以 $[P]$ 的每个列向量作为幅值,可以得到如下 r 个虚拟简谐激励

$$\{f_k(t)\}=\{p_k\}\exp(i\omega t)\qquad(k=1,2,\cdots,r) \tag{11}$$

由此得到结构系统的 r 个简谐振动方程

$$[M]\{\ddot{u}_k(t)\}+[C]\{\dot{u}_k(t)\}+[K]\{u_k(t)\}=\{p_k\}\exp(i\omega t)\qquad(k=1,2,\cdots,r) \tag{12}$$

应用振型叠加法求解这 r 个方程,得

$$\{u_k(t)\}=\{U_k\}\exp(i\omega t)=\sum_{i=1}^{m}\{\phi_i\}H_i(i\omega)\{\phi_i\}^{\mathrm{T}}\{p_k\}\exp(i\omega t) \tag{13}$$

各自由度位移响应自谱向量为

$$\{S_u(\omega)\}=\sum_{k=1}^{r}\{|U_k|\}^2 \tag{14}$$

式中,$\{|U_k|\}^2$ 表示 $\{U_k\}$ 各自由度位移幅值模的平方。

各自由度位移响应均方根向量为

$$\{\sigma_u\}=\sqrt{\int_0^{+\infty}\{S_u(\omega)\}\mathrm{d}\omega} \tag{15}$$

4 模态贡献系数

由式(11)可见,虚拟简谐激励具有固定的空间分布而随时间变化,因此,在激励 $\{f_k(t)\}$ 作用下第

i 阶模态对背景响应的贡献由式(4)可得

$$r_{sik} = \frac{\dfrac{\{\phi_i\}^{\mathrm{T}}\{p_k\}\{p_k\}^{\mathrm{T}}\{\phi_i\}}{\omega_i^2}}{\{p_k\}^{\mathrm{T}}[K]^{-1}\{p_k\}} \tag{16}$$

式中，$\{p_k\}$ 为虚拟简谐激励 $\{f_k(t)\}$ 的空间分布向量；分母表示系统在静力荷载 $\{p_k\}$ 作用下的应变能，即系统在 $\{f_k(t)\}$ 作用下的背景响应应变能；分子表示第 i 阶模态对应变能的贡献[7]。

由上述虚拟激励法基本原理可知，脉动风的作用等效于全部 r 个虚拟激励的共同作用。因此，在脉动风作用下第 i 阶模态对系统背景响应总应变能的贡献为

$$E_i(\omega) = \sum_{k=1}^{r} E_{ik}(\omega) = \frac{1}{2}\sum_{k=1}^{r}\frac{\{\phi_i\}^{\mathrm{T}}\{p_k\}\{p_k\}^{\mathrm{T}}\{\phi_i\}}{\omega_i^2} = \frac{1}{2}\frac{\{\phi_i\}^{\mathrm{T}}[P][P]^{\mathrm{T}}\{\phi_i\}}{\omega_i^2} \tag{17}$$

式中，$[P]$ 为由 $\{p_k\}$ 作为列向量而构成的 $n \times r$ 阶矩阵。将式(8)、式(10)代入式(17)，可得

$$E_i(\omega) = \frac{1}{2}\frac{\{\phi_i\}^{\mathrm{T}}[S_f(\omega)]\{\phi_i\}}{\omega_i^2} = \frac{1}{2}\frac{\{\phi_i\}^{\mathrm{T}}[B][S_v(\omega)][B]^{\mathrm{T}}\{\phi_i\}}{\omega_i^2} \tag{18}$$

将脉动风速互谱矩阵 $[S_v(\omega)]$ 在频域内积分

$$[S_v] = \int_0^{\infty}[S_v(\omega)]\mathrm{d}\omega \tag{19}$$

式(18)两边积分，可写为

$$E_i = \frac{1}{2}\frac{\{\phi_i\}^{\mathrm{T}}[B][S_v][B]^{\mathrm{T}}\{\phi_i\}}{\omega_i^2} \tag{20}$$

脉动风作用下系统背景响应总应变能为

$$E(\omega) = \sum_{k=1}^{r} E_k(\omega) = \frac{1}{2}\sum_{k=1}^{r}\{p_k\}^{\mathrm{T}}[K]^{-1}\{p_k\} = \frac{1}{2}\sum_{k=1}^{r}\sum\mathrm{diag}([K]^{-1}\{p_k\}\{p_k\}^{\mathrm{T}})$$

$$= \frac{1}{2}\sum\mathrm{diag}(\sum_{k=1}^{r}[K]^{-1}\{p_k\}\{p_k\}^{\mathrm{T}}) = \frac{1}{2}\sum\mathrm{diag}([K]^{-1}[P][P]^{\mathrm{T}}) \tag{21}$$

式中，$\sum\mathrm{diag}(\cdots)$ 表示矩阵对角元素之和。

式(21)两边积分，并将式(8)、式(10)、式(19)代入可得

$$E = \frac{1}{2}\sum\mathrm{diag}([K]^{-1}[B][S_v][B]^{\mathrm{T}}) \tag{22}$$

综合式(20)、式(22)，即得脉动风作用下第 i 阶模态的模态贡献系数

$$\gamma_i = \frac{E_i}{E} = \frac{\{\phi_i\}^{\mathrm{T}}[B][S_v][B]^{\mathrm{T}}\{\phi_i\}}{\omega_i^2\sum\mathrm{diag}([K]^{-1}[B][S_v][B]^{\mathrm{T}})} \tag{23}$$

对于 m 阶模态参与组合的情况，累积模态贡献系数定义为

$$\gamma = \sum_{i=1}^{m}\gamma_i \tag{24}$$

本文的模态贡献系数定义在背景响应总应变能的准确计算公式基础上，任意一阶模态贡献系数的计算与其他模态无关，模态贡献系数与累积模态贡献系数都是一个客观值，只取决于模态和模态组合本身。因此，模态贡献系数可用于识别主要贡献模态，累积模态贡献系数可用于判断所选取的模态组合的合理性。

5　静力补偿模态及模态组合的选取

对于一个系统，首先按照特征值分析方法确定前 m 阶模态（称之为截断模态），然后按式(23)、式(24)计算各阶模态的模态贡献系数 γ_i 及相应的累积模态贡献系数 γ。γ 越接近 1，表明选取的模态组

合越合理。实际应用中，参考抗震分析中质量参与系数大于 0.9 的要求，本文也要求模态组合的累积模态贡献系数大于 0.9。若 γ 小于 0.9，表明所选取的模态组合并不合适，可能遗漏了某些高阶贡献模态，也可能是截断模态的阶数不够高。对于可能遗漏的高阶模态，本文采用文献[3]基于平均风位移计算静力补偿模态的方法，模态振型可表示为

$$\{u'\}=\{\bar{u}\}-\sum_{i=1}^{m}\{\phi_i\}q_i=\{\bar{u}\}-\sum_{i=1}^{m}\{\phi_i\}\{\phi_i\}^{\mathrm{T}}[M]\{\bar{u}\} \tag{25}$$

式中，$\{\bar{u}\}$ 为平均风位移，$\{\phi_i\}$ 为特征值分析得到的第 i 阶模态振型。也可将其表示为正则化的静力补偿模态振型

$$\{\phi_b\}=\frac{1}{\sqrt{\{u'\}^{\mathrm{T}}[M]\{u'\}}}\{u'\} \tag{26}$$

与此振型相应的频率为

$$f_b=\frac{1}{2\pi}\sqrt{\frac{\{\phi_b\}^{\mathrm{T}}[K]\{\phi_b\}}{\{\phi_b\}^{\mathrm{T}}[M]\{\phi_b\}}}=\frac{1}{2\pi}\sqrt{\{\phi_b\}^{\mathrm{T}}[K]\{\phi_b\}} \tag{27}$$

将上述静力补偿模态加入截断模态作为新的模态组合，按式(23)、式(24)计算该组合的 γ。如果 γ 大于 0.90，表明经过静力补偿后的模态组合可较精确地反映系统在脉动风作用下的响应；否则，说明截断模态的阶数不够高，即前 m 阶模态尚未能包含所有对风振响应起重要作用的低阶主要贡献模态，此时，需要计算更高阶的截断模态，重复上述步骤直到 γ 大于 0.90。

6　算例分析与讨论

以下算例中脉动风速谱采用 Davenport 谱，空间相干函数采用 Shiotani 经验公式[10]。

算例 1　某 K6-3 型单层网壳(图 1)，跨度 20m，矢高 2m，杆件均为 $\phi63.5\times2.5$ 的圆钢管，屋面均布恒载 $0.5\mathrm{kN/m^2}$。采用周边固定铰支座，支座高度 10m。基本风压 $0.5\mathrm{kN/m^2}$，B 类地貌，风载体型系数近似取 -1.0，高度系数近似取 1.0。结构阻尼比取 0.02。

本算例网壳共有 57 个自由度，按特征值分析计算出所有 57 阶模态，分别按式(4)和式(23)计算出各阶模态的 r_{si}(示于图 2)和模态贡献系数 γ_i(示于图 3)。可见，两个指标都能判断出第 19 阶模态为高阶主要贡献模态；而模态贡献系数 γ_i 则可更为全面地同时识别出第 7、8、9 阶模态为低阶主要贡献模态。

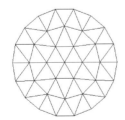

图 1　算例 1 网壳结构布置图

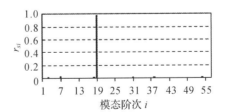

图 2　各阶模态 r_{si} 柱状图

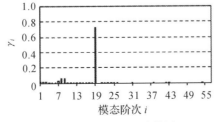

图 3　各阶模态 γ_i 柱状图

图 4 给出了选取不同模态组合计算的各节点竖向位移,其中选取全部 57 阶模态计算的位移响应为准确解(图 4c)。按 2-范数计算各模态组合的计算结果相对于该准确解的误差 ε_y,见表 1 所示,表中同时给出了各组模态的 r_s 及累积模态贡献系数 γ。

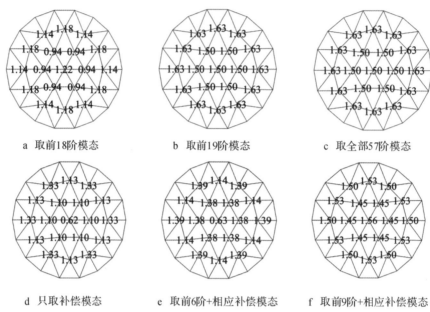

a 取前18阶模态　　　　　b 取前19阶模态　　　　　c 取全部57阶模态

d 只取补偿模态　　　e 取前6阶+相应补偿模态　　　f 取前9阶+相应补偿模态

图 4　选取不同模态组合计算的节点竖向位移响应(单位:mm)

表 1　算例 1 各模态组合的累积模态贡献系数及误差

	前 18 阶模态	前 19 阶模态	全部 57 阶模态	仅补偿模态	前 6 阶＋相应补偿模态	前 9 阶＋相应补偿模态
r_s	0.027	1.0	1.0	1.0	1.0	1.0
γ	0.275	1.0	1.0	0.741	0.796	0.936
$\varepsilon_y / \%$	29.8	0	0	27.7	20.9	5.4

由表 1 可见,前 19 阶模态的 r_s 及 γ 都接近 1.0,相应的误差为 0;而前 18 阶模态的 r_s 仅为 0.027,γ 为 0.275,相应的误差接近 30%。由于第 19 阶模态正是高阶主要贡献模态,因此,r_s 及 γ 都可用于判断所选取的模态组合是否遗漏高阶主要贡献模态。此外,当选取的模态组合包含了高阶主要贡献模态或者静力补偿模态时,r_s 指标都接近 1.0。而事实上,舍弃了低阶主要贡献模态的模态组合(仅取补偿模态、前 6 阶＋相应补偿模态)计算结果仍具有很大的误差。可见,在考虑了静力补偿模态后,r_s 即失去了对模态组合合理性的判别作用;与此相反,此时累积模态贡献系数 γ 可近似估计模态组合计算结果的误差。因此,大跨空间网格结构在进行风振响应分析时应该采用 γ 指标来判断所选取模态组合的合理性。

由表 1 还可看出,当仅取补偿模态进行计算时,误差达 27.7%;甚至前 6 阶＋相应补偿模态计算的结果仍有 20.9% 的误差;而前 9 阶模态包含了低阶主要贡献模态,考虑相应补偿模态后其计算结果仅有 5.4% 的误差。因此,合理的模态组合必须包含低阶主要贡献模态及相应的补偿模态。

算例 2　图 5 所示 K6-8 型单层球面网壳,跨度 50m,矢高 6m,杆件均为 $\phi 108 \times 6$ 的圆钢管,屋面均布恒载 0.45kN/m^2,活载 0.5kN/m^2。采用周边固定铰支座,支座标高 20m。基本风压 0.55kN/m^2,C 类地貌,风载体型系数根据荷载规范取值。结构阻尼比取 0.02。

图 6 给出了该结构前 150 阶模态的模态贡献系数 γ_i 柱状图,可见,第 100 和 110 阶模态为该结构

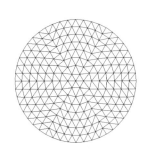

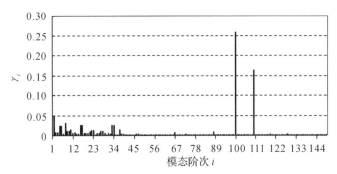

图 5　算例 2 网壳结构布置图　　　　　　　图 6　各阶模态 γ_i 柱状图

的高阶主要贡献模态,而低阶主要贡献模态主要集中于前 40 阶内。

分别取前 40 阶、50 阶、99 阶、110 阶模态计算网壳结构的脉动风位移响应。前 110 阶模态的累积模态贡献系数 γ 为 98.1%,由算例 1 讨论可知,选取这组模态的计算结果应已具有足够的精度,将其作为其他各组模态计算结果相对误差的判别标准,所得误差用 ε_{110} 表示,见表 2。表中同时给出各组模态的 γ 以及相对误差 ε_{99},'—'表示该项不适用。

表 2　算例 2 各组模态的累积模态贡献系数及误差

	前 40 阶模态	前 50 阶模态	前 99 阶模态	前 110 阶模态	仅补偿模态	前 20 阶+相应补偿模态	前 40 阶+相应补偿模态
γ	0.489	0.509	0.555	0.981	0.487	0.798	0.948
$\varepsilon_{99}/\%$	3.6	2.3	0	—	—	—	—
$\varepsilon_{110}/\%$	14.6	13.4	11.5	0	49.3	12.2	1.9

由表 2 可见,前 40 阶和前 99 阶模态的计算结果相对误差仅为 3.6%。如果根据相对误差来判别解的收敛性,则本算例前 40～99 阶模态的计算结果都有可能被误认为已经具有足够的精度。但事实上,前 99 阶模态的累积模态贡献系数 γ 仅为 0.555,其计算结果仍有 11.5% 的相对误差。

表 2 还列出了只考虑补偿模态、前 20 阶+相应补偿模态、前 40 阶+相应补偿模态的累积模态贡献系数 γ 和相对误差 ε_{110}。通过比较可以发现,当不包含高阶主要贡献模态时,γ 指标会低估该模态组合对风振响应的贡献,此时 γ 有效地表明了模态组合的不合理性;而考虑了补偿模态后,γ 可以有效地估计模态组合相应计算结果的误差。因此,采用累积模态贡献系数 γ 来评估模态组合的合理性不仅是适宜的,而且是应该的。

7　结论

(1)本文基于静荷载参与比例的概念和虚拟激励法基本原理,同时考虑脉动风荷载的空间相关性,推导了各阶模态的模态贡献系数及模态组合的累积模态贡献系数计算公式。其中模态贡献系数可以准确地识别出对风振响应贡献较大的各阶模态,而累积模态贡献系数则可以有效地判断出所选取模态组合的合理性。

(2)对于大跨空间网格结构,低阶和高阶主要贡献模态之间可能间隔几十阶模态,而包含了所有低阶主要贡献模态的各模态组合计算的风振响应相对误差很小。因此,仅根据相对误差的大小来判断解的收敛性是不合理的。

(3)在选取模态组合进行风振响应分析时,静力补偿模态可以有效地代替高阶主要贡献模态,同时某些能被脉动风激振的低阶模态的贡献也不容忽视。合理的模态组合应该包含了绝大部分主要贡献模态,以满足累积模态贡献系数 γ 大于 0.9 的要求,此时计算结果的误差将在可以预期的范围内。

参考文献

[1] 何艳丽,董石麟,龚景海.空间网格结构频域风振响应分析模态补偿法[J].工程力学,2002,19(4):1—6.

[2] 胡继军.网壳风振及控制研究[D].上海:上海交通大学,2000.

[3] MASANAO N,YASUHITO S,KEIJI M,et al. An efficient method for selection of vibration modes contributory to wind response on dome-like roofs[J]. Journal of Wind Engineering and Industrial Aerodynamics,1998,73(1):31—43.

[4] MATAKI Y,IWASA Y,FUKAO Y,et al. Wind induced response of low-profile cable-reinforced air-supported structures[J]. Journal of Wind Engineering and Industrial Aerodynamics,1988,29 (1—3):253—262.

[5] 邓华,董石麟,何艳丽,等.深圳游泳跳水馆主馆屋盖结构分析及风振响应计算[J].建筑结构学报 2004,25(2):72—78.

[6] 何艳丽,董石麟,龚景海.大跨空间网格结构风振系数探讨[J].空间结构,2001,7(2):3—10.

[7] WILSON E L. Three-dimensional static and dynamic analysis of structures[M]. 3rd ed. Computers and Structures,Inc.,2002.

[8] 林家浩,钟万勰.关于虚拟激励法与结构随机响应的注记[J].计算力学学报,1998,15(2):217—223.

[9] 陈贤川.大跨度屋盖结构风致响应和等效风荷载的理论研究及应用[D].杭州:浙江大学,2005.

[10] 黄本才.结构抗风分析原理及应用[M].上海:同济大学出版社,2001.

77 大跨球面网壳的悬挑安装法与施工内力分析[*]

摘　要: 针对目前我国跨度最大的球面网壳工程,漳州后石电厂123m直径双层球面网壳,所采用的一种新的施工方法——小拼单元悬挑安装法施工技术进行了全面介绍,同时对结构在施工过程中杆件的内力变化进行了全过程的跟踪计算分析。分析结果表明,这种方便、廉价的施工新方法在技术上是可行的,结构在施工中是安全的。工程实践证明,这种用简易的施工机具安装大型网壳的施工方法是成功的。并特别指出网壳工程设计时考虑施工过程的重要性,同时对确定网壳施工方案时应注意的一些问题提出了建议。

关键词: 双层球面网壳;小拼单元悬挑法;施工内力

1　工程概况

后石电厂位于福建省漳州市,该工程项目由华阳电业有限公司(台资)投资。项目中五个123m直径的圆形煤场网壳工程由徐州飞虹集团负责生产和安装。该网壳工程总高度68.437m,其中柱顶标高17.70m,网壳为双层球面网格结构,矢高45.25m,网壳投影面积11310m²,展开面积22000m²,网格高度3m左右。网壳为点支承,均匀搁置在36个斜柱柱顶上(见图1)。

图1　网壳工程全貌图

2　施工过程

该工程跨度、高度、覆盖面积大,网壳结构若采用传统的全支架安装法,那么一个网壳仅钢管脚手架约需4200余吨,扣件51万个。按江苏省现行预算定额,仅定额直接费达160万人民币。显然这种方法安装费用太高,而且仅脚手架的装、拆时间将需两个多月,施工工期长。经过反复研究论证,最后决定采用地面预先小拼单元,然后用汽车式起重机和自行设计的独脚把杆及卷扬机进行吊装的施工方案。

2.1　施工准备

在网壳安装前,36根钢筋混凝土独立斜柱和煤场的剪力墙均施工完成且混凝土已达设计强度。安装前先进行三通一平,复核柱中心轴线、预埋件平面位置和标高。杆件和球节点按照施工顺序分批

---

　*　本文刊登于:卓新,董石麟.大跨球面网壳的悬挑安装法与施工内力分析[J].浙江大学学报(工学版),2002,36(2):148—151.

进场,在指定地点堆放。施工机具:1t的卷扬机6台,地面组装用手拉葫芦6个,电焊机10台,电缆线300m,水平仪和经纬仪各2台,钢缆绳及其他小型工具若干。

2.2 施工顺序

该网壳结构安装确定的施工方案是小拼单元悬挑安装法,即自下而上递进、由外向内合拢的安装顺序,属于内扩法施工。安装顺序如下。

(1)网格结构第1圈安装步骤为首先在地面进行分块预拼装,每块构件包括3根柱子之间的第1圈下弦和第1、第2圈上弦所包括的所有构件。然后用汽车式起重机进行吊装就位,就位后用缆风绳临时固定。这样依此类推把18块构件安装合拢,形成稳定的闭合开口壳后,拆除缆风绳。

(2)由于起重高度增加,从第2圈下弦开始的安装方法采用小拼单元的吊装方法。每个单元包括1个球和4根杆件,见图2。其中单元1为1个下弦球节点带经纬2根下弦杆和2根腹杆,由汽车式起重机负责吊装,工人在第1圈网格结构上配合就位和固定;单元2为1个上弦球带经纬2根上弦杆和2根腹杆,由于汽车式起重机臂长的原因影响单元2的吊装对位,所以单元2由自行设计的独脚把杆及卷扬机进行吊装。

(3)第3至第8圈的安装方法与第2圈相同。

(4)第9至第20圈,由于安装高度超过了汽车式起重机的允许工作高度,所以单元1和单元2的吊装均采用独脚把杆及卷扬机进行吊装。

(5)网壳的顶盖部分为一圆形平板网架,安装方法采用高空散装法。先在已安装好的开口壳上拉上钢缆绳,铺设脚手板形成工作面,然后把顶盖部分的所有构件用卷扬机吊运至工作面,由工人在高空进行拼装。

(6)网壳结构安装完毕形成了一个闭合完整的球面网壳,为采用高空散装法进行檩条焊接和屋面板安装提供了工作面,檩条和屋面板散件运输到位后,工人在高空进行焊接、安装。

2.3 施工特点

该工程把独脚把杆巧妙地运用在网格结构施工上,该独脚把杆包括4.5m长钢管把杆、支撑把杆的型钢横梁和固定把杆的钢缆绳(见图2)。

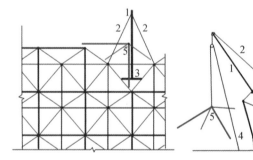

1—把杆;2—钢缆绳;3—型钢横梁;
4—与地面卷扬机相连的钢缆绳;5—被吊装的单元
图2　独脚把杆立面、剖面示意图

3 施工内力分析

3.1 施工内力分析说明

阶段施工内力由正在安装的构件自重荷载引起,并会对前面已安装好的结构构件的施工内力产生影响。施工内力的分析计算应考虑正在安装的这一圈结构的空间作用,这一圈的构件内也存在阶段施工内力。如果不考虑非线性因素影响,构件施工内力的变化过程是一个阶段施工内力的叠加过程。

3.2 工程实例分析

以下通过一个类似于后石电厂123m直径的圆形煤场网壳工程为例,来进一步深入说明施工内力的特性。本球面网壳直径123m,矢高45.25m,为双层球面网格结构,网壳投影面积11310m²,网壳36个支座,下弦节点支承,见图3。

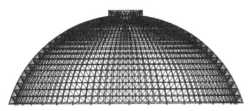

图 3 123m 直径双层球面网壳结构立面图

图 4 计算荷载分配图

为了便于对比分析,计算荷载时仅考虑结构自重。安装上弦单元 2 的计算荷载分配如图 4 所示。作用在节点上的荷载值分别为:

$$P_1 = q_1^Q + q_{1-5}^G/2 + q_{1-6}^G/2 + q_{1-2}^G/2 + q_{1-3}^G/2 + q_{1-4}^G/2$$
$$P_2 = q_{1-2}^G/2 + q_{2-5}^G/2$$
$$P_3 = q_{1-3}^G/2$$
$$P_4 = q_{1-4}^G/2 + q_{4-6}^G/2$$

式中,P_1、P_2、P_3、P_4 为作用在球节点 1、2、3、4 上的等效集中荷载;q_i^Q、q_{i-j}^G 为球、杆的自重。

安装下弦单元 1 的计算荷载分配情况与单元 2 相似。

3.3 施工内力计算

网壳的整体设计采用 MSTCAD 软件进行构件配置和内力计算[1]。网壳由开口壳与顶盖组成,其中开口壳共有 20 圈,即上弦经向杆 20 根、下弦经向杆 19 根。上弦纬向杆情况:1～14 圈 108 根,15～17 圈 72 根,18～19 圈 48 根,第 20 圈 32 根。顶盖部分为一圆形网架,共 5 圈,纬向杆分别为 32 根、32 根、16 根、8 根、4 根。把网壳按照如本文第 2 节所叙述的用小拼单元悬挑法的施工顺序,分别计算各阶段各个杆件的阶段施工内力[2]。

图 5a 为支座上第 1 圈～第 20 圈 19 根下弦经向杆的施工内力终值与使用阶段的设计内力值比较图;图 5b 为支座上第 1 圈～第 20 圈 20 根下弦纬向杆的施工内力终值与使用阶段的设计内力值比较图。施工内力等于前面各过程阶段施工内力的叠加值,图 6 为下弦第 1 圈经向杆随安装过程的施工

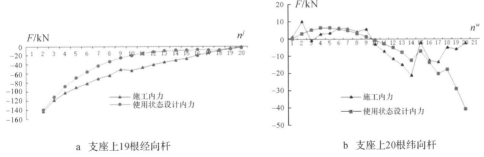

a 支座上19根经向杆

b 支座上20根纬向杆

图 5 施工内力与使用状态设计内力比较图

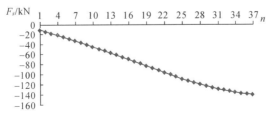

图 6 第 1 圈下弦经向杆施工内力变化曲线

内力变化曲线,其他杆件施工内力的计算依此类推。

杆件在安装完毕时的实际内力等于施工内力终值。从以上内力图可以看出,施工内力终值与按使用状态进行的设计计算值不相同。这是因为按使用状态进行的设计是以整体结构形成,各构件全部参与工作为前提。而施工内力的计算考虑了实际的施工方法及其结构形成过程,其计算结果更接近工程的实际情况。

图 5、6 中,n^w 为纬向杆序号,n^j 为经向杆序号,n 为安装序号,F 为杆件内力,F_s 为施工内力。

4 结论

(1)用小拼单元悬挑法进行双层球面网壳的安装技术可行、经济合理。为保证施工安全,应事先进行结构施工内力的设计验算。

(2)施工内力的计算模型随施工实际过程而变化。双层球面网壳结构部分用小拼单元悬挑安装法施工内力的变化是随阶段施工内力的不断叠加而变化,不同杆件的变化规律不同。对于同样一根构件,该结构若用两种不同的安装方法进行施工,则此构件的两个施工内力值是不同的。

(3)结构自重部分产生的实际内力应等于其施工内力的终值,施工内力的终值不一定是施工内力在其变化过程中的最大值。按施工状态的杆件实际内力计算值与按使用状态进行的设计计算值不同,有些差别很大。施工内力的计算考虑了实际的施工方法及其结构形成过程,其计算结果更接近工程的实际情况。

(4)结构安装完毕,檩条与屋面板自重及其他荷载产生的施工内力的计算模型和计算方法,与按使用状态进行设计的计算模型和计算方法完全相同,即按所有构件参与共同工作来进行分析,计算一次完成,不需要用叠加阶段施工内力的方法进行分析。网壳工程的杆件最终内力等于由结构自重产生的杆件施工内力终值加上檩条和屋面板自重及其他荷载的施工内力终值。

(5)对在安装到某个阶段其施工内力超出内力设计允许值的杆件,应采取适当的加固措施,以确保结构在施工和使用期间的安全。

(6)小拼单元悬挑安装法的使用应验算吊装内力,即验算吊具和附加在结构上的内力,以确保施工安全。吊装内力是过程性、临时性的,吊装完毕,吊装内力即行消失。这是吊装内力与施工内力的本质区别所在。

(7)对自重占计算荷载较大比重的网壳,应进行细致的施工内力分析。

致谢:作者在后石电厂施工现场调研期间,徐州飞虹集团的孙祥凤经理、杜燕工程师、刘尊宝工程师、孙亚成工程师以及其他同志,给予作者许多技术上的帮助和生活上的关心,在此表示最诚挚的感谢。

参考文献

[1] 罗尧治,董石麟.空间网格结构微机设计软件 MSTCAD 的开发[J].空间结构,1995,1(3):53—59.

[2] 卓新,董石麟.球面网壳顺作悬挑法与全支架安装法施工内力特性及其对比分析[J].浙江大学学报(自然科学版),1997,31(3):114—120.

78 台州电厂干煤棚折线形网状筒壳的选型与结构分析*

摘　要：本文对电厂干煤棚结构的选型原则做了详细介绍，结合台州电厂干煤棚实际情况，提出了纵向带折的折线形网状筒壳结构形式。通过计算分析表明，这种结构形式比一般光面网状筒壳具有更大的刚度，杆件内力显著降低，能取得较好的经济效益。与此同时，文中对台州电厂干煤棚网壳的杆件布置、网壳两侧开洞方法、网格的划分以及节点形式做了全面的介绍。本文还采用空间网格结构自动分析 CAD 系统对台州电厂干煤棚进行了结构分析和设计，得到了有价值的结论。

关键词：网状筒壳；选型；结构分析；折线形；干煤棚

1 我国干煤棚结构的发展与应用

干煤棚结构要求跨度大，净空高，并且要满足一定的储存和作业空间。在我国，这类结构始建于 80 年代初，其主要结构形式有：平面刚架、平面桁架、平面拱结构和柱面网壳结构。表 1 给出了国内部分干煤棚的平面尺寸、结构形式及技术经济指标。

表 1　国内部分干煤棚技术经济指标

工程名称	结构形式	跨度/m	柱距/m	长度/m	矢高/m	基本风压 /(kN·m⁻²)	用钢量 /(kg·m⁻²)
金陵石化厂	柱面网壳	73.8	网格 3.75	60	28.7		
嘉兴电厂	网状筒壳	103.5	网格 4.00	80	32.9	60	62.2
山西稷山煤库	球面网壳	D=47.2	—	—	14.6	40	20.2
石洞口二厂	折线拱	102.2	10	100	42.5	55	166
镇海电厂	三铰拱	73.8	7.5	82.5	31.4	72	129
石洞口电厂	三铰拱	73.6	7.5	120	30.6	55	122.5
戚墅堰电厂	三铰拱	73.676	7.5	75	31.8	45	99
谏壁电厂	两铰拱	73.8	7.5	97.5	28.6	45	80
上海石化二厂	两铰拱	75.2	7.5	75	30	60	100
台州电厂一期	三铰拱	75	7.5	82.5	31.4	72	129

*　本文刊登于：董石麟，高博青，童建国.台州电厂干煤棚折线形网状筒壳的选型与结构分析[J].空间结构，1995,1(4):22—29.

从表 1 可知,空间结构的性能优于平面结构。空间结构具有刚度大,受力呈空间状态,单根杆件内力较小,可在工厂制作,确保加工精度,安装方便,无需大型安装设备等优点;而平面结构构件内力大,受力不均匀,常需要大型安装设备,耗钢量相当可观,技术经济指标较差。

目前,可供选作干煤棚的空间结构主要形式有:①双层网状筒壳;②双曲扁网壳;③球面网壳;④斜拉网架。网状筒壳的体型基本上与煤棚结构的工艺要求相符。网状筒壳兼有壳体结构和杆系结构的优点,传力路线短捷明了,荷载可直接沿弧线传递给基础,屋面构造简单,安装方便,经济效益十分显著,是一种较理想的空间结构形式。据不完全统计,近几年来我国已建成各种类型的网状筒壳结构达 30 座之多。这些网状筒壳除应用于干煤棚结构外,还广泛应用于其他工业与民用建筑。双曲扁网壳结构选型丰富,受力性能较网状筒壳为好,双向传力明显,但其杆件类型较多,屋面处理困难。球面网壳因其良好的受力性能也广泛应用于煤仓等工程中,如山西稷山煤库、山东枣庄矿务局柴里选煤厂煤仓等。球壳尤为适用于顶部需开洞的煤仓工程,可取得较好的经济效益。斜拉网架是一种新型的空间结构,它是通过斜拉索将网架与独立塔柱相连接的杂交空间结构,拉索上端连接在塔柱上,而下端与网架节点相连。斜拉网架通过设置一定数量的塔柱和斜拉索,可以使原结构内力分布均匀,受力更加合理,充分发挥高强度索的作用,丰富建筑造型,是一种跨越能力大、经济指标优的结构体系。

总之,可供选作干煤棚的空间结构形式很多,在实际工程中应做具体分析,以期最终寻求到一种受力性能合理,制作安装方便,经济指标优越的结构形式。

2 台州电厂干煤棚的选型

台州电厂位于椒江入口海岸,现建有 5×125MW 燃煤机组。本期工程设计容量为 2×330MW 燃煤机组。为确保安全可靠运行,电厂按五天耗煤量建一座干煤棚,室内安装一台斗轮式堆取料机。该煤棚设计跨度 80.144m,长度 82.5m,矢高 33.740m。煤棚两侧是露天煤堆,设计时应考虑煤堆与煤棚尽量少接触,其轮廓尺寸见图 1。

在确定本工程煤棚结构方案时,考虑了如下因素:①煤棚的内轮廓尺寸须满足工艺要求,并尽可能节约空间;②煤棚应与两侧煤堆少接触;③结构要有较好的刚度;④制作安装方便;⑤经济指标优越;⑥建筑造型丰富。因而,该工程煤棚结构的基本轮廓采用网状筒壳形式。为减少干煤棚与边上煤堆接触,同时为便于采用独立基础,降低材料耗量和造价,故沿网壳纵向两侧仅设置少量支座节点,两侧开设较大的门洞。以往,网状筒壳大多为光面,为提高结构刚度,丰富建筑造型,本工程采用了纵向为折线形的网状筒壳。表 2 给出了折线型网状筒壳和光面网状筒壳在竖向荷载工况下的变形、内力及相对经济指标。从表 2 可以看出,折线形网状筒壳比相应光面网状筒壳的刚度可提高 26%,其最大内力可降低 22%,而且用钢量略有下降。

表 2 折线形网状筒壳与光面网状筒壳性能对比

壳种	跨度 /m	长度 /m	矢高 /m	网壳厚度 /m	折线坡度	最大变位 /cm	最大内力 /kN	用钢量 /t
光面网状筒壳	80.144	82.5	33.74	2.4	—	13.4	−960	215
折线形网状筒壳	80.144	82.5	33.74	2.0~2.75	1:5	10.6	−790	213

对于网状筒壳的结构形式可选用正放四角锥体系、斜放四角锥体系、两向或三向平面桁架体系以及三角锥体系等。考虑到该结构风荷载是主要荷载,斜放四角锥不易发挥上弦杆件比下弦杆件短的特性,结构刚度也较差,故不宜采用;两向平面桁架体系的侧向刚度较弱,而三向平面桁架体系及三角锥体系则需要较高的制作安装精度,对于像这种复杂曲面结构更增加了难度。为此,本工程采用正放

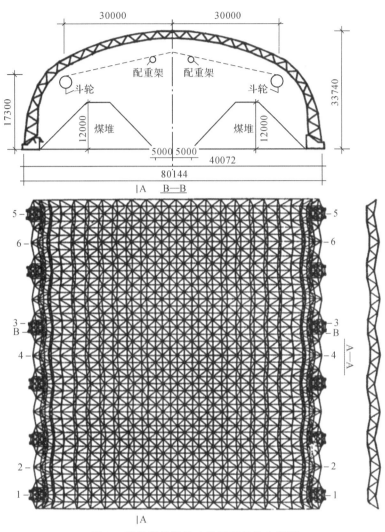

图 1　干煤棚轮廓尺寸及网壳杆件布置图

四角锥体系。

　　结构的外形尺寸是结构设计的重要内容。首先,结构外形尺寸要满足工艺要求,同时又要考虑传力路径。曲面形式直接关系到结构的性能、刚度、稳定性及材料的耗用量。曲面展开面积不能太大,否则会增加结构的耗钢量,此外还需考虑结构模数等因素。构成网状筒壳曲面一般可用圆弧线、抛物线和直线段等来拟合。

　　台州电厂干煤棚外形曲线是通过拟合得到的,采用了圆弧和直线段两种形式。两侧采用直线段,内部区域采用了三心圆。图 2 为矢高最大的一截面,其中大圆上弦半径 $R_1 = 62.55m$,两小圆上弦半径 $R_2 = 18.90m$,直线段离基础顶面为 13.2m。结构沿纵向采用五个整波段,两端各延伸 1/4 波段,每一波段长为 15m,沿纵向水平方向分成四个网格,每一网格的水平尺寸为 3.75m,网壳横向网格尺寸基本相同,为 3.75m,局部范围做了适当调整。网壳内部最小厚度为 2.00m,最大厚度为 2.75m,纵向折线坡度为 1∶5,Ⅰ 波段的剖面图见图 3。为了使网壳落地处尽可能与煤堆少接触,网壳两侧落地处各开设了五个门洞,这些门洞开设在网壳脊线落地部位,以减小网壳的跨度。门洞通过删去网壳的某些节点和杆件,调整某些节点的坐标,使门洞形成二折线的梯形平面形状(见图 4),以减小门洞部位的应力集中。网壳由谷线部位杆件直接落地形成 12 条支承腿,每条支承腿有四个节点与基础相连。由于支座数量减少,致使网壳支撑腿部内力相对较大,因而将网壳腿部支承处厚度放大至 3.5m。

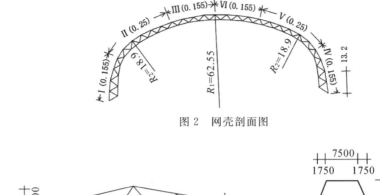

图 2　网壳剖面图

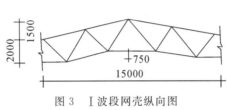

图 3　Ⅰ波段网壳纵向图

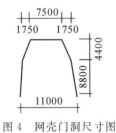

图 4　网壳门洞尺寸图

3　荷载确定及荷载组合

台州电厂干煤棚荷载有:①沿网壳曲面均匀分布的檩条及屋面荷载 $q_a = 0.35\text{kN/m}^2$;②沿水平面均匀分布的活载或雪载 $q_a = 0.35\text{kN/m}^2$;③基本风压为 0.72kN/m^2;④考虑均匀温度差 $\Delta t = \pm 20℃$;⑤由计算机自动形成的网壳自重。

台州电厂干煤棚位于海边,风荷载起着控制结构内力的作用,因此对风载的取值必须慎重考虑。由于本结构体型较为复杂,在荷载规范和以往的设计中均未涉及这种结构的风载体型系数,因此需通过风洞试验来确定结构的风载体型系数 μ_s,如表 3 所示。由表 3 可见,该结构的风载体型系数较复杂,共有 96 个,对网壳的风荷载进行计算机自动逐点计算。

表 3　网壳风载体型系数值 μ_s

横向分段	纵向编号																				
	1	2	3	4	5	6	7	8	9	10	11	12	13	14	15	16	17	18	19	20	21
Ⅰ	1.5				1.5				1.5				1.3				1.3				1.2
Ⅱ	1.1	0.9	0.7	0.7	1.0	0.7	0.5	0.5	0.8	0.5	0.4	0.4	0.6	0.4	0.1	0.2	0.5	0.2	−0.3	0.0	0.5
Ⅲ	0.3	−0.3	−0.8	−0.5	0.2	−0.5	−0.9	−0.6	0.1	−0.7	−1.1	−0.6	0.2	−0.5	−0.9	−0.5	0.2	−0.3	−0.9	−0.3	0.3
Ⅳ	−1.1	−1.2	−1.7	−1.2	−0.9	−1.2	−1.7	−1.3	−0.7	−1.3	−1.5	−1.3	−0.2	−1.1	−1.4	−1.0	0.1	−0.6	−1.0	−0.7	0.3
Ⅴ	−1.8	−1.5	−1.9	−1.7	−1.3	−1.4	−1.7	−1.5	−0.7	−1.2	−1.5	−1.3	−0.4	−1.0	−1.2	−1.0	−0.1	−0.8	−0.9	−0.8	0.3
Ⅵ	−1.5				−1.0				−0.5				−0.3				0.0				0.3

注:①纵向编号 1、5、9、13、17、21 表示网壳谷线;3、7、11、15、19 表示脊线,其他编号表示折面中心线。
　　②横向分段如图 2 所示。

在网壳结构内力分析中,进行了下列荷载组合:
①静载＋活载;
②静载＋风载;
③静载＋活载＋温度荷载。

4 结构的受力性能及结构的合理设计

本网壳的静力分析采用空间铰接杆单元分析方法对整个结构进行计算。网壳共计 1169 个节点，4396 根杆件。在分析设计中采用了作者编制的空间网格结构 CAD 程序。

图 5 为结构在荷载工况①作用下的结构内力分布图。其中图 5a 为网壳端部 1-1 截面谷线上弦内力图，图 5b 为网壳谷线下弦内力图，图 5c、5d 为脊线上、下弦内力图。从图中可以看到，在垂直荷载作用下，谷线上、下弦内力均呈五波段分布，支撑腿部位内力远大于其他部位的内力。网壳脊线上弦在横截面中部内力较大，而脊线下弦内力较小，内力均呈三波段分布。从总的内力分布情况看，由于结构的内力主要是通过谷线传递到基础的，故网壳腿部内力较大。由于网壳脊线标高高于谷线，所以脊线上弦跨中内力比谷线上弦跨中内力大。沿网壳纵向结构呈连续拱受力状态，有一定的空间传力作用，增加了结构的刚度，改善了整个结构的受力性能。网壳基本上为单向受力体系，纵向杆件内力约为横向杆件内力的 20%～30%。此外，靠近洞口的脊线上、下弦内力都较小，这是由于结构内力主要是通过谷线杆件直接传递到基础的。

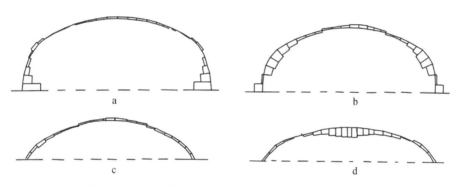

图 5　网壳在荷载工况①下的内力图（比例尺：10^3 kN/cm）

结构在荷载工况②作用下的内力见图 6。图中给出了网壳端部 1-1 截面谷线和 2-2 截面脊线上、下弦（图 6a、6b 和 6c、6d），网壳中部 3-3 截面谷线和 4-4 截面脊线上、下弦（图 6e、6f 和图 6g、6h），网壳尾部 5-5 截面谷线和 6-6 截面脊线上、下弦（图 6i、6j 和图 6k、6l）的内力分布。从图中可以看出，对于端部谷线，下弦内力较上弦内力大，也大于荷载工况①的内力，内力分布呈四波段状态，约在横截面 1/4、1/2、3/4 处出现反弯点。谷线上弦内力比下弦内力小，而脊线上弦内力比下弦内力大，谷线和脊线上、下弦所对应杆件的内力均呈反号。脊线内力亦呈四波段分布，但反弯点出现在横截面中部和洞口附近。网壳纵向杆件内力较小，约为横向杆件内力的 1/5～1/10。从总体看，网壳迎风一端内力最大，随后沿纵向逐渐衰减。风荷载是内力控制荷载。

网壳在各荷载工况作用下，每一支撑腿部对基础而言的最大竖向反力 1120kN，最大弯矩 4500kN·m，最大横向水平推力 600kN，而最大纵向水平力较小，约为 100kN。

图 7a 为网壳 3-3 截面在荷载工况①作用下的变形图，此时网壳的最大竖向变位为 10.3cm，最大水平变位为 3.6cm，变形呈对称三波段状态。图 7b 为网壳 I-I 截面在荷载工况②作用下的变形图，此时网壳的最大竖向位移为 7.5cm，最大水平位移为 7.8cm，两者相当接近。由此可见，该网壳具有足够的刚度。

从总体来看，这种网状筒壳结构在横向呈折线形刚架受力性状，在纵向呈多波连续拱受力状态，但纵向内力远小于横向内力。此外，对该结构的非线性稳定验算表明，结构不会因失稳而破坏。

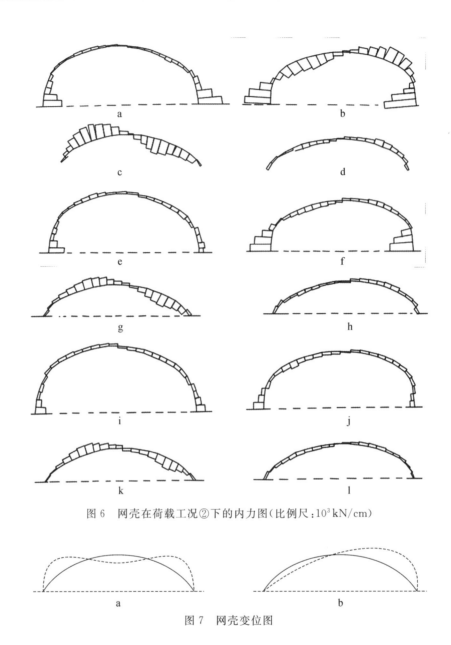

图6 网壳在荷载工况②下的内力图(比例尺:10^3kN/cm)

图7 网壳变位图

根据以上对网壳结构受力性能和传力路径的分析,在设计该网壳时,内力峰值较大部位采取了适当改善措施。如网壳支撑腿部,各荷载工况下均有较大的内力,为此,将网壳支撑腿部的厚度放大,以降低这个部位杆件内力,使得结构内力较为均匀。由于该网壳基础采用混凝土搅拌桩,持力层为岩石层,竖向压缩量很小,同时每个支座采用四个大直径螺栓,以承受不同风向的支座竖向拉力。考虑到安装的方便及网壳支撑腿部杆件较大,难以采用螺栓球节点,故网壳的支撑腿部节点采用焊接球节点,而其他部位均采用螺栓球节点。

在设计过程中,分析计算了三种荷载工况,随后由计算机自动将杆件截面配置进行对称化处理,得到整个结构的杆件配置。此后,将对称化配置的杆件再做一次校核,进行少量杆件的调整,最后得到结构杆件截面配置图。

应当指出,结构的设计是十分复杂的,它包括结构的选型、网格的划分、荷载的确定、传力路径的布置以及支座的设置和处理,本文仅对其主要部分做了阐述。

5 结语

通过对干煤棚结构选型及计算分析,可得到如下几点结论。

(1)干煤棚结构采用空间结构比采用平面结构有明显的优越性,可根据具体情况选用。本工程采用纵向带折、横向为三心圆加二直线段的开洞网状筒壳,不仅满足了煤堆对网壳型体的要求和提高了结构刚度,而且丰富了建筑造型,获得较好的效果。

(2)在折线形网状筒壳设计中,风荷载是一个很重要的荷载,在没有资料可供参考的条件下,一般应通过风筒试验确定风载体型系数。

(3)多荷载工况下网状筒壳的设计,应注意力的传递路径,设置杆件应使传力路径简捷、直接,同时尽可能使结构内力分布均匀。

(4)本工程网状筒壳在各种荷载工况作用下,最大竖向变位与跨度之比为1/780,最大水平变位与网壳高度之比为1/430,表明这种落地式折线形网状筒壳具有足够的刚度。

参考文献

[1] 董石麟.我国网壳结构发展中的新形式、新技术、新结构[C]//结构与地基国际学术研讨会论文集.杭州:浙江大学出版社,1994:84-93.
[2] 沈祖炎,严慧,马克俭,等.空间网架结构[M].贵阳:贵州省人民出版社,1987.
[3] Z.S.马柯夫斯基.穹顶网壳分析、设计与施工[M].赵惠麟,译.南京:江苏科学技术出版社,1992.

79 国家大剧院双层空腹网壳结构方案分析*

摘　要：国家大剧院建筑及结构方案由法国 ADP 公司中标，其结构形式采用一种新型的大跨度双层空腹网壳结构体系，形成巨大的超级椭球形壳体。该方案具有建筑造型美观、安装简便、传力明确、经济效益好等诸多优点，有别于一般的双层网壳结构体系。本文在法国 ADP 公司提出的结构方案的基础上对此结构形式在主要荷载作用下进行了结构弹性分析及几何非线性稳定跟踪分析，为国家大剧院网壳结构深化设计提供理论依据。

关键词：大跨度双层空腹网壳结构体系；几何非线性；稳定跟踪

1　工程概况

国家大剧院建筑及结构方案由法国 ADP 公司中标，其结构形式采用一种新型的大跨度双层空腹网壳结构体系，形成巨大的超级椭球形壳体。壳体建筑外形曲面几何方程为

$$\left(\frac{x}{108.125}\right)^{2.2} + \left(\frac{y}{73.125}\right)^{2.2} + \left(\frac{z}{46.125}\right)^{2.2} = 1 \tag{1}$$

其结构外部节点所在曲面由建筑外形曲面按偏离中心坐标 0.65m 得到，即：

$$f(\vec{u}) = \left(1 - \frac{0.65}{\|\vec{u}\|}\right) \cdot \vec{u} \tag{2}$$

式中，$\vec{u}$ 为节点至椭球中心的向量，单位 m。

结构内部节点所在曲面由对应外部节点按一定的比例系数变化得到，即：

$$\begin{bmatrix} x' \\ y' \\ z' \end{bmatrix} = \alpha \begin{bmatrix} x \\ y \\ x \end{bmatrix}, \qquad \alpha = \frac{R_x - 4.150}{R_x} \tag{3}$$

图 1 为该结构体系的精确计算分析模型。它在经向是由等弦布置的 148 榀主构架组成，两端分别固定在底部钢筋混凝土圈梁及上部钢内环梁上；环向上、下弦等弦划分为 42 段，采用圆管连接。整个壳体由四片在上、下弦布置的斜撑分为四个区域，同时增强了结构整体的抗扭性能。对主构架，长轴区上、下弦采用 T 形截面，腹杆采用 H 形截面；短轴区上、下弦及腹杆均采用厚钢板，配合上弦覆盖透明的玻璃板，满足建筑的要求。在内环梁内是单层的网格结构。

在传统的网格结构中，杆件常采用圆钢管，每一节点所连杆件数量较多，因而施工复杂。在大跨

---

　　* 本文刊登于：李元齐，董石麟，刘季康，甘明．国家大剧院双层空腹网壳结构方案分析[C]//天津大学．第一届全国现代结构工程学术报告会论文集，天津，2001：315－320．

及超大跨度的结构中常采用多层形式,从观仰角度讲,结构显得纷乱繁杂,难以实现建筑所提出的流畅、简洁、明快的要求。法国 ADP 公司提出的网壳结构方案所采用的空间结构体系具有建筑造型美观、安装简便、传力明确、经济效益好等诸多优点,有别于一般的双层网壳结构体系。目前,其他采用该种空间结构体系的工程应用国内外尚未见报道,针对性的研究还是空白。本文在法国 ADP 公司提出的网壳结构方案的基础上对此结构形式在主要荷载作用下进行了结构变形、内力分析及非线性稳定跟踪分析,为国家大剧院网壳结构深化设计提供理论依据。

2 分析目的及基本分析条件

(1)分析目的

1)对法国 ADP 公司的网壳结构方案,在主要荷载工况下进行分析验算;

2)在以上计算分析的基础上,对法国 ADP 公司的网壳结构方案提出分析验算结论及建议,为国家大剧院网壳结构深化设计提供理论依据。

(2)荷载条件

主要考虑以下几种荷载,其取值分别为:

1)结构自重:由自编导载程序自动处理;

2)屋面恒荷载:0.97kN/m²;

3)屋面活荷载:指雪荷载 0.36kN/m²;

4)风荷载:包括 X 向和 Y 向。由于目前无风洞试验结果,暂根据荷载规范对球形建筑物的风荷载体型系数,由自编程序导出各节点的风荷载;

5)温度荷载:考虑±12.6℃的温度变化。

(3)分析工况

主要考虑以下几种荷载组合工况:

1)1.2×自重+1.2×屋面恒载+升温 12.6℃;

2)1.2×自重+1.2×屋面恒载+降温 12.6℃;

3)1.2×自重+1.2×屋面恒载+1.4×屋面活载(满跨);

4)1.2×自重+1.2×屋面恒载+1.4×屋面活载(前半跨满跨);

5)1.2×自重+1.2×屋面恒载+1.4×屋面活载(左半跨满跨);

6)1.2×自重+1.2×屋面恒载+1.4×(屋面活载(满跨)+X 向风)×0.85;

7)1.2×自重+1.2×屋面恒载+1.4×(屋面活载(前半跨满跨)+X 向风)×0.85;

8)1.2×自重+1.2×屋面恒载+1.4×(屋面活载(左半跨满跨)+X 向风)×0.85;

9)1.2×自重+1.2×屋面恒载+1.4×(屋面活载(满跨)+Y 向风)×0.85;

10)1.2×自重+1.2×屋面恒载+1.4×(屋面活载(前半跨满跨)+Y 向风)×0.85;

11)1.2×自重+1.2×屋面恒载+1.4×(屋面活载(左半跨满跨)+Y 向风)×0.85。

3 双层网壳结构分析

(1)分析模型简介

结构分析采用通用分析软件 ANSYS 及自编非线性分析程序[1]进行分析。建模时,直接根据结构的物理单元划分有限元单元,建立精确反映结构单元、节点之间关系的双层空腹网壳模型。可以想象,整个计算工作量是巨大的,包括建模、各工况下的导载、计算分析、计算结果整理,等等。为此,我们针对国家大剧院成形的几何特点,编制了专门的建模程序,以便精确计算各个节点的坐标,同时有利于模型方案的进一步调整、修改。其中,双层部分主构架单元采用空间梁单元,环向连杆采用空间桁架单元,内环梁以内单层部分杆件采用空间梁单元,斜撑杆件采用空间桁架单元,所有底部节点均为固接。建模后单元总数有 31822 个;节点总数有 12604 个;约束节点总数有 296 个,总自由度 $NDOF=73848$;采用一维变带宽存储时总刚度矩阵维数 $IAV=127884120$。精确结构分析模型如图 1 所示。

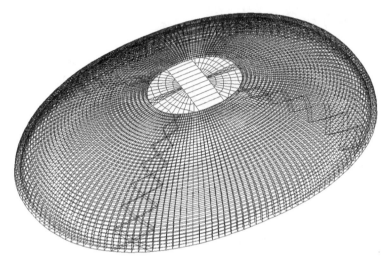

图 1　国家大剧院精确的双层网壳分析模型

(2)材料及截面特性

根据单元部位及截面不同,材料特性共分 18 种,分别由表 1 所列出。

表 1　国家大剧院精确模型的材料特性

截面	I_z/m^4	I_y/m^4	I_x/m^4	A/m^2	截面	I_z/m^4	I_y/m^4	I_x/m^4	A/m^2
1	0.2557E−03	0.7107E−05	0.1547E−05	0.1160E−01	10	0.4497E−05	0.4497E−05	0.8911E−05	0.3277E−02
2	0.2557E−03	0.7107E−05	0.1547E−05	0.1160E−01	11	0.1261E−01	0.1084E−01	0.1750E−01	0.6605E−01
3	0.2246E−04	0.7861E−05	0.2054E−06	0.5983E−02	12	0.2246E−04	0.7861E−05	0.2054E−06	0.5983E−02
4	0.7203E−05	0.7203E−05	0.1435E−04	0.3310E−02	13	0.7138E−04	0.1672E−04	0.5107E−06	0.9504E−02
5	0.1638E−03	0.5760E−05	0.2032E−04	0.1920E−01	14	0.1062E−03	0.2137E−04	0.7117E−06	0.1117E−01
6	0.2333E−03	0.6480E−05	0.2320E−04	0.2160E−01	15	0.4269E−03	0.4269E−03	0.8539E−03	0.1471E−01
7	0.7813E−04	0.4500E−05	0.1528E−04	0.1500E−01	16	0.7099E−05	0.2211E−05	0.1374E−06	0.3560E−02
8	0.1327E−04	0.1327E−04	0.2651E−04	0.2969E−02	17	0.2284E−05	0.8300E−06	0.3277E−07	0.1536E−02
9	0.7490E−02	0.1223E−01	0.1401E−01	0.8393E−01	18	0.7490E−02	0.1223E−01	0.1401E−01	0.8393E−01

(3)荷载分析

为适应国家大剧院复杂的荷载分析,本文在自行编制的建模程序的基础上,编制了自动引导荷载的程序。主要荷载的考虑方式简单介绍如下。

1)自重

输入材料密度后,自动计算各单元重量,将荷载自动平分到单元两端节点上。

2）恒载及活载

计算出各块的总荷载后，平均分配到各块所包含的节点上。

3）风荷载

荷载规范[2]规定的风荷载计算方法为

$$w_k = \beta_z \mu_s \mu_z w_0 \tag{4}$$

式中，w_k 为风荷载标准值；β_z 为作用点高度处的风振系数；μ_s 为风荷载体型系数；μ_z 为高度变化系数；w_0 为基本风压值。

由于规范无针对该超级椭圆球的风荷载分布建议取值，目前又暂无风洞试验数据，因此风压体型系数先近似按荷载规范[2]给出的球形结构的体系数选取。考虑 $f/l > 1/4$，即

$$\mu_s = 0.5\sin^2\varphi\sin\psi - \cos^2\varphi \tag{5}$$

风压沿高度变化系数按规范推荐的下式取值：

$$\mu_z = 0.284 \times z^{0.4} \tag{6}$$

风振系数按经验取 $\beta_z = 2.0$。

4）温度荷载

由所编制的程序自动考虑。

（4）分析结果

1）网壳变形

图2、图3给出了精确模型在工况3、10下线弹性分析的 Z 向及总变形情况。表2给出了精确双层网壳模型在不同工况下最大、最小变形值的比较。

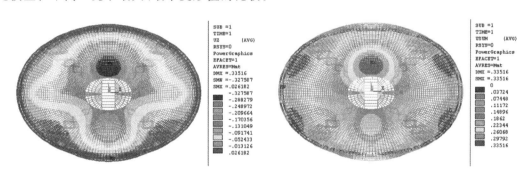

a　Z向变形等高图　　　　　　　　b　总变形等高图

图2　工况3下 Z 向及总变形等高图

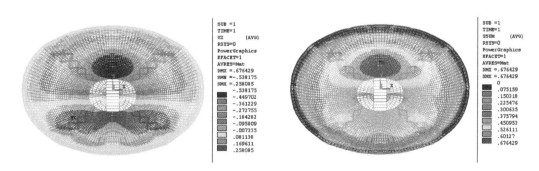

a　Z向变形等高图　　　　　　　　b　总变形等高图

图3　工况10下 Z 向及总变形等高图

表 2　各工况中结构在设计荷载下最小最大位移　　　　　　　（单位：m）

工况	X 向		Y 向		Z 向		总位移
	最小	最大	最小	最大	最小	最大	
工况 1)	−0.093544	0.093606	−0.248384	0.229462	−0.294203	0.027121	0.301013
工况 2)	−0.069456	0.069523	−0.222633	0.203976	−0.305764	0.02069	0.314480
工况 3)	−0.098501	0.098571	−0.259647	−0.241282	−0.327587	0.026182	0.335160
工况 4)	−0.091952	0.092013	−0.255113	0.224798	−0.414736	0.065345	0.444703
工况 5)	−0.094898	0.084930	−0.249460	0.231138	−0.329463	0.051001	0.340654
工况 6)	−0.092979	0.144113	−0.22254	0.202754	−0.303769	0.114775	0.338780
工况 7)	−0.082993	0.133763	−0.221346	0.174357	−0.434474	0.236479	0.498867
工况 8)	−0.088229	0.230000	−0.200363	0.188426	−0.444149	0.274555	0.500513
工况 9)	−0.087198	0.087196	−0.294639	0.152557	−0.404556	0.124465	0.488590
工况 10)	−0.09931	0.098975	−0.412273	0.134833	−0.538175	0.258085	0.676429
工况 11)	−0.081333	0.107875	−0.267768	0.14249	−0.421400	0.214494	0.499036

注：荷载设计值下位移控制值为：$1.3 \times B/300 = 63.4$ cm，B 为超级椭圆的短轴直径。

由图 2、图 3 及表 2 可以看出，在风荷载作用下，特别是在工况 10 最不利风荷载及活荷载作用下，结构变形最大，设计荷载下的最大挠度达 53.82 cm，总变形达 67.64 cm。转换为标准荷载下的挠度为 42 cm 左右，与结构短跨相比为 $0.42/146.25 = 1/348$。

需指出的是，在本文分析中，风荷载的取值是在无风洞试验结果的情况下参考荷载规范球面的风荷载体形系数得到的，与实际情况相比存在差别。但根据经验，实际情况（风洞试验结果）将比球面的风荷载对结构更为不利。

3）网壳杆件内力

采用自编后处理程序，对各工况下结构内力进行验算分析。假定所用钢材的应力设计值为 300 N/mm²，即按 16Mn 类钢材考虑。验算结果表明，强度验算时应力可控制在 250 N/mm²；强轴稳定验算时，环向杆件计算结果仍可满足要求，但少数主构架杆件，特别是由板形梁组成的主构架杆件，其计算结果将超出，且超出较多；弱轴稳定验算时，则有更多的主构架杆件计算结果超出。这是因为此时杆件的长细比较大，导致压杆稳定系数很小。特别是若考虑主构架杆件为双向受弯构件，则在风荷载作用下稳定验算时计算结果将超出更厉害。

4　稳定分析

本文采用通用程序 ANSYS 及自行研制的结构非线性跟踪分析程序，分别在精确模型基础上对具有代表性的荷载工况进行结构稳定分析[4]。在分析中，将对应的一种荷载组合作为加载模式 $\{P\}$，按比例加载进行弹性非线性跟踪分析。

由于计算量非常大，根据以上分析情况，初步分析中仅选取两种主要工况进行非线性跟踪，即工况 3 和工况 10。在工况 3 下，结构最大位移节点的荷载-位移曲线如图 4 所示。图中，λ 为比例加载时的荷载比例系数，当 $\lambda = 1$ 时即为当前的设计荷载水平；Δ_z 为位移最大节点的 Z 向变形（挠度绝对值），位移最大节点的位置可参见图 2。

由图 4 可知，在此工况下，结构弹性几何非线性分析下的最大挠度为 37.61 cm，而对应工况下弹性线性分析的最大挠度为 32.76 cm。相比之下，非线性分析的挠度较线性增大 15.0%。同时，结构杆件的最大应力也有所增大。结构弹性几何非线性极限承载力为设计荷载的 2.85 倍（$\lambda_{max} = 2.85$），此时结构最大 Z 向变形将达 2.89m。在此之前，结构的荷载-变形曲线所表现的非线性程度不太高。

在工况 10 下，结构最大位移节点的荷载-位移曲线如图 5 所示。图中，λ 为比例加载时的荷载比例系数，当 $\lambda = 1$ 时即为当前的设计荷载水平；Δ_z 为位移最大节点的 Z 向变形（挠度绝对值），位移最大节点的位置可参见图 3。

由图 5 可知，在此工况下，结构弹性几何非线性分析下的最大挠度为 62.04cm，而对应工况下弹性线性分析的最大挠度为 53.82cm。相比之下，非线性分析的挠度较线性增大 15.3%。同时，结构杆件的最大应力也有所增大。结构弹性几何非线性极限承载力为设计荷载的 3.20 倍（$\lambda_{max} = 3.20$），此时结构最大 Z 向变形达 5.4m。很明显，在此工况下，结构变形较工况 3 大许多。

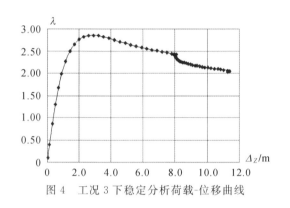

图 4　工况 3 下稳定分析荷载-位移曲线

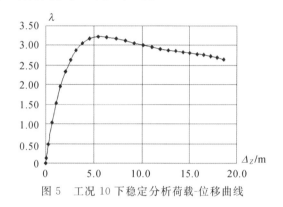

图 5　工况 10 下稳定分析荷载-位移曲线

5　结论及建议

针对现有结构方案，根据以上分析结果，有如下结论及建议。

（1）变形控制工况为工况 10。

（2）根据目前所取的风荷载值，在标准荷载下，弹性线性分析的挠度最大值为 42cm，弹性几何非线性分析的挠度将增大 15% 左右。根据网壳结构设计规范报批稿，基本满足小于 $L/300 = 48.75$cm 的要求。

（3）通过两种网壳结构模型的稳定跟踪分析可以看出，在现有的荷载水平及现有结构方案下，结构具有较好的整体刚度，不会发生整体失稳现象，但根据以往经验，弹性几何非线性分析下极限荷载的安全储备偏低。

（4）通过各种工况的弹性线性及非线性分析表明，对现有结构方案而言，结构赖以承载的主构架平面外刚度较差，按照现行规范验算，平面外的稳定不能满足要求。另外，主构架杆件在平面外，包括主构架基本单元（特别是板形梁）的整体、局部稳定，均可能存在问题。同时，结构大部分杆件的连接存在偏心，对结构承载不利。因此，宜做进一步的分析研究。

参考文献

［1］李元齐, 沈祖炎. 结构非线性分析程序 EPSNAP 介绍[J]. 空间结构, 2000, 6(3): 56-62.

［2］中华人民共和国国家计划委员会. 建筑结构荷载规范: GBJ 9-87[S]. 北京: 中国计划出版社, 1987.

［3］中华人民共和国建设部. 钢结构设计规范: GBJ 17-88[S]. 北京: 中国计划出版社, 1989.

［4］李元齐. 大跨度网壳结构抗风理论研究及几个实际工程问题的分析[R]. 博士后出站报告. 杭州: 浙江大学, 2000.

80 大跨椭球面圆形钢拱结构的强度及稳定性分析*

摘　要：九寨沟甘海子国际会议度假中心温泉泳浴中心为一平面尺寸 $150\text{m} \times 65\text{m}$ 的椭球形壳体。为满足建筑设计简洁通透的要求，该工程采用了沿椭球面短轴方向布置圆形钢拱结构为主要承载构件、拱间沿长轴方向布置矩形钢管作为檩条的结构方案。圆形钢拱则采用了一种新颖的上部 Π 截面、下部圆管截面构成的组合截面形式。本文介绍了该结构的结构选型，分别给出了单拱结构、整体结构的内力分析、线性特征根屈曲分析及几何非线性分析的分析结果。分析表明，在升温条件下壳体结构出现很大的薄膜压应力，结构的稳定承载能力急剧下降。本文提出通过在结构中部设置伸缩缝的方法调整壳体屈曲前的薄膜应力状态，释放部分温度应力，从而达到提高结构整体稳定性的目的。

关键词：钢结构；钢拱；椭球壳；结构分析；稳定；屈曲

1　工程概况

九寨沟甘海子国际会议度假中心位于四川省阿坝州松潘县，是一个集会议、度假、旅游、疗养于一体的高标准、综合性度假中心。该中心建筑群包括五星级酒店、国际会议中心、大堂、温泉泳浴中心、展厅等，温泉泳浴中心是其中的一个重要组成部分。其建筑外形为一椭球形壳体，基本尺寸为长轴 150m，短轴 65m，矢高 21m，椭球沿短轴方向的剖面为一圆弧线，椭球面方程可由式（1）给出，其中 x 代表长轴方向，y 为短轴方向，z 为高度方向。椭球壳斜置于山坡上，壳体底面沿长轴方向水平，沿短轴方向倾斜，与水平面的倾角为 $4.41°$，即短轴两端点之间的高差为 5m。

$$\frac{x^2}{82.267^2} + \frac{y^2}{35.649^2} + \frac{z^2}{35.649^2} = 1 \tag{1}$$

本工程坐落于九寨沟风景区，建设单位要求工程的建设不能破坏该地区的原有风貌，使其构成一个轻盈、通透的建筑形态，成为一个环保、生态的建筑体和人与自然的交流空间。因而建筑师选择以玻璃作为整个椭球面的覆盖材料，并对结构设计提出了弱化结构概念、保持结构通透性的具体要求，尽量使其与九寨沟的自然风光融为一体，并使游客在泳浴中心内能透过玻璃顶盖充分享受蓝天、白云与阳光，感受大自然。这就给结构设计带来了相当的难度。

---

*　本文刊登于：赵阳，陈贤川，董石麟.大跨椭球面圆形钢拱结构的强度及稳定性分析[J].土木工程学报，2005，38(5)：15—23.

2　结构选型

对这类大跨度椭球面结构,最为成熟的结构形式当属双层网壳结构。但双层网壳的杆件与节点布置稠密,不符合减少杆件、尽量通透的要求。单层网壳可以很大程度上避免双层网壳的这一缺点,但将其用于这样大跨度的椭球形结构,在整体稳定性等许多方面存在不确定性,而且也难以满足建筑师所提出的四边形网格(即无斜杆)、不采用球节点等要求。

最终采用的结构方案以沿椭球面短轴方向布置的拱结构为主要承载构件,拱间沿长轴方向布置矩形钢管作为檩条,檩条兼作结构的纵向支撑杆件以提高拱的平面外稳定性。此外,为了增加结构的整体性、有利于水平荷载的传递,在拱间共设置了四道横向支撑,并在大部分周边处也设置了交叉支撑杆件。由于椭球体沿短轴方向的剖面为一圆弧线,因此沿短轴方向布置的拱为圆形拱。图 1 为结构总体平立面布置图。拱间距为 6m,共设 24 榀拱,拱的最大跨度为 64.9m,最小跨度 25.5m;檩条间距则根据玻璃搁置的要求定为 2m 左右。交叉支撑采用了截面尺寸较小的实心钢棒(直径 36mm),以尽量减少对整体建筑效果的影响。图 2 为工程即将竣工时的内外景照片,结构简洁通透,完全达到了预期的效果。

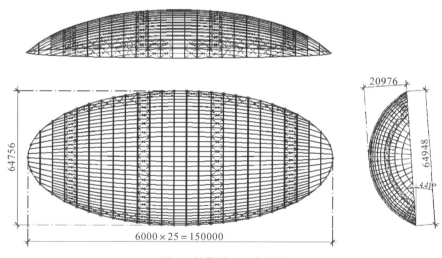

图 1　结构平立面布置图

a　外景

b　内景

图 2　即将竣工的工程照片

3 荷载取值与荷载工况组合

结合荷载规范[1],结构分析中考虑了以下荷载。

(1)静荷载。屋面采用夹胶玻璃,包括玻璃及配件自重的恒载标准值取 0.45kN/m^2。

(2)活荷载。活荷载标准值 0.3kN/m^2,基本雪压 0.3kN/m^2。由于拱结构对半跨不对称荷载的敏感性,分析中考虑半跨活荷载的情况(见图3)。

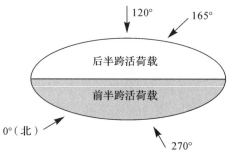

图3 活荷载分布及风荷载方向示意

(3)风荷载。由于这类大型椭球体的风荷载特性与建筑体型、周边环境关系密切,本工程通过风洞试验确定结构的实际风压分布[2]。试验采用 1:100 的木质模型,考虑 50 年重现期的基本风压 0.3kN/m^2,地面粗糙度 B 类,按幂指数 $\alpha=0.16$ 模拟 B 类地貌的大气边界层风场,风向角间隔15°,共24个风向。风洞试验结果表明,壳体表面的风压分布与风的来流方向密切相关,故在考虑当地主导风向的前提下,应选择风压系数较大的风向角进行结构计算,并建议验算以下六个风向角:120°、165°、210°、270°、285°、300°(风荷载方向示意见图3)。此外,取风振系数 1.6,结构重要性系数 1.1,考虑百年一遇大风的系数 1.1。

(4)温度荷载。考虑±25℃的温度变化。

(5)地震荷载。8 度设防,场地土类型为二类。

按照荷载规范进行荷载效应组合,将静荷载与三组活荷载(满跨及前、后半跨)、六组风荷载(对应于上述六个风向角)及温度作用进行组合,共考虑了 29 组荷载工况,限于篇幅,本文不详细列出。

4 拱截面选择及单榀拱的分析

钢拱结构可采用多种类型的截面形式,常见的工字形截面拱平面外刚度较弱,而圆管截面拱若要满足平面内的强度和刚度要求势必导致圆管直径过大。综合考虑拱在平面内、平面外的刚度要求,同时考虑加工制作的可行与方便,本工程采用了一种新颖的上部 Ⅱ 形截面、下部圆管截面构成的组合截面形式(见图4)。

由于 24 榀拱的跨度变化较大(25.5～64.9m),选择统一的拱截面尺寸必然不经济,而截面尺寸种类太多又导致备料加工的不方便,也不美观。综合考虑经济性以及加工的方便,根据拱的不同跨度采用三种尺寸的组合截面,截面尺寸及相应拱的跨度见表1。

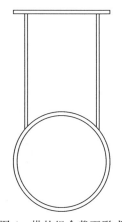

图4 拱的组合截面形式

表 1　拱的截面尺寸

截面型号	截面尺寸/mm			拱跨度/m
	翼缘板	腹板	钢管	
A	$400×20$	$600×14$	$\phi402×16$	58.4、60.6、62.4、63.7、64.5、64.9
B	$350×18$	$500×12$	$\phi350×14$	47.7、52.0、55.5
C	$300×16$	$300×10$	$\phi299×12$	25.5、35.3、42.2

对于三种截面尺寸的拱,以每组中的最大跨度进行单榀拱的初步分析。由于檩条对于拱的侧向约束作用并不明确,验算中不考虑檩条作为侧向支撑构件的作用。拱脚支座约束条件为平面内转角放松,其余两个转角和三个线位移均约束,即模拟为平面内的两铰拱。验算采用 ANSYS 软件进行,按静荷载与活荷载的组合进行分析,并考虑半跨不对称荷载的影响。内力计算结果表明,三种截面拱的轴力和弯矩均较小,应力水平很低,因此拱的稳定性将起控制作用。

先进行线性特征根屈曲分析。结果表明,三种截面拱的屈曲模态相同,图 5 所示为 A 拱的前 5 阶屈曲模态,前 3 阶均为平面外屈曲,依次表现为一个半波、两个半波和三个半波,第 4 阶表现为平面内的不对称屈曲,第 5 阶则为四个半波的平面外屈曲。表 2 给出了三种截面拱的前 5 阶线性屈曲临界荷载系数(即线性屈曲临界荷载与设计荷载之比)。三种截面拱的线性屈曲特性十分类似,屈曲模态一致,屈曲特征值接近,因此对不同跨度的拱所选择的截面尺寸是合适的。

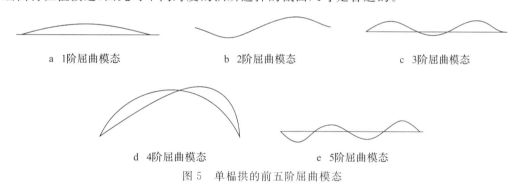

a　1阶屈曲模态　　　　　b　2阶屈曲模态　　　　　c　3阶屈曲模态

d　4阶屈曲模态　　　　　e　5阶屈曲模态

图 5　单榀拱的前五阶屈曲模态

表 2　单榀拱的线性屈曲临界荷载系数

单榀拱	1 阶	2 阶	3 阶	4 阶	5 阶
A 拱	2.82	6.85	13.63	17.95	21.46
B 拱	2.77	6.64	13.20	18.26	20.71
C 拱	3.43	8.03	15.92	16.28	24.82

当然,线性特征根屈曲分析没有考虑结构屈曲前变形的影响,通常会过高估计结构的稳定承载力;同时,线性分析无法描述结构的屈曲后性能,而许多结构的稳定承载能力正是由其屈曲后性能决定的。拱结构通常表现出较强的非线性效应,因此有必要进行非线性全过程分析。结构的非线性屈曲通常包括极限屈曲(跳跃屈曲)和分枝屈曲。对于极限屈曲,屈曲前后的变形形态是一致的,因此后屈曲路径的跟踪不需采取任何措施;而对于分枝屈曲,屈曲前后的变形形态不一致,因此必须施加一定的扰动才能跟踪到分枝后的平衡路径[3,4]。

图 6 给出了三种截面拱在不同计算条件下的拱顶荷载-位移曲线。荷载形式为均布荷载(静荷载加满跨活荷载)。拱中的应力水平很低,故只考虑几何非线性,不考虑材料的弹塑性。图中短虚

线为拱的平面内屈曲路径,表现为极限屈曲,三种截面拱对应的极限荷载系数分别为 13.16、13.13、14.81,为清楚给出与平面外屈曲的比较,图 6 中仅画出了平面内屈曲路径的一部分。与表 2 结果比较可知,考虑几何非线性效应的临界荷载均小于线性屈曲临界荷载(第 4 阶为平面内屈曲),分别为线性结果的 73.3%、71.9%、91.0%,因此确定极限屈曲荷载时应考虑几何非线性的影响。

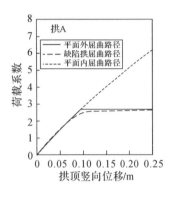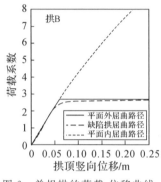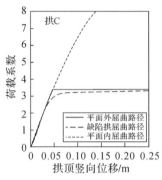

图 6   单榀拱的荷载-位移曲线

若在非线性分析中引入以一阶线性屈曲模态分布的微小扰动(这里取扰动幅值为屈曲模态的万分之一,即最大节点扰动 0.1mm),就可以跟踪到分枝点屈曲平衡路径,如图 6 中的实线所示。在分枝点处,拱由平面内变形转化为平面外一个半波(即与一阶屈曲模态一致)的变形模态。观察图 6 发现,分枝点之前的平衡路径非常接近于直线,而分枝路径基本上为一水平线,因此对于所分析的三种截面拱,发生平面外屈曲时并不表现出明显的非线性效应,拱的屈曲也不导致承载力的彻底丧失。三种截面拱的非线性分枝屈曲临界荷载系数分别为 2.70、2.67、3.36,与一阶线性屈曲荷载(见表 2)非常接近,分别为线性结果的 95.7%、96.4%、98.0%,这进一步表明对平面外屈曲非线性的影响并不明显。

上述分析中均假定拱为理想拱,即不考虑初始缺陷的影响,若引入以一阶屈曲模态分布的几何缺陷,缺陷幅值 5cm(约为跨度的 1/1000),荷载-位移曲线如图 6 中的长虚线所示。可以看到缺陷拱的平衡路径上不存在明显的临界点,在整个加载过程中拱均表现为与缺陷形状一致的平面外变形。即由于初始缺陷的存在,拱的屈曲由分枝屈曲转化为极限屈曲。同时,初始缺陷并不导致屈曲荷载的明显降低。

5   整体结构的线性分析

5.1   分析模型

以上单榀拱的分析模型无法准确考虑檩条对拱的侧向支撑作用,也无法对风荷载等复杂荷载条件进行分析,要充分了解结构在各种复杂荷载下的受力性能,必须对整体结构进行分析。本结构中的檩条除了具有普通檩条的功能,尚作为结构的纵向支撑杆件,是重要的结构构件,结合建筑外观要求,檩条采用 180×150×8×8 的矩形钢管。

分析采用 ANSYS 程序进行。拱采用具有截面定义功能的梁单元 BEAM44,将实际采用的组合截面直接输入。结合檩条与拱的连接节点设计,考虑檩条与拱铰接,故檩条采用杆单元 LINK8。交叉支撑杆件考虑受压时退出工作,采用只拉不压的杆单元 LINK10。拱脚支座采用固定铰支座。

5.2 内力分析

如前所述,对结构进行 29 组荷载工况下的内力分析。限于篇幅,本文只给出其中较为不利的 9 组工况下的最大变位、主要构件最大内力的计算结果,见表 3。表中轴力以拉力为正,弯矩则以上翼缘受压为正。其中,工况 1~3 分别为静荷载与满跨、前半跨、后半跨活荷载的组合,工况 4、5 分别为静荷载与 165°风、270°风的组合,工况 6、7 分别为静荷载、半跨活荷载与风的组合,工况 8、9 分别为静荷载、满跨活荷载与升温 25℃、降温 25℃的组合。由表 3 可知,结构最大位移出现在荷载工况 3(静荷载加后半跨活荷载)、工况 7(静荷载、后半跨活荷载与 165°风的组合),最大位移 6.29cm,仅为跨度的 1/1033,表明整体结构具有很好的刚度。拱内的最大轴力和弯矩大多出现在工况 1 和工况 9,但即使考虑某种截面拱在所有工况下的最大轴力和最大弯矩组合后进行拱的截面验算(实际上最大轴力和最大弯矩既不出现于同一工况,也不出现在相同截面),最大应力也仅约为 70N/mm²。因此对所选截面的拱,强度、刚度都不存在问题。下面进一步分析其稳定问题。

表 3 整体结构的最大位移与内力

荷载工况	位移 /cm	交叉支撑轴力/kN	檩条轴力/kN	A 拱		B 拱		C 拱	
				轴力/kN	弯矩/(kN·m)	轴力/kN	弯矩/(kN·m)	轴力/kN	弯矩/(kN·m)
1	4.77	75	−320~189	−616	−522~321	−498	−237~154	−347	−79~58
2	3.22	32	−291~101	−547	−386~304	−439	−182~163	−319	−68~66
3	6.29	101	−352~224	−518	−486~367	−414	−208~179	−328	−124~114
4	5.88	58	−187~112	−372	−254~222	−256	−239~247	−192	−91~69
5	4.49	55	−111~41	−355	−149~174	−246	−168~210	−183	−85~70
6	3.74	53	−233~124	−544	−290~241	−410	−196~170	−317	−97~66
7	6.00	105	−392~237	−518	−447~341	−403	−282~248	−328	−131~115
8	6.14	70	−907	−543	−620~345	−401	−320~179	−244	−235~100
9	5.50	180	696	−743	−421~292	−671	−161~126	−473	−136~200

5.3 线性屈曲分析

尽管线性特征根屈曲分析难以准确反映结构的稳定承载能力,但该方法概念清楚、计算简便,有助于初步了解结构的整体稳定性能,结构的初始缺陷敏感性分析中也常引入特征根屈曲模态作为初始缺陷的分布形式。因此在进行整体结构的非线性稳定分析之前,有必要进行线性屈曲分析。表 4 给出了 9 组荷载工况下的前 6 阶线性屈曲临界荷载系数(荷载工况条件与前述内力分析一致)。对应荷载工况 1 的一阶屈曲模态见图 7a,表现为结构两端约 1/4 处各两榀拱的平面内、外耦合屈曲,该工况与前面单榀拱分析的荷载条件一致,而最低阶线性屈曲临界荷载明显高于单榀拱,表明檩条对拱的平面外屈曲具有明显的约束作用,提高了结构的稳定性。

但由表 4 可以发现,在工况 8(即升温 25℃参与组合)的荷载条件下,结构的一阶线性屈曲临界荷载系数仅为 0.69,即结构在小于设计荷载时即出现屈曲。该工况下的一阶屈曲模态如图 7b 所示,表现为结构中部跨度最大的四榀拱的平面内屈曲。再观察降温 25℃参与组合的工况 9,一阶屈曲模态表现为结构的整体扭转屈曲(图 7c)。比较发现这种整体型的屈曲模态在所有工况中是唯一的,其余工况均表现为与图 7a、7b 类似的若干榀拱的屈曲,只是发生屈曲的拱的具体位置有所不同。此外,工

表 4　整体结构的线性屈曲临界荷载系数

工况	1 阶	2 阶	3 阶	4 阶	5 阶	6 阶
1	8.42	8.44	8.57	9.70	9.79	9.99
2	11.81	11.88	12.80	12.89	15.06	15.83
3	6.16	6.74	6.76	7.46	8.78	8.92
4	13.18	17.97	19.73	23.04	23.26	23.98
5	23.23	27.95	32.89	32.99	38.25	39.47
6	12.48	13.05	13.90	15.60	16.94	18.38
7	6.54	6.65	7.41	7.96	8.93	9.70
8	0.69	0.89	0.89	0.91	1.16	1.20
9	19.22	23.98	30.89	36.64	41.12	44.21

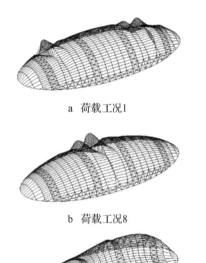

a　荷载工况1

b　荷载工况8

c　荷载工况9

图 7　整体结构的一阶屈曲模态

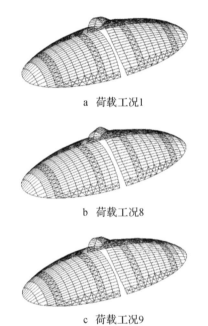

a　荷载工况1

b　荷载工况8

c　荷载工况9

图 8　中间设伸缩缝结构的一阶屈曲模态

况 9 的线性屈曲系数明显高于其余大多数工况(除工况 5)。升温、降温条件对结构整体屈曲性能(包括屈曲荷载、屈曲模态)截然不同的效应促使我们进一步分析温度对结构屈曲的影响机理。我们知道,壳体结构的稳定与其薄膜应力状态密切相关,薄膜压应力的存在是壳体屈曲的主要原因。在升温条件下,钢材膨胀,导致结构中出现很大的薄膜压应力,且薄膜压应力在椭球面中部沿短轴方向最大,因此在荷载很小时就出现结构中部若干榀拱的屈曲;而在降温条件下,钢材收缩,结构中出现薄膜拉应力,对结构的稳定性有利,表现在其屈曲模态,不再是几榀拱的屈曲,而是结构整体的屈曲。

由以上分析可知,要提高结构在升温条件下的整体稳定性,必须释放或部分释放温度应力。在大跨度网架、网壳结构的设计中,采用橡胶支座是释放温度应力的有效途径。然而拱结构的承载能力对其边界条件十分敏感,拱脚支座处的微小变位就会导致其承载能力的显著降低。因此,通过调整支座释放温度应力以提高结构的整体稳定性与保证拱的承载力成为一对矛盾。最终决定采用在结构中部设置一道伸缩缝的方法来达到释放部分温度应力的目的。下面对设置伸缩缝以后的结构进行详细分析以确定该方法的有效性。

5.4　设置伸缩缝结构的内力分析

在实际结构中,伸缩缝的设置是通过结构长轴方向中部的一组檩条与拱的螺栓连接采用长螺栓孔来实现的。与该组檩条相连的两榀拱(即最中间的两榀拱)之间可以相对运动,该组檩条仅起支承上部玻璃的作用(该部位的玻璃同样带有伸缩缝),不再是壳体的结构构件。在有限元模型中,简单地将该组檩条删除即可,结构成为相互独立、完全对称的两部分,可以只取其中一半进行分析。但考虑到风荷载的不对称性,为便于与以上不设伸缩缝结构分析结果的对比,仍对整体结构进行分析。

表5汇总了在相同9组荷载工况下的结构最大变位、最大内力计算结果。设置伸缩缝后,各工况下的结构位移均有所增大,最大位移仍出现在工况3、工况7,最大位移10.23cm,约为跨度的1/635。这表明尽管伸缩缝的设置导致结构刚度有所降低,但整体结构仍具有良好的刚度。再看设伸缩缝后各类构件最大内力的变化,交叉支撑拉杆的轴力有所增大,檩条轴力显著降低;对跨度最大的A型拱,最大轴力与弯矩均增大,但弯矩的增幅远大于轴力;对B型拱,轴力变化不大,弯矩有较大增加;对C型拱,轴力、弯矩改变均不明显。从结构整体上看,结构一分为二以后,壳体内沿长轴方向的薄膜内力显著减小,沿短轴方向的薄膜内力变化不大,而弯曲内力有所增大,因而总体上并不利于充分发挥壳体结构通过面内力承载的特点。但由于结构最大内力的绝对数值并不大,构件中的应力水平仍然很低,因此从结构内力、变形情况看,设置伸缩缝是完全可以接受的。

表5　中间设伸缩缝结构的最大位移与内力

荷载工况	位移/cm	交叉支撑轴力/kN	檩条轴力/kN	A拱		B拱		C拱	
				轴力/kN	弯矩/(kN·m)	轴力/kN	弯矩/(kN·m)	轴力/kN	弯矩/(kN·m)
1	6.86	81	−87～81	−712	−668～420	−514	−360～219	−377	−112～65
2	3.87	42	−82～49	−573	−432～374	−447	−220～208	−324	−73～74
3	10.19	111	−115～99	−661	−704～537	−424	−382～289	−311	−114～91
4	7.22	91	−141～63	−438	−332～276	−264	−297～294	−211	−115～88
5	4.91	65	−135～32	−360	−160～193	−243	−166～229	−176	−77～78
6	5.32	76	−124～58	−575	−370～339	−415	−270～217	−301	−104～74
7	10.23	136	−182～108	−670	−666～583	−404	−452～379	−310	−150～118
8	6.86	81	−87～80	−712	−668～420	−514	−360～218	−377	−112～65
9	7.43	249	−58～289	−858	−647～428	−575	−312～213	−447	−93～62

5.5　设置伸缩缝结构的线性屈曲分析

再对设置伸缩缝的结构进行线性屈曲分析。分析模型、荷载工况与上述内力分析一致。前6阶的线性屈曲临界荷载系数见表6,对应于工况1、8、9的一阶屈曲模态示于图8。由于结构实际上是独立、对称的两部分,因此在对称荷载工况(无风荷载参与组合)条件下,特征模态、特征值是成对出现的。比较表6、表4发现,设置伸缩缝后,结构的一阶线性屈曲临界荷载普遍提高(除工况5、9),且不同工况下的屈曲荷载更为均匀。我们最为关心的荷载工况8,结构的一阶屈曲荷载系数达到13.74。观察图8发现,不同工况下的一阶屈曲模态比较相似,均以中间两榀拱的平面内屈曲为主,这也明显区别于中间无伸缩缝的结构(图7)。

表 6　中间设伸缩缝结构的线性屈曲临界荷载系数

工况	1 阶	2 阶	3 阶	4 阶	5 阶	6 阶
1	13.74	13.74	14.28	14.28	15.13	15.13
2	15.98	15.98	16.66	16.66	17.50	17.50
3	16.19	16.19	16.23	16.23	16.58	16.58
4	13.27	17.88	20.45	20.96	22.15	23.38
5	13.07	16.24	17.78	19.42	20.51	23.67
6	15.75	16.53	17.61	18.05	18.24	18.32
7	11.60	14.63	16.21	16.35	16.59	17.40
8	13.74	13.74	14.28	14.28	15.13	15.13
9	13.86	13.86	14.34	14.34	15.67	15.67

对于工况 8,伸缩缝的设置改变了壳体内的屈曲前应力分布,升温所导致的薄膜压应力得以释放,屈曲荷载显著提高在预料之中。而对于工况 9,伸缩缝的设置同样释放了由降温导致、对壳体稳定性有利的薄膜拉应力,屈曲荷载有所下降,但仍与其他工况基本一致。工况 8、9 与工况 1 荷载条件的区别仅在于温度作用的存在,设置伸缩缝后,这三种工况下的屈曲荷载基本一致,说明在结构中部设置一道伸缩缝对温度应力的释放是有效的。对于其他大多数工况,壳体应力以薄膜压应力为主,因此伸缩缝的设置使屈曲荷载普遍有所提高。综上分析,对本结构而言,设置伸缩缝有效地改善了结构的整体稳定性,这也验证了前面对温度应力影响结构屈曲性能的原因分析是正确的。

6　整体结构的几何非线性分析

通过以上分析,对椭球壳钢结构的静力性能有了明确认识,并对其整体稳定性有了初步了解。但大跨度壳体结构通常呈现较明显的非线性,且通常属缺陷敏感性结构,而线性屈曲分析无法考察初始缺陷对结构稳定性能的影响。因此有必要对整体结构进行非线性全过程分析。由于内力分析结果表明结构中应力水平较低,故只考虑几何非线性的影响。这里仍然采用 ANSYS 进行分析,利用弧长法跟踪结构的平衡路径。

图 9 给出了不设伸缩缝结构在工况 1 和工况 8 下的荷载-位移曲线,图中纵坐标荷载系数为当前荷载水平与设计荷载之比,横坐标则为结构中最大位移点的竖向位移。荷载-位移曲线表现出明显的非线性,曲线顶点附近计算收敛十分困难,在荷载达到最大值,即跟踪到极限失稳的临界点后,计算无法收敛,因此没有得到完整的后屈曲路径。可以发现工况 1 的临界荷载大于线性屈曲临界荷载,理论上完善结构在线性屈曲荷载附近可能存在一个分枝点,但在大型实际结构的有限元分析中由于计算累积误差等原因往往难以跟踪到分枝屈曲路径,特别当分枝屈曲伴随稳定的后屈曲响应时,计算可能越过分枝点至下一个的临界点。此外,工况 8 的临界荷载系数仅约 0.037,大大低于其他所有工况,这一结果与线性屈曲分析结果一致,同时表明在升温导致壳体出现薄膜压应力的情况下,非线性效应使其稳定承载力进一步下降。图 9 还给出了考虑几何初始缺陷影响的分析结果,缺陷以一阶特征根屈曲模态(见图 7)分布,缺陷幅值分别取 1cm、5cm 和 20cm(分别约为跨度的 1/6500、1/1300、1/325),可以发现几何缺陷对结构的荷载-位移响应几乎没有影响。

图 10 为设置伸缩缝结构在工况 1 和工况 8 下的荷载-位移曲线。结构在两种工况下表现出类似的荷载-位移响应,临界荷载系数一致,均为 10.21,这再次表明通过设置伸缩缝释放温度应力对改善

结构的整体稳定性是有效的,设置伸缩缝结构具有良好的整体稳定性。结构荷载响应的非线性效应明显,且临界荷载约为线性屈曲临界荷载的 74.3%,因此确定极限荷载时应考虑几何非线性的影响。图 10 也给出了考虑几何初始缺陷影响的分析结果,可以发现随着初始缺陷的增大,极限荷载有所降低;在同一荷载水平下,初始缺陷的增大导致结构位移的增大。这表明初始缺陷对结构是不利的,但影响并不显著,总体上看,本结构对缺陷并不敏感。

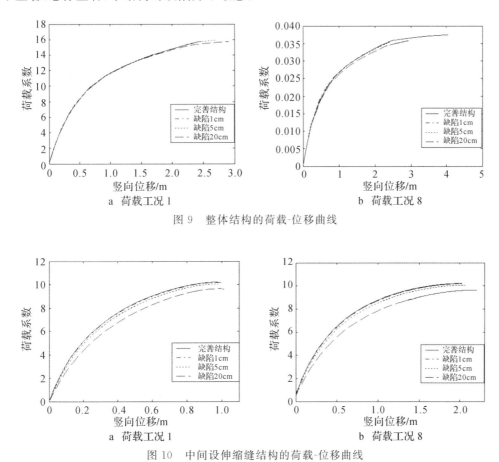

图 9　整体结构的荷载-位移曲线

图 10　中间设伸缩缝结构的荷载-位移曲线

7　结论

本文结合一大型实际工程,对椭球形壳体提出以圆形钢拱结构为主要承载构件的结构方案,对圆形钢拱则提出了一种新颖的由上部∏形截面、下部圆管截面构成的组合截面形式。分别对单拱结构、整体结构进行了详细的内力分析、线性特征根屈曲分析及几何非线性分析,分析表明升温条件引起的结构整体稳定性急剧下降成为结构设计的控制条件,提出在结构中部设置伸缩缝的方法调整壳体屈曲前的薄膜应力状态,线性屈曲分析及非线性分析结果均表明这一方法有效地改善了结构的整体稳定性,同时仍能保证整体结构的强度和刚度要求。

本文分析结果还表明,尽管线性特征根屈曲分析难以准确反映结构的稳定极限承载能力,也无法评估初始缺陷的影响,但对于初步了解结构的整体稳定性是十分有效的。由于线性屈曲分析快速方便,在结构方案比较及初步设计阶段可显示出明显的优越性。

参考文献

[1] 中华人民共和国建设部.建筑结构荷载规范:GB 50009－2001[S].北京:中国建筑工业出版社,2002.

[2] 浙江大学空间结构研究中心.九寨沟甘海子国际会议度假中心温泉泳浴中心风洞试验研究[R].杭州:浙江大学,2002.

[3] 沈世钊,陈昕.网壳结构稳定性[M].北京:科学出版社,1999.

[4] 剧锦三,郭彦林,刘玉擎.拱结构的弹性二次屈曲性能[J].工程力学,2002,19(4):109－112.

81 国家游泳中心结构关键技术研究[*]

摘　要：国家游泳中心屋盖和墙体采用了基于气泡理论的多面体空间刚架结构，为国内外首创。国家游泳中心结构关键技术科研团队针对结构关键技术开展了一系列科技攻关工作，理论研究和试验研究取得了较丰富的研究成果。本文拟对这些科研工作主要成果做一简要介绍。

关键词：国家游泳中心；结构关键技术；焊接球节点；相贯节点；变截面杆件

1　引言

国家游泳中心屋盖和墙体采用了基于气泡理论的多面体空间刚架结构，为国内外首创，给结构设计提出了许多亟待解决的课题。为此，设计单位中建国际（深圳）设计顾问有限公司联合浙江大学空间结构研究中心、中国建筑科学研究院建筑结构研究所、清华大学土木系成立了"国家游泳中心结构关键技术研究"科研团队，开展了一系列科技攻关工作，理论研究和试验研究取得了较丰富的研究成果。部分研究项目已在北京市科委申请了课题立项，整体课题的可行性研究已通过科技部科技攻关计划项目专家评审。本文拟对这些科研工作主要成果做一简要介绍，其中焊接球节点试验、变截面钢管试验、钢管杆端连接加强试验已由浙江大学完成，相贯节点试验已由建研院完成，子结构延性试验正在清华大学土木系进行。

2　结构设计优化与整体抗震分析

2.1　设计优化[2]

几何构成的优化包括多面体单元形状的优化、多面体阵列旋转角度选择、切割面选择。优化选用的14面体的两个六边形长边的四个顶点相连构成正方形，两个六边形的长边的四个顶点在俯视图上重合，单元的规律性更强。若填充相同的体积，改良的 Weaire-Phelan 多面体棱边的总长（对应于结构杆件的总长）小于原始的 Weaire-Phelan 多面体棱边的总长。研究表明，阵列绕轴$(1,1,1)$旋转$60°$后，在x,y,z三个方向上相同切割位置切割出的表面图案是一样的，而且切出的弦杆种类少。最优切割

---

　　*　本文刊登于：傅学怡，顾磊，董石麟，罗尧治，赵阳，钱基宏，赵鹏飞，钱稼茹，胡晓斌.国家游泳中心结构关键技术研究[C]//天津大学.第五届全国现代结构工程学术研讨会论文集，广州，2005：21—27.

面和可行切割面通过十二面体的顶点,旋转后的十二面体单元高度范围内共有 5 个最优切割面,每个最优切割面两侧各有一个可行切割面。

在结构优化设计过程中,墙体和屋盖杆件的应力水平分别采用了不同的控制标准,墙体杆件的应力水平控制在钢材设计强度的 0.75,屋盖杆件的应力水平则控制在钢材设计强度的 0.9,以利于抗震设计中容易实现"强墙弱盖"。本工程圆管的外径与壁厚之比均控制在 50 以下,矩形管的板件宽厚比均控制在 26 以下,杆件截面优化选用紧凑截面。由多面体构成的三维空间切割生成的未经任何修改的"纯净"结构,屋盖下弦在墙体厚度范围内是不联通的,设计中我们在内墙厚度范围增加一次切割,生成相应的下弦杆,从而使屋盖下弦杆件贯通内墙保持完整。同时还在屋盖和墙体相交的受力较大区域附加部分腹杆,适当构成汇交力系,合理"杂交",使整体结构受力均匀,在分析技巧上还运用了铰接处理。节点设计中,采取了强节点、弱构件的优化构造。

2.2 结构总装整体分析

本工程计算分析经历了下部钢筋混凝土结构与上部钢结构分别建模分析和上部钢结构与下部钢筋混凝土结构总装整体分析两个阶段。下部钢筋混凝土结构单独分析中将上部钢结构静、活荷载、风荷载折算成均布线荷载加在下部与钢结构连接的边界构件上。上部钢结构单独分析中,混凝土支承结构分别视为刚接、铰接固定支座。但是只有总装整体分析,才能准确地揭示结构在重力、地震、风、温度等各种荷载作用下,尤其是界面构件的受力和变形特性。钢结构设计计算采用了总装、单独钢结构支座刚接、单独钢结构支座铰接三个模型三控。

3 充气枕覆盖结构风洞试验及冰雪荷载研究[3-5]

国家游泳中心屋盖和墙体的围护结构采用统一的新型膜材 ETFE 充气枕结构。覆盖在 177m×177m×31m 大型立方体上的 ETFE 充气枕的风荷载取值尚无任何规范可以直接引用,屋面的积雪荷载以及冰凌滑落的可能性等都需要进行具体的研究,委托加拿大 RWDI 公司进行了风洞试验(见图1)和堆雪及冰凌滑落的研究。

 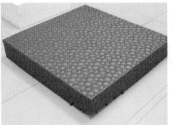 

图 1 风洞试验模型 1∶300

ETFE 充气枕风荷载按北京地区百年一遇取值,图 2 为北墙负风压的试验结果,综合考虑了体型系数、高度系数以及阵风系数的影响。整个覆盖结构的负压范围 $-3\sim-1$ kPa,正压范围 $+0.50\sim+2.00$ kPa,屋面和墙面的风压分布不均匀,边角处风压大。图 3 为屋面气枕雪荷载的取值,均布值为 0.55kPa,需考虑半跨情况,若气枕漏气瘪陷,则三角形雪压峰值 1.1kPa。

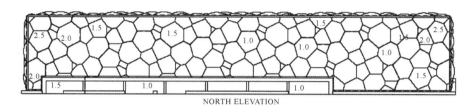

图2　北墙负风压分布图(单位:kPa)

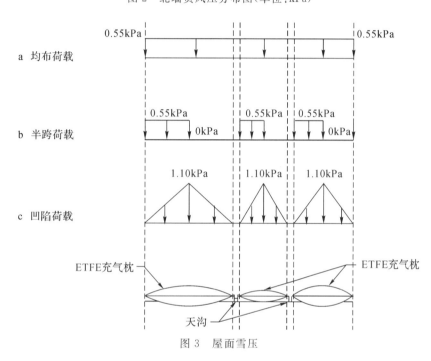

图3　屋面雪压

4　轴力、弯矩及其共同作用下的焊接球节点的分析试验研究[6]

对承受轴向力作用的焊接空心球节点,我国《网架结构设计与施工规程》(JGJ 7—91)给出了由大量试验数据统计分析而得的公式,适用于$120mm \leqslant D \leqslant 500mm$的焊接球,且认为受拉时为强度破坏,与材料强度有关;受压时属壳体稳定问题,只与节点几何尺寸有关,而与材料强度无关。《网壳结构技术规程》(JGJ 61—2003)则基于弹塑性非线性有限元分析结果,认为在满足一定构造要求的条件下,拉压节点均属强度破坏,给出了一个拉压节点都适用的承载力统一计算公式,并将适用直径扩大至$120mm \leqslant D \leqslant 900mm$的节点。网壳规程还针对单层网壳中杆件承受部分弯矩的情况,提出在受压和受拉承载力设计值的基础上乘以影响系数η_m(取0.8)以考虑拉弯或压弯作用的影响。但这只是一个经验系数,并没有理论依据,而且显然过于粗糙。这一简单方法对于以轴力为主、弯矩相对较小的情形(如大多数的单层网壳)尚可接受,但对于承受较大弯矩的节点(如"水立方"结构)是不适用、不安全的。

本研究通过有限元分析、试验研究和简化理论解三条途径,系统研究轴力与弯矩共同作用下圆钢管汇交、方钢管汇交、矩形钢管汇交的焊接空心球节点的受力性能和破坏机理,最终建立可供实际工程直接采用的节点承载力实用计算方法。主要内容包括:①采用理想弹塑性应力-应变关系和 von-

Mises 屈服准则、同时考虑几何非线性的影响,建立焊接空心球节点的有限元分析模型,对承受轴力、弯矩及两者共同作用的空心球节点进行大量的非线性有限元分析;②对典型节点进行试验研究(图 4),以直观了解节点的受力性能和破坏机理,并验证有限元模型的正确性;③基于冲切面剪应力破坏模型推导节点承载力的简化理论解;④综合简化理论解、有限元分析和试验研究的结果,建立焊接空心球节点在轴力和弯矩共同作用下的承载力实用计算方法(图 5)。以圆钢管汇交焊接球节点在轴力与弯矩共同作用为例,计算公式为

$$N_R = \eta_N \left(0.3 + 0.57\frac{d}{D}\right)\pi t d f \quad \text{(以轴力设计)} \tag{1}$$

$$M_R = \eta_M \left(0.3 + 0.57\frac{d}{D}\right) t d^2 f \quad \text{(以弯矩设计)} \tag{2}$$

其中,η_N——以轴力设计时考虑弯矩作用的影响系数;

η_M——以弯矩设计时考虑轴力作用的影响系数。

图 4　焊接空心球节点试验

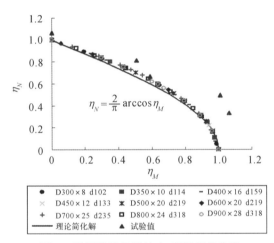

图 5　圆钢管无量纲轴力-弯矩相关曲线

对于方钢管和矩形钢管汇交的焊接球节点,通常受轴力和双向弯矩共同作用,本项研究也给出了简化计算方法为:将两个方向的弯矩合成为总弯矩 M,将 M 以单向弯矩的形式分别作用于矩形钢管的两个主平面内,此时可利用上述建立的轴力和单向弯矩共同作用的承载力计算公式,节点的实际承载力则以这两组承载力为基础通过线性插值得到。

5　轴力、弯矩及其共同作用下的矩形钢管相贯节点的分析试验研究[6]

国内外开展相贯焊接节点研究的单位主要有:国际管结构发展与研究委员会(CIDECT)、国际焊接协会(IIW)管结构焊接接头分会、哈尔滨工业大学、清华大学、同济大学等。目前的工作绝大部分以单平面节点为研究对象——主要是 T 型节点和 K 型节点,而且多为支杆仅承受轴力的情况。

我们充分利用了成熟的研究成果,包括以下三方面:①单 T 及单 K 节点承受轴力的公式(源自《钢结构设计规范》(GB 50017—2003));②直角单 T 节点承受面内弯矩公式[9,10];③直角单 T 节点承受面外弯矩公式[9,10]。

本项研究采用有限元法计算分析了共约 2000 个各种类型节点的单项及复合受力模型;利用最小二乘法回归了各种类型节点在单项及复合受力情形下的校核公式共 44 个;分析了各种类型节点的失效机理;完成了两大类、共 8 个试件的试验(图 6),节点形式为 T 型、TT 型、K 型、TK 型以及它们的加强形式。

图 6　相贯节点试验

以 T 型节点复合受力为例,支杆受轴力 N、平面内弯矩 M_I、平面外弯矩 M_O,计算公式如下:

当 $\sigma_N/(\sigma_N+\sigma_{MI}+\sigma_{MO})>1/3$ 时,$\left(\dfrac{N}{N_T^*}\right)+\left(\dfrac{M_I}{M_{IT}^*}\right)^{1.5}+\left(\dfrac{M_O}{M_{OT}^*}\right)^{1.5}\leqslant 1$ 　　　(3)

当 $\sigma_N/(\sigma_N+\sigma_{MI}+\sigma_{MO})\leqslant 1/3$ 时,$\left(\dfrac{N}{N_T^*}\right)^2+\left(\dfrac{M_I}{M_{IT}^*}\right)^{1.5}+\left(\dfrac{M_O}{M_{OT}^*}\right)^{1.5}\leqslant 1$ 　　　(4)

式中,N_T^*、M_{IT}^*、M_{OT}^*——分别为单 T 节点单项受力时的承载力(轴力、平面内弯矩、平面外弯矩);

σ_N、σ_{MI}、σ_{MO}——分别为单根支杆中,轴力、面内弯矩、面外弯矩产生的应力。

6　变截面钢管强度、稳定性分析试验研究[6]

在新型多面体空间刚架结构中,杆件内力同时包含弯矩、轴力和剪力,弯矩在杆端最大,杆中较小,因此采用杆端截面大而杆中截面小的变截面杆件既符合受力特点又可减少用钢量,同时有较好的建筑效果。国内外对变截面杆件已有所研究,美国柱子协会(CRC)和焊接协会(WRC)专门成立了联合工作委员会,欧美等国的钢结构设计规范中已列入了变截面构件的有关设计内容。国内随着门式刚架轻型房屋钢结构近年来的广泛应用,《门式刚架轻型房屋钢结构设计规范》(CECS 102—98)已涉及变截面杆件的设计,但以楔形变截面杆件为主。

本项研究包括变截面圆钢管及矩形钢管(包括方管)(图 7)的空间弹性刚度矩阵推导;确定变截面圆钢管及矩形管的最不利破坏截面位置;推导压弯、压弯扭强度设计公式;探讨变截面圆钢管及矩形管稳定计算方法。

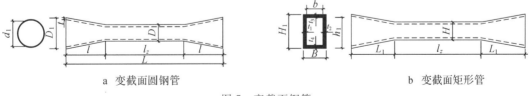

a　变截面圆钢管　　　　　　　　　　　　　b　变截面矩形管

图 7　变截面钢管

刚度矩阵的推导采用传递矩阵法,推导过程利用虚位移原理,力学意义清晰,推导过程简单,计算表达式准确,有助于编程实现。变截面圆管和矩形管最不利破坏面的确定在数学原理上是一个简单的极值问题,即确定出现最大应力的部位。为避免求解高次符号方程,在确定压弯扭变截面圆管破坏面时,对应力的表达式做了适当的近似简化;对于双向压弯矩形管的情况,则借助于数值方法。压、弯、扭共同作用下截面的强度公式规范中鲜有涉及,研究中从 Mises 强度公式出发,充分考虑材料塑性发展对强度的影响,得到了压弯扭荷载下截面的强度相关公式,并用有限元数值解以及试验结果进行比较验证。通常变截面杆件的轴压稳定性分析,都是将其等效成等截面构件。对于变截面杆件的压弯稳定性分析,经 Gatewood,Hirokyuki 等专家证明,其相关关系同样可以用与其相对应的等截面压弯构件的相关关系表示。这里通过等效面积、等效刚度来实现变截面圆钢管及矩形钢管到等截面圆钢管及矩形钢管的转换。

本次试验杆件从形式上可分为两类(图 8):第一类为整根杆件,其主要用于轴压及小偏压试验,它的尺寸为实际工程设计杆件尺寸的 1/2;第二类为半根试件,其主要用于大弯矩及弯压扭试验,作为本次试验的重点,它不仅从杆件尺寸上模拟实际工程设计杆件,还在荷载比例上尽量与实际接近,以达到更好的比较验证效果。试验共完成 24 个,压弯构件 8 个,压弯扭构件 10 个,轴压构件 4 个,稳定 2 个。

a 整根试验

b 半根试验

图 8　变截面钢管试验

7　钢管杆端连接加强试验研究[7]

在球节点和相贯节点的设计中,通过限制节点区域的应力水平实现了"强节点弱构件"的设计思想。杆件与节点之间为全熔透的对接焊缝连接,要真正实现"强节点弱构件",还必须确保"强连接"。为寻求避免对接焊缝的破坏先于钢管的破坏方法,使塑性铰从弯矩最大的焊缝处外移,提高结构的破坏延性,我们进行了钢管杆端连接加强试验研究。

试验构件分为三类:①未加强的全熔透剖口焊缝连接节点(见图 9a);②贴板加强,即在全熔透剖口焊缝的基础上,在试件底部的钢管四周外贴一块钢板,钢板与钢管及底板采用角焊缝连接(见图 9b);③厚管加强,即试件底部采用局部加厚钢管,根部焊缝、厚管与原钢管之间均采用全熔透焊接(见图 9c)。

试验采用弯(剪)拟静力试验方法(低周反复加载)来比较三种焊缝连接方式的抗震性能。未加强的全熔透剖口焊缝连接节点破坏表现为根部焊缝开裂,贴板加强的构件破坏表现为贴板角部的原钢管壁板开裂,厚管加强的构件破坏表现为原钢管角部开裂。图 10 为荷载-位移滞回曲线。三种连接方式的延性系数分别约为 2、8、3。试验证明:未加强的全熔透剖口焊缝破坏为脆性破坏,贴板加强和厚管加强两种方式均可较为有效地改善节点的滞回特性,使节点具有较好的延性,同时可使塑性发展区外移,贴板加强连接的延性远优于厚管加强连接。

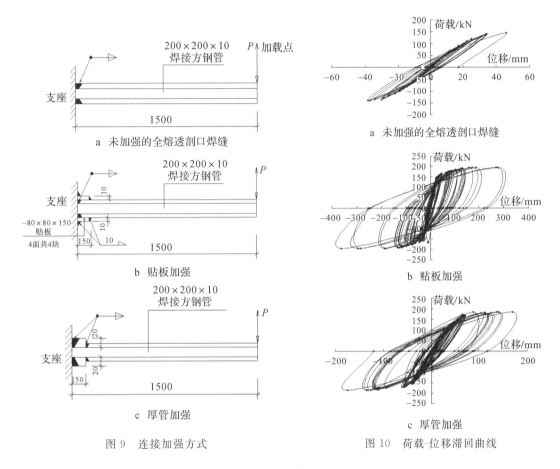

图 9　连接加强方式

图 10　荷载-位移滞回曲线

工字钢翼缘贴板加强的连接方式在 FEMA-355D[8] 中有详细的介绍,因为宽翼缘的形状系数在 1.12 到 1.2 之间,所以贴板厚度与翼缘厚度之比 t_{cp}/t_{bf} 达到 1.2 或 1.3 即可保证贴板加强区域的弹性承载能力大于未加强区域的塑性承载能力,FEMA-355D 中介绍的贴板与柱(节点)的焊缝有三种形式,均为剖口对接焊缝。本项研究的分析和试验结果表明,加强贴板可以更薄一些,贴板与节点的焊缝采用角焊缝即可实现截面的延性,角焊缝虽然首先出现开裂,但并不发展,随着荷载的增加,破坏外移到贴板前端未加强的钢管处。FEMA-335D 介绍的贴板加强可谓"过度加强",我们在设计中则采用了薄贴板和角焊缝连接的"适度加强"概念。

8　子结构延性试验研究

新型多面体空间刚架结构是一种延性刚架结构,受弯的杆件破坏具有延性,不同于网架结构的二力杆。为考察结构在地震下进入弹塑性的性能,我们在整体结构的静、动力弹塑性分析的基础上,进一步在东西向内墙中间部位选取一段子结构进行推覆(pushover)延性试验。试验比例为 1∶3,墙体子结构模型如图 11 所示,采用铁块模拟重力荷载,水平往复荷载采用两个拉压千斤顶施加在模型顶部的两个角点。

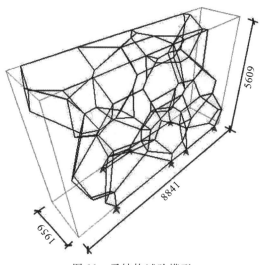

图 11　子结构试验模型

首先对试验模型进行重力荷载作用下的非线性分析,然后在此基础上分别进行正向和负向推覆分析,图 12 为正向推覆时塑性铰的发展过程。利用能力谱法可进行抗震能力检验,即由能力曲线求出能力谱,并将其和反应谱表达成 ADRS 格式(即谱加速度-谱位移曲线),然后置于同一坐标系下,如果有交点则可认为满足抗震性能要求,反之则表明抗震能力不足。正向推覆能力谱分析结果如图 13 所示,从图中可以看出,小震、中震、大震下,试验模型能力谱与需求谱均有交点,该交点即为结构的性能点。

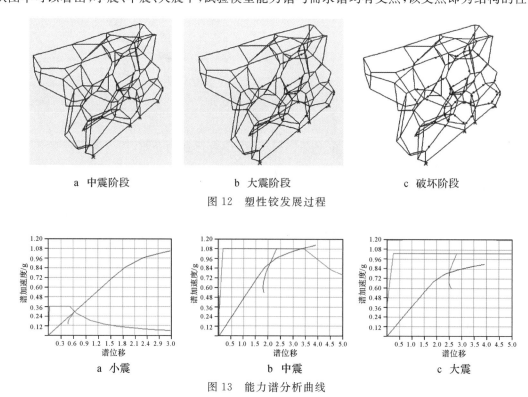

a　中震阶段　　　　　　　　b　大震阶段　　　　　　　　c　破坏阶段

图 12　塑性铰发展过程

a　小震　　　　　　　　b　中震　　　　　　　　c　大震

图 13　能力谱分析曲线

试验模型正在制作安装,杆件的截面大小和壁厚均按 1∶3 缩尺,但由于薄钢板目前很难采购,所以构件壁厚从 4mm 开始,壁厚未能严格按 1∶3 缩尺。相应的分析也按照实际的壁厚修改钢管截面特性参数,做到分析模型和试验模型一致。模型杆件总重约 3.8t,节点总重约 1.3t。

9 结语

"国家游泳中心结构关键技术研究"科研团队成立于 2003 年 11 月,虽然当时尚未获得科研经费,但是团队成员抱着为奥运做贡献的态度,以极大的热情投入到研究之中。没有这些研究基础,"水立方"的结构设计就不可能顺利进行,这是一次设计和科研密切结合的工程实践。业主单位北京市国资公司、三峡项目管理公司和 2008 工程指挥办公室给予了大力支持,北京市科委和国家科技部组织科研立项和经费支持。目前,国家游泳中心钢结构已开始安装,预计 2005 年底结构封顶,同时科研工作也已延伸到施工阶段,如施工模拟分析、健康监测等。

参考文献

[1] 傅学怡,顾磊,施永芒,等.北京奥运国家游泳中心结构初步设计简介[J].土木工程学报,2004,37(2):1−11.

[2] 傅学怡,顾磊,余卫江.国家游泳中心多面体空间刚架结构优化设计[C]//天津大学.第四届全国现代结构工程学术研讨会论文集,宁波,2004:19−23.

[3] 加拿大 RWDI 公司.北京国家游泳中心风洞试验报告[R].2004.

[4] 加拿大 RWDI 公司.北京国家游泳中心屋面雪荷载评估报告[R].2004.

[5] 加拿大 RWDI 公司.北京国家游泳中心冰雪滑落评估报告[R].2004.

[6] 中建国际(深圳)设计顾问有限公司,浙江大学空间结构研究中心,中国建筑科学研究院.《国家游泳中心焊接球节点、相贯节点和变截面杆件的分析试验研究》技术报告[R].2004.

[7] 浙江大学空间结构研究中心,中建国际(深圳)设计顾问有限公司.《国家游泳中心钢管杆端连接加强试验》研究报告[R].2005.

[8] FEMA-355D. State of the art report on connection performance[R]. 2000.

[9] PACKER J A, HENDERSON J E. 空心管结构连接设计指南[M]. 北京:科学出版社, 1997.

[10] Corus Tubes Company. Design of SHS welded joints[M]. 2001.

82 世博轴阳光谷钢结构稳定性分析*

摘　要:世博轴阳光谷单层空间网格结构曲面形状复杂、几何尺度大、悬挑跨度大,其整体稳定性是结构分析与设计中的关键问题之一。分析以特征值屈曲模态作为初始几何缺陷分布形式的合理性,通过非线性有限元分析系统考察了阳光谷单层网格结构的整体稳定性能,并研究了单根杆件失稳对结构整体极限承载力的影响。分析结果表明:几何非线性以及几何、材料双重非线性屈曲临界荷载均满足相关规范要求,阳光谷钢结构具有良好的整体稳定性;阳光谷钢结构对几何初始缺陷不敏感,阳光谷上由索膜结构传来的索拉力可进一步降低其缺陷敏感性;局部杆件的失稳退出工作并不会导致结构整体承载力的突然丧失,整体结构具有良好的承载能力。

关键词:单层空间网格结构;初始缺陷;非线性有限元分析;杆件失稳;整体稳定

1　工程概况

世博轴顶棚包括连续的张拉索膜结构和 6 个独立的"阳光谷"钢结构(Sun Valley,6 个阳光谷编号为 SV1~SV6)[1]。阳光谷采用"自由形状"构形技术,具有"喇叭口"形的独特建筑造型,图 1 所示为SV1 阳光谷的平、立面图。6 个阳光谷上端开口的长轴长度 60~90m,下端开口的长轴长度 16~21m,悬挑长度 21~40m,高 42m。

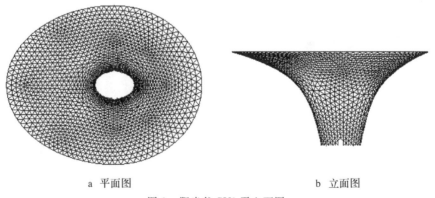

a　平面图　　　　　　　　　　　　　b　立面图

图 1　阳光谷 SV1 平立面图

---

*　本文刊登于:赵阳,田伟,苏亮,邢栋,周运朱,董石麟,张伟育,方卫,张安安.世博轴阳光谷钢结构稳定性分析[J].建筑结构学报,2010,31(5):27－33.

阳光谷钢结构采用了由三角形网格组成的单层空间网格结构体系。整体稳定性是单层网壳结构分析设计中的关键问题,对阳光谷这样曲面形状复杂、几何尺度大、悬挑跨度大的单层网格结构,结构的整体稳定问题显得尤为重要。本文在简要介绍结构分析模型及荷载工况的基础上,探讨特征值屈曲模态作为初始几何缺陷分布形式的合理性,并通过几何非线性分析以及几何、材料双重非线性分析,系统考察6个阳光谷钢结构的整体稳定性能及其初始缺陷敏感性,文中还考察了结构中单根杆件失稳对结构整体稳定承载力的影响。

2　分析模型及荷载工况

采用通用有限元软件 ANSYS 进行分析。阳光谷杆件之间的连接采用了一种由钢板焊接而成的新型节点形式,在结构整体分析时简化为刚接节点,因此分析中采用 BEAM188 梁单元模拟结构杆件。阳光谷底部的竖向构件支承于混凝土底板上,分析中采用的约束条件:竖向为铰支连接,径向和环向则为弹性约束,其中环向、径向的弹簧刚度系数分别为 $1.0 \times 10^7\,\mathrm{kN/m}$、$2.5 \times 10^6\,\mathrm{kN/m}$。

荷载取值如下:

(1)恒荷载:钢结构自重(钢材密度取为 $78.5\,\mathrm{kN/m^3}$);钢结构外部的玻璃幕墙系统的自重取为 $0.8\,\mathrm{kN/m^2}$。

(2)活荷载(雪荷载):$0.30\,\mathrm{kN/m^2}$。

(3)风荷载:根据荷载规范公式($\omega_k = \beta_z \mu_s \mu_z \omega_0$)计算。其中,上海地区基本风压 $\omega_0 = 0.55\,\mathrm{kN/m^2}$;风振系数 $\beta_z = 1.5$;体形系数 μ_s 根据风洞试验结果取值[2],本文选取其中较为不利的 0° 和 90° 两个风向角[3];场地类别 C 类,高度系数 μ_z 在地面标高 20m 以下取 0.84,标高 20～30m 取 0.92,标高 30m 以上取 1.0。

(4)索拉力:阳光谷与膜结构之间共有 18 个连接点,索拉力即这些点上由索传到阳光谷的拉力,取自膜结构分析所得的索拉力值,本文仅考虑较为不利的 90° 风向角时的索拉力。

分析取以下 4 组荷载工况组合:①恒荷载+活荷载;②恒荷载+活荷载+0°风荷载;③恒荷载+活荷载+90°风荷载;④恒荷载+活荷载+90°风荷载+索拉力。

3　特征值屈曲分析

尽管特征值屈曲分析难以准确反映结构的稳定承载能力,但是该方法概念清楚、计算简便,有利于初步了解结构的整体稳定性能,分析得到的屈曲模态也常作为初始几何缺陷的分布形式引入下一步的非线性稳定分析[4]。因此在进行整体结构非线性分析之前,有必要进行线性特征值屈曲分析。表 1 给出了 6 个阳光谷钢结构在恒荷载+活荷载工况下的前 8 阶特征值屈曲临界荷载系数(临界荷载系数指临界荷载与设计荷载之比),图 2 以阳光谷 SV2 为例给出了若干阶特征值屈曲模态。分析结果表明,6 个阳光谷的低阶屈曲模态均表现为结构上部(即悬挑部分)的较大变形(如图 2a、2b 所示),某些高阶模态的屈曲变形则同时出现在结构上部和下部(如图 2c、2d 所示)。

表 1　特征值屈曲临界荷载系数

阳光谷编号	临界荷载系数							
	1 阶	2 阶	3 阶	4 阶	5 阶	6 阶	7 阶	8 阶
SV1	8.55	8.60	9.95	10.10	10.75	10.81	12.47	12.51
SV2	12.77	13.08	16.99	17.20	19.20	20.43	20.90	22.43
SV3	15.02	15.17	20.13	20.28	21.89	24.17	24.21	25.59
SV4	12.74	13.57	18.55	18.69	19.13	19.60	21.05	21.17
SV5	14.60	14.89	19.49	19.74	21.72	23.21	23.94	24.66
SV6	6.62	6.82	8.65	8.73	8.81	9.08	10.44	10.61

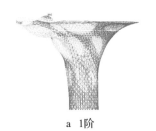   

a　1阶　　　　　　　b　2阶　　　　　　　c　23阶　　　　　　　d　26阶

图 2　阳光谷 SV2 特征值屈曲模态

4　初始几何缺陷的确定

在非线性分析中,初始几何缺陷形式的选择是一个比较重要而复杂的问题。JGJ 61-2003《网壳结构技术规程》[5](以下简称《网壳规程》)中指出,当初始缺陷以结构的最低阶屈曲模态分布时,求得的结构稳定承载力是可能的最不利值,因此建议以 1 阶屈曲模态作为初始缺陷的分布形式。但网壳结构以承受薄膜力为主,对阳光谷体型特殊、受力复杂的网格结构,有必要进一步探讨初始缺陷的合理形式。

通常以薄膜内力为主的结构稳定问题比以弯曲内力为主的结构更加突出。如前所述,阳光谷低阶屈曲模态的变形主要集中在悬挑部分,但这部分结构主要承受弯曲内力,而某些高阶屈曲模态的变形集中在以承受薄膜内力为主的结构下部,因此有必要分析高阶模态是否为不利的缺陷分布形式。

以阳光谷 SV2、SV3 在恒荷载+活荷载+90°风荷载工况条件为例,分别引入 16 组屈曲模态作为初始缺陷分布形式,即前 10 阶模态和 6 个高阶模态(对阳光谷 SV2 分别为 23 阶、26 阶、27 阶、30 阶、31 阶及 35 阶,对 SV3 分别为 25 阶、30 阶、32 阶、35 阶、36 阶及 38 阶),考察不同缺陷形式对结构稳定承载力的影响。初始缺陷的幅值是另一个需要确定的参数,《网壳规程》建议取网壳跨度的 1/300。所分析的 6 个阳光谷的平均悬挑长度约 30m,参考《网壳规程》,对 6 个阳光谷的缺陷幅值统一取 20cm,考虑最大悬挑等不利因素的影响,同时对缺陷幅值 40cm 进行了分析。

表 2 列出了阳光谷 SV2、SV3 在 16 组缺陷分布形式、缺陷幅值分别为 20cm 和 40cm 时的几何、材料双重非线性稳定临界荷载系数。由表 2 可见:①最低阶屈曲模态并不是最不利的缺陷形式;②无论是变形集中在悬挑部位的前 10 阶屈曲模态,还是变形集中在结构下部的高阶模态,结构的稳定承载力并没有明显差别,无法确定不利的缺陷形式;③在所引入的 16 组缺陷形式中,最低与最高屈曲临界荷载系数相差 13.1%～19.0%。因此阳光谷钢结构的稳定承载力对初始缺陷形式并不敏感,考虑

到初始缺陷对结构稳定性的影响还与荷载条件等因素有关，为简化分析，在后续计算中统一采用 1 阶弹性屈曲模态作为初始几何缺陷的分布形式。

表 2　不同初始缺陷形式下的非线性屈曲临界荷载系数

缺陷形式	SV2 屈曲临界荷载系数		缺陷形式	SV3 屈曲临界荷载系数	
	20cm	40cm		20cm	40cm
1 阶	10.74	9.42	1 阶	6.01	5.23
2 阶	9.98	9.33	2 阶	6.74	5.59
3 阶	9.07	7.79	3 阶	6.52	5.83
4 阶	8.90	8.09	4 阶	6.58	5.03
5 阶	9.52	8.95	5 阶	6.84	6.04
6 阶	9.42	8.50	6 阶	6.40	5.28
7 阶	9.66	8.63	7 阶	6.59	6.02
8 阶	9.79	9.49	8 阶	6.65	6.08
9 阶	9.01	7.98	9 阶	6.41	5.90
10 阶	9.47	8.51	10 阶	6.10	5.71
23 阶	9.79	9.17	25 阶	6.78	6.04
26 阶	9.54	8.41	30 阶	6.70	6.01
27 阶	9.75	9.62	32 阶	6.19	5.13
30 阶	9.53	8.24	35 阶	5.99	5.40
31 阶	9.50	9.19	36 阶	6.89	5.94
35 阶	9.95	9.47	38 阶	6.54	5.85

5　结构整体稳定性分析

5.1　几何非线性分析

对 6 个阳光谷钢结构进行仅考虑几何非线性效应的稳定性分析。初始几何缺陷按 1 阶弹性屈曲模态分布，缺陷幅值分别取 0cm（即不考虑初始缺陷）、20cm、40cm 三种情况。限于篇幅，仅以 SV6 为例，给出不考虑初始缺陷时 4 组荷载组合下的荷载（荷载系数，即所加荷载与设计荷载之比）-位移（最大竖向向下位移）曲线，如图 3a 所示。图 3b 给出了各组荷载工况下初始缺陷对临界荷载系数的影响曲线。6 个阳光谷钢结构在各种荷载工况及不同缺陷幅值下的几何非线性屈曲临界荷载系数见表 3。根据计算结果可对阳光谷钢结构的几何非线性稳定性能做以下分析。

（1）在所分析的各种荷载组合工况作用下，6 个阳光谷钢结构的几何非线性稳定分析屈曲临界荷载系数均大于我国《网壳规程》所要求的 5.0，因此阳光谷钢结构的几何非线性稳定性满足要求。对比分析可知，SV2～SV5 的稳定承载力比较高，SV1、SV6 的稳定承载力相对较低，这与特征值屈曲分析结果一致。

（2）初始几何缺陷通常导致阳光谷钢结构的非线性稳定承载力有所降低，并且随着初始缺陷幅值的增大，稳定承载力也随之下降。与不考虑初始缺陷的情形相比，当缺陷幅值分别为 20cm、40cm 时，各阳光谷钢结构在所有荷载工况下的临界荷载系数分别平均下降 10％、15％，最大降低幅度则分别为16％、23％。可见初始缺陷并没有导致结构稳定承载力的大幅下降，阳光谷钢结构的几何非线性稳定

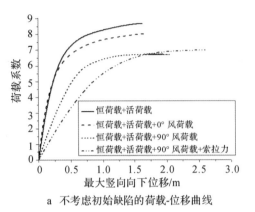
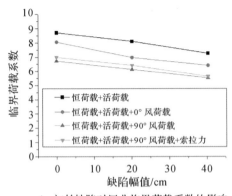

a 不考虑初始缺陷的荷载-位移曲线　　　　b 初始缺陷对屈曲临界荷载系数的影响

图3　阳光谷SV6几何非线性分析结果

承载力对初始缺陷并不敏感。

（3）对于不考虑索拉力的3组荷载工况下，初始缺陷幅值20cm、40cm导致临界荷载系数平均下降11%、17%，而考虑索拉力时，相应的平均下降幅度分别为8%、10%。因此，索拉力的存在可进一步降低结构的初始缺陷敏感性。但索拉力对结构稳定承载力的影响较小。

5.2　几何、材料双重非线性分析

考虑几何、材料双重非线性效应对结构进行稳定性分析。钢材屈服强度取310MPa，采用双线性等向强化模型，弹性模量取2.06×10^5 MPa，强化模量取弹性模量的1%。

仍以阳光谷SV6为例，图4a为不考虑初始缺陷时4组荷载组合工况下的双重非线性荷载-位移曲线，图4b反映了各组荷载工况下初始缺陷对弹塑性稳定承载力的影响。6个阳光谷钢结构在各种荷载工况及不同缺陷幅值下的双重非线性屈曲临界荷载系数见表3，表中还给出了双重非线性与仅考虑几何非线性的荷载系数比值。根据计算结果可对阳光谷钢结构的双重非线性稳定性能做以下分析。

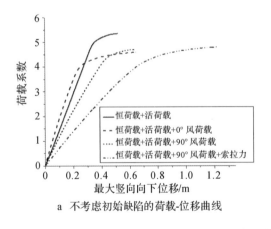
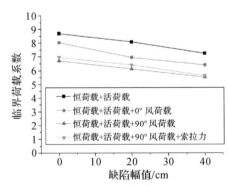

a 不考虑初始缺陷的荷载-位移曲线　　　　b 初始缺陷对屈曲临界荷载系数的影响

图4　阳光谷SV6几何材料双重非线性分析结果

（1）在所分析的各种荷载组合工况作用下，阳光谷SV1～SV6的双重非线性屈曲临界荷载系数最小值为3.48，整体稳定性良好。与特征值屈曲分析、几何非线性分析结果一致，阳光谷SV2～SV5的双重非线性稳定承载力较高，阳光谷SV1、SV6的稳定承载力相对较低。

表3 非线性屈曲临界荷载系数

荷载工况		恒荷载＋活荷载			恒荷载＋活荷载＋0°风荷载			恒荷载＋活荷载＋90°风荷载			恒荷载＋活荷载＋90°风荷载＋索拉力		
初始缺陷幅值/cm		0	20	40	0	20	40	0	20	40	0	20	40
SV1	几何非线性	8.05	6.85	6.19	9.64	8.69	8.17	7.29	6.88	6.21	7.31	7.16	6.46
	双重非线性	6.55	5.17	4.34	7.52	5.71	4.96	6.06	5.01	4.09	5.73	5.72	5.77
	双重/几何	0.81	0.76	0.70	0.78	0.66	0.61	0.83	0.73	0.66	0.78	0.80	0.89
SV2	几何非线性	9.83	8.71	8.35	10.01	9.04	8.62	13.44	15.34	13.60	13.66	13.67	12.54
	双重非线性	8.23	6.66	5.81	8.18	6.77	5.84	9.77	10.74	9.42	7.35	7.57	6.43
	双重/几何	0.84	0.76	0.70	0.82	0.75	0.68	0.73	0.70	0.68	0.54	0.55	0.51
SV3	几何非线性	11.13	9.36	8.74	11.08	9.66	8.94	10.16	8.87	8.32	8.61	7.77	7.65
	双重非线性	7.62	6.63	5.75	7.32	7.07	6.44	6.99	6.01	5.23	4.87	5.55	4.05
	双重/几何	0.68	0.71	0.66	0.66	0.77	0.72	0.69	0.68	0.63	0.57	0.71	0.53
SV4	几何非线性	13.21	13.19	12.41	12.30	11.43	10.54	10.50	9.33	8.99	8.62	9.13	8.81
	双重非线性	9.22	8.11	7.05	8.43	7.16	6.09	7.18	6.40	5.37	5.72	5.96	5.21
	双重/几何	0.70	0.62	0.57	0.68	0.63	0.58	0.68	0.69	0.60	0.66	0.65	0.59
SV5	几何非线性	10.82	9.42	8.65	10.75	9.19	8.65	12.33	10.43	10.10	10.41	9.09	8.88
	双重非线性	8.74	7.28	6.39	8.46	7.12	6.26	9.61	8.05	7.06	8.67	7.39	6.62
	双重/几何	0.81	0.77	0.74	0.79	0.78	0.72	0.78	0.77	0.70	0.83	0.81	0.75
SV6	几何非线性	8.69	8.09	7.24	8.04	6.96	6.41	6.72	6.13	5.52	6.98	6.42	5.63
	双重非线性	5.37	5.07	4.56	4.60	4.59	4.07	4.64	3.96	3.48	4.79	4.20	3.71
	双重/几何	0.62	0.63	0.63	0.57	0.66	0.63	0.70	0.65	0.63	0.69	0.65	0.66

（2）考虑材料非线性使阳光谷钢结构的整体稳定承载力进一步降低，降低幅度与阳光谷类型、荷载条件有关，根据6个阳光谷的分析结果，考虑双重非线性的结构稳定承载力比仅考虑几何非线性时平均降低约30%。

（3）初始缺陷通常会降低阳光谷钢结构的非线性稳定承载力，且随着缺陷幅值的增大稳定承载力也随之下降。与不考虑初始缺陷的情形相比，当缺陷幅值分别为20cm、40cm时，各阳光谷钢结构在所有荷载工况下的双重非线性临界荷载系数分别平均下降13%、22%，最大降低幅度则分别为24%、34%。比仅考虑几何非线性时下降幅度有所增大。

（4）不考虑索拉力的3组荷载工况下，幅值20cm、40cm的初始缺陷导致临界荷载系数平均下降14%、24%，而考虑索拉力时，相应的平均下降幅度分别为9%、17%。因此，索拉力的存在可进一步降低结构的初始缺陷敏感性。

（5）在几何非线性分析和双重非线性分析结果中，都出现了初始缺陷反而导致结构稳定承载力提高的个别现象，这进一步表明阳光谷钢结构为缺陷不敏感结构。

5.3 杆件偏心对整体稳定性的影响

阳光谷钢结构共有30多种杆件截面类型，截面高度从180mm到500mm不等。有限元分析模型中，均假定所有杆件的轴线位于阳光谷的几何曲面上，而由于安装玻璃的需要，工程中的实际情况是杆件外表面的中心线位于阳光谷的几何曲面上，这样不同截面高度的杆件之间实际上存在一定的偏心距。因此有必要考察杆件偏心对结构整体稳定性的影响。有限元建模时对杆件截面进行偏移使之符合实际情况。对阳光谷SV3和SV6进行双重非线性稳定性分析，考虑杆件偏心的屈曲临界荷载系数列于表4。结果表明，杆件偏心导致结构稳定承载力的变化小于2%。这是由于阳光谷钢结构的大

表4 考虑杆件偏心的屈曲临界荷载系数

荷载工况		恒荷载＋活荷载			恒荷载＋活荷载＋0°风荷载			恒荷载＋活荷载＋90°风荷载			恒荷载＋活荷载＋90°风荷载＋索拉力		
初始缺陷幅值/cm		0	20	40	0	20	40	0	20	40	0	20	40
SV3	无偏心	7.62	6.63	5.75	7.32	7.07	6.44	6.99	6.01	5.23	4.87	5.55	4.05
	考虑偏心	7.60	6.63	5.75	7.32	7.06	6.44	6.98	6.01	5.23	4.86	5.49	4.03
	偏心/无偏心	1.00	1.00	1.00	1.00	1.00	1.00	1.00	1.00	1.00	1.00	0.99	0.99
SV6	无偏心	5.37	5.07	4.56	4.60	4.59	4.07	4.70	3.98	3.50	4.79	4.20	3.71
	考虑偏心	5.34	5.14	4.60	4.57	4.57	4.10	4.64	3.96	3.48	4.70	4.16	3.67
	偏心/无偏心	0.99	1.01	1.01	0.99	1.00	1.01	0.99	0.99	0.99	0.98	0.99	0.99

部分杆件具有相同的截面高度(180mm),截面高度改变的杆件主要集中于索膜结构的支承点附近的局部区域,这些局部杆件的偏心对整体结构的受力性能并不会产生明显影响。

5.4 单杆失稳对结构极限承载力的影响

目前我国规范将构件的承载力和结构的整体稳定性各自进行校核,并未考虑构件和结构之间的耦合关系。结构设计中,用线性方法分析结构内力,并进行构件的截面承载力设计;同时通过非线性分析验算结构的整体稳定性,其中并不考虑构件的失稳问题,即结构整体稳定性分析时没有考虑单根杆件失稳的影响。基于此方法,只能保证构件在设计荷载下不失稳,而结构的整体稳定承载力应大于设计荷载,因此在结构达到稳定承载力之前,构件存在失稳的可能性。所以,若将不考虑构件失稳的整体稳定承载力作为结构的极限承载力,实际上偏于不安全。文献[6,7]较为系统地研究了这个问题,提出了一个基于杆中部塑性铰模型、能较好反映压杆后屈曲性能的杆件力学模型,可在结构极限承载力分析中较为准确地考虑单杆失稳的影响。但目前的通用有限元软件都没有类似的功能,本文尝试采用"杀死"失稳杆件的方法来考虑单杆失稳对结构极限承载力的影响。即对加载过程中发生失稳的杆用ANSYS中的"EKILL"命令将其杀死,不考虑其刚度贡献,此处理方式虽不准确,但偏于安全。

由表3可知,阳光SV6的不利荷载工况为恒荷载＋活荷载＋90°风荷载,该工况在3种缺陷条件下的单杆强度及单杆稳定验算结果见表5。可见在结构整体失稳之前会发生单杆失稳,开始发生单杆失稳的荷载系数约为结构整体稳定系数的40%。

在确定了单杆开始发生失稳的荷载系数之后,分两个荷载步进行稳定分析。两个荷载步的分界点为结构即将发生单杆失稳的荷载系数,第一荷载步为结构未发生单杆失稳时的稳定分析;第二荷载步为考虑杆件发生失稳后刚度退化的稳定分析,修改原模型,对结构加载分析过程中最先发生失稳的杆件进行杀死(刚度乘以极小数),以逐步确定结构由单杆的局部失稳到整体结构失稳的发展过程。按照结构单杆失稳的过程(见表6),对失稳杆件逐步杀死,Model 1杀死最先失稳的1根杆件,并在第一子步中有4根杆件进一步发生平面外的失稳;Model 2杀死接着失稳的5根杆件,并在第一子步中进一步有13根杆件失稳;Model 3再次杀死首先失稳的18根杆件,并得到了下一步首先失稳的25杆件;由此类推,Model 4杀死最先失稳的43根杆件。Model 1～Model 4分析模型见图5,图中红色杆件为杀死单元。可见这些杆件都是结构底部附近的竖向杆件,这些杆件退出工作后,原来的三角形网格变成了菱形网格,采用刚接节点时结构体系仍可保持结构几何不变。

表5　阳光谷 SV6 在不同缺陷下的单杆失稳

缺陷形式	整体稳定临界荷载系数	杆件开始失稳荷载系数	杆件强度验算应力/MPa	杆件稳定验算应力/MPa	
				弱轴	强轴
无缺陷	4.64	1.88	135	311	175
缺陷幅值 20mm	3.96	1.56	144	310	180
缺陷幅值 40mm	3.48	1.43	146	312	182

表6　阳光谷 SV6 的失稳发展历程及临界荷载系数

模型	临界荷载系数	模型杀死的单元数	重新失稳单元数
原模型	3.48	—	—
Model 1	3.43	1	4
Model 2	3.13	5	13
Model 3	2.56	18	25
Model 4	1.92	43	—

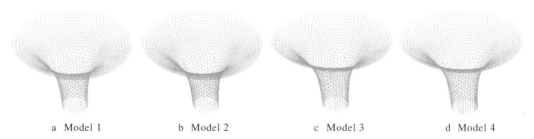

a　Model 1　　　　b　Model 2　　　　c　Model 3　　　　d　Model 4

图5　阳光谷 SV6 考虑单杆失稳退出工作的分析模型

对各模型进行双重非线性分析,引入以 1 阶弹性屈曲模态分布的初始缺陷,缺陷幅值取 40cm,荷载-位移全过程曲线见图6,达到极限承载力时的结构变形形状见图7。分析表明,在 1 根杆件完全退出工作的情况下,结构的极限承载力几乎没有变化,为原结构的 98.6%;18 根杆件完全退出工作时,极限承载力为原结构的 73.5%;而在多达 43 根杆件完全退出工作的情况下,极限承载力仍有原结构的 55.1%。因此,局部杆件的失稳退出工作并不会导致结构整体极限承载力的突然丧失,整体结构具有良好的承载能力。由于分析中认为失稳杆件完全失效,也可认为结构具有良好的抗连续倒塌能力。从图7的结构变形也可看出,部分杆件的退出工作仅影响这些杆件附近区域的局部变形,并没有导致结构总体破坏模态的改变。

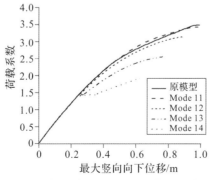

图6　阳光谷 SV6 考虑单杆失稳退出工作的非线性分析结果

| a Model 1 | b Model 2 | c Model 3 | d Model 4 |

图7　考虑单杆失稳的阳光谷SV6达到极限承载力时的变形状态

6　结论

(1)阳光谷钢结构体型特殊,受力复杂,部分区域以承受弯曲内力为主,但在非线性稳定性分析中,采用1阶弹性屈曲模态作为初始几何缺陷的分布形式较合适。

(2)几何非线性分析、几何材料双重非线性分析结果表明,阳光谷单层空间网格结构的整体稳定性满足要求,且对几何初始缺陷不敏感。

(3)阳光谷上由索膜结构传来的索拉力对结构稳定承载力影响较小,索拉力的存在可进一步降低结构的初始缺陷敏感性。

(4)在阳光谷钢结构整体失稳之前有若干杆件出现单杆失稳,但少数杆件的失稳并不会导致结构整体承载力的突然丧失,整体结构具有良好的承载能力。

参考文献

[1] WANG D S,GAO C,ZHANG W Y,et al. A brief introduction on structural design of cable-membrane roof and Sun Valley steel structure for Expo Axis project[J]. Spatial Structures,2009,15(1):89—97.

[2] 同济大学土木工程防灾国家重点实验室.世博轴及地下综合体工程抗风研究风洞试验和响应计算报告[R].上海:同济大学,2007.

[3] 汪大绥,卢旦,李承铭.世博轴索膜结构风振响应数值模拟[J].建筑结构学报,2010,31(5):49—54.

[4] 赵阳,陈贤川,董石麟.大跨椭球面圆形钢拱结构的强度及稳定性分析[J].土木工程学报,2005,38(5):15—23.

[5] 中华人民共和国建设部.网壳结构技术规程:JGJ 61—2003[S].北京:中国建筑工业出版社,2003.

[6] 苏慈.大跨度刚性空间钢结构极限承载力研究[D].上海:同济大学,2006.

[7] 沈祖炎,苏慈,罗永峰.空间钢结构的极限承载力研究[C]//第四届海峡两岸结构与岩土工程学术研讨会论文集.杭州:浙江大学出版社,2007:134—145.

83 新型多面体空间刚架的几何构成优化 [*]

摘　要:基于气泡理论的新型多面体空间刚架系由类WP多面体单元经组合、阵列、旋转、切割而生成,它有别于传统空间结构由单元体简单组合而成。因此,基本单元的形状与尺寸、旋转轴、旋转角度、切割面位置等都是影响整体结构几何构成的重要参数,也是结构几何构成优化的主要内容。通过对这些参数的分析比较,本文提出新型多面体空间刚架几何构成的优化准则,提出最优切割面和可行切割面的重要概念,从而为建立各种高效合理、同时充分满足建筑效果的结构构成提供理论依据与可行方法。在此基础上,结合国家游泳中心"水立方"结构,具体说明了本文提出的优化原则与方法在实际工程中的应用与效果。本文研究揭示了多面体空间刚架结构区别于传统结构的一个重要特点——建筑尺寸由结构的几何构成所确定。

关键词:多面体空间刚架;几何构成;优化

1　引言

基于气泡理论[1,2]的新型多面体空间刚架是一种全新的空间结构,在国家游泳中心"水立方"结构中首次得以应用[3,4]。这种结构看似非常复杂,但实际上具有高度的重复性,它的内部只有4种不同长度的杆件、3种不同的节点,一个节点上只有4根杆件汇交,而普通的网架结构中单个节点汇交杆件最少的蜂窝型三角锥网架为6根。目前国内外针对这种新型结构的研究尚属空白。对于一种新型空间结构体系的研究,最根本的是把握其几何构成。文献[5]系统研究了构成新型多面体空间刚架的基本多面体单元的几何构成,本文的主要工作即在此基础上深入探讨多面体空间刚架整体结构的几何构成,给出几何构成的优化目标和具体内容。本文研究成果可为建立各种高效合理、并充分满足建筑效果的新型多面体空间刚架提供理论依据与可行方法。

2　多面体空间刚架的几何构成

文献[5]的研究表明,多面体空间刚架的基本单元是类 Weaire-Phelan 多面体,简称类 WP 多面体。采用图形解析和数学解析两种方法可以得到类 WP 多面体的十二面体单元和十四面体单元,单元体心的空间位置如图 1 所示。十二面体单元的体心位于一个晶格立方体的 8 个顶点及其体心,十

＊　本文刊登于:余卫江,赵阳,顾磊,傅学怡,董石麟.新型多面体空间刚架的几何构成优化[J].建筑结构学报,2005,26(6):7—12.

四面体单元的体心则位于此晶格立方体 6 个面中线的四分点(不包括中点)上。1 个十二面体单元被周围 12 个十四面体单元完全包围,1 个十四面体单元与其周围的 4 个十二面体单元和 10 个十四面体单元相连。6 个十四面体单元(其体心位于晶格立方体中三个相互垂直的面上)与 2 个十二面体单元(其体心分别位于立方体体心和三个垂直面的相交顶点)可组成基本单元组合(图 2)。

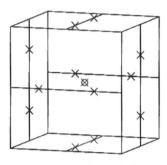

图 1　多面体单元体心位置　　　　　图 2　基本单元组合

　　基本单元组合可以沿晶格立方体表面上三个相互垂直的中线方向进行阵列,从而形成由类 WP 多面体填充的大立方块。与普通网架结构不同的是,这种由多面体形成的大立方块的外边界是凸凹不平的,若要形成平整的建筑表面必须用平面对它进行切割。出于建筑表面视觉效果的需要,也可先将大立方块旋转后再进行切割(图 3a)。十二面体、十四面体在切割平面上切出的边线就分别构成了屋盖结构的上、下弦杆或墙体结构的内、外表面弦杆,而切割面之间所保留的原有各单元体的棱边则构成了结构内部的腹杆,最终形成的多面体刚架如图 3b 所示。图 4 为通过切割形成的屋面和墙面图案。

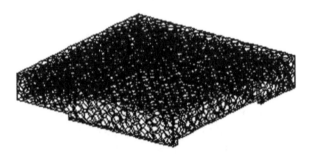

a　大立方块的旋转　　　　　　　　b　切割形成的几何模型

图 3　通过旋转切割形成结构

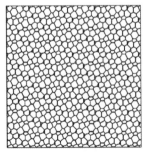
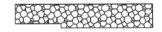

a　屋面图案　　　　　　　　　　b　墙面图案

图 4　屋面和墙面图案

3　结构几何构成的优化目标

多面体空间刚架的几何构成十分复杂,按照建筑和结构的要求对其进行优化是一项非常重要的工作。这类结构几何构成优化的主要目标是为了满足以下两方面的要求:

(1)切割形成的表面(屋面或墙面)满足建筑效果的要求。如"水立方"结构,要求屋面和墙面的多边形图案达到既具有重复性而又能保持一个随机无序的视觉效果。

(2)结构构造的要求。为了避免结构的内部节点碰到表面弦杆,切割面的位置应满足内部节点离切割面的最小距离不小于某一特定值,如"水立方"中要求不小于0.5m。

4　结构几何构成优化的主要内容

多面体空间刚架的构成需要经过多面体单元的组合、阵列、旋转、切割等过程,因此基本单元、旋转轴、旋转角度、切割面的位置等都是影响整体结构几何构成的重要参数,对这些参数的优化选择也就成为结构构成优化的主要内容。

4.1　基本单元的形状与尺寸

文献[5]研究表明,多面体空间刚架中基本单元的形状由形状控制参数 c 确定, c 值的合理取值范围为 $1.0 \sim 1.5$。将十四面体单元中2个平行六边形之间的距离定义为类WP多面体的基本单元尺寸,则边长为4的晶格立方体所形成的类WP多面体的基本单元尺寸为 $1.5c$。将其按比例放大或缩小可得到实际结构中采用的类WP多面体,设比例系数为 α,则实际结构中的类WP多面体基本单元尺寸为 $1.5\alpha c$。

4.2　旋转轴与旋转角度

将基本单元组合(图2)沿 x,y,z 三轴方向阵列形成由类WP多面体填充的大立方块(图3a)。图5给出了未经旋转以及旋转后的立方块经过切割形成的表面图案。可以看出,未经旋转直接切割形成的表面(图5a),多边形的种类较少,且排列十分整齐;而将多面体旋转后再切割所形成的表面(图5b),多边形的种类明显增多,虽仍具有高度重复性,同时还表现出随机无序的视觉效果。

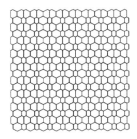 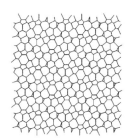

a　未旋转的表面图案　　　　　　　b　旋转后的表面图案

图5　切割表面图案比较

如果把类WP多面体绕任意一个轴线旋转任意角度,生成的结构能满足随机无序的效果,但很少有重复。而绕轴 $(0,0,0) \rightarrow (1,1,1)$ 矢量轴旋转时,墙面和屋面形成的图案比较相似。类WP多面体中体心位于坐标原点的十二面体单元顶点坐标为$(\pm a, \pm a, \pm a)$、$(0, \pm b, \pm c)$、$(\pm b, \pm c, 0)$、$(\pm c, 0, \pm b)$,且顶点坐标具有轮换对称性[5],因此十二面体单元绕轴$(0,0,0) \rightarrow (1,1,1)$轴旋转$120°$后的图形与旋转前完全一致。进一步分析发现,基本单元组合及阵列后的多面体也同样具有这种几何性质。此外,此阵列绕$(0,0,0) \rightarrow (1,1,1)$轴旋转$60°$后,在$x,y,z$三个方向上相同切割位置切割出的表面图案是一样的,因此切割面的选择只需考虑一个方向即可。鉴于类WP多面体的以上性质,当建筑上要求旋转后再切割时,宜选择绕$(0,0,0) \rightarrow (1,1,1)$轴旋转$60°$。

4.3 切割面位置

由类WP多面体填充的大立方块形成后,按照建筑尺寸切割形成结构的几何模型。切割形成的屋面和墙面建筑效果以及结构构造的要求能否得到满足直接取决于切割面位置的选择。原则上,切割面的位置必须经过多面体单元的顶点,否则表面弦杆及与表面弦杆相连腹杆的杆长种类大量增加,且内部节点离切割面的最小距离将缩短,不利于满足优化目标中对结构构造的要求。

多面体不经过旋转直接切割时,切割面位置的选择比较容易,一个基本单元组合的高度范围内经过节点的切割面只有11个(见图6)。可根据不同切割面的表面图案效果、与相邻切割面的间距来选择满足建筑和结构构造要求的屋盖和墙面切割面。

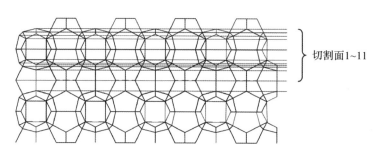

切割面1~11

图6 不旋转时过节点的切割面

需要多面体旋转后再切割时,切割面位置的选择依赖于旋转轴和旋转角度。下面仅研究类WP多面体绕$(0,0,0) \rightarrow (1,1,1)$轴旋转$60°$的情况。图7为旋转后类WP多面体的$xz$平面视图(为显示清楚,图中只画出多面体的顶点,没有画出棱边),在z方向上过多面体顶点作平行于xy平面的切割面。在所有切割面中,两相邻切割面之间的间距有长有短,对实际工程最具意义的是间距最长的相邻切割面,因为由这些切割面形成的表面离内部节点的最小距离达到最大值,从而有利于满足优化目标中对结构构造的要求。这里将两相邻切割面间距的最大值定义为最大切割间距。研究发现,在所有切割面中,有一类切割面与它两侧的相邻切割面的间距都是最大切割间距,可将其定义为最优切割面,还有一类切割面只与它一侧的相邻切割面的间距为最大切割间距,将其定义为可行切割面,如图7所示。最优切割面和可行切割面均有规律地重复出现。

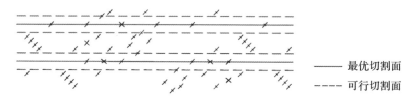

—— 最优切割面
---- 可行切割面

图7 旋转后多面体顶点的xz平面视图

切割面的选择原则为：一是满足结构构造的要求，即应该选择最优切割面或可行切割面作为建筑的屋面或墙面；二是要满足屋面和墙面建筑效果的要求。当最优切割面和可行切割面不能满足结构构造要求时，可以通过改变形状控制参数 c 和比例系数 α 两条途径来改造基本单元。

5 "水立方"结构几何构成的优化

5.1 旋转轴与旋转角度的选择

下面结合国家游泳中心"水立方"结构，说明上述优化原则与内容的具体应用与实现。"水立方"要求屋盖上下表面和墙体内外表面的多边形图案既具有重复性而又能保持一个随机无序的总体感觉，因此需要将类 WP 多面体旋转后再切割。如前所述，选择绕 $(0,0,0) \rightarrow (1,1,1)$ 轴旋转时，墙面和屋面图案比较相似，并且当旋转角度为 $60°$ 时，在 x, y, z 轴相应位置切割出的墙面和屋面图案一致。图 8 为绕 $(0,0,0) \rightarrow (1,1,1)$ 轴分别旋转 $30°, 45°, 60°$ 后，经过同一顶点且平行于 xy 平面切割出的表面图案，不同旋转角度下切割形成的杆长比较见表 1。可以看出，旋转 $60°$ 时切割形成的杆长种类最少，重复性高，并且杆长变化最小。这进一步证明了旋转 $60°$ 的优越性，因此"水立方"结构最终选择绕 $(0,0,0) \rightarrow (1,1,1)$ 轴旋转 $60°$。

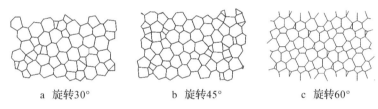

a 旋转30°   b 旋转45°   c 旋转60°

图 8　不同旋转角度下的表面图案比较

表 1　不同旋转角度下的杆长比较

旋转角度	杆长种数	最大杆长/m	最小杆长/m
30°	193	6.583	0.019
45°	343	6.636	0.016
60°	38	6.799	0.918

5.2 基本单元形状的确定

类 WP 多面体的基本单元形状只与形状控制参数 c 有关，且 c 宜取 $1.0 \sim 1.5$[5]。当基本单元尺寸为 7m 左右时，杆件和节点数较少且能满足建筑效果要求（详见 5.4 节的讨论）。这里以基本单元尺寸为 7m 的类 WP 多面体为例，确定合适的 c 值。多面体单元绕 $(0,0,0) \rightarrow (1,1,1)$ 轴旋转 $60°$ 后，不同的 c 值对应的最大切割间距也不同。通过不断调整 c 值，当 c 取 1.3333 时，最大切割间距为 $0.518m$，满足"水立方"结构最大切割间距大于 $0.5m$ 的构造要求。这样得到的类 WP 多面体即为 Water-Cube 多面体[5]。

图 9 为 Water-Cube 多面体 $(c = 1.3333)$ 和 Weaire-Phelan 多面体 $(c = 1.2599)$ 的十四面体单元的俯视图，可以看到，前者两个六边形的四个顶点在俯视图上重合而后者不重合。

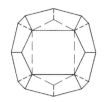 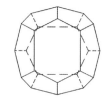

a Water-Cube多面体　　　　b Weaire-Phelan多面体

图 9　Water-Cube 多面体与 Weaire-Phelan 多面体中的十四面体单元比较

5.3　切割面的选取

Water-Cube 多面体绕 $(0,0,0) \rightarrow (1,1,1)$ 轴旋转 $60°$ 时,最优切割面和可行切割面通过十二面体的顶点,它们与十二面体单元的位置关系见图 10。可以看到,旋转后的十二面体单元高度范围内共有 5 个最优切割面,每个最优切割面两侧各有一个可行切割面。表 2 给出了体心为坐标原点的一个十二面体($\alpha=1$ 时)旋转前后的顶点坐标,可以得到 Water-Cube 多面体旋转后的两相邻最优切割面的间距为 $\alpha c/2$,最大切割间距则为 $\alpha c/9$(见图 10)。

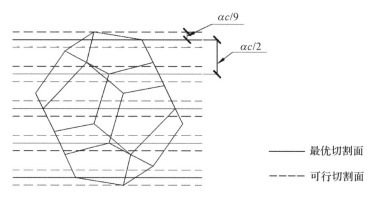

———— 最优切割面

- - - - 可行切割面

图 10　十二面体单元内的最优切割面与可行切割面

表 2　十二面体单元旋转前后的顶点坐标

旋转前	旋转后	旋转前	旋转后
$(0,c/2,c)$	$(c/2,0,c)$	$(2c/3,2c/3,2c/3)$	$(2c/3,2c/3,2c/3)$
$(0,-c/2,c)$	$(5c/6,-2c/3,c/3)$	$(-2c/3,-2c/3,-2c/3)$	$(-2c/3,-2c/3,-2c/3)$
$(0,c/2,-c)$	$(-5c/6,-2c/3,-c/3)$	$(-c,0,-c/2)$	$(-c,-c/2,0)$
$(c/2,-c,0)$	$(2c/3,-c/3,-5c/6)$	$(2c/3,-2c/3,2c/3)$	$(10c/9,-2c/9,-2c/9)$
$(0,c/2,-c)$	$(-c/2,0,-c)$	$(-2c/3,2c/3,-2c/3)$	$(-10c/9,2c/9,2c/9)$
$(c,0,-c/2)$	$(c/3,5c/6,-2c/3)$	$(2c/3,2c/3,2c/3)$	$(-2c/9,-2c/9,10c/9)$
$(-c,0,c/2)$	$(-c/3,-5c/6,2c/3)$	$(c,0,c/2)$	$(c,c/2,0)$
$(-2c/3,-2c/3,2c/3)$	$(2c/9,-10c/9,2c/9)$	$(-c/2,c,0)$	$(-2c/3,c/3,5c/6)$
$(c/2,c,0)$	$(0,c,c/2)$	$(2c/3,2c/3,-2c/3)$	$(-2c/9,10c/9,-2c/9)$
$(0,-c,-c/2)$	$(0,-c,-c/2)$	$(2c/3,-2c/3,2c/3)$	$(2c/9,2c/9,-10c/9)$

“水立方”实际结构中,屋盖上下表面都采用最优切割面,表面有 9 种不同的完整的多边形(如图 11a 中阴影部分所示),而建筑上要求墙面的图案更体现随机无序的效果,故墙面采用可行切割面,有 16 种不同的完整的多边形(如图 11b 中阴影所示)。

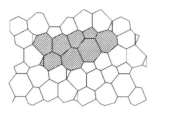 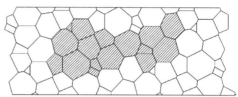

a 屋面图案   b 墙面图案

图 11 "水立方"的屋面和墙面图案

5.4 基本单元尺寸的确定

当基本单元尺寸取为 7m 左右时,表面杆件最长达 9m,外墙高度内有 5 个多边形,屋面和墙面的视觉效果基本满足建筑效果的要求。研究基本单元尺寸从 5.5m 到 10.5m 的一系列单元发现,较小基本单元形成的结构,墙面和屋面图案的视觉复杂性较好,但节点和杆件数过多,例如 5.5m 的基本单元与 7m 的基本单元所形成的结构相比,节点和杆件数都增加了一倍。而较大基本单元形成的结构,节点和杆件数明显减少,但墙面和屋面图案过于简单,尤其在墙面上显得更为突出。因此采用 7m 左右的基本单元,可以达到节点杆件数较少和视觉复杂性的良好平衡。

如前所述,"水立方"结构要求切割面的位置应满足内部节点离切割面的最小距离(即最大切割间距 $\alpha c/9$)不小于 0.5m,而多面体基本单元尺寸为 $1.5\alpha c$,因此,满足结构构造要求的最小单元尺寸为 $\dfrac{0.5}{\alpha c/9}\times 1.5\alpha c=6.75\mathrm{m}$。

另外,外墙外立面经过可行切割面,因此基本单元尺寸还与总建筑尺寸有关。"水立方"建筑平面尺寸约为 $177\mathrm{m}\times 177\mathrm{m}$,对于 6.75m 和 7.5m 的基本单元,外墙外立面之间分别存在 79 和 71 个最优切割面,而墙面上的门洞也要经过最优切割面或可行切割面,因此通过调整基本单元尺寸,可以满足建筑上对内外墙体位置以及墙上门洞设置的要求。经过反复调整,最终确定基本单元尺寸为 7.211m,此时外墙外立面之间存在 74 个最优切割面,相应的放大系数、最大切割间距和相邻最优切割面间距确定如下:

放大系数:$\alpha=7.211/(1.5\times 1.3333333)=3.6055599$

最大切割间距:$\alpha c/9=\dfrac{1}{9}\times 1.3333333\times 3.6055599=0.534157\mathrm{m}>0.5\mathrm{m}$

相邻最优切割面间距:$\alpha c/2=\dfrac{1}{2}\times 1.3333333\times 3.6055599=2.403706\mathrm{m}$

5.5 建筑尺寸的确定

既然墙面和屋面都经过最优切割面或可行切割面,整体结构的实际尺寸(图 12)也必然与相邻最优切割面间距和最大切割间距相关。以建筑总平面尺寸为例,"水立方"结构为正方形平面,每个方向的外墙外立面之间共包含 74 个最优切割面,外墙的外立面则分别为第 1 和第 74 最优切割面外侧的可行切割面,因此建筑总长度(宽度)为 73 个相邻最优切割面间距与 2 个最大切割间距之和:$2.403706\times 73+0.534157\times 2=176.5389\mathrm{m}$。

同样,可以确定"水立方"的建筑总高、屋盖厚度、墙体厚度、门洞高度等建筑尺寸如下:

建筑总高:$2.403706\times 12+0.534157=29.3786\mathrm{m}$

屋盖厚度:$2.403706\times 3=7.2111\mathrm{m}$

墙体厚度 1:$2.403706+0.534157\times 2=3.4720\mathrm{m}$

墙体厚度 2：2.403706×2+0.534157×2＝5.8757m

门洞高度：2.403706×2+0.534157＝5.3416m

除了上下屋面、内外墙面均经过最优切割面或可行切割面，墙上的门洞位置也必须经过最优切割面或可行切割面。因此，采用多面体空间刚架结构的建筑物，在建筑师根据功能要求初步确定建筑尺寸的基础上，准确的建筑尺寸（包括平面尺寸、建筑高度、屋盖厚度、墙体厚度、门洞尺寸与位置等）应取决于结构的几何构成，这是多面体空间刚架结构区别于传统结构的一个重要特点。因此，与传统结构的设计截然不同，结构工程师在设计之初就应参与建筑尺寸的确定，这就要求在设计过程中建筑师与结构工程师更密切配合。

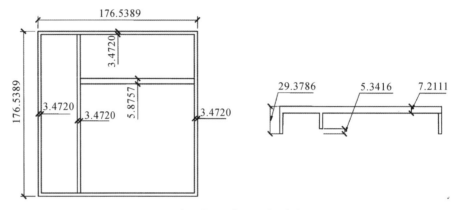

图 12 "水立方"的建筑尺寸(单位:m)

参考文献

[1] WEAIRE D, PHELAN R. A counter-example to Kevin's conjecture on minimal surfaces[J]. Philosophical Magazine Letters,1994,69(2):107－110.

[2] WEAIRE D,HUTZLER S. The physics of foams[M]. Oxford:Clarendon,1999.

[3] 中建总公司国家游泳中心设计联合体.国家游泳中心初步设计报告[R].北京:中建总公司,2003.

[4] 傅学怡,顾磊,施永芒,等.北京奥运国家游泳中心结构初步设计简介[J].土木工程学报,2004,37(2):1－11.

[5] 余卫江,王武斌,顾磊,等.新型多面体空间刚架的基本单元研究[J].建筑结构学报,2005,26(6):1－6.

84 新型多面体空间刚架结构的建模方法研究*

摘　要：简单介绍了气泡理论及多面体空间刚架结构构成的基本原理，并重点研究这类新型空间结构的建模方法。在分析通用图形软件的实体作图法建模存在的主要问题及其原因的基础上，提出基于数学解析的嵌填式建模方法，编制了相应的程序，并成功应用于北京奥运会国家游泳中心"水立方"结构。研究表明，实体作图法只适用于中小型多面体空间刚架的建模，而嵌填式方法对于大型多面体空间刚架的建模具有很高的效率。

关键词：多面体空间刚架结构；气泡理论；嵌填式方法

1　引言

为 2008 年北京奥运会兴建的国家游泳中心位于北京奥林匹克公园内，在国家体育场以西约200m。"水立方"的建筑造型与国家体育场的"鸟巢"造型和谐共生，体现了中国古老的哲学思想；而模仿水泡组合的全新结构形式具有高度重复性又呈现出一种随机无序的总体感觉，屋盖和墙体表面统一采用乙烯四氟乙烯聚合物(ethylene tetra fluoro ethylene，ETFE)充气枕覆盖，整体建筑形态简洁纯朴而又富于变化，体现了"水"的主题，具有强烈的现代感[1]。

"水立方"上部钢结构采用基于气泡理论的多面体空间刚架结构形式。这种新型空间结构形式的内部只包含 4 种不同长度的边线和 3 种不同的节点，这种结构上的高度重复性有利于构件和节点的标准化加工；同时这种结构形式的每个节点上仅汇交 4 根杆件，而普通网架结构中单个节点汇交杆件最少的蜂窝型三角锥网架每个节点上汇交 6 根杆件，因此这种基于气泡理论的新型多面体刚架结构体系具有构成简单、重复性高、汇交杆件少、节点种类少等特点，协调了建筑上随机无序的表现效果和结构上高度重复性这一对矛盾[2]。

本文系统研究了这种结构形式的建模方法。首先基于 AutoCAD 程序对"水立方"结构进行整体建模，在实践中遇到一系列问题，继而有针对性地提出基于数学解析的嵌填式建模方法，编制了相应的程序，并成功地应用于"水立方"结构的整体建模。

---

　*　本文刊登于：陈贤川，赵阳，顾磊，傅学怡，董石麟. 新型多面体空间刚架结构的建模方法研究[J]. 浙江大学学报（工学版），2005，39(1)：92—97.

2 气泡理论简介[3,4]

气泡理论最初是由 Lord Kelvin 于 1887 年为解决"用等体积多面体划分空间、并使多面体之间的接触面面积最小"这个问题而提出的,他最初提出的解决方案——Kelvin 泡只有一种基本多面体。1993 年爱尔兰教授 Denis Weaire 和 Robert Phelan 提出了一个新的接触面面积更小的等体积泡,称之为 Weaire-Phelan(WP)泡,它有两种基本多面体,一种为十二面体(所有面均为五边形),一种为十四面体(2 个面为六边形,12 个面为五边形)。"水立方"结构采用的是一种改良的 WP 泡,简要介绍如下。

取一个边长为 4 的立方体,将坐标原点和十二面体的中心定在立方体的中心,根据对称性可以将十二面体的 20 个顶点坐标用 3 个参数来表示:8 个顶点坐标为($\pm a$,$\pm a$,$\pm a$),另外 12 个顶点坐标通过(0,$\pm b$,$\pm c$)的三个坐标分量轮换得到。假设 $0<b<a<c<2$,由多面体表面为平面可得 $(a-c)^2=a(a-b)$。

十四面体 24 个顶点相对于其中心的相对坐标为:($1-a$,$\pm(2-a)$,$\pm a$)、($1-c$,$\pm(2-b)$,0)、(1,$\pm(2-c)$,$\pm b$)、($a-1$,$\pm a$,$\pm(2-a)$)、($c-1$,0,$\pm(2-b)$)、(-1,$\pm b$,$\pm(2-c)$)、(1,0,±1)、(-1,±1,0)。同样由多面体表面为平面可得 $2b=c$。因此控制 WP 泡基本多面体形状的参数只有一个,取 c 为独立参数,$a=2c/3$,$b=0.5c$。对于原始的 WP 泡,由两个基本多面体等体积,可解得 $c=2^{1/3}$,此时十四面体如图 1 所示。

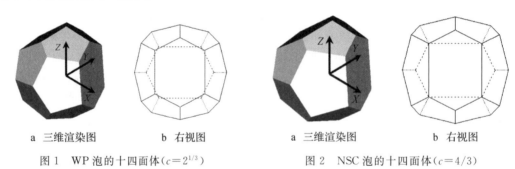

图 1 WP 泡的十四面体($c=2^{1/3}$)   图 2 NSC 泡的十四面体($c=4/3$)

a 三维渲染图   b 右视图   a 三维渲染图   b 右视图

图 1b 中虚线为遮住的棱线,可见两个六边形在 YZ 平面上的投影没有顶点重合。分析表明,当 $c=4/3$ 时,两个六边形的投影有 4 个顶点重合(见图 2),"水立方"采用的即是这种改良的 WP 泡,本文称之为 NSC(National Swimming Center)泡。

基本十二面体和十四面体按照一定的方法复制变换可以得到 6 个十四面体和 2 个十二面体,将这些多面体中心分别定位在图 3 所示位置即得到 6+2 基本多面体组合,图中'○'表示十二面体中心位置、'×'表示十四面体中心位置。6+2 基本多面体组合沿三个坐标轴(见图 3)延伸即可得到无穷阵列,从而实现空间的多面体分割。

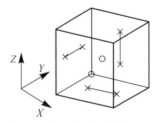

图 3 基本多面体组合中多面体中心分布示意图

3 结构构成的基本原理[1]

图 4 简单地示意了多面体空间刚架结构的构成过程。首先把气泡理论得到的无穷阵列沿一空间轴旋转一个合适的角度,再将设计确定的建筑轮廓模型放进旋转后的无穷阵列中,最后用建筑轮廓面来切割无穷阵列,切除建筑以外和内部使用空间内的多面体,从而形成建筑的屋盖和墙体结构。切割形成的交线构成结构的表面弦杆,而保留的原有多面体的棱线构成结构的内部腹杆,由这些杆件构成的结构即称之为多面体空间刚架结构。

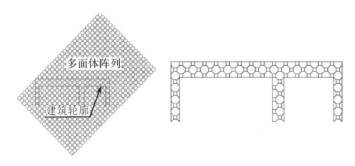

图 4 结构成形示意

4 实体作图法建模

根据上述结构构成的基本原理,多面体空间刚架结构最直接的建模方法显然是采用大型通用图形软件,如 AutoCAD、Microstation、3DMAX 等,通过实体作图的方法完成。以 AutoCAD 为例,实现"水立方"整体结构建模的基本过程如下:

(1)根据建筑要求确定基本多面体的大小参数 L 和形状参数 c。

(2)生成基本多面体。作边长为 L 的立方体,以立方体中心为十二面体中心,图 5a 中'×'表示了与十二面体相邻的 12 个十四面体中心位置,图中虚线为立方体表面的中线,细线连接了十二面体与十四面体的中心。作每根中心线的垂直面来切割立方体,切割面的位置由参数 c 经计算确定:$d = cD/2.5$,其中 d 为切割面离十二面体中心的距离,D 为十二面体和十四面体中心之间的距离。这 12 个切割面围成的体即为基本十二面体(图 5b)。同理可切割得到基本十四面体(图 5c)。

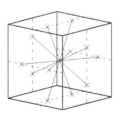  

a 十二面体成形   b 基本十二面体   c 基本十四面体

图 5 基本多面体的成形

(3)由两个基本多面体复制出方向各异的 6 个十四面体和 2 个十二面体,将各中心定位到图 3 所示位置,即得到 NSC 泡的基本多面体组合(见图 6);基本组合沿三个坐标轴方向延伸,生成一个比建筑大得多的多面体阵列(图 7);将多面体阵列绕空间矢量轴("水立方"中为(0,0,0)→(1,1,−1))旋转一定的角度("水立方"为 60°)。

图 6　基本组合　　　　　　　　　　　图 7　阵列

　　(4)生成建筑实体并放进旋转后多面体阵列的合适位置(见图 4),用 Interfere 命令求每个多面体与建筑实体的交集,从而实现建筑轮廓对多面体阵列的切割。将切割后的实体分解成线,即得到多面体空间刚架结构模型。

5　实体作图法存在的主要问题

　　实体作图法在进行"水立方"整体结构建模的实践中暴露出了以下主要问题:

　　(1)在配有 1G 内存的微机上生成整体模型时出现了内存不足的情况。采用该法所需的微机配置是无法预估的。

　　(2)该法需要人机不断地交互,对于含有大量实体的图形,人机交互耗费的时间非常可观。

　　(3)"水立方"结构只有 2 万多根杆件,而采用这种方法分块生成的模型有 10 万多条线,如此数目巨大的线在读入有限元程序并进行消除重复单元的工作时非常耗时,且非常困难。

　　分析以上实体作图法的缺点,主要可归结为如下两个原因:

　　(1)多面体均采用了实体模型,这是非常耗费资源的。

　　(2)多面体阵列中大部分多面体处在建筑以外或者处在需要挖空的内部空间内(见图 4),这些多面体的生成和参与求交运算大大增加了微机的工作量。

6　基于数学解析的嵌填式建模方法

　　基于以上的分析,本文提出一种基于数学解析的嵌填式建模方法,有针对性地采取两个措施以解决实体作图法存在的问题:

　　(1)创建一种只有点定义、线定义和面定义的体对象,三者分别保存在 point、line、face 表中,每个点的定义为(点号,点的三维坐标),线的定义为(线号,端点号 1,端点号 2),面的定义为(面号,边线 1,边线 2,…)。

　　(2)提出一种新的建模思路:先根据设计生成基本多面体组合和建筑轮廓,定位两者之间的空间关系,然后采取边填边切割的方式直到整个建筑的屋盖和墙体结构完全生成,这种建模思路形象地命名为嵌填式建模。

　　下面详述这种方法的基本步骤:

　　(1)与作图法相同,根据建筑设计确定参数 L、c。

　　(2)根据气泡理论定义基本十二面体和十四面体,十二面体定位在坐标原点,十四面体定位在(1,

$0, -2)$。

（3）形成基本多面体组合（见图 3）：

a）基本十二面体绕 Z 轴旋转 $90°$ 得到一个复制体，将复制体中心定位在 $(-2, 2, -2)$。

b）基本十四面体沿 YZ 平面镜像得到一个新的十四面体。

c）基本十四面体绕 Z 轴旋转 $90°$ 得到一个复制体，将复制体中心定位到 $(-2, -1, 0)$。

d）将 c）得到的十四面体沿 XZ 平面镜像得到一个新的十四面体。

e）基本十四面体绕 Y 轴旋转 $90°$ 得到一个复制体，将复制体中心定位到 $(0, 2, 1)$。

f）将 e）中得到的十四面体沿 XY 平面镜像得到一个新的十四面体。

上述 6 个十四面体和 2 个十二面体就组成了 $6 + 2$ 基本组合。

（4）合并基本组合中重合的点、线、面，将 8 个多面体独立的点、线、面定义合并成基本组合的点、线、面定义。

（5）绕空间矢量轴旋转基本组合及坐标轴。基本组合的旋转是通过旋转点定义中的坐标、保持线定义和面定义不变而实现的；坐标轴的旋转是通过旋转其方向矢量的端点而实现的。

（6）根据建筑设计生成建筑轮廓面并将轮廓面分组。各轮廓平面由法线表示，法线的一个端点在平面上，另一个端点表示了平面的正向。轮廓面的分组如图 8 所示，建筑的墙体和屋盖等需要填充多面体的区域称之为填充空间，和外部空间接触的轮廓面组成填充空间的外边界，是一个封闭的凸边界，外边界的平面法向都指向外部空间；建筑需要挖空的内部空间构成了这个多连通域的孔，和每个孔接触的轮廓面组成填充空间的一个内边界，是一个封闭的凹边界，每个内边界的平面法向都指向相应的孔。填充空间有一个凸外边界和多个凹内边界。

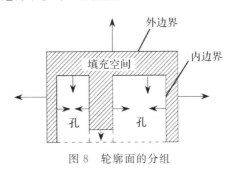

图 8　轮廓面的分组

（7）沿着旋转后坐标轴方向将旋转后的基本组合填进建筑填充空间。构建旋转后基本组合的外接立方体，填充时首先生成外接立方体，判断该立方体的位置，如果该立方体落在外部空间或者内部空间则不需要在该位置生成基本组合；如果立方体完全落在填充空间内，只需在该位置生成基本组合；如果立方体和填充空间的边界相交，在该位置生成基本组合并用相应的边界来切割基本组合，切除外部空间和内部空间的线，并根据基本组合的面定义在边界上正确形成交线。重复此步骤直至填满整个填充空间。

这种方法采用"嵌"的思路往建筑的填充空间里填基本多面体组合，同时整个过程的每个步骤都是基于数学解析的方法，因此命名为基于数学解析的嵌填式建模方法。这种方法不需要人机交互、不需要生成和切割填充空间外的多面体；由点、线、面定义的体对象不包含冗余信息，减少了对内存的需求；在基本组合中合并重合的点、线、面将大大减少重合线的数目。因此本文提出的嵌填式建模方法基本上克服了实体作图法的缺点。

7 嵌填式建模方法的实现

7.1 空间点绕空间矢量轴的旋转

设空间点的原始坐标向量为 $\boldsymbol{X}$，绕空间矢量轴旋转后的新坐标向量为 $\boldsymbol{Y}$，则两个坐标向量满足关系 $\boldsymbol{Y}=\boldsymbol{AX}$，其中 $\boldsymbol{A}$ 为一 3×3 的坐标转换矩阵。不失一般性，空间轴由 $(0,0,0)\rightarrow(x,y,z)$ 的矢量定义，旋转角 θ 的方向由右手规则确定。

对于旋转轴平行于 Z 轴的平面旋转问题，$\boldsymbol{A}$ 可以通过坐标系绕原点顺时针旋转而直接得到

$$\boldsymbol{A}=\begin{bmatrix}\cos\theta & -\sin\theta & 0\\ \sin\theta & \cos\theta & 0\\ 0 & 0 & 1\end{bmatrix}$$

对于旋转轴和 Z 轴相交的空间旋转问题，建立一个新坐标系来求得该转换矩阵。

首先建立新坐标系，$Z1$ 沿旋转轴方向，$X1$ 沿 $Z1$ 轴和 Z 轴的叉乘方向，$Y1$ 沿 $Z1$ 和 $X1$ 的叉乘方向。从原始坐标系到新坐标系的坐标转换矩阵 $\boldsymbol{B}=[b_{ij}]$，其中：

$b_{11}=y/\sqrt{x^2+y^2}$，$b_{12}=-x/\sqrt{x^2+y^2}$，$b_{13}=0$，$b_{21}=b_{32}b_{13}-b_{33}b_{12}$，$b_{22}=b_{33}b_{11}-b_{31}b_{13}$，

$b_{23}=b_{31}b_{12}-b_{32}b_{11}$，$b_{31}=x/\sqrt{x^2+y^2+z^2}$，$b_{32}=y/\sqrt{x^2+y^2+z^2}$，$b_{33}=z/\sqrt{x^2+y^2+z^2}$。

式中，x、y、z 为旋转轴另一端点的坐标分量。$\boldsymbol{B}$ 矩阵为正交矩阵，从新坐标系到原始坐标系的坐标转换矩阵 $\boldsymbol{B}^{-1}=\boldsymbol{B}^{\mathrm{T}}$。

在新坐标系中将该点绕 $Z1$ 轴旋转 θ 度，此过程对应的坐标转换矩阵为：

$$\boldsymbol{C}=\begin{bmatrix}\cos\theta & -\sin\theta & 0\\ \sin\theta & \cos\theta & 0\\ 0 & 0 & 1\end{bmatrix}$$

原始点 $\boldsymbol{X}$ 在新坐标系中的坐标向量 $\boldsymbol{U}=\boldsymbol{BX}$，绕 $Z1$ 轴旋转 θ 后新点在新坐标系中的坐标向量 $\boldsymbol{V}=\boldsymbol{CU}=\boldsymbol{CBX}$，新点在原始坐标系中的坐标向量 $\boldsymbol{Y}=\boldsymbol{B}^{-1}\boldsymbol{V}=\boldsymbol{B}^{\mathrm{T}}\boldsymbol{CBX}$，因此 $\boldsymbol{A}=\boldsymbol{B}^{\mathrm{T}}\boldsymbol{CB}$。

7.2 外边界对基本多面体组合的切割

当外接立方体和外边界相交时，在该位置生成基本多面体组合后，需用外边界对其进行切割。外边界是凸边界，用构成边界的每个子平面循环进行切割即可。

任一子平面进行切割的基本步骤如下：

（1）根据平面法线求得平面方程。

（2）平面将空间分成正空间、负空间和零空间，判断每个点所处的空间，定义（点号，点所处空间标志）并保存到表 point-plane。

（3）根据线定义 line 和表 point-plane 判断每条线与平面的关系：如果两个端点都在负空间，则该线在负空间，保留该线定义；如果两个端点都在零空间，则该线在平面上，保留线定义并保存线与平面的关系（线号，在平面内标志）到 line-plane；如果一个端点在负空间、一个在零空间，则该线与平面内接，保留该线定义，并保存（线号，与平面内接标志，接点号）到 line-plane；如果一个在正空间、一个在负空间，则求得线与平面的交点，更新该线定义为（交点号，负空间端点号），并保存（线号，与平面相交标志，交点号）到 line-plane。

（4）根据面定义 face 和表 line-plane 正确地形成交线：如果面中有两条边线与平面相交，从 line-plane 得到两个交点号,定义新线(最大线号+1,交点号1,交点号2);如果一条相交、一条内接,从 line-plane 得到交点号和接点号,定义新线(最大线号+1,交点号,接点号);如果有两条边线与平面内接并且没有在平面内的边线,从 line-plane 得到两个接点号,定义新线(最大线号+1,接点号1,接点号2)。至此已涵盖了多边形表面和平面相交的所有情况。

7.3　内边界对基本多面体组合的切割

当外接立方体和某个内边界相交时,在该位置生成基本多面体组合后,需用该内边界对其进行切割。内边界为凹边界,与凸边界不同,切割时需要区别定义虚交点和实交点、虚交线和实交线等。如图 9 所示,点 2 为线 2 与平面 1 的交点,落在凹边界的负空间,定义为虚交点;交点 1、3、4 落在凹边界上,定义为实交点;线 6 为线 1 和线 2 所在的面与平面 1 的交线,由于该线一个端点为实交点,另一个端点为虚交点,定义该线为虚交线。以下介绍凹边界和凸边界在切割时的不同处理方法。

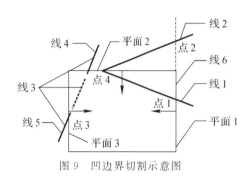

图 9　凹边界切割示意图

首先对线定义集合进行循环,得到线与边界的关系列表 line-boundary。line-boundary 中每一项的格式为(线号,(平面序号,线与平面的关系代码,〈交点号/内接点号〉),…),其中平面序号为构成凹边界的各个子平面在边界定义中的顺序号。线与边界的关系由线与各个子平面的关系来判断:如果该线落在某一个子平面的负空间,则该线在填充空间内;如果该线在所有子平面的正空间,则该线在孔内;否则该线要么与某个子平面相交,要么内接或在某个子平面内,返回这三种情况相应的三个子平面集合。对于和该线相交的子平面,求出交点坐标并判断是实交点还是虚交点,添加(平面序号,虚实交点信息,交点号)到 line-boundary 中该线相应的项,如果该线的所有交点都是虚交点,则该线在填充空间内;对于该线内接于它的子平面,添加(平面序号,虚实内接信息,内接点号)到 line-boundary 中该线相应的项;对于线在其中的子平面,添加(平面序号,在面内信息)到 line-boundary 中该线相应的项。

然后与外边界的切割类似,用内边界的每个子平面循环进行切割。任一子平面进行切割的基本步骤如下:

(1)形成表 point-plane。

(2)扫描 line-boundary,定义(线号,关系代码,〈交点号/内接点号〉)并保存到 line-plane。对于与子平面实相交的线,定义新线(最大线号+1,负空间端点号,实交点号),保留原线的定义以待下一个子平面的切割(见图 9 线 3)。为保证切割后该线所在面的完整,将新旧线号的对应关系保存到 old-new 表。

(3)求出虚线与子平面的交点,定义新实线(虚线号,正空间端点号,交点号)并将虚线从虚线集合中删除(见图 9 线 6)。

(4)形成交线。与外边界相比,有以下两点不同:通过 old-new 表搜索到面的最新定义;当交线有一个端点为虚交点或者虚内接点时,定义该线为虚交线。

8　程序编制及应用

根据上文对嵌填式建模方法的阐述,为了利用 AutoCAD 的图形界面,采用 AutoLISP 语言编制了多面体空间刚架结构的建模程序。利用该程序,成功进行了国家游泳中心"水立方"结构的整体建模。图 10 给出了所建模型的三维图及屋盖上表面、外墙面的表面图案,所得结果与澳大利亚 Arup 公司在 Microstation 程序中用实体作图法生成的模型是一致的。因此本文提出的多面体空间刚架结构建模新方法以及编制的程序是正确和可靠的。利用本文程序在 CPU1.8G、内存 512M 的微机上仅用 8min 即可生成该模型,相比于实体作图法对机器配置的高要求以及人机交互所耗费的大量时间,基于数学解析的嵌填式建模方法是一种成功的、效率极高的方法。它所需的机时基本上和填充空间的大小成正比,而实体作图法在排除人机交互所耗费的时间外,所需机时和外边界所包围空间的大小成正比,因此随着建筑跨度的增大,嵌填式建模方法的效率更能得到充分的体现,非常适合于大跨度多面体空间刚架结构的建模。

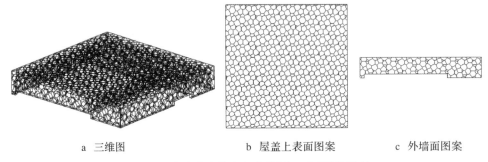

| a 三维图 | b 屋盖上表面图案 | c 外墙面图案 |

图 10 由嵌填式建模法生成的"水立方"结构模型

9 结语

基于气泡理论的多面体空间刚架结构是一种全新的结构体系,在国家游泳中心"水立方"结构中首次得以应用,其模型的建立有其自身的规律。多面体空间刚架结构的模型建立可以采用基于通用图形软件的实体作图法和基于数学解析的嵌填式建模两种方法。实体作图法浅显易懂,可用于中小型的多面体空间刚架结构的建模,但对于大型多面体空间刚架,这种方法对微机配置要求过高,甚至无法预估需要怎样的配置,在机时上也极不经济。基于数学解析的嵌填式建模方法克服了实体作图法的缺点,具有方便快捷的特点,利用该方法成功实现了"水立方"结构的快速整体建模。随着建筑规模的增大,嵌填式建模方法的高效性将得到更为充分的体现。

参考文献

[1] 中建总公司国家游泳中心设计联合体. 国家游泳中心方案深化设计报告[R]. 北京:中建总公司,2003.

[2] 傅学怡,顾磊,施永芒,等. 北京奥运国家游泳中心结构初步设计简介[J]. 土木工程学报,2004,37(2):1—11.

[3] WEAIRE D, PHELAN R. A counter-example to Kevin's conjecture on minimal surfaces[J]. Philosophical Magazine Letters,1994,69(2):107—110.

[4] ROB K, JOHN M. Comparing the Weaire-Phelan equal-volume foam to Kelvin's form[J]. Forma,1996,11(3):233—242.

85 原竹多管束空间网壳结构体系及施工技术[*]

摘　要：传统节点形式下的竹管结构体系承载力弱、可靠性差，导致其只能应用于小型建筑。本文提出的新型竹管结构体系突破了常规杆系结构的拓扑关系，采用先以竹管首尾相接组装成竹管三角形，再将各相邻竹管三角形以平行连接的方式形成原竹多管束空间网壳结构，并可在每个竹管三角形的平面外再平行连接对应的竹管三角形形成叠层竹管三角形以增强结构的刚度。此外，新型结构体系简化了节点构造，方便了施工装配，并且因可原位替换劣化竹管，从而具有延长结构使用寿命的作用。提出的通用化的双管卡连接件具有角部连接和平行连接的双重功能，并能消除竹管外径差异对安装的不利影响，为实现竹管结构的精确装配创造了条件。提出的外扩装配法采用逆向的施工流程，先安装结构中心部位，再逐渐向四周扩散安装，可避免施工误差的累积，从而防止施工中强行合拢行为的发生。快速、高精度地建造了首个工程，证明了新型结构体系及施工技术的可行性。

关键词：竹管束；空间网壳结构；节点；外扩装配法；分块拆装法

人类将竹子应用于建筑的历史悠久，虽然实践证明竹管结构因材料的柔韧和轻巧而具有良好的抗倒塌性能[1]，但竹管易开裂、易发霉等特性造成了结构的承载力和耐久性差[2]，导致其只能应用于一些小型的临时结构。

竹子一次造林后可永续利用且吸碳能力超过树木，我国木材资源匮乏而竹林资源极为丰富，合理地开采竹子以竹代木建造原竹结构建筑，不仅对改善空气环境和优化竹林品质具有积极作用，而且减少木材进口的经济效益十分可观。此外，原竹建筑中的竹管具备了结构件与装饰件的双重功能，节省了装修的费用，降低了建筑的总造价，并且观感和体感远胜钢、混凝土结构外包（挂）竹子的效果。

未经处理的竹子在露天环境下一般的使用寿命不到 3 年，而随着材料科学的进步，目前竹管的耐久处理技术有了新的突破，经过环保制剂处理后竹管的使用年限可达 25 年[3]。为了发展性能可靠的现代竹管结构，本文提出了一种新型的竹管网壳结构体系及施工技术，并成功地进行了工程应用。

1　竹管结构节点的现状

我国传统的竹管结构建筑广泛采用来源于竹家具的钉接或绑扎连接方式，节点刚度差、承载力弱、受气候变化影响大。连接性能不可靠一直是阻碍竹管结构发展的主要因素。

---

*　本文刊登于：卓新，董石麟. 原竹多管束空间网壳结构体系及施工技术[J]. 空间结构，2021，27（1）：3—8.

国际竹藤组织(INBAR)从全球范围归纳了28种竹管结构的常用节点形式[4],如图1所示。但其中没有一种既连接性能好又制作成本低,能够广泛应用于竹管空间网格结构的节点。

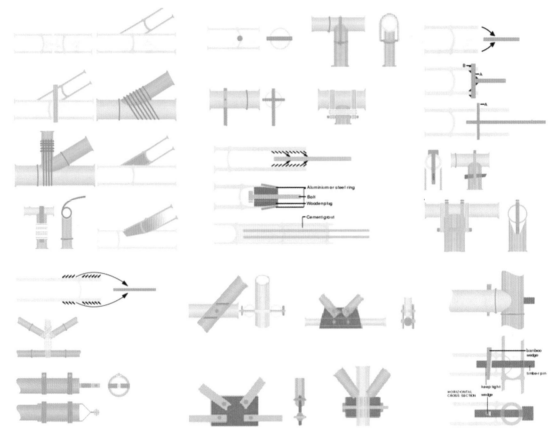

图1 竹管结构的常用节点形式

上海2010年世界博览会,Vo Trong Nghia(越南)采用螺栓连接形成竹管拱束建造了"越南馆"(图2);Markus Heinsdorff(德国)用砂浆先将钢耳板埋入竹管端部,再与多向耳板钢节点上的耳板螺栓连接建造了"德中同行之家"[5](图3)。2015年Kristof Crolla团队(中国香港)采用绑扎节点在九龙湾建成了37m跨度的"ZCB零碳馆"[6](图4)。

图2 越南馆

图3 德中同行之家

图 4 ZCB 零碳馆

这些标志性工程为推动新型竹管结构的发展起到了很好的宣传作用。然而,手工烤制工艺导致竹管弯曲加工的报废率高且精度差;钢制多向耳板节点无通用性,而且砂浆与竹管内壁之间较大的干缩性差异存在连接失效的隐患;绑扎连接的可靠性严重依赖工匠的技能,而且弯曲长竹管的多向连接精度难以控制。竹管手工弯曲加工、节点缺乏通用性、手工绑扎连接等因素均会显著推高建造成本。低成本优势的丧失和自身标准化程度低是导致上述结构体系推广步履维艰的重要原因。

2 原竹多管束空间网壳结构体系

为了解决传统原竹管结构耐久性和节点可靠性差的固有缺陷,并满足现代结构大型化、装配化的需要,本文提出了由新型的拓扑关系所构成的原竹多管束空间网壳结构体系[7]。

2.1 新型结构的拓扑关系

先以竹管首尾相接组装成竹管三角形,再将相邻三角形的一条边平行连接,即可形成一个"基本型"的单层原竹双管束空间网壳结构(图5)。在此基础上在每个竹管三角形的平面外再平行连接对应的竹管三角形单元,即可形成一个结构刚度更大的叠层原竹四管束空间网壳结构(图6)。以此类推,可通过平面外平行增加竹管三角形叠层数量的方法来提高整体结构的刚度和承载力。

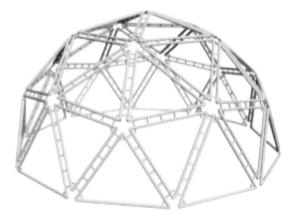

图 5 双管束结构

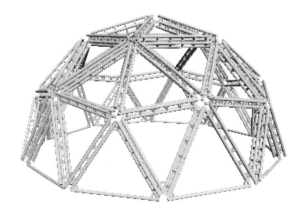

图 6 四管束结构

2.2 结构体系的特点

新型竹管结构体系在每束杆件合力线的交汇处不存在节点,结构新型的拓扑关系从根本上避免了传统空间曲面网壳结构节点多向连接复杂的三维制作问题。无论网壳结构形状多么复杂,构件制作仅为不同夹角的竹管三角形加工,每个角部连接仅有两根竹管,极大地简化了工程的节点制作难度与成本。

如图7所示,新型结构的多管束至少包含2根竹管,拆除任何1个竹管三角形,在该位置的3条边相邻平行位置至少还各存在1根竹管,这3根竹管分别来自与拆除竹管三角形相连的竹管三角形,虽会引起结构承载力的削弱,但不会改变结构的几何不变性质。由于处于局部构件"削弱"而非"缺失"状态下的结构足以承受其自重和2~3个修缮人员的重量,可选择一个非灾害性的天气,对劣化的竹管三角形进行"逐个拆,立即换"的分批原位替换,从而使原竹结构的寿命摆脱对竹材耐久性的依赖。

多管束杆件及网格结构形式可使结构承载力摆脱对竹子种类和尺寸的限制,为原竹管结构实现"大型化"奠定了基础。

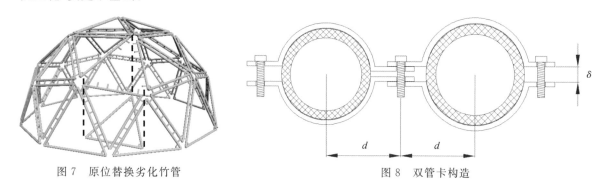

图7 原位替换劣化竹管   图8 双管卡构造

2.3 新型节点

新型结构体系中的连接包括竹管三角形单元制作时的角部连接与现场施工时单元之间的平行连接。角部连接可采用螺杆、灌浆等传统连接方式,平行连接可采用螺杆。本文还研制了另一种既能用于角部连接又可用于平行连接的节点——双管卡,由两个两侧各带一根螺栓的管夹通过中间一根螺栓销接而成(图8),拧紧螺栓使管夹片固定竹管。每个管夹的上下两个夹片之间设置了10mm左右的间距δ,用于微量调节以适应不同的竹管外径。

双管卡的特点:

(1)构造简单且通用化的双管卡可把任意夹角的相邻竹管固定在同一平面内,三副双管卡连接三根竹管便可构成一个竹管三角形(图9a)。

(2)图8的双管卡平行连接了两根直径不同的竹管,因为δ方向的调节不会影响管夹中间螺栓到竹管圆心的距离d,所以上下夹片间距的变化不会影响两根竹管的轴线距离。竹管三角形平行连接时,管径不同的竹管可选用不同直径型号的管夹,但只要各型号管夹的d相同,则相邻竹管的轴线位置将为定值,且与竹管的粗细无关,双管卡的这个构造特点非常有利于竹管结构安装精度的控制。

(3)试验结果表明[8],管夹的环向挤压作用对竹管各种强度均有不同程度的增强效果,且对裂缝的形成和发展有明显的抑制作用。

(4)对于三角形网格的任意复杂曲面,无需定制多向节点,用通用化的双管卡便可完成所有的连

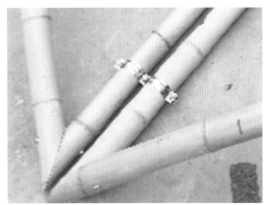

a 角部对接　　　　　　　　　　　　　　b 平行连接

图 9　双管卡连接竹管

接使结构成形,包括单元制作时角部连接和现场施工时的平行连接(图 9b)。在工程应用中可根据受力的需要选择上述合适的节点或节点组合。

2.4　施工方法

即便构件的制作精度再高,空间网壳结构施工装配的累积误差也是不可避免的.钢网壳在每圈合拢时经常会遇到实际可安装空间与预制构件的尺寸不相符的情况,施工中不得不以千斤顶、手拉葫芦等小型设备辅助进行强迫就位。强迫就位在竹管网壳结构施工中是行不通的,因为竹管的横向强度非常弱,强迫就位极易引起竹管开裂。

由于竹管的横向强度很弱,与钢网壳结构相比较,竹管网壳结构面临上述问题的困难程度将会有过之而无不及。为此,本文提出了一种逆向的施工方法——外扩装配法,施工流程为:安装结构中心部位的竹管三角形,形成一个闭合、自平衡的一期结构体;安装与一期结构体边缘相连的竹管三角形,形成二期结构体;提升二期结构体;安装与二期结构体边缘相连的竹管三角形……以此类推,最终形成整体结构。这种从中心向四周扩散的装配方法,将施工的误差分散到结构的四周,可避免强迫就位行为的出现。此外,因为每一期结构体均为一个自平衡结构,所以外扩装配法的整个施工过程无需搭设脚手架。

3　原竹双管束空间网壳结构工程

3.1　工程概况

为北京"2019 世界园艺博览会"设计的竹亭造型为双曲抛物面,高 3.4m、宽 5m(图 10a、10b、10c),双管束结构的透视图见图 10d。材料及连接方式:以外径 80～90mm 的毛竹管作为结构杆件;管内局部灌注水泥砂浆连接竹管三角形的角部;采用直径 18mm 螺杆平行连接相邻竹管三角形。屋盖系统的构成分为 5 层:竹管结构层、竹条网格檩条层、竹席内装饰层、卷材防水层和茅草外装饰层。

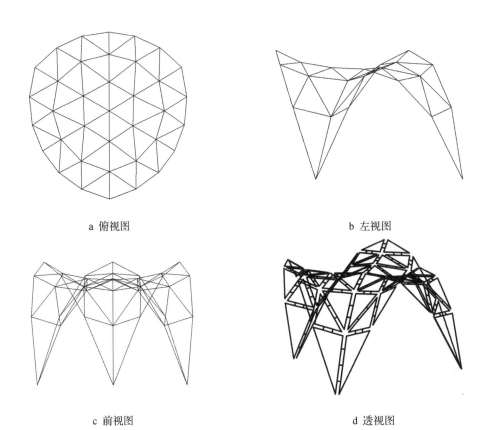

a 俯视图　　　　　　　　　　　　　　　b 左视图

c 前视图　　　　　　　　　　　　　　　d 透视图

图 10　竹亭设计示意图

3.2　施工

　　开敞式与闭合式网壳结构不同,如果按照标高从下往上的常规安装顺序,则初始拼合起来的结构单元均不能形成一个自平衡的结构,必须依靠临时脚手架进行临时支撑。传统方法会造成开敞式网壳结构需要用满堂脚手架支撑且安装定位的控制点非常多,耗工耗时。

　　综合施工精度、工期、成本等因素,本工程结构的新建与迁建分别采用了"外扩装配法"与"分块拆装法"两种施工方法。

3.2.1　新建结构的外扩装配法

施工流程:

　　(1)将网壳结构的顶部中心作为第一圈先在地面进行安装,形成一个自平衡的一期结构体(图 11a)。然后,以此为中心向四周扩散安装其他在该位置所能安装的所有竹管三角形,形成二期结构体(图 11b);

　　(2)用三脚支架与手拉葫芦组合形成的提升设备吊装二期结构体(图 11c),然后安装该位置所能安装的所有三角形,形成三期结构体;

　　(3)提升三期结构体(图 11d),然后安装所有该位置所能安装的所有三角形,形成整体结构(图 11e);

　　(4)完成结构脚部与基础的连接(图 11f);

　　(5)安装内装饰、防水层、外装饰、管线等(图 11g、11h)。

　　采用"外扩装配法",无需搭设脚手架,本工程仅一天就高精度地完成了结构的安装,第二天便完成了所有内外装饰、防水及管线系统。

a 安装一期结构体

b 形成二期结构体

c 提升二期结构体

d 提升三期结构体

e 形成整体结构

f 安装屋面竹条

g 安装防水和装饰层

h 投入使用

图 11　新建结构的外扩装配法

3.2.2 迁建结构的分块拆装法

对于已完成结构的迁建,因为无需对节点的相对位置进行重新定位,所以可采用更加简捷的分块拆装法。拆解板块的大小可根据搬运重量、车辆运输和吊装能力等综合因素来确定。本工程在完成室内展览任务后,将整体结构拆分成6大板块后运到室外安装地点(图12a)。重新组装时只用了少量的临时支撑杆(图12b),安装只需在相邻板块竹管原先的开孔位置重新穿入螺杆连接即可。采用本方法不到两天时间就完成了原有建筑中结构、装饰、防水等各层的拆卸和安装工作(图12c、12d)。

a 结构块拆解　　　　　　　　　　　　　b 结构组装

c 防水层铺贴　　　　　　　　　　　　　d 竣工

图12　迁建结构的分块拆装法

4　结论

(1)原竹多管束空间网壳结构体系通过建立新型的拓扑关系,提供了通过增加叠层竹管三角形数量来提高结构刚度和承载力的有效方式,而网壳的短管组合方式消除了竹管可使用长度对结构跨度的限制,这些功能特点为新型竹管结构实现大型化打下了基础。

(2)通用化的双管卡新型连接件构造简单,具有角部连接和平行连接的双重功能,并能消除竹管外径差异大的缺陷,为实现竹管结构的精确装配创造了条件。

(3)提出的外扩装配法施工对位简便,无需搭设脚手架,并可避免施工误差的累积,从而防止施工中强行合拢行为的发生。

(4)快速、高精度建造的工程实践证明,新型竹管结构体系及施工技术是可行的。

参考文献

［1］VENGALA J，JAGADEESH H N，PANDEY C N. Development of bamboo structure in India ［C］//Modern Bamboo Structures，CRC Press，2008：63－76.

［2］GHAVAMI K. Bamboo：Low cost and energy saving construction materials［C］//Modern Bamboo Structures，CRC Press，2008：17－34.

［3］HARRIES K A，SHARMA B，RICHARD M. Structural use of full culm bamboo：the path to standardization［J］. International Journal of Architecture Engineering and Construction，2012，1(2)：66－75.

［4］JANSSEN J. INBAR technical report 20：designing and building with bamboo［R］. International Network for Bamboo and Rattan，2000.

［5］MARKUS H. Design with nature［M］. 沈阳：辽宁科学出版社，2010.

［6］CROLLA K. Building indeterminacy modelling—the'ZCB Bamboo Pavilion'as a case study on nonstandard construction from natural materials［J］. Visualization in Engineering，2017，5(1)：5－15.

［7］卓新，董石麟. 原竹多管束空间网格结构体系及双管卡式连接件系列：中国 201710025356.4［P］. 2019-03-08.

［8］吴旖文，卓新. 约束条件对主管纵向抗压强度的影响研究［J］. 中外建筑，2018，24(12)：142－144.

董石麟论文选集（下）

董石麟　等◎著

浙江大学出版社

目　录

第一部分　空间结构综述

第二部分　网架结构

1

第三部分　网壳结构

第四部分 索穹顶结构

第五部分　弦支穹顶结构、张弦结构和斜拉结构

第六部分　空间结构节点

附　录

第四部分

索穹顶结构

86 索穹顶结构体系若干问题研究新进展[*]

摘　要:对索穹顶结构的若干问题最新研究成果进行了汇总和探讨,主要内容包括索穹顶结构体系的改良和创新、结构初始预应力确定、施工成形分析、模型试验和敏感性分析,并提出了结构动态设计、新体系新材料应用、流固耦合、气动形态优化与控制、自适应可调节技术等进一步研究方向,为深化该体系研究和实际工程应用提供理论基础。

关键词:索穹顶;结构新形式;初始预应力;施工分析;试验研究;结构敏感性

1　引言

自 1962 年美国建筑师 Fuller[1]根据自然界拉压共存的原理首次提出"张拉整体体系 Tensegrity"这一概念后,人们对各种形式的张拉整体结构进行了研究。其中有 Vilnay[2]提出的网格穹顶、Emmerich[3]提出的双层张拉整体网状结构,Motro[4]提出的双层网格结构等。但迄今为止,只有索穹顶结构才真正在大跨空间结构中得以实现。

索穹顶结构是美国工程师 Geiger 根据 Fuller 的张拉整体结构思想开发的一种新型预张力结构,最早应用在汉城奥运会的体操馆和击剑馆[5]。作为一种受力合理、结构效率高的结构体系,它同时集新材料、新技术、新工艺和高效率于一身,并以其构造轻盈、造型别致、尺度宏伟、色彩明快等美学特征和经济的造价受到了建筑师的青睐。继汉城体操馆和击剑馆之后,Geiger 和他的公司又相继建成了红鸟体育馆和太阳海岸穹顶。由美国工程师 Levy 等人[6]设计的乔治亚穹顶是 1996 年亚特兰大奥运会主赛馆的屋盖结构,这个目前世界上最大的屋盖结构曾被评为全美最佳设计。之后,他们又成功设计了圣彼得堡的雷声穹顶和沙特阿拉伯利亚德大学体育馆的可开启穹顶,这些工程实践显示了索穹顶结构强大的生命力和广阔的应用前景。

国外有关索穹顶方面的研究很大一部分是在张拉整体结构体系研究基础上进行的。我国在这方面的研究相对滞后,最初的报道始于 90 年代,随后天津大学[7-8]、同济大学[9-13]、浙江大学[14-15]等对索穹顶结构开展了研究,也取得了一些初步成果,主要有结构体系判定、自应力模态确定、有限元计算、结构的静力性能分析等,这些研究成果为人们了解这类新型结构奠定了基础。但应该指出的是该阶段研究以吸收、消化国外研究成果为主,创新性较少,研究不够深入,离实际工程的设计和应用尚有距离。

浙江大学空间结构研究中心近年来对索穹顶结构的体系改良和创新、结构初始预应力确定、施工成形分析、模型试验和缺陷敏感性等问题进行了研究,取得了一系列研究成果。本文基于课题组近年

---

　*　本文刊登于:董石麟,袁行飞.索穹顶结构体系若干问题研究新进展[J].浙江大学学报(工学版),2008,42(1):1-7.

来的研究工作,对索穹顶结构若干问题最新研究成果进行了介绍,并提出了进一步研究方向,为深化该体系研究和实际工程应用提供理论基础。

2 体系改良和创新

任何结构形式的提出应用-发展的过程都是不断改良和创新的过程,索穹顶结构也不例外。索穹顶结构是自平衡的预应力空间结构。与传统结构体系不同的是,索穹顶结构通常存在内部机构,为保证施加预应力后的体系是可行的,必须先判定其几何稳定性。另外,对这样的几何形体施加不同的预应力,可形成不同承载能力和工作特性(刚度、频响特性)的结构。通过形体研究,寻求既几何稳定,又有良好工作特性的新型索穹顶结构形式是索穹顶结构改良和创新所追求的根本目标。

Geiger 设计的肋环型穹顶和 Levy 设计的葵花型穹顶是索穹顶结构现有的 2 种形式。尽管 Levy 型穹顶较好地解决了 Geiger 型穹顶存在的索网平面内刚度不足、容易失稳的缺点,但它在构造上仍然存在脊索网格划分严重不均的缺点。尤其是结构内圈部分由于网格划分密集大大增加了杆件布置、节点构造和膜片铺设等技术的复杂性。

在综合考虑结构构造、几何拓扑和受力机理的基础上提出了几种新型索穹顶结构形式[16]:Kiewitt型穹顶(见图 1)、鸟巢型穹顶(见图 2)和混合型穹顶(见图 3、4)。其中混合 I 型(见图 3)为肋环型和葵花型的重叠式组合,混合 II 型(见图 4)为 Kiewitt 型和葵花型的内外式组合。

与传统索穹顶结构相比,新型索穹顶结构具有如下特点:脊索布置新颖,网格划分均匀;刚度分布均匀,降低预应力水平;节点构造简单,施工操作方便,使柔性薄膜和刚性屋面的铺设更为简便可行;鸟巢型穹顶的脊索沿内环切向布置,连接两边界的脊索贯通,可省去内上环索。这些新型索穹顶形式的提出大大丰富了现有索穹顶结构的形式,使这一结构更具生命力。

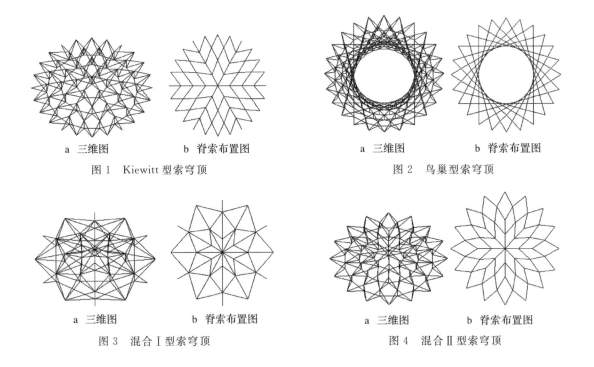

a 三维图　　　　b 脊索布置图　　　　　　　a 三维图　　　　b 脊索布置图
图 1　Kiewitt 型索穹顶　　　　　　　　　　图 2　鸟巢型索穹顶

a 三维图　　　　b 脊索布置图　　　　　　　a 三维图　　　　b 脊索布置图
图 3　混合 I 型索穹顶　　　　　　　　　　图 4　混合 II 型索穹顶

3 结构初始预应力分布确定

索穹顶结构是一种由预应力提供刚度的柔性体系,在未施加预应力前,结构自身刚度无法维持形状,体系处于松弛态,只有施加一定大小的预应力才能成形和承受荷载,因此求解结构初始预应力分布是首先需要解决的关键问题。

本课题组对肋环型索穹顶、葵花型索穹顶采用节点平衡理论分别建立了该类结构初始预应力分布的快速计算法,同时充分考虑索穹顶结构的对称性,利用平衡矩阵奇异值分解法提出了一种适用于求解各种索穹顶结构的整体自应力模态的一般方法——二次奇异值法。这些方法较好地解决了索穹顶结构初始预应力分布确定问题。

3.1 肋环型、葵花型索穹顶初始预应力分布的快速计算法

考虑到肋环型索穹顶为一轴对称结构,它的计算模型可取一榀平面径向桁架[17]。由平面桁架的对称性再引入边界约束条件(包括对称面的对称条件)后,可进一步简化为如图 5 所示的半榀平面桁架,由机构分析可知该结构为一次超静定结构。由节点平衡可求得以中心竖杆内力 V_0 为基准的各脊索 T_i、压杆 V_i、斜索 B_i 和环索 H_i 初内力(见图 6)。

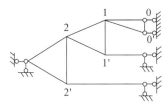
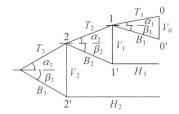

图 5　简化半榀平面桁架　　　　图 6　各类杆件内力

对于圆形平面的葵花型索穹顶,若环向分为 k 等分,其 $1/k$ 不设内环的索穹顶示意图见图 7a。与肋环型索穹顶相类同,只要分析研究一肢半榀桁架即可[18]。如图 7b 所示,这是一次超静定结构,其中节点 0、1、3、5 在一个对称平面内,节点 2、4 在相邻的另一个对称平面内。由节点平衡条件同样可推导出各类索和压杆的初内力。

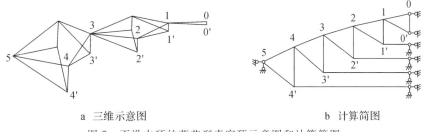

a　三维示意图　　　　　　　　b　计算简图
图 7　不设内环的葵花型索穹顶示意图和计算简图

3.2 索穹顶结构的初始预应力分布一般解法——二次奇异值法

充分考虑索穹顶结构的对称性,利用平衡矩阵奇异值分解法提出了一种适用于求解各种索穹顶结构的整体自应力模态的一般方法,由于该方法求解过程中 2 次用到了奇异值分解,故命名为二次奇异值法。该法的基本思路如下:

首先由结构的平衡矩阵 A 利用奇异值分解法求得 s 个独立自应力模态 T_i。然后根据几何拓扑关系对体系杆件进行分类(组),位于等同部位(位置)的杆件属于同一类(组)杆件[19],得整体自应力模态基本表达式

$$\tilde{T}\tilde{\alpha}=0 \tag{1}$$

对 $\tilde{T}$ 进行第二次奇异值分解得

$$\tilde{T}=UDV \tag{2}$$

设矩阵 $\tilde{T}$ 的秩为 r',则整体自应力模态数 $\tilde{s}=s+n-r'$,V 中第 $r'+1$ 列至第 $s+n$ 列为 $\tilde{\alpha}$ 的解,即 $\tilde{\alpha}=[v_{r'+1} \quad \cdots \quad v_{s+n}]$,由 $\tilde{\alpha}$ 中第 $s+1$ 行到第 $s+n$ 行可得 n 组杆件对应的预应力值。

采用该方法对各种索穹顶结构的整体自应力模态进行了求解[23],得出如下结论:

(1)Geiger 型索穹顶只存在一种整体自应力模态,即对于一几何尺寸确定的 Geiger 型索穹顶结构,它的整体自应力模态是唯一确定的。

(2)Levy 型索穹顶同样只存在一种整体自应力模态。

(3)Kiewitt 型索穹顶具有多个整体自应力模态,结构的整体自应力模态数随环索数 m 的增加而增加。整体自应力模态数与环索数的关系如下:

$$\tilde{s}(m)=\begin{cases} \dfrac{3}{2}m+1 & (m \text{ 为双数}) \\[2mm] \dfrac{3}{2}(m+1) & (m \text{ 为单数}) \end{cases} \tag{3}$$

(4)对于多整体自应力模态结构,如何取组合系数使体系同时满足索受拉杆受压条件、应力条件、变形条件和优化目标,属于预应力优化范畴。

4 施工成形分析

索穹顶结构的施工成形过程分析一直是国内外学者研究的热点和难点。国外索穹顶工程的成功应用为我们提供了宝贵经验,但涉及技术保密等原因,公开报道的资料较少,仅有几篇也只是对几个实际工程施工过程的简单描述。

考虑到结构在一定的荷载(包括自重)作用下都会通过形状和内力的调整达到一个平衡态,可以忽略杆系在各阶段的移动和变位过程,只需关注在各阶段施工完成后体系所处的平衡态,即此时各杆件内力和节点坐标,由此索穹顶结构的预应力张拉施工成形分析转化为求解结构在各施工阶段平衡态的问题,该问题属于形态分析范畴。

本课题组对索穹顶结构的施工成形问题[21-23]进行了较深入研究,考虑到索穹顶结构由连续拉的索和间断压的杆组成,提出了 7 种施工张拉方法:①逐圈斜索张拉法;②仅外圈斜索张拉法;③逐圈竖杆顶压法;④仅外圈竖杆顶压法;⑤逐圈环索张拉法;⑥仅外圈环索张拉法;⑦逐圈斜索原长安装法。并采用动力松弛法对各种张拉施工方法进行施工模拟全过程分析,为实际索穹顶结构工程的张拉施工提供理论依据和技术支持。

索穹顶的预应力张拉施工过程实质上是将已知原长的构件按照一定的拓扑关系组装到位的过程。考虑到现场施工条件和技术水平,应尽可能采用经济、可行、有效的方法。而张拉施工过程中各阶段平衡位置及内力分布则可采用动力松弛法求解。该方法是一种有效求解非线性系统平衡的数值方法。其基本原理是对离散体系节点施加激振力使之围绕其平衡点产生振动,动态跟踪各节点的振动过程,直至各节点最终达到静止平衡态。采用动力松弛法对索穹顶结构进行预应力张拉施工模拟分析的基本步骤如下:

（1）根据平衡矩阵理论确定结构索杆自应力分布,同时根据荷载大小确定预应力水平;

（2）考虑结构自重修正初始预应力分布,选择初始截面,由索杆初内力确定各索杆原长;

（3）确定预应力张拉施工方案,从而确定张拉施工的各个阶段;

（4）运用动力松弛法对预应力张拉施工各阶段进行找形分析。假定张拉施工各阶段结构初始形状,并将节点速度、动能设置为零,求解不平衡力和节点速度,修改节点坐标。如果不平衡力满足给定精度,则退出迭代;如果不满足,记录该时刻结构动能。在结构动能极大值时刻重新设置速度为零,按照上述步骤迭代,直至体系达到平衡,由此确定各阶段各单元内力及各节点位置;

（5）预应力张拉成形后,铺设屋面结构(如膜材),整个索穹顶结构施工安装结束。

采用动力松弛法对一跨度为122m的索穹顶结构进行了施工成形分析,研究结果表明:

（1）各施工方案都能成形且获得满意的结果,但实际工程中应根据施工现场条件和设备选择合理的施工方法;

（2）各种方法均应严格控制索原长,并尽可能地做到同步、对称预应力张拉;

（3）压杆顶压法中压杆的制作、安装、空中顶升具有一定难度,适合较小跨度;

（4）环索张拉法中应考虑环索与压杆节点的摩擦和滑移问题。

5 模型试验

为验证理论分析的正确性,课题组先后进行了圆形平面的肋环型索穹顶、葵花型索穹顶、Kiewitt型索穹顶、鸟巢型索穹顶和矩形平面的葵花型索穹顶模型试验研究[24-27],如图8~12所示。试验内容包括结构的成形过程、预应力施加以及结构的静动力性能研究。通过试验,可以进一步了解把握该体系的力学性能和成形机理,为实际工程应用提供依据。

图8 肋环型索穹顶模型

图9 葵花型索穹顶模型

图10 Kiewitt型索穹顶模型

图11 鸟巢型索穹顶模型

图 12　矩形平面索穹顶模型

为满足不同直径、不同平面形式的模型试验需要,课题组设计开发了可任意组装的自平衡支承平台,由 24 件基本组装单元(见图 13)拼装而成,用来模拟张力结构周边刚性支座。为施加预应力,设计了长度可调的斜索、环索和竖杆,见图 14。模型试验代表节点见图 15。

a　斜索

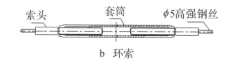

b　环索

c　竖杆

图 13　支承基本组装单元　　　　　　图 14　斜索、环索和竖杆

图 15　代表节点

对模型试验进行静力加载、动力特性及施工成形分析,试验研究表明,试验结果和理论分析基本能吻合,表明模型设计和节点构造合理有效,理论计算方法正确可行。试验中也存在一定的问题,有待进一步改善,如测试仪器和方法的改进,索具的加工精度,如何引进参数(如缺陷)考虑系列误差导致的结果偏差等。

6　结构敏感性分析

建筑结构在实际建造过程中不可避免地存在初始缺陷与制造误差,各种缺陷和误差会对结构产生不同的影响。根据影响程度的大小可把结构分为缺陷敏感性结构和缺陷不敏感性结构。其中缺陷敏感性结构的受力性能与缺陷的分布和大小紧密相关,引入不同的初始缺陷结构的强度和稳定性会发生较大的变化。而缺陷不敏感性结构则对不同的缺陷都能保持较为一致的受力性能。

索穹顶结构是一类由索和杆组成,由预应力提供结构刚度的新型空间结构,预应力分布与结构几何形状息息相关,而实际工程中由于支座位置误差、索和杆件下料误差以及施工张拉误差等原因导致结构最后成形时的预应力分布与理想预应力分布有偏差,从而在一定程度上改变了结构的力学性能,因此对该类结构进行缺陷敏感性研究不容忽略。课题组从索长误差、支座几何误差、支座刚度误差等三方面考虑制作安装过程中的可能缺陷,通过研究缺陷对初始预应力、极限承载能力等影响判断索穹顶结构对各类缺陷的敏感程度,从而有效地指导结构设计、制作和施工[28]。

6.1　索长误差影响

拉索在制造过程中可能存在误差,我国现行成品钢索长度误差规定:拉索最大制作误差不超过拉索长度的 0.25%,且 10m 以下索的最大误差为 10mm,10～30m 索的最大制作误差为 15mm,100m 以下索的最大制作误差为 20mm,大于 100m 索的最大制作误差为索长的 1/5000[9]。

采用正交试验设计法对索长误差进行敏感性分析。正交试验设计法是一种多因素、多水平科学试验设计方法,利用一套现成的规格化表即正交表,科学地安排试验和分析试验结果。该方法本质上是一种优秀的数理统计方法,它能从众多的试验条件中选出代表性强的少数试验方案进行试验分析以节约试验资源,因此应用较广。

采用正交试验设计法对索长误差进行敏感性分析,求得在各种试验水平下结构的极限承载能力及节点位移,通过对试验结果进行极差分析与方差分析得出索穹顶结构对索长误差的敏感性。索长误差的正交试验分析、极差分析表明各类拉索的索长误差对索穹顶结构极限承载力的影响大小依次为:最外圈环索、最外圈脊索、最外圈斜索、第二圈脊索、内圈脊索、第二圈斜索、内圈环索、内圈斜索。索长误差的正交试验方差分析结果表明,内圈斜索与内圈环索敏感性较低,最外圈环索、最外圈脊索与最外圈斜索则高度敏感。两种分析方法的结果基本相同。

6.2　支座几何误差影响

索穹顶结构的支座体系往往采用大型钢筋混凝土或钢桁架环梁。支座体系的初始安装误差与很多因素相关,采用随机缺陷模态法研究支座几何误差对结构受力性能的影响。为了保证计算精度及可操作性,取容量为 20 的样本进行统计分析,求出其最重要的一些数字特征来评价初始缺陷对结构的影响。假定实际工程中每个节点最大初始安装误差为 ±R,那么误差随机变量的取值范围为 $[-R,R]$。参考国内网壳结构验收规范规定:结构支座误差必须小于相邻支座距离的 1/2000,且必须小于 30mm。这里取 $R=30$mm,另外,由于结构几何对称,仅考虑 x 向安装误差与 z 向安装误差。

首先由计算机程序得到 20 组标准正态随机数,进而得到 20 种误差随机分布,计算 20 种误差对结构初始预应力的影响并取其期望作为最终的误差影响。为了考察不同跨度索穹顶对支座几何误差的敏感性,本节采用了不同跨度模型进行分析。由计算结果可知,由于施工验收规范的限制,支座几何误差对索穹顶初始预应力的影响较小,其最大值不到 1.5%。其中结构对支座竖向误差的敏感性大

于水平误差,且跨度越小,支座几何误差对预应力的影响越大。因此,可以认为在满足施工安装误差相关规定的前提下,支座几何误差对结构静力性能影响较小。

6.3 支座刚度误差影响

索穹顶必须支承在周边受压环梁上才能工作。不同刚度的支承结构将影响索穹顶的初内力分布和其在外荷载作用下的受力性能。

分别对支承结构和包括支承结构及索穹顶在内的整体结构施加径向单位力,得水平变位为 Δ_1 和 Δ_{1+0},则支承结构水平刚度为 $K_1=1/\Delta_1$,整体结构水平刚度为 $K_{1+0}=1/\Delta_{1+0}$,索穹顶水平刚度为两者之差,即 $K_0=K_{1+0}-K_1=(\Delta_1-\Delta_{1+0})/(\Delta_1\Delta_{1+0})$。定义索穹顶与支承结构水平刚度之比为索穹顶相对水平刚度 λ,$\lambda=K_0/K_1=(\Delta_1-\Delta_{1+0})/\Delta_{1+0}=\Delta_1/\Delta_{1+0}-1$。当 K_1 为无穷大时,$\lambda=0$,此时可认为索穹顶边界节点为理想不动铰支座。对具有不同相对水平刚度的索穹顶进行分析,结果表明索穹顶结构与支座结构相对刚度比的大小会对结构预应力分布造成较大的影响,预应力分布改变量基本上与相对刚度比的大小呈线性关系。当索穹顶结构与支座结构的相对刚度比为 0.05 时预应力分布的改变量约为 5%,此时结构自平衡后的最大节点位移仅为结构跨度的 1/1000,荷载作用时的最大节点位移与理想情况相差较小。结构的极限承载力与支座刚度有着重要的关系,与相对刚度比也基本上呈线性关系。且可以看出,随着支座刚度的增大,结构的极限承载能力不断增大,最大节点位移则随之减小。当相对刚度比为 0.05 时,索穹顶结构极限承载能力较之理想固支时的改变量约为 5%。因此,当相对刚度比在 0.05 以内时可以认为支座为理想固支,忽略由支座刚度造成的误差。

7 结语

索穹顶结构是一种结构效率极高的全张力体系,同时具有受力合理、自重轻、跨度大和结构形式美观、新颖等特点,是一种有广阔应用前景的大跨空间结构形式。进一步的研究方向包括索穹顶结构的动态设计、新体系新材料应用、节点设计、施工监控、流固耦合、气动形态优化与控制及自适应可调节技术等。

参考文献

[1] Fuller R B. Tensile-integrity structures:US 3063521[P]. 1962.

[2] VILNAY O. Structures made of infinite regular tensegric nets[J]. IASS Bulletin,1977,18(63):51—57.

[3] EMMERICH D G. Self-tensioning spherical structures:single and double layer spheroids[J]. International Journal of Space Structures,1990,5(3—4):335—374.

[4] MOTRO R. Tensegrity systems:the state of the art[J]. International Journal of Space Structures,1992,7(2):75—82.

[5] GEIGER D H,STEFANIUK A,CHEN D. The design and construction of two cable domes for the Korean Olympics[C]//Proceedings of IASS Symposium on Shells,Membranes and Space Frames,Vol. 2,Osaka,Japan,1986:265—272.

[6] LEVY M P. The Georgia dome and beyond achieving lightweight-long span structures[C]// Spatial Lattice and Tension Structures:Proceedings of the IASS-ASCE International Symposium,

Atlanta,USA,1994:560—562.

[7] 陈志华.张拉整体结构的理论分析与实验研究[D].天津:天津大学,1995.

[8] 王斌兵.张拉整体的可行性研究[D].天津:天津大学,1996.

[9] 夏绍华,董明,钱若军.全张力集成体系的基本概况[J].空间结构,1997,3(2):3—9.

[10] 董明.索穹顶的结构理论和计算机分析方法[D].上海:同济大学,1997.

[11] 张莉.张拉结构形状确定理论研究[D].上海:同济大学,2000.

[12] 唐建民.索穹顶体系的结构理论研究[D].上海:同济大学,2001.

[13] 张立新.索穹顶结构成形关键问题和风致振动[D].上海:同济大学,2001.

[14] 罗尧治.索杆张力结构的数值分析理论研究[D].杭州:浙江大学,2000.

[15] 袁行飞.索穹顶结构的理论分析和实验研究[D].杭州:浙江大学,2000.

[16] 袁行飞,董石麟.索穹顶结构的新形式及其初始预应力确定[J].工程力学,2005,22(2):22—26.

[17] 董石麟,袁行飞.肋环型索穹顶初始预应力分布的快速计算法[J].空间结构,2003,9(2):3—8.

[18] 董石麟,袁行飞.葵花型索穹顶初始预应力分布的快速计算法[J].建筑结构学报,2004,25(6):9—14.

[19] 袁行飞,董石麟.索穹顶结构整体可行预应力概念及其应用[J].土木工程学报,2001,34(2):33—37.

[20] 陈联盟,袁行飞,董石麟.索杆张力结构自应力模态分析及预应力优化[J].土木工程学报,2006,39(2):11—15.

[21] 郑君华,董石麟,詹伟东.葵花形索穹顶结构的多种施工张拉方法及试验研究[J].建筑结构学报,2006,27(1):112—117.

[22] 陈联盟,董石麟,袁行飞.索穹顶结构施工成形理论分析和实验研究[J].土木工程学报,2006,39(11):33—36.

[23] 董石麟,袁行飞,赵宝军,等.索穹顶结构多种预应力张拉施工方法的全过程分析[J].空间结构,2007,13(1):3—14.

[24] 詹伟东.葵花型索穹顶结构的理论分析和试验研究[D].杭州:浙江大学,2004.

[25] 陈联盟.Kiewitt型索穹顶结构的理论分析和试验研究[D].杭州:浙江大学,2005.

[26] 郑君华.矩形平面索穹顶结构的理论分析和试验研究[D].杭州:浙江大学,2006.

[27] 包红泽.鸟巢型索穹顶结构的理论分析和试验研究[D].杭州:浙江大学,2007.

[28] 李志强.索穹顶结构性能研究与体系改良[D].杭州:浙江大学,2007.

$\mathscr{87}$ 索穹顶结构几何稳定性分析[*]

摘　要：索穹顶结构是发展和推广 Fuller 张拉整体结构思想后唯一应用于实际工程的一种新型大跨结构，它的几何稳定性分析对结构的设计非常重要。本文通过对杆系结构的分类，自应力模态、机构位移模态确定，以及体系稳定性判定准则等细节的研究，对索穹顶结构几何稳定性做了较为完整的分析。编制了相应的程序，对肋环型、三角化型和凯威特型等多种布置形式的索穹顶结构进行了计算分析，得出了一些对结构选型有用的结论。

关键词：索穹顶；几何稳定性；结构选型

1　引言

索穹顶结构(cable dome)是美国著名工程师 Geiger 发展和推广 Fuller 张拉整体结构思想后唯一实现的一种新型大跨超大跨结构[1-3]。早在 1962 年 Fuller[1] 就设想有这样一种结构体系，这种体系是连续的张力网，网中存在独立的压杆，即"压杆的孤岛存在于拉杆的海洋中"，并第一次提出了 Tensegrity 这一概念，即张拉整体概念。这种结构体系能尽可能地减少受压杆而使索处于连续张拉态，它的刚度是拉索和压杆单元之间自应力平衡的结果，而且不依赖于任何外力作用。尽管人们对各种形式的整体张拉结构进行了研究，但迄今为止，只有索穹顶结构真正在大跨度空间结构中得以实现。国外大量的工程实践更显示了其强大的生命力和广阔的发展前景。与传统的结构体系不同的是，索穹顶结构是索-杆组合的预应力铰接体系，它的分析包括两部分：找形分析和静动力分析。在杆件拓扑关系不变的条件下，在一定的荷载作用下，一定存在着某一意义下的最佳几何形状，它可以使结构重量最轻或预应力水平最低或结构刚度最大等，这也就是找形分析的主要任务。而要保证这一点必须要求施加预应力后的体系首先是几何稳定的。唯有如此，该选型设计才是可行的。本文旨在通过对肋环型、三角化型和凯威特(Kiewitt)型等多种索穹顶结构的几何稳定性分析，得出一些有利于结构选型的结论。

2　空间杆件铰接体系分类

自结构力学诞生以来，人们对几何构造性质的研究就没有间断过。1864 年，Maxwell 提出一规则，认为对有 j 个节点的空间结构体系必须有 $b = 3j - 6$ 个杆件才能使其成为不变体系，即 Maxwell

---

　　* 本文刊登于：袁行飞,董石麟.索穹顶结构几何稳定性分析[J].空间结构,1999,5(1):3—9.

规则[5]。但他同时发现这样一种例外情况,那就是用比必要条件少的杆约束可使体系成为几何不变体系,这与杆的最长最短长度有关。其实早在 1837 年 Morbius 就提出了这一例外情况,发现这类结构须满足三个条件:(1)结构可发生无穷小运动;(2)平衡方程解非唯一;(3)每一结构单元具有与其他单元相协调的最大或最小长度,使自应力的产生成为可能。此时,一旦结构发生无穷小位移,体系中的自应力就会产生使结构恢复其初始位置的不平衡力,这一过程即为传递一阶刚度的过程。机构为无穷小机构,体系稳定。Calladine 在以后的研究中也确认存在少于 Maxwell 原则要求杆件数的稳定体系,这种体系具有无穷小机构模态,能被至少一种状态的自平衡应力硬化,属于瞬变体系,但又不同于传统体系分析中的瞬变体系。因为对于传统的瞬变体系,在线性小变形范围内,其内力接近无穷大。实际上,通常的 Maxwell 规则是在线性条件下体系处于几何不变的必要条件,而例外情况则在非线性条件下成立。

关于空间杆件铰接体系的分类方法,较普遍采用的是 De. Veubeke 提出的基于体系平衡方程和协调方程解的分类方法。现描述如下。

对于给定的空间铰接结构体系,设杆件数为 b,非约束节点数为 N,排除约束节点中某些自由度不被约束的情况,则非约束位移数为 $3N$。对任一节点 i,如图 1 所示,可得:

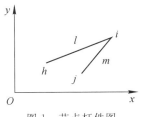

图 1　节点杆件图

$$\left.\begin{array}{l}(x_i-x_h)t_l+(x_i-x_j)t_m=f_{ix}\\(y_i-y_h)t_l+(y_i-y_j)t_m=f_{iy}\\(z_i-z_h)t_l+(z_i-z_j)t_m=f_{iz}\end{array}\right\} \tag{1}$$

对所有非约束节点进行上述运算,可得:

$$\begin{bmatrix}\cdots&&\\&x_i-x_h&x_i-x_j\\&y_i-y_h&y_i-y_j\\&z_i-z_h&z_i-z_j\\&&\cdots\end{bmatrix}\begin{Bmatrix}\cdots\\t_l\\t_m\\\cdots\end{Bmatrix}=\begin{Bmatrix}\cdots\\f_{ix}\\f_{iy}\\f_{iz}\\\cdots\end{Bmatrix} \tag{2}$$

用矩阵形式可表示成 $[A]\{t\}=\{f\}$,其中 $[A]$ 为 $3N\times b$ 矩阵,称为平衡矩阵;$\{t\}$ 为 b 维杆件内力矢量;$\{f\}$ 为 $3N$ 维节点力矢量。同样,在小变形假设条件下,可以建立协调方程 $[B]\{u\}=\{e\}$,其中 $[B]$ 为协调矩阵,$\{u\}$ 为节点位移矢量,$\{e\}$ 为杆件伸长量。由虚功原理,不难证得 $[B]^{\mathrm{T}}=[A]$。

设 $[A]$ 的秩为 r,可得自应力模态数 $s=b-r$,独立机构位移数 $m=3N-r$。根据 s、m 的值,可把空间杆件体系分为如下四类:

(1)$s=0,m=0$,为静定动定体系。此时矩阵 $[A]$、$[B]$ 满秩,平衡方程和协调方程均有唯一解。即通常所说的静定体系。

(2)$s>0,m=0$,为静不定动定体系。对任意荷载 $\{f\}$,平衡方程有有限解;对某一特定杆伸长量 $\{e\}$,协调方程有唯一解。即通常所说的超静定体系。

(3)$s=0,m>0$,为静定动不定体系。对特定形式荷载 $\{f\}$,平衡方程有唯一解;对任意杆伸长量 $\{e\}$,协调方程有有限解。即通常所说的可变体系。

(4) $s>0,m>0$，为静不定动不定体系。对任意荷载 $\{f\}$，平衡方程有有限解；对任量杆伸长量 $\{e\}$，协调方程有有限解。索穹顶结构中相当一部分属于这种类型，有别于一般的传统体系，需做进一步研究。

3 自应力模态和机构位移模态确定

设平衡矩阵 A 为 $3N\times b$ 矩阵，为得到内部机构位移模态，对增广矩阵 $[A\quad I]$ 进行高斯消元，使其变为阶梯状[4]，如图 2 所示。

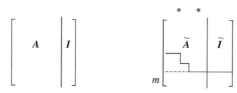

图 2　增广矩阵高斯消元

图 2 中标有 * 号的列为消元过程中主元为零的列，共有 s 列，且其列号代表多余杆件号；中底部为 0 的 m 行对应的 $\tilde{I}$ 中元素为独立机构位移模态，记为 $D=[d_1\quad d_2\quad \cdots\quad d_m]$。一般的机构位移是各独立机构位移模态的线性组合，记为：

$$D\beta=[d_1\beta_1+d_2\beta_2+\cdots+d_m\beta_m]$$

式中，β 为机构位移模态组合因子，可取任意实数。

为求得自应力模态，可依次令某一多余杆对应的轴力为单位拉力或压力（索受拉，杆受压），其余多余杆内力为 0 代入平衡方程求解，这样求得的解为单位自应力模态，记为 $T=[T_1\quad T_2\quad \cdots\quad T_s]$。一般的预应力状态是单位自应力模态的线性组合，它仍满足平衡条件，记为：

$$T\alpha=[T_1\alpha_1+T_2\alpha_2+\cdots+T_s\alpha_s]$$

式中，α 为自应力模态组合因子，可取任意实数。

值得指出的是用高斯消元法求 A 的秩这一算法极不稳定，需先设定一精度值，且随精度值的变化，矩阵的秩有较大的变化。而采用奇异值[7]分解时，只需根据特征值的相对大小即可得出矩阵的秩，算法较稳定，建议用奇异值校核。另外，在求单位自应力模态时，可参考有限元法中引入约束的方法，划去矩阵 $\tilde{A}$ 中内力为 0 的多余杆件号所在的列，这样所得的 $\tilde{A}$ 为非奇异矩阵，剩余方程存在唯一解。

4 几何稳定性判定

对于 $m=0$ 的体系即无内部机构位移体系，结构必稳定；对 $m>0$ 的体系须进行稳定性判定。首先引入几何力概念[4]：当体系发生某一机构位移时，节点就会产生不平衡力，即几何力。若这种不平衡力具有使节点恢复其初始位置的趋势，则使机构硬化，该机构称为一阶无穷小机构。当第 a 种自应力模态发生第 b 种机构位移模态时，可按如下步骤计算几何力：

重新写出平衡方程：

$$\left.\begin{array}{l}[(x_i+u_{ix})-(x_h+u_{hx})]t_l+[(x_i+u_{ix})-(x_j+u_{jx})]t_m=f_{ix}\\[(y_i+u_{iy})-(y_h+u_{hy})]t_l+[(y_i+u_{iy})-(y_j+u_{jy})]t_m=f_{iy}\\[(z_i+u_{iz})-(z_h+u_{hz})]t_l+[(z_i+u_{iz})-(z_j+u_{jz})]t_m=f_{iz}\end{array}\right\}\qquad(3)$$

与方程（1）相减得：

$$\left.\begin{array}{l} G_{abix} = (u_{ix} - u_{hx})t_l + (u_{ix} - u_{jx})t_m \\ G_{abiy} = (u_{iy} - u_{hy})t_l + (u_{iy} - u_{jy})t_m \\ G_{abiz} = (u_{iz} - u_{hz})t_l + (u_{iz} - u_{jz})t_m \end{array}\right\} \tag{4}$$

记第 a 种自应力模态下的几何力为 $\boldsymbol{G}_a = [G_{a1} \quad G_{a2} \quad \cdots \quad G_{am}]$，式中 $a = 1, \cdots, s$。

为验证自应力模态是否传递了一阶刚度使机构得到硬化，Calladine 和 Pellegrino 得出如下判别式[4]：$\boldsymbol{\beta}^{\mathrm{T}} \boldsymbol{G}^{\mathrm{T}} \boldsymbol{D}\boldsymbol{\beta} > 0$，若 $\boldsymbol{G}^{\mathrm{T}} \boldsymbol{D}$ 正定，则机构稳定。对于 $s = 1$ 的体系，上式很容易实现。但对于 $s > 1$ 的体系，表达式变为：$\boldsymbol{\beta}^{\mathrm{T}}(\sum \alpha_i \boldsymbol{G}_i^{\mathrm{T}} \boldsymbol{D})\boldsymbol{\beta} > 0$，$\forall \boldsymbol{\beta} \in R^m - \{\boldsymbol{0}\}$。因自应力模态的选择具有很大的自由度，$\boldsymbol{T} = \boldsymbol{T}_1 \alpha_1 + \boldsymbol{T}_2 \alpha_2 + \cdots + \boldsymbol{T}_s \alpha_s$，要找到一组 $\boldsymbol{\alpha}$ 使 $(\sum \alpha_i \boldsymbol{G}_i^{\mathrm{T}} \boldsymbol{D})$ 确定较难。为解决这个问题，文献[4]提出了自动搜索的迭代方法，基本上解决了铰接杆件体系几何稳定性判定问题，但这种方法分析过程较为复杂，且工作量很大。笔者认为，若在此方法前进行下列判断可大大地减少工作量，判断准则如下：

令 $\boldsymbol{Q}_i = \boldsymbol{G}_i^{\mathrm{T}} \boldsymbol{D}$，则 $\boldsymbol{Q} = \boldsymbol{Q}_1 \alpha_1 + \boldsymbol{Q}_2 \alpha_2 + \cdots + \boldsymbol{Q}_s \alpha_s$。

(1) 对空间任意杆件体系，若存在至少一个确定的 $\boldsymbol{Q}_i$（正定或负定），则可取 α_i 为 1 或 -1，其余的 α_i 值为 0，这样得到的 $\boldsymbol{Q}$ 必正定，该体系几何稳定。

(2) 对索穹顶结构，并非每一种自应力模态都是有效的。因为它是由索和杆组成的体系，其中压杆是一种双向约束构件，而索是单向约束构件，所以在索穹顶结构中只有使全部索都受拉的预应力状态才是有效的。在所有有效自应力模态中，若存在至少一个确定的 $\boldsymbol{Q}_i$，则同样可得出体系几何稳定的结论。

若上述准则失效，可再用自动搜索的方法判断，且增加约束条件 $\alpha_i \neq 0$。对于通常的索穹顶结构，常可由上述准则判定其为几何稳定，从而避免调用自动搜索子程序，较大地减少了计算量。

如图 3 所示为一平面杆件体系，按传统力学的观点分析，该体系既有机构又有自应力模态，通常的 Maxwell 规则不成立。但若考虑非线性及自应力的影响，则可得出不同的结论。用上述理论判定其几何稳定性如下。

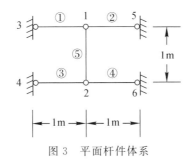

图 3　平面杆件体系

体系的静力平衡矩阵为：

$$[A] = \begin{bmatrix} 1 & -1 & 0 & 0 & 0 \\ 0 & 0 & 1 & 0 & 0 \\ 0 & 0 & 0 & 1 & -1 \\ 0 & 0 & -1 & 0 & 0 \end{bmatrix}^{\mathrm{T}}$$

得矩阵的秩 $r(\boldsymbol{A}) = 3$，自应力模态数 $s = 2$，$[T] = \begin{bmatrix} 1 & 1 & 0 & 0 & 0 \\ 0 & 0 & 0 & 1 & 1 \end{bmatrix}$，机构位移模态数 $m = 1$，$[D] = [0 \quad 1 \quad 0 \quad 1]^{\mathrm{T}}$。

相应于 $\boldsymbol{D}$ 和 $\boldsymbol{T}$ 的几何力模式为：

$$[G_1] = [0 \quad 2 \quad 0 \quad 0]^{\mathrm{T}} \qquad [G_2] = [0 \quad 0 \quad 0 \quad 2]^{\mathrm{T}}$$

则 $Q_1 = \boldsymbol{G}_1^{\mathrm{T}} \boldsymbol{D} = 2$，$Q_2 = \boldsymbol{G}_2^{\mathrm{T}} \boldsymbol{D} = 2$。显然 Q_1、Q_2 正定，任取 $\alpha_i > 0$，$\boldsymbol{Q} = Q_1 \alpha_1 + Q_2 \alpha_2$ 必正定，该自应力模态

能传递一阶刚度,使机构得到硬化,该机构为无穷小机构,体系几何稳定。

5 程序编制和索穹顶体系几何稳定性分析

根据上述理论编制了相应程序,用来确定体系机构位移和自应力模态,并判定其几何稳定性。运用本程序,对下列几种形式进行了分析。为简化计算,均只设置一道环向索,且上弦节点位于一给定的球面上。计算结果如下。

(1)肋环型(不设内环)

又称 Geiger 型,如图 4:杆件数 $b=49$,其中压杆为 9,拉杆为 40,非约束节点 $N=18$,非约束位移数 $3N=54$。得 $r(\boldsymbol{A})=43$,$s=6$,$m=11$,多余杆件分布在外圈斜索上。经判定,体系几何稳定。

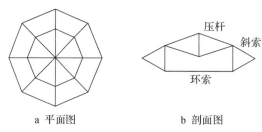

a 平面图   b 剖面图

图 4　肋环型索穹顶

(2)三角化型(不设内环)

又称 Levy 型,如图 5:杆件数 $b=65$,其中压杆为 9,拉杆为 56,非约束节点 $N=18$,非约束位移数 $3N=54$。得 $r(\boldsymbol{A})=54$,$s=11$,$m=0$,无内部机构位移,体系几何稳定。

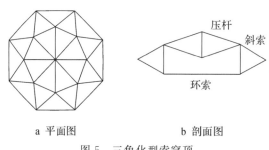

a 平面图   b 剖面图

图 5　三角化型索穹顶

(3)Kiewitt 型(不设内环)

如图 6:杆件数 $b=81$,其中压杆为 9,拉杆为 72,非约束节点 $N=18$,非约束位移数 $3N=54$。得 $r(\boldsymbol{A})=54$,$s=27$,$m=0$,无内部机构位移,体系几何稳定。

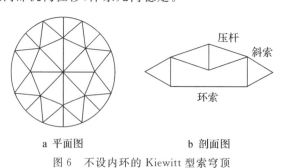

a 平面图   b 剖面图

图 6　不设内环的 Kiewitt 型索穹顶

（4）Kiewitt 型（设内环）

如图 7：杆件数 $b=104$，其中压杆 16，拉杆为 88，非约束节点 $N=32$，非约束位移数 $3N=96$。得 $r(\boldsymbol{A})=88,s=16,m=8$，多余杆件分布在外圈斜索上，经判定，体系几何稳定。

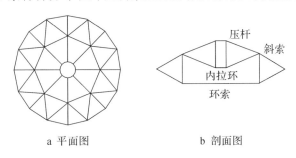

压杆　斜索
内拉环
环索

a 平面图　　　　　b 剖面图

图 7　设内环的 Kiewitt 型索穹顶

6　结论

本文通过对杆系结构的分类，自应力模态、机构位移模态确定，以及体系稳定性判定准则等细节的研究，对索穹顶结构几何稳定性做了较为完整的分析。编制了相应的程序，对常用的肋环型、三角化型索穹顶结构进行了分析，得出了一些有用的结论；并尝试性地分析了一种新型结构布置形式——Kiewitt 型，这种布置形式下杆件分布较为均匀，可望获得刚度分布均匀性和较低的预应力水平，技术上更易保证。其静动力性状有待于做进一步研究。本文得出的结论对索穹顶结构选型设计有一定的指导作用。

参考文献

[1] 马立明,沈祖炎,钱若军.大跨空间结构的新型式——张拉索穹顶结构[J].同济大学学报（自然科学版）,1995,23(2):231-235.

[2] 钱若军,沈祖炎,夏绍华.索穹顶结构[J].空间结构,1995,1(3):1-7,65.

[3] MOTRO R. Tensegrity systems:the state of the art[J]. International Journal of Space Structures,1992,7(2):75-82.

[4] PELLEGRINO S,CALLADINE C R. Matrix analysis of statically and kinematically indeterminate framework[J]. International Journal of Solids and Structures,1986,22(4):409-428.

[5] CALLADINE C R. Buckminster Fuller's "Tensegrity" structures and Clerk Maxwell's rules for the construction of stiff frames[J]. International Journal of Solids and Structures,1978,14(2):161-172.

[6] CALLADINE C R. First-order infinitesimal mechanisms[J]. International Journal of Solids and Structures,1991,27(4):505-515.

[7] PELLEGRINO S. Structural computation with the singular value decomposition of equilibrium matrix[J]. International Journal of Solids and Structures,1993,30(21):3025-3035.

88 索穹顶结构整体可行预应力概念及其应用[*]

摘　要：索穹顶结构是发展和推广 Fuller 张拉整体结构思想后实现的一种新型大跨空间结构。本文从索穹顶结构特有的杆件拓扑关系入手，提出了整体可行预应力这一新概念，通过求解单位整体可行预应力解决了多自应力模态下该体系稳定性判定问题；通过求解预应力水平系数对索穹顶结构的预应力优化设计做了研究，文章对若干算例的计算分析验证了这一概念的正确性和可应用性。

关键词：索穹顶；整体可行预应力；几何稳定性；预应力优化设计

1　引言

自 1962 年美国建筑师 Fuller[3] 根据自然界拉压共存的原理首次提出"张拉整体体系 Tensegrity"这一概念后，人们对各种形式的张拉整体结构进行了研究。其中有 Vilnay 提出的网格穹顶[4]，Emmerich 提出的双层张拉整体网状结构[5]，Motro 提出的双层网格结构[6] 等。但迄今为止，只有美国工程师 Geiger 设计的索穹顶结构才真正在大跨空间结构中得以实现，并日益显示出其强大的生命力和广阔的发展前景。因为索穹顶结构（Cable Dome）是在 Geiger 发展和推广 Fuller 张拉整体结构思想后实现的，所以人们又把它称为张拉整体索穹顶。

与张拉整体结构相似，索穹顶结构的力学分析包括找形分析（form-finding）、自应力准则确定和外力作用下的性能分析等内容。由于上述分析同时依赖于构件的初始几何形状、关联关系（拓扑）及形成一定刚度的初始自应力，且必须考虑几何非线性甚至材料非线性才能进行，所以具有一定的难度。考虑到索穹顶结构是一种杆、索分布较有规律的体系，本文提出了整体可行预应力这一新概念，并通过求解单位整体可行预应力解决了多自应力模态下该体系稳定性判定问题；通过求解预应力水平系数对索穹顶结构的预应力优化设计做了研究，文章对若干算例的计算分析验证了这一概念的正确性和可应用性。

2　整体可行预应力概念提出与求解

在提出索穹顶结构整体可行预应力概念前，有必要简单介绍关于空间铰接杆件体系的分类方法和其自应力模态、独立机构位移模态的确定。详细描述可参见文献[1]。

---

　*　本文刊登于：袁行飞，董石麟. 索穹顶结构整体可行预应力概念及其应用[J]. 土木工程学报，2001，34（2）：33－37.

对于给定的空间铰接结构体系,设杆件数为 b,非约束节点数为 N,排除约束节点中某些自由度不被约束的情况,则非约束位移数(自由度)为 $3N$。该结构体系的平衡方程如下:

$$[A]\{t\}=\{f\} \tag{1}$$

其中,$[A]$ 为 $3N \times b$ 矩阵,称为平衡矩阵;$\{t\}$ 为 b 维杆件内力矢量;$\{f\}$ 为 $3N$ 维节点力矢量。设 $[A]$ 的秩为 r,可得自应力模态数 $s=b-r$,独立机构位移数 $m=3N-r$。根据 s、m 的值,可把空间杆件体系分为如下四类。

(1)$s=0$,$m=0$,为静定动定体系。此时矩阵 $[A]$、$[B]$ 满秩,平衡方程和协调方程均有唯一解。即通常所说的静定体系。

(2)$s>0$,$m=0$,为静不定动定体系。对任意荷载 $\{f\}$,平衡方程有有限解;对某一特定杆伸长量 $\{e\}$,协调方程有唯一解。即通常所说的超静定体系。

(3)$s=0$,$m>0$,为静定动不定体系。对特定形式荷载 $\{f\}$,平衡方程有唯一解;对任意杆伸长量 $\{e\}$,协调方程有有限解。即通常所说的可变体系。

(4)$s>0$,$m>0$,为静不定动不定体系。对任意荷载 $\{f\}$,平衡方程有有限解;对任量杆伸长量 $\{e\}$,协调方程有有限解。

为得到内部机构位移模态,采用"按比例选列主元高斯消元法[8]"对增广矩阵 $[A|I]$ 进行高斯消元,使矩阵 $[A|I]$ 最后变为阶梯状[7],如图 1 所示。

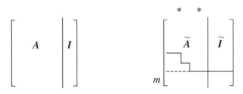

图 1 增广矩阵高斯消元

图 1 中标有 $*$ 号的列为消元过程中主元为零的列,即线性相关列,共 s 列,其列号分别代表多余杆件编号;中底部为 0 的 m 行对应的 $\tilde{I}$ 中元素为独立机构位移模态 $\boldsymbol{D}=[\boldsymbol{d}_1\ \boldsymbol{d}_2\cdots\boldsymbol{d}_m]$。一般的机构位移是各独立机构位移模态的线性组合,记为:

$$\boldsymbol{D}\beta=\boldsymbol{d}_1\beta_1+\boldsymbol{d}_2\beta_2+\cdots+\boldsymbol{d}_m\beta_m \tag{2}$$

式中,β 为机构位移模态组合因子,可取任意实数。

由矩阵运算[1]可得单位自应力模态 $\boldsymbol{T}=[\boldsymbol{T}_1\quad \boldsymbol{T}_2\quad \cdots\quad \boldsymbol{T}_s]$。一般的预应力状态是各单位自应力模态的线性组合,它仍满足平衡条件,记为:

$$\boldsymbol{T}\alpha=\boldsymbol{T}_1\alpha_1+\boldsymbol{T}_2\alpha_2+\cdots+\boldsymbol{T}_s\alpha_s \tag{3}$$

式中,α 为自应力模态组合因子,可取任意实数。

索穹顶结构是杆索组合的空间预应力体系,所以同样可按上述步骤求得独立机构位移模态和单位自应力模态,不同的是其中的索是一种单向约束构件,只能承受拉力,杆虽为双向约束构件,但由于张拉整体结构特有的"压杆的孤岛存在于拉杆的海洋中"的构造思想,只能承受压力。这种杆受压、索受拉的预应力状态通常被称为可行预应力状态,而整体可行预应力状态除了满足杆受压、索受拉条件外,还具有同类(组)杆件初始内力相等和整体自应力平衡等特点,这种预应力状态能使索穹顶结构最终达到理想设计状态。

要清楚地阐述整体可行预应力这一新概念,不妨以图 2 所示索穹顶结构为例进行说明:由图可见,索穹顶结构是一种杆件拓扑关系较有规律的对称结构体系,因此结构中的索和杆内力分布具有一定的规律性,具体来说即对一实际的索穹顶结构,位于等同地位(位置)的杆件属于同一类(组)杆件,其初始内力值也应该是相同的。如图 2 所示结构,尽管总杆件数 b 为 49,但相应的杆件类只有 7 类,分别为①第一道上斜索、②第二道上斜索、③第一道下斜索、④第一道竖杆、⑤第一道环索、⑥第二道下斜索和⑦中心竖杆，因此结构对应的初始预应力值也只有不同的 7 组。

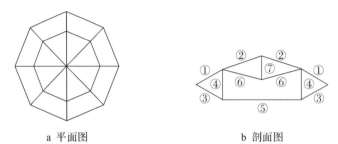

a 平面图   b 剖面图

图 2　肋环型索穹顶

对索穹顶结构，从一般预应力状态 $\boldsymbol{X} = \boldsymbol{T}_1 \alpha_1 + \boldsymbol{T}_2 \alpha_2 + \cdots + \boldsymbol{T}_s \alpha_s$ 出发，找到一组 α，使全部索受拉、全部杆受压，且同类杆件预应力值相同，这样的自应力模态组合才是最终有效可行的，称 $\boldsymbol{X}$ 为整体可行预应力。若令其中的 α_1 为 1，则得单位整体可行预应力，具体求解如下：

$$\boldsymbol{T}_1 + \boldsymbol{T}_2 \alpha_2 + \cdots + \boldsymbol{T}_s \alpha_s = \boldsymbol{X} \tag{4}$$

此时 $\boldsymbol{X}$ 为单位整体可行预应力，对于具有 n 组杆件数的结构可记为：

$$\boldsymbol{X} = \{ x_1 \quad x_1 \quad x_1 \quad \cdots \quad x_i \quad x_i \quad x_i \quad \cdots \quad x_n \}^{\mathrm{T}}$$

为更好地用矩阵表示，整理式（4）如下：

$$\boldsymbol{T}_2 \alpha_2 + \cdots + \boldsymbol{T}_s \alpha_s - \boldsymbol{X} = -\boldsymbol{T}_1 \tag{5}$$

简记为：

$$[\widetilde{T}]\{\widetilde{\alpha}\} = -[\boldsymbol{T}_1] \tag{6}$$

其中 $[\widetilde{T}] = [\boldsymbol{T}_2 \quad \boldsymbol{T}_i \quad \cdots \quad \boldsymbol{T}_s \quad \boldsymbol{e}_1 \quad \boldsymbol{e}_2 \quad \cdots \quad \boldsymbol{e}_n]$；$\boldsymbol{T}_i$ 为前述的单位独立自应力模态，即：$\boldsymbol{T}_i = \{t_{1i} \quad t_{2i} \quad \cdots \quad 1 \quad t_{ti}\}^{\mathrm{T}}$；基向量 $\boldsymbol{e}_i$ 由相应 i 类杆件轴力为 -1（索力 $+1$），其余杆件轴力为 0 组成，即：$\boldsymbol{e}_i = \{0 \quad \cdots \quad 0 \quad -1 \quad -1 \quad \cdots \quad 0 \quad 0\}^{\mathrm{T}}$；未知数为 $\{\widetilde{\alpha}\} = \{\alpha_2 \quad \alpha_3 \quad \cdots \quad \alpha_s \quad x_1 \quad x_2 \quad \cdots \quad x_n\}^{\mathrm{T}}$。由 $[\widetilde{T}]$ 各列线性无关性可得其秩为 $(s-1+n)$，用豪斯荷尔德变换法解这一超定方程组可得唯一解。

至此结构的单位整体可行预应力 $\boldsymbol{X}$ 已确定。

3　索穹顶结构几何稳定性分析

与传统结构体系不同的是，索穹顶结构是索-杆组合的预应力铰接杆件体系，它的分析除力学特性分析外还包括结构找形分析。在杆件拓扑关系不变的条件下，在一定的荷载作用下，一定存在着某一意义下的最佳几何形状，它可以使结构重量最轻或预应力水平最低或结构刚度最大等，这也就是找形分析的主要任务。而要保证这一点必须要求施加预应力后的体系是几何稳定的。对于几何刚性结构，即 $m=0$，体系内部无机构位移模态的结构，这一点不难保证；而对于几何柔性结构，即 $m>0$，体系内部存在机构的结构，必须先引入几何力概念判定其几何稳定性。唯有如此，该选型设计才是可行的。

为验证自应力模态是否传递了一阶刚度使机构得到硬化，Calladine 和 Pellegrino 得出如下判别式[7]：

$$\boldsymbol{\beta}^{\mathrm{T}} \boldsymbol{G}^{\mathrm{T}} \boldsymbol{D} \boldsymbol{\beta} > 0 \tag{7}$$

令

$$\boldsymbol{Q} = \boldsymbol{G}^{\mathrm{T}} \boldsymbol{D} \tag{8}$$

对于 $s=1$ 的体系,上式很容易实现。因为 Q 为 $m \times m$ 的对称矩阵,根据矩阵理论,判定 Q 为正定性即可;但对于 $s>1$ 的体系,表达式变为:

$$\boldsymbol{\beta}^{\mathrm{T}}(\sum \alpha_i \boldsymbol{G}_i^{\mathrm{T}} \boldsymbol{D}) \boldsymbol{\beta} > 0, \forall \boldsymbol{\beta} \in R^m - \{0\} \tag{9}$$

在一般预应力状态 $\boldsymbol{T} = \boldsymbol{T}_1 \alpha_1 + \boldsymbol{T}_2 \alpha_2 + \cdots + \boldsymbol{T}_s \alpha_s$ 下,因自应力模态的选择具有很大的自由度,通常来说要找到一组 α 使 $(\sum \alpha_i \boldsymbol{G}_i^{\mathrm{T}} \boldsymbol{D})$ 确定一般较难。为解决这个问题,文献[7]提出了自动搜索的迭代方法(Automatic Search for a Positive Definite Q),该法虽然从理论上基本解决了铰接杆件体系几何稳定性判定问题,但这种方法迭代次数不确定,计算量大,且过程复杂,如全盘应用到索穹顶结构上更是不合理的甚至是不可计算的,因为这一结构杆件数、自应力模态数和机构位移模态数相对较多。

应用第 2 节的整体可行预应力这一新概念,则可以避开自应力模态不确定问题,从而巧妙地进行多自应力模态下该体系的几何稳定性判定。具体计算方法如下。

先由文献[1]得到体系的独立自应力模态和机构位移模态,建立单位整体可行预应力方程(6),然后用豪斯荷尔德变换法求解该超定方程组(4),得到自应力组合系数 α_i 和单位整体可行预应力 $\boldsymbol{X}$ 值。此时再应用式(7)来考虑机构的稳定性变得十分方便,由 $\boldsymbol{Q}_i = \boldsymbol{G}_i^{\mathrm{T}} \boldsymbol{D}$,$\boldsymbol{Q} = \sum_{i=1}^{s} \boldsymbol{Q}_i \alpha_i$,只需一次性考察 $\boldsymbol{Q}$ 的正定性就可得出结论。若 $\boldsymbol{Q}$ 满足下列条件之一,则 $\boldsymbol{Q}$ 正定,机构稳定:

① 应用霍尔维兹定理判断各阶主子式是否全部大于 0;

② 判断特征值是否全部大于 0;

③ 判断高斯消元后所得的主元是否全部大于 0。

如判断结果 $\boldsymbol{Q}$ 为负定,则只需把单位自应力模态 $\boldsymbol{T}$ 改为 $-\boldsymbol{T}$,同样可得出 $\boldsymbol{Q}$ 为正定的结论,此时体系为一阶无穷小机构,属几何稳定体系。若 $\boldsymbol{Q}$ 为半确定,则体系为部分可变;若 $\boldsymbol{Q}$ 不定,则体系为常变;若 $\boldsymbol{Q}$ 恒为零,则体系具有高阶无穷小,上述三种情况均为几何可变体系。

根据上述理论编制了程序 GSACD(Geometry Stability Analysis of Cable Dome),用来确定索穹顶结构独立机构位移和独立自应力模态,并通过求解单位整体可行预应力判定其几何稳定性。该程序继承模块化、结构化的设计思想,采用 FORTRAN 标准语言编写,并在 POWER-STATION 环境下实现。GSACD 程序的设计流程见图 3。

运用 GSACD 程序,对下列几种形式索穹顶进行了分析。计算结果如下。

3.1 肋环型(不设内环)

又称 Geiger 型,如图 2 所示:设置一道环索,杆件数 $b=49$,其中压杆为 9,拉杆为 40,非约束节点 $N=18$,非约束位移数 $3N=54$,杆件类型数 $n=7$。得 $r(\boldsymbol{A})=43$,独立自应力模态数 $s=6$,独立机构位移模态数 $m=11$,多余杆件分布在外圈斜索上。为满足同类杆件内力相等条件,取自应力组合系数:

$$\alpha_i = 1.0 \quad (i=1,\cdots,5)$$
$$\alpha_6 = 6.52$$

得单位整体可行预应力为

$$X_i = 1.0, 0.6237, 6.519, -0.456, 8.497, 0.289, -0.757 \quad (i=1,\cdots,7)$$

由式(7)求得矩阵 $\boldsymbol{D}$、$\boldsymbol{G}$、$\boldsymbol{Q}$,经判定体系为几何稳定。

3.2 肋环型(设内环)

如图 4 所示:设置二道环索,杆件数 $b=104$,非约束节点 $N=48$,非约束位移数 $3N=144$,杆件类型数 $n=13$。得 $r(\boldsymbol{A})=103$,独立自应力模态数 $s=1$,独立机构位移模态数 $m=41$。取自应力组合系数

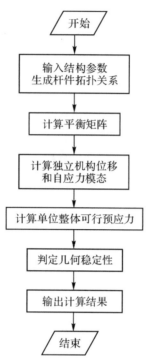

图3　GSACD程序设计流程图

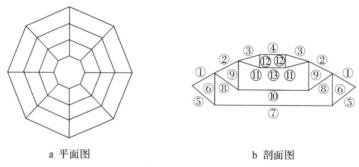

a　平面图　　　　　　　　　　　b　剖面图

图4　肋环型索穹顶(设内环)

$$\alpha_1 = 1.0$$

得单位可行预应力为

$$X_i = 5.6873, 2.5427, 1.6623, 2.1516, 9.9011, -2.8238, 12.399, 2.6497,$$
$$-0.8044, 3.2986, 0.7983, -0.227, 1.0 \quad (i=1,\cdots,13)$$

经判定体系为几何稳定。

3.3　三角化型(不设内环)

又称 Levy 型,如图5所示:设置一道环索,杆件数 $b=65$,其中压杆为9,拉杆为56,非约束节点 $N=18$,非约束位移数 $3N=54$,杆件类型数 $n=7$。得 $r(\mathbf{A})=54$,独立自应力模态数 $s=11$,独立机构位移模态数 $m=0$。为满足同类杆件内力相等条件,取自应力组合系数

$$\alpha_i = 1.0 \quad (i=1,\cdots,5)$$
$$\alpha_i = 1.421 \quad (i=6,\cdots,11)$$

得单位可行预应力为

$X_i = 1.0, 0.924, 0.763, -0.427, 1.421, 0.573, -1.45$　$(i=1,\cdots,7)$

因为无内部机构位移,体系几何稳定。

a　平面图　　　　　　　　　　　b　剖面图

图 5　三角化型索穹顶(不设内环)

3.4　Kiewitt 型(不设内环)

如图 6 所示:设置一道环索,杆件数 $b=81$,其中压杆为 9,拉杆为 72,非约束节点 $N=18$,非约束位移数 $3N=54$,杆件类型数 $n=7$。得 $r(\boldsymbol{A})=54$,独立自应力模态数 $s=27$,独立机位移模态数 $m=0$。为满足同类杆件内力相等条件,取自应力组合系数:

$$\alpha_i = 1.0　　　(i=1,\cdots,11)$$
$$\alpha_i = 6.6214　　　(i=12,\cdots,27)$$

得单位可行预应力为:

$$X_i = 1.0, 1.573, 6.621, -1.276, 21.448, 0.729, -1.909　　　(i=1,\cdots,7)$$

因为无内部机构位移,体系几何稳定。

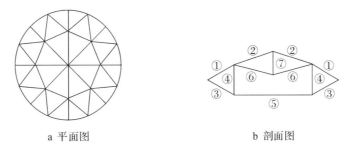

a　平面图　　　　　　　　　　　b　剖面图

图 6　Kiewitt 型索穹顶(不设内环)

4　索穹顶结构预应力优化分析

在张拉整体索穹顶结构中,结构的预应力状态与几何形状是相互依赖的,即预应力状态的改变会影响结构的几何形状,结构几何形状的改变也会改变预应力状态,因此索穹顶结构对预应力的设计是有一定要求的。首先它必须保证结构按设计外型成形,同时还需保证结构具有足够的刚度以抵抗荷载,且在荷载作用下所有索都不松弛。除此外,预应力水平越低越好,因为较高的预应力水平不仅增加了施工难度,还可能造成边缘支撑结构较大的反作用力,从而降低经济效益。

应用第 2 节的整体可行预应力概念,设结构施加的预应力值为

$$\boldsymbol{T} = \boldsymbol{X}\beta \qquad\qquad (10)$$

其中,$\boldsymbol{X}$ 为式(6)求得的单位整体可行预应力,β 为预应力水平放大系数。

由此，我们不难得到如下目标函数：

$$\text{min.}\ f(\beta) = \beta \tag{11}$$

应力约束条件：

$$0 < \sigma_{索} \leqslant [\sigma] \tag{12}$$

$$-\varphi[\sigma] \leqslant \sigma_{杆} \leqslant 0 \tag{13}$$

上述应力约束条件同样是由索穹顶结构的"压杆的孤岛存在于拉杆的海洋中"的结构思想决定的，在索穹顶结构的任何状态下，索都不能松弛，形成连续的张力网，杆的受压也是维护这种状态所必需的。

有关索穹顶结构的位移约束未见有资料规定，可以先参照我国现行网架结构和网壳结构规程确定。

由式(11)可见，引入单位整体可行预应力概念后，索穹顶结构选定截面情况下的预应力优化问题转化为单变量——预应力水平放大系数 β 的优化问题，则它的求解相对简单，可用一维搜索的办法找到最优解，如黄金分割法(0.618法)等。有关一维搜索的优化方法计算步骤比较简单，可参考一般的优化设计书籍，这里不作赘述。

上述计算过程中，索元采用文献[2]中的二节点曲线索单元，杆采用二节点铰接杆单元。若优化过程中出现某一预应力条件下索内力小于零或杆内力大于零，则该预应力设计失败，须进行下一预应力值的选取和设计。

图 7 所示为一直径 100m、设有二道环索的肋环型索穹顶。假设拉索的弹性模量 $E = 1.85 \times 10^8 \text{kN/m}^2$，设计强度 $\sigma = 5.58 \times 10^5 \text{kN/m}^2$ (钢索的屈服强度 $\sigma_y = 18.6 \times 10^5 \text{kN/m}^2$，其设计力可取 30% 左右)；压杆的弹性模量 $E = 2.10 \times 10^8 \text{kN/m}^2$，设计强度 $\sigma = 2.15 \times 10^5 \text{kN/m}^2$。最小截面 $A_{\text{min}} = 3000 \text{mm}^2$，最大位移为结构跨度的 1/250。结构承受 0.5kN/m² 的竖向均布荷载。按杆件所在位置的不同把结构杆件分为 13 组，各组杆件单位整体可行预应力和截面见表 1，对该结构选定截面情况下进行预应力优化设计。

 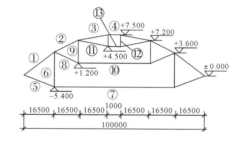

a 平面图   b 剖面图

图 7　肋环型索穹顶结构

表 1　索穹顶结构单位整体可行预应力和选定截面

杆件组数	1	2	3	4	5	6	7
单位预应力/kN	3.8071	2.3795	1.9545	4.9999	1.7438	−0.681	4.1143
选定截面/mm²	19000	19000	12600	30000	19000	30000	36400

杆件组数	8	9	10	11	12	13	重量/kN
单位预应力/kN	1.4677	−0.4257	3.5999	0.4077	−0.118	1.000	
选定截面/mm²	12600	30000	12600	12600	30000	30000	9034.9

优化结果，当预应力水平系数 $\beta = 97.9$ 时，结构达到最优。

5 结论

(1)本文从索穹顶结构特有的杆件拓扑关系入手,提出了整体可行预应力这一新概念,建立了相应的计算公式。这一概念力学原理清晰、计算简便,在索穹顶结构分析中具有很强的应用性。

(2)应用整体可行预应力这一新概念最终解决了多自应力模态下索穹顶结构的几何稳定性判定问题。编制了 GSACD 程序,对常用的肋环型、三角化型索穹顶结构进行了设计分析,得出了一些有用的结论。并尝试性地分析了一种新型结构布置形式——Kiewitt 型,这种布置形式杆件分布较为均匀,可望刚度分布均匀性和较低的预应力水平,技术上更易保证,有关其力学特性有待于做进一步研究。

(3)应用整体可行预应力这一新概念把索穹顶结构选定截面情况下的预应力优化问题转化为单变量——预应力水平放大系数 β 的优化问题,从而简化了索穹顶结构预应力优化设计这一重要命题。算例分析表明该方法是正确可行的。

参考文献

[1] 袁行飞,董石麟.索穹顶结构几何稳定性分析[J].空间结构,1999,15(1):3—9.

[2] 袁行飞,董石麟.二节点曲线索单元非线性分析[J].工程力学,1999,16(4):59—64,46.

[3] FULLER R B. Tensile-integrity structures:US 3063521[P]. 1962.

[4] VILNAY O. Structures made of infinite regular tensegric nets[J]. IASS Bulletin,1977,18(63):51—57.

[5] EMMERICH D G. Self-tensioning spherical structures:single and double layer spheroids[J]. International Journal of Space Structures,1990,5(3—4):335—374.

[6] MOTRO R. Tensegrity systems:the state of the art[J]. International Journal of Space Structures,1992,7(2):75—82.

[7] PELLEGRINO S, CALLADINE C R. Matrix analysis of statically and kinematically indeterminate framework[J]. International Journal of Solids and Structures,1986,22(4):409—428.

[8] 林成森. 数值计算方法[M]. 北京:科学出版社,1998.

89 肋环型索穹顶初始预应力分布的快速计算法*

摘　要：肋环型索穹顶是美国工程师 Geiger 根据 Fuller 的张拉整体结构思想开发的一种新型预张力结构，并最早应用在汉城奥运会的体操馆和击剑馆。考虑到该结构是一种轴对称结构，本文提出了确定初始预应力分布的快速计算法。该法从平面径向桁架节点平衡关系入手，推导了不设和设有内拉环的肋环型索穹顶预应力杆内力一般性的计算公式。对特定参数的索穹顶结构还给出了内力计算用表。通过本文提供的分析方法、计算公式和内力计算表，可方便快速地确定肋环型索穹顶结构的初始预应力分布，为该类结构的进一步设计和力学性能分析提供了基础。

关键词：肋环型索穹顶；张拉整体；节点平衡方程；荷载态；计算用表；初始预应力

1　引言

索穹顶结构是美国工程师 Geiger 根据 Fuller[1] 的张拉整体结构思想开发的一种新型预张力结构，并最早应用在汉城奥运会的体操馆(见图1)和击剑馆[2]。它体现了 Fuller 关于"压杆的孤岛存在于拉杆的海洋中"的思想，是一种受力合理、结构效率高的结构体系。由于同时具有构造轻盈、尺度宏伟和造价经济等特点，这种结构一经问世便受到了建筑师的青睐。继汉城体操馆和击剑馆之后，Geiger 和他的公司又相继建成了红鸟体育馆和太阳海岸穹顶。由美国工程师 M. P. Levy 和 T. F. Jing 设计的乔治亚穹顶[3] 是 1996 年亚特兰大奥运会主赛馆的屋盖结构(见图2)。之后他们还成功设计了圣彼得堡的雷声穹顶和沙特阿拉伯利亚德大学体育馆的可开启穹顶等多项大跨度屋盖结构，进一步展示了索穹顶结构的开发应用前景。

同张拉整体结构相似，索穹顶结构的力学分析包括找形分析(Form-finding)、预应力分布的确定和外力作用下的性能分析等内容[4]。由于索穹顶结构没有自然刚度，它的刚度完全由预应力提供。根据结构初始几何形状、构件的关联关系(拓扑)确定形成一定刚度的初始自应力是索穹顶设计首先要解决的问题。

考虑到肋环型索穹顶是一种轴对称结构，本文提出了确定该种结构初始预应力分布的快速计算法。文中首先提出了平面径向桁架简化计算模型，然后通过对各节点建立平衡关系推导了不设和设有内拉环的肋环型索穹顶预应力杆内力一般性的计算公式。文章还对特定参数的索穹顶给出了内力计算用表。通过本文提供的分析方法、计算公式和内力计算用表，可方便快速地确定肋环型索穹顶结构的初始预应力分布，为该类结构的进一步设计和力学性能分析提供了基础。

---

* 本文刊登于：董石麟，袁行飞.肋环型索穹顶初始预应力分布的快速计算法[J].空间结构，2003，9(2)：3—8.

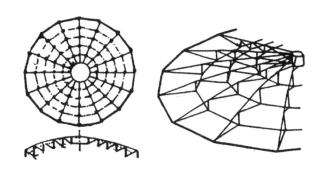

图 1　Geiger 设计的汉城体操馆穹顶

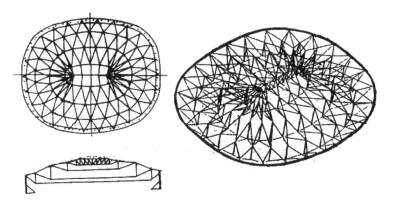

图 2　Levy 设计的乔治亚穹顶

2　计算模型

肋环型索穹顶结构是由 Geiger 设计并首次应用到工程中的,所以它又被命名为 Geiger 型索穹顶。这种形式的代表工程为图 1 所示的汉城体操馆穹顶。它由径向脊索、径向斜索、环索和压杆组成,并支承于周边受压环梁上。在具体工程应用中,肋环型穹顶又有不设内拉环和设有内拉环两种情况。

考虑到肋环型索穹顶为一轴对称结构[5],它的计算模型可取一榀平面径向桁架。针对不设内拉环和设有内拉环两种情况,计算简图分别如图 3 和图 4 所示。

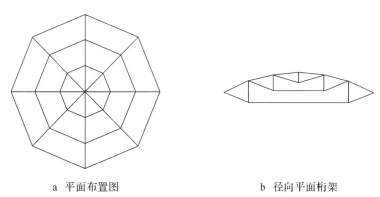

a　平面布置图　　　　　　　　　b　径向平面桁架

图 3　不设内拉环的肋环型索穹顶

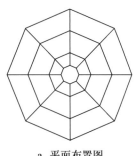 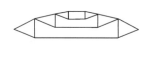 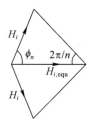

a 平面布置图   b 径向平面桁架   图5 环索内力示意
图4 设有内拉环的肋环型索穹顶

图3b 径向平面桁架中的中心竖线为等效竖杆,等效竖杆内力 $V_{0,equ}$ 与结构中心竖杆实际内力 V_0 的关系为

$$V_{0,equ} = \frac{2}{n} V_0 \tag{1}$$

图3b 和 4b 径向平面桁架中的水平线为等效环索,等效环索内力 $H_{i,equ}$ 与结构环索实际内力 H_i 的关系由图5可得

$$H_{i,equ} = 2H_i \cos\phi_n = 2H_i \cos\left(\frac{\pi}{2} - \frac{\pi}{n}\right) = 2H_i \sin\frac{\pi}{n} \tag{2}$$

式(1)、(2)中 n 为结构平面环向等分数。

3 不设内拉环的肋环型索穹顶初始预应力分析

分别以图3b和图4b所示简化平面桁架为基础,对各节点建立平衡关系,可推导各类杆件内力计算公式如下。

由平面桁架的对称性再引入边界约束条件(包括对称面的对称条件)后,可进一步简化为图6所示的半榀平面桁架,由机构分析可知该结构为一次超静定结构。若在下面的推导中以中心竖杆的实际内力 V_0 为基准,对如图7所示的各类杆件内力示意图,由内到外对各节点建立平衡方程,可得如下关系式:

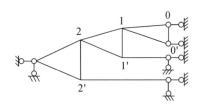 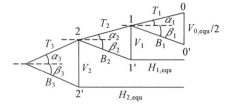

图6 简化半榀平面桁架   图7 各类杆件内力示意图

节点0: $\qquad T_1 = -\dfrac{1}{n\sin\alpha_1}V_0 \tag{3}$

节点0': $\qquad B_1 = -\dfrac{1}{n\sin\beta_1}V_0 \tag{4}$

节点1: $\qquad T_2 = \dfrac{T_1\cos\alpha_1 + B_1\cos\beta_1}{\cos\alpha_2}, \qquad V_1 = -T_2\sin\alpha_2 \tag{5}$

节点1': $\qquad B_2 = -\dfrac{V_1}{\sin\beta_2}, \qquad H_{1,equ} = B_2\cos\beta_2 \Rightarrow H_1 = \dfrac{B_2\cos\beta_2}{2\sin\dfrac{\pi}{n}} \tag{6}$

节点 2: $T_3 = \dfrac{T_2\cos\alpha_2 + B_2\cos\beta_2}{\cos\alpha_3}$, $V_2 = -T_3\sin\alpha_3$ (7)

节点 2′: $B_3 = -\dfrac{V_2}{\sin\beta_3}$, $H_{2,\mathrm{equ}} = B_3\cos\beta_3 \Rightarrow H_2 = \dfrac{B_3\cos\beta_3}{2\sin\dfrac{\pi}{n}}$ (8)

上述各式中 T_i 为第 i 段脊索的内力;B_i 为第 i 段斜索的内力;H_i 为第 i 圈环索的内力;V_i 为第 i 根竖杆的内力。

对上述公式进行汇总,并用中心竖杆内力 V_0 来表达,可得各脊索、压杆、斜索和环索的一般性内力计算公式:

当 $i=1$ 时, $T_1 = -\dfrac{1}{n\sin\alpha_1}V_0$, $B_1 = -\dfrac{1}{n\sin\beta_1}V_0$ (9)

当 $i\geqslant 2$ 时,

$$\left.\begin{aligned}
&T_i = \frac{(\cot\alpha_1 + \cot\beta_1)(1 + \tan\alpha_2\cot\beta_2)\cdots(1 + \tan\alpha_{i-1}\cot\beta_{i-1})}{n\cos\alpha_i}(-V_0) \\
&B_i = T_i\sin\alpha_i / \sin\beta_i \\
&V_{i-1} = -T_i\sin\alpha_i \\
&H_{i-1} = -\frac{\cot\beta_i}{2\sin\dfrac{\pi}{n}}V_{i-1}
\end{aligned}\right\}$$ (10)

作为特例,如 $\beta_i = \alpha_i$ 时,则   (9′)

当 $i=1$ 时, $T_1 = B_1 = -\dfrac{1}{n\sin\alpha_1}V_0$

当 $i\geqslant 2$ 时,

$$\left.\begin{aligned}
&T_i = B_i = -\frac{2^{i-1}\cot\alpha_1}{n\cos\alpha_i}V_0 \\
&V_{i-1} = \frac{2^{i-1}\cot\alpha_1\tan\alpha_i}{n}V_0 \\
&H_{i-1} = -\frac{2^{i-1}\cot\alpha_1}{2n\sin\dfrac{\pi}{n}}V_0
\end{aligned}\right\}$$ (10′)

由此可知此时第 i 段脊索与第 i 段斜索内力相等,且第 i 圈环索内力是第 $i-1$ 圈环索内力的 2 倍。

从以上分析和计算公式(3)~(10)可知,n 是一个参数,只要 $n\geqslant 3$,即正三边形、正四边形、正五边形等正多边形平面的肋环型索穹顶,均可采用本文的分析方法和计算公式。

4 设有内拉环的肋环型索穹顶初始预应力分析

对设有内拉环的索穹顶,仍以竖杆内力 V_0 为基准进行推导。由图 8 可得,

节点 0:

$$\left.\begin{aligned}
&T_1 = -\frac{1}{\sin\alpha_1}V_0 \\
&H_0^p = \frac{T_1\cos\alpha_1}{2\sin\dfrac{\pi}{n}} = -\frac{\cot\alpha_1}{2\sin\dfrac{\pi}{n}}V_0
\end{aligned}\right\}$$ (11)

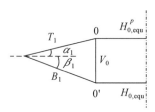

图 8　内环处节点内力示意图

节点 $0'$:

$$\left.\begin{aligned}B_1 &= -\frac{1}{\sin\beta_1}V_0 \\ H_0 &= \frac{B_1\cos\beta_1}{2\sin\dfrac{\pi}{n}} = -\frac{\cot\beta_1}{2\sin\dfrac{\pi}{n}}V_0\end{aligned}\right\} \tag{12}$$

其他节点处平衡关系和第 3 节不设内环情况类似。不同的是此时 V_0 为内拉环竖杆的内力,和结构平面环向等分数 n 无关。

经汇总,同样可得各脊索、压杆、斜索和环索的一般性内力计算公式:

当 $i=1$ 时,

$$\left.\begin{aligned}T_1 &= -\frac{1}{\sin\alpha_1}V_0, &\quad B_1 &= -\frac{1}{\sin\beta_1}V_0 \\ H_0^P &= -\frac{\cot\alpha_1}{2\sin\dfrac{\pi}{n}}V_0, &\quad H_0 &= -\frac{\cot\beta_1}{2\sin\dfrac{\pi}{n}}V_0\end{aligned}\right\} \tag{13}$$

当 $i\geqslant 2$ 时,

$$\left.\begin{aligned}T_i &= \frac{(\cot\alpha_1+\cot\beta_1)(1+\tan\alpha_2\cot\beta_2)\cdots(1+\tan\alpha_{i-1}\cot\beta_{i-1})}{\cos\alpha_i}(-V_0) \\ B_i &= T_i\sin\alpha_i/\sin\beta_i \\ V_{i-1} &= -T_i\sin\alpha_i \\ H_{i-1} &= -\frac{\cot\beta_i}{2\sin\dfrac{\pi}{n}}V_{i-1}\end{aligned}\right\} \tag{14}$$

作为特例,如 $\beta_i=\alpha_i$ 时,则同样可得

当 $i=1$ 时,

$$T_1=B_1=-\frac{1}{\sin\alpha_1}V_0, \qquad H_0^P=H_0=-\frac{\cot\alpha_1}{2\sin\dfrac{\pi}{n}}V_0 \tag{13'}$$

当 $i\geqslant 2$ 时,

$$\left.\begin{aligned}T_i &= B_i = -\frac{2^{i-1}\cot\alpha_1}{\cos\alpha_i}V_0 \\ V_{i-1} &= 2^{i-1}\cot\alpha_1\tan\alpha_iV_0 \\ H_{i-1} &= -\frac{2^{i-1}\cot\alpha_1}{2\sin\dfrac{\pi}{n}}V_0\end{aligned}\right\} \tag{14'}$$

5 算例和图表

算例1:设有一不设内拉环的肋环型索穹顶,跨度 L,矢高 f,球面穹顶半径 R,其简化半榀平面桁架尺寸见图9。其中各段脊索水平投影长度相等,由几何关系不难得出

$$\left.\begin{aligned}\sin\varphi_i &= \frac{iL}{2mR}\\\alpha_i &= \frac{\varphi_i + \varphi_{i-1}}{2} = \frac{1}{2}\left\{\arcsin\left[\frac{iL}{2mR}\right] + \arcsin\left[\frac{(i-1)L}{2mR}\right]\right\}\end{aligned}\right\} \quad (15)$$

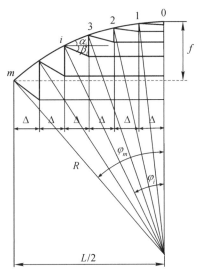

图9 不设内拉环的简化半榀平面桁架尺寸

当 $\beta_i = \alpha_i$ 时,将公式(15)代入公式(9′)、(10′)可得各类杆件内力。为便于直接应用,下面对 $f/L = 0.1, 0.15, 0.20, m = 2, 3, 4, 5, n = 8$ 情况计算杆件内力(V_1 以单位内力 -1 计),并编制相应内力计算用表如表1、表2、表3。

表1 不设内拉环的索穹顶杆件内力计算用表($f/L = 0.1, n = 8$)

		$i=1$	$i=2$	$i=3$	$i=4$	$i=5$
	$T_i = B_i$	1.66	3.45			
$m=2$	V_{i-1}	-1.28	-1.00			
	H_{i-1}		4.31			
	$T_i = B_i$	2.55	5.19	10.75		
$m=3$	V_{i-1}	-1.31	-1.00	-3.45		
	H_{i-1}		6.65	13.31		
	$T_i = B_i$	3.43	6.93	14.12	29.11	
$m=4$	V_{i-1}	-1.32	-1.00	-3.40	-9.81	
	H_{i-1}		8.95	17.91	35.81	
	$T_i = B_i$	4.30	8.66	17.53	35.73	73.36
$m=5$	V_{i-1}	-1.33	-1.00	-3.37	-9.63	-25.42
	H_{i-1}		11.24	22.48	44.96	89.91

表 2　不设内拉环的索穹顶杆件内力计算用表($f/L=0.15, n=8$)

		$i=1$	$i=2$	$i=3$	$i=4$	$i=5$
$m=2$	$T_i=B_i$	1.10	2.39			
	V_{i-1}	−1.22	−1.00			
	H_{i-1}		2.84			
$m=3$	$T_i=B_i$	1.75	3.62	7.83		
	V_{i-1}	−1.29	−1.00	−3.61		
	H_{i-1}		4.54	9.08		
$m=4$	$T_i=B_i$	2.37	4.83	10.07	21.60	
	V_{i-1}	−1.31	−1.00	−3.48	−10.44	
	H_{i-1}		6.18	12.35	24.71	
$m=5$	$T_i=B_i$	2.99	6.05	12.41	25.86	54.95
	V_{i-1}	−1.32	−1.00	−3.42	−9.98	−27.28
	H_{i-1}		7.79	15.58	31.16	62.33

表 3　不设内拉环的索穹顶杆件内力计算用表($f/L=0.2, n=8$)

		$i=1$	$i=2$	$i=3$	$i=4$	$i=5$
$m=2$	$T_i=B_i$	0.82	1.89			
	V_{i-1}	−1.14	−1.00			
	H_{i-1}		2.10			
$m=3$	$T_i=B_i$	1.36	2.88	6.63		
	V_{i-1}	−1.26	−1.00	−3.85		
	H_{i-1}		3.53	7.05		
$m=4$	$T_i=B_i$	1.87	3.85	8.25	18.72	
	V_{i-1}	−1.29	−1.00	−3.57	−11.36	
	H_{i-1}		4.86	9.72	19.44	
$m=5$	$T_i=B_i$	2.36	4.82	10.05	21.56	48.24
	V_{i-1}	−1.31	−1.00	−3.48	−10.44	−30.06
	H_{i-1}		6.16	12.32	24.65	49.30

算例 2:有一设内拉环的肋环型索穹顶,跨度 L,矢高 f,内环直径 L_0,球面穹顶半径 R,其简化半榀平面桁架尺寸见图 10。其中各段脊索水平投影长度相等,由几何关系可得出

$$\left.\begin{aligned}
\sin\varphi_1 &= \frac{(m-i)L_0 + iL}{2mR} \\
\alpha &= \frac{\varphi_i + \varphi_{i-1}}{2} = \frac{1}{2}\left\{\arcsin\left[\frac{(m-i)L_0 + iL}{2mR}\right] + \arcsin\left[\frac{(m-i+1)L_0 + (i-1)L}{2mR}\right]\right\}
\end{aligned}\right\} \quad (16)$$

当 $\beta_i = \alpha_i$ 时,将公式(16)代入公式($13'$)、($14'$)可得各类杆件内力。为便于应用,下面对 $L_0/L = 0.1$, $f/L=0.1, 0.15, 0.20$, $m=2,3,4,5$, $n=8$ 情况时计算 V_1 为单位内力 -1 时各杆内力,并编制内力计算用表如表 4、表 5、表 6。

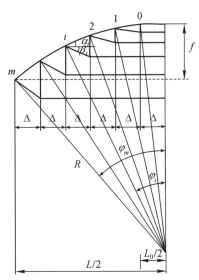

图 10　设有内拉环的简化半榀平面桁架尺寸

表 4　设内拉环的索穹顶杆件内力计算用表($f/L=0.1,n=8$)

		$i=1$	$i=2$	$i=3$	$i=4$
$m+1=2$	$T_i=B_i$	3.45			
	V_{i-1}	-1.00			
	H_{i-1}	4.31			
$m+1=3$	$T_i=B_i$	5.19	10.75		
	V_{i-1}	-1.00	-3.45		
	H_{i-1}	6.65	13.31		
$m+1=4$	$T_i=B_i$	6.93	14.12	29.11	
	V_{i-1}	-1.00	-3.40	-9.81	
	H_{i-1}	8.95	17.91	35.81	
$m+1=5$	$T_i=B_i$	8.66	17.53	35.73	73.36
	V_{i-1}	-1.00	-3.37	-9.63	-25.42
	H_{i-1}	11.24	22.48	44.96	89.91

表 5　设内拉环的索穹顶杆件内力计算用表($f/L=0.15,n=8$)

		$i=1$	$i=2$	$i=3$	$i=4$
$m+1=2$	$T_i=B_i$	2.39			
	V_{i-1}	-1.00			
	H_{i-1}	2.84			
$m+1=3$	$T_i=B_i$	3.62	7.83		
	V_{i-1}	-1.00	-3.61		
	H_{i-1}	4.54	9.08		
$m+1=4$	$T_i=B_i$	4.83	10.07	21.60	
	V_{i-1}	-1.00	-3.48	-10.44	
	H_{i-1}	6.18	12.35	24.71	
$m+1=5$	$T_i=B_i$	6.05	12.41	25.86	54.95
	V_{i-1}	-1.00	-3.42	-9.98	-27.28
	H_{i-1}	7.79	15.58	31.16	62.33

表 6 设内拉环的索穹顶杆件内力计算用表($f/L=0.2, n=8$)

		$i=1$	$i=2$	$i=3$	$i=4$
	$T_i = B_i$	1.89			
$m+1=2$	V_{i-1}	−1.00			
	H_{i-1}	2.10			
	$T_i = B_i$	2.88	6.63		
$m+1=3$	V_{i-1}	−1.00	−3.85		
	H_{i-1}	3.53	7.05		
	$T_i = B_i$	3.85	8.25	18.72	
$m+1=4$	V_{i-1}	−1.00	−3.57	−11.36	
	H_{i-1}	4.86	9.72	19.44	
	$T_i = B_i$	4.82	10.05	21.56	48.24
$m+1=5$	V_{i-1}	−1.00	−3.48	−10.44	−30.06
	H_{i-1}	6.16	12.32	24.65	49.30

由表 1~3 和表 4~6 可知,随矢跨比增加,索穹顶结构中的脊索、斜索和环索内力明显减小,而压杆内力稍有增加。由于 $\beta_i = \alpha_i$,对同一类索或压杆,每递增一圈,其内力要增加一倍以上,其中环索内力正好增加一倍。对于结构几何尺寸相等或相似的部位,对比计算公式(10′)与(14′)可知,设有内拉环的索穹顶结构各类杆件内力与不设内拉环的相应杆件内力完全相等(见表 4~6 的数据与表 1~3 不计第一列的相应数据完全相同)。

6 结论

考虑到肋环型索穹顶是一种轴对称结构,本文提出了确定该种结构初始预应力分布的快速计算法。该方法从节点平衡关系入手推导了各类杆件内力一般性计算公式。文章还对特定参数的索穹顶给出了内力计算用表,分析了不设和设有内拉环的索穹顶各类杆件预应力分布的一般规律。通过本文提供的分析方法、计算公式和内力计算用表,可方便快速地确定肋环型索穹顶结构的初始预应力分布,为该类结构的进一步设计和力学性能分析提供了基础。

参考文献

[1] FULLER R B. Tensile-integrity structures:US 3063521[P]. 1962.

[2] GEIGER D H,STEFANIUK A,CHEN D. The design and construction of two cable domes for the Korean Olympics[C]//Proceedings of IASS Symposium on Shells,Membranes and Space Frames,Vol. 2,Osaka,Japan,1986:265−272.

[3] LEVY M P. The Georgia dome and beyond achieving lightweight-long span structures[C]// Spatial,Lattice and Tension Structures:Proceedings of the IASS-ASCE International Symposium, Atlanta,USA,1994:560−562.

[4] 钱若军.张力结构形状判定评述[M]//董石麟,沈祖炎,严慧.新型空间结构论文集.杭州:浙江大学出版社,1994:299−312.

[5] 刘开国.拉索穹顶结构在轴对称荷载作用下的计算[J].建筑结构学报,1993,14(5):28−36.

90　肋环型索穹顶结构的气动阻尼研究[*]

摘　要: 由于索穹顶是一种具有很强风振敏感性的大跨柔性结构,所以在风振计算中气动阻尼对结构风振响应有着至关重要的影响,研究这一问题的主要途径之一就是从实测数据中有效地识别出气动阻尼并找出气动阻尼比随结构及风激励参数的变化规律。基于肋环型索穹顶结构气弹模型风洞试验结构位移及加速度时程数据,联合采用经验模态分解法、改进的随机减量法及 Hilbert 变换来识别结构的气动阻尼,计算结果表明该方法简便、稳定、有效。应用此识别方法提取了气弹试验模型中各测点的低阶气动阻尼比并在此基础上总结了肋环型索穹顶结构中气动阻尼比随风速及风向角等参数的变化规律,为考虑来流与结构耦合时索穹顶结构的风振分析提供了重要的参考依据。

关键词: 肋环型索穹顶;气动阻尼;经验模态分解;改进的随机减量法;Hilbert 变换

1　引言

索穹顶结构是一种新型大跨度屋盖结构体系,在其计算分析中对风振响应的考虑非常重要。并且由于结构柔性较大,在计算中必须计及结构场与风场间的耦合效应。Kassem M 的研究表明[1],这种效应以附加质量、气动阻尼、气承刚度等影响因素体现出来,并且对柔性结构而言,气动阻尼是其中主要的因素[2]。故而在结构的耦合风振分析中对气动阻尼的研究识别就显得尤为重要。

Conca C 等[3-8]在理论上运用流固耦合的数值方法分析了结构在流体中的气动阻尼,但限于目前流体理论模型及计算技术,利用气弹风洞实验的结果由数字信号对气动阻尼进行识别是较为完善的方法[9-13]。

本文采用肋环型索穹顶气弹模型风洞实验的时程数据,先用经验模态分解法[14](empirical mode decomposition,EMD)提取出能反映低阶频率的本征模函数分量(intrinsic mode function,IMF),然后对提取出的分量采用改进的随机减量法[15](random decrement technique,RDT)得到信号的自由衰减曲线,对此曲线进行 Hilbert 变换[16]即可得出结构的气动阻尼比。利用此方法在大量计算的基础上得出了肋环型索穹顶结构中气动阻尼比随风速及风向角的变化规律。

---

*　本文刊登于:孙旭峰,孙宇坤,董石麟.肋环型索穹顶结构的气动阻尼研究[J].土木工程学报,2009,42(8):37—41.

2 风洞试验概况

对一肋环型索穹顶模型进行了风洞试验(见图1,箭头所示为来流方向),模型顶部覆盖塑料膜以传递风荷载,但薄膜中并未施加预应力。模型缩尺比为 1/100,跨度 1m,矢跨比 1/5,斜索与水平线夹角均为 15°,中心压杆预应力水平为 1N。测得模型的第一阶反对称振型频率为 7.29Hz,结构阻尼比为 2.76%。模型分别在 1、2 两点竖直方向布置了加速度传感器,3、4、5 三点布置了激光位移传感器,采样频率为 500Hz。试验采用布置尖塔、粗糙元等模拟 B 类场地,风向角有 0°、15°、22°、30°等,试验风速(模型顶部)0°风向角时测了 1m/s、2m/s、3m/s、5m/s、8m/s 及 10m/s 等,其余风向角时测了 5m/s、8m/s 及 10m/s 等,每种风速做 10 次,每次采样时间为 60s。

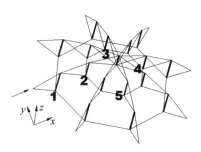

图 1　索穹顶模型及测点布置

3 气动阻尼的识别

3.1 经验模态分解法

经验模态分解法是由 Huang[14] 于 1998 年提出的。该方法对信号进行平稳化处理,将信号中不同尺度的波动分解开来,产生一系列具有不同特征尺度的数据序列,每一个序列称为一个本征模函数分量,低频率的本征模函数分量可以有效地提取一个数据序列的趋势。

经验模态分解的具体做法是:找出原数据序列 $X(t)$ 所有的极大值及极小值点并用三次样条函数拟合成上下包络线,用 $X(t)$ 减去上下包络线的平均值可得一新的数据序列 $h_1(t)$,重复此过程直至前后两次新数据序列的标准差

$$sd = \sum_{t=0}^{T} \frac{[h_{k-1}(t) - h_k(t)]^2}{h_{k-1}^2(t)} \tag{1}$$

在 0.2 至 0.3 之间即可得到第一个本征模函数分量 $C_1(t)$,它代表了原数据序列中最高频的成分。用 $X(t)$ 减去 $C_1(t)$ 并对差值数据序列不断重复以上过程即可将 $X(t)$ 分解为一系列本征模函数分量及其余量

$$X(t) = \sum_{i=1}^{n} C_i(t) + r_n(t) \tag{2}$$

3.2 改进的随机减量法

随机减量方法是 Cole 于 1973 年提出的,该方法通过时间平均,从随机振动信号中提取自由衰减响应。设有 n 个测点,随机响应信号分别为 $x_k(t)(k=1,\cdots,n)$。设第 l 测点信号 $x_l(t)$ 幅值为 x_0 的时刻

分别为 $t_1,t_2,\cdots,t_N$,以这些时刻为准对所有测点信号同步截取子信号段 $x_k(\tau_i)(i=1,\cdots,N)$,其中 $\tau_i = t-t_i(t_i=t_1,\cdots,t_N)$。将各测点的子信号段进行集合平均即得各测点的自由衰减信号

$$\delta_k(t) = \frac{1}{N}\sum_{i=1}^{N}x_k(\tau_i) \tag{3}$$

为使截取阈值 x_0 较大而同时得到的子信号段数量又足够多,本文采用了改进的随机减量法[15]。即分别以 x_0 与 $-x_0$ 从响应信号中截取子信号段,设分别截取了 N 个子信号段 $x_k^+(\tau_i)(i=1,\cdots,N)$ 及 N' 个子信号段 $x_k^-(\tau_j)(j=1,\cdots,N')$,将其按式(4)进行集合平均可得各测点的自由衰减信号

$$\delta_k(t) = \frac{1}{N+N'}\Big[\sum_{i=1}^{N}x_k^+(\tau_i) - \sum_{j=1}^{N'}x_k^-(\tau_j)\Big] \tag{4}$$

计算中发现,多数情形下对原信号直接使用随机减量法得不出衰减曲线,而应用于本征模函数分量则不存在这个问题,说明相对于单纯的随机减量法而言,联合使用经验模态分解法稳定而有效。

3.3 Hilbert 变换

对信号 $\delta_k(t)(k=1,\cdots,n)$ 进行 Hilbert 变换可得数据序列 $\overline{\delta}_k(t) = \frac{1}{\pi}P\int_{-\infty}^{+\infty}\frac{\delta_k(t')}{t-t'}\mathrm{d}t'$,其中 P 为 Cauchy 主值。则幅值 $a_k(t)$、相位角 $\varphi_k(t)$ 及瞬时频率 $\omega_k(t)$ 分别为

$$a_k(t) = \sqrt{\delta_k^2(t)+\overline{\delta}_k^2(t)} \tag{5}$$

$$\varphi_k(t) = \arctan\frac{\overline{\delta}_k(t)}{\delta_k(t)} \tag{6}$$

$$\omega_k(t) = \frac{\mathrm{d}\varphi_k(t)}{\mathrm{d}t} \tag{7}$$

将 $\ln a_k(t)$ 作线性拟合可得其斜率 $-\xi_k'\omega_0$,设 $\omega_k(t)$ 平稳部分的均值为 ω_k,则按式(8)即可确定阻尼比 ξ_k'。如结构阻尼比为 ξ_0,那么气动阻尼比就是 $\xi_k = \xi_k' - \xi_0$。

$$\omega_k = \omega_0\sqrt{1-\xi_k'^2} \tag{8}$$

以上所联合采用的三种方法中,本征正交分解法将原数据序列分解成一系列本征模函数分量,实现对低频分量的有效提取,该方法能有效地处理非平稳信号及较好地分离强间歇信号,是去除高频噪音的最好方法之一,这使得在此基础上所得到的随机减量函数非常稳定,几乎不随所取触发值的改变而改变。而基于 Hilbert 变换所得的 Hilbert 谱既是频率的函数又是时间的函数,同时结合这两个坐标的分析容易消除干扰,有利于提高分析信号的分辨率。本文所要提取的主要是低阶气动阻尼,所以相比较特征系统实现算法(eigensystem realization algorithm,ERA)及时序 ARMA 模型等其他模态参数识别技术而言,该方法既简便又有效。

4 气动阻尼计算结果

对气弹模型风洞试验 6 种风速、4 种风向角的数据按以上方法进行了气动阻尼比提取,结果如图 2 及图 3 所示。图 2 列出了测点 1 到测点 5 及各测点的气动阻尼比平均值在 4 种风向角下随风速的变化规律,图 3 则显示了在 5m/s、8m/s 及 10m/s 等 3 种风速下各测点及平均值随风向角的变化规律。

由此可以看出,① 气动阻尼比最大值出现在 0° 风向角、风速 5m/s 时的测点 2,达到了 24.3%,为结构一阶阻尼比的 8.8 倍,大大高于刚性结构的气动阻尼比[12],说明在肋环型索穹顶结构中气动阻尼的影响非常大,在风振分析中必须予以考虑;② 低风速时许多测点的气动阻尼比出现了负值,但绝对

值非常小,可以忽略其影响;③ 各测点气动阻尼比的变化比较复杂,没有一定的规律。但从平均值看,则有一定规律。首先在与风速参数的关系上,气动阻尼比随风速的增大而迅速增加,在风速5m/s时达到极值后开始下降,但下降趋势比较平缓。这种情形与文献[2]对鞍型膜结构所得出的气动阻尼比随风速增加单调下降的规律不太一致,但与文献[12]所阐述的高层建筑横风向风振时气动阻尼比的变化规律非常相似。其次在与风向角参数的关系上,可以看出气动阻尼比基本上随风向角的增加先降后升,但在各风速下出现极值的风向角并不完全一致。

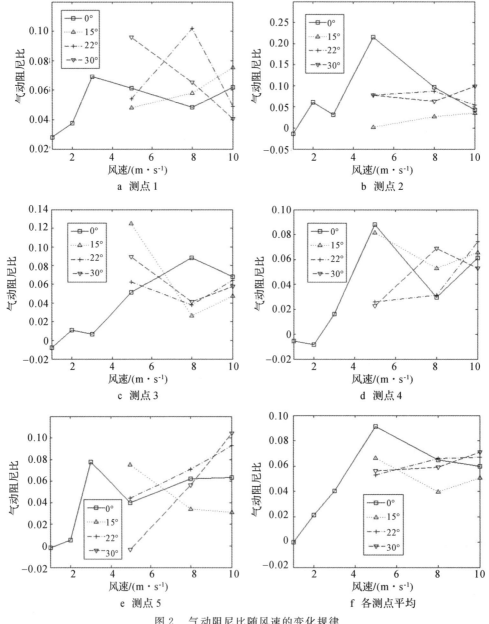

图2　气动阻尼比随风速的变化规律

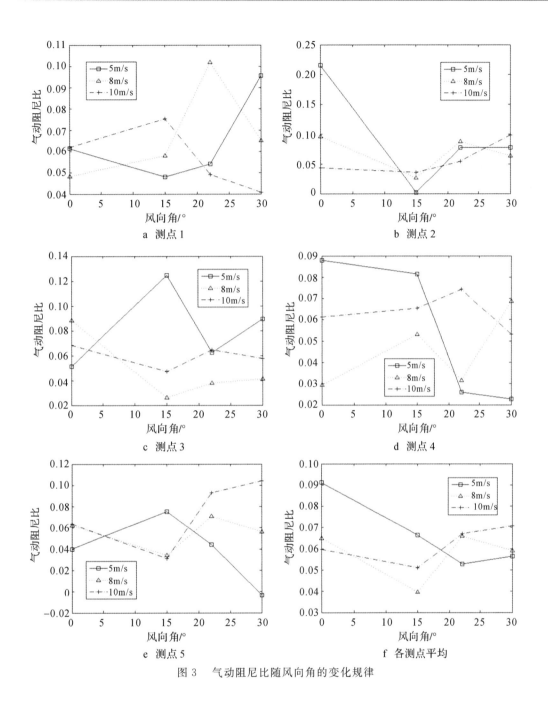

图 3　气动阻尼比随风向角的变化规律

5　结论

　　气动阻尼是大跨柔性屋面风振分析中的重要因素,本文联合采用经验模态分解法、改进的随机减量法及 Hilbert 变换对肋环型索穹顶结构的气弹风洞试验数据进行了分析。计算表明,这种方法能稳定有效地提取出结构的低阶模态分量并进而得出结构在各风速及风向角下的气动阻尼比。分析结果显示,对肋环型索穹顶结构而言,气动阻尼比平均值随风速、风向角等参数的变化规律比较明显,在低风速下气动阻尼比可能为负,随风速上升而迅速增大并且在一定的风速下达到极值,随后平缓下降,随风向角增加气动阻尼比则是先降后升,大部分测点的气阻尼比高于结构阻尼比,是风振分析中必须加以考虑的因素。分析中还发现,利用反映低阶频率的模函数分量所得的气动阻尼比要高于高阶频率的模函数分量。图4所示为0°风向角、风速5m/s时测点1的z向分别采用模函数分量3~6所识别出的气动阻尼比,从图中可明显看出这种趋势。这从一个侧面说明对于索穹顶这类柔性结构,气动阻尼对低阶振动的影响要高于高阶振动。

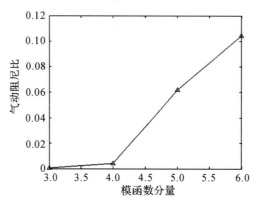

图4 不同模函数分量对气动阻尼比的影响

参考文献

[1] KASSEM M. Dynamics of lightweight roof[D]. London:University of Western Ontario,1990.

[2] 沈世钊,武岳. 膜结构风振响应中的流固耦合效应研究进展[J]. 建筑科学与工程学报,2006,23(1):1—9.

[3] CONCA C,OSSES A,PLANCHARD J. Added mass and damping in fluid-structure interaction [J]. Computer Methods in Applied Mechanics and Engineering,1997,146(3—4):387—405.

[4] CHEN X Z, MATSUMOTO M, KAREEM A. Aerodynamic coupling effects on flutter and buffeting of bridges[J]. Journal of Engineering Mechanics,2000,126(1):17—26.

[5] UCHIYAMA T. Numerical prediction of added mass and damping for a cylinder oscillating in confined incompressible gas-liquid two-phase mixture[J]. Nuclear Engineering and Design,2003, 222(1):68—78.

[6] NAMKOONG K,CHOI H G,YOO J Y. Computation of dynamic fluid-structure interaction in two-dimensional laminar flows using combined formulation[J]. Journal of Fluids and Structures,2005, 20(1):51—69.

[7] ZHOU Q, JOSEPH P F. A numerical method for the calculation of dynamic response and acoustic radiation from an underwater structure[J]. Journal of Sounds and Vibration,2005,283 (3—5):853—873.

[8] MACDONALD J H G,LAROSE G L. A unified approach to aerodynamic damping and drag/lift instabilities, and its application to dry inclined cable galloping[J]. Journal of Fluids and Structures,2006,22(2):229—252.

[9] MARUKAWA H,KATO N,FUJII K,et al. Experimental evaluation of aerodynamic damping of tall buildings[J]. Journal of Wind Engineering and Industrial Aerodynamics,1996,59(2—3): 177—190.

[10] CHENG C M,LU P C,TSAI M S. Acrosswind aerodynamic damping of isolated square-shaped

buildings[J]. Journal of Wind Engineering and Industrial Aerodynamics,2002,90(12−15):1743−1756.

[11] KU C J,CERMAK J E,CHOU L S. Random decrement based method for modal parameter identification of a dynamic system using acceleration responses[J]. Journal of Wind Engineering and Industrial Aerodynamics,2007,95(6):389−410.

[12] 全涌,顾明. 方形断面高层建筑的气动阻尼研究[J]. 工程力学,2004,21(1):26−30.

[13] 杨毅. 屋盖结构的风振响应与气动阻尼[D]. 浙江大学,2004.

[14] HUANG N E,SHEN Z,LONG S R. A new view of nonlinear water waves:the Hilbert spectrum[J]. Annual Review of Fluid Mechanics,1999,31(1):417−457.

[15] 张西宁,屈梁生. 一种改进的随机减量信号提取方法[J]. 西安交通大学学报,2000,34(1):106−110.

[16] VELTCHEVA A D,SOARES C G. Identification of the components of wave spectra by the Hilbert Huang transform method[J]. Applied Ocean Research,2004,26(1−2):1−12.

91 葵花型索穹顶初始预应力分布的简捷计算法[*]

摘 要: 葵花型索穹顶是美国工程师 Levy 和 Jing 在 Geiger 设计的肋环型索穹顶基础上开发的一种新型穹顶,并应用于 1996 年亚特兰大奥运会主赛馆的屋盖结构——乔治亚穹顶。由于索穹顶结构的刚度由预应力提供,根据结构初始几何形状、构件的关联关系(拓扑)确定形成一定刚度的初始预应力是索穹顶设计首先要解决的问题。本文针对葵花型索穹顶结构提出了确定初始预应力分布的简捷计算法。该法从节点平衡关系入手,推导了不设和设有内环的葵花型索穹顶预应力杆内力一般性的计算公式。对特定参数的索穹顶结构还给出了内力计算用表。通过本文提供的分析方法、计算公式和内力计算用表,可方便、简捷并精确的确定葵花型索穹顶结构的初始预应力分布,为该类结构的进一步设计和力学性能分析提供了基础。

关键词: 葵花型索穹顶;初始预应力;简捷计算

1 引言

索穹顶结构是美国工程师 Geiger 根据 Fuller[1] 的张拉整体结构思想开发的一种新型预张力结构,并最早应用在汉城奥运会的体操馆和击剑馆[2]。它由径向脊索、径向斜索、环索、径向谷索和竖杆组成,并支承于周边受压环梁上。由于它的几何形状接近平面桁架系结构,在不对称荷载作用下容易出现失稳。针对这一缺点,美国工程师 Levy 和 Jing 对 Geiger 设计的肋环型穹顶进行了改造,开发了葵花型索穹顶,并应用在 1996 年亚特兰大奥运会主赛馆的屋盖结构——乔治亚穹顶[3]。它将辐射状布置的脊索改为葵花型(三角化型)布置,使屋面膜单元呈菱形的双曲抛物面形状,同时取消了起稳定作用的谷索,较好地解决了 Geiger 型穹顶存在的索网平面内刚度不足容易失稳的缺点。继乔治亚穹顶后,他们还成功设计了圣彼得堡的雷声穹顶和沙特阿拉伯利亚德大学体育馆的可开启穹顶等多项大跨度屋盖结构,进一步展示了葵花型索穹顶结构的开发应用前景。

同张拉整体结构相似,索穹顶结构的力学分析包括找形分析(form-finding)、预应力分布的确定和外力作用下的性能分析等内容[4]。由于索穹顶结构没有自然刚度,它的刚度完全由预应力提供。根据结构初始几何形状、构件的关联关系(拓扑)确定形成一定刚度的初始预应力是索穹顶设计首先要解决的问题。

本文针对葵花型索穹顶结构提出了确定初始预应力分布的简捷计算法。对于圆形平面的葵花型索穹顶,实际工程应用中有不设内环和设内环两种形式。若环向分为 n 等分,其 $1/n$ 不设内环的索穹顶示意

---

* 本文刊登于:董石麟,袁行飞.葵花型索穹顶初始预应力分布的简捷计算法[J].建筑结构学报,2004,25(6):9—14.

图见图 1a。与肋环型索穹顶相类同[5],利用对称性只要分析研究一肢半榀桁架便可。通常情况下,索穹顶设有强大的外压环,与索穹顶的连接可以不动铰支座计,因此计算简图如图 1b 所示,这是一次超静定结构,其中节点 0,1,3,5 在一个对称平面内,节点 2,4 在相邻的另一个对称平面内。本文通过对各节点建立平衡关系分别推导了不设和设有内环的葵花型索穹顶预应力杆内力一般性的计算公式,并对特定参数的葵花型索穹顶给出了内力计算用表,为该类结构的进一步设计和力学性能分析提供了基础。

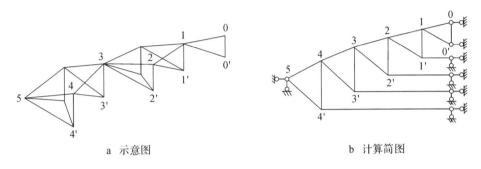

a 示意图　　　　　　　　　　　b 计算简图

图 1　$1/n$ 不设内环的葵花型索穹顶示意图和计算简图

2　不设内环索穹顶的初始预应力分布

图 2 为一不设内环的葵花型索穹顶。为方便各类杆件内力三向分解,引入变量 α_i, β_i, $\varphi_{i,i+1}$ 和 $\varphi_{i+1,i}$,详见图 3。其中 $\varphi_{i,i+1}$ 代表由节点 $i,i+1$ 组成的杆件与通过节点 i 的径向轴线的夹角;$\varphi_{i+1,i}$ 代表由节点 $i+1,i$ 组成的杆件与通过节点 $i+1$ 的径向轴线的夹角;α_i 代表脊索与水平面夹角;β_i 代表斜索与水平面夹角。

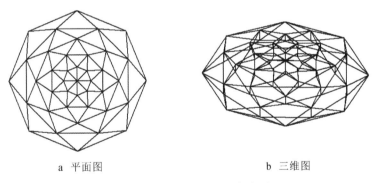

a 平面图　　　　　　　　　　　b 三维图

图 2　不设内环的葵花型索穹顶

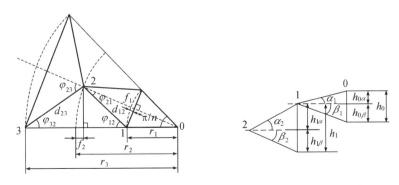

图 3　不设内环的葵花型索穹顶平面及脊索、斜索与水平面夹角示意图

由图 3 所示几何关系可得

$$\varphi_{i,i+1} = \arctan\left[\frac{r_{i+1}\sin\dfrac{\pi}{n}}{r_{i+1}\cos\dfrac{\pi}{n} - r_i}\right], \qquad \varphi_{i+1,i} = \arctan\left[\frac{r_i\sin\dfrac{\pi}{n}}{r_{i+1} - r_i\cos\dfrac{\pi}{n}}\right] \tag{1}$$

当 $i=1$ 时，$\qquad \alpha_1 = \arctan\left(\dfrac{h_{0a}}{r_1}\right), \qquad \beta_1 = \arctan\left(\dfrac{h_{0\beta}}{r_1}\right)$ \hfill (2)

当 $i \geqslant 2$ 时，

$$\alpha_i = \arctan\left[\frac{h_{i-1,a}}{\sqrt{(r_i\sin\dfrac{\pi}{n})^2 + (r_i\cos\dfrac{\pi}{n} - r_{i-1})^2}}\right], \qquad \beta_i = \arctan\left[\frac{h_{i-1,\beta}}{\sqrt{(r_i\sin\dfrac{\pi}{n})^2 + (r_i\cos\dfrac{\pi}{n} - r_{i-1})^2}}\right]$$

$$\tag{3}$$

上述各式中 n 为结构平面环向等分数。

以中心竖杆的实际内力 V_0 为基准，对各节点建立平衡关系，可推导各类杆件内力计算公式如下（图 4）。

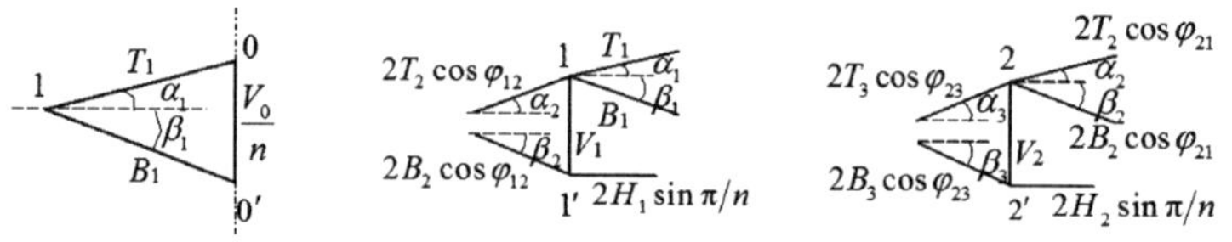

图 4　不设内环的节点内力示意图

节点 0：$\qquad T_1 = -\dfrac{1}{n\sin\alpha_1}V_0$ \hfill (4)

节点 0'：$\qquad B_1 = -\dfrac{1}{n\sin\beta_1}V_0$ \hfill (5)

节点 1：$\qquad T_2 = \dfrac{T_1\cos\alpha_1 + B_1\cos\beta_1}{2\cos\alpha_2\cos\varphi_{12}}, \qquad V_1 = -2T_2\sin\alpha_2$ \hfill (6)

节点 1'：$\qquad B_2 = -\dfrac{V_1}{2\sin\beta_2}, \qquad H_1 = \dfrac{B_2\cos\beta_2\cos\varphi_{12}}{\sin\dfrac{\pi}{n}}$ \hfill (7)

节点 2：$\qquad T_3 = \dfrac{(T_2\cos\alpha_2 + B_2\cos\beta_2)\cos\varphi_{21}}{\cos\alpha_3\cos\varphi_{23}}, \qquad V_2 = -2T_3\sin\alpha_3$ \hfill (8)

节点 2'：$\qquad B_3 = -\dfrac{V_2}{2\sin\beta_3}, \qquad H_2 = \dfrac{B_3\cos\beta_3\cos\varphi_{23}}{\sin\dfrac{\pi}{n}}$ \hfill (9)

上述各式中 T_i 为第 i 段脊索的内力；B_i 为第 i 段斜索的内力；H_i 为第 i 圈环索的内力；V_i 为第 i 根竖杆的内力。

对上述公式进行汇总，并用中心竖杆内力 V_0 来表达，可得各脊索、竖杆、斜索和环索的一般性内力计算公式：

当 $i=1$ 时，$\qquad T_1 = -\dfrac{1}{n\sin\alpha_1}V_0, \qquad B_1 = -\dfrac{1}{n\sin\beta_1}V_0$ \hfill (10)

当 $i \geqslant 2$ 时，

$$T_i = \frac{(\cot\alpha_1 + \cot\beta_1)(1 + \tan\alpha_2 \cot\beta_2) \cdots (1 + \tan\alpha_{i-1} \cot\beta_{i-1}) \cos\varphi_{21} \cos\varphi_{32} \cdots \cos\varphi_{i-1,i-2}}{2n\cos\alpha_i \cos\varphi_{12} \cos\varphi_{23} \cdots \cos\varphi_{i-1,i}}(-V_0)$$

$$B_i = T_i \sin\alpha_i / \sin\beta_i$$

$$V_{i-1} = -2T_i \sin\alpha_i$$

$$H_{i-1} = -\frac{\cos\beta_i \cos\varphi_{i-1,i}}{\sin\dfrac{\pi}{n}}B_i$$

$$\left. \right\} \quad (11)$$

当 $\alpha_i = \beta_i$ 时,计算公式(10)、(11)可进一步简化为

当 $i=1$ 时,
$$T_1 = B_1 = -\frac{1}{n\sin\alpha_1}V_0 \qquad\qquad (10')$$

当 $i \geqslant 2$ 时,

$$T_i = B_i = \frac{2^{i-1}\cot\alpha_1 \cos\varphi_{21} \cos\varphi_{32} \cdots \cos\varphi_{i-1,i-2}}{2n\cos\alpha_i \cos\varphi_{12} \cos\varphi_{23} \cdots \cos\varphi_{i-1,i}}(-V_0)$$

$$V_{i-1} = -2T_i \sin\alpha_i$$

$$H_{i-1} = -\frac{\cos\beta_i \cos\varphi_{i-1,i}}{\sin\dfrac{\pi}{n}}B_i$$

$$\left. \right\} \quad (11')$$

3 设有内环索穹顶的初始预应力分布

图 5 为一设有内环的葵花型索穹顶。同样为方便各类杆件内力三向分解,引入变量 α_i,β_i,$\varphi_{i,i+1}$ 和 $\varphi_{i+1,i}$,详见图 6,各变量含义同前。

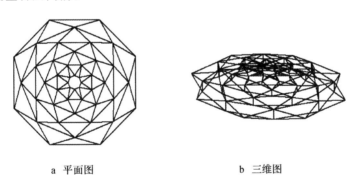

a 平面图　　　　　　　　　　b 三维图

图 5　设有内环的葵花型索穹顶

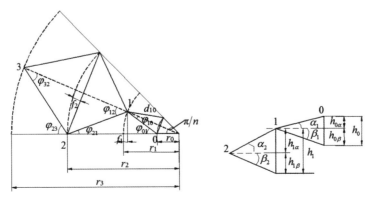

图 6　设有内环的葵花型索穹顶平面及脊索、斜索与水平面夹角示意图

由图 6 所示几何关系可得

当 $i \geqslant 0$ 时，
$$\varphi_{i,i+1} = \arctan\left[\frac{r_{i+1}\sin\frac{\pi}{n}}{r_{i+1}\cos\frac{\pi}{n} - r_i}\right], \qquad \varphi_{i+1,i} = \arctan\left[\frac{r_i\sin\frac{\pi}{n}}{r_{i+1} - r_i\cos\frac{\pi}{n}}\right] \tag{12}$$

$$\alpha_i = \arctan\frac{h_{i-1,\alpha}}{\sqrt{(r_i - r_{i-1}\cos\frac{\pi}{n})^2 + (r_{i-1}\sin\frac{\pi}{n})^2}}, \qquad \beta_i = \arctan\frac{h_{i-1,\beta}}{\sqrt{(r_i - r_{i-1}\cos\frac{\pi}{n})^2 + (r_{i-1}\sin\frac{\pi}{n})^2}} \tag{13}$$

仍以内环的竖杆内力 V_0 为基准进行推导，由图 7 可得

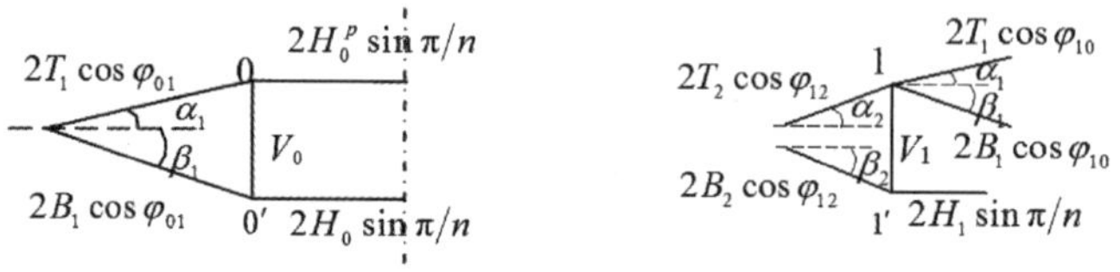

图 7 设有内环的节点内力示意图

节点 0：
$$T_1 = -\frac{1}{2\sin\alpha_1}V_0, \qquad H_0^p = \frac{T_1\cos\alpha_1\cos\varphi_{01}}{\sin\frac{\pi}{n}} = -\frac{\cot\alpha_1\cos\varphi_{01}}{2\sin\frac{\pi}{n}}V_0 \tag{14}$$

节点 0'：
$$B_1 = -\frac{1}{2\sin\beta_1}V_0, \qquad H_0 = \frac{B_1\cos\beta_1\cos\varphi_{01}}{\sin\frac{\pi}{n}} = -\frac{\cot\beta_1\cos\varphi_{01}}{2\sin\frac{\pi}{n}}V_0 \tag{15}$$

节点 1：
$$T_2 = \frac{(T_1\cos\alpha_1 + B_1\cos\beta_1)\cos\varphi_{10}}{2\cos\alpha_2\cos\varphi_{12}}, \qquad V_1 = -2T_2\sin\alpha_2 \tag{16}$$

节点 1'：
$$B_2 = -\frac{V_1}{2\sin\beta_2}, \qquad H_1 = \frac{B_2\cos\beta_2\cos\varphi_{12}}{\sin\frac{\pi}{n}} \tag{17}$$

其他节点处平衡关系和 2 节不设内环情况类似。不同的是此时 V_0 为内环竖杆的内力，和结构平面环向等分数 n 无关。

经汇总，同样可得各脊索、竖杆、斜索和环索的一般性内力计算公式：

当 $i = 1$ 时，
$$\left.\begin{array}{ll} T_1 = -\dfrac{1}{2\sin\alpha_1}V_0, & B_1 = -\dfrac{1}{2\sin\beta_1}V_0 \\[3mm] H_0^p = -\dfrac{\cot\alpha_1\cos\varphi_{01}}{2\sin\frac{\pi}{n}}V_0, & H_0 = -\dfrac{\cot\beta_1\cos\varphi_{01}}{2\sin\frac{\pi}{n}}V_0 \end{array}\right\} \tag{18}$$

当 $i \geqslant 2$ 时，
$$\left.\begin{array}{l} T_i = \dfrac{(\cot\alpha_1 + \cot\beta_1)(1 + \tan\alpha_2\cot\beta_2)\cdots(1 + \tan\alpha_{i-1}\cot\beta_{i-1})\cos\varphi_{10}\cos\varphi_{21}\cos\varphi_{32}\cdots\cos\varphi_{i-1,i-2}}{2n\cos\alpha_i\cos\varphi_{12}\cos\varphi_{23}\cdots\cos\varphi_{i-1,i}}(-V_0) \\[3mm] B_i = T_i\sin\alpha_i/\sin\beta_i \\[3mm] V_{i-1} = -2T_i\sin\alpha_i \\[3mm] H_{i-1} = -\dfrac{\cos\beta_i\cos\varphi_{i-1,i}}{\sin\frac{\pi}{n}}B_i \end{array}\right\} \tag{19}$$

当 $\alpha_i = \beta_i$ 时，计算公式(18)、(19)可进一步简化为

当 $i = 1$ 时，
$$T_1 = B_1 = -\frac{1}{2\sin\alpha_1}V_0, \qquad H_0^p = H_0 = -\frac{\cot\alpha_1\cos\varphi_{01}}{2\sin\frac{\pi}{n}}V_0 \tag{18'}$$

当 $i \geqslant 2$ 时，

$$
\left.
\begin{aligned}
T_i = B_i &= \frac{2^{i-1}\cot\alpha_1\cos\varphi_{10}\cos\varphi_{21}\cos\varphi_{32}\cdots\cos\varphi_{i-1,i-2}}{2n\cos\alpha_i\cos\varphi_{12}\cos\varphi_{23}\cdots\cos\varphi_{i-1,i}}(-V_0) \\
V_{i-1} &= -2T_i\sin\alpha_i \\
H_{i-1} &= -\frac{\cos\beta_i\cos\varphi_{i-1,i}}{\sin\dfrac{\pi}{n}}B_i
\end{aligned}
\right\}
\tag{$19'$}
$$

4　算例和图表

算例 1　设有一不设内环的葵花型索穹顶，跨度 L，矢高 f，球面穹顶半径 R，其简化半榀平面桁架尺寸见图 8。其中各环索在平面投影的间距相等，即 $r_i - r_{i-1} = \Delta$。由几何关系可得

$$
\left.
\begin{aligned}
\sin\varphi_i &= \frac{iL}{2mR} \\
h_{i-1,a} &= \frac{L}{2m}\tan\frac{1}{2}\left\{\arcsin\left[\frac{iL}{2mR}\right]+\arcsin\left[\frac{(i-1)L}{2mR}\right]\right\}
\end{aligned}
\right\}
\tag{20}
$$

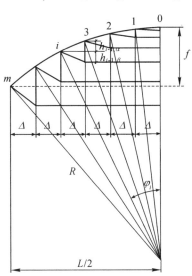

图 8　不设内环的简化半榀平面桁架尺寸

当 $\beta_i = \alpha_i$ 时，$h_{i,\beta} = h_{i,a}$。将公式 (20) 代入公式 $(10')$、$(11')$ 可得各类杆件内力。下面对 $f/L = 0.1$，$0.15, 0.20, m = 2, 3, 4, 5, n = 8$ 情况计算杆件内力（取 V_1 的相对内力为 -1 计），并编制相应内力计算用表如表 1、表 2、表 3。

表 1　不设内环的葵花型索穹顶初始预应力分布各杆件内力计算用表（$f/L = 0.1, n = 8$）

		$i=1$	$i=2$	$i=3$	$i=4$	$i=5$
	$T_i = B_i$	1.41	1.95			
$m=2$	V_{i-1}	-1.09	-1.00			
	H_{i-1}		3.66			

		$i=1$	$i=2$	$i=3$	$i=4$	$i=5$
$m=3$	$T_i=B_i$	2.16	2.95	10.11		
	V_{i-1}	−1.11	−1.00	−4.82		
	H_{i-1}		5.64	14.32		
$m=4$	$T_i=B_i$	2.91	3.95	13.43	54.43	
	V_{i-1}	−1.12	−1.00	−4.74	−22.67	
	H_{i-1}		7.59	19.27	57.55	
$m=5$	$T_i=B_i$	3.65	4.94	16.76	67.75	322.37
	V_{i-1}	−1.12	−1.00	−4.71	−22.24	−116.45
	H_{i-1}		9.53	24.19	72.24	255.18

表 2   不设内环的葵花型索穹顶初始预应力分布各杆件内力计算用表($f/L=0.15,n=8$)

		$i=1$	$i=2$	$i=3$	$i=4$	$i=5$
$m=2$	$T_i=B_i$	0.93	1.34			
	V_{i-1}	−1.03	−1.00			
	H_{i-1}		2.41			
$m=3$	$T_i=B_i$	1.48	2.05	7.16		
	V_{i-1}	−1.09	−1.00	−5.04		
	H_{i-1}		3.85	9.77		
$m=4$	$T_i=B_i$	2.01	2.75	9.44	38.66	
	V_{i-1}	−1.11	−1.00	−4.85	−24.11	
	H_{i-1}		5.24	13.29	39.70	
$m=5$	$T_i=B_i$	2.53	3.44	11.75	47.74	228.36
	V_{i-1}	−1.12	−1.00	−4.77	−23.06	−124.99
	H_{i-1}		6.60	16.77	50.08	176.88

表 3   不设内环的葵花型索穹顶初始预应力分布各杆件内力计算用表($f/L=0.2,n=8$)

		$i=1$	$i=2$	$i=3$	$i=4$	$i=5$
$m=2$	$T_i=B_i$	0.69	1.05			
	V_{i-1}	−0.97	−1.00			
	H_{i-1}		1.78			
$m=3$	$T_i=B_i$	1.15	1.62	5.86		
	V_{i-1}	−1.07	−1.00	−5.37		
	H_{i-1}		2.99	7.59		

续表

		$i=1$	$i=2$	$i=3$	$i=4$	$i=5$
$m=4$	$T_i=B_i$	1.58	2.18	7.59	31.74	
	V_{i-1}	-1.10	-1.00	-4.98	-26.25	
	H_{i-1}		4.12	10.46	31.23	
$m=5$	$T_i=B_i$	2.00	2.74	9.42	38.58	186.99
	V_{i-1}	-1.11	-1.00	-4.85	-24.13	-137.73
	H_{i-1}		5.22	13.26	39.61	139.91

算例 2　有一设内环的肋环型索穹顶,跨度 L,矢高 f,内环直径 L_0,球面穹顶半径 R,其简化半榀平面桁架尺寸见图 9。其中各环索在平面投影的间距相等,即 $r_i-r_{i-1}=\Delta$。由几何关系可得

$$\left.\begin{aligned}\sin\varphi_i&=\frac{(m-i)L_0+iL}{2mR}\\h_{i-1,a}&=\frac{L-L_0}{2m}\tan\frac{1}{2}\left\{\arcsin\left[\frac{(m-i)L_0+iL}{2mR}\right]+\arcsin\left[\frac{(m-i+1)L_0+(i-1)L}{2mR}\right]\right\}\end{aligned}\right\}\quad(21)$$

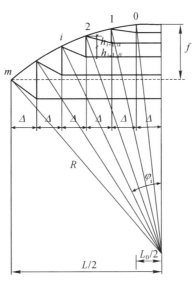

图 9　设有内环的简化半榀平面桁架尺寸

当 $\beta_i=\alpha_i$ 时,$h_{i,\beta}=h_{i,a}$。将公式(21)代入公式(18')、(19')可得各类杆件内力。下面对 $f/L=0.1$,0.15,0.20,$m=2,3,4,5$,$L_0/L=1/(m+1)$,$n=8$ 情况计算 V_1 为单位内力 -1 时各杆内力,并编制内力计算用表如表 4、表 5、表 6。

表 4　设内环的葵花型索穹顶初始预应力分布各杆件内力计算用表($f/L=0.1$,$n=8$)

		$i=1$	$i=2$	$i=3$	$i=4$
$m+1=2$	$T_i=B_i$	1.95			
	V_{i-1}	-1.00			
	H_{i-1}	3.66			
$m+1=3$	$T_i=B_i$	2.95	10.11		
	V_{i-1}	-1.00	-4.82		
	H_{i-1}	5.64	14.32		

		$i=1$	$i=2$	$i=3$	$i=4$
$m+1=4$	$T_i=B_i$	3.95	13.43	54.43	
	V_{i-1}	−1.00	−4.74	−22.67	
	H_{i-1}	7.59	19.27	57.55	
$m+1=5$	$T_i=B_i$	4.94	16.76	67.75	322.37
	V_{i-1}	−1.00	−4.71	−22.24	−116.45
	H_{i-1}	9.53	24.19	72.24	255.18

表5 设内环的葵花型索穹顶初始预应力分布各杆件内力计算用表($f/L=0.15,n=8$)

		$i=1$	$i=2$	$i=3$	$i=4$
$m+1=2$	$T_i=B_i$	1.34			
	V_{i-1}	−1.00			
	H_{i-1}	2.41			
$m+1=3$	$T_i=B_i$	2.05	7.16		
	V_{i-1}	−1.00	−5.04		
	H_{i-1}	3.85	9.77		
$m+1=4$	$T_i=B_i$	2.75	9.44	38.66	
	V_{i-1}	−1.00	−4.85	−24.11	
	H_{i-1}	5.24	13.29	39.70	
$m+1=5$	$T_i=B_i$	3.44	11.75	47.74	228.36
	V_{i-1}	−1.00	−4.77	−23.06	−124.99
	H_{i-1}	6.60	16.77	50.08	176.88

表6 设内环的葵花型索穹顶初始预应力分布各杆件内力计算用表($f/L=0.2,n=8$)

		$i=1$	$i=2$	$i=3$	$i=4$
$m+1=2$	$T_i=B_i$	1.05			
	V_{i-1}	−1.00			
	H_{i-1}	1.78			
$m+1=3$	$T_i=B_i$	1.62	5.86		
	V_{i-1}	−1.00	−5.37		
	H_{i-1}	2.99	7.59		
$m+1=4$	$T_i=B_i$	2.18	7.59	31.74	
	V_{i-1}	−1.00	−4.98	−26.25	
	H_{i-1}	4.12	10.46	31.23	
$m+1=5$	$T_i=B_i$	2.74	9.42	38.58	186.99
	V_{i-1}	−1.00	−4.85	−24.13	−137.73
	H_{i-1}	5.22	13.26	39.61	139.91

由表1～3和表4～6可知,随矢跨比增加,索穹顶结构中的脊索、斜索和环索内力减小,竖杆内力增加。对于结构几何尺寸相等或相似的部位,设有内环的葵花型索穹顶结构各类杆件内力与不设内环的相应杆件内力完全相等(见表4～6的数据与表1～3不计第一列的相应数据完全相同)。这是由于计算公式(11′)与(19′)具有相同的递推规律性和第一圈竖杆都取单位内力−1所致。

5 结论

本文针对葵花型索穹顶提出了确定结构初始预应力分布的简捷计算法。该方法从节点平衡关系入手分别推导了不设和设有内环的索穹顶各类杆件内力一般性计算公式。文章还对特定参数的葵花型索穹顶给出了内力计算用表,计算结果表明随矢跨比增加,索穹顶结构中的脊索、斜索和环索内力减小,竖杆内力增加。对于结构几何尺寸相等或相似的部位,设有内环的葵花型索穹顶结构各类杆件内力与不设内环的相应杆件内力完全相等。通过本文提供的分析方法、计算公式和内力计算用表,可方便、简捷并精确地确定葵花型索穹顶结构的初始预应力分布,为该类结构的进一步设计和力学性能分析提供了基础。

参考文献

[1] FULLER RB. Tensile-Integrity Structures:US 3063521[P]. 1962.

[2] GEIGER D H,STEFANIUK A,CHEN D. The design and construction of two cable domes for the Korean Olympics[C]//Proceedings of IASS Symposium on Shells,Membranes and Space Frames,Vol. 2,Osaka,Japan,1986:265—272.

[3] LEVY M P. The Georgia dome and beyond achieving lightweight-long span structures[C]//Spatial,Lattice and Tension Structures:Proceedings of the IASS-ASCE International Symposium,Atlanta,USA,1994:560—562.

[4] 钱若军. 张力结构形状判定评述[M]//董石麟,沈祖炎,严慧. 新型空间结构论文集. 杭州:浙江大学出版社,1994:299—312.

[5] 董石麟,袁行飞. 肋环型索穹顶初始预应力分布的快速计算法[J]. 空间结构,2003,9(2):3—8.

92 Levy 型索穹顶考虑自重的初始预应力简捷计算法 *

摘　要：将索杆及节点自重转化为等效节点荷载,提出了圆形平面 Levy 型索穹顶考虑自重的初始预应力分布简捷计算法。该方法从节点平衡关系入手,推导了不设内环和设内环的 Levy 型索穹顶考虑自重的初始预应力分布公式。比较了相同中心压杆预应力水平时,索穹顶考虑自重与理想初始预应力分布的差异,以及理想初始预应力分布的索穹顶结构体系在自重荷载下的节点位移。计算结果表明:索穹顶初始预应力考虑自重后,内圈脊索和内圈环索内力降低,其余杆件内力增加。理想初始预应力分布的索穹顶结构体系在自重荷载下节点位移较大,较大偏离了建筑师的设计外形。最后给出了索穹顶考虑自重的初始预应力分布设计流程。

关键词：Levy 型索穹顶;初始预应力分布;简捷计算法;设计流程;考虑自重

1　引言

索穹顶是 Geiger 受美国建筑大师 Fuller[1] 提出的张拉整体体系思想的启发提出的一种新型预张力结构,并首次应用于 1988 年汉城奥运会的体操馆和击剑馆[2],目前世界上最大的索穹顶是由美国工程师 Levy M P 和 Jing T F 设计的 1996 年亚特兰大奥运会主赛馆乔治亚穹顶[3-4]。作为一种受力合理、结构效率极高的结构体系,索穹顶受到国内外诸多学者和工程师的青睐。索穹顶结构是一种柔性结构体系,自身不具备刚度,必须由预应力提供刚度,而预应力分布与索穹顶结构几何形状和杆件的拓扑关系紧密相关。目前关于索穹顶结构初始预应力分布的确定方法主要有矩阵平衡理论[5]、节点平衡理论[6-7]、同时找形找力分析方法[8-9] 和整体可行预应力方法[10-13] 等。为简化计算,这些方法中通常不考虑索杆和节点自重,只计算理想状态预应力分布,这与实际结构不相符。尤其是在施工成形阶段,必须考虑自重的影响。因为施工成形各阶段结构形状是在预应力和自重作用下达到的平衡状态,所以必须对理想状态的初始预应力进行自重修正。

本文针对圆形平面的 Levy 型索穹顶结构体系,在文献[7]基础上,从节点平衡关系入手,将索杆以及节点自重转化为等效节点荷载,推导了不设内环和设内环的 Levy 型索穹顶考虑自重的预应力分布公式。并比较了相同中心压杆预应力水平时,考虑与不考虑自重时索穹顶初始预应力分布的差异,计算了理想初始预应力分布的索穹顶结构体系在自重荷载下竖向位移。最后文章给出了索穹顶考虑自重的初始预应力设计方法。

---

* 本文刊登于：董石麟,王振华,袁行飞.Levy 型索穹顶考虑自重的初始预应力简捷计算法.工程力学,2009,26(4):1-6.

2 简化公式

2.1 不设内环索穹顶初始预应力分布

为方便各类杆件内力三向分解,引入变量 α_i,β_i,$\varphi_{i,i+1}$ 和 $\varphi_{i+1,i}$,详见图 1。其中 $\varphi_{i,i+1}$ 代表由节点 i,$i+1$ 组成的杆件与通过节点 i 的径向轴线的夹角;$\varphi_{i+1,i}$ 代表由节点 $i+1$,i 组成的杆件与通过节点 i 的径向轴线的夹角;α_i 代表脊索与水平面夹角;β_i 代表斜索与水平面夹角。

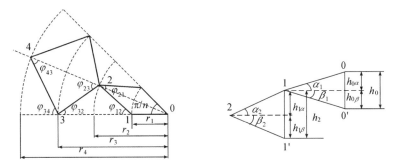

图 1 不设内环的 Levy 型索穹顶平面及脊索、斜索与水平面夹角示意图

由图 1 所示几何关系可得:

$$\varphi_{i,i+1} = \arctan\left(\frac{r_{i+1}\sin\frac{\pi}{n}}{r_{i+1}\cos\frac{\pi}{n} - r_i}\right), \qquad \varphi_{i+1,i} = \arctan\left(\frac{r_i\sin\frac{\pi}{n}}{r_{i+1} - r_i\cos\frac{\pi}{n}}\right) \tag{1}$$

当 $i=1$ 时,

$$\alpha_1 = \arctan\left(\frac{h_{0\alpha}}{r_1}\right), \qquad \beta_1 = \arctan\left(\frac{h_{0\beta}}{r_1}\right) \tag{2}$$

当 $i=2$ 时,

$$\alpha_i = \arctan\left(\frac{h_{i-1,\alpha}}{\sqrt{\left(r_i\sin\frac{\pi}{n}\right)^2 + \left(r_i\cos\frac{\pi}{n} - r_{i-1}\right)^2}}\right)$$

$$\beta_i = \arctan\left(\frac{h_{i-1,\beta}}{\sqrt{\left(r_i\sin\frac{\pi}{n}\right)^2 + \left(r_i\cos\frac{\pi}{n} - r_{i-1}\right)^2}}\right) \tag{3}$$

以中心竖杆的内力 V_0 和等效节点荷载为基准,对各点建立平衡关系,可推导各类杆件内力计算公式如下(图 2):

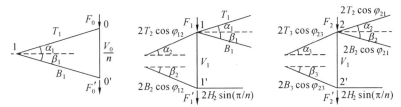

图 2 不设内环的索穹顶节点内力示意图

节点 0：
$$T_1 = \frac{-V_0 - F_0}{n\sin\alpha_1} \qquad (4)$$

节点 0'：
$$B_1 = \frac{-V_0 + F'_0}{n\sin\beta_1} \qquad (5)$$

节点 1：
$$T_2 = \frac{T_1\cos\alpha_1 + B_1\cos\beta_1}{2\cos\varphi_{12}\cos\alpha_2}$$
$$V_1 = T_1\sin\alpha_1 - B_1\sin\beta_1 - 2T_2\sin\alpha_2 - F_1 \qquad (6)$$

节点 1'：
$$B_2 = \frac{-V_1 + F'_1}{2\sin\beta_2}, \qquad H_1 = \frac{B_2\cos\varphi_{12}\cos\beta_2}{\sin(\pi/n)} \qquad (7)$$

节点 2：
$$T_3 = \frac{(T_2\cos\alpha_2 + B_2\cos\beta_2)\cos\varphi_{21}}{\cos\varphi_{23}\cos\alpha_3},$$
$$V_2 = 2T_2\sin\alpha_2 - 2B_2\sin\beta_2 - 2T_3\sin\alpha_3 - F_2 \qquad (8)$$

节点 2'：
$$B_3 = \frac{-V_2 + F'_2}{2\sin\beta_3}, \qquad H_2 = \frac{B_3\cos\varphi_{23}\cos\beta_3}{\sin(\pi/n)} \qquad (9)$$

上述公式中：T_i、B_i、V_i 和 H_i 分别代表脊索、斜索、压杆、环索内力；F_i 和 F'_i 代表压杆上节点荷载和压杆下节点荷载，对上述公式进行汇总和归纳，用中心竖杆内力 V_0 和等效节点荷载来表示，可得到脊索、竖杆、斜索和环索的一般内力计算公式。

当 $i=1$ 时：
$$\left.\begin{array}{l} T_1 = \dfrac{-V_0 - F_0}{n\sin\alpha_1}, \qquad B_1 = \dfrac{-V_0 + F'_0}{n\sin\alpha_1} \\[2ex] V_1 = T_1\sin\alpha_1 - B_1\sin\beta_1 - 2T_2\sin\alpha_2 - F_1 \end{array}\right\} \qquad (10)$$

当 $i=2$ 时：
$$T_2 = \frac{T_1\cos\alpha_1 + B_1\cos\beta_1}{2\cos\varphi_{12}\cos\alpha_2} \qquad (11)$$

当 $i \geqslant 3$ 时：
$$\left.\begin{array}{l} T_i = \dfrac{(T_{i-1}\cos\alpha_{i-1} + B_{i-1}\cos\beta_{i-1})\cos\varphi_{i-1,i-2}}{\cos\varphi_{i-1,i}\cos\alpha_i} \\[2ex] V_{i-1} = 2T_{i-1}\sin\alpha_{i-1} - 2B_{i-1}\sin\beta_{i-1} - 2T_i\sin\alpha_i - F_{i-1} \\[2ex] B_{i-1} = \dfrac{-V_{i-2} + F'_{i-2}}{2\sin\beta_{i-1}}, \qquad H_{i-2} = \dfrac{B_{i-1}\cos\varphi_{i-2,i-1}\cos\beta_{i-1}}{\sin(\pi/n)} \end{array}\right\} \qquad (12)$$

2.2 设内环索穹顶初始预应力分布

同样方便各类杆件内力三向分解，引入变量 α_i，β_i，$\varphi_{i,i+1}$ 和 $\varphi_{i+1,i}$，详见图 3，各变量含义同前。

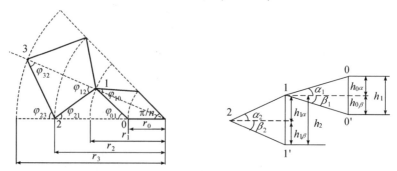

图 3 设内环的 Levy 型索穹顶平面及脊索、斜索与水平面夹角示意图

由图 3 所示几何关系可得：

$$\varphi_{i,i+1}=\arctan\left[\frac{r_{i+1}\sin\dfrac{\pi}{n}}{r_{i+1}\cos\dfrac{\pi}{n}-r_i}\right]$$

$$\varphi_{i+1,i}=\arctan\left[\frac{r_i\sin\dfrac{\pi}{n}}{r_{i+1}-r_i\cos\dfrac{\pi}{n}}\right]$$

(13)

$$\alpha_i=\arctan\left[\frac{h_{i-1,a}}{\sqrt{\left(r_i-r_{i-1}\cos\dfrac{\pi}{n}\right)^2+\left(r_{i-1}\sin\dfrac{\pi}{n}\right)^2}}\right]$$

$$\beta_i=\arctan\left[\frac{h_{i-1,\beta}}{\sqrt{\left(r_i-r_{i-1}\cos\dfrac{\pi}{n}\right)^2+\left(r_{i-1}\sin\dfrac{\pi}{n}\right)^2}}\right]$$

(14)

以中心竖杆的内力 V_0 和等效节点荷载为基准，对各点建立平衡关系，可推导各类杆件内力计算公式如下（图 4）：

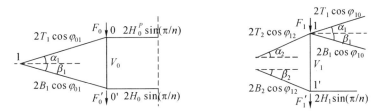

图 4　设内环的索穹顶节点内力示意图

节点 0：　　$T_1=\dfrac{-V_0-F_0}{2\sin\alpha_1}$,　　　$H_0^P=\dfrac{T_1\cos\varphi_{01}\cos\alpha_1}{\sin(\pi/n)}$　　　(15)

节点 0′：　　$B_1=\dfrac{-V_0+F_0'}{2\sin\beta_1}$,　　　$H_0=\dfrac{B_1\cos\varphi_{01}\cos\beta_1}{\sin(\pi/n)}$　　　(16)

节点 1：　　$T_2=-\dfrac{(T_1\cos\alpha_1+B_1\cos\beta_1)\cos\varphi_{10}}{\cos\alpha_2\cos\varphi_{12}}$

$$V_1=T_1\sin\alpha_1-2B_1\sin\beta_1-2T_2\sin\alpha_2-F_1$$　　　(17)

节点 1′：　　$B_2=\dfrac{-V_1+F_1'}{2\sin\beta_2}$,　　　$H_1=\dfrac{B_2\cos\varphi_{12}\cos\beta_2}{\sin(\pi/n)}$　　　(18)

上述公式中 H_0^P 和 H_0 分别代表内圈上部环索和下部环索内力，其余同前。对上述公式进行汇总和归纳，用中心竖杆内力 V_0 和等效节点荷载来表达，可得到脊索、竖杆、斜索和环索的一般内力计算公式。

当 $i=1$ 时：

$$\left.\begin{array}{ll}T_1=\dfrac{-V_0-F_0}{2\sin\alpha_1}, & B_1=\dfrac{-V_0+F_0'}{2\sin\alpha_1}\\[4mm]H_0^P=\dfrac{T_1\cos\varphi_{01}\cos\alpha_1}{\sin(\pi/n)}, & H_0=\dfrac{B_1\cos\varphi_{01}\cos\beta_1}{\sin(\pi/n)}\end{array}\right\}$$

(19)

当 $i\geqslant2$ 时：

$$\left.\begin{array}{l} T_i = \dfrac{(T_{i-1}\cos\alpha_{i-1} + B_{i-1}\cos\beta_{i-1})\cos\varphi_{i-1,i-2}}{\cos\varphi_{i-1,i}\cos\alpha_i} \\[3mm] V_{i-1} = 2T_{i-1}\sin\alpha_{i-1} - 2B_{i-1}\sin\beta_{i-1} - 2T_i\sin\alpha_i - F_{i-1} \\[3mm] B_i = \dfrac{-V_{i-1}+F'_{i-1}}{2\sin\beta_i}, \qquad H_{i-1} = \dfrac{B_i\cos\varphi_{i-1,i}\cos\beta_i}{\sin(\pi/n)} \end{array}\right\} \qquad (20)$$

4 自重对索穹顶初始预应力的影响

实际的索穹顶结构体系自重包括索杆自重和节点自重,其中节点大约占整个结构体系重量的 20%～30%。本文将索穹顶自重转化为等效节点荷载,采用前面提出的考虑自重的索穹顶初始预应力的简捷计算法,对不设内环和设内环的圆形平面 Levy 型索穹顶进行了分析。

算例 1 同文献[7]中算例 1,计算跨度 $L=100\mathrm{m}$, $f/L=0.1$, $m=4$, $n=8$ 的不设内环圆形平面 Levy 型索穹顶(图 5)杆件内力,其中 m 表示径向等份数,n 表示环向等份数。索穹顶中心压杆 G0 预应力取 80kN,图 6 为索穹顶杆件及节点编号图,杆件截面配置及理想初始预应力分布见表 1。

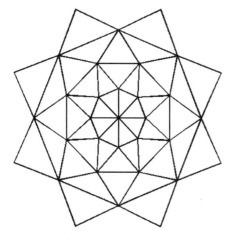

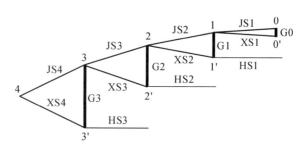

图 5　不设内环圆形平面 Levy 索穹顶平面图　　　　图 6　索穹顶杆件及节点编号图

表 1　索穹顶杆件截面配置和内力计算结果

杆件编号	杆件截面	不考虑自重/kN	考虑自重/kN	误差/%
JS1	31ϕ7	207.8	184.9	11.0
JS2	31ϕ7	281.9	281.9	0.0
JS3	55ϕ7	959.5	1058.7	10.3
JS4	241ϕ7	3888.7	4492.0	15.5
XS1	31ϕ7	207.8	230.6	11.0
XS2	31ϕ7	281.9	340.2	20.7
XS3	55ϕ7	959.5	1157.9	20.7
XS4	241ϕ7	3888.7	4700.2	20.9
HS1	37ϕ7	542.3	654.4	20.7
HS2	91ϕ7	1376.7	1661.5	20.7

续表

杆件编号	杆件截面	不考虑自重/kN	考虑自重/kN	误差/%
HS3	253ϕ7	4111.4	4969.4	20.9
G0	ϕ108×4	80.0	80.0	0.0
G1	ϕ108×4	71.4	80.3	12.4
G2	ϕ180×5	338.6	398.5	17.7
G3	ϕ290×10	1619.3	1929.4	19.1

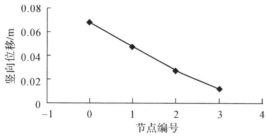

图 7　索穹顶屋面节点的竖向位移

将索杆以及节点自重(取索杆总重的 30% 考虑)转换为等效节点荷载,根据本文简捷计算法,对索穹顶初始预应力分布进行自重修正,考虑自重后的预应力分布与中心压杆 G0 相同预应力水平的理想索穹顶初始预应力分布[7]进行比较,见表1,由表1可以看出考虑自重的初始预应力相对于理想初始预应力,脊索 JS1 的预应力降低,脊索 JS2 内力不变,其余脊索、斜索、压杆和环索内力均增大,其中斜索和环索内力增加较大,最大达到 20.9%。图 7 给出了理想初始预应力的索穹顶结构在自重荷载作用下竖向位移,索穹顶中心节点竖向最大位移达到 0.067m,是技术规程[14]允许挠度($L/250=0.4$m)的 17%,已较大程度偏离了理想设计外形。

算例 2　同文献[7]中算例 2,计算跨度 $L=100$m,$L_0=10$m,$f/L=0.1$,$m=4$,$n=8$ 的设内环圆形平面 Levy 型索穹顶(图8)杆件内力。索穹顶中心压杆 G0 预应力取 10kN,图 9 为索穹顶杆件及节点编号图,杆件截面配置及理想初始预应力分布见表 2。

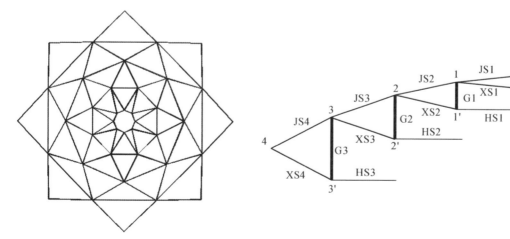

图 8　设内环圆形平面 Levy 索穹顶平面图　　　　图 9　索穹顶杆件及节点编号图

表 2　索穹顶杆件内力计算结果

杆件编号	杆件截面	不考虑自重/kN	考虑自重/kN	误差/%
JS1	31φ7	63.4	24.2	61.8
JS2	31φ7	192.0	192.0	0.0
JS3	73φ7	707.8	895.1	26.5
JS4	253φ7	3079.4	4226.4	37.2
XS1	31φ7	63.4	102.7	61.8
XS2	31φ7	192.0	293.6	52.9
XS3	73φ7	707.8	1047.7	48.0
XS4	253φ7	3079.4	4577.0	48.6
HS0^P	31φ7	140.4	53.6	61.8
HS0	31φ7	140.4	227.2	61.8
HS1	31φ7	326.2	498.8	52.9
HS2	73φ7	889.6	1316.9	48.0
HS3	253φ7	2860.2	4251.2	48.6
G0	φ108×4	10.0	10.0	0.0
G1	φ108×4	52.9	73.6	39.1
G2	φ140×5	245.8	350.3	42.5
G3	φ273×10	1215.2	1760.4	44.9

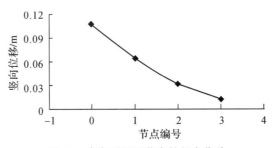

图 10　索穹顶屋面节点的竖向位移

　　将索杆以及节点自重(取索杆总重的 30% 考虑)转换为等效节点荷载,根据本文简捷计算法,对索穹顶初始预应力分布进行自重修正,考虑自重后的预应力分布与中心压杆 G0 相同预应力水平的理想索穹顶初始预应力分布[7]进行比较,见表 2,由表 2 可以看出考虑自重的初始预应力相对于理想初始预应力,脊索 JS1 和环索 HS0^P 的内力降低,脊索 JS2 内力不变,其余脊索、斜索、压杆和环索内力均增大,其中斜索和环索内力增加较大,最大达到 61.8%。图 10 给出了理想初始预应力的索穹顶结构在自重荷载作用下竖向位移,索穹顶中心节点竖向最大位移达到 0.108m,是技术规程[14]允许挠度($L/250=0.4$m)的 27%,已较大程度偏离了理想设计外形。

5　索穹顶考虑自重的初始预应力分布设计方法

　　由第 4 节算例分析结果可得,考虑自重后的预应力与理想初始预应力相差较大,而且索穹顶变位也较大,已较大程度偏离了理想设计外形,因此索穹顶的初始预应力的设计必须考虑自重,具体计算过程如下：

（1）将式（10）～式（12），式（19）和式（20）中等效节点荷载设为0，即可得到不考虑索杆以及节点自重的索穹顶理想初始预应力分布；

（2）以结构在正常使用状态结构的变形和极限承载力状态下杆件应力作为条件，确定索穹顶预应力水平；

（3）根据索杆的设计强度选择杆件截面；

（4）以不考虑索杆以及节点自重的索穹顶预应力水平为基准（选取中心压杆为基准），把自重转换为等效节点荷载，利用式（10）～式（12），式（19）和式（20）计算索穹顶新的预应力分布；

（5）验算索穹顶结构杆件应力和节点位移，验算通过结束，否则返回（3）重新选择杆件截面进行计算直至索杆应力水平满足要求。

6 结论

本文将索杆以及节点自重转化为等效节点荷载，从节点平衡关系入手，推导了设内环和不设内环的圆形平面 Levy 型索穹顶考虑自重的初始预应力分布公式。

算例比较了索穹顶考虑与不考虑自重的预应力分布，可发现索穹顶初始预应力考虑自重后，内圈脊索和环索的内力降低，其余杆件内力均增加，其中斜索和环索增加相对较大，理想初始预应力分布的索穹顶结构体系在自重荷载作用下结构变形较大，较大偏离了建筑师给定的设计外形，因此索穹顶初始预应力需要进行自重修正。本文给出了索穹顶考虑自重的初始预应力设计方法，按该方法进行设计，可较为简便且准确得出考虑自重的内力分布，为索穹顶的荷载分析提供基础和索穹顶的工程设计提供参考。

参考文献

[1] FULLER R B. Synergetics explorations in the geometry of thinking[M]. London：Collier Macmillan Publishers，1975.

[2] GEIGER D H，STEFANIUK A，CHEN D. The design and construction of two cable domes for the Korean Olympics[C]//Proceedings of IASS Symposium on Shells，Membranes and Space Frames，Vol. 2，Osaka，Japan，1986：265－272.

[3] LEVY M P. The Georgia dome and beyond achieving lightweight-long span structures[C]// Spatial Lattice and Tension Structures：Proceedings of the IASS-ASCE International Symposium，Atlanta，USA，1994：560－562.

[4] TERRY W R. Georgia dome cable roof construction techniques[C]// Spatial Lattice and Tension Structures：Proceedings of the IASS-ASCE International Symposium，Atlanta，USA，1994：563－572.

[5] PELLEGRINO S. Structural computation with the singular value decomposition of equilibrium matrix[J]. International Journal of Solids and Structures，1993，30(21)：3025－3035.

[6] 董石麟，袁行飞.肋环型索穹顶初始预应力分布的快速计算法[J].空间结构，2003，9(2)：3－8，19.

[7] 董石麟，袁行飞.葵花型索穹顶初始预应力分布的简捷计算法[J].建筑结构学报，2004，25(6)：9－14.

[8] LEWIS W J,JONES M S,RUSHTON K R.Dynamic relaxation analysis of the non-linear static response of pretensioned cable roofs[J].Computers & Structures,1984,18(6):989—997.

[9] LEWIS W J.The efficiency of numerical methods for the analysis of prestressed nets and pin-joined frames structures[J].Computers & Structures,1989,33(3):791—800.

[10] 袁行飞,董石麟.索穹顶结构整体可行预应力概念和应用[J].土木工程学报,2001,34(2):33—37.

[12] 袁行飞,董石麟.索穹顶结构的新形式及其初始预应力确定[J].工程力学,2005,22(2):22—26.

[13] 陈联盟,袁行飞,董石麟.索杆张力结构自应力模态分析及预应力优化[J].土木工程学报,2006,39(2):11—15.

[14] 中华人民共和国建设部.钢结构设计规范:GB 50017—2003[S].北京:中国计划出版社,2003.

93 基于线性调整理论分析 Levy 型索穹顶体系初始预应力及结构特性*

摘　要：提出一种应用线性调整理论求索杆体系初始预应力的方法。该方法可以在不考虑结构刚度的前提下，求解多自应力模态索杆体系的初始预应力，而且大大简化了计算工作量。将该方法应用于求解 Levy 型索穹顶体系的初始预应力问题，并在此基础上分析了该体系的结构特性。结果表明，运用该方法可以求解 Levy 型索穹顶体系的初始预应力，而且结构特性分析对今后的结构设计具有一定的指导意义。

关键词：索杆体系；线性调整理论；初始预应力；Levy 索穹顶；结构特性分析

1　引言

索穹顶结构是一种特殊的索杆张力结构体系，适用于建造轻型大跨度空间结构的体系，如 Geiger 索穹顶体系，Levy 索穹顶体系等。索穹顶结构由拉索和压杆组成，在预应力作用下形成一种自平衡的结构体系，具有静不定、动不定的结构特性。索杆体系初始预应力确定过程是一个平衡形态下的找力过程，这与索膜找形不同。目前索膜、索网结构找形方法的研究已经比较完善[1-4]，而索杆体系找力方法还需进一步研究。

索杆体系的体系分析与预应力分析方法（本文称为找力方法）主要有：基于无穷小机构的分析方法[5-7]、基于非线性力法的分析方法[8] 和结构整体可行预应力的分析方法[9] 等。基于无穷小机构的分析方法可以有效判定结构体系的稳定性，并在此基础上计算一阶无穷小机构的预应力。基于非线性力法的分析方法可以有效地解决位移法产生的刚度矩阵奇异性问题，但对于自应力模态大于 1 的结构，运用该方法得出的预应力存在不确定性，计算效率低，对问题的求解具有明显的局限性。结构整体可行预应力方法提出将预应力水平最低的一组预应力作为结构预应力的概念，但是预应力水平最低仅是一种保证索杆体系稳定性的有效方法，对于工程实际来说采用这种方法得到的初始预应力平衡状态并不是索杆体系最优的预应力状态。

本文提出了运用线性调整理论求解索杆体系初始预应力的方法。该方法可以在不考虑索杆体系刚度的前提下，运用线性迭代的方法求出索杆体系的初始预应力，这样既可以大大简化计算工作量，又可以很好地解决多自应力模态索杆体系的初始预应力问题。应用该方法对一个直径 120m 有中心环的 Levy 型索穹顶体系的初始预应力进行求解，并对该体系的结构特性进行分析。

---

*　本文刊登于：张丽梅，陈务军，董石麟. 基于线性调整理论分析 Levy 型索穹顶体系初始预应力及结构特性[J]. 上海交通大学学报，2008，42(6)：979－984.

2　线性调整理论

2.1　理论背景

对于图 1 所示的简单杆单元，节点坐标向量表示为

$$\boldsymbol{X}^{\mathrm{T}} = \begin{bmatrix} x_i & y_j & z_j & x_k & y_k & z_k \end{bmatrix} \tag{1}$$

图 1　杆单元 i

节点力向量可以表示为

$$\boldsymbol{F} = \begin{bmatrix} F_{xj} & F_{yj} & F_{zj} & F_{xk} & F_{yk} & F_{zk} \end{bmatrix}^{\mathrm{T}} \tag{2}$$

节点残余力向量可以表示为

$$\boldsymbol{F}_r = \begin{bmatrix} F_{r,xj} & F_{r,yj} & F_{r,zj} & F_{r,xk} & F_{r,yk} & F_{r,zk} \end{bmatrix}^{\mathrm{T}} \tag{3}$$

该单杆的拓扑关系矩阵可以表示为

$$\bar{\boldsymbol{C}} = \begin{bmatrix} \boldsymbol{E}, -\boldsymbol{E} \end{bmatrix} = \begin{bmatrix} 1 & 0 & 0 & -1 & 0 & 0 \\ 0 & 1 & 0 & 0 & -1 & 0 \\ 0 & 0 & 1 & 0 & 0 & -1 \end{bmatrix} \tag{4}$$

式中，$\boldsymbol{E}$ 为单位矩阵。

杆件节点坐标差可以表示为

$$\bar{\boldsymbol{U}} = \begin{bmatrix} u \\ v \\ w \end{bmatrix} = \begin{bmatrix} x_j - x_k \\ y_j - y_k \\ z_j - z_k \end{bmatrix} = \bar{\boldsymbol{C}} \boldsymbol{X} \tag{5}$$

杆件 i 长度可以表示为

$$l_i^2 = (x_j - x_k)^2 + (y_j - y_k)^2 + (z_j - z_k)^2 = \bar{\boldsymbol{U}}^{\mathrm{T}} \bar{\boldsymbol{U}} = \boldsymbol{X}^{\mathrm{T}} \bar{\boldsymbol{C}}^{\mathrm{T}} \bar{\boldsymbol{C}} \boldsymbol{X} \tag{6}$$

假设该杆件的力密度为 q_i，则有

$$q_i = s_i / l_i \tag{7}$$

式中，s_i 为杆件内力。

根据力法平衡方程，该杆件的平衡方程可写成：

$$\boldsymbol{F} + \boldsymbol{F}_r = \bar{\boldsymbol{C}}^{\mathrm{T}} \bar{\boldsymbol{U}} q = \bar{\boldsymbol{C}}^{\mathrm{T}} \boldsymbol{Q} \bar{\boldsymbol{U}} = \bar{\boldsymbol{C}}^{\mathrm{T}} \boldsymbol{Q} \bar{\boldsymbol{C}} \boldsymbol{X} \tag{8}$$

式中，$\boldsymbol{Q}$ 为一对角矩阵，它的对角元组成 $\boldsymbol{q}$。

对于有 n_s 个节点和 m 根杆件的索网结构、膜结构或索杆结构体系，平衡方程可以表示为

$$\boldsymbol{F} + \boldsymbol{F}_r = \boldsymbol{C}^{\mathrm{T}} \boldsymbol{U} q = \boldsymbol{C}^{\mathrm{T}} \boldsymbol{Q} \boldsymbol{u} = \boldsymbol{C}^{\mathrm{T}} \boldsymbol{Q} \boldsymbol{C} \boldsymbol{X} \tag{9}$$

式中，$\boldsymbol{X}$、$\boldsymbol{F}$、$\boldsymbol{F}_r$ 均为 $3n_s \times 1$ 阶矩阵；$\boldsymbol{C}$ 为结构拓扑关系矩阵，$3m \times 3n_s$ 阶；$\boldsymbol{Q}$ 为 $3m \times 3m$ 阶方阵；$\boldsymbol{u}$ 为结构杆件节点坐标差矩阵，$3m \times 1$ 阶；$\boldsymbol{U}$ 为结构节点坐标差矩阵，$3m \times m$ 阶。

2.2 原理

假设 n 个已知力构成的列向量为 $\boldsymbol{F}_{k,n\times 1}$，与之对应的加权对角阵为 $\boldsymbol{P}_{n\times n}$。残余力向量为 $\boldsymbol{F}_{r,n\times 1}$，整个体系还有 h 个节点未知力构成列向量 $\boldsymbol{F}_{u,n\times 1}$。根据扩展力密度方法[10,11]可以得出残余方程（即不平衡方程）为

$$\boldsymbol{F}_{k,n\times 1} + \boldsymbol{F}_{r,n\times 1} = f(\boldsymbol{F}_{u,n\times 1}) = \boldsymbol{J}\boldsymbol{F}_{u,n\times 1} \tag{10}$$

式中，$\boldsymbol{J} = \dfrac{\partial f(\boldsymbol{F}_{u,n\times 1})}{\partial \boldsymbol{F}_{u,n\times 1}}$ 为 $n\times h$ 阶雅可比矩阵。如果已知力的数量 n 大于未知力的数量 h，则方程将是超静定方程，会有很多可能解的情况出现。这种情况下就引入了线性调整理论，保证方程有唯一的最优解。为了找到该最佳解，根据最小二乘原理，残余力向量应该满足：

$$\phi(\boldsymbol{F}_{u,n\times 1}) = \boldsymbol{F}_{r,n\times 1}^{\mathrm{T}}\boldsymbol{P}\boldsymbol{F}_{r,n\times 1} \rightarrow \min \tag{11}$$

在 ϕ 取得最小值的情况下，残余力向量也取得最小值。即有：

$$\boldsymbol{J}^{\mathrm{T}}\boldsymbol{P}\boldsymbol{F}_{r,n\times 1} = \boldsymbol{J}^{\mathrm{T}}\boldsymbol{P}(f(\boldsymbol{F}_{u,n\times 1}) - \boldsymbol{F}_{k,n\times 1}) \tag{12}$$

$$\boldsymbol{J}^{\mathrm{T}}\boldsymbol{P}\boldsymbol{F}_{r,n\times 1} = \boldsymbol{J}^{\mathrm{T}}\boldsymbol{P}\boldsymbol{J}\boldsymbol{F}_{u,n\times 1} \tag{13}$$

根据式（13），未知力向量 $\boldsymbol{F}_{u,n\times 1}$ 可以通过线性迭代求出，这就是线性调整理论。

3 应用线性调整理论进行结构找力

3.1 平衡方程

已知结构有 m 根杆件，n_s 个节点，那么结构的拓扑关系为 $\boldsymbol{C}_{s,3m\times 3n_s}$，杆件的力密度为 $\boldsymbol{q}_{m\times 1}$，节点坐标 $\boldsymbol{X}_{3n_s\times 1}$ 是未知量，$\boldsymbol{L}_v$ 是任意两点之间的残余距离。根据式（11）可以得出关于节点坐标的最小二乘公式：

$$\phi(\boldsymbol{X}) = \boldsymbol{L}_v^{\mathrm{T}}\boldsymbol{P}\boldsymbol{L}_v \rightarrow \min \tag{14}$$

假设给定附加限制条件为：任意相邻节点的距离为 0，那么根据扩展的力密度方法得出：

$$0 + L_{v,i} = \sqrt{(x_j - x_k)^2 + (y_j - y_k)^2 + (z_j - z_k)^2} \tag{15}$$

设 $P_i = q_i$，则对应的式（14）可以写成：

$$\phi(\boldsymbol{X}) = \sum_{i=1}^{m} q_i L_{v,i}^2 = \sum_{i=1}^{m} q_i(u_i^2 + v_i^2 + w_i^2) \rightarrow \min \tag{16}$$

将式（15）写成 3 个线性方程的形式为：

$$0 + L_{v,i}(x) = x_j - x_k = u_i, \quad 0 + L_{v,i}(y) = y_j - y_k = v_i, \quad 0 + L_{v,i}(z) = z_j - z_k = w_i \tag{17}$$

则式（16）就可以表示为

$$\phi(\boldsymbol{X}) = \boldsymbol{u}^{\mathrm{T}}\boldsymbol{Q}\boldsymbol{u} = \boldsymbol{X}^{\mathrm{T}}\boldsymbol{C}_s^{\mathrm{T}}\boldsymbol{Q}\boldsymbol{C}_s\boldsymbol{X} \rightarrow \min \tag{18}$$

根据线性调整理论可以形成如下平衡方程

$$\left(\frac{\partial \boldsymbol{u}}{\partial \boldsymbol{X}}\right)^{\mathrm{T}}\boldsymbol{Q}\left(\frac{\partial \boldsymbol{u}}{\partial \boldsymbol{X}}\right)\boldsymbol{X} = \boldsymbol{C}_s^{\mathrm{T}}\boldsymbol{Q}\boldsymbol{C}_s\boldsymbol{X} = 0 \tag{19}$$

未知的节点坐标可以由式（19）线性迭代求出。

3.2 求解已知形状索杆体系的初始预应力

索杆结构形态分析问题是已知结构的几何形状，求满足这一几何形状的预应力，本文用线性调整理论来求解该问题。其中已知结构的拓扑关系 $\boldsymbol{C}_s$，节点坐标 $\boldsymbol{X}$，外部荷载 $\boldsymbol{F}$，而结构杆元的力密度 $\boldsymbol{q}$ 未知。

由式（9）可知：$\boldsymbol{F} + \boldsymbol{F}_r = \boldsymbol{C}_s^{\mathrm{T}}\boldsymbol{U}\boldsymbol{q}$。在不考虑附加限制条件的情况下，由式（9）可得：$\boldsymbol{J} = \boldsymbol{C}_s^{\mathrm{T}}\boldsymbol{U}$。运用线

性协调理论可以得出：

$$J^{\mathrm{T}}PJq = J^{\mathrm{T}}PF \tag{20}$$

即

$$U^{\mathrm{T}}C_sC_s^{\mathrm{T}}Uq = U^{\mathrm{T}}C_sF \tag{21}$$

给出任意杆件的力密度 q_i（即已知某些节点的力向量 F），可以由式(21)求出初始的杆元力密度 q_0，根据 q_0 可以反求出节点的残余力向量 F_r，将 F_r 代入式(21)进行迭代求解，直到满足迭代精度为止（本文选取的迭代精度为 $\varepsilon \leqslant 1 \times 10^{-5}$）。最后所得的 q 值即为所求的结构初始力密度。根据式(7)即可求出该体系的初始预应力。

已知杆件力密度值的个数应该根据该体系的自应力模态数来决定。如果该体系有 $d(d > 1)$ 个独立自应力模态，那么就应该已知 $d-1$ 个杆件的初始预应力；如果该体系的独立自应力模态为 1，则给定 1 根杆件的初始预应力即可。杆件的选取一般应该考虑结构体系的几何对称性，并且保证相同位置的杆件取相同的力密度值。

在该初始预应力的基础上，根据虎克定律用共轭迭代法解方程进行索杆体系的加载分析。下面介绍用上述方法求 Levy 型索穹顶体系的初始预应力及加载时的结构特性。

4 Levy 索穹顶体系分析

4.1 体系初始预应力分析

Levy 型索穹顶体系是美国工程师 Levy 在对 Geiger 索穹顶进行改进的基础上形成的一种新型的索杆体系[12]。1996 年，首次将这一概念应用到 Georgia Dome 的设计当中并取得了成功。该体系采用三角形网格，增加了结构的复杂性，但其几何稳定性明显提高。目前，国内外一些学者采用非线性有限元等方法对没有中心环的 Levy 索穹顶体系进行了分析，也取得了一些成果[13—16]。本文在对这些文献进行分析的基础上，采用线性调整理论来求解有中心环的 Levy 型索穹顶体系的初始预应力，对其受力特性进行了进一步分析。本文采用的圆形 Levy 索穹顶体系直径 120m，高度 17.58m，中心圆环直径 6m，其结构由 450 根杆元组成，其中压杆 72 根。

图 2 所示为 Levy 索穹顶的平面和剖面图，图中标明了节点编号和单元编号（带圈数字）。力法平衡方程的平衡矩阵用奇异值分解法可得该结构的自应力模态数为 19，机构位移模态数为 1，故该体系为静不定动不定体系。

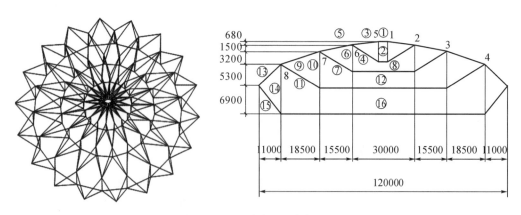

图 2　Levy 型索穹顶（单位：mm）

4.2　体系结构特性分析

　　根据线性调整理论,假设该体系最外环 18 根环索的初始预应力值均为 2600kN,进而得出整个结构体系的初始预应力,如表 1 所示。根据上面计算所得的初始预应力情况,索杆选取情况如表 1 所示。

表 1　杆件型号和初始预应力

编号	型号	初始预应力/kN	编号	型号	初始预应力/kN
1	$\phi325\times12$	1191.3	9	$\phi36.5$	380.5
2	$\phi325\times12$	-21.2	10	$\phi325\times12$	-125
3	$\phi42$	212	11	$\phi63.5$	215.5
4	$\phi54$	34.2	12	$2\phi39.7$	1070
5	$\phi42$	261.6	13	$\phi54$	818.4
6	$\phi325\times12$	-51.7	14	$\phi400\times12$	-553
7	$\phi54$	85.8	15	$\phi63.5$	684.3
8	$2\phi39.7$	442	16	$2\phi50.8$	2600

　　压杆均采用 Q235 钢管,弹性模量为 2.06GPa;拉索均采用同芯钢绞索,弹性模量为 1.7GPa。膜片自重取 0.0125kPa,雪荷载取基本雪压 0.3kPa,积雪系数为 1.0;基本风压 0.45kPa,体形系数为 0.8。分别计算 0.66kPa 满载和半跨荷载作用情况下节点的位移和索、杆内力变化,加载过程分 5 级。节点位移变化分 1~4 节点和 5~8 节点两组进行对比。内力变化情况根据杆件类型分为上弦、下弦、环索和桅杆等 4 组进行对比分析。

4.2.1　节点位移

　　(1)满载。满载时,1~4 节点和 5~8 节点以及对应下弦节点的位移情况相同,所以用 1~4 节点的位移情况来反映满载时结构的位移情况,如图 3 所示。由图 3 可见,满载时中间压力环的位移最大,从中心向外位移逐渐减小,并且随着荷载的增大位移逐渐增大。

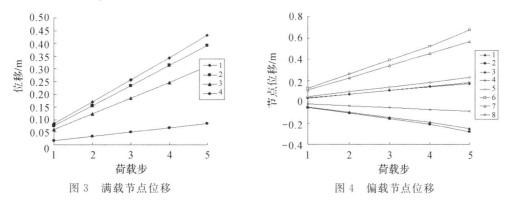

图 3　满载节点位移　　　　　　　　图 4　偏载节点位移

　　(2)偏载。图 4 所示为未加荷载部分和加荷载部分的节点位移变化情况。节点 1 的位移方向向下,并且随着荷载的增大位移增大,但其位移比对应的节点 5 小;节点 2~4 的位移方向向上,并且随着荷载的增加位移增大,节点 5~8 的位移方向均向下,且随着荷载的增加而增大。

4.2.2　单元内力

　　(1)满载。图 5 所示为满载时的索杆内力。由图 5 可见,满载情况下环索、斜拉索和桅杆的内力随着荷载的增大而增大;而脊索的内力随着荷载的增加而减小。并且靠近中间环的环索、斜拉索、脊索和桅杆的内力变化均较小,而最外端的索杆的内力变化较大。

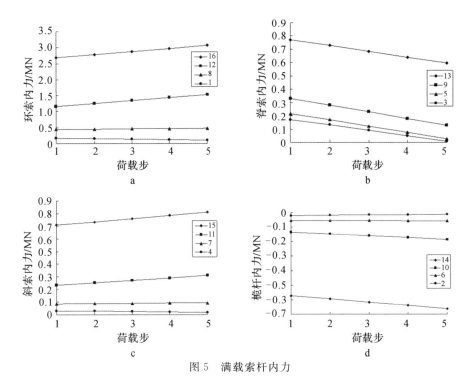

图 5　满载索杆内力

　　(2)偏载。偏载情况下,各杆件的未加载和加载时的内力如图 6 所示,图中实线为加载区,虚线为未加载情况。与满载的情况相比,偏载时最内环的环索变化很大,随着荷载增大未加荷载部分的内力为 562～1065kN,加荷载部分的内力为 716～1092kN。加荷载部分脊索和斜拉索的内力随着荷载的增加而增大,而未加荷载部分脊索和斜拉索的内力随着荷载的增加而减小。桅杆的变化正好相反,加荷载部分的内力随着荷载的增加而减小,而未加荷载部分的内力随着荷载的增加而增大。

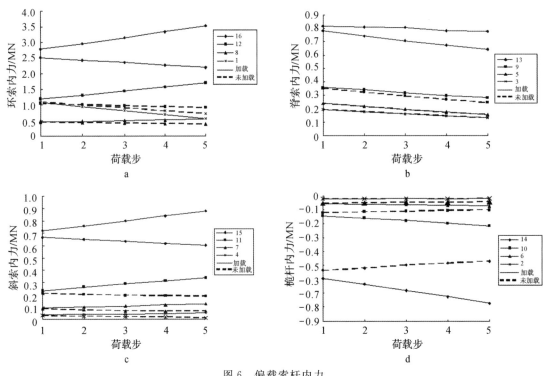

图 6　偏载索杆内力

5　结语

本文提出了运用线性调整理论来求解索杆体系初始预应力的方法。该方法可以在不考虑结构刚度的前提下,通过线性迭代求解多自应力模态索杆体系的初始预应力,并且这一过程的计算工作量很小。应用这一理论对一个 Levy 型索穹顶体系的初始预应力进行求解,并在这一基础上进行了结构特性分析,对今后 Levy 型索穹顶设计有一定的指导意义。

参考文献

［1］SHECK H J. The force density method for form-finding and computation of general networks ［J］. Computer Methods in Applied Mechanics and Engineering,1974,3(1):115－134.

［2］LINKWITZ K,GRUTNDIG L. Strategies of form finding and design and construction of cutting patterns for large sensitive membrane structures［C］//International Conference on the Design and Construction of Non-Conventional Structures. London:Civil-Comp Press,1987:315－321.

［3］OTTER J R H. Computations for prestressed concrete reactor pressure vessels using dynamic relaxation［J］. Nuclear Structure Engineering,1965,1(1):61－75.

［4］ARGYRIS J H,SCHARPF D W. Large deflection analysis of prestressed networks［J］. Journal of the Structural Division,ASCE,1972,98(3):633－654.

［5］PELLEGRINO S. Structural computations with the singular value decomposition of the equilibrium matrix［J］. International Journal of Solids and Structures,1993,30(21):3025－3035.

［6］PELLEGRINO S. Analysis of prestressed mechanisms［J］. International Journal of Solids and Structures,1990,26(12):1329－1350.

［7］CALLADINE C R. First-order infinitesimal mechanisms［J］. International Journal of Solids and Structures,1991,27(4):505－515.

［8］罗尧治,董石麟.索杆张力结构初始预应力分布计算［J］.建筑结构学报,2000,21(5):59－64.

［9］袁行飞.索穹顶体系的理论分析与试验研究［D］.杭州:浙江大学,2000.

［10］SINGER P. Die Berechung von minimalflachen,sefenblasen,membrane und pneus aus geodatischer sicht［D］. Munchen:University of Stuttgart,1995.

［11］陈志华,王小盾.张拉整体结构的力密度找形分析［J］.建筑结构学报,1999,20(5):29－35.

［12］陈务军.膜结构工程设计［M］.北京:中国建筑工业出版社,2005.

［13］詹伟东.葵花型索穹顶结构的理论分析和试验研究［D］.杭州:浙江大学,2004.

［14］卫东,沈世钊.Levy 体系索穹顶结构的受力性能研究［J］.哈尔滨建筑大学学报,2001,34(4):11－15.

［15］袁行飞,董石麟.索穹顶结构的新形式及其初始预应力确定［J］.工程力学,2005,22(2):22－26.

［16］董石麟,袁行飞.葵花型索穹顶初始预应力分布的简捷计算法［J］.建筑结构学报,2004,25(6):9－14.

94 肋环人字型索穹顶受力特性及其预应力态的分析法*

摘　要:提出了一种肋环人字型索穹顶,其形体构造设有两根人字型撑杆,改变了现有符合 Fuller 思想的张拉整体类索穹顶,如肋环型、葵花型、Kiewitt 型、鸟巢型索穹顶只设单根撑杆即竖杆的特点。该肋环人字型索穹顶上、下弦节点的索杆数均为 6,与最常见的上下弦节点数为 4 的肋环型索穹顶相比,可改善结构的稳定性;上下弦节点错位布置,便于铺设环向折线形膜面。针对肋环人字型索穹顶提出了确定预应力态的分析计算方法,该法从节点平衡方程入手,推导了不设和设有内孔的索穹顶预应力索杆内力的通用计算式。对不设和设有内孔两种形式特定参数的索穹顶给出了内力计算用表和算例分析,结果表明结构预应力态杆件内力由内圈至外圈逐步增大,随结构矢跨比增大肋环人字型索穹顶的杆件内力减小。计算结果可供工程设计参考。

关键词:肋环人字型索穹顶;预应力态;简捷分析法;受力特性;计算用表

1　引言

自美国工程师 Geiger 提出并建成了肋环型索穹顶[1],美国工程师 Levy 和 Jing 提出葵花型索穹顶[2]后,由于这类索穹顶结构轻盈和高效的显著特色,引起了各国工程界和学界的关注。我国也曾相继提出了 Kiewitt 型和鸟巢型索穹顶,并进行了结构模型试验研究[3-4],2009 年在金华、无锡各建有跨度约 20m 的试点性索穹顶工程[5-6],在鄂尔多斯伊金霍洛旗建成了具有代表性的 72m 跨肋环型索穹顶体育馆屋盖结构[7-8],卓新等[9]还研发了逐层双环肋环型索穹顶,薛素铎等[10]提出了劲性支撑索穹顶,这些实践和研究工作推动了索穹顶结构在我国的应用发展。但上述索穹顶结构的整体结构造型单一,均只设置单根竖向撑杆,对肋环型索穹顶铺设屋面膜材尚需另行设置额外的稳定谷索。

为丰富索穹顶结构形式,本文提出了一种新型的肋环人字型索穹顶结构,对其构形特点与一般性的索穹顶进行对比分析。由于索穹顶必须施加预应力后才能建立结构刚度,承受外荷载。因此如何确定索穹顶的预应力和采用怎样的施工方法来建立预应力态是索穹顶结构的关键技术和难题。本文提出了确定肋环人字型索穹顶预应力态的分析计算方法,该法从节点平衡方程入手,推导了不设和设有内孔的索穹顶预应力索杆内力的一般性计算公式,对特定的结构参数,编制了内力计算用表,以便说明肋环人字型索穹顶的受力特性,供工程设计计算参用。

---

　　* 本文刊登于:董石麟,梁昊庆.肋环人字型索穹顶受力特性及其预应力态的分析法[J].建筑结构学报,2014,35(6):115-122.

2　肋环人字型索穹顶构形及其与一般索穹顶的比较

肋环人字型索穹顶三维示意图见图1,其由径向脊索、斜索、环索、人字撑杆、上内环索和刚性环梁组成。与根据 Fuller 思想建立的传统张拉整体类索穹顶如肋环型、葵花型、Kiewitt 型、鸟巢型索穹顶相比,将垂直地面的撑杆(即竖杆)改为两根人字型撑杆,撑杆面与地面垂直,且撑杆的水平投影连成环线系,不具有 Fuller 思想的所谓"压力孤岛"[11]。表1从撑杆特点、上下弦节点索杆数、索杆水平投影等方面说明了各类索穹顶的特点和差异。

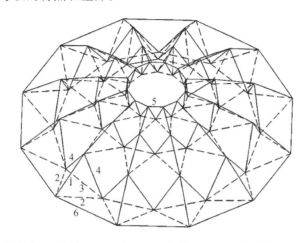

1—径向脊索;2—斜索;3—环索;4—人字撑杆;5—上内环索;6—刚性环梁

图1　肋环人字型索穹顶三维图

表1　各类索穹顶的特点和差异

类别	Fuller 思想传统张拉整体类				非传统的张拉整体类
索穹顶名称	肋环型	葵花型	Kiewitt 型	鸟巢型	肋环人字型
撑杆特点		一根与地面垂直的撑杆,即竖杆			两根人字型撑杆(撑杆面与地面垂直)
上弦节点索杆数	2+1+1=4	4+2+1=7	4+2+1=7 (4+1+1=6)	4+2+1=7	2+2+2=6
下弦节点索杆数	2+1+1=4	2+2+1=5	2+2+1=5 (2+3+1=6)	2+2+1=5	2+2+2=6
索、杆水平投影特点	竖杆成点系(孤岛)				撑杆成环线系
	斜索与脊索重合			斜索与脊索重合,脊索与内圆环相切,构成内环索	斜索与脊索分离,脊索与环索正交,撑杆与环索在同一垂直平面内
	脊索与环索组成肋环型(梯形)网格	脊索与环索组成葵花型(三角形)网格	脊索与环索组成 Kiewitt 型(三角形)网格	脊索与环索组成鸟巢型(三角形)网格	脊索与环索、斜索组成肋环人字型(三角形与四边形相间)网格

注:上(下)弦节点索杆数=脊索数(环索数)+斜索数+撑杆数,对 Kiewitt 型索穹顶脊线所在轴对称平面内上(下)弦节点索杆数取括号内数值。

四种由 Fuller 思想建立的传统张拉整体类索穹顶的平面示意图如图 2 所示,而非传统张拉整体类肋环人字型索穹顶平面示意图如图 3a 所示,图 3b 给出了相应的平面网格详图,是一种三角形与四边形相间的网格,斜索的水平投影构成另一个人字型,人字型撑杆水平投影与环索重合,因而人字型具有双重意义。

肋环人字型索穹顶上、下弦节点索杆数相等均为 6,与上、下弦节点数为 4 的肋环型索穹顶相比,可明显改善结构的稳定性,又由于上、下弦节点错位布置,相应部位的下弦节点便于铺设环向折线形膜面,无需增设通长谷索,可节省索材用量。

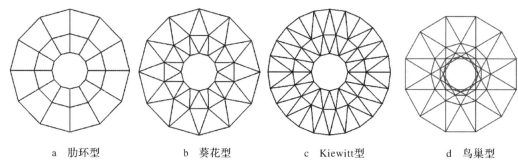

a 肋环型　　　　　b 葵花型　　　　　c Kiewitt型　　　　　d 鸟巢型

图 2　Fuller 思想传统张拉整体类索穹顶平面示意图

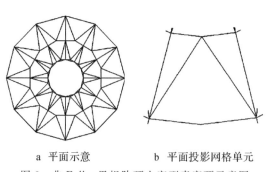

a 平面示意　　　　　b 平面投影网格单元

图 3　非 Fuller 思想肋环人字型索穹顶示意图

2　肋环人字型索穹顶的预应力态分析

2.1　设有内孔结构

对于圆形平面设有内孔肋环人字型索穹顶,如环向分为 n 等份,利用对称性条件,同分析肋环型、葵花型索穹顶[12-13]类似,只需研究一肢半榀空间桁架。通常索穹顶设有刚度较大的外环梁,与索穹顶的连接可以按不动铰支座考虑。因此 $1/n$ 结构的分析示意图和计算简图见图 4。该结构为一次超静定,节点 $1,2,3,\cdots,i,\cdots,m$ 在一个对称平面内,节点 $1',2',3',\cdots,i',\cdots$ 在相邻的另一对称平面内。计算用结构平面图和剖面图见图 5,其中脊索和人字型撑杆用实线表示,斜索和环索用虚线表示,索杆内力用 T_i、H_i、B_i、V_i、$H_{i,p}$ 表示,α_i、β_i、φ_i 表示脊索、斜索、人字撑杆与水平面的夹角,斜索与脊索水平投影线的夹角为 $\varphi_{i+1,i}$。

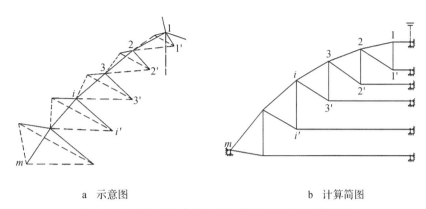

a　示意图　　　　　　　　　　　　b　计算简图

图 4　1/n 设有内孔肋环人字型索穹顶示意及计算简图

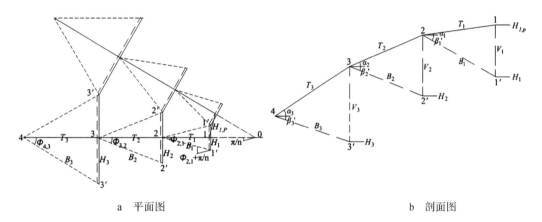

a　平面图　　　　　　　　　　　　b　剖面图

图 5　设有内孔肋环人字型索穹顶结构平面与剖面图

以内环处人字撑杆实际内力 V_1 为基准,对各节点建立平衡方程,可逐次推导得到各索杆内力计算式如式(1)～(5)所示。

节点 1:

$$T_1 = -\frac{2V_1\sin\varphi_1}{\sin\alpha_1}$$

$$H_{1,p} = -\frac{V_1\cot\alpha_1\sin\varphi_1}{\sin\dfrac{\pi}{n}} \tag{1}$$

节点 1′:

$$B_1 = -\frac{V_1\sin\varphi_1}{\sin\beta_1}$$

$$H_1 = -V_1\left[\frac{\sin\varphi_1\cot\beta_1\cos\left(\varphi_{2,1}+\dfrac{\pi}{n}\right)}{\sin\dfrac{\pi}{n}} + \cos\varphi_1\right] \tag{2}$$

节点 2:

$$T_2 = \frac{1}{\cos\alpha_2}(T_1\cos\alpha_1 + 2B_1\cos\beta_1\cos\varphi_{2,1})$$

$$V_2 = \frac{1}{2\sin\varphi_2}\left[T_1(\sin\alpha_1 - \cos\alpha_1\tan\alpha_2) - 2B_1(\sin\beta_1 + \cos\beta_1\tan\alpha_2\cos\varphi_{2,1})\right] \tag{3}$$

节点 $2'$：

$$B_2 = -\frac{V_2 \sin\varphi_2}{\sin\beta_2}$$

$$H_2 = -V_2 \left[\frac{\sin\varphi_2 \cot\beta_2 \cos\left(\varphi_{3,2} + \dfrac{\pi}{n}\right)}{\sin\dfrac{\pi}{n}} + \cos\varphi_2 \right] \tag{4}$$

当节点 $i(i') \geqslant 2$ 时：

$$T_i = \frac{1}{\cos\alpha_i}(T_{i-1}\cos\alpha_{i-1} + 2B_{i-1}\cos\beta_{i-1}\cos\varphi_{i,i-1})$$

$$V_i = \frac{1}{2\sin\varphi_i}\big[T_{i-1}(\sin\alpha_{i-1} - \cos\alpha_{i-1}\tan\alpha_i) - 2B_{i-1}(\sin\beta_{i-1} + \cos\beta_{i-1}\tan\alpha_i\cos\varphi_{i,i-1}) \big]$$

$$B_i = -\frac{V_i \sin\varphi_i}{\sin\beta_i} \tag{5}$$

$$H_i = -V_i \left[\frac{\sin\varphi_i \cot\beta_i \cos\left(\varphi_{i+1,i} + \dfrac{\pi}{n}\right)}{\sin\dfrac{\pi}{n}} + \cos\varphi_i \right]$$

其中，β'_i 为斜索在轴对称平面投影与水平面的夹角，其值关系着索穹顶占有内部空间的大小，通常取 $\beta'_i = \alpha_i$，此时有

$$\beta_i = \arctan(\cos\phi_{i+1,i}\tan\beta'_i) = \arctan(\cos\phi_{i+1,i}\tan\alpha_i)$$

$$\varphi_i = \arctan\frac{2\Delta\tan\alpha_i}{r_i\tan\dfrac{\pi}{n}} \tag{6}$$

由式（1）～（5）可见，若内环处的人字型撑杆内力已知，则索穹顶的所有索杆预应力分布即可确定。

2.2 不设内孔结构

圆形平面不设内孔的肋环人字型索穹顶平面如图 6 所示，利用其对称性，$1/n$ 结构分析示意图和计算简图如图 7 所示。此时与中心竖杆相连的斜索在一个轴对称平面内，该结构也为一次超静定。计算用结构平面、剖面图见图 8，图中索杆内力和几何关系表示方法同图 5。

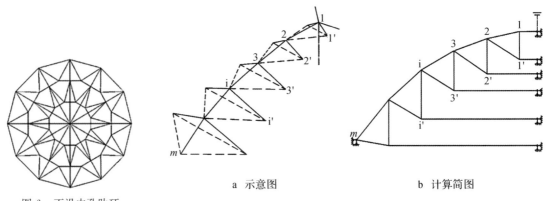

a 示意图　　　　b 计算简图

图 6 不设内孔肋环
人字型索穹顶平面图

图 7 $1/n$ 不设内孔肋环人字型索穹顶示意图和计算简图

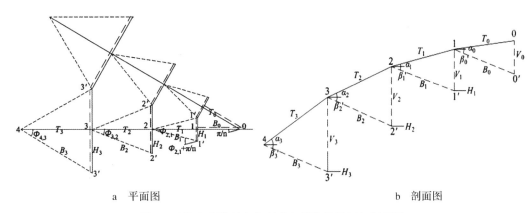

a 平面图   b 剖面图

图 8   不设内孔肋环人字型索穹顶结构平面与剖面图

以索穹顶中轴线处的撑杆(竖杆)内力 V_0 为基准,对各节点建立平衡方程,可推导求得各索杆内力计算如式(7)~(11)所示。

节点 0:

$$T_0 = \frac{-V_0}{n\sin\alpha_0} \tag{7}$$

节点 0':

$$B_0 = \frac{-V_0}{n\sin\beta_0} \tag{8}$$

节点 1:

$$T_1 = \frac{1}{\cos\alpha_1}(T_0\cos\alpha_0 + B_0\cos\beta_0)$$

$$V_1 = \frac{1}{2\sin\varphi_1}(T_0\sin\alpha_0 - B_0\sin\beta_0 - T_1\sin\alpha_1) \tag{9}$$

节点 1':

$$B_1 = -\frac{V_1\sin\varphi_1}{\sin\beta_1}$$

$$H_1 = -V_1\left[\frac{\sin\varphi_1\cot\beta_1\cos\left(\varphi_{2,1} + \frac{\pi}{n}\right)}{\sin\frac{\pi}{n}} + \cos\varphi_1\right] \tag{10}$$

节点 2:

$$T_2 = \frac{1}{\cos\alpha_2}(T_1\cos\alpha_1 + 2B_1\cos\beta_1\cos\varphi_{2,1})$$

$$V_2 = \frac{1}{2\sin\varphi_2}\left[T_1(\sin\alpha_1 - \cos\alpha_1\tan\alpha_2) - 2B_1(\sin\beta_1 + \cos\beta_1\tan\alpha_2\cos\varphi_{2,1})\right] \tag{11}$$

由式(7)~(11)可见,通过节点 1',2,2',…求得的内力计算式与设有内孔情况的计算式完全相同,因此式(2)、(3)、(4)、(5)也适用于不设内孔的肋环人字型索穹顶索杆内力计算。

4 预应力态索杆内力的参数分析和计算用表

4.1 设内孔结构算例

一设有内孔的肋环人字型索穹顶,跨度 L、内孔直径 L_1、矢高 f、球面穹顶半径 R,其简化半榀平面桁架尺寸见图 9,各环索在水平面投影的间距相等,即 $r_{i+1}-r_i=\Delta$,由几何关系可确定 R, r_i, $\varphi_{i+1,i}$, θ_i, α_i 为:

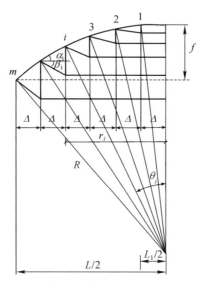

图 9 设有内孔简化半榀平面桁架尺寸

$$R=\frac{L^2}{8f}+\frac{f}{2}$$

$$r_i=R\sin\theta_i$$

$$\varphi_{i+1,i}=\arctan\frac{r_i\tan\dfrac{\pi}{n}}{\Delta} \tag{12}$$

$$\theta_i=\arcsin\frac{L(i-1)+L_1(m-i)}{2(m-1)R}$$

$$\alpha_i=\arctan\frac{R(\cos\theta_i-\cos\theta_{i+1})}{\Delta}$$

将式(12)代入式(1)～(6)可得各索杆内力。当 $f/L=0.10$、0.15、0.20, $m=3,4,5,6$, $L_1/L=1/m$, $n=8$, V_1 为相对单位内力,其值为 -1 时,各索杆内力的计算结果见表 2。

表 2 设有内孔的肋环人字型索穹顶预应力分布各索杆内力计算用表($L_1/L=1/m$, $n=8$)

m	i	$f/L=0.1$					$f/L=0.15$					$f/L=0.2$				
		V_i	T_i	B_i	H_i	$H_{i,p}$	V_i	T_i	B_i	H_i	$H_{i,p}$	V_i	T_i	B_i	H_i	$H_{i,p}$
3	1	−1.0	7.1	3.9	7.7	9.2	−1.0	5.9	3.2	6.2	7.4	−1.0	5.0	2.7	5.2	6.2
	2	−3.8	14.8	9.4	14.0		−3.8	12.7	7.9	11.3		−3.9	11.6	7.0	9.4	

续表

m	i	V_i	T_i	B_i	H_i	$H_{i,p}$	V_i	T_i	B_i	H_i	$H_{i,p}$	V_i	T_i	B_i	H_i	$H_{i,p}$
		f/L=0.1					f/L=0.15					f/L=0.2				
4	1	−1.0	7.8	4.3	8.7	10.3	−1.0	6.9	3.7	7.5	8.8	−1.0	6.1	3.3	6.5	7.7
	2	−3.8	16.3	10.4	15.8		−3.7	14.4	9.1	13.5		−3.7	13.1	8.2	11.8	
	3	−11.3	33.5	25.8	28.3		−11.2	30.9	22.8	24.2		−11.6	29.7	20.8	21.1	
5	1	−1.0	8.5	4.6	9.3	11.0	−1.0	7.6	4.1	8.3	9.8	−1.0	6.9	3.7	7.4	8.8
	2	−3.9	17.2	11.1	16.8		−3.8	15.6	10.0	15.0		−3.7	14.4	9.1	13.5	
	3	−11.5	35.0	27.3	30.2		−11.2	32.5	24.8	26.9		−11.2	30.9	22.8	24.2	
	4	−30.6	71.8	66.4	53.4		−30.2	69.2	60.6	47.6		−31.0	69.0	56.5	42.8	
6	1	−1.0	8.8	4.8	9.7	11.4	−1.0	8.1	4.4	8.8	10.5	−1.0	7.5	4.0	8.1	9.6
	2	−3.9	17.7	11.5	17.5		−3.8	16.5	10.6	16.0		−3.8	15.4	9.8	14.7	
	3	−11.6	35.9	28.2	31.4		−11.4	33.9	26.1	28.7		−11.2	32.2	24.4	26.4	
	4	−30.9	73.1	68.6	55.5		−30.3	70.4	63.7	50.9		−30.3	69.0	59.8	46.8	
	5	−77.1	149.6	163.2	96.5		−76.3	148.6	152.2	88.4		−77.9	152.5	144.0	81.3	

注:表中数值为以 $V_1=-1.0$(相对单位内力)的相对值,无物理量纲。

4.2　不设内孔结构算例

设一不设内孔的肋环人字型索穹顶,跨度 L、矢高 f、球面穹顶半径 R,其简化半榀平面桁架尺寸如图 10 所示。当 $r_{i+1}-r_i=\Delta$ 时,几何表达式(12)、式(6)仍可适用,只要令 $L_1=2\Delta$ 代入即可。

将式(12)、式(6)代入式(7)～(11)、式(5)且令 $\beta_0=\beta_0'=\alpha_0$ 可得各索杆内力。当 $f/L=0.10$、0.15、0.20,$m=2,3,4,5$,$n=8$,V_1 为相对单位内力,其值为 -1.0 时,各索杆内力的计算结果见表 3。

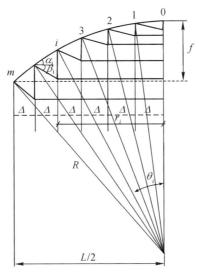

图 10　不设内孔简化半榀平面桁架尺寸

表 3 不设有内孔的肋环人字型索穹顶预应力分布各索杆内力计算用表($n=8$)

m	i	$f/L=0.1$				$f/L=0.15$				$f/L=0.2$			
		V_i	T_i	B_i	H_i	V_i	T_i	B_i	H_i	V_i	T_i	B_i	H_i
2	0	−2.1	2.7	2.7		−2.2	2.0	2.0		−2.2	1.5	1.5	
	1	−1.0	5.7	3.1	6.0	−1.0	4.4	2.3	4.4	−1.0	3.6	1.9	3.4
3	0	−1.8	3.5	3.5		−2.1	2.8	2.8		−2.2	2.4	2.4	
	1	−1.0	7.1	3.9	7.7	−1.0	5.9	3.2	6.2	−1.0	5.0	2.7	5.2
	2	−3.8	14.8	9.4	14.0	−3.8	12.7	7.9	11.3	−3.9	11.6	7.0	9.4
4	0	−1.5	4.0	4.0		−1.9	3.4	3.4		−2.0	3.0	3.0	
	1	−1.0	8.0	4.3	8.7	−1.0	6.9	3.7	7.5	−1.0	6.1	3.3	6.5
	2	−3.8	16.3	10.4	15.8	−3.7	14.4	9.1	13.5	3.7	13.1	8.2	11.8
	3	−11.3	33.5	25.8	28.3	−11.2	30.9	22.8	24.2	−11.6	29.7	20.8	21.1
5	0	−1.3	4.2	4.2		−1.6	3.8	3.8		−1.9	3.4	3.4	
	1	−1.0	8.5	4.6	9.3	−1.0	7.6	4.1	8.3	−1.0	6.9	3.7	7.4
	2	−3.9	17.2	11.1	16.8	−3.8	15.6	10.0	15.0	−3.7	14.4	9.1	13.5
	3	−11.5	35.0	27.3	30.2	−11.2	32.5	24.8	26.9	−11.2	30.9	22.8	24.2
	4	−30.6	71.8	66.4	53.4	−30.2	69.2	60.6	47.6	−31.0	69.0	56.5	42.8

注:表中数值为以 $V_1=-1.0$(相对单位内力)的相对值,无物理量纲。

从本节设内孔和不设内孔两种情况索穹顶对其进行参数分析可得如下受力特性:

(1)随着矢跨比的增加,索穹顶相应的脊索、斜索、环索和撑杆内力均减小。

(2)索穹顶预应力态的内力分布从内向外逐圈递增扩大。

(3)表2、表3均采用预应力态分布的相对值,可看出,设内孔的索穹顶与不设内孔索穹顶的内力分布变化规律一致(因取相对内力都为 $V_1=-1.0$,故相应杆件内力完全相等)。

5 结论

(1)本文提出的肋环人字型索穹顶有别于以往已研究和建成的符合 Fuller 思想具有压杆孤岛的张拉整体类索穹顶,如肋环型、葵花型、Kiewitt 型和鸟巢型索穹顶。肋环人字型索穹顶的上弦节点具有两根人字型撑杆,且撑杆在环向相连,与常用的肋环型索穹顶相比可改善结构的稳定性,也有利于铺设屋面膜材。

(2)提出肋环人字型索穹顶预应力分布的计算方法,对设有内孔和不设内孔的索穹顶均具体推导了预应力索杆内力的计算公式。

(3)根据本文的分析方法和计算公式,对肋环人字型索穹顶算例给出了预应力态计算结果和计算用表。算例分析结果表明,设有内孔和不设内孔两种结构预应力态相应素杆内力变化和杆件内力分布规律一致,均为由内圈至外圈内力逐步增大。随结构矢跨比 f/L 增大两种结构形式的杆件内力有明显减小趋势。

参考文献

［1］ GEIGER D H,STEFANIUK A,CHEN D. The design and construction of two cable domes for the Korean Olympics［C］//Proceedings of IASS Symposium on Shells,Membranes and Space Frames,Vol. 2,Osaka,Japan,1986:265－272.

［2］ LEVY M P. The Georgia dome and beyond achieving lightweight-long span structures［C］//Spatial Lattice and Tension Structures:Proceedings of the IASS-ASCE International Symposium,Atlanta,USA,1994:560－562.

［3］ 陈联盟,袁行飞,董石麟. Kiewitt 型索穹顶结构自应力模态分析及优化设计［J］.浙江大学学报（工学版）,2006,40(1):73－77.

［4］ 包红泽,董石麟.鸟巢型索穹顶结构的静力性能分析［J］.建筑结构,2008,39(11):11－13.

［5］ 张成,吴慧,高博青,等.肋环型索穹顶几何法施工及工程应用［J］.深圳大学学报（理工版）,2012,29(3):195－200.

［6］ 史秋侠,朱智峰,裴敬.无锡太湖国际高科技园区科技交流中心钢屋盖索穹顶结构设计［J］.建筑结构,2009,39(S1):144－148.

［7］ 洪国松,黄利顺,孙锋,等.伊金霍洛旗体育中心大型索穹顶施工技术［J］.建筑技术,2011,42(11):1012－1014.

［8］ 张国军,葛家琪,王树,等.内蒙古伊旗全民健身体育中心索穹顶结构体系设计研究［J］.建筑结构学报,2012,33(4):12－22.

［9］ 卓新,王苗夫,董石麟.逐层双环肋环形索穹顶结构与施工成形方法:中国 200910153530［P］.2009-09-30.

［10］ 薛素铎,高占远,李维彦,等.一种新型预应力空间结构——劲性支撑穹顶［J］.空间结构,2013,19(1):3－9.

［11］ FULLER R B. Tensile-integrity structures:US 3063521［P］. 1962.

［12］ 董石麟,袁行飞.肋环形索穹顶初始预应力分布的快速计算法［J］.空间结构,2003,9(2):3－8.

［13］ 董石麟,袁行飞.葵花型索穹顶初始预应力分布的简捷计算法［J］.建筑结构学报,2004,25(6):9－14.

95 局部索杆失效对肋环人字型索穹顶结构受力性能的影响*

摘　要: 肋环人字型索穹顶是一种突破传统 Fuller 思想的新型索穹顶结构。以一跨度 90m 的肋环人字型索穹顶为研究对象,采用向量式有限元方法,模拟脊索松弛和每一类杆件分别破断失效后结构的内力和变位时程响应,通过定义动内力系数、内力变异系数和观察结构主要节点位移来划分各类杆件的安全等级,判断部分杆件失效后结构是否倒塌和是否具有承载能力。计算结果表明,单根杆件的破断均不会引起结构的整体失效,但结构动力响应显著,部分杆件的最大动内力会超过屈服极限。根据计算结果分析可知,环索和脊索的安全等级高于斜索和撑杆,外圈杆件的安全等级高于内圈杆件。

关键词: 肋环人字型索穹顶;向量式有限元;索松弛;索杆破断;局部破坏

1　引言

肋环人字型索穹顶[1]是一种新型索穹顶结构形式,它用两根相交的人字型撑杆代替传统索穹顶结构的单根撑杆,而且人字型撑杆在水平面上的投影与环索重合,在投影面上形成了一条"压力线",是一种不同于基于传统 Fuller 思想("压力孤岛")的索穹顶结构形式,如图 1 所示。人字型撑杆使得

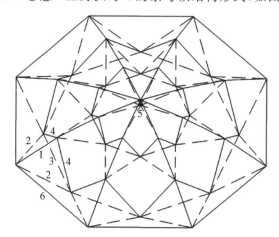

1—径向脊索;2—斜索;3—环索;4—人字撑杆;5—中心撑杆;6—刚性环梁

图 1　肋环人字型索穹顶

＊　本文刊登于:梁昊庆,董石麟.局部索杆失效对肋环人字型索穹顶结构受力性能的影响[J].建筑结构学报,2015,36(5):70—80.

肋环人字型索穹顶结构每个节点都相连 6 根索杆,相较于肋环型(Geiger 型)索穹顶,增强了结构的稳定性,且交错布置的上下弦节点便于屋面膜材的铺设,不需要再设置额外的稳定索。

结构在偶然事件作用下发生局部失效,导致几何构成发生突变,产生不平衡力而振动,直到运动完全衰减或结构破坏,因此结构部分失效到达到再平衡状态是一个动力过程。关于结构抗倒塌分析设计,美国总务管理局(GSA)[2]和国防部(DoD)[3]给出了改变路径法的详细内容和指导准则,并推荐采用线弹性静力、非线性静力、线弹性动力和非线性动力四种基本方法。Powell[4],Marjanishvili等[5-6]采用以上四种方法对框架结构进行了一系列的研究和比较,得出在结构抗连续倒塌分析中,线弹性方法计算结果过于保守,一般宜采用非线性动力方法。在大跨空间结构方面,Kahla 等[7]对张拉整体结构进行了索杆失效分析,郑君华等[8]、陈联盟等[9]、何键等[10]分别对 Kiewitt 型、Levy 型和肋环型索穹顶进行了索杆破断分析,但均没有给出结构的时程动力响应过程。Zhu 等[11]对弦支穹顶结构索杆破断后的结构动力响应进行了分析。

为进一步研究肋环人字型索穹顶结构的受力性能,本文基于向量式有限元(VFIFE)方法,研究在脊索松弛和各类索杆破断后结构内力和位移的动力时程响应。由于采用了运动学和显式差分法的计算方法,向量式有限元方法不需要集成结构刚度矩阵,适于求解大变位的强几何非线性问题[12,13]。为探究单根索杆破断对结构内力、位移的影响,对杆件重要性进行划分,采用较保守的线性动力方法进行计算,研究结构内力和位移动力响应的较大值。

2　索松弛对结构受力性能的影响

2.1　计算模型

计算模型为一不设内孔有两道环索的肋环人字型索穹顶结构,跨度 L 为 90m,矢跨比 r 为 0.1,杆件总数为 113,节点总数为 42,其中非约束节点数为 34,由二次奇异值分解法[14]确定其整体可行自应力模态数为 1。根据对称性将结构杆件分为 11 组进行计算分析,结构剖面与杆件分组情况如图 2 所示,图中字母 JS、XS、HS 和 CG 分别代表脊索、斜索、环索和撑杆,数字 1~3 表示杆件所在的由内至外的圈数。结构构件材料属性及荷载情况如表 1 所示,表中 E_c、E_b 分表代表拉索和撑杆的弹性模量,Q_c、Q_b 分别代表拉索和撑杆的屈服强度。各组杆件单位整体可行预应力模态、初始内力 F_{IN} 和截面积 A 如表 2 所示。

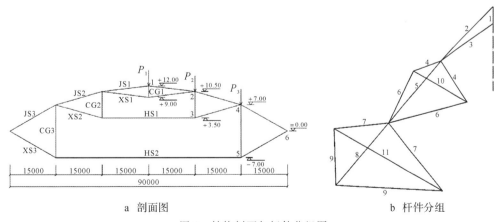

a　剖面图　　　　　　　b　杆件分组

图 2　结构剖面与杆件分组图

表 1　结构材料属性及荷载情况

E_c/MPa	E_b/MPa	Q_c/MPa	Q_b/MPa	均布荷载 q
1.85×10^5	2.0×10^5	18.6×10^3	3.45×10^2	1.0(恒)+0.5(活)

表 2　结构整体可行预应力模态和杆件截面积

杆件组别	1 (CG1)	2 (JS1)	3 (XS1)	4 (CG2)	5 (JS2)	6 (XS2)	7 (CG3)	8 (JS3)	9 (XS3)	10 (HS1)	11 (HS2)
预应力模态	−0.181	0.228	0.228	−0.071	0.465	0.251	−0.283	1.000	0.625	0.500	0.906
初始内力 F_{IN}/kN	−362	456	456	−142	930	502	−566	2000	1250	1000	1812
截面积 A/mm²	5000	3000	3000	3000	5000	3000	7900	10800	6700	5400	9700

2.2　计算结果分析

在满跨均布荷载作用下,等效节点荷载分别为 $P_1=335.5n$kN,$P_2=335.5n$kN,$P_3=671n$kN,其中 n 为荷载比例系数($n=0.1,0.2,\cdots,1.6$)。荷载的增大会导致内圈脊索 JS1 的松弛,各组杆件在 JS1 松弛后的内力改变及节点位移变化如图 3 所示。由于结构具有对称性,所以同组杆件的内力相等,且各对称位置节点竖向位移相等。由图 3 可知,当荷载比例系数为 0.5 时,JS1 出现了松弛。JS1 松弛前,随着荷载比例系数的增加,各圈脊索(JS1、JS2、JS3)、内圈斜索(XS1)和撑杆(CG1)内力减小,

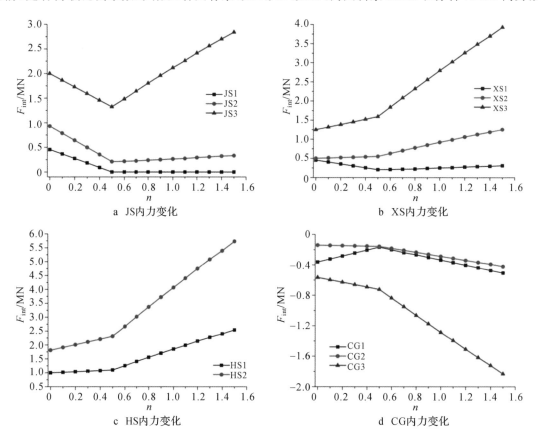

a　JS内力变化

b　XS内力变化

c　HS内力变化

d　CG内力变化

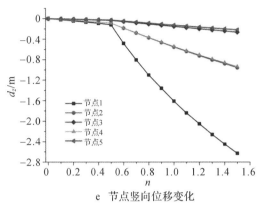

e　节点竖向位移变化

图 3　JS1 松弛后各杆件内力及节点位移变化

而环索（HS1、HS2）、外圈斜索（XS2、XS3）、撑杆（CG2、CG3）内力增大；当 JS1 松弛后，所有杆件的内力均呈增大趋势，且外圈杆件的内力增大幅度要大于内圈杆件。其他索不会松弛且不会出现压杆受拉的情况，说明荷载过大而使第 1 圈脊索松弛内力变为零后，结构仍然能够继续承载而不会产生进一步破坏，直到局部杆件应力达到极限应力而发生破断。图 3e 为各节点竖向位移的变化（节点位置见图 2a），可以看出，当脊索松弛后，各节点竖向位移随荷载比例系数的增长而明显增大，尤其是中心节点 1 的竖向位移出现了急剧增长，说明结构的刚度下降明显。

3　局部杆件破断对结构受力性能的影响

仍采用 2.1 节中的计算模型，作用满跨均布荷载，杆件情况如表 3 所示。等效节点荷载 $P_1 = 335.5\text{kN}$，$P_2 = 335.5\text{kN}$，$P_3 = 671\text{kN}$，在各类杆件分别破断的情况下对结构内力与位移的响应进行分析计算。根据断索后结构对称性进行杆件编号，如图 4 所示。所有内力位移变化图的取值时间间隔均为计算步长，计算步长为 10^{-3}s。下文内力变化统计表中，F 为杆件破断前内力，$F_{\max}$ 为局部杆件破断后各组杆件内力最大值，$F_{\min}$ 为局部杆件破断后各组杆件内力最小值，$F_{d\max}$ 为有杆件破断后各组杆件内力波动过程中的最大值，以动内力系数 $\lambda_1 = F_{d\max}/F$，内力变异系数 $\lambda_2 = (F_{\max}-F_{\min})/F$ 来衡量杆件内力的变化程度，当 $\lambda_1 \geqslant 1.5$ 或 $\lambda_2 \geqslant 0.5$ 时，认为该类杆件内力变化受破断杆件影响明显。

表 3　结构杆件初始内力和截面积

杆件组别	1 (CG1)	2 (JS1)	3 (XS1)	4 (CG2)	5 (JS2)	6 (XS2)	7 (CG3)	8 (JS3)	9 (XS3)	10 (HS1)	11 (HS2)
预应力模态	−0.181	0.228	0.228	−0.071	0.465	0.251	−0.283	1.000	0.625	0.500	0.906
初始内力 F_{IN}/kN	−1448	1824	1824	−568	3720	2008	−2264	8000	5000	4000	7248
断前内力 F/kN	−931	697	1212	−574	1950	2112	−2600	6305	5980	4193	8595
截面积 A/mm²	20100	9800	9800	7900	20000	10800	31400	43000	26900	21500	39000

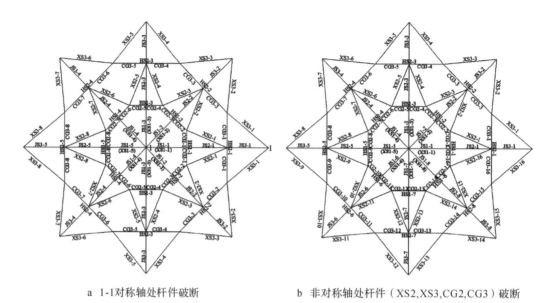

a 1-1对称轴处杆件破断　　　　　　　　b 非对称轴处杆件（XS2,XS3,CG2,CG3）破断

图 4　断索结构杆件编号

3.1　计算结果

3.1.1　JS1-1 发生破断

　　JS1-1 发生破断后,JS1、XS1 内力和各节点竖向位移随时间变化如图 5 所示,最终所有杆件内力的变化如表 4 所示。

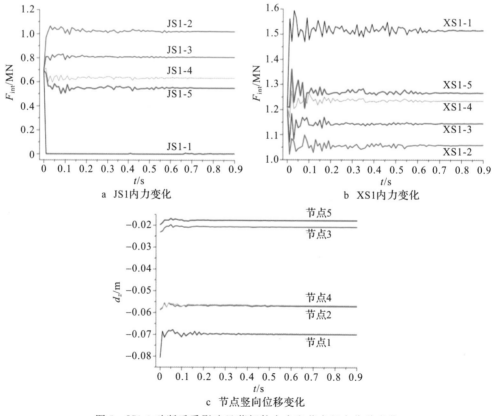

a JS1内力变化　　　　　　　　　　b XS1内力变化

c 节点竖向位移变化

图 5　JS1-1 破断后受影响显著杆件内力和节点竖向位移变化

表 4　JS1-1 破断后各组杆件内力变化

杆件	F/kN	$F_{d\max}$/kN	$F_{\max}$/kN	$F_{\min}$/kN	λ_1	λ_2	杆件	F/kN	$F_{d\max}$/kN	$F_{\max}$/kN	$F_{\min}$/kN	λ_1	λ_2
JS1	697	1080	1020	549	1.55	0.68	HS1	4193	4259	4195	4155	1.02	0.01
JS2	1950	2235	2128	1547	1.15	0.30	HS2	8595	8679	8619	8542	1.01	0.01
JS3	6305	6541	6436	5898	1.04	0.09	CG1	−931	−978	−923	−923	1.05	0.01
XS1	1212	1613	1515	1060	1.33	0.38	CG2	−574	−672	−578	−567	1.17	0.16
XS2	2112	2267	2130	2073	1.07	0.06	CG3	−2600	−2717	−2616	−2554	1.05	0.02
XS3	5980	6046	6002	5883	1.01	0.02							

由图 5a、5b 和表 4 可知,JS1-1 的破断对其自身和 XS1 的内力影响较大,破断后内力变异超过50%,最大动内力增大到断前内力的 1.55 和 1.33 倍,而其他杆件的各内力变化系数均较小,说明JS1-1 破断对结构影响较小。由图 5c 可见,JS1-1 破断后,各节点位移没有显著变化,节点 1 的位移变化较大,但仍小于位移限值。

3.1.2　JS2-1 发生破断

JS2-1 发生破断后杆件的内力和节点竖向位移随时间变化如图 6 所示,经内力重分布后结构杆件内力的变化统计如表 5 所示。由表 5 可知,JS2-1 的破断对 JS1、JS2、XS1、CG2 的内力影响较大,达到最终平衡态后内力变异超过 50%,动内力增大系数超过 1.5,XS1 出现了松弛,而其他杆件的各内力变化系数均较小。由图 6a 可见,杆件的内力出现了两次明显波动后才最终达到平衡状态,说明 JS2-1的破断对所有杆件的内力影响显著,而内力的第二次波动是由于节点 2 位移在 0.3~0.5s 时段发生突变而引起的。由图 6b、6c 可见,JS2-1 破断后,节点 2 竖向位移急剧增大达到近 11m,其他节点位移变化幅度不大,节点 2 的过大位移导致结构局部失效,但尚能继续承载。由结构变形图 7 也可以证实,

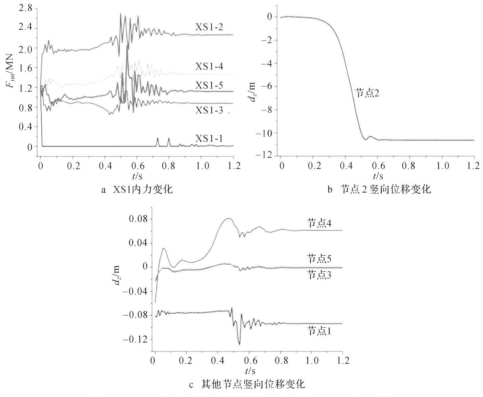

图 6　JS2-1 破断后受影响显著杆件内力和节点竖向位移变化

表5 JS2-1 破断后各组杆件内力变化

杆件	F/kN	$F_{d\max}$/kN	$F_{\max}$/kN	$F_{\min}$/kN	λ_1	λ_2	杆件	F/kN	$F_{d\max}$/kN	$F_{\max}$/kN	$F_{\min}$/kN	λ_1	λ_2
JS1	697	1512	712	296	2.17	0.60	HS1	4193	4797	4247	2789	1.14	0.42
JS2	1950	3724	3039	1471	1.91	0.80	HS2	8595	8990	8672	7576	1.05	0.13
JS3	6305	7167	6793	4852	1.14	0.31	CG1	−931	−1901	−1011	−1011	2.04	0.09
XS1	1212	2769	2272	0	2.28	1.87	CG2	−574	−1096	−831	141	1.91	1.69
XS2	2112	2700	2437	1308	1.28	0.53	CG3	−2600	−3083	−2735	−2210	1.19	0.20
XS3	5980	6465	6219	4976	1.08	0.21							

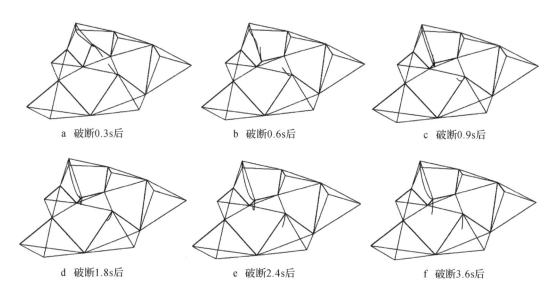

a 破断0.3s后　　　　　　b 破断0.6s后　　　　　　c 破断0.9s后

d 破断1.8s后　　　　　　e 破断2.4s后　　　　　　f 破断3.6s后

图7 JS2-1 破断后局部结构各时段位形

JS2-1 破断后,XS1-1 与 JS1-1 均出现了松弛,但结构变形稳定后,JS1-1 又由于 CG2-1 的下垂产生了一定的内力而不再松弛,而且结构只出现了局部的垮塌没有整体破坏。

3.1.3 JS3-1 发生破断

JS3-1 发生破断后杆件的内力和各节点竖向位移随时间变化如图8所示,结构杆件内力的变化统计如表6所示。由表6可知,JS3-1 的破断对 JS1、JS2、JS3、XS1、XS2、HS1、CG2、CG3 的内力影响较大,XS2 和 XS1 的动内力系数分别达到了 2.57 和 2.08,由图8a~8d可见,所有杆件的内力均出现了三次明显振荡后才最终达到平衡状态,是由于节点 2、3、4 在 0.6s 至 1.6s 时段的位移突变而引起的。由图8e、8f可见,JS3-1 破断后节点 2、3 竖向位移急剧增大,达到了近 11m 和 19m,其余节点竖向位移也变化明显,节点 2、3 位移过大将导致结构局部失效,结构刚度削弱显著。

表6 JS3-1 破断后各组杆件内力变化

杆件	F/kN	$F_{d\max}$/kN	$F_{\max}$/kN	$F_{\min}$/kN	λ_1	λ_2	杆件	F/kN	$F_{d\max}$/kN	$F_{\max}$/kN	$F_{\min}$/kN	λ_1	λ_2
JS1	697	1585	513	185	2.27	0.47	HS1	4193	6677	5670	2873	1.59	0.67
JS2	1950	3503	2130	0	1.80	1.09	HS2	8595	9380	8720	6183	1.09	0.30
JS3	6305	10385	9547	4283	1.65	0.83	CG1	−931	−3360	−827	−827	3.61	0.11
XS1	1212	2517	1846	0	2.08	1.52	CG2	−574	−1343	−675	138	2.34	1.42
XS2	2112	5420	4640	382	2.57	2.02	CG3	−2600	−5092	−4483	62	1.96	1.75
XS3	5980	6658	6007	4976	1.11	0.17							

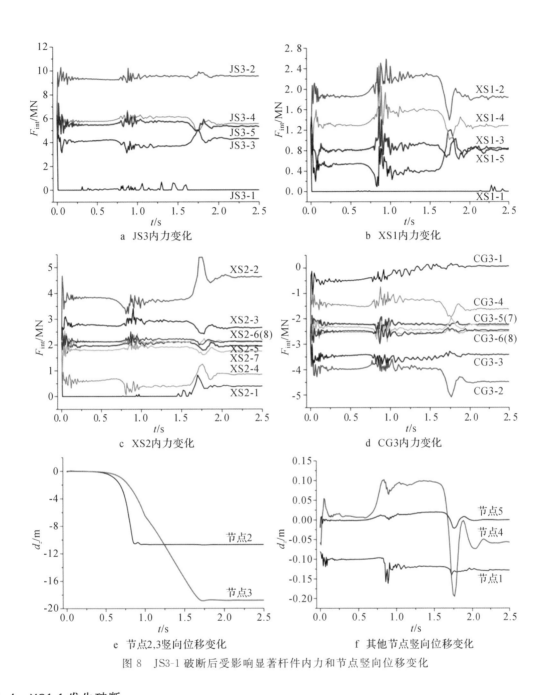

图 8　JS3-1 破断后受影响显著杆件内力和节点竖向位移变化

3.1.4　XS1-1 发生破断

XS1-1 发生破断后 XS1、JS1 内力和各节点竖向位移随时间变化如图 9 所示,内力重分布后结构杆件内力的变化统计如表 7 所示。

由图 9a、9b 和表 7 可知,XS1-1 的破断对 JS1、XS1、CG2 的内力影响明显,说明 XS1-1 的破断对撑杆的影响大于 JS1-1,其他杆件的内力变化系数均较小。由图 9c 可见,XS1-1 破断后,节点 1 位移有所增大,其他节点竖向位移均减小,节点 2、4 的位移变化较大,但未超过限值,对结构刚度削弱不明显。

表 7　XS1-1 破断后各组杆件内力变化

杆件	F/kN	F_{dmax}/kN	F_{max}/kN	F_{min}/kN	λ_1	λ_2	杆件	F/kN	F_{dmax}/kN	F_{max}/kN	F_{min}/kN	λ_1	λ_2
JS1	697	1653	1476	318	2.37	1.66	HS1	4193	4450	4308	3827	1.06	0.12
JS2	1950	2415	2256	1508	1.24	0.38	HS2	8595	8717	8617	8362	1.01	0.03
JS3	6305	6669	6446	5974	1.06	0.07	CG1	−931	−1033	−916	−916	1.11	0.02
XS1	1212	2034	1888	977	1.68	0.75	CG2	−574	−904	−694	−380	1.57	0.55
XS2	2112	2310	2234	1869	1.09	0.17	CG3	−2600	−2925	−2648	−2482	1.13	0.06
XS3	5980	6658	6007	4976	1.11	0.17							

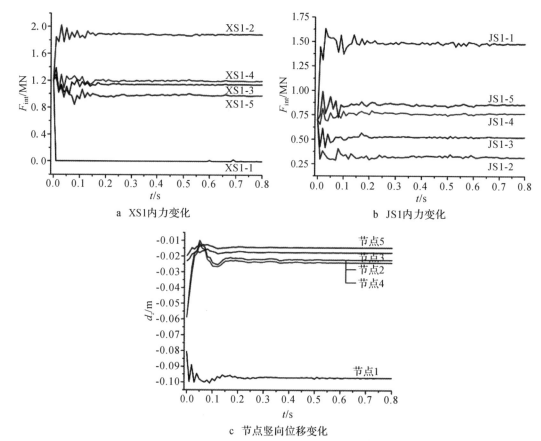

a　XS1内力变化　　　　　　　　b　JS1内力变化

c　节点竖向位移变化

图 9　XS1-1 破断后受影响显著杆件内力和节点竖向位移变化

3.1.5　XS2-1 发生破断

XS2-1 破断后 XS2、CG3 内力和各节点竖向位移随时间变化如图 10 所示,杆件内力的变化统计如表 8 所示。

由图 10a、10b 和表 8 可知,XS2-1 的破断对 JS1、JS2、XS2、CG3 内力影响较大,且各内力变异系数均大于 XS1-1 破断的情况。由图 10c 可见,XS2-1 破断后节点 1、2、5 位移增大,节点 3、4 位移减小,未出现过大位移,结构刚度削弱不大。

表 8　XS2-1 破断后各组杆件内力变化

杆件	F/kN	$F_{d\max}$/kN	$F_{\max}$/kN	$F_{\min}$/kN	λ_1	λ_2	杆件	F/kN	$F_{d\max}$/kN	$F_{\max}$/kN	$F_{\min}$/kN	λ_1	λ_2
JS1	697	1086	822	445	1.56	0.54	HS1	4193	5513	5190	2283	1.31	0.69
JS2	1950	2570	2431	1133	1.32	0.67	HS2	8595	9341	9021	7918	1.09	0.13
JS3	6305	8195	7860	4425	1.30	0.54	CG1	−931	−931	−894	−894	1.00	0.04
XS1	1212	1829	1562	591	1.51	0.22	CG2	−574	−824	−675	−406	1.44	0.47
XS2	2112	3862	3712	393	1.83	1.57	CG3	−2600	−3980	−3734	−1166	1.53	0.99
XS3	5980	7048	6680	4675	1.18	0.34							

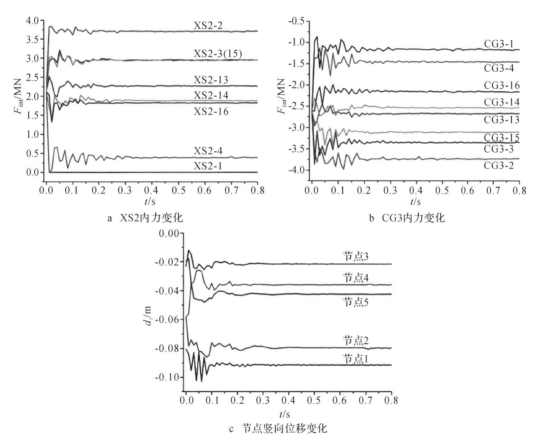

a　XS2内力变化　　　　b　CG3内力变化

c　节点竖向位移变化

图 10　XS2-1 破断后受影响显著杆件内力和节点竖向位移变化

3.1.6　XS3-1 发生破断

XS3-1 发生破断后,XS3、XS2 内力和各节点竖向位移随时间变化如图 11 所示,各杆件内力的变化统计如表 9 所示。

由图 11a、11b 和表 9 可知,XS3-1 的破断对 JS1、JS2、XS1、XS2、CG2、CG3 的内力影响较大,各杆件内力变化系数与 XS2-1 破断时相当。由图 11c 可见,XS3-1 破断后,节点 1、2、3、4 位移增大,节点 5 位移减小,节点 2、5 的位移变化明显,但未出现过大位移,结构刚度削弱作用稍大于 XS2-1 破断的情况。

表 9   XS3-1 破断后各组杆件内力变化

杆件	F/kN	$F_{d\max}/\text{kN}$	$F_{\max}/\text{kN}$	$F_{\min}/\text{kN}$	λ_1	λ_2	杆件	F/kN	$F_{d\max}/\text{kN}$	$F_{\max}/\text{kN}$	$F_{\min}/\text{kN}$	λ_1	λ_2
JS1	697	1116	872	116	1.60	1.08	HS1	4193	4996	4688	2295	1.19	0.57
JS2	1950	2861	2603	291	1.47	1.19	HS2	8595	11702	10891	3288	1.36	0.88
JS3	6305	6733	6358	5049	1.07	0.21	CG1	−931	−931	−796	−796	1.00	0.15
XS1	1212	1891	1671	170	1.56	1.24	CG2	−574	−763	−703	−289	1.33	0.72
XS2	2112	3339	3099	330	1.58	1.31	CG3	−2600	−3451	−3023	−1364	1.33	0.64
XS3	5980	10918	9720	813	1.83	1.49							

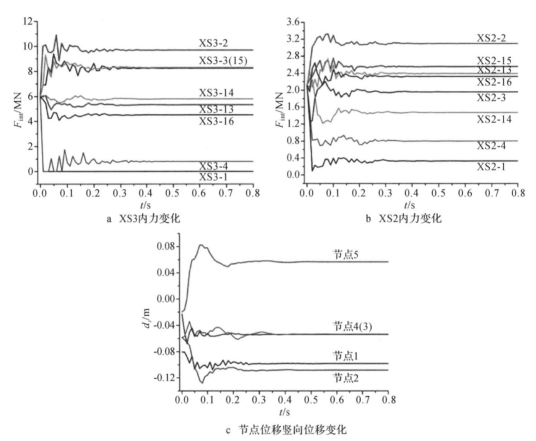

a XS3内力变化

b XS2内力变化

c 节点位移竖向位移变化

图 11   XS3-1 破断后受影响显著杆件内力和节点竖向位移变化

3.1.7 HS1-1 发生破断

HS1-1 发生破断后,HS1、JS1 内力和各节点竖向位移随时间变化如图 12 所示,杆件内力的变化统计如表 10 所示。

由图 12a、12b 和表 10 可知,HS1-1 的破断对其他各组杆件的内力影响均较大,除 HS2 外内力变异超过 50%,JS1、XS1、XS2 出现了松弛,JS1 的动内力系数达到了 5.42,说明 HS1 是结构中较为重要的杆件。由图 12c 可见,HS1-1 破断后,节点 2 竖向位移急剧增大到了近 4m,节点 1、4 位移增幅也较大,超过位移限值,而节点 3、5 位移稍有减小,节点 1、2、4 的过大位移导致结构局部失效,但不会整体垮塌。

表 10　HS1-1 破断后各组杆件内力变化

杆件	F/kN	$F_{d\max}$/kN	$F_{\max}$/kN	$F_{\min}$/kN	λ_1	λ_2	杆件	F/kN	$F_{d\max}$/kN	$F_{\max}$/kN	$F_{\min}$/kN	λ_1	λ_2
JS1	697	3781	2262	20	5.42	3.22	HS1	4193	5999	4847	1827	1.43	0.72
JS2	1950	3509	2324	1376	1.80	0.61	HS2	8595	10748	9302	5857	1.25	0.40
JS3	6305	9007	7737	4281	1.43	0.55	CG1	−931	−1648	−1066	−1066	1.77	1.15
XS1	1212	1944	1410	17	1.60	1.15	CG2	−574	−834	−595	265	1.45	1.50
XS2	2112	3386	2706	18	1.60	1.27	CG3	−2600	−3569	−3074	−1186	1.37	0.73
XS3	5980	7621	6454	3431	1.27	0.51							

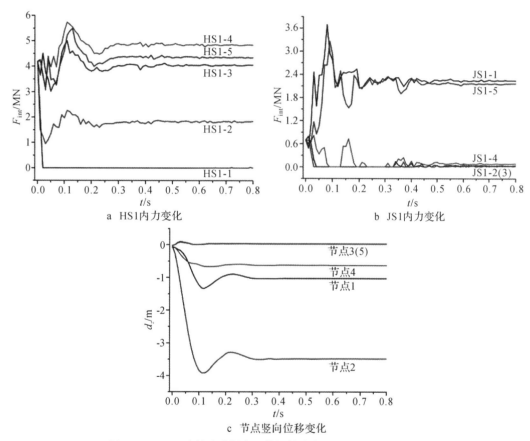

a　HS1内力变化　　　　　　　　b　JS1内力变化

c　节点竖向位移变化

图 12　HS1-1 破断后受影响显著杆件内力和节点竖向位移变化

3.1.8　HS2-1 发生破断

HS2-1 发生破断后 HS2、XS2 内力和各节点竖向位移随时间变化如图 13 所示,杆件内力的变化统计如表 11 所示。

由图 13a、13b 和表 11 可知,HS2-1 的破断对各组杆件的内力影响同样显著,JS1、JS2、XS1、XS2、XS3 基本松弛,而 JS1、XS2 和 CG3 的动内力系数超过 1.5,但其峰值小于 HS1 破断时的情况,这是由于处于中圈的 HS1 对内外圈杆件均有显著影响,而环索 HS2 的影响集中于外圈杆件,对内圈杆件影响较小,两种情况下各组杆件内力变异系数大小相当,两者破断对结构的影响程度相近。由图 13c 可见,HS2-1 破断后,节点 3 竖向位移急剧增大,达到了近 1.6m,节点 2、4 位移增幅也较大,达到 0.4m,超过位移限值,而节点 1、5 位移稍有增大。节点 2、3、4 的过大位移导致结构局部失效,结构刚度削弱较大。

表 11　HS2-1 破断后各组杆件内力变化

杆件	F/kN	$F_{d\max}$/kN	$F_{\max}$/kN	$F_{\min}$/kN	λ_1	λ_2	杆件	F/kN	$F_{d\max}$/kN	$F_{\max}$/kN	$F_{\min}$/kN	λ_1	λ_2
JS1	697	1110	603	33	1.59	0.82	HS1	4193	4750	3965	1828	1.13	0.51
JS2	1950	2204	1634	78	1.13	0.80	HS2	8595	10100	9326	6828	1.18	0.29
JS3	6305	7664	7129	227	1.22	1.09	CG1	−931	−931	−564	−564	1.00	0.61
XS1	1212	1437	1006	43	1.19	0.79	CG2	−574	−730	−528	−261	1.27	0.47
XS2	2112	3361	2885	14	1.59	1.36	CG3	−2600	−4047	−3289	−615	1.56	1.03
XS3	5980	8799	8100	29	1.47	1.35							

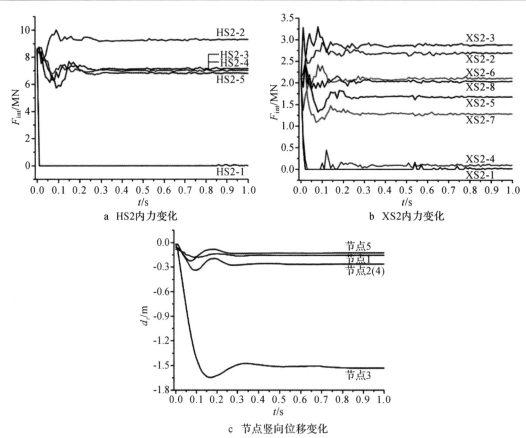

a　HS2内力变化

b　XS2内力变化

c　节点竖向位移变化

图 13　HS2-1 破断后受影响显著杆件内力和节点竖向位移变化

3.1.9　CG1 发生破断

CG1 发生破断后各杆件的内力和各节点竖向位移随时间变化如图 14 所示,杆件内力的计算统计如表 12 所示。

由图 14a 和表 12 可知,CG1 破断后仅 JS1 的内力动力效应明显,但达到最终平衡态后各组杆件内力变异均超过 20%,且除 JS1 外,其余杆件内力均明显减小,XS1 接近松弛,说明 CG1 破断使得结构整体内力明显降低。由图 14b 可见,CG1 破断后,节点 1 竖向位移急剧增大,达到近 2.0m,其余节点位移稍有增大,支撑的缺失使得内圈结构刚度丧失明显导致失效,但不会整体垮塌。

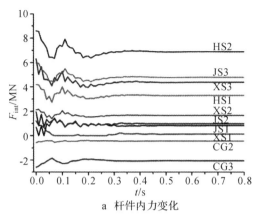

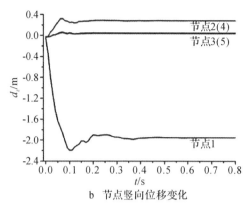

a 杆件内力变化　　　　　　　　b 节点竖向位移变化

图 14　CG1 破断后杆件内力和节点竖向位移变化

表 12　CG1 破断后各组杆件内力变化

杆件	F/kN	F_{dmax}/kN	F_{max}/kN	F_{min}/kN	λ_1	λ_2	杆件	F/kN	F_{dmax}/kN	F_{max}/kN	F_{min}/kN	λ_1	λ_2
JS1	697	1513	826	826	2.17	0.19	XS3	5980	5980	4810	4810	1.00	0.20
JS2	1950	1950	982	982	1.00	0.50	HS1	4193	4193	3296	3296	1.00	0.21
JS3	6305	6305	4373	4373	1.00	0.31	HS2	8595	8595	6893	6893	1.00	0.20
XS1	1212	1212	134	134	1.00	0.89	CG2	−574	−574	−433	−433	1.00	0.25
XS2	2112	2168	1666	1666	1.03	0.21	CG3	−2600	−2600	−2062	−2062	1.00	0.21

3.1.10　CG2-1 发生破断

CG2-1 发生破断后,CG2、JS1 内力和各节点竖向位移随时间变化如图 15 所示,杆件内力的变化统计如表 13 所示。

由图 15a、15b 和表 13 可知,CG2-1 的破断对 JS1、JS2、XS1、CG2 内力的影响较大,JS1、XS1 内力减小接近松弛,且 JS1、JS2、XS1、CG2 的动内力系数超过 1.5,JS1 的动内力系数达到了 4.36,可见 CG2-1 破断对结构内圈杆件影响显著。由图 15c 可见,CG2-1 破断后,节点 2 竖向位移急剧增大,达到了近 1.4m,节点 1 位移稍有增大,而节点 3、4、5 位移有所减小,节点 2 的过大位移导致结构局部失效。

表 13　CG2-1 破断后各组杆件内力变化

杆件	F/kN	F_{dmax}/kN	F_{max}/kN	F_{min}/kN	λ_1	λ_2	杆件	F/kN	F_{dmax}/kN	F_{max}/kN	F_{min}/kN	λ_1	λ_2
JS1	697	3039	2183	68	4.36	3.03	HS1	4193	4755	4474	3319	1.13	0.28
JS2	1950	3230	2523	1240	1.66	0.66	HS2	8595	9699	9057	8188	1.13	0.10
JS3	6305	7766	6930	5263	1.23	0.26	CG1	−931	−1286	−1082	−1082	1.38	0.16
XS1	1212	2726	2402	19	2.25	2.00	CG2	−574	−938	−819	−445	1.63	0.65
XS2	2112	2690	2492	1304	1.27	0.56	CG3	−2600	−3136	−2886	−2095	1.21	0.30
XS3	5980	6813	6406	5495	1.14	0.15							

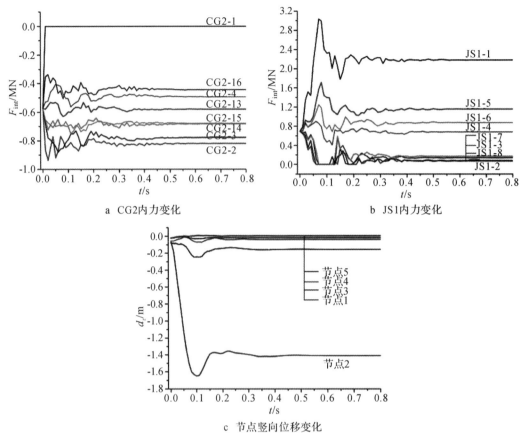

a CG2内力变化　　　　　b JS1内力变化

c 节点竖向位移变化

图15　CG2-1破断后受影响显著杆件内力和节点竖向位移变化

3.1.11 CG3-1发生破断

CG3-1发生破断后,CG3、JS1内力和各节点竖向位移随时间变化如图16所示,杆件内力的变化统计如表14所示。

由图16a、16b和表14可知,CG3-1的破断对除CG1、HS2外的所有杆件均有显著影响,且XS2出现了松弛。由图16c可见,CG3-1破断后,节点3竖向位移显著增大,达到2.2m,其余节点位移均稍有增大,节点3的过大位移导致结构局部失效,但尚能继续承载。

表14　CG3-1破断后各组杆件内力变化

杆件	F/kN	$F_{d\max}$/kN	$F_{\max}$/kN	$F_{\min}$/kN	λ_1	λ_2	杆件	F/kN	$F_{d\max}$/kN	$F_{\max}$/kN	$F_{\min}$/kN	λ_1	λ_2
JS1	697	2380	1362	104	3.41	1.80	HS1	4193	7941	7087	2738	1.89	1.04
JS2	1950	4490	3305	535	2.30	1.42	HS2	8595	10467	9810	7611	1.22	0.26
JS3	6305	9561	8532	3362	1.52	0.82	CG1	−931	−931	−856	−856	1.00	0.08
XS1	1212	2095	1732	272	1.73	1.20	CG2	−574	−1671	−1288	−321	2.91	1.68
XS2	2112	5611	5036	8	2.66	2.38	CG3	−2600	−4869	−4526	−1009	1.87	1.35
XS3	5980	7727	6905	3829	1.29	0.51							

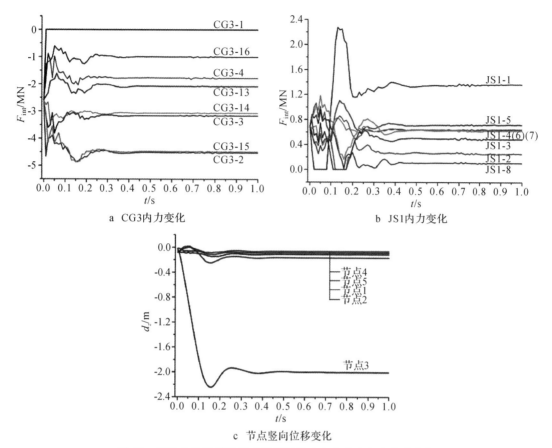

a CG3内力变化   b JS1内力变化

c 节点竖向位移变化

图16   CG3-1破断后受影响显著杆件内力和节点竖向位移变化

3.2   结果分析

3.2.1   松弛

荷载的增大会引起内圈脊索(JS1)的松弛,使得各杆件内力发生显著改变,各节点位移增大,但结构仍可以继续承载,在荷载使各索杆内力达到材料屈服强度前,结构不会发生进一步破坏。

3.2.2   破断

各类杆件一肢破断对结构内力、位移和结构失效判断的总结如表15所示。由统计结果可知:

(1)环索是结构中最为重要的杆件,其本身内力较大,对结构刚度贡献大,对整个结构的内力平衡起到最为重要的作用,环索的破断对结构其他杆件内力和节点位移影响显著,会导致结构局部破坏。中圈环索(HS1)处于结构连接部位,对内外圈杆件内力和节点位移均有显著影响,其安全等级与外圈环索相当。

(2)脊索也是结构中较为重要的杆件,且外圈脊索(JS3)的重要程度与环索相当,而内圈脊索(JS1)的破断对其他杆件和节点位移影响较小,不会引起结构局部破坏。

(3)单根斜索的破坏不会引起结构局部破坏,但外圈斜索(XS2、XS3)的破断对其他杆件内力影响较大,而节点位移增大较小,说明斜索失效对结构整体刚度影响较小。

(4)中心撑杆(CG1)的破断使得结构内圈丧失支撑削弱结构刚度,但对除内圈杆件外其余各杆件内力影响均较小;外圈单根撑杆(CG2、CG3)的破坏也会使结构产生局部较大超限位移,对其他杆件内力有明显影响。

表 15 各组杆件破坏后结构性能比较

破坏杆件	显著影响杆件组数	最大竖向位移 /mm	出现松弛杆件	结构是否局部破坏	结构是否整体垮塌
JS1	1	70	0	否	否
JS2	7	10642	JS1,XS1	是	否
JS3	9	18828	JS1,JS2,XS1,XS2	是	否
XS1	3	98	0	否	否
XS2	7	120	0	否	否
XS3	9	156	0	否	否
HS1	9	3497	JS1,XS1,XS2	是	否
HS2	9	1533	JS1,JS2,XS1,XS2,XS3	是	否
CG1	3	2178	XS1	是	否
CG2	5	1409	JS1,XS1	是	否
CG3	9	2008	JS1,XS2	是	否

注:1. 当各组杆件内力变异系数 λ_1 超过 0.50 或动内力系数 λ_2 超过 1.50 时,认为破断杆件对其内力有显著影响;

2. 结构是否局部破坏由最大位移限值控制,位移限值取为:$L/250=360\text{mm}$,竖向位移向下为正,向上为负;

3. 结构是否整体垮塌由杆件破断后结构是否可以继续承载判断;

4. 为避免出现连续倒塌情况,本文所取杆件截面均满足在最大动内力出现时其余各组杆件不会发生强度破坏情况的条件。

4 结论

(1)肋球人字型索穹顶结构中,外圈杆件的安全等级要大于内圈杆件,且环索和外圈脊索为结构中安全等级最高的杆件,实际工程中应严格控制其索力误差,局部索杆的破断会引起个别杆件的动内力系数超过 2,这些杆件极限应力须有足够的安全储备。

(2)肋环人字型索穹顶结构受力性能和结构刚度较好,在单根索杆破断时不会发生致使结构无法承载的整体倒塌情况。斜索和撑杆采用交叉相连的布局方式,降低了单根斜索和撑杆破断对结构的影响程度,相较肋环型索穹顶,提高了结构支撑体系的稳定性和整体结构的抗倒塌能力。

(3)单根索杆破断的动力效应在实际情况中会引起其余杆件的连锁破断效应,可能激起结构更强烈的动力响应,导致结构出现连续倒塌现象,在后续研究中应加以分析。

参考文献

[1] 董石麟,梁昊庆. 肋环人字型索穹顶受力特性及其预应力态的分析法[J]. 建筑结构学报,2014, 35(6):102-108.

[2] GSA. Progressive collapse analysis and design guidelines for new federal office buildings and major modernization projects[S]. The U. S. General Services Administration,2003.

[3] Unified Facilities Criteria (UFC)-DoD. Design of buildings to resist progressive collapse[S]. Department of Defense,2005.

［4］POWELL G. Progressive collapse:case study using nonlinear analysis［C］// Proceedings of the 2005 Structures Congress and the 2005 Forensic Engineering Symposium,2005:1－14.

［5］MARJANISHVILI S. Progressive analysis procedure for progressive collapse［J］. Journal of Performance of Constructed Facilities,2004,18(2):79－85.

［6］MARJANISHVILI S,AGNEW E. Comparison of various procedures for progressive collapse analysis［J］.Journal of Performance of Constructed Facilities,2006,20(4):365－374.

［7］KAHLA N B,MOUSSA B. Effect of a cable rupture on tensegrity system［J］. International Journal of Space Structures,2002,17(1):51－65.

［8］郑君华,袁行飞,董石麟.两种体系索穹顶结构的破坏形式及其受力性能研究［J］.工程力学,2007,24(1):44－50.

［9］陈联盟,董石麟,袁行飞.Kiewitt 型索穹顶结构拉索退出工作机理分析［J］.空间结构,2010,16(4):29－33.

［10］何键,袁行飞,金波.索穹顶结构局部断索分析［J］.振动与冲击,2010,29(11):13－16.

［11］ZHU M L,DONG S L,YUAN X F. Failure analysis of a cable dome due to cable slack or rupture［J］. Advances in Structural Engineering,2013,16(2):259－271.

［12］TING E C,SHIH C,WANG Y K. Fundamentals of a vector form intrinsic finite element:part I:basic procedure and a planar frame element［J］.Journal of Mechanics,2004,20(2):113－122.

［13］丁承先,段元锋,吴东岳.向量式结构力学［M］.北京:科学出版社,2012:1－10.

［14］袁行飞,董石麟.索穹顶结构整体可行预应力概念及其应用［J］.土木工程学报,2001,34(2):33－37.

96 鸟巢型索穹顶几何构形及其初始预应力分布确定[*]

摘　要：鸟巢型索穹顶是一种特殊形态的葵花型索穹顶，几何构成有其明显特点。本文对鸟巢型索穹顶的初始预应力分布的计算方法做了研究，从节点平衡关系入手，推导了鸟巢型索穹顶预应力杆内力的一般性计算公式。通过文中两算例表明，跳格结构比不跳格结构的内力有明显减少，越靠近外环变化越大，这就为该类结构的进一步设计和力学性能分析提供了基础。

关键词：鸟巢型索穹顶；几何构形；初始预应力

1　引言

国内外索穹顶结构的提出、应用已有近20年的历史，这种新型的预应力结构由于跨度大、重量轻、结构效率高、技术经济指标优异，颇受国内外学术界和工程界的重视，可我国在工程应用至今尚属空白，应迎头赶上，对索穹顶结构的引进、消化、改进和创新是非常必要的。

鸟巢型索穹顶结构作为一种特殊的葵花型索穹顶（见图1），它与国外习惯采用的肋环型和葵花型索穹顶相比具有下列不同的特点：

（1）脊索通长，两端均与外环相连，其水平投影是一根弦，对一定直径圆形平面索穹顶而言，脊索一定，矢高一定，鸟巢型索穹顶的外形及一些主要的受力特性即可确定下来。

（2）鸟巢型索穹顶无须专门设置上内环索，各根脊索的跨中一段索自然形成了内环索，致使结构构造有所简化。

（3）鸟巢型索穹顶的环索（包括相应的竖杆）不必拘泥于像肋环型和葵花型索穹顶按节间逐圈设置，而可根据受力特性的要求采用跳节间设置环索，并由此可调节网格布置的疏密性。

本文同时针对鸟巢型索穹顶结构提出了确定初始顶应力分布的简捷计算法，若环向分为 n 等分，与普通葵花型索穹顶类同，分析研究一肢桁架（见图2）。由机构分析可知，鸟巢型索穹顶的整体可行初始预应力模态数为1，即可简化为一次超静定结构。通过节点平衡的方法，从内环节点到外环节点逐次推导求得脊索、斜索、环索、竖杆的初始预应力的显式计算公式，而且为精确解。同时结合计算例题加以分析说明，为该类结构的进一步设计和力学性能分析提供基础。

---

*　本文刊登于：董石麟，包红泽，袁行飞. 鸟巢型索穹顶几何构形及其初始预应力分布确定[C]//天津大学. 第五届全国现代结构工程学术研讨会论文集，广州，2005：94—99.

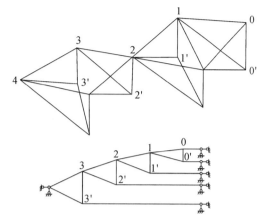

图1　鸟巢型索穹顶脊索布置图　　　　　图2　鸟巢型索穹顶示意图和计算简图

2　初始预应力分布分析

为方便各类杆件内力三向分解,引入变量 α_i,β_i,$\varphi_{i,i+1}$ 和 $\varphi_{i,i-1}$,详见图3。其中 $\varphi_{i,i+1}$ 表示由节点 i,$i+1$ 组成的杆件与通过节点 i 的径向轴线的夹角;$\varphi_{i,i-1}$ 表示由节点 i,$i-1$ 组成的杆件与通过节点 i 的径向轴线的夹角;α_i 表示脊索与水平面夹角;β_i 表示斜索与水平面夹角。

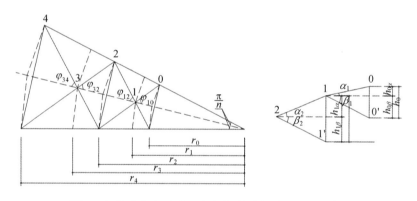

图3　鸟巢型索穹顶平面及脊索、斜索与水平夹角示意

由图3所示几何关系可知

$$\varphi_{i,i+1} = \arctan\left(\frac{r_{i+1}\sin\frac{\pi}{n}}{r_{i+1}\cos\frac{\pi}{n}-r_i}\right)$$

$$\varphi_{i,i-1} = \arctan\left(\frac{r_{i-1}\sin\frac{\pi}{n}}{r_i-r_{i-1}\cos\frac{\pi}{n}}\right) \tag{1}$$

$$\varphi_{i,i+1} = \varphi_{i,i-1}$$

$$\alpha_i = \arctan\left(\frac{h_{i-1,\alpha}}{\Delta_i}\right), \qquad \beta_i = \arctan\left(\frac{h_{i-1,\beta}}{\Delta_i}\right) \tag{2}$$

其中 n 为结构平面环向等分数。

以中心竖杆的实际内力 V_0 为基准,通过对各节点的平衡关系分析可推导各类杆体内力计算公式

如下（见图 4）：

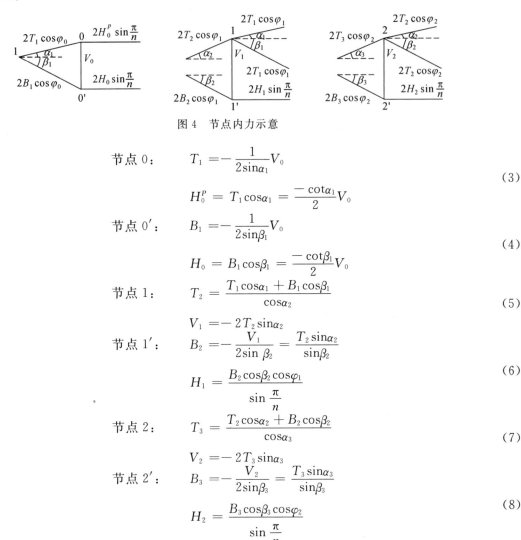

图 4 节点内力示意

$$节点 0： \quad T_1 = -\frac{1}{2\sin\alpha_1}V_0$$

$$H_0^P = T_1\cos\alpha_1 = \frac{-\cot\alpha_1}{2}V_0 \tag{3}$$

$$节点 0'： \quad B_1 = -\frac{1}{2\sin\beta_1}V_0$$

$$H_0 = B_1\cos\beta_1 = \frac{-\cot\beta_1}{2}V_0 \tag{4}$$

$$节点 1： \quad T_2 = \frac{T_1\cos\alpha_1 + B_1\cos\beta_1}{\cos\alpha_2} \tag{5}$$

$$V_1 = -2T_2\sin\alpha_2$$

$$节点 1'： \quad B_2 = -\frac{V_1}{2\sin\beta_2} = \frac{T_2\sin\alpha_2}{\sin\beta_2}$$

$$H_1 = \frac{B_2\cos\beta_2\cos\varphi_1}{\sin\dfrac{\pi}{n}} \tag{6}$$

$$节点 2： \quad T_3 = \frac{T_2\cos\alpha_2 + B_2\cos\beta_2}{\cos\alpha_3} \tag{7}$$

$$V_2 = -2T_3\sin\alpha_3$$

$$节点 2'： \quad B_3 = -\frac{V_2}{2\sin\beta_3} = \frac{T_3\sin\alpha_3}{\sin\beta_3}$$

$$H_2 = \frac{B_3\cos\beta_3\cos\varphi_2}{\sin\dfrac{\pi}{n}} \tag{8}$$

上述各式中 T_i 为第 i 段脊索的内力，B_i 为第 i 段斜索的内力，H_i 为第 i 圈环索的内力，V_i 为第 i 根竖杆的内力。

对上述公式汇总，并用中心竖杆内力 V_0 来表达，可得各脊索、竖杆、斜索和环索的一般性内力计算公式：

$$当 i = 1 时， \quad T_1 = -\frac{1}{2\sin\alpha_1}V_0 \qquad B_1 = -\frac{1}{2\sin\beta_1}V_0$$

$$H_0^P = \frac{-\cot\alpha_1}{2}V_0 \qquad H_0 = \frac{-\cot\beta_1}{2}V_0 \tag{9}$$

$$当 i \geqslant 2 时， \quad T_i = \frac{(\cot\alpha_1 + \cot\beta_1)(1 + \tan\alpha_2\cot\beta_2)\cdots\cdots(1 + \tan\alpha_{i-1}\cot\alpha_{i-1})}{2\cos\alpha_i}(-V_0)$$

$$B_i = \frac{\sin\alpha_i}{\sin\beta_i}T_i$$

$$V_{i-1} = -2T_i\sin\alpha_i \tag{10}$$

$$H_{i-1} = \frac{\cos\beta_i\cos\varphi_{i-1}B_i}{\sin\dfrac{\pi}{n}} \quad (i = 2,\cdots,m-1)$$

当 $\alpha_i = \beta_i$ 时,上述各计算公式可进一步简化为:

当 $i = 1$ 时,

$$T_1 = B_1 = -\frac{1}{2\sin\alpha_1}V_0$$

$$H_0^P = H_0 = -\frac{\cot\alpha_1}{2}V_0 \tag{11}$$

当 $i \geqslant 2$ 时,

$$T_i = B_i = \frac{2^{(i-2)}\cot\alpha_i}{\cos\alpha_i}(-V_0)$$

$$V_{i-1} = -2T_i\sin\alpha_i$$

$$H_{i-1} = \frac{\cos\alpha_i\cos\varphi_{i-1}B_i}{\sin\dfrac{\pi}{n}} \quad (i = 2,\cdots,m-1) \tag{12}$$

如第 j 节点不布置环索和竖杆,当 $i < j$ 时,T_i 仍按公式(10)计算,当 $i > j$ 时,T_i 按公式(13)计算:

$$T_i = \frac{(\cot\alpha_1 + \cot\beta_1)(1+\tan\alpha_2\cot\beta_2)\cdots(1+\tan\alpha_{j-1}\cot\beta_{j-1})(1+\tan\alpha_{j+1}\cot\beta_{j+1})\cdots(1+\tan\alpha_{i-1}\cot\beta_{i-1})}{2\cos\alpha_i}(-V_0)$$

$$B_i = \frac{\sin\alpha_i}{\sin\beta_i}T_i, \qquad V_{i-1} = -2T_i\sin\alpha_i$$

$$H_{i-1} = \frac{\cos\beta_i\cos\varphi_{i-1}}{\sin\dfrac{\pi}{n}}B_i \qquad (i = j+1,\cdots,m-1) \tag{13}$$

3　算例和讨论

算例 1:鸟巢型索穹顶(BN16-5),跨度为 L,矢高为 f,球面穹顶半径为 R,详见图 5 所示。

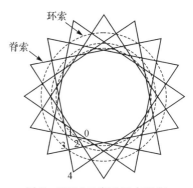

图 5　BN16-5 索平面布置图

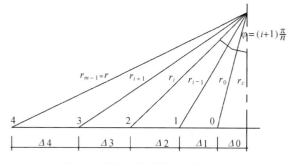

图 6　算例 1 脊索平面定位尺寸

由图 6 所示几何关系可得

$$r_c = r\cos\frac{m\pi}{n}$$

$$L = 2r\sin\frac{m\pi}{n}$$

$$\Delta_0 = r\cos\frac{m\pi}{n}\tan\frac{\pi}{n} \tag{14}$$

$$\Delta_i = r\cos\frac{m\pi}{n}\left(\tan\frac{i+1}{n}\pi - \tan\frac{i\pi}{n}\right)$$

$$\Delta_{m-1} = r\cos\frac{m\pi}{n}\left(\tan\frac{m\pi}{n} - \tan\frac{(m-1)\pi}{n}\right)$$

因此,对于算例 1 按公式(14)可求得 $\Delta_i(i = 0,1,2,3,4)$,见表 1。

表 1 算例 1 脊索分段相对长度

i	4	3	2	1	0
$10\Delta_i/r$	2.757	1.842	1.411	1.196	1.105

当 $\alpha_i = \beta_i$ 时,$h_{i,\alpha} = h_{i,\beta}$,可得 V_0 为单位内力 -1 时各杆件内力,如表 2 所示。

表 2 鸟巢型索穹顶(BN16-5)初始预应力分布各杆件内力计算用表($f/L = 0.1, n = 16, m = 5$)

		$i = 1$	$i = 2$	$i = 3$	$i = 4$
不跳格	$T_i = B_i$	6.329	12.746	25.844	53.315
	V_{i-1}	-1	-3.543	-11.092	-34.292
	H_{i-1}	6.311	25.483	71.663	182.943
跳(1 节点)格	$T_i = B_i$	4.480	4.480	9.115	18.808
	V_{i-1}	-1	0	-3.912	-12.970
	H_{i-1}	4.452	0	25.280	64.537

算例 2:鸟巢型索穹顶(BN16-5),同算例 1,但节点 1 跳格不布置竖杆及环索,见图 7～9 所示。其内力计算用表见表 2。

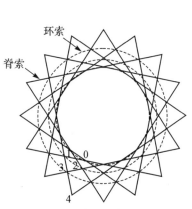

图 7 BN16-5 索平面布置图(跳格)

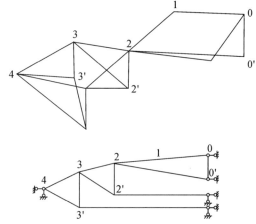

图 8 BN16-5 示意图和计算简图(跳格)

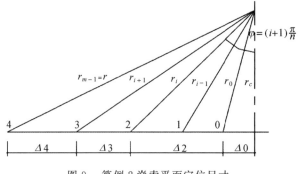

图 9 算例 2 脊索平面定位尺寸

因此对于算例 2,由图 9 几何关系可求得 $\Delta_i(i = 0,2,3,4)$,见表 3。

表 3　算例 2 脊索分段相对长度

i	4	3	2	1	0
$10\Delta_i/r$	2.757	1.842	2.607	—	1.105

4　结论

通过本文的研究和讨论,可得到如下结论:

(1)鸟巢型索穹顶特殊的几何构形决定了其受力特性更为简捷、明确,由于脊索通长,跨中段自然形成了内环索,无须专门设置内环索,致使结构构造有所简化。同时可跳节间设置环索,调节网格布置的疏密性,优化杆件内力。

(2)本文提出了确定鸟巢型索穹顶初始预应力分布的简捷计算法,通过此法推导了一般性计算公式,为该类结构的进一步力学性能分析提供了基础。

(3)通过本文推得的一般性计算公式,可编制计算用表,方便地用于工程设计。

(4)文中也推导了跳格布置竖杆和环索时的杆件内力一般性计算公式,有利于对其进行力学性能分析。

(5)通过算例表明,鸟巢型索穹顶跳格布置竖杆和环索是可行的,其杆件内力比不跳格有明显减小,越靠近外环,内力变化越大。因此结合其受荷状况,可通过选择跳格位置,优化杆件内力。

参考文献

[1] 董石麟,袁行飞.肋环型索穹顶初始预应力分布的快速计算法[J].空间结构,2003,9(2):3—8

[2] 董石麟,袁行飞.葵花型索穹顶初始预应力分布的简捷计算法[J].建筑结构学报,2004,25(6):9—14.

97 鸟巢型索穹顶结构的静力性能分析*

摘　　要:基于几何非线性理论对鸟巢型索穹顶结构在多种荷载作用下的静力响应进行了计算分析,同时研究了多种预应力水平对结构静力性能的影响。结果表明不跳格与跳格两种结构布置形式均具有良好的静力性能,体系的预应力水平总体上对结构整体刚度及静力性能的影响较为有限,对跳格布置结构形式的影响相对明显些,因此综合考虑施工难度等因素选择合理的预应力水平是必要的。

关键词:鸟巢型索穹顶;静力性能;几何非线性

1　引言

鸟巢型索穹顶结构作为由索杆张拉成形的张力柔性结构,依赖施加预应力提供体系刚度以维持结构的几何外形,与常规刚性结构相比,其几何形态、形成机理及荷载态分析均有明显的区别。本文所讨论的鸟巢型索穹顶结构体系的静力性能分析属荷载态分析,主要计算分析结构在各种外荷载作用下的响应,提高人们对该结构特点和受力性能的认识,同时为进一步研究其动力性能提供基础。鸟巢型索穹顶结构(图 1、2)与习惯采用的肋环型和葵花型索穹顶相比具有下列特殊的几何构形:

(1)脊索通长,两端均与外环相连,其水平投影是一根弦,对一定直径圆形平面索穹顶而言,脊索一定,矢高一定,鸟巢型索穹顶的外形及一些主要的受力特性即可确定下来。

(2)鸟巢型索穹顶无须专门设置上内环索,各根脊索的跨中一段索自然形成了内环索,致使结构构造有所简化。

(3)鸟巢型索穹顶的环索(包括相应的竖杆)不必拘泥于像肋环型和葵花型索穹顶按节间逐圈设置,而可根据受力特性的要求采用跳节间设置环索,并由此可调节网格布置的疏密性,因此其受力特性有其特殊性。

2　计算理论

有关研究文献[1-10]表明:① 索穹顶结构施工成形、预应力生成后,索基本上处于张紧的直线状态,可忽略自重引起的垂度影响,结构静力性能分析可采用两节点直线杆单元来模拟索单元;② 索穹顶结构的索杆一般不允许进入塑性工作阶段,因此可假定索杆单元满足胡克定律,即在小应变范围内计算

---

　　* 本文刊登于:包红泽,董石麟.鸟巢型索穹顶结构的静力性能分析[J].建筑结构,2008,38(11):11－13,39.

时仅考虑结构的几何非线性,不考虑索穹顶结构中索杆的材料非线性特性。本文将基于几何非线性理论方法对鸟巢型索穹顶结构的静力性能进行计算分析。基本假定如下:① 杆件处于弹性工作阶段,应力应变关系满足胡克定律;② 杆件在外荷载作用下始终处于小应变状态;③ 杆件只考虑轴向力作用,忽略节点刚度影响;④ 外荷载只作用于杆件节点上。

几何非线性问题常采用格林(Green)应变和克希霍夫(Kichhoff)应力来描述,根据能量变分原理或虚功原理,建立结构的本构关系,导出以节点位移为未知量的非线性有限元平衡方程。求解非线性方程组的方法主要有:增量法、迭代法、增量迭代混合法和弧长法,本文选用弧长法。

采用 ANSYS 软件计算分析,采用 Link10 模拟结构中的索单元,Link8 模拟结构中的竖杆单元。结构模型为 16 节点、直径 66.518m 的鸟巢型索穹顶结构,结构索和杆的密度为 $7.85 \times 10^3 \, kg/m^3$,索的弹性模量为 $1.7 \times 10^{11} \, N/m^2$,杆的弹性模量为 $2.1 \times 10^{11} \, N/m^2$。

考虑不跳格布置和跳格布置两种形式,考察结构在满跨荷载作用下和半跨荷载作用下结构杆件内力及节点位移变化情况,就预应力水平对结构受力性能的影响做了对比分析。由于结构刚度由预应力提供,体系刚度对单元内力的变化较为敏感,因此计算分析中采用分级加载的方法。

3 不跳格布置结构形式的静力特性分析

3.1 满跨均布荷载作用下的不跳格布置结构

不跳格布置结构如图 1～3 所示,结构构件几何参数及初始预应力分布见表 1,表中预应力已考虑结构自重的影响。

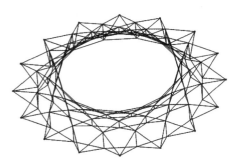

图 1 不跳格布置结构三维图

图 2 不跳格布置结构脊索、环索平面布置图

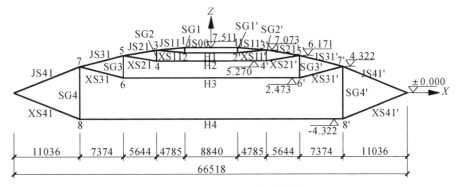

图 3 不跳格布置结构计算简图

结构杆件内力及节点位移的变化情况见图4。计算中屋面初始荷载为1.0kN/m²,荷载加载分别按1.0、1.5、2.0、2.5、3.0、3.5倍递增。

表1　不跳格布置结构杆件几何参数及初始预应力值

杆件编号	JS00	JS11	JS21	JS31	JS41	XS11	XS21	XS31	XS41
截面积 /mm²	3240	3240	3240	3240	3240	3240	3240	3240	3240
原长 /mm	8840	4804	5715	7602	11850	4804	5715	7602	11850
预应力 /kN	151	154	308	627	1314	198	394	688	1394

杆件编号	SG1	SG2	SG3	SG4	H1	H2	H3	H4
截面积 /mm²	5500	5500	5500	31660	6500	6500	8247	8247
原长 /mm	858	1803	3692	8644	70720	75080	83424	98104
预应力 /kN	− 57	− 209	− 712	− 2088	312	647	1974	4276

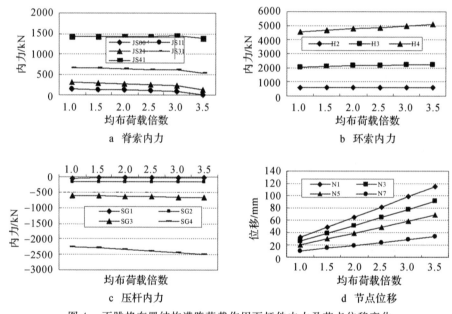

图4　不跳格布置结构满跨荷载作用下杆件内力及节点位移变化

由图4计算结果可以看出以下特点:① 各杆件内力及节点位移均随荷载的改变呈线性变化,表明索杆均处于线弹性工作阶段,索杆均未出现松弛现象。由于内圈脊索初始预应力较小,荷载作用结束时已处于应力松弛的边缘状态。② 随着荷载增大,脊索内力逐步减少,且幅度较均匀一致。③ 随着荷载的增大,斜索、环索内力逐步增大,且从里圈往外圈增大幅度逐步加强。④ 随着荷载的增大,压杆内力逐步加大,外圈增大趋势尤为明显。⑤ 随着荷载的增加,节点竖向位移值也在稳步增长,由外圈至内圈竖向位移增大幅度逐步加大,且最大竖向位移在跨中节点1处。计算结果表明,结构体系整体刚度及变形性能良好。

3.2　半跨均布荷载作用下的不跳格布置结构

荷载作用在节点 1、3、5、7 所在半跨,杆件内力及节点位移变化见图 5。

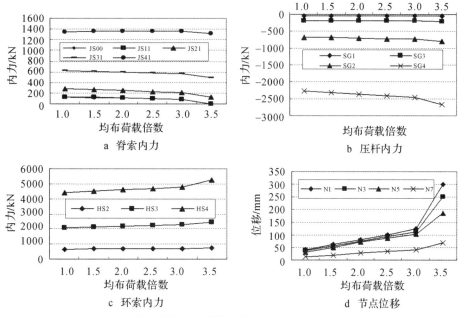

图 5　不跳格布置结构在半跨荷载作用下杆件内力及节点位移变化

从图 5 计算结果可以看出以下主要特点:① 随着荷载增加,索杆内力及位移变化均呈线性关系,索杆均处于线弹性工作状态。② 受荷跨荷载加至 3.0 倍作用后脊索内力明显减小,同时压杆及环索内力相对增大较快。③ 受结构整体变形影响,无荷载作用跨在荷载加至 3.0 倍作用后外圈脊索内力明显减小,内圈斜索有卸载现象,其余斜索内力缓慢增长,受荷半跨压杆内力缓慢增长,而未受荷半跨压杆内力变化不大。④3.0 倍荷载作用以前各节点竖向位移基本稳步增长,此后位移明显增大,因受结构整体变形的影响,此时竖向最大位移在受荷跨的跨中节点 3 处。计算结果表明,在半跨荷载作用下,除内圈脊索 JS00 外,其余索杆未出现应力松弛现象,且杆件内力变化较平缓,最大节点位移 300mm,较满跨荷载工况作用结构的静力性能有所降低,但仍保持了相当的整体刚度。

3.3　预应力对不跳格布置结构形式静力性能的影响

在满跨均布荷载 $1.0kN/m^2$ 作用下,施加预应力依次为:初始预应力值(见表 1)的 2、3、4、5、6 倍。杆件内力及位移计算结果见图 6。

由图 6 可得:① 各杆件内力在不同预应力状态,内力改变值变化不大。② 随着预应力的增加,结构最大位移有所减小,但减小有限。计算结果表明:结构预应力值的增加并未对结构满跨均布荷载作用下结构的静力性能有明显影响,实际工程中应综合考虑施工难度等因素选择合理的初始预应力水平是较为重要的。

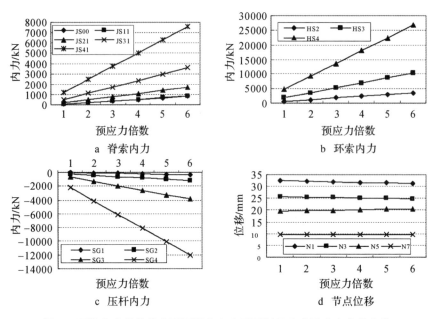

图 6　不跳格布置结构在不同预应力水平下杆件内力及节点位移变化

4　跳格布置结构形式的静力特性分析

跳格布置结构见图 7～9 所示,由图中可知,跳格布置相对于不跳格布置是在节点 1(见图 8)处未布置竖杆及环索。结构构件几何参数及初始预应力分布见表 2。

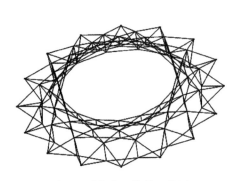

图 7　跳格布置结构三维图

图 8　跳格布置结构脊索、环索平面布置图

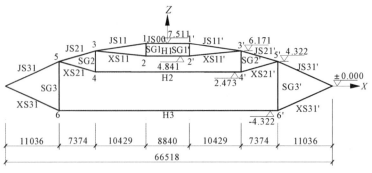

图 9　跳格布置结构计算简图

表 2　跳格布置结构杆件几何参数及初始预应力值

杆件编号	JS00	JS11	JS21	JS31	XS11	XS21	XS31
截面积 /mm²	3240	3240	3240	3240	3240	3240	3240
原长 /mm	8840	10513	7602	11850	10513	7602	11850
预应力 /kN	302	311	625	1287	341	648	1331
杆件编号	SG1	SG2	SG3	H1	H2	H3	
截面积 /mm²	5500	5500	5500	6500	8247	8247	
原长 /mm	2670	3692	8644	70720	83424	98104	
预应力 /kN	－86	－311	－938	335	1715	4297	

4.1　满跨均布荷载作用下的跳格布置结构

加载方式同不跳格布置结构,杆件内力及位移变化见图10。由图10计算结果可以看出:① 杆件内力及节点位移均随荷载的改变呈线性变化,表明索杆均处于线弹性工作阶段,均未出现应力松弛现象;② 索杆内力随荷载的变化趋势与不跳格布置基本相同,只是相对不跳格布置形式,内外圈杆件初内力差别不大,因此杆件内力变化较平缓;③ 节点1、3位移随荷载变化基本呈线性,而节点5则呈非线性,最大竖向位移为180mm,在跨中节点1处,相比不跳格布置结构,结构竖向位移有所加大。计算结果表明:跳格布置结构刚度较不跳格布置结构有所降低,竖向最大位移有所增加,但结构总体静力性能仍良好。

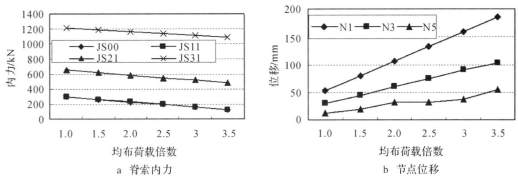

图 10　跳格布置结构在满跨荷载作用下杆件内力及节点位移变化

4.2　半跨均布荷载作用下的跳格布置结构

跳格布置结构的半跨均布荷载加载方式及大小同不跳格布置,结构初始预应力值见表2,杆件内力及位移随加载变化见图11。由图11计算结果可以看出以下主要特点:① 随着荷载增加,索杆内力及

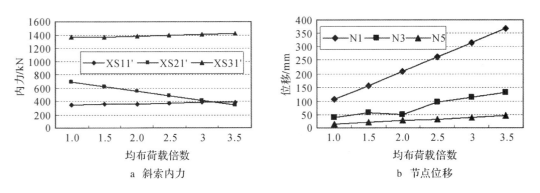

图 11　跳格布置结构在半跨荷载作用下杆件内力及节点位移变化

位移变化基本呈线性关系，索杆均处于线弹性阶段；② 各荷载工况作用下杆件内力变化平稳，无受荷半跨内圈斜索 XS21′ 有卸载现象，杆件内力没有出现应力松弛现象；③ 随着荷载的增加，节点竖向变位呈线性增大，竖向最大变形在跨中节点1处，受结构跳格布置及整体变形的影响，内圈变位明显大于外圈，表明此时跨中竖向刚度较弱。

4.3 预应力对跳格布置结构形式静力性能的影响

跳格结构的荷载布置与施加预应力同不跳格结构，计算结果见图12。从中可以看出：① 各杆件内力在不同预应力状态，内力改变值变化不大；② 随着预应力的增加，节点位移在2、3倍预应力作用时变化不大，3倍以后外圈节点竖向位移逐步减小，而内圈节点竖向位移反而有所增大，这主要是由于跳格结构内、外圈杆件内力相差较大，特别是在3倍预应力状态后更为突出，导致结构整体变形的变化。计算结果表明：跳格结构预应力值变化对结构满跨均布荷载作用下结构静力性能的影响较不跳格布置结构明显。

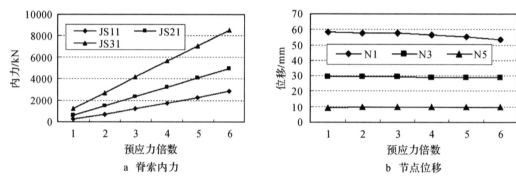

图 12 跳格布置结构在不同预应力水平下杆件内力及节点位移变化

5 结论

（1）鸟巢型索穹顶结构具有较好的静力性能，即使跳格布置结构，只要结构保持适当的初始预应力，体系也具有良好的静力特性。

（2）半跨荷载作用下，结构的静力性能有所降低，跳格布置结构形式更为明显些，但未根本上影响结构的受力性能，在适当位置竖向平面内设置斜撑可有效提高刚度。

（3）体系的预应力水平对不跳格布置结构整体刚度及静力性能的影响是极为有限的，而对跳格布置结构竖向变形的影响相对明显些，因此实际应用中应充分考虑到既要确保索在各种荷载工况作用下不应松弛而退出工作，特别是内圈脊索初始预应力值相对较低，荷载态时容易卸载松弛，同时又要兼顾结构的施工难度等因素，优化并选择合理初始预应力水平是必要的。

（4）计算结果表明，鸟巢型索穹顶结构跳格布置与不跳格布置两种形式在荷载作用下总体上杆件均未出现松弛现象，此时荷载-位移及杆件内力-荷载曲线基本保持线性关系，因此鸟巢型索穹顶结构在荷载态分析时采用线性理论是可行的。

参考文献

［1］HANAOR A，LIAO M K. Double-layer tensegrity grids：static load response. Part I：analytical study［J］. Journal of Structural Engineering，ASCE，1991，117（6）：1660－1674.

［2］ GASPARINI D A,PERDILKARIS P C,KANJ N.Dynamic and static behavior of cable dome model［J］.Journal of Structures Engineering,ASCE,1989,115(2):363－381.

［3］ 袁行飞.索穹顶结构的理论分析和试验研究［D］.杭州:浙江大学,2000.

［4］ 卫东,陈昕.Levy 体系索穹顶结构的受力性能研究［J］.哈尔滨建筑大学学报,2001,34(4):11－15.

［5］ 詹伟东.葵花型索穹顶结构的理论分析和试验研究［D］.杭州:浙江大学,2004.

［6］ 郑君华.矩形平面索穹顶结构的理论分析与试验研究［D］.杭州:浙江大学,2006.

［7］ 唐建民.索穹顶体系的结构理论研究［D］.上海:同济大学,1996.

［8］ 刘开国.拉索穹顶结构在轴对称荷载作用下的计算［J］.建筑结构学报,1993,14(5):28－36.

［9］ 邓华,李本悦,姜群峰.关于索杆张力结构形态问题的认识和讨论［J］.空间结构,2003,9(4):39－46.

98 肋环四角锥撑杆型索穹顶的形体及预应力态分析*

摘　要：本文提出了一种全新的肋环四角锥撑杆型索穹顶，它的形体构造特点为在下弦节点处设有倒四角锥状的四根撑杆，上弦节点处设有两根撑杆，改变了现有索穹顶，如肋环型、葵花型、Kiewitt型、鸟巢型索穹顶的上、下弦节点处只设有单根竖向撑杆的特点，说明了这种索穹顶具有的多项优势。本文根据节点平衡方程，详细推导了设有和不设有内孔的肋环四角锥撑杆型索穹顶预应力态索杆内力的一般性计算式。对若干几何参数的索穹顶给出了索杆预应力计算用表和算例分析，以便认识这种索穹顶预应力态的分布规律和特性，分析计算结果可供工程设计参用。

关键词：肋环四角锥撑杆型索穹顶；预应力态；受力特性；简捷分析法；计算用表

1　引言

1986年美国工程师Geiger提出并在汉城建成120m跨度的肋环型索穹顶[1]，1994年美国工程师Levy和Jing发展了并在亚特兰大兴建了190m×240m的葵花型索穹顶[2]。此后我国也相继提出了Kiewitt型和鸟巢型索穹顶，并进行了结构模型试验研究[3,4]。我国的试点性索穹顶工程始建于2009年，用在金华晟元集团标准公司18m×20m的中庭屋盖结构[5]，同年在无锡国际高科技园区科技交流中心屋盖结构也得到应用[6]；作为代表性的72m跨度肋环型索穹顶2010年成功应用于鄂尔多斯伊金霍洛旗体育馆屋盖结构[7,8]。对肋环型和葵花型索穹顶研究了预应力态的简捷分析法并给出计算用表[9,10]。

本文提出了一种全新的肋环四角锥撑杆型索穹顶，如图1所示，它的形体是由径向脊索、下弦环索、人字形斜索、倒四角锥状四根撑杆、上内环索和刚性环梁组合而成。下弦节点有2（环索）＋2（斜索）＋4（撑杆）＝8根杆件相交；a类上弦节点有2（脊索）＋2（斜索）＋2（撑杆）＝6根杆件相交；b类上弦节点有2（脊索）＋2（撑杆）＝4根杆件相交，如图1所示。与通常的肋环型索穹顶相比，肋环四角锥撑杆型索穹顶有如下优点：

（1）环索数量可减少，一般不多于三环，甚至只需设置两环即可；

（2）上、下弦节点是错位布置的，便于直接铺设环向折线形膜面，无需设置谷索；

（3）撑杆的稳定性好，可使得整个结构的稳定性提高，抗扭刚度好；

（4）当采用逐圈张拉斜索建立整个结构预应力态时，施工张拉次数较少；

---

* 本文刊登于：董石麟，梁昊庆.肋环四角锥撑杆型索穹顶的形体及预应力态分析[C]//中国土木工程学会.第十五届空间结构学术交流会议论文集，上海，2014：1—10.

（5）由于环索数量少，室内建筑空间的利用率较高。

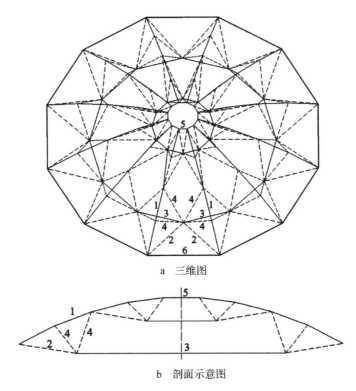

a　三维图

b　剖面示意图

1—径向脊索；2—斜索；3—环索；4—四角锥撑杆；5—上内环索；6—刚性环梁

图 1　肋环四角锥撑杆型索穹顶三维和剖面示意图

　　根据节点平衡方程，本文详细推导了设有和不设有内孔的肋环四角锥撑杆型索穹顶预应力态索杆内力的一般计算式，对若干几何参数的索穹顶还给出了索杆预应力的简捷计算方法、计算用表和算例分析，以便认识这种索穹顶预应力态的分布规律和特性，从而可确定预应力水平，进行荷载态分析，计算结构零状态的索杆下料长度。本文的研究成果可供工程设计参用。

2　肋环四角锥撑杆型索穹顶预应力态的简捷计算法

2.1　设有内孔结构

　　圆形平面设有内孔的肋环四角锥撑杆型索穹顶，其平面简图如图 2a 所示。当环向分为 n 等分，利用轴对称性条件，只要分析研究一肢半榀空间桁架即可. 设索穹顶有刚度较大的外环梁，与索穹顶的连接可以不动铰支座考虑。$1/n$ 结构的分析示意图和计算简图如图 3 所示，该结构为一次超静定结构，节点 $1_a,1_b,2_a,2_b,\cdots,i_a,i_b,\cdots,m_a$ 在同一对称平面内，节点 $1',2'\cdots,i',\cdots$ 在相邻的另一对称平面内。计算用结构剖面图和平面图如图 4 所示，其中脊索和环索用实线表示，斜索和撑杆用虚线表示，索杆内力用 $T_{ia},T_{ib},H_i,B_i,V_{ia},V_{ib},H_{1P}$ 表示，$\alpha_{ia},\alpha_{ib},\beta_i,\varphi_{ia},\varphi_{ib}$ 表示脊索、斜索、撑杆与水平面的夹角，斜索、撑杆的水平投影与脊索水平投影的夹角用 $\gamma_i,\gamma_{ia},\gamma_{ib}$ 表示。

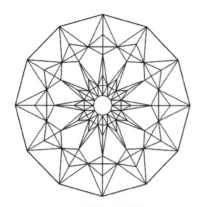
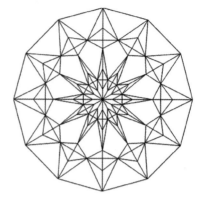

a 设有内孔结构   b 不设内孔结构

图 2 肋环四角锥撑杆型索穹顶平面示意

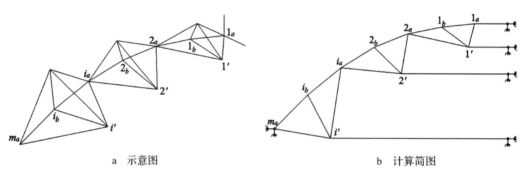

a 示意图   b 计算简图

图 3 $1/n$ 设有内孔肋环四角锥撑杆型索穹顶示意和计算简图

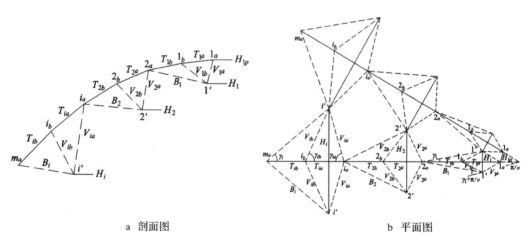

a 剖面图   b 平面图

图 4 设有内孔肋环四角锥撑杆型索穹顶计算用结构剖面和平面图

以内环处撑杆内力 V_{1a} 为基准,对各节点建立平衡方程,可逐次推导求得各索杆内力的计算式。

节点 1_a:

$$\left.\begin{array}{l} T_{1a} = -\dfrac{2V_{1a}\sin\varphi_{1a}}{\sin\alpha_{1a}} \\[3mm] H_{1,P} = -\dfrac{V_{1a}}{\sin\pi/n}(\cot\alpha_{1a}\sin\varphi_{1a} - \cos\varphi_{1a}\cos\gamma_{1a}) \end{array}\right\} \qquad (1)$$

节点 1_b：

$$\left.\begin{array}{l} T_{1b} = \dfrac{\cos\alpha_{1a}\sin\varphi_{1b} + \sin\alpha_{1a}\cos\varphi_{1b}\cos\gamma_{1b}}{\sin\varphi_{1b}\cos\alpha_{1b} + \cos\varphi_{1b}\sin\alpha_{1b}\cos\gamma_{1b}} T_{1a} \\[3mm] V_{1b} = \dfrac{\sin\alpha_{1a}\cos\alpha_{1b} - \sin\alpha_{1b}\cos\alpha_{1a}}{2(\sin\phi_{1b}\cos\alpha_{1b} + \cos\varphi_{1b}\sin\alpha_{1b}\cos\gamma_{1b})} T_{1a} \end{array}\right\} \tag{2}$$

节点 $1'$：

$$\left.\begin{array}{l} B_1 = -\dfrac{V_{1a}\sin\varphi_{1a} + V_{1b}\sin\varphi_{1b}}{\sin\beta_1} \\[3mm] H_1 = \dfrac{-[\cos\varphi_{1a}\cos(\gamma_{1a} - \pi/n) + \sin\varphi_{1a}\cot\beta_1\cos(\gamma_1 + \pi/n)]V_{1a} + [\cos\varphi_{1b}\cos(\gamma_{1b} + \pi/n) - \sin\varphi_{1b}\cot\beta_1\cos(\gamma_1 + \pi/n)]V_{1b}}{\sin\pi/n} \end{array}\right\} \tag{3}$$

当节点 $i,i' \geqslant 2$ 时：

$$\left.\begin{array}{l} T_{ia} = \dfrac{[\cos\alpha_{(i-1)b}\sin\varphi_{ia} - \sin\alpha_{(i-1)b}\cos\varphi_{ia}\cos\gamma_{ia}]T_{(i-1)b} + 2[\cos\beta_{i-1}\cos\gamma_{i-1}\sin\varphi_{ia} + \sin\beta_{i-1}\cos\varphi_{ia}\cos\gamma_{ia}]B_{i-1}}{\cos\alpha_{ia}\sin\varphi_{ia} - \sin\alpha_{ia}\cos\varphi_{ia}\cos\gamma_{ia}} \\[3mm] V_{ia} = \dfrac{(\sin\alpha_{(i-1)b}\cos\alpha_{ia} - \sin\alpha_{ia}\cos\varphi_{(i-1)b})T_{(i-1)b} - 2(\sin\beta_{i-1}\cos\alpha_{ia} + \sin\alpha_{ia}\cos\beta_{i-1}\cos\gamma_{i-1})B_{i-1}}{2(\cos\alpha_{ia}\sin\varphi_{ia} - \sin\alpha_{ia}\cos\varphi_{ia}\cos\gamma_{ia})} \\[3mm] T_{ib} = \dfrac{\cos\alpha_{ia}\sin\varphi_{ib} + \sin\alpha_{ia}\cos\varphi_{ib}\cos\gamma_{ib}}{\sin\varphi_{ib}\cos\alpha_{ib} + \cos\varphi_{ib}\sin\alpha_{ib}\cos\gamma_{ib}} T_{ia} \\[3mm] V_{ib} = \dfrac{\sin\alpha_{ia}\cos\alpha_{ib} - \sin\alpha_{ib}\cos\alpha_{ia}}{2(\sin\varphi_{ib}\cos\alpha_{ib} + \cos\varphi_{ib}\sin\alpha_{ib}\cos\gamma_{ib})} T_{ia} \\[3mm] B_i = -\dfrac{V_{ia}\sin\varphi_{ia} + V_{ib}\sin\varphi_{ib}}{\sin\beta_i} \\[3mm] H_i = \dfrac{-[\cos\varphi_{ia}\cos(\gamma_{ia} - \pi/n) + \sin\varphi_{ia}\cot\beta_i\cos(\gamma_i + \pi/n)]V_{ia} + [\cos\varphi_{ib}\cos(\gamma_{ib} + \pi/n) - \sin\varphi_{ib}\cot\beta_i\cos(\gamma_i + \pi/n)]V_{ib}}{\sin\pi/n} \end{array}\right\} \tag{4}$$

由式（1）～（4）可知，如内环撑杆内力 V_{1a} 已知，索穹顶所有索杆预应力分布便可确定。

2.2 不设内孔结构

圆形平面不设内孔肋环四角锥撑杆型索穹顶平面简图如图 2b 所示，1/n 结构分析示意图和计算简图见图 5，与中心竖杆相连的斜索在与脊索共面的轴对称平面内。该结构也是一次超静定结构，计算用结构剖面图、平面图如图 6 所示。

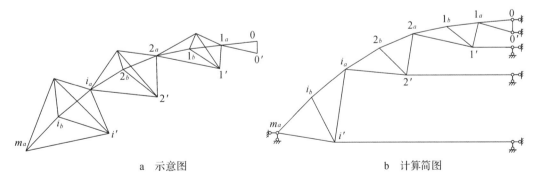

a 示意图   b 计算简图

图 5 $1/n$ 不设内孔肋环四角锥撑杆型索穹顶示意和计算简图

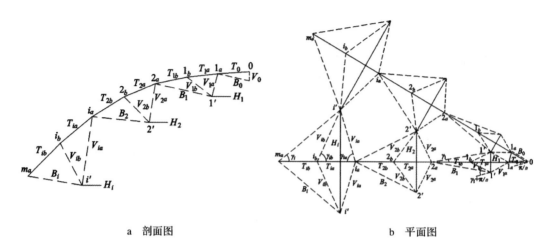

a 剖面图   b 平面图

图 6 不设内孔肋环四角锥撑杆型索穹顶计算用结构剖面和平面图

以索穹顶中轴线处撑杆内力 V_0 为基准,对各节点建立平衡方程,同样可求得各索杆内力计算式。

节点 0:

$$T_0 = \frac{-V_0}{n\sin\alpha_0} \tag{5}$$

节点 $0'$:

$$B_0 = \frac{-V_0}{n\sin\beta_0} \tag{6}$$

节点 1_a:

$$\left.\begin{aligned}
T_{1a} &= \frac{\sin\varphi_{1a}(\cot\alpha_0 + \cot\beta_0)V_0}{n\sin\alpha_{1a}(\cos\varphi_{1a}\cos\gamma_{1a} - \cot\alpha_{1a}\sin\varphi_{1a})} \\
V_{1a} &= \frac{(\cot\alpha_0 + \cot\beta_0)V_0}{2n(\cot\alpha_{1a}\sin\varphi_{1a} - \cos\varphi_{1a}\cos\gamma_{1a})}
\end{aligned}\right\} \tag{7}$$

节点 1_b:

$$\left.\begin{aligned}
T_{1b} &= \frac{\cos\alpha_{1a}\sin\varphi_{1b} + \sin\alpha_{1a}\cos\varphi_{1b}\cos\gamma_{1b}}{\sin\varphi_{1b}\cos\alpha_{1b} + \cos\varphi_{1b}\sin\alpha_{1b}\cos\gamma_{1b}}T_{1a} \\
V_{1b} &= \frac{\sin\alpha_{1a}\cos\alpha_{1b} - \sin\alpha_{1b}\cos\alpha_{1a}}{2(\sin\varphi_{1b}\cos\alpha_{1b} + \cos\varphi_{1b}\sin\alpha_{1b}\cos\gamma_{1b})}T_{1a}
\end{aligned}\right\} \tag{8}$$

节点 $1'$:

$$\left.\begin{aligned}
B_1 &= -\frac{V_{1a}\sin\varphi_{1a} + V_{1b}\sin\varphi_{1b}}{\sin\beta_1} \\
H_1 &= \frac{-\left[\cos\varphi_{1a}\cos\left(\gamma_{1a} - \frac{\pi}{n}\right) + \sin\varphi_{1a}\cot\beta_1\cos\left(\gamma_1 + \frac{\pi}{n}\right)\right]V_{1a} + \left[\cos\varphi_{1b}\cos\left(\gamma_{1b} + \frac{\pi}{n}\right) - \sin\varphi_{1b}\cot\beta_1\cos\left(\gamma_1 + \frac{\pi}{n}\right)\right]V_{1b}}{\sin\frac{\pi}{n}}
\end{aligned}\right\} \tag{9}$$

可见节点 1_b, $1'$, … 处的内力计算公式与设有内孔结构的完全相同,因此式(2)、(3)、(4)也适用于不设内孔的肋环四角锥撑杆型索穹顶索杆内力计算。

3　预应力索杆内力的参数分析和计算用表

3.1　设有内孔结构

一设有内孔的肋环四角锥撑杆型索穹顶,跨度 L,孔跨 L_1,矢高 f,球面穹顶半径 R,简化的半榀平面桁架尺寸如图 7 所示,各脊索在水平面投影的长度相等,即 $r_{(i+1)a} - r_{ib} = r_{ib} - r_{ia} = \Delta$,由几何关系可确定:

$$
\left.
\begin{aligned}
& R = \frac{L^2}{8f} + \frac{f}{2} \qquad \Delta = \frac{L - L_1}{4(m-1)} \\[4pt]
& \alpha_{ia} = \arctan \frac{R(\cos\theta_{ia} - \cos\theta_{ib})}{\Delta} \qquad \alpha_{ib} = \arctan \frac{R(\cos\theta_{ib} - \cos\theta_{(i+1)a})}{\Delta} \\[4pt]
& r_{ia} = \frac{L_1}{2} + 2(i-1)\Delta = R\sin\theta_{ia} \qquad r_{ib} = \frac{L_1}{2} + (2i-1)\Delta = R\sin\theta_{ib} \\[4pt]
& r_{i'} = R\sin\theta_{i'} \qquad \varphi_{ia} = \arctan \frac{h_{i',ia}}{s_{i',ia}} \qquad \varphi_{ib} = \arctan \frac{h_{i',ib}}{s_{i',ib}} \\[4pt]
& \beta_i = \arctan \frac{h_{i',(i+1)a}}{s_{i',(i+1)a}} \qquad \gamma_{ia} = \arccos \frac{r_{i'}\arccos\pi/n - r_{ia}}{s_{i',ia}} \\[4pt]
& \gamma_{ib} = \arccos \frac{r_{ib} - r_{i'}\cos\pi/n}{s_{i',ib}} \qquad \gamma_i = \arccos \frac{r_{(i+1)a} - r_{i'}\cos\pi/n}{s_{i',(i+1)a}}
\end{aligned}
\right\}
\tag{10}
$$

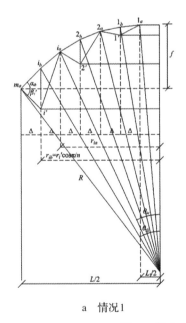

a　情况 1

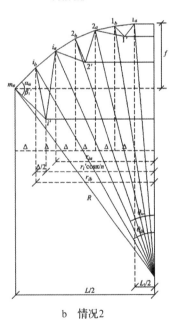

b　情况 2

图 7　设有内孔结构简化半榀平面桁架尺寸

β'_i 值为斜索在对称轴平面内投影与水平面的夹角,关系着索穹顶占有内部空间的大小,通常取 $\beta'_i = \alpha_{ib}$. 此时斜索与水平面的夹角 β_i 为:

$$
\beta_i = \arctan(\cos\gamma_i \tan\beta'_i) = \arctan(\cos\gamma_i \tan\alpha_{ib})
\tag{11}
$$

下面分两种情况来考虑。情况 1:当 $r_{ib} - r_{i'}\cos\dfrac{\pi}{n} = 0$ 时,即倒四角锥的一个面 $i'i_b i_b$ 与水平面垂

直。如图 7a 所示，则撑杆、斜索的高度 h 和水平投影长度 s 的表达式为：

$$
\left.
\begin{aligned}
h_{i',ia} &= R(\cos\theta_{ia} + \cos\theta_{ib} - 2\cos\theta_{(i+1)a}) \\
h_{i',ib} &= 2R(\cos\theta_{ib} - \cos\theta_{(i+1)a}) \\
h_{i',(i+1)a} &= R(\cos\theta_{ib} - \cos\theta_{(i+1)a}) \\
s_{i',ia} &= s_{i',(i+1)a} = \sqrt{(r_{ib}\tan\pi/n)^2 + \Delta^2} \\
s_{i',ib} &= r_{ib}\tan\pi/n
\end{aligned}
\right\}
\tag{12}
$$

由几何关系式(12)，将式(10)代入式(1)～(4)可得索杆内力。当 $f/L = 0.10$、0.15、0.20，$m = 2$、3、4，$L_1/L = 1/m$，$n = 8$，相对单位内力 $V_{1a} = -1.0$ 得索杆内力结果见表1。

情况2：当 $r_{ib} - r_{i'}\cos\pi/n = \Delta/2$ 时，即倒四角锥有 4 个向外的倾斜面，见图 7b，有：

$$
\left.
\begin{aligned}
h_{i',ia} &= \frac{5}{2}R(\cos\theta_{ib} - \cos\theta_{(i+1)a}) + R(\cos\theta_{ia} - \cos\theta_{ib}) \\
h_{i',ib} &= \frac{5}{2}R(\cos\theta_{ib} - \cos\theta_{(i+1)a}) \\
h_{i',(i+1)a} &= \frac{3}{2}R(\cos\theta_{ib} - \cos\theta_{(i+1)a}) \\
s_{i',ia} &= s_{i',ib} = \sqrt{\left(\frac{r_{ia} + r_{ib}}{2}\tan\pi/n\right)^2 + \frac{1}{4}\Delta^2} \\
s_{i',(i+1)a} &= \sqrt{\left(\frac{r_{ia} + r_{ib}}{2}\tan\pi/n\right)^2 + \frac{9}{4}\Delta^2}
\end{aligned}
\right\}
\tag{13}
$$

由式(13)，将式(10)代入式(1)～(4)可得情况 2 索杆内力，见表1。

表1 设有内孔的肋环四角锥撑杆型索穹顶预应力态索杆内力计算用表

f/L	m	i	情况1($n = 8, r_{ib} - r_{i'}\cos\pi/n = 0$)							情况2($n = 8, r_{ib} - r_{i'}\cos\pi/n = \Delta/2$)						
			V_{ia}	T_{ia}	V_{ib}	T_{ib}	B_i	H_i	H_{iP}	V_{ia}	T_{ia}	V_{ib}	T_{ib}	B_i	H_i	H_{iP}
0.10	2	1	-1.0	5.8	-0.6	6.0	3.8	7.1	5.8	-1.0	8.2	-0.7	8.0	4.3	8.6	9.6
	3	1	-1.0	6.3	-0.6	6.4	4.1	7.8	6.4	-1.0	10.5	-0.7	9.9	5.3	11.1	12.3
		2	-5.0	18.0	-1.9	18.4	16.5	17.4		-4.7	22.8	-1.6	22.5	14.4	21.0	
	4	1	-1.0	6.5	-0.6	6.5	4.2	8.1	6.6	-1.0	11.5	-0.7	10.8	5.8	12.3	13.5
		2	-5.0	18.2	-1.8	18.5	17.2	18.3		-4.8	24.7	-1.6	24.0	16.0	23.9	
		3	-21.0	52.5	-5.6	53.6	67.1	39.1		-16.7	54.9	-3.8	54.5	45.9	45.6	
0.15	2	1	-1.0	5.2	-0.7	5.6	3.5	6.1	5.1	-1.0	6.5	-0.7	6.5	3.5	6.5	7.4
	3	1	-1.0	6.0	-0.6	6.2	3.9	7.4	6.2	-1.0	9.0	-0.7	8.6	4.6	9.4	10.5
		2	-5.0	17.5	-2.2	18.6	15.4	15.8		-4.5	20.2	-1.7	20.5	12.2	16.9	
	4	1	-1.0	6.3	-0.6	6.4	4.1	7.8	6.5	-1.0	10.4	-0.7	9.8	5.3	11.0	12.2
		2	-5.0	17.9	-1.9	18.4	16.5	17.3		-4.6	22.7	-1.6	22.4	14.3	20.8	
		3	-21.0	52.7	-6.3	55.5	63.9	36.7		-16.1	51.3	-4.1	52.1	40.4	38.9	
0.20	2	1	-1.0	4.7	-0.9	5.4	3.2	5.4	4.5	-1.0	5.4	-0.8	5.7	3.0	5.2	6.0
	3	1	-1.0	5.7	-0.7	5.9	3.8	6.9	5.9	-1.0	7.9	-0.7	7.6	4.1	8.2	9.2
		2	-5.0	17.1	-2.6	19.2	14.6	14.2		-4.4	18.4	-2.1	19.5	10.9	14.0	
	4	1	-1.0	6.1	-0.6	6.2	4.0	7.5	6.4	-1.0	9.5	-0.7	9.0	4.9	10.0	11.2
		2	-5.0	17.7	-2.1	18.5	15.8	16.4		-4.5	21.0	-1.7	21.1	12.9	18.3	
		3	-21.3	53.2	-7.6	58.3	61.1	32.2		-15.8	49.0	-4.9	51.5	36.5	33.3	

3.2 不设内孔结构

一不设内孔的肋环四角锥撑杆型索穹顶,与中心撑杆相交的脊索水平面投影长度为 Δ,此时几何关系式(12)中只要以 2Δ 替代 $L_1/2$ 即可,$\beta_0 = \alpha_0$ 由下式确定:

$$\beta_0 = \alpha_0 = \arctan \frac{R(1 - \cos\theta_1\alpha)}{\Delta} \tag{14}$$

情况1:当 $r_{ib} - r_{i'}\cos\dfrac{\pi}{n} = 0$ 时,其简化的半榀桁架尺寸如图8a所示,利用式(10)~(12)、(14)可由式(5)~(9)、(4)求得不设内孔肋环四角锥撑杆型索穹顶各索杆内力。当 $f/L = 0.10$、0.15、0.20,$m = 2$、3、4,$n = 8$,为便于与设有内孔结构相对比,取相对单位内力 $V_{1a} = -1.0$ 时索杆内力结果见表2。

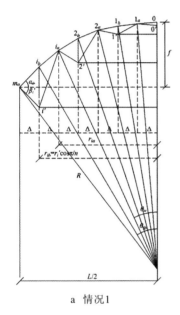

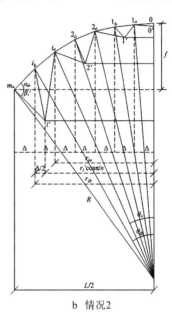

a 情况1   b 情况2

图8 不设内孔结构简化半榀平面桁架尺寸

情况2:当 $r_{ib} - r_{i'}\cos\pi/n = \Delta/2$ 时,其简化的半榀平面桁架尺寸见图8b。此时以式(13)替代式(12),采用与情况1相同步骤可求得相应索杆内力,结果见表2。

表2 不设内孔的肋环四角锥撑杆型索穹顶预应力态索杆内力计算用表

f/L	m	i	情况 1($n=8$,$r_{ib} - r_{i'}\cos\pi/n = 0$)						情况 2($n=8$,$r_{ib} - r_{i'}\cos\pi/n = \Delta/2$)					
			V_{ia}	T_{ia}	V_{ib}	T_{ib}	B_i	H_i	V_{ia}	T_{ia}	V_{ib}	T_{ib}	B_i	H_i
	2	0	−0.9	2.35			2.35		−1.7	4.3			4.3	
		1	−1.0	5.8	−0.6	6.0	3.8	7.1	−1.0	8.2	−0.7	8.0	4.3	8.6
	3	0	−0.7	2.4			2.4		−1.5	4.7			4.7	
		1	−1.0	6.3	−0.6	6.4	4.1	7.9	−1.0	10.5	−0.7	9.9	5.3	11.1
0.10		2	−5.0	18.0	−1.9	18.4	16.5	17.4	−4.7	22.8	−1.6	22.5	14.4	21.0
	4	0	−0.55	2.5			2.5		−1.1	5.2			5.2	
		1	−1.0	6.5	−0.6	6.5	4.2	8.1	−1.0	11.5	−0.7	10.8	5.8	12.3
		2	−5.0	18.2	−1.8	18.5	17.2	18.3	−4.8	24.7	−1.6	24.0	16.0	23.9
		3	−21.0	52.5	−5.6	53.6	67.1	39.1	−16.7	54.9	−3.8	54.5	45.9	45.6

续表

f/L	m	i	情况1($n=8,r_{ib}-r_{i'}\cos\pi/n=0$)						情况2($n=8,r_{ib}-r_{i'}\cos\pi/n=\Delta/2$)					
			V_{ia}	T_{ia}	V_{ib}	T_{ib}	B_i	H_i	V_{ia}	T_{ia}	V_{ib}	T_{ib}	B_i	H_i
	2	0	−1.2	2.2			1.9	2.2	−2.0	3.5			3.5	
		1	−1.0	5.2	−0.7	5.6	3.5	6.1	−1.0	6.5	−0.7	6.5	3.5	6.5
	3	0	−1.0	2.3			2.3		−1.8	4.0			4.0	
		1	−1.0	6.0	−0.6	6.2	3.9	7.4	−1.0	9.0	−0.7	8.6	4.6	9.4
0.15		2	−5.0	17.5	−2.2	18.6	15.4	15.8	−4.5	20.2	−1.7	20.5	12.2	16.9
	4	0	−0.8	2.4			2.4		−1.5	4.7			4.7	
		1	−1.0	6.3	−0.6	6.4	4.1	7.8	−1.0	10.4	−0.7	9.8	5.3	11.0
		2	−5.0	17.9	−1.9	18.4	16.5	17.3	−4.6	22.7	−1.6	22.4	14.3	20.8
		3	−21.0	52.7	−6.3	55.3	63.9	36.7	−16.1	51.3	−4.1	52.1	40.4	38.9
	2	0	−1.4	2.0			2.0		−2.1	3.0			3.0	
		1	−1.0	4.7	−0.9	5.4	3.2	5.4	−1.0	5.4	−0.8	5.7	3.0	5.2
	3	0	−1.2	2.2			2.2		−2.0	3.5			3.5	
		1	−1.0	5.7	−0.7	5.9	3.8	6.9	−1.0	7.9	−0.7	7.6	4.1	8.2
0.20		2	−5.0	17.1	−2.6	19.2	14.6	14.2	−4.4	18.4	−2.1	19.5	10.9	14.0
	4	0	−0.9	2.3			2.3		−1.7	4.2			4.2	
		1	−1.0	6.1	−0.6	6.2	4.0	7.5	−1.0	9.5	−0.7	9.0	4.9	10.0
		2	−5.0	17.7	−2.1	18.5	15.8	16.4	−4.5	21.0	−1.7	21.1	12.9	18.3
		3	−21.3	53.2	−7.6	58.3	61.1	32.2	−15.8	49.0	−4.9	51.5	36.5	33.3

4　结论

（1）本文提出的肋环四角锥撑杆型索穹顶与现有的以具有压杆孤岛张拉整体思想为基础的如肋环型、葵花型、Kiewitt型、鸟巢型索穹顶大不相同，而是下弦节点有四根撑杆相交，上弦节点有两根撑杆相交。与常用的肋环型索穹顶相比，环索数量少，施工张拉次数少，可改善结构的稳定性，建筑空间利用率好，也便于铺设屋面膜材。

（2）提出了肋环四角锥撑杆型索穹顶预应力态分析的简捷计算方法，详细推导了设有内孔和不设内孔索穹顶预应力索杆内力的计算式。

（3）对若干几何参数的肋环四角锥撑杆型索穹顶，根据本文的计算方法和计算式，给出了索穹顶预应力态计算结果和计算用表，可清楚了解索穹顶预应力态的索杆内力分布规律，如外圈杆件内力较内圈杆件快速增大，矢跨比的增大可减小结构内力。

（4）由于不设内孔索穹顶节点$1_b,1',\cdots$处索杆内力计算式与设有内孔结构完全相同。因此相同参数索穹顶预应力态相应的索杆内力也相同，如表1、表2所示。

参考文献

[1] GEIGER D H,STEFANIUK A,CHEN D. The design and construction of two cable domes for the Korean Olympics[C]//Proceedings of IASS Symposium on Shells,Membranes and Space Frames,Vol. 2,Osaka,Japan,1986:265 − 272.

[2] LEVY M P. The Georgia dome and beyond achieving lightweight-long span structures[C]//Spatial Lattice and Tension Structures:Proceedings of the IASS-ASCE International Symposium, Atlanta,USA,1994:560 — 562.

[3] 陈联盟,袁行飞,董石麟.Kiewitt 型索穹顶结构自应力模态分析及优化设计[J].浙江大学学报(工学版),2006,40(1):73 — 77.

[4] 包红泽,董石麟.鸟巢型索穹顶结构的静力性能分析[J].建筑结构,2008,39(11):11 — 13.

[5] 张成,吴慧,高博青,等.肋环型索穹顶几何法施工及工程应用[J].深圳大学学报(理工版),2012,29(3):195 — 200.

[6] 史秋侠,朱智峰,裴敬.无锡太湖国际高科技园区科技交流中心钢屋盖索穹顶结构设计[J].建筑结构,2009,39(S):144 — 148.

[7] 洪国松,黄利顺,孙锋,等.伊金霍洛旗体育中心大型索穹顶施工技术[J].建筑技术,2011,42(11):1012 — 1014.

[8] 张国军,葛家琪,王树,等.内蒙古伊旗全民健身体育中心索穹顶结构体系设计研究[J].建筑结构学报,2012,33(4):12 — 22.

[9] 董石麟,袁行飞.肋环型索穹顶初始预应力分布的快速计算法[J].空间结构,2003,9(2):3 — 8.

[10] 董石麟,袁行飞.葵花型索穹顶初始预应力分布的简捷计算法[J].建筑结构学报,2004,25(6):9 —14.

99 具有外环桁架的肋环型索穹顶 初始预应力分布快速计算法[*]

摘　要：目的：研究具有外环桁架的肋环型索穹顶结构的构件布置和特点，提出确定初始预应力分布的快速计算法。方法：考虑到该结构是一种轴对称结构，将结构简化为半榀平面桁架，采用节点平衡理论进行分析。结果：提出了确定初始预应力分布的快速计算法，得到了不设和设有内拉环的具有外环桁架的肋环型索穹顶预应力杆初始内力的计算公式，并将对特定参数的该种结构的计算结果与非线性有限元分析结果进行了对比。结论：具有外环桁架的肋环型索穹顶结构是有发展前景的新型结构，内部建筑空间利用率高，外圈索的初始内力明显减小。快速计算法可方便地确定该类结构的初始预应力分布，为设计和力学性能分析提供基础。

关键词：索穹顶；外环桁架；张拉整体；初始预应力

1　引言

索穹顶结构是美国工程师 Geiger 根据 Fuller[1] 的张拉整体结构思想开发并实现的一种新型预张力结构，并最早应用在汉城奥运会的体操馆和击剑馆[2]。它是一种受力合理、结构效率高的结构体系，由于同时具有构造轻盈、尺度宏伟和造价经济等特点，一经问世便受到了建筑师的青睐。Geiger 和他的公司后来又相继建成了红鸟体育馆和太阳海岸穹顶。美国工程师 Levy 等设计了 1996 年亚特兰大奥运会主赛馆的乔治亚穹顶[3]、圣彼得堡的雷声穹顶和沙特阿拉伯利亚德大学体育馆的可开启穹顶等多项大跨度屋盖结构，进一步展示了索穹顶结构的开发应用前景。

美国工程师 Gossen 等在北卡罗来纳州费耶特维尔皇冠剧场的设计中采用了一种具有外环桁架的肋环型索穹顶，跨度 99.7m，开创了一种具有发展前景的新型索穹顶结构体系，但除设计者本人对该工程设计的介绍外[4]，目前国际上对这一结构体系未见进一步的深入研究。

笔者研究了这一体系的索网布置和特点。同张拉整体结构相似，具有外环桁架的索穹顶结构的力学分析也应包括找形分析、预应力分布的确定和外力作用下的性能分析等内容[5]。由于索穹顶结构没有自然刚度，它的刚度完全由预应力提供。根据结构初始几何形状、构件的关联关系确定形成一定刚度的初始预应力是首先要解决的问题。初始预应力的求解方法主要有平衡矩阵法[6]、力密度法[7]、非线性有限元法[8] 和动力松弛法[9] 等，但这些方法计算相对复杂，存在一定局限性。考虑到具有外环桁

---

　*　本文刊登于：周家伟，董石麟，袁行飞.具有外环桁架的肋环型索穹顶初始预应力分布快速计算法[J].沈阳建筑大学学报(自然科学版)，2009，25(2)：217－223.

架的肋环型索穹顶是一种轴对称结构,笔者提出了确定该种结构初始预应力分布的快速计算法,可方便地确定该类结构的初始预应力分布,为设计和力学性能分析提供基础。

2 索网布置及结构特点

肋环型索穹顶结构由径向脊索、径向斜索、环索和压杆组成,并一般支承于周边受压环梁上。若将受压环梁换成外环桁架,外圈脊索分叉与外环桁架的下弦节点连接,径向斜索穿出屋面与外环桁架的上弦节点连接,即可构成具有外环桁架的肋环型索穹顶结构。这种结构可分不设内拉环和设有内拉环两种情况(见图1)。

设置外环桁架的肋环型索穹顶结构具有以下特点和优势:这种结构由于将外圈径向斜索与外环桁架上弦节点连接,减少了外圈结构的高度,可显著提高室内空间利用率;这种结构充分发挥了外环桁架上下弦的刚度作用,对整个索穹顶的内力和变位可进行改善和调整;通过外环桁架的内倾或外倾及倾斜角度的不同,可营造出皇冠型、花瓣型等不同的建筑效果,丰富了建筑造型。

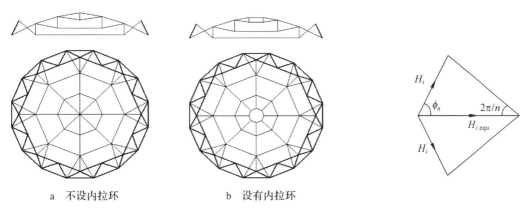

a　不设内拉环　　　　　　　　b　设有内拉环

图1　肋环型索穹顶平面布置和径向平面桁架　　　　图2　环索内力示意

3 具有外环桁架的肋环型索穹顶的初始预应力分布快速计算法

3.1 不设内拉环

考虑到具有外环桁架的肋环型索穹顶为一轴对称结构[10],它的计算模型可取一榀平面径向桁架(见图1a)。

径向平面桁架中的中心竖线为等效中心竖杆,等效中心竖杆内力 $V_{0,equ}$ 与结构中心竖杆实际内力 V_0 的关系为:

$$V_{0,equ} = \frac{2}{n} V_0 \tag{1}$$

式中,n 为结构平面环向等分数[11]。

径向平面桁架中的水平线为等效环索,等效环索内力 $H_{i,equ}$ 与结构环索实际内力 H_i 的关系由图2可得:

$$H_{i,equ} = 2H_i \cos \phi_n = 2H_i \cos\left(\frac{\pi}{2} - \frac{\pi}{n}\right) = 2H_i \sin \frac{\pi}{n} \tag{2}$$

以图1a所示简化平面桁架为基础,由平面桁架的对称性再引入边界约束条件(包括对称面的对称条件)后,结构可进一步简化为图 3 所示的半榀平面桁架。由机构分析可知该结构为一次超静定结构。

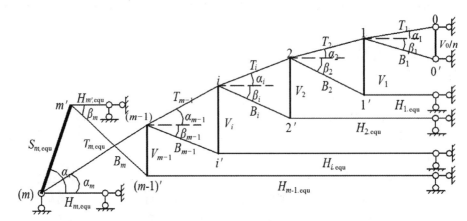

图 3　简化半榀平面桁架和各类杆件内力示意(投影在 $om'(m-1)$ 竖向平面)

若 T_i 为第 i 段脊索的内力,B_i 为第 i 段斜索的内力,H_i 为第 i 圈环索的内力,V_i 为第 i 根竖杆的内力,以中心竖杆的实际内力 V_0 为基准,由内到外对各节点建立平衡方程,对图 3 所示各类杆件内力可得如下关系式:

节点 0:
$$T_1 = -\frac{1}{n\sin\alpha_1}V_0 \tag{3}$$

节点 $0'$:
$$B_1 = -\frac{1}{n\sin\beta_1}V_0 \tag{4}$$

节点 1:
$$T_2 = \frac{T_1\cos\alpha_1 + B_1\cos\beta_1}{\cos\alpha_2}, \qquad V_1 = -T_2\sin\alpha_2 \tag{5}$$

节点 $1'$:
$$B_2 = -\frac{V_1}{\sin\beta_2}, \qquad H_{1,\text{equ}} = B_2\cos\beta_2 \quad\Rightarrow\quad H_1 = \frac{B_2\cos\beta_2}{2\sin\frac{\pi}{n}} \tag{6}$$

以此类推,可得各脊索、压杆、斜索和环索的一般性内力计算公式:

当 $i=1$ 时,
$$\left.\begin{array}{l} T_1 = -\dfrac{1}{n\sin\alpha_1}V_0 \\[3mm] B_1 = -\dfrac{1}{n\sin\beta_1}V_0 \end{array}\right\} \tag{7}$$

作为特例,如 $\beta_1 = \alpha_1$ 时,
$$T_1 = B_1 = -\frac{1}{n\sin\alpha_1}V_0 \tag{7'}$$

当 $2 \leqslant i < m$ 时,
$$\left.\begin{array}{l} T_i = \dfrac{(\cot\alpha_1 + \cot\beta_1)(1 + \tan\alpha_2\cot\beta_2)\cdots(1 + \tan\alpha_{i-1}\cot\beta_{i-1})}{n\cos\alpha_i}(-V_0) \\[4mm] B_i = \dfrac{T_i\sin\alpha_i}{\sin\beta_i} \\[4mm] V_{i-1} = -T_i\sin\alpha_i \\[4mm] H_{i-1} = -\dfrac{\cot\beta_i}{2\sin\frac{\pi}{n}}V_{i-1} = \dfrac{T_i\sin\alpha_i\cot\beta_i}{2\sin\frac{\pi}{n}} \end{array}\right\} \tag{8}$$

作为特例,如 $\beta_i = \alpha_i$ 时,则

$$T_i = B_i = -\frac{2^{i-1}\cot\alpha_1}{n\cos\alpha_i}V_0 \\ V_{i-1} = \frac{2^{i-1}\cot\alpha_1\tan\alpha_i}{n}V_0 \\ H_{i-1} = -\frac{2^{i-1}\cot\alpha_1}{2n\sin\dfrac{\pi}{n}}V_0 \Biggr\}$$ (8′)

当 $i=m$ 时,索穹顶索杆外圈节点 $m-1$:

$$T_{m,\mathrm{equ}} = 2T_m\cos\phi_{m-1,m} = \frac{(\cot\alpha_1+\cot\beta_1)(1+\tan\alpha_2\cot\beta_2)\cdots(1+\tan\alpha_{m-1}\cot\beta_{m-1})}{n\cos\alpha_m}(-V_0) \\ V_{m-1} = -2T_m\cos\phi_{m-1,m}\sin\alpha_m \Biggr\}$$ (9)

节点 $(m-1)'$:

$$B_m = -\frac{1}{\sin\beta_m}V_{m-1} \quad\Rightarrow\quad B_m = \frac{2T_m\cos\phi_{m-1,m}\sin\alpha_m}{\sin\beta_m} \\ B_m\cos\beta_m = 2H_{m-1}\sin\frac{\pi}{n} \quad\Rightarrow\quad H_{m-1} = \frac{B_m\cos\beta_m}{2\sin\dfrac{\pi}{n}} \Biggr\}$$ (10)

根据索穹顶环向等分数和外环桁架尺寸的不同,外环桁架腹杆的布置可选择两种方案,桁架上弦每个节点均与外圈竖杆用斜索连接时为方案一(见图4),桁架上弦节点间隔一个与外圈竖杆用斜索连接时为方案二(见图5)。

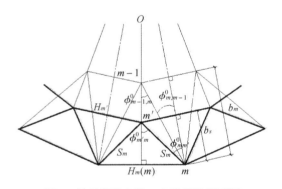

图4 外环桁架方案一水平投影平面图

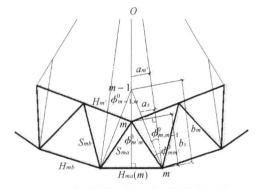

图5 外环桁架方案二水平投影平面图

(1)方案一

S_m 为桁架腹杆内力,桁架上弦节点 m':

$$S_{m,\mathrm{equ}} = 2S_m\cos\phi_{m'm} = -\frac{B_m\sin\beta_m}{\sin\alpha_s} \quad\Rightarrow\quad S_m = -\frac{B_m\sin\beta_m}{2\cos\phi_{m'm}\sin\alpha_s}$$ (11)

(2)方案二

与竖杆不交的边桁架人字腹杆当交点处无外载时有

$$S_{ma} = -\frac{B_m\sin\beta_m}{2\cos\phi_{m'm}\sin\alpha_s}, \qquad S_{mb} = 0$$ (12)

以上各式中 $\phi_{m'm}$、$\phi_{mm'}$、$\phi_{m-1,m}$、$\phi_{m,m-1}$ 为边桁架腹杆 $\overline{m'm}$、脊索 $\overline{m-1,m}$ 与相应对称轴线间的空间夹角,它们在水平面投影的夹角分别为 $\phi_{m'm}^0$、$\phi_{mm'}^0$、$\phi_{m-1,m}^0$、$\phi_{m,m-1}^0$,可见图4、图5。

下面计算外环桁架上弦杆内力 $H_{m'}$ 和下弦杆内力 H_m。

对于方案一和方案二,根据 m' 点的径向平衡条件得

$$2H_{m'}\sin\frac{\pi}{n} + B_m\cos\beta_m = 2S_m\cos\phi_{m'm}\cos\alpha_s = -B_m\sin\beta_m\cot\alpha_s$$

$$\Rightarrow \quad H_{m'} = -\frac{(\cos\beta_m + \sin\beta_m\cot\alpha_s)B_m}{2\sin\frac{\pi}{n}} \tag{13}$$

对于方案一,根据 m 点的径向平衡条件(α_s'、α_m' 分别是投影在 om 竖向平面的桁架腹杆 S_m 和脊索 T_m 的倾角):

$$2H_m\sin\frac{\pi}{n} + 2T_m\cos\phi_{m,m-1}\cos\alpha_m' + 2S_m\cos\phi_{mn'}\cos\alpha_s' = 0$$

$$H_m = -\frac{1}{\sin\frac{\pi}{n}}(T_m\cos\phi_{m,m-1}\cos\alpha_m' + S_m\cos\phi_{mn'}\cos\alpha_s')$$

$$= \frac{B_m\sin\beta_m}{2\sin\frac{\pi}{n}}\left(\frac{\cos\phi_{mn'}\cos\alpha_s'}{\cos\phi_{m'm}\sin\alpha_s} - \frac{\cos\phi_{m,m-1}\cos\alpha_m'}{\cos\phi_{m-1,m}\sin\alpha_m}\right) \tag{14}$$

$$= \frac{B_m\sin\beta_m}{2\sin\frac{\pi}{n}}\left(\frac{b_s}{h_{m'm}} - \frac{b_m}{h_{m-1,m}}\right)$$

式中:$h_{m'm}$ 为 m' 点和 m 点的高差;$h_{m-1,m}$ 为 $m-1$ 点和 m 点的高差。

对于方案二,由于 $H_{ma} \neq H_{mb}$,根据 m 点的平衡条件:

$$\left.\begin{array}{l}(H_{ma}+H_{mb})\sin\frac{\pi}{2n} + S_m\cos\phi_{mn'}\cos\alpha_s' + T_m\cos\phi_{m,m-1}\cos\alpha_m' = 0 \\[2mm] H_{ma}\cos\frac{\pi}{2n} + S_m\sin\phi_{mn'} + T_m\sin\phi_{m,m-1} = H_{mb}\cos\frac{\pi}{2n}\end{array}\right\} \tag{15}$$

由关系式(10)(11),可将式(15)中 S_m,T_m 均用 B_m 表示,则可得

$$\left.\begin{array}{l}H_{ma}+H_{mb} = \frac{B_m\sin\beta_m}{2\sin\frac{\pi}{2n}}\left(\frac{\cos\phi_{mn'}\cos\alpha_s'}{\cos\phi_{m'm}\sin\alpha_s} - \frac{\cos\phi_{m,m-1}\cos\alpha_m'}{\cos\phi_{m-1,m}\sin\alpha_m}\right) = \frac{B_m\sin\beta_m}{2\sin\frac{\pi}{2n}}\left(\frac{b_s}{h_{m'm}} - \frac{b_m}{h_{m-1,m}}\right) \\[3mm] H_{ma}-H_{mb} = \frac{B_m\sin\beta_m}{2\cos\frac{\pi}{2n}}\left(\frac{\sin\phi_{mn'}}{\cos\phi_{m'm}\sin\alpha_s} - \frac{\sin\phi_{m,m-1}}{\cos\phi_{m-1,m}\sin\alpha_m}\right) = \frac{B_m\sin\beta_m}{2\cos\frac{\pi}{2n}}\left(\frac{a_s}{h_{m'm}} - \frac{a_m}{h_{m-1,m}}\right)\end{array}\right\} \tag{16}$$

解上式可得

$$\left\{\begin{array}{l}H_{ma} = B_m\sin\beta_m\left(\dfrac{\dfrac{b_s}{h_{m'm}} - \dfrac{b_m}{h_{m-1,m}}}{4\sin\frac{\pi}{2n}} + \dfrac{\dfrac{a_s}{h_{m'm}} - \dfrac{a_m}{h_{m-1,m}}}{4\cos\frac{\pi}{2n}}\right) \\[6mm] H_{mb} = B_m\sin\beta_m\left(\dfrac{\dfrac{b_s}{h_{m'm}} - \dfrac{b_m}{h_{m-1,m}}}{4\sin\frac{\pi}{2n}} - \dfrac{\dfrac{a_s}{h_{m'm}} - \dfrac{a_m}{h_{m-1,m}}}{4\cos\frac{\pi}{2n}}\right)\end{array}\right. \tag{17}$$

上述计算公式中,n 是一个参数,只要 $n\geqslant3$,即正三边形、正四边形、正五边形等正多边形平面的具有外环桁架的肋环型索穹顶,均可采用本文的分析方法和计算公式。

3.2 设有内拉环

对设有内拉环的索穹顶,计算简图仅在内环处与不设内拉环时有所不同(见图6),此时内拉环竖杆的内力 V_0 和结构平面环向等分数 n 无关。

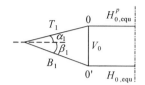

图 6　内环处节点内力示意

以内环竖杆内力 V_0 为基准进行推导得

节点 0：

$$\left.\begin{array}{l} T_1 = -\dfrac{1}{\sin\alpha_1}V_0 \\[4mm] H_0^p = \dfrac{T_1\cos\alpha_1}{2\sin\dfrac{\pi}{n}} = -\dfrac{\cot\alpha_1}{2\sin\dfrac{\pi}{n}}V_0 \end{array}\right\} \tag{18}$$

节点 $0'$：

$$\left.\begin{array}{l} B_1 = -\dfrac{1}{\sin\beta_1}V_0 \\[4mm] H_0 = \dfrac{B_1\cos\beta_1}{2\sin\dfrac{\pi}{n}} = -\dfrac{\cot\beta_1}{2\sin\dfrac{\pi}{n}}V_0 \end{array}\right\} \tag{19}$$

其他节点处平衡关系和 3.1 节不设内环情况类似。

当 $2 \leqslant i < m$ 时，

$$\left.\begin{array}{l} T_i = \dfrac{(\cot\alpha_1 + \cot\beta_1)(1 + \tan\alpha_2\cot\beta_2)\cdots(1 + \tan\alpha_{i-1}\cot\beta_{i-1})}{\cos\alpha_i}(-V_0) \\[4mm] B_i = T_i\sin\alpha_i/\sin\beta_i \\[2mm] V_{i-1} = -T_i\sin\alpha_i \\[2mm] H_{i-1} = -\dfrac{\cot\beta_i}{2\sin\dfrac{\pi}{n}}V_{i-1} = \dfrac{T_i\sin\alpha_i\cot\beta_i}{2\sin\dfrac{\pi}{n}} \end{array}\right\} \tag{20}$$

当 $i = m$，外环桁架腹杆按方案一布置时，

$$\left.\begin{array}{l} T_m = \dfrac{(\cot\alpha_1 + \cot\beta_1)(1 + \tan\alpha_2\cot\beta_2)\cdots(1 + \tan\alpha_{m-1}\cot\beta_{m-1})}{2\cos\phi_{m-1,m}\cos\alpha_m}(-V_0) \\[4mm] V_{m-1} = -2T_m\cos\phi_{m-1,m}\sin\alpha_m \\[2mm] B_m = \dfrac{2T_m\cos\phi_{m-1,m}\sin\alpha_m}{\sin\beta_m} \\[4mm] H_{m-1} = \dfrac{B_m\cos\beta_m}{2\sin\dfrac{\pi}{n}} \\[4mm] S_m = -\dfrac{B_m\sin\beta_m}{2\cos\phi_{m'm}\sin\alpha_s} \\[4mm] H_{m'} = -\dfrac{(\cos\beta_m + \sin\beta_m\cot\alpha_s)B_m}{2\sin\dfrac{\pi}{n}} \\[4mm] H_m = \dfrac{B_m\sin\beta_m}{2\sin\dfrac{\pi}{n}}\left(\dfrac{b_s}{h_{m'm}} - \dfrac{b_m}{h_{m-1,m}}\right) \end{array}\right\} \tag{21}$$

当 $i=m$，外环桁架腹杆按方案二布置时，

$$
\left.
\begin{aligned}
T_m &= \frac{(\cot\alpha_1+\cot\beta_1)(1+\tan\alpha_2\cot\beta_2)\cdots(1+\tan\alpha_{m-1}\cot\beta_{m-1})}{2\cos\phi_{m-1,m}\cos\alpha_m}(-V_0) \\
V_{m-1} &= -2T_m\cos\phi_{m-1,m}\sin\alpha_m \\
B_m &= \frac{2T_m\cos\phi_{m-1,m}\sin\alpha_m}{\sin\beta_m} \\
H_{m-1} &= \frac{B_m\cos\beta_m}{2\sin\dfrac{\pi}{n}} \\
S_{ma} &= -\frac{B_m\sin\beta_m}{2\cos\phi_{m'm}\sin\alpha_s} \\
S_{mb} &= 0 \\
H_{m'} &= -\frac{(\cos\beta_m+\sin\beta_m\cot\alpha_s)B_m}{2\sin\dfrac{\pi}{n}} \\
H_{ma} &= B_m\sin\beta_m\left(\frac{\dfrac{b_s}{h_{m'm}}-\dfrac{b_m}{h_{m-1,m}}}{4\sin\dfrac{\pi}{2n}}+\frac{\dfrac{a_s}{h_{m'm}}-\dfrac{a_m}{h_{m-1,m}}}{4\cos\dfrac{\pi}{2n}}\right) \\
H_{mb} &= B_m\sin\beta_m\left(\frac{\dfrac{b_s}{h_{m'm}}-\dfrac{b_m}{h_{m-1,m}}}{4\sin\dfrac{\pi}{2n}}-\frac{\dfrac{a_s}{h_{m'm}}-\dfrac{a_m}{h_{m-1,m}}}{4\cos\dfrac{\pi}{2n}}\right)
\end{aligned}
\right\}
\tag{22}
$$

4　对快速计算法公式的验证

用上述简捷公式计算一个特定参数的具有外环桁架的肋环型索穹顶，该索穹顶不设内拉环，跨度 $L=100\mathrm{m}$，矢高 $f=10\mathrm{m}$，球面穹顶半径 $R=100\mathrm{m}$，其平面简图和简化半榀平面桁架尺寸见图 7。其中各段脊索水平投影长度相等为 $10\mathrm{m}$，$\beta_i=\alpha_i$，$n=12$。

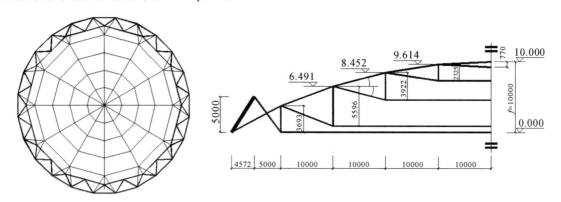

图 7　某索穹顶的平面图和简化半榀平面桁架尺寸

令 $V_0=12\mathrm{kN}$，由公式(3)～(17)可得各类杆件初始内力。采用本文中快速计算公式得到的杆件内力与 ANSYS 非线性分析结果(不考虑自重)进行比较，见表 1、表 2。

表 1   简捷计算方法与电算索杆内力对照表   （单位：kN）

脊索			斜索			环索			竖杆		
杆件编号	简捷算法	电算结果	杆件编号	简捷算法	电算结果	杆件编号	简捷算法	电算结果	杆件编号	简捷算法	电算结果
T_1	25.98	25.96	B_1	25.98	25.96	H_1	100.31	100.30	V_1	−6.04	−6.04
T_2	52.27	52.27	B_2	52.27	52.27	H_2	200.62	200.64	V_2	−20.37	−20.37
T_3	105.82	105.82	B_3	105.82	105.82	H_3	401.24	401.21	V_3	−58.11	−58.11
T_4	215.66	215.67	B_4	215.66	215.67	H_4	309.60	309.60	V_4	−160.26	−160.26
T_5	263.81	263.83	B_5	226.64	226.64						

表 2   简捷计算方法与电算外环桁架内力对照表   （单位：kN）

杆件编号	上弦杆 H'_5	斜腹杆 S_{5a}	斜腹杆 S_{5b}	下弦杆 H_{5a}	下弦杆 H_{5b}
简捷算法	−592.66	−150.76	0	−538.63	−519.40
电算结果	−592.71	−150.76	0	−538.64	−519.33

由表 1 和表 2 可知，本文的快速计算公式是准确的。

与常规设置外环梁的相同尺寸肋环型索穹顶相比较，设置外环桁架后，内圈索杆内力基本一致，但最外圈脊索、斜索、环索的内力有明显减小，索穹顶的内力分布得到了改善（见表 3）。因此设置外环桁架的肋环形索穹顶在杆件受力上有其优势，具有良好的发展前景。

表 3   设外环梁和设外环桁架的外圈索内力对照表   （单位：kN）

杆件编号	外圈脊索 T_5	外圈斜索 B_5	外圈环索 H_4
设外环梁	442.81	442.81	802.51
设外环桁架	263.81	226.64	309.60

本文提出的设内拉环的具有外环桁架肋环型索穹顶的初始预应力分布快速计算公式可用同样方法得到验证。

5   结论

（1）具有外环桁架的肋环型索穹顶造型轻盈，屋盖内部建筑空间利用率高，是一种有发展前景的新型索穹顶结构形式。

（2）具有外环桁架的肋环型索穹顶有设和不设内拉环两种形式，外环桁架也可有两种布置方式，其中第二种中与竖杆不相连的桁架人字斜杆（在该人字斜杆交点处无集中荷载时）为零杆。

（3）利用节点平衡理论，推出了这种索穹顶结构（包括外环桁架在内的）各杆件初始预应力分布的快速计算公式，为该类结构的进一步设计和力学性能分析提供了基础。

（4）通过算例对特定参数的索穹顶给出了初始预应力值计算结果，并和 ANSYS 非线性分析结果进行对比，验证了快速计算法的正确性和可靠性。通过计算发现，与相同参数的常规设置外环梁的肋环型索穹顶相比，设置外环桁架后，最外圈的脊索、斜索、环索的初始内力有明显减小，索穹顶的内力分布得到改善。

（5）本文分析方法还可进一步推广用于具有外环桁架的葵花型索穹顶初始预应力分布计算。

参考文献

［1］FULLER R B. Tensile-integrity structures：US 3063521［P］. 1962.

［2］GEIGER D H，STEFANIUK A，CHEN D. The design and construction of two cable domes for the Korean Olympics［C］//Proceedings of IASS Symposium on Shells，Membranes and Space Frames，Vol. 2，Osaka，Japan，1986：265－272.

［3］LEVY M P. The Georgia dome and beyond achieving lightweight-long span structures［C］// Spatial Lattice and Tension Structures：Proceedings of the IASS-ASCE International Symposium，Atlanta，USA，1994：560－562.

［4］GOSSEN P A，CHEN D，MIKHLIN E. The first rigidly clad 'Tensegrity' type dome，the Crown Coliseum［C］// Proceedings of International Congress IASS-ICSS，Favetteville，North Carolina，1998：477－484.

［5］钱若军. 张力结构形状判定述评［M］// 董石麟，沈祖炎，严慧. 新型空间结构论文集. 杭州：浙江大学出版社，1994：299－312.

［6］PELLEGRINO S. Structural computation with the singular value decomposition of equilibrium matrix［J］. International Journal of Solids and Structures，1993，30(21)：3025－3035.

［7］陈志华，王小盾，刘锡良. 张拉整体结构的力密度法找形分析［J］. 建筑结构学报，1999，20(5)：29－35.

［8］董智力，何广乾，林春哲. 张拉整体结构平衡状态的寻找［J］. 建筑结构学报，1999，20(5)：24－28.

［9］张莉，张其林，丁佩民. 悬索结构初始状态及放样状态的确定分析［J］. 同济大学学报，2000，28(1)：9－13.

［10］刘开国. 拉索穹顶结构在轴对称荷载作用下的计算［J］. 建筑结构学报，1993，14(5)：28－36.

［11］董石麟，袁行飞. 肋环型索穹顶初始预应力分布的快速计算法［J］. 空间结构，2003，9(2)：3－8.

100 矩形平面索穹顶结构的模型试验研究[*]

摘　要：为了了解矩形平面 Geiger 型索穹顶结构的受力性能，设计并加工了一长边 4.7m、短边 3.4m 的矩形平面索穹顶结构试验模型，并对该结构试验模型的预应力、自振频率及多种荷载工况下的多级静力加载等内容进行了理论分析和试验研究。研究结果表明：矩形平面 Geiger 型索穹顶结构与圆形平面 Geiger 型索穹顶结构具有相似的静力性能，它在满跨均布荷载作用下具有良好的受力性能，但不利于承受半跨均布荷载。且结构第一阶自振频率较低，自振频率随初始预应力的增大而增大，提高结构预应力水平可以改善结构刚度。

关键词：索穹顶结构；Geiger 型；矩形平面；模型试验；静力性能；自振频率

1　引言

索穹顶结构是对拉索或压杆施加预应力而形成的一类预应力空间结构体系。索穹顶结构除少数几根杆件受压外，其余杆件都处于张力状态，所以充分发挥了钢索的高强特性。目前，国际上有实际工程应用的索穹顶结构有 Geiger 型和 Levy 型两种，主要分布在美国、日本、韩国等地，代表工程分别为韩国汉城体操馆穹顶[1] 和美国亚特兰大乔治亚穹顶[2]。

自从 20 世纪 80 年代首个 Geiger 型索穹顶结构建成以来，国内外学者就对此种结构极其关注[3,4]。但现有 Geiger 型索穹顶结构的研究均以圆形为边界，有关矩形平面的索穹顶结构并未见报道。考虑到实际工程中，矩形边界的形式更为常见，本文在前人研究的基础上[5-7]，设计并加工了一矩形平面 Geiger 型索穹顶结构试验模型，以便了解其受力性能。试验内容包括结构体系的预应力施加、自振频率测试及多种荷载工况的多级静力加载等，最后对试验结果进行了模拟和讨论。

2　理论基础

2.1　自平衡内力求解

索穹顶结构作为一种索杆张力结构，属于空间铰接结构体系。对其建立力的平衡方程有

$$[A]\{t\} = \{F\} \tag{1}$$

---

　*　本文刊登于：郑君华，罗尧治，董石麟，周根观，曲晓宁. 矩形平面索穹顶结构的模型试验研究[J]. 建筑结构学报，2008，29(2)：25 - 31.

式中，$[A]$ 为 $n \times b$ 维静力平衡矩阵，n 为结构非约束位移数，$\{t\}$ 为 b 维杆件内力矢量，$\{F\}$ 为 n 维节点力矢量。假设 $[A]$ 矩阵的秩为 r，则 $m = n - r$ 为机构位移数，$s = b - r$ 为自应力模态数。

对 $[A]$ 矩阵进行奇异值分解[8]

$$[A] = [U]\begin{bmatrix} \boldsymbol{S}_r & 0 \\ 0 & 0 \end{bmatrix}[V]^{\mathrm{T}} = \begin{bmatrix} \boldsymbol{U}_r & \boldsymbol{U}_m \end{bmatrix}\begin{bmatrix} \boldsymbol{S}_r & 0 \\ 0 & 0 \end{bmatrix}\begin{bmatrix} \boldsymbol{V}_r^{\mathrm{T}} \\ \boldsymbol{V}_s^{\mathrm{T}} \end{bmatrix} = [\boldsymbol{U}_r][\boldsymbol{S}_r][\boldsymbol{V}_r]^{\mathrm{T}} \tag{2}$$

式中，$[A]$ 矩阵的奇异值 $\boldsymbol{S}_r = \mathrm{diag}(s_{11}, s_{22}, \cdots, s_{rr})$，并有 $s_{11} \geqslant s_{22} \geqslant \cdots \geqslant s_{rr} > 0$，$\boldsymbol{U} = [u_1, u_2, \cdots, u_n] = [\boldsymbol{U}_r \quad \boldsymbol{U}_m]$，$\boldsymbol{V} = [v_1, \cdots, v_b] = [\boldsymbol{V}_r \quad \boldsymbol{V}_s]$，且满足 $[\boldsymbol{U}_m]^{\mathrm{T}}[A] = \boldsymbol{0}$，$[A][\boldsymbol{V}_s] = \boldsymbol{0}$，其中矩阵 $[V_s]$ 为结构独立自应力模态矩阵。

如果考虑结构的双轴对称性，并将结构相同部位的杆件作为一类，图 1 所示的矩形平面 Geiger 型索穹顶结构自应力模态数为 1。即不计结构自重时，结构中任一杆件内力确定，其余杆件内力唯一确定，各杆件内力比例一定。

2.2 非线性有限元方程求解

索穹顶结构成形分析时，结构自重在杆件内力中起着重要作用，此时很有必要对索进行精确的模拟。施工结束后，结构中预应力已经形成，索基本处于张紧的直线状态，此时利用两节点直线杆单元来模拟索单元误差不大。基于上述原因，本文在计算索穹顶结构的受力性能时，将索单元处理为单向受拉的二节点直线杆单元。计算时，考虑结构的几何非线性，并采用如下的 Newton-Raphson 增量平衡方程求解

$$[K]_q \mathrm{d}\{u\} = \mathrm{d}\{F\} \tag{3}$$

式中，$[K]_q$ 为结构切向刚度矩阵，$\mathrm{d}\{F\}$ 为等效节点外荷载增量。

3 试验模型设计

3.1 模型简介

试验的研究对象为一矩形平面(4.7m×3.4m)Geiger 型索穹顶，主要由 24 根脊索、24 根斜索、16 根环索、17 根压杆和外环梁等共同组成(模型尺寸见图 1)。整个试验模型沿长方形的长边和短边对称分布，周向分为 8 榀，径向设有两圈环索，中间设压杆(模型实物见图 2)。模型的钢索选用 3 种规格：两圈环索采用 ϕ5 高强钢丝，外圈脊索和外圈斜索采用 ϕ4 高强钢丝，其余脊索和斜索均采用 ϕ3 高强钢丝。钢管选用两种规格：中心压杆和其他两圈压杆分别采用 ϕ20×3 及 ϕ15×3 无缝钢管。考虑到试验模型与计算模型的一致性，各索与杆、索与索连接处设计为铰接，且所有索和压杆的长度均设计为可调。

3.2 试验测量概况

试验模型中索杆的内力采用 BX120-5AA 电阻应变片测量，应变片灵敏系数为 $(2.08 \pm 1)\%$，数据采集系统采用 DH3815N 静态应变仪；为了消除试验过程中偏心受力引起的误差，在所有待测杆件的正反两面各贴一个应变片。考虑实际试验时存在一定误差及全部杆件的数量较多，选取 1/2 长方形平面内(图 3a 中阴影所示区域)杆件作为内力(应变)主测区域，包括 12 根脊索、12 根斜索、9 根压杆及 4 根环索，共 37 个测点。结构的节点位移通过百分表测量，共布置了 9 个测点(见图 3b 中阴影所示区域)。从测点数量和位置布置情况来看，能够比较全面地反映结构模型的内力及位移情况。

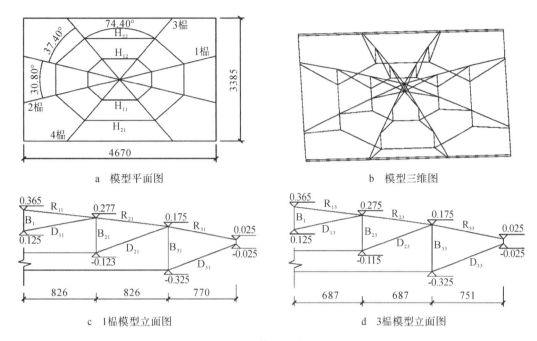

a　模型平面图　　　　　　　　　　b　模型三维图

c　1榀模型立面图　　　　　　　　d　3榀模型立面图

图 1　模型尺寸图

图 2　模型实物图

由于结构各构件的加工尺寸及材料性能存在差异,在内力测试前对所有待测构件进行标定,即测定构件的应变-内力关系。标定结果理想,各构件在标定荷载范围内的应力-应变关系基本呈线性。鉴于标定杆件数量较多,由图 3a 可知共有 4 组。为了清楚起见,文中对测定杆件按图 1a、c 及 d 所示编号命名,如一圈脊索有 4 个测量结果,依次为 $R_{11}\sim R_{14}$(R_{11} 的下标中前面一个 1 代表脊索所在的径向位置,由内到外依次增大,后一个 1 代表脊索周向位置,其值为图 3a 的榀数编号)。

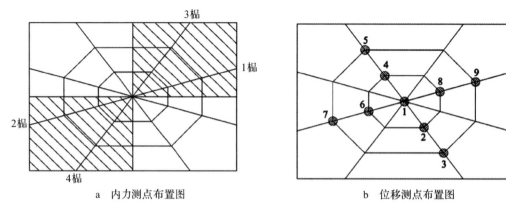

a 内力测点布置图   b 位移测点布置图

图 3   测点布置图

4   试验过程与分析

4.1   模型自平衡内力测定

索穹顶结构和一般传统结构的最大区别是结构内部存在自应力模态和机构位移,索穹顶结构的刚度由预应力提供,预应力大小及分布直接影响结构的静动力性能。故在模型静动载试验之前,必须对结构的预应力分布进行校核。由 2.1 节可知,当考虑结构对称性时,对图 1 所示的矩形平面 Geiger型索穹顶结构进行机构分析,其自应力模态数为 1。即不计结构自重时,结构中各杆件内力比例一定。

试验模型中预应力的施加通过拧紧最外圈环索的螺杆来实现。由于结构的几何尺寸、几何模型假定及内力测量系统等存在误差,结构各杆件自平衡内力实测值与理论计算值亦存在误差。表 1 给出了结构中心压杆压力为－1176N(不考虑结构自重影响)时体系自平衡内力理论值与试验值的对比情况(表中理论值考虑了结构自重的影响)。从表 1 的比较结果可知,虽然某些杆件的内力误差较大,但是各构件的内力值与理论值的平均误差基本控制在 20％之内,试验实测值与理论值总体比较接近。

4.2   模型满跨加载试验

模型满跨加载试验在表 1 所示的预应力情况下进行,加载方式采用手工加载,利用铸铁砝码及粗铁丝将荷载加在压杆上部节点。分两级加载:第一级加载为上部所有节点加载 122.5N;第二级加载为上部所有节点加载 245N。在上述加载方式下结构中各跟踪杆件的内力实测值与理论值的比较情况见图 4(图中下标有字母 OT 的标记表示 1、2 榀各杆件理论值;下标有字母 TF 的标记表示 3、4 榀各杆件理论值),压杆上部跟踪节点位移实测值与理论值的比较情况见表 2。

由图 4 及表 2 可以看出,杆件内力和节点位移的理论值与试验值相近,试验结果较好地反映了结构在两级满跨荷载作用下的受力特性:①结构在两级满跨荷载作用下,各杆件内力及节点位移随着荷载的改变基本呈线性变化;②随着荷载的增大,各圈脊索、最里圈斜索的内力绝对值减小,其余索的内力绝对值增大;③随着荷载的增大,节点竖向位移值一直增大;④结构在满跨荷载作用下具有良好的刚度;⑤结构位移的理论值与试验值比较吻合,误差基本控制在 12％范围内,但由于预应力分布的不均匀导致相同理论值的位移有较明显的差别。

表 1　结构自平衡内力校核

杆件名称		内力理论值/N	内力实测值/N	误差%
脊索 1	R_{11}	1113	1003	-9.88
	R_{12}	1113	1291	15.99
	R_{13}	1244	1146	-7.88
	R_{14}	1244	1277	2.65
脊索 2	R_{21}	1862	1703	-8.54
	R_{22}	1862	1982	6.44
	R_{23}	1957	1762	-9.96
	R_{24}	1957	1913	-2.25
脊索 3	R_{31}	2581	2543	-1.47
	R_{32}	2581	2674	3.60
	R_{33}	2705	2708	2.77
	R_{34}	2705	2708	0.11
环索 1	H_{11}	1094	1142	4.39
	H_{12}	1094	1082	-1.10
斜索 1	D_{11}	754	737	-2.25
	D_{12}	754	609	-19.23
	D_{13}	720	674	-6.39
	D_{14}	720	700	-2.78
斜索 2	D_{21}	729	708	-2.88
	D_{22}	729	721	-1.10
	D_{23}	777	761	-2.06
	D_{24}	777	951	-22.39
斜索 3	D_{31}	1469	1552	5.65
	D_{32}	1469	1408	-4.15
	D_{33}	1539	1749	13.65
	D_{34}	1539	1438	-6.56
环索 2	H_{21}	2185	2405	10.07
	H_{22}	2185	2235	2.29

表 2　满跨荷载时各跟踪节点的位移分布情况

节点编号		1	2	3	4	5	6	7	8	9
一级加载	理论值/mm	-7.37	-6.36	-3.85	-6.36	-3.85	-6.71	-3.43	-6.71	-3.43
	试验值/mm	-6.96	-6.14	-3.78	-6.54	-3.50	-6.19	-3.04	-6.52	-3.40
	误差/%	-5.56	-3.46	-1.82	2.83	-9.09	-7.75	-11.37	-2.83	-0.87
二级加载	理论值/mm	-14.69	-12.67	-7.62	-12.67	-7.62	-13.35	-6.86	-13.35	-6.86
	试验值/mm	-13.99	-12.16	-7.50	-13.03	-7.17	-12.33	-6.05	-13.01	-6.17
	误差/%	-4.77	-4.03	-1.57	2.84	-5.91	-7.64	-11.81	-2.55	-10.06

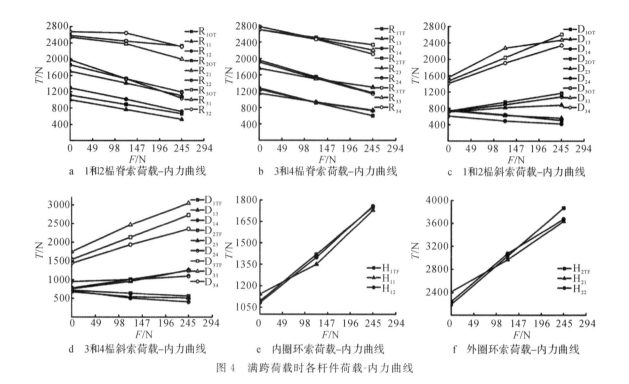

a 1和2榀脊索荷载-内力曲线   b 3和4榀脊索荷载-内力曲线   c 1和2榀斜索荷载-内力曲线

d 3和4榀斜索荷载-内力曲线   e 内圈环索荷载-内力曲线   f 外圈环索荷载-内力曲线

图 4   满跨荷载时各杆件荷载-内力曲线

4.3   模型半跨加载试验

模型半跨加载方式有两种,分别如图 5a 和 5b 所示。模型的半跨加载试验在表 1 所示的预应力基础上进行,加载方式和满跨情况相同,亦分两级加载。在图 5a、b 两种加载方式下结构中各跟踪杆件的内力实测值与理论值的比较情况分别见图 6 和图 7(图中下标有字母 LL 的标记表示各杆件的理论值),压杆上部跟踪节点(测点布置同图 3b)位移实测值与理论值的比较情况分别见表 3 和表 4。

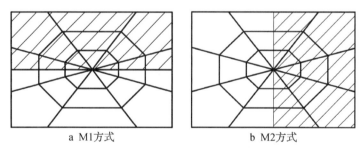

a M1方式   b M2方式

图 5   半跨的两种加载方式

由图 6、7 及表 3、4 可以看出,杆件内力及节点位移的理论值均与试验值基本吻合,试验结果较好地反映了结构在半跨荷载作用下的受力特性:①结构在半跨荷载作用下杆件内力变化幅度较满跨时小,且荷载作用部分与没有作用部分内力相差不大;②同一圈节点的位移情况不同,整个结构沿着荷载作用分界线,一半向上位移,一半向下位移。向下的最大竖向位移出现在荷载作用半跨的中部,向上的最大竖向位移出现在没有荷载作用半跨的中部;③与满跨荷载相比,节点的最大位移量有明显增大。当节点荷载值相同时,半跨荷载作用下的中心节点位移为满跨时 3 倍左右,表明矩形平面 Geiger型索穹顶结构相对来说不利于承受非对称荷载形式;④在荷载增加的过程中,索杆的内力及节点位移变化呈弱非线性。

表 3　半跨 M1 加载方式时各跟踪节点的位移分布情况

节点编号		1	2	3	4	5	6	7	8	9
一级加载	理论值/mm	−4.13	12.55	9.70	−19.54	−14.15	3.91	4.89	−10.68	−8.34
	试验值/mm	−3.81	11.99	10.50	−21.91	−16.20	4.14	5.04	−10.54	−8.14
	误差/%	−7.75	−4.46	8.25	12.13	14.49	5.88	3.07	−1.31	−2.40
二级加载	理论值/mm	−8.22	22.92	16.97	−37.03	−26.22	7.29	8.54	−20.25	−15.45
	试验值/mm	−7.57	22.67	17.01	−39.15	−27.39	7.08	8.73	−19.05	−14.96
	误差/%	−7.91	−1.09	0.24	5.73	4.46	−2.88	2.22	−5.93	−3.17

表 4　半跨 M2 加载方式时各跟踪节点的位移分布情况

节点编号		1	2	3	4	5	6	7	8	9
一级加载	理论值/mm	−3.98	−13.25	−10.38	6.80	6.41	14.39	10.73	−21.44	−14.62
	试验值/mm	−3.57	−14.43	−10.19	7.73	6.70	13.20	10.79	−20.21	−15.97
	误差/%	−10.30	8.91	−1.83	13.68	4.52	−8.27	0.56	−5.74	9.23
二级加载	理论值/mm	−7.68	−24.77	−18.65	12.54	11.12	26.26	18.65	−40.17	−26.83
	试验值/mm	−6.93	−26.95	−19.47	13.65	12.01	24.81	20.47	−38.64	−28.50
	误差/%	−9.77	8.80	4.40	8.85	8.00	−5.52	9.76	−3.81	6.22

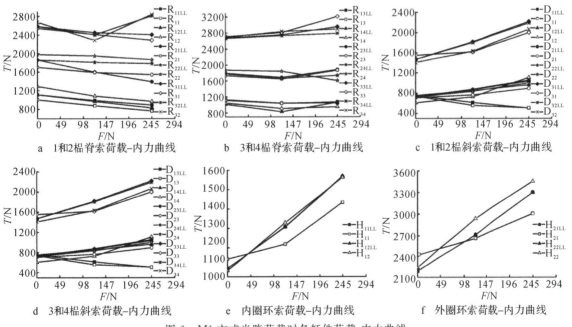

a　1和2榀脊索荷载-内力曲线　　b　3和4榀脊索荷载-内力曲线　　c　1和2榀斜索荷载-内力曲线

d　3和4榀斜索荷载-内力曲线　　e　内圈环索荷载-内力曲线　　f　外圈环索荷载-内力曲线

图 6　M1 方式半跨荷载时各杆件荷载-内力曲线

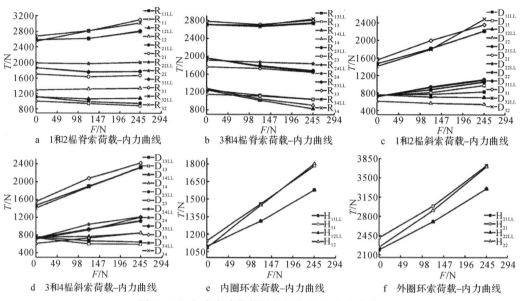

a 1和2榀脊索荷载-内力曲线　　b 3和4榀脊索荷载-内力曲线　　c 1和2榀斜索荷载-内力曲线

d 3和4榀斜索荷载-内力曲线　　e 内圈环索荷载-内力曲线　　f 外圈环索荷载-内力曲线

图7　M2方式半跨荷载时各杆件荷载-内力曲线

4.4 模型自振频率

为了初步了解结构的动力特性,本文还测试了结构在3种不同预应力水平下(第一至第三种预应力水平分别对应不考虑结构自重,中心压杆压力为 $-303N$、 $-730N$ 及 $-1176N$ 时的体系自平衡内力状态)的基频。结构自振频率测量所用的仪器为CRAS振动及动态信号采集分析系统,包括AZ108八通道FFT分析仪、力锤与加速度感应器激振拾振装置及其相应的建模与数据处理软件3部分。

图8a、b和c分别给出了3种预应力水平一组基频的实测图;图8d给出了3种预应力水平前20阶频率的理论值。由图8可以看出,第一种预应力水平时结构基频的理论值为 $3.426Hz$,实测值在 $3.0 \sim 4.0Hz$ 之间;第二种预应力水平时结构基频的理论值为 $5.265Hz$,实测值为 $5.5 \sim 6.5Hz$;第三

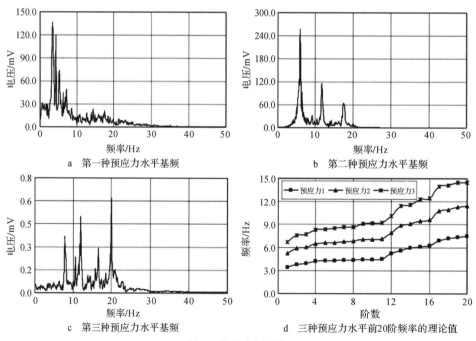

a 第一种预应力水平基频　　b 第二种预应力水平基频

c 第三种预应力水平基频　　d 三种预应力水平前20阶频率的理论值

图8　结构自振频率

种预应力水平时结构基频的理论值为 6.731Hz,实测值为 7.0～8.0Hz。总体来说,结构基频的实测值基本与理论值吻合,且本文研究的矩形平面 Geiger 型索穹顶结构自振频率密集,结构的自振频率随着预应力水平的增大而增高,表明提高结构预应力水平可以改善结构刚度。

5   结论

本文较为详细地描述了一矩形平面 Geiger 型索穹顶结构试验模型设计、试验方法以及数据的测量,并校核了这种结构的自应力分布,进行了模型的静载试验和自振频率测试等。试验的实测结果与理论计算结果基本吻合,说明模型的设计以及试验方法是合理的,同时也证明本文采用的理论计算方法是可靠的。纵观整个试验过程,可以得出以下几点结论。

(1)矩形平面 Geiger 型索穹顶结构在满跨荷载作用下具有良好的刚度和承载力,结构的反应基本呈线性。

(2)矩形平面 Geiger 型索穹顶结构在半跨荷载作用下索的内力变化不如满跨时剧烈,但结构的最大位移较满跨时相同的均布荷载增加几倍,表明结构在半跨荷载作用下刚度较差,结构不利于承受很不对称的荷载形式。

(3)在满跨和半跨均布荷载作用下,矩形平面 Geiger 型索穹顶结构和圆形平面 Geiger 型索穹顶结构[9]在索松弛之前,内力和位移变化趋势基本相同,且矩形平面 Geiger 型索穹顶结构承受满跨荷载作用的能力较好,但其承受半跨荷载作用的能力比轴对称索穹顶结构稍差。

(4)矩形平面 Geiger 型索穹顶结构的自振频率密集,随着预应力水平的增大,结构体系的自振频率也跟着增大,提高结构预应力水平可以改善结构刚度。

(5)结构自振频率随初始预应力的增大而增大且呈弱非线性,但是由于结构第一阶频率非常低,通过提高结构初始预应力的办法并不能改变结构的低频特性。

参考文献

[1] GEIGER D H,STEFANIUK A,CHEN D. The design and construction of two cable domes for the Korean Olympics[C]//Proceedings of IASS Symposium on Shells,Membranes and Space Frames,Vol. 2,Osaka,Japan,1986:265—272.

[2] LEVY M P. The Georgia dome and beyond achieving lightweight-long span structures[C]// Spatial Lattice and Tension Structures:Proceedings of the IASS-ASCE International Symposium,Atlanta,USA,1994:560—562.

[3] 唐建民.索穹顶体系的结构理论研究[D].上海:同济大学,1996.

[4] 曹喜.张拉整体索穹顶结构的设计理论与试验研究[D].天津:天津大学,1997.

[5] GASPARINI D A,PERDILKARIS P C,KANJ N. Dynamic and static behavior of cable dome model[J]. Journal of Structural Engineering,1989,115(2):363—381.

[6] 黄呈伟,邓宜,宋万明.索穹顶结构模型试验研究[J].空间结构,1999,5(3):40—60.

[7] 袁行飞,董石麟.索穹顶结构有限元分析及试验研究[J].浙江大学学报(工学版),2004,38(5):586—592.

[8] PELLEGRINO S. Structural computations with the singular value decomposition of the equilibrium matrix[J]. International Journal of Solids and Structures,1993,30(21):3025—3035.

[9] 郑君华.矩形平面索穹顶结构的理论分析与试验研究[D].杭州:浙江大学,2006.

101 索穹顶结构多种预应力张拉施工方法的全过程分析*

摘　要: 索穹顶结构的预应力张拉施工成形过程分析一直是国内外学者研究的热点和难点. 本文结合国外已有工程预应力张拉施工方法和国内相关研究成果介绍,以一跨度为122m的索穹顶结构为例,提出了包括逐圈斜索张拉法、仅外圈斜索张拉法、逐圈竖杆顶压法、仅外圈竖杆顶压法、逐圈环索张拉法、仅外圈环索张拉法、逐圈斜索原长安装法等七种预应力张拉施工方法,并采用动力松弛法对采用各种预应力张拉施工方法进行施工模拟全过程分析,为实际索穹顶结构工程的张拉施工提供理论依据和技术支持。

关键词: 索穹顶;预应力张拉;施工方案;动力松弛法

1　引言

索穹顶结构的力学性能很大程度上取决于预应力状态,而预应力的形成又与张拉施工过程有直接关系,所以选择合理、有效的预应力张拉施工方法是实现结构良好力学性能的保证。

索穹顶结构的张拉施工成形过程分析一直是国内外学者研究的热点和难点。国外索穹顶工程的成功应用为我们提供了宝贵经验,但涉及技术保密等原因,公开报道的资料较少,仅有几篇也只是对几个实际工程施工过程的简单描述[1-4]。国内虽无工程应用,但在索穹顶预应力张拉施工成形方面做了许多有意义的探索,提出了不同的施工方法,并采用不同的分析方法如力密度法、非线性有限元法、动力松弛法等对张拉施工过程进行了分析[5-10],应该说这些工作对推动我国索穹顶工程的早日应用具有重要的意义。

本文结合国外已有工程预应力张拉施工方法和国内相关研究成果介绍,以一跨度为122m的索穹顶结构为例,提出了包括逐圈斜索张拉法、仅外圈斜索张拉法、逐圈竖杆顶压法、仅外圈竖杆顶压法、逐圈环索张拉法、仅外圈环索张拉法、逐圈斜索原长安装法等七种预应力张拉施工方法,并采用动力松弛法对各种张拉施工方法进行施工模拟全过程分析,为实际索穹顶结构工程的张拉施工提供理论依据和技术支持。

---

*　本文刊登于:董石麟,袁行飞,赵宝军,向新岸,郭佳民. 索穹顶结构多种预应力张拉施工方法的全过程分析[J]. 空间结构, 2007,13(1):3-14,25.

2　索穹顶结构布置及预应力分布

本文以一跨度为122m、支承于周边混凝土圈梁的索穹顶为例进行分析。索穹顶为联方型布置，由中心受拉环、径向布置的脊索、斜索、压杆和环索组成。结构三维图、平面图和立面图如图1、图2，杆件编号见图3，杆件截面配置见表1。

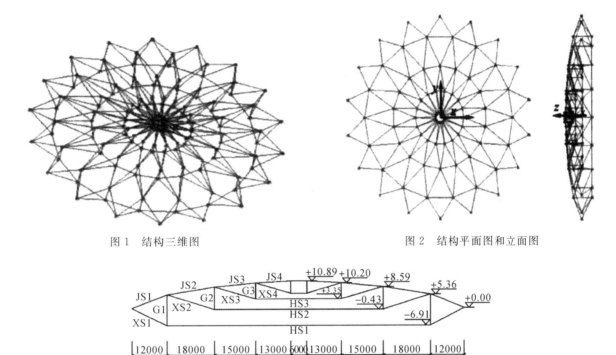

图1　结构三维图　　　　　　　　　　　　　　图2　结构平面图和立面图

图3　结构剖面图

表1　索穹顶结构杆件截面配置/cm²

编号	型号	截面积	编号	型号	截面积	编号	型号	截面积
JS1	2×6107	46.94	XS2	6107	23.47	HS3	2×3707	28.48
JS2	6107	23.47	XS3	3705	7.26	G1	φ245×14	101.60
JS3	3707	14.24	XS4	3705	7.26	G2	φ159×6	28.85
JS4	3707	14.24	HS1	3×16307	188.20	G3	φ159×6	28.85
XS1	2×6107	46.94	HS2	2×16307	125.40			

索穹顶结构的刚度与预应力的分布和大小有密切关系。根据结构几何形状，可唯一确定联方型索穹顶结构的单位初始预应力分布。根据结构荷载情况以及结构使用阶段索不退出工作原则，可确定结构所需预应力水平。考虑结构自重后的预应力分布见表2。

表 2　仅考虑杆件自重时的预应力分布情况

编号	预应力/kN	编号	预应力/kN	编号	预应力/kN
JS1	2737.5	XS2	766.5	HS3	1583.8
JS2	1228.1	XS3	307.2	G1	−1856.2
JS3	815.4	XS4	120.2	G2	−426.9
JS4	647.7	HS1	8715.4	G3	−179.4
XS1	2298.0	HS2	3790.0		

3　张拉施工模拟分析方法

考虑到结构在一定的荷载(包括自重)作用下都会通过形状和内力的调整达到一个平衡态,可以忽略杆系在各阶段的移动和变位过程,只需关注在各阶段施工完成后体系所处的平衡态,即此时各杆件内力和节点坐标,由此索穹顶结构的预应力张拉施工成形分析转化为求解结构在各施工阶段平衡态的问题,该问题属于形态分析范畴。

索穹顶的预应力张拉施工过程实质上是将已知原长的构件按照一定的拓扑关系组装到位的过程。考虑到现场施工条件和技术水平,应尽可能采用经济、可行、有效的方法。而张拉施工过程中各阶段平衡位置及内力分布则可采用动力松弛法求解。该方法是一种有效求解非线性系统平衡的数值方法。其基本原理是对离散体系节点施加激振力使之围绕其平衡点产生振动,动态跟踪各节点的振动过程,直至各节点最终达到静止平衡态。采用动力松弛法对索穹顶结构进行预应力张拉施工模拟分析的基本步骤如下:

(1)根据平衡矩阵理论确定结构索杆自应力分布,同时根据荷载大小确定预应力水平;

(2)选择初始截面,考虑结构自重修正初始预应力分布,由索杆初内力确定各索杆原长;

(3)确定预应力张拉施工方案,从而确定张拉施工的各个阶段;

(4)运用动力松弛法对预应力张拉施工各阶段进行找形分析。假定张拉施工各阶段结构初始形状,并将节点速度、动能设置为零,求解不平衡力和节点速度,修改节点坐标。如果不平衡力满足给定精度,则退出迭代;如果不满足,记录该时刻结构动能。在结构动能极大值时刻重新设置速度为零,按照上述步骤迭代,直至体系达到平衡,由此确定各阶段各单元内力及各节点位置;

(5)预应力张拉成形后,铺设屋面结构(如膜材),整个索穹顶结构施工安装结束。

4　施工方法和施工模拟分析

依据该结构实际情况和设计资料,并结合国外已有工程施工方法介绍,拟对本结构采用以下几种预应力张拉方法进行施工:①逐圈斜索张拉法;②仅外圈斜索张拉法;③逐圈竖杆顶压法;④仅外圈竖杆顶压法;⑤逐圈环索张拉法;⑥仅外圈环索张拉法;⑦逐圈斜索原长安装法。结构节点和单元编号示意图见图4、图5。

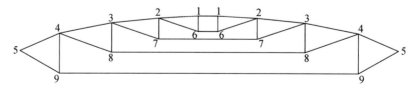

图 4　节点编号示意

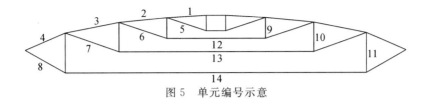

图 5 单元编号示意

采用动力松弛法对各预应力张拉施工方法进行模拟,可得到张拉施工各阶段单元内力和节点坐标。由于篇幅原因,下文中只列出部分节点坐标和单元内力。

4.1 张拉施工方法一:逐圈斜索张拉法

采用本张拉施工方法时,除斜索外其余杆件均按照设计原长下料。首先完成内环与各道脊索、环索和压杆的连接,然后由外及里张拉斜索使结构成形,同时实现结构内部预应力的施加,张拉施工各阶段的节点坐标和单元内力列于表 3、表 4,结构示意图见图 6。

表 3 张拉施工方法一节点坐标 （单位:m）

施工过程	节点 1			节点 2		
	X	Y	Z	X	Y	Z
第一圈斜索 1.1 倍原长	−2.953	0.521	−6.947	−15.974	0.000	−6.207
第一圈斜索 1.05 倍原长	−2.953	0.521	−3.678	−15.983	0.000	−3.083
第一圈斜索 1.0 倍原长	−2.953	0.521	3.539	−16.000	0.000	3.700
第二圈斜索 1.1 倍原长	−2.953	0.521	3.528	−15.997	0.000	3.768
第二圈斜索 1.05 倍原长	−2.953	0.521	5.599	−15.995	0.000	5.886
第二圈斜索 1.0 倍原长	−2.956	0.521	8.817	−16.035	0.000	8.843
第三圈斜索 1.1 倍原长	−2.956	0.521	8.813	−16.035	0.000	8.840
第三圈斜索 1.05 倍原长	−2.956	0.521	8.828	−16.035	0.000	8.855
第三圈斜索 1.0 倍原长	−2.956	0.521	10.343	−16.033	0.000	10.371
第四圈斜索 1.1 倍原长	−2.956	0.521	10.338	−16.033	0.000	10.369
第四圈斜索 1.05 倍原长	−2.956	0.521	10.340	−16.033	0.000	10.369
第四圈斜索 1.0 倍原长	−2.955	0.521	10.990	−16.010	0.000	10.285
施工过程	节点 3			节点 4		
	X	Y	Z	X	Y	Z
第一圈斜索 1.1 倍原长	−30.407	5.362	−4.088	−48.039	0.000	2.144
第一圈斜索 1.05 倍原长	−30.467	5.372	−1.373	−48.443	0.000	3.776
第一圈斜索 1.0 倍原长	−30.577	5.392	4.168	−49.220	0.000	5.652
第二圈斜索 1.1 倍原长	−30.563	5.389	4.462	−49.224	0.000	5.657
第二圈斜索 1.05 倍原长	−30.554	5.388	6.718	−49.222	0.000	5.655
第二圈斜索 1.0 倍原长	−30.656	5.405	8.920	−49.061	0.000	5.441
第三圈斜索 1.1 倍原长	−30.655	5.405	8.919	−49.061	0.000	5.441
第三圈斜索 1.05 倍原长	−30.655	5.405	8.919	−49.061	0.000	5.441
第三圈斜索 1.0 倍原长	−30.560	5.389	8.678	−49.018	0.000	5.384
第四圈斜索 1.1 倍原长	−30.560	5.389	8.677	−49.018	0.000	5.384
第四圈斜索 1.05 倍原长	−30.560	5.389	8.677	−49.018	0.000	5.384
第四圈斜索 1.0 倍原长	−30.546	5.386	8.641	−49.012	0.000	5.375

表4 张拉施工方法一单元内力 （单位:kN）

施工过程	单元1	单元2	单元3	单元4	单元5	单元6	单元7
第一圈斜索1.1倍原长	27.0	29.1	34.9	44.6			
第一圈斜索1.05倍原长	33.6	36.1	42.2	55.8			
第一圈斜索1.0倍原长	124.1	132.4	146.6	205.8			
第二圈斜索1.1倍原长	83.5	89.1	97.8	155.2			14.5
第二圈斜索1.05倍原长	69.6	74.3	81.3	173.2			45.3
第二圈斜索1.0倍原长	757.1	806.7	897.2	2090.3			626.1
第三圈斜索1.1倍原长	755.3	804.6	895.6	2090.2		0.7	627.6
第三圈斜索1.05倍原长	753.8	803.0	896.0	20900.8		2.7	627.7
第三圈斜索1.0倍原长	726.8	778.7	1183.6	2650.9		303.6	747.9
第四圈斜索1.1倍原长	724.2	776.3	1182.1	2650.5	0.5	304.6	749.1
第四圈斜索1.05倍原长	724.0	776.4	1182.2	2650.6	0.7	304.6	749.1
第四圈斜索1.0倍原长	647.6	815.4	1228.0	2737.4	120.1	307.2	766.4

施工过程	单元8	单元9	单元10	单元11	单元12	单元13	单元14
第一圈斜索1.1倍原长	69.4	1.7	9.4	−46.5	0.8	7.2	252.0
第一圈斜索1.05倍原长	93.3	1.7	9.4	−60.6	0.8	7.3	348.0
第一圈斜索1.0倍原长	262.7	1.7	9.5	−178.4	0.8	7.4	995.4
第二圈斜索1.1倍原长	226.3	1.7	−1.0	−149.5	0.8	66.6	857.8
第二圈斜索1.05倍原长	241.8	1.7	−22.0	−161.8	0.8	216.6	916.2
第二圈斜索1.0倍原长	1810.0	1.7	−333.4	−1442.9	0.9	3094.6	6858.9
第三圈斜索1.1倍原长	1811.7	1.9	−334.3	−1444.3	3.4	3102.3	6865.3
第三圈斜索1.05倍原长	1812.1	0.3	−334.3	−1444.6	13.7	3102.6	6866.8
第三圈斜索1.0倍原长	2232.9	−175.4	−414.2	−1800.7	1564.9	3698.0	8467.8
第四圈斜索1.1倍原长	2234.1	−176.1	−415.0	−1801.7	1570.5	3704.1	8472.3
第四圈斜索1.05倍原长	2234.1	−176.1	−414.9	−1801.7	1570.3	3703.9	8472.2
第四圈斜索1.0倍原长	2298.0	−179.4	−426.9	−1856.1	1583.7	3790.0	8715.4

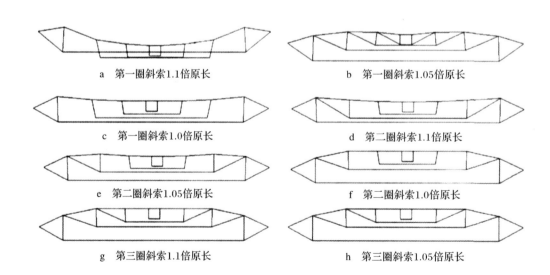

a 第一圈斜索1.1倍原长　　　　　　　　b 第一圈斜索1.05倍原长

c 第一圈斜索1.0倍原长　　　　　　　　d 第二圈斜索1.1倍原长

e 第二圈斜索1.05倍原长　　　　　　　　f 第二圈斜索1.0倍原长

g 第三圈斜索1.1倍原长　　　　　　　　h 第三圈斜索1.05倍原长

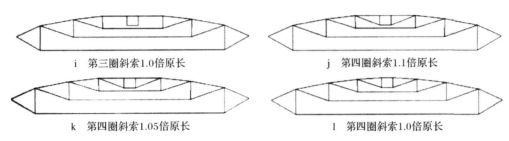

i　第三圈斜索1.0倍原长　　　　　　　j　第四圈斜索1.1倍原长

k　第四圈斜索1.05倍原长　　　　　　　l　第四圈斜索1.0倍原长

图 6　张拉施工方法一中各阶段结构示意图

4.2　张拉施工方法二:仅外圈斜索张拉法

采用本张拉施工方法时,除最外圈斜索外其余杆件均按照设计原长下料。首先完成内环、脊索、除外圈外斜索、压杆的连接,然后通过张拉最外圈斜索的方法来保证整个结构到达设计标高,同时实现结构内部预应力的施加。

采用该方法时张拉各阶段的节点坐标及单元内力见表5、表6,图7为结构示意图。

表 5　张拉施工方法二节点坐标　　　　　　　　　　　　　　（单位:m）

施工过程	节点 1			节点 2		
	X	Y	Z	X	Y	Z
外圈斜索 1.1 倍原长	−2.952	0.520	−0.194	−14.775	0.000	1.79
外圈斜索 1.05 倍原长	−2.952	0.520	4.360	−15.235	0.000	5.499
外圈斜索 1.0 倍原长	−2.955	0.521	10.990	−16.010	0.000	10.284
施工过程	节点 3			节点 4		
	X	Y	Z	X	Y	Z
外圈斜索 1.1 倍原长	−29.320	5.170	3.008	−48.031	0.000	2.136
外圈斜索 1.05 倍原长	−29.813	5.257	5.629	−48.436	0.000	3.769
外圈斜索 1.0 倍原长	−30.545	5.386	8.641	−49.011	0.000	5.375

表 6　张拉施工方法二单元内力　　　　　　　　　　　　　　（单位:kN）

施工过程	单元 1	单元 2	单元 3	单元 4	单元 5	单元 6	单元 7
外圈斜索 1.1 倍原长	0.9	4.5	15.6	65.8	3.3	9.8	36.4
外圈斜索 1.05 倍原长	1.0	5.2	18.7	81.9	3.9	12.1	44.2
外圈斜索 1.0 倍原长	647.6	815.4	1228.0	2737.4	120.1	307.2	766.4
施工过程	单元 8	单元 9	单元 10	单元 11	单元 12	单元 13	单元 14
外圈斜索 1.1 倍原长	82.1	−6.8	−17.3	−60.5	50.3	177.3	299.2
外圈斜索 1.05 倍原长	114.5	−7.4	−19.4	−81.2	62.2	216.8	427.8
外圈斜索 1.0 倍原长	2298.0	−179.4	−426.9	−1856.1	1583.7	3790.0	8715.4

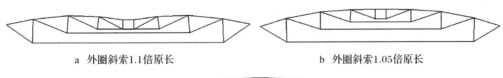

a　外圈斜索1.1倍原长　　　　　　　　b　外圈斜索1.05倍原长

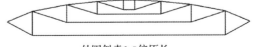

c　外圈斜索1.0倍原长

图 7　张拉施工方法二中各阶段结构示意图

4.3　张拉施工方法三：逐圈竖杆顶压法

采用本张拉施工方法时，所有索按设计原长下料，所有压杆长度可调。首先完成内环与各道脊索、环索和压杆(缩短长度)的连接，然后由外及里顶压竖杆使结构成形，同时实现了结构内部预应力的施加。张拉各阶段的节点坐标及单元内力见表7、表8，图8为结构示意图。

表7　张拉施工方法三节点坐标　　　　　　　　　　　　　　　(单位:m)

施工过程	节点1			节点2		
	X	Y	Z	X	Y	Z
所有竖杆0.9倍原长	−2.952	0.520	5.179	−15.467	0.000	5.828
第一圈竖杆0.95倍原长	−2.952	0.520	8.438	−15.837	0.000	8.174
第一圈竖杆1.0倍原长	−2.954	0.520	10.095	−15.999	0.000	9.405
第二圈竖杆0.95倍原长	−2.954	0.521	10.370	−16.004	0.000	9.673
第二圈竖杆1.0倍原长	−2.955	0.521	10.634	−16.008	0.000	9.930
第三圈竖杆0.95倍原长	−2.955	0.521	10.817	−16.009	0.000	10.113
第三圈竖杆1.0倍原长	−2.955	0.521	10.990	−16.010	0.000	10.284
施工过程	节点3			节点4		
	X	Y	Z	X	Y	Z
所有竖杆0.9倍原长	−30.039	5.296	6.049	−48.677	0.000	4.445
第一圈竖杆0.95倍原长	−30.387	5.358	7.426	−48.932	0.000	5.055
第一圈竖杆1.0倍原长	−30.562	5.389	8.224	−49.091	0.000	5.481
第二圈竖杆0.95倍原长	−30.572	5.390	8.486	−49.061	0.000	5.441
第二圈竖杆1.0倍原长	−30.583	5.392	8.737	−49.029	0.000	5.398
第三圈竖杆0.95倍原长	−30.565	5.389	8.691	−49.020	0.000	5.387
第三圈竖杆1.0倍原长	−30.545	5.386	8.641	−49.011	0.000	5.375

表8　张拉施工方法三单元内力　　　　　　　　　　　　　　　(单位:kN)

施工过程	单元1	单元2	单元3	单元4	单元5	单元6	单元7
所有竖杆0.9倍原长	1.2	5.7	20.1	89.7	4.3	12.9	47.6
第一圈竖杆0.95倍原长	2.1	7.9	26.5	115.6	5.5	16.8	59.3
第一圈竖杆1.0倍原长	435.4	546.5	775.2	1704.5	80.7	162.5	458.8
第二圈竖杆0.95倍原长	525.3	659.2	934.9	2087.5	97.2	193.6	581.0
第二圈竖杆1.0倍原长	621.6	780.2	1107.7	507.7	115.2	227.4	719.5
第三圈竖杆0.95倍原长	632.0	794.4	1163.9	2615.4	117.2	266.8	741.8
第三圈竖杆1.0倍原长	6476.8	815.4	1228.0	2737.4	120.1	307.2	766.4
施工过程	单元8	单元9	单元10	单元11	单元12	单元13	单元14
所有竖杆0.9倍原长	152.6	−7.2	−18.8	−91.5	66.4	235.0	591.5
第一圈竖杆0.95倍原长	182.1	−8.1	−22.0	−114.7	86.8	294.4	698.7
第一圈竖杆1.0倍原长	1513.6	−90.3	−233.7	−1195.3	840.4	2280.2	5733.1
第二圈竖杆0.95倍原长	1810.6	−107.9	−307.6	−1443.4	1001.6	2880.5	6861.1
第二圈竖杆1.0倍原长	2128.0	−126.9	−394.9	−1711.4	1176.6	3557.4	8068.1
第三圈竖杆0.95倍原长	2208.0	−152.3	−410.0	−1779.4	1378.3	3667.8	8372.7
第三圈竖杆1.0倍原长	2298.0	−179.4	−426.9	−1856.1	1583.7	3790.0	8715.4

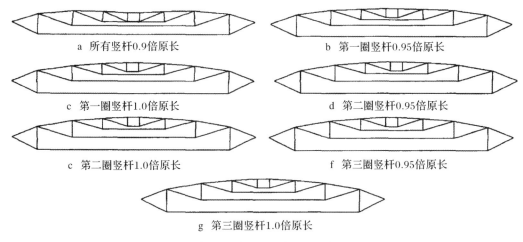

a 所有竖杆0.9倍原长	b 第一圈竖杆0.95倍原长
c 第一圈竖杆1.0倍原长	d 第二圈竖杆0.95倍原长
c 第二圈竖杆1.0倍原长	f 第三圈竖杆0.95倍原长

g 第三圈竖杆1.0倍原长

图 8 张拉施工方法三中各阶段结构示意图

4.4 张拉施工方法四:仅外圈竖杆顶压法

采用本张拉施工方法时,除外圈竖杆外的所有索和竖杆按设计原长下料,外圈压杆长度可调. 首先完成内环与各道脊索、环索和压杆的连接,然后顶压外圈竖杆使结构成形,同时实现结构内部预应力的施加。张拉各阶段的节点坐标及单元内力见表 9、表 10,图 9 为结构示意图。

表 9 张拉施工方法四节点坐标 （单位:m）

施工过程	节点 1			节点 2		
	X	Y	Z	X	Y	Z
外圈竖杆 0.9 倍原长	−2.9524	0.5206	7.2569	−15.5838	0.000	7.6382
外圈竖杆 0.95 倍原长	−2.9527	0.5206	10.5065	−15.9812	0.000	9.8442
外圈竖杆 1.0 倍原长	−2.9554	0.5211	10.9904	−16.0102	0.000	10.2848

施工过程	节点 3			节点 4		
	X	Y	Z	X	Y	Z
外圈竖杆 0.9 倍原长	−30.1393	5.3144	6.9503	−48.6758	0.000	4.4437
外圈竖杆 0.95 倍原长	−30.4761	5.3738	8.1998	−48.9110	0.000	5.0250
外圈竖杆 1.0 倍原长	−30.5459	5.3861	8.6413	−49.0118	0.000	5.3753

表 10 张拉施工方法四单元内力 （单位:kN）

施工过程	单元 1	单元 2	单元 3	单元 4	单元 5	单元 6	单元 7
外圈竖杆 0.9 倍原长	1.3	6.1	22.4	98.4	4.6	14.7	51.8
外圈竖杆 0.95 倍原长	63.3	84.3	142.9	366.1	16.3	46.7	127.8
外圈竖杆 1.0 倍原长	6476.8	815.4	1228.0	2737.4	120.1	307.2	766.4

施工过程	单元 8	单元 9	单元 10	单元 11	单元 12	单元 13	单元 14
外圈竖杆 0.9 倍原长	159.0	−8.0	−21.5	−96.6	75.4	255.3	616.4
外圈竖杆 0.95 倍原长	377.6	−25.3	−62.4	−270.1	241.0	631.4	1448.6
外圈竖杆 1.0 倍原长	2298.0	−179.4	−426.9	−1856.1	1583.7	3790.0	8715.4

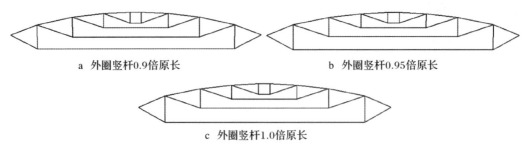

a 外圈竖杆0.9倍原长   b 外圈竖杆0.95倍原长

c 外圈竖杆1.0倍原长

图 9   张拉施工方法四中各阶段结构示意图

4.5   张拉施工方法五：逐圈环索张拉法

采用本张拉施工方法时，除环索外其余杆件均按照设计原长下料。首先完成内环与各道脊索、斜索和压杆的连接，然后由外及里张拉环索使结构成形，同时实现结构内部预应力的施加。由于环索较长，这里按原长的 1.05 倍开始计算。张拉各阶段的节点坐标及单元内力见表 11、表 12，图 10 为结构示意图。

表 11   张拉施工方法五节点坐标   （单位：m）

施工过程	节点 1			节点 2		
	X	Y	Z	X	Y	Z
第一圈环索 1.05 倍原长	−2.952	0.520	−5.697	−15.975	0.000	−6.353
第一圈环索 1.025 倍原长	−2.952	0.520	−2.485	−15.977	0.000	−3.144
第一圈环索 1.0 倍原长	−2.952	0.520	4.573	−15.983	0.000	3.909
第二圈环索 1.05 倍原长	−2.952	0.520	5.619	−15.980	0.000	4.958
第二圈环索 1.025 倍原长	−2.953	0.520	7.921	−15.988	0.000	7.249
第二圈环索 1.0 倍原长	−2.955	0.521	9.500	−16.011	0.000	8.792
第三圈环索 1.05 倍原长	−2.955	0.521	9.607	−16.011	0.000	8.900
第三圈环索 1.025 倍原长	−2.955	0.521	10.349	−16.009	0.000	9.644
第三圈环索 1.0 倍原长	−2.955	0.521	10.990	−16.010	0.000	10.284

施工过程	节点 3			节点 4		
	X	Y	Z	X	Y	Z
第一圈环索 1.05 倍原长	−30.3146	5.3453	−3.6427	−48.0605	0.000	2.2581
第一圈环索 1.025 倍原长	−30.4022	5.3607	−0.9676	−48.4699	0.000	3.8531
第一圈环索 1.0 倍原长	−30.5585	5.3883	4.4386	−49.2208	0.000	5.6535
第二圈环索 1.05 倍原长	−30.5281	5.3829	5.9741	−49.2249	0.000	5.6583
第二圈环索 1.025 倍原长	−30.5774	5.3916	7.5137	−49.1879	0.000	5.6093
第二圈环索 1.0 倍原长	−30.6365	5.402	8.8711	−49.0529	0.000	5.4297
第三圈环索 1.05 倍原长	−30.6353	5.4018	8.8678	−49.0523	0.000	5.429
第三圈环索 1.025 倍原长	−30.6083	5.3971	8.7991	−49.0402	0.000	5.4129
第三圈环索 1.0 倍原长	−30.5459	5.3861	8.6413	−49.0118	0.000	5.3753

表 12　张拉施工方法五单元内力　　　　　　　　　　　　（单位:kN）

施工过程	单元 1	单元 2	单元 3	单元 4	单元 5	单元 6	单元 7
第一圈环索 1.05 倍原长	14.6	24.1	26.9	42.6	8.3	0.5	1.8
第一圈环索 1.025 倍原长	19.6	30.1	33.3	49.7	9.1	0.5	1.8
第一圈环索 1.0 倍原长	97.3	125.6	137.2	194.1	21.9	0.4	1.8
第二圈环索 1.05 倍原长	48.2	65.2	73.2	146.4	13.8	0.4	34.7
第二圈环索 1.025 倍原长	200.0	252.4	281.2	546.9	39.2	0.4	116.1
第二圈环索 1.0 倍原长	682.1	853.7	949.9	2198.2	126.7	0.4	652.0
第三圈环索 1.05 倍原长	670.5	840.1	951.8	2204.0	124.5	17.0	654.3
第三圈环索 1.025 倍原长	634.5	798.2	1032.4	2362.0	117.6	139.9	688.8
第三圈环索 1.0 倍原长	647.6	815.4	1228.0	2737.4	120.1	307.2	766.4
施工过程	单元 8	单元 9	单元 10	单元 11	单元 12	单元 13	单元 14
第一圈环索 1.05 倍原长	66.3	1.0	2.1	−47.4			236.0
第一圈环索 1.025 倍原长	87.8	1.1	2.3	−58.0			323.3
第一圈环索 1.0 倍原长	251.5	1.1	2.8	−169.5			952.9
第二圈环索 1.05 倍原长	220.5	1.1	−17.4	−144.9	167.6		835.8
第二圈环索 1.025 倍原长	566.7	1.2	−70.0	−421.3	572.1		2145.1
第二圈环索 1.0 倍原长	1894.2	1.2	−350.1	−1513.7	3223.1		7179.0
第三圈环索 1.05 倍原长	1899.8	−11.0	−351.6	−1518.4	87.8	3234.5	7200.1
第三圈环索 1.025 倍原长	2019.1	−94.2	−374.3	−1619.2	722.4	3405.3	7654.1
第三圈环索 1.0 倍原长	2298.0	−179.4	−426.9	−1856.1	1583.7	3790.0	8715.4

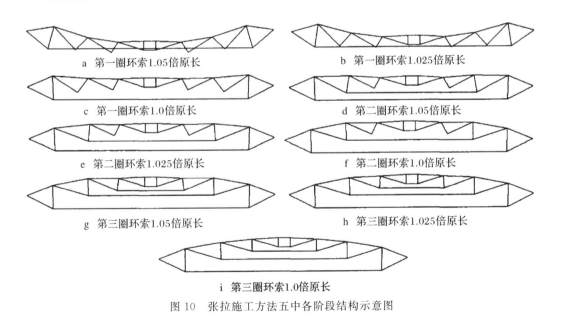

a　第一圈环索1.05倍原长　　　　　b　第一圈环索1.025倍原长

c　第一圈环索1.0倍原长　　　　　d　第二圈环索1.05倍原长

e　第二圈环索1.025倍原长　　　　　f　第二圈环索1.0倍原长

g　第三圈环索1.05倍原长　　　　　h　第三圈环索1.025倍原长

i　第三圈环索1.0倍原长

图 10　张拉施工方法五中各阶段结构示意图

4.6　张拉施工方法六:仅外圈环索张拉法

采用本张拉施工方法时,除最外圈环索外其余杆件均按照设计原长下料。首先完成内环与各道斜索、脊索和压杆的连接,然后通过张拉最外圈环索的方法来保证整个结构到达设计标高,同时实现结构内部预应力的施加。张拉阶段的节点坐标及单元内力见表13、表14,图11为结构示意图。

表13 张拉施工方法六节点坐标 （单位:m）

施工过程	节点1			节点2		
	X	Y	Z	X	Y	Z
外圈环索1.05倍原长	−2.952	0.520	0.031	−14.793	0.000	1.990
外圈环索1.025倍原长	−2.952	0.520	4.630	−15.266	0.000	5.707
外圈环索1.0倍原长	−2.955	0.521	10.990	−16.010	0.000	10.284
施工过程	节点3			节点4		
	X	Y	Z	X	Y	Z
外圈环索1.05倍原长	−29.341	5.173	3.159	−48.050	0.000	2.244
外圈环索1.025倍原长	−29.844	5.262	5.764	−48.460	0.000	3.842
外圈环索1.0倍原长	−30.545	5.386	8.641	−49.011	0.000	5.375

表14 张拉施工方法六单元内力 （单位:kN）

施工过程	单元1	单元2	单元3	单元4	单元5	单元6	单元7
外圈环索1.05倍原长	0.9	4.5	15.7	75.4	3.3	9.9	36.6
外圈环索1.025倍原长	1.1	5.2	18.9	89.2	4.0	12.3	44.8
外圈环索1.0倍原长	647.6	815.4	1228.0	2737.4	120.1	307.2	766.4
施工过程	单元8	单元9	单元10	单元11	单元12	单元13	单元14
外圈环索1.05倍原长	82.2	−6.9	−17.4	−66.3	50.7	178.7	298.3
外圈环索1.025倍原长	115.8	−7.5	−19.5	−86.1	63.2	219.9	430.1
外圈环索1.0倍原长	2298.0	−179.4	−426.9	−1856.1	1583.7	3790.0	8715.4

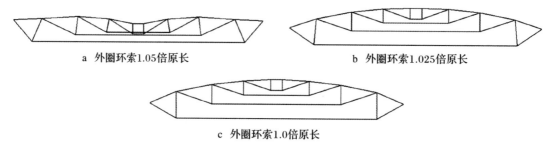

a 外圈环索1.05倍原长　　　　　　　b 外圈环索1.025倍原长

c 外圈环索1.0倍原长

图11 张拉施工方法六中各阶段结构示意图

4.7 张拉施工方法七:逐圈斜索原长安装法

采用本张拉施工方法时,所有索和竖杆均按照设计原长下料。首先完成内环与各道脊索、环索和压杆的连接,然后由外及里安装原长斜索使结构成形,同时实现结构内部预应力的施加。张拉各阶段的节点坐标及单元内力见表15、表16,图12为结构示意图。

表 15　张拉施工方法七节点坐标　　　　　　　　　　　　　（单位：m）

施工过程	节点 1			节点 2		
	X	Y	Z	X	Y	Z
第一圈斜索原长安装	−2.953	0.520	3.539	−16.000	0.000	3.700
第二圈斜索原长安装	−2.955	0.521	8.816	−16.035	0.000	8.843
第三圈斜索原长安装	−2.955	0.521	10.343	−16.033	0.000	10.371
第四圈斜索原长安装	−2.955	0.521	10.990	−16.010	0.000	10.284
施工过程	节点 3			节点 4		
	X	Y	Z	X	Y	Z
第一圈斜索原长安装	−30.577	5.391	4.167	−49.219	0.000	5.651
第二圈斜索原长安装	−30.655	5.405	8.920	−49.061	0.000	5.441
第三圈斜索原长安装	−30.560	5.388	8.677	−49.018	0.000	5.384
第四圈斜索原长安装	−30.545	5.386	8.641	−49.011	0.000	5.375

表 16　张拉施工方法七单元内力　　　　　　　　　　　　　（单位：kN）

施工过程	单元 1	单元 2	单元 3	单元 4	单元 5	单元 6	单元 7
第一圈斜索原长安装	124.1	132.4	146.6	205.8			
第二圈斜索原长安装	757.1	806.7	897.2	2090.3		626.1	
第三圈斜索原长安装	726.8	778.7	1183.6	2650.9	303.6	747.9	
第四圈斜索原长安装	647.6	815.4	1228.0	2737.4	120.1	307.2	766.4
施工过程	单元 8	单元 9	单元 10	单元 11	单元 12	单元 13	单元 14
第一圈斜索原长安装	262.7	1.7	9.5	−178.4	0.8	7.4	995.4
第二圈斜索原长安装	1810.0	1.7	−333.4	−1442.9	0.9	3094.6	6858.9
第三圈斜索原长安装	2232.9	−175.4	−414.2	−1800.7	1564.9	3698.0	8467.8
第四圈斜索原长安装	2298.0	−179.4	−426.9	−1856.1	1583.7	3790.0	8715.4

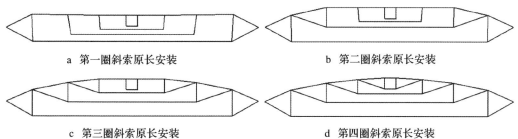

a　第一圈斜索原长安装　　　　　　　b　第二圈斜索原长安装

c　第三圈斜索原长安装　　　　　　　d　第四圈斜索原长安装

图 12　张拉施工方法七中各阶段结构示意图

5 结语

本文首次系统提出了适合索穹顶结构的七种预应力张拉施工方法，并以一跨度为122m的索穹顶结构为例，采用动力松弛法对七种预应力张拉施工方法进行了张拉施工模拟全过程分析，得出了张拉施工各阶段控制节点坐标和索、杆内力，且七种预应力张拉施工方法所得的最终节点坐标位置和索、杆内力均相同，可为实际索穹顶结构工程的张拉施工提供切实可靠的理论依据和技术支持。

参考文献

[1] POLLEGRINO S,CALLADINE C R. Matrix analysis of statically and kinematically indeterminate frameworks[J]. International Journal of Solids & Structures,1986,22(4):409—428.

[2] GEIGER D H,STEFANIUK A,CHEN D. The design and construction of two cable domes for the Korean Olympics[C]//Proceedings of IASS Symposium on Shells,Membranes and Space Frames,Vol. 2,Osaka,Japan,1986:265—272.

[3] SHECK H J. The force density method for form-finding and computation of general networks [J]. Computer Methods in Applied Mechanics and Engineering,1974,3(1):115—134.

[4] BARNES M R. Form-finding and analysis of tension structures by dynamic relaxation method [J]. International Journal of Space Structures,1999,14(2):89—104.

[5] 袁行飞.索穹顶结构的理论分析和实验研究[D].杭州:浙江大学,2000.

[6] 罗尧治.索杆张力结构的数值分析理论研究[D].杭州:浙江大学,2000.

[7] 詹伟东.葵花型索穹顶结构的理论分析和试验研究[D].杭州:浙江大学,2004.

[8] 陈联盟.Kiewitt 型索穹顶结构的理论分析和试验研究[D].杭州:浙江大学,2005.

[9] 姜群峰.松弛索杆体系的形态分析和索杆张力结构的施工成形研究[D].杭州:浙江大学,2004.

[10] 张华,单建.张拉膜结构的动力松弛法研究[J].应用力学学报,2002,19(1):84—86.

102 葵花型索穹顶结构的多种施工张拉方法及其试验研究*

摘　要:施工张拉控制是索穹顶结构的关键技术之一,但是现有文献描述的施工方法往往过于复杂。为了促进索穹顶结构在实际工程中的成功应用,简化其施工过程非常必要。基于机构分析原理,本文以一直径为 5m 的葵花型索穹顶结构模型为研究对象,考察了索穹顶结构的三种施工张拉方法:张拉最外圈斜索成形法、张拉最外圈脊索成形法及张拉最外圈环索成形法。文中对上述三种施工方法进行了详细的试验研究,并将其与理论计算结果进行了对比分析,发现试验结果和理论分析吻合较好,证明了上述三种施工张拉方法是可行的。本文的试验研究有助于对该类结构的进一步研究和工程应用。

关键词:索穹顶结构;施工张拉;试验研究;机构分析

1　前言

索穹顶结构是 20 世纪后期发展起来的一种新颖大跨空间结构,属张拉整体体系。该结构的技术要点主要表现在结构计算、节点设计与制作、施工张拉控制三个方面。其中施工张拉控制与结构预应力的生成直接相关,它是进行结构计算的前提。

由于保密原因,国外在施工技术方面仅对施工顺序做了扼要介绍[1,2],有关施工过程计算分析方面的论文几乎没有涉及;国内则有较多文章介绍了索穹顶结构的施工张拉控制方法。唐建民等[3]基于刚体位移假定,采用非线性有限元法对轴对称的 Geiger 型索穹顶结构的施工过程进行了模拟分析和试验研究;黄呈伟等[4]采用交替调节环索的方式,也对轴对称的 Geiger 型索穹顶结构的施工过程进行了模拟分析和试验研究;袁行飞[5]从设计理想成形状态出发,基于刚体位移假定,通过逐步拆除斜杆的反分析法来追踪索穹顶结构施工过程;罗尧治[6]采用奇异值分解法并考虑几何非线性力法的方法亦对该种体系的施工张拉过程进行了追踪;沈祖炎等[7]提出了索原长控制法,在确定索穹顶每根构件原长后,按照次序组装杆件,然后依次将斜索张拉到设计长度,无须反复张拉;姜群峰[8]运用索原长控制方法对索杆张拉结构的施工过程进行了全过程的跟踪模拟。此外,张志宏[9]、王洪军等[10]利用动力松弛法分别模拟了索杆张拉体系及索穹顶的施工过程。

以上所述的施工方法各有其优缺点,归纳一下,其对索穹顶结构施加预应力的方法主要是分批张拉斜索,也有张拉环索,但是张拉过程都需多次。在前人的基础上,基于机构分析原理,本文对一 5m

---

　*　本文刊登于:郑君华,董石麟,詹伟东.葵花型索穹顶结构的多种施工张拉方法及其试验研究[J].建筑结构学报,2006,27(1):112−116.

直径的葵花型索穹顶结构模型进行了施工试验研究与模拟分析,采用真正的一次张拉斜索、脊索或环索等三种方法提出了更加简便的基于索原长控制的施工方法。

2 理论分析

在对索穹顶结构进行施工模拟分析之前,很有必要对其结构体系进行分析。由文献[11]可知,对于给定的空间铰接结构体系,设杆件数为 b,非约束位移数(自由度)为 n,假设结构没有刚体位移则该结构体系的平衡方程如下

$$[A]\{t\}=\{f\} \tag{1}$$

式中,$[A]$ 为平衡矩阵,$\{t\}$ 为 b 维杆件内力矢量,$\{f\}$ 为 $N(3n)$ 维节点力矢量。

同样,在小变形假设条件下,可以建立协调方程

$$[B]\{u\}=\{e\} \tag{2}$$

式中,$[B]$ 为协调矩阵,$\{u\}$ 为节点位移矢量,$\{e\}$ 为单元应变矢量。根据虚功原理,有 $[B]^{\mathrm{T}}=[A]$。

设 $[A]$ 的秩为 r,可得自应力模态数 $s=b-r$,独立机构位移数 $m=n-r$。根据 s、m 的值,可以把空间铰接结构体系分为如下四类:(Ⅰ)$s=0,m=0$,为静定动定体系,即静定体系;(Ⅱ)$s=0,m>0$,为静定动不定体系,即可变体系;(Ⅲ)$s>0,m=0$,为静不定动定体系,即超静定体系;(Ⅳ)$s>0,m>0$,为静不定动不定体系。用于建筑结构的只有Ⅰ、Ⅲ、Ⅳ类结构体系。

对于Ⅰ类结构体系,由于其为静定体系,所以它的施工过程即结构在自重作用下的组装过程;对于Ⅲ、Ⅳ类结构体系(索穹顶结构属于这两类结构体系),由于其为静不定体系,施工过程中除有自重作用外,还有施加预应力的过程。根据 Maxwell[12] 准则,对于 $s>0$ 的结构,其赘余杆件数为 s,可以通过适当地撤除 s 根赘余杆后,将静不定结构体系转化为静定结构体系。所以施工时,可以先对拆除赘余杆后的静定结构体系进行组装,然后对多余的赘余杆进行施工张拉,以期达到张拉的杆件数尽可能的少,方便结构施工及节点设计。

根据上述原理,对本文研究的葵花型索穹顶结构(见图 1)进行机构分析。该体系属Ⅲ类结构体系,考虑结构轴对称性,此结构为一次超静定结构,故其存在赘余杆件,且赘余杆件数为 1。由可行预应力[13]概念,对应设计状态(节点坐标见表 6,模型截面积见表 1),图 1 所示索穹顶结构考虑自重时的理论预应力分布见表 1。鉴于结构的轴对称性,结构体系中同一名称的所有杆件编为同一类杆件。

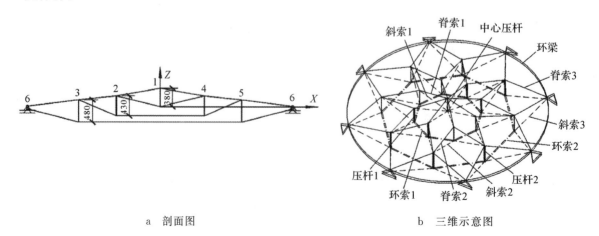

a 剖面图 b 三维示意图

图 1 模型计算简图

表 1 模型截面积及考虑自重后的理论预张力

	脊索1	脊索2	脊索3	斜索1	斜索2	斜索3	环索1	环索2
截面/mm²	4.28	4.28	4.28	4.28	4.28	4.28	11.88	11.88
预张力/N	491.1	564.7	1206.9	366.5	150.0	569.1	271.8	792.7

对设计预应力态进行分析,发现外圈脊索、外圈斜索及外圈环索均可作赘余杆,故将它们任一杆件拆除,体系都将变为静定体系。由此,首先由表1与表6的参数计算出相应各杆件原长,然后按原长组装去掉赘余杆件的静定结构体系,最后张拉赘余杆件到设计原长的方法对葵花型索穹顶结构进行了多种方法的施工张拉分析并比较。

3 模型试验设计与计算

3.1 模型设计

本文所研究的葵花型索穹顶结构见图1和图2,主要由脊索、斜索、环索、压杆与环梁等五部分组成。环梁采用截面为 H150×100×9×6 型钢,直径 5m 的十六边形;中心压杆采用 φ20×3 钢管,外面两圈压杆采用 φ16×3 钢管。模型其余杆件的设计参数见表1。

3.2 量测系统及数据处理

本文葵花型索穹顶结构试验模型中索杆的内力采用电阻应变片测量,为了消除试验过程中偏心受力和温度引起的误差,在所有待测杆件的正反两面各贴一个应变片,将它们串联后与温度补偿片接成半桥电路进行测试;结构的节点位移通过百分表来测量。

葵花型索穹顶结构的设计状态为轴对称结构,考虑实际试验时存在着一定的误差,故对结构的三个布点区域共44个测点进行了跟踪(包括每根环索两个测点),见图3。另外,试验前对所有的应变片进行了内力-应变关系标定。

图 2 模型试验图

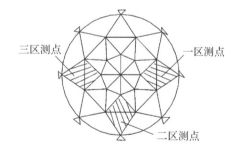

三区测点
一区测点
二区测点

图 3 测点布置示意图

由于实际制作时杆件尺寸、环梁尺寸等存在少许误差,且小尺寸葵花型索穹顶结构对杆件原长比较敏感,故将最外圈脊索设计成可调,以便调整杆件内力使结构同类杆件内力尽量均衡。基于跟踪杆件数量较多且其平均值能较好地说明试验结果(见表2),本文所取数据均为各跟踪杆件或测点的平均值。表2所列数据为跟踪杆件的一部分,编号按照顺序从一区编到三区,因为每区有两根脊索2,故将其用a、b加以区分,其余杆件情况类似。

表 2 斜索张拉到位时杆件实测预张力值与考虑自重后设计预张力值比较

	脊索 1			脊索 2					
	脊 1-1	脊 1-2	脊 1-3	脊 2-1a	脊 2-1b	脊 2-2a	脊 2-2b	脊 2-3a	脊 2-3b
设计值/N	491.1	491.1	491.1	564.7	564.7	564.7	564.7	564.7	564.7
实测值/N	475.6	410.7	518.8	549.3	600.7	482.8	475.6	578.0	614.1
误差/%	−3.2	−16.4	5.6	−2.7	6.0	−14.5	−15.8	2.4	8.7
平均值/N		468.4				550.1			
误差/%		−4.6				−2.6			

3.3 试验及分析

索穹顶结构可以有三种施工方法:张拉离散索(如张拉斜索、脊索或分段张拉环索的各离散索段,此时环索是不连续的);张拉环向连续索;改变压杆长度。

由理论分析可知,轴对称的葵花型索穹顶结构可以通过只张拉一圈脊索、斜索、环索而成形。为了验证理论的正确性,本文对葵花型索穹顶结构进行了多种方法的施工张拉模拟及计算分析。

3.3.1 张拉斜索法

本试验最外圈斜索通过夹片与螺杆相连,然后再将螺杆用螺丝固定于环梁,故对斜索的张拉通过拧紧与环梁相连的螺杆来实现。为了全面了解葵花型索穹顶结构的施工过程(施工步骤见 3.3.2),本文对外圈斜索分 4 步张拉到位进行跟踪:第 1 步将螺杆从与设计位置相距 5.6cm 拧到相距 2.6cm;第 2 步将螺杆从与设计位置相距 2.6cm 拧到相距 0.6cm;第 3 步将螺杆从与设计位置相距 0.6cm 拧到相距 0.1cm;第 4 步将螺杆从与设计位置相距 0.1cm 拧到设计位置。对上述过程采用施工反分析法进行了计算模拟,张拉过程中节点坐标变化与杆件内力变化的计算结果分别见表 3 及表 4。

表 3、表 4 中试 1 为试验值;理 1 为考虑自重时的理论值;理 2 为不考虑自重时的理论值。表 4 考虑自重与不考虑自重时节点坐标的理论值基本相同,相差不足毫米,故不考虑自重时节点坐标的理论值不在表中列出。从表 3 可以看出,第 1 步时杆件的内力值很小,基本由体系自重产生,当不考虑结构自重时,杆件内力为零。故施工张拉的前阶段基本为刚体位移,后阶段才是产生预应力的过程,计算表明,本试验通过斜索张拉成形时,预应力在螺杆与设计位置相距 8.5mm 处产生。另外,由于量测系统及计算模型简化等均存在误差,计算结果与试验值有一定偏差,但是从表 3 可以看出,考虑自重后各杆件内力与试验值比较吻合。

表 3 施工过程中的杆件内力 (单位:N)

编号	第 1 步			第 2 步			第 3 步			第 4 步		
	试 1	理 1	理 2	试 1	理 1	理 2	试 1	理 1	理 2	试 1	理 1	理 2
脊 1	7.2	0.0	0.0	201.8	157.3	175.3	403.5	433.5	452.2	468.4	491.1	510.0
斜 1	10.8	4.1	0.0	158.5	121.9	128.1	302.6	324.2	330.9	345.9	366.5	373.3
环 1	17.2	25.3	0.0	103.4	104.9	85.3	249.2	242.6	223.6	275.6	271.8	253.0
脊 2	18.0	0.0	0.0	229.1	183.8	199.3	494.8	498.9	515.7	550.1	564.7	581.6
斜 2	12.0	14.1	0.0	67.3	57.9	47.1	116.6	133.9	123.4	134.0	150.0	139.6
环 2	60.2	50.7	0.0	292.8	261.3	212.6	704.3	689.2	641.1	801.0	792.7	744.9
脊 3	50.5	22.3	0.0	479.2	406.5	416.4	1101.0	1068.0	1080.0	1242.0	1207.0	1219.0
环 3	42.1	37.6	0.0	219.8	188.9	153.8	504.0	495.4	460.9	559.2	569.1	534.8

表 4 施工过程中的节点坐标

节点编号	Z/mm									
	初始值		第1步		第2步		第3步		第4步	
	试1	理1	试1	理1	试1	理1	试1	理1	试1	理1
1	219.0	223.1	298.9	295.6	362.9	362.4	375.1	375.9	379.0	379.0
2	81.5	64.4	146.9	137.0	204.5	203.6	215.7	217.0	218.8	220.0
3	9.3	8.1	71.7	74.0	125.7	125.9	136.2	138.3	139.8	141.0
4	81.5	64.4	147.3	137.0	205.2	203.6	218.0	217.0	221.3	220.0
5	9.3	8.1	73.3	74.0	128.3	125.9	139.4	138.3	142.3	141.0
6	0.0	0.0	0.0	0.0	0.0	0.0	0.0	0.0	0.0	0.0

3.3.2 不同施工方法比较

本文除了对斜索张拉进行了施工模拟之外,还对脊索、环索张拉进行了试验研究。试验对脊索的张拉方式同斜索,通过拧紧与环梁连接的螺杆来实现;本试验环索为连续索,由两个带有正、反螺纹的套筒把环索的两段连接起来,对环索的张拉通过调整带有正、反螺纹的套筒来实现。三种不同施工方法的张拉步骤分别如下:

(1)张拉斜索法

第1步 在中央搭设临时塔架;

第2步 按原长安装各圈脊索及压杆;

第3步 按原长安装第一、二圈斜索及内、外圈环索;

第4步 安装并张拉外圈斜索至设计位置。

(2)张拉脊索法

第1步 在中央搭设临时塔架;

第2步 按原长安装一、二圈脊索及压杆,安装外圈脊索并使其螺杆处于最松状态;

第3步 按原长安装各斜索及内外圈环索;

第4步 张拉外圈脊索至设计位置。

(3)张拉环索法

第1步 在中央搭设临时塔架;

第2步 按原长安装各圈脊索及压杆;

第3步 按原长安装各圈斜索及内圈环索;

第4步 安装并拧紧外圈环索至设计位置。

不同施工方法成形后所得的杆件内力比较见表5,成形后节点坐标比较见表6。由表5与表6可以看出:①本文所述的理论是正确的,只要原长控制精确,图1所示的索穹顶结构能真正的一次张拉成形;②由于张拉过程是通过控制最外圈斜索、脊索或环索的长度来实施的,故有一定误差,但是不同的张拉方法都能得到相似的结果,证明成形状态与施工过程无关;③不同的施工方法各有其优缺点,环索张拉只要通过调整带有正、反螺纹的套筒就能实现,然而对套筒的制作要求高;脊索张拉预张力最大,但是张拉长度比斜索短。通过计算分析表明,对于表1的预应力态,脊索张拉时,预应力在拧紧螺杆到设计位置的最后3.5mm内产生,斜索张拉时,预应力在拧紧螺杆到设计位置的最后8.5mm内产生;④搭设临时塔架后,在前3步施工安装过程中,可以通过适当地调节临时塔架的高度来减小或消除杆件由于自重作用产生的预应力,从而方便施工张拉前杆件的安装。

表5　成形后各杆件内力试验值与理论值的比较　　　　　　　　　　　　（单位：N）

杆件编号	斜索张拉成形后杆件内力	脊索张拉成形后杆件内力	环索张拉成形后杆件内力	考虑自重时杆件理论内力	不计自重时杆件理论内力
脊索1	468.4	461.2	451.6	491.1	510.0
斜索1	345.9	369.5	355.5	366.5	373.3
环索1	275.6	290.9	268.0	271.8	253.0
脊索2	550.1	588.7	559.2	564.7	581.6
斜索2	134.0	156.1	145.3	150.0	139.6
环索2	801.0	826.8	792.4	792.7	744.9
脊索3	1241.8	1268.5	1235.1	1206.9	1219.3
环索3	559.2	567.1	557.7	569.1	534.8

表6　成形后节点坐标试验值与理论值的比较　　　　　　　　　　　　（单位：mm）

节点编号	斜索张拉成形坐标 Z	脊索张拉成形坐标 Z	环索张拉成形坐标 Z	考虑自重时理论形状坐标 Z
1	379.0	379.7	379.5	379.0
2	218.8	219.4	220.4	220.0
3	139.8	141.6	139.3	141.0
4	221.3	223.0	220.6	220.0
5	142.3	143.1	142.1	141.0
6	0.0	0.0	0.0	0.0

4　结语

索穹顶结构的施工张拉控制是该体系的重要组成部分。基于静不定体系可以拆分成静定体系与赘余杆件组合的原理，本文提出了真正的一次张拉斜索、脊索或环索成形的施工方法。该方法有利于施工单位根据自身条件选择合理的施工顺序，简化施工过程及节点设计。试验与理论分析证实了该方法的可行性。另外，通过试验本文作者还发现，不设内环的葵花型索穹顶结构跨度不大时，对杆件原长比较敏感，制作时，应保证各杆件的原长基本不变，或把某些杆件的长度设计成可调；把环索设计成连续索将有助于体系内力的平衡。

参考文献

[1] GEIGER D H，STEFANIUK A，CHEN D. The design and construction of two cable domes for the Korean Olympics[C]//Proceedings of IASS Symposium on Shells，Membranes and Space Frames，Vol. 2，Osaka，Japan，1986：265—272.

[2] LEVY M P. The Georgia dome and beyond achieving lightweight-long span structures[C]// Spatial Lattice and Tension Structures：Proceedings of the IASS-ASCE International Symposium，Atlanta，USA，1994：560—562.

[3] 唐建民，沈祖炎.圆形平面轴对称索穹顶结构施工过程跟踪计算[J].土木工程学报，1998，31（5）：24—32.

［4］黄呈伟,陶燕,罗小青.索穹顶的施工张拉及其模拟计算［J］.昆明理工大学学报,2000,25(1)：15－19.

［5］袁行飞.索穹顶结构的理论分析和试验研究［D］.杭州:浙江大学,2000.

［6］罗尧治.索杆张力结构的数值分析理论研究［D］.杭州:浙江大学,2000.

［7］沈祖炎,张立新.基于非线性有限元的索穹顶施工模拟分析［J］.计算力学学报,2002,19(4)：466－471.

［8］姜群峰.松弛索杆体系的形态分析和索杆张力结构的施工成形研究［D］.杭州:浙江大学,2004.

［9］张志宏.大型索杆梁张拉空间结构体系的理论研究［D］.杭州:浙江大学,2003.

［10］王洪军,刘锡良,陈志华.动力松弛法在索穹顶施工过程分析中的应用［C］//中国土木工程学会.第十届空间结构学术会议论文集,北京,2002：392－399.

［11］PELLEGRINO S,CALLADINE C R. Matrix analysis of statically and kinematically frameworks［J］. International Journal of Solids & Structures,1986,22(4)：409－428.

［12］邓华.预应力杆件体系的结构判定［J］.空间结构,2000,6(1)：14－21.

［13］袁行飞,董石麟.索穹顶结构整体可行预应力概念及其应用［J］.土木工程学报,2001,34(2)：33－37.

103 凯威特型索穹顶结构多种张拉成形方案模型试验研究*

摘　要:张拉成形技术属于索穹顶结构的关键技术。为分析比较各种张拉成形方案的施工可行性和方便性,同时深入理解预应力生成机理,对一凯威特型索穹顶结构模型进行了逐步张拉外圈斜索成形、一次性张拉外圈斜索成形及由外及里逐步调节压杆到原长成形等三种成形方案的张拉成形试验,并跟踪了张拉成形全过程。试验研究表明:三种张拉成形方案都是可行有效的,其中一次性张拉外圈斜索成形方案施工较为方便;逐步调节压杆长度到原长方案精度相对较高;控制构件原长的张拉成形控制技术不仅适用于单整体自应力模态体系也适用于多整体自应力模态体系;体系预应力伴随着构件的逐步张拉到位而逐步生成。

关键词:凯威特型索穹顶结构;模型试验;张拉成形技术;原长控制

1　引言

索穹顶结构是一类从张力中获得刚度,从而最大程度节省材料,减少荷载效应的新型结构体系。这类体系成形前处于松弛态,必须通过张拉施加预应力才能成形,且结构的工作机理和特性依赖于自身的形状和预应力分布,没有合理的初始形态和预应力分布,结构就没有良好的工作性能,因此切实可行的张拉成形技术属于索穹顶实现工程应用的关键技术和理论前提。张拉成形技术主要包括张拉成形方案的选择及张拉成形过程的精确控制,使索穹顶结构能够从一组松弛的几何体通过张拉进而获取理想的设计形状和预应力分布。有关张拉成形,国内外学者根据索穹顶结构的几何拓扑关系提出了系列方案。Geiger[1]提出了肋环型索穹顶结构由外及里逐圈张拉下斜索成形方案;詹伟东[2]对葵花型索穹顶结构提出了张拉外圈下斜索成形方案;郑君华等[3]对葵花型索穹顶结构提出了张拉最外圈斜索成形、张拉最外圈脊索成形及张拉最外圈环索成形等三种施工成形方案;陈联盟等[4]对肋环型索穹顶结构提出了由外及里逐圈张拉下斜索成形、仅张拉外圈下斜索成形、由外及里逐圈调节压杆长度成形等三种施工成形方案;董石麟等[5]对葵花型索穹顶结构提出了逐圈斜索张拉法、仅外圈斜索张拉法、逐圈竖杆顶压法、仅外圈竖杆顶压法、逐圈环索张拉法、仅外圈环索张拉法、逐圈斜索原长安装法等七种施工成形方案;Jeon等[6]对整体对称的圆环形张力索桁罩棚结构提出了逐圈张拉上径向索的施工成形方案。文献[4,7,8]就成形过程的控制问题,分别采用力密度法、动力松弛法、非线性有限元法等找形思路跟踪全过程中的各平衡态。上述各种成形方案及找形思路对索穹顶结构的张拉成形

---

　　* 本文刊登于:陈联盟,董石麟.凯威特型索穹顶结构多种张拉成形方案模型试验研究[J].建筑结构学报,2010,31(11):45－50.

进行了卓有成效的探索,但研究对象多集中于肋环型和葵花型这类整体自应力模态数为 1 的索穹顶结构,且没有进一步分析比较各种张拉成形方案的施工可行性和方便性。

本文研究的凯威特型索穹顶结构是基于现有的肋环型和葵花型两种索穹顶结构基础上提出的一种索网划分均匀的新型索穹顶结构形式[9]。文献[10]采用节点平衡理论和多次奇异值分解法研究表明该类体系具有多组整体自应力模态,且模态数与环索数密切相关,多组模态经优化组合后可获得合理有效的初始预应力分布。为进一步探讨比较各种张拉成形方案的施工可行性和方便性,并从中深入理解预应力生成机理,本文对一直径为 5m 的凯威特型索穹顶结构模型进行了三种张拉成形方案的模型试验,为该类体系的张拉成形及工程应用提供理论指导。

2　模型设计

试验设计凯威特型索穹顶模型直径 5m,模型主要由支承平台、压杆和拉索组成。其中支承平台由 24 件基本组装单元(图 1c)拼装而成模拟周边刚性支座,如图 1 所示。

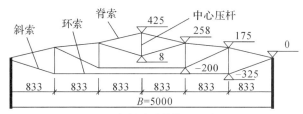

a　几何尺寸（单位：mm）

b　模型实物　　　　　　　c　基本组装单元

图 1　试验模型

2.1　拉索设计

模型拉索包括内外两道环索、脊索和斜索(图 1a)。各种索均由高强钢丝、索头和套筒组成,其中内、外两道环索采用 $\phi 5$ 高强钢丝,脊索和斜索采用 $\phi 3$ 高强钢丝,索头和套筒均采用 Q235 钢材,钢丝与索头的连接采用挤压式直接锚固。脊索和斜索索头设计成 U 字型,中间开槽 7mm 用来连接压杆端部节点叶片,然后用 $\phi 6$ 销钉锚住实现索杆节点连接。环索两端索头通过正、反螺纹套筒连接形成闭合环索,同时通过套筒可以调节闭合环索长度以对其进行精确控制。脊索和斜索端部同样都设计了可微调长度的正、反螺纹套筒以精确控制拉索长度(图 2)。

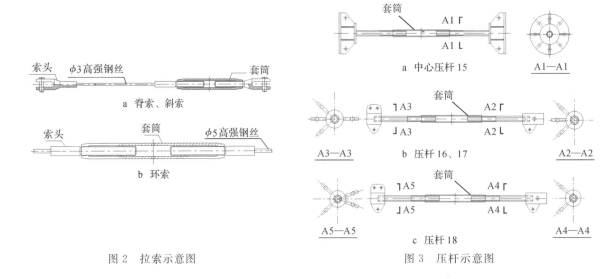

图 2 拉索示意图   图 3 压杆示意图

2.2 压杆设计

模型中心压杆(图 1a)采用 $\phi20\times3$ 无缝钢管,其余压杆采用 $\phi15\times3$ 无缝钢管,所有压杆中央设置可调节压杆长度的正、反螺纹套筒(图 3)。本文模拟的调节压杆长度成形方案是通过调节各压杆中央的套筒来实现。各压杆在模型中所处位置如图 1 和图 6 所示。

2.3 拉索与压杆连接节点

模型拉索与压杆的连接通过设计成 U 形索头、中间开槽插压杆端部节点叶片用 $\phi6$ 销钉锚固。部分索杆连接节点见图 4。

a 中心压杆与斜索连接节点   b 压杆16上节点   c 压杆16下节点

图 4 索杆连接节点

2.4 外圈拉索与环梁连接节点

模型通过 A、B 两种拉杆来实现外圈拉索与周边环梁连接(图 5)。拉杆一端伸出叶片以连接拉索,另一端则穿过环梁腹板用螺帽锚定。通过松开或拧紧拉杆上的螺帽实现伸长或缩短外圈拉索来模拟张拉外圈斜索成形方案。

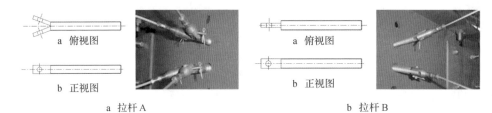

图 5 外圈拉索与环梁连接节点

2.5 模型测量系统及测点布置

模型选定两组对称面杆件进行测试,任一对称面杆件类别数为18,测点布置及杆件节点编号如图6所示。试验用电阻应变法测量杆件内力,采用 TS3860 静态电阻应变仪。电阻应变片的型号为BX120-5AA,灵敏度系数为$(2.08\pm1)\%$。为了消除试验过程中偏心受力和温度引起的误差,在所有测点的正反两面各贴一片应变片,将两片应变片串联后与温度补偿片接成半桥电路进行测试。节点位移采用百分表测试。

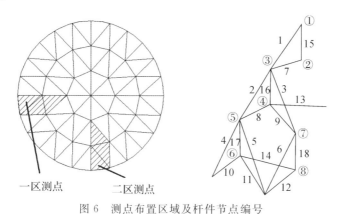

图6 测点布置区域及杆件节点编号

3 张拉成形模型试验

试验采用逐步张拉外圈斜索到原长(方案1)、一步张拉外圈斜索到原长(方案2)和由外及里依次调节压杆长度到原长(方案3)等三种成形方案进行模拟张拉。张拉中为提高试验精度,各张拉成形方案中均首先张拉成形,然后伸长外圈斜索或者缩短压杆长度到指定长度,在此基础上张拉斜索或者调节压杆长度到原长成形。

3.1 各成形方案张拉成形过程

方案1:①伸长外圈斜索和脊索,其他索杆按原长组装,使体系处于松弛态;②张拉外圈斜索和脊索到原长使模型结构张拉成形,并微调各构件长度使结构达到初始预应力分布;③再次伸长外圈斜索长度较原长长出 20mm,体系处于松弛态,并以此时的内力分布状态为初始状态;④依次逐步缩紧外圈斜索长度到较原长长出 10mm、5mm,直至张拉到原长。按上述步骤测得索杆各阶段的应变值和节点位移值,部分杆件内力及节点位移见表1和表2。

方案2:步骤①、②、③同方案1步骤①、②、③;④一步张拉外圈斜索到原长,观察各测点应变值及节点位移,部分杆件内力见表3。

方案3:①伸长外圈斜索和脊索、其他索杆按原长组装,使体系处于松弛态;②通过调节压杆正、反螺纹套筒依次将中心压杆、压杆16、压杆17和压杆18分别缩短15mm、10mm、10mm 和10mm;③张拉外圈脊索和斜索到原长,体系处于松弛态,此时的内力分布状态为初始状态;④由外到里依次逐步调节压杆18、17、16 和15 到原长。按上述步骤测得索杆各阶段的应变值和节点位移值,部分杆件内力见表4。

3.2 各成形方案分析比较

由表1～4测得的各阶段杆件内力及节点位移,并与由文献[4]提出的成形控制理论计算值比较后发现:

表1 方案1各阶段杆件内力

构件编号	外圈斜索松开20mm	外圈斜索松开10mm			外圈斜索松开5mm			张拉到原长		
		实测/N	理论/N	误差/%	实测/N	理论/N	误差/%	实测/N	理论/N	误差/%
1		495	381	29.9	1385	1197	15.7	2112	2301	−8.2
2		312	242	28.9	1123	885	26.9	1617	1745	−7.3
3		260	213	22.1	862	747	15.4	1201	1372	−12.5
5		235	216	8.8	812	692	17.3	1087	1145	−5.1
6	体系基本处于	209	220	−5.0	830	905	−8.3	1389	1639	−15.3
7	松弛态	260	199	30.7	1052	845	24.5	1445	1575	−8.3
8		181	218	−17.0	262	354	−26.0	531	607	−12.5
9		34	10	—	179	144	24.3	190	232	−18.1
12		276	170	—	445	543	−18.0	786	967	−18.7
13		217	289	−24.9	576	661	−12.9	901	1143	−21.2

表2 方案1各阶段节点位移

节点编号	外圈斜索松开20mm		外圈斜索松开10mm		外圈斜索松开5mm	
	实测/mm	理论/mm	实测/mm	理论/mm	实测/mm	理论/mm
②	44.1	38.5	24.1	26.9	12.4	14.4
④	41.8	36.2	22.2	25.9	12.0	13.7
⑥	44.8	30.5	21.5	21.0	10.7	11.0
⑧	36.2	34.5	21.7	21.2	10.7	10.9

表3 方案2各阶段杆件内力

杆件编号	外圈斜索松开20mm	外圈斜索张拉到原长		
		实测/N	理论/N	误差/%
1		2134	2301	−7.3
2		1613	1745	−7.6
3		1186	1372	−13.6
5		1099	1145	−4.0
6	体系基本处	1422	1639	−13.2
7	于松弛态	1465	1575	−7.0
8		543	607	−10.5
9		182	232	−21.6
12		760	967	−21.4
13		906	1143	−20.7

表 4　方案 3 各阶段杆件内力

构件编号	压杆缩短至指定长度			压杆 18 调节到原长			压杆 17 调节到原长			压杆 16 调节到原长			中心压杆调节到原长		
	实测/N	理论/N	误差/%	实测/N	理论/N	误差/%	实测/N	理论/N	误差/%	实测/N	理论/N	误差/%	实测/N	理论/N	误差/%
1	1306	1226	6.5	1516	1307	16.0	1817	1610	12.9	2025	1780	13.8	2212	2301	−3.9
2	906	746	21.4	1130	907	24.6	1330	1063	25.1	1510	1245	21.3	1693	1745	−3.0
3	853	799	6.8	940	870	8.0	1117	1031	8.3	1214	1152	5.4	1297	1372	−5.5
5	689	650	6.0	758	727	4.3	913	911	0.2	1008	975	3.4	1089	1145	−4.9
6	837	863	−3.0	1015	1085	−6.5	1102	1237	−10.9	1307	1393	−6.2	1502	1639	−8.4
7	843	778	8.4	1009	901	12.0	1227	1101	11.4	1355	1200	12.9	1546	1575	−1.8
8	235	271	−13.3	183	248	−26.2	387	490	−21.0	476	583	−18.4	540	607	−11.0
9	42	55	−23.6	178	220	−19.1	118	143	−17.5	175	200	−12.5	202	232	−12.9
12	365	412	−11.4	502	679	−26.1	644	800	−19.5	757	893	−15.2	845	967	−12.6
13	382	395	−3.3	504	663	−24.0	721	907	−20.5	830	1093	−24.1	880	1143	−23.0

(1)三种张拉成形方案各阶段杆件内力及节点位移测试值与理论值基本吻合,表明文献[4]提出的基于动力松弛法、控制构件原长的张拉成形控制技术是正确有效的,三种张拉成形方案都是有效可行的,同时试验设计及加工是有效的。

(2)控制构件原长的张拉成形方法不仅适用于肋环型和葵花型这类单整体自应力模态体系[1−5],同样适用于本文研究的凯威特型这类多整体自应力模态体系。

(3)体系成形前索杆内力误差较张拉成形时要大,主要原因在于松弛态时杆件内力较小,杆件长度变化亦很小,一般也就几个毫米,然而实际模型加工安装时误差可能也达到这个量级,进而直接影响了试验精度。同样,节点位移误差亦随着体系逐步张拉到位而逐步减小。

(4)本文采用的三种成形方案中,调节压杆长度到原长成形方案精度相对较高,但对调节压杆长度的正、反螺纹套筒制作要求比较高,尤其当压杆处于较大压力作用时,仍需保证带有正、反螺纹的套筒能正常转动。本文模型由于压杆可调长度太短,当压杆调节至最短长度时体系依然没有完全松弛,仍处于微张紧状态。

(5)本文采用的三种成形方案中,一次张拉外圈斜索施工方案张拉相对比较方便,但由于本模型外圈拉索与环梁连接节点是采用拉杆节点形式,临近成形时外圈斜索内力很大,此时拉杆与环梁腹板并非垂直,需考虑角度以精确控制拉索长度。由于拉杆角度及穿过腹板后拉杆本身长度难以精确测量,导致张拉外圈斜索方案(方案 1 和方案 2)容易产生误差。

3.3　预应力生成机理分析

为进一步理解张拉成形过程中预应力生成机理,图 7 给出了方案 1 和方案 3 张拉成形过程中部分杆件预应力生成过程,图中纵坐标 K 为过程中各阶段索内力与成形态索内力比值,图 7b 中阶段 1、2、3、4、5 分别对应成形过程中的所有压杆缩至指定长度、压杆 18 调节到原长、压杆 17 调节到原长、压杆 16 调节到原长、中心压杆调节到原长等 5 个阶段。由此可见随着杆件的逐步张拉到原长,体系预应力逐步生成,但只有最后张拉所有构件到原长时,体系预应力才完全达到体系的设计预应力水平。

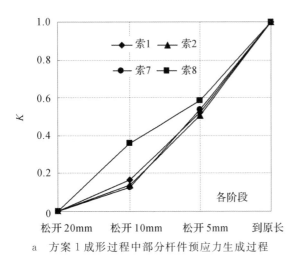

a 方案 1 成形过程中部分杆件预应力生成过程

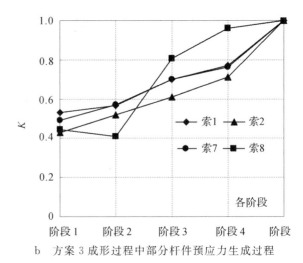

b 方案 3 成形过程中部分杆件预应力生成过程

图 7 成形过程中杆件预应力生成

4 结论

对凯威特型索穹顶结构模型进行了逐步张拉外圈斜索、一次性张拉外圈斜索以及逐步调节压杆长度到原长等三种张拉成形方案的施工模拟,并跟踪了张拉成形全过程。得到如下结论:

(1)三种张拉成形方案都是可行有效的,其中一次性张拉外圈斜索成形方案施工较为方便,逐步调节压杆长度到原长成形方案精度相对较高。

(2)控制构件原长的张拉成形技术不仅适用于单整体自应力模态体系,同样适用于多整体自应力模态体系。

(3)体系预应力伴随着构件的逐步张拉到位而逐步生成。

参考文献

[1] GEIGER D H,STEFANIUK A,CHEN D. The design and construction of two cable domes for the Korean Olympics[C]//Proceedings of IASS Symposium on Shells,Membranes and Space Frames,Vol. 2,Osaka,Japan,1986:265－272.

[2] 詹伟东. 葵花型索穹顶结构的理论分析和试验研究[D]. 杭州:浙江大学,2004.

[3] 郑君华,董石麟,詹伟东. 葵花型索穹顶结构的多种施工张拉方法及其试验研究[J]. 建筑结构学报,2006,27(1):112－116.

[4] 陈联盟,董石麟,袁行飞. 索穹顶结构施工成形理论分析[J]. 工程力学,2008,25(4):134－139.

[5] 董石麟,袁行飞,赵宝军,等. 索穹顶结构多种预应力张拉施工方法的全过程分析[J]. 空间结构,2007,13(1):3－12.

[6] JEON B S,LEE J H. Cable membrane roof structure with oval opening of stadium for 2002 FIFA World Cup in Busan[C]// Proceedings of Sixth Asian-Pacific Conference on Shell and Spatial Structures,Vol. 2,Seoul,2000:1037－1042.

［7］ DENG H，QIANG Q F，KWAN A S K. Shape finding of incomplete cable-strut assemblies containing slack and prestressed elements［J］. Computers & Structures，2005，83（21－22）：1767－1779.

［8］ 唐建民.索穹顶体系的结构理论研究［D］.上海：同济大学，1996.

［9］ 袁行飞，董石麟.索穹顶结构的新形式及其初始预应力确定［J］.工程力学，2005，22（2）：22－26.

［10］ 陈联盟，袁行飞，董石麟.Kiewitt 型索穹顶结构自应力模态分析及优化设计［J］.浙江大学学报（工学版），2006，40（1）：73－77.

104 某工程刚性屋面索穹顶结构方案分析与设计[*]

摘　要：与以膜材为屋面材料的索穹顶结构相比,刚性屋面的索穹顶结构具有结构刚度大、制作加工便利,技术经济指标好等特点,有良好的发展前景。本文结合某一工程要求,提出了刚性屋面索穹顶结构的设计方案,对其结构布置、索杆初始预应力分布确定、内力和变位计算以及结构用钢指标等做了介绍,并对边界支承结构的刚度以及屋面支撑对结构初始预应力分布及外荷载作用下受力性能的影响进行了研究,得出了一些有意义的结论。

关键词：索穹顶；刚性屋面；初始预应力；支承刚度；屋面支撑

1　前言

在各种新型大跨度空间结构体系不断涌现的趋势中,以索、杆、膜合理组合而成的索穹顶结构近年来一直是国际、国内空间结构界研究的重点。索穹顶结构是美国工程师 Geiger 根据 Fuller[1] 的张拉整体结构思想开发的一种新型预张力结构,最早应用在汉城奥运会的体操馆和击剑馆[2]。作为一种受力合理,结构效率高的结构体系,它同时集新材料、新技术、新工艺和高效率于一身,并以其构造轻盈、造型别致、尺度宏伟、色彩明快等美学特征和经济的造价受到了建筑师的青睐。继汉城体操馆和击剑馆之后,Geiger 和他的公司又相继建成了红鸟体育馆和太阳海岸穹顶。由美国工程师 M. P. Levy 和 T. F. Jing 设计的乔治亚穹顶[3] 是 1996 年亚特兰大奥运会主赛馆的屋盖结构,这个目前世界上最大的屋盖结构被评为 1992 年全美最佳设计。之后,他们又成功设计了圣彼得堡的雷声穹顶和沙特阿拉伯利亚德大学体育馆的可开启穹顶。国外大量的工程实践显示了索穹顶结构强大的生命力和广阔的应用前景,但这类结构在国内的工程应用仍是空白,这对我国建筑师和工程师来说不能不算是个遗憾。

国外已建索穹顶工程的屋面覆盖材料比较单一,几乎全部采用柔性织物膜,而以刚性材料作为屋面的工程很少有报道。尽管集覆盖和承重于一身的膜材使索穹顶结构更具轻质感和流动感,但由此带来的加工制作以及施工维护等费用大大增加了索穹顶结构的造价。与以膜材为屋面材料的索穹顶结构相比,刚性屋面索穹顶结构则具有以下几个显著特点:可以采用通用的刚性材料如压型钢板、铝板等作屋面材料;刚性屋面可以增加屋面的整体刚度,提高结构抵抗不对称荷载的能力;与膜材的材料成本、加工制作、铺设和维护等费用相比,刚性屋面索穹顶结构造价低,施工简便,具有良好的技术

---

　　* 本文刊登于：董石麟,袁行飞,郑君华,傅学怡,陈贤川. 某工程刚性屋面索穹顶结构方案分析与设计[C]//天津大学. 第六届全国现代结构工程学术研讨会论文集,保定,2006:113-118.

经济指标。可以预见,刚性屋面的索穹顶结构是有良好发展前景的[4]。

本文结合某一工程要求,提出了刚性屋面索穹顶结构的设计方案,对其结构布置、索杆初始内力分布、荷载作用下结构内力和变位计算以及结构用钢指标等做了介绍,并对边界支承结构的刚度以及屋面支撑系统对索穹顶结构初始预应力分布及外荷载作用下受力性能的影响进行了研究,为该类工程的设计和应用提供了理论依据和技术保证。

2 刚性屋面索穹顶结构设计方案

2.1 结构体系与索杆截面配置

本工程拟采用索穹顶结构和周边立体桁架相结合的结构体系。其中索穹顶为肋环型布置,由中心受拉环、径向布置的脊索、斜索、压杆和环索组成。索穹顶支承于周边立体桁架环梁,环梁支承于拱形立体桁架柱。

屋面为刚性屋面系统。径向脊索节点间设置方钢管主檩条,主檩间设置环向次檩条,上铺金属屋面板。

结构三维图、平面图和立面图如图 1、图 2 所示。索穹顶结构杆件编号见图 3,杆件截面配置见表 1。

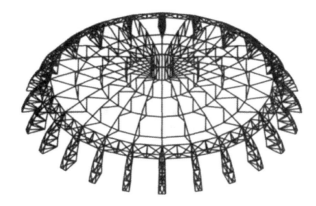

图 1 结构三维图

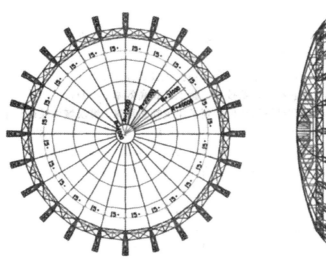

图 2 结构平面图和立面图

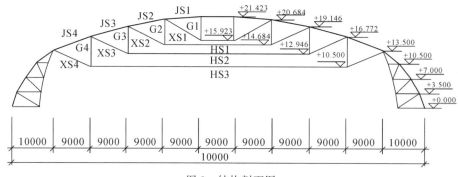

图 3　结构剖面图

表 1　索穹顶结构杆件截面配置

编号	截面	编号	截面	编号	截面
JS1	37ϕ7	XS2	37ϕ7	HS3	199ϕ7
JS2	37ϕ7	XS3	37ϕ7	G1	ϕ114×4.0
JS3	37ϕ7	XS4	91ϕ7	G2	ϕ114×4.0
JS4	91ϕ7	HS1	37ϕ7	G3	ϕ114×4.0
XS1	37ϕ7	HS2	91ϕ7	G4	ϕ180×4.0

2.2　结构初始预应力分布

　　索穹顶结构由索和杆组成,索在施加预应力前几乎没有自然刚度,所以必须施加预应力。索穹顶结构的刚度与预应力分布和大小有密切关系。根据结构几何形状,可唯一确定肋环型索穹顶结构的单位初始预应力分布[5]。根据结构荷载情况以及结构使用阶段索不退出工作这一原则,可确定结构所需预应力水平为 $\beta=26.13$,此时结构初始内力分布见表 2。

表 2　索穹顶结构单位预应力和初始预应力分布　　　　　　　　　　　（单位:kN）

杆件编号	JS1	JS2	JS3	JS4	XS1	XS2	XS3	XS4
单位预应力	12.22	14.28	19.57	32.63	2.14	5.41	12.76	35.26
初始预应力	319.38	373.03	511.34	852.53	55.87	141.45	333.36	921.23

杆件编号	HS1	HS2	HS3	G1	G2	G3	G4
单位预应力	18.58	44.98	128.12	−1.00	−2.40	−4.99	−11.15
初始预应力	485.46	1175.20	3347.80	−26.13	−62.83	−130.40	−291.30

2.3　荷载取值、受力性能和用钢指标

荷载取值:

(1)永久荷载

a.结构自重:0.20kN/m²;

b.屋面板及檩条自重:0.30kN/m²。

(2)可变荷载

a.活荷载:标准值 0.30kN/m²;

b.雪荷载:基本雪压 0.40kN/m²;

c.风荷载：基本风压 $0.45\mathrm{kN/m^2}$。

采用 MSTCAD 和 ANSYS 软件进行结构建模和计算分析，其中拉索为索单元，压杆为杆单元。计算结果显示结构应力和变位均满足要求。其中结构水平最大变位为 22.45mm，竖向最大变位为 19.86mm，均小于跨度的 1/400，表明结构整体刚度较好。

索穹顶部分用钢量按 80m 直径计算约为 $18\mathrm{kg/m^2}$，按 100m 直径计算约为 $12\mathrm{kg/m^2}$。钢结构支承部分（包括立体桁架环梁和柱）用钢量约为 $50\mathrm{kg/m^2}$。支承部分也可采用钢筋混凝土结构。上述用钢指标说明结构具有较好的经济性。

3 支承结构对索穹顶初内力分布及外荷载作用下结构性能的影响

索穹顶必须支承在周边受压环梁上才能工作。不同刚度的支承结构将影响索穹顶的初内力分布和其在外荷载作用下的受力性能。为定量地研究支承结构对索穹顶的影响，本小节对支承于不同刚度支承结构的索穹顶进行了整体分析计算。

以本文提出的刚性屋面索穹顶结构方案为例，支承结构包括周边立体桁架和拱形立体桁架柱。分别对支承结构和包括支承结构和索穹顶在内的整体结构施加径向单位力，得水平变位为 Δ_1 和 Δ_{1+0}，则支承结构水平刚度 $K_1=\dfrac{1}{\Delta_1}$，整体结构水平刚度为 $K_{1+0}=\dfrac{1}{\Delta_{1+0}}$，索穹顶水平刚度为两者之差，即 $K_0=K_{1+0}-K_1=\dfrac{\Delta_1-\Delta_{1+0}}{\Delta_1\Delta_{1+0}}$。定义索穹顶与支承结构水平刚度之比为索穹顶相对水平刚度 λ，$\lambda=\dfrac{K_0}{K_1}=\dfrac{\Delta_1-\Delta_{1+0}}{\Delta_{1+0}}=\dfrac{\Delta_1}{\Delta_{1+0}}-1$。当支承结构水平刚度 K_1 无穷大时，有 $\lambda=0$，此时可认为索穹顶边界节点为理想不动铰支座。对具有不同相对水平刚度 λ 的索穹顶进行分析，得表 3 所示初内力分布。偏差为理想不动铰支座索穹顶初内力和当前水平刚度索穹顶的初内力之差与理想不动铰支座索穹顶初内力之比。表 4 为不同相对水平刚度的索穹顶结构在均布荷载 $q=1.0\mathrm{kN/m^2}$ 作用下节点最大变位。

表 3 不同相对水平刚度的索穹顶结构初始内力分布

		JS1	JS2	JS3	JS4	XS1	XS2	XS3	XS4
$\lambda=0$	初内力	319.38	373.03	511.34	852.53	55.87	141.45	333.36	921.23
$\lambda=2\%$	初内力	312.97	365.51	501.05	835.47	54.72	138.62	326.71	903.22
	偏差	−2.05	−2.06	−2.05	−2.04	−2.10	−2.04	−2.04	−1.99
$\lambda=5\%$	初内力	303.84	354.81	486.40	811.10	53.08	134.58	317.24	877.43
	偏差	−5.11	−5.14	−5.13	−5.11	−5.26	−5.10	−5.08	−4.99
$\lambda=8\%$	初内力	295.21	344.69	472.56	788.10	51.53	130.78	308.30	853.06
	偏差	−8.19	−8.22	−8.21	−8.18	−8.42	−8.16	−8.13	−7.99
		HS1	HS2	HS3	G1	G2	G3	G4	
$\lambda=0$	初内力	485.46	1175.2	3347.8	−26.13	−62.83	130.4	−291.3	
$\lambda=2\%$	初内力	475.74	1151.8	3282.4	−25.59	−61.57	−127.8	−285.6	
	偏差	−2.04	−2.03	−1.99	−2.11	−2.05	−2.03	−2.00	
$\lambda=5\%$	初内力	461.91	1118.3	3188.6	24.83	59.78	124.1	277.3	
	偏差	−5.10	−5.09	−4.99	−5.24	−5.10	−5.08	−5.05	
$\lambda=8\%$	初内力	448.82	1086.8	3100.0	−24.10	−58.09	−120.6	−269.6	
	偏差	−8.16	−8.13	−7.99	−8.42	−8.16	−8.13	−8.05	

表 4　不同相对水平刚度的索穹顶结构节点最大变位　　　　　　（单位：mm）

荷载条件	变位	$\lambda=0$	$\lambda=2\%$	$\lambda=5\%$	$\lambda=8\%$
	U_x	0	1.64	3.99	6.20
初内力	U_y	0	1.64	3.99	6.20
	U_z	0	1.13	2.74	4.26
均布	U_x	17.59	18.16	19.28	20.79
荷载	U_y	17.59	18.16	19.28	20.79
	U_z	153.54	154.48	155.21	155.90

　　由表 3、表 4 可知，当索穹顶相对水平刚度 $\lambda\leqslant5\%$ 时，结构最大内力影响约 5%，最大变位 3.99mm，仅为跨度的 1/20000，此时索穹顶边界可按刚性边界计算（边界节点为理想不动铰支座）。当索穹顶相对水平刚度 $\lambda>5\%$ 时，索穹顶边界按弹性边界计算，此时必须考虑支承结构水平刚度对索穹顶结构受力性能的影响。

4　屋面支撑对索穹顶结构性能的影响

　　肋环形索穹顶结构由于其脊索放射状布置，几何形状类似于平面桁架，平面外刚度较小，在不对称荷载作用下容易出现失稳。布置支撑系统可以改善结构的受力性能，并提高结构整体稳定性。

　　为研究屋面支撑对索穹顶结构性能的影响，特考虑如下几种屋面支撑进行分析计算：①不布置屋面支撑；②仅径向布置屋面支撑；③仅环向布置屋面支撑；④环向和径向同时布置屋面支撑。屋面支撑布置位置类似斜索，详见图 4。支撑体系无初内力，仅在外荷载作用下参加工作，且受压时退出工作。

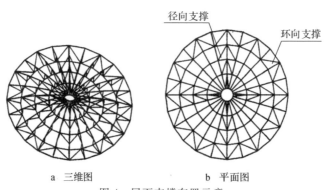

a　三维图　　　　　　　b　平面图
图 4　屋面支撑布置示意

　　表 5 和表 6 分别为不同屋面支撑的索穹顶结构节点最大变位和结构振动频率。图 5 为不设屋面支撑的索穹顶结构前三阶振型图。上述结果显示：按斜索方向加设外圈环向支撑可以有效减小变位，提高结构的振动频率；但径向支撑使结构的刚度分布趋于不均匀，并不一定能提高结构的基频，对控制结构变位的作用也较小。

表 5　均布荷载下不同屋面支撑的索穹顶结构节点最大变位　　　　　　（单位：mm）

变位	不布置	径向布置	环向布置	径向、环向同时布置
U_x	17.59	18.76	17.68	17.68
U_y	17.59	18.76	17.68	17.68
U_z	153.54	151.91	148.73	148.73

表 6　不同屋面支撑的索穹顶结构振动频率

频率	不布置	径向布置	环向布置	径向、环向同时布置
一阶	1.09	0.83	1.33	1.34
二阶	1.34	0.92	1.49	1.51
三阶	1.60	0.92	1.64	1.82

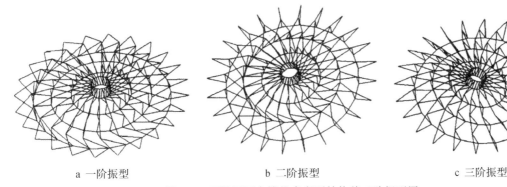

a 一阶振型　　　　　　　b 二阶振型　　　　　　　c 三阶振型

图 5　不设屋面支撑的索穹顶结构前三阶振型图

　　本文还对布置在索穹顶脊索面的支撑进行了分析,结果显示脊索在外荷载作用下内力减小,脊索面的支撑由于不受拉力而不参与共同工作。

5　结论

　　本文对某一工程刚性屋面索穹顶结构设计方案进行了计算分析,验证了该方案具有良好的受力性能和经济指标。对不同刚度边界支承结构对索穹顶结构初始预应力分布及外荷载作用下受力性能的影响进行了研究,表明索穹顶结构相对水平刚度 $\lambda \leqslant 5\%$,可按刚性边界计算,否则必须考虑边界刚度对结构初始内力和受力性能的影响,即引入边界弹簧刚度或对索穹顶和边界结构进行整体分析。对屋面支撑对索穹顶结构性能的影响进行了研究,表明布置在索穹顶脊索面上的支撑不起作用,按斜索方向布置环向支撑可以有效提高结构刚度,但径向支撑的布置使结构刚度分布趋于不均匀,因此不一定能提高结构基频。

参考文献

[1] FULLER R B. Tensile-integrity structures:US 3063521[P]. 1962.

[2] GEIGER D H,STEFANIUK A,CHEN D. The design and construction of two cable domes for the Korean Olympics[C]//Proceedings of IASS Symposium on Shells, Membranes and Space Frames,Vol. 2,Osaka,Japan,1986:265—272.

[3] LEVY M P. The Georgia dome and beyond achieving lightweight-long span structures[C]// Spatial Lattice and Tension Structures:Proceedings of the IASS-ASCE International Symposium, Atlanta,USA,1994:560—562.

[4] 袁行飞.索穹顶结构的理论分析和试验研究[D].杭州:浙江大学,2000.

[5] 董石麟,袁行飞.肋环型索穹顶初始预应力分布的快速计算法[J].空间结构,2003,9(2):3—8.

105 环形张拉整体结构的研究和应用[*]

摘　要:张拉整体结构是一种由连续拉索和断续压杆构成的新型结构。有关正圆柱形张拉整体结构和球形张拉整体结构的研究已被广泛开展,但另一种基本的几何拓扑形态——环形张拉整体结构却很少受到关注。提出一种新型环形张拉整体结构,对其拓扑和找形问题进行了研究,采用平衡矩阵法求解该结构的自应力模态和机构位移模态。通过在索穹顶结构中引入环形张拉整体圈梁,提出一种新型索穹顶,并对初始预应力分布和结构性能进行了分析。算例结果表明该新型索穹顶是一种刚度较好且完全自支承自平衡的张拉整体结构。此研究丰富了现有张拉整体结构形式及其应用。

关键词:正圆柱形张拉整体结构;球形张拉整体结构;环形张拉整体结构;找形;索穹顶

1　引言

张拉整体结构(Tensegrity)是一种由连续拉索和断续压杆构成的新型空间结构,最先由美国建筑师 Fuller[1] 提出。自 Snelson 在 1948 年制作了第一个张拉整体模型以来,在过去的 60 年里,学者们对各种不同的张拉整体结构进行了广泛研究,如正圆柱形张拉整体结构和球形张拉整体结构[2,3]。但是作为另一种基本的几何拓扑形态——环形张拉整体结构却很少受到学者和工程师们的关注。

本文提出了一种新型环形张拉整体结构,并对其拓扑和找形进行了研究,采用平衡矩阵方法求解了环形张拉整体结构的自应力模态和机构位移模态。通过在索穹顶中引入张拉整体环梁,提出了一种完全张拉整体式且自支承自平衡的新型索穹顶体系。结构分析表明该体系具有较好刚度,可用于实际工程。本文的研究在拓宽现有张拉整体结构形式及其应用方面进行了探索。

2　环形张拉整体结构的拓扑

环形张拉整体结构的拓扑可通过在环向组合张拉整体棱柱得到。如组成单体数目为 n,每个单体中压杆数目为 m,则该环形张拉整体结构可标记为 T(m-n),T 为 Torus 的首字母。

图 1 简单地给出了 T(4-3)型环形张拉整体模型的形成过程。图中粗线代表压杆,细线代表索,虚线代表附加索。

＊　本文刊登于:袁行飞,彭张立,董石麟.环形张拉整体结构的研究和应用[J].土木工程学报,2008,41(5):8—13.

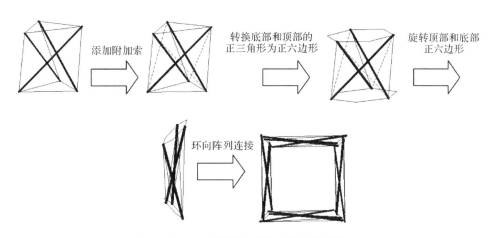

图 1　T(4-3)型张拉整体模型的形成过程

利用 Maxwell 数 M_x 可对桁架结构进行分类：

$$M_x = n_E - n_v \tag{1}$$

其中，n_E 为单元数目，n_v 为自由度数，$n_v = 3n_N - n_C$，n_N 为节点数，n_C 为约束数。当 $M_x > 0$ 时，桁架结构有多余约束，桁架超静定；当 $M_x = 0$，桁架静定；当 $M_x < 0$ 时，桁架为动不定。对于 $M_x \leqslant 0$ 的情况，Maxwell 注意到有些结构表现出内部刚度，比如刚度是基于一阶预应力的，而非基于材料。

为计算环形张拉整体模型的 Maxwell 数，必须知道节点数、压杆数和索数。通过图 2 所示的拓扑连接图[4]，可以得出环形张拉整体模型中的总单元数为 $5mn$，总节点数为 $2mn$，Maxwell 数 $M_x = 6 - mn < 0(m \geqslant 3, n \geqslant 4)$，这表明环形张拉整体模型是一种动不定结构[5]。

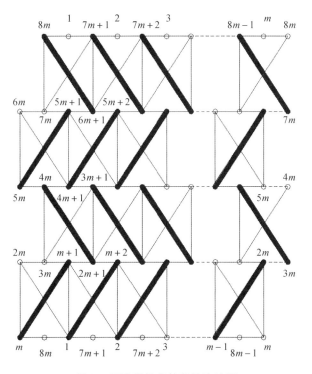

图 2　环形张拉整体结构连接图

3 环形张拉整体结构的找形分析

环形张拉整体结构的找形分析过程可归纳如下：

（1）给定初始扭转角 θ，建立平衡矩阵 A。

（2）通过对平衡矩阵进行奇异值分解获得自应力模态和机构位移模态[6]。

（3）判断是否存在杆受压、索受拉的可行预应力模态。如果可行预应力模态不存在，重新设定扭转角 θ 进行计算。

（4）如果存在合理的可行预应力模态，则进一步分析环形张拉整体结构的几何稳定性。几何稳定性的分析可以参考 Pellegrino 提出的几何力方法[5,6]。

下面以 T(4-3)型环形张拉整体结构为例，进行结构找形分析。图 3 为 T(4-3)型环形张拉整体结构的连接图。在该结构中，节点总数为 24，总自由度为 72，单元总数为 60，其中有 12 根压杆，24 根鞍索、12 根垂直索和 12 根附加索。$M_x = 6 - mn = -6 < 0$。表明此结构是一个欠约束的结构，即一动不定的结构，而非通常的静定或超静定结构。

由于环向对称性，取两个相邻的单体进行找形分析。设圆环外圈半径和内圈半径的平均值为 R_t，环形张拉整体中各个正多边形截面的外接圆半径为 r，扭转角为 θ，单体相对的圆心角 $\alpha = 2\pi/n$。

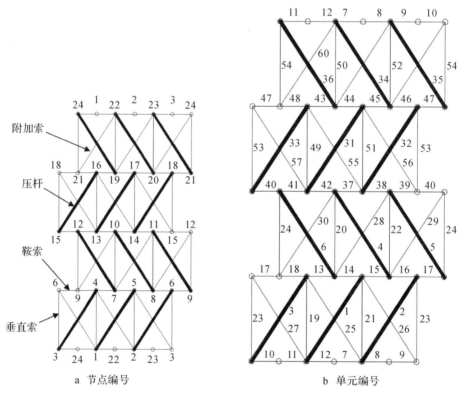

图 3　T(4-3)型环形张拉整体结构的拓扑连接图

3.1　节点坐标

如图 3 所示，对于 T(4-3)环形张拉整体结构，每两个单体有 12 个节点，编号为 1～12。若取 $\theta = \pi/3$，$\alpha = \pi/2$，可得编号 1～6 的节点坐标如下：

$$x_1 = R_t + r \qquad y_1 = 0 \qquad z_1 = 0$$
$$x_2 = R_t - r/2 \qquad y_2 = 0 \qquad z_2 = \sqrt{3}\,r/2$$
$$x_3 = R_t - r/2 \qquad y_3 = 0 \qquad z_3 = -\sqrt{3}\,r/2$$
$$x_4 = 0 \qquad y_4 = R_t + r/2 \qquad z_4 = \sqrt{3}\,r/2$$
$$x_5 = 0 \qquad y_5 = R_t - r \qquad z_5 = 0$$
$$x_6 = 0 \qquad y_6 = R_t + r/2 \qquad z_6 = -\sqrt{3}\,r/2$$

其他节点的坐标可以通过旋转变换得到。

3.2　自应力模态

如图 3 所示，T(4-3)型环形张拉整体结构每个单体有 36 个单元，编号为 1～30 和 37～42。两个单体的平衡矩阵 $\boldsymbol{A}$ 为 36×36。当 $\theta = \pi/3$ 时，可得矩阵 $\boldsymbol{A}$ 的秩为 34，存在两个独立的自应力模态 t_1 和 t_2。通过组合两个独立的自应力模态，可得结构自应力模态 t_0 的一般表达式如下：

$$t_0 = c_1 t_1 + c_2 t_2 \tag{2}$$

如取 $R_1 = 3\mathrm{m}, r = 0.5\mathrm{m}, c_1 = 0, c_2 = 1$ 则有：

$$
\begin{aligned}
t_0^{\mathrm{T}} = [\,&-1.0000 \quad -1.0000 \quad -1.0000 \quad -1.0000 \quad -1.0000 \quad -1.0000 \quad 1.2098 \quad 1.7273 \quad 1.0000 \\
&1.7692 \quad 1.3956 \quad 1.8352 \quad 1.2098 \quad 1.7273 \quad 1.0000 \quad 1.7692 \quad 1.3956 \quad 1.8352 \\
&0.1648 \quad 0.7902 \quad 0.2727 \quad 1.0000 \quad 0.2308 \quad 0.6044 \quad 0.7902 \quad 1.0000 \quad 0.6044 \\
&0.2727 \quad 0.2308 \quad 0.1648 \quad 1.2098 \quad 1.7273 \quad 1.0000 \quad 1.7692 \quad 1.3956 \quad 1.8352\,]
\end{aligned}
$$

上述自应力模态满足索受拉、杆受压条件，是一种可行自应力模态。

3.3　机构位移模态

内部机构位移模态可通过整体结构平衡矩阵 $\boldsymbol{A}_t$ 的奇异值分解得到。对于 T(4-3)型环形张拉整体结构，总体结构平衡矩阵 $\boldsymbol{A}_t$ 的维数为 72×60，它的秩为 58。内部机构位移模态 $d_{\mathrm{in}} = 72 - 58 - 6 = 8$，前 3 阶内部机构位移模态如图 4 所示。第一种模态为沿水平方向的类似于平面四连杆机构的运动，而第二种模态为以对角线为轴线的竖向机构运动，第三种模态为单体的扩展。

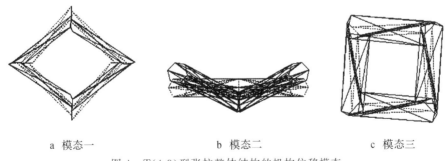

　　　a　模态一　　　　　　　　　b　模态二　　　　　　　　　c　模态三

图 4　T(4-3)型张拉整体结构的机构位移模态

4　环形张拉整体结构作环梁的新型索穹顶结构

索穹顶结构是由拉索和压杆组成的自应力空间结构体系，最早由 Geiger[7] 提出并应用在汉城奥运会的体操馆和击剑馆。由于该结构体系具有受力合理、自重轻、跨度大、形式美观、结构效率高等特点,索穹顶结构成为国内外学术界、工程界关注的热点[8,9]。现有的索穹顶结构大多支承于钢筋混凝土圈梁或环形钢桁架,所以从严格意义上说不属于张拉整体的范畴。如果把环形张拉整体结构作为环梁引入索穹顶结构,则可以得到如图5所示的真正意义上的张拉整体索穹顶结构。

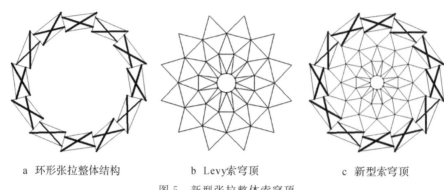

a 环形张拉整体结构　　　　b Levy索穹顶　　　　c 新型索穹顶

图5 新型张拉整体索穹顶

图6所示为一布置三道环索,环向十二等分,外径50m的新型Levy型索穹顶。索穹顶中压杆和索截面积分别是$0.05m^2$和$0.005m^2$。张拉整体环梁为12等分,内径42m,外径58m,截面正多边形外接圆的半径为4m。环梁中压杆和索的截面面积分别为$0.1m^2$和$0.01m^2$。压杆和索的屈服应力分别为345MPa和1860MPa,杨氏模量分别为$2\times10^{11}N/m^2$和$1.85\times10^{11}N/m^2$。为保证一定的安全度,整个体系中索的最大允许预应力为639MPa。

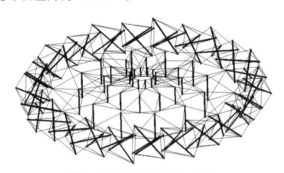

图6 新型索穹顶结构三维图

由第3节的找形方法可得环形张拉整体结构的预应力模态如下:
$$t_t^T = [-0.1266 \quad -0.1275 \quad -0.1275 \quad -0.1275 \quad -0.1266 \quad -0.1275$$
$$0.0501 \quad 0.0460 \quad 0.0460 \quad 0.0501 \quad 0.0541 \quad 0.0541$$
$$0.0501 \quad 0.0460 \quad 0.0460 \quad 0.0501 \quad 0.0541 \quad 0.0541$$
$$0.0491 \quad 0.0578 \quad 0.0639 \quad 0.0639 \quad 0.0578 \quad 0.0491$$
$$0.0578 \quad 0.0639 \quad 0.0491 \quad 0.0639 \quad 0.0578 \quad 0.0491]$$

由二次奇异值分解法[10]可得索穹顶的预应力模态如下:
$$t_c^T = [-0.00481 \quad -0.01444 \quad -0.03250 \quad 0.05798 \quad 0.08787$$
$$0.13402 \quad 0.02929 \quad 0.04568 \quad 0.07268 \quad 0.05581$$
$$0.08372 \quad 0.12558 \quad 0.11163]$$

对于这两组自应力模态,可以根据索穹顶和环形张拉整体中索的最大容许应力给出所有构件的初始应力,如表1所示,其中1～30组代表环形张拉整体结构的预应力,31～43组代表索穹顶的预应力。

表 1　新型张拉整体索穹顶的初始预应力

组号	预应力/Pa	组号	预应力/Pa
1	$-1.27\text{E}+08$	23	$5.78\text{E}+08$
2	$-1.28\text{E}+08$	24	$4.91\text{E}+08$
3	$-1.28\text{E}+08$	25	$5.78\text{E}+08$
4	$-1.28\text{E}+08$	26	$6.39\text{E}+08$
5	$-1.27\text{E}+08$	27	$4.91\text{E}+08$
6	$-1.28\text{E}+08$	28	$6.39\text{E}+08$
7	$5.01\text{E}+08$	29	$5.78\text{E}+08$
8	$4.60\text{E}+08$	30	$4.91\text{E}+08$
9	$4.60\text{E}+08$	31	$-9.18\text{E}+05$
10	$5.01\text{E}+08$	32	$-3.06\text{E}+06$
11	$5.41\text{E}+08$	33	$-8.22\text{E}+06$
12	$5.41\text{E}+08$	34	$5.67\text{E}+07$
13	$5.01\text{E}+08$	35	$1.04\text{E}+08$
14	$4.60\text{E}+08$	36	$2.12\text{E}+08$
15	$4.60\text{E}+08$	37	$2.86\text{E}+07$
16	$5.01\text{E}+08$	38	$5.37\text{E}+07$
17	$5.41\text{E}+08$	39	$1.12\text{E}+08$
18	$5.41\text{E}+08$	40	$1.01\text{E}+08$
19	$4.91\text{E}+08$	41	$1.62\text{E}+08$
20	$5.78\text{E}+08$	42	$2.80\text{E}+08$
21	$6.39\text{E}+08$	43	$2.02\text{E}+08$
22	$6.39\text{E}+08$		

表 2　新型索穹顶第一次协同找形后的应力

组号	预应力/Pa	组号	预应力/Pa
1	$-1.26\text{E}+08$	23	$5.81\text{E}+08$
2	$-1.28\text{E}+08$	24	$4.86\text{E}+08$
3	$-1.28\text{E}+08$	25	$5.81\text{E}+08$
4	$-1.28\text{E}+08$	26	$6.33\text{E}+08$
5	$-1.26\text{E}+08$	27	$4.86\text{E}+08$
6	$-1.28\text{E}+08$	28	$6.33\text{E}+08$
7	$5.03\text{E}+08$	29	$5.81\text{E}+08$
8	$4.66\text{E}+08$	30	$4.85\text{E}+08$
9	$4.67\text{E}+08$	31	$-1.21\text{E}+05$
10	$5.03\text{E}+08$	32	$-4.08\text{E}+05$
11	$5.44\text{E}+08$	33	$-1.10\text{E}+06$
12	$5.44\text{E}+08$	34	$7.53\text{E}+06$
13	$5.03\text{E}+08$	35	$1.38\text{E}+07$
14	$4.66\text{E}+08$	36	$2.81\text{E}+07$
15	$4.67\text{E}+08$	37	$3.76\text{E}+06$
16	$5.03\text{E}+08$	38	$7.17\text{E}+06$
17	$5.44\text{E}+08$	39	$1.50\text{E}+07$
18	$5.44\text{E}+08$	40	$1.32\text{E}+07$
19	$4.85\text{E}+08$	41	$2.17\text{E}+07$
20	$5.81\text{E}+08$	42	$3.77\text{E}+07$
21	$6.33\text{E}+08$	43	$2.71\text{E}+07$
22	$6.33\text{E}+08$		

　　非线性计算后最大的位移为 0.02186m。重新分配后初始预应力如表 2 如示。

　　如不修正几何形状，直接将第一次协同找形得到的内力作为初始预应力模态进行迭代计算，可得最大的位移为 0.001308m，此时环梁中索内力和索穹顶中索内力相差较大。如果继续迭代，会发现索穹顶中预应力将逐渐趋向于零。因为环形张拉整体结构是一个完全自平衡的体系，只有索穹顶中杆件内力为零时，与环梁连接节点处合力才为零。显然这种预应力分布在实际工程中是不可行的。

　　因此本文以第一次协同找形后得到的预应力分布和几何外形作为新型索穹顶的初始预应力分布和外形，进行结构性能分析。

　　新型索穹顶结构作用竖向均布荷载 0.5kN/m^2。张拉整体环底部节点竖向约束。另外局部节点增加平动、转动约束。经 ANSYS 分析得节点最大竖向位移 $0.167\text{m}\approx\dfrac{1}{300}50\text{m}$，满足规范的要求，说明这种新型结构体系刚度较好。

　　采用 ANSYS 对新型索穹顶模态进行分析，发现环形张拉整体结构作为环梁的新型索穹顶结构频率比较密集。从第 1 阶模态到第 13 阶模态都是索穹顶内环索杆局部振动，而从第 14 阶模态（$f=3.41\text{Hz}$）开始，新型体系的振型转变成整体的振动，说明该结构体系刚度较好。

5 结论

本文提出了一种新型环形张拉整体结构,并对其拓扑和找形问题进行了详细的分析,根据平衡矩阵理论,得出了环形张拉整体结构的自应力模态和机构位移模态。

作为张拉整体结构的应用,提出了一种以环形张拉整体结构作为环梁的新型索穹顶体系,经机构判定为一可行体系,是真正意义上自平衡自支承的张拉整体结构。采用非线性有限元方法对整体结构进行协同找形,确定结构初始预应力和外形,并进行了结构静、动力性能分析,算例结果表明该结构具有较好的刚度,能应用于实际工程。

参考文献

[1] FULLER R B. Tensile-integrity structures:US 3063521[P]. 1962.

[2] YOSHITAKA N. Static and dynamic analyses of tensegrity structures[D]. San Diego:University of California,2000.

[3] SULTAN C. Modeling,design,and control of tensegrity structures with applications[D]. West Lafayette:Purdue University,1999.

[4] PUGH A. An Introduction to Tensegrity[M]. Berkeley:University of California,1976.

[5] PELLEGRINO S,CALLADINE CR. Matrix analysis of statically and kinematically indeterminate frameworks[J]. International Journal of Solids and Structures,1986,22(4):409—428.

[6] PELLEGRINO S. Structural computations with the singular value decomposition of the equilibrium matrix[J]. International Journal of Solids and Structures,1993,30(21):3025—3035.

[7] GEIGER D H,STEFANIUK A,CHEN D. The design and construction of two cable domes for the Korean Olympics[C]//Proceedings of IASS Symposium on Shells,Membranes and Space Frames,Vol. 2,Osaka,Japan,1986:265—272.

[8] LEVY M P. The Georgia dome and beyond achieving lightweight-long span structures[C]// Spatial Lattice and Tension Structures:Proceedings of the IASS-ASCE International Symposium,Atlanta,USA,1994:560—562.

[9] YUAN X F,DONG S L. Nonlinear analysis and optimum design of cable domes[J]. Engineering Structures,2002,24(7):965—977.

[10] 袁行飞,董石麟.索穹顶结构的新形式及其初始预应力确定[J].工程力学,2005,22(2):22—26.

106 一种由索穹顶与单层网壳组合的空间结构及其受力性能研究[*]

摘　要：提出了一种由索穹顶与单层网壳组合的空间结构形式，该结构不仅充分利用了索穹顶的受力特性，而且发挥了单层网壳便于铺设刚性屋面板的优势。给出了葵花型、肋环型、Kiewitt 型、鸟巢型 4 种索穹顶结构与相应网格布置的单层网壳的组合结构形式，结构顶部可采用封闭和开口两种形式。定义了索穹顶与单层网壳之间连接杆的荷载传递系数、索穹顶和单层网壳的支座竖向反力分配系数。以葵花型索穹顶与单层网壳的组合结构为例，探讨了结构在均布荷载和集中荷载作用下的受力性能以及结构的矢跨比、预应力水平、网壳杆件截面等参数对结构受力性能的影响。计算结果表明，外荷载越小、矢跨比越小、预应力水平越大和网壳杆件截面越小，索穹顶承担的外荷载比例越大。

关键词：索穹顶；单层网壳；组合空间结构；荷载传递系数；支座竖向反力分配系数

1　引言

　　索穹顶结构是 Geiger 根据 Fuller[1] 的张拉整体结构思想开发的一种新型预应力空间结构，该结构具有造型轻盈，受力合理，结构重量轻等特点。索穹顶首次应用在 1988 年汉城奥运会的体操馆和击剑馆[2]，由 Levy 等为 1996 年亚特兰大奥运会设计的 Georgia 穹顶[3] 是世界上最大索穹顶。自 20 世纪 90 年代以来，国内许多专家学者对索穹顶结构进行了研究[4-24]。

　　传统的索穹顶结构表面铺设膜材料，出现的主要问题有：膜材料价格贵，防火性能差，难以消除雨噪声，保温隔热性能差，且裁剪铺设工艺相对复杂等，这些问题一定程度上阻碍了索穹顶结构在我国大陆地区的工程应用。为了解决这些问题，本文提出了一种由索穹顶与单层网壳组合的空间结构形式，该结构可充分利用轻型、高效、通过预应力成型的索穹顶结构特性，又可发挥单层网壳便于铺设刚性屋面板的优势。为进一步研究这种结构的受力性能，本文以葵花型索穹顶与单层网壳的组合结构为例，分析该结构在均布荷载和集中荷载作用下的内力和变位，定义了索穹顶与单层网壳之间连接杆的荷载传递系数、索穹顶和单层网壳的支座竖向反力分配系数，通过改变结构矢跨比、预应力水平和网壳杆件截面等参数研究其对结构受力性能的影响。论文研究的组合空间结构可以为索穹顶结构的应用提供一种新的结构形式和实践途径。

---

　　[*]　本文刊登于：董石麟，王振华，袁行飞．一种由索穹顶与单层网壳组合的空间结构及其受力性能研究[J]．建筑结构学报，2010，31(3)：1-8．

2 索穹顶与单层网壳的组合形式

索穹顶的结构形式主要有：葵花型、肋环型、Kiewitt 型和鸟巢型，本文根据索穹顶的结构形式，给出了以下四种索穹顶与单层网壳的组合结构：组合结构形式 1 为葵花型索穹顶与葵花型单层网壳组合（见图 1），组合结构形式 2 为肋环型索穹顶与肋环双斜杆型单层网壳组合（见图 2），组合结构形式 3 为 Kiewitt 型索穹顶与 Kiewitt 型单层网壳组合（见图 3），组合结构形式 4 为鸟巢型索穹顶与鸟巢式肋环双斜杆型单层网壳组合（见图 4）。索穹顶与网壳之间通过相应的节点连接杆组合而成，其中组合结构形式 1、2 和 3 顶部可以采用封闭和开口两种形式，组合结构形式 4 宜采用开口布置形式。

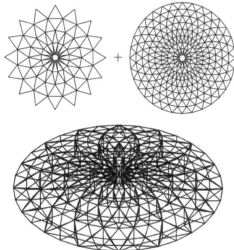
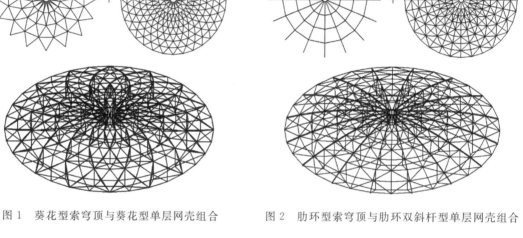

图 1　葵花型索穹顶与葵花型单层网壳组合　　图 2　肋环型索穹顶与肋环双斜杆型单层网壳组合

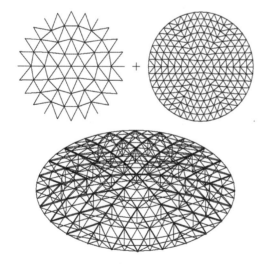
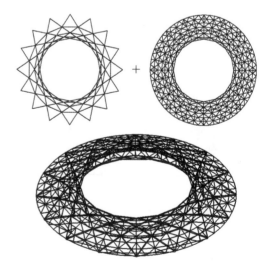

图 3　Kiewitt 型索穹顶与 Kiewitt 型单层网壳组合　　图 4　鸟巢型索穹顶与鸟巢式肋环双斜杆型单层网壳组合

3 力学性能分析

3.1 计算模型

以葵花型索穹顶与葵花型单层网壳组合结构为例,跨度为 100m,矢跨比为 0.1,网壳和索穹顶之间的连接杆高度为 0.5m,图 5 给出了组合结构节点和杆件编号,其中,JS 表示脊索;XS 表示斜索;HS 表示环索;YG 表示压杆;LJG 表示索穹顶与单层网壳之间的连接杆;HXG 和 JXG 分别表示单层网壳的环向和径向杆件;N1～N8 为网壳节点编号。表 1 给出了杆件规格和初始内力分布。网壳和索穹顶的自重分别为 $20.3\mathrm{kg/m^2}$ 和 $14.6\mathrm{kg/m^2}$,表中索穹顶的初始预应力已经考虑了索穹顶自身重量[15]。本文采用大型通用有限元软件 ANSYS 进行数值分析,上部网壳和连接杆采用梁单元,索杆采用杆单元,其中,连接杆与网壳连接采用刚接,与下部索杆连接采用铰接,这样可以将上部网壳的竖向和水平荷载通过连接杆传递到下部索穹顶。

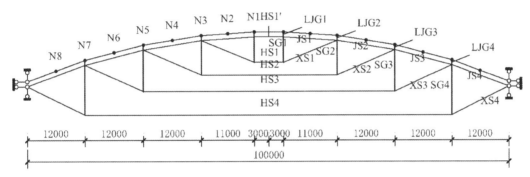

图 5　组合结构节点和杆件编号

表 1　杆件规格和初始内力分布

编号	规格	初始内力/kN	编号	规格	初始内力/kN
JS1	$31\phi7$	369.51	HS2	$73\phi7$	1089.78
JS2	$31\phi7$	513.54	HS3	$139\phi7$	2156.89
JS3	$73\phi7$	886.90	HS4	$283\phi7$	4333.06
JS4	$139\phi7$	1764.12	YG1	$\phi108\times4$	-50.00
XS1	$31\phi7$	100.00	YG2	$\phi108\times4$	-158.66
XS2	$31\phi7$	246.00	YG3	$\phi194\times6$	-409.09
XS3	$73\phi7$	545.28	YG4	$\phi273\times10$	-1040.96
XS4	$73\phi7$	1246.60	LJG	$\phi180\times5$	
HS1'	$139\phi7$	1831.63	HXG	$\phi219\times7$	
HS1	$31\phi7$	480.04	JXG	$\phi219\times7$	

为研究该组合结构的力学性能,定义以下 7 个参数,组合结构的优化设计和经济技术指标均可由这些参数来判定。

$$k_{i,g} = \frac{F_{i,g}}{G_i} \tag{1}$$

$$k_{i,q} = \frac{F_{i,q}}{Q_i} \tag{2}$$

$$k_{i,p} = \frac{F_{i,p}}{P_i} \tag{3}$$

$$K_q = \frac{\sum F_{i,q} m_i}{\sum Q_i m_i} \tag{4}$$

$$K_p = \frac{\sum F_{i,p} m_i}{\sum P_i m_i} \tag{5}$$

$$\beta_{CD} = \frac{F_{CD} m_{CD}}{G_{CD} + G_S + F_L} \tag{6}$$

$$\beta_S = \frac{F_S m_S}{G_{CD} + G_S + F_L} \tag{7}$$

式中，$k_{i,g}$、$k_{i,q}$ 和 $k_{i,p}$ 分别为第 i 圈单根连接杆在网壳自重、均布和集中荷载下的荷载传递系数；K_q 和 K_p 分别为均布和集中荷载下连接杆总荷载传递系数；β_{CD} 和 β_S 分别为索穹顶和网壳支座竖向反力分配系数。其中，$F_{i,g}$、$F_{i,q}$ 和 $F_{i,p}$ 为第 i 圈单根连接杆在网壳自重、均布和集中荷载下的轴力；m_i 为第 i 圈的连接杆数；G_i、Q_i 和 P_i 分别为单根连接杆处的网壳自重、均布荷载和集中荷载；F_{CD} 和 F_S 分别为索穹顶和网壳支座平均竖向反力；m_{CD} 和 m_S 分别为索穹顶和网壳的支座数；G_{CD} 和 G_S 分别为索穹顶和网壳重量；F_L 为总外荷载。

3.2 均布荷载作用

图 6 为组合结构均布荷载示意图。图 7、8 为杆件内力-荷载关系变化曲线，索杆内力变化幅度较小，网壳杆件内力随着荷载的增大逐渐增大，杆件内力基本上呈线性关系变化。图 9 为节点竖向位移-荷载关系曲线，节点竖向位移随着荷载的增大而增大，最内圈节点 N1 竖向位移最

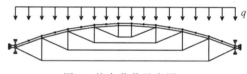

图 6 均布荷载示意图

大，节点竖向位移基本上呈线性关系变化。图 10 为连接杆在网壳自重荷载下的荷载传递系数，由内圈至外圈，$k_{i,g}$ 开始增大，后变小，$k_{3,g}$ 达最大。本文索穹顶预应力分布考虑了索穹顶自重，连接杆的荷载传递系数与索穹顶的预应力分布有关。图 11 为连接杆在均布荷载下的荷载传递系数-荷载关系变化曲线，$k_{3,q}$ 最大，$k_{1,q}$ 为负值，表明最内圈连接杆受拉，从 K_q 值的变化可以看出，随着荷载的增大，连接杆总荷载传递系数 K_q 变化幅度非常小，约等于 0.3，说明荷载大小变化对总荷载传递系数影响甚微。图 12 为索穹顶和网壳支座竖向反力分配系数-荷载关系曲线，随着荷载的增大，索穹顶支座竖向反力分配系数逐渐减小，网壳支座竖向反力分配系数逐渐增大，呈非线性关系变化，两者的分配系数之和等于 1。分析结果还表明，随着荷载的增大，索穹顶承担的外荷载比例在减小，即发挥索穹顶承担荷载的作用在降低。

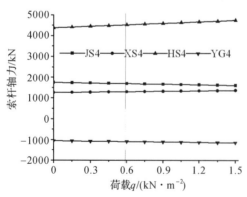

图 7 均布荷载下索穹顶杆件内力-荷载关系曲线

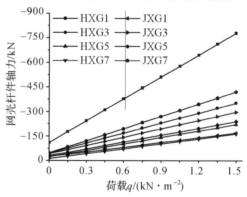

图 8 均布荷载下网壳杆件内力-荷载关系曲线

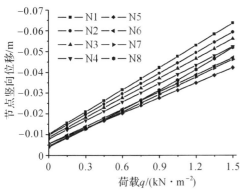

图 9　均布荷载下组合结构竖向位移-荷载关系曲线

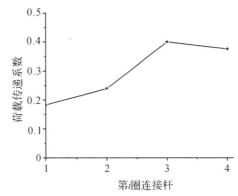

图 10　网壳自重荷载下荷载传递系数

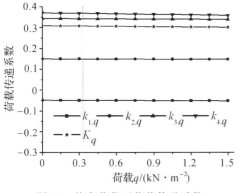

图 11　均布荷载下荷载传递系数

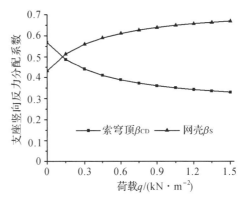

图 12　均布荷载下支座竖向反力分配系数-荷载关系曲线

3.3　集中荷载作用

图 13 为组合结构集中荷载示意图,内圈顶点荷载 P_1 的最大值为 10kN。图 14 和图 15 为杆件内力-荷载关系变化曲线,索杆内力变化幅度较小,网壳内圈杆件内力比外圈杆件内力变化幅度大,杆件轴力基本上呈线性关系变化。图 16 为节点竖向位移-荷载关系曲线,节点竖向位移基本上呈线性关系变化。图 17 为连接杆在集中荷载下的荷载传递系数-荷载关系变化曲线,$k_{2,p}$,$k_{3,p}$ 和 $k_{4,p}$ 为负值,表明第 2,3 和 4 圈连接杆受拉;随着荷载的增大,$k_{i,p}$ 和 K_p 变化幅度甚微。图 18 为索穹顶和网壳支座竖向反力分配系数-荷载关系曲线,随着荷载的增大,索穹顶支座竖向反力分配系数逐渐减小,网壳支座竖向反力分配系数逐渐增大,基本上呈线性关系变化。结果表明,随着荷载的增大,索穹顶承担的外荷载比例在减小,即发挥索穹顶承担荷载的作用在降低。

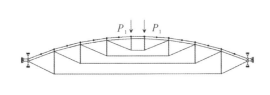

图 13　集中荷载示意图

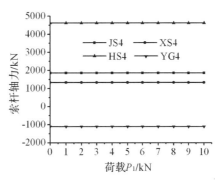

图 14　集中荷载下索穹顶杆件内力-荷载关系曲线

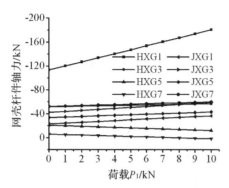

图 15　集中荷载下网壳杆件内力-荷载关系曲线

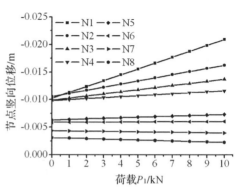

图 16　集中荷载下组合结构竖向位移-荷载关系曲线

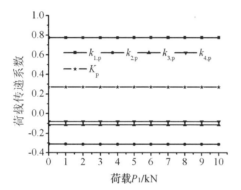

图 17　集中荷载下荷载传递系数-荷载关系曲线

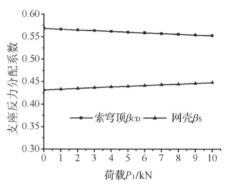

图 18　集中荷载下支座竖向反力分配系数-荷载关系曲线

4　参数分析

采用不同的矢跨比、预应力水平和网壳杆件截面分析其对组合结构受力性能的影响。

4.1　矢跨比

采用跨度100m，3种矢跨比 f/L：0.10、0.12和0.15的组合结构进行分析，3种组合结构中索穹顶的中心竖杆预应力均为 -50kN。图19为节点N1竖向位移-荷载关系曲线，矢跨比越大，竖向位移越小，表明结构刚度越大。图20为连接杆总荷载传递系数 K_q 荷载关系曲线，图21和图22分别为索穹顶和网壳的支座竖向反力分配系数-荷载关系曲线，矢跨比越大，荷载传递系数越小，索穹顶支座竖向反力分配系数越小，网壳支座竖向反力分配系数越大，索穹顶承担的外荷载比例越小。

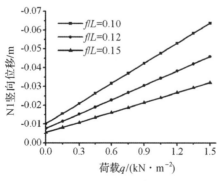

图 19　节点 N1 竖向位移-荷载关系曲线

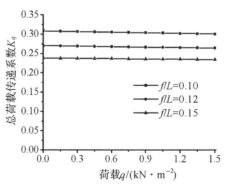

图 20　荷载传递系数-荷载关系曲线

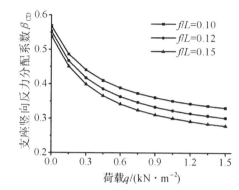

图 21 索穹顶支座竖向反力分配系数-荷载关系曲线

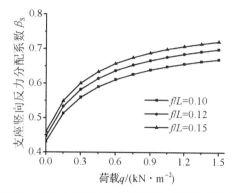

图 22 网壳支座竖向反力分配系数-荷载关系曲线

4.2 预应力水平

组合结构跨度100m,采用预应力水平0.6、0.8和1.0(表示0.6倍、0.8倍和1.0倍表1的初始内力分布)的3种预应力水平进行分析,索穹顶的索杆截面以表1中资料为基准,分别取0.6倍、0.8倍和1.0倍截面面积,上部网壳杆件和中间连接杆杆件截面不变。图23为节点N1竖向位移-荷载关系曲线,预应力水平越大,竖向位移越小,表明结构刚度越大。图24为连接杆的荷载传递系数 K_q-荷载关系曲线,图25和图26分别为索穹顶和网壳的支座竖向反力分配系数-荷载关系曲线,预应力水平越大,荷载传递系数越大,索穹顶支座竖向反力分配系数越大,网壳支座竖向反力分配系数越小,索穹顶承担的外荷载比例越大。

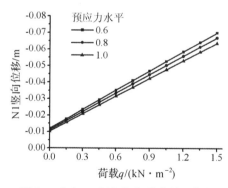

图 23 节点 N1 竖向位移-荷载关系曲线

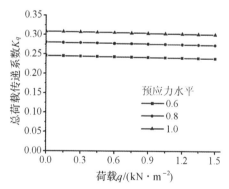

图 24 荷载传递系数-荷载关系曲线

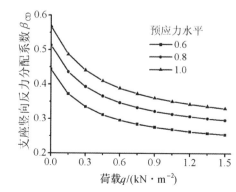

图 25 索穹顶支座竖向反力分配系数-荷载关系曲线

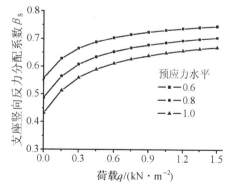

图 26 网壳支座竖向反力分配系数-荷载关系曲线

4.3 网壳杆件截面

采用 4 种不同大小的网壳杆件截面(表 2)的组合结构进行分析,矢跨比为 0.1,组合结构杆件截面及预应力分布见表 1。图 27 为节点 N1 竖向位移-荷载关系曲线,网壳杆件截面越大,竖向位移越小,表明结构刚度越大。图 28 为连接杆总荷载传递系数 K_q-荷载关系曲线,图 29 和图 30 分别为索穹顶和网壳的支座竖向反力分配系数-荷载关系曲线,网壳杆件截面越大,荷载传递系数越小,索穹顶支座竖向反力分配系数越小,网壳支座竖向反力分配系数越大,索穹顶承担的外荷载比例越小,这是由于,网壳截面越大,网壳刚度越大,承担的荷载越大。

表 2 网壳杆件截面规格

截面编号	HXG,JXG			
	截面 1	截面 2	截面 3	截面 4
规格	$\phi194\times6.5$	$\phi219\times7$	$\phi245\times8$	$\phi273\times10$
面积/mm²	3829	4662	5956	8262

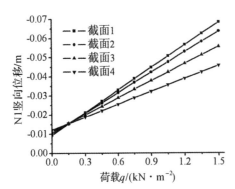

图 27 节点 N1 竖向位移-荷载关系曲线

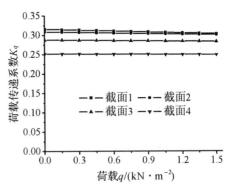

图 28 荷载传递系数-荷载关系曲线

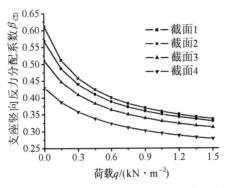

图 29 索穹顶支座竖向反力分配系数-荷载关系曲线

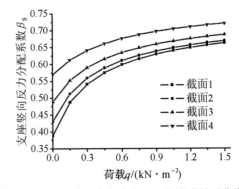

图 30 网壳支座竖向反力分配系数-荷载关系曲线

5 结论

(1)索穹顶与单层网壳组合空间结构,可充分利用轻型、高效、通过预应力成型索穹顶结构的特性,又可发挥单层网壳便于铺设刚性屋面板的优势;该组合结构可采用葵花型、肋环型、Kiewitt 型和鸟巢型索穹顶与相应网格布置的单层网壳连接组合而成。

(2)随着荷载的增大,组合空间结构下部索穹顶的索杆内力变化幅度较小,上部网壳的杆件内力和节点竖向位移逐渐增大,基本上呈线性变化关系。

(3)随着荷载的增大,连接杆荷载传递系数变化甚微,索穹顶的支座竖向反力分配系数减小,网壳的支座竖向反力分配系数增大,表明索穹顶承担的外荷载比例在减小。

(4)矢跨比越大,结构的竖向位移越小,表明结构刚度越大;连接杆的荷载传递系数越小,表明索穹顶承担的外荷载比例越小。

(5)预应力水平越大,结构的竖向位移越小,表明结构刚度越大;连接杆的荷载传递系数越大,表明索穹顶承担的外荷载比例越大。

(6)网壳杆件截面越大,结构的竖向位移越小,表明结构刚度越大;连接杆的荷载传递系数越小,表明索穹顶承担的外荷载比例越小。

参考文献

[1] FULLER R B. Tensile-integrity structures:US 3063521[P]. 1962.

[2] GEIGER D H,STEFANIUK A,CHEN D. The design and construction of two cable domes for the Korean Olympics[C]//Proceedings of IASS Symposium on Shells,Membranes and Space Frames,Vol. 2,Osaka,Japan,1986:265—272.

[3] LEVY M P. The Georgia dome and beyond achieving lightweight-long span structures[C]//Spatial Lattice and Tension Structures:Proceedings of the IASS-ASCE International Symposium,Atlanta,USA,1994:560—562.

[4] 陈志华. 张拉整体结构的理论分析与实验研究[D]. 天津:天津大学,1995.

[5] 王斌兵. 张拉整体的可行性研究[D]. 天津:天津大学,1996.

[6] 董明. 索穹顶的结构理论和计算机分析方法[D]. 上海:同济大学 1997.

[7] 张莉. 张拉结构形状确定理论研究[D]. 上海:同济大学 2000.

[8] 唐建民. 索穹顶体系的结构理论研究[D]. 上海:同济大学 2001.

[9] 张立新. 索穹顶结构成形关键问题和风致振动[D]. 上海:同济大学,2001.

[10] 罗尧治. 索杆张力结构的数值分析理论研究[D]. 杭州:浙江大学,2000.

[11] 袁行飞. 索穹顶结构的理论分析和实验研究[D]. 杭州:浙江大学,2000.

[12] 钱若军,董明,杨联萍,等. 张力集成体系[J]. 空间结构,2002,8(3):3—13.

[13] 董石麟,袁行飞. 肋环型索穹顶初始预应力分布的快速计算法[J]. 空间结构,2003,9(2):3—8.

[14] 董石麟,袁行飞. 葵花型索穹顶初始预应力分布的简捷计算法[J]. 建筑结构学报,2004,25(6):9—14.

[15] 董石麟,王振华,袁行飞. Levy 型索穹顶考虑自重的初始预应力简捷计算法[J]. 工程力学,2009,26(4):1—7.

[16] 袁行飞,董石麟. 索穹顶结构的新形式及其初始预应力确定[J]. 工程力学,2005,22(2):22—26.

[17] 袁行飞,董石麟. 索穹顶结构整体可行预应力概念及其应用[J]. 土木工程学报,2001,34(2):33—37.

[18] 陈联盟,袁行飞,董石麟. 索杆张力结构自应力模态分析及预应力优化[J]. 土木工程学报,2006,39(2):11—15.

[19] 郑君华,董石麟,詹伟东.葵花形索穹顶结构的多种施工张拉方法及试验研究[J].建筑结构学报, 2006,27(1):112－117.

[20] 陈联盟,董石麟,袁行飞.索穹顶结构施工成形理论分析和实验研究[J].土木工程学报,2006, 39(11):33－36.

[21] 詹伟东.葵花型索穹顶结构的理论分析和试验研究[D].杭州:浙江大学,2004.

[22] 陈联盟.Kiewitt 型索穹顶结构的理论分析和试验研究[D].杭州:浙江大学,2005.

[23] 郑君华.矩形平面索穹顶结构的理论分析和试验研究[D].杭州:浙江大学,2006.

[24] 包红泽.鸟巢型索穹顶结构的理论分析和试验研究[D].杭州:浙江大学,2007.

107 索穹顶结构体系创新研究[*]

摘　要：我国自 2009 年开始建有跨度 20m 左右的索穹顶，至 2016 年已建成跨度超百米的索穹顶结构。但回顾国内外所建成的该类空间结构，均属于传统 Fuller 构想张拉整体类索穹顶。其上、下弦节点只有 1 根垂直于水平面的撑杆，形式比较单一，如肋环型索穹顶，上弦节点的环向水平刚度较差。为此，提出了 Fuller 构想单撑杆（不垂直于水平面）类索穹顶，有利于增加结构跨度。并进一步提出了非 Fuller 构想多撑杆（下弦节点可设置 2 根、3 根、4 根撑杆）类索穹顶。这不仅可改善结构传力性能，而且又能减少斜杆（斜索）和环索数量，方便施工张拉成形。若采用多种撑杆（包括单撑杆）且多种方式设置，当上弦选用径向布置时可归纳称之为肋环系列索穹顶，当上弦选用葵花布置时可归纳称之为葵花系列索穹顶。由肋环系列索穹顶和葵花系列索穹顶可构成多种组合形式索穹顶。研究丰富了索穹顶结构形式、体系和类型，为索穹顶的设计和选型提供了新思路、新空间。

关键词：索穹顶；创新结构体系；张拉整体结构；多撑杆类索穹顶；肋环系列索穹顶；葵花系列索穹顶；组合形式索穹顶

1　引言

自肋环型索穹顶和葵花型索穹顶结构相继由美国工程师 Geiger[1] 和 Levy 等[2] 提出并在实际工程中得到应用，因其高效且轻盈的结构体系而备受关注。随后董石麟[3-4] 等提出了 Kiewitt 型索穹顶和鸟巢型索穹顶结构，并对结构模型进行了试验研究。卓新等[5] 研发了逐层双环肋环型索穹顶，薛素铎等[6] 提出了劲性支撑索穹顶。在工程应用方面，我国从 2009 年开始在金华晟元集团标准厂房和无锡新区科技交流中心各建有跨度约 20m 的试点性索穹顶工程[7-8]，2011 年又在山西太原建成中国煤炭交易中心，为跨度 36m 的肋环型索穹顶结构，具有代表性的伊金霍洛旗 72m 跨肋环型索穹顶体育馆也于 2012 年在鄂尔多斯市建成并投入使用[9-10]，2016 年在天津理工大学建成了超百米跨度组合形式索穹顶体育馆和四川雅安 77.3m 跨度刚性屋面组合形式索穹顶，这些研究工作和工程实践都大力推动了索穹顶结构在我国的发展和应用。但上述索穹顶结构的形式和造型比较单一，并且都存在只设置单根竖向撑杆而径向平面外稳定性较弱的问题。对于肋环型索穹顶结构，为了铺设屋面膜材，还需额外附有稳定谷索。因此，为丰富索穹顶结构形式和改进索穹顶受力性能，通过对已有的索穹顶结构形式进行梳理和分析，作者提出了 Fuller 构想单撑杆索穹顶、非 Fuller 构想多撑杆类索穹顶、肋

---

* 本文刊登于：董石麟，涂源.索穹顶结构体系创新研究[J].建筑结构学报，2018，39（10）：85-92.

环系列与葵花系列索穹顶以及其组合形式索穹顶。文中对比分析各类索穹顶杆件拓扑关系、布置方式及其对受力性能的影响,研究撑杆数量及布设的变化对斜索数量、环索数量、结构受力特性、施工张拉的方便性以及整体结构优化等的影响。

2 Fuller 构想传统张拉整体类索穹顶

基于 Fuller 构想的传统张拉整体类索穹顶结构,主要包括肋环型、葵花型、Kiewitt 型及鸟巢型索穹顶等,均符合美国著名建筑师 Fuller[11] 构想的"张拉整体"概念,即认为宇宙的各星球是万有引力这一平衡张力网中相互独立的受压体,而自然界中也总是趋于由孤立压杆所支承的连续张力状态,大自然符合"间断压连续拉"规律,而"tensegrity"也正是"张拉"(tensile)和"整体"(integrity)的缩写。

但到目前为止,完全意义上间断受压的张拉整体结构还未能在大型工程中得以实现,但是采用张拉整体构想的一种类张拉整体结构,即 Fuller 构想传统张拉整体类索穹顶(traditional cable dome)在过去的十几年中得到迅速发展并获得成功应用。其中最负盛名的是美国结构工程师 Geiger[1] 对 Fuller 构想的引用和改造。Geiger 在工程应用中改进 Fuller 最初构想的三角形网格,认为该方法会使结构赘余度大幅增加,因而重新设计了一种具有同样轻盈高效的结构体系,即支撑在圆形刚性周边构件上的预应力拉索-压杆体系,此体系具有张拉索的连续性和受压杆的不连续性特点,索沿环向及径向布置,并在屋顶铺设膜材。1986 年韩国亚运会体操馆是世界上第一个采用张拉整体概念的大型场馆,杆件布置属于 Fuller 构想传统索穹顶中的肋环型。

表 1 中给出了四种外形的 Fuller 构想传统张拉整体类索穹顶,均满足拉索的海洋与压杆的孤岛,且压杆孤岛的水平投影为一个点,从而相同压杆水平投影形成一道点环,如图 1b 所示,即单根压杆垂直于水平面,压杆之间不连通,因而压杆的稳定性能差。特别是肋环型索穹顶结构,上弦节点没有环向构件对其进行约束,致使结构的抗扭刚度和稳定性都能差。肋环型索穹顶的构造也相对比较简单,交于上、下节点的杆件数量均为 4,而其他三种 Fuller 构想传统张拉整体类索穹顶上、下节点相连杆件数量均分别为 7、5,平均为 6。

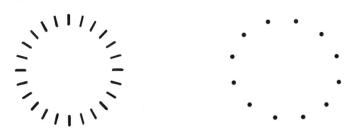

a 一般情况(单撑杆类)   b 特殊情况(传统类)

图 1   Fuller 构想传统类和单撑杆类索穹顶的撑杆平面投影示意

本文提出的索穹顶结构平面、剖面示意的新表示方法(表 1~5),即对于环向单个区间内上、下弦节点相交各类杆件,单杆时,采用单线表示;两根时,采用双线表示。同时,在平面图中,将上弦、斜杆的水平投影线也示意其中。因此,平面图中也有双线表示。如表 1 中,综合平剖面图即可准确、直接地看出肋环型、葵花型、Kiewitt 型及鸟巢型索穹顶交于上、下弦节点的各类杆件数量。例如葵花型索穹顶结构中的 A 节点,实际结构中上弦节点有 4 根上弦(实线)、2 根斜索(点划线)、1 根撑杆(点线)相连,共有 7 根线交于 A 节点。

表 1 Fuller 构想传统张拉整体类索穹顶

结构类型	肋环型	葵花型	Kiewitt型	鸟巢型
剖面				
平面				
交于上下弦节点的杆件数量	A 节点,2+0+1+1=4 B 节点,0+2+1+1=4	A 节点,4+0+2+1=7 B 节点,0+2+2+1=5	A 节点,4+0+2+1=7 B 节点,0+2+2+1=5 A_0 节点,4+0+1+1=6 B_0 节点,0+2+3+1=6	A 节点,4+0+2+1=7 B 节点,0+2+2+1=5
总节点数量T及总杆件数量M	$T=n[(m+1)+m]=n(2m+1)$ $M=n[(m+1)+m+m+m]=n(4m+1)$	$T=n[(m+1)+m]=n(2m+1)$ $M=n[(m+1)+m+2m+m]=n(6m+1)$	$T=n[p!m-1(p-1)!m+1]$ $M=n\{[(2p!_m-m)+(p-m)]+(p-1)!_m+(2p!-m)+(2p!_m-m)+(p-1)!_m\}=n[4p!_m+2(p-1)!_m+p-3m]$	$T=n[(m+1)+m]=n(2m+1)$ $M=n[(m+1)+m+2m+m]=n(6m+1)$

注:1) 平面图中,——代表上弦杆（脊索）,− − −代表下弦杆（环索）,—·—代表斜杆（斜索）,……代表撑杆（压杆）。2) 交于节点杆件数量=上弦杆数量+下弦杆数量+斜杆数量+撑杆数量。3) n为多边形数,m为环数,s为撑杆数。对Kiewitt型索穹顶,n为扇形数,p为一扇形内外圈边数,$P!_m$为1至P个正整数序列中,从大到小取m个正整数之和。

3 Fuller 构想单撑杆类索穹顶

Fuller 构想单撑杆类索穹顶的杆件布置仍然具有拉索海洋与撑杆(压杆)孤岛相结合构想的特点(表2),但是文中改进了撑杆在竖向平面内的倾角,使之不再垂直于水平面,此时撑杆之间依旧不连通,这与传统索穹顶类似,因而结构性能也与传统索穹顶基本一致。但从表2可以看出,四种单撑杆

表 2 Fuller 构想单撑杆类索穹顶

结构类型	肋环单撑杆型	葵花单撑杆型	Kiewitt单撑杆型	鸟巢单撑杆型
剖面				
平面				
交于上下弦节点的杆件数量	A 节点,2+0+1+1=4 B 节点,0+2+1+1=4	A 节点,4+0+2+1=7 B 节点,0+2+2+1=5	A 节点,4+0+2+1=7 B 节点,0+2+2+1=5 A_0 节点,4+0+1+1=6 B_0 节点,0+2+3+1=6	A 节点,4+0+2+1=7 B 节点,0+2+2+1=5
总节点数量T及总杆件数量M	$T=n[(m+1)+m]=n(2m+1)$ $M=n[(m+1)+m+m+m]=n(4m+1)$	$T=n[(m+1)+m]=n(2m+1)$ $M=n[(m+1)+m+2m+m]=n(6m+1)$	$T=n[p!m-1(p-1)!m+1]$ $M=n\{[(2p!_m-m)+(p-m)]+(p-1)!_m+(2p!-m)+(2p!_m-m)+(p-1)!_m\}=n[4p!_m+2(p-1)!_m+p-3m]$	$T=n[(m+1)+m]=n(2m+1)$ $M=n[(m+1)+m+2m+m]=n(6m+1)$

注:符号含义同表1。

类索穹顶的水平投影为一段径向线段,从而相同撑杆的水平投影形成一道径线段环,如图1a所示,而传统类索穹顶是将单(斜)撑杆转化为竖向压杆,为单撑杆类索穹顶的特殊情况。

对比于表1中Fuller构想传统类索穹顶结构,由于撑杆的张开,单撑杆类索穹顶的上弦杆长度相对更长。因此,在相同条件下其跨度可大于传统类索穹顶的跨度。

4 非Fuller构想多撑杆类索穹顶

本文中不采纳Fuller构想而提出了多撑杆类索穹顶(表3),并将其与传统形式索穹顶就拓扑形式、杆件数量、受力特性、施工难易与工程造价等方面进行对比。

在杆件拓扑形式和杆件数量方面,非Fuller构想多撑杆类索穹顶的下弦节点B可设置2、3、4根等多根撑杆,上弦节点可设置1、2根撑杆,上、下弦节点处相交杆件平均数量为6,多撑杆类索穹顶各节点准确相交杆件数量、整体结构总杆件数量M与总节点数量T见表3。

表3中的第一种为肋环双撑杆型索穹顶,其上弦按径向布置,下弦节点B设2根撑杆,上弦节点A也交有2根撑杆,相同撑杆的水平投影相连形成一道锯齿形环(图2a),当变化节点B的位置,使$\triangle ABB$垂直水平面时,相同撑杆的水平投影为一道一字形环(图2b),此时的索穹顶亦称为肋环人字形索穹顶,详见文献[12]。肋环双撑杆型索穹顶的上、下弦节点都有2根撑杆相连,增加了节点的水平刚度,使整体结构的稳定性得以提高。但是斜索数量及布置仍与传统Fuller构想索穹顶类似,即其上、下弦节点分别交有2根斜索。这种杆件布置形式是最为常用的。在张拉外圈斜索的过程中,应同时对称张拉2根斜杆(斜索)并且采取措施防止环索滑移。

表3 非Fuller构想多撑杆类索穹顶

结构类型	肋环双撑杆型	葵花双撑杆型	肋环四撑杆型	葵花三撑杆Ⅰ型
剖面				
平面				
交于上下弦节点的杆件数量	A 节点,2+0+2+2=6 B 节点,0+2+2+2=6	A 节点,4+0+2+1=7 B 节点,0+2+2+1=5	A 节点,2+0+2+2=6 A'节点,2+0+0+2=4 B 节点,0+2+2+4=8	A 节点,4+0+1+1=6 A'节点,4+0+0+2=6 B 节点,0+2+1+3=6
总节点数量T及总杆件数量M	$T=n[(m+1)+m]=$ $n(2m+1)$ $M=n[(m+1)+m+2m+$ $2m]=n(6m+1)$	$T=n[(m+1)+m]=$ $n(2m+1)$ $M=n[(2m+1)+m+m+$ $2m]=n(6m+1)$	$T=n[(2m+1)+m]=$ $n(3m+1)$ $M=n[(2m+1)+2m+m+4m]=$ $n(9m+1)$	$T=n[(m+1)+m]=$ $n(3m+1)$ $M=n[(4m+1)+m+m+$ $3m]=n(9m+1)$

注:符号含义同表1。

表3中的第二种为葵花双撑杆型索穹顶,其上弦节点 A 和下弦节点 B 均设2根撑杆,将相同撑杆的水平投影相连形成一道锯齿形环(图2a);特殊情况,当 $\triangle ABB$ 垂直水平面时,相同撑杆水平投影为一道一字形环(图2b),此时的索穹顶结构,就其结构拓扑形式,称之为脊杆环撑索穹顶[13]。跨度相同时,葵花双撑杆型索穹顶的上、下弦节点处仅设置一根径向斜索且跳格错位布置,比传统葵花型索穹顶的斜索数减少了一半,这有助于简化索穹顶的施工张拉成形,防止环索滑移。

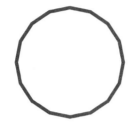

| a 一般情况 | b 特殊情况 | a 一般情况 | b 特殊情况 |

图2　双撑杆型索穹顶撑杆的平面投影示意　　　　图3　肋环四撑杆型索穹顶撑杆的平面投影示意

表3中的第三种为肋环四撑杆型索穹顶,其上弦按径向布置,下弦节点 B 设4根撑杆,上弦节点 A'、A 分别交有2根撑杆,其中下弦节点交有8根杆件,各节点平均有6根杆件,因此,上、下弦节点的水平刚度均较大,有利于结构稳定,跨度相同时,由于一道环索内有2根上弦杆,故环索数量比肋环型单、双撑杆型索穹顶减少 50%,施工方便。相同撑杆的水平投影相连形成一道双锯齿形环(图3a)。特殊情况,当变化 B 点的位置,使 $\triangle A'BA'$ 垂直水平面时,相同撑杆的水平投影为一道 K 形环(图3b)。该结构亦被称为肋环四角锥撑杆型索穹顶[14]。

表3中的第四种为文中提出的葵花三撑杆 I 型索穹顶,其上弦按葵花型布置,撑杆采纳非 Fuller 构想,其中下弦节点 B 设3根撑杆,上弦节点 A' 交有2根撑杆,而上弦节点 A 只有1根撑杆,同类撑杆的水平投影相连形成一道 Y 形环(图4a)。特殊情况,当 $\triangle A'BB$ 垂直水平面时,同类撑杆的水平投影退化为一道 T 形环(图4b)。上下弦节点都只有1根斜索,每个上下弦节点均相交有6根杆件,非常匀称,一道环索辖有2根上弦杆。当跨度相同时,葵花三撑杆 I 型索穹顶比葵花型索穹顶环索数减少了 50%,而斜索数减少了 75%。因此,为减少钢索材料用量和张拉工作量,简化环索防滑移措施,以降低工程造价,葵花三撑杆 I 型索穹顶具有明显优势。

| a 一般情况 | b 特殊情况 |

图4　葵花三撑杆 I 型索穹顶撑杆的平面投影示意

5　肋环系列索穹顶

文中将上弦径向布置、撑杆多种变化的索穹顶进行归纳,统称为肋环系列索穹顶(表4)。其中前两种基于 Fuller 构想,后两种基于非 Fuller 构想。需要说明的是,后两种下弦节点 B 的连线与上弦节点 A 的连线是错位布置的,因此,铺设屋面膜材时可不设置谷索。并且后两种索穹顶的刚度、整体稳定性均大于前两种。而肋环四撑杆型索穹顶中有 4 根撑杆,其环索数较其他三种索穹顶可减少 1/2,方便施工。肋环系列索穹顶预应力态分析可证明都属于一次超静定结构[12,14,15]。

表 4　肋环系列索穹顶

结构类型	肋环型	肋环撑杆型	肋环双撑杆型	肋环四撑杆型
剖面				
平面				
交于上下弦节点的杆件数量	A 节点,2+0+1+1=4 B 节点,0+2+1+1=4	A 节点,4+0+2+1=7 B 节点,0+2+2+1=5	A 节点,2+0+2+2=6 B 节点,0+2+2+2=6	A 节点,2+0+2+2=6 A' 节点,2+0+0+2=4 B 节点,0+2+2+4=8
总节点数量T及总杆件数量M	$T=n[(m+1)+m]=$ $n(2m+1)$ $M=n[(m+1)+m+m+$ $m]=n(4m+1)$	$T=n[(m+1)+m]=$ $n(2m+1)$ $M=n[(2m+1)+m+m+$ $m]=n(4m+1)$	$T=n[(m+1)+m]=$ $n(2m+1)$ $M=n[(2m+1)+2m+m+$ $2m]=n(6m+1)$	$T=n[(2m+1)+m]=$ $n(3m+1)$ $M=n[(2m+1)+m+2m+$ $4m]=n(9m+1)$

注: 符号含义同表1。

6　葵花系列索穹顶

将上弦葵花布置、多种撑杆变化的索穹顶进行汇总归纳,统称为葵花系列索穹顶,见表5。表中第1种(包括葵花型索穹顶)基于 Fuller 构想,第2~4种均为非 Fuller 构想的,其中第4种为葵花三撑杆 II 型索穹顶,是本文提出的又一新结构形式,葵花三撑杆 II 型索穹顶的下弦节点 B 的位置向前错位跃进一格,设有 3 根撑杆,上弦节点 A 设有 2 根斜杆、2 根撑杆,A′设有一根撑杆,A 节点共有 8 根杆件相交。杆件总数比 I 型要多。但葵花三撑杆 II 型索穹顶的环索数量与 I 型相同,跨度相同时,均比表5中第1、2种结构杆件数量减少 50%。其相同撑杆的水平投影形成一道倒 Y 形环。特殊情况,当△ABB 垂直水平面时,其水平投影为一道倒 T 形环(图4)。后 3 种索穹顶比葵花单撑杆索穹顶(包括葵花型索穹顶)斜杆减少,环索也减少。因此,可有效减少张拉成型次数,施工方便。葵花系列索穹顶预应力态分析都属于一次超静定结构[16]。

表 5　葵花系列索穹顶

结构类型	葵花单撑杆型	葵花双撑杆型	葵花三撑杆Ⅰ型	葵花三撑杆Ⅱ型
剖面				
平面				
交于上下弦节点的杆件数量	A 节点,4+0+2+1=7 B 节点,0+2+2+1=5	A 节点,4+0+2+1=7 B 节点,0+2+2+1=5	A 节点,4+0+1+1=6 A' 节点,4+0+0+2=6 B 节点,0+2+1+3=6	A 节点,4+0+2+21=8 A' 节点,4+0+0+1=5 B 节点,0+2+2+3=7
总节点数量T及总杆件数量M	$T=n[(m+1)+m]=$$n(2m+1)$ $M=n[(2m+1)+m+2m+m]=n(6m+1)$	$T=n[(m+1)+m]=$$n(2m+1)$ $M=n[(2m+1)+m+m+2m]=n(6m+1)$	$T=n[(2m+1)+m]=$$n(3m+1)$ $M=n[(2m+1)+2m+m+4m]=n(9m+1)$	$T=n(3m+1)$ $M=n[(4m+1)+m+2m+3m]=n(10m+1)$

注:符号含义同表1。

7　组合形式索穹顶

　　2016 年国内建成的跨度 77.3m 雅安天全索穹顶体育馆和天津理工大学超百米跨度索穹顶体育馆,采用的均是 Fuller 构想葵花与肋环组合形式索穹顶。该形式索穹顶结构是在网格较稀疏的外圈采用上弦交叉布置的葵花型,充分利用其较好的受力及稳定性能;而在网格较为集中的内圈,则采用上弦径向布置的肋环型,使内圈杆件不致过密。组合形式可改变结构形状单一的状况,使整体结构拥有更均匀的杆件布置,从而优化索穹顶结构,提高受力性能,结构受力更加匀称,施工也更便捷。为了准确、简洁地表述组合形式索穹顶,本文继索穹顶平剖面新示图法之后,提出了一套系统的符号表达方法。此符号规则涵盖表1~5 的各类索穹顶,并且包含其环索数、撑杆数、撑杆布置、结构等分数、上下弦相对位置关系等信息。在单一系列索穹顶中,肋环系列索穹顶可用符号 $_nG_{ms}$ 表示,葵花系列索穹顶用符号 $_nL_{ms}$ 表示;而在组合形式索穹顶中,同系列组合形式索穹顶可用符号 $_nG_{ms+m's'}$、$_nL_{ms+m's'}$ 表示,异系列组合形式索穹顶可用符号 $_nG_{ms}+_nL_{m's'}$、$_nL_{ms}+_nG_{m's'}$ 表示。其中,n 为结构等分数(多边形数),m 为环数,s 为撑杆数。

　　以 $_{16}L_{13(Ⅰ)}+_{16}G_{22}$、$_{16}L_{13(Ⅰ)}+_{16}G_{12}$、$_{16}L_{13(Ⅰ)+12}$、$_{16}L_{12+13(Ⅰ)}$ 4 个索穹顶为例,介绍符号表达方法。图5a中的异系列组合形式索穹顶用符号 $_{16}L_{13(Ⅰ)}+_{16}G_{22}$ 表示,对应上述表达规则,16 代表结构最外边为十六边形,13(Ⅰ)代表外圈为一环葵花三撑杆Ⅰ型索穹顶,22 代表内圈为二环肋环双撑杆型索穹顶,整体为异系列组合形式索穹顶。从图5可见,其结构内部上、下弦节点都交有 6 根杆件(在 G,L 相交处也为 6 根杆件),但中部太过密集,需要对其进行优化。因此,考虑改用图 5b 所示符号 $_{16}L_{13(Ⅰ)}+_{16}G_{12}$ 代表异系列组合形式索穹顶,m' 从 2 变为 1 代表内部肋环型布置减少了一圈,网格变得匀称。利用文中提出的三撑杆构想,使一道环索内有 2 根上弦杆,则总共只用布设二道环索,这有助于整体结构杆件优化布置,见图5b。图 6a 中组合索穹顶用符号 $_{16}L_{13(Ⅰ)+12}$ 表示,对应上述表达规则,16 代表结构最外边为十六边形,13(Ⅰ)代表外圈为一环葵花三撑杆Ⅰ型索穹顶,12 代表内圈为一环葵花双撑杆型索穹顶,整体为同葵花系列组合形式索穹顶。考虑建筑造型,也可以将内、外圈结构形式互换,如

图 6b 所示，外圈采用一环葵花双撑杆型索穹顶，内圈为一环葵花三撑杆 Ⅰ 型索穹顶，相应符号表达为$_{16}L_{12+13(\mathrm{I})}$。图 6a 与图 6b 中同为葵花系列组合形式索穹顶，与一般葵花型索穹顶$_{16}L_{31}$相比，环索数由三道减少到二道，斜索数量由 16×2×3＝96 根减少到 16×2＝32 根。因此，便于张拉施工，且可减少用索量和降低造价。

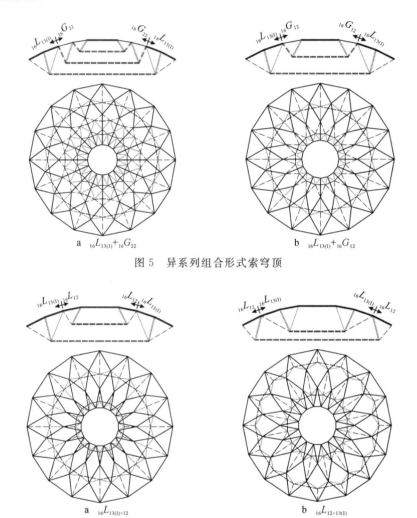

a $_{16}L_{13(\mathrm{I})}+{}_{16}G_{22}$　　b $_{16}L_{13(\mathrm{I})}+{}_{16}G_{12}$

图 5　异系列组合形式索穹顶

a $_{16}L_{13(\mathrm{I})+12}$　　b $_{16}L_{12+13(\mathrm{I})}$

图 6　同葵花系列组合形式索穹顶

8　结论

(1)国内外已有应用的肋环型、葵花型索穹顶工程以及经过研究的 Kiewitt 型、鸟巢型索穹顶均可归为 Fuller 构想(拉索的海洋和压杆的孤岛)传统张拉整体类索穹顶结构，压杆垂直于水平面，相同压杆的水平投影为一道点环。

(2)将压杆在径向平面内倾斜一定角度，可构成称为 Fuller 构想单撑杆类索穹顶结构。仍是(拉索的海洋和压杆的孤岛)张拉整体类索穹顶，但相同压杆的水平投影是一道径向线段环。

(3)不采纳 Fuller 构想，在下弦节点采用 2 根、3 根、4 根等多撑杆的索穹顶，如肋环双撑杆型索穹顶、葵花双撑杆型索穹顶、肋环四撑杆型索穹顶、葵花三撑杆 Ⅰ、Ⅱ 型索穹顶等，可归纳称之为非

Fuller 构想多撑杆类索穹顶。其共同特点是相同撑杆相互连接,其水平投影是一道某一符号或某一字符环。对比于肋环型和葵花型索穹顶,除丰富结构造型外,还可改善结构受力性能,减少斜索和环索的数量,方便索穹顶张拉施工成形。

(4)将上弦选用径向布置、用多种撑杆布设的索穹顶可归纳为肋环系列索穹顶,可用 $_nG_{ms}$ 表示;将上弦选用葵花布置、用多种撑杆布设的索穹顶可归纳为葵花系列索穹顶,可用 $_nL_{ms}$ 表示。

(5)由肋环系列和葵花系列索穹顶可构成多种组合形式索穹顶:如 $_nG_{ms+m's'}$、$_nL_{ms+m's'}$ 为同系列组合形式索穹顶,$_nG_{ms}+_nL_{m's'}$、$_nL_{ms}+_nG_{m's'}$ 为异系列组合形式索穹顶。

(6)本文研究提出了多种新型索穹顶的形态,创新和丰富了索穹顶结构的形式、体系和类型,为索穹顶的选型、设计和施工提供了新方案和新空间。

参考文献

[1] GEIGER D H,STEFANIUK A,CHEN D. The design and construction of two cable domes for the Korean Olympics[C]// Proceedings of IASS Symposium on Shells,Membranes and Space Frames,Vol. 2,Osaka,Japan,1986:265—272.

[2] LEVY M P. The Georgia dome and beyond achieving lightweight-long span structures[C]// Spatial Lattice and Tension Structures:Proceedings of the IASS-ASCE International Symposium,Atlanta,USA,1994:560—562.

[3] 陈联盟,袁行飞,董石麟. Kiewitt 型索穹顶结构自应力模态分析及优化设计[J].浙江大学学报(工学版),2006,40(1):73—77.

[4] 包红泽,董石麟.鸟巢型索穹顶结构的静力性能分析[J].建筑结构,2008,38(11):11—13,39.

[5] 卓新,王苗夫,董石麟.逐层双环肋环型索穹顶结构与施工成形方法:中国 200910153530[P].2009-09-30.

[6] 薛素铎,高占远,李雄彦,等.一种新型预应力空间结构——劲性支撑穹顶[J].空间结构,2013,19(1):3—9.

[7] 张成,吴慧,高博青,等.肋环型索穹顶几何法施工及工程应用[J].深圳大学学报(理工版),2012,29(3):195—200.

[8] 史秋侠,朱智峰,裴敬.无锡太湖国际高科技园区科技交流中心钢屋盖索穹顶结构设计[J].建筑结构,2009,39(S1):144—148.

[9] 洪国松,黄利顺,孙锋,等.伊金霍洛旗体育中心大型索穹顶施工技术[J].建筑技术,2011,42(11):1012—1014.

[10] 张国军,葛家琪,王树,等.内蒙古伊旗全民健身体育中心索穹顶结构体系设计研究建筑[J].建筑结构学报,2012,33(4):12—22.

[11] FULLER R B. Tensile-integrity structures:US 3063521[P]. 1962.

[12] 董石麟,梁昊庆.肋环人字型索穹顶受力特性及其预应力态的分析法[J].建筑结构学报,2014,35(6):102—108.

[13] 张爱林,白羽,刘学春,等.新型脊杆环撑索穹顶结构静力性能分析[J].空间结构,2017,23(3):11—20.

[14] 董石麟,梁昊庆.肋环四角锥撑杆型索穹顶的形体及预应力态分析[C]//中国土木工程学会.第十五届空间结构学术交流会议论文集,上海,2014:1—10.

[15] 董石麟,袁行飞.肋环型索穹顶初始预应力分布的快速计算法[J].空间结构,2003,9(2):3—8.

[16] 董石麟,袁行飞.葵花型索穹顶初始预应力分布的简捷计算法[J].建筑结构学报,2004,25(6):9—14.

108 蜂窝四撑杆型索穹顶的构形和预应力分析方法[*]

摘　要：提出了一种新型的蜂窝四撑杆型索穹顶，它的构形为索穹顶的上弦索是一种蜂窝形网格布置，下弦节点处设有 4 根撑杆，上弦节点处设有 2 根撑杆。改变了现有国内外工程应用和研究的索穹顶，如肋环型、葵花型、Kiewitt 型、鸟巢型索穹顶的上弦为长矩形条或联方形的网格布设，也改变了上、下节点处只有一根竖向撑杆的特点。不采纳 Fuller 构想拉索海洋与撑杆(压杆)弧岛的构形，这种蜂窝四撑杆索穹顶具有环索、斜索数量少，撑杆和整体结构稳定性好，施工张拉方便，造型丰富优美等诸多优点。本文还根据节点平衡方程，推导了蜂窝四撑杆型索穹顶预应力态索杆内力的一般性计算公式，对若干参数的索穹顶给出了索杆预应力的计算用表和算例分析，以了解索穹顶预应力态的分布规律和特性。本文研究为索穹顶的设计和选型提供了新形式、新思路。

关键词：蜂窝四撑杆型索穹顶；新结构；结构构形；预应力态；简捷分析法；计算用表

1 引言

由索、杆、膜三种单元组合并通过预应力技术张拉成形的索穹顶结构是近三十年来空间结构的最新创举，受到各国科技界和工程界的关注。美国工程师 Gerger 于 1986 年在汉城亚运会建成的约 120m 跨度汉城(首尔)体育馆是世界上首例肋环形索穹顶[1]，用钢指标 14kg/m²。此后，美国工程师 Levy 于 1994 年在亚特兰大乔治亚建成了椭圆平面 190m×240m 乔治亚葵花型索穹顶，用钢指标也不足 30kg/m²。我国在 21 世纪初提出了 Kiewitt 型和鸟巢型索穹顶，在浙江大学进行了结构模型试验研究，撰写了博士学位论文[3,4]；提出了求解各种索穹顶结构整体自应力模态的二次奇异值法[5]；同时还提出了肋环型和葵花型索穹顶结构预应力态的简捷分析法，递推计算公式[6,7]。在工程应用方面先是 2009 年在金华晟元集团标准厂房中庭和无锡新区科技交流中心建成了跨度为 20m 左右的试点索穹顶结构工程[8,9]；后来 2011 年在山西太原煤炭交易中心建成了 36m 跨度肋环型索穹顶[10]。2012 年具有代表性的伊金霍洛旗 72m 跨度肋环型索穹顶体育场在鄂尔多斯市建成[11]。2016 年在天津理工大学建成了 83m×102m 超百米跨的组合形式索穹顶体育馆。同年在四川雅安天全县建成了 77.3m 跨的刚性屋面组合形式索穹顶体育馆。以上国内外应用和研究的肋环型、葵花型、Kiewitt 型、鸟巢型和组合形式的索穹顶均是 Fuller 构想[12]传统意义上，上、下弦节点均只有一根垂直于水平面撑杆(压杆)的结构体系，形式比较单一。

　＊　本文刊登于：董石麟，涂源.蜂窝四撑杆型索穹顶的构形和预应力分析方法[J].空间结构，2018，24(2)：3—12.

文献[13,14]分别提出了非 Fuller 构想的上、下弦节点设有 2 根撑杆的肋环双撑杆型和葵花双撑杆型索穹顶的构形,并进行了结构受力和稳定性分析研究。本文进一步提出了下弦节点设有 4 根撑杆,上弦网格为蜂窝形的新颖蜂窝四撑杆型索穹顶结构,并对其构形和预应力态的简捷分析法做系统研究,为索穹顶的设计和选型提供新思路、新空间。

2 蜂窝四撑杆型索穹顶的建筑造型和结构形态

蜂窝四撑杆型索穹顶的三维图及剖面示意图如图 1 所示,它的形体由上弦蜂窝形脊索(包括径向脊索和斜向脊索)、斜索、下弦环索,其下弦节点设有 4 根撑杆、上弦内环索和刚性环索组合而成。交于上、下弦节点 A、A'、B(见图 1)的杆件数(上弦杆数)+(下弦杆数)+(斜杆数)+(撑杆数)分别是:

$$A\ 节点的杆件数=3+0+1+2=6$$
$$A'\ 节点的杆件数=3+0+0+2=5$$
$$B\ 节点的杆件数=0+2+1+4=7$$

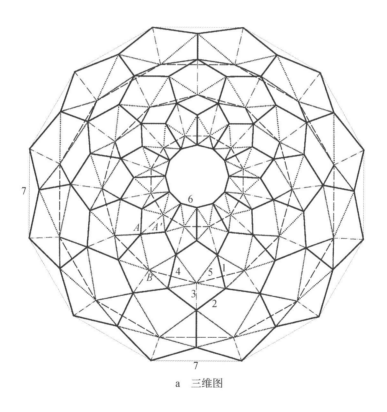

a　三维图

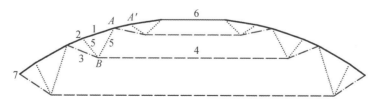

b　剖面示意图

1—径向脊索;2—斜向脊索;3—斜索;4—环索;5—撑杆;6—上内环索;7—刚性环梁

图 1　蜂窝四撑杆型索穹顶三维图及剖面示意图

整个索穹顶的节点总数 T 和杆件总数 M 为（以图 1 的圆形平面开孔的索穹顶为例，且不计刚性环梁）：

$$T=n[(2m+1)+m]=n(3m+1)$$
$$M=n[(3m+1)+m+m+4m]=n(9m+1)$$

式中，n 为多边形数，m 为环数。蜂窝四撑杆型索穹顶结构还可用带左右 3 个下角标的字母 $_nH_{m4}$ 表示，对照图 1 索穹顶为 $_{12}H_{34}$，即 $n=12$，$m=3$，$s=4$ 表示结构为 12 边形，环索数为 3，下弦节点设有 4 根撑杆。

与常用的葵花型索穹顶相比，蜂窝四撑杆型索穹顶有如下一些优点：

（1）上弦节点均有 3 根上弦杆相交，形成蜂窝形网格，上弦杆件相对较少；

（2）环索数量可减少，一般不多于 4 环，甚至只需设置 3 环即可；

（3）斜索在径向是跳格错位布置的，而一个环向区间只有一根径向斜索，故采用张拉斜索建立结构预应力态时，施工张拉次数少，也不易产生环索滑移的不利情况；

（4）撑杆的稳定性好，也可使得整个结构稳定性提高；

（5）上弦索、环索、斜索的减少，可降低索穹顶整个结构用索量，从而可节省工程造价。

如图 1 所示，蜂窝四撑杆型索穹顶的建筑造型丰富，结构美和建筑美是能密切融合在一起的。

3　蜂窝四撑杆型索穹顶预应力态的简捷分析法

3.1　设有内孔结构

圆形平面设有内孔的蜂窝四撑杆型索穹顶，当环向分为 n 等分，利用轴对称性条件，仅需分析研究一肢半榀空间桁架便可。设索穹顶有刚度很大的外环梁，可视为索穹顶支承在不动铰支座上，其 $1/n$ 结构分析示意图和计算简图如图 2 所示，节点 $1_a,1_b,2',\cdots,i_a,i_b,\cdots$ 在同一对称平面内，节点 $1',2_a,2_b,\cdots,i',j_a$ 在相邻的另一对称平面内，该结构为一次超静定结构。分析计算用的结构剖面图和平面图如图 3 所示，其中上弦脊索用实线表示，下弦环索用虚线表示，斜索用点划线表示，撑杆用点线表示。索杆内力分别用 $T_{ia},T_{ib},H_i,B_i,V_{ia},V_{ib},H_{1p}$ 表示，$\alpha_{ia},\alpha_{ib},\beta_i,\phi_{ia},\phi_{ib}$ 表示脊索、斜索、撑杆与水平面的夹角，$\gamma_i,\gamma_{ia},\gamma_{ib}$ 表示脊索 T_{ib}、撑杆 V_{ia}、V_{ib} 的水平投影与所在蜂窝单元的主径线间夹角。

以内环处撑杆内力 V_{ia} 为基准，对各节点建立平衡方程，可逐次推导求得各索杆内力的计算公式。

节点 1_a

$$\left.\begin{array}{l} T_{1a}=-\dfrac{2\sin\varphi_{1a}}{\sin\alpha_{1a}}V_{1a} \\[4mm] H_{1p}=\dfrac{\cos\varphi_{1a}\cos\left(\gamma_{1a}+\dfrac{\pi}{n}\right)-\sin\varphi_{1a}\cot\alpha_{1a}}{\sin\dfrac{\pi}{n}}V_{1a} \end{array}\right\} \tag{1}$$

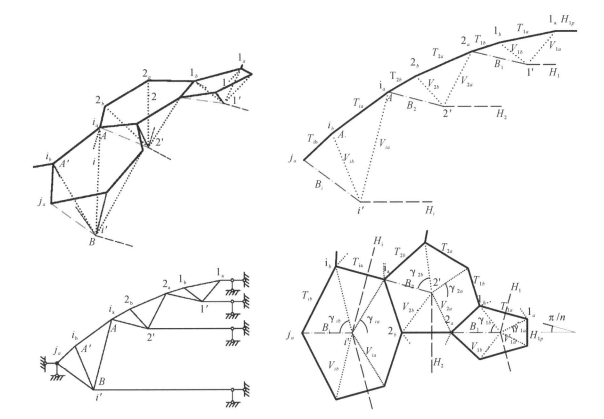

图 2　设有内孔时 $1/n$ 结构分析　　　图 3　设有内孔时结构分析计算用的
示意图和计算简图　　　　　　　剖面图和平面图

节点 1_b

$$
\left.\begin{aligned}
T_{1b} &= \frac{\sin\alpha_{1a}\cos\varphi_{1b}\cos\left(\gamma_{1b}-\dfrac{\pi}{n}\right)+\sin\varphi_{1b}\cos\alpha_{1a}}{2\left[\sin\alpha_{1b}\cos\varphi_{1b}\cos\left(\gamma_{1b}-\dfrac{\pi}{n}\right)+\sin\varphi_{1b}\cos\alpha_{1b}\cos\left(\gamma_{1}+\dfrac{\pi}{n}\right)\right]}T_{1a} \\[4mm]
V_{1b} &= \frac{-\sin\alpha_{1b}\cos\alpha_{1a}+\sin\alpha_{1a}\cos\alpha_{1b}\cos\left(\gamma_{1}+\dfrac{\pi}{n}\right)}{2\left[\sin\alpha_{1b}\cos\varphi_{1b}\cos\left(\gamma_{1b}-\dfrac{\pi}{n}\right)+\sin\varphi_{1b}\cos\alpha_{1b}\cos\left(\gamma_{1}+\dfrac{\pi}{n}\right)\right]}T_{1a}
\end{aligned}\right\} \tag{2}
$$

节点 $1'$

$$
\left.\begin{aligned}
B_{1} &= -\frac{2(V_{1a}\sin\varphi_{1a}+V_{1b}\sin\varphi_{1b})}{\sin\beta_{1}} \\[4mm]
H_{1} &= \frac{-(\sin\varphi_{1a}\cot\beta_{1}+\cos\varphi_{1a}\cos\gamma_{1a})V_{1a}+(-\sin\varphi_{1b}\cot\beta_{1}+\cos\varphi_{1b}\cos\gamma_{1b})V_{1b}}{\sin\dfrac{\pi}{n}}
\end{aligned}\right\} \tag{3}
$$

节点 i_a、i_b、i' 当 $i \geqslant 2$ 时

$$
\left.
\begin{aligned}
T_{ia} &= \{2[\sin \alpha_{(i-1)} \cos \varphi_{ia} \cos(\gamma_{ia} + \frac{\pi}{n}) - \sin \varphi_{ia} \cos \alpha_{(i-1)b} \cos \gamma_{(i-1)}]T_{(i-1)b} \\
&\quad - [\sin \beta_{(i-1)} \cos \varphi_{ia} \cos(\gamma_{ia} + \frac{\pi}{n}) + \sin \varphi_{ia} \cos \beta_{(i-1)}]B_{(i-1)}\}/[\sin \alpha_{ia} \cos \varphi_{ia} \cos(\gamma_{ia} + \frac{\pi}{n}) \\
&\quad - \sin \varphi_{ia} \cos \alpha_{ia}] \\
V_{ia} &= \frac{2[\sin \alpha_{ia} \cos \alpha_{(i-1)b} \cos \gamma_{(i-1)} - \cos \alpha_{ia} \sin \alpha_{(i-1)b}]T_{(i-1)b} + (\sin \alpha_{ia} \cos \beta_{(i-1)} + \cos \alpha_{ia} \sin \beta_{(i-1)})B_{(i-1)}}{2[\sin \alpha_{ia} \cos \varphi_{ia} \cos(\gamma_{ia} + \frac{\pi}{n}) - \sin \varphi_{ia} \cos \alpha_{ia}]} \\
T_{ib} &= - \frac{\sin \alpha_{ia} \cos \varphi_{ib} \cos(\gamma_{ib} - \frac{\pi}{n}) + \sin \varphi_{ib} \cos \alpha_{ia}}{2[\sin \alpha_{ib} \cos \varphi_{ib} \cos(\gamma_{ib} - \frac{\pi}{n}) + \sin \varphi_{ib} \cos \alpha_{ib} \cos(\gamma_i + \frac{\pi}{n})]}T_{ia} \\
V_{ib} &= \frac{- \sin \alpha_{ib} \cos \alpha_{ia} + \sin \alpha_{ia} \cos \alpha_{ib} \cos(\gamma_i + \frac{\pi}{n})}{2[\sin \alpha_{ib} \cos \varphi_{ib} \cos(\gamma_{ib} - \frac{\pi}{n}) + \sin \varphi_{ib} \cos \alpha_{ib} \cos(\gamma_i + \frac{\pi}{n})]}T_{ia} \\
B_i &= -2(V_{ia} \sin \varphi_{ia} + V_{ib} \sin \varphi_{ib})/\sin \beta_i \\
H_i &= [-(\sin \varphi_{ia} \cot \beta_i + \cos \varphi_{ia} \cos \gamma_{ia})V_{ia} + (-\sin \varphi_{ib} \cot \beta_i + \cos \varphi_{ib} \cos \gamma_{ib})V_{ib}]/\sin \frac{\pi}{n}
\end{aligned}
\right\}
$$

$$(4)$$

由式(1)~(4)可知,如内环处撑杆预应力 V_{1a} 已知,则索穹顶所有索杆预应力分布便可确定。

3.2 不设内孔结构

在对圆形平面不设内孔的蜂窝四撑杆型索穹顶预应力态的分析时,其 $1/n$ 结构示意图和计算简图如图4所示,图中孔内结构仅由上弦杆 $\overline{O1_a}$、斜杆 $\overline{O'1_a}$ 和中心竖杆 $\overline{OO'}$ 组成。结构分析计算用的剖面图和平面图如图5所示,孔内结构的上弦、斜杆和中心竖杆内力用 T_0、B_0、V_0 表示,α_0、β_0 为相应上弦、斜杆的倾角。与3.1节类似,对各节点建立平衡方程,可逐次推导求得各索杆内力的计算公式。

节点 O、O'

$$
\left.
\begin{aligned}
T_0 &= \frac{-V_0}{n\sin \alpha_0} \\
B_0 &= \frac{-V_0}{n\sin \beta_0}
\end{aligned}
\right\}
$$

$$(5)$$

节点 1_a

$$
\left.
\begin{aligned}
T_{1a} &= \frac{\sin \varphi_{1a}(\cot \alpha_0 + \cot \beta_0)V_0}{n[\sin \alpha_{1a} \cos \varphi_{1a} \cos(\gamma_{1a} + \frac{\pi}{n}) - \sin \varphi_{1a} \cos \alpha_{1a}]} \\
V_{1a} &= \frac{-\sin \alpha_{1a}(\cot \alpha_0 + \cot \beta_0)V_0}{2n[\sin \alpha_{1a} \cos \varphi_{1a} \cos(\gamma_{1a} + \frac{\pi}{n}) - \sin \varphi_{1a} \cos \alpha_{1a}]}
\end{aligned}
\right\}
$$

$$(6)$$

节点 1_b、$1'$ 以及 i_a、i_b、i' 当 $i \geqslant 2$ 时,与上节开孔时的式(2)~(4)完全相同,可直接应用。因此,若预应力 V_0(或其他任一索杆预应力)已知,则整个索穹顶的索杆预应力分布也可确定。

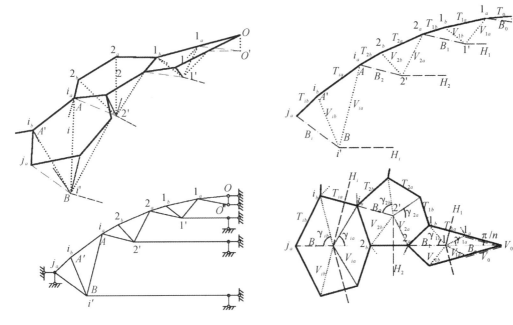

图 4 不设内孔时 $1/n$ 结构分析示意图和计算简图　　图 5 不设内孔时结构分析计算用的剖面图和平面图

4 预应力索杆内力的参数分析和计算用表

4.1 设有内孔结构

设有内孔的蜂窝四撑杆型索穹顶,跨度 L,孔跨 L_1,矢高 f,球面穹顶半径 R,简化的半榀桁架尺寸如图 6 所示,球面上各圈上弦节点水平投影构成的各圈圆半径之间满足下列条件(在图 6 中增设 i 节点):

$$r_{(i+1)a} - r_{ib} = \frac{r_{ib} - r_{ia}}{2} = \Delta \tag{7}$$

由几何关系可确定

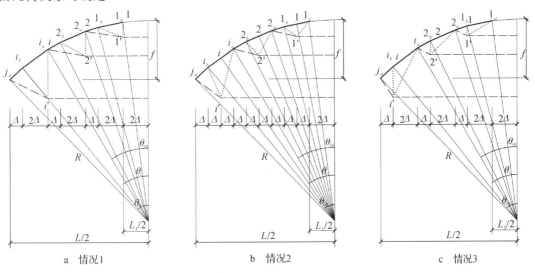

a 情况1　　　　　　　　b 情况2　　　　　　　　c 情况3

图 6 设有内孔时结构简化半榀平面桁架图

$$R = \frac{L^2}{8f} + \frac{f}{2}$$

$$\alpha_{ia} = \arctan \frac{h_{ia}}{S_{ia}}$$

$$\Delta = \frac{(L - L_1)}{6(j - 1)}$$

$$\alpha_{ib} = \arctan \frac{h_{ib}}{S_{ib}}$$

$$r_{ia} = R\sin\theta_{ia} = \frac{L_1}{2} + 3(i - 1)\Delta$$

$$\beta_i = \arctan \frac{h_{i'}}{S_{i'}}$$

$$r_{ib} = R\sin\theta_{ib} = \frac{L_1}{2} + (3i - 1)\Delta$$

$$\varphi_{ia} = \arctan \frac{h_{i'a}}{s_{i'a}}$$

$$r_{i'} = r_i = R\sin\theta_i$$

$$\varphi_{ib} = \arctan \frac{h_{i'b}}{S_{i'b}}$$

$$h_{ia} = R(\cos\theta_{ia} - \cos\theta_{ib})$$

$$h_{ib} = R(\cos\theta_{ib} - \cos\theta_{(i+1)a})$$

$$h_{i'} = h_i = R(\cos\theta_i - \cos\theta_{(i+1)a})$$

$$\gamma_i = \arctan \frac{r_{ib}\sin\frac{\pi}{n}}{r_{(i+1)a} - r_{ib}\cos\frac{\pi}{n}}$$

$$h_{i'a} = h_{i'} + h_{ia} + h_{ib}$$

$$h_{i'b} = h_{i'} + h_{ib}$$

$$S_{ia} = 2\Delta$$

$$S_{ib} = \sqrt{(r_{ib}\sin\frac{\pi}{n})^2 + (r_{(i+1)a} - r_{ib}\cos\frac{\pi}{n})^2}$$

$$\gamma_{ia} = \arctan \frac{r_{ia}\sin\frac{\pi}{n}}{r_{i'} - r_{ia}\cos\frac{\pi}{n}}$$

$$S_{i'} = r_{(i+1)a} - r_{i'}$$

$$S_{i'a} = \sqrt{(r_{ia}\sin\frac{\pi}{n})^2 + (r_{i'} - r_{ia}\cos\frac{\pi}{n})^2}$$

$$\gamma_{ib} = \arctan \frac{r_{ib}\sin\frac{\pi}{n}}{r_{ib}\cos\frac{\pi}{n} - r_{i'}}$$

$$S_{i'b} = \sqrt{(r_{ib}\sin\frac{\pi}{n})^2 + (r_{ib}\cos\frac{\pi}{n} - r_{i'})^2}$$

$$(8)$$

式(8)中 h_{ia}、h_{ib}、$h_{i'}$、$h_{i'a}$、$h_{i'b}$ 为上弦 T_{ia}、T_{ib}、斜索 B_i 和撑杆 V_{ia}、V_{ib} 的高度,S_{ia}、S_{ib}、$S_{i'}$、$S_{i'a}$、$S_{i'b}$ 为相应杆的水平投影长度。

节点 i' 与节点 i 的水平投影在同一圆周上的前提下,兹分三种情况来考虑:情况1,$r_{i'} - r_{ia}\cos\frac{\pi}{n} = 0$,即节点 i_a、i'、i_a 所构成的三角形平面垂直于水平面(见图6a),根据几何关系式(8),由式(1)~(4),在当 $\frac{f}{L} = 0.10$、0.15、0.20,$j = 2,3,4$,$\frac{L_1}{2} = 2\Delta$,$n = 12$,相对内力 $T_{ia} = 1.0$ 时,求得各索杆预应力的结果见表1所示:情况2,$r_{i'} - r_{ia} = \Delta$,如图6b所示;情况3,$r_{ib}\cos\frac{\pi}{n} - r_{i'} = 0$,即节点 i_b、i'、i_b 所构成的三角形平面垂直于水平面(见图6c)。类同于情况1,同样可分别求得相对内力 $T_{1a} = 1.0$ 时情况2、情况3各索杆预应力的计算结果,见表1。

4.2 不设内孔结构

不设内孔的蜂窝四撑杆型索穹顶的简化半榀平面桁架尺寸如图7所示,内孔处设有简单的空间桁架,一般可假定

$$\beta_0 = \alpha_0 = \arctan \frac{R(1 - \cos\theta_{1a})}{(L_1/2)} = \arctan \frac{R(1 - \cos\theta_{1a})}{2\Delta} \qquad (9)$$

表 1　设有内孔时蜂窝四撑杆型索穹顶预应力态索杆内力计算用表

f/L	j	i	情况 1: $r_i = r_{iu}\cos\dfrac{\pi}{n} = 0$, $n=12$							情况 2: $r_i = r_{iu} = \Delta$, $n=12$							情况 3: $r_{ib}\cos\dfrac{\pi}{n} - r_i = 0$, $n=12$						
			T_{iu}	V_{iu}	T_{ib}	V_{ib}	B_i	H_i	H_{ip}	T_{iu}	V_{iu}	T_{ib}	V_{ib}	B_i	H_i	H_{ip}	T_{iu}	V_{iu}	T_{ib}	V_{ib}	B_i	H_i	H_{ip}
0.1	2	1	1.00	-0.12	0.74	-0.12	1.30	2.07	1.91	1.00	-0.15	0.79	-0.11	1.19	2.28	1.61	1.00	-0.22	0.87	-0.15	1.31	3.12	1.24
	3	1	1.00	-0.08	0.74	-0.11	1.28	2.10	1.95	1.00	-0.12	0.79	-0.10	1.17	2.33	1.64	1.00	-0.21	0.87	-0.13	1.29	3.19	1.25
		2	2.34	-0.40	2.73	-0.29	3.17	5.12	/	2.80	-0.58	3.46	-0.40	3.56	7.03	/	3.99	-1.13	5.24	-0.85	6.10	14.37	/
	4	1	1.00	-0.06	0.74	-0.10	1.28	2.11	1.96	1.00	-0.11	0.79	-0.09	1.17	2.34	1.64	1.00	-0.20	0.87	-0.13	1.29	3.21	1.26
		2	2.30	-0.33	2.73	-0.27	3.11	5.14	/	2.76	-0.51	3.46	-0.37	3.48	7.08	/	3.94	-1.07	5.25	-0.81	6.03	14.55	/
		3	5.93	-1.31	9.94	-0.98	8.67	13.88	/	8.75	-2.31	15.66	-1.84	12.01	23.88	/	17.81	-6.14	33.18	-5.65	31.54	72.85	/
0.15	2	1	1.00	-0.17	0.73	-0.14	1.33	2.01	1.86	1.00	-0.19	0.78	-0.14	1.23	2.21	1.57	1.00	-0.24	0.87	-0.18	1.35	3.00	1.22
	3	1	1.00	-0.11	0.74	-0.11	1.29	2.08	1.93	1.00	-0.14	0.79	-0.11	1.18	2.30	1.62	1.00	-0.22	0.87	-0.14	1.30	3.14	1.25
		2	2.43	-0.55	2.72	-0.35	3.34	5.06	/	2.90	-0.72	3.45	-0.48	3.78	6.89	/	4.11	-1.26	5.20	-0.95	6.30	13.94	/
	4	1	1.00	-0.08	0.74	-0.11	1.28	2.10	1.95	1.00	-0.12	0.79	-0.10	1.17	2.33	1.63	1.00	-0.21	0.87	-0.13	1.29	3.18	1.25
		2	2.35	-0.42	2.73	-0.30	3.19	5.11	/	2.81	-0.59	3.45	-0.40	3.58	7.02	/	4.00	-1.14	5.23	-0.85	6.11	14.34	/
		3	6.26	-1.67	9.89	-1.12	9.20	13.80	/	9.21	-2.75	15.55	-2.07	12.87	23.53	/	18.58	-6.74	32.77	-6.05	32.48	70.90	/
0.2	2	1	1.00	-0.21	0.73	-0.17	1.37	1.93	1.79	1.00	-0.22	0.78	-0.18	1.29	2.11	1.52	1.00	-0.27	0.88	-0.23	1.41	2.85	1.20
	3	1	1.00	-0.13	0.74	-0.12	1.30	2.05	1.90	1.00	-0.16	0.79	-0.12	1.20	2.27	1.60	1.00	-0.23	0.87	-0.16	1.32	3.09	1.24
		2	2.56	-0.70	2.72	-0.43	3.59	5.00	/	3.04	-0.88	3.45	-0.59	4.10	6.73	/	4.25	-1.41	5.19	-1.12	6.63	13.38	/
	4	1	1.00	-0.10	0.74	-0.11	1.29	2.09	1.93	1.00	-0.13	0.79	-0.10	1.18	2.31	1.62	1.00	-0.22	0.87	-0.14	1.30	3.16	1.25
		2	2.40	-0.50	2.72	-0.33	3.28	5.08	/	2.87	-0.68	3.45	-0.45	3.70	6.94	/	4.07	-1.22	5.21	-0.92	6.23	14.09	/
		3	6.73	-2.10	9.84	-1.33	10.00	13.71	/	9.83	-3.28	15.46	-2.45	14.15	23.08	/	19.60	-7.48	32.33	-6.71	34.03	68.28	/

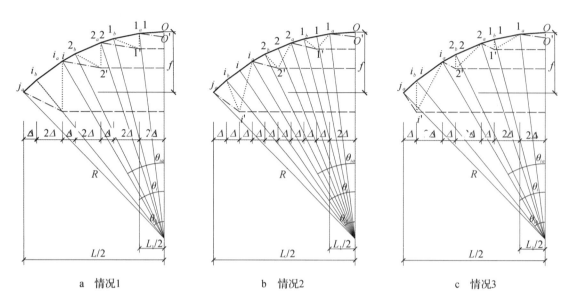

| a   情况1 | b   情况2 | c   情况3 |

图 7 不设内孔时结构简化半榀平面桁架图

此时,根据几何关系式(8)、(9),由式(2)~(6),同样可求得不设内孔时蜂窝四撑杆型索穹顶三种情况预应力态索杆内力(相对内力 $T_{1a} = 1.0$ 时)的计算结果,见表 2 所示。

由表 1、表 2 可知,蜂窝四撑杆型索穹顶结构预应力态相对内力的分布甚是明显,从内圈逐圈向外圈的内力有成倍递增;而矢跨比从 0.1 变化到 0.2,其内力相对变化不到 10%,这是因为矢跨比 f/L 主要表明索穹顶上表面的外形;说明结构高跨比的下弦节点位置,情况 1、情况 2、情况 3,对内力分布的大小有明显影响;由于设有内孔和不设内孔结构当节点为 1_b、$1'$、i、$i' \geq 2$ 时各索杆内力计算公式完全相同,因而在相对内力 $T_{1a} = 1.0$ 时,计算用表中相应索杆内力也完全相同。

5 结论

(1)本文提出了一种新颖的蜂窝四撑杆型索穹顶,它与现有的拉索海洋、压杆孤岛张拉整体索穹顶思想为基础的如肋环形、葵花型、Kiewitt 型、鸟巢型索穹顶完全不一样,是一种创新。首先,这种新颖的索穹顶的上弦是属于蜂窝形网格布置的;其次,下弦节点设有 4 根撑杆,上弦节点均有 2 根撑杆相交,单位环向区间内只有一根跳格、错位布置的斜索,结构造型新鲜独特,结构美和建筑美融为一体。

(2)蜂窝四撑杆型索穹顶的上弦索数、环索数、斜索数相对较少,有利于减少昂贵的索材用量,设有多根撑杆使撑杆及整个结构的稳定性可得以提高,斜索的布设便于索穹顶的对称张拉施工成形,张拉次数可大幅降低,且可避免环索的滑移。

(3)提出了蜂窝四撑杆型索穹顶预应力态的简捷分析法,详细推导了设有内孔和不设内孔索穹顶预应力索杆内力的一般性递推计算公式,且是个精确解。

(4)对于若干几何参数的蜂窝四撑杆型索穹顶,根据本文的简捷计算方法和计算公式,给出了索穹顶预应力态的计算结果和计算用表,索穹顶预应力态索杆内力的大小和分布规律一目了然,如外圈索杆内力比内圈索杆内力有快速增大的趋势,下弦节点位置明显影响内力分布的大小,索穹顶矢跨比的增大对索杆内力调整很小。

(5)本文的研究工作为索穹顶的选型和设计提供了新思路,新空间。

表2 不设内孔时蜂窝四撑杆型索穹顶预应力态索杆内力计算用表

f/L	j	i	情况1: $r_i - r_{ia}\cos\dfrac{\pi}{n} = 0, n=12$						情况2: $r_i - r_{ia} = \triangle, n=12$						情况3: $r_{ib}\cos\dfrac{\pi}{n} - r_i = 0, n=12$					
			T_{ia}	V_{ia}	T_{ib}	V_{ib}	B_i	H_i	T_{ia}	V_{ia}	T_{ib}	V_{ib}	B_i	H_i	T_{ia}	V_{ia}	T_{ib}	V_{ib}	B_i	H_i
0.1	2	0	0.50	-0.46	/	/	0.50	/	0.42	-0.39	/	/	0.42	/	0.32-0.30	0.32	/	0.32	/	/
		1	1.00	-0.12	0.74	-0.12	1.30	2.07	1.00	-0.15	0.79	-0.11	1.19	2.28	1.00	-0.22	0.87	-0.15	1.31	3.12
	3	0	0.50	-0.29	/	/	0.50	/	0.42	-0.24	/	/	0.42	/	0.33	-0.19	/	/	0.33	/
		1	1.00	-0.08	0.74	-0.11	1.28	2.10	1.00	-0.12	0.79	-0.10	1.17	2.33	1.00	-0.21	0.87	-0.13	1.29	3.19
		2	2.34	-0.40	2.73	-0.29	3.17	5.12	2.80	-0.58	3.46	-0.40	3.56	7.03	3.99	-1.13	5.24	-0.85	6.10	14.37
	4	0	0.51	-0.21	/	/	0.51	/	0.43	-0.18	/	/	0.43	/	0.33	-0.14	/	/	0.33	/
		1	1.00	-0.06	0.74	-0.10	1.28	2.11	1.00	-0.11	0.79	-0.09	1.17	2.34	1.00	-0.20	0.87	-0.13	1.29	3.21
		2	2.30	-0.33	2.73	-0.27	3.11	5.14	2.76	-0.51	3.46	-0.37	3.48	7.08	3.94	-1.07	5.25	-0.81	6.03	14.55
		3	5.93	-1.31	9.94	-0.98	8.67	13.88	8.75	-2.31	15.66	-1.84	12.01	23.88	17.81	-6.14	33.18	-5.65	31.54	72.85
0.15	2	0	0.48	-0.64	/	/	0.48	/	0.41	-0.54	/	/	0.41	/	0.32	-0.42	/	/	0.32	/
		1	1.00	-0.17	0.73	-0.14	1.33	2.01	1.00	-0.19	0.78	-0.14	1.23	2.21	1.00	-0.24	0.87	-0.18	1.35	3.00
	3	0	0.50	-0.41	/	/	0.50	/	0.42	-0.35	/	/	0.42	/	0.32	-0.27	/	/	0.32	/
		1	1.00	-0.11	0.74	-0.11	1.29	2.08	1.00	-0.14	0.79	-0.11	1.18	2.30	1.00	-0.22	0.87	-0.14	1.30	3.14
		2	2.43	-0.55	2.72	-0.35	3.34	5.06	2.90	-0.72	3.45	-0.48	3.78	6.89	4.11	-1.26	5.20	-0.95	6.30	13.94
	4	0	0.50	-0.30	/	/	0.50	/	0.42	-0.25	/	/	0.42	/	0.32	-0.20	/	/	0.32	/
		1	1.00	-0.08	0.74	-0.11	1.28	2.10	1.00	-0.12	0.79	-0.10	1.17	2.33	1.00	-0.21	0.87	-0.13	1.29	3.18
		2	2.35	-0.42	2.73	-0.30	3.19	5.11	2.81	-0.59	3.45	-0.40	3.58	7.02	4.00	-1.14	5.23	-0.85	6.11	14.34
		3	6.26	-1.67	9.89	-1.12	9.20	13.80	9.21	-2.75	15.55	-2.07	12.87	23.53	18.58	-6.74	32.77	-6.05	32.48	70.90
0.2	2	0	0.47	-0.78	/	/	0.47	/	0.40	-0.66	/	/	0.40	/	0.31	-0.52	/	/	0.31	/
		1	1.00	-0.21	0.73	-0.17	1.37	1.93	1.00	-0.22	0.78	-0.18	1.29	2.11	1.00	-0.27	0.88	-0.23	1.41	2.85
	3	0	0.49	-0.51	/	/	0.49	/	0.42	-0.43	/	/	0.42	/	0.32	-0.33	/	/	0.32	/
		1	1.00	-0.13	0.74	-0.12	1.30	2.05	1.00	-0.16	0.79	-0.12	1.20	2.27	1.00	-0.23	0.87	-0.16	1.32	3.09
		2	2.56	-0.70	2.72	-0.43	3.59	5.00	3.04	-0.88	3.45	-0.59	4.10	6.73	4.25	-1.41	5.19	-1.12	6.63	13.38
	4	0	0.50	-0.38	/	/	0.50	/	0.42	-0.32	/	/	0.42	/	0.32	-0.24	/	/	0.32	/
		1	1.00	-0.10	0.74	-0.11	1.29	2.09	1.00	-0.13	0.79	-0.10	1.18	2.31	1.00	-0.22	0.87	-0.14	1.30	3.16
		2	2.40	-0.50	2.72	-0.33	3.28	5.08	2.87	-0.68	3.45	-0.45	3.70	6.94	4.07	-1.22	5.21	-0.92	6.23	14.09
		3	6.73	-2.10	9.84	-1.33	10.00	13.71	9.83	-3.28	15.46	-2.45	14.15	23.08	19.60	-7.48	32.33	-6.71	34.03	68.28

参考文献

[1] GEIGER D H,STEFANIUK A,CHEN D. The design and construction of two cable domes for the Korean Olympics[C]// Proceedings of IASS Symposium on Shells,Membranes and Space Frames,Vol. 2,Osaka,Japan,1986:265－272.

[2] LEVY M P. The Georgia dome and beyond achieving lightweight-long span structures[C]// Spatial Lattice and Tension Structures:Proceedings of the IASS-ASCE International Symposium,Atlanta,USA,1994:560－562.

[3] 陈联盟,袁行飞,董石麟.Kiewitt 型索穹顶结构自应力模态分析及优化设计[J].浙江大学学报(工学版),2006,40(1):73－77.

[4] 包红泽,董石麟.鸟巢型索穹顶结构的静力性能分析[J].建筑结构,2008,38(11):11－13,39.

[5] 袁行飞,董石麟.索穹顶结构整体可行预应力概念及其应用[J].土木工程学报,2001,34(2):33－37.

[6] 董石麟,袁行飞.肋环型索穹顶初始预应力分布的快速计算法[J].空间结构,2003,9(2):3－8.

[7] 董石麟,袁行飞.葵花型索穹顶初始预应力分布的简捷计算法[J].建筑结构学报,2004,25(6):9－14.

[8] 张成,吴慧,高博青,等.肋环型索穹顶几何法施工及工程应用[J].深圳大学学报(理工版),2012,29(3):195－200.

[9] 史秋侠,朱智峰,裴敬.无锡太湖国际高科技园区科技交流中心钢屋盖索穹顶结构设计[J].建筑结构,2009,39(S1):144－148.

[10] 胡正平,李婷,赵楠,等.中国(太原)煤炭交易中心:展览中心结构设计[J].建筑结构,2011,41(9):16－21,134.

[11] 张国军,葛家琪,王树,等.内蒙古伊旗全民健身体育中心索穹顶结构体系设计研究[J].建筑结构学报,2012,33(4):12－22.

[12] CALLADINE C R. Buckminster Fuller's "Tensegrity" structures and Clerk Maxwell's rules for the construction of stiff frames[J]. International Journal of Solids and Structures,1978,14(2):161－172.

[13] 董石麟,梁昊庆.肋环人字型索穹顶受力特性及其预应力态的分析法[J].建筑结构学报,2014,35(6):102－108.

[14] 张爱林,白羽,刘学春,等.新型脊杆环撑索穹顶结构静力性能分析[J].空间结构,2017,23(3):11－20.

109 新型蜂窝序列索穹顶结构体系研究*

摘　要:提出了一种上弦脊索为蜂窝形网格布置,不采用拉索海洋和压杆孤岛张拉整体思想,而具有多根撑杆构造的蜂窝序列索穹顶结构体系,包括蜂窝单撑杆型、蜂窝双撑杆型、蜂窝三撑杆型、蜂窝四撑杆型共4种形式的新型索穹顶。首先对球面索穹顶蜂窝网格形状做了研究,然后对每种形式索穹顶的构形、节点类型、索杆布设、拓扑关系、结构受力特性、施工难易程度、技术经济效益等方面做了说明和分析,并进行对比。通过结构受力分析,蜂窝序列索穹顶结构均属于一次超静定结构,不难通过节点平衡方程详细递推求得索穹顶预应力态的全套索杆内力计算公式。本文研究可为索穹顶的选型、设计和施工提供新思路、新方案。

关键词:蜂窝序列索穹顶;结构体系;结构构形;多撑杆构造;拓扑关系;受力特性

1　引言

本文提出的新型蜂窝序列穹顶结构具有两大特色:一是穹顶的上弦脊索,形成一种蜂窝形网格,比较正规的六边形网格或自由布置的等腰六边形网格;二是不采用拉索海洋和压杆孤岛的张拉整体思想[1],而是设置多根撑杆(包括单根撑杆)构造的多种形式的索穹顶。据此,提出了蜂窝单撑杆型、蜂窝双撑杆型、蜂窝三撑杆型、蜂窝四撑杆型共4种形式的索穹顶,并组成蜂窝序列索穹顶结构体系。这大大丰富了索穹顶的形式和类型,可为索穹顶的造型、设计和施工提供新方案、新思路。

本文对新提出的每种形式的索穹顶,就其结构构形、节点类型、索杆布设、拓扑关系、结构受力特性、施工成形难易程度等做了阐述和分析,并进行对比比较。如汇总已建成、研究或做过模型试验的索穹顶[2-13],包括本文提出的蜂窝序列索穹顶结构体系,共有13种形式的索穹顶结构,其具体的索穹顶型号名称详见表1。这表明我国对索穹顶形体的创新研究,在世界上是领先的。

表1　索穹顶的序列与型号

序列	Fuller 型	非 Fuller 型,多撑杆型	
肋环序列	肋环单撑杆型 (包括肋环型)	肋环双撑杆型	肋环四撑杆型

*　本文刊登于:董石麟,涂源.新型蜂窝序列索穹顶结构体系研究[C]//天津大学.第十八届全国现代结构工程学术研讨会论文集,沧州,2018:7—12.

续表

序列	Fuller 型	非 Fuller 型,多撑杆型		
葵花序列	葵花单撑杆型 (包括葵花型)	葵花双撑杆型	葵花三撑杆Ⅰ型	葵花三撑杆Ⅱ型
蜂窝序列	蜂窝单撑杆型 (包括蜂窝型)	蜂窝双撑杆型	蜂窝三撑杆型	蜂窝四撑杆型
	Kiewitt 单撑杆型 (包括 Kiewitt 型)			
	鸟巢单撑杆型 (包括鸟巢型)			

2 蜂窝序列索穹顶结构基本形体

蜂窝序列索穹顶上弦脊索布置成蜂窝形网格。对于穹顶平面为圆形的索穹顶,不可能形成正六边形网格(指水平投影网格),如图 1a 所示。由于环向局部缩小网格尺寸的要求,只能形成径向长度仍是规则的六边形网格,如图 1b 所示;或者径向长度完全任意设置的可称为自由等腰六边形网格,如图 1c 所示。

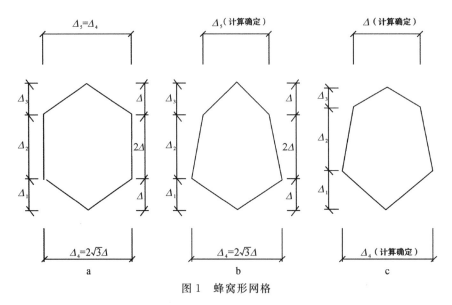

图 1　蜂窝形网格

由于索穹顶的下弦节点不采用拉索海洋与压杆孤岛张拉整体思想,设置多根撑杆(包括单撑杆),蜂窝序列索穹顶可建立 4 种基本结构形体,即蜂窝单撑杆型、蜂窝双撑杆型、蜂窝三撑杆型和蜂窝四撑杆型共四种索穹顶结构,详见表 2。表 2 的剖面示意图中,如环向单个区间内上、下弦节点相交各类杆件为单根时用单线表示,为两根时用双线表示;表 2 的平面示意图中,如各类杆件的平面投影共线时也用双线表示。此时,综合平剖面示意图可准确看出各种索穹顶交于上、下弦节点的各类杆件数。表 2 各种索穹顶的总节点数 T(不包括支座节点)和总杆件数 M(不包括支座环梁,但计入开口穹顶的上内环索),也分别列于最后一栏。为说明蜂窝多撑杆型索穹顶的详细构形,兹以开口的蜂窝四撑杆型索穹顶三维图和剖面示意图为代表来阐述,如图 2 所示。一般穹顶支承在周边不动铰支座上,索穹顶由径向脊索、斜向脊索、斜索、环索、撑杆、上内环索和刚性环梁组成,结构构形新颖、优美。如用 H 表示蜂窝,蜂窝序列各类素穹顶可用 $_nH_{ms}$ 表示,其中,n 为结构等分数,多边形数;m 为环数;s 为撑杆数,此时,图 2 所示索穹顶可表示为 $_{12}H_{34}$。表 2 的 4 种索穹顶可分别表示为:$_8H_{41}$、$_8H_{42}$、$_8H_{23}$、$_8H_{24}$, 这样的表达是很简明的。

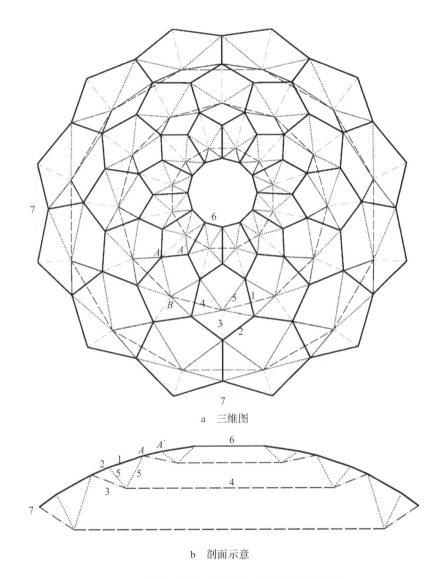

a　三维图

b　剖面示意

图 2　蜂窝四撑杆型索穹顶三维图和剖面示意

若蜂窝单撑杆型索穹顶的单撑杆垂直于水平面时,蜂窝双撑杆型索穹顶的双撑杆组成的平面垂直于水平面时,蜂窝三撑杆型索穹顶的前单撑杆垂直于水平面时,以及蜂窝四撑杆型索穹顶的前双撑杆组成的平面垂直于水平面时,则表 2 表示的蜂窝序列索穹顶退化为特殊情况下的蜂窝序列索穹顶,其构形有所简化,如表 3 所示。

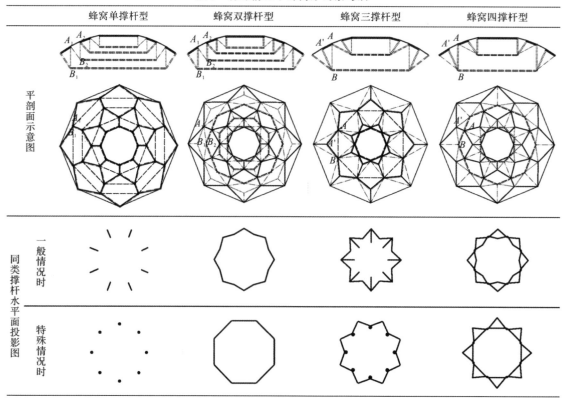

表 2　蜂窝序列索穹顶

	蜂窝单撑杆型	蜂窝双撑杆型	蜂窝三撑杆型	蜂窝四撑杆型
平面剖面示意图				
交于上下弦节点杆件数	$A_1=3+0+1+1=5$ $A_2=3+0+2+1=6$ $B_1=0+2+2+1=5$ $B_2=0+2+1+1=4$	$A_1=3+0+2+2=7$ $A_2=3+0+1+2=6$ $B_1=0+2+1+2=5$ $B_2=0+2+2+2=6$	$A=3+0+2+1=6$ $A'=3+0+0+2=5$ $B=0+2+2+3=7$	$A=3+0+1+2=6$ $A'=3+0+0+2=5$ $B=0+2+1+4=7$
总节点数T 总杆件数M	$T=n[(m+1)+m]=n(2m+1)$ $M_1=n\{(m+1)+(m+1)/2+m+$ $[m+(m+1)/2]+m\}=n(5m+2)$ $M_2=n\{(m+1)+m/2+[m+m/2]+m\}$ $=n(5m+2)$	$T=n[(m+1)+m]=n(2m+1)$ $M_1=n\{(m+1)+(m+1)/2+m+$ $[m+(m+1)/2]+m\}=6nm$ $M_2=n\{(m+1)+m/2+$ $[m+m/2]+2m\}=n(6m+1)$	$T=n[(2m+1)+m]=n(3m+1)$ $M=n[(3m+1)+m+2m+3m]=n(9m+1)$	$T=n[(2m+1)+m]=n(3m+1)$ $M=n[(3m+1)+m+m+4m]=n(9m+1)$

注:1.平面剖面图中:——上弦(脊索),－－－下弦(环索),－·－斜杆(斜索),……撑杆(压杆)。

2.交于节点杆件数＝(上弦杆数)＋(下弦杆数)＋(斜杆数)＋(撑杆数)。

3.总杆件数 M,当 m 为单数时用 M_1,当 m 为双数时用 M_2。

4.符号说明: n—多边形数, m—环数。

表 3　特殊情况下蜂窝序列索穹顶

	蜂窝单撑杆型	蜂窝双撑杆型	蜂窝三撑杆型	蜂窝四撑杆型
平剖面示意图				
同类撑杆水平面投影图 一般情况时				
特殊情况时				

1026

3 蜂窝序列索穹顶结构的特点

对蜂窝序列4种型号的索穹顶结构的特点,下面分别做一说明。

3.1 蜂窝单撑杆型索穹顶

这是蜂窝序列中构形最简单的一种索穹顶,它有以下一些特点。

(1)上弦节点有两种类型:A_1 和 A_2;交于上弦节点的上弦脊索为3根。这是蜂窝序列索穹顶的共有特点,下弦节点也有两种类型:B_1 和 B_2,交于上、下弦节点 A_1、A_2、B_1、B_2 的杆件数分别为5、6、5、4,平均数均为5,是节点相交杆数最少的一种蜂窝序列索穹顶,见表2。

(2)交于上、下弦节点的撑杆只有一根,是属于 Fuller 型的索穹顶,撑杆的稳定性能以及整个索穹顶的稳定性较差。

(3)当单根撑杆垂直于地面时,同类撑杆的水平投影由一道径向线段环退化为一道点环。此时的索穹顶可直接简称为蜂窝型索穹顶,见表3。

(4)当环索为单数时,索穹顶的杆件总数按公式 M_1 计算;为双数时,按公式 M_2 计算。

(5)索穹顶的一道环索对应管辖一段同类型脊索,因此穹顶脊索分段很多时,环索道数也很多;或者说,一个蜂窝网格内有两道环索。

(6)环向单元区间内斜索为2根、1根、2根、1根跳格布设,当斜索为2根时,施工张拉成形过程中要采取措施,防止2根斜索索力不等致使环索滑移。

3.2 蜂窝双撑杆型索穹顶

这是蜂窝序列中下弦节点 B 设有双根撑杆的索穹顶,它有以下一些特点。

(1)上弦节点有两种类型:A_1 和 A_2;下弦节点也有两种类型:B_1 和 B_2,交于上、下弦节点 A_1、A_2、B_1、B_2 的杆件数分别为7、6、5、6,平均数均为6,见表2。

(2)交于上、下弦节点的撑杆都是2根,是不采纳 Fuller 构想的索穹顶,撑杆的稳定性能以及整个索穹顶的稳定性较好。

(3)特殊情况布设撑杆时,同类撑杆的水平投影由一道锯齿形环退化为一道一字形环,见表3。

特点(4)、(5)、(6)完全同3.1蜂窝单撑杆型索穹顶的特点。

3.3 蜂窝三撑杆型索穹顶

这是蜂窝序列中下弦节点 B 设有3根撑杆的索穹顶,它有以下一些特点。

(1)上弦节点有两种类型:A 和 A';下弦节点 B 只有一种类型,交于上、下弦节点 A、A'、B 的杆件数分别为6、5、7,平均数均为6,是一种比较常见现象,见表2;此外,在表2的平面图中可以看出,一个蜂窝网格中除环索外有5根杆件、2根斜杆、3根撑杆。

(2)下弦节点 B 设有3根撑杆,而上弦节点 A、A' 分别交有2、1根撑杆,撑杆的稳定性能以及整个索穹顶的稳定性较好。

(3)特殊情况布设撑杆时,同类撑杆的水平投影由一道个字形环退化为一道锯齿形环和点形的重合环。

(4)索穹顶的一道环索对应管辖二段相同类型脊索。因此,穹顶脊索分段数量不变,蜂窝三撑杆型索穹顶的环索数比蜂窝单撑杆型和双撑杆型索穹顶减少一半,或者说一个蜂窝网格内只有一道环索,这是十分有利的。

(5)环向单个区间内的斜索为2根,张拉成形时也要注意防止环索的滑移,但因环索数的减少,施工张拉次数也有所减少。

(6)由于环索数和斜索数的减少,整个索穹顶昂贵的索材用量比较前两种索穹顶的索材用量可相对减少,经济指标可以改善。

3.4 蜂窝四撑杆型索穹顶

这是蜂窝序列中下弦节点 B 设有4根撑杆的索穹顶,它有如下一些特点。

(1)上弦节点有两种类型:A 和 A';下弦节点 B 只有一种形式,交于上、下弦节点 A、A'、B 的杆件数分别为6、5、7,平均数均为6,是一种比较常见现象,见表2;此外,在表2的平面图中可看出,一个蜂窝网格的杆件数除环索外,同第三种索穹顶一样也是5根,但品种数量不一样,是1根斜杆、4根撑杆。

(2)下弦节点 B 设有4根撑杆,而上弦节点 A、A' 均设有2根撑杆,撑杆的稳定性能以及整个索穹顶的稳定性是有所提高的。

(3)特殊情况布设撑杆时,同类撑杆的水平投影由一道双锯齿形环退化为一道 $\triangle$ 符号形环。

(4)蜂窝四撑杆型索穹顶的环索也比前两种索穹顶的环索减少一半,一个蜂窝网格内只有一道环索。

(5)环向单个区间内只有一根斜索,是蜂窝序列中斜索最少的索穹顶,施工张拉成形时最方便,施工张拉次数也最少,环索不易出现滑移。

(6)相对来说,蜂窝四撑杆型索穹顶是用索数量最少,经济指标也为最好的一种索穹顶。

4 结语

(1)本文提出了上弦脊索按蜂窝形网格布设,不采纳拉索海洋、压杆孤岛张拉整体思想,下弦节点具有多根撑杆(包括单根撑杆)支承的蜂窝序列索穹顶结构体系。

(2)蜂窝序列索穹顶体系由蜂窝单撑杆型 $_nH_{m1}$、蜂窝双撑杆型 $_nH_{m2}$、蜂窝三撑杆型 $_nH_{m3}$ 及蜂窝四撑杆型 $_nH_{m4}$ 共4种索穹顶组成。

(3)文中从结构形体、节点类型、索杆布设、拓扑关系、结构受力特性、施工难易程度和技术经济指标等方面对给出的4种索穹顶分别做了讨论、分析和对比。

(4)本文提出蜂窝序列4种索穹顶,通过受力分析,均属于一次超静定结构,可根据节点平衡方程,逐次递推预应力态各类索杆内力的计算公式,以了解传力途径和分布规律,由于本文篇幅有限,将另做介绍。

(5)本文的研究为索穹顶的选型、设计和施工提供了新方案和新思路。

(6)根据以往研究成果和文献总结,已有肋环序列、葵花序列、蜂窝序列等序列,共计13种型号、形态各异、特征明显的索穹顶结构。我国对索穹顶结构形体创新研究,在世界上是领先的。

参考文献

[1] FULLER R B. Tensile-integrity structures:US 3063521[P]. 1962.

[2] GEIGER D H,STEFANIUK A,CHEN D. The design and construction of two cable domes for the Korean Olympics[C]// Proceedings of IASS Symposium on Shells,Membranes and Space Frames,Vol. 2,Osaka,Japan,1986:265-272.

[3] LEVY M P. The Georgia dome and beyond achieving lightweight-long span structures[C]// Spatial Lattice and Tension Structures: Proceedings of the IASS-ASCE International Symposium, Atlanta, USA, 1994:560－562.

[4] 陈联盟, 袁行飞, 董石麟. Kiewitt 型索穹顶结构自应力模态分析及优化设计[J]. 浙江大学学报(工学版), 2006, 40(1):73－77.

[5] 董石麟, 包红泽, 袁行飞. 鸟巢型索穹顶几何构形及其初始预应力分布确定[C]//天津大学. 第五届全国现代结构工程学术研讨会论文集, 广州, 2005:94－99.

[6] 袁行飞, 董石麟. 索穹顶结构整体可行预应力概念及其应用[J]. 土木工程学报, 2001, 34(2): 33－37.

[7] 董石麟, 梁昊庆. 肋环四角锥撑杆型索穹顶的形体及预应力态分析[C]//中国土木工程学会. 第十五届空间结构学术交流会议论文集, 上海, 2014:1－10.

[8] 董石麟, 涂源. 索穹顶结构体系创新研究[J]. 建筑结构学报, 2018, 39(10):85－92.

[9] 董石麟, 梁昊庆. 肋环人字型索穹顶受力特性及其预应力态的分析法[J]. 建筑结构学报, 2014, 35(6):102－108.

[10] 张爱林, 白羽, 刘学春, 等. 新型脊杆环撑索穹顶结构静力性能分析[J]. 空间结构, 2017, 23(3): 11－20.

[11] 董石麟, 袁行飞. 肋环型索穹顶初始预应力分布的快速计算法[J]. 空间结构, 2003, 9(2):3－8

[12] 董石麟, 袁行飞. 葵花型索穹顶初始预应力分布的简捷计算法[J]. 建筑结构学报, 2004, 25(6): 9－14.

[13] 董石麟, 涂源. 蜂窝四撑杆型索穹顶的构形和预应力分析方法[J]. 空间结构, 2018, 24(2):3－12.

110 葵花双撑杆型索穹顶预应力及多参数敏感度分析[*]

摘　要：提出了一种新颖的葵花双撑杆型索穹顶结构，具有斜索数量少、施工张拉成形方便、可有效防止环索滑移等显著特点；基于节点平衡方程，给出了全套预应力态索杆内力的递推计算公式，对结构的下弦环索数、矢跨比、下弦节点位置、是否开设内孔等参数做了 72 个算例，并验证了预应力态索杆内力计算公式是精确解。分析结果表明，结构预应力态时索杆内力从内圈向外围是成倍递增的；下弦节点位置沿竖向与水平向发生改变后，均使预应力态索杆内力发生较大的变化；矢跨比在 0.1～0.2 范围内时，矢跨比对索杆内力的影响较小；说明了结构矢跨比、结构中部是否开孔是非敏感性参数，而下弦环索数、下弦节点位置则属敏感性参数，在进行结构设计时应重点考虑。该结构形式的提出为索穹顶的选型、设计计算和施工提供了新方案、新思路。

关键词：葵花双撑杆型索穹顶；结构构形；预应力态；简捷分析法；敏感度分析；算例计算

从索穹顶的结构形体而言，1986 年在韩国汉城亚运会，建成了首例肋环型索穹顶[1]；十年后，1996年在美国亚特兰大奥运会，建成了创新的乔治亚葵花型索穹顶[2]；隔了十年后，在 2005—2006 年，我国提出并研究了鸟巢型、Kiewitt 型索穹顶，同时也提出葵花型与肋环型可构成组合形式索穹顶[3-6]；再隔十年，2016—2017 年，我国建成了两座葵花型-肋环型组合形式索穹顶，即平面尺寸为 82m×103m 的天津理工大学体育馆[7]和跨度为 77.3m 的四川雅安天全体育馆。但以上所涉及的均是基于传统意义上"拉索海洋和压杆孤岛"Fuller 构想[8]的张拉整体式索穹顶结构，其上、下弦节点间都只设有一根垂直于水平面的撑杆，结构形体比较单一。

近几年来，我国不采用"拉索海洋和压杆孤岛"的 Fuller 构想，通过在索穹顶的下弦节点设置 2根、3 根、4 根等多根撑杆，且不再局限于将撑杆和水平面保持垂直，提出了创新的 3 种肋环序列索穹顶，即肋环单撑杆型索穹顶（包括肋环型索穹顶）、肋环双撑杆型索穹顶和肋环四撑杆型索穹顶，以及 4种葵花序列型索穹顶，即葵花单撑杆型索穹顶（包括葵花型索穹顶）、葵花双撑杆型索穹顶、葵花三撑杆Ⅰ型索穹顶和葵花三撑杆Ⅱ型索穹顶，并做了若干对比分析研究[9]。

本文着重对葵花双撑杆型索穹顶的预应力态的简捷计算法及多参数敏感度进行研究，以了解这种索穹顶结构的预应力态分布规律、受力特点和多种参数对预应力态分布的敏感度。

---

   * 本文刊登于：董石麟，陈伟刚，涂源，郑晓清.葵花双撑杆型索穹顶预应力及多参数敏感度分析[J].同济大学学报(自然科学版)，2019,47(6)：739－746,801.

1 葵花双撑杆型索穹顶构形及特点

设有内孔的葵花双撑杆型索穹顶的三维图和剖面示意图如图 1 所示,图中 A、B 分别表示上、下弦节点。它的结构构形由上弦脊索、斜索、下弦环索、交于上、下弦节点的二根撑杆、上弦内环索和刚性外环梁组成。图中,脊索、上弦内环索和刚性外环梁均位于结构上弦层,因此采用了同种线型表示。

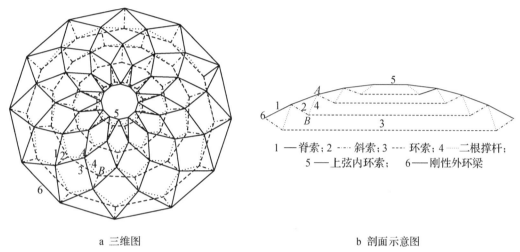

a 三维图   b 剖面示意图

1——脊索;2——斜索;3——环索;4——二根撑杆;
5——上弦内环索;   6——刚性外环梁

图 1 葵花双撑杆型索穹顶三维图及剖面示意图

交于上、下弦节点 A、B 的杆件总数为相交上弦杆件数、下弦杆件数、斜杆数以及撑杆数的总和,即:

$$A_{num}=4+0+1+2=7 \tag{1}$$

$$B_{num}=0+2+1+2=5 \tag{2}$$

式(1)~(2)中:A_{num}、B_{num} 分别表示交于上、下弦节点 A、B 的杆件总数。

整个索穹顶的节点总数 T 和索杆总数 M 分别为(以图 1 圆形平面开孔的索穹顶为例,但不计刚性环梁):

$$T=n[(m+1)+m]=n(2m+1) \tag{3}$$

$$M=n[(2m+1)+m+m+2m]=n(6m+1) \tag{4}$$

式(3)~(4)中:n 为多边形数,m 为环索数。

与传统符合 Fuller 构想的葵花型索穹顶相比,由图 1 及式(1)~(4)可以看出,葵花双撑杆型索穹顶的结构形体具有如下一些特色和优势:

(1)交于上、下弦节点的杆件数分别为 7 和 5,平均数为 6;杆件布置匀称,每个节点均有两根撑杆相交,撑杆的稳定性以及整体结构的稳定性可得以提高。

(2)斜索是跳格错位布设的,每个上、下弦节点均只有一根斜索相交,比葵花型索穹顶的斜撑数减少了 50%,有利于减少索材用量,降低工程造价。

(3)由于节点的斜索数只有一根,在采用斜索主动施加预应力成形时,比具有二根斜索时张拉成形更为方便,而且可有效防止左右二根张拉索内力不等时环索产生滑移的不利影响。

以上三点表明,葵花双撑杆型索穹顶的构形优于一般葵花型索穹顶结构。

2 索穹顶预应力态的简捷计算法

2.1 设有内孔的结构

设有内孔的圆形平面葵花双撑杆型索穹顶结构,当环向分为 n 等份时,利用轴对称条件,通常仅可分析研究其中一肢半榀空间桁架即可。由于索穹顶均设有刚度很大的外环梁,故可认为结构是支承在周边不动铰支座上。$1/n$ 结构分析示意图和计算简图如图 2 所示,节点 1、2′、3、…、$i′$、…、j 在同一对称平面内,而节点 2、3′、…、i、… 在相邻的另一个对称平面内。实际上,所有上、下弦节点都位于某一个对称平面内。由结构力学方法可判定,该结构为一次超静定结构。

索穹顶结构分析计算用的剖面图和平面图如图 3 所示。图中上弦脊索用实线"—"表示,下弦环索用虚线"----"表示,斜索用点划线"–·–"表示,撑杆用点线"……"表示(下同)。

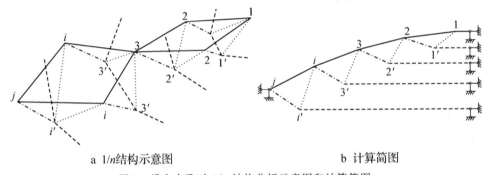

a 1/n结构示意图　　　　　　　　　b 计算简图

图 2　设有内孔时 $1/n$ 结构分析示意图和计算简图

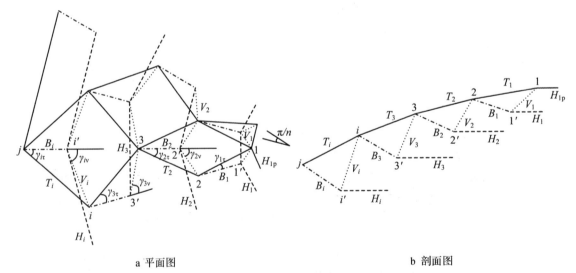

a 平面图　　　　　　　　　　b 剖面图

图 3　设有内孔时结构分析计算用剖面图和平面图

索穹顶结构的脊索、环索、斜索、撑杆以及上弦内环索的内力分别用 T_i、H_i、B_i、V_i、H_{1p} 表示($i=1,2,\cdots,i,\cdots,j$);α_i、β_i、ϕ_i 分别表示脊索、斜索、撑杆与水平面的倾角;$\gamma_{i\tau}$、γ_{iv} 分别表示脊索、撑杆的水平投影与通过下弦节点 $i′$ 的对称面的水平投影轴线之间的夹角。

以上弦内环索处的脊索内力 T_1 为基准,由内向外对各节点建立平衡方程,可逐次推导求得各索杆内力的计算公式:

节点 1:

$$V_1 = -\frac{\sin\alpha_1}{\sin\phi_1} T_1 \tag{5}$$

$$H_{1p} = \left[\cos\alpha_1 \cos\left(\gamma_{1\tau} + \frac{\pi}{n}\right) - \sin\alpha_1 \cot\phi_1 \cos\left(\gamma_{1\nu} + \frac{\pi}{n}\right)\right] T_1 / \sin\left(\pi/n\right) \tag{6}$$

节点 $i'(i \geqslant 1)$:

$$B_i = -\frac{2\sin\phi_i}{\sin\beta_i} V_i \tag{7}$$

$$H_i = -\frac{\cos\phi_i \cos\gamma_{i\nu} + \sin\phi_i \cot\beta_i}{\sin\pi/n} V_i \tag{8}$$

节点 $i(i \geqslant 2)$:

$$T_i = \left\{2\left[\sin\alpha_{i-1} \cos\phi_i \cos\left(\gamma_{i\nu} + \frac{\pi}{n}\right) - \cos\alpha_{i-1} \sin\phi_i\right] T_{i-1}\right.$$
$$\left. - \left[\sin\beta_{i-1} \cos\phi_i \cos\left(\gamma_{i\nu} + \frac{\pi}{n}\right) + \cos\beta_{i-1} \sin\phi_i\right] B_{i-1}\right\}$$
$$\left/ \left\{2\left[\sin\alpha_i \cos\phi_i \cos\left(\gamma_{i\nu} + \frac{\pi}{n}\right) - \cos\alpha_i \sin\phi_i \cos\left(\gamma_{i\tau} + \frac{\pi}{n}\right)\right]\right\}\right. \tag{9}$$

$$V_i = \left\{2\left[\cos\alpha_{i-1} \cos\gamma_{(i-1)\tau} \sin\alpha_i - \sin\alpha_{i-1} \cos\alpha_i \cos\left(\gamma_{i\tau} + \frac{\pi}{n}\right)\right] T_{i-1}\right.$$
$$\left. + \left[\cos\beta_{i-1} \sin\alpha_i + \sin\beta_{i-1} \cos\alpha_i \cos\left(\gamma_{i\tau} + \frac{\pi}{n}\right)\right] B_{i-1}\right\}$$
$$\left/ \left\{2\left[\sin\alpha_i \cos\phi_i \cos\left(\gamma_{i\nu} + \frac{\pi}{n}\right) - \cos\alpha_i \sin\phi_i \cos\left(\gamma_{i\tau} + \frac{\pi}{n}\right)\right]\right\}\right. \tag{10}$$

由式(5)~(10)可以看出,若内环处脊索内力 T_1 已知,则索穹顶所有索杆预应力的分布便可确定。

2.2　不设内孔结构

在对圆形平面不设内孔的葵花双撑杆型索穹顶预应力态分析时,其$1/n$结构示意图和计算简图如图 4 所示,图中孔内结构仅由上弦脊索 $O1$、斜索 $O'1$ 和中心竖杆 OO' 组成。

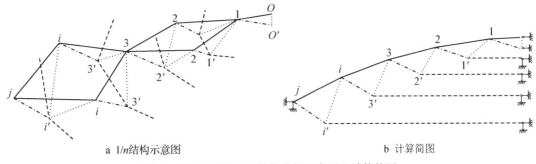

a $1/n$结构示意图　　　　　　b 计算简图

图 4　不设内孔时 $1/n$ 结构分析示意图和计算简图

结构分析计算用的剖面图和平面图如图 5 所示,孔内结构的上弦脊索、斜索和中心竖杆的内力分别用 T_0、B_0 和 V_0 表示,α_0、β_0 为相应上弦脊索和斜索的倾角。

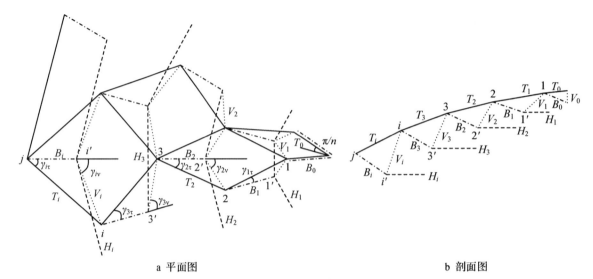

a 平面图   b 剖面图

图 5   不设内孔时结构分析计算用剖面图和平面图

同样,可采用节点平衡方程,逐次推导求得不设内孔的葵花双撑杆型索穹顶预应力态各索杆内力计算公式(以 T_1 为基准)。

节点 O、O':

$$T_0 = \frac{-V_0}{n\sin\alpha_0} \tag{11}$$

$$B_0 = \frac{-V_0}{n\sin\beta_0} \tag{12}$$

节点 1:

$$V_1 = \frac{-2\sin\alpha_1}{\sin\phi_1} T_1 \tag{13}$$

$$V_0 = \left\{ 2n\left[\sin\alpha_1\cos\phi_1\cos\left(\gamma_{1v}+\frac{\pi}{n}\right) - \cos\alpha_1\cos\left(\gamma_{1\tau}+\frac{\pi}{n}\right) \right] \right\} T_1 \Big/ (\cot\alpha_0 + \cot\beta_0) \tag{14}$$

节点 $i'(i \geqslant 1)$ 的内力 H_i 和 B_i 以及节点 $i(i \geqslant 2)$ 内力 T_i 和 V_i 与前述开孔时的计算公式(5)~(10)完全相同,可直接应用。因此,若预应力 T_1 已知,则整个不开孔的索穹顶结构的索杆预应力分布也可确定。

3 预应力索杆内力的参数分析

3.1 设有内孔结构

设有内孔的葵花双撑杆型索穹顶,跨度 L、孔跨 L_1、矢高 f、球面穹顶半径 R,简化的半榀平面桁架尺寸如图 6 所示。

各圈上弦节点水平投影构成各圈圆半径间满足下列条件:

$$r_i - r_{i-1} = \Delta \tag{15}$$

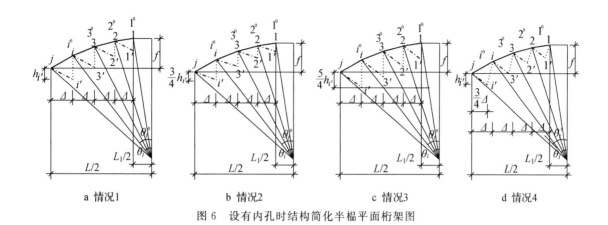

a 情况1　　　　b 情况2　　　　c 情况3　　　　d 情况4

图 6　设有内孔时结构简化半榀平面桁架图

由几何关系可计算确定：

$$
\left.
\begin{aligned}
&R = \frac{L^2}{8f} + \frac{f}{2} \\[4pt]
&\Delta = \frac{L - L_1}{2(j-1)} \\[4pt]
&r_i = R\sin\theta_i = \frac{L_1}{2} + (i-1)\Delta \\[4pt]
&r_{i'} = R\sin\theta_i^0 \\[4pt]
&h_i = R(\cos\theta_i - \cos\theta_{i+1}) \\[4pt]
&h_{i'} = R(\cos\theta_i^0 - \cos\theta_{i+1}) \\[4pt]
&h_{i\phi} = h_{i'} + h_i \\[4pt]
&S_i = \sqrt{\left(r_{i+1} - r_i\cos\frac{\pi}{n}\right)^2 + \left(r_i\tan\frac{\pi}{n}\right)^2} \\[4pt]
&S_{i'} = r_{i+1} - r_{i'} \\[4pt]
&S_{i\phi} = \sqrt{\left(r_{i'} - r_i\cos\frac{\pi}{n}\right)^2 + \left(r_i\tan\frac{\pi}{n}\right)^2} \\[4pt]
&\alpha_i = \arctan\frac{h_i}{S_i} \\[4pt]
&\beta_i = \arctan\frac{h_{i'}}{S_i} \\[4pt]
&\phi_i = \arctan\frac{h_{i\phi}}{S_{i\phi}} \\[4pt]
&\gamma_{ir} = \arctan\frac{r_i\tan\dfrac{\pi}{n}}{r_{i+1} - r_i\cos\dfrac{\pi}{n}} \\[4pt]
&\gamma_{iv} = \arctan\frac{r_i\tan\dfrac{\pi}{n}}{r_{i'} - r_i\cos\dfrac{\pi}{n}}
\end{aligned}
\right\}
\tag{16}
$$

式(16)中：h_i、$h_{i'}$、$h_{i\phi}$ 为上弦 T_i、斜索 B_i 和撑杆 V_i 的高度；S_i、$S_{i'}$、$S_{i\phi}$ 为相应索杆的水平投影长度。

根据下弦节点 i' 的位置不同，兹分 4 种情况分析：情况 1，$r_{i'} - r_i = 0$，即 i、i'、i 所构成的三角形平面垂直于水平面,如图 6a 所示。根据几何关系式(16),由式(5)~(10),在当 $f/L=0.10$、0.15、0.20,$j=2$、3、4,$L_1/2=\Delta$,$n=12$,相对内力 $T_1=1.0$ 时,可求得各索杆预应力态的内力如表 1 所示;情况 2,$r_{i'}-r_i=0$ 且 $h_{i'}=0.75R(\cos\theta_i^0-\cos\theta_{i+1})$,如图 6b 所示,这表示与情况 1 相比,$i'$ 的水平位置不变,而斜索竖向高度减少了 25%;情况 3,$r_{i'}-r_i=0$ 且 $h_{i'}=1.25R(\cos\theta_i^0-\cos\theta_{i+1})$,如图 6c 所示,与情况 1 相比,$i'$ 的水平位置不变,斜索竖向高度则增加了 25%;情况 4,$r_{i+1}-r_{i'}=0.75\Delta$ 且 $h_{i'}=R(\cos\theta_i^0-\cos\theta_{i+1})$,如图 6d 所示,这表示与情况 1 相比,$i'$ 的竖向高度不变,斜索的水平长度减少了 25%。类同于情况 1,同样可求得情况 2、情况 3 和情况 4 时各索杆预应力的计算结果,详见表 1。

表 1　设有内孔时葵花双撑杆型索穹顶预应力态索杆内力计算表

f/L	j	i	情况 1:$r_{i'}-r_i=0$,$h_{i'}=R(\cos\theta_i^0-\cos\theta_{i+1})$					情况 2:$r_{i'}-r_i=0$,$h_{i'}=0.75R(\cos\theta_i^0-\cos\theta_{i+1})$				
			T_i	V_i	B_i	H_i	H_{1p}	T_i	V_i	B_i	H_i	H_{1p}
	3	1	1.00	−0.16	1.95	3.76	3.56	1.00	−0.17	2.59	5.00	3.57
		2	2.44	−0.79	4.35	8.21	—	2.83	−0.96	6.60	12.65	—
	4	1	1.00	−0.13	1.95	3.78	3.58	1.00	−0.13	2.59	5.03	3.59
		2	2.40	−0.63	4.27	8.25	—	2.78	−0.78	6.54	12.72	—
0.1		3	6.38	−2.26	9.85	18.72	—	8.49	−3.24	17.15	33.23	—
	5	1	1.00	−0.11	1.95	3.79	3.59	1.00	−0.11	2.60	5.04	3.60
		2	2.39	−0.56	4.24	8.27	—	2.77	−0.70	6.51	12.75	—
		3	6.38	−2.26	9.85	18.72	—	8.49	−3.24	17.15	33.23	—
		4	18.06	−6.48	23.11	44.44	—	27.31	−10.85	46.04	90.19	—
	3	1	1.00	−0.23	1.95	3.71	3.52	1.00	−0.23	2.57	4.94	3.52
		2	2.53	−1.09	4.56	8.10	—	2.93	−1.30	6.75	12.49	—
	4	1	1.00	−0.17	1.95	3.75	3.56	1.00	−0.17	2.59	5.00	3.57
		2	2.44	−0.81	4.36	8.20	—	2.83	−0.97	6.60	12.65	—
0.15		3	6.63	−2.93	10.49	18.60	—	8.83	−4.09	17.78	33.02	—
	5	1	1.00	−0.14	1.95	3.77	3.58	1.00	−0.14	2.59	5.02	3.58
		2	2.41	−0.67	4.29	8.24	—	2.79	−0.83	6.55	12.71	—
		3	6.63	−2.93	10.49	18.60	—	8.83	−4.09	17.78	33.02	—
		4	18.71	−7.95	24.83	44.30	—	28.29	−12.95	48.05	89.89	—
	3	1	1.00	−0.28	1.95	3.66	3.47	1.00	−0.28	2.56	4.87	3.47
		2	2.66	−1.42	4.86	7.99	—	3.08	−1.67	6.99	12.31	—
	4	1	1.00	−0.20	1.95	3.73	3.54	1.00	−0.21	2.58	4.96	3.54
		2	2.49	−0.98	4.48	8.14	—	2.89	−1.17	6.69	12.56	—
0.2		3	7.02	−3.74	11.42	18.47	—	9.35	−5.13	18.74	32.79	—
	5	1	1.00	−0.16	1.95	3.76	3.56	1.00	−0.17	2.59	5.00	3.57
		2	2.44	−0.79	4.35	8.21	—	2.82	−0.96	6.59	12.65	—
		3	7.02	−3.74	11.42	18.47	—	9.35	−5.13	18.74	32.79	—
		4	19.72	−9.85	27.37	44.14	—	29.82	−15.72	51.12	89.55	—

续表

f/L	j	i	情况 3: $r_{i'}-r_i=0, h_{i'}=1.25R(\cos\theta_i^0-\cos\theta_{i+1})$					情况 4: $r_{i+1}-r_{i'}=0.75\Delta, h_{i'}=R(\cos\theta_i^0-\cos\theta_{i+1})$				
			T_i	V_i	B_i	H_i	H_{1p}	T_i	V_i	B_i	H_i	H_{1p}
0.1	3	1	1.00	-0.16	1.57	3.01	3.56	1.00	-0.22	1.74	3.84	3.08
		2	2.20	-0.69	3.23	5.95	—	2.67	-0.97	4.50	9.69	—
	4	1	1.00	-0.12	1.57	3.02	3.58	1.00	-0.19	1.73	3.87	3.10
		2	2.17	-0.54	3.13	5.98	—	2.64	-0.82	4.42	9.77	—
		3	5.25	-1.76	6.66	12.34	—	7.91	-3.15	11.73	25.46	—
	5	1	1.00	-0.10	1.56	3.03	3.59	1.00	-0.18	1.73	3.88	3.10
		2	2.16	-0.47	3.09	6.00	—	2.62	-0.75	4.38	9.81	—
		3	5.25	-1.76	6.66	12.34	—	7.91	-3.15	11.73	25.46	—
		4	13.68	-4.52	14.29	26.80	—	25.62	-10.37	31.77	69.79	—
0.15	3	1	1.00	-0.22	1.58	2.97	3.51	1.00	-0.27	1.74	3.79	3.04
		2	2.28	-0.97	3.48	5.88	—	2.77	-1.27	4.72	9.50	—
	4	1	1.00	-0.16	1.57	3.01	3.56	1.00	-0.22	1.74	3.84	3.08
		2	2.21	-0.71	3.24	5.95	—	2.68	-0.99	4.51	9.68	—
		3	5.46	-2.33	7.30	12.26	—	8.21	-3.89	12.48	25.11	—
	5	1	1.00	-0.13	1.57	3.02	3.57	1.00	-0.20	1.74	3.86	3.09
		2	2.18	-0.58	3.15	5.98	—	2.65	-0.86	4.44	9.75	—
		3	5.46	-2.33	7.30	12.26	—	8.21	-3.89	12.48	25.11	—
		4	14.18	-5.69	15.86	26.71	—	26.47	-12.21	34.07	69.05	—
0.2	3	1	1.00	-0.28	1.60	2.93	3.46	1.00	-0.31	1.74	3.72	3.00
		2	2.40	-1.27	3.81	5.79	—	2.91	-1.61	5.04	9.26	—
	4	1	1.00	-0.20	1.58	2.98	3.53	1.00	-0.25	1.74	3.81	3.06
		2	2.25	-0.87	3.38	5.90	—	2.73	-1.16	4.63	9.57	—
		3	5.78	-3.01	8.21	12.18	—	8.67	-4.81	13.57	24.67	—
	5	1	1.00	-0.16	1.57	3.01	3.56	1.00	-0.22	1.74	3.84	3.08
		2	2.20	-0.69	3.23	5.95	—	2.67	-0.97	4.50	9.69	—
		3	5.78	-3.01	8.21	12.18	—	8.67	-4.81	13.57	24.67	—
		4	14.94	-7.17	18.07	26.62	—	27.81	-14.64	37.45	68.08	—

注：表中"—"表示该项不存在(余同)。

3.2 不设内孔结构

不设内孔结构的葵花双撑杆型索穹顶的简化半榀平面桁架图仍可用图 6 表示,但应考虑顶部孔洞处由图 5 的剖面图替代,并可认为

$$\beta_0 = \alpha_0 = \arctan\frac{R(1-\cos\theta_1)}{\Delta} \tag{17}$$

此时,根据几何关系式(16)、(17),由式(5)~(14)同样可求得不设内孔时葵花双撑杆型索穹顶 4 种情况下的预应力态索杆内力(相对内力 $T_1=1.0$ 时)的计算结果,详见表 2。

表 2　不设内孔时葵花双撑杆型索穹顶预应力态索杆内力计算表

f/L	j	i	情况 $1: r_{i'} - r_i = 0, h_{i'} = R(\cos\theta_i^0 - \cos\theta_{i+1})$				情况 $2: r_{i'} - r_i = 0, h_{i'} = 0.75R(\cos\theta_i^0 - \cos\theta_{i+1})$			
			T_i	V_i	B_i	H_i	T_i	V_i	B_i	H_i
0.1	3	0	0.92	−0.21	0.92	—	0.92	−0.21	0.92	—
		1	1.00	−0.16	1.95	3.76	1.00	−0.17	2.59	5.00
		2	2.44	−0.79	4.35	8.21	2.83	−0.96	6.60	12.65
	4	0	0.93	−0.15	0.93	—	0.93	−0.15	0.93	—
		1	1.00	−0.13	1.95	3.78	1.00	−0.13	2.59	5.03
		2	2.40	−0.63	4.27	8.25	2.78	−0.78	6.54	12.72
		3	6.38	−2.26	9.85	18.72	8.49	−3.24	17.15	33.23
	5	0	0.93	−0.12	0.93	—	0.93	−0.12	0.93	—
		1	1.00	−0.11	1.95	3.79	1.00	−0.11	2.60	5.04
		2	2.39	−0.56	4.24	8.27	2.77	−0.70	6.51	12.75
		3	6.38	−2.26	9.85	18.72	8.49	−3.24	17.15	33.23
		4	18.06	−6.48	23.11	44.44	27.31	−10.85	46.04	90.19
0.15	3	0	0.91	−0.30	0.91	—	0.91	−0.30	0.91	—
		1	1.00	−0.23	1.95	3.71	1.00	−0.23	2.57	4.94
		2	2.53	−1.09	4.56	8.10	2.93	−1.30	6.75	12.49
	4	0	0.92	−0.22	0.92	—	0.92	−0.22	0.92	—
		1	1.00	−0.17	1.95	3.75	1.00	−0.17	2.59	5.00
		2	2.44	−0.81	4.36	8.20	2.83	−0.97	6.60	12.65
		3	6.63	−2.93	10.49	18.60	8.83	−4.09	17.78	33.02
	5	0	0.93	−0.17	0.93	—	0.93	−0.17	0.93	—
		1	1.00	−0.14	1.95	3.77	1.00	−0.14	2.59	5.02
		2	2.41	−0.67	4.29	8.24	2.79	−0.83	6.55	12.71
		3	6.63	−2.93	10.49	18.60	8.83	−4.09	17.78	33.02
		4	18.71	−7.95	24.83	44.30	28.29	−12.95	48.05	89.89
0.2	3	0	0.90	−0.37	0.90	—	0.90	−0.37	0.90	—
		1	1.00	−0.28	1.95	3.66	1.00	−0.28	2.56	4.87
		2	2.66	−1.42	4.86	7.99	3.08	−1.67	6.99	12.31
	4	0	0.92	−0.27	0.92	—	0.92	−0.27	0.92	—
		1	1.00	−0.20	1.95	3.73	1.00	−0.21	2.58	4.96
		2	2.49	−0.98	4.48	8.14	2.89	−1.17	6.69	12.56
		3	7.02	−3.74	11.42	18.47	9.35	−5.13	18.74	32.79
	5	0	0.92	−0.21	0.92	—	0.92	−0.21	0.92	—
		1	1.00	−0.16	1.95	3.76	1.00	−0.17	2.59	5.00
		2	2.44	−0.79	4.35	8.21	2.82	−0.96	6.59	12.65
		3	7.02	−3.74	11.42	18.47	9.35	−5.13	18.74	32.79
		4	19.72	−9.85	27.37	44.14	29.82	−15.72	51.12	89.55

续表

f/L	j	i	情况 3：$r_{i'}-r_i=0,h_{i'}=1.25R(\cos\theta_i^0-\cos\theta_{i+1})$				情况 4：$r_{i+1}-r_{i'}=0.75\Delta,h_{i'}=R(\cos\theta_i^0-\cos\theta_{i+1})$			
			T_i	V_i	B_i	H_i	T_i	V_i	B_i	H_i
0.1	3	0	0.92	−0.21	0.92	—	0.80	−0.18	0.80	—
		1	1.00	−0.16	1.57	3.01	1.00	−0.22	1.74	3.84
		2	2.20	−0.69	3.23	5.95	2.67	−0.97	4.50	9.69
	4	0	0.93	−0.15	0.93	—	0.80	−0.13	0.80	—
		1	1.00	−0.12	1.57	3.02	1.00	−0.19	1.73	3.87
		2	2.17	−0.54	3.13	5.98	2.64	−0.82	4.42	9.77
		3	5.25	−1.76	6.66	12.34	7.91	−3.15	11.73	25.46
	5	0	0.93	−0.12	0.93	—	0.80	−0.10	0.80	—
		1	1.00	−0.10	1.56	3.03	1.00	−0.18	1.73	3.88
		2	2.16	−0.47	3.09	6.00	2.62	−0.75	4.38	9.81
		3	5.25	−1.76	6.66	12.34	7.91	−3.15	11.73	25.46
		4	13.68	−4.52	14.29	26.80	25.62	−10.37	31.77	69.79
0.15	3	0	0.91	−0.30	0.91	—	0.79	−0.26	0.79	—
		1	1.00	−0.22	1.58	2.97	1.00	−0.27	1.74	3.79
		2	2.28	−0.97	3.48	5.88	2.77	−1.27	4.72	9.50
	4	0	0.92	−0.22	0.92	—	0.80	−0.19	0.80	—
		1	1.00	−0.16	1.57	3.01	1.00	−0.22	1.74	3.84
		2	2.21	−0.71	3.24	5.95	2.68	−0.99	4.51	9.68
		3	5.46	−2.33	7.30	12.26	8.21	−3.89	12.48	25.11
	5	0	0.93	−0.17	0.93	—	0.80	−0.15	0.80	—
		1	1.00	−0.13	1.57	3.02	1.00	−0.20	1.74	3.86
		2	2.18	−0.58	3.15	5.98	2.65	−0.86	4.44	9.75
		3	5.46	−2.33	7.30	12.26	8.21	−3.89	12.48	25.11
		4	14.18	−5.69	15.86	26.71	26.47	−12.21	34.07	69.05
0.2	3	0	0.90	−0.37	0.90	—	0.78	−0.32	0.78	—
		1	1.00	−0.28	1.60	2.93	1.00	−0.31	1.74	3.72
		2	2.40	−1.27	3.81	5.79	2.91	−1.61	5.04	9.26
	4	0	0.91	−0.27	0.91	—	0.79	−0.23	0.79	—
		1	1.00	−0.20	1.58	2.98	1.00	−0.25	1.74	3.81
		2	2.25	−0.87	3.38	5.90	2.73	−1.16	4.63	9.57
		3	5.78	−3.01	8.21	12.18	8.67	−4.81	13.57	24.67
	5	0	0.92	−0.21	0.92	—	0.80	−0.18	0.80	—
		1	1.00	−0.16	1.57	3.01	1.00	−0.22	1.74	3.84
		2	2.20	−0.69	3.23	5.95	2.67	−0.97	4.50	9.69
		3	5.78	−3.01	8.21	12.18	8.67	−4.81	13.57	24.67
		4	14.94	−7.17	18.07	26.62	27.81	−14.64	37.45	68.08

注：不设内孔中心撑杆的总内力应为 nV。

由表 1、表 2 的数表分析可知,通过对索穹顶结构进行总计 72 个算例的多参数分析,葵花双撑杆型索穹顶预应力态分布规律、受力特性和敏感度可归纳如下几点:

(1) 对于索穹顶结构,当相对内力 $T_1 = 1.0$ 时,除开孔时孔边内力 H_{1p},以及不开孔时顶部内力 T_0、B_0 和 V_0 各有自己的独特数值外,节点 $i'(i \geqslant 1)$ 的内力 H_i 和 B_i 以及节点 $i(i \geqslant 2)$ 内力 T_i 和 V_i 不受索穹顶结构开孔与否的影响。二者索杆内力的计算公式完全相同,索杆内力的计算结果也完全相同。

(2) 当结构矢跨比在 $0.1 \sim 0.2$ 范围内变化时,索穹顶结构预应力态索杆内力的变化幅度不足 10%,表明矢跨比对索杆内力变化的敏感度甚差,几乎可忽略不计。

(3) 预应力态的索杆内力从内圈向外围是成倍递增的。这也说明工程设计时应尽量减少下弦环索数,一般设三道环索已足够了。

(4) 下弦节点 B 的位置设置对预应力态索杆内力的分布比较敏感。文中 72 个算例中,在斜索水平长度不变情况下,分别将其高度分别缩短和增高 25%,索杆最大内力分别约增大 1.0 倍和减小 0.4 倍;在斜索高度不变情况下,将水平长度缩短 25% 时,索杆最大内力可增大约 0.6 倍。因此,合理选取下弦节点 B 的位置是结构优化的重点。

4 结论

(1) 葵花双撑杆型索穹顶是不采用"拉索海洋和压杆孤岛"Fuller 构想,在下弦节点设置多撑杆的一种比较典型、新颖的索穹顶结构;它具有斜索数量少、施工张拉成形方便、可有效防止环索滑移以及撑杆与结构整体稳定性均得到提高等显著特点。

(2) 本文基于节点平衡方程,提出了这种索穹顶结构预应力态的简捷计算法;详细推导了设有内孔和不设内孔时结构预应力态索杆内力的一般性递推计算公式;通过将本文的计算结果与分析设计软件(MSTCAD)所得计算结果对比可知,二者完全相同;表明本文提出的计算公式是准确的,且是一套精确解。

(3) 根据本文的分析方法和计算公式,对 72 个算例进行分析研究,可更直观看出葵花双撑杆型索穹顶预应力态的索杆内力、受力特性和分布规律。

(4) 通过对葵花双撑杆型索穹顶预应力态索杆内力分布的多参数分析可以发现,结构矢跨比、结构中部是否开孔是非敏感性参数;下弦环索数、下弦节点的布设位置属敏感性参数。

(5) 本文对葵花双撑杆型索穹顶的研究和讨论,为索穹顶的选型、设计和施工提供了一种新方案、新思路。

参考文献

[1] GEIGER D H, STEFANIUK A, CHEN D. The design and construction of two cable domes for the Korean Olympics[C]//Proceedings of IASS Symposium on Shells, Membranes and Space Frames, Vol. 2, Osaka, Japan, 1986: 265—272.

[2] LEVY M P. The Georgia dome and beyond: achieving lightweight-long span structures [C]// Spatial Lattice and Tension Structures: Proceedings of the IASS-ASCE International Symposium, Atlanta, USA, 1994: 560—562.

[3] 陈联盟,袁行飞,董石麟. Kiewitt 型索穹顶结构自应力模态分析及优化设计[J]. 浙江大学学报(工

学版),2006,40(1):73－77.

［4］董石麟,包红泽,袁行飞.鸟巢型索穹顶几何构形及其初始预应力分布确定[C]//天津大学.第五届全国现代结构工程学术研讨会论文集,广州,2005:115－120.

［5］卓新,王苗夫,董石麟.逐层双环肋环型索穹顶结构与施工成形方法:中国 200910153530[P].2009-09-30.

［6］董石麟,梁昊庆.肋环人字型索穹顶受力特性及其预应力态的分析法[J].建筑结构学报,2014,35(6):102－108.

［7］陈志华,楼舒阳,闫翔宇,等.天津理工大学体育馆新型复合式索穹顶结构风振效应分析[J].空间结构,2017,23(3):21－29,35.

［8］FULLER R B. Tensile-integrity structures:US 3063521[P]. 1962-11-13.

［9］董石麟,涂源.索穹顶结构体系创新研究[J].建筑结构学报,2018,39(10):85－92.

111 蜂窝三撑杆型索穹顶结构构形和预应力态分析研究 *

摘 要:该文详细研讨了一种新颖的蜂窝三撑杆型索穹顶,索穹顶结构的上弦索平面投影为蜂窝状网格,与下弦节点相连的有三根撑杆。不采用上下弦只有一根垂直水平面撑杆的"拉索海洋和压杆孤岛"传统张拉整体 Fuller 构想。这种新型蜂窝三撑杆型索穹顶的提出,既减少了环索与斜索用量,又提高了撑杆及结构的整体稳定性。该文对索穹顶预应力态采用节点平衡方程,详细推导和建立了蜂窝三撑杆型索穹顶索杆内力的一般性计算公式,对若干参数的索穹顶给出了索杆预应力的计算用表和大量的算例分析,以诠释索穹顶预应力态的分布规律和受力特性。该文的研究为索穹顶结构的选型和设计提供了一种新方案、新形体。

关键词:蜂窝三撑杆型索穹顶;结构构形;预应力态;分析方法;受力特性;计算用表

索穹顶结构具有造型新颖、结构重量轻、技术经济指标优越的特点[1,2],越来越受到国内外建筑师及结构工程师的关注。近三十年来国内已建成或进行研究[3-8]的大多均是符合"拉索海洋和压杆孤岛"Fuller 构想传统意义上的索穹顶结构,上、下弦节点均只有一根垂直于水平面的撑杆(压杆),形式比较单一[9]。

近年来,文献[10-13]分别提出了非 Fuller 构想的上、下弦节点设有两根撑杆的肋环双撑杆型和葵花双撑杆型索穹顶的构形,并进行了结构受力和稳定性分析研究。文献[9,14]分别提出了下弦节点设有四根撑杆的蜂窝四撑杆型和肋环四撑杆型索穹顶的结构形体,并做了若干受力性能研究。

本文进一步提出了采用蜂窝形(任意等腰六边形)网格、下弦节点设有三根撑杆的新型索穹顶结构,并对其结构构形和预应力态的简捷分析法做了详细研究,为索穹顶结构的选型和设计提供了一种新方案、新形体。

1 蜂窝三撑杆型索穹顶的建筑造型和结构形态

蜂窝三撑杆型索穹顶的三维图及剖面示意如图 1 所示。在构造上,它是由上弦脊索层、中部斜索与撑杆层、下弦环索层构成,其上弦脊索层是平面投影为蜂窝状的任意等腰六边形。交于上、下弦节点 A、A'、B(见图 1)的杆件数=(上弦杆数)+(下弦杆数)+(斜杆数)+(撑杆数)[9],分别是

---

* 本文刊登于:董石麟,陈伟刚,涂源,郑晓清. 蜂窝三撑杆型索穹顶结构构形和预应力态分析研究[J]. 工程力学,2019,36(9):128-135.

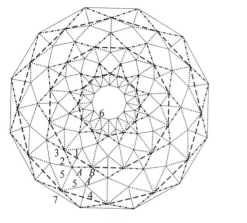

1—径向脊索；2—斜向脊索；3—斜索；4—环索；
5—三根撑杆；6—上弦内环索；7—刚性环梁

a　三维图　　　　　　　　　　　　　　　　b　剖面示意图

图 1　蜂窝三撑杆型索穹顶三维图及剖面示意图

$$A \text{ 节点杆件数} = 3+0+2+1 = 6$$
$$A' \text{ 节点杆件数} = 3+0+0+2 = 5$$
$$B \text{ 节点杆件数} = 0+2+2+3 = 7$$

蜂窝三撑杆型索穹顶结构的总节点数 T 和总杆件数 M 为：

$$T = n[(2m+1)+m] = n(3m+1)$$
$$M = n[(3m+1)+m+2m+3m] = n(9m+1)$$

式中：n 为多边形数；m 为环索数。蜂窝三撑杆索穹顶结构可采用带左右 3 个角标的字母 $_nH_{ms}$ 表示[9]，如图 1 所示索穹顶为 $_{12}H_{33}$，即 $n=12$，$m=3$，$s=3$ 表示该索穹顶为 12 边形、三道环索、下弦节点设有三根撑杆。

与传统 Fuller 构想的葵花型索穹顶结构相比，蜂窝三撑杆型索穹顶结构具有以下优点：

1）上弦节点均只有三根上弦杆相交，形成的蜂窝形网格大，上弦杆件相对较少[9]；

2）有效减少了环索数量，通常情况下只设置二道或三道环索即可；

3）撑杆自身稳定性好，提高了结构的整体稳定性；

4）减少了上弦环索及斜索数量的同时，降低了结构索用量，经济性能优异；

5）一道环索可对应管辖二段上弦杆，在上弦杆段数相同情况下，蜂窝三撑杆索穹顶的跨度可增大；

6）如图 1 所示，蜂窝三撑杆型索穹顶的建筑造型丰富，结构美和建筑美在同一索穹顶结构中都能得到体现。

2　蜂窝三撑杆型索穹顶预应力态分析

2.1　设有内孔结构

对于中间开孔的蜂窝三撑杆型索穹顶（图 1），根据其对称性，沿结构环向可分为 n 等分，取 $1/n$ 结构进行内力分析。由于索穹顶结构设有刚度较大的外环梁，故可假定索穹顶支承在不动铰支座上，结构的 $1/n$ 分析示意图和计算简图如图 2 所示。节点 1_a、$1'$、2_b、$\cdots$、i_a、i'、$\cdots$ 位于同一径向对称平面，节

点 1_b、2_a、$2'$、$\cdots$、i_b、$\cdots$、j_a 位于相邻的另一径向对称平面,该结构在轴对称荷载作用下为一次超静定结构。结构剖面图和平面图分别如图 3 所示,为便于分辨,上弦脊索和上弦内环索用实线"—"表示,下弦环索用虚线"----"表示,斜索用点划线"−·−",撑杆用点线"·····"。索杆内力分别用 T_{ia}、T_{ib}、H_i、B_i、V_{ia}、V_{ib}、H_{1p} 表示,α_{ia}、α_{ib}、β_i、φ_{ia}、φ_{ib} 分别表示脊索、斜索、撑杆与水平面的夹角,$\gamma_{i\tau}$、γ_i、γ_{iv} 分别表示脊索 T_{ia}、斜索 B_i、撑杆 V_{ib} 的水平投影与所在蜂窝单元的主径线间夹角。

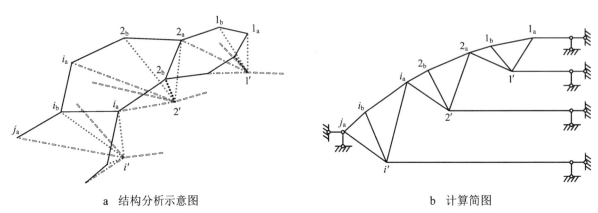

a 结构分析示意图　　　　　　　　　b 计算简图

图 2　设有内孔时结构分析示意图和计算简图

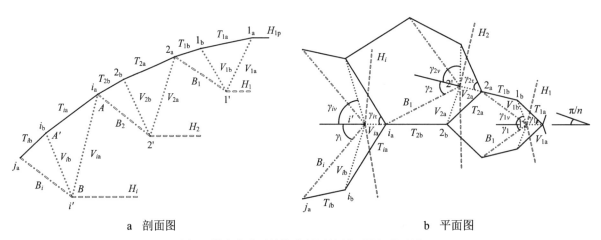

a 剖面图　　　　　　　　　b 平面图

图 3　设有内孔时结构分析用的剖面图和平面图

以内环处脊索内力 T_{1a} 为基准,由内向外对各节点建立平衡方程[15],可逐次推导索杆内力计算公式。

节点 1_a:

$$\left.\begin{cases} V_{1a} = -\dfrac{2\sin\alpha_{1a}}{\sin\varphi_{1a}} T_{1a} \\[2mm] H_{1p} = \dfrac{\cos\alpha_{1a}\cos\gamma_{1\tau} - \sin\alpha_{1a}\cot\alpha_{1a}}{\sin\pi/n} T_{1a} \end{cases}\right\} \tag{1}$$

节点 1_b：

$$T_{1b} = \frac{2\sin\alpha_{1a}\cos\varphi_{1b}\cos\left(\gamma_{1\nu} - \dfrac{\pi}{n}\right) + 2\sin\varphi_{1b}\cos\alpha_{1a}\cos\left(\gamma_{1\tau} - \dfrac{\pi}{n}\right)}{\sin\alpha_{1b}\cos\varphi_{1b}\cos\left(\gamma_{1\nu} - \dfrac{\pi}{n}\right) + \cos\alpha_{1b}\sin\varphi_{1b}} T_{1a}$$

$$V_{1b} = \frac{-\sin\alpha_{1b}\cos\alpha_{1a}\cos\left(\gamma_{1\tau} - \dfrac{\pi}{n}\right) + \sin\alpha_{1a}\cos\alpha_{1b}}{\sin\alpha_{1b}\cos\varphi_{1b}\cos\left(\gamma_{1\nu} - \dfrac{\pi}{n}\right) + \cos\alpha_{1b}\sin\varphi_{1b}} T_{1a}$$

(2)

节点 $1'$：

$$B_1 = -\frac{V_{1a}\sin\varphi_{1a} + 2V_{1b}\sin\varphi_{1b}}{2\sin\beta_1}$$

$$H_1 = \frac{-(\sin\varphi_{1b}\cot\beta_1 + \cos\varphi_{1a})V_{1a} + 2(\cos\varphi_{1b}\cos\gamma_{1\nu} - \sin\varphi_{1b}\cot\beta_1)V_{1b}}{2\sin\pi/n}$$

(3)

节点 i_a，i_b，i'，当 $i \geqslant 2$ 时：

$$T_{ia} = \frac{\left[\sin\varphi_{(i-1)b}\cos\varphi_{ia} - \sin\varphi_{ia}\cos\varphi_{(i-1)b}\right]T_{(i-1)b} - 2\left[\sin\beta_{i-1}\cos\varphi_{ia} + \sin\varphi_{ia}\cos\beta_{i-1}\cos\left(\gamma_i - \dfrac{\pi}{n}\right)\right]B_{i-1}}{2(\sin\alpha_{ia}\cos\varphi_{ia} - \sin\varphi_{ia}\cos\alpha_{ia}\cos\gamma_{i\tau})}$$

$$V_{ia} = \left\{\left[\sin\alpha_{ia}\cos\varphi_{(i-1)b} - \cos\alpha_{ia}\cos\gamma_{i\tau}\sin\varphi_{(i-1)b}\right]\right\}T_{(i-1)b} +$$

$$\qquad 2\left[\sin\alpha_{ia}\cos\beta_{i-1}\cos\left(\gamma_i - \dfrac{\pi}{n}\right) + \cos\alpha_{ia}\cos\gamma_{i\tau}\sin\beta_{i-1}\right]B_{i-1}\right\} \Big/ (\sin\alpha_{ia}\cos\varphi_{ia} - \sin\varphi_{ia}\cos\alpha_{ia}\cos\gamma_{i\tau})$$

$$T_{ib} = \frac{2\left[\sin\alpha_{ia}\cos\varphi_{ib}\cos\left(\gamma_{i\nu} - \dfrac{\pi}{n}\right) + \sin\varphi_{ib}\cos\left(\gamma_{i\tau} - \dfrac{\pi}{n}\right)\right]}{\sin\alpha_{ib}\cos\varphi_{ib}\cos\left(\gamma_{i\nu} - \dfrac{\pi}{n}\right) + \cos\alpha_{ib}\sin\varphi_{ib}} T_{ia}$$

$$V_{ib} = \frac{-\sin\alpha_{ib}\cos\alpha_{ia}\cos\left(\gamma_{i\tau} - \dfrac{\pi}{n}\right) + \sin\alpha_{ia}\cos\alpha_{ib}}{\sin\alpha_{ib}v_{ib}\cos\left(\gamma_{i\nu} - \dfrac{\pi}{n}\right) + \cos\alpha_{ib}\sin\varphi_{ib}} T_{ia}$$

$$B_i = \frac{-(V_{ia}\sin\varphi_{ia} + 2V_{ib}\sin\varphi_{ib})}{2\sin\beta_i}$$

$$H_i = \frac{-(\sin\varphi_{ia}\cot\beta_i + \cos\varphi_{ia})V_{ia} + 2(\cos\varphi_{ib}\cos\gamma_{i\nu} - \sin\varphi_{ib}\cot\beta_i)V_{ib}}{2\sin\pi/n}$$

(4)

从结构内力计算公式（1）～（4）可知，如内环处上弦杆内力 T_{1a} 已知，则索穹顶结构所有索杆预应力分布便可确定[9]。

2.2 不设内孔结构

对于不设内孔的蜂窝三撑杆索穹顶结构，在进行预应力态分析时，结构的局部剖面图和平面图如图 4 所示，图中孔内结构仅由上弦杆 $\overline{O1_a}$、斜向撑杆 $\overline{O'1_a}$ 和竖向撑杆杆 $\overline{OO'}$ 组成，其内力可用 T_0、B_0、V_0 表示，α_0、β_0 为相应上弦、斜杆的倾角[15]。

参考 2.1 节的推导过程，对各节点建立平衡方程，依次对结构中各索杆的内力进行推导。

节点 O、O'：

$$T_0 = \frac{-V_0}{n\sin\alpha_0}$$

$$B_0 = \frac{-V_0}{n\sin\beta_0}$$

(5)

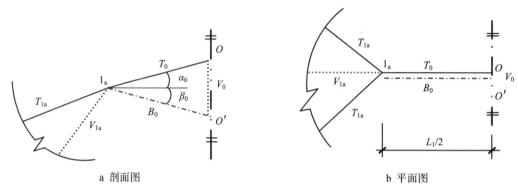

a 剖面图　　　　　　　　　　b 平面图

图 4　不设内孔时索穹顶中部局部剖面图和平面图

节点 1_a：

$$\left.\begin{array}{l} V_0 = \dfrac{2n(\sin\alpha_{1a}\cos\varphi_{1a}-\cos\alpha_{1a}\cos\gamma_{1\tau})}{\cot\alpha_0+\cot\beta_0}T_{1a} \\[3mm] V_{1a} = \dfrac{-2\sin\alpha_{1a}}{\sin\varphi_{1a}}T_{1a} \end{array}\right\} \qquad (6)$$

节点 1_b、$1'$ 及节点 i_a、i_b、i' 当 $i\geqslant 2$ 时，与 2.1 节计算中间有孔索穹顶结构的式（2）～（4）完全相同。因此，若 T_{1a} 已知，那么中间不开孔的蜂窝三撑杆型索穹顶预应力态的索杆内力分布也可确定[9]。

3　预应力索杆内力的若干参数分析和计算用表

3.1　设有内孔结构

蜂窝三撑杆型索穹顶结构中部开孔时，分别用 L、L_1、f、R 表示结构的跨度、孔跨、矢高和球面穹顶半径。简化的半榀平面桁架尺寸如图 5 所示，球面上各圈上弦节点水平投影构成的各圈圆半径之间满足下列条件：

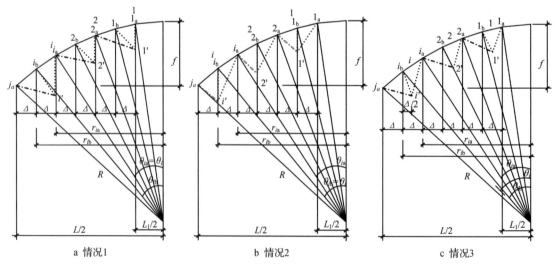

a 情况1　　　　　　　　　b 情况2　　　　　　　　　c 情况3

图 5　设有内孔时结构简化半榀平面桁架图

$$r_{(i+1)a} - r_{ib} = r_{ib} - r_{ia} = \Delta \qquad (7)$$

由几何关系可确定

$$R = \frac{L^2}{8f} + \frac{f}{2}$$

$$\Delta = \frac{L - L_1}{4(j-1)}$$

$$r_{ia} = R\sin\theta_{ia} = \frac{L_1}{2} + 2(i-1)\Delta$$

$$r_{ib} = R\sin\theta_{ib} = \frac{L_1}{2} + (2i-1)\Delta$$

$$r_{i'} = r_i = R\sin\theta_i$$

$$h_{ia} = R(\cos\theta_{ia} - \cos\theta_{ib})$$

$$h_{ib} = R(\cos\theta_{ib} - \cos\theta_{(i+1)a})$$

$$h_{i'} = h_i = R(\cos\theta_i - \cos\theta_{(i+1)a})$$

$$h_{i'a} = h_i + h_{ia} + h_{ib}$$

$$h_{i'b} = h_i + h_{ib}$$

$$S_{ia} = \sqrt{\left(r_{ib}\sin\frac{\Pi}{n}\right)^2 + (r_{i'} - r_{ia})^2}$$

$$S_{ib} = \Delta$$

$$S_{i'} = \sqrt{\left(r_{(i+1)a}\sin\frac{\Pi}{n}\right)^2 + \left(r_{(i+1)a}\cos\frac{\Pi}{n} - r_{i'}\right)^2}$$

$$S_{i'a} = r_{i'} - r_{ia}$$

$$S_{i'b} = \sqrt{\left(r_{ib}\sin\frac{\Pi}{n}\right)^2 + \left(r_{ib}\cos\frac{\Pi}{n} - r_{i'}\right)^2}$$

$$\left.\begin{aligned}
&\alpha_{ia} = \arctan\frac{h_{ia}}{S_{ia}} \\
&\alpha_{ib} = \arctan\frac{h_{ib}}{S_{ib}} \\
&\beta_i = \arctan\frac{h_{i'}}{S_{i'}} \\
&\varphi_{ia} = \arctan\frac{h_{i'a}}{S_{i'a}} \\
&\varphi_{ib} = \arctan\frac{h_{i'b}}{S_{i'b}} \\
&\gamma_{i\tau} = \arctan\frac{r_{ib}\sin\dfrac{\Pi}{n}}{r_{ib}\cos\dfrac{\Pi}{n} - r_{ia}} \\
&\gamma_i = \arctan\frac{r_{(i+1)a}\sin\dfrac{\Pi}{n}}{r_{(i+1)a}\cos\dfrac{\Pi}{n} - r_{i'}} \\
&\gamma_{i\nu} = \arctan\frac{r_{ib}\sin\dfrac{\Pi}{n}}{r_{ib}\cos\dfrac{\Pi}{n} - r_{i'}}
\end{aligned}\right\} \qquad (8)$$

式(8)中,h_{ia}、h_{ib}、$h_{i'}$、$h_{i'a}$、$h_{i'b}$分别为上弦 T_{ia}、T_{ib}、斜索 B_i、撑杆 V_{ia}、V_{ib} 的高度,S_{ia}、S_{ib}、$S_{i'}$、$S_{i'a}$、$S_{i'b}$ 为相应索杆的水平投影长度[9]。

根据节点 i' 的位置不同,可分三种情况来考虑:情况 1,$r_{i'} - r_{ia} = 0$,即撑杆 $\overline{i'i_a}$ 垂直于水平面,见图5a,根据几何关系式(8),由式(1)~(4),在当 $f/L = 0.10$、0.15、0.20,$j=2、3、4$,$L_1/2 = \Delta$,$n=12$,相对内力 $T_{1a} = 1.0$ 时,可求得各索杆预应力的结果如表 1 所示;情况 2,$r_{i'} - r_{ia} = \dfrac{\Delta}{2}$,见图5b;情况 3,$r_{ib}\cos\dfrac{\pi}{n} - r_{i'} = 0$,此时,节点 r_{ib}、$r_{i'}$、r_{ib} 构成的三角形平面垂直于水平面,见图5c。依次类推,可得到情况 2、情况 3 条件下结构各索杆预应力的计算结果,详见表 1。

3.2 不设内孔结构

蜂窝三撑杆型索穹顶结构不设内孔时,其简化半榀平面桁架仍可采用图 5,原有孔洞处杆件布置可参见图 4,一般可确定为:

$$\beta_0 = \alpha_0 = \arctan\frac{R(1 - \cos\theta_{1a})}{L_1/2} = \arctan\frac{R(1 - \cos\theta_{1a})}{\Delta} \qquad (9)$$

表 1　设内孔时蜂窝三撑杆型索穹顶预应力态索杆内力计算用表

f/L	j	i	情况1：$r_{i'}-r_{ia}=0, n=12$							情况2：$r_{i'}-r_{ia}=\frac{\Delta}{2}, n=12$							情况3：$r_{ib}\cos\left(\frac{\pi}{n}\right)-r_{i'}=0, n=12$						
			T_{in}	V_{in}	T_{ib}	V_{ib}	B_i	H_i	H_{ip}	T_{in}	V_{in}	T_{ib}	V_{ib}	B_i	H_i	H_{ip}	T_{in}	V_{in}	T_{ib}	V_{ib}	B_i	H_i	H_{ip}
0.1	2	1	1.00	−0.71	2.00	0.00	1.27	4.89	3.16	1.00	−0.59	1.91	−0.06	1.12	4.60	2.74	1.00	−0.52	2.05	−0.20	1.20	5.15	2.57
	3	1	1.00	−0.44	2.12	0.00	1.30	5.12	3.30	1.00	−0.42	2.01	−0.04	1.12	4.72	2.80	1.00	−0.45	2.00	−0.15	1.18	5.22	2.58
		2	3.49	−1.30	5.85	−0.04	2.41	8.88	—	3.13	−0.77	5.21	−0.07	1.48	6.02	—	2.85	−0.38	5.10	−0.20	1.07	4.45	—
	4	1	1.00	−0.32	2.23	0.00	1.30	5.19	3.34	1.00	−0.36	2.08	−0.04	1.12	4.75	2.82	1.00	−0.43	1.98	−0.13	1.17	5.23	2.58
		2	3.61	−0.91	5.91	−0.03	2.37	8.92	—	3.23	−0.52	5.24	−0.06	1.32	5.46	—	2.87	−0.20	4.96	−0.18	0.82	3.37	—
		3	10.33	−2.33	13.88	−0.07	4.50	16.64	—	−7.71	−0.95	10.44	−0.09	2.02	8.20	—	6.30	−0.30	9.39	−0.21	1.06	4.33	—
0.15	2	1	1.00	−0.97	1.97	0.00	1.22	4.54	2.95	1.00	−0.78	1.95	−0.06	1.14	4.40	2.66	1.00	−0.62	2.16	−0.28	1.24	5.04	2.55
	3	1	1.00	−0.62	2.10	0.00	1.28	4.98	3.21	1.00	−0.53	2.02	−0.05	1.12	4.65	2.77	1.00	−0.49	2.03	−0.18	1.19	5.18	2.57
		2	3.43	−1.92	6.09	−0.06	2.48	8.68	—	3.05	−1.22	5.42	−0.10	1.69	6.55	—	2.84	−0.76	5.50	−0.25	1.44	5.93	—
	4	1	1.00	−0.45	2.23	0.00	1.30	5.11	3.29	1.00	−0.43	2.08	−0.04	1.12	4.72	2.80	1.00	−0.45	2.00	−0.15	1.18	5.22	2.58
		2	3.56	−1.32	5.98	−0.04	2.41	8.84	—	3.16	−0.77	5.28	−0.07	1.45	5.90	—	2.85	−0.40	5.12	−0.20	1.09	4.53	—
		3	9.98	−3.60	14.39	−0.09	4.75	16.79	—	7.60	−1.78	11.09	−0.12	2.61	10.22	—	6.79	−1.09	11.05	−0.25	2.13	8.86	—
0.2	2	1	1.00	−1.16	1.96	0.00	1.22	4.18	2.75	1.00	−0.94	2.01	−0.14	1.16	4.18	2.56	1.00	−0.72	2.31	−0.38	1.30	4.91	2.54
	3	1	1.00	−0.76	2.09	0.00	1.27	4.83	3.13	1.00	−0.62	2.04	−0.06	1.12	4.57	2.73	1.00	−0.54	2.07	−0.21	1.20	5.14	2.57
		2	3.40	−2.51	6.54	−0.09	2.57	8.40	—	3.01	−1.70	5.85	−0.14	1.87	6.80	—	2.84	−1.17	6.12	−0.32	1.74	6.83	—
	4	1	1.00	−0.56	2.21	0.00	1.29	5.03	3.24	1.00	−0.49	2.09	−0.05	1.12	4.68	2.78	1.00	−0.48	2.02	−0.17	1.19	5.19	2.58
		2	3.52	−1.69	6.10	−0.05	2.45	8.74	—	3.11	−1.03	5.38	−0.09	1.58	6.25	—	2.84	−0.62	5.33	−0.23	1.31	5.46	—
		3	9.76	−4.93	15.48	−0.12	5.06	16.72	—	7.58	−2.78	12.24	−0.15	3.15	11.66	—	7.23	−2.08	13.24	−0.30	3.01	12.19	—

　　此时，根据所建立的计算公式(8)和式(9)，由式(2)～式(6)，便可求得不设内孔情况时，三种条件下蜂窝三撑杆索穹顶结构的预应力态索杆内力(相对内力 $T_{1a}=1.0$ 时)计算结果，见表 2 所示。

　　从表 1、表 2 中 54 个算例的结果可以看出，蜂窝三撑杆型索穹顶结构预应力态的相对内力分布特点非常鲜明，主要有以下几点：

　　1)结构的索杆内力呈现出由内至外逐环成倍递增的特点，进一步说明了减少索穹顶的环索数量是有利的。

　　2)当下弦节点 i_1' 的位置由内向外移动时，索穹顶结构相应的索杆内力变化明显，说明合理选取下弦节点 i' 的位置是结构优化的重点。

　　3)将矢跨比从 0.1 增加至 0.2 时，结构中相应索杆内力的变化值均小于 10%，说明了矢跨比对预应力态影响不大。

　　4)由于结构中部是否设孔，节点 1_b、$1'$ 及节点 i_a、i_b、i'，当 $i \geqslant 2$ 时各索杆内力计算公式完全相同，因此在当相对内力 $T_{1a}=1.0$ 时，计算用表 1、表 2 中相应索杆内力也完全相同。

表 2　不设内孔时蜂窝三撑杆型索穹顶预应力态索杆内力计算用表

f/L	j	i	情况 1：$r_{i'}-r_{in}=0,n=12$						情况 2：$r_{i'}-r_{in}=\frac{\Delta}{2},n=12$						情况 2：$r_{ib}\cos\left(\frac{\pi}{n}\right)-r_{i'}=0,n=12$					
			T_{ia}	V_{ia}	T_{ib}	V_{ib}	B_i	H_i	T_{ia}	V_{ia}	T_{ib}	V_{ib}	B_i	H_i	T_{ia}	V_{ia}	T_{ib}	V_{ib}	B_i	H_i
0.1	2	0	0.82	−0.63	0.00	0.00	0.82	—	0.73	−0.56	0.00	0.00	0.73	—	0.73	−0.57	0.00	0.00	0.73	—
		1	1.00	−0.71	2.00	0.00	1.27	4.89	1.00	−0.59	1.91	−0.06	1.12	4.60	1.00	−0.52	2.05	−0.20	1.20	5.15
	3	0	0.85	−0.39	0.00	0.00	0.85	—	0.76	−0.35	0.00	0.00	0.76	—	0.78	−0.36	0.00	0.00	0.78	—
		1	1.00	−0.44	2.12	0.00	1.30	5.12	1.00	−0.42	2.01	−0.04	1.12	4.72	1.00	−0.45	2.00	−0.15	1.18	5.22
		2	3.49	−1.30	5.85	−0.04	2.41	8.88	3.13	−0.77	5.21	−0.07	1.48	6.02	2.85	−0.38	5.10	−0.20	1.07	4.45
	4	0	0.86	−0.28	0.00	0.00	0.86	—	0.78	−0.26	0.00	0.00	0.78	—	0.80	−0.26	0.00	0.00	0.80	—
		1	1.00	−0.32	2.23	0.00	1.30	5.19	1.00	−0.36	2.08	−0.04	1.12	4.75	1.00	−0.43	1.98	−0.13	1.17	5.23
		2	3.61	−0.91	5.91	−0.03	2.37	8.92	3.23	−0.52	5.24	−0.06	1.32	5.46	2.87	−0.20	4.96	−0.18	0.82	3.37
		3	10.33	−2.33	13.88	−0.07	4.50	16.64	7.71	−0.95	10.44	−0.09	2.02	8.20	6.30	−0.30	9.39	−0.21	1.06	4.33
0.15	2	0	0.77	−0.85	0.00	0.00	0.77	—	0.70	−0.77	0.00	0.00	0.70	—	0.70	−0.70	0.00	0.00	0.70	—
		1	1.00	−0.97	1.97	0.00	1.24	4.54	1.00	−0.78	1.95	−0.09	1.14	4.40	1.00	−0.62	2.16	−0.28	1.24	5.04
	3	0	0.83	−0.55	0.00	0.00	0.83	—	0.74	−0.49	0.00	0.00	0.74	—	0.75	−0.49	0.00	0.00	0.75	—
		1	1.00	−0.62	2.10	0.00	1.28	4.98	1.00	−0.53	2.02	−0.05	1.12	4.65	1.00	−0.49	2.03	−0.18	1.19	5.18
		2	3.43	−1.92	6.09	−0.06	2.48	8.68	3.05	−1.22	5.42	−0.10	1.69	6.55	2.84	−0.76	5.50	−0.25	1.44	5.93
	4	0	0.85	−0.40	0.00	0.00	0.85	—	0.76	−0.36	0.00	0.00	0.76	—	0.78	−0.37	0.00	0.00	0.78	—
		1	1.00	−0.45	2.22	0.00	1.30	5.11	1.00	−0.43	2.08	−0.04	1.12	4.72	1.00	−0.45	2.00	−0.15	1.18	5.22
		2	3.56	−1.32	5.98	−0.04	2.41	8.84	3.16	−0.77	5.28	−0.07	1.45	5.90	2.85	−0.40	5.12	−0.20	1.09	4.53
		3	9.98	−3.60	14.39	−0.09	4.75	16.79	7.60	−1.78	11.44	−0.12	2.61	10.22	6.79	−1.09	11.05	−0.25	2.13	8.86
0.2	2	0	0.72	−0.99	0.00	0.00	0.72	—	0.67	−0.93	0.00	0.00	0.67	—	0.68	−0.95	0.00	0.00	0.68	—
		1	1.00	−1.16	1.96	0.02	1.22	4.18	1.00	−0.94	2.01	−0.14	1.16	4.18	1.00	−0.72	2.31	−0.38	1.30	4.91
	3	0	0.81	−0.67	0.00	0.00	0.81	—	0.72	−0.60	0.00	0.00	0.72	—	0.73	−0.60	0.00	0.00	0.73	—
		1	1.00	−0.76	2.09	0.00	1.27	4.83	1.00	−0.62	2.04	−0.06	1.12	4.57	1.00	−0.54	2.07	−0.21	1.20	5.14
		2	3.40	−2.51	6.54	−0.09	2.57	8.40	3.01	−1.70	5.85	−0.14	1.87	6.80	2.84	−1.17	6.12	−0.32	1.74	6.83
	4	0	0.84	−0.50	0.00	0.00	0.84	—	0.74	−0.44	0.00	0.00	0.74	—	0.76	−0.45	0.00	0.00	0.76	—
		1	1.00	−0.56	2.21	0.00	1.29	5.03	1.00	−0.49	2.09	−0.05	1.12	4.68	1.00	−0.48	2.02	−0.17	1.19	5.19
		2	3.52	−1.69	6.10	−0.05	2.45	8.74	3.11	−1.03	5.38	−0.09	1.58	6.25	2.84	−0.62	5.33	−0.23	1.31	5.46
		3	9.76	−4.93	15.48	−0.12	5.06	16.72	7.58	−2.78	12.24	−0.15	3.15	11.66	7.23	−2.08	13.24	−0.30	3.01	12.19

注：不设内孔中心撑杆的总内力应为 nV_0。

4　结论

（1）本文提出了一种蜂窝三撑杆型索穹顶，其上弦脊索平面投影为蜂窝形，不同于已有工程实践和研究过的基于拉索海洋、压杆孤岛张拉整体构想的肋环型、葵花型、Kiewitt 型、鸟巢型索穹顶。一般情况下，一个自由等腰六边形蜂窝网格内布设一道环索、二根斜杆、三根撑杆，结构构形新颖。

（2）相对而言,蜂窝三撑杆型索穹顶结构减少了上弦脊索、环索和斜索的用量,有利于减小昂贵的索材用量,降低工程造价。

（3）这种新颖的索穹顶结构设有多根撑杆,有效提高了结构的整体稳定性。

（4）提出了蜂窝三撑杆型索穹顶预应力态的简捷分析法,并推导了该结构预应力索杆内力的一般性递推计算公式,且经验证为精确解。

（5）根据本文的计算公式,对若干几何参数共给出了54个索穹顶结构算例的索杆相对内力值,可方便地显示出预应力态索杆内力特性和分布规律。

参考文献

[1] GEIGER D H,STEFANIUK A,CHEN D. The design and construction of two cable domes for the Korean Olympics[C]//Proceedings of IASS Symposium on Shells,Membranes and Space Frames,Vol. 2,Osaka,Japan,1986:265－272.

[2] LEVY M P. The Georgia dome and beyond achieving lightweight-long span structures[C]// Spatial Lattice and Tension Structures:Proceedings of the IASS-ASCE International Symposium,Atlanta,USA,1994:560－562.

[3] 陈联盟,袁行飞,董石麟. Kiewitt 型索穹顶结构自应力模态分析及优化设计[J]. 浙江大学学报(工学版),2006,40(1):73－77.

[4] 董石麟,包红泽,袁行飞. 鸟巢型索穹顶几何构形及其初始预应力分布确定[C]//天津大学. 第五届全国现代结构工程学术研讨会论文集,广州,2005:115－120.

[5] GUO J M,ZHOU G G,ZHOU D,et al. Cable fracture simulation and experiment of a negative Gaussian curvature cable dome[J]. Aerospace Science and Technology,2018,78:342－353.

[6] 陆金钰,武啸龙,赵曦蕾,等. 基于环形张拉整体的索杆全张力穹顶结构形态分析[J]. 工程力学,2015,32(S1):66－71.

[7] 袁行飞,董石麟. 索穹顶结构整体可行预应力概念及其应用[J]. 土木工程学报,2001,34(2):33－37.

[8] 董石麟,王振华,袁行飞. Levy 型索穹顶考虑自重的初始预应力简捷计算法[J]. 工程力学,2009,26(4):1－6.

[9] 董石麟,涂源. 蜂窝四撑杆型索穹顶的构形和预应力分析方法[J]. 空间结构,2018,24(2):3－12.

[10] FULLER R B. Tensile-integrity structures:US 3063521[P]. 1962-11-13.

[11] 董石麟,梁昊庆. 肋环人字型索穹顶受力特性及其预应力态的分析法[J]. 建筑结构学报,2014,35(6):102－108.

[12] 张爱林,白羽,刘学春,等. 新型脊杆环撑索穹顶结构静力性能分析[J]. 空间结构,2017,23(3):11－20.

[13] 张爱林,孙超,姜子钦. 联方型双撑杆索穹顶考虑自重的预应力计算方法[J]. 工程力学,2017,34(3):211－218.

[14] 董石麟,梁昊庆. 肋环四角锥撑杆型索穹顶的形体及预应力态分析[C]//中国土木工程学会. 第十五届空间结构学术交流会议论文集,上海,2014:115－120.

[15] 董石麟,朱谢联,涂源,等. 蜂窝双撑杆型索穹顶的构形和预应力态简捷计算法以及参数灵敏度分析[J]. 建筑结构学报,2019,40(2):128－135.

112 蜂窝双撑杆型索穹顶的构形和预应力态简捷计算法以及参数灵敏度分析[*]

摘　要：蜂窝双撑杆型索穹顶结构具有以下特点：一是上弦脊索选用了任意等腰六边形的蜂窝网格；二是不采用在上下弦节点只有一根垂直水平面撑杆的"拉索海洋和压杆孤岛"传统张拉整体 Fuller 构想，而是在上下弦节点设有倾斜形的双撑杆，这使上弦网格扩大，撑杆和整体结构的稳定性得到提高，可改善施工张拉成形的方便性，结构构形的建筑美和结构美协调融合。依据节点平衡方程，提出了结构预应力态的简捷计算法，推导了预应力态索杆内力一般性计算公式。对 90 个结构模型进行了分析计算，反映了该种索穹顶预应力态的索杆内力大小和分布规律，同时参数灵敏度分析结果表明：内力分布对矢跨比和是否开孔不敏感，下弦节点位置则影响较大。本文的研讨为索穹顶结构选型、设计和施工提供了一种新思路。

关键词：蜂窝双撑杆型索穹顶；结构构形；预应力态；简捷计算法；受力特性；参数分析；结构灵敏度

0　引言

根据 Fuller 的构思，在 20 世纪八九十年代，空间结构有了划时代的创新发展，建成的汉城亚运会肋环型索穹顶[1]和亚特兰大奥运会乔治亚葵花型索穹顶[2]为典型实例。我国近 20 年来建成的索穹顶和提出的 Kiewitt 型和鸟巢型索穹顶形体[3-7]也属于"拉索海洋和压杆孤岛"传统意义上张拉整体构想[8]的索穹顶结构，上下弦节点只有一根垂直于水平面的撑杆（压杆），结构构形比较单一。

近几年来，不采用 Fuller 构思，相继提出了肋环双撑杆型索穹顶[9]和葵花双撑杆型索穹顶[10,11]结构，之后提出的蜂窝双撑杆型索穹顶[12]结构，是第一个蜂窝序列多撑杆型索穹顶，双撑杆型索穹顶改善了单撑杆型索穹顶的受力性能，提高了撑杆和整个结构的稳定性能，推进了索穹顶结构的创新和发展。

为研究蜂窝双撑杆型索穹顶在预应力态下的受力性能，文中提出简捷计算方法，推导预应力态索杆内力的递推计算公式，并通过参数分析，研究结构预应力态的分布特点和规律，对各参数的灵敏度进行了深入分析，以期为索穹顶的选型、设计和施工提供新思路。

---

　*　本文刊登于：董石麟，朱谢联，涂源，董晟昊. 蜂窝双撑杆型索穹顶的构形和预应力态简捷计算法以及参数灵敏度分析[J]. 建筑结构学报，2019，40（2）：128−135.

1 蜂窝双撑杆型索穹顶的构形

蜂窝双撑杆型索穹顶的三维图及剖面示意如图 1 所示,该结构构形由上弦脊索、斜索、下弦环索、撑杆、上弦内环索和刚性外环梁组合而成。交于上下弦节点 A、A'、B、B' 的杆件总数为相交上弦杆数、下弦杆数、斜索数以及撑杆数的总和,即 A 节点的杆件总数为 $3+0+1+2=6$、A' 节点的为 $3+0+2+2=7$、B 节点的为 $0+2+2+2=6$、B' 节点的为 $0+2+1+2=5$。以图 1 圆形平面开孔的索穹顶为例,且不计刚性外环梁,整个索穹顶的节点总数 T 和杆件总数 M 分别为

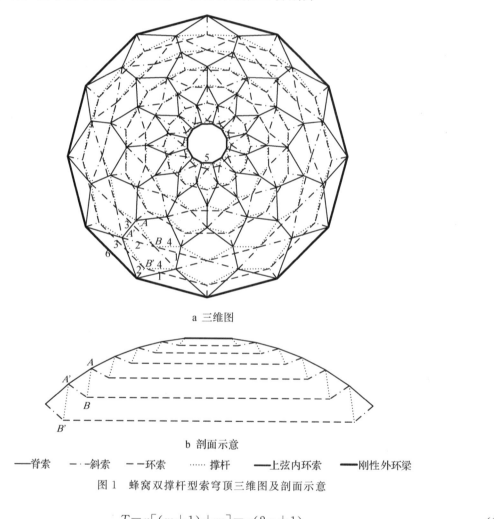

a 三维图

b 剖面示意

——脊索   − −斜索   − −环索   ……撑杆   ——上弦内环索   ——刚性外环梁

图 1　蜂窝双撑杆型索穹顶三维图及剖面示意

$$T=n[(m+1)+m]=n(2m+1) \tag{1}$$

$$M=\begin{cases} n\left\{\left[(m+1)+\dfrac{m-1}{2}\right]+m+\left(m+\dfrac{m+1}{2}\right)+2m\right\}=n(6m+1) & (m\ 为单数) \\ n\left\{\left[(m+1)+\dfrac{m}{2}\right]+m+\left(m+\dfrac{m}{2}\right)+2m\right\}=n(6m+1) & (m\ 为双数) \end{cases} \tag{2}$$

式中,n 为多边形数,m 为环索数。需要特别说明的是式(2)中 m 为单、双数时 M 的总数相同,但索杆组成数有所不同。对于蜂窝双撑杆型索穹顶结构,可采用带左右 3 个下角标的字母 $_nH_{ms}$ 表示,如图 1 索穹顶为 $_{12}H_{62}$,代表该索穹顶为十二边形,6 道环索,下弦节点设有 2 根撑杆。与传统的肋环型和葵花型索穹顶相比,蜂窝双撑杆型索穹顶有如下特点:

1) 上弦节点均有 3 根上弦杆相交,所形成的蜂窝网格大,上弦杆相对较少。

2) 双撑杆的稳定性较好,且上弦节点有 3 根上弦杆,索穹顶整体的空间传力性能好,稳定性也可得到有效提高。

3) 上弦节点的斜索按 1 根和 2 根逐圈交替设置(图 1),如采用最外圈斜索张拉成形索穹顶预应力态时,宜选取环数为双数。此时,周边上弦节点为单斜索,施工张拉次数较少,也不易造成环索滑移。

4) 蜂窝双撑杆型索穹顶建筑造型新颖,结构美和建筑美在同一穹顶中协调融合。

2 蜂窝双撑杆型索穹顶预应力态的简捷计算法

2.1 设有内孔结构

设有内孔的圆形平面蜂窝双撑杆型索穹顶,当环向分成 n 等份,利用轴对称条件,仅需分析讨论一肢半榀空间桁架即可。一般索穹顶周边设有刚度强大的外环梁,可认为结构是支承在固定不动铰支座上,则 $1/n$ 结构分析示意和计算简图如图 2 所示,图中节点 1_a、1_b、$2_a'$、$2_b'$、$\cdots$、i_a、i_b、$\cdots$ 在同一经向对称平面内,节点 2_a、2_b、$\cdots$、i_a'、i_b'、$\cdots$、j_a 在相邻的另一个经向对称平面内,该结构在轴对称荷载作用下为一次超静定结构(图 2b)。计算单元结构剖面图和平面图如图 3 所示。连接下弦节点 i_a' 的斜索与撑杆为 a 类斜索、a 类撑杆,内环上弦节点为 i_a 的脊索为 a 类脊索,反之则为 b 类。其中,a、b 类索杆内力及上弦内环索内力分别用 T_{ia}、V_{ia}、B_{ia}、H_{ia}、T_{ib}、V_{ib}、B_{ib}、H_{ib}、H_{1p} 表示,α_{ia}、ϕ_{ia}、β_{ia}、α_{ib}、ϕ_{ib}、β_{ib} 表示 a、b 类脊索、撑杆、斜索与水平面的倾角,γ_{it}、$\gamma_{i\beta}$、γ_{ia}、γ_{ib} 表示 b 类脊索、a 类斜索和 a、b 类撑杆的水平投影与所在第 i 蜂窝主经线的夹角。

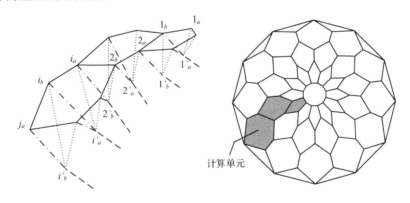

a 结构计算单元示意

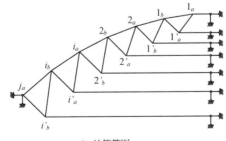

b 计算简图

图 2 设有内孔时结构计算单元示意和计算简图

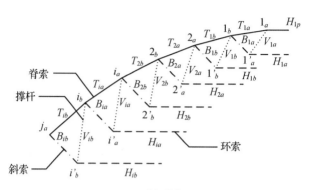

a　剖面图

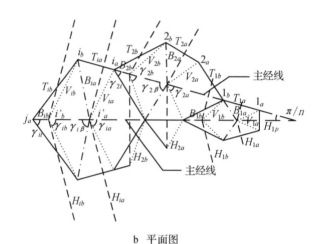

b　平面图

图 3　设有内孔时结构计算单元剖面图和平面图

　　以内环处脊索内力 T_{1a} 为基准,由内向外对各节点建立平衡方程,由于索穹顶的每个节点都在某一个经向对称平面内,对称杆件垂直于对称平面的各分量之和在该节点一定自动满足平衡条件,对称面内每个节点只能提供二个有效的节点平衡方程,故可通过逐次递推求得各索杆内力的计算式。

　　对于节点 1_a,有

$$V_{1a} = -\frac{\sin\alpha_{1a}}{2\sin\phi_{1a}}T_{1a} \tag{3}$$

$$H_{1p} = \frac{\cos\alpha_{1a} - \sin\alpha_{1a}\cot\phi_{1a}\cos\left(\gamma_{1a} + \dfrac{\pi}{n}\right)}{2\sin\dfrac{\pi}{n}}T_{1a} \tag{4}$$

对于节点 i'_a、i_b、i'_b,当 $i \geqslant 1$ 时,有

$$B_{ia} = -\frac{\sin\phi_{ia}}{\sin\beta_{ia}}V_{ia} \tag{5}$$

$$H_{ia} = \frac{-\cos\phi_{ia}\cos\gamma_{ia}V_{ia} + \cos\beta_{ia}\cos\gamma_{i\beta}B_{ia}}{\sin\dfrac{\pi}{n}} \tag{6}$$

$$T_{ib}=\frac{\left[\sin\alpha_{ia}\cos\phi_{ib}\cos\left(\gamma_{ib}+\dfrac{\pi}{n}\right)-\sin\phi_{ib}\cos\alpha_{ia}\right]T_{ia}-2\left[\sin\beta_{ia}\cos\phi_{ib}\cos\left(\gamma_{ib}+\dfrac{\pi}{n}\right)+\sin\phi_{ib}\cos\beta_{ia}\cos\left(\gamma_{ij}-\dfrac{\pi}{n}\right)\right]B_{ia}}{2\left[\sin\alpha_{ib}\cos\phi_{ib}\cos\left(\gamma_{ib}+\dfrac{\pi}{n}\right)-\sin\phi_{ib}\cos\alpha_{ib}\cos\left(\gamma_{it}+\dfrac{\pi}{n}\right)\right]}$$

$$(7)$$

$$V_{ib}=\frac{\left[\sin\alpha_{ib}\cos\alpha_{ia}-\sin\alpha_{ib}\cos\left(\gamma_{it}+\dfrac{\pi}{n}\right)\sin\alpha_{ia}\right]T_{ia}+2\left[\sin\alpha_{ib}\cos\beta_{ia}\cos\left(\gamma_{ij}-\dfrac{\pi}{n}\right)+\cos\alpha_{ib}\cos\left(\gamma_{it}+\dfrac{\pi}{n}\right)\sin\beta_{ia}\right]B_{ia}}{2\left[\sin\alpha_{ib}\cos\phi_{ib}\cos\left(\gamma_{ib}+\dfrac{\pi}{n}\right)-\sin\phi_{ib}\cos\alpha_{ib}\cos\left(\gamma_{it}+\dfrac{\pi}{n}\right)\right]}$$

$$(8)$$

$$B_{ib}=-\frac{2\sin\phi_{ib}}{\sin\beta_{ib}}V_{ib}$$

$$(9)$$

$$H_{ib}=\frac{-\cos\phi_{ib}\cos\gamma_{ib}V_{ib}+\cos\beta_{ib}B_{ib}}{2\sin\dfrac{\pi}{n}}$$

$$(10)$$

对于节点 i_a，当 $i\geqslant2$ 时，有

$$T_{ia}=\frac{2\left[\sin\alpha_{(i-1)b}\cos\phi_{ia}\cos\left(\gamma_{ia}+\dfrac{\pi}{n}\right)-\cos\alpha_{(i-1)b}\cos\gamma_{(i-1)t}\sin\phi_{ia}\right]T_{(i-1)b}-\left[\sin\beta_{(i-1)b}\cos\phi_{ia}\cos\left(\gamma_{ia}+\dfrac{\pi}{n}\right)+\cos\beta_{(i-1)b}\sin\phi_{ia}\right]B_{(i-1)b}}{\sin\alpha_{ia}\cos\phi_{ia}\cos\left(\gamma_{ia}+\dfrac{\pi}{n}\right)-\sin\phi_{ia}\cos\alpha_{ia}}$$

$$(11)$$

$$V_{ia}=\frac{2\left[\cos\alpha_{(i-1)b}\cos\gamma_{(i-1)t}\sin\alpha_{ia}-\sin\alpha_{(i-1)b}\cos\alpha_{ia}\right]T_{(i-1)b}+\left[\cos\beta_{(i-1)b}\sin\alpha_{ia}+\sin\beta_{(i-1)b}\cos\alpha_{ia}\right]B_{(i-1)b}}{2\left[\sin\alpha_{ia}\cos\phi_{ia}\cos\left(\gamma_{ia}+\dfrac{\pi}{n}\right)-\sin\phi_{ia}\cos\alpha_{ia}\right]}$$

$$(12)$$

由式(3)~(12)可知，如内环处上弦脊索 T_{1a} 已知，则索穹顶所有索杆预应力值便可确定。

2.2　不设内孔结构

在对圆形平面不设内孔的蜂窝双撑杆型索穹顶预应力态分析中，穹顶中部局部结构的分析示意如图4所示，剖面图和平面图如图5所示，图中结构中部仅由上弦杆 $\overline{1_a0}$、斜杆 $\overline{1_a0'}$ 和中心竖杆 $\overline{00'}$ 组成简化空间桁架，其内力可用 T_0、B_0、V_0 表示，α_0、β_0 为相应上下弦斜杆的倾角。

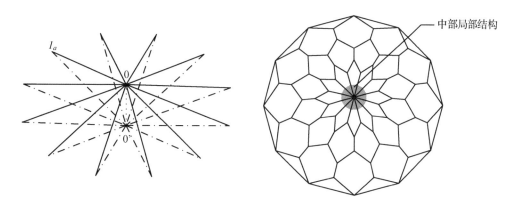

图4　不开孔时索穹顶中部局部结构示意图

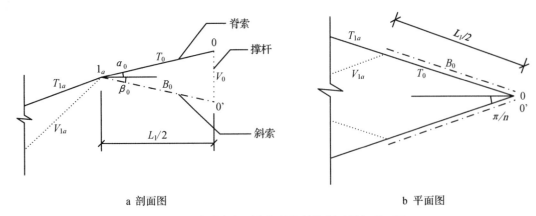

a 剖面图   b 平面图

图 5   不开孔时索穹顶中部局部结构剖面图与平面图

类似地,对各节点建立平衡方程,可逐次推导求得各索杆内力预应力态的计算公式。

对于节点 0、$0'$,有

$$T_0 = -\frac{V_0}{n\sin\alpha_0} \tag{13}$$

$$B_0 = -\frac{V_0}{n\sin\beta_0} \tag{14}$$

对于节点 1_a,有

$$V_{1a} = -\frac{\sin\alpha_{1a}}{2\sin\phi_{1a}}T_{1a} \tag{15}$$

$$V_0 = -\frac{n\left[\cos\alpha_{1a} - \sin\alpha_{1a}\cot\phi_{1a}\cos\left(\gamma_{1a} + \frac{\pi}{n}\right)\right]}{\cot\alpha_0 + \cot\beta_0}T_{1a} \tag{16}$$

对于节点 i'_a、i_b、i'_b,当 $i \geqslant 1$ 时,以及对于节点 i_a,当 $i \geqslant 2$ 时,内力分布与开孔结构类似,计算公式 $(5) \sim (12)$ 完全相同,可直接应用。因此,若 T_{1a} 已知,则整个不开孔的蜂窝双撑杆型索穹顶预应力态的索杆内力可由式 $(5) \sim (16)$ 计算确定。

3   预应力态索杆内力的参数计算和灵敏度分析

3.1   设有内孔结构

设有内孔的蜂窝双撑杆型索穹顶,跨度 L,孔跨 L_1,矢高 f,球面穹顶半径 R,简化的半榀平面桁架示意如图 6 所示,球面上各圈上弦节点水平投影构成各圈圆半径之间满足下列条件:

$$r_{(i+1)a} - r_{ib} = r_{ib} - r_{ia} = \Delta \tag{17}$$

已知 m 为环索数,则各几何参数的取值可通过表 1 确定。

表 1　几何参数计算公式表

几何参数	公式	几何参数	公式
R	$R = \dfrac{L^2}{8f} + \dfrac{f}{2}$	$S_{i'a}$	$S_{i'a} = \sqrt{\left(r_{ib}\sin\dfrac{\pi}{n}\right)^2 + \left(r_{ib}\cos\dfrac{\pi}{n} - r_{i'a}\right)^2}$
Δ	$\Delta = \dfrac{L - L_1}{2m}$	$S_{i'\phi a}$	$S_{i'\phi a} = \sqrt{\left(r_{ia}\sin\dfrac{\pi}{n}\right)^2 + \left(r_{i'a} - r_{ia}\cos\dfrac{\pi}{n}\right)^2}$
j_a	$j_a = \left(\dfrac{m}{2} + 1\right)_a$,$m$ 为双数	S_{ib}	$S_{ib} = \sqrt{\left(r_{ib}\sin\dfrac{\pi}{n}\right)^2 + \left(r_{(i+1)a} - r_{ib}\cos\dfrac{\pi}{n}\right)^2}$
j_b	$j_b = \left(\dfrac{m-1}{2} + 1\right)_b$,$m$ 为单数	$S_{i'b}$	$S_{i'b} = r_{(i+1)a} - r'_{i'b}$
r_{ia}	$r_{ia} = R\sin\theta_{ia} = \dfrac{L_1}{2} + 2(i-1)\Delta$	$S_{i'\phi b}$	$S_{i'\phi b} = \sqrt{\left(r_{ib}\sin\dfrac{\pi}{n}\right)^2 + \left(r_{i'b} - r_{ib}\cos\dfrac{\pi}{n}\right)^2}$
$r_{i'a}$、r_{ia}^0	$r_{i'a} = r_{ia}^0 = R\sin\theta_{ia}^0$	α_{ia}	$\alpha_{ia} = \arctan\dfrac{h_{ia}}{S_{ia}}$
r_{ib}	$r_{ib} = R\sin\theta_{ib} = \dfrac{L_1}{2} + (2i-1)\Delta$	β_{ia}	$\beta_{ia} = \arctan\dfrac{h_{i'a}}{S_{i'a}}$
$r_{i'b}$、r_{ib}^0	$r_{i'b} = r_{ib}^0 = R\sin\theta_{ib}^0$	ϕ_{ia}	$\phi_{ia} = \arctan\dfrac{h_{i'\phi a}}{S_{i'\phi a}}$
h_{ia}	$h_{ia} = R(\cos\theta_{ia} - \cos\theta_{ib})$	α_{ib}	$\alpha_{ib} = \arctan\dfrac{h_{ib}}{S_{ib}}$
$h_{i'a}$、h_{ia}^0	$h_{i'a} = h_{ia}^0 = R(\cos\theta_{ia}^0 - \cos\theta_{ib})$	β_{ib}	$\beta_{ib} = \arctan\dfrac{h_{i'b}}{S_{i'b}}$
$h_{i\phi a}$	$h_{i\phi a} = h_{ia} + h_{i'a}$	ϕ_{ib}	$\phi_{ib} = \arctan\dfrac{h_{i'\phi b}}{S_{i'\phi b}}$
h_{ib}	$h_{ib} = R(\cos\theta_{ib} - \cos\theta_{(i+1)a})$	γ_{it}	$\gamma_{it} = \arctan\dfrac{r_{ib}\sin\dfrac{\pi}{n}}{r_{(i+1)a} - r_{ib}\cos\dfrac{\pi}{n}}$
$h_{i'b}$、h_{ib}^0	$h_{i'b} = h_{ib}^0 = R(\cos\theta_{ib}^0 - \cos\theta_{(i+1)a})$	$\gamma_{i\beta}$	$\gamma_{i\beta} = \arctan\dfrac{r_{ib}\sin\dfrac{\pi}{n}}{r_{ib}\cos\dfrac{\pi}{n} - r_{i'a}}$
$h_{i'\phi b}$	$h_{i'\phi b} = h_{ib} + h_{i'b}$	γ_{ia}	$\gamma_{ia} = \arctan\dfrac{r_{ia}\sin\dfrac{\pi}{n}}{r_{i'a} - r_{ia}\cos\dfrac{\pi}{n}}$
S_{ia}	$S_{ia} = \Delta$	γ_{ib}	$\gamma_{ib} = \arctan\dfrac{r_{ib}\sin\dfrac{\pi}{n}}{r_{i'b} - r_{ib}\cos\dfrac{\pi}{n}}$

注:j_a、j_b 为边界节点标号;Δ 为相邻上弦节点水平投影构成各圈圆半径之差;r_{ia}、$r_{i'a}$、r_{ib}、$r_{i'b}$ 分别为 a、b 类上下弦节点对中轴线的半径;r_{ia}^0、r_{ib}^0 为下弦节点在球面上垂直投影点对中轴线的半径;θ_{ia}、θ_{ib}、θ_{ia}^0、θ_{ib}^0 为相应点的球半径与中轴线的球面夹角;h_{ia}、$h_{i'a}$、$h_{i\phi a}$、h_{ib}、$h_{i'b}$、$h_{i'\phi b}$ 为 a、b 类脊索、斜索、撑杆的高度;S_{ia}、$S_{i'a}$、$S_{i'\phi a}$、S_{ib}、$S_{i'b}$、$S_{i'\phi b}$ 为相应索杆的水平投影长度。

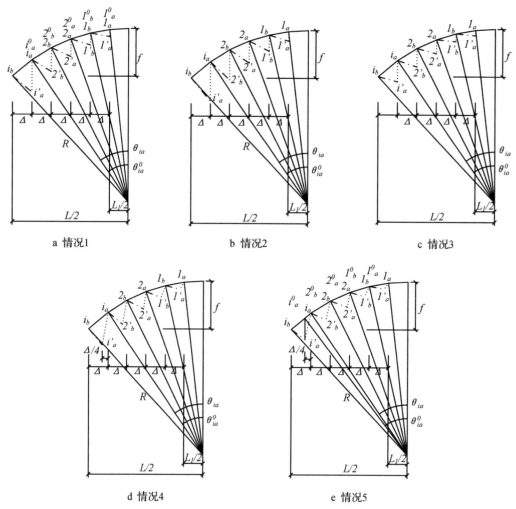

a 情况1　　　　　　　b 情况2　　　　　　　c 情况3

d 情况4　　　　　　　　e 情况5

图 6　设有内孔时结构简化半榀平面桁架示意

根据下弦节点 i'_a、i'_b 位置的不同,分 5 种情况进行分析:

1)情况 1,$r_{i'a}-r_{ia}=0$、$r_{i'b}-r_{ib}=0$,见图 6a。根据几何关系表 1,由式(3)～(12),当主要参数 f/L 为 0.10、0.15、0.20,m 为 2、3、4,$\frac{L_1}{2}=\Delta$,$n=12$,相对内力 $T_{1a}=1.0$ 时,可求得各索杆预应力态的内力,计算结果见表 2 所示,1p 表示内环索所属单元。

2)情况 2,取 $r_{i'a}-r_{ia}=0$、$r_{i'b}-r_{ib}=0$,$h_{i'a}=\frac{5}{4}R(\cos\theta^0_{ia}-\cos\theta_{ib})$、$h_{i'b}=\frac{5}{4}R(\cos\theta^0_{ib}-\cos\theta_{(i+1)a})$,即 i'_a、i'_b 的水平位置与情况 1 相同,而斜索高度比情况 1 增加了 25%,见图 6b。

3)情况 3,取 $r_{i'a}-r_{ia}=0$、$r_{i'b}-r_{ib}=0$,$h_{i'a}=\frac{3}{4}R(\cos\theta^0_{ia}-\cos\theta_{ib})$、$h_{i'b}=\frac{3}{4}R(\cos\theta^0_{ib}-\cos\theta_{(i+1)a})$,即 i'_a、i'_b 的水平位置与情况 1 相同,但斜索高度比情况 1 减少了 25%,见图 6c。

4)情况 4,取 $r_{i'a}-r_{ia}=\frac{\Delta}{4}$、$r_{i'b}-r_{ib}=\frac{\Delta}{4}$,即 i'_a、i'_b 的高度同情况 1,$h_{i'a}$ 与 $h_{i'b}$ 的数值不变,但下弦节点水平位置向外移动 25%Δ,见图 6d。

5)情况 5,仍取 $r_{i'a}-r_{ia}=\dfrac{\Delta}{4}$、$r_{i'b}-r_{ib}=\dfrac{\Delta}{4}$,$h_{i'a}$ 与 $h_{i'b}$ 按照表 1 取值,但此时 1^0 点与 2^0 点发生变动,即下弦节点水平位置向外移动 $25\%\Delta$,同时斜索的高度较情况 1 也有所减少,见图 6e。

情况 2~5 按情况 1 类似方法分析计算,同样可以求得各索杆预应力态的内力,计算结果见表 2。

3.2 不设内孔结构

不设内孔的蜂窝双撑杆型索穹顶的简化半榀平面桁架图可参见图 6,但孔洞处的杆件布置见图 5,几何尺寸关系为

$$\beta_0=\alpha_0=\arctan\frac{2R(1-\cos\theta_{1a})}{L_1}=\arctan\frac{R(1-\cos\theta_{1a})}{\Delta} \tag{18}$$

此时,根据表 1 几何关系与式(18),再由式(5)~(16),同样可求得不设内孔时,蜂窝双撑杆型索穹顶 5 种情况下多个参数预应力态索杆内力(相对内力 $T_{1a}=1.0$ 时)的计算结果。不设内孔结构在参数相同的情况下,仅在孔洞处内力分布与设内孔结构不同,其计算结果见表 2 所示,0 表示孔洞处的杆件所属单元。

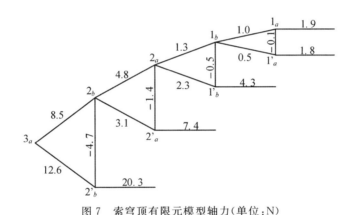

图 7　索穹顶有限元模型轴力(单位:N)

采用 MIDAS 软件,建立情况 1 下环索数 m 为 4、矢跨比 f/L 为 0.20 的有限元模型,对内环脊索施加初拉力使 $T_{1a}=1.0$N,此时计算模型的杆件轴力见图 7,可见表 2 的计算结果是正确的,说明蜂窝双撑杆型索穹顶预应力态内力的递推公式是精确解。对比分析表 2 中 90 个结构模型的内力分布,可以看出:

1)索杆内力从内向外逐圈是成倍增加的,说明索穹顶结构工程的环索数不宜过多,3 环左右即可。

2)索穹顶球面的常用矢跨比在 0.10~0.20 变化时,索杆内力的变化甚微,相对差异不到 10%,说明矢跨比对索穹顶预应力态的分布并不灵敏。

3)索穹顶是否开有孔洞,仅对孔边内力 H_{1p} 和不开孔的顶部内力 T_0、B_0、V_0 围绕相对内力 $T_{1a}=1.0$ 有影响,相差 $\pm50\%$,而大部分索杆内力相同,这说明索穹顶顶部是否开孔对整体结构的主要内力分布基本无影响。

4)下弦节点 i'_a、i'_b 的位置变化,使索穹顶预应力态索杆内力有大幅增减的趋势,下弦节点应尽量根据建筑要求布设在结构合理和优化的部位。

表 2　设内孔与不设内孔时蜂窝双撑杆型索穹顶预应力态索杆内力计算用表

f/L	m	i	情况1 T_i	V_i	B_i	H_i	情况2 T_i	V_i	B_i	H_i	情况3 T_i	V_i	B_i	H_i	情况4 T_i	V_i	B_i	H_i	情况5 T_i	V_i	B_i	H_i
0.10	2	1p(设孔)	—	—	—	1.93	—	—	—	1.92	—	—	—	1.93	—	—	—	1.70	—	—	—	1.68
		0(不设孔)	0.50	−0.39	0.50	—	0.50	−0.38	0.50	—	0.50	−0.39	0.50	—	0.44	−0.34	0.44	—	0.44	−0.34	0.44	
		1a	1.00	−0.12	0.53	1.80	1.00	−0.11	0.43	1.44	1.00	−0.12	0.70	2.39	1.00	−0.13	0.43	1.56	1.00	−0.14	0.52	1.88
		1b	1.33	−0.46	2.26	4.28	1.19	−0.40	1.68	3.10	1.54	−0.56	3.43	6.61	1.34	−0.49	1.78	3.81	1.49	−0.58	2.43	5.26
	3	1p(设孔)	—	—	—	1.94	—	—	—	1.94	—	—	—	1.95	—	—	—	1.71	—	—	—	1.69
		0(不设孔)	0.50	−0.29	0.50	—	0.50	−0.29	0.50	—	0.51	−0.29	0.51	—	0.45	−0.26	0.45	—	0.44	−0.26	0.44	
		1a	1.00	−0.10	0.53	1.81	1.00	−0.09	0.43	1.45	1.00	−0.10	0.70	2.41	1.00	−0.12	0.43	1.57	1.00	−0.13	0.53	1.90
		1b	1.31	−0.39	2.22	4.31	1.18	−0.33	1.63	3.13	1.52	−0.49	3.41	6.60	1.32	−0.43	1.73	3.84	1.48	−0.51	2.39	5.31
		2a	4.51	−1.13	2.96	7.51	3.70	−0.87	1.98	4.95	6.66	−1.63	5.23	13.33	4.54	−1.19	2.68	6.52	5.67	−1.60	4.23	10.16
	4	1p(设孔)	—	—	—	1.95	—	—	—	1.95	—	—	—	1.96	—	—	—	1.72	—	—	—	1.70
		0(不设孔)	0.51	−0.23	0.51	—	0.50	−0.23	0.50		0.51	−0.23	0.51	—	0.45	−0.21	0.45	—	0.44	−0.20	0.44	
		1a	1.00	−0.09	0.53	1.82	1.00	−0.08	0.43	1.46	1.00	−0.09	0.71	2.42	1.00	−0.11	0.43	1.58	1.00	−0.12	0.53	1.91
		1b	1.30	−0.35	2.21	4.33	1.18	−0.30	1.61	3.14	1.52	−0.45	3.40	6.69	1.32	−0.40	1.70	3.86	1.47	−0.48	2.38	5.34
		2a	4.43	−1.02	2.94	7.54	3.63	−0.78	1.95	4.97	5.94	−1.51	5.21	13.38	4.45	−1.09	2.65	6.55	5.57	−1.49	4.21	10.22
		2b	7.90	−3.19	10.65	20.61	5.84	−2.19	6.50	12.28	12.31	−5.46	21.55	42.46	8.12	−3.41	8.59	18.72	11.59	−5.31	15.21	33.64
0.15	2	1p(设孔)	—	—	—	1.89	—	—	—	1.88	—	—	—	1.89	—	—	—	1.66	—	—	—	1.64
		0(不设孔)	0.49	−0.54	0.49	—	0.49	−0.54	0.49	—	0.49	−0.54	0.49	—	0.43	−0.47	0.43	—	0.43	−0.48	0.43	
		1a	1.00	−0.15	0.53	1.76	1.00	−0.15	0.43	1.41	1.00	−0.16	0.70	2.34	1.00	−0.17	0.43	1.53	1.00	−0.17	0.52	1.84
		1b	1.36	−0.61	2.36	4.19	1.23	−0.54	1.81	3.03	1.58	−0.73	3.49	6.47	1.38	−0.64	1.93	3.73	1.53	−0.73	2.54	5.11
	3	1p(设孔)	—	—	—	1.92	—	—	—	1.92	—	—	—	1.93	—	—	—	1.69	—	—	—	1.67
		0(不设孔)	0.50	−0.41	0.50	—	0.50	−0.41	0.50	—	0.50	−0.41	0.50	—	0.44	−0.36	0.44	—	0.43	−0.36	0.43	
		1a	1.00	−0.12	0.53	1.79	1.00	−0.12	0.43	1.44	1.00	−0.13	0.70	2.39	1.00	−0.14	0.43	1.56	1.00	−0.15	0.52	1.88
		1b	1.33	−0.48	2.28	4.27	1.20	−0.42	1.70	3.09	1.54	−0.59	3.44	6.59	1.34	−0.52	1.81	3.80	1.50	−0.60	2.45	5.23
		2a	4.80	−1.42	3.66	7.43	3.93	−1.12	2.09	4.90	6.44	−2.00	5.30	13.18	4.83	−1.47	2.80	6.45	6.02	−1.92	4.29	9.97
	4	1p(设孔)	—	—	—	1.94	—	—	—	1.93	—	—	—	1.94	—	—	—	1.71	—	—	—	1.69
		0(不设孔)	0.50	−0.33	0.50		0.50	−0.33	0.50		0.50	−0.33	0.50	—	0.44	−0.29	0.44	—	0.44	−0.29	0.44	
		1a	1.00	−0.10	0.53	1.81	1.00	−0.10	0.43	1.45	1.00	−0.11	0.71	2.40	1.00	−0.13	0.43	1.57	1.00	−0.13	0.53	1.89
		1b	1.31	−0.42	2.24	4.30	1.19	−0.36	1.65	3.11	1.53	−0.52	3.42	6.64	1.33	−0.46	1.75	3.83	1.48	−0.54	2.41	5.29
		2a	4.59	−1.21	2.82	7.06	3.96	−0.94	2.01	4.94	6.46	−1.74	5.24	13.28	4.62	−1.27	2.71	6.50	5.77	−1.69	4.25	10.10
		2b	8.13	−3.84	11.42	20.47	6.02	−2.70	7.21	12.19	12.68	−6.39	22.44	42.16	8.36	−4.06	9.62	18.58	11.90	−6.13	16.28	33.15

续表

f/L	m	i	情况1				情况2				情况3				情况4				情况5			
			T_i	V_i	B_i	H_i	T_i	V_i	B_i	H_i	T_i	V_i	B_i	H_i	T_i	V_i	B_i	H_i	T_i	V_i	B_i	H_i
	2	1p(设孔)	—	—	—	1.84	—	—	—	1.84	—	—	—	1.85	—	—	—	1.62	—	—	—	1.69
		0(不设孔)	0.48	−0.67	0.48	—	0.48	−0.67	0.48	—	0.48	−0.67	0.48	—	0.42	−0.59	0.42	—	0.42	−0.58	0.42	
		1a	1.00	−0.18	0.53	1.72	1.00	−0.18	0.44	1.38	1.00	−0.19	0.69	2.29	1.00	−0.20	0.44	1.49	1.00	−0.20	0.52	1.79
		1b	1.42	−0.78	2.51	4.09	1.28	−0.69	1.98	2.96	1.65	−0.92	3.60	6.31	1.43	−0.80	2.14	3.64	1.59	−0.91	2.70	4.93
0.20	3	1p(设孔)	—	—	—	1.90	—	—	—	1.89	—	—	—	1.90	—	—	—	1.67	—	—	—	1.65
		0(不设孔)	0.49	−0.51	0.49		0.49	−0.51	0.49		0.49	−0.51	0.49		0.43	−0.45	0.43		0.43	−0.45	0.43	
		1a	1.00	−0.14	0.53	1.77	1.00	−0.14	0.43	1.42	1.00	−0.15	0.70	2.35	1.00	−0.16	0.43	1.54	1.00	−0.17	0.52	1.85
		1b	1.35	−0.58	2.34	4.21	1.22	−0.51	1.77	3.05	1.57	−0.69	3.48	6.50	1.37	−0.61	1.90	3.75	1.52	−0.70	2.52	5.14
		2a	5.22	−1.78	3.21	7.33	4.28	−1.43	2.25	4.83	7.00	−2.46	5.43	13.01	5.25	−1.82	2.97	6.36	6.52	−2.33	4.41	9.74
	4	1p(设孔)	—	—	—	1.92	—	—	—	1.92	—	—	—	1.93	—	—	—	1.69	—	—	—	1.67
		0(不设孔)	0.50	−0.41	0.50		0.50	−0.41	0.50		0.50	−0.41	0.50		0.44	−0.36	0.44		0.43	−0.36	0.43	
		1a	1.00	−0.12	0.53	1.79	1.00	−0.12	0.43	1.44	1.00	−0.13	0.70	2.38	1.00	−0.14	0.43	1.56	1.00	−0.15	0.52	1.88
		1b	1.33	−0.48	2.28	4.27	1.20	−0.42	1.70	3.09	1.54	−0.59	3.43	6.59	1.34	−0.52	1.81	3.80	1.50	−0.60	2.45	5.23
		2a	4.80	−1.42	3.06	7.43	3.93	−1.12	2.09	4.90	6.44	−2.01	5.30	13.18	4.83	−1.48	2.80	6.45	6.02	−1.93	4.30	9.97
		2b	8.52	−4.69	12.58	20.30	6.30	−3.35	8.21	12.10	13.28	−7.63	23.82	41.82	8.76	−4.90	11.07	18.43	12.41	−7.23	17.86	32.53

注:不设内孔中心撑杆的总内力应为 nV。

4　结论

提出和研究了蜂窝双撑杆型索穹顶结构,该结构不同于已有工程实践和研究中的肋环型、葵花型、Kiewitt 型和鸟巢型索穹顶,首先索穹顶的上弦脊索采用自由等腰六边形蜂窝网格布设,其次,下弦节点设有二根撑杆(上弦节点也设有二根撑杆),撑杆在环向是连续的,同类撑杆的水平投影在一般情况下为一道锯齿形环,这种索穹顶的建筑美和结构美能协调融合。通过对其构形与预应力态的分析,主要得到如下结论:

(1)蜂窝双撑杆型索穹顶的上弦节点均交有不共面三根上弦索,上、下节点均交有二根撑杆,相比传统的单撑杆型索穹顶,该索穹顶的撑杆以及整体结构的稳定性均得到提高。

(2)提出蜂窝双撑杆型索穹顶预应力态的简捷计算法,推导了结构开孔和不开孔索穹顶预应力态的索杆内力一般性递推计算,通过算例验证,计算式可得精确解。

(3)根据本文的分析理论和计算方法,给出不同参数设置的 90 个计算模型预应力态索杆内力的相对值,清晰反映了其内力的分布规律和特性,同时说明索穹顶球面的矢跨比和是否开孔是对索杆内力分布影响灵敏度很小的参数。

参考文献

［1］GEIGER D H,STEFANIUK A,CHEN D. The design and construction of two cable domes for the Korean Olympics［C］//Proceedings of IASS Symposium on Shells,Membranes and Space Frames,Vol. 2,Osaka,Japan,1986:265－272.

［2］LEVY M P. The Georgia dome and beyond achieving lightweight-long span structures ［C］// Spatial Lattice and Tension Structures:Proceedings of the IASS-ASCE International Symposium, Atlanta,USA,1994:560－562.

［3］张成,吴慧,高博青,等.肋环型索穹顶结构的几何法施工及工程应用［J］.深圳大学学报(理工版), 2012,29(3):10－15.

［4］张国军,葛家琪,王树,等.内蒙古伊旗全民健身体育中心索穹顶结构体系设计研究［J］.建筑结构 学报,2012,33(4):12－22.

［5］陈志华,楼舒阳,闫翔宇,等.天津理工大学体育馆新型复合式索穹顶结构风振效应分析［J］.空间 结构,2017,23(3):21－29.

［6］陈联盟,袁行飞,董石麟.Kiewitt型索穹顶结构自应力模态分析及优化设计［J］.浙江大学学报(工 学版),2006,40(1):73－77.

［7］董石麟,包红泽,袁行飞.鸟巢型索穹顶几何构形及其初始预应力分布确定［C］//天津大学.第五 届全国现代结构工程学术研讨会论文集,广州,2005:115－120.

［8］FULLER R B. Tensile-integrity structures:US 3063521［P］. 1962-11-13.

［9］董石麟,梁昊庆.肋环人字型索穹顶受力特性及其预应力态的分析法［J］.建筑结构学报,2014, 35(6):102－108.

［10］张爱林,白羽,刘学春,等.新型脊杆环撑索穹顶结构静力性能分析［J］.空间结构,2017,23(3): 11－20.

［11］董石麟,涂源.索穹顶结构体系创新研究［J］.建筑结构学报,2018,39(10):85－92.

［12］董石麟,涂源.新型蜂窝序列索穹顶结构体系研究［C］//天津大学.第十八届全国现代结构工程 学术研讨会论文集,沧州,2018:7－12.

113 葵花三撑杆Ⅱ型索穹顶结构预应力态确定、参数分析及试设计*

摘　要：提出一种新型葵花三撑杆Ⅱ型索穹顶的结构构形，该结构不沿用Fuller"拉索海洋与压杆孤岛"传统意义上张拉整体构想，而是在下弦节点处采用了3根撑杆交汇的布置方案（Ⅱ型），可使一道环索管辖两圈脊索，上弦网格数不变时斜索和环索可减少一半，提高张拉施工便易性，并改善局部及整体结构的稳定性。根据节点平衡方程，推导了葵花三撑杆Ⅱ型索穹顶预应力态索杆内力的一般计算公式。详细分析了多个设计参数对索穹顶预张力分布和结构性能的影响，并就参数的敏感性通过算例做了定性比较，以了解索穹顶预应力分布规律和力学特性。以约束条件的形式考虑了结构的刚度、稳定性和承载力的要求以及预应力水平的附加成本，将索杆质量比纳入经济指标目标函数的考量，采用遗传算法对100m跨度的葵花三撑杆Ⅱ型索穹顶进行了优化设计，给出了结构高度等主要设计参数的取值建议。分析结果表明，这种新型索穹顶相比传统索穹顶可有效降低索杆比例，具有优越的技术经济指标。

关键词：葵花三撑杆Ⅱ型索穹顶；结构构形；预应力简捷分析法；参数分析；索穹顶试设计；遗传算法；技术经济指标

0　引言

三十多年来的发展历史表明，索穹顶结构是一种具有开创性的空间结构体系，其特点是结构形式新颖、质量轻、跨度大、用钢量少、施工无需大型设备、技术经济指标优越，是具有广阔应用前景的结构形式。国内外已建成的具有代表性的索穹顶结构工程如表1所示。

已建工程的结构形式，如肋环型、葵花型、肋环＋葵花组合型索穹顶，其内部索杆布置均符合Fuller"拉索海洋与压杆孤岛"传统意义上的张拉整体构想[9]，上下节点均由一根垂直于地面的撑杆相连。特别是肋环型索穹顶，其径向子结构为平面桁架，上弦节点处的环向刚度太差，导致结构稳定性不足，以致传统索穹顶工程主要选配膜材等轻型屋面，依靠膜面和索体的预应力提供面外刚度[10]，应用受到一定局限。目前采用刚性屋面的索穹顶工程有效净跨度不超过百米，且应用于更大跨度时须采取构造措施提高稳定性，如增设内环桁架或更换脊索为脊杆。总体上，目前已建成的索穹顶，结构体系和形式比较单一，难以适应日益增长的跨度和建筑功能需求，有必要进一步改进和创新。

　＊　本文刊登于：董石麟，刘宏创，朱谢联.葵花三撑杆Ⅱ型索穹顶结构预应力态确定、参数分析及试设计[J].建筑结构学报，2021，42（1）：1—17.

表1 国内外已建成代表性的索穹顶结构工程

名称	建成年份	结构形式	平面尺寸
韩国汉城(首尔)亚运会体操馆[1]	1986	肋环型	直径 119.8m
韩国汉城(首尔)亚运会击剑馆[1]	1986	肋环型	直径 90m
美国佛罗里达州太阳海岸穹顶[2]	1990	肋环型	直径 210m
美国亚特兰大奥运会乔治亚穹顶[3]	1992	葵花型	椭圆 240m×192m
阿根廷拉普拉塔体育场[4]	2011	葵花型	两圆相交 219m×171m
台湾桃园体育馆	1993	肋环型	直径 120m
金华晟元集团标准厂房中庭[5]	2009	肋环型	直径 20m×18m
鄂尔多斯市伊金霍洛旗体育馆[6]	2012	肋环型	直径 72m
天津理工大学体育馆[7]	2016	葵花＋肋环型	椭圆 102m×83m
雅安天全县体育馆[8]	2017	葵花＋肋环型	直径 77.3m

经过10多年的研究,我国相关学者致力于索穹顶体系的创新,提出上弦采用 Kiewitt 型[11]、鸟巢型[12]、蜂窝型[13]等网格形式的索穹顶;始于肋环型[14]和联方型[15]上弦网格的双撑杆型索穹顶,继而推广到了非 Fuller 构思、采用多撑杆布置的索穹顶系列[16],从拓扑构成层面上也可被归类为广义的张拉整体结构[17]。归纳起来,现已初步形成三大序列共13种具体结构型号的索穹顶结构体系,见表2。已建工程中的肋环型和葵花型索穹顶只是其中的两种特殊情况。对于多撑杆类索穹顶形式,有的做了初步分析,有的做了模型试验,但无工程实践;值得进一步深化、细化研究,期待能在实际工程中逐步获得应用。

表2 索穹顶结构体系的新序列、新形式

类别	单撑杆类	多撑杆类		
肋环序列	肋环单撑杆型(肋环型)	肋环双撑杆型		肋环四撑杆型
葵花序列	葵花单撑杆型(葵花型)	葵花双撑杆型	葵花三撑杆Ⅰ型	葵花三撑杆Ⅱ型
蜂窝序列	蜂窝单撑杆型(蜂窝型)	蜂窝双撑杆型	蜂窝三撑杆型	蜂窝四撑杆型
其他	Kiewitt 单撑杆型(Kiewitt 型)			
	鸟巢单撑杆型(鸟巢型)			

1992年,Levy 在 Geiger 索穹顶的基础上,通过三角化的网格布置消除了大部分机构自由度,改善几何稳定性,带给结构性能一个质的提高,可见体系创新是空间结构技术发展的源动力。继承葵花型网格的优点,在内部空间中采用更为稳定的拓扑方案,本文提出一种葵花三撑杆Ⅱ型索穹顶结构形式,在提高性能的同时减少环索数量,降低张拉施工的难度。围绕这一体系创新,提出一套预应力态的简捷分析方法,分析预应力态索杆内力及结构各项性能的参数敏感性,并对百米跨度索穹顶结构工程进行了试设计,为索穹顶的选型和应用提供依据和参考。

1 结构形态和特点

葵花三撑杆Ⅱ型索穹顶(Ⅱ型是指前上弦节点 A 设有两根撑杆,后上弦节点 A′ 设有一根撑杆)的三维图和剖面示意如图1所示,其形体由上弦脊索、斜索、下弦环索、交汇于下弦节点的三根撑杆、上弦内环索和刚性外环梁组合而成。交于上、下弦节点 A、A′、B(图1)的杆件数(上弦杆数＋下弦杆数

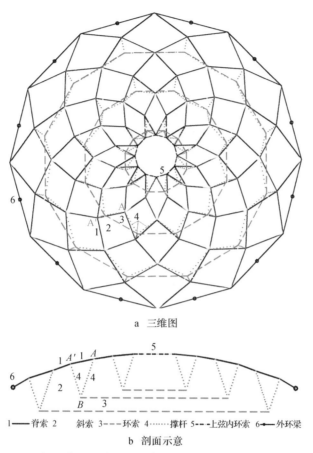

a　三维图

1　A'1　A　　　　5
6
　　2　4　4
　　　B　3

1——脊索 2　　斜索 3----环索 4······撑杆 5-●-上弦内环索 6-●-外环梁

b　剖面示意

图 1　葵花三撑杆Ⅱ型索穹顶三维图和剖面示意

＋斜杆数＋撑杆数)分别是:A 节点的相交杆件数＝4＋0＋2＋2＝8;A' 节点的相交杆件数＝4＋0＋0＋1＝5;B 节点的相交杆件数＝0＋2＋2＋3＝7。

以圆形平面开孔的索穹顶为例,且不计刚性外环梁,整个索穹顶的节点总数 T 和杆件总数 M 分别为:

$$T=n[(2m+1)+m]=n(3m+1) \tag{1}$$

$$M=n[(4m+1)+m+2m+3m]=n(10m+1) \tag{2}$$

式中,n 为多边形数,m 为环索数。

为了方便,对于葵花三撑杆Ⅱ型索穹顶结构,可采用带 3 个下角标的字母 $_nL_{ms}$ 表示。如图 1 所示的索穹顶,可表示为 $_{12}L_{33Ⅱ}$,表示该索穹顶为 12 边形(环向划分数为 12)、3 道环索,下弦节点设有 3 根Ⅱ型撑杆。

与常用的葵花型索穹顶相比,葵花三撑杆Ⅱ型索穹顶具有如下优点和特点:

1)一道环索可管辖两圈脊索,与 Levy 索穹顶相比,环索和斜索数量可减少一半;环索数量一般不多于 4 道,甚至只需设置 2、3 道即可。

2)三撑杆的稳定性比较好,且上弦节点有 4 根上弦杆,索穹顶的传力性能好,稳定性也可得到提高。

3)整个索穹顶的杆索数量比为 1∶2.33,大于常用的 Levy 索穹顶(1∶5)。索材的造价远大于杆材(钢管、钢棒)的造价,因此葵花三撑杆Ⅱ型索穹顶的造价有优势,有应用前景。

2 预应力态的简捷分析法

2.1 设有内孔结构

设有内孔的圆形平面葵花三撑杆Ⅱ型索穹顶分析计算用的结构平面图如图 2a 所示。将环向 n 等分,利用轴对称条件,只要分析一肢半榀空间桁架即可。设索穹顶边界为刚度很大的外环梁,可视为结构支承在不动铰支座上。其 $1/n$ 子结构的分析示意图和计算简图如图 2b、2c 所示,节点 1_a、2_a、$\cdots$、i_a、j_a 在同一对称平面内,节点 $1'$、1_b、$2'$、2_b、$\cdots$、i'、i_b 在相邻的另一对称平面内。该 $1/n$ 结构为一次超静定结构,用二次奇异值法分析所得结构整体可行自应力模态数为 1。

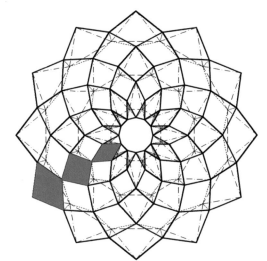

a 整体结构平面图

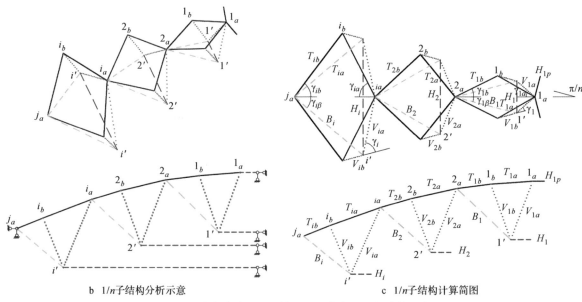

b $1/n$ 子结构分析示意   c $1/n$ 子结构计算简图

图 2 设有内孔时葵花三撑杆Ⅱ型索穹顶分析计算示意

第 i 圈的 a、b 两类脊索、两类撑杆、斜索、环索和最内圈上弦环索的内力分别用 T_{ia}、T_{ib}、V_{ia}、V_{ib}、B_i、H_i、H_{1p} 表示；α_{ia}、α_{ib}、φ_{ia}、φ_{ib}、β_i 分别表示两类脊索、两类撑杆和斜索与水平面的倾角，γ_{ia}、γ_{ib}、$\gamma_{i\beta}$、γ_i 表示两类脊索、斜索和前撑杆的水平投影与所在网格单元的主轴线间的夹角。

以内环处脊索内力 T_{1a} 为基准，由内向外对各节点逐点建立节点平衡方程，由于索穹顶的每个节点都在某一个径向对称平面内，对称杆件垂直于对称平面的各分内力之和在该节点一定自动满足平衡条件，因而对称面内每个节点只能提供两个有效的节点平衡方程，即可通过逐次递推得到各类索杆构件的内力计算公式。

对于节点 1_a，有：

$$V_{1a} = -\frac{\sin\alpha_{1a}}{\sin\varphi_{1a}}T_{1a} \tag{3}$$

$$H_{1p} = \left[\cos\alpha_{1a}\cos\gamma_{1a} - \sin\alpha_{1a}\cot\varphi_{1a}\cos\left(\gamma_1 + \frac{\pi}{n}\right)\right]T_{1a}\Big/\sin\frac{\pi}{n} \tag{4}$$

对于节点 i_b，当 $i \geqslant 1$ 时，有：

$$V_{ib} = \frac{2\left[\sin\alpha_{ia}\cos\alpha_{ib}\cos\left(\gamma_{ib} + \frac{\pi}{n}\right) - \cos\alpha_{ia}\cos\left(\gamma_{ia} - \frac{\pi}{n}\right)\sin\alpha_{ib}\right]T_{ia}}{\cos\alpha_{ib}\cos\left(\gamma_{ib} + \frac{\pi}{n}\right)\sin\varphi_{ib} + \sin\alpha_{ib}\cos\varphi_{ib}} \tag{5}$$

$$T_{ib} = \frac{\cos\alpha_{ia}\cos\left(\gamma_{ia} - \frac{\pi}{n}\right)\sin\varphi_{ib} + \sin\alpha_{ia}\cos\varphi_{ib}}{\cos\alpha_{ib}\cos\left(\gamma_{ib} + \frac{\pi}{n}\right)\sin\varphi_{ib} + \sin\alpha_{ib}\cos\varphi_{ib}}T_{ia} \tag{6}$$

对于节点 i'，当 $i \geqslant 1$ 时，有：

$$B_i = \frac{-\left(2\sin\varphi_{ia}V_{ia} + \sin\varphi_{ib}V_{ib}\right)}{2\sin\beta_i} \tag{7}$$

$$H_i = \frac{-\left\{2\left[\cos\beta_i\cos\left(\gamma_{i\beta} + \frac{\pi}{n}\right)\sin\varphi_{ia} + \sin\beta_i\cos\varphi_{ia}\cos\gamma_i\right]V_{ia} + \left[\cos\beta_i\cos\left(\gamma_{i\beta} + \frac{\pi}{n}\right)\sin\varphi_{ib} - \sin\beta_i\cos\varphi_{ib}\right]V_{ib}\right\}}{2\sin\beta_i\sin\frac{\pi}{n}}$$

$$\tag{8}$$

对于节点 i_a，当 $i \geqslant 2$ 时，有：

$$T_{ia} = \left\{\left[\cos\alpha_{(i-1)b}\cos\gamma_{(i-1)b}\sin\varphi_{ia} - \sin\alpha_{(i-1)b}\cos\varphi_{ia}\cos\gamma_i\right]T_{(i-1)b} + \left[\cos\beta_{(i-1)}\cos\gamma_{(i-1)\beta}\sin\varphi_{ia}\right.\right.$$
$$\left.\left. + \sin\beta_{(i-1)}\cos\varphi_{ia}\cos\gamma_i\right]B_{i-1}\right\}\Big/\left[\cos\alpha_{ia}\cos\gamma_{ia}\sin\varphi_{ia} - \sin\alpha_{ia}\cos\varphi_{ia}\cos\left(\gamma_i + \frac{\pi}{n}\right)\right] \tag{9}$$

$$V_{ia} = \left\{\left[\cos\alpha_{ia}\cos\gamma_{ia}\sin\alpha_{(i-1)b} - \sin\alpha_{ia}\cos\alpha_{(i-1)b}\cos\gamma_{(i-1)b}\right]T_{(i-1)b} - \left[\cos\alpha_{ia}\cos\gamma_{ia}\sin\beta_{(i-1)}\right.\right.$$
$$\left.\left. + \sin\alpha_{ia}\cos\beta_{(i-1)}\cos\gamma_{(i-1)\beta}\right]B_{i-1}\right\}\Big/\left[\cos\alpha_{ia}\cos\gamma_{ia}\sin\varphi_{ia} - \sin\alpha_{ia}\cos\varphi_{ia}\cos\left(\gamma_i + \frac{\pi}{n}\right)\right] \tag{10}$$

由式（3）～（10）可知，如内环处上弦脊索预张力 T_{1a} 已知，则整个索穹顶所有索杆预张力分布便可确定。

2.2 不设内孔结构

对圆形平面不设内孔的葵花三撑杆Ⅱ型索穹顶预应力态分析时,其 $1/n$ 子结构示意图和计算简图如图 3b 所示。图中中心域(原孔内)结构仅由上弦杆 $\overline{01_a}$、斜杆 $\overline{0'1_a}$ 和中心竖杆 $\overline{00'}$ 组成,其内力分别用 T_0、B_0、V_0 表示,a_0、β_0 为相应上弦杆和斜杆的倾角。中心域结构分析用的剖面图和平面图如图 3c 所示,与 2.1 节类似,对各节点建立平衡方程,可逐次递推求得各索杆内力的计算公式。

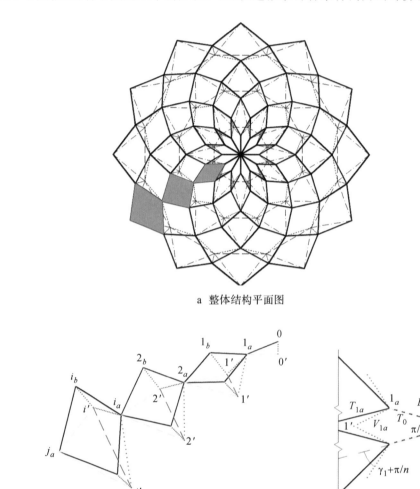

a 整体结构平面图

b $1/n$ 子结构分析示意   c 中心域 $1/n$ 子结构计算简图

图 3 不设内孔时葵花三撑杆Ⅱ型索穹顶分析计算示意

对于节点 0、0′，有：

$$T_0 = -V_0 / (n\sin\alpha_0) \tag{11}$$

$$B_0 = -V_0 / (n\sin\beta_0) \tag{12}$$

对于节点 1_a，有：

$$V_{1a} = -\frac{\sin\alpha_{1a}}{\sin\varphi_{1a}} T_{1a} \tag{13}$$

$$V_0 = \frac{2n\left[\sin\alpha_{1a}\cot\varphi_{1a}\cos\left(\gamma_1 + \dfrac{\pi}{n}\right) - \cos\alpha_{1a}\cos\gamma_{1a}\right]}{\cot\alpha_0 + \cot\beta_0} T_{1a} \tag{14}$$

对于节点 i_b、i'，当 $i \geqslant 1$ 时，以及对于节点 i_a，当 $i \geqslant 2$ 时，与 2.1 节设有内孔结构的式(5)~(10)完全相同，可直接应用。因此，若预张力 T_{1a} 已知，则整个不设内孔索穹顶的索杆预张力分布也可确定。

3 预应力态索杆内力（预张力）的参数敏感性分析

3.1 几何参数及预张力指标

设有内孔的葵花三撑杆Ⅱ型索穹顶简化后的半榀平面桁架，及其几何参数（包括跨度 L、孔跨 L_1、矢高 f、结构高度 h 和球面穹顶半径 R）如图 4 所示。球面穹顶上各圈上弦节点的水平投影到结构中心点的水平距离（即上弦节点的水平投影半径）之间满足下列条件：

$$r_{(i+1)a} - r_{ib} = r_{ib} - r_{ia} = \Delta \tag{15}$$

结构高度 h_i 表示下弦节点 i' 垂线与球面上交点 i 的距离（图 5），可表示为：

$$h_i = h\left(1 + \frac{r_i}{r}\xi\right) \tag{16}$$

式中：$r = L/2$；ξ 为结构高度调整系数，可正可负，若 $\xi = 0$，表明索穹顶沿跨度是等高度的，否则为按线性变化变高度。

简化的索穹顶半榀桁架示意用图 4 表示，若已知 m 为环索数，则各几何参数可通过表 3 的计算公式确定。

根据下弦节点 i' 位置的不同，分 3 种方案考虑：

1）方案 1，$r_{i'} - r_{ia} = 0$（图 4a），根据表 3 几何关系计算式和式(3)~(10)，当主要参数 f/L 为 0.08、0.10、0.12、0.14，m 为 2、3、4，$L_1/2 = \Delta$，$n = 16$，$h/L = 0.10$，$\xi = 0$，且相对内力 $T_{1a} = 1.0$ 时，可求得各索杆预应力态的内力，计算结果见表 4，其中，$1p$ 表示内环索所属单元。

2）方案 2，$r_{i'} - r_{ia} = \dfrac{\Delta}{2}$（图 4b），类同于方案 1，同样可分别求得相对内力 $T_{1a} = 1.0$ 时各索杆的相对内力，见表 4。

3）方案 3，$r_{ib} - r_{i'} = 0$（图 4c），同样可求得相对索杆内力计算结果，见表 4。

表 3　索穹顶结构的几何参数计算公式

几何参数	计算公式	几何参数	计算公式
R	$R=\dfrac{L^2}{8f}+\dfrac{f}{2}$	$S_{i'}$	$S_{i'}=\sqrt{\left(r_{(i+1)a}-r_i\cos\dfrac{\pi}{n}\right)^2+\left(r_i\sin\dfrac{\pi}{n}\right)^2}$
Δ	$\Delta=\dfrac{L-L_1}{4(j-1)}$	$S_{i'a}$	$S_{i'a}=\sqrt{\left(r_i\cos\dfrac{\pi}{n}-r_{ia}\right)^2+\left(r_i\sin\dfrac{\pi}{n}\right)^2}$
j	$j=m+1$	$S_{i'b}$	$S_{i'b}=r_{ib}-r_i$
r_{ia}	$r_{ia}=R\sin\theta_{ia}=\dfrac{L_1}{2}+2(i-1)\Delta$	α_{ia}	$\alpha_{ia}=\arctan(h_{ia}/S_{ia})$
r_{ib}	$r_{ib}=R\sin\theta_{ib}=\dfrac{L_1}{2}+(2i-1)\Delta$	α_{ib}	$\alpha_{ib}=\arctan(h_{ib}/S_{ib})$
$r_{i'}$	$r_{i'}=r_i=R\sin\theta_i$	β_i	$\beta_i=\arctan(h_{i'}S_{i'})$
h_{ia}	$h_{ia}=R(\cos\theta_{ia}-\cos\theta_{ib})$	φ_{ia}	$\varphi_{ia}=\arctan(h_{i'a}S_{i'a})$
h_{ib}	$h_{ib}=R(\cos\theta_{ib}-\cos\theta_{(i+1)a})$	φ_{ib}	$\varphi_{ib}=\arctan(h_{i'b}S_{i'b})$
$h_{i'}$	$h_{i'}=h_i+R(\cos\theta_{(i+1)a}-\cos\theta_i)$	γ_{ia}	$\gamma_{ia}=\arctan\dfrac{r_{ib}\sin(\pi/n)}{r_{ib}\cos(\pi/n)-r_{ia}}$
$h_{i'a}$	$h_{i'a}=h_i+R(\cos\theta_{ia}-\cos\theta_i)$		
$h_{i'b}$	$h_{i'b}=h_i+R(\cos\theta_{ib}-\cos\theta_i)$	γ_{ib}	$\gamma_{ib}=\arctan\dfrac{r_{ib}\sin(\pi/n)}{r_{(i+1)a}-r_{ib}\cos(\pi/n)}$
S_{ia}	$S_{ia}=\sqrt{\left(r_{ib}\cos\dfrac{\pi}{n}-r_{ia}\right)^2+\left(r_{ib}\sin\dfrac{\pi}{n}\right)^2}$	$\gamma_{i\beta}$	$\gamma_{i\beta}=\arctan\dfrac{r_i\sin(\pi/n)}{r_{(i+1)a}-r_i\cos(\pi/n)}$
S_{ib}	$S_{ib}=\sqrt{\left(r_{(i+1)a}-r_{ib}\cos\dfrac{\pi}{n}\right)^2+\left(r_{ib}\sin\dfrac{\pi}{n}\right)^2}$	γ_i	$\gamma_i=\arctan\dfrac{r_{ia}\sin(\pi/n)}{r_i-r_{ia}\cos(\pi/n)}$

注：j 为边界上弦节点的编号；r_{ia}、r_{ib}、$r_{i'}=r_i$ 分别为上、下弦节点对中轴线的半径；θ_{ia}、θ_{ib}、θ_i 为相应点的球半径与中轴线的球面夹角；h_{ia}、h_{ib}、$h_{i'}$、$h_{i'a}$、$h_{i'b}$ 为脊索、斜索、撑杆的高度；S_{ia}、S_{ib}、S_i、$S_{i'a}$、$S_{i'b}$ 为相应杆件的水平投影长度。

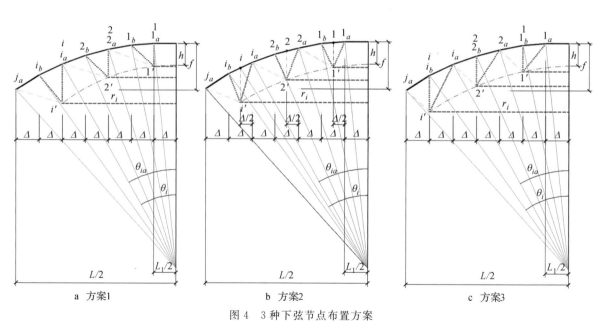

图 4　3 种下弦节点布置方案

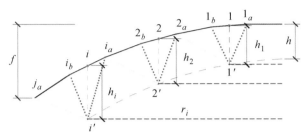

图 5　各圈环索节点位置的结构高度示意

对于不设内孔的葵花三撑杆Ⅱ型索穹顶的简化半榀桁架,从图 3 和图 4 综合来看,内孔处所设的简单空间桁架一般可假定为:

$$\beta_0 = \alpha_0 = \arctan\frac{R(1-\cos\theta_{1a})}{(L_1/2)} = \arctan\frac{R(1-\cos\theta_{1a})}{\Delta}\tag{17}$$

此时,根据表 3 几何关系式,并由式(3)~(10),可求得相对内力 $T_{1a}=1.0$ 时,不设内孔预应力态索杆内力的计算结果,见表 5。

结构预应力态索杆内力(预张力)的均匀性指标可采用预应力态下相对内力的幅值来表示,即 $\chi=f_{\max}/T_{1a}$;χ 越大,表示预张力分布越不均匀。

3.2　预张力敏感性分析

改变葵花三撑杆Ⅱ型索穹顶的不同设计参数,取内圈脊索的参考内力 $T_{1a}=1.0$,比较预张力分布的变化,以考察预张力对设计参数的敏感性。分析时假定环向划分数 $n=16$。首先设定结构高跨比 $h/L=0.10$,内外圈高度调整系数 $\xi=0$,分别改变矢跨比 f/L、环索道数 m 及下弦节点布置方案,索穹顶预张力分布情况如图 6 和表 4 所示;然后设定矢跨比 $f/L=0.10$,环索道数 $m=3$,改变不同高度参数,索穹顶预张力分布情况如图 7 和表 5 所示。由图 6、7 和表 4、5 可分析得到各参数对预张力分布的影响,具体如下:

1)矢跨比。矢跨比的增加会提高外圈预张力相对于内圈的比例。从预张力分布的均匀性和合理性来看,结构的矢跨比和高跨比之间需要保持合适的比例范围(如 1∶1),否则可能出现内外圈预张力比例失调,这对于第 1 种下弦布置方案及环索数较少时尤为显著。

2)环索数量。在矢跨比和高跨比相对比例适当的前提下,随着环索数量的增加,结构预张力分布的不均匀性也有提升的趋势,由内向外逐圈环索预张力值呈现出成倍的增长,因此在保证结构网格尺寸合适的前提下宜尽量减少环索道数。

3)结构高度参数。结构竖向刚度的大小主要取决于结构高度,因此索穹顶各圈高跨比 h_i/L 是重要的设计参数。由表 5 及图 7 可见,随着结构高跨比的增加,索穹顶预张力分布的不均匀性明显降低。此外将结构高度调整为由内向外圈递增,也可进一步改善预应力态索穹顶的内力分布情况。合理设计结构各圈的撑杆高度,能有效降低结构构件截面选配的难度,提高加工制作和安装施工的便易性。

当结构高跨比不足(如 $h/L\leqslant0.09$)时,结构高度调整系数过低会进一步加剧预张力分布的失调。而当结构高跨比足够大(如 $h/L\geqslant0.12$)时,高度调整系数的影响趋于缓和。可以判断,在满足整体结构刚度需求的前提下,可仅增加内圈撑杆高度来提高局部稳定性,中、外圈撑杆高度可不做调整。

表4 设有内孔及不设内孔时葵花三撑杆Ⅱ型索穹顶预应力态索杆内力计算结果($h/L=0.10$、$\xi=0$)

f/L		\multicolumn{15}{c}{0.08}
m		2				3					4					
i		1p	0	1	2	1p	0	1	2	3	1p	0	1	2	3	4
情况1	T_{ia}	—	1.79	1.00	1.86	—	1.82	1.00	1.61	3.58	—	1.83	1.00	1.53	3.04	7.53
	T_{ib}	—	—	1.08	2.16	—	—	1.12	1.97	4.61	—	—	1.13	1.91	4.04	10.49
	V_{ia}	—	−0.90	−0.09	−0.39	—	−0.65	−0.07	−0.23	−0.74	—	−0.51	−0.05	−0.16	−0.45	−1.42
	V_{ib}	—	—	−0.19	−0.41	—	—	−0.12	−0.23	−0.64	—	—	−0.09	−0.17	−0.41	−1.24
	B_i	—	0.08	0.44	2.11	—	0.05	0.22	0.69	2.47	—	0.04	0.14	0.39	1.12	3.79
	H_i	4.74	—	1.69	8.65	4.74	—	0.74	2.49	8.75	4.75	—	0.42	1.25	3.54	11.31
情况2	T_{ia}	—	1.71	1.00	1.98	—	1.78	1.00	1.67	3.86	—	1.81	1.00	1.56	3.20	8.22
	T_{ib}	—	—	1.12	2.42	—	—	1.14	2.09	5.17	—	—	1.15	1.98	4.36	11.87
	V_{ia}	—	−0.85	−0.10	−0.45	—	−0.63	−0.07	−0.25	−0.82	—	−0.50	−0.05	−0.17	−0.49	−1.56
	V_{ib}	—	—	−0.15	−0.37	—	—	−0.11	−0.22	−0.64	—	—	−0.08	−0.16	−0.41	−1.32
	B_i	—	0.08	0.35	1.62	—	0.05	0.18	0.59	2.14	—	0.04	0.12	0.35	1.02	3.58
	H_i	4.53	—	1.53	6.89	4.63	—	0.70	2.29	7.67	4.68	—	0.41	1.20	3.33	10.54
情况3	T_{ia}	—	1.64	1.00	2.09	—	1.74	1.00	1.73	4.15	—	1.78	1.00	1.60	3.36	8.99
	T_{ib}	—	—	1.16	2.70	—	—	1.16	2.23	5.81	—	—	1.16	2.06	4.70	13.49
	V_{ia}	—	−0.82	−0.12	−0.53	—	−0.62	−0.08	−0.28	−0.94	—	−0.49	−0.06	−0.19	−0.55	−1.78
	V_{ib}	—	—	−0.15	−0.40	—	—	−0.10	−0.23	−0.73	—	—	−0.08	−0.16	−0.45	−1.54
	B_i	—	0.07	0.27	1.24	—	0.05	0.15	0.51	1.90	—	0.04	0.11	0.31	0.96	3.47
	H_i	4.34	—	1.37	5.49	4.53	—	0.67	2.09	6.72	4.61	—	0.40	1.14	3.13	9.80

f/L		\multicolumn{15}{c}{0.1}
m		2				3					4					
i		1p	0	1	2	1p	0	1	2	3	1p	0	1	2	3	4
情况1	T_{ia}	—	1.78	1.00	2.02	—	1.81	1.00	1.66	4.01	—	1.83	1.00	1.56	3.22	8.52
	T_{ib}	—	—	1.07	2.29	—	—	1.11	2.01	5.06	—	—	1.13	1.93	4.23	11.65
	V_{ia}	—	−1.09	−0.11	−0.53	—	−0.80	−0.08	−0.29	−1.04	—	−0.63	−0.06	−0.20	−0.60	−2.01
	V_{ib}	—	—	−0.22	−0.54	—	—	−0.15	−0.29	−0.87	—	—	−0.11	−0.21	−0.53	−1.70
	B_i	—	0.10	0.58	3.79	—	0.06	0.27	0.94	4.02	—	0.04	0.17	0.50	1.55	5.89
	H_i	4.73	—	2.27	16.07	4.74	—	0.94	3.48	14.72	4.74	—	0.53	1.65	5.03	18.22
情况2	T_{ia}	—	1.68	1.00	2.17	—	1.76	1.00	1.74	4.36	—	1.80	1.00	1.60	3.42	9.41
	T_{ib}	—	—	1.11	2.62	—	—	1.13	2.17	5.78	—	—	1.14	2.02	4.64	13.45
	V_{ia}	—	−1.03	−0.13	−0.60	—	−0.77	−0.09	−0.32	−1.14	—	−0.61	−0.06	−0.22	−0.65	−2.22
	V_{ib}	—	—	−0.19	−0.50	—	—	−0.13	−0.28	−0.89	—	—	−0.10	−0.20	−0.54	−1.87
	B_i	—	0.09	0.45	2.63	—	0.06	0.23	0.79	3.35	—	0.04	0.15	0.44	1.41	5.47
	H_i	4.47	—	2.00	11.27	4.60	—	0.89	3.12	12.08	4.66	—	0.51	1.56	4.64	16.31
情况3	T_{ia}	—	1.59	1.00	2.30	—	1.71	1.00	1.81	4.74	—	1.77	1.00	1.64	3.64	10.44
	T_{ib}	—	—	1.17	3.00	—	—	1.16	2.34	6.65	—	—	1.16	2.12	5.09	15.69
	V_{ia}	—	−0.98	−0.15	−0.71	—	−0.75	−0.10	−0.36	−1.32	—	−0.60	−0.07	−0.24	−0.73	−2.54
	V_{ib}	—	—	−0.18	−0.57	—	—	−0.13	−0.30	−1.06	—	—	−0.10	−0.21	−0.61	−2.27
	B_i	—	0.09	0.35	1.87	—	0.06	0.19	0.68	2.87	—	0.04	0.13	0.40	1.31	5.26
	H_i	4.25	—	1.74	8.09	4.48	—	0.83	2.77	9.95	4.58	—	0.49	1.46	4.26	14.61

f/L						0.12										
m			2				3					4				
i		1p	0	1	2	1p	0	1	2	3	1p	0	1	2	3	4
情况1	T_{ia}	—	1.76	1.00	2.21	—	1.81	1.00	1.72	4.54	—	1.82	1.00	1.59	3.42	9.72
	T_{ib}	—	—	1.05	2.45	—	—	1.10	2.06	5.61	—	—	1.12	1.95	4.45	13.04
	V_{ia}	—	−1.28	−0.13	−0.69	—	−0.94	−0.09	−0.35	−1.40	—	−0.74	−0.07	−0.24	−0.75	−2.74
	V_{ib}	—	—	−0.26	−0.69	—	—	−0.17	−0.35	−1.14	—	—	−0.13	−0.25	−0.65	−2.26
	B_i	—	0.12	0.73	7.76	—	0.07	0.33	1.23	6.67	—	0.05	0.21	0.62	2.08	9.11
	H_i	4.72	—	2.93	33.94	4.74	—	1.15	4.70	25.17	4.74	—	0.64	2.08	6.92	29.11
情况2	T_{ia}	—	1.64	1.00	2.38	—	1.74	1.00	1.81	4.96	—	1.79	1.00	1.64	3.67	10.81
	T_{ib}	—	—	1.11	2.84	—	—	1.13	2.25	6.49	—	—	1.14	2.07	4.94	15.27
	V_{ia}	—	−1.20	−0.15	−0.77	—	−0.90	−0.10	−0.39	−1.54	—	−0.72	−0.08	−0.26	−0.82	−3.03
	V_{ib}	—	—	−0.22	−0.65	—	—	−0.15	−0.35	−1.20	—	—	−0.12	−0.24	−0.69	−2.54
	B_i	—	0.11	0.57	4.41	—	0.07	0.27	1.03	5.17	—	0.05	0.18	0.55	1.87	8.18
	H_i	4.42	—	2.52	18.90	4.58	—	1.08	4.09	18.82	4.64	—	0.61	1.94	6.22	24.71
情况3	T_{ia}	—	1.54	1.00	2.54	—	1.69	1.00	1.90	5.42	—	1.75	1.00	1.69	3.93	12.14
	T_{ib}	—	—	1.17	3.32	—	—	1.16	2.46	7.62	—	—	1.16	2.19	5.50	18.27
	V_{ia}	—	−1.12	−0.18	−0.92	—	−0.87	−0.11	−0.45	−1.77	—	−0.71	−0.08	−0.29	−0.93	−3.49
	V_{ib}	—	—	−0.22	−0.76	—	—	−0.15	−0.38	−1.48	—	—	−0.12	−0.26	−0.79	−3.23
	B_i	—	0.10	0.42	2.77	—	0.07	0.23	0.87	4.21	—	0.05	0.16	0.49	1.73	7.69
	H_i	4.16	—	2.12	11.67	4.43	—	0.99	3.53	14.30	4.55	—	0.58	1.80	5.57	21.05

f/L						0.14										
m			2				3					4				
i		1p	0	1	2	1p	0	1	2	3	1p	0	1	2	3	4
情况1	T_{ia}	—	1.74	1.00	2.43	—	1.80	1.00	1.79	5.19	—	1.82	1.00	1.62	3.64	11.20
	T_{ib}	—	—	1.04	2.63	—	—	1.10	2.11	6.27	—	—	1.12	1.98	4.67	14.71
	V_{ia}	—	−1.45	−0.15	−0.87	—	−1.07	−0.11	−0.42	−1.85	—	−0.84	−0.08	−0.29	−0.92	−3.68
	V_{ib}	—	—	−0.29	−0.86	—	—	−0.19	−0.42	−1.47	—	—	−0.14	−0.28	−0.79	−2.94
	B_i	—	0.13	0.90	26.24	—	0.08	0.39	1.60	11.81	—	0.06	0.24	0.75	2.72	14.32
	H_i	4.71	—	3.70	117.96	4.73	—	1.37	6.22	45.93	4.74	—	0.74	2.55	9.32	47.29
情况2	T_{ia}	—	1.61	1.00	2.63	—	1.73	1.00	1.89	5.65	—	1.78	1.00	1.68	3.92	12.46
	T_{ib}	—	—	1.10	3.10	—	—	1.13	2.34	7.31	—	—	1.14	2.11	5.25	17.39
	V_{ia}	—	−1.34	−0.17	−0.97	—	−1.03	−0.11	−0.46	−2.01	—	−0.82	−0.09	−0.31	−1.01	−4.05
	V_{ib}	—	—	−0.25	−0.82	—	—	−0.18	−0.41	−1.57	—	—	−0.14	−0.28	−0.85	−3.38
	B_i	—	0.12	0.69	8.11	—	0.08	0.32	1.30	8.10	—	0.06	0.21	0.66	2.41	12.19
	H_i	4.37	—	3.08	34.73	4.55	—	1.26	5.23	29.73	4.63	—	0.71	2.34	8.14	37.30
情况3	T_{ia}	—	1.50	1.00	2.80	—	1.66	1.00	1.99	6.20	—	1.73	1.00	1.74	4.24	14.12
	T_{ib}	—	—	1.18	3.70	—	—	1.17	2.59	8.74	—	—	1.16	2.25	5.94	21.28
	V_{ia}	—	−1.25	−0.20	−1.14	—	−0.99	−0.13	−0.53	−2.31	—	−0.80	−0.10	−0.34	−1.14	−4.67
	V_{ib}	—	—	−0.25	−1.01	—	—	−0.18	−0.47	−2.03	—	—	−0.14	−0.31	−1.00	−4.49
	B_i	—	0.11	0.50	4.10	—	0.08	0.27	1.08	6.07	—	0.06	0.18	0.59	2.21	11.03
	H_i	4.08	—	2.51	16.84	4.38	—	1.15	4.36	20.24	4.52	—	0.67	2.14	7.07	29.73

表5 结构高度变化时设有内孔葵花三撑杆Ⅱ型索穹顶预应力态索杆内力计算结果（$f/L=0.10$、$m=3$）

		h/L														
		ξ		-0.2					0					0.2		
		i	1p	0	1	2	3	1p	0	1	2	3	1p	0	1	2	3
情况1	T_{ia}	—	1.81	1.00	1.75	4.98	—	1.81	1.00	1.74	4.68	—	1.81	1.00	1.73	4.45
	T_{ib}	—	—	1.09	2.06	6.00	—	—	1.10	2.07	5.76	—	—	1.10	2.07	5.56
	V_{ia}	—	-0.79	-0.08	-0.32	-1.50	—	-0.79	-0.08	-0.31	-1.31	—	-0.79	-0.08	-0.31	-1.19
	V_{ib}	—	—	-0.16	-0.34	-1.22	—	—	-0.16	-0.33	-1.08	—	—	-0.16	-0.32	-0.98
	B_i	—	0.07	0.35	1.50	12.34	—	0.07	0.34	1.31	7.41	—	0.07	0.33	1.16	5.26
	H_i	4.74	—	1.28	6.04	48.65	4.74	—	1.24	5.14	28.45	4.74	—	1.19	4.48	19.67
情况2	T_{ia}	—	1.74	1.00	1.86	5.57	—	1.74	1.00	1.83	5.11	—	1.74	1.00	1.80	4.77
	T_{ib}	—	—	1.13	2.30	7.19	—	—	1.13	2.27	6.68	—	—	1.13	2.24	6.30
	V_{ia}	—	-0.76	-0.09	-0.37	-1.70	—	-0.76	-0.09	-0.35	-1.45	—	-0.77	-0.09	-0.34	-1.28
	V_{ib}	—	—	-0.13	-0.31	-1.15	—	—	-0.13	-0.30	-1.05	—	—	-0.13	-0.29	-0.97
	B_i	—	0.06	0.28	1.23	8.45	—	0.06	0.27	1.06	5.52	—	0.06	0.26	0.94	4.08
	H_i	4.56	—	1.21	5.22	31.79	4.57	—	1.15	4.42	20.59	4.58	—	1.09	3.83	14.95
情况3	T_{ia}	—	1.67	1.00	1.97	6.22	—	1.68	1.00	1.92	5.57	—	1.68	1.00	1.88	5.11
	T_{ib}	—	—	1.16	2.55	8.72	—	—	1.16	2.48	7.81	—	—	1.16	2.43	7.17
	V_{ia}	—	-0.74	-0.11	-0.45	-2.03	—	-0.74	-0.10	-0.42	-1.68	—	-0.74	-0.10	-0.39	-1.45
	V_{ib}	—	—	-0.13	-0.33	-1.39	—	—	-0.13	-0.32	-1.24	—	—	-0.13	-0.31	-1.14
	B_i	—	0.06	0.23	0.99	6.28	—	0.06	0.22	0.86	4.33	—	0.06	0.21	0.76	3.31
	H_i	4.39	—	1.12	4.47	22.27	4.41	—	1.05	3.77	15.41	4.43	—	0.99	3.26	11.60

		h/L														
		ξ		-0.2					0					0.2		
		i	1p	0	1	2	3	1p	0	1	2	3	1p	0	1	2	3
情况1	T_{ia}	—	1.81	1.00	1.67	4.19	—	1.81	1.00	1.66	4.01	—	1.81	1.00	1.66	3.88
	T_{ib}	—	—	1.11	2.01	5.19	—	—	1.11	2.01	5.06	—	—	1.11	2.02	4.95
	V_{ia}	—	-0.80	-0.08	-0.29	-1.14	—	-0.80	-0.08	-0.29	-1.04	—	-0.80	-0.08	-0.28	-0.96
	V_{ib}	—	—	-0.15	-0.30	-0.94	—	—	-0.15	-0.29	-0.87	—	—	-0.14	-0.29	-0.82
	B_i	—	0.06	0.28	1.05	5.65	—	0.06	0.27	0.94	4.02	—	0.06	0.27	0.85	3.14
	H_i	4.74	—	0.98	4.00	21.42	4.74	—	0.94	3.48	14.72	4.74	—	0.91	3.08	11.08
情况2	T_{ia}	—	1.76	1.00	1.76	4.66	—	1.76	1.00	1.74	4.36	—	1.76	1.00	1.72	4.14
	T_{ib}	—	—	1.13	2.19	6.11	—	—	1.13	2.17	5.78	—	—	1.14	2.15	5.53
	V_{ia}	—	-0.77	-0.09	-0.33	-1.30	—	-0.77	-0.09	-0.32	-1.14	—	-0.78	-0.08	-0.31	-1.04
	V_{ib}	—	—	-0.13	-0.29	-0.95	—	—	-0.13	-0.28	-0.89	—	—	-0.13	-0.28	-0.85
	B_i	—	0.06	0.24	0.89	4.60	—	0.06	0.23	0.79	3.35	—	0.06	0.22	0.72	2.66
	H_i	4.60	—	0.93	3.62	17.07	4.60	—	0.89	3.12	12.08	4.61	—	0.85	2.73	9.24
情况3	T_{ia}	—	1.70	1.00	1.85	5.18	—	1.71	1.00	1.81	4.74	—	1.72	1.00	1.78	4.43
	T_{ib}	—	—	1.16	2.40	7.27	—	—	1.16	2.34	6.65	—	—	1.16	2.30	6.21
	V_{ia}	—	-0.75	-0.10	-0.39	-1.54	—	-0.75	-0.10	-0.36	-1.32	—	-0.75	-0.10	-0.35	-1.17
	V_{ib}	—	—	-0.13	-0.31	-1.16	—	—	-0.13	-0.30	-1.06	—	—	-0.13	-0.30	-0.99
	B_i	—	0.06	0.20	0.76	3.86	—	0.06	0.19	0.68	2.87	—	0.06	0.19	0.62	2.33
	H_i	4.46	—	0.89	3.25	13.72	4.47	—	0.83	2.77	9.95	4.48	—	0.78	2.42	7.73

h/L						0.12										
ξ		-0.2					0						0.2			
i		1p	0	1	2	3	1p	0	1	2	3	1p	0	1	2	3
情况1	T_{ia}	—	1.82	1.00	1.63	3.78	—	1.82	1.00	1.62	3.66	—	1.82	1.00	1.61	3.56
	T_{ib}	—	—	1.12	1.98	4.78	—	—	1.12	1.98	4.69	—	—	1.12	1.98	4.62
	V_{ia}	—	-0.80	-0.08	-0.28	-0.97	—	-0.80	-0.08	-0.27	-0.89	—	-0.80	-0.08	-0.27	-0.85
	V_{ib}	—	—	-0.14	-0.28	-0.81	—	—	-0.14	-0.28	-0.76	—	—	-0.14	-0.27	-0.73
	B_i	—	0.06	0.24	0.82	3.61	—	0.06	0.24	0.75	2.77	—	0.06	0.23	0.69	2.28
	H_i	4.74	—	0.79	2.97	13.11	4.74	—	0.76	2.62	9.61	4.74	—	0.74	2.34	7.53
情况2	T_{ia}	—	1.77	1.00	1.70	4.16	—	1.77	1.00	1.68	3.95	—	1.78	1.00	1.67	3.79
	T_{ib}	—	—	1.14	2.13	5.52	—	—	1.14	2.11	5.28	—	—	1.14	2.10	5.10
	V_{ia}	—	-0.78	-0.08	-0.30	-1.09	—	-0.78	-0.08	-0.30	-0.98	—	-0.78	-0.08	-0.29	-0.91
	V_{ib}	—	—	-0.13	-0.27	-0.85	—	—	-0.13	-0.27	-0.81	—	—	-0.13	-0.27	-0.78
	B_i	—	0.06	0.21	0.72	3.14	—	0.06	0.20	0.65	2.43	—	0.06	0.20	0.60	2.02
	H_i	4.62	—	0.76	2.76	11.31	4.62	—	0.73	2.40	8.36	4.63	—	0.69	2.12	6.58
情况3	T_{ia}	—	1.73	1.00	1.78	4.59	—	1.73	1.00	1.74	4.26	—	1.74	1.00	1.72	4.03
	T_{ib}	—	—	1.16	2.30	6.44	—	—	1.16	2.25	5.98	—	—	1.16	2.22	5.64
	V_{ia}	—	-0.76	-0.09	-0.35	-1.28	—	-0.76	-0.09	-0.33	-1.12	—	-0.76	-0.09	-0.32	-1.01
	V_{ib}	—	—	-0.13	-0.30	-1.02	—	—	-0.13	-0.29	-0.95	—	—	-0.13	-0.29	-0.90
	B_i	—	0.06	0.18	0.64	2.80	—	0.06	0.18	0.58	2.20	—	0.06	0.17	0.54	1.86
	H_i	4.50	—	0.73	2.54	9.71	4.51	—	0.69	2.19	7.24	4.52	—	0.65	1.92	5.73

h/L						0.14										
ξ		-0.2					0						0.2			
i		1p	0	1	2	3	1p	0	1	2	3	1p	0	1	2	3
情况1	T_{ia}	—	1.82	1.00	1.59	3.53	—	1.82	1.00	1.59	3.44	—	1.82	1.00	1.58	3.36
	T_{ib}	—	—	1.12	1.96	4.53	—	—	1.12	1.96	4.47	—	—	1.12	1.96	4.41
	V_{ia}	—	-0.80	-0.08	-0.27	-0.86	—	-0.80	-0.08	-0.27	-0.81	—	-0.80	-0.08	-0.26	-0.78
	V_{ib}	—	—	-0.14	-0.27	-0.74	—	—	-0.14	-0.26	-0.71	—	—	-0.14	-0.26	-0.69
	B_i	—	0.06	0.22	0.69	2.67	—	0.06	0.21	0.64	2.15	—	0.06	0.21	0.60	1.83
	H_i	4.74	—	0.66	2.36	9.27	4.74	—	0.64	2.09	7.04	4.74	—	0.62	1.88	5.65
情况2	T_{ia}	—	1.78	1.00	1.66	3.85	—	1.79	1.00	1.64	3.68	—	1.79	1.00	1.63	3.56
	T_{ib}	—	—	1.14	2.09	5.15	—	—	1.14	2.07	4.96	—	—	1.14	2.06	4.81
	V_{ia}	—	-0.78	-0.08	-0.29	-0.96	—	-0.79	-0.08	-0.28	-0.88	—	-0.79	-0.08	-0.28	-0.83
	V_{ib}	—	—	-0.13	-0.27	-0.79	—	—	-0.13	-0.26	-0.76	—	—	-0.13	-0.26	-0.74
	B_i	—	0.06	0.19	0.62	2.41	—	0.06	0.19	0.57	1.95	—	0.06	0.19	0.54	1.68
	H_i	4.63	—	0.64	2.23	8.34	4.64	—	0.61	1.95	6.33	4.64	—	0.59	1.73	5.07
情况3	T_{ia}	—	1.74	1.00	1.72	4.21	—	1.75	1.00	1.69	3.95	—	1.75	1.00	1.67	3.76
	T_{ib}	—	—	1.16	2.23	5.91	—	—	1.16	2.19	5.54	—	—	1.16	2.16	5.27
	V_{ia}	—	-0.77	-0.09	-0.33	-1.12	—	-0.77	-0.09	-0.31	-0.99	—	-0.77	-0.09	-0.30	-0.91
	V_{ib}	—	—	-0.13	-0.29	-0.94	—	—	-0.13	-0.28	-0.88	—	—	-0.13	-0.28	-0.84
	B_i	—	0.05	0.17	0.56	2.23	—	0.05	0.17	0.52	1.83	—	0.05	0.17	0.50	1.59
	H_i	4.53	—	0.62	2.09	7.44	4.54	—	0.59	1.81	5.65	4.55	—	0.55	1.59	4.52

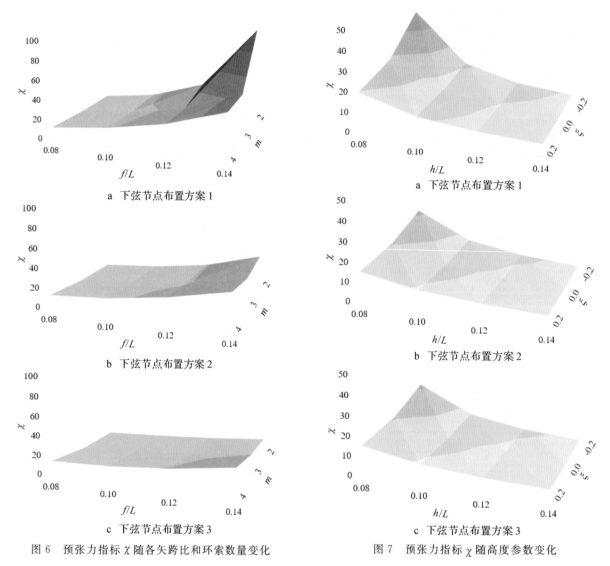

a 下弦节点布置方案1	a 下弦节点布置方案1
b 下弦节点布置方案2	b 下弦节点布置方案2
c 下弦节点布置方案3	c 下弦节点布置方案3

图6 预张力指标 χ 随各矢跨比和环索数量变化　　　图7 预张力指标 χ 随高度参数变化

4）下弦布置方案。对比三种不同的下弦节点布置方案，随着环索位置向外移动，环索和斜索预张力偏向均匀，但外圈脊索和撑杆的相对预张力有所增加；特别是对于方案3的下部结构布置且环索数较多时，最外圈脊索的预张力水平甚至可能超过最外圈环索，这将增大索穹顶支座处的水平反力，对外环梁等支承结构的设计带来困难。

另一方面，索穹顶实际施工中通常以主动张拉中、外圈斜索实现整体结构的预应力刚化，而内圈索杆常常作为被动构件原长安装。对于球面上弦构型的索穹顶，内圈脊索在竖向荷载作用下退出工作是影响结构承载力的主要原因之一[18]，较大的内外圈预张力比例容易导致内圈索杆预张力不足。比较三种不同下弦布置方案，环索水平半径越小，结构预张力分布相差越大。因此在选用第1、2种下弦布置方案时，宜适当加大内圈撑杆高度，或内圈采用可受压杆件来提高局部承载力。

4 100m跨度葵花三撑杆Ⅱ型索穹顶试设计

4.1 结构性能的参数敏感性分析

对于100m跨度索穹顶结构,首先选用一参考模型,为设有内孔的$_{16}L_{33\text{Ⅱ}}$型,第2种下弦布置方案,矢跨比和结构高跨比都选用0.1,内外高度调整系数取值为0;外圈环索设计预张力为5000kN。以参考模型为基准,假设构件截面按照预张力态应力比和长细比选取,分别变换除环索道数以外的不同设计参数,考察结构各项性能的变化规律。

采用ANSYS软件对上述索穹顶结构建模分析,拉索和压杆都通过Link180单元模拟,采用双线性等向强化的材料非线性模型,并开启拉索单元的"只受拉"选项;根据杆件长细比,通过修正材料模型的屈服应力来简化考虑压杆稳定性。有限元分析模型见图8,经过3D3S和Midas Gen专业软件比对检验,可获得一致的静力响应和动力特性。改变不同的设计参数,对索穹顶的各项性能进行分析,结果列于表6。其中结构自重考虑了构件用钢量30%的节点附加质量。考虑刚性金属屋面系统,恒荷载和活荷载标准值分别取$1kN/m^2$和$0.5kN/m^2$。进行屈曲分析时活荷载按照满跨布置考虑;计算结构动力特性时考虑1.0恒荷载+0.5活荷载的荷载等效附加质量。

图8 索穹顶ANSYS有限元分析模型

已有研究[6,18]及本例初步分析表明,索穹顶结构的内圈拉索容易在向下荷载作用下率先退出工作,且临界荷载系数较低,因此将其也列为结构稳定性的评价指标之一。文献[18]中建议通过将上弦脊索及上环索替换为可承压杆件来避免脊索松弛问题;根据表6的分析结果,增大结构高度也能有效提高脊索松弛的临界荷载,因此在实际工程设计中可结合两种方法来满足结构稳定性的要求。

随着环向划分数n、结构高跨比h/L和高度调整系数ξ的增加,结构的竖向刚度大致呈现增长趋势。结构刚度和以脊索松弛为临界的承载能力随着环向划分数n增加而提升,但用钢量增长显著,考虑到屋面系统檩条的安装成本,建议n取值为16。另外当矢跨比增大且结构高跨比不匹配(太小)时,索穹顶的稳定性和承载力均有所下降;因而在结构高跨比满足设计基本要求的前提下,矢跨比和高跨比宜尽量相符。随着结构高度的增大,整体刚度、稳定性和极限承载能力都有明显改善,因此结构高跨比和高度调整系数可以作为主要设计变量;但需注意内外圈高度相差过大时,结构的极限承载能力反而有所下降。对比三种下弦节点布置方案,单从结构竖向刚度和稳定性来看,方案 3($r_{ib}-r_{i}=0$)相对更优,但代价是材料用钢量随构件长度的明显增加。

表 6　不同设计参数下索穹顶结构的各项性能比较(优化前)

参数	取值	静力位移幅值/ m	自振基频/ Hz	特征值屈曲临界荷载/ (kN/m²)	脊索松弛临界荷载/ (kN/m²)	极限承载力/ (kN/m²)	构件用钢量/ (kg/m²)	拉索用钢量/ (kg/m²)	杆件用钢量/ (kg/m²)	索杆质量比
参考模型		−0.27	1.39	8.3	2.5	5.43	22.15	9.42	12.73	0.74
环向划分数	12	−0.33	1.41	7.4	2.2	3.90	18.71	8.57	10.14	0.85
	14	−0.29	1.29	8.5	2.4	3.23	20.40	8.98	11.42	0.79
	18	−0.25	1.40	8.8	2.5	3.08	23.93	9.87	14.07	0.70
	20	−0.24	1.34	8.8	3.0	5.84	25.75	10.33	15.42	0.67
矢跨比	0.08	−0.27	1.39	9.2	4.6	7.97	22.13	9.44	12.70	0.74
	0.09	−0.27	1.39	8.8	3.9	6.56	22.14	9.42	12.72	0.74
	0.11	−0.26	1.40	7.7	1.9	5.12	22.16	9.41	12.75	0.74
	0.12	−0.27	1.42	7.2	2.0	2.07	22.17	9.41	12.76	0.74
外圈环索预张力/kN	3000	−0.33	1.38	7.4	1.9	3.70	22.15	9.42	12.73	0.74
	4000	−0.27	1.38	7.9	1.9	5.81	22.15	9.42	12.73	0.74
	6000	−0.26	1.40	8.6	3.2	6.30	22.15	9.42	12.73	0.74
下弦节点方案	1	−0.33	1.25	7.8	2.9	7.84	21.51	9.39	12.12	0.78
	3	−0.22	1.53	8.8	3.2	6.21	24.08	9.55	14.53	0.66
结构高跨比	0.08	−1.01	1.19	5.5	1.0	3.31	20.24	9.30	10.94	0.85
	0.09	−0.32	1.29	6.8	1.9	3.62	21.18	9.36	11.82	0.79
	0.11	−0.23	1.49	9.5	3.4	6.76	23.15	9.48	13.66	0.69
	0.12	−0.20	1.59	10.6	4.6	8.63	24.17	9.56	14.61	0.65
高度调整系数	0.1	−0.24	1.46	9.0	3.7	8.02	22.77	9.46	13.31	0.71
	0.2	−0.22	1.52	9.7	3.8	7.81	23.40	9.51	13.89	0.68
	0.3	−0.21	1.58	11.0	4.6	4.89	24.04	9.56	14.48	0.66

注:结构挠度验算主要考察 1.0 恒荷载+1.0 均布活荷载下的静力位移幅值;计算特征值屈曲临界荷载时不考虑拉索松弛。

4.2　优化设计准则

索穹顶设计依照极限状态设计方法,考虑正常使用极限状态和承载能力极限状态,主要验算内容包括以下两个方面:

1)构件截面验算。索穹顶的构件截面应根据满应力设计准则调整,即在最不利工况下结构构件满足强度和局部稳定的要求,其中钢材屈服强度为 $f_y=345\text{MPa}$,拉索抗拉强度设计值为 $f_D=f_{tk}/\gamma_R=1770/2.0=885\text{MPa}$。在多个主要荷载工况的包络分析中,最不利情况的应力比控制在 0.9 以内。此外,在永久荷载控制的荷载组合作用下,拉索不得松弛;在可变荷载控制的荷载组合作用下,不得因个别索的松弛而导致结构失效[19]。参考 JGJ 7—2010《空间网格结构技术规程》[20]对双层网壳受压构件的规定,撑杆容许长细比值 180;此外稳定性按照轴心受压构件进行验算,即满足 $N \leqslant \varphi A f$,稳定系数 φ 根据 GB 50017—2017《钢结构设计标准》[21]取值。

2)结构整体刚度验算。按照 GB 50017—2017,对于索穹顶屋盖结构,非抗震组合时容许挠度限值为 $L/250 \doteq 0.4\text{m}$。多遇地震作用组合时容许挠度限值取 $L/300 \doteq 0.33\text{m}$。结构稳定性验算参考 JGJ 7—2010 对网壳结构的规定,按照弹塑性全过程分析时,安全系数取 2.0;按照弹性全过程分析时,安全系数取 4.2。其中基准荷载为 1.0 恒荷载+1.0 活荷载的均布荷载。考虑几何非线性的影响,对结构施加和第一阶整体特征值屈曲模态一致的几何缺陷,幅值取结构跨度的 1/300。

综上,约束条件的数学描述如下:

$$\left.\begin{array}{ll}\dfrac{f_{Ti}}{0.9f_{Di}}-1\leqslant 0 & (i=1,\cdots,b_T)\\[2mm] -f_{Ti}\leqslant 0 & (i=1,\cdots,b_T)\\[2mm] \dfrac{f_{Ci}}{0.9\varphi_i f A_{ci}}-1\leqslant 0 & (i=1,\cdots,b_C)\\[2mm] \lambda_{Ci}/[\lambda_C]-1\leqslant 0 & (i=1,\cdots,b_C)\\[2mm] u_{\max}/[u]-1\leqslant 0 & \end{array}\right\} \tag{18}$$

式中:b_T、b_C 分别为受拉构件(索)与受压构件(杆)的数量;f_{Ti}、f_{Di} 分别为拉索 i 的分析内力幅值及设计强度(一般取极限强度的 1/2);f_{Ci}、A_{Ci} 和 λ_{Ci} 分别为第 i 根撑杆的压力幅值、截面积和长细比,φ_i 为稳定系数;$[\lambda_C]$ 和 $[u]$ 分别为长细比及位移的容许值,分别取 180 和 0.4m。

4.3 工况参数

4.3.1 非抗震工况

承载力极限状态分析中共考虑 14 种非抗震工况,荷载组合如表 7 所示。考虑刚性金属屋面系统,恒荷载和均布活荷载的标准值分别取 1kN/m^2 和 0.5kN/m^2。基本风压值取 0.45kN/m^2,均匀温度作用标准值取 $\pm 30\text{℃}$。按照 GB 50009—2012《建筑结构荷载规范》[22]中的建议,不上人屋面活荷载不与雪荷载同时组合。计算等效静力风荷载时,风振系数取 1.8。正常使用极限状态计算仅考虑标准组合。

表 7　非抗震工况荷载组合

工况编号	组合系数			
	恒荷载	活荷载	风荷载	温度荷载
1	1.30	1.50	—	—
2	1.35	1.50×0.7	—	—
3	1.00	—	1.50	—
4	1.30	—	—	1.50
5	1.30	—	—	−1.50
6	1.30	1.50	1.50×0.6	—
7	1.35	1.50×0.7	1.50×0.6	—
8	1.30	1.50	—	1.50×0.6
9	1.35	1.50×0.7	—	1.50×0.6
10	1.30	1.50	—	−1.50×0.6

工况编号	组合系数			
	恒荷载	活荷载	风荷载	温度荷载
11	1.35	1.50×0.7	—	−1.50×0.6
12	1.30	1.50	1.50×0.6	−1.50×0.6
13	1.00	—	1.50	−1.50×0.6
14	1.00	—	1.50	1.50×0.6

注：风荷载风振系数取值1.8。

4.3.2 地震工况

通过非抗震工况设计选定参数与截面的结构模型，还需进行抗震性能验算。抗震设防烈度按照北京市为8度，设计基本加速度为0.2g，考虑三向地震幅值比例为1：0.85：0.65。对于多遇地震，采用反应谱法分析，峰值加速度为70cm/s²，水平地震影响系数最大值 α_{max} 取0.16；截面验算时，水平和竖向地震作用分项系数分别取1.3和0.5，并考虑两种组合。对于罕遇地震，选取El-Centro、Northridge和Kobe三条天然波，峰值加速度调整为400cm/s²，采用弹塑性时程法分析。动力分析考虑1.0恒荷载＋0.5均布雪荷载的等效附加质量，阻尼比取0.02。

按照非抗震工况优化设计的结构模型，以限定矢跨比为0.1、环向划分数 $n=16$ 的优化结果为例，多遇地震作用下位移幅值为44.1mm，远小于规范限值；拉索应力比幅值为0.62(相当于拉索极限强度的31％)位于外环索；压杆稳定控制应力比为0.62，位于外圈a类撑杆 V_{3a}。罕遇地震最大拉索应力为1134MPa位于最内圈斜索 B_1，相当于极限强度的64％，大于拉索设计强度但在极限强度范围内；最大压杆应力为54.9MPa，考虑压杆失稳的应力比为0.76；位移幅值为614.6mm，变形小于两倍弹性限值。分析结果表明设计后的索穹顶结构地震效应不起控制作用，基本满足GB 50011—2010《建筑抗震设计规范》[23]附录M中抗震性能2(即结构构件在设防地震作用下完好，在预期罕遇地震作用下可能屈服，其细节构造仍满足低延性)的要求。

4.4 基于遗传算法的优化设计

3.2和4.1节的分析结果表明，结构高跨比等高度控制指标对结构整体受力性能影响显著，但单纯增大结构高度不仅减少了建筑净空，还会因压杆稳定的要求而增加构件截面积，从而降低经济性。这给索穹顶的优化设计带来困难，因此须对结构多参数进行协同优化设计。而以遗传算法为代表的智能算法是解决此类多目标规划问题的有效手段。

遗传算法是模拟生物种群繁衍及"物竞天择、适者生存"的参数优化算法，根据适应度函数值对表现更优的参数群体选择遗传，并利用"交叉"和"变异"操作保证种群的多样性，一定程度上缓解了算法过早陷入局部最优的问题。遗传算法具有快速简单、鲁棒性和并行性好、易于和其他算法结合等优点，已在多学科和工程领域上得到了广泛和成熟的应用[24-25]。其中梁昊庆等[26]基于小生境遗传算法对索穹顶结构预应力水平进行了多目标优化。梁笑天等[27]以最小用钢量和最大刚度为目标实现了肋环索穹顶的形状优化设计。张爱林等[28]考虑了多工况验算及预张力水平的附加成本，基于遗传算法获得脊杆索穹顶造价最优的构件截面和预张力水平，但未对结构拓扑及几何进行优化。因此本文中考虑将结构在多种主控工况下的性能需求作为约束条件，以经济指标为优化目标，采用遗传算法对葵花三撑杆

Ⅱ型索穹顶结构的几何构型、网格划分及预张力参数进行协同优化设计,设计流程如图9所示。

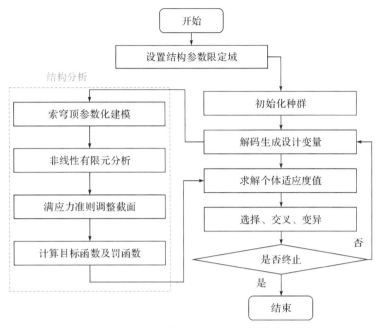

图 9　基于遗传算法的索穹顶优化设计流程

用遗传算法对索穹顶结构进行优化设计时的初始设置条件如下。

1)设计参数及其限定域。假设结构跨度为100m,环索道数为3,孔跨比为1/7,其他各参数的选择范围如表8所示。其中下弦节点布置方案和环向划分数仅在罗列的若干元素中取值,而结构高度控制参数及预张力水平在连续限定域内取随机值。程序中采用二进制编码:将环索道数、结构跨度和孔跨比以外的变量按照表中顺序构成二进制编码串,染色体的总长度为28。

表 8　结构设计参数的限定域

设计参数	限定域	二进制编码
下弦节点布置方案	$[1;2;3]$	$[0 \quad 1]_2$
环向划分数	$[12;14;16;18]$	$[0 \quad 1]_2$
矢跨比	$[0.05,0.20]$	$[0 \quad \cdots \quad 1]_6$
结构高跨比	$[0.05,0.20]$	$[0 \quad \cdots \quad 1]_6$
高度调整系数	$[0.0,0.3]$	$[0 \quad \cdots \quad 1]_6$
外圈环索预张力/kN	$[4000,8000]$	$[0 \quad \cdots \quad 1]_6$

2)目标函数。以索穹顶为代表的建筑工程索杆张力结构体系具有简洁高效的特点,百米跨度结构构件用钢量往往能控制在$20kg/m^2$以内。然而实际拉索较之普通钢构件造价昂贵,因此结构实际的建设安装成本不能仅由整体用钢量衡量,还应考虑结构用索量比例。假设以百米跨度圆形平面索穹顶实际等效用钢量和参考用钢量的比值作为评价索穹顶结构的经济指标,通过下式确定:

$$E_{100} = \frac{(\zeta_{nb}+\zeta_{cs}) \cdot W_{cable} + (1+\zeta_{nb}) \cdot W_{strut}}{A_{100} \cdot M_{ref}} \tag{19}$$

式中:W_{cable}、W_{strut}分别为结构中索体和撑杆的总质量;ζ_{cs}为索体和圆钢管同等质量条件下的等效成本比例,取2.5;ζ_{nb}为节点和杆件之间的质量比,取30%;A_{100}为百米跨度圆形投影平面积,近似取$7850m^2$。M_{ref}为百米跨度索穹顶的参考用钢量,取$40kg/m^2$。

3）约束条件。为了简化截面优化的过程，截面直接通过多工况分析的结果根据满应力准则选配，其中拉索截面根据强度验算确定，杆件截面根据最不利工况下的压杆稳定和长细比共同决定，应力比限值为 0.9。选定截面后通过罚函数的形式考虑结构刚度、稳定性和承载能力的规范要求，在限定可行域范围内优化选择结构的各项设计参数。

同时为了考虑结构刚度、稳定性和承载能力随几何参数改变的趋势，约束条件不采用 0-1 简单模式，而通过加权因子控制超限前后的函数值梯度。

$$C_{u}(x) = \left(\frac{u_{\max}}{[u]} - 1\right)\left[1 + w_{u}(u_{\max} > [u])\right] \tag{20}$$

式中：w_{u} 为控制位移超限后的罚函数加权值，可放大位移限制的约束力，本例取值为 1000。

类似地，构造出结构稳定性要求和拉索松弛验算的罚函数如下：

$$C_{bk}(x) = \left(1 - \frac{\lambda_{cr}}{[\lambda]}\right)\left[1 + w_{bk}(\lambda_{cr} < [\lambda])\right] \tag{21}$$

$$C_{sl}(x) = \left(-\frac{t_{\min}}{t_{0}}\right)\left[1 + w_{sl}(t_{\min} < [t_{sl}])\right] \tag{22}$$

此外施加预张力的过程也产生显著的机具及人工成本，因此将预张力水平也引入罚函数的考量。考虑到该索穹顶整体可行自应力模态数为 1，因此最大预张力可以代表结构的预张力水平，因而按照下式确定相应的罚函数：

$$C_{pt}(x) = \max(f_{0})/f_{ref} \tag{23}$$

式中：f_{0} 为结构的初始预张力，f_{ref} 为参考的百米跨度索穹顶预张力水平，假定为 4000kN。

4）适应度函数。采用拉格朗日乘子法考虑各个约束条件的影响，构造出适应度函数为

$$F(x) = \left[\eta_{m}E_{100} + \eta_{u}C_{u}(x) + \eta_{bk}C_{bk}(x) + \eta_{sl}C_{sl}(x) + \eta_{pt}C_{pt}(x)\right]^{-1} \tag{24}$$

式中：η_{m} 为经济指标目标函数的加权因子，本例中取值 20；η_{u}、η_{bk}、η_{sl}、η_{pt} 分别为结构位移幅值、结构稳定临界荷载、多工况拉索松弛和预张力水平罚函数的加权因子（拉格朗日乘子），可用于调节不同需求的比重，本例中取 1.0、1.0、1.0、2.0。

4.5 优化设计结果

假设种群规模为 100，进化代数为 100，交叉概率取 0.9，变异概率取 0.01，采用遗传算法的优化分析结果如图 10 所示。由图可见，随着进化代数的增加，种群的平均适应度值及平均等效用钢量都快速收敛到优化值，但由于交叉和变异操作，两项指标在稳定值附近小幅波动，可见结构技术经济指标对设计参数敏感。

限定不同的预设条件，所得不同的优化结果如表 9 所示。在不设限定、限定矢跨比为 0.1，以及同时限定环向划分数（$n=16$）和矢跨比，优化出三组不同的模型参数。这三组优化结果具有相同的下弦布置方案和结构高跨比，且矢跨比、预张力水平和优化算法的适应度值及等效用钢量都比较接近，但是环向划分数和高度调整系数存在较大差异。可见实现同样的最优指标存在多种参数组合方案，设计者在选定环向划分数后可以通过调节内外结构高度调整系数来获得最优解。而矢跨比（0.1）、预张力水平（4000kN）、下弦布置方案（第 1 种）、结构高跨比（0.1）等参数可直接采纳优化后的统一结果，模型参数的建议值见表 9。

上述优化设计过程中对构件截面仅做了理论估算，优化后拉索用钢量和杆件用钢量分别为 5.55kg/m² 和 10.63kg/m²；考虑拉索造价和节点附加质量修正后，索穹顶结构（不考虑外环梁边界）的等效用钢量指标为 29.36kg/m²。进一步对常见规格的构件截面进行选配，列于表 10，经统计，百米跨度索穹顶的索、杆构件用钢量约为 19kg/m²。

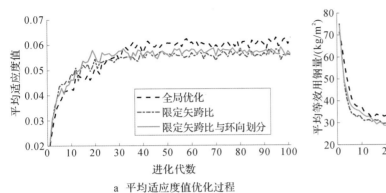

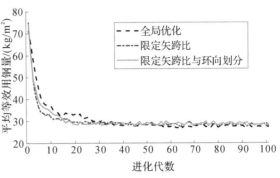

a 平均适应度值优化过程　　　　　b 平均等效用钢量优化过程

图 10　遗传算法迭代优化过程

表 9　不同限定条件下的优化结果

参数及指标	全局优化	限定条件		建议值
		$f/L=0.1,n=16,f/L=0.1$		
环向划分数 n	12	14	16	16
环索道数 m	3	3	3	3
矢跨比 f/L	0.11	0.1	0.1	0.1
外圈环索预张力 H/kN	4100	4000	4100	4100
下弦布置方案 δ	1	1	1	1
结构高跨比 h/L	0.1	0.1	0.1	0.1
高度调整系数 ξ	0.19	0.08	0.12	0.12
结构等效用钢量/(kg/m²)	27.02	28.92	29.36	—
索用钢量/(kg/m²)	5.97	5.61	5.55	—
杆用钢量/(kg/m²)	7.93	10.16	10.63	—
节点用钢量/(kg/m²)	4.17	4.73	4.85	—
索杆质量比	0.75	0.55	0.52	—
适应度值	0.07	0.06	0.06	—

表 10　推荐模型的构件截面和长度信息

类型	构件编号	材料类型	截面规格	设计预张力/kN	构件分段长度/m
脊索	T1a	钢绞线	$\phi30$	333	7.4
	T1b		$\phi30$	370	8.0
	T2a		$\phi36$	553	8.7
	T2b		$\phi40$	671	9.7
	T3a		$\phi55$	1308	10.7
	T3b		$\phi65$	1663	11.9
斜索	B1	钢绞线	$\phi18$	90	16.8
	B2		$\phi36$	294	16.9
	B3		$\phi65$	1145	17.5

类型	构件编号	材料类型	截面规格	设计预张力/kN	构件分段长度/m
环索	H1	钢绞线	$\phi30$	307	2.8
	H2		$\phi65$	1075	8.4
	H3		$2\times\phi90$	4100	13.9
	Hp		$\phi65$	1561	2.8
撑杆	V1a	钢管	$\phi168\times6$	-27	10.3
	V1b		$\phi194\times10$	-48	12.0
	V2a		$\phi194\times10$	-95	11.3
	V2b		$\phi194\times10$	-96	11.6
	V3a		$\phi273\times16$	-329	12.9
	V3b		$\phi203\times14$	-277	11.2

7　结论

（1）提出了一种新型葵花三撑杆Ⅱ型索穹顶结构。区别于 Fuller 构想的张拉整体结构，该结构通过增加上下弦间的撑杆数量，加强了环索对上弦网格的支撑作用，从而减少下弦环索及斜索数量，有利于减少昂贵的索材用量，同时降低了施工张拉的难度。而撑杆数量的增加明显改善了结构的整体及局部稳定性。

（2）根据节点平衡方程，提出了葵花三撑杆Ⅱ型索穹顶预应力态索杆内力递推计算公式。在结构设计和施工时，采用该方法可方便快速得到索杆内力的计算结果。依照本方法计算了 144 个算例，比较了设有内孔与不设内孔两种索穹顶索杆内力分布随设计参数变化的情况。为改善结构预张力的均匀性，宜适当增大环索水平投影半径和减小环索数量，且在保证结构刚度的前提下让矢跨比和高跨比取值接近。

（3）根据参数分析的结果，索穹顶预应力态内力分布及结构整体性能对各参数的敏感性的降序排列依次是环索道数、结构高度及矢跨比、下弦布置方案、环向划分数和预张力水平。在建筑轮廓和上弦网格划分确定的前提下，调整结构高度和下弦布置方案是改变结构性能最直接有效的手段。

（4）对索穹顶结构的工程试设计，从杆件截面和结构整体刚度验算、非抗震和抗震工况参数、基于遗传算法的优化设计（包括根据实际等效用钢量的目标函数、约束条件、适应度函数）等方面做了若干说明，以供参考。遗传算法的优化过程曲线显示，该索穹顶技术经济指标对设计参数敏感，且最优值区间存在多种参数组合。

（5）第 3 种下弦布置方案（$r_{ib}-r_i'=0$）下可获得最优的整体结构刚度及稳定性，但因下弦索杆长度增加，综合技术经济指标不如方案 1（$r_i'-r_{ia}=0$）。

（6）综合考虑结构整体性能、承载能力和用钢量经济指标，对于百米跨度、兼容刚性屋面的葵花三撑杆Ⅱ型索穹顶，采用遗传算法优化设计后的构件用钢量（不考虑节点）约为 19kg/m^2，尤其是索杆质量比降低至 0.6 以下，有效削减了昂贵的拉索用量，具有较好的经济性。

参考文献

[1] GEIGER D H,STEFANIUK A,CHEN D. The design and construction of two cable domes for the Korean Olympics[C]//Proceedings of IASS Symposium on Shells,Membranes and Space Frames,Vol. 2,Osaka,Japan,1986:265—272.

[2] KRISHNA P,GODBOLE P N. Cable-suspended roofs（second edition）[M]. New Delhi: McGraw Hill Education,2013.

[3] LEVY M P. The Georgia Dome and beyond achieving lightweight-long span structures [C]// Spatial Lattice and Tension Structures:Proceedings of the IASS-ASCE International Symposium, Atlanta,USA,1994:560-562.

[4] LEVY M,JING T F,BRZOZOWSKI A,et al. Estadio Ciudad de La Plata（La Plata Stadium）, Argentina [J]. Structural Engineering International,2013,23(3):303—310.

[5] 张成,吴慧,高博青,等.肋环型索穹顶结构的几何法施工及工程应用[J].深圳大学学报(理工版), 2012,29(3):195—200.

[6] 张国军,葛家琪,王树,等.内蒙古伊旗全民健身体育中心索穹顶结构体系设计研究 [J].建筑结构 学报,2012,33(4):12—22.

[7] 陈志华,楼舒阳,闫翔宇,等.天津理工大学体育馆新型复合式索穹顶结构风振效应分析 [J].空间 结构,2017,23(3):21—29.

[8] 冯远,向新岸,董石麟,等.雅安天全体育馆金属屋面索穹顶设计研究[J].空间结构,2019,25(1): 3—13.

[9] FULLER R B. Tensile-integrity structures:US 3063521[P]. 1962-11-13.

[10] ALEKSANDRA N. Development,characteristics and comparative structural analysis of tensegrity type cable domes[J]. Spatium International Review,2010,22:57—66.

[11] 陈联盟,袁行飞,董石麟. Kiewitt 型索穹顶结构自应力模态分析及优化设计 [J].浙江大学学报 （工学版）,2006,40(1):73—77.

[12] 包红泽,董石麟.鸟巢型索穹顶结构的静力性能分析 [J].建筑结构,2008,38(11):11—13.

[13] 董石麟,涂源.蜂窝四撑杆型索穹顶的构形和预应力分析方法[J].空间结构,2018,24(2):3—12.

[14] 董石麟,梁昊庆.肋环人字型索穹顶受力特性及其预应力态的分析法 [J].建筑结构学报,2014, 35(6):102—108.

[15] 张爱林,孙超,姜子钦.联方型双撑杆索穹顶考虑自重的预应力计算方法 [J].工程力学, 2017,34(3):216—223.

[16] 董石麟,涂源.索穹顶结构体系创新研究[J].建筑结构学报,2018,39(10):85—92.

[17] SNELSON K. The art of tensegrity[J]. International Journal of Space Structures,2012,27(2—3): 71—80.

[18] 张爱林,白羽,刘学春,等.新型脊杆环撑索穹顶结构静力性能分析 [J].空间结构,2017,23(3): 11—20.

[19] 中华人民共和国住房和城乡建设部.索结构技术规程:JGJ 257—2012 [S].北京:中国建筑工业 出版社,2012.

[20] 中华人民共和国住房和城乡建设部.空间网格结构技术规程:JGJ 7—2010[S].北京:中国建筑工 业出版社,2010.

［21］中华人民共和国住房和城乡建设部.钢结构设计标准:GB 50017－2017[S].北京:中国计划出版社,2017.

［22］中华人民共和国住房和城乡建设部.建筑结构荷载规范:GB 50009－2012[S].北京:中国建筑工业出版社,2012.

［23］中华人民共和国住房和城乡建设部.建筑抗震设计规范:GB 50011－2010(2016 年版)[S].北京:中国建筑工业出版社,2016.

［24］温正.MATLAB 智能算法[M].北京:清华大学出版社,2017:145－153.

［25］周润景.模式识别与人工智能:基于 MATLAB[M].北京:清华大学出版社,2018:336－355.

［26］梁昊庆,董石麟,苗峰.索穹顶结构预应力多目标优化的小生境遗传算法 [J].建筑结构学报,2016,37(2):92－99.

［27］梁笑天,袁行飞,李阿龙.索穹顶结构多目标形状优化设计[J].华中科技大学学报(自然科学版),2016,44(7):110－115.

［28］张爱林,孙超.基于遗传算法的脊杆索穹顶优化设计[J].北京工业大学学报,2017,43(3):455－466.

114 鸟巢四撑杆型索穹顶大开口体育场挑篷结构形态确定、参数分析及试设计*

摘　要：提出一种新型鸟巢四撑杆型大开口索穹顶的结构构形，可应用于体育场环形挑篷等大跨度结构。区别于 Fuller 传统意义上的张拉整体构想，此类体系有 4 根撑杆交汇于同一下弦节点，减少了环索和斜索用量，便于张拉施工并提高了整体稳定性。交错布置的上弦通长脊索替代了上弦环索，赋予了结构鸟巢状的新颖建筑造型。根据节点平衡方程，详细推导了鸟巢四撑杆型大开口索穹顶预应力态索杆内力的一般计算公式，分析研究了多个参数对索穹顶预张力分布的影响，以了解索穹顶预应力的分布规律和特性。文中还以约束条件的形式考虑了结构的刚度、稳定性和承载力的要求以及预应力水平的附加成本，将索杆质量比纳入经济指标目标函数的考量，采用遗传算法对 200m 跨度的鸟巢四撑杆型大开口索穹顶进行了优化设计。分析结果表明这种新型索穹顶具有优越的技术经济指标。本文的研究为索穹顶的分析计算、设计和造型提供了新形式、新思路。

关键词：鸟巢四撑杆型大开口索穹顶；结构形态；预应力态简捷分析法；参数敏感性分析；索穹顶试设计；遗传算法；技术经济指标

0　引言

三十多年来索穹顶结构的发展历史表明这是一种划时代的空间结构体系，具有结构新颖、自重轻、跨度大、用钢量少、施工无需大型设备、技术经济指标优越等优点。目前索穹顶的工程应用以大跨度体育场馆为主，国内外代表性的工程如表 1 所示。其中除了阿根廷拉普拉塔体育场双峰索穹顶仅布设了外围区域膜面，以及近期主体结构完工的成都凤凰山体育公园足球场首次在国内采用了大开口索穹顶的结构方案外，大部分是封闭的屋盖系统。可见索穹顶在 200m 以上跨度的大开口体育场中还具有广阔的应用前景和市场潜力。

另一方面，已建索穹顶工程的结构形式，如肋环型、葵花型、肋环＋葵花组合型索穹顶，其内部索杆布置均符合 Fuller"拉索海洋与压杆孤岛"传统意义上的张拉整体构想[1,2]，上下节点均由一根垂直于地面的撑杆相连，属于单撑杆型。特别是肋环型索穹顶，径向子结构为平面桁架，上弦节点环向刚度主要依赖拉索预应力及屋面覆盖系统提供，导致结构稳定性不足。尽管早在上世纪九十年代，索穹顶的最大平面尺寸已经突破 200m（如美国佛罗里达太阳海岸穹顶），此类索杆张力结构的屋面覆盖材

＊　本文刊登于：董石麟，刘宏创．鸟巢四撑杆型索穹顶大开口体育场挑篷结构形态确定、参数分析及试设计[J]．空间结构，2020，26(3)：3－15．

表 1   国内外代表性的索穹顶体育场馆工程

类型	名称	结构形式	平面尺寸	建成年份
常规索穹顶	韩国汉城(首尔)亚运会体操馆[12]	肋环型	直径 119.8m	1986
	韩国汉城(首尔)亚运会击剑馆[12]	肋环型	直径 90m	1986
	美国亚特兰大奥运会乔治亚穹顶[13]	葵花型	椭圆 240m×192m	1992
	美国佛罗里达州太阳海岸穹顶[14]	肋环型	直径 210m	1990
	美国北卡罗来纳州皇冠体育馆	葵花＋肋环型	直径 99.7m	1994
	阿根廷拉普拉塔体育场[15]	葵花型	两圆相交 219m×171m	2011
	台湾桃园体育馆	肋环型	直径 120m	1993
	鄂尔多斯市伊金霍洛旗体育馆[16]	肋环型	直径 72m	2012
	天津理工大学体育馆[17]	葵花＋肋环型	椭圆 83m×102m	2016
	雅安天全县体育馆[18]	葵花＋肋环型	直径 77.3m	2017
大开口索穹顶	成都凤凰山体育公园足球场	葵花型＋内环桁架	椭圆 279m×234m	2021

料一般只能采用轻型膜材,其实际应用受到限制。目前能满足金属刚性屋面对结构刚度需求的索穹顶工程,大多采用了内圈肋环型＋外圈葵花型的组合形式,如美国北卡罗来纳州皇冠体育馆以及近年来国人自主设计建造的天津理工大学体育馆、四川雅安天全县体育馆。然而已建成的刚性屋面索穹顶有效净跨度尚未能超过百米。单撑杆型索穹顶在更大跨度、对刚度要求更高的应用场景中,须采取相应措施改善结构性能。如凤凰山足球场内圈采用了内环立体桁架提高刚度。

　　总之,目前已建成的索穹顶,结构体系和形式比较单一,有必要进一步改进和创新,以适应更大跨度及更丰富的建筑功能需求。我国学者和科技工作者经过 10 多年的研究,在文献[3－10]中提出了非 Fuller 构思、采用多撑杆布置的索穹顶,以及上弦采用蜂窝型、Kiewitt 型、鸟巢型等新网格形式的索穹顶,现已初步形成 10 余种具体结构型号的索穹顶结构体系(表 2)。其中鸟巢型索穹顶自带大开口,契合体育场内设露天场地的建筑需求,结构造型上具有先天优势,有望在环形体育场挑篷等大跨度结构中推广应用。此外根据前期的分析研究[11],以葵花型索穹顶为例,多撑杆型较之单撑杆型的整体刚度和稳定性都得到明显提升,更适用于超大跨度结构。为改善索穹顶的受力性能、提高对刚性屋面的适用性,本文在既有鸟巢型索穹顶的基础上改进几何拓扑,下弦采用四撑杆交汇的布置方式,减少了环索和斜索数量,提出了一种鸟巢四撑杆型大开口索穹顶的新结构形式。

表 2   索穹顶结构体系的新序列、新形式

类别	单撑杆类	多撑杆类		
肋环序列索穹顶	肋环单撑杆型(肋环型)	肋环双撑杆型		肋环四撑杆型
葵花序列索穹顶	葵花单撑杆型(葵花型)	葵花双撑杆型	葵花三撑杆Ⅰ、Ⅱ型	
蜂窝序列索穹顶	蜂窝单撑杆型(蜂窝型)	蜂窝双撑杆型	蜂窝三撑杆型	蜂窝四撑杆型
鸟巢序列索穹顶	鸟巢单撑杆型(鸟巢型)			鸟巢四撑杆型
	Kiewitt 单撑杆型(Kiewitt 型)			

本文对新型鸟巢四撑杆型大开口索穹顶的建筑造型和结构形态、预应力态的简捷分析法、预应力态索杆内力的参数敏感性分析、200m 跨度体育场挑篷结构工程试设计等内容进行了研究，为索穹顶的选型和应用提供依据和参考。

1 鸟巢四撑杆型大开口索穹顶的结构构形与主要特点

鸟巢四撑杆型大开口索穹顶的平面图和剖面示意图如图 1 所示，它的形体由通长的上弦脊索、斜索、下弦环索、交汇于下弦节点的四根撑杆和刚性外环梁组合而成，其结构构成如图 1 所示。

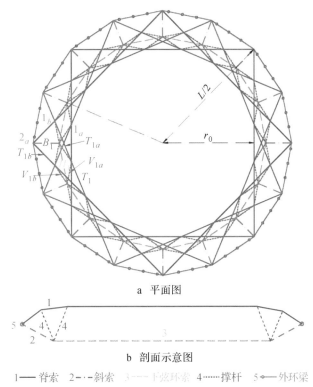

a 平面图

b 剖面示意图

1—— 脊索　2—·—斜索　3———下弦环索　4——撑杆　5——外环梁

图 1　鸟巢四撑杆型大开口索穹顶平面图和剖面示意图

对于鸟巢序列多撑杆型大开口索穹顶结构，可采用带 4 个下角标的字母$_{n(p)}N_{ms}$表示，其中 n 为环向划分数，p 为上弦脊线跨越边数，m 为下弦环索道数，s 为交汇于同一下弦节点的撑杆数。如图 1a 所示的索穹顶为$_{16(4)}N_{14}$，表示该索穹顶为 16 边形（环向划分数为 16），上弦通长脊索跨越 4 条边（4 块扇形区域），设置有 1 道环索，下弦节点设有 4 根撑杆。以圆形平面的大开口索穹顶为例，且不计刚性外环梁，整个索穹顶的节点总数 T 和杆件总数 M 分别为 $T=4n$ 和 $M=11n$。

与工程实际中已应用的葵花单撑杆型大开口索穹顶相比，鸟巢四撑杆型大开口索穹顶有如下优点和特点：

1）可只设置一道下弦环索，无需设置上弦内环索，结构布置轻盈；

2）通长的上弦索分为 5 段（而非 7 段），其中通过边界节点对称平面的上弦交叉处不设置节点，避免了类似国家体育场（鸟巢）构件布置过于密集的问题；

3）当环向划分数 $n=16$ 时，$r_{1a}/L=0.356$，对于 200m 跨度大开口索穹顶，檐口悬挑长度约为 30m；

4）斜索仅有 $n=16$ 根，按照轴对称布设，施工张拉方便；

5）通过对矢高 f、结构高度 h 和下弦节点位置的优化，可获得结构最佳构形；

6）其 $1/n$ 子结构为一次超静定结构，根据节点平衡关系可获得 6 个等式，求解 T_1、T_{1a}、T_{1b}、V_{1a}、V_{1b}、B_1 和 H_1 共 7 个未知参数，可确定预应力态内力分布；

7）交汇于下弦节点的四撑杆布置提供了富余的抗侧刚度，且上弦节点有 4 根上弦索，索穹顶的传力性能和稳定性均得到提高；

8）整个索穹顶的杆索数量比为 $1:\lambda\approx1:1.75$，大于常用的 Levy 索穹顶（$1:5$）。索材的造价远大于杆材（钢管、钢棒）的造价，因此鸟巢四撑杆型大开口索穹顶的造价有优势，有应用前景。

2 预应力态索杆内力计算及参数分析

2.1 预应力态简捷分析法

圆环形平面鸟巢四撑杆型大开口索穹顶分析计算用的结构平面图和剖面图如图 1 所示，其中上弦拉索用实线表示，下弦环索用虚线表示，斜索用点划线表示，撑杆用点线表示。当环向分为 n 等分，利用轴对称条件，只要分析研究一肢半榀空间桁架即可。设索穹顶边界为刚度很大的外环梁，可视为结构支承在不动铰支座上。其 $1/n$ 子结构的分析示意图和计算简图如图 2 所示，节点 $1'$ 和 2_a 在同一对称平面内，节点 1_a、1_b 在相邻的同一对称平面内。该子结构为一次超静定结构，采用二次奇异值法分析所得结构整体可行自应力模态数为 1。

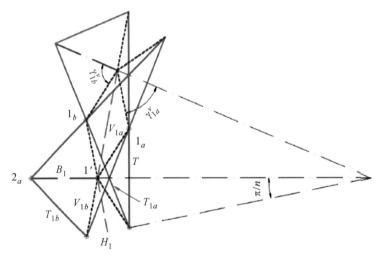

图 2 鸟巢四撑杆型大开口索穹顶 $1/n$ 子结构计算简图

索杆内力分别用 T_1、T_{1a}、T_{1b}、V_{1a}、V_{1b}、B_1 和 H_1 表示，α_{1a}、α_{1b}、φ_{1a}、φ_{1b}、β_1 表示两类脊索、两类撑杆和斜索与水平面的倾角，γ_{1a}、γ_{1b}、γ_{1a}^v、γ_{1b}^v 和 $\gamma_{1\beta}$ 分别表示两类脊索、两类撑杆和斜索的水平投影与所在网格单元的主轴线间的夹角。

以上弦脊索内力 T_{1a} 为基准，由内向外对各节点逐点建立节点平衡方程。由于索穹顶的每个节点都在某一个径向对称平面内，对称杆件垂直于对称平面的各分内力之和在该节点一定自动满足平衡条件，因而对称面内每个节点只能提供二个有效的节点平衡方程，即可通过逐次递推求得各类索杆构件的内力计算公式。

对于节点 1_a，有：

$$V_{1a} = -\frac{\sin\alpha_{1a}}{\sin\varphi_{1a}}T_{1a} \tag{1}$$

$$T_1 = \left[\cos\alpha_{1a}\cos\gamma_{1a} - \sin\alpha_{1a}\cot\varphi_{1a}\cos\left(\gamma_{1a}^v + \frac{\pi}{n}\right)\right]T_{1a}\Big/\sin\frac{\pi}{n} \tag{2}$$

对于节点 1_b，有：

$$T_{1b} = \frac{\cos\alpha_{1a}\cos\left(\gamma_{1a} - \frac{2\pi}{n}\right)\sin\varphi_{1b} + \sin\alpha_{1a}\cos\varphi_{1b}\cos\left(\gamma_{1b}^v - \frac{\pi}{n}\right)}{\cos\alpha_{1b}\cos\gamma_{1b}\sin\varphi_{1b} + \sin\alpha_{1b}\cos\varphi_{1b}\cos\left(\gamma_{1b}^v - \frac{\pi}{n}\right)}T_{1a} \tag{3}$$

$$V_{1b} = \frac{\sin\alpha_{1a}\cos\alpha_{1b}\cos\gamma_{1b} - \sin\alpha_{1b}\cos\alpha_{1a}\cos\left(\gamma_{1a} - \frac{2\pi}{n}\right)}{\cos\alpha_{1b}\cos\gamma_{1b}\sin\varphi_{1b} + \sin\alpha_{1b}\cos\varphi_{1b}\cos\left(\gamma_{1b}^v - \frac{\pi}{n}\right)}T_{1a} \tag{4}$$

对于节点 $1'$，有：

$$B_1 = \frac{-2\left(\sin\varphi_{1a}V_{1a} + \sin\varphi_{1b}V_{1b}\right)}{\sin\beta_1} \tag{5}$$

$$H_1 = \frac{-\left[\left(\cot\beta_1\sin\varphi_{1a} + \cos\varphi_{1a}\cos\gamma_{1a}^v\right)V_{1a} + \left(\cot\beta_1\sin\varphi_{1b} - \cos\varphi_{1b}\cos\gamma_{1b}^v\right)V_{1b}\right]}{\sin(\pi/n)} \tag{6}$$

进一步可求得索穹顶支座的水平反力：

$$X = 2T_{1b}\cos\alpha_{1b}\cos\left(\gamma_{1b} - \frac{\pi}{n}\right) + B_1\cos\beta_1 \tag{7}$$

由式(1)～式(6)可知，如内环处上弦脊索预张力 T_{1a} 已知，则整个索穹顶所有索杆预张力分布便可确定。

2.2　几何参数及预张力指标

鸟巢四撑杆型大开口索穹顶简化后的半榀平面桁架见图3。假设给定跨度 L、孔跨 L_1、矢高 f、结构高度 h 和球面穹顶半径 R，其他几何参数的计算如表3所示。

下弦索杆根据节点 i' 位置的不同，分3种布置方案考虑：方案1，$r_{1'} - r_{1a} = 0$（见图3a）；方案2，$r_{1'} - r_{1a} = \frac{\Delta_{1a}}{2}$（见图3b）；方案3，$r_{1b} - r_{1'} = 0$（见图3c）。

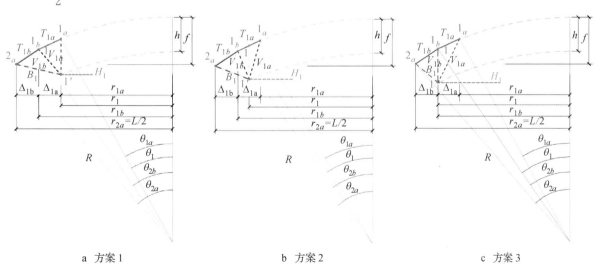

a　方案1　　　　　　　　　　b　方案2　　　　　　　　　　c　方案3

图3　鸟巢四撑杆型大开口索穹顶下弦布置方案

表 3 鸟巢四撑杆型大开口索穹顶结构的几何参数计算公式

几何参数	计算公式	几何参数	计算公式
R	$R = L^2/(8f) + f/2$	Δ_{1a}	$\Delta_{1a} = r_0 \left[\tan(3\pi/n) - \tan(\pi/n) \right]$
r	$r = L/2$	Δ_{1b}	$\Delta_{1b} = r_0 \left[\tan(4\pi/n) - \tan(3\pi/n) \right]$
r_0	$r_0 = r\cos(4\pi/n) = r/\sqrt{2}$	α_{1a}	$\alpha_{1a} = \arctan(h_{1a}/S_{1a})$
r_{1a}	$r_{1a} = r\dfrac{\cos(\pi/4)}{\cos(\pi/n)} = \dfrac{r}{\sqrt{2}\cos(\pi/n)}$	α_{1b}	$\alpha_{1b} = \arctan(h_{1b}/S_{1b})$
r_{1b}	$r_{1b} = r\dfrac{\cos(\pi/4)}{\cos(3\pi/n)} = \dfrac{r}{\sqrt{2}\cos(3\pi/n)}$	θ_{1a}	$\theta_{1a} = a\sin\left(\dfrac{r}{\sqrt{2}R\cos(\pi/n)}\right)$
h_{1a}	$h_{1a} = R(\cos\theta_{1a} - \cos\theta_{1b})$	θ_{1b}	$\theta_{1b} = a\sin\left(\dfrac{r}{\sqrt{2}R\cos(3\pi/n)}\right)$
h_{1b}	$h_{1b} = R(\cos\theta_{1b} - \cos\theta_1)$	θ_1	$\theta_1 = a\sin(r_1/R)$
$h_{1'}$	$h_{1'} = h + R(\cos\theta_{1a} - \cos\theta_1)$	θ_{2a}	$\theta_{2a} = a\sin(r/R)$
$h_{1'a}$	$h_{1'a} = h_1 + R(\cos\theta_{1a} - \cos\theta_1)$	β_1	$\beta_1 = \arctan(h_{1'}S_{1'})$
$h_{1'b}$	$h_{1'b} = h_1 + R(\cos\theta_{1b} - \cos\theta_1)$	φ_{1a}	$\varphi_{1a} = \arctan(h_{1'a}S_{1'a})$
$S_{1'}$	$S_{1'} = r - r_1$	φ_{1b}	$\varphi_{1b} = \arctan(h_{1'b}S_{1'b})$
S_{1a}	$S_{1a} = \dfrac{r}{\sqrt{2}}\left(\arctan\dfrac{3\pi}{n} - \arctan\dfrac{\pi}{n}\right)$	γ_{1a}	$\gamma_{1a} = \arctan\dfrac{r_{1b}\sin(2\pi/n)}{r_{1b}\cos(2\pi/n) - r_{1a}}$
S_{1b}	$S_{1b} = \dfrac{r}{\sqrt{2}}\left(1 - \arctan\dfrac{3\pi}{n}\right)$	γ_{1b}	$\gamma_{1b} = \arctan\dfrac{r_{2a}\sin(\pi/n)}{r_{2a}\cos(\pi/n) - r_{1b}}$
$S_{1'a}$	$S_{1'a} = \sqrt{\left(r_{1a}\cos\dfrac{\pi}{n} - r_1\right)^2 + \left(r_{1a}\sin\dfrac{\pi}{n}\right)^2}$	γ_{1a}^v	$\gamma_{1a}^v = \arctan\dfrac{r_{1a}\sin(\pi/n)}{r_1 - r_{1a}\cos(\pi/n)}$
$S_{1'b}$	$S_{1'b} = \sqrt{\left(r_{1b}\cos\dfrac{\pi}{n} - r_1\right)^2 + \left(r_{1b}\sin\dfrac{\pi}{n}\right)^2}$	γ_{1b}^v	$\gamma_{1b}^v = \arctan\dfrac{r_{1b}\sin(\pi/n)}{r_{1b}\cos(\pi/n) - r_1}$

注：j 为边界上弦节点的编号；r_{ia}、r_{ib}、$r_{i'} = r_i$ 分别为上、下弦节点对中轴线的半径；θ_{ia}、θ_{ib}、θ_i 为相应点的球半径与中轴线的球面夹角；h_{ia}、h_{ib}、$h_{i'}$、$h_{i'a}$、$h_{i'b}$ 为脊索、斜索、撑杆的高度；S_{ia}、S_{ib}、S_i、$S_{i'a}$、$S_{i'b}$ 为相应杆件的水平投影长度；除 θ_{2a} 外，本例环索道数为 1，下标 $i=1$。

结构预张力的均匀性指标可采用预应力态下相对内力的幅值来表示，即 $\kappa_1 = t_{\max}/t_{\min}$；$\kappa_1$ 越大表示预张力分布越不均匀，对构件选配和施工张拉可能产生不利影响。κ_1 随着结构参数变化的趋势图如图 4a 所示。

鸟巢序列索穹顶需要特别注意的是，上弦通长脊索与多个上弦节点相连，分为多段脊索（本文为 5 段），相邻索段间内力偏差带来的不平衡力可能导致节点滑移及强度问题。此处引进不同脊索段相对索力的标准差作为另一项均匀性指标，即 $\kappa_2 = \sigma(T, T_a, T_b)$。$\kappa_2$ 随着结构参数变化的趋势图如图 4b 所示。

2.3 预应力态参数分析

索穹顶的矢跨比 f/L 和高跨比 h/L 是重要的结构参数，其中结构竖向刚度的大小主要取决于结构高度。兹对结构采用不同矢跨比和高跨比情景下的预张力分布做一详细分析计算。分析时假定环向划分数 $n=16$，上弦脊索横跨边数 $p=4$。下弦布置方案按上述三种方案考虑。

经过 48 组案例分析，不同矢跨比、高跨比及下弦节点布置方案下，索穹顶结构预应力态的内力分布情况见图 4 及表 4。

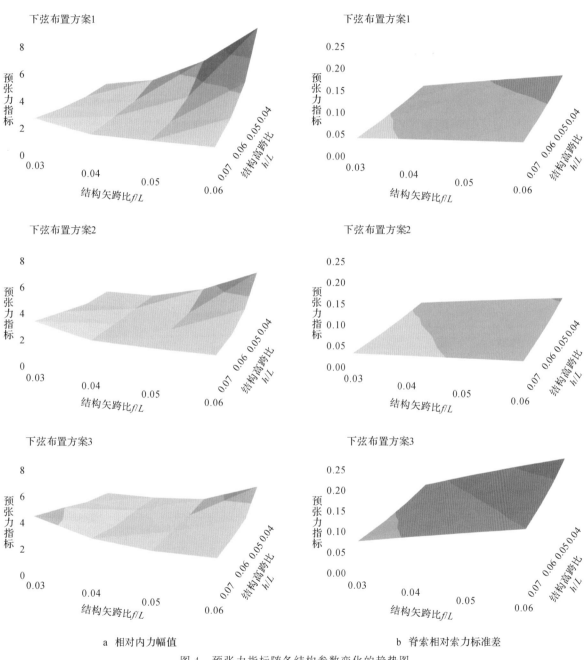

a 相对内力幅值　　　　　　　　　b 脊索相对索力标准差

图 4 预张力指标随各结构参数变化的趋势图

表 4　矢跨比及高跨比变化时鸟巢四撑杆型大开口索穹顶预应力态索杆内力计算结果

h/L		f/L=0.03				f/L=0.04				f/L=0.05				f/L=0.06		
		0.04	0.05	0.06	0.07	0.04	0.05	0.06	0.07	0.04	0.05	0.06	0.07	0.04	0.05	0.06	0.07
下弦布置方案1	T_a	1.00	1.00	1.00	1.00	1.00	1.00	1.00	1.00	1.00	1.00	1.00	1.00	1.00	1.00	1.00	1.00
	T_b	0.90	0.92	0.93	0.94	0.87	0.89	0.91	0.92	0.84	0.87	0.89	0.91	0.81	0.85	0.87	0.89
	V_a	−0.07	−0.06	−0.06	−0.05	−0.10	−0.08	−0.08	−0.07	−0.12	−0.11	−0.09	−0.09	−0.15	−0.13	−0.11	−0.10
	V_b	−0.08	−0.07	−0.06	−0.06	−0.11	−0.09	−0.08	−0.07	−0.13	−0.11	−0.10	−0.09	−0.16	−0.13	−0.12	−0.10
	B	0.71	0.53	0.42	0.36	1.12	0.78	0.61	0.51	1.76	1.13	0.84	0.68	2.94	1.61	1.14	0.89
	H	1.58	1.15	0.90	0.74	2.57	1.75	1.33	1.08	4.16	2.58	1.88	1.48	7.13	3.79	2.59	1.97
	T	1.03	1.03	1.02	1.02	1.04	1.03	1.03	1.02	1.05	1.04	1.03	1.03	1.06	1.05	1.04	1.03
	X	1.96	1.81	1.72	1.66	2.33	2.02	1.87	1.78	2.92	2.33	2.07	1.92	4.06	2.78	2.33	2.10
下弦布置方案2	T_a	1.00	1.00	1.00	1.00	1.00	1.00	1.00	1.00	1.00	1.00	1.00	1.00	1.00	1.00	1.00	1.00
	T_b	0.94	0.95	0.96	0.97	0.93	0.94	0.95	0.96	0.91	0.93	0.94	0.95	0.89	0.91	0.93	0.94
	V_a	−0.08	−0.07	−0.06	−0.05	−0.10	−0.09	−0.08	−0.07	−0.13	−0.11	−0.10	−0.09	−0.15	−0.13	−0.12	−0.11
	V_b	−0.08	−0.06	−0.06	−0.05	−0.10	−0.08	−0.07	−0.07	−0.12	−0.10	−0.09	−0.08	−0.15	−0.12	−0.11	−0.10
	B	0.52	0.40	0.33	0.29	0.78	0.58	0.47	0.40	1.13	0.79	0.62	0.52	1.63	1.07	0.81	0.66
	H	1.36	1.02	0.82	0.69	2.04	1.48	1.17	0.97	2.95	2.05	1.57	1.28	4.25	2.76	2.05	1.64
	T	0.89	0.91	0.92	0.94	0.86	0.88	0.90	0.91	0.82	0.86	0.88	0.89	0.79	0.83	0.85	0.87
	X	1.83	1.72	1.66	1.62	2.06	1.87	1.77	1.70	2.38	2.06	1.90	1.80	2.86	2.31	2.07	1.92
下弦布置方案3	T_a	1.00	1.00	1.00	1.00	1.00	1.00	1.00	1.00	1.00	1.00	1.00	1.00	1.00	1.00	1.00	1.00
	T_b	0.99	0.99	0.99	0.99	0.99	0.99	0.99	0.99	0.98	0.99	0.99	0.99	0.98	0.99	0.99	0.99
	V_a	−0.09	−0.08	−0.07	−0.06	−0.11	−0.10	−0.09	−0.08	−0.14	−0.12	−0.11	−0.10	−0.16	−0.14	−0.13	−0.12
	V_b	−0.08	−0.06	−0.06	−0.05	−0.10	−0.09	−0.08	−0.07	−0.13	−0.11	−0.10	−0.09	−0.15	−0.13	−0.11	−0.10
	B	0.36	0.29	0.25	0.22	0.52	0.41	0.34	0.30	0.71	0.54	0.45	0.39	0.94	0.69	0.56	0.49
	H	1.18	0.91	0.75	0.64	1.66	1.27	1.03	0.87	2.22	1.66	1.33	1.12	2.88	2.10	1.67	1.38
	T	0.77	0.81	0.84	0.86	0.70	0.75	0.79	0.82	0.64	0.70	0.74	0.78	0.59	0.65	0.70	0.74
	X	1.73	1.65	1.61	1.57	1.87	1.75	1.68	1.64	2.05	1.87	1.77	1.71	2.27	2.01	1.87	1.79

注：f/L 为矢跨比，h/L 为结构高跨比，n 为环向划分数，T_a、T_b、V_a、V_b 分别为两类脊索和撑杆内力，B 为斜索内力，H 为环索内力，T 为内圈脊索内力，X 为支座处水平反力。

（1）预张力的整体均匀性

首先当高跨比较低时，矢跨比的增加会提高外圈预张力相对于内圈的比例；反之当高跨比较大时，不均匀性随着矢跨比增加而减少。从预张力分布的均匀性和合理性来看，结构的矢跨比和高跨比之间需要保持合适的比例范围（如 1∶1），否则可能出现内外圈预张力比例失调，这对于第 1 种下弦布置方案尤为显著（图 4a 上图）。趋势曲面图大体呈现出马鞍形，均匀性最优的情况出现在矢跨比和高跨比接近时，即图中曲面的对角谷线。

对比三种不同的下弦节点布置方案，随着环索位置向外移动，环索和斜索预张力偏向均匀，但外圈脊索和撑杆的相对预张力有所增加。特别是对于方案 3 的下部结构布置且高跨比较大时，最外圈脊索的预张力水平甚至可能超过最外圈环索，设计时需要根据刚度和稳定性验算合理降低环索内力。

否则会增大支座处的水平反力，对外环梁等支承结构的设计带来困难。

（2）脊索内力的连续性

从图表中可见，在大多数情况下 T_a 和 T_b 的设计预应力比较接近。但随着矢跨比的增大和高跨比的减小，上弦通长脊索分段之间预张力的不均匀性在单调增加，下弦布置方案3尤为突出，方案1次之而方案2最优。其中 a 类脊索预张力 T_a 普遍略高于 b 类脊索 T_b，在方案1、矢跨比大而高跨比小时最多超出25%。内圈脊索（即脊索中段连接索）预张力 T 随着环索位置的外移逐渐减小，在方案3、矢跨比大而高跨比小时最低比 T_a 降低约40%；此时内圈脊索较为容易在竖向荷载下松弛，必要时可采用劲性杆或钢棒。

总体而言，采用下弦布置方案2，且矢跨比降低和高跨比调高的情况下，上弦通长脊索的预张力连续性较好。

值得注意的是，随着高跨比的增加，环索内力会逐渐减少；尤其是采用下弦布置方案1或矢跨比较小时，脊索内力可能会高于环索内力。

3 200m 跨度鸟巢四撑杆型大开口索穹顶试设计

3.1 结构性能的参数分析

首先为 200m 跨度索穹顶结构选用一参考模型，为 $_{16(4)}N_{14}$ 型，第2种下弦布置方案，矢跨比和结构高跨比都选用 0.05；下层环索设计预张力为 10000kN。以参考模型为基准，假设截面按照预张力态应力比和长细比选取，分别变换除环索道数以外的不同设计参数，用 ANSYS 软件对结构各项性能进行分析，结果列于表5。其中结构自重考虑了构件用钢量 30% 的节点附加质量。兼顾刚性屋面的设计需求，恒荷载和活荷载标准值分别取 0.6kN/m² 和 0.5kN/m²；进行屈曲分析时活荷载按照满跨布置考虑。计算结构动力特性时考虑 1.0 恒 +0.5 雪荷载等效附加质量。

已有研究及本例初步分析表明，索穹顶结构的脊索容易在向下荷载作用下率先退出工作，且临界荷载系数较低，因此将其也列为结构稳定性的评价指标之一。文献[5]中建议通过将上弦脊索替换为可承压杆件来避免脊索松弛问题；根据表5的分析结果，增大结构高度也能有效提高脊索松弛的临界荷载，因此在实际工程设计中可结合两种方法来满足结构稳定性的要求。

随着结构矢跨比 f/L 的增加，结构竖向刚度、上弦稳定性和用钢量有所下降，自振基频单调递减，而极限承载力呈阶梯式递减。设计时从性能角度不宜采用过高矢跨比，但需要综合用钢量进行考虑。

随着结构高跨比 h/L 的增加，结构的竖向刚度大体呈现增长趋势。另外当矢跨比增大且结构高跨比不匹配（太小）时，索穹顶的稳定性和承载力均有所下降。因而在结构高跨比满足设计基本要求的前提下，矢跨比和高跨比宜尽量相符。随着结构高度的增大，整体刚度、稳定性和极限承载能力都有明显改善，因此结构高跨比可以作为主要设计变量。

预张力水平的增加会因选配截面的放大而提高结构刚度和稳定性，但极限承载力反而因为压杆稳定问题而降低，用钢量也因截面放大而增加。对比三种下弦节点布置方案，单从结构竖向刚度和稳定性来看，方案3（$r_{1b}-r_{1'}=0$）相对更优，但代价是材料用钢量随构件长度的明显增加。

表5 不同设计参数下索穹顶结构的性能比较(优化前)

参数及其取值		1.0恒+活最大竖向位移/m	自振基频/Hz	脊索松弛临界荷载因子	极限荷载因子	构件用钢量/(kg/m²)	拉索用钢量/(kg/m²)	杆件用钢量/(kg/m²)	索杆质量比
参考模型		−0.26	1.39	4.43	4.49	36.12	23.25	12.87	1.81
矢跨比	0.03	−0.20	1.37	9.32	4.45	51.27	38.42	12.86	2.99
	0.04	−0.23	1.40	6.66	4.48	41.83	28.97	12.86	2.25
	0.06	−0.29	1.35	3.00	3.28	32.27	19.39	12.89	1.50
	0.07	−0.34	1.29	2.15	3.27	29.49	16.58	12.91	1.28
外圈环索预张力	12500kN	−0.21	1.47	5.62	4.33	41.93	29.06	12.87	2.26
	15000kN	−0.17	1.52	6.69	4.19	47.75	34.88	12.87	2.71
	17500kN	−0.15	1.57	7.77	4.11	53.56	40.69	12.87	3.16
	20000kN	−0.13	1.61	8.88	4.05	59.37	46.50	12.87	3.61
下弦节点方案	1	−0.35	1.15	2.45	3.62	34.02	20.72	13.30	1.56
	3	−0.21	1.54	3.74	5.38	43.85	26.27	17.58	1.49
结构高跨比	0.03	−0.89	0.86	1.05	1.82	23.67	13.89	9.77	1.42
	0.04	−0.44	1.15	2.41	2.54	29.69	18.59	11.09	1.68
	0.06	−0.17	1.58	6.80	5.71	43.07	27.90	15.17	1.84
	0.07	−0.12	1.74	9.41	7.61	50.60	32.56	18.04	1.81

注:在性能参数分析中,构件截面并非定值,而是按照预应力态的应力比和长细比选取。

3.2 优化设计准则

索穹顶设计验算的主要内容及准则包括以下几个方面[19−22]。

(1)构件截面验算

索穹顶的构件截面根据满应力设计准则调整,即在最不利工况下结构构件满足强度和局部稳定的要求,其中钢材屈服强度为 $f_y = 345MPa$,拉索抗拉强度设计值为 $f_D = f_{tk}/\gamma_R = 1770/2.0 = 885MPa$。在多个主要荷载工况的包络分析中,最不利情况的应力比大约控制在0.9以内。此外在永久荷载控制的荷载组合作用下,拉索不得松弛;在可变荷载控制的荷载组合作用下,不得因个别索的松弛而导致结构失效。撑杆容许长细比参考 JGJ 7−2010《空间网格结构技术规程》[22]对双层网壳受压构件的规定,取值180;此外稳定性按照轴心受压构件进行验算,即满足:$N \leqslant \varphi Af$,稳定系数 φ 根据 GB 50017−2017《钢结构设计标准》[20]取值。

(2)结构整体刚度验算

按照《钢结构设计标准》,对于悬挑索桁架结构,跨度按照悬挑长度 $L_C = 30m$,非抗震组合时容许挠度限值为 $L_C/125 = 0.24m$。多遇地震作用组合时容许挠度限值取 $L_C/150 \doteq 0.2m$。

结构稳定性验算参考《空间网格结构技术规程》对网壳结构的规定,按照弹塑性全过程分析时,安全系数取2.0;按照弹性全过程分析时,安全系数取4.2。其中基准荷载为1.0恒+活的均布荷载。考虑几何非线性的影响,对结构施加和第一阶整体特征值屈曲模态一致的几何缺陷,幅值取挑篷悬挑长度的1/300。

综上,约束条件的数学描述如下:

$$\frac{f_{Ti}}{0.9f_{Di}} - 1 \leqslant 0, \quad i = 1, \cdots, b_T$$

$$-f_{Ti} \leqslant 0, \quad i = 1, \cdots, b_T$$

$$\frac{f_{Ci}}{0.9\varphi_i f A_{Ci}} - 1 \leqslant 0, \quad i = 1, \cdots, b_C \tag{8}$$

$$\lambda_{Ci}/[\lambda_C] - 1 \leqslant 0, \quad i = 1, \cdots, b_C$$

$$u_{\max}/[u] - 1 \leqslant 0$$

其中，b_T、b_C 分别为受拉构件(索)与受压构件(杆)的数量；f_{Ti}、f_{Di} 分别是拉索 i 的分析内力幅值及设计强度(一般取破断力的 $1/2$)；f_{Ci}、A_{Ci} 和 λ_{Ci} 分别为第 i 根撑杆的压力幅值、截面积和长细比，φ_i 为稳定系数；$[\lambda_C]$ 和 $[u]$ 分别为长细比及位移的容许值，分别取 180 和 0.24m。

3.3　工况参数

(1)非抗震工况

承载力极限状态分析共考虑 14 种非抗震工况，荷载组合如表 6 所示。屋面恒荷载(兼容刚性屋面情况)和满布活荷载的标准值分别取 0.6kN/m^2 和 0.5kN/m^2，基本风压值取 0.45kN/m^2，均匀温度作用标准值取 $\pm 30\text{℃}$。不上人屋面活荷载按照规范建议，不与雪荷载同时组合。计算等效静力风荷载时，风振系数取 1.8。正常使用极限状态计算仅考虑标准组合。

表 6　非抗震工况荷载组合

序号	恒荷载	活荷载	风荷载	温度荷载
1	1.30	1.50	—	—
2	1.35	1.50×0.7	—	—
3	1.00	—	1.50	—
4	1.30	—	—	1.50
5	1.30	—	—	−1.50
6	1.30	1.50	1.50×0.6	—
7	1.35	1.50×0.7	1.50×0.6	—
8	1.30	1.50	—	1.50×0.6
9	1.35	1.50×0.7	—	1.50×0.6
10	1.30	1.50	—	−1.50×0.6
11	1.35	1.50×0.7	—	−1.50×0.6
12	1.30	1.50	1.50×0.6	−1.50×0.6
13	1.00	—	1.50	−1.50×0.6
14	1.00	—	1.50	1.50×0.6

注：风荷载风振系数取值 1.8。

(2)地震工况

通过非抗震工况分析选定设计参数与截面的结构模型还需进行抗震性能验算，多遇地震采用反应谱法分析，罕遇地震采用弹塑性时程法分析，分析参数见表 7。分析结果显示索穹顶结构地震效应不起控制作用，按照非抗震工况设计的算例基本满足性能 2 的要求。

表7　地震荷载工况参数

抗震设防类别	场地类别	抗震性能等级	阻尼比	分析子步	附加质量
乙类	Ⅲ类（中软土）	性能2	0.02	0.02s	1.0恒＋0.5活
抗震设防烈度	设计基本加速度	三向地震比例	多遇加速度峰值	罕遇加速度峰值	地震作用分项系数
8度	0.20g	1∶0.85∶0.65	70cm/s²	400cm/s²	1.2g；1.3h；0.5v

3.4　基于遗传算法的优化设计

前期分析结果表明,结构高跨比对结构整体力学性能起着主要贡献,但单纯增大结构高度不仅减少了建筑净空,还会因压杆稳定的要求而增加构件截面积,从而降低经济性。这给索穹顶的优化设计带来困难,因此须对结构多参数进行协同优化设计。而以遗传算法为代表的智能算法是解决此类多目标规划问题的有效手段。

遗传算法是模拟生物种群繁衍及"物竞天择、适者生存"的参数优化算法,根据适应度函数值对表现更优的参数群体选择遗传,并利用"交叉"和"变异"操作保证种群的多样性,一定程度上缓解了算法过早陷入局部最优的问题。遗传算法具有快速简单、鲁棒性和并行性好、易于和其他算法结合等优点,已在多学科和工程领域上得到了广泛和成熟的应用[23-24]。其中梁昊庆等[25]基于小生境遗传算法对索穹顶结构预应力水平进行了多目标优化。梁笑天等[26]以最小用钢量和最大刚度为目标实现了肋环索穹顶的形状优化设计。张爱林等[27]考虑了多工况验算及预张力水平的附加成本,基于遗传算法获得脊杆索穹顶造价最优的构件截面和预张力水平,但未对结构拓扑及几何进行优化。本文考虑将结构在多种主控工况下的性能需求作为约束条件,以经济指标为优化目标,采用遗传算法对鸟巢四撑杆型大开口索穹顶结构的几何构型、网格划分及预张力参数进行协同优化设计,流程图如图5所示。

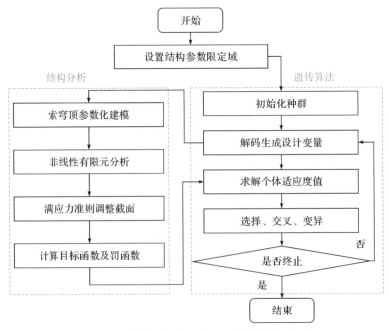

图5　基于遗传算法的索穹顶优化设计流程图

本文应用遗传算法对索穹顶结构进行优化设计时的初始设置条件如下。

（1）设计参数及其限定域

假设结构跨度为 200m，挑篷悬挑长度 30m，环向划分数为 16，环索道数为 1，其他各参数的选择范围如表 8 所示。其中下弦节点布置方案仅在罗列的若干元素中取值，而结构高度控制参数及预张力水平在连续限定域内取随机值。程序中采用二进制编码，将环向划分数、环索道数、结构跨度和孔跨比以外的变量按照表中顺序构成二进制编码串，染色体的总长度为 20。

表 8　结构设计参数的限定域

设计参数	限定域	二进制编码
下弦节点布置方案	$[1;2;3]$	$\begin{bmatrix}0&1\end{bmatrix}_2$
矢跨比	$[0.03,0.06]$	$\begin{bmatrix}0&\cdots&1\end{bmatrix}_6$
结构高跨比	$[0.03,0.06]$	$\begin{bmatrix}0&\cdots&1\end{bmatrix}_6$
外圈环索预张力/kN	$[10000,20000]$	$\begin{bmatrix}0&\cdots&1\end{bmatrix}_6$

（2）目标函数

以索穹顶为代表的建筑工程索杆张力结构体系具有简洁高效的特点，200m 跨度体育场挑篷结构用钢量往往能控制在 30kg/m² 以内。然而实际拉索较之普通钢构件造价昂贵，因此结构实际的建设安装成本不能仅由整体用钢量衡量，还应考虑结构用索量比例。假设以 200m 跨度圆环形平面索穹顶实际等效用钢量和参考用钢量的比值作为评价索穹顶结构的经济指标，通过下式确定：

$$E_{200}^{30}=\frac{(\zeta_{\mathrm{nb}}+\zeta_{\mathrm{cs}})\cdot W_{\mathrm{cable}}+(1+\zeta_{\mathrm{nb}})\cdot W_{\mathrm{strut}}}{A_{200}^{30}\cdot M_{\mathrm{ref}}} \tag{9}$$

其中，W_{cable}、W_{strut} 分别为结构中索体和撑杆的总质量；ζ_{cs} 为索体和圆钢管同等质量条件下的等效成本比例，取 2.5；ζ_{nb} 为节点和杆件之间的质量比，取 30%；A_{200}^{30} 为 200m 跨度、环厚 30m 的圆环投影面积，近似取 16022m²；M_{ref} 为 200m 跨度大开口索穹顶的参考等效用钢量，取 80kg/m²。

（3）约束条件

为了简化截面优化的过程，截面直接通过多工况分析的结果根据满应力准则选配，其中拉索截面根据强度验算确定，杆件截面根据最不利工况下的压杆稳定和长细比共同决定，应力比限值为 0.9。选定截面后通过罚函数的形式考虑结构刚度、稳定性和承载能力的规范要求，在限定可行域范围内优化选择结构的各项设计参数。

同时为了考虑结构刚度、稳定性和承载能力随着几何参数改变的演化趋势，约束条件不采用 0-1 简单模式，而通过加权因子控制超限前后的函数值梯度：

$$C_{\mathrm{u}}(x)=\left(\frac{u_{\max}}{[u]}-1\right)\cdot[1+w_{\mathrm{u}}\cdot(u_{\max}>[u])] \tag{10}$$

其中，w_u 为控制位移超限后的罚函数加权值，可放大位移限制的约束力，本例取值为 1000。类似地，构造出结构稳定性要求和拉索松弛验算的罚函数如下：

$$C_{\mathrm{bk}}(x)=\left(1-\frac{\lambda_{\mathrm{cr}}}{[\lambda]}\right)\cdot[1+w_{\mathrm{bk}}\cdot(\lambda_{\mathrm{cr}}<[\lambda])] \tag{11}$$

$$C_{\mathrm{sl}}(x)=\left(-\frac{t_{\min}}{t_0}\right)\cdot[1+w_{\mathrm{sl}}\cdot(t_{\min}<[t_{\mathrm{sl}}])] \tag{12}$$

此外施加预张力的过程也产生显著的设备及人工成本，因此将预张力水平也引入罚函数的考量。考虑到该索穹顶整体可行自应力模态数为 1，因此最大预张力可以代表结构的预张力水平，因此按照下式确定相应的罚函数：

$$C_{\mathrm{pt}}(x)=\max(f_0)/f_{\mathrm{ref}} \tag{13}$$

式中，f_0 为结构的初始预张力；f_{ref} 为参考的 200m 跨度索穹顶预张力水平，假定为 20000kN。

　　（4）适应度函数

　　采用拉格朗日乘子法考虑各个约束条件的影响，构造出适应度函数为：

$$F(x) = \left[\eta_{\mathrm{m}} E_{200}^{30} + \eta_{\mathrm{u}} C_{\mathrm{u}}(x) + \eta_{\mathrm{bk}} C_{\mathrm{bk}}(x) + \eta_{\mathrm{sl}} C_{\mathrm{sl}}(x) + \eta_{\mathrm{pt}} C_{\mathrm{pt}}(x) \right]^{-1} \tag{14}$$

其中，η_{m} 为经济指标目标函数的加权因子，本例中取值 40；$\begin{bmatrix} \eta_{\mathrm{u}} & \eta_{\mathrm{bk}} & \eta_{\mathrm{sl}} & \eta_{\mathrm{pt}} \end{bmatrix}$ 分别为结构位移幅值、结构稳定临界荷载、多工况拉索松弛和预张力水平罚函数的加权因子，可用于调节不同需求的比重，本例中取 $\begin{bmatrix} 1.0 & 1.0 & 1.0 & 2.0 \end{bmatrix}$。

3.5　优化设计结果

　　假设种群规模为 100，进化代数为 100，交叉概率取 0.9，变异概率取 0.01，采用遗传算法的优化分析结果如图 6 所示。随着进化代数的增加，种群的平均适应度值及等效用钢量在 30 次迭代内收敛到优化值，但由于交叉和变异操作，两项指标在稳定值附近小幅波动，可见结构技术经济指标对设计参数敏感。

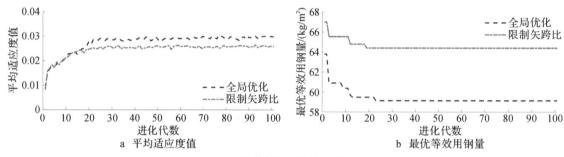

图 6　基于遗传算法的索穹顶优化过程

　　限定不同的预设条件，所得不同的优化结果如表 9 所示。不设限定以及限定矢跨比为 0.05，分别优化出两组不同的模型参数。这两组优化结果具有相同的下弦布置方案和结构高跨比，且预张力水平和优化算法的适应度值及等效用钢量都比较接近。设计者在选定矢跨比后可以通过调节结构高度来获得最优解。而矢跨比（0.06）、预张力水平（10000kN）、下弦布置方案（第 2 种）、结构高跨比（0.06）等参数可直接采纳优化后的统一结果。按照最优方案选配的构件截面、预应力及长度信息见表 10。

表 9　不同限定条件下的优化结果

参数及指标	全局优化	限定条件 $f/L=0.05$	建议值
环向划分数 n	16	16	16
环索道数 m	1	1	1
矢跨比 f/L	0.06	0.05	0.06
外圈环索预张力/kN	10000	10000	10000
下弦布置方案	2	2	2
结构高跨比 h/L	0.06	0.06	0.06
结构等效用钢量/(kg/m²)	59.14	64.41	
索用钢量/(kg/m²)	15.33	17.26	
杆用钢量/(kg/m²)	12.46	12.38	
构件总用钢量/(kg/m²)	27.80	29.64	
索杆质量比	1.23	1.39	
适应度值	2.9e-3	2.6e-3	

表10　推荐模型的构件截面和长度信息

序号	类型	构件编号	材料类型	截面	设计预张力/kN	构件分段长度/m
1	脊索	T	钢绞线	$\phi120$	4604	28.1
2	脊索	T_{1a}	钢绞线	$\phi120$	5338	33.2
3	脊索	T_{1b}	钢绞线	$\phi120$	4983	23.7
4	斜索	B_1	钢绞线	$\phi115$	3979	20.7
5	环索	H_1	钢绞线	$4\phi90$	10000	30.7
6	撑杆	V_{1a}	钢管	$\phi529\times11$	-601	22.9
7	撑杆	V_{1b}	钢管	$\phi559\times12$	-565	21.3

4　结论

（1）本文提出的新颖鸟巢四撑杆型大开口索穹顶体育场挑篷结构$_{n(p)}N_{ms}$，即（当$n=16,p=4,m=1,s=4$时）$_{16(4)}N_{14}$，只有一种上弦通长脊索（16根）、一道下弦环索、一种斜索（16根）、两种撑杆（各16根）。除支座节点外，仅两种上弦节点（各16个）、一种下弦节点（16个），构造简单，构件与节点数稀少，可采用斜索同步张拉成形至结构预应力态，施工方便。

（2）这种鸟巢四撑杆型大开口索穹顶结构区别于Fuller的张拉整体构想，通过增加上下弦间的撑杆数量，加强了环索对上弦网格的支撑作用，从而减少下弦环索及斜索数量，有利于减少昂贵的索材用量，同时降低了施工张拉的难度；而撑杆数量的增加明显改善了结构的整体及局部稳定性。

（3）根据节点平衡方程，提出了鸟巢四撑杆型大开口索穹顶预应力态索杆内力递推计算公式，且是一套精确解。在结构设计和施工时，可方便快速得到索杆内力的计算结果。依照本方法计算了48个算例，清晰表达了索穹顶索杆内力的分布规律。

（4）根据参数分析的结果，索穹顶预应力态内力分布及结构整体性能对各参数敏感性的降序排列，大体依次是：结构高跨比、下弦布置方案、矢跨比和预张力水平。在建筑轮廓和上弦网格划分大体确定的前提下，调整结构高度和下弦布置方案是改变结构性能最直接有效的手段。

（5）从改善结构预张力分布的均匀性角度，宜使得高跨比和矢跨比选用接近的数值。保证上弦通长脊索的连续性方面，宜选择下弦布置方案2、适当提高结构高跨比。从提高结构整体性能角度，宜增大高跨比、适当降低矢跨比。

（6）本文对索穹顶结构的工程试设计，从杆件截面和结构整体刚度验算、非抗震和抗震工况参数、基于遗传算法的优化设计（包括根据实际等效用钢量的目标函数、约束条件、适应度函数）等方面做了若干说明，以供参考。

（7）第3种下弦布置方案可获得最优的整体结构刚度及承载能力，但因下弦索杆长度增加，综合技术经济指标不如方案1和2。考虑规范要求的遗传算法优化设计结果显示，第2种下弦布置方案具有最优的性价比，且构件布置更为匀称，在实际工程设计中值得推荐。

（8）综合考虑结构整体性能、承载能力和用钢量经济指标，对于200m跨度的大开口索穹顶，优化设计后的构件用钢量（不考虑节点）约为28kg/m²，尤其是索杆质量比降低至1.4以下，有效削减了昂贵的拉索用量，具有较好的经济性。

参考文献

[1] FULLER R B. Tensile-integrity structures:US 3063521[P]. 1962-11-13.

[2] ALEKSANDRA N. Development,characteristics and comparative structural analysis of tensegrity type cable domes[J]. Spatium International Review,2010,22:57—66.

[3] 董石麟,梁昊庆.肋环人字型索穹顶受力特性及其预应力态的分析法[J].建筑结构学报,2014,35(6):102—108.

[4] 张爱林,孙超,姜子钦.联方型双撑杆索穹顶考虑自重的预应力计算方法[J].工程力学,2017,34(3):216—223.

[5] 张爱林,白羽,刘学春,等.新型脊杆环撑索穹顶结构静力性能分析[J].空间结构,2017,23(3):11—20.

[6] 董石麟,涂源.蜂窝四撑杆型索穹顶的构形和预应力分析方法[J].空间结构,2018,24(2):3—12.

[7] 董石麟,朱谢联,涂源,等.蜂窝双撑杆型索穹顶的构形和预应力态简捷计算法以及参数灵敏度分析[J].建筑结构学报,2019,40(2):128—135.

[8] 董石麟,陈伟刚,涂源,等.蜂窝三撑杆型索穹顶结构构形和预应力态分析研究[J].工程力学,2019,36(9):128—135.

[9] 陈联盟,袁行飞,董石麟.Kiewitt型索穹顶结构自应力模态分析及优化设计[J].浙江大学学报（工学版）,2006,40(1):73—77.

[10] 包红泽,董石麟.鸟巢型索穹顶结构的静力性能分析[J].建筑结构,2008,38(11):11—13.

[11] 董石麟,刘宏创,朱谢联.葵花三撑杆Ⅱ型索穹顶结构预应力态确定、参数分析及试设计[J].建筑结构学报,2021,42(1):1—17.

[12] GEIGER D H,STEFANIUK A,CHEN D. The design and construction of two cable domes for the Korean Olympics[C]//Proceedings of IASS Symposium on Shells,Membranes and Space Frames,Vol. 2,Osaka,Japan,1986:265—272.

[13] LEVY M P. The Georgia dome and beyond achieving lightweight-long span structures [C]// Spatial Lattice and Tension Structures:Proceedings of the IASS-ASCE International Symposium, Atlanta,USA,1994:560—562.

[14] KRISHNA P,GODBOLE PN. Cable-suspended roofs（second edition）[M]. New Delhi: McGraw Hill Education,2013.

[15] LEVY M,JING T F,BRZOZOWSKI A,et al. Estadio Ciudad de La Plata (La Plata Stadium), Argentina [J]. Structural Engineering International,2013,23(3):303—310.

[16] 张国军,葛家琪,王树,等.内蒙古伊旗全民健身体育中心索穹顶结构体系设计研究[J].建筑结构学报,2012,33(4):12—22.

[17] 陈志华,楼舒阳,闫翔宇,等.天津理工大学体育馆新型复合式索穹顶结构风振效应分析[J].空间结构,2017,23(3):21—29.

[18] 冯远,向新岸,董石麟,等.雅安天全体育馆金属屋面索穹顶设计研究[J].空间结构,2019,25(1):3—13.

[19] 中华人民共和国住房和城乡建设部.建筑结构荷载规范:GB 50009—2012[S].北京:中国建筑工业出版社,2012.

[20] 中华人民共和国住房和城乡建设部.钢结构设计标准:GB 50017—2017[S].北京:中国计划出版

社,2017.

[21]中华人民共和国住房和城乡建设部.索结构技术规程:JGJ 257－2012 [S].北京:中国建筑工业出版社,2012.

[22]中华人民共和国住房和城乡建设部.空间网格结构技术规程:JGJ 7－2010[S].北京:中国建筑工业出版社,2010.

[23]温正.MATLAB 智能算法 [M].北京:清华大学出版社,2017:145－153.

[24]周润景.模式识别与人工智能:基于 MATLAB [M].北京:清华大学出版社,2018:336－355.

[25]梁昊庆,董石麟,苗峰.索穹顶结构预应力多目标优化的小生境遗传算法 [J].建筑结构学报,2016,37(2):92－99.

[26]梁笑天,袁行飞,李阿龙.索穹顶结构多目标形状优化设计[J].华中科技大学学报(自然科学版),2016,44(7):110－115.

[27]张爱林,孙超.基于遗传算法的脊杆索穹顶优化设计[J].北京工业大学学报,2017,43(3):455－466.

115 雅安天全体育馆金属屋面索穹顶设计研究[*]

摘　要: 四川雅安天全体育馆座席数约 2700 座,中部直径 77.3m 的圆形大跨屋盖采用了金属屋面索穹顶结构。对屋面材料的选取进行了介绍,结构选型研究对比分析了肋环型索穹顶、带垂直支撑肋环型索穹顶、葵花型索穹顶和葵花+肋环型索穹顶等四种形式的索穹顶,得到了优选的葵花+肋环型索穹顶。研究了金属屋面檩条的协同工作性能,发现当檩条作为结构的一部分时,其受力状态类似于单层壳体,对结构刚度的贡献很大,承担了大部分荷载,导致檩条用钢量较大,当檩条不参与协同工作时,更加经济。对选用索穹顶的静力性能、动力性能、极限承载力、抗震性能、节点分析设计、张拉施工和健康监测等关键技术要点进行了阐述,可为同类工程参考。

关键词: 雅安天全体育馆;索穹顶;金属屋面;结构选型;协同分析;技术要点

1　工程概况

四川雅安天全体育馆建筑面积约 1.4 万 m^2,座席数约 2700 座,建筑高度 29.270m,可举行地区性综合赛事和全国单项比赛。体育馆外形呈倒圆台形,屋盖结构平面为直径约 95m 的圆形,中部为直径 77.3m 的大跨空间(图 1~图 3)。

图 1　体育馆实景图

---

　* 本文刊登于:冯远,向新岸,董石麟,邱添,张旭东,魏忠,周魁政,刘晓舟.雅安天全体育馆金属屋面索穹顶设计研究[J].空间结构,2019,25(1):3—13.

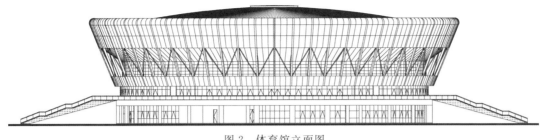

图 2　体育馆立面图

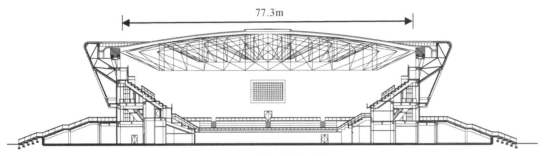

图 3　体育馆剖面图

　　该项目为"420 芦山地震"后的灾后重建项目,考虑到抗震的需求,屋盖应选择尽量轻型的结构形式;同时雅安天全地区气候条件多雨,全年约 2/3 天数有雨,宜选择装配、非焊接的结构体系。综合以上因素,屋盖 77.3m 的大跨空间选用了索穹顶结构,并采用了金属板覆盖材料的刚性屋面系统,项目于 2014 年设计完成。本文对该刚性屋面索穹顶结构的结构选型、屋面协同工作、静力性能、动力性能、极限承载力、抗震性能、节点分析设计、张拉施工和健康监测等关键技术问题进行了阐述,可为同类工程参考。

2　设计条件

　　(1)荷载:拉索、索夹、撑杆自重按实际考虑;附加恒载取为 $0.7kN/m^2$(包括檩条及金属屋面);活载取为 $0.5kN/m^2$;基本风压 $w_0=0.35kN/m^2$,体型系数 $\mu_s=-1.0$,风振系数 $\beta_z=1.6$,地面粗糙度 B 类,高度系数 $\mu_z=1.39$(高度取为 30m);升温及降温分别考虑为 $\pm30°$;抗震设防烈度 7 度,设计基本地震加速度值 0.15g,设计地震分组为第二组,场地类别为 II 类,抗震设防类别为标准设防类。荷载组合考虑正常使用极限状态组合和承载力极限状态组合。

　　(2)材料:拉索采用高钒索,弹性模量 $1.6\times10^{11}N/m^2$,钢丝强度 1670MPa;撑杆和刚性拉环采用 Q345B 圆钢管。

3　屋面覆盖材料系统的选择

　　现有屋面覆盖材料系统可分为刚性屋面系统和柔性屋面系统两大类。刚性屋面系统指采用较高刚度和强度的覆盖材料的屋面,常用的面材包括:压型钢板、铝镁锰板、铝合金面板、玻璃面板等,其优点是技术成熟、耐久性好,适用于多种建筑造型。柔性屋面系统主要以膜材作为屋面材料,分为涂层织物膜材(PVC、PTFE 等)和热塑性化合物膜材(ETFE、THV 和 PCV 等),其优点是自重轻,能很好地适应柔性结构的变形。两种屋面系统相辅相成,各具特色,均得到了广泛应用。

索穹顶结构自 1986 年在汉城(首尔)亚运会的体操馆和击剑馆首次应用以来,由于其轻盈美观的建筑效果、高效的力学性能和快速的施工安装,得到了大力的发展。截止本项目设计时(2014 年),全球已建成的大型索穹顶结构共计 10 个(表 1)[1-5],其中有 9 个采用了柔性屋面,仅美国的皇冠体育馆[6]采用了金属刚性屋面。这是由于膜材是与张拉结构非常匹配的屋面材料,能很好地适应大变形。但刚性屋面同样也具有其优点,目前市场对刚性屋面的需求很大,如果在索穹顶结构上能够采用刚性屋面,则能将索穹顶和刚性屋面的优势结合起来,丰富空间结构的类型。雅安天全体育馆最终采用铝镁锰板金属屋面材料。

表 1　已建成的大型索穹顶结构

名称	尺寸	覆盖材料
韩国汉城(首尔)亚运会体操馆	圆形平面,$D=119.8$m	膜材
韩国汉城(首尔)亚运会击剑馆	圆形平面,$D=89.9$m	膜材
美国伊利诺伊州大学红鸟体育馆	椭圆平面,76.8m×91.4m	膜材
美国佛罗里达州太阳海岸穹顶	圆形平面,$D=210$m	膜材
美国亚特兰大佐治亚穹顶	椭圆平面,193m×240m	膜材
美国皇冠体育馆	圆形平面,$D=99.7$m	金属(刚性屋面)
日本天城穹顶	圆形平面,$D=43$m	膜材
阿根廷拉普拉塔体育场	双圆相交平面,170m×218m	膜材
台湾桃园体育馆	圆形平面,$D=120$m	膜材
中国鄂尔多斯伊金霍洛旗体育中心索穹顶	圆形平面,$D=71.2$m	膜材

4　结构选型

无论索穹顶结构采用何种屋面系统,其本身的结构性能首先需达到优选状态。选型思路(图 4、图 5)如下:1)首先研究了构成最为简单、造型最为简洁的肋环型索穹顶;2)发现肋环型索穹顶的性能有所不足,为改善其性能,研究了带垂直支撑肋环型索穹顶和葵花型索穹顶;3)为改善葵花型索穹顶内环拉索密集的问题,研究葵花+肋环混合型索穹顶。

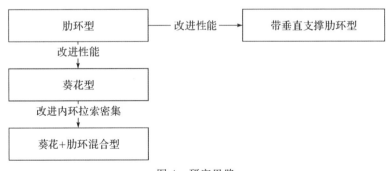

图 4　研究思路

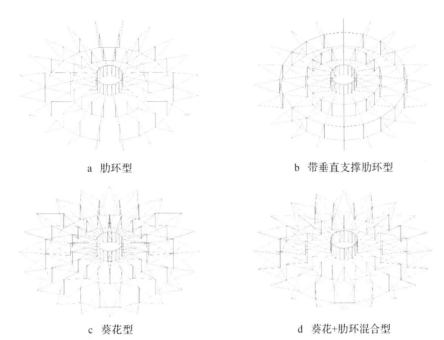

　　a　肋环型　　　　　　　　　　　　　　b　带垂直支撑肋环型

　　c　葵花型　　　　　　　　　　　　　　d　葵花+肋环混合型

图 5　索穹顶选型

　　各方案跨度均为 80m,脊索端点位于矢高 6.5m 的球面上,3 圈环索,20 榀径向索,斜索与水平面的夹角统一为 25°,内拉环直径 12m。荷载与第 2 节所述基本相同(仅自重适当简化,考虑索夹重量,拉索密度统一取钢材密度的 1.5 倍),荷载组合也进行了适当的简化,仅考虑恒荷载与一种可变荷载的组合。结构的分析流程如下:

　　(1)构建几何模型,采用二次奇异值分解法进行找形(力)[7-9],确定索穹顶的整体可行预应力模态,并基于 MATLAB 编制了分析程序。

　　(2)确定结构的预应力度,保证结构在正常使用极限状态下变形满足 1/250 要求;在承载力极限状态下,拉索最大内力≤0.4 破断力,同时为避免拉索松弛,最小应力不小于 30MPa。

　　(3)考虑几何非线性、初始缺陷和拉索破断,在 1.0 恒载+1.0 活载及 1.0 恒载+1.0 半跨活载下进行极限承载力分析。

　　分析结果如表 2 所示,可以得到以下结论:

　　(1)各类索穹顶的位移指标均由半跨荷载控制,极限承载力由全跨荷载控制。

　　(2)肋环型索穹顶位移指标对半跨荷载最为敏感,刚度较低,需采用较高的预应力,故其支座反力也较大,用钢量较大达 17.3kg/m²。第一振型为扭转,自振周期最长,达 3.02s。极限承载力最低,仅为 1.32 倍。

　　(3)肋环型索穹顶增加垂直支撑后,用钢量稍许增加至 20.1kg/m²,用钢量最大,刚度有所提高,自振周期降低至 2.23s,扭转效应改善,极限承载力大幅度提高至 5.4 倍,显著改善了结构的受力性能。

　　(4)葵花型索穹顶位移指标对半跨荷载不敏感,用钢量为 14.7kg/m²,较肋环型索穹顶有显著降低,自振周期最短,仅为 1.09s,极限承载力高。

　　(5)葵花+肋环混合型索穹顶结构性能指标与葵花型索穹顶基本一致,且有效避免最内环拉索密集、节点复杂的缺点,本文确定其为优选结构方案。

表 2　索穹顶性能指标对比

类型	位移/mm		单位面积用钢量/(kg/m²)	极限承载力安全系数		第一阶自振周期/s	最大径向支座反力/kN
	全跨	半跨		全跨	半跨		
肋环型	156(1/513)	304(1/263)	17.3	1.32	1.60	3.02(扭转)	3086
带垂直支撑肋环型	149(1/537)	252(1/317)	20.1	5.40	7.15	2.23(扭转)	3120
葵花型	239(1/335)	259(1/309)	14.7	3.90	4.50	1.09(竖向)	1993
葵花＋肋环混合型	245(1/327)	271(1/295)	14.3	3.52	4.40	1.64(最内环局部扭转)	2000

对葵花＋肋环混合型索穹顶优选方案进行参数分析,包括斜索角度、矢高、预应力度、环向索数量、径向索数量、内拉环大小等,得到了各参数对结构性能的影响规律,将另文详述。最终,获得了在建筑条件允许下的最优结构方案:索穹顶共设三道环索,自内向外,在6m半径处结合建筑采光功能需求,设第一道环索,环索通过撑杆与上部刚性环相连,刚性环内为中心采光顶;在18m半径处结合马道布置设置第二道环索;在28.325m半径处设第三道环索。径向索采用内圈肋环型,中圈、外圈葵花型布置,环向采用15等分的布置方式,以合理控制金属屋面的檩条跨度;最内与最外斜索与水平面夹角约为25°,中部斜索与水平面夹角配合马道标高取为约30°。直径77.3m的外环配合建筑造型设2.5m(宽)×1.9m(高)混凝土大环梁,通过混凝土压力环平衡索穹顶斜索与脊索产生的拉力,充分利用了拉索受拉强度高和混凝土抗压性能好的特点,发挥了材料的优势。

5　屋面檩条系统协同工作研究

金属屋面索穹顶具有檩条系统,檩条是否参与协同工作是需要确定的问题[10]。选取葵花＋肋环混合型索穹顶,建立了金属屋面檩条的协同工作分析模型(图6),跨度80m,脊索端点位于矢高6.5m的球面上,3圈环索、20榀径向索,斜索与水平面夹角25°,中心环直径12m。主檩条为连续的钢梁,次檩条铰接于主檩条,檩条系统通过两端铰接的杆连接于撑杆顶端,并铰接支承于最外环。檩条截面依据计算确定,其应力比控制为0.75~0.9。荷载及荷载组合与选型分析相同。分析中考虑施工过程的影响,施工流程为:1)张拉索穹顶;2)安装径向外主檩;3)安装环向外主檩;4)安装径向中主檩;5)安装环向中主檩;6)安装径向内主檩;7)安装环向内主檩;8)安装次檩条。分析结果对比如表3所示。

分析结果表明,当檩条协同工作时,檩条实际上形成了一个单层网壳(为便于描述,将上部的檩条系统简称为檩条网壳),显著增加了结构的刚度,结构最大位移由234mm降低到113mm,减小了51.7%。檩条网壳的刚度较索穹顶大,分担了大部分的荷载,以1.0恒载＋1.0活载工况为例,檩条网壳承担的竖向荷载为5997kN,占总荷载的75.5%,而索穹顶部分承担的竖向荷载为1942kN,仅占总荷载的24.5%。由于檩条网壳在整体协同工作中发挥了壳体作用,相比传统纯受弯檩条,协同工作的檩条还承受了轴力,成为压(拉)弯构件,需要更大的截面,因此材料用量较大。协同工作时檩条用钢量达48.6kg/m²,较不协同工作时增加了28.6kg/m²,而索穹顶用钢量仅减少了1.8kg/m²。在考虑双非线性的极限承载力分析中,檩条首先屈服,故协同工作模型的极限承载力小于不协同模型。综上,针对本项目,檩条协同工作不具有明显的优势,因此采用简支滑动檩条,檩条不参与协同工作。

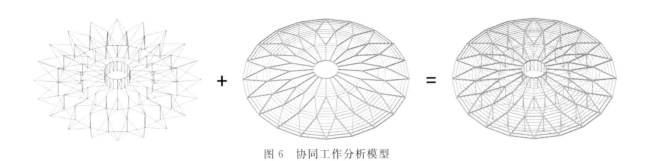

图 6　协同工作分析模型

表 3　协同分析与非协同分析结果对比

类型	1.0 恒＋1.0 活工况位移/mm	单位面积用钢量/（kg/m²）		1.0 恒＋1.0 活工况各部分承担的竖向荷载/kN		1.0 恒＋1.0 活工况极限承载力安全系数
		索穹顶	檩条	索穹顶	檩条网壳	
檩条不协同工作	234	12.6	20.0	6307	—	3.8
檩条协同工作	113	10.8	48.6	1942	5997	3.2

6　设计分析

对屋盖结构开展了全面系统的设计研究工作,包括刚度、强度、自振特性、极限承载力、抗震性能、节点和施工张拉分析研究等。研究分析表明,屋盖结构的性能满足相关规范要求,拉索未发生松弛而退出工作等状态,具有较高的安全度,经济性良好。

6.1　刚度、强度分析

结构静力计算均采用非线性有限元计算,研究分析表明重力荷载、温度起主要的控制作用。典型荷载工况下的位移如表 4 所示,位移的控制工况为 1.0 恒载＋1.0 半跨活载,最大位移 159mm,挠跨比 1/485(图 7),满足规范要求。承载力极限状态下,关键构件应力比控制在较低的水平,拉索内力小于 0.4 倍破断力,最小应力大于 50MPa,保证结构有足够的安全储备,拉索截面如表 5 所示。

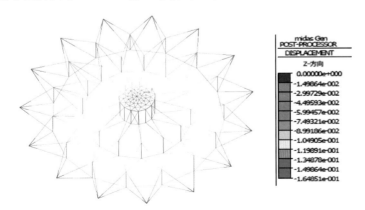

图 7　1.0 恒＋1.0 半跨活荷载作用下位移图

表 4　典型工况位移

	荷载组合工况	位移最大值/mm	挠跨比
1	恒＋活	−155	1/499
2	恒＋半跨活	−159	1/485
3	恒＋风	−4	1/19277
4	恒＋升温	−103	1/749
5	恒＋降温	−101	1/765

表 5　构件截面

类别	名称	截面	类别	名称	截面
脊索	内脊索	$\phi68$	环索	内环索	$\phi50$
	中脊索	$\phi57$		中环索	$2\times\phi60$
	外脊索	$\phi72$		外环索	$2\times\phi100$
斜索	内斜索	$\phi34$	撑杆	内撑杆	P 146×6
	中斜索	$\phi45$		中撑杆	P 194×12
	外斜索	$\phi72$		外撑杆	P 245×16
中心环	—	P 280×30			

6.2　极限承载力分析

对索穹顶结构进行极限承载力分析,以考察其安全储备。分析中考虑几何非线性和材料非线性(针对其中刚性构件)的影响,由于拉索为脆性材料,本文给出两种结果:1)不考虑拉索的破断,即假设拉索为纯弹性材料;2)当拉索内力达到破断力即停止计算,此时的荷载即为索穹顶的极限承载力。初始缺陷采用特征值屈曲的第一阶模态,缺陷的最大值取为跨度的1/300。本项目极限承载力考虑1.0恒载＋1.0活载及1.0恒载＋1.0半跨活载两种工况。特征值屈曲分析结果如图8、图9所示,1.0恒载＋1.0活载及1.0恒载＋1.0半跨活载工况下屈曲模态为绕中心轴的扭转。

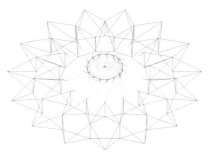

a 平面图　　　　　　　　　　b 轴测图

图 8　1.0恒载＋1.0活载特征值屈曲模态

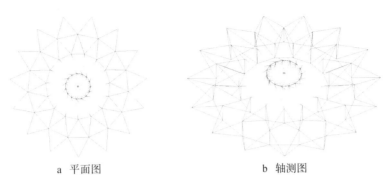

a 平面图   b 轴测图

图 9   1.0恒载+1.0半跨活载特征值屈曲模态

1.0恒载+1.0活载作用下极限承载力失效模态如图10所示,为内圈脊索松弛失效。荷载-位移曲线如图11所示,极限承载力安全系数为3.96倍,此时最外圈斜索的应力比最大,达到0.74倍破断力。

a 平面图   b 轴测图

图 10   1.0恒载+1.0活载极限承载力失效模态

图 11   1.0恒载+1.0活载下荷载-位移曲线

若不考虑拉索的破断,1.0恒载+1.0半跨活载作用下极限承载力失效模态如图12所示,为内环的扭转。荷载-位移曲线如图13所示,极限承载力安全系数为8.5倍,此时最外圈斜索的应力比最大,为1.5倍破断力。若考虑拉索的破断,极限承载力安全系数为5.9倍,最外圈斜索首先达到破断力。

通过对索穹顶在1.0恒载+1.0活载及1.0恒载+1.0半跨活载两种工况下的极限承载力分析发现:1)极限承载力由全跨分布的荷载控制;2)索穹顶极限承载力较高,有足够的安全储备。

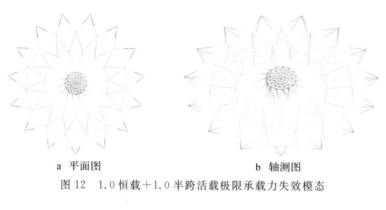

a 平面图   b 轴测图

图 12　1.0恒载＋1.0半跨活载极限承载力失效模态

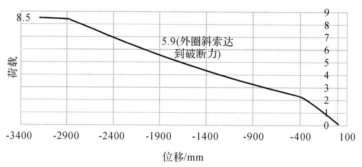

图 13　1.0恒载＋1.0半跨活载下荷载-位移曲线

6.3　自振特性分析

动力特性分析结果表明该结构的自振周期密集(表 6),结构第 1 阶振型为最内环的局部扭转,自振周期为 1.31s(图 14a),第 2 阶振型为局部竖向振动,自振周期为 0.86s(图 14b),第 3 阶振型为几乎对称向局部竖向振动,自振周期仍为 0.84s(图 14c),第 10 阶首次出现竖向主振型,自振周期为 0.62s(图 14d)。

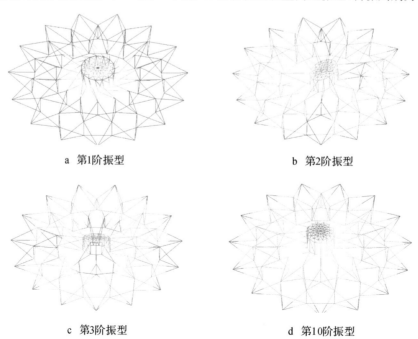

a 第1阶振型   b 第2阶振型

c 第3阶振型   d 第10阶振型

图 14　振型

表 6　自振周期

模态号	周期/s	模态号	周期/s
1	1.31	6	0.73
2	0.86	7	0.73
3	0.84	8	0.65
4	0.75	9	0.64
5	0.74	10	0.62

6.4　抗震性能分析

采用弹性反应谱法对屋盖结构的抗震性能进行了分析。体育场下部混凝土结构的刚度相对于上部钢结构较大,在静力分析时基本可视为上部钢结构的固定支座,而在地震作用分析时,下部混凝土结构则会对上部钢结构的地震作用产生影响[11],因此设计中分别考虑屋盖独立模型和整体协同模型(图 15),全面考察屋盖结构的抗震性能。如表 7 所示,由于索穹顶结构屋盖自重轻,地震响应不起控制作用,大震作用下仍可保持弹性,拉索最大应力比 0.42,撑杆最大应力比 0.62。整体协同分析模型的地震相应较独立模型有所放大,以最外圈环索和撑杆为例,在小震作用下应力比分别增加了 2.7% 和 2.9%,在大震作用下应力比分别增加了 14.2% 和 15.1%。

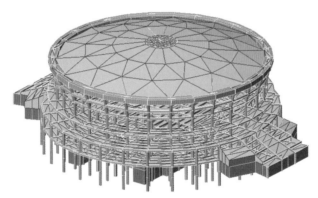

图 15　整体协同分析模型

表 7　独立模型与协同模型结果对比

构件	小震弹性应力/MPa			大震不屈服应力/MPa		
	独立模型	协同模型	增量	独立模型	协同模型	增量
拉索	396.4	407.1	2.7%	395.7	452.0	14.2%
撑杆	−84.2	−86.6	2.9%	−84.1	−96.8	15.1%

注:弹性应力为考虑了分项系数的应力;不屈服应力为不考虑分项系数的应力。

6.5　节点分析及设计

节点为结构体系中力流传递的枢纽,应满足计算假定,同时具有足够的安全度,且精巧美观。对索穹顶的每种节点均进行了仔细的设计,环索索夹节点、脊索节点均采用了铸钢节点,应用 ANSYS 建立三维实体模型进行弹塑性分析来确保其最不利工况下的极限承载力安全系数均大于 2.0

（图 16a、图 16b）。

外环梁上的锚固节点是整个索穹顶结构的支点。为确保其安全性，采用了对穿锚固设计的焊接节点（图 16c），一方面混凝土环梁满足抗剪、抗弯、抗冲切的承载力；另一方面对埋件和耳板进行弹塑性有限元分析，使其极限承载力安全系数大于 2.0（图 16d）。

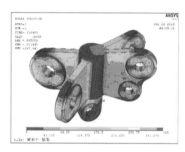
a 外脊索节点

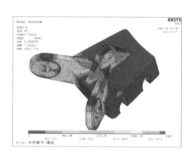
b 外环索节点

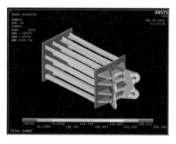
c 外环梁锚固节点

d 锚固节点荷载-位移曲线

图 16 节点分析

6.6 施工张拉及健康监测

索穹顶结构为柔性结构，需要通过对拉索张拉以建立结构体系。本着安全、便捷、经济的原则，本工程采用同步张拉外圈斜索，其余索原长放样、被动张拉的方案[12,13]（图 17），其具体研究内容将另文详述。

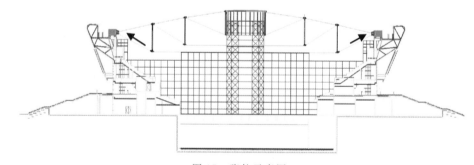
图 17 张拉示意图

对本项目进行了施工及健康监测，监测内容为结构变形、索力、撑杆内力，并监测随温度和风环境的变化，测点布置以能测出力平衡关系为原则（图 18）。据监测数据分析，环索计算理论值与实测值之差最大的百分比值为 7.3%；脊索计算理论值与实测值之差最大的百分比值为 −9.6%；斜索计算理论值与实测值之差最大的百分比值为 9.4%。偏差均在 10% 以内[14]，达到了设计要求。截至目前，监测数据仍在持续收录中。

a 脊索、斜索索力传感器布置

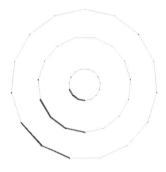
b 环索索力传感器布置

图18 索力传感器布置

7 结论

本文对雅安天全体育馆77.3m跨金属屋面索穹顶结构的设计研究进行了介绍,对其结构选型、屋面檩条系统协同分析、静力性能、动力性能、极限承载力、抗震性能、节点分析设计、施工张拉和健康监测等关键技术问题进行了阐述,得到以下结论:

(1)金属屋面技术成熟、经济性好、耐久性好,适用于多种建筑的造型,索穹顶结构可采用金属屋面系统。

(2)对四种类型的索穹顶进行了选型研究,包括肋环型索穹顶、带垂直支撑肋环型索穹顶、葵花型索穹顶、葵花+肋环混合型索穹顶。葵花+肋环混合型索穹顶结构性能指标较优,且有效避免最内环拉索密集、节点复杂的缺点,为优选结构方案。

(3)金属屋面檩条与索穹顶协同工作时,檩条实际上形成一个单层网壳,可显著增加结构的刚度。檩条网壳的刚度较索穹顶大,分担了大部分荷载,材料用量增加较多,极限承载力有所降低。针对本项目,檩条协同工作不具有明显的优势,故采用简支滑动檩条,檩条不参与协同工作。

(4)在本项目中,重力荷载、温度对索穹顶起主要的控制作用,通过合理设计,保证了索穹顶的刚度,关键构件的应力比均控制在较低的水平。极限承载力由全跨分布的荷载控制,满足规范要求。结构的自振周期密集,地震响应不起控制作用,大震作用下仍可保持弹性,整体协同分析模型的地震响应较独立模型有所放大。

(5)对每种节点均进行弹塑性有限元分析,铸钢节点最不利工况下的弹塑性极限承载力安全系数均大于2.0。外环梁锚固节点采用了对穿锚固的设计,安全可靠。

(6)采用同步张拉外圈斜索,其余索原长放样、被动张拉的方案。施工监测数据表明,环索、脊索、斜索的理论值与实测值之差均在10%以内,圆满完成了索穹顶的施工张拉。

参考文献

[1] 董石麟,罗尧治,赵阳,等.新型空间结构分析、设计与施工[M].北京:人民交通出版社,2006.

[2] 刘锡良.现代空间结构[M].天津:天津大学出版社,2003.

[3] 董石麟.空间结构的发展历史、创新、形式分类与实践应用[J].空间结构,2009,15(3):22-43.

[4] GEIGER D H,STEFANIUK A,CHEN D. The design and construction of two cable domes for the Korean Olympics[C]//Proceedings of IASS Symposium on Shells,Membranes and Space

Frames,Vol. 2,Osaka,Japan,1986:265－272.

[5] LEVY M P. The Georgia dome and beyond achieving lightweight-long span structures [C]// Spatial Lattice and Tension Structures:Proceedings of the IASS-ASCE International Symposium, Atlanta,USA,1994:560－562.

[6] GOSSEN P A,CHEN D,MIKHLIN E. The first rigidly clad 'Tensegrity' type dome,the Crown Coliseum[C]//Proceedings of International Congress IASS-ICSS,Fayetteville,North Carolina, 1998:477－484.

[7] 袁行飞,董石麟.索穹顶结构整体可行预应力概念及其应用[J].土木工程学报,2001,34(2): 33－37.

[8] 袁行飞,董石麟.索穹顶结构几何稳定性分析[J].空间结构,1999,5(1):3－9.

[9] 袁行飞,董石麟.索穹顶结构的新形式及其初始预应力确定[J].工程力学,2005,22(2):22－26.

[10] 董石麟,王振华,袁行飞.一种由索穹顶与单层网壳组合的空间结构及其受力性能研究[J].建筑结构学报,2010,31(3):1－7.

[11] 冯远,夏循,曹资,等.常州体育馆索承单层网壳屋盖结构抗震性能研究[J].建筑结构,2010, 40(9):41－44.

[12] 董石麟,袁行飞,赵宝军,等.索穹顶结构多种预应力张拉施工方法的全过程分析[J].空间结构, 2007,13(1):3－14.

[13] 袁行飞,董石麟.索穹顶结构施工控制反分析[J].建筑结构学报,2001,22(2):75－79.

[14] 中华人民共和国住房和城乡建设部.索结构技术规程:JGJ 257－2012[S].北京:中国建筑工业出版社,2012.

第五部分
弦支穹顶结构、
张弦结构和斜拉结构

116 弦支穹顶结构的形态分析问题及其实用分析方法*

摘　要：寻找弦支穹顶在零状态下的几何构形与计算时所需施加的初应变值是其形态分析的主要目的。基于零状态下所需求解参数的不同，将其形态分析问题分为：找力、找形、找力＋找形三类。这三类问题基本覆盖弦支穹顶结构中所有可能出现的形态分析问题。利用较为成熟的数值分析理论针对找力与找形这两类问题，进行计算公式的推导，并通过找力与找形的组合成功地解决了找力＋找形问题，最后给出求解这三类问题的计算流程。按计算流程对同一结构模型分别进行找力与找力＋找形分析。计算结果表明：由结构在零状态下施加的初应变值换算而来的内力，经内力重分布后与初始态下内力在数值大小与分布上均有较大差别，所以弦支穹顶结构的找力分析是必需的。结构经找形后在零状态下的单元下料长度与结构在已知几何构形下的单元长度相差甚微，但部分节点坐标值在两个状态下却有较大差别，建议结构在建造时可直接按已知几何构形来进行下料，但应按找形后的计算结果进行放样安装。

关键词：弦支穹顶；形态分析；找力；找形；迭代计算

1　引言

弦支穹顶是由日本的川口卫等人[1,2]基于张拉整体结构和单层球面网壳组合而提出的一种新型空间杂交结构。国内外对这一新型空间结构已进行了一些理论与试验研究[1-6]，并应用在实际工程中，如日本的光丘穹顶和前田会社的职工活动中心。在国内已经建成的弦支穹顶有天保国际商务交流中心、天津博物馆贵宾厅和2008年奥运会羽毛球馆等；正在设计、建造的有常州市体育馆、济南奥体中心体育馆等。

形态分析是力的平衡分析的逆过程，包括结构几何稳定性分析以及外形、拓扑分析和状态分析[7]。形态分析理论是基于柔性张拉结构的设计需要而提出的，是近年来才被重视且正在逐步完善的理论。国内外对索杆张力结构的形态分析研究较多，且较为成熟[7,8]。由于弦支穹顶其上部单层球面网壳是传统意义上形状确定的结构体系，且为高次超静定结构，在未施加预应力之前已有一定的刚度，所以对其进行的形态分析研究较少。文献[3]对弦支穹顶的形态分析做了简单的介绍，并给出了弦支穹顶只需进行找力分析而不必进行找形分析的结论。文献[4]对结构的找形与找力都进行了研究，并给出了相应的算法。文献[5,6]也对这一问题进行了研究，并给出了相应的算法。本文紧密结

＊　本文刊登于：郭佳民，董石麟，袁行飞.弦支穹顶结构的形态分析问题及其实用分析方法[J].土木工程学报，2008，41(12)：1－7.

合结构的施工建造过程对这一新型结构的形态分析问题进行了全面的研究,并给出相应的实用计算方法,可为实际的工程设计分析所采用。

2   形态分析问题的分类

在进行问题的分析之前,首先按实际结构的施工与计算过程给出以下几个状态的基本定义[8]:

(1)零状态(放样态)A:无自重、无预应力时的状态。在数值模拟过程中,对应为数值模型建立完毕,而未进行计算时的状态。

(2)初始态 B:下部结构张拉完毕后,体系在自重和预应力作用下的平衡状态。在数值模拟过程中,对应为数值模型在考虑自重的情况下计算完毕后的状态。

(3)荷载态 C:体系在初始态的基础上,承受其他外荷载时的受力状态。在数值模拟过程中,对应为数值模型在考虑外荷载的情况下计算完毕后的状态。

各状态(A、B、C)下的几何构形与内力分别用 G 和 F 来表示。针对不同的状态,可以形成以下 6 个状态参数:G_A、F_A、G_B、F_B、G_C 和 F_C。

严格地按其定义来说,零状态下无任何力存在,所以 F_A 并不存在,但利用现有的计算软件在结构的设计与计算过程中为了得到结构初始态下的预应力,需在零状态的基础上对数值模型施加初应变,而初应变可以换算为内力值,上面定义的 F_A 就是由所需施加的初应变换算而来的内力值,为一个广义力,只在计算过程中出现,在实际施工过程中并不存在,是理论计算中零状态下不可缺少的参数。

结构在设计前只已知了部分状态参数,而其他状态参数在结构设计、计算与施工成型过程中也是必需的,特别是零状态下的 2 个参数是分析计算的基础。如何由已知的状态参数得到其他未知状态参数就构成了形态分析的核心内容。当已知的状态参数不同时,所需求解的状态参数就会发生变化,这样就产生了不同的形态分析问题。依据零状态下所需求解参数的不同,将结构形态分析问题分为以下 3 类:

(1)找力问题,结构在零状态下的几何构形(G_A)已知,而需通过所有已知条件求解结构零状态下所需施加的初应变(F_A)的问题。

(2)找形问题,结构在零状态下所需施加的初应变(F_A)已知,而需通过所有已知条件求解结构零状态下几何构形(G_A)的问题。

(3)找力+找形问题,结构在零状态下的几何构形(G_A)与所需施加的初应变(F_A)均未知,而需通过所有已知条件来进行求解的问题。

在设计前至少需已知 2 个状态参数。通过对上述 6 个状态参数的不同组合可得到 15 种形态分析问题。当已知状态参数都为力时,在计算过程中,无法建立计算模型对结构进行计算求解,这种情况在实际中也并不存在。而零状态下几何构形与所需施加的初应变均已知时,无需进行形态分析。去除上述两种情况,在实际中仅存在 11 种形态分析问题,都可归结到上述的 3 类问题中,问题的分组与归并结果见图 1。

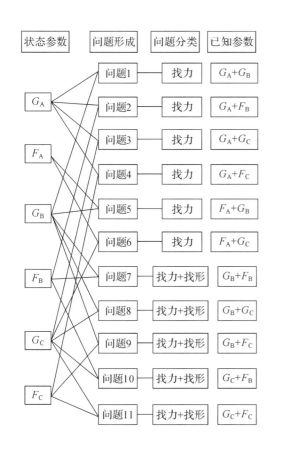

图 1　弦支穹顶形态分析问题分类图

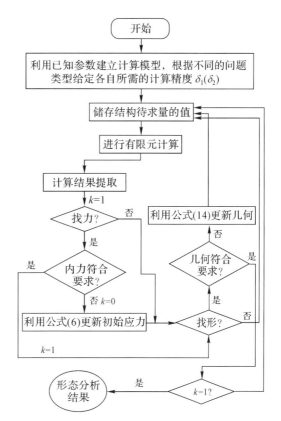

图 2　计算流程图

3　问题的求解

针对上述 3 类问题:找力、找形、找力＋找形,分别进行分析研究,给出相应的求解思路与计算公式。

3.1　找力问题分析

国内学者对弦支穹顶的找力问题研究相对较多[4-6],并利用张力补偿法的思想[9]给出了找力计算公式与具体的计算流程。为了确定结构在零状态下所需施加的初应变,并提高找力计算的效率,本文借鉴牛顿法思想给出了一种迭代计算法。迭代计算公式的推导如下。

在零状态时下部结构的一组初应变值,在张拉成型后就会对应初始态时下部结构的一组内力值。因为结构的预应力是通过对主动张拉单元施加初应变的方法得到的,所以在下文的所有推导与计算过程中均以初应变 ε 来表示与之对应的零状态下参数 F_A。下部索杆单元初始态时的内力 N 可写为零状态时初应变 ε 的函数表达式:

$$N = \varphi(\varepsilon) \tag{1}$$

当结构按施工工序要求张拉完成后,在初始态时,下部索杆的内力值达到内力设计值,这时可写为如下的方程式:

$$N - \widetilde{N} = 0 \tag{2}$$

式中,$\widetilde{N}$ 表示结构在初始态时下部索杆(或部分索杆)单元的内力已知值。

将函数（1）代入方程（2）中可得如下方程：

$$\varphi(\varepsilon) - \widetilde{N} = 0 \tag{3}$$

方程（3）的解 ε^* 就是结构下部索杆在零状态时需施加的初始应变值。本文利用牛顿法的思想[10]，来构造方程解的迭代计算公式。将方程（3）改写为以下函数表达式：

$$f(\varepsilon) = N - \widetilde{N} = \varphi(\varepsilon) - \widetilde{N} \tag{4}$$

在构造牛顿迭代计算公式时，需求解上述函数的一阶导数。由于 φ 为隐式表达式，且与施工张拉工序有关，直接求其导数的难度较大，故在迭代过程中将函数（4）的一阶导数用差分的形式来表示，写为：

$$f'(^i\varepsilon) = \frac{^iN - ^{i-1}N}{^i\varepsilon - ^{i-1}\varepsilon} \tag{5}$$

式中，i 表示计算迭代的次数（$i=1,2,3,\cdots$）；$^i\varepsilon$ 和 ^iN 分别表示第 i 次迭代计算时索杆单元在零状态下所需的初应变值与张拉完成后在初始态下的内力值；$^1\varepsilon$ 为迭代初始值；$^0\varepsilon$、^0N 无实际物理意义，都取为零。

仿牛顿公式，对方程（3）求解的迭代计算公式可以构造为

$$\begin{cases} ^{i+1}\varepsilon = {}^i\varepsilon - \dfrac{f(^i\varepsilon)}{f'(^i\varepsilon)} = {}^i\varepsilon - \dfrac{^iN - \widetilde{N}}{\frac{^iN - ^{i-1}N}{^i\varepsilon - ^{i-1}\varepsilon}} \\ ^0\varepsilon = {}^0N = 0 \end{cases} \tag{6}$$

在迭代计算过程中，迭代终止的判断条件为，结构下部索杆的内力计算值与已定预应力值之差的最大范数小于计算精度要求，可表示为

$$\| ^iN - \widetilde{N} \|_\infty \leqslant \delta_1 \tag{7}$$

式（6）与式（7）就是找力计算过程中所需的计算公式与收敛判断条件。具体的计算流程见图2。

3.2 找形问题分析

由于弦支穹顶结构的节点数目较多，所以找形问题较找力问题复杂，但同样可以利用找力的思想来进行问题的分析。对于弦支穹顶的找形问题，在利用上述找力的算法进行迭代计算时，为了方便，其迭代的初始值一般取已知的结构几何构形，初值的选择范围较小，这样对于只有局部收敛性的牛顿法来说，当初值选择离精确值较远时可能导致算法不收敛。在不改变计算初值的情况下，为了确保求解过程的收敛性，可以对牛顿法进行改进而采用牛顿下山法或类似文献[11]中所述的在牛顿法基础上，结合线性搜索和回溯的方法。甚至可采用算法简单、收敛性总能得到保证的逐步搜索法进行计算，但计算速度较慢。下面以初始态下的几何构形 G_B 与零状态下所需施加的初应变（F_A）均已知的第5种问题为例，来推导结构的找形计算公式。

当结构零状态下的几何构形 G_A 确定时，对结构施加确定的初应变张拉成形后可得到确定的初始态下几何构形 G_B。确定的 G_A 施加一定的初始应变计算后便可得到确定的 G_B，这样可将 G_B 写为 G_A 的函数表达式：

$$G_B = \phi(G_A) \tag{8}$$

结构确定时 ϕ 与零状态下施加的初应变值（F_A）有关。

当结构按施工假定要求张拉完成后，初始态下结构的几何构形达到几何构形已知值，这时可写为如下的方程式：

$$G_B - \widetilde{G} = 0 \tag{9}$$

式中，$\widetilde{G}$ 表示结构（或部分结构）几何构形已知值。

将函数(8)代入方程(9)中可得

$$\phi(G_A) - \widetilde{G} = 0 \tag{10}$$

方程(10)的解 G_A^* 就是所需求解的零状态下结构几何构形。将方程(10)改写为以下函数表达式：

$$f(^jG_A) = \phi(^jG_A) - \widetilde{G} \tag{11}$$

式中，j 为结构的计算次数；^jG_A 为第 j 次计算时结构在零状态下所采用的几何构形。

结构在第 j 次张拉过程中产生的位移 ^jU 可以表示为第 j 次张拉过程中初始态下几何构形与零状态下几何构形的差值：

$$^jU = \phi(^jG_A) - {}^jG_A \tag{12}$$

将式(12)代入式(11)可得

$$f(^jG_A) = {}^jG_A + {}^jU - \widetilde{G} \tag{13}$$

为了计算方便，对方程(10)求解的迭代计算公式可以简单地构造为

$$^{k+1}G_A = {}^kG_A - f(^kG_A) = \widetilde{G} - {}^kU \tag{14}$$

在计算过程中，计算结束的准则为初始态下结构几何构形与已知值之差的无穷范数小于计算精度要求，可表示为

$$\| ^jG_A + {}^jU - \widetilde{G} \|_\infty \leqslant \delta_2 \tag{15}$$

式(14)与式(15)就是找形过程中所需的计算公式与计算结束判断准则，具体计算流程见图2。方程(10)的迭代计算公式可以构造为与找力计算相似的公式，也可以在收敛速度与收敛适应性等方面对其进行改进，使其对初值的选择范围扩大，计算的收敛性增强。

3.3　找力＋找形问题分析

这类问题，零状态下的几何与所需施加的初应变(F_A)都需求解，在找力的同时需进行找形分析，由于结构的几何构形与内力相互耦合，所以求解计算较为复杂，文献[3,6]各给出了一种计算流程，算法思想不尽相同。为了能够有效地利用上述两个问题的计算方法与求解思路，在求解过程中本文认为可以采用以下3种途径将上面的找形问题与找力问题结合在一起来解决找力＋找形问题：

(1)将找力问题完全嵌套在找形的计算中，每次的找形是在找力完成的基础上进行(即在找形时假定零状态下所需施加的初应变(F_A)已确定)；

(2)将找形问题完全嵌套在找力的计算中，每次的找力是在找形完成的基础上进行(即在找力时假定零状态下的几何构形已确定)；

(3)找力与找形同时进行。

经过计算对比可知第1种与第2种分析方法的力学概念清晰，但计算量较大。第3种方法虽没有对耦合进行特意处理，但也可达到解决问题的目的，且计算量较少。

本文采用第3种方法对这一问题进行处理，具体计算流程见图2。在计算流程中主要包括了两个模块：找形模块与找力模块，分别使用时可以解决找形问题与找力问题。流程图将3类问题有机地统一在了一起，可根据问题类型的不同而设置相应不同的参数来分别求解。

4　算例

图3所示为一弦支穹顶，下部结构中构件的位置与截面面积分别见图3与表1，网壳中的杆件均采用 $\phi377 \times 12$ 的圆管。网壳中构件和下部撑杆的弹性模量为 $2.06 \times 10^{11} \, \text{N/m}^2$，密度为 $7.85 \times 10^3 \, \text{kg/m}^3$；

下部索的弹性模量为 $1.9 \times 10^{11} \, \mathrm{N/m^2}$，密度为 $6.55 \times 10^3 \, \mathrm{kg/m^3}$。

图 3 所示几何构形为已知几何构形 $\widetilde{G}$，假定结构采用张拉斜索成型，当结构施工张拉完成后，要求各圈环索的内力值由内及外分别为 500kN（Hs1）、1000kN（Hs2）、2500kN（Hs3），这便是结构初始态下的已知内力 $\widetilde{N}$。

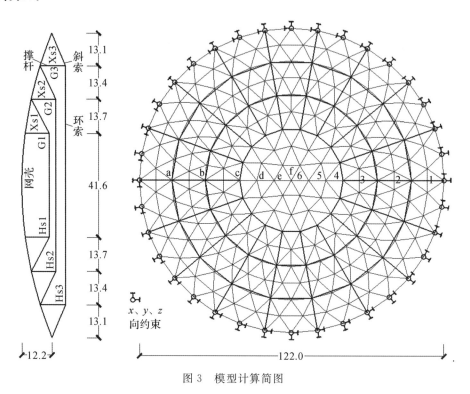

图 3　模型计算简图

表 1　构件截面面积

环索	截面积/m²	斜索	截面积/m²	撑杆	截面积/m²
Hs1	0.00285	Xs1	0.00285	G1	0.00466
Hs2	0.0057	Xs2	0.00285	G2	0.00466
Hs3	0.01124	Xs3	0.00562	G3	0.00466

利用这一计算模型，分别对上述三类形态分析问题中的找力问题与找力＋找形问题进行计算分析。

4.1　算例1:找力分析

如果结构在施工放样时按上述已知几何构形 $\widetilde{G}$ 来进行，张拉结束后结构的各圈环索内力达到上述内力已知值 $\widetilde{N}$。此时已知的状态参数即为:零状态下的几何构形 G_A 与初始态下的内力 F_B。这是形态分析中的第 2 种问题，属于找力问题。利用找力计算公式按计算流程对结构进行找力分析，计算结果见表 2。在计算结果中零状态下的 F_A 以所对应的应变给出，在计算过程中采用的是斜索张拉成型，斜索为主动张拉单元，所以在计算时只对斜索进行了预应力的施加，在零状态下表现为仅斜索施加初应变。利用计算结果绘制了 Hs3 的内力在找力迭代过程中的变化曲线见图 4。

表 2 找力计算结果

索杆编号	零状态下初应变 $F_A(\times 10^{-3})$			初始态下内力值 F_B/kN		
	G	Xs	Hs	G	Xs	Hs
1	0	2.929	0	−88.6000	196.910	500.000
2	0	3.056	0	−156.648	383.620	1000.000
3	0	4.436	0	−346.000	938.930	2500.000

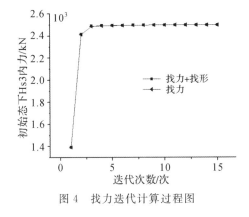

图 4 找力迭代计算过程图

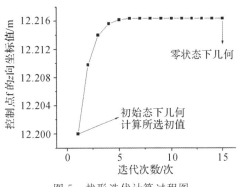

图 5 找形迭代计算过程图

4.2 算例 2:找力＋找形分析

如果结构在施工张拉结束后结构的几何构形为已知几何构形 $\tilde{G}$,结构各圈环索内力值为各环索内力已知值 $\tilde{N}$。此时已知的状态参数即为:初始态下的几何构形 G_B 与初始态下的内力 F_B。这是形态分析中的第 7 种问题,属于找力＋找形问题。按计算流程对结构零状态下的几何构形(G_A)与所需施加的初应变(F_A)进行计算。两个状态下结构的力参数计算结果见表 3,这里同样在计算过程中采用的是斜索张拉成型,斜索为主动张拉单元,所以在计算时只对斜索进行了初应变施加,在零状态下表现为仅斜索有初应变。由于结构的节点与单元较多,限于篇幅本文仅将 9 个控制节点的坐标、6 个控制单元的单元长度(见图 3)在两个状态下的值列于表 4 与表 5。在表 5 中节点的上下分别指结构上部网壳中的节点与对应的下部索杆下节点。Hs3 的内力值和控制节点 f 的 z 向坐标值随迭代计算的变化曲线分别见图 4 与图 5。

表 3 不同状态下的索杆内力值

索杆编号	零状态下初始应变 $F_A(\times 10^{-3})$			初始态下内力值 F_B/kN		
	G	Xs	Hs	G	Xs	Hs
1	0	2.955	0	−88.950	197.200	500.000
2	0	3.049	0	−156.620	384.100	1000.000
3	0	4.413	0	−345.030	940.470	2500.000

表4 不同状态下的控制单元长度

状态	L/mm					
	1	2	3	4	5	6
零状态	9504.6	7193.2	9578.7	7009.2	6904.3	6957.0
初始态	9503.8	7192.5	9578.6	7009.1	6903.8	6956.6
差值	0.8	0.7	0.1	0.2	0.5	0.4

表5 不同状态下的控制节点坐标

节点编号		x/mm			y/mm			z/mm		
		零状态	初始态	差值	零状态	初始态	差值	零状态	初始态	差值
a	上	−47942.5	−47938	−4.5	0.0	0.0	0.0	4789.5	4781.7	7.8
	下	−47882	−47938	56	1.2	0.0	−1.2	−5432.7	−5437	4.3
b	上	−34511.5	−34507.3	−4.2	0.0	0.0	0.0	8405.8	8400.5	5.3
	下	−34475	−34507.3	32.3	−0.1	0.0	0.1	−1559.3	−1563.1	3.8
c	上	−20808.4	−20811.1	2.7	0.0	0.0	0.0	10792.5	10828.7	−36.2
	下	−20792.5	−20811.1	18.6	1.1	0.0	−1.1	992.4	1029.4	−37
d		−13842.4	−13843.5	1.1	0.0	0.0	0.0	11570.8	11590	−19.2
e		−6955.1	−6954.9	−0.2	0.0	0.0	0.0	12054.5	12047.4	7.1
f		0.0	0.0	0.0	0.0	0.0	0.0	12216.4	12200	16.4

由表2与表3可以看出,结构在两个状态下的力参数在大小与分布上相差较大,这主要是由于在张拉过程中内力发生了重分布,其他被动张拉单元也会产生一定的内力。内力重分布的发生会对由结构在零状态下所需施加的初应变(F_A)换算成的应力造成较大的损失,所以在分析计算时对结构进行找力分析是必需的。

由表4可以看出,找形计算后结构在两个状态下各单元长度之差甚小,这样的下料长度,对施工的精度要求很高,一般很难得到保证,所以结构在建造过程中完全可按已知的结构几何构形进行下料。这可能也是文献[4]得出了弦支穹顶不需进行找形分析结论的一个原因。但由表5可以看出,两个状态下的节点坐标之差较大,上部网壳结构中的最大差值为36.2mm,下部索杆节点的最大差值为56mm。从这一点上看,如将已知几何构形作为初始态时结构的几何构形,那么结构的找形分析也是必需的,放样安装时应该按找形后的计算结果进行。

由图4、图5可以看出,本文的计算方法迭代收敛较快,且找力较找形要快。同时找形＋找力与单纯的找力迭代次数基本一致,这说明下部索杆的内力与结构整体几何的相互耦合性较小,这也说明,这种将找力与找形同时进行的计算方法有效可行。

5 结论

(1)本文提出了弦支穹顶的11种形态分析问题,并根据结构已知条件的不同,将这些问题分为三类:找力、找形和找力＋找形。这些问题基本覆盖了结构实际中可能存在的形态分析问题。

(2)通过对三类问题的具体分析,分别得到了针对不同问题的具体计算公式,利用计算公式能有效地解决各种形态分析问题,且计算速度较快。

（3）由零状态下所需施加的初应变（F_A）换算成的应力，经内力重分布后，与初始态下的内力在大小与分布上均有较大差别，故弦支穹顶的找力分析是必需的。

（4）找力与找形同时进行，可以有效地解决找力＋找形问题，且计算迭代较快。

（5）结构通过找形计算出的各单元长度与已知结构几何构形下各单元的长度相差甚小，但部分节点坐标却相差较大，所以如将已知几何构形作为初始态时结构的几何构形，那么结构的找形分析也是必需的，建议结构在建造时可直接按已知几何构形来进行下料，但应按找形后的计算结果进行放样安装。

参考文献

［1］ KAWAGUCHI M，ABE M，HATATO T，et al. Structural tests on a full-size suspend-dome structure［C］// IASS Symposium on Shell & Spatial Structures，Singapore，1997：431－438.

［2］ KAWAGUCHI M，ABE M，TATEMICHI I. Design，test and realization of "suspend-dome" system［J］. Journal of the International Association for Shell and Spatial Structures，1999，40（3）：179－192.

［3］ 张明山. 弦支穹顶结构的理论研究［D］. 浙江：浙江大学，2004.

［4］ 郭云. 弦支穹顶结构形态分析、动力性能及静动力试验研究［D］. 天津：天津大学，2003.

［5］ 李永梅，张毅刚，杨庆山. 索承网壳结构施工张拉索力的确定［J］. 建筑结构学报，2004，25（4）：76－81.

［6］ 吕方宏，沈祖炎. 修正的循环迭代法与控制索原长法结合进行杂交空间结构施工控制［J］. 建筑结构学报，2005，26（3）：92－97.

［7］ 钱若军，杨联萍. 张力结构的分析、设计、施工［M］. 南京：东南大学出版社，2003.

［8］ 张莉. 张拉结构形状确定理论研究［D］. 上海：同济大学，2000.

［9］ 卓新，石川浩一郎. 张力补偿法及其在预应力空间结构中的应用［C］//天津大学. 第二届全国现代结构工程学术报告会论文集，马鞍山，2002：310－316.

［10］ 李庆扬，王能超，易大义. 数值分析［M］. 武汉：华中科技大学出版社，2001.

［11］ PRESS W H，TEUKOLSKY S A，VETTERLING W T，et al. Numerical recipes in C［M］. Cambridge：Cambridge University Press，1993.

117 弦支形式对弦支穹顶结构的静动力性能影响研究[*]

摘　要:弦支穹顶结构是由上部单层网壳和下部索杆弦支系统组成的大跨预应力杂交结构。通过对下部索杆系统布置形式的改进与创新,给出了 16 种具体的索杆布置形式,可满足不同的结构与建筑需求。为了解布索形式对结构受力性能的影响,以便为下部索杆布置形式的选择提供理论依据,本文以具有相同上部单层网壳的 11 种弦支穹顶结构和对应的单层网壳结构为研究对象,进行了结构的预应力设计、静力性能与自振特性的分析与比较。分析结果表明,下部索杆弦支系统对单层网壳结构的静力性能有明显的改善作用,在索杆圈数不变的情况下,斜索的不同布置方式对结构的静力性能影响较小,综合考虑张拉难度、索杆用量,建议在实际结构中宜采用较为简单的索杆布置形式;而下部索杆或部分索杆采用肋环型布置时,结构基频较低,与基频所对应的模态为结构下部索杆的局部振动,在实际结构中采用时应采取一定的构造措施加以避免。

关键词:弦支穹顶;索杆系统;预应力设计;局部振动

1　引言

　　弦支穹顶是由上部的单层网壳下部增设索杆弦支系统而组成的,它既增强了单层网壳的整体稳定性能、提高了结构的承载能力,又缓减了结构对下部支承环梁的径向作用。弦支穹顶作为一种异钢种预应力空间结构[1],其良好的空间受力性能与跨越更大跨度的潜力很大程度上依赖于结构的合理布置,合理的结构布置形式可以更加充分地发挥上部单层网壳和下部索杆的优势,相互弥补各自的不足。自 1993 年川口卫等人[2,3]提出弦支穹顶后,弦支穹顶的种类不断得以充实,这不仅仅表现在曲面形式上、上部网壳的网格划分和下部索杆的网格布置上,也表现在最初提出这一结构概念的延伸上,如上部单层网壳改用双层网壳、下部的柔性部分改为刚性部分等概念上的延伸。最初在国内外建造的几个圆形平面弦支穹顶,上部网壳和下部索杆都为葵花型布置,常州体育馆则为一个椭圆形平面的弦支穹顶[4],安徽大学体育馆弦支穹顶的上部网壳为一平板组合式六边形网壳[5],济南奥体中心弦支穹顶的下部索杆为肋环型布置[6]。本文主要以弦支穹顶结构的下部索杆布置形式来对弦支穹顶的形式进行改进与创新,提出 16 种具体的索杆布置方式。然后以其中的 11 种弦支穹顶结构和对应的单层网壳结构作为研究对象进行结构的静力性能与自振特性的分析,来探讨索杆布置方式对结构力学性能的影响,为实际结构工程中索杆布置方式的选择提供一定的理论依据。

---

　　[*]　本文刊登于:董石麟,郭佳民,袁行飞,赵阳.弦支形式对弦支穹顶结构的静动力性能影响研究[C]//天津大学.第八届全国现代结构工程学术研讨会论文集,天津,2008:26−33.

2　不同的索杆布置形式

2.1　索杆弦支系统的具体布置形式

弦支穹顶上部单层网壳的网格形式较多,如葵花型、肋环型与 Kiewitt 型等,而便于下部索杆布置的网格形式常用的有内 Kiewitt 型外葵花型的混合网格形式。单层网壳的网格布置一般比较密集,为了适当减少下部索杆的布置数量,可仅在网壳中的部分节点下部布置索杆,下部索杆的斜索可布置在两圈相邻的环向杆之间,也可以跨越 n 圈环向杆件而布置,下部索杆的环索可跨越同圈环向杆件的 n 个相连杆件布置,网壳的中间部分也可不布置索杆。本文以内 Kiewitt 型外葵花型的混合型和 Kiewitt 型分别作为上部网壳的网格划分形式来进行下部索杆的布置分析。当上部网壳为内 Kiewitt 型外葵花型的混合型时,本文提出以下 13 种具体的索杆布置方式,见图 1。其中有葵花型、肋环型和由鸟巢型网架发展而来的鸟巢型,也有通过对上述 3 大类型进行混合布置而成的 7 种混合索杆布置形式,另外为了使全部支座节点都有斜索相连而提出了一种 V1-肋环 1 型索杆布置形式。图 1a 中所示的网壳为前 11 种弦支穹顶结构的上部网壳。鸟巢 1 型弦支穹顶与 V1-肋环 1 型弦支穹顶结构的上部单层网壳与前 11 种弦支穹顶结构的上部单层网壳不同,分别见图 1m 与图 1n。

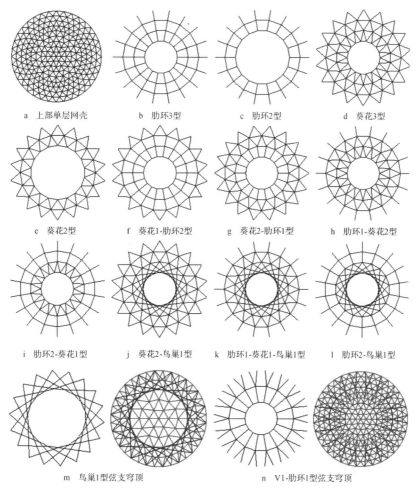

图 1　13 种不同索杆布置图

当上部网壳为 Kiewitt 型时,就上部单层网壳而言,具有网格大小均匀、各圈环向杆件长度基本相等的优点,但对于下部索杆弦支系统而言,索杆布置的灵活性较上部网壳为内 Kiewitt 型外葵花型的混合型要差。除了可采用沿主肋的肋环型布置或部分混合布置形式外,本文以 K6-9 型为例采用跳格布置的方式,给出三种适应于凯威特型网壳的索杆布置形式,分别命名为凯威特 3 型弦支穹顶、凯威特 2 型弦支穹顶与拟肋环 3 型弦支穹顶,见图 2。

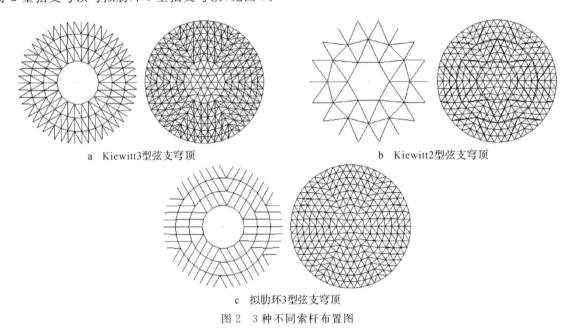

a Kiewitt3型弦支穹顶　　　　　　　　　　b Kiewitt2型弦支穹顶

c 拟肋环3型弦支穹顶

图 2　3 种不同索杆布置图

在实际结构中可以根据具体情况(索杆圈数、撑杆数量、上部网壳的网格布置形式等)选择不同的布索方式,来满足结构上与建筑上的需要。

2.2　不同索杆弦支系统索杆用量比较

本文仅对具有相同上部单层网壳的前 11 种弦支穹顶结构和对应的单层网壳结构进行研究。12 种结构的跨度均为 122m、矢高为 12.2m,各圈撑杆由内向外的高度分别为 G3(9.7993m)、G2(9.9636m)、G1(10.2187m),11 种索杆弦支系统中各种类型相同的构件截面面积取值相同,见表 1,上部单层网壳中的杆件均采用 $\phi 377 \times 12$ 的圆管。单层网壳中构件和索杆系统中撑杆的弹性模量为 $2.06 \times 10^{11} \mathrm{N/m^2}$、密度为 $7.85 \times 10^3 \mathrm{kg/m^3}$;索杆系统中索的弹性模量为 $1.9 \times 10^{11} \mathrm{N/m^2}$、密度为 $6.55 \times 10^3 \mathrm{kg/m^3}$。弦支穹顶结构的剖面见图 3。以上述几何参数为基础对 11 种不同索杆弦支系统的各类构件长度之和统计结果见表 2。

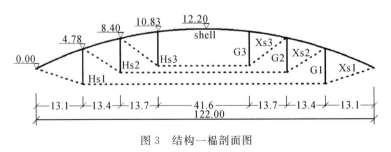

图 3　结构一榀剖面图

表 1   构件截面面积

构件	截面积/m²	构件	截面积/m²	构件	截面积/m²
Hs1	0.01124	Xs1	0.00562	G1	0.00466
Hs2	0.0057	Xs2	0.00285	G2	0.00466
Hs3	0.00285	Xs3	0.00285	G3	0.00466

表 2   不同布索形式下的索杆单元长度 　　　　　　　　　（单位:m）

索杆	单层网壳	肋环 2	肋环 3	肋环 2-葵花 1	葵花 1-肋环 2	葵花 2	肋环 2-鸟巢 1	肋环 1-葵花 2	葵花 2-肋环 1	葵花 3	肋环 1-葵花 1-鸟巢 1	葵花 2-鸟巢 1
Hs	0	515	646	646	646	515	646	646	646	646	646	646
Xs	0	522	802	1107	1159	1204	1387	1431	1485	1789	1713	2070
G	0	363	540	540	540	363	540	540	540	540	540	540

由表 2 可以看出肋环型弦支穹顶的索杆用量明显较葵花型要少,对于肋环 3 型与葵花 3 型来说,后者是前者斜索数量的两倍,斜索总长度的 2.23 倍。从用材上来说布索形式越简单越好,但是从形体造型、美观上来说各有特色。下面对这 11 种不同布索方式的弦支穹顶结构和相对应的单层网壳结构进行详细的静、动力响应分析与比较。

3   预应力设计

弦支穹顶结构作为一种预应力结构,下部索杆弦支系统的预应力设计是结构设计过程中的重要内容,文献[7-9]对这一问题进行了研究。本文通过将下部索杆弦支系统中构件的弹性模量放大 200 倍,使下部索杆弦支系统成为上部单层网壳的弹性支座,对结构施加某一确定的荷载工况后对其进行静力计算,将计算得到的各圈环索内力之比作为结构下部索杆的预应力分布。预应力水平以结构在某一确定荷载工况下支座(与斜索相连)径向反力为零的原则进行计算。假定结构承受 1.0kN/m² 的恒载、0.3kN/m² 的活载,在预应力设计时采用 1.2 倍恒载加 1.4 倍活载作为荷载设计值。上述 11 种不同弦支穹顶结构的预应力分布计算结果见表 3。

表 3   不同布索形式下结构的预应力分布

内力力比	葵花 3	肋环 3	肋环 2-葵花 1	肋环 1-葵花 2	葵花 1-肋环 2	葵花 2-肋环 1	肋环 2-鸟巢 1	葵花 2-鸟巢 1	肋环 1-葵花 1-鸟巢 1	肋环 2	葵花 2	平均值
Hs3/Hs1	0.09	0.09	0.08	0.08	0.09	0.09	0.03	0.03	0.03	—	—	0.07
Hs2/Hs1	0.32	0.33	0.32	0.3	0.35	0.32	0.32	0.32	0.30	0.29	0.29	0.31
Hs1/Hs1	1	1	1	1	1	1	1	1	1	1	1	1

由表 3 可以看出,最内圈与最外圈的预应力之比除了含有鸟巢型的混合布置形式较小外,其他各种布索方式下都差别不大;中间圈与最外圈的预应力之比在各类布索方式下也没有太大的差别。

在保证各弦支穹顶预应力分布不变的情况下，以结构在设计荷载作用下，其支座（连有斜索）径向反力为零的原则，对结构的预应力水平进行计算。为了简单，各种不同布索方式下结构的预应力水平计算结果以结构最外圈环索的内力值给出，计算结果见表4。

表4　不同布索形式下的预应力水平

预应力/kN	葵花3	肋环3	肋环2-葵花1	肋环1-葵花2	葵花1-肋环2	葵花2-肋环1	肋环2-鸟巢1	葵花2-鸟巢1	肋环1-葵花1-鸟巢1	肋环2	葵花2	平均值
Hs1	1820	2120	2120	2120	1820	1820	2120	1820	2120	2120	1820	1983

由表4可以看出结构下部索杆的预应力水平，以最外圈索杆的布置形式分为两类：①最外圈为葵花型布置时为1820kN；②最外圈为肋环型布置时为2120kN。为了方便对结构不同布索方式进行比较，结构的预应力水平取为2000kN。下面就以初始态下结构最外圈环索的预应力值为2000kN作为结构的预应力水平，以表3中计算结果作为结构的预应力分布。

当结构的环索预应力值已知时，斜索与撑杆预应力值的计算推导如下，推导时以结构撑杆下节点所连的斜索数目不同分为两种情况。

（1）撑杆下节点仅连一根斜索

图4所示为这一情况下的结构下部索杆内力计算简图。其中α为斜索与撑杆之间的夹角，2β为环索之间的夹角，撑杆与环索平面保持垂直。

假定与同一节点相连接的各单元内力分别为：N_g、N_x和N_h，根据节点平衡可以建立以下平衡方程式：

$$N_g = N_x \cos\alpha$$
$$N_x \sin\alpha = 2N_h \cos\beta \tag{1}$$

由上面两式可以得到：

$$N_g = 2\cos\beta \cdot \cot\alpha \cdot N_h \tag{2}$$

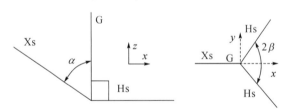

图4　各单元的内力计算简图（撑杆下节点连一根斜索）

（2）撑杆下节点连两根斜索

图5所示为这一情况下的结构下部索杆内力计算简图。其中α为斜索平面与撑杆之间的夹角，2β为环索之间的夹角，2γ为两斜索之间的夹角，撑杆与环索平面保持垂直。

假定与同一节点相连接的各杆件的内力分别为：N_g、N_x和N_h，由节点平衡可以建立以下平衡方程式：

$$N_g = 2N_x \cos\alpha\cos\gamma$$
$$2N_x \cos\gamma\sin\alpha = 2N_h \cos\beta \tag{3}$$

由上面两式可以得到：

$$N_x = 2N_h \cos\beta\cot\alpha \tag{4}$$

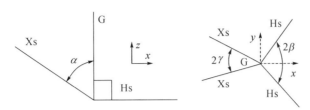

图 5   各单元的内力计算简图(撑杆下节点连两根斜索)

当结构下部索杆中某一类构件的单元内力确定后,便可通过式(1)~(4)求出其他各单元内力。

4   静力性能分析

文献[10-13]对弦支穹顶结构的静力性能做了较为详细的研究,但布索方式对结构静力性能的影响研究很少见文献报道,本文以上述的 12 种结构(包括单层网壳)为例来研究不同布索方式对结构静动力响应的影响。所有计算模型结构的 36 个支座节点全部采用三向约束,预应力水平为 2000kN,预应力分布采用表 3 中的计算结果,承受 1.2 恒载+1.4 活载的满跨荷载作用。为了了解结构的静力响应,在结构上部单层网壳上选取了 9 个位移控制节点、9 个环向杆件单元(H)与 9 个径向杆件单元(R),各控制单元与控制节点的位置分布见图 6。各结构在满跨荷载作用下的内力与位移分布见图 7,结构各静力响应参数的最大值见表 5。其中环向杆件的轴力、径向杆件的轴和节点竖向位移分别用 N_H、N_R 和 D_Z 来表示。

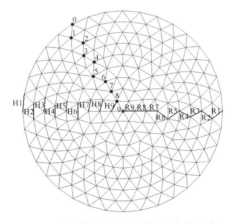

图 6   各控制单元与控制节点位置示意

表 5   结构静力响应最大值

静力响应	葵花 3	肋环 3	肋环 2-葵花 1	肋环 1-葵花 2	葵花 1-肋环 2	葵花 2-肋环 1	肋环 2-鸟巢 1	葵花 2-鸟巢 1	肋环 1-葵花 1-鸟巢 1	肋环 2	葵花 2	单层网壳
N_H/kN	−605	−606	−609	−608	−607	−606	−614	−614	−613	−639	−641	−668
N_R/kN	−729	−729	−730	−730	−730	−729	−733	−734	−732	−749	−751	−825
D_Z/mm	−51	−50	−50	−50	−51	−51	−50	−51	−50	−59	−60	−44

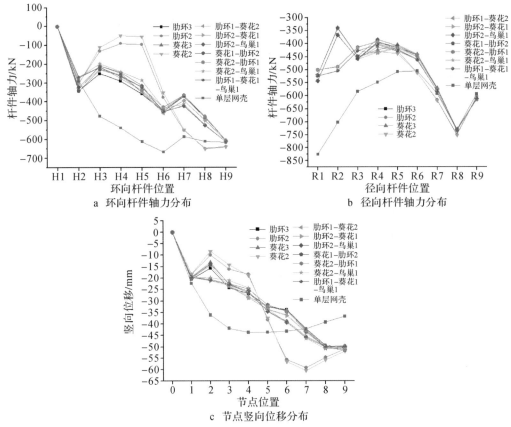

图 7　12 种结构在满跨荷载作用下的静力响应

由表 5 与图 7a 可以看出,布置三圈索杆的弦支穹顶,环向杆件的轴力分布基本一致;布置两圈索杆的弦支穹顶,环向杆件的轴力分布也基本一致,与布置三圈索杆的结构相比,轴力幅值要大、均匀性要差;弦支穹顶与单层网壳相比,大部分环向杆件的轴力都有较大幅度的降低,布置两圈索杆的弦支穹顶仅有跨中附近的 H8 与 H9 杆件的轴力稍微大于单层网壳结构中相对应的杆件轴力,其余杆件的轴力都得到了降低,而布置三圈索杆的弦支穹顶其环向杆件的轴力较单层网壳结构都有不同程度的降低。

由表 5 与图 7b 可以看出,9 种弦支穹顶结构的径向杆件轴力分布基本一致;与单层网壳相比,大部分位置上的径向杆件轴力值都有不同程度的降低,越靠近支座部位的杆件,其轴力降低的幅度越大;随着布索圈数的增加,轴力值发生降低的杆件数量也在增加;布置两圈索杆的弦支穹顶,仅在 R7、R8 与 R9 上其轴力稍大于对应的单层网壳,其余杆件的轴力都得到了降低,而布置三圈索杆的弦支穹顶,其上全部的径向杆件轴力都得到了降低。由表 5 也可以看出,结构径向杆件的轴力幅值明显较环向杆件大。

由表 5 与图 7c 可以看出,布置三圈索杆的弦支穹顶控制节点的竖向位移分布基本一致;布置两圈索杆的弦支穹顶的控制节点竖向位移分布也基本一致,与布置三圈索杆的弦支穹顶相比,位移幅值要大、均匀性要差;弦支穹顶与单层网壳相比,控制节点下部有索杆系统布置时,其竖向位移较对应的单层网壳有不同程度的降低,位于最外圈撑杆与最内圈撑杆之间的节点竖向位移降低幅度较为明显,而控制节点下部无索杆系统布置时,其竖向位移较对应的单层网壳有所增加;结构竖向最大位移的控制点位置随着索杆布置圈数的增加不断向结构的跨中移动。同时可以看出,上述几种弦支穹顶结构的最大位移均大于对应的单层网壳结构,这与结构的支座径向约束情况有关。

总体来说,下部索杆弦支系统对单层网壳的受力性能有较大的改善作用,上部网壳中大部分杆件的轴力均有不同程度的降低,对于径向杆件来说,杆件位置距离支座越近,其轴力降低的幅度越大,布索圈数越多对上部结构受力特性的改善越明显。布置三圈索杆时结构上部网壳中的所有杆件轴力较单层网壳结构而言都有不同程度的降低;布置两圈索杆时位于结构跨中附近的个别杆件,其轴力大于对应单层网壳结构中杆件的轴力。弦支穹顶较单层网壳的最大位移要大,产生最大位移的节点位置也随着索杆布置圈数的增加不断向跨中移动,这主要与上述 12 种结构的支座节点都采用三向铰接有关。当索杆布置圈数确定后,不同的索杆布置形式(也即斜索的布置形式)对结构的静力特性基本无太大的影响。

综合结构的静力特性,可以看出弦支穹顶较单层网壳的受力性能好,布置三圈索杆的弦支穹顶的受力性能较布置两圈索杆的弦支穹顶好。考虑到结构的施工难度与用索量的多少,在布置三圈索杆的弦支穹顶中,布索形式越简单越好,既能保证结构的受力性能又能降低结构的施工难度,同时也减少了结构的索杆用量。

5　自振特性分析

结构的动力响应不仅与激励的性质有关,更与结构本身的自振特性有着密切的关系。了解了结构的振动频率与振形,才能在工程设计时有意识地采取措施防止各种不良的动力反应发生。文献[13]对弦支穹顶结构的动力性能进行了较为详细的研究。本文利用 Block Lanczos 法(分块的兰索斯法),分析了各种不同布索形式下弦支穹顶结构的自振特性,计算时仅考虑结构的自重,取结构初始态下的内力和几何坐标作为动力特性计算的初始态。各结构前 25 阶的自振频率计算结果见图 8。

由图 8 可以看出,不同布索方式下结构的基频大小相差较大。按基频值大小可以将上述 12 种结构分为两类:

(1)基频较小的一类:肋环 3 型、肋环 2 型、肋环 1-葵花 2 型、肋环 2-葵花 1 型、葵花 1-肋环 2 型、葵花 2-肋环 1 型、肋环 2-鸟巢 1 型与肋环 1-葵花 1-鸟巢 1 型,这些都是肋环型或部分为肋环型的混合布置形式;

(2)基频较大的一类:葵花 3 型、葵花 2 型、葵花 2-鸟巢 1 与单层网壳。

对于基频较小的结构,其基频所对应的模态是下部索杆的自身振动,是一个局部模态。当结构下部布索方式为肋环型时,其沿环向的扭转刚度较弱,而结构的前几阶频率所对应的模态也通常为结构下部索杆的扭转。对于基频较大的结构,其基频所对应的模态是整个结构的振动。为了更加清楚地了解布索形式对弦支穹顶结构自振特性的影响,下面将肋环 3 型与葵花 3 型弦支穹顶作为典型进行详细的研究。两种结构的前 4 阶频率与所对应的振型可见图 9 与 10。

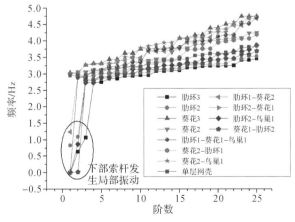

图 8　不同布索形式下自振频率比较

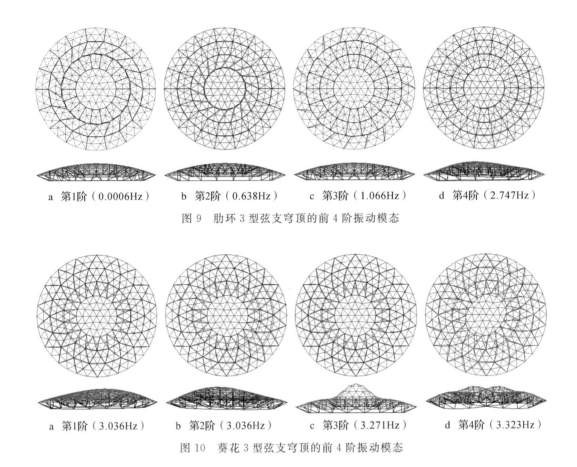

a 第1阶（0.0006Hz） b 第2阶（0.638Hz） c 第3阶（1.066Hz） d 第4阶（2.747Hz）

图 9　肋环 3 型弦支穹顶的前 4 阶振动模态

a 第1阶（3.036Hz） b 第2阶（3.036Hz） c 第3阶（3.271Hz） d 第4阶（3.323Hz）

图 10　葵花 3 型弦支穹顶的前 4 阶振动模态

由图 9 可以看出，肋环 3 型弦支穹顶的前 3 阶频率较小，前 3 阶频率所对应的振动模态均为下部索杆的局部振动，第 4 阶模态为结构的整体竖向振动，所对应的频率值较前 3 阶有较大的提高。

由图 10 可以看出，葵花 3 型弦支穹顶的第 1 阶模态为结构的整体振动，所以其对应的基频较大，且由于结构的对称性，结构的个别频率成对出现，前 4 阶频率所对应的振动模态都为结构整体竖向振动。

由上述分析可知，弦支穹顶结构下部采用肋环型布置或含有肋环型的混合型布置时，结构的基频值较小，基频所对应的模态均为下部索杆的局部振动，所以在实际结构中采用含有肋环型的布索方式时应采取适当的构造措施来避免局部振动的发生。

6　结论

（1）弦支穹顶由上部的单层网壳与下部索杆弦支系统组成，本文对该结构的现有形式进行了总结，对下部索杆弦支系统的布置进行了改进与创新，并提出了 16 种具体的索杆布置方式，极大地丰富了该结构的形式。

（2）计算结果表明，下部索杆的布置对结构上部网壳中各径向杆件轴力值有较为明显的降低作用，且距离支座越近，降低的效果越明显。下部索杆的布置也可明显地降低大部分环向杆件的轴力。布索圈数越多对上部结构受力性能的改善越明显。当结构下部索杆的布置圈数确定后，斜索的具体布置方式对结构的静力性能影响较小，所以考虑到结构的施工难度与下部索杆用量的多少，斜索的布置方式应以简单为好。

（3）结构的自振特性与下部索杆的具体布置形式关系较大，当下部索杆包含肋环型布置时，结构基频较低，与基频所对应的模态为结构下部索杆的局部振动。结构的预应力水平对结构的自振特性影响很小，而结构支座的径向约束刚度对不发生局部振动的弦支穹顶较发生局部振动的弦支穹顶的影响大。

（4）弦支穹顶作为一种预应力杂交结构，下部索杆的预应力设计其实质是一个预应力的优化过程，不同优化目标将会产生不同的计算结果，所以对预应力的设计仍须做进一步的研究。

参考文献

［1］刘锡良，董石麟.20 年来中国空间结构形式创新［C］//中国土木工程学会.第十届空间结构学术会议论文集，北京，2002:13－37.

［2］KAWAGUCHI M，ABE M，TATEMICHI I. Design，tests and realization of "suspen-dome" system［J］. Journal of the International Association for Shell and Spatial Structures，1999，40(3)：179－192.

［3］KAWAGUCHI M，ABE M，HATABO T，et al. Structural tests on the "suspen-dome" system ［C］//Spatial Lattice and Tension Structures：Proceedings of the IASS-ASCE International Symposium，Atlanta，USA，1994:383－392.

［4］王永泉，郭正兴，罗斌.常州体育馆大跨度椭球形弦支穹顶预应力拉索施工［J］.施工技术，2006，37(3):33－36.

［5］孙丹丹，丁洁民.预应力杂交结构的屈曲分析［J］.力学季刊，2006，27(4):642－647.

［6］张志宏，傅学怡，董石麟，等.济南奥体中心体育馆弦支穹顶结构设计［C］//天津大学.第七届全国现代结构工程学术研讨会论文集，杭州，2007:81－89.

［7］KANG W J，CHEN Z H，LAM H F，et al. Analysis and design of the general and outmost-ring stiffened suspen-dome structures［J］. Engineering Structures，2003，25(13):1685－1695.

［8］KITIPORNCHAI S，KANG W J，LAM H F，et al. Factors affecting the design and construction of Lamella suspen-dome systems［J］. Journal of Constructional Steel Research，2005，61(6)：764－785.

［9］张明山，包红泽，张志宏，等.弦支穹顶结构的预应力优化设计［J］.空间结构，2004，10(3):26－30.

［10］陈志华，李阳，康文江.联方型弦支穹顶研究［J］.土木工程学报，2005，38(5):34－40.

［11］李永梅，张毅刚.新型索承网壳结构静力、稳定性分析［J］.空间结构，2003，9(1):25－30.

［12］陈志华，秦亚丽，赵建波，等.刚性杆弦支穹顶实物加载试验研究［J］.土木工程学报，2006，39(9):47－53.

［13］崔晓强，郭彦林.弦支穹顶结构的抗震性能研究［J］.地震工程与工程振动，2005，25(1):67－75.

118 弦支穹顶初始预应力分布的确定及稳定性分析*

摘　要：弦支穹顶结构体系是基于索杆张力体系和单层网壳而形成的一种新型空间杂交结构体系。本文对这种结构的初始预应力确定方法及其稳定性能进行了深入的理论研究。提出并采用了基于将结构分块的分析方法——局部分析法，并结合弦支穹顶的拓扑关系对初始预应力分布的确定进行了简化。针对联方网格型弦支穹顶结构进行了静力稳定性能分析，结果表明同单层网壳相比，尽管其用钢量增加了近30%，但其极限载荷却提高了266%，结构体系更加合理，具有很好的应用前景。

关键词：弦支穹顶；初始预应力；局部分析法；拓扑关系；整体可行预应力

1　引言

弦支穹顶是由日本政法大学川口卫教授将索杆张力体系同单层球面网壳相结合而形成的一种新型杂交空间结构体系，如图1、2所示。上部采用单层球面网壳（见图1a），下部采用由环索、斜索和竖杆组成

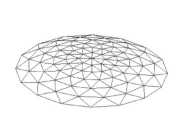
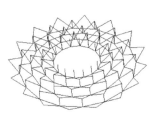
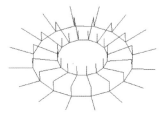

a　联方型单层网壳　　　　b　下部索杆布索方式1：连续布索　　　c　下部索杆布索方式2：间隔布索

图1　弦支穹顶体系构成

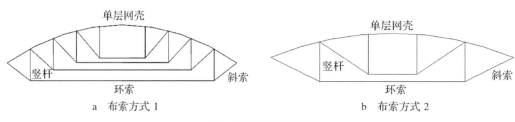

a　布索方式1　　　　　　　　　　　　　　　b　布索方式2

图2　弦支穹顶剖画图

---

*　本文刊登于：张明山，董石麟，张志宏.弦支穹顶初始预应力分布的确定及稳定性分析[J].空间结构，2004，10(2)：8—12.

的索杆张力体系(见图 1b、1c),索构件由网壳节点连接到悬挂于单层球面网壳的竖杆的下端(见图 2)。弦支穹顶就是基于提高单层球面网壳的稳定性,减少对外部构件的依赖程度而形成的自平衡结构体系。一方面提高了单层网壳结构的稳定性,使结构能够跨越更大的空间;另一方面新结构体系为自平衡体系,不需要借助外部构件成形,减少对外部构件的依赖程度,同索穹顶等完全柔性结构相比,其设计、施工及节点构造得到了较大的简化。文献[1]对上部梁系、下部索杆张力体系弦支穹顶的静动力性能进行了详细的论述。文献[2]详细介绍了弦支穹顶的特点,并对弦支穹顶与单层网壳整体稳定性进行了比较。但是,这些文献对弦支穹顶的计算分析是基于下部索杆张力体系施加预应力后变形的形状,并不是结构真正的初始形状,因此不能精确分析结构的受力性能。弦支穹顶真正的初始态就是建筑师提供的设计几何态。因此,本文采用基于将结构分块的分析方法——局部分析法,并结合整体可行预应力概念,对结构的初始预应力分布确定进行了简化,最后对联方型弦支穹顶结构的稳定性进行了分析。

2 弦支穹顶结构精确分析方法——局部分析法

2.1 目的、基本假定和步骤

弦支穹顶上部结构杆件数较多,超静定次数很高,整体结构的自应力模态数很多,自应力模态组合的计算量非常大;另一方面,弦支穹顶下部索杆张力体系是主动张拉体系,而上部单层网壳只是被动张拉部分,上部结构的预应力是由于下部索杆张力体系施加的预应力造成的。因此只要确定下部索杆张力体系初始态预应力的分布,就可以得到整个结构的初始态预应力分布。基于上述分析,本文提出并采用了局部分析法确定整个结构的初始态预应力分布。这里的初始态是建筑师提供的设计几何态。局部分析法的基本假定:

(1)独立计算下部索杆张力体系的自应力模态和机构位移模态时,假定上部单层网壳结构为刚体;

(2)连接节点均为铰接节点。

根据以上假定,局部分析法计算步骤如下:

(1)将竖杆和斜索切断,上下结构体系分成两部分。上部单层网壳中与竖杆、斜索连接处均代之以外力(由第 2 步确定出的竖杆和斜索的预应力),下部索杆张力体系与单层网壳竖杆、斜索连接处均约束三个方向位移;

(2)由于假定上部单层网壳结构为刚体,可以分别计算下部索杆张力体系每圈的自应力模态和机构位移模态,进行结构的几何稳定性和自应力组合,确定下部索杆体系初始态的预应力分布;

(3)将被截断斜索、竖杆的主动预应力施加于单层网壳之上,线性计算上部结构单层网壳的被动预应力分布,确定上部单层网壳初始态的预应力分布;

(4)将上部单层网壳和下部索杆张力体系重新组合起来,将初始预应力赋值给所有构件,这时整个结构处于初始平衡态。

2.2 下部索杆体系计算模型的简化

要确定整体结构初始态预应力分布,先要求解下部索杆张力体系的自应力模态和机构位移模态。下部索杆张力体系圈数、索杆数和节点数很多,独立自应力模态和机构位移模态数很多,进行自应力模态组合时,计算量很大。本文针对联方型弦支穹顶的下部索杆张力体系的拓扑关系,结合整体可行预应力概念,对下部索杆张力体系计算模型进行了简化。

文献[3]提出了整体可行预应力的概念,对索杆体系而言,索只能承受拉力,而竖杆只能承受压力,索受拉、杆受压的预应力状态才是可行的预应力状态。同时必须满足同类(组)杆件初始预应力相等和整体自应力平衡,满足上述条件的预应力状态才是合理的预应力状态。

对于联方型弦支穹顶,下部索杆张力体系布索方式1、2(见图1、2)均为中心轴对称结构,根据对称性和整体可行预应力的概念,每圈索杆张力体系简化模型如图3和图4。根据简化的模型,自应力模态组合问题的计算量将大大减小,对于两种模型可以分别采用平衡矩阵理论方法和线性静力分析法进一步简化。

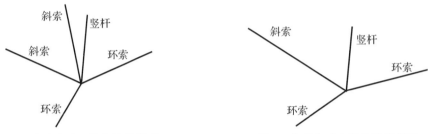

图3　布索方式1简化计算模型　　　　　　　图4　布索方式2简化计算模型

2.3　确定初始态预应力的简化计算方法

2.3.1　平衡矩阵理论方法

对于图3的计算模型,采用平衡矩阵理论计算其自应力模态和机构位移模态。本文采用奇异值分解法求解,并编制了计算自应力模态和机构位移模态的程序。

对于给定的空间铰接结构体系,设杆件数为 b,节点数为 N,约束数为 k,则非约束位移数(自由度)为 $j=3N-k$。结构平衡方程可表示为

$$[A]\{t\}=\{f\} \tag{1}$$

式中,$[A]$ 称为平衡矩阵,$\{t\}$ 为 b 维杆件内力矢量,$\{f\}$ 为 $j=3N-k$ 维节点力矢量。

对于平衡矩阵 $[A]$ 进行奇异值分解得

$$[A]_{(3N-k)\times b}=[U]\begin{bmatrix} E & 0 \\ 0 & 0 \end{bmatrix}[V]^{\mathrm{T}} \tag{2}$$

式中,$[E]=\mathrm{diag}(e_1 \cdots e_r)$,且 $e_1\geqslant\cdots\geqslant e_r>0$,存放矩阵的奇异值,$e_i(i=1,\cdots,r)$ 称为 $[A]$ 的奇异值。奇异值的个数 r 为矩阵的秩。令

$$m=j-r,s=b-r \tag{3}$$

$[U]$ 中后 m 列为体系的独立机构位移模态矢量,$[V]^{\mathrm{T}}$ 中后 s 行为体系的独立自应力模态。

结构的预应力分布是独立自应力模态的线性组合,可由下式表示:

$$\{t\}=[V]_{b\times s}\{T\}=\vec{v}^1 T_1+\vec{v}^2 T_2+\cdots+\vec{v}^s T_s \tag{4}$$

式中,$[V]_{b\times s}=[\vec{v}^1 \quad \cdots \quad \vec{v}^s]$ 包含 s 个独立自应力模态;$\{T\}=\{T_1 \cdots T_s\}$ 为 s 维实常数,其中 T_1,$\cdots$,T_s 是组合因子,为任意实常数。要找到一组 $\{T\}$,使全部索受拉、全部杆受压,且同类(组)杆件预应力相同,这样的自应力模态组合才是最终有效可行的,$\{t\}$ 为体系可行预应力。

公式(4)整理移项,则公式变化为:

$$\vec{v}^1 T_1+\vec{v}^2 T_2+\cdots+\vec{v}^s T_s-\{t\}=0 \tag{5}$$

式中,$\{t\}=\{t_1 \cdots t_1 \cdots t_i \cdots t_i \cdots t_n \cdots t_n\}^{\mathrm{T}}$,$n$ 为杆件组数。

公式(5)用矩阵表示为

$$[\tilde{V}]_{b\times(s+n)}\{\tilde{T}\}_s=0 \tag{6}$$

式中，$[\tilde{V}]_{b\times(s+n)}=[\vec{v}^1\ \vec{v}^2\ \cdots\ \vec{v}^s\ \nearrow\ -e_1\ \cdots\ -e_i\ \cdots\ -e_n]$，未知数为$\{\tilde{T}\}_s=\{T_1\ \ T_2\ \cdots\ T_s\ \nearrow\ t_1$ $\cdots\ t_i\ \cdots\ t_n\}^{\mathrm{T}}$，基向量$e_i$表示除第$i$类（组）杆件轴力设为单位力外，其他类杆件（或索）轴力设为0，e_i $=\{0\ \cdots\ \underbrace{1\ \nearrow\ 1}_{i}\ \cdots\ 0\}$。对$[\tilde{V}]_{b\times(s+n)}$进行奇异值分解如下：

$$[\tilde{V}]_{b\times(s+n)}=[U]\begin{bmatrix}\boldsymbol{E}&0\\0&0\end{bmatrix}[V]^{\mathrm{T}} \tag{7}$$

若$[\tilde{V}]_{b\times(s+n)}$的秩为$r$，则$[V]^{\mathrm{T}}$中第$r+1$行至第$s+n$行向量即为所求的整体可行预应力向量。对于联方型弦支穹顶，解是唯一的。

2.3.2 线性静力分析法

对于图4计算模型，下部索杆张力体系布索方式2简化计算模型为一次超静定结构，可以采用线性静力分析法确定预应力分布。假定竖杆预应力为单位力，将竖杆截断并代之以外力施加于简化计算模型上，这时简化模型变成为静定结构，采用线性静力分析方法可以直接确定预应力分布。

3 算例分析

联方型弦支穹顶结构跨度为60m，矢高6m；周边支承为固定铰支座，屋面荷载采用恒载$0.3\mathrm{kN/m}^2$，活载$0.5\mathrm{kN/m}^2$，作用于上弦层。上部结构为联方型单层球面网壳，下部索杆体系采用布索方式1，网壳杆件、竖杆全部采用$\phi180\times10$的钢管，径向斜拉索采用$4\times7\phi5$，环向拉索共四道，均采用$6\times7\phi5$。钢管的弹性模量为$E=2.06\times10^{11}\mathrm{N/m}^2$，索的弹性模量为$E=1.8\times10^{11}\mathrm{N/m}^2$。上层单层网壳用钢量为70.6t，下层索杆体系用钢量为21.6t，下层索杆体系与上层单层网壳用钢量之比为0.306。

3.1 下部索杆张力体系圈数的确定

上部单层网壳的失稳模态如图5所示，失稳位置在由外向内第四圈上，因此，下部索杆张力体系施加四圈。

3.2 确定初始态预应力分布

简化计算模型如图3所示，各圈索杆张力体系的自应力模态、机构位移模态以及体系单位整体可行预应力的计算结果见表1，由此可以确定各杆件的预应力比值。令$T=T_{12}+T_{22}+T_{32}+T_{42}$，$T_{i2}$表

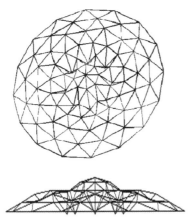

图5 单层球面网壳失稳模态

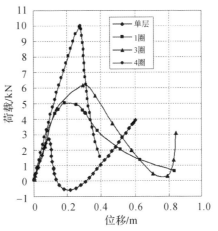

图6 不同圈数索杆体系与单层网壳荷载-位移曲线

表 1 单位整体可行预应力计算结果

圈数	自应力模态和机构位移模态数	各杆件单位整体可行预应力		
		环索	斜索	竖杆
1		1.0	0.3644	−0.2942
2	s=2,m=0	1.0	0.3301	−0.3089
3		1.0	0.3041	−0.3243
4		1.0	0.2862	−0.3403

表 2 下部索杆体系初始预应力 （单位:kN）

圈数	环索	斜索	竖杆
1	359.184	130.900	−105.654
2	297.446	98.175	−91.900
3	215.225	65.45	−69.806
4	171.487	49.088	−58.373

示第 i 圈斜索的预应力值。施加预应力时各圈斜索的预应力比值设定为 $T_{12}:T_{22}:T_{32}:T_{42}=8:6:4:3$,由此可以确定各索杆的预应力。使径向约束反力为最小的优化目标可以得到 $T=343.6\text{kN}$,本文对当 $T=343.6\text{kN}$ 时结构的稳定性进行了分析,各索杆预应力值见表2。通过局部分析法得到的整体结构的初始态是平衡的。

3.3 稳定性能分析

基于大挠度非线性有限元理论,对网壳结构进行全过程跟踪分析。由图6可以看出,单层网壳极限荷载为 2.73kN,一圈索杆体系弦支穹顶极限荷载为 4.73kN,三圈索杆体系弦支穹顶极限荷载为 6.16kN,四圈索杆时极限荷载为 9.99kN,相对单层球面网壳极限荷载分别提高了 73%、126%、266%。根据失稳位置施加下部索杆张力体系是合理的。由图6还可以看出,几条荷载-位移曲线最初的斜率基本相同,说明施加了预应力索杆张力体系的弦支穹顶同单层网壳相比,初始刚度并不会有明显的提高。

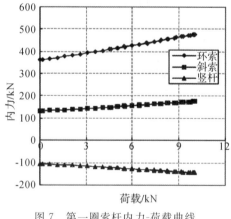

图 7 第一圈索杆内力-荷载曲线

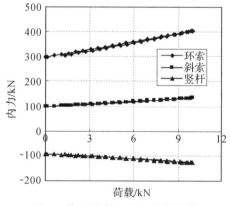

图 8 第二圈索杆内力-荷载曲线

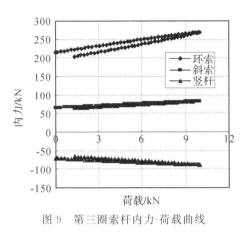

图 9   第三圈索杆内力-荷载曲线

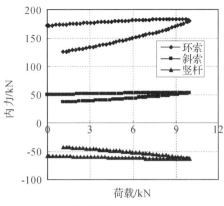

图 10   第四圈索杆内力-荷载曲线

图 7~10 表示了下部索杆体系环索、斜索和竖杆在荷载作用下的内力变化情况。在没有达到极限荷载之前,各圈环索、斜索和竖杆的内力均随荷载的增大而逐渐增大,基本保持线性变化;由外圈向内圈变化逐渐减弱,第一圈变化最大,第四圈变化最小,几乎呈水平变化。在达到极限荷载后,第一圈和第二圈索杆内力基本沿原路径返回,同初始态相比没有出现松弛现象;而第三圈和第四圈索杆内力减小明显,同初始态相比索力有减小的趋势。因此,最外圈索杆体系预应力对结构影响最大,由外向内影响逐渐减小。

4   结论

(1)对于整体铰接的弦支穹顶,根据单层网壳失稳位置,可以采用不同的布索方式,使布索更加灵活,为确定下部索杆体系的圈数提供了理论依据。

(2)局部分析方法简化了弦支穹顶结构初始预应力分布问题,为弦支穹顶的设计提供了新的分析方法。

(3)对于下部索杆体系是多轴对称的弦支穹顶,均可以将下部索杆体系自应力模态的计算归结为求解一个或多个节点的自应力模态问题,并采用平衡矩阵理论方法和线性静力分析方法简化计算其初始态预应力分布。

(4)通过对联方型弦支穹顶稳定性的分析,同单层网壳相比,其用钢量增加了30%,而结构的稳定性却提高了266%,自重增加不大,承载力成倍提高,使其应用到更大跨度结构成为可能。

(5)最外圈索杆体系预应力对结构影响最大,由外圈向内圈影响逐渐减小。失稳位置到中心区域可以不施加下部索杆体系。

参考文献

[1] KAWAGUCHI M, ABE M, TATEMICHI I. Design, tests and realization of "suspen-dome" system[J]. Journal of the International Association for Shell and Spatial Structures, 1999, 40(3): 179-192.

[2] 尹越, 韩庆华, 谢礼立, 等. 一种新型杂交空间网格结构—弦支穹顶[C]//中国力学学会. 第十届全国结构工程学术会议论文集(第Ⅰ卷), 南京, 2001:772-776.

[3] 袁行飞. 索穹顶结构的理论分析和实验研究[D]. 杭州:浙江大学, 2000.

[4] 杨睿. 预应力张弦梁结构的形态分析及新体系的静力性能研究[D]. 杭州:浙江大学, 2002.

119 弦支穹顶结构动力分析*

摘　要: 基于局部分析法并且在以预应力作为自平衡的初始内力情况下对弦支穹顶结构的动力特性进行了初步分析。局部分析法采用将索杆体系和上部单层网壳分开的思想,使弦支穹顶结构的初始预应力分布的确定得到简化。随着上部网壳结构的整体刚度的降低,预应力对体系的自振特性的影响逐渐增大。该体系的低阶振型大多为竖向振动振型。由时程分析的结果可见竖向常遇地震作用下索杆内力上下变化的幅度并不大(不超过 7%)。竖向常遇地震作用下结构响应由内环、中环到外环逐渐减弱。常遇水平地震作用下体系索杆内力上下变化的幅度更小,相比竖向常遇地震作用下的索杆内力的变化要小得多。同时,常遇水平或竖向地震作用下线性和非线性时程分析差别不大。

关键词: 弦支穹顶;动力分析;预应力

1　引言

弦支穹顶是由日本法政大学川口卫教授将索穹顶等张拉整体结构的思路应用于单层球面网壳而形成的一种新型杂交空间结构体系。单层球面网壳由于整体稳定性较差而使其应用和发展受到极大的限制,同时单层球面网壳对支座存在较大的水平推力,往往需要在其周边设置受拉环梁;索穹顶等完全柔性结构需要对拉索施加较大的预拉力才能使结构成形,同时要求在周边支座设置强大的受压环梁以平衡拉索预拉力。通过杂交得到的弦支穹顶一方面改善了单层球面网壳结构的稳定性,使结构能跨越更大的空间,另一方面新结构体系具有一定的刚度,使其设计、施工及节点构造与索穹顶等完全柔性结构相比得到了较大的简化。同时,两种结构体系对支座的作用相互抵消,使结构体系的自平衡程度得到极大的提高。弦支穹顶在我国已有工程应用,如昆明柏联广场 15m 穹顶[1]、天津保税区一商务中心[2]。

本文对 1/10 矢跨比肋环型弦支穹顶结构采用局部分析法[3]确定结构最终的内力分布并考察该种结构的动力性能。

本文是以设计几何为参考构形同时考虑梁单元的初始内力的动力分析,线性时程分析时也已经考虑几何刚度的影响。

　　* 本文刊登于:张志宏,张明山,董石麟.弦支穹顶结构动力分析[J].计算力学学报,2005,22(6):646—650.

2 下部索杆体系的预应力确定

2.1 平衡矩阵理论简介

体系平衡方程写成矩阵形式为

$$[A]\{t\}=\{F\} \tag{1}$$

式中，$[A]$ 称为平衡矩阵，$\{t\}$ 为结构单元的内力矢量，$\{F\}$ 为节点荷载矢量。由矩阵分析理论，将体系平衡矩阵 $[A]$ 进行分解可求得体系的独立机构位移模态和独立自应力模态，实际上 $[A]$ 的零空间基底即为体系的独立自应力模态。所谓矩阵的零空间是指满足 $[A]\{x\}=\mathbf{0}$ 的 $\{x\}$ 形成的矢量空间。

对于独立自应力模态的求解，可采用高斯消去法、奇异值分解法等。下面以奇异值分解法为例对其做一描述。

$$[A]_{N_r \times N_c}=[U]\begin{bmatrix} \boldsymbol{E} & \boldsymbol{0} \\ \boldsymbol{0} & \boldsymbol{0} \end{bmatrix}[V]^{\mathrm{T}} \tag{2}$$

其中，$\boldsymbol{E}$ 为对角阵，存放矩阵的奇异值，奇异值的个数 r 为矩阵的秩。从而

$$m=N_r-r, \quad s=N_c-r \tag{3}$$

$[U]$ 中从右面数 m 列为体系的独立机构位移模态，$[V]^{\mathrm{T}}$ 中从下面数 s 行为体系的独立自应力模态。

2.2 局部分析法

文献[3]将平衡矩阵理论推广到大型索杆梁混合单元体系。但由于梁单元的存在使体系的总体平衡矩阵组装变复杂，为了避免涉及梁单元的独立自应力模态的组合问题，文献[3]同时提出将梁单元分离结构分块的方法——局部分析法。局部分析法的步骤如下：

第一步：将杂交结构体系中的梁单元同索、杆单元分离，体系分块，索杆体系添加边界约束，使其各成独立的结构（如图 2 所示）。

第二步：对下部结构索杆体系进行找力分析，可得到其独立自应力模态、独立机构位移模态，对独立自应力模态进行组合可得下部结构的初始预应力分布。

第三步：将下部结构和上部结构相连接的单元内力作为荷载加到上部结构上，对上部结构的平衡方程求解或直接进行线性有限元分析均可得到上部结构的内力分布。

基本原理：

体系的总体平衡方程可写成矩阵形式为

$$[A]\{t\}=\begin{bmatrix} A_{\mathrm{bar}} & A_{\mathrm{beam}} \end{bmatrix}\begin{Bmatrix} t_{\mathrm{bar}} \\ t_{\mathrm{beam}} \end{Bmatrix}=[A_{\mathrm{bar}}]\{t_{\mathrm{bar}}\}+[A_{\mathrm{beam}}]\{t_{\mathrm{beam}}\}=\{F\} \tag{4}$$

式中，$[A]$ 称为平衡矩阵，体系总平衡矩阵描述的是初始几何构形下各个单元内力的平衡关系。只和各个单元节点的初始坐标和单元类型有关，而和各个单元的截面及材料属性无关。$\{t\}$ 为结构单元的内力矢量，$\{F\}$ 为节点荷载矢量，$[A_{\mathrm{bar}}]$ 为由体系所有索、杆单元组成的平衡矩阵，$[A_{\mathrm{beam}}]$ 为体系所有梁单元组成的平衡矩阵，$\{t_{\mathrm{bar}}\}$ 为杆、索单元内力向量，$\{t_{\mathrm{beam}}\}$ 为梁单元内力向量。

由式(4)可见体系总平衡矩阵可以分成两部分，$[A_{\mathrm{bar}}]$ 和分离出来的索杆体系的平衡矩阵的列数是相同的，并且两者所包含的信息是相同的。

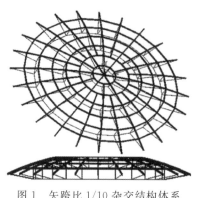

图 1　矢跨比 1/10 杂交结构体系

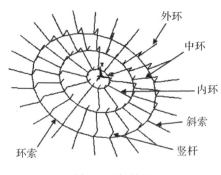

图 2　下部结构

2.3　算例及下部索杆体系的预应力确定

本文以一大型肋环型弦支穹顶结构为例分析其初始预应力分布。如图 2 所示，结构跨度为 60m，矢跨比为 1/10，径向网格数为 6，环向网格数为 24，中心环半径为 4m，采用梁单元为矩形薄壁钢管截面，宽 250mm、高 400mm、厚 10mm。竖腹杆长度由外到内依次为 4m、3m、2m。

对下部索杆体系采用平衡矩阵理论分析可得独立自应力模态数为 3，独立机构位移模态数为 3。由图 2 可见下部结构添加约束后形成 3 个独立的环，因此独立自应力模态应该是分别各环独立的应力分布，又由于结构的对称性，每一种独立自应力模态中只有三类单元，即下斜索、环索和竖腹杆，表 1 给出了外环、中环和内环的内力分布分别对应 3 种独立自应力模态，如独立自应力模态 1 只有外环下斜索、环索及竖腹杆内力不为零，中环和内环单元内力均为零。

对于下部结构来说，采用局部分析法实际上已经将其分成独立的三个子结构，外环、中环及内环都是相对独立的，因此每一环的内力分布不受其他环的影响，各环预应力水平可任意确定，或者说应该依靠其他的条件来确定组合因子。至于上部结构初始内力的确定可参考文献[3]，在此不赘述。

表 1　下部结构独立自应力模态

独立自应力模态	下斜索	环索	竖腹杆
1（外环）	−0.2039	−0.7722	0.0309
2（中环）	−0.2035	−0.7718	0.0278
3（内环）	−0.5220	−1.0000	0.0654

表 2　预应力分布和大小　（单位：N）

下部索杆	下斜索	环索	竖腹杆
外环	689482.1	2611179.5	−104487.6
中环	139201.0	527937.6	−19016.1
内环	34559.6	66206.2	−4329.9

3　自振特性分析

本文下部结构采用如表 2 所示的预应力模式。下部索杆系统的预应力确定之后便可以由局部分析法确定上部结构的初始内力。由于所求得的预应力分布为自平衡的初始内力，故在通常的有限元静动力和稳定性分析之前必须先对整体结构的预应力进行初始化。

图 3 中"SS"为相同梁截面尺寸的单层网壳，"HS"为相应的添加下部索杆系统的杂交结构。由图 3 可见在梁截面采用 250×400×10 矩形薄壁钢管截面的情况下结构整体具有较大刚度，预应力模式下的下部索杆系统对改善整体结构的自振频率作用不大。图 4 列出了其前 4 阶振型，第三振型为单纯的平面扭转振动，其余振型多为竖向振动。另外，由第一、二阶振型可见对称结构的第一阶振型未必为对称的。图 5 为采用 A 和 B 两种不同截面情况下的自振特性参数分析，其中截面 A 为 250×250

×10 矩形薄壁钢管,截面 B 为 150×150×10 矩形薄壁钢管。"ASS"和"BSS"为截面 A 和 B 下的单层网壳;"AHS"和"BHS"为梁单元采用截面 A 和 B 下添加下部索杆系统的弦支穹顶结构,预应力分布如表 2 所示。由图 5 可见随着上部网壳结构的整体刚度的降低,预应力对结构的自振特性的影响逐渐增大。

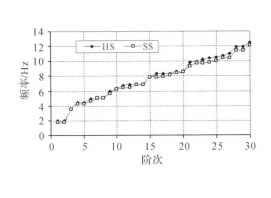

图 3　自振频率比较

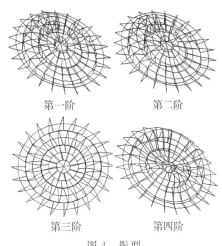

第一阶　　　　第二阶

第三阶　　　　第四阶

图 4　振型

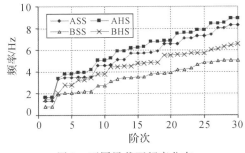

图 5　不同梁截面频率分布

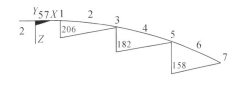

图 6　单榀节点编号

4　时程分析

本文采用 Newmark 法对弦支穹顶结构进行了 8 度常遇地震下的时程反应分析。梁单元采用截面 A,预应力模式见表 2。采用归一化的 EL-Centro 地震波,加速度峰值 70gal,材料处于弹性状态。应当指出的一点是:在动力分析中即便是下部索杆系统没有施加预应力,线性和非线性动力分析也照常进行下去,动力分析的等效刚度矩阵包含了惯性和阻尼的影响,因此等效刚度矩阵的各个主对角元不再出现零元素。

动力分析的目的在于分析体系在具有初始自平衡内力的情况下下部索杆系统的内力变化以及各个节点的动位移随时程的变化,并且比较线性时程分析和非线性时程分析的区别以及地震维数的影响。由于弦支穹顶结构为主次结构非常明确的结构,因此在小变形的范围内结构的力学特性主要表现为主要结构即上部网壳的一些特征。正是由于这一点,本文只对一些重要的力学特性进行分析,并不面面俱到。由于动力分析结果的数据量非常大,因此本文只列出工程设计中所关心的节点位移和单元内力的时程分析结果。图 7 和图 8 为竖向常遇地震作用下的内环环索内力和节点 1 线性位移时程(线性分析和非线性分析的差别很小)。表 3 的结果可以看出竖向常遇地震作用下索杆内力上下变化的幅度并不大(不超过 7%);结构响应由内环、中环到外环逐渐减弱。图 9 和图 10 为沿 x 向水平常遇地震作用下的内环环索内力和节点 206 非线性位移时程(线性分析和非线性分析的差别同样很小)。表 4 的结果可以看出常遇水平地震作用下索杆内力上下变化的幅度相比竖向常遇地震作用下索杆内力的变化要小得多。

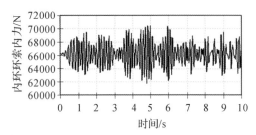

图 7　竖向常遇地震作用下内环环索内力时程

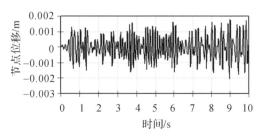

图 8　竖向常遇地震作用下节点 1 竖向位移时程

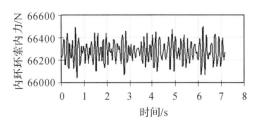

图 9　水平常遇地震作用下内环环索内力时程

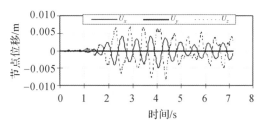

图 10　水平常遇地震作用下节点 206 位移时程

表 3　常遇竖向地震作用下索杆内力上下变化最大值(截面 A)　(单位:N)

	环索				下斜索				竖腹杆			
	线性结果		非线性结果		线性结果		非线性结果		线性结果		非线性结果	
	数值	%	数值	%	数值	%	数值	%	数值	%	数值	%
内环	4384	6.6	4468	6.7	2289	6.6	2312	6.7	296.8	6.9	299.8	6.9
中环	3621	0.69	3702	0.70	968.8	0.69	977.6	0.70	169.6	0.89	173.8	0.91
外环	805	0.03	802.9	0.03	244.7	0.03	243.3	0.035	403.3	0.39	452.2	0.43

表 4　常遇水平地震作用下索杆内力上下变化最大值(截面 A)　(单位:N)

	环索				下斜索				竖腹杆			
	线性结果		非线性结果		线性结果		非线性结果		线性结果		非线性结果	
	数值	%	数值	%	数值	%	数值	%	数值	%	数值	%
内环	6.7	0.01	287.5	0.43	42.6	0.12	138.8	0.40	65.6	1.5	60.3	1.4
中环	3.9	0.0007	557.2	0.11	40.8	0.029	58.3	0.04	326.3	1.7	269.5	1.4
外环	11.2	0.0004	219.5	0.008	50.8	0.007	140.2	0.02	910.0	0.8	1370.5	1.3

5 结语

本文对一弦支穹顶结构的初始自平衡内力的确定方法和动力响应做了初步研究,对弦支穹顶结构在具有初始自平衡内力情况下的动力响应量值有了一个明确的概念。随着上部网壳结构整体刚度的降低,预应力对体系自振特性的影响逐渐增大。该体系的低阶振型大多为竖向振动振型。由时程分析结果可见竖向常遇地震作用下索杆内力上下变化的幅度并不大(不超过7%)。竖向常遇地震作用下结构响应由内环、中环到外环逐渐减弱。常遇水平地震作用下体系索杆内力上下变化的幅度相比竖向常遇地震作用下索杆内力的变化要小得多。同时,常遇水平或竖向地震作用下线性和非线性时程分析差别不大。

参考文献

[1] 尹德钰,赵红华.现代空间结构的基本特征[J].山西建筑,2002,28(2):1—6.
[2] 尹越,韩庆华,谢礼立,等.一种新型杂交空间网格结构——弦支穹顶[C]//中国力学学会.第十届全国结构工程学术会议论文集(第Ⅰ卷),南京,2001:772—776.
[3] 张志宏.大型索杆梁张拉空间结构体系的理论研究[D].杭州:浙江大学,2003.
[4] 黄奎生,罗永峰.预应力梁弦结构最佳预应力的非线性分析方法[C]//中国土木工程学会.第九届空间结构学术会议论文集,萧山,2000:395—402.
[5] KAWAGUCHI M,ABE M,TATEMICHI I. Design,tests and realization of "suspen-dome" system[J]. Journal of the International Association for Shell and Spatial Structures,1999,40(3):179—192.
[6] 钱若军,杨联萍,夏绍华.张力结构的预应力分析[C]//中国土木工程学会.第九届空间结构学术会议论文集,萧山,2000:450—455.
[7] BATHE K J. 工程分析中的有限元法[M].傅子智译.北京:机械工业出版社,1991.

120 弦支穹顶施工张拉的理论分析与试验研究[*]

摘　要:弦支穹顶由单层网壳和下部索杆组成。为了准确、可靠地指导弦支穹顶结构的实际施工,确保施工的顺利进行,依据各单元在初始态与零状态下无应力长度之差确定的原则,提出了弦支穹顶结构的正向施工模拟计算法,并利用一跨度为8m的缩尺模型进行了单根斜索逐根张拉成型的试验研究。整个张拉过程表明:单根斜索逐根张拉虽张拉次数较多,但张拉控制较为方便,能够很好地验证本文提出的施工模拟理论。试验结果表明:在张拉成型过程中,张拉控制的理论计算值与实测值吻合良好,说明提出的正向施工模拟计算法可便捷准确地模拟实际结构的施工。

关键词:弦支穹顶;施工模拟;模型试验;张拉单元

1　引言

　　弦支穹顶由上部的单层网壳与下部的索杆弦支部分组成。与单层网壳相比,弦支穹顶具有更高的刚度和稳定性;与索穹顶相比,其缓解了周边环梁的强大拉力,降低了施工的难度。国内外对这一新型空间结构已进行了一些理论与试验研究[1-4]。在日本有光丘穹顶和前田会社的职工活动中心;在国内有 2008 年北京奥运会羽毛球馆与济南奥体中心体育馆等。虽然弦支穹顶结构的施工难度较索穹顶大大降低,但施工张拉仍是这种结构建造过程中的关键技术。弦支穹顶在施工过程中先后要经历以下三个状态:零状态、初始态与荷载态[3]。如果理论模拟分析时所采用的假定和算法与实际施工过程不符,那么计算结果将不能准确地指导实际结构的施工。因此施工前对结构进行施工张拉成形全过程分析是非常必要的,一方面可以预先验证施工方案的可行性,另一方面可以为施工张拉过程提供控制参数,以确保实际施工的顺利进行。在弦支穹顶结构的张拉成形模拟方面,文献[4]借鉴索穹顶的反分析思想,提出了弦支穹顶的反分析法;文献[5]基于有限位移理论,联系实际的施工方法和施工过程,提出了索承网壳结构(弦支穹顶)施工计算的循环前进分析方法,并对跨度为 15m 的昆明柏联广场中厅圆形屋盖进行了施工模拟分析;文献[6]基于 ANSYS 的死活单元,巧妙地构造了进行施工力学分析的"死活单元法";文献[7]结合弦支穹顶的实际特点提出分层张拉成型法,并利用试验模型对分层张拉成型法的可行性与计算方法的正确性进行了验证;文献[8-10]也对弦支穹顶结构的张拉成型进行了理论与试验研究。

　　弦支穹顶结构施工张拉模拟与控制的目的是:方便、精确地实现设计所要求的预应力状态,其中包括几何构形的要求状态和内力的要求状态。本文针对弦支穹顶结构的施工张拉特点提出弦支穹顶结构的

---

　　*　本文刊登于:郭佳民,董石麟.弦支穹顶施工张拉的理论分析与试验研究[J].土木工程学报,2011,44(2):65-71.

正向施工模拟计算法,并利用一跨度为 8m 的缩尺模型对本文提出的正向施工模拟计算法进行了验证。理论与试验结果表明:该模拟方法更加符合实际结构的施工过程,可准确地模拟实际结构的施工。

2 施工张拉理论分析

在进行问题的分析之前,首先按实际结构的施工与计算过程给出以下几个状态的基本定义[3]:

(1)零状态(放样态):无自重、无预应力时的状态(在数值模拟过程中,对应为数值模型建立完毕,而未进行计算时的状态);

(2)初始态:下部结构张拉完毕后,体系在自重和预应力作用下的平衡状态(在数值模拟过程中,对应为数值模型在考虑自重的情况下计算完毕后的状态);

(3)荷载态:在初始态的基础上,承受其他外荷载时的受力状态(在数值模拟过程中,对应为数值模型在考虑外荷载的情况下计算完毕后的状态)。

弦支穹顶在实际的张拉过程中,施工人员只是针对部分索杆进行直接张拉操作。这里称这部分单元为主动张拉单元,其他单元为被动张拉单元(包括网壳中的杆件)。按主动张拉单元来分,施工张拉方法可分为 4 类:张拉环索法、张拉斜索法、顶升撑杆法与混合张拉法(主动张拉单元类型多于两种)。在实际施工过程中,由于对同一类主动单元同时张拉的难度太大,一般将其分组,进行分批张拉。

为了能够更加真实地模拟实际的施工张拉,在对结构进行施工模拟计算时,也应仅对结构的主动张拉单元进行操作。结合具体的施工张拉方法,利用文献[3]中的方法,可求出各主动张拉单元在零状态时需施加的初始应变值 ε^*。假定下部索杆的单元总数为 j,主动张拉单元数为 l,则在零状态时结构下部索杆所需施加的初始应变 ε^* 可表示为:

$$\boldsymbol{\varepsilon}^* = \{\varepsilon_1^* \quad \varepsilon_2^* \quad \cdots \quad \varepsilon_{j-1}^* \quad \varepsilon_j^*\} = \left\{\underbrace{\varepsilon_1^* \quad \varepsilon_2^* \quad \cdots \quad \varepsilon_l^*}_{l} \quad \underbrace{0 \quad \cdots \quad 0}_{j-l}\right\}$$

结构下部索杆在零状态时所需的初始应变值 ε^* 确定后,索杆弦支部分中各单元在初始态与零状态下的单元无应力长度之差即可确定[10]。实际的施工张拉就是依据这一确定的差值,来改变各主动张拉单元在零状态下的长度,使结构达到初始态。本文依据这一原则,提出了弦支穹顶结构的正向施工模拟计算法:将初始应变 ε^*,按照已定的施工工序分组、分批次地施加在模型结构的对应张拉单元上,在施工张拉结束后,累计施加在结构各对应张拉单元上的初始应变之和为 ε^*。每根主动张拉单元所需的初始应变 ε^*,可以一次进行施加,也可以分批进行施加,但其施加的总和要保持不变。这样就可依据实际施工工序,通过对相应单元施加相应的初始应变来考虑两个状态下对应单元的无应力长度之差,达到施工模拟的目的[10]。

施工张拉的每一个阶段,都为一个暂时平衡状态。在零状态时,如仅对部分主动张拉单元施加对应的初应变值 ε^* 后进行施工张拉计算,计算结果对应结构施工过程中的某一个平衡状态。如在零状态时,对模型结构中的全部主动张拉单元施加对应的初应变值 ε^* 后,进行施工张拉计算,计算结果对应结构的初始态,此时结构下部索杆的内力将达到目标值。实际的施工过程是一个连续的过程,施工模拟时,只需在每一个暂时的施工平衡状态下,提取结构的单元内力、节点位移等在实际施工中可测的数据来进行实际施工张拉的控制与工序交替的区分。假定所有主动张拉单元共分为 k 组,每组中各单元在零状态时所需的初始应变相等,且按一次进行施加的具体模拟计算原理和过程见表 1。

表1 施工模拟计算过程

张拉步数	施工状态	模拟操作	主动张拉单元分组号				
			1	2	...	$k-1$	k
1	零状态	施加应变	ε_1^*	0	0	0	0
	平衡态	提取内力	N_1^1	N_2^1	...	N_{k-1}^1	N_k^1
2	零状态	施加应变	ε_1^*	ε_2^*	0	0	0
	平衡态	提取内力	N_1^2	N_2^2	...	N_{k-1}^2	N_k^2
...		...	...	...	...	...	...
$k-1$	零状态	施加应变	ε_1^*	ε_2^*	...	ε_{k-1}^*	0
	平衡态	提取内力	N_1^{k-1}	N_2^{k-1}	...	N_{k-1}^{k-1}	N_k^{k-1}
k	零状态	施加应变	ε_1^*	ε_2^*	...	ε_{k-1}^*	ε_k^*
	初始态	提取内力	$\widetilde{N}_1$	$\widetilde{N}_2$	...	$\widetilde{N}_{k-1}$	$\widetilde{N}_k$

注:ε_k^* 表示结构在张拉计算前对第 k 组主动张拉单元所施加的初始应变值;N_k^k 表示结构在第 k 次张拉计算后第 k 组主动张拉单元的内力值。

为了更加清晰地说明模拟过程,将整个施工模拟计算过程用图1来表示。为了对上述施工模拟计算理论进行验证,本文利用一跨度为 $8m$ 的缩尺模型进行了施工张拉成型试验研究。

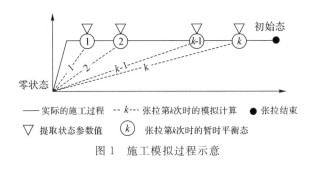

图1 施工模拟过程示意

3 施工张拉试验模型

模型结构全景见图2,计算简图见图3。网壳中最外3圈环向杆与最外2圈径向杆采用的截面形式为 $\phi35\times1.5$,其余构件(包括撑杆(G1、G2、G3))的截面形式为 $\phi30\times1.5$。圆管的弹性模量为 $2.06\times10^{11}\text{N/mm}^2$,下部索杆的材料特性测试结果见表2,其中环索为钢丝绳,其截面特性用实测刚度 EA 来表示。

表2 构件截面特性与材料特性

构件编号	构件截面	弹性模量/(10^{11}N/mm^2)	构件编号	截面刚度 EA/N
X1	$\phi8$	2.06	S1	2×2213095
X2	$\phi5$	2.06	S2	2213095
X3	$\phi5$	2.06	S3	1311274

综合考虑测试内容、测试仪器数量与结构对称性等因素,网壳上布置应变测点90个。为了张拉控制方便,在下部索杆系统的1/4区域内,斜索与撑杆全部粘贴应变片,其他区域1/3的索杆粘贴应变片,下部索杆共布置应变测点102个,其中环索12个、斜索45个、撑杆45个。位移测点25个,其中17个百分表布置在一条线上,另外8个布置于垂直方向上。测点布置详见图4。

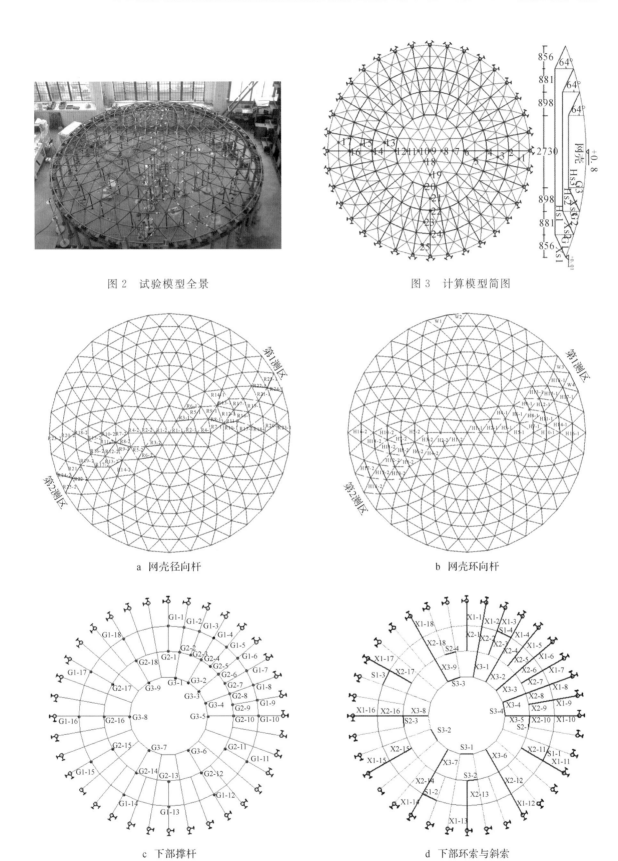

图 2　试验模型全景

图 3　计算模型简图

a　网壳径向杆

b　网壳环向杆

c　下部撑杆

d　下部环索与斜索

图 4　测点布置图

4 试验模型的张拉成型

为了验证上文提出的正向施工模拟计算理论,下面特意利用上述试验模型进行了以下张拉成型方案的实际张拉操作。该方案为由外及内每次张拉 1 根斜索,张拉成型共需张拉 90 次。张拉流程为:开始张拉→张拉最外圈斜索 Xs1(36 次)→张拉中间圈斜索 Xs2(36 次)→张拉最内圈斜索 Xs3(18次)→张拉结束。这种张拉成形方案由于张拉次数太多在实际工程中基本不可能使用,但在张拉过程中每次只对一根斜索进行张拉,可避免多根索张拉时的同步性要求,在张拉过程中反映的现象较为直接,可较好地验证本文提出的施工模拟理论。

在张拉过程中,以结构下部的斜索内力为主要控制参数,环索内力作为参考控制参数,当结构下部主要控制参数的实测值与理论值之差达到误差允许的范围内时,结束当前张拉单元的张拉而转入下一张拉单元进行张拉操作。由于张拉过程中测试的数据较多,本文仅将下部索杆的部分测点在张拉最外圈结束(36 次)、张拉中间圈结束(72 次)与张拉最内圈结束(90 次)的测试结果与对应的理论监控值列于表 3 中,上部网壳结构的部分构件应力、节点位移与下部部分索杆轴力的试验值与理论值比较见图 5~7。

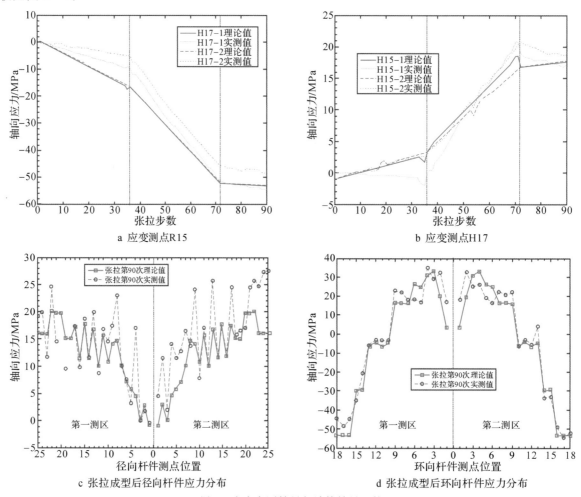

a 应变测点R15

b 应变测点H17

c 张拉成型后径向杆件应力分布

d 张拉成型后环向杆件应力分布

图 5 应力实测结果与计算结果比较

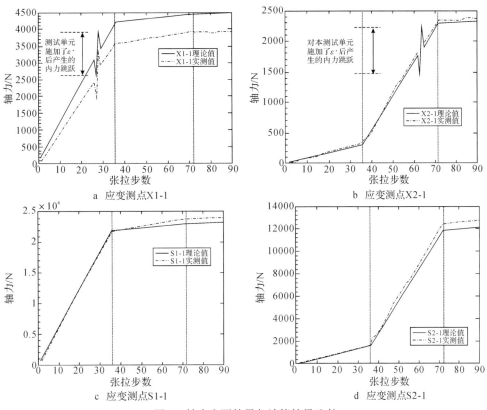

a 应变测点X1-1 b 应变测点X2-1

c 应变测点S1-1 d 应变测点S2-1

图 6 轴力实测结果与计算结果比较

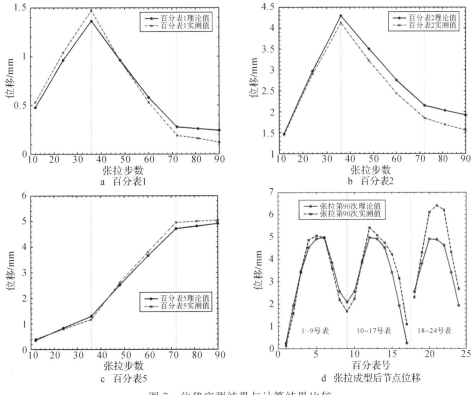

a 百分表1 b 百分表2

c 百分表5 d 张拉成型后节点位移

图 7 位移实测结果与计算结果比较

表 3　张拉过程中部分索杆内力实测值与理论值

张拉最外圈结束（36 次）							
测点编号	轴力值/N		误差/%	测点编号	轴力值/N		误差/%
	理论	试验			理论	试验	
X1-8	4205	4153	−1.2	G2-8	−132	0	—
X1-12	4208	4165	−1	G3-8	−96	0	—
X1-18	4208	4079	−3.1	S1-2	21871	20064	−8.3
X2-1	309	321	4.1	S1-4	21871	20888	−4.5
X2-8	309	255	—	S2-2	1591	1500	—
X2-16	309	338	—	S2-4	1591	676	—
X3-5	229	255	—	S3-1	592	453	—
G1-2	−1847	−1826	—	S3-3	592	525	—

张拉中间圈结束（72 次）							
测点编号	轴力值/N		误差/%	测点编号	轴力值/N		误差/%
	理论	试验			理论	试验	
X1-8	4436	4536	2.3	G2-8	−1001	−940	−6
X1-12	4440	4487	1.1	G3-8	−220	−28	—
X1-18	4440	4437	−0.1	S1-2	23079	21836	−5.4
X2-1	2291	2340	2.1	S1-4	23079	22784	−1.3
X2-8	2292	2250	−1.9	S2-2	11899	11899	0
X2-16	2294	2348	2.4	S2-4	11899	10745	−9.7
X3-5	510	552	—	S3-1	1320	1185	—
G1-2	−1959	−1936	−1.2	S3-3	1320	1236	—

张拉最内圈结束（90 次）							
测点编号	轴力值/N		误差/%	测点编号	轴力值/N		误差/%
	理论	试验			理论	试验	
X1-8	4464	4573	2.4	G2-8	−1017	−1023	0.6
X1-12	4468	4425	−1	G3-8	−682	−692	1.4
X1-18	4468	4425	−1	S1-2	23224	21630	−6.9
X2-1	2333	2373	1.7	S1-4	23224	22701	−2.2
X2-8	2338	2307	−1.3	S2-2	12127	12195	0.6
X2-16	2340	2373	1.4	S2-4	12127	11388	−6.1
X3-5	1564	1615	3.3	S3-1	4059	4058	0
G1-2	−1973	−2019	2.3	S3-3	4059	3955	−2.6

　　由图 5 可以看出,张拉过程中与张拉成型后,结构上部网壳中杆件的应力变化与分布的理论值与实测值有一定的误差,但变化趋势基本一致,最大应力值与最小应力值均出现在环向杆件中。由图 6 与图 7 可以看出,环索内力与网壳上节点位移随张拉过程的变化以张拉圈数的不同基本分成三个斜率不同的直线段;环索随着张拉的进行其内力不断增加,而上部网壳节点的位移峰值会因节点位置的不同而出现在张拉过程中的不同时刻。由表 3 可以看出,在张拉最外圈斜索时,结构内部两圈索杆的内力试验值与理论值相差较大,这主要是由于斜索和竖杆的长度较难精确控制,在张拉最外圈索杆时,内部两圈索杆以刚体变形为主,导致误差较大。

　　由图 6 进一步可以看出,在张拉过程中斜索内力有突变现象发生,某一确定测点的内力在张拉过程中的某一确定张拉步上会有较大幅度的降低,在紧随其后的下一步张拉过程中会有较大幅度的提高,而在随后的下一步张拉过程中又会大幅地下降,并回到正常的内力变化路径上。在施工张拉监控中发现,发生这一情况是由于当张拉某一根斜索时,其内力会有较大幅度的提高,而其旁边两根斜索会发生卸载的情况。在施工模拟计算时发现,对测试点所在的单元或与其左右相邻的两根单元进行张拉操作时测试点单元的内力才会发生跳跃现象,当测试点所在的单元施加了所对应的 ε^* 后,其内力会有较大的增加,表现为实测中的内力突然增大,而这一增大的量值即为本单元所施加的 ε^* 引起的,这一单元在整个张拉过程中的内力增量与这一内力跳跃值之差为其他单元张拉时对这一单元的内力影响值。本次张拉采用斜索顺序张拉成型,所以斜索内力在本圈斜索张拉过程中会发生一次跳跃现象,在其他圈斜索张拉过程中基本呈线性增加,但随着张拉圈数的不同,线性增加的斜率会发生变化。

由上述分析可以看出,张拉过程中的实测数据与理论计算值较为吻合,这说明正向施工模拟计算法能够较好地指导实际结构的施工张拉。

5　结论

(1)弦支穹顶的施工张拉全过程分析对实际工程施工是必要的,一方面可以预先验证施工方案的可行性,另一方面可以为实际施工提供控制参数,以确保实际施工的顺利进行。

(2)施工张拉过程中,理论结果与实测结果较为吻合。这说明,正向施工模拟计算法可以较好地指导实际模型的张拉。同时也说明,正向施工模拟计算法可便捷地对结构施工过程进行模拟计算。

(3)本文采用的1根斜索张拉成型法虽然张拉的次数较多,但张拉时目标明确、控制简单,反而张拉的速度更快,可以较好地验证本文的施工模拟计算法。

(4)由张拉过程中各单元的内力变化可以看出,在张拉某一单元时,对其自身的内力影响最大,其内力会出现突增现象;对与其左右相邻的两个单元的内力影响也较大,其内力会出现突降现象;对本圈内其他位置上各单元的内力均有影响,且影响程度基本一致,各单元的内力增加值基本相同;对其他圈上各单元的内力影响明显减弱。

参考文献

[1] KAWAGUCHI M,ABE M,TATEMICHI I. Design,tests and realization of "suspen-dome" system[J]. Journal of the International Association for Shell and Spatial Structures,1999,40(3):179—192.

[2] 李阳.弦支穹顶结构的稳定性分析与静力试验研究[D].天津:天津大学,2003.

[3] 郭佳民,董石麟,袁行飞.弦支穹顶结构的形态分析问题及其实用分析方法[J].土木工程学报,2009,41(12):1—7.

[4] 张明山.弦支穹顶结构的理论研究[D].浙江:浙江大学,2004.

[5] 李永梅,张毅刚,杨庆山.索承网壳结构施工张拉索力的确定[J].建筑结构学报,2004,25(4):76—81.

[6] 崔晓强.弦支穹顶结构体系的静、动力性能研究[D].北京:清华大学,2003.

[7] 刘佳,张毅刚,李永梅.大跨度索承网壳结构分层张拉成形试验研究[J].工业建筑,2005,35(7):86—89.

[8] 张国军,葛家琪,秦杰,等.2008奥运会羽毛球馆弦支穹顶预应力张拉模拟施工过程分析研究[J].建筑结构学报,2007,28(4):31—38.

[9] 王永泉,郭正兴,罗斌.常州体育馆大跨度椭球形弦支穹顶预应力拉索施工[J].施工技术,2006,37(3):33—36.

[10] 郭佳民,袁行飞,董石麟,等.弦支穹顶施工张拉全过程分析[J].工程力学,2009,26(1):198—203.

121　基于向量式有限元的弦支穹顶失效分析*

摘　要：索的破断涉及强烈的几何非线性，传统的有限元方法很难准确模拟和跟踪其失效过程，利用基于 MATLAB 语言的自编向量式有限元程序对弦支穹顶的斜索和环索失效全过程进行了跟踪模拟分析，得到了弦支穹顶断索后位移和内力的动力响应曲线。结果表明：利用向量式有限元能够准确地进行断索全过程分析，任一环索断裂后将导致整圈索杆体系失效，环索断裂对于结构位移及内力影响较斜索断裂时更大。断索将同时导致最终平衡态支座反力的大幅增加，在预应力结构设计时应予以足够的重视。

关键词：几何非线性；向量式有限元；弦支穹顶；断索

1　引言

弦支穹顶结构是由日本的 Kawaguchi 等[1]提出的一种由下部索杆体系和上部单层球面网壳组合而成的高效的空间结构。它结合了索穹顶与单层网壳的优点，同时也继承了它们的不足，尤其是下部高强度预应力索杆体系的断索问题。近年来，索穹顶结构的断索分析得到了足够的重视，也有相关研究[2-4]，而弦支穹顶的断索问题却研究较少[5-7]。预应力索杆体系的引入无疑大大提高了结构的效率，但拉索突然失效时，其对结构的副作用也是非常大的：一方面拉索中蕴藏的巨大应变能在断索的瞬间释放出来，必将对结构本身造成巨大的动力冲击作用；另一方面自平衡体系的破坏也将对周边支承构件造成巨大影响。

索的破断涉及强烈的几何非线性、材料非线性和状态非线性，甚至引起结构的连续倒塌，利用传统的有限元方法很难准确模拟和跟踪其失效过程，通常只能考虑断索后稳定状态的受力情况，或者以外力代替断索，使外力突然消失来进行非线性动力时程分析。但结构因为断索而引起的这种动力效应并未受到外界动力荷载的作用，其初始动力响应是由于几何突变所引起的，因此，常规的动力反应分析与断索失效分析存在本质的区别。现有的方法不能够准确模拟分析断索后结构失效的全过程。

向量式有限元[8-12]是由美国普渡大学丁承先等学者基于向量力学原理提出的新型有限元计算方法，它从质点运动方程出发，不形成整体刚度矩阵，因此，不存在矩阵的奇异问题，尤其适合于包含大变形、大变位等强烈非线性变化过程的求解。国内喻莹等[13,14]将向量式有限元方法引入空间结构分析领域，并取得了较好的效果。本文拟运用向量式有限元进行弦支穹顶断索失效的全过程分析。

---

　　*　本文刊登于：朱明亮，董石麟.基于向量式有限元的弦支穹顶失效分析[J].浙江大学学报（工学版），2012，46（9）：1611-1618，1632.

2　向量式有限元概述

向量式有限元是一种基于向量力学的全新数值计算方法。它用一组空间点近似描述结构几何，以牛顿第二定律描述质点的运动，模型离散为空间点以及各点之间的物理关系，在一系列持续增加的时间点即途径单元内描述结构的变化。

2.1　基本假设

（1）点值描述

将结构离散成有限的质点，用质点的性质反应结构的性质，即点值描述。例如将结构的质量按规律分配到各个质点上，而质点之间的联结通过物理方程描述，它们的运动和相互作用力都满足经典的牛顿力学方程。质点越多，越接近结构的真实形态，计算结果也越精确，但计算量会相应的增加。

（2）途径单元

质点在整个运动的时间轨迹内有一时间段 $t_a \leqslant t \leqslant t_b$，这一段轨迹可以用一个标准的计算单元来描述，称为途径单元。当结构具有复杂行为过程时，可以引入多个途径单元，在每一途径单元内结构行为不发生变化，例如考虑材料弹塑性时，可以划分多个途径单元，假设在途经单元内材料是完全弹性的，所定义的途径单元越多，就越接近真实的弹塑性过程。

（3）逆向运动

单元的内力需要通过变形求解，而为了求得单元的实际变形需要将刚体位移消除。以只发生轴向变形的杆单元为例，假设有足够小的时间段 $t_a \leqslant t \leqslant t_b$，在此时间段内杆件发生线性变化，便可将这一时间段定义为一个途径单元。单元从 t_a 时刻起始位置 A_1B_1 运动到 t_b 时刻的位置 A_2B_2。其逆向运动可分解为：首先将杆件从 A_2B_2 位置平移至 $A_2{}'B_2{}'$ 位置，再以点 $A_2{}'$ 为中心逆向旋转至与 A_1B_1 在同一直线的位置 $A_2{}'B_3$，假设这些运动都是刚体运动，如图 1 所示。

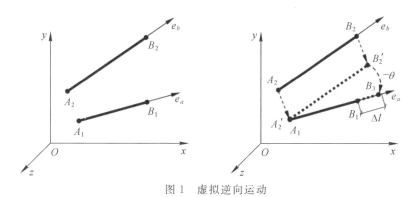

图 1　虚拟逆向运动

逆向平移与旋转均可以通过向量运算来完成，如果将初始的位移与角度定义为向量，那么经过一系列的向量操作，可以得到与前一时刻共线的单元虚拟位置，在此位置上求解单元内力之后，再进行与逆向运动相反的正向运动恢复至当前时刻的位置，而在正向运动的过程中，平移不改变内力大小和方向，旋转只改变内力的方向不改变大小，这样就求得当前时刻单元的内力。

2.2　分析公式及计算流程

质点有运动方程：

$$ma = F \tag{1}$$

$$I\alpha = M \tag{2}$$

式中：m、a、F 分别为质点的质量、加速度和所受到的合力；I、α、M 分别为质点的质量惯性矩、角加速度和所受到的合弯矩。引用中央差分公式，得

$$d_{n+1} = \frac{F_n}{m}h^2 + 2d_n - d_{n-1} \tag{3}$$

$$\theta_{n+1} = \frac{M_n}{I}h^2 + 2\theta_n - \theta_{n-1} \tag{4}$$

式中：d、θ 分别表示质点的线位移和角位移，h 为计算步长，n 为时间步。中央差分计算的收敛性是有条件稳定的，其临界步长是

$$h_c = 2\sqrt{m/k} \tag{5}$$

式中：m 为质点的质量，k 为刚度。时间步长 h 应小于临界步长，否则将不收敛。

由式(3)、(4)可知，当分析初始时间步 $n=1$ 时，需要求解初始步的前一步相应的值 $d(0)$ 和 $\theta(0)$，而这是无法求解的，此时可重新推导，得

$$d_2 = d_1 + hv_1 + \frac{F_1}{2m}h^2 \tag{6}$$

$$\theta_2 = \theta_1 + h\omega_1 + \frac{M_1}{2I}h^2 \tag{7}$$

式中：v_1 为初始线速度，ω_1 为初始角速度。

3 单元内力公式推导

3.1 杆单元内力

如图 1 所示，假设单元 AB 由初始位置 A_1B_1 运动到下一时间点 A_2B_2，可以将此过程分解为平移 u 和空间转角 θ。根据虚拟逆向运动的基本原理，逆向平移至 $A_2'B_2'$ 并以 A_1 为基点进行旋转至 A_1B_3，由于单元只存在轴向力，且时间步很小，变形是线弹性的，单元变形符合材料力学的假定，则 A_1B_3 状态时单元应变为

$$\varepsilon_{A_1B_3} = \frac{l_{A_1B_3} - l_{A_1B_1}}{l_{A_1B_1}} \tag{8}$$

单元内力为 $\qquad f_{A_1B_3} = f_{A_1B_1} + \Delta f_{A_1B_3} = \left(f_{A_1B_1} + E_aA_a \cdot \dfrac{l_{A_1B_3} - l_{A_1B_1}}{l_{A_1B_1}} \right) \cdot \boldsymbol{e}_{A_1B_1} \tag{9}$

式中：$\boldsymbol{e}_{A_1B_1}$ 为 A_1B_1 位置的方向向量，E_a 为 t_a 时刻弹性模量，A_a 为 t_a 时刻单元横截面积。A_1B_3 状态的内力并非最终需要的内力，还需要做一个与逆向运动相反的正向运动，回到真实的状态 A_2B_2，此过程内力大小不变，方向改变。得 A_2B_2 状态下杆件内力为

$$f_{A_2B_2} = \left(f_{A_1B_1} + E_aA_a \cdot \frac{l_{A_1B_3} - l_{A_1B_1}}{l_{A_1B_1}} \right) \cdot \boldsymbol{e}_{A_2B_2} \tag{10}$$

式中：$\boldsymbol{e}_{A_2B_2}$ 为 A_2B_2 位置的方向向量。

3.2 索单元内力

索单元与一般杆单元不同的是它可能含有预应力。对于一个既定的索穹顶结构，能够确定的只

有初始态几何参数和各索杆的初始内力值。向量式有限元引入预应力的方法直接、简便,将预应力作为初始态存在的力直接参与计算,不用找形和找力就能建立初始态模型进行静力分析。此预应力不需经过特殊的处理,可视为单元的初始内力,节点上的合力为零,结构处于自应力平衡状态:

$$f_{n+1} = f_n + \Delta f = f_n + E_n A_n (l_{n+1}/l_n - 1) \tag{11}$$

$$f_2 = f_1 + \Delta f = f_0 + E_0 A_0 \left(\frac{l_2}{l_0} - 1 \right) \tag{12}$$

式中:l_0 为单元初始态的长度,A_0 为初始截面积,f_0 为初始预应力。显然,当 $f \leqslant 0$ 索发生松弛。

3.3 空间梁单元内力

梁单元的位移包括平移和转角,内力包括轴力、剪力、弯矩和扭矩。在一个时间步内,单元的变形符合材料力学,为求梁单元的内力需求得单元的纯变形。已知单元的两质点在 t_a 和 t_b 时刻的空间位置分别为 (x_A^a, x_B^a) 和 (x_A^b, x_B^b),转角分别为 (β_A^a, β_B^a) 和 (β_A^b, β_B^b),则单元从 t_a 时刻到 t_b 时刻的位移和转角分别为

$$\Delta x_i = x_i^b - x_i^a \tag{13}$$

$$\Delta \beta_i = \beta_i^b - \beta_i^a \tag{14}$$

式中:$i = A, B$,其中 A, B 为质点。

式(13)、(14)列出的是单元在整体坐标系下的位移和转角,当求单元内力即单元变形的时候,需要其在局部坐标系下的量 $\Delta \hat{\beta}_i$,可以通过坐标系转换得到。

通过选定参考点确定初始时刻 t_a 单元坐标系的方向向量 e_x^a、e_y^a、e_z^a;t_b 时刻单元坐标系 x 轴方向向量 e_x^b 即轴向,则两时刻主轴的转动向量为

$$\gamma = \theta_{ba} + \Delta \hat{\beta}_x^A = \theta_{ba} \cdot e_{ba} + \Delta \beta_A \cdot e_x^a \tag{15}$$

式中:θ_{ba} 为主轴从 t_b 到 t_a 时刻的逆向旋转向量;$\Delta \hat{\beta}_x^A$ 为主轴从 t_b 到 t_a 自身的扭转向量,即转动向量包括两部分。由两主轴之间的转动向量可得其空间转动矩阵如下:

$$R_\gamma^* = I + R_\gamma \tag{16}$$

式中:I 为单位矩阵;

$$R_\gamma = (1 - \cos\gamma) \begin{bmatrix} 0 & -n_\gamma & m_\gamma \\ n_\gamma & 0 & -l_\gamma \\ -m_\gamma & l_\gamma & 0 \end{bmatrix}^2 + \sin\gamma \begin{bmatrix} 0 & -n_\gamma & m_\gamma \\ n_\gamma & 0 & -l_\gamma \\ -m_\gamma & l_\gamma & 0 \end{bmatrix}$$ 为旋转矩阵。

由此可求得 t_b 时刻 y 轴和 z 轴的方向向量分别为

$$e_y^b = R^* e_y^a \tag{17}$$

$$e_z^b = e_x^b e_y^b \tag{18}$$

根据逆向运动的基本原理,可知质点 A 和 B 的纯变形为

$$\Delta \phi_x^A = \Delta \hat{\beta}_x^A - \Delta \hat{\beta}_x^A = 0 \tag{19}$$

$$\Delta \phi_x^B = \Delta \hat{\beta}_x^B - \Delta \hat{\beta}_x^A \tag{20}$$

$$\Delta \phi_y^A = \Delta \hat{\beta}_y^A - \Delta \theta_y \tag{21}$$

$$\Delta \phi_y^B = \Delta \hat{\beta}_y^B - \Delta \theta_y \tag{22}$$

$$\Delta \phi_z^A = \Delta \hat{\beta}_z^A - \Delta \theta_z \tag{23}$$

$$\Delta \phi_z^B = \Delta \hat{\beta}_z^B - \Delta \theta_z \tag{24}$$

式中：$\Delta \hat{\beta}_x^i$、$\Delta \hat{\beta}_y^i$、$\Delta \hat{\beta}_z^i (i=A,B)$分别为质点 A 和 B 在整体坐标系角位移在单元坐标系下的角位移分量，$\Delta \theta_y$、$\Delta \theta_z$ 为主轴转动向量 $\boldsymbol{\theta}_{ba}$ 在 y、z 坐标轴下的分量。

由纯变形容易得到内力和弯矩增量公式分别为

$$\Delta \hat{f}_x^A = \Delta \hat{f}_x^B = -\frac{EA_1}{l_a}(l_b - l_a) \tag{25}$$

$$\Delta \hat{f}_y^A = -\Delta \hat{f}_y^B = \frac{6EI_z}{l_a^2}(\Delta \phi_z^A - \Delta \phi_z^B) \tag{26}$$

$$\Delta \hat{f}_z^A = -\Delta \hat{f}_z^B = -\frac{6EI_y}{l_a^2}(\Delta \phi_y^A - \Delta \phi_y^B) \tag{27}$$

$$\Delta \hat{m}_x^A = -\Delta \hat{m}_x^B = -\frac{GI_x}{l_a}(\Delta \phi_x^B) \tag{28}$$

$$\Delta \hat{m}_y^A = \frac{EI_y}{l_a}(4\Delta \phi_y^A + 2\Delta \phi_y^B) \tag{29}$$

$$\Delta \hat{m}_z^A = \frac{EI_z}{l_a}(4\Delta \phi_z^A + 2\Delta \phi_z^B) \tag{30}$$

$$\Delta \hat{m}_y^B = \frac{EI_y}{l_a}(2\Delta \phi_y^A + 4\Delta \phi_y^B) \tag{31}$$

$$\Delta \hat{m}_z^B = \frac{EI_z}{l_a}(2\Delta \phi_z^A + 4\Delta \phi_z^B) \tag{32}$$

式中：G 为剪切模量，$\Delta \hat{f}_x^i$、$\Delta \hat{f}_y^i$、$\Delta \hat{f}_z^i$ 分别为单元坐标系下内力增量在 x、y、z 轴上的分量，$\Delta \hat{m}_x^i$、$\Delta \hat{m}_y^i$、$\Delta \hat{m}_z^i$ 分别为弯矩增量在 x、y、z 轴上的分量。求得内力和弯矩增量后，即可由增量叠加上一时刻的内力和弯矩得到下一时刻的内力和弯矩。但需要注意此时的内力和弯矩只是虚拟位置的结果，还需要进行虚拟正向运动，回到 t_b 时刻单元的实际位置。

求得各单元内力后根据相互作用力的原理可得到单元对于各质点的合力。自重以及作用在结构上的外力可以根据等效原则加载于各质点上，这样便求出了质点所受到的合力，代入公式（3）、（6）或（4）、（7）求解下一时间步的位移。

4 弦支穹顶断索全过程分析

向量式有限元假设在破断点产生一个新的质点，重新计算质量及内力分配。在破断的瞬间单元内力得到继承，只是单元的连接关系发生改变，之后继续计算结构的受力与变形，结构的初始内力和变形未被忽略，这就可以真实有效地跟踪结构受到作用之后的全过程，向量式有限元的提出为研究结构的全过程变化开辟了一条新的途径。

本文基于 MATLAB 语言编写了向量式有限元程序进行弦支穹顶断索失效分析，利用 MATLAB 程序强大的数据处理能力实时地记录了弦支穹顶结构发生断索后的整个振动过程质点坐标及内力的变化，因此该自编向量式有限元程序计算结果简单直接，只需具有一定的数据及绘图功能的软件即可处理。

4.1 计算模型

以图 2 所示的弦支穹顶为例，恒荷载为 1.0kN/m^2，活荷载为 0.3kN/m^2。在荷载工况"1.2 恒+1.4 活"作用下，假设环索和斜索分别破断，进行断索及断索对结构的影响分析。计算模型跨度为

122m,矢高12.2m,竖杆G1、G2的高度分别为10.2187m和9.9636m,截面积均为46.6cm²。上部网壳杆件截面为$\phi377\times12$,弹性模量为2.06×10^{11}Pa,密度为7850kg/m³;环索HS1、HS2截面积分别为112.4cm²和57cm²,斜索XS1、XS2截面积分别为56.2cm²和28.5cm²,弹性模量为1.9×10^{11}Pa,密度为6550kg/m³。HS1的设计预应力水平为2120kN。引入理想弹塑性模型,假设拉索及杆件的极限强度分别为1880MPa和210MPa。

上部网壳每根杆件划分为单个梁单元,下部索杆体系中每根竖杆划分为单个杆单元,每根索构件划分为单个索单元。当索力$f\leqslant0$时拉索发生松弛,每段索等分为40个拉索单元,便于考虑断索的振动与自垂。整个分析过程分为两个阶段:索破断前(0~1.0s)结构承受面荷载作用,处于静力稳定状态;之后拉索突然断裂,分析其后8s(1.0~9.0s)内的结构响应。选取如图3所示网壳部分杆件和节点,以及索杆体系中部分拉索、竖杆,考察其断索前后内力及位移的变化情况。为与VFIFE结果进行对比,同时采用通用有限元软件ANSYS对断索进行分析,得到断索后最终态结果。本文中定义断索后振动过程中最大内力与断索后平衡态内力之比为动内力系数。

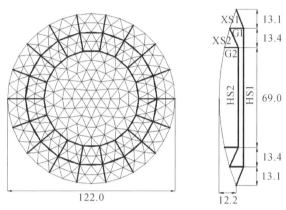

图2 弦支穹顶布置图(单位:m)

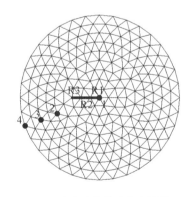

a 网壳部分构件及节点编号

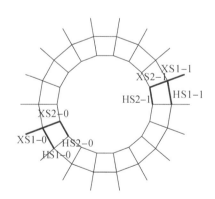

b 索杆体系部分构件编号

图3 部分构件及节点编号

4.2 XS1破断

图4为XS1破断后8s内结构变形全过程示意图,由图可知,由于XS1含有较大预应力,破断后断索发生剧烈的摆动和回弹,最终趋于稳定,其余拉索未见有明显的松弛现象。

图5为节点1和节点3竖向位移曲线,将VFIFE结果与ANSYS静态求解后的结果进行对比,断

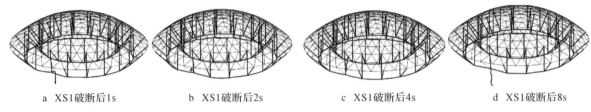

a XS1破断后1s   b XS1破断后2s   c XS1破断后4s   d XS1破断后8s

图4 XS1破断后结构变形过程

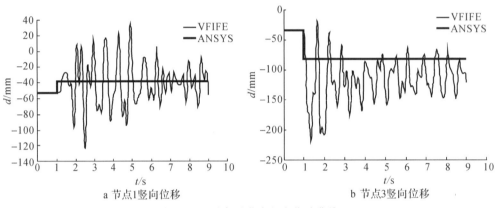

a 节点1竖向位移   b 节点3竖向位移

图5 XS1破断后节点竖向位移曲线

索前后平衡态的位移值相近,只是 ANSYS 结果无法考虑断索后振动响应。最终节点 1 稳定在
-37.5mm左右,节点 3 稳定在-98.7mm 左右,由图可知,振动引起的竖杆上端节点最大位移都远大于
静止平衡态的位移值,振幅较大。表 1 中列出了断索前平衡态内力 F_1,断索后平衡态内力 F_2,断索后最
大内力 F_{max}。由表 1 可知,外圈索杆体系残留了部分内力,尚未完全失效。表中将 VFIFE 与 ANSYS 结
果进行对比,两种方法的结果相近,但发生断索的外圈斜索和环索相差较大,这是因为 VFIFE 考虑了断
索的摆动以及拉索的垂度,VFIFE 能够求得断索后振动过程的最大内力值。XS1 破断后上部网壳杆件
轴力振动的幅值增加为断索前轴力的 1.5 倍左右,下部索杆动内力系数均较大,这表明振动过程中的内
力变化剧烈,仅仅考虑最终平衡态是不够的。由图 6 可知,XS1 破断对节点 4 处的径向支反力 F_{cr} 影响
较大,最大 F_{cr} 达到了 2200kN 左右,为断索前的 7.8 倍左右,是平衡后静态值的 1.3 倍,而由于内力重
分布的结果,最终态竖向支反力 F_{cr} 有一定程度的减小,但动力响应的最大值为静态值的 1.28 倍。

表1 XS1 破断后部分构件内力

编号	F_1/kN		F_2/kN		F_{max}/kN	动内力系数
	ANSYS	VFIFE	ANSYS	VFIFE		
R1	-791.69	-776.76	-788.50	-775.68	-1366.81	1.76
R2	-976.69	-985.41	-971.96	-976.44	-1537.39	1.57
R3	-802.41	-815.32	-792.16	-803.41	-1171.41	1.46
XS1-1	980.05	986.51	98.76	123.63	803.84	6.50
HS1-0	2604.92	2625.31	271.19	358.92	1947.90	5.43
XS2-0	254.98	270.95	68.70	79.47	294.64	3.71
HS2-0	663.69	706.69	179.73	210.82	669.15	3.17
R_{er}	274.97	282.21	1692.90	1692.70	2199.40	1.30
R_{ev}	909.87	916.09	712.63	713.2	911.59	1.28

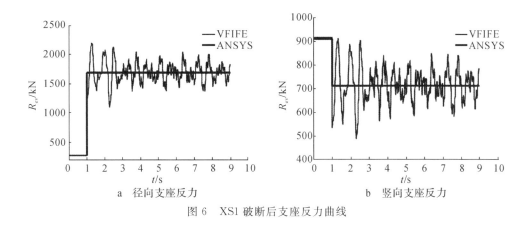

a　径向支座反力　　　　　　　　　b　竖向支座反力

图 6　XS1 破断后支座反力曲线

4.3　HS1 断裂

图 7 为 HS1 破断后 8s 内结构变形的全过程示意图,环索破断后发生剧烈的摆动,外圈斜索和环索均有明显松弛。由表 2 可知外圈索残余内力很小,表明外圈索杆体系已失效。

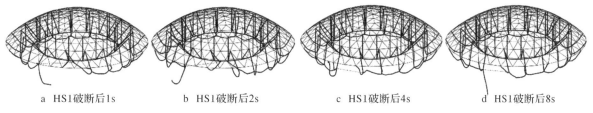

a　HS1破断后1s　　　　b　HS1破断后2s　　　　c　HS1破断后4s　　　　d　HS1破断后8s

图 7　HS1 破断后结构变形过程

表 2　HS1 破断后部分构件内力

编号	F_1/kN		F_2/kN		F_{max}/kN	动内力系数
	ANSYS	VFIFE	ANSYS	VFIFE		
R1	−791.69	−776.76	−786.55	−773.65	−1447.32	1.87
R2	−976.69	−985.41	−963.95	−972.36	−1673.65	1.72
R3	−802.41	−815.32	−783.51	−797.64	−1290.86	1.62
XS1-0	980.05	986.42	0.73	5.11	892.14	174.51
HS1-1	2604.92	2625.03	3.20	29.03	1712.10	58.97
XS2-0	254.98	270.95	48.60	50.97	213.75	4.19
HS2-0	663.69	706.69	126.52	134.02	536.98	4.01
R_{er}	266.26	282.21	1681.28	1684.20	2756.00	1.64
R_{ev}	908.5	916.09	712.63	714.01	1444.70	2.02

图 8 为节点 1 和节点 3 竖向位移曲线,最终节点 1 稳定在 −35mm 左右,节点 3 稳定在 −80mm 左右,由图可知,振动引起的最大位移达到 −110.0mm 左右,相对于 ANSYS 静力结果来说,振动响应不容忽视。由表 2 可知,网壳杆件最终平衡后轴力变化不大,但断索后上部网壳杆件轴力振动的幅值为断索前轴力的 1.5 倍以上,下部索杆体系中除外圈索杆失效,其余内圈斜索和环索有较大程度的卸载。由图 9 可知,HS1 破断对节点 4 处的径向支反力影响较大,最大径向支反力达到了 2756kN,为断

索前的 9.8 倍,是平衡后的 1.64 倍,从平衡态结果来看,竖向支反力有一定程度的减小,但振动过程中幅值达到了平衡态的 2.02 倍左右。

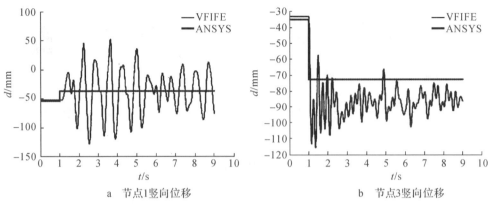

a 节点1竖向位移　　　　b 节点3竖向位移

图 8　HS1 破断后节点竖向位移曲线

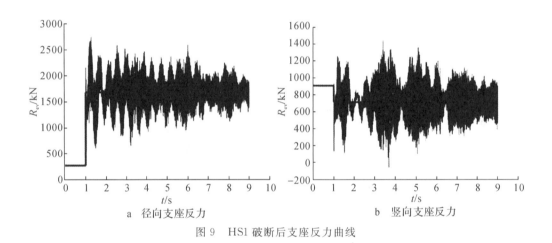

a 径向支座反力　　　　b 竖向支座反力

图 9　HS1 破断后支座反力曲线

4.4　XS2 断裂

图 10 为 XS2 破断后结构变形过程示意图,由图可知除断索 XS2 发生摆动和回弹外,其余拉索均无明显的松弛。

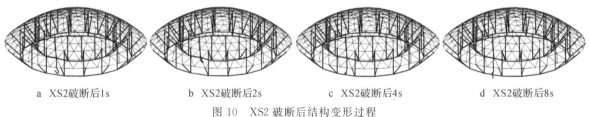

a XS2破断后1s　　b XS2破断后2s　　c XS2破断后4s　　d XS2破断后8s

图 10　XS2 破断后结构变形过程

节点 1 和节点 2 断索前平衡态的位移分别为 -51.90mm 和 -54.50mm,而断索后最终平衡态位移分别为 -53.20mm 和 -101.50mm,从最终静止平衡态的结果来看,XS2 破断对于节点位移影响较小。然而如图 11 所示振动过程的位移曲线,振动响应不可忽视,节点 1 的最大位移振幅达到了 -140mm,节点 2 的振幅达到 -150mm。由表 3 部分构件内力可知,XS2 破断使得内圈和外圈斜索与环索均有卸载,对内圈的影响较大,外圈影响略小,但均未松弛失效。XS2 破断后节点 4 处径向支座反力增加,竖向支座反力减小,振动响应显然不如外圈索破断后大,但仍然不容忽视,如图 12 所示。

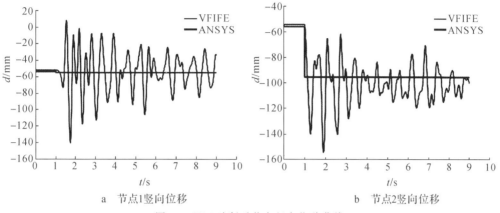

a 节点1竖向位移 b 节点2竖向位移

图 11 XS2 破断后节点竖向位移曲线

表 3 XS2 破断后部分构件内力

编号	F_1/kN		F_2/kN		$F_{\max}/\text{kN}$	动内力系数
	ANSYS	VFIFE	ANSYS	VFIFE		
R1	−791.69	−776.76	−772.51	−764.80	−1132.18	1.48
R2	−976.69	−985.41	−957.67	−967.27	−1256.00	1.30
R3	−802.41	−815.32	−775.02	−790.08	−1054.64	1.33
XS1-0	980.05	986.42	847.78	846.87	924.51	1.09
HS1-0	2604.92	2625.31	2256.70	2260.34	2491.20	1.10
XS2-1	254.98	270.96	56.16	84.39	265.37	3.14
HS2-0	663.69	706.69	164.80	227.52	683.28	3.00
R_{er}	266.26	282.21	420.62	442.74	674.30	1.52
R_{ev}	908.50	916.09	869.72	873.66	762.86	0.87

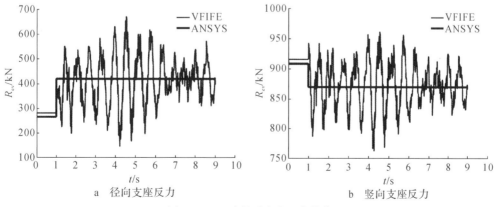

a 径向支座反力 b 竖向支座反力

图 12 XS2 破断后支座反力曲线

4.5 HS2 断裂

图 13 为 HS2 破断后结构变形过程示意图,由图可明显看出内圈索杆体系出现松弛。节点 1 和节点 2 断索前平衡态的位移分别为 -51.90 mm 和 -54.50 mm,而断索后最终平衡态位移分别为 -54.20 mm 和 -106.17 mm,可知 HS2 破断对于节点 1 的影响较小,只对与断索相连的竖杆上端节点附近的局部区域有较大影响,振动过程的位移曲线如图 14 所示,振动响应不可忽视,节点 1 的最大位移振幅达到了 -170 mm,节点 2 的振幅达到 -140 mm。由表 4 部分构件内力可知,HS2 破断使得内圈和外圈斜索与环索均有卸载,对内圈的影响较大,外圈影响略小,内圈拉索基本松弛失效,由于自重的影响保留了部分内力。HS2 破断后节点 4 处最终平衡态径向支座反力增加,竖向支座反力减小,振动响应不如外圈索破断后大,但较 XS2 破断后果严重,如图 15 所示。

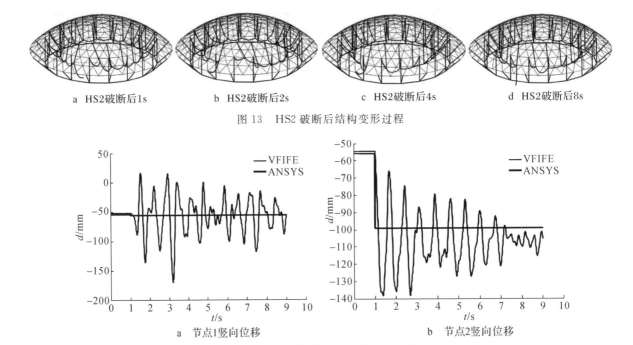

a HS2破断后1s　　b HS2破断后2s　　c HS2破断后4s　　d HS2破断后8s

图 13　HS2 破断后结构变形过程

a 节点1竖向位移　　　　　　　　　　b 节点2竖向位移

图 14　HS2 破断后节点竖向位移曲线

表 4　HS2 破断后部分构件内力

编号	F_1/kN		F_2/kN		F_{max}/kN	动内力系数
	ANSYS	VFIFE	ANSYS	VFIFE		
R1	-791.69	-776.76	-767.41	-758.31	-1450.11	1.91
R2	-976.69	-985.41	-945.06	-957.37	-1496.29	1.56
R3	-802.41	-815.32	-765.82	-782.78	-1048.80	1.34
XS1-0	980.05	986.42	812.54	789.26	932.00	1.18
HS1-0	2604.92	2625.31	2159.70	2101.03	2473.2	1.20
XS2-0	254.98	270.95	0.83	2.31	387.84	168.02
HS2-1	663.69	706.70	2.09	12.26	481.12	39.26
R_{er}	274.97	282.21	498.80	559.53	873.14	1.56
R_{ev}	909.87	916.09	874.15	878.18	975.10	1.11

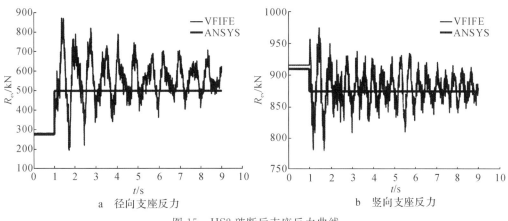

图 15 HS2 破断后支座反力曲线

5　结论

(1)由于向量式有限元不需要求解非线性方程组、不形成刚度矩阵的优点,使其能方便地应用于弦支穹顶的断索失效全过程分析,真实有效地跟踪断索后结构实际变形与内力变化情况,了解位移及内力的振动响应。由于振动响应的存在,部分内力或位移峰值可能超出合理范围,因此,对于存在较大预应力拉索的弦支穹顶结构来说,在结构设计与分析中考虑拉索的破断是有必要的,而使用传统分析方法是无法办到的。

(2)从上部杆件受力、下部拉索内力和支座反力考虑,环索 HS1、斜索 XS1、环索 HS2、斜索 XS2 的安全等级逐次降低。尤其是断索对于支座反力的影响较大,其中 HS1 破断引起的径向支座反力幅值达到断索前平衡态的 9.8 倍,断索后平衡态的 1.6 倍;竖向支座反力幅值达到断索前平衡态的 1.6 倍,断索后平衡态的 2 倍。由此可知,在设计过程中应该对支座刚度的设计给予足够的重视。

(3)比较断索后稳定状态节点位移,断索对于直接与其相连的竖杆上端节点位移影响较大,而中心节点位移略小,但均有较大的振动响应。其中 XS1 断裂后,中心节点 1 振动幅值为断索后平衡态的 3.3 倍,节点 3 的振动幅值为断索后平衡态的 2.2 倍。因而,对于有较高使用要求的结构影响较大,不能仅从最终平衡态的结果分析。

参考文献

[1] KAWAGUCHI M,ABE M,TATEMICHI I. Design,tests and realization of "suspen-dome" system[J]. Journal of the International Association for Shell and Spatial Structures,1999,40(3): 179−192.

[2] 郑君华,袁行飞,董石麟.两种体系索穹顶结构的破坏形式及其受力性能研究[J].工程力学,2007, 24(1):44−50.

[3] 陈联盟,董石麟,袁行飞.Kiewitt 型索穹顶结构拉索退出工作机理分析[J].空间结构,2010, 16(4):29−33.

[4] KAHLA N B,MOUSSA B. Effect of a cable rupture on tensegrity systems[J]. International Journal of Space Structures,2002,17(1):51−65.

[5] 王化杰,范峰,钱宏亮,等.巨型网格弦支穹顶预应力施工模拟分析与断索研究[J].建筑结构学报,

2010,31(S1):247—253.

[6] 张志宏,傅学怡,董石麟,等.济南奥体中心体育馆弦支穹顶结构设计[J].空间结构,2008,14(4):8—13.

[7] 赵晓旭.弦支穹顶结构设计与施工中的若干问题研究[D].杭州:浙江大学,2008.

[8] 丁承先,王仲宇.向量式固体力学[R].桃园:台湾中央大学土木工程学系,2008.

[9] 丁承先,王仲宇,吴东岳,等.运动解析与向量式有限元[R].桃园:台湾中央大学工学院桥梁工程研究中心,2007.

[10] TING E C,SHIH C,WANG Y K. Fundamentals of a vector form intrinsic finite element:Part I. Basic procedure and a plane frame element[J]. Journal of Mechanics,2004,20(2):113—122.

[11] TING E C,SHIH C,WANG Y K. Fundamentals of a vector form intrinsic finite element:Part II. Plane solid elements[J]. Journal of Mechanics,2004,20(2):123—132.

[12] SHIH C,WANG Y K,TING E C. Fundamentals of a vector form intrinsic finite element:Part III. Convected material frame and examples[J]. Journal of Mechanics,2004,20(2):133—143.

[13] 喻莹.基于有限质点法的空间钢结构连续倒塌破坏研究[D].杭州:浙江大学,2010.

[14] 向新岸.张拉索膜结构的理论研究及其在上海世博轴中的应用[D].杭州:浙江大学,2010.

122 弦支环向折线形单层球面网壳布索方案研究[*]

摘　要: 为改善环向折线形单层球面网壳的受力特性,在环向折线形单层球面网壳中增设了若干道环索、斜索和撑杆,形成了一种新型的弦支环向折线形单层球面网壳的加强结构体系。从满足不同建筑造型要求和合理、经济的受力体系的角度出发,给出了五种不同的布索方案,并对各方案下的结构受力性能做了对比分析。经分析可知,布索方案3~5下的弦支环向折线形单层球面网壳的性能较优。研究结果为揭示各种不同布索方式下的弦支环向折线形单层球面网壳的受力特性和内力、位移的变化规律提供依据,也可为此类网壳结构的初步设计、优化设计和多方案比较提供参考。

关键词: 环向折线形;单层球面网壳;弦支穹顶;布索方案

1　引言

　　弦支穹顶结构是由日本川口卫教授在20世纪90年代提出的一种新型空间结构体系。由张拉索杆体系和球面单层网壳结构组合形成的弦支穹顶结构,在大跨度空间结构中具有受力合理、高效的特点。弦支穹顶结构在静力、动力、稳定性能等方面已得到较为深入的理论分析和试验研究[1,2]。目前,国内已建成的弦支穹顶结构有天津博物馆贵宾厅、2008北京奥运会羽毛球馆、安徽大学体育馆等。

　　环向折线形单层球面网壳是一种空间桁架结构体系,兼有双层网架和单层网壳的受力特性和优点,结构构件类型少,加工制作方便,可用于闭口的穹顶结构,也可用于开大、小孔洞的屋盖和悬挑结构[3-6]。设一圆形平面环向折线形单层球面网壳的基本结构体系(图1),周边铰支在内接正 n 边形的角点。网壳通过中心轴,共有 n 个对称面,其中 $n/2$ 个对称面内有上弦杆,上弦节点编号为 $1,3,5,\cdots,m$(单数),另 $n/2$ 个对称面内有下弦杆,下弦节点编号为 $2,4,6,\cdots,(m-1)$(双数)。可以用字母" U_{mn} "来表征环向折线形单层球面网壳的构成。通过对该结构的力学性能分析,可发现此种结构的环向刚度较弱,易形成环向"手风琴"式的失稳模式(图2),且支座推力较大[4-6]。基于此,本文在环向折线形单层球面网壳的基础上引入索杆张拉体系,形成了一种弦支环向折线形单层球面网壳的加强结构,既提高了单层球面网壳的承载能力,增强了结构的整体稳定性能,又减小了结构对下部支承环梁的径向反力。本文主要针对不同布索方式下的环向折线形单层球面网壳在承受满跨荷载作用下的预应力设计、静力性能和稳定性能进行了研究。

---

　　[*]　本文刊登于:郑晓清,董石麟,白光波,梁昊庆.弦支环向折线形单层球面网壳布索方案研究[J].建筑结构,2015,45(5):34—38,48.

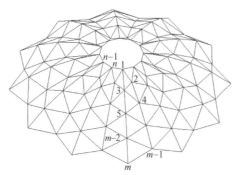

图 1　环向折线形单层球面网壳

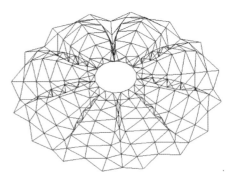

图 2　特征值失稳模态

2　布索方式

结合环向折线形单层球面网壳的特点,给出以下五种布索方案下弦支环向折线形球面网壳结构:
肋环型布索弦支穹顶(方案 1)、肋环-葵花型布索穹顶(方案 2)、葵花-肋环型布索穹顶(方案 3)、葵花
型布索穹顶(方案 4)和异型葵花布索穹顶(方案 5),各方案下的结构如图 3 所示。它们主要有两方面
的区别:一是撑杆的支承位置不同,分为上弦支承和下弦支承;二是斜向拉索位置不同,分为上弦节点
拉索和下弦节点拉索。

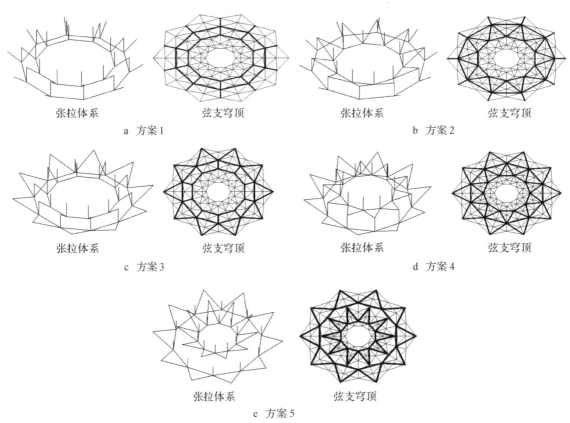

图 3　五种布索方案下的弦支环向折线形单层球面网壳

3 分析模型

本文以图 3 的五种布索方案下弦支环向折线形单层球面网壳与对应的单层网壳（刚性网壳）为研究对象，对此六种结构进行力学性能分析。为了对比分析，六种模型的环向折线形单层球面网壳部分采用相同的几何和材料参数。

设弦支环向折线形单层球面网壳结构的上部桁架体系"U_{mn}"中的 $m=13$、$n=16$，内孔半径 $r_1=8m$，外圈半径 $r_m=40m$，高跨比 $z_m/2r_m=1/10$ 和厚跨比 $h/2r_m=1/40$，五种布索方案中均布置 2 圈环索，斜索与竖直撑杆的夹角均为 $70°$。钢管截面统一采用 $\phi245\times12$，截面面积为 $8783.9mm^2$，弹性模量为 $2.06\times10^5 MPa$。索截面面积为 $7854mm^2$，弹性模量为 $1.60\times10^5 MPa$。在网壳周边采用固定铰支座时，分别沿曲面作用恒荷载 $g=0.5kN/m^2$，活荷载 $q=0.5kN/m^2$，沿内孔线荷载 $p=\dfrac{\pi r_1^2 q}{2\pi r_1}=\dfrac{r_1}{2}q$（开孔顶盖的全部水平荷载折算而得）及结构自重作用下，采用 ANSYS 软件计算六种结构的静力和稳定性能，并做对比分析，其中上部网壳及撑杆采 Link8 单元，拉索采用 Link10 单元，网壳支座采用固定铰支座。此处仅给出了方案 3 的模型图，见图 4，其节点及杆件内力编号如图 5 所示。

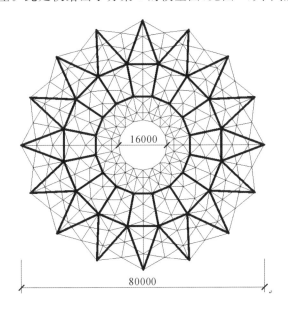

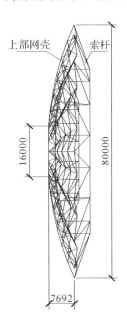

a 平面图　　　　　　　　　　　b 侧面图

图 4 方案 3 网壳计算模型

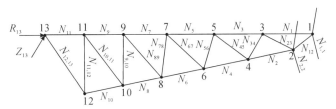

图 5 方案 3 网壳计算模型杆件内力及节点编号

4 预应力设计

合理的弦支穹顶结构在外荷载作用下,下部索杆体系可以看作是上部穹顶结构的弹性支承。基于此,本文采用弹性支座法来确定下部索杆体系的预应力分布。在预应力分布已确定的条件下,以弦支环向折线形单层球面网壳结构在 1.0(恒载+结构自重)作用下网壳支座反力最小为优化目标,建立弦支环向折线形单层球面网壳结构预应力优化设计的数学模型:1)目标函数为 $\min F(HS1,HS2)$;2)约束条件为 $0.95T \leqslant HS2/HS1 \leqslant 1.05T$;3)变量上下限约束条件为 $0 \leqslant (HS1,HS2) \leqslant 1000kN$。其中,目标函数中 F 为结构对周边环梁的径向约束反力绝对值;$HS1$ 和 $HS2$ 分别为内圈环索和外圈环索的预加索力;T 为通过弹性支座法确定的外、内圈环索的索力比值。

考虑以上五种布索方案下的弦支环向折线形单层球面网壳结构在 1.0(恒荷载+结构自重)作用下,采用弹性支座法确定各结构预加索力分布,其计算结果见表 1。

表 1 五种布索方案下结构的预加索力分布

预加索力比例	方案 1	方案 2	方案 3	方案 4	方案 5	平均值
$HS1/HS2$	0.224	0.242	0.185	0.215	0.211	0.215

由表 1 可以看出,除方案 3 的内圈环索与外圈环索的预加索力比值较小外,其余四种布索方案的预加索力比值均较为接近。为了对五种不同布索方案对结构受力性能的影响做对比分析,采用以上五种布索方案下预加索力比值的平均值作为以上各结构统一的预加索力分布,其值为 0.215。

在内圈环索与外圈环索的预应力比值均为 0.215 的情况下,以结构在 1.0(恒载+结构自重)作用下的支座反力绝对值为零作为优化目标,对以上五种方案的结构预加索力水平进行计算,其计算结果见表 2。

表 2 五种布索方案下环索的预加索力 （单位:kN）

预加索力	方案 1	方案 2	方案 3	方案 4	方案 5	平均值
$HS1$	220.81	223.34	173.23	191.99	195.30	200.93
$HS2$	1027.01	1038.79	805.72	892.97	908.36	934.57
合计	1247.82	1262.13	978.95	1084.96	1103.66	1135.50

由表 2 可以看出,除方案 3 的预加索力水平较低外,其余四种布索方案的预加索力水平均较为接近。为了对五种不同布索方案对结构受力性能的影响做对比分析,本文采用以上五种布索方案下预加索力水平的平均值作为各结构的统一预加索力水平,其值为 1135.50kN。

在五种布索方案的预加索力分布 $HS1:HS2$ 为 0.215:1、预加索力水平为 1135.50kN 的情况下,采用迭代法求得各结构的内圈环索与外圈环索的预加索力,见表 3。

表 3 迭代法求得的五种布索方案下的环索预加索力 （单位:kN）

环索拉力	方案 1	方案 2	方案 3	方案 4	方案 5
$HS1$	348.67	338.39	332.25	486.02	292.13
$HS2$	733.61	703.15	718.28	592.34	645.45

5 静力分析

为了研究不同布索方案对上部环向折线形单层球面网壳结构静力性能的影响,分别对以上五种不同的弦支网壳结构在同一预加索力分布、预加索力水平及荷载条件下进行静力性能分析,并与原结构做对比。分析中采用的荷载为1.2(恒荷载+结构自重)+1.4活荷载。图6为六种结构体系的各杆件内力与节点竖向位移情况,表4为节点最大竖向位移、杆件最大内力和支座推力等情况。

通过图6和表4可以看出,六种结构体系的上弦杆件内力均明显大于对应结构的下弦杆件内力,上弦杆件最大压力约为下弦杆件最大压力的2.5~2.8倍,靠近支座部位的下弦杆件内力均由压力转变为拉力,各结构的下弦杆件拉力 N_{10} 均较小,方案1中下弦杆件的最大压力绝对值是其最大拉力绝对值的30.3倍;环向杆件轴向压力均较大,是结构的主要受力杆件;各结构体系的最大竖向位移均处于谷线节点上,刚性网壳的节点最大位移为 w_6,方案1和方案2的节点最大位移为 w_4,方案3~5的最大位移 w_2 对应的节点为悬臂端节点。从以上可以看出,索杆张力体系的引入,并不会显著改变上部结构的杆件内力和节点位移分布情况。

从表4还可以看出,索杆张力体系的引入能大幅度降低上部环向折线形单层球面网壳结构的节点竖向位移、杆件内力和支座推力。对比五种不同布索方案可以得出,方案3对上部结构静力性能的影响最为显著,方案4和方案5次之,方案1和方案2对上部结构的影响相对较小,其中方案3的节点

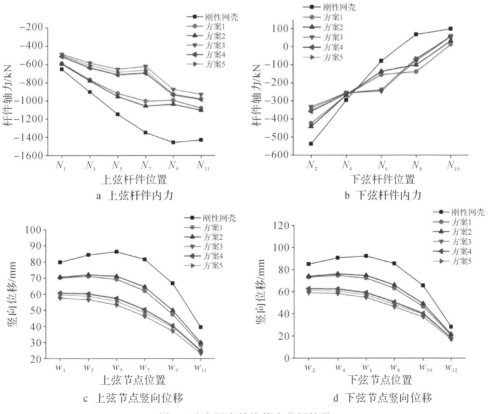

图6 弦支网壳结构静力分析结果

表4 弦支环向折线形单层球面网壳结构静力分析结果

方案	最大竖向位移 /mm	网壳最大杆件内力/kN			支座推力 /kN	环索拉力 /kN
		上弦杆件	下弦杆件	受压环杆		
刚性网壳	$92.33(w_6)$	$-1456.12(N_9)$	$-537.79(N_2)$	$-1175.12(N_{2,2})$	-1204.48	—
	—		$98.67(N_{10})$	—		
方案1	$74.67(w_4)$	$-1080.18(N_{11})$	$-423.82(N_2)$	$-1435.08(N_{1,1})$	-458.06	$139.64(S_1)$
	—		$14.01(N_{10})$			$1248.75(S_2)$
方案2	$76.18(w_4)$	$-1104.56(N_{11})$	$-441.57(N_2)$	$-1441.76(N_{1,1})$	-463.27	$172.05(S_1)$
	—		$31.67(N_{10})$			$1256.23(S_2)$
方案3	$59.21(w_2)$	$-929.75(N_{11})$	$-332.68(N_2)$	$-1198.09(N_{1,1})$	-178.00	$187.69(S_1)$
	—		$55.17(N_{10})$			$1383.87(S_2)$
方案4	$62.77(w_2)$	$-984.98(N_{11})$	$-357.11(N_2)$	$-1257.61(N_{1,1})$	-242.24	$177.79(S_1)$
	—		$56.43(N_{10})$			$1351.96(S_2)$
方案5	$61.44(w_2)$	$-978.83(N_{11})$	$-342.32(N_2)$	$-1230.61(N_{1,1})$	-231.72	$202.41(S_1)$
	—		$58.01(N_{10})$			$1360.22(S_2)$

注：S_1 为内圈环索拉力，S_2 为外圈环索拉力；w_i 为节点最大竖向位移，i 为节点编号；N_j 为相应杆件内力，j 为杆件编号。

最大竖向位移、上弦杆件最大内力、下弦杆件最大内力和支座推力相对于刚性网壳结构各值分别下降 35.87%、36.15%、38.14%和85.18%。五种布索方案中，在设计荷载作用下，各对应环索的拉力基本接近。因此，从以上各结构的静力性能分析结果可以看出，方案3（葵花-肋环型布索）对改善上部环向折线形单层球面网壳结构的静力性能最为有利。

6 稳定性分析

6.1 特征值屈曲分析

在对结构进行特征值屈曲分析时，考虑了 1.0（恒荷载＋结构自重）＋1.0 活荷载的荷载工况，得出了六种结构的第 1 阶屈曲特征值和屈曲模态。六种结构体系的第 1 阶屈曲特征值和屈曲模态分别见表 5 及图 7、图 8。由图表可知，索杆张拉体系的引入并没有显著改变上部环向折线形单层球面网壳结构的第 1 阶屈曲模态。对比六种结构的屈曲特征值可以看出，方案 1 和方案 2 不能提高上部环向折线形单层球面网壳结构的屈曲特征值，反而使结构的屈曲特征值有所降低；方案 3～5 均能明显提高结构的屈曲特征值，其中方案 5 对上部结构稳定性能的提高最为明显，屈曲特征值相对于环向折线形单层球面网壳提高了 57.83%。

表5 六种结构体系的第 1 阶屈曲特征值

结构形式	刚性网壳	方案1	方案2	方案3	方案4	方案5
特征值	23.57	20.65	19.90	32.20	30.67	37.20

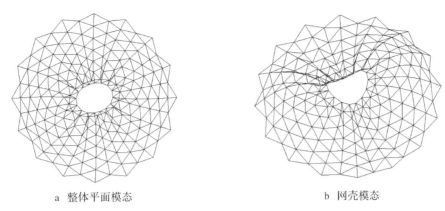

　　　　　a　整体平面模态　　　　　　　　　　　　　　b　网壳模态

图 7　刚性网壳的第 1 阶屈曲模态

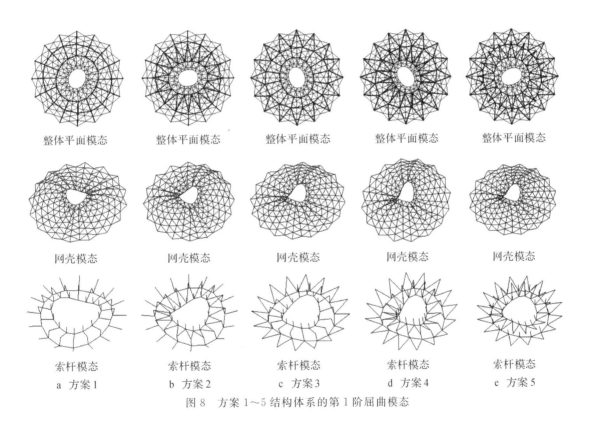

图 8　方案 1～5 结构体系的第 1 阶屈曲模态

6.2　非线性稳定分析

　　为研究结构的非线性稳定性能,以各结构的第 1 阶屈曲模态(见图 7、图 8)作为结构的初始几何缺陷分布方式,并使初始几何缺陷的最大值为计算跨度的 1/300。采用弧长法对结构进行荷载-位移全过程分析,六种结构的非线性稳定系数见表 6,刚性网壳及方案 1～3 结构对应的失稳模态分别如图 9所示。

表 6　六种结构的非线性稳定系数

结构形式	刚性网壳	方案 1	方案 2	方案 3	方案 4	方案 5
稳定系数	11.08	18.71	21.78	26.23	—	—

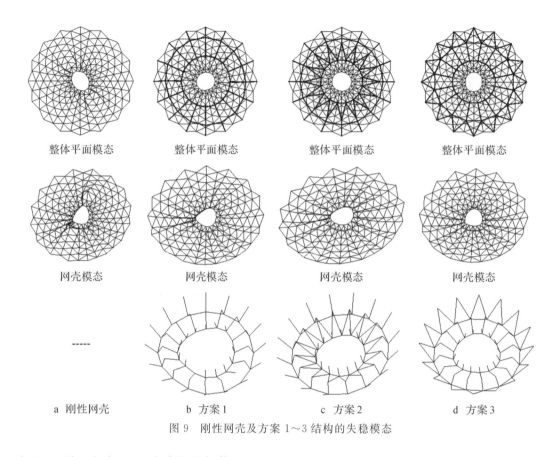

整体平面模态　　　　　整体平面模态　　　　　整体平面模态　　　　　整体平面模态

网壳模态　　　　　　　网壳模态　　　　　　　网壳模态　　　　　　　网壳模态

-----

a　刚性网壳　　　　b　方案1　　　　c　方案2　　　　d　方案3

图9　刚性网壳及方案1～3结构的失稳模态

由图9可知,方案1～3中索杆张拉体系的引入并没有显著改变上部结构的非线性失稳模式,且以上三种方案均显著提高了上部结构的非线性稳定承载能力,其中方案3的非线性稳定承载能力相对于环向折线形单层球面网壳提高了136.73%;通过对方案4和方案5的非线性稳定承载能力分析可以发现,在100倍的1.0(恒荷载+结构自重)+1.0活荷载作用下,结构的荷载-位移全过程曲线始终未出现下降段,故在图9中均未给出这两种结构的非线性稳定承载能力及对应的失稳模态。通过以上分析可以看出,在环向折线形单层球面网壳结构中引入索杆张拉体系,可大幅提高结构的非线性稳定承载能力。五种布索方案中方案4和方案5对改善结构的非线性稳定承载能力的效果最为显著。

7　结论

(1)五种布索方案对环向折线形单层球面网壳这种特殊的结构形式是可行的。

(2)五种不同弦支体系的引入并不会显著改变环向折线形单层球面网壳结构的杆件内力和节点位移分布规律,并且可以大幅降低上部网壳结构的节点竖向位移、杆件内力和支座推力。

(3)在环向折线形单层球面网壳结构中引入索杆张拉体系,不会显著改变上部环向折线形单层球面网壳结构的第1阶屈曲模态。

(4)在环向折线形单层球面网壳结构中引入方案1～5中的索杆张拉体系均能显著提高结构的非线性稳定承载能力。

参考文献

[1] 郭佳民.弦支穹顶结构的理论分析与试验研究[D].杭州:浙江大学,2008.

[2] 张爱林,刘学春,王冬梅,等.2008奥运会羽毛球馆新型弦支穹顶结构模型试验研究[J].建筑结构学报,2007,28(6):58—67.

[3] 董石麟,郑晓清.环向折线形单层球面网壳及其结构静力简化计算方法[J].建筑结构学报,2012,33(5):60—65.

[4] 董石麟,郑晓清.节点刚、铰接时环向折线形单层球面网壳静力和稳定性能的分析研究[J].建筑钢结构进展,2013,15(6):1—11.

[5] 郑晓清,董石麟,白光波,等.环向折线形单层球面网壳结构的试验研究[J].空间结构,2012,18(4):3—12.

[6] 董石麟,郑晓清.葵花形开孔单层球面网壳的机动分析、简化杆系模型和计算方法[J].空间结构,2010,16(4):14—21,54.

123 弦支环向折线形单层球面网壳结构的模型试验研究[*]

摘　要：环向折线形单层球面网壳是单向折线形平板网架在回转曲面结构构型中的拓展，兼有双层网架和单层网壳结构的受力特性且建筑造型优美，可用于中小跨度的开大、小孔洞的屋盖和悬挑结构。为改善环向折线形单层球面网壳的受力特性，本文提出了弦支环向折线形单层球面网壳结构，从而使得结构可以跨越更大的跨度。为研究弦支环向折线形单层球面网壳结构的受力特性，本文设计、加工了一跨度为 6m 的试验模型，对该试验模型展开了施工张拉分析和多级静力加载试验，并与环向折线形单层网壳结构模型试验结果进行了对比分析。研究结果表明：该结构具有良好的受力性能，试验数据与有限元分析结果之间的差异较小，理论分析正确。

关键词：环向折线形；弦支网壳；施工张拉；静力加载；模型试验

1　引言

环向折线形单层球面网壳是单向折线形平板网架在回转曲面结构构型中的拓展，兼有双层网架和单层网壳结构的受力特性且建筑造型优美，可用于开大、小孔洞的屋盖和悬挑结构。作者已对环向折线形单层球面网壳结构进行了大量的理论分析和试验研究。文献[1]论证了环向折线形单层球面网壳基本结构体系是一种静定的空间桁架结构，揭示了基本结构体系的组成规律和受力特性，并给出了加强结构体系的合理加强方案，提出了简化计算方法，可精确求解网壳的内力和位移；文献[2]研究了节点刚、铰接对环向折线形单层球面网壳静力和稳定性能的影响；文献[3]为了解环向折线形单层球面网壳的静力性能，设计并加工制作了一跨度为 6m 的试验模型，对该试验模型展开了全跨和半跨荷载条件下的静力加载试验。

上述理论分析和试验研究结果表明：环向折线形单层球面网壳具有环向刚度差，受力集中于上弦杆件且支座推力较大的特点，这在一定程度上限制了其在大跨度结构中的应用。为弥补以上不足，本文提出了一种新型的弦支穹顶结构——弦支环向折线形单层铰接球面网壳结构。它的上部单层铰接桁架体系，相对于传统弦支穹顶的上部网壳，具有节点构造简单、加工制作方便、建筑造型优美的显著优点，是弦支网壳结构的一种发展，因此有必要对此种新型的结构体系展开深入研究。本文设计了一跨度为 6m 的试验模型，对该试验模型展开了模型张拉成型试验和多级静力加载试验，并与环向折线形单层网壳结构模型试验结果进行了对比分析。研究结果表明，引入索杆张拉体系，可以改善环向折线形单层铰接球面网壳结构的受力性能、减小网壳对支承环梁的径向反力、降低结构用钢量，使其可以应用在更大跨度的结构中。

---

　　*　本文刊登于：郑晓清，董石麟，梁昊庆，白光波. 弦支环向折线形单层球面网壳结构的模型试验研究[J]. 土木工程学报，2015，48(S1)：74－81.

2 模型设计[4,5]

弦支环向折线形单层球面网壳由上部单层网壳和下部索杆张拉体系组成。设上部的环向折线形单层铰接球面网壳"U_{nm}"的基本单元节点数 $m=9$、支座节点数（基本单元数）$n=8$、跨高比 $z_m/2r_m=1/6$、厚跨比 $h/2r_m=1/30$、内孔半径 $r_1=0.75$m 和模型外半径 $r_m=3$m。杆件截面统一采用 $\phi25\times3$ 的钢管，材质为 Q235，弹性模量为 2.06×10^5 MPa。为模拟网壳的铰接节点，结构的支座节点采用 BS120 的螺栓球，其余节点均采用 BS100 的螺栓球。试验模型下部的索杆张拉体系采用葵花-肋环型索杆布置方式。张拉索杆体系的撑杆上节点均支承于网壳结构的谷线节点处，内、外圈的斜索与撑杆的夹角为 70°。模型的环索（斜索）包括四个基本组成部分：连接端、$\phi8$ 麻芯钢索（$\phi6$ 圆钢）、8×8 应变测试段和可调节的花篮螺栓。撑杆采用 $\phi25\times3$ 的无缝钢管。索杆之间的连接、撑杆与网壳节点的连接均采用耳板。网壳支承于 8 根截面为 H240×250×20×20 的焊接 H 形钢梁组成八边形支承环梁。支承环梁通过 8 根 $\phi152\times10$ 的无缝钢管直接立于地面。弦支环向折线形单层球面网壳模型设计图如图 1 所示。

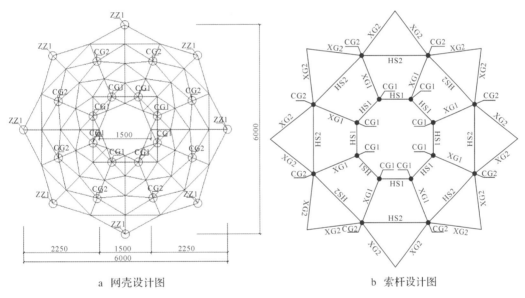

a 网壳设计图　　　　　　　　　　b 索杆设计图

图 1 弦支环向折线形单层球面网壳结构试验模型

3 加卸载及测试方案[6-8]

3.1 加、卸载方案

在模型试验中，采用隔点布置加载点的方式进行加载，确定了 40 个加载点。模型的加载托盘布置如图 2 所示。在考虑试验室荷载条件、模型加载环境及有限元分析结果的基础上，确定了加、卸载方案：①加载方案分 5 级加载，每级施加 400N；②卸载分 4 级，第 1 级和第 2 级每级卸载 600N，第 3 级和第 4 级每级卸载 400N。

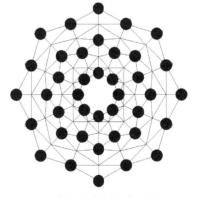

图 2 模型加载托盘布置图

3.2　测试方案

　　模型试验的测试内容主要包括应力测试和节点位移测试。综合考虑测试内容、测试仪器数量、结构对称性等因素，上部球面网壳布置应变测点 42 个，下部索杆体系布置应变测点 24 个，位移测点 14 个，结构的测点布置如图 3 所示。

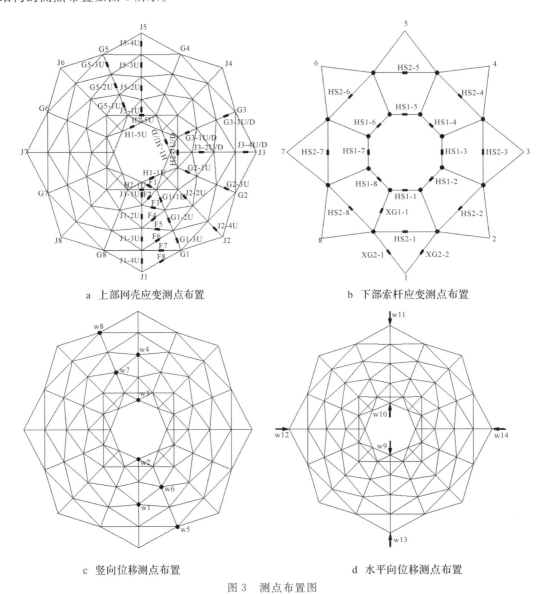

a　上部网壳应变测点布置　　　　　　　　　b　下部索杆应变测点布置

c　竖向位移测点布置　　　　　　　　　d　水平向位移测点布置

图 3　测点布置图

4　模型张拉成型试验

　　弦支环向折线形单层球面网壳结构预应力的设计主要有两部分的工作，即确定预应力分布和预应力大小。本次试验依据弹性支座法，确定内、外圈环索的预应力分布为 1∶1.54，又考虑到人工施加预应力的局限性，将外圈环索的预应力设计值取为 4kN。采用单级多批次张拉环索的预应力张拉成型施工方法。具体张拉流程如下：①同时张拉外圈的 1 号环索；②同时张拉外圈的 2 号环索；③同时张拉内圈的 3 号环索;④同时张拉内圈的 4 号环索,如图 4 所示。待以上张拉流程结束后,依据各段环索的索力检测结果对局部的环索索力进行适当的微调,以使其索力达到设计值。张拉完毕后的弦支环向折线形单层球面网壳初始形态如图 5 所示,表 1 列出了外圈环索张拉完毕和内圈环索张拉完毕两个阶段的部分杆件轴力值。

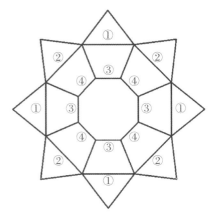

图 4　环索编号

图 5　模型初始态

表 1　环索张拉后的径向杆件及环向杆件轴力实测值与理论值

加载级数	杆件轴力	测点编号								
		J1-1U	J1-2U	J1-3U	J1-4U	G1-1U	G1-2U	G1-3U	H1-1U	H2-1U
外圈张拉	理论/kN	1.13	3.92	7.83	5.02	3.77	0.45	−2.04	1.31	6.54
	实测/kN	1.07	4.29	8.32	5.41	3.23	0.38	−1.81	1.50	7.11
	误差/%	−5.31	9.44	6.26	7.77	−14.32	−15.56	−11.27	14.50	8.72
内圈张拉	理论/kN	4.57	5.30	7.08	6.64	1.45	0.04	0.45	5.28	3.22
	实测/kN	5.02	5.75	7.45	6.92	1.17	0.04	0.52	5.57	3.04
	误差/%	9.85	8.49	5.23	4.22	−19.31	0.00	15.56	5.49	−5.59

通过表 1 可以看出,施加预应力后网壳的大部分主要杆件由于受到撑杆的顶升作用,均产生了轴向拉力,在整个张拉过程中测得的杆件轴力与其理论值基本一致,两者误差基本处于 15% 以内;外圈环索张拉完毕后网壳上弦杆件、内圈环杆和除了 G1-3U 以外的下弦杆件均受拉,从以上杆件的轴向拉力大小可以看出,J1-3U 和 H2-1U 测点处所对应的杆件拉力受外圈撑杆的顶升作用影响较大;内圈环索张拉完毕后,网壳的所有上弦杆、下弦杆和环杆均受拉,在张拉过程中 J1-3U、G1-1U、G1-2U、G1-3U 和 H2-1U 测点处所对应的杆件出现卸载;内、外圈环索张拉完毕后,上弦的最大轴向拉力杆件处于 J1-3U 测点处,其值为 7.08kN,下弦的最大轴向拉力杆件处于 G1-1U 测点处,其值为 1.45kN,仅为上弦杆件最大轴向拉力值的 20.48%。

5　模型全跨加载试验

为了解弦支环向折线形单层球面网壳在全跨荷载作用下的受力性能,对该结构进行了全跨荷载作用下的静力加载试验,加载采用 3.1 节中的加载方案。模型试验的部分加卸载过程如图 6 所示。

a　1级加载　　　　　　　　　　　　　　b　5级加载

图6　模型全跨加载试验加卸载图

　　表2给出了各级荷载作用下弦支环向折线形单层球面网壳部分径向杆件、环向杆件轴力的理论值、试验值及两者误差。图7给出了部分杆件在试验过程中的荷载-轴力曲线。

表2　全跨荷载下径向杆件及环向杆件轴力实测值与理论值

加载级数	杆件轴力	测点编号								
		J1-1U	J1-2U	J1-3U	J1-4U	G1-1U	G1-2U	G1-3U	H1-1U	H2-1U
0级	理论/kN	4.57	5.30	7.08	6.64	1.45	0.04	0.45	5.28	3.22
	实测/kN	5.02	5.75	7.45	6.92	1.17	0.04	0.52	5.57	3.04
	误差/%	9.85	8.49	5.23	4.22	−19.31	0.00	15.56	5.49	−5.59
1级	理论/kN	2.08	1.95	3.45	2.59	−0.05	−0.60	−0.09	1.98	1.03
	实测/kN	2.26	1.98	3.71	2.61	−0.01	−0.51	−0.04	1.71	1.10
	误差/%	8.65	1.54	7.54	0.77	−80.00	−15.00	−55.56	−13.64	6.80
2级	理论/kN	−0.43	−1.40	−0.18	−1.47	−1.55	−1.23	−0.63	−1.34	−1.15
	实测/kN	−0.47	−1.28	−0.20	−1.59	−1.45	−1.37	−0.57	−1.22	−1.01
	误差/%	9.30	−8.57	11.11	8.16	−6.45	11.38	−9.52	−8.96	−12.17
3级	理论/kN	−2.95	−4.77	−3.83	−5.54	−3.05	−1.86	−1.16	−4.66	−3.34
	实测/kN	−3.12	−4.60	−4.05	−5.47	−2.80	−2.01	−1.30	−4.14	−3.63
	误差/%	5.76	−3.56	5.74	−1.26	−8.20	8.06	12.07	−11.16	8.68
4级	理论/kN	−5.48	−8.15	−7.50	−9.62	−4.55	−2.50	−1.70	−8.01	−5.52
	实测/kN	−5.88	−8.48	−8.40	−8.95	−4.27	−2.86	−1.84	−7.67	−5.78
	误差/%	7.30	4.05	12.00	−6.96	−6.15	14.40	8.24	−4.24	4.71
5级	理论/kN	−8.02	−11.54	−11.17	−13.71	−6.06	−3.13	−2.23	−11.36	−7.71
	实测/kN	−8.91	−12.64	−12.44	−12.93	−5.84	−3.26	−2.36	−10.60	−7.86
	误差/%	11.10	9.53	11.37	−5.69	−3.63	4.15	5.83	−6.69	1.95

　　试验结果表明,全跨荷载作用下杆件轴力的理论值与试验实测值基本一致,两者误差大部分处于10%以内。通过表2可以看出,弦支网壳在初始态下上、下弦杆及环杆均受轴向拉力作用,在第1级全跨荷载作用下下弦杆件的内力由拉力转变为压力,在第2级全跨荷载作用下上弦杆件及环杆内力由拉力转变为压力;第5级荷载加载完成后,上弦的J1-4U测点处杆件轴力最大值为−12.93kN,其值

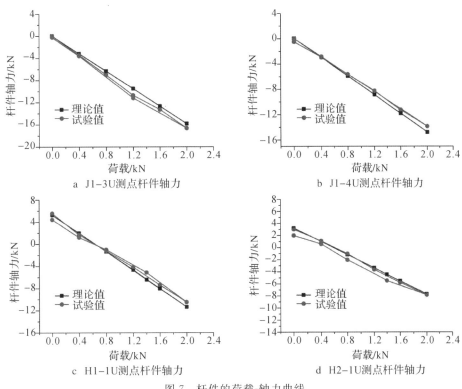

图 7　杆件的荷载-轴力曲线

约为无弦支体系在相同加载条件下对应杆件轴力的 62.37%，下弦杆件轴向压力从开孔端到支座端依次递减，下弦的 G1-1U 测点处杆件轴力最大值为 -5.84kN，其值约为无弦支体系在相同加载条件下对应杆件轴力的 77.97%；弦支网壳内孔处的上弦环杆轴向压力大于下弦环杆，其值分别为无弦支体系在相同加载条件下对应环杆轴力的 58.73% 和 63.80%。从图 7 可见随着荷载的增加杆件轴力基本呈线性增大，卸载后杆件轴力基本恢复到初始状态。

　　图 8 给出了各级荷载作用下弦支环向折线形单层球面网壳下部环索在加、卸载试验过程中的荷载-轴力曲线。从图 8 可以看出，随荷载的增加，下部环索拉力基本呈线性增大，但增大幅度不是特别明显，如第 5 级荷载加载完成后内圈环索和外圈环索的拉力增幅仅为初始状态下对应环索拉力值的9.62% 和 17.00%，卸载后环索的拉力基本恢复到初始状态。

　　表 3 给出了各级荷载作用下弦支环向折线形单层球面网壳位移测点的理论值、试验值及其两者差值。图 9 给出了部分位移测点在试验过程中的荷载-位移曲线。

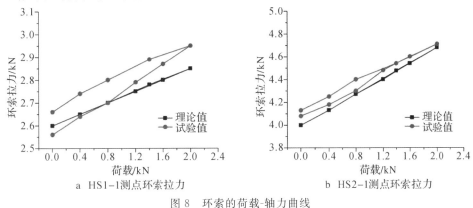

图 8　环索的荷载-轴力曲线

表 3　全跨荷载下节点位移的实测值与理论值　　　　　　　　　　　　　　　　（单位：mm）

加载级数	位移	测点编号									
		W1	W2	W3	W4	W5	W6	W7	W8	W9	W10
0 级	理论	−1.00	−1.44	−1.44	−1.03	−0.18	−1.33	−1.33	−0.18	0.09	−0.09
	实测	−1.34	−1.77	−1.70	−1.40	−0.25	−1.52	−1.60	−0.28	0.12	−0.10
	差值	−0.34	−0.33	−0.26	−0.37	−0.07	−0.19	−0.27	−0.1	0.03	−0.01
1 级	理论	−0.40	−0.61	−0.61	−0.42	0.17	−0.51	−0.51	0.17	0.03	−0.03
	实测	−0.54	−0.82	−0.75	−0.52	0.15	−0.70	−0.74	0.14	0.04	−0.04
	差值	−0.14	−0.21	−0.14	−0.1	−0.02	−0.19	−0.23	−0.03	0.01	−0.01
2 级	理论	0.20	0.22	0.22	0.18	0.52	0.31	0.31	0.52	−0.02	0.02
	实测	0.28	−0.11	0.35	0.24	0.64	0.15	0.13	0.60	−0.04	0.05
	差值	0.08	−0.33	0.13	0.06	0.12	−0.16	−0.18	0.08	−0.02	0.03
3 级	理论	0.8	1.05	1.05	0.78	0.86	1.13	1.13	0.86	−0.08	0.08
	实测	1.08	0.92	1.11	1.11	1.02	1.20	1.18	1.04	−0.11	0.13
	差值	0.28	−0.13	0.06	0.33	0.16	0.07	0.05	0.18	−0.03	0.05
4 级	理论	1.40	1.89	1.89	1.39	1.21	1.96	1.96	1.21	−0.14	0.14
	实测	1.80	2.11	2.31	1.90	1.47	2.12	2.28	1.45	−0.20	0.22
	差值	0.4	0.22	0.42	0.51	0.26	0.16	0.32	0.24	−0.06	0.08
5 级	理论	2.00	2.73	2.73	2.00	1.56	2.79	2.79	1.56	−0.20	0.2
	实测	2.52	3.36	3.54	2.71	1.98	2.82	2.88	1.85	−0.31	0.39
	差值	0.52	0.63	0.81	0.71	0.42	0.03	0.09	0.29	−0.11	0.19

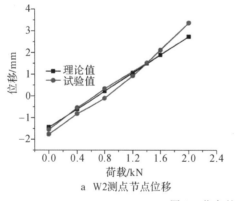
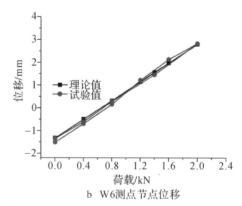

a　W2测点节点位移　　　　　　　　b　W6测点节点位移

图 9　节点的荷载-位移曲线

　　试验结果表明,全跨荷载作用下弦支网壳节点位移的理论值与试验值基本一致,两者差值较小。通过表 3 可以看出,弦支网壳在初始态下 8 个竖向位移测点的位移均为负值,即网壳发生向上变形,最大位移发生在 W2 节点处,其位移值为 −1.77mm,第 3 级荷载加载完成后以上测点的位移均转变为正值;第 5 级荷载加载完成后,最大竖向位移发生在 W3 测点处,其位移值为 3.54mm,两个水平向位移测点中水平向最大位移发生在 W10 测点处,位移值为 0.39mm。从图 9 可见随着荷载的增加节点位移基本呈线性增大,卸载后残余变形很小。

图 10 给出了一条通长脊线上各杆件的轴力分布图,其中测点 J1-4U、J1-3U、J1-2U、J1-1U 与测点 J5-4U、J5-3U、J5-2U、J5-1U 处于完全对称的位置,可见各杆件轴力具有良好的对称性。图 11 为一条通长脊线上 4 个节点的位移分布图,其中测点 W1、W2 与测点 W4、W3 处于完全对称的位置,可见结构竖向位移呈现出良好的对称性。

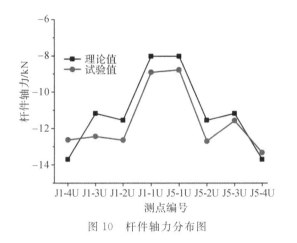

图 10　杆件轴力分布图

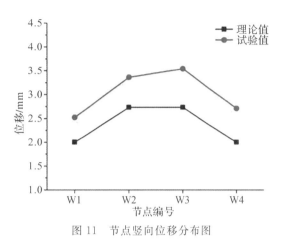

图 11　节点竖向位移分布图

6　结论

本文针对一直径为 6m 的弦支环向折线形单层球面网壳结构试验模型分别展开了模型张拉成型试验和多级全跨静力加载试验,并将试验所得的数据与环向折线形单层网壳结构模型试验结果及有限元分析结果进行了对比分析,可以得到以下结论。

(1)弦支环向折线形单层球面网壳模型张拉成型试验结果表明,环索张拉完成后网壳所有的上弦杆、下弦杆和环杆均受拉,即模型在张拉过程中产生了向上的变形。

(2)弦支环向折线形单层球面网壳模型全跨加载试验结果表明,第 5 级荷载加载完成后上弦的 J1-4U 测点处杆件轴力最大为 -12.93kN,其值约为无弦支体系对应杆件轴力的 62.37%,下弦杆件轴向压力从开孔端到支座端依次递减,下弦的 G1-1U 测点处杆件轴力最大为 -5.84kN,其值约为无弦支体系对应杆件轴力的 77.97%;网壳内孔处的上弦环杆轴向压力大于下弦环杆,其值分别为无弦支体系对应环杆轴力的 58.73% 和 63.80%;下部环索拉力随荷载增加基本呈线性增大,但增大幅度不是特别明显,在第 5 级荷载加载完成后内圈环索和外圈环索的拉力增幅仅为初始状态下对应环索内力值的 9.62% 和 17.00%。

(3)弦支环向折线形单层球面网壳结构体系在全跨加载试验中杆件内力、节点位移表现出良好的对称性。

(4)有限元分析结果与试验结果总体上吻合良好,验证了理论分析方法的正确性,说明了本文所研究的环向折线形单层铰接球面网壳结构是成立的;通过对环向折线形单层球面网壳及其弦支结构体系受力特性的对比可以看出,弦支体系的引入可以显著降低上部单层球面网壳杆件内力和减小网壳变形。

参考文献

［1］董石麟,郑晓清.环向折线形单层球面网壳及其结构静力简化计算方法［J］.建筑结构学报,2012,33(5):60－65.

［2］董石麟,郑晓清.节点刚、铰接时环向折线形单层球面网壳静力和稳定性能的分析研究［J］.建筑钢结构进展,2013,15(6):1－11.

［3］郑晓清,董石麟,白光波,等.环向折线形单层球面网壳结构的试验研究［J］.空间结构,2012,18(4):3－12.

［4］董石麟,郑晓清.葵花形开孔单层球面网壳的机动分析、简化杆系模型和计算方法［J］.空间结构,2010,16(4):14－21,54.

［5］董石麟,邢栋.宝石群单层折面网壳构形研究和简化杆系计算模型［J］.建筑结构学报,2011,32(5):78－84.

［6］邢栋,董石麟,朱明亮,等.一种单层铰接折面网壳结构的试验研究［J］.空间结构,2011,17(2):3－12.

［7］中华人民共和国住房和城乡建设部.空间网格结构技术规程:JGJ 7－2010［S］.北京:中国建筑工业出版社,2010.

［8］董石麟,罗尧治,赵阳,等.新型空间结构分析、设计与施工［M］.北京:人民交通出版社,2006.

124 一种矩形平面弦支柱面网壳的形体及受力特性研究*

摘　要: 弦支穹顶是一种典型的由索、杆、梁单元组成的空间结构,可充分发挥预应力技术的优势来提高单层网壳的刚度和承载能力。近年来已有较多的研究和工程应用,如用于体育建筑、会展建筑等,但其建筑平面多为与穹顶球面(椭球面)网壳相应的圆形平面(椭圆形平面),比较单一,影响了推广应用范围。本文提出一种由上部单层柱面网壳和下部弦支体系组合而成矩形平面的弦支柱面网壳,对其结构型体进行了研究。根据单层柱面网壳网格类型和弦支形式提出了 n 环弦支单向斜杆正交正放网格型柱面网壳、n 环弦支两向正交正放网格型柱面网壳、n 环弦支联方网格型柱面网壳、n 环弦支三向网格型柱面网壳等四种弦支柱面网壳。以单跨单波三环弦支单向斜杆正交正放网格型为例对弦支柱面网壳的受力特性进行了深入研究,探讨了预应力水平、杆件截面、矢跨比等参数变化对弦支柱面网壳内力和变位的影响,并对其特征值屈曲、非线性屈曲和基本模态进行了分析。分析研究结果表明,矩形平面的弦支柱面网壳是一种技术经济指标优越、有推广应用前景的新型空间结构。

关键词: 弦支柱面网壳;结构形体;受力性能;预应力

1　引言

弦支穹顶是一种典型的由索、杆、梁单元组成的空间结构,可充分发挥预应力技术的优势来提高单层网壳的刚度和承载能力[1]。自 1993 年川口卫等人[2,3]提出弦支穹顶后,国内外学者、工程师对弦支穹顶的受力性能进行了深入研究[4-8],其工程应用[9,10]也日益增多,如用于体育建筑、会展建筑等,但其建筑平面多为与穹顶球面(椭球面)网壳相应的圆形平面(椭圆形平面),比较单一,影响了推广应用范围。

本文提出一种由上部单层柱面网壳和下部弦支体系组合而成的弦支柱面网壳,其建筑平面可为矩形平面。根据单层柱面网壳的网格形式和弦支体系的形式可把弦支柱面网壳分为 n 环弦支单向斜杆正交正放网格型柱面网壳、n 环弦支两向正交正放网格型柱面网壳、n 环弦支联方网格型柱面网壳、n 环弦支三向网格型柱面网壳等。矩形平面的弦支柱面网壳还可用于柱网支承的单跨多波、多跨单波、多跨多波柱面网壳,结构造型丰富多彩。

文中以单跨单波三环弦支单向斜杆正交正放网格型柱面网壳为例,系统地研究了弦支柱面网壳的受力特性和稳定性能,探讨了预应力水平、杆件截面、矢跨比等参数变化对弦支柱面网壳内力和变位的影响,并对其特征值屈曲、非线性屈曲和基本模态进行了分析。

---

　*　本文刊登于:董石麟,庞磊,袁行飞.一种矩形平面弦支柱面网壳的形体及受力特性研究[J].空间结构,2011,17(3):3-7,15.

2 弦支柱面网壳的形体

弦支柱面网壳由上部单层柱面网壳和下部弦支体系组合而成。单层柱面网壳的网格形式可采用单向斜杆正交正放网格、两向正交正放网格、联方网格、三向网格。弦支体系可选用单环弦支、双环弦支或多环弦支,每环弦支仅由四根撑杆、四根斜索和环成矩形平面的四根水平索(也可用一根连续的水平索)组成,因此弦支柱面网壳主要可分为如下四类:n 环弦支单向斜杆正交正放网格型柱面网壳、n 环弦支两向正交正放网格型柱面网壳、n 环弦支联方网格型柱面网壳、n 环弦支三向网格型柱面网壳,其中 n 为弦支环索圈数。本文给出 n 环弦支单向斜杆正交正放网格型柱面网壳的构形,如图 1～3 所示。

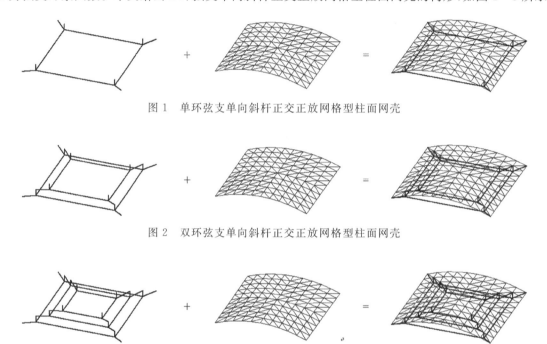

图 1 单环弦支单向斜杆正交正放网格型柱面网壳

图 2 双环弦支单向斜杆正交正放网格型柱面网壳

图 3 三环弦支单向斜杆正交正放网格型柱面网壳

3 弦支柱面网壳的受力特性

弦支柱面网壳的受力特性与柱面网壳的网格形式和弦支形式有关。为深入研究其受力性能,对各类弦支柱面网壳进行了分析。本节探讨了预应力水平、杆件截面、矢跨比等参数变化对弦支柱面网壳内力和变位的影响,并对其特征值屈曲、非线性屈曲和基本模态进行了分析。

3.1 计算模型

本节对平面尺寸为 $50\text{m}\times50\text{m}$,矢高为 5m(即矢跨比为 1/10)的三环弦支单向斜杆正交正放网格型柱面网壳进行分析。上部网壳截面采用 $\phi558.8\times11.9\text{mm}$;下部采用与上部网壳同样的曲率,撑杆长 3m,截面采用 $\phi323.8\times10.3\text{mm}$,环索截面由外到内采用 112.4cm^2、57.0cm^2、28.5cm^2;斜索截面由外到内采用 56.2cm^2、28.5cm^2、14.3cm^2。结构作用均布荷载 2kN/m^2,采用四角点不动铰支承,如图 4 所示。弦支体系的预应力分布见表 1。

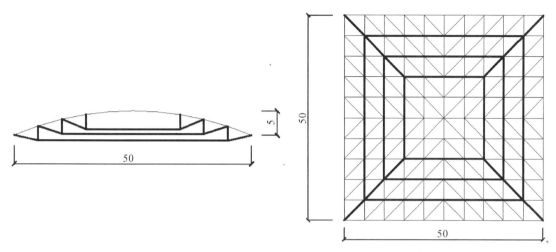

图 4　三环弦支单斜杆正交正放网格型柱面网壳计算模型(单位:m)

表 1　弦支部分预应力分布

位置	撑杆预应力/kN	环索预应力/kN	斜索预应力/kN
外环	1350	5850	8380
中环	562	1770	2560
内环	192	474	697

3.2　参数分析

3.2.1　预应力水平

　　结构预应力的施加通过荷载作用下的挠度变形进行控制:网壳结构安装完成后,在斜索上施加初始预应力,使网壳在跨中形成一定的上拱;施加荷载后,网壳跨中在荷载作用下的挠度变形接近 0。

　　弦支体系的预应力分布见表 1。不同预应力水平下结构受力特性见表 2。由表 2 可见,随着预应力水平的提高,结构的极限承载能力有一定的提高。

表 2　不同预应力水平下结构受力特性

预应力水平	第一阶模态特征值	极限荷载安全系数	杆件应力最大值/MPa				顶点位移/mm
			上部网壳	下部撑杆	下部环索	下部斜索	
1.2	18.80	13.84	178.28	164.34	646.82	1843.60	2.66
1.0	17.28	13.72	166.60	138.46	542.06	1546.40	0.19
0.8	15.75	13.68	154.75	112.39	437.56	1249.50	−2.09

3.2.2　网壳杆件截面

　　上部网壳截面分别采用 $\phi558.8 \times 11.9$mm、$\phi558.8 \times 19.1$mm、$\phi609.6 \times 11.9$mm、$\phi609.6 \times 19.1$mm;下部撑杆、环索和斜索截面不变。由表 3 不同网壳杆件截面下结构受力特性可见,随着网壳杆件截面增大,结构的极限承载能力增加较显著。

表3 不同网壳杆件截面下结构受力特性

杆件截面	第一阶模态特征值	极限荷载安全系数	杆件应力最大值/MPa				顶点位移/mm
			上部网壳	下部撑杆	下部环索	下部斜索	
$\phi 558.8 \times 11.9$	17.28	13.72	166.60	138.46	542.06	1546.40	0.19
$\phi 609.6 \times 11.9$	22.61	15.86	143.20	138.71	542.58	1548.00	-2.57
$\phi 558.8 \times 19.1$	26.25	15.88	108.08	138.83	542.83	1548.80	-0.66
$\phi 609.6 \times 19.1$	34.49	22.79	92.63	139.04	543.28	1550.10	-2.15

3.2.3 矢跨比

分别对矢跨比 1/6、1/10、1/16 进行分析。计算中每根杆件按 4 段考虑。不同矢跨比下结构受力特性见表4。由表4可见随着结构矢跨比的增加,结构的承载力逐渐增大。

表4 不同矢跨比下结构受力特性

矢跨比	第一阶模态特征值	极限荷载安全系数	杆件应力最大值/MPa				顶点位移/mm
			上部网壳	下部撑杆	下部环索	下部斜索	
1/6	29.08	18.64	164.11	145.00	556.13	1588.90	21.82
1/10	17.28	13.72	166.60	138.46	542.06	1546.40	0.19
1/16	10.37	4.15	226.07	131.54	527.02	1501.00	-70.67

3.3 特征值屈曲分析

弦支柱面网壳的特征值及屈曲模态见表5。

表5 三环弦支单向斜杆正交正放网格型柱面网壳特征值屈曲

阶数	特征值	屈曲模态		
		下部弦支	上部网壳	弦支穿顶
1	17.28	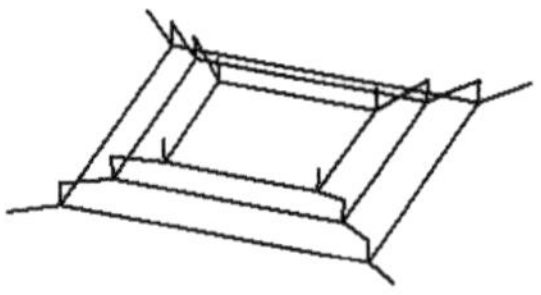	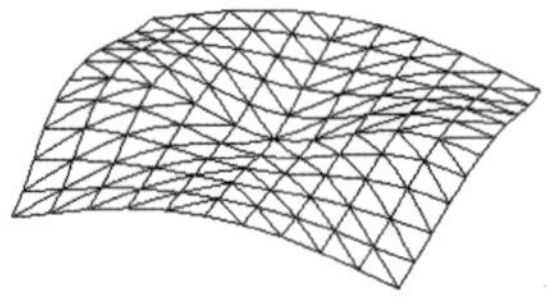	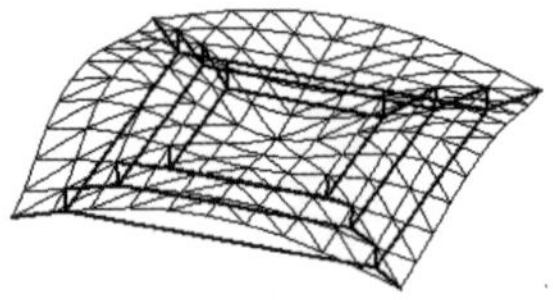
2	18.39	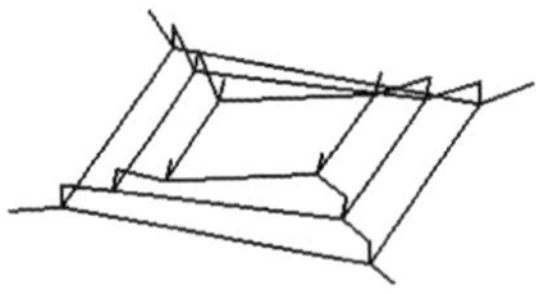	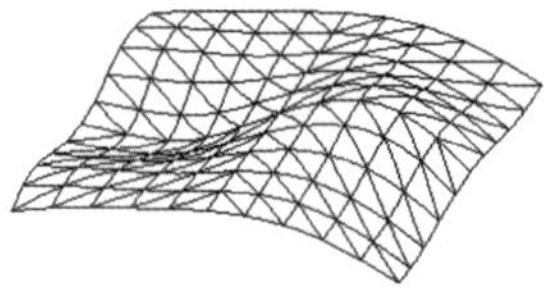	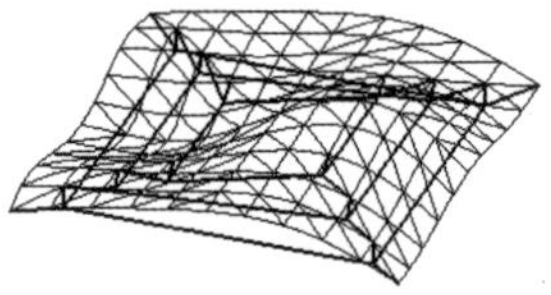
3	25.17	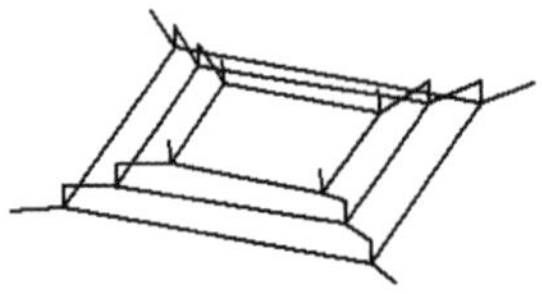	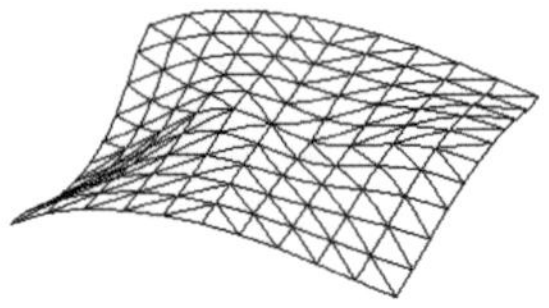	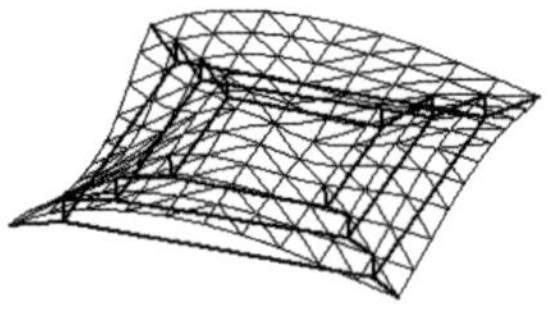

3.4　非线性屈曲分析

　　考虑几何非线性及 $L/300$ 初始缺陷情况下,柱面弦支网壳结构的极限荷载及屈曲模态见表 6。由表 6 可见,弦支柱面网壳在一定的初始缺陷下仍具有很好的稳定性,承载能力没有出现大幅度下降。

表 6　三环弦支单向斜杆正交正放网格型柱面网壳非线性屈曲

极限荷载安全系数	屈曲模态		
	下部弦支	上部网壳	弦支穿顶
13.72			

3.5　基本模态分析

　　为考察结构动力特性,对弦支柱面网壳的基本模态进行了分析,结果见表 7。其中,第 1 阶和第 3 阶模态表现为网壳的水平振动,第 2 阶模态表现为网壳的竖向振动,第 4 阶模态表现为环索的扭转,低阶的模态并没有出现网壳的扭转。

表 7　三环弦支单向斜杆正交正放网格型柱面网壳基本模态

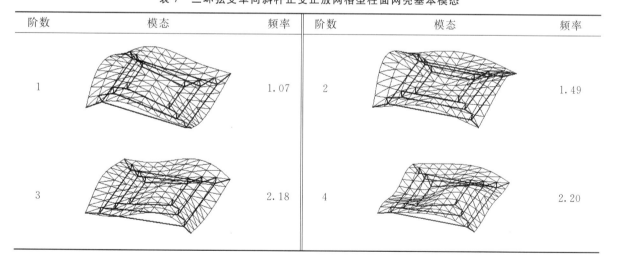

阶数	模态	频率	阶数	模态	频率
1		1.07	2		1.49
3		2.18	4		2.20

4　结论

　　本文提出了一种由上部单层柱面网壳和下部弦支体系组合而成的矩形平面的弦支柱面网壳,并根据单层柱面网壳的网格形式和弦支体系的形式提出了 n 环弦支单向斜杆正交正放网格型柱面网壳、n 环弦支两向正交正放网格型柱面网壳、n 环弦支联方网格型柱面网壳、n 环弦支三向网格型柱面网壳等四种弦支柱面网壳的构形。以单跨单波三环弦支单向斜杆正交正放网格型柱面网壳为例研究了弦支柱面网壳的受力特性和稳定性能,探讨了预应力水平、杆件截面、矢跨比等参数变化对弦支柱面网壳内力和变位的影响,并对其特征值屈曲、非线性屈曲和基本模态进行了分析。本文的研究为矩形平面弦支柱面网壳的构形、受力特性和工程应用提供了重要依据。

参考文献

[1] 郭佳民.弦支穹顶结构的理论分析与试验研究[D].杭州:浙江大学,2008.

[2] KAWAGUCHI M,ABE M,TATEMICHI I. Design, tests and realization of "suspen-dome" system[J]. Journal of the International Association for Shell and Spatial Structures,1999,40(3):179—192.

[3] KAWAGUCHI M,ABE M,HATABO T,et al. Structural tests on the "suspen-dome" system [C]//Spatial Lattice and Tension Structures:Proceedings of the IASS-ASCE International Symposium,Atlanta,USA,1994:383—392.

[4] KANG W J,CHEN Z H,LAM H F,et al. Analysis and design of the general and outmost-ring stiffened suspen-dome structures[J]. Engineering Structures,2003,25(13):1685—1695.

[5] 张明山,包红泽,张志宏,等.弦支穹顶结构的预应力优化设计[J].空间结构,2004,10(3):26—30.

[6] 陈志华,李阳,康文江.联方型弦支穹顶研究[J].土木工程学报,2005,38(5):34—40.

[7] 李永梅,张毅刚.新型索承网壳结构静力、稳定性分析[J].空间结构,2003,9(1):25—30.

[8] 崔晓强,郭彦林.弦支穹顶结构的抗震性能研究[J].地震工程与工程振动,2005,25(1):67—75.

[9] 王永泉,郭正兴,罗斌.常州体育馆大跨度椭球形弦支穹顶预应力拉索施工[J].施工技术,2006,37(3):33—36.

[10] 张志宏,傅学怡,董石麟,等.济南奥体中心体育馆弦支穹顶结构设计[C]//天津大学.第七届全国现代结构工程学术研讨会论文集,杭州,2007:81—89.

125 新型索承叉筒网壳的构形、分类与受力特性研究[*]

摘 要：叉筒网壳是一种由若干组圆柱面网壳相贯得到的空间结构，具有独特的建筑造型与受力性能。由于其传力路径简捷，主要集中于脊线或谷线，对边界约束要求较高，一定程度限制了其应用和发展。本文提出了一种新型索承叉筒网壳结构，并给出了三种不同的分类方法，较全面地概括了索承叉筒网壳结构的形体和种类，并提出了将索承叉筒网壳作为结构单元进行组合，构建大面积结构的设想。最后，以十二边形谷线式弦支叉筒网壳为例与叉筒网壳对比，并进行了参数分析，结果表明索承叉筒网壳结构静力性能得到较大的提高。

关键词：叉筒网壳；索承叉筒网壳；分类；组合；谷线式弦支叉筒网壳

1 引言

网壳结构以其优美的建筑造型、简洁合理的结构形式成为近代空间结构最早被利用的结构形式之一。通过一组圆柱面相交得到的叉筒网壳是一种比常规网壳更具活力和造型特点的结构形式，具有特殊的结构受力性能。叉筒结构很早就得到了应用，例如图 1 中的佛罗伦萨圣玛丽大教堂穹顶，是由四个圆柱面相贯得到的脊线式叉筒，图 2 为英国伦敦第三国际机场丝丹斯戴德航空港内景，它是由四边形脊线式叉筒网壳扩展而成的。近年来国内学者对于叉筒网壳也取得了一定的研究成果[1-4]。上个世纪末，日本学者川口卫[5,6]依据张拉整体思想首次提出了弦支穹顶的概念，将索杆预应力结构与刚性网壳结合，充分发挥材料受力特性，达到了结构优化的目的。根据这个思想，将具有独特造型与良好受力特性的叉筒网壳与柔性索杆体系结合，提出了全新的索承叉筒网壳结构体系。

图 1 佛罗伦萨圣玛丽大教堂

图 2 英国伦敦第三国际机场丝丹斯戴德航空港

[*] 本文刊登于：朱明亮，董石麟. 新型索承叉筒网壳的构形、分类与受力特性研究[J]. 空间结构，2012，18(2)：3-13.

本文首先提出了新型索承叉筒网壳的概念，并给出了三种不同的分类方法，基本概括了索承叉筒网壳的形体；然后讨论了索承叉筒网壳的组合形式，可以覆盖较大面积，尤其适用于现代火车站的雨棚结构和大跨度工业厂房；最后以谷线式弦支叉筒网壳为例，进行了受力性能研究。

2 索承叉筒网壳结构的形体与分类

索承叉筒网壳结构是由刚性的叉筒网壳结构与柔性的预应力索杆体系组合而形成的一种新型杂交空间结构体系。对于索承叉筒网壳结构，可以从两方面来考虑：一是为上部刚性叉筒网壳结构施加预应力，提供弹性支座；二是将弦支穹顶结构上部的穹顶换成叉筒网壳，改善其受力性能，同时也增大了空间利用率，使结构空间开阔并易于组合扩展。索承叉筒网壳结构体系可以从网格划分、叉筒形体、布索方式分为以下三类。

2.1 按网格划分形式分类

叉筒网壳是由若干个圆柱面网壳相贯组合而成，其网格划分形式与圆柱面网壳一样，可分为联方型、正交正放型、单斜杆型、双斜杆型、三向网格Ⅰ型、三向网格Ⅱ型、米字网格型等七种基本形式。因此，根据上部叉筒网壳网格划分形式对索承叉筒网壳进行分类也可大致分为这七类，如图3～图6所示。网格形式的选择应结合施工条件，尽量简化节点构造，保证焊接质量。当相贯圆柱面单元较多时，应尽量选择使叉筒中心节点相交杆件数较少的网格布置形式，例如联方型、三向网格Ⅰ型等。

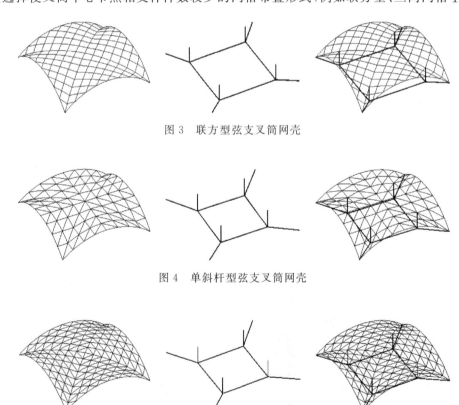

图 3　联方型弦支叉筒网壳

图 4　单斜杆型弦支叉筒网壳

图 5　三向网格Ⅰ型弦支叉筒网壳

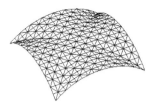

图 6 米字型弦支叉筒网壳

2.2 按叉筒形体分类

根据圆柱面相贯的方式和角度可以将叉筒网壳分为无倾角脊线式(图 7)、有倾角脊线式(图 8)、无倾角谷线式(图 9)和有倾角谷线式(图 10)。脊线式叉筒网壳边缘处于同一水平面,均可落地,与一般凯威特型穹顶类似,但传力路径和受力特点不同;谷线式叉筒网壳边缘起拱,需采用点支承或边缘桁架支承,谷线处受力较明显,为传力的主要路径。若圆柱面与水平面成一角度相贯,形成锥形或凹形叉筒曲面,具有向上或向下的倾角,则构成了有倾角的叉筒网壳,可以改善受力性能,满足建筑构形及内部空间的要求。

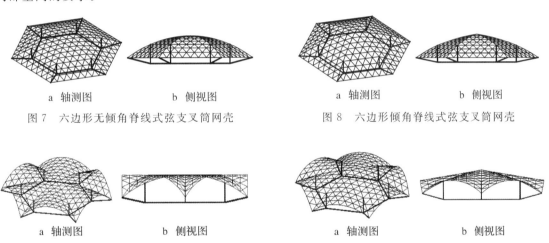

a 轴测图   b 侧视图   a 轴测图   b 侧视图

图 7 六边形无倾角脊线式弦支叉筒网壳   图 8 六边形倾角脊线式弦支叉筒网壳

a 轴测图   b 侧视图   a 轴测图   b 侧视图

图 9 六边形无倾角谷线式弦支叉筒网壳   图 10 六边形倾角谷线式弦支叉筒网壳

2.3 按布索形式分类

2.3.1 拉索式

拉索式是在叉筒的下部布置一根或多根预应力拉索,达到改善其力学性能的目的。这种施加预应力的方式简单明了,拉索利用率高,可以直接平衡结构对支座的水平力,降低支座的刚度要求,如图 11 所示为部分拉索式叉筒网壳。

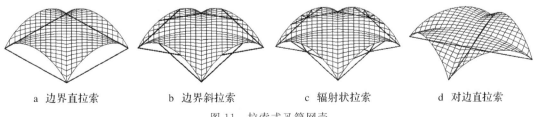

a 边界直拉索   b 边界斜拉索   c 辐射状拉索   d 对边直拉索

图 11 拉索式叉筒网壳

2.3.2　张弦式

　　张弦式叉筒网壳是将张弦梁的理论引入网壳,在结构的部分区域形成张弦结构,与张弦梁结构类似,在节点处提供弹性支承,达到改善受力性能的目的。如图 12 所示为两种常规的张弦方式。

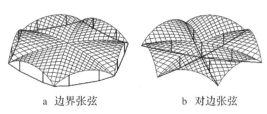

a　边界张弦　　　　　b　对边张弦

图 12　张弦式叉筒网壳

2.3.3　弦支式

　　弦支穹顶将网壳和索穹顶结构的优势结合起来,由于其合理的受力性能,在现代大跨度空间结构中得到了广泛的应用。类似地,在叉筒网壳下部加上弦支体系,改善上部叉筒网壳受力状况,就得到了弦支叉筒网壳。弦支体系布索合理,可与上部网格划分融合,保持外形美观和一定的空间利用率。图 13～图 16 分别给出了几种典型的弦支叉筒网壳结构形式。

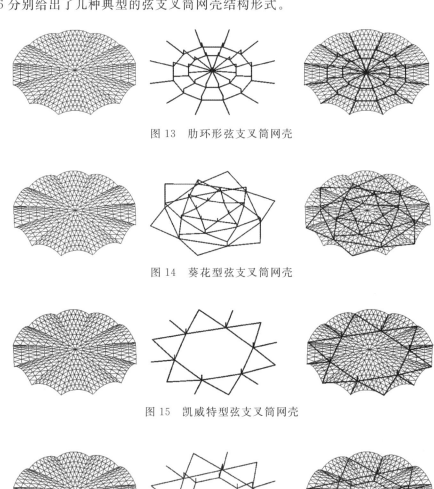

图 13　肋环形弦支叉筒网壳

图 14　葵花型弦支叉筒网壳

图 15　凯威特型弦支叉筒网壳

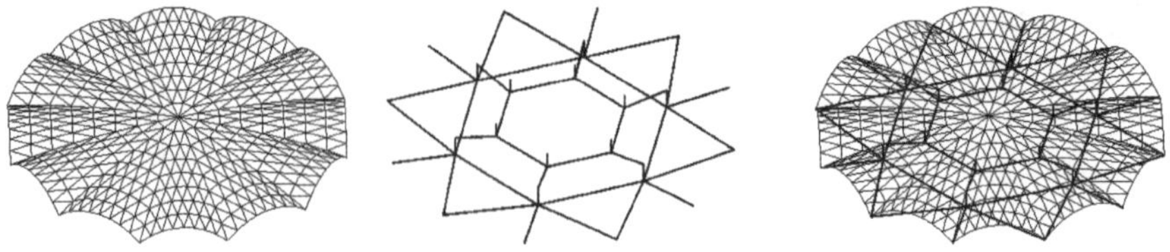

图 16　混合型弦支叉筒网壳

2.3.4　混合式

　　如图 17 所示为拉索和张弦混合式索承叉筒网壳,边缘由单根拉索施加预应力可平衡支座受到的水平面推力,叉筒中部张弦体系改善上部网壳受力状态,提高承载能力。依此类推,亦可有拉索和弦支混合式、张弦和弦支混合式和拉索、张弦与弦支混合式等多种布索方式。

图 17　混合式索承叉筒网壳

3　索承叉筒网壳结构形式的推广

　　叉筒网壳一般适用于中小跨度结构,施加预应力虽然可以改善其受力性能,增加跨度范围,但要应用于大跨度结构时,最好的方法就是将叉筒网壳进行组合拼接。将上述各种形式的索承叉筒网壳任意一种作为结构单位在平面上扩展,可以构造出形式多样的建筑造型,如图 18～图 21 所示。这种组合后的大跨度结构,覆盖面积大大增加,空间受力性能优势明显,且便于管道铺设与排水处理,尤其适合于现代火车站站台雨棚等需要较大覆盖面积的空间结构。

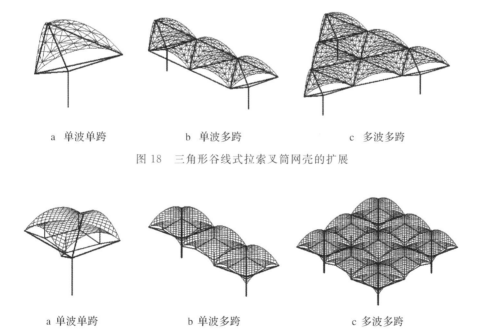

a　单波单跨　　　　　b　单波多跨　　　　　c　多波多跨

图 18　三角形谷线式拉索叉筒网壳的扩展

a　单波单跨　　　　　b　单波多跨　　　　　c　多波多跨

图 19　四边形谷线式弦支叉筒网壳的扩展

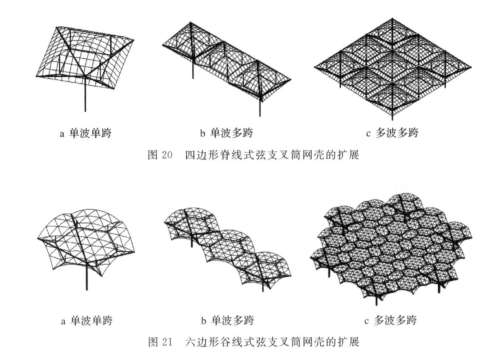

| a 单波单跨 | b 单波多跨 | c 多波多跨 |

图 20 四边形脊线式弦支叉筒网壳的扩展

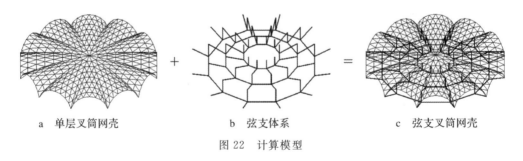

| a 单波单跨 | b 单波多跨 | c 多波多跨 |

图 21 六边形谷线式弦支叉筒网壳的扩展

4 计算模型及静力特性

4.1 计算模型

模型上部采用三角形网格划分,下部为肋环型弦支体系,弦支叉筒网壳 12 个边界点三向铰接支承,如图 22 所示。上部叉筒网壳杆件截面均为 $\phi425\times10$,弹性模量 $2.06\times10^{11}\,\mathrm{N/m^2}$,密度为 $7.85\times10^3\,\mathrm{kg/m^3}$;竖杆 G1、G2、G3 长度分别为 9.8m、7.3m、6m,截面积均为 $50\mathrm{cm^2}$;拉索截面积为 $100\mathrm{cm^2}$,弹性模量 $1.8\times10^{11}\,\mathrm{N/m^2}$,密度为 $6.55\times10^3\,\mathrm{kg/m^3}$。结构除自重外,承受 $0.5\mathrm{kN/m^2}$ 的附加恒荷载、$0.5\mathrm{kN/m^2}$ 的活荷载,采用 1.2 倍恒载+1.4 倍活载作为荷载设计值。利用 ANSYS 分析软件对其进行静力分析,模型采用 Beam188 单元模拟梁单元,Link8 和 Link10 单元分别模拟杆单元和索单元,通过初始应变法引入预应力。

| a 单层叉筒网壳 | b 弦支体系 | c 弦支叉筒网壳 |

图 22 计算模型

模型尺寸见图 23a,跨度为 100m,矢高为 10m,为了解结构受力性能及方便与叉筒网壳进行对比,选取叉筒网壳 12 个节点(图 23b)、8 个径向单元和 8 个环向单元(图 23c)。

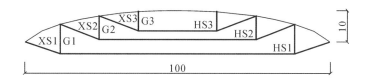

a　计算结构模型尺寸

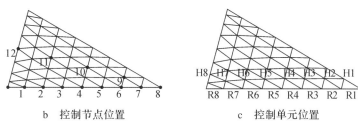

b　控制节点位置　　　　　c　控制单元位置

图 23　模型尺寸及控制节点、单元位置示意

4.2　预应力设计

将若干个矢跨比相等的柱面网壳相贯得到的叉筒网壳克服了柱面网壳波向和跨向两个方向刚度存在差异的缺点,当下部弦支时,施加预应力较柱面网壳容易,斜索的预应力方向与支座反力方向相同。预应力设计一般包括两方面内容,即预应力分布和预应力水平。文献[7]借鉴了斜拉桥结构中确定初始索力的刚性索法,提出了应用于弦支穹顶结构预应力分布确定的弹性支座法。本文采用弹性支座法和找力方法相结合的预应力设计法来设计弦支叉筒网壳的预应力。

(1)将下部索杆体系的弹性模量放大 500 倍,在一定荷载工况作用下得到各圈环索的内力比。

(2)由图 24 所示的几何关系可知:

$$F_{XS} = 2F_{HS}\cos\beta / \sin\alpha \tag{1}$$

$$F_{SG} = F_{XS}\cos\alpha = 2F_{HS}\cos\beta\cot\alpha \tag{2}$$

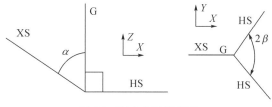

图 24　预应力计算简图

(3)保持以上预应力分布,以最外圈环索初始预应力为设计预应力水平,在满跨 1.2 倍恒载+1.4 倍活载的荷载工况作用下水平支座反力等于零为目标,利用 ANSYS 的 APDL 语言编程进行预应力优化。表 1 为预应力设计所得弦支叉筒网壳模型各索杆初始预应力分布。

表 1　结构模型的初始预应力

杆件编号	HS1	HS2	HS3	XS1	XS2	XS3	G1	G2	G3
轴力/kN	2200	883	412	1212	487	227	−396	−152	−68

4.3 均布荷载作用下的静力性能

图25、图26分别为弦支叉筒网壳环向和径向杆件轴力分布图,叉筒网壳环向杆件最大轴力值为956.8kN,径向杆件最大轴力值为3047.7kN;弦支叉筒网壳环向杆件轴力最大值为945.1kN,径向杆件轴力最大值为1368.3kN。弦支叉筒网壳的环向与径向杆件轴力均有所减小,且轴力分布更加均匀,尤其是谷线上的径向杆件由于是上部网壳传力的重要路径,其轴力较大,弦支叉筒网壳谷线上的杆件有下部竖杆提供弹性支承,因而得到了较大的改善。而环向杆件没有直接受到竖杆的弹性支承,轴力实际上是通过谷线杆件传递到支座处,谷线杆件形成的12条落地拱成为了结构的骨架,受力仍然集中于径向杆件,因此环向杆件的受力变化较小。正因为这样,下部索杆体系提供的向上的弹性支承发挥了较高的效率。值得注意的是,在叉筒网壳结构中环向杆件H8由于结构整体的变形特点产生了拉力,而弦支体系为结构整体提供了足够的支撑,使其不再受拉。

图27为水平支座反力曲线,可见两种结构的水平支座反力均随荷载线性变化,不同的是,叉筒网壳的水平支座反力随着荷载增大而不断增大,最终将达到2617kN,而根据预应力设计的要求,弦支叉筒网壳支座反力随着荷载增大而减小,最终降为零。

图28为谷线式弦支叉筒网壳各节点竖向位移分布图,可知由于下部索杆体系为叉筒网壳结构提供了良好的弹性支承,弦支叉筒网壳相对于叉筒网壳来说,不仅大大减小了竖向位移大小,而且改善了位移的分布,叉筒网壳和弦支叉筒网壳两种结构位移最大的都是中心节点8,分别达到336.8mm和85.7mm,弦支叉筒网壳仅为叉筒网壳的1/4左右。

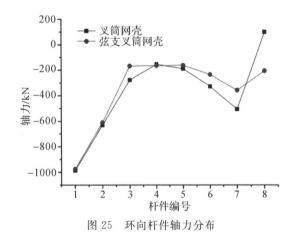

图25 环向杆件轴力分布

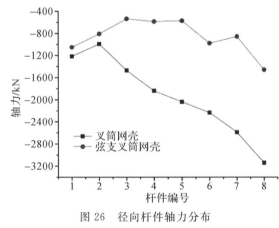

图26 径向杆件轴力分布

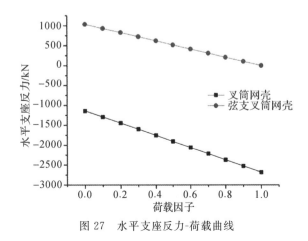

图27 水平支座反力-荷载曲线

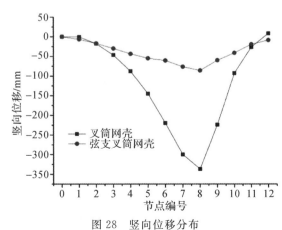

图28 竖向位移分布

5　参数分析

　　影响弦支叉筒网壳结构静力性能的主要参数有初始预应力水平、杆件截面、竖杆长度、矢跨比和倾角等,本节对结构静力性能进行参数分析。

5.1　预应力水平

　　保持上部杆件截面、下部索杆体系预应力分布等其他参数条件不变,预应力水平分别取初始预应力水平的0.8、0.9、1.0、1.1、1.2倍,研究预应力水平对弦支叉筒网壳结构静力性能的影响。

　　图29、图30分别为不同预应力水平下弦支叉筒网壳环向杆件和径向杆件轴力分布图。由图可知预应力水平的变化对环向杆件轴力影响很小,对径向杆件轴力有一定影响,随着预应力水平的提高而增大,且增大的幅度基本一致。究其原因,是由谷线式叉筒网壳的受力特点决定的,环向杆件轴力最终通过径向杆件传导至支座,竖杆的支撑作用直接影响的是径向杆件。

　　图31为不同预应力水平下水平支座反力随荷载变化曲线。由图可知,各预应力水平下支座反力均随荷载的增大而线性减小。由于环索预应力大小在支座水平方向的分量直接与水平支座反力平衡,因而预应力水平的高低对水平支座反力有较大的影响。

　　图32为不同预应力水平下节点竖向位移分布对比图,五种预应力水平作用下,结构的竖向位移分布基本一致,最大竖向位移均发生在结构中心节点8,预应力水平的变化对结构竖向位移大小影响较为显著,随着预应力水平的提高,竖向位移逐渐减小,且各点竖向位移随预应力水平的变化幅度基本相同。

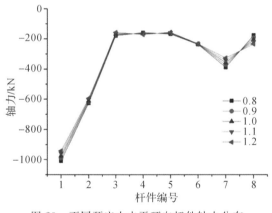

图29　不同预应力水平环向杆件轴力分布

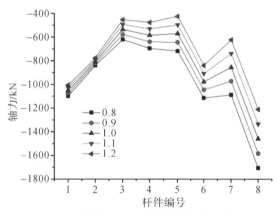

图30　不同预应力水平径向杆件轴力分布

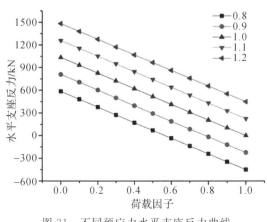

图31　不同预应力水平支座反力曲线

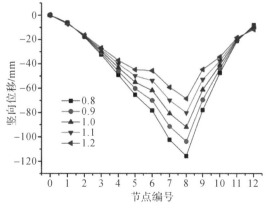

图32　不同预应力水平竖向位移分布

表 2 列出了不同预应力水平下结构位移及轴力的最大值。随着预应力水平的提高,最大竖向位移值从 109.64mm 减小到 62.19mm,变化幅度约为 43.3%;环向杆件轴力最大值变化较小,幅度只有 6.6%;径向杆件轴力变化幅度相对较大,达到 30.6%;水平支座反力受预应力水平的影响后方向改变,由向内的推力变为向外的拉力。

表 2 不同预应力水平结构位移、轴力及支座反力最大值

预应力水平	竖向位移/mm	环向杆件轴力/kN	径向杆件轴力/kN	水平支座反力/kN
0.8	−109.64	−977.42	−1616.20	−434.55
0.9	−97.62	−961.27	−1492.14	−217.22
1.0	−85.71	−945.10	−1368.29	0
1.1	−73.90	−928.93	−1244.65	216.99
1.2	−62.19	−912.74	−1121.20	433.86

总之,预应力水平对竖向位移及水平支座反力影响较大,对杆件轴力有一定的影响,但其影响有限,单纯提高预应力水平并不能合理改善结构静力性能,反而增加施工的难度和成本。弦支叉筒网壳静力性能的提高,预应力并不是起决定作用的,归根结底是因为结构体系的变化。

5.2 矢跨比

分别采用 0.06、0.08、0.10、0.12 四种矢跨比进行分析,以研究矢跨比对结构静力性能的影响。四种矢跨比模型中,保证截面尺寸、斜索与竖杆的夹角及预应力水平等其他参数不变。

图 33、图 34 分别为不同矢跨比弦支叉筒网壳环向杆件及径向杆件轴力分布图。可知随着矢跨比的提高各杆件轴力均减小,但幅度较小,矢跨比对环向杆件轴力和径向杆件轴力影响较小。

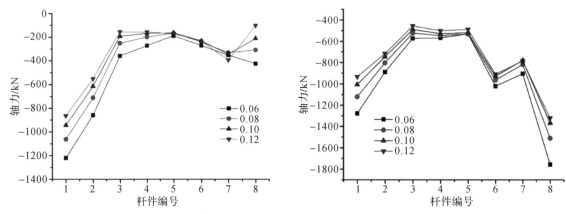

图 33 不同矢跨比结构环向杆件轴力分布　　图 34 不同矢跨比结构径向杆件轴力分布

图 35 为不同矢跨比结构水平支座反力随荷载的变化曲线。由图可知,各支座反力均随荷载的增大线性减小,矢跨比小于 0.1 时,支座水平反力最终为向内的推力,表明矢跨比越小,结构产生的向外水平推力越大。

图 36 为不同矢跨比结构的节点竖向位移分布对比图。四种结构的竖向位移分布基本一致,最大竖向位移均发生在结构中心节点 8,由图可见,矢跨比对结构竖向位移影响较大,所有节点挠度均随着矢跨比的增大而减小,但当矢跨比大于 0.1 之后,这种影响减小。

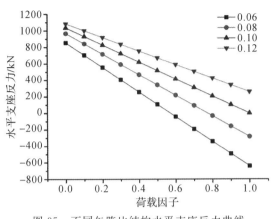

图35　不同矢跨比结构水平支座反力曲线

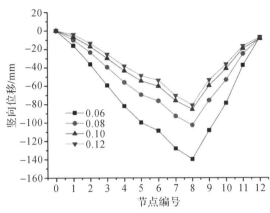

图36　不同矢跨比结构节点竖向位移分布

表3列出了不同矢跨比结构节点位移、轴力及水平支座反力的最大值。随着矢跨比的增大,竖向位移最大值从139.74mm减小到81.03mm,变化幅度约为42%;环向杆件轴力最大值变化幅度为29.2%;径向杆件轴力变化幅度为24.8%;随着矢跨比的增大,结构向外的推力减小,水平支座反力由向内的推力变为向外的拉力。

表3　不同矢跨比结构位移、轴力及支座反力最大值

矢跨比	竖向位移/mm	环向杆件轴力/kN	径向杆件轴力/kN	水平支座反力/kN
0.06	−139.74	−1220.45	−1757.59	−581.12
0.08	−102.63	−1062.63	−1511.33	−260.86
0.10	−85.71	−945.10	−1368.29	0
0.12	−81.03	−864.39	−1321.00	242.13

总之,当矢跨比小于0.1时,其对竖向位移、径向杆件轴力及水平支座反力有较大的影响,增大竖杆长度能有效改善结构静力性能,但矢跨比大于0.1后对结构性能的提高有限。

5.3　倾角

分别使圆柱面网壳与水平面成0°、2°、4°、6°、8°、10°、12°倾角相贯得到不同倾角的弦支叉筒网壳,研究倾角对结构静力性能的影响。七种不同倾角的模型中,保持截面尺寸、斜索与竖杆的夹角及预应力水平等其他参数不变。

图37、图38分别为不同倾角弦支叉筒网壳环向杆件及径向杆件轴力分布图。由图可知环向杆件的轴力分布有所变化,倾角越高,环杆轴力越小,结构中部的径向杆件受力明显减小。中心节点的抬高改变了整体结构的受力分布。

图39为不同倾角结构水平支座反力随荷载的变化曲线。由图可知,各支座反力均随荷载的增大线性减小,倾角越大需要的水平推力越小。

图40为不同倾角结构的节点竖向位移分布对比图。倾角明显改善了结构的竖向位移分布,最大竖向位移不再发生在结构中心节点8,那是因为倾角使得结构受力更多地作用于支座,而不是将结构中心区域往下压。

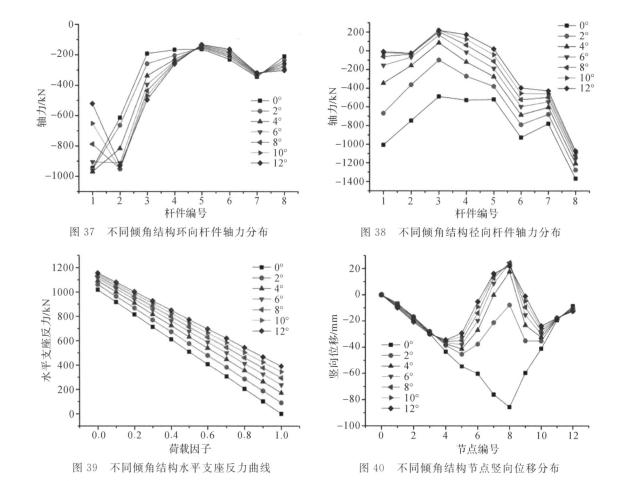

图 37　不同倾角结构环向杆件轴力分布　　　图 38　不同倾角结构径向杆件轴力分布

图 39　不同倾角结构水平支座反力曲线　　　图 40　不同倾角结构节点竖向位移分布

表 4　不同倾角结构位移、轴力及支座反力最大值

倾角	竖向位移/mm	环向杆件轴力/kN	径向杆件轴力/kN	水平支座反力/kN
0°	−85.71(N8)	−945.10(H1)	−1368.29(R8)	0
2°	−45.30(N5)	−953.83(H1)	−1276.38(R8)	90.72
4°	−41.29(N5)	−969.84(H1)	−1207.29(R8)	171.16
6°	−37.94(N5)	−911.57(H2)	−1157.15(R8)	236.98
8°	−35.68(N4)	−950.80(H2)	−1119.22(R8)	293.99
10°	−34.94(N4)	−951.73(H2)	−1090.56(R8)	344.83
12°	−34.36(N4)	−928.18(H2)	−1070.05(R8)	390.60

　　表 4 列出了不同倾角结构节点位移、轴力及水平支座反力的最大值。随着倾角的增大，竖向位移最大值从 85.71mm 减小到 34.36mm，变化幅度约为 59.9%；环向杆件轴力最大值变化幅度 1.8%；径向杆件轴力变化幅度相对较大，达到 21.8%；随着倾角的增大，结构向外的推力减小。

　　总之，抬高中心节点使得结构产生一定的倾角，对竖向位移、径向杆件轴力及水平支座反力有较大的改善作用，改变了结构的受力分布与位移分布，但当倾角大于 10°之后对结构静力性能的提高有限。

6 结论

本文首先给出了索承叉筒网壳的概念及其形式与分类,并提出了以索承叉筒网壳为单元,构建具有良好空间受力性能的大面积结构的设想,然后以六边形谷线式弦支单层叉筒网壳为例,进行了静力分析,与不引入预应力的叉筒网壳进行对比,并进行了参数分析,得到如下结论。

(1)介绍了新型索承叉筒网壳结构的形体,提出了三种不同的分类方法:按叉筒网格划分形式分类、按叉筒网壳类型分类、按下部布索形式分类。

(2)提出索承叉筒网壳结构作为空间结构单元进行组合扩展,建成大面积屋盖结构的构思和设想,尤其适用于现代火车站的大跨度无站台柱雨棚结构和多波多跨连续的工业厂房。

(3)索承叉筒网壳由于预应力的引入,改善了节点竖向位移的大小和分布,杆件轴力也得到了不同程度的改善,极大地改善了结构的力学性能。对谷线式弦支叉筒网壳进行的参数分析表明:预应力水平、杆件截面对结构静力性能影响较小,竖杆长度、矢跨比、倾角等参数影响较大。

参考文献

[1] 顾磊.叉筒网壳的结构形式、受力特性及预应力技术应用的研究[D].杭州:浙江大学,2000.

[2] 顾磊,董石麟.单层叉筒网壳结构的网格形式与受力特性[J].空间结构,2006,12(1):24−31.

[3] 贺拥军,周绪红,董石麟.单层叉筒网壳静力与稳定性研究[J].湖南大学学报(自然科学版),2004,31(4):45−50.

[4] 陈联盟,赵阳,董石麟.单层脊线式叉筒网壳结构性能研究[J].浙江大学学报(工学版),2004,38(8):971−977.

[5] KAWAGUCHI M,ABE M,HATABO T,et al. Structural tests on the "suspen-dome" system [C]//Spatial Lattice and Tension Structures:Proceedings of the IASS-ASCE International Symposium,Atlanta,USA,1994:383−392.

[6] KAWAGUCHI M,ABE M,TATEMICHI I. Design,tests and realization of "suspen-dome" system[J]. Journal of the International Association for Shell and Spatial Structures,1999,40(3):179−192.

[7] 郭佳民.弦支穹顶结构的理论分析与试验研究[D].杭州:浙江大学,2008.

126 济南奥体中心体育馆弦支穹顶结构分析与试验研究*

摘　要：济南奥体中心体育馆弦支穹顶跨度 122 米，是目前世界上已建最大跨度的弦支穹顶结构。本文对该弦支穹顶结构的索杆布置进行了多方案研究，对最终采用方案进行了荷载分析、模态分析和稳定性分析。为进一步验证其结构性能，设计制作了跨度为 8m 的缩尺模型，并开展了施工张拉模拟、加载试验等研究。本文工作可为类似工程设计提供有益参考。

关键词：弦支穹顶；索杆布置；受力性能；模型试验

1　引言

济南奥体中心为 2009 年第十一届全国运动会比赛场地。其中体育馆建筑南北长约 220m，东西宽约 168m，总建筑面积约 6.03 万 m²，包括热身馆、训练馆和主馆三部分（见图 1）。体育馆主馆（简称体育馆）观众厅规模为 1.3 万人座，屋盖部分跨度 122m，矢高 12.2m，采用弦支穹顶结构。

热身馆

体育馆主馆

训练馆

图 1　体育馆总布局

弦支穹顶是由日本法政大学川口卫教授将张拉整体的思路应用于单层球面网壳而形成的一种新型杂交空间结构体系[1]。通过在网壳下部设置索杆体系可改善单层球面网壳结构的稳定性，同时可减少支座水平推力[2]。作为一种新型结构形式，弦支穹顶的出现得到了国内外研究人员和工程设计

---

*　本文刊登于：董石麟，袁行飞，郭佳民，张志宏，傅学怡. 济南奥体中心体育馆弦支穹顶结构分析与试验研究[C]//天津大学. 第九届全国现代结构工程学术研讨会论文集，济南，2009：11－16.

人员的广泛关注。对这一结构体系的静动力性能研究也已全面展开,并取得一系列成果[3-7]。但已有的工程应用一般跨度小于100m,且大多局限于30～60m 小跨度和单一弦支型式。考虑到济南全运会体育馆跨度大(超过100m),重要性系数高,浙江大学空间结构研究中心联合中建国际(深圳)设计顾问有限公司对该体育馆弦支穹顶进行了结构形体、受力性能以及模型试验研究[8],为实现结构安全、可靠、美观、经济设计提供理论依据和技术支持。

2 方案比较

弦支穹顶结构由上部单层网壳和下部索杆体系组成。单层网壳网格的合理划分和下部索杆的合理布置是获得良好结构性能的重要保证。常用的单层网壳有葵花型、肋环型与 Kiewitt 型等。弦支体系又可以分为肋环型和葵花型等。考虑到本工程弦支穹顶支承在36 个钢筋混凝土柱上,且屋盖跨度达 122m,如采用单一的网壳形式会导致网格划分极不均匀,因此单层网壳选用不同型式的组合为最优。又因体育场内建筑视觉要求,尽可能布置肋环型的斜索和竖杆,以达到观众席内上空结构简洁、通透的效果。根据上述要求,并结合 36 个支承柱位置,提出图 2 所示四种方案,其中单层网壳为 Kiewitt 型和葵花型混合方式,弦支体系以肋环型为主,布置 2 或 3 道环索,结合上部网格局部布置 Y 型斜索[9]。对各方案结构稳定性能进行了初步研究,考虑几何非线性及1/300 跨度的初始缺陷,网壳杆件截面采用 $\phi351 \times 12$。由表 1 可见方案一、三能满足结构稳定性要求,方案二、四稳定系数小于5,不能满足要求,需增大杆件截面或提高预应力水平来提高结构的稳定性能。

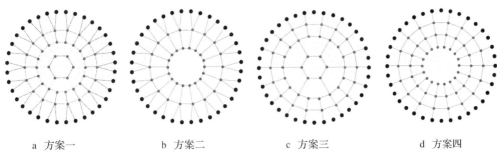

| a 方案一 | b 方案二 | c 方案三 | d 方案四 |

图 2 各方案平面图(图中大圆点表示柱支承位置,小圆点表示竖杆)

表 1 各方案的稳定系数

方案	各圈环索预应力 T	满跨整体稳定系数 K_1	半跨整体稳定系数 K_2
方案一	290：80：30	7.5	5.5
方案二	250：120	4.7	5.7
方案三	290：100：40	8.5	7.1
方案四	290：120：40	5.8	4.7

3 结构分析

3.1 结构构成

综合考虑上述方案技术指标以及建筑要求,最后确定本工程弦支穹顶网壳部分为 Kiewitt 型和葵花型内外混合型布置,弦支部分为设置三道环索的肋环型布置,具体布置见图 3。整个弦支穹顶结构

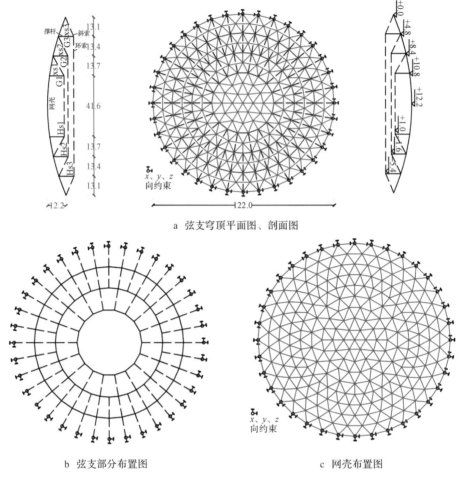

a 弦支穹顶平面图、剖面图

b 弦支部分布置图

c 网壳布置图

图3　弦支穹顶结构布置图

支承于周边混凝土圈梁上[10]。

单层网壳采用 Q345 钢材,除最外三圈杆件采用 $\phi377\times16$ 圆钢管外,其余杆件采用 $\phi377\times14$ 圆钢管。钢索内钢丝直径 5mm,采用高强度普通松弛冷拔镀锌钢丝,抗拉强度不小于 1670MPa,屈服强度不小于 1410MPa。弦支体系中斜拉钢棒抗拉强度不小于 470MPa,屈服强度不小于 345MPa。索杆体系截面配置见表2。

表2　索杆截面配置

外圈编号	型号	中圈编号	型号	内圈编号	型号
HS3	$2\phi5\times199$	HS2	$\phi5\times163$	HS1	$\phi5\times55$
XS3	$\phi85$	XS2	$\phi55$	XS1	$\phi45$
G3	$\phi299\times10$	G2	$\phi245\times6.5$	G1	$\phi219\times6$

3.2　初始预应力

初始预应力确定属于形态分析中的预应力优化问题。本工程以结构在荷载态下各圈撑杆上节点 z 向位移为零为原则,确定了由里及外各圈环索预应力的比为 1∶3.2∶8。索杆初始预应力值见表3。

表 3　索杆初始预应力　　　　　　　　　　　　　（单位:t）

外圈编号	预应力	中圈编号	预应力	内圈编号	预应力
HS3	315.00	HS2	126.00	HS1	39.20
XS3	63.40	XS2	25.30	XS1	15.80
G3	−31.70	G2	−12.50	G1	−8.05

3.3　静力分析

考虑如下荷载组合工况:(1)1.35 恒＋0.98 活 1;(2)1.20 恒＋1.40 活 1;(3)1.00 恒＋1.40 风;(4)1.00 恒＋1.00 温(＋30);(5)1.20 恒＋1.00 温(−30);(6)1.20 恒＋0.98 活 1＋1.00 温(−30);(7)1.20 恒＋0.98 活 1＋1.00 温(＋30);(8)1.00 恒＋1.40 风＋1.00 温(−30);(9)1.00 恒＋1.40 风＋1.00 温(＋30);(10)1.20 恒＋1.40 活 2。其中活 1 为全跨活荷载,活 2 为半跨活荷载。

正常使用极限状态各工况下,结构挠度均小于 1/400 跨度,满足结构变形要求。承载力极限状态各工况下,上部网壳结构的杆件应力比最大不超过 0.6,下部索杆构件的应力比最大不超过 0.4,满足强度要求。工况 7 下的支座反力(推力)最大,工况 8 下支座反力(拉力)最大。结构整体稳定系数见表 4,满足结构稳定要求。

表 4　结构整体稳定系数

	考虑 $L/300$ 的初始缺陷		不考虑初始缺陷	
	恒＋全跨活	恒＋半跨活	恒＋全跨活	恒＋半跨活
稳定系数	6.7	5.8	12.0	10.7

3.4　动力特性

为了改善结构体系的动力特性,在径向马道支点和相邻竖向压杆的上节点之间增加构造钢棒,构造钢棒均采用 ϕ55,共 18 对,如图 4 所示。整体模型的前 10 阶周期见表 5。布置构造钢棒后,下部三圈索杆体系的扭转刚度提高,较好地改善了结构的动力特性[10]。

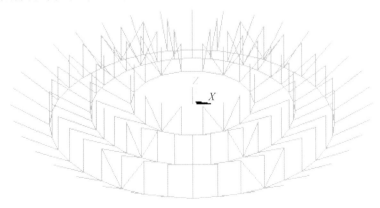

图 4　构造钢棒布置图

表 5　前 10 阶振型周期

振型	1	2	3	4	5
周期/s	0.558	0.549	0.543	0.526	0.508
振型	6	7	8	9	10
周期/s	0.508	0.506	0.504	0.502	0.496

4　模型试验

4.1　试验概况

为验证理论分析的正确性,同时对比施工成型方案,设计制作了一结构缩尺模型(缩尺比约为 1/15,直径 8m),进行结构的静力性能(全跨荷载、半跨荷载)、基本动力特性、各种施工成形过程与断索等内容的试验研究[11]。

模型试验的测试内容主要包括单层网壳杆件应力测试、竖杆应力测试、拉索内力测试和节点位移测试。采用东华静力应变采集仪 DH3815 对结构的内力进行采集,应变片型号 BX120-3AA,规格 3X5mm。应变片采取对称贴法。采用百分表测节点位移。

4.2　模型设计和制作

考虑到实际工程的结构体系由弦支穹顶与混凝土框架组成,故将试验模型分为弦支穹顶和支承平台两部分组成。圆形支承平台直径为 8m,由 36 件基本组装单元组成,可模拟弦支穹顶结构的周边支承。考虑相似比、产品规格、制作加工工艺(如焊接)等因素后,网壳杆件截面采用 $\phi 30 \times 1.5$ 和 $\phi 35 \times 1.5$ 圆钢管,撑杆采用 $\phi 30 \times 1.5$ 圆钢管,斜索由外及里采用 $\phi 8$、$\phi 5$、$\phi 5$ 钢索,环索由外及里采用 $2\phi 8$、$\phi 8$、$\phi 6$ 钢索。考虑到环索的制作和安装,每圈环索分四段加工。图 5 为弦支穹顶模型实物图。

图 5　弦支穹顶模型实物图

4.3　模型施工张拉

为分析比较各种张拉方案的可行性和张拉效率,并为实际工程的施工张拉积累经验,特进行了模型结构张拉成型试验。采用的方法有:①环索张拉成型;②斜索张拉成型;③压杆顶升成型。张拉过程中主要通过监测结构下部索杆的内力与结构上部网壳控制节点位移来进行张拉控制与张拉工序交替的区分。

根据预先设定的施工张拉方案对模型结构进行施工张拉试验,获得施工各阶段杆件内力和控制节点坐标,并与通用有限元软件 ANSYS 进行的施工全过程模拟分析数据进行比较。结果表明上述三种方法均可行。环索张拉成型法由于下节点摩擦力的存在,张拉过程中压杆会发生倾斜。斜索张拉成型法较其他两种施工成型方案有较大的优势,适合在实际工程中推广应用。

4.4 模型静力加载

为了解结构在荷载作用下的受力性能,本次试验对结构进行了全跨和半跨加载试验。全跨时每节点加载 80kg,相当于实际结构全跨荷载设计值的 2 倍。分 5 级加载,前三级每次施加 20kg,后两级每次施加 10kg,为保证数据可靠,每加一级荷载稳定 10~15 分钟后开始读数。图 6 为模型全跨荷载和半跨荷载图。

a 全跨荷载   b 半跨荷载

图 6 模型静力加载

加载试验结果表明模型在各种荷载作用下内力和节点位移的试验值与理论值吻合较好。模型加载过程中内力与位移基本呈线性变化,表明结构整体刚度较好。模型在承受 2 倍设计荷载时,杆件应力水平仍较低,说明结构具有较好的承载能力。

5 结语

本文以 2009 年全运会济南体育馆弦支穹顶为对象,通过多方案比较对结构索杆布置进行了研究,通过荷载分析、模态分析和稳定性分析考察了结构受力性能,通过一缩尺模型的施工张拉模拟和加载试验,验证了理论分析的正确性和可靠性。本文研究工作可供类似工程设计参考。

参考文献

[1] KAWAGUCHI M,ABE M,HATABO T,et al. Structural tests on the "suspen-dome" system [C]//Spatial Lattice and Tension Structures:Proceedings of the IASS-ASCE International Symposium, Atlanta,USA,1994:383—392.

[2] KAWAGUCHI M,ABE M,TATEMICHI I. Design,tests and realization of "suspen-dome" system[J]. Journal of the International Association for Shell and Spatial Structures,1999,40(3): 179—192.

[3] 李禄. 基于张拉整体理论的悬支穹顶结构的理论和试验研究[D].天津:天津大学,2000.

［4］张志宏.大型索杆梁张拉空间结构体系的理论研究［D］.杭州:浙江大学,2003.

［5］崔晓强.弦支穹顶结构体系静、动力性能研究［D］.北京:清华大学,2003.

［6］陈志华,秦亚丽,赵建波,等.刚性杆弦支穹顶实物加载试验研究［J］.土木工程学报,2006,39(9):47—53.

［7］郭佳明.弦支穹顶结构的理论分析与试验研究［D］.杭州:浙江大学,2008.

［8］董石麟,袁行飞,郭佳民,等.2009年全运会济南体育馆结构形体、受力性能与模型试验研究［J］.未发表.

［9］郭佳民,董石麟,袁行飞.弦支穹顶的形态分析问题及其实用分析方法［J］.土木工程学报,2008,41(12):1—7.

［10］张志宏,傅学怡,董石麟,等.济南奥体中心体育馆弦支穹顶结构设计［J］.空间结构,2008,14(4):8—13.

［11］DONG S L,YUAN XF,GUO J M,et al. Experimental research on tension process of suspen-dome structural model［J］. Space Structures,2008,14(4):58—63.

127 空间索桁结构的力学性能及其体系演变[*]

摘　要：本文介绍了考虑索单元松弛跟踪的空间索桁结构非线性有限元全过程分析方法。并以典型的鱼腹形索桁结构为例,探讨了空间索桁结构的力学性能,以及在荷载作用下结构几何体系演变的特征。本文对新型空间索桁结构的研究和工程应用具有指导意义。

关键词：空间索桁结构;索单元松弛;结构体系

1　前言

由预应力索和压杆组成的空间索桁结构是一种轻型、效率极高的空间结构形式。本文讨论的空间索桁结构由径向、环向分布的上层索网和下层索网通过竖向压杆连接而成,称之为鱼腹形空间索桁结构。这种结构的明显特点是:必须施加足够的预应力,才能保证结构具有一定刚度而承受外荷载,否则,只是不稳定的机构。目前,对这类结构缺乏深入的研究,采用这种新型空间索桁结构的工程应用很少。

本文主要研究空间索桁结构的力学性能,考察结构在荷载作用下刚度变化和索松弛的过程。计算理论采用了非线性有限元方法,在分析时需要考虑预应力和索松弛的跟踪。文中探讨了空间索桁结构的受力规律和结构的破坏机理,对空间索桁结构的研究和工程应用具有指导意义。

2　计算理论和索松弛跟踪策略

2.1　非线性有限元分析

几何非线性有限元平衡方程：

$$({}_{0}^{t}\boldsymbol{K}_{L} + {}_{0}^{t}\boldsymbol{K}_{NL})\Delta\boldsymbol{u}^{(j)} = {}^{t+\Delta t}\boldsymbol{Q} - {}_{0}^{t+\Delta t}\boldsymbol{F}^{(j)} \tag{1}$$

式中,${}_{0}^{t}\boldsymbol{K}_{L}$ 为结构线性刚度矩阵,${}_{0}^{t}\boldsymbol{K}_{NL}$ 为结构非线性应力矩阵,${}^{t+\Delta t}\boldsymbol{Q}$ 为 $t+\Delta t$ 状态的节点荷载向量,${}_{0}^{t}\boldsymbol{F}$ 为 t 状态各节点上杆件轴力的合力向量,$\Delta\boldsymbol{u}$ 为节点位移增量：

$$^{t+\Delta t}\boldsymbol{u}^{(j+1)} = {}^{t+\Delta t}\boldsymbol{u}^{(j)} + \Delta\boldsymbol{u}^{(j)} \tag{2}$$

为了考察结构在荷载作用下荷载-位移的演变过程,需要对结构进行全过程跟踪分析。基于修正牛顿-拉普逊法和广义弧长法相结合的理论思想能有效跟踪结构的荷载-位移曲线。一般情况下,空

＊　本文刊登于:罗尧治,董石麟.空间索桁结构的力学性能及其体系演变[J].空间结构,2002,8(4):17−21.

间索桁结构不会发生失稳，不存在分支屈曲。所以在计算时，荷载增量步可以选择增量等步长计算方式。

将有限元平衡方程写成迭代形式：

$$({}_0^tK_L + {}_0^tK_{NL}){}^t\Delta u^{(j)} = \lambda^{(j)}{}^0Q - {}_0^tF^{(j-1)} \tag{3}$$

$\lambda^{(j)}$ 为荷载比例因子，上式还可以表达为：

$$({}_0^tK_L + {}_0^tK_{NL}){}^t\Delta u^{(j)} = ({}^t\lambda^{(j-1)} + {}^t\Delta\lambda^{(j)})^0Q - {}_0^tF^{(j-1)} \tag{4}$$

式（4）可采用文献[1]的求解方法。

2.2　索单元松弛分析

索桁结构基本受力单元是杆和索，索在初始状态时均保持张力状态，但随着外荷载的增大，部分索会发生卸载，张力值逐渐减小，以致最后发生松弛而退出工作，结构刚度不断发生变化。但局部索单元的退出工作，并不意味着结构的整体失去承载能力或破坏。所以，在进行荷载-位移分析时，还必须跟踪索的松弛情况，以及部分索退出工作后结构的体系和受力性能，由此可以确定结构的极限承载能力。

索桁结构存在大量的索单元，随着荷载的增大，结构中索单元将分次、分批地松弛而退出工作。因此，本文在荷载-位移跟踪过程中，采用了预测校正的方法跟踪索单元松弛情况（图1）。具体步骤如下。

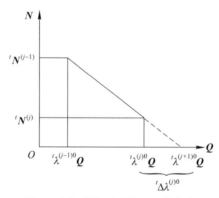

图 1　索松弛的预测校正法荷载步

（1）根据前二次的荷载平衡状态的结果，按线性计算各索单元张力趋于零值所需的荷载步长：

$$\Delta\lambda_i^{(j)} = \frac{N_i^{(j)}}{N_i^{(j)} - N_i^{(j-1)}}(\lambda^{(j-1)} - \lambda^{(j)}) \tag{5}$$

式中：$\Delta\lambda_i^{(j)}$ 为第 i 个索单元按线性计算张力趋于零时荷载增量因子，$N_i^{(j)}$ 为第 i 个索单元张力值。

（2）找出张力最先趋于零的索单元，计算最大加载步步长：

$$\Delta\lambda_{\max}^{(j)} = \min(\Delta\lambda_i^{(j)})Z \tag{6}$$

考虑非线性效应，Z 可取小于1的值，如 $Z=0.9$。

（3）公式（6）与方程（4）增量迭代步相比较确定下一步荷载增量步步长。

（4）当索单元力等于零时，这些索单元在以后的切线刚度形成过程中将不再考虑。

3　算例计算模型

如图 2 所示，由三榀平面鱼腹形索桁构成的空间体系，平面直径 12m。结构的节点和杆件编号、各单元的初始张力分布如图3所示,截面、材料的特性见表1。以相同的荷载值作用在上层索网的各个节点上。

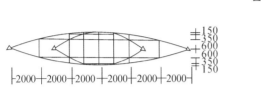

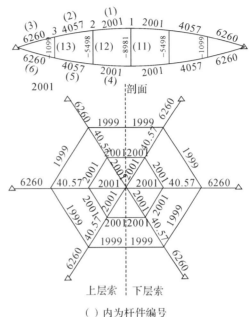

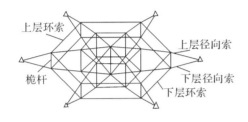

图 2 鱼腹形空间索桁结构计算模型 　　　图 3 结构初始应力分布

表 1　单元截面性质

杆件编号	1,4,7,9	2,5,8,10	3,6	11,12,13
截面面积/mm²	10	20	40	760
弹性模量/MPa		1.6×10^5		

4　索桁结构的全过程受力特性

图4为上层索网节点的竖向位移随荷载的变化曲线,图5为索单元的张力随荷载的变化曲线,图6为桅杆的内力随荷载的变化曲线。根据计算结果,可以总结以下索桁结构的一些受力特性。

(1)在荷载作用下,首先上层第一道环索松弛($q=1300$N 时),然后靠近中心的第一道径向索和第二道径向索松弛($q=1460$N 时),最后第三道径向索和第二道环索松弛($q=3230$N 时)。

(2)下层径向索和下层环索的索张力随着荷载的增加而增加,不会发生松弛。

(3)根据桅杆的内力变化可以看出,压力随着荷载的增加而增加,最后曲线重合。这是因为计算模型中每个作用点的荷载值是相同的,当上层索退出工作后,桅杆内力就等于作用的荷载值,荷载通过桅杆传递给下层索网。

(4)根据图4的荷载-位移曲线分析,当索退出工作时,结构刚度有所变化,表明该形式空间索桁结构的刚度由下层的索网体系起主要作用。

5　体系分析

图7表达了荷载作用下几个阶段索退出工作后的结构形状,并相应地算出结构体系的特性。图中

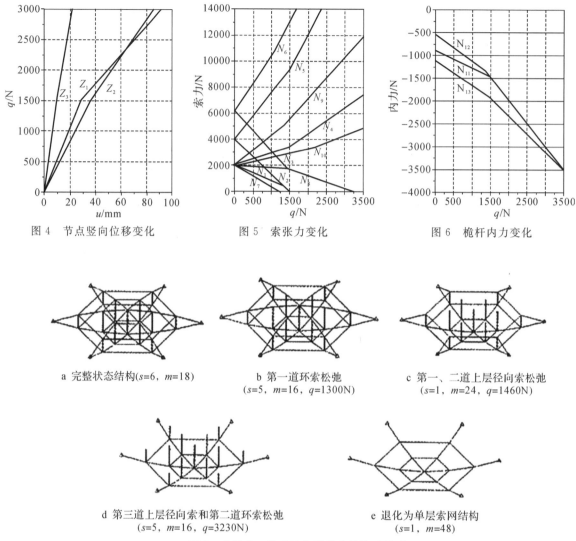

图4 节点竖向位移变化　　　图5 索张力变化　　　图6 桅杆内力变化

a 完整状态结构(s=6, m=18)

b 第一道环索松弛
(s=5, m=16, q=1300N)

c 第一、二道上层径向索松弛
(s=1, m=24, q=1460N)

d 第三道上层径向索和第二道环索松弛
(s=5, m=16, q=3230N)

e 退化为单层索网结构
(s=1, m=48)

图7 索退出工作后结构形状及其体系性质

s 为结构独立自应力模态数,m 为结构独立机构位移模态数[2,3]。体系分析表明:①完整结构时具有 6 个自应力模态,随着索的退出,自应力模态数量减少,但一直保持至少 1 个自应力模态;②随着索的松弛,结构体系的机构位移模态数将会增加,这是单元约束数量减少所致;③结构最后演变为单层的索网结构(图7e)。

6　结论

(1)本文应用结构非线性分析理论对索桁结构进行荷载全过程跟踪分析。通过分析讨论,不仅说明本文分析理论的有效性,而且对索桁结构的受力特性有了全面的认识。

(2)对鱼腹形空间索桁结构进行了考虑索松弛因素的荷载全过程分析。从结果来看,这种索桁结构在荷载作用下,上层的索将逐渐发生松弛而退出工作,最后退化为单层索网结构。

(3)分析了空间索桁结构在索松弛过程中结构体系的变化特征。比较明显地表现为自应力模态数的减少和机构位移模态数的增加,但最后保持 1 个自应力模态数。

(4)随着部分索退出工作,空间索桁结构的刚度有所降低,但与索穹顶结构不同[4],结构刚度并不发生明显变化。也就说明索穹顶结构的刚度依赖于整体结构的布置,而鱼腹形空间索桁结构的刚度由下层的索网体系起着主要作用。

参考文献

[1] 王成瑞,邵敏.有限元法基本原理和数值方法[M].北京:清华大学出版社,1997.

[2] PELLEGRINO S,CALLADINE C R. Matrix analysis of statically and kinematically indeterminate frameworks[J]. International Journal of Solids and Structures,1986,22(4):409－428.

[3] PELLEGRINO S. Analysis of prestressed mechanisms[J]. International Journal of Solids and Structures,1990,26(12):1329－1350.

[4] 罗尧治.索杆张力结构的数值分析理论[D].杭州:浙江大学,2000.

128 位移补偿计算法在结构索力调整中的应用*

摘　要:预应力结构在使用过程中由于索松弛等原因导致结构处于误差状态,影响结构的正常使用。本文提出的位移补偿计算法可对结构的误差状态进行调整计算,对于结构存在力误差及几何误差两类误差状态,计算得到索张力调整控制值,实际施工中依照此值对索进行分批张拉即可完成结构索力的施工调整。分析结果表明,采用本计算方法,可使处于力误差状态的结构调整到设计状态,可使处于较小几何误差状态的结构调整后结构构件内力和节点位置满足施工精度要求。

关键词:预应力结构;位移补偿计算法;误差状态

1　前言

预应力空间结构具有受力合理、刚度大、重量轻等优点,在公共与工业建筑中得到了广泛的应用[1],如浦东国际机场航站楼一期工程[1]和天津保税区商务交流中心大堂屋盖[2]分别采用了弓式预应力钢结构和弦支穹顶结构体系。预应力施工是预应力空间结构建造的关键,关系到结构成形后构件的内力和节点的位置是否与设计相符。预应力施工通常采用分级、分批张拉的方法,后一级、后一批索张拉会引起所有已张拉索的张力发生变化,这种变化较难发现其规律,从而使预应力施工陷入反复的调整中,费时费力。

预应力分析方法可分为力控制法与变形控制法两类。由卓新提出的张力补偿计算法[3,4]属于力控制法,通过循环迭代求得各拉索的施工控制张力值,使实际施工中每批索只张拉一次即可到达张力设计值,极大地简化了预应力的施工过程。借鉴张力补偿计算法本文提出了位移补偿计算法,通过对节点位移的循环迭代求得实际施工中各拉索的施工控制张力值,同样实现了每批索只张拉一次即可到达张力设计值,本方法属于变形控制法。

目前,对于预应力空间结构张力导入施工仿真问题的研究只是针对结构初张力导入施工[3-8],未考虑到结构在使用过程中可能出现的误差状态的调整。结构在使用过程中由于索材料特性及锚固损失等原因易发生预应力索松弛现象,这将使结构构件内力及节点位置发生改变,影响结构物的正常使用,甚至使结构在荷载作用下由于部分构件超出容许应力值而发生破坏。因此,有必要对结构的误差状态进行调整。本文所讨论的结构正常使用过程中误差状态包括两类情况,第一类情况是力误差状态,即结构索张力与设计值有偏差,当索张力均调整到设计值时结构到达设计状态;第二类情况是几何误差状态,结构除索张力与设计值有偏差外,由于构件加工、施工误差等原因,当索张力均调整到设

---

　　*　本文刊登于:张国发,董石麟,卓新.位移补偿计算法在结构索力调整中的应用[J].建筑结构学报,2008,29(2):39—42.

计值时结构仍未到达设计状态,节点位置与设计值有偏差。

本文提出的位移补偿计算法可对结构的两类误差状态进行仿真施工调整,编制了相应的计算程序,解决了结构误差状态的调整问题。

2 位移补偿计算法

2.1 基本假定

位移补偿计算法针对分组分批张拉施工法,不同批次是指索的张拉时间不同。

假定某结构有 n 组索,分 n 批进行张拉施工,循环计算序号为 k;$[Z_{d(i)}]$ 为第 i 个控制节点坐标设计值;$[Z_{c(i)}(k)]$ 为第 k 次循环计算时,第 i 个控制节点坐标控制值;$[Z_i^j(k)]$ 为第 k 次循环计算第 j 批次索施工张拉时,第 i 个控制节点实际坐标值。其中 i 为控制节点号,j 为张拉批次号。通常,每批索张拉时对应一个控制节点,i 与 j 取值范围相同。

2.2 位移补偿计算法的计算步骤

位移补偿计算法是一种通过调整索初应变使结构节点位置逐渐逼近理想设计状态的计算方法,当循环计算满足一定精度后结束。下面以结构正常使用阶段误差状态的调整过程进行说明,在调整过程中每一组索均参与工作,因此在非线性有限元求解中要计入每组索的刚度。

(1)第一次循环计算,即 $k=1$ 时:令各个控制节点的坐标控制值等于其坐标设计值,张拉第一组索,使第一个控制节点的坐标实际值等于其坐标控制值,即 $[Z_1^1(1)]=[Z_{c(1)}^1(1)]$,此时其他各控制节点的实际坐标值变为 $[Z_2^1(1)],[Z_3^1(1)],\cdots,[Z_n^1(1)]$。依次对其他各组索进行张拉计算,使各节点的实际坐标值等于其坐标控制值。当最后一批索张拉完成后,各控制节点的实际坐标值分别为 $[Z_1^n(1)],[Z_2^n(1)],\cdots,[Z_{n-1}^n(1)],[Z_n^n(1)]$。除最后一个控制节点外,其余各控制节点的实际坐标值均发生了改变。各控制节点的实际坐标变化值分别为

$$\Delta[Z_1^n(1)]=[Z_{c(1)}(1)]-[Z_1^n(1)]$$
$$\Delta[Z_2^n(1)]=[Z_{c(2)}(1)]-[Z_2^n(1)]$$
$$\cdots$$
$$\Delta[Z_{n-1}^n(1)]=[Z_{c(n-1)}(1)]-[Z_{n-1}^n(1)]。$$

(2)第二次循环计算,即 $k=2$ 时:首先确定各控制节点的坐标控制值,使

$$[Z_{c(1)}(2)]=[Z_{d(1)}]+\Delta[Z_1^n(1)]$$
$$[Z_{c(2)}(2)]=[Z_{d(2)}]+\Delta[Z_2^n(1)]$$
$$\cdots$$
$$[Z_{c(n-1)}(2)]=[Z_{d(n-1)}]+\Delta[Z_{n-1}^n(1)]$$
$$[Z_{c(n)}(2)]=[Z_{d(n)}]。$$

然后同 $k=1$ 步骤计算。

同理进行 $k=3$、4、$\cdots$ 循环计算,当控制节点实际坐标值与坐标设计值偏差小于某一精度 ε_0,即 $[Z_1^n(k)]-[Z_{d(1)}]<\varepsilon_0,[Z_2^n(k)]-[Z_{d(2)}]<\varepsilon_0,\cdots,[Z_n^n(k)]-[Z_{d(n)}]<\varepsilon_0$ 时,循环计算结束。最后一次循环各控制节点实际坐标值结果见表 1。

表 1　第 k 次循环计算结果

	各控制节点坐标值$[Z_i^j(k)]$					
1	$[Z_1^1(k)]$	$[Z_2^1(k)]$	$\cdots$	$[Z_i^1(k)]$	$\cdots$	$[Z_n^1(k)]$
2	$[Z_1^2(k)]$	$[Z_2^2(k)]$	$\cdots$	$[Z_i^2(k)]$	$\cdots$	$[Z_n^2(k)]$
$\cdots$	$\cdots$	$\cdots$	$\cdots$	$\cdots$	$\cdots$	$\cdots$
j	$[Z_1^j(k)]$	$[Z_2^j(k)]$	$\cdots$	$[Z_i^j(k)]$	$\cdots$	$[Z_n^j(k)]$
$\cdots$	$\cdots$	$\cdots$	$\cdots$	$\cdots$	$\cdots$	$\cdots$
n	$[Z_1^n(k)]$	$[Z_2^n(k)]$	$\cdots$	$[Z_i^n(k)]$	$\cdots$	$[Z_n^n(k)]$

表 1 中对角线上的值，$[Z_1^1(k)]$，$[Z_2^2(k)]$，$\cdots$，$[Z_i^i(k)]$，$\cdots$，$[Z_n^n(k)]$是第 k 次循环第 $1,2,\cdots,n$ 批索施工张拉时各控制节点的坐标控制值，这是位移补偿计算法在各组索分别张拉施工时得到的结果。表中最后一行值$[Z_1^n(k)]$，$[Z_2^n(k)]$，$\cdots$，$[Z_n^n(k)]$是第 k 次循环最后一批索张拉完成后各控制节点实际坐标值。位移补偿计算法的目标是使各控制节点实际坐标值等于其设计坐标值。当索张拉使各控制节点到达坐标控制值时，可同时得到各组索的张力控制值。索张拉施工时，每组索一次张拉到张力控制值即可。这里提到的控制节点可以是张拉索的端点，也可以不是张拉索的端点，但拉索的张力改变必定要对该控制节点的坐标改变产生较大影响。

3　算例分析

3.1　工程概况

图 1 为联方型弦支穹顶结构，跨度为 60m，矢高 6m，周边固定铰支座；屋面永久荷载标准值 0.3kN/m²，可变荷载标准值 0.5kN/m²，均作用于上弦层。上部结构为联方型单层球面网壳，节点采用焊接球节点型式，杆件采用 $\phi159\times8$ 的钢管；下部索杆体系中环向拉索均采用 $6\times7\phi5$，径向斜拉索均采用 $4\times7\phi5$；竖杆高度均为 4m，采用 $\phi114\times4$ 的钢管。钢管弹性模量 $E=210\times10^6\,\text{kN/m}^2$，索弹性模量 $E=167\times10^6\,\text{kN/m}^2$。环向索为结构施工张拉时的主动索，四圈环向索的张力设计值由外向内依次为 500kN、400kN、250kN、80kN。节点 Z 坐标为竖直方向，以向下为正。

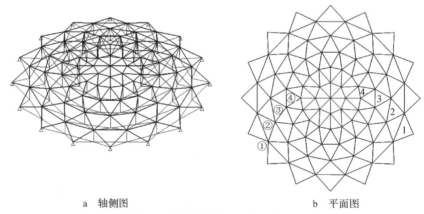

a　轴侧图　　　　　　　　b　平面图

图 1　结构构件布置与节点编号

3.2　算例 1

结构存在的力误差状态为四圈环向索的张力实测值由外向内分别为 425.0kN、350.0kN、226.0kN、

64.0kN。现对该结构的误差状态进行调整,采用分组分批张拉方法,按照1～4的顺序对环向索由外向内依次进行张拉。在索张拉过程中结构上部单层网壳各节点主要产生竖向位移,因此以①～④节点Z坐标值作为节点坐标控制值。采用位移补偿计算法,进行8次循环计算,得到结构的设计状态。$k=8$时各控制节点Z坐标值及各控制节点所对应的各组主动索张力计算结果见表2和表3。

表 2　节点坐标计算结果

	各控制节点坐标值/m			
	$[Z_1^j(8)]$	$[Z_2^j(8)]$	$[Z_3^j(8)]$	$[Z_4^j(8)]$
实测值	4.1798	2.6891	1.5199	0.6845
$j=1$	4.1767	2.6884	1.5198	0.6842
$j=2$	4.1825	2.6833	1.5155	0.6802
$j=3$	4.1830	2.6850	1.5134	0.6782
$j=4$	4.1832	2.6858	1.5152	0.6746
设计值	4.1833	2.6860	1.5147	0.6744
偏差	−0.0001	−0.0002	+0.0005	+0.0002

表 3　拉索张力计算结果

	各组索实际张力值/kN			
	$F_1^j(8)$	$F_2^j(8)$	$F_3^j(8)$	$F_4^j(8)$
实测值	425.0	350.0	226.0	64.0
$j=1$	485.1	362.8	230.2	65.3
$j=2$	497.9	396.4	237.0	68.7
$j=3$	499.1	398.3	246.3	70.5
$j=4$	499.6	399.5	248.4	80.1
设计值	500.0	400.0	250.0	80.0
偏差	−0.08%	−0.13%	−0.64%	+0.13%

根据网壳结构技术规程[9]规定,结构验收时测得的控制点竖向位移值应不大于相应荷载作用下设计值的1.15倍,本结构节点①～④所对应的竖向位移值容许偏差分别为7.6mm、2.1mm、4.6mm、4.6mm。从表2可以看出,调整后各控制节点的Z坐标值与设计值的偏差很小,其中节点③的偏差最大,为+0.5mm。因此,本算例的各控制节点竖向位移偏差满足规程要求。

从表3可以看出,结构每组索中的主动索分别按照其对角线上的张力控制值进行一次张拉调整即可得到设计状态。调整后各组索的实际张力值与设计值的偏差很小,其中偏差最大的第3圈索也仅为−0.64%,远远小于一般工程精度要求的5%。

3.3　算例2

结构存在的力误差状态为四圈环向索的张力实测值由外向内分别为425.0kN、350.0kN、226.0kN、64.0kN,此外,结构存在几何误差为第1圈竖杆所对应的上弦节点Z坐标与设计值存在的偏差均为+10.6mm;第2圈竖杆所对应的上弦节点Z坐标与设计值偏差均为−5.0mm。现对该结构的误差状态进行调整,采用分批张拉方法,按照1～4的顺序对环向索依次进行张拉。以①～④节点Z坐标作为节点坐标控制值,采用位移补偿计算法,进行12次循环计算。$k=12$时各控制节点Z坐标值及各控制节点所对应的各组主动索张力计算结果见表4和表5。

表 4　第一次调整节点坐标计算结果

	各控制节点坐标值/m			
	$[Z_1^j(12)]$	$[Z_2^j(12)]$	$[Z_3^j(12)]$	$[Z_4^j(12)]$
实测值	4.1905	2.6814	1.5202	0.6847
$j=1$	4.1825	2.6794	1.5197	0.6843
$j=2$	4.1825	2.6794	1.5197	0.6843
$j=3$	4.1841	2.6847	1.5129	0.6777
$j=4$	4.1843	2.6854	1.5147	0.6743
设计值	4.1833	2.6860	1.5147	0.6744
偏差	+0.0010	−0.0006	0.00	−0.0001

表 5　第一次调整拉索张力计算结果

	各组索实际张力值/kN			
	$F_1^j(12)$	$F_2^j(12)$	$F_3^j(12)$	$F_4^j(12)$
实测值	425.0	350.0	226.0	64.0
$j=1$	582.8	383.9	236.9	67.3
$j=2$	582.8	383.9	236.9	67.3
$j=3$	586.6	390.1	265.9	72.9
$j=4$	587.0	391.2	267.9	82.3
设计值	500.0	400.0	250.0	80.0
偏差	+17.4%	−2.2%	+7.16%	+2.88%

从表 4 可以看出,调整后各控制节点的 Z 坐标值与其设计值的偏差很小,其中节点①的偏差最大,为 $+1.0\,\mathrm{mm}$,小于规程要求的 $7.6\,\mathrm{mm}$。从表 5 可以看出,结构调整后各组索的实际张力值与设计值的偏差较大,其中第一圈索的偏差最大,为 $+17.4\%$,大于一般工程精度要求的 5%,不满足施工精度要求,需重新进行调整。

放宽对结构控制节点竖向位移的精度要求,采用位移补偿计算法对结构重新进行调整,进行 9 次循环计算。$k=9$ 时各控制节点 Z 坐标值及各控制节点所对应的各组主动索张力计算结果见表 6 和表 7。

表 6　第二次调整节点坐标计算结果

	各控制节点坐标值/m			
	$[Z_1^t(9)]$	$[Z_2^t(9)]$	$[Z_3^t(9)]$	$[Z_4^t(9)]$
实测值	4.1905	2.6814	1.5202	0.6847
$j=1$	4.1859	2.6833	1.5199	0.6844
$j=2$	4.1880	2.6814	1.5183	0.6829
$j=3$	4.1893	2.6854	1.5132	0.6780
$j=4$	4.1895	2.6861	1.5150	0.6745
设计值	4.1833	2.6860	1.5147	0.6744
偏差	$+0.0062$	$+0.0001$	$+0.0003$	$+0.0001$

表 7　第二次调整拉索张力计算结果

	各组索实际张力值/kN			
	$F_1^t(9)$	$F_2^t(9)$	$F_3^t(9)$	$F_4^t(9)$
实测值	425.0	350.0	226.0	64.0
$j=1$	514.8	369.6	232.3	65.9
$j=2$	519.7	382.2	234.9	67.2
$j=3$	522.5	386.9	256.7	71.5
$j=4$	522.9	388.1	258.8	80.9
设计值	500.0	400.0	250.0	80.0
偏差	$+4.58\%$	-2.98%	$+3.52\%$	$+1.13\%$

从表 6 可以看出,调整后各控制节点的 Z 坐标值与其设计值的偏差中节点①的偏差最大,为 $+6.2\,\mathrm{mm}$,但仍小于规程要求的 $7.6\,\mathrm{mm}$。其他各控制节点 Z 坐标值偏差也均小于规程要求。从表 7 可以看出,结构调整后各圈索的实际张力值与设计值的偏差中第 1 圈索的偏差值最大,为 $+4.58\%$,小于一般工程精度要求的 5%。因此,本算例结构的调整状态满足工程施工精度要求。

比较算例 2 中对结构误差状态的两次调整可以发现,后者结构控制节点的竖向位置偏差比前者结果大,而后者结构中索的实际张力值偏差比前者结果小。综合来看,结构第二次调整的结果优于第一次调整结果。

在两个算例对结构误差状态进行调整过程中,均对结构杆件内力和节点挠度进行了追踪,没有出现杆件内力和节点挠度过大的情况,也没有出现索退出工作的情况。限于篇幅,具体数据不予给出。

4　结论

(1)位移补偿计算法可计算得到各控制节点的坐标控制值,并得到对应的各组索张力控制值。索张拉施工时,每组索一次张拉到张力控制值即可,当最后一批索张拉完成后,所有索的实际张力值为其张力设计值。该方法提高了索张拉施工的工作效率,降低了施工成本。

(2)文中算例证明了位移补偿计算法在结构误差状态调整中的有效性,同时位移补偿计算法同样可应用于结构索初张力导入施工。

(3)对于处于力误差状态的结构采用位移补偿计算法,可使结构得到设计状态,即构件内力和节点位置均达到设计状态。

(4)对于处于较小几何误差状态的结构采用位移补偿计算法进行调整,使结构构件内力和节点位置满足施工精度要求。

参考文献

[1] 董石麟. 预应力大跨度空间钢结构的应用与发展[J]. 空间结构,2001,7(4):3—14.

[2] KANG W J,CHEN Z H,LAM H F,et al. Analysis and design of the general and outmost-ring stiffened suspen-dome structures[J]. Engineering Structures,2003,25(13):1685—1695.

[3] 卓新,石川浩一郎. 张力补偿计算法在预应力空间网格结构张拉施工中的应用[J]. 土木工程学报,2004,37(4):38—40.

[4] ZHUO X,ISHIKAWA K. Tensile force compensation analysis method and application in construction of hybrid structures[J]. International Journal of Space Structures,2004,19(1):39—46.

[5] 董石麟,卓新,周亚刚. 预应力空间网架结构一次张拉计算法[J]. 浙江大学学报(工学版),2003,37(6):629—633.

[6] 李永梅,张毅刚,杨庆山. 索承网壳结构施工张拉索力的确定[J]. 建筑结构学报,2004,25(4):76—81.

[7] 吕方宏,沈祖炎. 修正的循环迭代法与控制索原长法结合进行杂交空间结构施工控制[J]. 建筑结构学报,2005,26(3):92—97.

[8] 周臻,孟少平,陈亚春,等. 预应力网壳-拉杆拱组合结构的预应力全过程分析方法[J]. 建筑结构学报,2006,27(3):93—98.

[9] 中华人民共和国建设部. 网壳结构技术规程:JGJ 61—2003[S]. 北京:中国建筑工业出版社,2003.

129 自适应索杆张力结构内力和形状同步调控研究*

摘　要：为解决自适应索杆张力结构的形态控制问题，以节点位移和单元内力的同步调控为目标，考虑了结构的几何非线性，建立了增量形式的主动单元长度调控量的求解方程，通过对该方程系数矩阵的分析，给出了判断结构是否精确可控的条件，引入迭代算法，建立了调控流程，在每步调控后均进行结构响应的更新计算，建立了误差反馈机制，使结果精确可靠，通过算例分析，讨论了算法的有效性。算例的结果表明：本文提出的算法能简单判断自适应索杆张力结构的可控性。

关键词：自适应索杆张力结构；形态控制；单元长度变化；几何非线性

1　引言

索杆张力结构是以拉索和压杆为基本单元的一类由预应力提供刚度的柔性结构。由其结构特性所决定，索杆张力结构对单元长度的变化十分敏感，并且结构处于连续的张力状态，局部的几何或应力变化都将引起整体范围的内力和形状调整[1]。自适应索杆张力结构利用"牵一发而动全身"的特性，通过单元长度的主动调节改变结构形态，进而提高结构对外界环境改变的适应能力。因此，形态调控是自适应索杆张力结构研究的重要内容。

目前，以形状自适应为目标的索杆张力结构形态控制研究主要局限于张拉整体结构的控制研究中[2,3]。尽管针对自适应桁架结构的形态控制已进行了较多的研究[4-7]，但桁架结构是一类线性结构体系，通常不考虑单元变形对于结构形状的影响，而对索杆张力结构，几何非线性却不可忽略。文献[8]以索网结构的位移控制为例，对比了线性和非线性控制结果，并验证了非线性结果的精确性。同时，对张力结构而言，其几何形状和单元内力共同影响结构受力性能，形态控制应考虑形状和内力的同步控制[9]。

为了研究自适应索杆张力结构的形态控制问题，本文以节点位移和单元内力的同步调控为目标，考虑了结构的几何非线性，建立了增量形式的主动单元长度调控量的求解方程，通过对该方程系数矩阵的分析，给出了判断结构是否精确可控的条件，引入迭代算法，建立了调控流程，在每步调控后均进行结构响应的更新计算，建立了误差反馈机制，使结果精确可靠，通过算例分析，讨论了算法的有效性。算例的结果表明本文提出的算法能简单判断自适应索杆张力结构的可控性。

---

　　* 本文刊登于：李莎，肖南，董石麟.自适应索杆张力结构内力和形状同步调控研究[J].华中科技大学学报(自然科学版)，2014，42(8)：119−122，127.

2 有限元迭代计算公式的建立

索杆张力结构的有限元模型主要包含两种单元类型:杆单元和索单元。本研究采用只受拉不受压的空间两节点直线杆元模拟索单元,以简化计算。对于配置了作动器的主动单元,为不失一般性,通过等效线刚度考虑作动器刚度的影响[10],不对作动器的具体形式进行分析。

设有一稳定的自适应索杆张力结构,其中主动单元数为 n_a,单元总数为 n,自由节点数为 m,体系所受节点荷载向量为 $\boldsymbol{p}$。本文符号除说明的外,其余符号的含义参见文献[1]。

考察其中一单元 ij,设单元初始内力为 t_{ij0},节点几何坐标 $\boldsymbol{x}_{ij0}=\{x_i,y_i,z_i,x_j,y_j,z_j\}^{\mathrm{T}}$,单元长度为 L_{ij0},单元两端节点等效荷载 $\boldsymbol{p}_{ij}=\{p_{ix},p_{iy},p_{iz},p_{jx},p_{jy},p_{jz}\}^{\mathrm{T}}$。调控后单元长度为 L_{ij},节点发生位移 $\boldsymbol{u}_{ij}=\{u_i,v_i,w_i,u_j,v_j,w_j\}^{\mathrm{T}}$,单元内力变为 t_{ij},单元轴向弹性变形可表示为

$$e_{ij}=L_{ij}-L_{ij0}-e_{ij}^c \tag{1}$$

式中,e_{ij}^c 为主动单元调控长度(对于非主动单元,其值为 0),e_{ij} 为调控后单元产生的弹性应变。将空间节点坐标及位移代入式(1),并进行泰勒展开,略去高阶项,式(1)可表示为

$$e_{ij}=\left(\boldsymbol{B}_{ij}^L+\frac{1}{2}\boldsymbol{B}_{ij}^{NL}\right)\boldsymbol{u}_{ij}-e_{ij}^c \tag{2}$$

$$\boldsymbol{B}_{ij}^L=[-l,-m,-n,l,m,n] \tag{3}$$

$$\boldsymbol{B}_{ij}^{NL}=[-\alpha,-\beta,-\gamma,\alpha,\beta,\gamma] \tag{4}$$

式中,$l=\dfrac{x_j-x_i}{L_{ij0}}$,$m=\dfrac{y_j-y_i}{L_{ij0}}$,$n=\dfrac{z_j-z_i}{L_{ij0}}$,$\alpha=\dfrac{u_j-u_i}{L_{ij0}}$,$\beta=\dfrac{v_j-v_i}{L_{ij0}}$,$\gamma=\dfrac{w_j-w_i}{L_{ij0}}$。

由主动单元长度变化引起的单元内力可表示为

$$t_{ij}=t_{ij0}+\boldsymbol{T}_{ij}\left[\left(\boldsymbol{B}_{ij}^L+\frac{1}{2}\boldsymbol{B}_{ij}^{NL}\right)\boldsymbol{u}_{ij}-e_{ij}^c\right] \tag{5}$$

式中 $\boldsymbol{T}_{ij}$ 为单元线弹性刚度矩阵。

由虚功原理得到平衡方程

$$\boldsymbol{B}_{ij}^{\mathrm{T}}t_{ij}=\boldsymbol{p}_{ij} \tag{6}$$

式中 $\boldsymbol{B}_{ij}=\boldsymbol{B}_{ij}^L+\boldsymbol{B}_{ij}^{NL}$.

考虑结构的几何非线性,需建立增量关系的平衡方程,以方便迭代求解。由式(3)和式(5)可得单元轴向弹性变形与内力的增量表达式

$$\mathrm{d}e_{ij}=\boldsymbol{B}_{ij}\mathrm{d}\boldsymbol{u}_{ij}-\mathrm{d}e_{ij}^c \tag{7}$$

$$\mathrm{d}t_{ij}=\boldsymbol{T}_{ij}(\boldsymbol{B}_{ij}\mathrm{d}\boldsymbol{u}_{ij}-\mathrm{d}e_{ij}^c) \tag{8}$$

以调控前平衡态为初始态,对式(6)微分,并代入式(7)、式(8)经整理得

$$\left(\boldsymbol{C}\frac{t_{ij0}}{L_{ij0}}+\boldsymbol{B}_{ij}^{\mathrm{T}}\boldsymbol{T}_{ij}\boldsymbol{B}_{ij}\right)\mathrm{d}\boldsymbol{u}_{ij}=\mathrm{d}\boldsymbol{p}_{ij}+\boldsymbol{B}_{ij}^{\mathrm{T}}\boldsymbol{T}_{ij}\mathrm{d}e_{ij}^c \tag{9}$$

式中 $\boldsymbol{C}=\begin{bmatrix}\boldsymbol{I}_3 & -\boldsymbol{I}_3\\ -\boldsymbol{I}_3 & \boldsymbol{I}_3\end{bmatrix}$。由式(9)可得到单元切线刚度矩阵

$$\boldsymbol{K}_{Tij}=\boldsymbol{C}\frac{t_{ij0}}{L_{ij0}}+\boldsymbol{B}_{ij}^{\mathrm{T}}\boldsymbol{T}_{ij}\boldsymbol{B}_{ij} \tag{10}$$

式中等号右端项第一项为单元几何刚度矩阵,将单元刚度矩阵和平衡方程按照对应关系扩大到整体结构中,则可得到整体坐标系下增量平衡方程

$$\boldsymbol{K}_T\mathrm{d}\boldsymbol{u}=\mathrm{d}\boldsymbol{p}+\boldsymbol{B}^{\mathrm{T}}\boldsymbol{T}\mathrm{d}e^c \tag{11}$$

式中，K_T 为整体刚度矩阵；B 为由 B_{ij} 按照几何拓扑组成的整体协调矩阵；$T = \text{diag}(E_1 A_1/L_1, E_2 A_2/L_2,$ $\cdots, E_k A_k/L_k)(k = 1, 2, \cdots, n)$ 为线弹性材料刚度矩阵；n 维向量 e^c 中元素对应主动单元伸长量，其余元素则为 0。

由式(8)可获得单元内力增量的表达式

$$\mathrm{d}t = TB\mathrm{d}u - T\mathrm{d}e^c \tag{12}$$

式(11)和(12)可表示为如下矩阵形式

$$\begin{bmatrix} \mathrm{d}u \\ \mathrm{d}t \end{bmatrix} = \begin{bmatrix} K_T^{-1} \\ TBK_T^{-1} \end{bmatrix} \mathrm{d}p + \begin{bmatrix} K_T^{-1}B^{\mathrm{T}}T \\ TBK_T^{-1}B^{\mathrm{T}}T - T \end{bmatrix} \mathrm{d}e^c \tag{13}$$

若以结构在承受荷载时的平衡态为初始态，且调控时节点外荷载不发生变化，则式(15)可简化为

$$R\mathrm{d}e^c = \begin{bmatrix} \mathrm{d}u \\ \mathrm{d}t \end{bmatrix} \tag{14}$$

式中 $R = \begin{bmatrix} K_T^{-1}B^{\mathrm{T}}T \\ TBK_T^{-1}B^{\mathrm{T}}T - T \end{bmatrix}$。

式(14)为所有节点位移及内力对主动单元长度变化的增量关系，为建立主动调控量和位移控制量及内力控制量之间的关系，将上式进行化简。令 $u_c(m_c \times 1)$ 为包含 m_c 个控制自由度的位移向量，u_n 为非控制自由度的位移向量，$t_c(n_c \times 1)$ 为包含 n_c 个内力控制量，t_n 为非控制内力向量，$e_a(n_a \times 1)$ 为包含 n_a 个作动器伸长量的控制变量，则式(14)可化为如下形式

$$\begin{bmatrix} R_{11}^{(m_c+n_c) \times n_a} & R_{12}^{(m_c+n_c) \times (n-n_a)} \\ R_{21}^{[m-(m_c+n_c)] \times n_a} & R_{21}^{[m-(m_c+n_c)] \times (n-n_a)} \end{bmatrix} \begin{Bmatrix} \mathrm{d}e_a \\ 0 \end{Bmatrix} = \begin{Bmatrix} \mathrm{d}u_c \\ \mathrm{d}t_c \\ \mathrm{d}u_n \\ \mathrm{d}t_n \end{Bmatrix} \tag{15}$$

于是可得到调控量与控制自由度及控制单元内力的增量关系式

$$R_{11}^{(m_c+n_c) \times n_a} \mathrm{d}e_a = \begin{Bmatrix} \mathrm{d}u_c \\ \mathrm{d}t_c \end{Bmatrix} = \Delta_c \tag{16}$$

由此，获得了主动单元调控量关于控制目标的增量关系式。根据式(16)，则能对自适应索杆张力结构的形态控制问题进行求解。

3 调控长度的求解与结构精确可控的判断

为了求解主动单元调控长度，并进一步分析结构精确可控的条件，可直接对式(16)进行迭代求解，通过对式(16)是否有解进行判断，以此决定结构在当前状态下是否精确可控。若能对式(16)进行求解，则认为结构精确可控；否则认为结构非精确可控。

设 r 为系数矩阵 R_{11} 的秩，r' 为系数增广矩阵 $[R_{11} | \Delta_c]$ 的秩，根据线性方程组的求解理论，上式解的结构有以下几种情况：

(1)当 $r < m_c + n_c \leqslant n_a$ 时，其中有 $m_c + n_c - r$ 个控制方程与其余方程线性相关。只有当 Δ_c 中相应目标值具备同样的线性相关度，即 $r = r'$ 时，才能满足方程有解，且有多个解；

(2)当 $r = m_c + n_c \leqslant n_a$ 时，所有控制方程之间相互独立，自然满足 $r = r'$，方程有解，且 $n_a = r$ 时有唯一解，$n_a > r$ 时有多个解；

(3)当 $r \leqslant n_a < m_c + n_c$ 时，主动单元数小于控制自由度数，有 $m_c + n_c - r$ 个控制方程与其余方程线性相关。只有当 Δ_c 中相应目标值具备同样的线性相关度，即 $r = r'$ 时，才能满足方程有解，且 $n_a = r$ 时

有唯一解，$n_a > r$ 时有多个解。

由 Moore-Penrose 逆的相关理论[11]，可以对任意线性方程组是否有解进行判断，且获得相关解集。判断式（16）是否有解的充分必要条件为

$$\boldsymbol{R}_{11}\boldsymbol{R}_{11}^+\boldsymbol{\Delta}_c = \boldsymbol{\Delta}_c \tag{17}$$

式中 $\boldsymbol{R}_{11}^+$ 为矩阵 $\boldsymbol{R}_{11}$ 的唯一 Moore-Penrose 逆。根据上述条件，可以对是否能够满足控制目标进行判断，若不满足上述条件，则无法求得满足精确调控要求的主动单元调控量，结构非精确可控。若满足上述条件，则其通解可表示为

$$\mathrm{d}\boldsymbol{e}_a = \boldsymbol{R}_{11}^+\boldsymbol{\Delta}_c + (\boldsymbol{I} - \boldsymbol{R}_{11}^+\boldsymbol{R}_{11})\boldsymbol{y} \tag{18}$$

对于存在多个解的情况，$\boldsymbol{y}$ 为随机变量，可以设定目标对其进行一维搜索优化，为计算方便，采用最小二乘解作为其有效解，因此调控增量可简化为

$$\mathrm{d}\boldsymbol{e}_a = \boldsymbol{R}_{11}^+\boldsymbol{\Delta}_c \tag{19}$$

通过式（19），可对主动调控量 $\boldsymbol{e}_a$ 进行迭代求解，其具体求解流程如下。

（1）初始化结构几何 $\boldsymbol{x}^{(0)}$，位移 $\boldsymbol{u}^{(0)} = 0$，内力 $\boldsymbol{t}^{(0)}$，调控量 $\boldsymbol{e}_a^{(0)} = 0$，控制目标 $\boldsymbol{\Delta}_c^{(0)}$，设置迭代变量 $i = 0$；

（2）计算 $\boldsymbol{K}_T^{(i)}, \boldsymbol{B}^{(i)}, \boldsymbol{R}^{(i)}, \boldsymbol{R}_{11}^{+(i)}$；

（3）根据式（18）判断是否存在精确解，若存在，则进行下一步，否则退出计算；

（4）由式（19）计算该步近似调控增量 $\mathrm{d}\boldsymbol{e}_a^{(i)}$；

（5）根据 $\mathrm{d}\boldsymbol{e}_a^{(i)}$ 求解结构真实响应 $\boldsymbol{x}^{(i+1)}$ 和 $\boldsymbol{t}^{(i+1)}$；

（6）计算 $\boldsymbol{\Delta}_c^{(i+1)}$，判断控制目标位移与控制目标内力是否满足要求，若满足，则迭代结束，若不满足，则令 $i = i+1$，重复（2）～（6）步。

4　调控后结构响应评估

考虑到非线性有限元法的计算效率及有效性，本文引入牛顿-拉普森迭代算法对结构响应进行计算。第 i 迭代步求得 $\mathrm{d}\boldsymbol{e}_a^{(i)}$ 后，结构响应计算如下。

（1）设置初始参考构形 $\boldsymbol{x}_k = \boldsymbol{x}^{(i)}$，单元内力 $\boldsymbol{t}_k = \boldsymbol{t}^{(i)} - \boldsymbol{T}_k\boldsymbol{B}_a\mathrm{d}\boldsymbol{e}_a^{(i)}$，切线刚度矩阵 $\boldsymbol{K}_{Tk} = \boldsymbol{K}_T^{(i)}$，平衡矩阵 $\boldsymbol{A}_k = [\boldsymbol{B}^{(i)}]^{\mathrm{T}}$，$\boldsymbol{T}_k$ 为单元材料线刚度矩阵，$\boldsymbol{B}_a$ 为 $n \times n_a$ 主动单元位置矩阵，初始迭代变量 $k = 0$；

（2）计算节点不平衡力 $\boldsymbol{R}_k = \boldsymbol{p} - \boldsymbol{A}_k\boldsymbol{t}_k$；

（3）由位移方程 $\boldsymbol{K}_{Tk}\Delta\boldsymbol{u}_k = \boldsymbol{R}_k$，求出该步节点位移增量 $\Delta\boldsymbol{u}_k = [\boldsymbol{K}_{Tk}]^{-1}\boldsymbol{R}_k$；

（4）根据 $\Delta\boldsymbol{u}_k$ 更新 $\boldsymbol{x}_{k+1} = \boldsymbol{x}_k + \Delta\boldsymbol{u}_k$，并根据新的坐标计算单元长度 $\boldsymbol{L}_{k+1}$，以及材料线刚度矩阵 $\boldsymbol{T}_{k+1}$；

（5）计算单元内力增量 $\Delta\boldsymbol{t}_k = \boldsymbol{T}_{k+1}(\boldsymbol{L}_{k+1} - \boldsymbol{L}_k)$，更新该步内力 $\boldsymbol{t}_{k+1} = \boldsymbol{t}_k + \Delta\boldsymbol{t}_k$；

（6）在新的构形上计算 $\boldsymbol{K}_{Tk+1}, \boldsymbol{A}_{k+1}$；

（7）计算节点不平衡力 $\boldsymbol{R}_{k+1} = \boldsymbol{p} - \boldsymbol{A}_{k+1}\boldsymbol{t}_{k+1}$；

（8）判断 $\boldsymbol{R}_{k+1}$ 或位移增量 $\Delta\boldsymbol{u}_k$ 是否满足收敛要求，若满足，则迭代结束，若不满足，则令 $k = k+1$，重复（3）～（8）步。

当调控长度较大时，可采用增量牛顿-拉普森法进行逐步计算，一方面可以跟踪结构响应，另一方面也能有效监督单元是否会发生松弛或屈服失效等问题。

5 算例分析

根据以上算法,采用 MATLAB 软件编制了相应程序,针对一简单索杆张力结构模型进行调控计算。为验证调控结果的可靠性,将主动单元长度调控量转换为等效热应变,利用 ANSYS 软件建立有限元模型,选用 Link8 及 Link10 单元分别模拟压杆和拉索,计算中考虑几何非线性,材料本构关系为线弹性。

算例模型如图 1 所示,其中所有拉索采用直径 5mm 钢绞线,弹性模量 185GPa,压杆采用 20mm×3mm 空心钢管,弹性模量 206GPa,脊索、斜索、上环索、下环索、压杆的初始预应力分布为 [30,30,19.696,19.696,−11.142]kN。设置所有拉索为主动单元,并假设所有主动单元具有 ±0.15m 的调控能力,控制目标包含两个要求:(a)顶部 4 个节点 z 向坐标始终保持不变;(b)①~④号单元(脊索)内力保持 30kN。考虑两种荷载工况:工况一为顶部 5~8 号节点分别作用竖直向下 10kN 集中荷载;工况二为顶部 5 号节点作用竖直向下 15kN 集中荷载,其余 6~8 节点仍作用竖直向下 10kN 集中荷载。

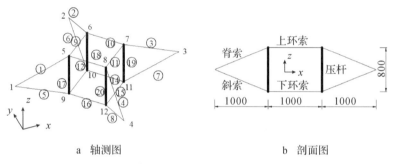

a 轴测图   b 剖面图

图 1 索杆张力结构模型(单位:mm)

为了实现控制目标的两个要求,下面给出两种荷载工况下主动单元调控量 e_a 的数值。

工况一:单元号①~⑯的调控量(单位:m)分别为 −0.0071,0.0018,0.0033,0.0018,−0.0070,−0.0094,−0.0030,−0.0094,−0.0018,0.0017,0.0017,−0.0018,−0.0053,−0.0040,−0.0040,−0.0053。

工况二:单元号①~⑯的调控量(单位:m)分别为 −0.13146,−0.00964,0.10814,0.07312,−0.05940,−0.02426,0.03526,0.01077,−0.04712,0.01853,0.06076,−0.03392,−0.03519,0.02214,0.01091,−0.01329。

对于荷载工况一,由于结构属于对称结构,且外荷载也为对称荷载,因此主动单元的调控量也具备一定的规律性。对调控前后结构从无外荷载状态到调整后状态的变化过程进行对比研究,结果表明:当结构受到外荷载时,脊索内力较预应力状态降低了近 50%,经过调整后,脊索内力回复到了原预应力水平,满足了内力的控制目标需求。对调控前后顶部四个节点竖向位移的变化过程的实验研究结果表明:结构变形后,5~8 号控制节点同时下降了约 13mm,经过调整,除 7 号节点有约 1mm 的误差外,其余三个节点均满足了规定的控制要求。

对于荷载工况二,结构在不对称荷载作用下各主动单元调控量也有较大差异。对比调控前后结构的受力状态变化,结果表明:各组单元受荷后的内力变化基本一致,但结构产生了较大位移和变形,承受较大荷载的 5 号节点产生了大位移,各节点位移也不一致。经过调控后,脊索内力精确达到了控制要求,5 号节点竖向位移也精确达到了调控目标,除 7 号节点外,6 号和 8 号节点位移均比调控前有所减小,总体趋势使顶部表面趋于恢复水平状态。

对于两种荷载工况调控后的结构响应通过 ANSYS 软件进行了验证,结果表明:无论是单元内力还是节点位移,ANSYS 的结果和本文计算的结构响应符合很好,验证了结果的可靠性。

两种荷载工况下,对于单元内力的控制均精确地达到了目标,而对于节点自由度的控制,相较目标而言均有不同程度的差距,荷载工况一最大相差 1mm,荷载工况二最大相差 9mm,这说明在非均布荷载下,结构更难以达到位移精确控制的目标。在计算过程中发现:调控量的迭代计算收敛很快,两种荷载工况均迭代不足 10 次达到收敛精度,体现了该算法的快速有效。

须指出,本文算法对于主动单元数目不小于调控目标数的情况具有较为精确的结果,但对于主动单元数较少的情况,还需要探求其他方法进行调控量的计算搜索,以获得更广泛的适用性。

参考文献

[1] 董石麟,罗尧治,赵阳,等.新型空间结构分析、设计与施工[M].北京:人民交通出版社,2006.

[2] FEST E,SHEA K,SMITH I. Active tensegrity structure[J]. Journal of Structural Engineering,ASCE,2004,130(10):1454－1465.

[3] FEST E,SHEA K,DOMER D,et al. Adjustable tensegrity structures[J]. Journal of Structural Engineering,ASCE,2003,129(4):515－526.

[4] KAWAGUCHI K,HANGAI Y,PELLEGRINO S,et al. Shape and stress control analysis of prestressed truss structures[J]. Journal of Reinforced Plastics and Composites,1996,15(12):1226－1236.

[5] SENER M,UTKU S,WADA B K. Geometry control in prestressed adaptive space trusses[J]. Smart Materials and Structures,1994,3(2):219－225.

[6] ANDO K,MITSUGI J,SENBOKUYA Y. Analyses of cable-membrane structure combined with deployable truss[J]. Computers & Structures,2000,74(1):21－39.

[7] 隋允康,龙连春.智能桁架结构最优控制方法与数值模拟[M].北京:科学出版社,2006.

[8] XU X,LUO Y Z. Non-linear displacement control of prestressed cable structures[J]. Proceedings of the Institution of Mechanical Engineers,Part G:Journal of Aerospace Engineering,2009,223(7):1001－1007.

[9] 肖南,黄玉香,陈华鹏.基于虚功原理索杆张力结构强度优化形状分析[J].华中科技大学学报(自然科学版),2011,39(8):43－48.

[10] 肖南,肖新,董石麟.张力结构形状调整优化分析[J].浙江大学学报(工学版),2009,43(8):1513－1519.

[11] 程运鹏.矩阵论[M].西安:西北工业大学出版社,2006.

130 大跨度索杆张力结构的预应力分布计算[*]

摘　要：针对多自应力模态与机构位移模态索杆张力结构可行预应力分布求解的最复杂情形，为得到一种具有一定普遍意义的预应力优化求解策略，以该结构体系的一种新形式——大跨度环形平面空间索桁张力结构为基础，考虑其几何拓扑形式多样的特点，应用结构平衡矩阵理论与代数奇异值分解算法，通过对结构模态矩阵的分解变换及其组合运算，提出了一种可依据结构预应力分布的不同优化目标进行求解的新方法——目标选择优化法，使多自应力模态索杆张力结构体系的可行预应力分布求解工作得以便捷的实现。在此基础上，对大跨度索杆张力结构的预应力分布计算方法分三类进行了较为全面的总结。通过三种不同形式新型空间索桁张力结构的可行预应力分布求解算例，验证了本文计算方法的简捷与有效。

关键词：大跨度；索杆张力结构；多自应力模态；可行预应力分布；预应力优化

1　引言

索杆张力结构作为一种技术先进的现代空间结构体系，以拉索和压杆为基本构成单元，通过自平衡预应力形成结构的刚度，具有跨度大、自重轻、施工方便、易维护、结构轻盈且富于多种建筑造型等优点，特别适用作大型体育场馆、会展中心等大跨度建筑的屋盖结构，其全新的结构成形理念与施工工艺是现代空间结构先进建筑思维与技术的集中体现。就体系的构成形式而言，索杆张力结构主要可分为张拉整体结构、索穹顶结构以及在此基础上发展形成的空间索桁张力结构等。由于此类结构的成形与受力分析都较为复杂，其发展过程必然与当代的科技进步联系在一起。国内外学者对索穹顶与张拉整体结构的研究已开展 20 余年，迄今已取得了相当的研究成果；对近年来出现的大跨度空间索桁张力结构（如韩国釜山体育场罩棚等），国内的研究刚刚起步，国外可参考的文献则仅限于一般的工程简介或基础理论研究[1,2]。而对这类空间结构体系的改良与创新，有利于打破国外技术垄断局面，形成拥有自主知识产权的技术体系，提高我国在大跨度空间结构领域的国际竞争力。我们在完成对大跨度肋环型索桁张力结构（图 1）理论分析与模型试验的基础上[3]，针对该结构在不对称荷载作用下变形较大且易发生整体扭转失稳的力学缺陷，改变索杆的拓扑构成关系，提出了一种全新的结构体系——大跨度环形平面葵花型空间索桁张力结构[4]（图 3,5）。针对该结构几何拓扑复杂、多自应力模态与机构位移模态的特点，对其关键的预应力分布求解方法进行了深入的研究。在这些工作完成的基础上，即可对上述各种形式索杆张力结构的可行预应力分布计算方法进行较为全面的分类阐述。

---

*　本文刊登于：蔺军,董石麟,王寅大,高继领. 大跨度索杆张力结构的预应力分布计算[J]. 土木工程学报,2006,39(5):16-22,50.

2 索杆张力结构可行预应力分布的计算方法

2.1 理论背景与研究现状

索杆张力结构属典型的柔性结构体系,无论成形态还是荷载态,索杆体系(及外围环梁)构成拉力和压力的有效自平衡体系;只有通过施加适当的预应力,赋予结构一定的几何刚度,才能成为承受外载的结构。由于此类结构的初始几何态与预应力态相互关联且具有很强的几何非线性,使得结构的预应力计算与优化工作甚为复杂;而预应力的分布与施加规律对结构的成形非常重要:要考虑结构的拓扑对称关系与构件的内力约束条件,保证结构中所有的索均受拉、杆均受压;拓扑位置相同(对称)的同类(组)构件预应力相等及整体自应力平衡,才能满足索杆张力结构的几何与力学约束特性而得以成形。如何合理而便捷地确定其初始形状与可行预应力分布规律(初始形态),是此类结构设计中需首要解决的关键问题;在此基础上,才能进行进一步的结构静、动力性能分析。而通常情况下,结构的几何外形由建筑设计给定,其形态分析工作便归结为在边界约束条件与结构拓扑关系已知的情况下,探求如何获得满足给定结构几何位形的预应力分布问题,即"找力"(force finding)。

在柔性体系找力问题的理论研究方面,迄今国内外学者已做了较多的研究工作。1978 年 Calladine[5]首先从 Maxwell 准则出发,用线性代数理论分析了 Fuller 型张拉整体结构的自应力模态与机构位移特点。Pellegrino[6,7]系统地研究了预应力空间铰接杆系结构的静态与运动特性,应用高斯消去法和奇异值分解法确定结构的机构位移模态和自应力模态。近来 Kangwai 和 Guest[8]则将群论用于对称结构的分析,通过块分解平衡矩阵来确定 Geiger 型索穹顶的自应力模态与机构位移,是目前可参考的较新的方法。国内曹喜等[9]较早地提出了张拉整体索穹顶结构的可行预应力概念,以结构的独立自应力模态组合系数之和最小为目标进行优化计算。董智力等[10]从体系的相容性方程出发,根据索穹顶结构的自应力模态数及其预应力基向量对索杆内力进行了优化分析。罗尧治等[11]利用广义逆的概念,通过对体系平衡方程的求解,研究了部分轴对称索杆张力结构的预应力分布。袁行飞等[12,13]明确提出了整体可行预应力概念,建立了相应的求解规则,为求解多自应力模态下索杆张力体系的预应力分布问题提供了一种有效的思路。

上述文献的研究范围基本上限于索穹顶结构(部分为张拉整体结构),其找力方法的适用范围有一定的局限性。由于索穹顶结构在几何拓扑方面特有的规律性(多为圆形平面、轴对称结构),采用上述文献的方法一般情况下可较好地完成其找力工作。而对于几何拓扑关系不规则的其他类型索杆张力结构(如部分形式复杂的 Kiewitt 型索穹顶及椭圆开口的葵花型空间索桁张力结构[4]等),这些方法尚不能有效求解其可行预应力分布,而此类结构多是近年来才出现或提出的新型索杆张力结构类型。本文重点对此类拓扑形状不规则的索杆张力结构进行研究,以期得到一种具有普遍意义的优化设计策略,使多自应力模态索杆张力结构的可行预应力分布规律得以便捷有效的求解。

2.2 索杆张力结构可行预应力分布的求解方法

对节点数为 j、构件数为 b、k 个自由度受到约束的空间杆系结构,结构的平衡方程为

$$At = f \tag{1}$$

式中:A 为平衡方程未知数的 $(3j-k) \times b$ 维系数矩阵,即结构平衡矩阵;t 为索杆构件的 b 维内力向量;f 为 $3j-k$ 维节点荷载向量。计算形成结构的平衡矩阵 A 并对其奇异值分解[7],有

$$A = USV^{\mathrm{T}} \tag{2}$$

式中：$U = \begin{bmatrix} u_1 & u_2 & \cdots & u_{3j-k} \end{bmatrix}$，$V = \begin{bmatrix} v_1 & v_2 & \cdots & v_b \end{bmatrix}$，$S = U^{\mathrm{T}}AV$。

设 A 的秩为 r，则结构的独立自应力模态数 $s = b - r$，机构位移模态数 $m = 3j - k - r$。对于 $s > 0$ 的静不定索杆张力体系，其任一整体可行预应力分布都可表示为

$$t = V'\alpha = \begin{bmatrix} v_{r+1}\alpha_1 + v_{r+2}\alpha_2 + \cdots + v_b\alpha_b \end{bmatrix} \tag{3}$$

式中，$V' = \begin{bmatrix} v_{r+1} & v_{r+2} & \cdots & v_b \end{bmatrix}$ 为结构的独立自应力模态矩阵，$\alpha = \begin{bmatrix} \alpha_1 & \alpha_2 & \cdots & \alpha_b \end{bmatrix}^{\mathrm{T}}$ 为独立自应力模态组合因子。

由对 A 奇异值分解的矩阵空间代数意义可知，结构的预应力分布 t 即对应于式(1)的数学通解。限于篇幅与探讨的重点，下文对该领域的一些基本概念与定义不加过多解释说明，必要的话可参考文后相关文献。

2.2.1　索杆张力结构的第一种找力情形($s = 1$)

当结构的独立自应力模态数 $s = 1$ 时，由于此时 V' 为一 b 维列向量，即可直接得到体系的预应力分布规律 $t = V'$（或 $-V'$）；如 V' 中对应的元素不符合结构的可行预应力约束特性（杆受压为负、索受拉为正），则需调整几何拓扑关系以满足索杆张力结构的力学约束条件。本文将其归类为索杆张力结构的第一种找力情形，适用于设内环的 Geiger 型索穹顶[12]、平面索桁结构[11]、环形平面肋环型空间索桁张力结构[3] 等。由于以往文献对索穹顶结构的找力分析较多，本文不再重复给出此类结构的算例。此处选取了一个典型的环形平面肋环型空间索桁张力结构算例见 3.1 节。

2.2.2　索杆张力结构的第二种找力情形($s' = 1$)

当 $s > 1$ 时为多自应力模态体系，须进一步求解结构的可行预应力分布。

结合整体可行预应力概念[12]，考虑结构的拓扑对称关系与构件的内力约束条件，将全部索杆构件分为 n 组（类）。按分组顺序，结构的可行预应力分布又可表示为 $t = Et'$，其中 $E = \begin{bmatrix} e_1 & e_2 & \cdots & e_n \end{bmatrix}$ 为单位可行预应力分组信息矩阵，$e_i (i = 1, 2, \cdots, n)$ 为 b 维单位基向量，当其中对应的元素为 i 组构件时，索取 1，杆取 -1；非本组构件的元素均取 0。$t = \begin{bmatrix} x_1 & x_2 & \cdots & x_n \end{bmatrix}^{\mathrm{T}}$ 为分组后的可行预应力分布（绝对值）。由 $t = V'\alpha = Et'$，有

$$\begin{bmatrix} V' & -E \end{bmatrix} \begin{Bmatrix} \alpha \\ t' \end{Bmatrix} = T\bar{t} = 0 \tag{4}$$

式中，$\bar{t} = \begin{bmatrix} \alpha & t' \end{bmatrix}^{\mathrm{T}}$，为独立自应力模态组合系数 α 与分组可行预应力 t' 的组合列向量。由式(4)，对 $b \times (s+n)$ 维的独立自应力模态与单位可行预应力分组信息的组合矩阵 $T = \begin{bmatrix} V' & -E \end{bmatrix}$ 进行第二次奇异值分解运算，以完整地利用体系的几何与力学约束信息：

$$T = \widetilde{U}\widetilde{S}\widetilde{V}^{\mathrm{T}} \tag{5}$$

设 T 的秩为 r'，则二次奇异值分解后得到结构的整体自应力模态数 $s' = s + n - r'$。类似对平衡矩阵 A 的第一次奇异值分解过程，可得方程(4)的基础解系

$$\widetilde{V}' = \begin{bmatrix} \tilde{v}_{r'+1} & \tilde{v}_{r'+2} & \cdots & \tilde{v}_{s'+n} \end{bmatrix} = \begin{bmatrix} {}_1\widetilde{V}' & {}_2\widetilde{V}' \end{bmatrix}^{\mathrm{T}} \tag{6}$$

式中，${}_1\widetilde{V}'$、${}_2\widetilde{V}'$ 分别对应于方程(4)中的向量 α 与 t'。结构的整体可行预应力（分组形式）可表示为

$$t' = {}_2\widetilde{V}'\beta = \begin{bmatrix} {}_2\tilde{v}_{r'+1} & {}_2\tilde{v}_{r'+2} & \cdots & {}_2\tilde{v}_{s+n} \end{bmatrix} = \begin{bmatrix} \beta_1 & \beta_2 & \cdots & \beta_{s'} \end{bmatrix}^{\mathrm{T}} \tag{7}$$

式中，${}_2\widetilde{V}'$ 即为式(6)中的 $\widetilde{V}'$ 去除前行包含模态组合因子 α 信息元素的分块矩阵，称为结构的整体自应力模态矩阵；β 为整体自应力模态组合系数。

至此，如整体自应力模态数 $s' = 1$，则 ${}_2\widetilde{V}'$ 为一 n 维列向量，当其中的元素均为正值时，即可得到结构的可行预应力分布（绝对值）$t' = {}_2\widetilde{V}'$；若不满足正值条件，则需改变体系的几何与拓扑关系重新计算。称此时 $s' = 1$ 时的情况为索杆张力结构的第二种找力情形，适用于圆形平面 Levy 型索穹顶[9]、Geiger 型索穹顶、部分简单形式的 Kiewitt 型索穹顶[12]、封闭（无开口）的肋环型空间索桁张力结构[11] 及圆形平面葵花型空间索桁张力结构（图3）等。对于常见的索穹顶及其他拓扑几何规则的索杆张力体

系,结构内在的几何与内力约束信息充分至决定其整体自应力分布规律唯一,此时只要保证构件分组信息的正确(杆受压,索受拉;拓扑位置相同的构件同组),式(7)中的 $_2\widetilde{V}'$ 为一 n 维列向量且所有元素均大于零,从而结构的可行预应力分布得以唯一确定。文献[9—12]基于对平衡矩阵 A 的一次奇异值分解,在求得结构的独立自应力模态后,都围绕模态组合因子 α 进行优化以求解结构的可行预应力,工作量可谓不小;而这里通过对模态组合矩阵 T 的二次奇异值分解即可便捷地完成。应用上述的方法,给出一个典型的圆形平面葵花型空间索桁张力结构算例见 3.2.1 节。

2.2.3　索杆张力结构的第三种找力情形($s' > 1$)

排除 $s' = 0$ 等不满足体系可行预应力施加要求的结构拓扑构成情况,对上述第一种、第二种找力情形以外的其他几何拓扑构成复杂(不规则)、体系的几何与力学约束信息尚不充分至决定其整体自应力分布规律唯一的索杆张力结构,对 T 二次奇异值分解后只能得到结构的 s' 组($s' > 1$)整体自应力模态(式(7)中的 $_2\widetilde{V}'$ 为 $n \times s'$ 维矩阵且不能保证其中有一列元素均大于零),结构的整体自应力分布规律不唯一。到目前为止,对此类结构可行预应力分布的求解只能是采用相应的预应力优化设计,再无利用结构的拓扑与力学约束信息进行矩阵的代数运算来完成的可能,此处将其归类为索杆张力结构的第三种找力情形。文献[13]对此进行了一定程度的分析,但尚未提出一种方便且较为通用的预应力分布优化求解方法。本文对这类问题进行了深入的研究,提出如下的求解策略。

由式(7),为获得所需的可行预应力分布,可进一步求解其整体自应力模态组合系数 β;而一般情况下,由于 β 并无非负的约束条件,不便应用当前成熟的优化算法(如线性规划法等)便捷地求解;而直接以 β 为优化设计变量,或以构件总重最轻之类为目标的预应力分布优化计算大都只能针对具体的结构形式与找力类型进行分析,为获得一组可行的预应力分布,计算量大,方法不具备普遍性。实际上,为得到具有一定普遍意义的结构可行预应力分布求解策略,可不必直接求解 β,而根据对体系预应力分布状态的要求与所需的优化目标,任选(无顺序限制)分组可行预应力 t' 中的第 $i, j, \cdots, m$ 行(组)构件共 s' 组(也可多于 s' 组,见 3.2.2 节)构成结构的预应力优化设计变量 $x = [x_i \ x_j \ \cdots \ x_m]^{\mathrm{T}}$,并提取 $_2\widetilde{V}'$ 中与设计变量 x 所代表构件对应的各行元素,构成 $_2\widetilde{V}'$ 缩阶后的 s' 阶方阵

$$X = \begin{bmatrix} x'_{11} & x'_{12} & \cdots & x'_{1s'} \\ x'_{21} & x'_{22} & \cdots & x'_{2s'} \\ \cdots & \cdots & \cdots & \cdots \\ x'_{s'1} & x'_{s'2} & \cdots & x'_{s's'} \end{bmatrix} = \begin{bmatrix} \widetilde{v}_{i1} & \widetilde{v}_{i2} & \cdots & \widetilde{v}_{is'} \\ \widetilde{v}_{j1} & \widetilde{v}_{j2} & \cdots & \widetilde{v}_{js'} \\ \cdots & \cdots & \cdots & \cdots \\ \widetilde{v}_{m1} & \widetilde{v}_{m2} & \cdots & \widetilde{v}_{ms'} \end{bmatrix} \tag{8}$$

此时再由式(7),即可得

$$x = X\beta \tag{9}$$

对 X 求逆,并将 β 表示为设计变量 x 的函数,有

$$\beta = X^{-1}x \tag{10}$$

将上式代回式(7),即得

$$t' = {}_2\widetilde{V}'X^{-1}x = \bar{V}x \tag{11}$$

至此,即可将式(7)中对无约束条件模态组合因子 β 的求解,转化为对式(11)中有明确非负约束条件的构件内力(绝对值)x 的直接求解,结构的可行预应力计算不再通过 β 来完成。其中 $\bar{V} = {}_2\widetilde{V}'X^{-1}$,相当于结构整体自应力模态矩阵 $_2\widetilde{V}'$ 的变形矩阵;$t' = \bar{V}x$,为全体分组构件预应力分布的绝对值,亦有非负的约束条件。由此可建立起标准的数学优化模型

$$\min. \ f(x) = c^{\mathrm{T}}x;$$
$$s.t. \ \bar{V}x = t' \geqslant 0$$
$$x \geqslant 0 \tag{12}$$

式中的向量 c 可根据不同的优化目的进行多种构建与扩充,一般可取为 s' 维列向量,即 $c =$

$[1 \quad 1 \quad \cdots \quad 1]^T$。在形成上述标准形式的优化设计变量、状态变量、优化目标及其约束条件后,对 x 的求解可应用标准的线性规划算法(如单纯形法)[14]方便地实现,从而极大地降低了为获得一组合理可行的预应力分布而进行额外繁重的目标优化工作的代价。更重要的是,这种结构可行预应力分布规律的求解策略是有普遍意义的,通过对优化设计变量 x 的区别选取及不同形式向量 c 的构建,可求解多种的优化目标(见 3.2.2 节算例),广泛适用于拓扑构成复杂的多自应力模态索杆张力结构,如形式复杂的 Kiewitt 型索穹顶[13]、椭圆平面的 Levy 型索穹顶及椭圆开口的葵花型空间索桁张力结构(图 5)等,使多自应力模态索杆张力结构的可行预应力分布求解工作变得简便实用。同时,利用矩阵变换直接针对结构构件求解其满足优化目标的可行预应力分布,回避了对结构模态组合因子 α 及 β 等中间变量的求解,而在优化完成后可利用诸如式(4)、(10)将其方便地求出,但一般情况下已无此必要。根据上述优化方法的思路特点,可将其称为多自应力模态索杆张力结构可行预应力分布求解的目标选择优化法。根据 2.2 节中所述的方法,编写了索杆张力结构可行预应力分布的计算程序,完成了找力这一结构设计的关键性工作。下文利用不同形式的新型索杆张力结构算例分类阐述。

3　索杆张力结构可行预应力分布求解算例

考虑综合体育场屋盖的建筑功能特点,可将大跨度环形平面空间索桁张力结构分为内外圈平面均为圆形(CC 型)、内圈椭圆外圈圆形(EC 型)及内外圈均为椭圆(EE 型)三种形式。参考韩国釜山体育场(EC、肋环型)的拓扑几何与构件尺寸,通过改变结构的平面尺寸与构件的几何拓扑关系,考察不同类型结构体系的整体可行预应力分布规律。

3.1　大跨度环形平面肋环型空间索桁张力结构

选取拓扑形式较复杂的 EE 型结构如图 1。体系外圈椭圆平面尺寸 250m × 200m,内圈 180m × 120m,平面总面积 22305m²。沿圆周等分 15° 依次布置 24 榀形式相同的辐射式索桁单元(图 1 中标出 SH1～SH7 共 7 榀),单榀索桁分析单元构成如图 2。压杆布置 2 圈,由内到外 VP1、VP2 的高度分别为 25m 和 15m;同圈压杆的高度不变。外圈与环梁连接的节点固支(下同)。

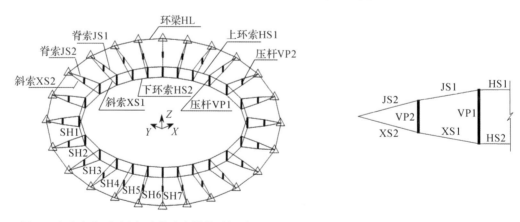

图 1　大跨度肋环型空间索桁张力结构透视图(EE 型)　　　图 2　单榀索桁分析单元

整个结构共 120 个节点,192 个索、杆单元。计算形成平衡矩阵 A 并对其奇异值分解,得到独立自应力模态数 $s = 1$,机构位移模态数 $m = 97$(属静不定动不定结构,可用几何力法等判定为可刚化的一阶无穷小机构[4],此处不再详述;下同)。可知其属于索杆张力结构的第一种找力情形,由 2.2.1 节中所述方法求解。鉴于构件数量种类繁多,利用结构椭圆平面的双轴对称特点,给出代表性的 1/4 椭圆平面 7 榀索桁分析单元(SH1 ～ SH7)的可行预应力分布 F(比例关系)见表 1。

表 1　EE 型结构算例可行预应力分布

参数	A/m^2	F						
		SH1	SH2	SH3	SH4	SH5	SH6	SH7
HS1	0.012	0.693	0.781	0.877	0.944	0.983	1.000	1.000
HS2	0.021							
JS1	0.0043	0.402	0.359	0.273	0.199	0.153	0.129	0.122
XS1	0.0073							
JS2	0.0043	0.420	0.374	0.283	0.206	0.158	0.133	0.126
XS2	0.0073							
VP1	0.026	-0.110	-0.095	-0.069	-0.048	-0.037	-0.031	-0.030
VP2	0.012	-0.055	-0.048	-0.034	-0.024	-0.018	-0.016	-0.015

3.2　大跨度环形平面葵花型空间索桁张力结构

3.2.1　CC 型环形平面葵花型空间索桁张力结构

如图 3,结构内外圈平面均为圆形,直径分别为 150m 和 240m,平面总面积 27567m²。沿圆周等分 15° 布置 24 组规格相同的空间索桁单元,单组索桁基本分析单元构成如图 4。压杆布置 3 圈,由内到外 VP1、VP2、VP3 的高度分别为 25m、20m 和 15m;同圈压杆高度相同。

整个体系 168 个节点,408 个索、杆单元。计算 A 并对其奇异值分解,得到 $s = 24$,$m = 48$;结构的整体性较肋型索桁结构体系有较大提高,但需进一步求解其可行预应力分布。考虑结构圆形平面的几何特点及索杆的内力约束条件对构件进行整体可行预应力分组,共 7 组,即 $\boldsymbol{E} = \begin{bmatrix} e_1 & e_2 & \cdots & e_7 \end{bmatrix}$。对 $\boldsymbol{V}'$ 与 $\boldsymbol{E}$ 的组合矩阵 $\boldsymbol{T}$ 二次奇异值分解,得到唯一的一组预应力分布值($s' = 1$);符合整体可行预应力条件,即为结构的整体可行预应力分布(如表 2)。可见此类索杆张力结构的找力属上文归纳的第二种情形。

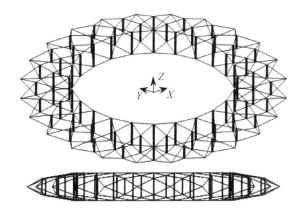

图 3　CC 型大跨度葵花型空间索桁张力结构透视及立面图

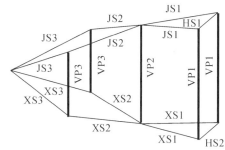

图 4　空间索桁基本分析单元

表2　CC型结构算例可行预应力分布

构件	A/m^2	F
HS1	0.012	
HS2	0.021	1.000
JS1	0.0032	
XS1	0.0048	0.171
JS2	0.0032	
XS2	0.0048	0.202
JS3	0.0032	
XS3	0.0048	0.256
VP1	0.026	−0.046
VP2	0.012	−0.005
VP3	0.046	−0.121

3.2.2　EC型环形平面葵花型空间索桁张力结构

如图5所示,体系外圈平面为圆形,直径240m,内圈为180m×150m椭圆平面,平面总面积24033m²。沿圆周等分15°布置24组空间索桁,单组空间索桁基本分析单元构成如图6所示。压杆的布置形式同上例,但同圈压杆的高度随其所处索桁分析单元的平面位置不同而变化,控制变量为对应脊索处张撑的外部膜面与水平面的倾角(图6)。本算例结构各圈膜面水平倾角∠1～∠3分别为35°、20°和9°。与压杆高度固定的情形(3.1节、3.2.1节)相比,采用同圈压杆高度随索桁分析单元几何位置的不同而变化的结构形式,不仅造型美观,用料节省,而且结构刚度等力学性能明显优于前者[4]。本文压杆高度的变化规律与釜山体育场类似。验证结构的几何拓扑关系表明其属于索桁张力结构的范畴,满足在适当分布的预应力下索受拉、杆受压的索桁张力结构约束特性。

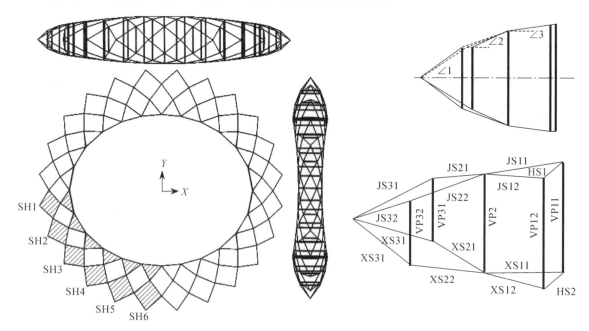

图5　EC型大跨度葵花型空间索桁张力结构俯视及立面图　　　图6　空间索桁基本分析单元

整个结构共 168 个节点，408 个索杆单元。计算 A 并奇异值分解后得 $s=24,m=48$。考虑结构椭圆平面的双轴对称几何关系与索杆的内力约束条件共分 62 组，即 $E=[e_1\ e_2\ \cdots\ e_{62}]$；对组合矩阵 T 二次奇异值分解，得到结构整体自应力模态数 $s'=6$，尚须优化求解其可行预应力分布；可见此类索杆张力结构的找力属上述的第三种情形。考虑结构的受力特点，外围环梁承力较大，构造复杂，降低其内力水平可有效改善结构的复杂性与施工难度，进而提高整个索桁结构的经济性。以环梁承受的压力最小，亦即外圈斜索（XS31、XS32）相对于整体结构的内力之和最小为目标（方案 A），建立起如式（12）的数学优化模型。其中优化设计变量 $\boldsymbol{x}=[x^{SH1}_{XS31}\ x^{SH2}_{XS31}\ \cdots\ x^{SH6}_{XS31}\ x^{SH1}_{XS32}\ x^{SH2}_{XS32}\ \cdots\ x^{SH6}_{XS32}]^T,\boldsymbol{c}=[1\ 1\ 1\ 1\ 1\ 1\ 1\ 1\ 1\ 1\ 1\ 1]^T$。注意此处的 $\boldsymbol{x}$ 中共包括 12 组变量，超过了结构的整体自应力模态数 s'。优化求解方法如 2.2.3 节中所述，相应要做的变动只是形式上的；此处采用的技巧相当于对 XS31、XS32 按式（12）各自标准优化方式（优化变量分别为 x^{SHi}_{XS31}、$x^{SHi}_{XS32},i=1\sim6$）的物理叠加；相应的模态变形矩阵为

$$\bar{\boldsymbol{V}}=\begin{bmatrix}\bar{\boldsymbol{V}}_{XS31} & 0\\ 0 & \bar{\boldsymbol{V}}_{XS32}\end{bmatrix}\tag{13}$$

式中，$\bar{\boldsymbol{V}}_{XS31}$、$\bar{\boldsymbol{V}}_{XS32}$ 分别为斜索 XS31、XS32 由式（11）计算的各自模态变形矩阵，此处不再赘述。表 3 给出了代表性的 1/4 椭圆平面 6 组索桁基本分析单元（图 5 中的 SH1～SH6）满足既定优化目标的可行

表 3　EC 型结构算例可行预应力分布

构件	A/m^2	F					
		SH1	SH2	SH3	SH4	SH5	SH6
HS1	0.012	0.357	0.461	0.639	0.811	0.944	1.000
HS2	0.021	(0.892)	(0.917)	(0.934)	(0.969)	(0.998)	(1.000)
JS11	0.0035	0.117	0.069	0.039	0.039	0.050	0.087
XS11	0.0061	(0.293)	(0.266)	(0.223)	(0.166)	(0.135)	(0.132)
JS12	0.0035	0.184	0.245	0.247	0.219	0.160	0.119
XS12	0.0061	(0.272)	(0.207)	(0.174)	(0.149)	(0.117)	(0.119)
JS21	0.0043	0.226	0.275	0.265	0.229	0.169	0.137
XS21	0.0073	(0.357)	(0.263)	(0.213)	(0.177)	(0.142)	(0.146)
JS22	0.0043	0.173	0.137	0.104	0.094	0.088	0.114
XS22	0.0073	(0.385)	(0.336)	(0.277)	(0.208)	(0.164)	(0.159)
JS31	0.0056	0.308	0.266	0.224	0.175	0.144	0.127
XS31	0.0088	(0.487)	(0.502)	(0.431)	(0.352)	(0.263)	(0.212)
JS32	0.0056	0.344	0.317	0.268	0.200	0.165	0.146
XS32	0.0088	(0.367)	(0.288)	(0.236)	(0.189)	(0.189)	(0.204)
VP11	0.036	−0.006 (−0.014)	−0.008 (−0.019)	−0.018 (−0.031)	−0.032 (−0.043)	−0.048 (−0.055)	−0.076 (−0.077)
VP12	0.036	−0.008 (−0.019)	−0.018 (−0.031)	−0.032 (−0.043)	−0.048 (−0.055)	−0.076 (−0.077)	−0.027 (−0.027)
VP2	0.028	−0.050 (−0.095)	−0.054 (−0.083)	−0.051 (−0.074)	−0.048 (−0.061)	−0.041 (−0.050)	−0.044 (−0.054)
VP31	0.018	−0.126 (−0.199)	−0.127 (−0.183)	−0.117 (−0.160)	−0.100 (−0.137)	−0.081 (−0.108)	−0.070 (−0.097)
VP32	0.018	−0.127 (−0.183)	−0.117 (−0.160)	−0.100 (−0.137)	−0.081 (−0.108)	−0.070 (−0.097)	−0.067 (−0.093)

预应力分布 F。此外,若上述的优化设计变量还需包括外圈脊索(JS31、JS32),处理方法同理可行。根据不同的目的与需要,也可构建其他的优化目标,如使体系中预应力数值最大的环索相对于整体结构的内力之和最小(方案 B,优化设计变量为 x_{HS1}^{SHi}、x_{HS2}^{SHi},$i=1\sim6$),同样可便捷地求得另一组结构可行预应力分布,见表 3 中括号内的相应数据。由此可见,本文的优化设计策略在实际操作中是有较大灵活性与实用性的。

4 结果验证

实际上,如 2.2.3 节所述,对最复杂的多自应力模态索杆张力体系第三种找力情形($s'>1$),在应用本文方法完成其可行预应力分布的优化求解后,可通过反算将模态组合因子 $\boldsymbol{\alpha}$ 及 $\boldsymbol{\beta}$ 方便地求出,即可从理论上验证结构预应力分布优化设计结果的正确性。此处由于向量的维数较大,不再列出。为进一步考察上述求解方法的有效性,将上述三种类型结构算例的整体可行预应力(第三种算例包括 A、B 两种方案)输入 ANSYS 有限元软件中进行几何非线性平衡迭代;其中结构可行预应力的取值范围参考了釜山体育场的预应力实际施加水平(内力最大的索桁单元中环索预应力为 8600kN),即将表 1~3 中的可行预应力分布 F 各值均乘以 8600kN,并确保在结构静、动力分析中不出现任何索的松弛现象;索、杆的弹性模量分别为 170GPa 和 206GPa。计算结果表明,体系平衡后的最大节点位移分别为 0.228×10^{-6}m、0.532×10^{-8}m、0.682×10^{-5}m 和 0.577×10^{-5}m(对应于结构大于或等于 240m 的跨度),平衡前后构件自平衡预应力改变的量级均限于 1kN 以内(对应于结构构件最大 8600kN 的预应力水平)。可见,本文的预应力分布优化求解既满足了预定目标,如使结构外围强大支承环梁的受力状况得以改善以实现尽可能大的经济效益,同时其整体可行预应力分布又相对较为均匀,保证了预应力施加后整个结构体系依然平衡于建筑给定的初始位形,可以说求得的找力结果相当理想。

5 结论

(1)通过选取体系的部分种类构件直接构建起结构的预应力优化设计目标,利用结构模态矩阵的分解与组合变换,将部分构件可行预应力约束条件扩展应用于全体结构,由此形成标准的数学优化模型。应用这种具有普遍意义的预应力优化求解策略,通过选取不同的优化设计目标,可使多自应力模态索杆张力结构的可行预应力分布计算工作得以便捷有效地完成。

(2)分析归纳了索杆张力结构找力问题的三种不同情形及相应的求解方法,并通过几何拓扑关系复杂的新型大跨度环形平面空间索桁张力结构算例加以说明。理论与数值计算结果表明,本文的索杆张力结构可行预应力分布的求解方法是有效可行的。

参考文献

[1] CHOONG K K,TANAMI T,YAMAMOTO C. Determination of self-equilibrium stress mode for bicycle wheel-like structural systems[C]// Proceedings of Sixth Asian-Pacific Conference on Shell and Spatial Structures,Seoul,2000:829—836.

[2] JEON B S,LEE J H. Cable membrane roof structure with oval opening of stadium for 2002 FIFA World Cup in Busan[C]// Proceedings of Sixth Asian-Pacific Conference on Shell and Spatial Structures,Seoul,2000:1037—1042.

［3］冯庆兴.大跨度环形空腹索桁结构体系的理论和实验研究［D］.杭州:浙江大学,2003.

［4］蔺军.大跨度葵花型空间索桁张力结构的理论分析和实验研究［D］.杭州:浙江大学,2005.

［5］CALLADINE C R.Buckminster Fuller's "tensegrity" structures and Clerk Maxwell's rules for the construction of stiff frames［J］.International Journal of Solids and Structures,1978,14(2):161－172.

［6］PELLEGRINO S,CALLADINE C R.Matrix analysis of statically and kinematically indeterminate framework［J］.International Journal of Solids and Structures,1986,22(4):409－428.

［7］PELLEGRINO S.Structural computations with the singular value decomposition of the equilibrium matrix［J］.International Journal of Solids and Structures,1993,30(21):3025－3035.

［8］KANGWAI R D,GUEST S D.Symmetry-adapted equilibrium matrices［J］.International Journal of Solids and Structures,2000,37(11):1525－1548.

［9］曹喜.张拉整体结构的预应力优化设计［J］.空间结构,1998,4(1):33－39.

［10］董智力,于少军.张拉整体索穹顶结构的预应力优化设计［C］//中国力学学会.第八届全国结构工程学术会议论文集(第Ⅱ卷),昆明,1999:610－615.

［11］罗尧治,董石麟.索杆张力结构初始预应力分布计算［J］.建筑结构学报,2000,21(5):59－64.

［12］袁行飞,董石麟.索穹顶结构整体可行预应力概念及其应用［J］.土木工程学报,2001,34(2):33－37.

［13］袁行飞,董石麟.索穹顶结构的新形式及其初始预应力确定［J］.工程力学,2005,22(2):22－26.

［14］汪树玉,杨德铨,等.优化原理、方法与工程应用［M］.杭州:浙江大学出版社,1991.

131 大跨度空间索桁张力结构的模型试验研究[*]

摘　要:针对一种新型的大跨度空间结构体系——环形平面葵花型空间索桁张力结构,在理论研究基础上,设计了外径5m、内部椭圆开口3.8m×3.2m,由12组空间索桁基本分析单元构成的结构模型进行了试验研究。测试了多种预应力水平、多种荷载工况、多级加载等条件下结构的静力性能及其多阶模态频率与振型,并与理论计算结果进行了比较。试验结果表明,在一定的预应力形成结构刚度后,体系的自平衡内力分布可通过理论找力计算获得;在对称荷载作用下,结构具有良好的承载能力与稳定性,其静力反应基本呈线性;结构抵抗不均匀荷载的能力较强,构件内力趋于整体均匀重分布;其低阶模态以竖向振动为主,结构具有良好的侧向水平刚度。

关键词:大跨度;空间索桁张力结构;自平衡内力;模型试验

1　引言

索杆张力结构以张力索和压杆为基本构成单元,通过施加预应力形成结构刚度,是一种具有自平衡内力分布的现代空间结构体系。从20世纪60年代Fuller张拉整体结构概念的首次提出,到80年代Geiger索穹顶结构实际工程的诞生,直至近年来大型空间索桁张力结构的工程应用,索杆张力结构的发展与演变过程充满着勃勃生机,以其跨度大、自重轻、易维护、结构轻盈且富于多种变化的建筑造型等优点成为国内外空间结构界研究的热点,多次成功应用于国外大型体育场建筑的屋盖结构,其全新的结构成形理念与施工工艺是现代空间结构先进建筑思维与技术的集中体现。用于2002年韩日世界杯的韩国釜山体育场罩棚结构即为空间索桁张力结构的典型代表[1]。此类结构继承于当今已广泛开展研究的索穹顶结构体系而又具有其自身鲜明的特色,文献[2]称其为"轮辐式"结构体系;我们认为仍可将其归为索杆张力结构体系的范畴,命名为大跨度肋环型空间索桁张力结构。目前,国外可参考的研究文献仅限于简单的工程介绍或基础理论性研究,国内对这类结构体系的研究工作则刚刚起步。在对上述肋环型空间索桁张力结构系统研究的基础上[3,4],本文针对该结构体系在不对称荷载作用下变形较大且易发生整体侧向扭转失稳的缺陷,改变索、杆的拓扑构成关系,提出了一种全新的结构体系——大跨度环形平面葵花型空间索桁张力结构。在完成对该新型结构体系的初始平衡形态、静动力性能等方面的理论分析与数值计算的基础上[5],又对其开展了相应的模型试验研究工作。

以前一些相关的索杆张力结构模型试验主要针对索穹顶结构,而对空间索桁张力结构的试验研究工作则刚刚开始,且仅限于平面为圆形轴对称的规则的结构拓扑形式。本文在参考国外空间索桁

＊　本文刊登于:蔺军,冯庆兴,董石麟,王晓波.大跨度空间索桁张力结构的模型试验研究[J].建筑结构学报,2006,27(4):37—43.

张力结构工程实例[1]的基础上,根据体育场建筑的实际功能特点,设计了一个外圈为圆形、内部具有椭圆开口的葵花型空间索桁张力结构模型。除椭圆的结构拓扑形式外,模型的另一特色即按一定规律变化其同圈压杆高度,从而构造出外观立面高低起伏、错落有致的体育场钢结构罩棚实际建筑效果(参见图1、3)。通过制定切实可行的试验方案将该新型索杆张力结构张拉成形,并对其自平衡内力分布、静力加载性能与动力特性等方面进行了系统的研究,得出一些对实际工程有指导意义的结论。

2 模型试验设计

2.1 模型设计

本文的空间索桁张力结构试验模型主要由环索(HS)、压杆(VP)、径向索(脊索 JS、斜索 XS)及外围的支承环梁五部分基本构件组成,如图1所示。作为张力罩棚的空间索桁体系整体支承于外径5.0m 的环梁支承平台之上,内圈的环索形成长轴 3.8m、短轴 3.2m 的椭圆开口。整个索桁结构模型沿周向分成 12 个空间基本分析单元(见图2),内、中、外3圈索、杆构件,共计72根脊索,72根斜索,36根压杆和 2 条封闭环索。考虑模型椭圆开口几何平面的双轴(长、短轴)对称性,可将全部径向索分成18 种类型,全部压杆分为 11 种类型。为便于施工张拉及构件的重复使用,索杆均设计成长度可调的形式。结构张拉成形并覆盖部分内圈膜面后如图3所示。

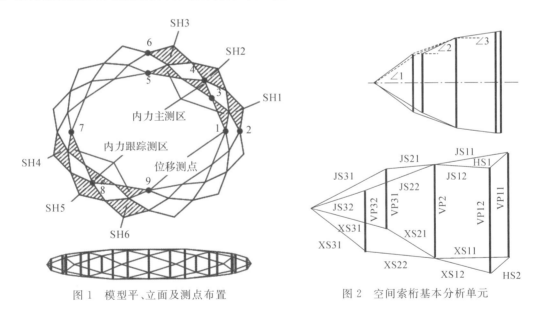

图 1　模型平、立面及测点布置　　　　图 2　空间索桁基本分析单元

图 3　张拉成形后结构

拉索采用 GB 8918-96 钢丝绳标准,类别为 7×7φ5。索的长度利用带正、反螺纹的螺杆和套筒进行调节,端头为 U 形冷压锚固接头,应变片贴于构件的张拉锚固端。压杆由内向外共布置 3 圈,每圈 12 根,采用 φ20×3 套管两端连接 φ15×3 带正、反螺纹的螺杆,可有效调控其长度。同圈压杆长(高)度随其所处平面位置的不同而变化,控制变量为对应的空间索桁基本分析单元脊索张撑的外部膜面与水平面的倾角(见图 2);本模型各圈倾角由外向内∠1～∠3 分别为 35°、20°和 9°。压杆端部的节点作为脊索、斜索及环索的空间交汇点,受力与构造较为复杂;结构的椭圆平面与错落起伏的立面外观造成了多种种类的连接节点,成为模型设计的关键。不同类型的节点所具有的肋板数目及其竖向方位角均不相同,须在模型设计与加工时进行严格的区分。其中内圈压杆的上、下节点各有 2 块肋板,分别连接两根脊索或斜索,预设 φ14 圆孔以使环索贯穿闭合(图 4a);中、外圈压杆的上、下节点各有 4 块肋板,所成的方位角各不相同,分别连接 4 根脊索或斜索(图 4b)。

 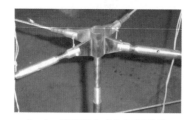 

a 内圈径向索与环索、压杆的连接　　b 中、外圈径向索与压杆连接　　c 径向索与环梁连接

图 4　模型典型节点连接

环梁作为重要的支承构件,结构中的自平衡内力通过外圈的脊索与斜索传至其上,截面承受着很大的压力与剪力,必须使其具有足够的平面内、外刚度以满足结构与构件的稳定性要求。本试验采用长度为 625mm 的 250×180×10×12 焊接 H 型钢梁,共 24 根,通过端部螺栓拼装成直径 5.0m 的圆内切正 24 边形封闭环梁,便于日后的拆卸并可根据需要组装成不同的平面布局形式。通过钢梁腹板中部对称分布的两个 M16 定位螺杆,分别使外圈的脊索、斜索与环梁相连(图 4c),不同位置的定位螺杆,其接头竖向方向角均不相同。通过松紧定位螺杆外端的螺母,并辅以微调索、杆的套筒(管),可实时调控模型中索、杆的几何位形进而控制施加预应力。

2.2　数据采集

构件内力的测量采用电阻应变计法,三台 TS3861 型静态电阻应变仪,半桥公共补偿片。为消除试验中构件的偏心受力与温度误差,测点部位正、反两面对称地粘贴应变片,再串联起来与温度补偿片形成半桥电路。节点竖向位移测量通过百分表定位完成(图 5a),测点 1～9(图 1)位于压杆上节点。结构模态的测试使用了力与加速度传感器(图 5b)。

a　百分表布置　　　　　　　　　　b　加速度传感器布置

图 5　测点仪器布置

试验模型的索杆单元数量较多,选取 1/4 椭圆平面的 3 组索桁基本分析单元(图 1 中的 SH1～SH3,共 50 个测点)作为内力的主测区;考虑到构件尺寸误差可能造成的内力分布不均匀,为获得更多的有效数据,另外选取与主测区位置相对的另 1/4 椭圆平面索桁分析单元(图 1 中 SH4～SH6 的部分构件,共 21 个测点)作为内力的跟踪测点,以较全面地了解结构的内力分布情况。由于构件的材料和尺寸存在一定的加工差异,其表面应变可能分布不均,为使结果尽量精确,对构件的应力-应变关系进行了标定。标定结果与理论值相差很小,结构内力的测定具有较高的可靠性。

3 试验内容与分析

3.1 体系自平衡内力分布校核

本文研究的大跨空间索桁张力结构属典型的柔性体系,结构的刚度完全由预应力提供,预应力的施加水平与分布规律对其非常重要。而结构的初始平衡态不仅决定了构件的放样长度,还影响着荷载态时结构的力学性能。由于建筑上的需要,体系的几何形状一般都是给定的,结构分析的首要问题即是在有关边界约束条件与结构拓扑关系已知的情况下,探求如何获得满足既定几何位形的预应力分布问题,即找力(force finding)。本文索桁张力体系构件拓扑关系较为复杂,属多自应力模态与机构位移模态结构,其可行预应力的分布规律需优化求解[5]。为验证此类索杆张力结构初始预应力分布计算理论的正确性,在静动力试验之前,首先考察体系的自平衡内力分布。

本模型结构的独立自应力模态数为 12,在考虑索、杆的可行预应力约束条件后,最终需优化的模态数为 3;通过优化求解,得到结构最终的可行预应力分布,满足所有索受拉、杆受压,几何位置对称的构件预应力相同的力学约束条件。本次试验分别考察了 3 种不同的预应力水平,即以索桁基本分析单元 SH1 中外圈斜索 XS31 的理想初内力 P 分别为 2000N、3500N 及 5000N 为基准,依次定义为结构的第一、第二、第三种预应力水平(下同),测试体系的自平衡内力分布状态。列出 SH2 中各构件内力的一组典型数据见表 1,其中理论值计算考虑了结构自重的影响。

表 1 第二种预应力水平下结构的自平衡内力分布校核(SH2)

构件	理论值/N	实测值/N	误差/%	构件	理论值/N	实测值/N	误差/%
HS1	342.8	371.3	8.3	JS22	716.4	658.4	−8.1
HS2	353.9	394.6	11.5	XS21	959.3	1040.8	8.5
VP11	−26.1	−27.8	−6.4	XS22	722.0	685.2	−5.1
VP12	−92.6	−85.9	7.2	VP31	−847.5	−800.0	5.6
JS11	247.5	270.3	9.2	VP32	−484.2	−438.7	9.4
JS12	531.0	569.2	7.2	JS31	2642.4	2761.3	4.5
XS11	240.2	251.9	4.9	JS32	1126.0	1200.3	6.6
XS12	552.7	513.5	−7.1	XS31	2647.3	2917.3	10.2
VP2	−177.0	−170.3	3.8	XS32	1154.2	1102.3	−4.5
JS21	928.8	1015.2	9.3				

由试验结果可知,葵花型空间索桁张力结构模型试验的自平衡内力分布总体上与理论计算相差不大,二者误差均在 12% 以内,多数不超过 10%。由于模型的几何拓扑较为复杂,内力测点较多,采用三台应变仪同时工作(每台最多 25 个测点)也只能使对称部位的部分构件获得两个可资比较的

试验结果；而多数情况下，这些试验结果平均后的误差普遍处于较低的水平。试验中对三种不同预应力分布水平进行了多次调整，而要将各构件的内力调整到与理论值之间的误差最小，存在着较大的难度，实际上也是不现实的，主要是由于模型构件及环梁的加工与调平误差等多方面因素导致的结果。

3.2 模型静载试验

静力试验采用节点集中加载方式。根据理论计算及试验室加载条件，将结构的满跨与半跨均布荷载等效为节点集中荷载，施加标准的铸铁砝码。区分三种不同工况，即结构满跨加载一种情形，半跨加载两种情形。各工况采用三级加载方案，即第一级63N，第二级100N，第三级163N（相当于均布荷载1.0kN/m²）。为模拟实际情况，荷载施加于压杆的上节点。

3.2.1 满跨加载试验

如图6所示，在内、中、外三圈36个压杆的上节点分三级加载，分别测试三种预应力水平下结构的静力性能。给出两组较为典型的内力结果如图7、8，其中横轴分别代表了不同的预应力水平 P 及荷载水平 T，纵轴为相应构件的内力 F。

图 6　模型加载

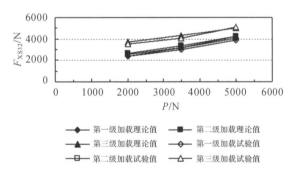

图 7　满跨加载时 XS32(SH1)内力试验值与理论值

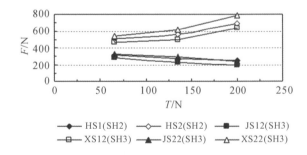

图 8　第二种预应力水平满跨加载时的内力试验值

总体说来，内力理论值与实测值的误差不大，试验数据较好地反映了结构在满跨多级加载条件下的受力特点；构件内力分布较为均匀，结构具有良好的刚度与承载能力。从图7、8还可以看到，理论值与试验值的曲线接近平行，各级荷载作用下的构件内力与结构预应力水平之间近似呈直线关系，说明在适当预应力水平下结构正常加载范围内的静力反应基本呈线性。随着荷载的增加，结构的下环索、斜索等构件内力增大，而上环索、脊索的内力普遍减小，但远未达到松弛的水平。同时，节点位移测量结果表明，在较大的可变荷载作用下，结构的位移呈小变形性态；随着荷载的增加，结构外圈的压杆节点逐步抬升,其他节点保持下降;随着预应力水平的增加,结构刚度加强,同等荷载条件下的节点位移明显减小。

3.2.2 半跨加载试验

如图 9,为考察在施工荷载、半跨荷载及风荷载作用下结构的性能,分别沿椭圆长、短轴对称面分 a、b 两种方式对半跨区域内的 20 个节点三级加载试验。给出两组较典型的内力与节点位移结果如图 10、11。

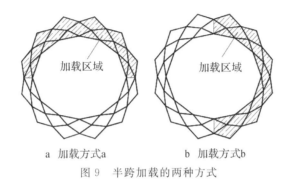

a 加载方式a　　　　b 加载方式b

图 9　半跨加载的两种方式

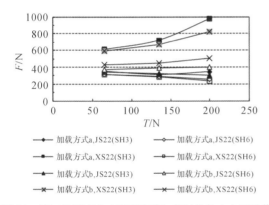

图 10　第二种预应力水平下半跨加载时构件内力试验值

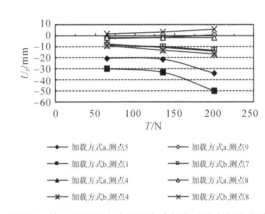

图 11　第二种预应力水平下半跨加载时节点竖向位移

在两种半跨荷载作用下,构件内力存在着分布不均匀的情况(图 10);但与肋环型索桁张力结构[4]相比,不均匀程度明显减小。结构变形呈现一定的非对称性(图 11),但在试验中并不能明显地观察到加载区构件下降,非加载区构件拱起的情形。另一方面,随着荷载的增加,部分构件在半跨荷载作用下出现较明显的非线性发展特点,与理论计算得出的规律一致。作为一种内力自平衡体系,正是其特有的构件构成关系使得结构表现出整体关联变形性更好、协调不均匀荷载内力以趋于重分布的特点,使得葵花型空间索桁张力结构与肋环型索桁张力结构相比,整体性更好,在抵抗非对称荷载作用时具有良好的性能。

3.3 结构模态测试

为进一步深入了解葵花型空间索桁张力结构的力学性能,进行了三种不同预应力水平下结构的模态试验分析。测试仪器为 CRAS 型振动及动态信号采集分析系统。运用锤击激振法,固定测量点,改变激励点位置,对结构所有自由节点进行多锤平均方式的力与加速度响应信号采集;通过对频响函数进行参数识别与曲线拟合,最后建立起结构的试验模态模型。

3.3.1 结构自振频率

参数识别阶段分析结构的力与加速度响应数据得到其自振频率的初始估计值,在曲线拟合与振型归一化处理后得到修正后的自振频率。图 12 给出三种预应力水平下结构前 8 阶自振频率的理论值与实测值。

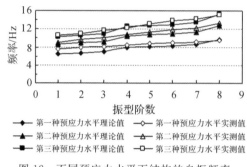

图 12　不同预应力水平下结构的自振频率

由试验结果可知,模型自振频率与理论值基本吻合,试验效果良好。结构的频率较低(相对其他刚性结构而言,同时模型几何形状的缩尺比例较大;而当实际结构跨度为 240m 时,各种不同形式葵花型空间索桁张力结构的基频理论值基本上小于 1Hz),且较为密集,验证了空间索桁张力结构的理论计算结果。考察不同预应力水平的影响,表现为随着预应力的增加,结构自振频率明显增大,进一步说明提高其预应力水平可以增强此类结构的刚度,二者关系密切。

3.3.2 结构模态振型

通过试验导纳测量,频响函数集总与整体拟合,完成模态的参数识别后,选择加速度测点为原点,对振型矩阵质量归一化,最终得到结构的模态振型。本次试验分别测取了结构三种预应力水平下的前 8 阶模态振型,列出其中较为典型的一组如图 13。

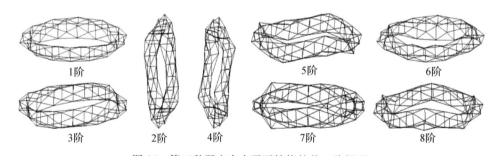

图 13　第三种预应力水平下结构的前 8 阶振型

结构的模态振型主要表现为自由节点的竖向振动;其中 1 阶振型为结构的竖向整体振动,1 阶以上主要表现为沿椭圆长、短轴对称或反对称 2～5 个半波的竖向振动。肋环型索桁张力结构的 1 阶振型表现为各榀索桁上下弦层面反向的水平扭转整体运动[4],表明其侧向水平刚度较差。由于葵花型空间索桁张力结构特有的构件构成关系,结构的侧向水平刚度较前者明显增强,其低阶振型以竖向振动为主,二者的动力特性有较大差异。试验中还发现,结构的预应力越大,模态的测量(频率与振型)越准确。分析其原因,一方面是随着预应力水平的增加,结构自振频率变大,测量的相对误差有减小的趋势;另一方面,当结构的预应力水平较小时,模型的局部振动表现得更为明显。通过多次调整体系的预应力,尽可能减小构件内力分布误差并对结构的预应力损失予以适当补偿,可把这种局部振动效应影响控制到可接受的范围。

4 结语

本文较为详细地描述了有关大跨度葵花型空间索桁张力结构的模型设计、试验方法及其数据采集等工作,校核了三种预应力水平下结构的自平衡内力分布,进行了模型的多种荷载工况静力加载试验,并测取了结构的前8阶模态振型。总体来看,实测数据与理论分析结果吻合良好,基本上实现了预定的功能,取得了较好的效果;说明模型的设计与相应的试验方法是合理的,采用的理论分析方法是可靠的。通过这些工作,主要总结有以下结论。

(1)大跨度葵花型空间索桁结构虽然为多自应力模态、多机构位移模态的结构体系,但在施加有一定规律、通过优化计算所得的预应力后,可形成良好的整体刚度,其自平衡内力的分布特点在结构张拉成形后可以较为准确地进行跟踪;结构的刚度随其预应力水平的增加而提高,二者关系密切。

(2)该空间索桁张力结构在正常的荷载作用范围内具有良好的承载能力。在对称荷载作用下结构的反应基本呈线性;适当的预应力下,索的松弛现象不突出。非对称荷载作用下结构呈现一定的非线性特点,而因其拓扑构成上较强的整体相关性使得构件的内力与变形趋于相对均匀的重分布;与肋环型索桁张力结构相比,具有结构力学性能上的明显优势。

(3)作为一种典型的柔性结构体系,该结构的自振频率相对较低,分布密集;增加体系的预应力水平可显著提高结构的基频。结构的侧向水平刚度很好,其低阶模态表现为结构整体或局部的竖向振动,较肋环型索桁张力结构更优。

本次试验由于准备比较充分,总体上完成较为顺利,取得了较好的效果;但试验中还发现存在许多值得探讨的问题,如更有效的模型初始预应力调整方案、节点连接方式的改进及试验误差的进一步减小等,有待将来进一步完善。限于篇幅,有关结构张拉成形施工过程的模拟研究、局部断索等构件失效的影响效应等内容,将另文阐述。

参考文献

[1] JEON B S,LEE J H. Cable membrane roof structure with oval opening of stadium for 2002 FIFA World Cup in Busan[C]// Proceedings of Sixth Asian-Pacific Conference on Shell and Spatial Structures,Seoul,2000:1037—1042.

[2] CHOONG K K,TANAMI T,YAMAMOTO C. Determination of self-equilibrium stress mode for bicycle wheel-like structural systems[C]// Proceedings of Sixth Asian-Pacific Conference on Shell and Spatial Structures,Seoul,2000:829—836.

[3] 冯庆兴.大跨度环形空腹索桁结构体系的理论与实验研究[D].杭州:浙江大学,2003.

[4] 蔺军,冯庆兴,董石麟.大跨度肋环型空间索桁张力结构的模型试验研究[J].建筑结构学报,2005,26(2):34—39.

[5] 蔺军,董石麟,袁行飞.环形平面空间索桁张力结构的预应力设计[J].浙江大学学报(工学版),2006,40(1):67—72.

[6] GASPARINI D A,PERDILKARIS P C,KANJ N. Dynamic and static behavior of cable dome model[J]. Journal of Structural Engineering,ASCE,1989,115(2):363—381.

132 一种新型内外双重张弦网壳结构形状确定问题的研究[*]

摘　要：内外双重张弦网壳结构是一种新型的空间结构形式。该文采用局部分析法的思想，上部网壳按肋环型布设，对结构的形状确定问题进行了研究。算法1从节点平衡关系入手，对单榀内外组合张弦梁结构的形状确定问题进行了讨论，并给出了体系的初始预内力简捷计算法；算法2在介绍原有数值算法的基础上，提出了改进方法，并对计算过程参数的选取进行了讨论。通过算例比较了以上两种找形方法的计算结果，说明了方法的正确性。该文最后，给出了内外双重张弦网壳结构初始预内力分布的设计流程。

关键词：内外双重张弦网壳结构；形状确定；简捷计算法；找形分析；找力分析

1　引言

张弦梁(桁架)结构作为一种新型的预应力钢结构形式，近十余年来在我国取得了快速发展，目前已建及在建的工程多达几十个[1]。根据单榀张弦梁结构的空间布置方式，可将张弦梁结构分为4类：单向、双向、多向和辐射式。随着工程应用和科学研究的不断创新，提出了几种新的以张弦梁为基本单元的空间结构形式，如体育场挑蓬结构[2]和双重肋环-辐射形张弦梁结构[3]。在乐清市体育中心体育馆和游泳馆中采用了一种由两种空间张弦网壳结构内外组合而成的空间结构，本文将其命名为内外双重张弦网壳结构(图1a)，可以理解为一种由外部的具有外环桁架的张弦肋环型网壳结构(图1c)与内部张弦肋环型网壳(或网格梁)结构(图1d)相组合的空间结构体系，其各方面性能比常规的弦支网壳结构或辐射式张弦梁结构有明显改进。首先，外部具有外环桁架的张弦肋环型网壳结构的径向索穿出屋面，锚固在周圈外环桁架的上弦梁上(图1b)，由于径向索倾角的增加，下部预应力径向索对上部单层网壳能提供更大的竖向支承刚度，也提高了结构的承载能力。其次，由于索穿出屋面，则径向索倾角增加并没引起屋盖结构厚度的增大，与传统辐射式张弦梁结构或弦支网壳相比，应用于体育馆时增加了后排座位的可视范围，为建筑物内部提供了更多的使用空间。

目前针对空间张弦梁或弦支网壳等杂交结构的形状确定问题，文献[4—6]将平衡矩阵理论推广应用于包含索杆梁三种单元的杂交空间结构，采用局部分析法，可以求得给定上下弦曲线，或曲面形状已确定情况的体系找力分析，文献[7]采用逆迭代法，可求得零状态的几何参数和初始态的预内力分布，文献[8]对张弦梁结构的找形找力分析和索曲线形状确定等若干问题进行了讨论，文献[9]提出一种平衡矩阵理论结合动力松弛法的数值算法，可同时求解具有自由曲面的杂交空间结构下部索杆

　＊　本文刊登于：姚云龙，董石麟，马广英.一种新型内外双重张弦网壳结构形状确定问题的研究[J].工程力学，2014，31（4）：102－111.

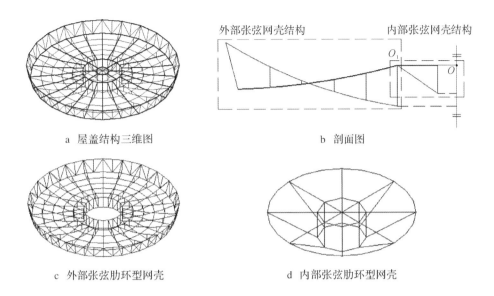

a　屋盖结构三维图　　　　　　　　　b　剖面图

c　外部张弦肋环型网壳　　　　　　　d　内部张弦肋环型网壳

图 1　内外双重张弦网壳结构

体系的找形和找力问题。本文在文献[8,9]的基础上,对这种内外双重张弦网壳结构形状确定问题进行了研究,其结果也可应用于双重肋环-辐射形张弦梁结构的初始预内力确定。

2　基本假定

　　本文研究的内外双重张弦网壳结构,是由外部的具有外环桁架的张弦网壳结构与内部的空间张弦网壳结构相组合而成,因此计算时采用分块分析的方法,将这种内外组合结构分为内外两块分别进行计算,先分析内部空间张弦网壳结构,在分析外部结构时,将内部结构作为荷载加到外部结构上。其次,对内部或外部结构单独分析时,可采用局部分析法的思想,将体系分为梁单元和索杆单元[9],并分别添加边界约束形成各自独立的结构分别进行计算。

　　采用文献[9]相同假定,本文考虑上部梁单元在体系初始态时对应的常态荷载作用下的内力分布为最优,即保证上部梁单元的零状态等价于建筑设计几何,下部索杆单元的初状态几何也等价于建筑设计几何。具体计算时,即令下部索杆单元的撑杆上节点处(吊索下节点处)等代内力与上部梁单元在常态荷载(重力荷载、附加恒荷载等)作用下在这些对应的撑杆上节点处产生的支座反力相等。本文认为下部索杆结构的自重对体系的预内力分布影响不大,计算时忽略了下部索杆部分的自重,仅考虑上部网格结构的自重。

3　初始预内力简捷计算法(算法 1)

3.1　内外双重平面张弦梁的形状确定

　　假定内外双重张弦网壳结构为圆形平面,由 n 个相同的内外双重平面张弦梁组成,则各张弦梁的受力和找形结果是相同的,这里首先确定单榀内外双重张弦梁(图 2)的初始预内力。

　　由图 2 可知内外双重张弦网壳结构的一榀平面张弦梁由各自独立的内外两个张弦梁组成,内部张弦梁结构以外部张弦梁结构的中环顶点 O_1 为固定端,因此,可以采用分块分析的方法,将内外张弦

梁结构在 O_1 处断开,对内外张弦梁结构分别采用节点平衡法确定索杆下节点坐标。设 A 为内外双重张弦网壳结构上部网格结构水平面投影面积,则有

$$A = A_i + A_o \tag{1}$$

其中,A_i 和 A_o 分别表示内外张弦网壳结构上部网格结构的面积。

取单榀张弦梁分析模型如图 3、4 所示,可同时应用于内外张弦梁结构的分析,当对内部张弦梁分析时,则图 4 中的 $f_2 = l_s = 0$。这里采用了局部分析法的思想,将体系分为梁单元和索杆单元,值得注意的是,这里的上部网壳曲线可以为任意形状。

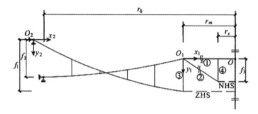

图 2 内外双重平面张弦梁

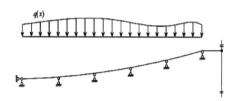

图 3 平面张弦梁结构梁元局部分析法示意图

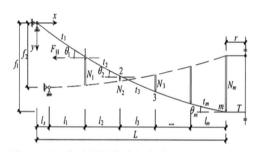

图 4 平面张弦梁结构索杆部分局部分析示意图

首先对图 3 所示上部梁元与竖杆连接点处代之以多个刚性支座,通过线性有限元分析,可求得各个支座的支反力,即各个竖杆的设计初始预内力值 $N_i (i = 1, 2, \cdots, m)$。

图 4 所示平面张弦梁结构下部的索杆部分共有 $m-1$ 个撑杆或吊索将上部结构分为 m 份,张弦梁水平跨度为 L,则 $L = l_s + l_1 + l_2 + \cdots + l_m$,径向索的垂度为 f_1,各撑杆对应初始状态的预内力为 N_1、N_2、N_3、$\cdots$、N_m,各径向索索段的初始状态的预内力为 t_1、t_2、t_3、$\cdots$、t_m,θ_i 为第 i 段索和水平线的夹角(按逆时针方向为正)。由节点 1 平衡可得[8]:

$$N_1 = t_1 \sin\theta_1 - t_2 \sin\theta_2 \tag{2}$$

$$t_1 \cos\theta_1 = t_2 \cos\theta_2 = \cdots = t_m \cos\theta_m = F_H \tag{3}$$

将式(3)代入式(2)可得

$$N_1 = t_1 \sin\theta_1 - t_1 \cos\theta_1 \frac{\sin\theta_2}{\cos\theta_2} = t_1 \cos\theta_1 (\tan\theta_1 - \tan\theta_2)$$

则

$$N_i = F_H (\tan\theta_i - \tan\theta_{i+1}) \tag{4}$$

$$N_m = F_H \tan\theta_m \tag{5}$$

则有

$$N_1 : N_2 : \cdots : N_m = (\tan\theta_1 - \tan\theta_2) : (\tan\theta_2 - \tan\theta_3) : \cdots : \tan\theta_m \tag{6}$$

其中

$$\tan\theta_1 = (y_1 - y_0)/(l_1 + l_s) \tag{7}$$

$$\tan\theta_i = (y_i - y_{i-1})/l_i \tag{8}$$

由式(6)可得一般等式

$$\frac{N_i}{N_{i+1}} = \frac{\tan\theta_i - \tan\theta_{i+1}}{\tan\theta_{i+1} - \tan\theta_{i+2}}$$

将式(8)代入后可得

$$-\frac{1}{l_i}N_{i+1}y_{i-1} + \left[\left(\frac{1}{l_{i+1}} + \frac{1}{l_i}\right)N_{i+1} + \frac{1}{l_{i+1}}N_i\right]y_i - \left[\left(\frac{1}{l_{i+1}} + \frac{1}{l_{i+2}}\right)N_i + \frac{1}{l_{i+1}}N_{i+1}\right]y_{i+1} + \frac{1}{l_{i+2}}N_i y_{i+2} = 0 \quad (9)$$

当 $i=1,\cdots,m-1$ 时，由式(9)可求得 $m-1$ 个联立方程，且可写成下列齐次线性方程组

$$\boldsymbol{HY} = 0 \quad (10)$$

其中，$\boldsymbol{H}$ 为 $(m-1)\times m$ 阶矩阵，可表达为[8]：

$$\boldsymbol{H} =$$

$$\begin{bmatrix} N_2\left(\frac{1}{l_2}+\frac{1}{l_1+l_3}\right)+\frac{N_1}{l_2} & -[N_1\left(\frac{1}{l_1}+\frac{1}{l_3}\right)+\frac{N_2}{l_2}] & \frac{N_1}{l_3} & 0 & 0 & 0 & 0 & 0 \\ -\frac{N_3}{l_2} & N_3\left(\frac{1}{l_3}+\frac{1}{l_2}\right)+\frac{N_2}{l_3} & -[N_2\left(\frac{1}{l_4}+\frac{1}{l_3}\right)+\frac{N_3}{l_3}] & \frac{N_2}{l_4} & 0 & 0 & 0 & 0 \\ 0 & \ddots & \ddots & \ddots & \ddots & 0 & 0 & 0 \\ 0 & 0 & -\frac{N_{i+1}}{l_i} & N_{i+1}\left(\frac{1}{l_{i+1}}+\frac{1}{l_i}\right)+\frac{N_i}{l_{i+1}} & -[N_i\left(\frac{1}{l_{i+2}}+\frac{1}{l_{i+1}}\right)+\frac{N_{i+1}}{l_{i+1}}] & \frac{N_i}{l_{i+2}} & 0 & 0 \\ 0 & 0 & 0 & \ddots & \ddots & \ddots & \ddots & 0 \\ 0 & 0 & 0 & 0 & -\frac{N_{m-1}}{l_{m-2}} & N_{m-1}\left(\frac{1}{l_{m-1}}+\frac{1}{l_{m-2}}\right)+\frac{N_{m-2}}{l_{m-1}} & -[N_{m-2}\left(\frac{1}{l_m}+\frac{1}{l_{m-1}}\right)+\frac{N_{m-1}}{l_{m-1}}] & \frac{N_{m-2}}{l_m} \\ 0 & 0 & 0 & 0 & 0 & -\frac{N_m}{l_{m-1}} & N_m\left(\frac{1}{l_m}+\frac{1}{l_{m-1}}\right)+\frac{N_{m-1}}{l_m} & -\left(\frac{N_m}{l_m}+\frac{N_{m-1}}{l_m}\right) \end{bmatrix} \quad (11)$$

Y 为索杆下节点坐标列阵：

$$\boldsymbol{Y} = \{\begin{matrix} y_1 & y_2 & \cdots & y_m \end{matrix}\}^{\mathrm{T}} \quad (12)$$

根据边界条件

$$y_m = f_1 \quad (13)$$

由式(10)可求得索杆初始态时的空间几何，继续由式(3)可确定各径向索段的初始内力值。

图2所示为内外双重平面张弦梁，采用分块分析的方法，将内外张弦梁结构在 O_1 处断开，首先以 O_1 为原点分析内部张弦梁，可取 $l_s = f_3 = 0$，同样可采用图4及式(10)进行计算。

由式(4)容易得

$$\sum_{i=1}^{m} N_i = F_H \tan\theta_1 \quad (14)$$

将式(3)代入式(14)可得

$$\sum_{i=1}^{m} N_i = F_H \tan\theta_1 = t_1 \sin\theta_1 \quad (15)$$

如图2所示，内部张弦梁最外一圈梁单元1处的自重和附加恒荷载分别由撑杆3和撑杆4各自承担；由式(15)可知，图2中内部张弦梁结构最外圈径向斜索2的索力的竖向分量即内张弦梁各撑杆内力之和，水平分量为 F_H；因此内部张弦梁结构对 O_1 的水平作用力为 F_H，竖向作用力为 F_N。其中 F_N 由 t_1 的竖向分量和梁单元1承受的一半自重和附加恒荷载组成，可由下式计算

$$F_N = \frac{1}{n}A_i(q_1 + q_2) = \frac{1}{n}A_i q \quad (16)$$

其中，q_1 为上部刚性网格结构的均布自重；q_2 为结构的均布附加恒荷载；A_i 为内部张弦梁结构上部网格结构的水平投影面积；n 为内外双重张弦梁的个数。对外部张弦梁结构以 O_2 为原点同样采用式(9)进行计算，这时需要将 F_N 作为支座反力叠加到外部张弦梁结构的 N_m 中，可进一步确定外部张弦梁索杆的自由节点坐标。

当 f_1 未知，中环索(ZHS)或内环索(NHS)初始预内力已知时，也可由式(10)唯一确定各个竖杆的下端节点坐标 y_i。张弦梁的个数为 n，则中环索或内环索被均分为 n 个索段，由中环索或内环索撑杆下端节点平衡可得

$$F_H = 2T\sin\frac{\pi}{n} \tag{17}$$

其中，T 为环索索力沿环向的水平分量。代入式(15)和 $\tan\theta_1 = y_1/(l_1+l_s)$ 可得

$$y_1 = \frac{(l_1+l_s)\sum_{i=1}^{m}N_i}{2T\sin\dfrac{\pi}{n}} \tag{18}$$

可代入式(10)求得满足环索索力为定值时的竖杆下端节点坐标。

3.2　径向网格相等时内外双重张弦网壳结构的形状确定

以圆形平面的内外双重张弦网壳结构为分析对象，假定结构由 n 个相同的内外双重平面张弦梁组成，每个双重平面张弦梁的找形结果均可由式(10)求得。为便于工程应用，假设网壳的径向网格相等以简化计算过程，此时，内外双重平面张弦梁见图5，并假定：

(1) $l_s=0$，$r_s=l/2$；

(2) $r_0=ml+kl+l/2=(m+k+1/2)l$。

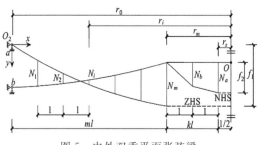

图5　内外双重平面张弦梁

由节点平衡条件可知

$$nN_i = \left[\left(r_i+\frac{l}{2}\right)^2 - \left(r_i-\frac{l}{2}\right)^2\right]\pi q, \qquad nN_m = \left(r_m+\frac{l}{2}\right)^2\pi q$$

则有

$$N_i = \frac{2\pi l r_i q}{n} \tag{19}$$

$$N_m = \frac{\left(r_m+\dfrac{l}{2}\right)^2\pi q}{n} \tag{20}$$

其中：$r_i=r_0-il$；$r_m=r_0-ml$。

将 N_i 结果代入式(10)，当 $m=5,6,7,8,9$，$k=1,2$ 时，可得外部张弦网壳结构的各自由节点坐标 $y_i=\eta_i f_1$，见外部张弦网壳找形计算用表如表1所示。

表1　外部张弦网壳找形计算用表

坐标系数	$m=5$		$m=6$		$m=7$		$m=8$		$m=9$	
	$k=1$	$k=2$	$k=1$	$k=2$	$k=1$	$k=2$	$k=1$	$k=2$	$k=1$	$k=2$
η_1	0.400	0.363	0.352	0.322	0.315	0.289	0.285	0.263	0.260	0.242
η_2	0.678	0.630	0.612	0.568	0.557	0.518	0.511	0.476	0.471	0.441
η_3	0.855	0.815	0.791	0.749	0.734	0.693	0.683	0.645	0.638	0.603
η_4	0.956	0.933	0.906	0.874	0.857	0.821	0.810	0.774	0.766	0.730

续表

坐标系数	$m=5$		$m=6$		$m=7$		$m=8$		$m=9$	
η_i	$k=1$	$k=2$	$k=1$	$k=2$	$k=1$	$k=2$	$k=1$	$k=2$	$k=1$	$k=2$
η_5	1.000	1.000	0.971	0.955	0.936	0.911	0.898	0.868	0.859	0.828
η_6			1.000	1.000	0.980	0.968	0.954	0.934	0.924	0.900
η_7					1.0	1.0	0.986	0.976	0.966	0.950
η_8							1.0	1.0	0.990	0.982
η_9									1.0	1.0

内部张弦网壳(网格梁),只有当 $k=2$ 时,可得各自由节点坐标 $y_i=\eta_i f_2$,其中 $\eta_1=0.833$,$\eta_2=1$。

4　改进的数值算法(算法 2)

当体系的边界条件较复杂时,采用解析算法较难求解,这时需要采用数值算法计算。文献[9]提出一种采用平衡矩阵理论和动力松弛法相结合的方法对杂交空间结构同时进行找形和找力,可处理复杂的边界条件。本文对文献[9]的算法进行了改进,可求得撑杆为竖直时满足节点平衡的索杆初始预内力及空间坐标。

4.1　计算模型

对图 2 所示计算模型采用局部分析法,将体系分为梁单元和索杆单元,并分别添加边界约束形成各自独立的结构,图 7 所示即为撑杆或吊索与梁单元连接处代之以多个刚性支座形成的计算模型。

首先对上部梁元与竖杆连接点处代之以多个刚性支座后的模型进行线性有限元分析,可求得结构在常态荷载作用下各个支座的支反力。根据前述假定,令下部索杆单元的撑杆上节点处等代内力与上部梁单元在常态荷载(重力荷载、附加恒荷载等)作用下在这些对应的撑杆上节点处产生的支座反力相等,因此将模型 B 撑杆或吊索端部刚性支座的 z 向约束由求得的支座反力代替,形成计算模型 A。数值算法的目的就是求得下部索杆的空间几何构型,并同时求得一组索杆内力既满足撑杆或吊索与支反力的平衡,也满足索杆各自由节点的平衡,因此是一个同时对索杆结构进行找形和找力的过程。

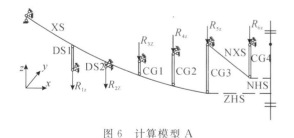

图 6　计算模型 A　　　　　　　　图 7　计算模型 B

4.2　计算理论与计算步骤

4.2.1　计算理论

索杆张拉结构的平衡方程为

$$At=f \tag{21}$$

$$t=A^+ f \tag{22}$$

其中：A 为平衡矩阵；t 为杆件的内力矢量；f 为节点力矢量，可以是节点不平衡力、外荷载或者是两者的组合；A^+ 为平衡矩阵的 Moore-Penrose 广义逆矩阵。

当结构受到外荷载时，可由式（22）求得满足与节点处外荷载相平衡的内力大小与分布，如图 6 所示模型 A 就可采用式（22）进行求解。但是模型 A 所示下部索杆为假定的空间几何，求得的索杆内力在节点处残余内力不为零，这时就需要对索杆空间几何进行找形，直至残余内力为零，这个过程，可以由动态阻尼动力松弛法完成[10]。

采用动力松弛法的思想，首先将结构离散为空间节点位置上具有一定虚拟质量的质点，各个自由节点的不平衡力可按下式取值

$$R_{kl} = \sum_1^n F_l^k, \quad l = x, y, z \tag{23}$$

其中，n 为与节点 k 相连的单元数，而 F_l^k 可由式（22）求得。在不平衡力的作用下，这些离散的质点必将产生沿不平衡力方向运动。在运动过程中任意时刻 t，离散结构上任意单元节点 k 在坐标 $l = x, y, z$ 方向上的动力平衡方程为

$$R_{kl} = M_{kl} \dot{v}_{kl} + C_{kl} v_{kl} \tag{24}$$

其中，R_{kl}，M_{kl}，C_{kl}，$\dot{v}_{kl}$ 和 v_{kl} 分别为 t 时刻节点 k 在坐标 l 方向上的不平衡力、虚设质量、虚设阻尼系数、加速度和速度。给定迭代时间步 Δt，可得到中心有限差分形式：

$$R_{kl} = \frac{M_{kl}}{\Delta t}(v_{kl}^{t+\Delta/2} - v_{kl}^{t-\Delta/2}) + \frac{C_{kl}}{2}(v_{kl}^{t+\Delta/2} + v_{kl}^{t-\Delta/2}) \tag{25}$$

整理可得

$$v_{kl}^{t+\Delta/2} = v_{kl}^{t-\Delta/2}\left(\frac{M_{kl}/\Delta t - C_{kl}/2}{M_{kl}/\Delta t + C_{kl}/2}\right) + R_{kl}\frac{1}{M_{kl}/\Delta t + C_{kl}/2} \tag{26}$$

则 $t+\Delta t$ 时刻节点 k 的坐标为

$$x_{kl}^{t+\Delta} = x_{kl}^t + v_{kl}^{t+\Delta/2}\Delta t \tag{27}$$

采用 Cundall 提出的运动阻尼的概念[11]，即如果系统总动能达到动力峰值，令节点的速度分量为零，体系在新的位置重新开始振动，直到下一个动能峰值的出现。于是式（26）可以写为

$$v_{kl}^{t+\Delta/2} = v_{kl}^{t-\Delta/2} + R_{kl}\Delta t/M_{kl} \tag{28}$$

假定结构体系在 $t = 0$ 时刻从静止状态开始振动，即 $v_{kl} = 0$ 按直线差分可以得到 $v_{kl}^{-\Delta/2} = -v_{kl}^{\Delta/2}$，则

$$v_{kl}^{-\Delta/2} = -(R_{kl})^{t=0}\Delta t/2M_{kl} \tag{29}$$

根据运动阻尼的思想，在迭代过程中，t 时刻结构所有虚设质量点的总动能为

$$e^t = \sum_k \sum_{l=1}^3 (M_k v_{kl}^{t2})/2 \tag{30}$$

当 $e^{t+\Delta/2} < e^{t-\Delta/2}$ 时，则体系达到动能峰值，这时对各节点坐标进行处理，速度置零，然后重新开始迭代。

4.2.2 计算流程

采用平衡矩阵理论和运动阻尼动力松弛法对索杆部分进行找力找形的计算步骤可总结如下[9]：

1）采用模型 A，首先由假设的初始构型根据式（22）计算索杆内力 t，根据此计算结果由式（23）确定索杆各自由节点的节点不平衡力；

2）采用动态阻尼动力松弛法令模型 B 在不平衡力作用下自由运动（式（27）～（29）），在运动到固定次数之前，如果系统总动能（式（30））达到动力峰值，则退出动力松弛法，并取到达峰值前的坐标，用新坐标建立模型 A 和 B，重新由模型 A 求索杆内力 t，由模型 B 进行动力松弛法计算，体系在新的位置重新开始振动；

3）模型 B 在不平衡力作用下自由运动（式（27）～（29）），如果系统总动能（式（30））没达到峰值，当

运动到固定次数(如 15 次)后退出动力松弛法程序,采用最后一次动力松弛结果作为新坐标建立模型 A 和 B,重新由模型 A 求索杆内力 t,由模型 B 进行动力松弛法计算,体系在新的位置重新开始振动;

4)在 2)步和 3)步的运动过程中一直判断是否各自由节点 x、y、z 三个方向的不平衡力小于收敛精度(如 1N),如果小于,就终止动力松弛过程,采用最后一次动力松弛结果作为新坐标建立模型 A,重新由模型 A 根据平衡矩阵理论求得索杆内力 t,即索杆的初始内力结果,对应坐标就是索杆的初始几何的空间坐标。如果不小于收敛精度,则不断重复 2)、3)两步直至不平衡力小于收敛精度。

4.2.3 计算参数的选取

根据 Barnes[10] 的建议,节点各个方向的虚设质量可以相等,即对于式(29)统一取 $M_{kl} = M_k (l = x, y, z)$。但为保证算法的收敛性和稳定性,迭代时间增量 Δt 和 M_k 需满足关系 $\Delta t \leqslant \sqrt{2M_k/K_k}$,其中 K_k 为刚度矩阵在第 k 节点自由度方向对应的主元元素,为便于计算,一般可取各节点的最大可能刚度值 $K_{k\max}$。因此有

$$M_k = \lambda K_{k\max} \Delta t^2 / 2 \tag{31}$$

其中,λ 为刚度增大系数。通常计算时,可取 $\lambda = 1$,当计算不收敛时,可以适当增大 λ;当计算收敛但非常慢时,可以适当减小 λ,以加快收敛速度。在计算过程中,取 $\Delta t = 1$。

对于节点 k,节点最大可能刚度 $K_{k\max}$ 分别由与其相连的所有杆单元和索单元提供的最大可能刚度组成,这里为简化计算,将所有索与杆单元提供的最大可能刚度均定义为:

$$K_{k\max}^b = \sum_{i=1}^{n_b} [(EA + T)/S_0]i \tag{32}$$

其中,S_0 为假定初始构型中索杆的几何长度,T 为由假设初始构型采用平衡矩阵理论求得的索杆内力 t,E、A 为构件的弹性模量和截面面积。为进一步简化计算过程,令 $K_{k\max}^b$ 在求解过程中始终为定值。

实际上,采用动力松弛法松弛一步之后,节点的空间坐标就变了,应由式(22)重新求得新位形下的 t,再进行动力松弛找形,但是实际中节点运行的距离过小,因此,为了加快收敛速度,可令体系在松弛一定次数之后再进行平衡矩阵理论的求解,这个过程中,令 t 不变,但是每动一次之后,节点不平衡力需要在新的位形下重新计算。根据经验,可设定次数在 $10 \sim 20$ 范围内变化。

动力松弛的次数和 $K_{k\max}$ 的取值与程序的收敛性和收敛速度有极大关系。体系在初始构型的节点不平衡力作用下开始运动,当第一次循环后节点偏离平衡位置过远,则结果会发散或者需要更多的循环次数才能收敛到最终解,因此 λ 的取值不要过小。但是 λ 的取值也不能过大,否则收敛速度会过慢。根据作者的经验,当松弛次数设为 15 时,λ 的取值可在 $0.001 \sim 0.01$ 范围内调节,如果每一次循环中松弛的次数设的更多,λ 取值可以相应增大。当松弛次数为定值时,λ 值越大,收敛到最终结果需要的循环次数越多;当 λ 为定值时,松弛次数越小,收敛所需循环次数越多。

4.2.4 解的讨论及计算流程的修正

根据前文算法 1 可知,索杆对应的初状态几何与索的垂度 f_1 有关,当 f_1 确定时,有且仅有一组解满足索杆初始内力与支座反力相等的假定。如果不限制撑杆和吊索的建筑几何,当撑杆和吊索有一定倾斜时其竖向内力分量依然会满足与支座反力相等的假定,这样撑杆和吊索的初状态几何有无穷多个,因此程序在迭代的过程中如果不加入一定的约束条件,最后满足平衡的索杆空间坐标很难令撑杆或吊索保持竖直,也很难获得所需结果,比如斜索垂度 f_1 为某个定值。因此需要对程序流程进行修改。

(1)各榀张弦梁受力相同

如前文算法 1 可知,对单榀张弦梁,当 f_1 为定值且各撑杆为竖直时,仅有唯一的初状态几何满足要求,因此当结构体系由各榀受力相同的张弦梁组成时,可令空间张弦梁结构各榀张弦梁 f_1 为定值,修改程序流程第 2 步、第 3 步令节点仅在 z 向不平衡力作用下自由运动,这时判断各自由节点 x、y、z 向的不平衡力是否小于收敛精度,当小于收敛精度时,退出迭代,采用最后一次动力松弛结果作为新

坐标建立模型 A,重新由模型 A 根据平衡矩阵理论求得索杆内力 t,即索杆的初始内力,对应坐标就是索杆的初始几何。

(2)各榀张弦梁受力不同

当各榀张弦梁受力不相同时,如图 1a 所示结构,内部平面张弦梁为 8 个,外部为 24 个,因此中环索上各撑杆内力不同。由算法 1 的式(10)可知 y_i 仅与 l_i 和 N_i 有关,由于部分 N_i 不同,因此中环索撑杆下端节点很难在一个平面上。这时,依然可以修改程序流程获得撑杆为竖直时的初始几何和初始内力。

第 1 步:根据设计要求假定各榀张弦梁有相同的 f_1,修改程序流程第 2 步、第 3 步令节点仅在 z 向不平衡力作用下自由运动,直至各斜索下自由节点 x、y、z 向的不平衡力满足收敛精度的要求,此时中环索下端各自由节点 x、y、z 向均不平衡;

第 2 步:以第 1 步的坐标结果为初始构型,去除各榀张弦梁 f_1 相同的约束条件,依然修改程序流程第 2 步、第 3 步,令节点仅在 z 向不平衡力作用下自由运动,直至斜索和环索下各自由节点 x、y、z 向的不平衡力均小于收敛精度,对应的自由节点坐标和索杆内力就是最终结果。此时,各张弦梁的 f_1 与初始值不同,部分结果大于初始值,部分结果小于初始值,但撑杆或吊索依然保持竖直。

当外部空间张弦梁结构为不规则形状如椭圆,或内部结构传给外部张弦梁结构的各支座反力不相同时,即各榀张弦梁受力不同,可采用以上程序流程进行计算。

值得注意的是,采用数值算法时,不需要对内外组合体系进行分块计算,可将体系作为整体进行分析。

5 算例

5.1 算例1

采用图 1c 的环形平面空间张弦网壳结构为例进行分析,这时结构均由单榀平面张弦梁 a 组成(图 8a),构件的质量密度为 $7850 \mathrm{kg/m^3}$,拉索的弹性模量为 $190 \mathrm{GPa}$,其余构件的弹性模量为 $206 \mathrm{GPa}$,构件规格见表 2,由于外环桁架与索杆的形状确定无关,表中没有列出其规格。

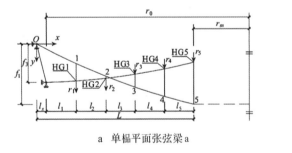

a 单榀平面张弦梁 a

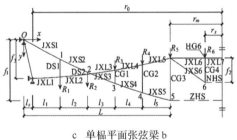

c 单榀平面张弦梁 b

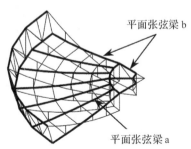

b 1/4内外双重张弦网壳结构

图 8 内外双重张弦网壳结构

表 2　算例 1 材料规格

编号	材料规格	编号	材料规格	编号	材料规格
ZHS	$\phi 7 \times 199$	CG1	P219×8	JXL1~JXL5	P402×14
DS1	$\phi 7 \times 13$	CG2	P219×8	HG1~HG5	P402×14
DS2	$\phi 7 \times 13$	CG3	P219×8	JXS1~JXS5	$\phi 7 \times 73$

其中 $l_s = 2.5\text{m}, l_1 = l_2 = \cdots = l_5 = 8\text{m}$，则 $L = 42.5\text{m}, r_0 = 55\text{m}, r_m = 15\text{m}$，均布外荷载为 0.6kN/m^2。通过线性有限元分析，可求得各个支座的支反力 $r_1 = 85130\text{N}, r_2 = 72629\text{N}, r_3 = 60142\text{N}, r_4 = 47623\text{N}, r_5 = 21708\text{N}$。取 f_1 初始值为 11m，采用算法 1 和算法 2 分别确定结构的初始坐标和内力。由于各榀平面张弦梁撑杆和吊索端部的支座反力均相同，为节省篇幅，仅列出在 xoy 平面内张弦梁的坐标结果。索杆初始内力计算结果见表 3，节点坐标计算结果见表 4。

表 3　算例 1 张弦梁 a 找力结果

方法	编号	初内力/kN	编号	初内力/kN	编号	初内力/kN
算法 1	ZHS	2228.17	CG2	−47.623	JXS3	595.801
	DS1	85.13	CG3	−21.708	JXS4	585.697
	DS2	72.629	JXS1	648.626	JXS5	581.99
	CG1	−60.142	JXS2	615.647		
算法 2	ZHS	2227.59	CG2	−47.623	JXS3	595.754
	DS1	85.13	CG3	−21.707	JXS4	585.634
	DS2	72.629	JXS1	648.584	JXS5	581.921
	CG1	−60.142	JXS2	615.634		

表 4　算例 1 张弦梁 a 找形结果

节点编号	算法 1		算法 2	
	x	y	x	y
1	10.5	5.186	10.5	5.186
2	18.5	7.966	18.5	7.966
3	26.5	9.747	26.5	9.747
4	34.5	10.7	34.5	10.7
5	42.5	11	42.5	11

算法 2 节点不平衡力的收敛精度设为 1N，满足收敛条件后退出循环。算法 1 和算法 2 的结果基本一致，且撑杆和吊索均与支座反力相等，满足基本假定，说明了算法的正确性。

5.2　算例 2

采用图 1a 的内外双重空间张弦梁结构为例进行分析，结构由平面张弦梁 a(图 8a)和 b(图 8c)共同组成，见图 8b。

构件密度、材料规格和平面尺寸与算例 1 相同，其中 $r_s = 5\text{m}$，取 f_1 初始值为 12m，f_2 初始值为 5m。内部张弦梁部分的材料规格列于表 5，各个支座的支反力 $R_1 \sim R_6$ 及 $r_1 \sim r_5$ 见表 6。

采用算法 1 计算时，先计算内部再计算外部。当计算外部环形张弦梁结构时，外部结构各榀张弦梁上受到的内部结构传递的自重和荷载并不相同，采用算法 1 计算很难获得最终结果，此时可采用算法 2 进行分析。这里仅列出了算法 2 的结果，见表 7~9。

表 5　算例 2 材料规格

编号	材料规格	编号	材料规格	编号	材料规格
NHS	$\phi7\times31$	CG4	P89×6	JXL6～JXL7	P402×14
JXS6	$\phi7\times19$	HG6	P402×14		

表 6　算例 2 支座反力

编号	支座反力/kN	编号	支座反力/kN	编号	支座反力/kN
R_1	85.130	R_5	37.427	r_3	60.142
R_2	72.629	R_6	43.067	r_4	47.623
R_3	60.142	r_1	85.130	r_5	30.868
R_4	47.623	r_2	72.629		

表 7　算例 2 张弦梁 a 找力结果

编号	初内力/kN	编号	初内力/kN	编号	初内力/kN
ZHS	2391.64	CG2	−47.6	JXS3	643.3
DS1	85.13	CG3	−30.88	JXS4	631.51
DS2	72.6	JXS1	698.32	JXS5	626.13
CG1	−60.1	JXS2	664.56		

表 8　算例 2 张弦梁 b 找力结果

编号	初内力/kN	编号	初内力/kN	编号	初内力/kN
ZHS	2391.7	CG2	−47.6	JXS3	643.42
NHS	329.951	CG3	−80.48	JXS4	631.59
DS1	85.13	CG4	−43.067	JXS5	626.17
DS2	72.6	JXS1	698.51	JXS6	96.298
CG1	−60.1	JXS2	664.72		

表 9　算例 2 张弦梁 a 和 b 找形结果

张弦梁 a 节点	x	y	张弦梁 b 节点	x	y
1	10.5	5.261	1	10.5	5.266
2	18.5	8.179	2	18.5	8.189
3	26.5	10.165	3	26.5	10.181
4	34.5	11.381	4	34.5	11.402
5	42.5	11.987	5	42.5	12.014
			6	52.5	9.659

　　由计算结果可知,撑杆和吊索的内力均与支座反力相等,满足基本假定,且撑杆和吊索均保持竖直。由表 9 中张弦梁 a 和张弦梁 b 的节点 5 坐标可见,环索不在同一水平面内,支座反力小的撑杆下端节点高,相应撑杆更短,反之下端节点就低,相应撑杆更长,这样就保证了下部索杆体系对上部刚性结构的支撑作用按需分配,结构的空间刚度分布比较均匀。

6　内外双重张弦网壳结构初始预内力分布设计计算流程

（1）首先根据建筑的设计要求确定结构上部网格的形状，并确定结构斜索的垂度 f_1 和 f_2。

（2）当各榀张弦梁受力相同时，可采用算法 1 或算法 2 进行计算。采用算法 1 时，如果结构由内外两部分组成，要对结构进行分块分析，首先对内部张弦梁部分进行计算，然后将内部结构的自重和荷载叠加到外部结构上，对外部张弦梁进行找形。当各榀张弦梁受力不相同时，只能采用算法 2 进行计算，计算时，可对内外张弦网壳结构同时进行计算，不需进行分块。

7　结论

（1）采用局部分析法的思想，将体系分为上部刚性结构和下部索杆结构，然后从节点平衡关系入手，根据上部网壳支座反力确定下部索杆的空间几何和初始内力；采用分块分析的方法对内外组合结构分别进行找形。找形方法可同时确定索杆的空间几何与初始内力。当径向网格相等时，给出此结构的外部张弦网壳找形计算用表。

（2）介绍了原有数值算法，并对此算法解的情况和参数的选取进行了讨论，并修正了程序流程，可以用来获得索杆保持竖直以及斜索垂度为定值时的解。

（3）本文针对内外双重张弦网壳结构提出的算法 1 也可应用于双重肋环-辐射形张弦梁结构的初始预内力确定；改进后的算法 2 还可适用于包括张弦体系和弦支体系的一般杂交空间结构的形状确定。

参考文献

[1] 董石麟，罗尧治，赵阳，等. 新型空间结构分析、设计与施工[M]. 北京：人民交通出版社，2006.

[2] 高博青. 大型环状悬臂型张弦梁挑蓬结构的性能研究[D]. 杭州：浙江大学，2004.

[3] 孙文波，陈汉翔，赵冉. 2010 年广州亚运会南沙体育馆屋盖钢结构设计[J]. 空间结构，2011，17(4)：48—53.

[4] 张志宏，董石麟. 索杆梁混合单元体系初始预应力分布确定问题[J]. 空间结构，2003，9(3)：13—18.

[5] 张志宏，张明山，董石麟. 张弦梁结构若干问题的探讨[J]. 工程力学，2004，21(6)：26—30.

[6] ZHANG Z H，DONG S L，YUKIO T. Force finding analysis of hybrid space structures[J]. International Journal of Space Structures，2005，20(2)：107—113.

[7] 杨睿，董石麟，倪英戈. 预应力张弦梁结构的形态分析——改进的逆迭代法[J]. 空间结构，2002，8(4)：29—35.

[8] 张志宏，董石麟，邓华. 张弦梁结构的计算分析和形状确定问题[J]. 空间结构，2011，17(1)：8—14.

[9] 张志宏，李志强，董石麟. 杂交空间结构形状确定问题的探讨[J]. 工程力学，2010，27(11)：56—63.

[10] BARNES M R. Form finding and analysis of tension structures by dynamic relaxation[J]. International Journal of Space Structures，1999，14(2)：89—104.

[11] 钱若军. 张力结构的分析、设计、施工[M]. 南京：东南大学出版社，2003.

133　内外双重张弦网壳结构的模型设计及静力试验*

摘　要：为了研究内外双重张弦网壳结构整体预张力的分布特性和静力荷载下的内力和变形特点，按照 1∶15 比例设计和制作了乐清体育馆屋盖的缩尺模型。将整个结构分为索杆部分和梁元部分，根据相似性原理确定模型各参数的相似比；进行构件和节点的设计，讨论模型设计的有效性；根据试验内容和模型特点确定试验的加载方案和测量方案，对该模型进行全跨加载试验。研究结果表明：有限元分析结果和试验值吻合较好，试验模型的设计、加载方式和测量方案满足要求；全跨加载情况下的结构内力和变形基本上呈线性变化，说明体育馆采用的新型内外双重张弦网壳结构具有良好的承载能力和结构刚度，结构体系安全可靠。

关键词：内外双重张弦网壳结构；模型设计；相似比；静力试验

1　引言

　　张弦梁(桁架)结构是一种几何构成简单、力流传递明确的空间结构形式，最早可以在 19 世纪初欧洲建造的铸铁桥中发现它的应用。20 世纪 80 年代初，Saitoh[1] 将其定义为"用撑杆连接压弯构件和抗拉构件而形成的自平衡体系"；随后的 10 余年中，日本建成了一批有代表性的张弦梁结构[2]。20世纪 90 年代后期，该结构形式由日本引进，上海浦东国际机场航站楼是国内首次采用张弦梁结构的代表性工程[2]，目前已建及在建的工程多达几十个。国内外学者在对该体系进行理论研究的同时，进行了一系列的试验研究。梁佶等[3,4] 对悬臂型张弦梁结构进行全跨和半跨荷载下的静力性能试验研究，薛伟辰等[5] 对上海源深体育馆预应力张弦梁结构进行了优化设计和试验研究，张爱林等[6] 对国家体育馆双向张弦梁结构的施工张拉过程、静力性能及断索影响进行缩尺模型试验研究，黄利锋等[7] 对新广州站内凹式索拱结构进行模型静力试验研究。这些试验研究增强了结构的直观感受，在验证理论分析的正确性和评价结构性能方面都起到了积极的作用。

　　根据单榀张弦梁结构的空间布置方式，可以将张弦梁结构分为 4 类：单向张弦梁结构、双向张弦梁结构、多向张弦梁结构和辐射式张弦梁结构。随着工程应用和科学研究的不断创新，新的空间张弦梁结构不断涌现，出现了几种新的以张弦梁为基本单元的空间结构形式。首先是 2010 年广州亚运会南沙体育馆的核心区上空屋盖结构，采用了一种双重肋环-辐射形张弦梁结构，是由内外 2 个肋环-辐射形张弦梁结构叠合而成[8]；其次是乐清市体育中心体育馆和游泳馆中采用的一种空间结构，也是由

　　* 本文刊登于：姚云龙，董石麟，刘宏创，夏巨伟，张民锐，祖义祯.内外双重张弦网壳结构的模型设计及静力试验[J].浙江大学学报(工学版)，2013，47(7)：1129－1139.

2 种空间张弦网壳结构内、外组合而成,本文将其命名为内外双重张弦网壳结构,可以理解为一种由外部的具有外环桁架的张弦肋环型网壳结构与内部的张弦肋环型网壳结构相组合的空间网壳结构,各方面性能与常规的弦支穹顶结构相比有明显改进。首先,外部的具有外环桁架的张弦网壳结构的径向索穿出屋面,锚固在体育馆周圈外环桁架的上弦梁(外环梁)上,由于水平角度的增加,下部预应力拉索对上部单层网壳能够提供更大的竖向支承刚度,也提高了结构的承载能力。其次,组成上部单层网壳的径向梁与一般屋盖采用的正高斯曲率不同,剖面形状采用了悬链线曲线,优化了壳体的薄膜内力性质。此外,由于索穿出屋面,径向索水平角度增加并没引起屋盖结构厚度的增大,与传统辐射式张弦梁结构或弦支穹顶相比,增加了后排座位的可视范围,为体育馆内部提供了更多的使用空间。

体育馆的内外双重张弦网壳结构属于预应力空间结构体系,整体力学性能能否符合设计要求(主要是预张力的大小和分布)、静力荷载下结构的内力和变形特点如何,均需通过模型试验来验证。本文以乐清市体育中心体育馆屋盖结构为对象,按 1/15 比例开展模型试验研究,研究内外双重张弦网壳结构整体预张力分布特性及静力荷载下结构的内力和变形特点。

2 模型设计与制作

2.1 屋盖结构的基本构成

乐清市体育中心体育馆屋盖平面近似呈椭圆形,南北长约 148m,东西宽约 128m,屋面最高标高为 28m,覆盖刚性屋面。

体育馆屋盖采用一种新型的内外双重张弦网壳结构,并独立支承在外圈的 V 形柱上(见图 1a)。从索杆梁杂交的角度认为,这种组合网壳结构由单层网壳结构和索杆体系杂交而成[9]。单层网壳形式(见图 1b)基本上为肋环型,分为内、外 2 个结构区域,其中内部为一个直径 40m 的等高圆形区域,外部为内孔呈 40m 直径圆形的椭圆形区域。索杆体系(见图 1c)分为内、外 2 个部分,外部为由 24 根径向索、中环索、撑杆、吊索组成的张弦系统,以支承外部区域的单层网壳。内部为由 8 根斜索、内环索和撑杆组成的张弦系统,以支承内部直径 40m 的等高圆形单层网壳。如图 1d 所示,外径向索穿过刚性网壳的径向梁后,锚固于周圈钢结构的外环桁架的上弦环梁上,并通过吊索和撑杆与刚性网壳相连。网壳最外圈的外环梁与第 8 圈环梁间设置杆件,以形成网壳面内周边桁架。最后,整个结构由下部的 V 形柱支承。

2.2 试验模型设计

2.2.1 相似比关系

(1)基本相似比。综合考虑试验场地、试验精度、加载条件等因素,确定体育馆内外双重张弦网壳结构试验模型的几何相似比为 $S_L = L_m : L_p = 1 : 15$(其中下标 m 和 p 分别表示模型结构和实际结构),即试验模型平面的最大尺寸为 $9.87\text{m} \times 8.53\text{m}$。同时,确定试验的内力及荷载相似比为 $S_P = T_m : T_p = 1 : 150$。

根据几何相似比和内力相似比,可以将结构分为两个部分,进一步讨论其刚度相似比,从而确定试验模型构件的截面规格。第一部分结构为索杆系统,包括内环索、中环索、内斜索、径向索、吊索和撑杆;第二部分为梁元系统,包括内环梁、中环梁、径向梁 1 和径向梁 2 组成的单层网壳以及外环桁架和 V 形柱。索杆部分以轴向受力为主,因此可以针对轴向刚度确定相似比。内环梁、中环梁、径向梁 1、径向梁 2、外环桁架和 V 形柱由于同时受到弯矩和轴力的作用,相似比的取值将综合考虑轴向刚度和弯曲刚度的影响。

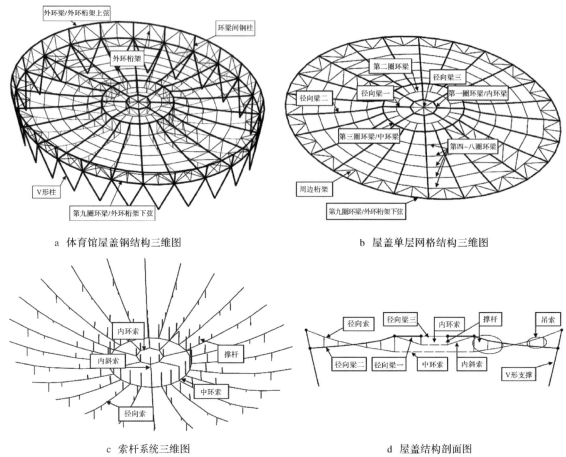

a 体育馆屋盖钢结构三维图

b 屋盖单层网格结构三维图

c 索杆系统三维图

d 屋盖结构剖面图

图 1 体育馆整体屋盖的结构构成

(2)索杆系统的相似性分析。根据有限单元法的基本原理可知,索杆系统基本方程式可以写作如下增量形式:

$$\delta P = K_T \delta d \tag{1}$$

式中:P 和 d 分别为节点荷载向量和节点位移向量,K_T 为结构的切线刚度矩阵。K_T 由索杆单元的切线刚度矩阵按照结构拓扑关系"对号入座"组集而成,单元的切线刚度矩阵可以表达为

$$k_T^e = \frac{EA}{L}\xi_1 + \frac{T}{L}\xi_2 \tag{2}$$

式中:EA、L、T 分别为单元的轴向刚度、长度和轴力;ξ_1、ξ_2 为坐标转换矩阵,仅与单元的几何(即单元方向余弦)和拓扑(节点连接关系)有关,且均为无量纲矩阵。

分别对应实际结构和模型结构建立单元刚度矩阵,可得

$$k_{Tp}^e = \frac{E_p A_p}{L_p}\xi_{1p} + \frac{T_p}{L_p}\xi_{2p}, \qquad k_{Tm}^e = \frac{E_m A_m}{L_m}\xi_{1m} + \frac{T_m}{L_m}\xi_{2m} \tag{3}$$

考虑到模型结构与实际结构的几何相似并且拓扑相同,因此有 $\xi_{1p} = \xi_{1m}$,$\xi_{2p} = \xi_{2m}$。根据 $S_L = L_m : L_p = 1 : 15$ 和 $S_P = T_m : T_p = 1 : 150$,若单元轴向刚度相似比能够满足 $E_m A_m : E_p A_p = 1 : 150$,则模型结构与实际结构的单元切线刚度矩阵成比例,且比值为

$$k_{Tm}^e : k_{Tp}^e = (E_m A_m / L_m) : (E_p A_p / L/p) = (T_m / L_m) : (T_p / L_p) = 1 : 10 \tag{4}$$

对于模型结构和实际结构,单元切线刚度矩阵按"对号入座"原则组集成总切线刚度矩阵的过程是相同的,因此模型结构和实际结构的总切线刚度矩阵满足 1:10 的比例关系。

（3）梁元系统的相似性分析。对于梁单元，模型试验主要关心构件轴力和弯矩与实际结构的相似性。根据有限元的基本理论可知，梁单元轴力和弯矩与节点位移之间的关系为

$$F_{xi} = \frac{EA}{L} \cdot U_{xi} - \frac{EA}{L} \cdot U_{xj} \tag{5}$$

$$M_{yi} = -\frac{6EI_y}{L^2} \cdot U_{zi} + \frac{4EI_y}{L} \cdot \theta_{yi} - \frac{6EI_y}{L^2} \cdot U_{zj} + \frac{2EI_y}{L} \cdot \theta_{yj} \tag{6}$$

式中：F_{xi} 为构件一端截面的轴力，M_{yi} 为构件一端截面的弯矩，U 为节点位移，θ 为截面转角。U 相似比为 1 : 15，θ 相似比为 1 : 1，F 相似比为 1 : 150，M 相似比为 1 : （150×15）。

若构件以轴向受力为主，则要保证实际结构和试验模型的轴力满足 1 : 150，则从式（5）可以看出，2 个模型的轴向刚度 EA 相似比为 1 : 150。

若构件以弯曲受力为主，则要保证实际结构和试验模型的弯矩满足 1 : （150×15）。根据式（6）可知，忽略位移项的影响，刚度 EI 相似比例是 1 : （150×15²），即梁单元弯曲刚度相似比为 $E_m I_m : E_p I_p$ = 1 : （150×15²）= 1 : 33750。

针对以轴向应变为主、弯曲应变为主或须同时考虑轴向、弯曲应变的 3 种情况，该结构各类构件的相似比取值情况如下。

（a）在竖向荷载作用下，外环梁受压，第 9 圈环梁受拉，外环桁架的上、下环梁作为索杆体系的边界，主要承受轴向力；屋面周边桁架腹杆和外环桁架的腹杆主要承受轴力作用。将外环桁架及周边桁架的腹杆按轴向刚度缩尺，优先保证单元轴向刚度 EA 相似比为 1 : 150，所以 $A_m : A_p$ = 1 : 150。

（b）在竖向荷载作用下，单层网壳构件轴力不大，构件内力以弯矩为主；外环桁架的上下环梁间钢柱主要受弯矩作用，轴力较小。因此，对单层网壳构件和上下环梁间钢柱优先按抗弯刚度来确定缩尺比例，即相似比为 1 : 33750，相应地 $I_m : I_p$ = 1 : 33750。

（c）在竖向荷载作用下，V 形柱同时承受轴力和双向弯矩，因此对其进行缩尺时综合考虑了轴向刚度和抗弯刚度的缩尺比例。

（4）试验模型的相似比汇总。根据以上分析，可以确定体育馆屋盖钢结构试验模型各基本参数的相似关系，汇总列于表 1。

表 1　试验模型各基本参数的相似比

几何相似比	内力、荷载相似比	位移相似比	应变相似比
1 : 15	1 : 150	1 : 15	1 : 1

2.2.2　构件规格

根据构件刚度相似比分析的结论，同时综合考虑材料供应、加工工艺等因素，最终确定了试验模型各类构件的截面规格。索杆系统各类构件的截面规格列于表 2，梁元系统各类构件的截面规格列于表 3。表中，E 为弹性模量。

表 2　试验模型索杆系统的构件规格

构件类型	截面规格	E/（×10¹¹ N·m⁻²）	材料
中环索	$\phi16$	1.50	结构用索
径向索	$\phi10$	1.50	结构用索
内环索	$\phi6$	0.95	不锈钢钢丝绳
内斜索	$\phi5$	0.95	不锈钢钢丝绳
吊索	$\phi4$	0.95	不锈钢钢丝绳
撑杆	$\phi20×2.5$	2.06	Q235-B

表3　试验模型梁元系统的构件规格

构件类型	截面规格	$E/(\times 10^{11} \mathrm{N \cdot m^{-2}})$	材料
外环梁	圆钢管 $\phi 133 \times 8$	2.06	Q235-B
第9圈环梁	圆钢管 $\phi 60 \times 3.5$	2.06	Q235-B
第1圈和第4~7圈环梁、构造梁、周边桁架腹杆和外环桁架腹杆	圆钢管 $\phi 20 \times 2.5$	2.06	Q235-B
第8圈环梁	圆钢管 $\phi 32 \times 2.5$	2.06	Q235-B
V形支撑和环梁间钢柱	圆钢管 $\phi 60 \times 3$	2.06	Q235-B
第2、3圈环梁、径向梁1、径向梁2（除靠近外环桁架一段）和径向梁3	矩形管 $40 \times 40 \times 1.6 \times 1.6$	2.06	Q235-B
径向梁2（靠近外环桁架一段）	矩形管 $40 \times 46 \times 1.6 \times 4.6$	2.06	Q235-B

2.2.3　构件与节点的设计及模型安装

模型构件与节点的设计包括基础节点的设计、上部网壳部分的节点设计、下部索杆各构件的调节端设计和索夹节点的设计。

外围V形钢柱支撑底部锚固在连续的环形H型钢上，以模拟基础。基础环梁通过直径为24mm的长螺杆固定在反力槽上，V型柱下端焊接在基础环梁上翼缘板的管支托上端（见图2）。上部网壳中心的各构件相交节点如图3所示，在索与钢梁的相交处在钢梁上开洞（见图4），环索与撑杆和斜索相交处的索夹节点如图5所示。模型的初始预张力可以通过张拉外径向索、中环索、内斜索、内环索来施加。径向索的张拉通过人工用扳手拧径向索端部的螺帽来实现（见图6），中环索是通过人工用扳手拧索段之间的调节段来张拉的（见图7），内环索和内斜索是通过人工用扳手拧索段之间的调节段来张拉的。此外，吊索和撑杆的一端设置了长度调节端，并可对结构的预应力进行微调。

制作安装完成后的试验模型如图8所示。

图2　基础环梁与反力槽紧固点　　图3　网壳中心节点　　图4　索穿钢梁节点　　图5　索夹节点

图6　径向索张拉端节点　　　　图7　中环索调节端　　　　图8　试验模型安装就位

2.3 试验模型设计的有效性分析

采用 ANSYS 参数化设计语言 APDL 进行编程,对结构进行成形及受荷的理论分析。分析模型如图 1 所示,各个杆件截面属性如表 2 和 3 所示。其中,体系中的梁单元如环梁、径向梁、外环桁架和腹杆等采用 Beam189 模拟,撑杆采用 Link8 模拟,各个索单元由于只受拉力,采用 Link10 模拟。

通常较难精确按照理论缩尺比例来确定试验模型的构件截面,比如受型材(索材)规格的影响,对于梁单元来说,轴向刚度和抗弯刚度难以同时满足各自的缩尺比例。采用缩尺后的试验模型进行分析,其结构内力和变形是否与实际结构的内力和变形之间满足理论相似比条件,这是试验模型设计的有效性问题。采用 ANSYS 软件对试验模型和实际结构模型进行有限元分析,讨论 2 个模型在初始态下的内力和变形的比例关系。

对试验模型与实际结构均赋予相同的理论初应变值,不考虑重力的影响,可以计算 2 个结构的自平衡预张力值(纯预应力状态)。图 9、10 所示为 2 个模型部分主要构件的内力和位移的比值。可见,2 个模型绝大多数构件的内力比为 128～142,分布比较均匀,但比理论相似比 1:150 略小。造成一定偏差的原因是进行杆件缩尺设计时为了减少加工量,对规格相近的构件截面尺寸进行了归并。位移比为 12.7～16,与理论相似比 1:15 基本符合良好。

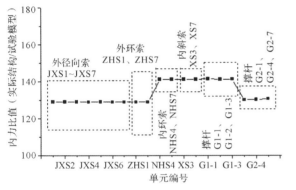

图 9 预应力态下部分主要构件的内力比   图 10 预应力态下部分主要构件的位移比

3 试验内容与测量方案

3.1 加载方案

结构上部网壳共 249 个节点,加载方案采用下部加载(见图 11)。由于加载空间有限,为了不影响下部索杆的受力性能,采用钢丝绳将载荷砝码挂在网壳节点上。考虑试验加载人员穿行和吊挂砝码间的相互影响,在内部节点较密的情况下,对节点荷载进行归并,2 个节点采用 1 根挂钩进行加载。

模型的轴向刚度 EA 相似比为 1:150,故 $A_m:A_p=1:150$,几何相似比为 $L_m:L_p=1:15$,则缩尺模型构件自重与实际结构的构件自重比值为

$$\frac{A_m L_m \rho_m g}{A_p L_p \rho_p g} = \frac{1}{150} \cdot \frac{1}{15} \frac{\rho_m g}{\rho_p g} \tag{7}$$

若采用相同材料,则密度 ρ 相同,比值为 1:(150×15),不等于 1:150 的荷载比。为了保证缩尺模型自重和实际结构自重的比值与 1:150 的荷载比相同,理论上应对缩尺模型的材料密度放大 14 倍,但实际中很难实现。本试验通过附加 14 倍的模型自重到结构上来模拟缩尺模型材料密度的放

大。考虑到下部索杆自重较小,V形支撑和上下环梁的附加自重加载较难实现,因此仅对网壳部分以荷载的形式施加14倍的附加自重。为了减少加载的工作量和保证后期的测量观测视线良好,对外圈下环梁不施加14倍附加自重。

本次试验通过静力加载的方式考察结构的受力性能,但不进行破坏性试验。对结构模型施加全跨均布荷载,加载分为以下4级施加。

①14倍的附加自重(第1级);

②14倍附加自重+1/4(1.0恒+1.0活)(第2级);

③14倍附加自重+1.0恒(第3级);

④14倍附加自重+1.0恒+1.0活(第4级)。

第1级加载实际上是含结构自重的初始预应力态。加载点示意图如图12所示。

在实际工程中,刚性屋面的附加恒载取0.6kN/m²,活荷载为0.50kN/m²。当采用的荷载相似比为1∶150时,模型的均布恒荷载为0.9kN/m²,活荷载为0.75kN/m²。采用虚拟约束法[10]将面荷载换算成试验模型网壳部分的节点荷载,对模型各节点进行加载。为了保证数据可靠,每加一级荷载稳定10~15min后开始读数。

 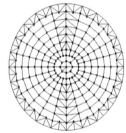  

图11 节点加载方式　图12 加载点示意图　图13 DT85动态数据采集　图14 徕卡TCRA1201
　　　　　　　　　　　　　　　　　　　　　　　　仪和M8800稳压电源　　　　＋全站仪

3.2 测量方案

3.2.1 测量内容和测量设备

模型试验的测试内容主要包括:1)单层网壳、外环桁架、V形支撑、撑杆等构件的应变测量;2)拉索内力测量;3)节点位移测量。

网壳杆件、外环桁架、V形支撑和撑杆的应力测量采用粘贴应变片的方法。对于一根网壳杆件,均在上、下翼缘布置单向应变片以测量边缘纤维应力,并考虑温度补偿。应变采集采用东华静力应变采集仪DH3815。

拉索的内力测量采用天光压/拉力传感器。天光压/拉力传感器根据测量位置有3种规格,量程分别为500、2000和7000kg,精度可达3‰,传感器的索力信号由DT85动态数据采集仪(见图13)负责索力采集。

节点位移采用百分表进行测量。为了保证测量的准确性,采用徕卡TCRA1201+全站仪对测点的空间坐标进行测量(见图14),测量精度达到2mm以内,可以对百分表的测量结果进行校核。

3.2.2 测点布置

根据试验中测点的选择与布置所遵循的原则[11],综合考虑测试内容、测试仪器数量与结构对称性等因素,网壳上布置位移测点23个,如图15所示;应变测点共137个,如图16~21所示;外径向索、中环索、内斜索和内环索设置天光压/拉力传感器,共设置传感器30个,位置如图21所示,其中主径向索24个、中环索2个、内环索2个、内斜索2个。

4　试验结果与分析

4.1　预应力态结构性能测试和分析

4.1.1　试验内容

考察该内外双重张弦网壳结构初始态的预应力特性。选取的施工张拉方法如下:先将外部张弦体系的中环索、撑杆和吊索按原长安装,然后通过张拉径向索到设计预张力值;再安装内部张弦体系的内环索和内斜索并张拉到控制力。实际张拉时,随时用 DT85 数据采集系统采集内外各索的索力,根据索力偏差从大到小进行排序。按照偏差从大到小逐步调节索力,直至绝大多数外径向索的索力偏差百分比控制在 5‰以内。然后附加上 14 倍的网壳自重,以模拟构件密度应按缩尺关系增大,此时认为模型结构达到预应力态(见图 22)。利用各类测量设备,可以最终获得试验模型预应力态的外径向索、中环索、内环索和内斜索的索力实测值以及撑杆轴力实测值,并与理论值进行对比。此外,测得该预应力态下各梁柱单元的内力(应变测点布置见图 16~21),并与理论值进行对比。部分构件理论值与实测值的比较结果见图 23 和 24。其中,图 23 中 1 和 2 分别对应测点处构件内表面应力和外表面应力。

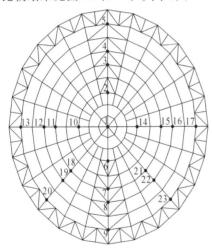

图 15　网壳位移测点布置示意图

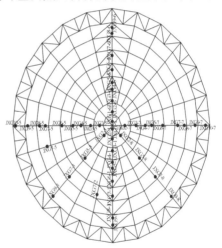

图 16　网壳径向杆件应变片布置示意图

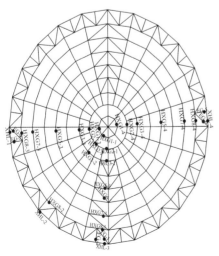

图 17　网壳环向杆件应变片布置示意图

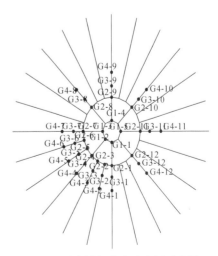

图 18　网壳撑杆应变片布置示意图

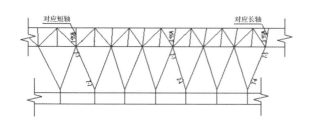

图 19　左侧外环桁架及 V 形支撑应变片布置示意图

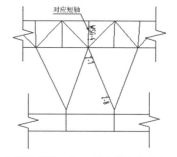

图 20　右侧外环桁架及 V 形支撑应变片布置示意图

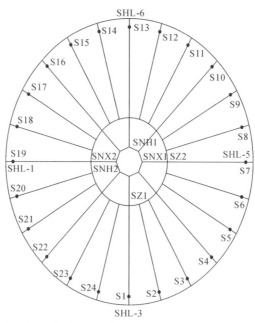

图 21　中环索、径向索和内环索张力测点及上环梁应变测点示意图

图 22　试验模型预应力态

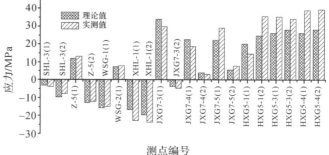

图 23　预应力态时部分梁柱内力实测值与理论值对比

4.1.2　结果分析

根据模型试验实测值和理论值的比较,可以得出以下结论。

(1)从图 24 中第 1 级荷载(对应预应力态)作用下部分索杆内力实测值与理论值的偏差相对值可以看出,预应力态时径向索的索力与设计预应力吻合良好,相对偏差大多数在 5% 以下,少数为 5%～10%。中环索的索力偏差较大,实测值与理论值相比偏差达 16%。经分析可知,原因主要是试验模型的上部网壳安装误差较大,相当于改变了与之相连的撑杆和吊索长度,从而导致实际预张力的偏差较大。

(2)如图 23 所示,由于预应力态时各梁单元、撑杆的内力较小,应力大多为 20MPa,且静态应变仪在小应变情况下的测量精度不高,因此从相对值上来看实测应变值和理论应变值的差距较大,但两者的绝对值相差较小,且内力分布规律吻合良好。

(3)调节索桁系统至预应力态须经过多次调节,每次调节某根径向索时,需要对受到影响的相邻及相对的径向索同时调节。每次调节完毕,即时用 DT85 采集索力并找出索力偏差最大的索,再进行调节,如此反复,直至达到预应力态。以上说明外部索杆结构与单层网壳、外环桁架形成自平衡体系,内力之间的相互影响比较明显。

(4)从模型试验结果可以看出,本工程的空间内外双重张弦网壳结构完全可以张拉成形就位,而且成形后的结构预应力分布总体与设计初始态吻合良好。

4.2　结构静力性能试验和分析

为了考察结构在全跨均布荷载作用下的受力性能,分 4 级进行全跨荷载作用下的结构静力性能测试。对试验模型在各级荷载下的内力和节点位移进行采集。根据加载过程中各测点记录的应变数据,可以计算相应位置梁元上、下表面边缘的纤维应力。

由于加载过程中测试的数据较多,仅将各级荷载作用下部分索杆梁内力的理论值与实测值的比较结果列于表 4 和 5。表中,S_{lm}、S_{bp} 分别为杆件应力的理论值和试验值。部分索杆的内力荷载曲线以及部分梁元构件的轴力荷载曲线和表面应力随荷载变化的曲线见图 24~32。图中,N 为轴力,p 为荷载,S_N 为轴向应力,S 为表面应力。结构在全跨荷载作用下节点位移随荷载的变化曲线见图 33。

表 4　全跨荷载作用下部分索杆单元内力实测值与理论值对比

测点编号	加载阶段	理论值/kN	试验值/kN	误差/%
JXS1		8.4	8.8	4.5
ZHS1	1 级	31.0	26.1	−16.0
NHS4		27.2	26.5	−2.7
G2-7		−13.8	−14.2	2.8
JXS1		10.0	10.4	4.2
ZHS1	2 级	36.8	30.7	−16.5
NHS4		2.8	2.6	−6.0
G2-7		−1.6	−1.8	9.0
JXS1		11.9	12.4	4.2
ZHS1	3 级	43.8	35.8	−18.20
NHS4		2.9	2.7	−6.7
G2-7		−1.9	−2.1	10.8
JXS1		14.9	15.6	4.3
ZHS1	4 级	54.8	44.9	−18.1
NHS4		3.1	2.8	−7.9
G2-7		−2.4	−2.7	15.4

表 5　全跨荷载作用下部分网壳及外环桁架、V 形柱的杆件应力实测值与理论值对比

测点编号	加载阶段	理论值/MPa	试验值/MPa	差值/MPa
Z-5(1)		−12.6	−11.9	−0.7
Z-5(2)	1 级	12.0	13.2	−1.2
JXG6-7(1)		34.8	29.8	5.0
JXG6-7(2)		−16.1	−15.3	−0.8
Z-5(1)		−7.7	−9.7	2.0
Z-5(2)	2 级	5.5	6.6	−1.1
JXG6-7(1)		24.9	20.5	4.4
JXG6-7(2)		−11.8	−9.4	−2.4
Z-5(1)		−1.9	−4.1	2.2
Z-5(2)	3 级	−2.0	1.4	−3.4
JXG6-7(1)		14.0	17.8	−3.8
JXG6-7(2)		−7.7	−4.3	−3.4
Z-5(1)		6.7	5.2	1.5
Z-5(2)	4 级	−13.5	−9.5	−4.0
JXG6-7(1)		−2.5	−4.3	1.8
JXG6-7(2)		−1.5	−3.2	1.7

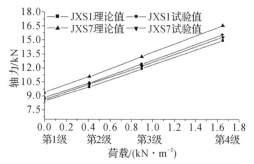

图 24　荷载作用下径向索荷载-内力曲线

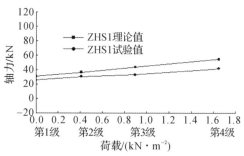

图 25　荷载作用下中环索荷载-内力曲线

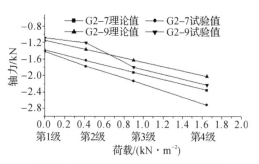

图 26　荷载作用下撑杆荷载-内力曲线

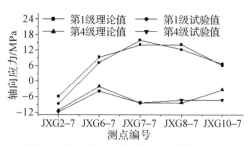

图 27　荷载作用下部分径向梁轴向应力

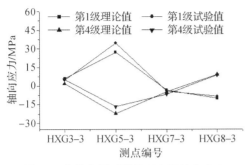

图 28　荷载作用下部分环向梁轴向应力

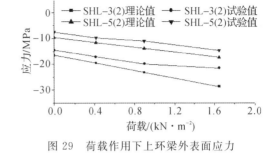

图 29　荷载作用下上环梁外表面应力

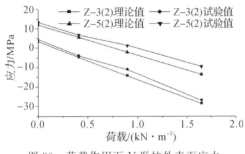

图 30　荷载作用下 V 形柱外表面应力

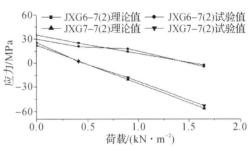

图 31　荷载作用下径向梁外表面应力

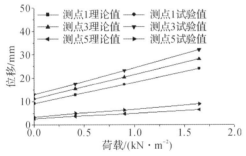

图 32　荷载作用下部分测点荷载-位移曲线

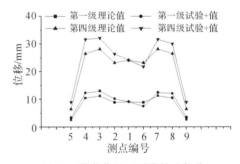

图 33　荷载作用下对称轴处部分
测点荷载-位移曲线

（1）部分索杆内力实测值与理论值的对比见表 4。各级加载下的实测值与理论值的偏差绝对值见图 34。在各级加载情况下，除中环索外，索杆单元中的外径向索、内环索、内斜索的内力实测值与理论值的误差绝大多数在 10% 以下，说明该模型试验的测试结果可以有效地反映实际结构的受力性能。中环索的误差为 13.5%～18.9%，其中包含了预应力态（第 1 级加载）由于网壳制作误差引起的初始张力偏差（16% 左右），因此由于荷载引起的内力增量误差实际上在 4% 以内。

（2）内张弦体系及外张弦体系撑杆加载过程中均受压。由于撑杆受力较小，静态应变仪在小应变情况下的测量精度不高，因此部分撑杆的内力未测得以及部分测量值的误差较大。中环索上撑杆受力稍大，但实测应变和理论值的误差较大。

（3）部分外径向索、中环索和撑杆的荷载-内力曲线如图 24～26 所示。可以看出，各级加载基本呈线性变化。

（4）从图 27、28 和表 5 可见，网壳杆件在初始预应力态下的最大轴向应力为 35～40MPa（拉应力），出现在第 4 级加载时径向梁跨中部分的环向梁上；网壳、外环桁架、径向梁和 V 形柱各梁单元轴向压应力均不大，多数小于 30MPa；由于径向梁为悬链线形状，在初始预应力态下受拉，只有到第 4 级加载时才出现局部受压，这与理论分析的结论一致。即使在最大荷载下，试验模型中各类梁单元的实际应力依然较小，由于测量精度的原因会导致一些梁单元的实测应力值和理论值的相对偏差较大，但加载过程中测点应力变化的规律是和理论计算一致的。

（5）部分梁单元测点的荷载-应力曲线见图 29～32。随着荷载的增加，测点应力基本上呈线性增大，表明在整个试验过程中结构仍处于弹性工作阶段。图中，测点编号的 1 和 2 分别对应测点处构件内表面应力和外表面应力。

（6）从图 32、33 可以看出，在全跨加载情况下，网壳边缘测点 5、9 的变形最小，第 4 级加载的位移为 5～9mm。屋盖最大变形出现在径向梁跨中区域，最大值为测点 3，达到 32.088mm。部分测点的荷载-位移曲线如图 32 所示，可见随着荷载的增加，节点位移基本上线性增大。

（7）几种加载工况下的实测 z 向位移值均稍大于理论值。原因是由试验模型刚度稍弱引起的，包括拉索弹性模量较理论值低、节点刚度不能完全刚接。但是实测位移分布总体上和理论变形是一致的。

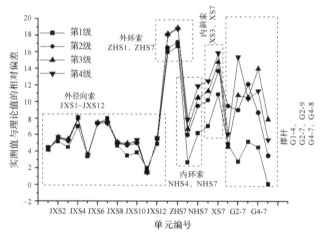

图 34   各级荷载下部分索杆内力实测值与理论值的偏差相对值

5   结论

（1）试验结果表明，无论是预应力态还是荷载态，试验测试值与理论值基本一致，说明该模型试验的测试结果可以有效地反映实际结构的受力性能，也反映了试验模型的设计、加载方案的选择以及测点的布置满足要求。

（2）从试验结果可以看出，体育馆的内外双重张弦网壳结构张拉成形后的结构预应力分布和形状总体上与设计预应力态吻合良好，误差在合理范围内。

（3）加载过程中结构的径向索、中环索、撑杆、径向梁和上环梁内力随着外荷载的增加，基本呈线性变化，结构的荷载位移曲线也是线性增长的，表明结构整体刚度较好，在加载过程中仍处于线性工作状态。

（4）全跨加载情况下的结构内力和变形试验结果表明，该新型内外双重张弦网壳结构具有良好的承载能力和结构刚度，结构体系是安全可靠的。

参考文献

[1] SAITOH M. Hybrid form-resistant structures[C]//Proceedings of IASS Symposium on Shells, Membranes and Space Frames, Vol. 2, Osaka, Japan, 1986:257－264.

[2] 董石麟,罗尧治,赵阳,等. 新型空间结构分析、设计与施工[M]. 北京:中国建筑工业出版社,2006.

[3] 梁佶,吴慧,谢忠良,等. 张弦梁挑蓬结构的试验研究[J]. 工程设计学报,2004,11(4):223－227.

[4] 杜文风,高博青,董石麟. 改进悬臂型张弦梁结构理论分析及试验研究[J]. 建筑结构学报,2010,31(11):57－64.

[5] 薛伟辰,刘晟,苏旭霖,等. 上海源深体育馆预应力张弦梁优化设计与试验研究[J]. 建筑结构学报,2008,29(1):16－23.

[6] 张爱林,刘学春,王冬梅,等. 国家体育馆双向张弦结构静力性能模型试验研究[J]. 建筑结构学报,2007,28(6):58－67.

[7] 黄利锋,冯健,赵建,等. 新广州站内凹式索拱结构模型静力试验研究[J]. 建筑结构学报,2010,31(7):110－117.

[8] 孙文波,陈汉翔,赵冉. 2010 年广州亚运会南沙体育馆屋盖钢结构设计[J]. 空间结构,2011,17(4):48－53.

[9] 董石麟. 空间结构的发展历史、创新、形式分类与实践应用[J]. 空间结构,2009,15(3):22－43.

[10] 吴京,周臻,隋庆海. 深圳大运中心体育馆整体钢屋盖模型试验加载方案研究[J]. 建筑结构学报,2010,31(4):38－43.

[11] 王柏生. 结构试验与检测[M]. 杭州:浙江大学出版社,2007.

134 内气压对三种形式张弦气肋梁结构基本力学性能的影响*

摘　要：主要分析三种形式张弦气肋梁结构在不同气压作用下的基本力学性能和静力承载能力，利用 ANSYS 软件构建张弦气肋梁结构的有限元模型，对结构进行从充气构建预应力到承受荷载的全过程分析。首先分析结构在荷载态时不同气压值作用下的内力状态，并根据荷载-位移几何非线性分析讨论满跨均布荷载作用下不同气压值对结构静力极限承载力的影响，再根据结构的受力性能和极限承载力大小以及结构对气压值改变的敏感程度，比较了三种形式张弦气肋梁结构的优劣，拟定合理的气压值。所得结论可为进一步研究和设计张弦气肋梁结构提供参考。

关键词：张弦气肋梁结构；合理气压值；受力性能；极限承载力

1　引言

张弦气肋梁是 2004 年由瑞士 Airlight 公司的 A. Pedretti，P. Steingruber，M. Pedretti 和瑞士 Prospective Concepts 的 R. H. Luchsinger 提出的一种新型轻型结构形式，并采用由张拉整体结构的单词 Tensegrity 加上单词 Air 组成新单词 Tensairity 来命名这种新型结构体系[1]。张弦气肋梁结构就是利用充气肋替换张弦梁中的竖向撑杆，通过气肋充气使上弦梁单元和下弦索单元建立预应力，充气后的气肋能够成为上弦构件的连续弹性支撑，从而提高结构受力性能、刚度和极限承载能力。张弦气肋结构的优点是利用充气过程对结构施加预应力，无需施工张拉设备和反力装置，同时有效避免了张弦梁结构中撑杆的稳定问题。张弦气肋梁结构已经在瑞士蒙特勒大型停车场顶棚和法国阿尔卑斯 Skier 人行桥上率先应用[2-5]，显示了这种结构具有轻质、承载力优良、可以快速建造拆除、储藏和运输体积小的优点。在我国对于张弦气肋梁结构已有相关的理论研究工作[6-8]，但还在起步阶段且未有工程应用。本文对三种形式张弦气肋梁结构进行从充气构建预应力到承受荷载的全过程分析，为进一步研究和设计张弦气肋梁结构提供了参考。

2　计算模型的建立

张弦气肋梁结构的主要特点是用气肋代替张弦梁中的撑杆，由气肋的充气过程施加预应力而且气肋直接参与结构的承载，气肋膜气压值的大小对整体结构的内力分布和承载能力都有重要影响，是

---

* 本文刊登于：梁昊庆，董石麟.内气压对三种形式张弦气肋梁结构基本力学性能的影响[J].建筑结构，2014，44(10)：66-72.

决定张弦气肋梁结构受力性能的关键因素,因此需要确定合理的气压值优化结构的受力性能。但在计算过程中发现仅由充气过程施加预应力不能充分利用索的抗拉强度[4],故本文设想对下弦索进行张拉施加额外的预应力。因此本文选取气肋膜跨度为 20m 的三种形式的张弦气肋梁结构,分别为:①上弦梁与下弦索对称的纺锤形张弦气肋梁(结构形式 1);②上弦梁为拱形、下弦索为水平的拱形张弦气肋梁(结构形式 2);③上弦梁为拱形、下弦索水平且施加预应力的预应力拱形张弦气肋梁(结构形式 3)。三种形式的张弦气肋梁结构示意如图 1 所示。

a 结构形式1　　　　　　　b 结构形式2　　　　　　　c 结构形式3

图 1　三种形式张弦气肋梁结构示意图

本文首先考察在不同气压下结构的以下受力性能:①梁端支座水平反力;②上弦梁弯矩;③上弦梁轴力;④上弦梁竖向位移;⑤下弦索竖向位移;⑥下弦索拉应力;⑦膜最大主应力;⑧结构静力极限承载力。

利用 ANSYS 有限元软件,采用 Beam188 单元模拟上弦梁单元,通过上弦梁单元与气肋薄膜单元共节点来模拟试验试件的上弦梁单元与气肋的连接构造[2],上弦梁划分为 440 个单元。采用 Link10 单元模拟下弦柔性索单元,考虑到索膜滑移对结构静力性能影响不大[6-8],故假设索单元与气肋膜材之间通过灌胶连接紧密,采用索膜单元共用节点模拟连接构造,忽略索膜滑移的影响,下弦索也划分为 440 个单元。采用薄壳单元 Shell181(仅考虑薄膜应力)来模拟气肋膜,气肋膜划分为 32000 个单元。直接应用气肋的初始形态曲面进行计算分析,将内气压等效作用在气囊膜材内表面的法向均布力。由于只考虑壳单元的薄膜应力,在开始计算时壳单元在平面外没有刚度,属于瞬态结构,因此在有限元计算中极其不容易收敛。为了使张弦气肋梁结构在充气的计算过程中易于收敛,在壳单元每个节点的平面外法向设置了刚度很小、质量不计的弹簧单元 Combin14,使得结构在膜材没有预张力时,在平面外有一个法向刚度,保证结构在计算的初始阶段刚度矩阵不出现奇异[2-5]。当膜材单元上具有一定的预应力后,采用单元生死技术将弹簧单元杀死,以保证计算的精度和正确性[2,6,7]。计算模型构件尺寸和荷载情况如表 1 所示。

表 1　结构构件几何尺寸与荷载情况

上弦梁截面 /mm	下弦索 截面半径 /mm	柱距 /m	气肋膜厚度 /mm	屋面荷载	上弦梁满 布荷载 /(kN·m^{-1})	下弦索预应力 /MPa
□400×200×10	20	10	1	1.0(恒) +0.5(活)	20.5	480

注:下弦索预应力由不施加预应力的结构支座水平反力估算得到。

气肋截面均采用圆形截面,故圆形截面直径可作为确定结构几何尺寸的唯一参数,三种结构形式的径跨比(跨中气肋直径与梁跨度的比值)均取为 0.1,截面尺寸、荷载也均相同,考察气压值对结构受力性能的影响。

3　不同气压值下结构变形和内力计算分析

结构变形和内力分析采用结构的 4 个受力状态做对比分析,分别为:①零状态(结构未充气也不承受荷载的状态）；②初始态（结构气肋膜充气后但不承受荷载的状态）；③预应力态（结构形式3在充气后对下弦索施加额外预应力后的状态）；④荷载态（结构在初始态或预应力态基础上施加荷载后的状态）。

3.1 气肋膜跨中截面变形

三种结构形式的气肋膜跨中截面在各受力状态的变形如图2所示。

由图2a可见，结构形式1在初始态当气压较小（200mbar）时气肋膜截面的变形较小，上弦梁基本没有变位；荷载态上弦梁有明显向下位移，当气压较大（500mbar）时，充气阶段上弦梁和下弦索均有较大竖向位移，而荷载阶段的上弦梁竖向位移明显减小。说明气压增大可明显增大上弦梁刚度，但气压值过大会导致充气阶段的上弦梁、下弦索及气肋膜截面发生过大的变形。由图2b可见，结构形式2的上弦梁位移明显小于结构形式1，且气压增大对上弦梁单元刚度提高不明显，由于下弦索预应力水平较低，索横向刚度小，从而其竖向位移较大。由图2c、d可见，气压增大对于结构形式3的上弦梁的刚度贡献不明显，但下弦索预应力的施加明显限制了由于充气所导致的气肋膜截面变形和下弦索单元竖向位移，荷载态上弦梁和下弦索仅产生了微小的位移。

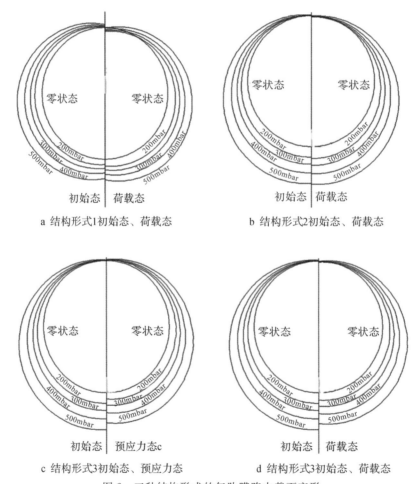

a 结构形式1初始态、荷载态　　　　b 结构形式2初始态、荷载态

c 结构形式3初始态、预应力态　　　　d 结构形式3初始态、荷载态

图2　三种结构形式的气肋膜跨中截面变形

综上所述，气压对结构形式1的上弦梁刚度的影响大于结构形式2、3；结构形式2、3的上弦拱式构型可提高上弦梁刚度，减小其竖向位移；结构形式3的下弦索预应力的施加增大了下弦索的横

向刚度从而减小了下弦索竖向位移、限制了气肋膜变形。

3.2 气肋膜应力分布

三种结构形式的气肋膜在各受力状态的轴向及环向应力沿气肋膜跨度的分布形式相同、数值相近。气肋膜的轴向及环向应力在上弦梁跨中位置达到最大值,向端部逐步递减,在端部处数值很小(小于 20PMa),故端部膜材在较大荷载作用下可能出现褶皱。且荷载或预应力的施加对于三种结构形式的气肋膜应力分布与数值影响很小,气肋膜最大主应力方向为轴向应力,环向应力值仅为其一半左右。结构形式 3 在预应力态和荷载态的膜应力分布见图 3。

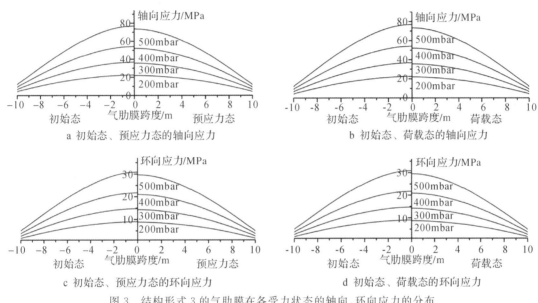

a 初始态、预应力态的轴向应力 b 初始态、荷载态的轴向应力

c 初始态、预应力态的环向应力 d 初始态、荷载态的环向应力

图 3 结构形式 3 的气肋膜在各受力状态的轴向、环向应力的分布

3.3 上弦梁、下弦索内力分布

三种结构形式的上弦梁弯矩、轴力及下弦索轴力见图 4。算例中气肋膜跨度为 20m,而梁、索由于闭合需要延长至实际跨度为 22m。由图 4a、b 可见,随着气压增大,结构形式 1、2 的上弦梁荷载态最大弯矩位置逐渐由跨中转移到了靠近端部位置,而跨中弯矩由负弯矩变为正弯矩,端部弯矩由正弯矩变为负弯矩,弯矩反弯点位置发生了移动,这是由于预应力和荷载产生的弯矩方向相反,荷载产生弯矩未变而气压增大使得初始态上弦梁弯矩增大,从而改变了上弦梁荷载态的弯矩图。由图 4c、d 可见,预应力的施加对初始态上弦梁弯矩分布没有影响,只是数值稍有增大,所以其相应的荷载态弯矩有所减小。

结构形式 1 的上弦梁轴力沿跨度分布基本均匀(图 4e),结构形式 2、3 的上弦梁轴力分布与数值相似,跨中比跨端轴力稍大(图 4f),预应力使结构形式 3 的上弦梁初始态内力有较大提高(图 4g),从而降低了荷载态上弦梁内力值。气压增大对结构形式 1 的上弦梁内力的影响要明显大于结构形式 2、3。三种结构形式索最大内力均出现在跨中位置,跨端比跨中稍有减小。预应力的施加使结构形式 3 索内力明显增大。结构形式 3 索内力分布情况如图 4h、i 所示。综上可知,相较荷载因素,气压值变化对结构内力大小和分布的影响更为明显,荷载作用对三种结构形式索内力影响很小,仅使其稍有增大。

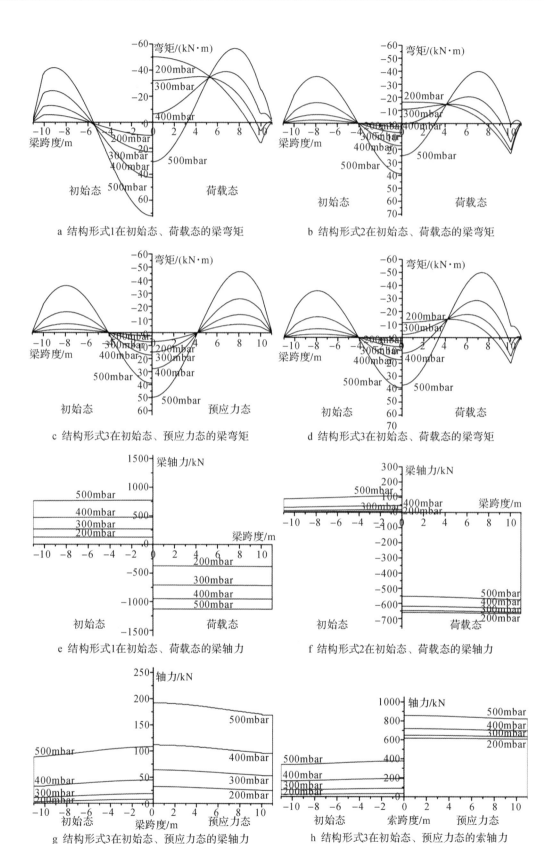

a 结构形式1在初始态、荷载态的梁弯矩

b 结构形式2在初始态、荷载态的梁弯矩

c 结构形式3在初始态、预应力态的梁弯矩

d 结构形式3在初始态、荷载态的梁弯矩

e 结构形式1在初始态、荷载态的梁轴力

f 结构形式2在初始态、荷载态的梁轴力

g 结构形式3在初始态、预应力态的梁轴力

h 结构形式3在初始态、预应力态的索轴力

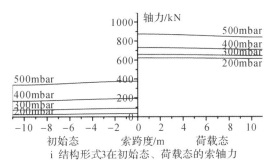

i 结构形式3在初始态、荷载态的索轴力

图 4   三种结构形式的上弦梁、下弦索在各种受力状态的内力沿跨度的变化

4   三种结构形式的内力、变形随气压值变化的对比分析

4.1   内力变化

如图 5a、b 可见，三种结构形式的上弦梁的轴力随气压值的增大均呈下降趋势；三种结构形式的上弦梁弯矩随气压值的增大呈先下降后增大趋势；结构形式 1 的上弦梁内力变化程度要远大于结构形式 2、3，当气压值为 600mbar 时，结构形式 1 的梁轴力已变为拉力，且当气压小于 450mbar 时结构形式 2、3 梁内力值始终小于结构形式 1。由图 5c 可见，由于施加预应力的作用，结构形式 3 的下弦索的最大拉应力较大，且随气压的增大其变化程度较小，结构形式 1、2 在气压值较小时，下弦索最大拉应力很小，但随气压值增大，结构形式 1 的下弦索最大拉应力的值与增大幅度均大于结构形式 2。

综上所述，结构形式 1 的内力对气压值的改变较为敏感，气压对结构形式 1 的内力的影响要远大于结构形式 2、3。

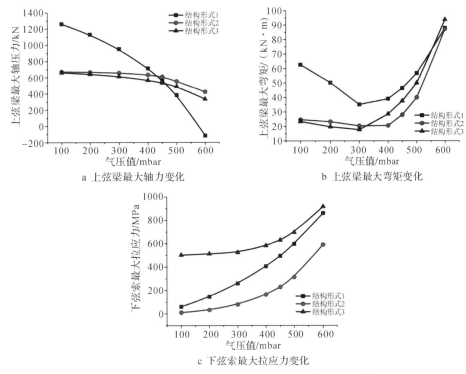

a 上弦梁最大轴力变化

b 上弦梁最大弯矩变化

c 下弦索最大拉应力变化

图 5   三种结构形式在荷载态的内力-气压值的变化曲线

4.2 位移变化

如图 6a 所示,结构形式 1 的上弦梁最大竖向位移随气压值的增大基本呈线性减小趋势,结构形式 2、3 上弦梁最大竖向位移随气压值的增大则仅有微小改变,且结构形式 2、3 的上弦梁最大竖向位移当气压较小(小于 500mbar)时始终远小于结构形式 1。由图 6b 所示,三种结构形式的下弦索最大竖向位移随气压增大均呈线性增大趋势,结构形式 2 的下弦索最大竖向位移最大,当气压值为 600mbar 时其最大竖向位移为 800mm,已超过跨度的 1/30。

比较结构形式 2、3 的上弦梁最大竖向位移可知,预应力的施加对上弦梁刚度影响很小,这是由于下弦索虽限制了气肋膜截面的变形但气肋膜的侧鼓变形增大,从而削弱了下弦索对上弦梁的间接支撑作用;但预应力的施加对下弦索刚度有所提高。

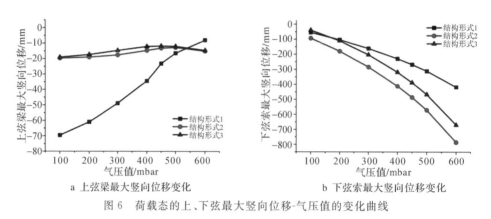

a 上弦梁最大竖向位移变化　　　　　b 下弦索最大竖向位移变化

图 6　荷载态的上、下弦最大竖向位移-气压值的变化曲线

4.3 支座水平反力变化

如图 7 所示,结构形式 1、2 的水平支座反力随气压值的增大呈先减小后增大趋势,在气压值为 450～500mbar 时达到最小值,结构形式 2 的支座水平反力随气压值的增大而变化的程度要小于结构形式 1;结构形式 3 的水平支座反力在气压值小于 400mbar 时随气压值的增大仅略有增大,即预应力的施加对其支座水平反力的减小作用明显。

结构形式 1、2 的支座水平反力随气压值的增大而发生先减小后增大的突变,这实际是支座水平反力的方向发生了改变所致,具体为:由于外荷载产生的支座水平反力是一定的,而由下弦索力产生的支座水平反力与其方向反向,随下弦索力的增大支座水平反力发生了反向增大从而产生了突变。

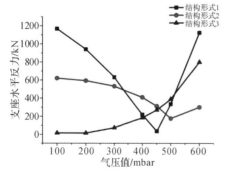

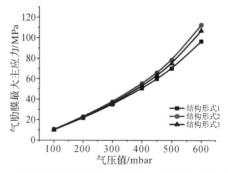

图 7　荷载态的支座水平反力-气压值的变化曲线　　　图 8　荷载态的气肋膜最大主应力-气压值的变化曲线

4.4　气肋膜最大应力变化

如图 8 所示,三种结构形式的气肋膜最大主应力值随气压值的增大均呈线性增大趋势。当气压值达到 600mbar 时,结构形式 2 的气肋膜最大主应力值约为 100MPa,已超过一般 PVC 或 PTFE 膜材抗拉强度。说明气压值是确定气肋膜应力的主要因素,而结构形式和荷载对气肋膜内力几乎没有影响。

5　三种结构形式极限承载力的变化分析

在满跨均布荷载作用下,三种结构形式在不同气压值情况下,上弦梁跨中位置的荷载-位移全过程曲线如图 9 所示,三种结构形式的极限承载力随气压变化如图 10 所示。

由图 9 可见,三种结构形式的荷载-位移全过程曲线均为极值型失稳类型。结构形式 1 在不同气压下荷载-位移全过程曲线形状基本相同,即在荷载小于极限承载力的 50% 左右时为线性加载阶段,承载力极限状态的位移随气压值的增大而增大;结构形式 2、3 在不同气压值下的荷载-位移全过程曲线变化趋势也基本相同,即在荷载小于极限承载力的 75% 左右时为线性加载阶段,承载力极限状态的位移随气压值的增大而减小,且预应力对极限承载力仅有微小的提高作用。

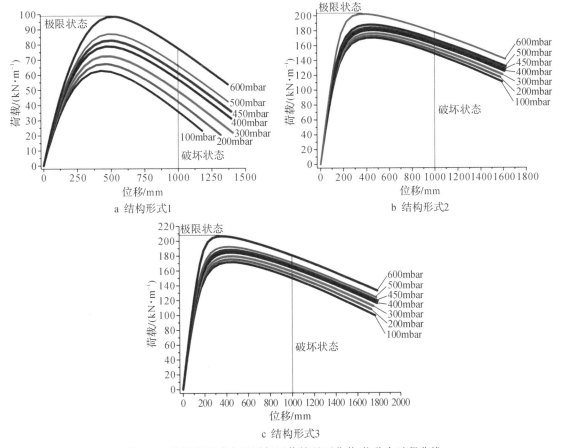

图 9　三种结构形式在不同气压值情况下荷载-位移全过程曲线

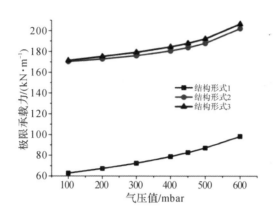

图10　三种结构形式的极限承载力-气压值的变化曲线

　　由图10可见,三种结构形式的静力极限承载力随气压值的增大均呈增加趋势,而结构形式1的增幅较结构形式2、3的明显;但结构形式2、3的极限承载力为结构形式1的2倍以上。气压值的增大对于三种结构形式的静力极限承载力的提高有一定的作用。

　　三种结构形式在极限承载力、破坏状态时的结构变形如图11所示,其中极限承载力状态为荷载-位移曲线顶点状态,破坏状态取为荷载-位移曲线下降段上弦梁竖向位移达到1000mm时的状态(图9)。由图11可知,三种结构形式的破坏形式均为典型拱形结构的一阶对称屈曲模态,位移最大位置均是跨中截面。

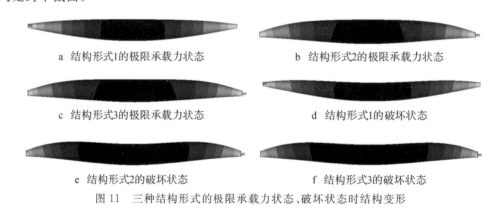

a　结构形式1的极限承载力状态　　　　　　　　b　结构形式2的极限承载力状态

c　结构形式3的极限承载力状态　　　　　　　　d　结构形式1的破坏状态

e　结构形式2的破坏状态　　　　　　　　　f　结构形式3的破坏状态

图11　三种结构形式的极限承载力状态、破坏状态时结构变形

6　合理气压值的确定

6.1　结构形式1

　　(1)气压改变对结构内力影响显著,下弦索内力、位移及气肋膜最大主应力随气压的增大呈线性增大趋势,当气压较小时下弦索应力已达到较高的水平,应根据气肋膜材料强度的要求和上弦梁、下弦索位移限值的要求确定合适的气压值。

　　(2)支座水平反力随气压值的增大出现了先减小后增大的变化,应根据较低的支座反力水平确定合理的气压值。

（3）当气压值为100mbar时刚好满足位移限值（20000/250＝80mm）要求，取气压为200mbar以上即可满足结构的刚度要求，此时还应考虑下弦索位移对下部建筑使用空间的影响，取适当的气压值使得下弦索单元位移不致过大。

（4）结构极限承载力随气压值的增大而显著增大，需要根据足够的承载力安全系数确定合理的气压值，如当气肋膜为20m跨度时，在气压值为100mbar时结构的极限承载力为60kN/m，仅为算例荷载20.5kN/m的3倍；而在气压值为400mbar时结构极限承载力可达到80kN/m，为算例荷载的4倍。应综合考虑下弦索竖向位移限值、气肋膜强度限值、较小内力、较小支座水平反力、足够的极限承载力和合适的下弦索位移等因素来确定合理的气压值，如在算例中气压值应取300～400mbar左右。

6.2　结构形式2

（1）结构形式2的内力受气压值影响小，且数值均小于结构形式1，位移及气肋膜最大应力的数值和增长幅度随气压的增大而明显增大，但下弦索应力水平始终较低，故需考虑不至于使下弦索发生松弛的最小应力值以确定气压值。

（2）支座水平反力随气压值的增大而变化的趋势与结构形式1相似，但变化幅度和数值远小于结构形式1，故支座反力可仅作为气压值确定的次要因素考虑。

（3）上弦梁位移较小，很小的气压值即可满足结构刚度要求，但下弦索竖向位移为三种结构形式中最大，更应注意下弦索位移对下部建筑使用空间的影响。

（4）结构极限承载力随气压值的增大而增大的趋势没有结构形式1明显，但其极限承载力值为结构形式1的2倍以上，在较小气压作用下即可达到足够的极限承载力。故应综合考虑下弦索竖向位移限值、气肋膜强度限值、较小的支座水平反力值和一定的下弦索初始应力值（在风荷载等作用下避免下弦索发生松弛的应力值）等因素来确定合理的气压值，如算例中可取为200～400mbar。

6.3　结构形式3

（1）结构形式3的内力受气压值的改变影响也很小，其数值与结构形式2相当，而结构形式3由于施加了额外预应力，从而在很小气压值情况下已可满足避免下弦索发生松弛的应力值要求。

（2）由于预应力的作用，支座水平反力的数值非常小，故可不考虑支座水平反力因素对气压值确定的影响。

（3）上弦梁位移较小，很小的气压值即可满足结构刚度要求，预应力的施加使下弦索位移有所减小但依然大于结构形式1，应取较小的气压值使得下弦索位移不致过大。

（4）结构形式3的极限承载力随气压值的增大而变化趋势与数值均与结构形式2的基本相同。当取较小的气压值以满足下弦索位移限值要求时，结构内力、极限承载力与支座水平反力均可满足相应限值要求，如算例中气压值可取100～200mbar。

7　结论

（1）结构形式3受力性能较好，承载能力高，结构内力、支座水平反力对气压值敏感性低，上弦梁竖向位移很小，下弦索材料利用率较高，气压小于400mbar时上弦梁内力和支座水平反力为三种结构形式中最小的。

（2）相对于结构形式2，结构形式3中预应力的施加对结构内力和极限承载力的改善效果不明显，在保证下弦索在荷载态不发生松弛和竖向位移满足限值的前提下，选用结构形式2较为经济且施工

方便。

（3）结构形式1没有明显的结构性能优势，算例中合理气压值的取值为三种结构形式中最大的。另外，从建筑构造角度看，对称纺锤形将占用较大的建筑空间，建筑效果不佳。故对于一般屋面结构不宜采用结构形式1。

参考文献

［1］LUCHSINGER R H，PEDRETTI A，STEINGRUBER P，et al. The new structural concept tensairity：basic principles［C］//Proceedings of the Second International Conference on Structural Engineering，Mechanics and Computation，Lisse，Netherlands，2004：323－328.

［2］PEDRETTI A，STEINGRUBER P，PEDRETTI M，et al. The new structural concept tensairity：FE-modeling and applications［C］//Proceedings of the Second International Conference on Structural Engineering，Mechanics and Computation，Lisse，Netherlands，2004.

［3］LUCHSINGER R H，CRETTOL R. Experimental and numerical study of spindle shaped tensairity girders［J］. International Journal of Space Structures，2006，21（3）：119－130.

［4］LUCHSINGER R H，PEDRETTI A，STEINGRUBER P，et al. Light weight structures with tensairity［C］//Shell and Spatial Structures from Models to Realization，Montepellier，France，2004：80－81.

［5］PEDRETTI M，LUCHSINGER R. Tensairity patent—a pneumatic tensile roof［J］. Stablbau，2007，76（5）：314－319.

［6］曹正罡，张熊迪，范峰.纺锤形 Tensairity 结构基本力学性能研究［J］.土木工程学报，2011，44（1）：11－19.

［7］曹正罡，范峰，严佳川，等.气撑式张弦结构静力试验研究及有限元分析［J］.建筑结构学报，2012，33（5）：31－37.

［8］张雄迪.气撑式张弦结构基本力学性能研究［D］.哈尔滨：哈尔滨工业大学，2009.

［9］董石麟.空间结构的发展历史、创新、形式分类与实践应用［J］.空间结构，2009，15（3）：22－43.

［10］董石麟，罗尧治，赵阳，等.新型空间结构分析、设计与施工［M］.北京：人民交通出版社，2006.

135 索杆膜空间结构协同静力分析*

摘　要: 提出索杆膜空间结构静力计算的协同分析方法,并考虑索松弛和膜褶皱对结构的影响。通过算例分析并与非协同计算方法比较表明,在索杆膜空间结构中,膜片既是一种屋面材料,又是受力结构中不可缺少的一部分,而且会削弱结构的刚度,与传统的刚性屋面存在较大差别。非协同简化计算方法产生较大的误差,且计算结果偏向于不安全。因此,考虑索杆膜协同分析是十分必要的。

关键词: 索杆膜;空间结构;协同分析;柔性屋面

1　概述

索杆膜空间结构由索、杆、膜三种单元组成,是一种大跨柔性结构,在结构体形、预应力状态、支撑条件等的综合影响下,结构呈现几何非线性特征,拉索和膜在荷载状态下出现松弛和褶皱现象造成结构刚度的变化,影响结构的受力性能。因此有必要对索杆膜空间结构进行荷载分析,探索其受力特点和规律,从而进一步根据荷载条件来确定索、杆、膜中初始预应力分布和体形以及构件的设计。

以往在索杆膜空间结构的荷载分析中,把膜片视为一种屋面材料,忽略膜的刚度贡献,将膜面的均布荷载简化处理为节点集中荷载作用于索杆部分的节点上,并认为由此引起的误差使结构设计偏于安全。但是,膜片只有抗拉刚度而没有抗弯刚度,在荷载作用下将产生较大的张力,膜面越平,产生的张力越大,垂直于荷载方向的分力往往超过荷载方向的分力。膜内张力最终都传递到索杆上,所以索杆所受到的力除了外部荷载之外,还有不能忽略的垂直于荷载方向的膜张力分量。此外,膜片在荷载作用下一般会产生较大的位移,甚至会出现褶皱或破坏等现象,造成结构无法正常使用,所以只简化计算索杆部分的荷载分析不够合理。

本文采用索杆膜空间结构协同静力分析方法。在分析中,首先对索杆膜空间结构进行协同形态分析[1],然后在已知形状和预应力分布的初始平衡状态施加荷载,采用几何非线性有限元方法,包含索、杆、膜三种单元,考虑索松弛和膜褶皱对结构的影响。

以下通过索穹顶膜结构和空间正交索桁膜结构两个算例分析,并与忽略膜片的非协同简化计算进行比较,探讨协同分析的意义。

---

　*　本文刊登于:胡宁,董石麟,罗尧治.索杆膜空间结构协同静力分析[J].空间结构,2003,9(4):9−12,26.

2 索穹顶膜结构算例

计算模型为 Geiger 索穹顶[2]上覆盖膜片(图 1)。索穹顶结构直径为 24m,高 6.5m,周边 6 点支承。膜片与索穹顶的脊索相连,由膜、谷索和边索组成。索穹顶部分的索截面积 8cm²,桅杆的截面积 80cm²,膜片的谷索和边索截面积 2cm²。索弹性模量 1.8×10^5 MPa,杆弹性模量 2.1×10^5 MPa,膜材弹性模量 100MPa,泊松比 0.3。索穹顶内预应力按照表 1 设定[3]。膜片中膜内初始预应力设为 2×10^6 N/m²,谷索和边索预应力设为 20kN。经过索杆膜空间结构协同形态分析[1]后得到预应力平衡形状。膜片内预应力不变,索穹顶内索杆在平衡状态时的内力分布如表 1 所示。

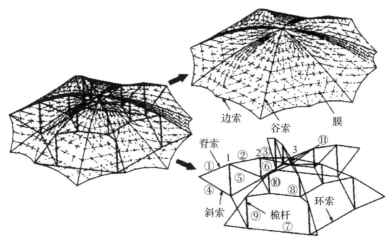

图 1 索穹顶膜结构

表 1 索穹顶预应力及初始平衡状态内力分布 (单位:kN)

单元	脊索 1	脊索 2	脊索 3	斜索 4	斜索 5	斜索 6
预应力	300.00	137.76	65.52	300.00	137.76	65.52
平衡内力	287.29	110.06	25.25	328.07	150.47	77.95
单元	环索 7	环索 8	桅杆 9	桅杆 10	桅杆 11	
预应力	260.10	130.05	−149.55	−45.51	−48.75	
平衡内力	284.37	141.99	−163.79	−49.96	−60.89	

在形态分析的基础上,在膜面施加均布荷载 3kN/m²,分 10 个荷载步计算。将非协同简化计算作为比较方案,把膜面均布荷载转化为节点集中荷载作用在索桁上进行计算。协同分析的膜面主应力和膜面位移如图 2~4 所示。图 5~9 为协同分析和非协同分析的节点位移和索杆单元内力计算结果比较,其中实心标记表示协同分析结果,空心标记表示非协同分析结果。

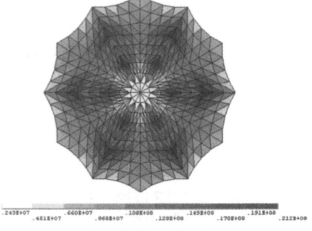

.243E+07   .660E+07   .108E+08   .149E+08   .191E+08
   .451E+07   .868E+07   .128E+08   .170E+08   .212E+08

图 2 膜面第一主应力图

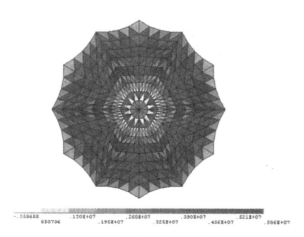

图 3 膜面第二主应力图

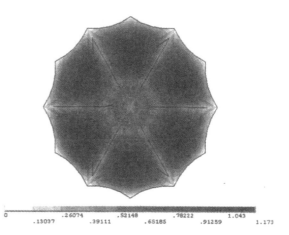

图 4 膜面位移等值线图

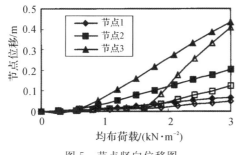

图 5 节点竖向位移图

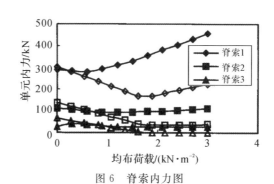

图 6 脊索内力图

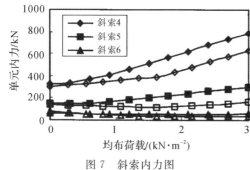

图 7 斜索内力图

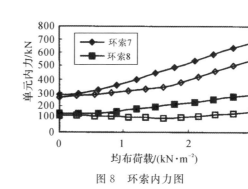

图 8 环索内力图

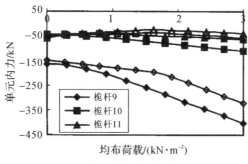

图 9 桅杆内力图

计算结果表明,协同分析时膜片有较大的竖向位移,其中最大位移发生在膜片中心,达到 1.173m;膜面应力变化明显,其中第一主应力单调增长,第二主应力有增有减,膜面中心区域附近的膜片发生单向褶皱。索杆中脊索 1,斜索 4、5,环索 7、8 和榀杆 9、10、11 内力增加,其中斜索 4、环索 7 和榀杆 9 内力增加幅度最大;脊索 2、3 和斜索 6 单元内力略为减小,幅度较小。内力变化说明结构主要依靠外环构件承受外荷载。非协同计算结果表明,单元内力和节点位移呈线性变化,脊索 3 在均布荷载达到 1.7kN/m² 时发生松弛,刚度变化造成内力重分配,其余单元内力和节点位移变化出现拐点。与索杆膜协同分析的结果进行对比可以得到,单元内力的变化趋势与协同分析时不尽相同。而且,采用协同分析的单元内力变化幅度比采用非协同方法大,内力数值明显偏大,并不像想象中采用简化方法可以偏于安全。采用协同分析的位移结果比非协同分析的位移结果偏大,表明覆盖膜减小了结构的刚度。索穹顶膜结构是一种典型的环状闭合结构,其受力并不像一般的认为膜片产生的张力会通过自身平衡掉,通过分析可以看出两种计算方法得到的结果有较大的差别。所以对于索穹顶结构这样的闭合结构,采用非协同简化计算方法会得到偏于不安全的计算结果,应该采用索杆膜协同静力分析方法得到结构的真实受力状态。

3 空间正交索桁膜结构

计算模型为空间正交索桁上覆盖膜片(图 10)。索桁高 2m,平面尺寸为 12m×16m,周边 8 点支承。膜片与索桁的脊索 1、2、5 相连。索桁部分的索截面积 4cm²,榀杆的截面积 12cm²,膜片的边索截面积 2cm²。索弹性模量 1.8×10⁵MPa,杆弹性模量 2.1×10⁵MPa,膜材弹性模量 255MPa,泊松比 0.4。索桁内初始预应力按照表 2 设定。膜片中膜内初始预应力设为 2×10⁶N/m²,边索预应力设为 10kN。经过索杆膜空间结构协同形态分析后得到预应力平衡形状[1]。膜片内预应力不变,索桁内索杆在平衡状态时的内力分布如表 2 所示。

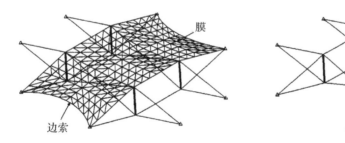

图 10　空间正交索桁支承膜结构

表 2　索桁预应力及初始平衡状态内力分布　　　　　　　(单位:kN)

单元	脊索 1	脊索 2	斜索 3	下索 4	脊索 5	斜索 6	斜索 7	榀杆 8
预应力	50.00	48.55	50.00	48.55	50.00	50.00	51.13	−40.42
平衡内力	67.11	65.01	77.54	75.20	55.91	47.63	48.75	−46.08

本算例共分为三个计算模型进行分析比较。第一个计算模型是采用柔性屋面的索杆膜协同分析,第二个是将柔性膜片替换为刚性屋面与索桁共同进行分析,第三个是忽略屋面刚度的非协同简化计算。其中刚性屋面离散为三维板壳单元,可以同时承受平面内的力和平面外的弯矩,弹性模量取为 2.5×10⁴MPa。竖向均布荷载取为 0.6kN/m²。膜面位移和膜内主应力矢量图见图 11 和图 12,三个计算模型的节点位移比较如图 13。表 3 为三个计算模型的索杆内力及其与初始内力相比增加幅度的比

较,增幅取数值增加为正,数值减小为负。

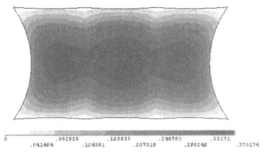

图 11 膜面位移等值线图

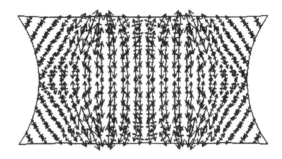

图 12 膜面主应力矢量图

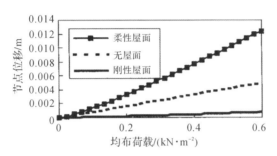

图 13 节点 1 竖向位移图

表 3 三种计算模型分析索杆内力比较

		脊索 1	脊索 2	斜索 3	下索 4	脊索 5	斜索 6	斜索 7	桅杆 8
柔性	内力/kN	73.83	71.52	114.09	110.60	64.04	44.81	45.93	−53.91
屋面	增幅/%	10.0	10.0	47.1	47.1	14.5	−5.9	−6.1	17.0
刚性	内力/kN	45.12	51.90	52.26	50.69	47.75	50.83	51.98	−41.46
屋面	增幅/%	−9.8	6.9	4.5	4.4	−4.5	1.7	1.7	2.6
忽略	内力/kN	35.62	34.56	64.39	62.46	49.98	49.92	51.08	−44.01
屋面	增幅/%	−28.8	−28.8	28.8	28.7	−0.1	−0.2	−0.1	8.9

索杆膜协同分析表明,膜片有较大的竖向位移,膜面应力变化明显,呈现单向受力特性,其中第一主应力增长迅速,大部分位置的第二主应力降低,膜面中心区域的第二主应力降为零,膜片发生单向褶皱。索桁中斜索 6、7 单元内力略为减小,其余索杆单元内力增大,其中斜索 3 和下索 4 内力增加幅度最大。

在非协同分析情况下,脊索 1、2 内力减小,荷载主要由索 3、4 和桅杆 8 承受,横向桁架在竖向荷载下基本不起作用,索 5、6 和 7 内力基本保持不变.由于在协同分析中有膜的存在,产生了横向的水平作用力,所以协同分析和非协同分析结果中索杆单元的内力变化有很大的差异。大部分单元的内力变化规律不一致,索 3、4 和桅杆 8 的变化趋势一致,但协同分析中的变化幅度更大。想象中膜与索杆结构的协同工作会增大结构的刚度,但计算结果正好相反,索杆膜协同工作计算的节点位移比非协同分析大,说明膜不但不能起到有利的作用,反而对结构受力产生不利的影响。

采用刚性屋面与忽略屋面作用相比,单元内力变化更为平缓,节点位移较小,反映结构刚度增大。说明采用刚性屋面能够提高结构的整体刚度,忽略屋面对结构的刚度贡献将使设计偏于安全。

以上分析比较说明,采用柔性屋面材料(膜),与传统的刚性屋面有较大的差别,它削弱结构的刚度,如果忽略屋面将造成不利的影响。空间索桁膜结构是典型的非闭合结构,膜片的张力完全作用于索杆部分,采用非协同简化计算方法会与真实结果产生较大的误差,且使设计偏向于不安全的一面,应该采用索杆膜协同分析方法获得准确的结果。

4 结论

通过上面两个算例的分析比较,可以得到以下结论:在索杆膜空间结构中,膜片既是一种柔性屋面材料,又是受力结构中不可缺少的一部分,而且会削弱结构的刚度,与传统的刚性屋面存在较大差别。无论对于环状闭合结构还是非闭合结构,非协同简化计算方法都将产生较大的误差,且计算结果偏向于不安全。因此,索杆膜空间结构荷载分析应该采用协同分析方法准确计算结构的受力,为设计提供更加可靠的依据。

参考文献

[1] 胡宁.索杆膜空间结构协同分析理论及风振响应研究[D].杭州:浙江大学,2003.

[2] 袁行飞.索穹顶结构的理论分析和实验研究[D].杭州:浙江大学,2000.

[3] 罗尧治,董石麟.索杆张力结构初始预应力分布计算[J].建筑结构学报,2000,21(5):59-64.

136 广州国际会议展览中心展览大厅钢屋盖设计*

摘　要：本文介绍了广州国际会议展览中心钢结构设计的基本情况，主要介绍了展览大厅钢屋盖设计的有关内容。展览大厅钢屋盖采用跨度126.6米的预应力张弦立体桁架结构形式，是该类结构在国内最新应用的、也是跨度最大的工程。
关键词：空间结构；预应力；张弦立体桁架；钢结构；设计

1　前言

　　广州国际会议展览中心位于广州市东南部琶洲岛，是集会议、展览、商务洽谈等多功能于一体并兼具展示、演示、表演、宴会、新闻发布以及大型集会、庆典功能的特大型公共建筑，是广州市的形象工程，建成以后将成为我国对外交往、贸易的重要场所，成为广州市标志性建筑。其总规划用地92万 m²，总建筑面积约70万 m²。根据规划，工程分两期建设，正在建设的一期工程占地43.9万 m²，总建筑面积39.5万 m²。本会议展览中心在场地居中布置，主体为"L"型，南北长396m，东西长525m；外部公共设施有天桥、通道、广场、停车场、公园等。

　　广州国际会议展览中心建筑物整体设计新颖而富有创意，着重表现了广州母亲河珠江口垂来的"飘"之和煦，见图1。

图1　会展中心整体效果图

　　×　本文刊登于：陈荣毅，董石麟.广州国际会议展览中心展览大厅钢屋盖设计[J].空间结构，2002，8(3)：29－34.

广州国际会议展览中心由日本佐藤综合计画株式会社进行建筑设计,华南理工大学建筑设计研究院作为国内施工图设计配合单位。广州国际会议展览中心的设计方案独具匠心,集建筑艺术与现代科技于一体,是高科技、智能化、生态化完美结合的现代建筑。

2 广州国际会展中心钢结构设计

广州国际会展中心钢结构主要有以下 6 个部分:①展览大厅屋盖钢结构(包括预应力张弦桁架、支撑、檩条、马道);②珠江散步道屋盖钢结构(包括钢桁架、支撑、檩条);③东入口钢架;④卡车通道屋盖钢结构(包括支撑、檩条);⑤东西卡车坡道屋盖钢结构(包括支撑、檩条);⑥钢天桥及其他附属钢结构。图 2 为主要钢结构的平面布置图。本工程钢结构总用钢量约 1.7 万 t。各部分结构形式及跨度见表 1。

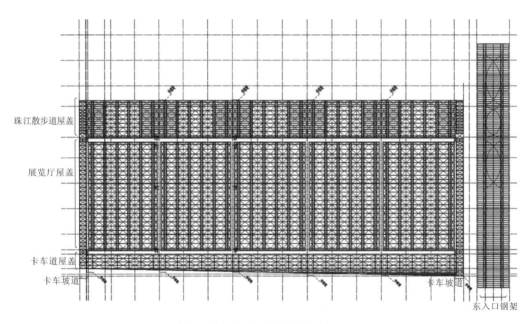

图 2 会展中心钢结构平面布置图

表 1 广州国际会展中心钢结构形式

序号	钢结构分部名称	结构形式	跨度
1	展览大厅屋盖钢结构	预应力张弦桁架结构	126.6m
2	珠江散步道屋盖钢结构	空间桁架斜柱结构	34.13m
3	东入口钢架	斜柱支撑钢架结构	39.0m
4	卡车通道屋盖钢结构	钢结构框架	32.0m
5	卡车坡道屋盖钢结构	钢结构框架	39.89m
6	钢天桥	钢结构梁板	16.00m

3 展览大厅钢屋盖结构设计与特点

广州国际会议展览中心的展览大厅造型独特、结构新颖,平面尺寸约 130m×90m 的无柱大空间,共有 5 个这样的展览大厅。其屋盖结构采用了预应力张弦立体张弦桁架结构形式,为国内最新应用的结构形式。

广州国际会议展览中心展览大厅钢屋架跨度 126.6m,是目前国内跨度最大的预应力张弦桁架。整个展览大厅采用了 30 榀张弦桁架,每榀张弦桁架的中心间距 15m。主檩条为 H500×200×10×16,水平投影檩距为 5m。张弦桁架上弦使用了稳定性好的逆三角形断面的钢管桁架,管径分别为 2φ457×14 和 φ480×(19~25)。桁架采用 3m 等宽,端部矢高 2m,跨中矢高 3m。上弦立体桁架的腹杆为 φ168×6 和 φ273×9 的钢管。张弦立体桁架的上下弦之间的竖腹杆为 φ325×7.5 钢管。上弦与竖腹杆均采用国产 Q345B 低合金钢,下弦采用单根拉索,为国产高强冷拔镀锌钢丝,强度级别为 1570MPa,直径 φ165,由 337φ7 钢丝加工而成,极限承载力为 2000t,外包黑色高密度聚乙烯,两端通过特殊的冷铸锚组件与铸钢节点连接。腹杆上端以销轴与桁架连接,下端通过索球与钢索连接。张弦桁架通过铸钢节点直接支承在钢筋混凝土柱上,南北高差 3m。见图 3~5。

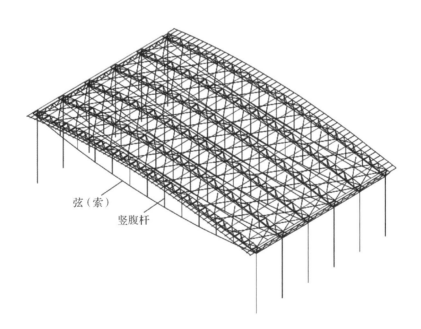

图 3 展览大厅钢屋盖钢桁架单元平面图

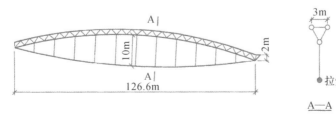

图 4 展览大厅钢屋盖钢桁架侧视图

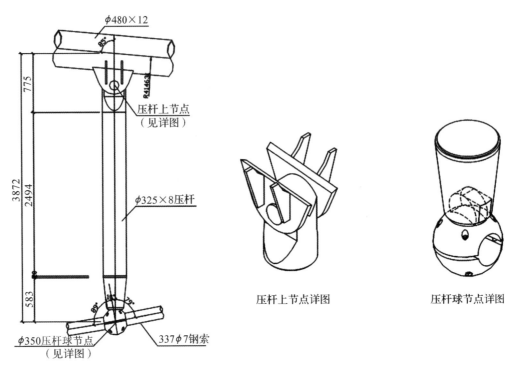

图5 展览大厅钢屋盖钢桁架竖腹杆连接详图

在本工程中大量应用了较为超前的技术,出现了许多新的技术难点和加工、安装新工艺。与上海浦东国际机场航站楼屋盖结构设计相比较,本工程结构设计具有如下主要的特点。

(1)展览大厅特大跨度预应力张弦桁架为国内第一,单榀重量为135t(其中索14t),上部桁架与索采用了11根竖腹杆连接,高度10m。桁架的高度由中部的3m逐步过渡为两端的2m,整个桁架3m等宽。

(2)张弦桁架上弦采用了三角形断面的空间桁架作为压杆,为国际上首次采用的结构形式。其下弦即以预应力拉索作为拉杆,充分利用了索的受力特点。

(3)为了避免大量焊缝应力集中与变形,改善受力状况,在张弦桁架两端采用超大型铸钢节点作为受力支座,分别为4.5t和6.5t,为目前国内外吨位最大且首次应用于建筑工程钢结构的铸钢件。

(4)张弦桁架下弦的预应力拉索与竖腹杆连接采用了纯理想铰,为国内最新应用的索球连接形式。其中索球节点的设计具有相当的技术难度,安装工艺也值得探讨。

4 结构计算分析

每榀张弦桁架的一端为固定铰支座,另一端为水平滑动支座,结构受力比较明确。结构计算荷载如下。

恒载标准值:屋面板   0.5kN/m²;

            设备等   0.2kN/m²;

            檩条与水平支撑   0.4kN/m²;

            桁架自重   0.7kN/m²;

            合计   1.8kN/m²。

活载标准值:0.3kN/m²。

由于在设计时考虑到屋面板的构造允许与桁架及檩条有一定程度的滑动,故温度作用可以不进行计算。本工程采用了 3D3S 和 STRAND7.0 两种钢结构计算分析软件,并考虑了几何非线性影响。张弦桁架跨中挠度的计算结果如表 2 所示。

表 2　跨中挠度计算结果

参数	3D3S(线性)	STRAND(线性)	STRAND(非线性)
挠度/mm	448.5	447.7	450.6

计算结果表明,该结构设计是合理的、可靠的。同时,对于本工程结构形式与设计荷载而言,几何非线性因素的影响是可以忽略不计的。这对于确定张弦桁架的预应力施工方案提供了依据,亦即在分析拉索时可以采用线性单元进行计算,减少了很多复杂计算工作量。关于预应力施工方案确定的内容将专题叙述。

5　结束语

预应力张弦桁架结构受力明确、合理,刚度大、重量轻、杆件类型少、制作安装方便,能够达到很大的跨度,非常适合于本工程的实际情况。

目前该工程正在紧张的施工中,其中发现了很多在结构设计与施工中值得进一步探讨的问题,如张弦桁架高度的确定、拉索的预应力设计、铸钢节点的设计、结构的起拱大小确定原则、结构起拱量与吊装方法及吊装顺序的关系、张弦桁架的预应力施工、单榀桁架与整体结构的滑移等。对于这些问题将在以后的篇幅中进行讨论,同时也为今后的大跨度钢结构提供有益的借鉴。

137 乐清体育中心体育场大跨度空间索桁体系结构设计简介*

摘　要:乐清体育中心体育场屋面结构采用大跨度空间索桁体系,并覆盖膜屋面,屋盖体系对风荷载较为敏感。基于新的找形分析方法,考虑屋面风荷载的影响,同时求得索桁体系几何构形以及预内力分布。荷载分析结果表明,这种方法使结构能够满足刚度设计的要求。动力特性分析、线性屈曲分析与非线性屈曲分析的结果表明,乐清体育中心体育场结构满足规范要求。该结构采用典型的柔性屋面体系,不能进行常规的线性分析设计。对 ANSYS 软件进行二次开发,针对该结构各荷载组合工况进行完全的非线性分析计算,并基于每个工况的计算结果对杆件进行截面设计。二次开发的程序可以通用于一般工程结构的分析与设计,促进非线性设计方法的发展与应用。

关键词:索桁结构;柔性体系;找形分析;预内力分布;非线性设计;ANSYS 二次开发

1 引言

　　根据结构体系的不同,大跨度空间结构可以分为刚性结构、柔性结构、杂交结构[1]。梁单元、索杆单元、膜单元与板壳单元等是空间结构的基本构成单元,这些单元的不同组合则形成了各种类型的空间结构[2]。刚性空间结构基本由梁单元、板壳单元等构成,索、膜单元则用于柔性体系,索、杆单元与梁单元的组合是杂交空间结构最为常用的形式(如弦支穹顶、张弦梁等)。近些年来,随着综合国力的上升以及结构工程的进步,我国建造了各种类型的大跨度空间结构。国家体育场、国家大剧院、水立方等工程的主体结构属于刚性结构的范畴,深圳宝安体育场主体结构与屋面体系、水立方等工程的屋面体系属于柔性结构,济南奥体中心体育馆、北京奥运会羽毛球馆、广州会展中心、北京大学体育馆等工程的屋盖结构则属于杂交空间结构[3,4]。

　　大跨度空间结构要创造较大的无柱空间,自重的轻巧是结构设计成功与否的关键。随着拉索、膜材越来越多地应用于建筑工程,柔性体系在实现大跨度方面的优势越来越明显。与一般的刚性体系不同,柔性体系是形与力的有机统一,寻找适用于特定荷载与边界条件下的拓扑几何与预内力分布(找形分析)是柔性体系设计最重要的步骤。索桁结构是柔性体系的一种,能够以较小的耗钢量、较好的建筑表现力实现较大的跨度,德国斯图加特体育场、深圳宝安体育场[5,6]是这种结构的杰出应用。大跨度索桁结构较多应用于圆形、椭圆形封闭边界(如体育场、体育馆等),乐清体育中心体育场在结构形式上则有较大的不同,其平面投影为非封闭的新月形,且径向索交叉、环索在中部分成上、下两段,给结构设计带来挑战。

---

　　* 本文刊登于:李志强,张志宏,董石麟.乐清体育中心体育场大跨度空间索桁体系结构设计简介[J].空间结构,2015,21(4):38-44.

2　工程概况及结构体系

乐清市体育中心体育场南北长约为 229m,东西宽约为 211m,柱顶标高最大为 42m,最大悬挑端跨度约 57m。屋面承重结构采用新月形非封闭大跨度空间索桁体系,屋面覆盖材料为 PTFE 膜材,如图 1 所示。大跨度空间索桁体系主受力索为上、下弦索和环索,上、下弦索之间的吊索起维持上、下弦索形状的作用。外圈钢环梁和钢斜柱形成锥面网格结构,利用其整体水平空间刚度作为索桁体系的有效支承。连接吊索下节点的环向索为构造索,用于平衡支撑膜材拱梁的水平推力。

图 1　乐清体育中心体育场建筑效果图

3　形态分析

柔性体系与刚性体系最大的区别在于需要进行形态分析。乐清体育场承受的风荷载较大,形态分析需考虑风荷载的影响,使得屋盖索桁结构具有与荷载相适应的形状以提高结构效率。本文采用新的找形方法确定结构的几何形态以及预内力分布[3,7,8],算法步骤如下:

第一步:假定一个粗糙的索桁模型,确定恒+风工况下索桁结构上弦节点应分得的荷载;

第二步:在上一步求得的荷载作用下,根据广义逆理论求得索杆体系内力分布的最小二乘解;

第三步:在上一步求得各构件内力基础上采用动力松弛法,让各节点在不平衡力的作用下运动;

第四步:各节点单步运动时检查体系总动能是否逐渐增大以及节点不平衡力是否不断减小,“是”则节点继续运动,“否”则将节点速度置零并引入动态阻尼让节点重新运动、更新节点坐标;

第五步:判断动力松弛的步数是否大于设定值如 15,“否”则返回第三步,“是”则继续判断各节点的不平衡力是否满足要求,满足要求则输出单元内力和节点坐标,不满足要求则返回第二步。

这种方法是形、态的统一,既确定了结构几何,也确定了体系的预内力分布,算法流程见图 2。这也是一种刚度设计方法,按照荷载分布确定的最适合几何与预内力分布有利于控制结构变形与内力传递路径。整体结构找形后的几何见图 3,限于篇幅本文不将所有单元的预内力一一列出,仅列出上弦、下弦、环索、吊索与压杆的预内力分布范围(见表 1)。

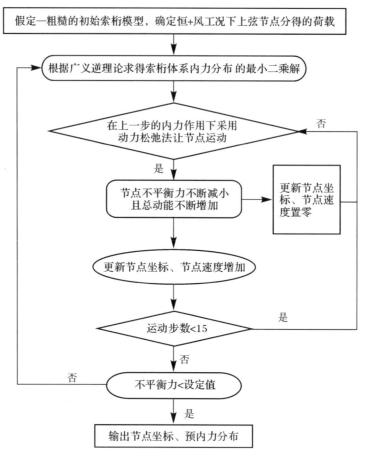

图 2　找形算法流程图

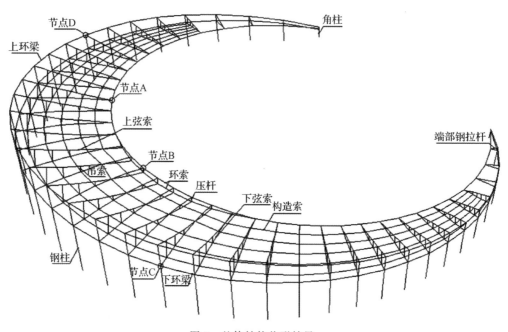

图 3　整体结构找形结果

表 1　索杆体系预内力范围 （单位:kN）

杆件类型	杆件编号	最小预应力	最大预应力
下弦索	1～198	1251	2015
上弦索	199～396	1237	2155
环索	397～444	10050	24000
吊索与压杆	445～604	−231	68

4　结构分析

4.1　荷载分析

乐清体育场主要受力构件截面见表 2,正常使用状态下屋面挠度以及柱顶最大侧移量见表 3。依据荷载规范,恒荷载除自重、马道重量外取 $0.1kN/m^2$,雪荷载取 $0.4kN/m^2$,基本风压 $0.7kN/m^2$,风振系数取 1.5,风荷载体型系数遵照风洞试验数据取值。采用通用有限元分析软件 SAP 与 ANSYS 进行结构分析,计算结果接近,正常使用状态下结构挠度在 1/100 以内,满足设计要求。

表 2　杆件截面表

构件名称	规格
普通钢柱	$\phi1300\times40$ 内灌 C50 混凝土
角柱	$\phi2100\times70$ 内灌 C50 混凝土
环梁	$\phi1500\times50$ 内灌 C50 混凝土
压杆	$\phi152\times10$
环索	$99\phi7$ 共 8 根
上弦索	$121\phi7$
下弦索	$121\phi7$
吊索	$19\phi7$
支承膜拱梁	$\phi203\times10$
拱梁下构造水平环索	$13\phi7$

表 3　正常使用状态下的挠度

工况	竖向最大挠度/mm	
	SAP	ANSYS
恒＋雪	−566(1/101)	−537(1/106)
恒＋风	524(1/109)	502(1/114)
恒＋升温	−534(1/107)	−451(1/126)
恒＋降温	−555(1/103)	−464(1/123)
恒＋雪＋降温	—	−544(1/105)
恒＋半跨雪＋降温	—	−556(1/103)
恒＋半跨雪	−567(1/101)	545(1/105)

4.2　动力特性分析

结构前 4 阶振型见图 4,前 30 阶自振频率分布见图 5。该体系的基本频率为 $0.46Hz<1.0Hz$,频率分布密集,数值偏低,且有一定程度的重频现象,符合索膜结构等柔性体系的特点[9]。振型以索、杆体系振动为主,伴随大量的局部振动,与柔性体系动力特性一致,前 10 阶振型未出现钢柱与环梁的振动。

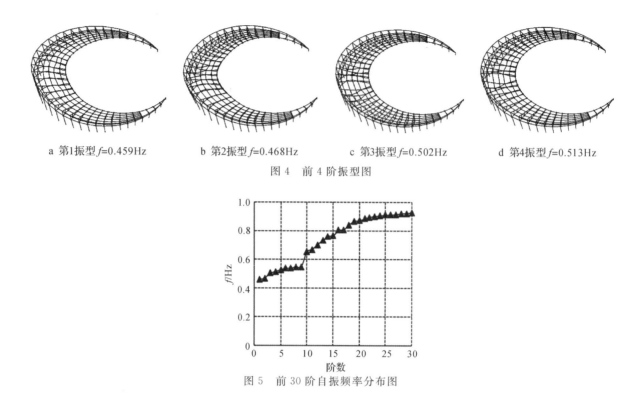

a 第1振型 f=0.459Hz   b 第2振型 f=0.468Hz   c 第3振型 f=0.502Hz   d 第4振型 f=0.513Hz

图 4   前 4 阶振型图

图 5   前 30 阶自振频率分布图

4.3   稳定性分析

4.3.1   线性稳定性分析

以恒＋雪工况作为计算基准,屋盖结构前 4 阶屈曲模态见图 6,均为环梁的平面内失稳。乐清体育场屋盖结构索桁体系以承受拉力为主,没有稳定性问题。索桁体系以新月形环梁作为支座,边界不封闭,环梁类似于平卧于钢柱上的拱,以承受压弯荷载为主,荷载作用下可能出现平面内失稳,最低阶屈曲因子为 22.55,具有较高的安全储备。

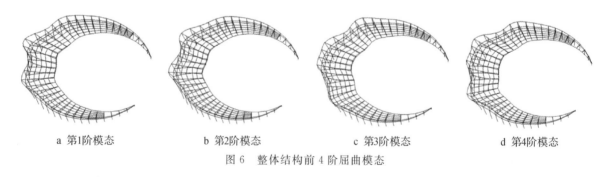

a 第1阶模态   b 第2阶模态   c 第3阶模态   d 第4阶模态

图 6   整体结构前 4 阶屈曲模态

4.3.2   非线性稳定性分析

本设计考虑结构初始形状的安装偏差、构件初始弯曲、构件对节点的偏心等影响进行非线性稳定性分析,初始缺陷近似取一致缺陷模态[10,11],最大值取 $L/300$,其中跨度 L 为钢柱柱高与屋面悬挑跨度的较大值。以恒＋雪工况作为计算基准,极限状态时的变形见图 7,非线性荷载-位移曲线见图 8。随着屋面竖向荷载的增大不断有下弦索、吊索、压杆退出工作,结构刚度退化,但结构上弦仍能够承受荷载,随后上弦索曲率增大,结构有一定的强化,表现出明显的非线性特点。屋盖悬挑端位移达到悬挑跨度的 1/30 时,荷载因子约为 6.7。根据图 8 中的曲线,可认为结构非线性稳定因子大于 4.2,满足规范要求。

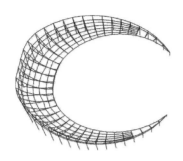

图 7　极限状态时的变形

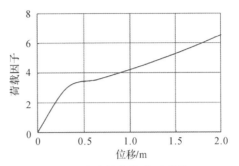

图 8　非线性荷载-位移曲线

4.4　节点分析

本工程的关键节点有环索与径向索连接节点(A 类节点)、环索与径向索以及压杆连接节点(B 类节点)、径向索与下环梁连接节点(C 类节点)、径向索与上环梁连接节点(D 类节点),这些节点在整体结构中的位置见图 3。通过结构分析得到节点的最不利荷载工况,各节点在这些工况下的 Mises 应力分布见图 9。由图中应力分布可知,各节点的最不利应力均处于弹性阶段,符合节点设计的要求。

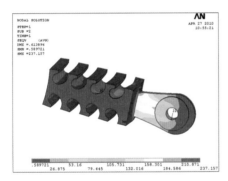

a 节点 A

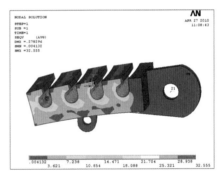

b 节点 B

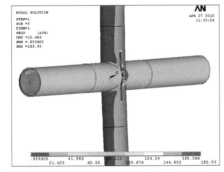

c 节点 C

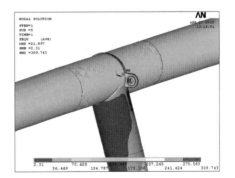

d 节点 D

图 9　各节点 Mises 应力分布图

5 杆件设计及 ANSYS 二次开发

索桁结构具有高度的几何非线性,只有预内力的引入才能形成结构刚度,故不能采用传统的线性设计方法进行分析计算。本文采用大型通用有限元软件 ANSYS 进行完全的非线性分析计算,ANSYS 具有强大的分析能力,但不具备工况设计功能。本工程不能对各工况进行线性叠加形成组合工况,必须先进行荷载组合再进行非线性计算,计算量较大。针对本工程本文进行 ANSYS 二次开发,完成荷载组合、多工况非线性计算及杆件截面设计,具体流程见图 10 与图 11。通过二次开发的程序,只需修改控制文件一次便可完成所有分析、设计计算,并以云图的形式显示杆件设计结果,可通用于任意线性或非线性结构分析设计。

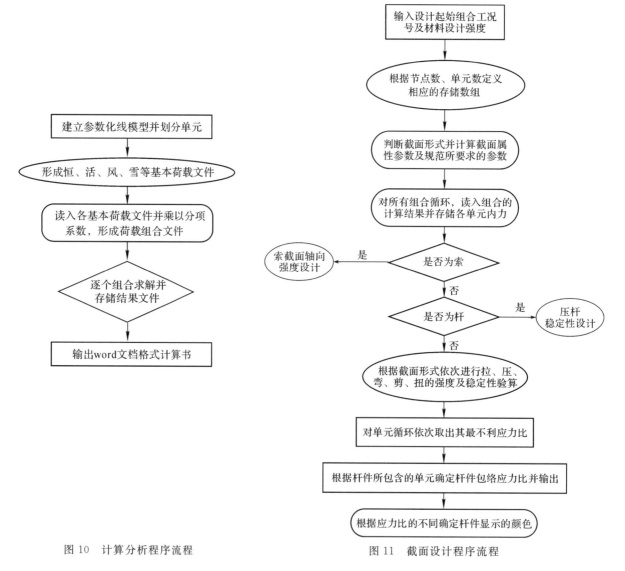

图 10　计算分析程序流程　　　　　图 11　截面设计程序流程

由于钢管混凝土构件抗弯机理较为复杂,杆件设计时钢管混凝土构件仅考虑钢管部分的强度,以确保安全。根据上文的描述,在 ANSYS 平台完成截面设计得到杆件应力比分布见表 4。屋面索桁体系拉索应力比最大为 0.443,仅 28 段下弦索应力比超过 0.4,满足大部分拉索应力比控制在 0.4 以内

表 4　各应力比范围内的杆件数量

应力比	下弦索	上弦索	环索	吊索与压杆	构造索	钢柱	环梁
0～0.1	0	0	0	148	132	0	0
0.1～0.2	86	14	0	12	23	2	0
0.2～0.3	42	102	48	0	0	16	0
0.3～0.4	42	82	0	0	0	4	22
0.4～0.5	28	0	0	0	0	4	40
0.5～0.6	0	0	0	0	0	28	16
0.6～0.7	0	0	0	0	0	15	0
0.7～0.8	0	0	0	0	0	13	0
＞0.8	0	0	0	0	0	0	0

的要求。钢柱最大应力比为 0.766,环梁最大应力比为 0.582,符合规范要求。

6　结论

本文在 ANSYS 平台进行二次开发,完成了乐清体育场大跨度索桁体系结构分析计算与截面设计,得到以下结论:

(1)采用本文的找形方法得到的结构几何拓扑与预内力分布是合理有效的,能够与荷载相适应,符合刚度设计的思想;

(2)荷载分析、动力特性分析、稳定性分析表明本工程各项指标均满足设计要求;

(3)本文的 ANSYS 二次开发程序能够有效地应用于完全的非线性分析计算与杆件截面设计,推进了非线性设计方法的应用。

参考文献

[1] 张其林.索与膜结构[M].上海:同济大学出版社,2002.
[2] 董石麟,赵阳.论空间结构的形式和分类[J].土木工程学报,2004,37(1):7-12.
[3] 张志宏,董石麟.空间索桁体系的形状确定问题[J].工程力学,2010,27(9):107-112.
[4] 丁洁民,何志军.北京大学体育馆钢屋盖预应力桁架壳体结构分析的几个关键问题[J].建筑结构学报,2006,27(4):44-50.
[5] 赵冉,魏德敏,孙文波,等.深圳宝安体育场屋盖索膜结构的找形和索的破断分析[J].工程力学,2010,27(S1):266-269.
[6] 柴洪伟,潘钦,曹国宗.车辐式结构张拉方案与关键技术研究[J].空间结构,2011,17(2):55-58.
[7] 张志宏,李志强,董石麟.杂交空间结构形状确定问题的探讨[J].工程力学,2010,27(11):56-63.
[8] 张志宏,董石麟.索杆梁混合单元体系初始预应力分布确定问题[J].空间结构,2003,9(3):13-18.
[9] 张志宏,张明山,董石麟.弦支穹顶结构动力分析[J].计算力学学报,2005,22(6):646-650.
[10] 沈世钊,陈昕.网壳结构稳定性[M].北京:科学出版社,1998.
[11] 中华人民共和国建设部.网壳结构技术规程:JGJ 61-2003[S].北京:中国建筑工业出版社,2003.

138 上海世博轴复杂张拉索膜结构的找形及静力风载分析*

摘　要：提出了复杂张拉索膜结构的分步找形法，将复杂张拉索膜结构拆分为膜面子结构、柔性支撑子结构及刚性支撑子结构，依次对膜面子结构、柔性支撑子结构单独进行找形分析，然后组合各子结构进行整体找形。该方法简化了复杂张拉索膜结构的找形分析，可获得理想的找形结果。采用分步找形法，通过 10 个步骤，在专业索膜结构软件 EASY 中完成了世博轴张拉索膜结构的找形研究。编制了风荷载导入程序，直接依据风洞试验测点数据在 EASY 中划分出风荷载等压面云图，将各风向的风荷载准确、快速地施加至计算模型。进行了静力风载研究，并运用自行开发的 EASY 至 AutoCAD 后处理接口程序分析、提取了计算结果，发现结构在 45°、90°、225°、270°风作用下的响应最为强烈。

关键词：世博轴；张拉索膜结构；找形；静力风荷载

1　引言

　　张拉索膜结构体态轻盈、造型优美，特别适用于标志性的公共建筑，得到了建筑师及社会的广泛认可。世博轴是 2010 年上海世博会园区的交通枢纽，也是世博园中单体规模最大的工程，其屋盖即采用了由张拉索膜结构与自由曲面钢结构（阳光谷）组合形成的复杂空间结构体系（图 1）。其中张拉索膜结构南北长约 840m，东西最大宽度约 100m，总展开面积约 64,000m²，为世界上最大规模的张拉索膜结构。

　　世博轴张拉索膜结构基本构成单元如图 2 所示。两条相邻的脊索和一条边索形成一个三角形倒锥膜面的柔性外边界，膜面径向索则将该膜面分为三份；向外侧倾斜的外桅杆及对应的背索形成了柔性边界索的支撑；中桅杆中部的拉环构成了倒锥形膜面的锥底支撑，而桅杆顶部设置有悬索为径向索提供支撑；每一个中桅杆和围绕它的三个外桅杆之间设置连接柱顶的水平索，构成一个整体有效的支撑体系；而阳光谷钢结构则为相邻膜面提供支撑点。由 19 个连续的基本单元组合即形成了世博轴张拉结构索膜结构的主体。

　　由于世博轴张拉索膜结构的巨大规模和复杂构成，其找形分析与荷载分析较普通张拉索膜结构有更大的难度。本文将详细介绍其找形分析和静力风载分析的过程及其关键技术，可供类似工程参考。

---

　　* 本文刊登于：向新岸，董石麟，赵阳，田伟.上海世博轴复杂张拉索膜结构的找形及静力风载分析[J].空间结构，2013，19(2)：75－82.

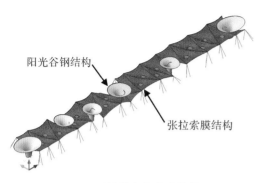

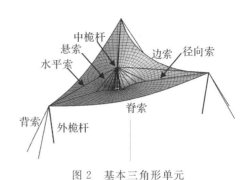

图 1 世博轴张拉索膜结构   图 2 基本三角形单元

2 复杂张拉索膜结构的分步找形法

张拉索膜结构可分为三个主要的子结构系统：1)由膜材及其边界索构成的膜面子结构；2)由拉索和撑杆构成的柔性支撑子结构；3)由刚性杆(梁)构成的刚性支撑子结构。简单的张拉索膜结构可仅对膜面子结构进行找形分析，而复杂的张拉索膜结构则应进行整体协同找形分析。

已有部分学者对张拉索膜结构的整体协同找形及荷载分析进行了研究，但基本仅限于较为简单的张拉索膜结构[1-4]，而对于如世博轴张拉索膜结构这类复杂张拉结构体系，则尚未有系统的整体协同找形方法。本文提出一种简洁可行的分步找形方法，可获得复杂张拉索膜结构的理想找形结果，该方法的主要思路可分为以下 5 个步骤。

(1)首先将张拉索膜结构分解为膜面子结构(模型 A)、柔性支撑子结构(模型 B)和刚性支撑子结构(模型 C)。

(2)在模型 A 中，将与模型 B、模型 C 相交的边界点依据对模型 A 的支撑作用设定为固定约束点(如单独撑杆为沿轴向的单向铰接约束，桅杆-背索为三向铰接约束，刚性支撑为三向铰接约束等)，然后进行找形分析，得到模型 A′(图 3a，采用简化的平面示意图以清晰表示)。找形分析可采用动力松弛法、非线性有限元法和力密度法等多种方法[5-13]，本文采用力密度法。

(3)在模型 B 中，将与模型 A 相交边界点的约束条件与模型 A 中相反设置(约束方向放松，放松方向约束)，提取第 2 步找形结果中边界点处的支座反力，将其反号施加至模型 B 并找形，获得其预应力大小和分布，得到模型 B′(图 3b)。索杆体系的找形可采用平衡矩阵理论、动力松弛法、非线性有限元法和力密度法等多种方法，本文主要采用平衡矩阵理论和力密度法。

(4)将模型 A′和模型 B′组合，放松相交边界点约束，找形得到组合模型 A′B′(图 3c)。

(5)将第 4 步得到模型与模型 C 组合，并放松相交边界点约束，或者依据模型 C 刚度大小将相交边界点设为弹性约束点，再次找形，得到复杂张拉结构的最终成形态(图 3d)。

其中模型 B 还可依据具体情况拆分为多个子模型，并重复 2 至 4 步骤进行找形分析，计算流程如图 4 所示。

分步找形法有以下两点显著的优势：

(1)通过拆分将复杂结构化繁为简，简化了复杂张拉索膜结构的找形分析；

(2)有利于按照膜面所需求的支撑要求(反力、外形等)来确定柔性支撑体系的布置方式及内力分布，实现支撑的按需布置。

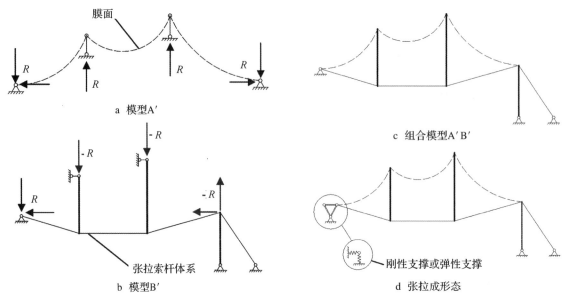

a 模型A′

c 组合模型A′B′

b 模型B′

张拉索杆体系

刚性支撑或弹性支撑

d 张拉成形态

图 3　找形步骤

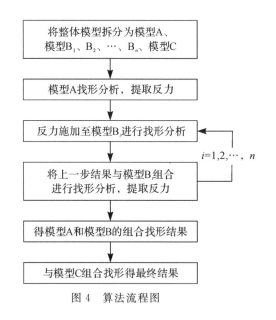

将整体模型拆分为模型A、模型B₁、B₂、…、Bₙ、模型C

模型A找形分析，提取反力

反力施加至模型B进行找形分析

$i=1,2,\cdots,n$

将上一步结果与模型B组合进行找形分析，提取反力

得模型A和模型B的组合找形结果

与模型C组合找形得最终结果

图 4　算法流程图

3　找形分析

世博轴张拉索膜结构采用分步找形法，将结构拆分为膜面、悬索、中桅杆、水平索、桅杆-背索、阳光谷等 6 个子模型，通过以下 10 个主要步骤，在 EASY 软件[14]中进行了找形分析。

（1）将所有外桅杆顶点、中桅杆下拉环和阳光谷拉点视为三向铰接约束点，在水平投影平面上建立膜面边界索，并设定其预张力。由边界索划分出各膜面区域，世博轴张拉索膜结构整体模型共有 77 块独立的膜面区域（图 5）。

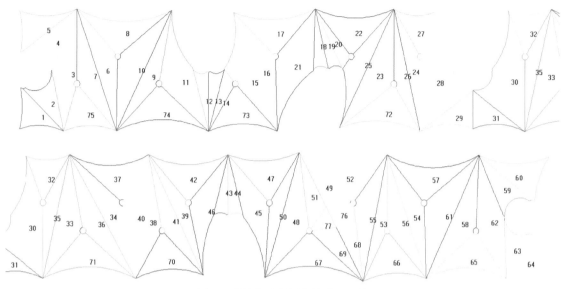

图 5 边界索及其划分的膜面区域

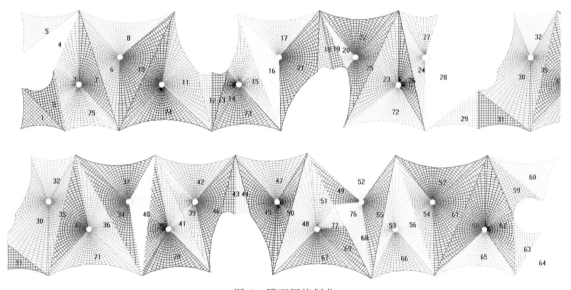

图 6 膜面网格划分

（2）设定膜面预应力，并如图 6 所示，依据膜材的裁剪和铺设方向在水平投影面上将各块膜面离散为经纬向的空间索网格（该索单元代表一定长度和宽度的膜面，为区别于一般的索单元，将其称为膜线单元）。

（3）将各块膜面区域的网格组合成整体网格，提升约束点至指定高度（图 7）。世博轴张拉索膜结构规模大、体形复杂，组合形成的整体模型网格的单元数量达约 5.4 万。由于 EASY 软件有其特殊的节点编号原则[14]，导致计算模型中出现重复的节点编号，使模型拓扑混乱。在该步骤中，运用自行编制的 EASY 软件模型拓扑修正程序[15,16]，对数据文件原节点编号进行修正，提高数字的利用率，将未使用的数字赋予重复的节点编号，解决了这一问题，成功建立了约 5.4 万个单元的整体模型。

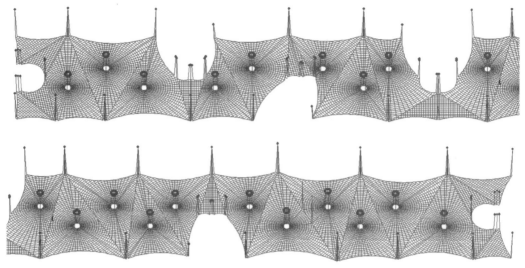

图 7　提升约束节点后的整体网格

（4）运用线性力密度法找形，得到图 8 所示的初步形状，为了清楚地显示结果，图中只展示了局部的模型。

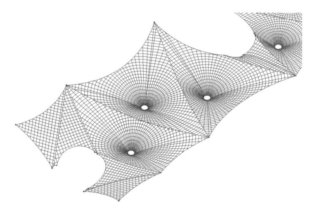

图 8　线性力密度法初步找形结果

（5）以线性力密度法的找形结果为初始状态，进行带自重找形。世博轴张拉索膜结构尺度大，经研究发现自重对找形结果将产生显著的影响。图 9 中黑色的线条表示不带自重的找形结果，红色线条表示带自重的找形结果，直观地展示了带自重找形与不带自重找形的差异。为准确反映出膜线单元在找形过程中长度和宽度的变化，提出了考虑膜面二维变形的改进非线性力密度法[12]，并编制了基于 EASY 软件数据格式的程序进行带自重找形。

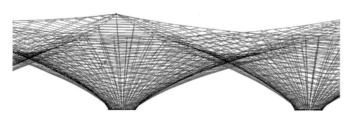

图 9　带自重与不带自重找形结果对比

（6）增加悬索，使悬索顶点（即中桅杆顶点）x、y、z 三向铰接约束，在悬索中施加指定大小的预张力，然后重新找形，得到图 10 所示结果。

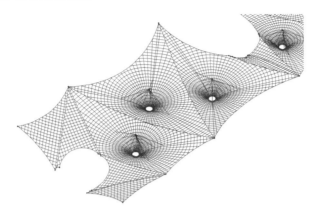

图 10　增加悬索找形结果

（7）增加中桅杆，使中桅杆顶点 x、y 向保持约束状态，放松 z 向约束，再次进行找形（图 11）。

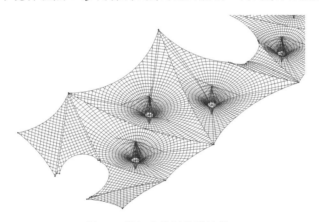

图 11　增加中桅杆找形结果

（8）提取中桅杆顶点的 x、y 向反力，将其反号施加于水平拉索上，求出水平拉索中的预张力大小及分布，再将水平拉索组装到模型上，释放中桅杆顶点的约束，再次进行找形，得到图 12 所示结果。该步骤可使水平索平衡中桅杆顶端的不平衡力，使中桅杆保持竖直状态。

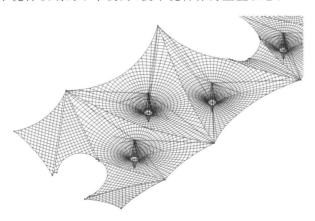

图 12　增加水平拉索找形结果

(9)提取各外桅杆顶点处的反力,并将其反号施加在桅杆及背索上,得到外桅杆和背索的预张力大小及分布,再将外桅杆与背索组装至模型上,释放外围杆顶点约束,再次找形。

(10)将阳光谷钢结构对索膜结构的支撑简化为弹性支撑,采用作者提出的多坐标系力密度法[13],并编制了基于 EASY 软件数据的程序进行找形,得到最终结果(图 13)。

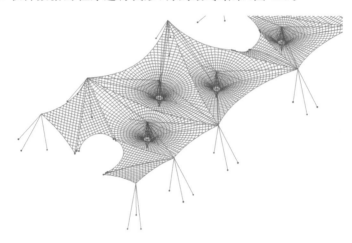

图 13　最终找形结果

综上,通过 10 个步骤,采用分步找形法、EASY 软件模型拓扑修正程序、考虑膜面二维变形的改进非线性力密度法和多坐标系力密度法,方可准确地完成世博轴张拉索膜结构的找形分析。在找形结果的基础上可进行静力分析。

4　等效静力风载分析

世博轴张拉索膜结构承受恒载、活荷载、雪荷载的计算分析较为常规,本文不再累述。由于其面积巨大,且属柔性结构,风荷载为主要的控制荷载。风载分析采用了风时程非线性分析和静力非线性分析相结合的方法。风时程非线性分析在 ANSYS 中进行,本文主要介绍在 EASY 软件静力分析模块中进行的静力非线性分析。

世博轴张拉索膜结构为国家重大工程项目,且形体复杂,需以风洞试验结果为依据,计算多个风向角下的结构响应。传统的风荷载计算方法通常为人工对照风洞试验获得的体型系数分布云图分块分区将风荷载施加于结构计算模型上进行计算分析。该方法效率低下,且精度有限,以下采用一种更为高效、准确的方法进行风荷载分析。

EASY 软件可通过三角形面单元将面荷载施加到模型节点上,其三角形面单元可分为不同的区块(图 14),并对不同的区块施加不同大小的荷载,这为依据风洞试验数据准确施加风荷载提供了可能性。

基于 EASY 中的面荷载施加方式,本文采用以下方法直接依据风洞试验测点体型系数将风荷载施加至 EASY 计算模型,该方法的主要步骤如下。

(1)依据风洞试验获得的测点体型系数[17],由规范公式 $w_i = \beta_{zi} \mu_{si} \mu_{zi} w_{0R}$ 计算得到测点风载标准值。

(2)计算各三角形面单元中心点的坐标。

(3)依次寻找离每个三角形面单元中心点最近的 n 个测点(一般取 $n \geqslant 3$,以提高拟合精度)。

(4)按照寻找到的 n 个测点与三角形面中心点之间距离的反比拟合三角形面单元的风荷载大小。

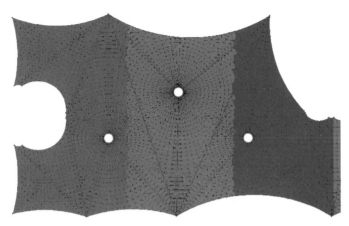

图 14　分区后的三角形面单元

如图 15 所示,若 n 个测点到三角形面中心的距离分别为 L_1、L_2、$\cdots$、L_n(按升序排列),每个测点的风压值为 w_1、w_2、$\cdots$、w_n,则三角形面的风压值为:

$$w = \frac{L_n}{\sum\limits_i^n L_i}w_1 + \frac{L_2}{\sum\limits_i^n L_i}w_2 + \cdots + \frac{L_1}{\sum\limits_i^n L_i}w_n \tag{1}$$

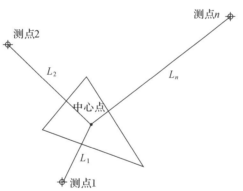

图 15　测点与三角形面单元

(5)依据三角形面单元的风载大小按一定的梯度将三角形面单元分区,形成风载分区云图。

由以上思路,编制了风载导入程序,可直接依据风洞试验测点数据在 EASY 中划分出风荷载等压面云图,图 16 即为世博轴张拉索膜结构的 90°风荷载分布云图。在云图上对各等压面域施加相应大小的风荷载,即可快速、准确地将风荷载施加到计算模型上,然后进行非线性静力计算。

分析计算了 0°、45°、90°、135°、180°、225°、270°、315°八个风向角下世博轴张拉索膜结构的响应。通过对计算结果的整理发现 45°、90°、225°、270°风载作用下结构的响应最大,为控制风向。45°风载作用下膜面向上位移最大,达 4.16m,90°风载作用下膜面径向应力达到最大值 75kN/m,225°风载作用下膜面环向应力达最大值 35kN/m,270°风载作用下膜面向下位移最大,达 3.67m。

特别需要指出的是,EASY 软件拥有强大的索膜结构找形、静力计算功能,但后处理功能相对较弱,最为突出的问题是没有完善的应力云图及位移云图。为便于结果数据的处理,基于 DXF 语言格式,开发 EASY 至 AutoCAD 后处理接口程序,将 EASY 的结果数据文件转换为 DXF 文件[15,16],其中包括:①膜面应力、拉索内力分布云图接口程序;②位移分布云图接口程序;③包络值分布云图接口程序。仍以 90°风载为例,图 17、图 18 即为后处理接口程序生成的应力分布云图和位移分布云图。

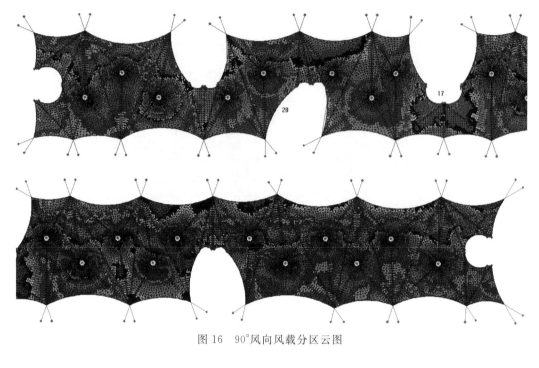

图 16　90°风向风载分区云图

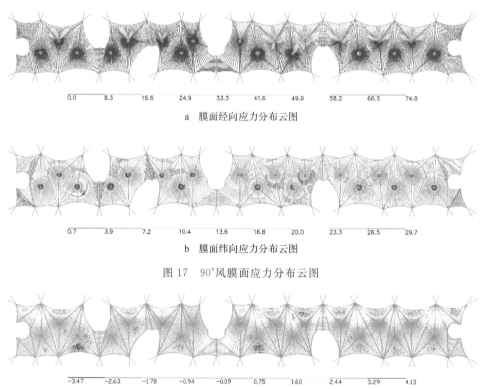

| 0.0 | 8.3 | 16.6 | 24.9 | 33.3 | 41.6 | 49.9 | 58.2 | 66.5 | 74.8 |

a　膜面经向应力分布云图

| 0.7 | 3.9 | 7.2 | 10.4 | 13.6 | 16.8 | 20.0 | 23.3 | 26.5 | 29.7 |

b　膜面纬向应力分布云图

图 17　90°风膜面应力分布云图

| −3.47 | −2.63 | −1.78 | −0.94 | −0.09 | 0.75 | 1.60 | 2.44 | 3.29 | 4.13 |

图 18　90°风位移分布云图

5　结论

本文介绍了世博轴张拉索膜结构的找形和静力风载分析研究,得到以下结论。

(1)本文提出的分步找形法将张拉索膜结构拆分为膜面子结构、柔性支撑子结构和刚性支撑子结构,力学概念清晰,简化了找形分析过程,且可按需分配布置膜面的支撑。

(2)世博轴张拉索膜结构为大型、复杂的张拉结构,采用分步找形法,并运用 EASY 软件模型拓扑修正程序、考虑膜面二维变形的改进非线性力密度法和多坐标系力密度法,通过 10 个步骤,完成了其找形分析。该工程的找形分析过程可供类似工程参考。

(3)世博轴张拉索膜结构属柔性结构,风荷载为控制荷载。本文采用的风荷载施加方法,可直接依据风洞试验测点数据在 EASY 中划分出风荷载等压面云图,将各风向的风荷载准确、快速地施加到计算模型上,实现了风洞试验与结构分析模型的无缝连接,且该方法也可推广至其他复杂结构的分析计算中。通过静力风载计算分析发现结构在 45°、90°、225°、270°风作用下的响应最为强烈。

参考文献

[1] 胡宁.索杆膜空间结构协同分析理论及风振响应研究[D].杭州:浙江大学,2003.

[2] 徐宗美.索膜结构形态优化分析与整体协同分析[D].南京:河海大学,2007.

[3] 赖达东.索杆膜结构的协同找形及荷载分析研究[D].杭州:浙江大学,2003.

[4] 刘凯,高维成,刘宗仁.索杆膜空间结构协同形态分析[J].工程力学,2007,24(12):38-42.

[5] BARNES M R. Dynamic relaxation analysis of tension networks[C]// International Conference of Tension Roof Structures,London,UK,1974:1-11.

[6] HAUG E,POWELL G H. Finite element analysis of nonlinear membrane structures[C]// Proceedings of IASS Pacific Symposium on Tension Structures and Space Frames,Tokyo and Kyoto,Japan,1971:83-92.

[7] LINKWITZ K,SCHEK H J. Einige bemerkungen zur berechnung von vorgespannten seilnetz-konstruktionen[J]. Ingenieur-Archiv,1971,40(3):145-158.

[8] SCHEK H J. The force density method for form finding and computation of general networks [J]. Computer Methods in Applied Mechanics and Engineering,1974,3(1):115-134.

[9] 陈务军.膜结构工程设计[M].北京:中国建筑工业出版社,2005.

[10] MAURIN B,MOTRO R. Surface stress density method as a form-finding tool for tensile membranes[J]. Engineering Structures,1998,20(8):712-719.

[11] 韩大建,徐其功.张拉膜结构力密度法找形分析中索边界的处理[J].空间结构,2002,8(2):38-42.

[12] 向新岸,田伟,赵阳,等.考虑膜面二维变形的改进非线性力密度法[J].工程力学,2010,27(4):251-256.

[13] 向新岸,赵阳,董石麟.张拉结构找形的多坐标系力密度法[J].工程力学,2010,27(12):64-71.

[14] Technet Gmbh. Easy training manual[M]. Stuttgart:Technet Gmbh,2006.

[15] 向新岸,田伟,赵阳,等.Easy 软件在世博轴超大型索膜结构中的应用[C]//中国土木工程学会.第十二届空间结构学术会议论文集,北京,2008:615-620.

[16] 向新岸.张拉索膜结构的理论研究及其在上海世博轴中的应用[D].杭州:浙江大学,2010.

[17] 同济大学土木工程防灾国家重点实验室.世博轴及地下综合体工程抗风研究风洞试验和响应计算报告[R].上海:同济大学,2007.

139 桅杆结构的非线性分析[*]

摘 要:本文叙述了按空间受力状态,采用矩阵位移法对桅杆结构进行精确的非线性分析问题。文中给出的计算公式可适用于一般情况下平地与山地桅杆的静力、温度应力、支座沉降、自振特性和抗地震计算。本文的结构分析考虑了桅杆杆身的轴向变形,纠正了计算桅杆温度应力所沿用的不确切的分析方法。文中的理论分析得到了模型试验的验证。首都323m 大气污染监测塔的结构计算,采用了本文的计算方法及其计算机通用程序。

主要符号规定

变位:

$\boldsymbol{U}_i = \begin{bmatrix} u_i & \theta_{xi} & v_i & \theta_{yi} \end{bmatrix}^{\mathrm{T}}$ —— i 节点的变位;

$\boldsymbol{U} = \begin{bmatrix} \boldsymbol{U}_1 & \boldsymbol{U}_2 & \cdots & \boldsymbol{U}_i & \cdots \end{bmatrix}^{\mathrm{T}}$ —— 系统变位;

δ_{ni} —— i 层 n 根纤绳的弦向变形;

δ_{ni}^c —— i 层 n 根纤绳的支座弦向沉降量或弦长调节量;

f_{ni}、f_{ni}^e —— i 层 n 根纤绳的挠度、初挠度。

力:

$\boldsymbol{P}_i = \begin{bmatrix} X_i & M_{xi} & Y_i & M_{yi} \end{bmatrix}^{\mathrm{T}}$ —— 节点力;

$\boldsymbol{P} = \begin{bmatrix} \boldsymbol{P}_1 & \boldsymbol{P}_2 & \cdots & \boldsymbol{P}_i & \cdots \end{bmatrix}^{\mathrm{T}}$ —— 系统力;

$\boldsymbol{P}_{iT}$ —— i 层纤绳弦向拉力合成的节点力;

$\boldsymbol{P}_{i,i-1}$、$\boldsymbol{P}_{i,i+1}$ —— i、$i+1$ 段杆身 i 端的杆端内力;

$\boldsymbol{C}_{i,i-1}$、$\boldsymbol{C}_{i,i+1}$ —— i、$i+1$ 段杆身 i 端的固端内力;

N_i、N_i^e —— i 段杆身轴向压力、初压力;

T_{ni}、T_{ni}^e —— i 层 n 根纤绳的拉力、初拉力;

T_{ni}^0 —— i 层 n 根纤绳的固端弦向拉力。

几何尺寸:

x、y、z —— 坐标轴;

l_i —— i 段杆身的长度;

l_{ni} —— i 层 n 根纤绳的长度;

e_i —— i 层 n 根纤绳上端点与杆身轴线的距离;

α_{ni} —— i 层 n 根纤绳水平投影与 x 轴的夹角;

β_{ni} —— i 层 n 根纤绳与水平面的夹角;

---

* 本文刊登于:董石麟,蓝天,姚卓智.桅杆结构的非线性分析[J].建筑结构学报,1980,1(2):59—71.

ψ——风向与 x 轴的夹角；

$\boldsymbol{A}_{ni}=\begin{bmatrix}\alpha_{1ni} & \alpha_{2ni} & \alpha_{3ni} & \alpha_{4ni} & \alpha_{5ni}\end{bmatrix}^{\mathrm{T}}$——和 i 层 n 根纤绳所在位置有关的列向量；

$\boldsymbol{B}_{ni}$——变换矩阵。

物理性质：

E、E_n——杆身、纤绳材料的弹性模量；

F_i、J_i——i 段杆身的截面积、惯性矩；

F_{ni}——i 层 n 根纤绳的截面积；

$\boldsymbol{k}_{i,i-1}$、$\boldsymbol{k}_{i,i}$、$\boldsymbol{k}_{i,i+1}$——刚度系数；

$\tilde{k}_{i,i}$、$\bar{k}_{i,i}$——i、$i+1$ 段杆身 i 段的刚度；

$\boldsymbol{K}$——系统的刚度矩阵；

$\boldsymbol{D}$——系统的柔度矩阵；

$\delta_{i,j}$——柔度系数；

$\boldsymbol{M}$——系统的质量矩阵；

$\boldsymbol{M}_i$——i 节点的质量矩阵；

m_i、I_{xi}、I_{yi}——i 节点的质量和两个方向的惯量；

T、ω——自振周期、圆频率；

λ——特征值；

α——线胀系数；

t、t^e——现温度、初温度。

荷载：

$\boldsymbol{P}'_i=\begin{bmatrix}X'_i & M'_{xi} & Y'_i & M'_{yi} & Z'_i\end{bmatrix}^{\mathrm{T}}$——$i$ 节点的节点荷载；

g_i、g'_i——i 段杆身的自重及冰雪荷载；

G_i、G'_i——i 节点的自重及冰雪荷载；

g_{ni}、g'_{ni}——i 层 n 根纤绳的自重及冰雪荷载；

q_i——i 段杆身的风荷载；

q_{ni}——i 层 n 根纤绳的风荷载；

p_{ni}、p^e_{ni}——i 层 n 根纤绳的法向荷载、初荷载。

其他：

i、j、k——节点数或杆身段数；

n——某层纤绳的根数；

m——迭代计算次数；

$\beta_i=\dfrac{\pi}{2}\sqrt{\dfrac{N_i}{N_{Ei}}}$——与 i 段杆身欧拉临界力 N_{Ei} 有关的参数；

ϕ_{1i}、ϕ_{2i}、ϕ_{3i}、ϕ_{4i}、ϕ_{5i}、ϕ_{6i}——i 段杆身的稳定函数。

桅杆是一种高次超静定的具有非线性特征的空间结构。非线性是由于柔性纤绳受有横向荷载以及桅杆杆身的横向内力与变位要考虑轴向力所引起的，从而要精确分析桅杆甚为复杂。当前在桅杆结构的设计计算中，忽略了节点变位的相互影响，独立地计算各层纤绳的拉力，并在此基础上采用弹性支承的连梁法或简梁法近似地分析杆身内力[1-4]。在文献[5,6]中，按经典的结构力学方法，并采用迭代法来分析桅杆，在建立准则方程时不考虑杆身轴向变形的影响，有的还忽略了杆身轴向力所引起的非线性。桅杆的温度应力计算，在一般文献的计算公式中都未能确切地考虑纤绳和杆身的变位连续性。桅杆结构的动力特性和抗震计算时,用代替质体法和换算质体法来计算桅杆的自振频率[4],误差较大。

本文对任意布置的桅杆结构,在考虑空间工作和杆身轴向变形的情况下,采用矩阵位移法进行非线性结构分析。非线性准则方程组用迭代法求解。动力分析中说明这种高耸的柔性结构要考虑高振型的影响。文中附有桅杆模型的静、动力试验结果,以及首都323m大气污染监测塔的计算实例。

1 纤绳的基本方程式

纤绳是一种只能受拉的柔性构件,在一定的初拉力下保持桅杆杆身竖立。在外荷载、温度变化及支座沉降作用时,纤绳由初始状态转入计算状态,则任一层任一根纤绳的物理方程可用下式表示:

$$\delta_{ni} + \delta_{ni}^c = \frac{T_{ni} - T_{ni}^e}{E_n F_{ni}} l_{ni} + a(t - t^e) l_{ni} - \frac{8 f_{ni}^2}{3 l_{ni}} + \frac{8 f_{ni}^{e2}}{3 l_{ni}} \tag{1-1}$$

纤绳挠度与法向荷载的关系式为:

$$f_{ni} = \frac{p_{ni} l_{ni}^2}{8 T_{ni}}, \qquad f_{ni}^e = \frac{p_{ni}^e l_{ni}^2}{8 T_{ni}^e} \tag{1-2}$$

将上式代入式(1-1)并经整理后可得求解纤绳内力的基本方程式:

$$T_{ni}^3 + T_{ni}^2 \left[\frac{E_n F_{ni} p_{ni}^{e2} l_{ni}^2}{24 T_{ni}^{e2}} - T_{ni}^e - \frac{(\delta_{ni} + \delta_{ni}^c) E_n F_{ni}}{l_{ni}} + E_n F_{ni} a (t - t^e) \right] = \eta_{ni} \tag{1-3}$$

式中:

$$\eta_{ni} = \frac{E_n F_{ni} p_{ni}^2 l_{ni}^2}{24} \tag{1-4}$$

$$\left. \begin{aligned} p_{ni} &= \sqrt{\left[(g_{ni} + g'_{ni}) \cos\beta_{ni} - q_{ni} \cos(a_{ni} - \psi) \sin\beta_{ni} \right]^2 + \left[q_{ni} \sin(a_{ni} - \psi) \right]^2} \\ p_{ni}^e &= g_{ni} \cos\beta_{ni} \end{aligned} \right\} \tag{1-5}$$

如纤绳上端嵌固 $\delta_n = 0$,固端弦向拉力 T_{ni}^0,便可由下式求得:

$$\frac{E_n F_{ni} p_{ni}^{e2} l_{ni}^2}{24 T_{ni}^{e2}} - \frac{E_n F_{ni}}{l_{ni}} \delta_{ni}^e + E_n F_{ni} a (t - t^e) - T_{ni}^e = \frac{\eta_{ni}}{T_{ni}^{02}} - T_{ni}^0 \tag{1-6}$$

式(1-3)可改写为:

$$T_{ni}^3 + T_{ni}^2 \left[\frac{\eta_{ni}}{T_{ni}^{02}} - T_{ni}^0 - \frac{E_n F_{ni}}{l_{ni}} \delta_{ni} \right] = \eta_{ni} \tag{1-7}$$

由式(1-3)或(1-7)可知,纤绳的弦向刚度随 δ_{ni} 的大小而变化(图1),刚度的表达式微分后得出:

$$\chi_m = \frac{\mathrm{d} T_{ni}}{\mathrm{d} \delta_{ni}} = \frac{E_n F_{ni}}{l_{ni}} \frac{T_{ni}^3}{T_{ni}^3 + 2 \eta_{ni}} \tag{1-8}$$

因此,只有当横向荷载 $p_{ni} = 0$(即 $\eta_{ni} = 0$)时,χ_m 才是常数。δ_{ni} 是真解,为便于计算起见,纤绳弦向拉力可用线性的形式来表示(图1):

$$T_{ni} = T'_{ni} + \chi_m \delta_{ni} \tag{1-9}$$

其中 T'_{ni} 是 T_{ni} 轴上的截距,一般不为零值。

T_{ni}、δ_{ni} 以及节点力与节点变位的正向如图2所示,则 δ_{ni} 与 U_i 可建立下列关系式:

$$\delta_{ni} = -\mathbf{A}_{ni}^{\mathrm{T}} \mathbf{U}_i \tag{1-10}$$

式中:

$$\mathbf{A}_{ni}^{\mathrm{T}} = \begin{bmatrix} a_{1ni} & a_{2ni} & a_{3ni} & a_{4ni} & a_{5ni} \end{bmatrix} \tag{1-11}$$

i 层所有纤绳的弦向拉力对节点力的贡献为:

$$\mathbf{P}_{iT} = \sum_n \mathbf{T}_{ni} \mathbf{A}_{ni} = \sum_n \mathbf{T}'_{ni} \mathbf{A}_{ni} - \sum_n \chi_m \mathbf{B}_{ni} \mathbf{U}_i \tag{1-12}$$

式中变换矩阵 $\mathbf{B}_{ni}$ 可表示为:

$$\boldsymbol{B}_{ni}=\boldsymbol{A}_{ni}\boldsymbol{A}_{ni}^{\tau}=[a_{1ni} \quad a_{2ni} \quad a_{3ni} \quad a_{4ni} \quad a_{5ni}]^{\mathrm{T}}[a_{1ni} \quad a_{2ni} \quad a_{3ni} \quad a_{4ni} \quad a_{5ni}] \tag{1-13}$$

因此,要求得纤绳的内力必须知道节点变位 $\boldsymbol{U}_i$,这就需要研究纤绳与杆身的共同工作。

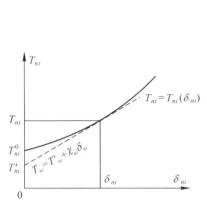

图 1　纤绳拉力线性化

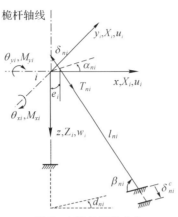

图 2　i 节点的节点力

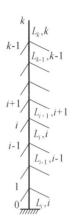

图 3　杆身与节点编号

2　桅杆杆身分析

桅杆杆身犹如弹性支座上受有轴向压力的连梁。如图 3 所示,i 段杆身的轴向压力 N,与相邻 2 节点的轴向变位 w_{i-1}、w_i 有下列关系式:

$$N_i=Z_{i,i-1}=-Z_{i-1,i}=\frac{EF_i}{l_i}(w_i-w_{i-1})+EF_i\alpha(t-t^e)+N_t^e \tag{2-1}$$

N_i^e 由杆身和纤绳的自重以及纤绳的初拉力所致,一般表达式为($i\neq k$):

$$N_i^e=\sum_{j=i,i+1,k-1}\left[\sum_n T_{nj}^e\sin\beta_{nj}+\sum_n\frac{1}{2}g_{nj}l_{nj}+\frac{1}{2}(g_jl_j+g_{j+1}l_{j+1})+G_j\right]+N_K^e \tag{2-2}$$

顶部悬臂段($i=k$)可直接由静定条件得出 N_K 及 N_K^e:

$$\left.\begin{aligned}N_K&=\frac{1}{2}g'_Kl_K+G'_K+N_K^e\\N_K^e&=\frac{1}{2}g_Kl_K+G_K\end{aligned}\right\} \tag{2-3}$$

杆端内力可用节点变位来表示:

$$\begin{aligned}\boldsymbol{P}_{i,i-1}&=\tilde{\boldsymbol{k}}_{ii}\boldsymbol{U}_i+\boldsymbol{k}_{i,i-1}\boldsymbol{U}_{i-1}-\boldsymbol{C}_{i,i-1}\\\boldsymbol{P}_{i,i+1}&=\bar{\boldsymbol{k}}_{ii}\boldsymbol{U}_i+\boldsymbol{k}_{i,i+1}\boldsymbol{U}_{i+1}-\boldsymbol{C}_{i,i+1}\end{aligned} \tag{2-4}$$

各刚度 $\boldsymbol{k}$ 的具体表达式为:

$$\left.\begin{aligned}\boldsymbol{k}_{i,i-1}&=\begin{bmatrix}\boldsymbol{k}_{i,i-1}^* & 0 & 0\\0 & \boldsymbol{k}_{i,i-1}^* & 0\\0 & 0 & -\dfrac{EF_i}{l_i}\end{bmatrix}, & \boldsymbol{k}_{i,i+1}&=\begin{bmatrix}\boldsymbol{k}_{i,i+1}^* & 0 & 0\\0 & \boldsymbol{k}_{i,i+1}^* & 0\\0 & 0 & -\dfrac{EF_{i+1}}{l_{i+1}}\end{bmatrix}\\\boldsymbol{k}_{i,i}&=\begin{bmatrix}\tilde{\boldsymbol{k}}_{i,i}^* & 0 & 0\\0 & \tilde{\boldsymbol{k}}_{i,i}^* & 0\\0 & 0 & \dfrac{EF_i}{l_i}\end{bmatrix}, & \bar{\boldsymbol{k}}_{i,i}&=\begin{bmatrix}\bar{\boldsymbol{k}}_{i,i}^* & 0 & 0\\0 & \bar{\boldsymbol{k}}_{i,i}^* & 0\\0 & 0 & \dfrac{EF_{i+1}}{l_{i+1}}\end{bmatrix}\end{aligned}\right\} \tag{2-5}$$

式中 $\boldsymbol{k}_{i,i-1}^{*}$、$\boldsymbol{k}_{i,i+1}^{*}$、$\widetilde{\boldsymbol{k}}_{i,i}^{*}$、$\overline{\boldsymbol{k}}_{i,i}^{*}$ 均为 2×2 的子矩阵:

$$\boldsymbol{k}_{i,i-1}^{*}=\begin{bmatrix} -\dfrac{12EJ_i}{l_i^3}\phi_{5i} & -\dfrac{6EJ_i}{l_i^2}\phi_{2i} \\[3mm] \dfrac{6EJ_i}{l_i^2}\phi_{2i} & -\dfrac{2EJ_i}{l_i}\phi_{5i} \end{bmatrix}, \qquad \boldsymbol{k}_{i,i+1}^{*}=\begin{bmatrix} -\dfrac{12EJ_{i+1}}{l_{i+1}^3}\phi_{5,i+1} & \dfrac{6EJ_{i+1}}{l_{i+1}^2}\phi_{2,i+1} \\[3mm] -\dfrac{6EJ_{i+1}}{l_{i+1}^2}\phi_{2,i+1} & -\dfrac{2EJ_{i+1}}{l_{i+1}}\phi_{4,i+1} \end{bmatrix}$$

$$\widetilde{\boldsymbol{k}}_{i,i}^{*}=\begin{bmatrix} \dfrac{12EJ_i}{l_i^3}\phi_{5i} & -\dfrac{6EJ_i}{l_i^2}\phi_{2i} \\[3mm] -\dfrac{6EJ_i}{l_i^2}\phi_{2i} & -\dfrac{4EJ_i}{l_i}\phi_{3i} \end{bmatrix}, \qquad \overline{\boldsymbol{k}}_{i,i}^{*}=\begin{bmatrix} \dfrac{12EJ_{i+1}}{l_{i+1}^3}\phi_{5,i+1} & \dfrac{6EJ_{i+1}}{l_{i+1}^2}\phi_{2,i+1} \\[3mm] \dfrac{6EJ_{i+1}}{l_{i+1}^2}\phi_{2,i+1} & -\dfrac{4EJ_{i+1}}{l_{i+1}}\phi_{3,i+1} \end{bmatrix}$$

$$(2\text{-}6)$$

在风荷载 q_i 及温度作用时,不难求得固端内力的表达式:

$$\boldsymbol{C}_{i,i-1}=\left[\dfrac{l_iq_i}{2}\cos\psi \quad -\dfrac{l_i^2q_i}{12\phi_{2i}}\cos\psi \quad \dfrac{l_iq_i}{2}\sin\psi \quad -\dfrac{l_i^2q_i}{12\phi_{2i}}\sin\psi \quad -\{EF_i\alpha(t-t^e)+N_i^e\}\right]^{\mathrm{T}}$$

$$\boldsymbol{C}_{i,i+1}=\left[\dfrac{l_{i+1}q_{i+1}}{2}\cos\psi \quad -\dfrac{l_{i+1}^2q_{i+1}}{12\phi_{2,i+1}}\cos\psi \quad \dfrac{l_{i+1}q_{i+1}}{2}\sin\psi \quad -\dfrac{l_{i+1}^2q_{i+1}}{12\phi_{2,i+1}}\sin\psi \quad -\{EF_{i+1}\alpha(t-t^e)+N_{i+1}^e\}\right]^{\mathrm{T}}$$

$$(2\text{-}7)$$

式(2-6)、(2-7)中的 ϕ_i 为稳定函数,其具体形式是[7]:

$$\phi_{1i}=\beta_i\cot\beta_i, \qquad \phi_{2i}=\dfrac{\beta_i^2}{3}\dfrac{1}{1-\phi_{1i}}, \qquad \phi_{3i}=\dfrac{1}{4}(3\phi_{2i}+\phi_{1i})$$

$$\phi_{4i}=\dfrac{1}{2}(3\phi_{2i}-\phi_{1i}), \qquad \phi_{5i}=\phi_{1i}\phi_{2i}, \qquad \phi_{6i}=\dfrac{\phi_{5i}}{2\phi_{3i}}$$

$$(2\text{-}8)$$

$$\beta_i=\dfrac{l_i}{2}\alpha_i=\dfrac{l_i}{2}\sqrt{\dfrac{N_i}{EJ_i}}=\dfrac{\pi}{2}\sqrt{\dfrac{N_i}{N_{Ei}}} \qquad (2\text{-}9)$$

当 $N_i=0$,即 $\beta_i=0$ 时,稳定函数 ϕ_{1i}、$\cdots$、ϕ_{5i} 均退化为 1,ϕ_{6i} 退化为 $1/2$,式(2-6)、(2-7)便退化为一般不计轴向压力时的常用表达式。

如桅杆支座固定时,即 $\boldsymbol{U}_0=0$,则:

$$\left.\begin{aligned} \boldsymbol{P}_{10}&=\widetilde{\boldsymbol{k}}_{11}\boldsymbol{U}_1-\boldsymbol{C}_{10} \\ \boldsymbol{P}_{01}&=\boldsymbol{k}_{01}\boldsymbol{U}_1-\boldsymbol{C}_{01} \end{aligned}\right\} \qquad (2\text{-}10)$$

如桅杆支座铰接时,则根据边界条件可得:

$$\left.\begin{aligned} \boldsymbol{P}_{10}&=\widetilde{\boldsymbol{k}}'_{11}\boldsymbol{U}_1-\boldsymbol{C}'_{10} \\ \boldsymbol{P}_{01}&=\boldsymbol{k}'_{01}\boldsymbol{U}_1-\boldsymbol{C}'_{01} \end{aligned}\right\} \qquad (2\text{-}11)$$

式中

$$\widetilde{\boldsymbol{k}}'_{11}=\begin{bmatrix} \widetilde{\boldsymbol{k}}'^{*}_{11} & 0 & 0 \\[2mm] 0 & \widetilde{\boldsymbol{k}}'^{*}_{11} & 0 \\[2mm] 0 & 0 & \dfrac{EF_1}{l_1} \end{bmatrix}, \qquad \boldsymbol{k}'_{01}=\begin{bmatrix} \boldsymbol{k}'^{*}_{01} & 0 & 0 \\[2mm] 0 & \boldsymbol{k}'^{*}_{01} & 0 \\[2mm] 0 & 0 & -\dfrac{EF_1}{l_1} \end{bmatrix}$$

$$\widetilde{\boldsymbol{k}}'^{*}_{11}=\begin{bmatrix} \dfrac{6EJ_1}{l_1^3}\phi_{61}-\dfrac{N_1}{l_1} & -\dfrac{6EJ_1}{l_1^2}\phi_{61} \\[3mm] -\dfrac{6EJ_1}{l_1^2}\phi_{61} & \dfrac{6EJ_1}{l_1}\phi_{61} \end{bmatrix}, \qquad \boldsymbol{k}'^{*}_{01}=\begin{bmatrix} -\dfrac{6EF_1}{l_1^3}\phi_{61}+\dfrac{N_1}{l_1} & \dfrac{6EJ_1}{l_1^2}\phi_{61} \\[3mm] 0 & 0 \end{bmatrix}$$

$$(2\text{-}12)$$

$$C'_{10}=\left[\frac{(1+4\phi_{31})l_1q_1}{8\phi_{31}}\cos\psi \quad -\frac{l_1^2q_1}{8\phi_{31}}\cos\psi \quad \frac{(1+4\phi_{31})l_1q_1}{8\phi_{31}}\sin\psi \quad -\frac{l_1^2q_1}{8\phi_{31}}\sin\psi \quad -\{EF_1\alpha(t-t^e)+N_1^e\}\right]^{\mathrm{T}}$$

$$C'_{01}=\left[\frac{(4\phi_{31}-1)l_1q_1}{8\phi_{31}}\cos\psi \quad 0 \quad \frac{(4\phi_{31}-1)l_1q_1}{8\phi_{31}}\sin\psi \quad 0 \quad \{EF_1\alpha(t-t^e)+N_1^e\}\right]^{\mathrm{T}}$$

$$(2\text{-}13)$$

对于顶部悬臂段 l_K ,因 $\boldsymbol{k}_{K-1,K}=\boldsymbol{k}_{K,K-1}=\overline{\boldsymbol{k}}_{K-1,K-1}=0$,则:

$$\boldsymbol{P}_{K-1,K}=-\boldsymbol{C}_{K-1,K}=-\left[l_Kq_K\cos\psi \quad \frac{l_K^2q_K}{2}\left(1+\frac{2}{3}\beta_K^2\right)\cos\psi \quad l_Kq_K\sin\psi \quad \frac{l_K^2q_K}{2}\left(1+\frac{2}{3}\beta_K^2\right)\sin\psi \quad N_K\right]^{\mathrm{T}}$$

$$(2\text{-}14)$$

如图 4 所示,由节点的平衡条件:

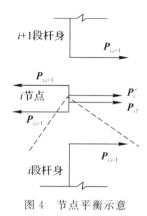

图 4 节点平衡示意

$$\boldsymbol{P}'_i+\boldsymbol{P}_{iT}=\boldsymbol{P}_{i,i-1}+\boldsymbol{P}_{i,i+1} \qquad (2\text{-}15)$$

并将式(1-12)、(2-4)代入后,便得桅杆的准则方程式:

$$\begin{bmatrix} \boldsymbol{k}_{11} & \boldsymbol{k}_{12} & 0 \\ \boldsymbol{k}_{21} & \boldsymbol{k}_{22} & \boldsymbol{k}_{23} & & & & 0 \\ & \cdot & \cdot & \cdot \\ & & \cdot & \cdot & \cdot \\ & & \boldsymbol{k}_{i,i-1} & \boldsymbol{k}_{ii} & \boldsymbol{k}_{i,i+1} \\ & & & \cdot & \cdot & \cdot \\ & & & & \cdot & \cdot & \cdot \\ & 0 & & & & \boldsymbol{k}_{K-2,K-3} & \boldsymbol{k}_{K-2,K-2} & \boldsymbol{k}_{K-2,K-1} \\ & & & & & & \boldsymbol{k}_{K-1,K-2} & \boldsymbol{k}_{K-1,K-3} \end{bmatrix} \begin{bmatrix} \boldsymbol{U}_1 \\ \boldsymbol{U}_2 \\ \\ \\ \boldsymbol{U}_i \\ \\ \\ \boldsymbol{U}_{K-2} \\ \boldsymbol{U}_{K-1} \end{bmatrix} = \begin{bmatrix} \boldsymbol{P}_1 \\ \boldsymbol{P}_2 \\ \\ \\ \boldsymbol{P}_i \\ \\ \\ \boldsymbol{P}_{K-2} \\ \boldsymbol{P}_{K-1} \end{bmatrix} \qquad (2\text{-}16)$$

或简写为:

$$\boldsymbol{KU}=\boldsymbol{P} \qquad (2\text{-}17)$$

其中:

$$\boldsymbol{P}_i=\boldsymbol{P}'_i+\sum_n\boldsymbol{T}'_{ni}\boldsymbol{A}_{ni}+\boldsymbol{C}_i \qquad (2\text{-}18)$$

$$\boldsymbol{C}_i=\boldsymbol{C}_{i,i-1}+\boldsymbol{C}_{i,i+1} \qquad (2\text{-}19)$$

$$k_{ii} = \tilde{k}_{ii} + \overline{k}_{ii} + \sum_n \chi_{ni} B_{ni} \tag{2-20}$$

节点荷载 $\boldsymbol{P}'_i$ 由自重与裹冰积雪荷载 $\boldsymbol{P}_{i0}$、纤绳传来的节点风压 $\boldsymbol{P}'_{iw}$ 以及直接作用的节点荷载 $\boldsymbol{P}'_{ip}$（如地震力等）组成：

$$\boldsymbol{P}'_i = \boldsymbol{P}'_{io} + \boldsymbol{P}'_{iw} + \boldsymbol{P}'_{ip}$$

$$\boldsymbol{P}'_{i0} = \begin{bmatrix} 0 \\ \sum_n \dfrac{1}{2}(g_{ni} + g'_{ni}) l_{ni} e_i \cos\alpha_{ni} \\ 0 \\ \sum_n \dfrac{1}{2}(g_{ni} + g'_{ni}) l_{ni} e_i \sin\alpha_{ni} \\ \sum_n \dfrac{1}{2}(g_{ni} + g'_{ni}) l_{ni} + \dfrac{1}{2}\big[(g_i + g'_i) l_i + (g_{i+1} + g'_{i+1}) l_{i+1}\big] + G_i + G'_i \end{bmatrix}$$

$$\boldsymbol{P}'_{iw} = \begin{bmatrix} \sum_n \dfrac{1}{2} q_{ni} l_{ni} \big[\cos(\alpha_{ni} - \psi)\cos\alpha_{ni}\sin^2\beta_{ni} + \sin(\alpha_{ni} - \psi)\sin\alpha_{ni}\big] \\ -\sum_n \dfrac{1}{2} q_{ni} l_{ni} \big[\cos(\alpha_{ni} - \psi)\cos\alpha_{ni}\sin\beta_{ni}\cos\beta_{ni}\big] e_i \\ \sum_n \dfrac{1}{2} q_{ni} l_{ni} \big[\cos(\alpha_{ni} - \psi)\sin\alpha_{ni}\sin^2\beta_{ni} - \sin(\alpha_{ni} - \psi)\cos\alpha_{ni}\big] \\ -\sum_n \dfrac{1}{2} q_{ni} l_{ni} \big[\cos(\alpha_{ni} - \psi)\sin\alpha_{ni}\sin\beta_{ni}\cos\beta_{ni}\big] e_i \\ -\sum_n \dfrac{1}{2} q_{ni} l_{ni} \cos(\alpha_{ni} - \psi)\sin\beta_{ni}\cos\beta_{ni} \end{bmatrix}$$

$$(i = 1, 2, \cdots, K-1) \tag{2-21}$$

$$\boldsymbol{P}'_{ip} = \begin{bmatrix} x'_{iP} & m'_{xiP} & y'_{iP} & m'_{yiP} & z'_{iP} \end{bmatrix}^{\mathrm{T}}$$

准则方程式（2-16）或（2-17）中包含有纤绳弦向拉力线性化后的广义固端拉力 T'_{ni} 及刚度 χ_{ni}，因此求解时必须联合方程式（1-6）~（1-10）。这样，要一次直接求得真解 $\boldsymbol{U}$ 是困难的，兹在下节中采用迭代法求解。

3　迭代法解桅杆准则方程

纤绳弦向拉力的第一次线性近似值取：

$$T_{ni}^{(1)} = T'^{(0)}_{ni} + \chi'^{(0)}_{ni} \delta^{(1)}_{ni} \tag{3-1}$$

其中 $T'^{(0)}_{ni}$、$\chi'^{(0)}_{ni}$ 为节点锁住时的数值：

$$T'^{(0)}_{ni} = T^0_{ni} = \tau^{(0)}_{ni} \tag{3-2}$$

$$\chi^{(0)}_{ni} = \frac{E_r F_{ni}}{l_{ni}} \frac{T^{03}_{ni}}{T^{03}_{ni} + 2\eta_{ni}} \tag{3-3}$$

与此同时，可由式（2-1）、（2-9）、（2-8）、（2-18）求得 $N^{[0]}_i$、$\beta^{[0]}_i$、$\phi^{[0]}_{1i}$、$\cdots$、$\phi^{[0]}_{6i}$、$\boldsymbol{P}^{[0]}_i$ 以及刚度矩阵 $\boldsymbol{K}^{[0]}$，解准则方程式（2-17）便得第一次近似值：

$$\boldsymbol{U}^{[1]} = \boldsymbol{K}^{[0]^{-1}} \boldsymbol{P}^{[0]} \tag{3-4}$$

然后,由式(1-10)、(1-3)、(1-8)、(2-1)、(2-9)、(2-8)依次求得 $\delta_{ni}^{[1]}$、$\tau_{ni}^{[1]}$、$\chi_{ni}^{[1]}$、$N_i^{[1]}$、$\beta_i^{[1]}$、$\phi_{1i}^{[1]}$、…、$\phi_{6i}^{[1]}$ 以及刚度矩阵 $\boldsymbol{K}^{[1]}$。

纤绳弦向拉力的第二次线性近似值取:

$$T_{ni}^{(2)}=\tau_{ni}^{(1)}+\chi_{ni}^{(1)}(\delta_{ni}^{(2)}-\delta_{ni}^{(1)})=T'^{(1)}_{ni}+\chi_{ni}^{(1)}\delta_{ni}^{(2)} \tag{3-5}$$

式中:

$$T'^{(1)}_{ni}=\tau_{ni}^{(1)}-\chi_{ni}^{(1)}\delta_{ni}^{(1)} \tag{3-6}$$

此时,节点力的表达式为:

$$\boldsymbol{P}_i^{(1)}=\boldsymbol{P}'_i+\sum_n T'^{(1)}_{ni}\boldsymbol{A}_{ni}+\boldsymbol{C}_i^{(1)}=\boldsymbol{P}'_i+\sum_n\tau_{ni}^{(1)}\boldsymbol{A}_{ni}+\sum_n\chi_{ni}^{(1)}\boldsymbol{B}_{ni}\boldsymbol{U}_i^{(1)}+\boldsymbol{C}_i^{(1)} \tag{3-7}$$

桅杆准则方程的第二次近似解是:

$$\boldsymbol{U}^{[2]}=\boldsymbol{K}^{[1]-1}\boldsymbol{P}^{[1]} \tag{3-8}$$

以此类推,T_{ni} 的第 m 次线性近似值取:

$$T_{ni}^{(m)}=\tau_{ni}^{(m-1)}+\chi_{ni}^{(m-1)}(\delta_{ni}^{(m)}-\delta_{ni}^{(m-1)})=T'^{(m-1)}_{ni}+\chi_{ni}^{(m-1)}\delta_{ni}^{(m)} \tag{3-9}$$

式中:

$$T'^{(m-1)}_{ni}=\tau_{ni}^{(m-1)}-\chi_{ni}^{(m-1)}\delta_{ni}^{(m-1)} \tag{3-10}$$

节点力的一般表达式为:

$$\boldsymbol{P}_i^{(m-1)}=\boldsymbol{P}'_i+\sum_n T'^{(m-1)}_{ni}\boldsymbol{A}_{ni}+\boldsymbol{C}_i^{(m-1)}=\boldsymbol{P}'_i+\sum_n\tau_{ni}^{(m-1)}\boldsymbol{A}_{ni}+\sum_n\chi_{ni}^{(m-1)}\boldsymbol{B}_{ni}\boldsymbol{U}_i^{(m-1)}+\boldsymbol{C}_i^{(m-1)} \tag{3-11}$$

准则方程的第 m 次近似解是:

$$\boldsymbol{U}^{[m]}=\boldsymbol{K}^{[m-1]-1}\boldsymbol{P}^{[m-1]} \tag{3-12}$$

迭代计算必须进行到第 m 次,使得 $\boldsymbol{U}^{[m]}\approx\boldsymbol{U}^{[m-1]}$ 或二者的相对误差在许可范围之内。计算表明,一般情况下 m 取 3～4 次已可收敛到工程设计所要求的精度。

以往在桅杆的温度应力计算时,未能确切地考虑纤绳和杆身的变位连续性,把杆身的轴向刚度视为无穷大,不计其外力作用下的轴向变形。这样,温度如有变化,只能按自由膨胀那样计算杆身的轴向变位[1],于是对于纤绳拉力与杆身轴向压力可得到下列近似的计算公式:

$$T_n^3+T_{ni}^2\left\{\frac{E_nF_{ni}P_{ni}^{e2}l_{ni}^2}{24\,T_{ni}^{e2}}-T_{ni}^e-\frac{(\delta_{ni}+\delta_{ni}^e)E_nF_{ni}}{l_{ni}}+E_nF_{ni}\alpha(t-t^e)\left[1-\frac{\sum_{j=1-i}l_j}{l_{ni}}\sin\beta_{ni}\right]\right\}=\eta_{ni} \tag{3-13}$$

$$N_t=N_t^e+\sum_{j=i,i+1,\cdots,K}Z_j+\sum_{j=i,i+1,\cdots,K}(T_{nj}-T_{nj}^e)\sin\beta_{nj} \tag{3-14}$$

一般 300m 左右的桅杆在温差为 30℃ 时,按式(3-13)、(3-14)的计算结果与考虑 EF_i 为有限值的精确计算结果相比,有 8%～10% 的误差,而且其误差是随纤绳与杆身的刚度比 $\dfrac{E_{1i}F_{ni}}{EF_i}$ 的增加而增大。

4 动力分析与抗震验算

在桅杆的准则方程(2-17)中,如果力向量 $\boldsymbol{P}$ 是时间的函数,而结构的质量 $\boldsymbol{M}$ 表示一系列在节点处的集中质量与惯量,则忽略阻尼影响的动力基本方程为:

$$\boldsymbol{M}\ddot{\boldsymbol{U}}+\boldsymbol{K}\boldsymbol{U}=\boldsymbol{P}(t) \tag{4-1}$$

式中：

$$\boldsymbol{M}=\begin{bmatrix} \boldsymbol{M}_1 & & & & & \\ & \boldsymbol{M}_1 & & & 0 & \\ & & \cdot & & & \\ & & & \cdot & & \\ & 0 & & & \boldsymbol{M}_1 & \\ & & & & & \cdot \end{bmatrix}, \quad \boldsymbol{M}_t=\begin{bmatrix} m_i & & & & \\ & I_{xi} & & 0 & \\ & & m_i & & \\ & 0 & & I_{yi} & \\ & & & & m_i \end{bmatrix} \qquad (4\text{-}2)$$

设桅杆作 $\boldsymbol{U}\approx\boldsymbol{U}_0\sin\omega t$ 的简谐振动，由式(4-1)可得到求解结构自振特性的方程(当 $\boldsymbol{P}(t)=0$)：

$$\left|\boldsymbol{M}\omega^2-\boldsymbol{K}\right|=0 \qquad (4\text{-}3)$$

为了从求最低频率开始，采用柔度矩阵较为方便。兹令：

$$\boldsymbol{K}^{-1}=\boldsymbol{D}=\begin{bmatrix} \boldsymbol{D}_{11} & \boldsymbol{D}_{12} & \cdot & \cdot \\ \boldsymbol{D}_{21} & \boldsymbol{D}_{22} & \cdot & \cdot \\ \cdot & \cdot & \cdot & \\ \cdot & \cdot & & \cdot \end{bmatrix}$$

$$\lambda=\frac{1}{\omega^2}$$

则求解特征值的方程便为：

$$\left|\boldsymbol{D}\boldsymbol{M}-\lambda\boldsymbol{E}\right|=0 \qquad (4\text{-}4)$$

在柔度矩阵 $\boldsymbol{D}$ 中，每一个 $\boldsymbol{D}_{ij}$ 一般都不为零值，且是个 5×5 的子矩阵。如桅杆结构在对称的 xoz 平面内振动时，则 $\boldsymbol{D}_{ij}$ 为 3×3 的子矩阵；如可不考虑桅杆的纵向柔度，则 $\boldsymbol{D}_{ij}$ 为 2×2 的子矩阵；又如桅杆的质量认为只集中在节点而无质块时，则式(4-4)的具体表达式退化为($\delta_{(iu)(ju)}$ 简写成 δ_{ij})：

$$\begin{bmatrix} m_1\delta_{11}-\lambda & m_2\delta_{12} & \cdot & m_i\delta_{1i} & \cdot & \cdot \\ & m_2\delta_{22}-\lambda & \cdot & m_i\delta_{2i} & \cdot & \cdot \\ & & \cdot & & \cdot & \cdot \\ & & & m_i\delta_{1i}-\lambda & \cdot & \cdot & \cdot \\ & 对 & & & \cdot & \cdot \\ & & 称 & & & \cdot & \cdot \\ & & & & & & \cdot \end{bmatrix}=0 \qquad (4\text{-}5)$$

按抗震设计规范规定，验算高耸构筑物时地震荷载应与风荷载组合[8]。因此，在计算时首先按风荷载作用下的内力变位状态，求得桅杆的刚度、柔度、周期、振型及相应的地震力，并将此地震力与 1/4 风荷载迭加作为新的外荷载重复进行计算。由于变位受地震力后发生了变化，柔度、周期及地震力也要有变化，故计算必须重复进行到本次求得的周期与上一次的周期相差很小时(如 0.005s)为止。一般经过 3~4 次循环计算即可得到满意的结果。

参照上述规范，抗地震验算时桅杆结构的内力可采用下式进行组合：

$$S=S_{\left(\frac{1}{4}w\right)}+\sqrt{\sum_j\left[S_{\left(\frac{1}{4}w+E\right)_j}-S_{\left(\frac{1}{4}w\right)}\right]^2}$$

式中：$S_{\left(\frac{1}{4}w\right)}$——由于 $\frac{1}{4}$ 风荷载产生的结构内力；

$S_{(\frac{1}{4}W+E)_j}$——由于 $\frac{1}{4}$ 风荷载及 j 振型地震力产生的结构内力。

5 模型试验与工程实例

为观察桅杆结构在水平荷载下的静力性能及结构的动力特性,并验证桅杆计算理论的可靠性与精确度,曾进行了模型试验。模型为一个三层桅杆,每层 2.5m,总高 7.5m。纤绳按 120° 三方拉锚,与地面的交角为 50°,采用直径 3mm(7 股 19 根)的钢丝绳。杆身则为直径 63.5mm、厚度 1.85mm 的薄壁圆钢管,每层节点设置了 150kg 的铁块以模拟自重。支座为固定及铰接两种。作用在每段杆身及纤绳上的横向均布荷载均以 2 至 4 个当量集中荷载代替。

桅杆模型在铰接支座荷载情况 I 作用下,静力试验的杆身弯矩、轴向力及节点水平变位如图 5 所示。图中实线是理论值,圆点是试验值,两者相当接近。

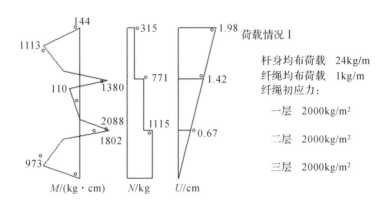

图 5　模型的静力试验结果

动力试验按脉动法及激振法测得固定与铰接支座桅杆模型的基频均为 2.2Hz,按本文所述方法的计算值均为 2.42Hz(考虑质块转动惯量的影响,纵向柔度可忽略不计),两者亦比较接近。而用换算质体法[4]求得的基频为 3.84Hz(固定)及 3.83Hz(铰接),说明此法所得结果与实际情况还有较大的误差。

工程实例是指高 323m 格构式首都大气污染监测用桅杆,设有五层三方纤绳,支座铰接,在风荷载作用下计算其内力和变位,并按设计烈度为 8 度时作抗地震验算。

已知资料和数据:$l_1=50\text{m}$,$l_2=55\text{m}$,$l_3=60\text{m}$,$l_4=l_5=65\text{m}$,l_6(悬臂)$=25\text{m}$;$\beta_{n1}=26°18'$,$\beta_{n2}=\beta_{n3}=\beta_{n4}=45°$,$\beta_{n5}=50°05'$;其他从略。

根据本文所述方法已编制通用程序,上机计算后可得出 $\psi=0$、π、$\pi/2$ 三个风向时的计算结果。兹将一些主要的数据用图 6、图 7 及表 1 表示。图 6 的水平变位图中给出了全部风荷载作用下的数值,以及 1/4 风荷载只加第一或第二振型地震力作用下的数值(用曲线 I 或 II 表示);图 7 表示相应的周期和振型;表 1 的右半部表示相应各振型的地震力。

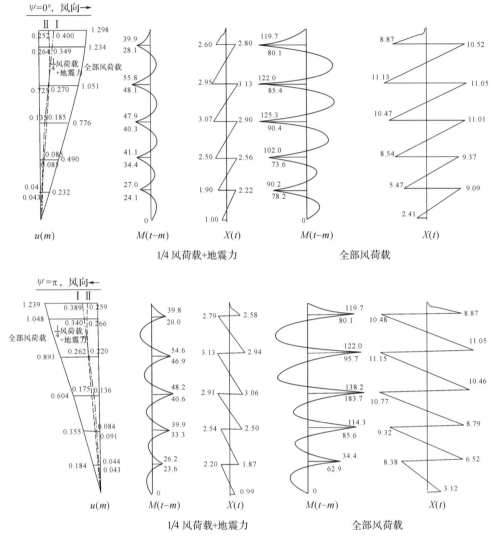

图 6　工程实例在两种风向时变位和内力计算结果

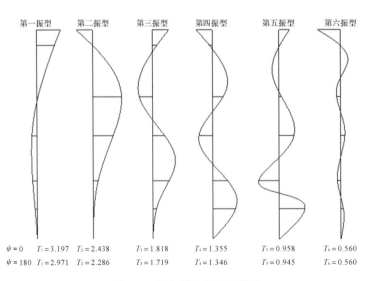

图 7　工程实例的周期和振型

表 1　工程实例计算结果

ψ	i	变位与内力					地震力 X_i/t					
		w_t/cm	N_t/t	T_{ci}/t	$T_{bi}=T_{ci}$/t	T_{ai}^e/t	1 振型	2 振型	3 振型	4 振型	5 振型	6 振型
第一风向 $\psi=0$	1	0.217	425	3.02	30.80	13.25	−0.000	−0.048	+0.367	+0.800	+0.440	+0.001
	2	0.428	373	1.55	38.01	14.72	−0.040	−0.203	+1.052	+0.430	−0.403	−0.003
	3	0.624	300	3.23	35.46	20.20	−0.083	+1.111	+0.821	−0.621	+0.238	+0.006
	4	0.750	214	5.08	33.85	23.95	+0.224	+1.597	−0.663	+0.350	−0.083	−0.014
	5	0.821	122	4.82	38.27	24.42	+0.975	−0.007	+0.047	+0.010	−0.022	+0.031
	6	0.976	35.4	—	—	—	−0.316	−0.133	+0.109	−0.068	+0.028	−0.020
第二风向 $\psi=\pi$	1	0.147	414	25.36	8.24	13.25	−0.001	+0.054	−0.353	−0.865	−0.438	−0.001
	2	0.293	363	34.74	8.00	14.72	+0.036	−0.160	−1.061	−0.495	+0.404	+0.003
	3	0.445	295	44.13	12.25	20.20	+0.090	−1.043	−0.929	+0.648	−0.235	−0.006
	4	0.558	213	49.27	15.45	23.95	−0.202	−1.618	+0.640	−0.363	+0.080	−0.015
	5	0.633	122	49.58	16.17	24.42	−0.963	−0.018	+0.035	−0.014	+0.023	−0.033
	6	0.788	35.4	—	—	—	−0.316	+0.130	−0.107	+0.070	−0.028	−0.022

综上图表说明，三方纤绳桅杆变位由第一风向控制，杆身内力大部由第二风向、小部由第一风向控制，纤绳拉力由第二风向控制。至于第三风向（$\psi=\pi/2$，图表从略），只是个别变位与内力稍大于第一、二风向时的数值。地震力产生的结构内力组合，对这种高耸柔性的桅杆来说三个振型是不够的，应考虑高振型的影响。323m 桅杆在 8 度地震力及风荷载作用下的内力及变位均不起控制作用，因此在设计中可不考虑地震力的影响。

本专题研究在编制程序和模型试验中曾得到魏文郎、张希铭、戴国莹、洪婉儿等同志的协助，在此谨致谢意。

参考文献

[1] САВИЦКИЙ Г А. Основы расчета радиомачт[M]. 1953.

[2] 俞载道，王肇民. 无线电塔桅钢结构[M]. 北京：科技卫生出版社，1958.

[3] COHEN E，PERRIN H. Design of multi-level guyed towers：structural analysis[J]. Journal of the Structural Division，ASCE，1957，83(5)：1—29.

[4] 北京工业建筑设计院. 塔桅钢结构设计[M]. 北京：中国工业出版社，1972.

[5] POSKITT T J，LIVERSLEY R K. Structural analysis of guyed masts[J]. Proceedings of the Institution of Civil Engineers，1963，24(3)：373—386.

[6] ODLEY E G. Analysis of high guyed towers[J]. Journal of the Structural Division，ASCE，1966，92(1)：169—198.

[7] LIVESLEY R K. The application of an electronic digital computer to some problems of structural analysis[J]. The Structural Engineer，1956，34(1)：1—12.

[8] 国家基本建筑委员会. 工业与民用建筑抗震设计规范：TJ 11—78[S]. 北京：中国建筑工业出版社，1979.

140 双曲抛物面拉线塔的结构分析及计算程序*

摘　要:本文给出了一种双曲抛物面拉线塔的计算方法。结构分析中考虑了拉线的非线性性质、支座沉降、结构的温度应力及杆身的轴向变形和扭转变形的影响,采用矩阵位移法和迭代法进行计算。为便于工程中实际应用,按本文给出的计算方法编制了计算机通用程序。1988 年在北京建成的华北电力调度通讯塔就采用了本文的分析方法和计算程序。

关键词:拉线塔;双曲抛物面;结构分析;非线性;计算程序

文中主要符号规定

变位:

$\boldsymbol{U}_i = \{u_i \quad \theta_{xi} \quad v_i \quad \theta_{yi} \quad w_i \quad \theta_{zi}\}^{\mathrm{T}}$ ——i 节点变位;

$\boldsymbol{U} = \{\boldsymbol{U}_1 \quad \boldsymbol{U}_2 \quad \cdots \quad \boldsymbol{U}_i \quad \cdots\}^{\mathrm{T}}$ ——系统变位;

δ_{ni}、δ_{ni}^{ν}——i 层 n 根拉线的弦向绝对伸长、弦长调节量(在底层包括支座弦向沉降量);

$(\delta_{ni})_i$、$(\delta_{ni})_{i-1}$——i 层 n 根拉线 i、$i-1$ 节点的弦向变位。

力:

$\boldsymbol{P}_i = \{X_i \quad M_{xi} \quad Y_i \quad M_{yi} \quad Z_i \quad W_{zi}\}^{\mathrm{T}}$——节点力;

$\boldsymbol{P} = \{\boldsymbol{P}_1 \quad \boldsymbol{P}_2 \quad \cdots \quad \boldsymbol{P}_i \quad \cdots\}^{\mathrm{T}}$——系统力;

$\boldsymbol{P}_{iT}$——i 节点所有拉线拉力合成的节点力;

$\boldsymbol{P}_{i,i-1}$、$\boldsymbol{P}_{i,i+1}$——i、$i+1$ 段杆身 i 端的杆端内力;

$\boldsymbol{C}_{i,i-1}$、$\boldsymbol{C}_{i,i+1}$——i、$i+1$ 段杆身 i 端的固端内力;

N_i、N_i^e——i 段杆身轴向压力、初压力;

T_{ni}、T_{ni}^e——i 层 n 根拉线的拉力、初拉力。

几何尺寸:

l_i、l_{ni}——i 段杆身及 i 层 n 根拉线的长度;

e_{ni}——i 层 n 根拉线上端点与杆身轴线的距离;

α_{ni}——i 层 n 根拉线水平投影与 x 轴的夹角;

β_{ni}——i 层 n 根拉线与水平面的夹角;

γ_{ni}、$\gamma_{n,i-1}$——i 层 n 根拉线上、下端点对杆身轴线的垂线与 x 轴的夹角;

ψ——风向与 x 轴的夹角。

物理性质:

E、E_i——杆身、i 层拉线材料的弹性模量;

---

* 本文刊登于:董石麟,王俊.双曲抛物面拉线塔的结构分析及计算程序[J].土木工程学报,1991,24(2):48—59.

F_i、J_i、J_{pi}——i 段杆身的截面积、惯性矩、极惯性矩;

F_{ni}——i 层 n 根拉线的截面积;

α'、α'_i——杆身、i 层拉线的线膨胀系数;

t、t^e——现温度、初温度;

K——结构的总刚度矩阵。

荷载:

$P'_i = \{X'_i \quad M'_{xi} \quad Y'_i \quad M'_{yi} \quad Z'_i \quad W'_{zi}\}^{\mathrm{T}}$——$i$ 节点的节点荷载;

g_i、g'_i——i 段杆身的自重及冰雪荷载;

G_i、G'_i——i 节点的自重及冰雪荷载;

g_{ni}、g'_{ni}——i 层 n 根拉线的自重及冰雪荷载;

q_i、q_{ni}——i 段杆身、i 层 n 根拉线的风荷载;

m_i——i 段杆身的线扭矩荷载;

p_{ni}、p^e_{ni}——i 层 n 根拉线的法向荷载、初荷载。

1 概述

双曲抛物面拉线塔是在桅杆结构的基础上发展起来的一种新型拉线塔结构。为数较多的拉线形成一回转双曲抛物面,造型美观,弥补了桅杆结构占地面积大、艺术性差的不足。目前国外已建成的有澳大利亚 A. Wargon 设计的悉尼塔[1]。

双曲抛物面拉线塔可在杆身处设置若干横隔,将杆身与拉线分成若干层。拉线在横隔处是间断的,便于安装和分层施加初拉力。各层拉线的方向是可变化的。但在一般情况下,从底层到顶层的某根拉线通常设计成间断的,但方向不变。因此,从宏观来说,双曲抛物面拉线塔的外形,可看作由两束拉线分别在正反两个方向按扭麻花的方法旋转一个角度后,再叠合而成的空间索网体系。

双曲抛物面拉线塔在拉线的初拉力作用下保持杆身直立,在风荷载等外力作用下,杆身与拉线空间协同工作,结构分析比较复杂。悉尼塔虽已建成多年,但至今尚未发现可直接拿来应用的分析计算方法。这方面的分析研究工作似乎还做得很少。

根据工程设计的需要,本文研究并给出了这种双曲抛物面拉

图 1 华北电力调度通讯塔

线塔的计算方法。分析中按空间受力状态,考虑了拉线的非线性性质、支座沉降、温度变化及杆身的轴向、扭转变形的影响。非线性的拉线内力按线性化处理,并用迭代法计算得出拉线的真实内力。为便于采用计算机进行计算,整个结构的基本方程式按矩阵位移法给出。

同时,按本文方法编制了程序,可用于计算任意形式的双曲抛物面拉线塔。在北京建成的华北电力调度通讯塔(图 1)采用了本文的分析方法及其计算程序。

2 拉线计算

双曲抛物面拉线塔拉线的物理方程与普通桅杆的拉线相类似[2]

$$T_{ni}^3 + T_{ni}^2 \left[\frac{E_i F_{ni} p_{ni}^{e\,2} l_{ni}^2}{24\, T_{ni}^{e\,2}} - T_{ni}^e - \frac{(\delta_{ni} + \breve{\delta}_{ni}) E_i F_{ni}}{l_{ni}} + E_i F_{ni} \alpha_i (t - t^e) \right] = \eta_{ni} \tag{1}$$

式中

$$\left.\begin{aligned}
\eta_{ni} &= \frac{E_i F_{ni} p_{ni}^2 l_{ni}^2}{24} \\
p_{ni}^e &= g_{ni} \cos\beta_{ni} \\
p_{ni} &= \sqrt{[(g_{ni} + g'_{ni})\cos\beta_{ni} - q_{ni}\cos(\alpha_{ni} - \psi)\sin\beta_{ni}]^2 + [q_{ni}\sin(\alpha_{ni} - \psi)]^2}
\end{aligned}\right\} \tag{2}$$

拉线弦向刚度表达式为

$$\chi_{ni} = \frac{\mathrm{d}\sqrt{T_{ni}}}{\mathrm{d}\sqrt{\delta_{ni}}} = \frac{E_i F_{ni} T_{ni}^3}{l_{ni}(T_{ni}^3 + 2\eta_{ni})} \tag{3}$$

而拉线弦向拉力的线性化表达式为

$$T_{ni} = T'_{ni} + \chi_{ni}\delta_{ni} \tag{4}$$

T'_{ni} 是 T_{ni} 轴上的截距,称为广义固端力(图2)。

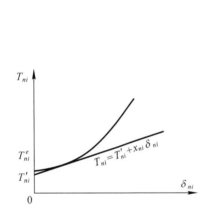

图2　拉线的力-变位关系

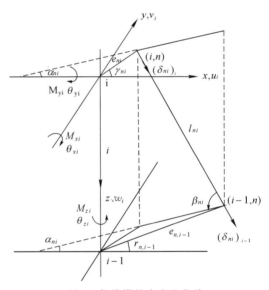

图3　拉线塔的内力和位移

双曲抛物面拉线塔与普通桅杆不同的是,第 i 层 n 根拉线与杆身相连的不是一个节点,而是有上下两个节点,以 (i,n)、$(i-1,n)$ 表示(图3)。通常横隔的刚性较大,可认为其平面内刚度以及抗弯抗扭刚度为无限大,则 i 层 n 根拉线的弦向绝对伸长量为

$$\delta_{ni} = (\delta_{ni})_{i-1} - (\delta_{ni})_i = (\boldsymbol{A}_{ni}^{\mathrm{T}})_{i-1}\boldsymbol{U}_{i-1} - (\boldsymbol{A}_{ni}^{\mathrm{T}})_i \boldsymbol{U}_i \tag{5}$$

式中

$$\left.\begin{aligned}
(\boldsymbol{A}_{ni}^{\mathrm{T}})_{i-1} =\, &\{\cos\alpha_{ni}\cos\beta_{ni} \quad e_{n,i-1}\sin\beta_{ni}\cos\gamma_{n,i-1} \quad \sin\alpha_{ni}\cos\beta_{ni} \quad e_{n,i-1}\sin\beta_{ni}\sin\gamma_{n,i-1} \\
&\sin\beta_{ni} \quad e_{n,i-1}(\sin\alpha_{ni}\cos\beta_{ni}\cos\gamma_{n,i-1} - \cos\alpha_{ni}\cos\beta_{ni}\sin\gamma_{n,i-1})\} \\
(\boldsymbol{A}_{ni}^{\mathrm{T}})_i =\, &\{\cos\alpha_{ni}\cos\beta_{ni} \quad e_{n,i}\sin\beta_{ni}\cos\gamma_{n,i} \quad \sin\alpha_{ni}\cos\beta_{ni} \quad e_{n,i}\sin\beta_{ni}\sin\gamma_{n,i} \\
&\sin\beta_{ni} \quad e_{n,i}(\sin\alpha_{ni}\cos\beta_{ni}\cos\gamma_{n,i} - \cos\alpha_{ni}\cos\beta_{ni}\sin\gamma_{n,i})\}
\end{aligned}\right\} \tag{6}$$

此时,式(4)可表达为

$$T_{ni} = T'_{ni} + \chi_{ni}\left[(\boldsymbol{A}_{ni}^{\mathrm{T}})_{i-1}\boldsymbol{U}_{i-1} - (\boldsymbol{A}_{ni}^{\mathrm{T}})_i \boldsymbol{U}_i\right] \tag{7}$$

与杆身 i 节点相连的所有拉线弦向力对 i 节点力的贡献为

$$P_{iT} = \sum_n T_{ni}(\boldsymbol{A}_{ni})_i - \sum_n T_{n,i+1}(\boldsymbol{A}_{n,i+1})_i$$

$$= \sum_n T'_{ni}(\boldsymbol{A}_{ni})_i - \sum_n T'_{n,i+1}(\boldsymbol{A}_{n,i+1})_i + \sum_n \chi_{ni}(\boldsymbol{B}_{ni})_{i,i-1}\boldsymbol{U}_{i-1} \qquad (8)$$

$$- \sum_n [\chi_{ni}(\boldsymbol{B}_{ni})_{i,i} + \chi_{i,i+1}(\boldsymbol{B}_{n,i+1})_{i,i}]\boldsymbol{U}_i + \sum_n \chi_{n,i+1}(\boldsymbol{B}_{n,i+1})_{i,i+1}\boldsymbol{U}_{i+1}$$

其中

$$(\boldsymbol{B}_{ni})_{i,i-1} = (\boldsymbol{A}_{ni})_i(\boldsymbol{A}_{ni}^{\mathrm{T}})_{i-1} \qquad\qquad (\boldsymbol{B}_{ni})_{i,i} = (\boldsymbol{A}_{ni})_i(\boldsymbol{A}_{ni}^{\mathrm{T}})_i$$

$$(\boldsymbol{B}_{n,i+1})_{i,i} = (\boldsymbol{A}_{n,i+1})_i(\boldsymbol{A}_{n,i+1}^{\mathrm{T}})_i \qquad (\boldsymbol{B}_{n,i+1})_{i,i+1} = (\boldsymbol{A}_{n,i+1})_i(\boldsymbol{A}_{n,i+1}^{\mathrm{T}})_{i+1}$$

由以上分析可知,拉线的内力与杆身节点的变位有关,因此必须考虑拉线与杆身的协同作用。

3 拉线与杆身的协同作用

将双曲抛物面拉线塔的杆身按横隔设置分割为 k 段空间梁单元(图4)。任一 i 段杆身的轴向压力 N_i 与相邻二节点的轴向变位 w_{i-1}、w_i 有下列关系式

$$N_i = Z_{i,i-1} = -Z_{i-1,i} = \frac{EF_i}{l_i}(w_i - w_{i-1}) + EF_i\alpha(t - t^e) + N_i^e \qquad (9)$$

式中,N_i^e 是由杆身、拉线的自重以及拉线的初拉力所引起的轴向初压力:

$$N_i^e = \sum_{j=1}^{k-1}\left[\sum_n (T_{nj}^e\sin\beta_{nj} - T_{n,j+1}^e\sin\beta_{n,j+1})\right] + \sum_{j=1}^{k-1}\left[\sum_n \frac{1}{2}(g_{nj}l_{nj} + g_{n,j+1}l_{n,j+1})\right.$$

$$\left. + \frac{1}{2}(g_j l_j + g_{j+1}l_{j+1}) + G_j\right] + N_k^e \qquad (10)$$

$$= \sum_n T_{ni}^e\sin\beta_{ni} + \sum_{j=1}^{k-1}\left[\sum_n \frac{1}{2}(g_{nj}l_{nj} + g_{n,j+1}l_{n,j+1}) + \frac{1}{2}(g_j l_j + g_{j+1}l_{j+1}) + G_j\right] + N_k^e$$

其中

$$N_k^e = \frac{1}{2}g_k l_k + G_k$$

悬臂段($i=k$)的轴向压力 N_k,可直接由静力条件得出

$$N_k = \frac{1}{2}g_k' l_k + G_k' + N_k^e$$

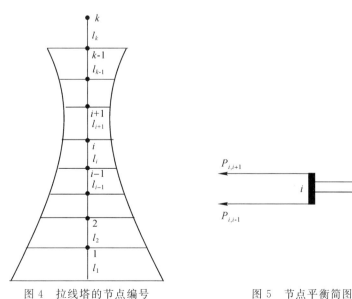

图 4 拉线塔的节点编号   图 5 节点平衡简图

杆端内力与节点变位的关系式为

$$\left.\begin{array}{l}\boldsymbol{P}_{i,i-1}=\widetilde{\boldsymbol{K}}_{i,i}\boldsymbol{U}_i+\widetilde{\boldsymbol{K}}_{i,i-1}\boldsymbol{U}_{i-1}-\boldsymbol{C}_{i,i-1}\\[4pt]\boldsymbol{P}_{i,i+1}=\bar{\boldsymbol{K}}_{i,i}\boldsymbol{U}_i+\bar{\boldsymbol{K}}_{i,i+1}\boldsymbol{U}_{i+1}-\boldsymbol{C}_{i,i+1}\end{array}\right\}\tag{11}$$

单元刚度矩阵 $\widetilde{\boldsymbol{K}}_{i,i}$、$\widetilde{\boldsymbol{K}}_{i,i-1}$、$\bar{\boldsymbol{K}}_{i,i}$、$\bar{\boldsymbol{K}}_{i,i+1}$ 的具体表达式为

$$\widetilde{\boldsymbol{K}}_{i,i-1}=\begin{pmatrix}-\hat{J}''_i\phi_{5i} & -\hat{J}'_i\phi_{2i} & 0 & 0 & 0 & 0\\[4pt]\hat{J}'_i\phi_{2i} & \hat{J}_i\phi_{4i} & 0 & 0 & 0 & 0\\[4pt]0 & 0 & -\hat{J}''_i\phi_{5i} & -\hat{J}'_i\phi_{2i} & 0 & 0\\[4pt]0 & 0 & \hat{J}'_i\phi_{2i} & \hat{J}_i\phi_{4i} & 0 & 0\\[4pt]0 & 0 & 0 & 0 & -\hat{F}_i & 0\\[4pt]0 & 0 & 0 & 0 & 0 & -\hat{J}_{pi}\end{pmatrix}$$

$$\bar{\boldsymbol{K}}_{i,i+1}=\begin{pmatrix}-\hat{J}''_{i+1}\phi_{5,i+1} & \hat{J}'_{i+1}\phi_{2,i+1} & 0 & 0 & 0 & 0\\[4pt]-\hat{J}'_{i+1}\phi_{2,i+1} & \hat{J}_{i+1}\phi_{4,i+1} & 0 & 0 & 0 & 0\\[4pt]0 & 0 & -\hat{J}''_{i+1}\phi_{5,i+1} & \hat{J}'_{i+1}\phi_{2,i+1} & 0 & 0\\[4pt]0 & 0 & -\hat{J}'_{i+1}\phi_{2,i+1} & \hat{J}_{i+1}\phi_{4,i+1} & 0 & 0\\[4pt]0 & 0 & 0 & 0 & -\hat{F}_{i+1} & 0\\[4pt]0 & 0 & 0 & 0 & 0 & -\hat{J}_{p,i+1}\end{pmatrix}$$

$$\left.\rule{0pt}{60pt}\right\}\tag{12}$$

$$\widetilde{\boldsymbol{K}}_{i,i}=\begin{pmatrix}\hat{J}''_i\phi_{5i} & -\hat{J}'_i\phi_{2i} & 0 & 0 & 0 & 0\\[4pt]-\hat{J}'_i\phi_{2i} & 2\hat{J}_i\phi_{3i} & 0 & 0 & 0 & 0\\[4pt]0 & 0 & \hat{J}''_i\phi_{5i} & -\hat{J}'_i\phi_{2i} & 0 & 0\\[4pt]0 & 0 & -\hat{J}'_i\phi_{2i} & 2\hat{J}_i\phi_{3i} & 0 & 0\\[4pt]0 & 0 & 0 & 0 & \hat{F}_i & 0\\[4pt]0 & 0 & 0 & 0 & 0 & \hat{J}_{pi}\end{pmatrix}$$

$$\bar{\boldsymbol{K}}_{i,i}=\begin{pmatrix}\hat{J}''_{i+1}\phi_{5,i+1} & \hat{J}'_{i+1}\phi_{2,i+1} & 0 & 0 & 0 & 0\\[4pt]\hat{J}'_{i+1}\phi_{2,i+1} & 2\hat{J}_{i+1}\phi_{3,i+1} & 0 & 0 & 0 & 0\\[4pt]0 & 0 & \hat{J}''_{i+1}\phi_{5,i+1} & \hat{J}'_{i+1}\phi_{2,i+1} & 0 & 0\\[4pt]0 & 0 & \hat{J}'_{i+1}\phi_{2,i+1} & 2\hat{J}_{i+1}\phi_{3,i+1} & 0 & 0\\[4pt]0 & 0 & 0 & 0 & \hat{F}_{i+1} & 0\\[4pt]0 & 0 & 0 & 0 & 0 & \hat{J}_{p,i+1}\end{pmatrix}$$

式中

$$\hat{J}_i=\frac{2EJ_i}{l_i},\qquad \hat{J}'_i=\frac{6EJ_i}{l_i^2},\qquad \hat{J}''_i=\frac{12EJ_i}{l_i^3},\qquad \hat{F}_i=\frac{EF_i}{l_i},\qquad \hat{J}_{pi}\frac{GJ_{pi}}{l_i}$$

而 $\phi_{1i} \sim \phi_{6i}$ 为杆身稳定函数[2]

$$\phi_{1i} = \beta_i \cot \beta_i , \qquad \phi_{2i} = \frac{\beta_i^2}{3} \frac{1}{1-\phi_{1i}} , \qquad \phi_{3i} = \frac{1}{4}(3\phi_{2i}+\phi_{1i})$$

$$\phi_{4i} = (3\phi_{2i}-\phi_{1i}) , \quad \phi_{5i} = \phi_{1i}\phi_{2i} , \qquad \phi_{6i} = \frac{\phi_{5i}}{2\phi_{3i}}$$

$$\beta_i = \frac{l_i}{2}\sqrt{\frac{N_i}{EJ_i}} \tag{13}$$

当 $N_i=0$ 时，$\phi_{1i} \sim \phi_{5i}=1$，$\phi_{6i}=\frac{1}{2}$。

考虑风荷载及温度作用时，杆身固端内力的表达式为

$$C_{i,i-1} = \left\{ \frac{l_i q_i}{2}\cos\psi \quad -\frac{l_i^2 q_i}{12\phi_{2i}}\cos\psi \quad \frac{l_i q_i}{2}\sin\psi \quad -\frac{l_i^3 q_i}{12\phi_{2i}}\sin\psi \right.$$

$$\left. [EF_i\alpha(t-t^e)+N_i^e] \quad \frac{l_i m_i}{2} \right\}^{\mathrm{T}}$$

$$C_{i,i+1} = \left\{ \frac{l_{i+1}q_{i+1}}{2}\cos\psi \quad \frac{l_{i+1}^2 q_{i+1}}{12\phi_{2,i+1}}\cos\psi \quad \frac{l_{i+1}q_{i+1}}{2}\sin\psi \quad \frac{l_{i+1}^2 q_{i+1}}{12\phi_{2,i+1}}\sin\psi \right.$$

$$\left. [EF_{i+1}\alpha(t-t^e)+N_{i+1}^e] \quad \frac{l_{i+1}m_{i+1}}{2} \right\}^{\mathrm{T}} \tag{14}$$

一般情况下，杆身支座有固定和球铰两种，则根据边界条件可得杆端内力与节点位移的关系式：

固支时

$$\left. \begin{array}{l} P_{10} = \widetilde{K}_{11}U_1 - C_{10} \\ P_{01} = \bar{K}_{01}U_1 - C_{01} \end{array} \right\} \tag{15}$$

铰支时

$$\left. \begin{array}{l} P_{10} = \widetilde{K}_{11}^* U_1 - C_{10}^* \\ P_{01} = \bar{K}_{01}^* U_1 - C_{01}^* \end{array} \right\} \tag{16}$$

式中

$$\widetilde{K}_{11}^* = \begin{pmatrix} \frac{1}{2}\hat{J}_1''\phi_{61}-\frac{N_1}{l_1} & -\hat{J}_1'\phi_{61} & 0 & 0 & 0 & 0 \\ -\hat{J}_1\phi_{61} & 3\hat{J}_1\phi_{61} & 0 & 0 & 0 & 0 \\ 0 & 0 & \frac{1}{2}\hat{J}_1''\phi_{61}-\frac{N_1}{l_1} & -\hat{J}_1'\phi_{61} & 0 & 0 \\ 0 & 0 & -\hat{J}_1\phi_{61} & 3\hat{J}_1\phi_{61} & 0 & 0 \\ 0 & 0 & 0 & 0 & \hat{F}_1 & 0 \\ 0 & 0 & 0 & 0 & 0 & \hat{J}_{p1} \end{pmatrix} \tag{17a}$$

$$\bar{K}_{01}^* = \begin{pmatrix} -\frac{1}{2}\hat{J}_1''\phi_{61}+\frac{N_1}{l_1} & \hat{J}_1'\phi_{61} & 0 & 0 & 0 & 0 \\ 0 & 0 & 0 & 0 & 0 & 0 \\ 0 & 0 & -\frac{1}{2}\hat{J}_1''\phi_{61}+\frac{N_1}{l_1} & \hat{J}_1'\phi_{61} & 0 & 0 \\ 0 & 0 & 0 & 0 & 0 & 0 \\ 0 & 0 & 0 & 0 & -\hat{F}_1 & 0 \\ 0 & 0 & 0 & 0 & 0 & 0 \end{pmatrix}$$

$$C_{10}^* = \left\{ \frac{(1+4\phi_{31})l_1 q_1}{8\phi_{31}}\cos\psi \quad -\frac{l_1^2 q_1}{8\phi_{31}}\cos\psi \quad \frac{(1+4\phi_{31})l_1 q_1}{8\phi_{31}}\sin\psi \right.$$

$$\left. -\frac{l_1^2 q_1}{8\phi_{31}}\sin\psi \quad -[EF_1\alpha(t-t^e)+N_1^e] \quad l_1 m_1 \right\}^T$$

$$C_{01}^* = \left\{ \frac{(4\phi_{31}-1)l_1 q_1}{8\phi_{31}}\cos\psi \quad 0 \quad \frac{(4\phi_{31}-1)l_1 q_1}{8\phi_{31}}\sin\psi \right.$$

$$\left. 0 \quad [EF_1\alpha(t-t^e)+N_1^e] \quad 0 \right\}^T$$

(17b)

对于塔顶部的悬臂段,因 $\bar{K}_{k-1,k}=\bar{K}_{k-1,k-1}=\tilde{K}_{k,k-1}=0$,则得

$$P_{k-1} = -C_{k-1,k} = -\left\{ l_k q_k \cos\psi \quad \frac{l_k^2 q_k}{2}\left(1+\frac{2}{3}\beta_k^2\cos\psi\right) \quad \frac{l_k^2 q_k}{2}\left(1+\frac{2}{3}\beta_k^2\sin\psi\right) \quad N_k \quad l_k m_k \right\}^T \quad (18)$$

由 i 节点平衡条件可知(图5)

$$P_i' + P_{iT} = P_{i,i-1} + P_{i,i+1} \tag{19}$$

将式(8)、(11)代入式(19),则可得杆身的正则方程

$$\begin{bmatrix}
K_{11} & K_{12} & & & & & & \\
K_{21} & K_{22} & K_{23} & & & & & \\
& \cdot & \cdot & \cdot & & & & \\
& & K_{i,i-1} & K_{i,i} & K_{i,i+1} & & & \\
& & & \cdot & \cdot & \cdot & & \\
& & & & K_{k-2,k-3} & K_{k-2,k-2} & K_{k-2,k-1} & \\
& & & & & K_{k-1,k-2} & K_{k-1,k-1} &
\end{bmatrix}
\left\{\begin{matrix} U_1 \\ U_2 \\ \vdots \\ U_i \\ \vdots \\ U_{k-2} \\ U_{k-1} \end{matrix}\right\}
=
\left\{\begin{matrix} P_1 \\ P_2 \\ \vdots \\ P_i \\ \vdots \\ P_{k-2} \\ P_{k-1} \end{matrix}\right\}$$

即

$$KU = P \tag{20}$$

式中

$$P_i = P_i' + \sum_n T_{ni}'(A_{ni})_i - \sum_n T_{n,i+1}'(A_{n,i+1})_i + C_i$$

$$C_i = C_{i,i-1} + C_{i,i+1}$$

$$K_{i,i} = \tilde{K}_i + \bar{K}_{i,i} + \sum_n \chi_{ni}(B_{ni})_{i,i} + \sum_n \chi_{n,i+1}(B_{n,i+1})_{i,i} \tag{21}$$

$$K_{i,i-1} = \tilde{K}_{i,i-1} - \sum_n \chi_{ni}(B_{ni})_{i,i-1}$$

$$K_{i,i+1} = \bar{K}_{i,i+1} - \sum_n \chi_{n,i+1}(B_{n,i+1})_{i,i+1}$$

节点荷载 P_i' 由自重与裹冰积雪荷载 P_{ig}'、拉线传来的节点风压 P_{iw}' 以及直接作用于节点的荷载 P_{ip}'(如地震作用等)叠加而成:

$$P_i' = P_{ig}' + P_{iw}' + P_{iq}' \tag{22}$$

式中

$$\boldsymbol{P}'_{ig}=\left\{\begin{array}{l}0\\[4pt]\displaystyle\sum_n\frac{1}{2}\big[(g_{ni}+g'_{ni})l_{ni}+(g_{n,i+1}+g'_{n,i+1})l_{n,i+1}\big]e_{ni}\cos\gamma_{ni}\\[4pt]0\\[4pt]\displaystyle\sum_n\frac{1}{2}\big[(g_{ni}+g'_{ni})l_{ni}+(g_{n,i+1}+g'_{n,i+1})l_{n,i+1}\big]e_{ni}\sin\gamma_{ni}\\[4pt]\displaystyle\sum_n\frac{1}{2}\big[(g_{ni}+g'_{ni})l_{ni}+(g_{n,i+1}+g'_{n,i+1})l_{n,i+1}\big]\\[4pt]\displaystyle+\frac{1}{2}\big[(g_i+g'_i)l_i+(g_{i+1}+g'_{i+1})l_{i+1}\big]+G_i+G'_i\\[4pt]0\end{array}\right.\tag{23a}$$

$$\boldsymbol{P}'_{iw}=\left\{\begin{array}{l}\displaystyle\sum_n\frac{1}{2}q_{ni}l_{ni}\big[\cos(\alpha_{ni}-\psi)\sin^2\beta_{ni}\cos\alpha_{ni}+\sin(\alpha_{ni}-\psi)\sin\alpha_{ni}\big]\\[4pt]\displaystyle+\sum_n\frac{1}{2}q_{n,i+1}l_{n,i+1}\big[\cos(\alpha_{n,i+1}-\psi)\sin^2\beta_{n,i+1}\cos\alpha_{n,i+1}+\sin(\alpha_{n,i+1}-\psi)\sin\alpha_{n,i+1}\big]\\[4pt]\displaystyle-\sum_n\frac{1}{2}q_{ni}l_{ni}e_{ni}\cos(\alpha_{ni}-\psi)\sin\beta_{ni}\cos\beta_{ni}\cos\gamma_{ni}\\[4pt]\displaystyle-\sum_n\frac{1}{2}q_{n,i+1}l_{n,i+1}e_{ni}\cos(\alpha_{n,i+1}-\psi)\sin\beta_{n,i+1}\cos\beta_{n,i+1}\cos\gamma_{ni}\\[4pt]\displaystyle\sum_n\frac{1}{2}q_{ni}l_{ni}\big[\cos(\alpha_{ni}-\psi)\sin^2\beta_{ni}\sin\alpha_{ni}-\sin(\alpha_{ni}-\psi)\cos\alpha_{ni}\big]\\[4pt]\displaystyle+\sum_n\frac{1}{2}q_{n,i+1}l_{n,i+1}\big[\cos(\alpha_{n,i+1}-\psi)\sin^2\beta_{n,i+1}\sin\alpha_{n,i+1}+\sin(\alpha_{n,i+1}-\psi)\cos\alpha_{n,i+1}\big]\\[4pt]\displaystyle-\sum_n\frac{1}{2}q_{ni}l_{ni}e_{ni}\cos(\alpha_{ni}-\psi)\sin\beta_{ni}\cos\beta_{ni}\sin\gamma_{ni}\\[4pt]\displaystyle-\sum_n\frac{1}{2}q_{n,i+1}l_{n,i+1}e_{ni}\cos(\alpha_{n,i+1}-\psi)\sin\beta_{n,i+1}\cos\beta_{n,i+1}\sin\gamma_{ni}\\[4pt]\displaystyle-\sum_n\frac{1}{2}q_{ni}l_{ni}\cos(\alpha_{ni}-\psi)\sin\beta_{ni}\cos\beta_{ni}\\[4pt]\displaystyle-\sum_n\frac{1}{2}q_{n,i+1}l_{n,i+1}e_{ni}\cos(\alpha_{n,i+1}-\psi)\sin\beta_{n,i+1}\cos\beta_{n,i+1}\\[4pt]\displaystyle-\sum_n\frac{1}{2}q_{ni}l_{ni}e_{ni}\big[\cos(\alpha_{ni}-\psi)\sin^2\beta_{ni}\sin(\gamma_{ni}-\alpha_{ni})+\sin(\alpha_{ni}-\psi)\cos(\gamma_{ni}-\alpha_{ni})\big]\\[4pt]\displaystyle-\sum_n\frac{1}{2}q_{n,i+1}l_{n,i+1}e_{ni}\big[\cos(\alpha_{n,i+1}-\psi)\sin^2\beta_{n,i+1}\sin(\gamma_{ni}-\alpha_{n,i+1})\\[4pt]\displaystyle+\sin(\alpha_{n,i+1}-\psi)\cos(\gamma_{ni}-\alpha_{n,i+1})\big]\end{array}\right.\tag{23b}$$

$$(i=1,2,\cdots,k-1)$$

由于在正则方程(20)中包含了拉线的广义固端拉力 T'_{ni}，因而要从式(20)中一次求得真解是不可能的。所以，必须联立式(20)、(7)，采用逐次逼近迭代法才能求解[2]。

4　静力计算程序简介

根据本文的分析方法，编制了《双曲抛物面拉线塔结构静力分析程序——SHFX1》，采用 FORTRAN-IV 语言，在 NOVA/4X 计算机上通过调试，并应用于华北电力调度通讯塔工程的结构计算。

程序功能：当输入塔的几何尺寸、荷载、物理特性等初始数据后，一般经过3～4次迭代，即可收敛到工程所需精度，并可取得下列计算结果：

(1)杆身节点变位：三个线变位及三个角变位；

(2)拉线的弦向变位：伸长或缩短的绝对量；

(3)杆端内力：三个方向的内力和力矩；

(4)拉线内力：荷载态下拉线的内力。

并可根据需要打印某些中间数据，以便于对计算结果进行分析研究。

5　动力计算

动力分析时，将拉线塔视为质量凝聚在杆身节点处的多质点体系(图6)，则结构自振频率计算中所需的特征值 λ 可由下式求得(质点的质量 m_i 包括杆身、拉索的凝聚质量)

$$
\begin{bmatrix}
m_1\delta_{11}-\lambda & m_2\delta_{12} & \cdots & m_i\delta_{1i} & \cdots & m_{k-1}\delta_{1,k-1} \\
 & m_2\delta_{22}-\lambda & \cdots & m_i\delta_{2i} & \cdots & m_{k-1}\delta_{2,k-1} \\
 & & \cdots & \cdots & \cdots & \cdots \\
 & 对 & & m_i\delta_{ii}-\lambda & \cdots & m_{k-1}\delta_{i,k-1} \\
 & & 称 & & \cdots & \cdots \\
 & & & & & m_{k-1}\delta_{k-1,k-1}-\lambda
\end{bmatrix}=0 \quad (24)
$$

图6　动力计算模型

式中，δ_{ij} 为结构柔度矩阵 $\boldsymbol{D}$ 的系数，而 $\boldsymbol{D}$ 可由式(20)中的刚度矩阵 $\boldsymbol{K}$ 求逆得出，只是在多质点体系时子矩阵 $\boldsymbol{K}_{ij}$ 已退化为某一水平方向的刚度系数 k_{ij}。

现行抗震设计规范[3]规定：高耸结构抗震验算，其地震作用应与1/4风荷载组合。在静力计算的基础上，增加一段动力计算程序，即可通过电算得出地震作用下的内力、变位计算结果。

6　工程实例

已建成使用的北京华北电力调度通讯塔采用了本文提出的分析方法及计算程序，取得了较好的结果。通讯塔的立面尺寸及拉线的平面投影如图7所示。每层有32根拉线，支座固接，按8度设防。已知主要数据：$T_{n1}^*=250\text{kN}$、$T_{n2}^*=125\text{kN}$、$\beta_{ni}=78.5°$、$l_{n2}=37.19\text{m}$、$l_{n2}=11.0\text{m}(n=1,2,\cdots,32)$。下面给出杆身材料为钢管混凝土方案的计算结果。

(1)自重＋0.9活荷载＋风荷载时节点变位为

$$\boldsymbol{U}_1=\{0.265\text{m}\quad 0.0151\quad 0\quad 0\quad 0.0024\text{m}\quad 0\}^\text{T}$$

$$\boldsymbol{U}_2=\{0.448\text{m}\quad 0.0182\quad 0\quad 0\quad 0.0029\text{m}\quad 0\}^\text{T}$$

杆身内力图见图8。拉线的最大、最小内力及其相应的弦向伸长见表1。

(2)自重＋0.7活荷载＋1/4风荷载＋地震作用时节点变位为

$$\boldsymbol{U}_1=\{0.155\text{m}\quad 0.0086\quad 0\quad 0\quad 0.0014\text{m}\quad 0\}^\text{T}$$

$$\boldsymbol{U}_2=\{0.262\text{m}\quad 0.0108\quad 0\quad 0\quad 0.0018\text{m}\quad 0\}^\text{T}$$

杆身内力图见图9，拉线内力及变位见表1。

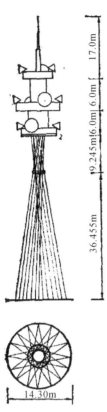

图 7 工程实例的立面和平面图

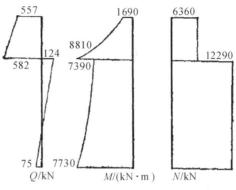

图 8 工程实例在第一种工况下的塔身内力

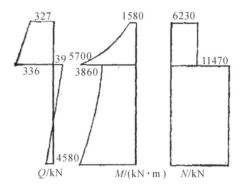

图 9 工程实例在第二种工况下的塔身内力

表 1 实例的拉线内力和变位

工况	层次	内力最大的拉线		内力最小的拉线	
		拉力值/kN	弦向伸长/mm	拉力值/kN	弦向伸长/mm
I	1	493	54.2	67	−58.4
	2	159	4.7	84	−5.7
II	1	390	31.5	99	−34.0
	2	148	3.2	95	−4.1

　　从以上计算结果可以看出,对柔性的高耸结构,风荷载是其主要控制荷载,而地震作用所产生的结构内力不起控制作用。

参考文献

[1] WARGON A. Design and construction of Sydney Tower[J]. The Structural Engineer,1983, 61(9):273−281.

[2] 董石麟,蓝天,姚卓智.桅杆结构的非线性分析[J].建筑结构学报,1980,1(2):59−71.

[3] 国家基本建设委员会.工业与民用建筑抗震设计规范:TJ 11−78[S].北京:中国建筑工业出版社, 1979.

141 斜拉网壳结构的非线性静力分析[*]

提　要：斜拉网壳结构是一种新颖的杂交结构体系，是刚性和柔性基本结构结合的典型，可跨越更大的跨度。本文基于 Taylor 展开公式和变分原理，推导了具有二阶精度的空间杆单元新型几何非线性刚度矩阵。研究了斜拉索的非线性问题和塔柱简化计算问题。针对弹性和刚性支座，以及是否考虑塔柱共同工作等影响因素，借助弧长法，数值计算了斜拉柱面和斜拉穹顶网壳结构极限承载力问题；同时，分别与相应的网壳结构计算结果进行了比较，最后，得出了有应用价值的结论和建议。

关键词：斜拉网壳结构；非线性；极限承载力

1　引言

　　空间结构以其新颖的结构形式、优雅的美学造型和强大的跨越能力在全球得到了长足发展。然而，随着人类文明的进步，人们对其跨越能力及空间造型提出更高要求，而传统单一的结构形式越来越难以满足需要。于是，杂交结构应运而生。杂交结构以一种基本结构的优点弥补另一类基本结构的弱点，它们相互配合、相互补充、相得益彰。杂交结构可从两种途径进行组合：一是刚性结构之间的组合，例如拱-桁架体系；二是柔性拉索与刚性结构的组合。后者更具发展前景。柔性拉索是灵活的单元体，可用不同方式与各类刚性结构结合。网壳结构是重要的空间结构型式，已得到广泛应用。将斜拉索与网壳结构结合即形成斜拉网壳结构，斜拉索的上端悬挂在塔柱上，下端则锚固在网壳节点上。斜拉网壳结构具有明显优点：充分发挥拉索钢材的高强度优势；因增加了弹性支点，结构的挠度减小，杆件内力降低；通过张拉拉索可对网壳结构建立预加内力和反拱挠度，以部分抵消外载作用下的杆件内力。总之，配以斜拉索，增大了网壳结构的强度、刚度和稳定性，可用较小截面的构件跨越更大的空间，省钢率可达 20%～30%。

　　迄今，斜拉网壳结构的工程应用实例和设计方案屡见不鲜。例如北京奥林匹克体育馆（70m×83.2m，1988 年）和浙江大学体育场司令台（24m×40m，1993 年）等等。目前国内已提出跨度 220m 的要求。然而，与工程应用相比，其理论和方法相对滞后，在非线性静力分析、极限承载力问题等方面尚缺乏系统深入研究，亟待充实和完善。

---

　　* 本文刊登于：周岱，董石麟. 斜拉网壳结构的非线性静力分析［J］. 建筑结构学报，1999，20（1）：16－22.

2 空间杆单元非线性分析

2.1 空间杆单元几何非线性分析

图 1 示，ij 是初始长度为 L 的空间杆单元，$oxyz$、$o\bar{x}\,\bar{y}\,\bar{z}$ 分别为整体坐标系和杆单元局部坐标系。

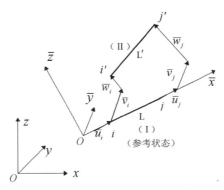

图 1 空间杆单元位移变化示意

定义状态（Ⅰ）为杆单元的初始状态，即变形前状态；状态（Ⅱ）为任一加载时刻杆单元所处的状态，即变形后状态。结构变形后，单元由位置 ij 达到 $i'j'$。单元结点 i,j 在局部坐标系下的位移、结点力记为 d_i,d_j 和 f_i,f_j，而在整体坐标系下则记为 D_i,D_j 和 F_i,F_j。空间杆单元在状态（Ⅱ）的总势能 Π 为单元变形能 $\Pi^{(i)}$ 与外力功 $\Pi^{(e)}$ 之和，即

$$\Pi = \Pi^{(i)} + \Pi^{(e)} = \frac{EA}{2}\int_0^l \varepsilon^2 \, \mathrm{d}x - [F]^{\mathrm{T}}\{D\} \tag{1}$$

式（1）中

$$\varepsilon = \frac{L'-L}{L} = \frac{L'}{L} - 1 \tag{2}$$

E、A 为单元的弹性模量和截面面积，L、L' 为单元处于状态（Ⅰ）、（Ⅱ）时长度。将单元状态（Ⅱ）的应变 ε 在状态（Ⅰ）按 Taylor 公式展开，代入式（1），在该式中对 $\{D\}$ 求变分，并令其为零；经整理和坐标转换，得单元的非线性平衡方程：

$$\frac{\partial \Pi}{\partial \{D\}} = \frac{\partial \Pi^{(i)}}{\partial \{D\}} + \frac{\partial \Pi^{(e)}}{\partial \{D\}} = 0 \tag{3}$$

即

$$\begin{bmatrix} \hat{R}_j \\ \hat{R}_i \end{bmatrix} = \begin{bmatrix} \bar{K} & -\bar{K} \\ -\bar{K} & \bar{K} \end{bmatrix} \cdot \begin{Bmatrix} D_j \\ D_i \end{Bmatrix} \text{或} [\hat{R}] = [K] \cdot \{D\} \tag{4}$$

其中

$$\bar{K} = \bar{K}_1 + \bar{K}_2 \tag{5}$$

式（4）中：$\{D\} = [D]^{\mathrm{T}}$，$\{D_i\} = [u_i \quad v_i \quad w_i]^{\mathrm{T}}$，$\{D_j\} = [u_j \quad v_j \quad w_j]^{\mathrm{T}}$。式中的 $[K]$ 即是全量形式的空间杆单元几何非线性刚度矩阵。

将 $[K]$ 用六维向量 $e_i(i=1,2,\cdots,6)$ 表示，把荷载向量 $\{\hat{R}\}$ 改写为 $\lambda\{\tilde{R}\}$。其中，λ 为荷载参数；$\{\tilde{R}\}$ 为荷载模式，承受保守荷载且为单一荷载参数时，$\{\tilde{R}\}$ 为常矢量。式（4）变为

$$\Phi = e_1 D_1 + e_2 D_2 + \cdots + e_6 D_6 - \lambda\{\tilde{R}\} = 0 \tag{6}$$

对式(6)求全微分,得

$$[K_T] \cdot \{\delta D\} = \{\widetilde{R}\} \cdot \delta\lambda \tag{7}$$

空间杆单元具有二阶精度的切线刚度矩阵为

$$[K_T] = \begin{bmatrix} \dfrac{\partial \Phi}{\partial D_1} & \dfrac{\partial \Phi}{\partial D_2} & \cdots & \dfrac{\partial \Phi}{\partial D_6} \end{bmatrix} \tag{8}$$

或

$$[K_T] = \begin{bmatrix} \boldsymbol{K}_t & -\boldsymbol{K}_t \\ -\boldsymbol{K}_t & \boldsymbol{K}_t \end{bmatrix}, \qquad \boldsymbol{K}_t = \boldsymbol{K}_{t1} + \boldsymbol{K}_{t2} \tag{9}$$

其中

$$\boldsymbol{K}_{t2} = \frac{EA}{L^2} \begin{bmatrix} a_{11} & a_{12} & a_{13} \\ \text{对} & a_{22} & a_{23} \\ & \text{称} & a_{33} \end{bmatrix} \tag{10}$$

$\boldsymbol{K}_{t1}$ 为刚度矩阵的线性项,参见文献[1];式(10)矩阵的各元素如下:

$$\left. \begin{aligned} a_{11} &= (3l - 3l^3)\Delta x + (m - 3l^2 m)\Delta y + (n - 3l^2 n)\Delta z \\ a_{12} &= a_{21} = (m - 3l^2 m)\Delta x + (l - 3lm^2)\Delta y - 3lmn \cdot \Delta z \\ a_{13} &= a_{31} = (n - 3l^2 n)\Delta x - 3lmn \cdot \Delta y + (l - 3ln^2)\Delta z \\ a_{22} &= (l - 3lm^2)\Delta x + (3m - 3m^3)\Delta y + (n - 3m^2 n)\Delta z \\ a_{23} &= a_{32} = -3lmn \cdot \Delta x + (n - 3m^2 n)\Delta y + (m - 3mn^2)\Delta z \\ a_{33} &= (l - 3ln^2)\Delta x + (m - 3mn^2)\Delta y + (3n - 3n^3)\Delta z \end{aligned} \right\} \tag{11}$$

上述诸式中,$\Delta x = u_j - u_t$,$\Delta y = v_j - v_t$,$\Delta z = w_j - w_t$。

2.2 空间杆单元的材料非线性

双层网壳结构的杆件一般被视为两端铰接的拉、压杆,假定杆件变形为大位移、小应变且由理想弹塑性材料组成,不计 Bauschinger 效应。对于受拉杆,常采用理想弹塑性力学模型,而对于受压杆,因存在初弯曲、初偏心和初应力问题,常采用第二类稳定问题(极值点失稳)的弹塑性分析模型。对受压杆先后提出了单步长线性模型和逐步线性化模型[3];我国学者提出了圆钢管极限承载力分析的力学模型[4]。该模型考虑了各种非线性因素的影响,将压杆 P-Δ 曲线化为一组一系列系数来计算的表达式,根据杆件受压时轴向变形模量的概念,将压杆非线性归为一个非线性刚度折减系数 β,从而系统地建立了有别于基于经验的力学模型。

3 斜拉索非线性分析和塔柱线弹性简化分析

3.1 斜拉索非线性分析

斜拉索为悬链线形状。由于其垂度比一般很小,因而可用抛物线替代。根据在初始状态和工作状态下的拉索弦长变化,在引入等效弹性模量、切线模量和割线模量等概念后,经推导,有[1]

$$\frac{E_{eq}}{E_c} = \frac{1}{1 + \zeta h^2 \times 10^{-6}} \tag{12}$$

其中

$$\zeta = \begin{cases} E_c \cdot \dfrac{\gamma'^2 (\sigma_i + \sigma_f)}{24\sigma_i^2 \sigma_f^2} \times 10^6 & \text{用于割线模量法} \\[4mm] E_c \cdot \dfrac{\gamma'^2}{12\sigma^3} \times 10^6 & \text{用于切线模量法} \end{cases} \tag{13}$$

式中,σ_i、σ_f 和 σ 分别表示在当前荷载增量中,索内预张应力的初值、终值和平均值,E_c、E_{eq} 分别为拉索的弹性模量和等效弹性模量,h 为索水平投影长度,A 和 q' 分别为拉索的截面面积和沿索水平投影的均布荷载(在此仅考虑索自重)。随着拉索长度的增大,E_{eq} 减少,例如当 $\zeta = 10$ 时,若 $h = 50\text{m}$、100m 和 200m,则 $E_{eq}/E_c = 0.976$、0.90 和 0.715。换言之,对斜拉索,鉴于长度相对较短,可视其长度及索内预张应力大小(预张应力要适当,不能过小),在对其弹性模量乘以一定折减系数后,将斜拉索按线性看待,参与斜拉网壳结构计算。

上述推导是基于将斜拉索视为抛物线形状而进行的,因此其结果必定与按悬链线形状的精确计算结果不同,存在偏差。定义误差 $error = \left| \dfrac{\bar{\delta}}{\delta^*} - 1 \right|$,其中 δ^* 为拉索伸长量精确解,$\bar{\delta}$ 为按等效弹性模量 E_{eq} 算得的伸长量近似值[1]。经计算,割线模量法与精确解较为吻合,例如拉索长度小于 400m 时,误差在 1% 以下。实际的斜拉网壳结构,其斜拉索通常在 120m 以下,所以可近似认为割线模量法即是精确算法。切线模量法与精确解相比有一定误差,例如当拉索长度为 100m 时,误差为 2% 左右,但这已满足工程精度。

3.2　塔柱线弹性简化分析

采用空间梁单元分析塔柱无疑是正确、有效的。但观察一下受力状况,可见斜拉网壳结构有如下特点:第一,斜拉索、网格结构皆铰接在塔柱上;第二,斜拉索主要起支承拉杆作用,因此可将塔柱视为通长的特殊单元进行处理[1,2]。基本思路为:首先用力法分别建立局部坐标系下相应于三个坐标方向的塔柱单元柔度方程;其次分别对其求逆,求得三个方向的子刚度矩阵,并对其进行重排得到塔柱单刚;最后利用坐标变换将其转换到整体坐标系下。推导时已自动引入了边界条件,无需另行处理。单层布索情况下的塔柱柔度阵参见文献[2],而双层布索情况下水平方向 (x, y) 柔度阵为

$$[\delta_t] = \begin{bmatrix} \delta_{t11} & \delta_{t12} & \delta_{t13} \\ \text{对} & \delta_{t22} & \delta_{t23} \\ \text{称} & & \delta_{t33} \end{bmatrix} \quad (t = x \text{ 或 } y) \tag{14}$$

式(14)中

$$\left. \begin{aligned} &\delta_{t11} = \alpha_t, \qquad \delta_{t12} = \delta_{t21} = \alpha_t \cdot \left(1 + \frac{3}{2}\beta_1\right) \\ &\delta_{t22} = \alpha_t \cdot \left[1 + 3\beta_1 + 3\beta_1^2 + 3\beta_1^2/\zeta_t\right] \\ &\delta_{t13} = \delta_{t31} = \alpha_t \cdot \left(1 + \frac{3}{2}\beta_4\right) \\ &\delta_{t23} = \delta_{t32} = \alpha_t \cdot \left(1 + \frac{3}{2}\beta_3\right) \cdot \beta_1^3/\zeta_t + \alpha_t \cdot (1 + 3\beta_5 + 3\beta_1\beta_4) \\ &\delta_{t33} = \alpha_t \cdot (1 + \beta_3)^3 \cdot \beta_1^3/\zeta_t + \alpha_t \cdot [1 + 3(\beta_1 + \beta_2)(1 + \beta_1 + \beta_2)] \end{aligned} \right\} \tag{15}$$

$$\left. \begin{aligned} &\alpha_t = \frac{h_1^3}{3EI_{t1}}, \qquad \zeta = \frac{I_{t2}}{I_{t1}} \\ &\beta_1 = \frac{h_2}{h_1}, \qquad \beta_2 = \frac{h_3}{h_1}, \qquad \beta_3 = \frac{h_3}{h_2} \\ &\beta_4 = \beta_1 + \beta_2, \qquad \beta_5 = \beta_1 + \frac{\beta_2}{2} \end{aligned} \right\} \quad (t = x \text{ 或 } y) \tag{16}$$

4 算例及其分析

依据上述内容,结合柱面弧长法[3],采用FORTRAN77结构化语言,自编了可考虑斜拉网格结构几何和(或)材料非线性问题的静力分析程序;程序可用于(斜拉)网格结构几何或(和)材料非线性平衡路径跟踪、极限承载力确定。

4.1 斜拉双层柱面网壳结构非线性静力算例

图2a示平面尺寸为22.5m×15m的斜拉双层柱面网壳结构,跨度22.5m,矢高5m,曲率半径15.156m,中心角95°51′,网格数16×10,网格型式为四角锥,结构支座由普通支座和钢筋混凝土塔柱提供,设在结构两个直边界的上弦节点,每条直边界上最初和最后两个上弦节点悬空。结构的每条直边有3根塔柱,共计6根,塔柱高度为:上段柱9m,下段柱6m。每根塔柱设置2根由钢绞线组成的斜拉索,共有12根。荷载模式为上弦非支座节点承载,上弦内节点与非支座边节点受载比例为2∶1,且考虑结构自重。

用本文程序针对不同工况进行非线性静力计算,分别得到极限承载力,见表1。从表1可见,若以工况(1)为基准,工况(2)的极限承载力提高36.2%,工况(3)的极限承载力提高26.2%,工况(4)的极限承载力提高50.2%。工况(3)的极限承载力比工况(2)降低7.4%,工况(4)的极限承载力比工况(2)则提高10.3%。由此可知,斜拉网壳结构与相应的网壳结构相比,前者承载力明显提高。若通过斜拉索对网壳结构再施加预加力,则提高幅度更大。工况(1)~(4)下,在极限承载力时刻,结构的变形见图2b~2e。

表1 斜拉双层柱面网壳结构极限承载力及比较

(斜拉)双层柱面网壳	工况号	工作状态	极限承载力/kN	提高量
	(1)	无斜拉索,无预应力,按弹性支承(k=5.0×10⁴kN/m,以下同)	2.011	——
跨度22.5m 矢高:5m	(2)	有斜拉索,无预应力,按弹性支承,不计塔柱共同工作	2.739	36.2%
网格数:16×10 网格形式:四角锥	(3)	有斜拉索,无预应力,按弹性支承,考虑塔柱共同工作	2.537	26.2%
	(4)	有斜拉索,有预应力,按弹性支承,考虑塔柱共同工作	3.020	50.2%

注:表中的"提高量"以工况(1)为比较基础。

4.2 斜拉双层穹顶网壳的非线性静力算例

图3a示为上层K8-7型、下层蜂窝形的斜拉双层穹顶网壳结构(简称斜拉K8-7型双层穹顶网壳),跨度80m,矢高8.0m,网壳结构支座由普通支座和钢筋混凝土塔柱提供,设在结构周边的上弦节点。在网壳结构相互垂直的两条主肋上设4根塔柱,塔柱高度:上段柱25m,下段柱10m;每根塔柱上设置5根斜拉索,共有20根。荷载模式为:结构上弦内节点受载,且考虑结构自重。

仍用本文程序针对不同工况进行非线性静力计算,极限承载力见表2。由表可见,以工况(1)为基准,工况(2)的极限承载力提高58.15%,工况(3)的极限承载力提高93.2%,工况(4)的极限承载力提高40.4%。工况(2)的极限承载力只有工况(3)的81.9%,而工况(4)的极限承载力比工况(2)降低12.6%。按弹性支座和刚性支座的计算结果有较明显差异,以刚性支座计算,夸大了结构的承载力,

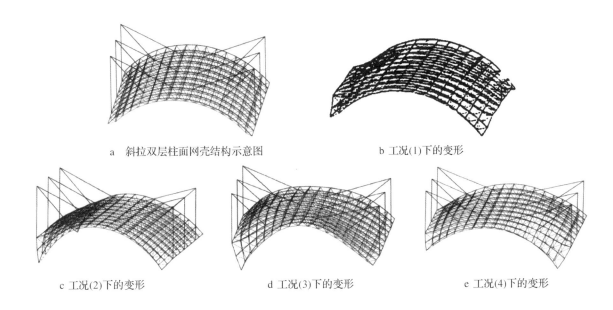

a 斜拉双层柱面网壳结构示意图   b 工况(1)下的变形

c 工况(2)下的变形   d 工况(3)下的变形   e 工况(4)下的变形

图 2 算例 1 结构示意图及极限状态时的变形图

计算结果偏于不安全。因此,在计算大跨度(斜拉)网壳结构时,应按弹性支座考虑。斜拉穹顶网壳结构与相应的穹顶网壳结构相比,前者承载力明显提高。工况(1)～(4)下,在极限承载力时刻,算例 2 的变形见图 3b～3e,由此可见,斜拉索的存在明显降低了网壳结构的挠度,即提高了结构刚度。

数值算例表明[1],斜拉网壳结构强度、刚度的提高不但与斜拉索长度、截面尺寸、预张力和布置方式有关,而且与塔柱高度、截面尺寸等相关。是否考虑塔柱与网壳结构共同工作,两者计算结果的差别与塔柱刚度直接相关,塔柱刚度大,差别较小,塔柱刚度小,则差别较大。

表 2 斜拉双层穹顶网壳结构极限承载力及比较

(斜拉)双层穹顶网壳	工况号	工作状态	极限承载力/kN	提高量
跨度:80m 矢高:8m 网格数:16×10 网格形式:三角锥 穹顶上层:K8-7 型 穹顶下层:蜂窝型	(1)	无斜拉索,按弹性支承($k = 5.0 \times 10^4$kN/m,以下同)	15.051	—
	(2)	有斜拉索,按弹性支承,不计塔柱共同工作	23.803	58.1%
	(3)	有斜拉索,按刚性支承,不计塔柱共同工作	29.074	93.2%
	(4)	有斜拉索,按弹性支承,考虑塔柱共同工作	21.133	40.4%

注:表中的"提高量"以工况(1)为比较基础。

5 结论

通过对斜拉网壳结构的非线性静力分析和数值计算,得到结论如下。

(1)本文从新颖角度,即基于 Taylor 数学展开公式和变分原理,推出了具有二次精度的空间杆单元新型几何非线性切线刚度矩阵。理论上,可推得任意次精度的切线刚度矩阵。

(2)分析表明,对斜拉索可认为割线模量法即是精确计算法,而切线模量法可用于一般斜拉网壳

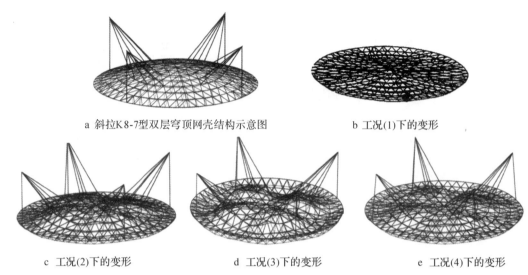

a 斜拉K 8-7型双层穹顶网壳结构示意图　　　　b 工况(1)下的变形

c 工况(2)下的变形　　　　d 工况(3)下的变形　　　　e 工况(4)下的变形

图3　算例2结构示意图及极限状态时的变形图

结构的计算。对斜拉索,鉴于长度相对较短,可视其长度及索内预张应力大小(预张应力要适当,不能过小),在对其弹性模量乘以一定折减系数后,将斜拉索按线性看待,参与斜拉网壳结构计算。

(3)本文将塔柱视为通长的特殊单元,推导了双层布索时塔柱单元弹性柔度矩阵。计算发现,斜拉网壳结构强度、刚度的提高不但与斜拉索长度、截面尺寸、预张力和布置方式有关,而且与塔柱的高度、截面尺寸等相关。是否考虑塔柱与网壳结构共同工作,两者计算结果的差别与塔柱刚度直接相关,塔柱刚度大,差别较小,塔柱刚度小,差别较大。

(4)计算表明,斜拉网壳结构与相应的网壳结构相比,较大程度地提高了强度和刚度;若通过斜拉索对网壳结构再施加有利的预加力,则提高的幅度更大。

(5)按弹性支座和刚性支座的计算结果有较明显差异。以刚性支座计算,夸大了结构的承载力,计算结果偏于不安全。因此,在计算大跨度(斜拉)网壳结构时,建议按弹性支座考虑。

参考文献

[1] 周岱.斜拉网格结构的非线性静力、动力和地震响应分析[D].杭州:浙江大学,1997.

[2] 董石麟,沈祖炎,严慧.新型空间结构论文集[M].杭州:浙江大学出版社,1994.

[3] 沈祖炎,董石麟,陈学潮.空间网格结构论文集[M].上海:同济大学出版社,1991.

[4] 沈祖炎,陈扬骥,陈学潮.钢管结构极限承载力计算的力学模型[J].同济大学学报,1988,16(3):279—292.

[5] TROITSKY M S. Cable-stayed bridges:theory and design[M]. London:Crosby Lockwood Staples,1977.

142 深圳游泳跳水馆主馆屋盖结构分析及风振响应计算[*]

摘　要：深圳游泳跳水馆主馆屋盖结构采用了一种新颖的大跨度空间结构形式——带斜拉桅杆系统的主次立体桁架结构。本文首先介绍了该屋盖结构的结构布置特点以及结构计算分析要点。结合该屋盖结构的分析，本文特别对目前大跨度屋盖结构分析的两个重要问题——预应力分析方法和风振响应计算进行了讨论。文中归纳了三类等效的拉索预应力空间结构的预应力分析方法，即断索法、初作用法和初内力法。同时采用模态补偿法对该屋盖结构的风振响应进行计算，最终通过一个等效风振系数的形式来反映。根据该屋盖结构的分析结果，本文最后对斜拉桅杆系统拉索张力的预应力效应及合理取值、分支拉索的结构性能、圆钢棒拉索的受力特性等问题进行了讨论。

关键词：空间结构；斜拉结构；预应力；风振响应

1　工程概况及结构特点

深圳游泳跳水馆是深圳市重点工程，设计方案采用国际招标，最终采纳了澳大利亚 COX 建筑与城市规划设计公司提出的建筑方案。该游泳跳水馆由南北两端的辅馆和中部的主馆共三个功能区块构成。从结构的角度来看，南北辅馆采用排架结构，跨度不大，结构分析较为简单。中部主馆区（图 1）南北纵向平面尺寸为 117.6m，东西向平面尺寸为 88.2m，其根据功能划分为北端的跳水区和南端的游泳区。该工程建筑造型新颖，特别是在主馆屋盖上端引入了四组斜拉桅杆系统（图 2），给建筑整体形态赋予时代气息。主馆上部结构除看台采用钢筋混凝土结构外，支承柱和屋盖均采用钢结构。由于屋盖结构跨度较大，结构体系新颖，因此屋盖结构的分析计算是关键。

主馆屋盖采用的是主次正交立体桁架的结构形式。结构布置时，在跳水区和游泳区分界区上方设置一鱼脊状梯形断面立体桁架（主桁架），主桁架分别由两端看台上的斜柱和中部四根斜柱支承。在主桁架两侧的跳水区和游泳区上方分别设置四道倒三角形断面立体桁架（次桁架），次桁架一端支承在主桁架下弦，另一端通过钢柱支承在辅馆的排架柱上。另外，在主桁架中部四根支承柱上方，设置四根桅杆，每根桅杆顶部设置两组斜拉索（图 3）。每组拉索中一根（前端主索）连接在次桁架上，另一根（后端主索）与主桁架相连。从结构布置的角度来看，主馆屋盖结构有以下特点。

---

　*　本文刊登于：邓华，董石麟，何艳丽，杨睿，马耀庭.深圳游泳跳水馆主馆屋盖结构分析及风振响应计算[J].建筑结构学报，2004，25(2)：72－77.

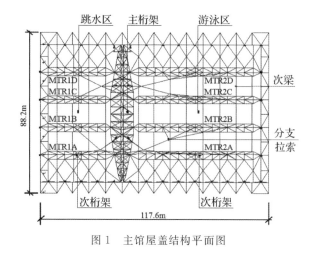

图 1　主馆屋盖结构平面图

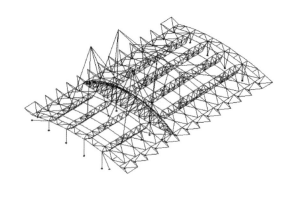

图 2　主馆屋盖结构透视图

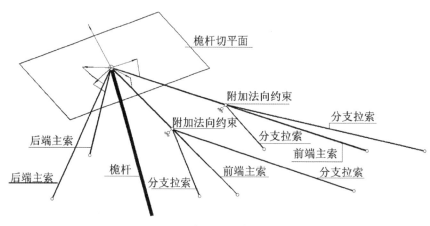

图 3　桅杆及拉索系统

（1）屋盖结构采用正交的主次立体桁架的结构形式，结构布置简洁，传力明确。特别是主桁架巧妙地设置在游泳区和跳水区的功能分界区上方，考虑到屋盖东西向跨度较大，在不影响建筑使用功能的前提下，在分界区内适当地增设四根斜柱。四根斜柱一方面可以为主桁架提供跨中支点，改善主桁架的受力性能，另外也为斜拉桅杆系统中桅杆的设置提供了下部支承条件。

（2）考虑到结构纵向次桁架的跨度较大，其中游泳区上的次桁架最大跨度达 67.2m，屋盖上的四组斜拉桅杆系统中的斜拉索又为次桁架提供跨中吊点。特别对于游泳区上方次桁架跨度比较大，在其对应的斜拉索中部增加了两根分支拉索（图 3），使次桁架的跨中吊点增加。另外，斜拉桅杆系统中拉索的材料采用的是英国 Macalloy 公司提供的实心圆钢棒拉索系统，这也是本工程的一个特色。

（3）由于采用主次桁架的结构形式，为保证屋盖结构的整体性，结构布置时非常重视支撑系统的完整性。如图 1 所示，在屋盖平面东西两端布置了纵向水平支撑，南北两端布置了横向水平支撑；东西两端挑檐斜撑（图 2）既可提供屋盖结构的竖向支承，又可起到垂直支撑的作用；另外，南北端还设置了柱间支撑。

2　结构分析要点及预应力分析方法

2.1　屋盖结构的计算分析要点

2.1.1　分析手段和软件的选择

从结构分析的角度来看,该屋盖结构几何描述很复杂,单元类型不统一、工况较多,用于该类结构分析设计并适应我国规范的专用分析设计软件还没有。对该屋盖结构的分析,首先考虑的是分析程序的选择问题。因此本工程屋盖结构分析按以下方式进行:

(1)结构建模采用 AutoCAD-3D 软件进行结构几何的精确定位;

(2)结构计算和工况组合采用了通用有限元软件 Ansys 5.6 完成;

(3)构件验算采用本单位按照我国钢结构设计相关规范(规程)编制的计算分析程序。

2.1.2　结构建模时几何坐标的精确定位

本屋盖结构的几何定义较为复杂,特别是鱼脊状主桁架及斜拉桅杆系统三维坐标的精确确定。为保证结构分析模型的精确,本工程的结构建模利用 AutoCAD 软件的 3D 技术对结构的空间几何坐标进行了精确定位,然后通过接口程序生成 Ansys 5.6 的几何输入文件。

2.1.3　构件单元类型的合理选择

本工程构件类型众多,如何合理地确定构件的单元类型是结构分析的重要内容。构件单元类型主要根据构件两端节点的构造情况来确定。考虑到主、次桁架采用直接相贯连接,因此主次桁架的弦杆和腹杆采用梁单元模型;次桁架间次梁采用梁单元分析;柱、支撑系统和桅杆作为杆单元处理;斜拉索采用的材料为实心钢棒,按只拉不压杆单元处理。

2.1.4　分支斜拉索的处理

对于游泳区上方的斜拉索采用了中部分支拉索的形式,结构分析中,考虑到分支处节点在拉索平面外存在机构位移(图 3),采用有限元法分析时,将会造成刚度矩阵奇异,因此在此位移模态方向添加一附加法向约束,以保证可以进行计算。当然,从结构分析的结果来看,此附加约束的内力为零。

2.1.5　风荷载的合理取值

由于深圳地区是台风多遇区,基本风压为 $w_0=0.75\text{kN/m}^2$(考虑 50 年重现期),同时该工程屋面采用轻型屋盖系统,因此,风荷载的合理取值是结构分析的重要内容。设计中风荷载的取值主要关心以下两个问题:体型系数和风振响应。

考虑到结构体型复杂,同时风荷载特征与周边环境密切相关,本工程的风荷载体型系数通过风洞试验进行确定,风洞试验报告提供了每隔 15°共计 24 个风向角的风荷载体型系数。考虑到深圳市历年风向玫瑰图和结构体型系数特征,进行了适当的归纳后取 8 个风向作为设计风载体型系数。从风载体型系数等值线图来看,屋面绝大多数区域以负(吸)风压为主,其中挑檐的体型系数超过了 -2.0。

考虑到屋盖结构跨度较大,脉动风引起的结构风振的影响是结构分析时不可忽视的内容。由于我国规范还没有大跨度屋盖结构风振响应计算的相关规定,因此本文将对该屋盖结构的风振响应计算作较为深入的讨论。

2.2 斜拉桅杆系统的预应力计算分析方法

本工程中,斜拉桅杆系统中斜拉索施加了一定的预应力。在该结构分析时,将预应力作为一个单独的荷载工况处理。从目前的相关文献和资料来看,如何正确地进行大跨度结构的预应力计算是工程设计人员非常关心的问题。结合本工程的结构分析,本文对大跨度空间结构的预应力分析方法归纳为以下三类。应该注意的是,各类方法仅是表达形式和处理方式上不同,但是可以证明在不考虑结构非线性的前提下,其在理论上是一致的[1,4]。

2.2.1 断索法[1]

该方法是设计人员通常采用的一种方法,即先将张拉拉索单元撤除,再将拉索的预张力处理为拉索两端节点的一对沿索纵向轴线的相向节点力,然后进行结构分析求出结构的预应力分布;这种方法处理较为简单,物理意义比较明确。但是,采用该方法进行预应力工况分析时,结构分析是在原结构不考虑拉索参与工作的模型上进行,而其他单项荷载工况是在拉索参与工作的原结构模型上进行。由于一般的结构分析软件在工况组合时并不能在不同的结构模型上进行,因此工况组合需要借助其他手段进行,从而对于计算规模较大、工况情况复杂的结构,将带来工作量的大大增加。另外,在撤除拉索的选择上,很容易将非赘余杆(不可预应力杆)[3]撤除,而造成结构几何可变。

2.2.2 初作用法[1]

初作用法的基本思想是:首先对每根张拉索施加某类单位作用(包括初始缺陷长度[2]、初应力、初应变或附加温度等)用于确定在该根拉索在单位作用下的预应力分布。然后根据拉索的实际预张力的大小联立方程组求解拉索的实际初作用值。这种方法克服了拉索撤除而改变结构模型,但分析参数通常以应力、应变的形式表示,对工程设计人员来说并不直观。

2.2.3 初内力法[4]

初内力法继承了初作用法的基本思想,从形式上又与断索法相似,即用一对沿索纵向轴线相向的等效节点力——初内力来计算结构的预应力分布。该方法进行预应力工况分析是在原结构模型上进行,克服了断索法在通用有限元软件工况组合上的缺点,并以节点力的形式来反映预应力的作用,概念清楚,表达简洁,处理方便。同时该方法可以判别拉索是否为赘余杆以及进行施工阶段张拉全过程的分析。该方法的具体原理参见文献[4]。

本工程采用了该方法进行屋盖结构的预应力分析,其初内力准则方程式为

$$[I_i + n_i]X_i = N_i - N_{0i} \tag{1}$$

式中,i 为独立的张拉拉索数;I_i 为 i 阶单位对角矩阵,n_i 为 $i \times i$ 阶内力系数矩阵,X_i 为 i 阶未知等效初内力向量,N_i 为 i 阶拉索张力值,N_{0i} 为外荷载 P_0 作用下的 i 阶杆件内力向量。应该说明的是,N_i 为施工图中明确的拉索张拉就位后的张力值,N_{0i} 为拉索张拉就位时,外荷载(通常为恒载)作用下对拉索造成的张力值,因此,$N_i - N_{0i}$ 即为单纯预应力工况下的拉索张力。

由式(1)可解得等效初内力向量为

$$X_i = [I_i + n_i]^{-1}(N_i - N_{0i}) \tag{2}$$

然后将等效初内力向量作为外力作用在结构上,即可求解整个结构的预应力分布值。

对于本工程来讲,每根桅杆顶端有四根斜拉索,其中只有两根拉索是赘余杆,即只有两个独立的初内力变量。也就是说,只要其中的两根拉索的预拉力确定,其他的两根拉索的拉力也就确定。这也可以从通过桅杆上节点处垂直于桅杆平面的平衡关系看出(图 3)。这个理解不仅在结构分析时很方便确定独立张拉拉索数 $i = 4 \times 2 = 8$,在预应力施工时,每组斜拉桅杆系统只张拉两根赘余杆即可,而没有必要同时对四根拉索进行张拉。

3 结构风振响应计算

3.1 大跨度空间网格结构风振响应特点及分析方法

对于结构风振响应的分析方法,主要有时域法、频域法以及直接基于随机振动理论的分析方法[5]。但对于大跨度空间网格结构而言,频域法依然是实用计算的首选方法。根据当前我国相关的结构设计规范[8],结构风振效应的计算规定基本上是针对高层、高耸结构,以仅考虑结构第一阶振型的风振系数的计算来实现。但是大跨度空间网格结构与高层、高耸结构不同,其结构动力特性通常具有频率密集性,而且高阶振型模态对风振响应的贡献不可忽视,并且各振型之间风振动力响应的耦合项的影响也应该考虑[6]。

正是出于以上考虑,本工程屋盖结构风振响应的计算采用了文献[6]提出的模态补偿法。该方法的主要思想是依据模态对整个结构在脉动风作用下应变能的贡献多少来定义各模态对结构风振响应的贡献,并对截断模态之外所有模态的能量进行补偿,在频域内进行结构风振响应的分析。分析方法仍然依照随机振动理论,采用在频域内的振型分解法对此屋盖结构进行风振响应分析。采用该方法进行本屋盖结构分析时,水平脉动风速谱采用 Davenport 谱,而竖向风速谱则采用 Panofsky 谱,同时考虑了空间相关性的影响。

经过分析,此屋盖结构前 20 阶模态贡献的能量以及前 20 阶模态相互耦合项贡献的能量几乎占据了系统整个应变能的全部能量。因此,对此屋盖结构,取前 20 阶模态并考虑耦合项的影响,在频域内进行风振响应分析即可得到比较精确的结果。表 1 列出了本屋盖结构前 20 阶模态对系统能量的贡献系数。这里的能量贡献系数是指第 j 阶模态贡献的能量与系统总能量的比值。

表 1 前 20 阶模态对系统能量贡献系数

振型阶数	1	2	3	4	5	6	7	8	9	10
能量贡献	0.5607	0.0961	0.0412	0.0049	0.0810	0.0941	0.0080	0.0603	0.0091	0.0090
振型阶数	11	12	13	14	15	16	17	18	19	20
能量贡献	0.0008	0.0001	0.0003	0.0075	0.0031	0.0043	0.0070	0.0001	0.0008	0.0117

3.2 风振系数的确定

依据我国现行的荷载规范[8]中风荷载的计算原则,脉动风引起的结构动力效应还是通过在静力风荷载上乘以风振系数来考虑。荷载规范中风振系数的概念主要是针对于高耸或高层结构而言的,并且风振系数只取结构的第一阶模态来进行计算。正如以上的分析,按这种做法进行大跨空间结构的风振分析显然是不合理的。针对这种情况,在频域风振响应分析的模态补偿法的基础上,本工程采用了一种针对大跨空间结构的新风振系数的概念[7],其具体计算方法如下。

根据频域法,结构的风致动力系数 ξ 由风的谱密度 $S_{vf}(\omega)$ 通过传递函数 $H(i\omega)$ 而得到[7],即

$$\xi = \varepsilon \cdot \sqrt{\int_{-\infty}^{+\infty} |H(i\omega)|^2 S_{vf}(\omega)\,\mathrm{d}\omega} \tag{3}$$

$$H(i\omega) = \frac{1}{\omega_x^2 - \omega^2 + i \cdot 2\zeta\omega_x\omega} \tag{4}$$

式中,ζ 为结构的阻尼比;ω_x 为背景响应模态的频率,即结构风振几乎起全部控制作用的圆频率;i 为复函数的虚部;ε 为考虑风压脉动和脉动风空间相关性影响的系数[7]。

根据风振系数的基本定义,即将脉动风作用下的等效风压表示为平均风压乘以风振系数的形式。依据上述概念可得风振系数的表达式为

$$\beta_z = 1 + \xi \tag{5}$$

按照以上的思想,取背景位移响应作为脉动风下结构的第一模态,本工程仍然采用风振系数的形式来考虑风振效应的影响。由于风振系数的计算还与风向相关,本文以 315° 风向为例给出其计算结果:当地貌类别为 B 时,风振系数为 1.60,当地貌类别为 C 时,风振系数为 1.83。而本场馆地处 B 类地貌与 C 类地貌之间,所以最后取值为 1.72。

4 结构分析结果的相关讨论

4.1 斜拉桅杆系统拉索张力的预应力效应及合理取值

从结构设计的角度来看,由于本工程中屋盖次桁架的跨度较大,特别是游泳区上方的次桁架跨度达 67.2m,斜拉桅杆系统的引入可以为次桁架提供跨中弹性支点,从而有效地降低次桁架跨中的构件内力和挠度。在斜拉桅杆系统的设计中,拉索张力的合理取值是重要的问题。对于本工程而言,拉索张力是指结构在屋面安装就位后,拉索所达到的拉力值。

从拉索张力构成的角度来看,拉索中的张力应该由两部分组成,一部分是拉索参与结构共同工作承受外荷载所产生的拉力,即式(1)中的 N_{0i} 部分。另一部分为超张拉拉索在结构中产生的自相平衡的张力,即式(1)中的 $N_i - N_{0i}$ 部分。从预应力的定义可以看出,第一部分拉索张力是荷载效应,不属于预应力的范畴,而第二部分是由结构自身变形协调而造成的自平衡力,即结构中真正的预应力。

从改善结构受力性能的角度上讲,斜拉结构中拉索的主要作用是提供屋盖结构的跨中弹性支点,因此第一部分的张力是主要的。至于拉索是否要进行超张拉,主要是保证拉索在所有的工况组合下不因受压而退出工作。结合本工程的情况,由于风荷载较大,又加上风振效应的影响,在无预应力的情况下风荷载在屋面大部分的区域已经克服竖向恒载,从而造成拉索受压而退出工作。因此本工程斜拉索张力的取值依然考虑适当的预应力。但是应该注意的是,对于没有风荷载参与组合的工况,过高的预应力值对整个屋盖结构将产生一组人为的向上拉力,这对整个屋盖结构的受力性能是不利的。从这个角度来看,对于斜拉屋盖结构来说,拉索张力中的预应力部分只要保证拉索不退出工作即可,不应太高。本工程斜拉索的张力值及其组成的具体数值见表 2。可以看出,大部分斜拉索预应力部分的张力占总张力的比例较小。

表 2　斜拉主索张力值表

索位置	MTR1A		MTR1B		MTR1C		MTR1D	
	前端拉索	后端拉索	前端拉索	后端拉索	前端拉索	后端拉索	前端拉索	后端拉索
N_i/kN	600	425	750	300	750	300	600	400
N_{0i}/kN	490	353	648	220	692	243	502	345
$(N_i - N_{0i})$/kN	110	72	102	80	58	57	98	55
索位置	MTR2A		MTR2B		MTR2C		MTR2D	
	前端拉索	后端拉索	前端拉索	后端拉索	前端拉索	后端拉索	前端拉索	后端拉索
N_i/kN	1275	575	1350	475	1350	450	1200	525
N_{0i}/kN	584	319	724	173	752	183	569	293
$(N_i - N_{0i})$/kN	691	165	626	302	598	267	631	232

注:MTR1A,MTR1B,MTR1C,MTR1D 为跳水区上方次桁架编号,MTR2A,MTR2B,MTR2C,MTR2D 为游泳区上方次桁架编号,见图 1。

进一步讲,如果一个斜拉屋盖结构在无预应力参与组合的工况下不会造成拉索受压,那么拉索张力中可以不包括预应力部分。在这种情况下,通常将斜拉结构归类为"预应力结构"就显得牵强。

4.2 分支拉索的受力性能

本工程的游泳区上方拉索系统中采用的分支拉索的形式,根据目前可得到的资料,国内还没有其他相关工程应用的报道。从表面上看,分支拉索可以增加次桁架的跨中吊点数,分散单吊点的内力集中,改善次桁架的受力性能。但从分析结果来看,分支拉索的效果并不明显。主要体现在以下两个方面:(1)由于主索刚度较大,分支索刚度较小,在恒载作用下,分支索就已经受压,即起不到支点作用;而且分支拉索在大部分工况下均受压。(2)如果要保证分支拉索不退出工作,势必要提高分支拉索的预张力。但进一步的分析发现,提高主索的预张力,在分支拉索中产生的预张力增幅并不明显。如果一味地要保证分支拉索不受压,那么主索的预张力值需提高很高。但正如前面分析,过高的预张力值对主体结构是不利的。

因此,从本屋盖结构的分析来看,分支拉索很难达到预期的弹性支点作用,而且容易造成分支拉索受压失稳或拉索连接节点由于附加变形而破坏。这一点也说明在斜拉结构中采用分支拉索应慎重。本工程中采用分支拉索主要是出于建筑造型需要方面的考虑。

4.3 关于圆钢棒拉索的讨论

本工程中斜拉桅杆系统中拉索采用的是英国 Macalloy 公司提供的实心圆钢棒拉索,而没有采用国内广泛应用的钢绞线或平行钢丝束。这是本工程屋盖结构的一个特色,其圆钢棒拉索的材料参数如表3。

表 3 　圆钢棒材料参数表

编号	直径 d/mm	位置	屈服强度 f_y/MPa
1	75	跳水区次桁架上方主索	275
2	80	游泳区次桁架上方主索	275
3	100	主桁架上方主索	500
4	32	游泳区次桁架上方分支索	275

根据表3的数值,可以将圆钢棒拉索和钢绞线做以下比较:

(1)从材料强度的角度看,圆钢棒拉索远小于钢绞线(以我国采用较多的1860MPa钢绞线为例)。如果设计拉力相同,圆钢棒拉索的所需截面面积比钢绞线要大得多。这一点从表3可以看出,主索直径达到100mm。

(2)从制作和张拉方面看,圆钢棒拉索国内的加工和施工张拉技术还不成熟。另外,由于圆钢棒拉索不可弯,故运输也较钢绞线麻烦。

(3)圆钢棒拉索的节点采用销栓式铸造节点,节点施工连接方便,外观非常轻巧。这一点优于钢绞线配套的锚具系统。

(4)更为重要的是,前面已经讨论了斜拉索主要提供次桁架的弹性支点作用,而不是提供结构预应力。从这方面来看,要保证弹性支点的支承效果,也就是要尽量提高支点的弹性刚度。对于圆钢棒来讲,由于其截面面积和弹性模量均比钢绞线高,故弹性刚度大,能更好提供次桁架的支承作用。

5 结语

(1)深圳游泳跳水馆采用的带斜拉桅杆系统的主次立体桁架结构,结构形式新颖,结构布置简洁且合理,非常有特色,值得借鉴参考。

(2)对于斜拉桅杆系统而言,斜拉索的主要作用是提供屋盖结构的弹性支承作用,而不是提供结构的预应力效应。文中从拉索张力构成的角度对该问题进行了详细分析。就提供弹性支承的效果而言,文中最后还分析了圆钢棒拉索比传统的钢绞线更为有效。

(3)从本屋盖结构的分析结果来看,斜拉桅杆系统中分支拉索的结构效果并不明显。在斜拉结构中,采用分支拉索应该慎重。

(4)频域法依然是大跨空间结构风振响应分析实用计算的首选方法。对于大跨空间结构,采用频域法进行风振响应分析,模态的选取应该有一个系统且科学的方法和准则,否则很难确定究竟该取多少阶模态或者哪些阶数的模态来进行风振响应分析;另外,由于大跨空间结构的频率密集性的特点,模态之间的耦合项必须考虑。

参考文献

[1] 邓华,董石麟.拉索预应力空间网格结构全过程设计的分析方法[J].建筑结构学报,1999,20(4):42—47.

[2] 邓华.拉索预应力空间网格结构设计的几个概念[J].工业建筑,2001,30(10):64—67.

[3] 邓华.预应力杆件体系的结构判定[J].空间结构,2000,6(1):14—19.

[4] 董石麟,邓华.预应力网架结构的简捷计算法及施工张拉全过程分析[J].建筑结构学报,2001,22(2):18—22.

[5] TAN D Y,YANG Q S,ZHAO C. Discrete analysis method for random vibration of structures subjected to spatially correlated filtered white noises[J]. Computer & Structures,1992,43(6):1051—1056.

[6] 何艳丽,董石麟,龚景海.空间网格结构风振响应分析模态补偿法[J].工程力学,2002,19(4):1—6.

[7] 何艳丽,董石麟,龚景海.大跨度空间网格结构风振系数的探讨[J].空间结构,2001,7(2):3—10.

[8] 中华人民共和国建设部.建筑结构荷载规范:GB 50009—2001[S].北京:中国建筑工业出版社,2002.

143 浙江大学紫金港体育馆屋盖结构稳定性分析*

摘　要:浙江大学紫金港体育馆采用了一种由索-桅杆张力系统吊挂刚性网格结构的新型屋盖体系。介绍了该屋盖结构的受力特点和设计要点。利用规范方法对屋盖结构在三种典型工况下的稳定性进行了分析,进一步考察了初始缺陷模式和大小、屋面支撑杆件轴向刚度对结构极限承载力的影响。结果表明,该类屋盖结构在南北向半跨荷载工况下具有较高的极限承载力,但满跨和东西向半跨荷载工况下较低。三种工况下结构的极限承载能力随初始几何缺陷的模式不同变化较小,但是南北向半跨荷载工况下极限承载力对初始缺陷的大小反应敏感。过分提高支撑杆件的刚度反而会降低屋盖结构的稳定性。

关键词:索杆张力结构;悬挂屋盖结构;稳定性分析;初始缺陷;敏感性分析

1　工程概况

浙江大学紫金港体育馆位于杭州市三墩镇,为一甲级、多功能室内体育建筑,设计规模为 6000 席,建筑面积约为 $16234m^2$,采用的是澳大利亚 COX 公司的建筑方案。体育馆(图 1)平面投影为近似椭圆,长轴约 116m,短轴约 108m。屋面分为高低两层。高屋面接近球面,其中中部设置凸屋面的梭形天窗;周圈低屋面下为建筑内部的外环廊。

图 1　浙江大学紫金港体育馆效果图

---

　*　本文刊登于:邓华,蒋旭东,袁行飞,沈金,董石麟,裘涛.浙江大学紫金港体育馆屋盖结构稳定性分析[J].建筑结构,2013,43(15):49—52.

体育馆内部结构为三层混凝土框架结构,而屋盖和外柱均采用钢结构。屋盖结构体系新颖,由室外四根桅杆支承的拉索张力系统(以下简称索-桅杆张力系统)及其吊挂的下部刚性屋盖系统组成(图2)。索-桅杆张力系统(图3)中,桅杆顶标高40m,每根桅杆顶由两根锚固在地面的后端斜拉索和六根前端斜拉索相连。所有桅杆的前端斜拉索在主屋盖上方通过两根锚固在地面的稳定索连接,并与水平索一起形成一个梭形的索网系统。下部刚性屋盖由南北向布置的箱型钢梁和中部凸屋面的桁架组成。钢梁及桁架间设置屋面支撑以保证刚性屋盖系统的整体性。刚性屋盖的主钢梁外端支承在周圈钢柱上,梁跨中由看台周边的混凝土框架提供一个竖向支承点,内端则与中部桁架铰接连接。中部桁架两端通过吊索与索-桅杆张力系统连接。此外,在周圈钢柱外还布置了60榀单柱门架以形成外环廊。

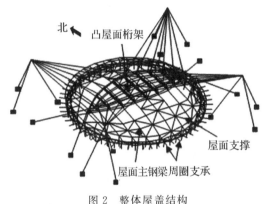

图 2　整体屋盖结构

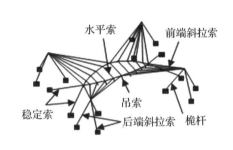

图 3　索-桅杆张力系统

2　结构设计要点

屋盖结构设计的基本思想是,室外的索-桅杆张力系统是一个能自支承的独立结构,即该体系能通过合理引入的初始预应力来保证其自身的稳定性。实际施工时,首先将索-桅杆张力系统独立张拉成形,并同时完成下部刚性结构的安装,然后安装吊索将上下部结构连接,最后卸除下部刚性结构跨中的临时支架以使上下部结构共同受力。可见,索-桅杆张力系统主要起到为下部刚性屋盖提供跨中弹性吊点并分担屋面荷载的作用。由于有索-桅杆张力系统分担荷载,下部刚性屋盖结构除中部局部双层桁架外,总体上为一个由南北向钢梁及屋面支撑组成的单层网格结构,因此结构造型非常简洁。屋盖结构中主要构件的截面和材料规格见表1。

表 1　屋盖结构主要构件规格

构件类型	材料规格	截面尺寸/mm	壁厚/mm	构件类型	材料规格	截面尺寸/mm	壁厚/mm
桅杆	Q345 圆管	$\phi650\sim\phi1350$	35～45	主梁	Q345 矩形管	600×300	腹板 14～16
前端斜拉索		$\phi50\sim\phi75$	—				翼缘 16～48
后端斜拉索	1570MPa 密封钢索	$\phi110$	—	桁架上弦杆	Q345 矩形管	300×240	9
稳定索		$\phi100$	—		Q345 方钢管	300×300	12～14
水平索		$\phi45\sim\phi60$	—	桁架下弦杆	Q345 方钢管	240×240	7～14
吊索		$\phi45$	—	桁架腹杆	Q345 方钢管	200×200	6～14
周圈支承柱	Q345 圆管	$\phi377\sim\phi402$	10～16	屋面支撑	Q345 圆管	$\phi245\sim\phi325$	6～16

保证上部索-桅杆张力系统和下部刚性屋盖协同受力是该体育馆屋盖结构设计的关键问题。上部的索-桅杆系统实际上是一个几何可变的柔性张力结构系统,是否能够保持其自身稳定性[1]且给下部刚性屋盖提供有效的吊挂刚度是结构设计面临的两个基本问题。前一个问题主要是寻求索-桅杆系统的合理形状以满足桅杆受压且所有拉索受拉的可行预应力分布[2],而后一个问题则涉及系统预应力的优化取值以使得吊点竖向刚度充分,能够起到控制下部刚性结构跨中挠度并有效分担屋面荷载的作用。但是,过大的预应力又会增加索-桅杆系统的构件截面以及12个地面墩台和下部基础的造价。此外,尽管索-桅杆张力系统能够分担部分屋面荷载,但是在竖向荷载作用下下部刚性屋盖结构的薄膜内力效应并不小,且由于下部屋盖结构大部分区域为单层网格结构,因此其稳定性分析也是设计的重点,这也是本文讨论的主要内容。

3 稳定性分析

3.1 主要荷载取值

体育馆设计使用年限为50年,建筑结构安全等级为二级。主要设计荷载标准值为:1)屋面恒荷载取 $0.50 \mathrm{kN/m^2}$,其中凸屋面天窗区域另考虑演出设备荷载 $0.30 \mathrm{kN/m^2}$;2)基本雪压取 $0.45 \mathrm{kN/m^2}$;3)基本风压取 $0.45 \mathrm{kN/m^2}$。

3.2 稳定分析的基本工况

针对在下部刚性屋盖结构中产生明显薄膜效应(轴压力)的荷载工况进行结构稳定分析。设计时主要考虑以下三种:工况一,1.0恒荷载+1.0满跨雪荷载;工况二,1.0恒荷载+1.0南半跨雪荷载;工况三,1.0恒荷载+1.0东半跨雪荷载。由于结构双向对称,因此工况二和三实际上也分别反映了恒荷载与北半跨或西半跨雪荷载组合的情况。

3.3 分析方法

屋盖结构稳定性分析参考《空间网格结构技术规程》(JGJ 7—2010)[3]的方法进行,即考虑几何非线性对结构的荷载-位移全过程进行跟踪。利用ANSYS有限元分析软件进行求解,求得第一临界点处的极限承载能力系数 K。在进行各荷载工况的非线性全过程分析之前,首先对于每一种工况进行结构的特征值屈曲分析,求得结构各阶屈曲模态。按照JGJ 7—2010的规定,将第1阶屈曲模态作为初始几何缺陷分布并对结构计算模型进行修改。最大初始几何缺陷值取屋盖跨度 L 的1/300。

3.4 特征值屈曲分析

特征值屈曲分析是基于小变形假定的结构稳定分析方法,因此求得的屈曲荷载值一般仅作为复杂结构稳定设计的参考值。但是,特征屈曲模态则是特定荷载模式下结构刚度强弱的反映。图4为屋盖结构在荷载工况一至三作用下的前3阶屈曲模态。从图中可以看出,荷载工况一作用下屋盖结构的第1、2阶模态以整体屈曲为主,第3阶模态则以跨中桁架的相对转动为主。工况二对应的1阶模态也以整体屈曲为主,但由于荷载的不对称分布使得南半跨相对变形较大,第2、3则以跨中桁架的转动为主。工况三的第1、2阶模态仍以整体屈曲为主,第3阶则以东半跨的桁架相对转动为主。

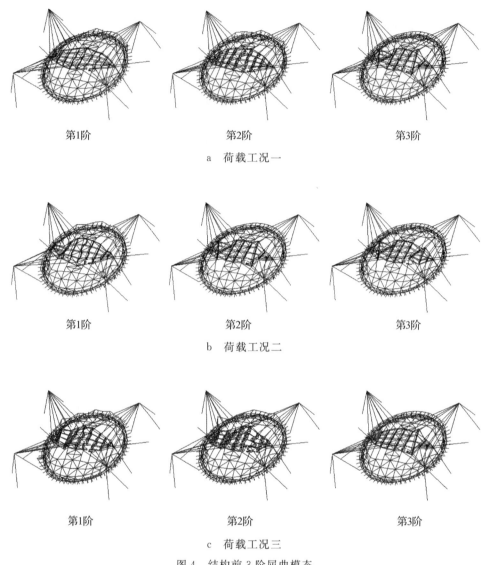

第1阶 第2阶 第3阶

a 荷载工况一

第1阶 第2阶 第3阶

b 荷载工况二

第1阶 第2阶 第3阶

c 荷载工况三

图 4 结构前 3 阶屈曲模态

3.5 非线性屈曲分析

按第 1 阶屈曲模态引入初始几何缺陷,分别对三种荷载工况进行非线性全过程平衡路径求解,并通过判别结构切线刚度矩阵的奇异性来跟踪临界点。三种工况下,第一临界点对应的极限承载能力系数 K 见表 2,对应的结构变形情况见图 5。

对于弹性全过程分析,JGJ 7—2010 中将 $K=4.2$ 作为结构稳定性容许承载力的标准。从表 2 可以看出,屋盖结构在三种荷载工况下具有较高的极限承载力,满足稳定性验算的要求。

表 2　三种荷载工况下的极限承载能力系数 **K**

序号	初始几何缺陷模式	最大初始几何缺陷	工况一	工况二	工况三
1	第 1 阶屈曲模态	$L/300$	7.47	16.72	7.01
2	第 2 阶屈曲模态	$L/300$	7.09	14.35	10.88
3	第 3 阶屈曲模态	$L/300$	7.07	17.12	7.43
4	第 4 阶屈曲模态	$L/300$	7.73	17.21	6.95
5	第 1 阶屈曲模态	$L/1000$	7.55	7.99	7.31
6	第 1 阶屈曲模态	$L/1500$	7.89	8.20	7.53
7	第 1 阶屈曲模态	$L/3000$	7.68	10.99	7.83

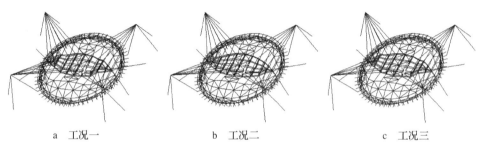

a　工况一　　　　　　　b　工况二　　　　　　　c　工况三

图 5　三种荷载工况下第一临界点对应的结构变形图

4　敏感性分析

4.1　初始缺陷分布的影响

一般地理解,结构稳定性承载力对初始几何缺陷较为敏感,且认为几何缺陷分布以第 1 阶特征屈曲模态最为不利[4]。实际上初始缺陷是随机分布的,对于本工程由索-桅杆张力系统吊挂刚性网格结构的新型屋盖结构,有必要考察不同初始几何缺陷分布对结构稳定承载力的影响。设计时,进一步将第 2～4 阶屈曲模态作为初始几何缺陷引入,最大几何缺陷按屋盖跨度的 1/300 取值,计算得到的结构极限承载能力系数 **K** 见表 2。

从表 2 可以看出,三种荷载工况下不同形式的几何缺陷并没有使得结构的极限承载能力系数发生明显改变,表明初始缺陷分布对结构的稳定承载力影响较小。

4.2　初始缺陷大小的影响

进一步考察初始几何缺陷大小对结构稳定承载能力的影响。计算三个荷载工况在以第 1 阶屈曲模态为初始几何缺陷的结构极限承载能力系数 **K**,但最大几何缺陷分别调整为屋盖跨度的 1/1000、1/1500 和 1/3000,计算结果也列于表 2。可以发现,在工况一和三作用下,结构极限承载能力系数 **K** 也不随初始缺陷大小而发生显著改变,但南半跨荷载工况下,结构的极限承载力随缺陷大小变化明显。

4.3 屋面支撑刚度的影响

由于工程的屋盖荷载是由上部索-榀杆张力系统和下部网格结构来共同承担,上下部结构竖向刚度的比例决定了其承担屋面荷载的多少。分析表明,下部屋盖结构主梁间支撑杆件在屋盖周圈形成较强的"环箍"作用。加强支撑杆件的截面刚度,会造成下部屋盖分担更多的荷载并使得屋面轴力效应增加,由此对结构的稳定性产生怎样的影响值得研究。从表 2 可以看出,工况二对初始几何缺陷的敏感性较大,因此设计时通过改变屋面支撑杆件壁厚来分析支撑刚度对结构稳定承载能力的影响。计算结果见表 3,从表中可以看出,屋面支撑杆件刚度确实对结构稳定承载力的影响非常明显。特别是加大支撑杆件钢管壁厚,反而会造成极限承载力系数 K 明显下降。壁厚增加 4mm 后,K 仅为 2.78,已经不满足规程 JGJ 7－2010 的稳定性验算要求。

表 3　工况二改变支撑杆壁厚的结构极限承载力系数 K

壁厚降低 4mm	壁厚降低 2mm	原尺寸	壁厚增加 2mm	壁厚增加 4mm
7.53	14.10	16.72	8.08	2.78

5　结论

(1)工程中,正是由于上部索-榀杆张力结构提供了跨中弹性吊点并分担屋面荷载,下部刚性屋盖结构才能采用结构形式简洁的单层网格结构(局部为双层)。但是由于下部刚性结构在竖向荷载作用下依然存在较大的轴压力,因此设计时进行结构的稳定性分析是非常必要的。

(2)工程下部刚性屋盖结构传力途径多,各向刚度也并不均匀。因此,对于此类复杂大跨度结构体系,设计时考察初始几何缺陷模式和大小对结构稳定承载能力的敏感性也是非常必要的。

(3)支撑杆件刚度虽然提高了下部网格结构的薄膜刚度,但也影响到上部索-榀杆张力系统和下部网格结构承担屋面荷载的比例。分析表明,过度提高支撑杆件的刚度反而会削弱该屋盖结构的稳定承载力。

参考文献

[1] 包红泽,邓华.铰接杆系机构稳定性条件分析[J].浙江大学学报(工学版),2006,40(1):78－84.

[2] 袁行飞,董石麟.索穹顶结构整体可行预应力概念及其应用[J].土木工程学报,2001,34(2):33－37.

[3] 中华人民共和国住房和城乡建设部.空间网格结构技术规程:JGJ 7－2010[S].北京:中国建筑工业出版社,2010.

[4] 沈世钊,陈昕.网壳结构稳定性[M].北京:科学出版社,1999.

第六部分

空间结构节点

144 轴力和弯矩共同作用下焊接空心球节点承载力研究与实用计算方法*

摘　要：国家游泳中心"水立方"多面体空间刚架结构中，杆件除承受轴力外，还承受相当大的弯矩，但目前规范对焊接空心球节点在轴力和弯矩共同作用下的设计方法尚属空白。本文采用理想弹塑性应力-应变关系和 von Mises 屈服准则、同时考虑几何非线性的影响，建立了焊接空心球节点的有限元分析模型，对承受轴力、弯矩及两者共同作用的空心球节点进行了大量的非线性有限元分析。通过典型节点的试验研究，直观了解节点的受力性能和破坏机理，并验证了有限元模型的正确性。文中还推导了基于冲切面剪应力破坏模型的节点承载力的简化理论解。最后，综合简化理论解、有限元分析和试验研究的结果，提出了轴力和弯矩共同作用下的节点承载力实用计算方法，可供实际工程设计采用，也可供相关规程修订时参考。

关键词：焊接空心球节点；组合荷载；承载力；有限元分析；试验研究；实用计算方法

1　引言

为 2008 年北京奥运会兴建的国家游泳中心"水立方"采用了基于气泡理论的多面体空间刚架这一全新的空间结构形式[1]，结构的几何构成决定了其绝大部分节点应保证刚性连接，"水立方"结构的内部节点将采用国内在网格结构中已得到广泛应用的焊接空心球节点。然而分析表明，与普通网架、网壳结构中杆件内力以轴力为主不同，"水立方"结构的杆件除轴力外还承受相当大的弯矩，部分杆件弯矩产生的应力达总应力的 80% 以上。这就给焊接球节点的设计提出了新的课题。

焊接空心球节点在轴力作用下承载力的理论和试验研究已进行了多年。网架规程[2]给出了由大量试验数据统计分析而得的公式，适用于 120mm≤D≤500mm 的焊接球，且认为受拉时为强度破坏，与材料强度有关；受压时属壳体稳定问题，只与节点几何尺寸有关，而与材料强度无关。文献[3]采用四节点四面体实体单元、理想弹塑性应力-应变关系和 von Mises 屈服准则，对不同直径的节点进行了非线性有限元分析，认为在满足一定构造要求的条件下，拉压节点均属强度破坏，给出了一个拉压节点都适用的承载力计算公式，并将适用直径扩大至 120mm≤D≤900mm 的节点。该结果已被新颁布的网壳规程[4]所采用。文献[5]采用三维退化曲壳有限元、多线性等向强化模型和 von Mises 屈服准则，在对 6 组受拉节点和 6 组受压节点的试验结果进行数值模拟的基础上，提出适于有限元分析的强度破坏准则和极限准则，并根据 64 组节点的有限元结果，提出了适于 160mm≤D≤900mm 的节点承

---

　*　本文刊登于：董石麟，唐海军，赵阳，傅学怡，顾磊. 轴力和弯矩共同作用下焊接空心球节点承载力研究与实用计算方法[J]. 土木工程学报，2005，38(1)：21—30.

载力公式,认为受拉时为强度破坏,受压时为弹塑性压曲破坏,且两者均与材料强度有关。

但目前所有有关焊接空心球节点的理论分析和试验研究均针对轴向受拉或轴向受压的情况,对弯矩作用或轴力和弯矩共同作用下节点的受力性能与设计方法的研究尚属空白。网壳规程[4]针对单层网壳中杆件承受部分弯矩的情况,提出在受压和受拉承载力设计值的基础上乘以影响系数 η_m(取0.8)以考虑拉弯或压弯作用的影响。但这只是一个经验系数,并没有理论依据,而且显然过于粗糙。这一简单方法对于以轴力为主、弯矩相对较小的情形(如大多数的单层网壳)尚可接受,但对于承受较大弯矩的节点(如"水立方"结构)是不适用、不安全的。

本文采用理想弹塑性应力-应变关系和 von Mises 屈服准则、同时考虑几何非线性的影响,建立焊接空心球节点的有限元分析模型,对承受轴力、弯矩及两者共同作用的空心球节点进行大量的非线性有限元分析。对典型节点进行试验研究,以直观了解节点的受力性能和破坏机理,并验证有限元模型的正确性。文中还推导了基于冲切面剪应力破坏模型的节点承载力的简化理论解。最后,综合简化理论解、有限元分析和试验研究的结果,建立焊接空心球节点在轴力和弯矩共同作用下的承载力实用计算方法。需要说明的是,本文均针对焊接空心球配合圆钢管的节点,对配合方钢管或矩形钢管的焊接球节点的研究将另文介绍。

2 有限元分析

2.1 有限元模型

研究表明,焊接球节点在单向受力和双向受力时,其破坏荷载接近,网架规程推荐的公式也是以单向受力试验为主而推出的[6]。因此,本文也以单向受力为依据,并将钢管与球作为整体进行有限元建模,这与两者焊接在一起共同承载的实际情况相符。本文采用通用有限元软件 ANSYS 进行分析。为减少计算量,取 1/4 球体及相应钢管进行分析,对称面上取对称边界条件。为更好地了解承载过程中球体沿壁厚方向的应力变化并准确反映钢管与球体连接处的应力集中,通过与轴对称单元和板壳单元比较,本文择优选用八节点六面体实体单元 SOLID45。单元网格采用映射划分,球管连接的应力集中处网格加密。有限元网格见图 1。

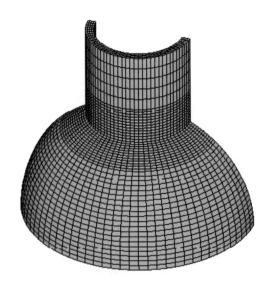

图 1　有限元网格

图 2 比较了三种不同网格划分密度时的荷载-位移(管顶内侧中央节点的竖向位移)曲线(焊接球 D350×8,配合钢管 φ102,偏心距 2.2cm),可见网格密度对计算结果有一定影响,沿壁厚划分 4 层网格(总单元数 11840)与 6 层网格(总单元数 25012)的计算结果十分接近,表明前者的网格密度已可满足精度要求。本文模型均采用沿壁厚划分 4 层网格、总单元数 12000 左右的网格划分。

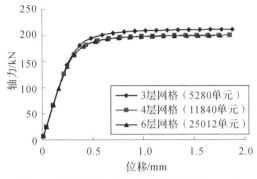

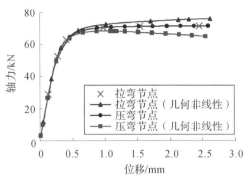

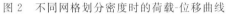

图 2　不同网格划分密度时的荷载-位移曲线　　　　图 3　几何非线性效应的影响

本文采用理想弹塑性应力-应变关系和 von Mises 屈服准则,通过弧长法迭代跟踪节点的荷载-位移全过程响应。分析中没有考虑材料应变硬化对节点弹塑性承载能力的有利作用,这是考虑到一方面不同钢材的应变硬化程度有所差别,另一方面将这部分的有利作用作为设计的安全储备。图 3 考察了几何非线性效应对压弯、拉弯节点承载性能的影响(焊接球 D800×18,配合钢管 φ325,偏心距 0.3m),图中横坐标仍为管顶内侧中央节点的竖向位移。由图 3 可见,不考虑几何非线性效应时,压弯节点与拉弯节点的荷载-位移曲线完全一致,曲线的后阶段基本保持水平。考虑几何非线性时,压弯节点的荷载-位移曲线上存在一顶点,其后曲线下降,表明节点达到临界荷载,丧失承载能力;而拉弯节点的荷载-位移曲线略高于不考虑几何非线性的曲线,且一直保持上升,因此需人为(如根据变形)确定其破坏荷载(即承载能力)。这表明大变形效应对拉弯节点是有利的,而对压弯节点是不利的。但大量计算比较表明这种拉压差别并不很大,同时考虑到工程中的实用性和可靠性,不允许节点出现过大变形,确定拉弯承载能力时位移不能太大,因此,本文将忽略受压和受拉的差别,统一以压弯结果为依据,即以图 3 中压弯节点考虑几何非线性的荷载-位移曲线的顶点作为节点的破坏荷载。这样对拉弯节点会偏于保守,但总是安全的。

2.2　承受轴压作用的节点

在考虑轴力和弯矩共同作用的节点前,先考察轴压和纯弯两种极限情况。首先是承受轴压作用的节点。共分析了 40 组节点,根据实际工程的常用节点,取节点的几何参数变化范围为:空心球直径 $300mm \leqslant D \leqslant 900mm$,直径与壁厚之比 $D/t \leqslant 35$,钢管直径与球径之比 $0.2 \leqslant d/D \leqslant 0.6$。这里,为保证空心球节点的稳定性,避免节点受压时的失稳破坏,参照现行网壳规程对空心球的构造要求[4],对球的径厚比 D/t 做了严格要求,同时根据工程需要扩大了 d/D 的范围。

下面先以 D700×20 焊接球配合 φ273×20 钢管的节点为例,分析节点在加载过程中的应力发展及破坏机理。其荷载-位移曲线与图 3 中压弯节点考虑几何非线性的曲线类似,这里不再给出。图 4a 为节点破坏时的应力云图及变形图,图 4b~4e 分别为空心球外表面、内表面的径向应力与环向应力分布,图中标注 1 的曲线为弹性阶段(荷载为破坏荷载的 40%)的应力分布,标注 2 的为破坏荷载时的应力分布。在轴力作用下,球体与钢管连接处附近不仅存在薄膜内力,还出现了相当大的弯曲内力,球体在邻近球管连接处的 A 区内凹,B 区外鼓(图 4a)。球管连接处附近应力集中十分明显,在球体的其余大部分区域,径向应力以受压为主,环向应力则以受拉为主,应力不大且分布比较均匀。在加载过程中,球管连接处的外表面最先屈服,形成塑性区向内表面发展;随着荷载的加大,B区也进入塑性阶段,并向A区扩展;当A塑性区扩展到内表面、并与B塑性区汇合时,空心球发生大变形,失去承载能力。

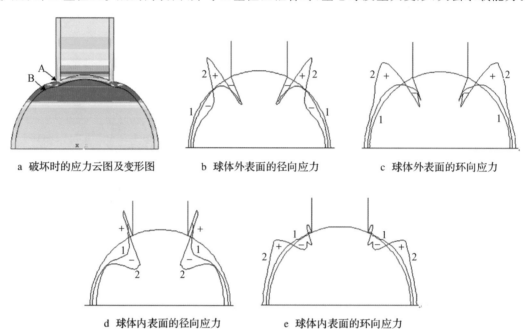

a 破坏时的应力云图及变形图　　b 球体外表面的径向应力　　c 球体外表面的环向应力

d 球体内表面的径向应力　　　　e 球体内表面的环向应力

图4　轴压作用下节点的应力分布

在节点破坏时,A处的塑性区将贯穿空心球球壁,考察图5a所示空心球与钢管连接处冲切面上的应力分布。在此冲切面上主要存在着正应力 σ_x、σ_y、σ_z 和剪应力 τ_{xy},它们沿冲切面高度(由下至上)的分布见图5b,图中还给出了Mises等效应力分布曲线。可见虽然正应力的数值较剪应力大,但 σ_x、σ_y、σ_z 三者均比较接近,而Mises应力为

$$\sigma_{\text{Mises}} = \sqrt{\frac{1}{2}\left[(\sigma_x - \sigma_y)^2 + (\sigma_y - \sigma_z)^2 + (\sigma_z - \sigma_x)^2\right] + 3\tau_{xy}^2} \approx \sqrt{3}\,\tau_{xy} \tag{1}$$

这表明冲切面处起控制作用的为剪应力。这一点从图5b也可看出,剪应力曲线基本平行于Mises应

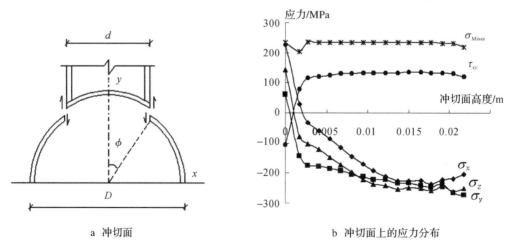

a 冲切面　　　　　　　　　b 冲切面上的应力分布

图5　冲切面及其应力分布

力曲线,且两者正好相差$\sqrt{3}$倍左右。大量比较还发现,轴向受拉节点与轴向受压的应力分布规律非常一致,只是拉压应力反号,其冲切面同样由剪应力起控制作用。

分析 40 组节点的破坏荷载发现,影响焊接球节点轴压下承载能力的主要因素包括空心球的外径 D、壁厚 t 以及与之相连的钢管外径 d。承载能力随空心球壁厚 t 和钢管外径 d 的增大而增大,随空心球外径 D 的增大而有所降低,而与钢管壁厚关系不大。这些结果与已有文献(如[3,6])是一致的。具体计算结果在后面给出(图 14)。

2.3　承受纯弯作用的节点

下面考虑纯弯作用下的节点。本文计算了 40 组纯弯节点,几何参数变化范围与上述轴压节点一致。仍以 D700×20 焊接球配合 ϕ273×20 钢管的节点为例。图 6a 为节点破坏时的应力云图及变形图,图 4b~4e 分别为空心球外表面、内表面的径向应力与环向应力分布,图中标 1 的曲线为弹性阶段(荷载为破坏荷载的 40%)的应力分布,2 为破坏荷载时的应力分布。空心球受弯时,径向应力和环向应力的最大值均出现在弯矩作用面(即对称面)上;球体受压的一侧表现出轴压的特性,而受拉的一边则与轴拉情况相似,这一点在破坏阶段更加明显。这也反映出弯矩是由拉、压力合成的本质。因此,弯矩作用下球节点的破坏模式兼有拉、压两者的特点。

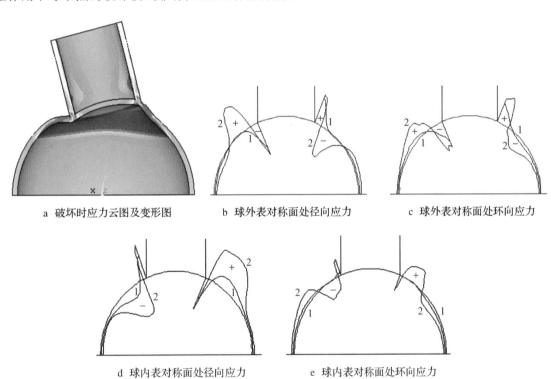

　　a　破坏时应力云图及变形图　　　　b　球外表对称面处径向应力　　　　c　球外表对称面处环向应力

　　　　　d　球内表对称面处径向应力　　　　　　e　球内表对称面处环向应力

图 6　纯弯作用下节点的应力分布

对 40 组节点的破坏荷载进行分析,影响节点纯弯下承载能力的主要因素及规律与轴压时一致,承载能力随空心球壁厚 t 和钢管外径 d 的增大而增大,随空心球外径 D 的增大而有所降低,而与钢管壁厚关系不大。具体计算结果在后面给出(图 15)。

2.4　承受轴力与弯矩共同作用的节点

选取了典型的 20 组纯弯节点,每组节点又分别考虑 8~9 种轴力和弯矩的不同组合,即考虑不同

的偏心距 $e(e=M/N,M$ 为弯矩，N 为轴力)。将荷载按轴力与弯矩的不同组合施加在管端。由于压弯荷载可以看作轴压和纯弯的组合，而纯弯情况又可看作拉压的组合，因此压弯也可认为是拉压的组合效应，且应该属轴压向纯弯的中间过渡。经过有限元结果比较，应力分布情况也是基本如此，限于篇幅，这里不再给出详细的应力分布，图 7 所示为 $e=0.088\mathrm{m}$ 节点破坏时的应力云图及变形图。

图 7　压弯破坏时节点的应力云图及变形图

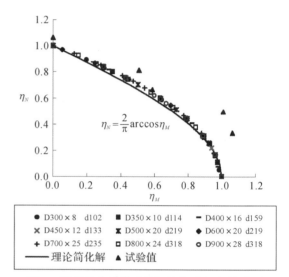

图 8　压弯荷载下的无量纲轴力-弯矩相关关系

对于轴力与弯矩共同作用下的节点，我们更为关心的是节点破坏时轴力与弯矩的相关关系，只有掌握了这种相关关系的规律，才能为下一步实用计算方法的建立提供依据。将各组节点在达到破坏时的轴力 N 和弯矩 M 分别用相应的轴压承载力 N' 和纯弯承载力 M'（均为有限元结果）无量纲化，引入参数分别以 η_N、η_M 作为 x、y 坐标绘出无量纲轴力-弯矩相关关系如图 8 所示，可以发现所有节点在各种偏心距条件下的结果都集中在同一条曲线附近，即不同型号节点的轴力-弯矩相关关系表现

$$\eta_N=\frac{N}{N'},\qquad \eta_M=\frac{M}{M'} \tag{2}$$

出惊人的一致性，这表明轴力-弯矩相关关系与节点的几何参数（包括空心球的球径与壁厚、钢管直径）无关。这无疑是一个非常重要的特点，可以极大地简化在轴力与弯矩共同作用下的节点承载力计算方法。当然，目前的结果仅建立在有限元分析的基础上，后文将进一步从理论上对此进行证明。

3　试验研究

3.1　试验概况

为直观了解焊接球节点在轴力和弯矩共同作用下的受力性能和破坏机理，验证有限元分析模型的正确性，同时为实用设计方法提供最直接的验证，本研究选取若干典型节点进行试验研究。本次试验共包括 5 个试件（见表 1），采用了三种规格的焊接球。由于试验目的是了解球节点的破坏特性，同时有限元分析表明钢管壁厚对球节点的承载力影响很小，为确保钢管不先于球节点破坏，选用了管壁较厚的钢管($\phi219\times20$)。五个试件采用了不同的偏心距以覆盖轴力-弯矩相关图(图 8)的更广范围，其中试件 4 偏心距为 0(即轴压)，而由于试验条件中难以模拟偏心距为∞的情形，没有进行纯弯节点的试验。

试验在浙江大学土木工程实验中心 500 吨长柱压力试验机上进行，图 9 为试验全景照片。图 10 为加载示意及测点布置图，通过改变加载位置产生不同偏心距，在试件两端的钢管上焊以具有很大刚度的箱形加载梁，以确保通过加载梁施加的偏心压力转换成杆端轴力和弯矩组合的荷载条件。在空心球表面布置三向应变花测量球表应变，沿钢管纵向布置应变片以检验加载是否对中及用于校核偏心距，用千分表测量试件不同位置的变位。

图 9　试验全景

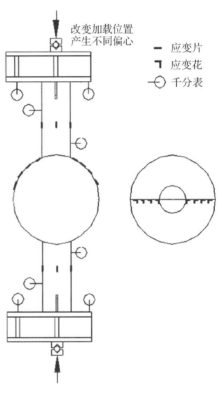

图 10　加载示意及测点布置图

3.2　试验结果及分析比较

根据上述测点布置方案，每个试件在加载过程中均记录了大量的应变、位移数据。限于篇幅，这里仅以试件 3 为例说明部分主要结果，详细的试验结果在文献[7]中给出。图 11 给出了荷载-位移曲线，图中横坐标为节点在弯矩作用下的名义位移 θ，是通过加载过程中千分表测得的线位移经推算而得的钢管转角(假定钢管在加载过程中不出现弯曲变形)。由图 11 曲线可见，在加载的初始阶段，随荷载的增加位移基本线性增大；随后两者关系明显呈非线性，此时空心球局部区域进入塑性且塑性区不断发展；在加载的后阶段，位移增长很快，到达破坏荷载后变形继续迅速增加，同时迅速卸载。由于本试验不是在伺服加载系统上完成的，没有能够记录卸载段的曲线。图 12a 为试件破坏后的照片，为更清楚地看清试件破坏后的变形形状，试验结束后将试件一剖为二，图中所示即为试件剖开后的照片。显然，空心球的破坏主要表现在球与钢管连接处受压一侧的球壁出现严重的塑性大变形局部凹陷。所有试件的破坏荷载列于表 1。

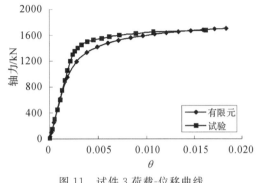

图 11 试件 3 荷载-位移曲线

a 试验照片　　　　　b 有限元计算结果

图 12 试件 3 破坏后的变形形状

表 1　试件尺寸及试验结果汇总

试件编号	焊接球规格 /(mm×mm)	配合钢管直径 /mm	设计偏心距 /mm	实际偏心距 /mm	试验破坏压力 /kN	有限元破坏压力 /kN	试验/有限元
1	D400×14	φ219	200	205	504	524	0.96
2	D500×20	φ219	130	130	1025	1017	1.01
3	D500×20	φ219	40	42	1675	1800	0.93
4	D600×20	φ219	0	9	1900	2048	0.93
5	D600×20	φ219	60	67	1190	1349	0.88

对各试件均采用前面建立的有限元模型进行了分析,并与试验结果进行比较。为确定试件的材料特性,对制作空心球的钢板进行了拉伸试验。有限元分析中采用试验得到的实际应力-应变关系(包括应变硬化阶段)。此外,由于试验时试件的严格对中十分困难且试件加工不可避免存在偏差,试验时的实际偏心距与预想偏心距并不完全一致,有限元分析中采用了由钢管上的应变实测结果计算而得的实际偏心距(见表 1)。由图 11 可见,有限元荷载-位移曲线与试验结果在弹性阶段吻合很好,进入塑性阶段后有所差异,这是由于节点模型与拉伸试件的弹塑性应力应变关系难以完全一致,但总体上两者吻合良好。所有试件的有限元破坏荷载与试验结果的比较见表 1,两者十分接近,但总体上试验结果偏小,主要原因是空心球加工后壁厚有一定的减薄量(钢板存在负公差)。此外,空心球的加工过程中材料特性可能有所改变、试验设备及测量存在一定误差等原因也会导致两者的差异。图 12b 的有限元计算变形形状(图中变形放大 4 倍)与实际破坏形状非常一致。总体上看,本文建立的有限元模型可以比较准确地反映节点在轴力和弯矩作用下的受力性能与破坏特性,可用于这类节点的大规模参数分析。

4　简化理论解

已有的有限元和试验结果(如文献[3,8])表明,焊接球节点的极限破坏具有冲剪破坏的特征,本文前面的应力分析也表明冲切面上剪应力起控制作用。因此可以假定,球节点破坏时,环向冲切面上沿壁厚方向的剪应力均达到剪切强度 τ,冲切面见图 5a,冲切厚度为 $t/\cos\phi$,根据 von Mises 屈服准则,$\tau = f/\sqrt{3}$,f 为抗拉设计强度。图 13 为环向冲切面上的剪应力分布,本文简化理论解即基于此模型。

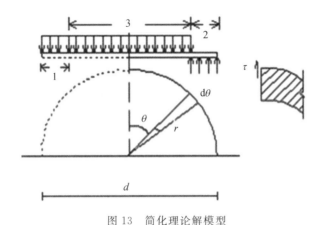

图 13 简化理论解模型

如图 13 所示,在轴力 N 和弯矩 M 共同作用下,环向冲切面上一部分区域产生向上的剪应力(图中的 2 区域),另一部分则产生向下的剪应力(图中的 1、3 区域),上下剪应力的交界面取决于轴力和弯矩的不同组合。根据力的平衡,2 区的向上剪应力与 1 区(宽度与 2 区相同)的向下剪应力将合成为弯矩 M,3 区的向下剪应力则合成为轴力 N,则轴力 N 和弯矩 M 与环切面上剪应力的关系可方便地由积分得到:

$$N = 4\int_0^\theta \tau(t/\cos\phi)r\mathrm{d}\theta = \frac{1}{\sqrt{3}\cos\phi}\pi t d f \frac{2\theta}{\pi} \tag{3}$$

$$M = 4\int_\theta^{\frac{\pi}{2}} \tau(t/\cos\phi)r\mathrm{d}\theta(r\sin\theta) = \frac{1}{\sqrt{3}\cos\phi}t d^2 f\cos\theta \tag{4}$$

$\theta = \frac{\pi}{2}$ 时,不存在 2 区域的向上剪应力,全截面为向下剪应力,此时轴力达到最大值,弯矩为零,即为纯压的情形:

$$N' = N_{\max} = N\mid_{\theta=\frac{\pi}{2}} = \frac{1}{\sqrt{3}\cos\phi}\pi t d f \tag{5}$$

而 $\theta = 0$ 时,上下剪应力的交界面位于截面的中间,3 区长度为零,只存在 1 区向下剪应力和 2 区向上剪应力,此时弯矩达到最大值,轴力为零,即为纯弯的情形:

$$M' = M_{\max} = M\mid_{\theta=0} = \frac{1}{\sqrt{3}\cos\phi}t d^2 f \tag{6}$$

引入式(2)定义的参数,由式(4)、(6)可得

$$\eta_M = \frac{M}{M'} = \cos\theta \tag{7}$$

由式(3)、(5),并引入式(7),可得

$$\eta_N = \frac{N}{N'} = \frac{2\theta}{\pi} = \frac{2}{\pi}\arccos\eta_M \tag{8}$$

由式(8)可见,轴力和弯矩共同作用下的空心球节点,轴力承载力与弯矩承载力的关系为反余弦函数,将该关系绘于图 8 的轴力 - 弯矩相关关系图,发现与已有的大量有限元分析结果非常接近。这一方面从理论上证明了轴力 - 弯矩相关关系与节点几何参数无关,另一方面证明前面的有限元分析结果是合理的。由式(8)和图 8 还可看出,轴力承载力随弯矩承载力的增大而减小,显然,网壳规程中统一以 0.8 的影响系数来考虑弯矩作用的影响只有在弯矩较小的情况下才是安全的(相当于 $\theta \geqslant 72°, \frac{2M}{Nd} \leqslant 0.246$)。

由式(7)、(8) 可知,欲求得 η_N、η_M,应先求得相应的 θ。合并式(3)、(4) 有:

$$\frac{1}{\sqrt{3}\cos\phi}\pi t d f = \frac{N}{\dfrac{2\theta}{\pi}} = \frac{\pi M}{d\cos\theta} \tag{9}$$

即

$$\frac{2M}{Nd} = \frac{\cos\theta}{\theta} \tag{10}$$

式(10) 为关于 θ 的超越方程。引入

$$c = \frac{2M}{Nd} \tag{11}$$

求得式(10) 的近似解为

$$\begin{cases} \theta = \dfrac{\pi}{2(1+c)} & 0 \leqslant c \leqslant 0.3 \\[2mm] \theta = -(1+\sqrt{2}c) + \sqrt{3+0.6c+2c^2} + \dfrac{\pi}{4} & 0.3 < c < 2.0 \\[2mm] \theta = \sqrt{c^2+2} - c & c \geqslant 2.0 \end{cases} \tag{12}$$

将式(12) 代回(7)、(8) 即得 η_N、η_M 的计算公式:

(1) 当 $0.0 \leqslant c \leqslant 0.3$ 时,

$$\eta_N = \frac{1}{(1+c)} \tag{13a}$$

$$\eta_M = \frac{c\pi}{2(1+c)} \tag{13b}$$

(2) 当 $0.3 < c < 2.0$ 时,

$$\eta_N = \frac{2}{\pi}\sqrt{3+0.6c+2c^2} - \frac{2}{\pi}(1+\sqrt{2}c) + 0.5 \tag{14a}$$

$$\eta_M = -c(1+\sqrt{2}c) + c\sqrt{3+0.6c+2c^2} + \pi c/4 \tag{14b}$$

(3) 当 $c \geqslant 2.0$ 时,

$$\eta_N = \frac{2}{\pi}\sqrt{c^2+2} - \frac{2c}{\pi} \tag{15a}$$

$$\eta_M = c\sqrt{c^2+2} - c^2 \tag{15b}$$

对于承受轴力 N 和弯矩 M 的节点,根据 M、N 及钢管直径 d,可确定 c,根据 c 的不同数值可按式 (13 ~ 15) 的相应公式确定 η_N、η_M,则该节点的承载能力可根据轴力进行设计:

$$N_R = \eta_N N' = \eta_N \frac{1}{\sqrt{3}\cos\phi}\pi t d f \tag{16}$$

也可根据弯矩进行设计:

$$M_R = \eta_M M' = \eta_M \frac{1}{\sqrt{3}\cos\phi}t d^2 f \tag{17}$$

两者是等效的。根据式(16)、(17),η_N、η_M 的物理意义更为明确:η_N 为以轴力进行设计时考虑弯矩作用的影响系数,η_M 则为以弯矩进行设计时考虑轴力作用的影响系数。

5 节点承载力实用公式和设计方法

式(16)、(17) 为基于简化理论解的轴力和弯矩共同作用下焊接球节点承载力计算公式,下面结合

本文的有限元分析结果与试验结果,进一步建立节点承载力的实用、简化计算方法。首先分别建立轴力、弯矩单独作用下的计算公式,进而建立两者共同作用下的公式。

根据式(5),同时考虑与现有网壳规程公式的一致性,轴力作用下的节点承载力计算公式可采用如下形式:

$$N_R = \left(A + B\frac{d}{D}\right)\pi t d f \tag{18}$$

类似地,根据式(6),弯矩作用下的节点承载力计算公式可采用如下形式:

$$M_R = \left(A' + B'\frac{d}{D}\right)t d^2 f \tag{19}$$

式(18)、(19) 中的 A、B、A'、B' 为待定系数,下面根据有限元和试验结果来确定这些系数。首先是轴力作用的情况。将 2.2 节有限元分析得到的节点承载力以 $\pi t d f$ 无量纲化后作为纵坐标、以 d/D 为横坐标,图 14 即可用于确定轴力公式中的系数 A、B。为使所得公式偏于安全,取所有有限元结果的下包络线(图中实线所示),$A = 0.3$,$B = 0.57$,即实线方程为 $0.3 + 0.57 d/D$。将现行网壳规程[4]公式也示于图 14,可见本文公式的承载力比规程稍低,两者相差约 5%。

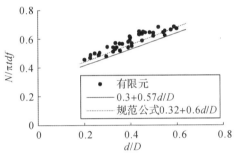

图 14　轴力承载力公式的系数确定

表 2 给出了已有的试验破坏荷载与本文公式的比较,其中序号 1 的试件为本文试验,序号 2～7 的试验结果引自文献[5,8]。对于文献试验结果,建议公式具有 1.6 以上的安全储备(仅序号 5 的试验结果略小),这与现行网架规程焊接球的安全储备基本一致。而本文试验结果相对偏小,具体原因见后面的分析。因此,本文公式应有足够的安全储备。

表 2　轴力作用下建议设计公式的检验

序号	焊接球 /(mm×mm)	钢管直径 /mm	试验值 /kN	本文公式 /kN	试验／公式
1	D600×20	φ219	1900	1433	1.33
2	D250×8	φ108	562	319	1.76
3	D500×16	φ219	3140	1876	1.67
4	D500×20	φ219	3700	2231	1.66
5	D550×25	φ219	4000	2674	1.50
6	D550×25	φ180	3400	2029	1.68
7	D650×25	φ219	4000	2497	1.60

类似地,对于纯弯情况,将 2.3 节有限元分析的节点承载力以 $t d^2 f$ 无量纲化,与 d/D 的关系见图 15,发现取 $A' = A = 0.3$、$B' = B = 0.57$ 时的直线同样可作为有限元结果的下包络线。这样就使

轴力、弯矩作用下的承载力公式进一步得以统一、简化。

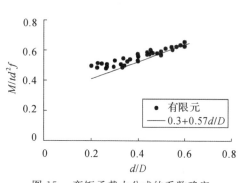

图 15　弯矩承载力公式的系数确定

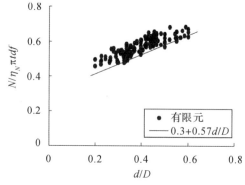

图 16　轴力与弯矩共同作用下承载力公式的系数确定

最后考虑轴力和弯矩共同作用的情形。如前所述,在轴力与弯矩的共同作用下,节点承载力既可根据轴力进行设计,也可根据弯矩进行设计,只要分别在轴力承载力和弯矩承载力的基础上考虑 η_N、η_M 的影响系数即可。因此以轴力进行设计时可采用如下形式:

$$N_R = \eta_N\left(A + B\frac{d}{D}\right)\pi td f \tag{20}$$

而以弯矩进行设计时则为

$$M_R = \eta_M\left(A + B\frac{d}{D}\right)td^2 f \tag{21}$$

式(20)、(21)与简化理论解的计算公式(16)、(17)在形式上是一致的。下面利用 2.4 节的有限元结果进一步验证系数取值 $A = 0.3$、$B = 0.57$ 的适用性。将有限元分析得到的承载力(这里取轴力)以 $\eta_N \pi td f$ 无量纲化(η_N 按式(13)～(15)的相应公式确定),与 d/D 的关系示于图 16,可见直线 $0.3 + 0.57d/D$ 作为有限元结果的下包络线是合适的。

表 3 给出了压弯试验破坏荷载与本文公式的比较,建议公式的平均安全储备约为 1.4,比现行规程稍小。本文试验中,球节点上的弯矩是通过加在杆件端部的偏心荷载实现的,同时为保证节点上的弯矩为所加轴向力与偏心距的乘积(下面称为设计弯矩),试件两端均设计为铰接节点(见图 10)。但实际上,只有在加载的初始阶段,节点上的实际弯矩才与设计弯矩一致;试验过程中随着试件变形的发展,偏心距也会随之增大,相当于存在一个附加偏心距,因此破坏时作用在节点上的实际弯矩远大于设计弯矩。而在根据本文公式计算节点的设计承载力时,弯矩影响系数仍是由设计弯矩求得的,因此弯矩影响系数偏大、相应的设计承载力偏高。换一个角度,对于实际工程的设计,作用在节点上的弯矩是一定的,而本文试验实际上是模拟了弯矩不断增大的过程,这样试验得到的破坏荷载相应于由公式求得的设计承载力是偏低的。对于轴压试验,如果节点变形一直呈轴对称发展,试验过程中不会产生附加偏心距,但实际上前面已经提到,本文的轴压试验节点存在 9mm 的偏心距(见表 1),随着变形的发展,附加偏心距会随之增大,节点最终仍是在轴力与弯矩共同作用下而破坏的,这样试验结果相对偏小也就不难理解了。综上,由本文试验结果检验建议公式的安全储备偏小是由于试验过程中难以避免的附加偏心距所造成的。而对于实际工程设计,附加偏心距并不存在,因此,我们认为本文的建议设计公式应具有与现行网架规程基本一致的安全储备。

表3　轴力与弯矩共同作用下建议设计公式的检验

序号	焊接球 /(mm×mm)	钢管直径 /mm	试验值 /kN	本文公式 /kN	试验 / 公式
1	D400×14	φ219	504	391	1.29
2	D500×20	φ219	1025	654	1.57
3	D500×20	φ219	1675	1121	1.49
4	D600×20	φ219	1190	906	1.31

综上,本文建议焊接空心球节点(配合圆钢管)的承载力实用计算公式可归纳如下。

轴力作用下:

$$N_R = \left(0.3 + 0.57\frac{d}{D}\right)\pi t d f \tag{22}$$

弯矩作用下:

$$M_R = \left(0.3 + 0.57\frac{d}{D}\right)t d^2 f \tag{23}$$

轴力与弯矩共同作用下:

$$N_R = \eta_N\left(0.3 + 0.57\frac{d}{D}\right)\pi t d f \quad (以轴力设计) \tag{24}$$

$$M_R = \eta_M\left(0.3 + 0.57\frac{d}{D}\right)t d^2 f \quad (以弯矩设计) \tag{25}$$

式中,D——空心球的外径(mm);

　　d——与空心球相连的圆钢管外径(mm);

　　t——空心球壁厚(mm);

　　f——钢材抗拉强度设计值(N/mm^2);

　　η_N——以轴力设计时考虑弯矩作用的影响系数;

　　η_M——以弯矩设计时考虑轴力作用的影响系数。

对轴力和弯矩共同作用下的焊接球,先由式(11)确定 c 值,根据 c 值按式(13)～(15)的相应公式确定影响系数 η_N 或 η_M,即可由式(24)或(25)确定该节点的承载力。

如前所述,本文的有限元分析和试验均针对单向受力的空心球节点,对于平面双(多)向及空间受力的节点,初步的有限元分析结果表明与单向受力节点差别不大,当然这需要进一步的验证,这方面的工作仍在深入进行中。此外,本文没有考虑加劲肋的影响。实际工程中对直径大于300mm 的空心球通常设加劲肋,网架及网壳规程采用承载力提高系数(受压球取 1.4,受拉球 1.1)考虑加劲肋的作用。但考虑到承受弯矩为主的空心球目前还缺少工程实践,加劲肋对弯矩作用下节点承载力的影响尚无试验结果,实际施工时也难以确保加劲肋位于弯矩作用平面内,因此对弯矩较大的情形,可不考虑加劲肋的作用而将其作为安全储备。当然对于轴力为主而弯矩较小的情形(如 $\eta_N \geqslant 0.8$),仍可以规程系数考虑承载力的提高。

6　结论

以国家游泳中心"水立方"的新型多面体空间刚架为背景,通过有限元分析、试验研究、简化理论解等途径深入、系统地研究了轴力和弯矩共同作用下焊接空心球节点(配合圆钢管)的受力性能,建立了节点承载力的实用计算方法。

（1）建立了采用理想弹塑性应力-应变关系、von Mises 屈服准则，同时考虑几何非线性的有限元分析模型，并得到了试验结果的验证。本文以压弯作用下的节点承载力为依据建立计算方法对于工程设计是安全的。

（2）建立了轴力、弯矩分别作用下空心球节点承载力的实用计算公式，具有明确的物理意义，其中轴力公式与现行网壳规程基本一致。

（3）对轴力和弯矩共同作用的空心球节点，有限元分析结果表明其轴力-弯矩相关关系与节点的几何参数（包括空心球的球径与壁厚、钢管直径）无关，简化理论解进一步从理论上证明了这一点。这极大地简化了轴力与弯矩共同作用下的节点承载力计算方法。

（4）对轴力和弯矩共同作用的空心球节点，本文提出了以轴力设计时考虑弯矩作用（或以弯矩设计时考虑轴力作用）的影响系数，建立了节点承载力的实用计算方法。文中还给出了影响系数的计算公式，表明网壳规程统一以 0.8 的折减考虑弯矩对节点承载力的影响只有在弯矩较小的情况下才是合适的。

（5）本文成果不仅可为"水立方"结构节点的可靠设计提供保证，还丰富了空间结构刚性节点的设计理论，为相关规范规程的修订提供依据。

参考文献

[1] 傅学怡,顾磊,邢民,等.奥运国家游泳中心结构设计简介[J].土木工程学报,2004,37(2):1—11.

[2] 中华人民共和国建设部.网架结构设计与施工规程:JGJ 7—91[S].北京:中国建筑工业出版社,1991.

[3] 姚念亮,董明,杨联萍,等.焊接空心球节点的承载能力分析[J].建筑结构,2000,30(4):36—38.

[4] 中华人民共和国建设部.网壳结构技术规程:JGJ 61—2003[S].北京:中国建筑工业出版社,2003.

[5] 韩庆华,潘延东,刘锡良.焊接空心球节点的拉压极限承载力分析[J].土木工程学报,2003,36(10):1—6.

[6] 网架结构设计与施工规程编制组.网架结构设计与施工——规程应用指南[M].北京:中国建筑工业出版社,1995.

[7] 浙江大学空间结构研究中心.圆钢管焊接空心球节点试验研究报告[R].杭州:浙江大学,2004.

[8] 周学军.网架结构超大直径焊接空心球节点破坏机理分析及其承载能力的试验研究[D].天津:天津大学,1996.

145 轴力与双向弯矩作用下方钢管焊接球节点的承载力与实用计算方法研究[*]

摘　要：国家游泳中心"水立方"结构中采用了连接方钢管且承受轴力与弯矩共同作用的焊接空心球节点。文献[1]系统研究了方钢管焊接球节点在轴力与单向弯矩作用下的承载能力并建立了实用计算方法。本文进一步对轴力与双向弯矩作用下的这类节点进行深入研究。对轴力与双向等弯矩共同作用的节点，通过有限元分析、试验研究以及简化理论解三条途径，系统研究其受力性能，并提出节点承载力的实用计算方法。而对双向任意弯矩作用的情况，提出了对单向弯矩及双向等弯矩两种情况进行线性插值的简化计算方法。

关键词：焊接空心球节点；方钢管；承载能力；双向弯矩；组合荷载

1　引言

国家游泳中心"水立方"采用了一种全新的空间结构形式——基于气泡理论的多面体空间刚架结构。在该结构中采用了连接方钢管且承受轴力与弯矩共同作用的焊接空心球节点。对这类节点，目前尚无相关研究，更缺乏可靠的设计方法。为配合"水立方"工程设计的需要，文献[1]通过有限元分析、试验研究和简化理论解三条途径，系统研究了方钢管焊接空心球节点在轴力、弯矩以及两者共同作用下的受力性能和破坏机理，并建立了可供工程设计直接采用的节点承载力实用计算方法。

但文献[1]的研究针对承受轴力及单向弯矩作用的节点，即弯矩只作用在方钢管的一个主平面内。而实际结构中的杆件往往在其两个主平面内均作用有弯矩，即承受双向弯矩。对于圆钢管，由于截面无方向性，两个方向的弯矩总可以合成为单向弯矩；但对于方钢管，双向弯矩通常需要分别考虑，只有当两个方向的弯矩相等时，才可以等效为作用在方钢管对角线平面内的单向弯矩。本文首先对轴力与双向等弯矩（即对角线方向弯矩）共同作用这种相对简单的情形进行详细的分析研究，通过有限元分析、试验研究和简化理论解三条途径，系统研究其受力性能，并提出节点承载力的实用计算方法。而对双向任意弯矩的情况，由于影响参数十分复杂，本文将通过对单向弯矩及双向等弯矩两种情况的线性插值近似考虑。

---

　*　本文刊登于：董石麟，邢丽，赵阳，顾磊，傅学怡. 轴力与双向弯矩作用下方钢管焊接球节点的承载力与实用计算方法研究[J]. 建筑结构学报，2005，26(6)：38－44.

2 轴力与双向等弯矩共同作用的节点

2.1 有限元分析

与文献[2]圆钢管焊接球节点及文献[1]轴力与单向弯矩作用下的方钢管焊接球节点的有限元分析模型类似,本文也以单向受力为依据,并将钢管与球作为整体进行有限元建模,利用对称性取1/2球体进行分析。采用通用有限元软件 ANSYS,选用八节点六面体实体单元 SOLID45,有限元网格见图1。采用理想弹塑性应力-应变关系和 von Mises 屈服准则,通过弧长法迭代跟踪节点的荷载-位移全过程响应。考虑几何非线性效应,并忽略节点受压和受拉的差别,统一以压弯结果为依据[1,2]。

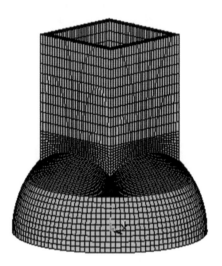

图 1 有限元网格

对轴力和双向等弯矩共同作用下的方钢管焊接球节点,两个方向上的弯矩可以等效为作用在方钢管对角线平面内的单向弯矩。首先对 15 组双向等弯矩纯弯节点进行了有限元分析,然后选取其中典型的 6 组、每组节点分别考虑 8～9 种轴力和弯矩的不同组合,即考虑不同的偏心距 $e(e=M/N,M$ 为作用在方钢管对角线平面内的等效弯矩,N 为轴力),进行轴力与双向等弯矩共同作用节点的有限元分析。根据实际工程的常用节点,取节点的几何参数变化范围为:空心球直径 300mm$\leqslant D\leqslant$ 900mm,直径与壁厚之比 $D/t\leqslant 35$,根据工程需要扩大了钢管边长与球径之比 a/D 的范围,取 $0.2\leqslant a/D\leqslant 0.6$。这里同样根据现行网壳规程[3]对空心球的径厚比 D/t 做了严格要求以避免节点受压失稳破坏。

分析所有节点的破坏荷载发现,影响焊接球节点承载能力的主要因素仍是空心球的外径 D、壁厚 t 以及钢管边长 a。承载能力随空心球壁厚 t 和钢管边长 a 的增大而增大,随空心球外径 D 的增大而有所降低,而与钢管壁厚关系不大。这些规律与单向弯矩作用时的结果[1]一致。

对于轴力与弯矩共同作用的节点,我们更关心节点破坏时轴力与弯矩的相关关系。将各组节点在达到破坏时的轴力 N 和弯矩 M 分别用相应的轴压承载力 N_{max} 和纯弯承载力 M_{max}(均为有限元结果)无量纲化,引入参数

$$\eta_N = \frac{N}{N_{\max}}, \qquad \eta_M = \frac{M}{M_{\max}} \tag{1}$$

分别以 η_N、η_M 作为 x、y 坐标绘出无量纲轴力-弯矩相关关系如图 2 所示，可以发现与文献[1,2]的结果相同，所有节点在各种偏心距条件下的结果集中在同一条曲线附近，这表明轴力-双向等弯矩相关关系与节点的几何参数（包括空心球的球径与壁厚、钢管边长）无关。本文 2.3 节将进一步从理论上对此进行证明。

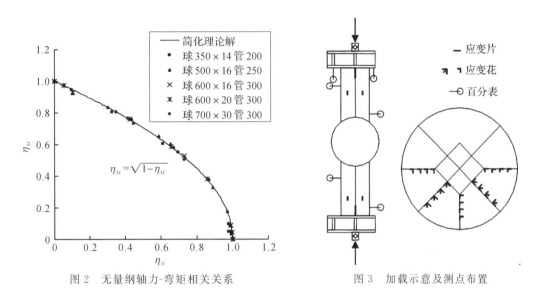

图 2　无量纲轴力-弯矩相关关系　　　　　图 3　加载示意及测点布置

2.2　试验研究

在文献[1]对轴力与单向弯矩作用的 4 个节点试验的基础上，本文进一步对 2 个典型节点进行试验，以直观了解焊接球节点在轴力和双向等弯矩共同作用下的受力性能。试件尺寸列于表 1，其中试件 1 为轴压试件，即为文献[1]中的试件 1。双向等弯矩作用的试件采用了两种规格的焊接球，并采用了不同的偏心距。

试验在浙江大学土木工程实验中心 500t 长柱压力试验机上进行。将双向等弯矩等效为作用在对角线平面内的单向弯矩，即试件加工时方钢管的对角线与箱形加载梁的轴线平行。图 3 为加载示意及测点布置图，通过改变加载位置产生不同偏心距。在空心球表面布置应变花测量球表应变，用百分表测量试件不同位置的变位。

限于篇幅，本文仅以试件 2 为例给出部分主要试验结果，详细的试验结果见文献[4]。图 4 给出了荷载-位移曲线，图中横坐标为名义位移 θ，即通过加载过程中测得的线位移经推算而得的钢管转角。由图 4 可见，在加载的初始阶段，随荷载的增加位移近似线性增大；随后两者关系明显呈非线性，空心球局部区域进入塑性且塑性区不断发展；在加载的后阶段，位移增长很快，到达破坏荷载后变形继续迅速增加，同时迅速卸载。图 5 为试件破坏后的照片，空心球的破坏主要表现在与钢管连接处受压一侧的球壁出现严重的塑性大变形局部凹陷。所有试件的破坏荷载列于表 1。

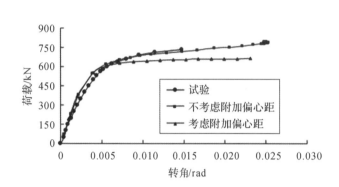

图 4 试件 2 荷载-位移曲线

图 5 试件 2 破坏后的变形形状

表 1 试件尺寸及试验结果汇总

试件编号	焊接球规格 /(mm×mm)	配合钢管 /(mm×mm)	荷载条件	偏心距 /mm	试验结果 /kN	有限元结果/kN		试验/有限元	
						不考虑附加偏心距	考虑附加偏心距	不考虑附加偏心距	考虑附加偏心距
1	D400×14	φ200×16	轴心受压	0	1910	1846	—	1.03	—
2	D400×14	φ200×16	对角线向压弯	160	760	763	661	0.996	1.15
3	D600×20	φ300×22	对角线向压弯	30	3350	3410	3160	0.98	1.06

对各试件均进行了有限元模拟。分析中采用由材性试验得到的实际应力-应变关系,对偏心受压试件还考察了附加偏心距[1]的影响。由图 4 可见,有限元荷载-位移曲线与试验结果吻合良好。各试件的有限元破坏荷载与试验结果的比较见表 1,两者基本吻合,但与更符合试验条件的考虑附加偏心距影响的有限元结果相比,试验结果略大,原因分析见文献[1]。总体上看,本文的有限元模型可以比较准确地反映节点的受力性能与破坏特性,可用于这类节点的大规模参数分析。

2.3 简化理论解

焊接球节点的极限破坏具有冲剪破坏的特征[1,2],因此本文的简化理论解推导仍基于冲切面剪应力破坏模型。与文献[1]一样,假定冲切面上的剪应力为 kf。在轴力 N 和双向等弯矩(等效为作用在对角线平面内的弯矩 M,见图 6a)的共同作用下,冲切面上一部分区域产生向上的剪应力(图 6b 中的 1 区域,从角点向两边同时发展),另一部分则产生向下的剪应力(图中的 2、3 区域),上下剪应力的交界面取决于轴力和弯矩的不同组合。根据力的平衡,1 区的向上剪应力与 2 区(沿对角线方向的宽度与 1 区相同)的向下剪应力将合成为弯矩 M,3 区的向下剪应力则合成轴力 N。

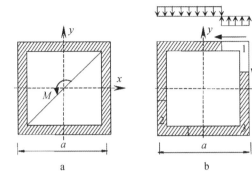

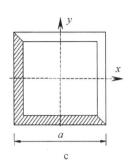

图 6　简化理论解模型

引入无量纲参数

$$\xi = \frac{x}{a}, \qquad \eta = \frac{y}{a} \tag{2}$$

则轴力 N 和弯矩 M 与冲切面上剪应力的关系可方便地由积分得到：

$$N = k \cdot 4atf \int_{-\frac{1}{2}}^{\xi} \mathrm{d}\xi = k \cdot 4atf \left(\xi + \frac{1}{2} \right) \tag{3}$$

$$M = k \cdot 4 \int_{\xi}^{\frac{1}{2}} \left(\frac{1}{2} + \xi \right) a^2 tf \, \mathrm{d}\xi \sin 45° = k \cdot \sqrt{2} a^2 tf \left(\frac{3}{4} - \xi - \xi^2 \right) \tag{4}$$

当 $\xi = 1/2$ 时，不存在 1 区域的向上剪应力（图 6a），全截面为向下剪应力，此时轴力达到最大值，弯矩为零，即为纯压的情形

$$N' = N_{\max} = k \cdot 4atf \int_{-\frac{1}{2}}^{\frac{1}{2}} \mathrm{d}\xi = k \cdot 4atf \tag{5}$$

而 $\xi = -1/2$ 时，上下剪应力的交界面位于截面的中间，3 区长度为零，只存在 1 区向上剪应力和 2 区向下剪应力（图 6c），此时弯矩达到最大值，轴力为零，即为纯弯的情形

$$M' = M_{\max} = k \cdot 4 \int_{-\frac{1}{2}}^{\frac{1}{2}} \left(\frac{1}{2} + \xi \right) a^2 tf \sin 45° \mathrm{d}\xi = k \cdot 2\sqrt{2} a^2 tf \left[\frac{1}{2}\xi + \frac{1}{2}\xi^2 \right]_{-\frac{1}{2}}^{\frac{1}{2}} = k \cdot \sqrt{2} a^2 tf \tag{6}$$

引入式（1）定义的参数，由式（3）、（5）可得

$$\eta_N = \frac{N}{N_{\max}} = \xi + \frac{1}{2} \tag{7}$$

由式（4）、（6）可得

$$\eta_M = \frac{M}{M_{\max}} = \frac{3}{4} - \xi - \xi^2 \tag{8}$$

合并式（7）、（8），消去 ξ，可得 η_N 和 η_M 的关系

$$\eta_N = \sqrt{1 - \eta_M} \tag{9}$$

由上式可见，轴力和双向等弯矩共同作用下的空心球节点，轴力承载力与弯矩承载力的关系为二次抛物线，将该关系绘于图 2，发现与已有的大量有限元分析结果非常接近。这就从理论上证明了轴力 - 弯矩相关关系与节点几何参数无关，同时证明前面的有限元分析结果是合理的。由式（9）和图 2 还可看出，轴力承载力随弯矩承载力的增大而减小。

由式（7）、（8）可知，欲求得 η_N、η_M，应先求得相应的 ξ。由式（3）可得

$$katf = \frac{N}{4\left(\xi + \frac{1}{2} \right)} \tag{10}$$

由式（4）可得

$$katf = \frac{M}{\sqrt{2}a\left(\frac{3}{4} - \xi - \xi^2\right)} \tag{11}$$

综合式（10）、（11）可得

$$\xi^2 + \left(1 + \frac{2\sqrt{2}M}{Na}\right)\xi + \frac{\sqrt{2}M}{Na} - \frac{3}{4} = 0 \tag{12}$$

上式为 ξ 的一元二次方程，求解之并取其有效解

$$\xi = -\left(\frac{1}{2} + \frac{\sqrt{2}M}{Na}\right) + \sqrt{1 + \left(\frac{\sqrt{2}M}{Na}\right)^2} \tag{13}$$

对于承受轴力 N 和对角线平面内弯矩 M 的节点，根据 M、N 及钢管边长 a，可由上式确定 ξ，根据 ξ 可按式（7）、（8）得到相应的 η_N、η_M，则该节点的承载能力可根据轴力进行设计

$$N_R = \eta_N N_{\max} = \eta_N k \cdot 4atf \tag{14}$$

也可根据弯矩进行设计

$$M_R = \eta_M M_{\max} = \eta_M k \cdot \sqrt{2}a^2 tf \tag{15}$$

两者等效。根据式（14）、（15），η_N、η_M 的物理意义十分明确：η_N 为以轴力进行设计时考虑弯矩作用的影响系数，η_M 则为以弯矩设计时考虑轴力作用的影响系数。

2.4 节点承载力实用公式和设计方法

式（14）、（15）为轴力和双向等弯矩共同作用下方钢管焊接球节点基于简化理论解的承载力计算公式，下面结合本文的有限元分析与试验结果，进一步建立节点承载力的实用、简化计算方法。根据式（14）、（15），并考虑与单向弯矩作用下计算公式[1] 的一致性，轴力与双向等弯矩作用下的节点承载力以轴力进行设计时可采用如下形式的计算公式

$$N_R = \eta_N\left(A + B\frac{a}{D}\right)4atf \tag{16}$$

以弯矩进行设计时则为：

$$M_R = \eta_M\left(A + B\frac{a}{D}\right)\sqrt{2}a^2 tf \tag{17}$$

式（16）、（17）中的 A、B 为待定系数。将 2.2 节有限元分析得到的节点承载力（包括双向等弯矩作用、轴力和双向等弯矩共同作用的节点，对后者取弯矩承载力）以 $\eta_M\sqrt{2}a^2 tf$ 无量纲化作为纵坐标、以 a/D 为横坐标，图 7 即可用于确定系数 A、B。由图 7 可见，直线 $0.3 + 0.57 a/D$ 作为所有有限元结果的下包络线是合适的。这里的系数取值 $A = 0.3$，$B = 0.57$ 与轴力和弯矩共同作用的圆钢管焊接球节点[2] 及轴力和单向弯矩共同作用的方钢管焊接球节点[1] 的计算公式中的系数相同，保持了不同条件下焊接空心球节点承载力计算公式的一致性。

表 2 给出了试验破坏荷载与本文公式的比较，建议公式的平均安全储备约为 1.4，略低于网架网壳规程所要求的 1.6。文献[2] 对圆钢管焊接球节点及文献[1] 对单向压弯下方钢管焊接球节点的分析中已经阐明，由试验结果检验建议公式的安全储备偏小是由于试验过程中难以避免的附加偏心距所造成的，也就是说，所进行的试验实际上是模拟了节点弯矩不断增大的过程，这与实际工程有所区别。有限元分析结果（见表 1）也表明，不考虑附加偏心距影响时的节点承载力比考虑附加偏心距时提高约 10%。因此，本文的建议设计公式应具有与现行规程基本一致的安全储备。

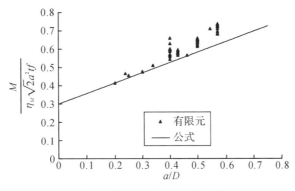

图 7　承载力公式的系数确定

表 2　建议设计公式的检验

序号	焊接球/(mm×mm)	钢管边长/mm	试验值/kN	本文公式/kN	试验/公式
1	D400×14	200	1910	1409	1.36
2	D400×20	200	760	533	1.43
3	D600×20	300	3350	2500	1.34

综上,本文建议方钢管焊接空心球节点在轴力和双向等弯矩共同作用下的承载力实用计算公式为

$$N_R = \eta_N \left(0.3 + 0.57\,\frac{a}{D}\right) 4atf \qquad （以轴力设计） \tag{18}$$

$$M_R = \eta_M \left(0.3 + 0.57\,\frac{a}{D}\right) \sqrt{2}\,a^2 tf \qquad （以弯矩设计） \tag{19}$$

式中,D 为空心球的外径(mm);a 为与空心球相连的方钢管边长(mm);t 为空心球壁厚(mm);f 为钢材抗拉强度设计值(N/mm²);η_N 为以轴力设计时考虑弯矩作用的影响系数;η_M 为以弯矩设计时考虑轴力作用的影响系数。

对轴力和弯矩共同作用下的焊接球,先由式(13)确定 ξ 值,根据 ξ 值按式(7)、(8)确定影响系数 η_N 或 η_M,即可由式(18)或(19)确定该节点的承载力。

3　轴力和双向任意弯矩共同作用下节点承载力的简化计算

3.1　基本思想

文献[1]建立了轴力与单向弯矩共同作用(图 8a,$M = M_x$ 或 M_y,这里,定义作用在 xz 平面内的弯矩为 M_x,作用在 yz 平面内的弯矩为 M_y)的节点承载力实用计算方法,本文又建立了轴力与双向等弯矩共同作用(图 8b,$M = \sqrt{2}M_x = \sqrt{2}M_y$)节点的计算方法。但实际工程中,作用在两个方向上的弯矩往往是不相等的(图 8c),即 $M_x \neq M_y$,此时,两个方向的弯矩可以合成为

$$M = \sqrt{M_x^2 + M_y^2} \tag{20}$$

合成后的弯矩与主轴存在一定的夹角,记与 x 轴的夹角为 θ,则

$$\theta = \arctan \frac{M_y}{M_x} \tag{21}$$

单向弯矩作用时，$\theta = 0$ 或 $\pi/2$；双向等弯矩作用时，$\theta = \pi/4$；双向任意弯矩作用时，θ 可能为 0 到 $\pi/2$ 之间的任意角度。对轴力与双向任意弯矩共同作用的情形，要像前面两种情况那样建立理论上比较严密的简化理论解十分困难。相对简单而又合理的一种方法是将单向弯矩、双向等弯矩两种情况作为理想情况，利用这两种情况的已有解答，双向任意弯矩通过对两者的线性插值得到解答。

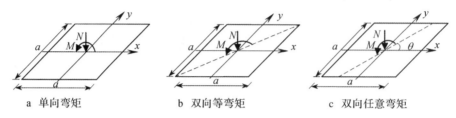

a 单向弯矩   b 双向等弯矩   c 双向任意弯矩

图 8　压弯荷载的不同形式

3.2　以轴力进行设计

对轴力与双向任意弯矩共同作用的节点，同样可以根据轴力进行设计，也可根据弯矩进行设计。先说明以轴力设计的方法。

比较以轴力设计的单向弯矩公式（文献[1]的式(28)）与双向等弯矩公式（本文式(18)），发现两者完全一致，因此对双向任意弯矩作用的节点承载力仍可采用相同形式的公式：

$$N_R = \eta_N \left(0.3 + 0.57 \frac{a}{D} \right) 4atf \tag{22}$$

只是其中的弯矩作用影响系数 η_N 需要通过插值求得。先根据式(21)确定 θ 值，若 $\theta \leqslant \pi/4$，η_N 在 $\theta = 0$ 和 $\theta = \pi/4$ 之间线性插值。即由文献[1]的式(11)或(13)确定 $\eta_{N,\theta=0}$，由本文式(7)确定 $\eta_{N,\theta=\frac{\pi}{4}}$，线性插值公式为

$$\eta_N = \frac{\frac{\pi}{4} - \theta}{\frac{\pi}{4}} \eta_{N,\theta=0} + \frac{\theta}{\frac{\pi}{4}} \eta_{N,\theta=\frac{\pi}{4}} \tag{23}$$

而当 $\theta > \pi/4$ 时，仍由文献[1]的式(11)或(13)确定 $\eta_{N,\theta=\frac{\pi}{2}}$，由本文式(7)确定 $\eta_{N,\theta=\frac{\pi}{4}}$，线性插值公式则在式(23)中以 $\frac{\pi}{2} - \theta$ 代替 θ 即可

$$\eta_N = \frac{\theta - \frac{\pi}{4}}{\frac{\pi}{4}} \eta_{N,\theta=\frac{\pi}{2}} + \frac{\frac{\pi}{2} - \theta}{\frac{\pi}{4}} \eta_{N,\theta=\frac{\pi}{4}} \tag{24}$$

3.3　以弯矩进行设计

比较以弯矩设计的单向弯矩公式（文献[1]的式(29)）与双向等弯矩公式（本文式(19)），发现两者形式上一致，但前者的常系数为 $3/2$，后者则为 $\sqrt{2}$，因此除了需要通过插值求得轴力作用影响系数 η_M 外，尚需对这两个常系数进行插值（当然由于两者差别不大，也可直接取其平均值）。引入常系数 λ，双向任意弯矩作用下以弯矩设计的节点承载力可采用以下公式：

$$M_R = \lambda \eta_M \left(0.3 + 0.57 \frac{a}{D} \right) a^2 tf \tag{25}$$

式中的两个参数 η_M 和 λ 可以分别由插值求得，也可对 $\lambda\eta_M$ 作为单个参数插值。由文献[1]的式(12)或(14)确定 $\eta_{M,\theta=0}$，由本文式(8)确定 $\eta_{M,\theta=\frac{\pi}{4}}$，$\lambda\eta_M$ 作为单个参数插值时的插值公式为

$$\lambda\eta_M = \frac{\frac{\pi}{4}-\theta}{\frac{\pi}{4}}\left(\frac{3}{2}\eta_{M,\theta=0}\right) + \frac{\theta}{\frac{\pi}{4}}\left(\sqrt{2}\,\eta_{M,\theta=\frac{\pi}{4}}\right) \tag{26}$$

而 η_M 和 λ 分别插值时的插值公式为

$$\begin{cases} \eta_M = \dfrac{\frac{\pi}{4}-\theta}{\frac{\pi}{4}}\eta_{M,\theta=0} + \dfrac{\theta}{\frac{\pi}{4}}\eta_{M,\theta=\frac{\pi}{4}} \\[4mm] \lambda = \dfrac{\frac{\pi}{4}-\theta}{\frac{\pi}{4}}\dfrac{3}{2} + \dfrac{\theta}{\frac{\pi}{4}}\sqrt{2} \end{cases} \tag{27}$$

计算表明，这两种插值方法的计算结果差别很小。式(26)、(27)为 $\theta\leqslant\dfrac{\pi}{4}$ 时的插值公式，当 $\theta>\pi/4$ 时，公式中的 θ 以 $\pi/2-\theta$ 代替即可，如式(26)可改写为

$$\lambda\eta_M = \frac{\theta-\frac{\pi}{4}}{\frac{\pi}{4}}\left(\frac{3}{2}\eta_{M,\theta=\frac{\pi}{2}}\right) + \frac{\frac{\pi}{2}-\theta}{\frac{\pi}{4}}\left(\sqrt{2}\,\eta_{M,\theta=\frac{\pi}{4}}\right) \tag{28}$$

3.4　简化计算方法的验证

尽管上述简化计算方法是一种近似方法，但计算简单，并具有一定的物理意义。在图9所示的轴力-弯矩关系图中，单向弯矩作用时为 $\theta=0,\pi/2$ 所指的曲线，双向等弯矩为 $\theta=\pi/4$ 所指的曲线。对于 θ 在 0 到 $\pi/2$ 之间变化的双向任意弯矩的情形，η_N 和 η_M 必然落在这两条线围成的区域之内，且关于 $\theta=\pi/4$ 对称；同时这两条线相差并不太大，即围成的是一个相对较窄的范围，因此采用线性插值求解是合理的。例如，由文献[1]可知，$\theta=0$ 时，轴力-弯矩曲线由一条直线和一条抛物线组成，其分界点坐标为 $(2/3,1/2)$，该点所对应的物理意义为 $N=2M/a$；同样可求得 $\theta=\pi/4$ 时相应点的坐标为 $(0.732,0.518)$；利用上述插值方法则可求得 $\theta=\pi/8$ 或 $3\pi/8$ 时的坐标为 $(0.699,0.509)$，见图9。把轴力与弯矩的不同组合下求得的 η_N 或 η_M 连成曲线绘于图9，可见 $\theta=\pi/8$ 或 $3\pi/8$ 的结果正好落在 $\theta=0$ 与 $\theta=\pi/4$ 的曲线之间。

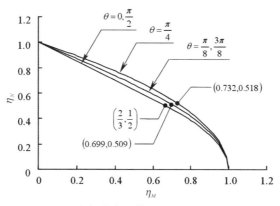

图 9　双向任意弯矩作用时的简化计算方法

4 结论

本文以国家游泳中心"水立方"工程为背景,在文献[1]对轴力与单向弯矩作用下方钢管焊接空心球节点研究的基础上,系统研究了在轴力与双向弯矩作用下这类节点的受力性能,建立了节点承载力的实用计算方法。

(1)对轴力和双向等弯矩共同作用的方钢管焊接球节点,建立了弹塑性分析的有限元模型,并得到了试验结果的验证。利用该模型进行了大量的有限元参数分析。

(2)对轴力和双向等弯矩共同作用的焊接球节点,推导了节点承载力的简化理论解,得到了承载力计算公式的基本形式。

(3)综合简化理论解、有限元分析和试验研究的结果,建立了轴力与双向等弯矩共同作用下节点承载力的实用计算方法,具有明确的物理意义。

(4)对轴力与双向任意弯矩共同作用下的焊接球节点,提出了以轴力与单向弯矩作用、轴力与双向等弯矩作用两种情况为基础的线性插值方法作为节点承载力的简化计算方法。

(5)本文成果可供工程设计直接应用,也可供相关规范规程的编制与修订参考。

参考文献

[1] 董石麟,邢丽,赵阳,等.方钢管焊接空心球节点的承载力与实用计算方法研究[J].建筑结构学报,2005,26(6):27-37.

[2] 董石麟,唐海军,赵阳,等.轴力和弯矩共同作用下焊接空心球节点承载力研究和实用计算方法[J].土木工程学报,2005,38(1):21-30.

[3] 中华人民共和国建设部.网壳结构技术规程:JGJ 61-2003[S].北京:中国建筑工业出版社,2003.

[4] 浙江大学空间结构研究中心.方钢管焊接空心球节点的承载力研究与实用计算方法——试验报告[R].杭州:浙江大学,2004.

146 矩形钢管焊接空心球节点承载能力的简化理论解与实用计算方法研究*

摘　要：国家游泳中心"水立方"的新型多面体空间刚架结构采用配合矩形钢管、且承受轴力与弯矩共同作用的焊接空心球节点。在有限元分析和试验研究的基础上，进一步研究轴力、弯矩及两者共同作用下矩形钢管焊接空心球节点的承载能力及设计方法。首先推导基于冲切面剪应力破坏模型的节点承载力简化理论解，从而得到节点承载力计算公式的基本形式。在此基础上，利用有限元分析和试验结果，建立了轴力、单向弯矩以及两者共同作用下节点承载力的实用计算公式。对双向任意弯矩作用的情况，提出了基于线性插值的简化计算方法。成果可供实际工程设计采用，也可供相关规程修订时参考。

关键词：焊接空心球节点；矩形钢管；承载能力；简化理论解；实用计算方法

1　引言

国家游泳中心"水立方"采用了一种全新的空间结构形式——基于气泡理论的多面体空间刚架结构[1]。结构的杆件形式包括圆钢管、方钢管和矩形钢管三类，节点则主要采用国内在网格结构中已得到广泛应用的焊接空心球节点。目前关于焊接空心球节点的研究均针对配合圆钢管的节点[2,3]，我国网架规程[4]、网壳规程[5]也只给出了承受轴力作用的圆钢管焊接球节点的设计公式。对配合矩形钢管的焊接空心球节点尚无相关研究，更缺少可供工程设计采用的实用计算方法。另一方面，与普通网架、网壳结构杆件以轴力为主不同，"水立方"结构的杆件除轴力外还承受相当大的弯矩[1]。因此对矩形钢管焊接球节点的研究，除常规承受轴力作用的节点，还必须考虑承受弯矩作用以及轴力与弯矩共同作用的节点。

为配合"水立方"工程设计，文献[6]通过有限元分析、试验研究和简化理论解三条途径系统研究了圆钢管焊接球节点在轴力和弯矩共同作用下的承载能力，并建立了实用计算方法。本研究同样采用以上三条途径，系统研究矩形钢管焊接空心球节点在轴力、弯矩以及两者共同作用下的受力性能和破坏机理，最终目标是建立可供工程设计直接采用的节点承载力实用计算方法。关于有限元分析及试验研究两方面的内容，文献[7]进行了详细介绍。本文首先推导了基于冲切面剪应力破坏模型的节点承载力简化理论解，并进一步利用文献[7]的有限元分析和试验结果，建立在轴力、单向弯矩及两者共同作用下节点承载力的实用公式。最后，对轴力和双向弯矩共同作用的节点，提出基于线性插值的简化计算方法。

　　* 本文刊登于：董石麟，邢丽，赵阳，顾磊，傅学怡. 矩形钢管焊接空心球节点承载能力的简化理论解与实用计算方法研究[J]. 土木工程学报，2006，39(6)：12—18.

2 简化理论解

2.1 轴力作用下的简化理论解

已有研究表明,圆钢管焊接空心球节点的极限破坏具有冲剪破坏的特征[6]。本文分析的矩形钢管焊接球节点,球管连接处的应力分布更为复杂,但文献[7]的应力分析结果表明,这类节点的极限破坏仍基本具有冲剪破坏的特征,因此本文的简化理论解仍基于冲切面剪应力破坏模型。轴力作用下的空心球节点(图1a),可假定冲切面上的剪应力为 kf,f 为节点钢材的抗拉强度设计值,k 为系数,将在本文第3节具体确定。当矩形钢管边长较小时,表现为极大的冲剪性质,根据 Mises 屈服准则,剪应力趋于 $f/\sqrt{3}$,即 $k = 1/\sqrt{3}$(若根据 Tresca 屈服准则,则 $k = 1/2$);而当矩形钢管边长很大,与球体直径相当时,剪应力转化为拉应力(或压应力)为主,其数值趋于 f。

根据有限元应力分析结果,承受轴力作用的矩形钢管焊接球节点,首先在角点处出现屈服,然后向两边扩展。图1b所示为塑性区由四个角点向各边中央发展的过程,图1c则为塑性区发展到最后阶段,贯通至整个截面。

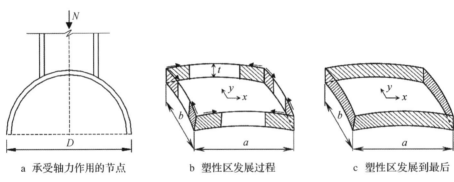

| a 承受轴力作用的节点 | b 塑性区发展过程 | c 塑性区发展到最后 |

图 1　轴压作用下的简化理论解模型

引入无量纲参数

$$\xi = \frac{x}{a}, \qquad \eta = \frac{y}{b}, \qquad \Delta = \frac{a}{b} \tag{1}$$

式中,a、b 为矩形钢管的边长,Δ 为边长比。

在塑性区发展阶段,作用在节点上的轴力 N 与冲切面上剪应力的关系为

$$N = 4k\left[a\int_{\frac{1}{2}}^{\xi} ft\,\mathrm{d}\xi + b\int_{\frac{1}{2}}^{\eta} ft\,\mathrm{d}\eta\right] \tag{2}$$

式中,t 为焊接空心球的壁厚。到最后阶段,塑性区发展至沿周向贯通,η 从 $1/2 \to 0$,ξ 从 $1/2 \to 0$,此时轴力达到最大值,即

$$N = N_{\max} = 2k(a+b)tf \tag{3}$$

2.2　轴力与单向弯矩共同作用下的简化理论解

在轴力 N 和弯矩 M(如图2a,M 作用于边长 a 所在平面)的共同作用下,节点冲切面上的剪应力发展可分为两个阶段。在第一阶段,冲切面上的一部分区域产生向上的剪应力(图2b左图中的1区域,无阴影线部分),另一部分则产生向下的剪应力(图中的2区域),上下剪应力的交界面取决于轴力和弯矩的不同组合。

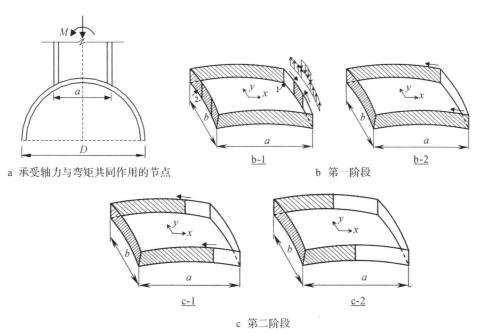

a　承受轴力与弯矩共同作用的节点　　b　第一阶段

c　第二阶段

图 2　轴力与弯矩共同作用下的简化理论解模型

在第一阶段,根据力的平衡,1 区的向上剪应力与 2 区的向下剪应力将合成为弯矩 M,其余的向下剪应力则合成为轴力 N,则轴力 N 和弯矩 M 与冲切面上剪应力的关系可方便地由积分得到

$$N = k4tf\left(\frac{1}{2}a + b\eta\right) \tag{4}$$

$$M = 4ktf\int_{\eta}^{\frac{1}{2}} \frac{a}{2}b\,\mathrm{d}\eta \tag{5}$$

式中,a 为弯矩作用平面内的钢管边长,b 为弯矩作用平面外的边长。

当弯矩和轴力之比增大时,1 区的向上剪应力由角部不断向中间发展,直至该边上的剪应力全部为向上的剪应力(图 2b 右图)。此时为第一阶段和第二阶段的分界处。

当弯矩和轴力之比进一步增大,冲切面上的向上剪应力拐过角点进一步向中部发展(图 2c 左图),即进入第二阶段,此时轴力 N 和弯矩 M 与冲切面上剪应力的关系为

$$N = 4katf\xi \tag{6}$$

$$M = 4ktf\left(\int_{0}^{\frac{1}{2}} \frac{a}{2}b\,\mathrm{d}\eta + \int_{\xi}^{\frac{1}{2}} a\xi a\,\mathrm{d}\xi\right) \tag{7}$$

当上下剪应力的交界面位于截面的中间时(图 2c 右图),弯矩达到最大值,轴力为零,即为纯弯的情形

$$M = M_{\max} = 4ktf\left(\int_{0}^{\frac{1}{2}} \frac{a}{2}b\,\mathrm{d}\eta + \int_{0}^{\frac{1}{2}} a\xi a\,\mathrm{d}\xi\right) = abktf\left(1 + \frac{1}{2}\Delta\right) \tag{8}$$

引入参数

$$\eta_N = \frac{N}{N_{\max}}, \quad \eta_M = \frac{M}{M_{\max}} \tag{9}$$

则在第一阶段,由式(4)、(3),以及式(5)、(8) 可以推出

$$\eta_N = \frac{N}{N_{\max}} = \frac{2\eta + \Delta}{1 + \Delta} \tag{10}$$

$$\eta_M = \frac{M}{M_{\max}} = \frac{1 - 2\eta}{1 + \frac{1}{2}\Delta} \tag{11}$$

在第二阶段,由式(6)、(3)以及式(7)、(8)可得

$$\eta_N = \frac{N}{N_{max}} = \frac{2\xi}{1 + \dfrac{1}{\Delta}} \tag{12}$$

$$\eta_M = \frac{M}{M_{max}} = 1 - \frac{2\Delta\xi^2}{1 + \dfrac{\Delta}{2}} \tag{13}$$

由式(10)~(13)可以得到 η_N 和 η_M 的关系为

$$\begin{cases} \eta_N = 1 - \dfrac{1 + \dfrac{\Delta}{2}}{1 + \Delta}\eta_M & 0 \leqslant \eta_M \leqslant \dfrac{1}{1 + \dfrac{\Delta}{2}} \\[4mm] \eta_N = \dfrac{1}{1 + \dfrac{1}{\Delta}}\sqrt{\left(\dfrac{2}{\Delta} + 1\right)(1 - \eta_M)} & \dfrac{1}{1 + \dfrac{\Delta}{2}} < \eta_M \leqslant 1 \end{cases} \tag{14}$$

由式(14)可见,轴力和弯矩共同作用下的空心球节点,在给定的边长比 Δ 下,轴力承载力与弯矩承载力的关系可表示为一条直线和一条二次抛物线,以 $\eta_M = 1/(1 + \Delta/2)$ 为分界点。图3的无量纲轴力-弯矩相关关系图以 $\Delta = 1.5$ 为例给出了式(14)的简化理论曲线,同时将文献[7]的大量有限元分析结果也绘于图3,可以发现两者十分吻合。实际上,当边长比在常见范围变化时,由式(14)确定的曲线相差无几,图3中的有限元结果即包含了不同边长比的情况。这一方面从理论上证明了轴力-弯矩相关关系与节点几何参数无关,另一方面证明文献[7]的有限元分析结果是合理的。由式(14)和图3还可看出,轴力承载力随弯矩承载力的增大而减小。

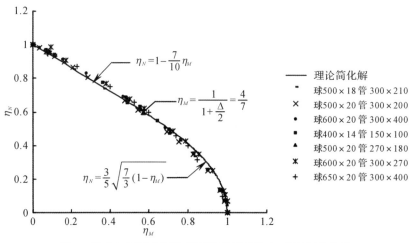

图3 轴力与弯矩共同作用下的无量纲轴力-弯矩相关关系

由式(10)、(11)可知,在第一阶段,欲求得 η_N、η_M,应先求得相应的 η。式(4)、(5)可改写为

$$ktf = \frac{N}{2a + 4b\eta} \tag{15}$$

$$ktf = \frac{M}{ab - 2ab\eta} \tag{16}$$

由式(15)、(16)可以推出 η

$$\eta = \frac{N - \dfrac{2M}{b}}{2N + \dfrac{4M}{b}} \tag{17}$$

由上式可知，$M = 0$ 时，$\eta = \dfrac{1}{2}$；$N = \dfrac{2M}{b}$ 时，$\eta = 0$。因此 $N \geqslant \dfrac{2M}{b}$ 为第一阶段的特征。

由式(12)、(13) 可知，在第二阶段，欲求得 η_N、η_M，应先求得相应的 ξ。式(6)、(7) 可改写为

$$ktf = \frac{N}{4a\xi} \tag{18}$$

$$ktf = \frac{M}{ab + \dfrac{1}{2}a^2 - 2a^2\xi^2} \tag{19}$$

由式(18)、(19) 可以推出 ξ

$$\xi = -\frac{M}{Na} + \sqrt{\left(\frac{M}{Na}\right)^2 + \left(\frac{1}{2\Delta} + \frac{1}{4}\right)} \tag{20}$$

对于承受轴力 N 和弯矩 M 的节点，首先根据 M、N 及钢管边长 b(b 为弯矩作用平面外的边长)，判断属于哪一阶段，如果 $N \geqslant 2M/b$，属于第一阶段，如果 $N < 2M/b$，则属于第二阶段。在第一阶段，根据式(17) 确定 η，再由式(10)、(11) 确定相应的 η_N、η_M；第二阶段，根据式(20) 确定 ξ，再由式(12)、(13) 确定相应的 η_N、η_M。最后，该节点的承载能力可根据轴力进行设计

$$N = \eta_N k 2(a + b)tf \tag{21}$$

也可根据弯矩进行设计

$$M = \eta_M k \left(1 + \frac{1}{2}\Delta\right) abtf \tag{22}$$

两者是等效的。根据式(21)、(22)，η_N、η_M 的物理意义非常明确：η_N 为以轴力进行设计时考虑弯矩作用的影响系数，η_M 则为以弯矩进行设计时考虑轴力作用的影响系数。

3 节点承载力实用公式和设计方法

式(21)、(22) 为基于简化理论解的轴力和单向弯矩共同作用下矩形钢管焊接球节点的承载力计算公式，下面结合文献[7] 的有限元分析与试验结果，进一步建立节点承载力的实用、简化计算方法。首先分别建立轴力、弯矩单独作用下的计算公式，进而建立两者共同作用下的公式。

根据式(3)，同时考虑与现有网壳规程[5] 及轴力弯矩共同作用下圆钢管焊接球节点公式[6] 的一致性，轴力作用下的节点承载力计算公式可采用如下形式

$$N_R = \left(A + B\frac{\sqrt{ab}}{D}\right) 2(a + b)tf \tag{23}$$

上式中第 1 个括号内的表达式即相当于在本文 2.1 节中讨论的系数 k。类似地，根据式(8)，弯矩作用下的节点承载力计算公式可采用如下形式

$$M_R = \left(A' + B'\frac{\sqrt{ab}}{D}\right) \left(1 + \frac{1}{2}\Delta\right) abtf \tag{24}$$

式(23)、(24) 中的 A、B、A'、B' 为待定系数，下面根据文献[7] 有限元和试验结果来确定这些系数。首先是轴力作用的情况。将文献[7] 有限元分析得到的节点承载力以 $2(a + b)tf$ 无量纲化后作为纵坐标，以 $\sqrt{ab}/D$ 为横坐标，图 4 即可用于确定轴力公式中的系数 A、B。为使所得公式偏于安全，取所有有限元结果的下包络线(图中实线所示)，同时考虑与圆钢管节点公式[6] 的一致性，取 $A = 0.3, B =$

0.57，即直线方程为 $0.3+0.57\sqrt{ab}/D$。对实际工程常用的杆件和节点，$\sqrt{ab}/D$ 的范围约在 $0.25\sim$ 0.60，此时 $k=0.44\sim0.64$，与采用 Mises 或 Tresca 屈服准则时的 k 值基本相当，表明节点的破坏以冲剪破坏为主。

类似地，对于纯弯情况，将文献[7]有限元分析的节点承载力以 $ab(1+\Delta/2)tf$ 无量纲化，与 $\sqrt{ab}/D$ 的关系见图5，发现取 $A'=A=0.3$、$B'=B=0.57$ 时的直线同样可作为有限元结果的下包络线。这样就使轴力、弯矩作用下的承载力公式得以统一、简化。

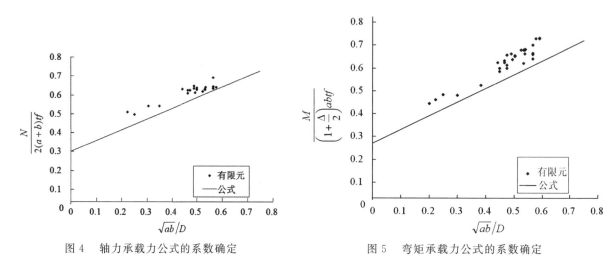

图4　轴力承载力公式的系数确定　　　　　　　图5　弯矩承载力公式的系数确定

最后考虑轴力和弯矩共同作用的情形。如前所述，两者共同作用下，节点承载力既可根据轴力进行设计，也可根据弯矩进行设计，只要分别在轴力承载力和弯矩承载力的基础上考虑 η_N、η_M 的影响系数即可。因此以轴力进行设计时可采用如下形式

$$N_R=\eta_N\left(A+B\frac{\sqrt{ab}}{D}\right)2(a+b)tf \tag{25}$$

而以弯矩进行设计时则为

$$M_R=\eta_M\left(A+B\frac{\sqrt{ab}}{D}\right)\left(1+\frac{1}{2}\Delta\right)abtf \tag{26}$$

式(25)、(26)与简化理论解的计算公式(21)、(22)在形式上是一致的。下面利用有限元结果验证系数取值 $A=0.3$、$B=0.57$ 的适用性。将有限元分析得到的承载力（这里取轴力）以 $\eta_N 2(a+b)tf$ 无量纲化（η_N 按式(10)或(12)确定），与 $\sqrt{ab}/D$ 的关系示于图6，可见直线 $0.3+0.57\sqrt{ab}/D$ 作为有限元结果的下包络线仍是合适的。

表1给出了文献[7]进行的4个试验的破坏荷载与上述建议公式的比较，建议公式的平均安全储备约为 1.4，低于网架网壳规程所要求的 1.6。在文献[6]对圆钢管焊接球节点的比较分析中已经说明，由于试验过程中偏心距会随着试件变形的发展而增大，相当于存在一个附加偏心距，即试件破坏时作用在节点上的实际弯矩远大于设计弯矩，而在根据公式计算节点的设计承载力时，弯矩影响系数仍是由设计弯矩求得的，因此弯矩影响系数偏大、相应的设计承载力偏高。文献[7]的有限元分析也表明，矩形钢管焊接球节点的4个试验（除试件3的轴压节点），不考虑附加偏心距影响时的节点承载力均大于考虑附加偏心距的承载力，平均提高幅度约 15%。因此，由本文试验结果检验建议公式的安全储备偏小是由于试验过程中难以避免的附加偏心距所造成的。由于实际工程中并不存在附加偏心距，本文的建议设计公式应具有与现行规程基本相当的安全储备。

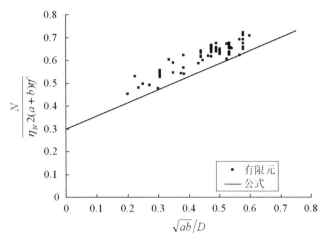

图 6 轴力与弯矩共同作用下承载力公式的系数确定

表 1 建议设计公式的检验

序号	焊接球/(mm×mm)	钢管/(mm×mm)	试验值/kN	本文公式/kN	试验/公式
1	D400×14	100×150	240	164	1.46
2	D400×14	150×100	282	210	1.34
3	D500×20	300×200	3500	2375	1.47
4	D500×20	300×200	2260	1662	1.36

综上，矩形钢管焊接空心球节点的承载力实用计算公式可归纳如下。

轴力作用下：

$$N_R = \left(0.3 + 0.57\frac{\sqrt{ab}}{D}\right)2(a+b)tf \tag{27}$$

弯矩作用下：

$$M_R = \left(0.3 + 0.57\frac{\sqrt{ab}}{D}\right)\left(1 + \frac{1}{2}\frac{a}{b}\right)abtf \tag{28}$$

轴力与弯矩共同作用下：

$$N_R = \eta_N\left(0.3 + 0.57\frac{\sqrt{ab}}{D}\right)2(a+b)tf \qquad （以轴力设计） \tag{29}$$

$$M_R = \eta_M\left(0.3 + 0.57\frac{\sqrt{ab}}{D}\right)\left(1 + \frac{1}{2}\frac{a}{b}\right)abtf \qquad （以弯矩设计） \tag{30}$$

式中，D 为空心球的外径(mm)；a,b 为与空心球相连的矩形钢管边长(mm)，其中 a 为弯矩作用平面内的边长，b 为弯矩作用平面外的边长；t 为空心球壁厚(mm)；f 为钢材抗拉强度设计值(N/mm^2)；η_N 为以轴力设计时考虑弯矩作用的影响系数；η_M 为以弯矩设计时考虑轴力作用的影响系数。

对轴力和弯矩共同作用下的焊接球节点，具体设计步骤如下。

(1) 根据 N、M(注意 M 为作用在边长 a 所在平面内的弯矩)和 b 确定属于哪一阶段，如果 $N \geqslant 2M/b$，属于第一阶段，如果 $N < 2M/b$，则属于第二阶段。

(2) 对于第一阶段，利用式(17)确定 η，然后利用式(10)、(11)确定影响系数 η_N 或 η_M；对于第二阶段，利用式(20)确定 ξ，然后利用式(12)、(13)确定 η_N 或 η_M。

（3）根据求得的 η_N 或 η_M，如果以轴力进行设计，由式（29）确定节点承载力；如果以弯矩进行设计，由式（30）确定节点承载力。

4 轴力和双向弯矩共同作用下节点承载力的简化计算

以上建立了轴力与单向弯矩（作用在矩形钢管的某一主平面内）共同作用下节点承载力的实用计算方法。但实际结构中的杆件往往承受双向弯矩的作用，即在其两个主平面内分别作用有弯矩 M_x 和 M_y，这里，定义作用在 xz 平面内的弯矩为 M_x，作用在 yz 平面内的弯矩为 M_y。这两个弯矩可以合成为

$$M = \sqrt{M_x^2 + M_y^2} \tag{31}$$

合成后的弯矩与 x 轴存在夹角 θ

$$\theta = \arctan \frac{M_y}{M_x} \tag{32}$$

单向弯矩作用时，$\theta = 0$ 或 $\pi/2$。双向弯矩作用时，θ 可能为 0 到 $\pi/2$ 之间的任意角度，对这种情况提出如下简化计算方法：将两个方向的弯矩利用式（31）合成为总弯矩 M（见图 7a），将 M 以单向弯矩的形式分别作用于矩形钢管的两个主平面内（见图 7b、7c），此时可利用前面建立的轴力和单向弯矩共同作用的承载力计算公式，节点的实际承载力则以这两组承载力为基础通过线性插值得到，即 θ 在 0 到 $\pi/2$ 之间变化时的解答由 $\theta = 0$ 及 $\theta = \pi/2$ 的两组结果插值得到。

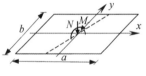 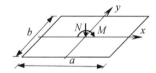 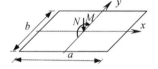

a 双向弯矩合成　　　　　　b 合成弯矩作用于 xz 平面　　　　　　c 合成弯矩作用于 yz 平面

图 7　双向弯矩的简化计算

对轴力与双向弯矩共同作用的节点，同样可以根据轴力进行设计，也可根据弯矩进行设计。由式（29）可知，以轴力设计时，只需对弯矩作用影响系数 η_N 进行插值；而式（30）可知，以弯矩设计时，除了对轴力作用影响系数 η_M 进行插值，对 $(1 + a/2b)$ 项也需插值，因为弯矩作用在不同平面时，a、b 的分子分母需要交换位置。因此以轴力设计比较简单。下面给出以轴力设计的具体设计步骤。

（1）根据 M_x、M_y，由式（31）、（32）求得 M、θ。

（2）将 M 作用于 xz 平面（即边长 a 所在平面），根据 N、M 和 b 确定属于哪一阶段，如果 $N \geqslant 2M/b$，属于第一阶段，利用式（17）确定 η，利用式（10）确定 η_N；如果 $N < 2M/b$，属于第二阶段，利用式（20）确定 ξ，然后利用式（12）确定 η_N。注意应用公式（17）、（10）、（20）、（12）时，$\Delta = a/b$，此时确定的 η_N 记为 η_{Nx}。

（3）将 M 作用于 yz 平面（即边长 b 所在平面），根据 N、M 和 a 确定属于哪一阶段，如果 $N \geqslant 2M/a$，属于第一阶段，同样利用式（17）、（10）确定 η、η_N；如果 $N < 2M/a$，属于第二阶段，利用式（20）、（12）确定 ξ、η_N。特别注意应用这些公式时，$\Delta = b/a$，此时确定的 η_N 记为 η_{Ny}。

（4）利用所确定的 η_{Nx}、η_{Ny}，对于实际作用的双向弯矩，由以下插值公式确定 η_N：

$$\eta_N = \frac{\frac{\pi}{2} - \theta}{\frac{\pi}{2}} \eta_{Nx} + \frac{\theta}{\frac{\pi}{2}} \eta_{Ny} \tag{33}$$

（5）由式（29）确定节点承载力。

上述简化计算方法是一种近似方法,但计算简单,可适用于双向弯矩任意组合的情况,同时具有一定的物理意义。在图 8 所示的轴力-弯矩关系图中(边长比 $\Delta=1.5$),弯矩(双向弯矩合成后的总弯矩)作用在两个主平面时分别为 $\theta=0$、$\theta=\pi/2$ 所指的曲线。对于 θ 在 0 到 $\pi/2$ 之间变化的情形,η_N 和 η_M 必然落在这两条线围成的区域之内;同时这两条线相差并不太大,即围成的是一个相对较窄的范围,采用线性插值求解应该是合理的。例如,$\theta=0$ 时,轴力-弯矩曲线由一条直线和一条抛物线组成,其分界点坐标为(4/7,3/5),该点所对应的物理意义为 $N=2M/b$;同样可求得 $\theta=\pi/2$ 时相应点的坐标为(0.6,0.52);利用上述插值方法则可求得 $\theta=\pi/4$ 时相应点的坐标为(0.586,0.560),见图 8。把轴力与弯矩不同组合下求得的 η_N 或 η_M 连成曲线绘于图 8,可见 $\theta=\pi/4$ 的结果落在 $\theta=0$ 与 $\theta=\pi/2$ 的曲线之间。

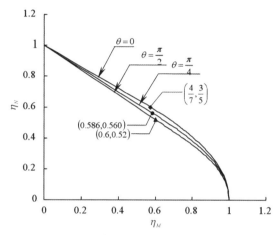

图 8　双向弯矩作用时的简化计算方法

5　结论

本文以国家游泳中心"水立方"工程为背景,在文献[7]有限元分析和试验研究的基础上,深入研究了轴力、弯矩及两者共同作用下矩形钢管焊接空心球节点的承载能力与设计方法。

(1)基于冲切面剪应力破坏模型,推导了矩形钢管焊接球节点承载力的简化理论解,从而得到了节点承载力计算公式的基本形式。

(2)对轴力和单向弯矩共同作用的节点,本文通过简化理论解证明了其轴力-弯矩相关关系与节点的几何参数无关。这极大地简化了节点承载力的计算方法。

(3)在由简化理论解得到的承载力公式基本形式的基础上,利用有限元分析和试验结果,建立了轴力、单向弯矩及两者共同作用下节点承载力的实用计算公式,具有明确的物理意义。

(4)对轴力和双向弯矩共同作用的节点,提出了以合成弯矩分别作用于两个主平面时的承载力为基础的线性插值方法作为节点承载力的简化计算方法。

(5)本文成果不仅可为"水立方"结构节点的可靠设计提供保证,还将丰富空间结构刚性节点的设计理论,为相关规范规程的修订提供依据。

参考文献

[1] 傅学怡,顾磊,邢民,等.奥运国家游泳中心结构设计简介[J].土木工程学报,2004,37(2):1—11.

［2］韩庆华,潘延东,刘锡良.焊接空心球节点的拉压极限承载力分析［J］.土木工程学报,2003,36(10):1－6.

［3］姚念亮,董明,杨联萍,等.焊接空心球节点的承载能力分析［J］.建筑结构,2000,30(4):36－38.

［4］中华人民共和国建设部.网架结构设计与施工规程:JGJ 7－91［S］.北京:中国建筑工业出版社,1991.

［5］中华人民共和国建设部.网壳结构技术规程:JGJ 61－2003［S］.北京:中国建筑工业出版社,2003.

［6］董石麟,唐海军,赵阳,等.焊接空心球节点在轴力和弯矩共同作用下的承载力研究和实用计算方法［J］.土木工程学报,2005,38(1):21－30.

［7］邢丽,赵阳,董石麟,等.矩形钢管焊接球节点的有限元分析与试验研究［J］.浙江大学学报(工学版),2006,40(9):1559－1563.

147 板式橡胶支座节点的设计与应用研究[*]

摘　要:本文在简述板式橡胶支座节点构成及受力特点的基础上,重点论述了橡胶垫板的主要物理力学特性及其设计计算方法,并论及了有关设计构造要点,同时也对橡胶垫板与支承结构的组合刚度问题进行了研讨。文中附有算例。本文可供网架结构工程设计参考。

关键词:橡胶垫板;支座节点;组合刚度

1　概述

我国在 20 世纪 60 年代即将橡胶垫板应用于桥梁支座节点,经这些年的实践表明,它的效果良好。目前已开始在网架结构中得到应用,它是在平板压力支座节点的支座底板下增设橡胶垫板,并以锚栓相连而构成一种板式橡胶支座节点(图 1)。

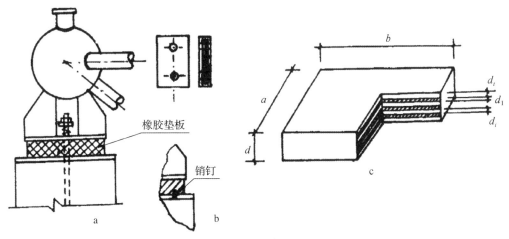

图 1　板式橡胶支座节点

这种橡胶垫板是由具有良好弹性的橡胶片和具有较高抗压强度的薄钢板分层粘合压制而成,故在竖向具有一定的承压能力,在水平方向又可产生一定的剪切变位。因此将它应用于支座节点,不仅可使支座节点在不出现过大压缩变形的情况下获得足够的承载力,而且既可适应支座节点的转动要求,又能适应温度变化、地震作用所产生的水平变位。它可以有效地减小或消除温度应力、减轻地震

---

* 本文刊登于:严慧,董石麟.板式橡胶支座节点的设计与应用研究[J].空间结构,1995,1(2):33−40,22.

作用的影响,并能改善下部支承结构的受力状态。与其他类型的支座节点相比,这类节点还具有构造简单、安装方便、节省钢材等优点。橡胶虽有老化问题,但防护处理得当仍可有较长的使用寿命,并非是一个突出的矛盾。

板式橡胶支座可以适应任何方向的伸缩与转动,不存在水平方向可动和固定的区别,适用于具有水平位移及转动要求的大、中跨度网架的支座节点。国内曾在芜湖某维修厂(3 跨 36m×39.6m,多点支承)、淮阴体育馆(45.12m×45.12m,周边支承)等工程以及北京等地新建的一些体育建筑与大面积工业厂房中得到成功应用,并取得了较好的技术经济效果。

国内常用橡胶垫板的胶料主要有氯丁橡胶、天然橡胶等,钢板主要采用 3 号钢或 16Mn 钢。氯丁橡胶属于人工合成材料,它不但具有天然橡胶的基本特性,而且具有较强的抗腐蚀与抗老化能力,使用寿命较长,网架结构中宜优先采用。但是氯丁橡胶的耐寒性较差,而天然橡胶对低温不敏感,因此在寒冷地区宜用天然橡胶垫板,或在氯丁橡胶中适当加入天然橡胶以调节橡胶垫板的耐寒性。氯丁橡胶与天然橡胶垫板可以分别适用于温度不低于−25℃与−40℃的地区。

橡胶垫板的平面形状主要为矩形和正方形。一些专业生产工厂已可生产多种规格的产品,以供选用。如正方形橡胶垫板,常用平面尺寸的规格有(180mm×180mm)～(300mm×300mm)(周边支承)以及(400mm×400mm)～(700mm×700mm)(中间支承);矩形橡胶垫板则有(180～500mm)×(200～900mm)等多种规格。橡胶垫板的厚度有 14～84mm,根据压缩变位量、水平变位量以及构造要求而选用。

橡胶垫板标准构造的上、下表层橡胶片厚度为 2.5mm,中间橡胶片的厚度可为 5mm、8mm、11mm,钢板厚度为 2～3mm。可将多层橡胶片与钢板相间粘合成所需厚度。

2 橡胶垫板的基本物理力学特性

为了使橡胶垫板能在工程中得到正确的应用,国内不少研究单位曾对不同类型的胶料在老化前后的一些物理力学性能进行过多项试验,其主要内容包括测定橡胶老化前的性能(硬度、抗拉强度、扯断伸长率)以及经 10℃×72 小时热空气老化后性能的变化率(最大抗拉强度变化率、最大扯断伸长变化率、最大硬度变化率)、70℃×22 小时最大压缩永久变形率、室温×144 小时重量变化率等,并进行臭氧老化试验、脆性温度测定与金属粘结强度试验等。同时也对橡胶垫板的受压、剪切、转动、疲劳、破坏、负温等力学性能进行系统试验。测试结果充分显示了材料性能的稳定性,应用于网架支座节点可以满足受力与使用要求。现将其中一些主要性能的特点简要说明如下。

橡胶硬度是反映橡胶材料弹性性能的一项重要指标。橡胶硬度的高低不仅影响到橡胶支座的压缩变形与转动性能,而且对其徐变性能与负温效应也有直接影响。一般来说,随着橡胶硬度的增大,压缩变形减小,材料抗压弹性模量与剪切模量增大,支座转动量也相应减小。同时橡胶硬度的增大还将引起材料徐变量的增加,促使附加塑性变形增加,从而降低材料的抗挤压能力,另外也将降低材料在负温下的工作性能。因此必须对橡胶硬度提出具体要求。

橡胶硬度值可用邵氏硬度测定仪测定。由于测量精度限制,加之胶料配合与加工的差异,硬度值存在 3% 左右的测定误差。参考桥梁结构多年使用的经验,橡胶垫板的胶片硬度以采用邵氏硬度 60°±5°为宜。考虑到网架结构支座节点相对有利的工作环境,其硬度值还可适当降低,如取邵氏硬度 55°±5°也是可行的。

橡胶垫板的抗压强度对其安全而稳定地工作有直接影响,因此,应给出它的工作范围.参考铁路桥与公路桥支座分别取最大允许抗压强度为 7.84MPa 与 9.8MPa 的规定,考虑到网架支座节点一般活荷载较小,且不直接承受动力荷载作用,可取 9.8～14.7MPa,而最小抗压强度为 1.96MPa。

橡胶垫板的抗压弹性模量 E 与剪切模量 G 可由试验确定。根据国内研究资料,橡胶材料的抗压性能与橡胶片的形状有关,抗剪性能则与其形状无关。橡胶材料的形状特征可用形状系数表示。对于一般边长比 $b/a \leqslant 2$ 的橡胶材料,形状系数可按式(1)计算

$$\beta = \frac{ab}{2(a+b)d_i} \tag{1}$$

式中,β 为橡胶的形状系数;a、b 为橡胶垫板短边与长边边长;d_i 为中间一层橡胶片厚度。

橡胶垫板的抗压弹性模量 E 值随中间层橡胶片的形状系数 β 而变,即随橡胶垫板承压面积与中间层胶片周边表面积之比而异。对于邵氏硬度 $60°$ 的橡胶垫板,E 值与系数 β 间的关系可由下表查得,而 G 值可采用 $0.98 \sim 1.47$MPa。

表 1 E-β 关系表

β	4	5	6	7	8	9	10	11	12
E/MPa	196	265	333	412	490	579	657	745	843
β	13	14	15	16	17	18	19	20	
E/MPa	932	1040	1157	1285	1422	1559	1706	1863	

橡胶垫板的这些基本特性主要由其构成方式所决定。具有弹性的橡胶片嵌入钢板后,限制了橡胶片在受压时可能产生的侧向膨胀,因而橡胶垫板的压缩变形较小,抗压刚度较大,但在水平方向仍可发生较大的剪切变形。因此橡胶垫板的 E 值远高于 G 值。表 1 中所列数据是指邵氏硬度 $60°$ 时的 E 值与形状系数 β 间的关系。如橡胶垫板硬度值增、减 $10°$,则 E 值将增、减 30%,而 G 值亦将按 40% 的幅度调整。即对于邵氏硬度分别为 $70°$、$50°$ 的橡胶垫板,其 E 值应在表中所列数值的基础上分别乘以 1.3 与 0.7 的影响系数予以修正,G 值则应在所采用的数值基础上乘以 1.4 与 0.6 的影响系数。

3 橡胶垫板的设计计算

橡胶垫板的设计计算是板式橡胶支座节点设计的重要内容。设计时必须首先根据网架支座反力设计值、最大水平位移值确定橡胶垫板平面尺寸与厚度,使能既满足承压强度要求,又满足橡胶垫板压缩变位量和水平变位量的允许条件,同时还应对其抗滑性能进行验算。

3.1 确定橡胶垫板的平面尺寸

橡胶垫板的平面尺寸主要取决于它的抗压强度条件,即

$$\sigma_m = \frac{R_{\max}}{A} = \frac{R_{\max}}{ab} \leqslant [\sigma] \tag{2}$$

或

$$A \geqslant \frac{R_{\max}}{[\sigma]}$$

式中,σ_m 为平均压应力;A 为垫板承压面积,即 $A = ab$;a、b 为橡胶垫板短边与长边边长;$R_{\max}$ 为网架全部荷载标准值引起的最大支座反力值;$[\sigma]$ 为橡胶垫板的允许抗压强度。

在一般情况下,橡胶垫板下的混凝土或钢材的局部承压强度不是控制条件,可不做验算。

3.2 确定橡胶垫板的厚度

在板式橡胶支座节点中,网架的水平变位是通过橡胶层的剪切变位来实现的。因此网架支座节点

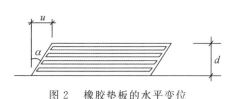

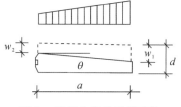

图 2   橡胶垫板的水平变位   图 3   橡胶垫板的压缩变位

在温度变化等因素下所引起的最大水平位移值 u（图 2）应不超过橡胶层的允许剪切变位$[u]$，即其剪切变位条件为

$$u \leqslant [u] \tag{3}$$

橡胶层的允许剪切变位$[u]$与橡胶层总厚度 d_0 及其允许剪切角 α 的正切值$[\tan\alpha]$有关，即

$$[u] = d_0[\tan\alpha] \tag{4}$$

对于常用硬度的橡胶材料$[\tan\alpha] = 0.7$。

另外，橡胶层厚度太大易造成支座失稳，为使橡胶垫板能正常工作，从构造上规定橡胶层厚度应不大于支座法向边长的 0.2 倍。

因此橡胶层总厚度可根据剪切变位条件与构造要求按下式计算

$$0.2a \geqslant d_0 \geqslant 1.43u \tag{5}$$

橡胶层的总厚度 d_0 值确定后，可确定橡胶片数目，加上各胶片间薄钢板厚度之和，即可求得橡胶垫板的总厚度为

$$d = d_0 + (n+1)d_1 \tag{6}$$

式中，$d_0 = 2d_t + nd_i$（d_t、d_i 分别为上、下表层与中间层橡胶片厚度，n 为中间橡胶片数目），d_1 为薄钢板厚度。

在确定橡胶垫板平面尺寸及其厚度时，尚应参考专业生产厂提供的有关产品目录，尽量在其规格产品中选用。

3.3   验算橡胶垫板的压缩变位

橡胶垫板具有一定的弹性，在支座竖向反力作用下及支座发生转动时均易产生较大的压缩变位，因此必须将这些变位值加以控制。

在板式橡胶支座节点中，支座节点的转动是通过橡胶垫板产生的不均匀压缩变位来实现的。当支座节点转动时，若橡胶垫板的内、外侧压缩变位分别为 w_1、w_2，如忽略薄钢板的变形，则橡胶垫板的平均压缩变位（图 3）为

$$w_m = \frac{1}{2}(w_1 + w_2) = \frac{\sigma_m d_0}{E} \tag{7}$$

支座转角 θ 值由图 3 可表示为

$$\theta = \frac{1}{a}(w_1 - w_2) \tag{8}$$

根据式（7）和（8），得

$$w_2 = w_m - \frac{1}{2}a\theta \tag{9}$$

当 $w_2 < 0$ 时，表明支座表面局部脱空而形成局部承压，这是不允许的。为此必须使 $w_2 \geqslant 0$，即

$$w_m \geqslant \frac{1}{2}a\theta \tag{10}$$

同时,为不使橡胶垫板出现过大的竖向压缩变位,按构造规定 w_m 值应不超过橡胶层总厚度的 $1/20$。因此,橡胶垫板的平均压缩变位 w_m 值应按下式验算

$$0.05d_0 \geqslant w_m \geqslant \frac{1}{2}a\theta \tag{11}$$

式中,θ 为网架支座节点的最大转角值(rad)。

3.4　验算橡胶垫板的抗滑移

在板式橡胶支座节点中,橡胶垫板直接与钢板或混凝土接触,当由于温度变化等因素引起水平变位 u 时,支座上出现的水平力将靠接触面上的摩擦力平衡。为此,应保证橡胶垫板与接触面间不产生相对滑动。抗滑移验算可按下式进行

$$\mu R_g \geqslant GA \frac{u}{d_0} \tag{12}$$

式中,μ 为橡胶垫板与钢或混凝土间的摩擦系数,分别为 0.2(与钢)或 0.3(与混凝土);R_g 为乘以荷载折减系数 0.9 的永久荷载标准值引起的支座反力。

3.5　算例

设某板式橡胶支座节点由屋面的标准恒载及活载引起的支座反力值分别为 400kN 与 250kN。若橡胶材料为邵氏硬度 $55°$,允许抗压强度为 $[\sigma]=9.8\text{MPa}$,剪切模量 $G=1.1\text{MPa}$。试选用该支座节点中的橡胶垫板。

(1)确定橡胶垫板平面尺寸

$$A = \frac{R_{\max}}{[\sigma]} = \frac{400+250}{9.8} \times 10^3 = 66326.5 \text{mm}^2$$

选用橡胶垫板平面尺寸 $250\text{mm} \times 350\text{mm}$,若定位孔为 $2\text{-}\phi55$,则有效面积为

$$A_n = 250 \times 350 - 2 \times \frac{\pi \times 55^2}{4} = 82748 \text{mm}^2 > 66326.5 \text{mm}^2$$

(2)确定橡胶垫板厚度

设支座节点的最大水平变位 $u=12\text{mm}$。中间橡胶片厚度 $d_i=5\text{mm}$,上、下表层橡胶片厚度 $d_t=2.5\text{mm}$,中间钢板厚度 $d_1=2\text{mm}$。根据构造要求,橡胶片总厚度 d_0 应不大于 $0.2a$,即

$$d_0 \leqslant 0.2a = 0.2 \times 250 = 50\text{mm}$$

根据剪切变位条件

$$d_0 \geqslant 1.43u = 1.43 \times 12 = 17.2\text{mm}$$

若选用 4 层中间橡胶片,则橡胶片总厚度 $d_0 = 4 \times 5 + 2 \times 2.5 = 25\text{mm}$,满足 $0.2a \geqslant d_0 = 25\text{mm} \geqslant 1.43u$。

橡胶垫板总厚度 $d = 4 \times 5 + 2 \times 2.5 + 5 \times 2 = 35\text{mm}$。

(3)平均压缩变位验算

中间橡胶片的形状系数

$$\beta = \frac{ab}{2(a+b)d_i} = \frac{0.25 \times 0.35}{2(0.25+0.35)0.005} = 14.6$$

由 $E\text{-}\beta$ 关系表(表1)查得邵氏硬度 $60°$ 时,$E=1108\text{MPa}$。

当邵氏硬度 $55°$ 时,抗压弹性模量应乘以影响系数 0.85,则 $E=941.8\text{MPa}$。

平均压缩变位:

$$w_m = \frac{R_{max} d_0}{EA} = \frac{650 \times 0.025}{941800 \times 0.25 \times 0.35} = 1.97 \times 10^{-4} \text{m} = 0.197 \text{mm}$$

可见橡胶垫板压缩变形极小,一般情况下可不考虑它对网架内力的影响。

根据构造要求 $w_m \leqslant 0.05 d_0 = 0.05 \times 25 = 1.25 \text{mm}$。

（4）抗滑移验算

邵氏硬度55°时,剪切模量应乘以影响系数0.8:

$$G = 1.1 \times 0.8 = 0.88 \text{MPa}$$

$$N = GA \cdot \frac{u}{d_0} = 0.88 \times 1000 \times 0.25 \times 0.35 \times \frac{0.012}{0.025} = 36.96 \text{kN}$$

支座摩阻力:

$$\mu R_g = 0.2 \times 0.9 \times 400 = 72 \text{kN}$$
$$N < \mu R_g$$

因此支座不会滑动。

4　橡胶支座节点的刚度计算

对于设有橡胶支座的网架结构,分析计算时应把橡胶垫板看作为一个弹性元件,其竖向刚度 K_{z0} 和两个水平方向的侧向刚度 K_{n0} 和 K_{s0} 分别可取为

$$K_{z0} = \frac{EA}{d_0}, \qquad K_{n0} = K_{s0} = \frac{GA}{d_0} \tag{13}$$

橡胶垫板搁置在网架支承结构上,因此尚应计算橡胶垫板与支承结构的组合刚度。

如支承结构为独立柱时,悬臂独立柱的竖向刚度 K_{zl} 和两个水平方向的侧向刚度 K_{nl}、K_{sl} 分别为

$$K_{zl} = \frac{E_l A_l}{l}, \qquad K_{nl} = \frac{3E_l J_{nl}}{l^3}, \qquad K_{sl} = \frac{3E_l J_{sl}}{l^3} \tag{14}$$

式中,E_l 为支承柱的弹性模量;J_{nl}、J_{sl} 为支承柱截面两个方向的惯性矩;l 为支承柱的高度。

此时,橡胶垫板与支承结构的组合刚度,可根据串联弹性元件的原理,分别求得相应的组合竖向与侧向刚度 K_z、K_n、K_s

$$K_z = \frac{K_{z0} K_{zl}}{K_{z0} + K_{zl}}, \qquad K_n = \frac{K_{n0} K_{nl}}{K_{n0} + K_{nl}}, \qquad K_s = \frac{K_{s0} K_{sl}}{K_{s0} + K_{sl}} \tag{15}$$

如支承结构沿网架边界构成框架柱时,精确的计算方法应把框架柱与网架（包括橡胶垫板）作为一个整体结构采用有限元法进行计算。显然,这样计算是相当繁琐的。考虑到框架柱在自身平面内构成一强大的抗侧力体系,可近似取 $K_{sl} = \infty$,而 K_{zl}、K_{nl} 仍按独立柱的式（14）表示,则橡胶垫板与支承结构的组合刚度为:

$$K_z = \frac{K_{z0} K_{zl}}{K_{z0} + K_{zl}}, \qquad K_n = \frac{K_{n0} K_{nl}}{K_{n0} + K_{nl}}, \qquad K_s = K_{s0} \tag{16}$$

现举一算例说明之。网架的支承结构采用钢筋混凝土独立柱,柱截面尺寸为400mm×600mm,柱高 l = 10m,混凝土C30,即 $E_l = 3.0 \times 10^4$ MPa;橡胶垫板按上一节算例选用,即平面尺寸为250mm×350mm,d = 35mm,d_0 = 25mm,E = 941.8MPa,G = 0.88MPa。试分别计算确定橡胶垫板的刚度及其与支承结构的组合刚度。

由式（12）可求得橡胶垫板三个方向的刚度为

$$K_{z0} = \frac{941.8 \times 250 \times 350}{25} = 330 \times 10^4 \text{N/mm} = 3300 \text{kN/mm}$$

$$K_{n0} = K_{s0} = \frac{0.88 \times 250 \times 350}{25} = 0.308 \times 10^4 \text{N/mm} = 3.08 \text{kN/mm}$$

由式(14)可分别求得独立柱三个方向的刚度为

$$K_{zl} = \frac{3.0 \times 10^4 \times 400 \times 600}{10000} = 72 \times 10^4 \, \text{N/mm} = 720 \text{kN/mm}$$

$$K_{nl} = \frac{3 \times 3.0 \times 10^4 \times 400 \times 600^3/12}{10000^3} = 648 \text{N/mm} = 0.648 \text{kN/mm}$$

$$K_{sl} = \frac{3 \times 3.0 \times 10^4 \times 600 \times 400^3/12}{10000^3} = 288 \text{N/mm} = 0.288 \text{kN/mm}$$

由式(15)可分别求得橡胶垫板与支承结构的三个组合刚度

$$K_z = \frac{3300 \times 720}{3300 + 720} = 591 \text{kN/mm}$$

$$K_n = \frac{0.648 \times 3.08}{0.648 + 3.08} = 0.535 \text{kN/mm}$$

$$K_s = \frac{0.288 \times 3.08}{0.288 + 3.08} = 0.263 \text{kN/mm}$$

由此可见,橡胶垫板的竖向刚度远大于其水平刚度;橡胶垫板与支承结构在各方向的组合刚度,分别小于橡胶垫板、支承结构各相应方向的刚度。

5　板式橡胶支座节点的设计构造要点

(1)板式橡胶支座节点设置的主要目的在于减小或释放温度应力,减轻水平力对下部支承结构的作用,并达到减振、隔振的要求。因此确定它的平面位置时,应结合工程具体情况,对工作条件、地质情况、抗震设防要求以及下部支承结构的刚度条件等因素加以综合考虑,使结构在设置了这种支座节点后能通过节点沿水平方向的变位达到预期目的。

具体布置时,一般在整个网架的支座节点中宜将板式橡胶支座节点与其他刚性支座节点结合使用,以保证整个结构更为可靠地工作。对于周边支承的矩形平面网架,可根据工程具体情况,仅在四角设置刚性支座节点,而四周边设置板式橡胶支座节点;也可仅沿相邻边或两对边边长方向或仅在相应边的中部设置板式橡胶支座,其他部位仍采用刚性支座节点。

(2)在板式橡胶支座节点中,当选用矩形橡胶垫板时,为有利于节点的转动,应将其长边沿网架支座节点的切线方向平行放置。

(3)板式橡胶支座节点具有适应各向变形的特点,因而也就可能产生一定的横向位移。因此在水平荷载较大的情况下,为控制支座的侧向变形,宜在橡胶垫板的预定侧向位移处设置角钢限位装置。或通过在橡胶垫板的顶面或底面的浅槽孔内嵌入的销钉以限制其侧向变位。此外,也可在橡胶垫板上开设适当直径的孔洞,并使直接套入与过渡钢板相连的定位螺栓(图1b),这样也可以在满足支座水平方向移动量的同时,又防止橡胶垫板出现过大的侧向位移。

(4)节点安装时应使基层保持平整,以保证橡胶垫板的受力均匀。一般可在支承面上的钢板或混凝土间采用502胶等胶结剂粘结,也可直接铺设一层1∶3水泥砂浆予以找平,使橡胶垫板的上、下表面均能紧密接触。

(5)橡胶垫板的使用年限可达 $30 \sim 50$ 年,具有较强的耐候性。为延缓橡胶垫块的老化,可在垫板四周涂以酚磺树脂,并粘贴泡沫塑料。同时在支座节点的设计中也须考虑长期使用后因老化而予调整、更换的可能性。使用过程中要避免橡胶垫板直接接触油类物质及其他有害物质。

(6)橡胶垫板在安装、使用过程中应经常检查,外观上是否出现偏移或局部脱空现象,是否存在过大的剪切与压缩变位。

参考文献

[1] 廖顺痒,吴在辉,金吉寅.桥梁橡胶支座[M].北京:人民交通出版社,1988.

[2] 陈芮,王晞,王志民.橡胶支座性能及在建筑结构中的应用研究[C]//中国土木工程学会.第四届空间结构学术交流会论文集(第二卷),成都,1988:666-670.

[3] 中华人民共和国建设部.网架结构设计与施工规程:JGJ 7-91[S].北京:中国建筑工业出版社,1991.

148 铝合金板件环槽铆钉搭接连接受剪性能试验研究*

摘　要：针对工程中常用的铝合金板件环槽铆钉搭接连接，进行了受剪性能的静力试验。通过拉伸试验测得铝板用 6061-T6 铝材和铆钉用 304HC 不锈钢材的物理参数，测定了环槽铆钉的预紧力。试验中获得了 12 个单铆钉搭接连接试件的荷载-位移曲线和极限荷载，分析了其破坏模式及铆钉孔径、端距、边距等参数的影响。结果表明：试件的破坏形式有环槽铆钉剪切破坏、板件顶端纵向撕裂破坏与侧边横向撕裂破坏 3 种，控制铆钉孔端、边距尺寸能避免后两种破坏；环槽铆钉预紧力在板件间产生的摩擦力有限，因此该搭接连接应属于承压型连接；铆钉与孔壁间的间隙最终会因板件间的相对滑移而致密，故过大的铆钉孔径将造成大的残余变形，但对承载力的影响有限；剪力作用下节点的荷载-位移曲线早期有较明显弹性段，可取其弹性段的末端荷载值作为受剪承载力设计值，极限荷载和该承载力设计值的比值约为 2.3。

关键词：铝合金结构；环槽铆钉；搭接连接；静力试验；受剪性能；破坏模式

0　引言

焊接会显著降低铝合金母材的强度，且检查与修复比较复杂，故铝合金结构目前基本采用机械连接[1]，其中环槽铆钉搭接连接是其主要的连接形式[2]。环槽铆钉搭接连接具有安装速度快，节点精度高且构造尺寸小的优点，其典型的应用是美国 Temcor 公司的专利铝合金单层网壳节点体系[3]（图 1）。该连接节点中，多根工字型断面铝合金杆件的上、下翼缘板采用环槽铆钉搭接连接于同一块圆形铝合金盖板上。由于工字形断面杆件间的腹板不连接，因此此类节点主要适用于以薄膜内力（轴力）为主、剪力较小的单层网壳，该类环槽铆钉搭接连接主要承受由构件翼缘传来的剪力。GB 50429—2007《铝合金结构设计规范》[4]并没有对环槽铆钉搭接连接的设计提供具体的验算方法，欧洲和澳洲的铝合金结构规范[5,6]对此类连接也没有明确的条文规定。文献[7]中仅简单规定环槽铆钉应满足普通螺栓的相关技术要求，但也没有给出具体的验算公式。目前可查阅到的文献[8]也只是介绍了环槽铆钉搭接连接节点构造和施工方法。

---

*　本文刊登于：邓华，陈伟刚，白光波，董石麟. 铝合金板件环槽铆钉搭接连接受剪性能试验研究[J]. 建筑结构学报，2016，37(1)：143−149.

a 不锈钢304HC   b 铝合金6061-T6

图 1 铝合金板式节点

图 2 拉伸试样

近年来,国内学者针对铝合金结构环槽铆钉搭接连接节点开展了一些研究工作[9,10],但多局限于数值模拟,其中一些计算假定仍值得商榷。然而,对于存在预紧力的环槽铆钉搭接连接,其受力性能是接近于普通螺栓还是高强螺栓,剪力作用下的受力性态、破坏模式是摩擦型还是承压型,这些基本问题都值得深入探讨。为此对铝合金板件单铆钉搭接连接的受剪性能进行试验研究。首先对铝板用 6061-T6 铝材和铆钉用 304HC 不锈钢材进行拉伸试验,测定其弹性模量、屈服强度、抗拉强度等参数;然后对环槽铆钉的预紧力值进行测试;通过 4 组 12 个不同孔径、不同端距、不同边距的单铆钉搭接连接试件的受剪试验,测得试件的荷载-位移曲线和板件测点应变;根据试验结果,对此类连接的破坏模式和承载能力进行分析,并讨论铆钉孔径、端距、边距等参数的影响,从而对单铆钉搭接连接的设计承载力取值提出建议。

1 试验概况

1.1 材性实测

根据我国标准 GB/T 228.1－2010《金属材料拉伸试验:第 1 部分:室温试验方法》[11],分别制作 6061-T6 铝合金标准板状试样和 304HC 不锈钢标准棒材试样(图 2),每种材料各 3 个。单轴拉伸试验采用位移控制,分别测试材料残余应变为 0.01% 时对应的应力 $\sigma_{0.01}$、名义屈服强度 $f_{0.2}$、抗拉强度 f_u、弹性模量 E,3 个试样试验结果的平均值列于表 1 中。

表 1 试样材料属性

牌号	$\sigma_{0.01}$/MPa	名义屈服强度 $f_{0.2}$/MPa	抗拉强度 f_u/MPa	弹性模量 E/GPa
6061-T6	—	246.57	283.40	69.82
304HC	290.09	460.67	724.19	189.00

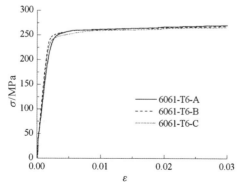

图 3 6061-T6 铝合金材料应力-应变曲线

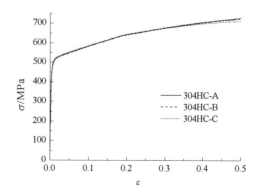

图 4 304HC 不锈钢材料应力-应变曲线

两种材料的应力-应变曲线分别见图 3、4。从图中可以看出,二者均为典型的非线性材料,没有明显的屈服台阶,通常用残余应变为 0.2% 时对应的应力作为其名义屈服强度。与普通碳素钢相比,不锈钢材料具有相当大的应变硬化和高延展性,屈服强度也高达 460MPa,但弹性模量稍低。

1.2 预紧力测定

试验所采用的连接铆钉为工程中普遍使用的 M9.66 不锈钢(304HC)环槽铆钉(图 1),通过特制压力传感器测试其预紧力值,如图 5 所示。从同一批次环槽铆钉中任取 3 个,固定 QM1100 型铆钉枪(图 6)的工作气压与工作行程,然后分别铆接 3 组板材与压力传感器。3 个试件实测得到的环槽铆钉预紧力值分别为 19.18kN、17.98kN、19.39kN,平均值为 18.85kN。可以发现,固定铆钉枪的工作气压与工作行程,可以使其对各铆钉施加的预紧力基本一致。

图 5 预紧力测试

图 6 QM1100 环槽铆钉枪

1.3 试件设计

设计制作了 4 组单铆钉搭接连接试件,每组包括 3 个相同试件,以确保试验数据的可靠性。每个试件的铝合金板件均取材于 6061-T6 铝合金工字形挤压型材(图 1)的上、下翼缘部位,铝合金板件表面经环氧涂层处理。连接铆钉采用 304HC 不锈钢环槽铆钉。试件的变化参数包括铆钉孔径 d_0、端距 e_1 和边距 e_2。铆钉孔径 d_0 分别取 $d+0.30$mm(A、C、D 组试件)和 $d+1.14$mm(B 组试件)(d 为铆钉杆直径),前者是环槽铆钉的产品建议值,后者取值则是参考了目前实际工程应用[12]。4 组试件的具体参数见表 2。

表 2 试件参数

试件分组	板厚 t/mm	铆钉直径 d/mm	孔径 d_0/mm	端距 e_1/mm	边距 e_2/mm	试件数量
A	10	9.66	9.96	30	20	3
B	10	9.66	10.80	30	20	3
C	10	9.66	9.96	20	20	3
D	10	9.66	9.96	30	15	3

试件几何构造见图 7。为满足试验机夹持需要,试件两端均预留有 75mm 夹持区域,并在夹持区域添加等厚垫块。垫块与试件之间的接触面进行滚牙处理以增大摩擦力,确保试验过程中不会发生相对滑动。所有铆钉孔均满足 GB 50427—2007[4] 的端、边距要求,端距 e_1 分别取 20mm(C 组试件)和 30mm(A、B、D 组试件),边距 e_2 分别取 15mm(D 组试件)和 20mm(A、B、C 组试件)。采用 QM1100 型环槽铆钉枪按设定的工作气压与工作行程拉拔环槽铆钉。

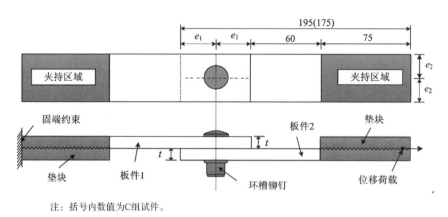

注：括号内数值为C组试件。

图7　试件几何构造

1.4　加载方式

采用 Instron 25T 高性能试验机对试件进行拉伸试验，加载设备及试验装置分别见图8、9。试验根据 GB/T 228.1—2010[11]进行设计，采用控制位移的加载方式，速率为 0.02mm/s。当试验过程中发生以下现象之一时终止加载：1)试件（铝合金板件或环槽铆钉）断裂；2)试件不能够继续维持所加荷载。

图8　加载设备

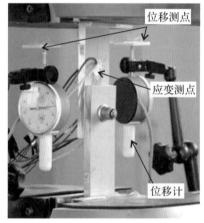

图9　试验装置

1.5　测试内容及数据采集

采用电阻应变计测试板件应变。在每个试件的板件2(图7)上布置5个应变测点，具体位置见图10a，其中测点1和测点2分别位于铝合金板件两侧，其余测点均与测点1同侧。在试件夹持端两侧，用强力胶粘贴具有足够刚度的有机玻璃板，作为位移计 Φ_1、Φ_2 的支点(图10b)。应变和位移的数据采集均采用德国 imcCRONOS PL3 系统，采集频率为 10Hz。

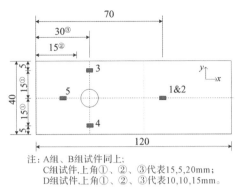

注：A组、B组试件同上；
　　C组试件，上角①、②、③代表15,5,20mm；
　　D组试件，上角①、②、③代表10,10,15mm。

a 应变测点　　　　　　　　　　b 位移测点

图 10　试件测点布置示意

2　试验结果及其分析

2.1　试验现象及破坏模式

分析试验结果发现，各试件破坏过程大致相似。基本的现象是，随着荷载的不断增加，环槽铆钉产生剪切变形并发生轻微倾斜，铝合金板件孔边被挤压。荷载进一步增大，环槽铆钉的剪切变形也随之增大，后期铆钉帽和铆钉套环不断压向铝合金板件孔边(图 11)，最终使板件产生翘曲变形，并使两块板件发生接触面脱离(图 12)，环槽铆钉剪切断裂(图 13)，试件发生破坏。

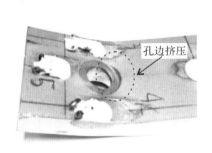

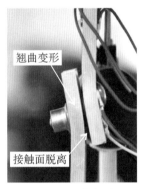

图 11　板件孔边挤压变形　　　　图 12　试件变形

a 剪切变形　　　　　　b 铆杆中部剪断　　　　　　c 铆杆底部断裂

图 13　环槽铆钉破坏

由于试件几何参数、加工精度、安装误差等因素的影响,各试件的最终破坏形式还是存在明显的差异,具体如下。

2.1.1　A、B 组试件

A、B 两组共计 6 个试件,其中试件 B1 存在加工缺陷,故未进行加载试验。其他 5 个试件的破坏形式均是环槽铆钉沿铆杆中部剪断破坏(图 13b),铝合金板件产生翘曲变形,且孔边有明显的鼓凸现象(图 14a)。板件翘曲变形情况受到试件加工精度和安装误差等初始缺陷的影响,其中试件 A1、A2、B2 的两块板件均发生对称的翘曲变形(图 14a),但试件 A3、B3 呈非对称的翘曲变形(图 14b),仅一块板件的变形严重。

a　铝合金板对称翘曲变形(试件A2)　　　　　b　铝合金板非对称翘曲变形(试件B3)

图 14　铝合金板件翘曲变形

2.1.2　C 组试件

C 组试件主要用于考察板件端距 e_1 的影响,但该组 3 个试件呈现各自不同的破坏形式。试件 C1 两块铝合金板件产生对称翘曲变形,端部均有明显的隆起变形,且在板件 2 端部发生纵向撕裂破坏(图 15)。试件 C2 一块板件产生翘曲变形,另一块板件变形不明显,环槽铆钉沿铆杆底部截面拉断(图 13c)。试件 C3 发生沿铆杆中部截面的剪断(图 13b),两块铝合金板件产生非对称翘曲变形。

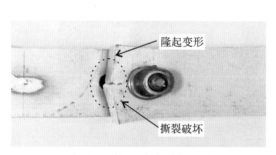

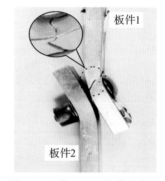

图 15　试件 C1 板件端部撕裂　　　　　图 16　试件 D2 板件横向撕裂

2.1.3　D 组试件

D 组试件主要用于考察板件边距 e_2 的影响。该组 3 个试件破坏过程及破坏形式基本相同,均为侧边横向撕裂破坏(图 16),且与撕裂位置对应的该板件另一侧有明显的颈缩现象。此外,试件 D2、D3 为板件 1 发生撕裂,试件 D1 为板件 2 发生撕裂。发生撕裂的板件不同,也使得试件 D1 的荷载-位移曲线和另外两个试件有所不同。

综上分析可知,剪力作用下铝合金板件单铆钉搭接连接的破坏形式主要有 3 种:铆钉剪切破坏、顶端纵向撕裂破坏和侧边横向撕裂破坏(图 17)。此外,应该注意到,在以上 3 种形式破坏的发展过程中,均伴有不同程度的孔壁承压变形。

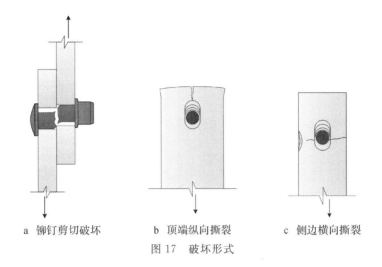

| a　铆钉剪切破坏 | b　顶端纵向撕裂 | c　侧边横向撕裂 |

图 17　破坏形式

2.2　荷载-位移曲线

试件的荷载-位移曲线见图 18。结合各组试件的试验现象及过程可以看出,对于铝合金板件发生对称翘曲变形(图 14a)的试件,环槽铆钉沿铆杆基本上是中部截面发生剪切破坏(图 13b);而对于受初始缺陷影响产生非对称翘曲变形(图 14b)的试件,同组试件的荷载-位移曲线存在一定的差异,但其发展趋势基本相同。综合图 18,可将剪力作用下铝合金板件单铆钉搭接连接节点的荷载-位移曲线归纳为图 19 所示的典型形式。曲线变化总体上分为 4 段:

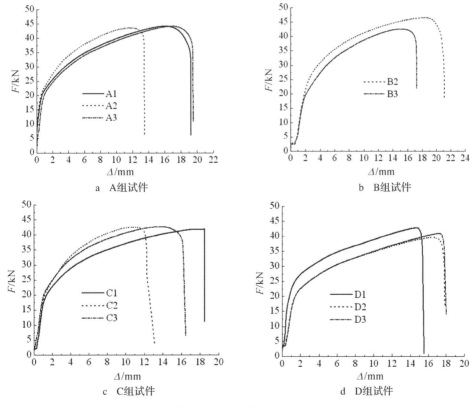

| a　A组试件 | b　B组试件 |
| c　C组试件 | d　D组试件 |

图 18　试件荷载-位移曲线

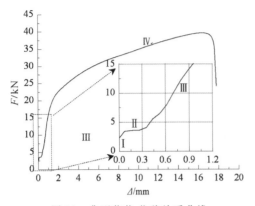

图 19　典型荷载-位移关系曲线

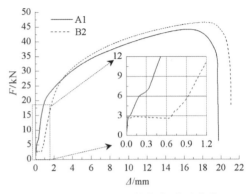

图 20　不同孔径试件荷载-位移曲线

第 I 段为摩擦段。加载初期,荷载-位移曲线基本呈直线上升趋势,各接触面的滑移量近乎为零,该段荷载基本上是通过板件之间的摩擦力传递。当板件间的切向接触力超过其临界力时,板件之间开始产生相对滑移。

第 II 段为滑移段。该段曲线为平直段,并且可以发现板件的相对滑移量基本上相当于环槽铆钉与铆孔的间隙。对于孔径相对较大的 B 组试件,可以看出滑移段非常明显。

第 III 段为承压段。随着荷载的进一步增加,板件间的相对滑移基本结束,铆孔开始承压。此时,环槽铆钉和板件均处于弹性受力阶段,因此荷载-位移曲线仍保持线性关系。

第 IV 段为强化段。荷载继续增大,试件局部区域开始产生塑性变形,荷载-位移关系呈现非线性。由于不锈钢环槽铆钉具有良好的延性,从屈服开始经过较长的塑性变形段后,试件才发生如图 17 所示的破坏模式。

总体上看,环槽铆钉预紧力在板件间产生的摩擦力非常有限,因此该搭接连接应属于承压型连接。

鉴于剪力作用下各节点的荷载-位移曲线早期存在较明显的弹性段(承压段),建议可取其弹性段末端的荷载值作为该连接形式的抗剪承载力设计值参考点。各试件的受剪承载力设计值 F_d、极限荷载 F_u 及其变形 Δ_u 和破坏形式列于表 3 中,其中破坏形式 a～c 对应图 17a～c。极限荷载和承载力设计值的比值约为 2.3。

表 3　各试件承载力、变形及其破坏形式

试件编号	极限荷载 F_u/kN	承载力设计值 F_d/kN	变形 Δ_u/mm	F_u/F_d	破坏形式
A1	44.24	17.47	16.45	2.53	a
A2	43.66	18.98	11.90	2.30	a
A3	44.22	18.76	16.93	2.36	a
B1	—	—	—	—	—
B2	46.58	18.49	18.42	2.52	a
B3	42.67	20.52	15.20	2.08	a
C1	42.59	19.91	18.45	2.14	b
C2	42.63	17.5	10.75	2.44	a
C3	42.79	19.87	13.81	2.15	a
D1	42.79	20.34	14.55	2.10	c
D2	39.64	17.26	16.34	2.30	c
D3	41.00	19.76	17.14	2.07	c

2.3 承载力的影响因素分析

根据试验结果,考察铆钉孔径以及端、边距对铝合金板件单铆钉搭接连接受力性能的影响。

2.3.1 铆钉孔径

试验铆钉孔径有 9.96mm(试件 A1)和 10.80mm(试件 B2)两种,间隙分别为 0.3mm 和 1.14mm。从图 20 中可以看出,试件 A1 经微小滑移后直接进入承压阶段,而试件 B2 则产生了和铆孔间隙相当且不可恢复的相对滑移量。但是,孔径大小对节点承压承载能力的影响有限。

2.3.2 铆钉孔端距和边距

为考察铆钉孔端、边距对节点受力性能的影响,分别选取试件 A1($e_1=30$mm,$e_2=20$mm)、试件 C1($e_1=20$mm,$e_2=20$mm)和试件 D2($e_1=30$mm,$e_2=15$mm)进行对比分析。加载结束后,受铝合金板件端、边距的影响,3 个试件的破坏形式分别为铆钉剪切破坏、顶端纵向撕裂和侧边横向撕裂。将 3 个试件的荷载-位移曲线列于图 21a。虽然 3 个试件的孔径相同,但是由于环槽铆钉拉拔完成后并不能保证其位于铆孔中心,其荷载-位移曲线滑移段的表现却有所不同(图 21a)。试件 C1、D2 在外力作用下产生和铆孔间隙相当的滑移量后进入孔壁承压阶段,而试件 A1 产生微小滑移后直接进入孔壁承压阶段。若紧贴受力方向一侧的铆孔孔壁(图 22a),滑移量和铆孔间隙相当,达到最大;若紧贴和受力方向相反一侧(图 22b),可以认为其产生微小滑移后进入孔壁承压阶段。

从图 21b 可以看出,在弹性阶段,若不考虑滑移段的影响,3 个试件的荷载-位移曲线基本重合。直到进入曲线第Ⅲ阶段后,铆钉孔端距和边距变化的影响才开始表现出来,并随荷载的增加而愈加明显。对比可知,试件 A1 的承载力约为试件 C1 的 1.04 倍,约为试件 D2 的 1.11 倍。

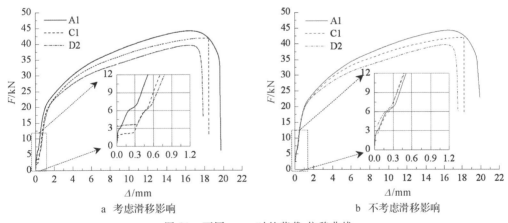

a 考虑滑移影响　　　　　　　　　b 不考虑滑移影响

图 21 不同 e_1、e_2 时的荷载-位移曲线

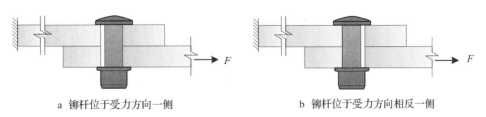

a 铆杆位于受力方向一侧　　　　　　b 铆杆位于受力方向相反一侧

图 22 铆钉位置

3 结论

通过 12 个单铆钉搭接连接试件的受剪试验，考察了环槽铆钉连接铝合金节点的受剪性能，可以得到以下结论。

（1）试件的破坏形式有环槽铆钉剪切破坏、板件顶端纵向撕裂破坏与侧边横向撕裂破坏 3 种，控制端距、边距能避免后两种破坏。

（2）节点的滑移量基本上和环槽铆钉与铆孔的间隙相当，过大的间隙将造成大的残余变形，但对节点的承载力影响有限。

（3）环槽铆钉预紧力在板件间产生的摩擦力非常有限，因此铝合金板件环槽铆钉搭接连接属于承压型连接。

（4）在剪力作用下，节点的荷载-位移曲线可以分为摩擦段、滑移段、承压段和强化段 4 个特征段，可取其弹性段（承压段）的末端荷载值作为受剪承载力设计值，各试件的极限荷载和承载力设计值的比值约为 2.3。

参考文献

[1] 王元清，袁焕鑫，石永久，等.铝合金板件螺栓连接承压强度试验与计算方法[J].四川大学学报（工程科学版），2011，43（5）：203－208.

[2] 马炳成，杨联萍，钱若军.铝合金结构连接的滑移破坏机理[C]//天津大学.第六届全国现代结构工程学术研讨会论文集，天津，2006：1222－1227.

[3] 杨联萍，韦申，张其林.铝合金空间网格结构研究现状及关键问题[J].建筑结构学报，2013，34（2）：1－19，60.

[4] 中华人民共和国建设部.铝合金结构设计规范：GB 50429－2007[S].北京：中国计划出版社，2007.

[5] CEN. Eurocode 9：design of aluminum structures：part 1-1，general structural rules[S]. Brussels，Belgium：CEN，2007.

[6] Australian Standards. Aluminum structures：AS/NZS 1664[S]. Sydney：Australian Standards，1997.

[7] The Aluminum Association. Aluminum design manual[S]. Arlington，Virginia：The Aluminum Association，2010.

[8] KISSELL J R，FERRY R L. Aluminum structures：a guide to their specifications and design[M]. New York：John Wiley & Sons，2002.

[9] 沈祖炎，郭小农，李元齐.铝合金结构研究现状简述[J].建筑结构学报，2007，28（6）：100－109.

[10] GUO X，XIONG Z，LUO Y，et al. Experimental investigation on the semi-rigid behaviour of aluminium alloy gusset joints[J]. Thin-Walled Structures，2015，87：30－40.

[11] 中国国家标准化管理委员会.金属材料拉伸试验第 1 部分：室温试验方法：GB/T228.1－2010[S].北京：中国标准出版社，2010.

[12] 谭金涛，尹昌洪，曹璐，等.重庆国际博览中心铝合金屋面设计[J].钢结构，2013，28（3）：32－35.

149 世博轴阳光谷钢结构节点试验研究及有限元分析[*]

摘　要：世博轴阳光谷单层网格结构采用了一种全新的节点形式，其主要设计思路是矩形钢管杆件仅上下翼缘板及两根内力最大杆件的腹板与节点核心区焊接。根据不同的加工工艺，节点核心区有以加劲板连接的两块端板和实心圆柱体两种构造形式。为直观了解节点的受力性能、破坏机理和承载能力，保证连接节点的安全可靠，并验证通过不同工艺加工的节点能够满足设计要求，选取 3 个阳光谷中的 10 个典型节点进行了足尺试验研究。试验结果表明，所采用的节点形式具有足够的安全储备，可以满足"强节点弱杆件"的设计要求；节点核心区为实心圆柱体的构造形式，应力水平较低，应力集中也较为缓和。对试验节点的有限元分析表明，考虑大变形的弹塑性非线性有限元分析可以较好地模拟节点的受力性能。

关键词：单层网格结构；节点；静力试验；有限元分析；受力性能

1　引言

世博轴屋顶包括张拉索膜结构和 6 个"阳光谷"钢结构（Sun Valley，6 个阳光谷分别简称为SV1～SV6）[1]。阳光谷钢结构采用了由三角形网格组成的单层空间网格结构体系，结构简洁通透，图 1 所示为钢结构完成后阳光谷 SV3 的照片。杆件和节点是网格结构的两个重要组成部分。阳光谷杆件除顶圈为实心矩形杆件，其余均为焊接矩形钢管。目前我国网格结构最常用的节点形式有焊接空心球节点和螺栓球节点，但球节点形式无法满足阳光谷的建筑设计要求。图 2 为阳光谷实际工程中的节点照片，由 6 根等截面的矩形钢管直接相贯连接组成。为达到节点外形效果，阳光谷钢结构采用了一种国内外尚未有工程应用的新型节点形式。

单层空间网格结构能否正常承载，节点的形式及其强度、刚度是关键因素，节点的破坏将导致与之相连的若干杆件的失效，进而导致结构的破坏。因此，节点设计是网格结构设计的关键之一。对于一种新型的节点形式，验证其可靠性最直接有效的途径是节点试验，如文献[2—4]分别针对网格结构中的新型节点形式进行了试验研究。

6 个阳光谷钢结构分别由 3 家施工单位加工制作（SV1；SV2、SV4、SV6；SV3、SV5），各单位根据各自的工艺特点采用了不同的加工制作方法。为直观了解节点实际的受力性能、破坏机理和承载能力，保证新型连接节点的安全可靠，同时验证通过不同工艺加工的节点能够满足设计要求，本文对阳光谷钢结构的 10 个典型节点进行足尺试验，同时对试验节点进行弹塑性有限元模拟。

[*]　本文刊登于：陈敏，邢栋，赵阳，苏亮，董石麟，汪大绥，方卫，张安安.世博轴阳光谷钢结构节点试验研究及有限元分析[J].建筑结构学报，2010，31(5)：34—41.

图 1　钢结构完成后的 SV3 阳光谷　　　　　　图 2　阳光谷节点照片

2　阳光谷钢结构节点形式

　　阳光谷钢结构新型节点的主要设计思路是矩形钢管在节点区域仅上下翼缘板及两根内力最大杆件(也称主杆)的腹板与节点体相连,其余杆件的腹板受力不连续。

　　根据不同施工单位的加工工艺,实际工程中的节点采用了图 4 所示的两种具体形式,主要区别在节点核心区。SV2~SV6 采用图 3a 所示节点构造,节点核心区包括上、下 2 块六边形端板及 1 块竖向加劲板,各杆件的上下翼缘与相应的端板焊接,内力最大的 2 根杆件(杆件 3 和 6,杆件编号见图 3a)的腹板伸至加劲板并与之焊接,从而使腹板贯通,其余 4 根杆件的腹板不伸至加劲板,仅相邻腹板通过角焊缝连接使节点区封闭。SV1 采用图 3b 所示节点构造,节点核心区为实心圆柱体,各杆件的上下翼缘与圆柱焊接,腹板也仅有内力最大的 2 根杆件(杆件 3 和 6)与圆柱体焊接,其余同样为相邻腹板封闭。两种形式的节点均主要通过矩形钢管的上下翼缘传力。

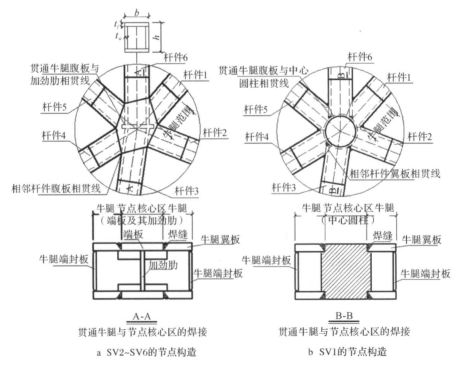

图 3　节点示意图

3　试验概况

3.1　加载装置

试验在浙江大学结构实验室空间结构大型节点试验全方位加载装置上进行。该装置可实现空间尺寸 4m 左右的节点加载试验,设有 1 个垂直方向的固定主油缸和 4 个活动油缸,各油缸均可实现拉、压加载,4 个活动油缸的移动定位以及油缸的加载均通过控制系统自动实现。

试验节点均有 6 根杆件。试验时,其中 1 根杆件与顶部固定主油缸通过螺栓相连,由主油缸对其加载;与其对应的下方杆件则与反力架内的底部支座焊接连接,作为试验节点的固定约束端;其余 4 根杆件分别由 4 个活动油缸移动至合适位置就位后由活动油缸加载。由于活动油缸可灵活适应不同方向杆件的加载要求,因此该装置适用于空间关系复杂的阳光谷节点的加载试验。

3.2　试验节点的选择

每个阳光谷具有上千个节点,应确定受力最为不利的节点进行试验。仅以阳光谷 SV3 为例说明选择试验节点的原则。

(1)选择与受力最不利杆件相连的节点进行试验。阳光谷 SV3 共包含 17 种不同截面类型的杆件。对每一类杆件,采用简化方法计算所有杆件上下翼缘的应力比(杆件最大应力与屈服应力之比)[5],将最大应力比大于 0.95 的节点作为试验对象。所选择的节点可以代表连接该类截面杆件的所有节点中的最不利情况。

(2)试件满足加载装置的内部空间要求。每个节点均连接有 6 根杆件,空间关系十分复杂,所选试验节点必须满足加载系统的内部空间要求,即每根杆件的加载端位置必须有一个活动油缸能移动到位。若根据上述原则(1)选择的试件无法满足空间要求,则选择应力比略低、但能满足空间要求的节点。

根据以上原则,阳光谷 SV3 中确定编号分别为 134、140、151 和 1086 的 4 个节点进行试验,分别记为试件 SV3-134、SV3-140、SV3-151 和 SV3-1086。另外按同样方法对阳光谷 SV1 和 SV4 各选择 3 个节点进行足尺试验,共 10 个节点试件,见表 1。这些节点均位于各阳光谷底部位置及由下部竖直区域向水平区域转折的过渡位置。试件材料与实际工程一致,材性试验测得的钢材屈服强度见表 1。节点部分的所有尺寸及杆件的截面尺寸均与实际结构相同,杆件长度则根据加载装置的内部空间有所调整,但均小于杆件实际长度。

表 1　试件基本参数

试件编号	主杆(杆件 3、6)截面尺寸 $b \times h \times t_f \times t_w$/mm	其他杆件截面尺寸 $b \times h \times t_f \times t_w$/mm	杆件最大应力 /MPa	应力比	屈服强度 /MPa
SV1-900	180×80×25×16(杆件 3) 180×80×30×20(杆件 6)	180×80×16×10 180×80×25×16(杆件 5)	277	0.94	372
SV1-1100	180×80×16×10	180×80×16×10	314	1.01	379
SV1-1696	180×80×20×20	180×80×16×10	288	0.98	383
SV3-134	180×80×16×16	180×80×14×8	300	0.97	379
SV3-140	180×80×30×20	180×80×16×16	296	1.00	365
SV3-151	180×80×14×8	180×80×14×8	301	0.97	395
SV3-1086	180×80×16×10	180×80×16×10	294	0.95	379
SV4-132	180×100×25×16	180×80×16×16	297	1.01	372
SV4-135	180×80×25×16	180×80×16×16	288	0.98	372
SV4-1032	180×80×16×16	180×80×16×16	302	0.97	379

3.3 加载方案及测点布置

3.3.1 加载方案

试验采取1根杆件端部固定,其余杆件端部施加荷载的加载方法。如图4所示,杆件4与底端支座连接,作为固定约束端;杆件1由固定主油缸加载,其余杆件由活动油缸加载,在理想试验状态下加载杆件端部可近似为铰接。

阳光谷整体结构的有限元分析结果表明[5],每根杆件都承受轴力、弯矩、剪力和扭矩的共同作用,但总体上轴力占主要地位,两个方向的弯矩其次,扭矩及剪力的影响很小,可以忽略。对试验节点,若试验时通过对杆件施加偏心力产生弯矩,则折算偏心距大多不超过10mm。但考虑到这样小的偏心距在实际试验中很难准确实现,因此在试验中仅施加轴力,轴力值则根据轴力产生的应力占总应力的比例进行调整,保证试验中的杆件最大应力与实际结构基本一致。各杆件根据调整后的轴力进行比例加载。根据设计荷载进行分级加载,在弹性阶段,加载步数较少,加载增量较大;当试件进入塑性阶段后,减小加载增量,直到试件达到极限荷载而破坏为止。

3.3.2 测点布置

在每根杆件跨中的翼缘和腹板表面各布置4个应变片,共计24个应变片;在各杆件与节点核心区(端板或中心圆柱)的连接处及核心区中心各布置1个应变花,共计14个应变花。试件应变测点布置见图4,其中,测点P1、P5、P9、P13、P17、P21和测点P3、P7、P11、P15、P19和P23分别布置在上下翼缘,测点P2、P6、P10、P14、P18、P22和测点P4、P8、P12、P16、P20、P24分别布置在两侧腹板,测点H1~H7和测点H8~H14分别布置在节点区的两个表面。

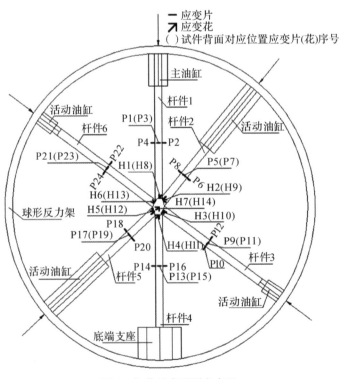

图4 加载示意及测点布置

4 试验过程与现象描述

各试件的加载过程及试验现象类似,限于篇幅,本文对图 3 所示的两种节点构造形式各选择一个代表性试件 SV1-900 和 SV4-1032 进行试验过程与现象描述。

4.1 试件 SV1-900

(1)整个试验加载过程中,2 根内力最小的杆件 2 和 5 处于受拉状态,其余 4 根杆件处于受压状态。

(2)荷载小于 1429kN(设计荷载的 1.25 倍)时,试件各杆件的轴向应变都呈线性增大,节点核心区各处应变均处于弹性阶段。杆件、节点区均未发现肉眼可见的变形。

(3)荷载加至 1622kN(设计荷载的 1.39 倍)时,内力最大杆件 3 进入弹塑性阶段,节点核心区仍处于弹性阶段。杆件、节点区仍未发现肉眼可见的变形。

(4)荷载加至 2361kN(设计荷载的 2.02 倍)时,内力最大杆件 3 发生弱轴方向的平面外失稳破坏,试件无法继续承载,试验结束。此时除少数测点出现塑性应变外,其余大部分测点仍处于弹性范围。图 5 给出了试件破坏后的照片,可见除失稳杆件 3,其余杆件及节点区域均未出现明显变形。

4.2 试件 SV4-1032

(1)整个试验加载过程中,6 根杆件均处于受压状态。

(2)荷载小于 1108kN(设计荷载的 1.44 倍)时,试件各杆件的轴向应变都呈线性增大,节点核心区各处应变均处于弹性阶段。杆件、节点区均未发现肉眼可见的变形。

(3)荷载加至 1193kN(设计荷载的 1.56 倍)时,内力最大杆件 6 进入弹塑性阶段,内力最大杆件与节点核心区连接处也开始进入弹塑性阶段。杆件、节点区仍未发现肉眼可见的变形。

(4)荷载加至 2104kN(设计荷载的 2.74 倍)时,内力最大杆件 6 发生弱轴方向的平面外失稳破坏,试件无法继续承载,试验结束。此时,节点核心区大部分测点已进入塑性阶段。图 6 给出了试件破坏后的照片,可见除失稳杆件 6,其余杆件及节点区域均未出现明显变形。

图 5　试件 SV1-900 破坏形态　　　　图 6　试件 SV4-1032 破坏形态

5 试验结果及分析

5.1 荷载-应力曲线

根据加载过程中各测点记录的应变数据,可计算出相应位置的应力,其中,根据杆件的单向应变可求得杆件应力,根据节点区的三向应变可求得 von Mises 等效应力。图7、图8分别给出了试件SV1-900、SV4-1032 部分测点的荷载-应力曲线。可见在加载的初始阶段,应力随荷载的增加基本线性增长,表明试件处于弹性受力阶段。随着荷载的增大,部分测点的应力增长明显加快,呈现非线性增长趋势,试件的部分区域进入塑性。两个试件的最终破坏都是由于单根杆件的平面外失稳,破坏时,试件 SV1-900 节点除 H3、H9 等少数测点进入塑性,节点核心区的大部分测点仍处于弹性范围;而试件 SV4-1032 节点核心区的多数测点已进入塑性。

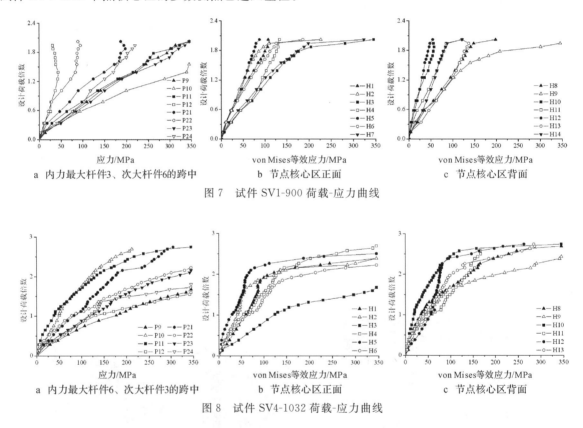

a 内力最大杆件3、次大杆件6的跨中　　b 节点核心区正面　　c 节点核心区背面

图 7　试件 SV1-900 荷载-应力曲线

a 内力最大杆件6、次大杆件3的跨中　　b 节点核心区正面　　c 节点核心区背面

图 8　试件 SV4-1032 荷载-应力曲线

试验结果表明,两种形式的节点核心区都具有较大的刚度,试验结束后没有出现明显变形,节点与杆件间的连接焊缝也均未发生破坏。节点区域的应力分布复杂,节点核心区与杆件连接处出现较为明显的应力集中。其中节点核心区为两块端板的构造形式,应力集中现象更为显著,杆件与端板连接处的最大应力明显大于相应钢管的最大应力;而节点核心区为实心圆柱体的构造形式,应力集中较为缓和。对比图7、图8可见,节点核心区为实心圆柱体的构造形式,核心区应力水平总体较低。

5.2 试件破坏荷载及破坏形态

表2列出了10个试件的试验破坏荷载及最终破坏形态,表中试验破坏荷载系数为破坏荷载与设计荷载的比值。

表 2 试验结果及与有限元结果的比较

试件编号	试验破坏荷载系数	有限元破坏荷载系数	试验结果/有限元结果	试验破坏形态	有限元分析破坏形态
SV1-900	2.02	2.35	0.88	内力最大杆件 3 平面外失稳	内力最大杆件 3 平面外失稳
SV1-1100	1.40	1.38	1.01	内力最大杆件 3 平面外失稳	内力最大杆件 3 平面外失稳
SV1-1696	2.39	2.20	1.09	内力次大杆件 6 平面外失稳	内力最大杆件 3 平面外失稳
SV3-134	2.30	3.00	0.77	内力最大 6 和次大杆件 3 平面外失稳	内力最大杆件 6 平面外失稳
SV3-140	1.82	2.14	0.85	内力最大杆件 3 平面外失稳	内力最大杆件 3 平面外失稳
SV3-151	1.63	2.25	0.72	内力最大杆件 3 平面外失稳	内力最大杆件 3 平面外失稳
SV3-1086	1.87	2.20	0.85	内力最大杆件 3 平面外失稳	内力最大杆件 3 平面外失稳
SV4-132	1.99	2.38	0.84	未破坏	内力最大杆件 3 平面外失稳
SV4-135	1.85	2.15	0.86	内力次大杆件 6 平面外失稳	内力最大杆件 3 平面外失稳
SV4-1032	2.74	2.85	0.96	内力最大杆件 6 平面外失稳	节点区变形过大

试件 SV1-900、SV1-1100、SV3-151、SV3-140、SV3-1086 和 SV4-1032,分别在杆端所加荷载达到设计荷载的 2.02、1.40、1.63、1.82、1.87 和 2.74 倍时,内力最大杆件发生单杆绕弱轴方向的失稳(各试件的失稳杆件号见表 2);试件 SV1-1696 和 SV4-135 分别在杆端所加荷载达到设计荷载的 2.39 和 1.85 倍时,内力次大杆件发生单杆绕弱轴方向的失稳;试件 SV3-134 在杆端所加荷载达到设计荷载的 2.30 倍时,内力最大和内力次大的两根杆件几乎同时发生绕弱轴方向的失稳。单根杆件或两根杆件的失稳均导致试件丧失承载能力。此时,由应变测试结果可知节点的部分区域已进入塑性,但节点区并没有出现肉眼可见的明显变形,节点尚可继续承载。应该说明,对每个节点,内力最大和内力次大杆件总是位于同一轴线上且设计内力相差不大,如试件 SV1-900,内力最大杆件 3、次大杆件 6 的轴力分别为 1143kN 和 1103kN。试验中由于加载偏心等因素的影响,内力次大杆件的实际受力很有可能超过内力最大杆件,因此试验中既可能设计内力最大的杆件出现失稳,也可能设计内力次大的杆件出现失稳;当两杆的实际受力接近时,还会出现两根杆件几乎同时失稳的现象,如试件 SV3-134。

试件 SV4-132 在杆端所加荷载达到设计荷载的 1.99 倍时,由于加载设备能力所限,为确保试验安全而没有继续加载;加载结束时,试件局部塑性发展显著,但试件的杆件及节点区均未出现明显变形,试件尚可继续承载。

10 个试验节点为由三家施工单位加工制作的三个阳光谷 SV1、SV3、SV4 中各类截面杆件所对应的最不利受力节点,代表了阳光谷节点的最不利情况。上述试验结果表明,所采用节点形式具有足够的安全储备,可以满足"强节点弱杆件"的设计要求。

6 有限元分析

6.1 有限元模型

采用通用有限元程序 ANSYS 对试验节点进行有限元模拟。采用实体单元 Solid95 建立计算模型(图 9)。由于节点形状十分复杂,特别是杆件与节点核心区的连接处存在大量尖角转接的区域、高曲率的小区域和退化的边界,利用常用的 AutoCAD 建立三维模型时会出现无法进行布尔运算、模型无法导入 ANSYS 或 ANSYS 无法划分网格等问题。为此首先利用 Rhinoceros 软件[6]建立节点的三维几何模型,然后导入 ANSYS 程序中,较好地克服了上述问题。分析中同时考虑了材料非线性和几何非线性的影响。钢材弹性模量取 $2.06×10^5$ MPa,屈服强度见表 1,采用理想弹塑性模型,服从 von Mises 屈服准则,不考虑残余应力的影响。在杆件 4 端部约束所有方向的位移,作为固定约束端;在其余杆件端部只约束平面外两个方向的线位移,不约束轴向位移,作为铰接端。在节点划分单元时考虑了网格的疏密过渡,在应力较集中处划分较密的网格,所建模型的单元总数约为 30000~50000。

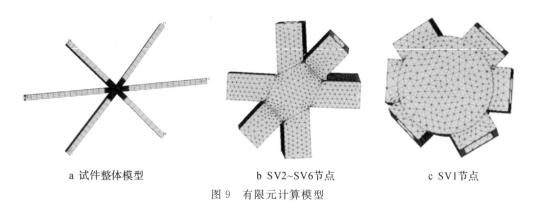

a 试件整体模型 b SV2~SV6节点 c SV1节点

图 9 有限元计算模型

6.2 有限元计算结果及与试验结果的比较

弹塑性有限元分析得到的试件破坏荷载及破坏形态汇总于表 2。从破坏荷载看,扣除未破坏的试件 SV4-132,其余 9 个试件的有限元破坏荷载与试验破坏荷载相比,平均相差 13.4%;从破坏形态看,除试件 SV4-1032 有限元破坏形态为节点区变形过大,与试验结果不同,其余试件的有限元分析破坏形态均与试验破坏形态基本一致。有限元分析得到的试件 SV1-900 和 SV4-1032 的部分荷载-应力曲线及与试验结果的比较见图 10、图 11,多数测点的曲线与试验结果吻合良好,尤其在弹性阶段。

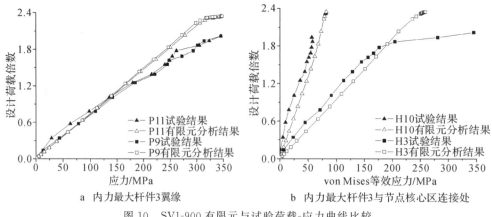

a 内力最大杆件3翼缘 b 内力最大杆件3与节点核心区连接处

图 10 SV1-900 有限元与试验荷载-应力曲线比较

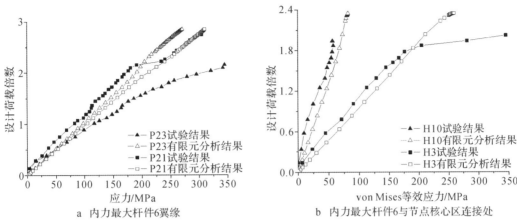

a　内力最大杆件6翼缘　　　　　　b　内力最大杆件6与节点核心区连接处

图 11　SV4-1032 有限元与试验荷载-应力曲线比较

　　图 12、图 13 分别给出了试件 SV1-900 和 SV4-1032 在设计荷载、破坏荷载作用下节点区 von Mises 等效应力分布。可见两个试件的应力发展情况基本一致：在设计荷载作用下，节点区基本处于弹性阶段；达到破坏荷载时，局部进入塑性，大部分区域仍处于弹性阶段。这与试验结果也基本一致。达到破坏荷载时，试件 SV1-900 的节点核心区（实心圆柱体）总体应力水平相对较低，应力集中现象也不明显；而试件 SV4-1032 的节点核心区（六边形端板）总体应力水平较高，且应力集中现象明显，尤其在端板的角点处。

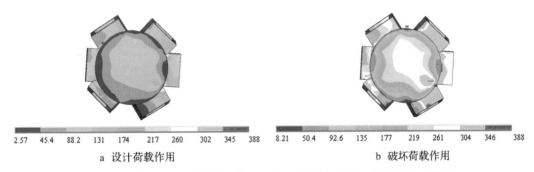

| 2.57 | 45.4 | 88.2 | 131 | 174 | 217 | 260 | 302 | 345 | 388 |

a　设计荷载作用

| 8.21 | 50.4 | 92.6 | 135 | 177 | 219 | 261 | 304 | 346 | 388 |

b　破坏荷载作用

图 12　试件 SV1-900 的节点区 von Mises 等效应力分布云图（单位：MPa）

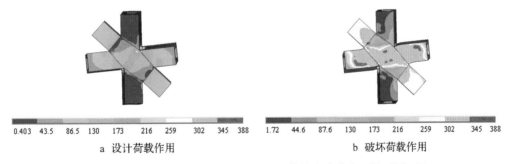

| 0.403 | 43.5 | 86.5 | 130 | 173 | 216 | 259 | 302 | 345 | 388 |

a　设计荷载作用

| 1.72 | 44.6 | 87.6 | 130 | 173 | 216 | 259 | 302 | 345 | 388 |

b　破坏荷载作用

图 13　试件 SV4-1032 的节点区 von Mises 等效应力分布云图（单位：MPa）

　　由以上比较分析可见，考虑大变形的弹塑性非线性有限元分析可以较好地模拟试验节点的受力性能。当然分析结果与试验结果之间也存在一定差异，产生误差的主要原因包括：①阳光谷节点通过大量焊接制作而成，但有限元模型中没有考虑焊接残余应力的影响；②有限元模型中假定节点材料为理想弹塑性,没有考虑应变硬化的影响,也没有考虑焊接对材料性能的影响;③有限元模型中对杆件施加理想轴向荷载,但实际试验中很难做到,不可避免存在一定程度的加载偏心;④有限元分析中采取的杆端理想边界条件与实际试验条件存在一定差异。

7 结论

(1)进行了阳光谷钢结构10个典型节点的足尺试验,其中9个试件由于杆件的平面外失稳而破坏,另1个试件在加载至设计荷载2倍时限于设备能力停止加载。所有试件在加载结束时,节点区并没有出现肉眼可见的明显变形,连接焊缝也均未发生破坏,节点尚可继续承载。

(2)所选取的10个试验节点代表了阳光谷节点的最不利受力情况。试验结果表明,所采用的节点形式具有足够的安全储备,可以满足"强节点弱杆件"的设计要求。

(3)与节点核心区为两块端板的构造形式相比,节点核心区为实心圆柱体的构造形式应力水平较低,应力集中较为缓和。

(4)考虑大变形的弹塑性非线性有限元分析可以较好地模拟试验节点的受力性能。

参考文献

[1] WANG D S,GAO C,ZHANG W Y,et al. A brief introduction on structural design of cable-membrane roof and Sun Valley steel structure for Expo Axis project[J]. Spatial Structures,2009,15(1):89—96.

[2] 赵才其,刘文学,赵惠麟.新型网壳节点的弹塑性分析及试验研究[J].东南大学学报,1998,28(2):70—74.

[3] 王先铁,郝际平,钟炜辉,等.一种新型网壳结构节点的试验研究与有限元分析[J].西安建筑科技大学学报,2005,37(3):316—321.

[4] 邢丽,赵阳,董石麟,等.矩形钢管焊接空心球节点承载能力的有限元分析与试验研究[J].浙江大学学报(工学版),2006,40(9):1559—1563.

[5] 华东建筑设计研究院有限公司.阳光谷钢结构超限抗震设防专项咨询报告[R].上海:华东建筑设计研究院有限公司,2008.

[6] 周豪杰.犀牛 Rhino 3D 魔典[M].北京:希望电子出版社,2002.

150 六杆四面体单元端板式节点受力性能研究[*]

摘　要:提出了一种可满足六杆四面体单元装配化施工要求的节点形式——端板式节点。即六杆四面体单元的弦杆与腹杆相贯焊接于端板,通过端板上的高强螺栓实现单元之间的连接。设计制作了 2 个足尺节点模型,分别考察其在压弯和轴拉荷载作用下的受力性能,得到了端板节点的位移、应变发展特点及破坏形态。采用 ABAQUS 软件进行考虑接触非线性的有限元分析,得到了杆件、端板及高强螺栓的应力和变形。试验和有限元分析结果表明:在压弯荷载作用下,端板节点发生杆件屈曲和近节点域处鼓曲变形破坏,且杆件屈曲破坏先于节点域鼓曲破坏;节点域高应力区主要集在三杆相贯焊接形成"谷底"处;高强螺栓在整个加载过程中最大应力约为其屈服应力的 10%。轴拉荷载作用下,节点发生端板拉屈破坏;位于缺口两侧的高强螺栓发生拉弯变形,建议适当增设加劲肋和增加端板厚度,以提高端板刚度。通过数值计算得到的端板节点宏观变形、荷载-位移曲线及部分荷载-应变曲线均能与试验结果较好吻合,反映了数值模型的有效性与准确性。

关键词:六杆四面体单元;端板节点;静力试验;数值分析;受力性能

0　引言

平面投影为四边形的六杆四面体单元是一种空间结构简单的几何不变体系,由其组装集合而成的空间网格结构除拥有良好的受力性能[1,2]外,还具有工厂化预制生产和装配化施工的优势。文献[1-4]对由六杆四面体单元组成的柱面网壳、球面网壳和扭网壳的力学性能进行了分析。研究结果表明,该类网壳构造简单,杆件和节点数量少,网格的抽空率大,结构刚度大且稳定性好。

目前,针对六杆四面体单元组成的不同结构进行了力学性能分析,但对其节点形式及受力性能的研究则相对较少。由六杆面体单元组成的空间网格结构,其节点形式除需满足模块单元之间的连接和力的传递外,还应满足现场装配化施工的要求。文献[1,5]中分别提出了带双耳板的焊接空心球节点和法兰节点形式,以实现六杆四面体单元之间的连接,但均存在耳板焊接定位困难、加工精度要求高、模块单元制作复杂以及节点自重大等问题,不利于模块单元的工厂化生产。

根据六杆四面体单元的构形和受力特点,结合工厂化制作水平,将空间相贯焊[6]的连接形式引入到模块单元杆件连接中,文中提出一种构造简单、加工方便、重量轻且能够满足装配化施工要求的六杆四面体单元端板式节点(以下简称"端板节点")。文中为研究六杆四面体单元受力特点及端板节点

*　本文刊登于:陈伟刚,董石麟,周观根,丁超,诸德熙.六杆四面体单元端板式节点受力性能研究[J].建筑结构学报,2019,40(8):145-152.

的构造形式,从不同形式空间网格结构[1,2]中选取受力最不利位置单元节点进行足尺静力试验研究。采用有限元软件 ABAQUS 对试件进行考虑材料及接触非线性的数值模拟,通过与试验结果对比进行有效性检验,在此基础上提出该类节点的设计建议。

1   六杆四面体单元端板式节点构造

1.1   六杆四面体单元特点

六杆四面体单元在构造上是由 1 根上弦杆、1 根下弦杆和 4 根腹杆组成,以其为模块单元进行空间网格结构的组集装配时,单元的四个节点均会与相邻单元直接连接,无需另外增设杆件,图 1 为由六杆四面体单元构成的空间网格结构及其单元连接情况。通过对六杆四面体单元组成的不同形式空间网格结构在不同工况作用下的受力分析[1,2]可知,模块单元的上、下弦杆总体上处于压弯受力状态,4 根腹杆则拉压相间(部分区域承受少量的弯矩)且受力水平远小于弦杆。

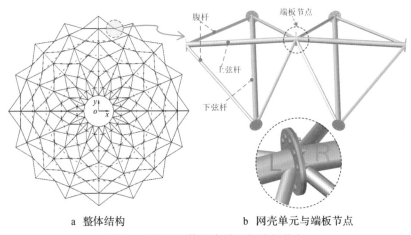

a 整体结构   b 网壳单元与端板节点

图 1   六杆四面体网壳单元与端板节点

1.2   端板节点构造

端板节点主要是由圆形端板、高强螺栓和六杆四面体单元的弦杆与腹杆组成,其具体构造如图 2 所示。该类节点为对称构造形式,均通过 1 根弦杆和 2 根腹杆相贯焊接于端板实现杆件间的连接,且 3 根杆件的轴线汇交于端板的外表面形心处。端板与垂直面的夹角由六杆四面体单元的空间位置确定,弦杆端部截面根据端板与垂直平面倾斜的角度切割而成,腹杆的端部截面形状根据腹杆与弦杆以及端板相交后形成的相贯线进行切割。单元与单元之间通过高强螺栓在现场进行装配连接。

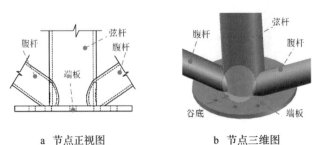

a 节点正视图   b 节点三维图

图 2   端板节点构造

2   试验概况

2.1   试件设计

根据六杆四面体单元组成空间网格结构的受力分析结果[1,2],选取六杆四面体单元在整体结构中受力最不利位置处单元节点作为分析对象(图1),并根据节点在最不利工况作用下的受力状态,进行静力试验。

试验中设计并制作两个足尺端板节点试件,节点的杆件长度根据加载设备的内部空间进行调整。两个节点试件均由圆钢管、圆形端板和10.9级高强螺栓组成,如图3所示。单元中杆件 L1、L2 为弦杆,杆件 L3~L6 为腹杆,腹杆 L3、L6 和腹杆 L4、L5 分别沿弦杆轴线对称布置。2 个节点试件的编号分别为 JDa 和 JDb。除端板上螺栓孔直径有所不同外,2 个试件的其余参数均相同。其中 JDa 端板螺栓孔直径为 16mm,JDb 端板螺栓孔直径为 24mm。考虑到腹杆与端板平面之间的夹角过小,在端板上与腹杆对应位置处设置螺栓孔后无法满足施工安装要求,因此,未在该位置开设螺栓孔,圆形端板螺栓孔布置见图4a。同时,由于节点弦杆与腹杆相贯焊接于端板处,无法沿端板环向均匀布置加劲肋。因此,在试件 JDb 设计时也未设置加劲肋。节点试件其他相关参数见图4 及表1。为便于表述,将试件的左右两部分分别称为 L 区和 R 区;将以节点中心为球心,以端板直径为直径的球体范围称之为节点域(图4b)。

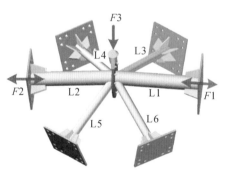

图 3   端板节点三维模型

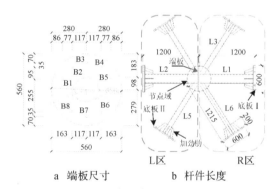

a 端板尺寸   b 杆件长度

图 4   试件几何尺寸及构造

表 1   端板节点试件参数

节点构件	截面尺寸/mm	长度/mm	数量	材质
L1、L2	$\phi 203 \times 7$	1200	2	Q235B
L3~L6	$\phi 114 \times 6$	1215	4	Q235B
端板	$\phi 560 \times 25$	—	2	Q235B
高强螺栓	M16/M24	—	8	40Cr

2.2   加载方案

对 2 个节点试件主要支杆分别施加轴向压力与竖向集中力以实现压弯荷载作用和轴向拉力两种加载方式,并分别称之为工况 1 和工况 2。其中 JDa 按工况 1 进行加载,沿弦杆 L1 和 L2 的轴线方向

施加压力 F_1 和 F_2,同时在节点中心施加竖向集中力 F_3。施加 F_3 的目的是增大弦杆的杆端弯矩,以使杆件更接近其在整体结构中的受力状况。考虑在整体结构的一些悬挑位置可能出现单元杆件受拉的情况,因此,对 JDb 施加沿两根弦杆轴线方向的拉力。

根据有限元初步分析结果,最终确定了各加载点的预估加载值,见表 2,各加载点位置详见图 3。为便于描述,将各加载点预估加载值定义为 F_0。

表 2   两种工况作用下各加载点预估加载值

工况	F_1/kN	F_2/kN	F_3/kN
1	−1440	−1080	−260
2	1440	1080	0

注:负值表示压力。

试验采用各加载点分级同步加载的方式。正式加载前,先进行预估荷载的 10% 预加载,以消除加载系统各部分之间的空隙,减小试验误差。正式加载开始后,首先按照预估荷载的 5% 进行分级加载,每级加载持荷 1min 后记录相应的位移和应变值;当加载至预估荷载的 60% 后,每级荷载减少为预估荷载的 2.5%,直至试件发生破坏或不能维持所施加荷载。

2.3   加载设备

试件为空间节点,具有连接杆件多、受力复杂的特点。试验采用浙江大学空间结构重点实验室的"空间结构大型节点试验全方位加载装置"[7](图 5a),以实现节点的全方位自平衡加载。

根据加载方案,两根弦杆的轴向力均采用伺服油缸加载(图 5b),其最大加载量为 3000kN。为保证节点试件安装的灵活性,在油缸臂与节点端部之间设置厚 250mm 的加载箱梁(图 5c)。此外,由于工况 1 中需要施加最大约为 260kN 的竖向集中荷载,而试验加载装置中主油缸(图 5a)的最大加载压力为 12000kN,远大于试验需求。为确保试验加载精度,试验中另采用行程为 0~300kN 液压千斤顶对节点试件施加竖向集中力(图 5d)。试验过程中,节点试件的 4 根腹杆 L3~L6 通过 4 个空间加载支座(图 5e)固定于空间加载装置。

2.4   测试方案

采用电阻应变计测试节点试件的应变。2 个节点试件的应变测点布置方案相同,如图 6 所示。由于节点试件在构造上为左右对称,故取其中一部分(右半部分)说明,测点具体布置为:1)弦杆沿内力截面(距节点中心 150mm)布置 4 个应变片,距节点中心 70mm 处上下对称布置 2 个应变花,在弦杆中部截面布置 2 个应变片;2)腹杆沿内力截面(距节点中心 165mm)布置 4 个应变片,距节点中心 80mm处上下对称布置 2 个应变花;3)端板布置 2 个应变片和 4 个应变花。各测点编号分别如图 6a、6b 所示,图中 AL 表示节点试件 JDa 的左半部分,弦杆、腹杆及端板上应变测点编号依次为 ALp(h)-i,其中p、h 分别代指应变片和应变花,i 为应变测点编号。节点试件应变片粘贴完成后的情况如图 6c 所示。

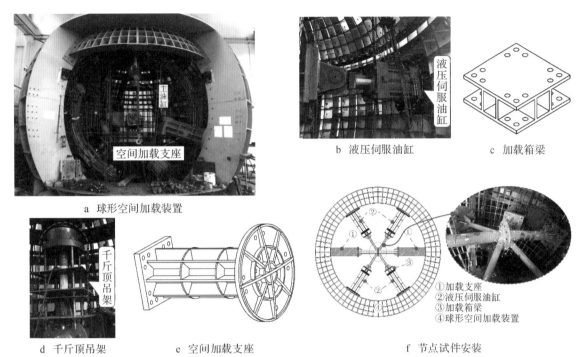

a　球形空间加载装置

b　液压伺服油缸　　　c　加载箱梁

d　千斤顶吊架　　　e　空间加载支座　　　f　节点试件安装

①加载支座
②液压伺服油缸
③加载箱梁
④球形空间加载装置

图 5　空间结构大型节点试验全方位加载系统

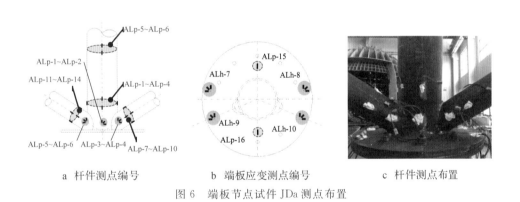

a　杆件测点编号　　　b　端板应变测点编号　　　c　杆件测点布置

图 6　端板节点试件 JDa 测点布置

3　试验结果及其分析

3.1　试验现象

工况 1 作用下,节点试件 JDa 加载至约 $0.75F_0$ 时,弦杆 L1 在近加载端发生杆件屈曲变形,并随荷载的增加而增大,进而导致杆件在近节点域处由三杆相贯焊形成的"谷底"处发生鼓曲变形;加载至约 $1.03F_0$ 时,弦杆 L1 发生杆件近加载端屈曲破坏(图 7a)和近节点域鼓曲变形破坏(图 8a),加载终止。节点试件其他区域没有发生明显可见的变形情况。

a 试验结果

b 有限元结果

图 7 试件 JDa 杆件的屈曲变形

a 试验结果

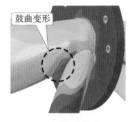

b 有限元结果

图 8 试件 JDa 杆端鼓曲变形

试件 JDb 在工况 2 作用下两弦杆受到轴向的拉力作用。当加载至约 $0.4F_0$ 时,节点试件的 2 块端板在螺栓孔处产生轻微的鼓曲变形,并随着荷载的逐渐增加而增大;当荷载达到约 $0.9F_0$ 时,试件不能维持所施加荷载,试验终止。此时节点 2 块端板上的鼓曲变形达到最大(图 9a),且在弦杆与端板相贯处产生明显的鼓曲变形(图 10a)。

a 试验结果

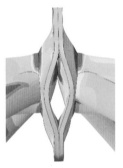

b 有限元结果

图 9 试件 JDb 端板鼓曲变形

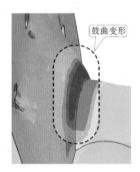

a 试验结果

b 有限元结果

图 10 试件 JDb 受拉鼓曲变形

3.2 变形分析

3.2.1 位移

图 11 给出了 2 个试件沿弦杆 L1 轴向的荷载-位移曲线。图中 f 为实际荷载 F 与预估荷载 F_0 的比值 $f=(F/F_0)\times100\%$,Δ 为位移。

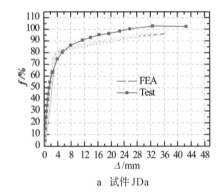

a 试件 JDa

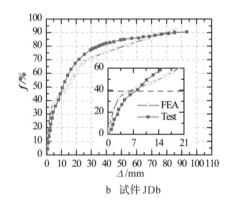

b 试件 JDb

图 11 荷载-位移曲线

从图 11a 中可以看出,节点试件 JDa 在加载前期荷载与位移关系呈线性发展趋势,说明试件在该阶段基本处于弹性受力状态。当加载至约 $0.75F_0$ 时,二者关系开始进入非线性阶段,即试件进入弹塑性受力阶段;随着荷载的进一步增大,荷载-位移曲线逐步进入平缓阶段,直至加载结束。

从图 11b 中可以看出,试件 JDb 在加载至约 $0.4F_0$ 时,荷载-位移曲线斜率明显减小,开始表现出一定的非线性特征,此时两端板在螺栓孔处产生轻微的分离;当加载至约 $0.6F_0$ 时,节点弦杆与端板相贯焊接产生明显的鼓曲变形,2 块端板在螺栓孔的变形也进一步扩大;随着荷载的增大,曲线的非线性特征愈加明显,端板鼓曲变形也不断增大。加载结束后试件的变形情况如图 9、图 10 所示。

3.2.2 应变

采用荷载-应变(f-ε)关系曲线反映测点随加载的发展情况。同时,考虑到杆件在接近相贯连接处的受力较为复杂,通过应变花测点得到的等效应变 $\varepsilon_{\mathrm{eff}}$ 来反映该区域的塑性发展过程。等效应变 $\varepsilon_{\mathrm{eff}}$ 可通过下式[8]计算得到:

$$\varepsilon_{\mathrm{eff}}=\frac{\sqrt{2}}{3}\sqrt{(\varepsilon_1-\varepsilon_2)^2+(\varepsilon_2-\varepsilon_3)^2+(\varepsilon_3-\varepsilon_1)^2} \tag{1}$$

式中 ε_1、ε_2 和 ε_3 为三个主应变值。

根据试验结果,分别选取 2 个节点试件的左右两侧部分测点,考察其应变随加载的发展情况,分别如图 12、13 所示。图中 ε 为各测点应变值(应变花测点为等效应变 $\varepsilon_{\mathrm{eff}}$);$\varepsilon_{\mathrm{cfy}}$ 为钢材等效屈服应变。

从图 12 中给出的 JDa 部分测点应变曲线可以看出,各测点的应变在加载初期均处于弹性阶段,总体上保持线性关系。由于弦杆 L1 和 L2 为主受力杆件,位于两根杆件上的测点极限应变明显大于腹杆上的应变测点,且位于主受力杆件上测点的应变曲线斜率也大于腹杆测点。同时,作为受力较大的荷载一侧,试件左侧的测点应变值整体上均大于右侧测点应变值。

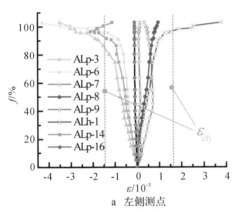

a 左侧测点

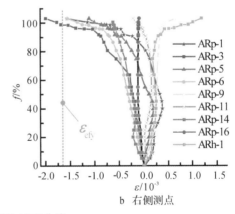

b 右侧测点

图 12 试件 JDa 荷载-应变曲线

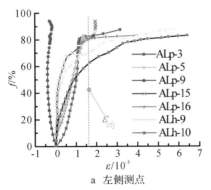

a 左侧测点

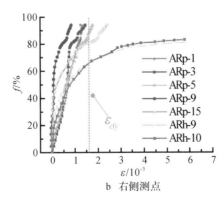

b 右侧测点

图 13 试件 JDb 荷载-应变曲线

此外,从图 12 中还可以看出,在工况 1 作用下,试件 JDa 在加载至约 70% 预估荷载时,位于节点主受力杆件上近加载端和近端板端的测点(ALp-3、ALp-6、ARp-3、ARp-6)应变以及弦杆 L1 近端板端测点(ALh-1)的等效应变开始进入屈服,应变曲线呈非线性特征。其余测点应变(等效应变)均小于屈服应变。加载结束时,测点 ALp-3、ALp-6、ALh-1 和 ARp-3 的塑性应变分别为 -3.49×10^{-3}、-4.27×10^{-3}、3.78×10^{-3} 和 -1.99×10^{-3};节点试件端板测点应变也均处于较低水平,最大约为 0.15×10^{-3}。

试件 JDb 在工况 2 作用下,受到沿弦杆 L1、L2 轴向的拉力作用。从图 13 中可以看出,端板及弦杆 L1、L2 上的测点均处于受拉状态,腹杆 L3~L6 上的测点则处于受压状态,且后者应变水平远小于前者。加载至预估荷载的约 45% 时,端板上的测点 AL(R)h-9、AL(R)h-10 开始进入屈服阶段,曲线呈现出非线性特征,并随荷载的增大而愈加明显,直至测点随端板变形过大而发生破坏。腹杆上的应变测点在整个加载过程中均处于弹性状态。此外,从图 13b 还可以看出,对称布置于端板两侧的应变花 ARh-9、ARh-10 荷载-等效应变曲线也基本重合。

4 有限元分析

4.1 有限元分析模型

在试验研究基础上,采用 ABAQUS 中 8 节点六面体非协调模式单元(C3D8I)模拟节点试件,不考虑焊缝的影响,节点试件有限元模型如图 14 所示。为节约计算时间并保证计算精度,节点域部分单元划分相对密集,其余部位单元网格划分相对稀疏。

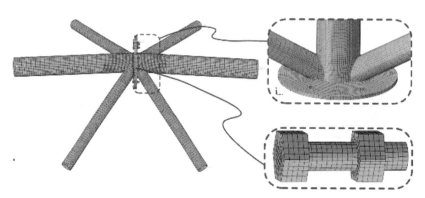

图 14　端板节点有限元模型

试件钢材为 Q235B,根据材性试验,其实测弹性模量为 2.10×10^5 MPa,屈服强度与抗拉强度分别为 316.14MPa 和 446.97MPa。根据文献[9]取 10.9 级高强螺栓屈服强度为 900MPa,抗拉强度为 1000MPa。两种材料的本构模型均采用双折线模型。在端板节点的有限元模型中,通过建立 4 个接触对来考虑高强螺栓与端板之间以及螺杆与螺栓孔之间的挤压作用(图 15)。其中 C1、C2 分别为螺帽与螺母与端板之间的接触面;C3 为两块端板之间的接触面;C4 为螺杆与螺栓孔之间的接触面。各接触对的摩擦系数 μ 均取值为 0.3。

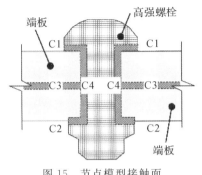

图 15 节点模型接触面

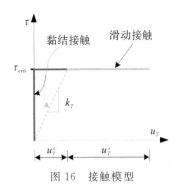

图 16 接触模型

在进行接触问题数值分析时,通常采用库仑摩擦模型描述接触面间的相互作用。图 16 中实线部分描述了库仑模型的基本特性,包括接触面间黏结接触和滑动接触两种。由于接触是边界条件高度非线性问题,在实际运算中模拟理想的摩擦接触行为困难,因此,采用罚函数法来保证接触面协调性[10]。罚函数法允许在黏结接触状态下接触面间发生小量的相对滑动,称之为"弹性滑动"(图 16 中虚线所示)。同时,该方法还允许两个接触面间存在初始穿透,穿透量 u_N 由法向接触刚度 k_N 控制。接触面法向压力可以定义为

$$P = \begin{cases} 0 & (u_N \geqslant 0,\text{分离状态}) \\ k_N u_N & (u_N < 0,\text{接触状态}) \end{cases} \tag{2}$$

相应地,接触面切向接触状态可由下式描述:

$$\tau = \begin{cases} k_T u_T & (k_T u_T < \mu P) \quad (\text{黏结接触}) \\ \mu P & (k_T u_T = \mu P) \quad (\text{滑动接触}) \end{cases} \tag{3}$$

式中,τ 为切向应力,u_T 为切向滑动量,k_T 为切向刚度。

求解接触协调方程式(2)和(3)的关键是选择合适的法向接触刚度 k_N 和切向刚度 k_T。计算时,二者均采用 ABAQUS 缺省设置,k_N 取接触对下表层单元刚度的 10 倍;k_T 取值与容许滑动量 F_f、接触单元特征长度 $\overline{l_i}$、摩擦系数 μ 和法向接触压力 P 有关,其表达式为

$$k_T = \frac{F_f \overline{l_i}}{\mu P} \tag{4}$$

4.2 有限元结果与试验结果对比

4.2.1 节点破坏形态

图 7~图 10 分别给出了试验节点 JDa 和 JDb 在不同工况作用下的试验及有限元破坏形态对比。从图中可以看出:1)节点 JDa 在承受轴向压力较大杆件(L1)的近加载端约 1/3 处发生屈曲破坏,同时在该杆件的近节点域处也发生鼓曲变形破坏;2)轴向拉力作用下,节点 JDb 的端板在螺栓孔处发生鼓曲破坏;3)通过数值分析得到的两节点试件破坏形态均能够和试验结果很好的吻合,说明了有限元模型的有效性和准确性。

4.2.2 变形曲线

将试件 JDa 和试件 JDb 数值模型计算得到的荷载-位移曲线、部分测点荷载-应变曲线与试验结果对比,分别列于图 11 和图 17。可以看出,2 个节点试件无论是荷载-位移曲线还是部分测点的荷载-应变曲线在弹性阶段均能与其试验结果吻合很好,进入非线性阶段后虽稍有偏差,但总体上均能保持一致。试验结果与有限元分析结果存在偏差除与试件安装、测量误差相关外,还与高强螺栓材性及有限元模型中摩擦系数取值等有关。

通过对 2 个试件的有限元分析和试验结果对比可知,二者的荷载-位移曲线和部分测点荷载-应变曲线均吻合较好,这进一步反映了所采用的有限元模型有效。

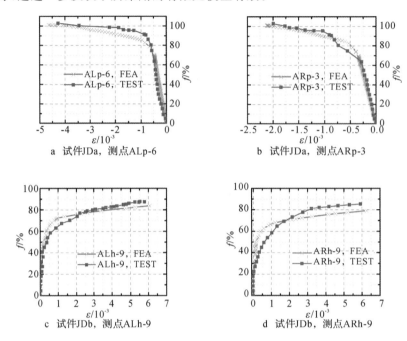

a 试件JDa,测点ALp-6

b 试件JDa,测点ARp-3

c 试件JDb,测点ALh-9

d 试件JDb,测点ARh-9

图 17　部分测点荷载-应变曲线对比

4.3　节点应力分布

4.3.1　端板及杆件应力

图 18 给出了工况 1 作用下试件 JDa 的 von Mises 应力云图,可以看出,弦杆 L1 和 L2 的大部分区域 von Mises 应力已超过材料屈服应力,和弦杆 L1 同侧的 2 根腹杆(L3 和 L6)靠近相贯连接处亦进入塑性受力状态;节点域附近的高应力区主要集中在三杆相贯连接后形成的“谷底”处(图 18b);节点试件的端板及杆件的其余部分则处于弹性工作状态。此外,从节点塑性区域发展情况可知,在杆件近加载端发生屈曲前,杆件 L1 在近节点域端部均处于弹性受力状态。随着杆件 L1 近加载端屈曲的不断扩展,其在近节点域附近的 von Mises 应力也不断增大,并进入塑性受力状态,最终在与加载端屈曲方向同侧位置产生鼓曲变形。可见,节点在杆件 L1 近加载端的屈曲先于近节点域的鼓曲变形,表明在压弯荷载作用下杆件破坏先于节点破坏。

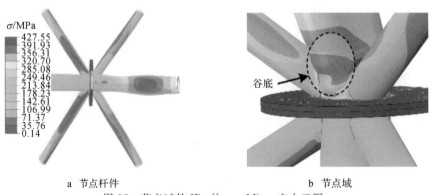

a 节点杆件

b 节点域

图 18　节点试件 JDa 的 von Mises 应力云图

节点试件 JDb 在轴向拉力作用下的 von Mises 应力见图 19。可以看出,弦杆 L1、端板以及弦杆 L2 近节点域一端的大部分区域的应力均已超过材料屈服应力而处于塑性受力状态;同时,与受力较大杆件 L1 同侧的节点腹杆 L3 和 L6 在近节点域的下半侧也处于塑性受力状态。节点的其他区域仍处于弹性工作状态。

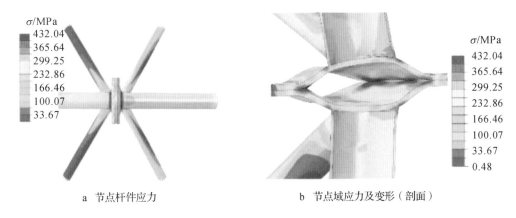

a 节点杆件应力   b 节点域应力及变形(剖面)

图 19   节点试件 JDb 的 von Mises 应力云图

由于节点试件没有设置加劲肋且端板上有螺栓孔的存在,导致节点在承受轴向拉力时过早的出现端板鼓曲变形。因此,针对在结构中拉力起控制作用区域的节点,进行节点设计时,可以通过增加端板厚度以及在端板上适当位置处增设加劲肋提高端板刚度,以增大节点的承载能力。

4.3.2　高强螺栓受力

节点的高强螺栓应力分布见图 20。图 20a 中,由于节点试件 JDa 受到轴向压力和竖向集中力共同作用,且竖向集中力相对较小,连接该节点的高强螺栓在整个加载过程中始终保持在较低的应力水平,其最大应力约为屈服应力的 10%。

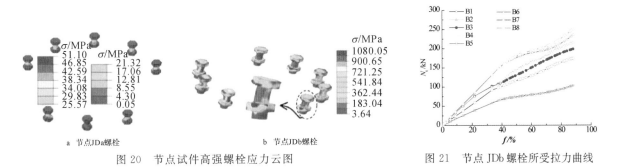

a 节点JDa螺栓   b 节点JDb螺栓

图 20   节点试件高强螺栓应力云图

图 21   节点 JDb 螺栓所受拉力曲线

与节点试件 JDa 相反,节点试件 JDb 受沿弦杆轴向的拉力作用,加载结束后大多螺栓已处于弹塑性工作状态(图 20b)。对高强螺栓在该工况作用下的受力过程分析可以发现,节点进入屈服后,位于端板中部的螺栓 B1、B5 和螺栓 B6、B8 由于端板撬力作用开始出现屈服区域,并随外荷载及撬力的增大而不断扩展,最终发生拉弯变形(图 20b)。

从图 21 中可以看出,试件 JDb 沿弦杆轴线对称布置的螺栓受到的拉力基本相同;端板变形产生的撬力对端板中部(螺栓孔两侧)的螺栓 B1、B5 和螺栓 B6、B8 受撬力的影响明显,对其余螺栓的影响较弱。

4.4 杆件内力

4.4.1 节点 JDa 杆件内力

1)杆件轴力。在压弯荷载作用下,节点试件 JDa 各杆件的荷载-轴力曲线见图 22a。从图中可以看出,整个加载过程中各杆件均处于受压状态,且两弦杆承受的轴向压力远大于 4 根腹杆;加载后期,腹杆 L3 和 L6 所受轴力有所减小,主要是由于与之同侧的弦杆 L1 发生了屈曲变形。

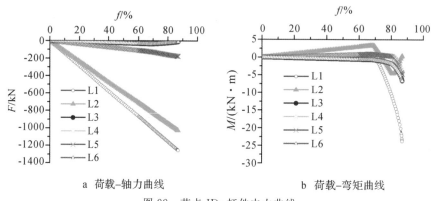

a 荷载–轴力曲线   b 荷载–弯矩曲线

图 22　节点 JDa 杆件内力曲线

2)杆件弯矩。从图 22b 中的荷载-弯矩曲线可以看出,加载前期,腹杆 L3 和 L6 杆端弯矩方向为杆件截面下部受拉,其余杆件则为上部受拉,弦杆杆端弯矩大于腹杆的杆端弯矩;加载至屈曲荷载时,最大弯矩出现在弦杆 L2 杆端部,为 3.18kN·m。节点进入屈服后,弦杆 L1 屈曲随荷载不断增大而变大,导致其在近节点域产生鼓曲变形,进而使得弦杆 L2 内力截面上的弯矩发生反向,在荷载-弯矩曲线上表现为明显的向下转折。此外,在节点进入弹塑性受力阶段后,4 根腹杆的荷载-弯矩曲线斜率也明显增大。

4.4.2 节点 JDb 杆件内力

1)杆件轴力。图 23 为试件 JDb 的杆件内力曲线,从图 23a 中可以看出,试件 JDb 各杆件所受的轴力随荷载的增加基本呈线性发展趋势。弦杆 L1、L2 所受轴力远大于 4 根腹杆,且始终处于受拉状态;4 根腹杆则均处于受压状态。由于节点的对称性,沿弦杆轴线对称分布的腹杆所受的轴力基本相等;此外,与弦杆 L1 同侧的 2 根腹杆所承担的轴向压力明显大于与弦杆 L2 同侧的 2 根腹杆。

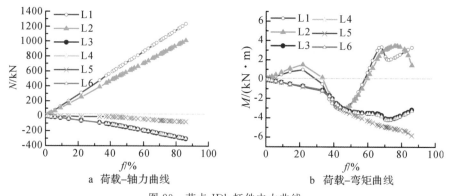

a 荷载–轴力曲线   b 荷载–弯矩曲线

图 23　节点 JDb 杆件内力曲线

2)杆件弯矩。图 23b 中给出了试件 JDb 荷载-弯矩曲线,可见,在拉力作用下,所有杆件在加载前期所承受的弯矩总体处于同一量级,且保持相同趋势。加载值超过屈服荷载后,4 根腹杆的截面弯矩随荷载的增加而增大;受端板变形的影响,弦杆 L1 和 L2 的杆端弯矩方向开始发生反向,并随荷载的增加而快速增大。

5　结论与建议

(1)在端板节点的 2 根弦杆和节点中心位置分别施加非对称轴向压力和竖向集中力,可以有效模拟六杆四面体单元在整体结构中的受力状态。

(2)压弯荷载作用下,端板节点发生弦杆屈曲和近节点域局部鼓曲变形破坏,且杆件破坏先于节点区域破坏。节点域附近的高应力区主要集中在三杆相贯后形成的"谷底"处。高强螺栓在整个加载过程中均保持较低的应力水平。

(3)轴向拉力荷载作用下端板节点发生端板屈曲破坏,高强螺栓产生轻微拉弯变形。

(4)两种工况作用下,节点试件的弦杆和腹杆均承受一定的弯矩。压弯荷载作用下弦杆弯矩大于腹杆杆端弯矩。轴向拉力作用下,节点的弦杆与腹杆端部弯矩虽然在加载过程中变化趋势不尽相同,但均处于较低的水平。

(5)针对结构中可能出现单元弦杆受拉的情况,建议该类节点设计时适当增加端板厚度以及在端板的适当位置处增设加劲肋,以提高端板刚度。

(6)通过数值模拟得到的节点模型的变形、荷载-位移曲线及部分荷载-应变曲线均与试验结果吻合较好,说明所采用有限元分析模型有效,并且有较高的精度。

参考文献

[1] 董石麟,苗峰,陈伟刚,等.新型六杆四面体柱面网壳的构形、静力和稳定性分析[J].浙江大学学报(工学版),2017,51(3):508−513.

[2] 白光波,董石麟,陈伟刚,等.六杆四面体单元组成的球面网壳结构静力特性模型试验研究[J].空间结构,2015,21(2):20−28.

[3] 白光波.六杆四面体单元组成的新型装配式球面网壳理论与试验研究[D].杭州:浙江大学,2015.

[4] 董石麟,丁超,郑晓清,等.新型六杆四面体扭网壳的构形、静力和稳定性能[J].同济大学学报(自然科学版),2018,46(1):14−19.

[5] 董石麟,白光波,陈伟刚,等.六杆四面体单元组成球面网壳的节点构造及装配化施工全过程分析[J].空间结构,2015,21(2):3−10.

[6] 陈以一,王伟,赵宪忠,等.圆钢管相贯节点抗弯刚度和承载力实验[J].建筑结构学报,2001,22(6):25−30.

[7] 唐利东.空间节点自动加载机构的设计[D].杭州:浙江大学,2008.

[8] 孙炳楠,洪滔,杨骊先.工程弹塑性力学[M].杭州:浙江大学出版社,1998:32−36.

[9] 国家质量监督局.紧固件机械性能螺栓、螺钉和螺柱:GB/T 3098.1−2000[S].北京:中国标准出版社,2000.

[10] ABAD J,FRANCO J M,CELORRIO R,et al. Design of experiments and energy dissipation analysis for a contact mechanics 3D model of frictional bolted lap joints[J]. Advances in Engineering Software,2012,45(1):42−53.

附　录

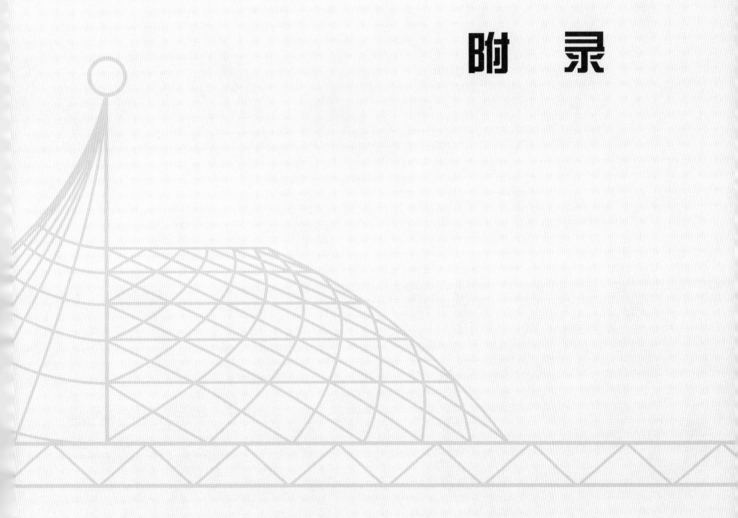

附录1　董石麟院士历届学生名录*

（一）硕士研究生

序号	姓名	入校时间	论文题目	合作导师
1	杨佐佑	1978年9月	双曲抛物面应力蒙皮悬挑结构的简化计算方法与试验研究	
2	楼文娟	1984年9月	多种开洞剪力墙壁式框架分析法及其刚域的确定	
3	高博青	1986年9月	圆形平面组合网架的计算方法与试验研究	
4	詹联盟	1986年9月	圆柱网壳和带肋圆柱壳组合结构的拟三层壳分析法	
5	尤可坚	1987年9月	矩形平面组合网架拟夹层板法的样条解及模型试验研究	
6	罗尧治	1988年9月	三层网架结构特性的分析研究及其计算机辅助设计系统研制	
7	林　翔	1989年9月	组合网架静动力特性的研究	
8	胡继军	1990年9月	组合网壳的有限元分析	
9	张　起	1990年9月	钢筋混凝土空腹网架静力分析	
10	肖　南	1990年9月	多层钢筋混凝土空腹网架的理论分析及试验研究	
11	赵　阳	1991年9月	组合网壳结构的几何非线性稳定分析	
12	王玉鹏	1991年9月	面板与空腹网架共同作用的分析研究与设计计算	
13	朱忠义	1992年9月	球面组合网壳结构的几何非线性稳定分析	
14	刘大卫	1992年9月	大型柱面网壳的非线性稳定性分析	
15	赵春华	1993年9月	局部双层网状球壳的几何非线性稳定分析	
16	卓　新	1994年9月	网格结构施工安装内力分析	
17	赵林茂	1995年9月	盆式支承预应力网架结构的理论研究及设计计算	
18	周家伟	1996年9月	折板形锥面网壳的结构形式、受力特性和优化分析的研究	
19	陈　侃	1997年9月	预应力张弦拱结构的理论分析和受力特性研究	

---

*　1978年9月至2020年9月，董石麟院士共招收培养了42名硕士研究生，63名博士研究生，16名博士后，共计121人。

续表

序号	姓名	入校时间	论文题目	合作导师
20	杨 晖	1998 年 9 月	折板式网壳的形体、动力响应和减震控制	
21	杨 睿	1999 年 9 月	预应力张弦梁结构的形态分析及新体系的静力性能研究	
22	王 锋	1999 年 9 月	纤维材料加固（增强）木梁抗弯性能研究	陈务军
23	吴 朋	2000 年 8 月	玻璃建筑柔性支承结构体系性能研究	
24	张年文	2000 年 9 月	单层肋环形球面网壳的强度和稳定性分析	
25	陈兴刚	2001 年 9 月	鸟巢型网架结构的静动力性能研究	
26	唐海军	2002 年 9 月	轴力与弯矩共同作用下焊接空心球节点承载力与实用计算方法研究	
27	程 柯	2002 年 9 月	现役网架结构杆件特性的分析与测试	肖 南
28	徐国宏	2002 年 9 月	ETFE 气枕的结构性能和关键技术研究	袁行飞
29	余卫江	2002 年 9 月	新型多面体空间刚架结构分析研究	
30	唐雅芳	2003 年 9 月	气囊膜形态、结构特性与新型膜材力学性能试验研究	陈务军
31	戈冬明	2004 年 9 月	盘绕式空间可展伸展臂折叠屈曲机理与结构动力分析	陈务军
32	彭张立	2004 年 9 月	环形张拉整体结构的理论研究与平面内三向轴力和弯矩共同作用下焊接空心球节点承载力研究和实用计算方法	袁行飞
33	赵宝军	2005 年 9 月	索穹顶结构多种预应力张拉施工方法的全过程分析	袁行飞
34	黄赛帅	2007 年 9 月	膜材本构参数试验方法和试验设备研究	陈务军
35	庞 礴	2007 年 9 月	弦支柱面网壳的理论分析与试验研究	
36	刘传佳	2008 年 9 月	张弦柱面网壳的理论分析与研究	
37	王淑红	2010 年 9 月	单杆钢管塔塔身横担节点及插接节点的力学分析与试验研究	肖 南
38	朱红飞	2010 年 9 月	索杆体系的冗余度及其特性分析	陈务军
39	胡 宇	2010 年 9 月	空间薄膜阵面预应力及结构特性分析	陈务军
40	蔡祈耀	2012 年 9 月	可伸展太阳帆结构力学行为与帆面制备技术	陈务军
41	陈礼杰	2015 年 9 月	复杂自由曲面网格结构的网格划分方法与优化研究	高博青
42	徐孟豪	2015 年 9 月	结构弹塑性时程分析输入地震波的选取数量研究	苏 亮

（二）博士研究生

序号	姓名	入校时间	论文题目	合作导师
1	周 岱	1994 年 9 月	斜拉网格结构的非线性静力、动力和地震响应分析	
2	罗尧治	1994 年 9 月	索杆张力结构的数值分析理论研究	
3	姚 谏	1995 年 3 月	（中途转香港理工大学攻读）	

续表

序号	姓名	入校时间	论文题目	合作导师
4	袁行飞	1995 年 9 月	索穹顶结构的理论分析和实验研究	
5	邓　华	1995 年 9 月	拉索预应力空间网格结构的理论研究和优化设计	
6	黄　勇	1995 年 9 月	钢筋混凝土空腹夹层板的理论分析与实践	马克俭
7	王　星	1995 年 9 月	板锥网壳结构的理论分析与受力特性研究	
8	赵滇生	1995 年 9 月	输电塔架结构的理论分析与受力性能研究	严　慧
9	肖　南	1996 年 3 月	大跨度多、高层跳层空腹网架结构体系的静力特性及抗震性能研究	
10	赵　阳	1996 年 3 月	（中途转香港理工大学攻读）	
11	夏开全	1996 年 9 月	局部双层球面网壳的非线性稳定性研究	
12	陈　东	1996 年 9 月	局部双层柱面网壳稳定性与静力特性研究	
13	周晓峰	1997 年 1 月	巨型钢框架结构的静力、抗震和抗风分析	
14	顾　磊	1997 年 2 月	叉筒网壳的结构形式、受力特性及预应力技术应用的研究	
15	肖建春	1997 年 3 月	预应力局部单、双层网壳结构的理论分析与应用研究	马克俭
16	卓　新	1997 年 3 月	空间结构施工方法研究与施工全过程力学分析	
17	朱忠义	1997 年 9 月	高层、高耸网架结构的静力、抗震和抗风分析	
18	贺拥军	1998 年 2 月	巨型网格结构的形体、静力及稳定性研究	
19	高博青	1998 年 9 月	大型环状悬臂型张弦梁挑蓬结构的性能研究	
20	张志宏	1998 年 9 月	大型索杆梁张拉空间结构体系的理论研究	
21	宋昌永	1999 年 9 月	（中途转香港理工大学攻读）	
22	段元锋	1999 年 9 月	（中途转香港理工大学攻读）	
23	包红泽	1999 年 9 月	鸟巢型索穹顶结构的理论分析与试验研究	
24	冯庆兴	2000 年 3 月	大跨度环形空腹索桁结构体系的理论和实验研究	
25	陈贤川	2000 年 9 月	大跨度屋盖结构风致响应和等效风荷载的理论研究及应用	
26	胡　宁	2000 年 9 月	索杆膜空间结构协同分析理论及风振响应研究	罗尧治
27	张明山	2000 年 9 月	弦支穹顶结构的理论研究	
28	陈联盟	2000 年 9 月	Kiewitt 型索穹顶结构的理论分析和试验研究	
29	詹伟东	2001 年 2 月	葵花型索穹顶结构的理论分析和试验研究	
30	余　涛	2001 年 9 月	（中途转香港理工大学攻读）	
31	任小强	2001 年 9 月	弹塑性接触问题神经网络求解技术及其应用	陈务军
32	蔺　军	2002 年 3 月	大跨度葵花型空间索桁张力结构的理论分析和实验研究	
33	周家伟	2002 年 9 月	具有外环桁架的索穹顶结构的理论分析与试验研究	
34	邢　丽	2003 年 3 月	方钢管、矩形钢管焊接空心球节点的承载力与实用计算方法研究	
35	郑君华	2003 年 3 月	矩形平面索穹顶结构的理论分析与试验研究	

序号	姓名	入校时间	论文题目	合作导师
36	陈 思	2003 年 3 月	计算力学中高精度无网格法基础理论研究	周 岱
37	沈雁彬	2003 年 9 月	基于动力特性的空间网格结构状态评估方法及检测系统研究	罗尧治
38	马 骏	2003 年 9 月	大跨空间结构的风场和流固耦合风效应研究与精细识别	周 岱
39	杜文风	2004 年 9 月	基于性能的空间网壳结构设计理论研究	高博青
40	张丽梅	2004 年 9 月	非完全对称 Geiger 索穹顶结构特征与分析理论研究	陈务军
41	王振华	2004 年 9 月	索穹顶与单层网壳组合的新型空间结构理论分析与试验研究	
42	孙旭锋	2005 年 3 月	索穹顶结构耦合风振研究	
43	郭佳民	2005 年 9 月	弦支穹顶结构的理论分析与试验研究	
44	向新岸	2005 年 9 月	张拉索膜结构的理论研究及其在上海世博轴中的应用	
45	张国发	2006 年 3 月	弦支穹顶结构施工控制理论分析与试验研究	卓 新
46	田 伟	2006 年 9 月	刚性单层网壳结构找形与稳定研究	
47	邢 栋	2007 年 9 月	一种单层折面网壳结构的理论分析和试验研究	
48	朱明亮	2008 年 9 月	弦支叉筒网壳结构的理论分析与试验研究	
49	郑晓清	2009 年 9 月	环向折线形单层球面网壳的理论分析与试验研究	
50	姚云龙	2009 年 9 月	具有内外环桁架的新型张弦网壳结构理论分析与试验研究	
51	刘宏创	2009 年 9 月	索杆张力结构预张力偏差的监测及其 SMA 自适应改造研究	
52	李 莎	2009 年 9 月	自适应索杆张力结构的理论研究与试验	肖 南
53	白光波	2010 年 9 月	六杆四面体单元组成的新型装配式球面网壳理论与试验研究	
54	梁昊庆	2011 年 9 月	肋环人字型索穹顶结构的理论分析与试验研究	
55	丁 超	2012 年 9 月	六杆四面体单元组成的新型装配式扭网壳理论与试验研究	
56	宋明亮	2012 年 9 月	基于结构动力参数的危房自动智能损伤识别技术研究	苏 亮
57	苗 峰	2013 年 9 月	六杆四面体单元柱面网壳理论与试验研究	
58	滕 起	2014 年 9 月	悬索支承多跨索桁结构的风致振动响应及减振控制	
59	朱谢联	2014 年 9 月	新型六杆四面体集成装配式冷却塔的理论分析与试验研究	
60	涂 源	2015 年 9 月	葵花三撑杆型索穹顶结构的理论分析与试验研究	
61	刘 青	2016 年 9 月		赵 阳
62	王文蕊	2017 年 3 月		徐世烺
63	王艺达	2020 年 9 月		袁行飞

（三）博士后

序号	姓名	进站时间	出站报告题目	合作导师
1	李元齐	1999 年 1 月	大跨度网壳结构抗风理论研究及几个实际工程问题的分析	
2	陈务军	1999 年 3 月	局部双层网壳稳定分析	
3	何艳丽	2000 年 3 月	大跨空间网格结构的风振理论及空气动力失稳研究	
4	郝 超	2001 年 7 月	大跨度钢管混凝土拱桥非线性结构行为研究	
5	陈荣毅	2001 年 12 月	大跨度张弦桁架结构设计与施工的全过程分析研究	
6	王春江	2002 年 3 月	索膜结构分析方法与应用技术的研究	
7	苏 亮	2005 年 1 月	大跨度空间结构的多点反应谱法和多点地震反应性状的研究	
8	向新岸	2014 年 11 月	刚性屋面索穹顶结构研究与应用	冯 远
9	田 伟	2014 年 11 月	基于 3D 打印的混凝土结构设计与施工技术研究	肖绪文
10	白光波	2015 年 8 月	新型钢冷却塔结构体系与索桁结构形态分析方法与研究	朱忠义
11	陈伟刚	2016 年 1 月	六杆四面体网壳结构节点构造及装配化施工技术研究	周观根
12	郑晓清	2016 年 3 月	砖在现代建筑中的建构与建造技术研究	董丹申
13	郭佳民	2016 年 5 月	负高斯曲率穹顶结构类型开发与施工张拉研究	郭明明
14	张国发	2016 年 12 月	新型钢板组合剪力墙研究	周观根
15	苗 峰	2017 年 6 月	大跨度钢箱梁人行弯桥精细化模型分析及振动舒适度设计研究	顾 磊
16	吕 辉	2017 年 9 月		

附录 2 董石麟院士论文目录*

1961—1995

1. 董石麟. 几种特殊扁壳的计算和应用(上)[J]. 建筑学报,1961,(5):22—26.

2. 董石麟. 几种特殊扁壳的计算和应用(下)[J]. 建筑学报,1961,(6):20—22.

3. 蓝天,张维嶽,董石麟. 我国大跨度屋盖结构的成就与展望[J]. 建筑技术,1979,10(9):2—8.

4. 董石麟,施炳华,宦荣芬. 板柱-剪力墙结构在侧向荷载下的简捷分析[J]. 土木工程学报,1980,13(2):47—63.

5. 董石麟,蓝天,姚卓智. 桅杆结构的非线性分析[J]. 建筑结构学报,1980,1(2):59—71.

6. 董石麟. 网架结构[J]. 建筑工人,1981,(12):27—30.

7. 董石麟,夏亨熹. 正交正放类网架结构的拟板(夹层板)分析法(上)[J]. 建筑结构学报,1982,3(2):14—25.

8. 董石麟,夏亨熹. 正交正放类网架结构的拟板(夹层板)分析法(下)[J]. 建筑结构学报,1982,3(3):14—22.

9. 董石麟,宦荣芬. 蜂窝形三角锥网架计算的新方法——下弦内力法[C]//中国土木工程学会. 第一届空间结构学术交流会论文集,福州,1982:1—18.

10. 杨佐佑,董石麟. 双曲抛物面应力蒙皮悬挑结构的简化计算方法与试验研究[J]. 建筑结构学报,1983,4(4):24—33.

11. 董石麟,樊晓红. 抽空三角锥网架Ⅱ型的简捷分析法与计算用表[C]//中国土木工程学会. 第二届空间结构学术交流会论文集,太原,1984:1—18.

12. 董石麟. 交叉拱系网状扁壳的计算方法[J]. 土木工程学报,1985,18(3):1—17.

13. 董石麟,杨永革. 网架-平板组合结构的简化计算法(上)[J]. 建筑结构学报,1985,6(4):10—20.

14. 董石麟,杨永革. 网架-平板组合结构的简化计算法(下)[J]. 建筑结构学报,1985,6(5):29—35.

15. 董石麟,樊晓红. 抽空三角锥网架Ⅱ型的简捷分析法与计算用表(上)[J]. 建筑结构,1985,15(3):19—23.

16. 董石麟,樊晓红. 抽空三角锥网架Ⅱ型的简捷分析法与计算用表(下)[J]. 建筑结构,1985,15(4):43—48.

---

* 自1961年至2021年4月董石麟院士与合作者共撰写发表论文680篇。

检索截止时间:2021年4月。

17. 熊盈川,董石麟,杨永革,等.天津宁河县体育馆的设计与施工(盆式搁置预加应力平板网架结构) [J].建筑结构,1985,15(6):21-25.

18. 董石麟,樊晓红.斜放四角锥网架的拟夹层板分析法[J].工程力学,1986,3(2):112-126.

19. 姚发坤,董石麟.单层扭网壳屋盖的设计与施工[C]// 中国土木工程学会.第三届空间结构学术交流会论文集,吉林,1986:227-234.

20. 董石麟,夏亨熹.两向正交斜放网架拟夹层板法的两类简支解答及其对比[C]//中国土木工程学会.第三届空间结构学术交流会论文集,吉林,1986:461-472.

21. 董石麟.网状球壳的连续化分析方法[C]//中国土木工程学会.第三届空间结构学术交流会论文集,吉林,1986:513-524.

22. 董石麟,李怀印,杨永德,孙钺.冲压板节点新型网架的研究试制与工程实例[C]//中国土木工程学会.第三届空间结构学术交流会论文集,吉林,1986:651-658.

23. 董石麟,夏亨熹.两向正交斜放网架拟夹层板法的两类简支解答及其对比[J].土木工程学报,1988,21(1):1-16.

24. 董石麟.网状球壳的连续化分析方法[J].建筑结构学报,1988,9(3):1-14.

25. 董石麟,王俊,双曲抛物面拉线塔的结构分析及计算程序[J].工程力学,1988,5(4):19-35.

26. 虞国伟,严慧,董石麟.网架结构极限承载能力的追踪分析[C]//中国土木工程学会.第四届空间结构学术交流会论文集,成都,1988:334-338.

27. 董石麟,周志隆.圆形平面类四角锥网架的形式、分类及分析计算[C]//中国土木工程学会.第四届空间结构学术交流会论文集,成都,1988:347-352.

28. 董石麟,高博青.组合网架结构的拟夹层板分析法[C]//中国土木工程学会.第四届空间结构学术交流会论文集,成都,1988:413-418.

29. 董石麟,詹联盟.网状扁壳与带肋扁壳组合结构的拟三层壳分析法[C]//中国土木工程学会.第四届空间结构学术交流会论文集,成都,1988:521-526.

30. 卢勉志,周志隆,董石麟,唐锦春.空间网架结构微机辅助设计系统[C]//中国土木工程学会.第四届空间结构学术交流会论文集,成都,1988:558-561.

31. 楼文娟,董石麟.多种开洞剪力墙壁式框架分析法及其刚域的确定[J].土木工程学报,1989,22(3):76-83.

32. 虞国伟,严慧,董石麟.网架结构极限承载能力的追踪分析[J].建筑结构学报,1989,10(4):55-61.

33. 董石麟.大跨空间结构新技术发展问题[J].建筑结构,1989,19(3):2-8.

34. 董石麟.组合网架的发展与应用——兼述结构形式、计算、构造及施工[J].建筑结构,1990,20(6):2-10.

35. 董石麟.北京亚运会体育场馆屋盖的结构形式与特点[C]// 中国建筑学会.1990年亚运会体育建筑设计、施工管理经验研讨会,北京,1990:5-14.

36. 高博青,董石麟.圆形平面组合网架的分析方法与试验研究[C]//中国土木工程学会.第五届空间结构学术交流会论文集,兰州,1990:92-97.

37. 董石麟.正交正放类三层网架的结构形式及拟夹层板分析法[C]//中国土木工程学会.第五届空间结构学术交流会论文集,兰州,1990:98-109.

38. 詹联盟,董石麟.圆柱网壳和带肋圆柱壳组合结构的拟三层壳分析法[C]//中国土木工程学会.第五届空间结构学术交流会论文集,兰州,1990:234-239.

39. 董石麟,王俊.双曲抛物面拉线塔的结构分析及计算程序[J].土木工程学报,1991,24(2):48-59.

40. 唐曹明,严慧,董石麟.斜拉网架的静力分析[C]//中国土木工程学会.全国索结构学术交流会论文集,无锡,1991:181—186.

41. 董石麟,罗尧治.斜拉网架的简化计算与广州人民体育场挑篷屋盖斜拉网架结构方案[C]//中国土木工程学会.全国索结构学术交流会论文集,无锡,1991:276—281.

42. 董石麟,詹联盟.网状扁壳与带肋扁壳组合结构的拟三层壳分析法[J].建筑结构学报,1992,13(5):25—33.

43. 董石麟,姚谏.中国网壳结构的发展与应用[C]//中国土木工程学会.第六届空间结构学术交流会论文集,广州,1992:9—22.

44. 唐曹明,严慧,董石麟.斜拉网架静力性能的研究[C]//中国土木工程学会.第六届空间结构学术交流会论文集,广州,1992:283—289.

45. 罗尧治,董石麟.三层网架的形式、分类及其结构特性的分析研究[C]//中国土木工程学会.第六届空间结构学术交流会论文集,广州,1992:290—295.

46. 高博青,董石麟.组合网架有限元分析和受力特性的研究[C]//中国土木工程学会.第六届空间结构学术交流会论文集,广州,1992:314—319.

47. 尤可坚,董石麟.矩形平面周边简支组合网架拟夹层板法的样条解及模型试验研究[C]//中国土木工程学会.第六届空间结构学术交流会论文集,广州,1992:320—325.

48. 林翔,董石麟.组合网架动力特性的研究及电算程序的编制[C]//中国土木工程学会.第六届空间结构学术交流会论文集,广州,1992:389—395.

49. 胡继军,董石麟,钱海鸿,关富玲.广义增分法在空间网壳非线性分析中的应用[C]//中国土木工程学会.第六届空间结构学术交流会论文集,广州,1992:424—430.

50. 马克俭,董石麟,韦明辉,左明光.钢筋混凝土网架的发展与应用[C]//中国土木工程学会.第六届空间结构学术交流会论文集,广州,1992:715—723.

51. 董石麟,罗尧治,周观根,施永夫.广东人民体育场局部三层网架挑篷的设计与施工[C]//中国土木工程学会.第六届空间结构学术交流会论文集,广州,1992:727—733.

52. 董石麟,高博青.局部双层网状球壳及其工程应用[C]//中国土木工程学会.第六届空间结构学术交流会论文集,广州,1992:759—765.

53. 董石麟,罗尧治.斜拉网架的简化计算[J].建筑结构,1993,23(8):28—30.

54. 董石麟.组合网状扁壳动力特性的拟三层壳分析法[C]//中国力学学会.第三届全国结构工程学术会议论文集,太原,1994:129—134.

55. 董石麟.组合网架动力特性的拟夹层板分析法[C]//中国力学学会.第二届全国结构工程学术会议论文集,长沙,1993:177—184.

56. 董石麟,姚谏.网壳结构的未来与展望[J].空间结构,1994,1(1):3—10.

57. 董石麟,钱若军.第四届国际空间结构学术会议论文集综述[J].空间结构,1994,1(1):70—73.

58. 赵阳,董石麟.组合网壳结构的几何非线性稳定分析[J].空间结构,1994,1(2):17—25.

59. 董石麟,姚谏.钢网壳结构在我国的发展与应用[J].钢结构,1994,9(1):21—31.

60. 肖志斌,唐锦春,严慧,董石麟.空间板锥网架结构受力性能分析[C]//中国土木工程学会.第七届全国空间结构学术会议论文集,文登,1994:88—92.

61. 董石麟.六边形平面蜂窝形三角锥网架的机动分析、受力特性和计算用表[C]//中国土木工程学会.第七届全国空间结构学术会议论文集,文登,1994:111—118.

62. 肖南,董石麟.多层钢筋砼空腹网架的理论分析[C]//中国土木工程学会.第七届全国空间结构学术会议论文集,文登,1994:119—124.

63. 罗尧治,董石麟.空间网格结构实用微机软件 MSTCAD[C]//中国土木工程学会.第七届全国空间结构学术会议论文集,文登,1994:153—156.

64. 胡继军,董石麟.球面组合网壳的有限元法分析及受力特性的研究[C]// 中国土木工程学会.第七届全国空间结构学术会议论文集,文登,1994:242—247.

65. 高博青,董石麟.组合网壳结构的静动力特性分析[C]// 中国土木工程学会.第七届全国空间结构学术会议论文集,文登,1994:248—252.

66. 裴永忠,严慧,董石麟.大型铰接穹顶网壳的几何非线性分析[C]// 中国土木工程学会.第七届全国空间结构学术会议论文集,文登,1994:279—286.

67. 赵阳,董石麟.组合双曲扁网壳结构的弹性大位移分析[C]//中国土木工程学会.第七届全国空间结构学术会议论文集,文登,1994:300—304.

68. 朱忠义,董石麟.单层穹顶网壳结构的几何非线性跳跃失稳及分枝屈曲的研究[J].空间结构,1995,1(2):8—17.

69. 严慧,董石磷.板式橡胶支座节点的设计与应用研究[J].空间结构,1995,1(2):33—40.

70. 董石麟.六边形平面蜂窝形三角锥网架的机动分析、受力特性和计算用表.空间结构,1995,1(3):15—23.

71. 刘大卫,董石麟.大型柱面网壳的非线性稳定性分析[J].空间结构,1995,1(3):25—30.

72. 罗尧治,董石麟.空间网格结构微机设计软件 MSTCAD 的开发[J].空间结构,1995,1(3):53—59.

73. 董石麟,高博青,童建国.台州电厂干煤棚折线形网状筒壳的选型与结构分析[J].空间结构,1995,1(4):22—29.

74. 高博青,董石麟.圆柱面组合网壳结构的受力性能分析[J].浙江建筑,1995,13(4):10—13.

1996

75. 董石麟,周岱.带肋扁壳的拟双层壳分析法[J].空间结构,1996,2(1):1—10.

76. 朱忠义,董石麟.球面组合网壳结构的几何非线性稳定分析[J].空间结构,1996,2(1):25—30.

77. 高博青,董石麟,童建国.台州电厂干煤棚折线型网状筒壳的风洞与模型试验研究[J].空间结构,1996,2(1):54—62.

78. 高博青,董石麟.双层柱面网壳结构在竖向地震作用下的动力性能分析[J].空间结构,1996,2(3):16—22.

79. 王星,董石麟,完海鹰.焊接球节点刚度对网架内力和挠度的影响分析[J].空间结构,1996,2(4):34—40.

80. 卓新,董石麟.螺栓球节点网格结构施工安装初应力分析[J].空间结构,1996,2(4):58—62.

81. 董石麟.新型网壳结构的应用与发展[C]//中国力学学会.第五届全国结构工程学术会议论文集,北京,1996:78—87.

1997

82. 周岱,董石麟,赵阳.杆件撤除对空间网格结构影响的实用计算法[J].建筑结构学报,1997,18(1):12—17.

83. 姚谏,董石麟.钢网架和钢网壳结构中杆件截面的简捷设计法[J].空间结构,1997,3(1):3—14.

84. 张宗升,王昆旺,严慧,罗尧治,董石麟.太旧高速公路旧关主线收费站斜拉网壳结构设计[J].空间结构,1997,3(2):40—45.

85. 董石麟,王星.一种新型空间结构——板锥网壳结构的应用与发展[J].空间结构,1997,3(2):55—59.

86. 董石麟,高博青.工业厂房网架在桥吊荷载作用下上下部结构协同工作的受力特性与简化计算法[J].空间结构,1997,3(4):3—7.

87. 王昆旺,张洪英,张宗升,罗尧治,董石麟,严慧.悬挂网架结构设计[J].空间结构,1997,3(4):47—50.

88. 唐曹明,严慧,董石麟.斜拉网架的静力分析[J].建筑科学,1997,(4):17—21.

89. 严慧,赵阳,董石麟,郭明明,徐春祥,周观根.轻型网架结构的开发与应用研究[J].杭州科技,1997,(5):26—27.

90. 肖建春,马克俭,董石麟,黄勇,田子东.群论在具有多种对称性网壳的非线性分析中的应用[C]//中国土木工程学会.第八届空间结构学术交流会论文集,开封,1997:127—132.

91. 周岱,董石麟,邓华.斜拉网壳结构的动力特性和非线性地震响应分析[C]//中国土木工程学会.第八届空间结构学术交流会论文集,开封,1997:208—214.

92. 邓华,董石麟.拉索预应力空间网格结构施工阶段力学问题的一般分析方法[C]//中国土木工程学会.第八届空间结构学术交流会论文集,开封,1997:238—243.

93. 关富玲,董石麟,陈务军,陈向阳,裘红妹.空间结构中的最优形态与形态控制概述[C]//中国土木工程学会.第八届空间结构学术交流会论文集,开封,1997:305—310.

94. 董石麟,高博青,赵阳.多层多跨高耸网架在广东南海大佛工程中的应用[C]//中国土木工程学会.第八届空间结构学术交流会论文集,开封,1997:465—470.

95. 卓新,董石麟.球面网壳顺作悬挑法与全支架安装法施工内力特性及其对比分析[C]//中国土木工程学会.第八届空间结构学术交流会论文集,开封,1997:647—652.

1998

96. 董石麟,赵阳,周岱.我国空间钢结构发展中的新技术、新结构[J].土木工程学报,1998,32(6):3—14.

97. 高博青,董石麟.台州电厂干煤棚工程[J].建筑结构学报,1998,19(1):71—72.

98. 董石麟,赵阳.三向类网架结构的拟夹层板分析法[J].建筑结构学报,1998,19(3):2—10.

99. 周岱,董石麟.用新型非线性刚度矩阵分析高层结构[J].浙江大学学报(工学版),1998,43(2):142—150.

100. 邓华,董石麟,包红泽.拉索预应力空间网格结构的计算分析方法[J].浙江大学学报(工学版),1998,43(5):558—562.

101. 袁行飞,陈务军,董石麟,关富玲.关于广义增量法中一些概念的认识与计算方法改进[J].浙江大学学报(工学版),1998,43(5):628—634.

102. 肖南,董石麟.对改进预应力空腹网架近似分析方法的探讨[J].空间结构,1998,4(1):52—55.

103. 肖南,董石麟.新型多层钢筋混凝土空腹网架结构体系及模型试验的研究分析[J].空间结构,1998,4(2):29—35.

104. 邵媛英,王星,董石麟.板锥网壳结构的形体和受力特性分析[J].空间结构,1998,4(3):11—16.

105. 董石麟.我国网架结构发展中的新技术、新结构[J].建筑结构,1998,29(1):10—15.

106. 王星,董石麟.一种新型结构形式的美学特征[J].新建筑,1998,(4):83—84.

1999

107. 顾磊,焦彬如,袁雪成,董石麟,严家熹,汪树中.无粘结预应力超宽扁梁-平板楼盖体系在高层工业建筑中的应用[J].土木工程学报,1999,32(5):23—27.

108. 周岱,董石麟.斜拉网壳结构的非线性静力分析[J].建筑结构学报,1999,20(1):16—22.

109. 邓华,董石麟.拉索预应力空间网格结构全过程设计的分析方法[J].建筑结构学报,1999,20(4):42—47.

110. 王星,董石麟.考虑节点刚度的网壳杆件切线刚度矩阵[J].工程力学,1999,16(4):24—32.

111. 袁行飞,董石麟.二节点曲线索单元非线性分析[J].工程力学,1999,16(4):59—64.

112. 邓华,董石麟.空间网壳结构的形状优化[J].浙江大学学报(工学版),1999,44(4):371—375.

113. 袁行飞,董石麟.索穹顶结构几何稳定性分析[J].空间结构,1999,5(1):3—9.

114. 肖建春,马克俭,董石麟.不增加总自由度数的考虑焊接空心球节点影响的单层网壳结构几何非线性有限元分析[J].空间结构,1999,5(1):26—34.

115. 夏开全,董石麟.局部双层网壳结构的几何非线性分析[J].空间结构,1999,5(2):29—37.

116. 胡继军,董石麟.球面组合网壳的有限元法分析及受力特性的研究[J].空间结构,1999,5(2):51—57.

117. 顾磊,董石麟.叉筒网壳的建筑造型、结构形式与支承方式[J].空间结构,1999,5(3):3—11.

118. 陈东,董石麟.局部双层柱面网壳的几何非线性稳定性分析[J].空间结构,1999,5(3):33—39.

119. 朱忠义,董石麟,邓华,徐学安.折线形单层柱面网壳的稳定分析[J].空间结构,1999,5(4):10—14.

120. 董石麟,赵阳,周岱.我国空间钢结构技术的发展[J].新型建筑材料,1999,26(4):38—41.

121. 董石麟.发展和开拓各种形式的空间网格结构——21世纪大跨度建筑的主要结构体系[J].浙江建筑,1999,16(2):21—31.

122. 严慧,赵阳,董石麟.一种新型预制四角锥网架结构的分析与应用研究[C]//中国科学技术协会.面向21世纪的科技进步与社会经济发展(下册).北京:中国科学技术出版社,1999:1001—1002.

2000

123. DONG S L,ZHAO Y,ZHOU D. New structural forms and new technologies in the development of steel space structures in China[J]. Advances in Structural Engineering,2000,3(1):49—65.

124. 罗尧治,陈向阳,董石麟.组合网架的竖向地震响应分析[J].土木工程学报,2000,33(5):29—34.

125. 朱忠义,董石麟,高博青.折板网壳的几何非线性和经济性分析[J].建筑结构学报,2000,21(5):54—58.

126. 罗尧治,董石麟.索杆张力结构初始预应力分布计算[J].建筑结构学报,2000,21(5):59—64.

127. 陈务军,董石麟,付功义,周岱,关富玲.不稳定空间展开折叠桁架结构稳定过程分析[J].工程力学,2000,17(5):5—6.

128. 陈东,董石麟.杆系结构非线性稳定分析的一种新方法[J].工程力学,2000,17(6):14—19,5.

129. 邓华,董石麟.拉索预应力空间网格结构的优化设计[J].计算力学学报,2000,17(2):207—213.

130. 陈务军,关富玲,董石麟.空间展开折叠结构动力学分析研究[J].计算力学学报,2000,17(4):410—416.

131. 董石麟,袁行飞,朱忠义. 杆件去除与内力变更时空间网架结构的简捷计算法[J]. 力学季刊, 2000,21(1):8—15.

132. 陈务军,关富玲,董石麟. 空间可展桁架结构展开过程分析理论和方法[J]. 浙江大学学报,2000, 34(4):382—387.

133. 胡继军,黄金枝,董石麟,陈务军. 网壳风振随机响应有限元法分析[J]. 上海交通大学学报,2000, 34(8):1053—1056,1060.

134. 陈务军,董石麟,付功义,周岱,胡继军. 扭簧驱动空间展开桁架结构分析[J]. 上海交通大学学报, 2000,34(8):1074—1077.

135. 李元齐,董石麟. 某工程单层椭圆锥面网壳中竖向杆件计算长度的探讨[J]. 空间结构,2000, 5(1):34—39.

136. 董石麟. 我国大跨度空间钢结构的发展与展望[J]. 空间结构,2000,5(2):3—13.

137. 罗尧治,董石麟. 索杆张力结构的计算机分析程序CSTS[J]. 空间结构,2000,5(2):56—63.

138. 董石麟,赵阳,林胜华,何雪莲,徐国金,沈文龙. 温州体育馆斜置四角锥网架的设计与施工[J]. 空间结构,2000,5(3):40—44.

139. 董石麟,李元齐. 三峡水电站左岸厂房上部网架结构整体分析[J]. 空间结构,2000,5(4):3—10.

140. 周晓峰,陈福江,董石麟. 粘弹性阻尼材料支座在网壳结构减震控制中性能研究[J]. 空间结构, 2000,5(4):21—28.

141. 肖建春,马克俭,董石麟. 空腹网架及空腹夹层板的折算剪切刚度[J]. 建筑结构,2000,31(4):39—41,54.

142. 顾磊,董石麟,韦国歧. 大柱帽波形柱面网壳结构及其在东阳汽车客运南站中的应用[J]. 建筑结构,2000,31(4):49—50,69.

143. 王星,董石麟. 板锥网壳结构的静力特性分析[J]. 建筑结构,2000,31(9):28—30.

144. 贺拥军,董石麟. 网壳结构平衡路径全过程跟踪的新策略[J]. 工业建筑,2000,30(12):51—53,77.

145. 肖建春,马克俭,董石麟,程涛. 几何非线性过渡梁元[J]. 钢结构,2000,15(3):31—33.

146. 袁行飞,刘武文,董石麟. 一种新型大跨空间结构——张拉整体索穹顶[J]. 新建筑,2000,18(2):74—75.

147. 贺拥军,董石麟,王立涛. 空间网格结构计算中图形输入信息数据的新的实现方法[J]. 工程图学学报,2000,21(1):41—46.

148. 肖建春,程涛,马克俭,董石麟. 空间过渡梁元的切线刚度矩阵[J]. 贵州工业大学学报(自然科学版),2000,29(1):1—11.

149. 夏开全,董石麟. 结构系统可靠性分析的一种新方法[J]. 科技通报,2000,16(4):287—292.

150. 卓新,董石麟. 123米直径双层球面网壳小拼单元悬挑安装法与施工内力分析[J]. OV通讯, 2000,(2):21—26.

151. 王星,王磊,董石麟. 板锥网壳结构的设计与施工[C]//中国力学学会. 第九届全国结构工程学术会议论文集,成都,2000:150—153.

152. 罗尧治,董石麟. 索杆张力结构及其体系分析[C]//中国力学学会. 第九届全国结构工程学术会议论文集,成都,2000:161—165.

153. 王星,夏才安,董石麟. 板锥网壳结构的静力有限元分析[C]//中国力学学会. 第九届全国结构工程学术会议论文集,成都,2000:804—808.

154. 贺拥军,董石麟. 巨型网格结构的形体分析与力学模型[C]//中国土木工程学会. 第九届空间结构学术会议论文集,杭州,2000:81－86.

155. 李元齐,朱忠义,董石麟.三峡水电站厂房上部网架结构整体分析[C]//中国土木工程学会.第九届空间结构学术会议论文集,杭州,2000:107－114.

156. 周岱,董石麟,刘红玉.斜拉网格结构的性能和弹塑性地震响应分析[C]//中国土木工程学会.第九届空间结构学术会议论文集,杭州,2000:115－121.

157. 霍广勇,顾磊,董石麟.单层脊线式叉筒网壳与膜型网壳的比较分析[C]//中国土木工程学会.第九届空间结构学术会议论文集,杭州,2000:138－144.

158. 李元齐,董石麟.某工程单层椭圆锥面网壳结构的非线性分析[C]//中国土木工程学会.第九届空间结构学术会议论文集,杭州,2000:173－178.

159. 夏开全,姚卫星,董石麟.球面网壳失稳的运动特性研究[C]//中国土木工程学会.第九届空间结构学术会议论文集,杭州,2000:186－192.

160. 杨晖,高博青,董石麟.折板式网壳结构的体形及工程应用[C]//中国土木工程学会.第九届空间结构学术会议论文集,杭州,2000:246－250.

161. 罗尧治,董石麟,严慧,陈向阳.索杆张力结构初始预应力分布计算[C]//中国土木工程学会.第九届空间结构学术会议论文集,杭州,2000:336－341.

162. 袁行飞,董石麟.索穹顶结构非线性有限元分析[C]//中国土木工程学会.第九届空间结构学术会议论文集,杭州,2000:349－356.

163. 邓华,董石麟,包红泽.预应力杆件体系的结构判定[C]//中国土木工程学会.第九届空间结构学术会议论文集,杭州,2000:380－386.

164. 董石麟,邓华.预应力网架结构的简捷计算法及施工张拉全过程分析[C]//中国土木工程学会.第九届空间结构学术会议论文集,杭州,2000:410－417.

165. 高博青,杨晖,董石麟.铁塔-输电线的地震响应分析[C]//中国土木工程学会.第九届空间结构学术会议论文集,杭州,2000:534－540.

166. 周晓峰,董石麟.粘弹性阻尼材料支座在网壳结构减震控制中性能研究[C]//中国土木工程学会.第九届空间结构学术会议论文集,杭州,2000:830－836.

167. 何艳丽,王增春,董石麟,等.桅杆结构在任意动力荷载作用下的动力稳定性分析[C]//中国科学技术学会.中国博士后学术大会论文集,北京,2000:103－107.

2001

168. 袁行飞,董石麟.索穹顶结构整体可行预应力概念及其应用[J].土木工程学报,2001,34(2):33－37.

169. 董石麟,邓华.预应力网架结构的简捷计算法和张拉全过程分析[J].建筑结构学报,2001,22(2):18－22.

170. 袁行飞,董石麟.索穹顶结构的施工控制分析[J].建筑结构学报,2001,22(2):75－79.

171. 胡继军,黄金枝,李春祥,董石麟.网壳-TMD风振控制分析[J].建筑结构学报 2001,22(3):31－35.

172. 肖建春,聂建国,马克俭,董石麟.预应力网壳结构中加劲板式橡胶支座的计算模型及设计[J].建筑结构学报,2001,22(3):54－59.

173. 贺拥军,周绪红,董石麟.圆柱面杆系巨型网格结构的计算方法与优化分析[J].建筑结构学报,

2001,22(5):53—58.

174. 王星,董石麟.板锥网壳结构的拟三层壳分析法[J].建筑结构学报,2001,22(6):43—48.

175. 罗尧治,董石麟.索杆张力结构及其体系分析[J].工程力学,2001,18(1):161—165.

176. 陈务军,董石麟,付功义,周岱,胡继军.非线性分析广义增量法算法研究[J].工程力学,2001,18(3):28—33,44.

177. 夏开全,董石麟.刚接与铰接混合连接杆系结构的几何非线性分析[J].计算力学学报,2001,18(1):103—107.

178. 陈务军,董石麟,付功义,关富玲.基于零空间基的非线性结构分析方法[J].计算力学学报,2001,18(4):409—413,434.

179. 陈务军,付功义,龚景海,董石麟.空间可展桁架拟静力展开分析的违约稳定方法[J].力学季刊,2001,22(4):464—470.

180. 陈务军,付功义,何艳丽,龚景海,董石麟.八面体桁架单元及其派生系所构成的空间伸展臂[J].上海交通大学学报,2001,35(4):509—513.

181. 何艳丽,马星,王肇民,董石麟.桅杆结构的风振响应分析及实验研究[J].上海交通大学学报,2001,35(10):1438—1443.

182. 陈务军,付功义,董石麟,关富玲,张京街.扭簧驱动构架式空间展开天线结构分析[J].宇航学报,2001,22(1):9—14.

183. 贺拥军,齐冬莲,董石麟.混沌优化法在双层圆柱面网壳结构优化中的应用[J].煤炭学报,2001,26(6):663—666.

184. 罗尧治,董石麟.平板型张拉整体结构几何体系及受力特性分析[J].空间结构,2001,7(1):11—16.

185. 陈务军,董石麟,付功义,龚景海,何艳丽.凯威特型局部双层网壳结构特性分析[J].空间结构,2001,7(1):25—33.

186. 周家伟,董石麟.折板形锥面网壳的建筑造型、结构形式和受力特性[J].空间结构,2001,7(1):34—43.

187. 何艳丽,董石麟,龚景海.大跨空间网格结构风振系数探讨[J].空间结构,2001,7(2):3—10.

188. 李元齐,董石麟.大跨度空间结构风荷载模拟技术研究及程序编制[J].空间结构,2001,7(3):3—11.

189. 张志宏,董石麟.张拉结构中连续索滑移问题的研究[J].空间结构,2001,7(3):26—32.

190. 陈务军,付功义,龚景海,董石麟.带肋局部双层球面网壳稳定性分析[J].空间结构,2001,7(3):33—40.

191. 董石麟.预应力大跨度空间钢结构的应用与展望[J].空间结构,2001,7(4):3—14.

192. 周晓峰,董石麟.巨型钢框架结构自振特性分析[J].建筑结构,2001,31(6):3—6.

193. 周晓峰,董石麟,周家伟,杨晔.折板网壳的结构形式及自振特性分析[J].建筑结构,2001,31(6):28—29,9.

194. 朱忠义,董石麟,高博青.折板网壳的几何非线性分析[J].工业建筑,2001,31(2):51—52,59.

195. 贺拥军,董石麟.网架结构竖向地震反应的动态样条加权残数法分析[J].工业建筑,2001,31(3):54—55,53.

196. 李元齐,董石麟.大跨度网壳结构抗风研究现状[J].工业建筑,2001,31(5):50—53.

197. 周晓峰,董石麟.巨型钢框架在强风作用下的非线性时程分析[J].工业建筑,2001,31(6):60—62.

198. 何艳丽,王增春,董石麟,王肇民.桅杆结构的内共振对其动力稳定性的影响[J].钢结构,2001,16(3):1—4.

199. 何艳丽,王增春,董石麟,王肇民.桅杆结构的动力稳定性分析[J].四川建筑科学研究,2001,27

（3）：1—4.

200. 肖建春,马克俭,董石麟. 预应力网格结构的 CAD 软件开发[J]. 贵州工业大学学报（自然科学版）,2001,30(1):82—87.

201. 邓华,扬睿,董石麟,严慧. 预应力张弦网格结构的结构性能研究[C]//中国科学技术学会. 新世纪新机遇新挑战——知识创新和高新技术产业发展. 北京:中国科学技术出版社,2001:369.

202. 董石麟. 预应力大跨度空间钢结构的应用与展望[C]//天津大学. 第一届全国现代结构工程学术报告会,天津,2001:17—25.

203. 陈务军,董石麟,付功义,龚景海,何艳丽. 球面网壳几何非线性稳定分析的两个问题[C]//天津大学. 第一届全国现代结构工程学术报告会,天津,2001:224—229.

204. 高博青,陈维健,董石麟. 一种新型预应力穹顶体系及其受力性能[C]//天津大学. 第一届全国现代结构工程学术报告会,天津,2001:276—280.

205. 何艳丽,董石麟,龚景海,陈务军. 网壳结构风振响应分析的能量补偿方法[C]//天津大学. 第一届全国现代结构工程学术报告会,天津,2001:295—300.

206. 李元齐,董石麟,刘季康,甘明. 国家大剧院双层空腹网壳结构方案分析[C]//天津大学. 第一届全国现代结构工程学术报告会,天津,2001:315—320.

207. 肖建春,聂建国,马克俭,董石麟. 柱支预应力局部单双层网壳的结构构成[C]//天津大学. 第一届全国现代结构工程学术报告会,天津,2001:434—437.

2002

208. YUAN X F,DONG S L. Nonlinear analysis and optimum design of cable domes[J]. Engineering Structures,2002,24(7):965—977.

209. HE Y L,DONG S L. New wind-induced responses analysis method of spatial structures in frequency domain with mode compensation[J]. Journal of Shanghai Jiaotong University,2002,36(1):89—94.

210. CHEN W J,FU G Y,HE Y L,DONG S L. Geometrically nonlinear fe formulations for the macro-element uniplet of foldable structures[J]. Journal of Shanghai Jiaotong University,2002,36(2):137—143.

211. YUAN X F,DONG S L. Study on static behaviour of cable domes[J]. Journal of the International Association of Shell and Space Structures,2002,43(2):81—91.

212. DONG S L,ZHAO Y. The application and development of pretensioned long-span steel space structures in China[J]. Advances in Steel Structures,2002:15—26.

213. 贺拥军,董石麟. 圆柱面组合杆系巨型网格结构的优化与适宜跨度分析[J]. 土木工程学报,2002,35(2):108—110.

214. 贺拥军,周绪红,董石麟. 平板网架子结构圆柱面交叉立体桁架系巨型网格结构的研究[J]. 土木工程学报,2002,35(6):24—31.

215. 高博青,董石麟. 折板式网壳结构的动力性能分析[J]. 建筑结构学报,2002,23(1):53—57.

216. 肖南,董石麟. 大跨度跳层空腹网架结构的简化分析方法[J]. 建筑结构学报,2002,23(2):61—69.

217. 付功义,陈务军,董石麟. 大矢跨比球面网壳局部双层形式及稳定性分析[J]. 建筑结构学报,2002,23(3):75—83.

218. 张志宏,董石麟.空间结构分析中动力松弛法若干问题的探讨[J].建筑结构学报,2002,23(6):79—84.

219. 罗尧治,董石麟.含可动机构的杆系结构非线性力法分析[J].固体力学学报,2002,23(3):288—294.

220. 夏开全,姚卫星,董石麟.单层球面网壳跳跃失稳的运动特性[J].工程力学,2002,19(1):9—13.

221. 何艳丽,董石麟,龚景海.空间网格结构频域风振响应分析模态补偿法[J].工程力学,2002,19(4):1—6.

222. 陈务军,付功义,龚景海,董石麟.带肋局部双层网壳的失稳特征研究[J].工程力学,2002,19(4):61—66.

223. 王星,董石麟.板锥网壳结构的连续化分析[J].应用力学学报,2002,(4):150—152,170.

224. 董石麟,张志宏,李元齐.空间网格结构几何非线性有限元分析方法的研究[J].计算力学学报,2002,19(3):365—368.

225. 王春江,董石麟,王人鹏,钱若军.一种考虑初始垂度影响的非线性索单元[J].力学季刊,2002,23(3):354—361.

226. 卓新,董石麟.大跨球面网壳的悬挑安装法与施工内力分析[J].浙江大学学报(工学版),2002,36(2):148—151.

227. 高博青,董石麟.折板式网壳结构的抗震及减震研究[J].浙江大学学报(理学版),2002,29(5):589—594.

228. 肖建春,聂建国,马克俭,董石麟.柱支预应力局部单双层浅网壳的结构分析[J].清华大学学报(自然科学版),2002,(S1):105—108.

229. 陈务军,董石麟,付功义.周围双层中部单层球面网壳的稳定性分析[J].上海交通大学学报,2002,36(3):436—440.

230. 陈务军,付功义,龚景海,董石麟.大矢跨比局部双层球面网壳的形式及稳定性分析[J].空间结构,2002,8(1):19—28.

231. 高博青,陈维健,董石麟.一种新型预应力穹顶体系及其受力性能[J].空间结构,2002,8(1):52—57.

232. 吴朋,张良平,董石麟,王吉吉.玻璃建筑柔性支承结构体系的应用与研究[J].空间结构,2002,8(2):31—37,25.

233. 姚建锋,余祖国,高博青,董石麟.预应力加肋网壳结构的动力性能分析[J].空间结构,2002,8(3):22—28.

234. 陈荣毅,董石麟.广州国际会议展览中心展览大厅钢屋盖设计[J].空间结构,2002,8(3):29—34.

235. 罗尧治,董石麟.空间索桁结构的力学性能及其体系演变[J].空间结构,2002,8(4):17—21.

236. 杨睿,董石麟,倪英戈.预应力张弦梁结构的形态分析——改进的逆迭代法[J].空间结构,2002,8(4):29—35.

237. 卓新,周亚刚,董石麟.多面体形态空间结构的设计[J].空间结构,2002,8(4):46—50.

238. 陈务军,付功义,何艳丽,龚景海,董石麟.局部双层柱面网壳的形式及其稳定性分析[J].空间结构,2002,8(4):51—60.

239. 严慧,罗尧治,赵阳,董石麟.一种新型预制四角锥网架结构的分析与应用研究[J].建筑结构,2002,32(3):51—54.

240. 贺拥军,齐冬莲,董石麟.遗传算法在双层圆柱面网壳结构优化中的应用[J].建筑结构,2002,32(3):60—61,34.

241. 董石麟. 预应力大跨度空间钢结构的应用与展望[J]. 浙江建筑,2002,19(S1):4-8,13.

242. 刘锡良,董石麟. 20 年来中国空间结构形式创新[C]//中国土木工程学会. 第十届空间结构学术会议论文集,北京,2002:13-37.

243. 肖南,董石麟. 楼板对跳层空腹网架结构受力性能的影响分析[C]//中国土木工程学会. 第十届空间结构学术会议论文集,北京,2002:160-164.

244. 贺拥军,周绪红,董石麟. 新型空间网格结构计算机辅助设计系统 NSTRCAD 的研制与开发[C]//中国土木工程学会. 第十届空间结构学术会议论文集,北京,2002:174-179.

245. 任小强,陈务军,付功义,董石麟. ANSYS 在分析局部双层网壳几何非线性时的应用[C]//中国土木工程学会. 第十届空间结构学术会议论文集,北京,2002:226-230.

246. 董石麟,袁行飞,胡宁. 初内力法用于预应力网架结构张拉全过程分析[C]//中国土木工程学会. 第十届空间结构学术会议论文集,北京,2002:283-292.

247. 高博青,卢群鑫,董石麟. 一种大型环状索杆结构的动力性能研究[C]//中国土木工程学会. 第十届空间结构学术会议论文集,北京,2002:299-306.

248. 王春江,王人鹏,厉平,董石麟,王增春. 索膜结构找形分析理论综述[C]//中国土木工程学会. 第十届空间结构学术会议论文集,北京,2002:385-391.

249. 姚建锋,章少珍,卢群鑫,高博青,董石麟. 索杆穹顶结构的几何非线性分析[C]//中国土木工程学会. 第十届空间结构学术会议论文集,北京,2002:439-445.

250. 邓华,董石麟,杨睿,马耀庭. 深圳游泳跳水馆主馆屋盖结构分析[C]//中国土木工程学会. 第十届空间结构学术会议论文集,北京,2002:648-655.

251. 罗尧治,胡宁,董石麟,肖炽,周观根,崔振中. 网壳结构"折叠展开式"计算机同步控制整体提升施工技术的工程应用[C]//中国土木工程学会. 第十届空间结构学术会议论文集,北京,2002:678-685.

252. 罗尧治,范玉辰,曹国辉,董石麟,严慧,陈向阳. 预应力拉索网格结构的工程应用[C]//中国土木工程学会. 第十届空间结构学术会议论文集,北京,2002:764-771.

253. 卓新,董石麟. 张力松弛法及其在预应力空间结构中的应用[C]//天津大学. 第二届全国现代结构工程学术研讨会论文集,马鞍山,2002:31-35.

254. 龚景海,董石麟,王立长,尚春雨. 大连新世纪纪念塔结构设计方案研究[C]//天津大学. 第二届全国现代结构工程学术研讨会论文集,马鞍山,2002:141-146.

255. 肖建春,聂建国,马克俭,董石麟. 预应力对柱支承球面扁网壳稳定的作用[C]//天津大学. 第二届全国现代结构工程学术研讨会论文集,马鞍山,2002:190-195.

256. 任小强,陈务军,付功义,董石麟. 局部双层叉筒网壳几何非线性稳定分析[C]//天津大学. 第二届全国现代结构工程学术研讨会论文集,马鞍山,2002:341-345.

257. 肖南,邓华,董石麟,赵国兴. 不同类型大跨度跳层空腹网架结构的动力特性分析[C]//天津大学. 第二届全国现代结构工程学术研讨会论文集,马鞍山,2002:357-368.

258. 陈荣毅,董石麟. 大跨度预应力张弦钢管桁架的设计[C]//天津大学. 第二届全国现代结构工程学术研讨会论文集,马鞍山,2002:379-383.

259. 杨睿,董石麟. 张弦梁结构中预应力的作用及合理取值[C]//天津大学. 第二届全国现代结构工程学术研讨会论文集,马鞍山,2002:390-395.

260. 卓新,董石麟. 施工阶段内力与变位叠加法及其在网壳整体提升施工结构分析中的应用[C]//天津大学. 第二届全国现代结构工程学术研讨会论文集,马鞍山,2002:517-520.

2003

261. YUAN X F, DONG S L. Integral feasible prestress state of cable domes[J]. Computers & Structures, 2003, 81(21): 2111—2119.

262. GAO B Q, LU Q X, DONG S L. Geometrical nonlinear stability analyses of cable-truss domes [J]. Journal of Zhejiang University-Science A, 2003, 4(3): 317—323.

263. CHEN W J, FU G Y, HE Y L, DONG S L. Equivalent bar conceptions for computer analysis of pantographic foldable structures[J]. Journal of Shanghai Jiaotong University, 2003, 37(1): 80—84.

264. 贺拥军, 周绪红, 董石麟. 叉筒网壳子结构圆柱面交叉立体桁架系巨型网格结构的稳定性研究 [J]. 建筑结构学报, 2003, 24(2): 54—63.

265. 肖建春, 聂建国, 成刚, 马克俭, 董石麟. 浅网壳预应力施工阶段的可滑移弹性支座单元[J]. 工程力学, 2003, 20(5): 179—184.

266. 王春江, 董石麟, 王人鹏, 钱若军. 力密度找形分析方法及计算机实现[J]. 力学季刊, 2003, 24(4): 454—461.

267. 卓新, 董石麟. 施工阶段内力与变位叠加法及其应用[J]. 浙江大学学报(工学版), 2003, 37(5): 556—559.

268. 董石麟, 卓新, 周亚刚. 预应力空间网架结构一次张拉计算法[J]. 浙江大学学报(工学版), 2003, 37(6): 629—633, 651.

269. 高博青, 姚建锋, 董石麟. 布索对加肋穹顶索杆结构动力性能影响的研究[J]. 浙江大学学报(理学版), 2003, 30(3): 349—360.

270. 龚景海, 邱国志, 董石麟. 线性互补方程解法在减震结构体系中的应用[J]. 上海交通大学学报, 2003, 37(12): 1919—1922.

271. 张年文, 董石麟, 黄业飞, 赵阳. 考虑几何非线性影响的单层网壳优化设计[J]. 空间结构, 2003, 9(1): 31—34, 44.

272. 陈荣毅, 董石麟, 孙文波. 大跨度预应力张弦桁架结构的设计与分析[J]. 空间结构, 2003, 9(1): 45—47.

273. 冯庆兴, 董石麟, 邓华. 大跨度环形空腹索桁结构体系[J]. 空间结构, 2003, 9(1): 55—59.

274. 董石麟, 袁行飞. 肋环型索穹顶初始预应力分布的快速计算法[J]. 空间结构, 2003, 9(2): 3—8, 19.

275. 王春江, 董石麟, 钱若军, 王人鹏. 平板型张力集成体系的预应力分析[J]. 空间结构, 2003, 9(2): 15—19.

276. 张志宏, 董石麟, 王文杰. 索杆张拉结构的设计和施工全过程分析[J]. 空间结构, 2003, 9(2): 20—24.

277. 陈荣毅, 董石麟. 大跨度张弦钢桁架的预应力施工[J]. 空间结构, 2003, 9(2): 61—63.

278. 卓新, 董石麟. 基于仿生学的空间结构形体设计[J]. 空间结构, 2003, 9(3): 3—5.

279. 张志宏, 董石麟. 索杆梁混合单元体系的初始预应力分布确定问题[J]. 空间结构, 2003, 9(3): 13—18.

280. 胡宁, 董石麟, 罗尧治. 索杆膜空间结构协同静力分析[J]. 空间结构, 2003, 9(4): 9—12, 26.

281. 吴朋, 蒋凌浩, 董石麟. 玻璃建筑柔性支承体系的动力特性分析[J]. 空间结构, 2003, 9(4): 52—54.

282. 陈荣毅,董石麟,吴欣之.大跨度预应力张弦桁架的吊装[J].空间结构,2003,9(4):60—63.

283. 王星,董石麟.板锥网壳结构的抗震分析[J].建筑结构,2003,33(3):62—64.

284. 顾磊,傅学怡,董石麟.单层脊线式叉筒网壳与膜型网壳的比较分析[J].建筑结构,2003,33(6):40—42.

285. 周晓峰,董石麟,陈明中.巨型钢框架结构地震响应分析[J].建筑结构,2003,33(7):57—59,66.

286. 董石麟,陈兴刚.鸟巢型网架的构形、受力特性和简化计算方法[J].建筑结构,2003,33(10):8—10,29.

287. 贺拥军,周绪红,董石麟.平板网架子结构圆柱面交叉立体桁架系巨型网格结构的动力特性研究[J].建筑科学,2003,19(5):10—15.

288. 胡宁,罗尧治,董石麟.108m×90m柱面网壳整体提升施工方法[J].科技通报,2003,19(4):323—326,329.

289. 周家伟,董石麟.折板型网壳的优化分析[J].工程设计学报,2003,10(4):202—204.

290. 高博青,董石麟.研究生培养质量保证体系及评价体系研究[J].高等工程教育研究,2003,(3):48—49,68.

291. 刘锡良,董石麟.20年来中国空间结构形式创新[C]//天津大学.第三届全国现代结构工程学术研讨会论文集,天津,2003:27—47.

292. 袁行飞,董石麟.新型索穹顶结构形式初探[C]//天津大学.第三届全国现代结构工程学术研讨会论文集,天津,2003:222—226.

293. 滕锦光,赵阳,王汉铿,王增春,董石麟.钢-混凝土组合薄壳屋盖的研究进展[C]//天津大学.第三届全国现代结构工程学术研讨会论文集,天津,2003:250—253.

294. 卓新,董石麟.基于仿生学的空间结构形体设计[C]//天津大学.第三届全国现代结构工程学术研讨会论文集,天津,2003:388—391.

295. 张明山,肖南,邓华,董石麟.九寨沟甘海子国际会议度假中心展厅设计分析[C]//天津大学.第三届全国现代结构工程学术研讨会论文集,天津,2003:415—418.

296. 赵阳,陈贤川,董石麟.某大型椭球壳工程钢结构分析[C]//天津大学.第三届全国现代结构工程学术研讨会论文集,天津,2003:468—472.

2004

297. DONG S L,ZHAO Y. Pretensioned long-span steel space structures in China[J]. International Journal of Applied Mechanics & Engineering,2004,9(1):25—36.

298. CHEN W J,FU G Y,HE Y L,DONG S L. Quasi-static deployment simulation for deployable space truss structures[J]. Journal of Shanghai Jiaotong University,2004,9(1):26—30.

299. ZHANG Z H,YUAN X F,DONG S L. Some aspects of the application of dynamic relaxation method in space structures[J]. International Journal of Space Structures,2004,19(2):97—102.

300. 董石麟,赵阳.论空间结构的形式和分类[J].土木工程学报,2004,37(1):7—12.

301. 罗尧治,曹国辉,董石麟,严慧.预应力拉索网格结构的设计与研究[J].土木工程学报,2004,37(3):52—57.

302. 邓华,董石麟,何艳丽,杨睿,马耀庭.深圳游泳跳水馆主馆屋盖结构分析和风振响应计算[J].建筑结构学报,2004,25(2):72—77.

303. 董石麟,袁行飞.葵花型索穹顶初始预应力分布的简捷计算法[J].建筑结构学报,2004,25(6):9—14.

304. 董石麟,詹伟东.单双层球面扁网壳连续化方法非线性稳定理论临界荷载的确定[J].工程力学,2004,21(3):6—14.

305. 张志宏,张明山,董石麟.张弦梁结构若干问题的探讨[J].工程力学,2004,21(6):26—30.

306. 袁行飞,董石麟.索穹顶结构有限元分析及试验研究[J].浙江大学学报(工学版),2004,38(5):586—592.

307. 陈联盟,赵阳,董石麟.单层脊线式叉筒网壳结构性能研究[J].浙江大学学报(工学版),2004,38(8):971—977.

308. 詹伟东,董石麟.索穹顶结构体系的研究进展[J].浙江大学学报(工学版),2004,38(10):1298—1307.

309. 王春江,钱若军,董石麟,赵金城.面向对象有限元方法及其C++实现[J].上海交通大学学报,2004,38(6):956—960.

310. 贺拥军,周绪红,董石麟.单层叉筒网壳静力与稳定性研究[J].湖南大学学报(自然科学版),2004,31(4):45—50.

311. 肖南,董石麟.考虑楼板不同刚度时跳层空腹网架结构的受力性能分析[J].空间结构,2004,10(1):12—15.

312. 王春江,钱若军,王人鹏,董石麟,王峻峰.一种用于单索求解的迭代算法[J].空间结构,2004,10(1):21—23,56.

313. 张明山,董石麟,张志宏.弦支穹顶初始预应力分布的确定及稳定性分析[J].空间结构,2004,10(2):8—12.

314. 陈荣毅,董石麟,吴欣之.大跨度预应力张弦桁架的滑移施工[J].空间结构,2004,10(2):40—42,54.

315. 张明山,包红泽,张志宏,董石麟.弦支穹顶结构的预应力优化设计[J].空间结构,2004,10(3):26—30.

316. 陈务军,董石麟,吕子政,吴开成,王中伟.浙江大学紫金港校区风雨操场膜结构工程[J].空间结构,2004,10(3):40—47.

317. 卓新,董石麟.海洋贝类仿生建筑的结构形体研究[J].空间结构,2004,10(4):19—22.

318. 贺拥军,周绪红,董石麟,朱志辉.膜型网壳结构静力及稳定性研究[J].建筑结构,2004,34(5):49—52.

319. 邓华,严文递,董石麟,张明山,裘涛,陈学琪.钱塘江海口河岸模型试验大厅屋盖结构设计[J].建筑结构,2004,34(11):20—23.

320. 卓新,毛海军,董石麟.预应力空间结构施工控制张力的逆向计算法[J].施工技术,2004,33(11):4—5,18.

321. 邢丽,董石麟,曹喜.面向对象的索穹顶结构优化设计程序结构[J].工程设计学报,2004,11(6):351—356.

322. 张年文,董石麟,赵阳.梁柱单元非线性分析中定向矩阵的推导与讨论[J].茂名学院学报,2004,(1):51—55.

323. 王增春,董石麟,滕锦光,王汉廷.新型钢-混凝土组合壳结构性能研究[C]//中国力学学会.第十三届全国结构工程学术会议论文集,井冈山,2004:404—407.

324. 王增春,滕锦光,董石麟,何艳丽.钢-混凝土组合拱承载性能试验研究[C]//中国力学学会.第十三届全国结构工程学术会议论文集,井冈山,2004:442－445.

325. 肖南,包红泽,张明山,董石麟,邓华.九寨沟甘海子国际会议度假中心展厅抗震设计[C]//天津大学.第四届全国现代结构工程学术研讨会论文集,宁波,2004:155－158.

326. 谢忠良,高博青,董石麟.大型环状悬臂型张弦梁挑蓬结构的自振特性及试验研究[C]//天津大学.第四届全国现代结构工程学术研讨会论文集,宁波,2004:323－326.

327. 高博青,杜文风,董石麟.对歌德斯克穹顶网壳动力稳定性的认识[C]//天津大学.第四届全国现代结构工程学术研讨会论文集,宁波,2004:343－348.

328. 袁行飞,周家伟,董石麟.南海市文化中心钢结构屋盖风洞试验研究[C]//天津大学.第四届全国现代结构工程学术研讨会论文集,宁波,2004:529－533.

329. 王春江,赵金城,钱若军,王人鹏,董石麟.基于ACIS的面向对象图形环境的系统结构和C＋＋实现[C]//天津大学.第四届全国现代结构工程学术研讨会论文集,宁波,2004:1075－1081.

2005

330. TENG J G,WONG H T,WANG Z C,DONG S L.Steel-concrete composite shell roofs:structural concept and feasibility[J].Advances in Structural Engineering,2005,8(3):287－307.

331. ZHANG Z H,DONG S L,TAMURA Y.Force finding analysis of hybrid space structures[J].International Journal of Space Structures,2005,20(2):107－114.

332. ZHANG Z H,DONG S L,TAMURA Y.Mechanical analysis of a type of hybrid spatial structure composed of cables,bars and beams[J].International Journal of Space Structures,2005,20(1):43－52.

333. HE Y J,ZHOU X H,DONG S L,LI J.Research on seismic response property of cylindrical latticed-intersected-three-dimensional-beam-system reticulated mega-structure with double layer grid sub-structures[C]// Proceedings of the Fourth International Conference on Advances in Steel Structures,Shanghai,China,2005:1229－1234.

334. 董石麟,唐海军,赵阳,傅学怡,顾磊.轴力和弯矩共同作用下焊接空心球节点承载力研究与实用计算方法[J].土木工程学报,2005,38(1):21－30.

335. 贺拥军,周绪红,董石麟.膜型网壳结构巨型网格结构的整体与局部稳定性研究[J].土木工程学报,2005,38(2):13－21.

336. 徐国宏,袁行飞,傅学怡,董石麟,顾磊.ETFE气枕结构设计——国家游泳中心气枕结构设计简介[J].土木工程学报,2005,38(4):66－72.

337. 赵阳,陈贤川,董石麟.大跨椭球面圆形钢拱结构的强度及稳定性分析[J].土木工程学报,2005,38(5):15－23.

338. 蔺军,冯庆兴,董石麟.大跨度环形平面肋环型空间索桁张力结构的模型试验研究[J].土木工程学报,2005,38(7):15－21.

339. 张明山,肖南,陈贤川,董石麟,邓华.大开孔单层椭球面网壳-组合楼板混合结构设计及稳定性分析[J].建筑结构学报,2005,26(1):33－38.

340. 蔺军,顾强,董石麟.梁腹板在弯、剪及局压复合应力作用下的屈曲分析[J].建筑结构学报,2005,26(2):34－39.

341. 余卫江,王武斌,顾磊,赵阳,傅学怡,董石麟.新型多面体空间刚架的基本单元研究[J].建筑结构学报,2005,26(6):1—6.

342. 余卫江,赵阳,顾磊,傅学怡,董石麟.新型多面体空间刚架的几何构成优化[J].建筑结构学报,2005,26(6):7—12.

343. 董石麟,邢丽,赵阳,顾磊,傅学怡.方钢管焊接空心球节点的承载力与实用计算方法研究[J].建筑结构学报,2005,26(6):27—37.

344. 董石麟,邢丽,赵阳,顾磊,傅学怡.轴力与双向弯矩作用下方钢管焊接球节点的承载力与实用计算方法研究[J].建筑结构学报,2005,26(6):38—44.

345. 赵阳,王武斌,邢丽,傅学怡,顾磊,董石麟.国家游泳中心方钢管受弯连接节点加强试验研究[J].建筑结构学报,2005,26(6):45—53,63.

346. 袁行飞,董石麟.索穹顶结构的新形式及其初始预应力确定[J].工程力学,2005,22(2):22—26.

347. 贺拥军,周绪红,董石麟.交叉立体桁架系巨型网格结构的超级元与子结构相结合计算法[J].工程力学,2005,22(3):5—10,25.

348. 张志宏,张明山,董石麟.平衡矩阵理论的探讨及一索杆梁杂交空间结构的静力和稳定性分析[J].工程力学,2005,22(6):7—14,20.

349. 任小强,陈务军,付功义,董石麟.弹塑性接触问题神经网络计算模型[J].应用力学学报,2005,(1):55—58,159.

350. 张志宏,张明山,董石麟.弦支穹顶结构动力分析[J].计算力学学报,2005,22(6):646—650.

351. 陈贤川,赵阳,顾磊,傅学怡,董石麟.新型多面体空间刚架结构的建模方法研究[J].浙江大学学报(工学版),2005,39(1):92—97.

352. 任小强,陈务军,付功义,董石麟.求解弹塑性有限元问题的神经网络方法[J].上海交通大学学报,2005,39(5):801—804.

353. 贺拥军,周绪红,董石麟.圆柱面巨型网格结构地震响应时程分析[J].湖南大学学报(自然科学版),2005,32(3):41—46.

354. 王锋,王增春,何艳丽,陈务军,董石麟.预应力纤维材料加固木梁研究[J].空间结构,2005,11(2):34—38.

355. 顾磊,董石麟.局部双层叉筒网壳的非线性和线性分析[J].空间结构,2005,11(3):39—45.

356. 董石麟,罗尧治,赵阳.大跨度空间结构的工程实践与学科发展[J].空间结构,2005,11(4):3—10.

357. 陈务军,董石麟,吕子政,吴开成.浙江大学新校区风雨操场膜结构工程设计[J].建筑结构,2005,35(2):64—67.

358. 陈荣毅,董石麟.预应力张弦立体桁架的张拉屈曲分析.建筑结构,2005,35(2):80.

359. 肖南,程柯,董石麟,孙彤.H型钢肋环形、扁五角锥单层折板网壳结构设计[J].建筑结构,2005,35(6):7—9.

360. 罗尧治,胡宁,沈雁彬,董石麟.网壳结构"折叠展开式"计算机同步控制整体提升施工技术[J].建筑钢结构进展,2005,7(4):27—32.

361. 贺拥军,周绪红,刘永健,董石麟,李佳.超大跨度巨型网格结构[J].建筑科学与工程学报,2005,22(3):25—29.

362. 陈肇元,钱七虎,范立础,赵国藩,王梦恕,吕志涛,刘建航,杨秀敏,陈厚群,施仲衡,董石麟.关于奥运建筑等大型工程结构安全性与耐久性设计标准的几点建议[C]//中国工程院土木水利与建筑工程学部.我国大型建筑工程设计发展方向——论述与建议.北京:中国建筑工业出版社,2005:160—162.

363. 董石麟,罗尧治,赵阳.大跨度空间结构的工程实践与学科发展[C]//中国土木工程学会.第十一届空间结构学术会议论文集,南京,2005:1-11.

364. 苏亮,董石麟,加藤史郎.局部场地效应下单层球面网壳的地震反应分析[C]//中国土木工程学会.第十一届空间结构学术会议论文集,南京,2005:177-181.

365. 马骏,周岱,董石麟,朱忠义,王毅.首都国际机场交通运输中心大跨钢结构风振数值分析[C]//中国土木工程学会.第十一届空间结构学术会议论文集,南京,2005:242-247.

366. 董石麟,袁行飞,陈联盟,郑君华.索穹顶体系若干问题研究新进展[C]//中国土木工程学会.第十一届空间结构学术会议论文集,南京,2005:379-384.

367. 高博青,杜文风,董石麟.一种判定杆系结构动力稳定的新方法——应力变化率法[C]//中国土木工程学会.第十一届空间结构学术会议论文集,南京,2005:482-486.

368. 肖南,陈增开,郑君华,董石麟.瑞安市文化艺术中心钢结构的分析与设计[C]//中国土木工程学会.第十一届空间结构学术会议论文集,南京,2005:546-549.

369. 朱忠义,马骏,周岱,董石麟,黄嘉.首都国际机场大跨箱型变截面钢拱结构稳定性分析[C]//中国土木工程学会.第十一届空间结构学术会议论文集,南京,2005:616-621.

370. 邓华,姜群峰,张明山,董石麟.某国际会议度假中心大堂钢结构设计[C]//中国土木工程学会.第十一届空间结构学术会议论文集,南京,2005:622-627.

371. 邢丽,赵阳,董石麟.方钢管焊接空心球节点的试验研究[C]//中国土木工程学会.第十一届空间结构学术会议论文集,南京,2005:668-672.

372. 董石麟,赵阳,邢丽,唐海军.焊接空心球节点承载能力与实用计算方法的研究进展[C]//中国土木工程学会.第十一届空间结构学术会议论文集,南京,2005:696-701.

373. 傅学怡,顾磊,董石麟,罗尧治,赵阳,钱基宏,赵鹏飞,钱稼茹,胡晓斌.国家游泳中心结构关键技术研究[C]//天津大学.第五届全国现代结构工程学术研讨会论文集,广州,2005:21-27.

374. 董石麟,包红泽,袁行飞.鸟巢型索穹顶几何构形及其初始预应力分布确定[C]//天津大学.第五届全国现代结构工程学术研讨会论文集,广州,2005:94-99.

375. 赵阳,肖南,袁行飞,董石麟,张良平.南海市文化中心大跨度钢结构屋盖设计[C]//天津大学.第五届全国现代结构工程学术研讨会论文集,广州,2005:315-319.

376. 陈贤川,董石麟.脉动风作用下结构基本模态的定义和识别[C]//天津大学.第五届全国现代结构工程学术研讨会论文集,广州,2005:624-627.

377. 陈联盟,董石麟.索穹顶结构初始预应力确定[C]//天津大学.第五届全国现代结构工程学术研讨会论文集,广州,2005:736-741.

2006

378. SU L, DONG S L, KATO S. A new average response spectrum method for linear response analysis of structures to spatial earthquake ground motions[J]. Engineering Structures, 2006, 28(13):1835-1842.

379. YU T, WONG Y L, TENG J G, DONG S L. Flexural behavior of hybrid FRP-concrete-steel double-skin tubular members[J]. Journal of Composites for Construction, 2006, 10(5):443-452.

380. DONG S L, YUAN X F. Development of lattice shells in China[J]. Journal of the International Association for Shell and Spatial Structures, 2006, 47(2):111-123.

381. DONG S L, YUAN X F. New forms and methods for analysis and construction of cable domes [C]. 1st International Forum on Advances in Atructural Engineering: Emerging Structural Materials and Systems, Beijing, China, 2006.

382. REN Q X, CHEN W J, DONG S L, WANG F. Neural network method for solving elastoplastic finite element problems[J]. Journal of Zhejiang University-Science A, 2006, 40(3): 378－382.

383. 陈联盟, 袁行飞, 董石麟. 索杆张力结构自应力模态分析及预应力优化[J]. 土木工程学报, 2006, 39(2): 11－15.

384. 蔺军, 董石麟, 王寅大, 高继领. 大跨度索杆张力结构的预应力分布计算[J]. 土木工程学报, 2006, 39(5): 16－22, 50.

385. 董石麟, 邢丽, 赵阳, 顾磊, 傅学怡. 矩形钢管焊接空心球节点承载能力的简化理论解与实用计算方法研究[J]. 土木工程学报, 2006, 39(6): 12－18.

386. 罗尧治, 张冰, 季伟杰, 董石麟, 傅学怡, 顾磊. 双锥型变截面矩形钢管的试验研究及承载力分析[J]. 土木工程学报, 2006, 39(9): 8－16, 53.

387. 陈联盟, 董石麟, 袁行飞. 索穹顶结构施工成形理论分析和实验研究[J]. 土木工程学报, 2006, 39(11): 33－36.

388. 陈贤川, 赵阳, 董石麟. 大跨空间网格结构风振响应主要贡献模态的识别及选取[J]. 建筑结构学报, 2006, 27(1): 9－15.

389. 郑君华, 董石麟, 詹伟东. 葵花型索穹顶结构的多种施工张拉方法及其试验研究[J]. 建筑结构学报, 2006, 27(1): 112－116.

390. 蔺军, 冯庆兴, 董石麟, 王晓波. 大跨度空间索桁张力结构的模型试验研究[J]. 建筑结构学报, 2006, 27(4): 37－43.

391. 陈贤川, 赵阳, 董石麟. 基于虚拟激励法的空间网格结构风致抖振响应分析[J]. 计算力学学报, 2006, 23(6): 684－689.

392. 蔺军, 董石麟, 袁行飞. 环形平面空间索桁张力结构的预应力设计[J]. 浙江大学学报(工学版), 2006, 40(1): 67－72.

393. 陈联盟, 袁行飞, 董石麟. Kiewitt型索穹顶结构自应力模态分析及优化设计[J]. 浙江大学学报(工学版), 2006, 40(1): 73－77.

394. 杜文风, 高博青, 董石麟, 谢忠良. 一种判定杆系结构动力稳定的新方法——应力变化率法[J]. 浙江大学学报(工学版), 2006, 40(3): 506－510.

395. 邢丽, 赵阳, 董石麟, 顾磊, 傅学怡. 矩形钢管焊接空心球节点承载能力的有限元分析与试验研究[J]. 浙江大学学报(工学版), 2006, 40(9): 1559－1563.

396. 马骏, 周岱, 李华锋, 董石麟. 网格结构生成的代数映射改进技术[J]. 上海交通大学学报, 2006, 40(12): 2106－2111.

397. 李华锋, 马骏, 周岱, 朱忠义, 董石麟. 空间结构风场风载的数值模拟[J]. 上海交通大学学报, 2006, 40(12): 2112－2117.

398. 贺拥军, 周绪红, 董石麟. 交叉立体桁架系巨型网格结构的简化计算法[J]. 湖南大学学报(自然科学版), 2006, 23(2): 14－17.

399. 苏亮, 董石麟. 多点输入下结构地震反应的研究现状与对空间结构的见解[J]. 空间结构, 2006, 12(1): 6－11.

400. 顾磊, 董石麟. 单层叉筒网壳结构的网格形式与受力特性[J]. 空间结构, 2006, 12(1): 24－31.

401. 陈贤川, 赵阳, 董石麟. 脉动风作用下结构基本模态的定义和识别[J]. 空间结构, 2006, 12(3):

3－6.

402. 苏亮,董石麟.水平行波效应下周边支承大跨度单层球面网壳的地震反应[J].空间结构,2006,12(3):24－30.

403. 陈务军,董石麟.德国(欧洲)飞艇和高空平台研究与发展[J].空间结构,2006,12(4):3－7.

404. 顾磊,董石麟.单层叉筒网壳的预应力研究[J].空间结构,2006,12(4):17－23,35.

405. 冯庆兴,张志宏,董石麟.大跨度环形索桁结构体系的找形[J].空间结构,2006,12(4):46－49.

406. 贺拥军,周绪红,董石麟.巨型网格结构的结构形式与支承方式[J].建筑结构,2006,37(8):16－19.

407. 王增春,董石麟,滕锦光.新型钢-混凝土组合拱承载性能试验研究[J].建筑结构,2006,37(8):77－79.

408. 滕锦光,余涛,黄玉龙,董石麟,杨有福.FRP管-混凝土-钢管组合柱力学性能的试验研究和理论分析[J].建筑钢结构进展,2006,8(5):1－7.

409. 陈联盟,董石麟,袁行飞.索穹顶结构优化设计[J].科技通报,2006,22(1):84－89.

410. 陈联盟,董石麟,袁行飞,叶军.Levy型索穹顶结构静动力性能参数分析[C]//中国力学学会.第十五届全国结构工程学术会议论文集,焦作,2006:234－238.

411. 赵阳,邢丽,傅学怡,顾磊,董石麟.国家游泳中心钢管杆端受弯连接加强试验研究[C]//天津大学.第六届全国现代结构工程学术研讨会论文集,保定,2006:42－49.

412. 董石麟,袁行飞,郑君华,傅学怡,陈贤川.某工程刚性屋面索穹顶结构方案分析与设计[C]//天津大学.第六届全国现代结构工程学术研讨会论文集,保定,2006:113－118.

413. 邢丽,董石麟,许钧陶.抗弯连接节点加强方式试验研究[C]//中国钢结构协会.中国钢结构协会结构稳定与疲劳分会2006年学术交流会论文集,泰安,2006:290－294.

2007

414. TENG J G,YU T,WONG Y L,DONG S L. Hybrid FRP-concrete-steel tubular columns: concept and behavior[J]. Construction and Building Materials,2007,21(4):846－854.

415. YUAN X F,CHEN L M,DONG S L. Prestress design of cable domes with new forms[J]. International Journal of Solids and Structures,2007,44(9):2773－2782.

416. DONG S L,YUAN X F. Pretension process analysis of prestressed space grid structures[J]. Journal of Constructional Steel Research,2007,63(3):406－411.

417. SU L,DONG S L,KATO S. Seismic design for steel trussed arch to multi-support excitations [J]. Journal of Constructional Steel Research,2007,63(6):725－734.

418. 邢丽,赵阳,傅学怡,顾磊,董石麟.改进贴板加强的钢管受弯连接节点试验研究[J].土木工程学报,2007,40(12):1－7.

419. 郑君华,袁行飞,董石麟.两种体系索穹顶结构的破坏形式及其受力性能研究[J].工程力学,2007 24(1):44－51.

420. 苏亮,董石麟.竖向多点输入下两种典型空间结构的抗震分析[J].工程力学,2007,24(2):85－90.

421. 马骏,周岱,李华锋,朱忠义,董石麟.大跨度空间结构抗风分析的数值风洞方法[J].工程力学,2007,24(7):77－85,93.

422. 戈冬明,陈务军,付功义,董石麟.盘绕式空间可展折叠无铰伸展臂的屈曲分析理论研究[J].计算力学学报,2007,24(5):615－619.

423. 苏亮,董石麟.多点输入下门式桁架结构的抗震分析[J].浙江大学学报（工学版）,41(1):187－193.

424. 袁行飞,彭张立,董石麟.平面内三向轴压和弯矩共同作用下焊接空心球节点承载力[J].浙江大学学报(工学版),2007,41(9):1436－1442.

425. 王振华,袁行飞,董石麟.大跨度椭球屋盖结构风压分布的风洞试验和数值模拟[J].浙江大学学报(工学版),2007,41(9):1462－1466.

426. 杜文风,高博青,董石麟.单层球面网壳结构动力强度破坏的双控准则[J].浙江大学学报(工学版),2007,41(11):1916－1920,1926.

427. 董石麟,袁行飞,赵宝军,向新岸,郭佳民.索穹顶结构多种预应力张拉施工方法的全过程分析[J].空间结构,2007,13(1):3－14,25.

428. 陈务军,唐雅芳,赵大鹏,任小强,付功义,董石麟.建筑膜材力学性能与焊接缝合性能试验研究[J].空间结构,2007,13(1):37－44.

429. 彭张立,袁行飞,董石麟.环形张拉整体结构[J].空间结构,2007,13(1):60－64,25.

430. 段元锋,倪一清,高赞明,董石麟.用于索承结构中斜拉索开环振动控制的磁流变阻尼器设计[J].空间结构,2007,13(2):58－64.

431. 冯庆兴,董石麟,丁喆.大跨度环形索桁结构体系的静力性能[J].空间结构,2007,13(3):29－34.

432. 包红泽,董石麟.鸟巢型索穹顶自振特性分析[J].空间结构,2007,13(3):35－37.

433. 陈务军,付功义,冯志刚,任小强,董石麟.C类膜(PVC/PES)熔接缝合节点性能试验研究[J].建筑结构,2007,38(2):102－104.

434. 陈务军,唐雅芳,任小强,董石麟.ETFE气囊膜形态、结构特性与材料性能试验[J].建筑科学与工程学报,2007,24(3):13－18,95.

435. 孙旭峰,董石麟.张力膜结构耦合风振分析[J].建筑科学,2007,23(11):5－8.

436. 郭佳民,董石麟,曹喜.半刚性节点框架的二阶侧移简化计算[J].科技通报,2007,23(4):592－596.

437. 邢丽,董石麟.方钢管焊接空心球节点的弹性有限元分析及试验[J].工程设计学报,2007,14(4):329－333.

438. 张志宏,傅学怡,董石麟,曹禾,曹庆帅,江化冰,王振华,何健,王涛.济南奥体中心体育馆弦支穹顶结构设计[C]//天津大学.第七届全国现代结构工程学术研讨会论文集,杭州,2007:81－89.

439. 邢丽,董石麟.方钢管焊接空心球节点的有限元分析[C]//天津大学.第七届全国现代结构工程学术研讨会论文集,杭州,2007:483－487.

2008

440. ZHANG Z H,CAO Q S,DONG S L,FU X Y. Structural design of a practical suspendome[J]. Advanced Steel Construction,2008,4(4):323－340.

441. WONG Y L,YU T,TENG J G,DONG S L. Behavior of FRP-confined concrete in annular section columns[J]. Composites Part B-Engineering,2008,4(4):323－340.

442. YUAN X F,PENG Z L,DONG S L,ZHAO B J. A new tensegrity module—"Torus"[J].

Advances in Structural Engineering,2008,11(3):243－252.

443. CHEN S,ZHOU D,BAO Y,DONG S L. A method to improve first order approximation of smoothed particle hydrodynamics[J]. Journal of Shanghai Jiaotong University(Science),2008,(2):136－138.

444. CHEN S,ZHOU D,DONG S L,LI H F,Yang G. Improvement of the second order approximation of the smoothed particle hydrodynamics[J]. Journal of Shanghai Jiaotong University(Science),2008,(4):404－407.

445. ZHANG Z H,DONG S L,FU X Y. Structural design of a spherical cable dome with stiff roof[J]. International Journal of Space Structures,2008,23(1):45－56.

446. 袁行飞,彭张立,董石麟.环型张拉整体结构的研究与应用[J].土木工程学报,2008,41(5):8－13.

447. 郭佳民,董石麟,袁行飞.弦支穹顶结构的形态分析问题及其实用分析方法[J].土木工程学报,2008,41(12):13－17.

448. 郑君华,罗尧治,董石麟,周观根,曲晓宁.矩形平面索穹顶结构的模型试验研究[J].建筑结构学报,2008,29(2):25－31.

449. 张国发,董石麟,卓新.位移补偿计算法在结构索力调整中的应用[J].建筑结构学报,2008,29(2):39－42.

450. 陈联盟,董石麟,袁行飞.索穹顶结构施工成形理论分析[J].工程力学,2008,25(4):134－139.

451. 戈冬明,陈务军,付功义,董石麟.铰接盘绕式空间伸展臂屈曲分析理论研究[J].工程力学,2008,25(6):176－180.

452. 孙旭峰,董石麟.三维结构振动诱导流场附加质量的数值分析[J].工程力学,2008,25(7):1－4.

453. 周岱,陈思,董石麟,李华峰,阳光.弹性力学静力问题的 SPH 方法[J].工程力学,2008,25(9):28－34,38.

454. 郑君华,袁行飞,董石麟,曲晓宁.基于大变形分析的动不定体系的求解[J].计算力学学报,2008,25(3):310－314.

455. 董石麟,袁行飞.索穹顶结构体系若干研究新进展[J].浙江大学学报(工学版),2008,42(1):1－7.

456. 郑君华,袁行飞,董石麟.考虑膜材和索杆协同工作的索穹顶找形分析[J].浙江大学学报(工学版),2008,42(1):25－28.

457. 向新岸,赵阳,董石麟.基于空间填充多面体的空间刚架结构几何构成[J].浙江大学学报(工学版),2008,42(1):105－110.

458. 陈联盟,董石麟,袁行飞.Kiewitt 型索穹顶结构模型试验研究[J].浙江大学学报(工学版),2008,42(2):364－367.

459. 张国发,董石麟,卓新,郭佳民,赵霄.弦支穹顶结构施工滑移索研究[J].浙江大学学报(工学版),2008,42(6):1051－1057.

460. 卓新,张国发,董石麟,楼道安.预应力空间结构索力修正施工的分析方法[J].浙江大学学报(工学版),2008,42(9):1489－1493.

461. 张丽梅,陈务军,董石麟.基于线性调整理论分析 Levy 型索穹顶体系初始预应力及结构特性[J].上海交通大学学报,2008,42(6):979－984.

462. 孙旭峰,董石麟,孙宇坤.降阶谱解法在索穹顶结构风振分析中的应用[J].振动与冲击,2008,27(12):175－176.

463. 钱若军,董石麟,袁行飞.流固耦合理论研究进展[J].空间结构,2008,14(1):3—15.

464. 张丽梅,陈务军,董石麟.正态分布钢索误差对索穹顶体系初始预应力的影响[J].空间结构, 2008,14(1):40—42.

465. 陈务军,吕子正,何艳丽,张丽梅,董石麟.台州大学风雨操场索网膜结构设计研究[J].空间结构, 2008,14(2):53—56.

466. 张志宏,李志强,袁行飞,傅学怡,董石麟.莲花穹顶的温度效应分析[J].空间结构,2008,14(3): 59—64.

467. 张志宏,傅学怡,董石麟,等.济南奥体中心体育馆弦支穹顶结构设计[J].空间结构,2008,14(4): 8—13.

468. 李志强,张志宏,袁行飞,傅学怡,董石麟.济南奥体中心弦支穹顶结构施工张拉分析[J].空间结 构,2008,14(4):14—20.

469. 董石麟,袁行飞,郭佳民,楼道安,吴建挺.弦支穹顶结构模型张拉成型试验研究[J].空间结构, 2008,14(4):57—63.

470. 陈联盟,董石麟,袁行飞,叶军.多整体自应力模态索穹顶结构优化设计[J].建筑结构,2008, 29(2):35—38.

471. 包红泽,董石麟.鸟巢型索穹顶结构的静力性能分析[J].建筑结构,2008,29(11):11—13,39.

472. 杜文风,高博青,董石麟.某斜拉网壳拉索施工的一个关键技术问题研究[J].施工技术,2008, 10(4):118.

473. 邢丽,董石麟,赵阳.方钢管焊接空心球节点的试验研究[J].科技通报,2008,24(5):683—689.

474. 袁行飞,彭张立,董石麟.环形张拉整体结构的研究和应用[J].预应力技术,2008,41(4):30— 34,40.

475. 杜文风,杨国忠,高博青,董石麟.双曲面与倒锥面组合网壳结构的内力及稳定性分析[J].河南大 学学报(自然科学版),2008,38(3):319—322.

476. 董石麟,郭佳民,袁行飞,赵阳.弦支形式对弦支穹顶结构的静动力性能影响研究[C]//天津大学. 庆祝刘锡良教授八十华诞暨第八届全国现代结构工程学术研讨会论文集,天津,2008:26—33.

477. 郭佳民,董石麟,袁行飞,赵宝军.不同初始几何缺陷下弦支穹顶的稳定性研究[C]//天津大学.庆 祝刘锡良教授八十华诞暨第八届全国现代结构工程学术研讨会论文集,天津,2008:34—39.

478. 袁行飞,钱若军,董石麟,吕晓东,张幸锵.太阳能热气流发电技术中的结构问题初探[C]//天津大 学.庆祝刘锡良教授八十华诞暨第八届全国现代结构工程学术研讨会论文集,天津,2008: 82—85.

2009

479. ZHANG Z H,DONG S L,FU X Y. Structural design of Lotus Arena:a large-span suspen-dome roof[J]. International Journal of Space Structures,2009,24(3):129—142.

480. DONG S L,PANG B,YUAN X F. Research on structural form and mechanical properties of the suspended cylindrical lattice shells[C]//3rd International Forum on Advances in Structural Engineering:Advances in Research and Practice of Steel Structures,2009.

481. 孙旭峰,孙宇坤,董石麟.肋环型索穹顶结构的气动阻尼研究[J].土木工程学报,2009,42(8): 37—41.

482. 郭佳民,袁行飞,董石麟,赵宝军,楼道安. 弦支穹顶施工张拉全过程分析[J]. 工程力学,2009, 26(1):198—203.

483. 董石麟,袁行飞. 多阶段预应力空间网架结构一次张拉计算法[J]. 工程力学,2009,26(2): 91—96.

484. 董石麟,王振华,袁行飞. Levy 型索穹顶考虑自重的初始预应力简捷计算法[J]. 工程力学,2009, 26(4):1—6.

485. 杜文风,高博青,董石麟. 单层网壳动力失效的形式与特征研究[J]. 工程力学,2009,26(7):39— 46,65.

486. 肖南,肖新,董石麟. 张力结构形状调整优化分析[J]. 浙江大学学报(工学版),2009,43(8): 1513—1519.

487. 周家伟,董石麟,袁行飞. 具有外环桁架的肋环型索穹顶初始预应力分布快速计算法[J]. 沈阳建 筑大学学报(自然科学版),2009,25(2):217—223.

488. 杜文风,高博青,董石麟. 单层网壳结构的动力破坏指数研究[J]. 西安建筑科技大学学报(自然科 学版),2009,41(2):154—160,206.

489. 孙旭峰,董石麟. 索穹顶结构的气动阻尼识别[J]. 空气动力学学报,2009,27(2):206—209.

490. 杜文风,高博青,董石麟. 考虑损伤累积的单层球面网壳弹塑性动力稳定研究[J]. 空间结构, 2009,15(2):35—38.

491. 董石麟. 空间结构的发展历史、创新、形式分类与实践应用[J]. 空间结构,2009,15(3):22—43.

492. 郭佳民,袁行飞,董石麟,赵晓旭. 基于实测数据的弦支穹顶计算模型修正[J]. 工程设计学报, 2009,16(4):297—302.

493. 董石麟,袁行飞,郭佳民,张志宏,傅学怡. 济南奥体中心体育馆弦支穹顶结构分析与试验研究 [C]//天津大学. 第九届全国现代结构工程学术研讨会论文集,济南,2009:11—16.

2010

494. WANG Z H,WANG X F,DONG S L. Simple approach for force finding analysis of circular Geiger domes with consideration of self-weight[J]. Journal of Constructional Steel Research, 2010,66(2):317—322.

495. YU T,TENG J G,WONG Y L,DONG S L. Finite element modeling of confined concrete—I: Drucker-Prager type plasticity model[J]. Engineering Structures,2010,32(3):665—679.

496. YU T,TENG J G,WONG Y L,DONG S L. Finite element modeling of confined concrete-II: Plastic-damage model[J]. Engineering Structures,2010,32(3):680—691.

497. 郭佳民,董石麟,袁行飞,侯永利,冯蕾. 布索方式对弦支穹顶结构稳定性能的影响研究[J]. 土木 工程学报,2010,43(S2):9—14.

498. 董石麟,王振华,袁行飞. 一种由索穹顶与单层网壳组合的空间结构及其受力性能研究[J]. 建筑 结构学报,2010,31(3):1—8.

499. 赵阳,田伟,苏亮,邢栋,周运朱,董石麟,张伟育,方卫,张安安. 世博轴阳光谷钢结构稳定性分析 [J]. 建筑结构学报,2010,31(5):27—33.

500. 陈敏,邢栋,赵阳,苏亮,董石麟,汪大绥,方卫,张安安. 世博轴阳光谷钢结构节点试验研究及有限 元分析[J]. 建筑结构学报,2010,31(5):34—41.

501. 田伟,向新岸,赵阳,董石麟,张伟育,方卫,张安安.考虑弯矩作用梭形钢格构柱稳定承载力非线性有限元分析[J].建筑结构学报,2010,31(5):42—48.

502. 董石麟.中国空间结构的发展与展望[J].建筑结构学报,2010,31(6):38—51.

503. 陈联盟,董石麟.凯威特型索穹顶结构多种张拉成形方案模型试验研究[J].建筑结构学报,2010,31(11):45—50.

504. 杜文风,高博青,董石麟.改进悬臂型张弦梁结构理论分析及试验研究[J].建筑结构学报,2010,31(11):57—64.

505. 余卫江,赵阳,傅学怡,董石麟.国家游泳中心静力弹塑性分析[J].建筑结构学报,2010,31(S1):293—298.

506. 向新岸,田伟,赵阳,董石麟.考虑膜面二维变形的改进非线性力密度法[J].工程力学,2010,27(4):251—256.

507. 张志宏,董石麟.空间索桁体系的形状确定问题[J].工程力学,2010,27(9):107—112.

508. 张志宏,李志强,董石麟.杂交空间结构形状确定问题的探讨[J].工程力学,2010,27(11):56—63.

509. 向新岸,赵阳,董石麟.张拉结构找形的多坐标系力密度法[J].工程力学,2010,27(12):64—71.

510. 肖南,黄玉香,董石麟,肖新.张力结构位移限制下的形状调整强度优化分析[J].浙江大学学报(工学版),2010,44(1):166—173.

511. 肖南,容里,董石麟.双层球面网壳振动主动控制作动器位置优化[J].浙江大学学报(工学版),2010,44(5):942—949.

512. 王振华,董石麟,田伟,袁行飞.索穹顶与单层网壳组合结构的模型试验研究[J].浙江大学学报(工学版),2010,44(8):1608—1614.

513. 董石麟,郑晓清.葵花形开孔单层球面网壳的机动分析、简化杆系模型和计算方法[J].空间结构,2010,16(4):14—21,54.

514. 陈联盟,董石麟,袁行飞.Kiewitt型索穹顶结构拉索退出工作机理分析[J].空间结构,2010,16(4):29—33.

515. 陈务军,唐雅芳,任小强,董石麟.ETFE气囊膜结构设计分析方法与数值分析特征研究[J].空间结构,2010,16(4):38—43.

516. 张志宏,李志强,袁行飞,董石麟.世博会国家电网企业馆结构分析和施工过程模拟[J].空间结构,2010,16(4):44—48.

517. 杨恩建,陈联盟,董石麟.多组整体自应力模态索穹顶结构施工成形研究[J].建筑结构,2010,31(11):34—36.

518. 田伟,赵阳,向新岸,董石麟,张伟育,方卫,张安安.考虑弯矩作用梭形钢格构柱的稳定性能[J].土木建筑与环境工程,2010,32(6):22—27,35.

2011

519. YUAN X F, WANG Z H, DONG S L. Simplified techniques for prestress design and load analysis of Geiger Domes[J]. Advanced Science Letters,2011,4(8):3256—3260.

520. YAO Y L, DONG S L, MA G Y. Configuration, classification and development of large-span annular tensile cable-truss structures[J]. Advanced Materials Research,2011,255—260:225—229.

521. CHEN L M,DONG S L. Dynamical characteristics research on cable dome[J]. Advanced Materials Research,2010,163－167:3882－3886.

522. GUO J M,DONG S L,YUAN X F,HOU Y L. Influence of restraining stiffness on mechanical properties of suspen-dome[J]. Advanced Materials Research,2010,163－167:754－759.

523. 郭佳民,董石麟. 弦支穹顶施工张拉的理论分析与试验研究[J]. 土木工程学报,2011,44(2):65－71.

524. 杜文风,高博青,董石麟. 网壳结构寿命周期总费用的计算方法研究[J]. 土木工程学报,2011,44(6):127－137.

525. 董石麟,邢栋. 宝石群单层折面网壳构形研究和简化杆系计算模型[J]. 建筑结构学报,2011,32(5):78－84.

526. 郭佳民,董石麟,袁行飞. 弦支穹顶结构的模型设计与试验研究[J]. 工程力学,2011,28(7):157－164.

527. 郭佳民,袁行飞,董石麟. 弦支穹顶环索连续贯通的摩擦问题分析[J]. 工程力学,2011,28(9):9－16.

528. 郭佳民,董石麟,袁行飞. 随机缺陷模态法在弦支穹顶稳定性计算中的应用[J]. 工程力学,2011,28(11):178－183.

529. 陈务军,张丽梅,董石麟. 索网结构找形平衡形态弹性化与零应力态分析[J]. 上海交通大学学报,2011,45(4):523－527.

530. 张志宏,董石麟,邓华. 张弦梁结构的计算分析和形状确定问题[J]. 空间结构,2011,17(1):8－14.

531. 邢栋,董石麟,朱明亮,郑晓清. 一种单层铰接折面网壳结构的试验研究[J]. 空间结构,2011,17(2):3－12.

532. 李志强,张志宏,田珺,董石麟. 新型阶梯式肋环型球面网格结构力学性能分析[J]. 空间结构,2011,17(2):59－64.

533. 黄赛帅,陈务军,董石麟. 飞艇囊体膜材弹性常数双向拉伸测试与分析方法[J]. 空间结构,2011,17(2):84－89.

534. 董石麟,庞礴,袁行飞. 一种矩形平面弦支柱面网壳的形体及受力特性研究[J]. 空间结构,2011,17(3):3－7,15.

535. 庞礴,聂建国,董石麟. 波形腹板 H 型钢梁抗剪性能有限元分析[J]. 建筑结构,2011,32(2):49－51,36.

536. 胡宇,陈务军,董石麟. 空间充气可展天线反射面精度测试分析[J]. 四川兵工学报,2011,32(8):109－112,119.

2012

537. GUO J M,DONG S L,YUAN X F. Research on static property of suspen-dome structure under heap load[J]. Advanced Steel Construction,2012,8(2):137－152.

538. DU W F,YU F D,DONG S L. Research on the energy dissipation of single layer latticed shell structures during earthquake[J]. Disaster Advances,2012,5(4):191－196.

539. LI Z Q,ZHANG Z H,DONG S L,FU X Y. Construction sequence simulation of a practical

suspen-dome in Jinan Olympic Center[J]. Advanced Steel Construction,2012,8(1):38－53.

540. DONG S L, ZHAO Y, XING D. Application and development of modern long-span space structures in China[J]. Frontiers of Structural & Civil Engineering,2012,6(3):224－239.

541. 董石麟,郑晓清.环向折线形单层球面网壳及其结构静力简化计算方法[J].建筑结构学报,2012, 33(5):62－70.

542. 张成,吴慧,高博青,董石麟.基于 H∞理论的结构鲁棒性分析[J].建筑结构学报,2012,33(5): 87－92.

543. 田伟,董石麟,赵阳.单层柱面网壳结构的找形[J].工程力学,2012,29(6):241－246.

544. 朱明亮,董石麟.向量式有限元在索穹顶静力分析中的应用[J].工程力学,2012,29(8): 236－242.

545. 田伟,赵阳,董石麟.考虑杆件失稳的网壳结构稳定分析方法[J].工程力学,2012,29(10): 149－156.

546. 朱明亮,董石麟.基于向量式有限元的弦支穹顶失效分析[J].浙江大学学报(工学版),2012, 46(9):1611－1618,1632.

547. 董石麟,邢栋,赵阳.现代大跨空间结构在中国的应用与发展[J].空间结构,2012,18(1):3－16.

548. 张国发,付勇,董石麟,卓新.弦支穹顶结构缺陷状态的敏感性分析研究[J].空间结构,2012, 18(1):41－45.

549. 张徼伦,陈务军,董石麟,何艳丽.柔性张力薄膜结构数值分析全过程与状态研究[J].空间结构, 2012,18(1):71－77.

550. 朱明亮,董石麟.新型索承叉筒网壳的构形、分类与受力特性研究[J].空间结构,2012,18(2): 3－13.

551. 田伟,董石麟,赵阳.球面网壳结构的平面四边形网格划分[J].空间结构,2012,18(2):43－48.

552. 张丽,陈务军,董石麟.PVDF/PES 建筑织物膜力学性能单双轴拉伸试验[J].空间结构,2012, 18(3):41－48.

553. 朱红飞,陈务军,董石麟.索网结构的弹性冗余度分析[J].空间结构,2012,18(3):49－55,40.

554. 刘宏创,董石麟.内外组合张弦网壳结构基于向量式有限元的断索分析[J].空间结构,2012, 18(3):86－96.

555. 郑晓清,董石麟,白光波,梁昊庆.环向折线形单层球面网壳结构的试验研究[J].空间结构,2012, 18(4):3－12.

556. 刘传佳,董石麟.多波多跨柱面网壳结构受力特性及简化分析方法[J].建筑结构,2012,43(9): 103－106,136.

557. 陈联盟,吴光龙,董石麟.新型凯威特型索穹顶结构力学性能研究[C]//中国力学学会.第二十一届全国结构工程学术研讨会论文集,北京,2012:11－16.

558. 董石麟,赵阳.三十年来中国现代大跨空间结构的体系发展与创新[C]//中国土木工程学会.第十四届空间结构学术会议论文集,福州,2012:9－25.

559. 董石麟,郑晓清.节点刚、铰接对环向折线形单层球面网壳静力和稳定性能的影响[C]//中国土木工程学会.第十四届空间结构学术会议论文集,福州,2012:161－172.

560. 郑晓清,董石麟.环向折线形单层铰接球面网壳结构的稳定性分析[C]//中国土木工程学会.第十四届空间结构学术会议论文集,福州,2012:257－265.

561. 庞岩峰,赵阳,董石麟.杭州火车东站站房钢结构工程空间相贯节点试验研究[C]//中国土木工程学会.第十四届空间结构学术会议论文集,福州,2012:895－900.

2013

562. ZHU M L，DONG S L，YUAN X F. Failure analysis of a cable dome due to cable slack or rupture[J]. Advances in Structural Engineering，2013，16(2)：259－272.

563. CHEN L M，DONG S L. Optimal prestress design and construction technique of cable-strut tension structureswith multi-overall selfstress modes[J]. Advances in Structural Engineering，2013，16(10)：1633－1644.

564. YAO Y L，DONG S L，MA G Y. Shape determination and static experimental study of double inner and outer latticed shell string structure [J]. Advances in Structural Engineering，2013，16(12)：2093－2105.

565. 单艳玲，叶俊，高博青，董石麟. 弦支双曲扁网壳结构的鲁棒构型分析及试验研究[J]. 建筑结构学报，2013，34(11)：50－56.

566. 张成，吴慧，高博青，董石麟. 非概率不确定性结构的鲁棒性分析[J]. 计算力学学报，2013，30(1)：51－56.

567. 张民锐，邓华，刘宏创，董石麟，张志宏，陈玲秋. 月牙形索桁罩棚结构的静力性能模型试验[J]. 浙江大学学报(工学版)，2013，47(2)：367－377.

568. 邓华，祖义祯，沈嘉嘉，白光波，董石麟，张志宏，陈玲秋. 月牙形索桁罩棚结构的施工成形分析和试验[J]. 浙江大学学报(工学版)，2013，47(3)：488－494，527.

569. 张成，李志安，高博青，董石麟. 基于 H∞ 理论的网壳结构鲁棒性分析[J]. 浙江大学学报(工学版)，2013，47(5)：818－823.

570. 姚云龙，董石麟，刘宏创，夏巨伟，张民锐，祖义祯. 内外双重张弦网壳结构的模型设计及静力试验[J]. 浙江大学学报(工学版)，2013，47(7)：1129－1139.

571. 朱红飞，陈务军，董石麟. 杆系结构的弹性冗余度及其特性分析[J]. 上海交通大学学报，2013，47(6)：872－877.

572. 张志宏，刘中华，董石麟. 强台风作用下大跨空间索桁体系现场风压风振实测研究[J]. 上海师范大学学报(自然科学版)，2013，42(5)：546－550.

573. 董石麟，白光波，郑晓清. 环向折线形圆形平面网架的受力特性、简捷分析法与实用算表[J]. 空间结构，2013，19(2)：3－16，50.

574. 向新岸，董石麟，赵阳，田伟. 上海世博轴复杂张拉索膜结构的找形及静力风载分析[J]. 空间结构，2013，19(2)：75－80，82.

575. 罗尧治，刘钝，沈雁彬，金砺，董石麟. 杭州铁路东站站房钢结构施工监测[J]. 空间结构，2013，19(3)：3－8，26.

576. 石少峰，张志宏，董石麟. 乐清体育中心一场两馆屋盖建筑结构设计协调配合简介[J]. 空间结构，2013，19(4)：62－66.

577. 刘宏创，王玮，张宇鑫，董石麟. 某大跨度体育馆的无线结构健康监测系统设计[J]. 空间结构，2013，19(4)：88－95.

578. 庞岩峰，赵阳，董石麟. 杭州火车东站站房钢管相贯节点试验研究与有限元分析[J]. 建筑结构，2013，44(7)：82－87，64.

579. 邓华，蒋旭东，袁行飞，沈金，董石麟，裘涛. 浙江大学紫金港体育馆屋盖结构稳定性分析[J]. 建筑结构,2013,44(15):49—52.

580. 董石麟,郑晓清.节点刚、铰接时环向折线形单层球面网壳静力和稳定性能的分析研究[J].建筑钢结构进展,2013,15(6):1—11,41.

581. 董石麟,袁行飞.多阶段预应力空间网架结构一次张拉计算法[J].预应力技术,2013,(2):8—13.

582. 郭佳民,董石麟,袁行飞.弦支穹顶结构的形态分析问题及其实用分析方法[J].预应力技术,2013,(3):3—8,25.

583. 张志宏,刘中华,董石麟.强台风作用下大跨空间索桁体系现场风压风振实测研究简介[C]//中国力学学会.第22届全国结构工程学术会议论文集第Ⅱ册,乌鲁木齐,2013:365—368.

2014

584. ZHANG L M,CHEN W J,DONG S L. Natural vibration and wind-induced response analysis of the non-fully symmetric Geiger cable dome[J]. Journal of Vibroengineering,2014,16(1):31—41.

585. GUO J M,YUAN X F,LI Y Y,DONG S L. A simple approach for force finding analysis of suspended-domes based on the superposition principle[J]. Advances in Structural Engineering,2014,17(11):1681—1692.

586. 董石麟,梁昊庆.肋环人字型索穹顶受力特性及其预应力态的分析法[J].建筑结构学报,2014,35(6):102—108.

587. 田伟,董石麟,干钢.网壳结构考虑杆件失稳过程的整体稳定分析[J].建筑结构学报,2014,35(6):115—122.

588. 赵兴忠,苗闯,高博青,董石麟.基于鲁棒性的自由曲面结构优化设计研究[J].建筑结构学报,2014,35(6):153—158.

589. 杜文风,孙志飞,高博青,董石麟.树状结构三分叉铸钢节点有限元分析[J].建筑结构学报,2014,35(S1):89—93.

590. 杜文风,高博青,董石麟.单层球面网壳结构屋面雪荷载最不利布置研究[J].工程力学,2014,32(3):83—86,92.

591. 姚云龙,董石麟,马广英.一种新型内外双重张弦网壳结构形状确定问题的研究[J].工程力学,2014,32(4):102—111.

592. 白光波,董石麟.一种基于小变形协调方程的动不定体系精确求解方法[J].工程力学,2014,31(12):126—133.

593. 叶俊,高博青,董石麟.基于线性鲁棒性优化的弦支结构设计及分析[J].计算力学学报,2014,31(2):149—154.

594. 李莎,肖南,董石麟.自适应索杆张力结构内力和形状同步调控研究[J].华中科技大学学报(自然科学版),2014,42(8):119—122.

595. 李莎,肖南,董石麟.变长度单元自适应索杆张力结构响应灵敏度分析[J].华中科技大学学报(自然科学版),2014,42(10):119—123.

596. 张丽梅,陈务军,董石麟.Geiger索穹顶结构自振特性及地震响应分析研究[J].地震工程与工程振动,2014,27(S1):516—522.

597. 田伟,董石麟,赵阳.单层球面网壳结构找形研究[J].空间结构,2014,20(2):9—14.

598. 夏巨伟,张宇鑫,邓华,董石麟,吴思存.乐清体育场月牙形索桁张力罩棚结构的索力监测[J].空间结构,2014,20(2):46—54,70.

599. 董石麟,白光波,郑晓清.六杆四面体单元组成的新型球面网壳及其静力性能[J].空间结构,2014,20(4):3—14,28.

600. 白光波,董石麟,郑晓清.六杆四面体单元组成的新型球面网壳机动分析[J].空间结构,2014,20(4):15—28.

601. 白光波,董石麟,郑晓清.六杆四面体单元组成的新型球面网壳的稳定性能分析[J].空间结构,2014,20(4):29—38.

602. 梁昊庆,董石麟.内气压对三种形式张弦气肋梁结构基本力学性能的影响[J].建筑结构,2014,45(10):66—72.

2015

603. ZHOU J Y,CHEN W J,ZHAO B,QIU Z Y,DONG S L. Distributed indeterminacy evaluation of cable-strut structures:formulations and applications[J]. Journal of Zhejiang University-Science A,2015,16(9):737—748.

604. 郑晓清,董石麟,梁昊庆,白光波.弦支环向折线形单层球面网壳结构的模型试验研究[J].土木工程学报,2015,48(S1):74—81.

605. 梁昊庆,董石麟.局部索杆失效对肋环人字型索穹顶结构受力性能的影响[J].建筑结构学报,2015,36(5):70—80.

606. 陈联盟,邓华,叶锡国,董石麟,周一一.索杆预张力结构杆件长度误差敏感性的理论分析与试验研究[J].建筑结构学报,2015,36(6):93—100.

607. 向新岸,董石麟,冯远,刘宜丰.基于向量式有限元的T单元及其在张拉索膜结构中的应用[J].工程力学,2015,33(6):62—68.

608. 董石麟,白光波,陈伟刚,郑晓清.六杆四面体单元组成球面网壳的节点构造及装配化施工全过程分析[J].空间结构,2015,21(2):3—10.

609. 白光波,董石麟,丁超,梁昊庆,郑晓清.六杆四面体单元组成的球面网壳结构装配化施工的实践研究[J].空间结构,2015,21(2):11—19,39.

610. 白光波,董石麟,陈伟刚,丁超,苗峰,梁昊庆,郑晓清.六杆四面体单元组成的球面网壳结构静力特性模型试验研究[J].空间结构,2015,21(2):20—28.

611. 张志宏,董石麟.预内力空间结构的若干问题[J].空间结构,2015,21(4):12—16,24.

612. 李志强,张志宏,董石麟.乐清体育中心体育场大跨度空间索桁体系结构设计简介[J].空间结构,2015,21(4):38—44.

613. 郑晓清,董石麟,苗峰,丁超.浙江科技学院学生活动中心屋盖结构方案设计[J].空间结构,2015,21(4):45—48,59.

614. 郑晓清,董石麟,白光波,梁昊庆.弦支环向折线形单层球面网壳布索方案研究[J].建筑结构,2015,36(5):34—38,48.

615. 郭佳民,董石麟.弦支穹顶施工张拉的理论分析与试验研究[J].预应力技术,2015(5):32—38.

2016

616. DENG H,ZHANG M R,LIU H C,DONG S L,ZHANG Z H,CHEN L Q. Numerical analysis of the pretension deviations of a novel crescent-shaped tensile canopy structural system[J]. Engineering Structures,2016,119(15):24—33.

617. GUO J M,YUAN X F,XIONG Z X,DONG S L. Force finding of suspend-domesusing back propagation(BP) algorithm[J]. Advanced Steel Construction,2016,12(1):17—31.

618. DONG S L,BAI G B,ZHENG X Q,ZHAO Y. A spherical lattice shell composed of six-bar tetrahedral units:configuration,structural behavior,and prefabricated construction[J]. Advances in Structural Engineering,2016,19(7):1130—1141.

619. ZHU M L,LU J Y,GUO Z X,DONG S L. Vector form intrinsic finite element analysis of the construction process of cable-strut-beam steel structures[J]. Advances in Structural Engineering,2016,19(7):1153—1164.

620. CHEN L M,DENG H,CUI Y H,DONG S L,ZHOU Y Y. Theoretical analysis and experimental study on sensitivity of element-length error in cable-strut tensile structures[J]. Advances in Structural Engineering,2016,19(9):1463—1471.

621. YAO Y L,ZHANG Z H,MA G Y,DONG S L. Form and structural properties of a new lattice shell string structure[J]. Journal of the International Association for Shell and Spatial Structures,2016,57(2):107—119.

622. 邓华,陈伟刚,白光波,董石麟. 铝合金板件环槽铆钉搭接连接受剪性能试验研究[J]. 建筑结构学报,2016,37(1):143—149.

623. 梁昊庆,董石麟,苗峰. 索穹顶结构预应力多目标优化的小生境遗传算法[J]. 建筑结构学报,2016,37(2):92—99

624. 陈伟刚,邓华,白光波,董石麟,朱忠义. 平板型铝合金格栅结构支座节点的承载性能[J]. 浙江大学学报(工学版),2016,50(5):831—840.

625. 赵兵,陈务军,胡建辉,董石麟. ETFE 气枕结构成形设计方法与试验[J]. 哈尔滨工业大学学报,2016,48(6):58—63.

626. 陈伟刚,邓华,白光波,董石麟,朱忠义. 弯剪状态下铝合金板式节点的静力试验及有限元分析[J]. 空间结构,2016,22(3):56—63.

627. 邢栋,董石麟,柳长江,朱明亮. 一种预应力单层折面网壳结构的试验研究[J]. 建筑结构,2016,37(4):15—21.

628. 周家伟,郑晓清,董石麟,赵阳,丁超. 某复杂大跨度站房屋盖结构静力加载试验模型设计[J]. 土木建筑与环境工程,2016,38(S2):24—49.

629. 苗峰,郑晓清,董石麟,张杰. 某复杂双层折板网壳的动力分析研究[J]. 钢结构,2016,31(4):35—38.

630. 郑晓清,董石麟,苗峰,张杰,丁超. 浙江科技学院学生活动中心大跨度复杂折面形屋盖结构设计[J]. 钢结构,2016,31(10):42—46.

631. 杜文风,孙云,刘春雨,高博青,董石麟. 铸钢分叉节点的偏心受压试验研究[C]//天津大学. 第十六届全国现代结构工程学术研讨会论文集,聊城,2016:909—915.

2017

632. DING C,SEIFI H,DONG S L,XIE Y M. A new node-shifting method for shape optimization of reticulated spatial structures[J]. Engineering Structures,2017,152:727—735.

633. GUO J M,ZHAO X X,GUO J H,YUAN X F,DONG S L,XIONG Z X. Model updating of suspended-dome using artificial neural networks[J]. Advances in Structural Engineering,2017, 20(2):113—119.

634. YAO Y L,MA G Y,DONG S L,BAI G B,LIU H C. Experimental study on construction tension and local component failure of double inner and outer latticed shell string structure[J]. Advances in Structural Engineering,2017,20(4):473—490.

635. ZHOU J Y,CHEN W J,ZHAO B,DONG S L. A feasible symmetric state of initial force design for cable-strut structures[J]. Archive of Applied Mechanics,2017,87(8):1385—1397.

636. 董石麟,苗峰,陈伟刚,周观根,滕起,董晟昊. 新型六杆四面体柱面网壳的构形、静力和稳定性分析[J]. 浙江大学学报(工学版),2017,51(3):508—513,561.

637. 苏亮,宋明亮,董石麟,罗尧治. 循环遗传聚类法稳定图自动分析[J]. 浙江大学学报(工学版),2017,51(3):514—523.

638. 宋明亮,苏亮,董石麟,罗尧治. 模态参数自动识别的虚假模态剔除方法综述[J]. 振动与冲击,2017,36(13):1—10.

639. 杜文风,孙云,刘琦,高博青,董石麟. 轴力作用下铸钢三分叉节点承载力与实用计算公式研究[J]. 空间结构,2017,23(2):60—69.

640. 白光波,朱忠义,董石麟,李霄峰,刘飞. 带支撑三角形网格构成的钢结构冷却塔及其受力性能[J]. 空间结构,2017,23(4):3—11.

641. 梁昊庆,董石麟. 索穹顶张拉过程中环索滑移分析的驱动索单元法[J]. 空间结构,2017,23(4):55—60.

2018

642. CHEN W G, DENG H, DONG S L, ZHU Z Y. Numerical modelling of lockbolted lap connections for aluminium alloy plates[J]. Thin-Walled Structures,2018,130(9):1—11.

643. GUO J M,ZHOU G G,ZHOU D,CHEN W G,XIONG Z X,DONG S L. Cable fracture simulation and experiment of a negative Gaussian curvature cable dome[J]. Aerospace Science and Technology,2018,78(7):342—353.

644. CHEN L M,GAO W F,HU D,ZHOU Y Y,ZHANG F B,DONG S L. Determination of a monitoring scheme for controlling construction errors of a cable-strut tensile structure[J]. KSCE Journal of Civil Engineering,2018,22(10):4030—4037.

645. CHEN L M, HU D, GAO W F, DONG S L, ZHOU Y Y, ZHANG F B. Support node construction error analysis of a cable-strut tensile structure based on the reliability theory[J]. Advances in Structural Engineering,2018,21(10):1553—1561.

646. LIANG X T,YUAN X F,DONG S L. Active control experiments on a herringbone ribbed cable

dome[J]. Journal of Zhejiang University-Science A,2018,19(9):704-718.

647. 董石麟,涂源.索穹顶结构体系创新研究[J].建筑结构学报,2018,39(10):85-92.

648. 董石麟,丁超,郑晓清,陈伟刚.新型六杆四面体扭网壳的构形、静力和稳定性能[J].同济大学学报（自然科学版）,2018,46(1):14-19.

649. 苏亮,宋明亮,董石麟.基于卷积神经网络的稳定图自动分析方法[J].振动与冲击,2018,37(18):59-66.

650. 董石麟,涂源.蜂窝四撑杆型索穹顶的构形和预应力分析方法[J].空间结构,2018,24(2):3-11.

651. 邢栋,朱明亮,董石麟.单层折面网壳结构动力特性及地震响应分析[J].空间结构,2018,24(2):92-96,71.

652. 朱黎明,杜文风,高博青,董石麟.按等应力原则配置的铰接杆系结构刚度最大原理[J].空间结构,2018,24(3):25-31.

653. 滕起,苗峰,董石麟,朱谢联.大跨度单边部分斜拉人行景观弯桥的结构设计与分析[J].空间结构,2018,24(3):91-96.

654. 郑晓清,董丹申,董石麟,王宇轩.矩形平面带墙裙的叉筒式砖穹顶结构受力性能及参数化建造技术研究[J].建筑结构,2018,48(S2):158-162.

655. 郑晓清,董丹申,董石麟,王宇轩.非结构性清水砖幕墙体系在现代建筑中的应用[J].建筑结构,2018,48(S2):1027-1031.

656. 邢栋,何敬宇,柳长江,董石麟.一种预应力单层折面网壳结构的简捷计算方法及试验研究[J].工业建筑,2018,48(6):130-134.

657. 董石麟,涂源.新型蜂窝序列索穹顶结构体系研究[C]//天津大学.第十八届全国现代结构工程学术研讨会论文集,沧州,2018:7-12.

2019

658. MIAO F, DONG S L, LIANG H Q, WANG X T, ZHU D X, Ding C. Manufacture and prefabrication practice on a test model of a novel six-bar tetrahedral cylindrical lattice shell[J]. Advances in Structural Engineering,2019,22(1):287-296.

659. LIU H C, DONG S L, LIANG H Q. Modal testing and detection of pretension deviation in a cable dome structure[J]. Advances in Structural Engineering,2019,22(1):413-426.

660. 董石麟,朱谢联,涂源,董晟昊.蜂窝双撑杆型索穹顶的构形和预应力态简捷计算法以及参数灵敏度分析[J].建筑结构学报,2019,40(2):128-135.

661. 陈伟刚,董石麟,周观根,丁超,诸德熙.六杆四面体单元端板式节点受力性能研究[J].建筑结构学报,2019,40(8):145-154.

662. 向新岸,冯远,董石麟.一种索穹顶结构初始预应力分布确定的新方法——预载回弹法[J].工程力学,2019,36(2):45-52.

663. 董石麟,陈伟刚,涂源,郑晓清.蜂窝三撑杆型索穹顶结构构形和预应力态分析研究[J].工程力学,2019,36(9):128-135.

664. 朱谢联,董石麟.六杆四面体双曲面冷却塔网壳的构形、静力与稳定性能[J].浙江大学学报（工学版）,2019,53(10):1907-1915.

665. 董石麟,陈伟刚,涂源,郑晓清.葵花双撑杆型索穹顶预应力及多参数敏感度分析[J].同济大学学报(自然科学版),2019,47(6):739−746,801.

666. 冯远,向新岸,董石麟,邱添,张旭东,魏忠,周魁政,刘晓舟.雅安天全体育馆金属屋面索穹顶设计研究[J].空间结构,2019,25(1):3−13.

667. 周家伟,郑晓清,董石麟.折线形双曲扁网壳的构形和稳定性能分析[J].空间结构,2019,25(2):20−24.

668. 郑晓清,董石麟,董丹申,王宇轩.带墙裙的波浪形圆柱面砖壳体结构的受力性能及建造技术研究[J].空间结构,2019,25(4):51−59.

2020

669. ZHAO Y,LIU Q,CAI S Q,DONG S L. Internal wind pressures and buckling behavior of large cylindrical floating-roof tanks under various liquid levels[J]. Journal of Pressure Vessel Technology,ASME,2020,142(5):051401.

670. LIU Q,ZHAO Y,CAI S Q,DONG S L. Wind loads and wind resistant behavior of large cylindrical tanks in square arrangement group. Part 1:Wind tunnel test[J]. Wind and Structures,2020,31(6):483−493.

671. LIU Q,ZHAO Y,CAI S Q,DONG S L. Wind loads and wind resistant behavior of large cylindrical tanks in square arrangement group. Part 2:CFD simulation and finite element analysis[J]. Wind and Structures,2020,31(6):495−508.

672. 王龙轩,杜文风,张帆,张皓,高博青,董石麟.四分叉铸钢节点拓扑优化及3D打印制造[J].建筑结构学报,2021,42(6):37−49.

673. 张帆,杜文风,张皓,高博青,董石麟.基于仿生子结构的十字交叉节点拓扑优化研究[J].建筑结构学报,2020,41(S1):55−65.

674. 陈联盟,姜智超,高伟冯,胡栋,周一一,董石麟.基于可靠度理论的索杆预张力结构支座节点施工误差分析[J].空间结构,2020,26(1):3−9.

675. 张志宏,董石麟.线性找力分析中的对称性问题[J].空间结构,2020,26(1):59−62.

676. 董石麟,刘宏创.鸟巢四撑杆型索穹顶大开口体育场挑篷结构形态确定、参数分析及试设计[J].空间结构,2020,26(3):3−15.

677. 张国发,董石麟,卓新,吴旖文.弦支穹顶结构滑移索预应力损失试验研究[J].空间结构,2020,26(4):36−41.

678. 董石麟,郑晓清,涂源,陈伟刚.蜂窝单撑杆型索穹顶的构形及预应力态的简捷计算法[J].建筑钢结构进展,2020,22(4):1−9.

2021

679. 董石麟,刘宏创,朱谢联.葵花三撑杆Ⅱ型索穹顶结构预应力态确定、参数分析及试设计[J].建筑结构学报,2021,42(1):1−17.

680. 卓新,董石麟.原竹多管束空间网壳结构体系及施工技术[J].空间结构,2021,27(1):3−8.

编辑说明

  本书是董石麟院士中文科研论文的汇集,在较长时间跨度上反映了我国空间结构理论研究和工程实践的发展历程,可作为相关科学与工程领域的重要参考资料。全书主要分为六部分:①空间结构综述;②网架结构;③网壳结构;④索穹顶结构;⑤弦支穹顶结构、张弦结构和斜拉结构;⑥空间结构节点。

  因本书收录文章的写作时间跨度长达四十余年,且文章在不同刊物和会议上发表,因此行文风格和格式有所不同。为此,在编辑过程中,我们既注意保持文章的历史原貌,又兼顾全书格式大体一致。对原文的语句表述等,一般维持原样,仅对少许字句、标点、计量单位、公式、变量等,尽量按照现代出版规范进行统一和订正。

  由于时间仓促,编辑过程中难免有疏漏之处,恳请读者谅解并予以指正。